Symbole im Kartenteil

Die in den Karten verwendeten Symbole haben folgende Bedeutung:

●	Normalstatus = einheimisch oder alteingebürgert	(Nachweis ab 1950)
○	Normalstatus = einheimisch oder alteingebürgert	(Nachweis bis 1949)
▼	Synanthrop (umfaßt synanthrop, unbeständig, eingebürgert, angesalbt oder kultiviert)	(Nachweis ab 1950)
▽	Synanthrop (umfaßt synanthrop, unbeständig, eingebürgert, angesalbt oder kultiviert)	(Nachweis bis 1949)
◆	Eingebürgert	(Nachweis ab 1950)
◇	Eingebürgert	(Nachweis bis 1949)
?	fragliche Angabe	(ab 1950)
?	fragliche Angabe	(bis 1949)
–	veröffentlichte Fehlangabe	
⌀	allgemeine geographische Unschärfe	
⦶	geographische Unschärfe nach Norden	
⦶	geographische Unschärfe nach Osten	
⦶	geographische Unschärfe nach Süden	
⦶	geographische Unschärfe nach Westen	

In der sich oben rechts befindenden Box sind weitere Informationen untergebracht.
Die **obere** Zeile gibt die Kartennummer an, mit deren Hilfe im Register aufgesuchte Synonyme zugeordnet werden können.

Die **mittlere** Zeile kann Zeichen mit folgender Bedeutung enthalten

▷ = Hinweis auf Textbemerkung im vorderen Teil des Atlas
? = bestimmungskritische Sippe und/oder öfter verwechselte Sippe
↘ = deutlicher Rückgang nach 1950, der in der Karte nicht zum Ausdruck kommt
● = unvollständig erfaßte Sippe (z. B. Frühblüher)
⊠ = unvollständige Erfassung der historischen Verbreitung

In der **unteren** Zeile wird bei den entsprechenden Arten der Gefährdungsgrad nach der Roten Liste Deutschlands (Korneck et al. im Druck) angegeben. Dabei bedeuten

0 = ausgestorben oder verschollen
1 = vom Aussterben bedroht
2 = stark gefährdet
3 = gefährdet
G = Gefährdung anzunehmen
R = extrem selten

Zu der Einstufung ist anzumerken, daß sie in vielen Fällen nicht dem Gefährdungsgrad im Untersuchungsgebiet entspricht.

Benkert/Fukarek/Korsch

Verbreitungsatlas der Farn- und Blütenpflanzen Ostdeutschlands

Verbreitungsatlas **der Farn- und Blütenpflanzen** Ostdeutschlands

(Mecklenburg-Vorpommern, Brandenburg, Berlin, Sachsen-Anhalt, Sachsen, Thüringen)

Herausgegeben von
Dieter Benkert, Franz Fukarek, Heiko Korsch
unter Mitarbeit zahlreicher Kartierer

Mit einem Geleitwort von Hermann Meusel

1998 Verbreitungskarten

GUSTAV FISCHER

GUSTAV **FISCHER** Jena Stuttgart Lübeck Ulm

Anschriften der Herausgeber:

Dr. Dieter Benkert
Humboldt-Universität Berlin
Institut für Biologie –
Spezielle Botanik und Arboretum
Späthstraße 80/81
12437 Berlin

Professor Dr. Franz Fukarek
Ernst-Moritz-Arndt-Universität Greifswald
Botanisches Institut und
Botanischer Garten
Grimmer Straße 88
17489 Greifswald

Dipl.-Biol. Heiko Korsch
Martin-Luther-Universität
Halle–Wittenberg
Institut für Geobotanik und
Botanischer Garten
Neuwerk 21
06099 Halle (Saale)

Die Deutsche Bibliothek – CIP-Einheitsaufnahme

Verbreitungsatlas der Farn- und Blütenpflanzen Ostdeutschlands / hrsg. von Dieter Benkert ... unter Mitarb. zahlreicher Kartierer. Mit einem Geleitw. von Hermann Meusel. – Jena : G. Fischer, 1996
ISBN 3-437-35066-8
NE: Benkert, Dieter [Hrsg.]

Villengang 2, D-07745 Jena

Gesamtherstellung druckhaus köthen GmbH
Printed in Germany
ISBN 3-437-35066-8

Geleitwort

Mit dem vorliegenden Atlas wird die bisher bestehende Kenntnislücke über die Pflanzenverbreitung in Ostdeutschland in hervorragender Gründlichkeit geschlossen.

Erste Basisarbeiten für dieses Werk gehen weit zurück auf Ergebnisse einer bereits in den 30er Jahren eingeleiteten floristischen Kartierung. Unter der Leitung von Wilhelm Troll kam es – nach einer langen Periode der Abkehr von botanischer Geländearbeit – an der Martin-Luther-Universität in Halle zu einer engen Verbindung pflanzengeographisch orientierter Wissenschaftler mit botanisch interessierten Heimatforschern wie F. Hermann (Bernburg), K. Wein (Nordhausen) und M. Militzer (Bautzen). Diese Verbindung führte, den Arbeiten von H. Gradmann in Württemberg folgend, zur Zusammenstellung von Verbreitungskarten Höherer Pflanzen innerhalb des von O. Schlüter charakterisierten mitteldeutschen Raumes. Für die Fertigstellung dieser Übersichten als Punktkarten im Maßstab 1:300000 fanden sich bald eine ganze Reihe von Heimatfloristen bereit. So konnten – bis der zweite Weltkrieg diese Gemeinschaftsarbeit unterbrach – sechs Reihen von Verbreitungskarten mitteldeutscher Leitpflanzen veröffentlicht werden.

In der Zeit des Wiederaufbaus nach dem Krieg fand die Beschäftigung mit der heimischen Natur große Beachtung und vielfache Unterstützung. Es kam außer im hercynischen Raum auch in den anderen Gebieten Ostdeutschlands zur Bildung von Arbeitsgemeinschaften floristisch interessierter Heimatforscher mit zuständigen Hochschulinstituten für Botanik in Potsdam, in Greifswald und in Dresden. Außerdem wurde in den Zweigstellen des 1954 gegründeten Institutes für Landschaftsforschung und Naturschutz die floristische Kartierung als eine zentrale Aufgabe bei der Erkundung des Landschaftshaushaltes in den Bezirken der damaligen DDR angesehen. Bei gemeinsamen Beratungen, Floristentagungen und Exkursionen entspannen sich vielseitige Diskussionen über floristische, vegetations- und standortkundliche Beobachtungen. Sie sollten der Erkundung der Landesnatur dienen und damit sogleich auch eine naturnahe land- und forstwirtschaftliche Nutzung, Naturschutzaufgaben sowie die Entwicklung einer fortschrittlichen Landeskultur fördern helfen.

Im Zuge der sich schnell entwickelnden landeskundlichen Forschung wurden Verbreitungskarten außer für Mitteldeutschland auch für Sachsen, Brandenburg und Mecklenburg erarbeitet. Bei der Auswahl der „Leitpflanzen“ wurde darauf geachtet, daß diese in ihrer standörtlichen und landschaftlichen Bindung auch viele Hinweise auf die Landschaftsstrukturen der betreffenden Gebiete vermitteln. In ausführlichen Erläuterungen wurden diese im Hinblick auf die unterschiedlichen Verhaltensweisen der einzelnen Arten in den betreffenden Räumen kommentiert.

In den siebziger Jahren wurde die Kartierung auf eine alle Arten der Flora erfassende Raster-Kartierung ausgerichtet. In Abstimmung mit den in Österreich und in Westdeutschland anlaufenden floristischen Kartierungen wurden die Voraussetzungen für das vorliegende Kartenwerk geschaffen, über dessen Entstehung die folgenden Kapitel berichten. Diese zeigen, wie mit Hilfe vieler engagierter Freunde und Kenner eine umfassende Übersicht über den heutigen Stand unserer Flora erarbeitet werden konnte – ein Ergebnis, über das sich viele an der Erhaltung unserer Naturschätze interessierte Bürger freuen werden.

Die Pflanzenwelt gehört zu den großen Schätzen unseres Landes. In ihrer Verteilung erlaubt sie Einblicke in Strukturen unseres Lebensraumes, den wir mit allen seinen Naturschätzen erhalten und als reiche Kulturlandschaften gestalten möchten. Die Erhaltung und Pflege der einzelnen Elemente der uns umgebenden Pflanzenwelt wird auch in Zukunft als eine Kulturaufgabe vor uns stehen. Dabei wird uns der Atlas wertvoll sein, wenn es darum geht, Veränderungen im Bestand und in der landschaftlichen Bindung der einzelnen Arten festzustellen. Darüber hinaus ist es jedoch erforderlich, auch in Zukunft Möglichkeiten zu erkunden, die vorhandenen wertvollen Bestände zu erhalten und zu mehren. Das erfordert neben der ständigen Beobachtung von Veränderungen im Arteninventar vor allem Kenntnisse des Pflanzenwachstums unter den sich verändernden Umweltbedingungen. Hierbei spielt nicht nur die Kenntnis der Wuchsräume eine Rolle. Wir brauchen auch Wissen über das Verhalten einzelner Arten im Standortgefüge unseres Landes. Das betrifft deren Wuchsweise und -rhythmus ebenso wie die Art ihres Blühens und Fruchtens. Sollte deshalb nicht geprüft werden, wie man mit Hilfe der vielen naturkundlich interessierten Floristen, die an dem vorliegenden Kartenwerk so entscheidenden Anteil haben, daran geht, in einer ,,Biologischen Flora" weitere Erfahrungen über den ökologischen Charakter der einzelnen Vertreter der Pflanzenwelt zu sammeln? Die moderne Ökosystemforschung erfordert dringend solche Daten.

Aus dieser Überlegung ergibt sich in der Freude über den Abschluß des inhaltsreichen Kartenwerkes ein Ausblick auf notwendige weitere Erkundungen, bei denen die Wissenschaftler und alle Freunde der ,,Scientia amabilis" die bisherige gute Zusammenarbeit zur Erhaltung und Mehrung der unersetzlichen Schätze unserer Heimat fortsetzen sollten.

Unser Kartenwerk schließt geographisch an den 1988 erschienenen Atlas der Farn- und Blütenpflanzen im damaligen Raum der Bundesrepublik Deutschland an. Die pflanzengeographische Übergangsstellung Deutschlands von der subatlantischen zur zentraleuropäischen Florenprovinz wird dadurch deutlich herausgestellt, ebenso wie der Florenwandel im Verlauf der Elbe und an der Ostseeküste oder die Position des Harzes innerhalb des westöstlichen Klimagefälles.

Es ist ein breites Spektrum an Fachrichtungen, für die der vorliegende Atlas Informationen liefert und Anregungen gibt: Arealkunde, Ökologie, Florengeschichte, Floristik, Vegetationskunde, Land- und Forstwirtschaft, Naturschutz, Landschaftspflege und viele mehr. Alle Benutzer des Werkes wissen den unermüdlichen Kartierern, vor allem aber den um einen guten Abschluß besorgten Herausgebern Dank.

Halle, im Frühjahr 1996 Hermann Meusel

Inhaltsverzeichnis

1. Vorwort der Herausgeber und Danksagungen

Die Herausgeber sind froh, nach vielen Jahren intensiver gemeinsamer Kartierungsarbeit mit einer großen Zahl begeisterter ehrenamtlicher Mitarbeiter und nach Überwindung zahlreicher Schwierigkeiten nun endlich diesen Verbreitungsatlas für das Gebiet von Ostdeutschland vorlegen zu können.

Der Atlas hat seine Wurzeln in der Arbeit mehrerer im ostdeutschen Gebiet in der Nachkriegszeit tätig gewesener Kartierungszentralen, die unabhängig voneinander für ungleich große und sich oft überlappende Kartierungsgebiete floristische Daten gesammelt und Punktkarten herausgegeben haben. In diesen Kartierungszentralen wurde das methodische Wissen entwickelt, hatte sich ein umfangreiches Datenmaterial angesammelt und hatte sich, nicht minder wichtig, eine gute Kenntnis der Topographie des betreffenden Gebietes, von dessen ökologischer Situation, dessen Pflanzenwelt und deren chorologischen Besonderheiten herausgebildet. Zu gemeinsamen Kartierungsprojekten war es jedoch aus Gründen unterschiedlicher Tradition und wegen Schwierigkeiten bei der Bewältigung so großer Datenmengen vorerst nicht gekommen.

In dieser Richtung gab das Mitte der 60er Jahre vorgestellte Projekt einer sogenannten Mitteleuropa-Kartierung (EHRENDORFER & HAMANN 1965) auf der Basis der Rastermethode einen wichtigen Impuls. Die Leiter der bestehenden Kartierungszentralen bekundeten ihren Willen zur Mitwirkung, es kam zu Abstimmungen hinsichtlich der Gebietsabgrenzung, bisher nicht bearbeitete Gebiete wurden zugeordnet, und es wurde sogar eine weitere Kartierungszentrale gegründet.

Somit waren die Voraussetzungen geschaffen, erstmals Verbreitungskarten bringen zu können, die das gesamte ostdeutsche Gebiet umfaßten. Bekanntlich konnte die Mitteleuropa-Kartierung bisher leider nicht im beabsichtigten Umfange realisiert werden. Der Gedanke einer durch die Rastermethode ermöglichten Kartierung größerer Gebiete lebte aber fort und führte zur Gründung nationaler Kartierungsprojekte. Am schnellsten kamen die Arbeiten in der Schweiz und in der alten Bundesrepublik Deutschland voran. Aber auch in der DDR gelang es nach einigen Anfangsschwierigkeiten, den Gedanken der Mitteleuropa-Kartierung in das Projekt eines Verbreitungsatlas überzuleiten.

Mit dem jetzt fertiggestellten Verbreitungsatlas für die Länder Mecklenburg-Vorpommern, Brandenburg, Berlin, Sachsen-Anhalt, Thüringen und Sachsen konnte das ostdeutsche Pendant für den bereits 1988 erschienenen Atlas für die alten Bundesländer geschaffen werden und damit auch die Voraussetzung dafür, daß in absehbarer Zeit beide Teile zu einem ersten gesamtdeutschen Verbreitungsatlas zusammengefügt werden können.

Die Verzögerung des Fertigstellungstermins für den Atlas hat in den vergangenen Jahren zu einer Fülle ungeduldiger Nachfragen geführt. Wir dürfen diese Ungeduld als ein sehr positives Zeichen betrachten, machte sie doch deutlich, daß das Kartenwerk nicht nur von wissenschaftlichem Wert ist, sondern darüber hinaus für Landesplanung, Naturschutz etc. auch eine eminent praktische Bedeutung besitzt. Wir wünschen uns, daß die langjährige Arbeit so vieler Mitwirkender in einer vielseitigen Nutzbarkeit des Verbreitungsatlas ihren Lohn finden wird. Niemand wird besser als die Herausgeber auch um die noch vorhandenen Schwächen des Atlas wissen. Ein derartiges Werk wird nie Vollkommenheit erreichen. So äußern wir auch den Wunsch, daß noch bestehende Lücken in der Erfassung der Verbreitung Ansporn sein mögen zu zielgerichteter Vervollkommnung unserer Kenntnis, und wir haben die Bitte, uns auf etwaige Fehler und Irrtümer aufmerksam zu machen.

Danksagungen

Nur durch die Mitwirkung der vielen genannten Floristen war die Bereitstellung des für ein derart anspruchsvolles Kartenwerk erforderlichen Datenmaterials möglich. Den ehrenamtlichen Mitarbeitern gebührt daher an erster Stelle für ihre begeisterte und oft langjährige, unbezahlte Arbeit der herzliche Dank der Herausgeber.

Dem ehemaligen Kulturbund der DDR haben wir unter anderem für die Förderung der Kartierungstreffen in Mecklenburg zu danken.

Unser Dank gilt dem Bundesamt für Naturschutz für die finanzielle Unterstützung und für die Bereitstellung von Datenverarbeitungstechnik im Rahmen des von Prof. Dr. P. Schönfelder (Regensburg, federführend) und Prof. Dr. H. Haeupler (Bochum) geleiteten Forschungsprojektes „Datenbank Gefäßpflanzen". Dadurch wurden die Einstellung einer technischen Assistentin seit 1992 und eines wissenschaftlichen Mitarbeiters seit 1994 ermöglicht.

Sehr wichtig war auch die Hilfe durch die Projektmitarbeiter R. May (Bonn) und W. Subal (Nürnberg), welche das Computerprogramm FLOREIN zur Bearbeitung und Ausgabe der Daten entwickelten und uns im Bedarfsfall jederzeit unterstützten. Unser Dank gehört weiterhin den Projektmitarbeitern an der Ruhr-Universität Bochum, die die Eingabe eines Teils der Daten organisierten.

Frau Dr. H. Heklau danken wir für die Hilfe beim Abfassen der Übersicht über die historische Entwicklung der Floristik in Ostdeutschland.

Schließlich gilt unser Dank dem Gustav Fischer Verlag (allen voran Frau Dr. J. Schlüter) für die während der langen Fertigstellungsphase bewiesene Geduld und das Engagement bei der Drucklegung des Atlas in der vorliegenden Form.

Berlin, Greifswald, Halle im Frühjahr 1996

Die Herausgeber

Verlag und Herausgeber danken ferner den nachfolgend genannten Ministerien der fünf neuen Bundesländer, die trotz schwieriger Finananzlage dem von ihnen als außerordentlich nutzbringend eingeschätzten Werk im Rahmen ihrer Möglichkeiten Zuschüsse gewährten:

- **Brandenburg:** Ministerium für Umwelt, Naturschutz und Raumordnung (Aktion Gesunde Umwelt; Umweltstiftung WWF-Deutschland, AOK für das Land Brandenburg)
- **Mecklenburg-Vorpommern:** Ministerium für Landwirtschaft und Naturschutz
- **Sachsen:** Staatsministerium für Umwelt und Landesentwicklung
- **Sachsen-Anhalt:** Ministerium für Raumordnung, Landwirtschaft und Umwelt
- **Thüringen:** Ministerium für Landwirtschaft, Naturschutz und Umwelt

2. Zur Geschichte der Floristik und Pflanzenkartierung in Ostdeutschland

2.1 Die Anfänge der Lokalfloristik

Die Anfänge einer lokalen Floristik im Osten Deutschlands sind in der Renaissance zu suchen – einer Zeit, die durch das Abwenden vom transzendenten mittelalterlichen Denken und somit durch tiefgreifende Veränderungen in Gesellschaft, Wissenschaft, Kunst und Kultur gekennzeichnet war. Die Hinwendung zur Natur spiegelte sich auf botanischem Gebiet einerseits im Erscheinen erster Kräuterbücher wider – im deutschsprachigen Raum u. a. von H. Bock (1539), L. Fuchs (1542), Tabernaemontanus (1588, 1591), deren Autoren nicht nur das botanische Wissen der Gelehrten der Antike wiederbelebten, sondern auch eigene Beobachtungen der heimischen Pflanzenwelt einfügten. Andererseits kamen im ausgehenden 16. Jahrhundert erste Lokalfloren auf, in denen die Ergebnisse kleiner oder großer botanischer Exkursionen in bestimmte Gebiete in Form von Pflanzenlisten enthalten sind. Zu diesen ersten Lokalfloren gehören die „Sylva Hercynia" (1588) von J. Thal, die „Vera historia..." (1590) von J. Wigand und der „Hortus Lusatiae" (1594) von J. Franke.

Die „Sylva Hercynia" (Der Harzwald) von Thal ist nicht nur die älteste Flora des Harzes, sondern zugleich „die älteste Gebietsflora" der Welt (vgl. Rauschert 1977).

1577 hatte der Hofmedikus und Stadtphysikus von Stolberg im Harz, Johannes Thal (1542–1583), ein handschriftliches Verzeichnis von Pflanzen des Harzes an J. Camerarius geschickt, der dieses 1588, also erst nach Thals Tode, zusammen mit einer eigenen Schrift drucken ließ. In alphabetischer Reihenfolge führt Thal ca. 600 Pflanzen auf, die er vorwiegend im Harz beobachtet hatte. In der Nomenklatur fußt Thal vor allem auf den Kräuterbuchautoren und auf Pflanzenbezeichnungen des griechischen Gelehrten Dioskorides. Einige Arten hat Thal jedoch neu beschrieben. Als Beispiele seien *Andromeda polifolia*, *Biscutella laevigata* und *Cicerbita alpina* genannt.

Einen Pflanzenkatalog für Preußen publizierte 1590 Johannes Wigand zusammen mit anderen Aufsätzen in seiner Schrift „Vera historia de succino Borussico ...". Dieser Katalog umfaßt sechs separate, jeweils alphabetisch geordnete Pflanzenlisten, die 1. spontan in Preußen vorkommende Kräuter, insbesondere um das Haus des Bischofs in Liebesmühl, 2. Kräuter der Wälder und Äcker ... Preußens, 3. gewöhnliche Kräuter in preußischen Gärten, 4. exotische Gewächse der Gärten, 5. kultivierte Gehölze, 6. wildvorkommende Bäume und Sträucher in Preußen umfassen.

Die älteste Flora der Lausitz ist der „Hortus Lusatiae" (1594) des Kamenzer Arztes Johannes Franke. In alphabetischer Anordnung führt er 1188 Sippen des Lausitzer Gebietes, sowohl Angiospermen und Gymnospermen als auch Kryptogamen auf.

Nur randlich wird das heutige ostdeutsche Territorium von der schlesischen Flora „Stirpium et fossilium Silesiae catalogus" (1600) von Caspar Schwenckfelt berührt, der neben genauen Fundortangaben auch die Blütezeit und Synonyme zu den einzelnen Pflanzenbezeichnungen hinzufügt.

SYLVA HERCYNIA,
SIVE CATALOGVS PLANTARVM
SPONTE NASCENTIVM IN
MONTIBVS, ET LOCIS VICINIS HERcyniæ, quæ respicit Saxoniam, conscriptus
singulari studio,
A
IOANNE THALIO MEDICO
Northusano.
Nunc primum in lucem edita.

FRANCOFVRTI AD MOENVM.
M. D. LXXXVIII.

Titelblatt der „Sylva Hercynia" von J. Thal (1588)

In der Folgezeit kam es durch die Auswirkungen des Dreißigjährigen Krieges (1618–1648) zu einer Stagnation in den Wissenschaften (vgl. auch Wein 1931). Die floristische Durchforschung im deutschsprachigen Raum setzte erst in der zweiten Hälfte des 17. Jahrhunderts wieder verstärkt ein.

2.2 Lokalfloren des 17. und 18. Jahrhunderts

Die Exkursionsgebiete der Floristen des ausgehenden 17. und beginnenden 18. Jahrhunderts lagen häufig in der Nähe der Universitätsstädte. Für die Umgebungen von Halle, Jena und Leipzig z. B. erschien in relativ schneller Folge eine große

Zahl von floristischen Bearbeitungen. 1662 veröffentlichte C. Schaeffer mit „Deliciae botanicae Hallenses ..." eine etwa 30seitige erste Pflanzenliste für die Umgebung von Halle, 1687 folgte die „Enumeratio plantarum circa Halam Saxonum ..." von C. Knauth. Im beginnenden 18. Jahrhundert wurde die floristische Erforschung der Umgebung von Halle durch A. Rehfeldt (1717) und durch J. C. Buxbaum (1721) fortgesetzt. Für die Gegend von Jena publizierte J. T. Schenck 1659 einen „Catalogus plantarum horti et vicinae Jenensis ...". Unter dem Titel „Flora Jenensis" erschien 1718 (1726 ed. 2) eine Pflanzenliste von H. B. Rupp, der nicht nur die Flora des Jenaer Raums, sondern Thüringens und der südlichen Teile des heutigen Sachsen-Anhalts erforscht hatte. Durch Rupps Arbeiten zählte die nähere und weitere Umgebung von Jena zu den floristisch am besten bekannten Gebieten Deutschlands jener Zeit. Für den Leipziger Raum müssen die Pflanzenliste „Supellex botanica ..." (1675) von P. Ammann und die „Flora Lipsiensis ..." (1726) von D. Wipacher erwähnt werden. Die floristische Bearbeitung der Mark Brandenburg wurde durch J. S. Elsholz (auch Elsholtz) vorangebracht, der in seiner „Flora Marchica ..." (1663) insbesondere die Pflanzen der Umgebung von Berlin, Oranienburg und Potsdam in alphabetischer Reihenfolge auflistete. Einen wesentlichen Aufschwung erhielt die Floristik in der zweiten Hälfte des 18. Jahrhundert, nicht zuletzt durch die Fortschritte auf systematischem und nomenklatorischem Gebiet. Linnés binäre Nomenklatur, die er 1753 in der Schrift „Species plantarum" erstmals konsequent anwandte, setzte sich durch. Auch seine systematische Einteilung der Pflanzen, die Linné auf Merkmalen der pflanzlichen Sexualorgane (Staub- und Fruchtblätter) aufbaute, wurde in breiten Kreisen von Botanikern akzeptiert. Während noch bis zur Mitte des 18. Jahrhunderts die alphabetische Anordnung der Pflanzen in den Lokalfloren gewählt wurde, bildete in der zweiten Hälfte des 18. und im beginnenden 19. Jahrhundert das Linnésche System häufig die Grundlage der Pflanzengruppierung.

Aufgrund der rasch wachsenden Zahl von Lokalfloren jener Zeit sollen nur einige Beispiele genannt werden. Das nördliche Ostdeutschland berücksichtigten z. B. die Greifswalder Floren von S. G. Wilcke (1765) und A. B. Koelpin (1769) und die Flora für Pommern und Rügen von C. E. Weigel (1769). Um die floristische Durchforschung der Leipziger Umgebung machten sich in der zweiten Hälfte des 18. Jahrhunderts insbesondere G. R. Boehmer (1750), J. C. D. Schreber (1771) und J. C. Baumgarten (1790) verdient. Für die Umgebung der Universitätsstadt Erfurt erschienen Pflanzenkataloge von J. P. Nonne (1763) und J. J. Planer (1788). C. L. Willdenow (1787) bearbeitete die Berliner Flora, während F. W. Leysser (1761, 1783) die nähere und weitere Umgebung von Halle und T. C. Hoppe die Gegend von Gera floristisch durchforschten.

2.3 Die Floristik im 19. Jahrhundert

Durch die Vielzahl lokalfloristischer Arbeiten des 17. und 18. Jahrhunderts, die zur Erweiterung des Wissens über die deutsche Flora wesentlich beitrugen, wurde im ausgehenden 18. und vor allem im beginnenden 19. Jahrhundert ein Erscheinen von ersten Regional- und Übersichts-Floren für Deutschland möglich.

Um die Bearbeitung der Pflanzenwelt von Thüringen machte sich der Pfarrer F. C. H. Schönheit verdient, dessen „Taschenbuch der Flora Thüringens" (1850) durch die botanische Sektion des 1842 in Erfurt gebildeten „Naturwissenschaftlichen Vereins in und für Thüringen" angeregt wurde. Weitere Thüringer Floren bzw. Beiträge zur Thüringer Flora erschienen in der Folgezeit u. a. von T. Irmisch (1846), W. Schrader (1852) sowie L. Möller (1873).

Als Erforscher der nord- und mitteldeutschen Flora müssen vor allem die hervorragenden Floristen August Garcke und Paul Ascherson genannt werden. Garcke, der zunächst durch seine umfassende „Flora von Halle" (1848, 1856) bekannt wurde, publizierte 1849 eine „Flora von Nord- und Mitteldeutschland", die große Teile des heutigen Ostdeutschlands umfaßte. Bereits 1851 folgte die 2. Ausgabe und 1854 die dritte.

Paul Aschersons „Flora der Provinz Brandenburg, der Altmark und des Herzogthums Magdeburg" (1859 – 1864) zeichnete sich nicht nur durch Sorgfalt in der Unterscheidung der Arten, sondern auch durch Angaben zur Ökologie und Biologie der Arten aus. Die zweite Auflage seiner Flora, die unter dem Titel „Flora des nordostdeutschen Flachlandes" (1898/99) erschien, gab er zusammen mit P. Graebner heraus. Ascherson war auch einer der Gründungsväter des 1859 ins Leben gerufenen „Botanischen Vereins für die Provinz Brandenburg und die angrenzenden Länder". Durch die Tätigkeit des Vereins erfuhr die botanische Erforschung der Mark einen gewaltigen Auftrieb, und in den von ihm herausgegebenen „Verhandlungen des Botanischen Vereins der Provinz Brandenburg" ist ein umfangreiches floristisches Datenmaterial niedergelegt. Große Verdienste erwarb sich Ascherson beim Vorantreiben der floristischen Erforschung Deutschlands, da auf sein Betreiben im § 6, Absatz 2 der Satzung der 1882 aus dem Botanischen Verein der Provinz Brandenburg hervorgegangenen Deutschen Botanischen Gesellschaft die Erforschung der Flora von Deutschland als Aufgabe festgeschrieben wurde.

Um die Bearbeitung der Flora im sächsischen Raum haben sich u. a. G. L. Petermann (1838), C. F. Rückert (1840), F. Holl und G. Heynold (1842), H. G. L. Reichenbach (1842), L. Rabenhorst (1859) und O. Wünsche (1869) verdient gemacht. Ludwig Reichenbach hatte vor allem für die Entwicklung der Botanik im Dresdener Raum Bedeutung. Durch die Gründung der „Flora, Sächsische Gesellschaft für Botanik und Gartenbau" gelang es ihm, einen breiten Kreis von Interessenten, u. a. auch den König von Sachsen (Friedrich August II.), für die Botanik zu gewinnen. Sehr erfolgreich war auch der Zwickauer Gymnasiallehrer Otto Wünsche, der 1869 seine „Exkursionsflora für das Königreich Sachsen und die angrenzenden Gegenden" herausgab.

Neben floristischen Bearbeitungen größerer Regionen von Deutschland erschienen auch weiterhin zahlreiche Lokalfloren. Um die Erforschung des Harzes bemühte sich im 19. Jahrhundert u. a. E. Hampe, der neben einer „Flora Hercynica" (1873) weitere Berichte zur Flora des Harzes publizierte. Im Thüringer Raum erschien z. B. die Flora für Mühlhausen und Umgebung von J. G. Bornemann (1856). Die Flora der Umgebung von Heiligenstadt bearbeitete u. a. F. W. Grimme (1875). C. B. Erfurth (1882) untersuchte die Flora von Weimar, während A. Vocke und C. Angelrodt (1886) in der Umgebung von Nordhausen floristisch tätig waren. Die Pflanzenwelt des Magdeburger Raumes wurde z. B. von L. Schneider (1877) bearbeitet. Eine Flora für das gesamte Gebiet von Anhalt wurde durch S. Schwabe (1865) herausgegeben, während W. Rother (1865) die Flora der Umgebung von Barby und Zerbst in Anhalt untersuchte. Die Flora der Universitätsstadt Halle wurde in der 1. Hälfte des 19. Jahrhunderts insbesondere von K. Sprengel (1806, 1807, 1811, 1832) und von F. W. Wallroth (1815), später von dem bereits erwähnten A. Garcke (1848, 1856) und von A. Schulz (1887) bearbeitet. Im benachbarten Leipziger Raum wurde die Flora von G. T. Klett und H. E. T. Richter (1830) sowie von O. Kuntze (1867) erforscht. Für Mecklenburg (incl. Rügen und Vorpommern) erschienen u. a. Floren von J. Langmann (1841, 1871) und E. Boll (1860). In Brandenburg sind die „Flora Lusatica" von L. Rabenhorst (1839/1840) und die „Flora der Uckermark" von C. Grantzow (1880) hervorzuheben. Von den zahlreichen Lokalfloren seien nur diejenigen von A. C. Schramm (1857) für Brandenburg/Havel und Umgebung und von E. Huth (1880, 1895, 1907) für Frankfurt/Oder und Umgebung genannt.

Neben der floristisch-systematischen Richtung in der Floristik hatte sich in der zweiten Hälfte des 19. Jahrhunderts ein floristisch-pflanzengeographischer Zweig herausgebildet, der u. a. von Hermann Hoffmann, Oskar Drude und August Schulz vertreten wurde. H. Hoffmann, der vor allem im Mittelrheingebiet floristisch arbeitete, war im deutschen Raum der erste, der die Verbreitung von Pflanzen kartographisch darstellte. 1860 veröffentlichte er Karten der Vorkommen von *Prunella grandiflora* und *Dianthus carthusianorum* in der Umgebung von Kissingen.

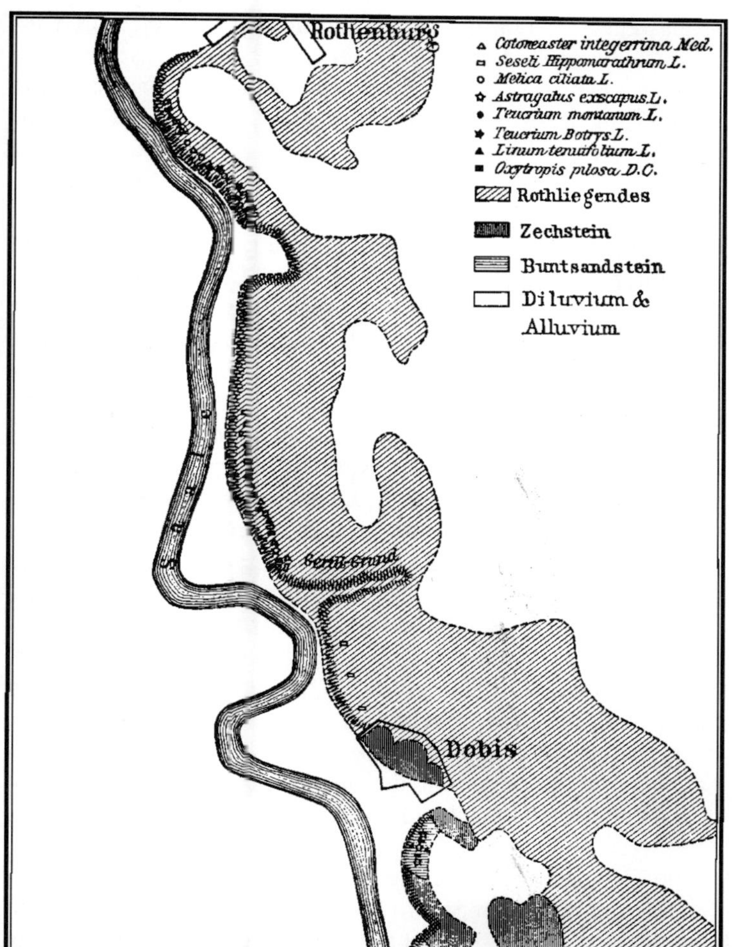

Verbreitungskarte aus Schulz (1887): „Die Vegetationsverhältnisse der Umgebung von Halle"

A. Schulz, der als Privatdozent an der Universität Halle tätig war, versuchte in seiner Arbeit „Die Vegetationsverhältnisse der Umgebung von Halle" (1887) sowohl den floristischen, ökologischen, phänologischen als auch den pflanzengeographischen Aspekt zu berücksichtigen.

Erwähnenswert ist dabei seine Punktkarte für die Verbreitung von *Cotoneaster integerrimus*, *Seseli hippomarathrum*, *Melica ciliata*, *Astragalus exscapus*, *Teucrium montanum*, *Teucrium botrys*, *Linum tenuifolium* und *Oxytropis pilosa* am rechten Saaleufer zwischen Dobis und Rothenburg.

Darüber hinaus stellte er das Verbreitungsgebiet „südöstlicher" Pflanzen in Mitteldeutschland u. a. von *Ranunculus illyricus*, *Lactuca quercina*, *Hypericum elegans*, *Pseudolysimachium spurium*, *Trifolium retusum*, *Iris aphylla*, *Carex melanostachya* und *Astragalus exscapus* kartographisch dar.

O. Drude, Professor für Botanik in Dresden, versuchte in seinem Werk „Der Hercynische Florenbezirk" (1902) die Grundzüge der Pflanzenverbreitung für ein relativ großes Gebiet darzulegen, das im Westen von der Weser und mittleren Elbe, im Osten von der Görlitzer Neiße begrenzt wurde und alle sächsischen Länder, Thüringen, Hessen, Kassel, Anhalt und das Magdeburger Land umfaßte. Wie Schulz war Drude von der Bedeutung der kartographischen Methode überzeugt und publizierte 1908 „Pflanzengeographische Karten aus Sachsen...". Im Maßstab 1 : 25 000 legte er für die Gebiete von Weinböhla, Zschirnsteine und Altenberg farbige Vegetationskarten vor, aus denen die Verbreitung von bestimmten Vegetationseinheiten ersichtlich wurde.

2.4 Zur Floristischen Kartierung im 20. Jahrhundert

Von Mitarbeitern des Botanischen Museums in Berlin-Dahlem (Johannes Mattfeld u. a.) ging 1922 die Initiative aus, eine pflanzengeographische Kartierung für ganz Deutschland zu organisieren. Als Grundlage der Kartierung wurden die Meßtischblätter (1 : 25 000) gewählt, da diese einen Vergleich mit Karten der geologischen Landesaufnahme ermöglichten. Die Feststellung der Fundorte erfolgte mit Hilfe einer auf Pauspapier aufgedruckten Netzgradierung.

Durch Auflegen der Netzgradierung auf das Meßtischblatt konnte das Vorkommen mit Hilfe eines kombinierten Buchstaben-Zahlen-Kodes verschlüsselt werden. Nachfolgend wurde der Fundort für die entsprechende Art auf einem „Katalogblatt" vermerkt, wobei Angaben zu den Begleitpflanzen und zum Standort hinzugefügt werden sollten. Während das Berliner Museum für die einheitliche Durchführung der Kartierungsarbeit in Deutschland sorgte, übernahmen Behörden und Vereine (z. B. das „Anhaltinische Staatsministerium" in Dessau, der „Naturwissenschaftliche Verein Schönebeck", der „Thüringische Botanische Verein" und die „Arbeitsgemeinschaft sächsischer Floristen") die Organisation auf regionaler Ebene. Zugleich ermutigten die Botaniker im Berliner Museum auch Floristen zur Mitarbeit, die keinem Verein angehörten. 1923 beteiligten sich zunächst 117 Personen aus den unterschiedlichsten Berufsgruppen an der floristischen Kartierung (vgl. MATTFELD 1924). Bereits 1926 (vgl. MATTFELD 1926) hatte sich die Zahl der mitarbeitenden Floristen verdoppelt. Zu Beginn der 30er Jahre waren in die floristische Kartierung bereits ca. 750 Floristen einbezogen. Der Kartierungsstand war in den einzelnen Regionen recht unterschiedlich (vgl. MATTFELD 1931); während das Gebiet westlich der Elbe gut bearbeitet war, kam die Kartierung in den Gebieten zwischen Elbe und Oder nur wenig voran.

Das Vorhaben der Berliner Organisatoren, die Detailergebnisse der Kartierung in einer großen Deutschlandkarte zusammenzufassen, fand ein abruptes Ende. Die im Berliner Museum archivierten Daten zur floristischen Kartierung Deutschlands verbrannten bei Bombenangriffen während des 2. Weltkrieges. Nur die in den damaligen Außenstellen z. T. vorhandenen Kopien existieren noch heute. So gibt es in Dresden eine aus dieser Zeit stammende sehr umfangreiche Kartei. Diese konnte für den jetzt vorgelegten Atlas nur zu einem Teil (z. B. für das Elbhügelland und die Verbreitungskarten Sächsischer Leitpflanzen) ausgewertet werden.

Unabhängig von den Berliner Aktivitäten begann Mitte der 30er Jahre Hermann Meusel am Botanischen Institut der Universität Halle, mit Unterstützung des damaligen Leiters Wilhelm Troll, mit der Erfassung und Darstellung der Pflanzenverbreitung im herzynischen Raum. Es entwickelte sich eine Arbeitsrichtung, deren Ziel die Erforschung des Zusammenhangs von Pflanzenwuchs und Landschaft war. Zunächst wurde die „Arbeitsgemeinschaft zur Erforschung der Mitteldeutschen Pflanzenwelt" gegründet. Ein kleiner Mitarbeiterstamm lokalfloristisch tätiger Heimatforscher erfaßte einige Arten, welche im Gebiet die Grenze ihres Gesamtareals erreichen. Die Ergebnisse wurden in sechs Reihen „Verbreitungskarten Mitteldeutscher Leitpflanzen" veröffentlicht. Als wichtige Mitarbeiter dieser Zeit sollen W. Flößner (Olbernhau), O. Fröhlich (Jena), M. Kästner (Frankenberg), M. Militzer (Bautzen), R. Schöne (Weißig), J. Uhlig (Oederan), K. Wein (Nordhausen) und K. Wünschmann (Eisleben) genannt werden.

Nach dem zweiten Weltkrieg konnte diese Arbeit in enger Zusammenarbeit mit dem Institut für Landschaftsforschung und Naturschutz der Akademie der Landwirtschaftswissenschaften der DDR und seinen Zweigstellen wesentlich erweitert werden. In Halle brachte vor allem die Tätigkeit von A. Buhl und S. Rauschert große Fortschritte. Es entwickelte sich ein Zentrum für die vielen ehrenamtlichen Floristen im gesamten mitteldeutschen Raum. Zeugnis darüber gibt die umfangreiche Kartei der Arbeitsgemeinschaft Hercynischer Floristen, in der Hunderttausende von Beobachtungen festgehalten wurden. Daneben lieferten eine große Zahl von Dissertationen, Diplom- und Staatsexamens-Arbeiten Beiträge zur Erfassung des Floreninventars mehr oder weniger großer Teilgebiete. Im Laufe der Jahre konnten auf dieser Grundlage Punktverbreitungskarten des Hercynischen Florengebietes für 230 Arten publiziert werden. Diese ausführlich kommentierten Karten lieferten eine wesentliche Grundlage für die pflanzengeographische Gliederung des Gebietes (MEUSEL 1955, WEINERT 1982). Daneben begünstigten diese Arbeiten auch die Entstehung einer Reihe von Lokalfloren, von denen folgende genannt werden sollen: MILITZER & SCHÜTZE (1953): „Die Farn- und Blütenpflanzen im Kreise Bautzen"; MERTENS (1961): „Flora von Halberstadt"; WEBER & KNOLL (1965): „Flora des Vogtlandes"; OTTO (1972): „Flora des Kreises Bischofswerda"; VOIGT (1980 u. 1982): „Flora von Dessau"; HARDTKE et al. (1986): „Flora des Elbhügellandes und der angrenzenden Gebiete"; WESTHUS (1986 u. 1987): „Flora des Kreises Wolmirstedt"; FALKENBERG & ZÜNDORF (1987): „Die Farn- und Blütenpflanzen des Mittleren Elstergebietes um Gera"; MEINUNGER (1992): „Florenatlas der Moose und Gefäßpflanzen des Thüringer Waldes, der Rhön und angrenzender Gebiete"; STRUMPF (1992): „Flora von Altenburg"; HERDAM (1993): „Neue Flora von Halberstadt".
Nach dem 2. Weltkrieg entwickelten sich nach dem Vorbild von Halle auch Pflanzenkartierungszentralen in Mecklenburg, Sachsen und Brandenburg.

In Mecklenburg beauftragte Werner Rothmaler nach seiner Berufung an die Universität Greifswald seinen Mitarbeiter Franz Fukarek mit dem Aufbau einer floristisch-pflanzengeographischen Kartierung. Unter dessen Leitung wurde eine Arbeitsgemeinschaft Mecklenburger Floristen gegründet, und ab 1954 wurden 10 Reihen und einige Einzelpublikationen mit Verbreitungskarten von insgesamt 273 Arten herausgegeben.

Ab 1953 wurde durch H. Ulbricht in Dresden die traditionsreiche Arbeitsgemeinschaft Sächsischer Botaniker wieder aktiviert, dank deren Tätigkeit die bereits erwähnte umfangreiche Fundortkartei existierte (vgl. ULBRICHT 1959). Zwischen 1964 und 1979 erschienen 139 „Verbreitungskarten Sächsischer Leitpflanzen", in der Mehrzahl herausgegeben von Werner Hempel. Im Zuge der 3. Hochschulreform mußte die Kartierungszentrale Dresden 1968 ihre Tätigkeit einstellen. Die Pflanzenkartierung in den sächsischen Bezirken wurde jedoch in Fachgruppen fortgesetzt.

In Brandenburg erfolgte 1951 durch Theo Eckardt, tätig am Botanischen Institut der Pädagogischen Hochschule Potsdam, ein erster Aufruf zur Mitwirkung an der Pflanzenkartierung. Nach dessen Weggang aus Potsdam nahm sich Wolfgang Richard Müller-Stoll dieses Vorhabens an. Als Leiter auch der Zweigstelle Potsdam des 1953 gegründeten Institutes für Landesforschung und Naturschutz begann er dort mit seinen Mitarbeitern Heinz Dieter Krausch und Wolfgang Fischer unter Mitwirkung ehrenamtlicher Mitarbeiter mit der Herausgabe von „Verbreitungskarten brandenburgischer Leitpflanzen". Von 1957 – 1962 erschienen 4 Reihen mit 79 Arten. Mit dem Ausscheiden von W. R. Müller-Stoll aus dem Institut erfuhr die Pflanzenkartierungsarbeit in Brandenburg eine Unterbrechung.

Während dieser Periode unterbreiteten EHRENDORFER & HAMANN (1965) ihre Vorschläge zu einer Pflanzenkartierung von Mitteleuropa. Auf Bitte von Friedrich Ehrendorfer beauftragte 1968 Walter Vent, Direktor des Instituts für Spezielle Botanik der Humboldt-Universität, seinen Mitarbeiter Dieter Benkert mit der Pflanzenkartierung in den brandenburgischen Bezirken. Für eine Fortsetzung der Punktkartenreihen wurde der bereits von Müller-Stoll und Mitarbeitern verwendete Kartenschnitt beibehalten (2 Reihen mit 28 Arten). Für die Mitwirkung an der Mitteleuropa-Kartierung konnte jedoch wegen der bereits bestehenden, angrenzenden Kartierungsgebiete vorerst nicht das Gesamtgebiet Brandenburgs bzw. der brandenburgischen Bezirke von Berlin aus bearbeitet werden. So bildete verabredungsgemäß im Norden die MTB-Reihe 30 die Grenze, im Süden und Südwesten blieben größere Gebietsteile den Kartierungszentralen in Halle und Dresden vorbehalten. Dafür übernahm Berlin die Betreuung der bisher von keinem Kartierungsgebiet erfaßten Altmark für die Mitteleuropa-Kartierung (vgl. BENKERT 1973).

Die Floristische Kartierung in Berlin erfolgte bis zur Wiedervereinigung in beiden Stadtteilen unabhängig voneinander. Im Ostteil wurde sie zusammen mit der Brandenburger Kartierung durchgeführt. Im Westteil begann man unter der Leitung von H. Sukopp und R. Böcker im Rahmen der Arbeiten am „Atlas der Farn- und Blütenpflanzen der Bundesrepublik Deutschland“ (HAEUPLER & SCHÖNFELDER 1988) mit einer flächendeckenden Erfassung (SUKOPP et al. 1976). Nach deren Abschluß wurden im Zuge der Fortschreibung der Roten Liste gezielt gefährdete Arten kartiert. Ab 1987 startete eine systematische MTB-Viertelquadranten-Kartierung (BÖCKER 1994), die nach der Wiedervereinigung auf ganz Berlin ausgedehnt wurde.

Das geplante Projekt der Mitteleuropa-Kartierung erwies sich in der Folgezeit als nicht zügig durchführbar. Daher wurde versucht, die Rasterkartierung auf nationaler Ebene weiterzuführen. Als erste dieser nationalen Kartenwerke erschienen der „Verbreitungsatlas der Farn- und Blütenpflanzen der Schweiz“ (WELTEN & SUTTER 1982) und der „Atlas der Farn- und Blütenpflanzen der Bundesrepublik Deutschland“ (HAEUPLER & SCHÖNFELDER 1988). In der DDR war es erst 1975 gelungen, ein entsprechendes Kartierungsprojekt ins Leben zu rufen. Halle übernahm die Aufgabe einer Zentralstelle, Greifswald und Berlin fungierten als regionale Kartierungsstellen für die Bearbeitung der nördlichen Gebietsteile. Ab 1978 wurden für ausgewählte Arten schon vorab „Karten der Pflanzenverbreitung in der DDR“ herausgegeben. In dieser Folge erschienen auch spezielle Reihen für Segetalpflanzen und Pilze.

Übersichten über die im Osten Deutschlands publizierten Verbreitungskarten unterschiedlichster Maßstäbe finden sich bei HILBIG (1964, 1966, 1969, 1973, 1976, 1979, 1982, 1987, 1992) und KNAPP & KNAPP (1977, 1982).

3. Organisation der Kartierung in Ostdeutschland

3.1 Strukturelle Gliederung

Da sich die historisch entstandenen Strukturen nicht immer mit den aktuellen politischen Grenzen in Übereinstimmung bringen ließen, traten einige Probleme bei der Gliederung der Regionen auf. Nach der Vereinigung Deutschlands ergaben sich hier mit dem Wiederentstehen der Länder deutliche Veränderungen. Durch die Mitarbeit der Westberliner Floristen konnte die bis dahin aus politischen Gründen dort bestehende Lücke geschlossen werden. In Anpassung an die politischen Strukturen wurde die Kartierung in den letzten Jahren entsprechend der aktuellen Ländergrenzen koordiniert.

Zentralstelle für die Floristische Kartierung Ostdeutschlands

Die zentrale Koordination der Raster-Kartierung Ostdeutschlands wurde (von 1975 an) vom Institut für Geobotanik und Botanischer Garten der Universität Halle übernommen.
Diese Aufgabe wurde dabei von folgenden Mitarbeitern wahrgenommen:
Dr. E. Weinert (1975 – 1993), Dr. H. Mühlberg (1993 – 1994), H. Korsch (1994 – 1996).

Regionalstellen

Mecklenburg-Vorpommern

Leitung Prof. Dr. F. Fukarek; Botanisches Institut und Botanischer Garten der Universität Greifswald; Grimmer Str. 88; 17487 Greifswald.

Bis 1990 Betreuung der ehemaligen Bezirke Rostock, Schwerin und Neubrandenburg, danach Mecklenburg-Vorpommerns.

Brandenburg

Leitung Dr. D. Benkert; Humboldt-Universität Berlin, Institut für Biologie, Spezielle Botanik und Arboretum; Späthstr. 80/81; 12437 Berlin.

Bis 1990 Betreuung der ehemaligen Bezirke Cottbus, Frankfurt/Oder, Potsdam und Berlin sowie des nördlichen Teils des Bezirkes Magdeburg, danach Brandenburgs.

Berlin

Leitung Prof. Dr. R. Böcker und Prof. Dr. H. Sukopp (1971 – 1992), B. Machatzi, R. Prasse und M. Ristow (1992 –); Landesbeauftragter für Naturschutz Berlin; Charlottenstr. 82; 10969 Berlin.

Bis 1990 Betreuung des Westteils von Berlin, danach ganz Berlins.

Sachsen-Anhalt, Sachsen, Thüringen

Leitung Dr. E. Weinert (1975 – 1993), Dr. H. Mühlberg (1993 – 1994), H. Korsch (1994 – 1996), Institut für Geobotanik und Botanischer Garten der Universität Halle; Neuwerk 21; 06099 Halle.

Bis 1990 Betreuung der ehemaligen Bezirke Halle, Leipzig, Dresden, Karl-Marx-Stadt, Erfurt, Gera, Suhl und des Südteils des Bezirkes Magdeburg, danach der drei Bundesländer Sachsen, Sachsen-Anhalt und Thüringen.

Seit 1990 formierten sich in diesen drei Ländern Regionalstellen, welche seitdem die bereits angelaufenen Wiederholungskartierungen betreuen. Die Leitung liegt in den Händen folgender Personen:
Sachsen
Prof. Dr. H.-J. Hardtke, Possendorf
Sachsen-Anhalt
Dr. D. Frank, Landesamt für Umweltschutz Sachsen-Anhalt
Thüringen
Dr. W. Westhus, Thüringer Landesanstalt für Umwelt, Dr. H.-J. Zündorf, Herbarium Haussknecht der Universität Jena

Die Arbeit der Zentral- und Regionalstellen wurde entscheidend durch die Mitglieder der Botanischen Arbeitsgemeinschaften und Vereine der jeweiligen Regionen unterstützt. Vor allem bei der Organisation der Geländearbeiten und des Erfahrungsaustausches war diese Hilfe unerläßlich. Die wichtigsten sollen deshalb im folgenden genannt werden:

Arbeitsgemeinschaft Mecklenburger Floristen
Arbeitsgemeinschaft Brandenburgischer Botaniker (1990 integriert in den Botanischen Verein von Berlin und Brandenburg)
Arbeitsgemeinschaft Hercynischer Floristen
Arbeitsgemeinschaft Sächsischer Botaniker
Thüringische Botanische Gesellschaft

3.2. Mitarbeiterverzeichnis

Bei der Organisation der Kartierung und/oder bei der Fertigstellung des Atlas hatten sehr großen Anteil:

Günther, K.-F., Jena
Herdam, H., Straßberg
Hardtke, H.-J., Possendorf
Jage, H., Kemberg
Machatzi, B., Berlin
Ristow, M., Berlin
Voigtländer, U., Waren
Weinert, E., Halle
Zündorf, H.-J., Jena

Mitarbeit durch die Bearbeitung sehr großer Gebiete

Arendt, K., Gerswalde
Benkert, D., Potsdam
Bolbrinker, P., Altkalen
Brennenstuhl, G., Salzwedel
Dengler, J., Kiel
Dunger, I., Görlitz
Duty, J., † Rostock
Falkenberg, H., Gera
Fischer, W., Potsdam
Flößner, W., † Olbernhau
Fukarek, F., Greifswald
Funk, B., Gnoien
Große, E., Halle/Saale
Hamsch, S., Guben
Hans, F., † Karlshof
Hardtke, H.-J., Possendorf
Henker, H., Neukloster
Herdam, H., Straßberg
Hölzer, U., † Lieberose
Illig, H., Luckau
Illig, J., Luckau
Jage, H., Kemberg
Jentsch, H., Lübbenau
Keding, A., Naumburg
Kintzel, W., Lübz
Klaeber, W., Berlin
Klemm, C.-L., Grevesmühlen
Klemm, G., Berlin
Köhler, H., Leipzig
Konczak, P., Wriezen
Korsch, H., Halle/Saale
Kosmale, S., Zwickau
Kupfer, H., Rohrbach
Meinunger, L., Ludwigstadt-Ebersdorf
Militzer, M., † Bautzen
Mohr, A., Neubrandenburg
Otto, H.-W., Bischofswerda
Passarge, H., Eberswalde-Finow
Passig, H., Großhennersdorf
Prinke, E., Treuenbrietzen
Rattey, F., Beetzendorf
Rauschert, S., † Halle/Saale
Rehbein, R., Rostock
Richter, E., † Barnin
Sass, H., Neuglobsow
Schubert, R., Halle/Saale
Schulze, G., Schwerin
Schwarz, R., Dabendorf
Sluschny, H., Schwerin
Voigtländer, U., Waren
Volkmann, H., Röblingen/See
Weber, R., Plauen
Wegener, U., Halberstadt
Westhus, W., Jena
Wollert, H., Teterow
Zündorf, H.-J., Jena

Größere Beiträge leisteten:

Ade, A., Gemünden
Ahrns, C., Breitenbach
Allmann, R., Riestedt
Arlt, K., Potsdam
Arndt, A., † Reichwalde
Aurich, O., Gatersleben
Barthel, K.-J., Nordhausen
Bartsch, A., Wernigerode
Barwinek, H., Schmalkalden
Bäßler, M., Berlin
Baumgarten, G., Dingelstädt
Becker, A., Staßfurt
Berg, C., Rostock
Bertels, E., Jena
Beutler, D., Beeskow
Biedermann, S., Lauterbach
Birke, H., † Methau
Bock, G., Klocksin
Böcker, R., Stuttgart
Böhme, E., Meißen
Bornkamm, R., Berlin
Borsdorf, W., Dresden
Braun, U., Halle/Saale
Bräutigam, S., Görlitz
Breitrück, H., Oberpreilipp
Bresk, B., Eberswalde
Buhl, A., Halle/Saale
Burkart, M., Berlin
Casperson, G., Kleinmachnow
Conrad, R., Gera
Dahlke, E., † Bad Muskau
Dietrich, W., Annaberg-Buchholz
Dietze, H., Uenglingen
Dörre, R., † Naumburg
Dunger, W., Görlitz
Ebel, F., Halle/Saale
Eckardt, H., Benneckenstein
Eichstädt, U., Halle/Saale
Einenkel, R., Bitterfeld
Engert, P., Eisenhüttenstadt
Faber, K., Magdeburg
Feige, E., Kleinmachnow
Fischer, G., Bernburg
Fleischer, M., Gera
Förster, F., Papstdorf
Förster, H., † Papstdorf
Frank, D., Halle/Saale
Freytag, W., † Weißenfels
Friese, M., Oberförstchen
Fritze, P., Eberswalde
Fritzsche, S., Eilenburg
Fröhlich, O., † Jena
Fröhner, S., Nossen
Fuchs, H., Göttingen
Füllekrug, E., Bad Gandersheim
Gastinger, W., Schmiedefeld
Gebauer, P., Görlitz
Gehling, R., Badersleben
Gehroldt, E., Gera
Geißler, I., Rostock
Gnüchtel, A., Dresden
Göhlich, H., Weimar
Golde, S., Bautzen
Grohmann, O., Mücheln
Grund, H., † Lommatzsch
Gründel, J., Berlin
Grundig, H., † Pirna
Grundmann, H., Chemnitz
Gruschwitz, K., Straßfurt
Günther, C., Paulinenaue
Gutte, P., Leipzig
Haack, I., Aschersleben
Haage, K., Magdeburg
Haeupler, H., Göttingen
Hahn, S., Demitz-Thumitz
Hamel, G., Heinersdorf
Hampe, E., Lossa
Hanelt, P., Gatersleben
Hanspach, D., Ortrand
Hauke, U., Kröchlendorf
Haupt, R., Jena
Hecht, G., † Merseburg
Heinrich, D., Templin
Heinrich, W., Jena
Heller, K., Magdeburg
Helmecke, K., Wittersroda
Hemke, E., Neustrelitz

Hempel, W., Dresden
Henke, A., Seifhennersdorf
Henow, H., Senzig
Hentschel, P., Halle/Saale
Herrmann, E., † Naumburg
Herrmann, W., Lieberose
Heym, W.-D., Cottbus
Hilbig, W., Petershausen
Hillebrand, W., Lobenstein
Hoffmann, H., Großenhain
Hoffmann, J., Müncheberg
Högel, C., Halle/Saale
Högel, E., Wernigerode
Höhlein, G., Leisenau
Höhlein, V., Schwaan
Höhn, W., Sigmundsburg
Holst, F., Güstrow
Horbach, H.-D., Kirchenlamitz
Horn, F., Eilenburg
Hoyer, H., Galenbeck
Hudziok, G., Berlin
Hüller, K., Hennigsdorf
Hundt, R., Halle/Saale
Huse, M., Greifswald
Illig, W., Ilsenburg
Jäger, E., Halle/Saale
Jaschke, W., Buckow
Jehmlich, I., Zittau
Jobst, T., Nünchritz
John, H., Halle/Saale
Jüttersonke, B., Kleinmachnow
Kasper, E., Hohendorf
Kasper, S., Hohendorf
Kastl, C., Bad Gottleuba
Kellner, K., † Nordhausen
Kiesewetter, H., Crivitz
Kindt, W., Wittenburg
Kipping, G., Grimma
Kirsch, J. W., Berkenbrück
Kison, H.-U., Quedlinburg
Kleinke, J., Altenkirchen
Klotz, S., Halle/Saale
Klouda, C., Horscha
Knapp, H. D., Vilm
Köck, U., Halle/Saale
Kohls, W., Brandenburg/Havel
Kräbs, I., Saalfeld
Krätzig, N., Zwönitz
Krausch, H.-D., Potsdam
Krebs, G., Rastenberg
Kreher, C., Berlin
Kretschmer, C., Teterow
Krisch, H., Greifswald
Krivka, P., Pardubice
Krull, K., Peckatel
Kühn, W.-D., Bad Lauchstädt
Kummer, V., Potsdam
Künstler, E., Zeitz
Lang, J., Schenkendorf
Lauterbach, W., Nienhagen
Lehmann, H., Torgau
Liebscher, C., Chemnitz
Lindner, L., Kühren
Linke, C., Kargow
Litterski, B., Greifswald
Machatzi, B., Berlin
Makiola, E., Döbeln
Markus, C., Torgau
Marstaller, R., Jena
Martin, A., Güstrow
Matthes, G., Franzburg
Meese, P., Werdau
Melzer, E., Auerbach
Meßner, U., Waren
Meusel, H., Halle/Saale
Morgeneyer, W., Markleeberg
Mösch, W., Usadel
Müller, F., Dresden
Müller, M., † Halberstadt
Müller, P., Haldensleben
Natho, G., Wanzleben
Neuhaus, R. u. R., Halberstadt
Oesterreich, H., † Quedlinburg
Otte, V., Berlin
Peterlein, K., Eckolstädt
Pfützenreuter, S., Bachra
Prasse, R., Berlin
Pries, E., Templin
Projektgruppe Schorfheide Univ. Kiel (Christiansen, U., Kunzmann, D., Makus, A., Rühs, M.)
Pusch, J., Erfurt
Rafael, R., Leipzig
Ranft, M., Wilsdruff
Rätzel, S., Frankfurt/Oder
Reck, I., Heiligenstadt
Reck, V., Heiligenstadt
Reichenbach, H., † Rodewisch
Reichhoff, L., Dessau
Reimann, M., Bischofswerda
Reinhardt, K., Ellrich
Richter, W., Stendal
Riebe, H., Königstein
Ristow, M., Berlin
Rochow, E., † Luckenwalde
Rohlandt, E., Wulferstedt
Romeike, A., Gatersleben
Schaberg, F., Halle/Saale
Schäfter, R., Berlin
Scharfenberg, K., Guben
Schellhammer, L., Schildau
Schick, L., Leipzig
Schiller, F., Reichenbach i. V.
Schlüter, U., Schwerin
Schmidt, D., Quedlinburg
Schmidt, D., Potsdam
Schmidt, P. A., Tharandt
Schmidt, S., Niemegk
Schnedler, W., Aßlar-Bechlingen
Schneider, K., Berlin
Schnelle, E., Leps
Schnelle, W., Zerbst
Schoknecht, T., Kleinmachnow
Scholz, E., Triebes
Scholz, H., Berlin
Schöne, R., Weißig
Schönfeld, M., Neubrandenburg
Schubert, B., Borna
Schubert, K., Sömmerda
Schulz, D., Dresden
Schulz, G., Arendsee
Schumann, H.-J., Zug
Schurig, B., Sülstorf
Schütze, T., Großpostwitz
Schwippl, I. † Herzberg
Sonnenberg, A., Röbel
Sonnenberg, H., Gräbendorf
Sperling, D., Vetschau
Spieß, R., Serrahn
Steinmeyer, H. H., Beendorf
Stohr, G., Eberswalde
Stolle, J., Halle/Saale
Streitwolf, K., † Nordhausen
Stricker, W., † Berlin
Strumpf, K., Altenburg
Sukopp, H., Berlin
Sykora, W., Altenburg
Szameitat, H.-D., Jatznick
Thiermann, H., Halberstadt
Thomaschke, H., Ottendorf-Okrilla
Thoß, W., Wilkau-Haßlau
Tillich, H.-J., Mühlhausen
Töpfer, H., Bad Saarow
Uhlig, J., † Oederan
Uhlmann, H., Naundorf
Unruh, M., Zeitz
Vogel, J., Görlitz
Voigt, H., Kleinmachnow
Voigt, O., Dessau
Wachler, G., Meinsberg
Wagner, G., Stützengrün
Walter, J., Adorf
Walter, S., Tharandt
Warthemann, G., Halle/Saale
Weier, R., Anklam
Weinert, E., Halle/Saale
Werner, K., Halle/Saale
Wettig, R., Weißenfels
Weymar, H., † Dresden
Wiehle, W., Waren/Müritz
Woborzil, W., Magdeburg
Wölfel, U., Wolfen
Wölfel, W., Freyburg
Ziebarth, G., Erkner
Ziebarth, R., Berlin
Zoerner, H., Dessau

Kleinere Beiträge leisteten:

AHO Sachsen-Anhalt
AHO Thüringen
Abdank, A., Halle/Saale
Abel, Fulda
Adolf, E., Weimar
Aey, W., Berlin
Altehage, C., Osnabrück
Andrä, K., Pirna
Apel, E., Thüringen
Apitzsch, Altenberg
Auge, H., Leipzig
Auhagen, A., Berlin
Baade, H., Altenburg
Baer, H., Friedrichsbrunn
Baier, E., Witzenhausen
Bank, C., Staßfurt
Bartsch, P.
Bartz, R.-P., Matzendorf
Bauch
Baumann, B., Unterkatz
Beck, C., † Berlin
Becker, H. P., Berlin
Bedarff, U., Gießen
Beelitz, E., Burg
Behmann, G., Dungelbeck
Behr, E., † Forst
Beinersdorf, J., Halle/Saale
Beinhauer, K., Halle/Saale
Belde, M., Braunschweig
Bendix, H., Staßfurt
Bendix, I., Stadtilm
Bendix, S., Halle/Saale
Benesch, I., Jena
Bengtson, C., Berlin
Bennert, W., Bochum
Berbig, A., Wandlitz
Berger, K., Kamenz
Bergmann, A., Arnstadt
Bergmeier, E., Kopenhagen
Bernau, K., Cossebaude
Berndt, K., Markneukirchen
Bertow, N., Thale
Berwing, G., Sonneberg
Bethge, P., Oschersleben
Beurton, C., Berlin
Beyer, R., Halle/Saale
Bialucha, K., † Lübben
Biedermann, E., Schweina
Bierbach, U., Siptenfelde
Bitter, G., Braunschweig
Blachnik-Göller, T., Weißenburg
Blankenhorn, B., Gießen
Bliemel, K., Berlin
Blümel, C., Greifswald
Bochert, H., Maberzell
Bockhacker, K., Jena
Bögener, S., Berlin
Böhm, H., † Meißen
Böhme, M., Frankenberg
Böhnert, W., Dresden
Bollmann, G., Mühlhausen
Bönsel, D., Eberstadt
Boos, A., Wittenberg
Bormeister, H.-J., Zehdenick
Borrmann, K., Lüttenhagen
Boxberger, H., Meiningen
Branco, K., † Bad Berka
Brandes, D., Braunschweig
Brandes, S., Braunschweig
Brandt, B., Damshagen
Brandt, K., Damshagen
Brauner, O., Eberswalde
Breitenfeld, K., Berlin
Breitfeld, M., Markneukirchen
Breitkopf, H., Bernburg
Bretschneider, I., Leipzig
Brinkmann, P., Neubrandenburg
Brückner, C., Berlin
Brückner, H., Plauen
Brückner, P., Berlin
Buder, W., Dresden
Bultmann, M., Göttingen
Bunninger, L., Gießen
Bunzel, I., Leipzig
Burghart, M., Göttingen
Buß, B., Alt Tellin
Buschbeck, R., Gießen
Busecke, H.-D., Teterow
Büttner, Dresden
Büttner, I., † Waren
Büttner, U., Theuma
Büttrich, C., Großröhrsdorf
Butzke, H., Eberswalde
Cöster, I., Güstrow
Dammann, H., Lüneburg
Dancker, H., Rinteln-Weser
Danckert, H., Rostock
Danert, S., Rinteln
Dannhauer, K., † Plauen
Danzig, E., Plauen
Daverhut, H., Magdeburg
Deckert, C., Berlin
Dehnen, K., Jena
Deppe, A., Göttingen
Dersch, G., Göttingen
Dieminger, J., Rostock
Dienemann, H., Tarnefitz
Dietze, R., † Großenhain
Dietzel, R., Triebes
Dix, V., Gera
Doebler, M., Halle/Saale
Döhler, G., † Greiz
Doll, R., Greifswald
Doms, W.
Dörfelt, H., Halle/Saale
Döring, E., Ilmenau
Dorsch, I., Miltitz
Drafehn, H.-J., Bürgel
Dransfeld, K., Hildburghausen
Drees, J., Dresden
Dressel, R., Eisenach
Drichelt, E., Karsdorf
Duks, P., Rostock
Düll, R., Duisburg
Dunsing, M., Berlin
Düvel, M., Berlin
Dziergwa, H., Athensleben
Eberhardt, E., Blankenburg
Eckardt, H., Hildburghausen
Ecklebe, D., Bad Blankenburg
Edelmann, H., Kulmbach
Eggers, T., Hondelage
Eggert, H., Osterwieck
Eichholz, H., Quedlinburg
Eichler, H., Gatersleben
Einecke, H., Dankerode
Eisfeld, R., Aschersleben
Endreß, H., Neuhaus-Schierschnitz
Endtmann, J., Eberswalde
Engelmann, W., Zerbst
Ennenbach, W., Rudolstadt
Erben, D., Sandersdorf
Erdtmann, E., Großbreitenbach
Erlacher, S.-I., Weimar
Erzberger, P., Berlin
Esche, K., Erfurt
Falk, K., Halle/Saale
Falkenhagen, Gebr. von, Ballenstedt
Feder, J., Hannover
Feix, H., Wernigerode
Feller, E., Berlin
Feller, W., Guben
Fentzke, J., Altenburg
Fieber, W., Halle/Saale
Fiedler, E., † Riesa
Fiedler, O., † Leipzig
Finke, L., Rudolstadt
Fischer, Harzgerode
Fischer, E., Halle/Saale
Fischer, M., Klingenthal
Fitschen, M., Berlin
Flegel, H., Bad Lausick
Förster, P., Bucha
Fouquet, B., Gatersleben
Franke, R., Gernrode
Franke, W., Thale
Frecot, E., Berlin
Frederking, W., Roßleben
Freidank, K., Genthin
Freitag, H., Potsdam
Frenkel, H.-H., Thale
Freydank, K., Leipzig
Friedrich, B., † Finsterwalde
Frisch, G., † Abtsdorf
Fritsch, R., Gatersleben
Fritsche, Thalmühle
Fritzsche, H., Staßfurt
Frölich, E., Wanfried
Frost, H., Halle/Saale
Fuess, W., Dessau

Furchner, R., Reichenberg
Fürstenow, J., Potsdam
Fuschner, R., Weixdorf
Gaetsche, A., Berlin
Gagel, K., Bad Kissingen
Garscha, W., Güntersberge
Gauckler, K., Nürnberg
Gebhardt, A., Heiligenstadt
Gebhardt, I., Halle/Saale
Geier, S., † Halle/Saale
Geißler, T., Berlin
Gelbrecht, F., † Dannenreich
Geling, R., Torgau
Gerhardt, W., Templin
Gerisch, H., † Lengefeld
Gerke, H., Rethen
Gerken, R., Clausthal-Zellerfeld
Gerlach, A., Clausthal-Zellerfeld
Gerlach, R., Dresden
Getschmann, U., Bergheide
Giese, K.-J., Klein Behnitz
Gladis, T., Gatersleben
Glawe, K., Lübben
Gleichmann, S., Berlin
Glotz, Görlitz
Göckeritz, B., Gera
Göckeritz, J., Gera
Gollwitzer, G., Glauchau
Göritz, H., Potsdam
Gottfried, M., Polenzko
Gottschlich, G., Tübingen
Grabowski, C., Berlin
Gräfe, R., Bad Klosterlausnitz
Gräfe, S., Jena
Gregor, T., Schlitz
Griese, D., Braunschweig
Grimme, A., † Kassel
Gröbner, F., Blankenburg
Gröger, F., Warza
Groh, F., Bad Kösen
Groneberg, H., Sondershausen
Groß, A., Wernigerode
Grosse, H., Altenburg
Große, W., Wurzen
Großer, K.-H., Belzig
Grossmann, A., Lörrach
Gruhl, O., Dornheim
Grüneberg, H., Jena
Grünewald, W., Friedewald
Grünler, J., Obhausen
Grützmacher, H., Boizenburg
Grzyb, U., Güntersberge
Guder, C., Braunschweig
Gulich, A., Zwickau
Günther, E., Halberstadt
Günther, G., † Zeitz
Günther, K.-F., Jena
Günther, L., Wernigerode
Günzel, Dresden
Gürgens, K., Jocketa
Haaß, M., Gera
Haase, Kleinwerther
Hacker, E., Leipzig
Hackert-Korde, K., Wismar
Haedicke, Leinefelde
Haensel, J., Berlin
Hagedorn, A., Nordhausen
Hagen, D., Wittstock
Hagen, G., Templin
Hahn, H., Raun
Hahnefeld, R., Leinefelde
Hahnefeld, S., Leinefelde
Hahnemann, H.-P., Erfurt
Hallebach, M., Leipzig
Halpick, P., Ragow
Hammer, K., Gatersleben
Hämmerling, R., Saalfeld
Hammmelsbeck, U., Drübeck
Hampe, Wieda
Handtke, K., Halberstadt
Hanelt, D., Gatersleben
Hanf, Halle/Saale
Harms, H., Rinteln
Harter, A., Berlin
Hartleb, H., Aschersleben
Hartmann, B., Berlingerode
Hartmann, U., Potsdam
Haß, G., Berlin
Hassert, C.-M., Bautzen
Haubner
Haufe, K., Jena
Heddergott, K., Köthen
Heerklotz, H., Leipzig
Heinecke, P., Eisenberg
Heinel, E., Treuen
Heinze, W., Petkus
Heinzelmann, P.
Heitzwebel, W., Treuenbrietzen
Helbig, Sebnitz
Helbig, H., † Meißen
Held, O., Schönebeck
Heller, R., Uhrsleben
Hellmann, M., Halberstadt
Helmert, O., Sangerhausen
Hempel, F., † Triebes
Hennecke, M., Ueckermünde
Hennig, H., Wittenberg
Hennig, U., Berlin
Henniger, G., Kremmen
Hensel, F., Wörth
Henze, U., Sondershausen
Herberg, A., Berlin
Herdam, A., Straßberg
Herdam, V., Berlin
Hermann, H.-D., Erfurt
Herrmann, A., Potsdam
Herrmann, E., Halle/Saale
Herrmann, E., Kleinwanzleben
Herrmann, H., † Dresden
Herrmann, R., Roßwein
Herrn, R., Halle/Saale
Herz, E., Halle/Saale
Herzog, W., Kassel
Heuer, W., Schmalkalden
Heyer, K., Bad Kösen
Heym, R., Suhl
Hidde, E., Eberswalde
Hiddemann, B., Heldra
Hiesener, H., Thale
Hille, M., Potsdam
Hillebrand, H., Wanzleben
Hindenlang, L., Eschwege
Hinsche, A., Dessau
Hirsch, G., Jena
Hirthe, R., Plauen
Hobusch, E., Burg
Hoffmann, M., Halle/Saale
Hofmann, G., Eberswalde
Hofmann, K., Halle/Saale
Hofmann, W., Schweinfurt
Hofmeister, H., Roffhausen
Hohlfeld, W., Quedlinburg
Holzkamm, E., Halle/Saale
Hölzki
Hönig
Höpfner, G., † Hof
Hörnig, C., Dommitzsch
Hotzler, F., Sontra
Huber, A., Berlin
Hübner, A., Stollberg
Hunstock, A., Quedlinburg
Illg, G., Bad Hersfeld
Illig, S., Ilsenburg
Jacobs, F., † Anklam
Jaeger, F., † Klingenthal
Jäger, P., Netzschkau
Jähn, C., Zschortau
Jähne, G.
Jaritz, I.
Jeschke, L., Greifswald
Jessen, S., Chemnitz
Joachim, K., † Quedlinburg
Johne, J., Sohland
Jong, M. de, Gießen
Jost, S., Waren
Jung, K., Niederweidbach
Jupe, H., † Börnecke
Kahnert
Kaiser, K., Rostock
Kallen, H.-W., Clenze
Kallmeyer, H., Thale
Kämpfe, S., Weimar
Karl, E., Aschersleben
Karste, G., Wernigerode
Kartheuser, V., Quedlinburg
Kasparek, G., Bad Soden/Taunus
Kasparz, S., Lübben
Kästner, M., Frankenberg
Kauerauf, D., Zahna
Kayser, W.-J., † Schwanebeck
Kell, V., Rostock
Kellner, K., Marburg
Kergel, K., Wismar
Kerstan, G., † Bad Sooden-Allendorf
Kerstan, M., Cottbus
Kimmel, C., Fulda

Klaetsch, B., Berlin
Kläge, H.-C., Luckau
Klanert, P., Thale
Klatt, G., Derenburg
Klaue, E., Lübben
Klawitter, J., Berlin
Klemz, C., Berlin
Klenke, F., Dresden
Klocke, F., † Ballenstedt
Klotzek, F., Weddersleben
Klotzky, A., Halberstadt
Klug, W., Gotha
Knappe, K., Hennigsdorf
Knauer, H., Thale
Knauf, H., Halle/Saale
Knoll, S., Mechelgrün
Knopf, H.-J., Timmenrode
Knüpffer, H., Gatersleben
Koch, F., Thale
Koch, H., Goldberg
Koch, J., † Haina
Kohl, M., Kleingeschwenda
Köhler, U., Rositz
Köhn, D., Rostock
König, A., Frankfurt/Main
König, H., Halberstadt
König, P., Greifswald
König, W.-D., Dresden
Konopatzky, A., Eberswalde
Konopatzky, S., Eberswalde
Koop, K.-H., Krakow
Köppe, R., Wendgräben
Körner, W., Quedlinburg
Köstler, H., Berlin
Kowarik, I., Berlin
Krebs, G., Thale
Krebs, W., Stolpen
Krieg, W., Ballenstedt
Krienitz, L., Köthen
Kronbiegel, H.-J., Colditz
Krüger, H., Quedlinburg
Kruse, J., Gatersleben
Kudoke, J., Rostock
Kühn, F., Prag
Kühnel, S., Hagenow
Kühner, E., Rostock
Kümpel, H., Wernshausen
Kunick, W., Bornheim
Kunz, U., Burgstädt
Kunze, H., Halberstadt
Kunzmann, G., Wallerstein
Kutschkau, H., Berlin
Kutz, R., Hasselfelde
Lakenberg, K., Berlin
Lang, A., Hof
Lange, E., Berlin
Langer, A., Berlin
Langlotz, W., Thale
Lautenschläger, D., Magdeburg
Lee, Y. M., Berlin
Lehmann, H., Ballenstedt
Leidler, P.
Lemke, H., Rollwitz
Leonhardt, J., Falkenhain
Leuschner, A., Berlin
Lewejohann, K., Göttingen
Liebsch, H., Steinsdorf
Liebsch, W., Steinsdorf
Linder, W., Bergholz-Rehbrücke
Löbnitz, G., Erfurt-Marbach
Löbnitz, M., Erfurt-Marbach
Löffler, M., Etzdorf
Lorbeer, H., Keula
Löschner, S., Wilkau-Haßlau
Löwen
Lubs, E., † Neustrelitz
Lüders, H., Halberstadt
Lüdtke, F.-M., Görlitz
Ludwig, W., Marburg
Lünert, P.
Lüth, H.-J., Groß Gievitz
Lütkenhaus, G., Berlin
Lutze, G., Sondershausen
Lyhs, H., Sargstedt
Maaß, H., Gatersleben
Maaß, K., Seehausen
Mahn, E.-G., Halle/Saale
Mai, D., Berlin
Mammen, U., Halberstadt
Manitz, H., Jena
Mann, R., Schwerin
Markmann, P., Taucha
Maron, R., † Auerbach
Matschke, K., Goyatz
Mauersberger, R., Groß Schönebeck
Meierott, L., Gerbrunn
Meißner, B., Berlin
Meißner, J., Berlin
Meng, B., Niedergrunstedt
Mente, H., Harzgerode
Mertens, A., Mehrin
Mertens, F., † Halberstadt
Meyer, H., Thale
Meyer, L., Thale
Meyer, N., Asbach
Miersch, J., Halle/Saale
Mingerzahn, M.-L., Dingelstedt
Moeck, M., Berlin
Moltrecht, C., Delitzsch
Moog, G., Thale
Mory, B., Berlin
Mross, S., Köthen
Mühlberg, H., Halle/Saale
Müller, Dresden
Müller, A., Altenburg
Müller, C., Schönebeck
Müller, G., Leipzig
Müller, H., Malchow
Müller, H.-J., Quedlinburg/Jena
Müller, J., Köln/Göttingen
Müller, M., Braunschweig
Natho, G., Berlin
Naumann, H., Aschersleben
Neidel, R., Chemnitz
Neubauer, H., Oertzenhof
Neubert, K., Berlin
Neumann, B., Berlin
Neumann, M., Quedlinburg
Neuwirth, G., Halle/Saale
Nickolmann, S., Magdeburg
Niemann, E., Leipzig
Nieschalk, C., Korbach
Niklas, W., Gera
Nisar, C., Calvörde
Nitsche, L., Zierenberg
Nöllert, S., Holzendorf
Nowack, B., Neschholz
Nowak, B., Wetzlar-Naunheim
Nowak, C.
Nowak, H., Ummendorf
Oemler, D., Wernigerode
Oemler, E., Wernigerode
Oesterle, S., Eisfeld
Ohle, H., Gatersleben
Ohlendorf, B., Stecklenberg
Öhlenschläger, R., Dallgow
Opitz, D., Wesenberg
Orthey, J., Eberswalde
Othmer
Otterstedt, E. von, † Ballenstedt
Paechnatz, E., Berlin
Pampel, B., Kötzschau
Paradies, T., Marnitz
Pauly, H., Quedlinburg
Peitzsch, J., Sangerhausen
Peper, H.-J., Liepgarten
Perwo, B., Coswig
Peterson, J., Halle/Saale
Petters, W., Halle/Saale
Peukert, D., Zittau
Philipp, R., Langgöns
Pietsch, H., Dresden
Pietsch, W., Dresden
Pietzold, E., † Elsterberg
Pistrick, K., Gatersleben
Pivarci, R., Rostock
Poppitz, Gernrode
Pötsch, J., Potsdam
Preisler, K., † Greiz
Preissing, M., Zeitz
Prigge, H., Stendal
Prill, H., Serrahn
Prüter, B., Rostock
Püchel, H., Jena/Wolmirstedt
Puls, K., Timmenrode
Quitt, H., Wernigerode
Rabe, H., Moschwitz
Rabold, W., † Gößnitz
Raehse, S., Kassel
Randig, W., Groß Vahlberg
Rebele, F., Berlin
Rehfeld, H., Quedlinburg
Rehse, B., Hundisburg
Renner, P., Adorf
Reuter, D., Hermsdorf
Reuther, R., Schlotheim

Ribbe, B., † Parchim
Richter, B., Kemberg
Richter, K., Hadmersleben
Richter, T., Rehna
Richter, W., Cottbus
Rode, P., Stadtroda
Röhling, E., Halberstadt
Röhricht, W., Quedlinburg
Roth, L., Adorf
Rothe, J., Jena
Rothmaler, W., † Greifswald
Rotsch, E., Mahlis
Rowinsky, V., Groß Upahl
Rühlmann, B., Hänichen
Rußwurm, N., Quedlinburg
Sacher, P., Blankenburg
Sahre, R., Neubrandenburg
Sammler, P., Potsdam
Sarrazin, W., † Berlin
Sawitzky, H., Gießen
Schaaf, G., Halberstadt
Schacht, N., Berlin
Schäfer, E., Fulda
Scheel, H., Potsdam
Scheller, U., Witzenhausen
Scheßl, M., Hanau
Schiffer, H.-G., Quedlinburg
Schild, E.-M., Blindow
Schilling, H., † Suhl
Schlegel, I., Neuglobsow
Schliephake, E., Aschersleben
Schliephake, H., Dardesheim/Leun
Schlüter, H., Jena
Schmidt, A., Quedlinburg
Schmidt, B., Berlin
Schmidt, D. A., Suhl
Schmidt, H., Magdeburg
Schmidt, M., Beeskow
Schmidt, P., † Oschersleben
Schmidt, R., Jena
Schmitz, S., Berlin
Schneider, A., Quedlinburg
Schneider, H., Hohen Wangelin
Schneider, M., Dingelstedt
Schneider, P., Sorno
Schnittler, M., Bonn
Schöler
Schöpe, D., Chemnitz
Schrader, U., Wulferstedt
Schröder, W., Dresden
Schubert, A., Halberstadt
Schubert, K., Neundorf
Schuboth, J., Halle/Saale
Schüler, W., Bernburg
Schultze-Motel, J., Gatersleben
Schulz, P., † Plauen
Schulz, R., Rotta
Schulz, W., Bleicherode
Schulze, R., Milmersdorf
Schumacher, A., Halle/Saale
Schumacher, R., Fürstenwalde
Schumann, Freiberg
Schunck, L., † Dingelstädt
Schürer, R., Potsdam
Schütze, E., † Quedlinburg
Schütze, P., Großpostwitz
Schwarz, R., Forst
Schwarzberg, B., Halle/Saale
Schweigert, R., Ditfurt
Schweigler, W., Meißen
Sebon, M., Großmühlingen
Sehmrau, W., Berlin
Seidling, W., Berlin
Seitz, B., Berlin
Siedler, A., Thale
Siegel, Dresden
Siegmeier, A., Rostock
Sievers, H.-D.
Slobboda, S., Greifswald
Sparkhorst, H., Dresden
Sparmberg, H., Erfurt
Stache, A., Halle/Saale
Starfinger, U., Berlin
Stegemann, M., Neustrelitz
Steinland, M., Templin
Stephan, P., † Rabenau
Sternberg, H., Rehna
Stiede, E., Nordhausen
Stilbach, K., † Dresden
Stöcker, G., Halle/Saale
Stopp, F., † Radebeul
Stroh, H. G., Wetzlar-Nauborn
Strube, G., Bad Suderode
Succow, M., Greifswald
Suchantke, C., Dresden
Suchantke, A., Dresden
Suk, T., Zeitz
Teichmann, D., Coswig
Thiele, M., Quedlinburg
Thienel, T., Braunschweig
Thierfelder, F., Altenburg
Thomas, H.-J., Klettenberg
Tigges, W., Berlin
Timmermann, T., Berlin
Timmermann-Trosiener, I., Grömitz
Tischer, J., Friedersdorf/OL
Tittel, C., † Aschersleben
Töppide, D., Dresden
Torstmann, U.
Trautewig, B., Thale
Trudewig, H., Eggenstedt
Tuchscherer, K., Gohrau-Rehsen
Uhlemann, I., Reinhardsgrimma
Uhlich, H.
Ulbrich, R., Lübben
Vent, W., Liebenwalde
Voelckel, H., Kahla
Voges, D., Jena
Wagenitz, G., Göttingen
Wagner, H., Groß Schönebeck
Wagner, W., Hartha
Waldeck, M., Thale
Wallmann, W., Berlin
Walther, E., Quedlinburg
Walther, H., Hadmersleben
Walther, H., Thale
Walther, M., Berlin
Walther, R., Lobenstein
Wand, E., Keula
Wandelt, W., Quedlinburg
Warzecha, M., Gatersleben
Wassberg, F., † Templin
Wauer, K.
Weber, D., Bad Berka
Weber, G., Plauen
Weber, H., Halberstadt
Weber, M., Halle/Saale
Weber, M., Seilershof
Weber, T., Neustrelitz
Wedra, C., Heusenstamm
Weege, K.-H., Magdeburg
Wegener, K.-A., Greifswald
Wegner, L., Göttingen
Wehlmann, W.
Weidner, H.-D., Bad Salzungen
Weier, D., Anklam
Wein, K., † Nordhausen
Weinitschke, H., Halle/Saale
Wenzel, W., Schkeuditz
Werres, A., Berlin
Wesarg, E., Dingelstedt
Westermann, A., Ballenstedt
Westermann, W., Cumlosen
Wetzel, M., Wanzleben
Wieczorek, E., Thale
Wieden, M., Gießen
Wiesner, K., Kleinwanzleben
Wirth, R., Meiningen
Wisniewski, N., † Berlin
Wolf, D., † Beiersdorf
Wolf, O., † Thale
Wolff, D., Altenweddingen
Wolff, U., Westerhausen
Wolke, H., Thale
Wollenberg, K.-H., Berlin
Wucherpfennig, D., Göttingen
Wünschmann, K., Eisleben
Wurster, O., † Halle/Saale
Zeising, R., † Sangerhausen
Zenker, E., Dessau-Waldersee
Zerbe, S., Berlin
Zidek, E., Quedlinburg
Ziegner, A., Annarode
Zienert, W., Moxa
Zierdt, K.-H., Elsterberg
Ziesche, F., Thale
Ziesche, H., Thale
Zilsch, R., Halle/Saale
Zimmermann, F., Berlin
Zöller, G., Syrau
Zorn, H., Halle/Saale
Zülicke, O., Bitterfeld

Technische Mitarbeiterinnen

Gabriel, E.-M., Halle
Gerstenberg, I., Berlin
Haaren-Kiso, A., Berlin
Heinrich, I., Berlin
Hesse, E., Halle
Huse, M., Greifswald
Natho, K., Berlin
Voigt, C., Halle
Wiese, C., Halle

4. Methodik der Kartierung

4.1 Bearbeitungsgebiet und Erfassungszeitraum

4.1.1 Bearbeitungsgebiet

Den geographischen Rahmen für die Kartierung bildete das Gebiet der ehemaligen DDR. Bei Grenz-Quadranten zu Polen und Tschechien wurde nur der deutsche Anteil kartiert. Grenz-Quadranten mit einem Anteil von weniger als etwa 2 km^2 wurden nicht bearbeitet. Bei der Auswertung historischer Daten wurde zwar versucht, dies auch so zu handhaben, doch können wegen z. T. ungenauer Fundortangaben auch einige jenseits der heutigen Grenzen liegende Vorkommen erfaßt worden sein. Da nach der Vereinigung der DDR mit der BRD die Westgrenze ihre Bedeutung verloren hat, wurden dort, wo Daten aus dem ehemaligen Grenzbereich verfügbar waren, diese auch mit verwendet. Eine Reihe von neueren Erhebungen im Gebiet zwischen den alten und neuen Bundesländern erfolgte von vornherein grenzüberschreitend.

Für nicht wenige Gebiete an der Ostseeküste, besonders im Bereich der stark gegliederten Boddenküsten, erwies sich eine formale, streng auf die Quadrantengrenzen bezogene Kartierung als unzweckmäßig. Es hätte sich dadurch eine ganze Anzahl von Quadranten ergeben, die nur eine sehr kleine Landfläche umfassen. Dies hätte einen erheblich größeren Arbeitsaufwand mit sich gebracht, ohne die Verbreitungsbilder wesentlich zu beeinflussen. Aus diesem Grunde wurde eine „Küstenkorrektur" durchgeführt. Dies bedeutet nun nicht, daß an der Küste irgend etwas verändert wurde, sondern nur die Zuordnung der oben genannten Flächen zu benachbarten Quadranten. Da sich der Begriff in Mecklenburg-Vorpommern aber bereits eingebürgert hat, wollen wir ihn trotz der sprachlichen Bedenken einsetzen. Ähnliche Verfahren wurden auch bei anderen Kartierungen verwendet (z. B. PERRING & WALTERS 1962, HAEUPLER & SCHÖNFELDER 1988). Eine „Küstenkorrektur" erfolgte auch, um geographische Einheiten (z. B. Inseln) in ihrem landschaftlichen Zusammenhang zu bewahren. Eine „Küstenkorrektur" wurde durchgeführt, wenn weniger als 10% der Fläche (d. h. 2,5 – 3 km^2) des Quadranten vom Land eingenommen werden.

Die Korrektur betrifft im einzelnen die folgenden Gebiete. Die Anordnung erfolgt innerhalb der Landschaftseinheiten von Norden nach Süden.

Festlandsküste
1540/2 nördlicher Westdarß: zu 1540/4
1541/2 schmaler Küstenstreifen bei der Hohen Düne östlich Prerow: zu 1541/4
1644/2 Parower Haken: zu 1644/1 (1644/2 umfaßt damit nur den Rügener Anteil)
1738/4 Küstenecke nördlich Markgrafenheide: zu 1838/2
1739/1 Küstenecke bei Graal: zu 1739/3
1836/1 schmaler Küstenstreifen bei Kühlungsborn-West: zu 1836/3
1836/2 schmaler Küstenstreifen bei Kühlungsborn-Ost: zu 1836/4
1837/1 Küstenecke nordöstlich Börgerende: zu 1837/3
1846/2 Ostteil der Insel Koos: zu 1846/1
1847/2 Küstenecke bei Freesendorf (bei Lubmin): zu 1847/4
1932/3 Küstenstreifen bei Broock: zu 1932/4
1934/3 Küstenecke nordwestlich Kirchdorf/Poel: zu 1934/4
2251/1 Nord-Ecke der Halbinsel Altwarp: zu 2251/3
2251/2 NO-Ecke bei Altwarp: zu 2251/4

Hiddensee
1344/4 nördlichster Teil des Dornbusch: zu 1444/2
1444/3 Teil von Hiddensee südlich Neuendorf: zu 1444/4

Rügen
1345/1 kleine Ecke nordnordöstlich Dranske: zu 1345/2
1444/4 Stolper Haken und Westteil der Insel Öhe (westlich Schaprode): zu 1445/3 (1444/4 umfaßt damit nur die Insel Hiddensee)
1445/1 schmaler Streifen der Halbinsel Wittow, nördlich der Wittower Fähre: zu 1445/2
1445/1 schmaler Streifen südlich der Wittower Fähre: zu 1445/3
1445/2 kleine Ecke der Rügener Hauptinsel östlich der Wittower Fähre (Libnitzer Ort): zu 1445/4
1445/2 kleine Ecke nordöstlich der Wittower Fähre: zu 1445/4
1446/1 kleine Ecke am Großen Jasmunder Bodden: zu 1445/2
1448/1 Ostküste der Stubnitz: zu 1447/2
1448/3 Ostküste der Stubnitz: zu 1447/4
1544/4 Südwest-Zipfel der Insel Ummanz: zu 1544/2
1544/4 Südwest-Ecke der Halbinsel Lieschow: zu 1545/2
1547/2 Ecke nordöstlich Mukran: zu 1547/1
1548/3 Schanzenort östlich Binz: zu 1547/4
1647/4 Ecke beim Zickerschen Höft: zu 1648/3
1648/4 Nord-Perd: zu 1648/3
1745/4 Glewitzer Fähre auf der Halbinsel Zudar: zu 1746/3 (1745/4 umfaßt damit nur den festländischen Teil)
1746/2 Ostküste der Halbinsel Zudar: zu 1746/1
1746/4 Gelbes Ufer der Halbinsel Zudar: zu 1746/3
1747/2 Ecke beim Zickerschen Höft: zu 1748/1

Insel Greifswalder Oie
1749/2+3 die Insel, die auf drei Quadranten liegt, wird insgesamt zu 1749/4 gestellt

Usedom
1949/4 kleiner Nordost-Teil des Gnitz: zu 1949/3
1949/4 Insel Görmitz: zu 1949/3
1950/1 Küstenecke bei Koserow: zu 1950/3
1950/4 Küstenecke östlich Ückeritz: zu 1950/3
2049/1 Westküste des Lieper Winkels: zu 2049/2 (damit umfaßt 2049/1 nur festländisches Gebiet)
2051/1 Küstenecke bei Heringsdorf: zu 2051/3
2149/3 schmaler Küstenstreifen östlich Karnin: zu 2149/1 (damit umfaßt 2149/3 nur festländisches Gebiet)
2149/4 kleiner Küstenstreifen südwestlich Welzin: zu 2149/2

4.1.2 Erfassungszeitraum

Die Geländearbeiten für den Verbreitungsatlas wurden im Zeitraum von 1969 – 1995 durchgeführt (sie begannen in den einzelnen Gebietsteilen aber zu unterschiedlichen Zeitpunkten).

In die Geländelisten sind entsprechend der Konzeption auch alle verfügbaren Beobachtungsdaten aus dem Zeitraum von 1950–1969 eingeflossen (persönliche Aufzeichnungen, Karteien, Literaturquellen).

4.2 Datenerfassung und Datenverarbeitung

4.2.1 Rasternetz

Wie bereits geschildert, wurde bis zum Beginn der Kartierung für den ostdeutschen Atlas die Pflanzenverbreitung in unserem Gebiet fast ausschließlich in Form von Punktkarten dargestellt. Diese bieten durch ihre größere Genauigkeit einige Vorteile. Die bei der Erfassung nahezu aller Arten anfallende Datenmenge ist jedoch so groß, daß sie sich nur unter Verwendung der Rastermethode bewältigen läßt. Durch den Einsatz eines relativ feinen Rasters konnte dieser Nachteil im vorliegenden Atlas aber deutlich gemindert werden. Als Grundlage diente, wie auch bei den Floristischen Kartierungen in den anderen Gebieten Deutschlands, die Topographische Karte 1:25000, das Meßtischblatt (MTB). Ein MTB erstreckt sich über eine Fläche von 10′ geographischer Länge und 6′ geographischer Breite, d.h. etwa 11×11 km. Um eine genauere Erfassung der Verbreitung zu ermöglichen, wurden die MTB in vier Teile (Quadranten) zerlegt. Jede Kartierungseinheit umfaßt somit etwas mehr als 30 km^2. Die Quadranten werden mit den Ziffern 1 bis 4 bezeichnet, die wie folgt angeordnet sind:

1	2
3	4

Aus technischen Gründen sind die Rasterfelder in den Karten als Quadrate abgebildet, was eine Verzerrung von etwa 8% in Ost-West-Richtung zur Folge hat. Da den MTB das Gradnetz der Erdkugel zugrundeliegt, werden sie von Norden nach Süden etwas breiter. Die Abweichung innerhalb Ostdeutschlands ist aber so gering, daß sie vergleichende Betrachtungen nicht wesentlich beeinträchtigt.

4.2.2 Geländelisten, Geländekartierung

Der weitaus größte Teil der im vorliegenden Atlas verarbeiteten Daten wurde im Gelände von ehrenamtlichen Kartierern

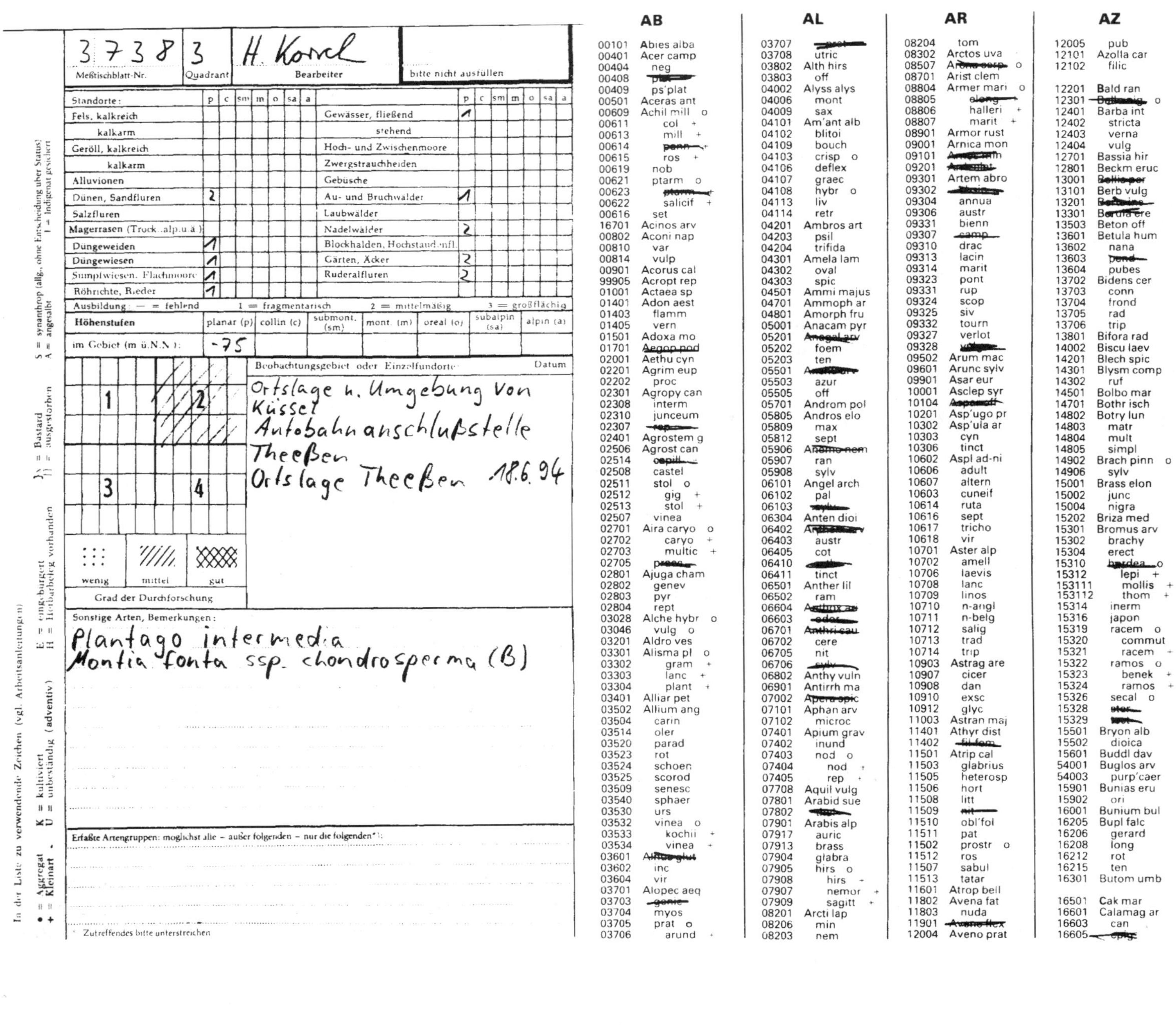

oder Mitarbeitern der Kartierungszentralen auf sogenannten Geländelisten erfaßt. Eine Geländeliste enthält in alphabetischer Reihenfolge alle im Bearbeitungsgebiet vorkommenden einheimischen und eingebürgerten sowie die große Mehrzahl der adventiven und regelmäßig kultivierten Arten. Durch Unterstreichen bzw. Durchstreichen eines Namens wurde das Vorkommen der betreffenden Art in einem bestimmten Grundfeld (in unserem Falle = MTB-Quadrant) festgehalten. Durch Hinzufügen eines Symbols konnte zusätzlich auf einen vom Normalstatus abweichenden Status eines Vorkommens hingewiesen werden. Auf der ersten Seite der Geländeliste konnten, neben dem Namen des Bearbeiters und der Bezeichnung des Grundfeldes, Angaben zu den im Grundfeld vorkommenden Standorten und zum Durchforschungsgrad gemacht sowie in der Liste nicht enthaltene Arten (z. B. Neophyten, verwilderte Zierpflanzen) eingetragen werden. Eine Reihe von Arten wurden in den Geländelisten durch ein ○ als Sammelarten bzw. Aggregate gekennzeichnet. Damit wurde zum Ausdruck gebracht, daß innerhalb dieser Art im Gebiet mehrere sehr nahestehende und schwer unterscheidbare sogenannte Kleinarten vorkommen. In vielen Fällen wurden, etwas eingerückt und durch ein + gekennzeichnet, die Kleinarten aufgeführt. Dem Kenntnisstand des Kartierers war es dann überlassen, entweder die Kleinart oder nur das Aggregat anzustreichen. Als außerordentlich ungünstig erwies sich, daß während des Erfassungszeitraumes drei verschiedene Geländelisten verwendet werden mußten. Nur zu Beginn der Kartierungsarbeiten wurden die für die Mitteleuropa-Kartierung entwickelten Listen eingesetzt, die uns aus Wien zur Verfügung gestellt worden waren, wofür wir uns genauso bedanken wie für die eine reduzierte Artenzahl enthaltenden, uns in der Folgezeit aus Göttingen zugänglich gemachten Listen für die Rasterkartierung in Deutschland. Ab 1978 wurden auf den Artenbestand in der DDR ausgerichtete Geländelisten benutzt, die in Halle durch S. Rauschert erarbeitet worden waren. Das Nebeneinander der unterschiedlichen Geländelisten brachte infolge voneinander abweichender Nomenklatur und teilweise auch unterschiedlicher taxonomischer Gliederung der Aggregate einen erheblichen zusätzlichen Zeitaufwand mit sich und erwies sich als eine unangenehme Fehlerquelle, weil das wechselseitige Übertragen langwierig war und Übertragungsfehler verursachte.

Die Kartierer zeigten sich auch durch ungewohnte Namen und die ungewohnte Position in der Liste verunsichert, wodurch zusätzliche Anstreichfehler entstanden sind.

Als problematisch für die Kartierer erwies sich auch die Beurteilung des Status der Arten. Oft wurde der Status gar nicht angegeben, in anderen Fällen wurden die Statussymbole uneinheitlich verwendet. Bei Sippen mit im Gebiet differierendem Status konnte nachträglich meist nicht entschieden werden, ob ein Vorkommen als „altansässig" (indigen bzw. archaeophytisch) anzusehen war oder als synanthrop (neophytisch). Auch kultivierte Vorkommen wurden nicht immer als solche gekennzeichnet.

Entsprechend der „Hinweise zur Arbeit mit den Geländelisten für die Hercynische Floristische Kartierung" (Weinert 1976) wurden von vielen Kartierern auch historische Angaben in die Listen aufgenommen, aber nicht immer eindeutig als solche gekennzeichnet. Durch die genannten Probleme entstand bei der Korrektur ein erheblicher Zeitaufwand.

4.2.3 Literatur- und Herbarauswertung

Hinsichtlich des Umfanges der Literaturauswertung für den Atlas ist es bedauerlicherweise zu keiner einheitlichen Vorgehensweise gekommen. Infolge fehlender Abstimmung entschieden die einzelnen Kartierungsstellen unabhängig voneinander, für welche Arten bzw. ob überhaupt eine Auswertung der floristischen Literatur vorgenommen wurde. Somit ist im Ergebnis zu verzeichnen, daß nur für eine relativ geringe Zahl von Arten eine vollständige Berücksichtigung der Literaturangaben im Gesamtgebiet zugrunde liegt. Bei den meisten Arten ist die ältere Literatur unterschiedlich vollständig bzw. regional unterschiedlich ausgewertet worden. In Mecklenburg-Vorpommern wurden fast nur Gelände-Daten von 1978 – 1993 verwendet. Es darf also aus dem Fehlen von Symbolen in bestimmten Grundfeldern nicht ohne weiteres darauf geschlossen werden, daß eine Art dort vor 1950 nicht beobachtet worden ist.

Herbarbelege sind für den Atlas nur in geringem Umfang, fast ausschließlich im Falle sehr seltener Arten bzw. im Zusammenhang mit der Bearbeitung kritischer Sippen ausgewertet worden.

4.2.4 Datenverarbeitung

Da Computertechnik zu Beginn der Kartierung noch nicht zur Verfügung stand, wurden die im Laufe der Jahre in den 3 Regionalstellen eingehenden Daten in sogenannte Sammellisten übertragen. Für jedes Grundfeld (Quadrant) wurden die Daten meist mehrerer Beobachter in einer gemeinsamen Liste vereinigt und in die Zentralstelle nach Halle gemeldet. Die Originallisten wurden z. T. den Kartierern zwecks weiterer Bearbeitung zurückgesandt. Im nachhinein erwies sich das als sehr nachteilig, da während der Korrekturphase bei fraglichen Angaben zeitaufwendige Rückfragen erforderlich wurden. Die meisten Daten sind mehrfach von einer Liste zur anderen und schließlich in den Rechner übertragen worden. Bei jedem dieser Übertragungsschritte war eine gewisse Fehlerquote nicht auszuschließen.

Die Sammellisten wurden in Halle mit Hilfe des Computerprogramms GELI (entwickelt von Dr. T. Hennig/Halle) im Verlauf mehrerer Jahre durch technische Mitarbeiter eingegeben. Die Daten wurden wie folgt erfaßt: Zu jeder Art wurde eine Datei angelegt, in der die Nummern der MTB-Quadranten mit einem Nachweis der entsprechenden Art gespeichert wurden. Außerdem wurde ein Zeichen, welches den Zeitraum der Beobachtung oder den Status charakterisierte, mit erfaßt. Die Eingabe der in der Kartei der Hercynischen Floristen bzw. der Kartei der Brandenburger Floristen enthaltenen Daten erfolgte in ähnlicher Form.

Nach der Wende wurde das Kartierungsgebiet als Bereich Ost in die Zentralstelle der Floristischen Kartierung der Bundesrepublik Deutschland einbezogen. Die hierbei gewährte Unterstützung bestand zunächst in der Übergabe von Computertechnik und der Bereitstellung einer speziell für solche Kartierungen geschaffenen Software, des Computerprogramms FLOREIN. Dieses Programm ermöglichte es, die Eingabe der Daten zu beschleunigen und brachte vor allem in der Phase der Korrektur wesentliche Erleichterungen.

Mit FLOREIN wurden auch die PostScript-Dateien der Verbreitungsangaben für den Druck erstellt. Die digitalen Basis-

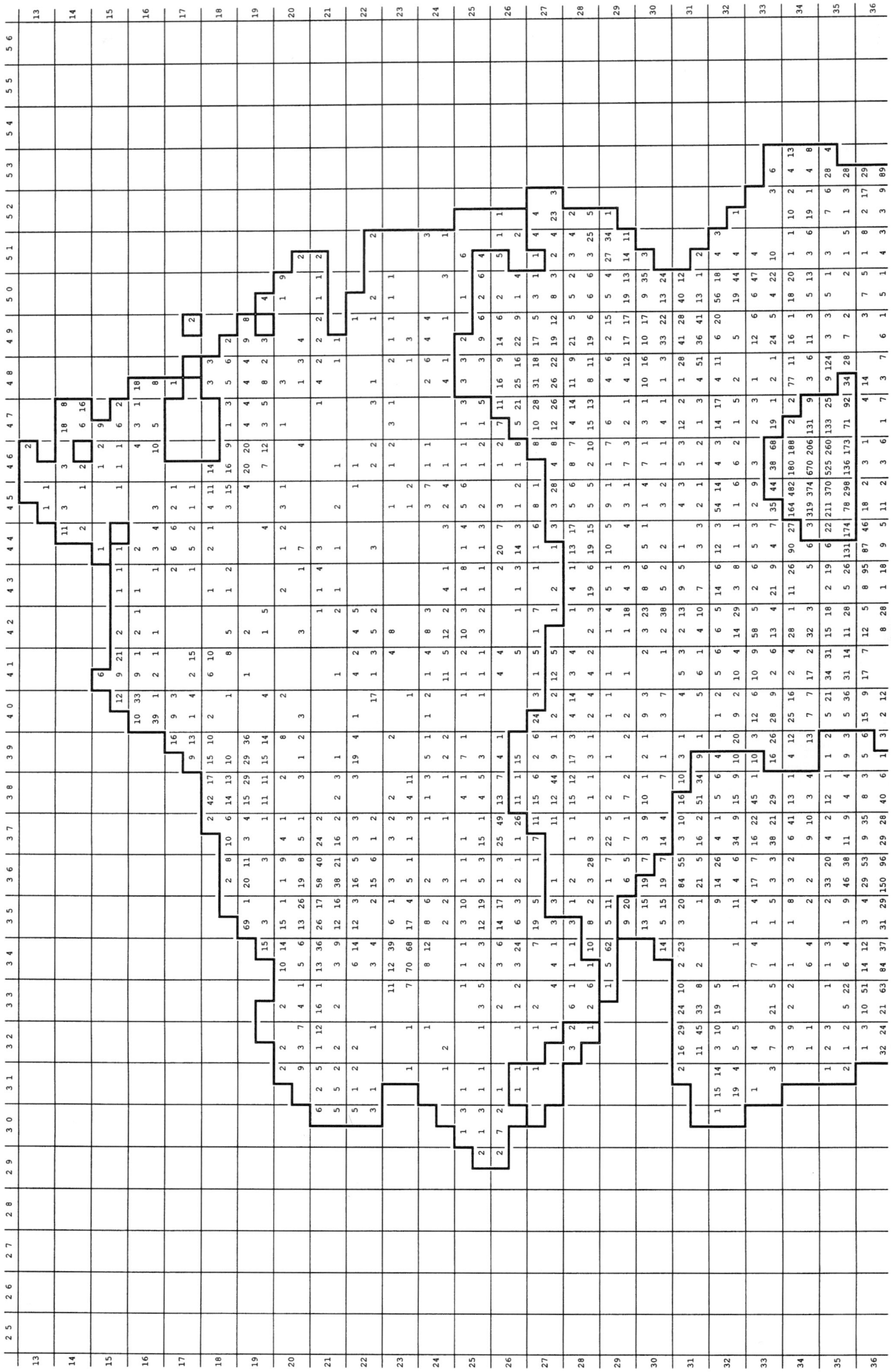

Sippenzahlen bis 1949 je MTB-Quadrant

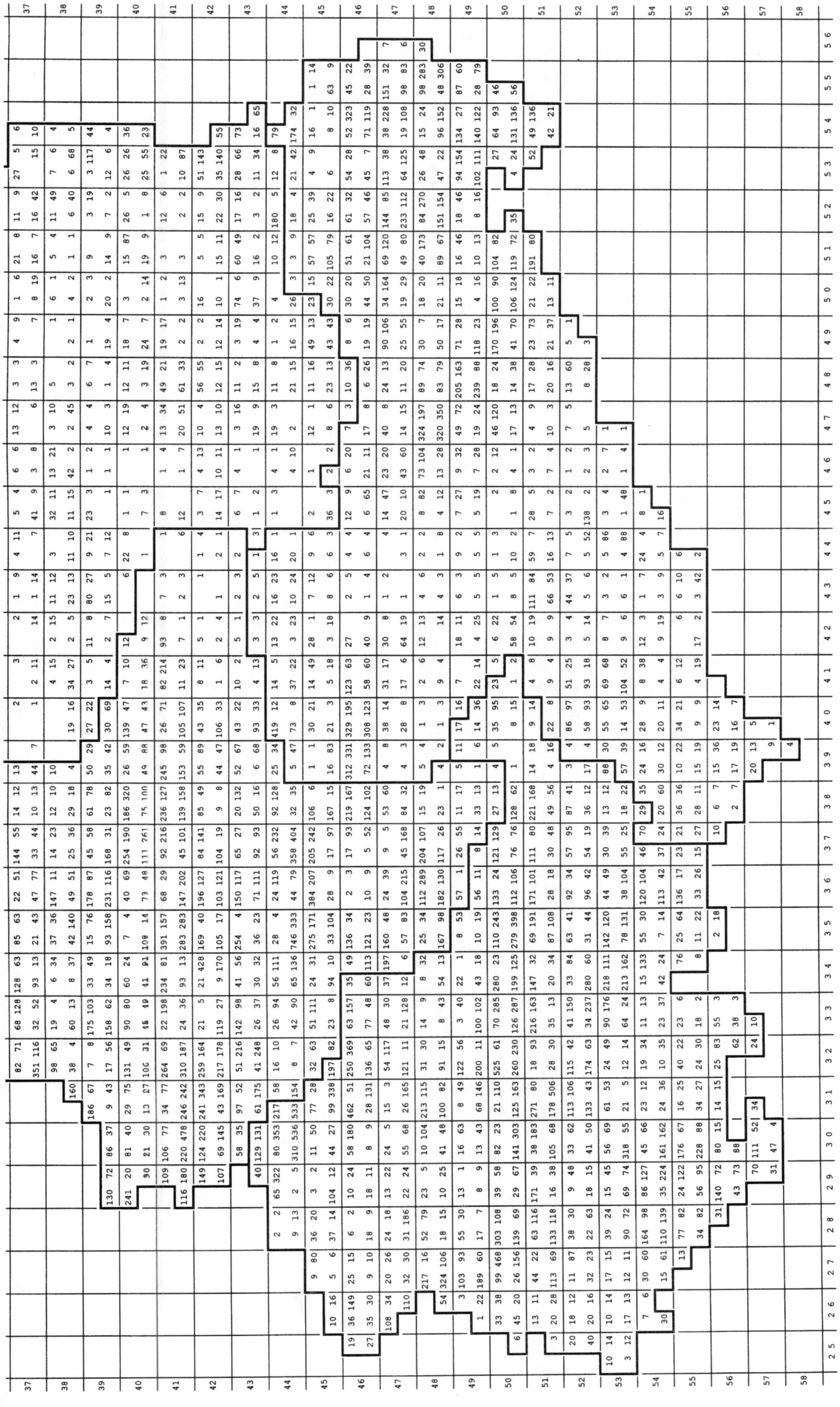

daten der Kartengrundlage (Ländergrenzen, Flüsse und Höhenstufen) stammen aus ArcDeutschland'500 © 1993 ESRI GmbH. Verwendet mit freundlicher Genehmigung des Institutes für angewandte Geodäsie und der Landesvermessungsämter. Die Karte wurde am Bundesamt für Naturschutz (durch S. Roscher) überarbeitet und ergänzt. Die Kartengestaltung und das Layout entwarfen U. Euler (Bundesamt für Naturschutz) und R. May (Zentralstelle für die Floristische Kartierung).

4.2.5 Korrekturen und Nachträge

In der Zeit kurz vor und nach der Wende hatte es in der Zentralstelle vorübergehend gravierende Mängel bei der Betreuung der Dateneingabe und der anlaufenden Korrektur gegeben. So wurde Anfang 1993 an die regionalen Bearbeiter ein erster Ausdruck von Korrekturkarten verschickt, der noch unvollständig und nicht vorkorrigiert war, so daß er infolge von Fehleingaben, von Fundortdoppelungen usw. zahlreiche Fehler enthielt und viel Unsicherheit auslöste. Nach kritischer Sichtung und Überarbeitung der Daten erfolgte ab Herbst 1994 ein erneuter Ausdruck von Korrekturkarten und deren Versand an die Regionalstellen und weitere regionale Bearbeiter. Durch intensive Zusammenarbeit bei persönlichen Treffen und mittels umfangreicher Korrespondenz konnten zahlreiche Bestimmungs-, Übertragungs- und Anstreichfehler geklärt und weitgehend beseitigt werden. Nach Abschluß dieser Arbeiten erfolgte im Januar 1996 ein dritter Korrekturausdruck, der den Regionalstellen eine abschließende Durchsicht gestattete. Während der gesamten Korrekturphase bis Dezember 1995 wurden noch inzwischen zugänglich gewordene Nachträge berücksichtigt, einige schwach bearbeitete Quadranten kartiert und das Verbreitungsbild arealgeographisch wichtiger Arten durch weitere Literaturauswertung vervollständigt.

An der Korrektur der Kartenausdrucke waren neben den Herausgebern vor allem folgende Damen und Herren beteiligt:

Bräutigam, S., Görlitz
Frank, D., Halle
Günther, K. F., Jena
Gutte, P., Leipzig
Hardtke, H.-J., Dresden
Herdam, H., Quedlinburg
Illig, H., Luckau
Jage, H., Kemberg
Keding, A., Naumburg
Klaeber, W., Berlin
Klemm, G., Berlin
Kosmale, S., Zwickau
Machatzi, B., Berlin
Müller, F., Dresden
Otto, H.-W., Bischofswerda
Reuther, R., Schlotheim
Ristow, M., Berlin
Schäfter, R., Berlin
Weber, R., Plauen
Zündorf, H.-J., Jena

4.3 Nomenklatorische Grundlagen

Da die „Exkursionsflora von Deutschland" von Rothmaler das im Kartierungsgebiet am meisten verwendete Bestimmungsbuch ist, wurde die Nomenklatur weitgehend nach deren neuester Auflage (2. Band 1996) angewendet. Dies gilt sowohl für die wissenschaftlichen als auch für die deutschen Namen. Falls in dieser Flora (für Klein- bzw. Unterarten) keine deutschen Namen angegeben werden, wurden diese anderen weitverbreiteten Floren oder Atlanten entnommen. Es wurde möglichst vermieden, neue Namen zu bilden. Synonyme können mit Hilfe des Registers zugeordnet werden. Bei den Aggregaten wurde, Haeupler & Schönfelder (1988) folgend, dem deutschen Namen die Bezeichnung Artengruppe hinzugefügt.

5. Spezieller Teil

5.1 Bearbeitungsstand

Trotz beträchtlicher Schwierigkeiten konnte nach ca. 25jähriger Kartierungsarbeit ein insgesamt zufriedenstellender Bearbeitungsstand des Gebietes mit seinen 3 625 MTB-Quadranten erreicht werden. Für die große Mehrzahl der Arten zeichnen sich die Verbreitungsbilder ± deutlich ab. Zwar ist noch immer keine gleichmäßige Bearbeitung erreicht worden, doch gibt es im Kartierungsgebiet keinen einzigen unbearbeiteten und nur wenige Quadranten mit einer erfaßten Artenzahl unter 200. Die über 2,2 Millionen Einzeldaten verteilen sich erwartungsgemäß sehr ungleichartig über das Gebiet. Quadranten mit geringen Artenzahlen können auf geringen Artenreichtum, ungenügenden Bearbeitungsstand oder auf beides zugleich hinweisen.

Die artenärmsten Gebiete sind die reinen Agrarlandschaften, die ausgedehnten Luchgebiete im nordwestlichen Brandenburg, die pleistozänen Sandgebiete sowie die großflächigen Kiefernforstregionen. In derartigen Quadranten sind auch bei gründlicher Kartierung bisweilen nur mit Mühe mehr als 300 Arten nachzuweisen. Die artenreichsten Gebiete finden sich hingegen in den Gebirgsvorländern vor allem des Harzes und des Thüringer Waldes. Diese Gegenden gehören zu den artenreichsten in ganz Mitteleuropa. Der oft kleinräumige Wechsel des geologischen Untergrundes sowie die hohe Reliefenergie bedingen eine große Standortvielfalt und damit hohe Artenzahlen. In einzelnen Quadranten kann die Artenzahl über 1 000 hinausgehen.

Generell wird man sagen dürfen, daß Gebiete mit höherer Besiedlungsdichte und Einwohnerzahl sowie solche mit größerer Artenvielfalt im allgemeinen gründlicher bearbeitet worden sind. Die oben genannten artenarmen Gebiete werden von Floristen meist gemieden. Hinzu kommt, daß gerade in diesen Gebieten zumeist kaum akademische Einrichtungen existieren, von denen entsprechende Impulse ausgehen bzw. bei denen potentielle Interessenten beschäftigt sein könnten. Eine einigermaßen vollständige Erfassung des Artenbestandes eines Gebietes kann nur nach jahrelanger, kontinuierlicher Durchforschung erzielt werden. Eine solche aber ist in der Regel nur möglich, wenn ein Florist im Gebiet ansässig ist. In den dünn besiedelten nördlichen Gebieten in Brandenburg und Mecklenburg-Vorpommern gibt es weite Teile ohne floristische Interessenten.

Oft liegen von dort dann auch nur wenige oder keine Exkursionsberichte vor, da floristisch attraktive Standorte weitgehend fehlen. Es ist daher versucht worden, durch Kartierungstagungen und -exkursionen während der Hauptvegetationsperiode die betreffenden Kartierungslücken einigermaßen zu schließen. Bei diesen Aktionen dürften etwa 1/2 bis 2/3 des Artenbestandes der betreffenden Quadranten erfaßt worden sein. Frühjahrsblüher konnten verständlicherweise dabei nur ungenügend berücksichtigt werden, und auch kritischen Artengruppen ließ sich bei derartigen Aktionen gewöhnlich nicht die erforderliche Aufmerksamkeit widmen. So sollten Quadranten mit niedriger Artenzahl und auffällige Lücken in einzelnen Verbreitungskarten auch Anregung und Ansporn sein, zur Tilgung der Bearbeitungsdefizite beizutragen.

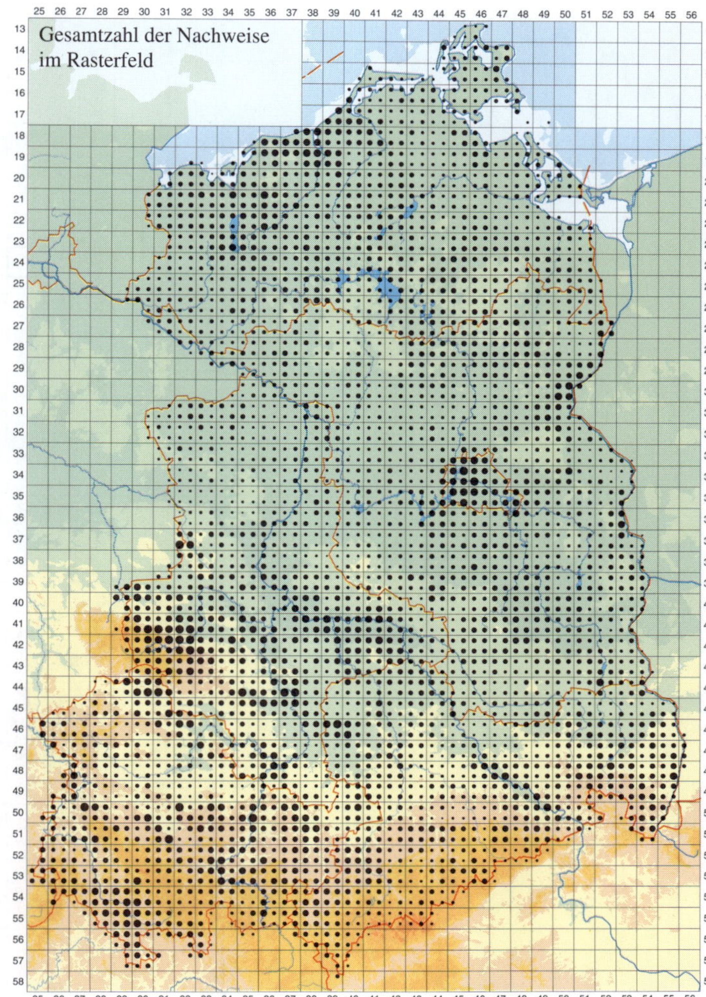

Artenzahlen durch unterschiedliche Punktgrößen dargestellt. Kleinster Punkt <200, größter Punkt >1 000 Sippen im Quadrant

5.2 Folienkarten im Anhang

Als Anhang sind dem Atlas einige Folien beigefügt. Sie beinhalten mit dem gleichen Raster ausgedruckte Karten wichtiger Standortfaktoren. Die Daten hierzu wurden dem von der Akademie der Wissenschaften der Deutschen Demokratischen Republik (1981) herausgegebenen „Atlas Deutsche Demokratische Republik" entnommen. Die Zuordnung zu den Rasterfeldern erfolgte, wenn ein bestimmter Mindestanteil (in der Regel mehr als ein Viertel) der Fläche von einem bestimmten Faktor eingenommen wurde.

Mit Hilfe der Folien ist es möglich, etwaige Beziehungen von Verbreitungsbildern bestimmter Arten zu einzelnen Umweltfaktoren zu erkennen. Die Ergebnisse sind allerdings mit großer Vorsicht zu interpretieren, da die einzelnen Faktoren immer im

Gesamt-Sippenzahlen je MTB-Quadrant

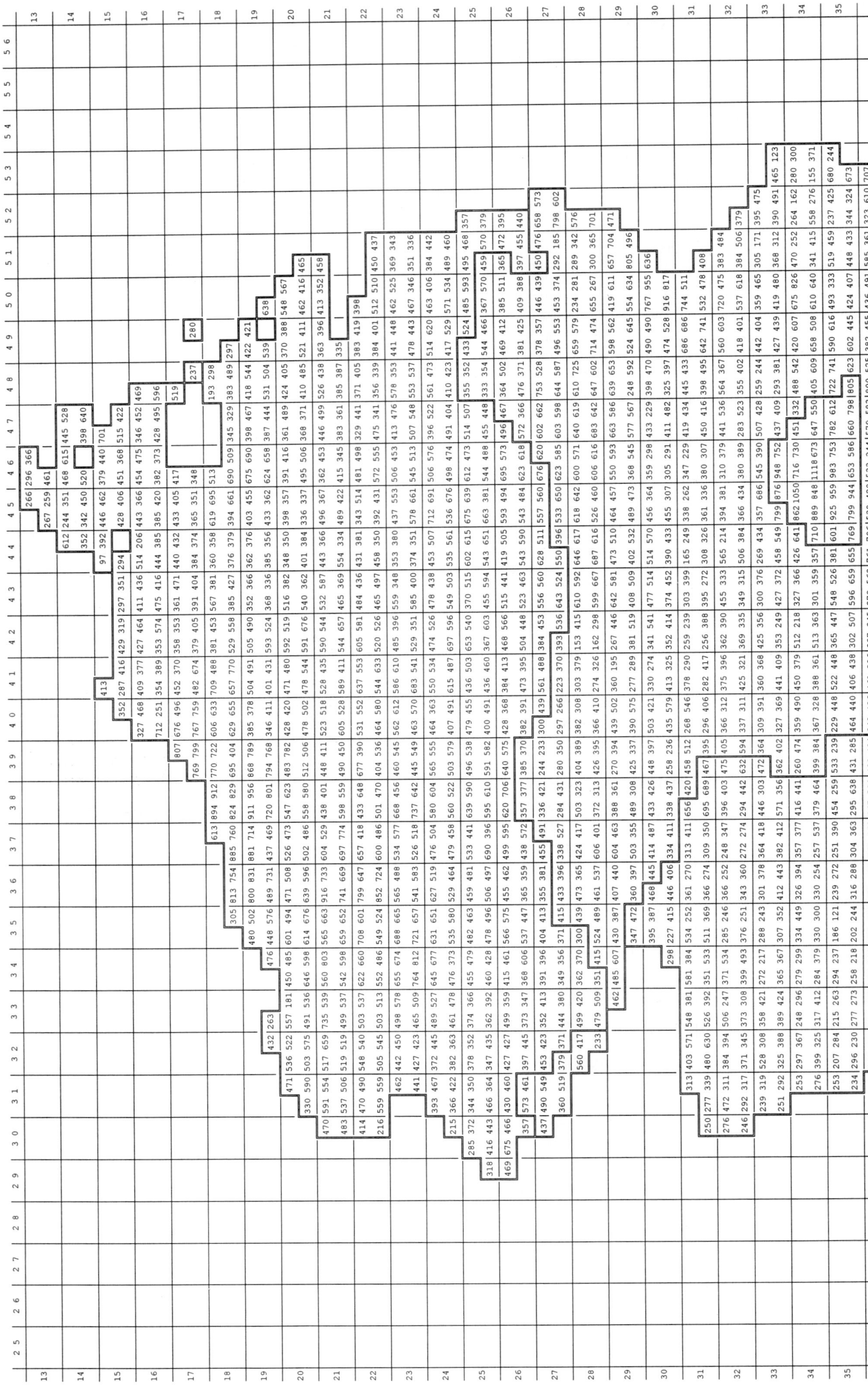

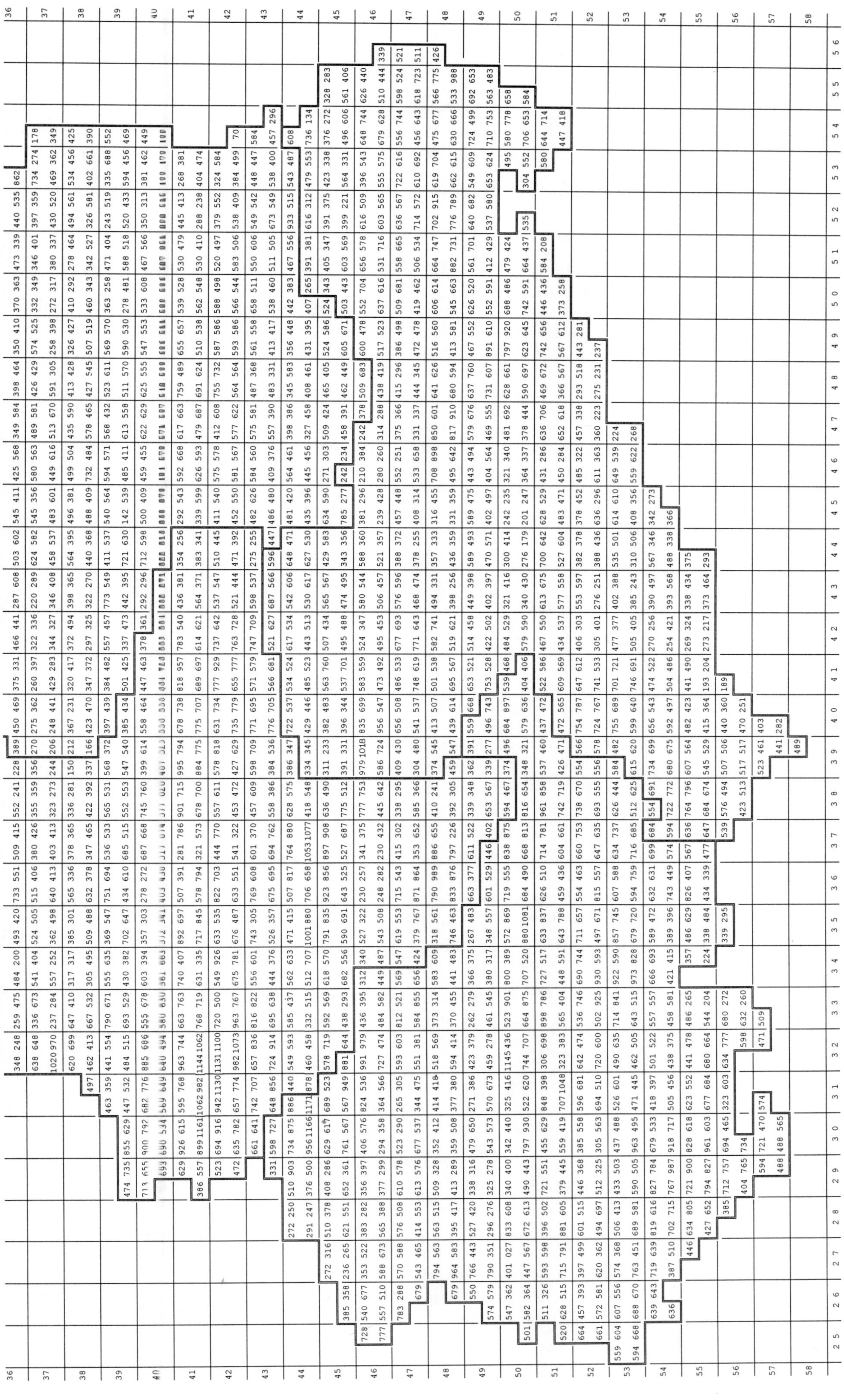

Komplex mit anderen wirken. Die verschiedenen Umwelteinflüsse können sich dabei gegenseitig verstärken oder aber abschwächen oder zu einem neuen Faktor vereinigen.

5.3 Anmerkungen zu einzelnen Arten

Bei Sippen, deren Verbreitungskarte nicht in den Atlas aufgenommen werden konnte, wurde dem Namen ein * vorangestellt.

Abies alba Mill.
Nördlich des natürlichen Areals kommt die Art nur gepflanzt, mit meist geringer Einbürgerungstendenz, vor und wurde dort deshalb nur ungleichmäßig erfaßt.

Abutilon theophrasti Med.
Die Art tritt nur sporadisch und unbeständig auf.

Acer campestre L.
Wird häufig angepflanzt und kann von da aus verwildern. Gepflanzte und verwilderte Vorkommen, die in bestimmten Gebieten sogar überwiegen (z. B. Berlin), sind von indigenen ungenügend differenziert worden.

Acer negundo L.
Die Art weist eine starke Tendenz zur Einbürgerung auf und ist gebietsweise fest etabliert. Z. T. dürften aber auch gepflanzte Vorkommen kartiert worden sein.

Acer platanoides L.
Der Status wurde ungenügend differenziert. Im nördlichen Gebietsteil sind natürliche Vorkommen selten.

Acer pseudoplatanus L.
Der Status wurde ungenügend differenziert. Gebietsweise (z. B. Berlin) überwiegen die synanthropen Vorkommen.

Achillea millefolium agg.
Die Karte repräsentiert vor allem die Verbreitung von **Achillea millefolium* L. s. str. Des weiteren gehören **A. collina* J. Becker ex Rchb., *A. pannonica* Scheele und **A. roseoalba* Ehrendf. zu diesem Aggregat. **A. collina* (auch taxonomisch noch ungenügend geklärt) und **A. roseoalba* wurden nur wenig beachtet.

Achillea ptarmica agg.
Die Karte repräsentiert die Verbreitung von **A. ptarmica* L. s. str. Bei den als *A. salicifolia* Besser erfaßten Vorkommen handelt es sich wahrscheinlich z. T. um Hybriden mit *A. ptarmica.*

Aconitum napellus L.
In weiten Bereichen sicher nur synanthrop. Es ist nicht gesichert, ob die seit langem als Zierpflanze kultivierte Art im Gebiet (Rhön, Erzgebirge) überhaupt natürliche Vorkommen besitzt.

**Aesculus hippocastanum* L.
Die Art kommt im Gebiet nur synanthrop vor. Da sie in den Streichlisten nicht enthalten war, wurde sie nur sehr ungleichmäßig erfaßt.

Agrostemma githago L.
Neuere Nachweise beruhen häufig auf unbeständigen Einschleppungen (z. B. aus Ansaatmischungen).

Agrostis stolonifera agg.
Die Karte repräsentiert im wesentlichen die Verbreitung von **A. stolonifera* L. s. str. *A. gigantea* Roth ist wahrscheinlich nur unvollständig erfaßt, z. T. wohl auch deshalb, weil das Aggregat in den ersten Geländelisten nicht differenziert wurde.

Agrostis vinealis Schreber
Die Art wurde sicher nur sehr unvollständig erfaßt.

Ailanthus altissima (Mill.) Swingle
A. altissima ist vor allem in den größeren Städten eingebürgert. Z. T. sind wahrscheinlich aber auch Pflanzungen kartiert worden.

Aira caryophyllea agg.
Die Karte repräsentiert die Verbreitung von **A. caryophyllea* L. s. str. Die Art kommt in Berlin aktuell nur noch synanthrop vor. *A. multiculmis* Dum. wurde bisher nur vom Hoppelberg bei Langenstein angegeben.

Ajuga reptans L.
In Berlin sind indigene Vorkommen sehr selten, meist wurden verwilderte, rotlaubige Gartenformen kartiert.

Alchemilla glaucescens Wallr. (= *A. hybrida* L. em. Mill.)
A. glaucescens wurde wahrscheinlich öfters als *A. vulgaris* agg. erfaßt.

Alchemilla vulgaris agg.
Umfaßt alle *Alchemilla*-Arten außer *A. glaucescens.* Die überwiegende Zahl der aktuellen Berliner Vorkommen geht vermutlich auf Gartenverwilderungen zurück.

Alisma plantago-aquatica agg.
Die Karte repräsentiert weitgehend die Verbreitung von **A. plantago-aquatica* L. s. str. Zum Aggregat gehören weiterhin *A. gramineum* Lej. und *A. lanceolatum* With. Vor allem letztere ist wahrscheinlich nur unvollständig erfaßt.

Allium paradoxum (M. Bieb.) G. Don
Ein Teil der Vorkommen geht auf Ansalbungen zurück.

Allium schoenoprasum L.
Natürliche Vorkommen besitzt die Art nur an Elbe, Saale und Bode.

Allium ursinum L.
In Mecklenburg-Vorpommern und wohl auch in Brandenburg nur Kulturrelikt, örtlich jedoch eingebürgert.

Allium vineale agg.
Die Karte repräsentiert die Verbreitung von **A. vineale* L. s. str. Das Aggregat umfaßt außerdem die seltene Küstensippe *A. kochii* Lange.

Alnus incana (L.) Moench
Die Art kommt im Gebiet wahrscheinlich nur synanthrop vor. Eine Unterscheidung zwischen Anpflanzungen und Verwilderungen ist häufig nicht vorgenommen worden.

Alyssum saxatile L.
Indigen nur im Elbtal bei Meißen, sonst gelegentlich verwildert.

Amaranthus
Alle *Amaranthus*-Arten sind im Gebiet Neophyten. Nicht immer läßt sich zwischen eingebürgerten und unbeständigen Vorkommen unterscheiden.

Amaranthus blitum agg.
Umfaßt die Sippen *A. blitum* L. s. str. und *A. emarginatus* Moq. ex Uline & Bray.

Amaranthus crispus agg.
Umfaßt die Sippen **A. crispus* (Lesp. & Thév.) N. Terracc. s. str. und **A. standleyanus* Parodi ex Covas.

Amaranthus hypochondriacus agg. (= *A. hybridus* agg.)
Das Aggregat umfaßt *A. bouchonii* Thell. und *A. hypochondriacus* Willd. s. str.

Ambrosia artemisiifolia L.
Viele Nachweise beruhen auf unbeständigen Einschleppungen.

Ammophila arenaria (L.) Link
In den Dünen der Küste indigen und verbreitet, im Binnenland öfter zur Sandbefestigung angepflanzt und verwildert.

Anchusa officinalis L.
Status der Vorkommen außerhalb der Sandgebiete ungenügend differenziert.

Angelica archangelica L.
Status ungenügend differenziert. In Berlin nur synanthrop aber weitgehend eingebürgert.

**Anethum graveolens* L.
Die häufig kultivierte Art wird viel verschleppt, bleibt aber unbeständig. Sie wurde nur sehr unvollständig erfaßt.

Anthoxanthum alpinum A. Löve & D. Löve
Die Vorkommen auf dem Brocken bedürfen noch der Bestätigung durch cytologische Untersuchung.

Anthoxanthum aristatum Boiss.
In den Sandgebieten weitgehend eingebürgert, sonst meist unbeständig.

Anthriscus cerefolium (L.) Hoffm.
Kulturpflanze, die gelegentlich verwildert.

Aphanes australis Rydb. (= *A. microcarpa* auct., non (Boiss. & Reuer) Rothm.)
Ist wahrscheinlich nicht immer richtig gegen *A. arvensis* L. abgegrenzt worden.

Apium graveolens L.
Die gelegentlich unbeständig auftretenden Gartenformen wurden nicht erfaßt.

Apium nodiflorum agg.
Die Karte repräsentiert die Verbreitung von **A. repens* (Jacq.) Lag. Die wenigen alten Angaben von **A. nodiflorum* (L.) Lag. s. str. sind nicht gesichert.

Aquilegia vulgaris L.
Eine Unterscheidung zwischen indigenen und synanthropen Vorkommen ist in vielen Fällen nicht möglich. Die Angaben aus dem nördlichen Teil des Gebietes beziehen sich ganz überwiegend auf verwilderte Kultursippen.

Arabis alpina L.
Die Art kommt indigen nur im Gipsgebiet des Südharzes vor. Gelegentliche Verwilderungen betreffen wahrscheinlich vor allem die ähnliche Sippe **A. caucasica* Willd. und wurden deshalb nicht in die Karte aufgenommen. Hierzu sind genauere Untersuchungen notwendig.

Arabis hirsuta agg.
Die Karte repräsentiert die Verbreitung von **A. hirsuta* L. s. str. Die ebenfalls zu diesem Aggregat gehörenden *A. nemorensis* (Wolf ex Hoffm.) Koch und *A. sagittata* (Bertol.) DC. sind wesentlich seltener, möglicherweise aber auch nicht vollständig erfaßt.

Arctium
Da es sehr häufig zu Bastardierungen der Arten dieser Gattung kommt, sind nicht alle Zuordnungen eindeutig.

Arenaria serpyllifolia agg.
Das Aggregat umfaßt **A. leptoclados* (Rchb.) Guss. und **A. serpyllifolia* L. s. str. Die Karte dürfte vor allem die Verbreitung letzterer wiedergeben.

Aristolochia clematitis L.
Alte Zierpflanze, welche sich an vielen Stellen dauerhaft gehalten hat.

Armeria maritima agg.
Die Karte repräsentiert weitgehend die Verbreitung von *A. elongata* (Hoffm.) C. Koch. Auf schwermetallhaltigen Böden am Harzrand tritt *A. halleri* Wallr. (incl. **A. bottendorfensis* A. Schulz u. **A. hornburgensis* A. Schulz) auf. *A. maritima* (Mill.) Willd. s. str. ist auf Salzwiesen der Küste beschränkt.

Arrhenatherum elatius (L.) J. & C. Presl
Bei dieser früher häufig kultivierten Sippe ist eine Ansprache des Status oft nicht möglich. Sie hat sich vor allem an Straßenrändern, Bahndämmen u. ä. stark ausgebreitet und ist auch in Halbtrockenrasen eingewandert.

Artemisia absinthium L.
Außerhalb des geschlossenen Areals teilweise synanthrop. Status aber unvollständig erfaßt.

Artemisia annua L.
Im hercynischen Trockengebiet und entlang der Elbe eingebürgert.

Artemisia dracunculus L.
Als Kulturpflanze, die gelegentlich verwildert, wurde sie wahrscheinlich ungleichmäßig erfaßt.

Artemisia maritima L.
Die Art wurde früher in einigen Gebieten angebaut und ist aus der Kultur verwildert. Das Indigenat der Vorkommen ist deshalb nicht immer gesichert.

Aruncus dioicus (Walter) Fernald (= *A. sylvestris* Kostel.)
Die Art wird häufig als Zierpflanze gehalten und verwildert von hier aus. Nicht bei allen Angaben ist das Indigenat gesichert.

Asparagus officinalis L.
Eine Unterscheidung zwischen alteingebürgerten und synanthropen Vorkommen ist meist nicht möglich. Die Statusangaben sind deshalb sehr heterogen.

Asperula arvensis L.
Die neueren Nachweise beziehen sich meist auf unbeständige Einschleppungen.

Aster novae-angliae L.
Die Vorkommen dieser gelegentlich verwildernden Zierpflanze wurden wahrscheinlich nur ungleichmäßig erfaßt.

Aster novi-belgii agg.
Das Aggregat umfaßt **A. lanceolatus* Willd., **A. novi-belgii* L. s. str., **A. tradescantii* L., **A.×salignus* Willd. und **A.×versicolor* Willd. Die Vorkommen dieser häufig verwildernden Zierpflanzen wurden wahrscheinlich nur ungleichmäßig erfaßt. Die Bestimmung der Arten innerhalb dieser Gruppe bereitet sehr große Probleme und ist in vielen Fällen nicht gesichert. Die Karten der Kleinarten wurden deshalb nicht abgebildet.

Aster tripolium L.
Vorkommen an vom Menschen geschaffenen Salzstellen wurden im Status nicht getrennt erfaßt.

Astrantia major L.
Das Indigenat ist nicht bei allen Angaben gesichert.

Athyrium distentifolium Tausch ex Opiz
Nicht alle Angaben sind gesichert. Untypische *A. filix-femina*-Pflanzen werden des öfteren mit dieser Art verwechselt.

Atriplex calotheca (Rafn) Fries
Art der Spülsäume der Küste, wird selten ins Binnenland eingeschleppt.

Atriplex glabriuscula Edmondston
Art der Spülsäume der Küste. Die wenigen binnenländischen Angaben sind nicht gesichert.

Atriplex hortensis
Kulturpflanze, die des öfteren verwildert, häufig aber unbeständig bleibt.

Atriplex littoralis L.
Die Angaben aus dem Binnenland beruhen auf unbeständigen Einschleppungen.

Atriplex oblongifolia W. & K.
Die Art ist noch in Ausbreitung begriffen und wurde wahrscheinlich nicht überall vollständig erfaßt.

Atriplex rosea L.
Außerhalb des hercynischen Trockengebietes häufig nur unbeständig.

Atriplex tatarica L.
Außerhalb des hercynischen Trockengebietes und Berlins meist nur unbeständig.

Avena fatua L.
Wegen der Ähnlichkeit mit **A. sativa* wahrscheinlich stellenweise übersehen.

Avena nuda L. em. Mansf.
Viele aktuelle Angaben beziehen sich auf unbeständige Einschleppungen.

Ballota nigra L.
Umfaßt die *ssp. *foetida* Hayek und *ssp. *nigra* L.

Berberis vulgaris L.
Status ist ungenügend differenziert. Angepflanzte und verwilderte Vorkommen dürften teilweise mit einbegriffen sein. Die Vorkommen östlich der Elbe sind wahrscheinlich größtenteils synanthrop.

Betula pubescens Ehrh.
Die *ssp. *pubescens* Ehrh und *ssp. *carpatica* (Waldst. & Kit. ex Willd.) A. & Gr. wurden nicht getrennt erfaßt.

**Borago officinalis* L.
Die häufig kultivierte Art wird viel verschleppt, bleibt aber unbeständig. Sie wurde nur sehr unvollständig erfaßt.

Brachypodium pinnatum agg.
Die Karte repräsentiert die Verbreitung von **B. pinnatum* (L.) P. B. s. str. Zum Aggregat gehört außerdem *B. rupestre* (Host) R. & Sch.

Brassica nigra (L.) Koch
Entlang von Elbe, Saale und Unstrut eingebürgert, sonst oft unbeständig.

Bromus arvensis L.
Bestimmungskritische Sippe, nicht alle Punkte sind gesichert. Status ungenügend differenziert.

Bromus carinatus Hook. & Arnott
Sich seit kurzem im Gebiet ausbreitende Sippe. Die Bestimmung bereitet erhebliche Probleme, da die Standardfloren sie entweder noch gar nicht enthalten oder aber ganz unterschiedlichen taxonomischen und nomenklatorischen Konzepten folgen.

Bromus erectus Huds.
Status ungenügend differenziert.

Bromus hordeaceus agg.
Die Karte repräsentiert die Verbreitung von **B. hordeaceus* L. s. str. Außerdem gehören *B. lepidus* Holmberg und *B. thominii* Hardouin zum Aggregat.

Bromus racemosus agg.
Zum Aggregat gehören *B. commutatus* Schrader und *B. racemosus* L. s. str.

Bromus ramosus agg.
Zum Aggregat gehören *B. benekenii* (Lange) Trimen und *B. ramosus* Huds. s. str.

Bromus secalinus agg.
Die Karte repräsentiert die Verbreitung von **B. secalinus* L. s. str. Außerdem gehört **B. grossus* Desf. ex Lamk. zum Aggregat.

Bryonia alba L.
In weiten Bereichen eingebürgert.

Bryonia dioica Jacq.
In weiten Bereichen eingebürgert.

Buddleja davidii Franchet
Vor allem in größeren Städten eingebürgert.

Buglossoides arvensis (L.) I. M. Johnston
Die Karte repräsentiert im wesentlichen die Verbreitung der *ssp. *arvensis* (L.) I. M. Johnston. Außerdem kommt noch die *ssp. *permixta* (Jordan) R. Fern (= *Lithospermum arvense* ssp. *coerulescens* (DC.) Rothm.) vor.

Bunias orientalis L.
Vor allem in Thüringen und Sachsen-Anhalt eingebürgert.

Calendula arvensis L.
Neuere Nachweise beruhen meist auf unbeständigen Einschleppungen.

Callitriche palustris agg.
Das Aggregat umfaßt **C. cophocarpa* Sendtner, **C. hamulata* Kütz. ex Koch, **C. palustris* L. s. str., **C. platycarpa* Kütz. und **C. stagnalis* Scop.

Caltha palustris L.
Die Karte repräsentiert die Verbreitung der *ssp. *palustris* L., im Erzgebirge kommt außerdem die *ssp. *minor* (Mill.) Graebner vor.

Calystegia sepium agg.
Die Karte repräsentiert die Verbreitung von **C. sepium* (L.) R. Br. s. str. Zum Aggregat gehört weiterhin *C. silvatica* (Kit.) Griseb., welche die *ssp. *pulchra* (Brummitt & Heywood) Rothm. und die *ssp. *silvatica* (Kit.) Griseb. umfaßt.

Camelina sativa agg.
Das Aggregat umfaßt *C. alyssum* (Mill.) Thell., *C. microcarpa* Andrz. und **C. sativa* (L.) Crantz s. str. Es handelt sich um eine sehr bestimmungskritische Gruppe. Da vor allem die Angaben für **C. sativa* s. str. in vielen Fällen nicht gesichert sind, wurde diese Karte nicht aufgenommen.

Campanula glomerata L.
Status z. T. ungenügend differenziert. Gebietsweise, z. B. in Berlin, des öfteren synanthrop, was das Verbreitungsbild aber nicht wesentlich beeinflußt.

Campanula persicifolia L.
Status z. T. ungenügend differenziert. Gebietsweise des öfteren verwildert, was das Verbreitungsbild aber nicht wesentlich beeinflußt.

**Campanula rhomboidalis* L.
Die Art kommt nur an wenigen Stellen synanthrop vor.

Cannabis sativa L.
Die meisten Nachweise beruhen auf unbeständigen Einschleppungen. Im Gebiet treten die *ssp. *sativa* L. und die *ssp. *spontanea* Serebrajkova (= *C. ruderalis* Janisch) auf.

Cardamine hirsuta L.
Die Art ist neuerdings mit gärtnerischem Material verbreitet worden, die Vorkommen sind aber meist unbeständig. Der Status wurde ungenügend differenziert. Nicht auszuschließen sind Verwechslungen mit *C. flexuosa* With. Vor allem die Häufungen in den Mittelgebirgen bedürfen diesbezüglich der Überprüfung.

Cardamine pratensis agg.
Das Aggregat umfaßt **C. dentata* Schult. und **C. pratensis* L. s. str.

Cardaria draba (L.) Desv.
Vor allem im hercynischen Trockengebiet eingebürgert.

Carex arenaria agg.
Das Aggregat umfaßt *C. arenaria* L. s. str., *C. ligerica* J. Gay und *C. pseudobrizoides* Clavaud.

Carex buxbaumii agg.
Das Aggregat umfaßt *C. buxbaumii* Wahlenb. s. str. und *C. hartmanii* Cajander.

Carex flava agg.
Das Aggregat umfaßt **C. demissa* Hornem., **C. flava* L. s. str., *C. lepidocarpa* Tausch und **C. viridula* Michx. (= *C. oederi* Retz.). Die Unterscheidung dieser schwierig zu trennenden, z. T. als Unterarten betrachteten Sippen wurde nur sehr unvollständig durchgeführt. Aus diesem Grunde wird von den Kleinarten nur die Karte von *C. lepidocarpa* wiedergegeben.

Carex muricata agg.
Das Aggregat umfaßt **C. divulsa* Stokes, **C. pairaei* F. W. Schultz (= *C. muricata* L. s.str.), **C. polyphylla* auct. non Kar. & Kir. (= *C. leersiana* Rauschert) und **C. spicata* Huds. (= *C. contigua* Hoppe). Die Gliederung und Unterscheidung der Sippen wird noch recht unterschiedlich gehandhabt und bedarf weiterer Untersuchungen. Sie wurden nur sehr ungenügend erfaßt.

Carex praecox agg.
Das Aggregat umfaßt **C. curvata* Knaf und **C. praecox* Schreber s. str.

**Carex repens* Bellardi
Die wenigen historischen Angaben dieser Art sind sehr zweifelhaft. Sie wurden deshalb nicht berücksichtigt.

Carex vulpina agg.
Das Aggregat umfaßt *C. cuprina* (Sándor ex Heuffel) Nendtvich ex Kerner und *C. vulpina* L. s. str. Die Angaben der Kleinarten sind nicht in allen Fällen gesichert.

Carlina vulgaris agg.
Die Karte repräsentiert die Verbreitung von **C. vulgaris* L. s. str. Das Aggregat umfaßt außerdem **C. biebersteinii* Bernh. ex Hornem. und **C. intermedia* Schur.

Centaurea jacea L.
Die Art umfaßt mehrere teilweise ungenügend geklärte Sippen.

Centaurea montana L.
In Thüringen heimisch, in den anderen Gebieten häufig kultivierte und gelegentlich verwildernde Zierpflanze.

Centaurea nigra L.
Z. T. sind Bastarde mit *C. jacea* L. einbezogen worden.

Centaurea nigrescens Willd.
Z. T. sind Bastarde mit *C. jacea* L. einbezogen worden.

Centaurea phrygia agg.
Das Aggregat umfaßt *C. phrygia* L. s. str. und *C. pseudophrygia* C. A. Meyer ex Ruprecht.

Cerastium fontanum agg.
Die Karte repräsentiert die Verbreitung von **C. holosteoides* Fries em. Hyl. Außerdem gehört noch **C. macrocarpum* Schur zum Aggregat.

Cerastium pumilum agg.
Das Aggregat umfaßt *C. glutinosum* Fries (= *C. pallens* F. W. Schultz) und *C. pumilum* Curtis s. str. Nicht alle Angaben sind gesichert, wahrscheinlich sind sogar gelegentlich Vorkommen von *C. semidecandrum* L. mit erfaßt worden.

Cerasus avium (L.) Moench
Status ungenügend differenziert.

Cerasus mahaleb (L.) Mill.
Im hercynischen Trockengebiet vielerorts eingebürgert.

**Cerasus vulgaris* (L.) Mill.
Die häufig angebaute Kulturpflanze verwildert gelegentlich. Sie wurde aber nur sehr ungleichmäßig erfaßt.

Ceratocapnos claviculata (L.) Lidén (= *Corydalis claviculata* (L.) DC.)
Bei dem derzeit zu beobachtenden Vordringen der Art nach Osten handelt es sich wahrscheinlich um eine natürliche Arealerweiterung.

Chaenorhinum minus (L.) Lange
In einigen Teilen des Gebietes weitgehend eingebürgert.

**Cheiranthus cheiri* L.
Häufig kultivierte Zierpflanze, die gelegentlich auch dauerhaft verwildert. Bei der Kartierung wurden Anpflanzungen und Verwilderungen aber nur ungenügend differenziert. Aus diesem Grunde wurde keine Karte aufgenommen.

Chenopodium album agg.
Die Karte repräsentiert die Verbreitung von **C. album* L. s. str. Zum Aggregat gehören außerdem *C. opulifolium* Schrader ex Koch & Ziz, *C. strictum* Roth und *C. suecicum* J. Murr.

Chenopodium botrys L.
In Berlin ist die Art eingebürgert, die anderen Angaben beziehen sich auf unbeständige Einschleppungen.

Chenopodium capitatum (L.) Aschers.
Viele Angaben beziehen sich auf unbeständige Einschleppungen.

Chenopodium rubrum agg.
Die Karte repräsentiert die Verbreitung von **C. rubrum* L. s. str. Zum Aggregat gehört außerdem *C. botryodes* Sm.

Chrysanthemum segetum L.
In Berlin und Brandenburg wohl ausschließlich eingeschleppt und unbeständig.

Cicendia filiformis (L.) Delarbre
Die Vorkommen in Brandenburg sind seit langem nicht mehr bestätigt, die Art ist daher im Gebiet verschollen.

Circaea
Nicht alle Angaben sind gesichert, da die Unterscheidung der hybridogenen *C. intermedia* Ehrh. von *C. alpina* L. und *C. lutetiana* L. große Schwierigkeiten bereitet.

Clematis vitalba L.
Natürliche und verwilderte Vorkommen sind oft nicht zu trennen. Östlich der Elbe wohl ausschließlich synanthrop, vielfach aber eingebürgert.

Colutea arborescens L.
Häufig als Zierstrauch kultiviert und von da aus verwildernd, z. T. dürften aber auch Pflanzungen erfaßt worden sein.

Conringia orientalis (L.) Dum.
Außerhalb der Kalk- und Lößgebiete oft nur unbeständig.

Convallaria majalis L.
Natürliche und verwilderte Vorkommen sind oft nicht zu trennen.

Cornus mas L.
Häufig als Zierstrauch kultiviert und von da aus verwildernd. Eine Abgrenzung zwischen gepflanzten Vorkommen und Verwilderungen ist aber oft schwierig.

**Cornus sericea* L.
Häufig als Zierstrauch kultiviert und von da aus gelegentlich verwildernd. Eine Abgrenzung zwischen gepflanzten Vorkommen und Verwilderungen ist aber oft schwierig. Die Vorkommen wurden nur sehr ungleichmäßig erfaßt.

Coronilla varia L.
Status ungenügend differenziert. In Berlin aus Ansaaten (sogenannte Wildkräutermischungen) mehrfach verwildert.

Corydalis solida Clairv.
Viele der älteren Angaben sind nicht gesichert. Die Art wurde und wird häufig durch den Menschen verschleppt und bildet auch außerhalb ihres natürlichen Areals zum Teil sehr beständige Populationen.

Corylus avellana L.
Gebietsweise (z. B. Berlin) wurden wahrscheinlich teilweise auch nicht indigene Vorkommen mit erfaßt.

Crataegus
Die in der Streichliste verwendete Sippengliederung entspricht nicht mehr dem aktuellen Stand der Taxonomie (Schmidt 1981, Christensen 1992). Außerdem erschweren die häufig auftretenden Bastarde, die oft eigenständig ohne die Eltern vorkommen, die Bestimmung. Aus diesen Gründen können nur die Aggregat-Karten abgebildet werden.

Crataegus laevigata agg.
Das Aggregat umfaßt **C. laevigata* (Poiret) DC. s. str. und **C. palmstruchii* Lindman. Vermutlich wurden hier vor allem die überwiegend zweigriffligen Sippen erfaßt.

Crataegus monogyna agg.
Das Aggregat umfaßt **C. calycina* Peterm., **C. monogyna* Jacq. s. str. und **C. rhipidophylla* Gand (= *C. curvisepala* Lindman). Vermutlich wurden hier vor allem die überwiegend eingriffligen Sippen erfaßt.

Cuscuta lupuliformis Krocker
Die Art hat in jüngerer Zeit ihr Verbreitungsgebiet stark erweitert, in Berlin gibt es synanthrope Vorkommen in Grünanlagen.

Cynodon dactylon (L.) Pers.
In den wärmeren Gebieten z. T. eingebürgert. Die Angaben aus dem Mittelgebirgsvorland bedürfen einer kritischen Überprüfung.

Cynosurus echinatus L.
Die Nachweise beziehen sich meist auf unbeständige Einschleppungen.

Dactylis glomerata agg.
Die Karte repräsentiert die Verbreitung von **D. glomerata* L. s. str. Zum Aggregat gehört außerdem die nicht immer klar abgegrenzte *D. polygama* Horvátovszky.

Dactylorhiza maculata agg.
Das Aggregat umfaßt **D. fuchsii* (Druce) Soó und **D. maculata* (L.) Soó s. str.

Datura stramonium L.
In den wärmeren Gebieten eingebürgert, sonst oft unbeständig.

Digitalis purpurea L.
Im Flachland durchgehend synanthrop, an vielen Stellen aber eingebürgert.

Diphasiastrum complanatum agg.
Das Aggregat umfaßt *D. complanatum* (L.) Holub s. str., *D. issleri* (Rouy) Holub, *D. tristachyum* (Pursh) Holub und *D. zeilleri* (Rouy) Holub.

Diplotaxis tenuifolia (L.) DC.
Vor allem im hercynischen Trockengebiet eingebürgert.

Dipsacus fullonum L. (= *D. sylvestris* Huds.)
Status ungenügend differenziert. Des öfteren aus der Kultur verwildernd. Östlich der Elbe überwiegend synanthrop.

Doronicum pardalianches L.
Häufig kultivierte Zierpflanze, die des öfteren verwildert.

Dryopteris carthusiana agg.
Die Karte repräsentiert vor allem die Verbreitung von **D. carthusiana* (Vill.) H. P. Fuchs s. str. Zum Aggregat gehören weiterhin *D. dilatata* (Hoffm.) A. Gray und *D. expansa* (C. B. Presl) Fras.-Jenk. & Jermy.

Dryopteris filix-mas agg.
Die Karte repräsentiert die Verbreitung von **D. filix-mas* (L.) Schott s. str. Zum Aggregat gehören weiterhin *D. affinis* (Lowe) Fras.-Jenk. (= *D. pseudomas* (Wollaston) Holub & Pouzar) und *D. oreades* Fomin (= *D. abbreviata* (DC.) Newman).

Echinocystis lobata (Michx.) Torr. & A. Gray
Entlang der mittleren Saale eingebürgert, sonst meist unbeständig.

Echinops sphaerocephalus L.
Die sehr ähnlichen **E. bannaticus* Rochel ex Schrader und **E. exaltatus* Schrader, die auch im Gebiet vorkommen, wurden nicht unterschieden.

Eleocharis palustris agg.
Die Karte repräsentiert die Verbreitung von **E. palustris* (L.) R. & Sch. s. str. Zum Aggregat gehören weiterhin *E. mamillata* (Lindb. fil.) Lindb. fil. ex Dörfler und *E. uniglumis* (Link) Schult.

Elymus arenarius (L.) Hochst.
Art der Küstendünen, die im Binnenland zur Dünenbefestigung eingesetzt wurde und gelegentlich verwilderte.

Epilobium adnatum agg.
Die Karte repräsentiert im wesentlichen die Verbreitung von **E. adnatum* Griseb. s. str. Zum Aggregat gehört außerdem *E. lamyi* F. W. Schultz.

Epipactis atrorubens (Hoffm. ex Bernh.) Besser
Hat sich in Brandenburg und Berlin erst in diesem Jahrhundert ausgebreitet.

Epipactis helleborine agg.
Die Karte repräsentiert die Verbreitung von **E. helleborine* s. str. Zum Aggregat gehören außerdem *E. albensis* Novakova & Rydlo, *E. leptochila* (Godf.) Godf. und *E. muelleri* Godf. Die bisher als **E. confusa* Young angesprochenen *Epipactis*-Vorkommen in Brandenburg sind nach Wucherpfennig (1993) der lange Zeit verkannten *E. albensis* zuzuordnen.

Equisetum hyemale L.
Wahrscheinlich wurden hier auch Hybriden mit *E. ramosissimum* Desf. (= *E.×moorei* Newman) mit erfaßt (BENNERT & BÖCKER 1991).

Equisetum telmateja Ehrh.
In Brandenburg fast ausschließlich an Sekundärstandorten.

Equisetum variegatum Schleicher ex Webᵹ
Viele Angaben beziehen sich auf Vorkommen an Sekundärstandorten.

Eragrostis albensis Scholz
Die vor allem entlang der Elbe beobachteten Eragrostis-Vorkommen gehören nach SCHOLZ (im Druck) nicht wie bisher angenommen zu **E. pilosa* (L.) P. B., sondern sind als eigenständige Sippe zu betrachten.

Eragrostis cilianensis (All.) Vignolo Lutati ex Janchen (= *E. megastachya* (Koeler) Link)
Nachweise beziehen sich meist auf unbeständige Einschleppungen.

Eragrostis minor Host
Im Bahnbereich und in größeren Städten an vielen Stellen eingebürgert.

Eranthis hyemalis (L.) Salisb.
Häufig kultivierte Zierpflanze. Unterscheidung zwischen auf Pflanzung und auf Verwilderung zurückgehender Vorkommen oft schwierig. Stellenweise aber seit vielen Jahrzehnten eingebürgert.

Erica tetralix L.
Im Südteil des Gebietes Unterscheidung zwischen indigenen und synanthropen Vorkommen oft nicht möglich.

Erigeron annuus (L.) Pers.
In weiten Bereichen eingebürgert.

Erodium cicutarium agg.
Die Karte repräsentiert die Verbreitung von **E. cicutarium* (L.) L'Hér s. str. Zum Aggregat gehört außerdem die Küstensippe **E. ballii* Jordan.

Erophila verna (L.) Chevall
E. verna wird in die *ssp. *praecox* (Steven) Walters, *ssp. *spathulata* (Láng) Walters und *ssp. *verna* (L.) Chevall gegliedert.

Erucastrum gallicum (Willd.) O. E. Schulz
Im hercynischen Trockengebiet eingebürgert.

Eryngium planum L.
Erreicht an der Oder seine westliche Verbreitungsgrenze. Aus dem übrigen Gebiet gemeldete adventive Vorkommen (meist aus Gartenkultur verwildert) könnten sich auch auf andere Arten wie das ähnliche **E. giganteum* Bieb., beziehen und wurden deshalb nicht aufgenommen.

Erysimum virgatum agg. (= *E. hieraciifolium* agg.)
Das Aggregat umfaßt *E. marschallianum* Andrz. ex DC. (= *E. durum* J. & C. Presl) und *E. virgatum* Roth. Da sehr oft Unsicherheiten bei der Bestimmung bestehen, sind nicht alle Angaben gesichert.

Euphorbia lathyris L.
Häufig kultivierte Zierpflanze, die oft verschleppt wird, aber meist unbeständig bleibt.

Euphorbia virgata W. & K.
Wegen der Verwechslungsgefahr mit *E. esula* L. sind nicht alle Angaben gesichert.

Euphrasia officinalis agg.
Das Aggregat umfaßt *E. micrantha* Rchb., *E. nemorosa* (Pers.) Wallr. (incl. **E. curta* (Fries) Wettst.), *E. rostkoviana* Hayne (incl. **E. picta* Wimmer) und *E. stricta* D. Wolff ex J. F. Lehm. Die Richtigkeit der Angaben ist nicht in jedem Fall gesichert.

Evonymus europaeus L.
Gebietsweise (z. B. Berlin) wurden wahrscheinlich teilweise auch nicht indigene Vorkommen mit erfaßt.

Fagopyrum esculentum Moench
Die Nachweise beruhen meist auf unbeständigen Einschleppungen.

Fagopyrum tataricum (L.) Gaertn.
Die Nachweise beruhen meist auf unbeständigen Einschleppungen.

Fagus sylvatica L.
Status ungenügend differenziert.

Fallopia aubertii (Louis Henry) Holub
Häufig kultivierte Zierpflanze, die gelegentlich verwildert.

Festuca ovina agg.
Das Aggregat umfaßt *F. brevipila* Tracey (= *F. trachyphylla* (Hackel) Kraj.; incl. **F. duvallii* (St.-Yves) Stohr), *F. filiformis* Pourr. (= *F. tenuifolia* Sibth.), *F. makutrensis* Zapal., *F. ovina* L. s. str. (incl. **F. lemanii* Bast. u. **F. guestfalica* Boenningh. ex Rchb.), *F. pallens* Host (incl. *F. cinerea* Vill.), *F. polesica* Zapal., *F. psammophila* (Hackel) Fritsch, *F. pseudovina* Hackel, *F. rupicola* Heuffel und *F. valesiaca* Schleicher ex Gaudin.

Festuca pratensis Huds.
Die Unterscheidung von indigenen und auf Ansaat zurückgehenden Vorkommen ist bei dieser häufig kultivierten Art oft nicht möglich.

Festuca rubra agg.
Das Aggregat umfaßt **F. diffusa* Dum., **F. nigrescens* Lamk., **F. rubra* L. s. str. und **F. villosa* Schweigger.

Filago vulgaris agg.
Das Aggregat umfaßt *F. lutescens* Jordan, *F. pyramidata* L. und *F. vulgaris* Lamk. s. str.

Fragaria moschata (Duchesne) Weston
Die richtige Bestimmung ist nicht bei allen Angaben gesichert.

Fraxinus pennsylvanica Marshall
An der Elbe verwildert vorkommend. Z. T. dürften aber auch gepflanzte Vorkommen erfaßt worden sein.

Fritillaria meleagris L.
Das Indigenat dieser seit Jahrhunderten kultivierten Art ist nicht gesichert.

Fumaria capreolata L.
Die Nachweise beruhen meist auf unbeständigen Einschleppungen.

Fumaria officinalis L.
Umfaßt die *ssp. *officinalis* L. und *ssp. *wirtgenii* (Koch) Arcang.

Fumaria vaillantii Loisel.
Inklusive der taxonomisch umstrittenen **F. schrammii* (Aschers.) Velen.

Gagea bohemica (Zauschner) R. & Sch.
Umfaßt die *ssp. *bohemica* (Zauschner) R. & Sch. und *ssp. *saxatilis* (Koch) Pascher. Eine klare Differenzierung der beiden Unterarten ist im Gebiet nicht möglich.

Gagea pratensis agg.
Die Karte repräsentiert die Verbreitung von **G. pratensis* (Pers.) Dum. s. str. Außerdem gehört **G. pomeranica* Ruthe zum Aggregat.

Galanthus nivalis L.
Häufig kultivierte Zierpflanze, die oft verwildert und in Auwäldern teilweise eingebürgert ist. Z. T. dürften aber auch auf Anpflanzung zurückgehende Vorkommen erfaßt worden sein.

Galega officinalis L.
Gelegentlich verwildernde Zierpflanze.

Galeobdolon luteum agg.
Die Karte repräsentiert die Verbreitung von **G. luteum* Huds. s. str. Außerdem gehört *G. montanum* (Pers.) Pers. ex Rchb. zum Aggregat. Die Gartenform, die z. T. als eigene Art (**G. argentatum* Smejkal) aufgefaßt wird, wurde nicht immer unterschieden.

Galeopsis ladanum agg.
Das Aggregat umfaßt *G. angustifolia* (Ehrh.) Hoffm. (Status z. T. ungenügend differenziert) und *G. ladanum* L. s. str.

Galeopsis tetrahit agg.
Die Karte repräsentiert vor allem die Verbreitung von **G. tetrahit* L. s. str. Außerdem gehört *G. bifida* Boenn. zum Aggregat.

Galium aparine agg.
Die Karte repräsentiert die Verbreitung von **G. aparine* L. s. str. Außerdem gehört *G. spurium* L. zum Aggregat.

Galium mollugo agg.
Die Karte repräsentiert die Verbreitung von **G. album* Mill. Außerdem gehört **G. mollugo* L. s. str. zum Aggregat.

Galium palustre agg.
Das Aggregat umfaßt **G. elongatum* C. Presl und **G. palustre* L. s. str.

Galium parisiense L.
Die neueren Nachweise beruhen meist auf unbeständigen Einschleppungen.

Galium pumilum agg.
Die Karte repräsentiert die Verbreitung von **G. pumilum* Murray s. str. Außerdem gehören **G. suecicum* (Sterner) Ehrendf. und *G. valdepilosum* H. Braun zum Aggregat.

Galium rotundifolium L.
Da die Art häufig forstlich verschleppt wird, ist das Indigenat vieler Vorkommen nicht gesichert.

Galium verrucosum Huds.
Die Nachweise beruhen meist auf unbeständigen Einschleppungen.

Galium verum agg.
Das Aggregat umfaßt **G. verum* L. s. str. und **G. wirtgenii* F. W. Schultz.

Gentiana lutea L.
Alte Nutzpflanze, die gelegentlich verwildert ist.

Gentianella amarella agg.
Das Aggregat umfaßt *G. amarella* (L.) Börner s. str. und *G. uliginosa (Willd.) Börner.*

Gentianella campestris agg.
Das Aggregat umfaßt *G. baltica* (Murb.) Börner und **G. campestris* (L.) Börner s. str.

Geranium pratense L.
Status ungenügend differenziert; in Brandenburg ganz überwiegend synanthrop.

Geranium pyrenaicum Burm. fil.
Vor allem im Südteil des Gebietes vielfach eingebürgert.

Geum montanum L.
Das Indigenat des Vorkommens am Brocken ist nicht gesichert.

Gladiolus imbricatus L.
In alten Floren oft mit *G. palustris* Gaudin verwechselt.

Guizotia abyssinica (L. fil.) Cass.
Die Nachweise beruhen meist auf unbeständigen Einschleppungen.

Gymnadenia odoratissima (L.) L. C. Richard
Viele Angaben beruhen auf Verwechslungen mit *G. conopsea* (L.) R. Br. Auch die nicht als ? dargestellten älteren Angaben sind nicht alle gesichert.

Hedera helix L.
Da die Art sehr häufig aus Pflanzungen verwildert, ist das Indigenat nicht immer gesichert.

Helianthemum nummularium agg.
Das Aggregat umfaßt **H. nummularium* (L.) Mill. s. str. und **H. ovatum* (Viv.) Dun. **H. ovatum* ist wahrscheinlich die deutlich häufigere Sippe, doch ist die Verbreitung noch ungenügend bekannt.

**Helianthus tuberosus* agg.
Schwierig zu bestimmende Gruppe von kultivierten und verwildernden Pflanzen, die sich stellenweise eingebürgert haben. War in den Geländelisten nicht enthalten und wurde deshalb nur sehr unvollständig erfaßt.

Helleborus foetidus L.
In S- und W-Thüringen einheimisch, sonst alte Zierpflanze, die gelegentlich verwildert.

Helleborus viridis L.
In W-Thüringen einheimisch, sonst angepflanzt und gelegentlich verwildert.

Heracleum mantegazzianum Sommier & Levier
Zierpflanze, die oft verwildert und sich häufig einbürgert.

Heracleum sphondylium L.
Die Vorkommen im nordöstlichen Teil des Gebietes gehören überwiegend zur *ssp. *flavescens* (Willd.) Soó.

Herniaria hirsuta L.
Oft nur vorübergehend eingeschleppt.

**Hibiscus trionium* L.
Wird gelegentlich unbeständig eingeschleppt.

Hieracium
Die Bestimmung der Arten dieser Gattung bereitet bekanntermaßen große Probleme. In die Streichlisten waren aus diesem Grunde nur die im Gebiet zu erwartenden Hauptarten aufgenommen worden. Dort wurden sie als Aggregate gekennzeichnet. Bei der Gliederung der Gattung in Haupt- und Zwischenarten ist dieses Konzept allerdings nicht mehr aufrechtzuerhalten. Es trug aber neben den taxonomischen Schwierigkeiten dazu bei, daß die Zugehörigkeit einer Reihe von Angaben zur jeweiligen Hauptart nicht gesichert ist. Bei den Arten, bei denen erfahrungsgemäß die größten Probleme auftreten, wurde nochmal speziell darauf hingewiesen. Wegen der meist ungenügenden Kenntnis ihrer Verbreitung wurde von den Zwischenarten nur *H. floribundum* W. & Gr. aufgenommen. Die Karten wurden von Herrn S. Bräutigam (Görlitz) kritisch durchgesehen.

Hieracium aurantiacum L.
Zierpflanze, die oft verwildert und sich gelegentlich einbürgert.

Hieracium caespitosum Dum.
Ein Teil der Angaben gehört vermutlich zu ähnlichen Zwischenarten.

Hieracium cymosum L.
Ein Teil der Angaben gehört vermutlich zu ähnlichen Zwischenarten.

Hieracium echioides Lumnitzer
Ein Teil der Angaben aus Sachsen-Anhalt und Thüringen gehört vermutlich zum sehr ähnlichen **H. fallax* Willd.

Hierochloe odorata agg.
Das Aggregat umfaßt **H. hirta* (Schrank) Borbás und **H. odorata* (L.) P. B. s. str.

Hippophae rhamnoides L.
Im Küstenbereich ist oft nicht zwischen natürlichen und auf Pflanzung zurückgehenden Vorkommen unterschieden worden.

Hordeum jubatum L.
Im hercynischen Trockengebiet weitgehend eingebürgert.

Hordeum murinum L.
Die Karte repräsentiert die Verbreitung der *ssp. *murinum* L. Es ist nicht auszuschließen, daß Funde der *ssp. *leporinum* (Link) Arcang. einbegriffen sind. Vorkommen dieser Unterart sind aus dem Gebiet aber bisher nicht bekannt.

Hyoscyamus niger L.
Außerhalb des hercynischen Trockengebietes z. T. nur unbeständig, aber Status nicht genügend differenziert.

Hypericum maculatum Crantz
Umfaßt die *ssp. *maculatum* Crantz und *ssp. *obtusiusculum* (Tourlet) Hayek em. A. Fröhlich. Daneben wurden möglicherweise auch Bastarde mit *H. perforatum* L. (**H.×desetangsii Lamotte) erfaßt.*

Hyssopus officinalis L.
Alte Kulturpflanze, die gelegentlich verwildert.

Iberis amara L.
Alte Zierpflanze, die gelegentlich verwildert oder unbeständig eingeschleppt wird.

Ilex aquifolium L.
Außerhalb des natürlichen Areals gelegentlich aus der Kultur verwildernd.

Impatiens glandulifera Royle
Zierpflanze, die häufig verwildert und sich in weiten Bereichen eingebürgert hat.

Inula conyzae (Griesselich) Meikle
Vorkommen in Brandenburg wohl ausschließlich synanthrop (Haldenaufforstungen).

Iris germanica agg.
Das Aggregat umfaßt **I. germanica* L. s. str. und **I. sambucina* L. Es handelt sich bei beiden um Zierpflanzen, die gelegentlich verwildern und sich im hercynischen Trockengebiet stellenweise eingebürgert haben.

Iris pumila L.
Zierpflanze, die gelegentlich verwildert.

Isatis tinctoria L.
Auf Rügen (um Glowe) eingebürgert und sich ausbreitend.

Iva xanthiifolia Nutt.
Viele Nachweise beruhen auf unbeständigen Einschleppungen (Vogelfutteradventive).

Jovibarba sobolifera (Sims) Opiz
Die Art ist im Gebiet einheimisch, wird aber auch häufig kultiviert. Die Abgrenzung gepflanzter von verwilderten Vorkommen ist sehr schwierig.

Juncus bufonius agg.
Die Karte repräsentiert die Verbreitung von **J. bufonius* L. s. str. Außerdem gehört *J. ranarius* Perr. & Song. zum Aggregat.

Juncus conglomeratus L. em. Leers
In die Karte sind wahrscheinlich eine Reihe von Fehlbestimmungen von **J. effusus* var. *compactus* Lej. & Court. eingegangen.

Juncus tenageia Ehrh. ex L. fil.
Ein Teil der Angaben dürfte auf Verwechslungen mit dem sehr vielgestaltigen *J. bulbosus* L. beruhen. Die Vorkommen in Mecklenburg-Vorpommern sind z. T. nur unbeständig.

Knautia dipsacifolia Kreutz.
Viele der älteren Angaben dürften auf Verwechslungen mit Exemplaren von *K. arvensis* (L.) Coulter mit ungeteilten Blättern beruhen.

Kochia scoparia (L.) Schrader
Die Karte repräsentiert vor allem die Verbreitung der *ssp. *densiflora* (Turcz.) Aellen, welcher z. T. Artstatus zuerkannt wird. Die Sippe war in der Streichliste nicht enthalten und ist deshalb nur gebietsweise erfaßt worden.

Koeleria pyramidata agg.
Das Aggregat umfaßt *K. cristata* (L.) Pers. (= *K. macrantha* (Ledeb.) Schult.) und *K. pyramidata* (Lamk.) P. B. s. str. Da bei der Unterscheidung der beiden Sippen große Schwierigkeiten bestehen, sind nicht alle Angaben gesichert.

Laburnum anagyroides Med.
Häufig kultivierte Zierpflanze, die in den wärmeren Gebieten auch verwildert. Spontane und auf Pflanzung zurückgehende Vorkommen sind oft schwierig zu trennen.

Lactuca tatarica (L.) C. A. Meyer
An der Küste eingebürgert, sonst oft unbeständig.

Lamium hybridum agg.
Das Aggregat umfaßt **L. hybridum* auct. s. str. und *L. moluccellifolium* (Schumacher) Fries. Die Ergebnisse der Gattungsrevision von Mennema (1989) konnten nicht berücksichtigt werden.

**Larix decidua* Mill.
Großflächig kultivierter Forstbaum mit nur geringer Tendenz zur Einbürgerung. Wurde nur sehr ungleichmäßig erfaßt.

Lathyrus aphaca L.
Neuere Nachweise oft auf unbeständigen Einschleppungen beruhend.

Lathyrus nissolia L.
In Thüringen wahrscheinlich Archaeophyt.

Lathyrus sylvestris L.
Aktuelle Vorkommen in Berlin vermutlich synanthrop.

Lathyrus tuberosus L.
Status ungenügend differenziert. Aktuelle Vorkommen in Berlin synanthrop.

Lemna gibba L.
Flache Formen dieser Art sind wahrscheinlich des öfteren als *L. minor* L. kartiert worden.

Lemna turionifera Landolt
Die erst vor wenigen Jahren erstmals nachgewiesene Art ist leicht zu übersehen und noch sehr unvollständig erfaßt.

Leonurus cardiaca L.
Umfaßt neben der einheimischen *ssp. *cardiaca* L. auch die neophytische *ssp. *villosus* (Desf. ex Dum.-Urv.) Hyl.

Leucanthemum vulgare agg.
Das Aggregat umfaßt **L. ircutianum* Dc. und **L. vulgare* Lam. s. str. Die Sippen sind schwer unterscheidbar und werden in den Standardfloren unterschiedlich gefaßt.

Ligustrum vulgare L.
Häufig kultivierte Zierpflanze, welche des öfteren verwildert. Status im südlichen Teil ungenügend differenziert. In Mecklenburg, Berlin und Brandenburg wohl ausschließlich synanthrop, aber vielfach eingebürgert.

Lilium bulbiferum L.
Alte Zierpflanze, Indigenat der Vorkommen nicht gesichert.

Linaria genistifolia agg.
Das Aggregat umfaßt **L. dalmatica* (L.) Mill. und **L. genistifolia* (L.) Mill. s. str. Wegen der Unsicherheiten bei der Unterscheidung können die Karten der Kleinarten noch nicht publiziert werden.

Lolium multiflorum Lamk.
Es wurde oft nicht zwischen auf Ansaat zurückgehende und spontanen Vorkommen unterschieden.

Lolium temulentum L.
Aktuelle Nachweise in Berlin alle synanthrop (aus Ansaaten hervorgegangen).

Lonicera xylosteum L.
Status teilweise ungenügend differenziert. Die meisten Vorkommen in Mecklenburg-Vorpommern dürften synanthrop sein.

Lotus corniculatus agg.
Die Karte repräsentiert die Verbreitung von **L. corniculatus* L. s. str. Das Aggregat umfaßt außerdem *L. glaber* Mill. (= *L. tenuis* W. & K.).

Luzula campestris agg.
Zum Aggregat gehören *L. campestris* (L.) DC. s. str., **L. divulgata* Kirschner, *L. multiflora* (Retz.) Lej., *L. pallidula* Kirschner (= *L. pallescens* Sw.) und *L. sudetica* (Willd.) Schult.

Lycium barbarum L.
Vielfach eingebürgert. Da das ähnliche *L. chinense* Mill. lange Zeit nur ungenügend beachtet wurde, könnten in die Karte auch Angaben von dieser Art eingegangen sein.

Lycium chinense Mill.
siehe *L. barbarum* L.

**Lycopersicon esculentum* Mill.
An den großen Flüssen Dauergast und daher wie eingebürgert erscheinend, sonst oft unbeständig und bei der Kartierung kaum erfaßt.

Lysimachia punctata L.
Häufig kultivierte Zierpflanze, welche des öfteren verwildert.

**Mahonia aquifolia* (Pursh) Nutt.
Häufig kultivierte Zierpflanze, welche des öfteren verwildert und sich teilweise auch eingebürgert hat. Befand sich nicht in den Streichlisten und ist deshalb nur sehr sporadisch erfaßt worden.

Malus sylvestris Mill.
Status ungenügend differenziert. Häufig sind wahrscheinlich auch verwilderte Vorkommen von **M. domestica* Borkh. erfaßt worden.

Malva moschata L.
Im Norden des Gebietes nur neophytisch, aber Grenze des natürlichen Vorkommens unbekannt.

Malva sylvestris L.
In Berlin handelt es sich häufig um synanthrope Vorkommen der *ssp. *mauritiana* (L.) A. & Gr.

Matteuccia struthiopteris (L.) Tod.
Da die Art seit langem auch häufig als Zierpflanze kultiviert wird, ist das Indigenat nicht bei allen Angaben gesichert.

Medicago arabica (L.) Huds.
Nachweise beruhen meist auf unbeständigen Einschleppungen.

Medicago nigra (L.) Krocker
Nachweise beruhen meist auf unbeständigen Einschleppungen.

Medicago sativa agg.
Das Aggregat umfaßt *M. falcata* L. und *M. ×varia* Martyn. Nach den taxonomischen Untersuchungen von VOLLRATH (1973) und SMALL & BROOKES (1984) gehören auch die bisher zu **M. sativa* L. s. str. gezählten Vorkommen zu *M.×varia*. **M. sativa* s. str. kommt danach im Gebiet nicht vor. Die Unterscheidung zwischen spontanen und auf Ansaat beruhenden Vorkommen ist nicht immer möglich. Das scheinbare Statusdurcheinander in der Aggregat-Karte ist durch das Nebeneinander der einheimischen *M. falcata* und der nur synanthrop vorkommenden *M.×varia* bedingt.

Melampyrum nemorosum L.
Das Vorkommen des ähnlichen **M. polonicum* (Beauverd) Soó im Osten des Gebietes bedarf noch weiterer Überprüfung.

Melampyrum sylvaticum L.
Einige der Angaben dürften auf Verwechslungen mit *M. pratense* L. zurückgehen.

Melica ciliata agg.
Das Aggregat umfaßt *M. ciliata* L. s. str., *M. transsilvanica* Schur und **M.×thuringiaca* Rauschert. Das Indigenat der Vorkommen in Nordost-Brandenburg ist nicht gesichert.

Melilotus altissima Thuill.
Wahrscheinlich des öfteren übersehen und als *M. officinalis* kartiert.

Mentha longifolia agg.
Das Aggregat umfaßt **M. longifolia* (L.) L. s. str. und deren Bastarde. Im Norden des Gebietes dürfte es sich vor allem um Hybriden handeln, während im Südteil **M. longifolia* s. str. dominiert.

Mentha×piperita agg.
Das Aggregat umfaßt **M.×dumetorum* Schult. und **M.×piperita* L. s. str.

Mentha suaveolens agg.
Das Aggregat umfaßt **M. suaveolens* Ehrh., **M.×nemorosa* Willd. und **M.×niliaca* Juss. ex Jacq. Die Karte repräsentiert wahrscheinlich vor allem die Verbreitung von **M.×niliaca*. Reine **M. suaveolens* ist ausgesprochen selten.

Mentha×verticillata agg.
Das Aggregat umfaßt **M.×dalmatica* Tausch, **M.×gentilis L.*, **M.×smithiana* Graham und **M.×verticillata* L. s. str.

Mercurialis annua L.
In Brandenburg überwiegend synanthrop.

Mespilus germanica L.
Eine Unterscheidung zwischen spontanen und aus Anpflanzungen hervorgegangenen Vorkommen ist oft schwierig.

Mimulus guttatus Fisch. ex DC.
Im Mittelgebirgsraum eingebürgert, sonst oft unbeständig.

Minuartia verna (L.) Hiern
Im Gebiet kommt nur die in Mitteleuropa endemische, auf schwermetallhaltigen Böden siedelnde ssp. *hercynica* (Willk.) O. Schwarz vor.

Molinia caerulea agg.
Das Aggregat umfaßt **M. arundinacea* Schrank und **M. caerulea* (L.) Moench s. str., die bei der Kartierung jedoch fast nie unterschieden wurden.

Monotropa hypopitys agg.
Das Aggregat umfaßt **M. hypophegea* Wallr. und **M. hypopitys* L. s. str. Da die Unterscheidung der beiden Sippen äußerst problematisch und in vielen Fällen nicht gesichert ist, wurde auf die Karten der Kleinarten verzichtet.

Montia fontana agg.
Das Aggregat umfaßt *M. arvensis* Wallr. und *M. fontana* L. (incl. der *ssp. *amporitana* Sennen, *ssp. *fontana* L. und *ssp. *variabilis* S. M. Walters). Angaben wesentlich durch H. Jage (Kemberg) ergänzt.

Muscari botryoides (L.) Mill.
Häufig kultivierte Zierpflanze, die gelegentlich verwildert.

Muscari comosum (L.) Mill.
Häufig kultivierte Zierpflanze, die gelegentlich verwildert.

Muscari neglectum agg.
Das Aggregat umfaßt *M. neglectum* Guss. s. str. und *M. racemosum* (L.) Mill. s. str. Häufig kultivierte Zierpflanzen, die oft verwildern. Alte Einbürgerungen und neuere Ansiedlungen wurden nicht differenziert.

Myosotis palustris agg.
Zum Aggregat gehören *M. caespitosa* C. F. Schultz, *M. laxiflora* Rchb., *M. nemorosa* Besser, *M. palustris* (L.) Nathh. s. str. und *M. praecox* Hülphers.

Myosotis sylvatica Ehrh. ex Hoffm.
Viele Angaben dürften verwilderte Zierpflanzen betreffen, ohne daß der Status entsprechend differenziert wurde. Nicht immer ist hierbei gesichert, ob es sich tatsächlich um *M. sylvatica* handelt. Indigene Vorkommen in Brandenburg sehr selten und wahrscheinlich nur im nördlichen Gebiet.

**Narcissus poeticus* L.
Häufig kultivierte Zierpflanze, welche des öfteren verwildert. Wurde nur sehr unvollständig erfaßt.

**Narcissus pseudonarcissus* L.
Häufig kultivierte Zierpflanze, welche gelegentlich verwildert und sich teilweise auch eingebürgert hat. Wurde nur sehr unvollständig erfaßt.

Nasturtium officinale agg.
Das Aggregat umfaßt **N. microphyllum* (Boenn.) Rchb. und **N. officinale* R. Br. s. str. Im Nordteil des Gebietes ist **N. microphyllum* die mit Abstand häufigere Sippe, im Südteil verhält es sich genau umgekehrt.

Nuphar lutea (L.) Sm.
Oft können natürliche und auf Anpflanzung zurückgehende Vorkommen nicht unterschieden werden.

Nymphaea alba L.
Oft können natürliche und auf Anpflanzung zurückgehende Vorkommen nicht unterschieden werden.

Nymphaea candida C. Presl
Oft können natürliche und auf Anpflanzung zurückgehende Vorkommen nicht unterschieden werden. Wegen der Verwechslungsgefahr mit *N. alba* L. sind nicht alle Angaben gesichert.

Nymphoides peltata (S. G. Gmelin) O. Kuntze
Die aktuellen Vorkommen in Berlin und in der Havel gehen auf Anpflanzungen und Verwilderungen zurück.

Odontites vernus agg.
Das Aggregat umfaßt *O. litoralis* Fries, **O. vernus* (Bellardi) Dum. s. str. und **O. vulgaris* Moench. Da **O. vernus* s. str. und **O. vulgaris* schwierig zu unterscheiden sind und viele Kartierer sie nicht getrennt haben, wurde auf die Karten dieser beiden Kleinarten verzichtet.

Oenothera biennis agg.
Das Aggregat umfaßt **O. acutifolia* Rostanski, **O. biennis* L. s. str., **O. brevispicata* Hudziok, **O. chicagoensis* De Vries ex Renn. & Clel. (= *O. pycnocarpa* Atk. & Bartl.), **O. coloratissima* Hudziok, **O. coronifera* Renn., **O. depressa* E. Greene (= *O. salicifolia* Desf. ex G. Don), **O. erythrosepala* Borbás (= *O. glazioviana* Micheli), **O. jueterbogensis* Hudziok, **O. nissensis* Rostanski, **O. octolineata* Hudziok, **O. paradoxa* Hudziok, **O. renneri* H. Scholz (= *O. canovirens* Steele), **O. rubricaulis* Kleb., **O. suaveolens* Desf. ex Pers. und **O. turoviensis* Rostanski (= *O. royfraseri* Gates).

Oenothera parviflora agg.
Das Aggregat umfaßt **O. ammophila* Focke, **O. lipsiensis* Rostanski & Gutte, **O. parviflora* L. s. str., **O. silesiaca* Renn. (= *O. subterminalis* Gates) und **O. syrticola* Bartl. (= *O. oakesiana* (A. Gray) Robbins ex A. Watson & Coulter).

Omphalodes verna Moench
Häufig kultivierte Zierpflanze, die gelegentlich verwildert.

Onobrychis viciifolia agg.
Die Karte repräsentiert die Verbreitung von **O. viciifolia* Scop. s. str. Das Aggregat umfaßt außerdem *O. arenaria* (Kit.) DC.

Ononis spinosa L.
Ein Teil der Angaben dürfte auf Fehlbestimmungen dorniger Pflanzen von *O. repens* L. zurückgehen.

Onopordum acanthium L.
Status ungenügend differenziert.

Ornithogalum nutans agg.
Häufig kultivierte Zierpflanzen, die oft verwildern. Das Aggregat umfaßt **O. boucheanum* (Kunth) Aschers. und **O. nutans* L. s. str.

Ornithogalum umbellatum agg.
Häufig kultivierte Zierpflanzen, die oft verwildern. Das Aggregat umfaßt **O. orthophyllum* Ten. (= *O. kochii* Parl.) und **O. umbellatum* L. s. str. Die korrekte Bestimmung einiger Angaben von *O. orthophyllum* aus Sachsen-Anhalt bedarf noch weiterer Prüfungen. *O. umbellatum* ist gebietsweise eingebürgert.

Orobanche alsatica agg.
Das Aggregat umfaßt *O. alsatica* Kirschleger s. str. und *O. bartlingii* Griseb.

Orobanche arenaria Borkh.
Für unbelegte Angaben wurde in Brandenburg in Abstimmung mit S. Rätzel (Frankfurt/O.) ein Fragezeichen gesetzt, da die früher ungenügend unterschiedene *O. purpurea* Jacq. einbegriffen sein kann.

**Orobanche coerulescens* Steph. ex Willd.
Die Angabe „zwischen Oderberg und Liepe" (Ascherson & Graebner 1899) ist nicht belegt und bleibt deshalb unsicher.

Orobanche hederae Duby
Die Angaben beruhen fast alle auf Verwilderungen im Bereich Botanischer Gärten.

Orobanche lucorum A. Br.
Die Angaben beruhen fast alle auf Verwilderungen im Bereich Botanischer Gärten.

Orobanche purpurea Jacq.
Siehe *O. arenaria* Borkh.

Orobanche ramosa L.
Neuere Angaben beruhen meist auf unbeständigen Einschleppungen.

Orobanche rapum-genistae Thuill.
Fast alle Angaben sind unbelegt und unsicher.

Oxycoccus palustris Pers.
Nach VANDER KLOET (1983, 1988) ist eine scharfe Trennung von *O. palustris* Pers. s. str. und *O. microcarpus* Turcz. ex Rupr. nicht möglich.

Panicum capillare L.
Viele Nachweise beruhen auf unbeständigen Einschleppungen.

**Panicum miliaceum* L.
Viele Nachweise beruhen auf unbeständigen Einschleppungen. Da sie nicht in der Streichliste enthalten war, wurde die Art nur gebietsweise erfaßt.

Papaver dubium L.
Inclusive des taxonomisch umstrittenen **P. confine* Jordan.

**Papaver somniferum* L.
Die Vorkommen beruhen weitgehend auf unbeständigen Einschleppungen. Da sie nicht in der Streichliste enthalten war, wurde die Art nur sporadisch erfaßt.

Parietaria officinalis L.
In Brandenburg vermutlich überwiegend synanthrop.

**Parthenocissus inserta* agg.
Das Aggregat umfaßt **P. inserta* (Kerner) Fritsch und **P. quinquefolia* (L.) Planch. Häufig kultivierte Zierpflanzen, die oft verwildern. Die Sippen wurden nur sehr unvollständig erfaßt.

Petasites hybridus (L.) G. M. Sch.
Im Flachland zumindest z. T. auf Anpflanzungen zurückgehend (BALASKE 1962).

**Petrorhagia saxifraga* (L.) Link
Zierpflanze, die gelegentlich verwildert und sich an manchen Stellen auch längerfristig hält.

Phacelia tanacetifolia Bentham
Häufig angebaute Kulturpflanze, die oft verschleppt wird.

Phalaris canariensis L.
Die meisten Nachweise beruhen auf unbeständigen Einschleppungen.

Phleum pratense agg.
Das Aggregat umfaßt **P. bertolonii* DC. und **P. pratense* L. s. str.

Physalis alkekengi L.
Neben den natürlichen Vorkommen gibt es auch häufig Verwilderungen dieser oft kultivierten Zierpflanze.

Picea abies (L.) Karsten
Forstliche Anpflanzungen und Verwilderungen sind im Verbreitungsgebiet der Art von natürlichen Vorkommen oft nicht zu trennen. In Mecklenburg-Vorpommern und Brandenburg wurden erstere nicht, in den anderen Bundesländern teilweise unvollständig erfaßt. Der Status wurde in weiten Bereichen ungenügend differenziert.

Picris echioides L.
Viele Nachweise beruhen auf unbeständigen Einschleppungen.

Pilularia globulifera L.
In der Niederlausitz vielfach an Sekundärstandorten (Tagebaurestlöcher, Tongruben).

Pimpinella saxifraga agg.
Die Karte repräsentiert die Verbreitung von **P. saxifraga* L. s. str. Das Aggregat umfaßt außerdem *P. nigra* Mill.

Pinus mugo Turra
Außerhalb des Erzgebirges gelegentlich auch angepflanzt und verwildernd.

**Pinus nigra* Arnold
Die häufig kultivierte und gelegentlich verwildernde Art wurde nur sehr ungleichmäßig erfaßt.

Pinus sylvestris L.
Das geschlossene Verbreitungsgebiet reicht nach SCAMONI (1988) bis etwa zur Elbe, westlich davon sind die natürlichen Vorkommen auf Sonderstandorte beschränkt. Auf forstliche Anpflanzungen und Verwilderungen zurückgehende Vorkommen sind von natürlichen oft nicht zu trennen. Der Status wurde deshalb ungenügend differenziert.

Plantago major L.
Umfaßt neben der *ssp. *major* L., deren Verbreitung von der Karte repräsentiert wird, auch die *ssp. *intermedia* (Gilib.) Lange und *ssp. *winteri* (Wirtgen) W. Ludwig, denen teilweise Artrang zuerkannt wird.

Poa annua agg.
Die Karte repräsentiert die Verbreitung von **P. annua* L. s. str. Das Aggregat umfaßt außerdem *P. supina* Schrader.

Poa pratensis agg.
Das Aggregat umfaßt **P. angustifolia* L., **P. pratensis* L. s. str. und **P. subcoerulea* Smith.

Polemonium caeruleum L.
Fast alle natürlichen Vorkommen sind erloschen. Die meisten aktuellen Nachweise beruhen auf Verwilderungen dieser häufig kultivierten Zierpflanze.

Polygala amara agg.
Die Karte repräsentiert die Verbreitung von **P. amarella* Crantz. Das Aggregat umfaßt außerdem **P. amara* L. s. str., von der es nur sehr wenige gesicherte Nachweise gibt.

Polygala vulgaris agg.
Das Aggregat umfaßt **P. oxyptera* Rchb. und **P. vulgaris* L. s. str.

Polygonum aviculare agg.
Das Aggregat umfaßt **P. arenastrum* Bor., **P. calcatum* Lindman, **P. heterophyllum* Lindman em. H. Scholz, **P. monspeliense* Thiébaud und **P. rurivagum* Jordan.

Polypodium vulgare agg.
Das Aggregat umfaßt *P. interjectum* Shivas und **P. vulgare* L. s. str. sowie deren Bastard **P.×mantoniae* Rothm.

Populus nigra L.
Die meisten Angaben dürften sich auf oft schwer zu trennende Bastarde beziehen. Reine *P. nigra* ist ausgesprochen selten. Der Status ist ungenügend differenziert.

Portulaca oleracea L.
In den wärmsten Gebieten eventuell Archaeophyt, heute aber fast nur auf stark anthropogen beeinflußten Standorten.

Potamogeton pusillus agg.
Das Aggregat umfaßt *P. berchtoldii* Fieber und *P. pusillus* L. s. str. (= *P. panormitanus* Biv.).

Potentilla anglica Laicharding
Eventuell wurden hier gelegentlich auch Primärbastarde *P. erecta×reptans* mit erfaßt.

Potentilla argentea agg.
Das Aggregat umfaßt **P. argentea* L. s. str., **P. decumbens* Jordan, **P. demissa* Jordan, **P. dissecta* Wallr., **P. impolita* Wahlenb. und **P. tenuiloba* Jordan, deren Artrang teilweise umstritten ist.

Potentilla collina agg.
Das Aggregat umfaßt **P. leucopolitana* Ph. J. Mueller, **P. lindackeri* Tausch und **P. thyrsiflora* Hülsen in Zimmeter. Die Angaben sind oft nicht gesichert.

Potentilla heptaphylla L.
In der Karte sind wahrscheinlich einige auf Verwechslungen mit Pflanzen des *P. verna*-Aggregats zurückgehende Punkte enthalten.

Potentilla recta L.
Viele Vorkommen können als eingebürgert bezeichnet werden.

Potentilla verna agg.
Das Aggregat umfaßt *P. incana* G. M. Sch. (= *P. arenaria* Borkh.), *P. neumanniana* Rchb. und **P. pusilla* Host. Die Angaben von **P. pusilla* bedürfen einer kritischen Überprüfung, da die Art kaum von *P. arenaria×neumanniana* zu trennen ist. Die Karte wurde deshalb nicht aufgenommen.

Primula vulgaris Huds.
Die natürlichen Vorkommen an der Ostsee sind erloschen, die häufig kultivierte Art verwildert aber gelegentlich.

**Prunus domestica* L.
Die häufig kultivierte und oft verwildernde Art wurde nur sehr unvollständig erfaßt.

Prunus spinosa L.
In Berlin überwiegend synanthrope Vorkommen.

Pseudofumaria lutea (L.) Borkh. (= *Corydalis lutea* (L.) DC.)
Häufig kultivierte Zierpflanze, die des öfteren verwildert und sich stellenweise dauerhaft hält.

Puccinellia distans agg.
Die Karte repräsentiert die Verbreitung von **P. distans* (Jacq.) Parl. s. str. Das Aggregat umfaßt außerdem *P. capillaris* (Liljeblad) Jansen und *P. limosa* (Schur) Holmberg. Die Straßenrand- und Ruderalvorkommen von **P. distans* s. str. wurden nicht durch einen gesonderten Status gekennzeichnet.

Pulmonaria angustifolia L.
Die Zuordnung der Vorkommen im Thüringer Becken ist noch nicht eindeutig geklärt. Nachdem sie schon sowohl zu *P. angustifolia* als auch zu *P. mollis* D. Wolff ex Hornem. gestellt wurden, zeigten neuere Untersuchungen (Tillich & Reuther 1994) Beziehungen zu *P. montana* Lej. Die Problematik bedarf weiterer Nachforschungen.

Pulmonaria mollis D. Wolff ex Hornem.
siehe *P. angustifolia* L.

Pulmonaria montana Lej.
siehe *P. angustifolia* L.

Pulmonaria officinalis agg.
Das Aggregat umfaßt **P. obscura* Dum. und **P. officinalis* L. s. str.

Pyrus pyraster Burgsd.
Status in weiten Bereichen ungenügend differenziert. Z. T. sind wahrscheinlich auch verwilderte Pflanzen von **P. communis* L. em. Gaertn. sowie Bastarde erfaßt worden.

Quercus petraea (Mattuschka) Liebl.
Forstliche Anpflanzungen und Verwilderungen sind von natürlichen Vorkommen oft nicht zu trennen. Der Status wurde deshalb in weiten Bereichen ungenügend differenziert.

Quercus pubescens Willd.
Der größte Teil der Angaben dürfte sich auf *Q. pubescens*-Bastarde beziehen.

Quercus robur L.
Forstliche Anpflanzungen und Verwilderungen sind von natürlichen Vorkommen oft nicht zu trennen. Der Status wurde deshalb in weiten Bereichen ungenügend differenziert.

Quercus rubra L.
Die Art wird häufig forstlich kultiviert, verwildert aber nur selten.

Ranunculus aquatilis agg.
Das Aggregat umfaßt **R. aquatilis* L. s. str., *R. baudotii* Godr., **R. peltatus* Schrank, **R. penicillatus* (Dum.) Bab., *R. trichophyllus* Chaix und **R. tripartitus* DC.

Ranunculus auricomus agg.
Das Aggregat umfaßt eine umfangreiche Artengruppe, deren Gliederung noch weiterer intensiver Forschungsarbeit bedarf.

Ranunculus fluitans Lamk.
In die Karte sind möglicherweise einige nicht erkannte Vorkommen von **R. penicillatus* (Dum.) Bab. eingegangen.

Ranunculus platanifolius L.
Der ähnliche **R. aconitifolius* L. wurde und wird zwar immer mal wieder aus dem Gebiet angegeben, doch handelt es sich durchweg um Verwechslungen mit *R. platanifolius.*

Ranunculus polyanthemos agg.
Das Aggregat umfaßt **R. polyanthemoides* Boreau, **R. polyanthemophyllus* W. Koch & H. Hess, *R. polyanthemos* L. s. str., **R. serpens* Schrank und *R. tuberosus* Lapeyr. (= *R. nemorosus* DC.). Vor allem die Karte von *R. polyanthemos* s. str. enthält wahrscheinlich eine ganze Reihe von nicht zu dieser Sippe gehörenden Angaben.

Reseda lutea L.
In Berlin und Brandenburg überwiegend synanthrop.

Reseda luteola L.
In Berlin und Brandenburg überwiegend synanthrop.

Reynoutria japonica Houtt.
Diese oft kultivierte Art verwildert häufig und hat sich an vielen Stellen eingebürgert.

Reynoutria sachalinensis (Friedr. Schmidt) Nakai
Diese oft kultivierte Art verwildert häufig und hat sich stellenweise eingebürgert.

Rhinanthus alectorolophus (Scop.) Pollich
Die relativ große Zahl von Fehlangaben beruht zum einen auf Verwechslungen und zum anderen auf nomenklatorischen Unklarheiten, da der Name *R. major* sowohl Synonym zu *R. alectorolophus* als auch zu *R. angustifolius* C. C. Gmelin ist.

Rhinanthus angustifolius agg.
Die Karte repräsentiert die Verbreitung von **R. angustifolius* C. C. Gmelin s. str. (= *R. serotinus* (Schönheit) Oborny). Das Aggregat umfaßt außerdem *R. halophilus* U. Schneider und *R. rumelicus* Velen.

Rhus typhina L.
Häufig kultivierte Zierpflanze, die in den wärmeren Gebieten und größeren Städten auch verwildert.

Ribes
Häufig kultivierte Zier- und Nutzpflanzen, die oft verwildern. Auf Anpflanzungen zurückgehende Vorkommen und Verwilderungen sind nicht immer von natürlichen Vorkommen zu unterscheiden. Der Status wurde ungenügend differenziert.

Ribes alpinum L.

In Brandenburg größtenteils synanthrop, nur wenige Vorkommen dürften indigen sein.

Ribes nigrum L.
Status ungenügend differenziert.

Ribes rubrum agg.
Die Karte repräsentiert im wesentlichen die Verbreitung von **R. rubrum* L. s. str. Zum Aggregat gehört außerdem **R. spicatum* Robson. Status ungenügend differenziert.

Ribes uva-crispa L.
In Berlin und Brandenburg wohl nur synanthrop.

Rorippa austriaca (Crantz) Besser
Nicht alle Angaben sind gesichert. Eventuell sind hier auch einige der vielen Bastarde innerhalb dieser Gattung erfaßt worden. Die Ausbreitung an der Oder in Brandenburg ist erst in diesem Jahrhundert erfolgt.

Rosa
Die Karten wurden von Herrn H. Henker (Neukloster) kritisch durchgesehen.

Rosa arvensis Huds.
Von dieser Art gibt es immer wieder Fehlangaben, die auf Verwechslungen steriler Pflanzen zurückgehen. Nicht bei allen Angaben ist die Artzugehörigkeit gesichert.

Rosa caesia agg. (= *R. coriifolia* agg.)
Das Aggregat umfaßt **R. caesia* Sm. s. str. und **R. subcollina* (Christ) R. Keller.

Rosa canina L.
Obwohl **R. subcanina* (Christ) R. Keller bei Rothmaler (1976) als Unterart zu *R. dumalis* Bechst. geführt wird, sind wahrscheinlich eine ganze Reihe von Vorkommen als *R. canina* angesprochen worden.

Rosa corymbifera Borkh.
Die Art umfaßt die *ssp. *corymbifera* Borkh. und die *ssp. *deseglesei* (Bor.) Stohr.

Rosa dumalis agg.
Das Aggregat umfaßt **R. dumalis* Bechst. s. str. und **R. subcanina* (Christ) R. Keller.

Rosa elliptica agg.
Das Aggregat umfaßt **R. elliptica* Tausch s. str. und **R. inodora* Fries.

**Rosa glauca* Pourret
Häufig kultivierte Zierpflanze, die gelegentlich verwildert. Auf Anpflanzungen zurückgehende Vorkommen und Verwilderungen sind teilweise schwer zu unterscheiden.

Rosa rugosa Thunb.
Häufig kultivierte Zierpflanze, die oft verwildert. Auf Anpflanzungen zurückgehende Vorkommen und Verwilderungen sind teilweise schwer zu unterscheiden.

Rosa sherardii H. Davies
Wahrscheinlich ist ein Teil der Vorkommen dieser Art als *R. tomentosa*-Aggregat erfaßt worden.

Rosa tomentosa agg.
Das Aggregat umfaßt **R. scabriuscula* Sm. em. H. Braun und **R. tomentosa* Sm. s. str. Siehe auch unter *R. sherardii* H. Davies.

Rubus fruticosus agg.
Das Aggregat umfaßt alle *Rubus*-Arten außer *R. caesius* L., *R. idaeus* L. und *R. saxatilis* L.

Rudbeckia hirta L.
Häufig kultivierte Zierpflanze, die gelegentlich verwildert.

Rudbeckia laciniata L.
Häufig kultivierte Zierpflanze, die oft verwildert.

Rumex acetosa L.
Wahrscheinlich wurden hier z. T. auch Vorkommen von *R. thyrsiflorus* Fingerh. mit erfaßt.

Rumex acetosella agg.
Die Karte repräsentiert vor allem die Verbreitung von **R. acetosella* L. s. str. Das Aggregat umfaßt außerdem **R. angiocarpus* Murb. und **R. tenuifolius* (Wallr.) A. Löve.

Rumex thyrsiflorus Fingerh.
Siehe unter *R. acetosa* L.

Ruppia maritima agg.
Das Aggregat umfaßt *R. cirrhosa* (Petagna) Grande und *R. maritima* L. s. str.

Sagina apetala agg.
Zum Aggregat gehören *S. apetala* Ard. s. str. (= *S. ciliata* Fries) und *S. micropetala* Rauschert.

Sagina subulata (Sw.) C. Presl
Die natürlichen Vorkommen sind erloschen. Die aktuellen Nachweise beruhen auf Verwilderungen dieser häufig kultivierten Zierpflanze.

Salicornia europaea agg.
Das Aggregat umfaßt die Sippen **S. europaea* L. s. str. und **S. ramosissima* Woods.

Salix
Häufig kultivierte Zier- und Nutzpflanzen, die oft verwildern. Auf Anpflanzungen zurückgehende Vorkommen und Verwilderungen sind nicht immer von natürlichen Vorkommen unterschieden worden.
Außerdem bereiten die regelmäßig auftretenden Hybriden erhebliche Schwierigkeiten bei der Bestimmung.

Salix alba L.
Vermutlich wurden einige nahestehende Formen von **S.×rubens* hier mit erfaßt.

**Salix dasyclados* Wimmer
Da dieser Name sowohl für eine osteuropäisch bis nordasiatisch verbreitete Art, deren Areal bis an das Kartierungsgebiet reichen könnte, als auch für die vor allem gepflanzten Bastarde *S. caprea×cinerea×viminalis* und *S. cinerea×viminalis* verwendet wurde, ergeben sich beträchtliche Schwierigkeiten. Sowohl die Abgrenzung als auch die Nomenklatur bedürfen weiterer Klärung.

Salix fragilis agg.
Das Aggregat umfaßt **S. fragilis* L. s. str. und **S.×rubens* Schrank. Wahrscheinlich sind hierunter aber gelegentlich auch andere *S. fragilis*-Bastarde erfaßt worden.

Salix myrsinifolia Salisb.
Die Frage des Status dieser Art bedarf noch weiterer Untersuchungen. Sie wurde bereits früher vielfach gepflanzt und tritt heute meist an Sekundärstandorten auf. Es existieren aber auch natürlich erscheinende Vorkommen.

Salsola kali L.
Die Art umfaßt die *ssp. *kali* L., welche an der Küste heimisch ist, und die sich auch im Binnenland als Neophyt ausbreitende *ssp. *ruthenica* (Iljin) Soó.

Sambucus racemosa L.
Status ungenügend differenziert. Von der Küste bis zum Harz und bis Mittelbrandenburg wohl nur synanthrop.

Sanguisorba minor agg.
Die Karte repräsentiert die Verbreitung von **S. minor* Scop. s. str. Das Aggregat umfaßt außerdem **S. muricata* (Spach) Gremli (im Gebiet synanthrop).

Saponaria officinalis L.
Vielfach synanthrop, z. T. auch in gefülltblütigen Kultursippen.

Scilla siberica Haw. ex Andrews
Verwilderte Zierpflanze, die sich aber stellenweise eingebürgert hat.

Scleranthus annuus agg.
Die Karte repräsentiert die Verbreitung von **S. annuus* L. s. str. Das Aggregat umfaßt außerdem *S. polycarpos* L. und *S. verticillatus* Tausch.

Scorzonera hispanica L.
Das Indigenat der Vorkommen ist nicht immer gesichert.

Sedum album L.
Der größte Teil der Nachweise beruht auf Verwilderungen dieser häufig kultivierten Art. Natürliche Vorkommen gibt es im Elb- und im oberen Saaletal.

Sedum reflexum L.
Status ungenügend differenziert.

Sedum spurium M. Bieb.
Häufig kultivierte Zierpflanze, die oft verwildert. Auf Anpflanzungen zurückgehende Vorkommen und Verwilderungen sind nicht immer unterschieden worden.

Sedum telephium agg.
Die Karte repräsentiert die Verbreitung von **S. maximum* (L.) Hoffm. Das Aggregat umfaßt außerdem **S. telephium* L. s. str.

Sempervivum tectorum L.
Häufig kultivierte Zierpflanze, die gelegentlich verwildert. Viele Angaben gehen wahrscheinlich auf Anpflanzungen zurück.

Senecio aquaticus agg.
Das Aggregat umfaßt *S. aquaticus* Hill s. str. und *S. erraticus* Bertol.

Senecio erucifolius L.
Die Karte enthält vermutlich Fehlangaben, die auf Verwechslungen mit *S. jacobaea* L. zurückgehen.

Senecio nemorensis agg.
Das Aggregat umfaßt *S. nemorensis* L. s. str. (diese wird aus heutiger Sicht – Herborg 1987 – in **S. germanicus* Wallr. u. **S. hercynicus* Herborg gegliedert) und *S. ovatus* (G. M. Sch.) Willd. (= *S. fuchsii* C. C. Gmelin). Die Vorkommen in Brandenburg sind größtenteils synanthrop, im südlichsten Teil wohl z. T. indigen.

Setaria verticillata agg.
Zum Aggregat gehören **S. verticillata* (L.) P. B. s. str. und **S. verticilliformis* Dum.

Silene dichotoma Ehrh.
Viele Nachweise beruhen auf unbeständigen Einschleppungen.

Silene dioica (L.) Clairv.
Die Vorkommen in und um Berlin dürften ausschließlich synanthrop sein.

Silybum marianum (L.) Gaertn.
Häufig kultivierte Zierpflanze, die oft verwildert.

Sinapis alba L.
Viele Nachweise beruhen auf unbeständigen Einschleppungen.

Sisymbrium irio L.
Viele Nachweise beruhen auf unbeständigen Einschleppungen.

Solanum villosum agg.
Das Aggregat umfaßt *S. alatum* Moench und *S. villosum* (L.) Mill. (= *S. luteum* Mill.).

Sorbus aria agg.
Die Karte repräsentiert die Verbreitung von **S. aria* (L.) Crantz s. str. Die Angaben im Norden des Gebietes dürften zum größten Teil auf Anpflanzungen zurückgehen. Zum Aggregat gehört außerdem **S. graeca* (Spach) Hedl. em. Düll.

Sorbus latifolia agg.
Das Aggregat umfaßt **S. acutisecta* R. Reuther & O. Schwarz, **S. decipiens* (Bechst.) Irmisch, **S. heilingensis* Düll, **S. multicrenata* Düll, **S. parumlobata* (Irmisch) Irmisch und **S. subcordata* Düll. Bei diesen Sippen handelt es sich durchweg um Lokalendemiten.

Sorbus torminalis (L.) Crantz
Ein Teil der Vorkommen in Brandenburg geht möglicherweise auf Pflanzungen zurück.

Sparganium angustifolium Michx.
Die Angaben aus Westsachsen bedürfen einer weiteren Überprüfung.

Sparganium erectum L. em. Rchb.
Die Art umfaßt die *ssp. *erectum* L. em. Rchb., *ssp. *microcarpum* (Neumann) Domin, *ssp. *neglectum* (Beeby) Schinz & Thell. und *ssp. *oocarpum* (Celak.) Domin.

Spergula pentandra L.
In die Karte sind möglicherweise einige Fehlangaben eingegangen. Vor allem die älteren Angaben sind nicht alle gesichert, da man die Art früher teilweise nicht von *S. morisonii* Bor. getrennt hat.

Spiraea × billardii Henrincq
Häufig kultivierte Zierpflanze, die oft verwildert. Auf Anpflanzungen zurückgehende Vorkommen und Verwilderungen wurden nicht immer unterschieden. Die bisher als **S. salicifolia* L. kartierten Vorkommen sind zum größten Teil hier einzuordnen.

Stellaria media agg.
Die Karte repräsentiert die Verbreitung von **S. media* (L.) Vill. s. str. Das Aggregat umfaßt außerdem **S. neglecta* Weihe und **S. pallida* (Dum.) Piré.

Stipa pennata agg.
Das Aggregat umfaßt *S. borysthenica* Klokov ex Prokudin, *S. dasyphylla* (Cern. ex Lindem.) Trautv., *S. joannis* Celak. (= *S. pennata* L. s.str.), *S. pulcherrima* C. Koch und *S. stenophylla* (Cern. ex Lindem.) Trautv. (= *S. tirsa* Steve em. Celak.).

Symphoricarpus albus (L.) Blake
Häufig kultivierte Zierpflanze, die z. T. verwildert. Viele Vorkommen beruhen auf Pflanzungen, die sehr beständig sein können.

Symphytum officinale L.
Umfaßt die *ssp. *bohemicum* (F. W. Schmidt) Celak. und *ssp. *officinale* L.

Symphytum × uplandicum agg.
Das Aggregat umfaßt **S. asperum* Lep. und **S. × uplandicum* Nyman s. str.

Syringa vulgaris L.
Häufig kultivierte Zierpflanze, die z. T. verwildert. Viele Vorkommen beruhen auf Pflanzungen, die sehr beständig sein können.

Tanacetum parthenium (L.) Schultz-Bip.
Häufig kultivierte Zierpflanze, die oft verwildert. Auf Anpflanzungen zurückgehende Vorkommen und Verwilderungen wurden nicht immer unterschieden.

Taraxacum laevigatum agg.
Das Aggregat umfaßt eine umfangreiche Artengruppe, die heute als *T.* sect. *Erythrospermum* zusammengefaßt wird und deren Gliederung noch weiterer intensiver Forschungsarbeit bedarf.

Taraxacum obliquum agg.
Das Aggregat umfaßt **T. obliquum* s. str. und **T. platyglossum* und wird heute als *T.* sect. *Obliqua* bezeichnet.

Taraxacum officinale agg.
Das Aggregat umfaßt eine umfangreiche Artengruppe, die heute in etwa den *T.* sect. *Ruderalia* und *T.* sect. *Hamata* entspricht und deren Gliederung noch weiterer intensiver Forschungsarbeit bedarf.

Taraxacum palustre agg.
Das Aggregat umfaßt eine umfangreiche Artengruppe, die heute als *T.* sect. *Palustria* zusammengefaßt wird und deren Gliederung noch weiterer intensiver Forschungsarbeit bedarf. Die Nachweise aus Brandenburg stammen zum größten Teil von G. Hudziok.

Taraxacum subalpinum Hudziok
Die Zuordnung dieser Sippe zu einer der oben genannten Sektionen ist umstritten, meist wird sie heute als eigene Gruppe zu den *Palustria* gestellt (Kirschner, Sonck & Štěpanek 1986). Die Angaben im Nordwestteil des Gebietes stammen von H. W. Kallen (Clenze), die in Südwestbrandenburg von G. Hudziok (Berlin) und die übrigen von M. Ristow (Berlin).

Taxus baccata L.
Häufig kultivierte Zierpflanze, die oft verwildert. Auf Anpflanzungen zurückgehende Vorkommen und Verwilderungen wurden nicht immer von natürlichen Vorkommen unterschieden. In Mecklenburg kennzeichnen Dreiecke Vorkommen, deren Spontanität zwar möglich aber nicht gesichert ist. In Brandenburg sind die indigenen Vorkommen alle verschollen. Auch alle bisweilen als sehr alt und möglicherweise für indigen angesehenen Bäume dürften auf Anpflanzungen zurückgehen. Gelegentlich auftretende Jungpflanzen gehen auf Diasporen von angepflanzten Exemplaren zurück.

Telekia speciosa (Schreber) Baumg.
Häufig kultivierte Zierpflanze, die oft verwildert. Auf Anpflanzungen zurückgehende Vorkommen und Verwilderungen wurden nicht immer unterschieden.

Teucrium scorodonia L.
Hat sich in Brandenburg von Westen her im wesentlichen erst in diesem Jahrhundert ausgebreitet.

Thalictrum aquilegifolium L.
Nicht alle Angaben aus Brandenburg sind hinsichtlich Indigenat und richtiger Bestimmung als gesichert anzusehen.

Thymus
Innerhalb der Gattung kommen immer wieder Verwechslungen vor. Neben der schwierigen Unterscheidbarkeit wirken sich hier auch nomenklatorische Unsicherheiten aus. Die bei uns vorkommenden Arten der Gattung wurden früher z. T. als *T. pulegioides* agg. zusammengefaßt, und *T. praecox* Opiz und *T. serpyllum* L. em. Mill. wurden lange Zeit nicht unterschieden.

Thymus serpyllum agg.
Das Aggregat umfaßt *T. praecox* Opiz und *T. serpyllum* L. em. Mill. s. str.

Tilia
Forstliche Anpflanzungen und Verwilderungen sind von natürlichen Vorkommen oft nicht zu trennen. Der Status wurde deshalb ungenügend differenziert. Ein großer Teil der Angaben aus Brandenburg (ähnlich aber auch in anderen Regionen) geht auf nicht indigene Vorkommen, einige sicherlich sogar auf gepflanzte Bastarde zurück.

Torilis arvensis (Huds.) Link
In Brandenburg sind nur die Angaben aus dem nordöstlichsten Gebiet belegt, die anderen bedürfen z. T. der Überprüfung.

Tragopogon pratensis agg.
Die Karte repräsentiert vor allem die Verbreitung von **T. pratensis* L. s. str. Das Aggregat umfaßt außerdem **T. minor* Mill. und *T. orientalis* L.

Trichomanes speciosum Willd.
Von dieser Art wurden bisher nur Prothallien nachgewiesen.

**Trifolium incarnatum* L.
Angaben beruhen meist auf unbeständigen Einschleppungen dieser häufig kultivierten Art.

**Trifolium resupinatum* L.
Angaben beruhen meist auf unbeständigen Einschleppungen dieser häufig kultivierten Art.

Tripleurospermum maritimum agg.
Umfaßt das an der Küste und den Binnensalzstellen vorkommende **T. maritimum* (L.) Koch s. str. und das weit verbreitete **T. inodorum* C. H. Schultz.

Trisetum flavescens (L.) P. B.
Im südlichen Teil des Gebietes indigen, außerdem vielfach angesät. Eine Statusdifferenzierung war nicht möglich.

Tulipa sylvestris L.
Alte Zierpflanze, welche sich an vielen Stellen eingebürgert hat. Im Süden des Gebietes erfolgte die Ansiedlung wahrscheinlich schon im frühen Mittelalter. Alte Einbürgerungen und neuere Ansiedlungen wurden nicht differenziert.

Turgenia latifolia (L.) Hoffm.
Viele neuere Angaben beruhen auf unbeständigen Einschleppungen.

Ulmus
Anpflanzungen und Verwilderungen sind von natürlichen Vorkommen oft nicht getrennt worden. Der Status wurde deshalb in weiten Bereichen ungenügend differenziert. Auch die gebietsweise häufiger auftretenden Hybriden wurden vermutlich nicht ausreichend unterschieden.

Utricularia vulgaris agg.
Das Aggregat umfaßt *U. australis* R. Br. und *U. vulgaris* L. s. str.

Vaccaria hispanica (Mill.) Rauschert
Viele neuere Angaben beruhen auf unbeständigen Einschleppungen.

Valeriana officinalis agg.
Das Aggregat umfaßt **V. officinalis* L. s. str., **V. repens* Host, **V. sambucifolia* Mikan fil. und **V. wallrothii* Kreyer. Die Sippen dieser Gruppe sind taxonomisch noch nicht ausreichend bearbeitet (Titz 1984).

Verbascum phoeniceum L.
Ein Teil der Vorkommen dürfte auf Verschleppungen bzw. Verwilderungen zurückgehen.

Veronica agrestis L.
In der Karte sind wahrscheinlich auch Fehlangaben enthalten, die auf Verwechslungen mit *V. opaca* Fries oder *V. polita* Fries zurückgehen.

Veronica anagallis-aquatica agg.
Die Karte repräsentiert im wesentlichen die Verbreitung von **V. anagallis-aquatica* L. s. str. Das Aggregat umfaßt außerdem *V. anagalloides* Guss. und *V. catenata* Pennell.

Veronica austriaca agg.
Das Aggregat umfaßt **V. austriaca* L. s. str. und **V. jacquinii* Baumg. Viele der älteren Angaben sind unsicher und beruhen wohl auf Verwechslungen mit *V. teucrium* L.

Veronica chamaedrys agg.
Die Karte repräsentiert die Verbreitung von **V. chamaedrys* L. s. str. Das Aggregat umfaßt außerdem **V. vindobonensis* (M. Fischer) M. Fischer.

Veronica filiformis Sm.
Im Südteil des Gebietes an vielen Stellen eingebürgert.

Veronica hederifolia L.
Die Art umfaßt die *ssp. *hederifolia*, *ssp. *lucorum* (Klett & Richter) Hartl und *ssp. *triloba* (Opiz) Celak.

Veronica opaca Fries
In der Karte sind wahrscheinlich auch Fehlangaben enthalten, die auf Verwechslungen mit *V. agrestis* L. oder *V. polita* Fries zurückgehen.

Veronica polita Fries
In der Karte sind wahrscheinlich auch Fehlangaben enthalten, die auf Verwechslungen mit *V. agrestis* L. oder *V. opaca* Fries zurückgehen.

Veronica verna agg.
Das Aggregat umfaßt *V. dillenii* Crantz und *V. verna* L. s. str.

Vicia angustifolia L.
Wahrscheinlich sind hier auch einige Vorkommen von **V. sativa* L. mit erfaßt worden.

Vicia tetrasperma agg.
Die Karte repräsentiert die Verbreitung von **V. tetrasperma* (L.) Schreber s. str. Das Aggregat umfaßt außerdem *V. parviflora* Cav. (= *V. tenuissima* (M. Bieb.) Sch. & Thell.)

Vicia villosa agg.
Die Karte repräsentiert die Verbreitung von **V. villosa* Roth s. str. Das Aggregat umfaßt außerdem *V. dasycarpa* Ten.

Vinca minor L.
Alte Zierpflanze, welche sich an vielen Stellen eingebürgert hat. Im Süden des Gebietes erfolgte die Ansiedlung wahrscheinlich schon im frühen Mittelalter, im Norden erst später.

Viola canina agg.
Die Karte repräsentiert die Verbreitung von **V. canina* L. s. str. Das Aggregat umfaßt außerdem **V. montana* L.

Viola odorata L.
Alte Zierpflanze, welche sich an vielen Stellen eingebürgert hat. Im Süden des Gebietes erfolgte die Ansiedlung wahrscheinlich schon im frühen Mittelalter. Alte Einbürgerungen und neuere Ansiedlungen wurden nicht differenziert. Teilweise sind wahrscheinlich auch nicht erkannte Vorkommen von **V. suavis* M. Bieb. mit eingeflossen.

Viola reichenbachiana Jordan ex Bor.
Wegen der häufig auftretenden Bastarde mit *V. riviniana* Rchb. sind nicht alle Angaben gesichert.

Viola riviniana Rchb.
Siehe *V. reichenbachiana* Jordan ex Bor.

**Viola suavis* M. Bieb.
Die recht oft verwildernde Zierpflanze ist bisher kaum beachtet worden und wurde wahrscheinlich z. T. als *V. odorata* L. erfaßt.

Viola tricolor agg.
Das Aggregat umfaßt *V. arvensis* Murray und *V. tricolor* L. s. str.

Viscum album agg.
Das Aggregat umfaßt *V. abietis* (Wiesb.) Fritsch, *V. album* L. s. str. und *V. laxum* Boiss. & Reuter.

Xanthium spinosum L.
Viele Angaben beruhen auf unbeständigen Einschleppungen.

Xanthium strumarium L.
Wegen der Verwechslungsgefahr mit *X. albinum* (Widd.) H. Scholz sind nicht alle Angaben gesichert.

Zannichellia palustris L.
Umfaßt die *ssp. *palustris* L. und *ssp. *pedicellata* (Wahlenb. & Rosen) Hegi.

5.4 Literatur zu Kapitel 2–5

Akademie der Wissenschaften der Deutschen Demokratischen Republik (ed.) (1981): Atlas Deutsche Demokratische Republik. Berlin

AMMANN, P. (1675): Suppellex botanica h.e. enumeratio plantarum quae in horto medico academiae Lipsiensis et in aliis circa urbem viridariis, pratis, ... Lipsiae

ASCHERSON, P. (1859): Flora der Provinz Brandenburg, der Altmark und des Herzogthums Magdeburg. 2 Abtheilung. Specialflora von Berlin. 3. Abtheilung. Specialflora von Magdeburg. Berlin

ASCHERSON, P. (1864): Flora der Provinz Brandenburg, der Altmark und des Herzogthums Magdeburg. Berlin

ASCHERSON, P., GRAEBNER, P. (1898/99): Flora des nordostdeutschen Flachlandes (außer Ostpreußen). Berlin

BALASKE, W. (1962): Zur Verbreitung der Pestwurz (*Petasites hybridus* (L.) Gaertn., Mey., Scherb.) in Ostmecklenburg. Beitr. Bezirksnaturkundemus. Stralsund **1**: 37–66

BAUMGARTEN, J. C. (1790): Flora Lipsiensis sistens plantas in agris circuli Lipsici ... Lipsiae

BENKERT, D. (1973): Pflanzenkartierung in Brandenburg. Gleditschia **1**: 43–50

BENKERT, D. (1981): Verbreitungskarten brandenburgischer Pflanzenarten. 1. Reihe. Ophioglossacea und Pyrolaceae. Gleditschia **9**: 77–107

BENKERT, D. (1984): Verbreitungskarten brandenburgischer Pflanzenarten. 2. Reihe. Stromtalpflanzen (1). Gleditschia **12**: 213–218

BENNERT, H. W., BÖCKER, R. (1991): Zur Verbreitung von *Equisetum* subgen. *Hippochaete* (Equisetaceae, Pteridophyta) in Berlin. Verh. Bot. Ver. Berlin Brandenburg **124**: 13–29

BOCK, H. (1539): New Kreütter Buch von underscheydt würckung und namen der kreütter so in Teutschen lande wachsen ... Strassburg

BÖCKER, R. (1994): Floristische Inventarisierung von Berlin – Vorarbeiten zur Flora von Berlin. Ber. Landesamt Umweltschutz Sachsen-Anhalt **13**: 86–90

BOEHMER, G. R. (1750): Flora Lipsiae indigena. Lipsiae

BOLL, E. (1860): Flora von Mecklenburg in geographischer, geschichtlicher, systematischer ... Hinsicht. Neubrandenburg

BORNEMANN, J. G. (1856): Flora Mulhusana. Systematisches Verzeichnis der im Kreise Mühlhausen ... wildwachsenden oder im Großen kultivierten Pflanzen. Z. Ges. Naturwiss. **7**: 113–142

BUHL, A., KNAPP, H. D., MEUSEL, H. (1974): Verbreitungskarten hercynischer Leitpflanzen. 14. Reihe. Hercynia N. F. **11**: 89–171

BUXBAUM, J. C. (1721): Jo. Christiani Buxbaums Enumeratio plantarum accuratior in agro Hallensi ... Halae Magdeb.

CHRISTENSEN, K. I. (1992): Revision of *Crataegus* sect. *Crataegus* and nothosect. *Crataeguineae* (Rosaceae-Maloideae) in the Old World. Syst. Bot. Monogr. **35**: 1–199

DRUDE, O. (1902): Der Hercynische Florenbezirk. Leipzig

DRUDE, O. (1908): Pflanzengeographische Karten aus Sachsen. I. Weinböhla; II. Zschirnsteine; III. Altenberg. Mitt. Ver. Erdk. Dresden. **7**: 83–129

EHRENDORFER, F., HAMANN, U. (1965): Vorschläge zu einer floristischen Kartierung von Mitteleuropa. Ber. Deut. Bot. Ges. **78**: 35–50

ELSHOLZ, J. S. (1663): Joan. Sigism. Elsholtzii Flora Marchica, sive catalogus plantarum, quae partim in hortis electoralibus Marchiae Brandenburgicae ... Berolini

ERFURTH, C. B. (1882) Flora von Weimar mit Berücksichtigung der Kulturpflanzen. (ed. 2) Weimar

FRANKE, J. (1594): Hortus Lusatiae. Bautzen

FRANKE, J. (1930): Hortus Lusatiae, Bautzen 1594, mit einer Biographie neu herausgegeben, gedeutet und erklärt von R. Zaunick, K. Wein und K. Militzer. Bautzen

FUCHS, L. (1542): De historia stirpium commentarii. Basel

FUKAREK, F. (1969): Verbreitungskarten zur Pflanzengeographie Mecklenburgs. 7. Reihe (Ericales). Nat. Naturschutz Mecklenburg **7**: 27–76

FUKAREK, F. (1972): Verbreitungskarten zur Pflanzengeographie Mecklenburgs. 8. Reihe (Orchidaceae). Nat. Naturschutz Mecklenburg **13**: 51–97

FUKAREK, F. (1975): Verbreitungskarten zur Pflanzengeographie Mecklenburgs. 9. Reihe (Boreale Arten, 1. Teil). Nat. Naturschutz Mecklenburg **10**: 35–135

FUKAREK, F., JESCHKE, L., SCHNEIDER, U., WEGENER, K.-A. (1966): Verbreitungskarten zur Pflanzengeographie Mecklenburgs. 4. Reihe. Nat. Naturschutz Mecklenburg **4**: 201–252

FUKAREK, F., KLEINKE, J., SCHNEIDER, U., WEGENER, K.-A. (1967): Verbreitungskarten zur Pflanzengeographie Mecklenburgs. 5. Reihe (Küstenpflanzen, 2. Teil). Nat. Naturschutz Mecklenburg **5**: 127–213

FUKAREK, F., SCHNEIDER, U. (1968): Verbreitungskarten zur Pflanzengeographie Mecklenburgs. 6. Reihe (Ausgestorbene und in starkem Rückgang befindliche Arten). Nat. Naturschutz Mecklenburg **6**: 27–84

GARCKE, A. (1848): Flora von Halle ... 1. Theil. Phanerogamen. Halle

GARCKE, A. (1856): Flora von Halle ... 2. Theil Kryptogamen. Berlin

GRANTZOW, C. (1880): Flora der Uckermark. Prenzlau

GRIMME, F. W. (1875): Uebersicht der bei Heiligenstadt beobachteten Phanerogamen, Gefäss-Kyptogamen und Laubmoose. Festschrift zur dritten Säcularfeier des Königlichen Gymnasiums zu Heiligenstadt. Heiligenstadt

HAEUPLER, H., SCHÖNFELDER, P. (1988): Atlas der Farn- und Blütenpflanzen der Bundesrepublik Deutschland. Stuttgart

HAMPE, E. (1873): Flora Hercynica oder Aufzählung der im Harzgebiete wildwachsenden Gefässpflanzen. Halle

HEMPEL, W. (1979): Die Verbreitung der wildwachsenden Gehölze in Sachsen. Gleditschia **7**: 43–72

HEMPEL, W. (1981): Verbreitungskarten sächsischer Leitpflanzen 4. Reihe. Ber. Arbeitsgem. Sächs. Bot. N.F. **11**: 101–183

HEMPEL, W., PIETSCH, W. (1985): Verbreitungskarten sächsischer Leitpflanzen, 5. Reihe. Ber. Arbeitsgem. Sächs. Bot. N. F. **12**: 1–50

HERBORG, J. (1987): Variabilität und Sippenabgrenzung in der *Senecio nemorensis*-Gruppe (Compositae) im europäischen Teilareal. Diss. Bot. **107**

HILBIG, W. (1964): Verzeichnis von Arbeiten mit floristischen Verbreitungskarten aus dem Bereich der Mitteldeutschlandkartierung und der darüberhinausreichenden Gebiete Sachsens und Sachsen-Anhalts. Wiss. Z. Univ. Halle, Math.-Naturwiss. Reihe **13**: 687–719

HILBIG, W. (1966): Verzeichnis von Arbeiten mit floristischen Verbreitungskarten aus dem Bereich der Mitteldeutschlandkartierung und der darüberhinausreichenden Gebiete Sachsens und Sachsen-Anhalts. 1. Fortsetzung (Weiterführung bis zum Jahre 1965 und Ergänzungen). Wiss. Z. Univ. Halle, Math.-Naturwiss. Reihe **15**: 795–822

HILBIG, W. (1969): Verzeichnis von Arbeiten mit floristischen Verbreitungskarten aus dem Bereich der Mitteldeutschlandkartierung und der darüberhinausreichenden Gebiete Sachsens und Sachsen-Anhalts (3). Weiterführung bis zum Jahre 1967 und Ergänzungen. Wiss. Z. Univ. Halle, Math.-Naturwiss. Reihe **18**: 481–502

HILBIG, W. (1973): Verzeichnis von Arbeiten mit floristischen Verbreitungskarten aus dem Bereich der Mitteldeutschlandkartierung und der darüberhinausreichenden Gebiete Sachsens und Sachsen-Anhalts (4). Weiterführung bis zum Jahre 1970 und Ergänzungen. Wiss. Z. Univ. Halle, Math.-Naturwiss. Reihe **22**: 48–103

HILBIG, W. (1976): Verzeichnis von Arbeiten mit floristischen Verbreitungskarten aus dem Bereich der Mitteldeutschlandkartierung und der darüberhinausreichenden Gebiete Sachsens und Sachsen-Anhalts (5). 1971–1973 und Ergänzungen. Wiss. Z. Univ. Halle, Math.-Naturwiss. Reihe **25**: 113–150

HILBIG, W. (1979): Verzeichnis von Arbeiten mit floristischen Verbreitungskarten aus dem Bereich der Mitteldeutschlandkartierung und der darüberhinausreichenden Gebiete Sachsens und Sachsen-Anhalts (6). 1974–1976 und Ergänzungen. Wiss. Z. Univ. Halle, Math.-Naturwiss. Reihe **28**: 41–81

HILBIG, W. (1982): Verzeichnis von Arbeiten mit floristischen Verbreitungskarten aus dem Bereich der Mitteldeutschlandkartierung und der darüberhinausreichenden Gebiete Sachsens und Sachsen-Anhalts (7). 1977 – 1980 und Ergänzungen. Wiss. Z. Univ. Halle, Math.-Naturwiss. Reihe **31**: 27 – 63

HILBIG, W. (1987): Verzeichnis von Arbeiten mit floristischen Verbreitungskarten aus dem Bereich der Mitteldeutschlandkartierung und der darüberhinausreichenden Gebiete Sachsens und Sachsen-Anhalts (8). 1981 – 1985 und Ergänzungen. Wiss. Z. Univ. Halle, Math.-Naturwiss. Reihe **36**: 78 – 125

HILBIG, W. (1992): Verzeichnis von Arbeiten mit floristischen Verbreitungskarten aus dem Bereich der Mitteldeutschlandkartierung und der darüberhinausreichenden Gebiete Sachsens und Sachsen-Anhalts (9.) 1986 – 1989 und Ergänzungen. Wiss. Z. Univ. Halle, Math.-Naturwiss. Reihe **41**: 91 – 141

HOFFMANN, H. (1860): Vergleichende Studien zur Lehre von Bodenstetigkeit der Pflanzen. Ber. Oberhess. Ges. Nat.-Heilk. **8**: 1 – 12

HOLL, F., HEYNOLD, G. (1842): Flora von Sachsen. Dresden

HOPPE, T. C. (1774): T. C. Hoppens Geraische Flora. Jena

HUTH, E. (1880): Flora von Frankfurt a. O. und Umgebung. Progr. Realschule I. Frankfurt a. O.

HUTH, E. (1895): Flora von Frankfurt a. Oder und Umgegend. (ed. 2) Frankfurt a. Oder

HUTH, E. (1909): Flora von Frankfurt a. O. und Umgegend. (ed. 3, bearbeitet von Brand) Frankfurt a. O.

IRMISCH, T. (1846): Systematisches Verzeichnis der in dem unterherrschaftlichen Theile der Schwarzburgischen Fürstentümer wildwachsenden phanerogamischen Pflanzen mit Angabe der wichtigsten Culturgewächse. Sondershausen

KIRSCHNER, J., SONCK, C. E., ŠTĚPÁNEK, J. (1993): An outline of the *Taraxacum subalpinum* group (*T.* sect. *Palustria*). Folia Geobot. Phytotax. **28**: 51 – 60

KLETT, G. T., RICHTER, H. E. T. (1830): Flora der phanerogamischen Gewächse der Umgegend v. Leipzig. Leipzig

KLOSS, K., SUCCOW, M. (1966): Karten zur Pflanzengeographie Mecklenburgs. 3. Reihe. Salz- und Strandpflanzen (1. Teil). Wiss. Z. Univ. Greifswald, Math.-Naturwiss. Reihe **15**: 9 – 40

KNAPP, D., KNAPP, H. D. (1977): Verzeichnis von Arbeiten mit floristischen Verbreitungskarten aus dem nördlichen Teil der DDR (1). Bot. Rundbr. Bezirk Neubrandenburg **7**: 65 – 87

KNAPP, D., KNAPP, H. D. (1982): Verzeichnis von Arbeiten mit floristischen Verbreitungskarten aus dem nördlichen Teil der DDR (2). 1977 – 1981. Bot. Rundbr. Bezirk Neubrandenburg **13**: 13 – 22

KNAUTH, C. (1687): Enumeratio plantarum circa Halam Saxonum et in ejus vicinia, ad trium fere milliarium spatium, sponte provenientium. Lipsiae

KOELPIN, A. B. (1769): Florae Gryphicae. Supplementum. Gryphiswaldiae

KORNECK, D., SCHNITTLER, M. & VOLLMER, I. (im Druck): Rote Liste der Farn- und Blütenpflanzen. Schriftenr. Vegetationsk. **28**

KUNTZE, O. (1867): Taschen-Flora von Leipzig. Beschreibung und Standortsangabe d. in dem Bezirk von vier Meilen um Leipzig einheimischen, häufig gebauten und verwilderten Gefässpflanzen, ... Leipzig, Heidelberg

LANGMANN, J. F. (1841): Flora der beiden Grossherzogthümer Mecklenburg für Schulen und zum Selbstunterricht. Neustrelitz

LANGMANN, J. F. (1871): Flora Mecklenburgs. Schwerin

LEYSSER, F. W. (1761): Friderici Wilhelmi a Leyser Flora Halensis exhibens plantas circa Halam Salicam crescentes. Halae Salicae

LEYSSER, F. W. (1783): Friderici Wilhelmi a Leysser Flora Halensis exhibens plantas circa Halam Salicam crescentes secundum systema sexuale Linneanum distributas. Editio altera aucta et reformata. Halae Salicae

LINNÉ, C. VON (1753): Caroli Linnaei ... Species plantarum. 2 Bde. Holmiae

LOESEL, J. (1703): Flora Prussica, sive plantae in regno Prussiae sponte nascentes quarum catalogum et nomina Johannes Loeselius ... curante Johanne Gottsched. Regio Monti

MATTFELD, J. (1922): Die pflanzengeographische Kartierung Deutschlands. Verh. Bot. Ver. Provinz Brandenburg **64**: 130 – 131

MATTFELD, J. (1924): Bericht über die pflanzengeographische Kartierung Deutschlands. Feddes Repert. Beih. **26**: 59 – 68

MATTFELD, J. (1926): Zweiter Bericht über die pflanzengeographische Kartierung Deutschlands. Feddes Repert. Beih. **41**: 49 – 67

MATTFELD, J. (1931): Dritter Bericht über die pflanzengeographische Kartierung Deutschlands. Feddes Repert. Beih. **62**: 133 – 156

MENNEMA, J. (1989): A taxonomic revision of *Lamium* (Lamiaceae). Leiden Bot. Ser. **11**

MEUSEL, H. (1937): Verbreitungskarten mitteldeutscher Leitpflanzen, 1. Reihe. Hercynia **1**: 115 – 120

MEUSEL, H. (1938): Verbreitungskarten mitteldeutscher Leitpflanzen, 2. Reihe. Hercynia **1**: 309 – 326

MEUSEL, H. (1939): Verbreitungskarten mitteldeutscher Leitpflanzen, 3. Reihe. Hercynia **2**: 314 – 354

MEUSEL, H. (1940): Verbreitungskarten mitteldeutscher Leitpflanzen, 4. Reihe. Hercynia **3**: 144 – 171

MEUSEL, H. (1942): Verbreitungskarten mitteldeutscher Leitpflanzen, 5. Reihe. Hercynia **3**: 310 – 337

MEUSEL, H. (1944): Verbreitungskarten mitteldeutscher Leitpflanzen, 6. Reihe. Hercynia **3**: 661 – 676

MEUSEL, H. (1954): Verbreitungskarten mitteldeutscher Leitpflanzen, 7. Reihe. Wiss. Z. Univ. Halle, Math.-Naturwiss. Reihe **3**(1): 11 – 49

MEUSEL, H. (1955): Verbreitungskarten mitteldeutscher Leitpflanzen, 8. Reihe. Wiss. Z. Univ. Halle, Math.-Naturwiss. Reihe **5**(2): 297 – 333

MEUSEL, H. (1955): Entwurf zu einer Gliederung Mitteldeutschlands und seiner Umgebung in pflanzengeographische Bezirke. Wiss. Z. Univ. Halle, Math.-Naturwiss. Reihe **4**: 637 – 642

MEUSEL, H. (1960): Verbreitungskarten mitteldeutscher Leitpflanzen, 9. Reihe. Wiss. Z. Univ. Halle, Math.-Naturwiss. Reihe **9**(1): 165 – 223

MEUSEL, H., BUHL, A. (1962): Verbreitungskarten mitteldeutscher Leitpflanzen, 10. Reihe. Wiss. Z. Univ. Halle, Math.-Naturwiss. Reihe **11**(11): 1245 – 1317

MEUSEL, H., BUHL, A. (1968): Verbreitungskarten mitteldeutscher Leitpflanzen 11. Reihe. Wiss. Z. Univ. Halle, Math.-Naturwiss. Reihe **17**(3): 377 – 439

MÖLLER, L. (1873): Flora von Nordwest-Thüringen. Mühlhausen

MÜLLER-STOLL, W. R., KRAUSCH, H. D. (1957): Verbreitungskarten brandenburgischer Leitpflanzen. 1. Reihe. Wiss. Z. Pädag. Hochsch. Potsdam, Math.-Naturwiss. Reihe **3**: 62 – 92

MÜLLER-STOLL, W. R., KRAUSCH, H. D. (1959): Verbreitungskarten brandenburgischer Leitpflanzen. 2. Reihe. Wiss. Z. Pädag. Hochsch. Potsdam, Math.-Naturwiss. Reihe **4**: 105 – 150

MÜLLER-STOLL, W. R., Krausch, H. D. (1960): Verbreitungskarten brandenburgischer Leitpflanzen. 3. Reihe. Wiss. Z. Pädag. Hochsch. Potsdam, Math.-Naturwiss. Reihe **5**: 85 – 128

MÜLLER-STOLL, W. R., FISCHER, W., KRAUSCH, H. D. (1962): Verbreitungskarten brandenburgischer Leitpflanzen. 4. Reihe. Wiss. Z. Pädag. Hochsch. Potsdam, Math.-Naturwiss. Reihe **7**: 95 – 150

NONNE, J. P. (1763): Flora in territorio Erfordensi indigena. Erfordiae

PANKOW, H., RATTEY, F. (1962): Verbreitungskarten zur Pflanzengeographie Mecklenburgs. 2. Reihe. Wiss. Z. Univ. Greifswald, Math.-Naturwiss. Reihe **9**: 359 – 376

PERRING, F. H., WALTERS, S. M. (eds.) (1962): Atlas of the British Flora. London

PETERMANN, G. L. (1838): Flora Lipsiensis excursoria. Lipsiae

PLANER, J. J. (1788): Indici plantarum Erfurtensium fungos et plantas quasdam nuper collectas addit et praelectiones de historia naturali materiae medicae. Erfordiae

RABENHORST, L. (1839): Flora Lusatica. Leipzig 1

RABENHORST, L. (1840): Flora Lusatica. Leipzig 2

RABENHORST, L. (1859): Flora des Königreichs Sachsen. Dresden

RAUSCHERT, S. (1972): Verbreitungskarten mitteldeutscher Leitpflanzen. 13. Reihe. Wiss. Z. Univ. Halle, Math.-Naturwiss. Reihe **21**(2): 7 – 68

Rauschert, S. (1977): 400 Jahre „Sylva Hercynia" von Johannes Thal. Hercynia N. F. **14**: 361–374

Rehfeldt, A. (1717): Hodegus Botanicus menstruus, praemisis rudimentis botanicis, plantas, quae potissimum circa Halam Saxonum ... Hale Magdeburgicae

Reichenbach, H. G. L. (1842): Der deutsche Botaniker. Band II. Flora saxonica. Die Flora von Sachsen, ein bot. Excursionsbuch für das König. Sachsen, ... Dresden und Leipzig

Rother, W. (1865): Flora von Barby und Zerbst. Verh. Bot. Ver. Provinz Brandenburg **7**: 31–70

Rothmaler, W. (1960): Karten zur Pflanzengeographie Mecklenburgs. 1. Reihe. Wiss. Z. Univ. Greifswald, Math.-Naturwiss. Reihe **12**: 149–175

Rothmaler, W. (1976): Exkursionsflora für die Gebiete der DDR und der BRD. Bd. 4. (ed. Schubert, R., Vent, W.). Berlin

Rothmaler, W. (im Druck): Exkursionsflora von Deutschland. Bd. 2. (ed. Jäger, E., Werner, K.). Jena

Rückert, C. F. (1840): Flora von Sachsen. 2 Theile. Grimma, Leipzig

Rupp, H. B. (1718): Henr. Bernh. Ruppii Flora Ienensis sive enumeratio plantarum, tam sponte circa Ienam ... Edita à Jo. Schutteo. Francofurti, Lipsiae

Rupp, H. B. (1726): Henr. Bernh. Ruppii Flora Ienensis sive enumeratio plantarum, tam sponte circa Ienam, ... Edita multisque in locis correcta et aucta. Francofurti, Lipsiae

Scamoni, A. (1988): Gedanken über die Verbreitung der Kiefer im Tiefland. Ein Essay. Forstarchiv **59**: 173–180

Schaeffer, C. (1662): Deliciae botanicae Hallenses seu catalogus plantarum indigenarum ... Hallae Saxonum

Schenck, J. T. (1659): Catalogus plantarum horti medici Jenensis, earum quae in vicinia proveniunt. Jenae

Schmidt, P. (1981): Bestimmungsschlüssel und Bemerkungen zu den in der DDR wildwachsenden Weißdorn-Arten (Gattung *Crataegus* L.; Rosaceae). Mitt. Flor. Kart. Halle **7**(2): 73–98

Schneider, L. (1877): Flora von Magdeburg mit Einschluss der Florengebiete von Bernburg u. Zerbst. Berlin

Schönheit, F. C. H. (1850): Taschenbuch der Flora Thüringens, zum Gebrauch bei Excursionen, die wildwachsenden und allgemeiner cultivierten phanerog. Gefässpflanzen ... Rudolstadt

Scholz, H. (1996): *Eragrostis albensis* (Gramineae), das Elb-Liebesgras – ein neuer Neo-Endemit Mitteleuropas. Verh. Bot. Ver. Berlin Brandenburg **128** (1995): 73–82

Schrader, W. (1852): Die Thüringer Flora zum Schulgebrauche. Erfurt

Schramm, O. C. (1857): Flora von Brandenburg und Umgegend, mit Berücksichtigung der Nachbarstädte Belzig, Genthin, Nauen, Rathenow und Werder. Brandenburg

Schreber, J. C. D. (1771): D. Io. Christ. Dan. Schreberi Spicilegium Florae Lipsicae. Lipsiae

Schubert, R., Hilbig, W. (1969): Verbreitungskarten mitteldeutscher Leitpflanzen 12. Reihe. Wiss. Z. Univ. Halle, Math.-Naturwiss. Reihe **18**(3): 163–210

Schulz, A. (1887): Die Vegetationsverhältnisse der Umgebung von Halle. Mitt. Ver. Erdk. Halle **1887**: 30–124

Schwabe, S. H. (1865): Flora von Anhalt. (ed 2.). Dessau

Schwenckfelt, C. (1600): Stirpium et fossilium Silesiae catalogus ... Lipsiae

Small, E., Brookes, B. A. (1984): Taxonomical circumscription and identification in the *Medicago sativa-falcata* (alfalfa) continuum. Econ. Bot. **38**: 83–96

Sprengel, K. (1806): Florae Halensis tentamen novum. Halae Saxonum

Sprengel, K. (1807): Mantissa prima florae Halensis. Addita ovarum plantarum centuria. Halae

Sprengel, K. (1811): Observationes botanicae in floram Halensem. Mantissa secunda. Halae

Sprengel, K. (1832): Flora Halensis. Editio secunda aucta et emendata. Halae

Sukopp, H., Kunick, W., Tigges, W. (1976): Zum Stand botanischer Kartierung in Berlin (West). Ornithol. Ber. Berlin (West) 1(2): 213–229

Tabernaemontanus (J. T.) (1588): New Kreuterbuch. Mit schoenen kuenstlichen und leblichen Figuren und Conterfeyten aller Gewaechss ... Franckfurt am Mayn

Tabernaemontanus (J. T.) (1591): D. Iacobi Theodori Tabernaemontani Neuw und volkommenlich Kreuterbuch ... Das Ander Theyl ... Alles dirigiert und vollbracht durch Nicolaum Braun Medicinae ... Franckfurt am Mayn

Thal, J. (1588): Sylva Hercynia, sive Catalogus plantarum sponte nascentium in montibus, et locis vicinis Hercyniae, quae repicit Saxoniam, conscriptus singulari studio a Joanne Thalio. Francofurti ad Moenum

Tillich, H.-J., Reuther, R. (1994): Zur Flora des Kreises Mühlhausen, 4. Beitrag. Mitt. Flor. Kart. Halle **19**: 54–61

Titz, E. (1984): Die Arzneibaldriane Deutschlands mit besonderer Berücksichtigung Bayerns. Ber. Bayer. Bot. Ges. **55**: 25–48

Ulbricht, H. (1959): Die pflanzenkundliche Erforschung Sachsens. Ber. Arbeitsgem. Sächs. Bot. N. F. **1**: 5–9

Ulbricht, H., Hempel, W. (1965): Verbreitungskarten sächsischer Leitpflanzen 1. Reihe. Ber. Arbeitsgem. Sächs. Bot. N. F. **5/6**: 21–124

Ulbricht, H., Hempel, W. (1967): Verbreitungskarten sächsischer Leitpflanzen 2. Reihe. Ber. Arbeitsgem. Sächs. Bot. N. F. **7**: 7–90

Ulbricht, H., Hempel, W. (1968): Verbreitungskarten sächsischer Leitpflanzen 3. Reihe. Ber. Arbeitsgem. Sächs. Bot. N. F. **8**: 7–53

Vander Kloet, S. P. (1983): The taxanomie of *Vaccinium & Oxycoccus*. Rhodera **85**: 1–43

Vander Kloet, S. P. (1988): The genus *Vaccinium* in North America. Ottawa

Vocke, A., Angelrodt, C. (1886): Flora von Nordhausen und der weiteren Umgegend. Berlin 1886

Vollrath, H. (1973): *Medicago sativa* in Mitteleuropa angebaut und verwildert? Göttinger Florist. Rundbr. **7**: 9–13

Wallroth, F. W. (1815): Annus botanicus, sive supplementum tertium ad Curtii Sprengelii floram Halensem. Halae

Weigel, C. E. (1769): Flora Pomerano-Rugica exhibens plantas per Pomeraniam anteriorum Suecicam et Rugiam sponte nascentes ... Berolini, Stralsundiae, Lipsiae

Wein, K. (1931): Die Geschichte der Floristik in Thüringen. Feddes Repert. Beih. **62**: 6–26

Weinert, E. (1976): Hinweise zur Arbeit mit den „Geländelisten" für die Hercynische Floristische Kartierung. Mitt. Florist. Kart. Halle. **2**(1): 24–34

Weinert, E. (1982): Florengebietsgliederung des südlichen Teiles der DDR und der benachbarten Gebiete. Mitt. Florist. Kart. Halle **8**(1): 8–17

Welten, M., Sutter, H. C. (1982): Verbreitungsatlas der Farn- und Blütenpflanzen der Schweiz. Basel, Boston, Stuttgart

Wigand, J. (1590): Vera historia de succino Borussico; de alce Borussica et de herbis in Borussia nascentibus ... Jenae

Wilcke, S. G. (1765): Hortus Gryphicus, exhibens plantas, prima eius constitutione illatas et altas una cum horti historia. Gryphiae

Willdenow, C. L. (1787): Caroli Ludovici Willdenow Florae Berolinensis prodromus secundum systema Linneanum. Berolini

Wipacher, D. (1726): Flora Lipsiensis. Lipsiae

Wucherpfennig, W. (1993): *Epipactis albensis* Nováková & Rydlo in Brandenburg. Ber. Arbeitskr. Heim. Orch. **10**(2): 36–40

Wünsche, O. (1869): Exkursionsflora f. d. Königreich Sachsen und die angrenzenden Gegenden. Leipzig

6. Kartenteil

6.1 Auswahl und Anordnung der Arten

Ziel des Atlas ist die Darstellung der Verbreitung aller im Gebiet indigenen und archaeophytischen Arten. Daneben wurden auch Neophyten berücksichtigt, soweit sie nicht nur ganz vereinzelt und/oder unbeständig auftreten/auftraten. Eine Reihe häufig kultivierter und aus Kultur verwildernder Sippen konnten nicht berücksichtigt werden, da die Erfassung der Vorkommen zu ungleichmäßig erfolgt ist.

Von den bestimmungskritischen Kleinarten wurden nur die Sippen ausgewählt, deren tatsächliche Verbreitung wenigstens annähernd realistisch wiedergegeben werden kann. Bei einigen Aggregaten wurde die namensgleiche Kleinart weggelassen, wenn sie zu unvollständig erfaßt worden ist.

Die Anordnung der Karten erfolgt in alphabetischer Reihenfolge der Gattungs- und Artnamen, wobei die Kleinarten (durch vorangestelltes + gekennzeichnet) den jeweiligen Aggregaten zugeordnet wurden.

6.2 Statusangaben

Bei zahlreichen Arten konnte der Status in den Karten noch nicht befriedigend zum Ausdruck gebracht werden. Eine für das Gesamtgebiet sichere Statusangabe war nur bei Arten möglich, die entweder einheimisch und zugleich nicht oder wenig kultiviert und nicht oder selten verschleppt werden, oder die nachweislich erst nach dem Jahre 1500 (Neophyten) in das Kartierungsgebiet gelangt sind.

In manchen Fällen ist nicht eindeutig geklärt, ob eine Art im gesamten Kartierungsgebiet oder in Teilbereichen als archaeophytisch oder als neophytisch zu gelten hat. Als besonders schwierig erwieß sich die Statusbewertung bei indigenen Arten, die zugleich vielfach kultiviert werden und aus der Kultur unbeständig verwildern oder sich sogar einzubürgern vermögen. Am ausgeprägtesten ist diese Problematik bei Gehölzen, die forstwirtschaftlich angebaut oder aber als Straßenbäume, in Hecken oder als Ziergehölze angepflanzt werden. Die meisten Kartierer haben diesen Schwierigkeiten Rechnung getragen, indem sie auf Statusangaben gänzlich verzichteten. Außerdem sind sicher nicht selten auch auf Anpflanzung zurückgehende Vorkommen ohne Angabe des Status angegeben worden.

Aus alledem folgt, daß bei einem großen Teil der Arten keine, oder eine nur grobe Statusdifferenzierung vorgenommen werden konnte. Bei sowohl indigenem als auch synanthropem Vorkommen einer Art im Kartierungsgebiet wurde zumeist das Zeichen für den Normalstatus gesetzt. Das bedeutet, daß ein mehr oder weniger großer Anteil dieser Angaben in Wirklichkeit synanthrope Vorkommen betrifft. Wenn ein Kartierer Vorkommen im allgemeinen indigener Arten für ein bestimmtes Gebiet als synanthrop gekennzeichnet hat, so haben wir dies in den Karten auch so wiedergegeben. Daraus darf aber nicht geschlossen werden, daß nur die so bezeichneten Angaben als synanthrop zu bewerten sind.

Sehr wünschenswert wäre auch eine Differenzierung synanthroper Arten hinsichtlich ihres Einbürgerungs- (Etablierungs-) grades gewesen. In ausgiebigen Diskussionen mußten wir erkennen, daß eine solche Differenzierung bei vielen Arten nicht durchfürbar war, da sich diese in Teilgebieten unterschiedlich verhalten und eine befriedigende Grenzziehung nicht möglich war. Wir mußten uns daher bei der Vergabe des Status „eingebürgert" im wesentlichen auf Arten beschränken, die im gesamten Kartierungsgebiet so zu bewerten sind. In manchen Fällen haben wir jedoch dennoch den Versuch einer Differenzierung unternommen.

Bei felsbewohnenden Arten wurde nicht zwischen Vorkommen auf natürlichem und künstlichem Gestein unterschieden. Einige Farne kommen außerhalb der Gebiete mit natürlichen Felsen zwar ausschließlich auf Mauern u. ä. vor, doch ist in den Bereichen wo auch natürliche Fels-Standorte vorhanden sind nicht zwischen Fels- und Mauervorkommen differenziert worden.

In Abschnitt 5.3 wird auf spezielle Statusprobleme bei einzelnen Arten hingewiesen.

6.3 Verbreitungskarten

Symbole im Kartenteil

Die in den Karten verwendeten Symbole haben folgende Bedeutung:

●	Normalstatus = einheimisch oder alteingebürgert	(Nachweis ab 1950)
○	Normalstatus = einheimisch oder alteingebürgert	(Nachweis bis 1949)
▼	Synanthrop (umfaßt synanthrop, unbeständig, eingebürgert, angesalbt oder kultiviert)	(Nachweis ab 1950)
▽	Synanthrop (umfaßt synanthrop, unbeständig, eingebürgert, angesalbt oder kultiviert)	(Nachweis bis 1949)
◆	Eingebürgert	(Nachweis ab 1950)
◇	Eingebürgert	(Nachweis bis 1949)
?	fragliche Angabe	(ab 1950)
?	fragliche Angabe	(bis 1949)
–	veröffentlichte Fehlangabe	
⌀	allgemeine geographische Unschärfe	
⦽	geographische Unschärfe nach Norden	
○-	geographische Unschärfe nach Osten	
⏀	geographische Unschärfe nach Süden	
-○	geographische Unschärfe nach Westen	

In der sich oben rechts befindenden Box sind weitere Informationen untergebracht.
Die **obere** Zeile gibt die Kartennummer an, mit deren Hilfe im Register aufgesuchte Synonyme zugeordnet werden können.

Die **mittlere** Zeile kann Zeichen mit folgender Bedeutung enthalten

▷ = Hinweis auf Textbemerkung im vorderen Teil des Atlas
? = bestimmungskritische Sippe und/oder öfter verwechselte Sippe
↘ = deutlicher Rückgang nach 1950, der in der Karte nicht zum Ausdruck kommt
● = unvollständig erfaßte Sippe (z. B. Frühblüher)
⊠ = unvollständige Erfassung der historischen Verbreitung

In der **unteren** Zeile wird bei den entsprechenden Arten der Gefährdungsgrad nach der Roten Liste Deutschlands (Korneck et al. im Druck) angegeben. Dabei bedeuten

0 = ausgestorben oder verschollen
1 = vom Aussterben bedroht
2 = stark gefährdet
3 = gefährdet
G = Gefährdung anzunehmen
R = extrem selten

Zu der Einstufung ist anzumerken, daß sie in vielen Fällen nicht dem Gefährdungsgrad im Untersuchungsgebiet entspricht.

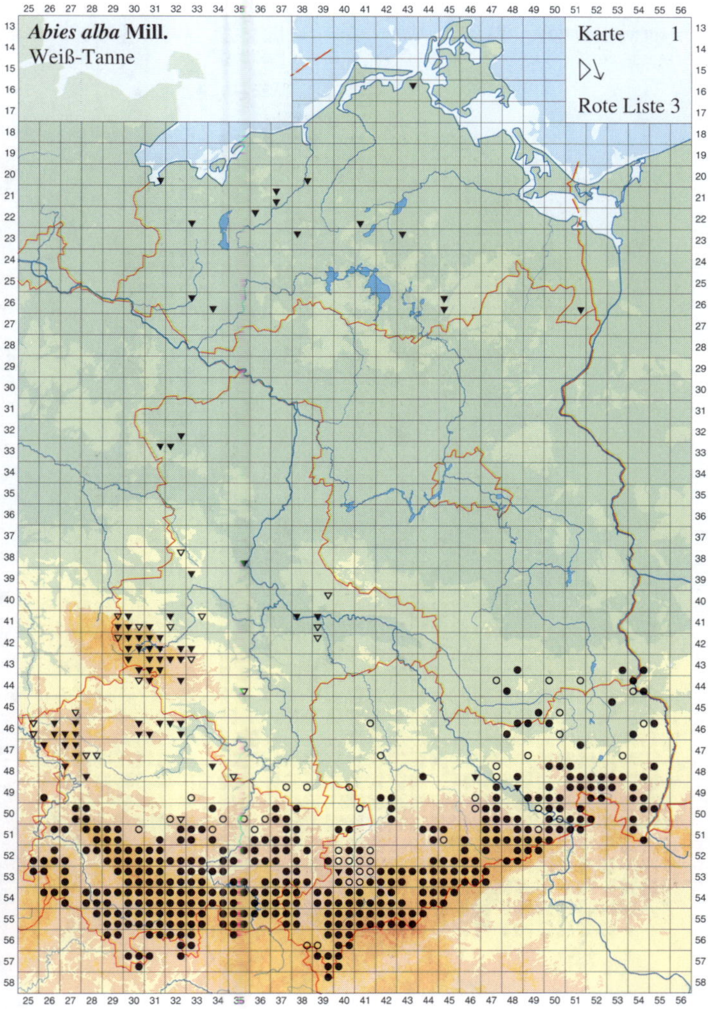
Abies alba Mill.
Weiß-Tanne
Karte 1
Rote Liste 3

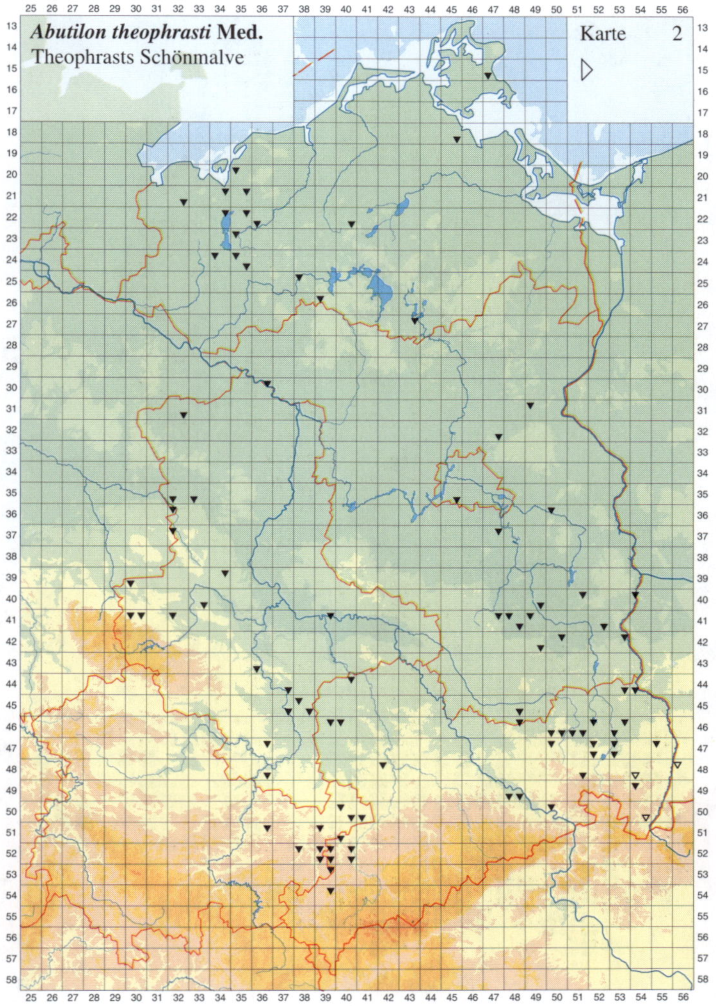
Abutilon theophrasti Med.
Theophrasts Schönmalve
Karte 2

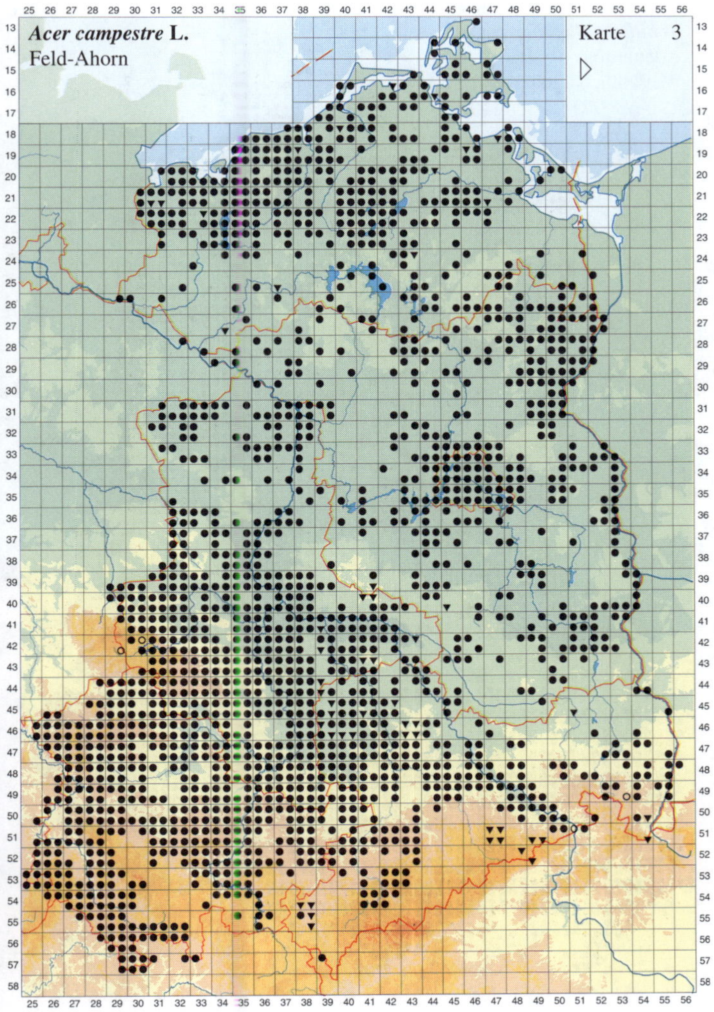
Acer campestre L.
Feld-Ahorn
Karte 3

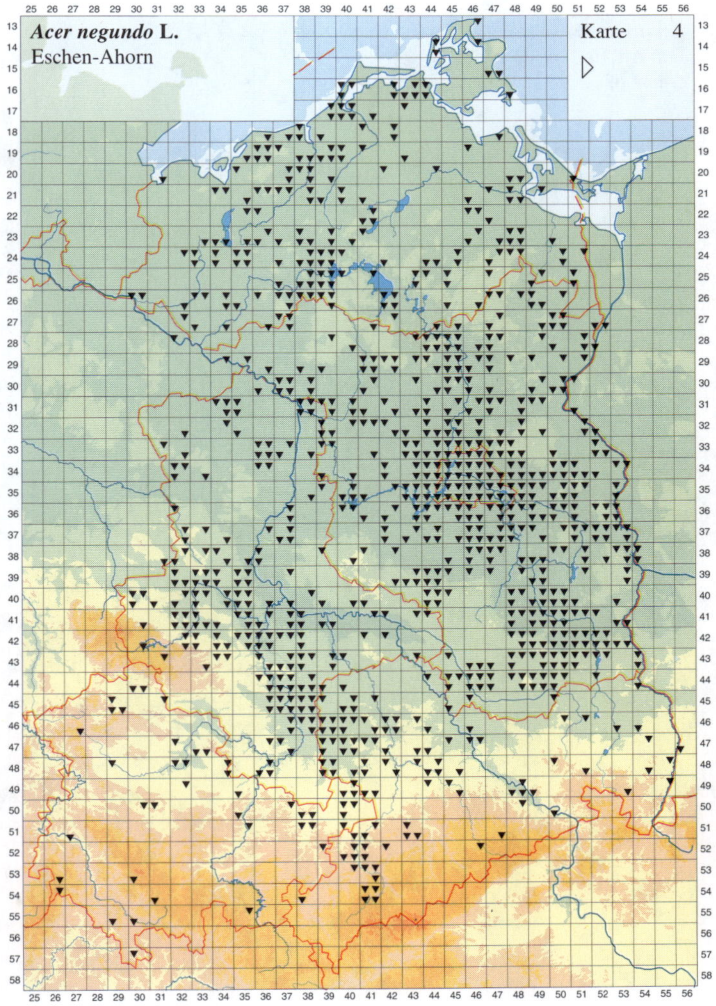
Acer negundo L.
Eschen-Ahorn
Karte 4

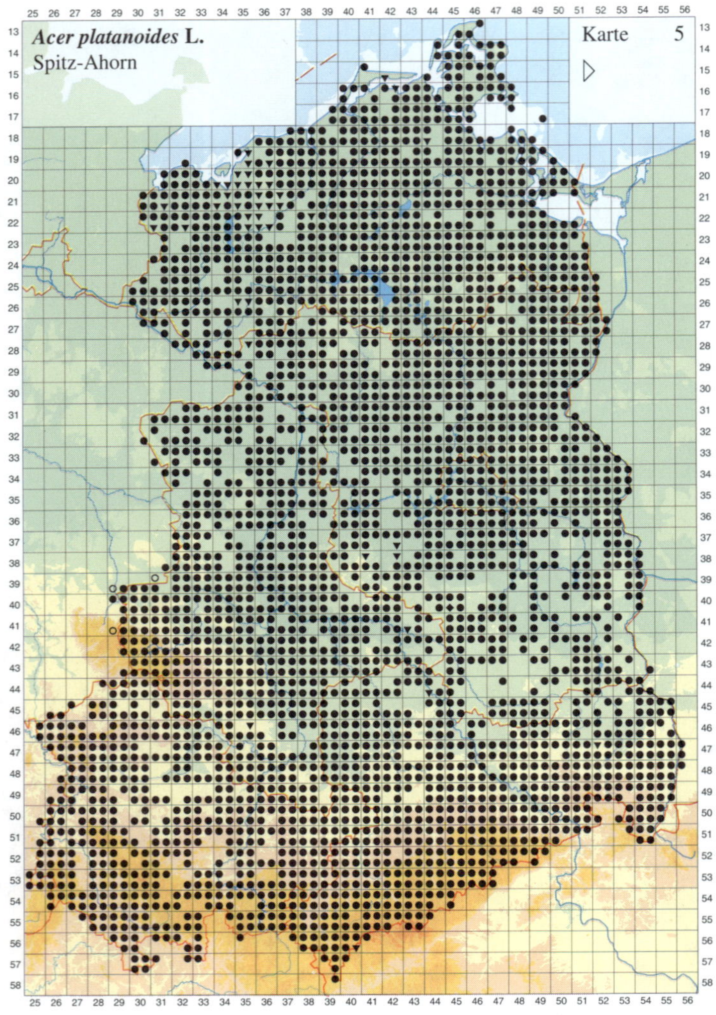
Acer platanoides L.
Spitz-Ahorn
Karte 5

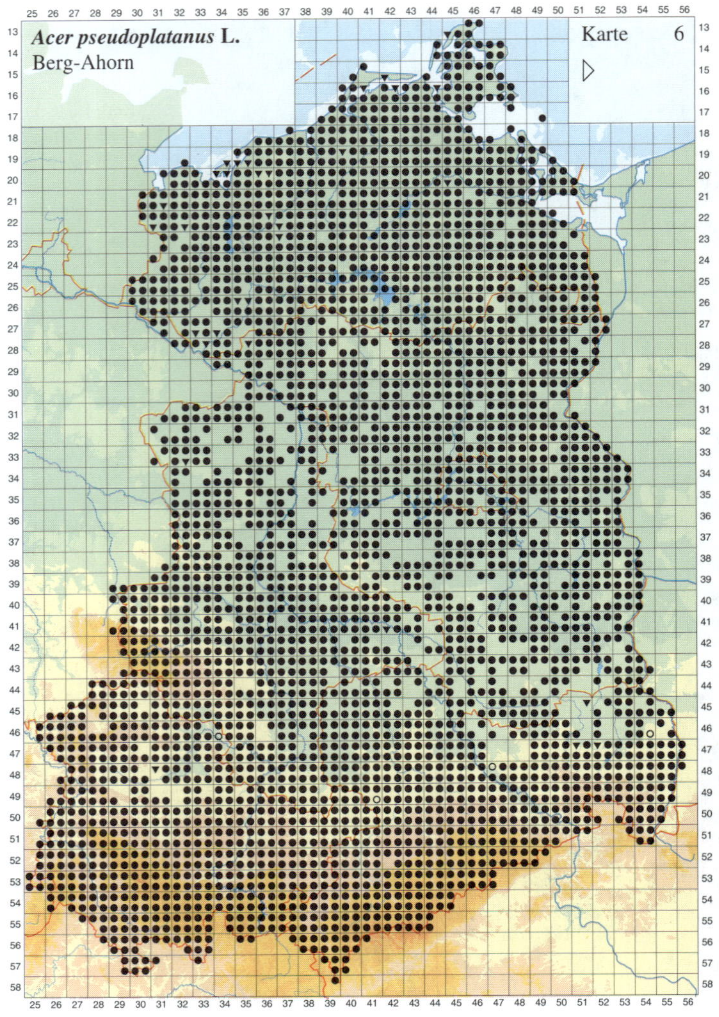
Acer pseudoplatanus L.
Berg-Ahorn
Karte 6

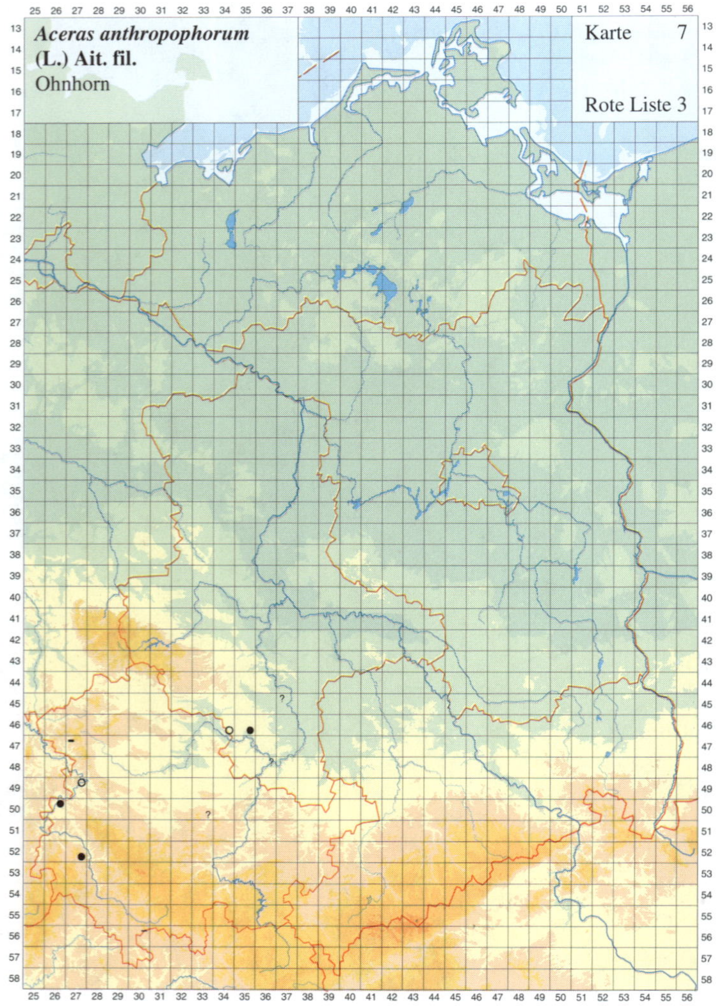
Aceras anthropophorum (L.) Ait. fil.
Ohnhorn
Karte 7
Rote Liste 3

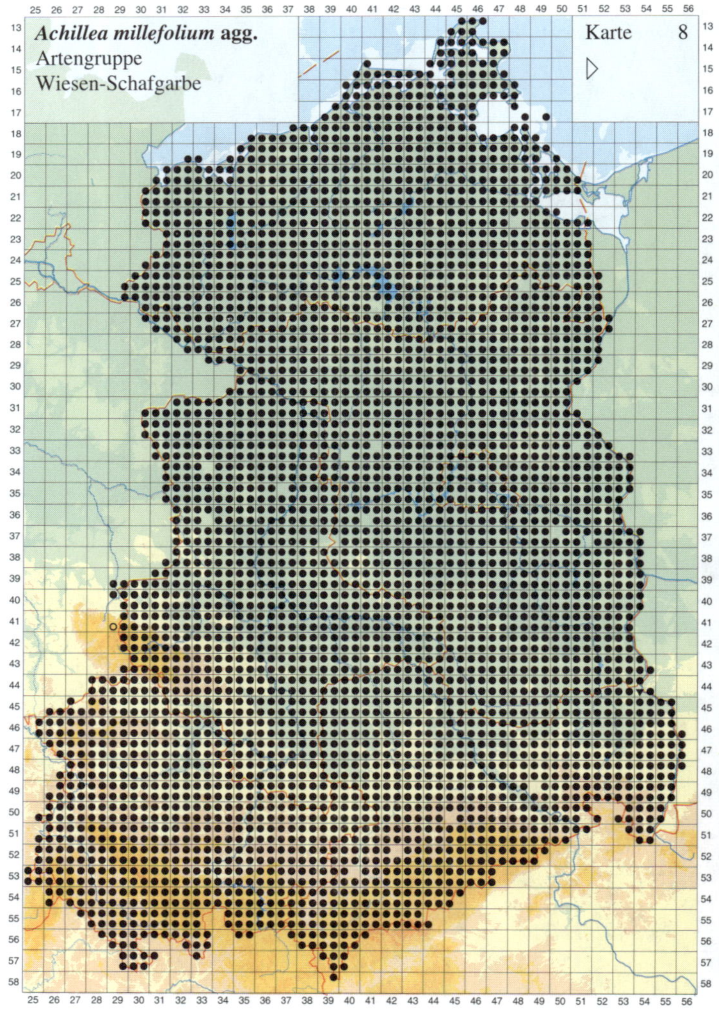
Achillea millefolium agg.
Artengruppe
Wiesen-Schafgarbe
Karte 8

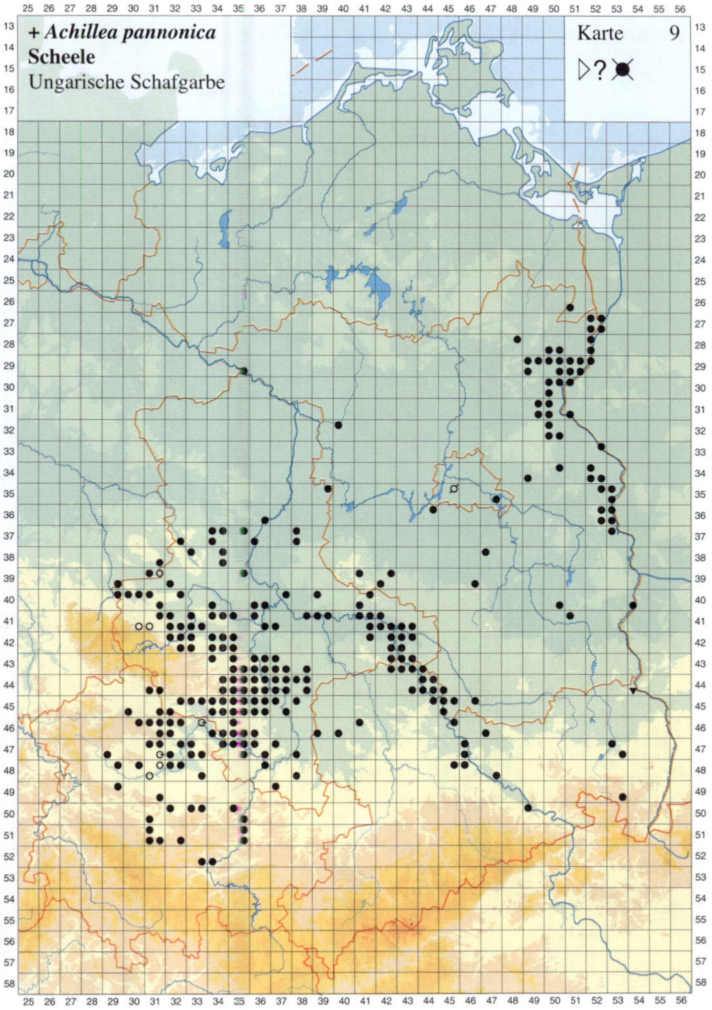
+ *Achillea pannonica* **Scheele**
Ungarische Schafgarbe
Karte 9

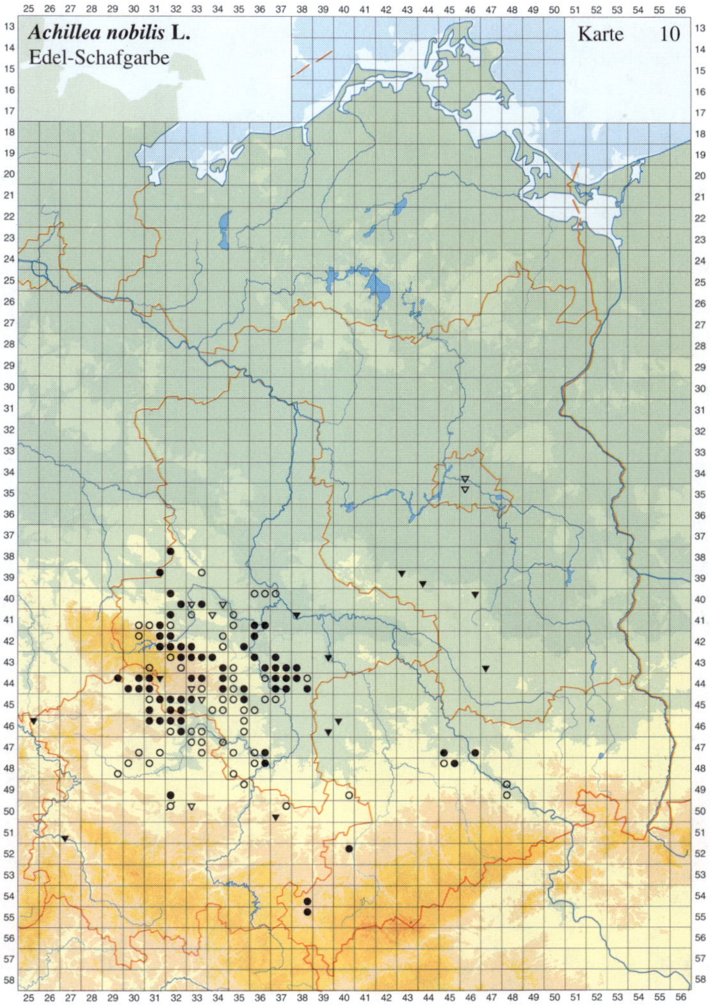
Achillea nobilis **L.**
Edel-Schafgarbe
Karte 10

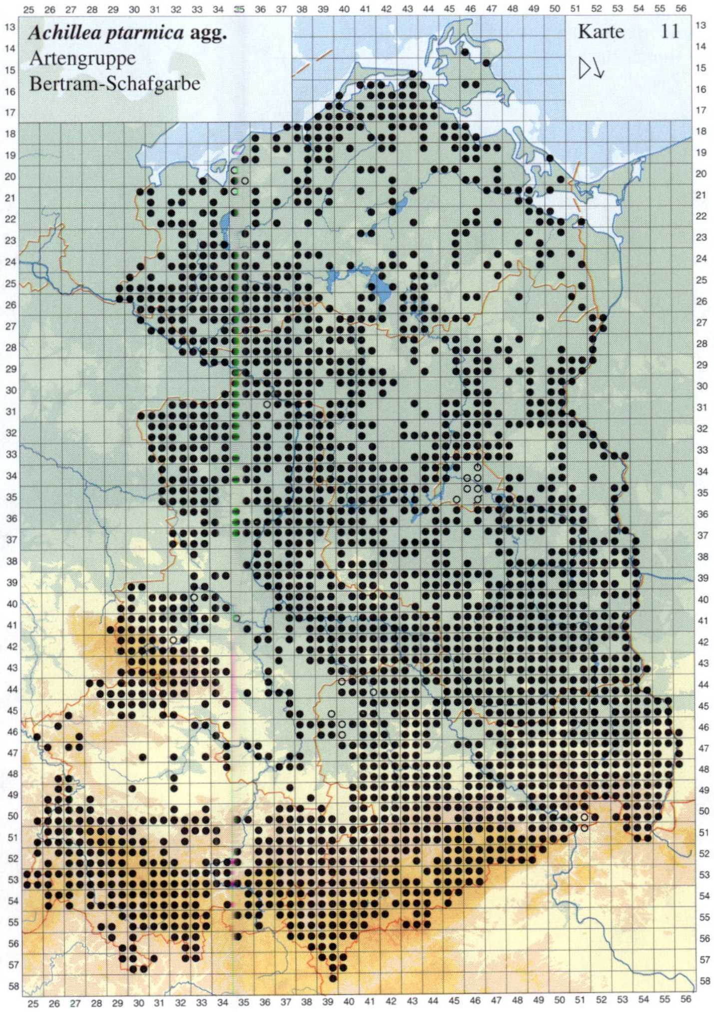
Achillea ptarmica **agg.**
Artengruppe
Bertram-Schafgarbe
Karte 11

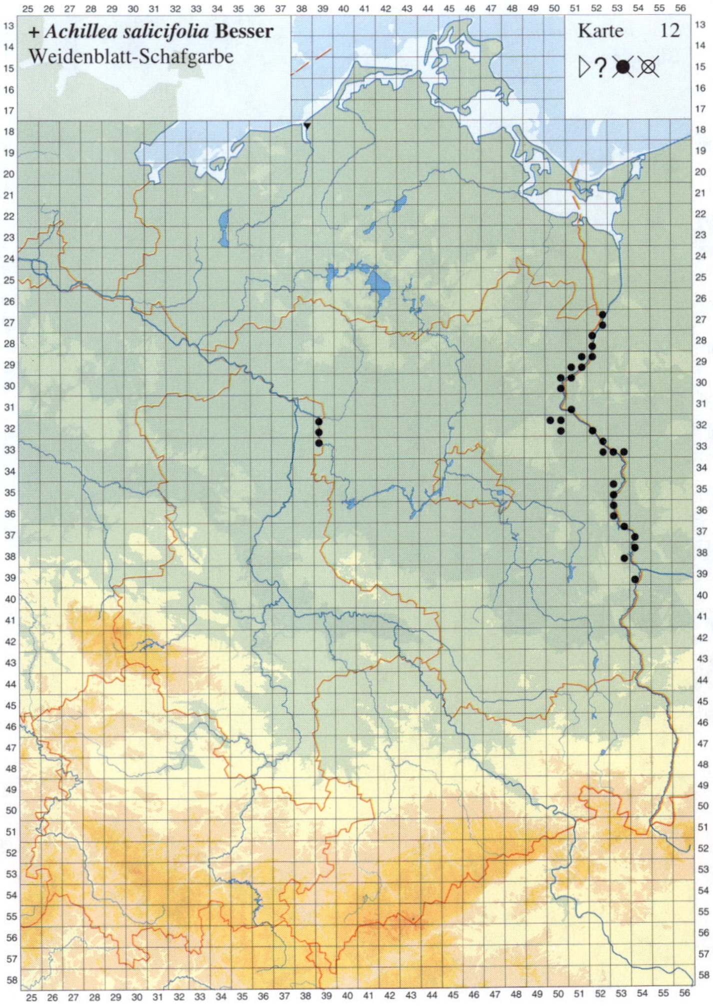
+ *Achillea salicifolia* **Besser**
Weidenblatt-Schafgarbe
Karte 12

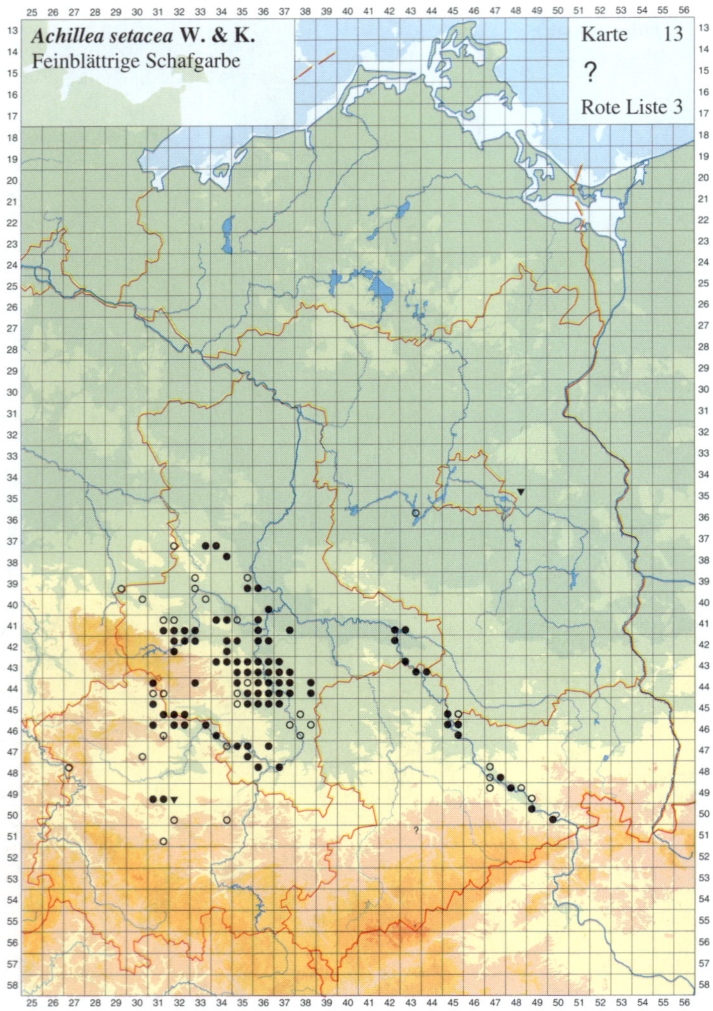
Achillea setacea W. & K.
Feinblättrige Schafgarbe
Karte 13
?
Rote Liste 3

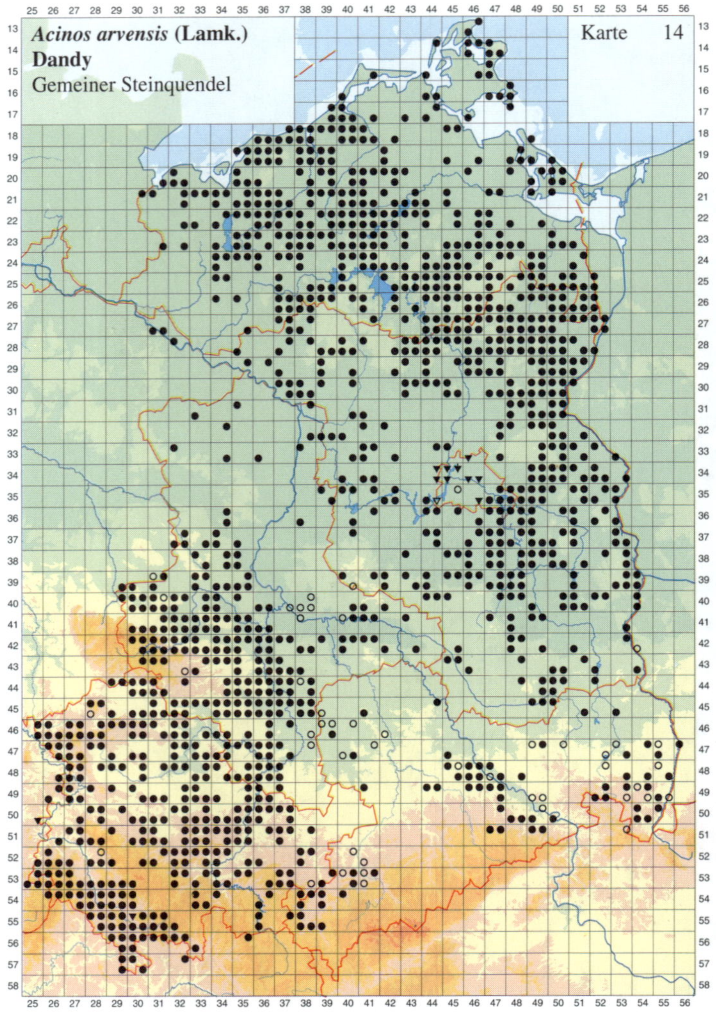
Acinos arvensis (Lamk.) Dandy
Gemeiner Steinquendel
Karte 14

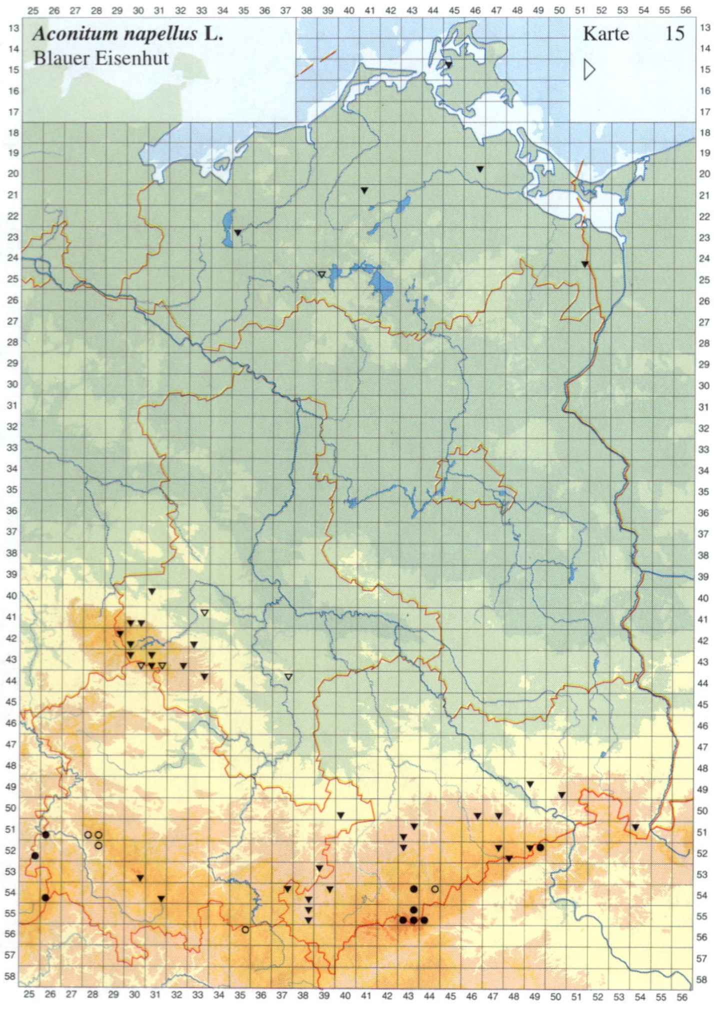
Aconitum napellus L.
Blauer Eisenhut
Karte 15
▷

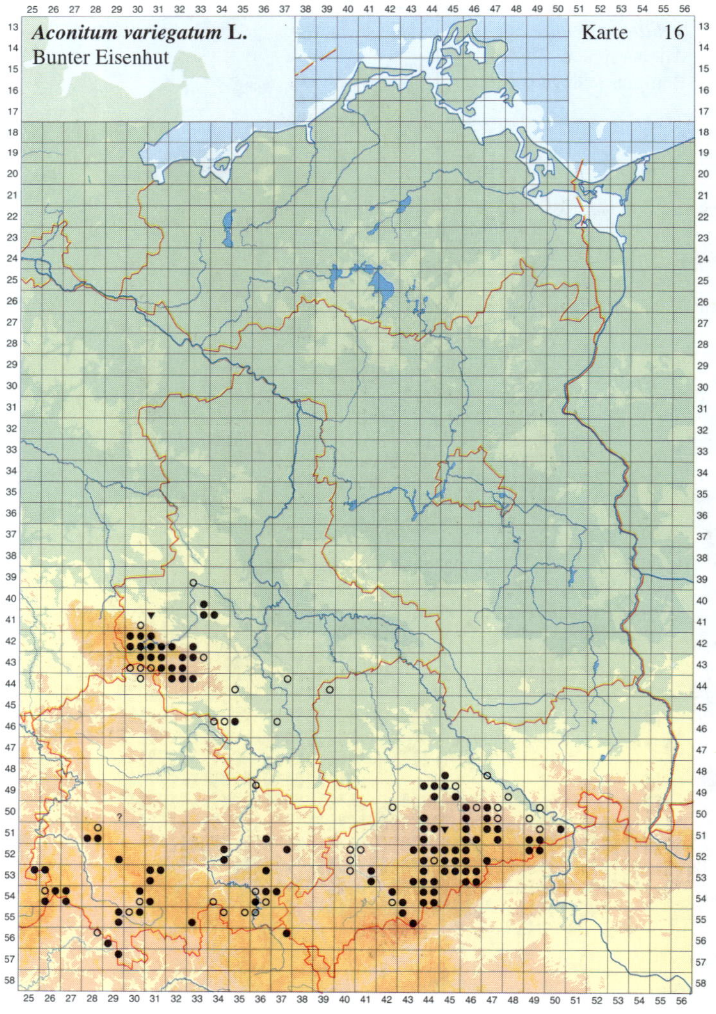
Aconitum variegatum L.
Bunter Eisenhut
Karte 16

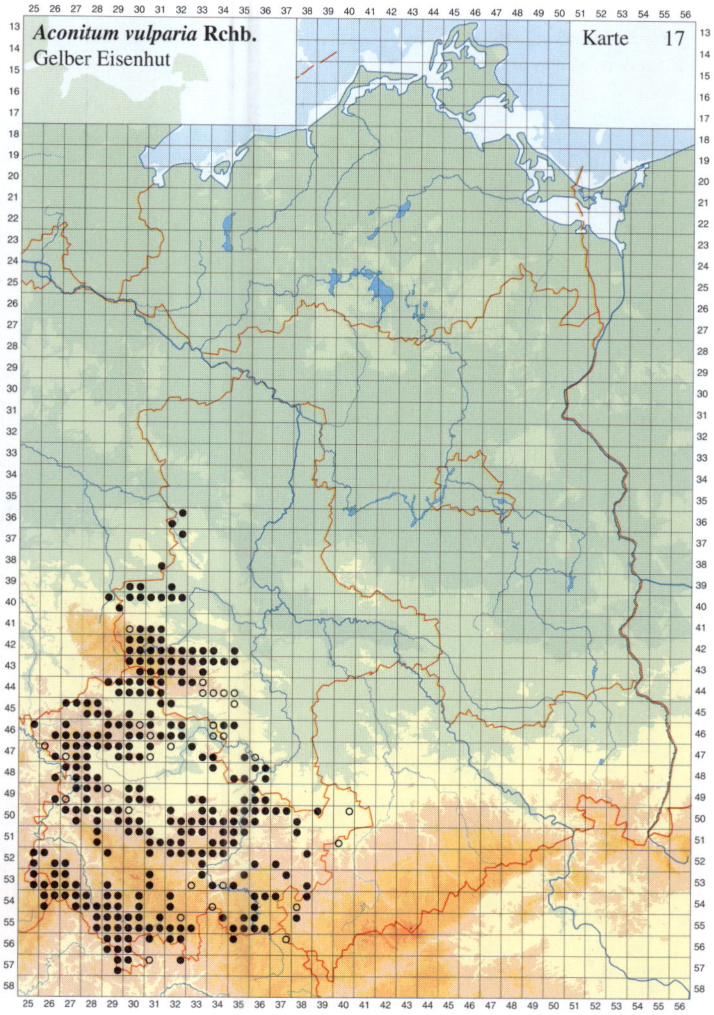
Aconitum vulparia Rchb.
Gelber Eisenhut
Karte 17

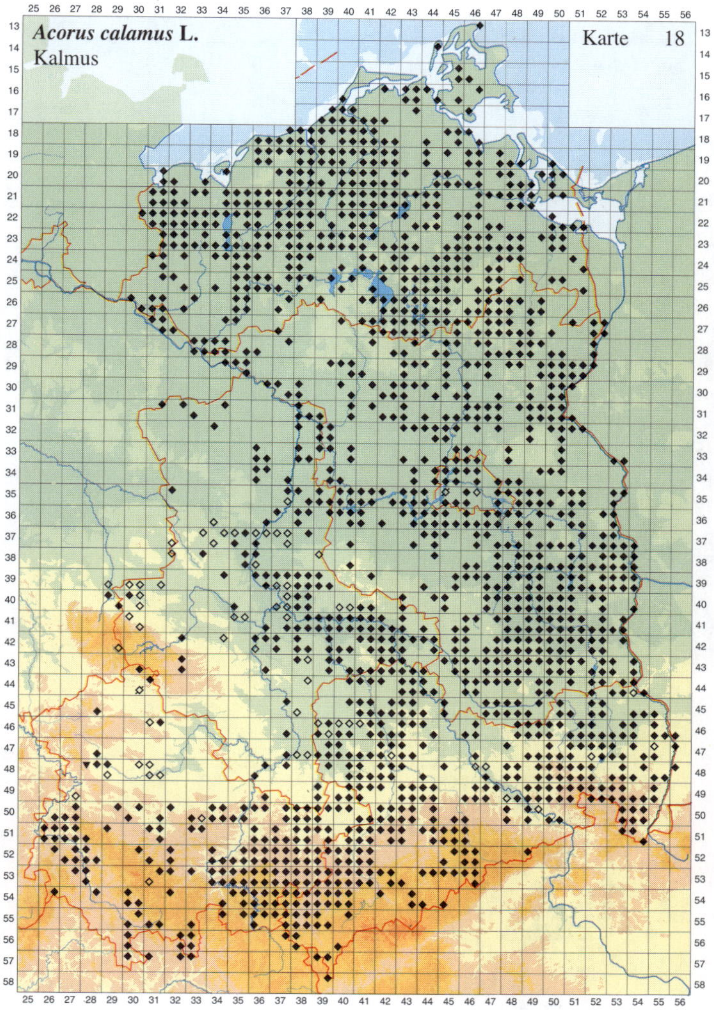
Acorus calamus L.
Kalmus
Karte 18

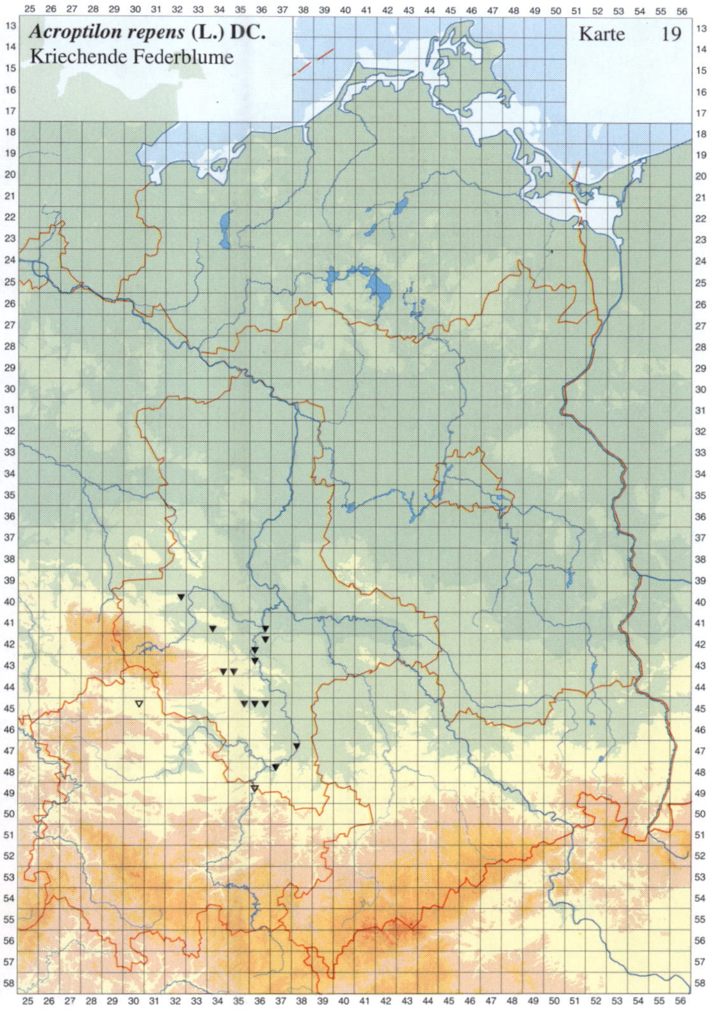
Acroptilon repens (L.) DC.
Kriechende Federblume
Karte 19

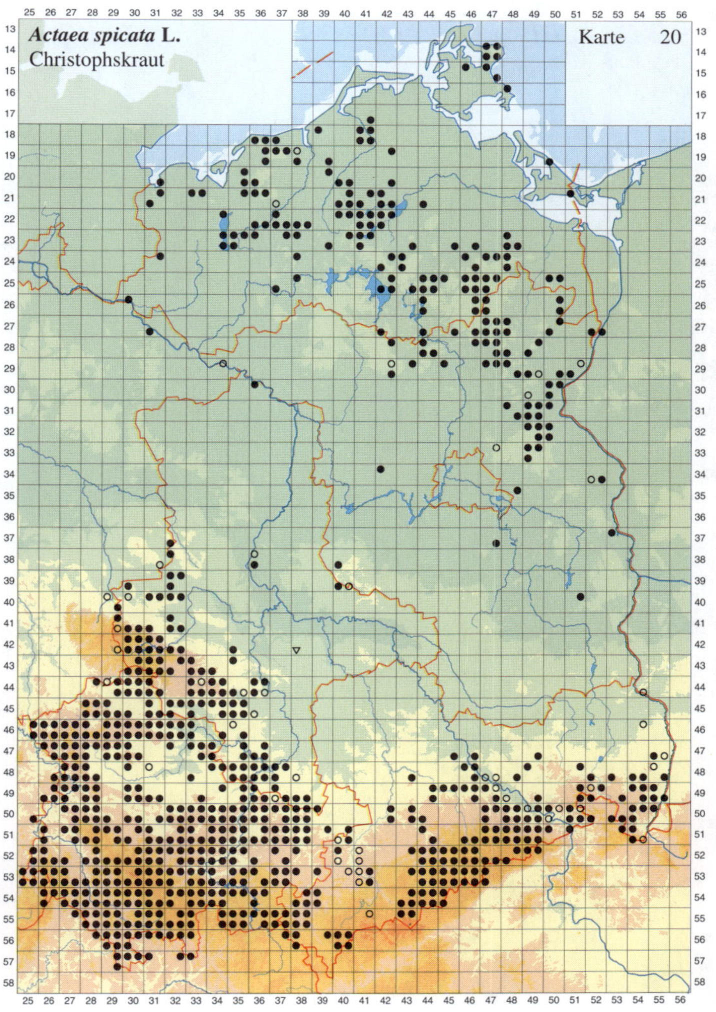
Actaea spicata L.
Christophskraut
Karte 20

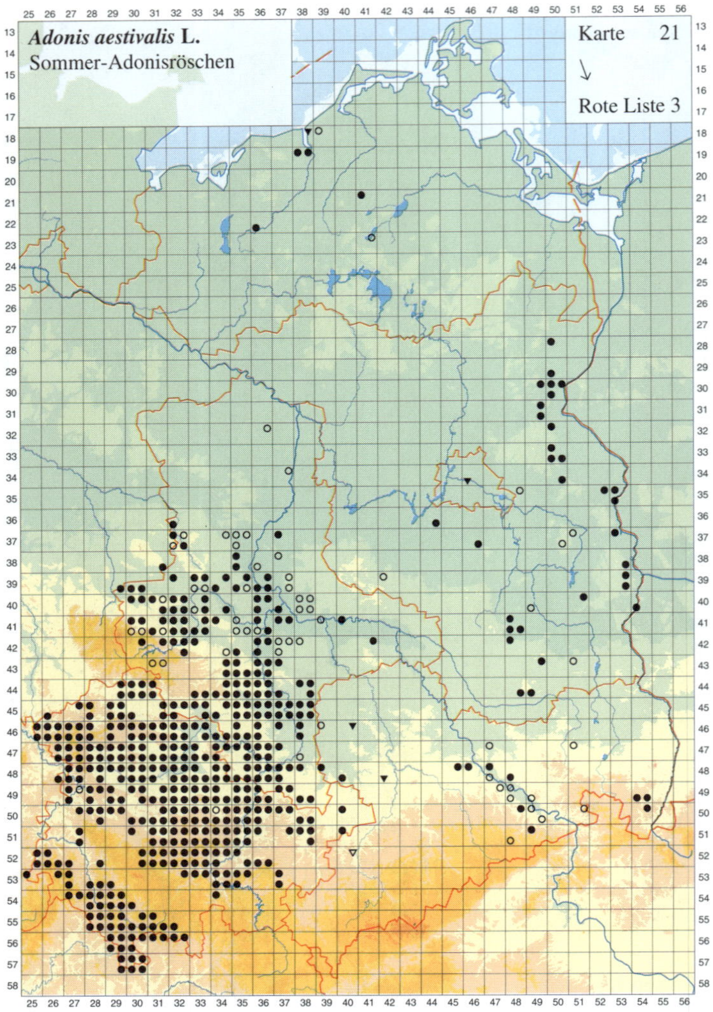
Adonis aestivalis L.
Sommer-Adonisröschen
Karte 21
↘
Rote Liste 3

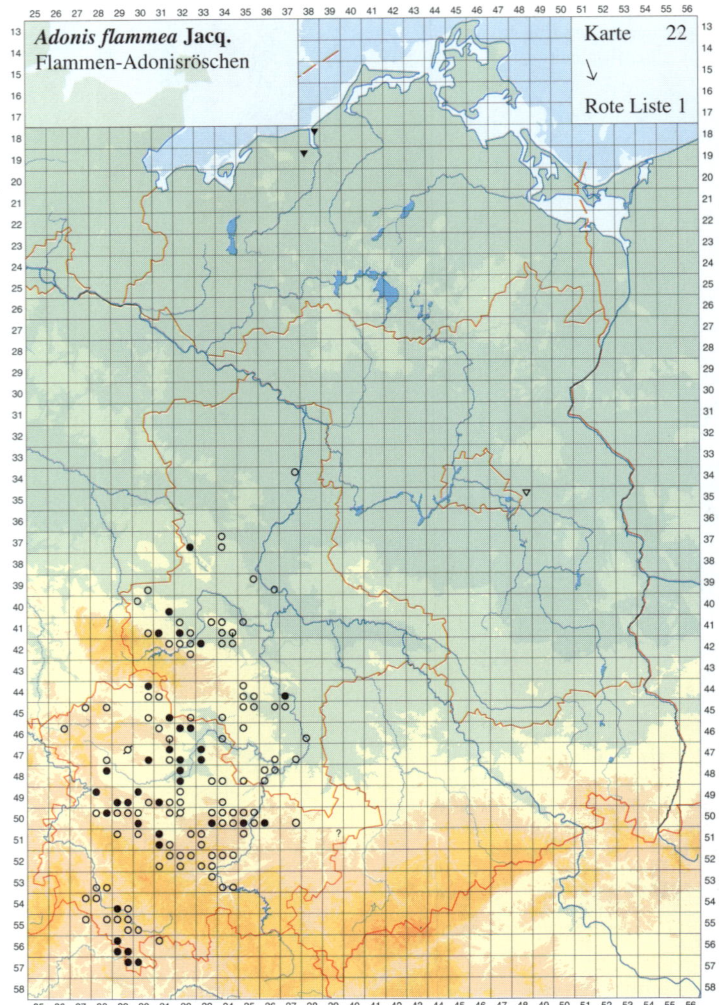
Adonis flammea Jacq.
Flammen-Adonisröschen
Karte 22
↘
Rote Liste 1

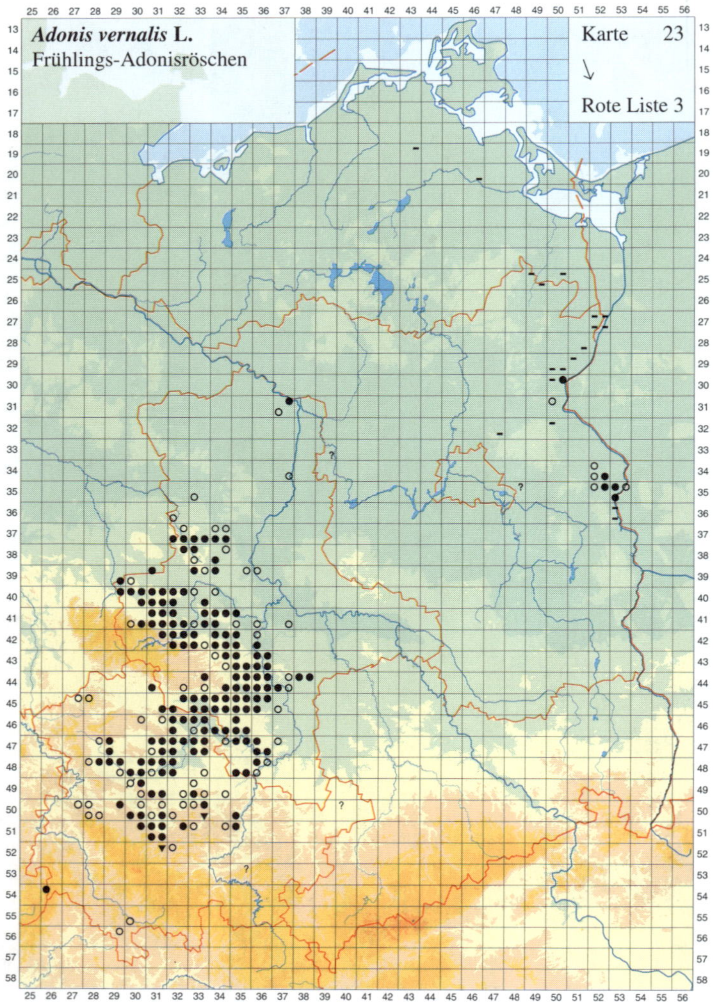
Adonis vernalis L.
Frühlings-Adonisröschen
Karte 23
↘
Rote Liste 3

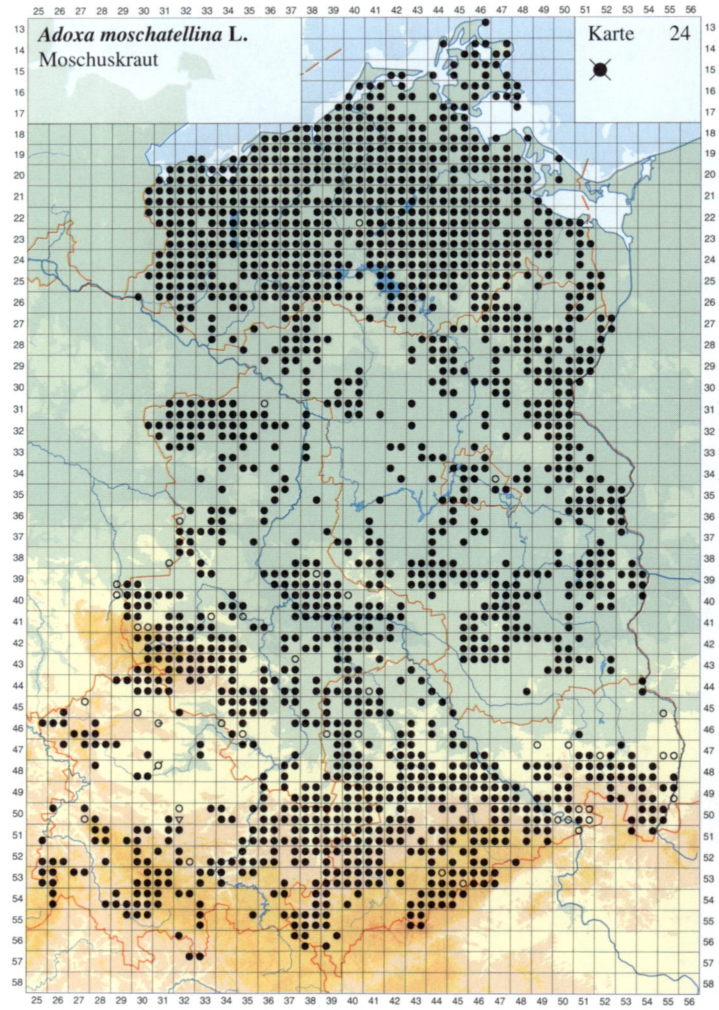
Adoxa moschatellina L.
Moschuskraut
Karte 24

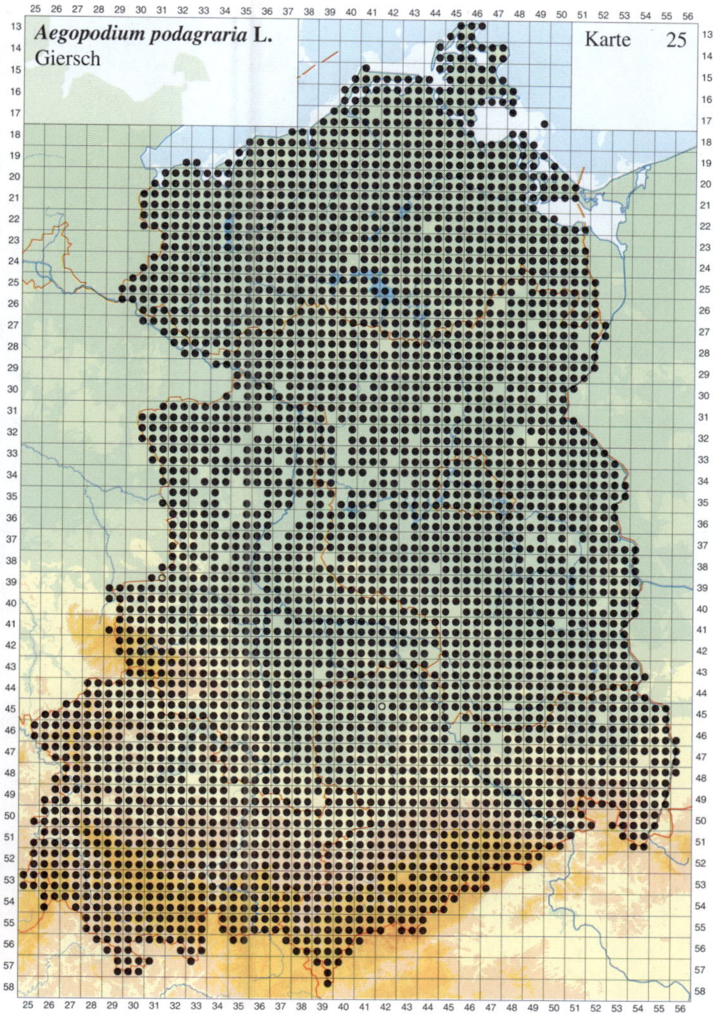
Aegopodium podagraria L.
Giersch
Karte 25

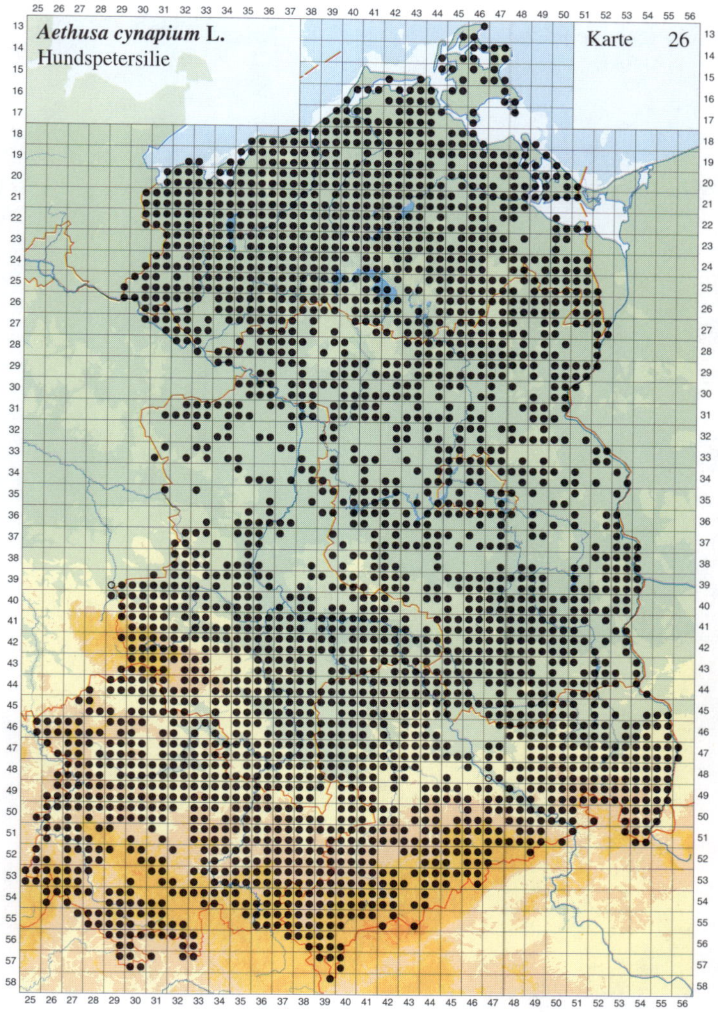
Aethusa cynapium L.
Hundspetersilie
Karte 26

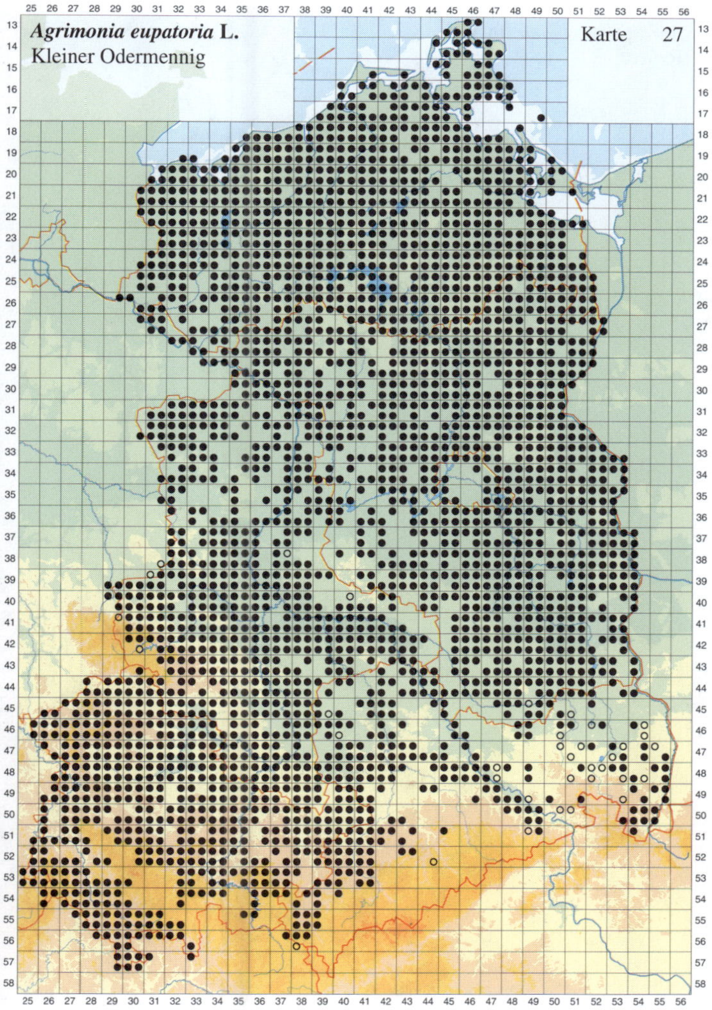
Agrimonia eupatoria L.
Kleiner Odermennig
Karte 27

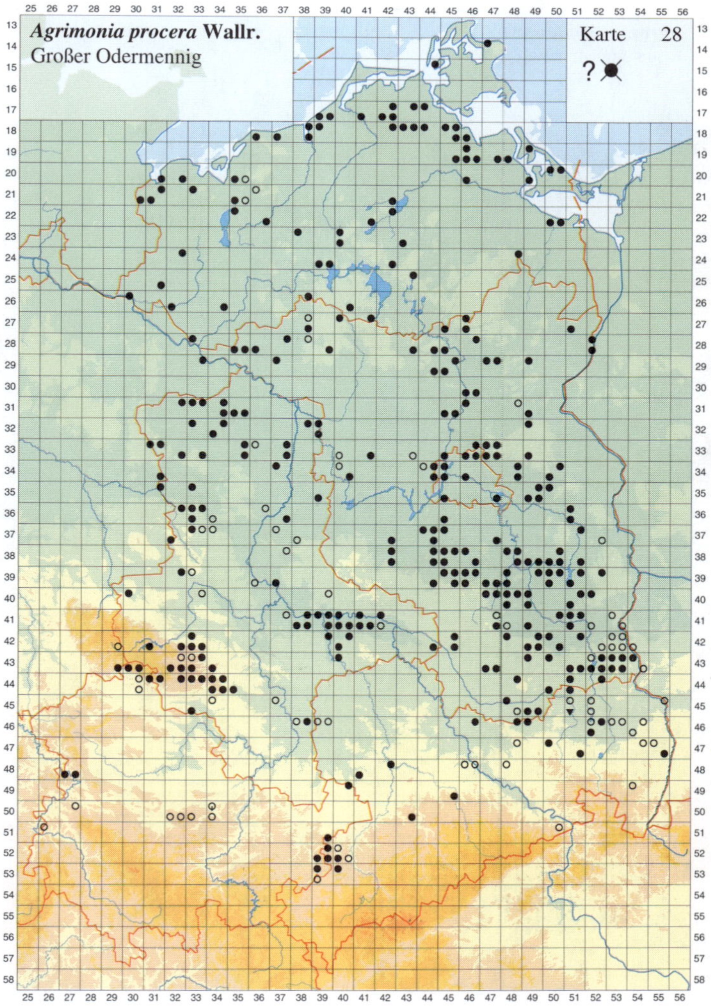
Agrimonia procera Wallr.
Großer Odermennig
Karte 28
?

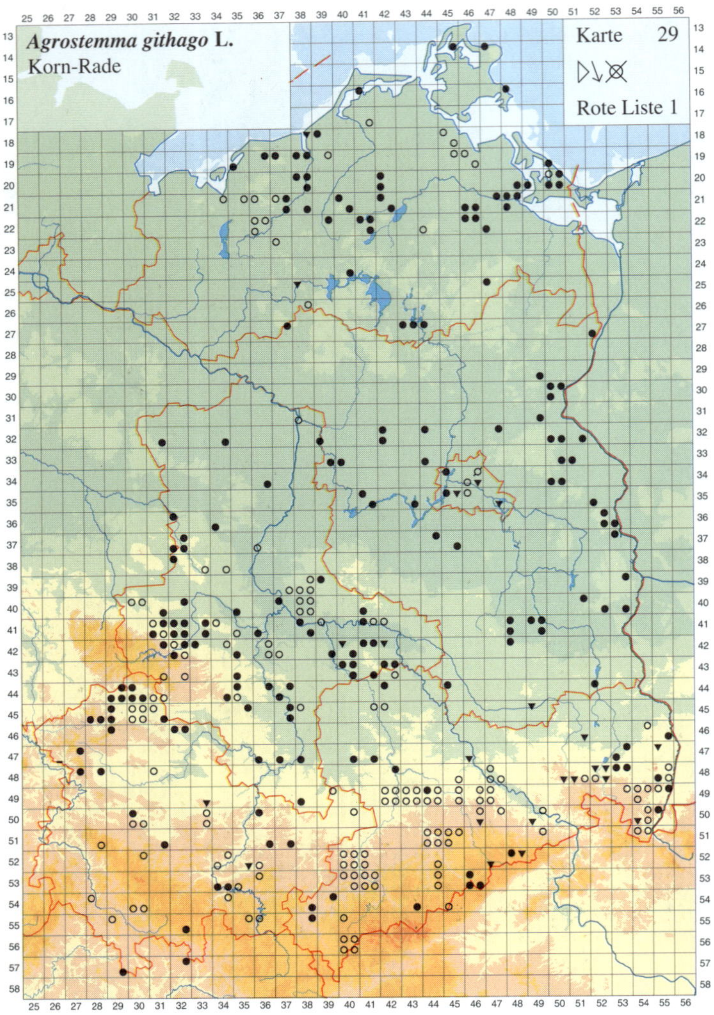
Agrostemma githago L.
Korn-Rade
Karte 29
Rote Liste 1

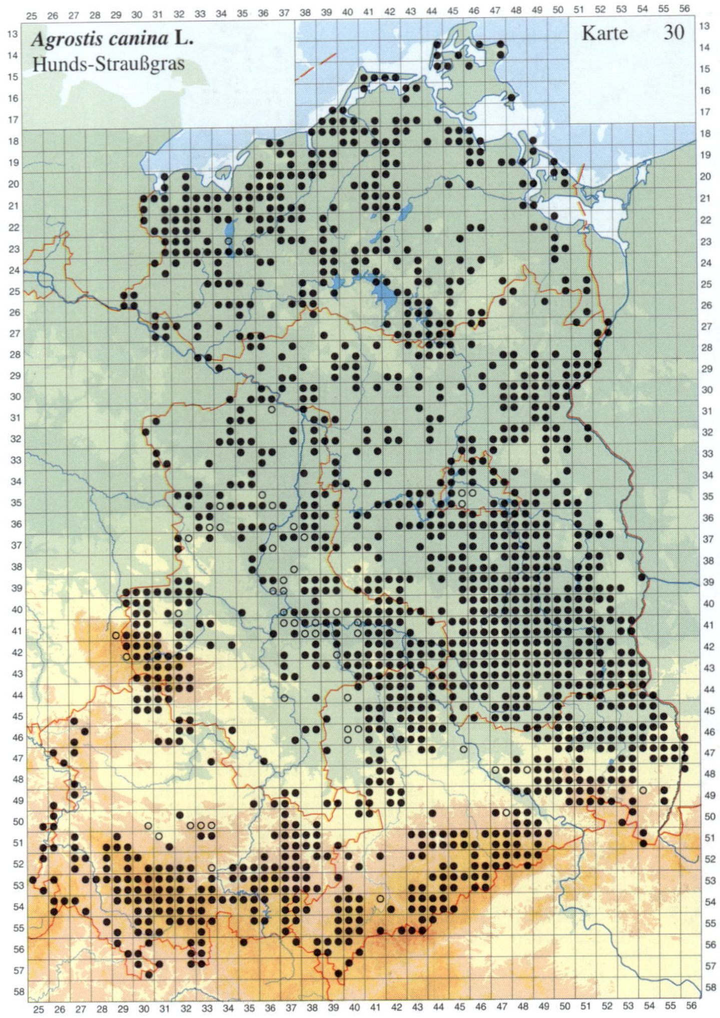
Agrostis canina L.
Hunds-Straußgras
Karte 30

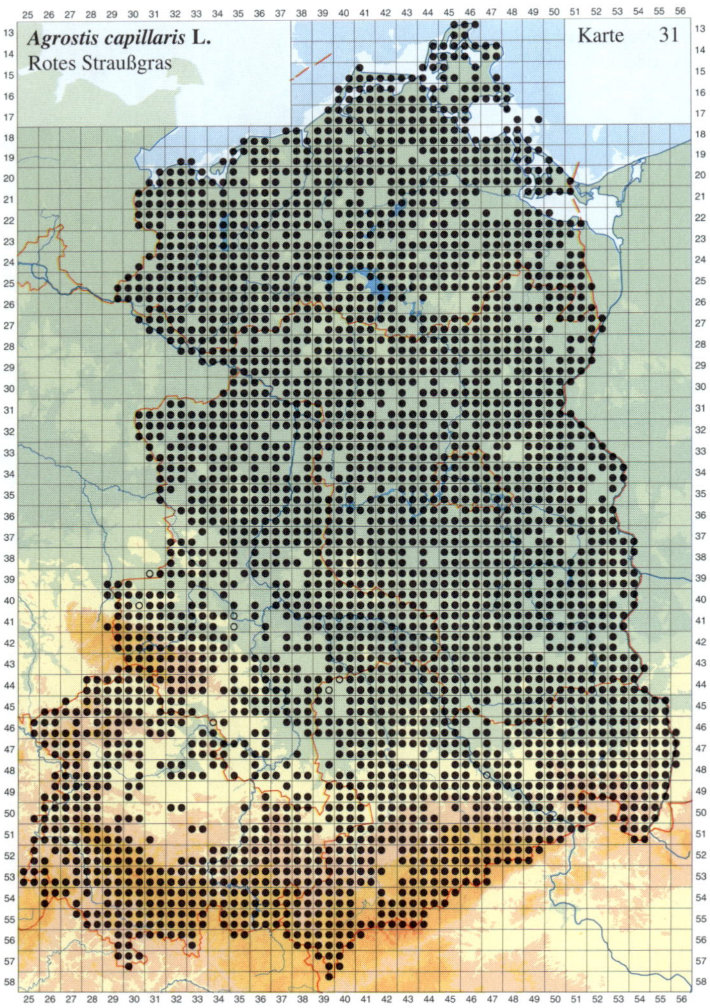
Agrostis capillaris L.
Rotes Straußgras
Karte 31

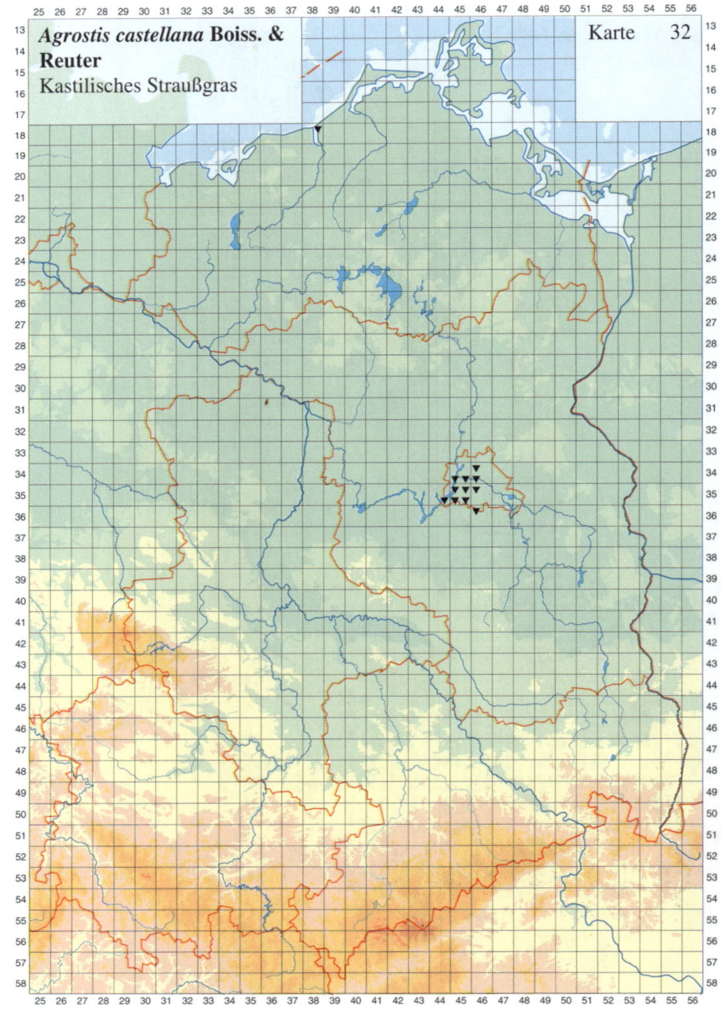
Agrostis castellana Boiss. & Reuter
Kastilisches Straußgras
Karte 32

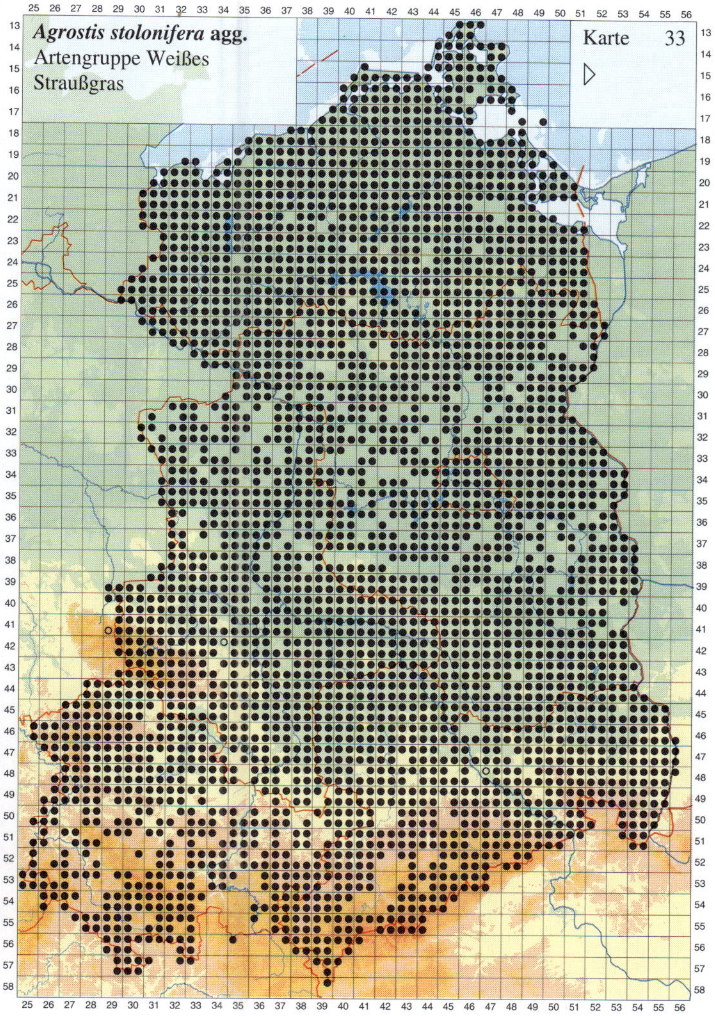
Agrostis stolonifera agg.
Artengruppe Weißes Straußgras
Karte 33

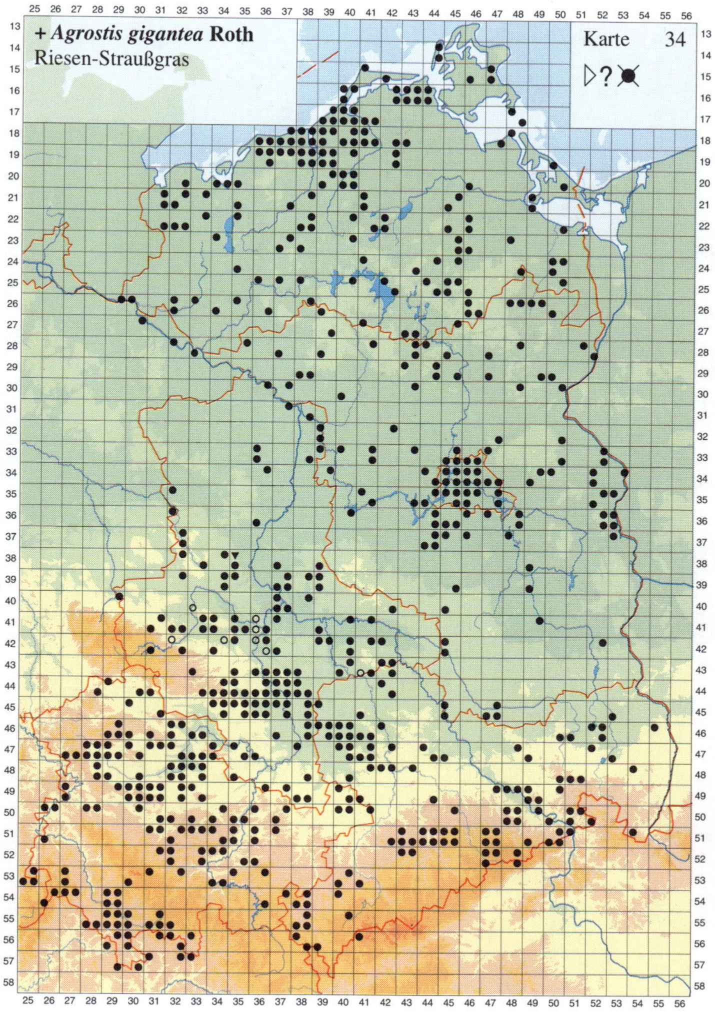
+ Agrostis gigantea Roth
Riesen-Straußgras
Karte 34

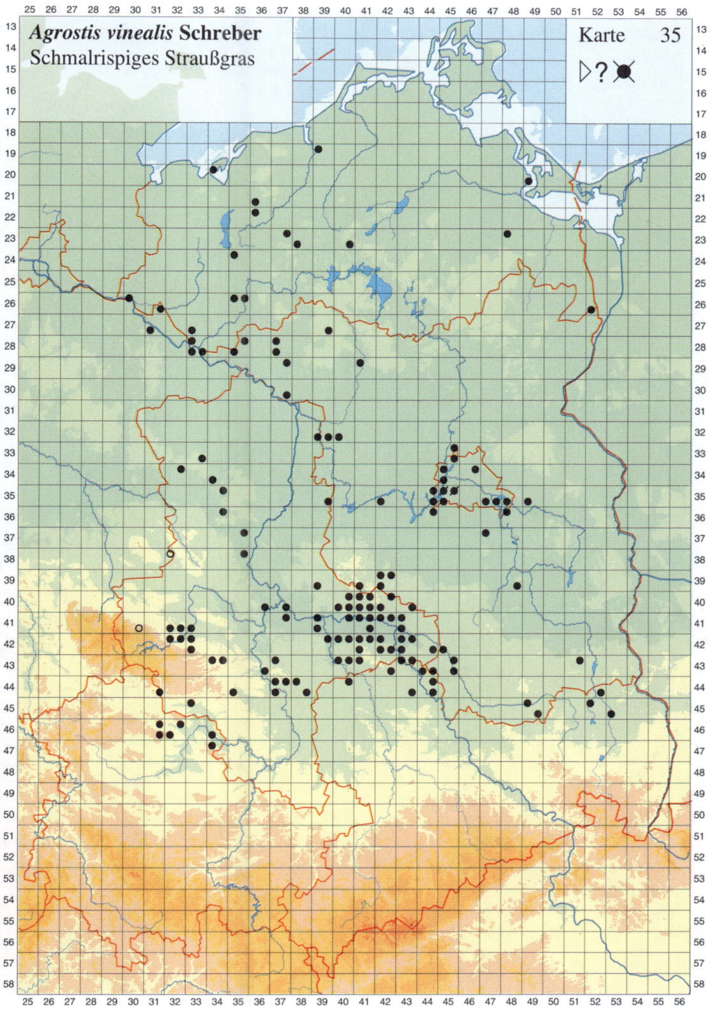
Agrostis vinealis Schreber
Schmalrispiges Straußgras
Karte 35

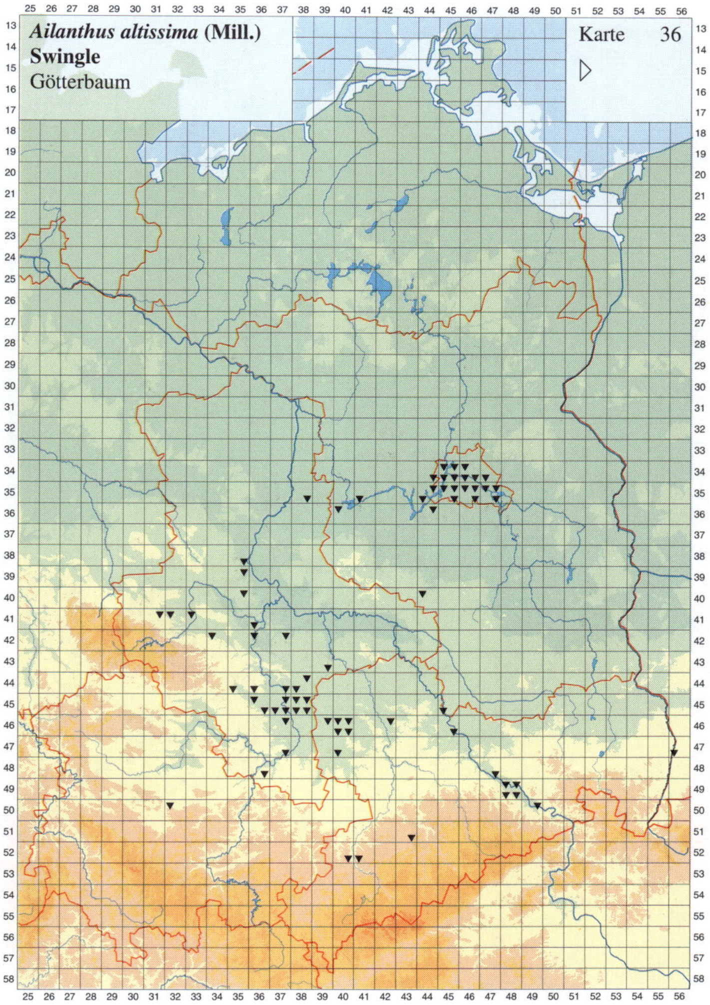
Ailanthus altissima (Mill.) Swingle
Götterbaum
Karte 36

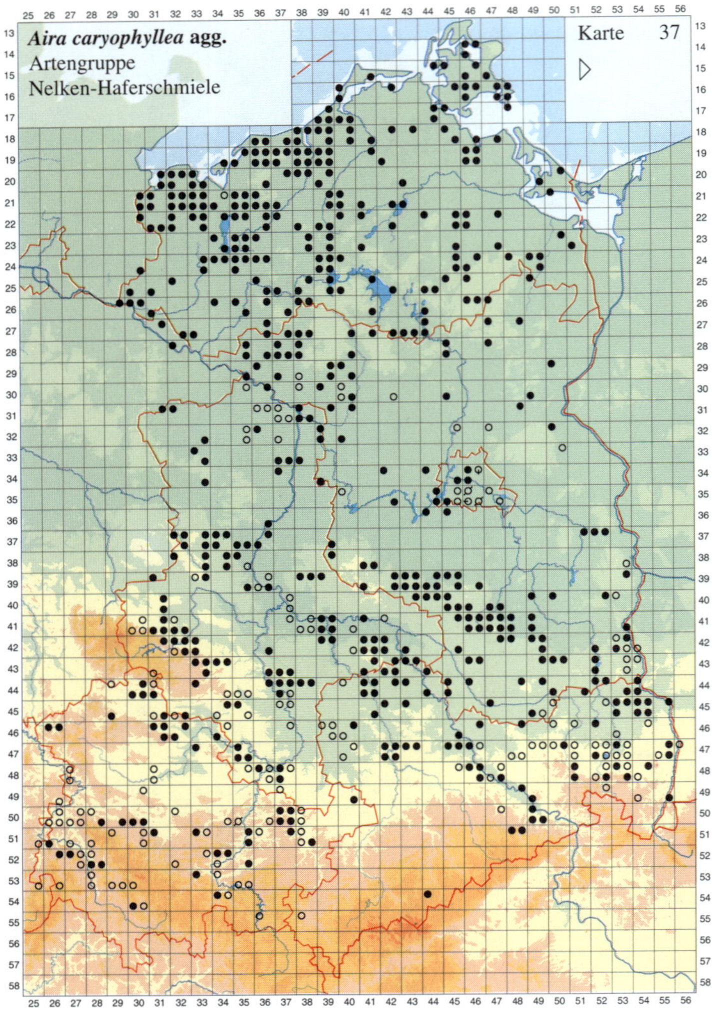
Aira caryophyllea agg.
Artengruppe
Nelken-Haferschmiele
Karte 37
▷

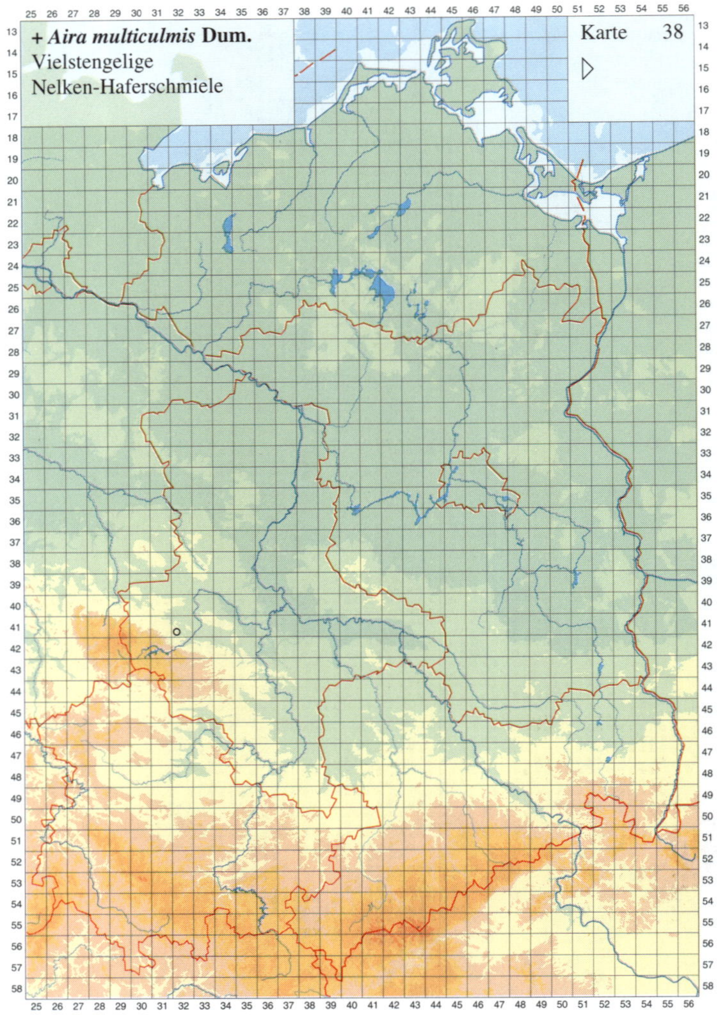
+ *Aira multiculmis* Dum.
Vielstengelige
Nelken-Haferschmiele
Karte 38
▷

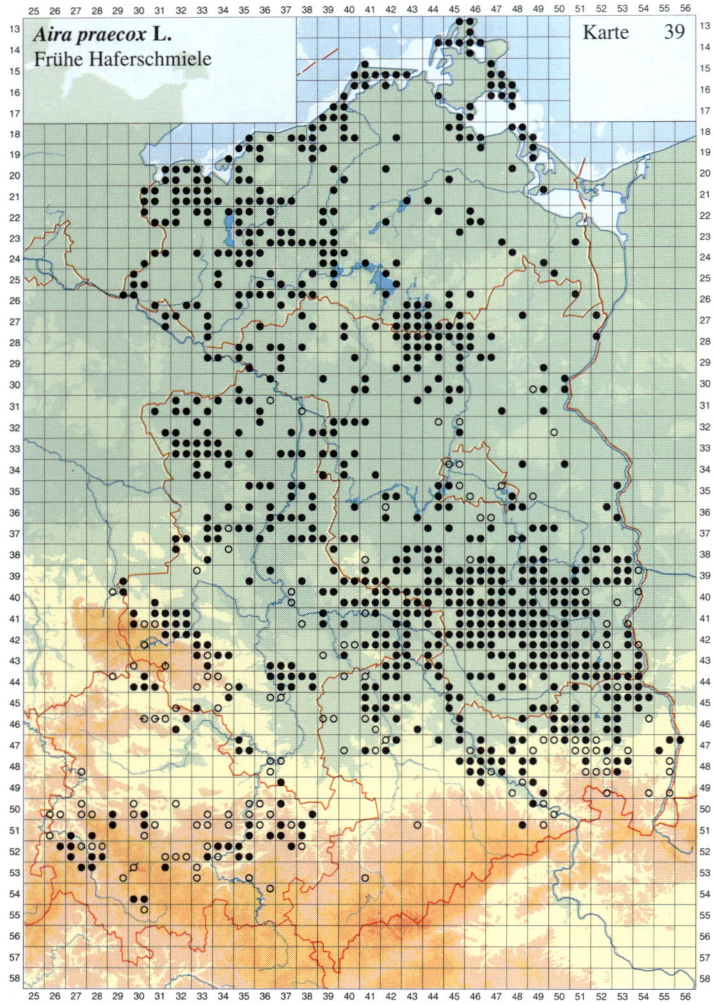
Aira praecox L.
Frühe Haferschmiele
Karte 39

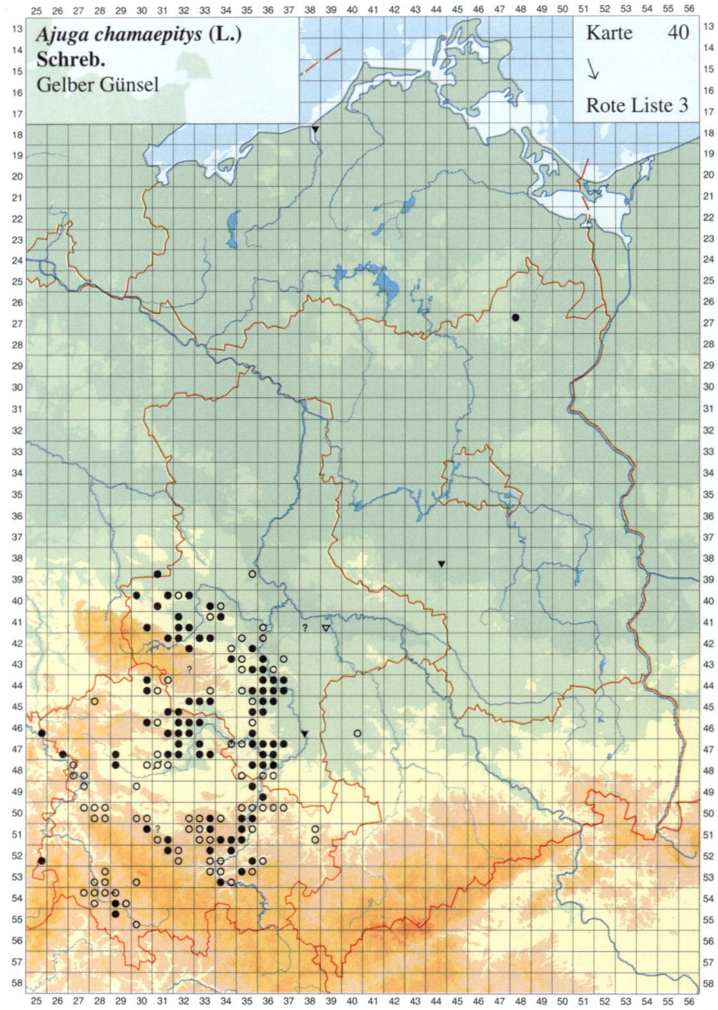
Ajuga chamaepitys (L.)
Schreb.
Gelber Günsel
Karte 40
↘
Rote Liste 3

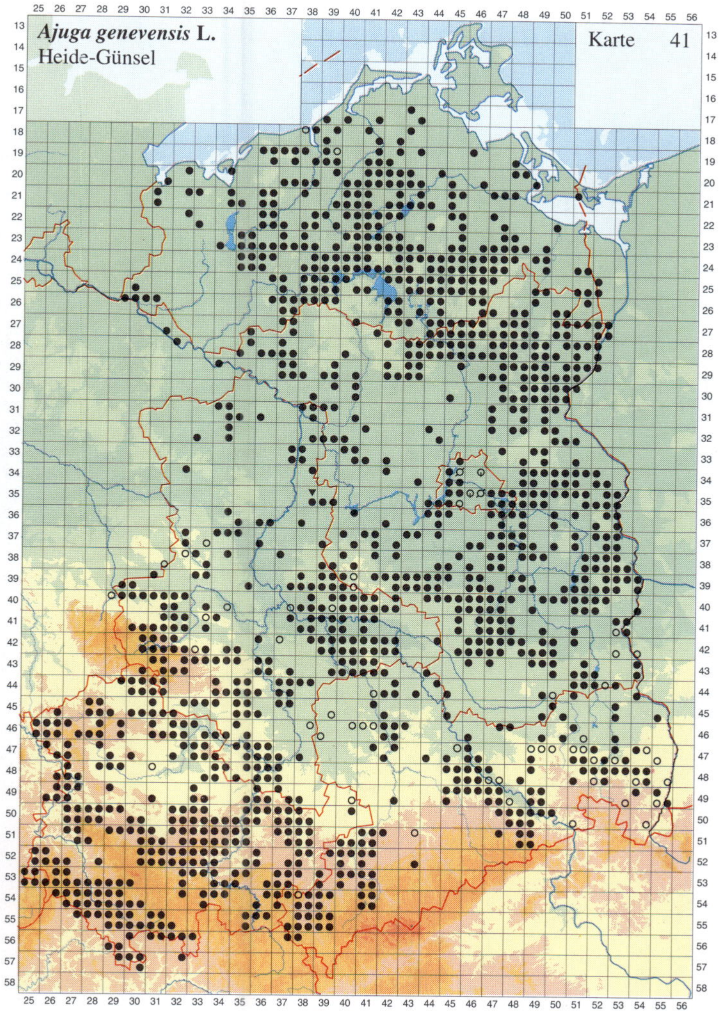
Ajuga genevensis L.
Heide-Günsel
Karte 41

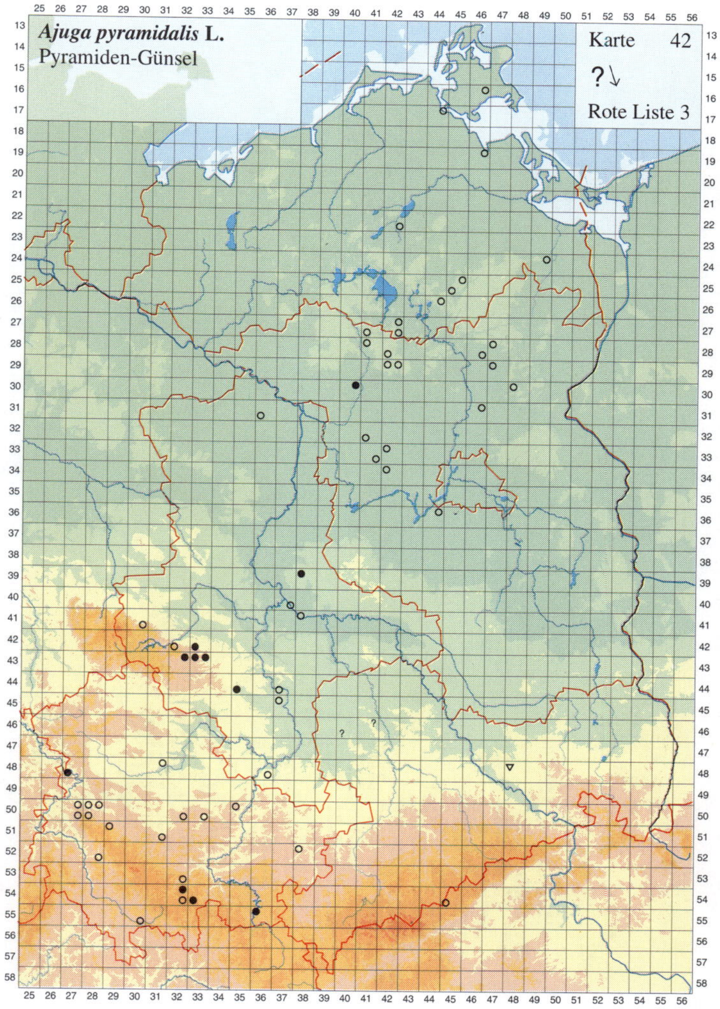
Ajuga pyramidalis L.
Pyramiden-Günsel
Karte 42
Rote Liste 3

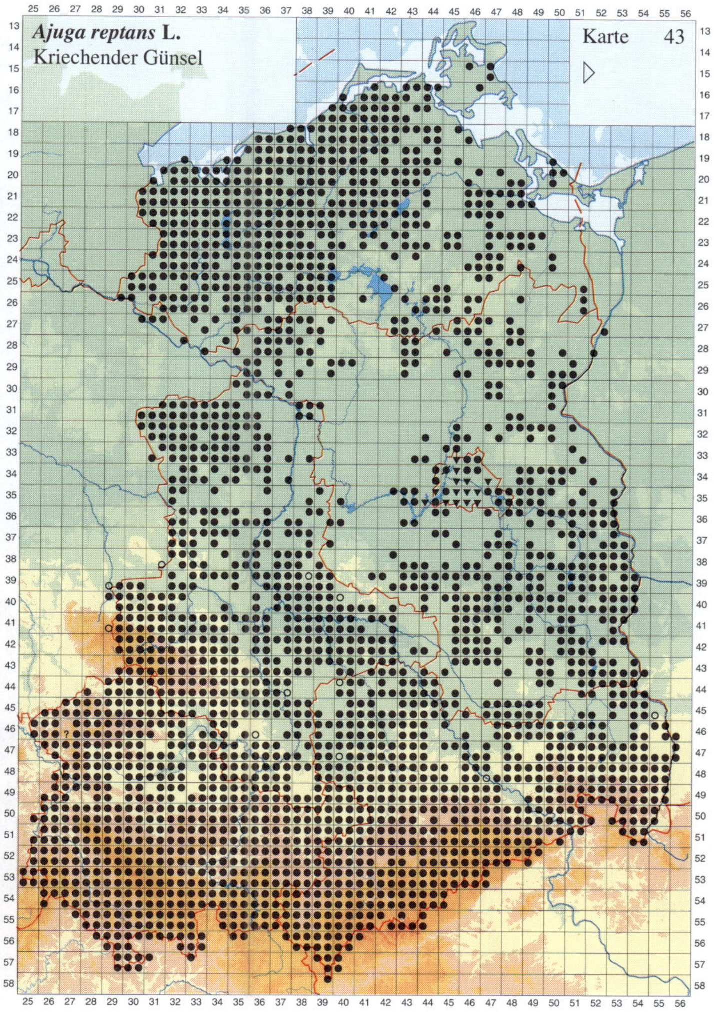
Ajuga reptans L.
Kriechender Günsel
Karte 43

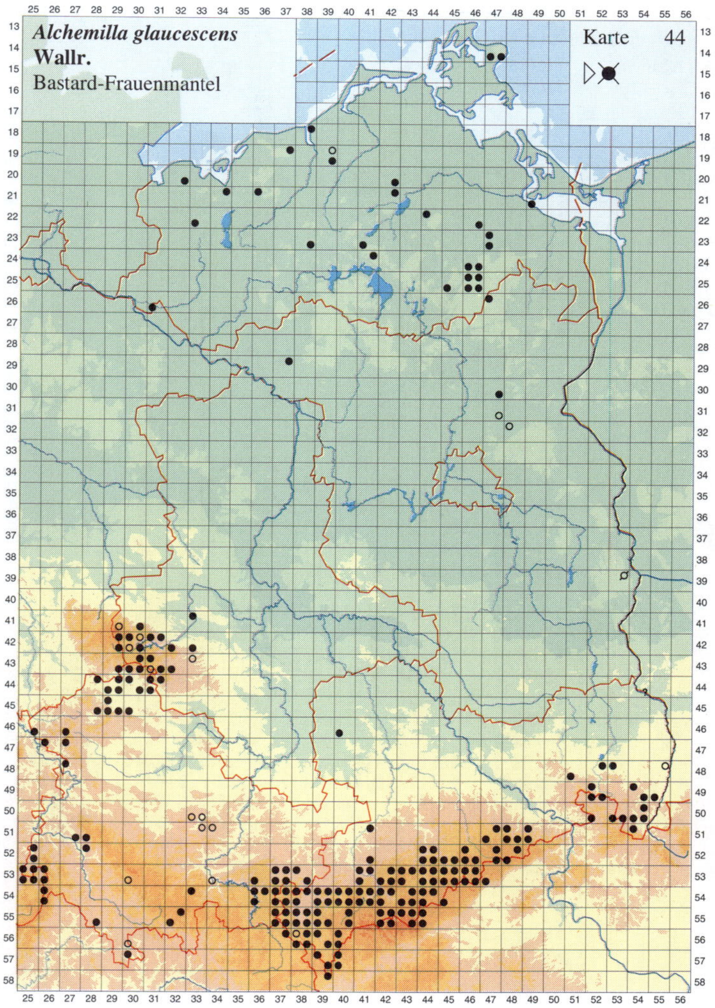
Alchemilla glaucescens Wallr.
Bastard-Frauenmantel
Karte 44

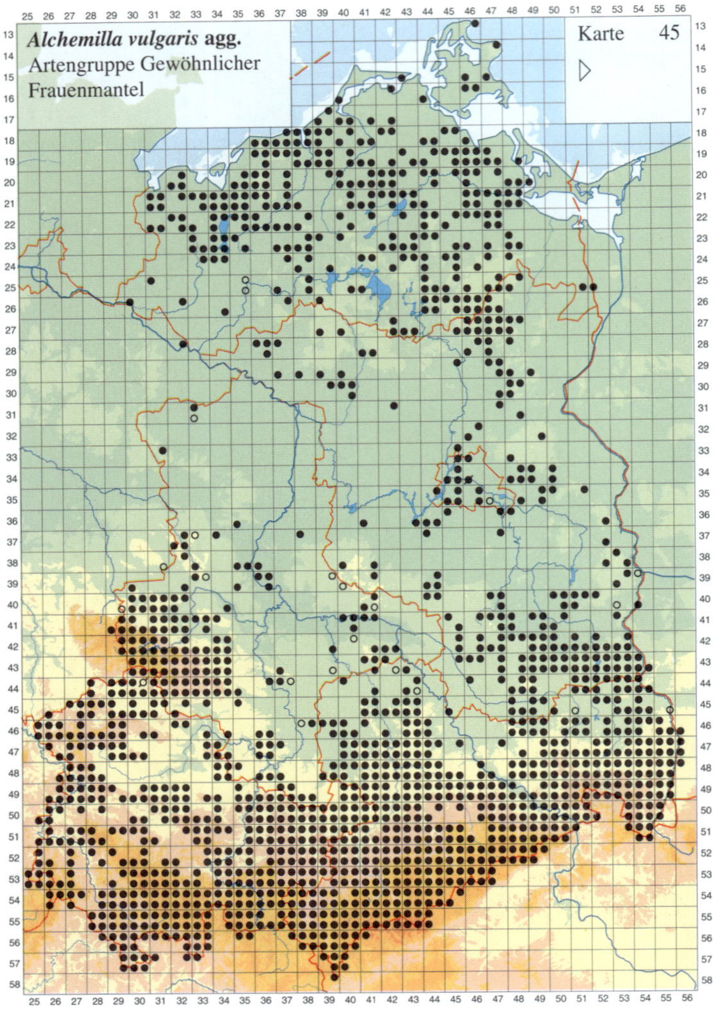
Alchemilla vulgaris agg.
Artengruppe Gewöhnlicher Frauenmantel
Karte 45
▷

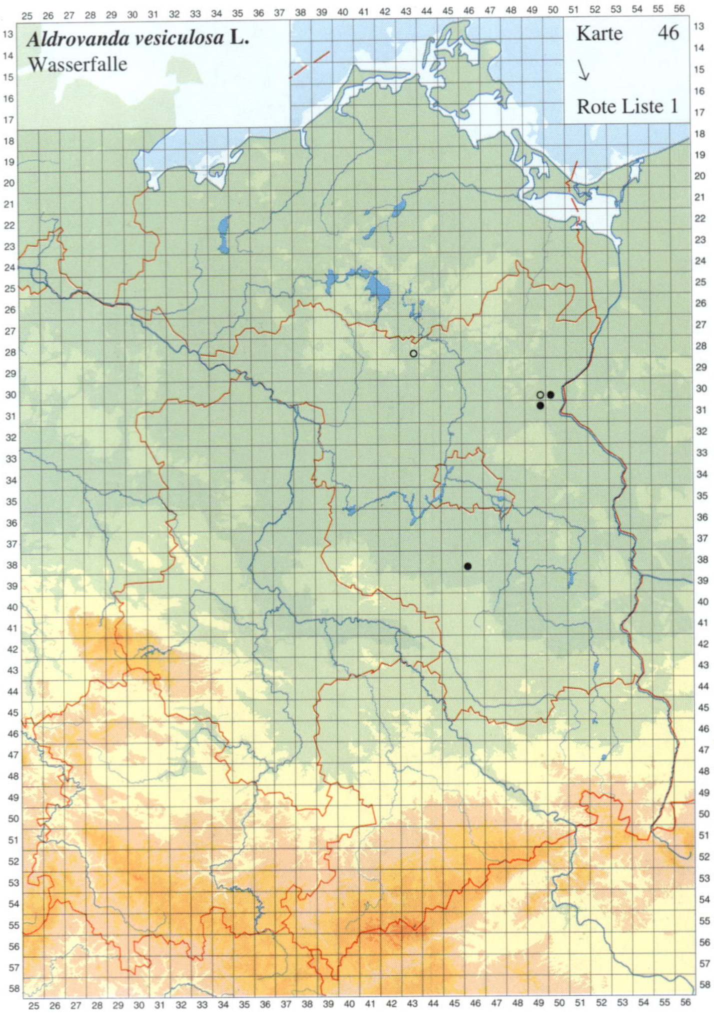
Aldrovanda vesiculosa L.
Wasserfalle
Karte 46
↘
Rote Liste 1

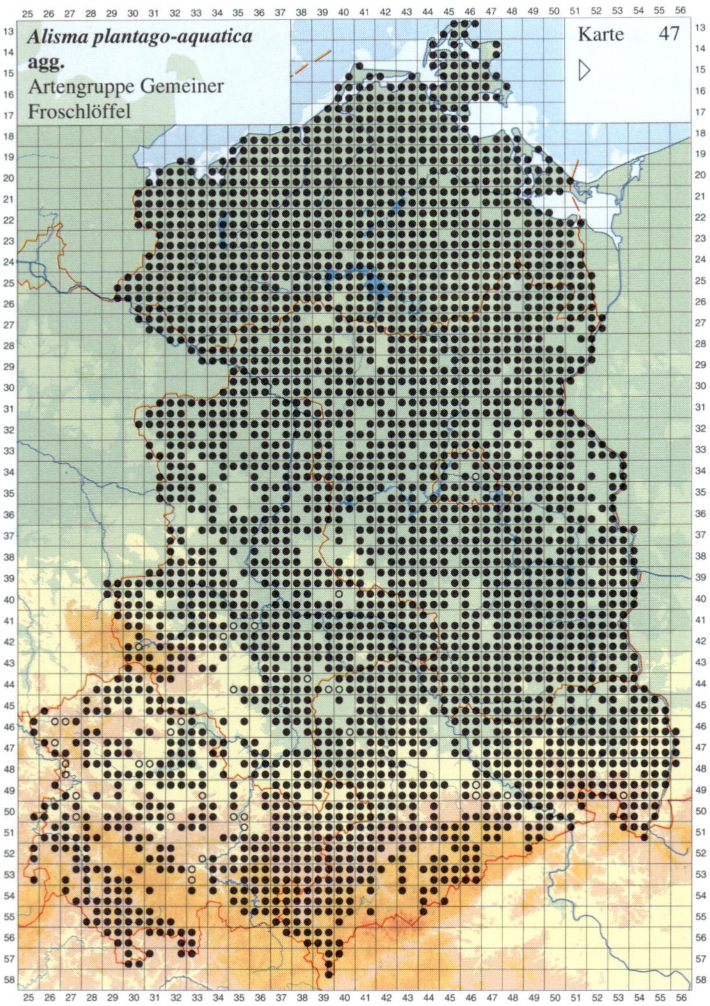
Alisma plantago-aquatica agg.
Artengruppe Gemeiner Froschlöffel
Karte 47
▷

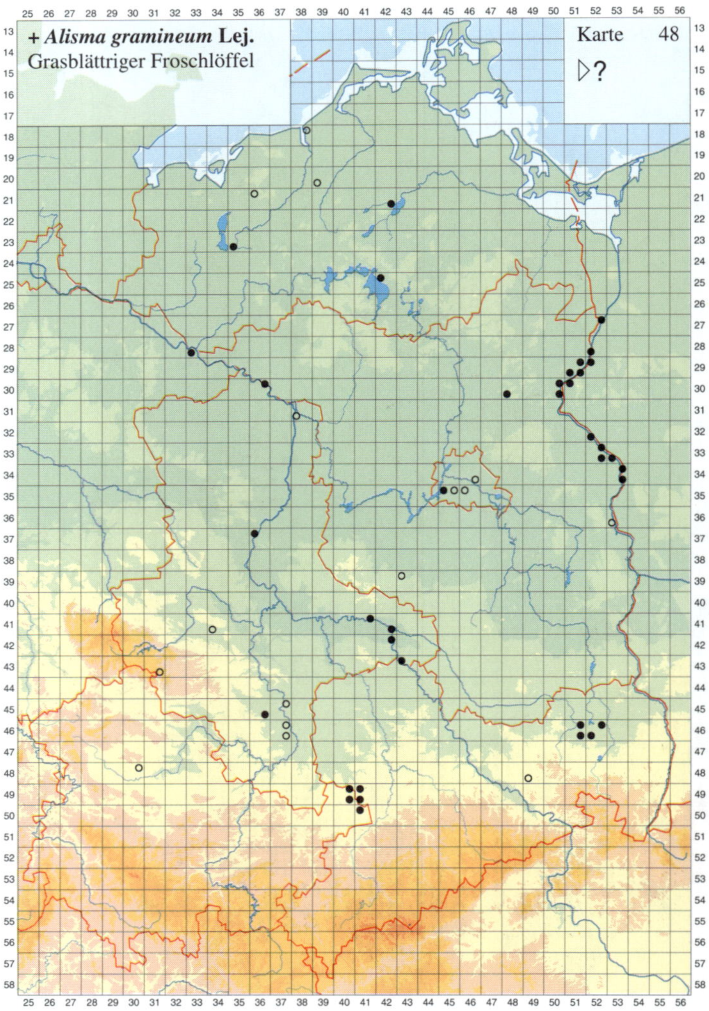
+ *Alisma gramineum* Lej.
Grasblättriger Froschlöffel
Karte 48
▷?

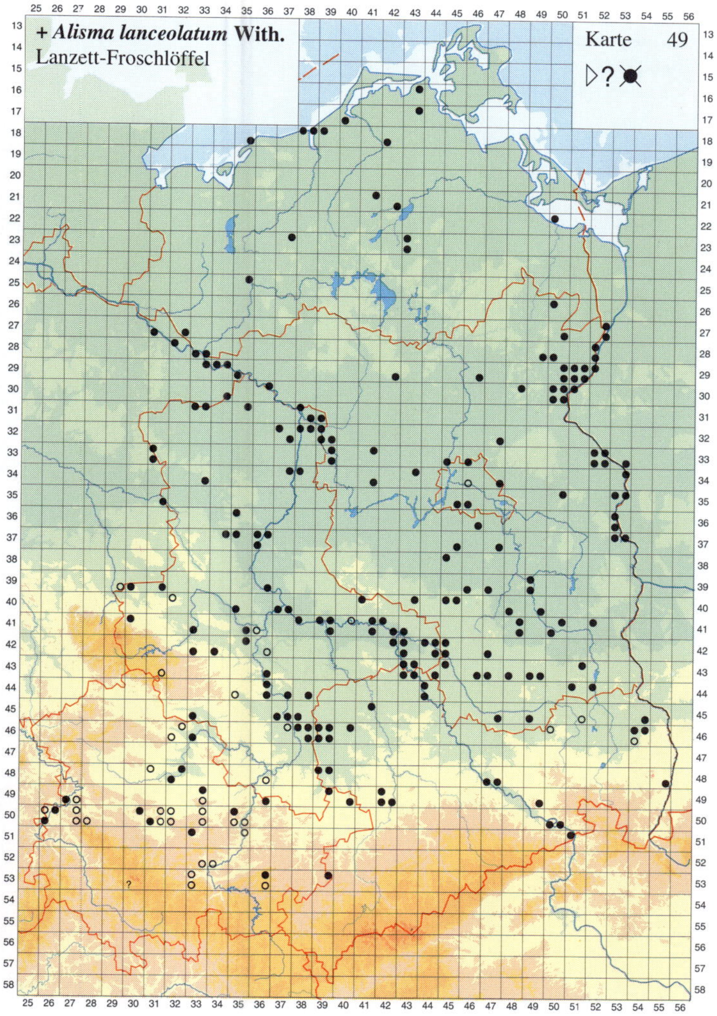
+ *Alisma lanceolatum* With.
Lanzett-Froschlöffel
Karte 49

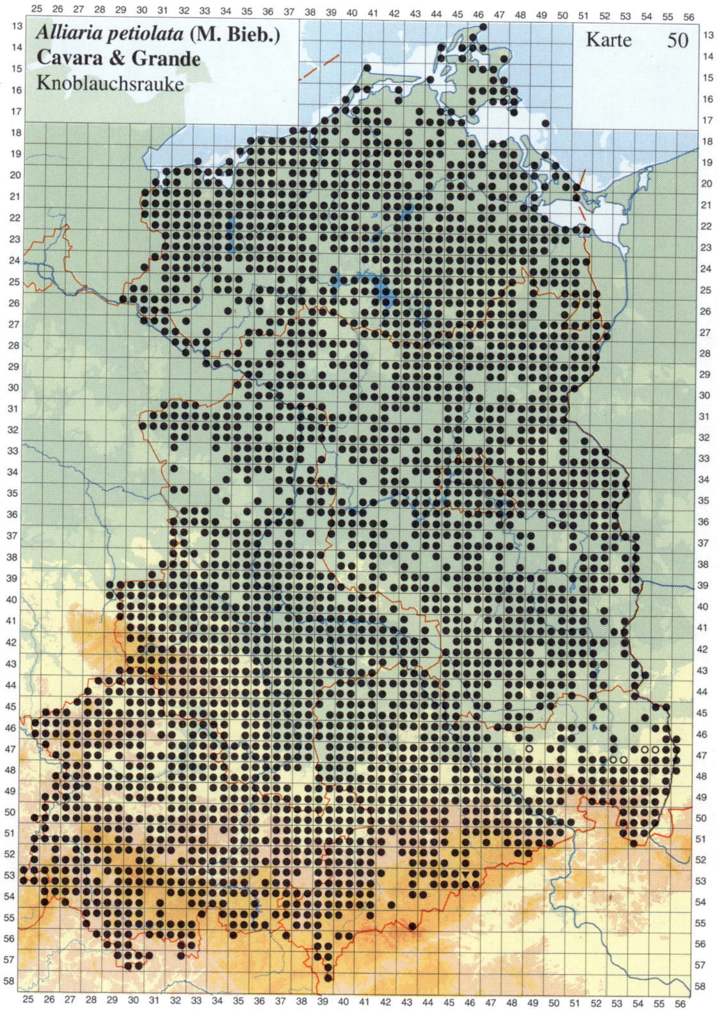
Alliaria petiolata (M. Bieb.) Cavara & Grande
Knoblauchsrauke
Karte 50

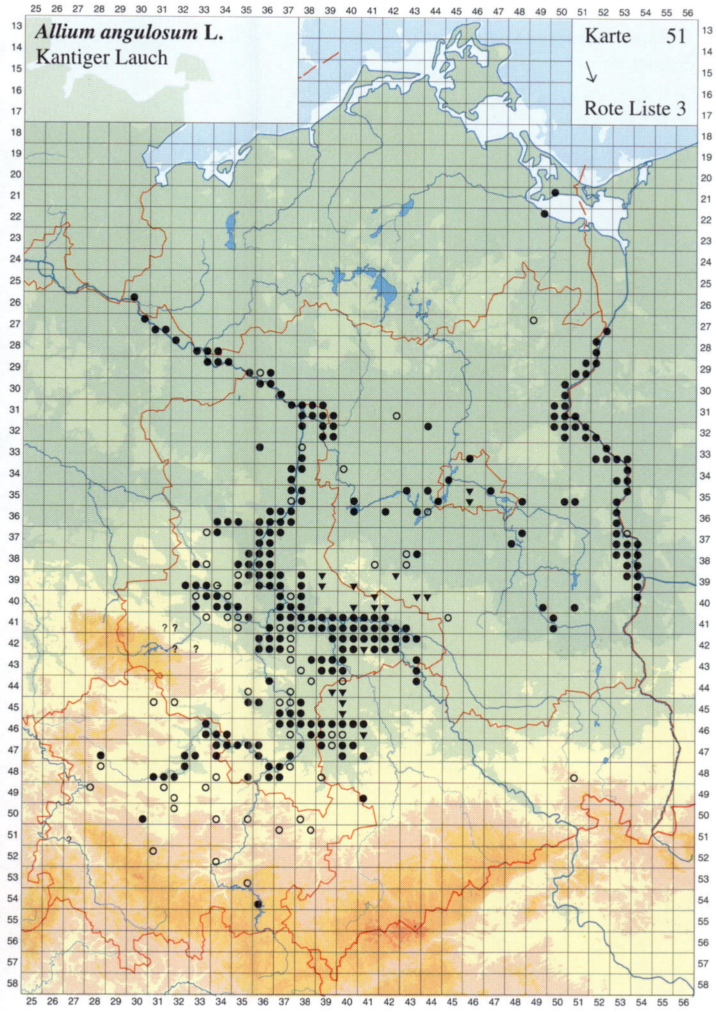
Allium angulosum L.
Kantiger Lauch
Karte 51
Rote Liste 3

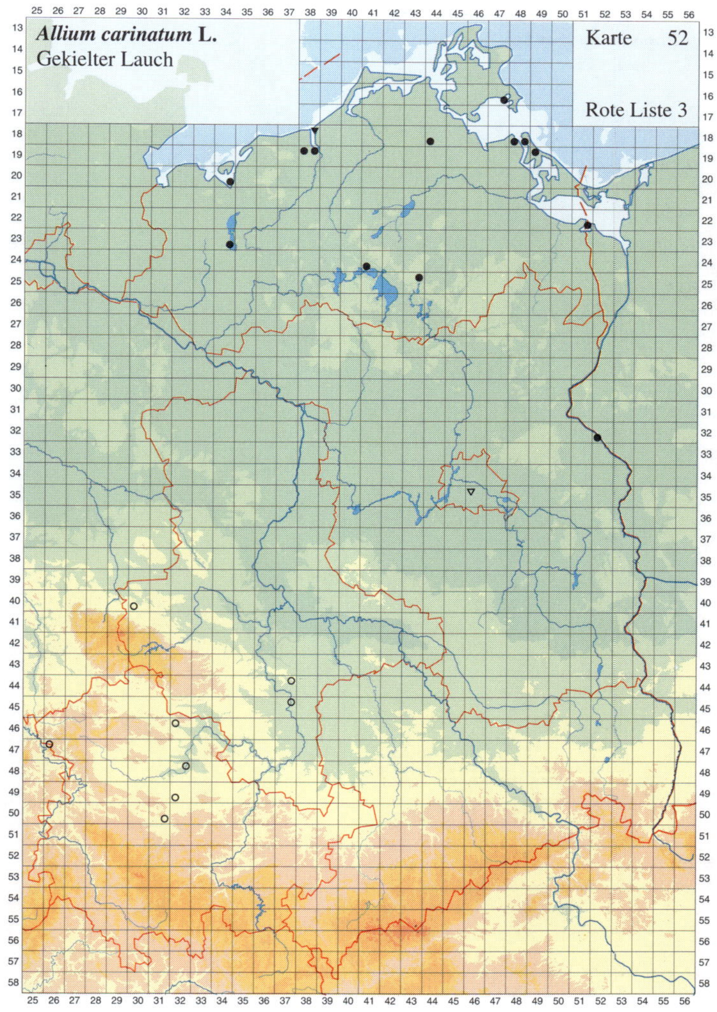
Allium carinatum L.
Gekielter Lauch
Karte 52
Rote Liste 3

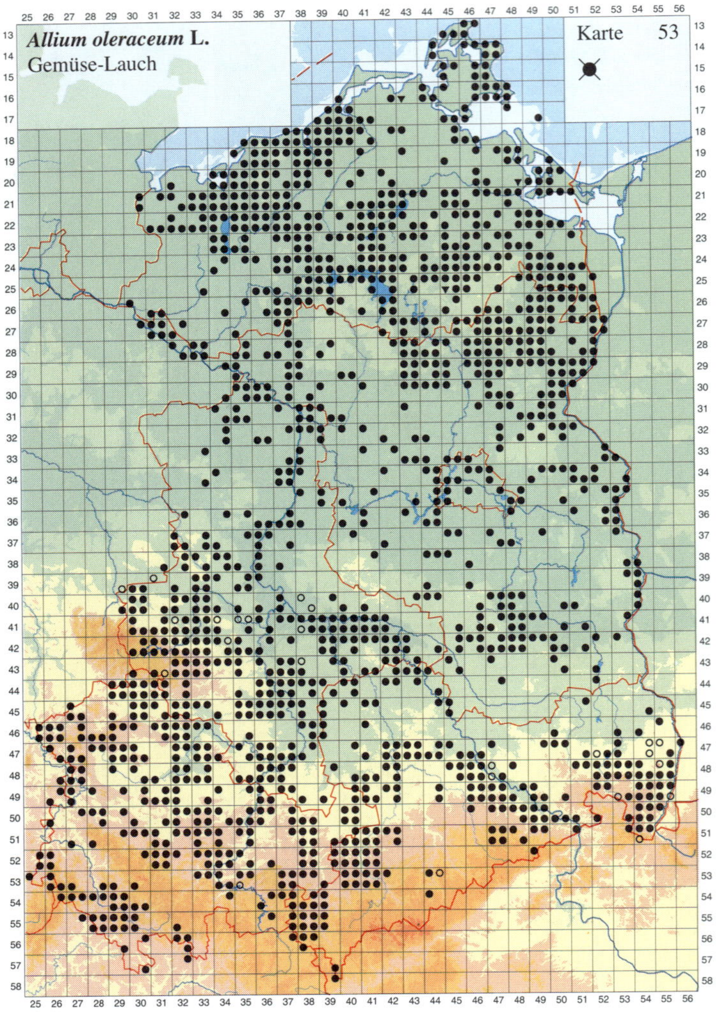
Allium oleraceum L.
Gemüse-Lauch
Karte 53

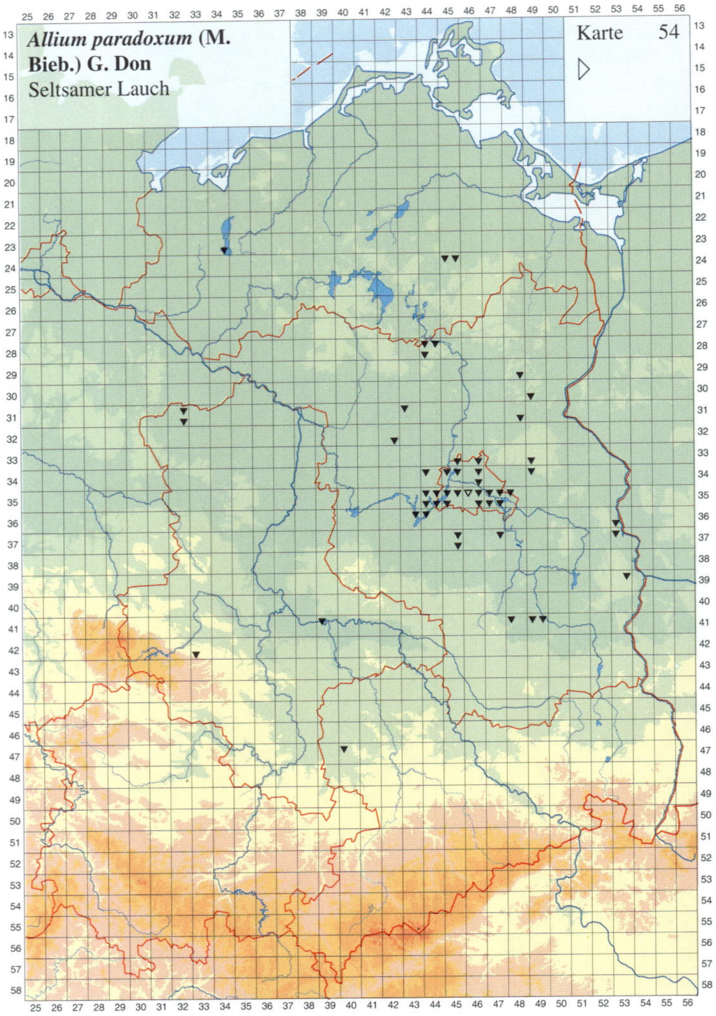
Allium paradoxum (M. Bieb.) G. Don
Seltsamer Lauch
Karte 54

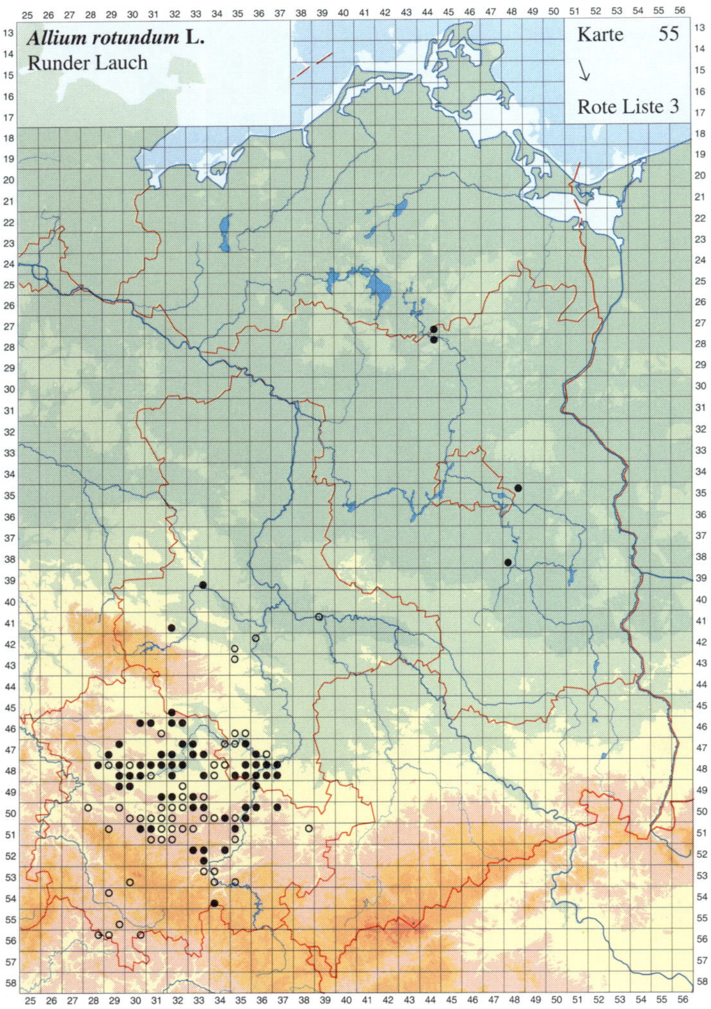
Allium rotundum L.
Runder Lauch
Karte 55
Rote Liste 3

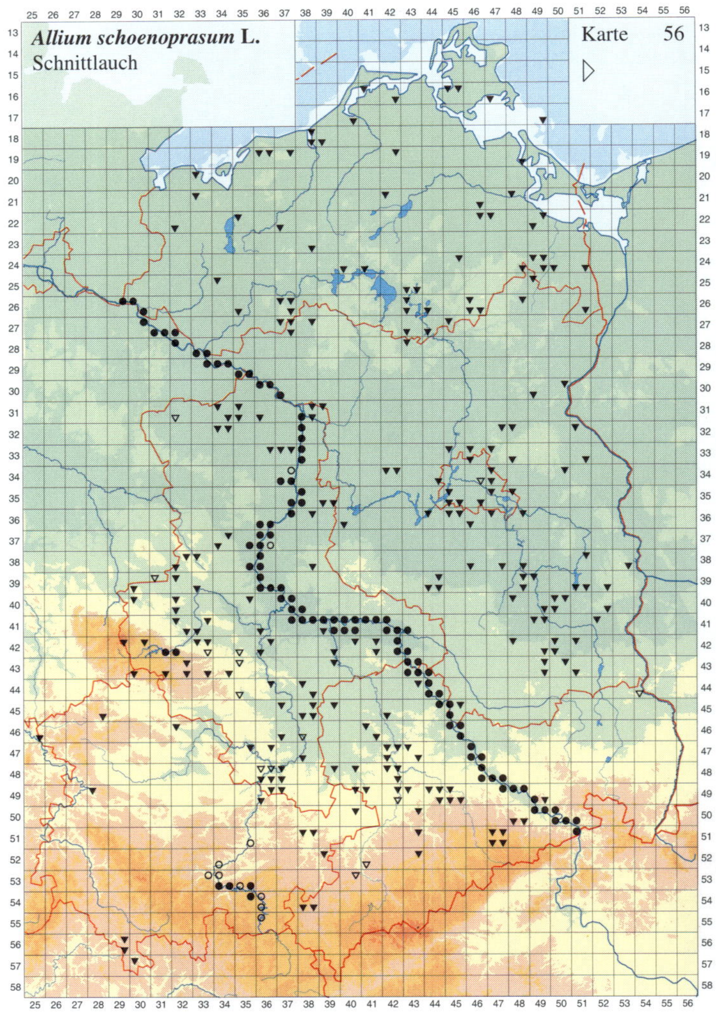
Allium schoenoprasum L.
Schnittlauch
Karte 56

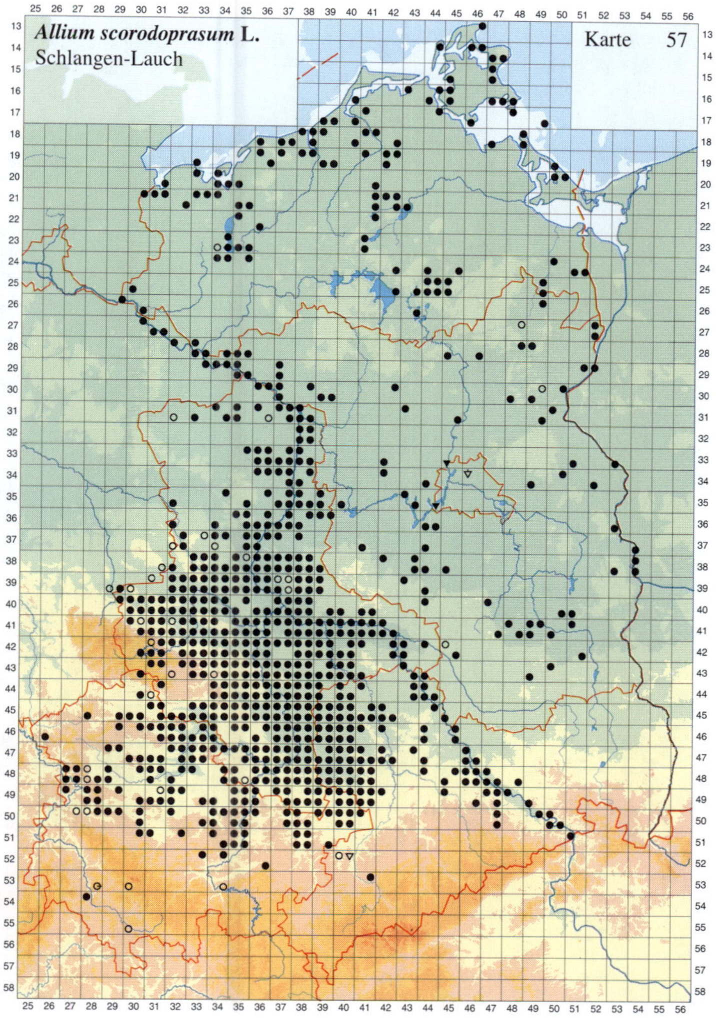
Allium scorodoprasum L.
Schlangen-Lauch
Karte 57

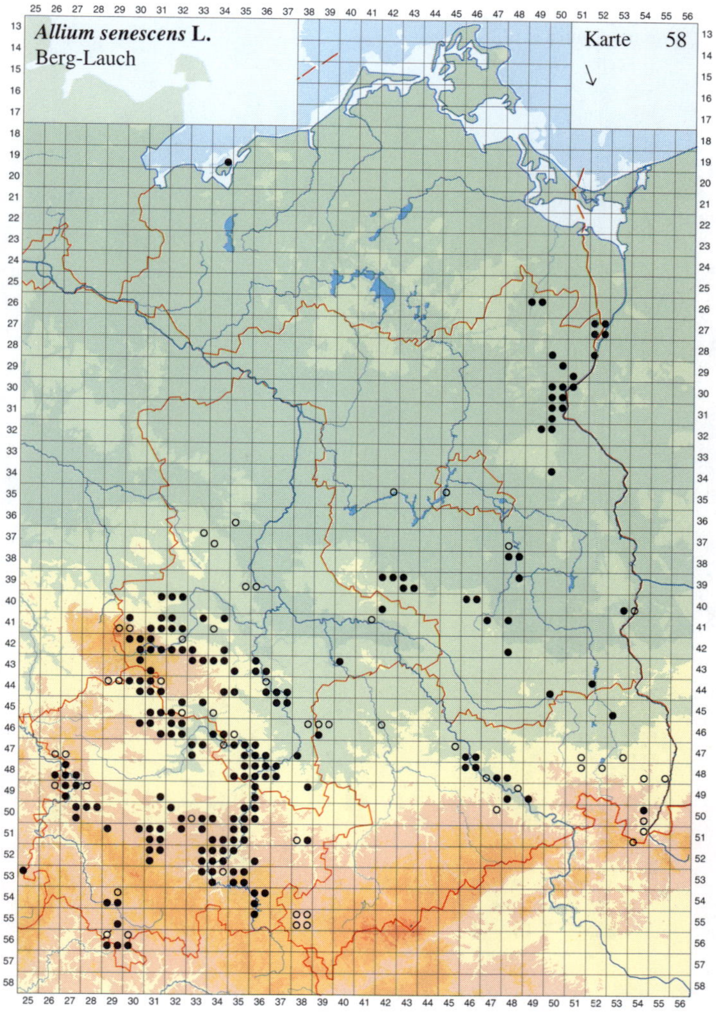
Allium senescens L.
Berg-Lauch
Karte 58
↘

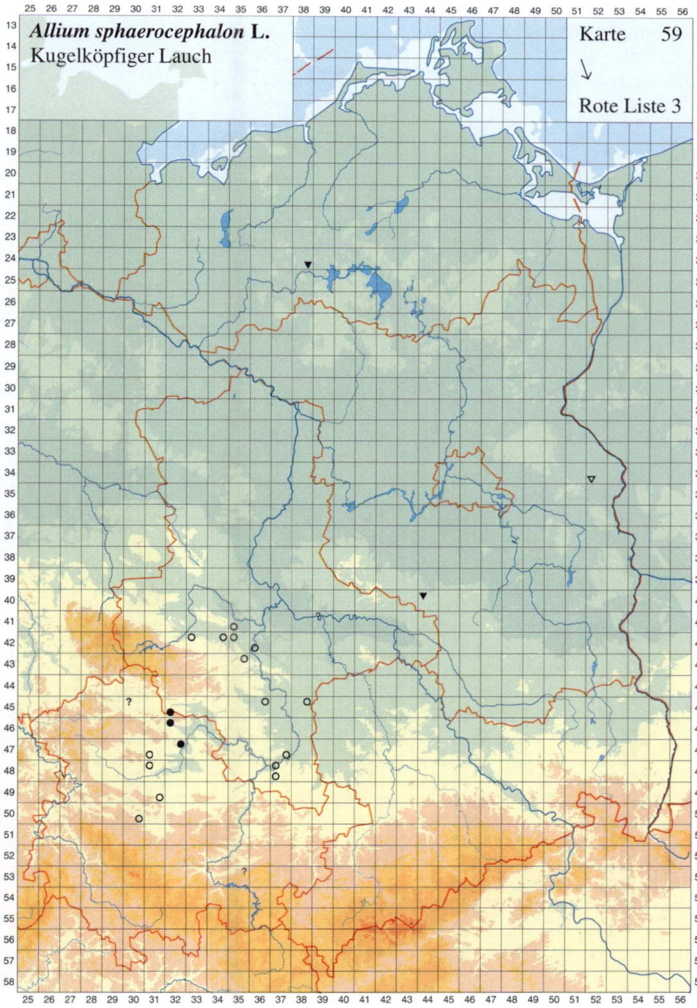
Allium sphaerocephalon L.
Kugelköpfiger Lauch
Karte 59
↘
Rote Liste 3

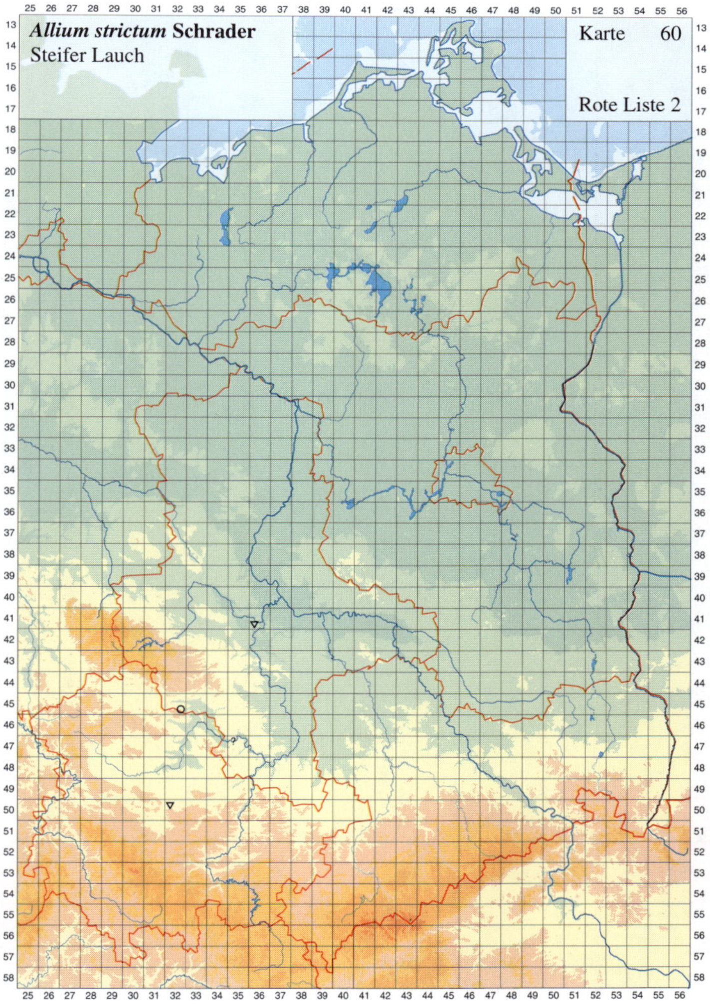
Allium strictum Schrader
Steifer Lauch
Karte 60
Rote Liste 2

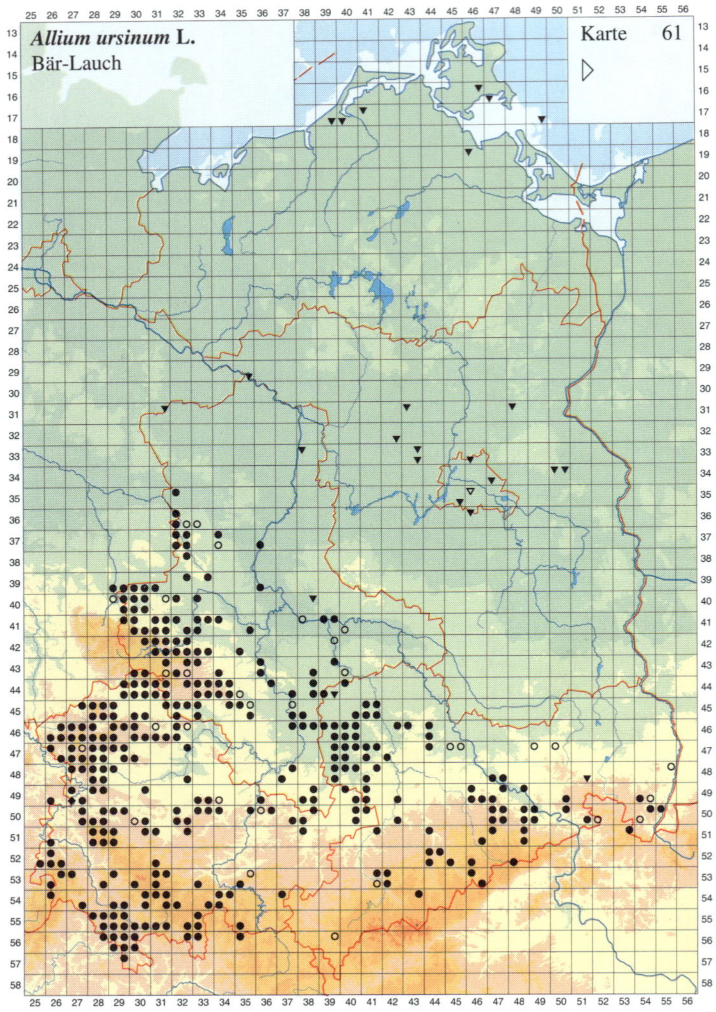
Allium ursinum L.
Bär-Lauch
Karte 61

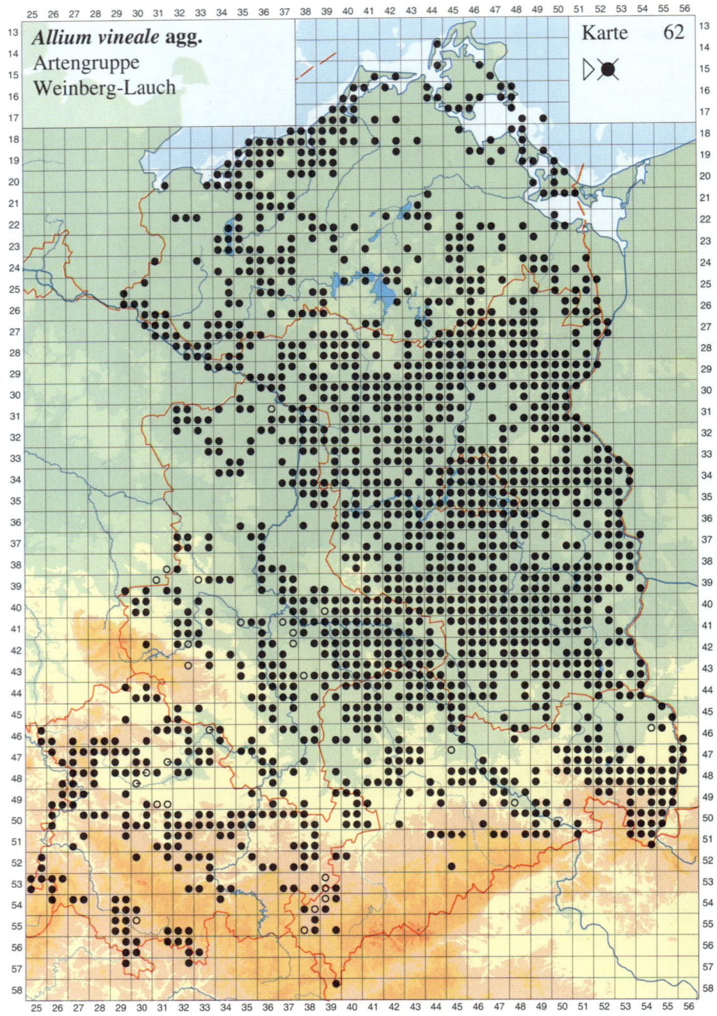
Allium vineale agg.
Artengruppe
Weinberg-Lauch
Karte 62

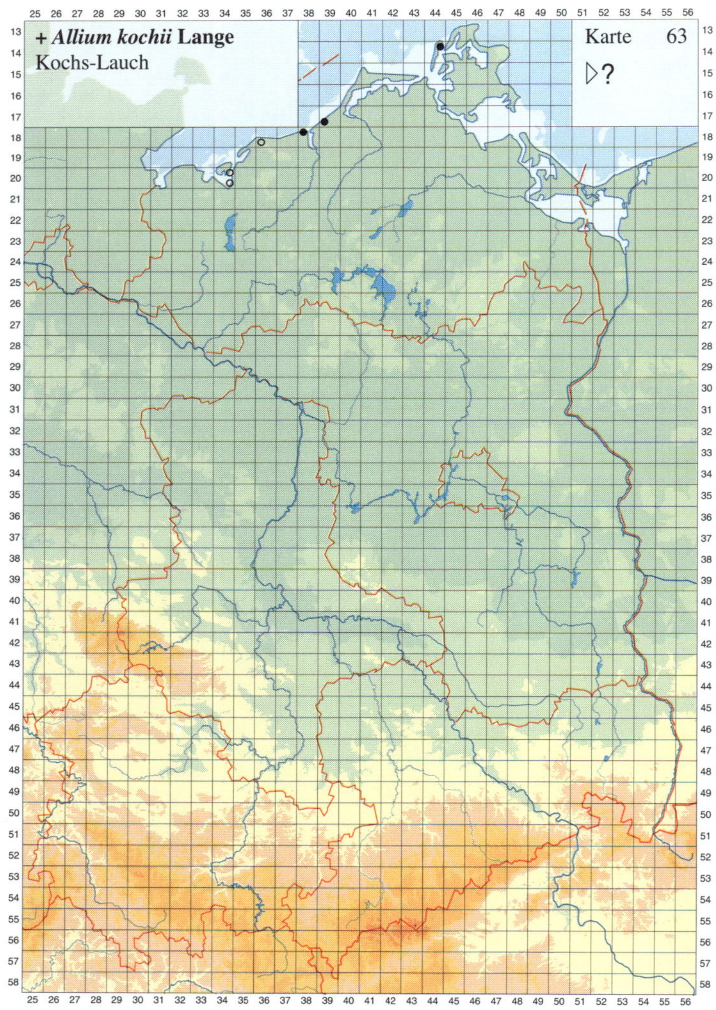
+ Allium kochii Lange
Kochs-Lauch
Karte 63
?

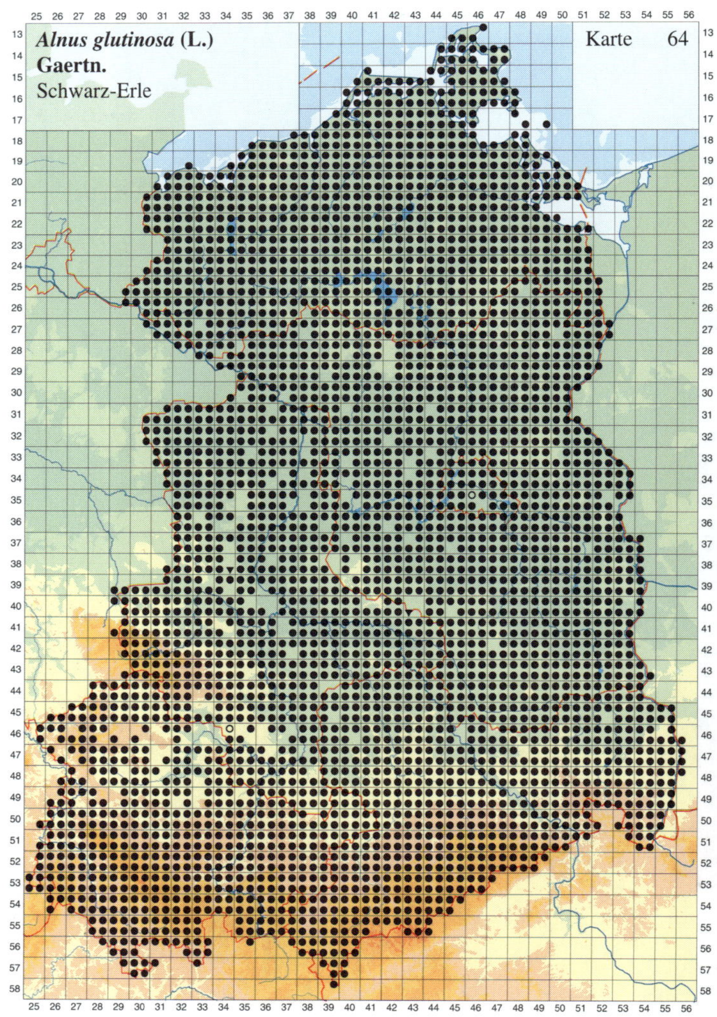
Alnus glutinosa (L.)
Gaertn.
Schwarz-Erle
Karte 64

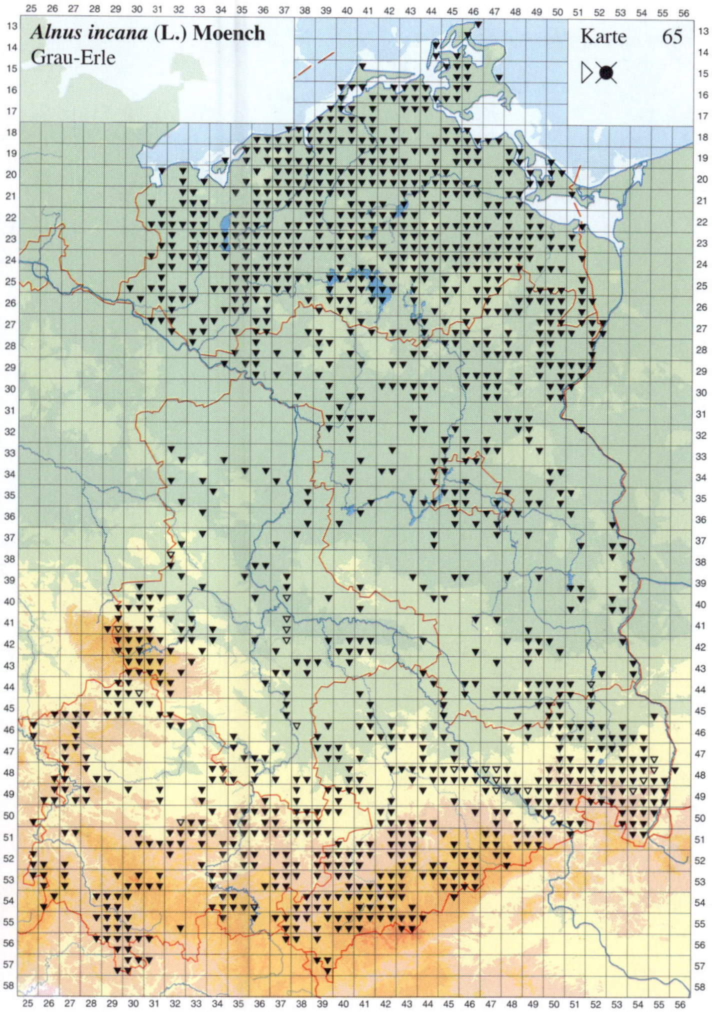
Alnus incana (L.) Moench
Grau-Erle
Karte 65

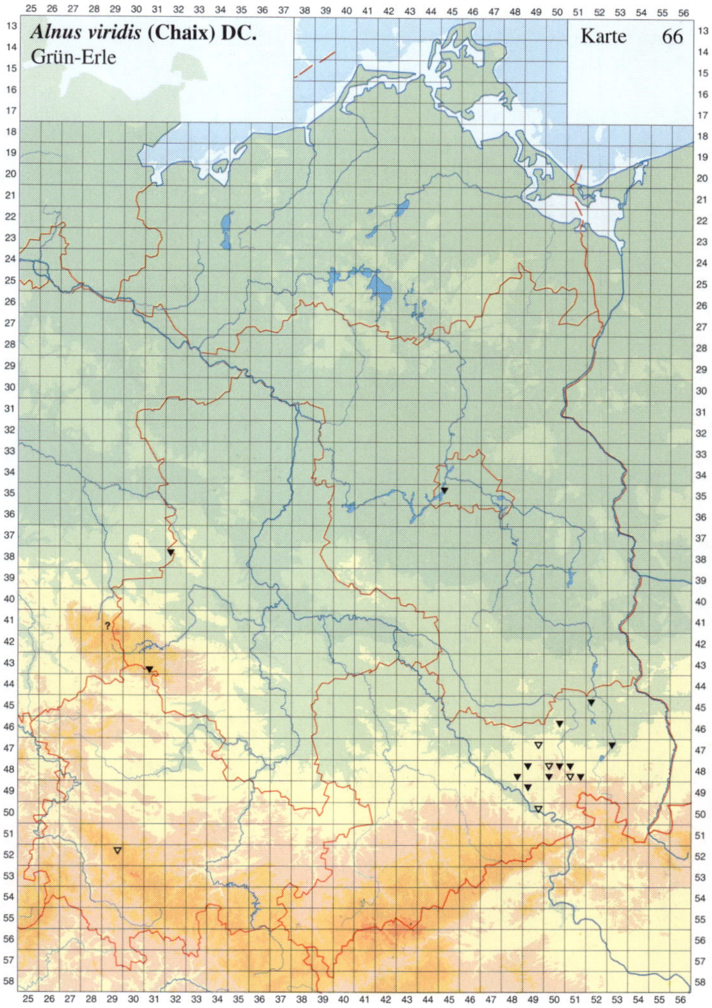
Alnus viridis (Chaix) DC.
Grün-Erle
Karte 66

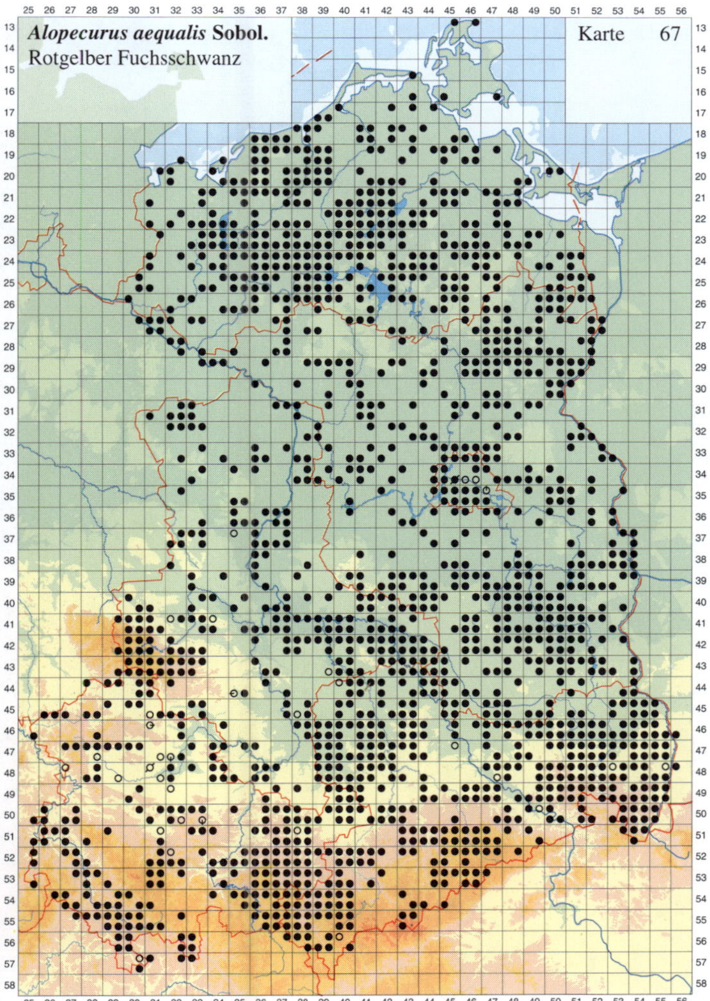
Alopecurus aequalis Sobol.
Rotgelber Fuchsschwanz
Karte 67

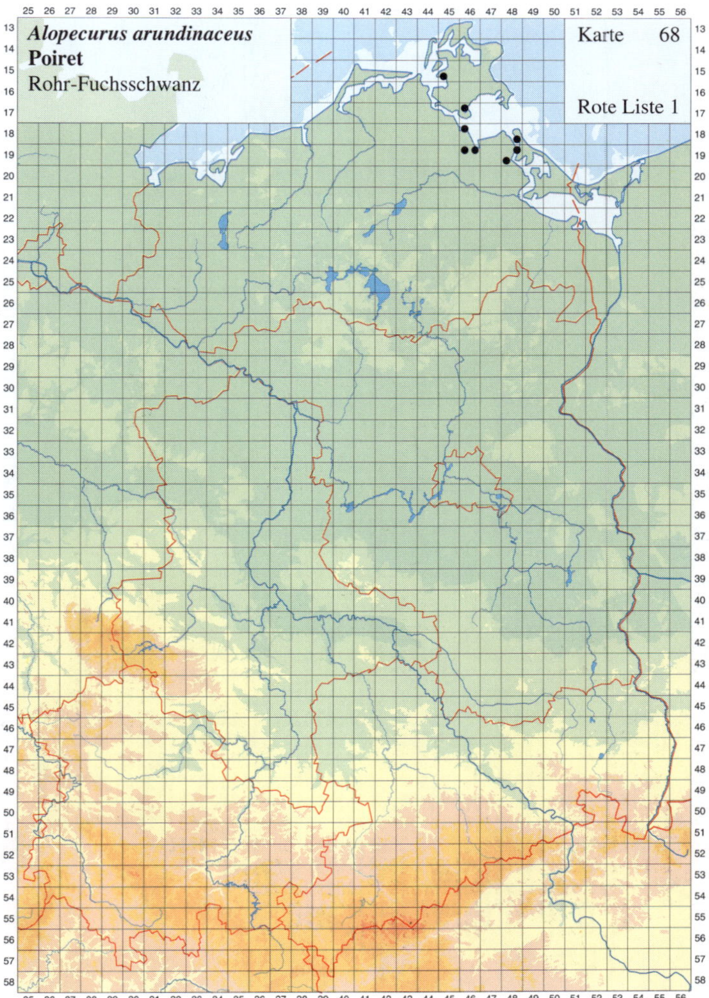
Alopecurus arundinaceus Poiret
Rohr-Fuchsschwanz
Karte 68
Rote Liste 1

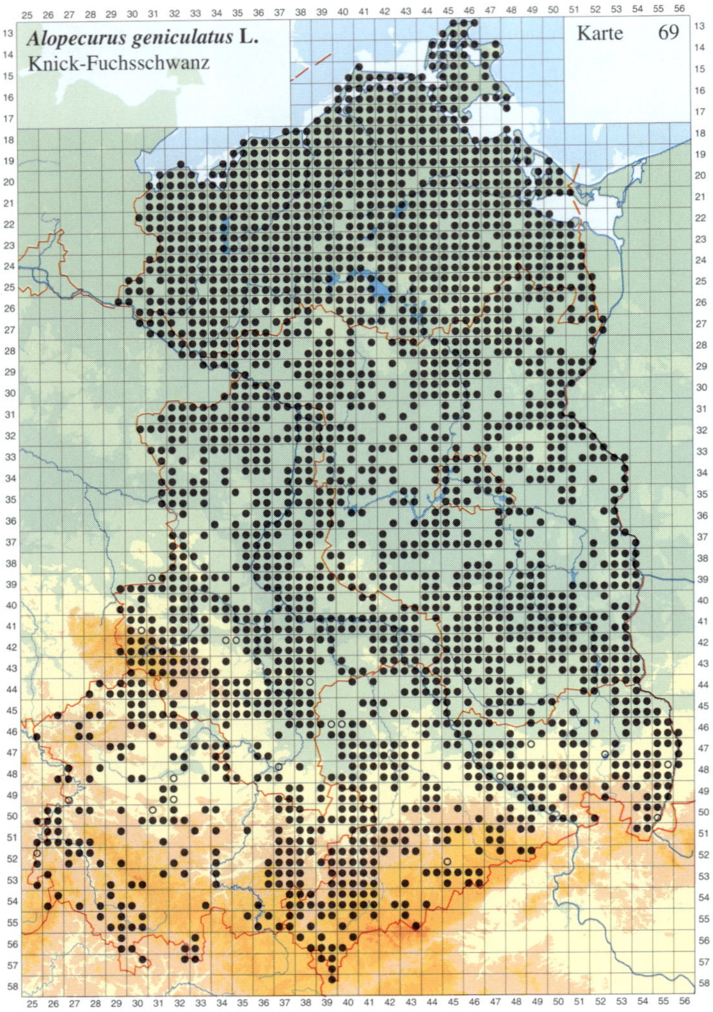
Alopecurus geniculatus L.
Knick-Fuchsschwanz
Karte 69

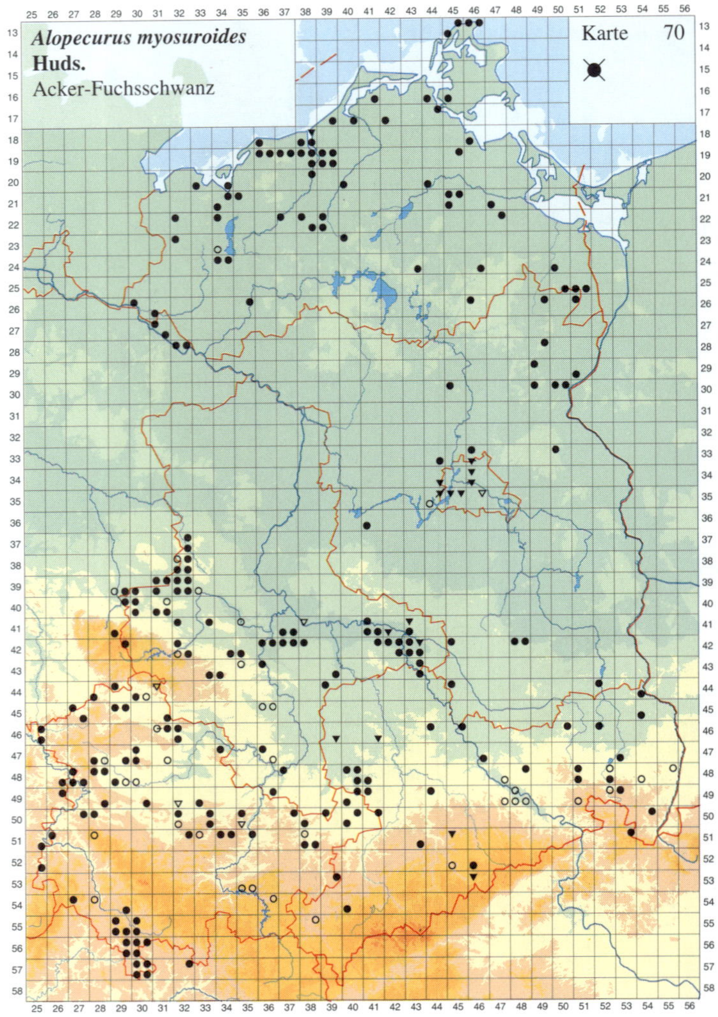
Alopecurus myosuroides Huds.
Acker-Fuchsschwanz
Karte 70

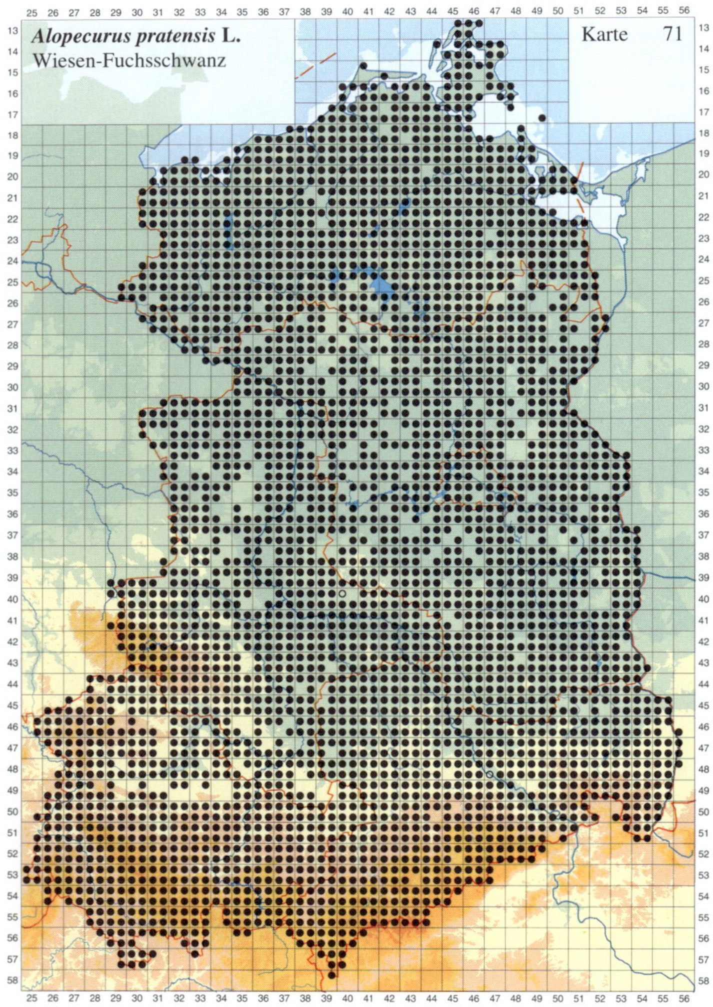
Alopecurus pratensis L.
Wiesen-Fuchsschwanz
Karte 71

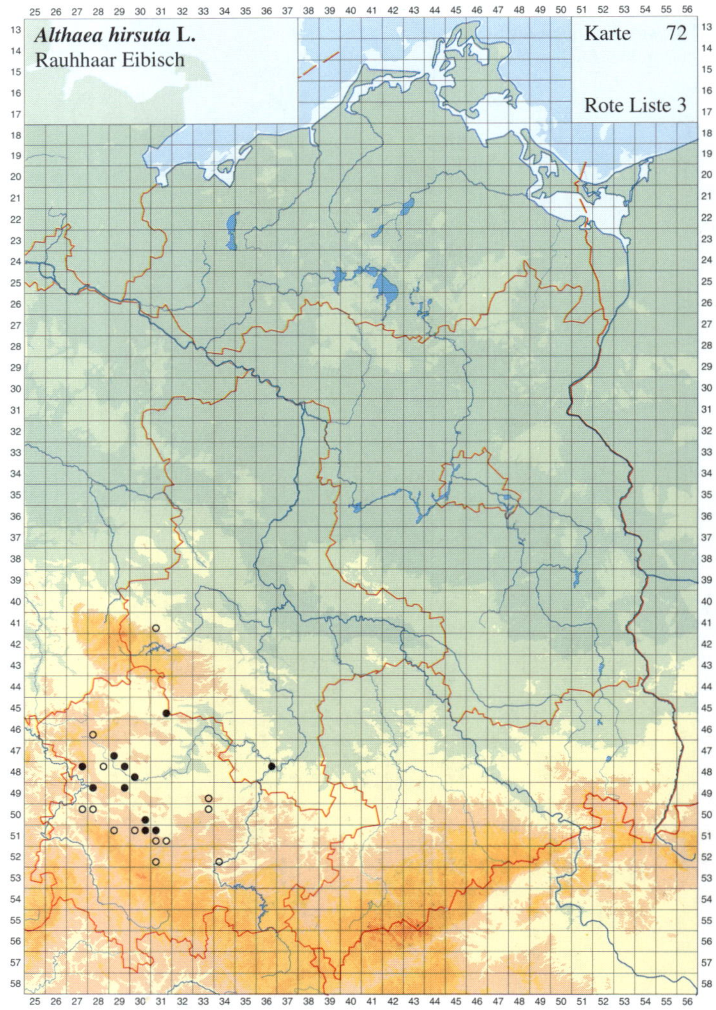
Althaea hirsuta L.
Rauhhaar Eibisch
Karte 72
Rote Liste 3

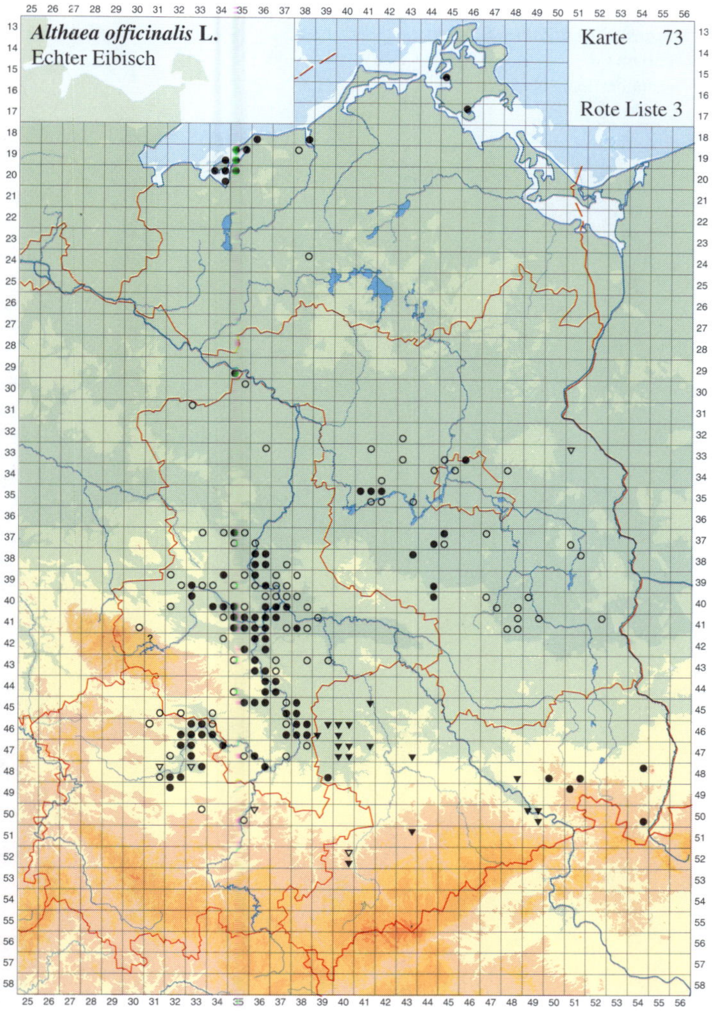
Althaea officinalis L.
Echter Eibisch
Karte 73
Rote Liste 3

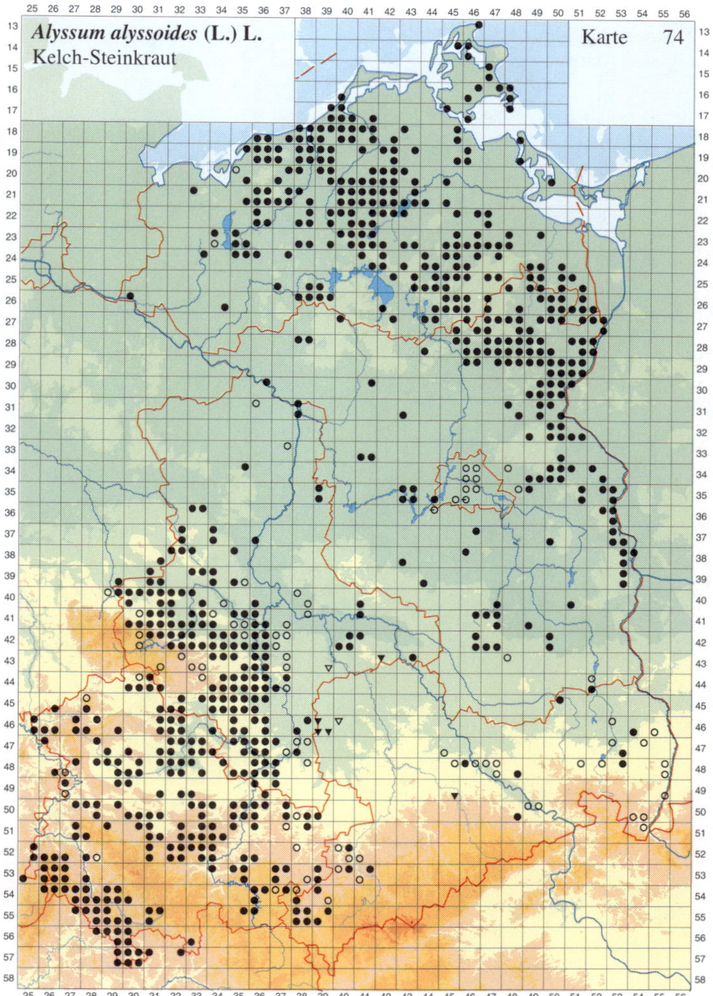
Alyssum alyssoides (L.) L.
Kelch-Steinkraut
Karte 74

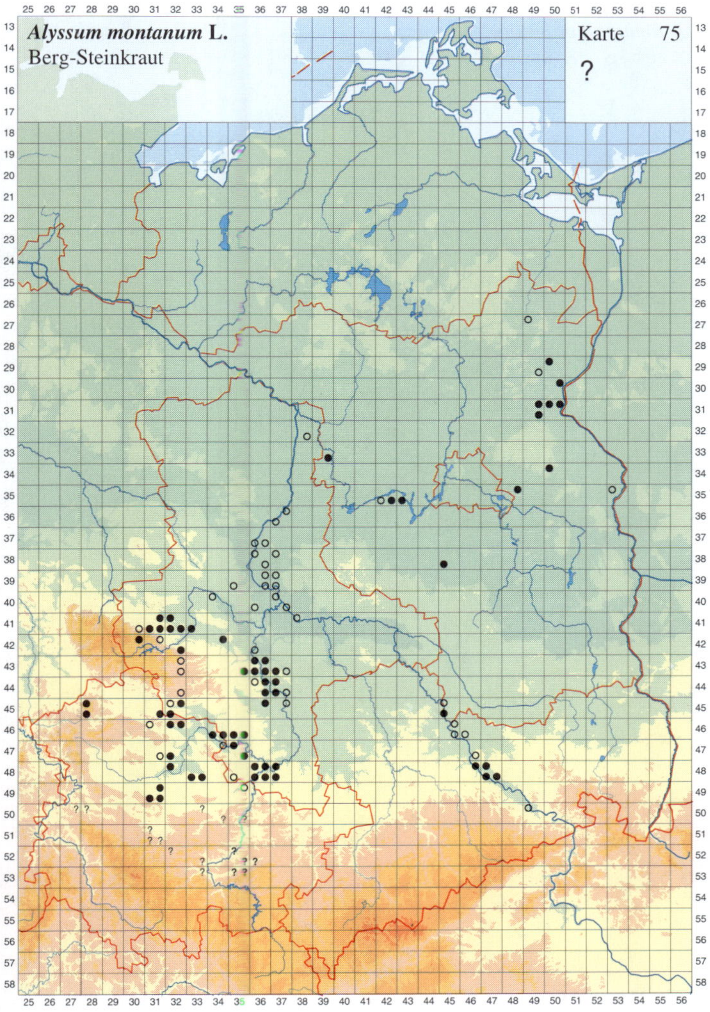
Alyssum montanum L.
Berg-Steinkraut
Karte 75
?

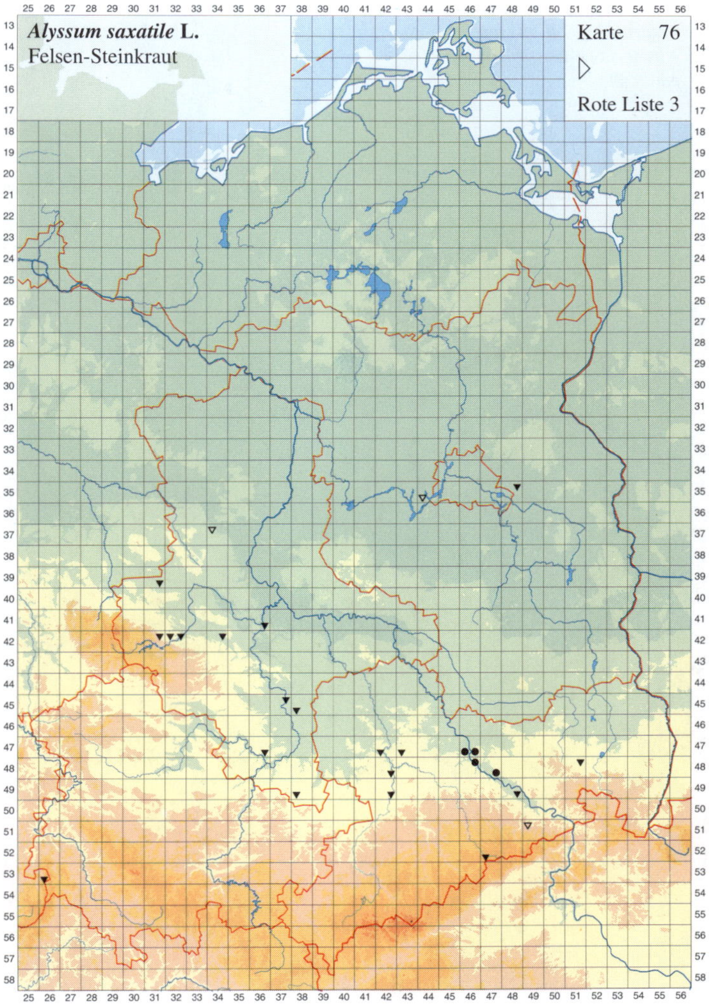
Alyssum saxatile L.
Felsen-Steinkraut
Karte 76
Rote Liste 3

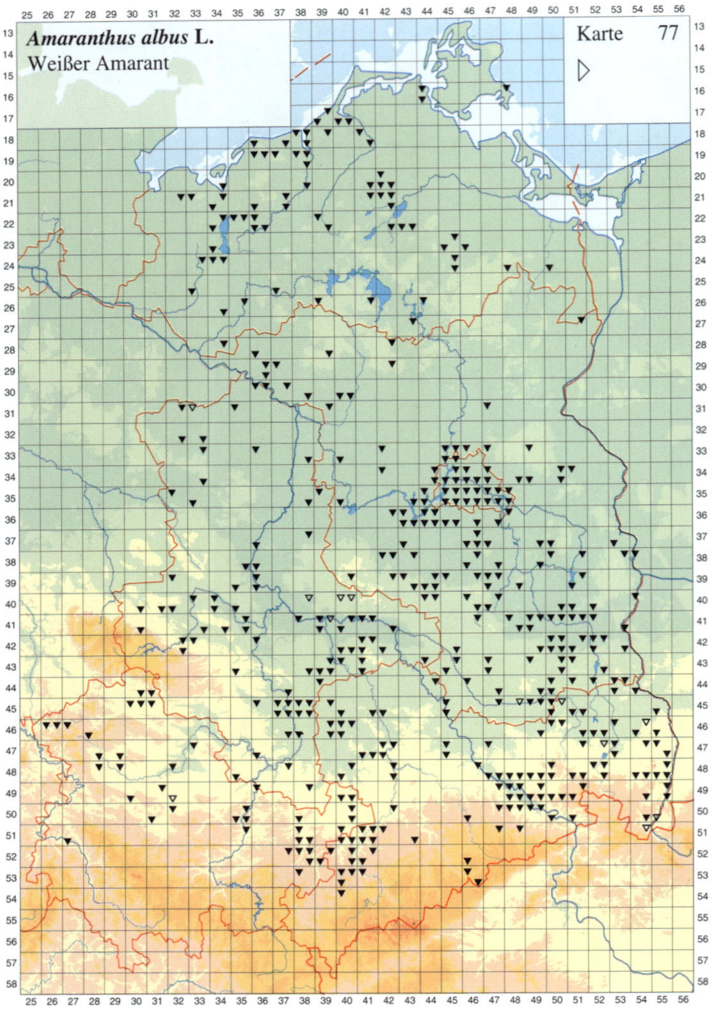
Amaranthus albus L.
Weißer Amarant
Karte 77

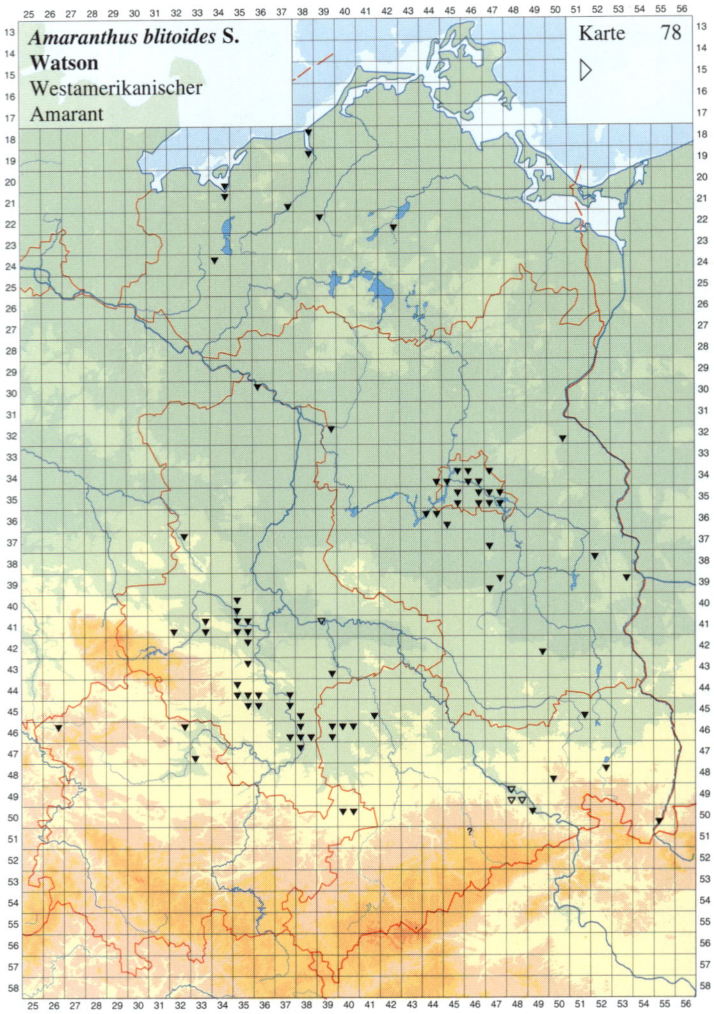
Amaranthus blitoides S. Watson
Westamerikanischer Amarant
Karte 78

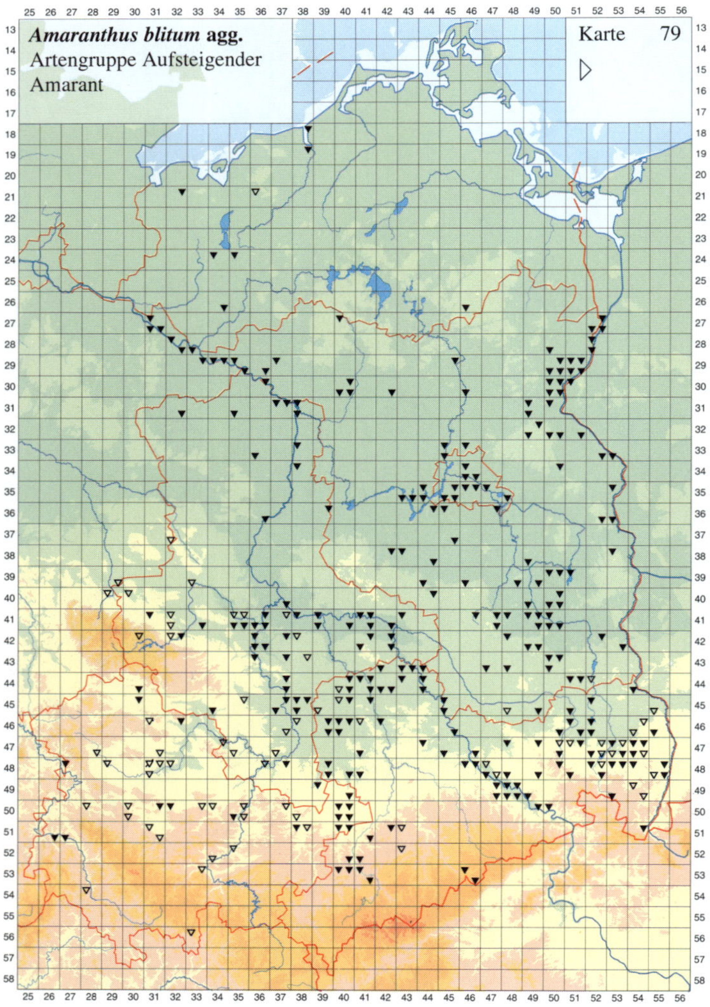
Amaranthus blitum agg.
Artengruppe Aufsteigender Amarant
Karte 79

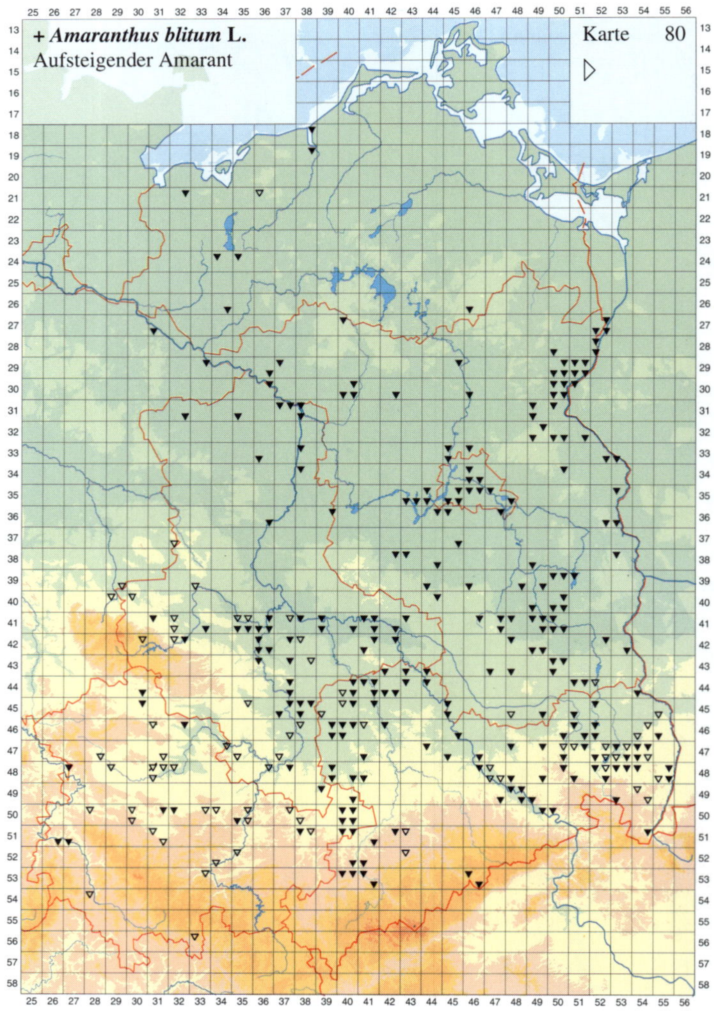
+ *Amaranthus blitum* L.
Aufsteigender Amarant
Karte 80

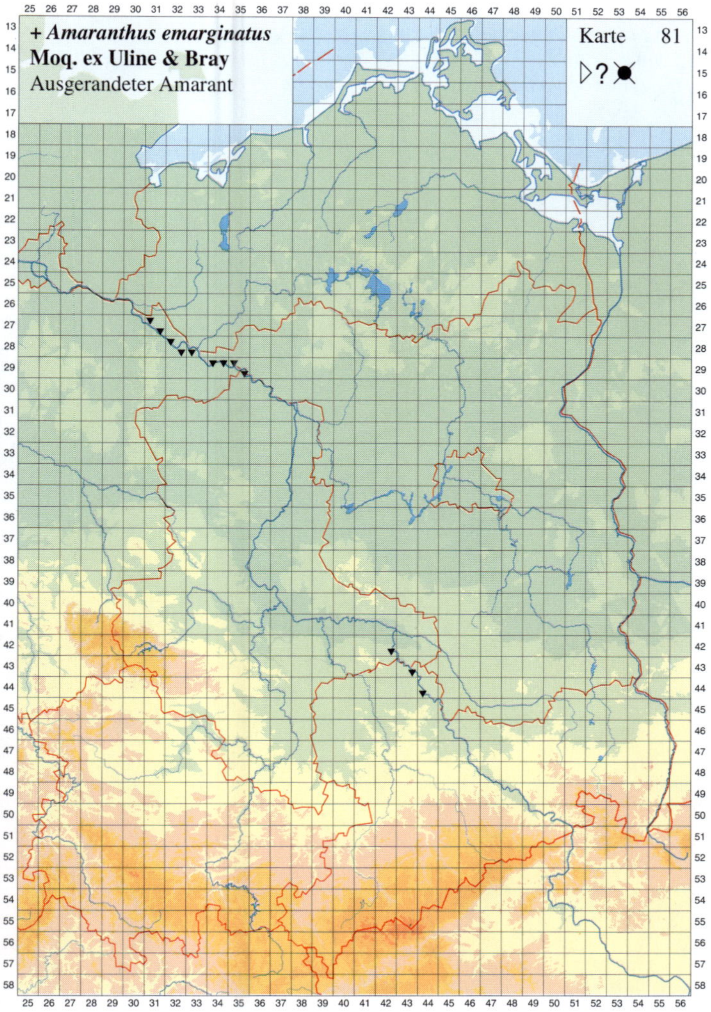
+ Amaranthus emarginatus
Moq. ex Uline & Bray
Ausgerandeter Amarant
Karte 81

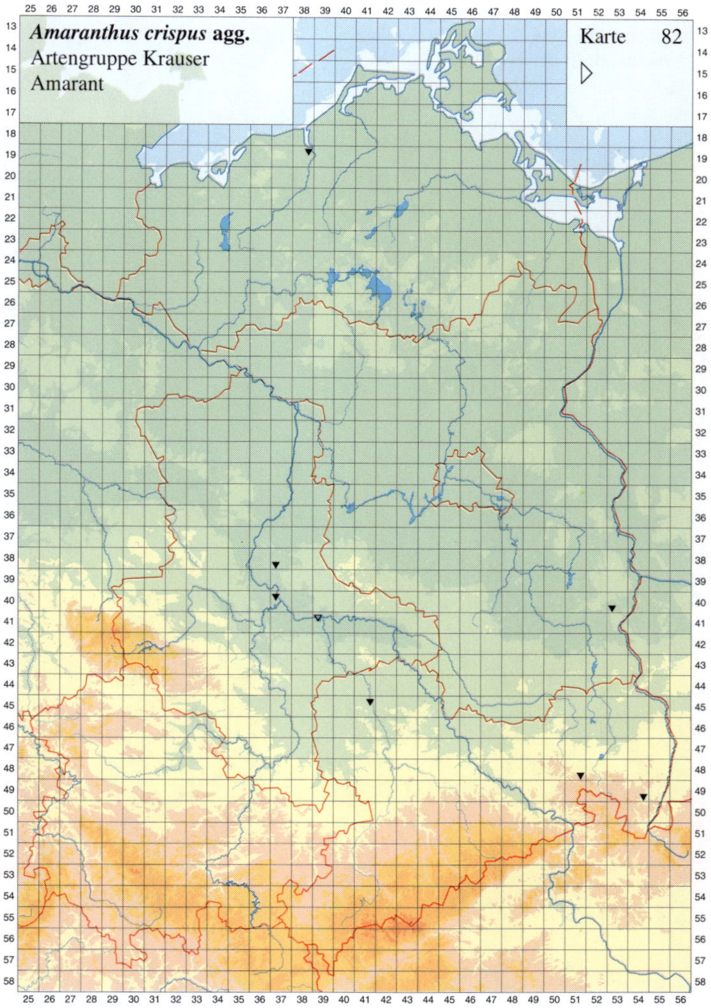
Amaranthus crispus agg.
Artengruppe Krauser
Amarant
Karte 82

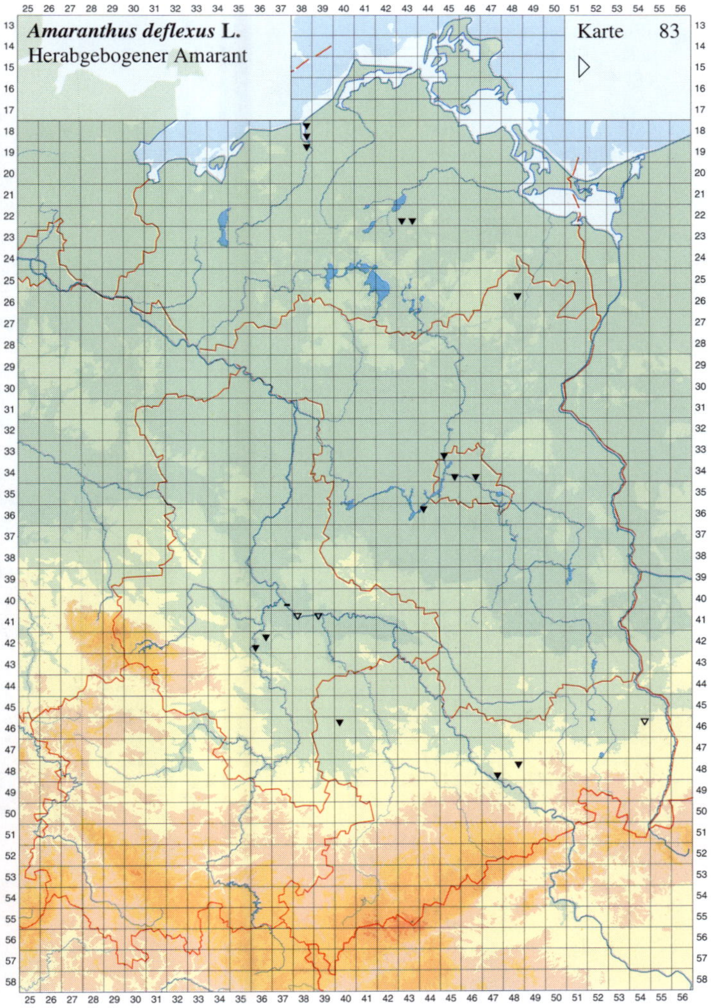
Amaranthus deflexus L.
Herabgebogener Amarant
Karte 83

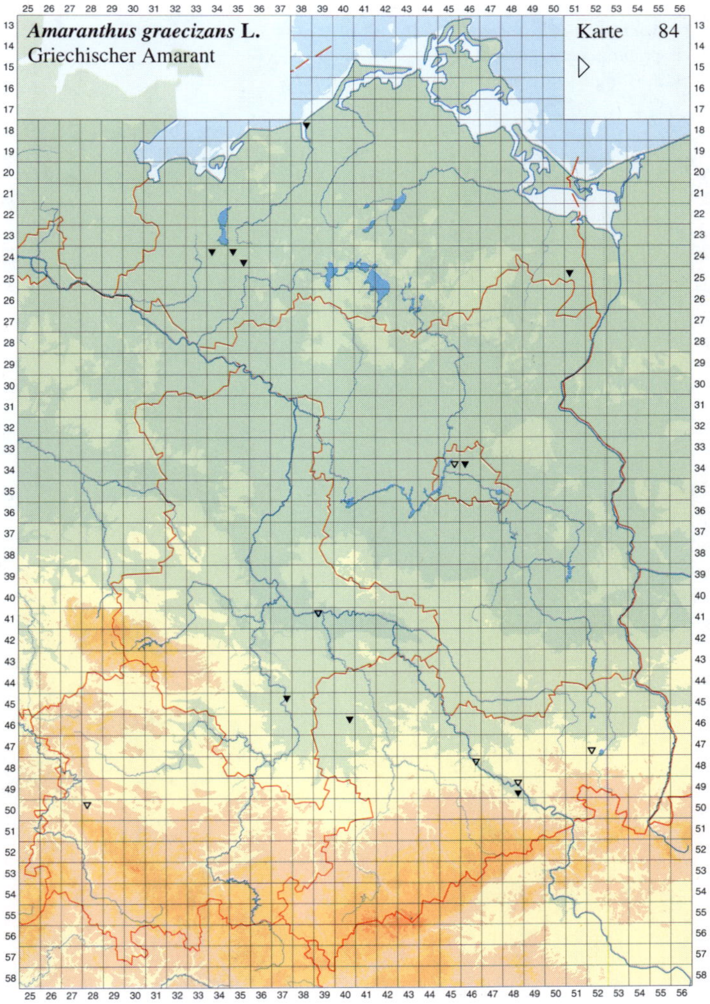
Amaranthus graecizans L.
Griechischer Amarant
Karte 84

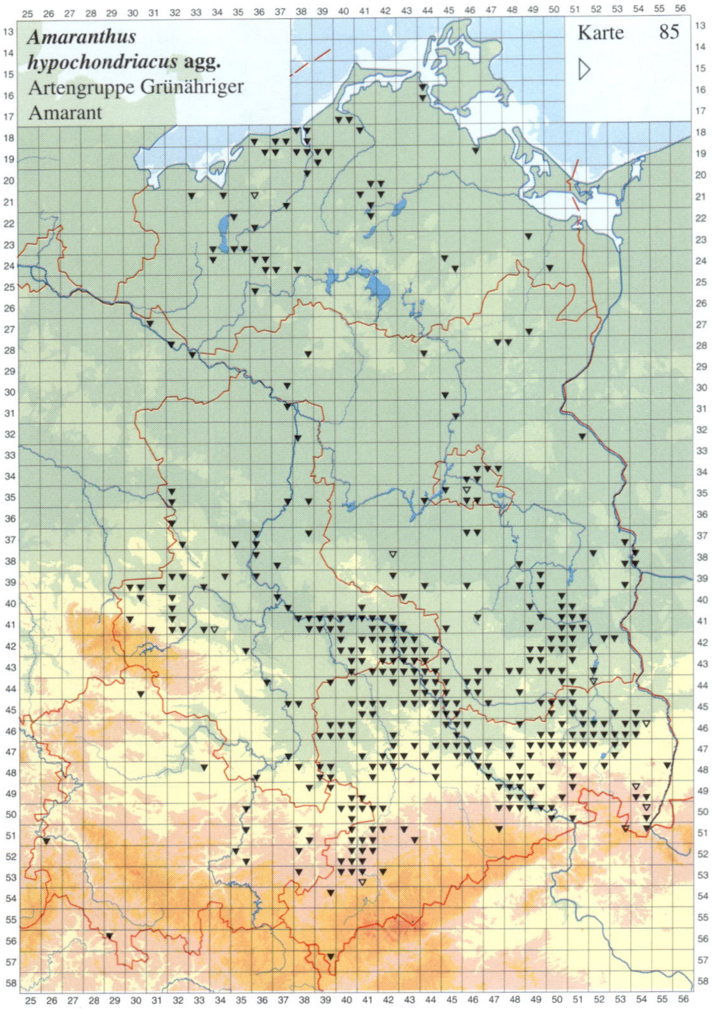
Amaranthus hypochondriacus **agg.**
Artengruppe Grünähriger Amarant
Karte 85

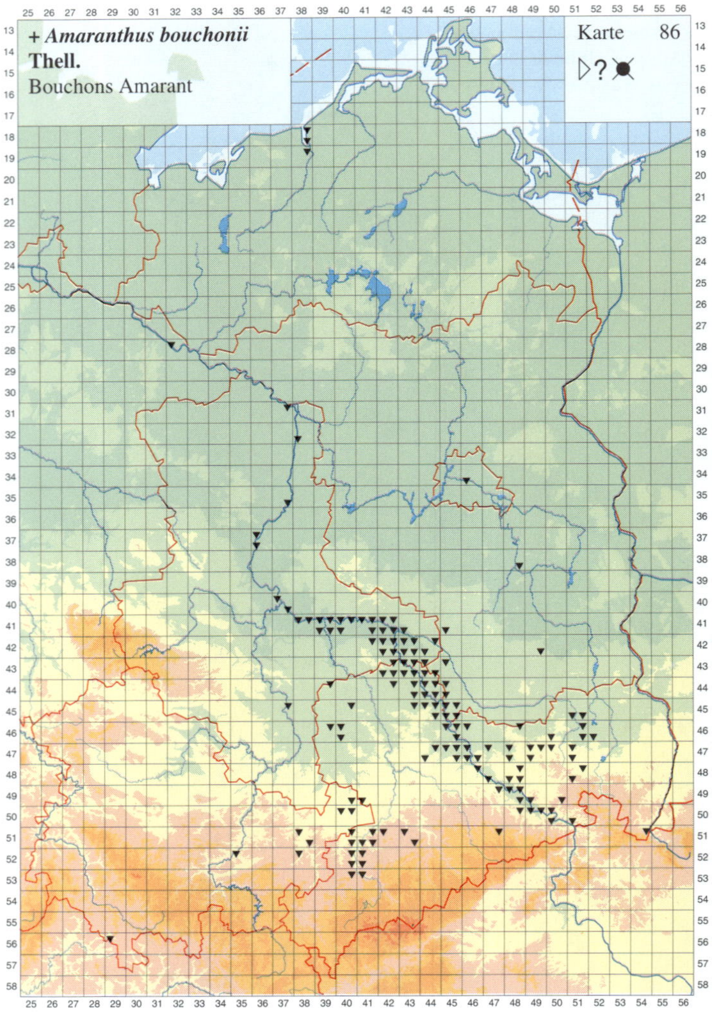
+ ***Amaranthus bouchonii* Thell.**
Bouchons Amarant
Karte 86

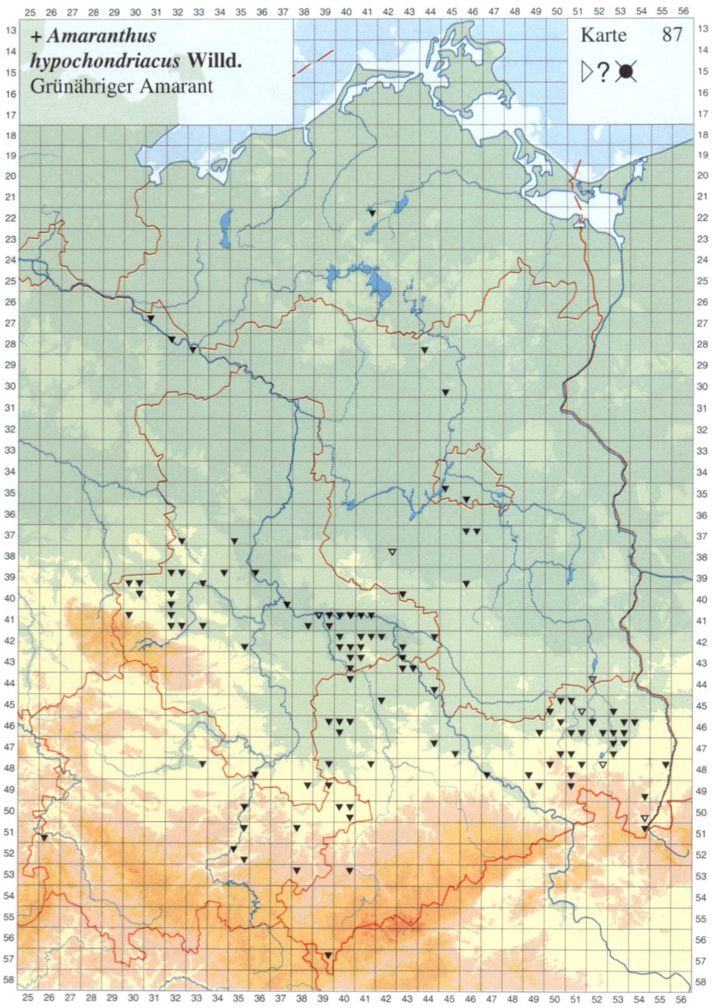
+ ***Amaranthus hypochondriacus* Willd.**
Grünähriger Amarant
Karte 87

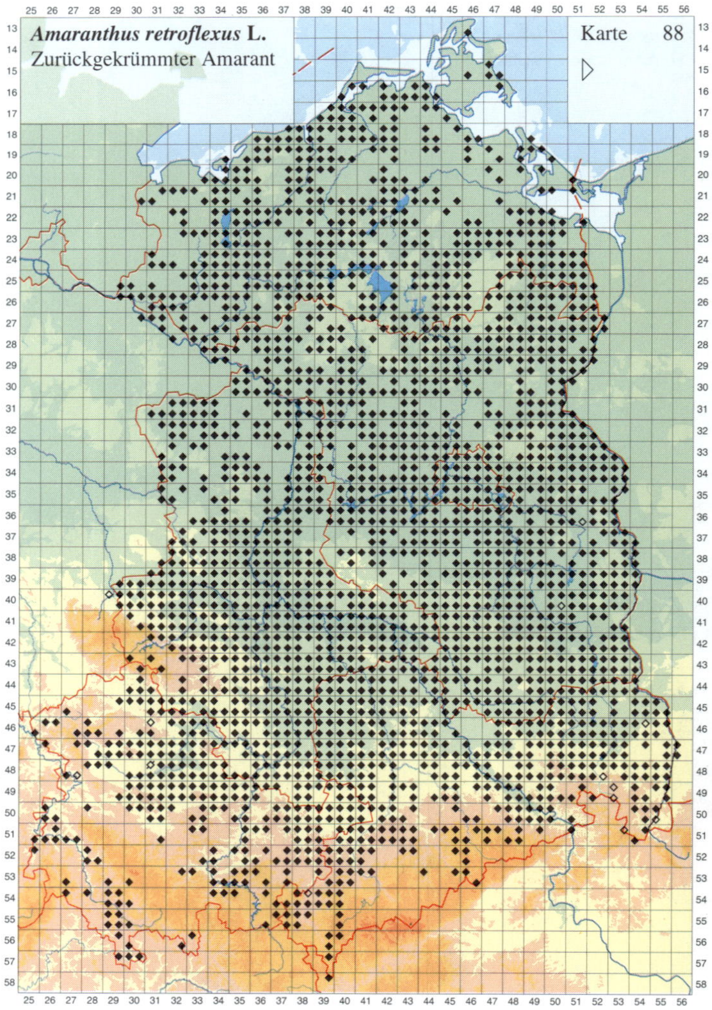
***Amaranthus retroflexus* L.**
Zurückgekrümmter Amarant
Karte 88

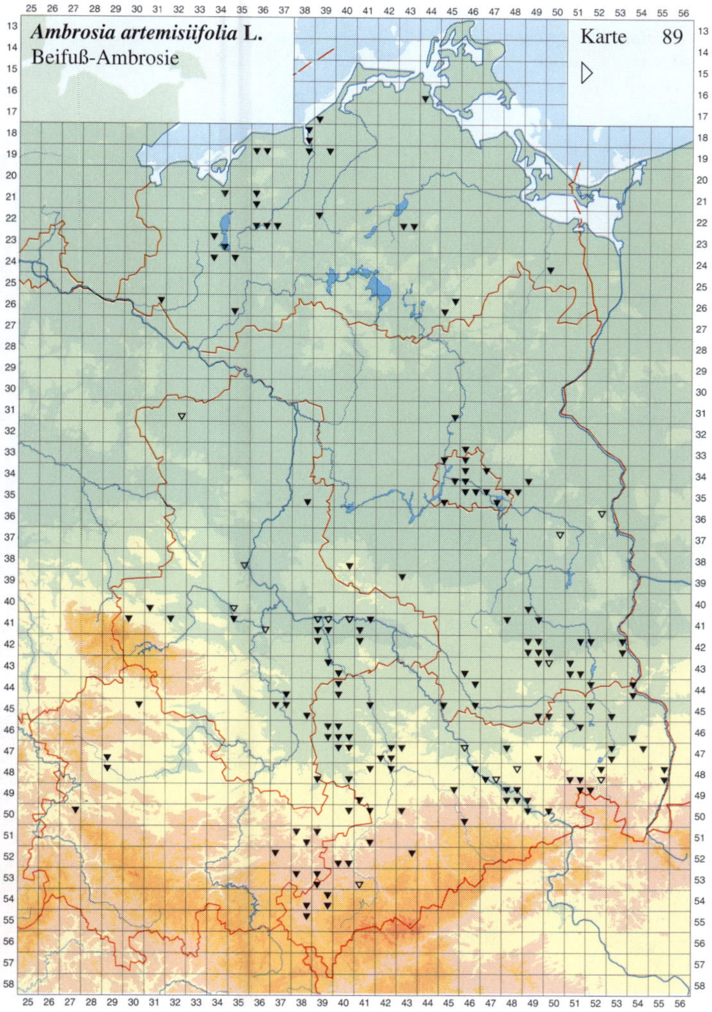
Ambrosia artemisiifolia L.
Beifuß-Ambrosie
Karte 89

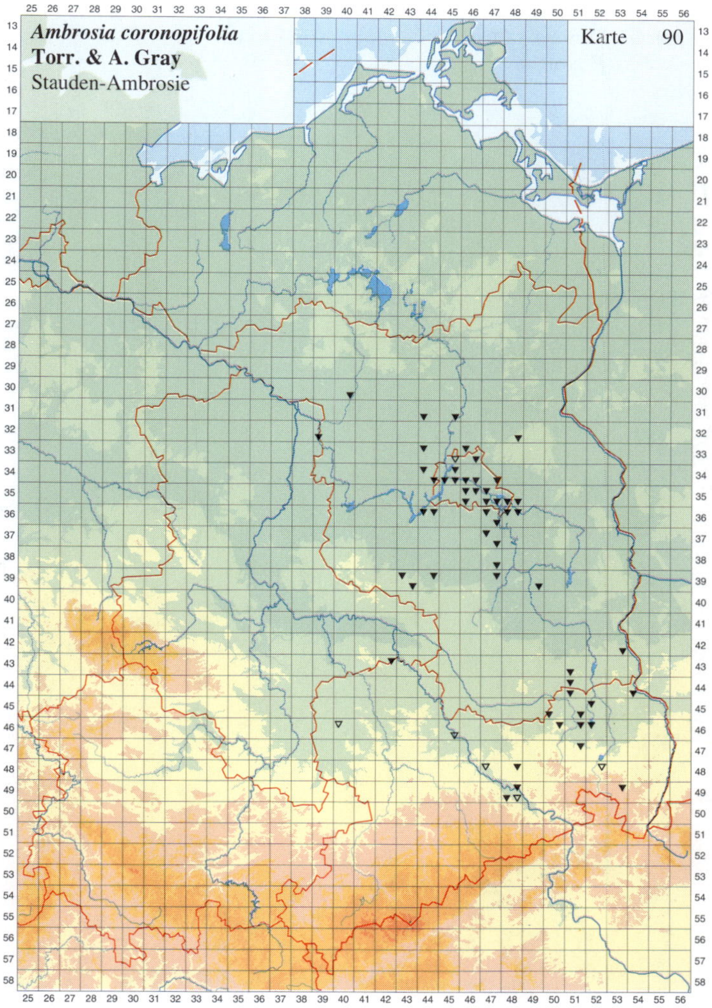
Ambrosia coronopifolia
Torr. & A. Gray
Stauden-Ambrosie
Karte 90

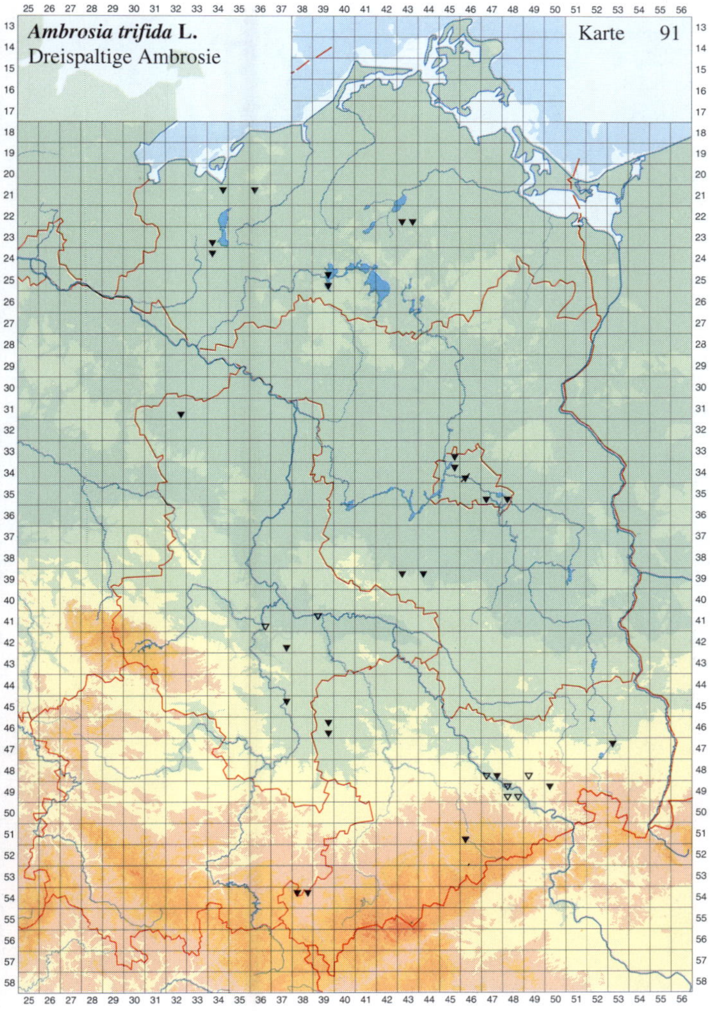
Ambrosia trifida L.
Dreispaltige Ambrosie
Karte 91

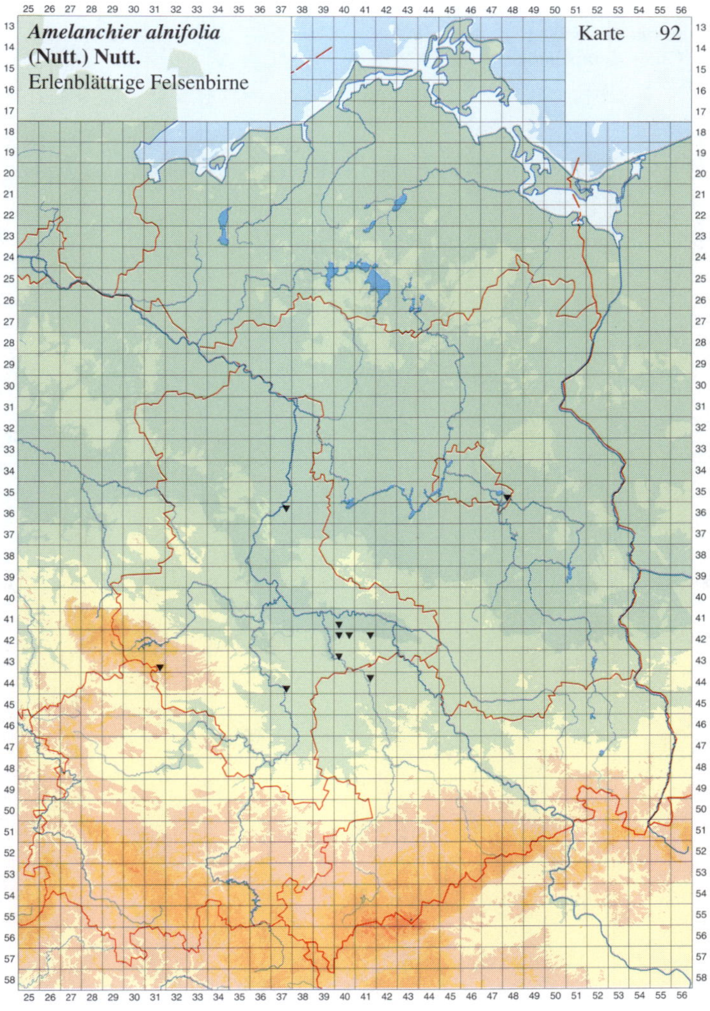
Amelanchier alnifolia
(Nutt.) Nutt.
Erlenblättrige Felsenbirne
Karte 92

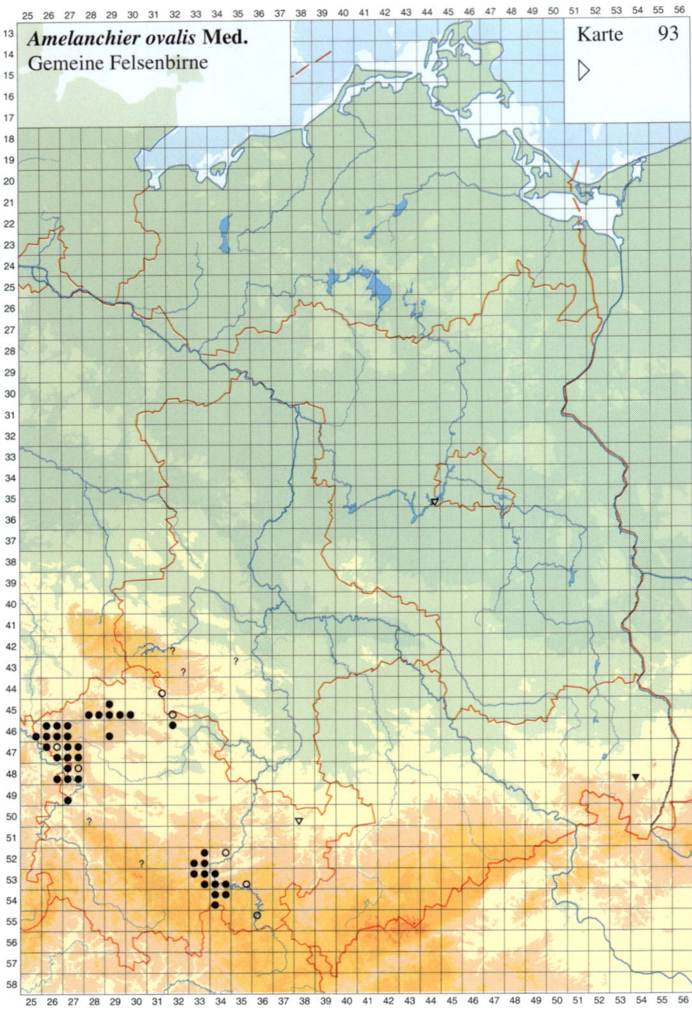
Amelanchier ovalis Med.
Gemeine Felsenbirne
Karte 93

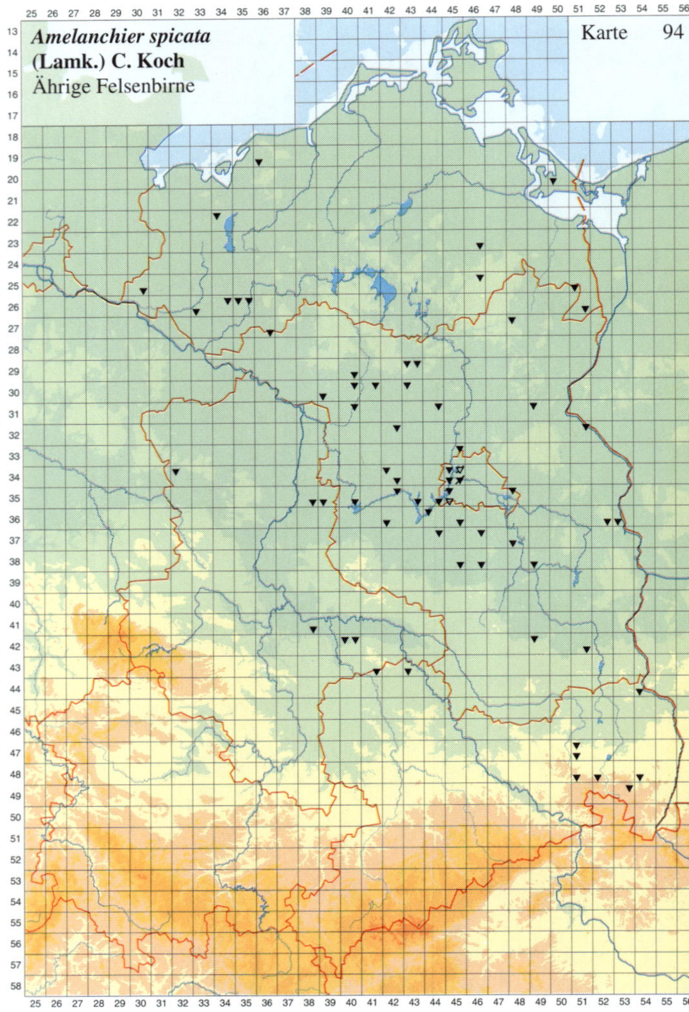
Amelanchier spicata (Lamk.) C. Koch
Ährige Felsenbirne
Karte 94

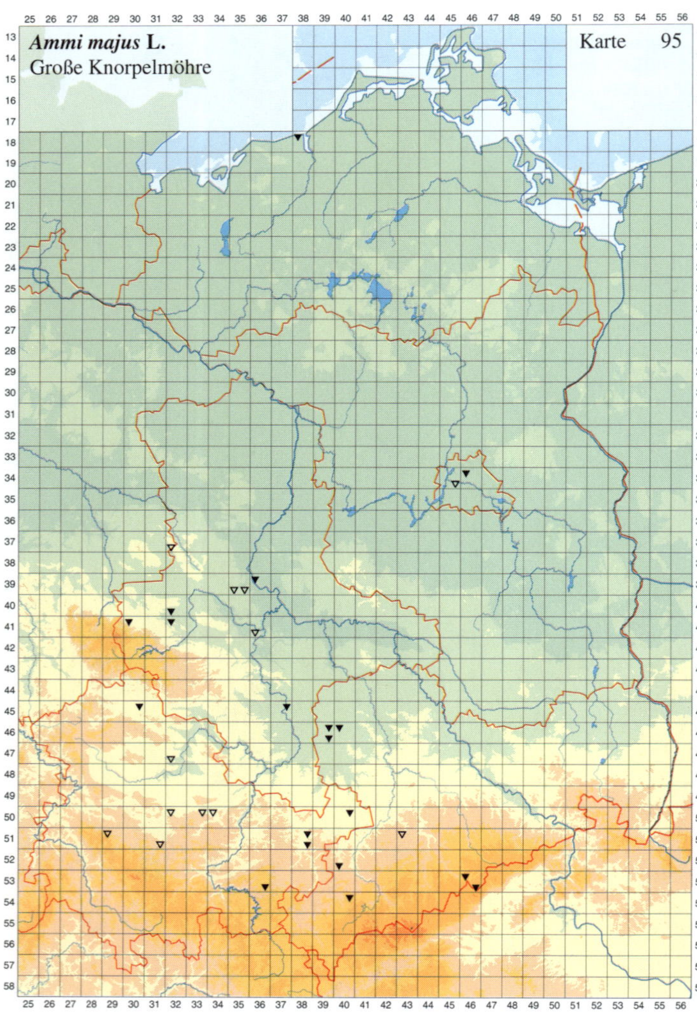
Ammi majus L.
Große Knorpelmöhre
Karte 95

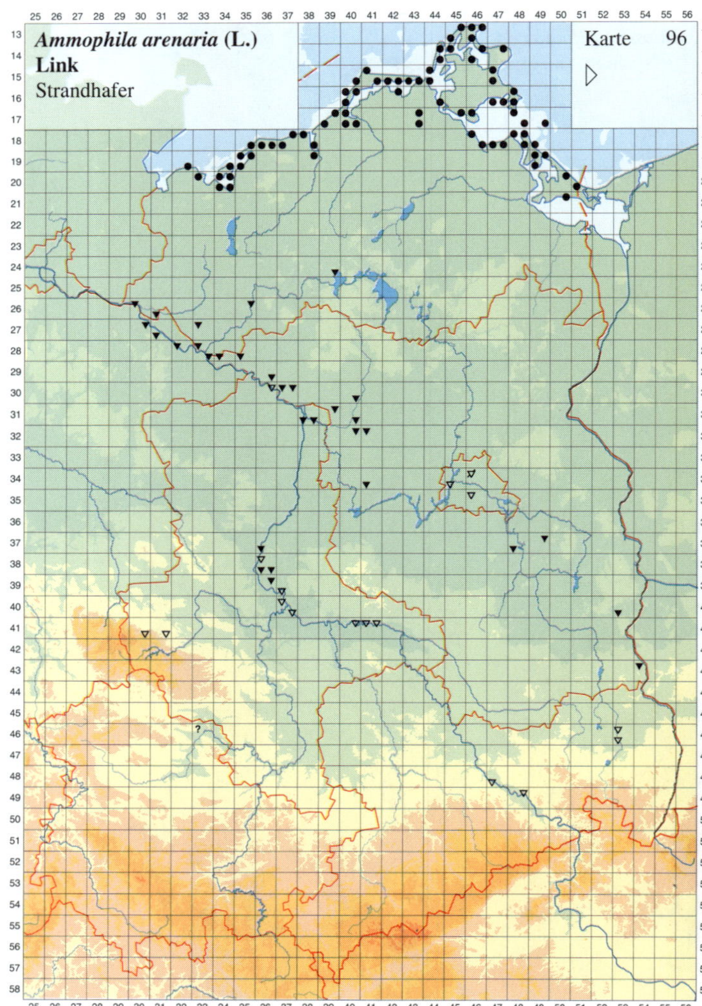
Ammophila arenaria (L.) Link
Strandhafer
Karte 96

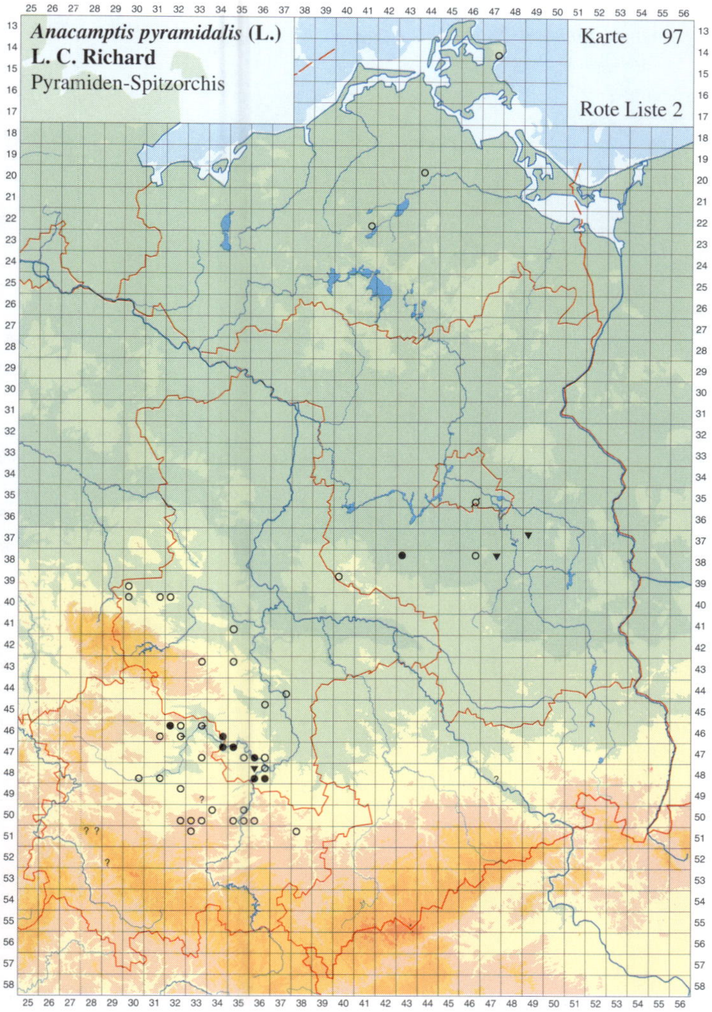
Anacamptis pyramidalis (L.) L. C. Richard
Pyramiden-Spitzorchis
Karte 97
Rote Liste 2

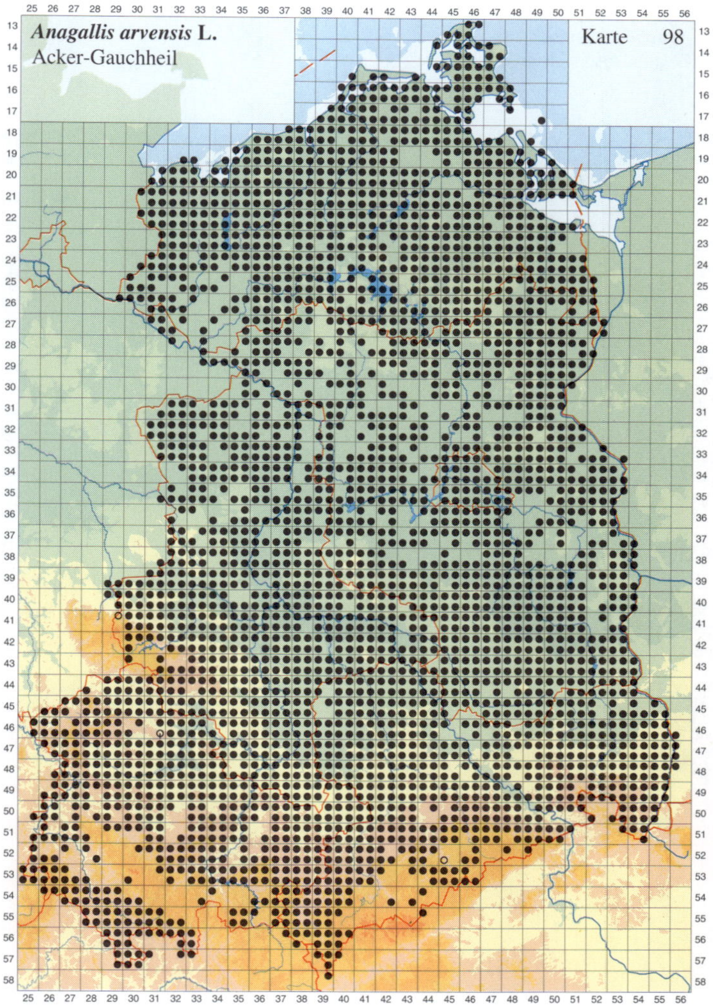
Anagallis arvensis L.
Acker-Gauchheil
Karte 98

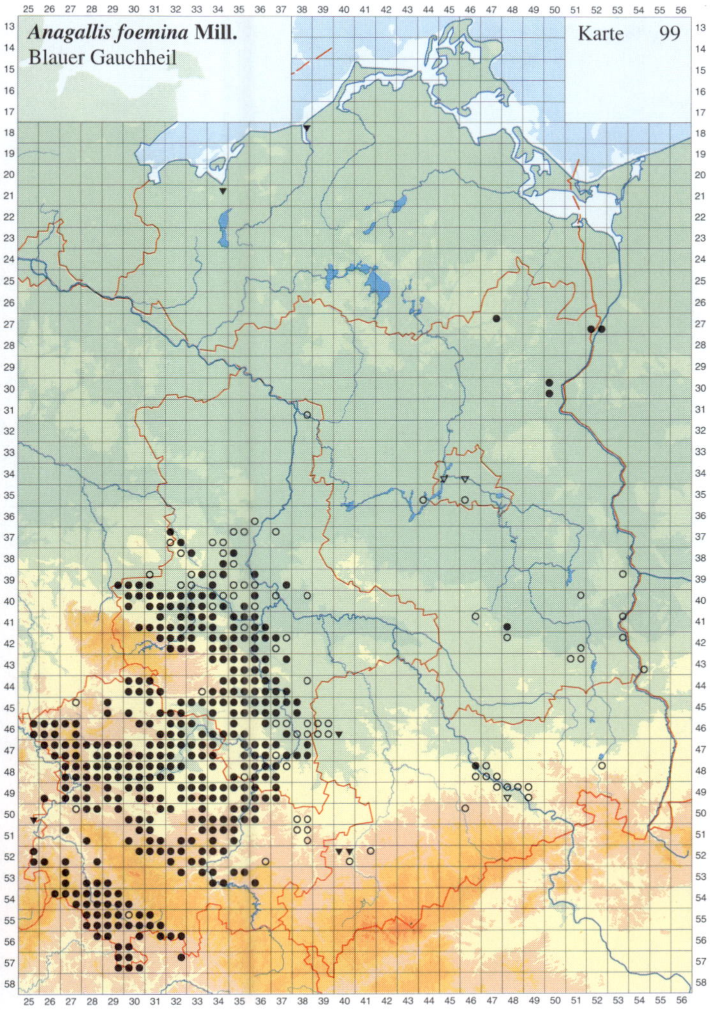
Anagallis foemina Mill.
Blauer Gauchheil
Karte 99

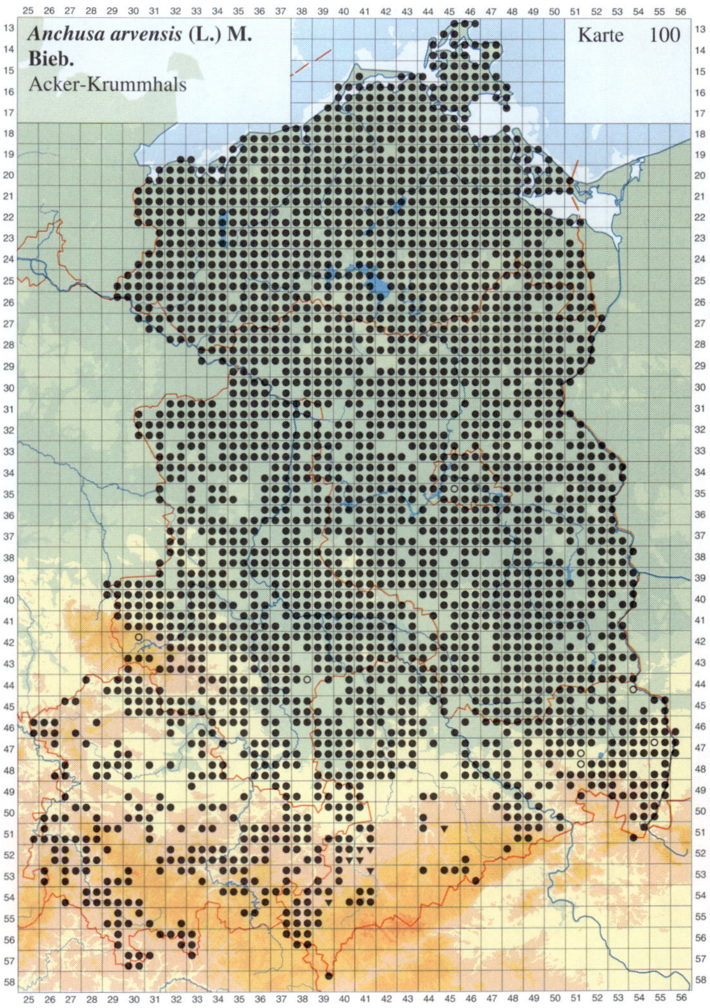
Anchusa arvensis (L.) M. Bieb.
Acker-Krummhals
Karte 100

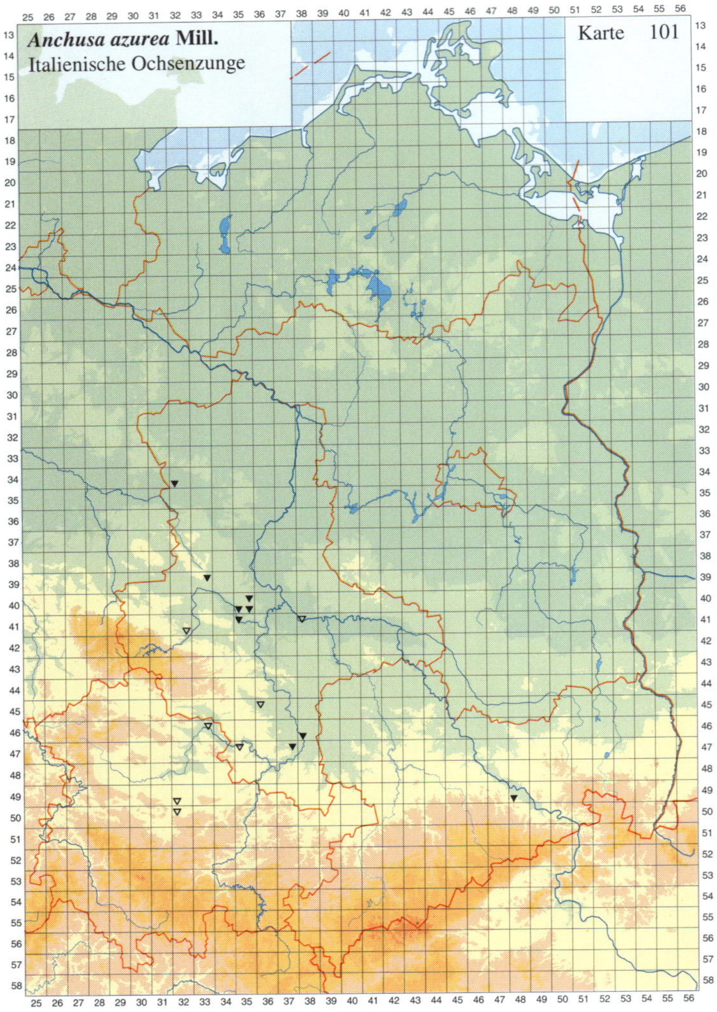
Anchusa azurea Mill.
Italienische Ochsenzunge
Karte 101

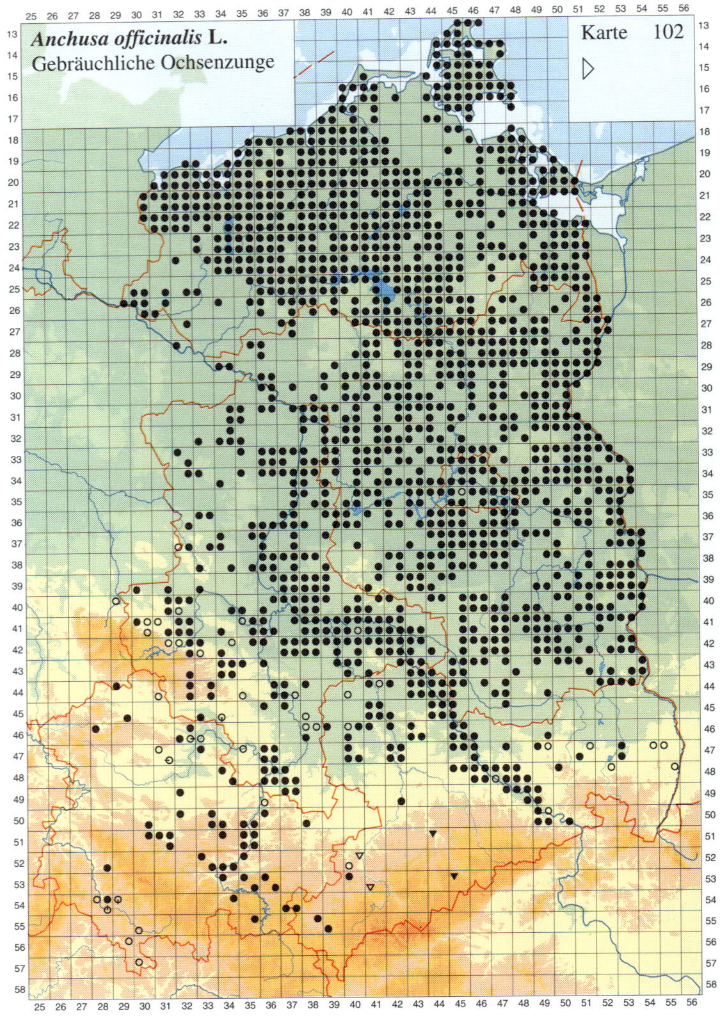
Anchusa officinalis L.
Gebräuchliche Ochsenzunge
Karte 102

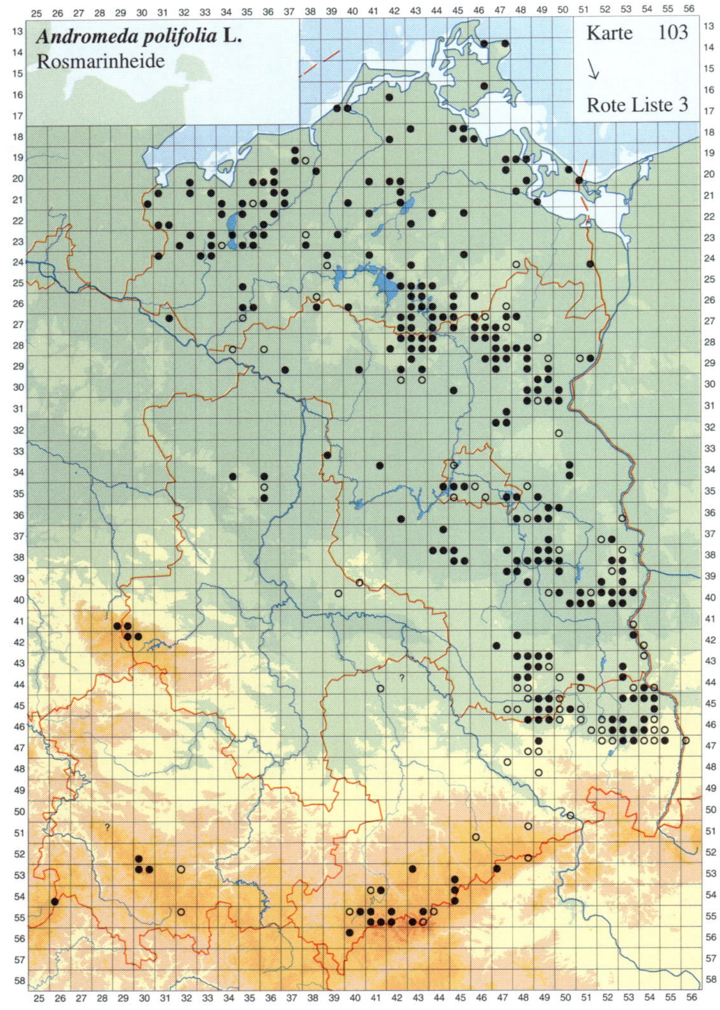
Andromeda polifolia L.
Rosmarinheide
Karte 103
Rote Liste 3

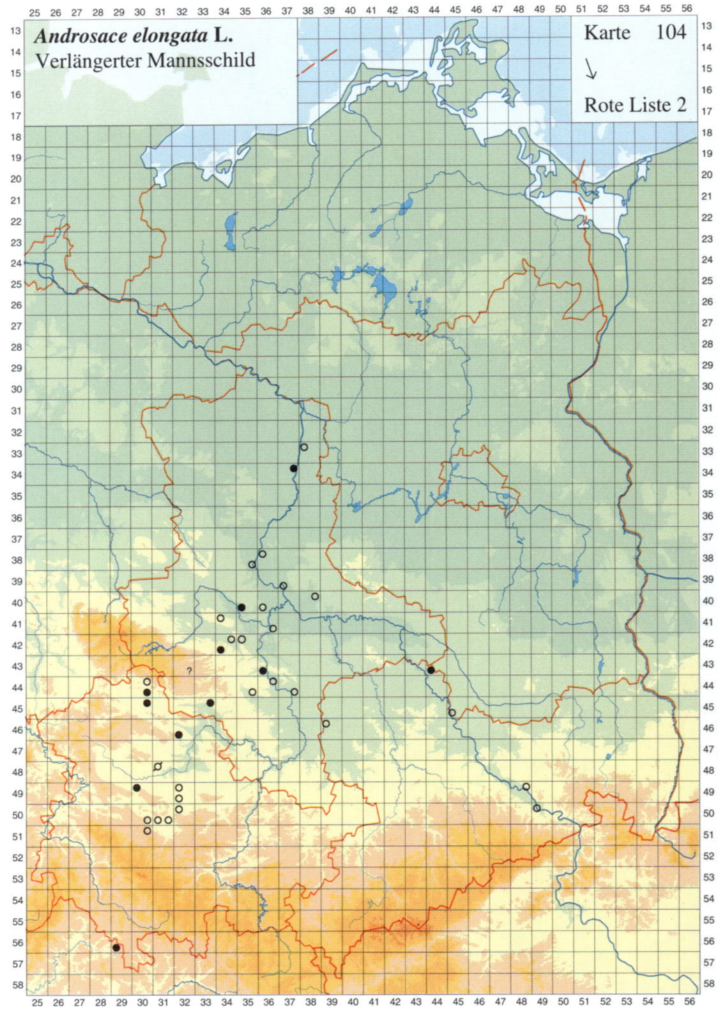
Androsace elongata L.
Verlängerter Mannsschild
Karte 104
Rote Liste 2

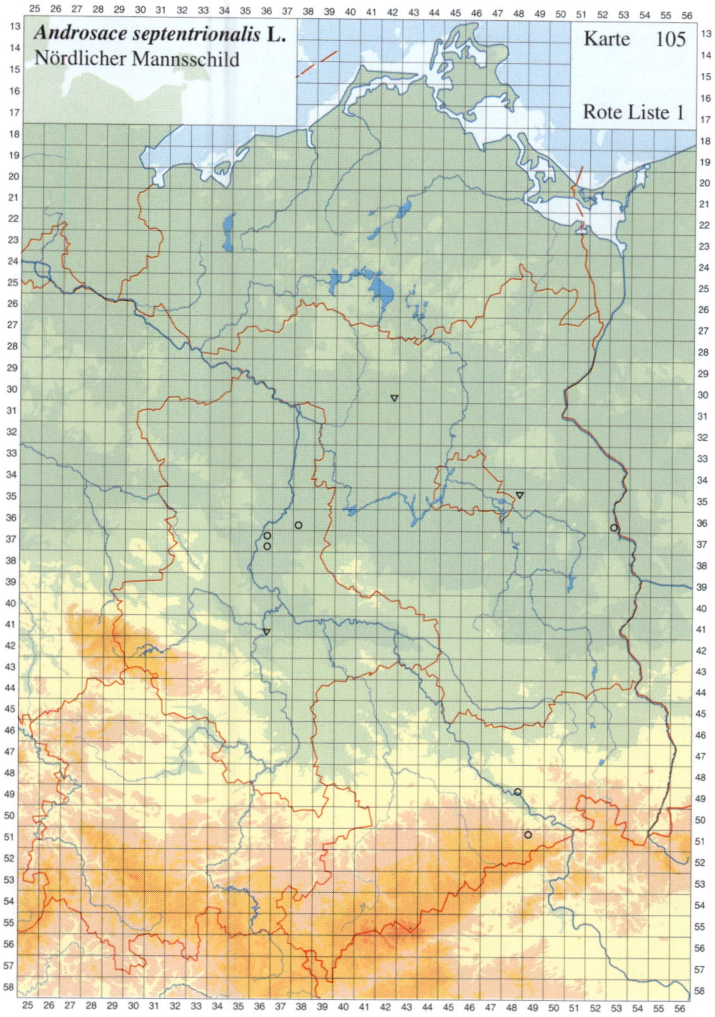
Androsace septentrionalis L.
Nördlicher Mannsschild
Karte 105
Rote Liste 1

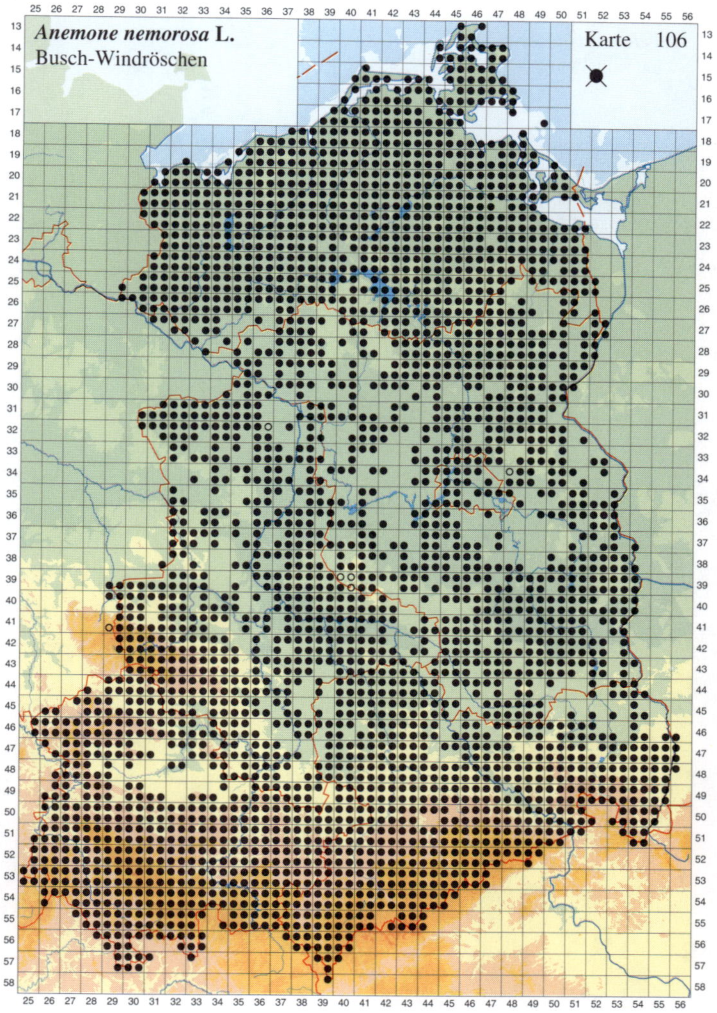
Anemone nemorosa L.
Busch-Windröschen
Karte 106

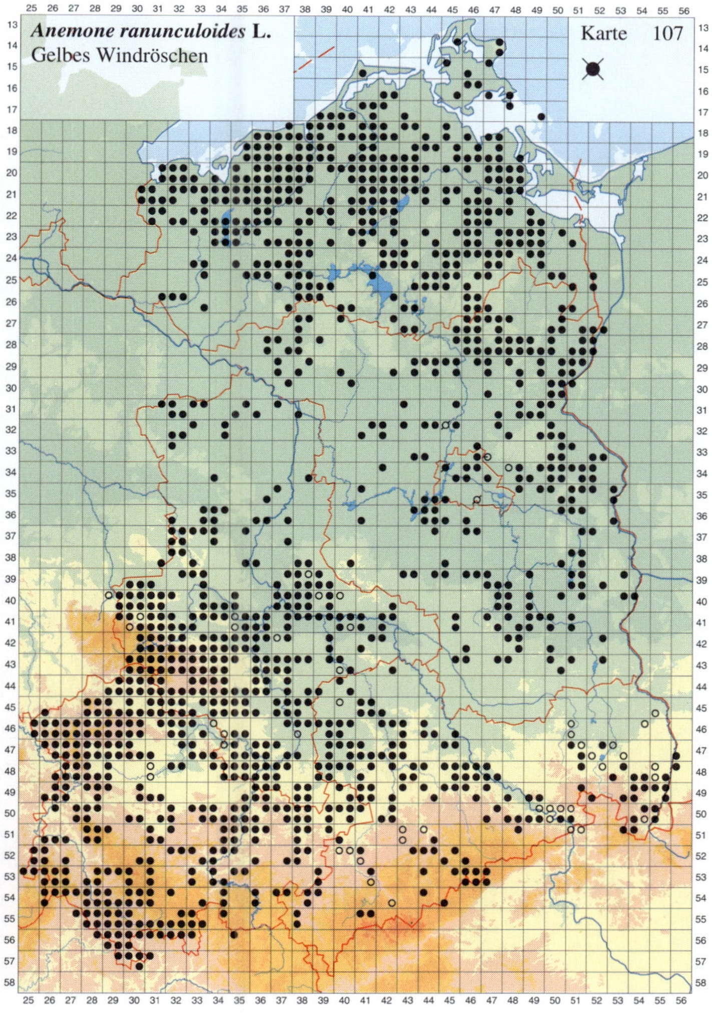
Anemone ranunculoides L.
Gelbes Windröschen
Karte 107

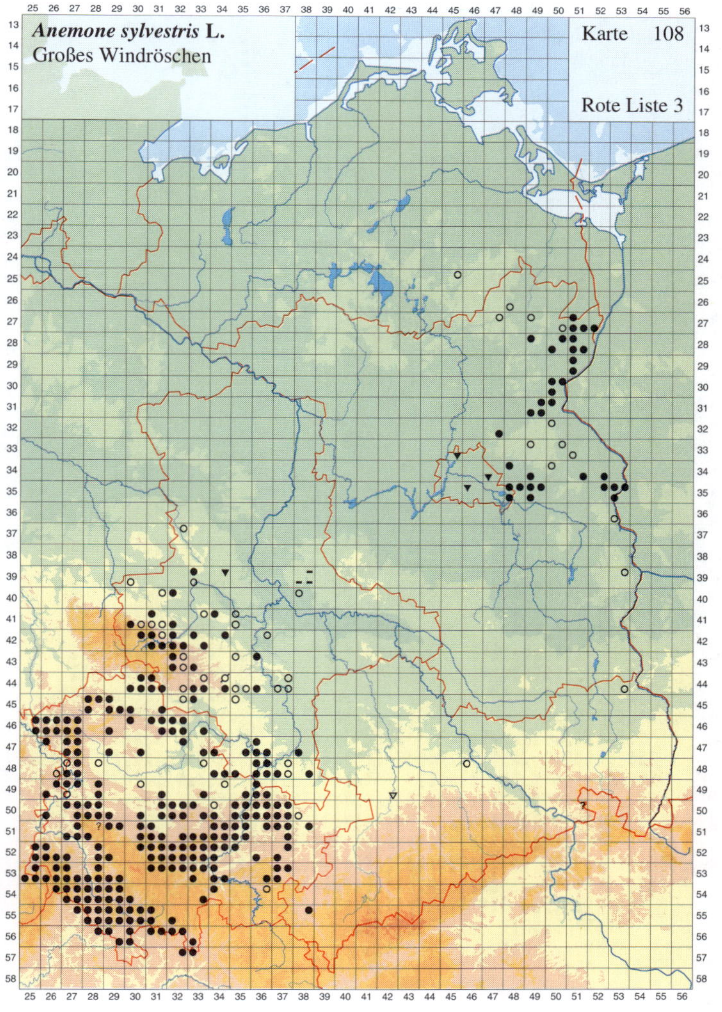
Anemone sylvestris L.
Großes Windröschen
Karte 108
Rote Liste 3

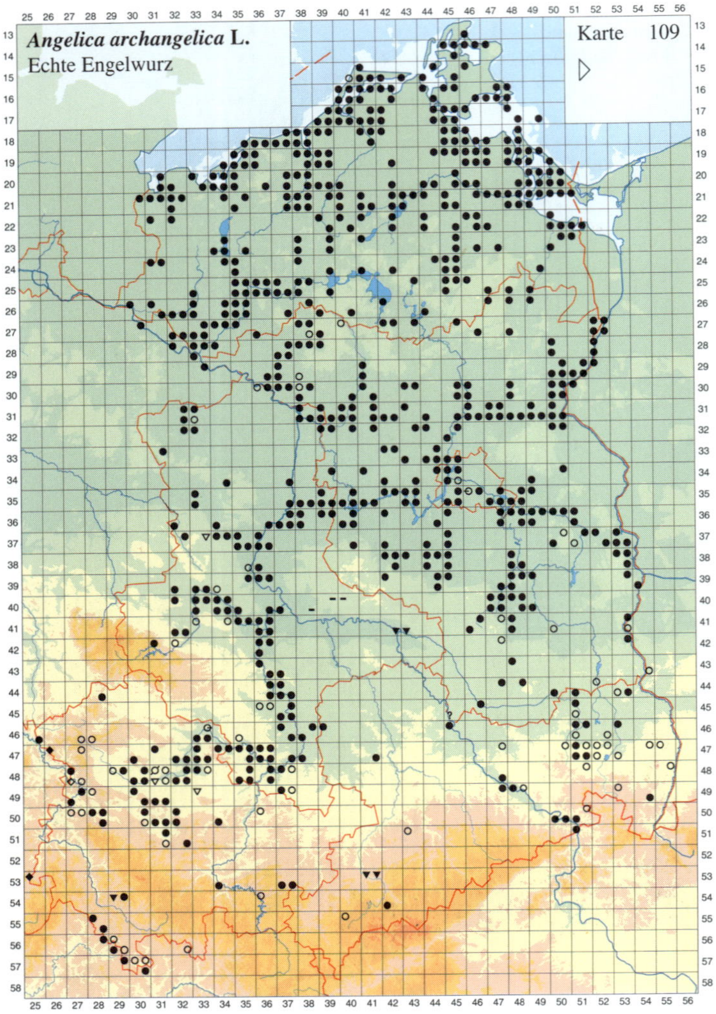
Angelica archangelica L.
Echte Engelwurz
Karte 109

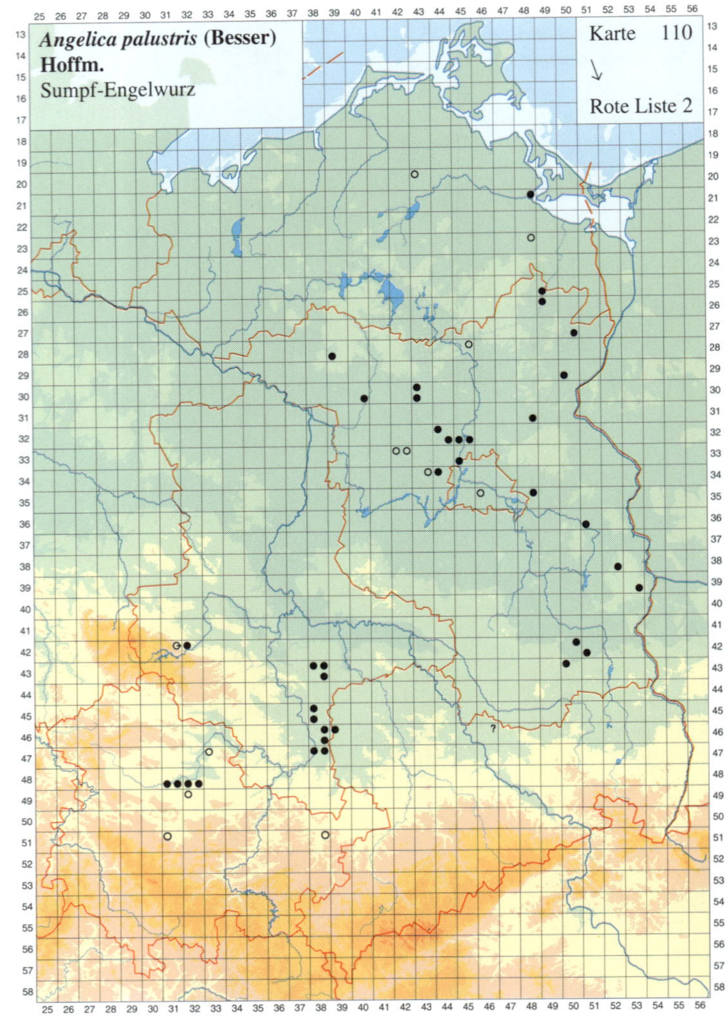
Angelica palustris (Besser) Hoffm.
Sumpf-Engelwurz
Karte 110
Rote Liste 2

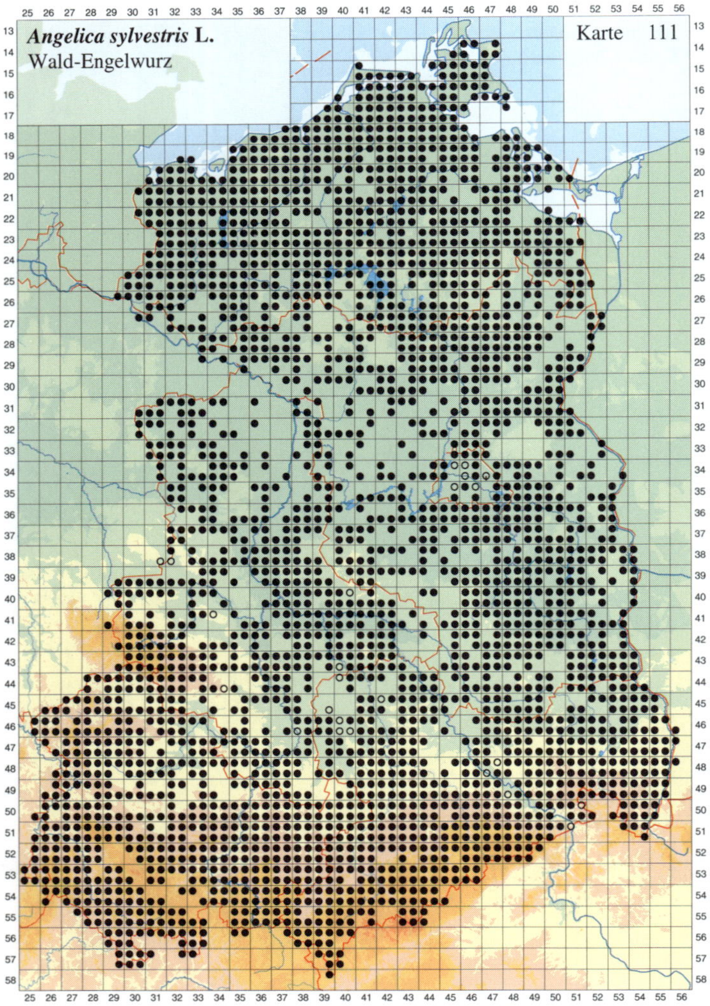
Angelica sylvestris L.
Wald-Engelwurz
Karte 111

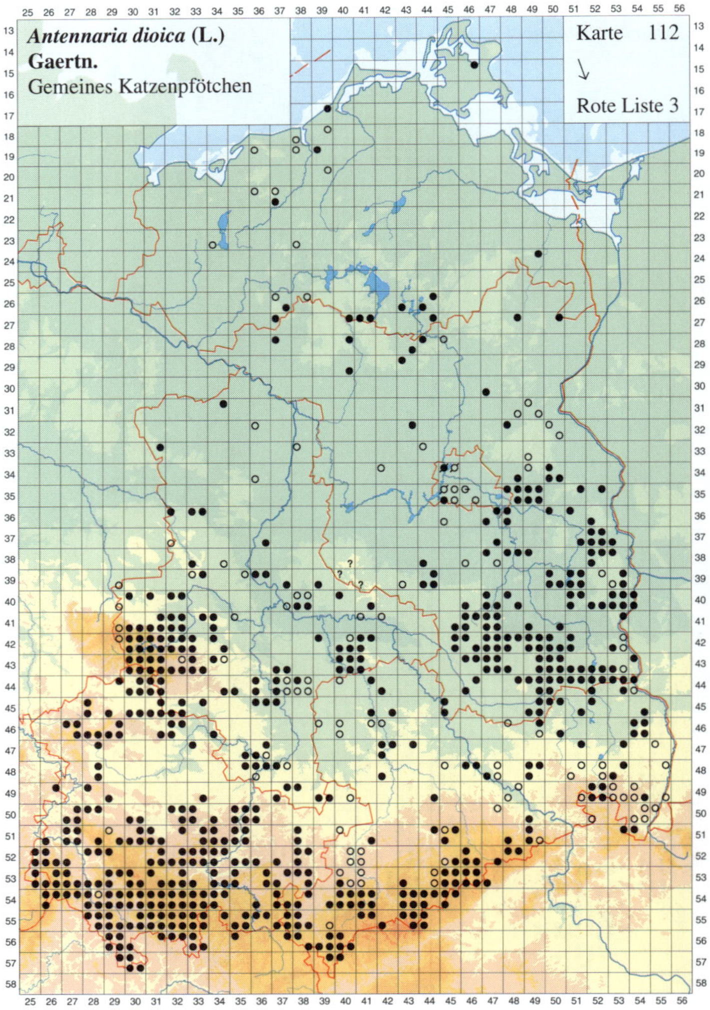
Antennaria dioica (L.) Gaertn.
Gemeines Katzenpfötchen
Karte 112
Rote Liste 3

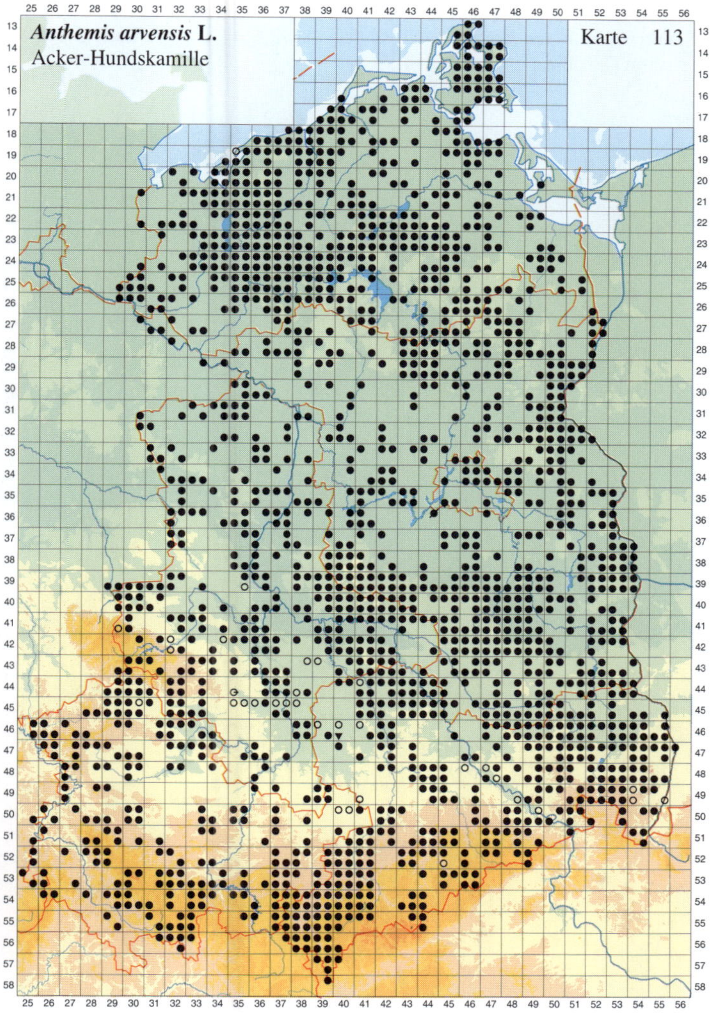
Anthemis arvensis L.
Acker-Hundskamille
Karte 113

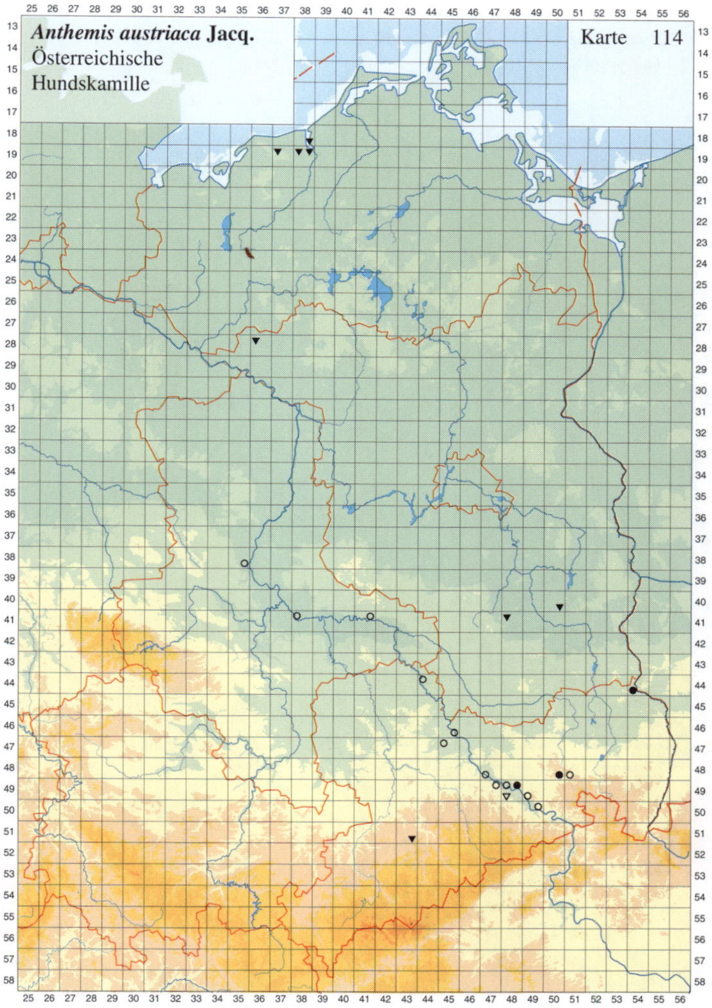
Anthemis austriaca Jacq.
Österreichische
Hundskamille
Karte 114

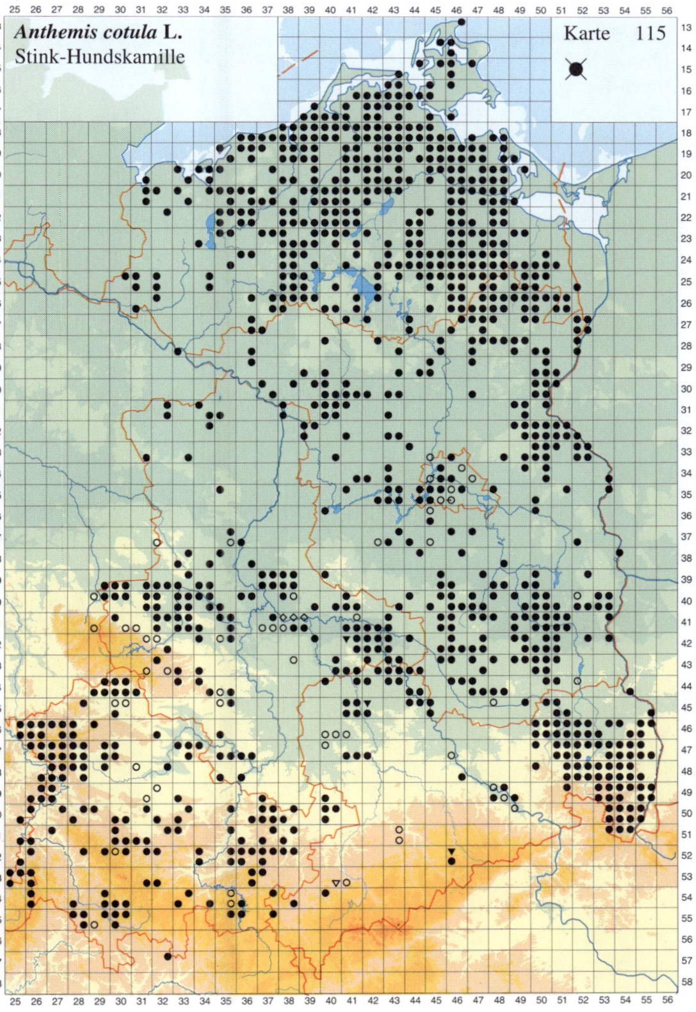
Anthemis cotula L.
Stink-Hundskamille
Karte 115

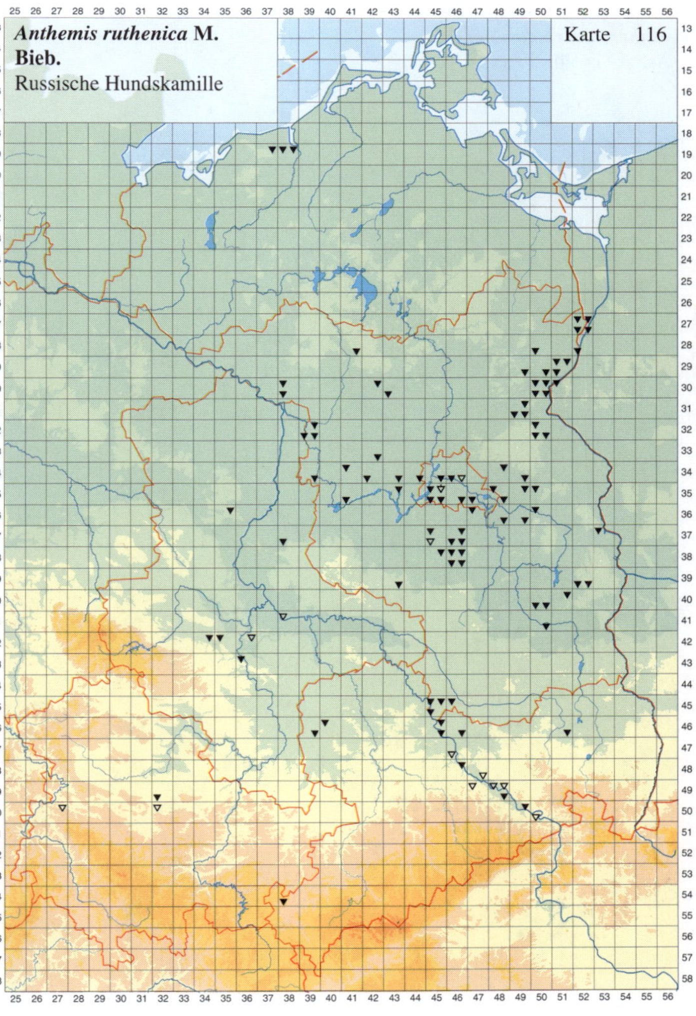
Anthemis ruthenica M. Bieb.
Russische Hundskamille
Karte 116

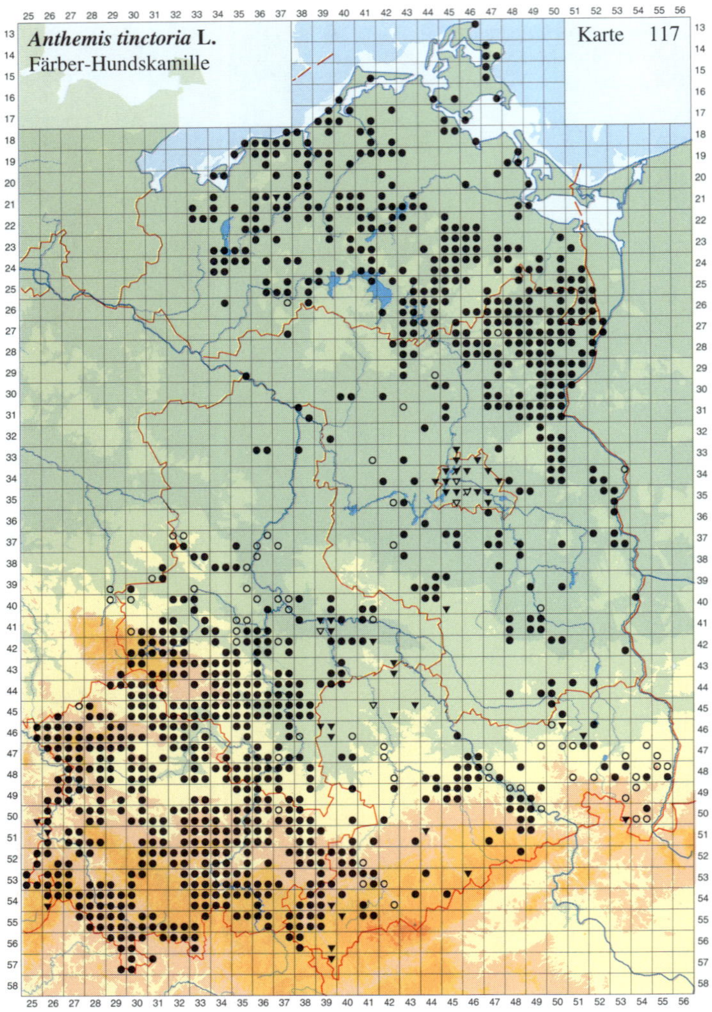
Anthemis tinctoria L.
Färber-Hundskamille
Karte 117

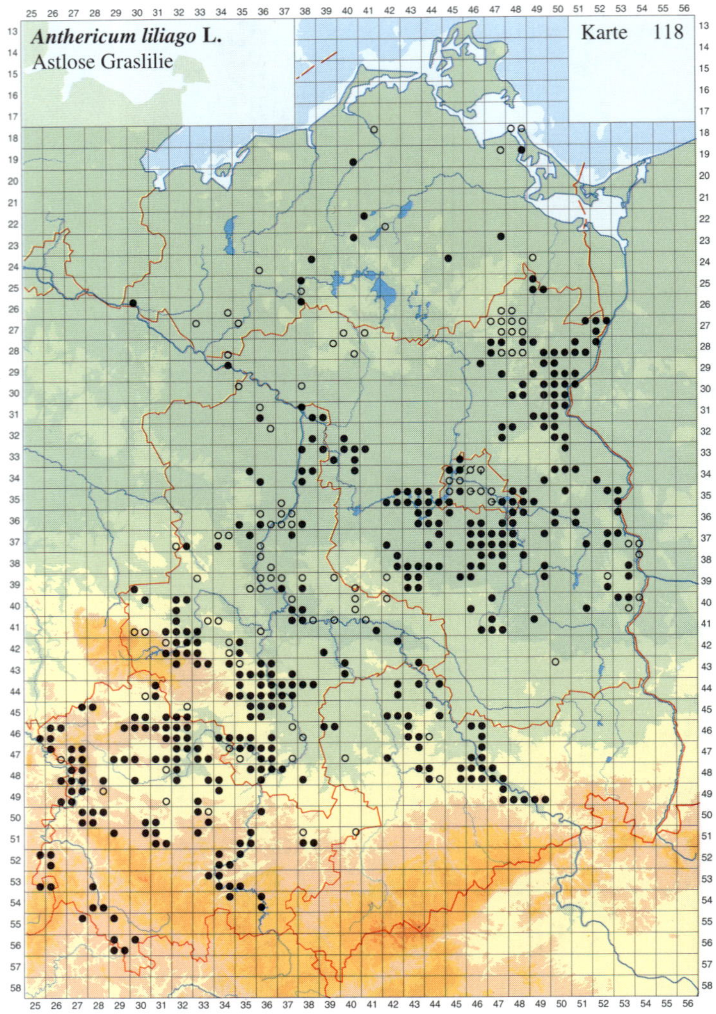
Anthericum liliago L.
Astlose Graslilie
Karte 118

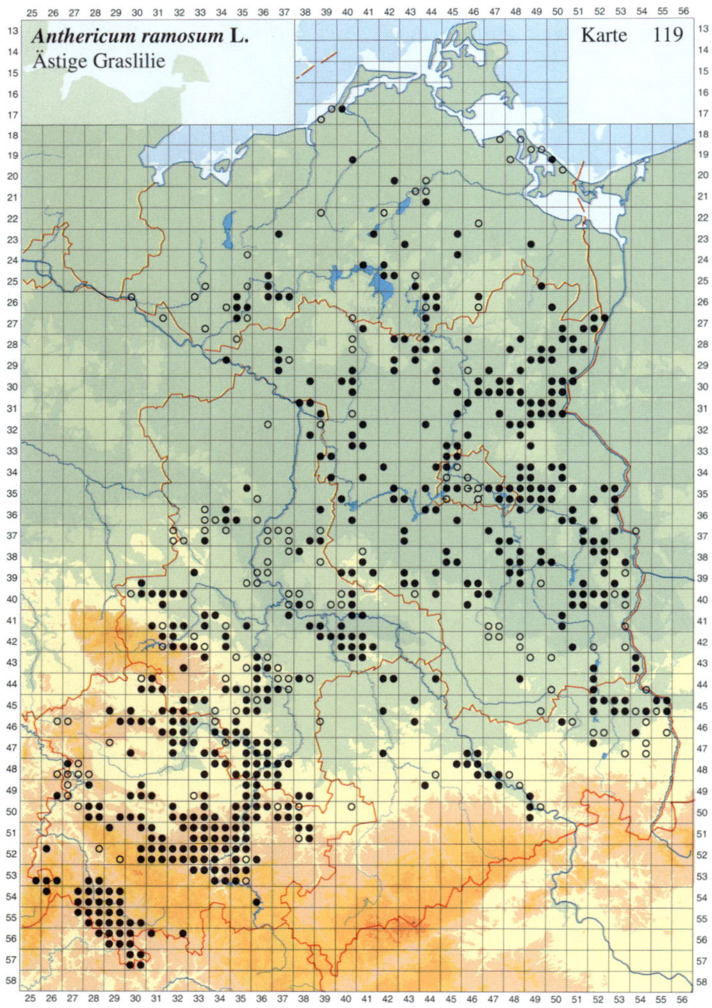
Anthericum ramosum L.
Ästige Graslilie
Karte 119

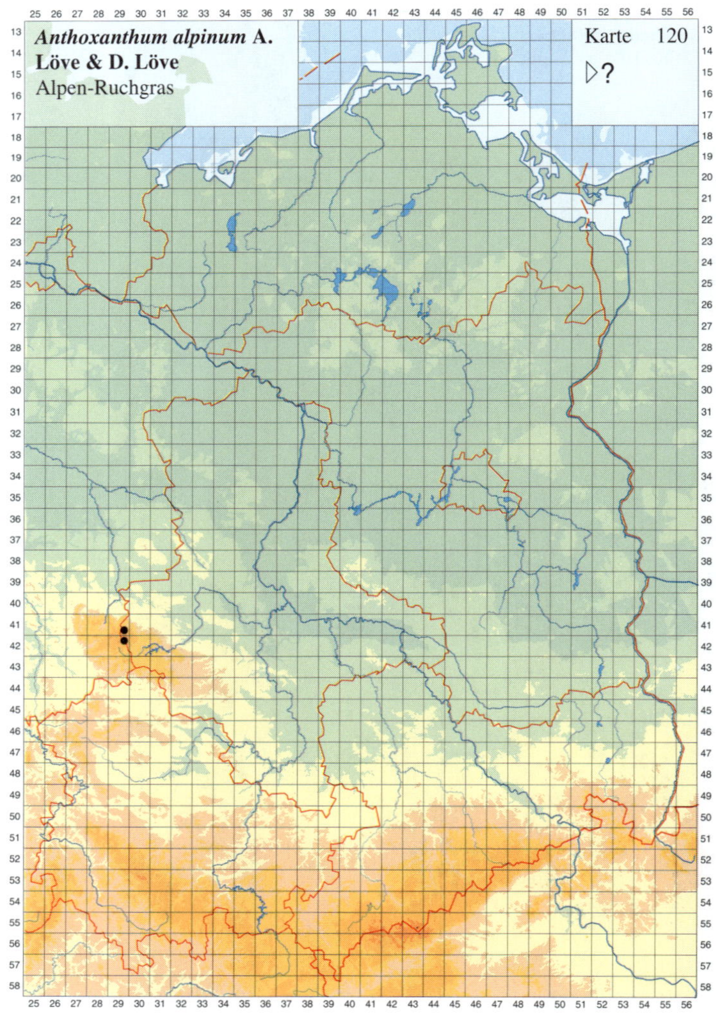
Anthoxanthum alpinum A. Löve & D. Löve
Alpen-Ruchgras
Karte 120
▷?

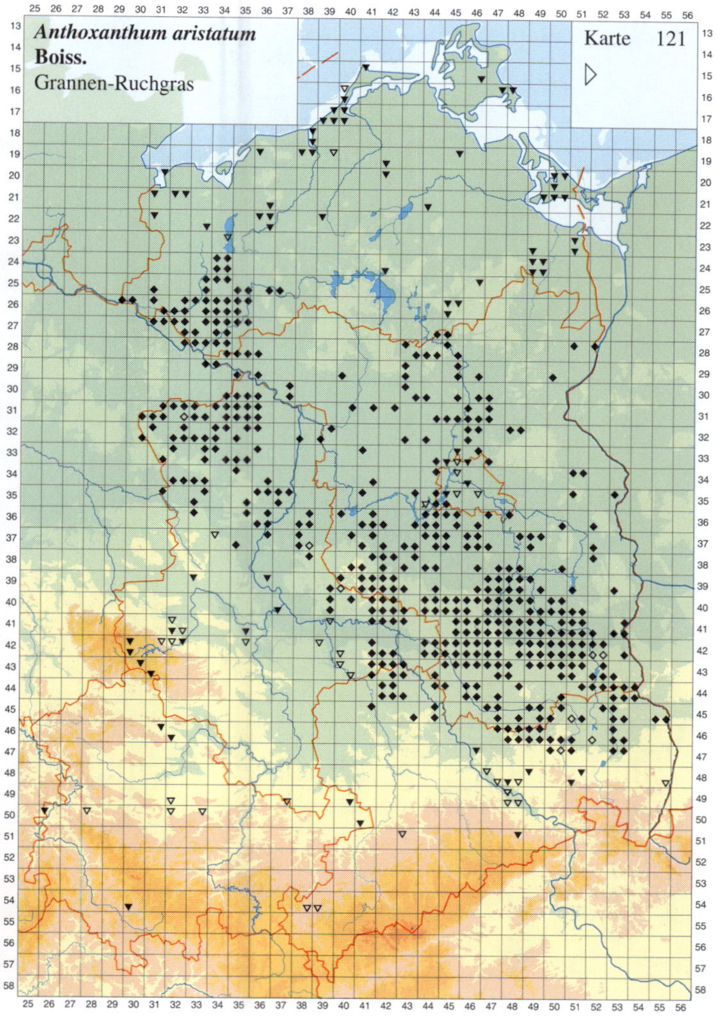

Anthoxanthum aristatum Boiss.
Grannen-Ruchgras
Karte 121

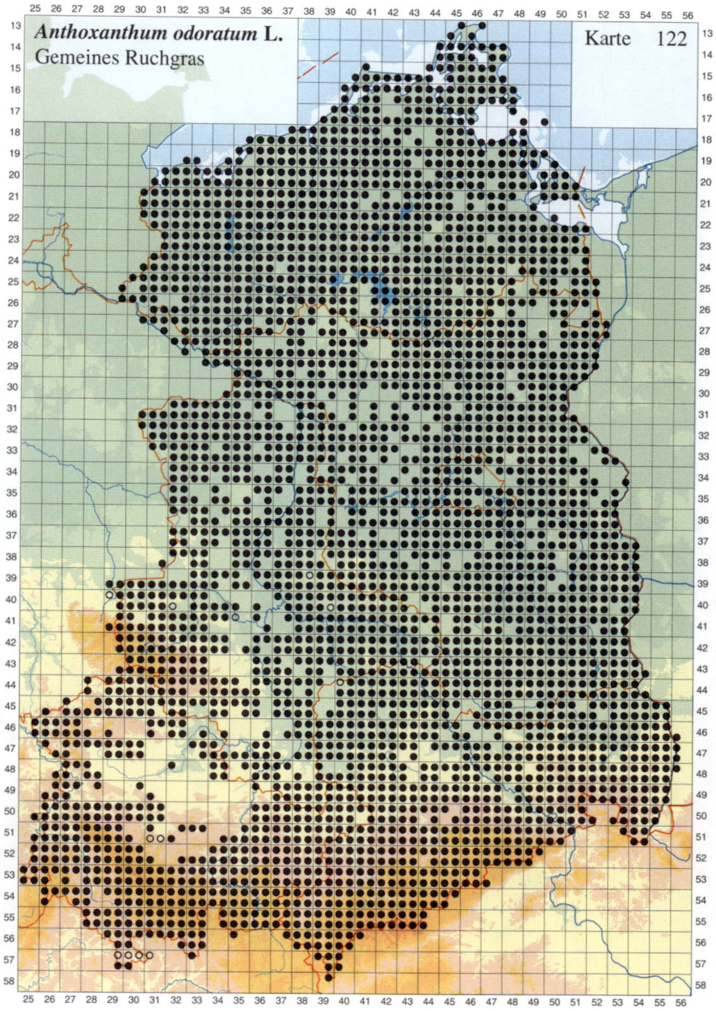

Anthoxanthum odoratum L.
Gemeines Ruchgras
Karte 122

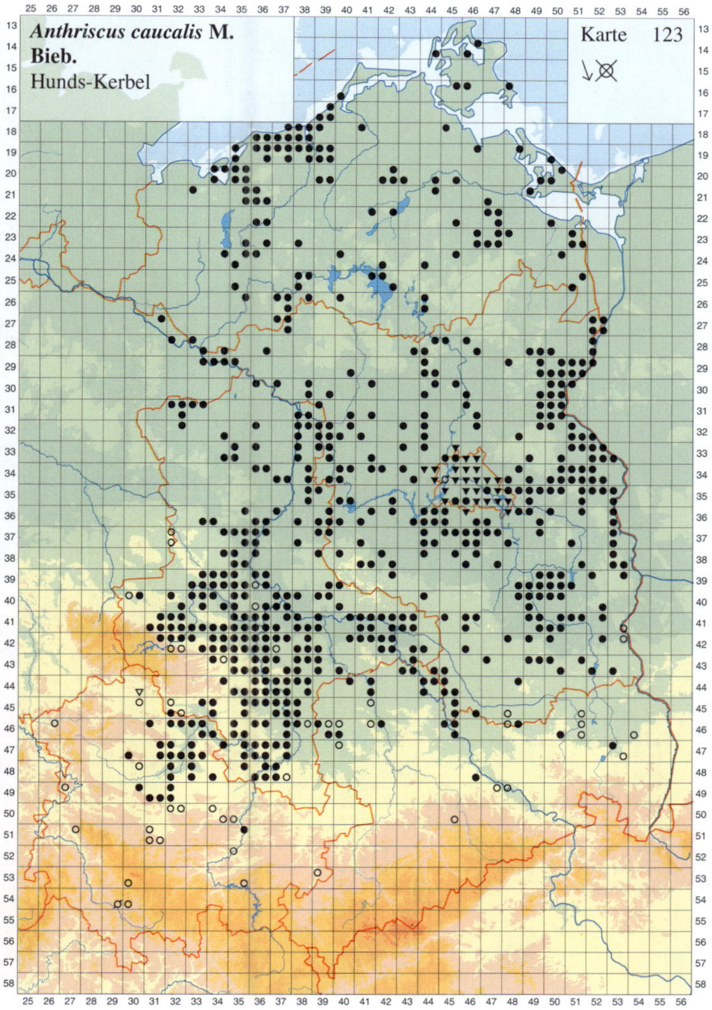

Anthriscus caucalis M. Bieb.
Hunds-Kerbel
Karte 123

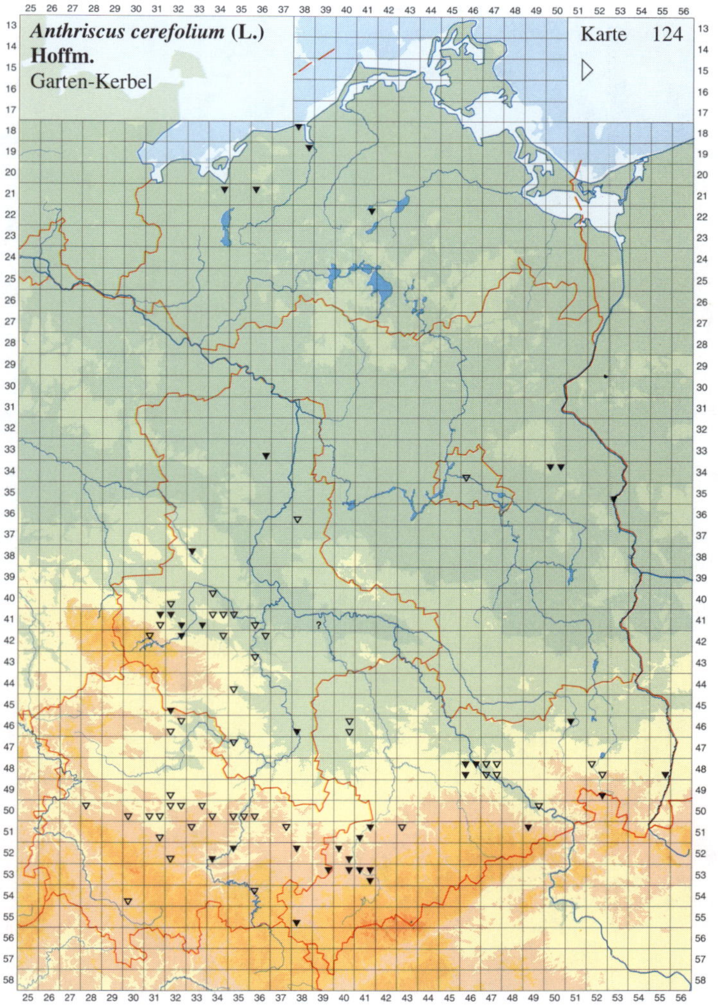

Anthriscus cerefolium (L.) Hoffm.
Garten-Kerbel
Karte 124

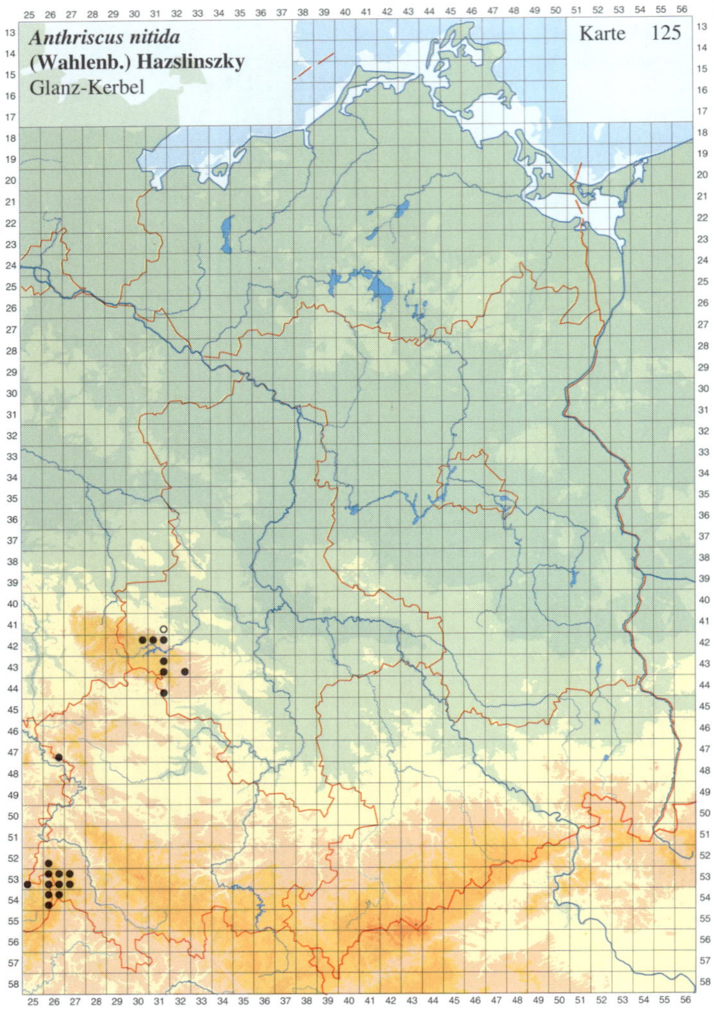
Anthriscus nitida
(Wahlenb.) Hazslinszky
Glanz-Kerbel
Karte 125

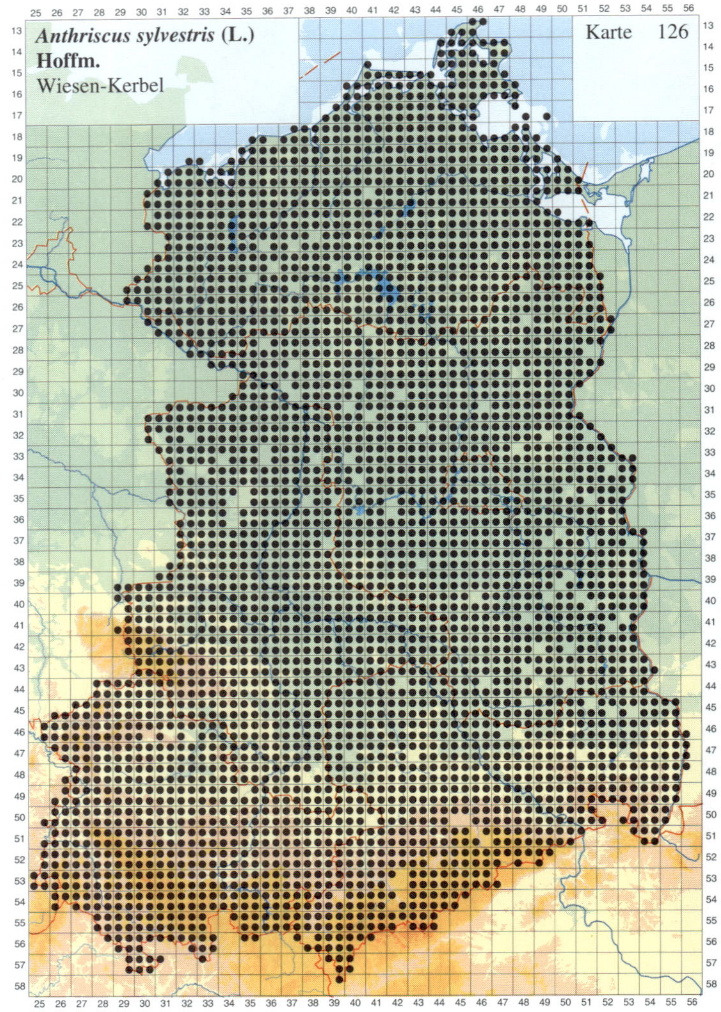
Anthriscus sylvestris **(L.)**
Hoffm.
Wiesen-Kerbel
Karte 126

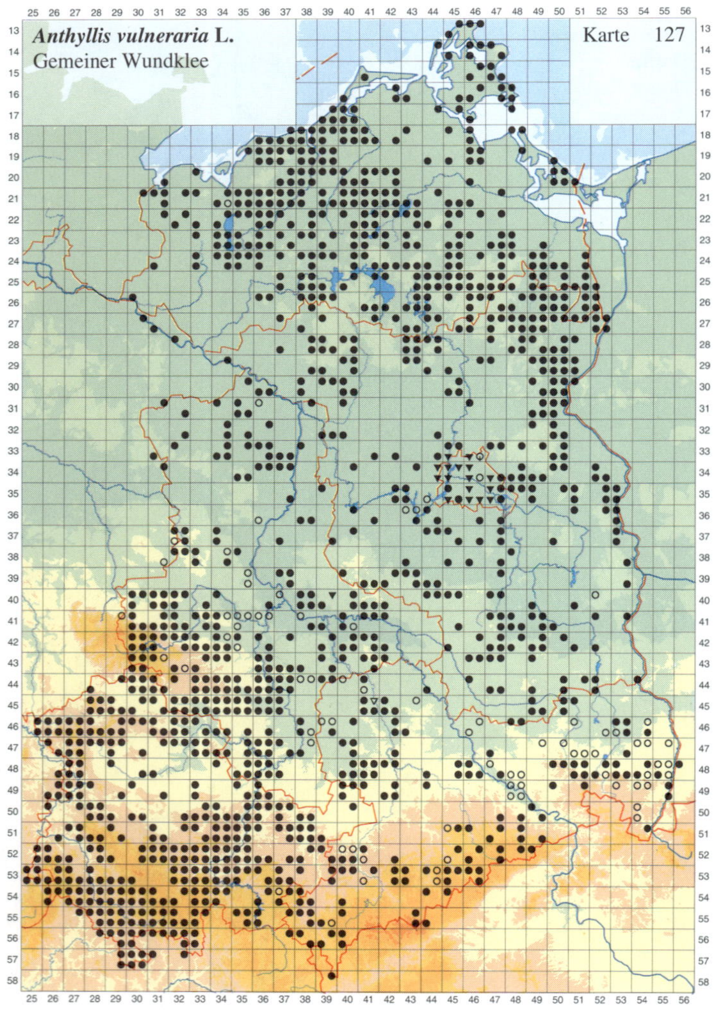
Anthyllis vulneraria **L.**
Gemeiner Wundklee
Karte 127

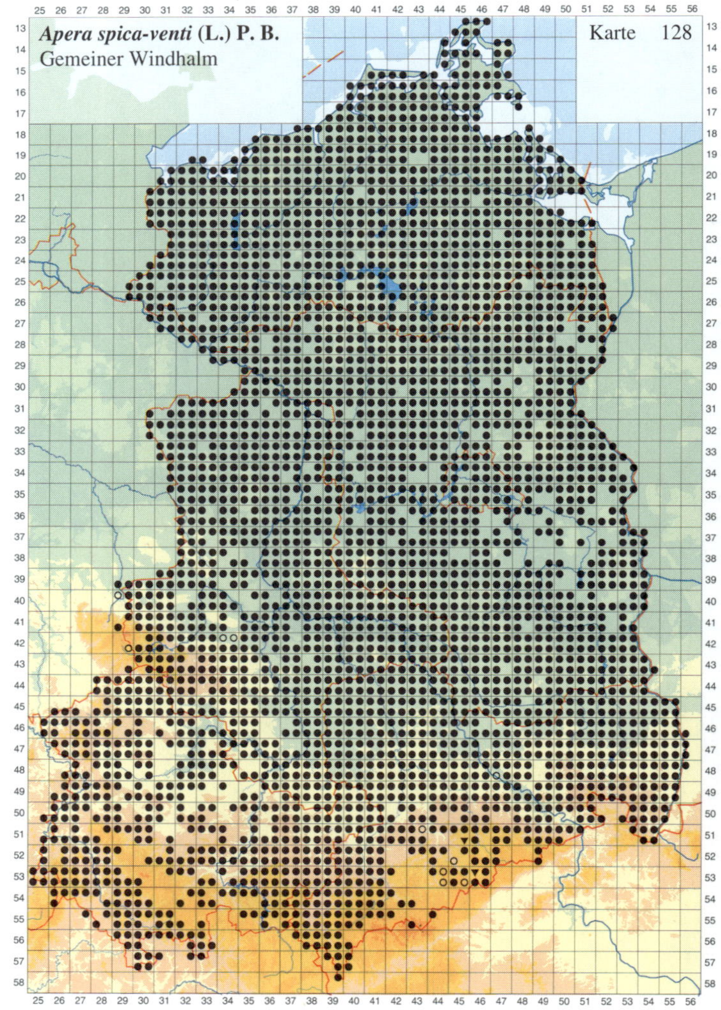
Apera spica-venti **(L.) P. B.**
Gemeiner Windhalm
Karte 128

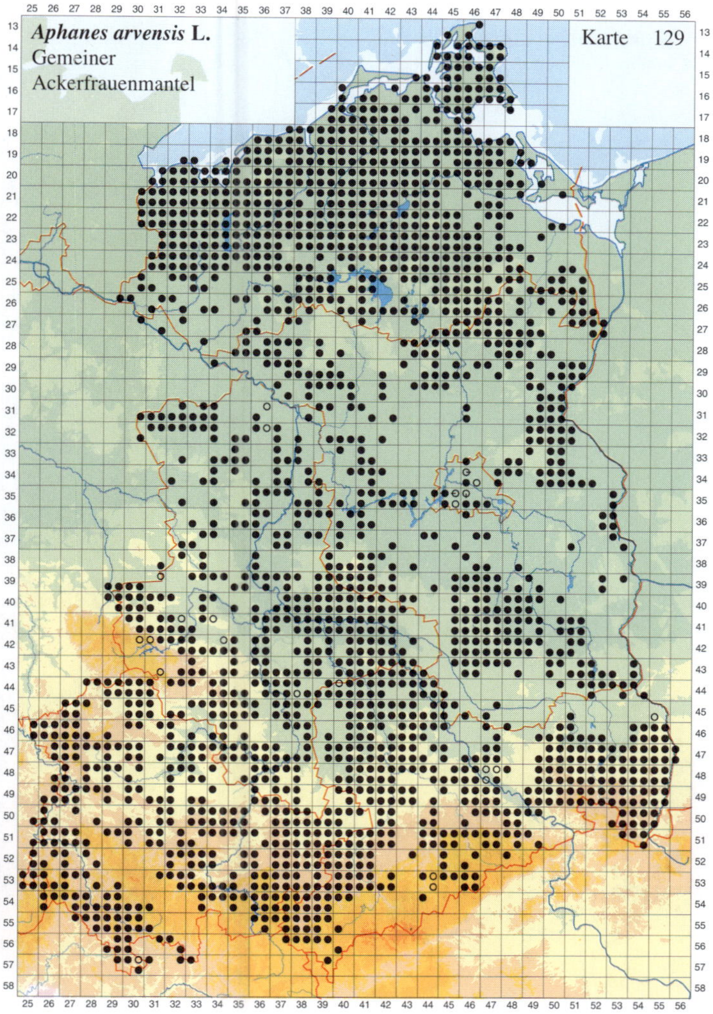
Aphanes arvensis **L.**
Gemeiner
Ackerfrauenmantel
Karte 129

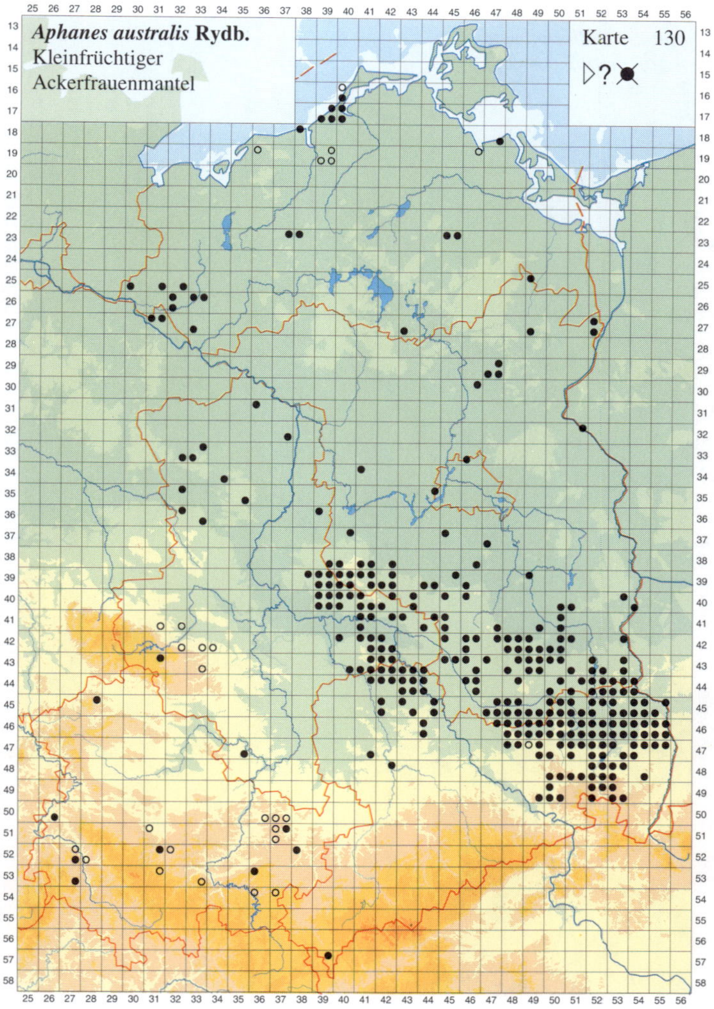
Aphanes australis **Rydb.**
Kleinfrüchtiger
Ackerfrauenmantel
Karte 130

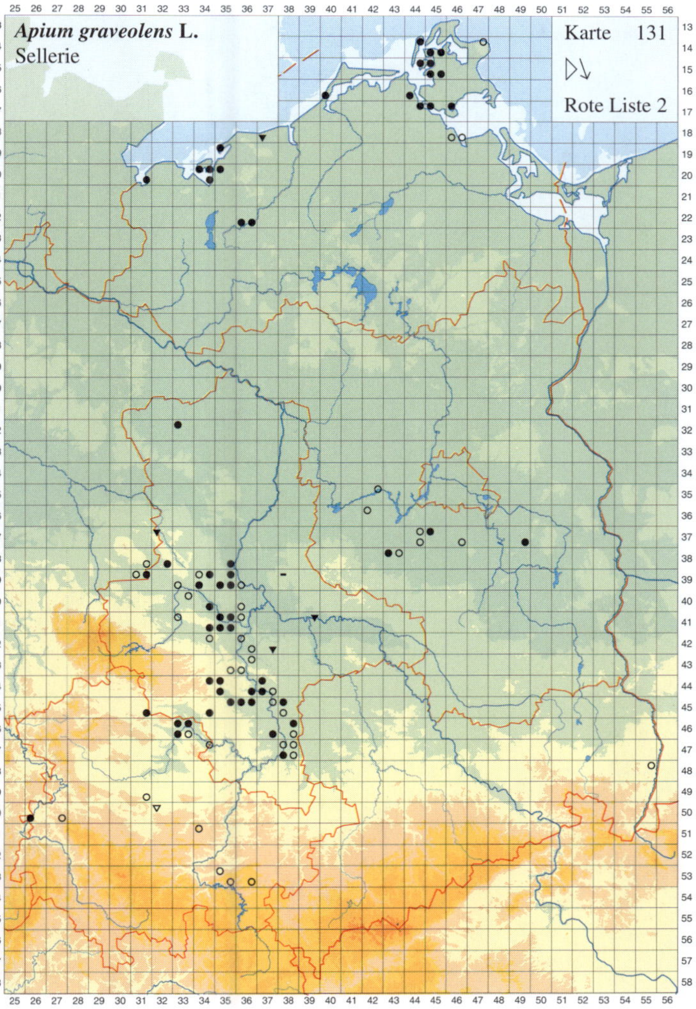
Apium graveolens **L.**
Sellerie
Karte 131
Rote Liste 2

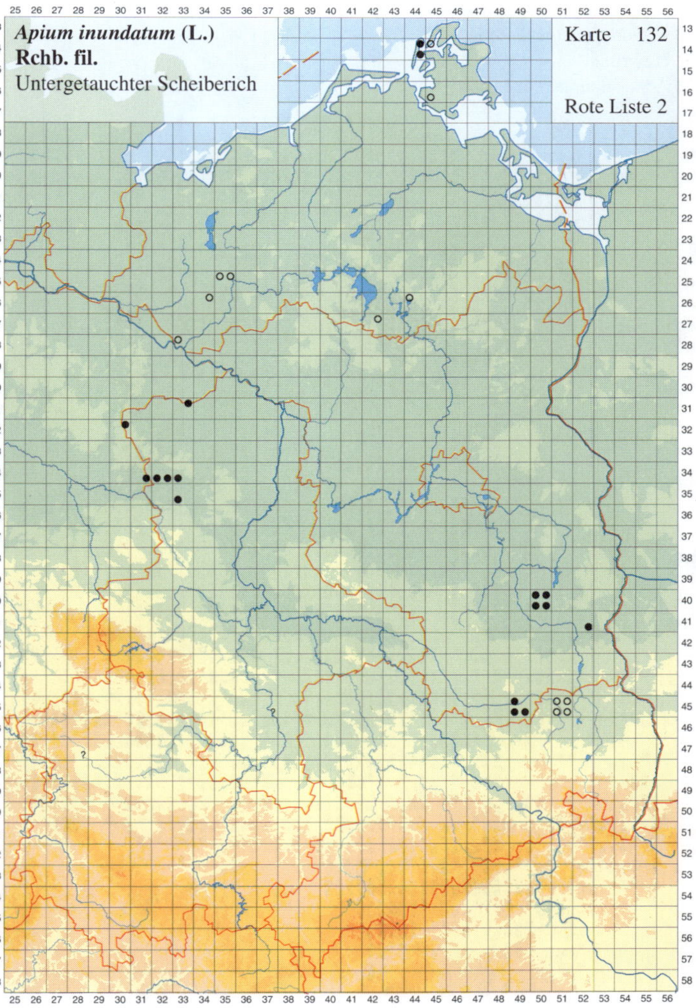
Apium inundatum **(L.) Rchb. fil.**
Untergetauchter Scheiberich
Karte 132
Rote Liste 2

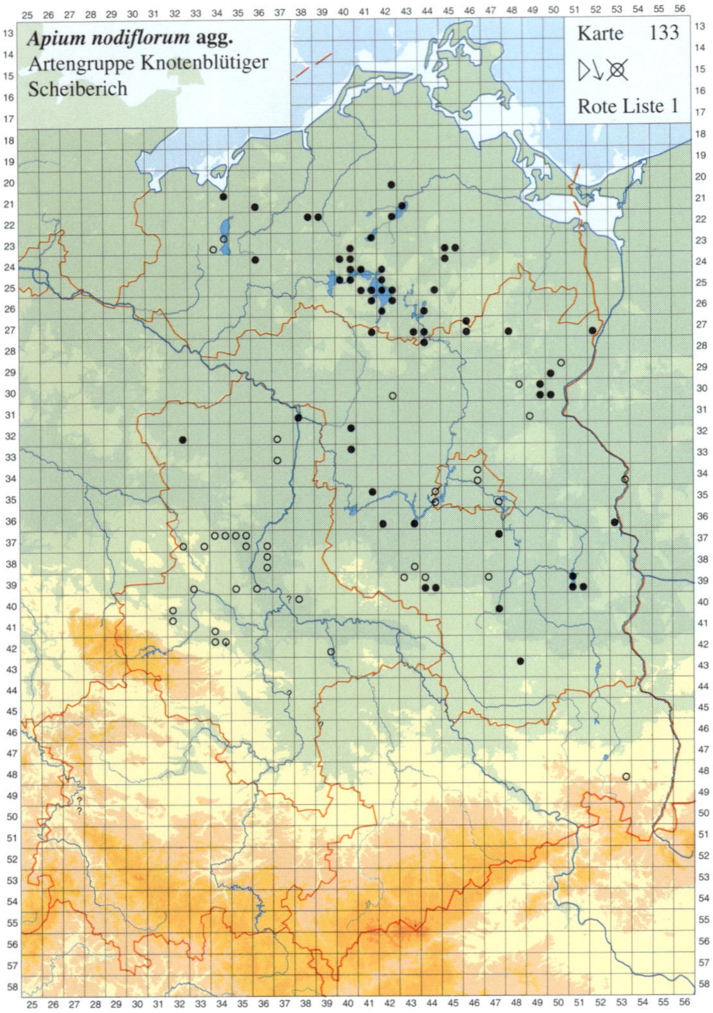
Apium nodiflorum agg.
Artengruppe Knotenblütiger Scheiberich
Karte 133
Rote Liste 1

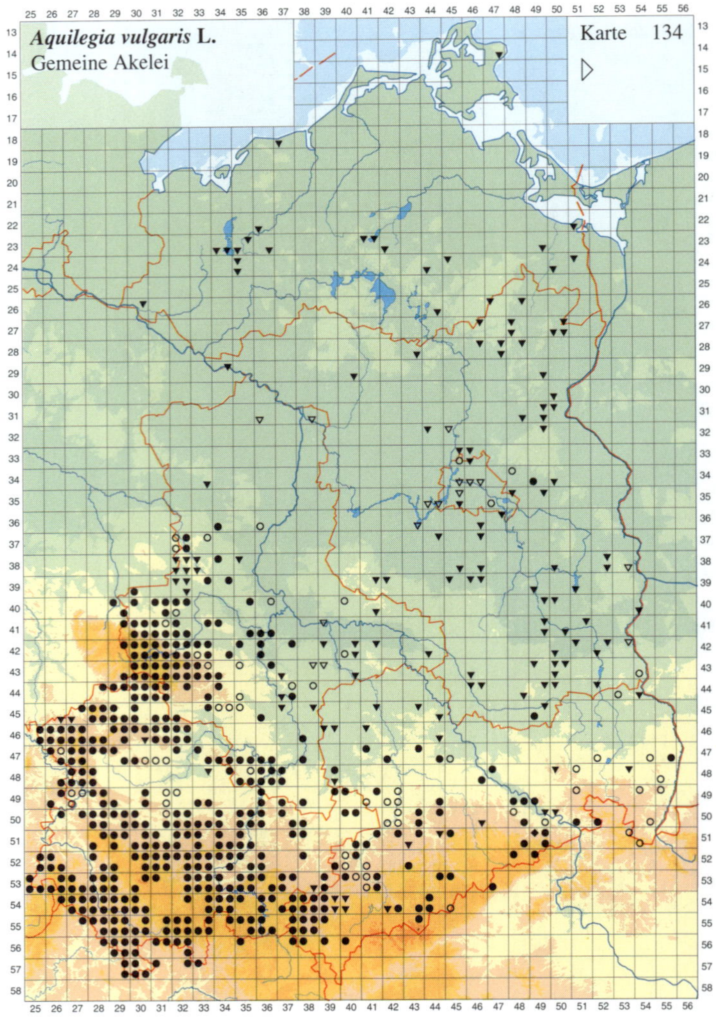
Aquilegia vulgaris L.
Gemeine Akelei
Karte 134

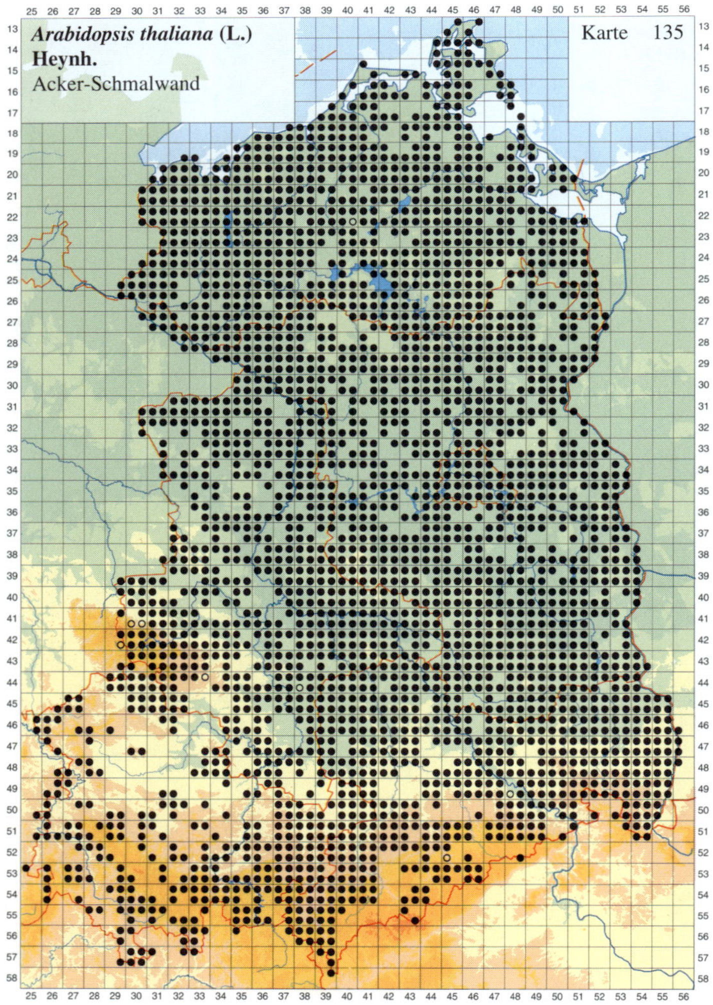
Arabidopsis thaliana (L.) Heynh.
Acker-Schmalwand
Karte 135

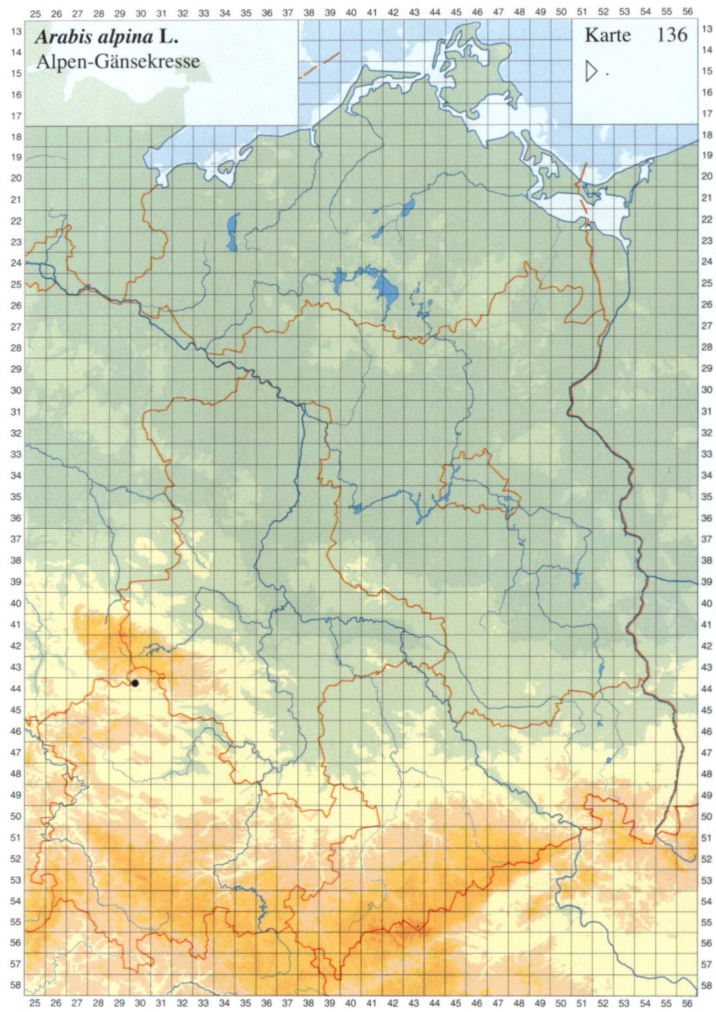
Arabis alpina L.
Alpen-Gänsekresse
Karte 136

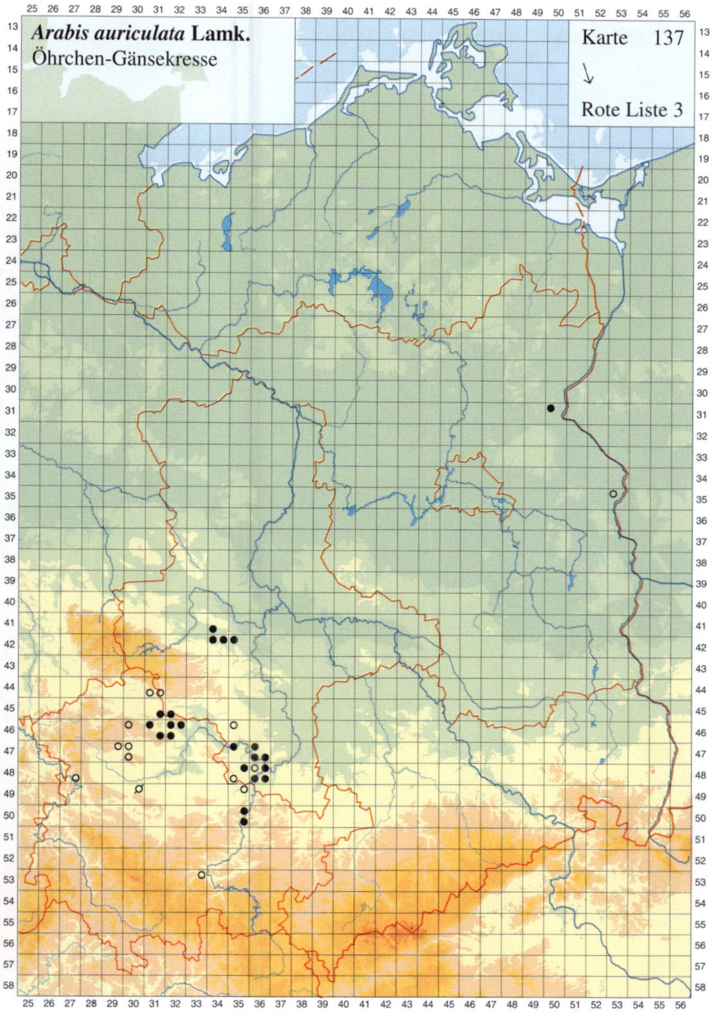
Arabis auriculata **Lamk.**
Öhrchen-Gänsekresse
Karte 137
Rote Liste 3

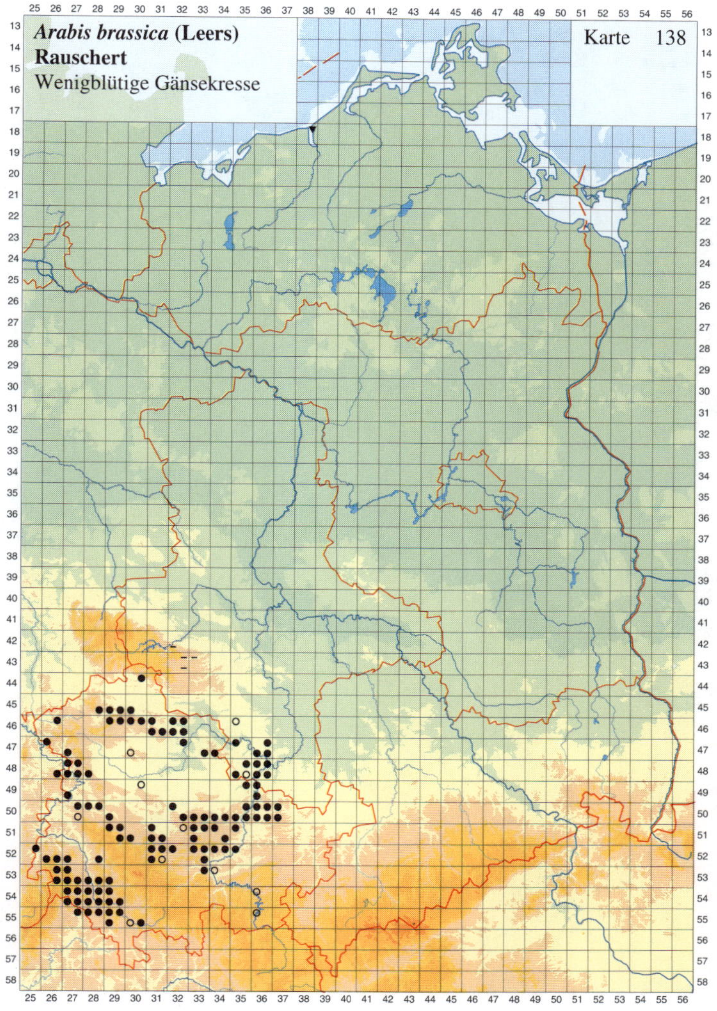
Arabis brassica **(Leers) Rauschert**
Wenigblütige Gänsekresse
Karte 138

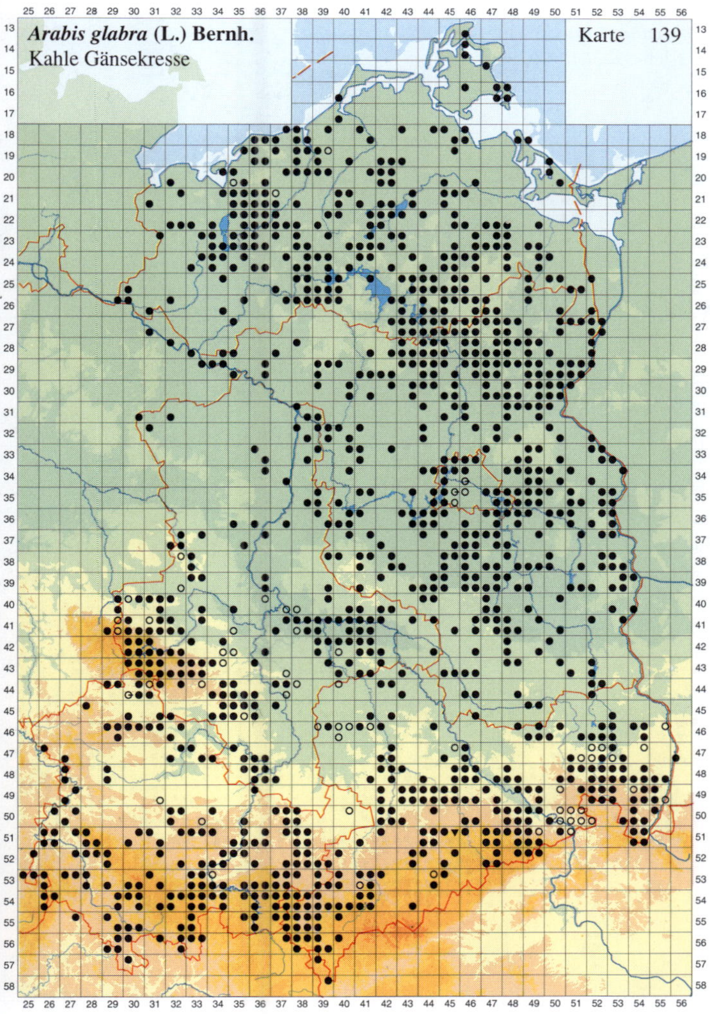
Arabis glabra **(L.) Bernh.**
Kahle Gänsekresse
Karte 139

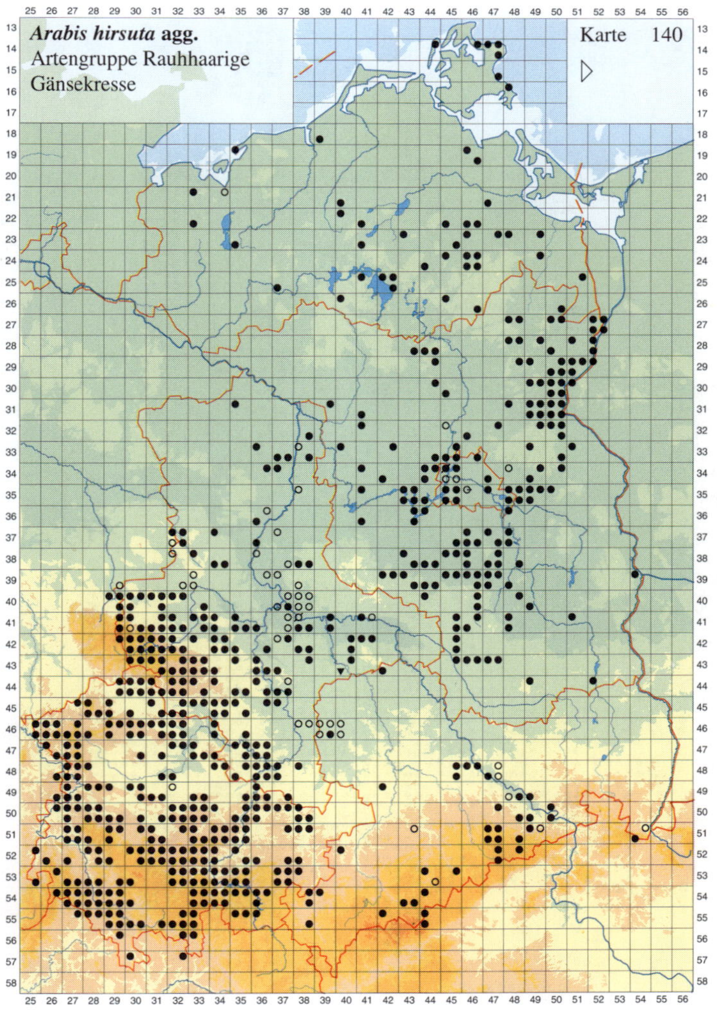
Arabis hirsuta **agg.**
Artengruppe Rauhhaarige Gänsekresse
Karte 140

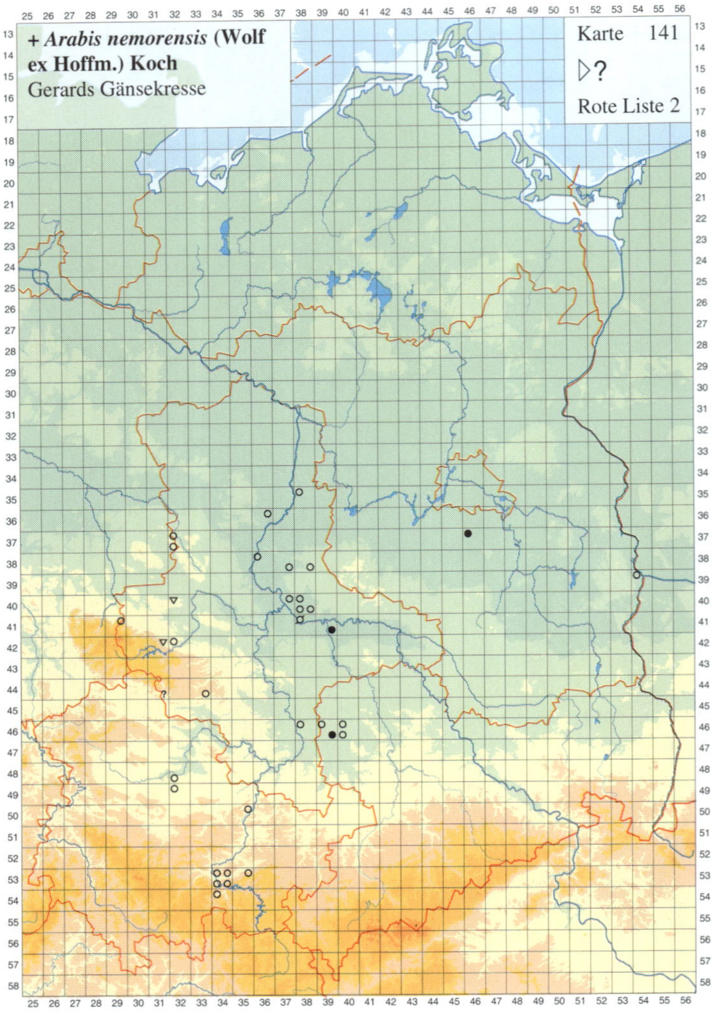
+ *Arabis nemorensis* (Wolf ex Hoffm.) Koch
Gerards Gänsekresse
Karte 141
▷?
Rote Liste 2

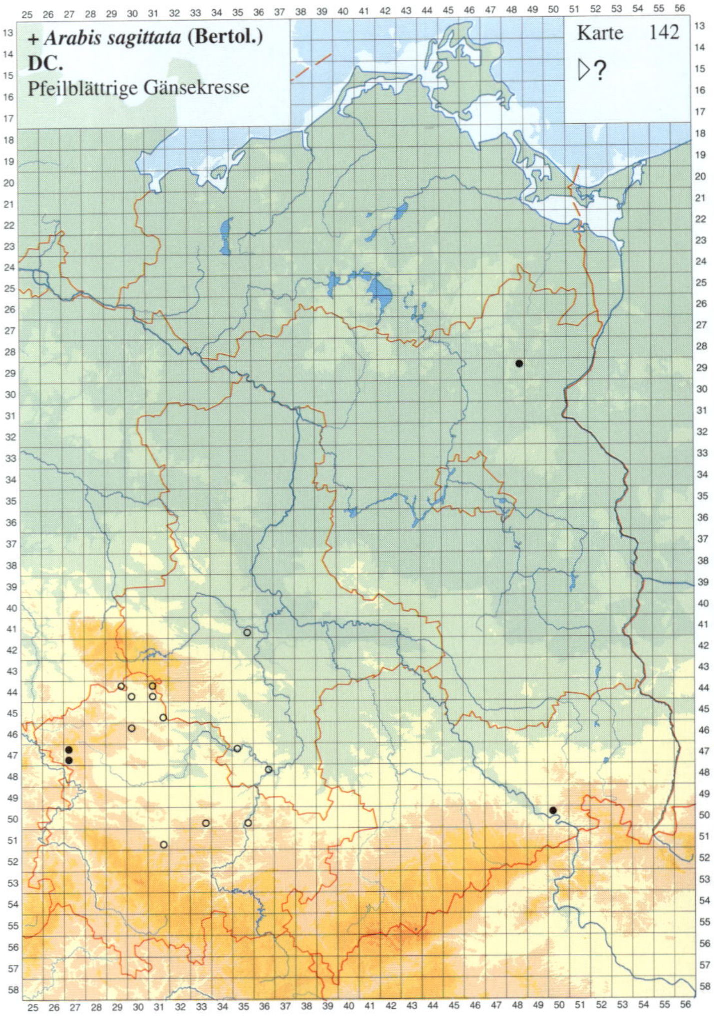
+ *Arabis sagittata* (Bertol.) DC.
Pfeilblättrige Gänsekresse
Karte 142
▷?

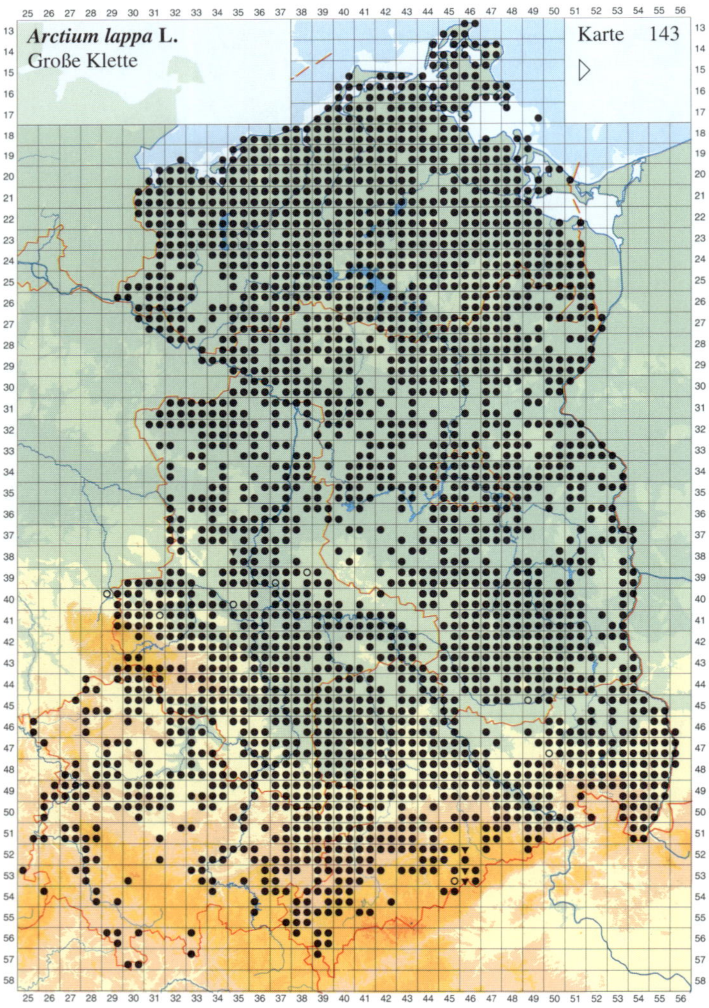
Arctium lappa L.
Große Klette
Karte 143
▷

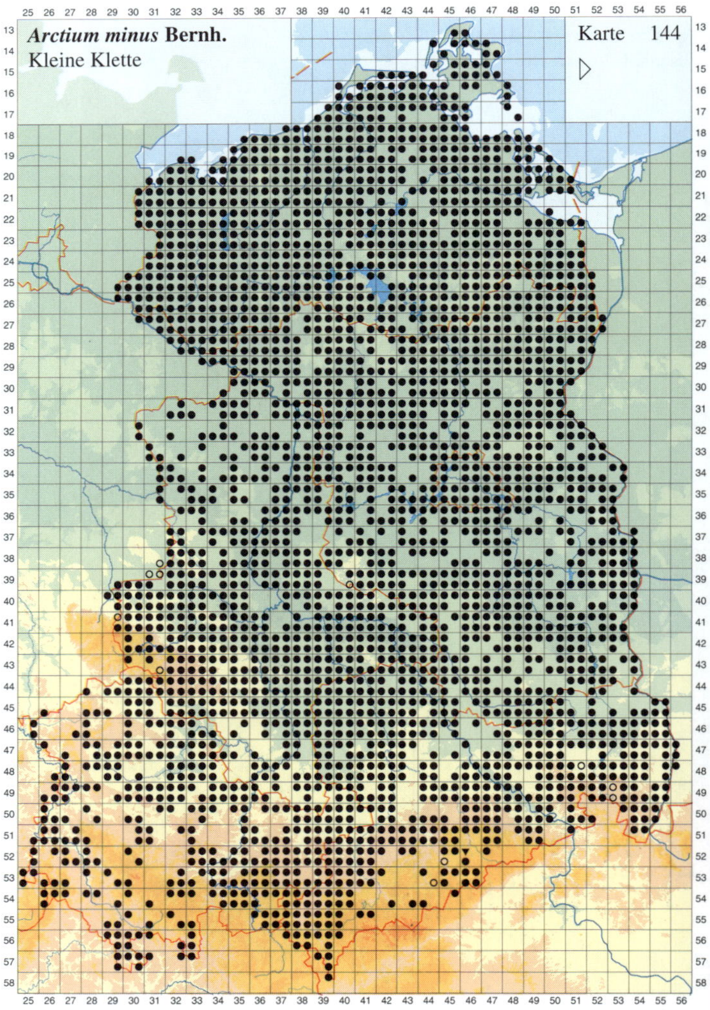
Arctium minus Bernh.
Kleine Klette
Karte 144
▷

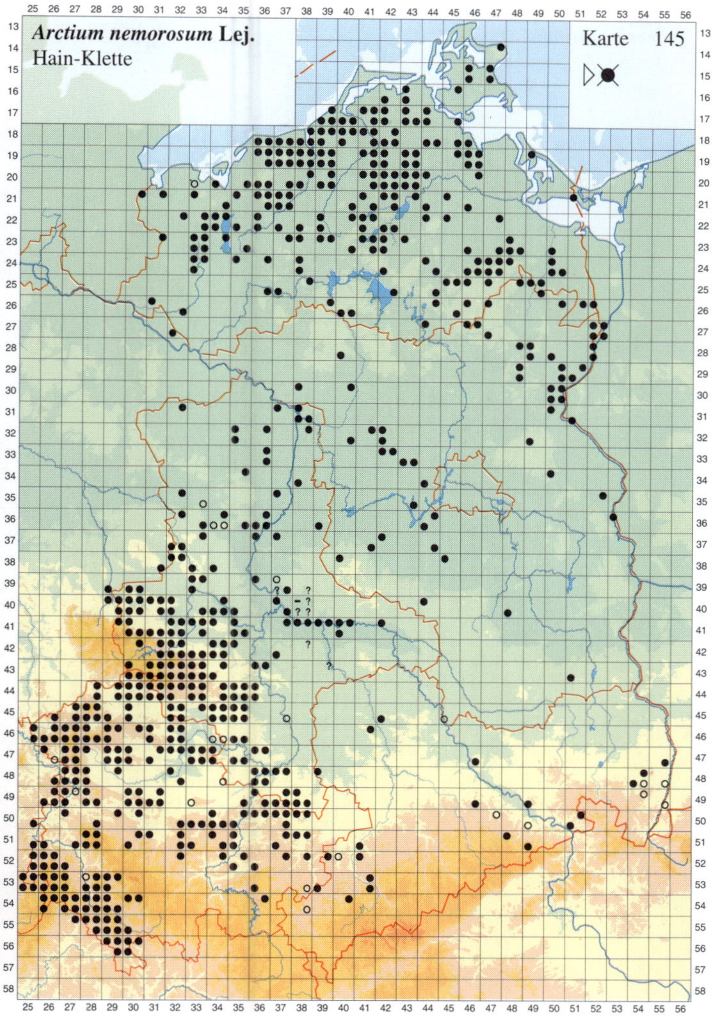
Arctium nemorosum Lej.
Hain-Klette
Karte 145

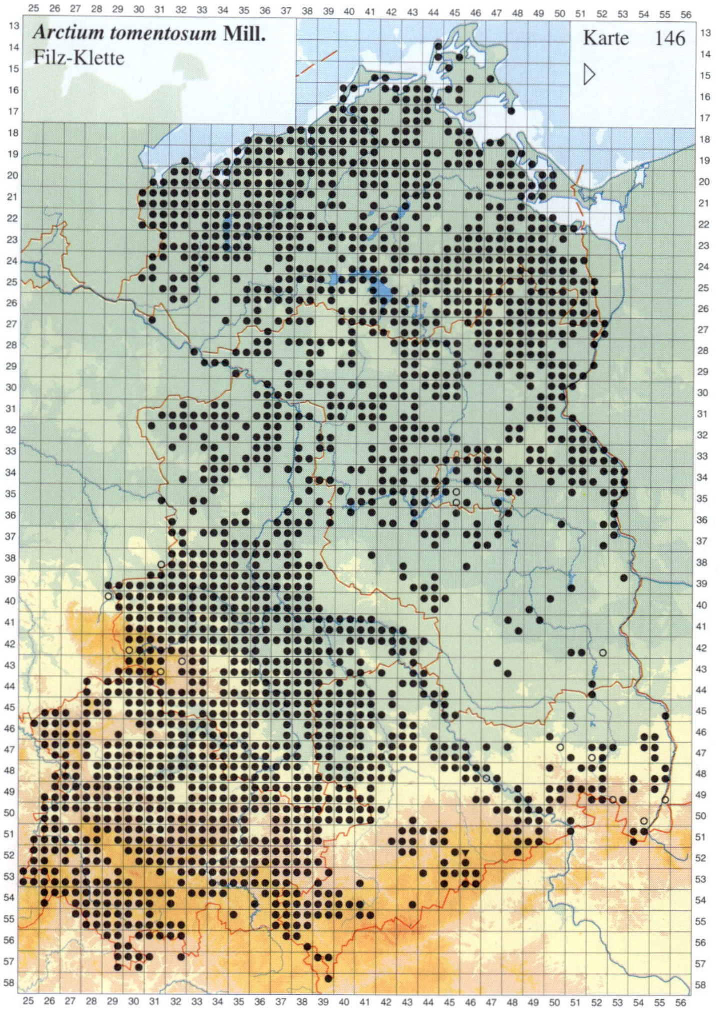
Arctium tomentosum Mill.
Filz-Klette
Karte 146

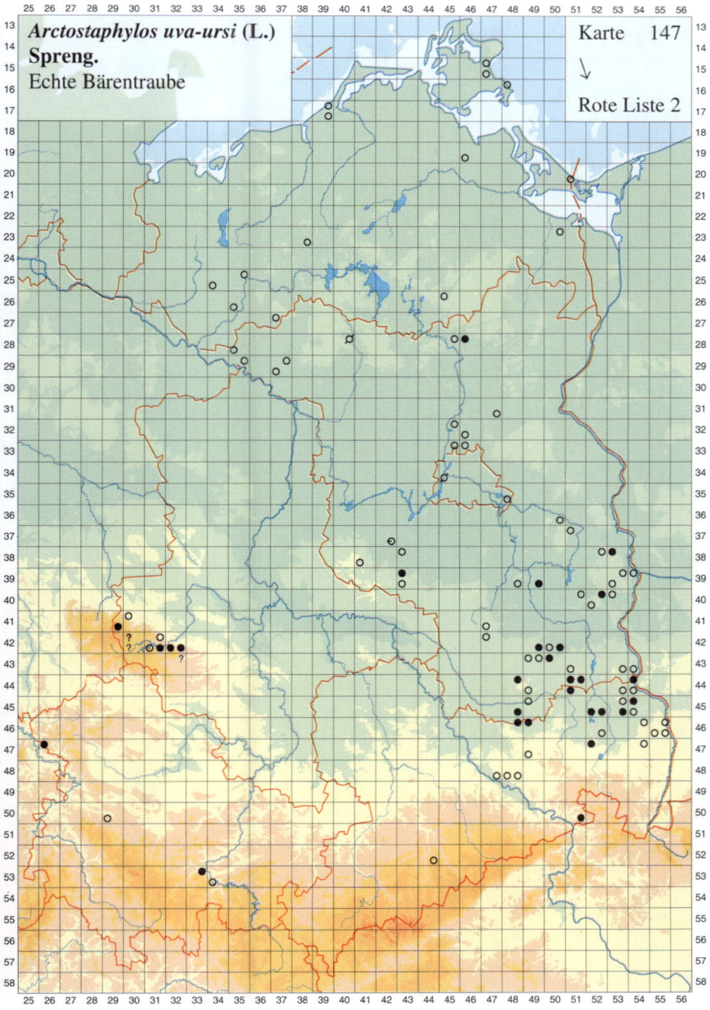
Arctostaphylos uva-ursi (L.) Spreng.
Echte Bärentraube
Karte 147
Rote Liste 2

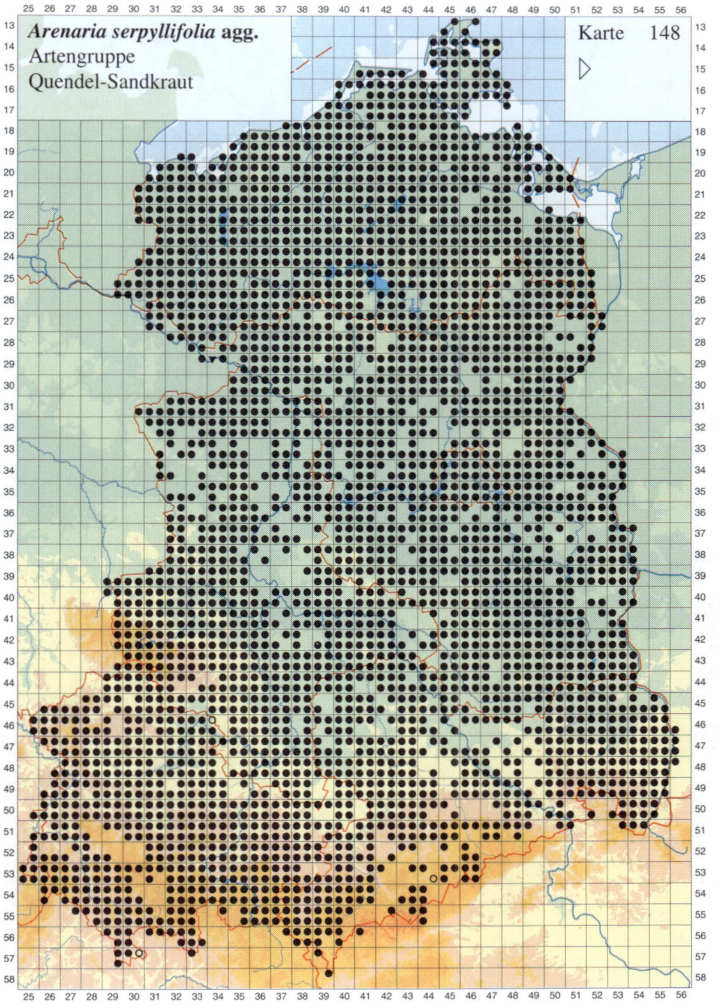
Arenaria serpyllifolia agg.
Artengruppe
Quendel-Sandkraut
Karte 148

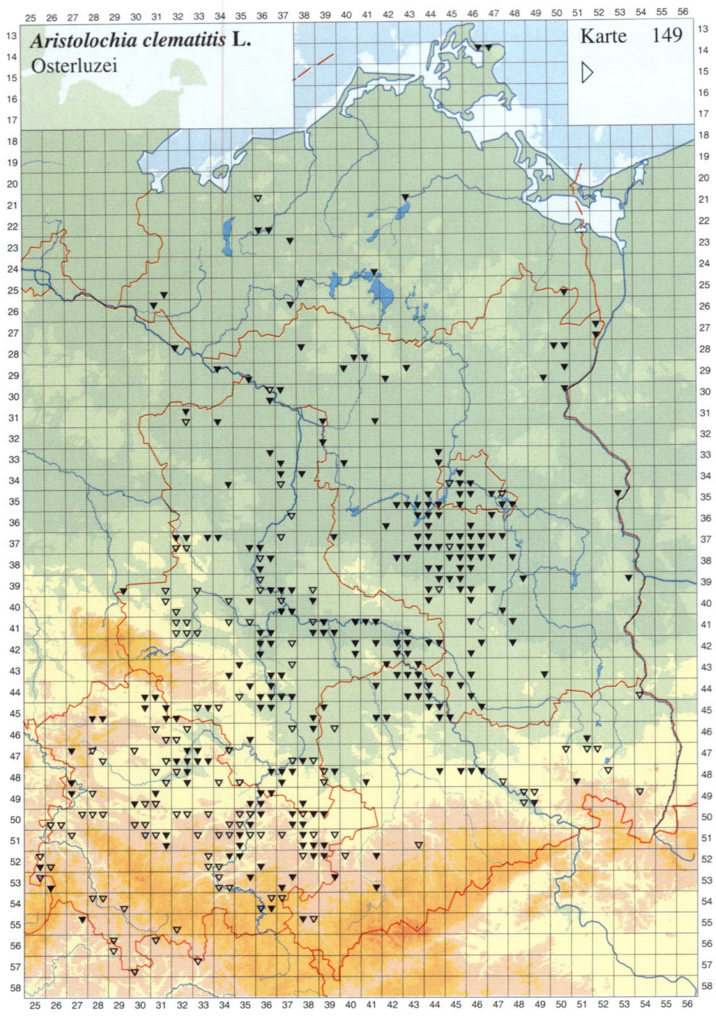
Aristolochia clematitis L.
Osterluzei
Karte 149

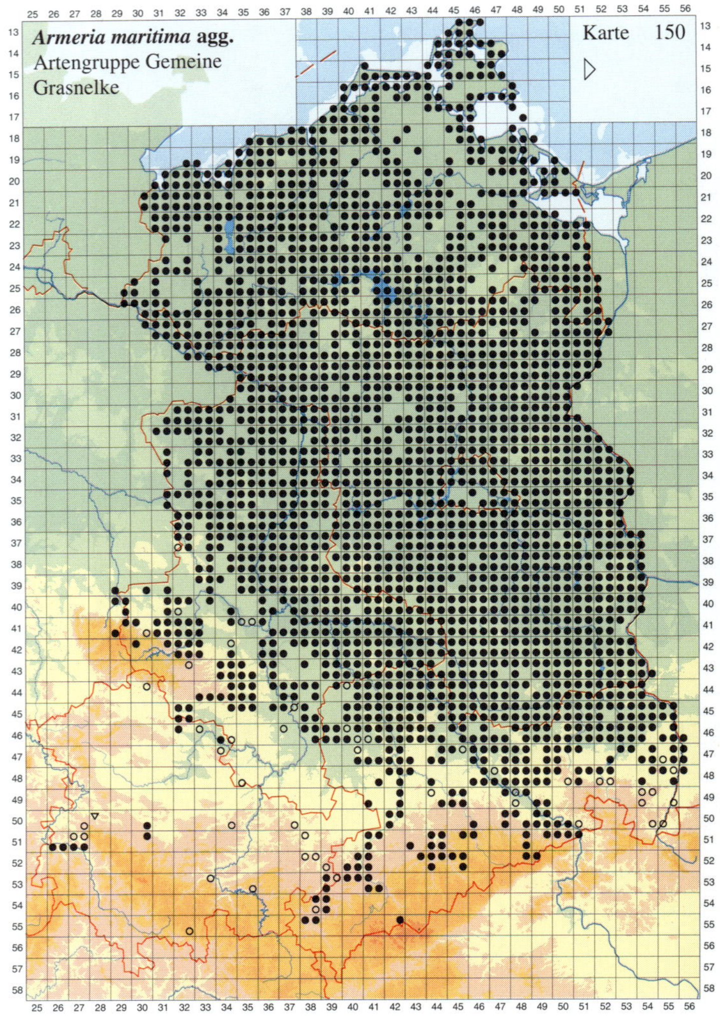
Armeria maritima agg.
Artengruppe Gemeine Grasnelke
Karte 150

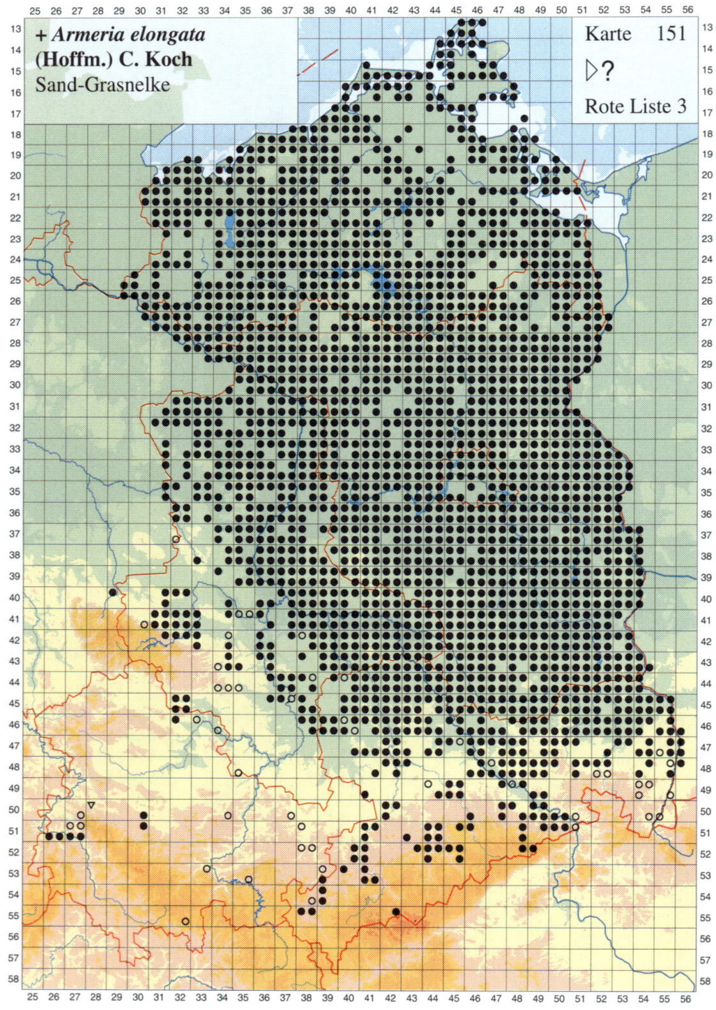
+ Armeria elongata (Hoffm.) C. Koch
Sand-Grasnelke
Karte 151
?
Rote Liste 3

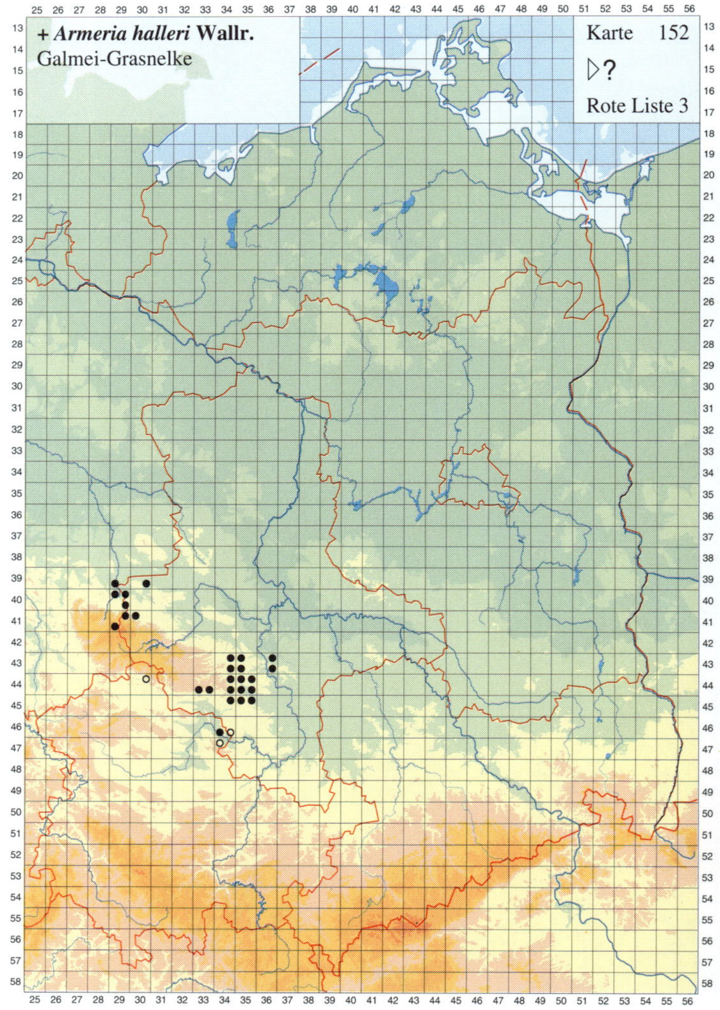
+ Armeria halleri Wallr.
Galmei-Grasnelke
Karte 152
?
Rote Liste 3

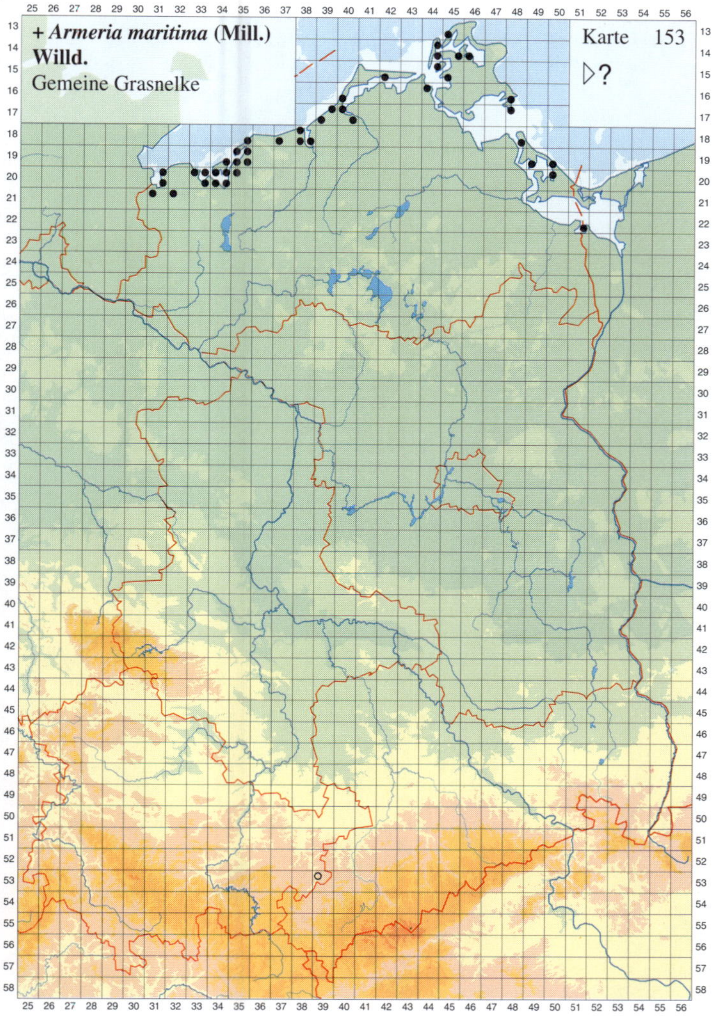
+ Armeria maritima (Mill.) Willd.
Gemeine Grasnelke
Karte 153
▷?

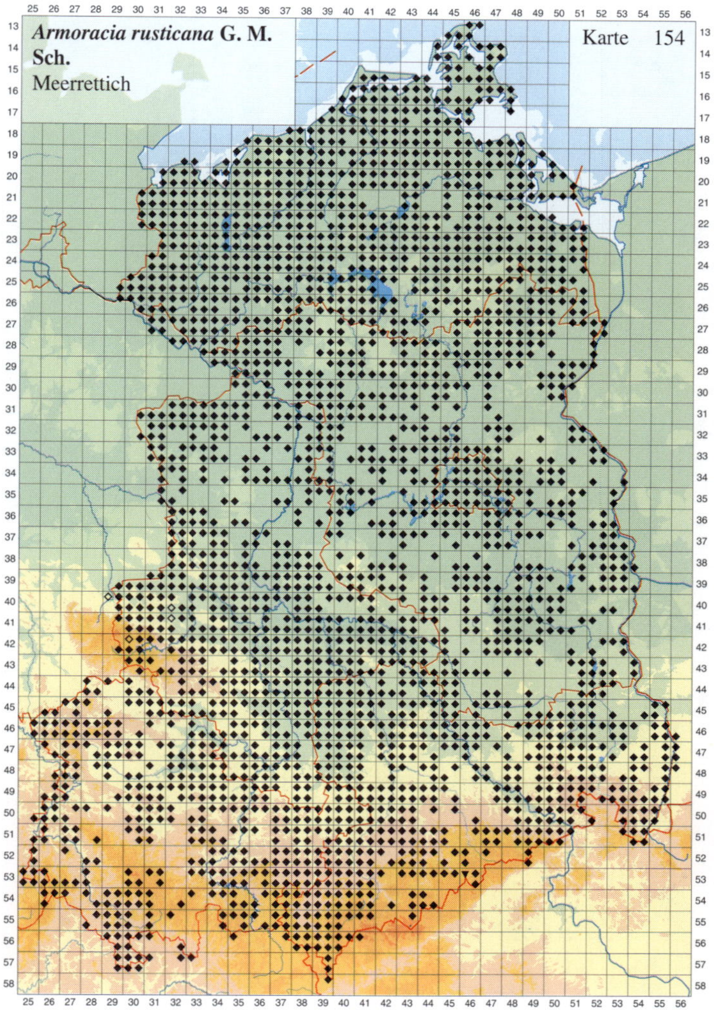
Armoracia rusticana G. M. Sch.
Meerrettich
Karte 154

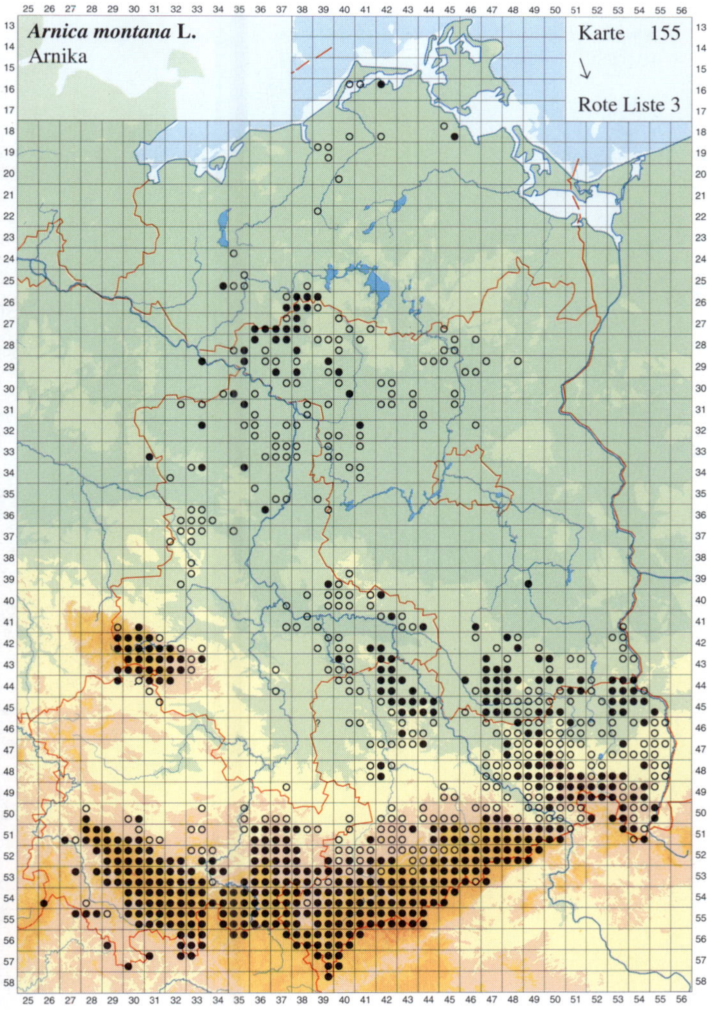
Arnica montana L.
Arnika
Karte 155
↘
Rote Liste 3

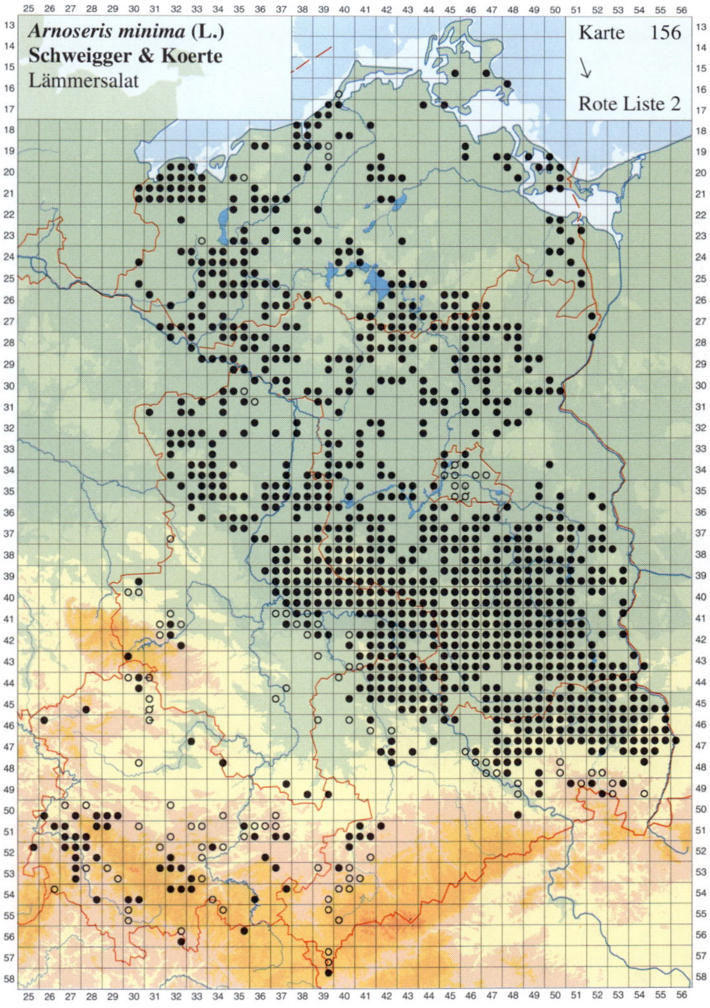
Arnoseris minima (L.) Schweigger & Koerte
Lämmersalat
Karte 156
↘
Rote Liste 2

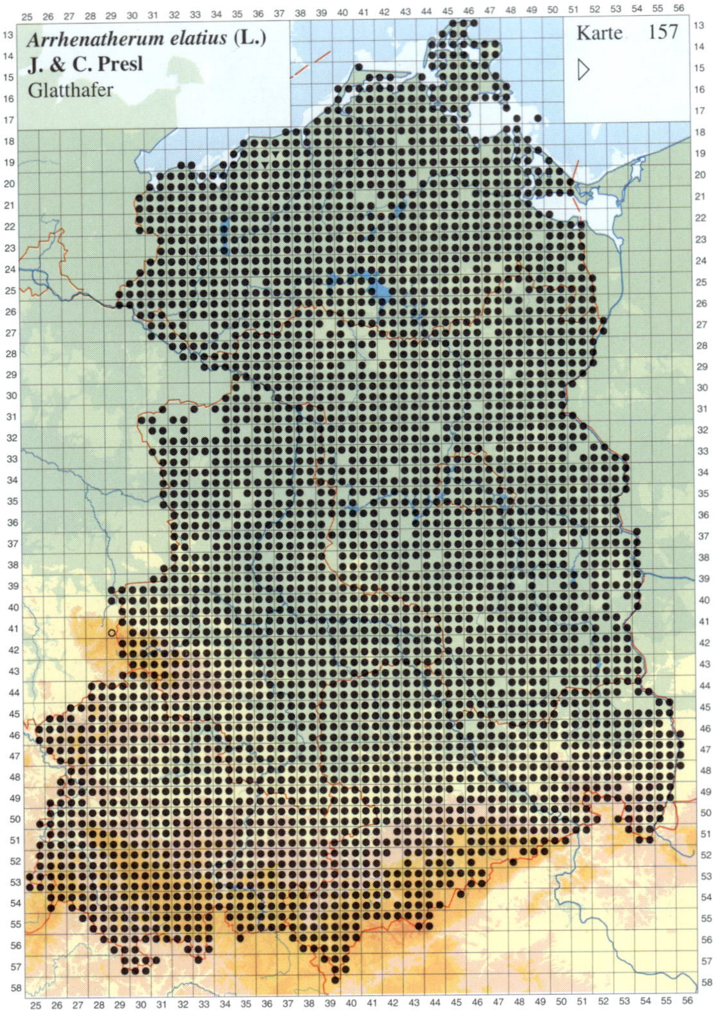
Arrhenatherum elatius (L.) J. & C. Presl
Glatthafer
Karte 157

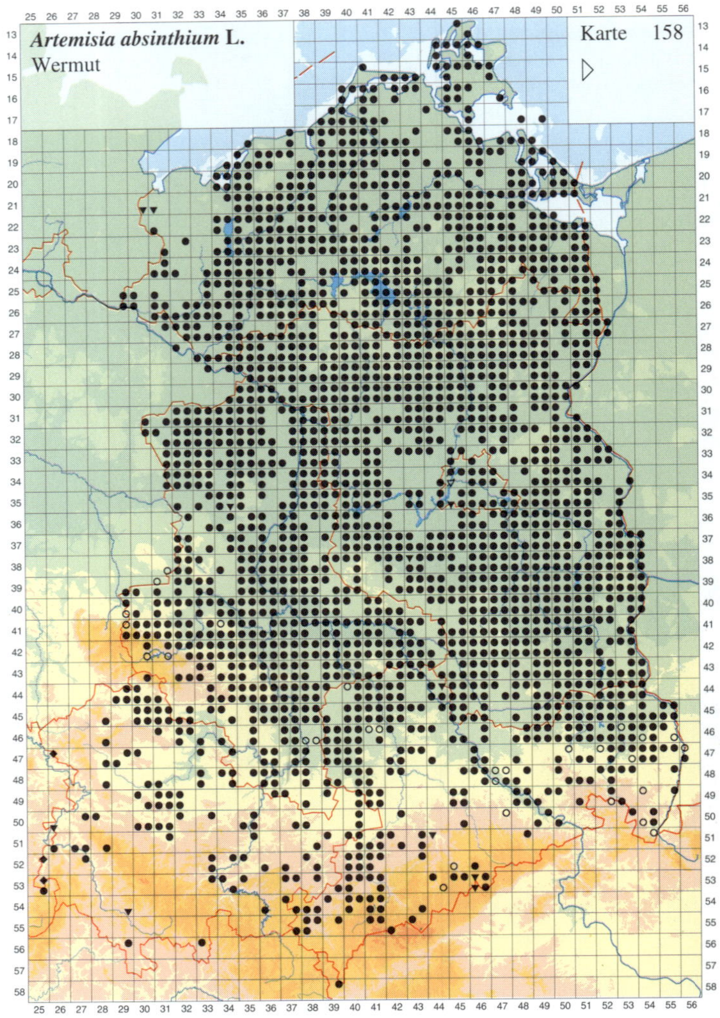
Artemisia absinthium L.
Wermut
Karte 158

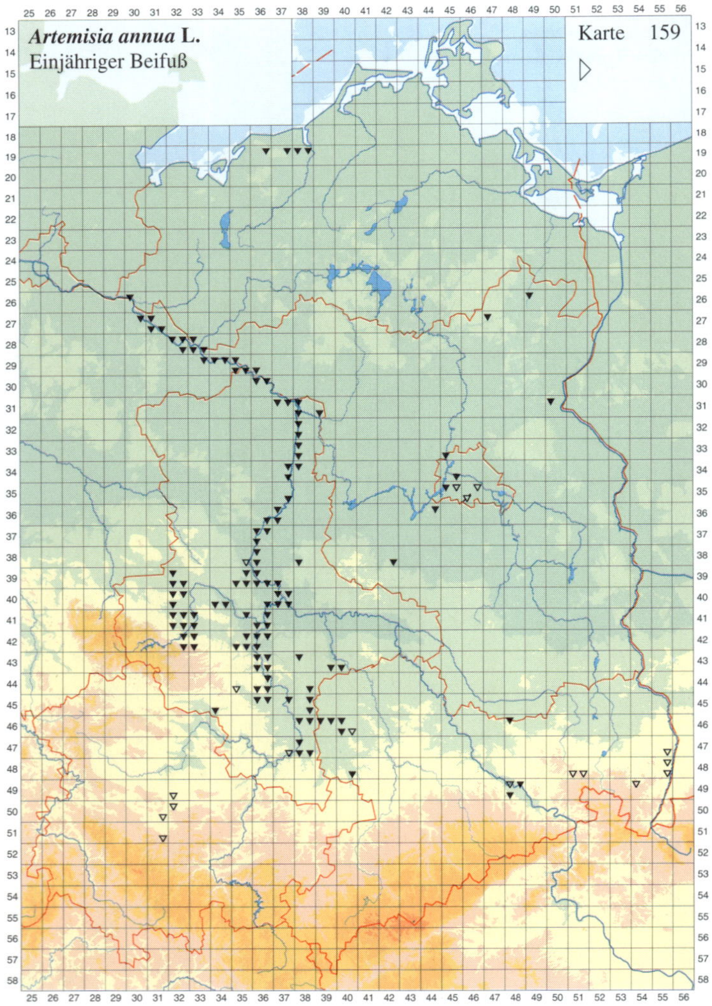
Artemisia annua L.
Einjähriger Beifuß
Karte 159

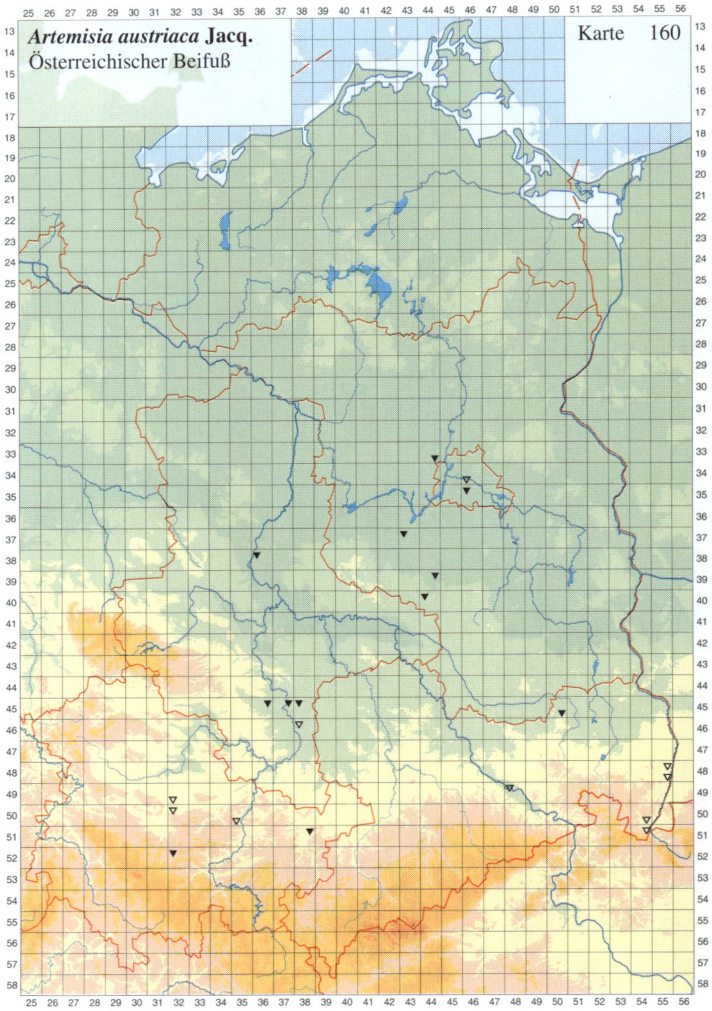
Artemisia austriaca Jacq.
Österreichischer Beifuß
Karte 160

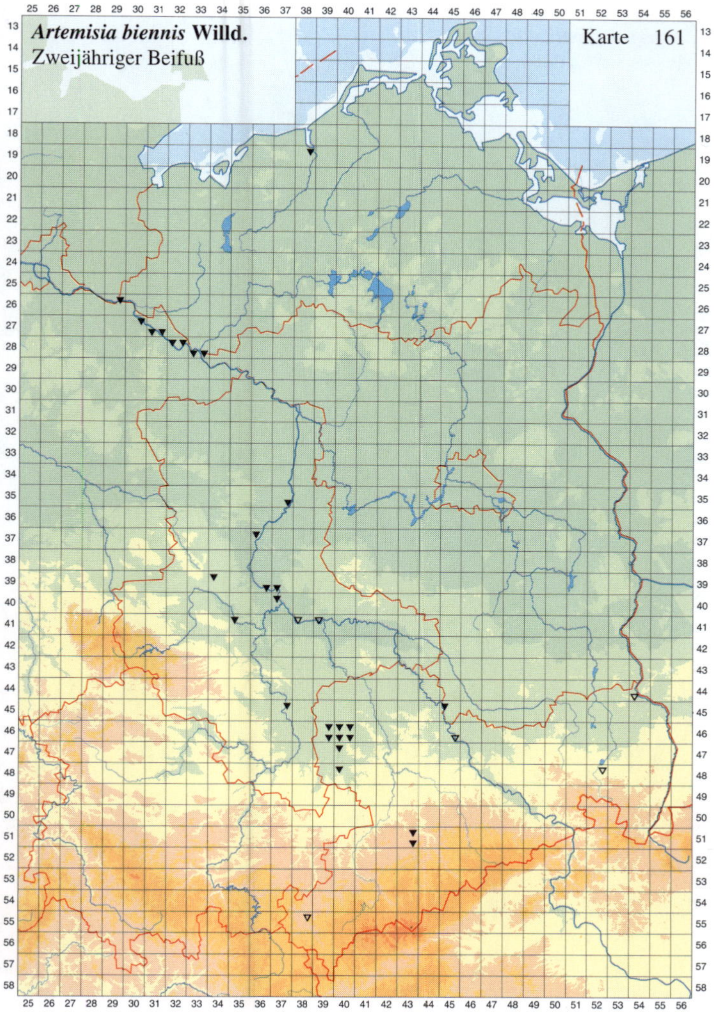
Artemisia biennis Willd.
Zweijähriger Beifuß
Karte 161

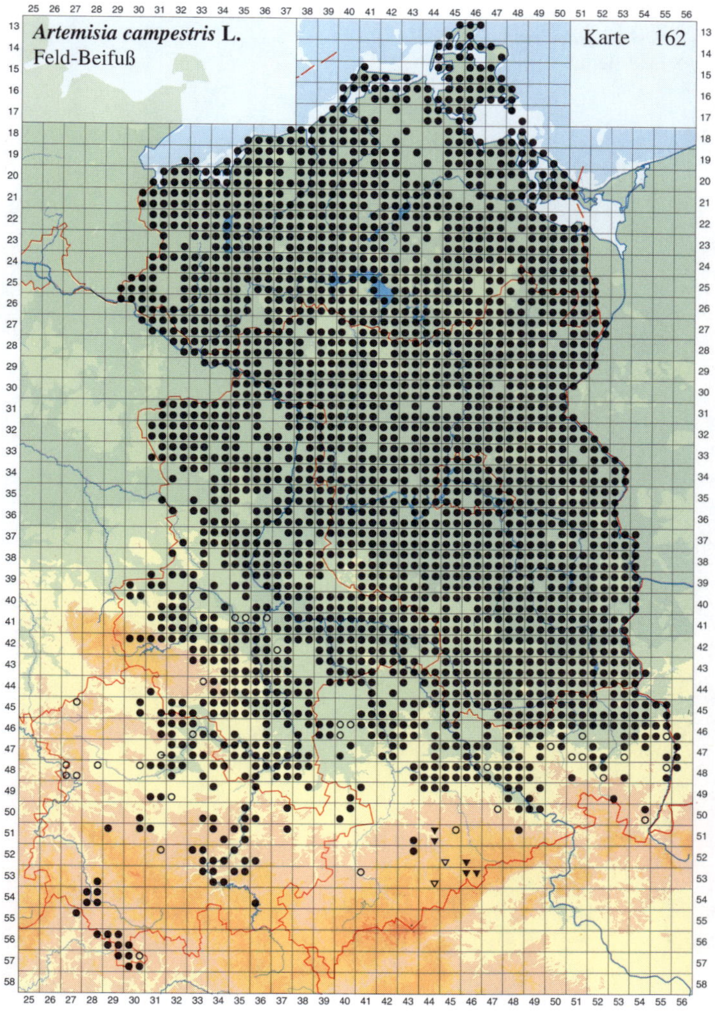
Artemisia campestris L.
Feld-Beifuß
Karte 162

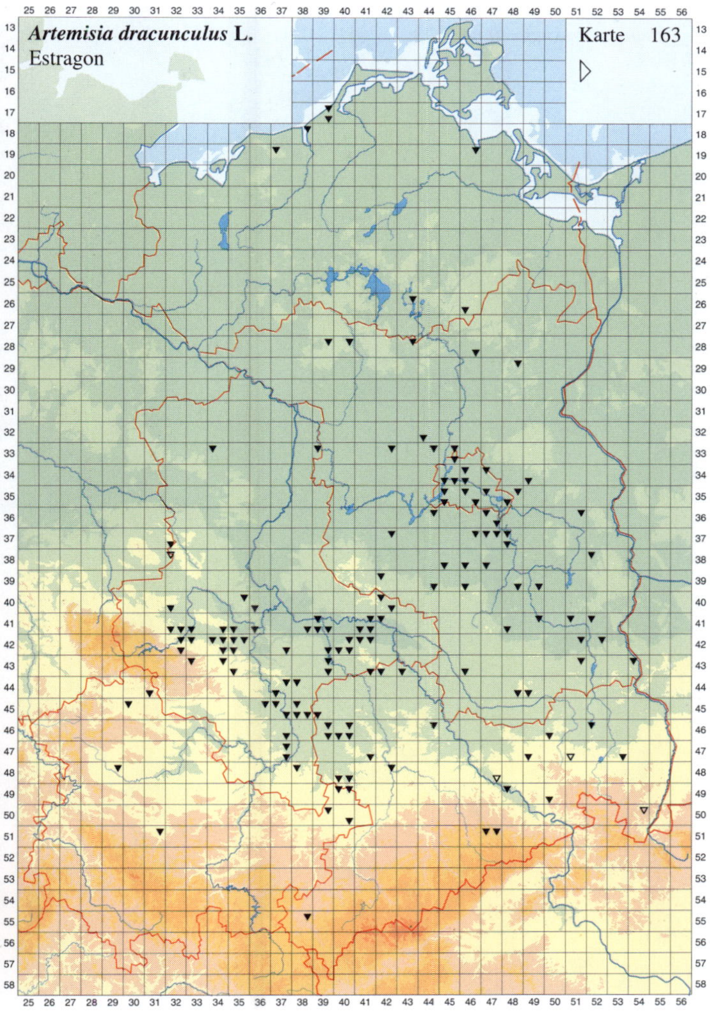
Artemisia dracunculus L.
Estragon
Karte 163

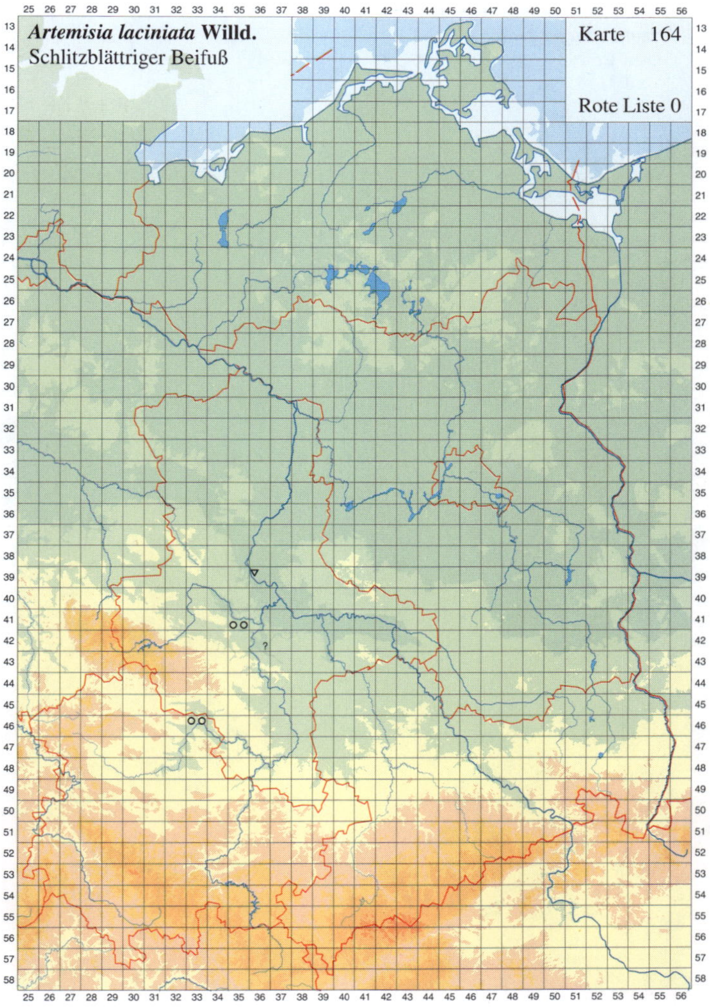
Artemisia laciniata Willd.
Schlitzblättriger Beifuß
Karte 164
Rote Liste 0

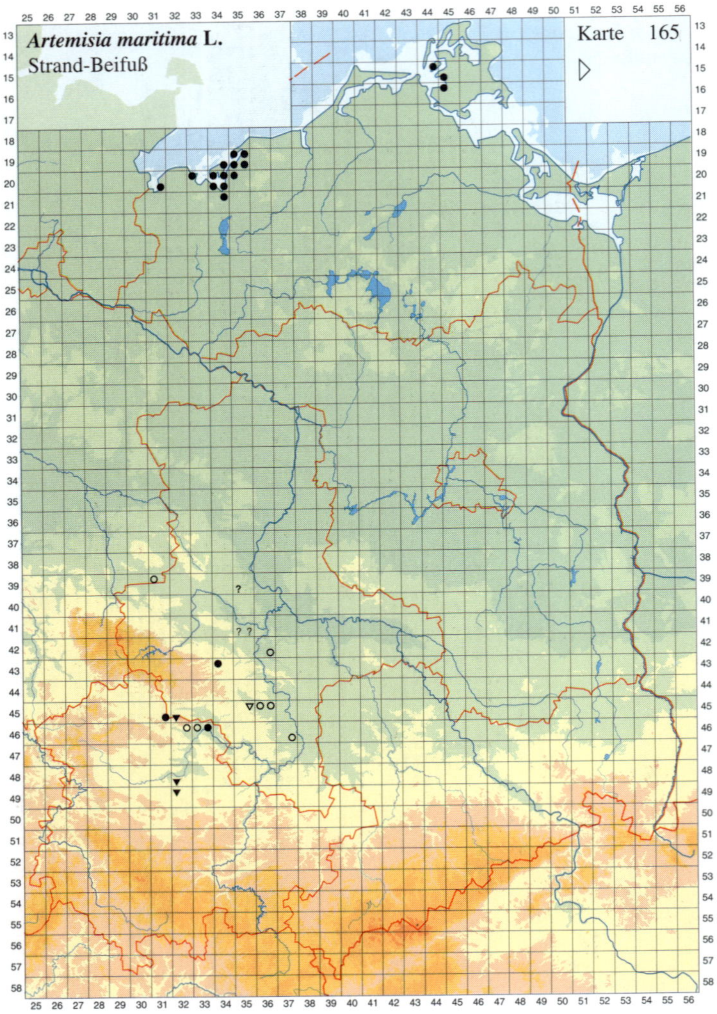
Artemisia maritima L.
Strand-Beifuß
Karte 165

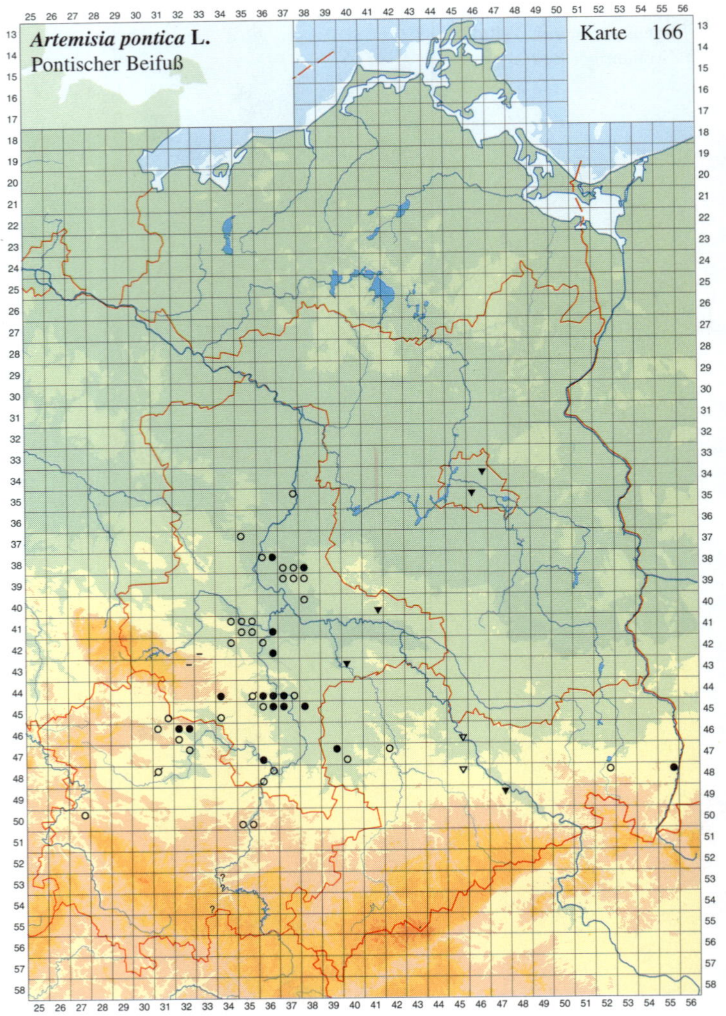
Artemisia pontica L.
Pontischer Beifuß
Karte 166

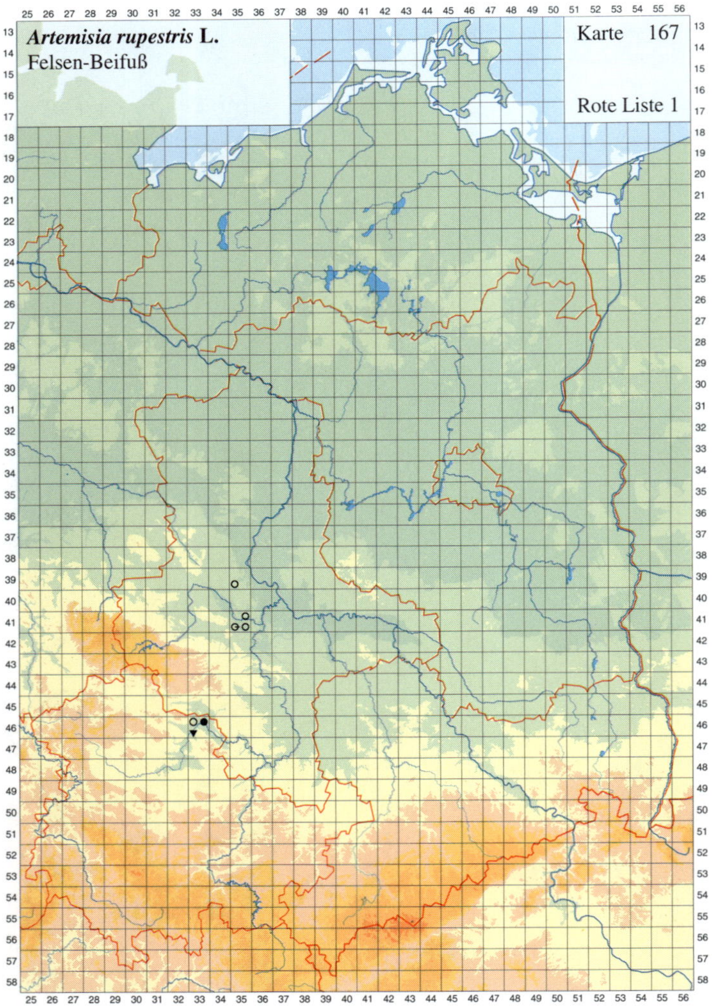
Artemisia rupestris L.
Felsen-Beifuß
Karte 167
Rote Liste 1

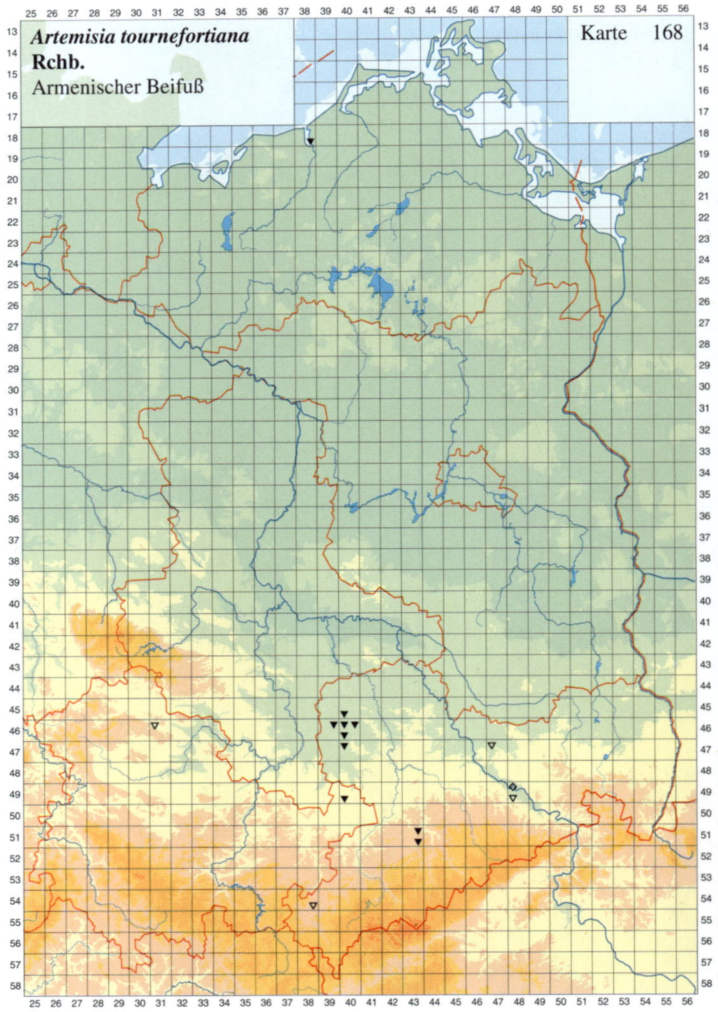
Artemisia tournefortiana Rchb.
Armenischer Beifuß
Karte 168

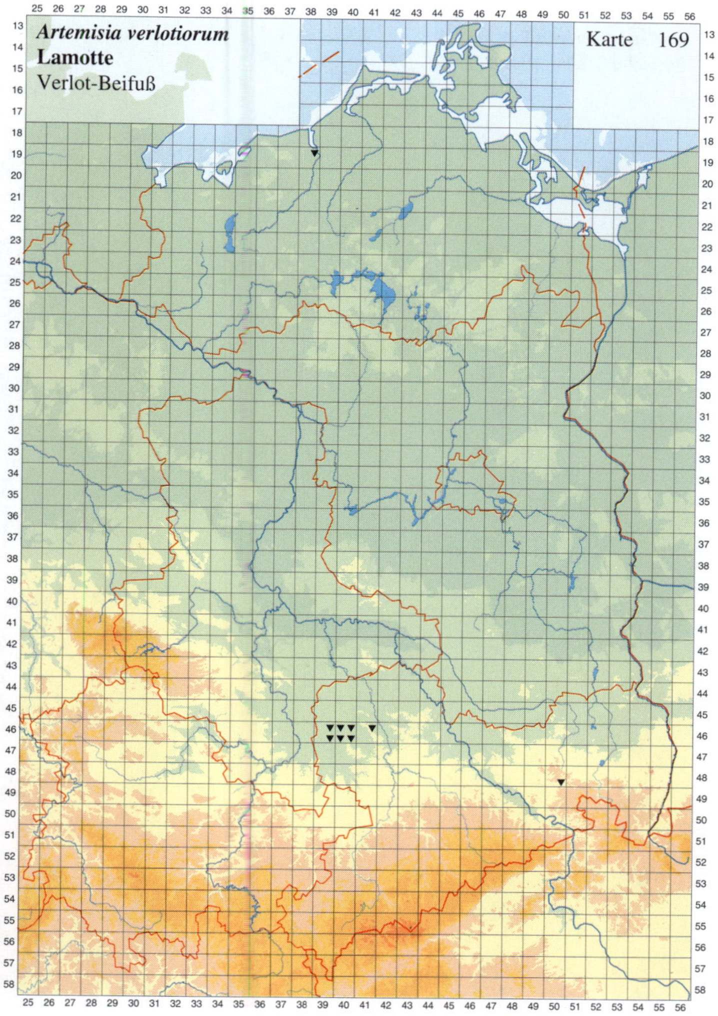
Artemisia verlotiorum **Lamotte**
Verlot-Beifuß
Karte 169

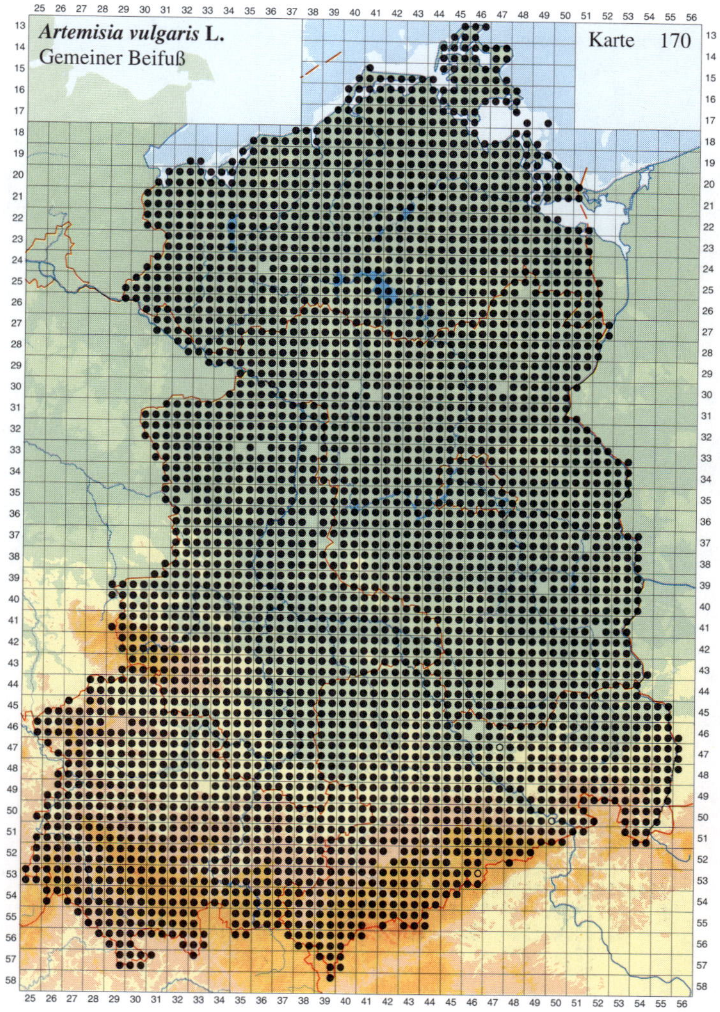
Artemisia vulgaris **L.**
Gemeiner Beifuß
Karte 170

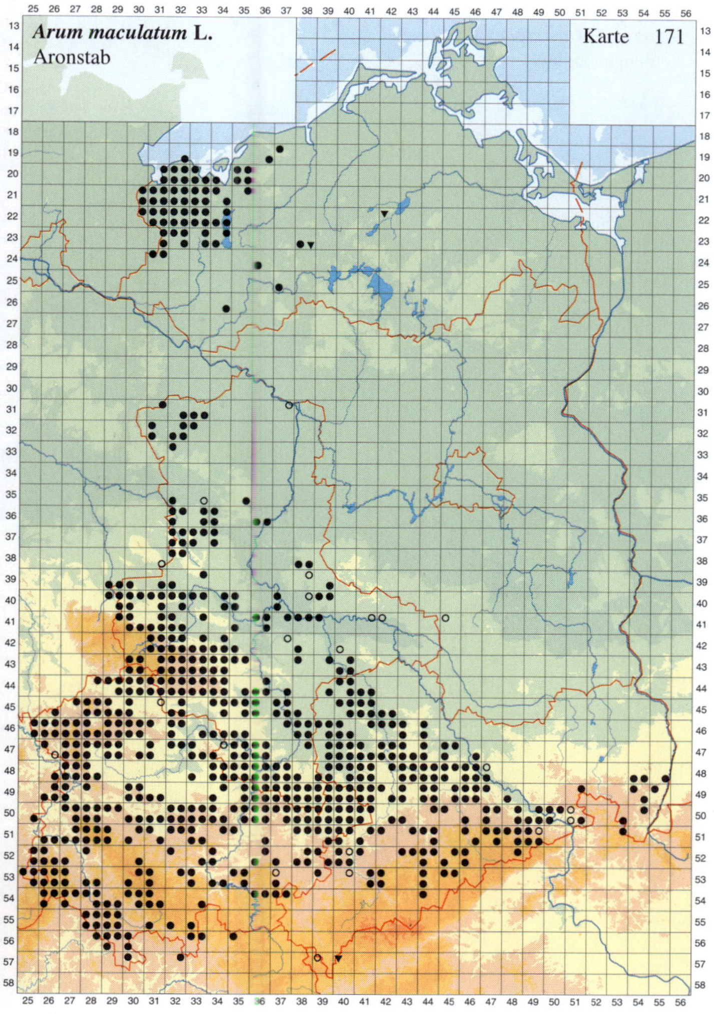
Arum maculatum **L.**
Aronstab
Karte 171

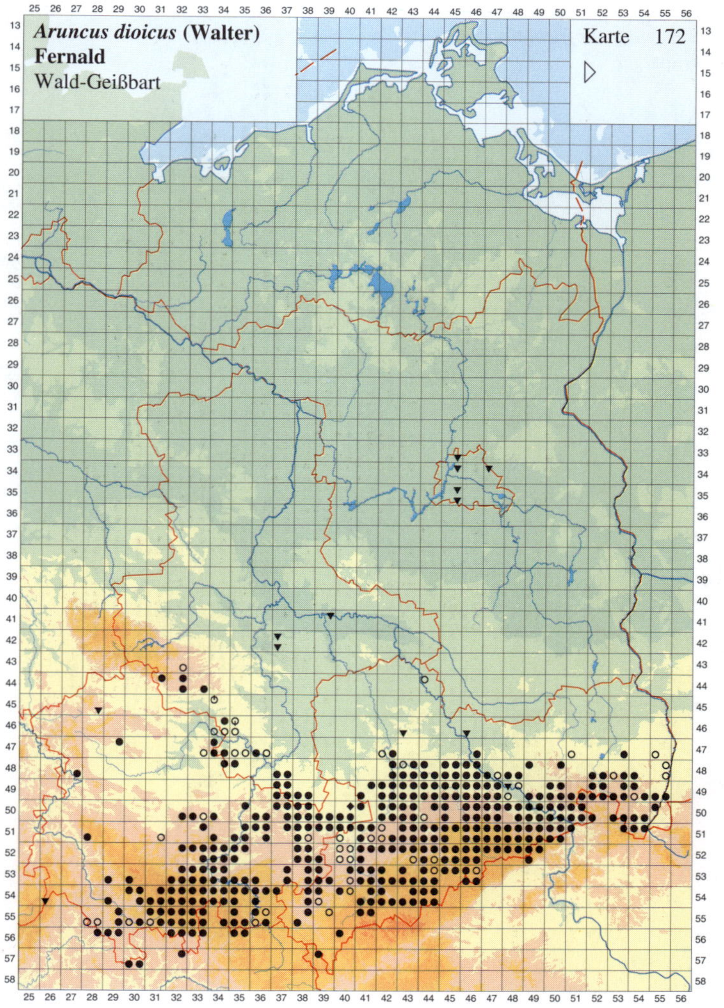
Aruncus dioicus **(Walter) Fernald**
Wald-Geißbart
Karte 172

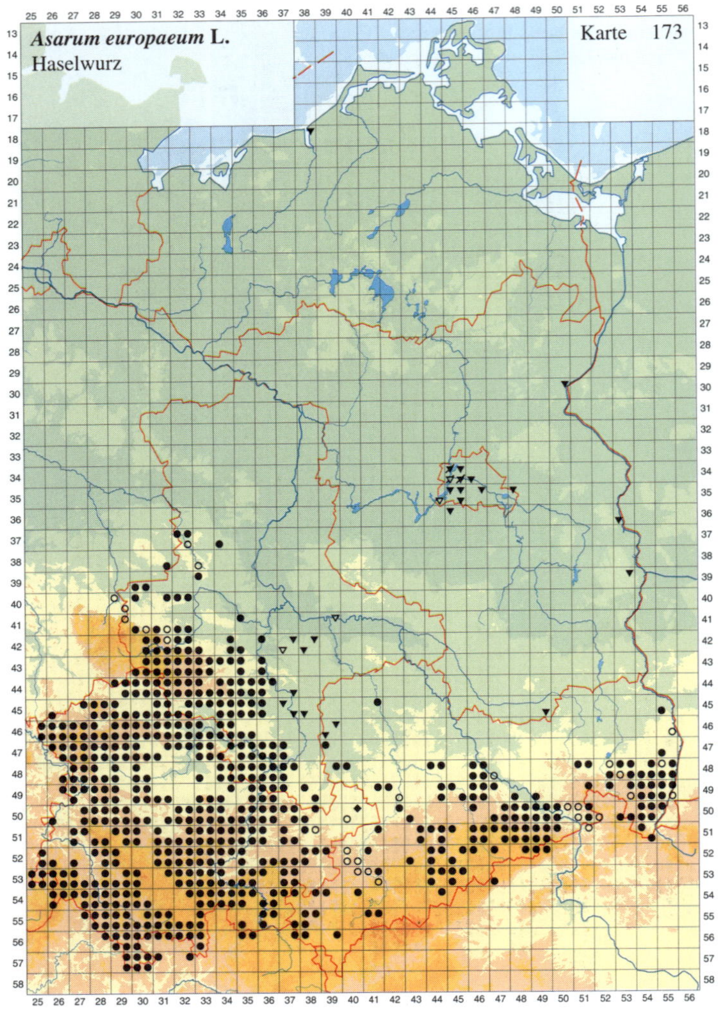
Asarum europaeum L.
Haselwurz
Karte 173

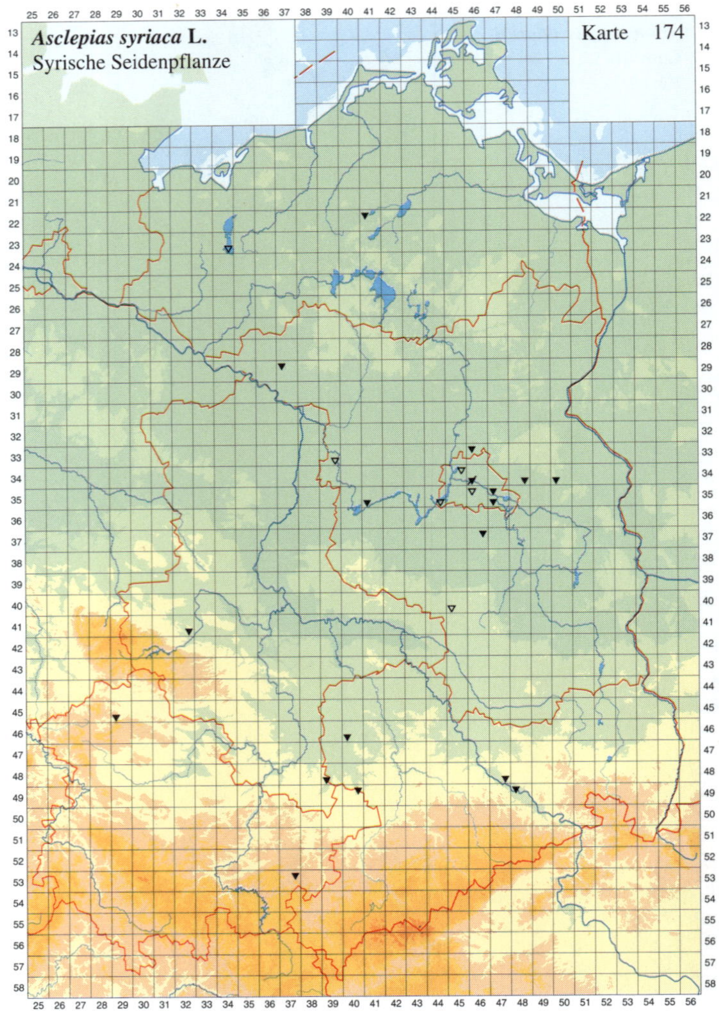
Asclepias syriaca L.
Syrische Seidenpflanze
Karte 174

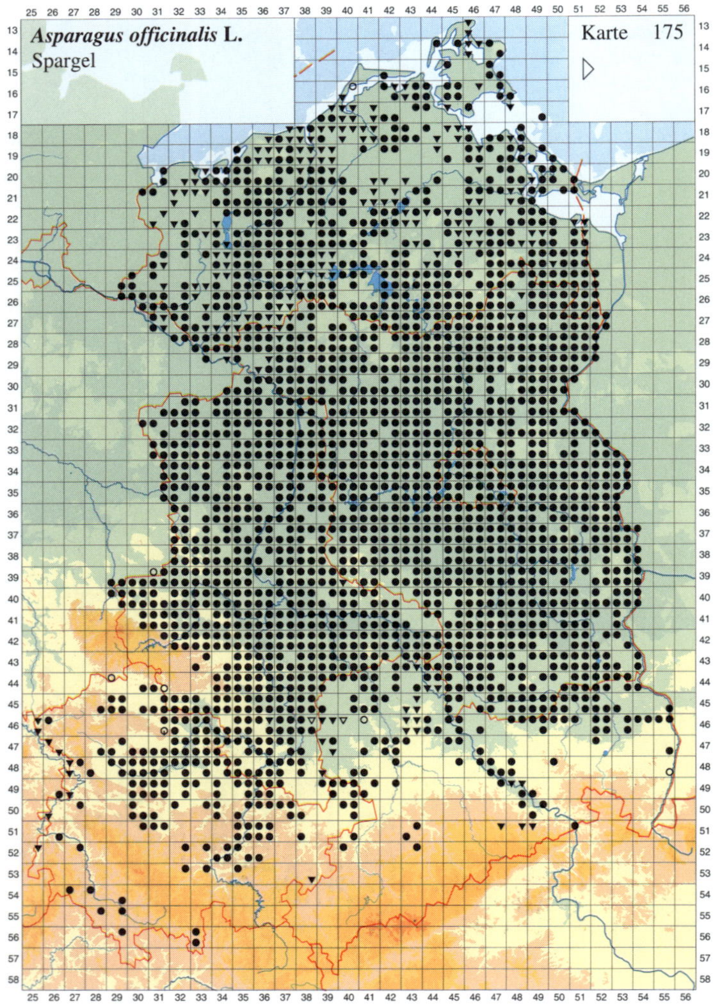
Asparagus officinalis L.
Spargel
Karte 175

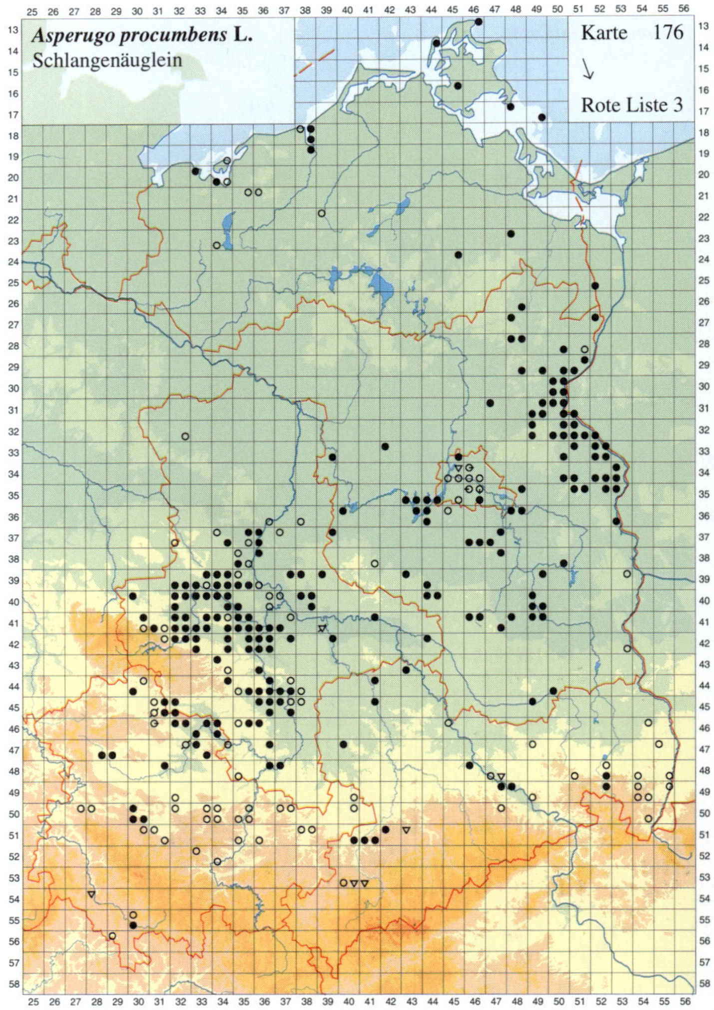
Asperugo procumbens L.
Schlangenäuglein
Karte 176
Rote Liste 3

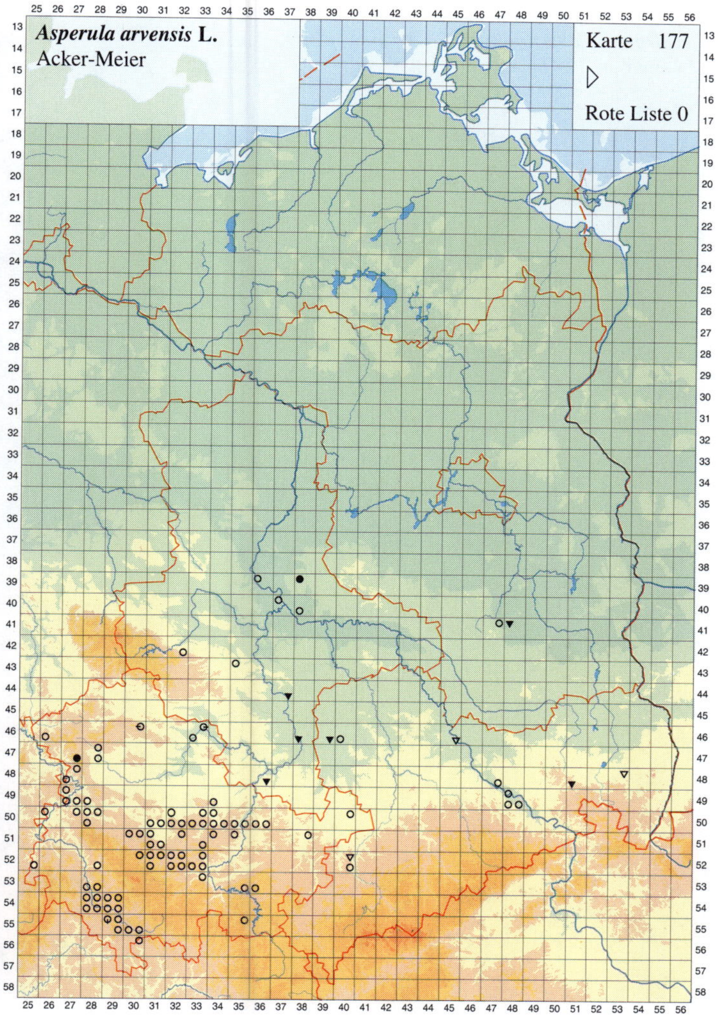
Asperula arvensis L.
Acker-Meier
Karte 177
▷
Rote Liste 0

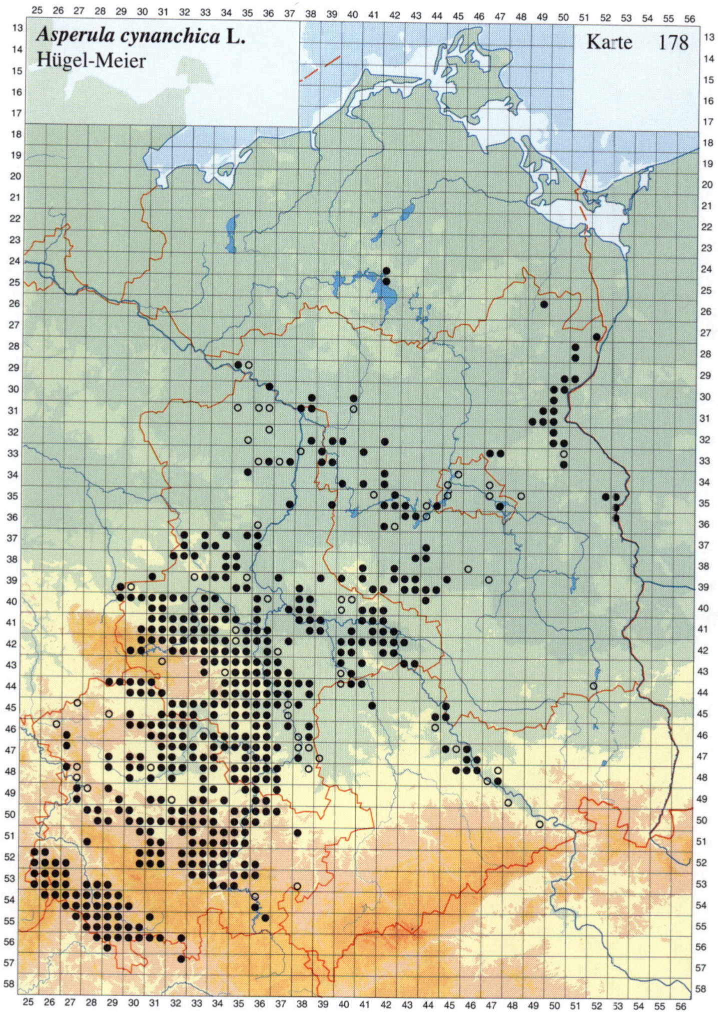
Asperula cynanchica L.
Hügel-Meier
Karte 178

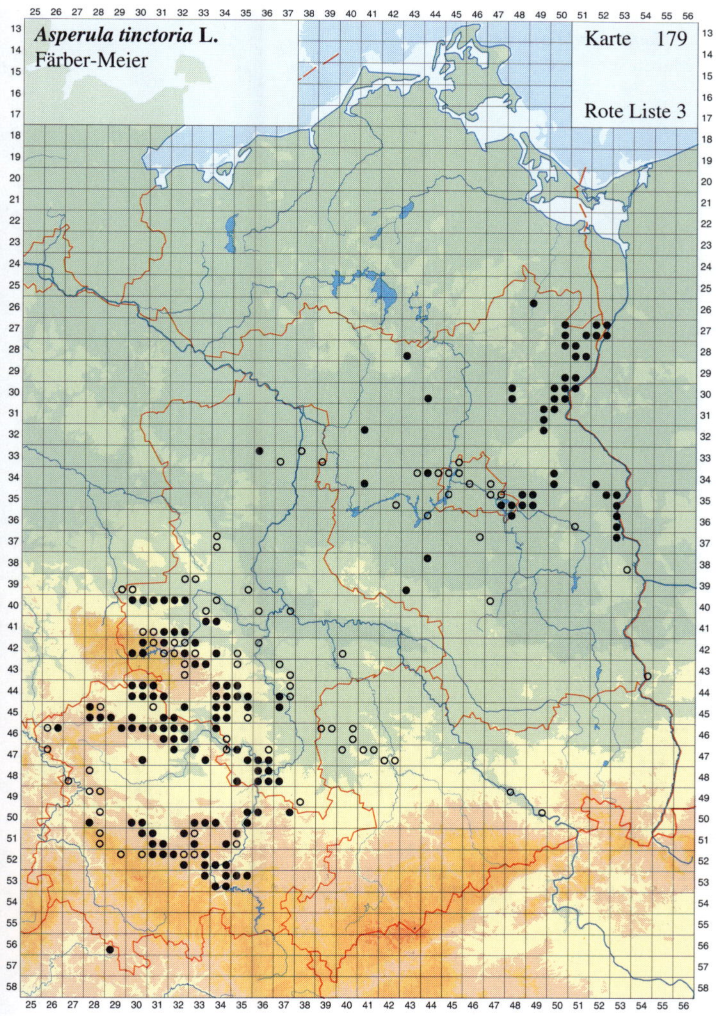
Asperula tinctoria L.
Färber-Meier
Karte 179
Rote Liste 3

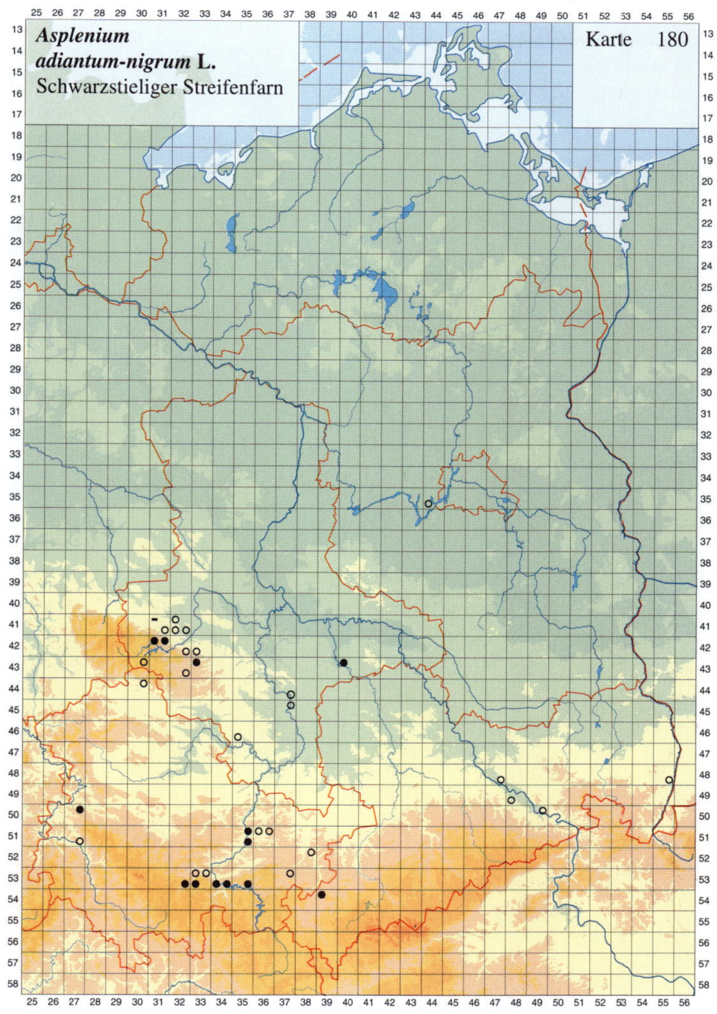
Asplenium adiantum-nigrum L.
Schwarzstieliger Streifenfarn
Karte 180

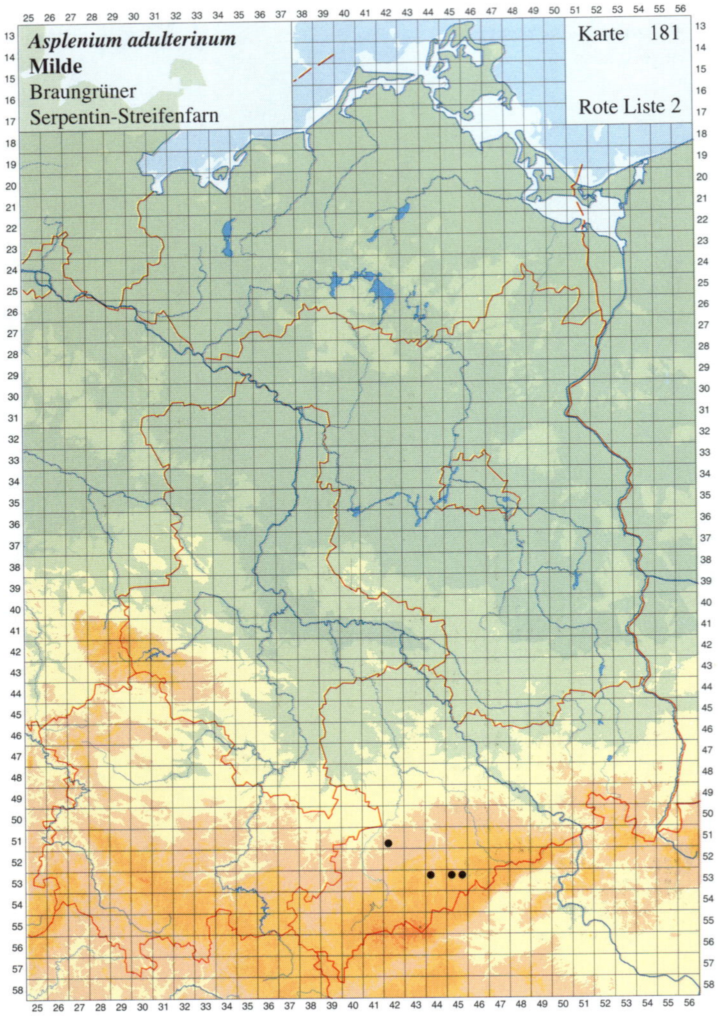
Asplenium adulterinum Milde
Braungrüner
Serpentin-Streifenfarn
Karte 181
Rote Liste 2

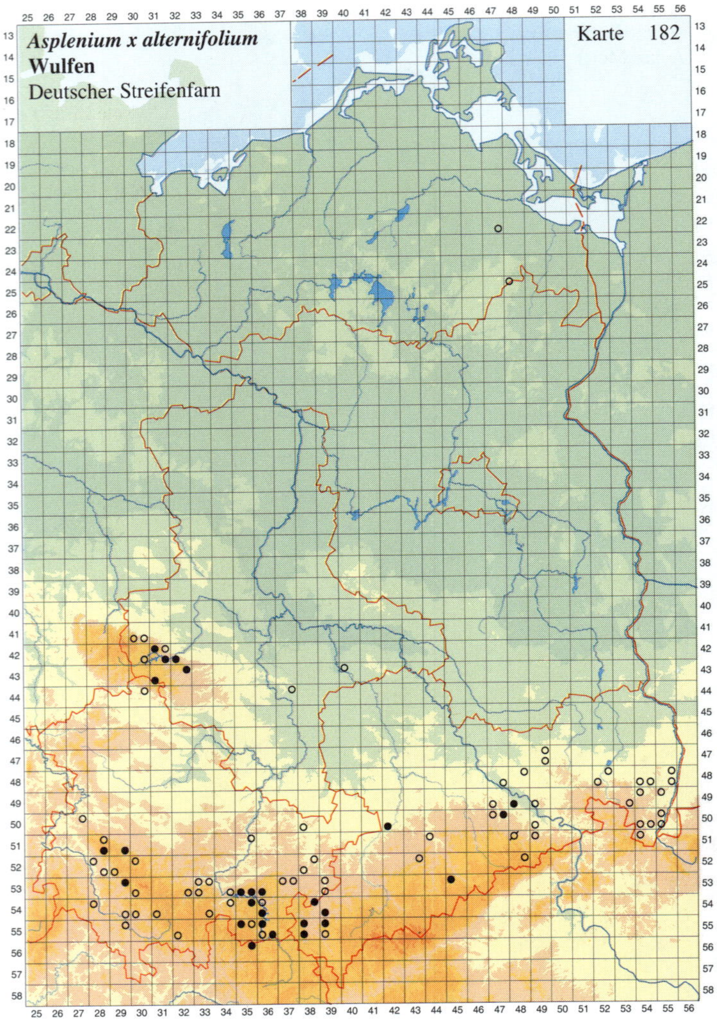
Asplenium x alternifolium Wulfen
Deutscher Streifenfarn
Karte 182

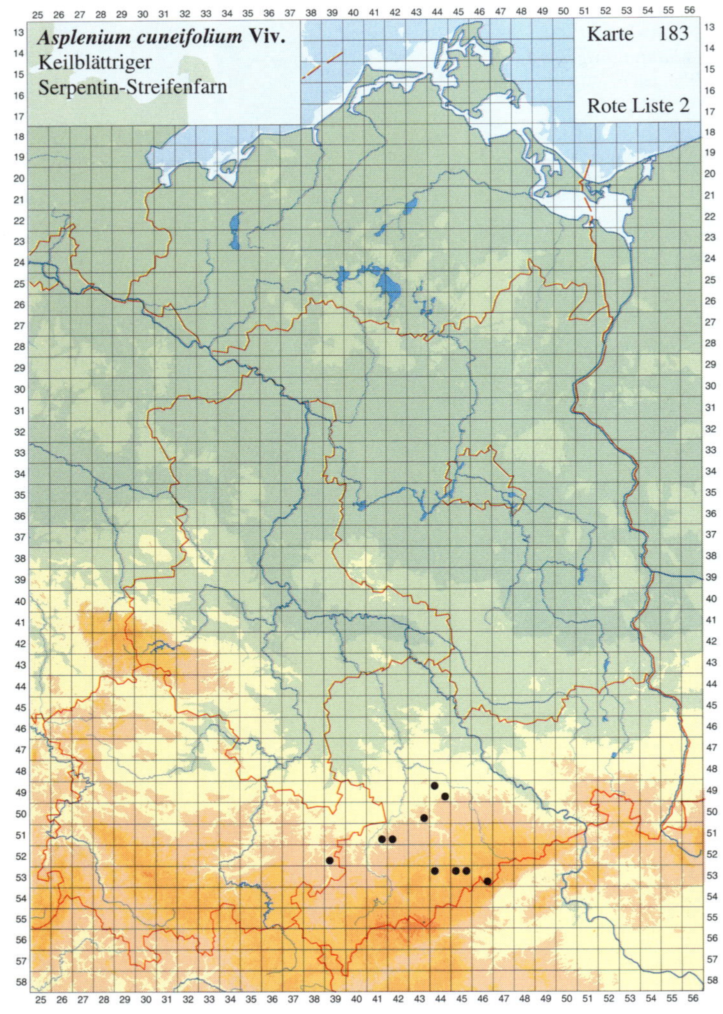
Asplenium cuneifolium Viv.
Keilblättriger
Serpentin-Streifenfarn
Karte 183
Rote Liste 2

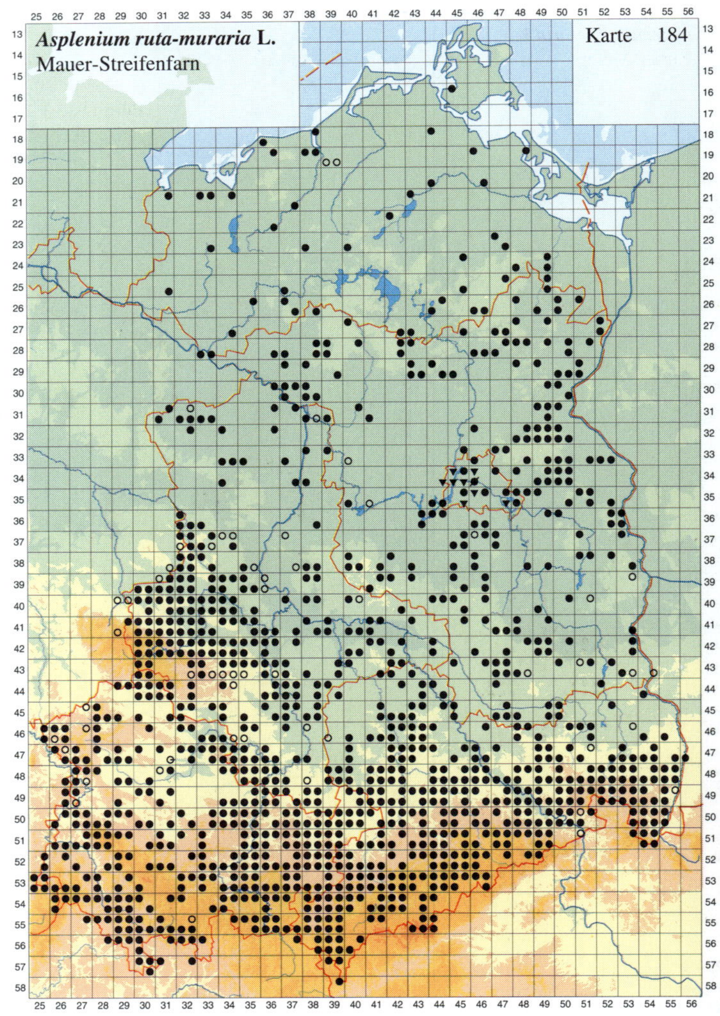
Asplenium ruta-muraria L.
Mauer-Streifenfarn
Karte 184

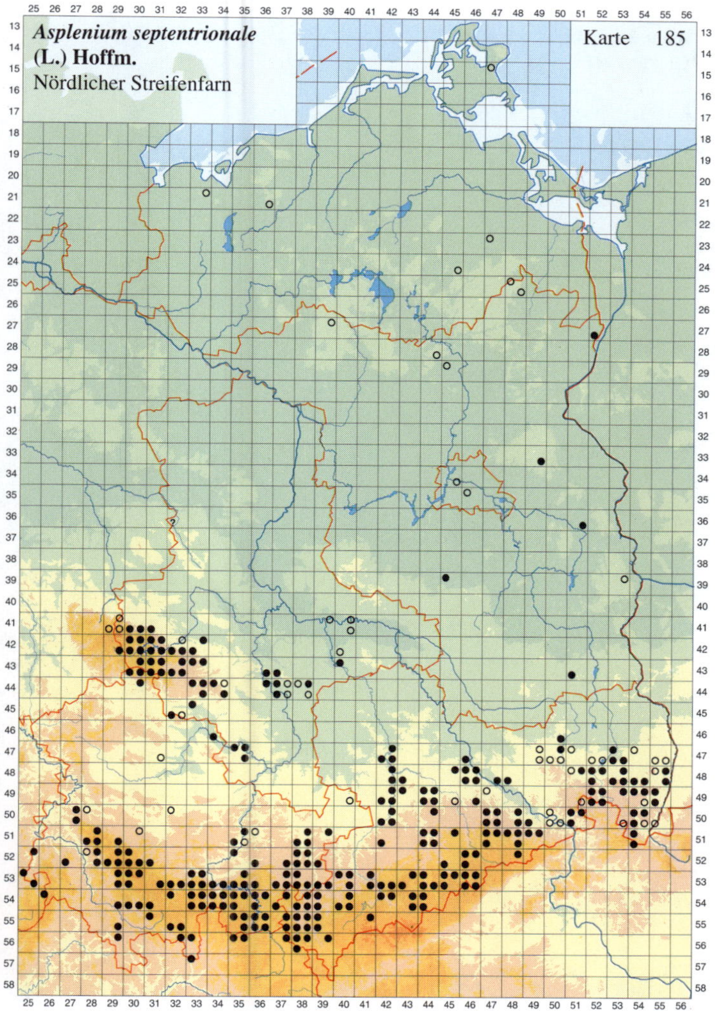
Asplenium septentrionale (L.) Hoffm.
Nördlicher Streifenfarn
Karte 185

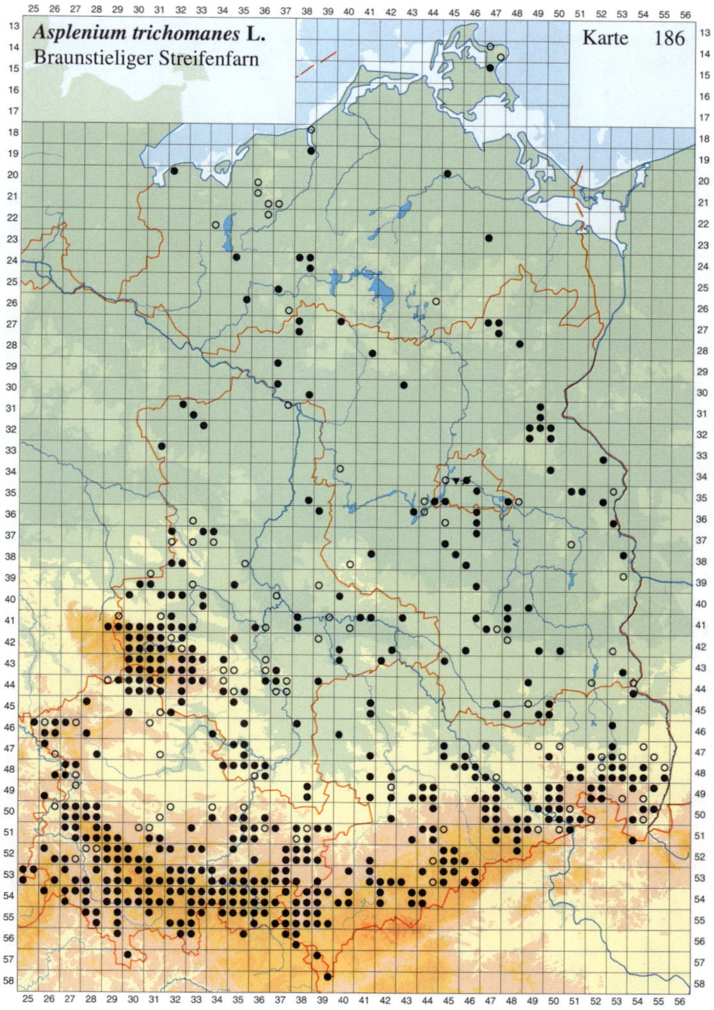
Asplenium trichomanes L.
Braunstieliger Streifenfarn
Karte 186

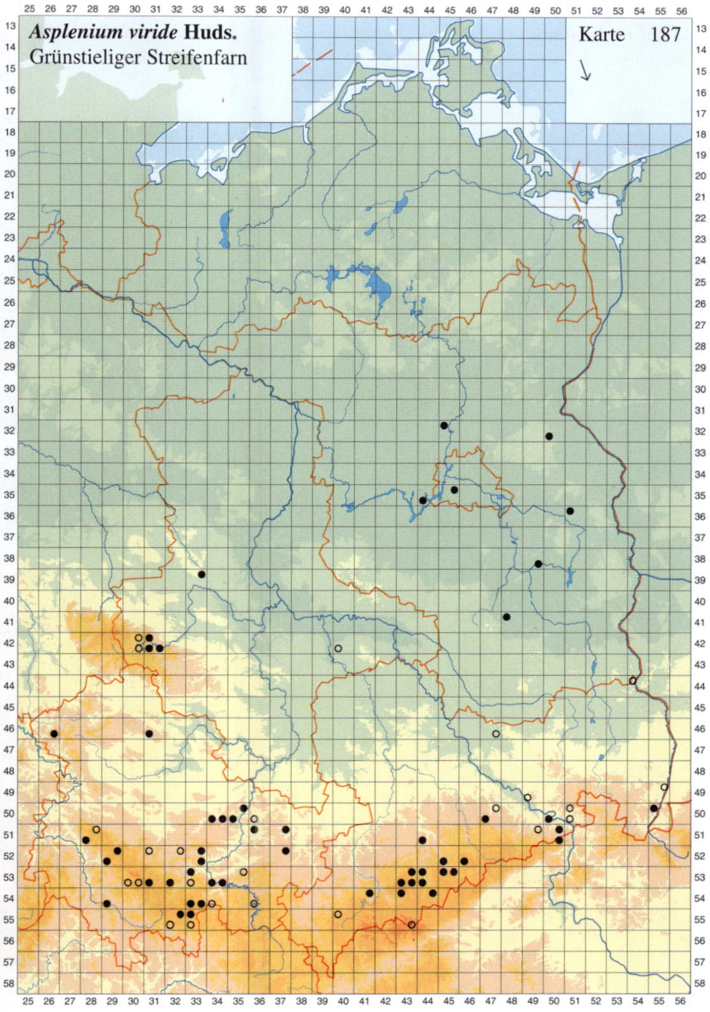
Asplenium viride Huds.
Grünstieliger Streifenfarn
Karte 187

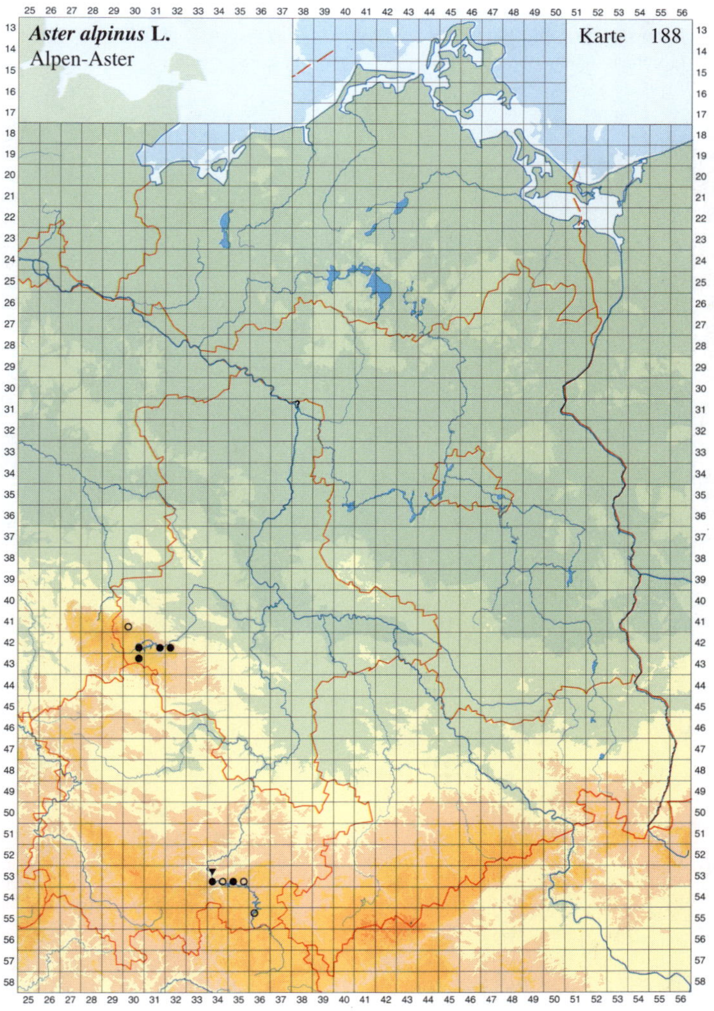
Aster alpinus L.
Alpen-Aster
Karte 188

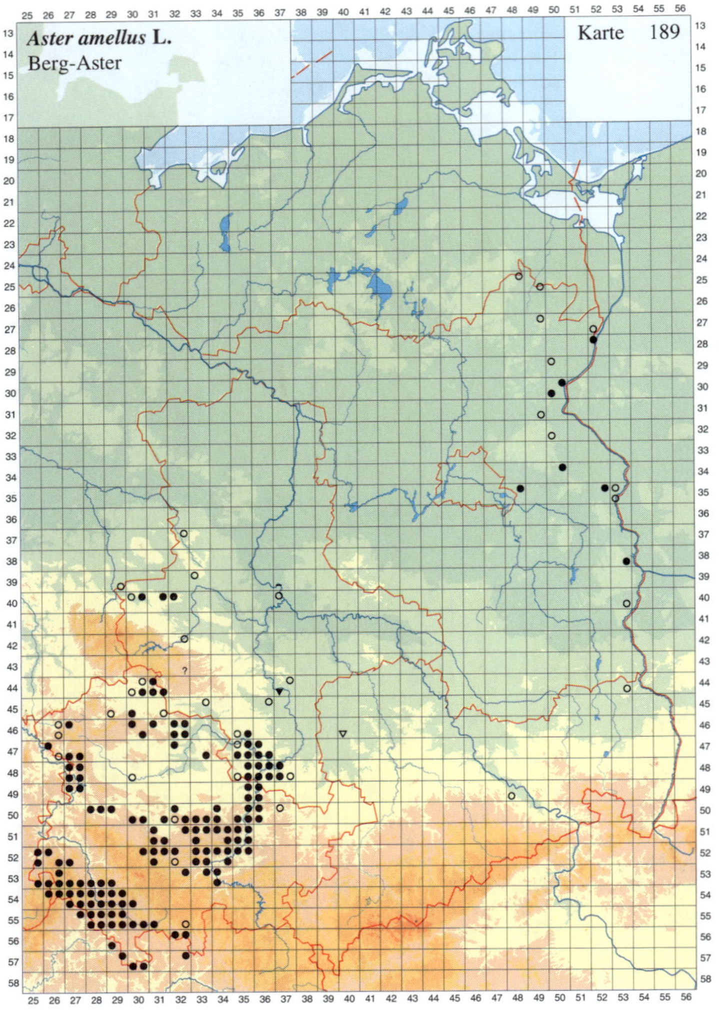
Aster amellus L.
Berg-Aster
Karte 189

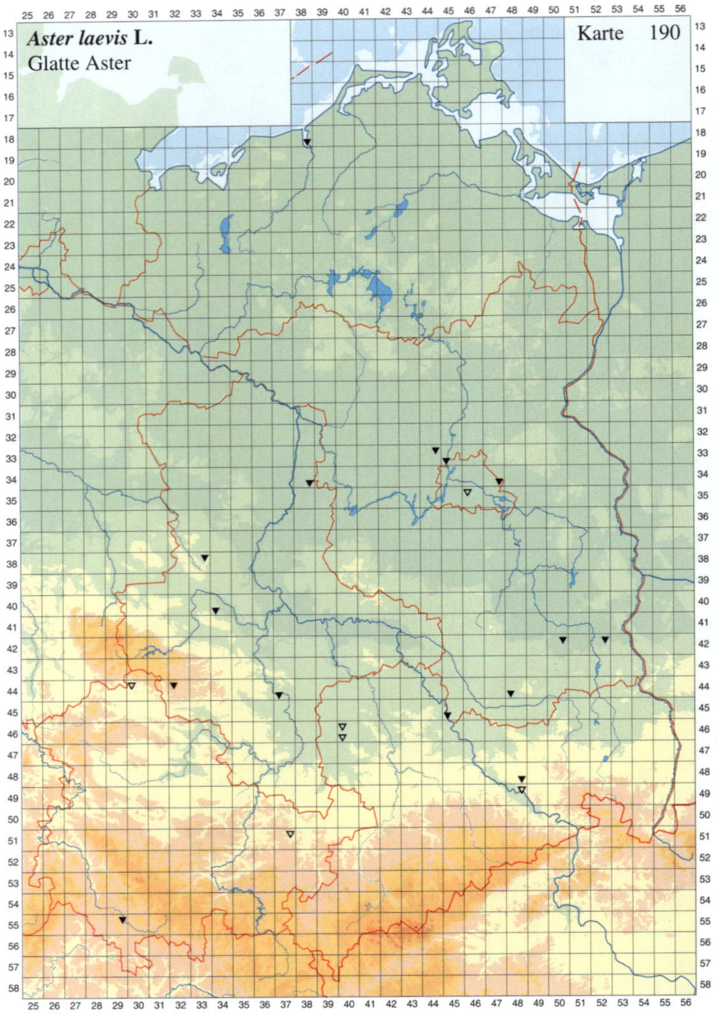
Aster laevis L.
Glatte Aster
Karte 190

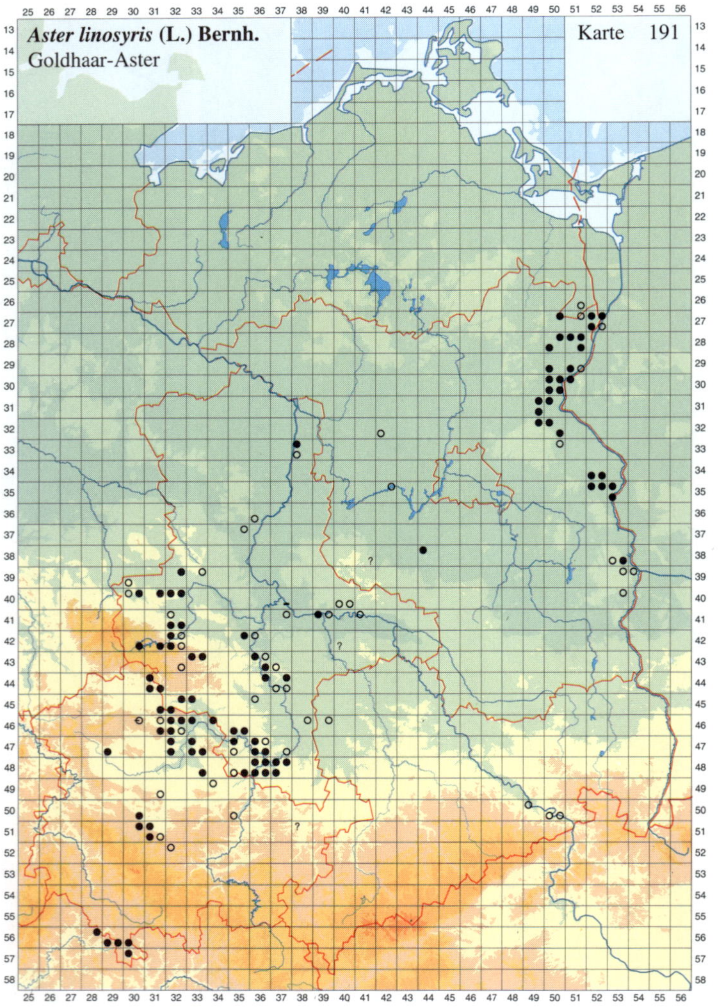
Aster linosyris (L.) Bernh.
Goldhaar-Aster
Karte 191

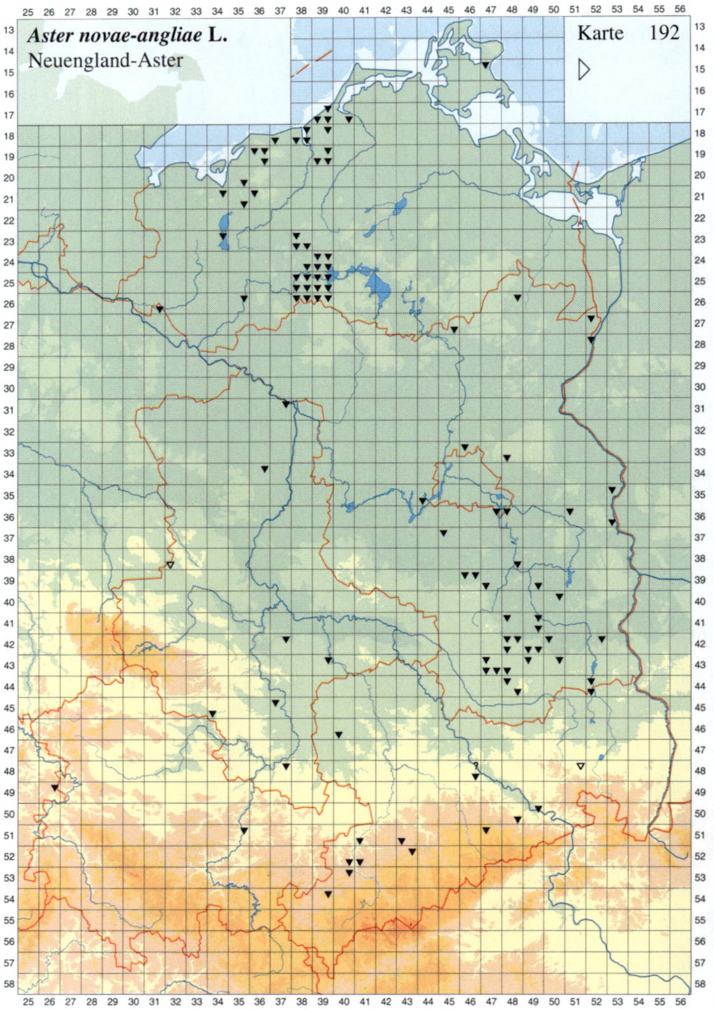
Aster novae-angliae L.
Neuengland-Aster
Karte 192

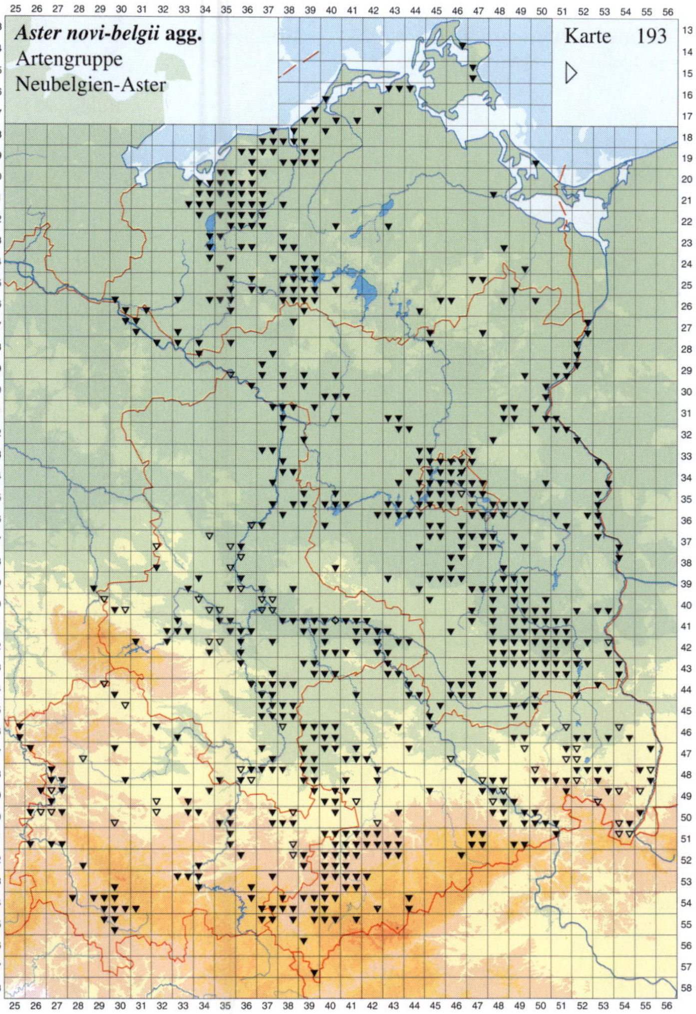
Aster novi-belgii agg.
Artengruppe
Neubelgien-Aster
Karte 193

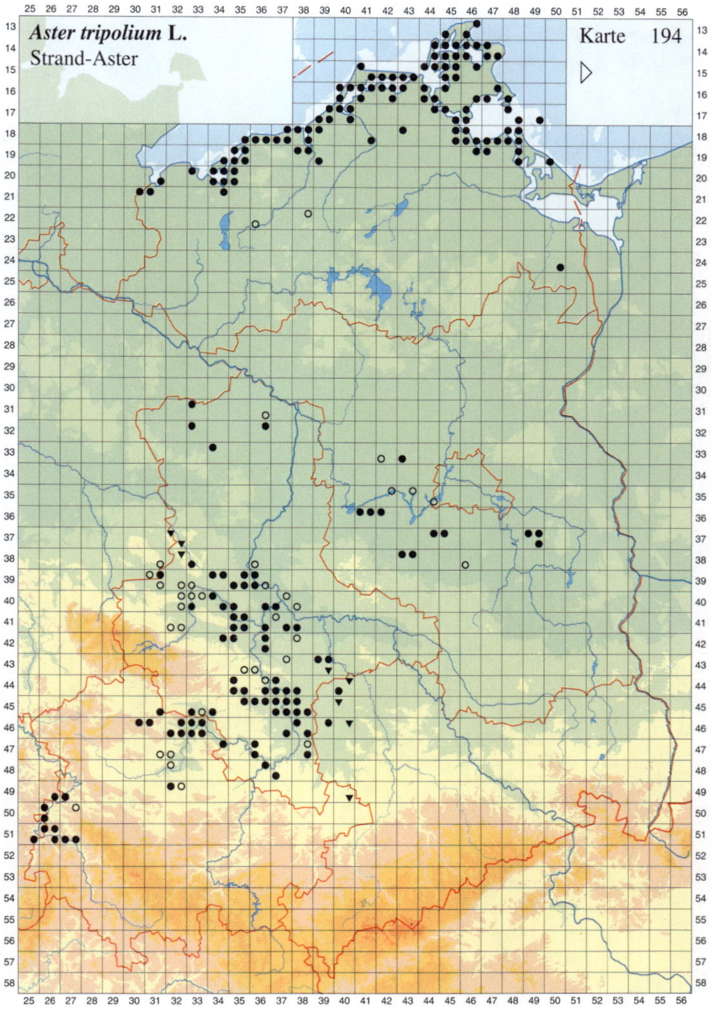
Aster tripolium L.
Strand-Aster
Karte 194

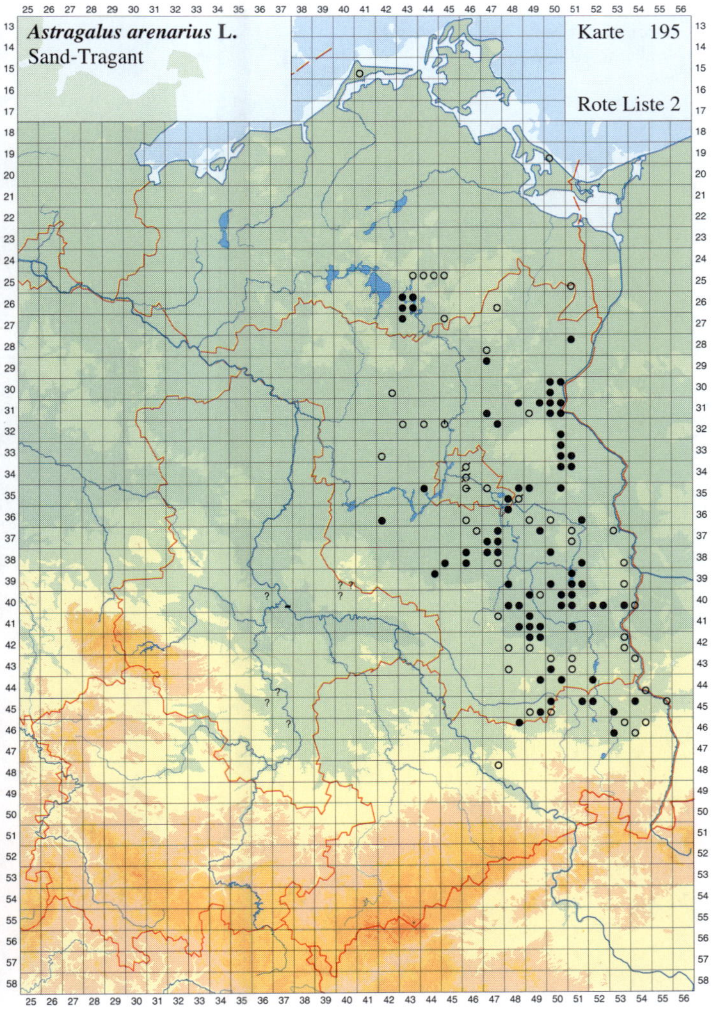
Astragalus arenarius L.
Sand-Tragant
Karte 195
Rote Liste 2

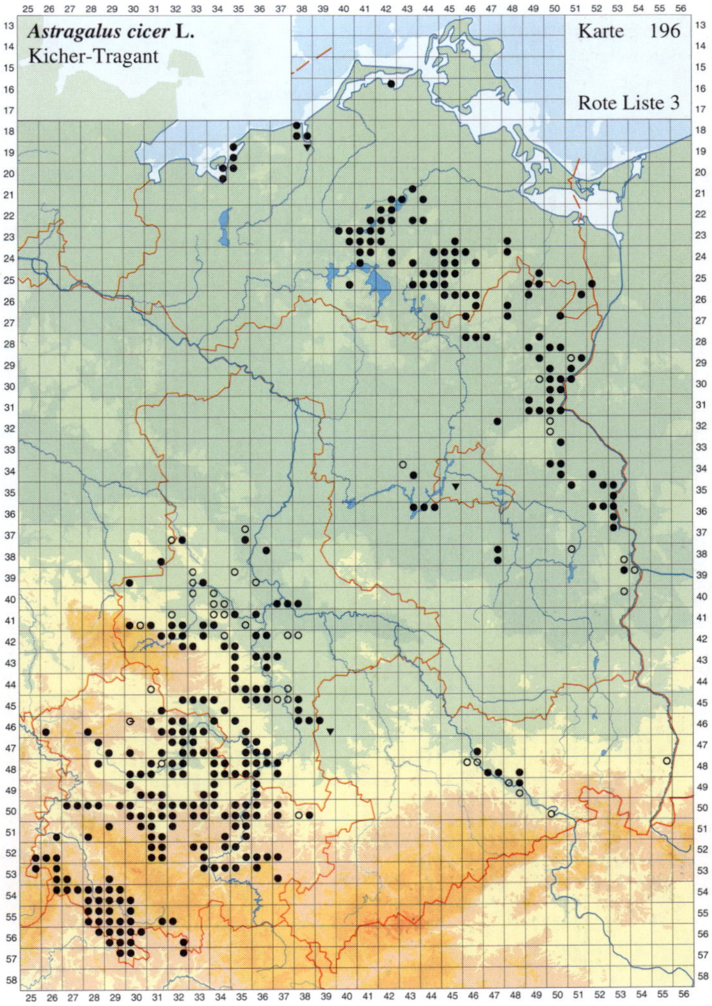
Astragalus cicer L.
Kicher-Tragant
Karte 196
Rote Liste 3

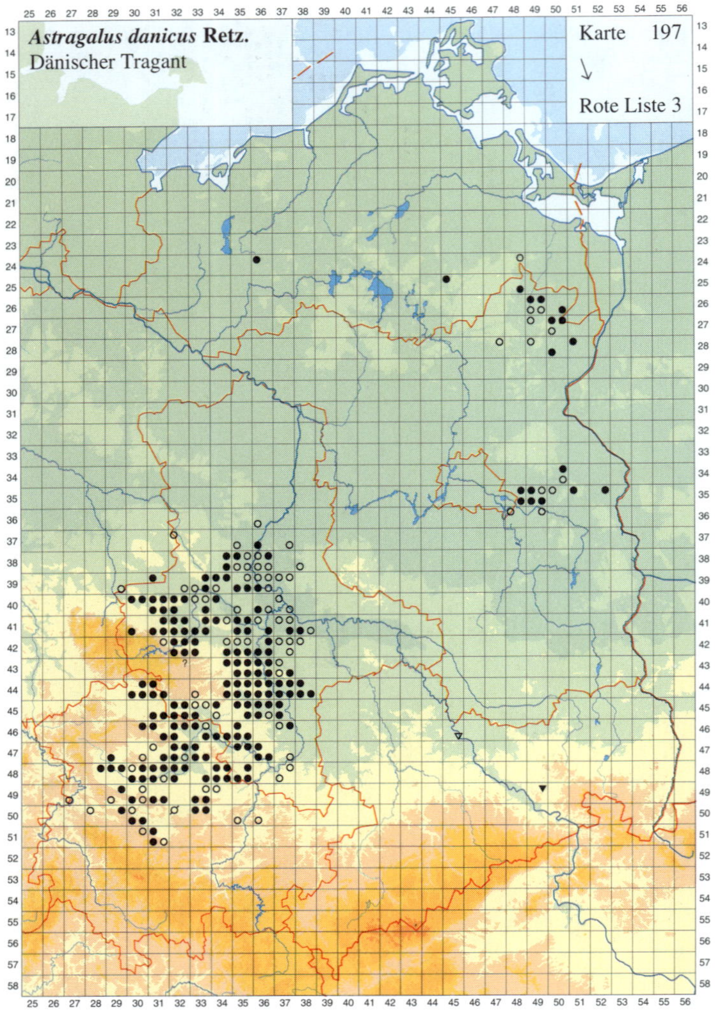
Astragalus danicus Retz.
Dänischer Tragant
Karte 197
↘
Rote Liste 3

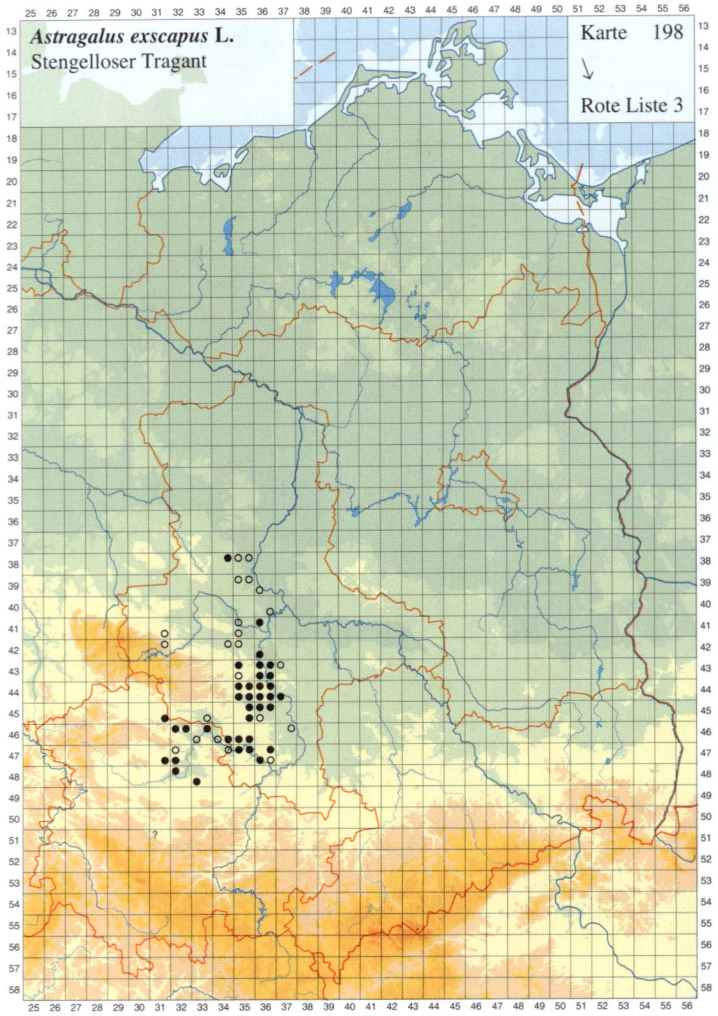
Astragalus exscapus L.
Stengelloser Tragant
Karte 198
↘
Rote Liste 3

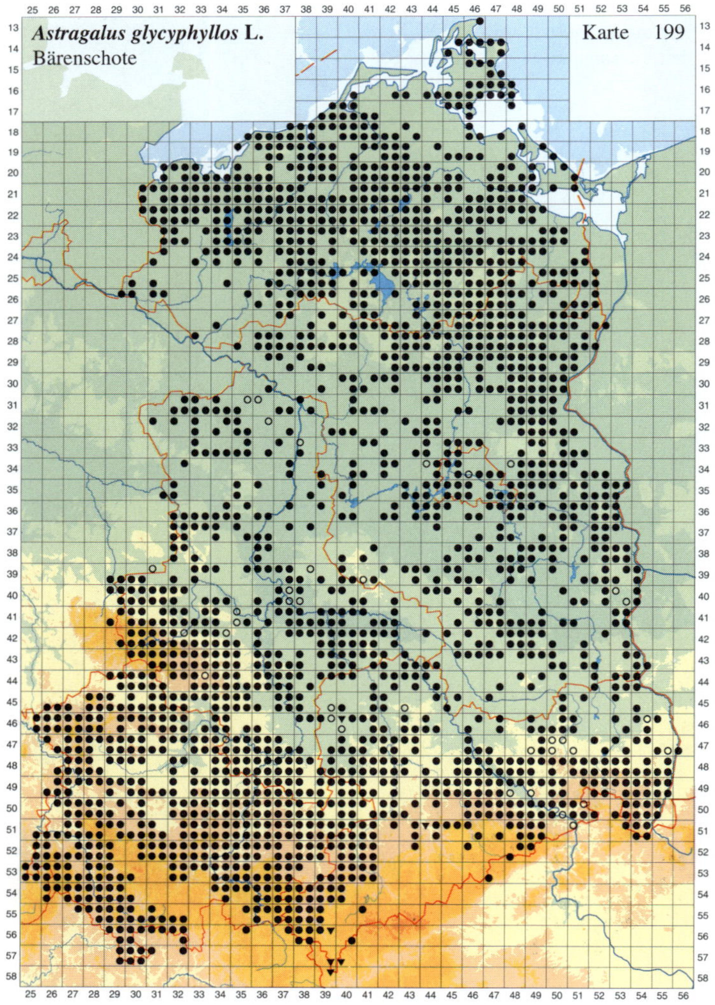
Astragalus glycyphyllos L.
Bärenschote
Karte 199

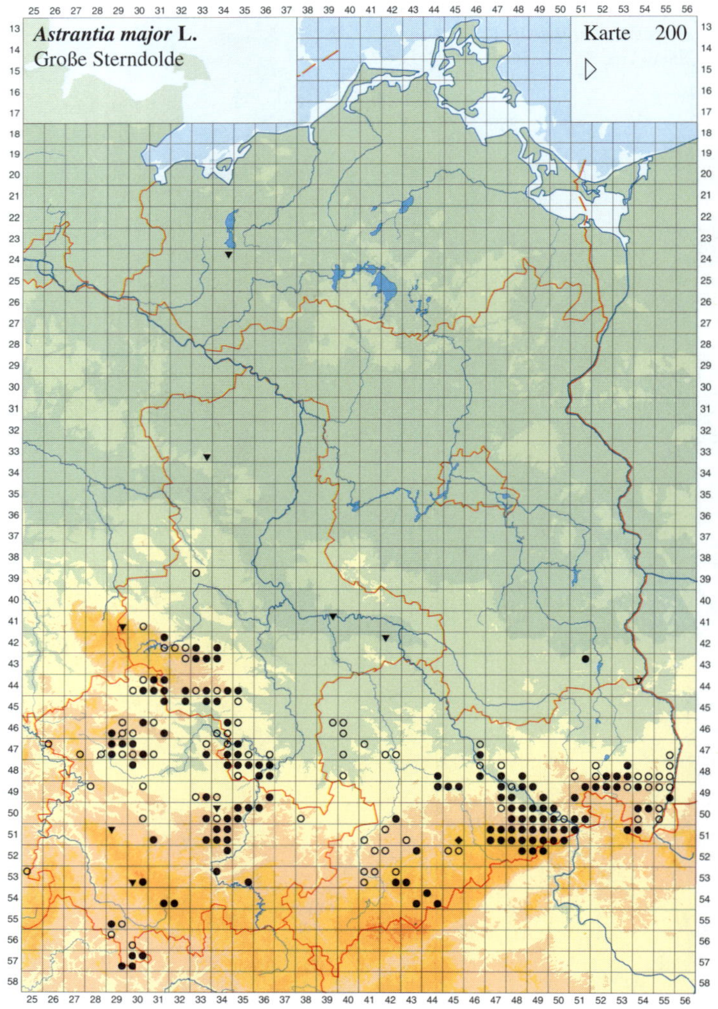
Astrantia major L.
Große Sterndolde
Karte 200
▷

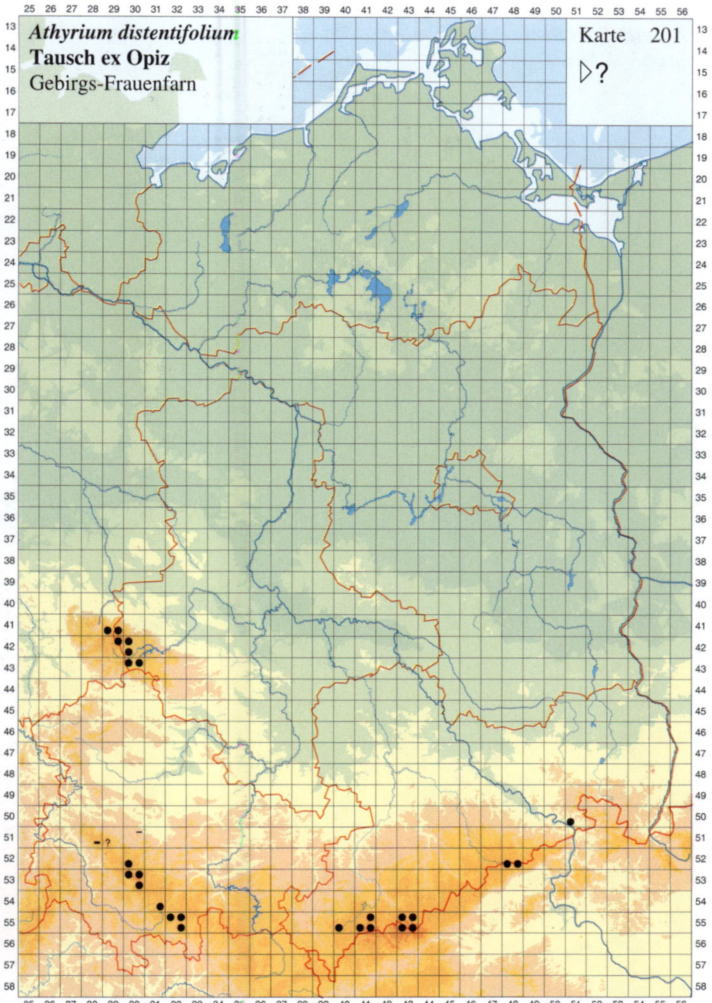
Athyrium distentifolium
Tausch ex Opiz
Gebirgs-Frauenfarn
Karte 201
▷?

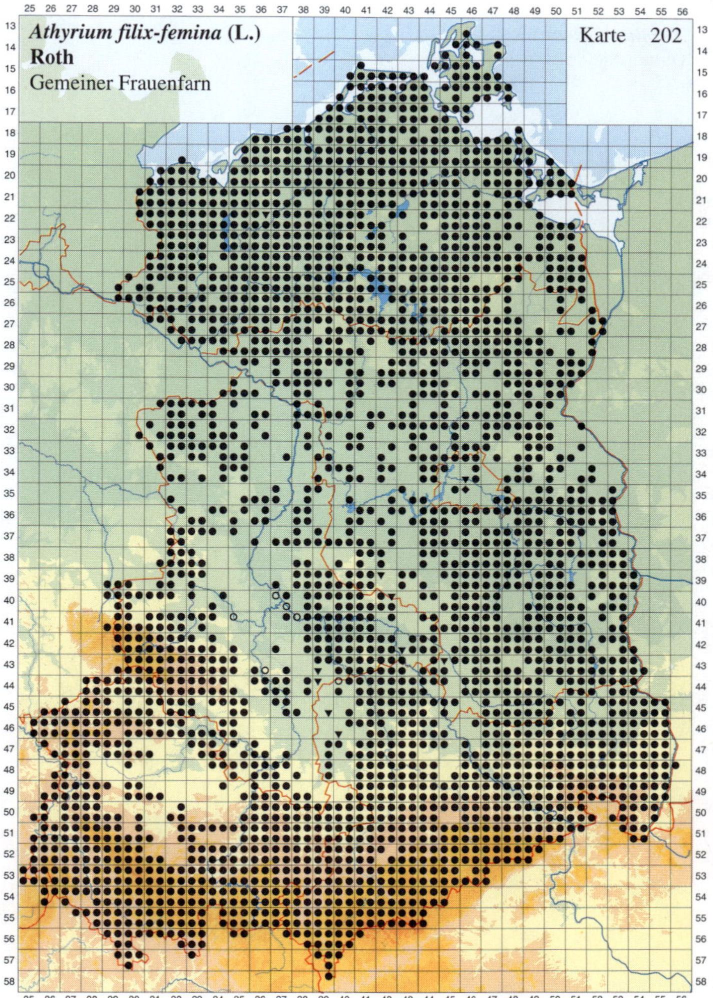
Athyrium filix-femina (L.)
Roth
Gemeiner Frauenfarn
Karte 202

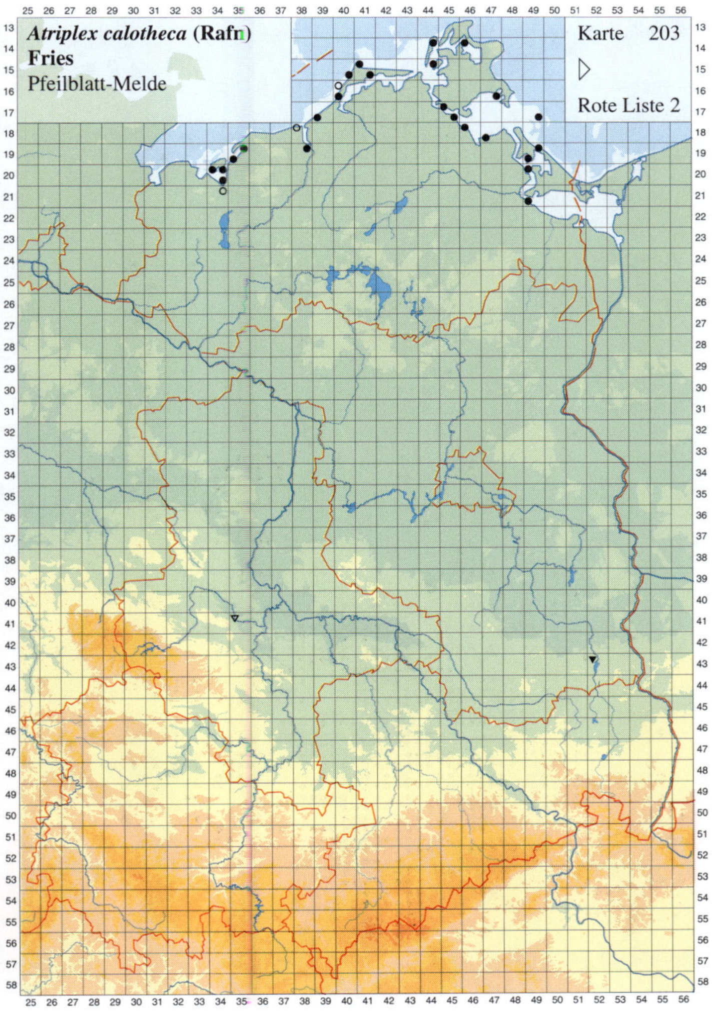
Atriplex calotheca (Rafn)
Fries
Pfeilblatt-Melde
Karte 203
▷
Rote Liste 2

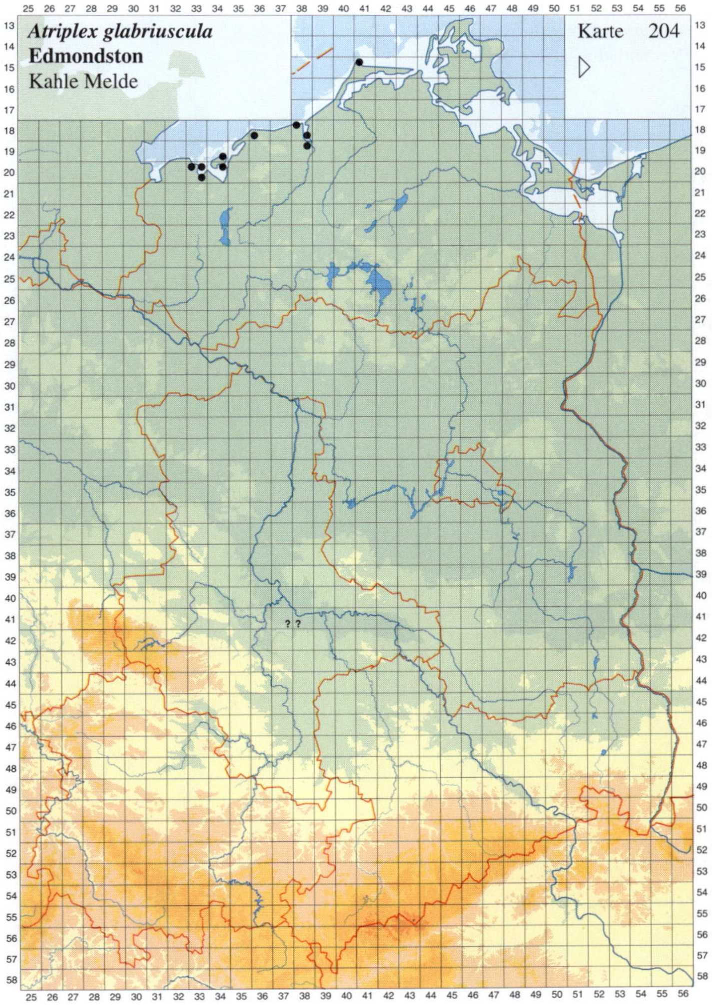
Atriplex glabriuscula
Edmondston
Kahle Melde
Karte 204
▷

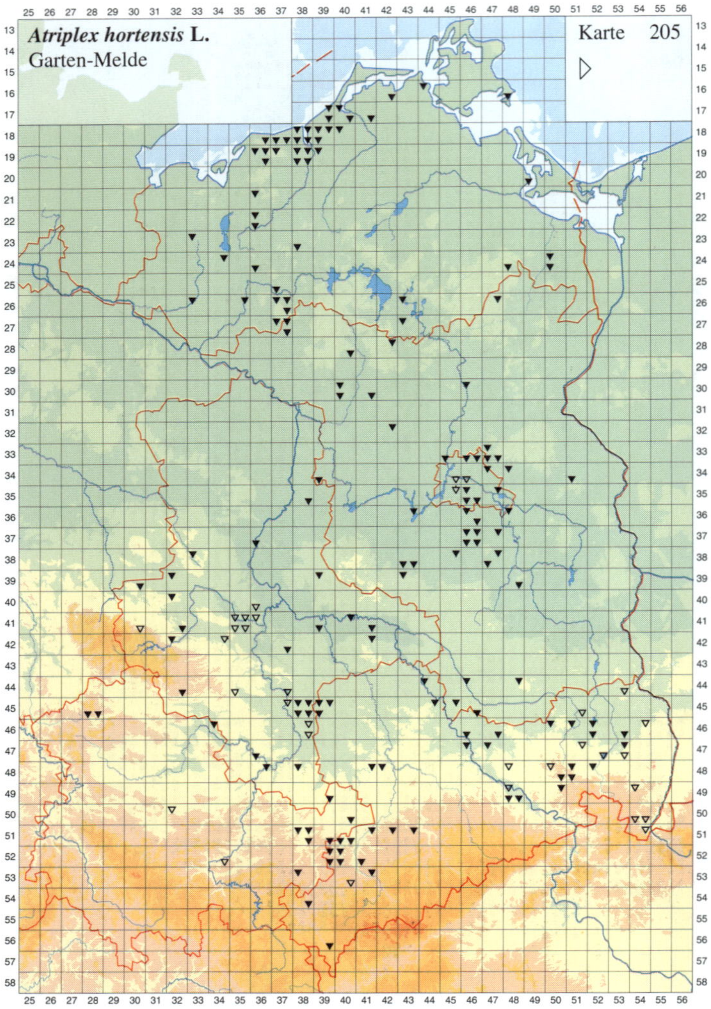
***Atriplex hortensis* L.**
Garten-Melde
Karte 205

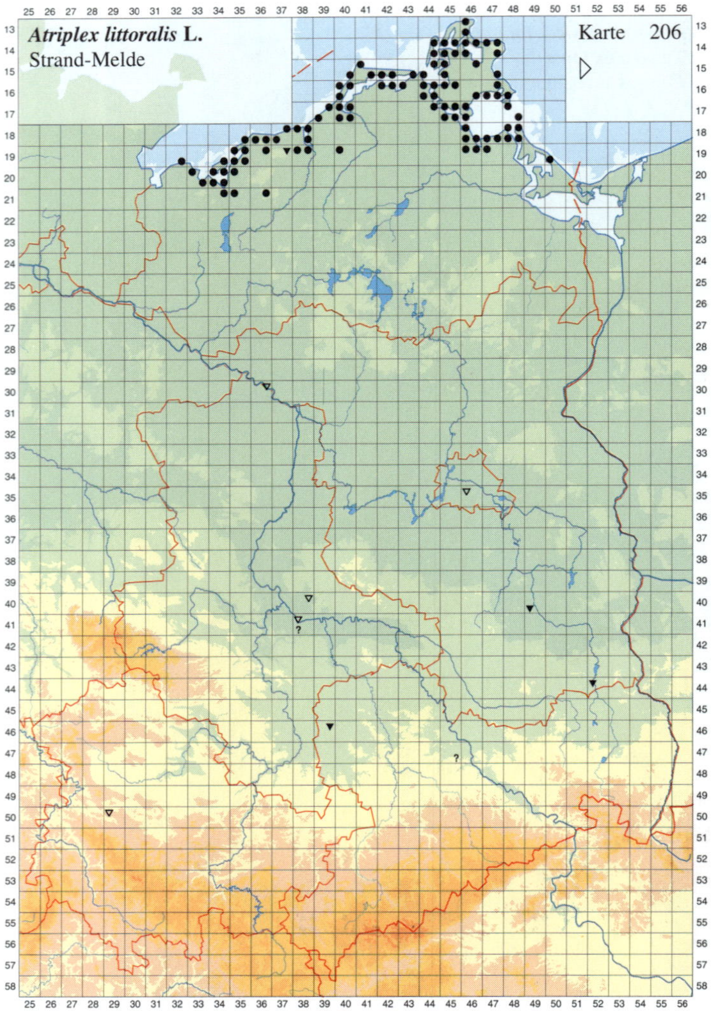
***Atriplex littoralis* L.**
Strand-Melde
Karte 206

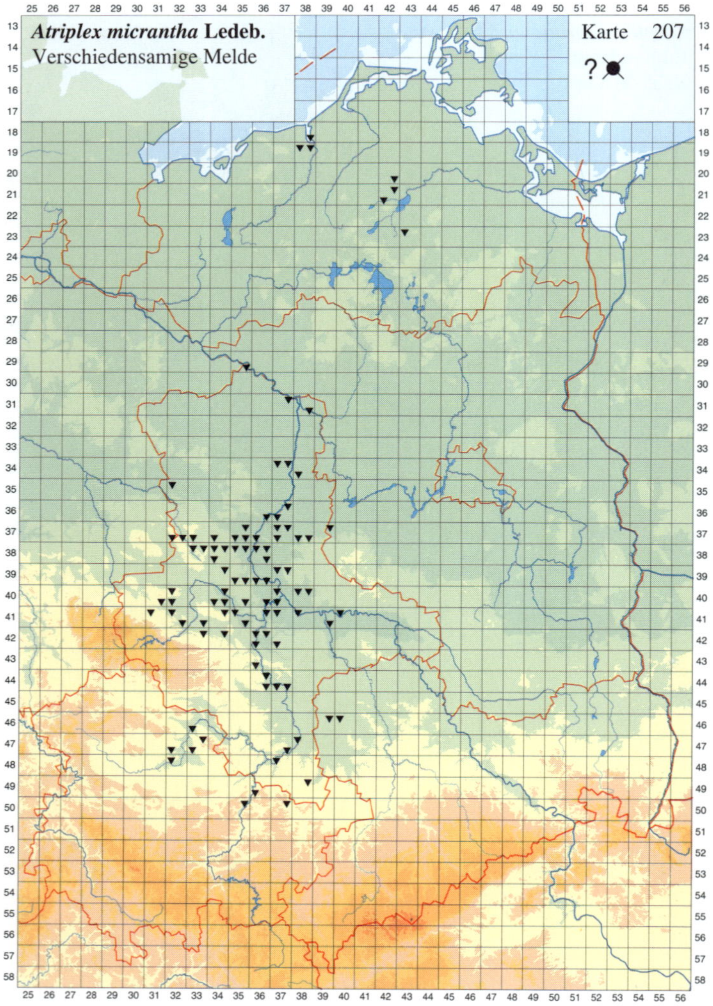
***Atriplex micrantha* Ledeb.**
Verschiedensamige Melde
Karte 207

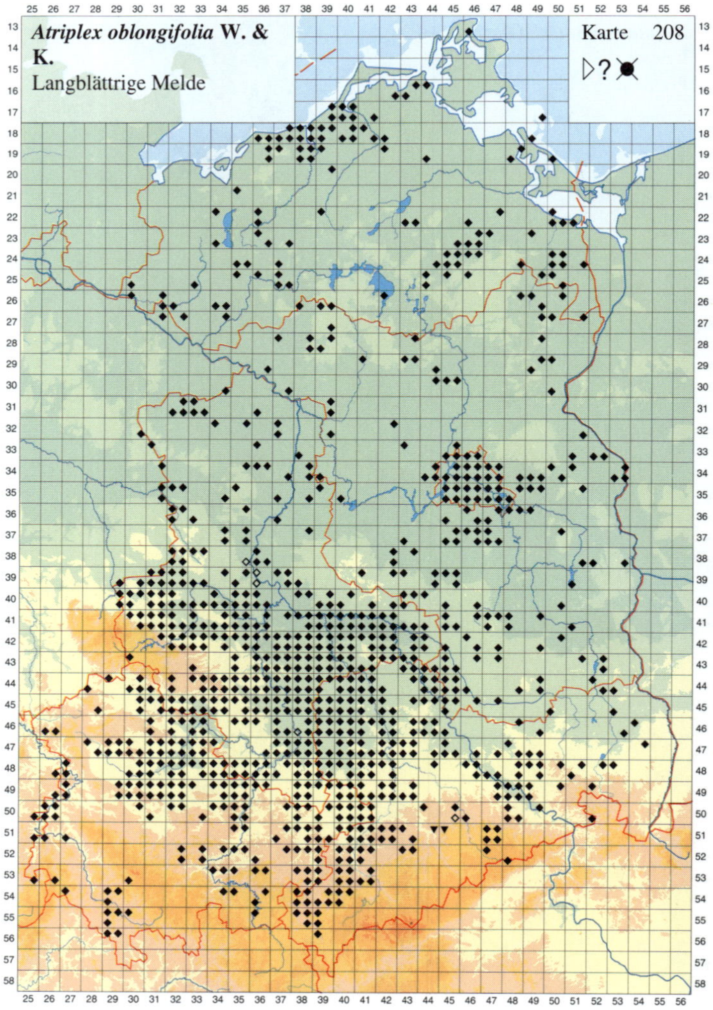
***Atriplex oblongifolia* W. & K.**
Langblättrige Melde
Karte 208

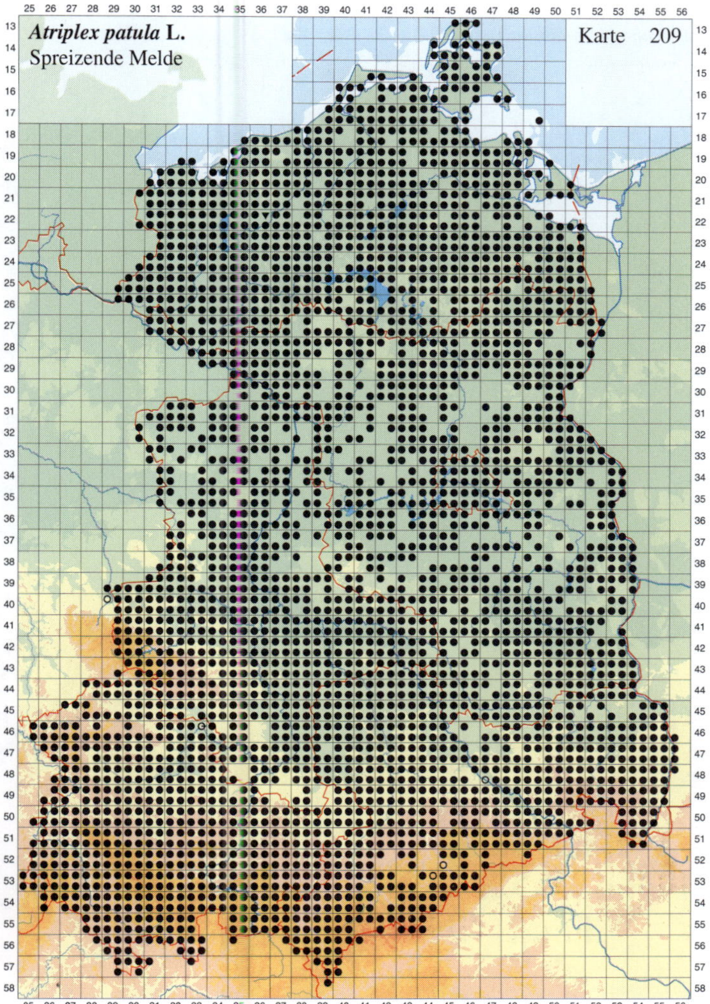
Atriplex patula L.
Spreizende Melde
Karte 209

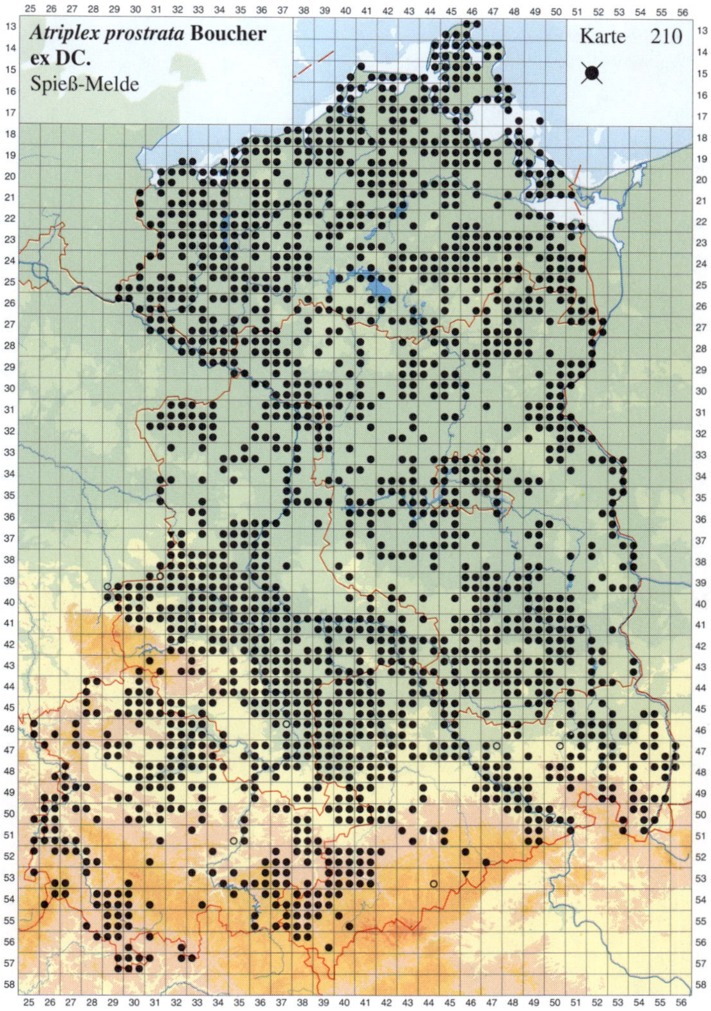
Atriplex prostrata Boucher ex DC.
Spieß-Melde
Karte 210

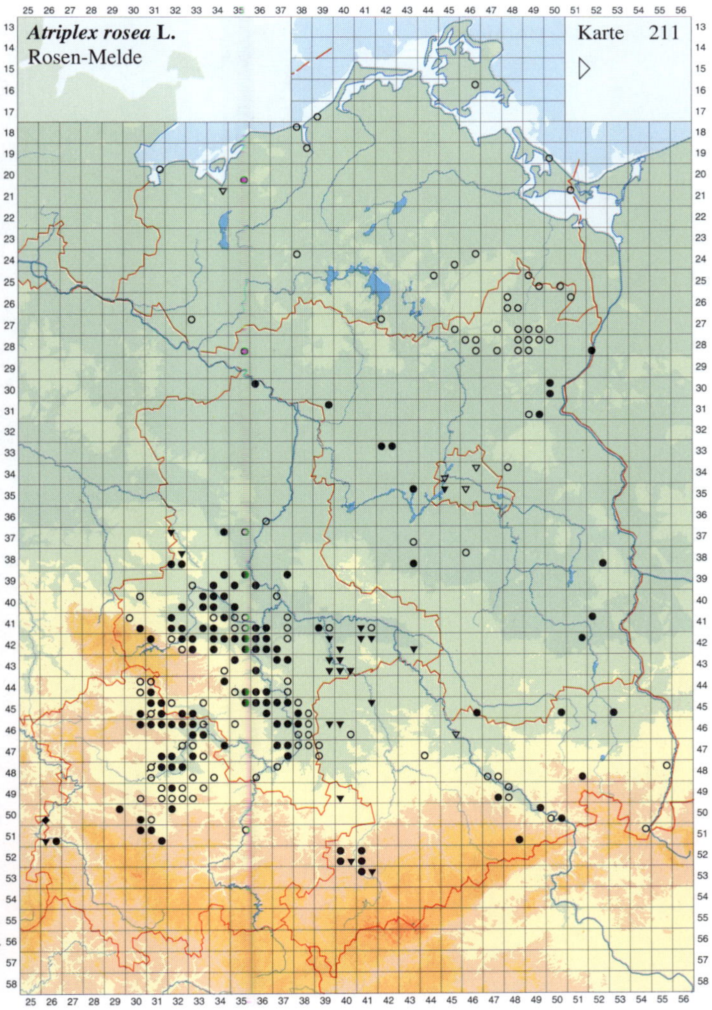
Atriplex rosea L.
Rosen-Melde
Karte 211

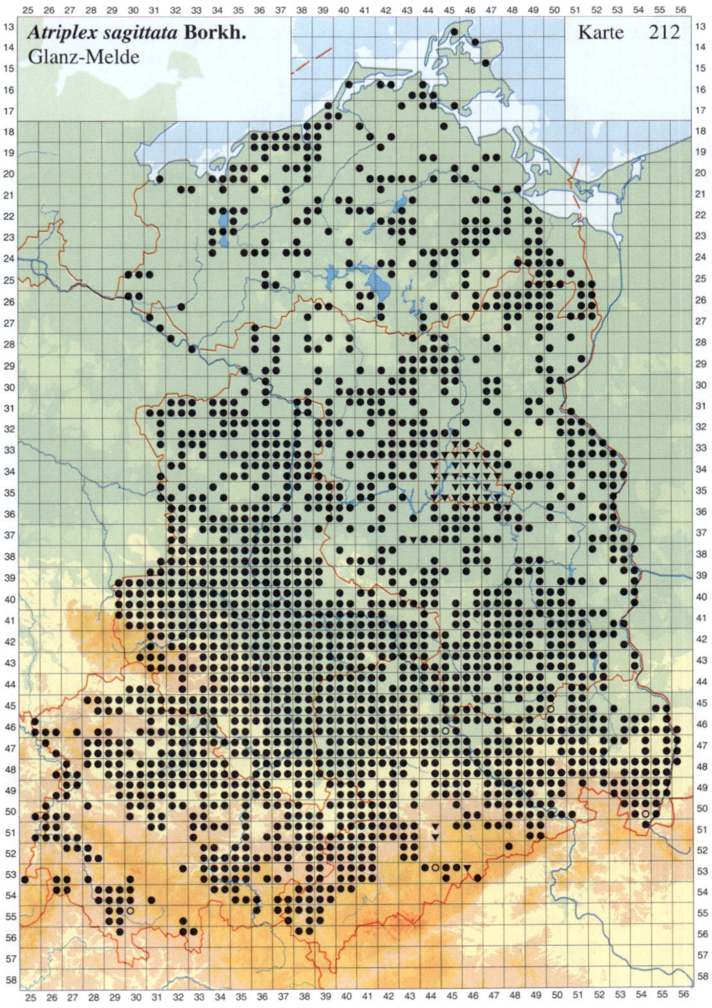
Atriplex sagittata Borkh.
Glanz-Melde
Karte 212

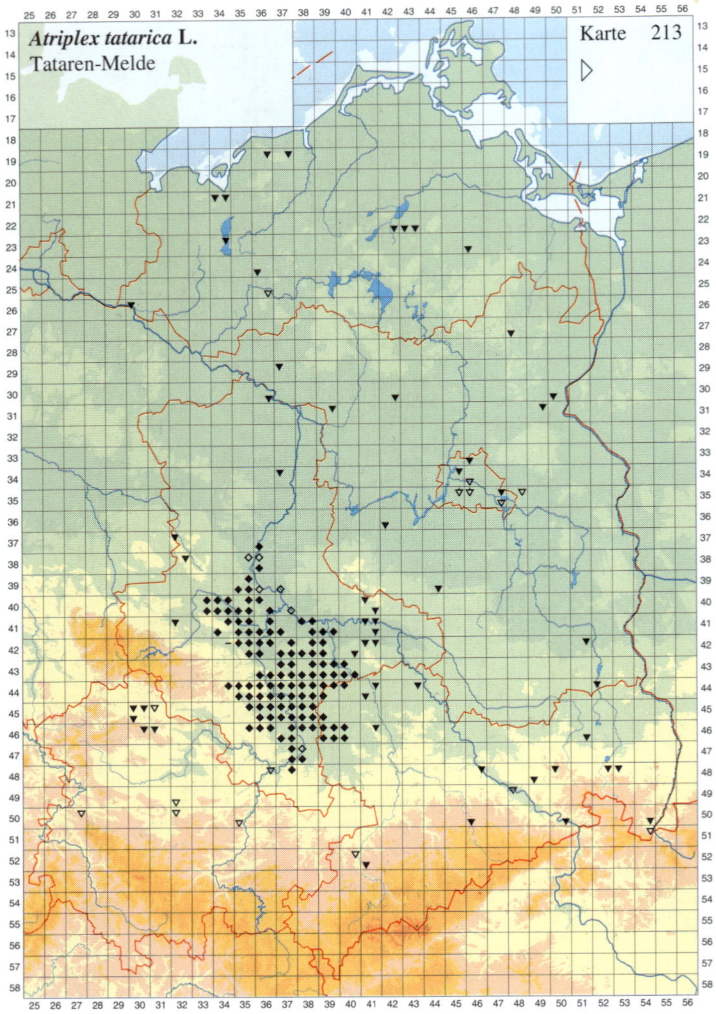
Atriplex tatarica L.
Tataren-Melde
Karte 213

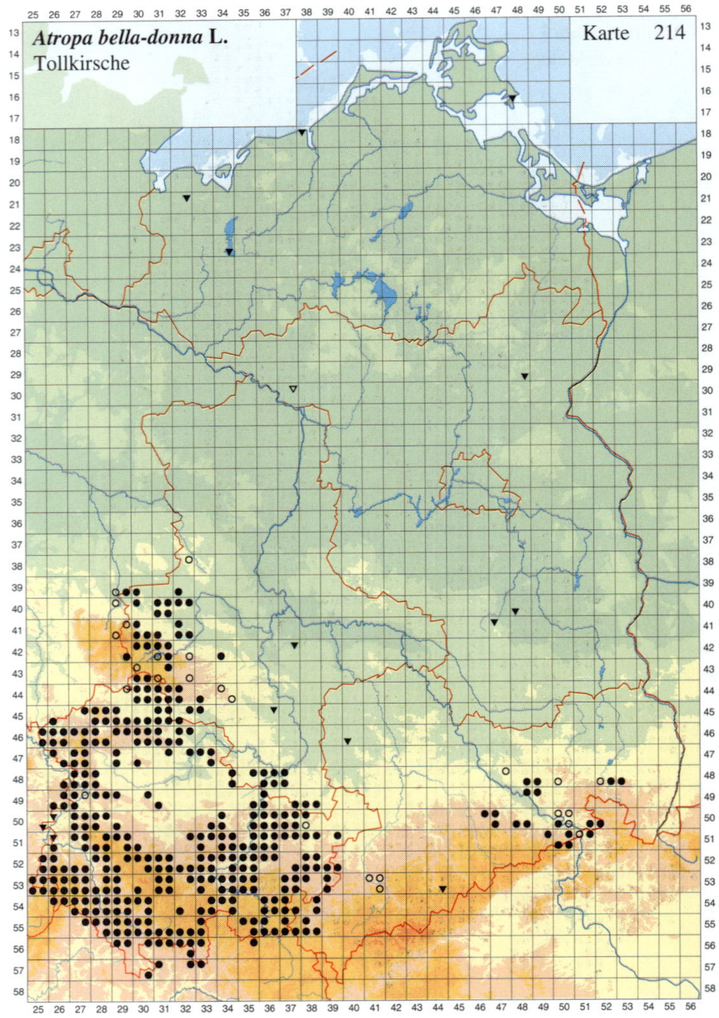
Atropa bella-donna L.
Tollkirsche
Karte 214

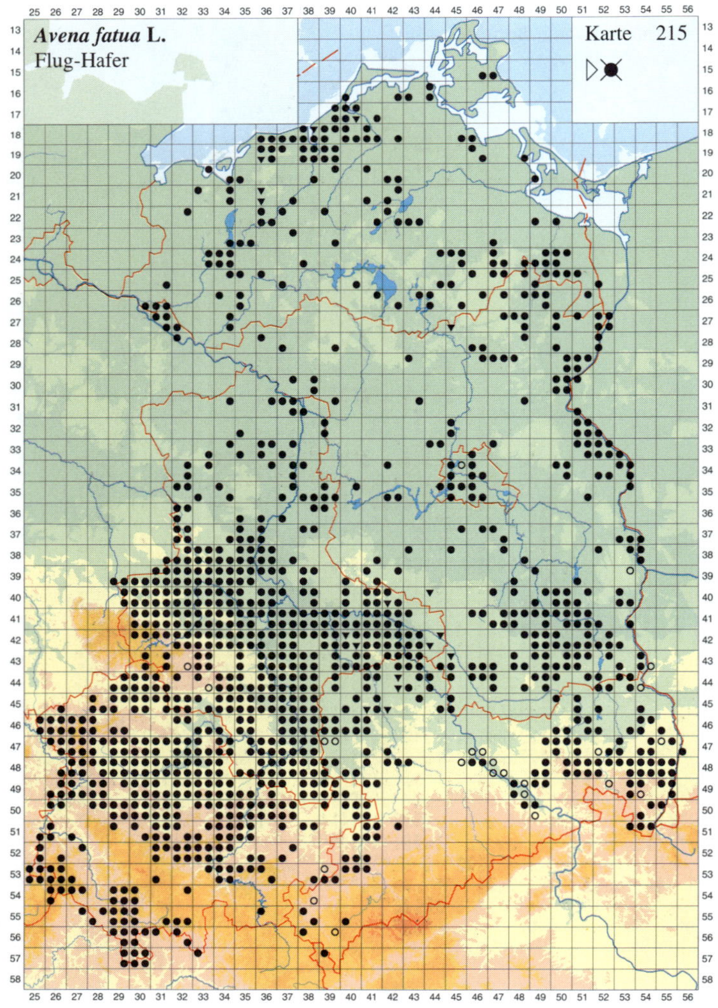
Avena fatua L.
Flug-Hafer
Karte 215

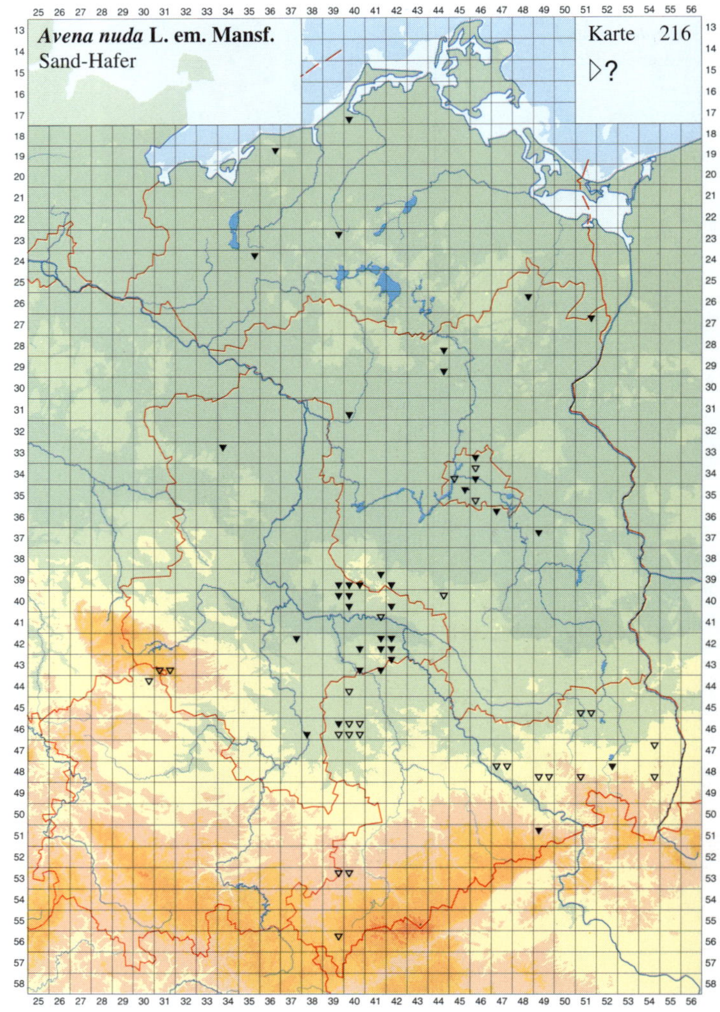
Avena nuda L. em. Mansf.
Sand-Hafer
Karte 216
?

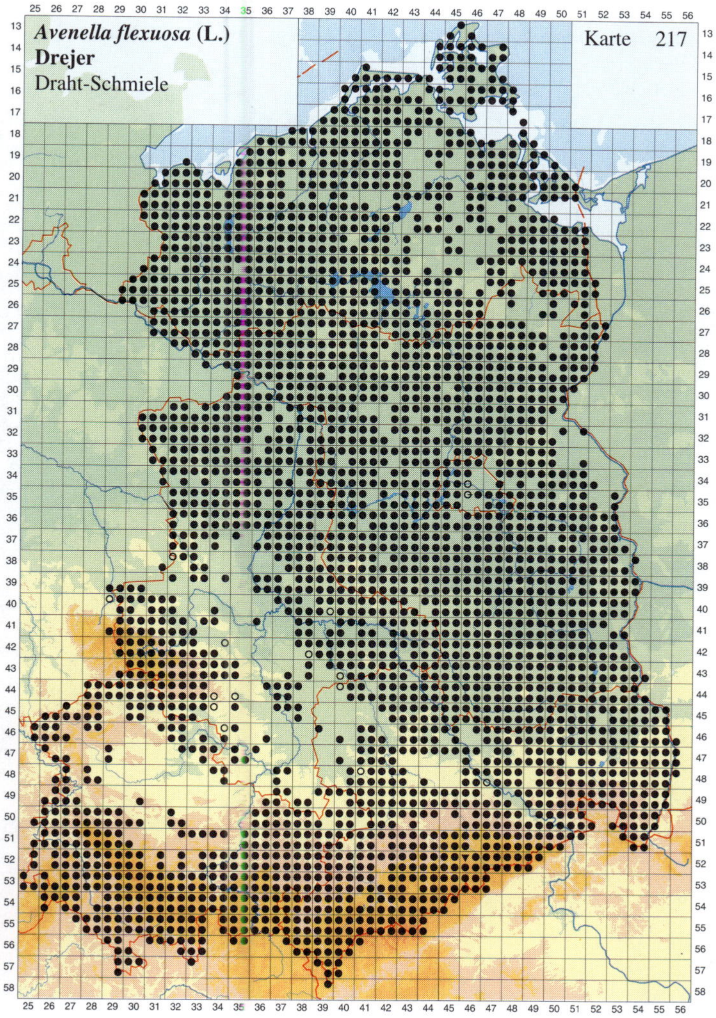
Avenella flexuosa (L.) Drejer
Draht-Schmiele
Karte 217

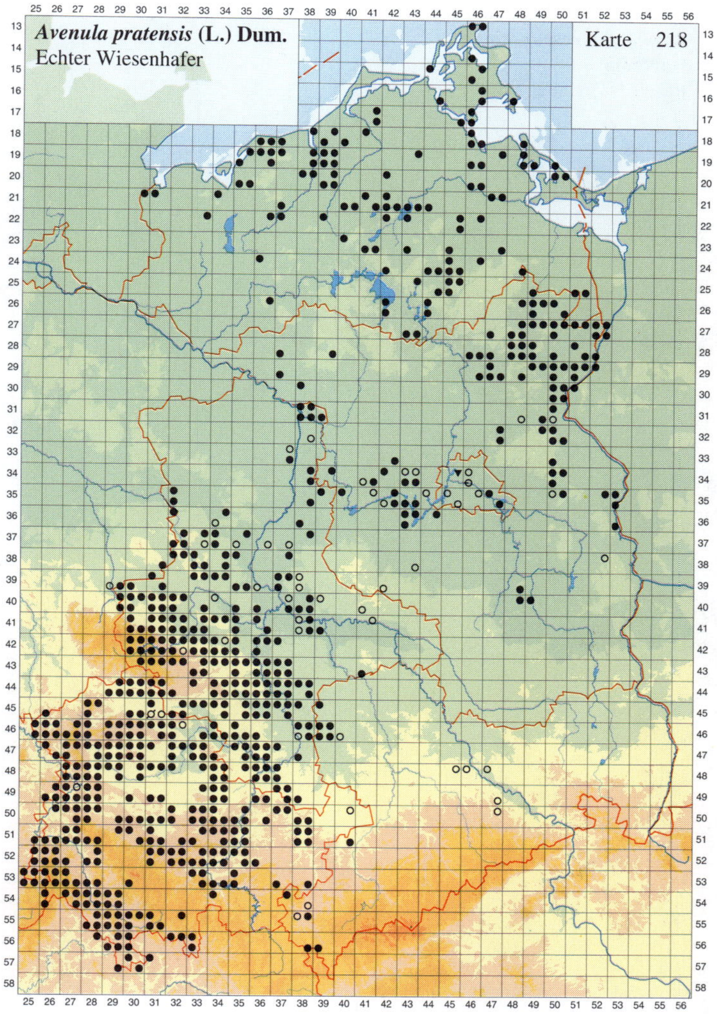
Avenula pratensis (L.) Dum.
Echter Wiesenhafer
Karte 218

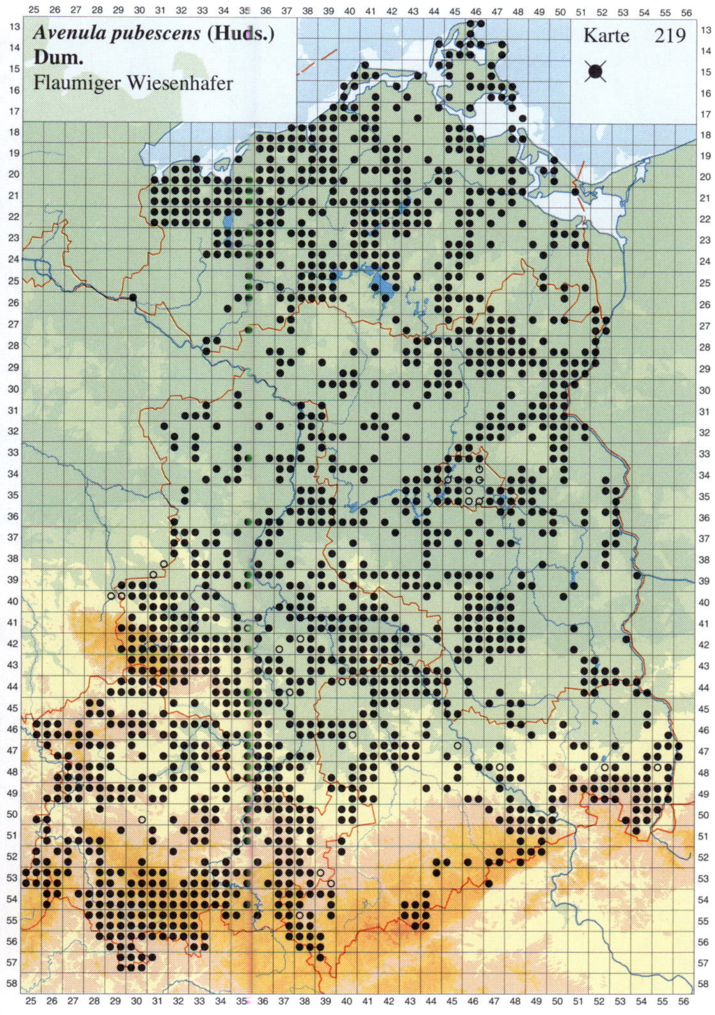
Avenula pubescens (Huds.) Dum.
Flaumiger Wiesenhafer
Karte 219

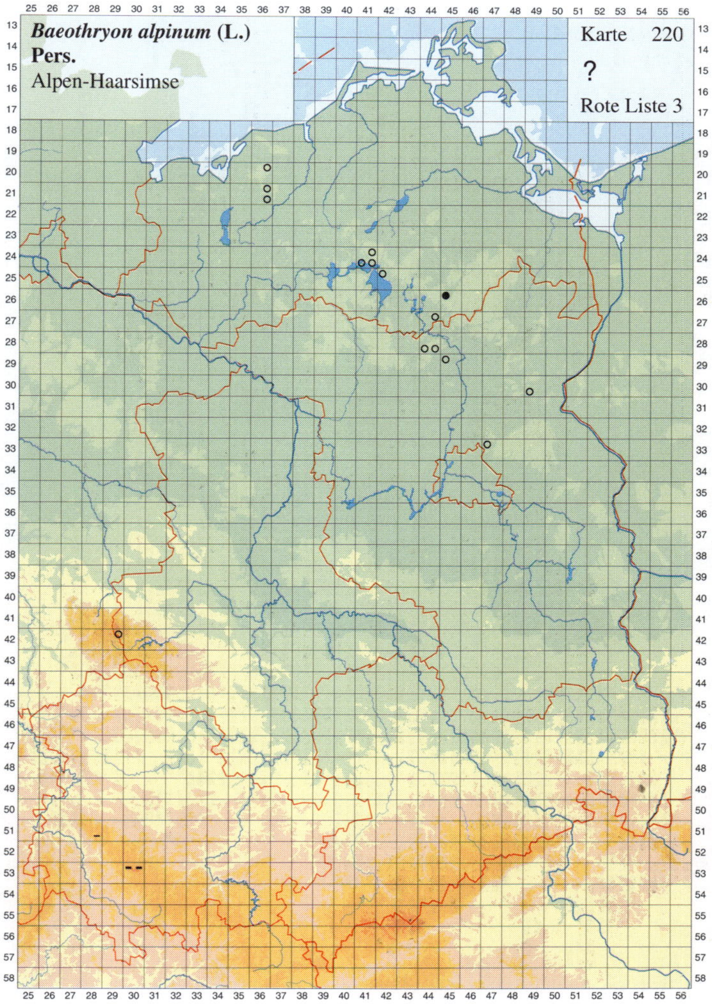
Baeothryon alpinum (L.) Pers.
Alpen-Haarsimse
Karte 220
?
Rote Liste 3

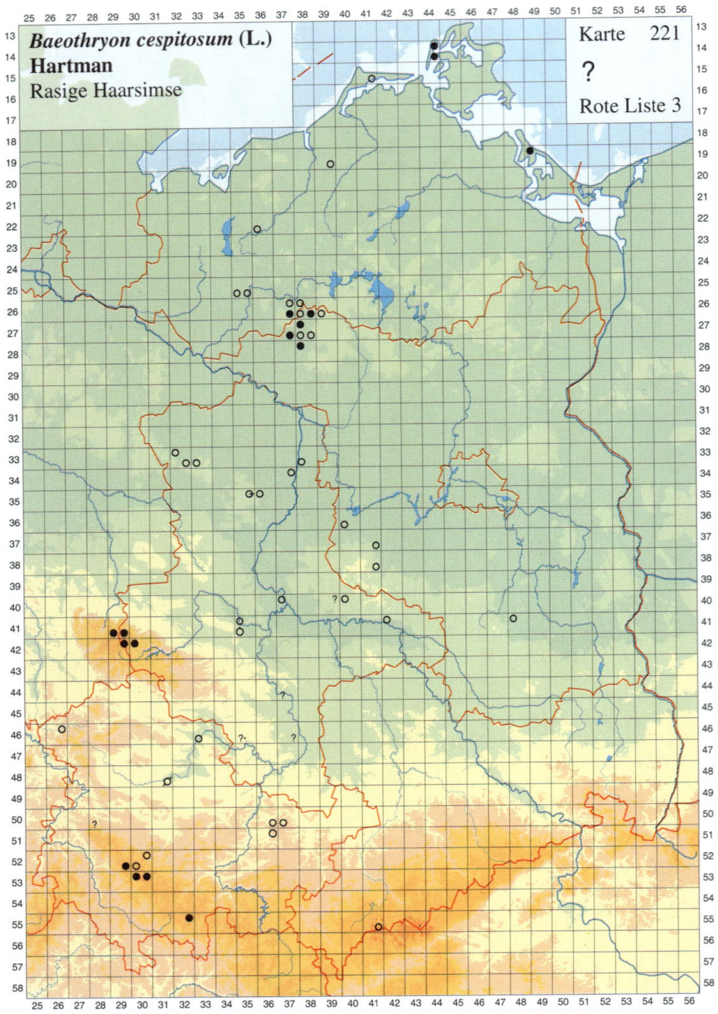
Baeothryon cespitosum (L.) Hartman
Rasige Haarsimse
Karte 221
?
Rote Liste 3

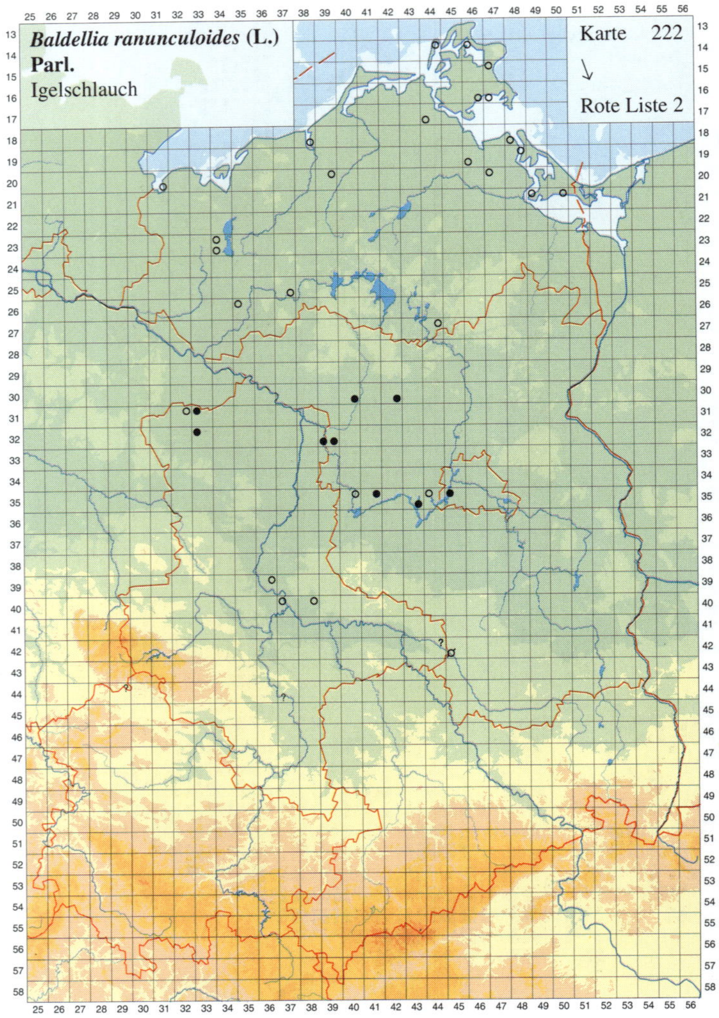
Baldellia ranunculoides (L.) Parl.
Igelschlauch
Karte 222
↘
Rote Liste 2

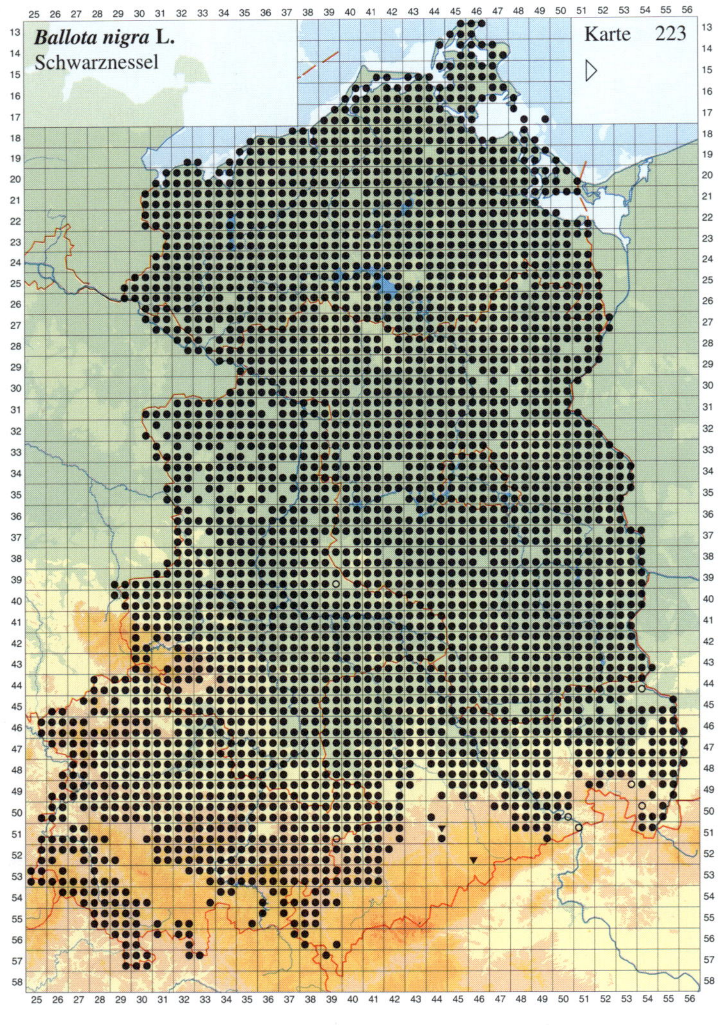
Ballota nigra L.
Schwarznessel
Karte 223
▷

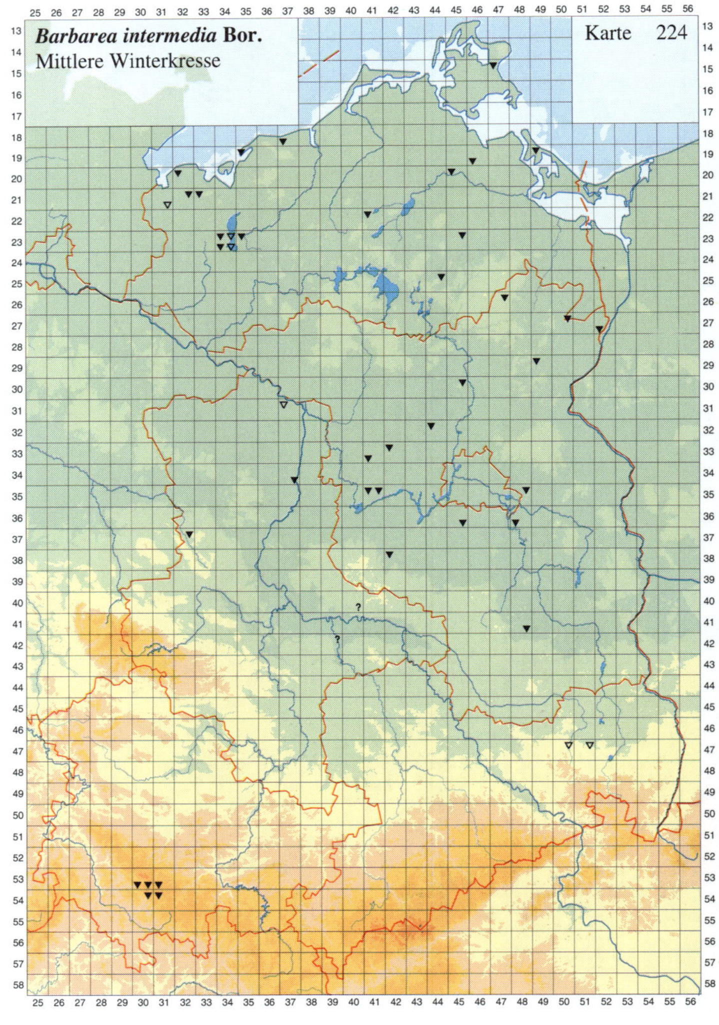
Barbarea intermedia Bor.
Mittlere Winterkresse
Karte 224

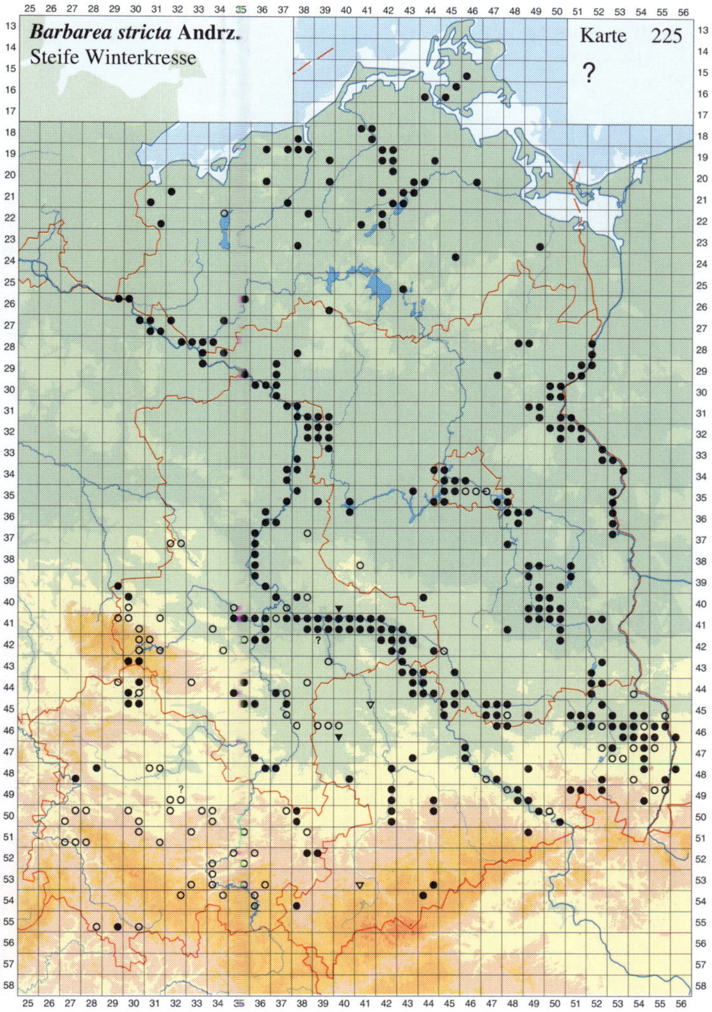
Barbarea stricta Andrz.
Steife Winterkresse
Karte 225
?

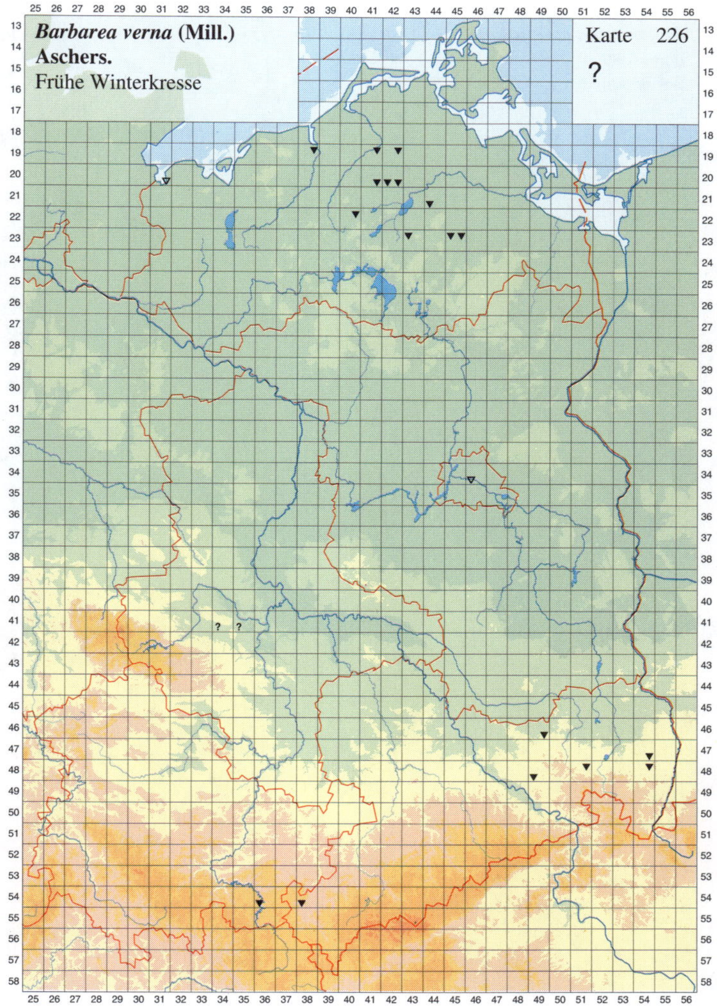
Barbarea verna (Mill.) Aschers.
Frühe Winterkresse
Karte 226
?

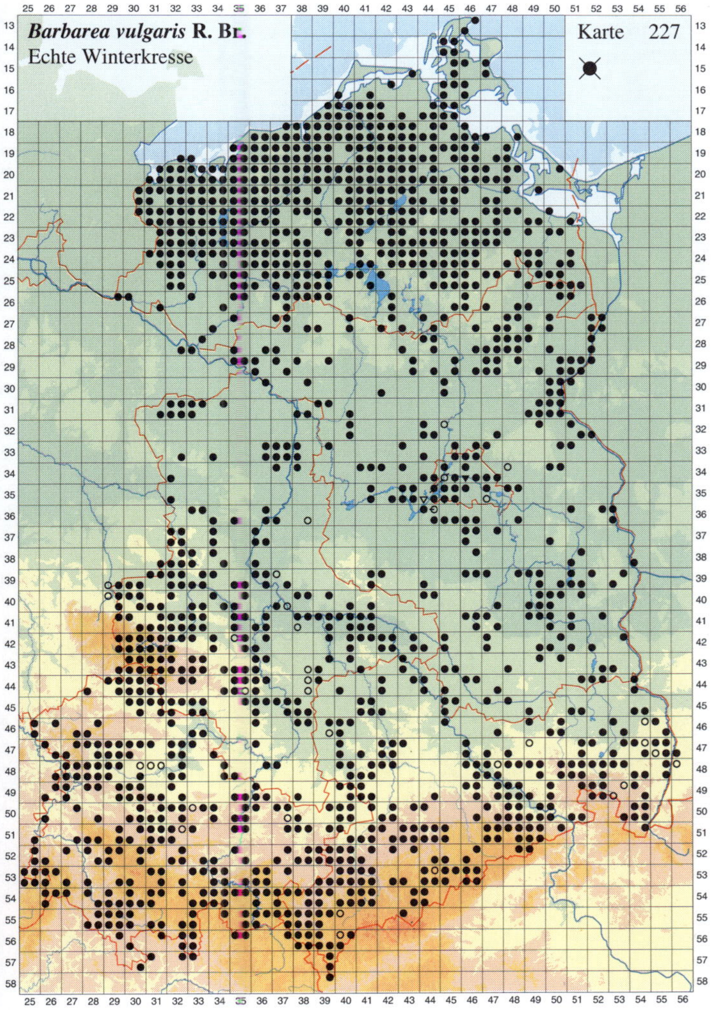
Barbarea vulgaris R. Br.
Echte Winterkresse
Karte 227

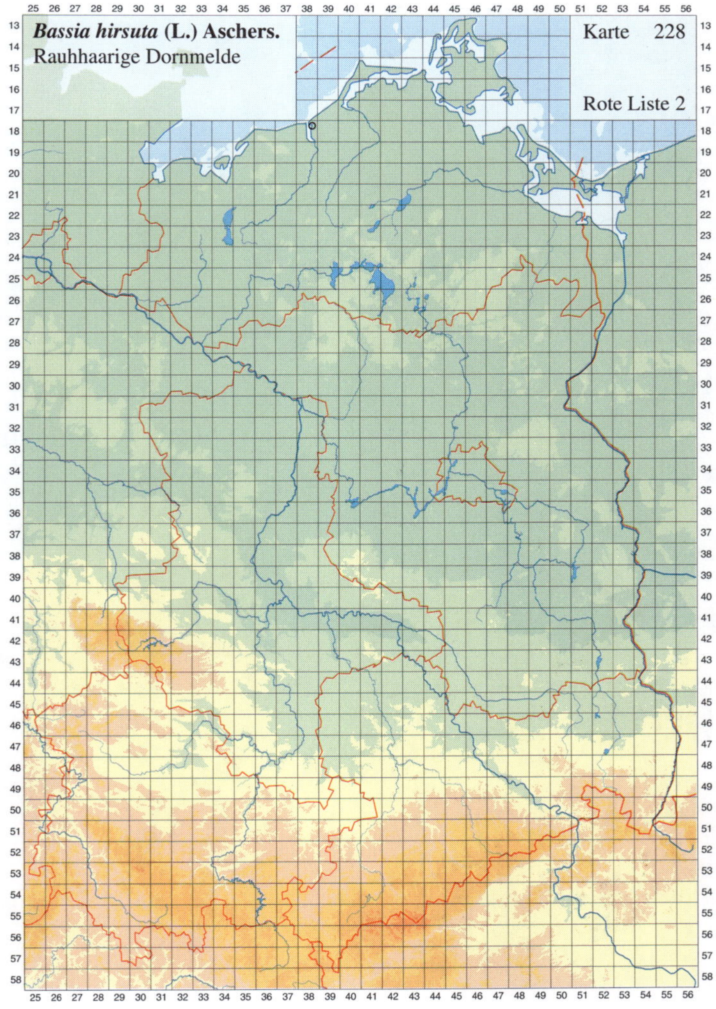
Bassia hirsuta (L.) Aschers.
Rauhhaarige Dornmelde
Karte 228
Rote Liste 2

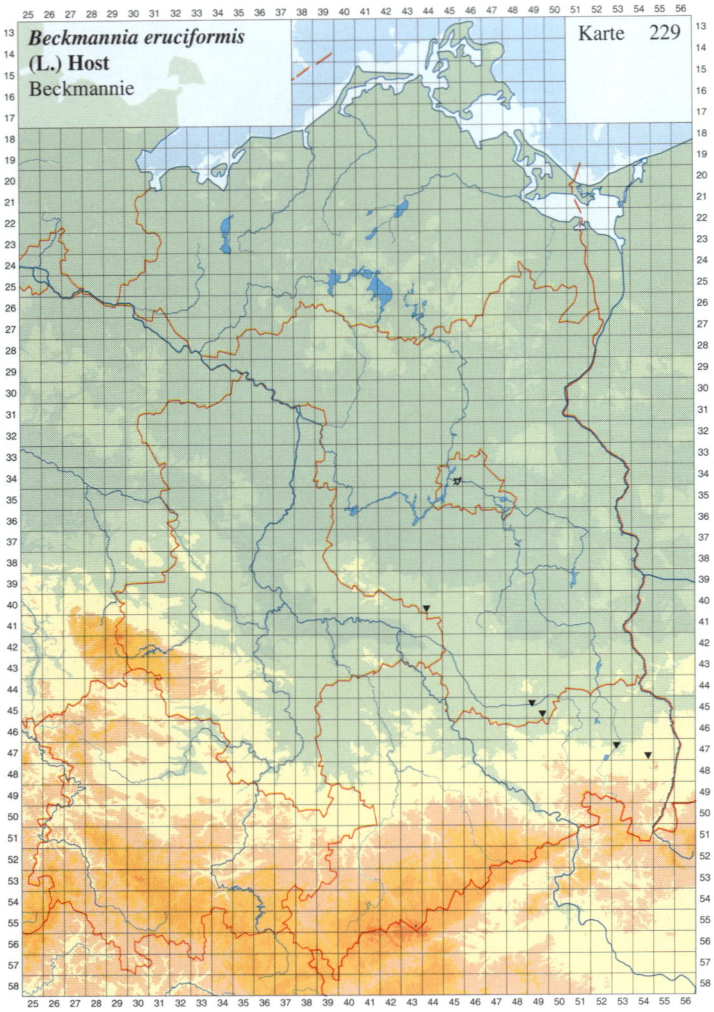
Beckmannia eruciformis (L.) Host
Beckmannie
Karte 229

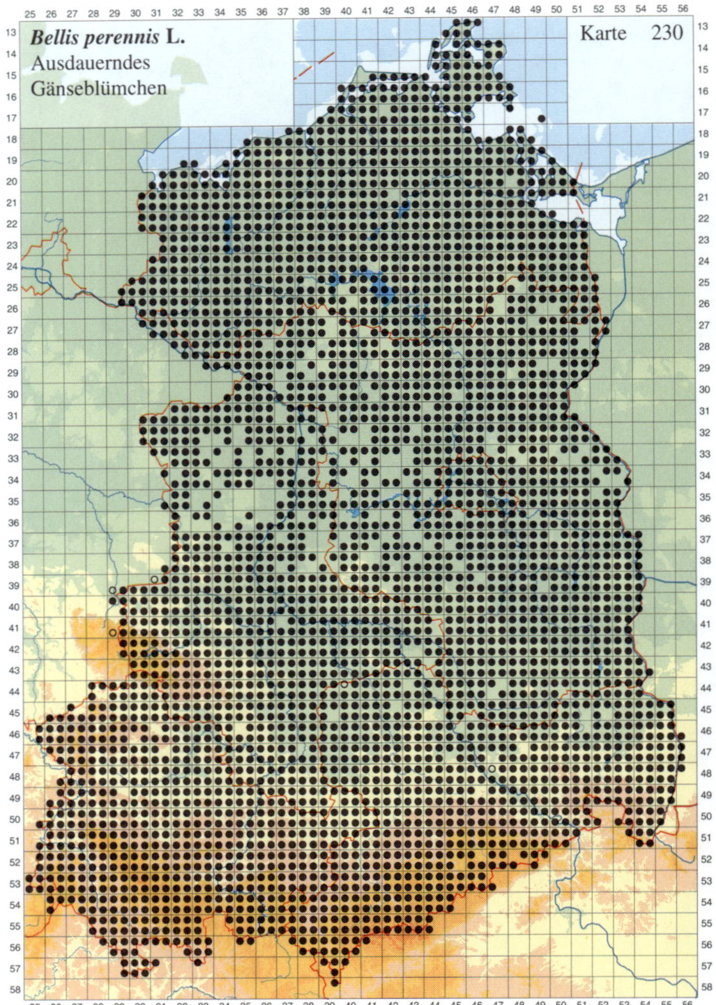
Bellis perennis L.
Ausdauerndes
Gänseblümchen
Karte 230

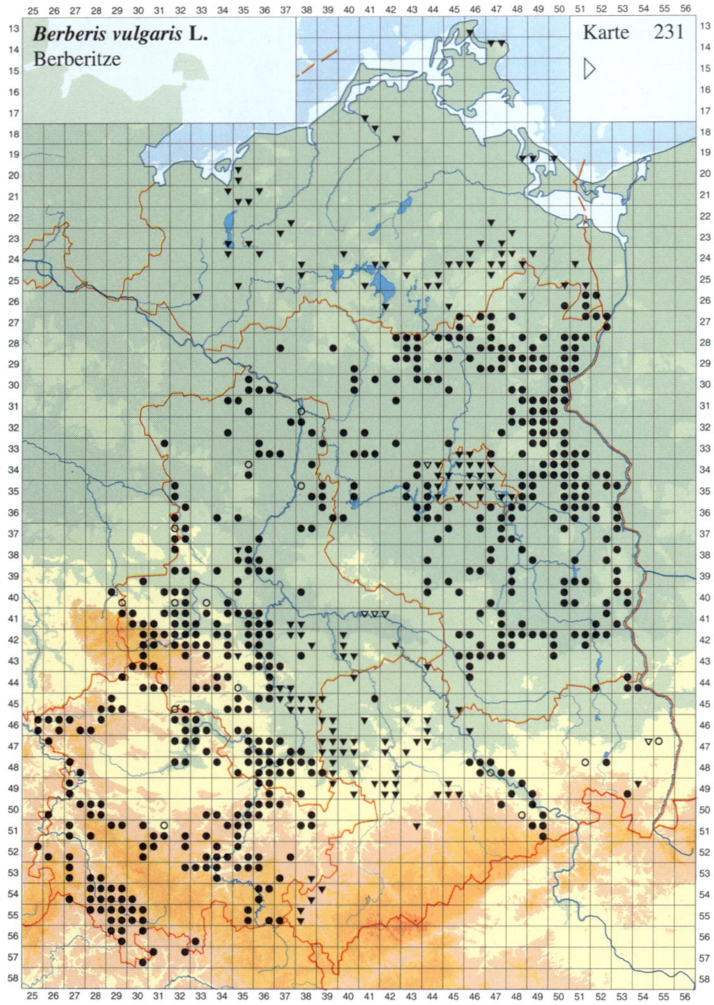
Berberis vulgaris L.
Berberitze
Karte 231

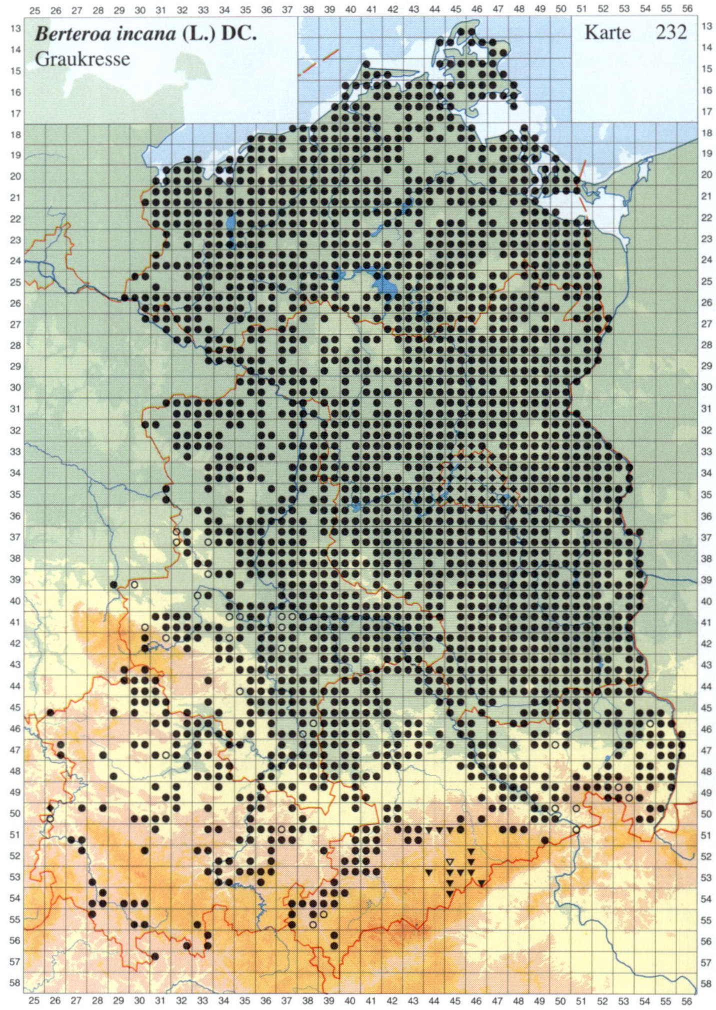
Berteroa incana (L.) DC.
Graukresse
Karte 232

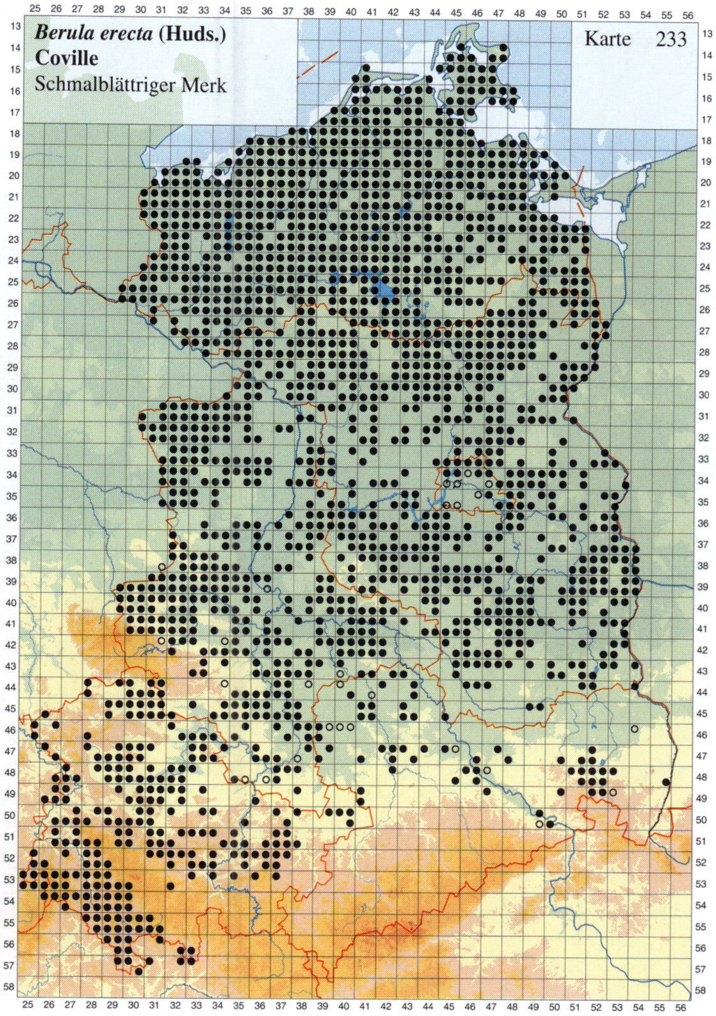

Berula erecta (Huds.) Coville
Schmalblättriger Merk
Karte 233

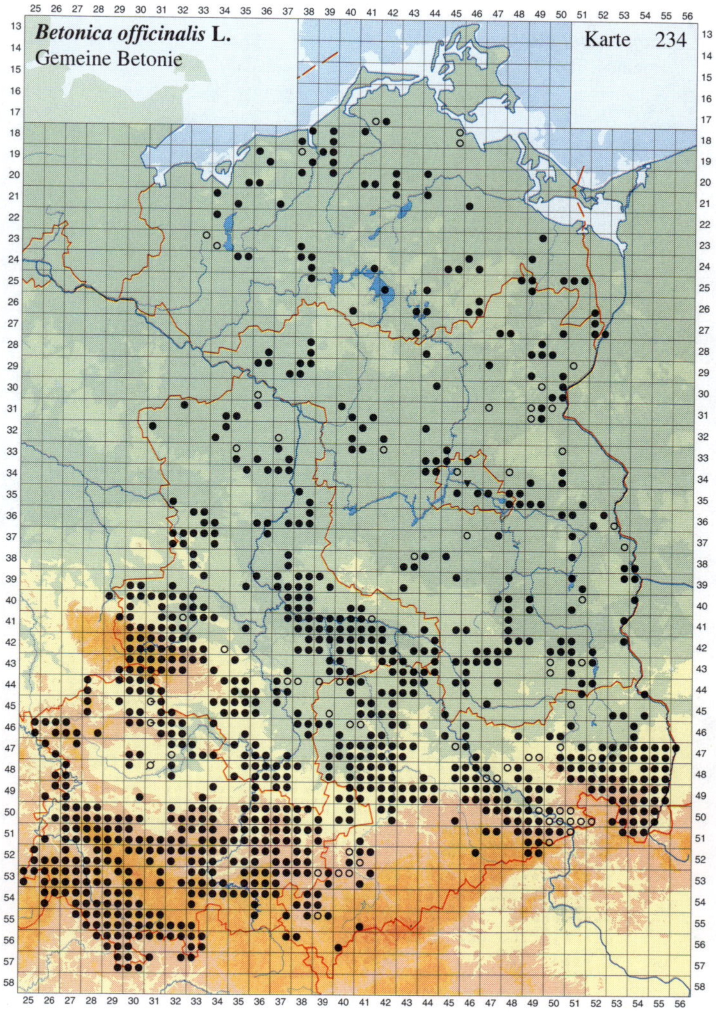

Betonica officinalis L.
Gemeine Betonie
Karte 234

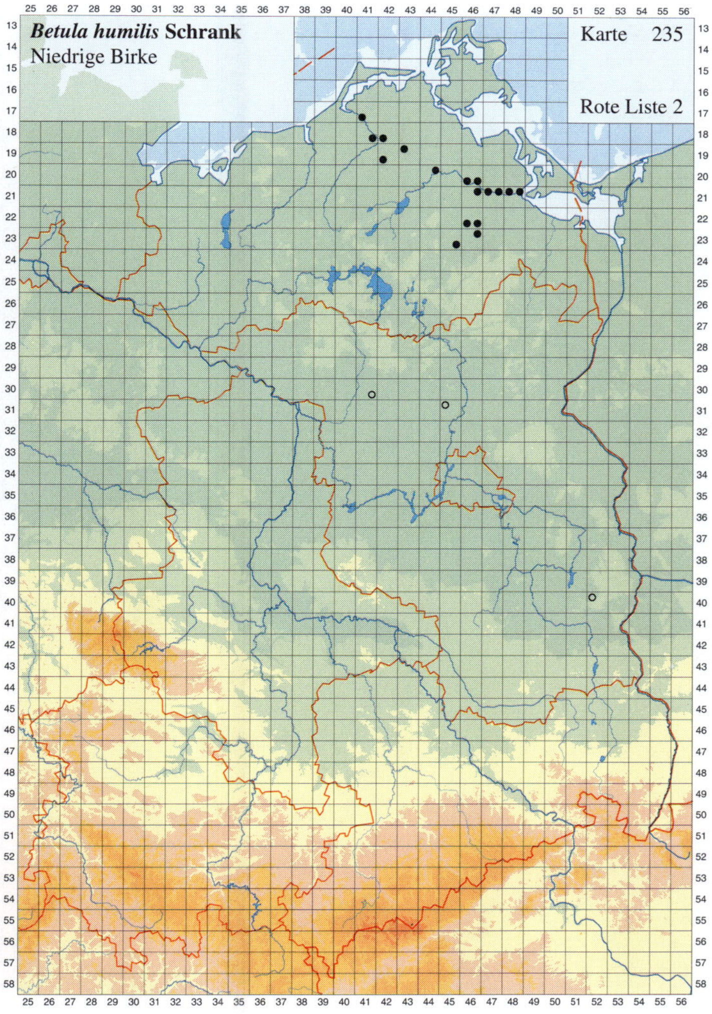

Betula humilis Schrank
Niedrige Birke
Karte 235
Rote Liste 2

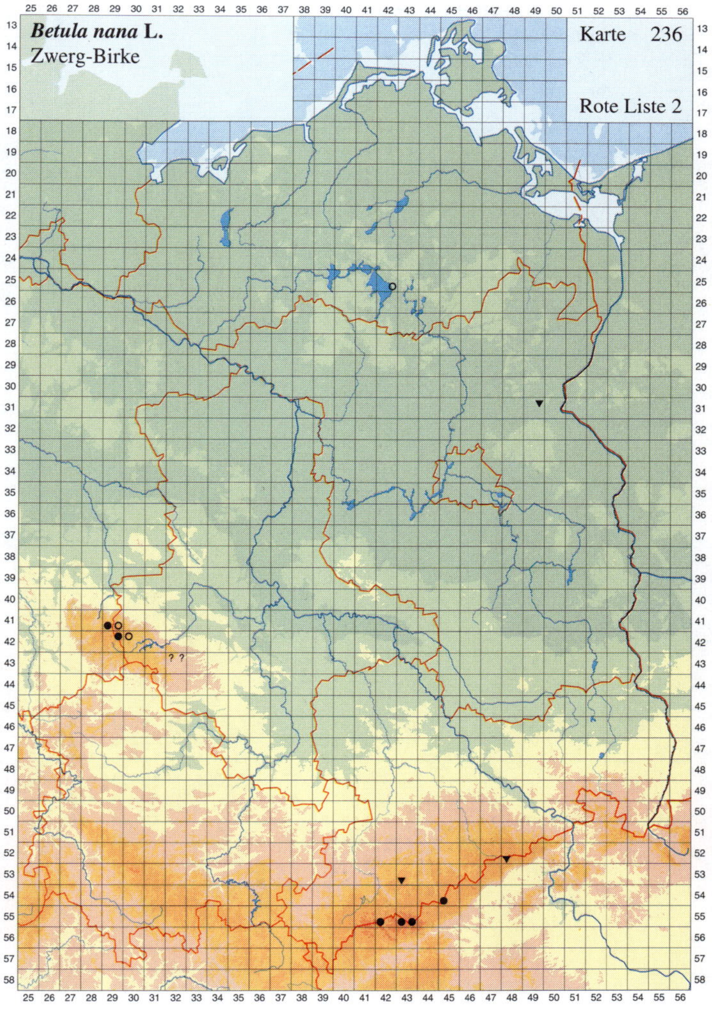

Betula nana L.
Zwerg-Birke
Karte 236
Rote Liste 2

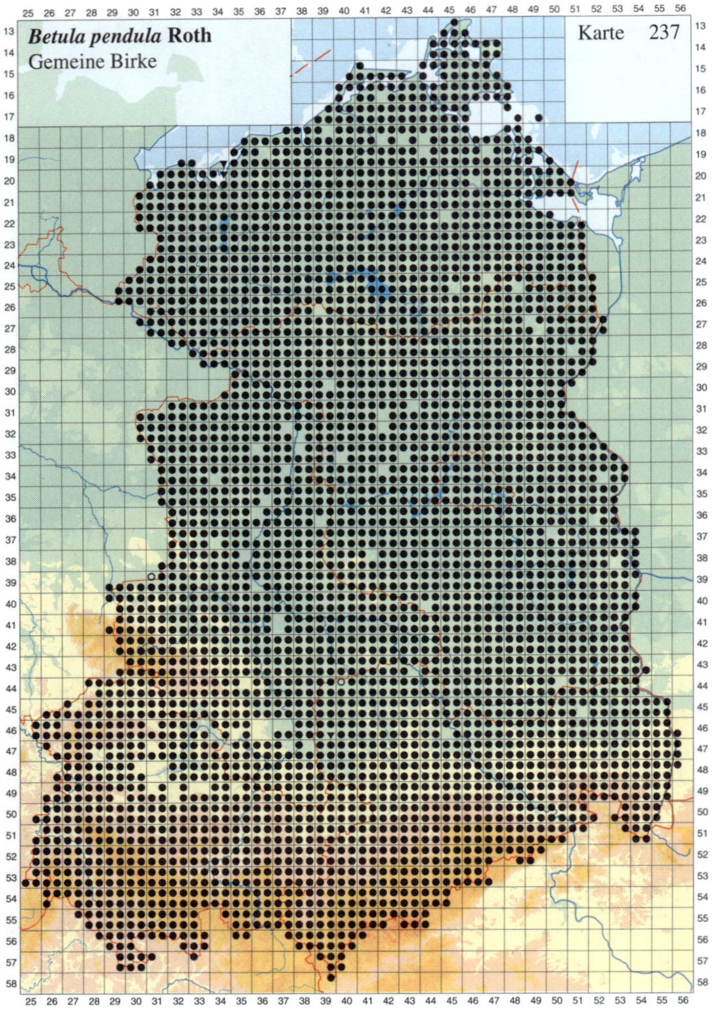
Betula pendula Roth
Gemeine Birke
Karte 237

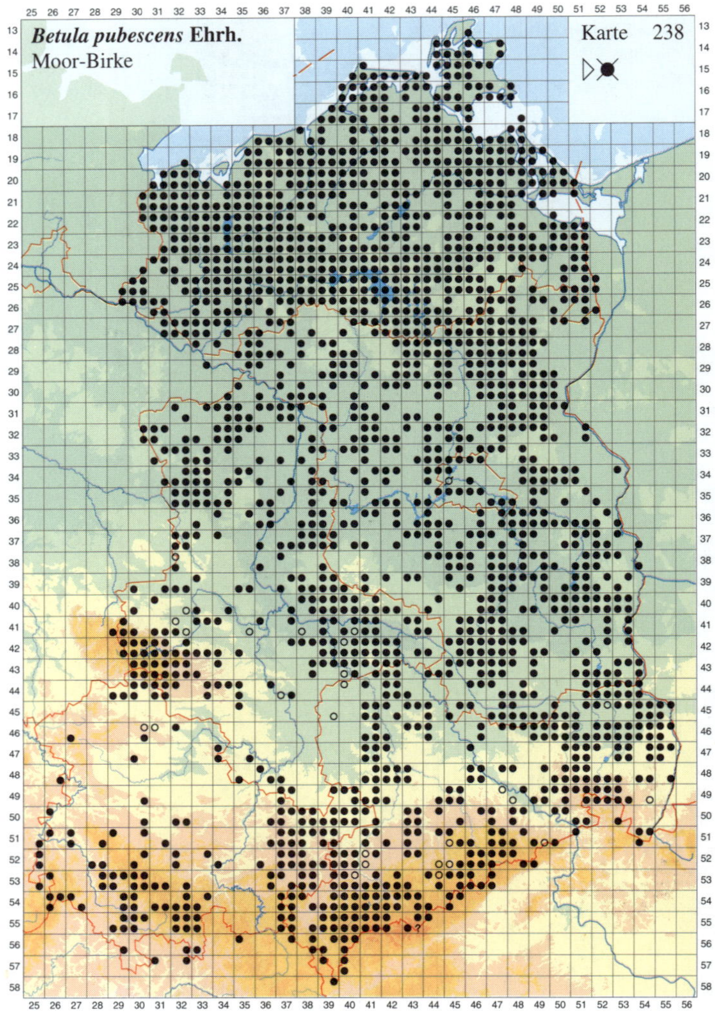
Betula pubescens Ehrh.
Moor-Birke
Karte 238

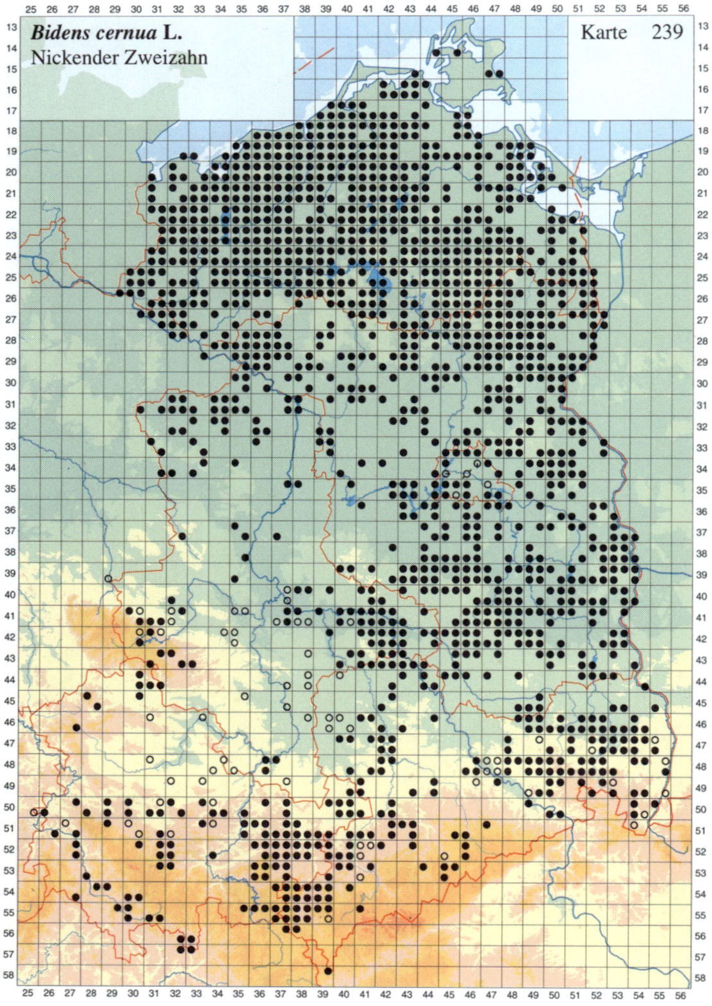
Bidens cernua L.
Nickender Zweizahn
Karte 239

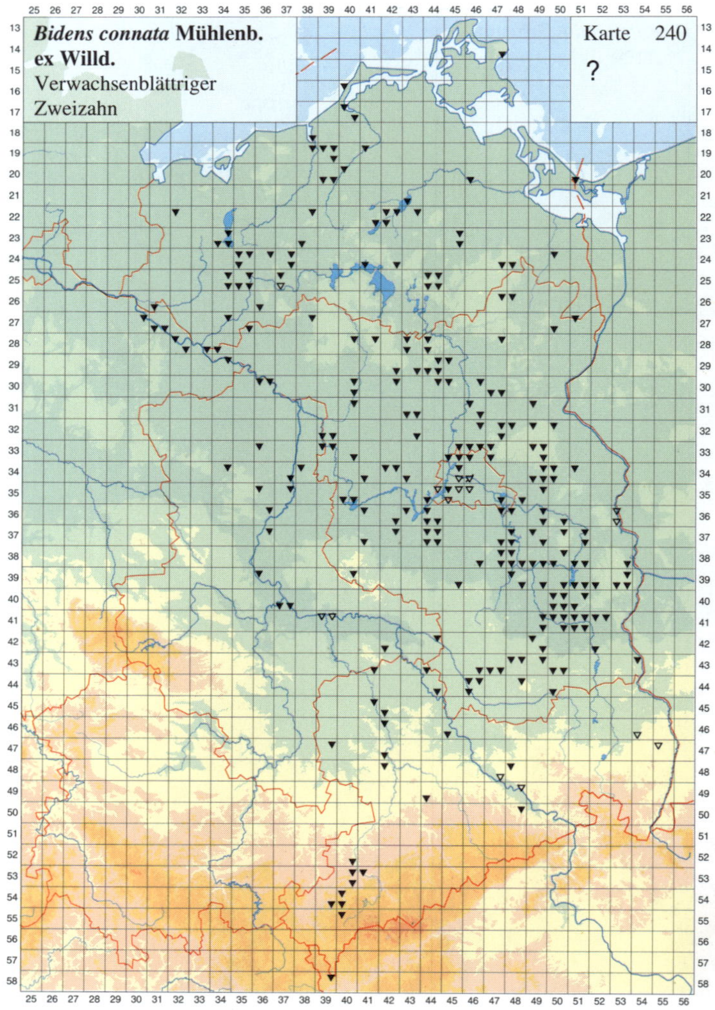
Bidens connata Mühlenb. ex Willd.
Verwachsenblättriger Zweizahn
Karte 240
?

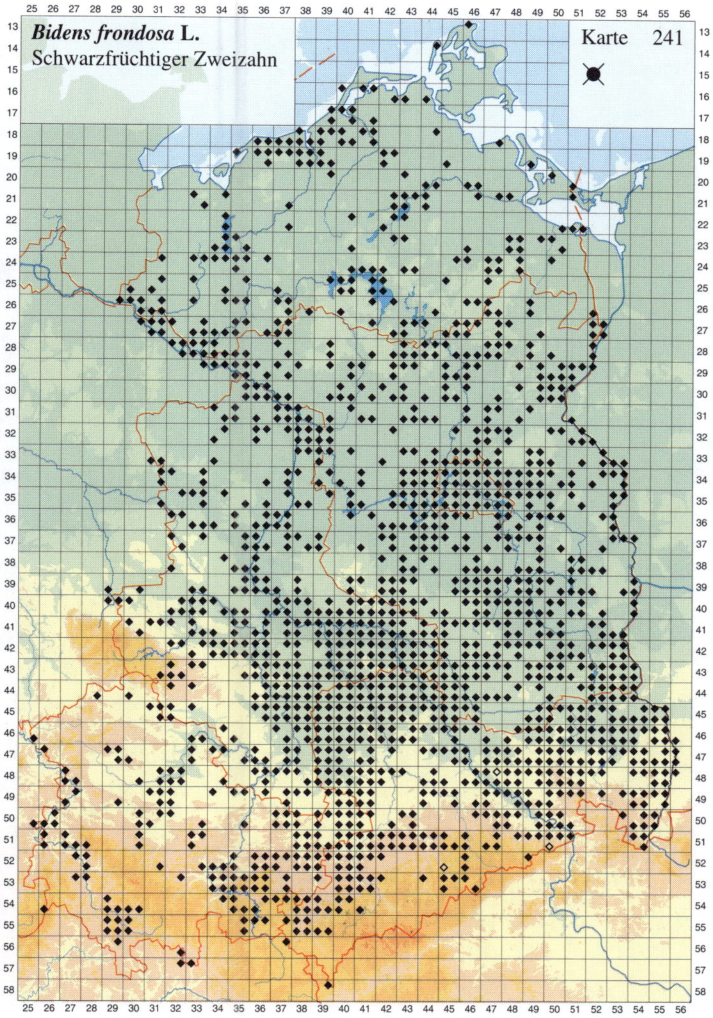
Bidens frondosa L.
Schwarzfrüchtiger Zweizahn
Karte 241

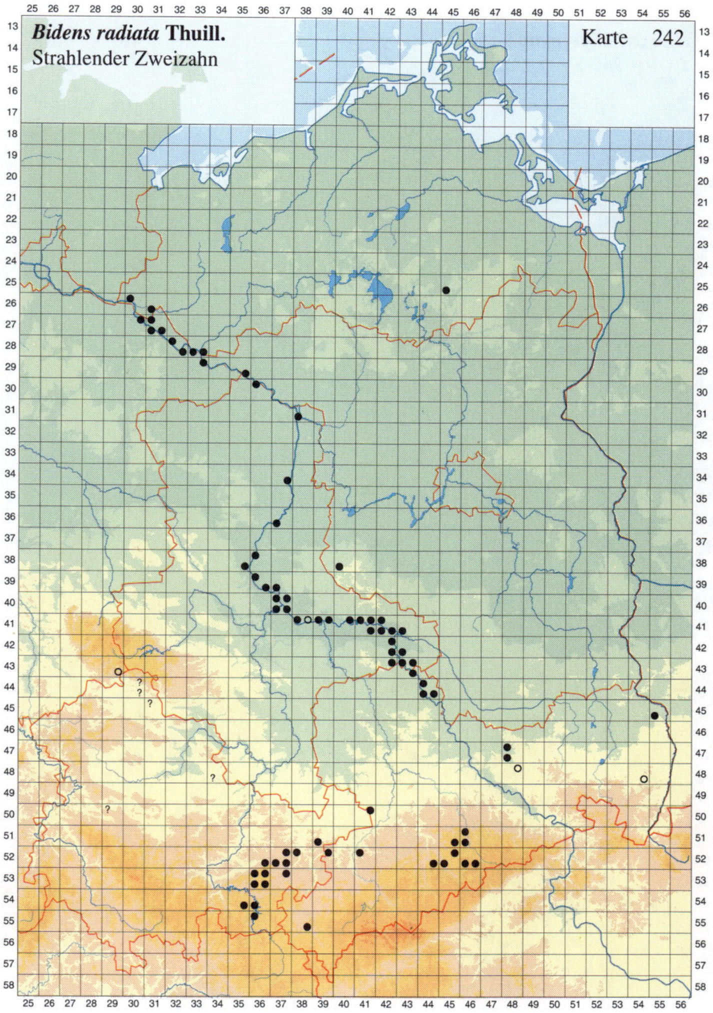
Bidens radiata Thuill.
Strahlender Zweizahn
Karte 242

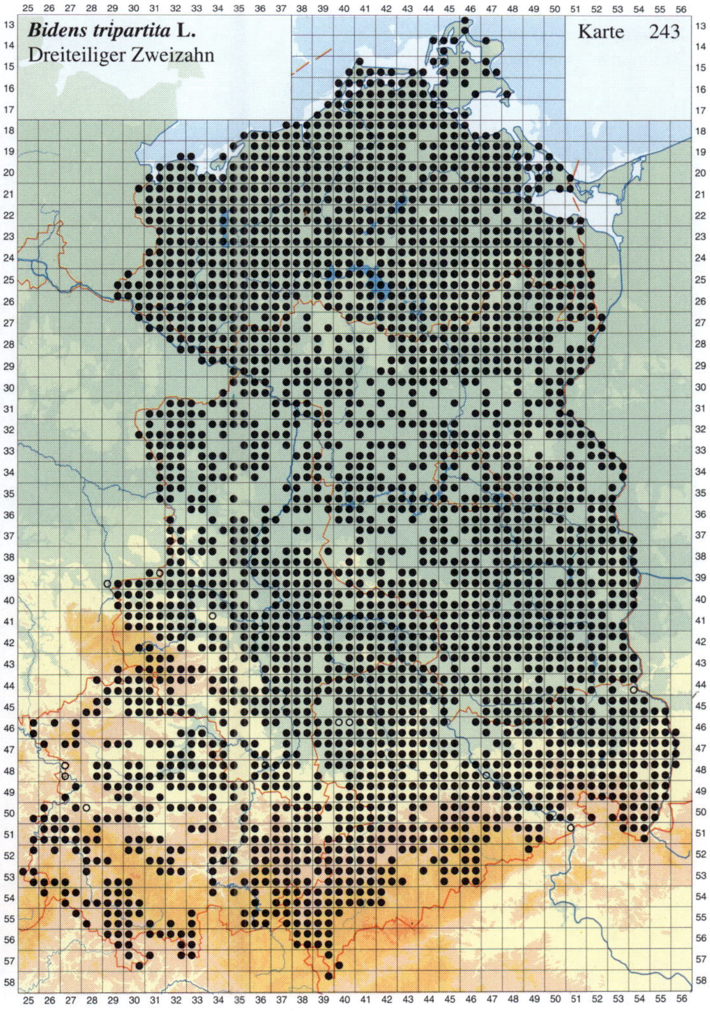
Bidens tripartita L.
Dreiteiliger Zweizahn
Karte 243

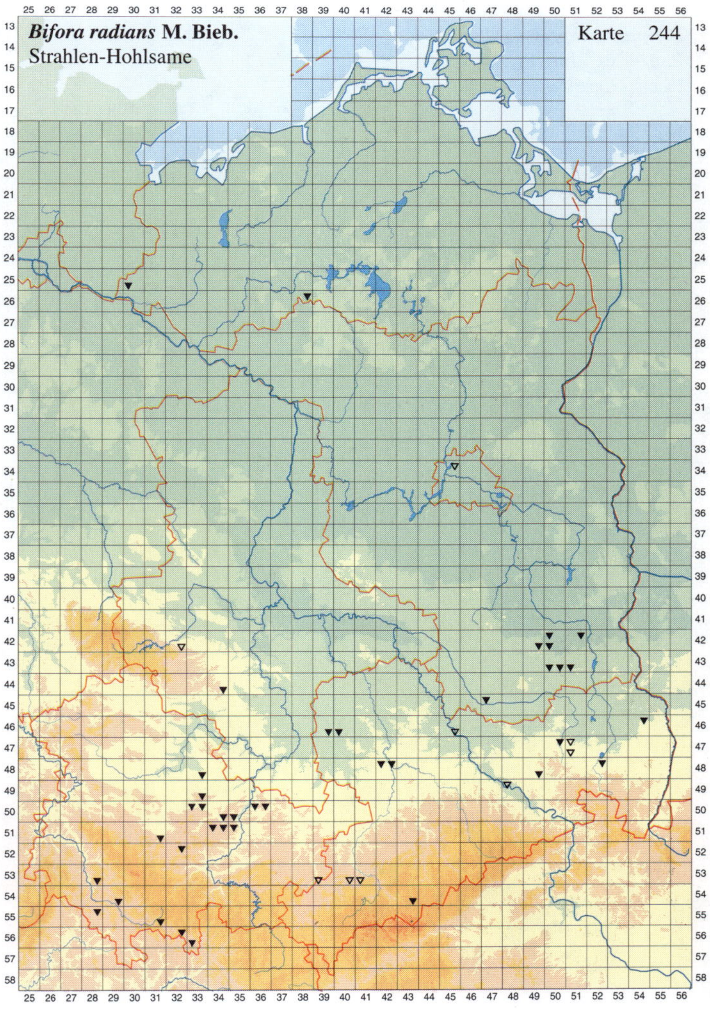
Bifora radians M. Bieb.
Strahlen-Hohlsame
Karte 244

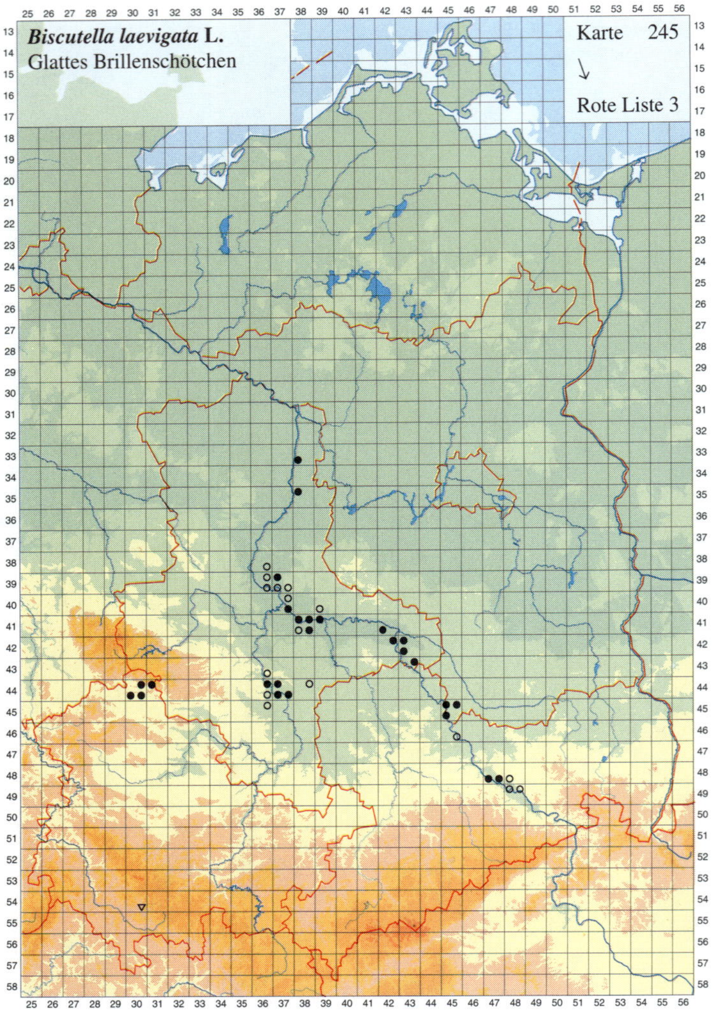
Biscutella laevigata L.
Glattes Brillenschötchen
Karte 245
↘
Rote Liste 3

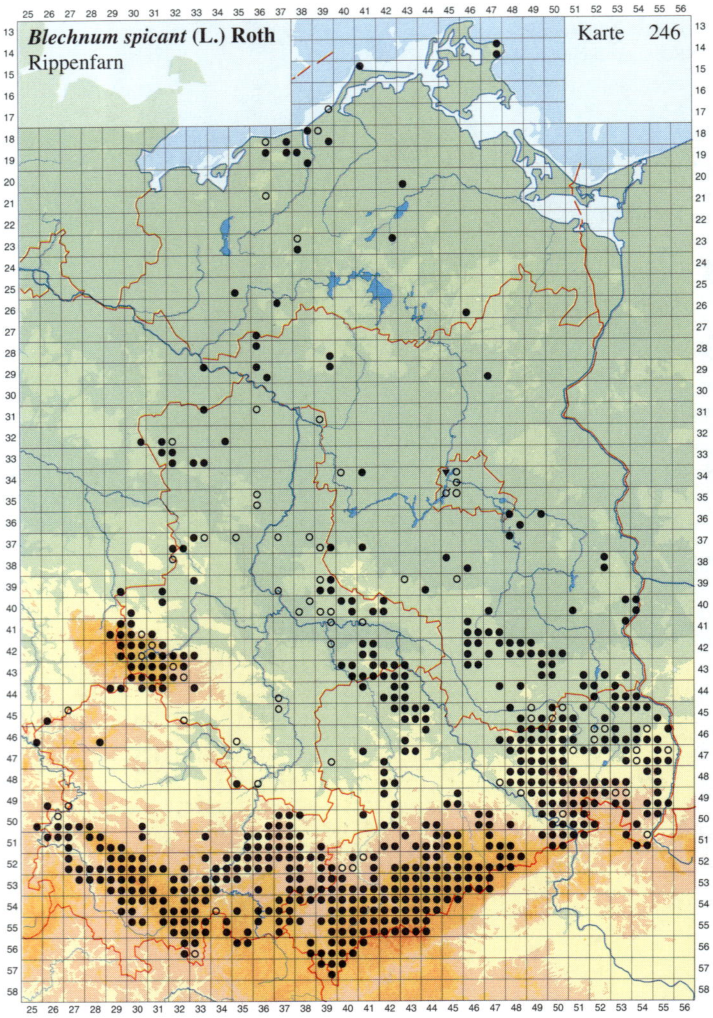
Blechnum spicant (L.) Roth
Rippenfarn
Karte 246

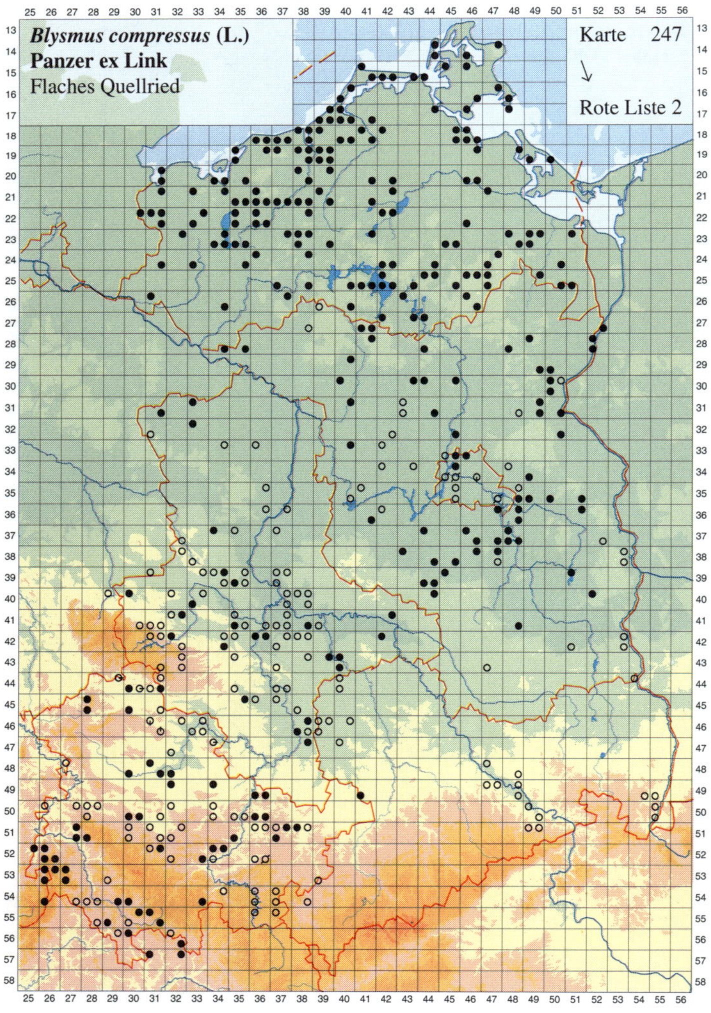
Blysmus compressus (L.) Panzer ex Link
Flaches Quellried
Karte 247
↘
Rote Liste 2

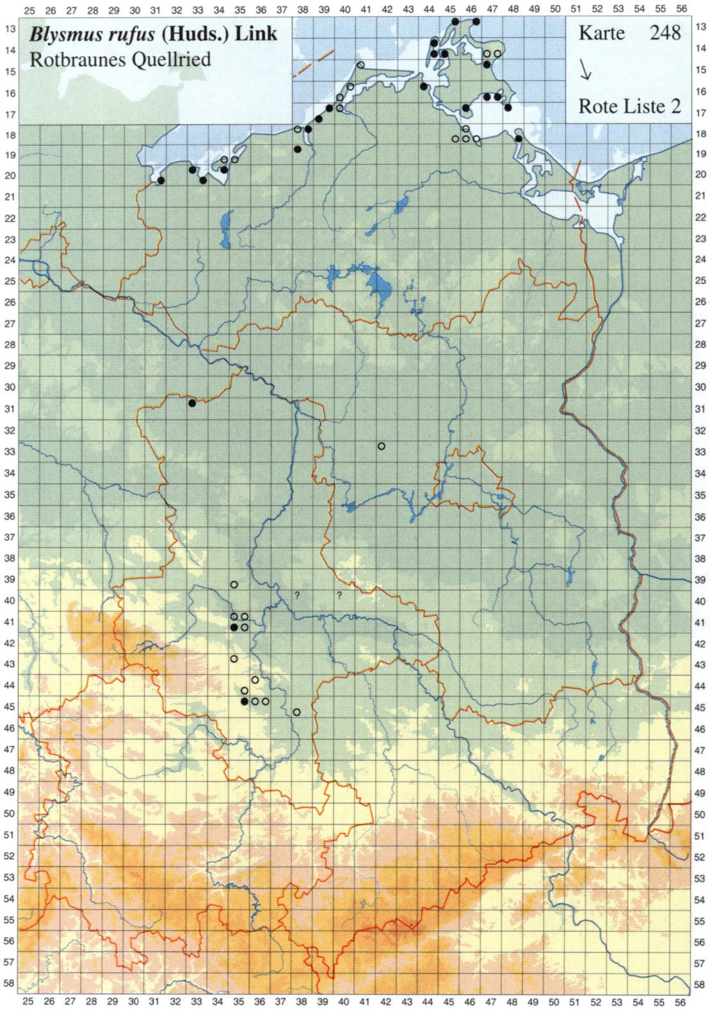
Blysmus rufus (Huds.) Link
Rotbraunes Quellried
Karte 248
↘
Rote Liste 2

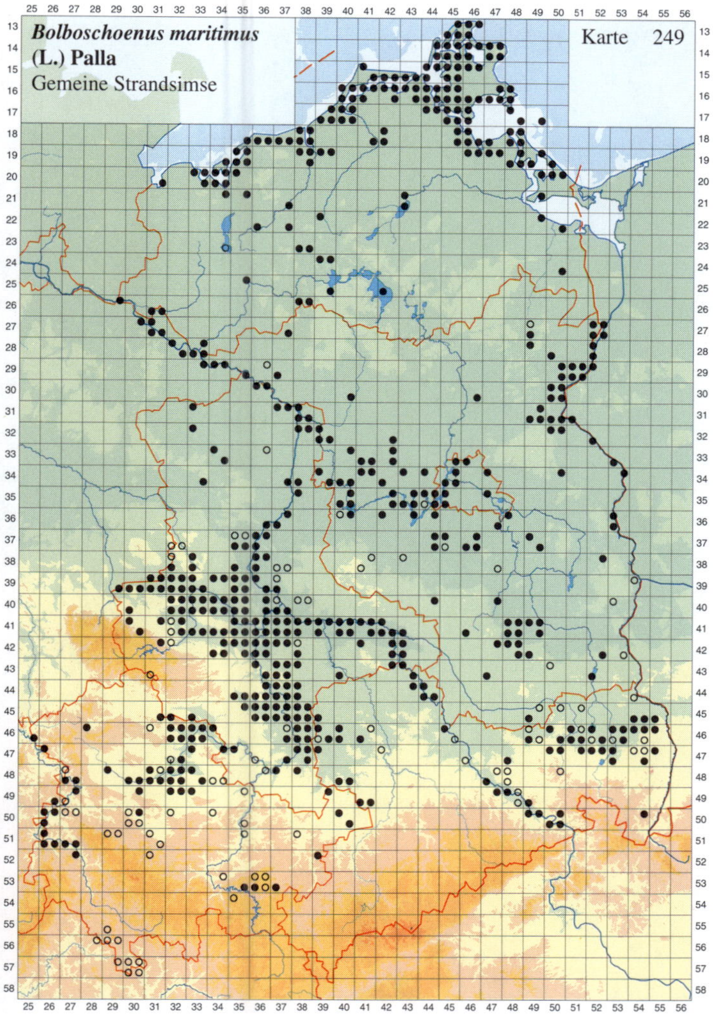
Bolboschoenus maritimus (L.) Palla
Gemeine Strandsimse
Karte 249

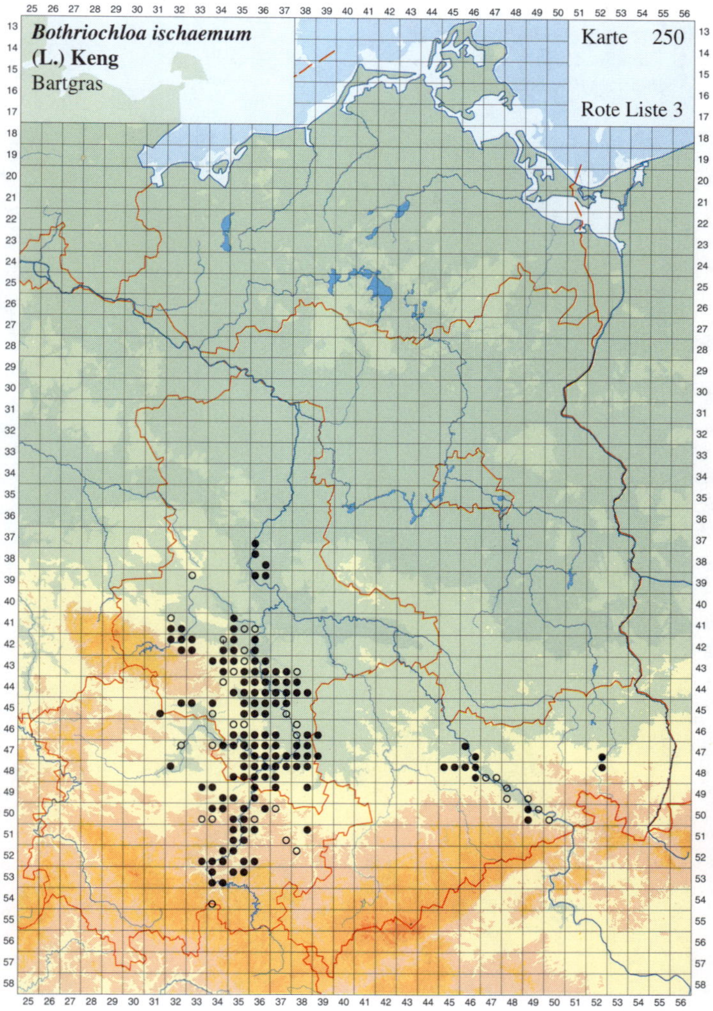
Bothriochloa ischaemum (L.) Keng
Bartgras
Karte 250
Rote Liste 3

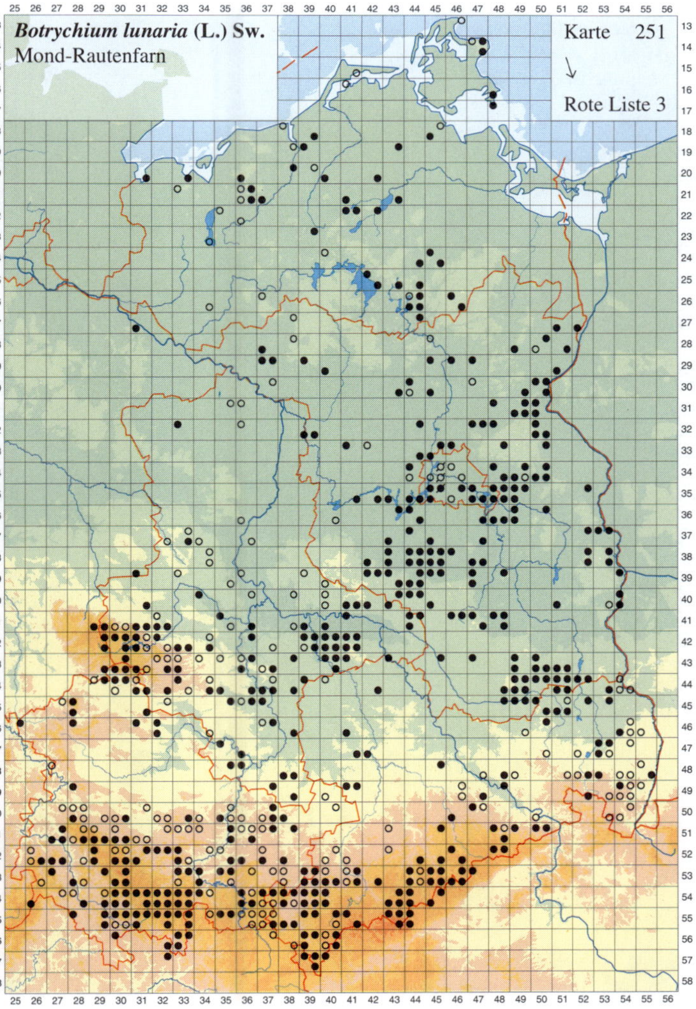
Botrychium lunaria (L.) Sw.
Mond-Rautenfarn
Karte 251
↘
Rote Liste 3

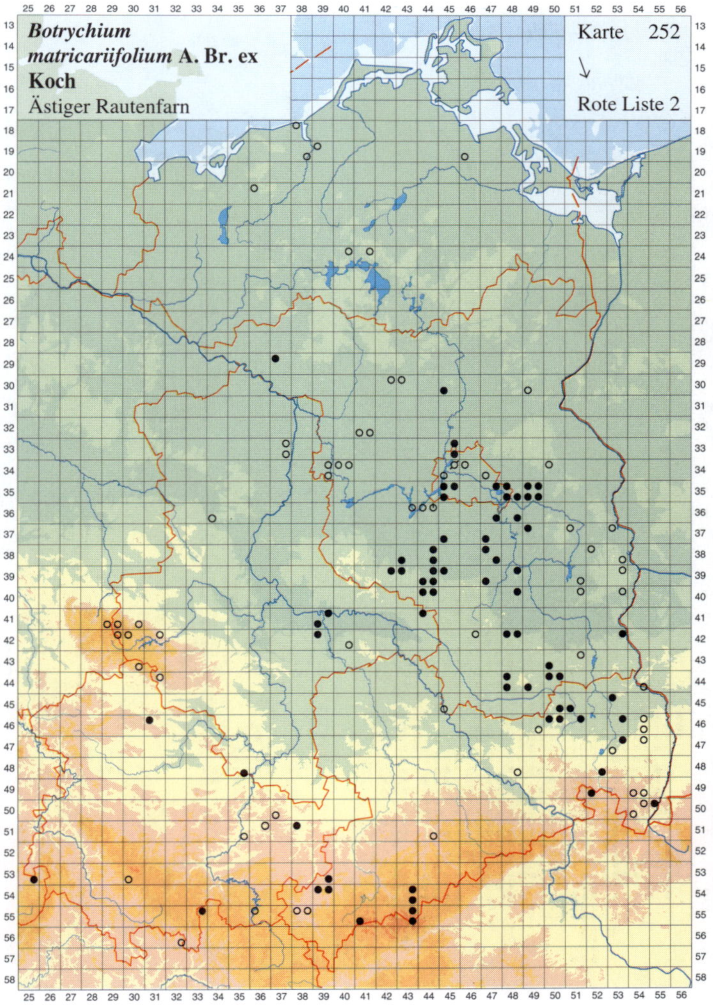
Botrychium matricariifolium A. Br. ex Koch
Ästiger Rautenfarn
Karte 252
↘
Rote Liste 2

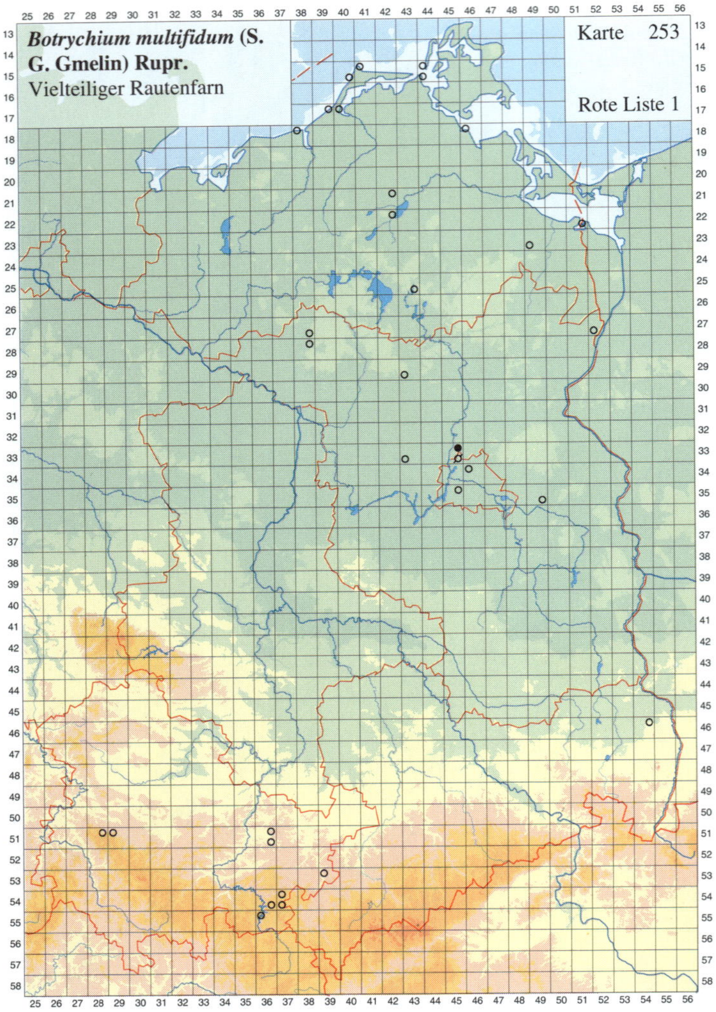
Botrychium multifidum (S. G. Gmelin) Rupr.
Vielteiliger Rautenfarn
Karte 253
Rote Liste 1

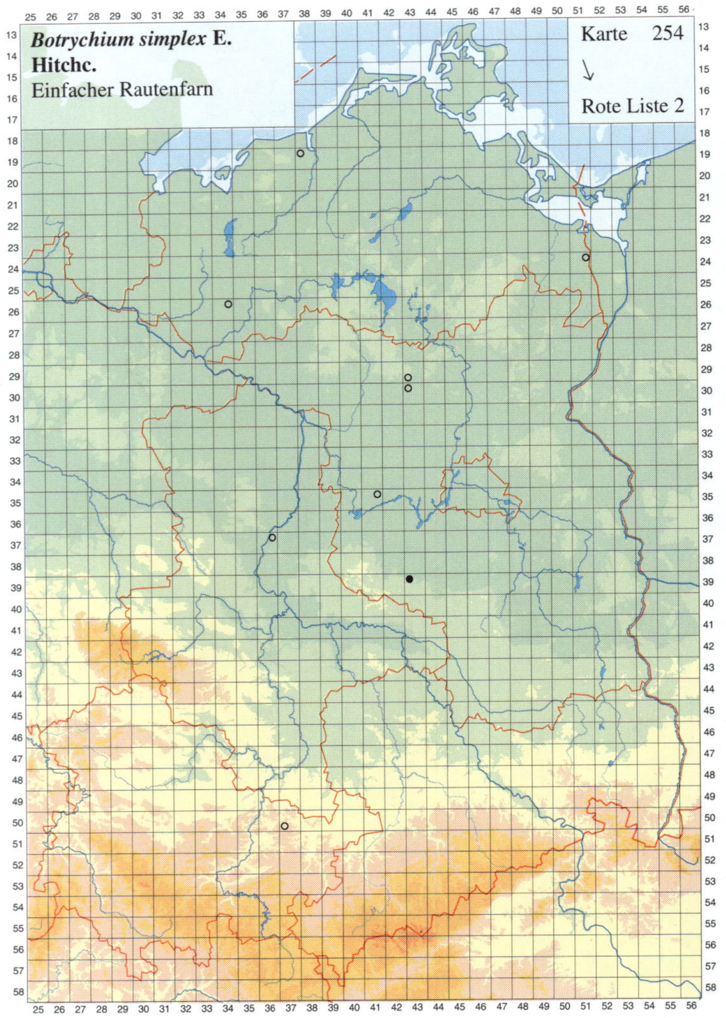
Botrychium simplex E. Hitchc.
Einfacher Rautenfarn
Karte 254
↘
Rote Liste 2

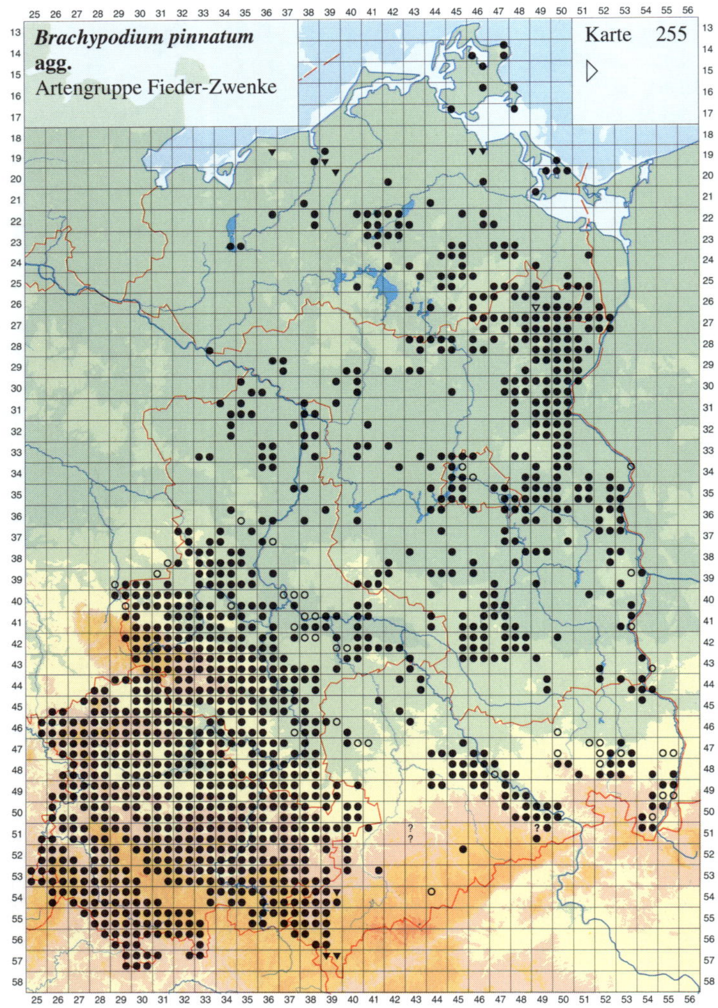
Brachypodium pinnatum agg.
Artengruppe Fieder-Zwenke
Karte 255
▷

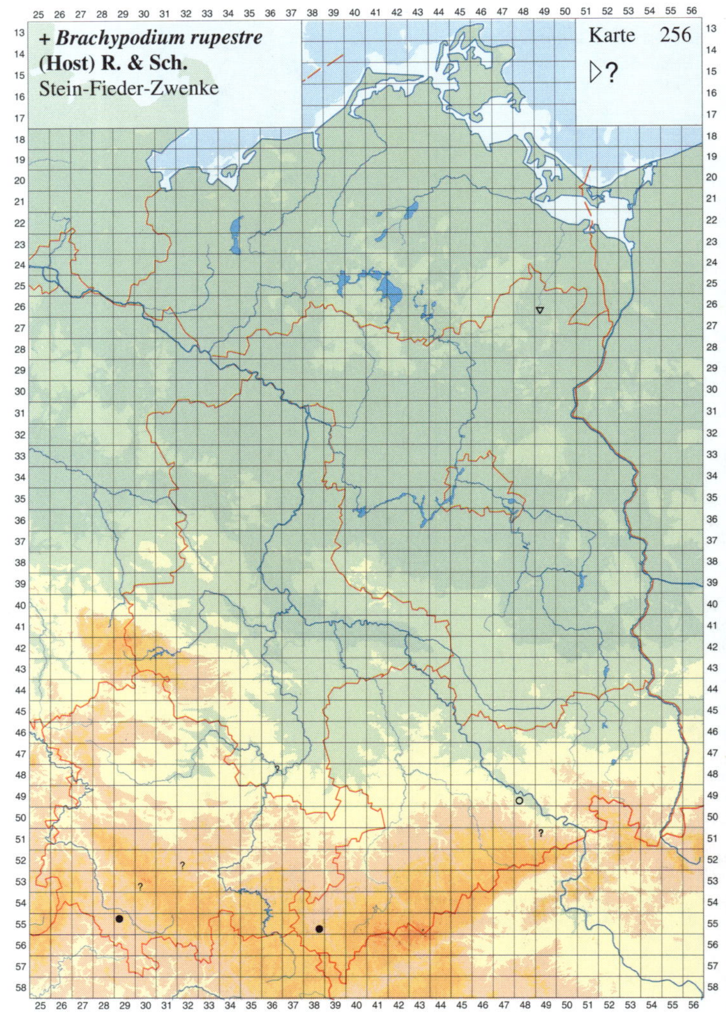
+ *Brachypodium rupestre* (Host) R. & Sch.
Stein-Fieder-Zwenke
Karte 256
▷?

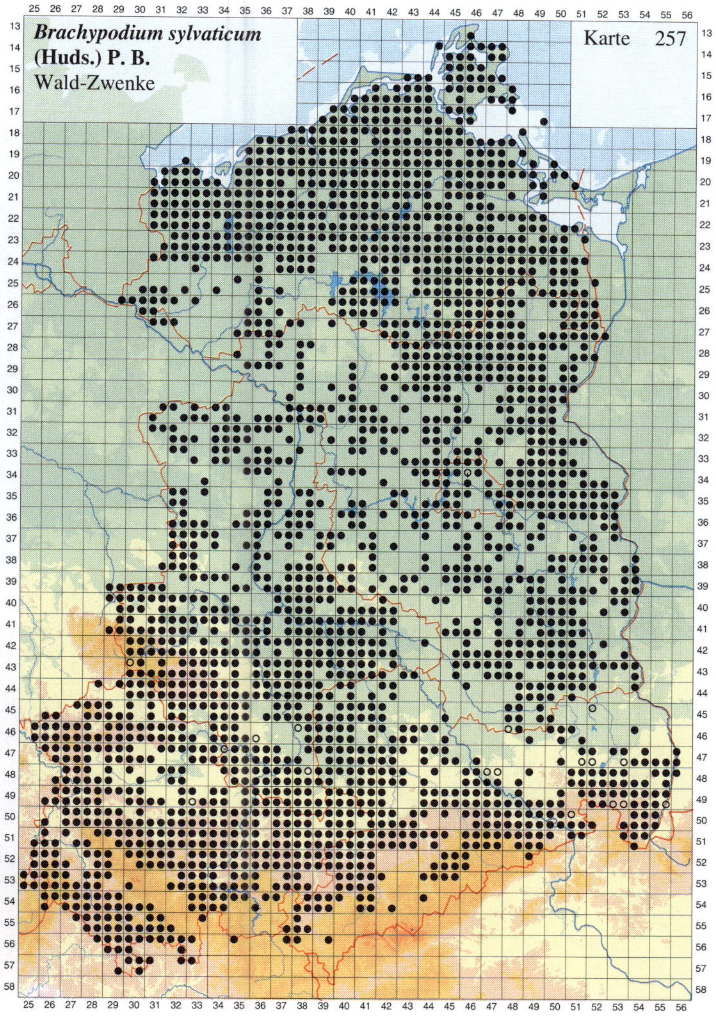
Brachypodium sylvaticum **(Huds.) P. B.**
Wald-Zwenke
Karte 257

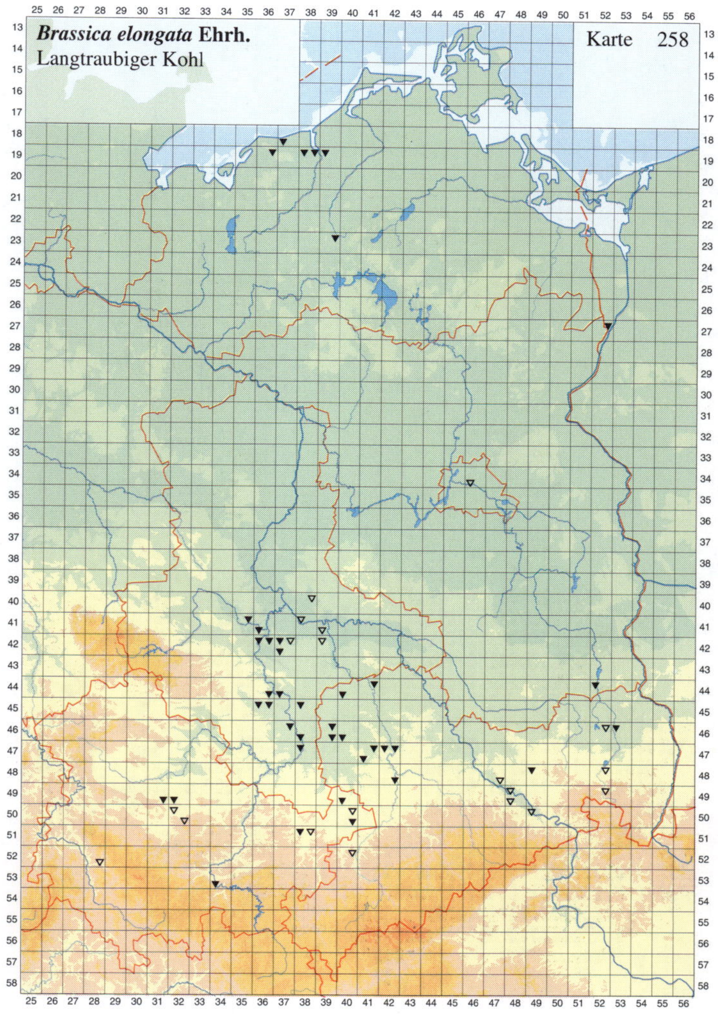
Brassica elongata **Ehrh.**
Langtraubiger Kohl
Karte 258

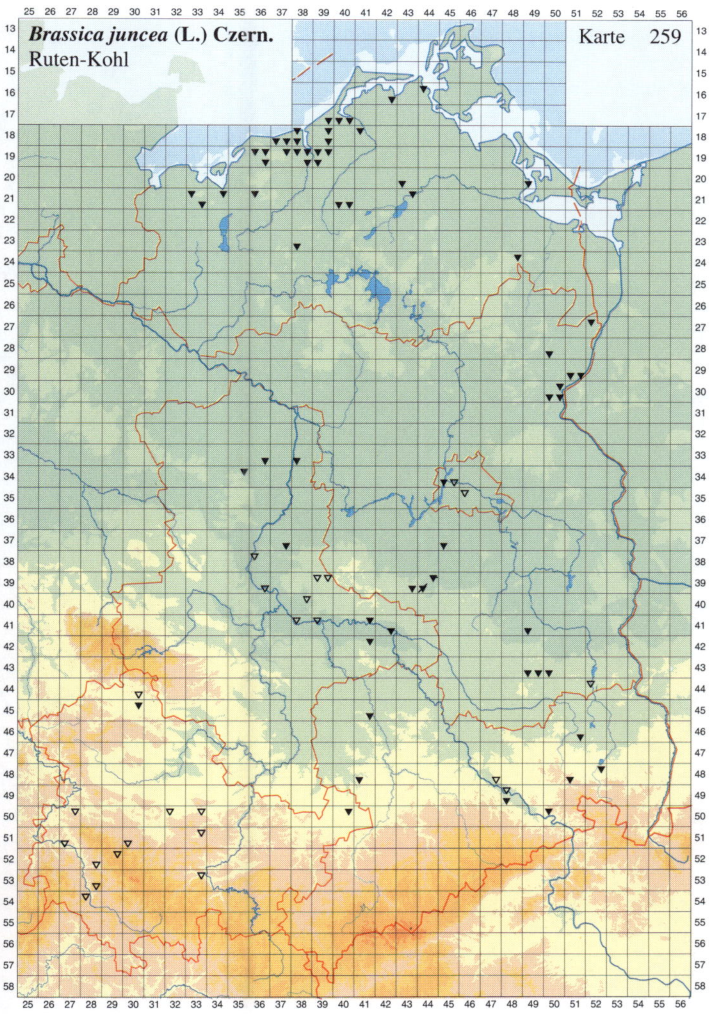
Brassica juncea **(L.) Czern.**
Ruten-Kohl
Karte 259

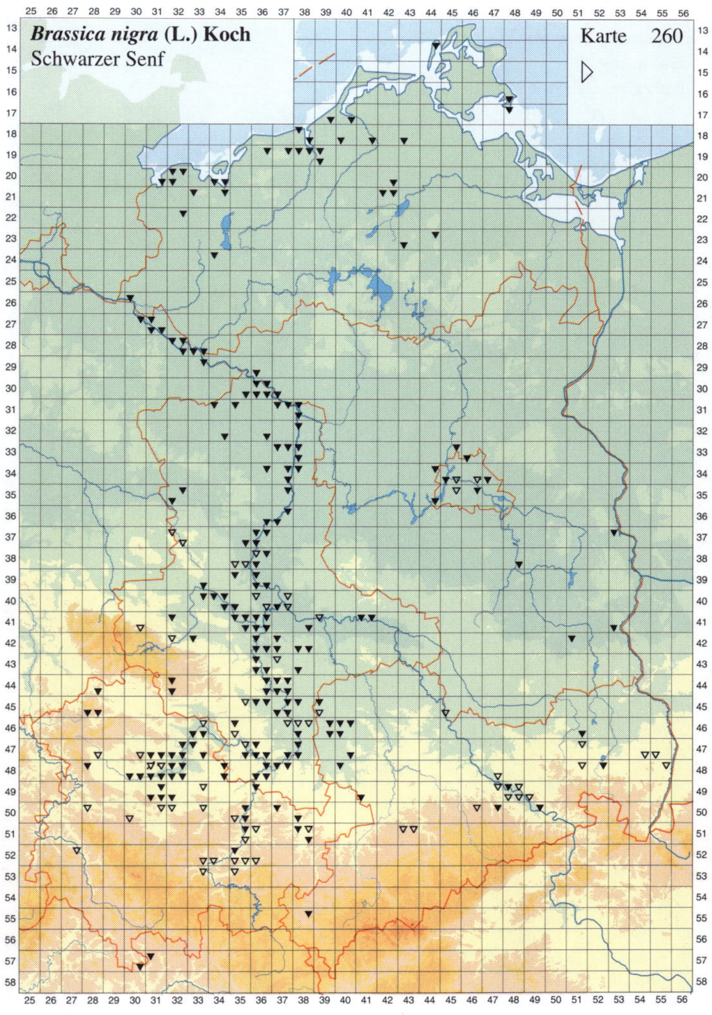
Brassica nigra **(L.) Koch**
Schwarzer Senf
Karte 260

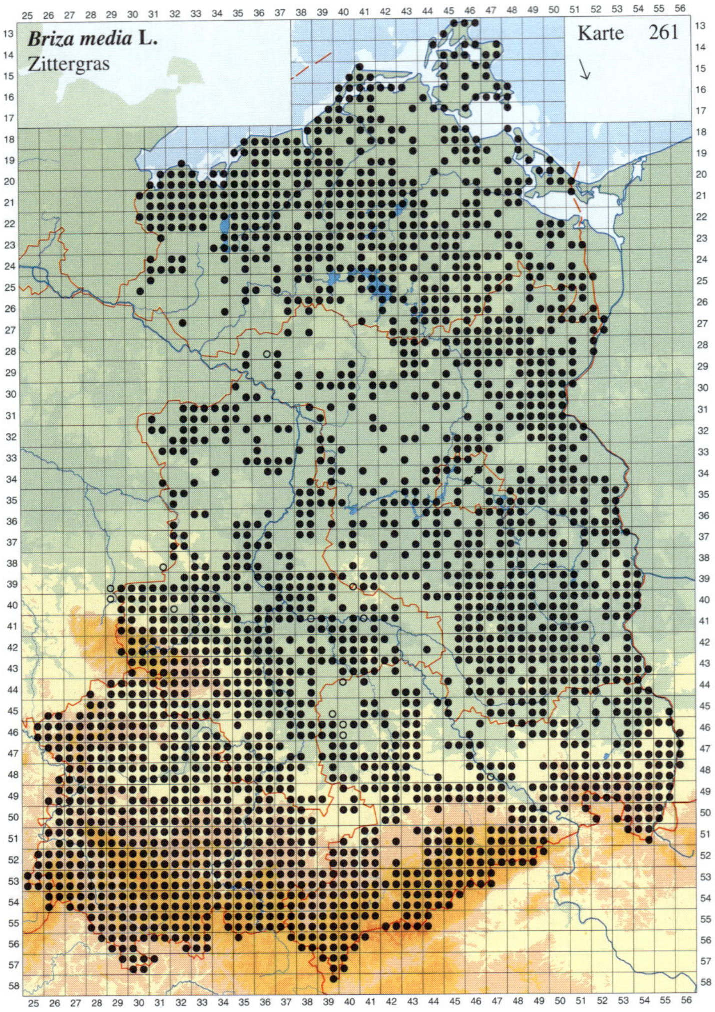
Briza media L.
Zittergras
Karte 261
↘

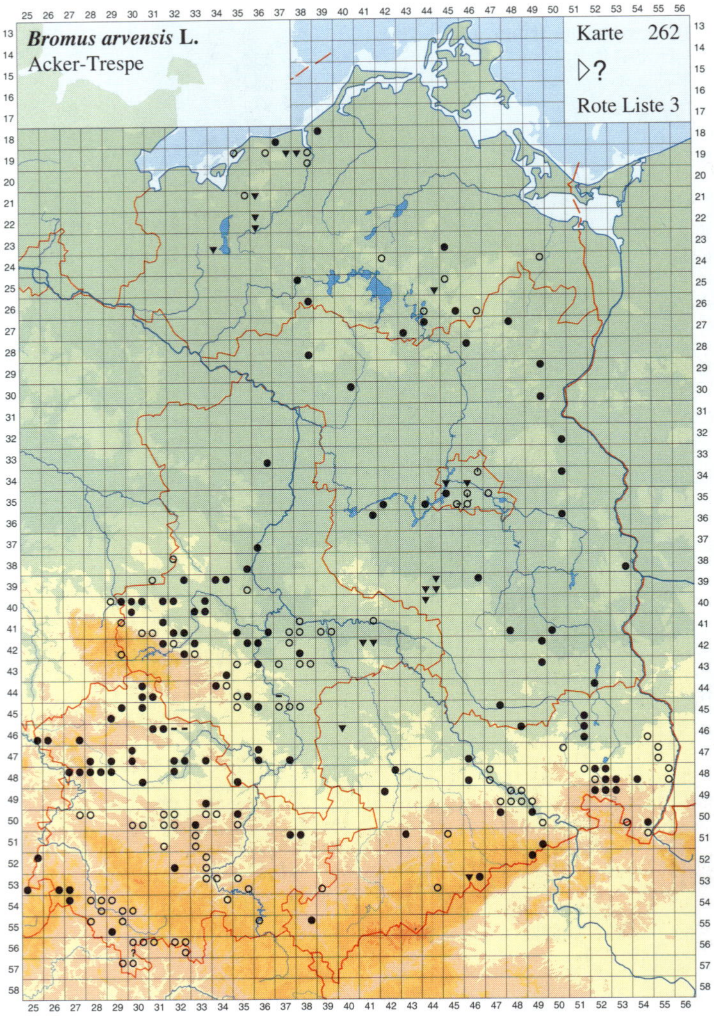
Bromus arvensis L.
Acker-Trespe
Karte 262
▷?
Rote Liste 3

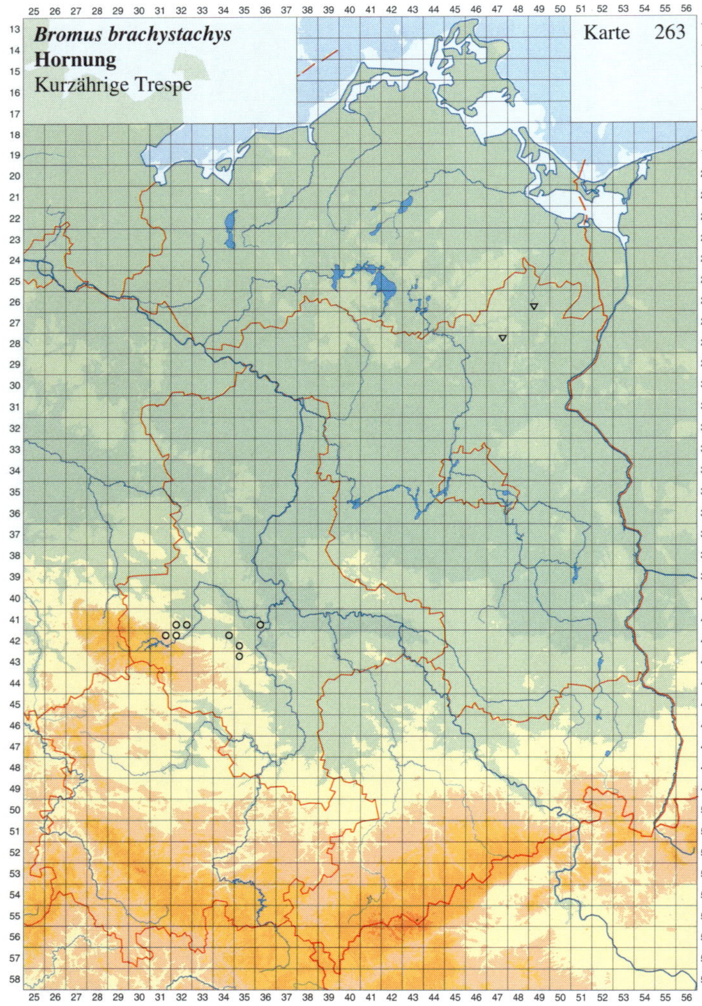
Bromus brachystachys Hornung
Kurzährige Trespe
Karte 263

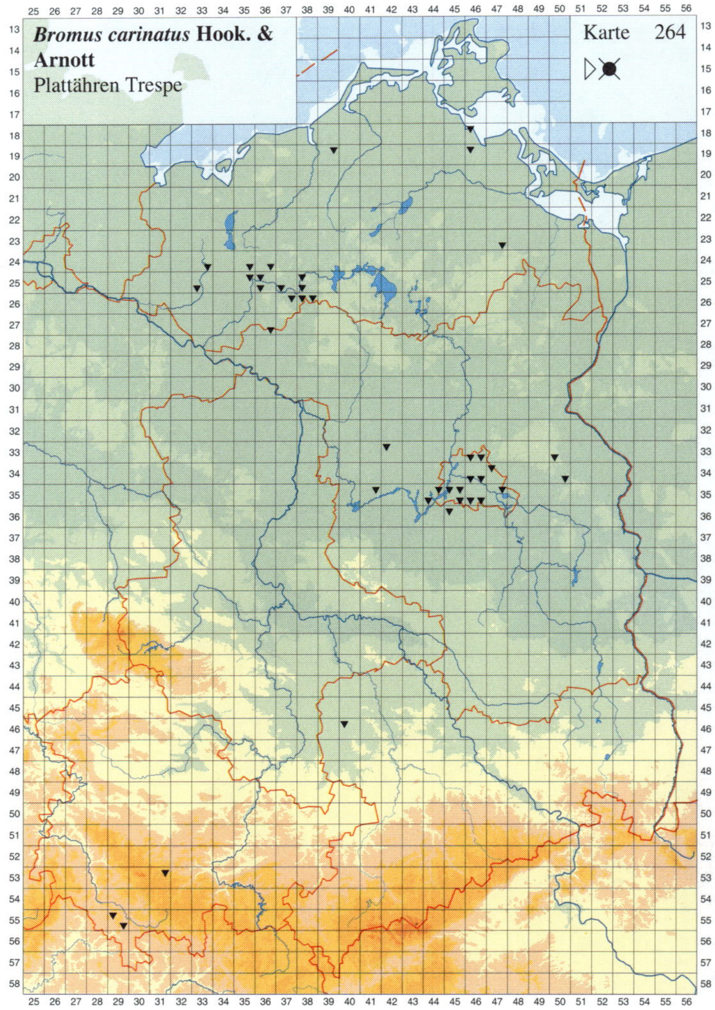
Bromus carinatus Hook. & Arnott
Plattähren Trespe
Karte 264

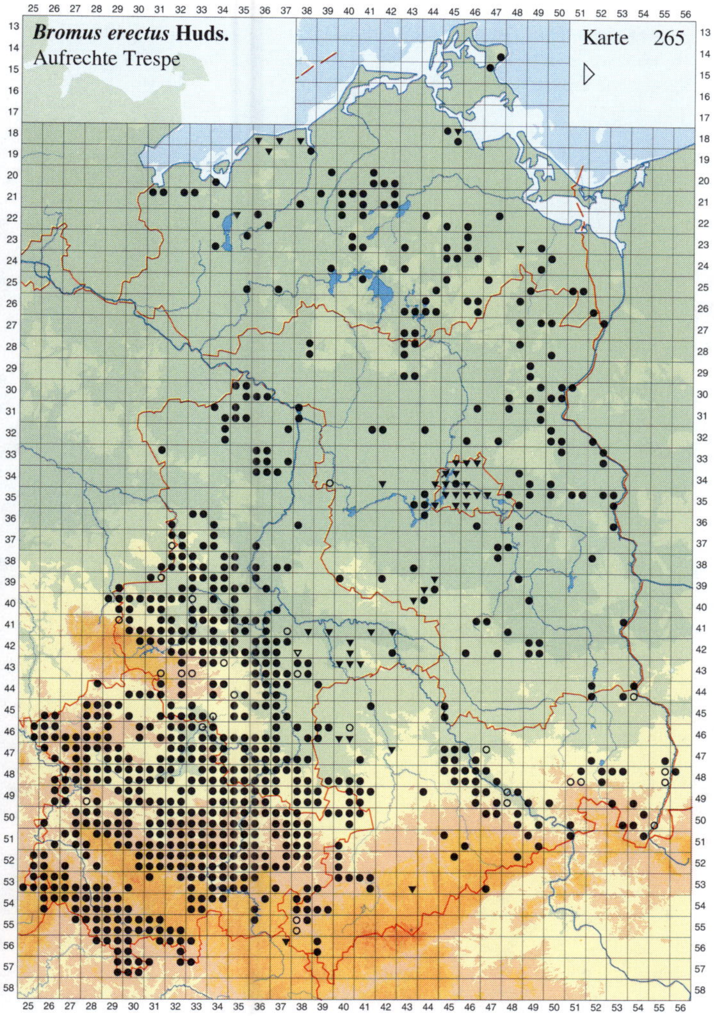
Bromus erectus Huds.
Aufrechte Trespe
Karte 265

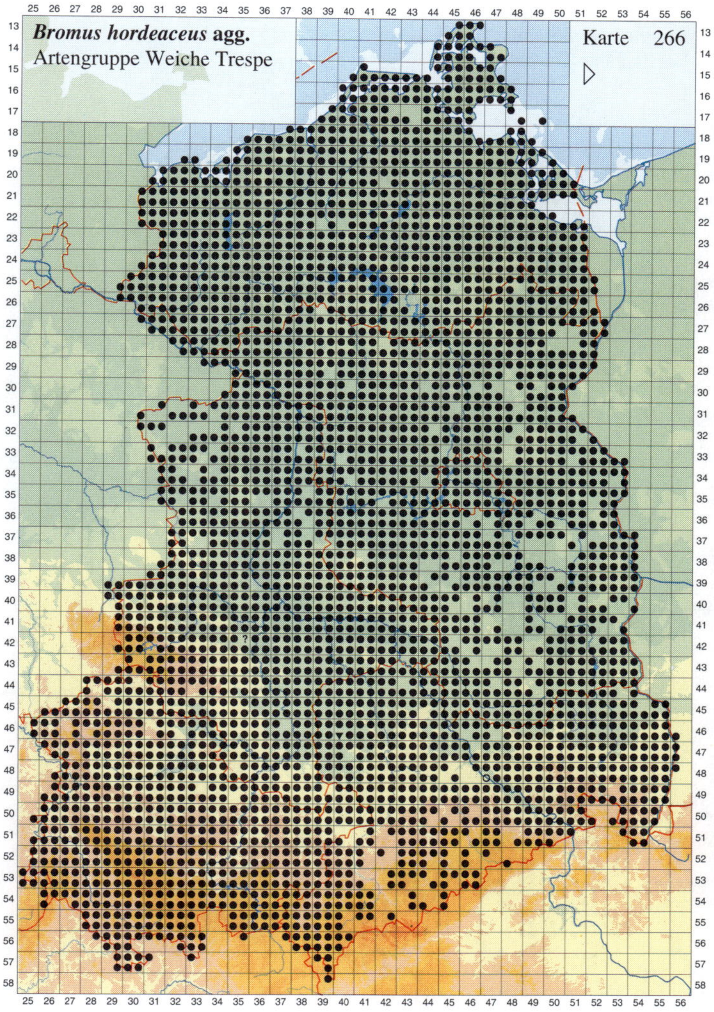
Bromus hordeaceus agg.
Artengruppe Weiche Trespe
Karte 266

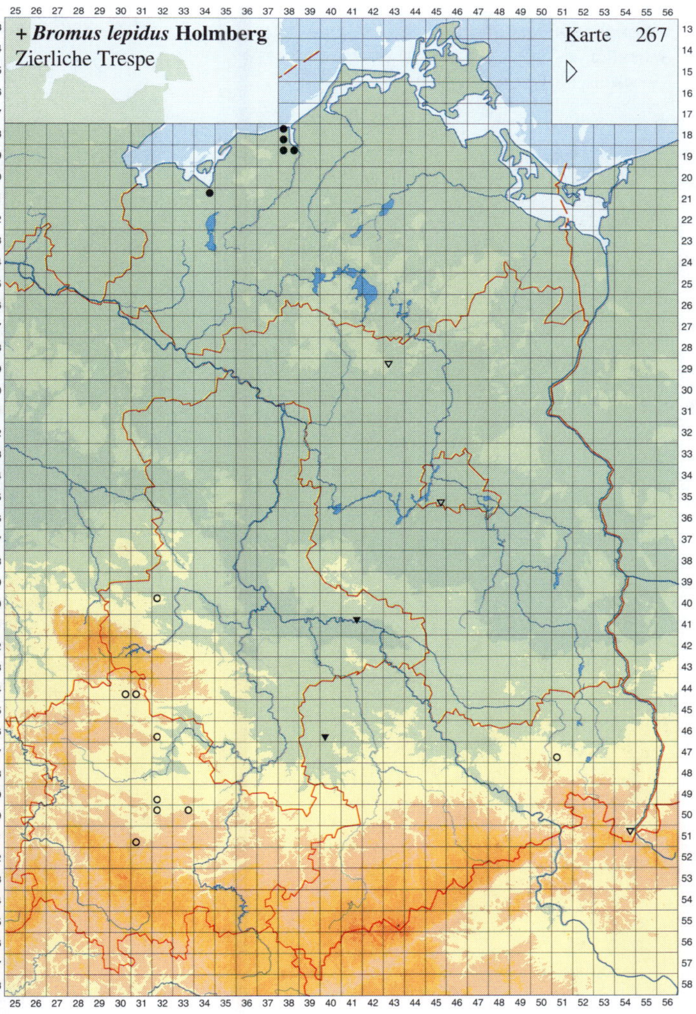
+ *Bromus lepidus* Holmberg
Zierliche Trespe
Karte 267

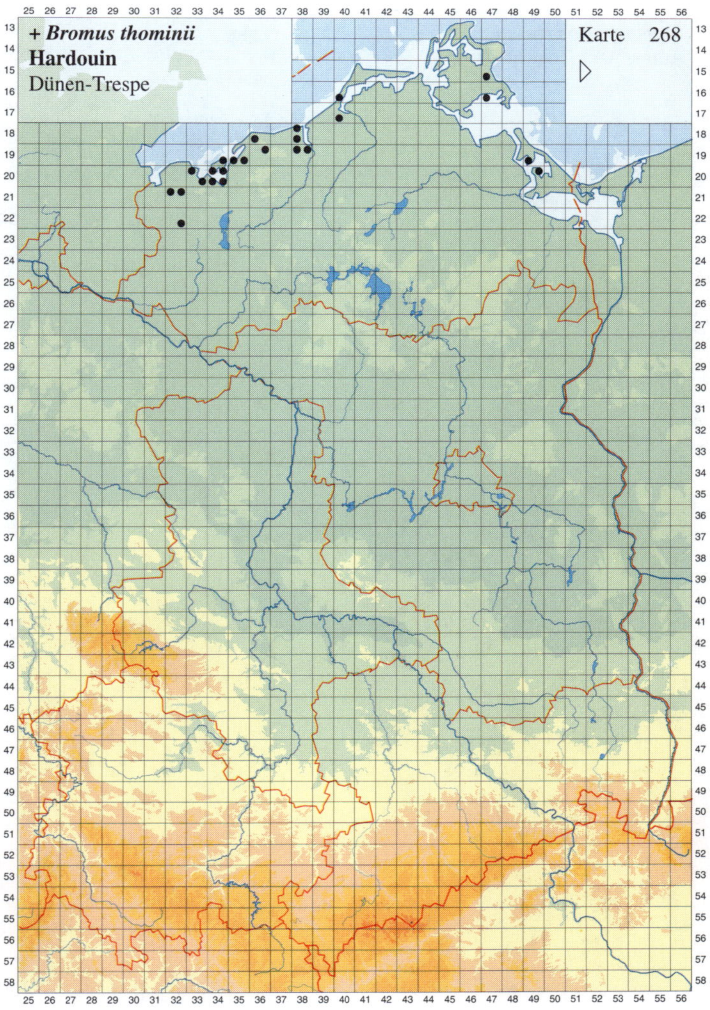
+ *Bromus thominii* Hardouin
Dünen-Trespe
Karte 268

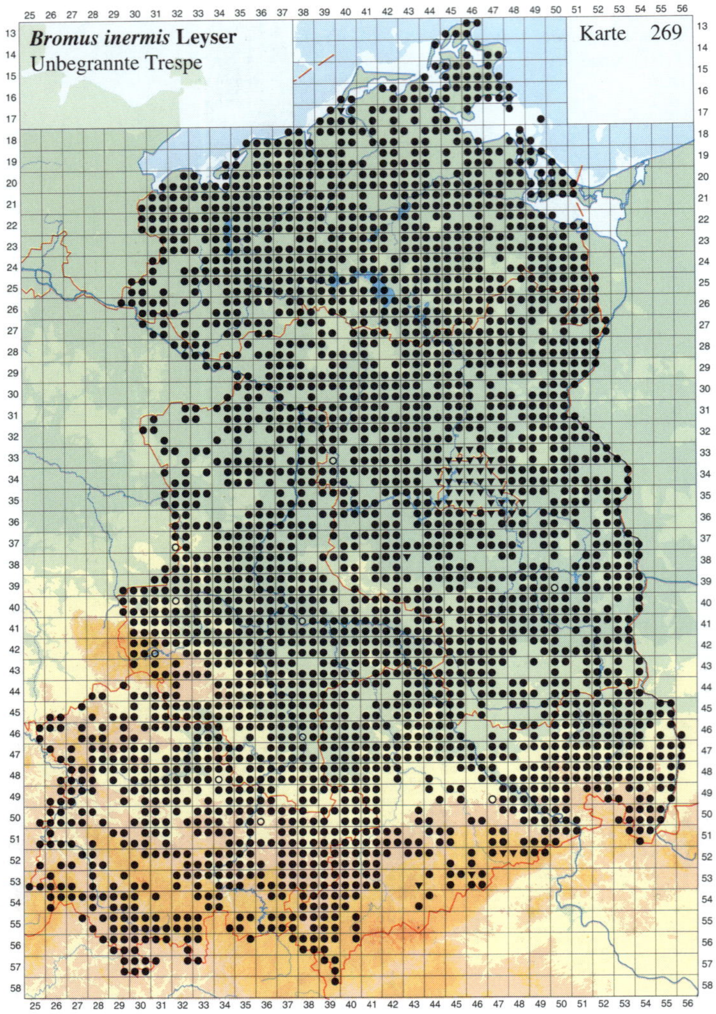
Bromus inermis Leyser
Unbegrannte Trespe
Karte 269

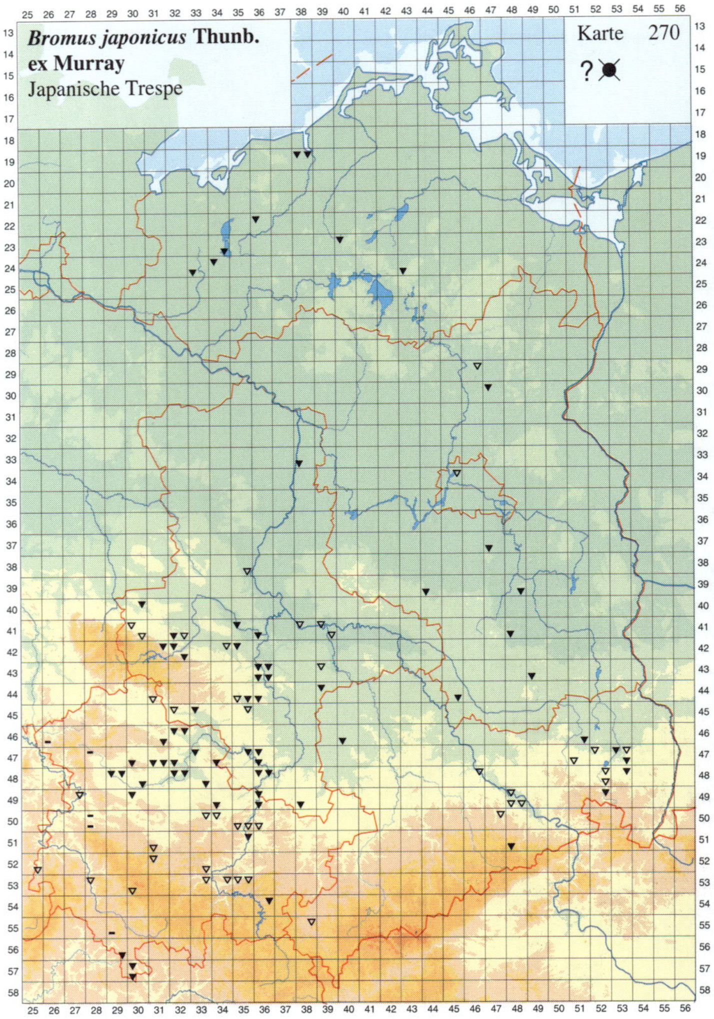
Bromus japonicus Thunb. ex Murray
Japanische Trespe
Karte 270

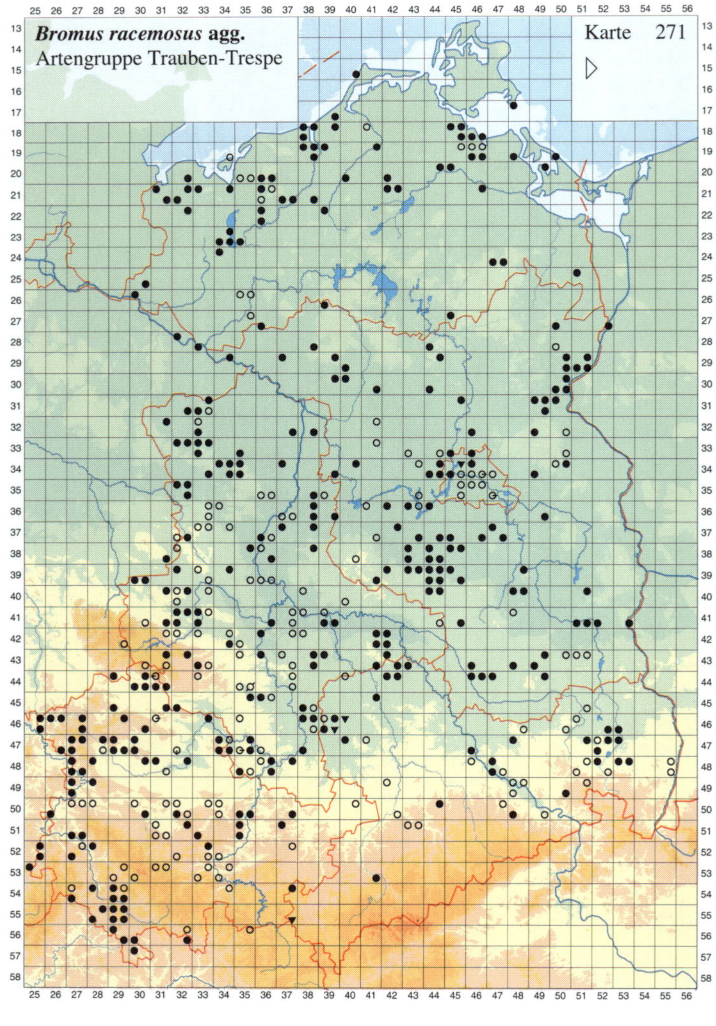
Bromus racemosus agg.
Artengruppe Trauben-Trespe
Karte 271

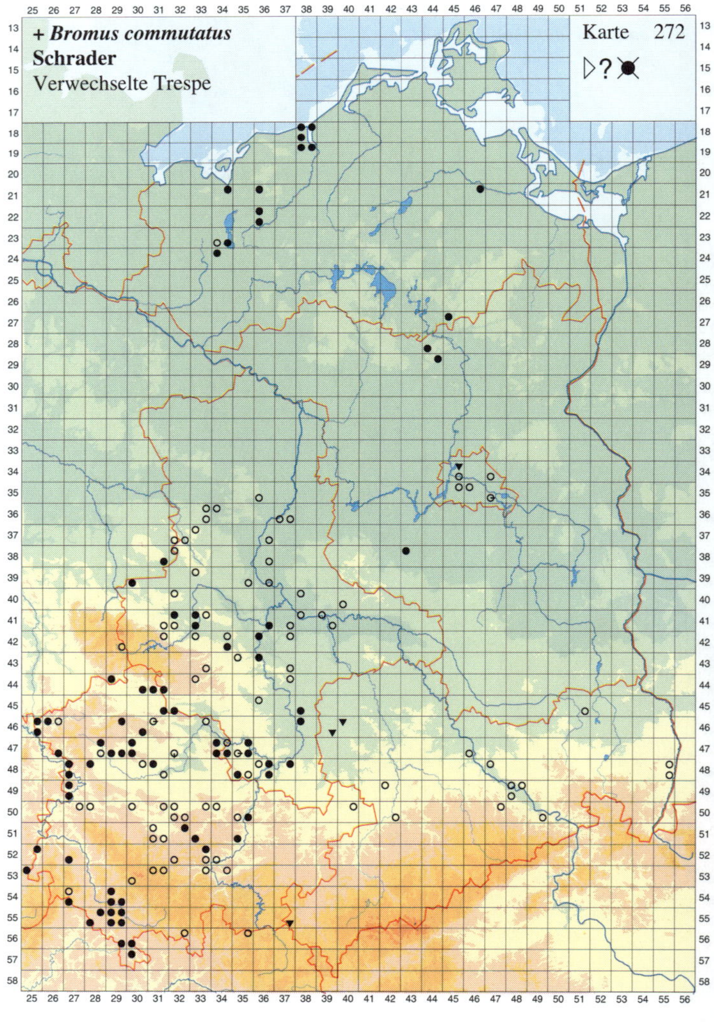
+ *Bromus commutatus* Schrader
Verwechselte Trespe
Karte 272

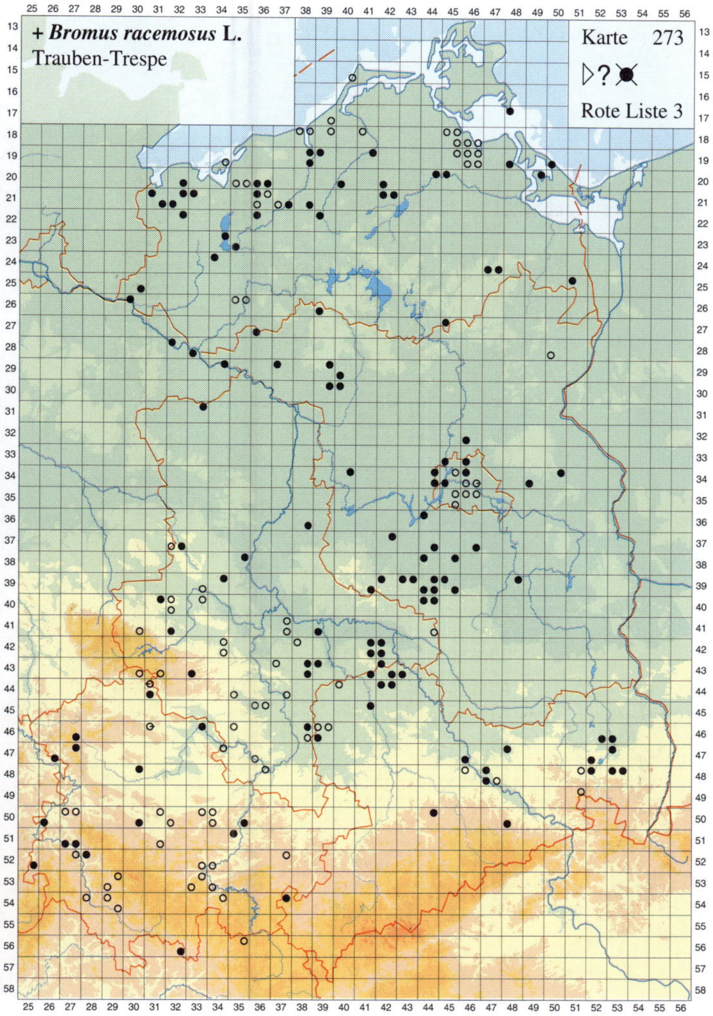
+ Bromus racemosus L.
Trauben-Trespe
Karte 273
▷?✱
Rote Liste 3

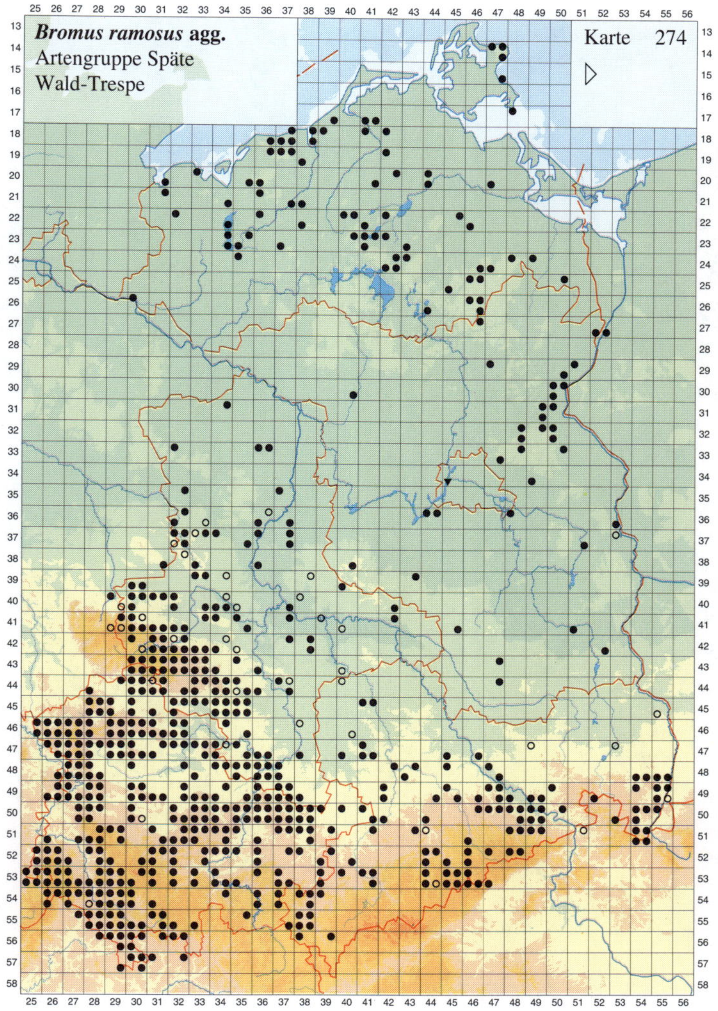
Bromus ramosus agg.
Artengruppe Späte
Wald-Trespe
Karte 274
▷

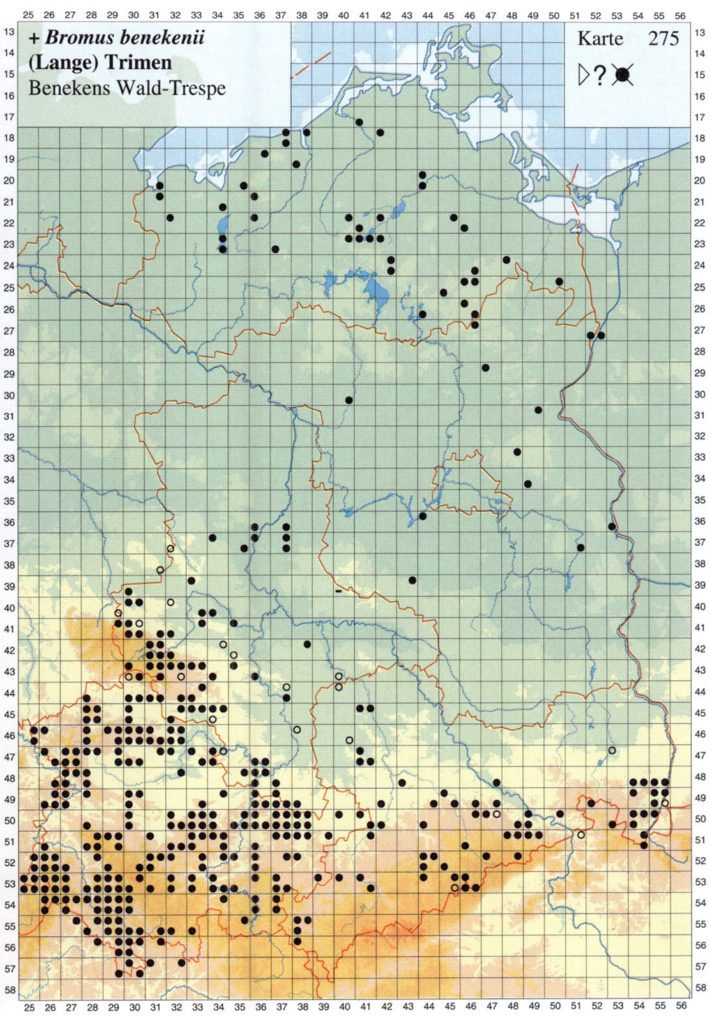
+ Bromus benekenii
(Lange) Trimen
Benekens Wald-Trespe
Karte 275
▷?✱

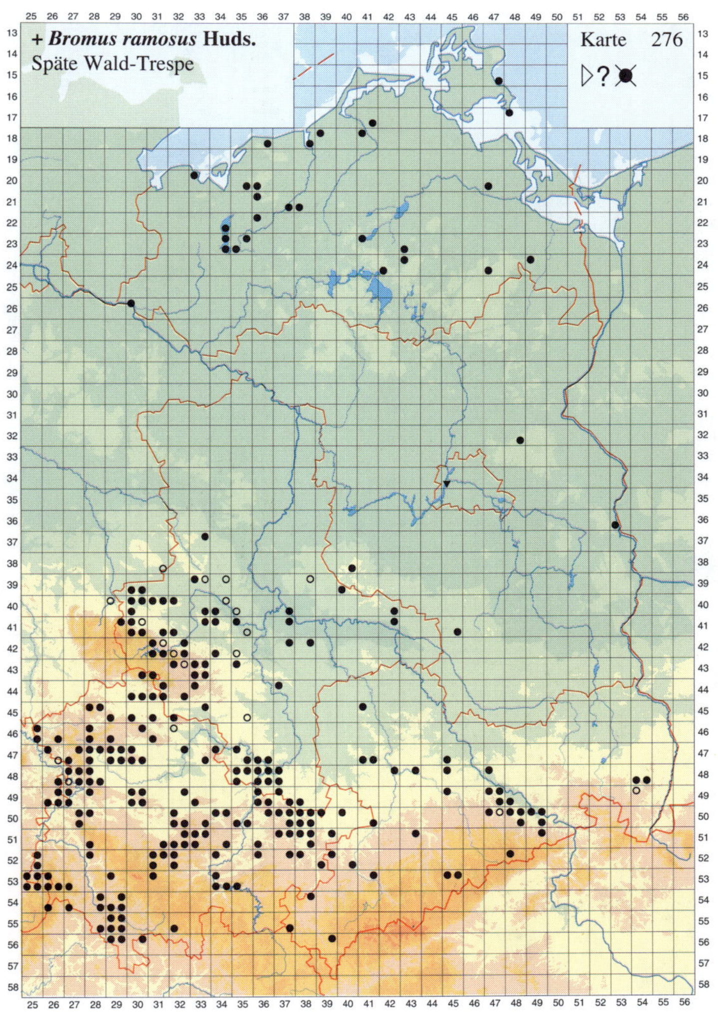
+ Bromus ramosus Huds.
Späte Wald-Trespe
Karte 276
▷?✱

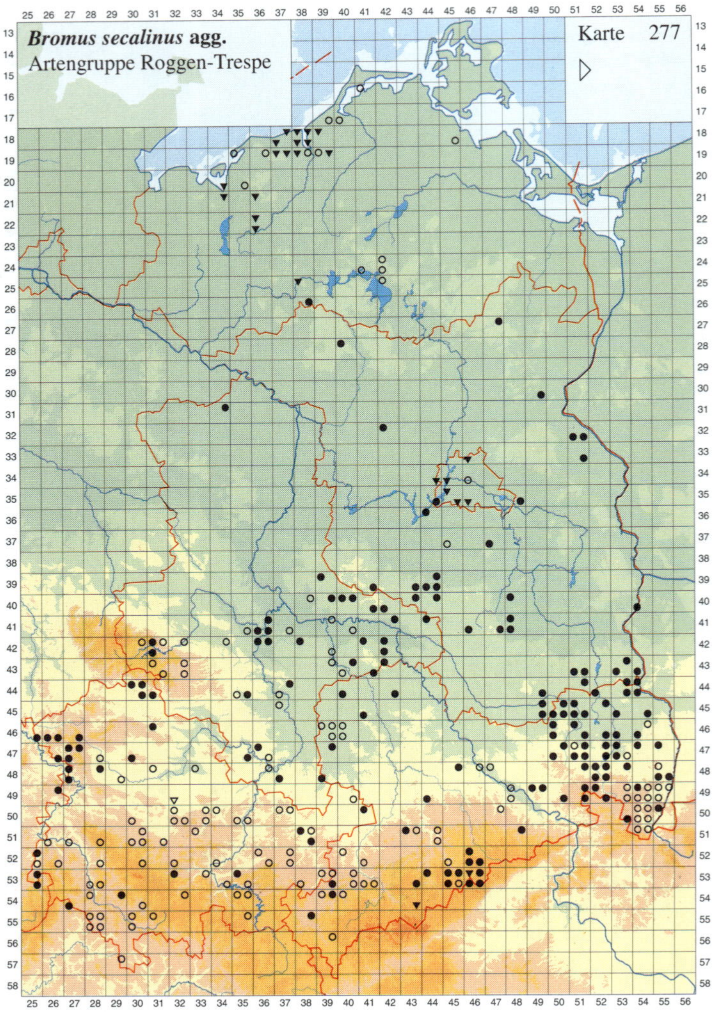
Bromus secalinus agg.
Artengruppe Roggen-Trespe
Karte 277

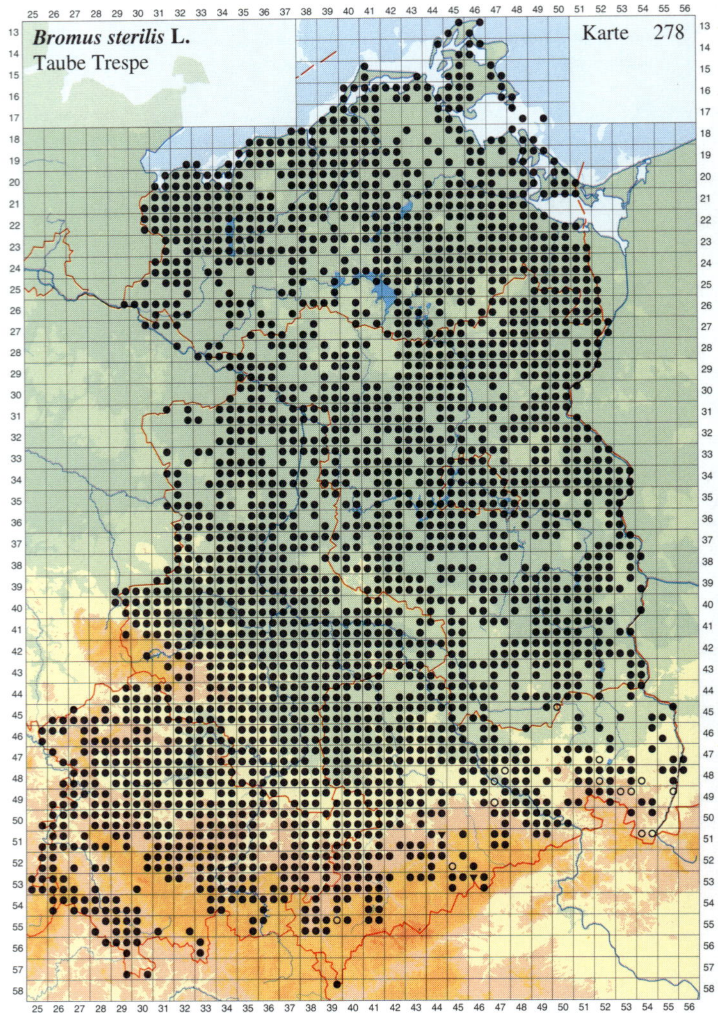
Bromus sterilis L.
Taube Trespe
Karte 278

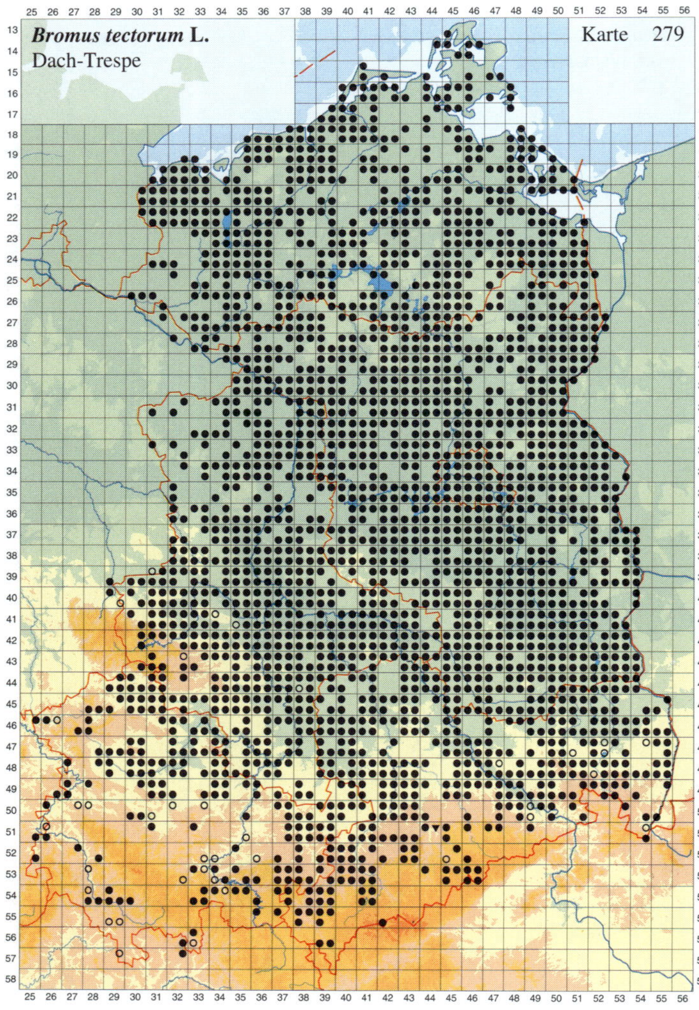
Bromus tectorum L.
Dach-Trespe
Karte 279

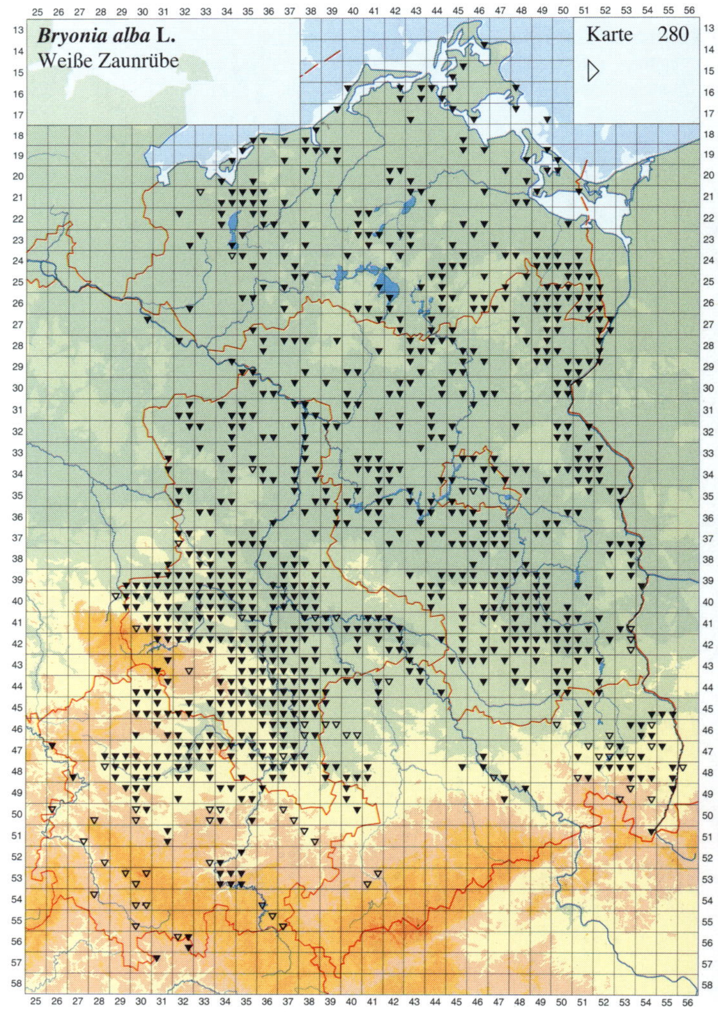
Bryonia alba L.
Weiße Zaunrübe
Karte 280

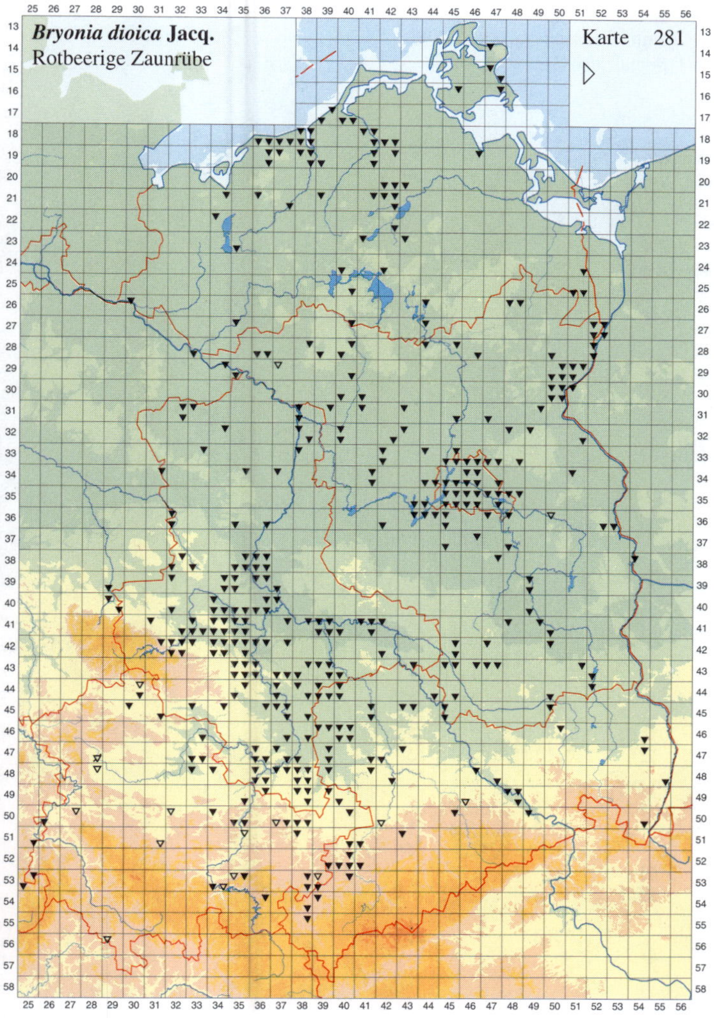
***Bryonia dioica* Jacq.**
Rotbeerige Zaunrübe
Karte 281

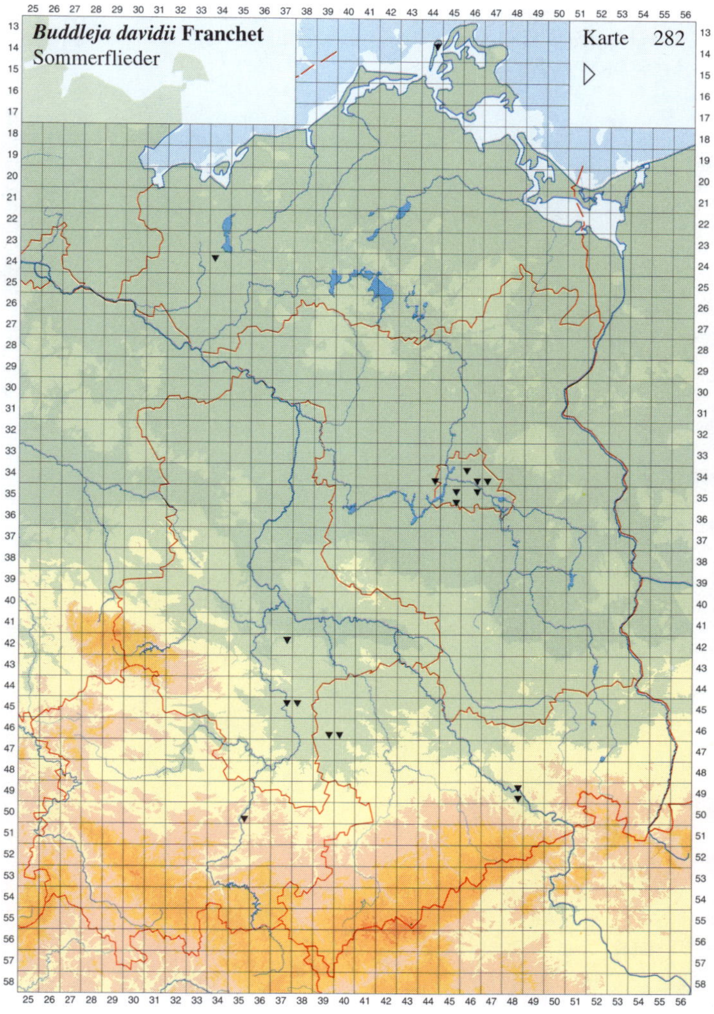
***Buddleja davidii* Franchet**
Sommerflieder
Karte 282

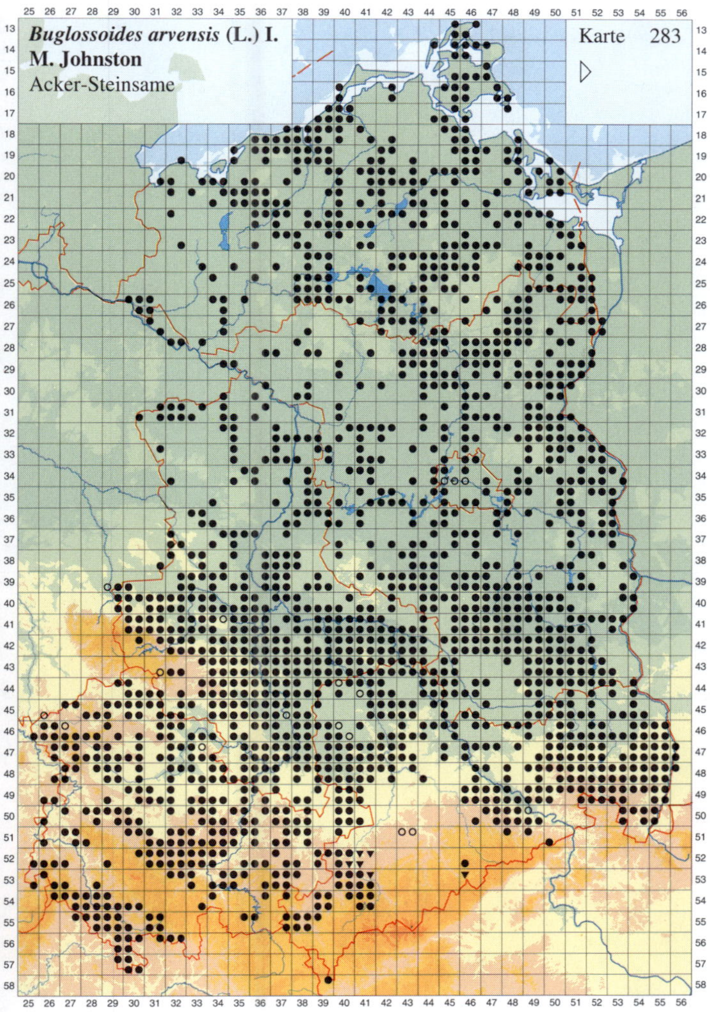
***Buglossoides arvensis* (L.) I. M. Johnston**
Acker-Steinsame
Karte 283

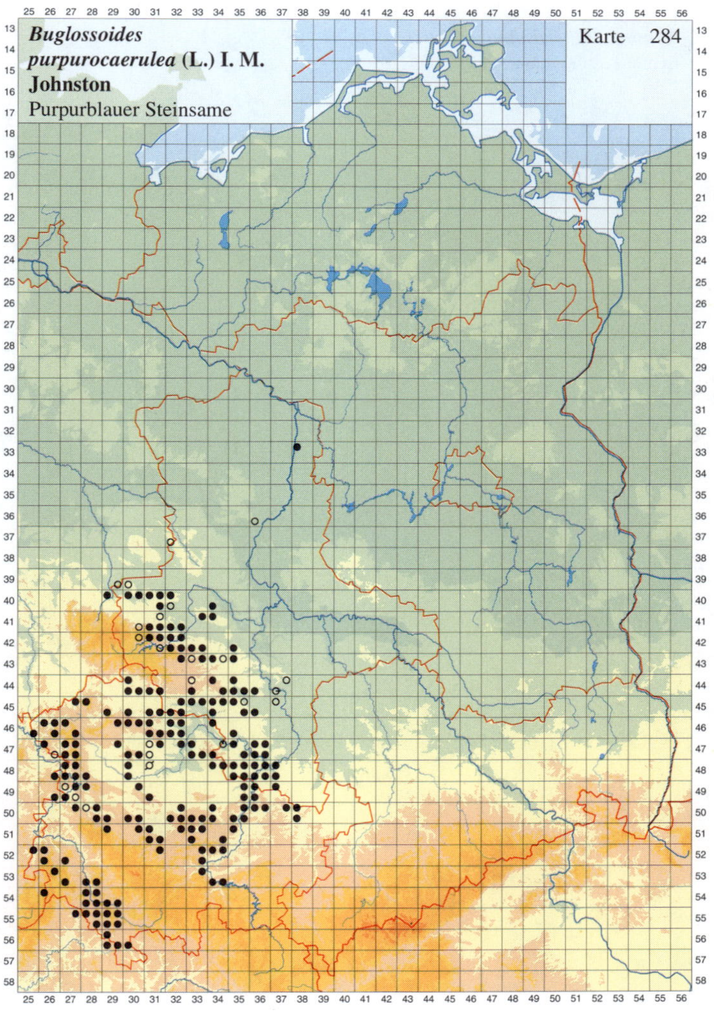
***Buglossoides purpurocaerulea* (L.) I. M. Johnston**
Purpurblauer Steinsame
Karte 284

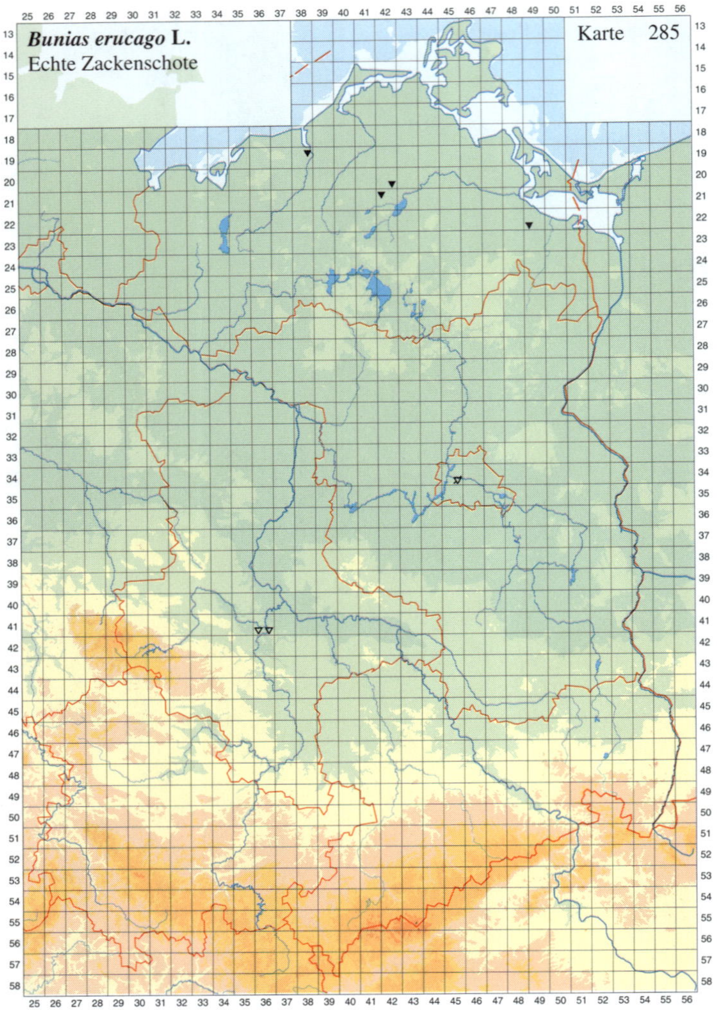
Bunias erucago L.
Echte Zackenschote
Karte 285

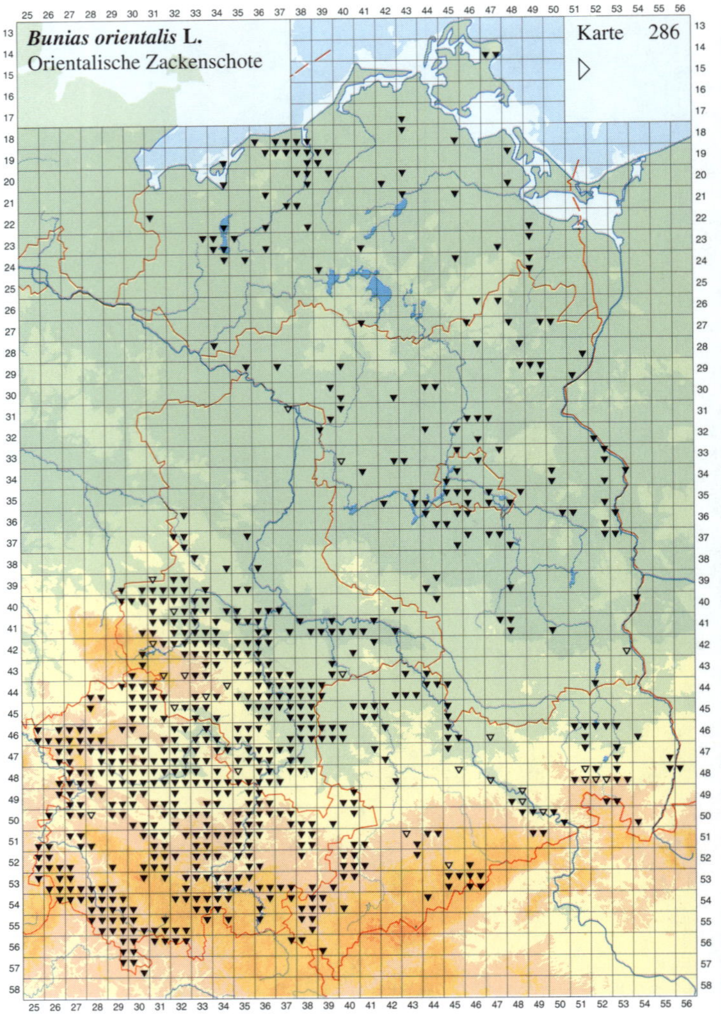
Bunias orientalis L.
Orientalische Zackenschote
Karte 286

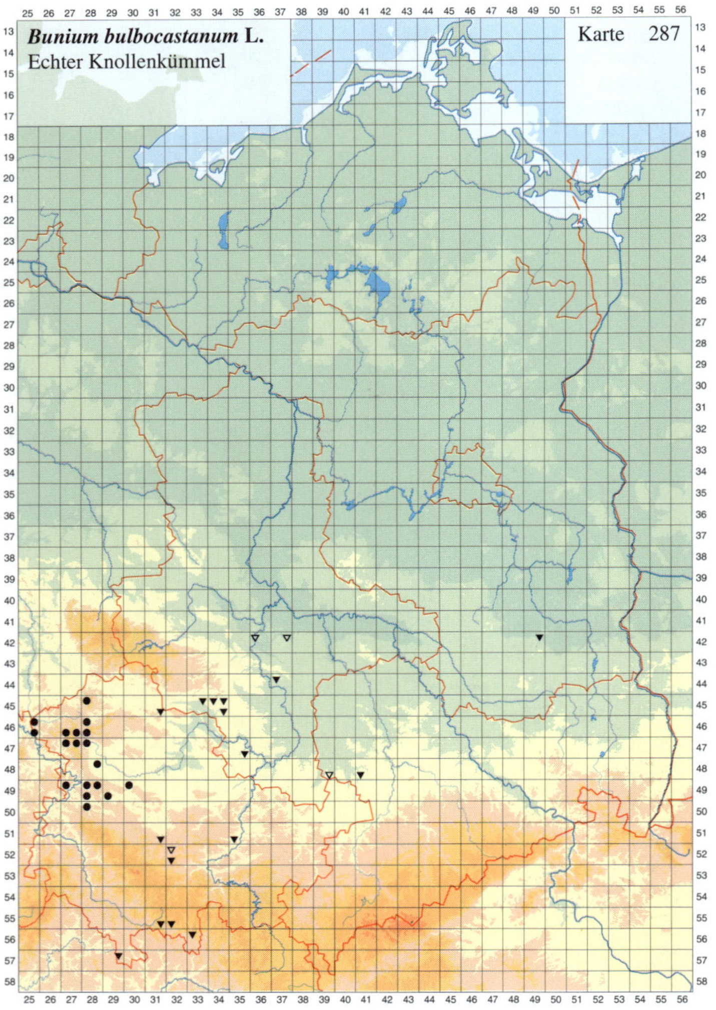
Bunium bulbocastanum L.
Echter Knollenkümmel
Karte 287

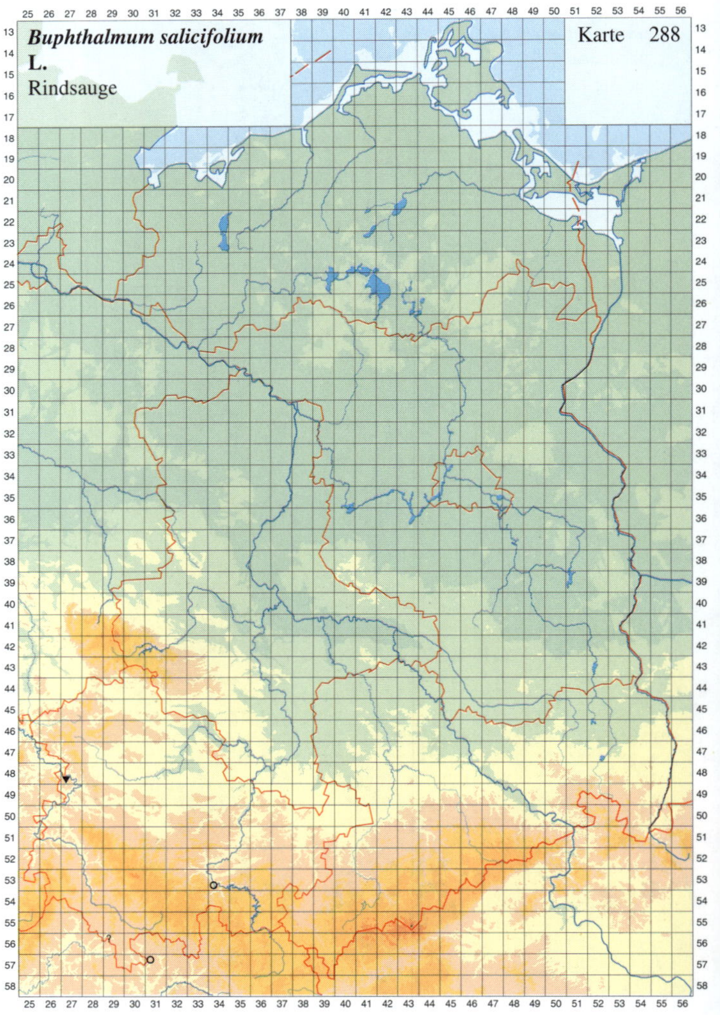
Buphthalmum salicifolium L.
Rindsauge
Karte 288

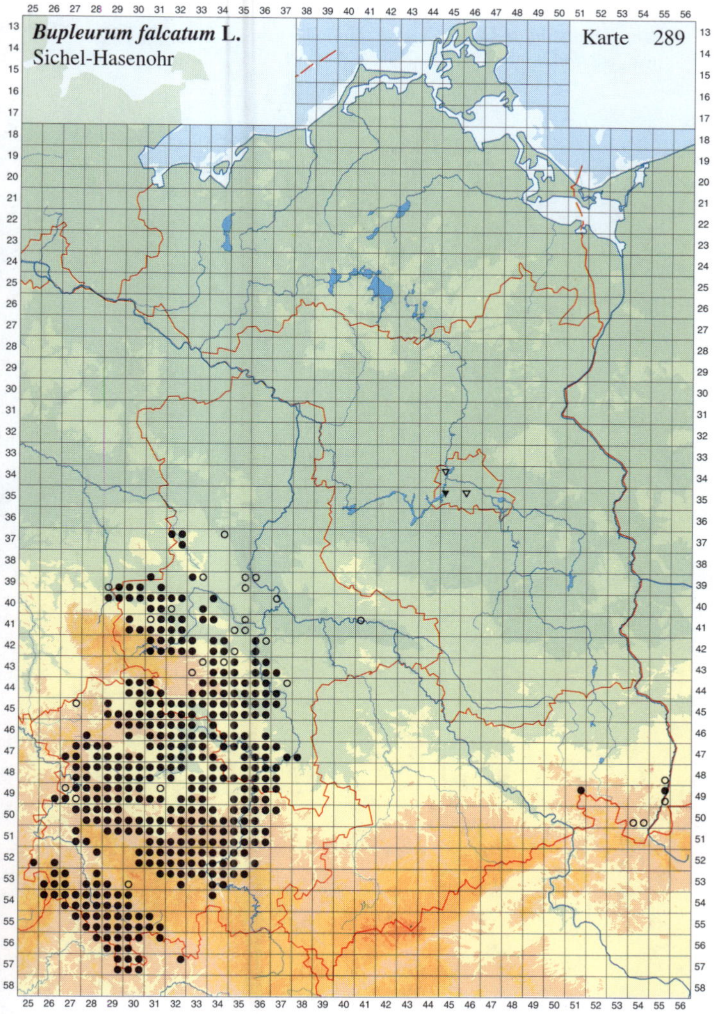
Bupleurum falcatum L.
Sichel-Hasenohr
Karte 289

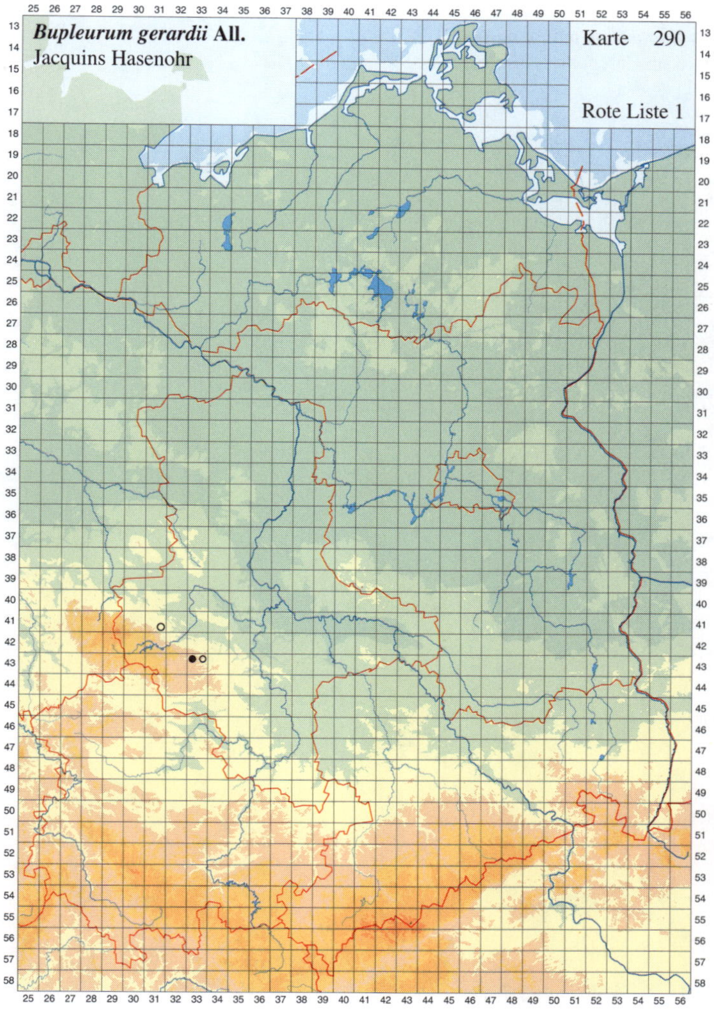
Bupleurum gerardii All.
Jacquins Hasenohr
Karte 290
Rote Liste 1

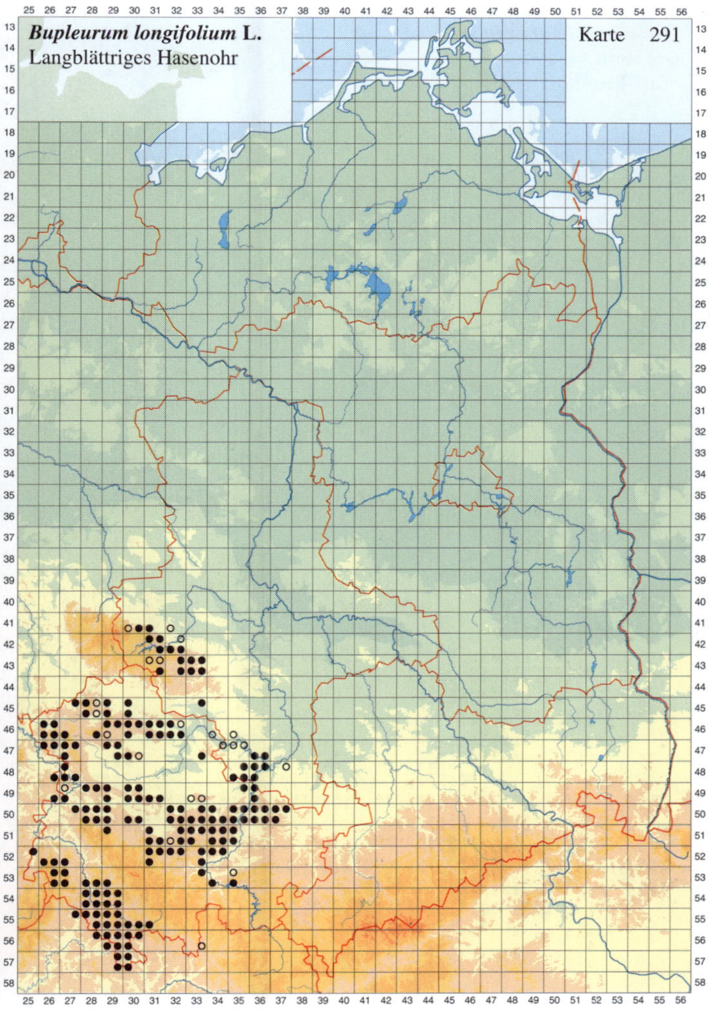
Bupleurum longifolium L.
Langblättriges Hasenohr
Karte 291

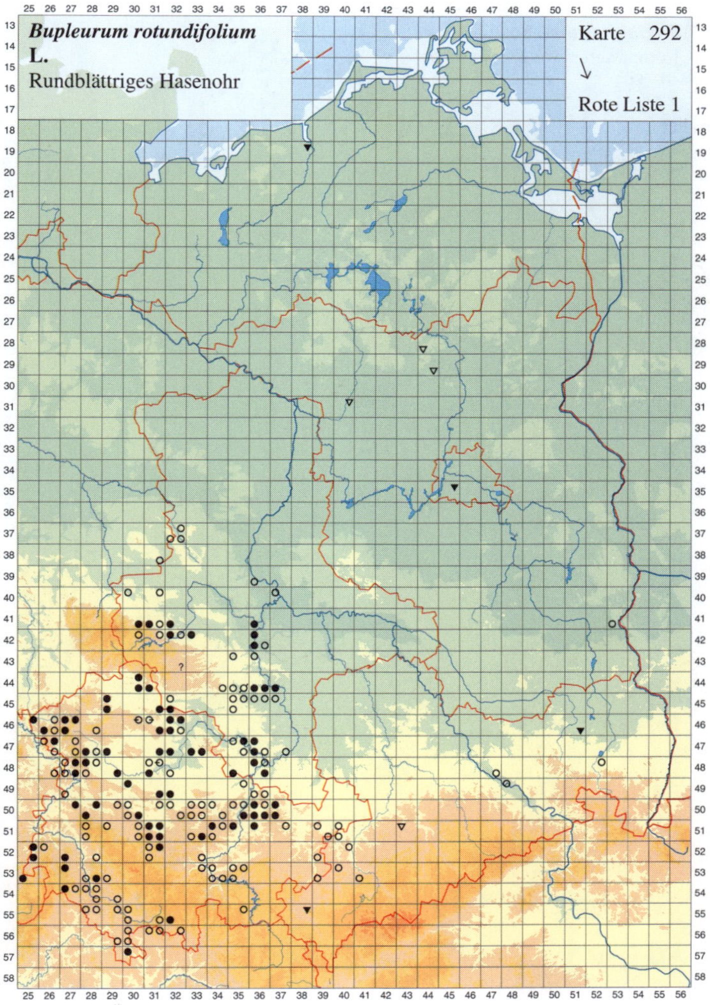
Bupleurum rotundifolium L.
Rundblättriges Hasenohr
Karte 292
↘
Rote Liste 1

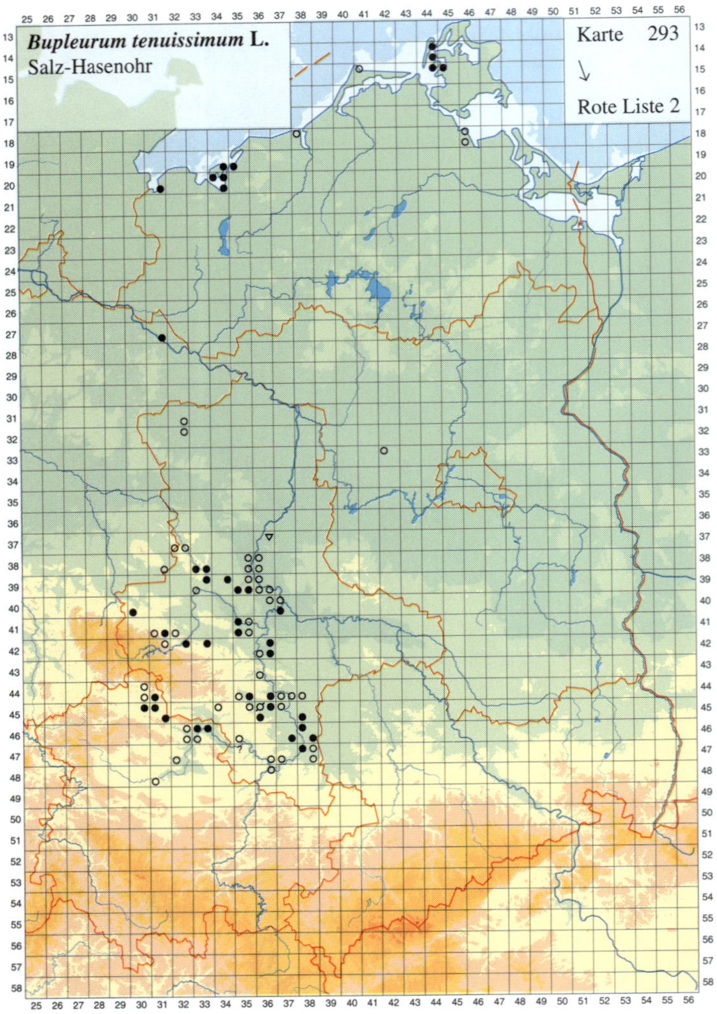
***Bupleurum tenuissimum* L.**
Salz-Hasenohr
Karte 293
↘
Rote Liste 2

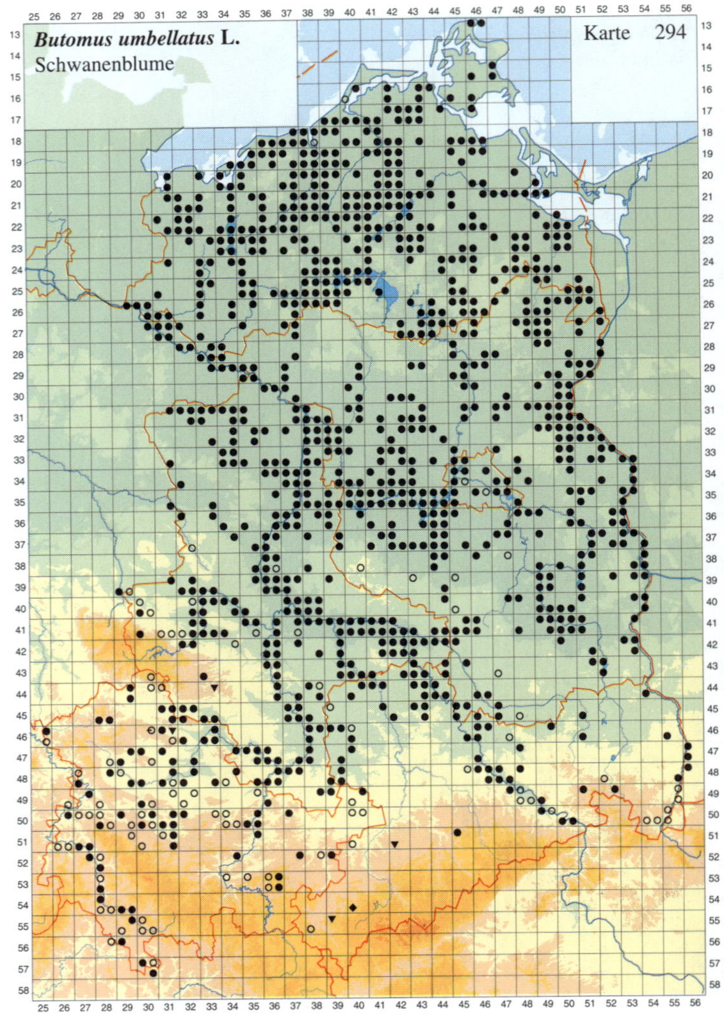
***Butomus umbellatus* L.**
Schwanenblume
Karte 294

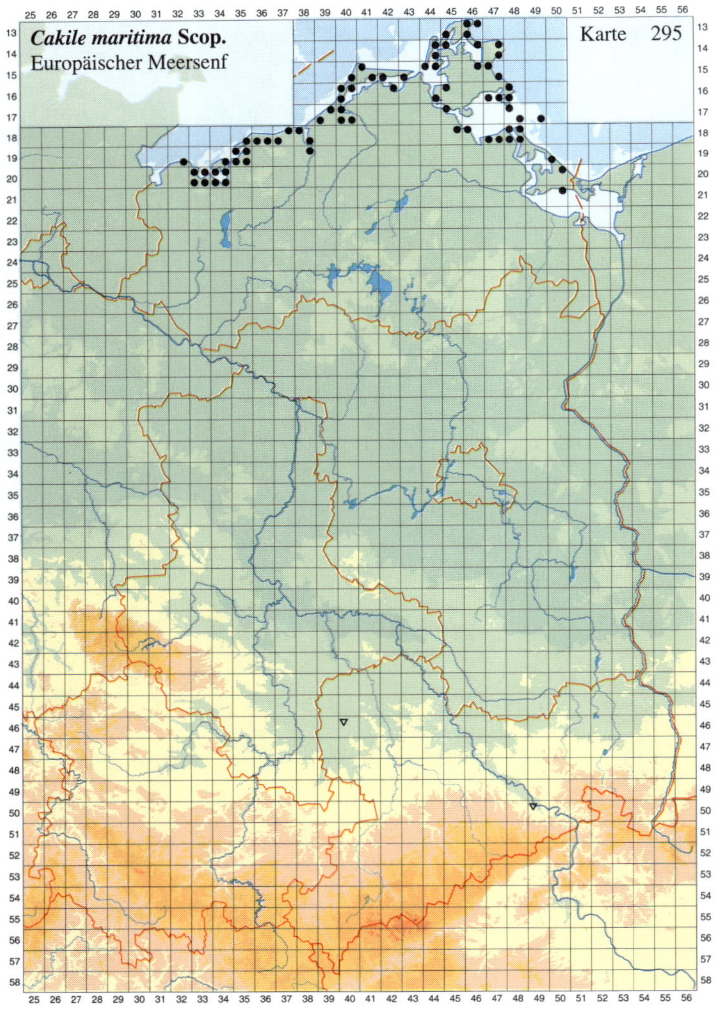
***Cakile maritima* Scop.**
Europäischer Meersenf
Karte 295

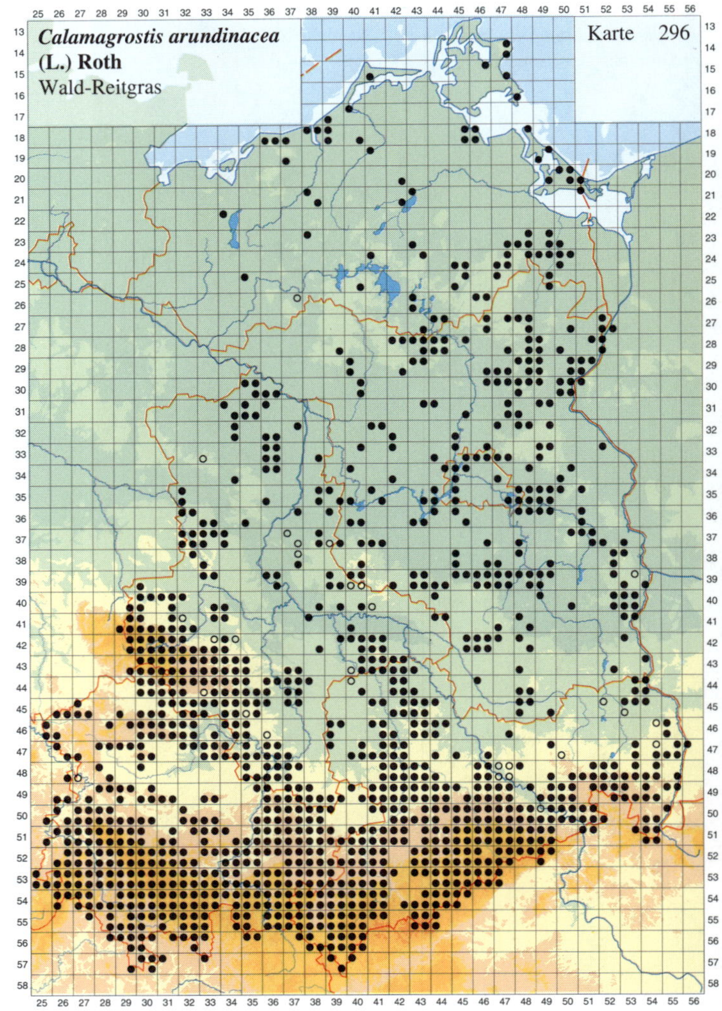
***Calamagrostis arundinacea* (L.) Roth**
Wald-Reitgras
Karte 296

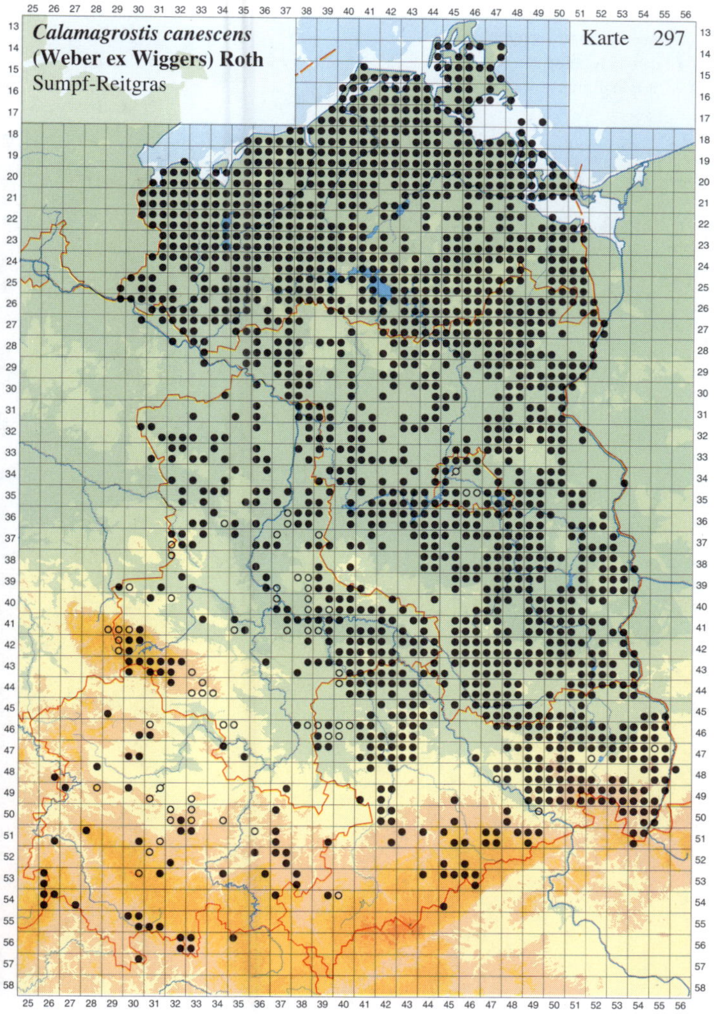
Calamagrostis canescens (Weber ex Wiggers) Roth
Sumpf-Reitgras
Karte 297

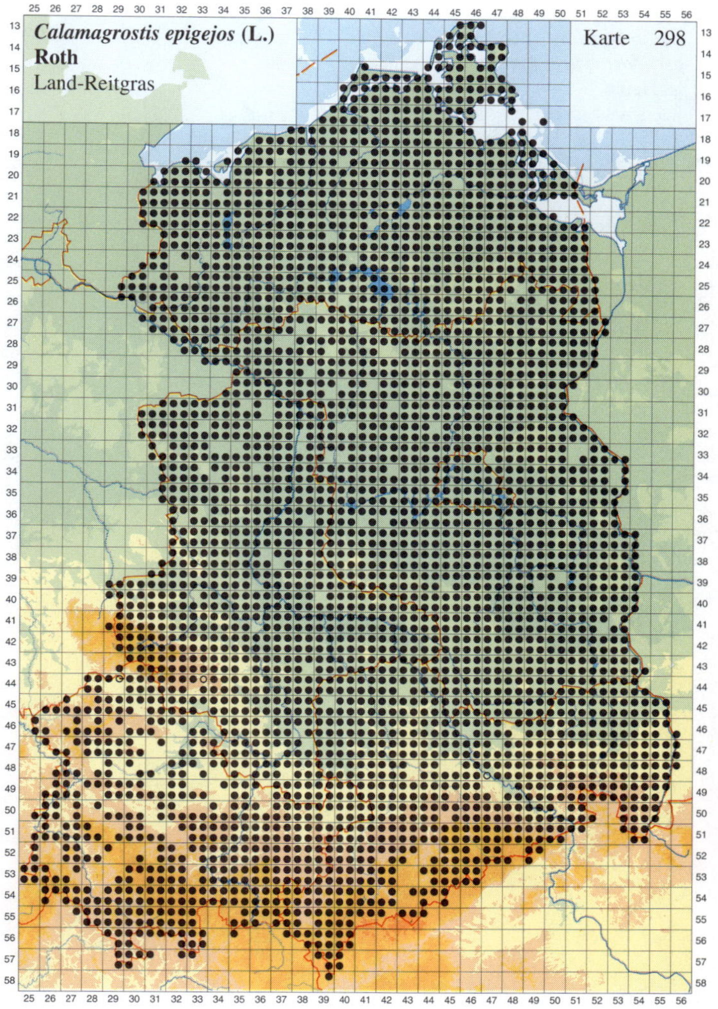
Calamagrostis epigejos (L.) Roth
Land-Reitgras
Karte 298

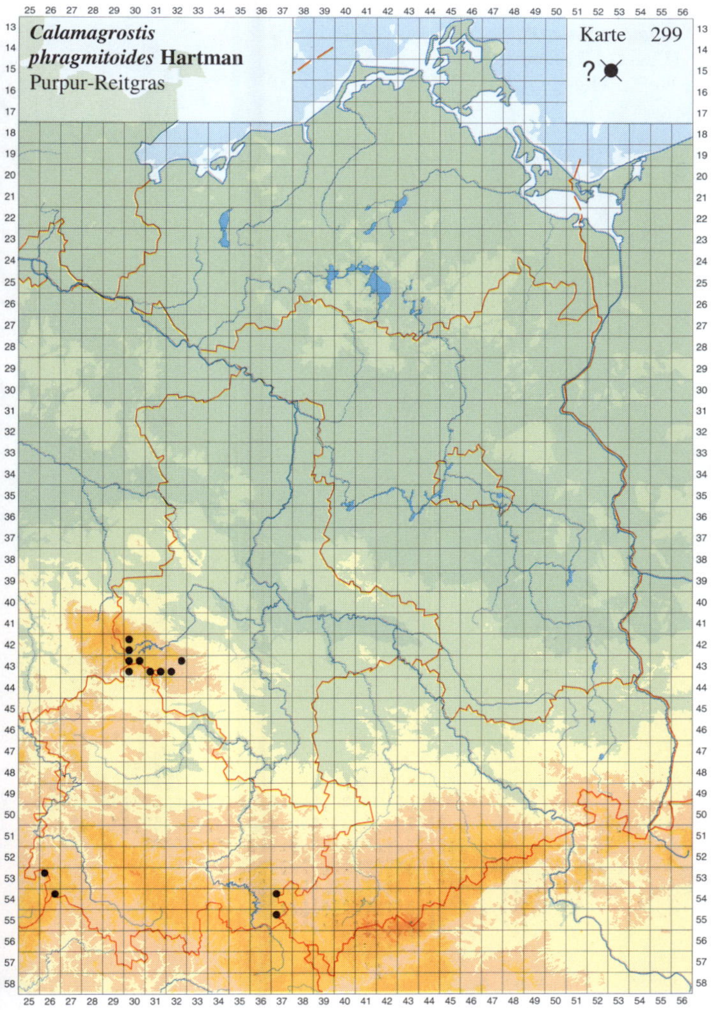
Calamagrostis phragmitoides Hartman
Purpur-Reitgras
Karte 299
?

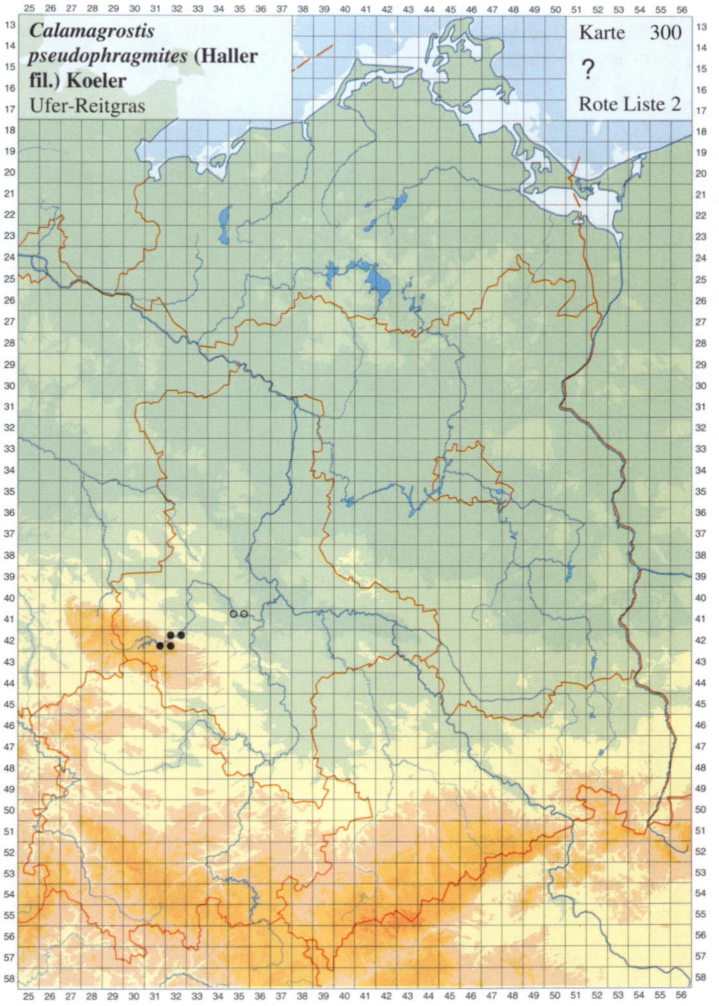
Calamagrostis pseudophragmites (Haller fil.) Koeler
Ufer-Reitgras
Karte 300
?
Rote Liste 2

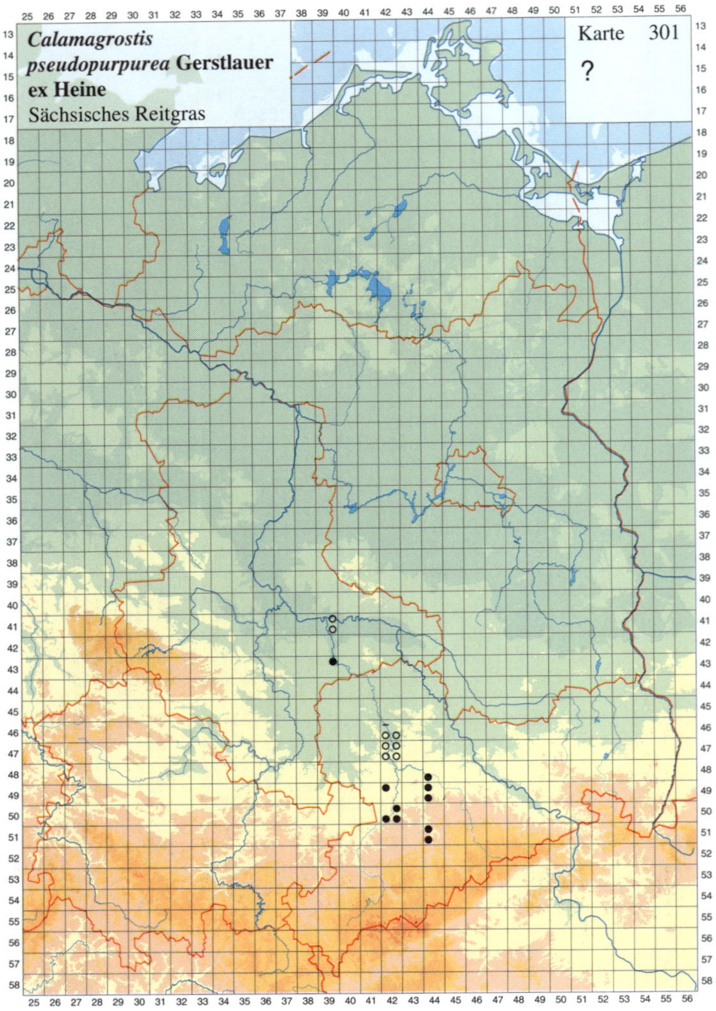
Calamagrostis pseudopurpurea **Gerstlauer ex Heine**
Sächsisches Reitgras
Karte 301
?

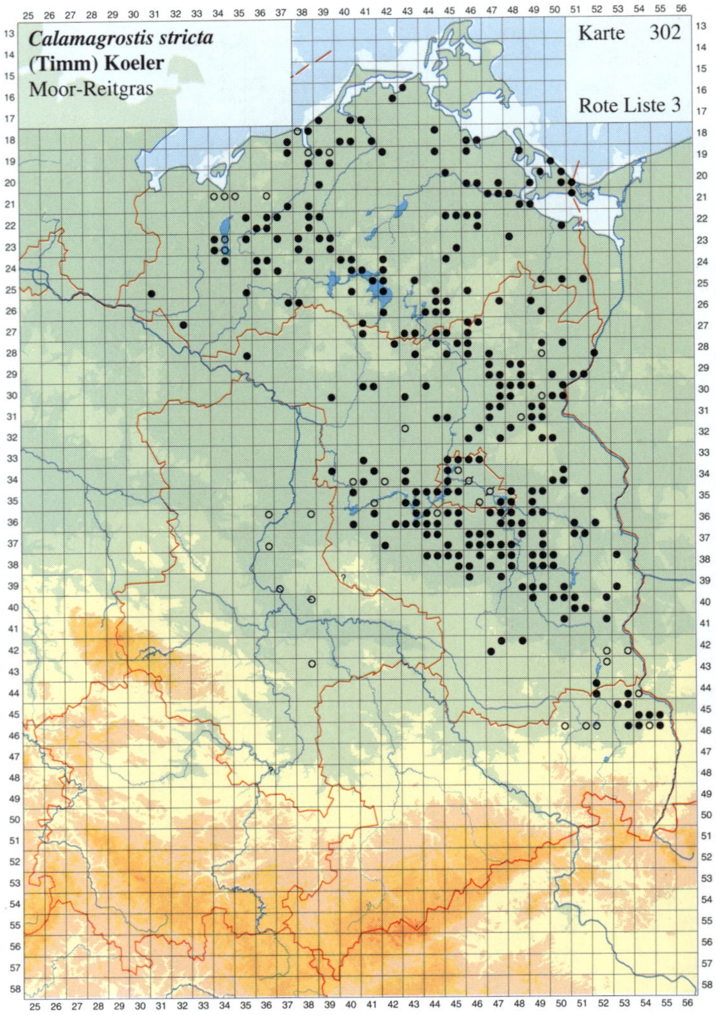
Calamagrostis stricta **(Timm) Koeler**
Moor-Reitgras
Karte 302
Rote Liste 3

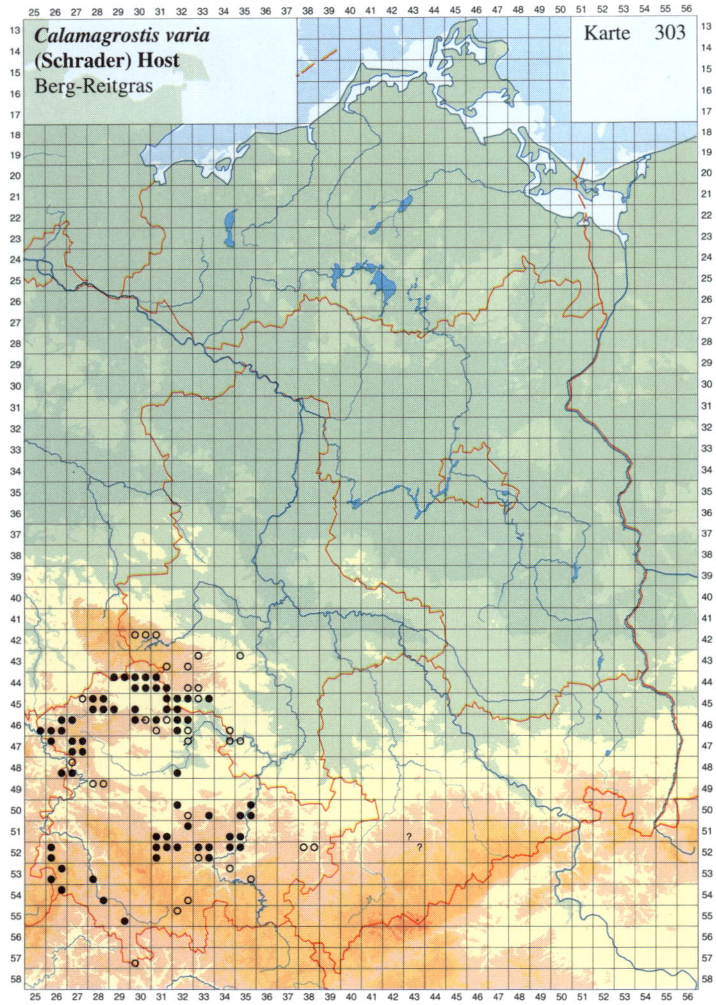
Calamagrostis varia **(Schrader) Host**
Berg-Reitgras
Karte 303

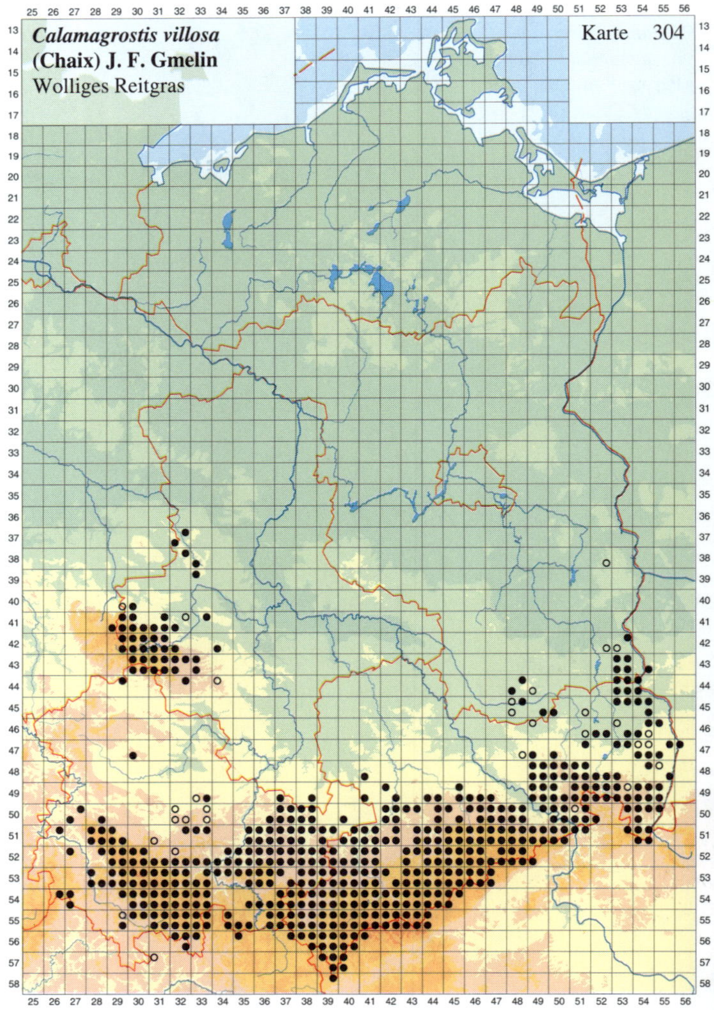
Calamagrostis villosa **(Chaix) J. F. Gmelin**
Wolliges Reitgras
Karte 304

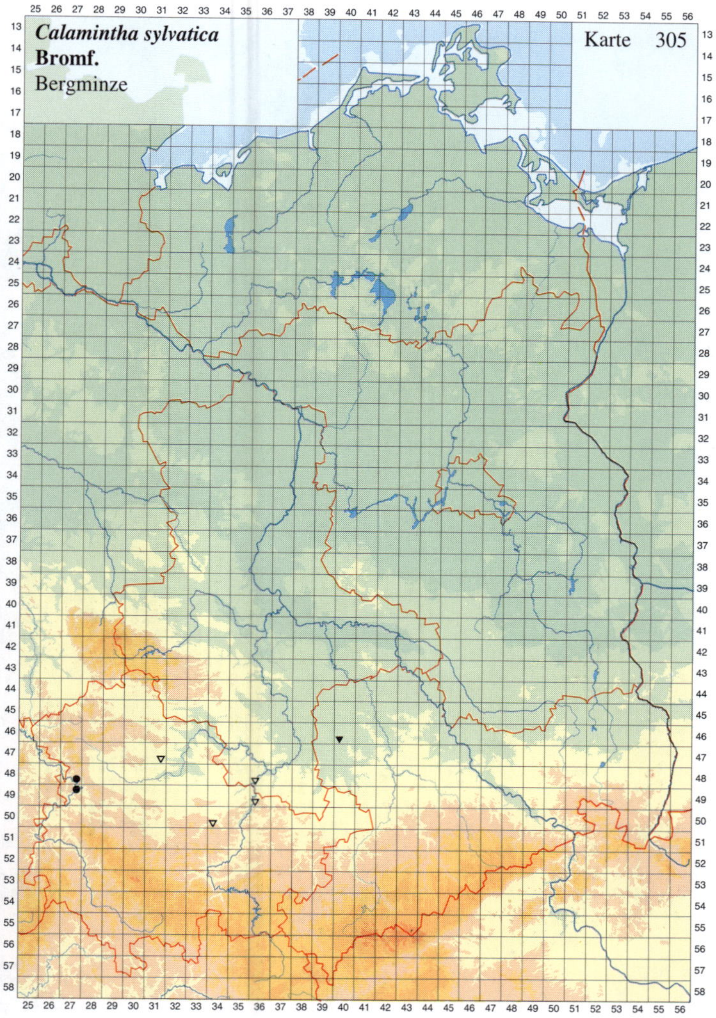
Calamintha sylvatica Bromf.
Bergminze
Karte 305

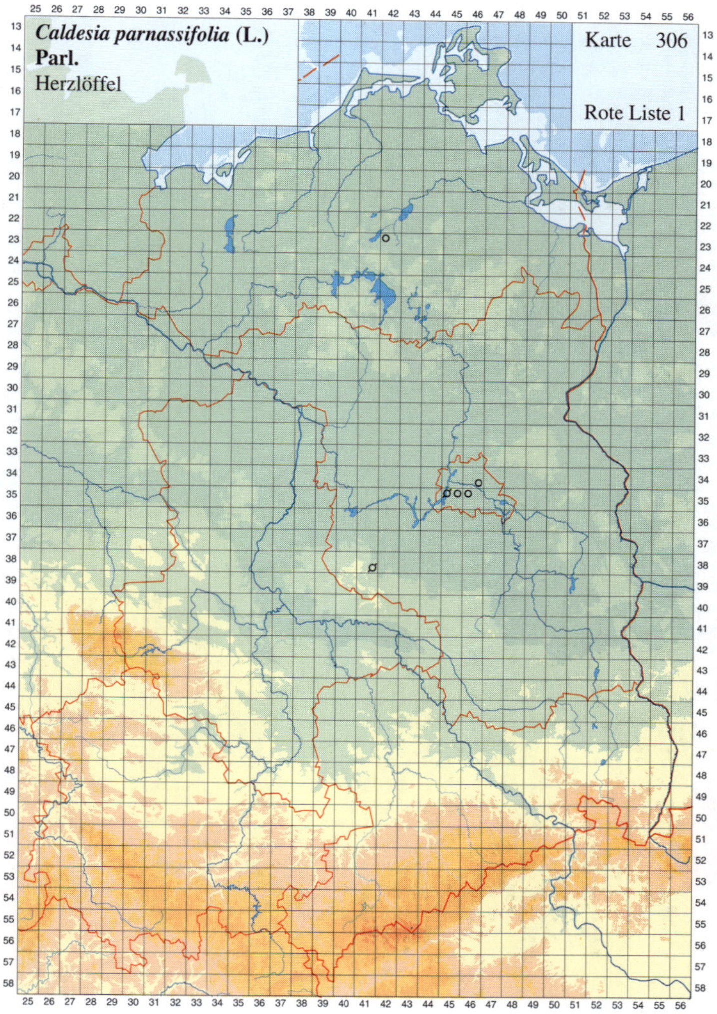
Caldesia parnassifolia (L.) Parl.
Herzlöffel
Karte 306
Rote Liste 1

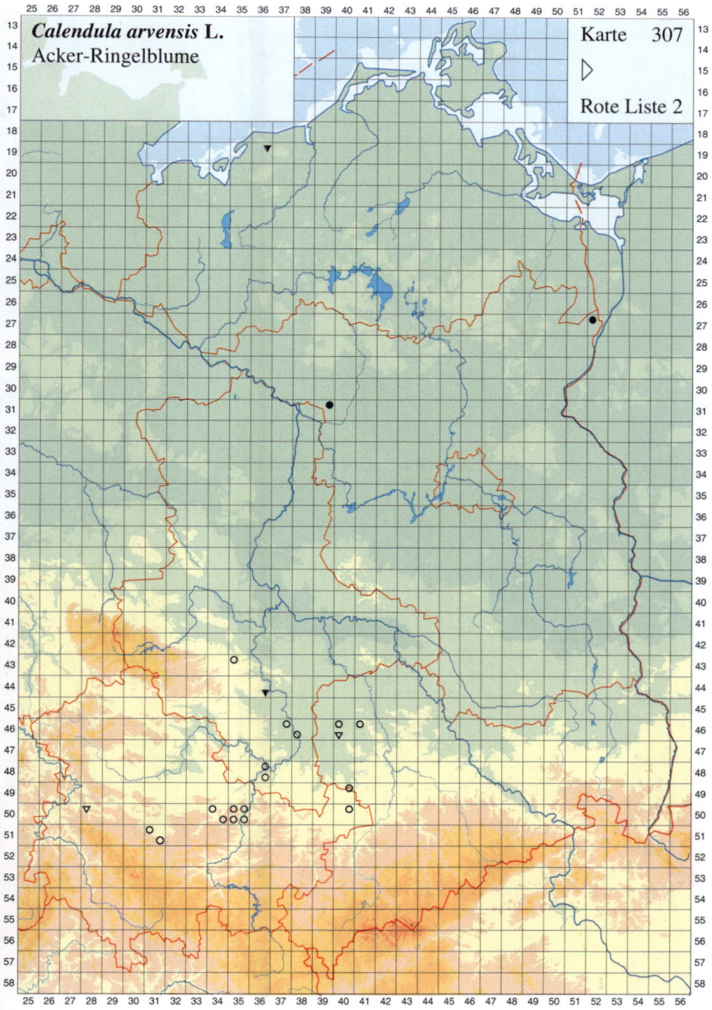
Calendula arvensis L.
Acker-Ringelblume
Karte 307
Rote Liste 2

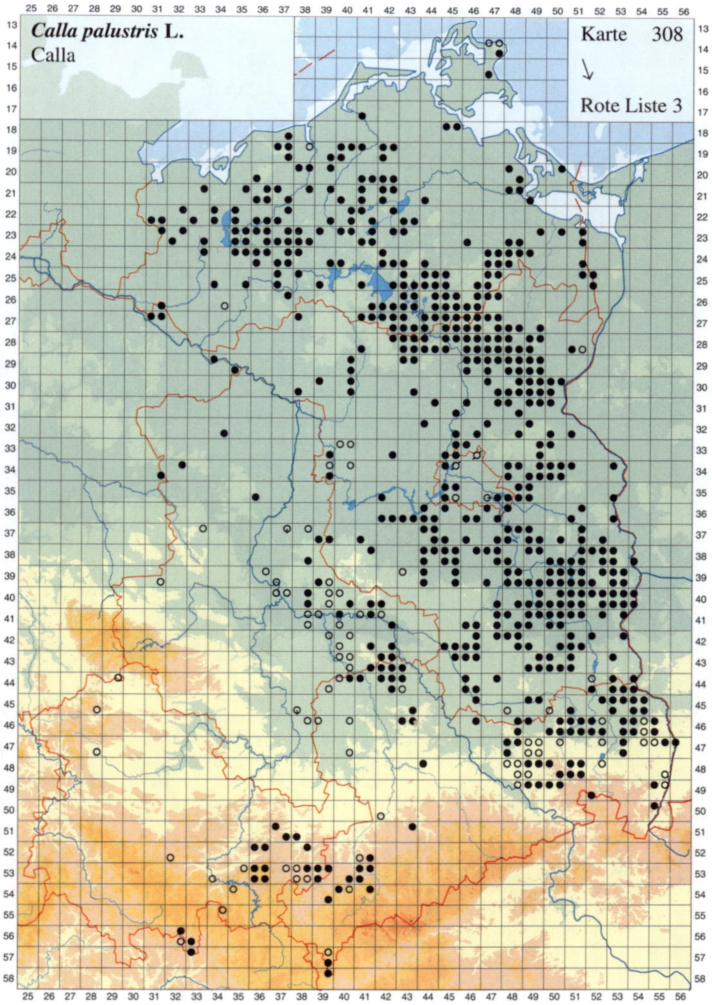
Calla palustris L.
Calla
Karte 308
Rote Liste 3

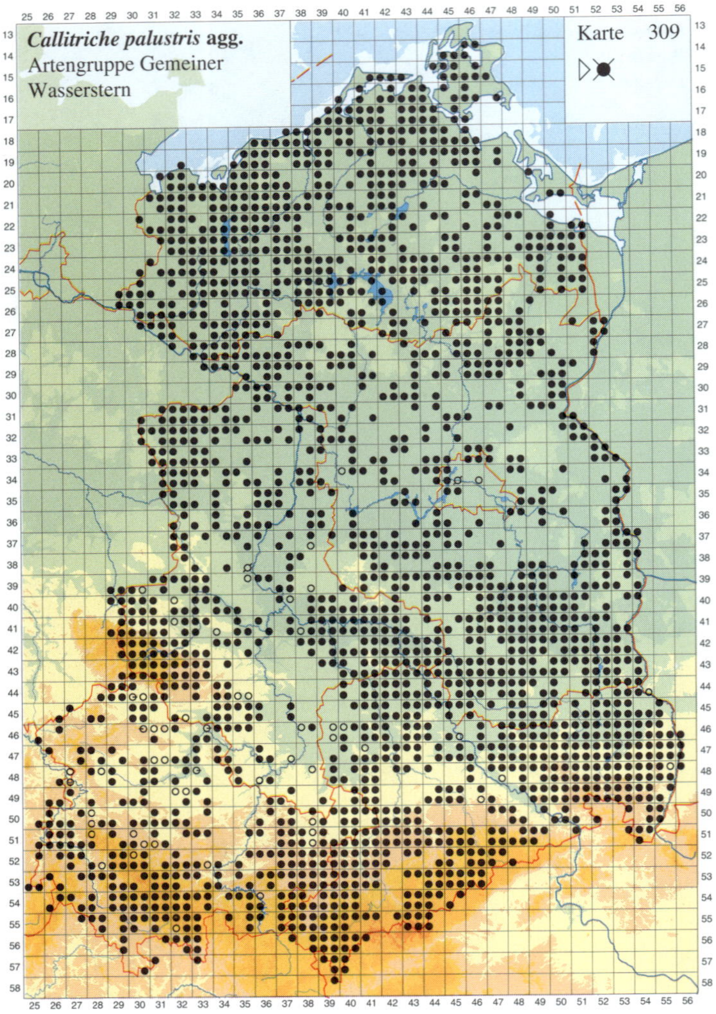
Callitriche palustris agg.
Artengruppe Gemeiner Wasserstern
Karte 309

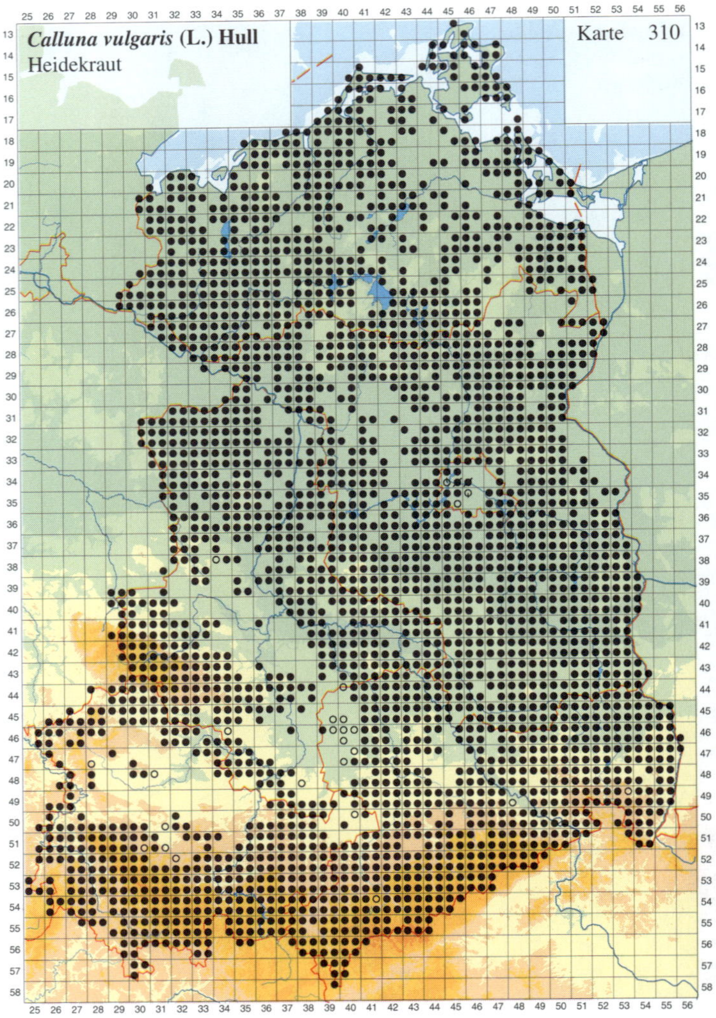
Calluna vulgaris (L.) Hull
Heidekraut
Karte 310

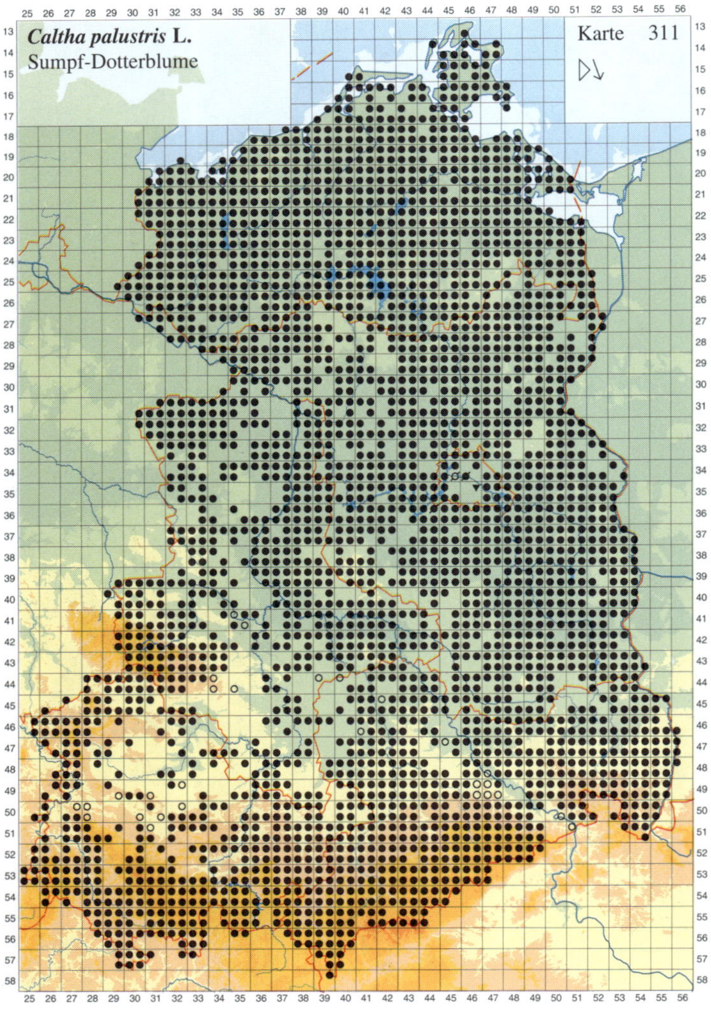
Caltha palustris L.
Sumpf-Dotterblume
Karte 311

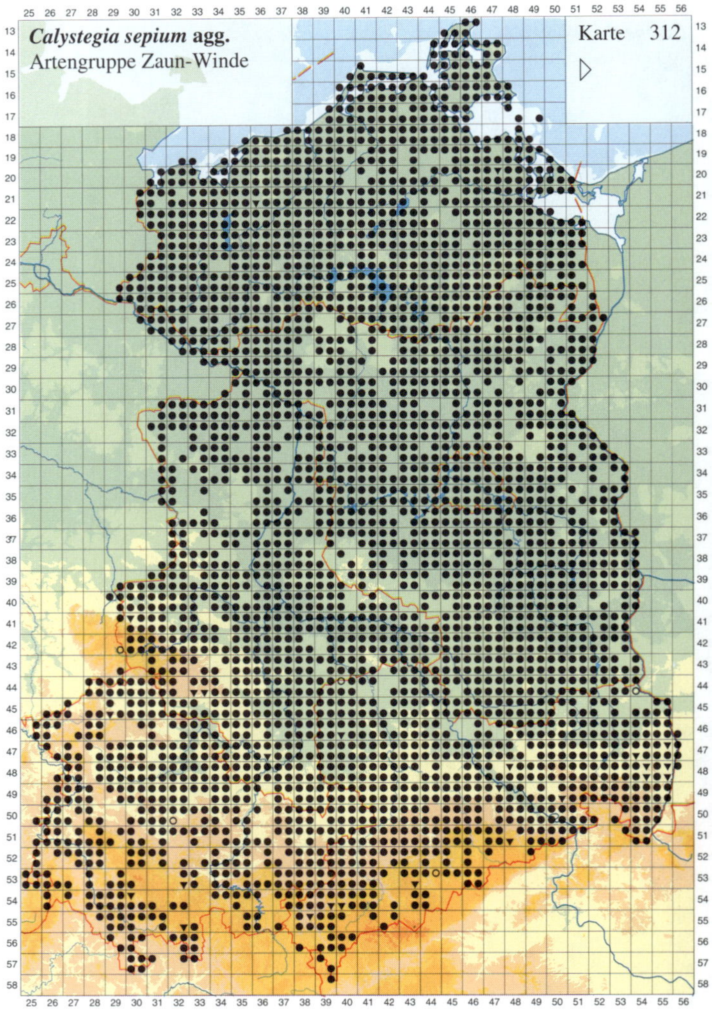
Calystegia sepium agg.
Artengruppe Zaun-Winde
Karte 312

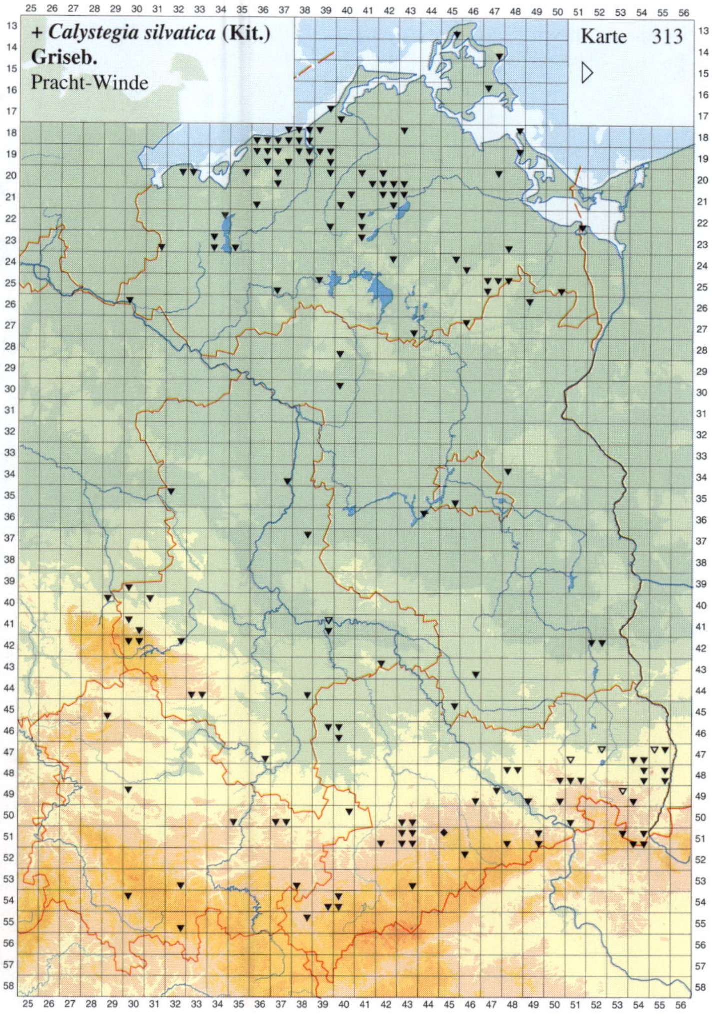
+ Calystegia silvatica (Kit.) Griseb.
Pracht-Winde
Karte 313
▷

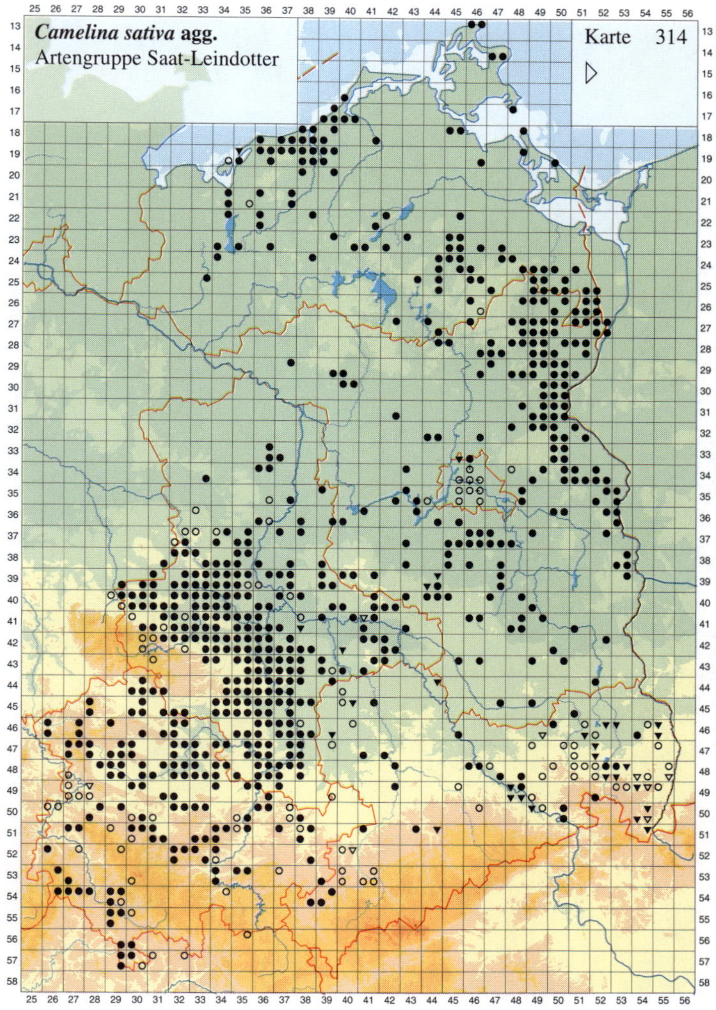
Camelina sativa agg.
Artengruppe Saat-Leindotter
Karte 314
▷

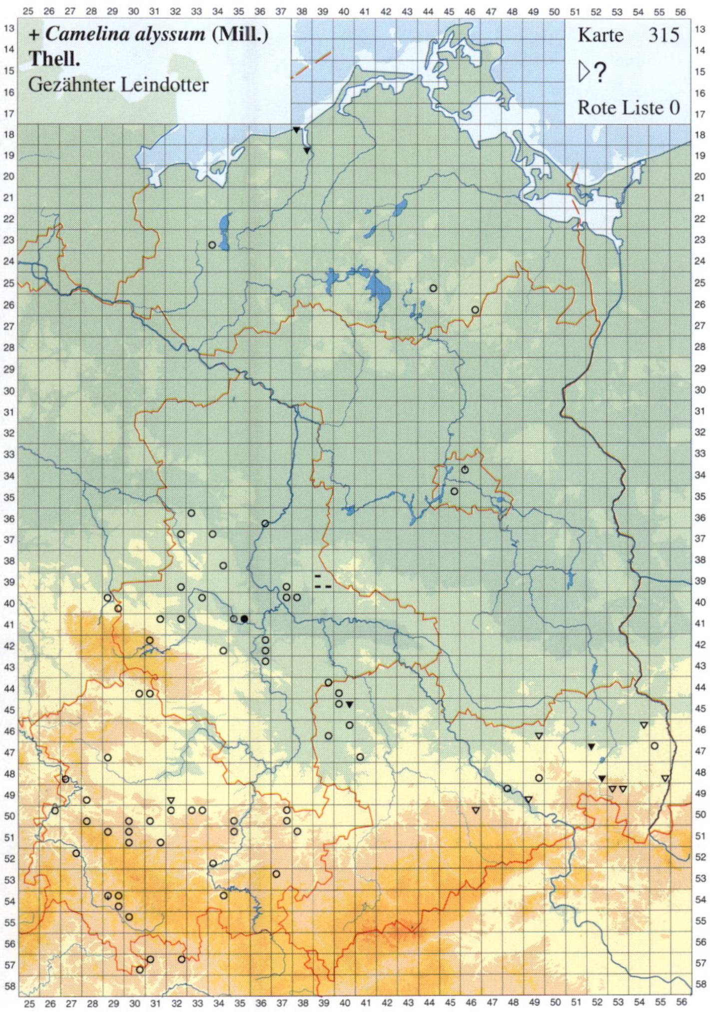
+ Camelina alyssum (Mill.) Thell.
Gezähnter Leindotter
Karte 315
▷?
Rote Liste 0

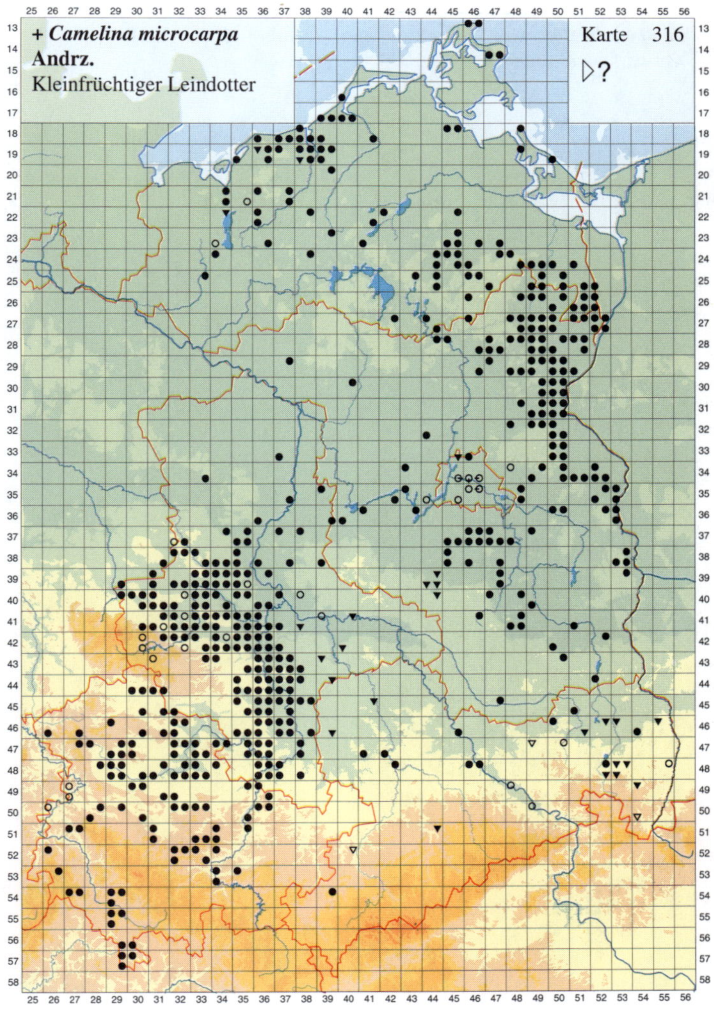
+ Camelina microcarpa Andrz.
Kleinfrüchtiger Leindotter
Karte 316
▷?

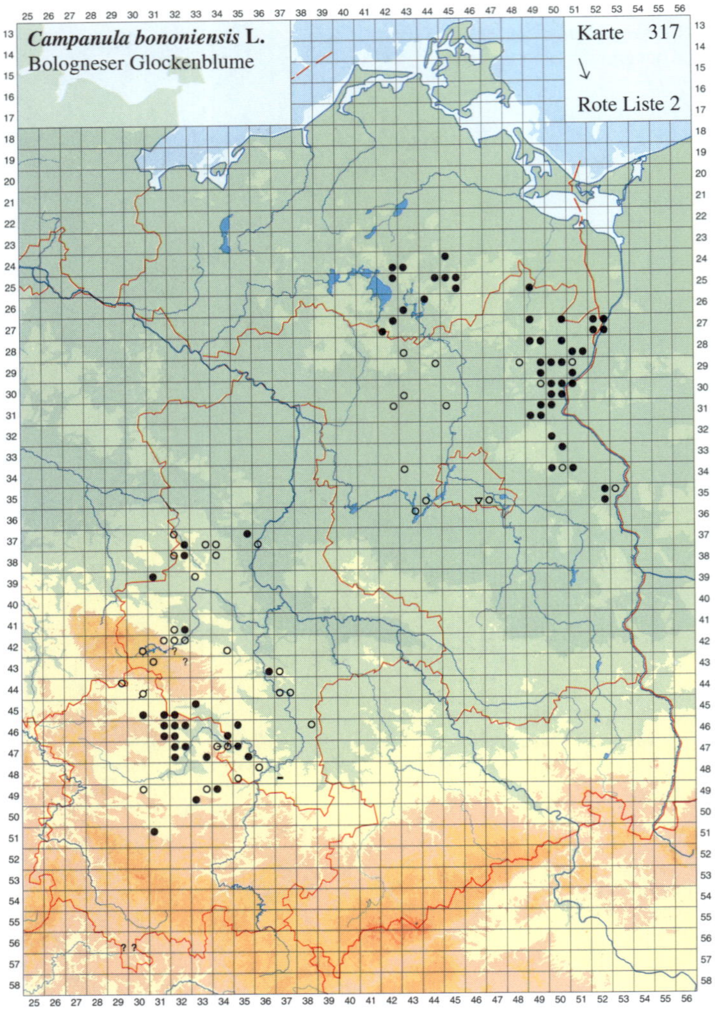
Campanula bononiensis L.
Bologneser Glockenblume
Karte 317
↘
Rote Liste 2

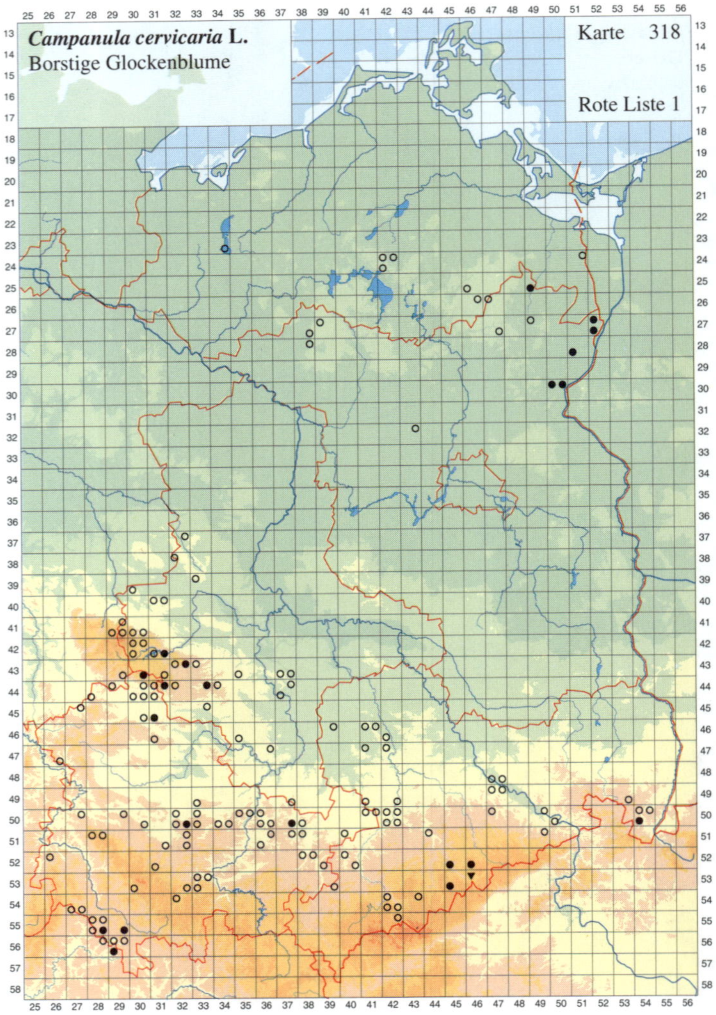
Campanula cervicaria L.
Borstige Glockenblume
Karte 318
Rote Liste 1

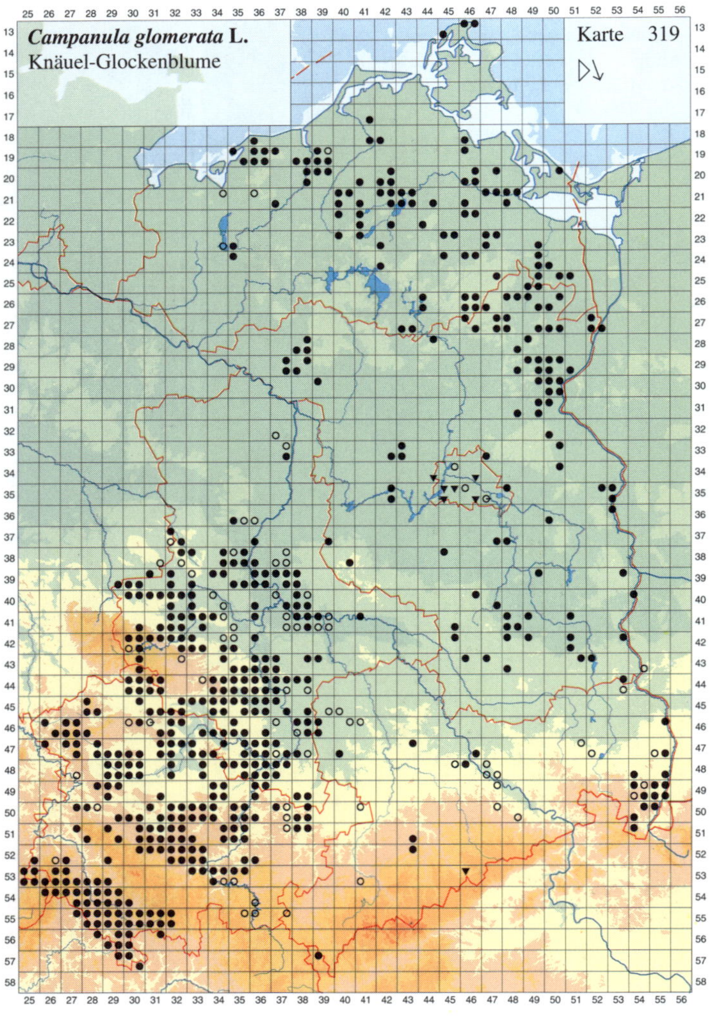
Campanula glomerata L.
Knäuel-Glockenblume
Karte 319
▷↘

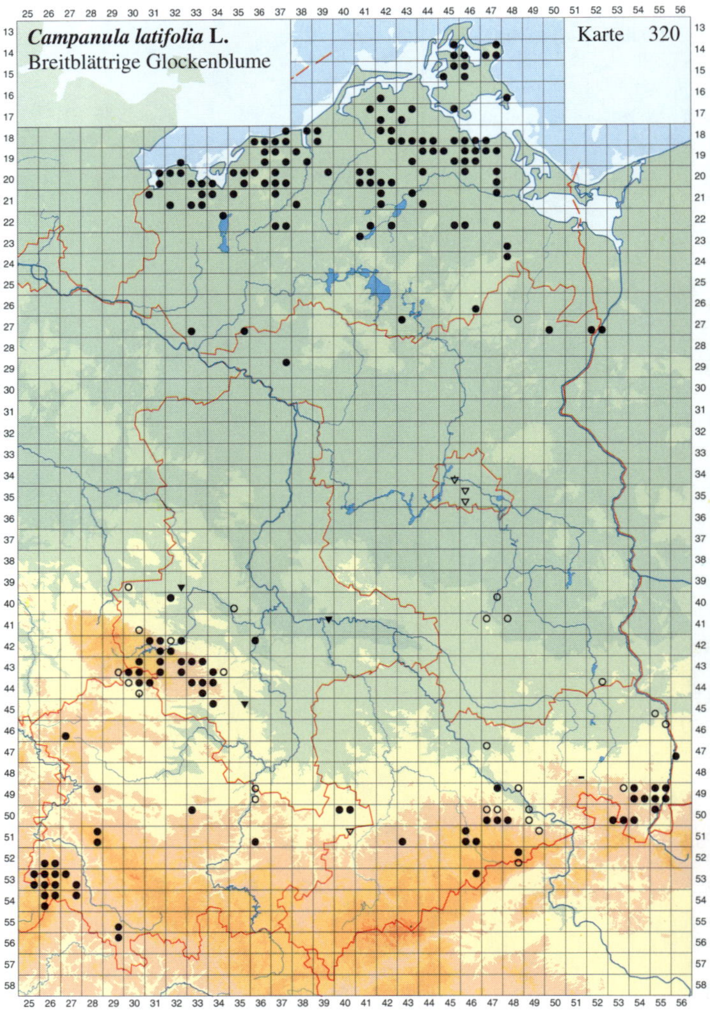
Campanula latifolia L.
Breitblättrige Glockenblume
Karte 320

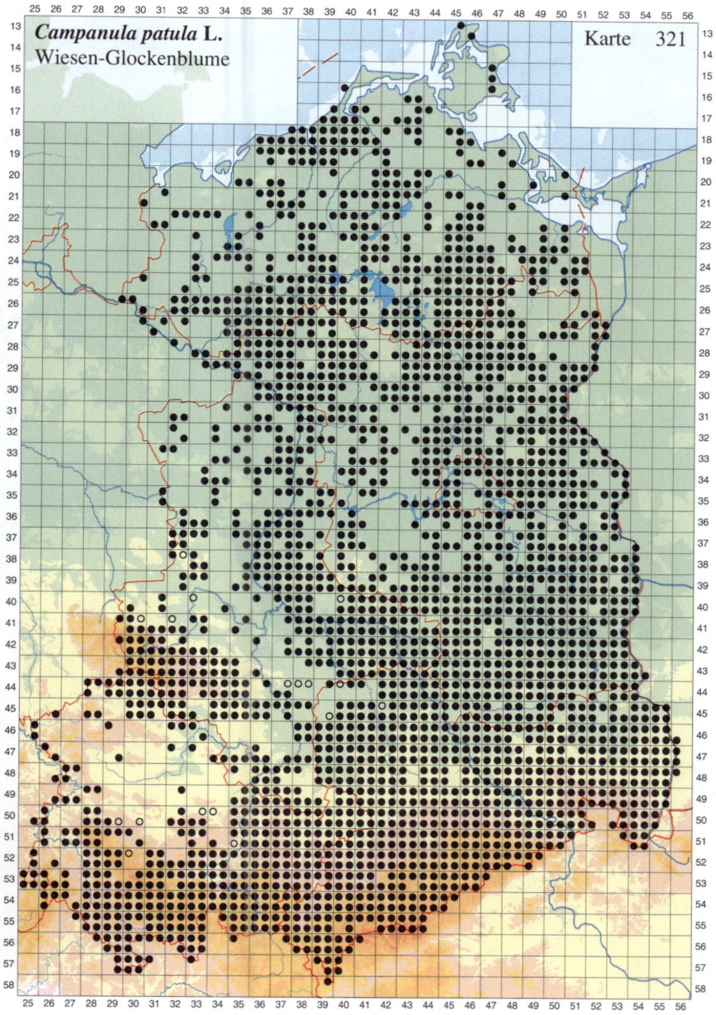
Campanula patula L.
Wiesen-Glockenblume
Karte 321

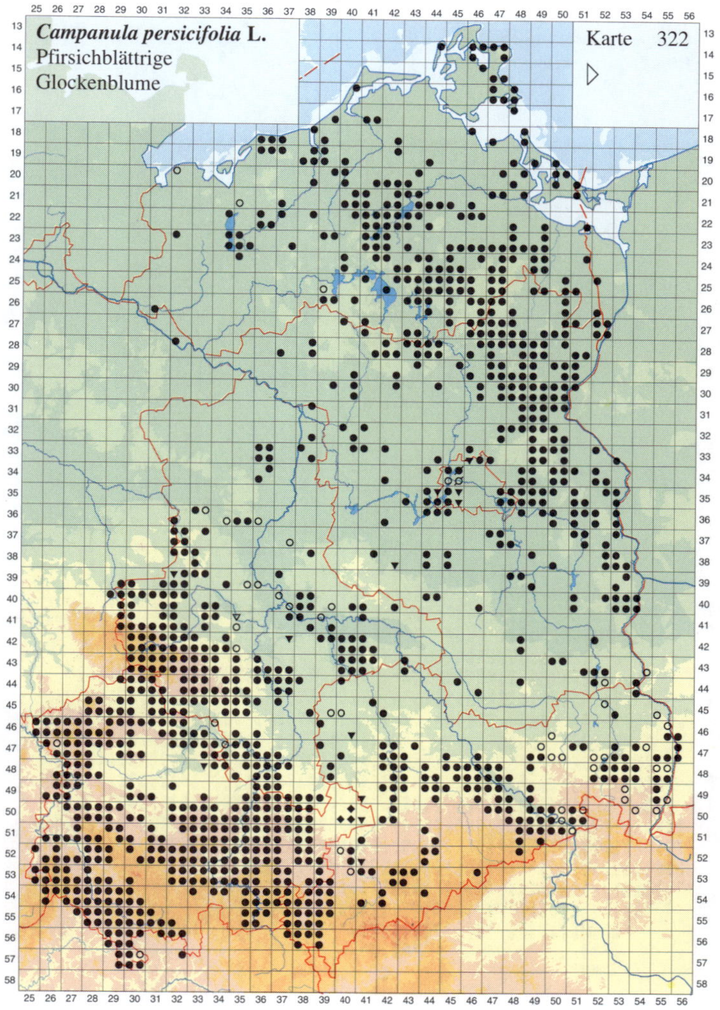
Campanula persicifolia L.
Pfirsichblättrige Glockenblume
Karte 322

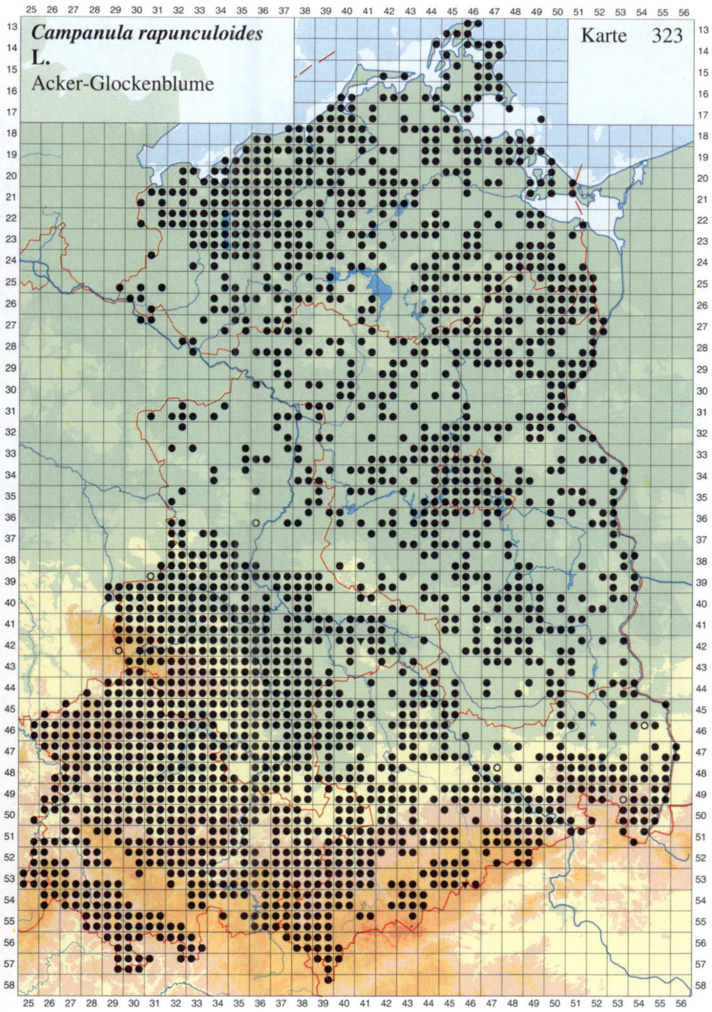
Campanula rapunculoides L.
Acker-Glockenblume
Karte 323

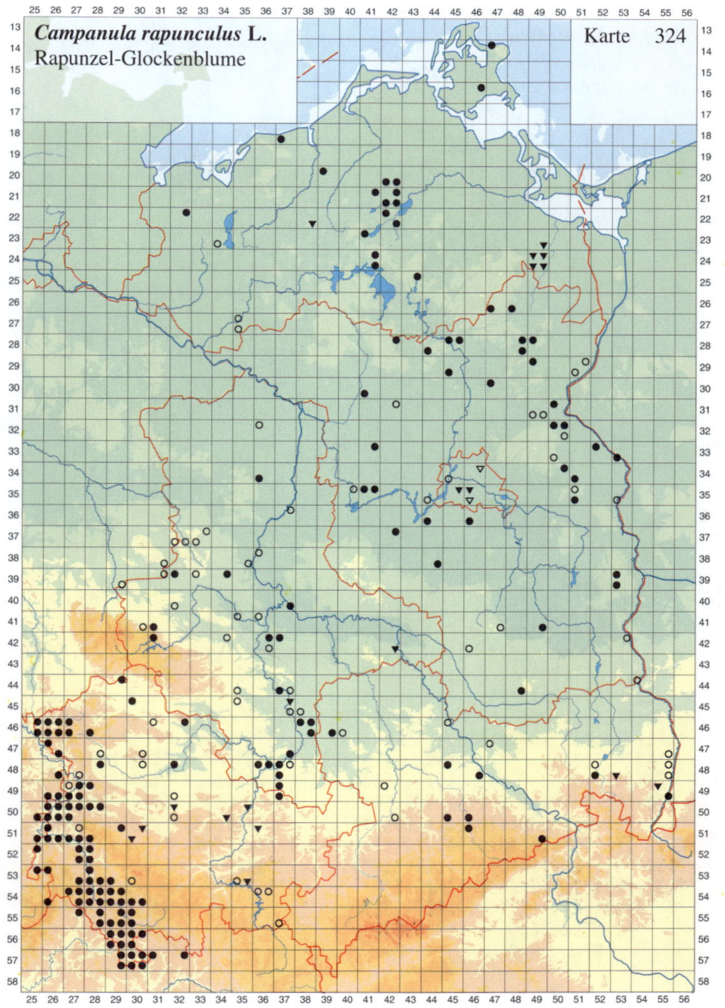
Campanula rapunculus L.
Rapunzel-Glockenblume
Karte 324

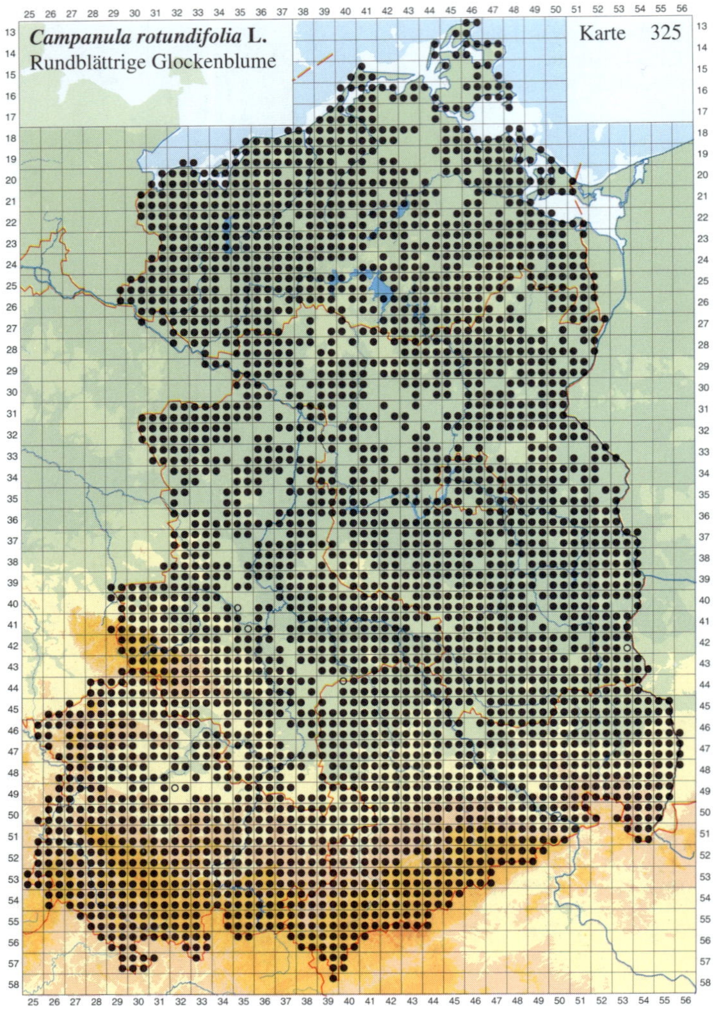
Campanula rotundifolia L.
Rundblättrige Glockenblume
Karte 325

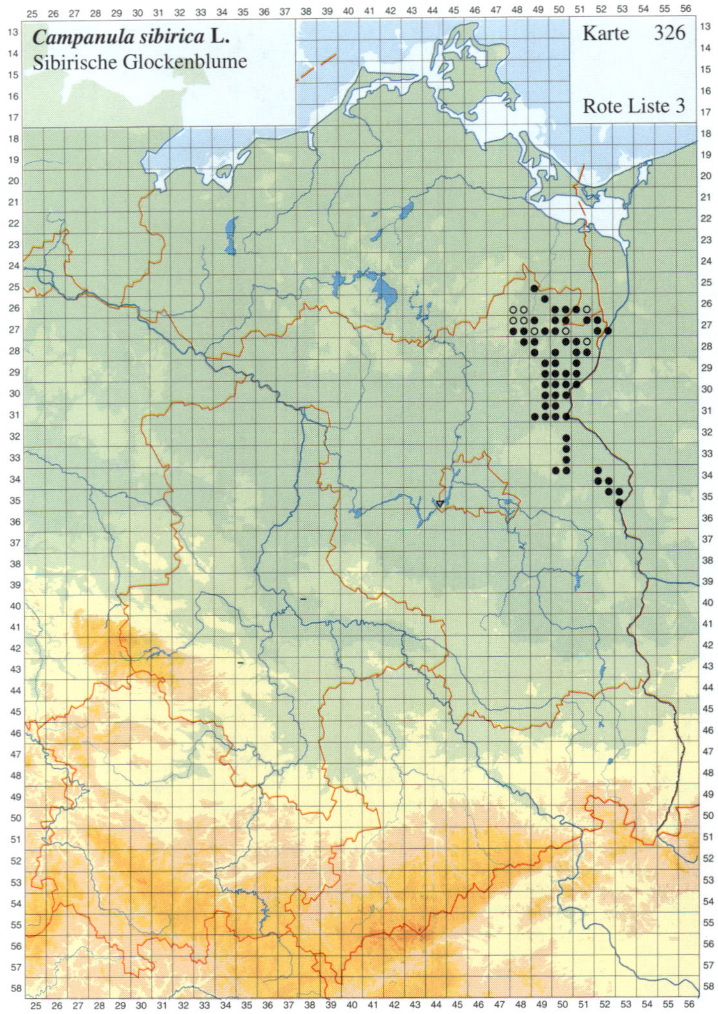
Campanula sibirica L.
Sibirische Glockenblume
Karte 326
Rote Liste 3

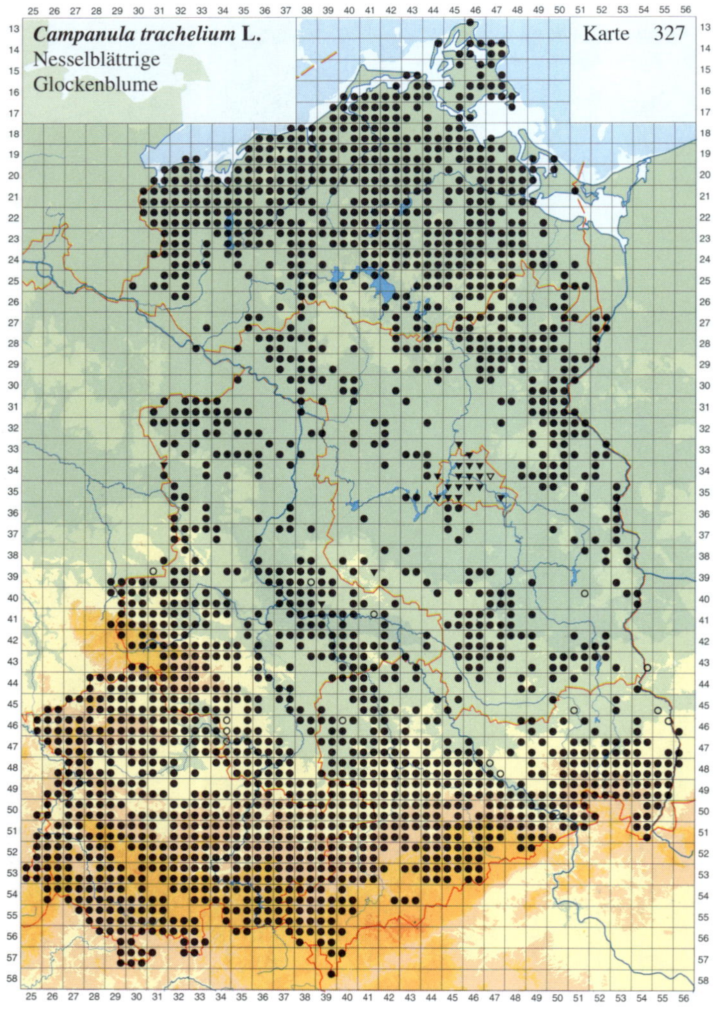
Campanula trachelium L.
Nesselblättrige
Glockenblume
Karte 327

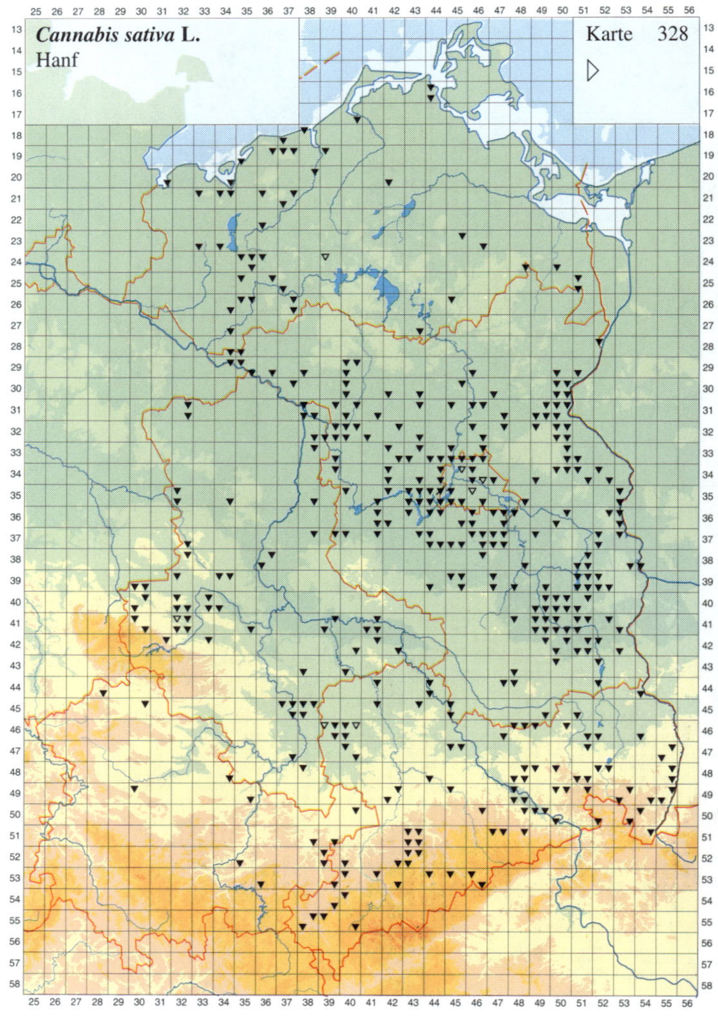
Cannabis sativa L.
Hanf
Karte 328

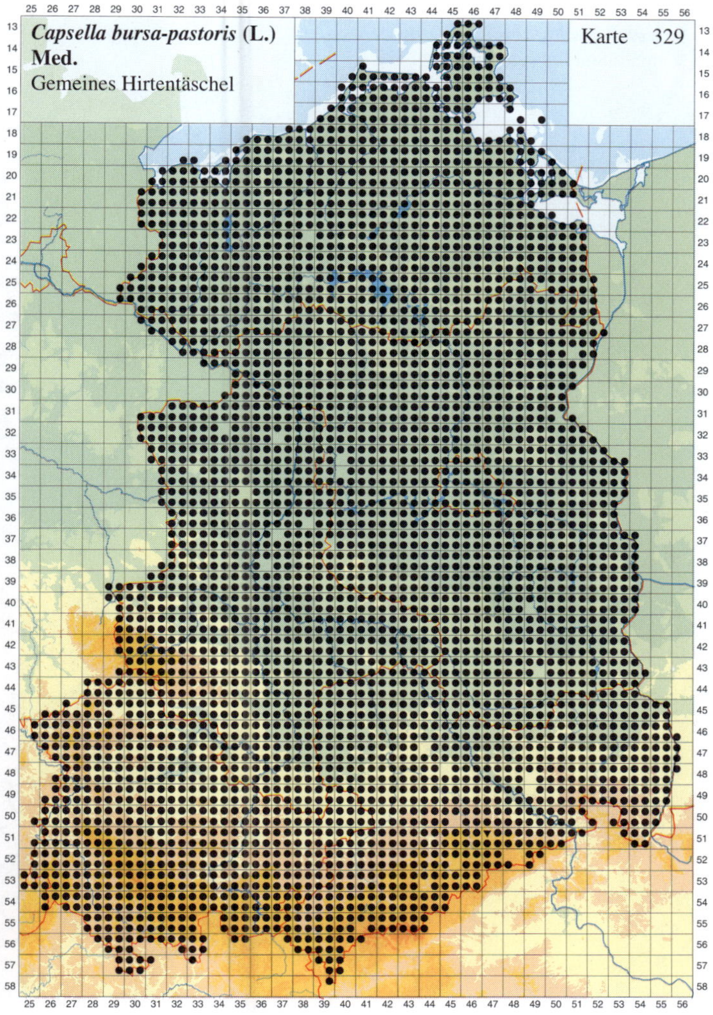
Capsella bursa-pastoris (L.) Med.
Gemeines Hirtentäschel
Karte 329

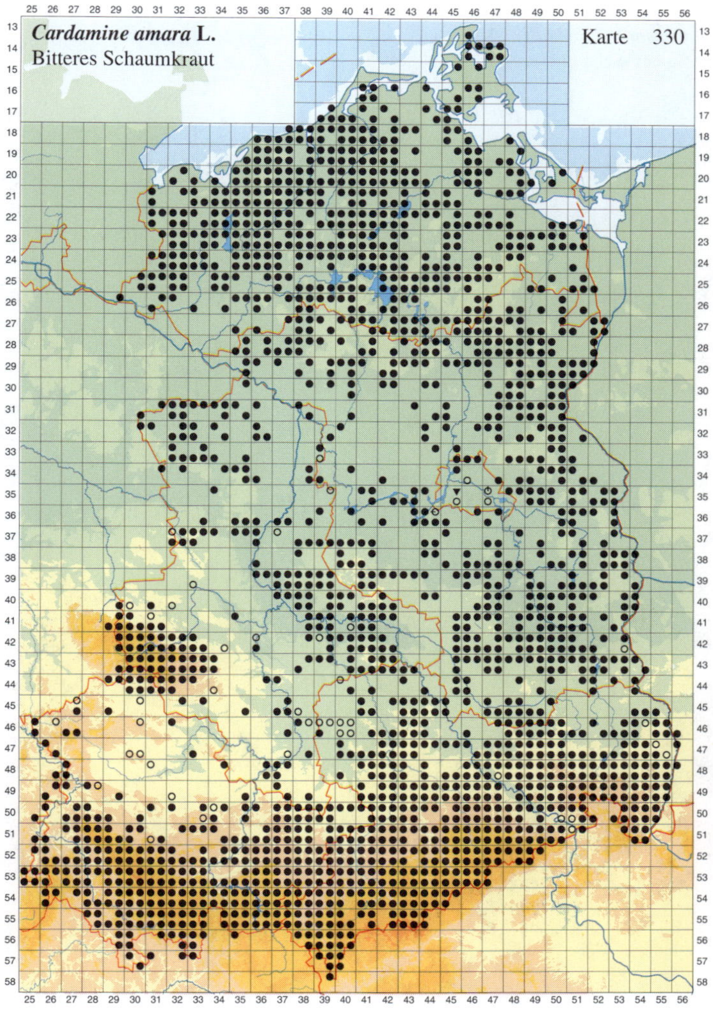
Cardamine amara L.
Bitteres Schaumkraut
Karte 330

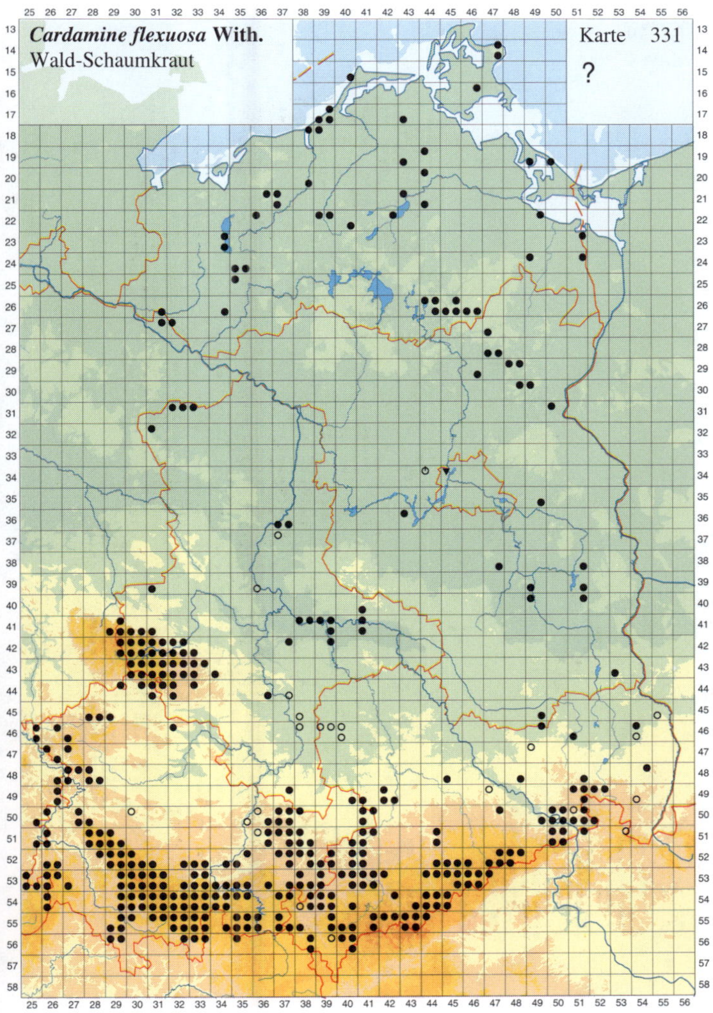
Cardamine flexuosa With.
Wald-Schaumkraut
Karte 331
?

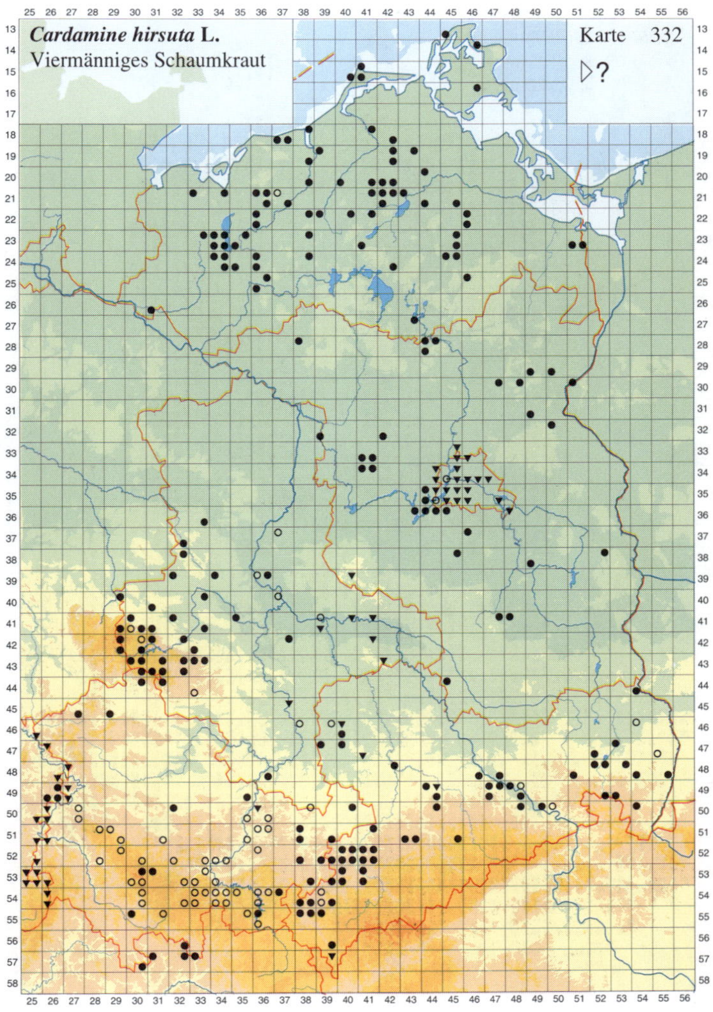
Cardamine hirsuta L.
Viermänniges Schaumkraut
Karte 332
▷?

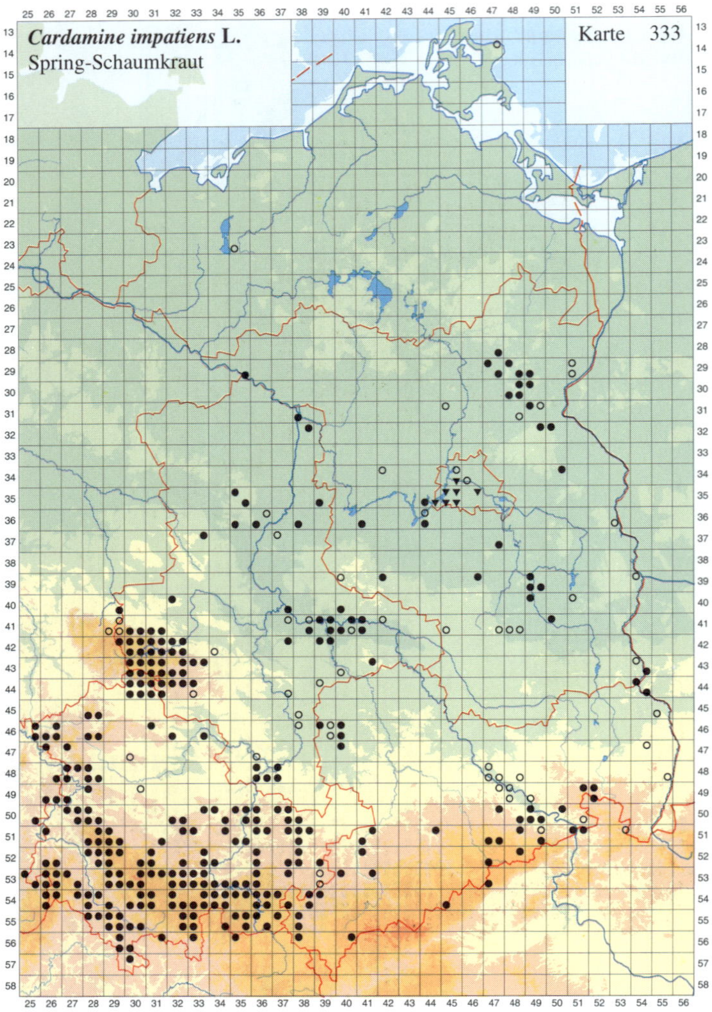
Cardamine impatiens L.
Spring-Schaumkraut
Karte 333

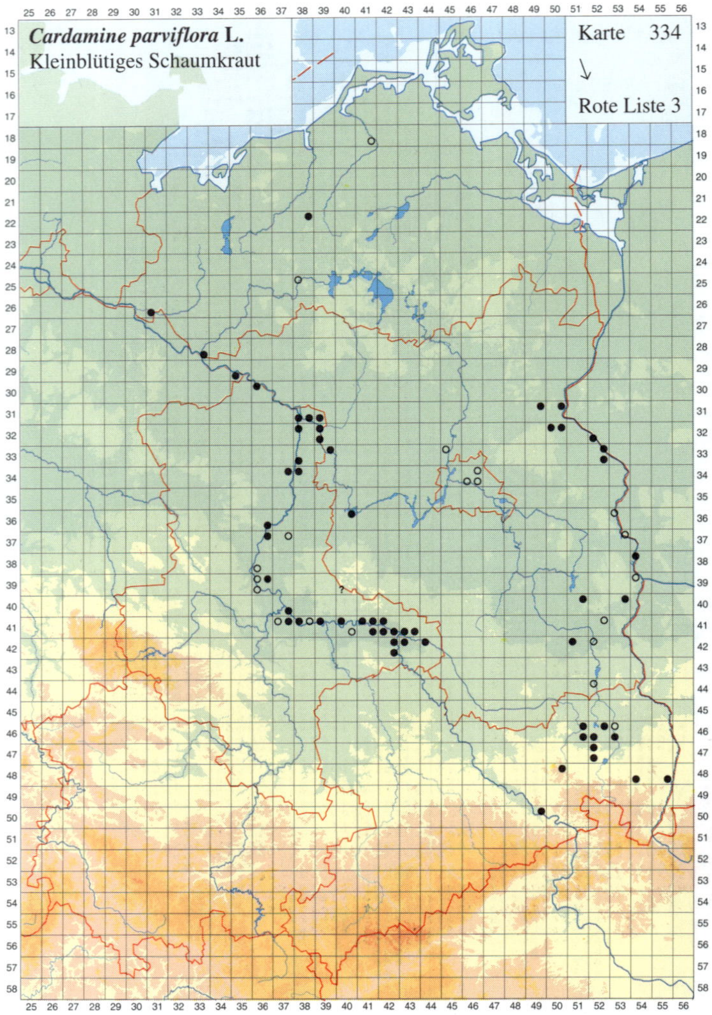
Cardamine parviflora L.
Kleinblütiges Schaumkraut
Karte 334
Rote Liste 3

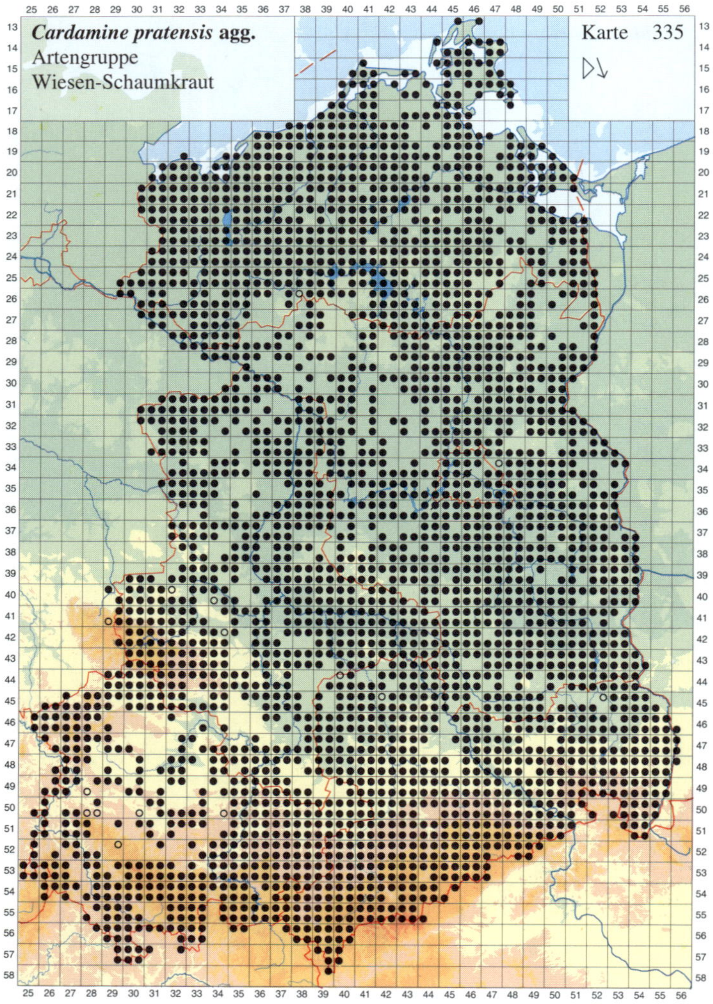
Cardamine pratensis agg.
Artengruppe
Wiesen-Schaumkraut
Karte 335

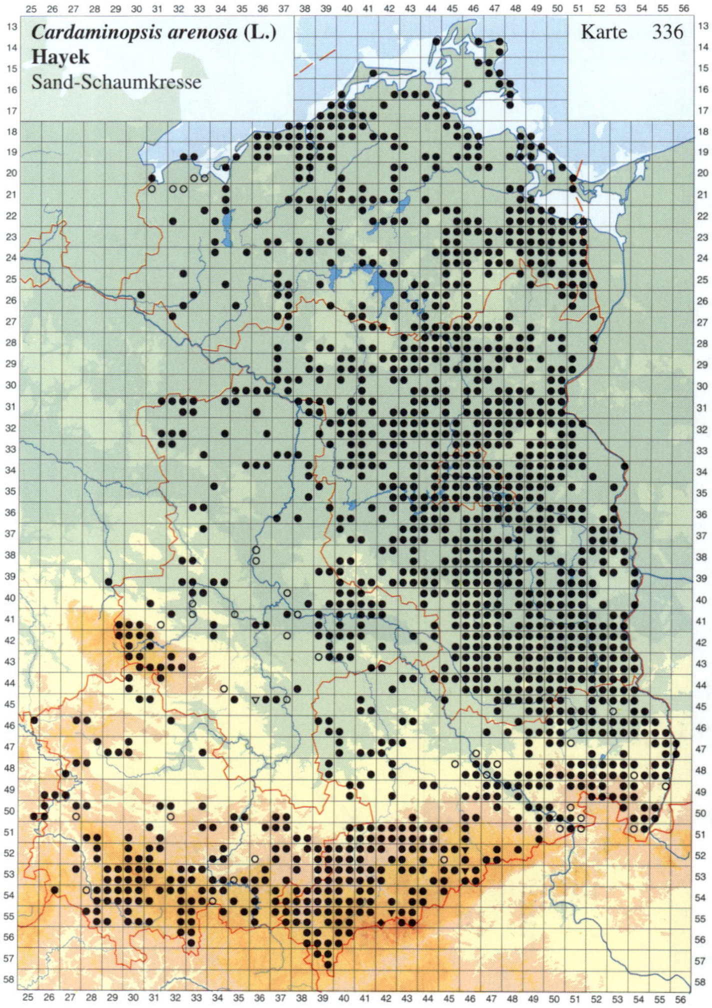
Cardaminopsis arenosa (L.)
Hayek
Sand-Schaumkresse
Karte 336

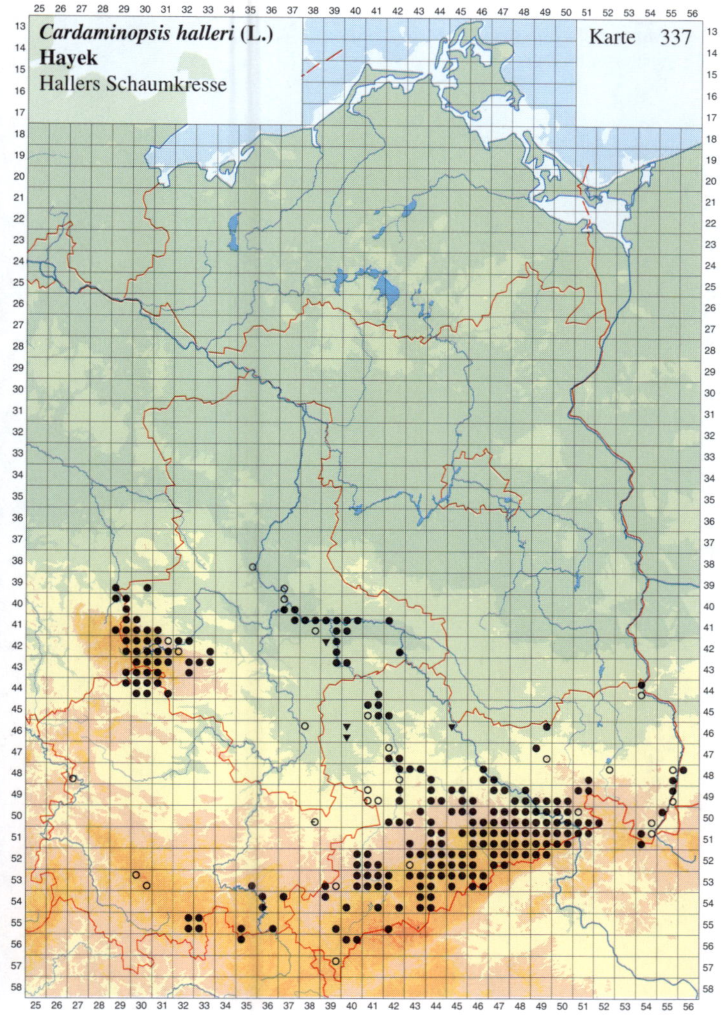
Cardaminopsis halleri (L.) Hayek
Hallers Schaumkresse
Karte 337

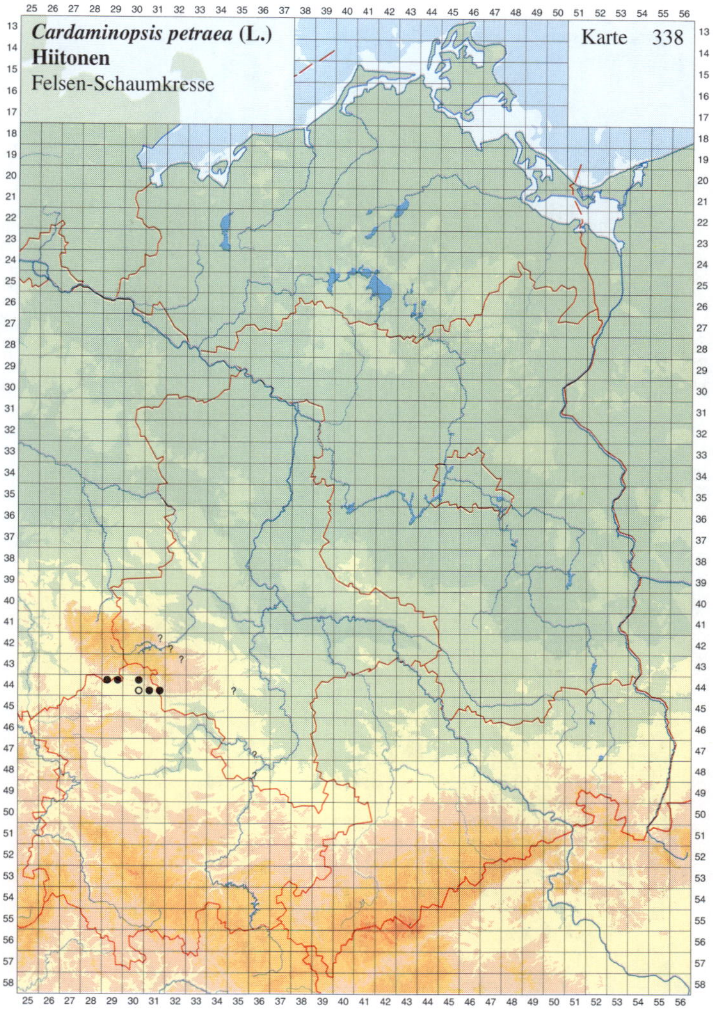
Cardaminopsis petraea (L.) Hiitonen
Felsen-Schaumkresse
Karte 338

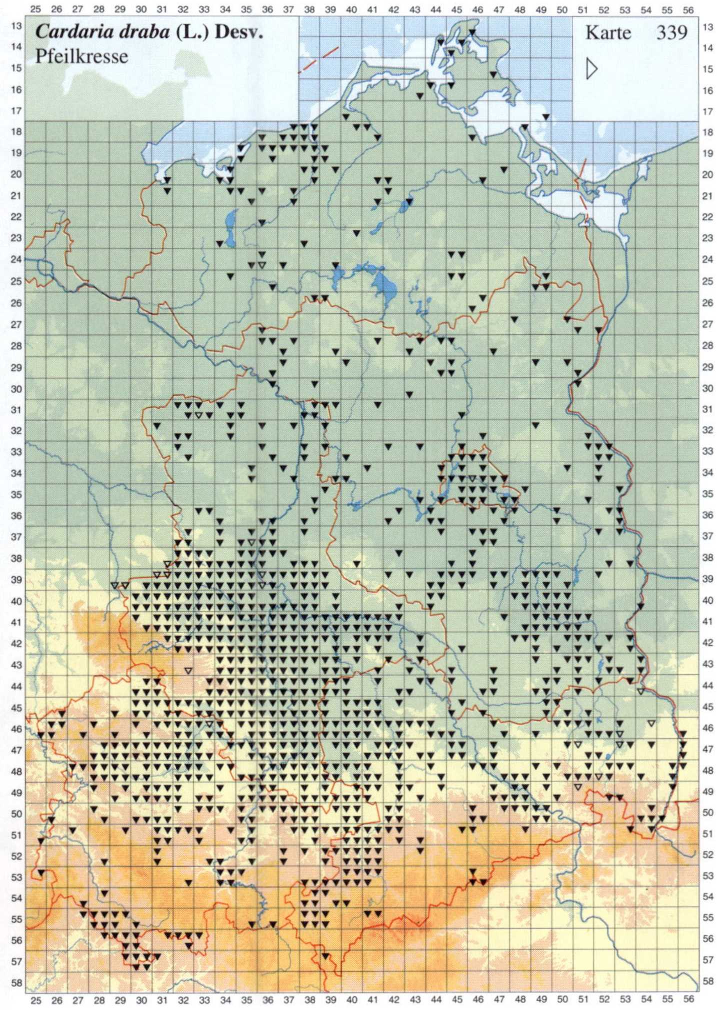
Cardaria draba (L.) Desv.
Pfeilkresse
Karte 339

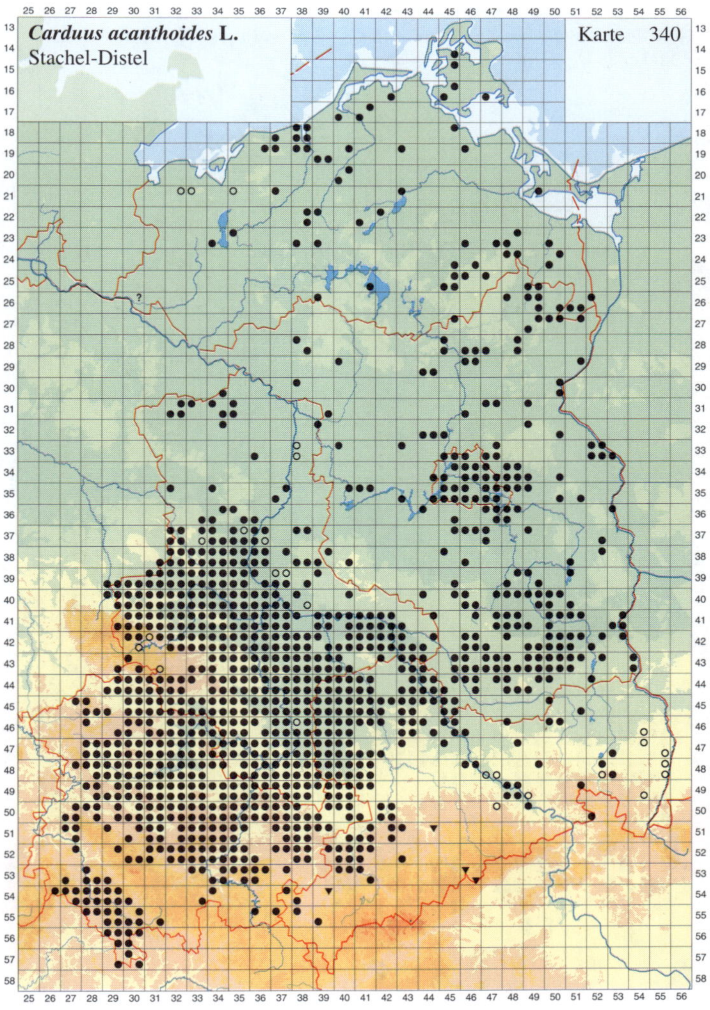
Carduus acanthoides L.
Stachel-Distel
Karte 340

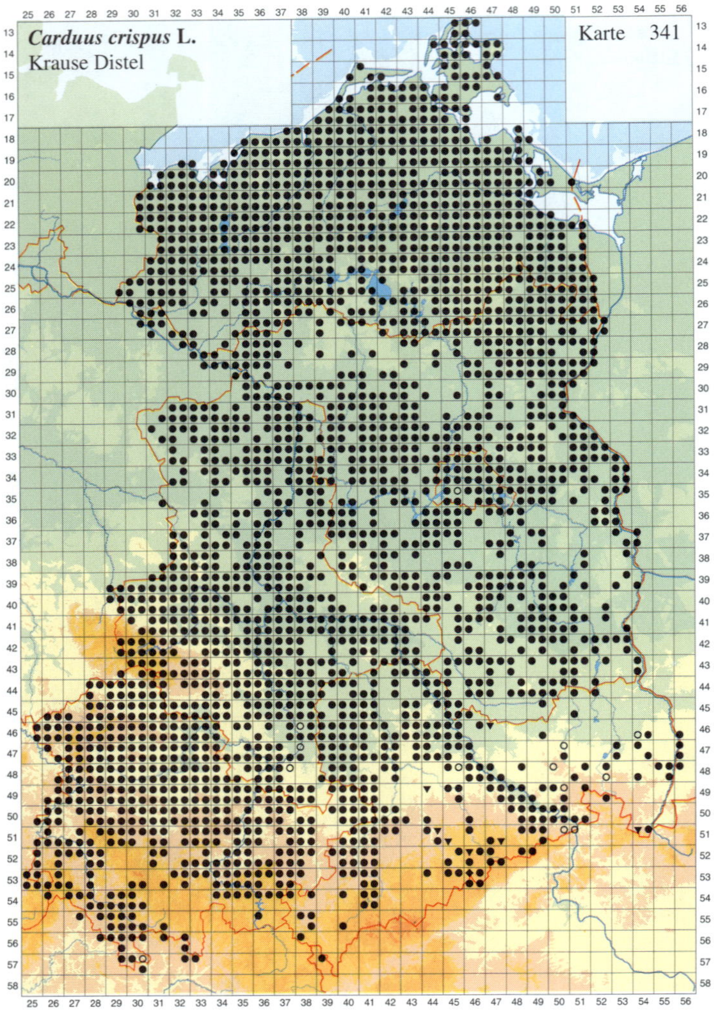

Carduus crispus L.
Krause Distel
Karte 341

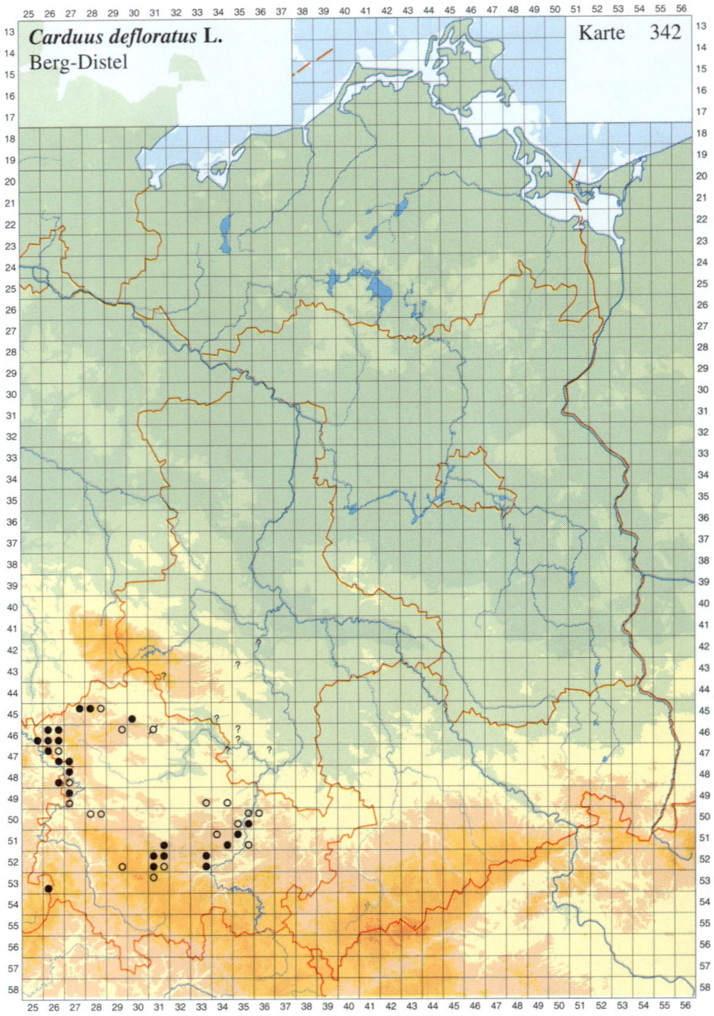

Carduus defloratus L.
Berg-Distel
Karte 342

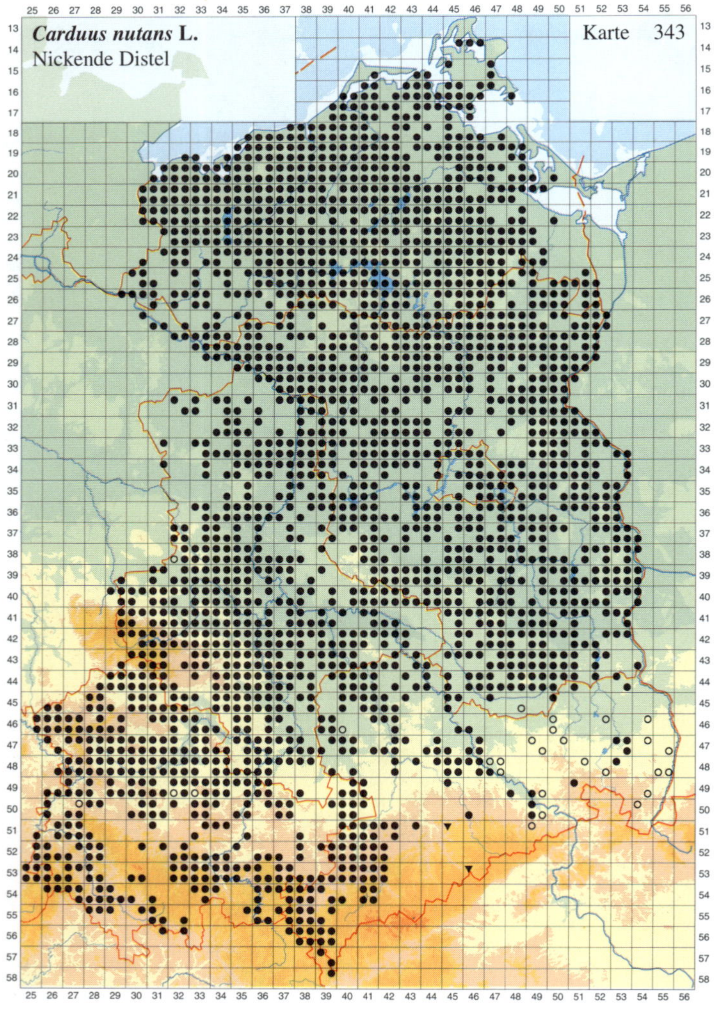

Carduus nutans L.
Nickende Distel
Karte 343

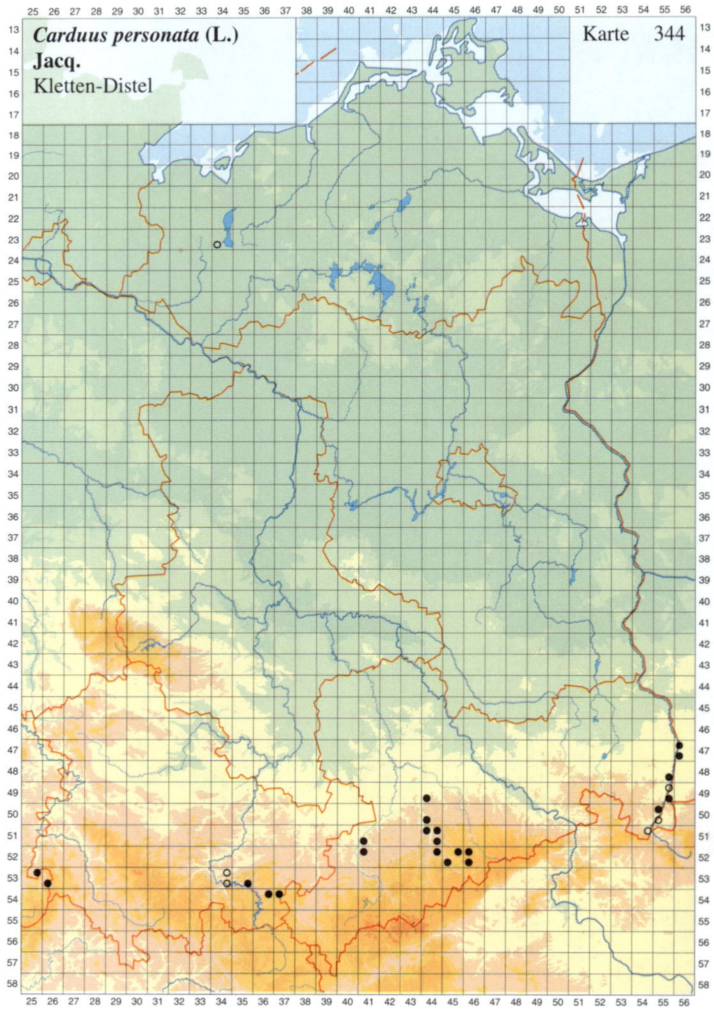

Carduus personata (L.) Jacq.
Kletten-Distel
Karte 344

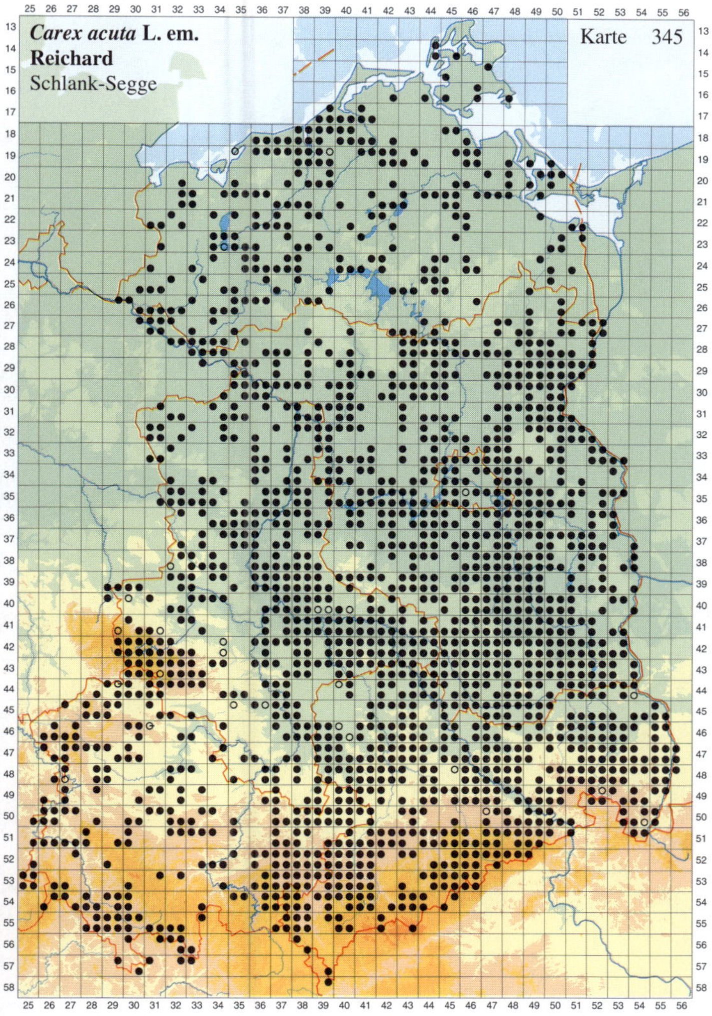
Carex acuta L. em. Reichard
Schlank-Segge
Karte 345

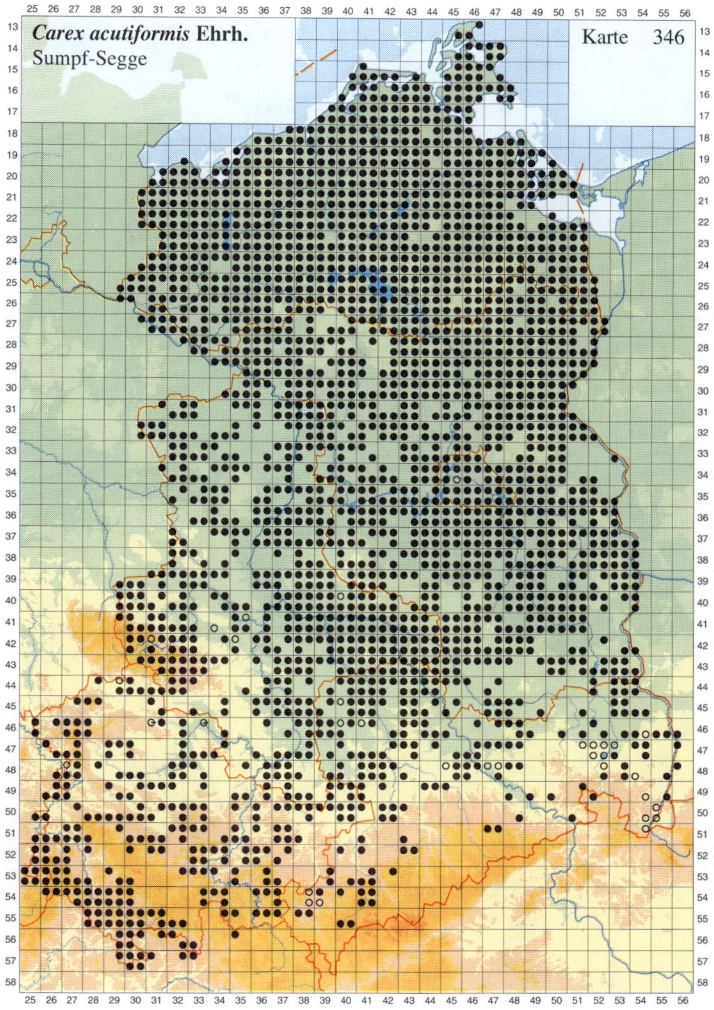
Carex acutiformis Ehrh.
Sumpf-Segge
Karte 346

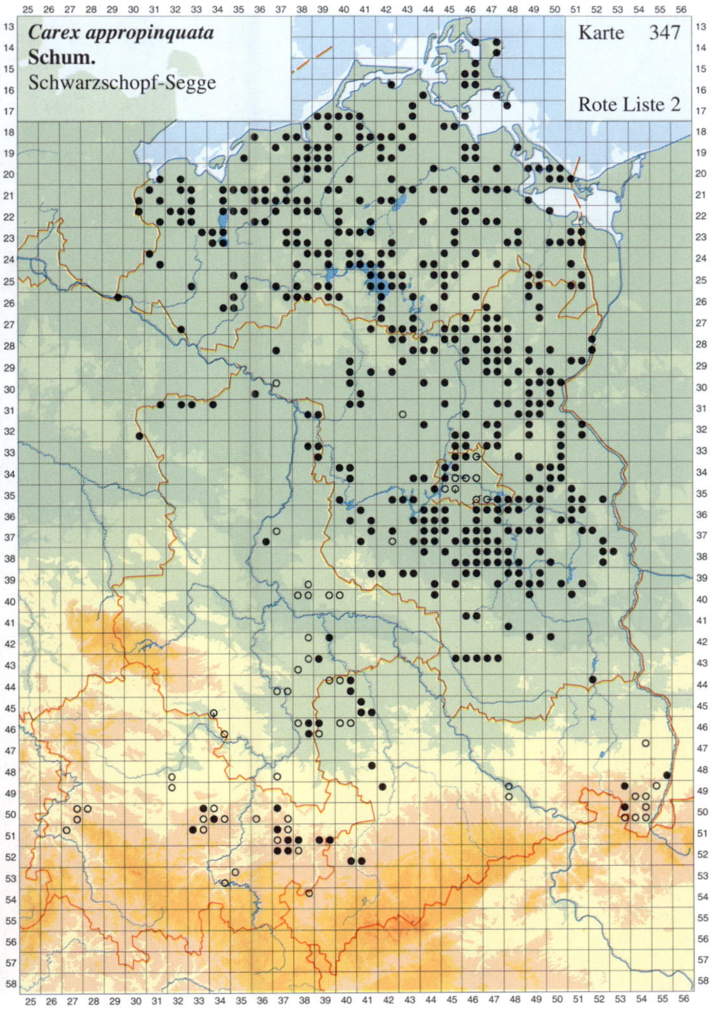
Carex appropinquata Schum.
Schwarzschopf-Segge
Karte 347
Rote Liste 2

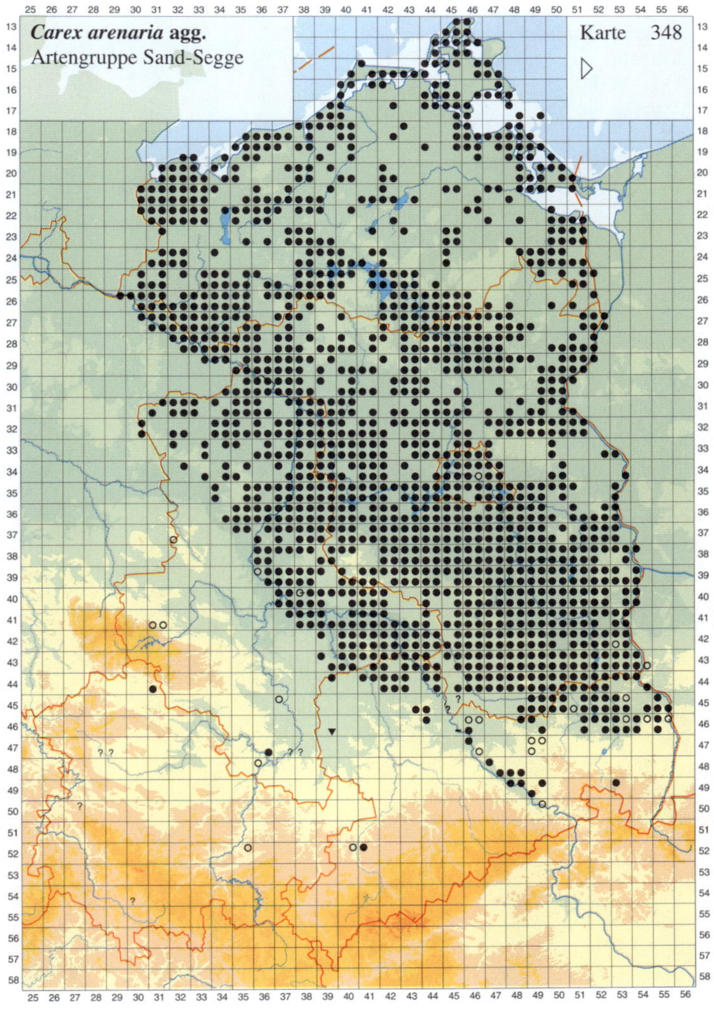
Carex arenaria agg.
Artengruppe Sand-Segge
Karte 348

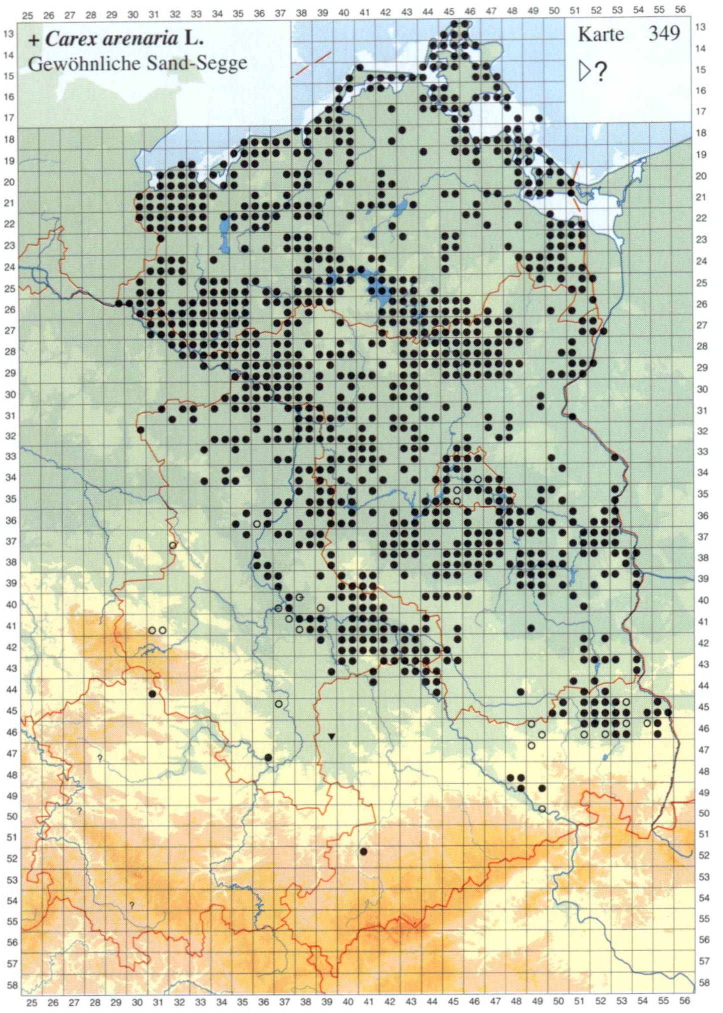
+ *Carex arenaria* L.
Gewöhnliche Sand-Segge
Karte 349
▷?

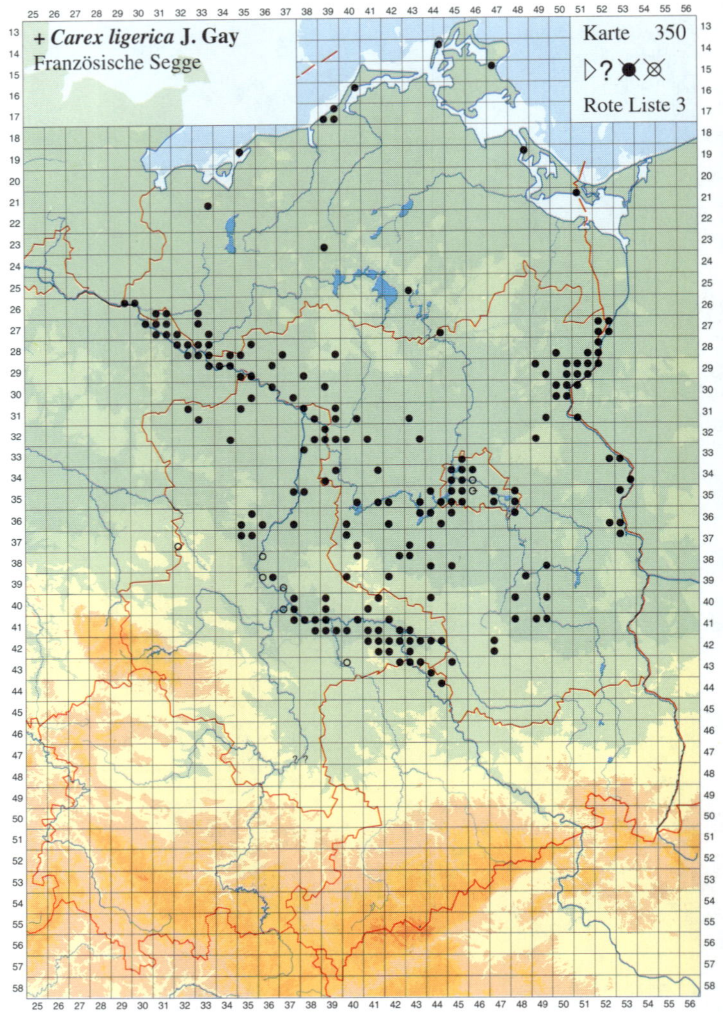
+ *Carex ligerica* J. Gay
Französische Segge
Karte 350
▷?
Rote Liste 3

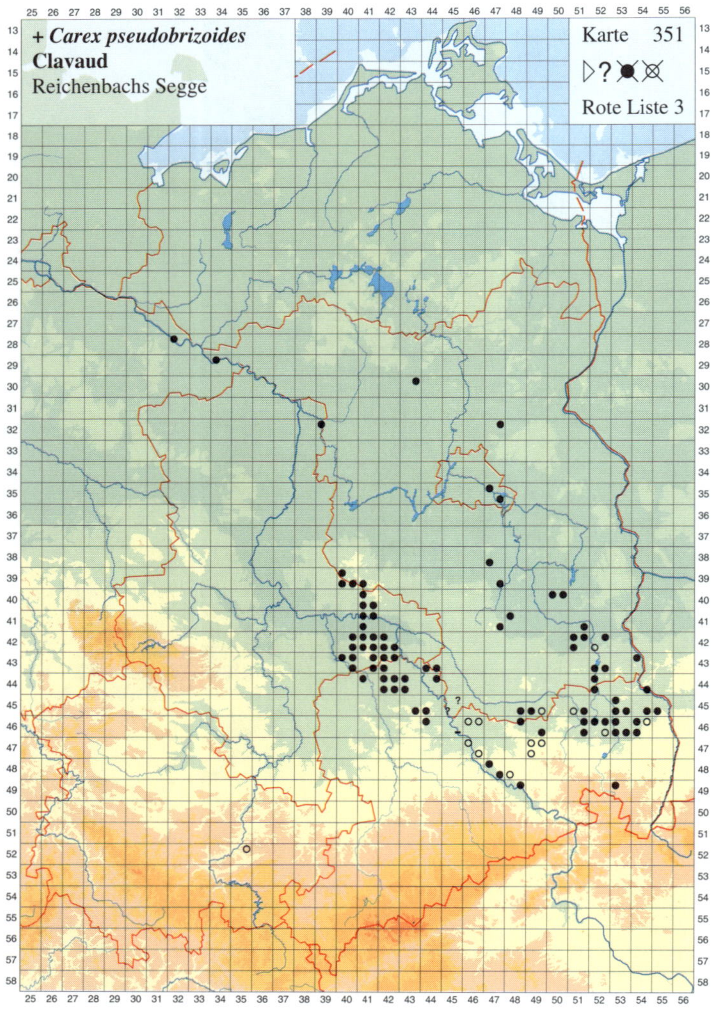
+ *Carex pseudobrizoides* Clavaud
Reichenbachs Segge
Karte 351
▷?
Rote Liste 3

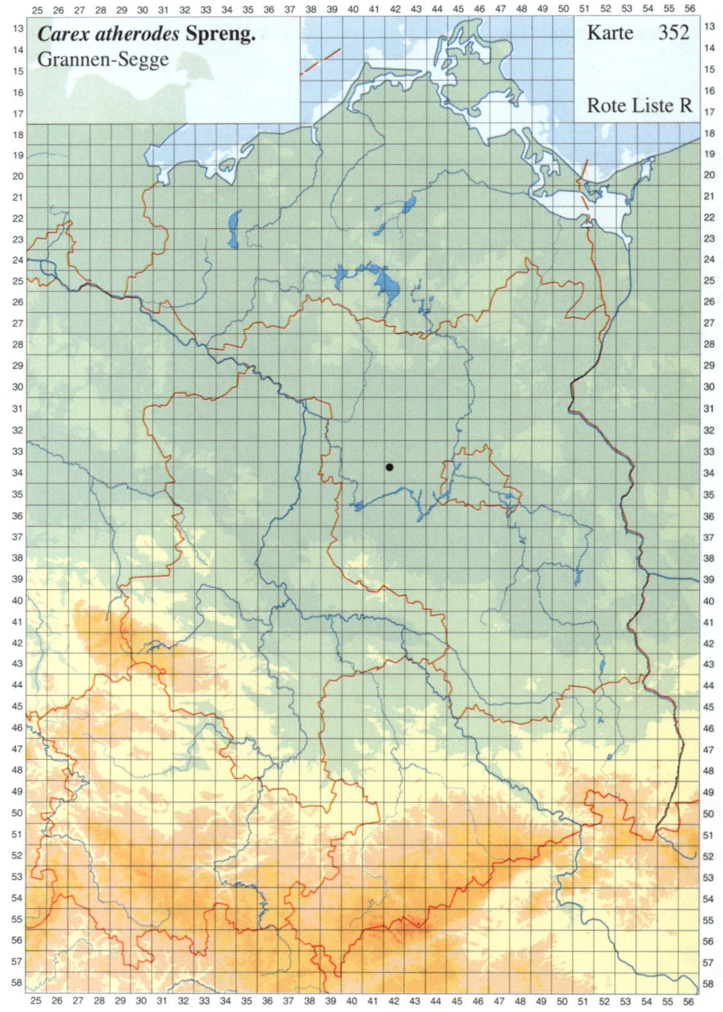
Carex atherodes Spreng.
Grannen-Segge
Karte 352
Rote Liste R

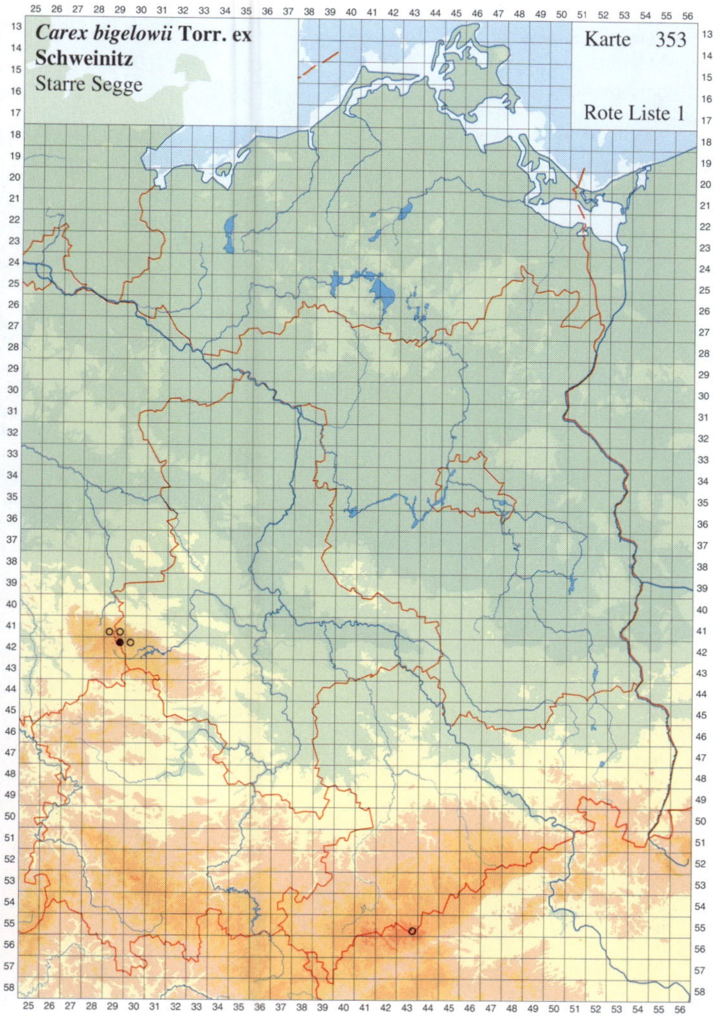
Carex bigelowii Torr. ex Schweinitz
Starre Segge
Karte 353
Rote Liste 1

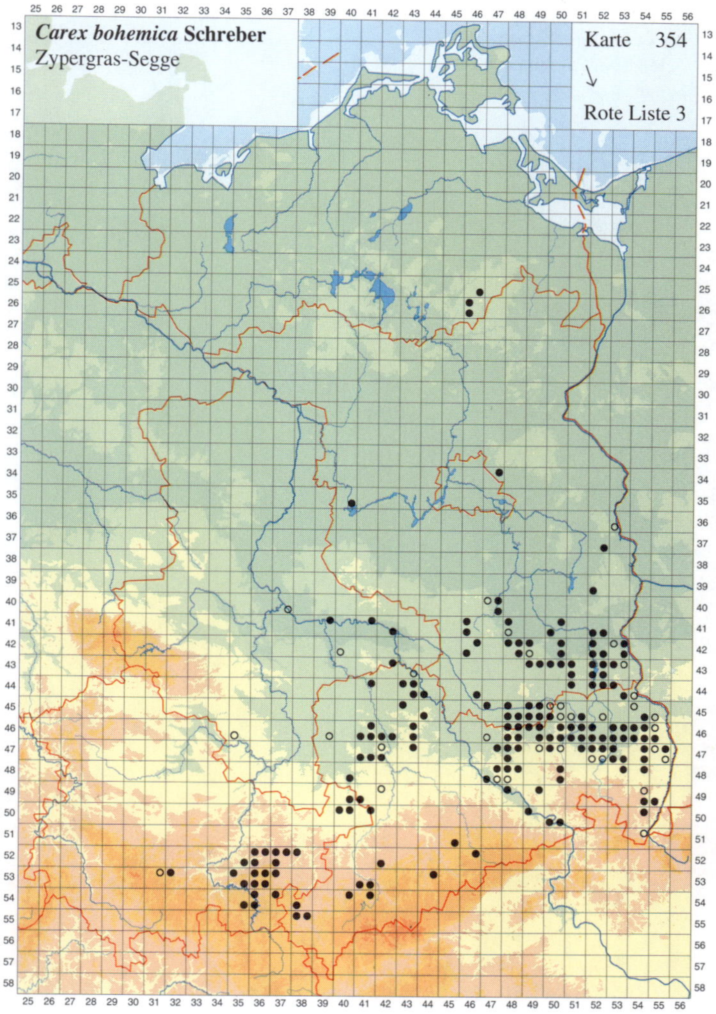
Carex bohemica Schreber
Zypergras-Segge
Karte 354
↘
Rote Liste 3

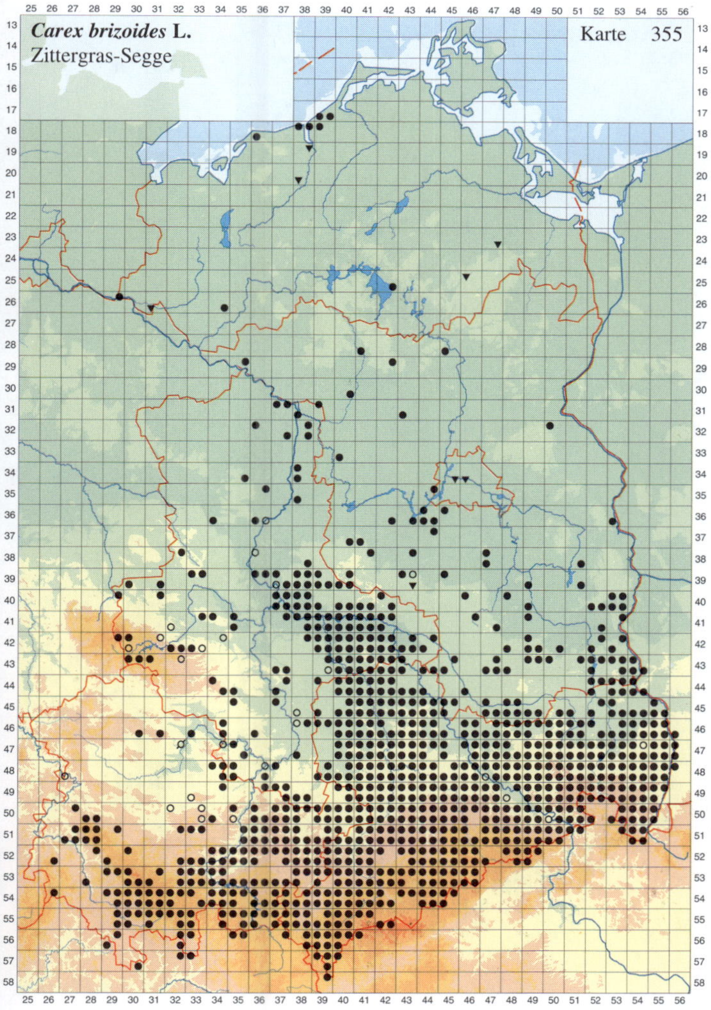
Carex brizoides L.
Zittergras-Segge
Karte 355

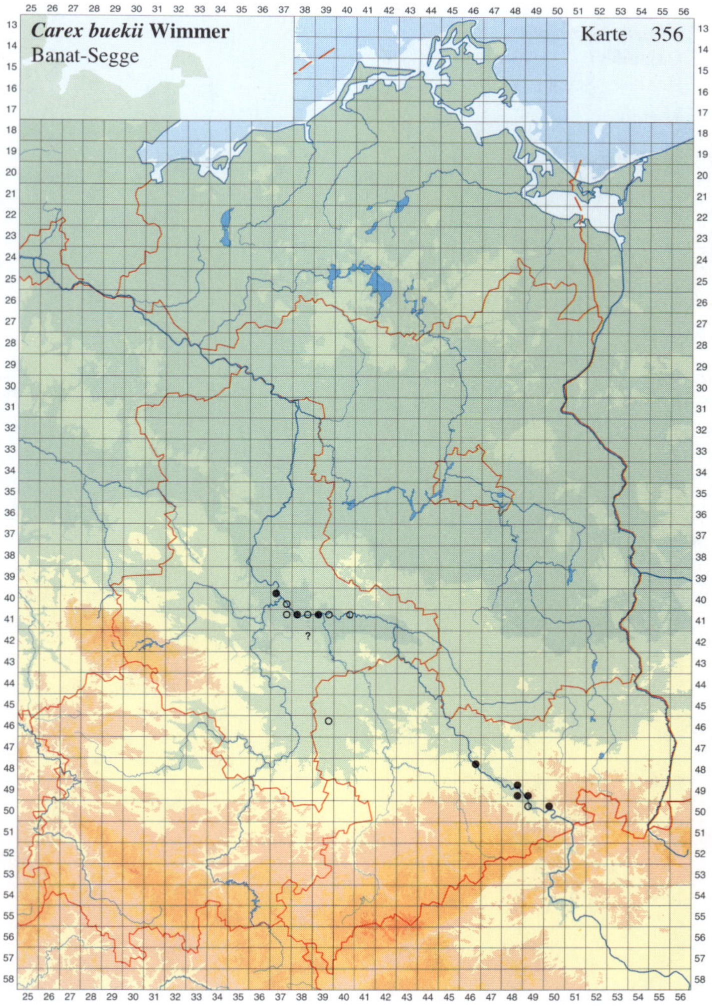
Carex buekii Wimmer
Banat-Segge
Karte 356

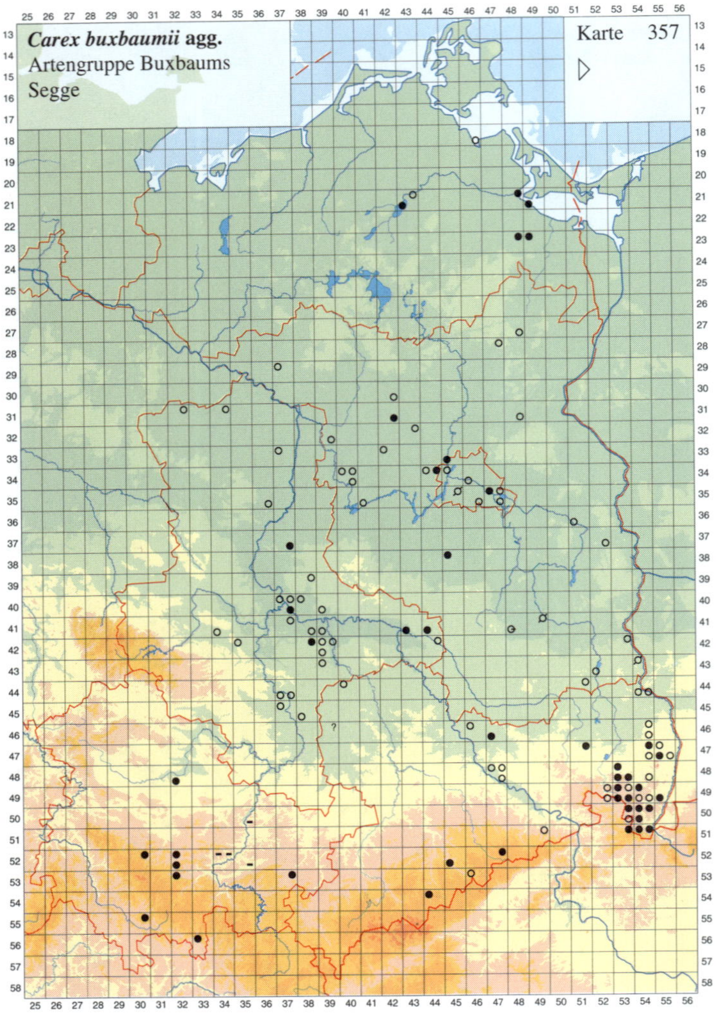
Carex buxbaumii agg.
Artengruppe Buxbaums Segge
Karte 357
▷

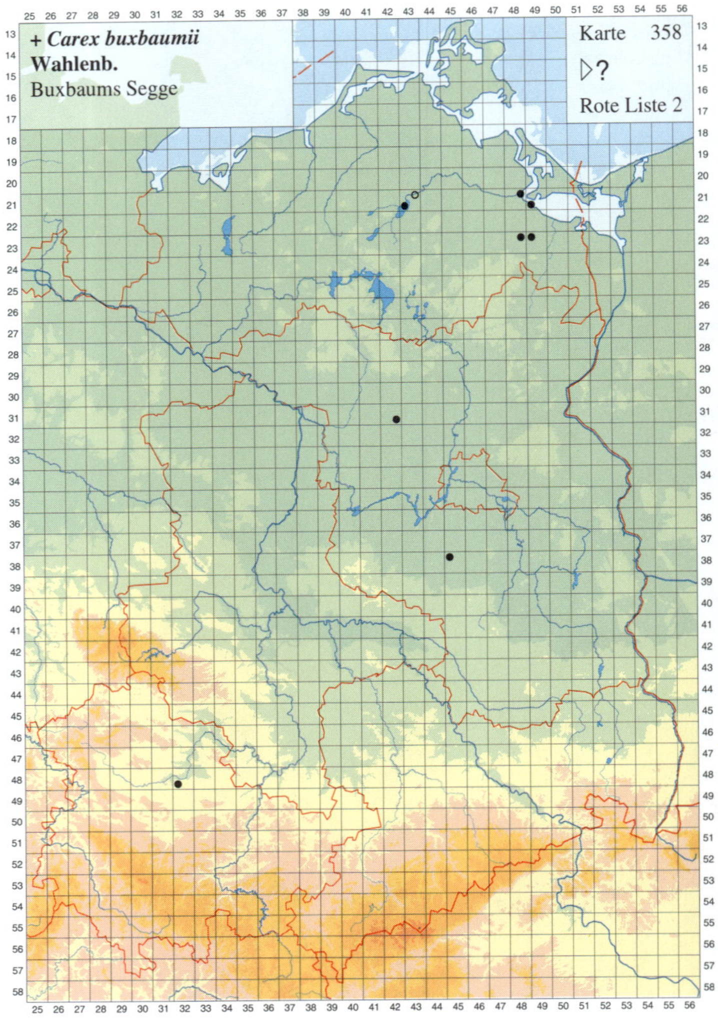
+ *Carex buxbaumii* Wahlenb.
Buxbaums Segge
Karte 358
▷?
Rote Liste 2

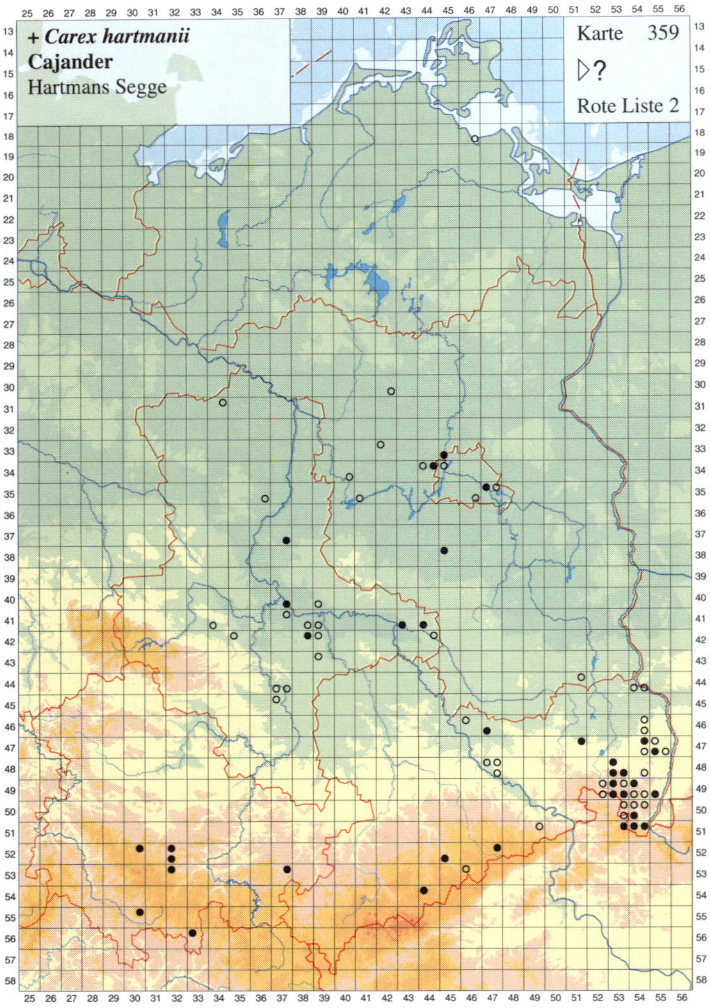
+ *Carex hartmanii* Cajander
Hartmans Segge
Karte 359
▷?
Rote Liste 2

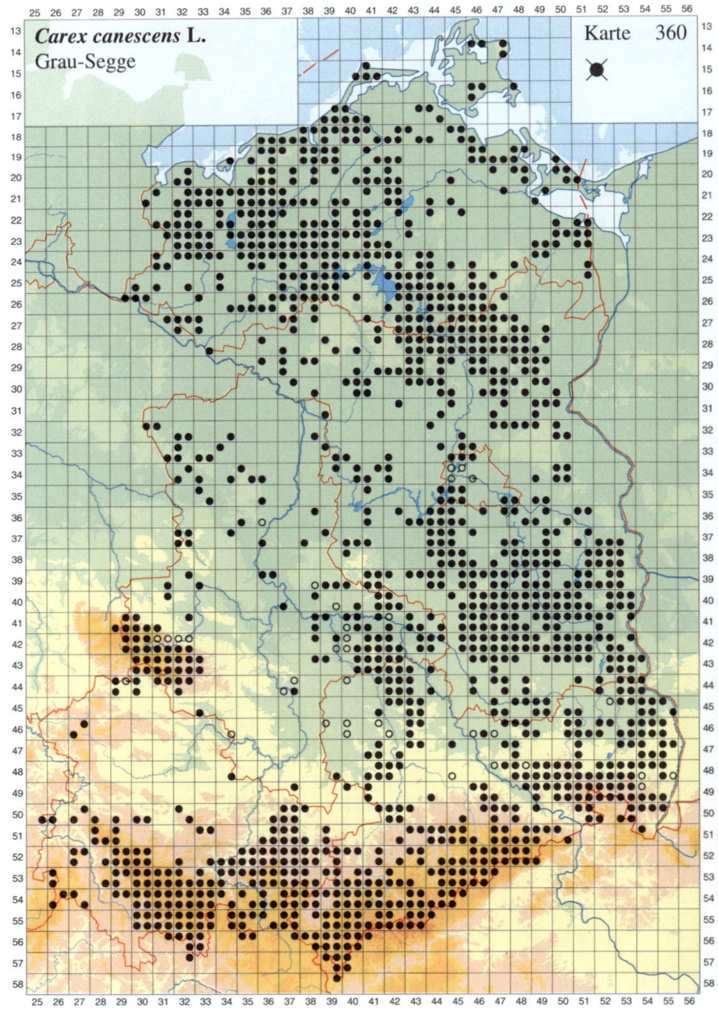
Carex canescens L.
Grau-Segge
Karte 360

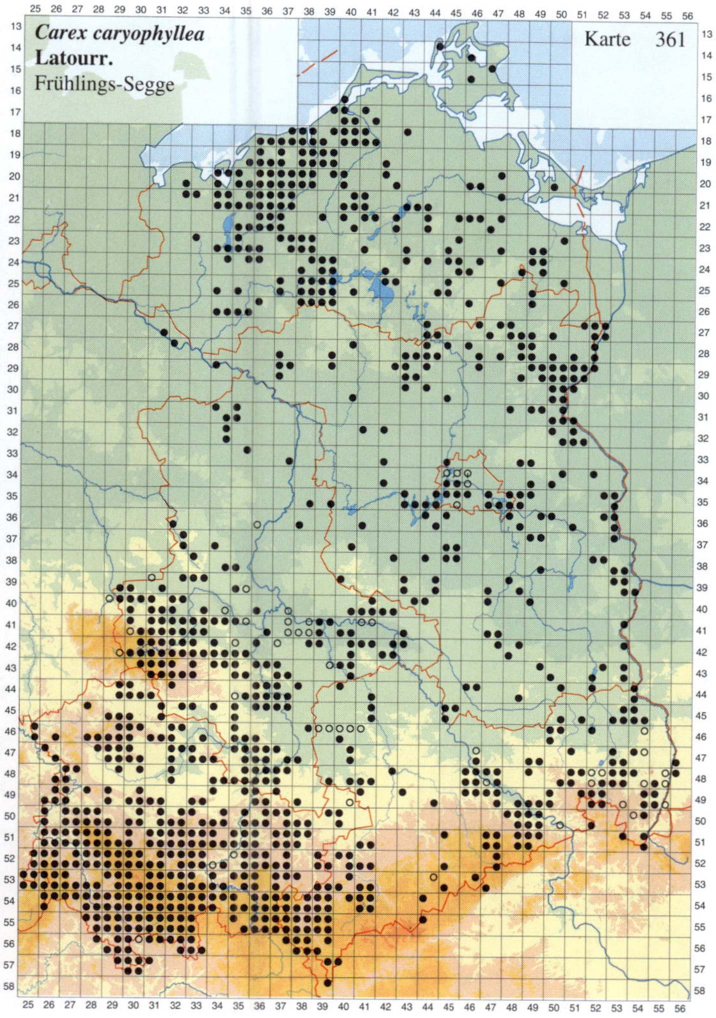
Carex caryophyllea Latourr.
Frühlings-Segge
Karte 361

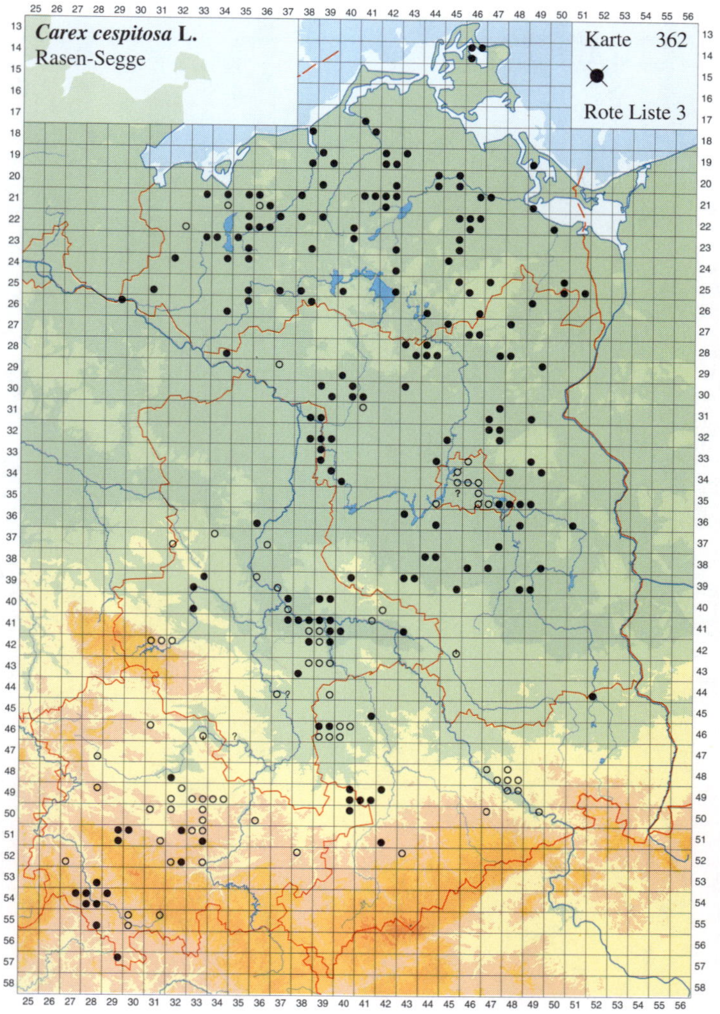
Carex cespitosa L.
Rasen-Segge
Karte 362
Rote Liste 3

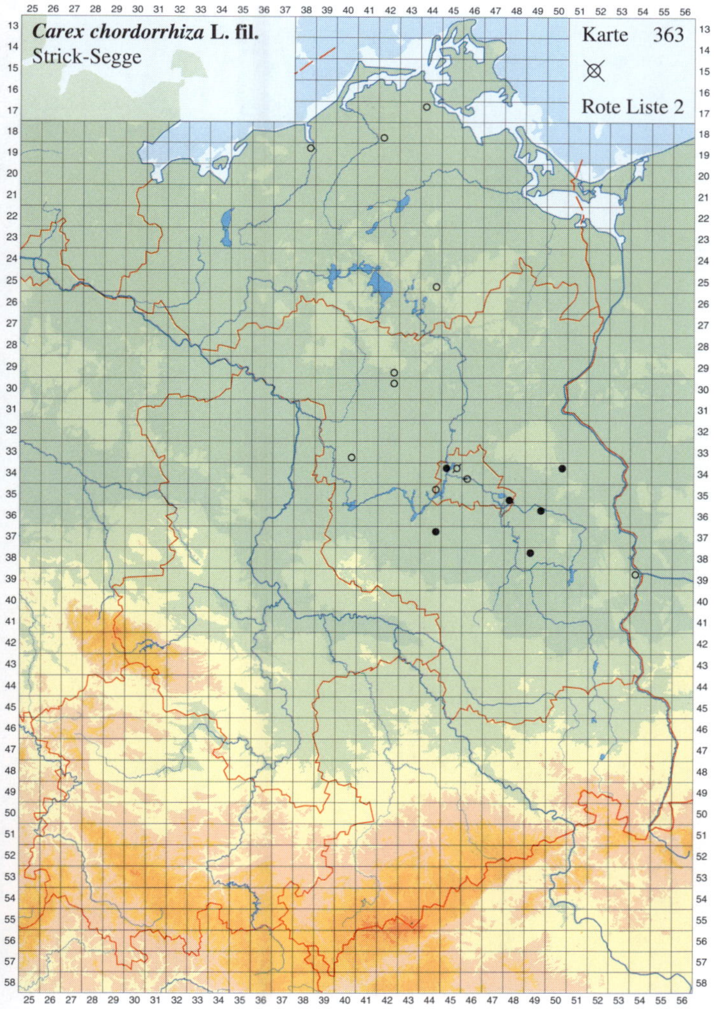
Carex chordorrhiza L. fil.
Strick-Segge
Karte 363
Rote Liste 2

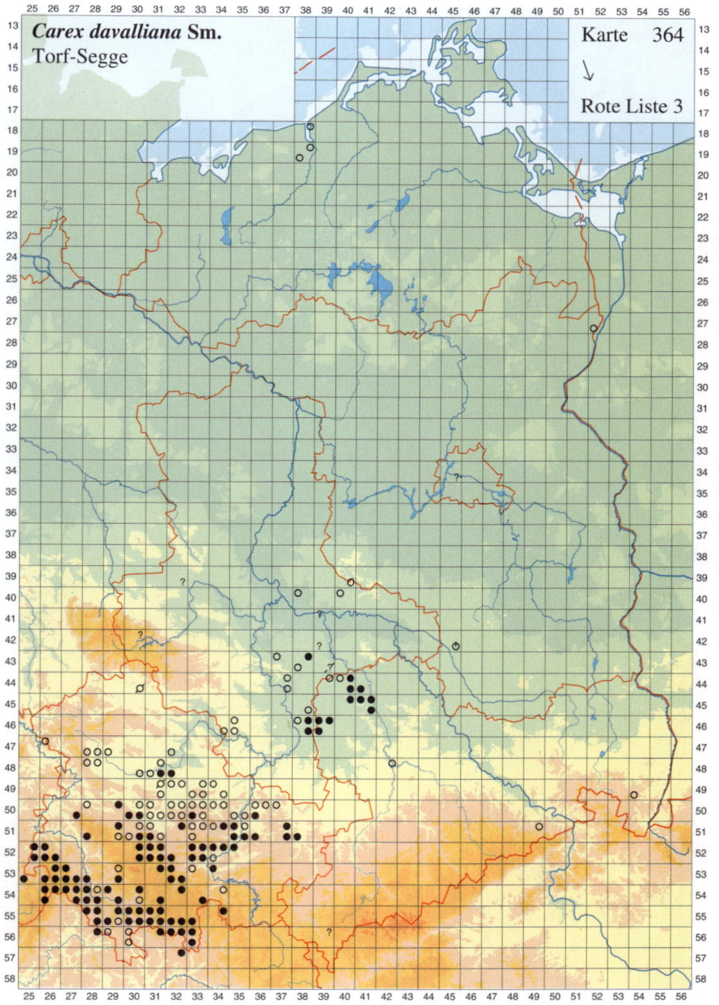
Carex davalliana Sm.
Torf-Segge
Karte 364
Rote Liste 3

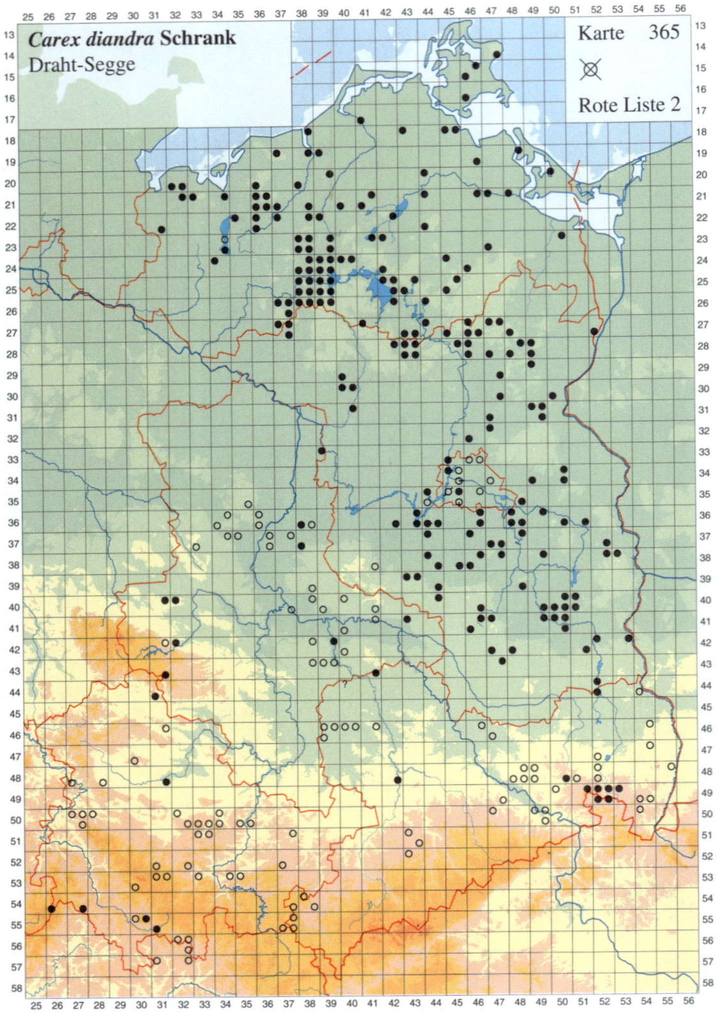
Carex diandra Schrank
Draht-Segge
Karte 365
Rote Liste 2

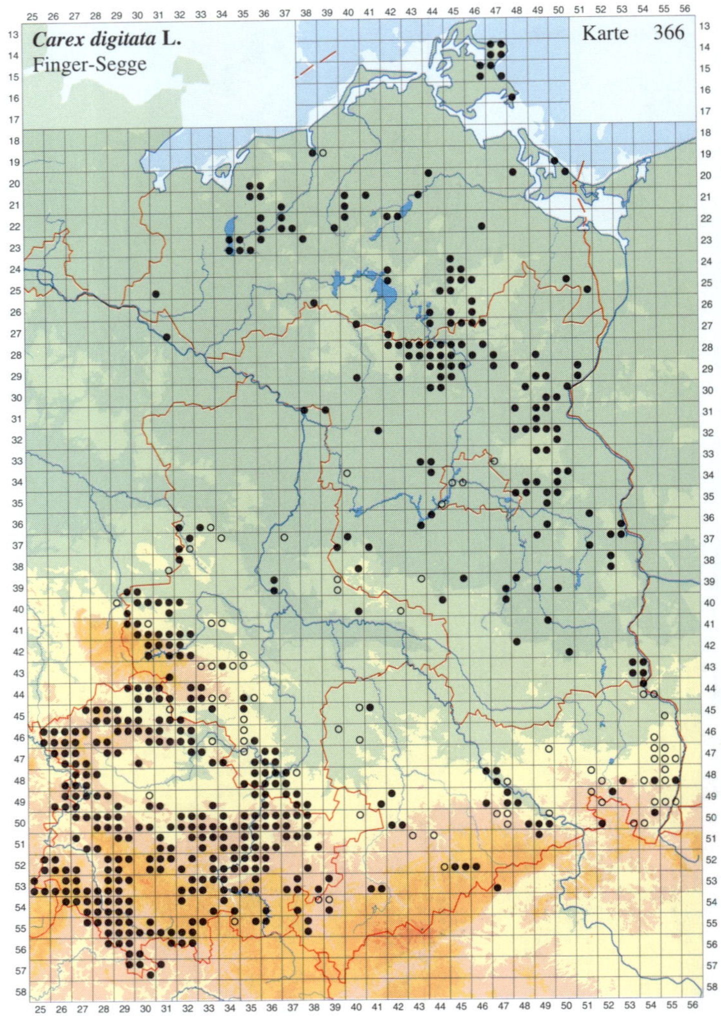
Carex digitata L.
Finger-Segge
Karte 366

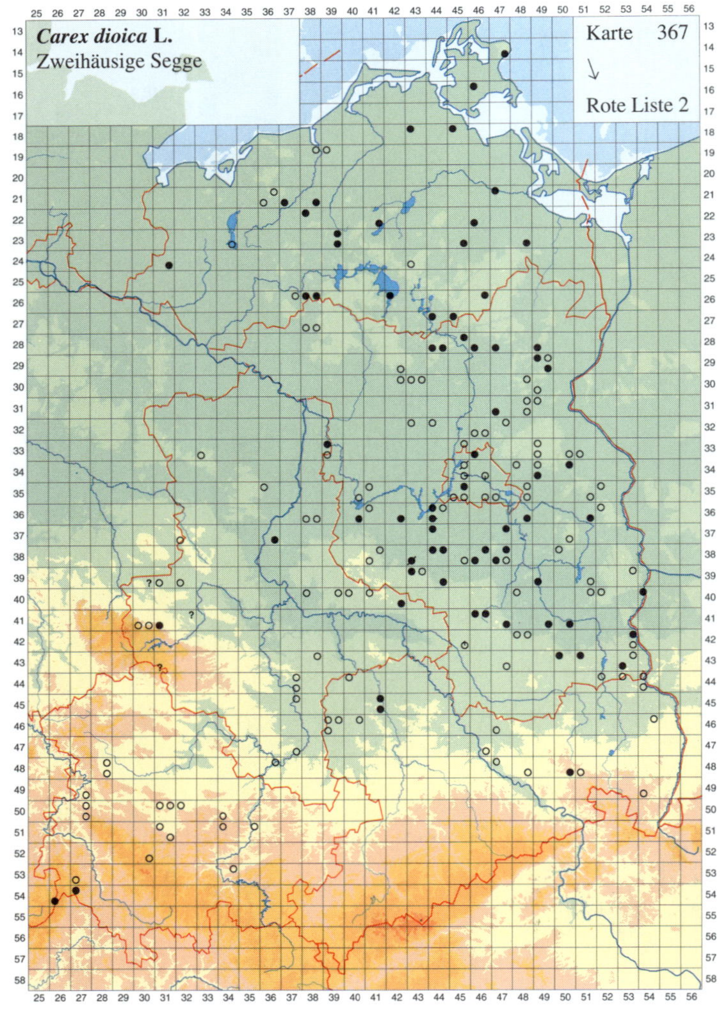
Carex dioica L.
Zweihäusige Segge
Karte 367
Rote Liste 2

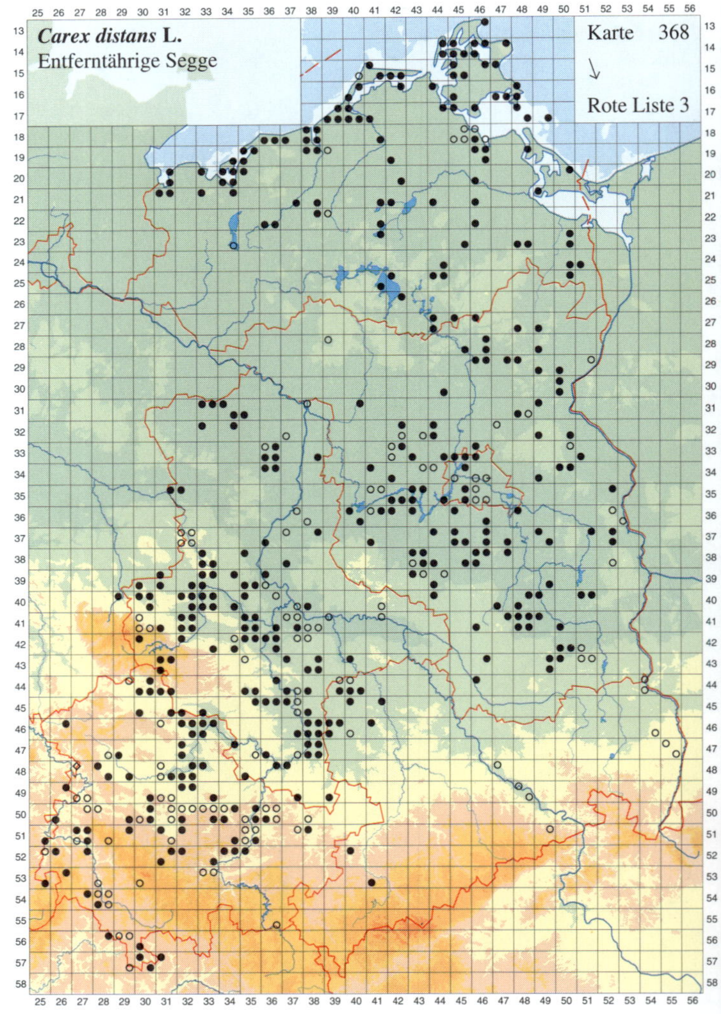
Carex distans L.
Entferntährige Segge
Karte 368
Rote Liste 3

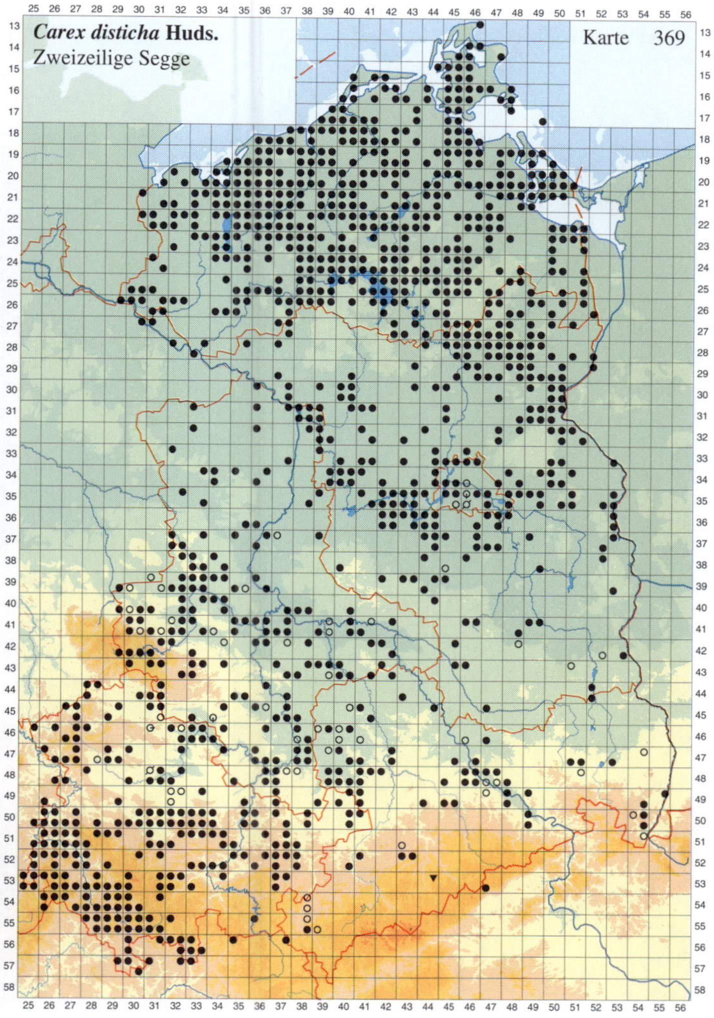
Carex disticha Huds.
Zweizeilige Segge
Karte 369

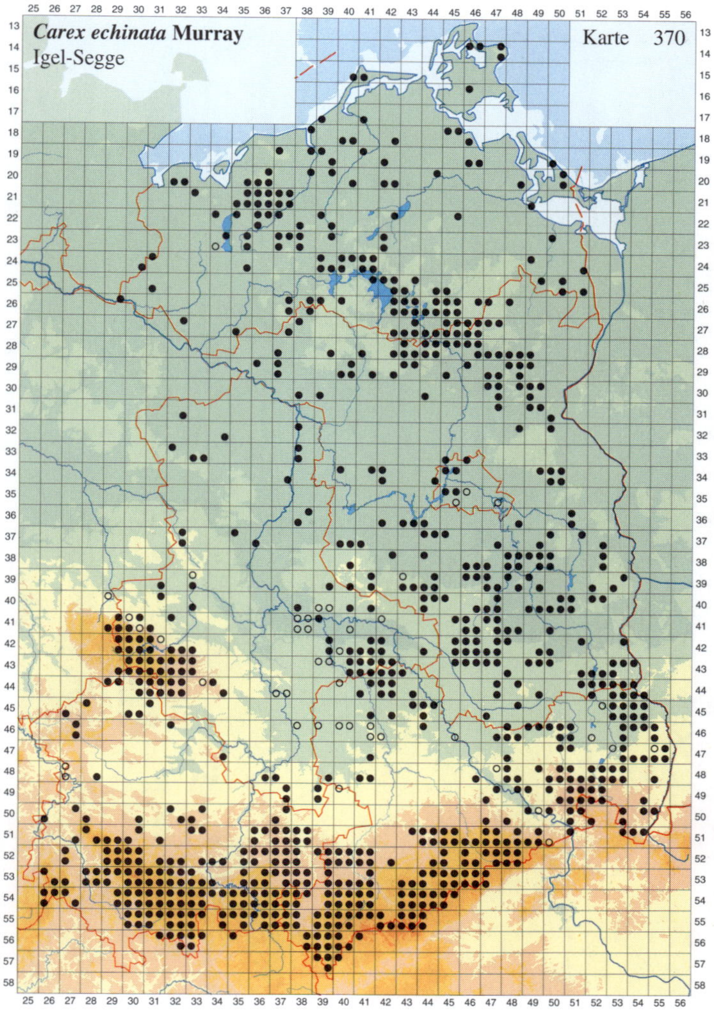
Carex echinata Murray
Igel-Segge
Karte 370

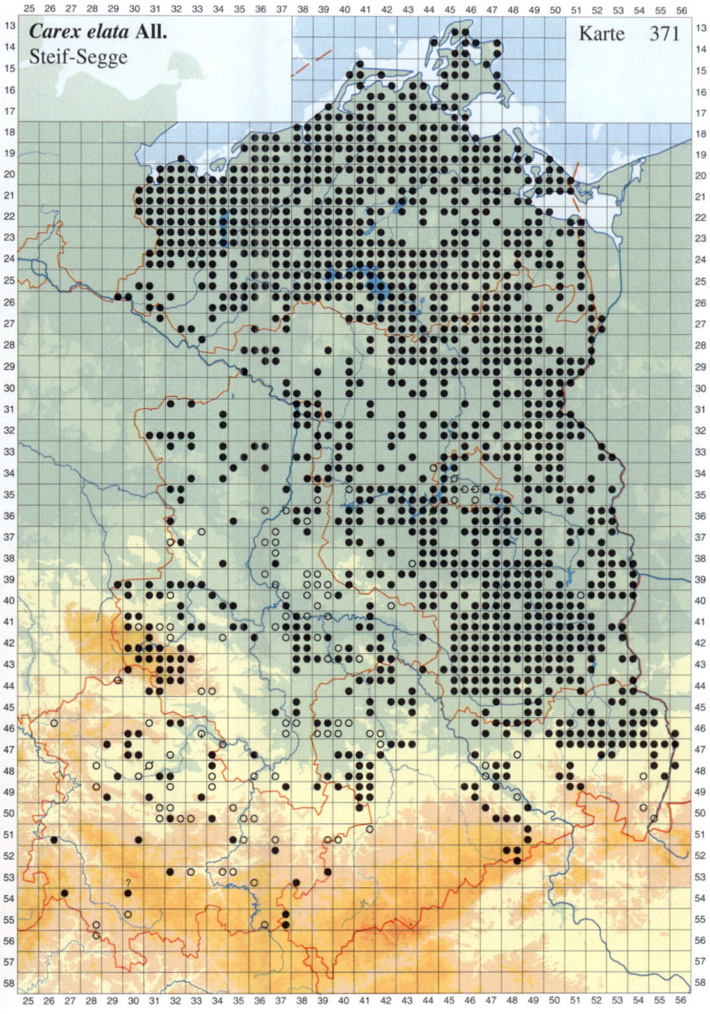
Carex elata All.
Steif-Segge
Karte 371

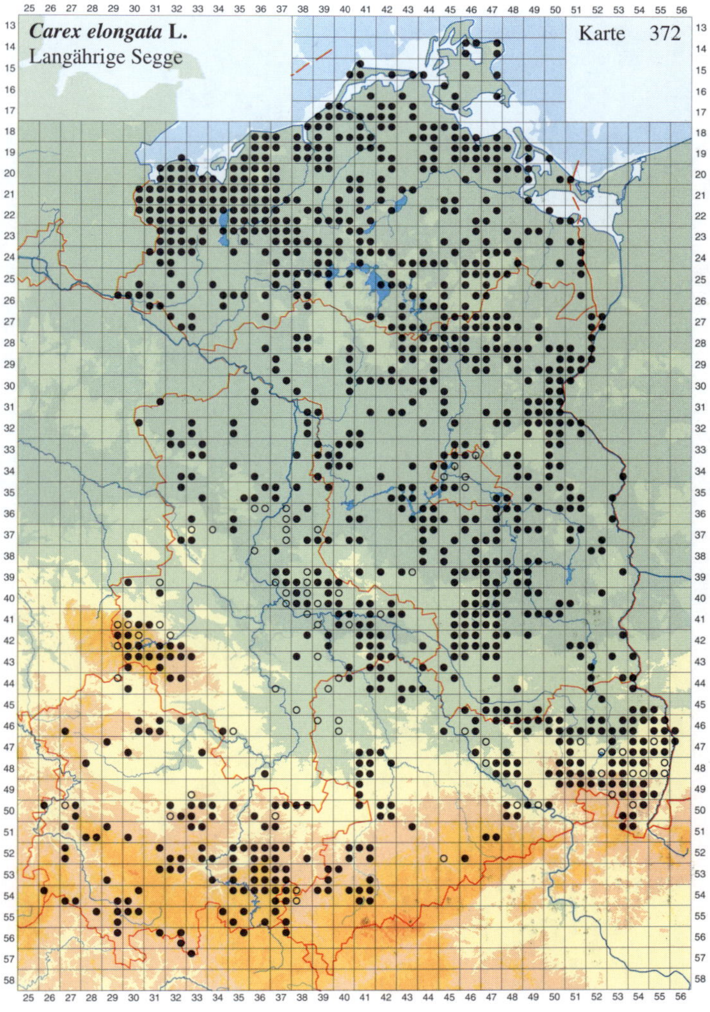
Carex elongata L.
Langährige Segge
Karte 372

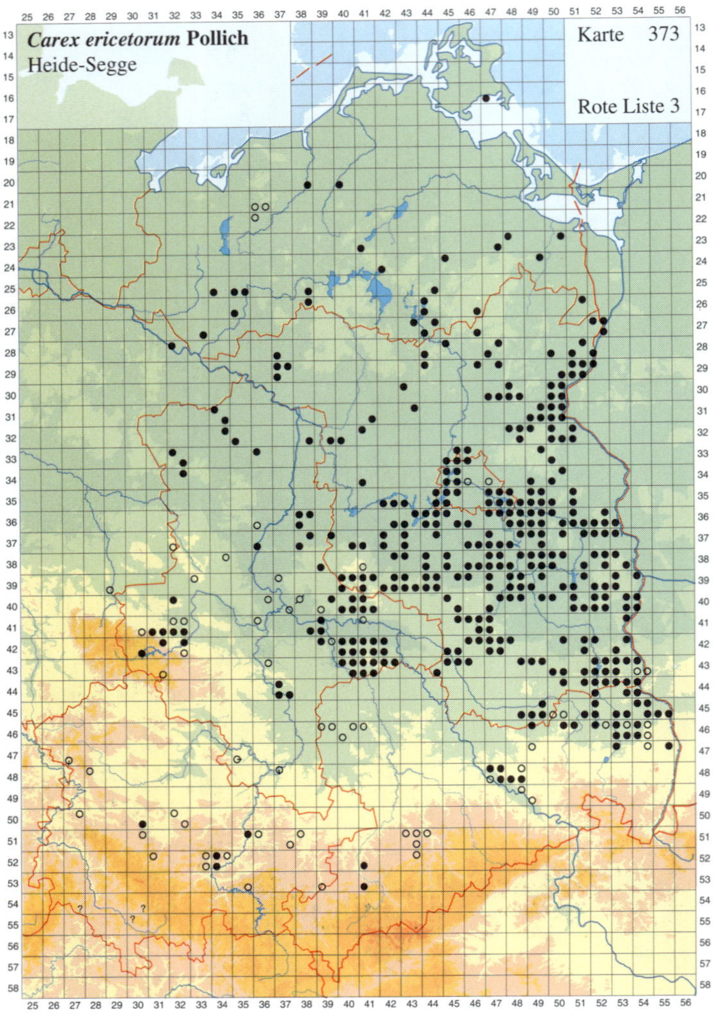
Carex ericetorum **Pollich**
Heide-Segge
Karte 373
Rote Liste 3

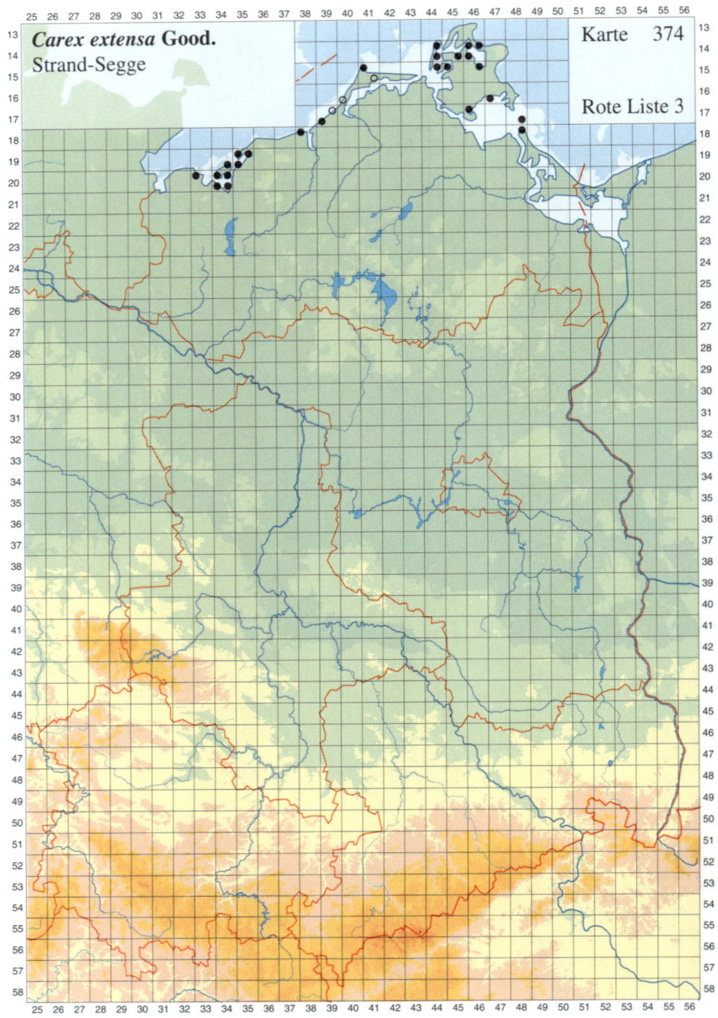
Carex extensa **Good.**
Strand-Segge
Karte 374
Rote Liste 3

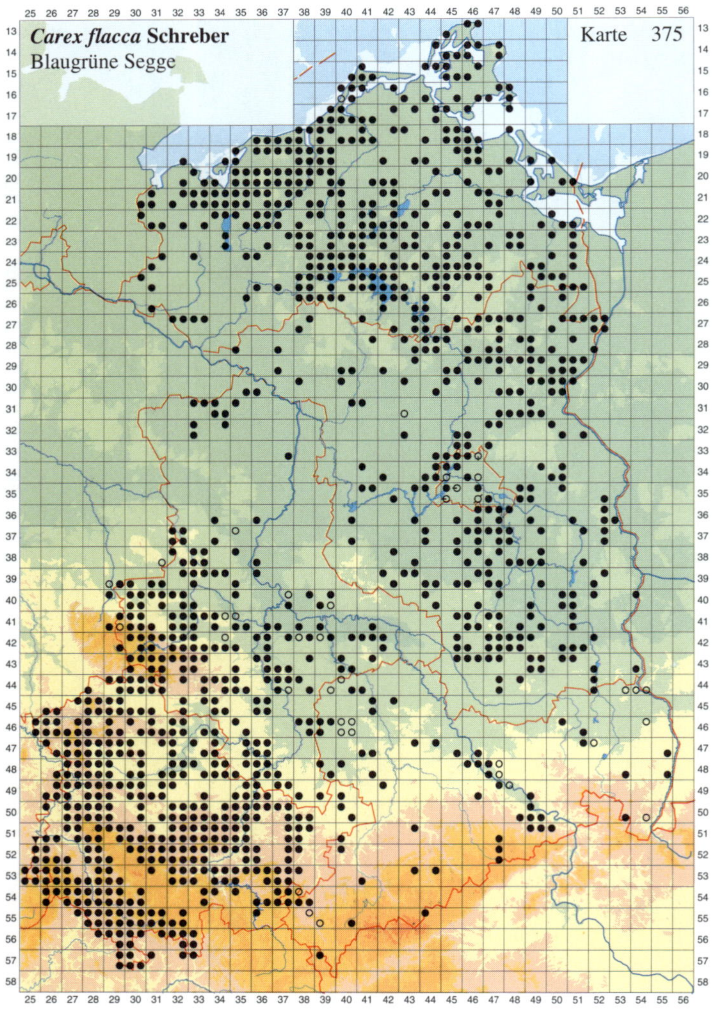
Carex flacca **Schreber**
Blaugrüne Segge
Karte 375

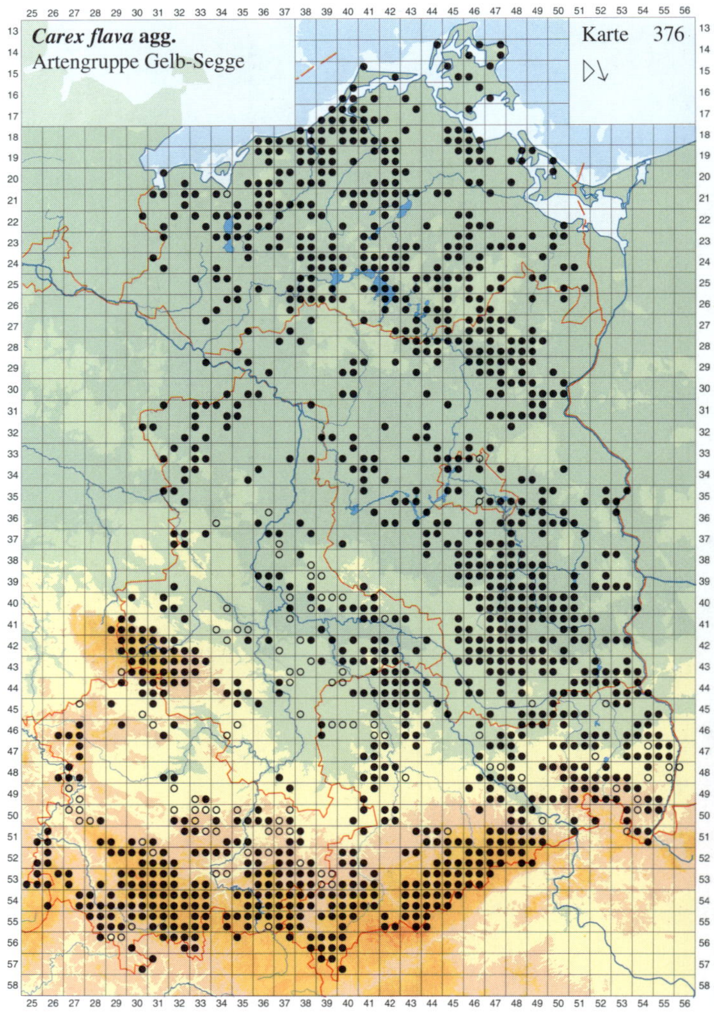
Carex flava **agg.**
Artengruppe Gelb-Segge
Karte 376

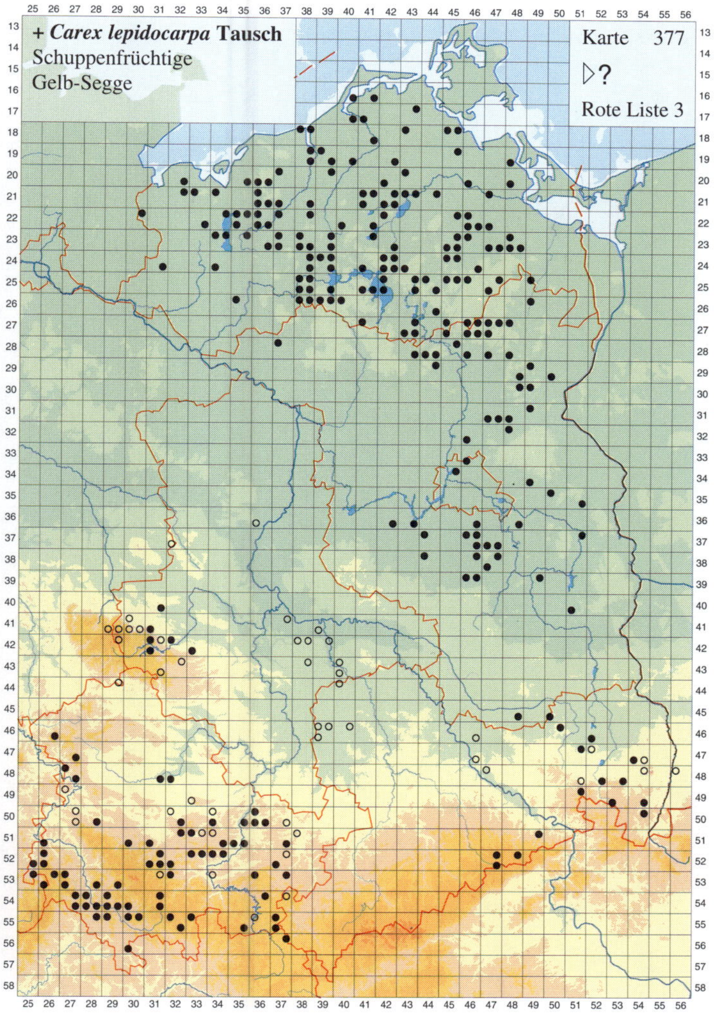
+ *Carex lepidocarpa* Tausch
Schuppenfrüchtige
Gelb-Segge
Karte 377
▷?
Rote Liste 3

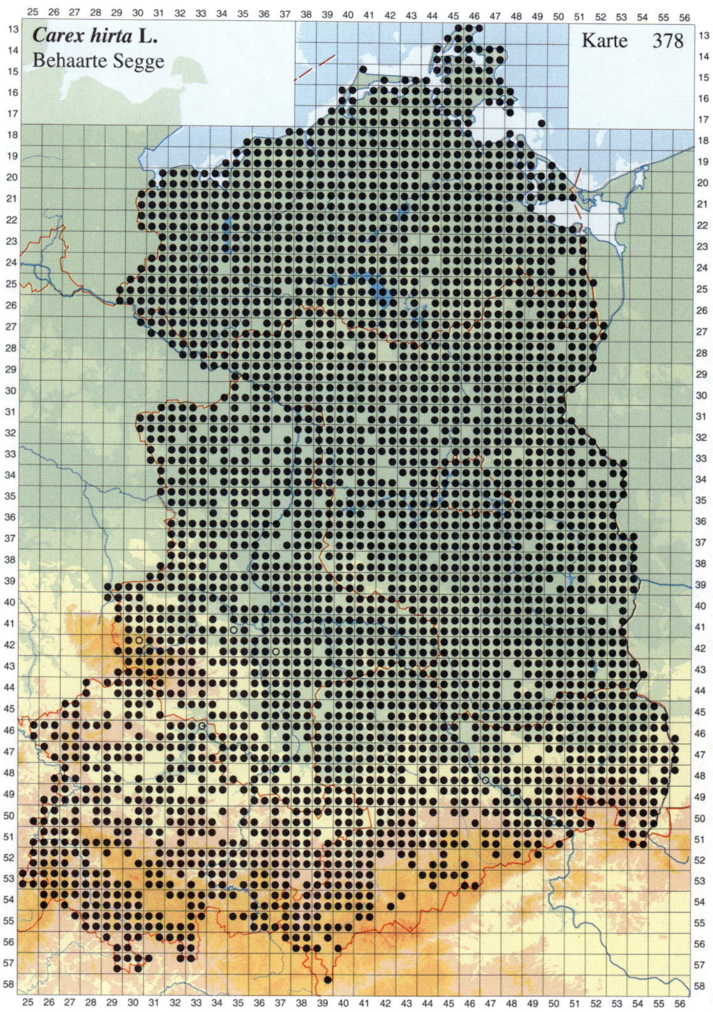
Carex hirta L.
Behaarte Segge
Karte 378

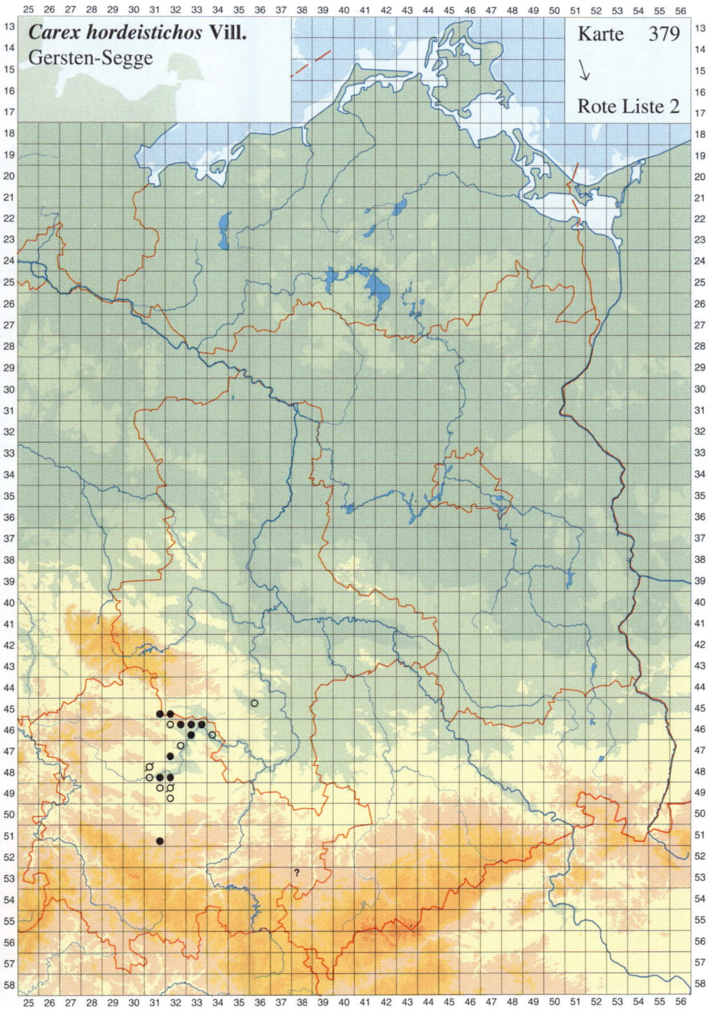
Carex hordeistichos Vill.
Gersten-Segge
Karte 379
↘
Rote Liste 2

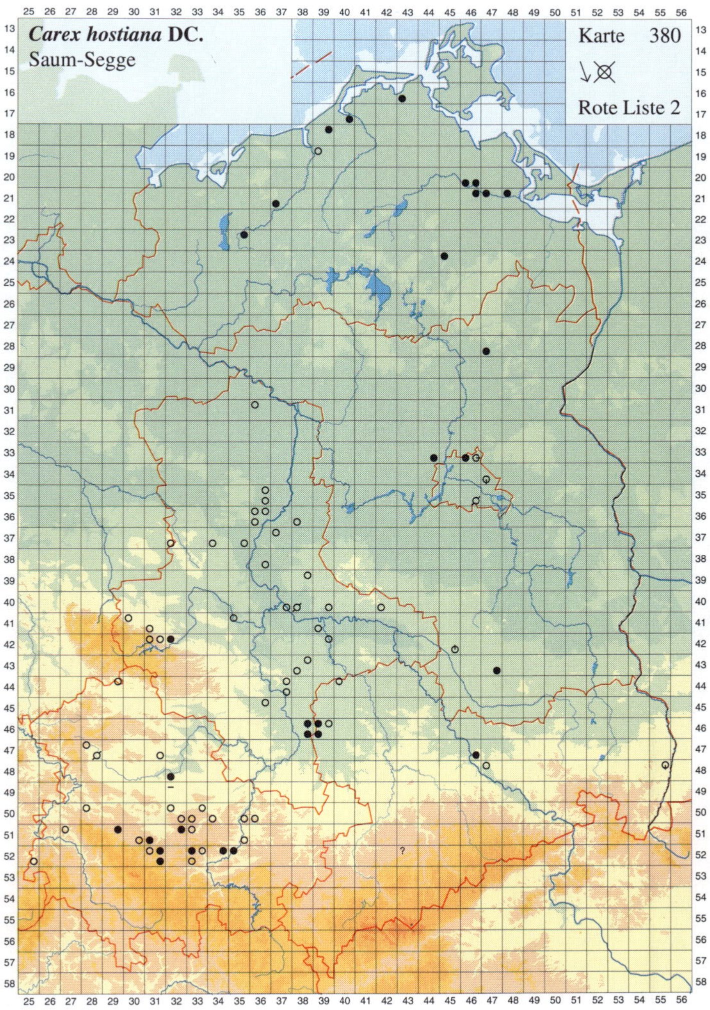
Carex hostiana DC.
Saum-Segge
Karte 380
↘⊗
Rote Liste 2

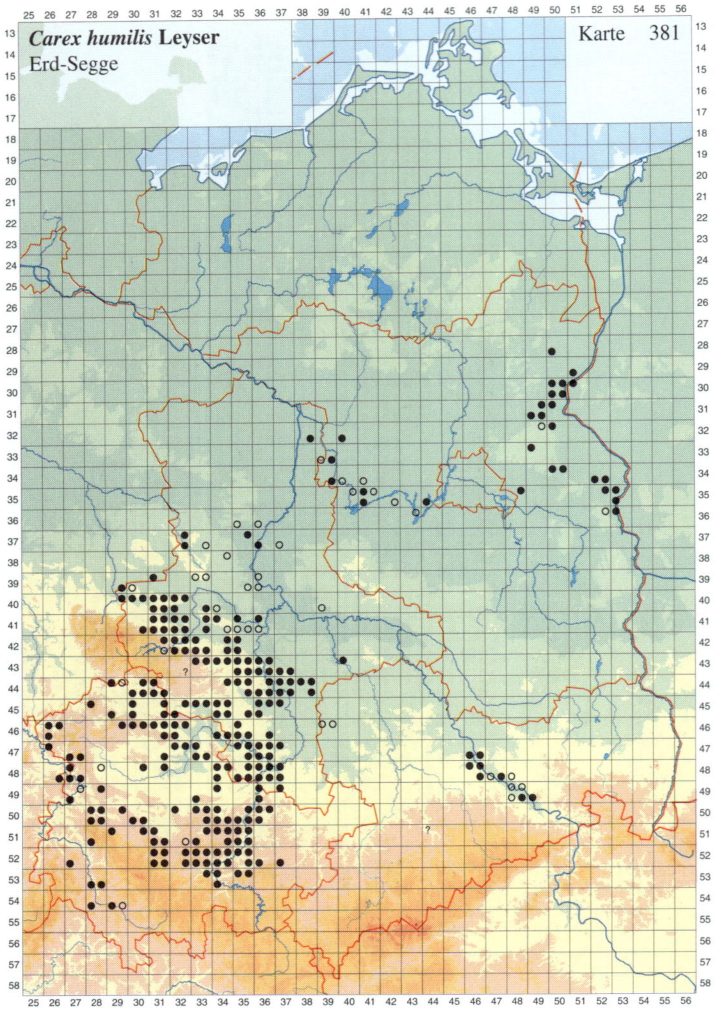
Carex humilis Leyser
Erd-Segge
Karte 381

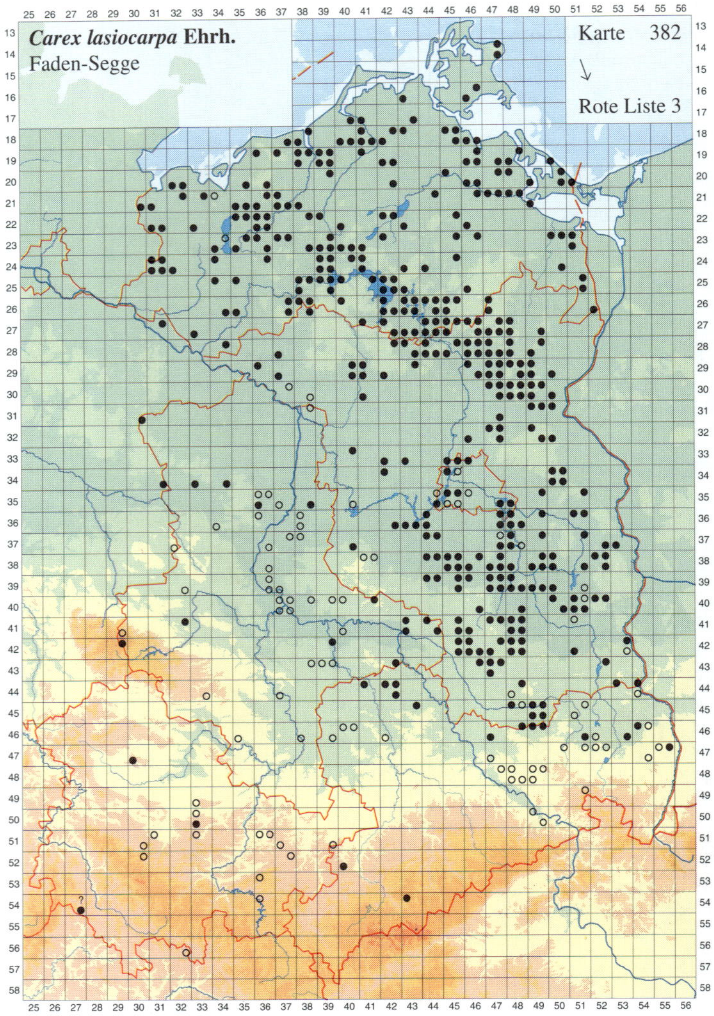
Carex lasiocarpa Ehrh.
Faden-Segge
Karte 382
Rote Liste 3

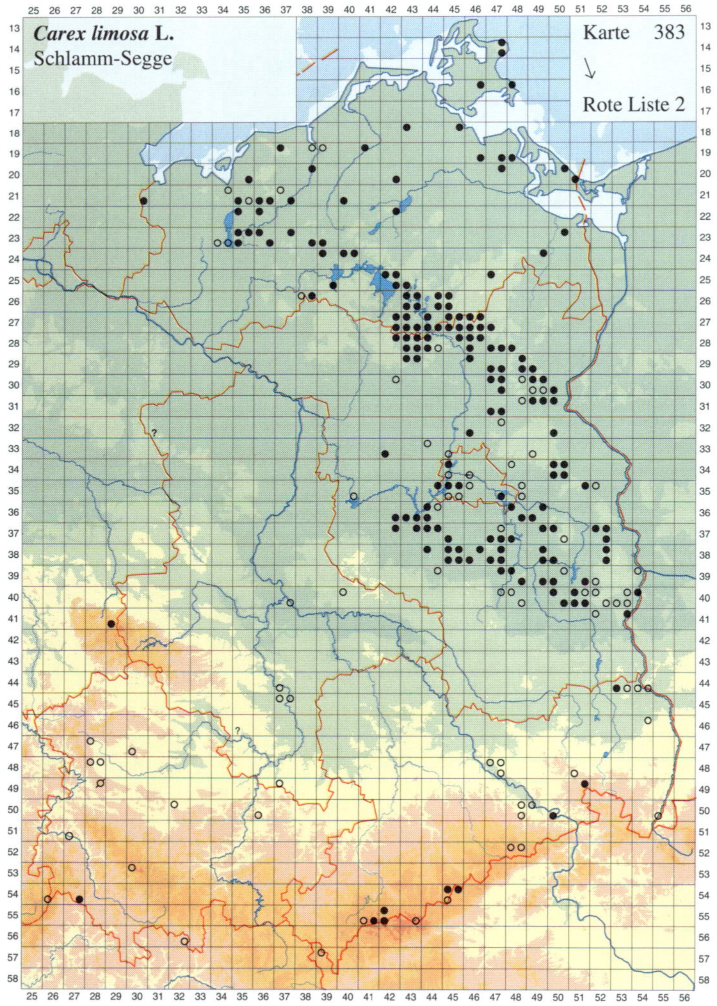
Carex limosa L.
Schlamm-Segge
Karte 383
Rote Liste 2

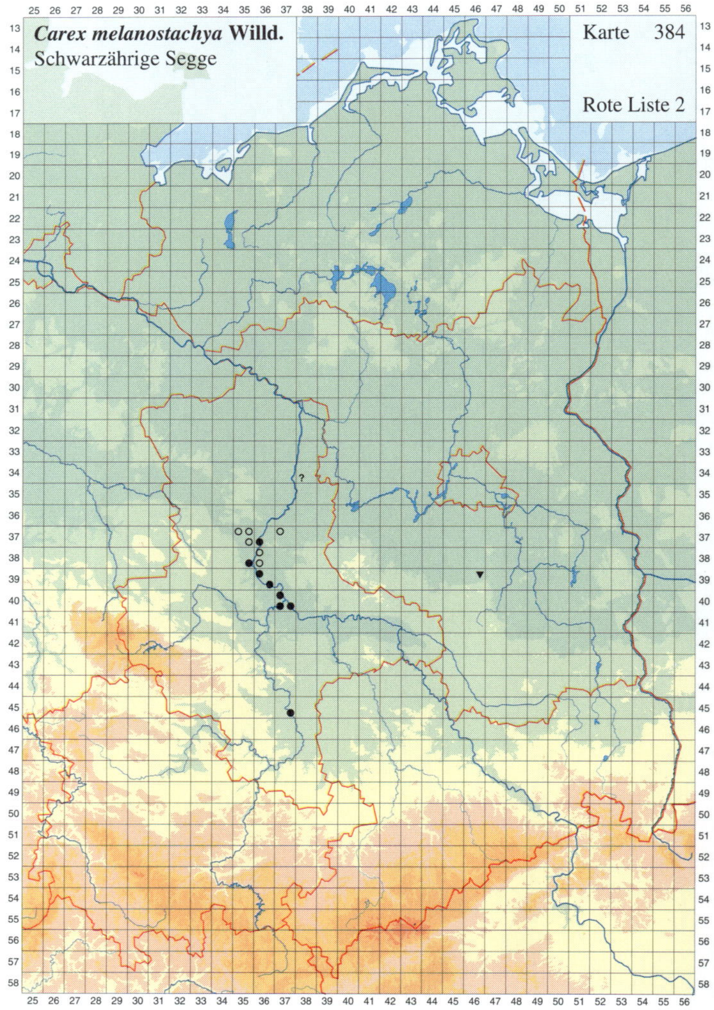
Carex melanostachya Willd.
Schwarzährige Segge
Karte 384
Rote Liste 2

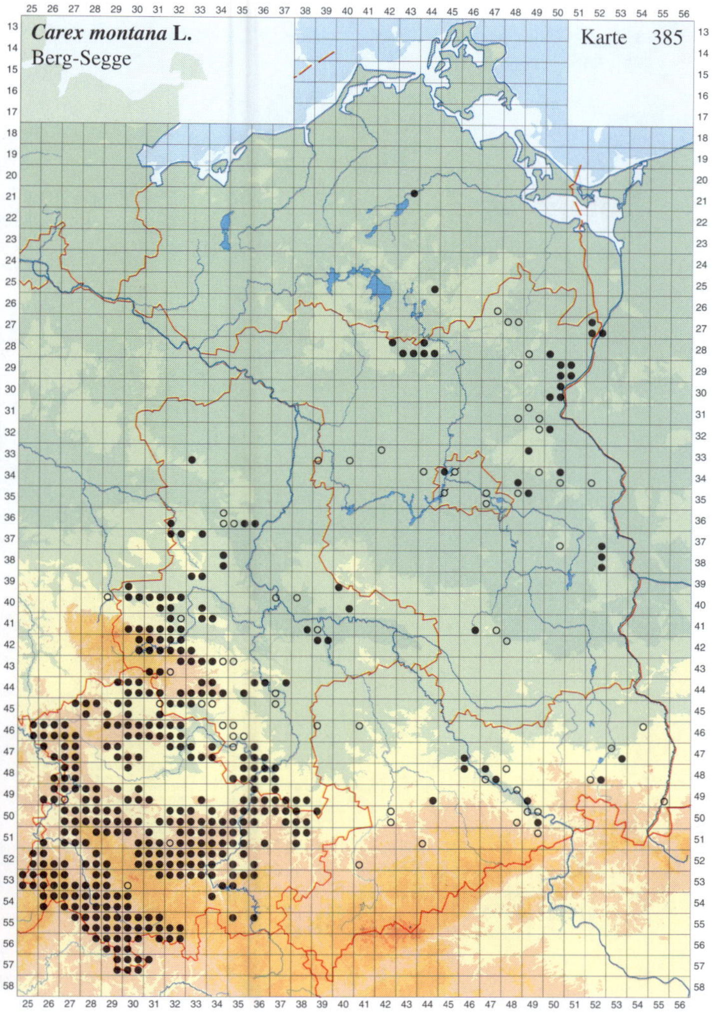
Carex montana L.
Berg-Segge
Karte 385

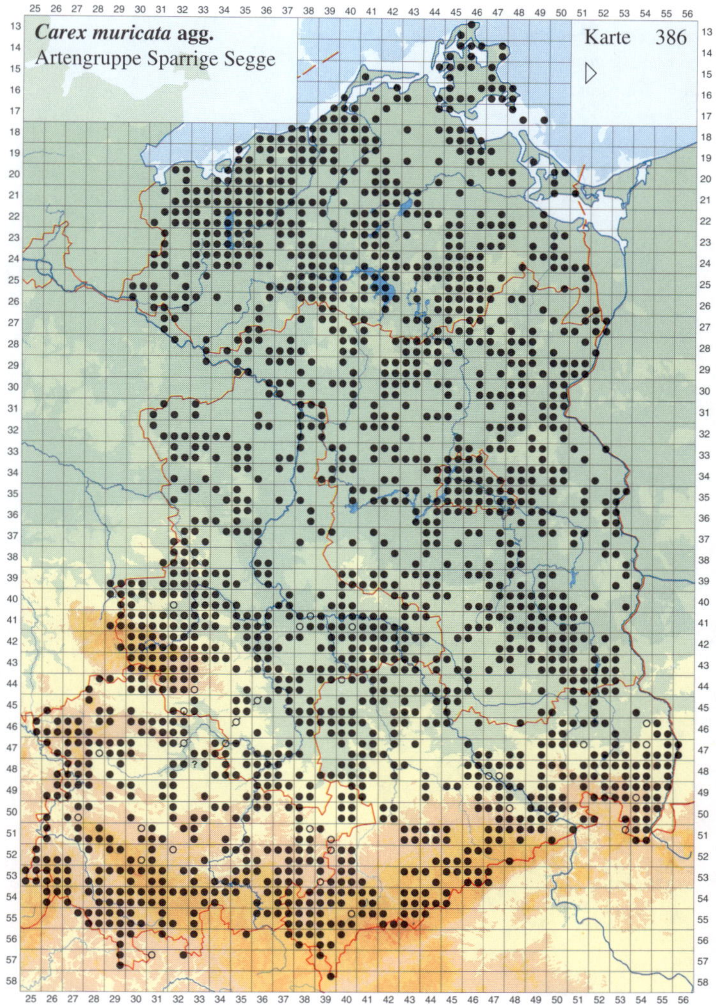
Carex muricata agg.
Artengruppe Sparrige Segge
Karte 386

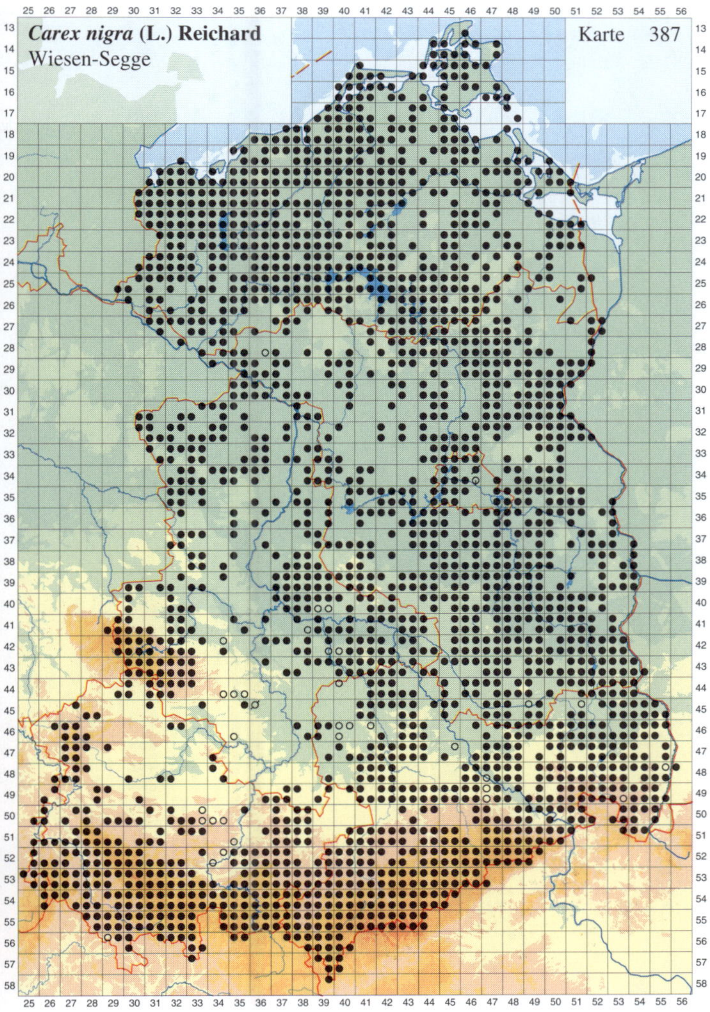
Carex nigra (L.) Reichard
Wiesen-Segge
Karte 387

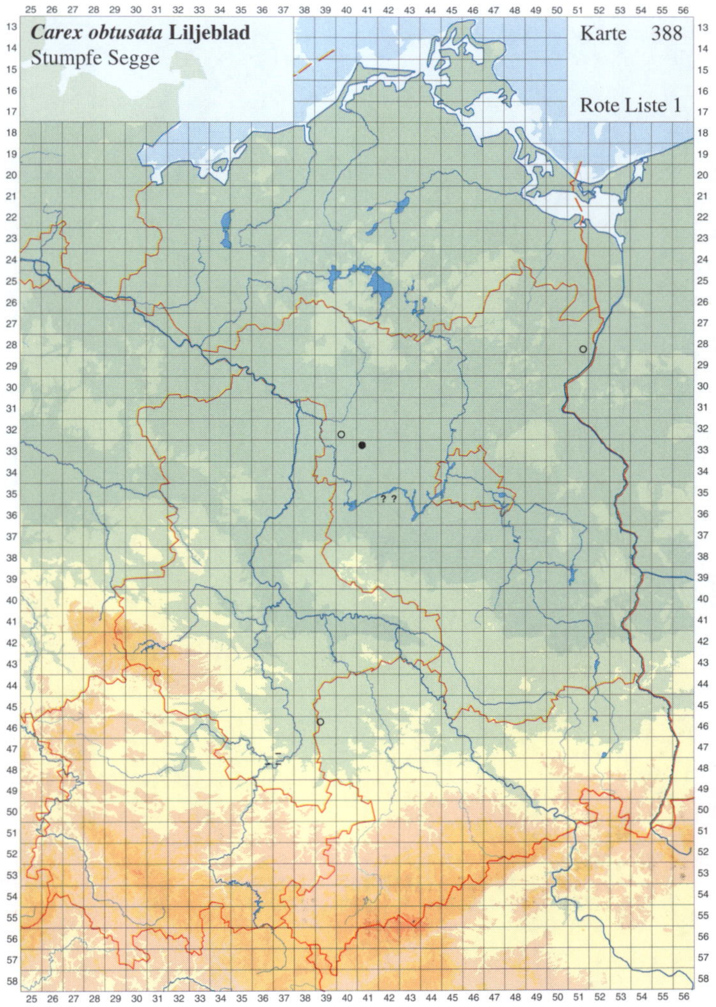
Carex obtusata Liljeblad
Stumpfe Segge
Karte 388
Rote Liste 1

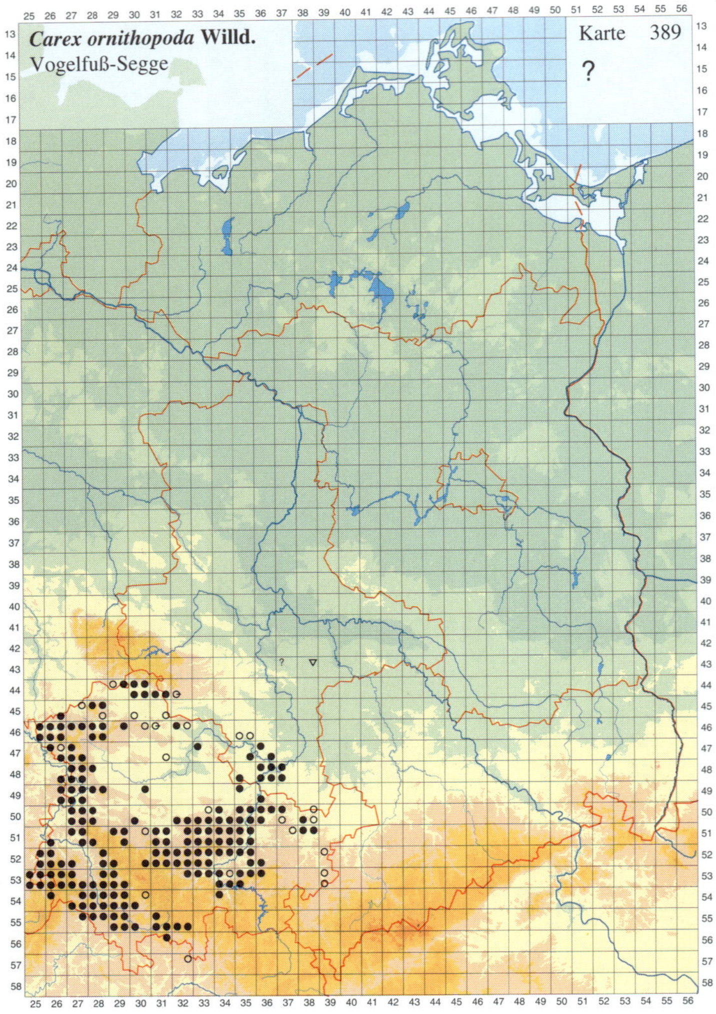
Carex ornithopoda Willd.
Vogelfuß-Segge
Karte 389
?

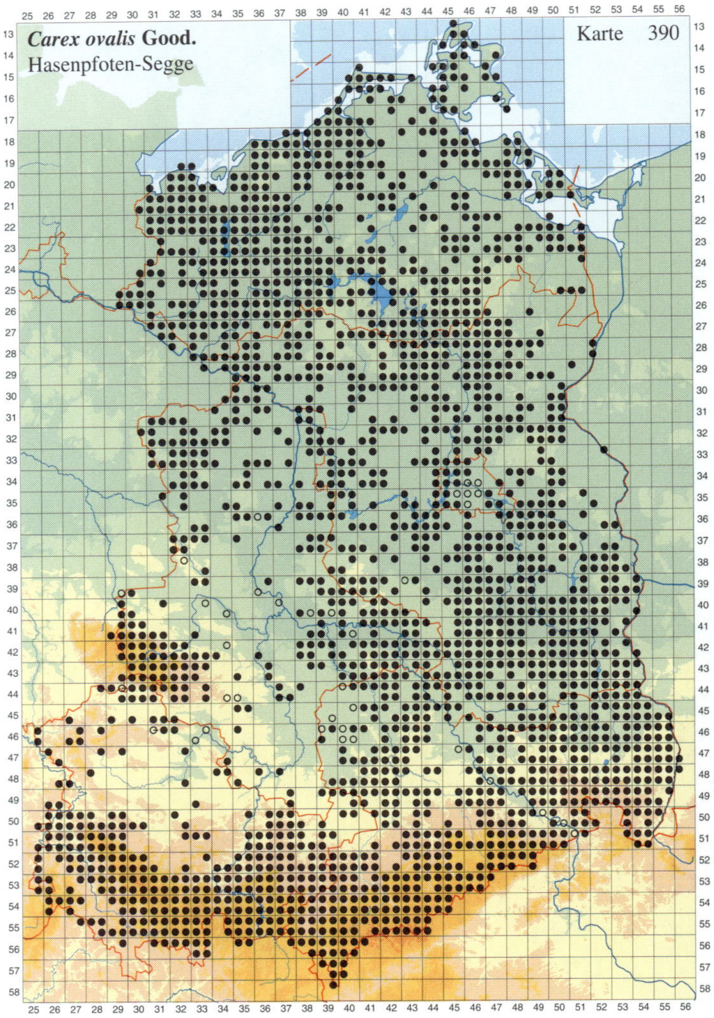
Carex ovalis Good.
Hasenpfoten-Segge
Karte 390

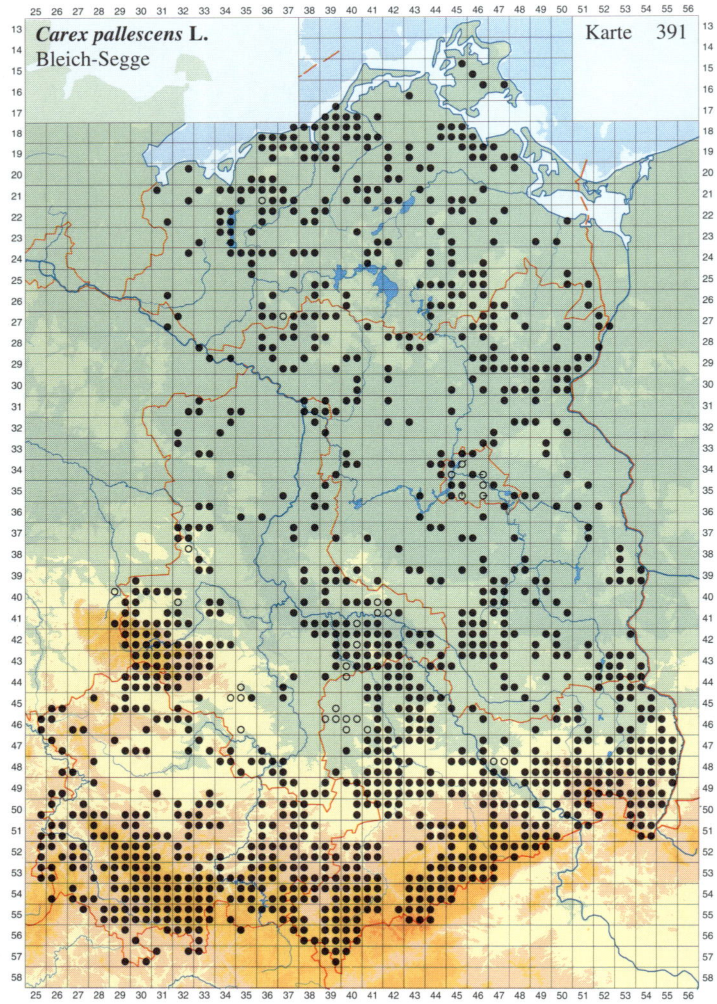
Carex pallescens L.
Bleich-Segge
Karte 391

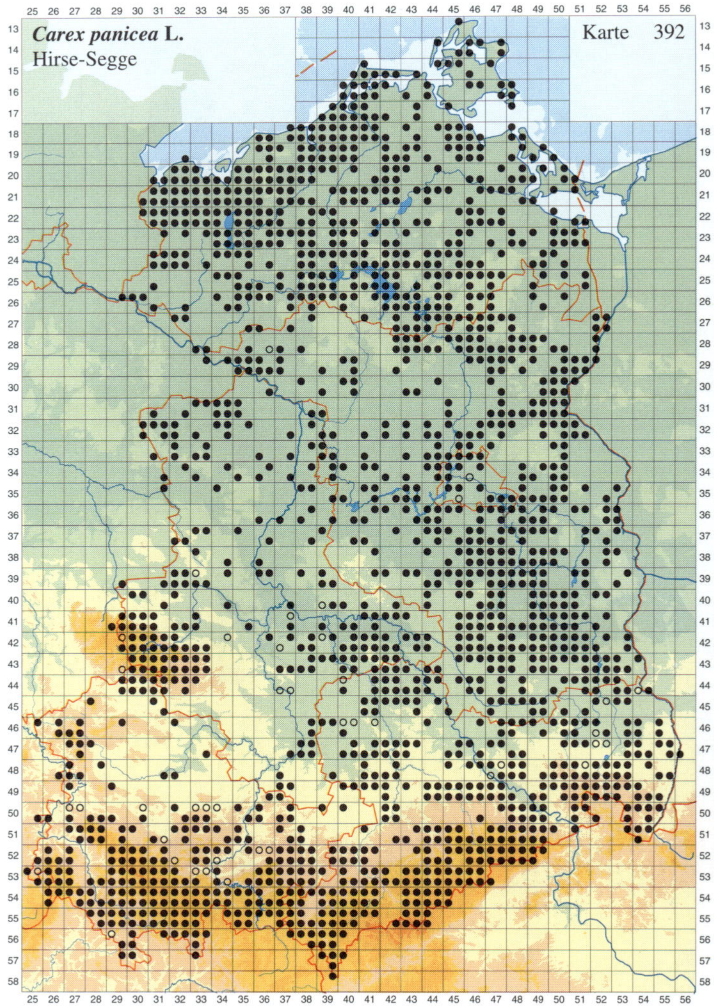
Carex panicea L.
Hirse-Segge
Karte 392

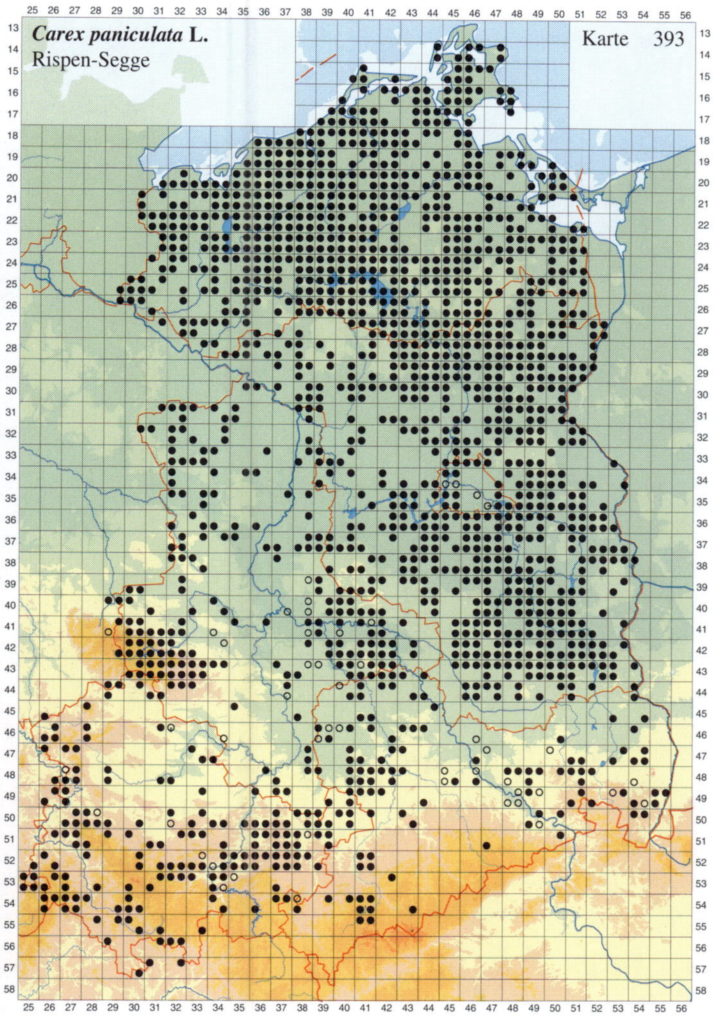
Carex paniculata L.
Rispen-Segge
Karte 393

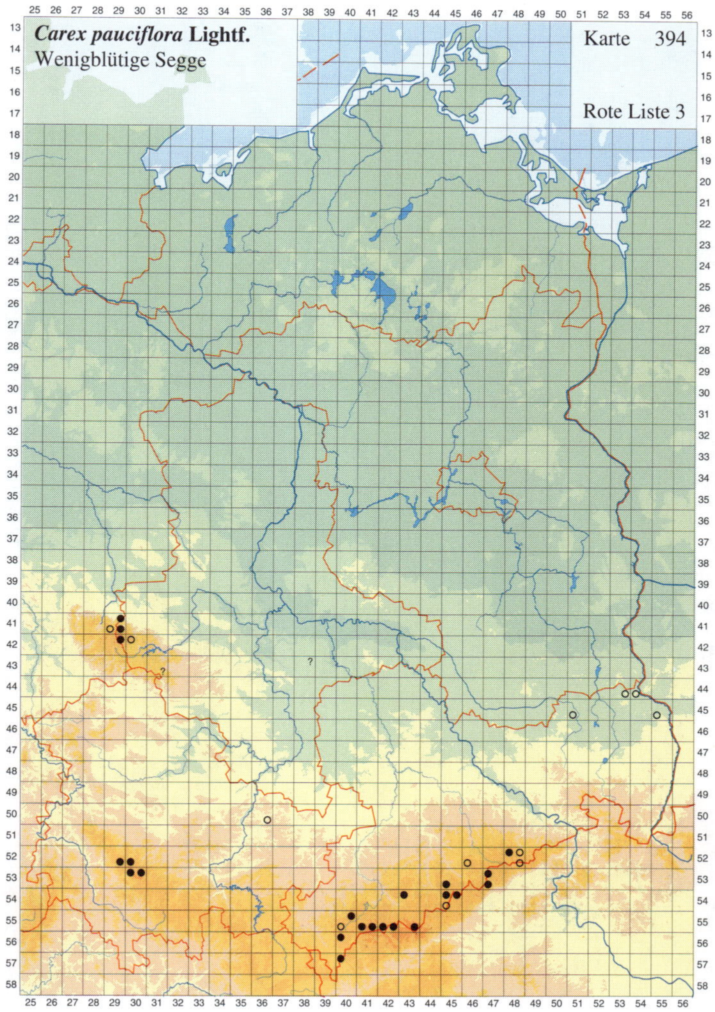
Carex pauciflora Lightf.
Wenigblütige Segge
Karte 394
Rote Liste 3

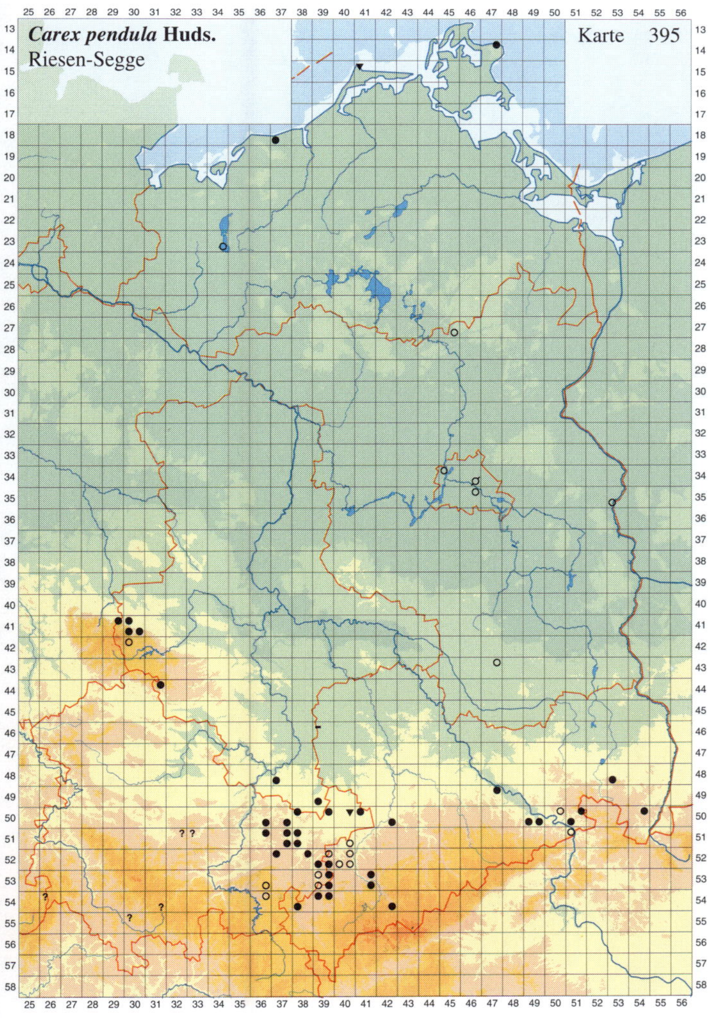
Carex pendula Huds.
Riesen-Segge
Karte 395

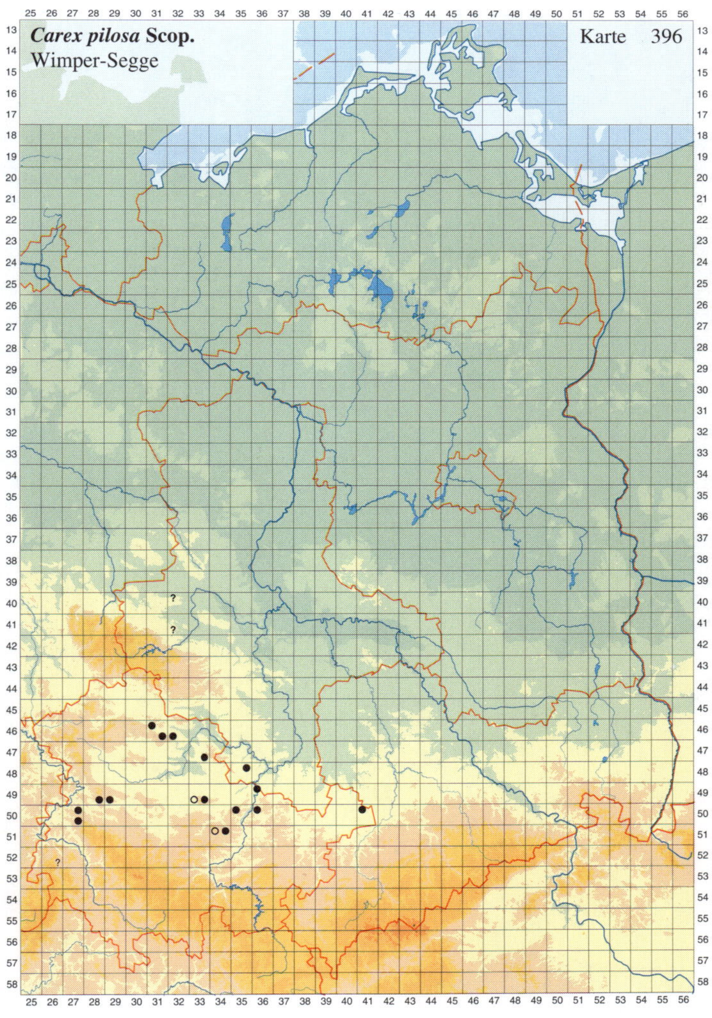
Carex pilosa Scop.
Wimper-Segge
Karte 396

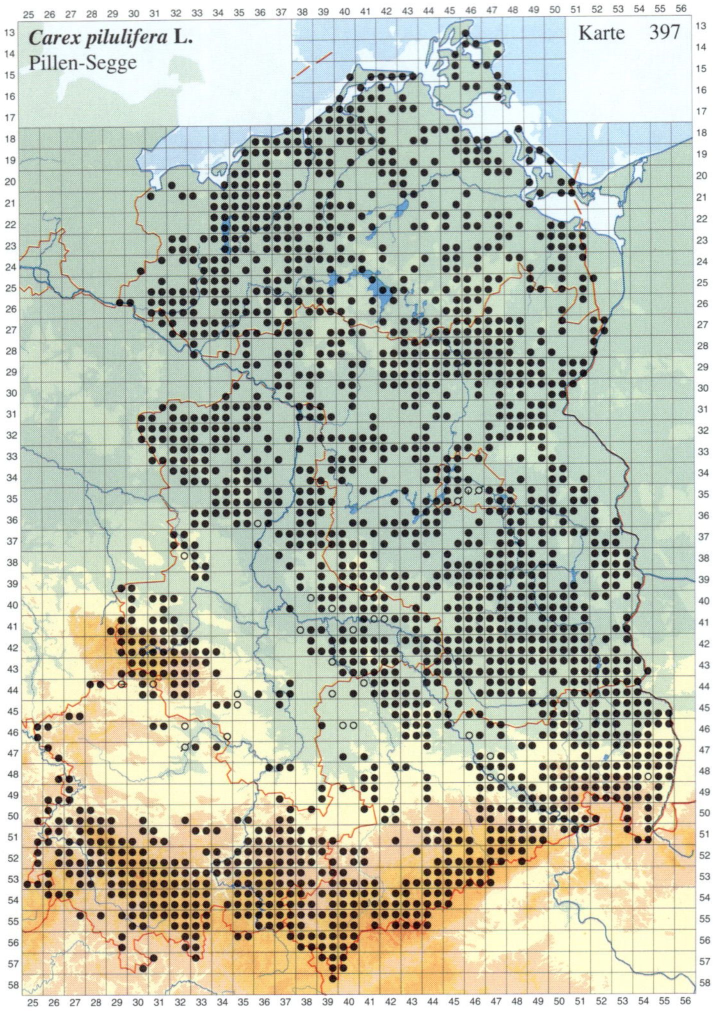
Carex pilulifera L.
Pillen-Segge
Karte 397

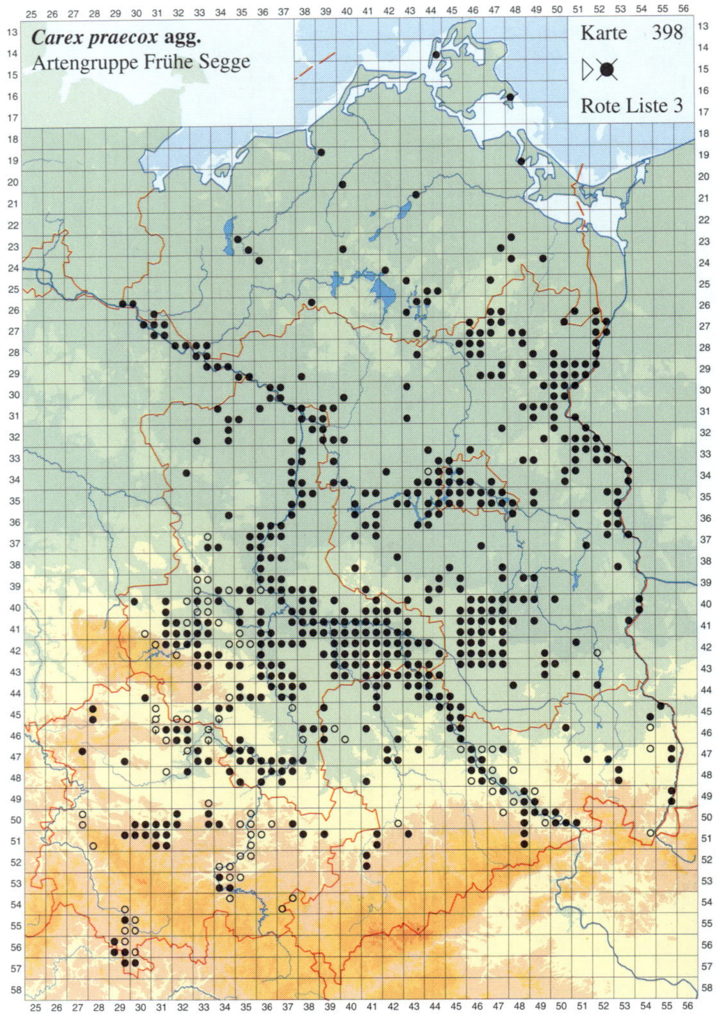
Carex praecox agg.
Artengruppe Frühe Segge
Karte 398
Rote Liste 3

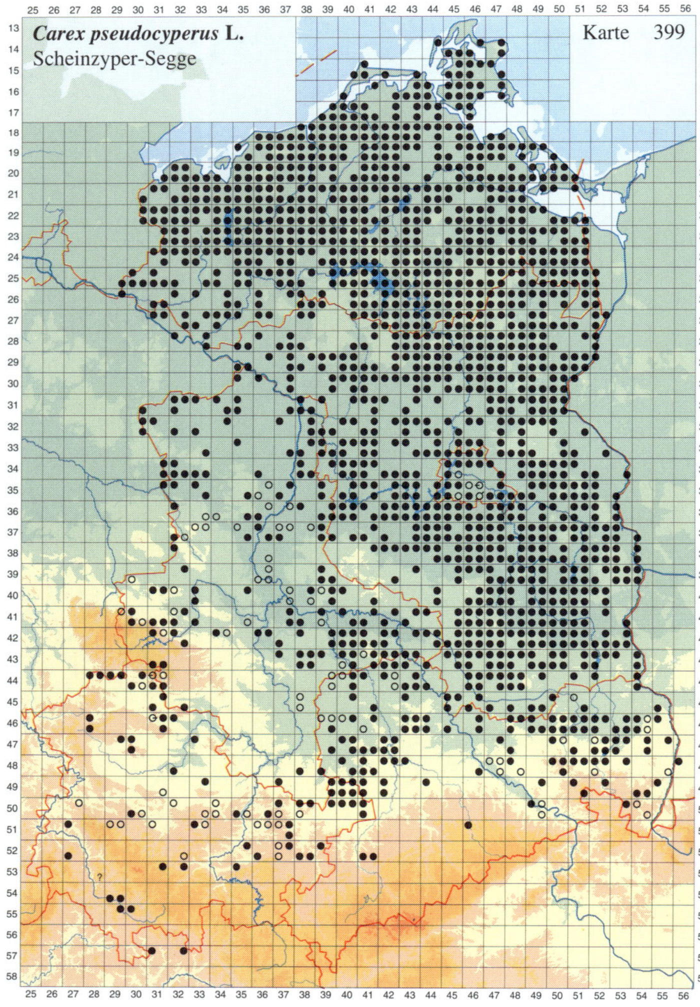
Carex pseudocyperus L.
Scheinzyper-Segge
Karte 399

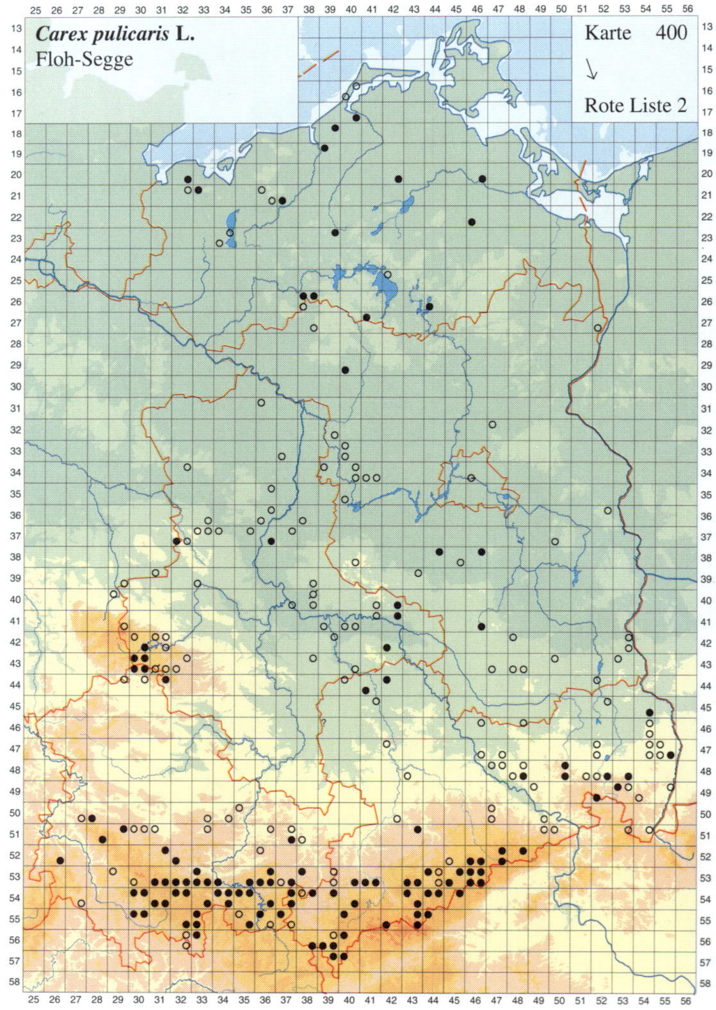
Carex pulicaris L.
Floh-Segge
Karte 400
Rote Liste 2

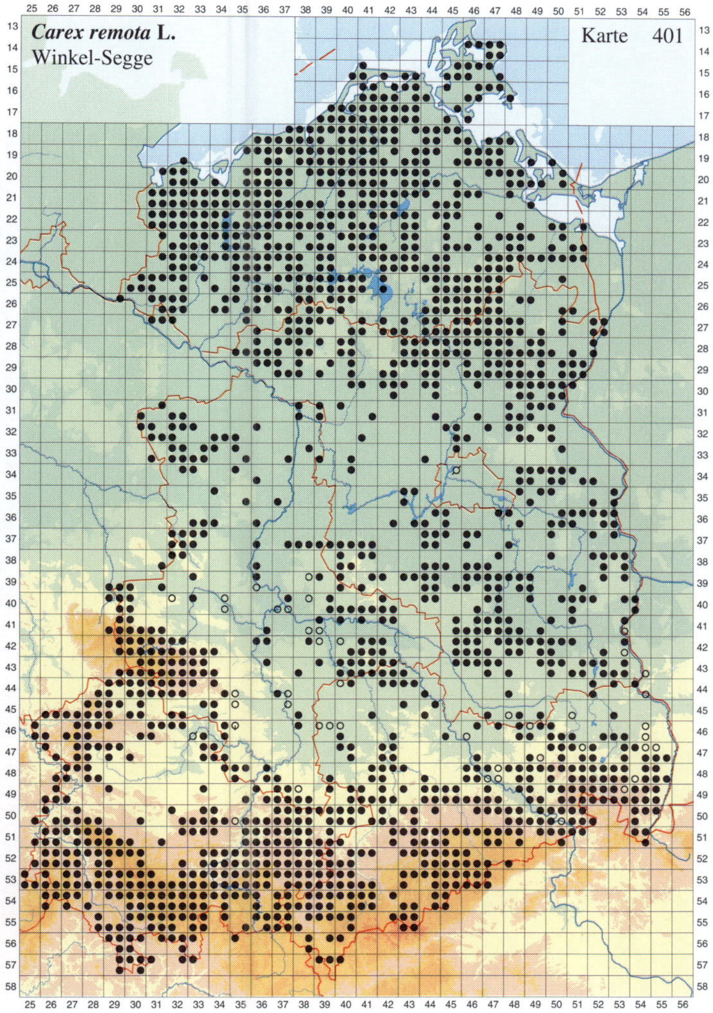
Carex remota L.
Winkel-Segge
Karte 401

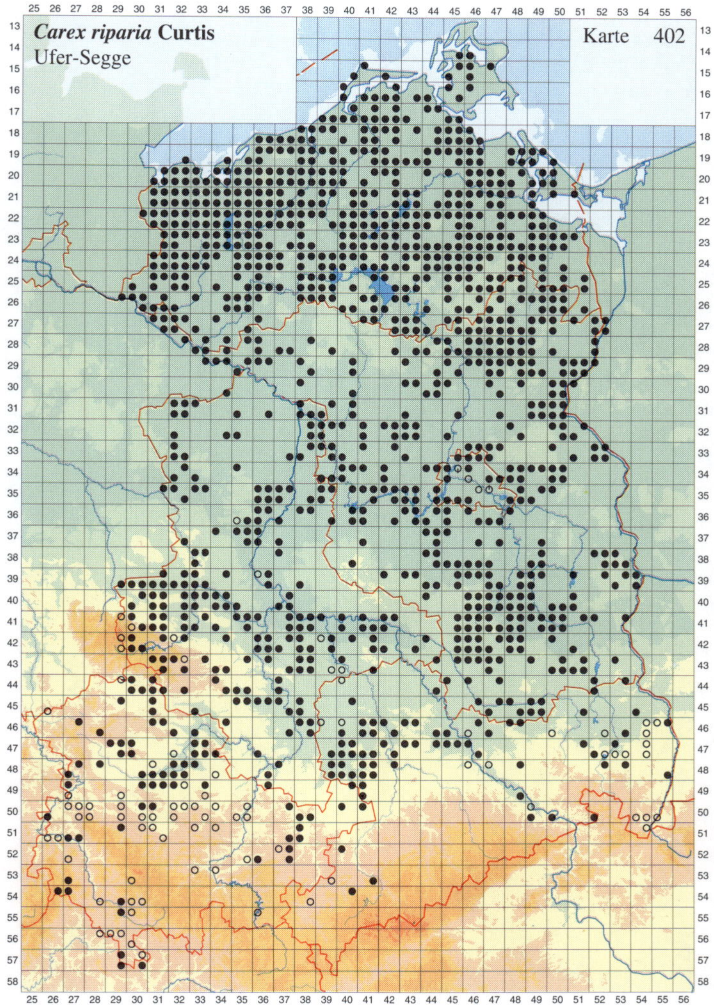
Carex riparia Curtis
Ufer-Segge
Karte 402

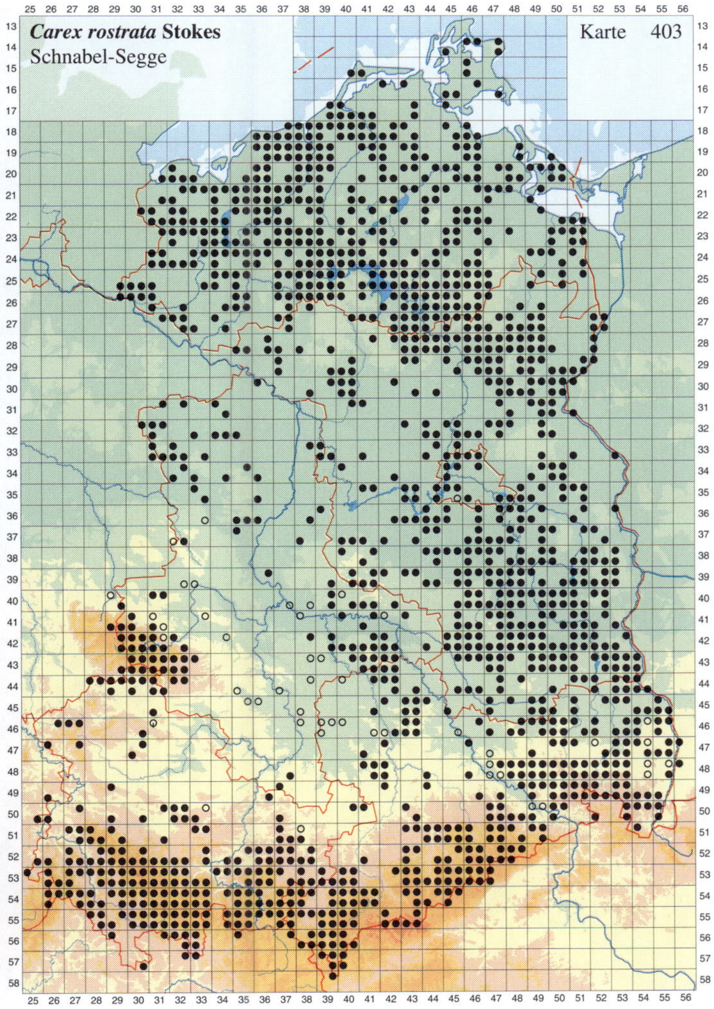
Carex rostrata Stokes
Schnabel-Segge
Karte 403

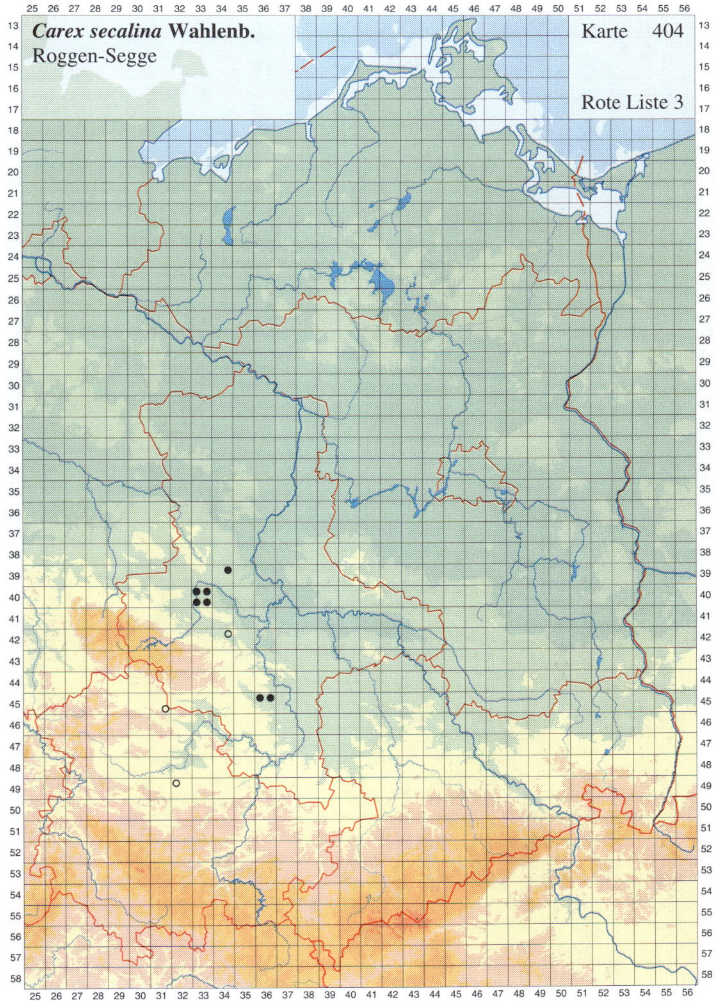
Carex secalina Wahlenb.
Roggen-Segge
Karte 404
Rote Liste 3

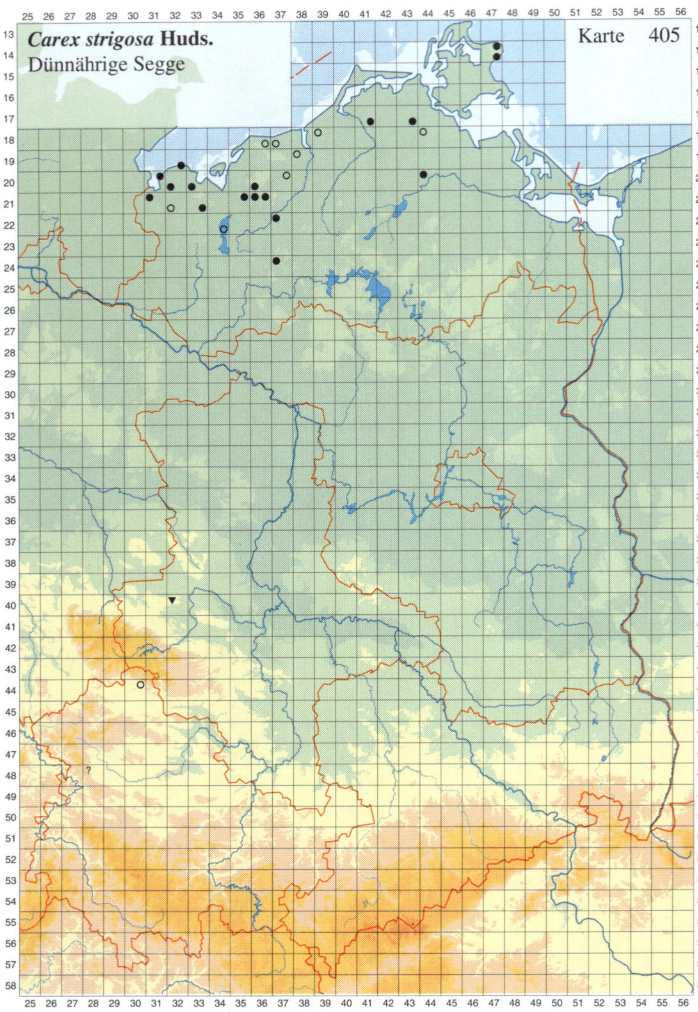
Carex strigosa **Huds.**
Dünnährige Segge
Karte 405

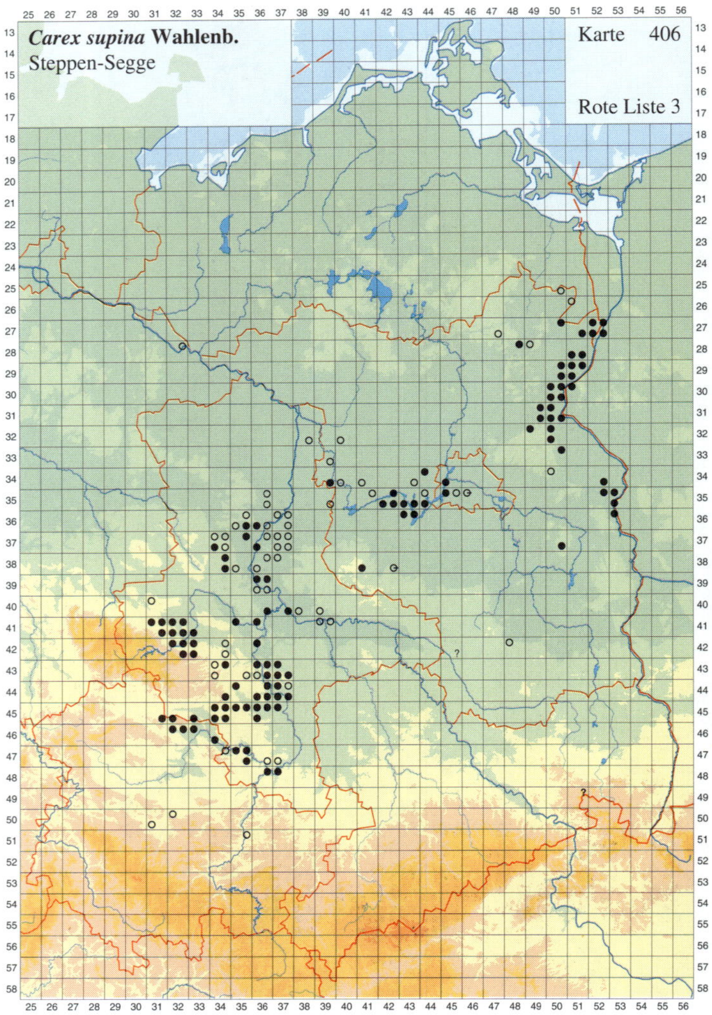
Carex supina **Wahlenb.**
Steppen-Segge
Karte 406
Rote Liste 3

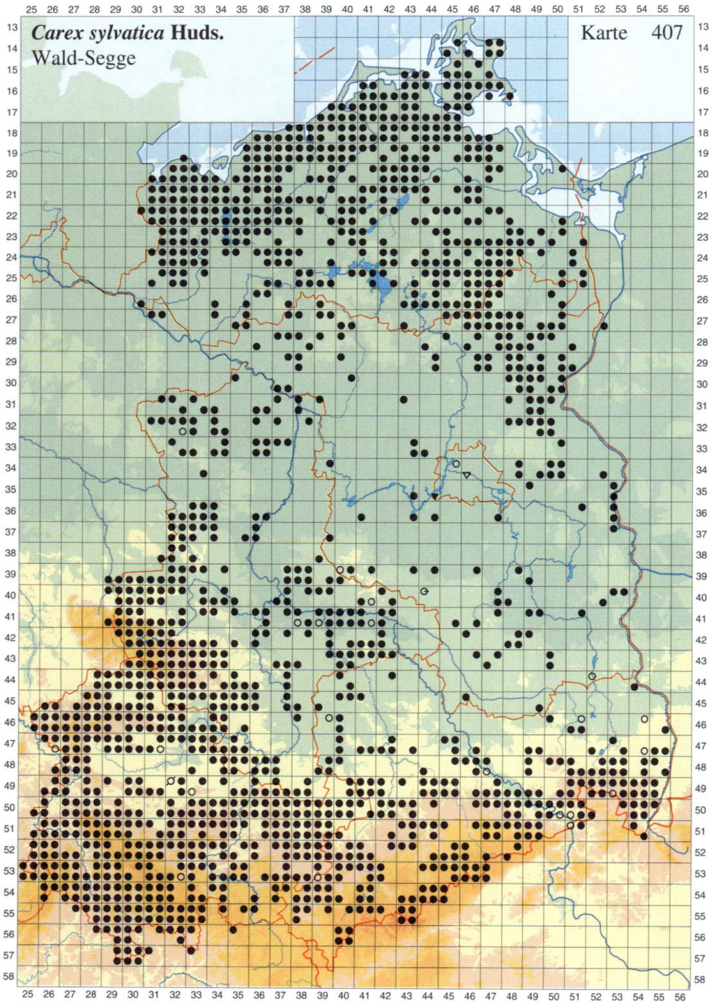
Carex sylvatica **Huds.**
Wald-Segge
Karte 407

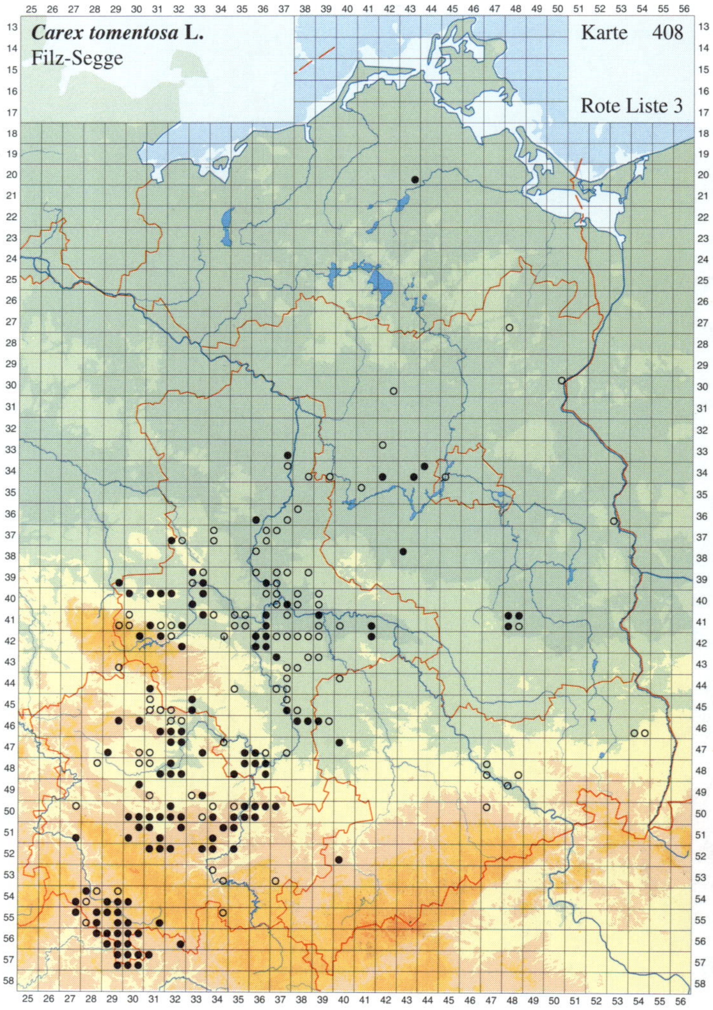
Carex tomentosa **L.**
Filz-Segge
Karte 408
Rote Liste 3

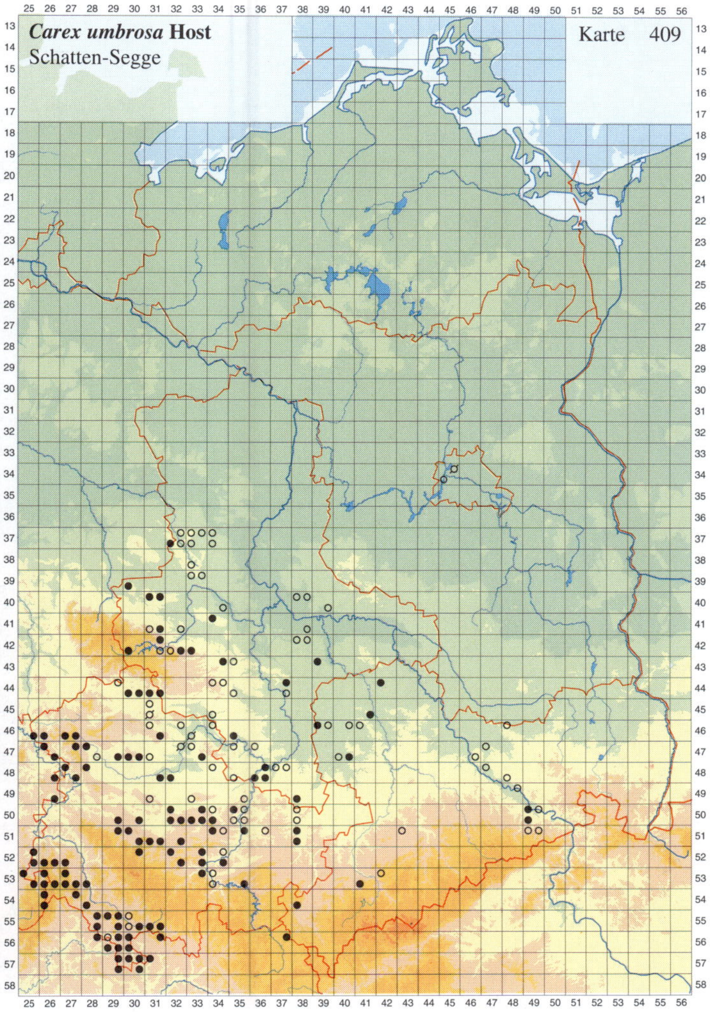

Carex umbrosa Host
Schatten-Segge
Karte 409

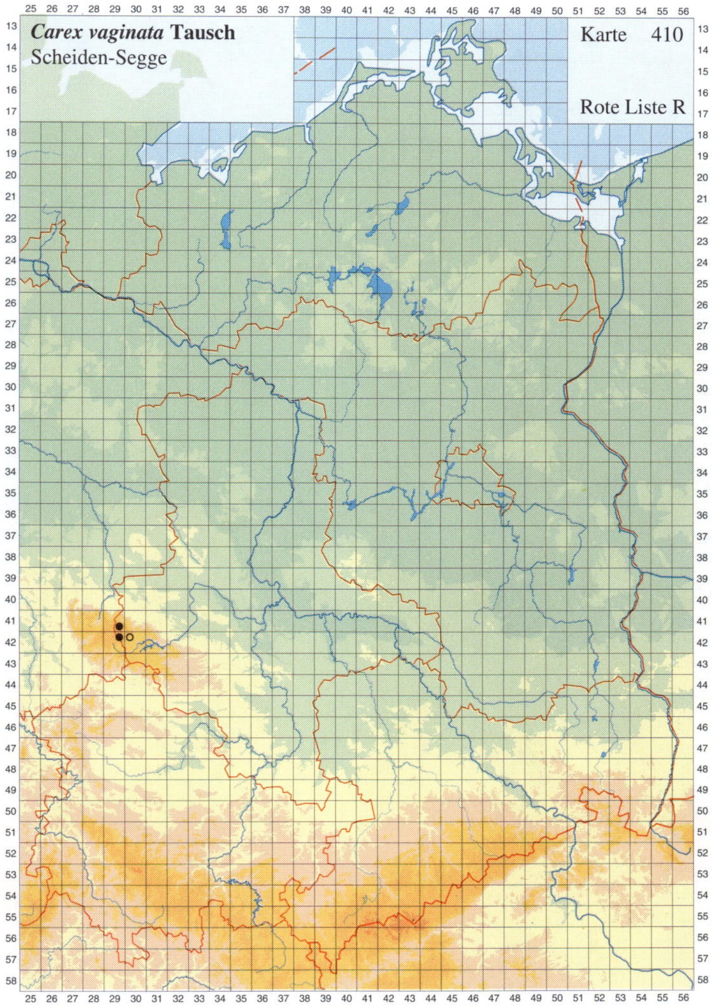

Carex vaginata Tausch
Scheiden-Segge
Karte 410
Rote Liste R

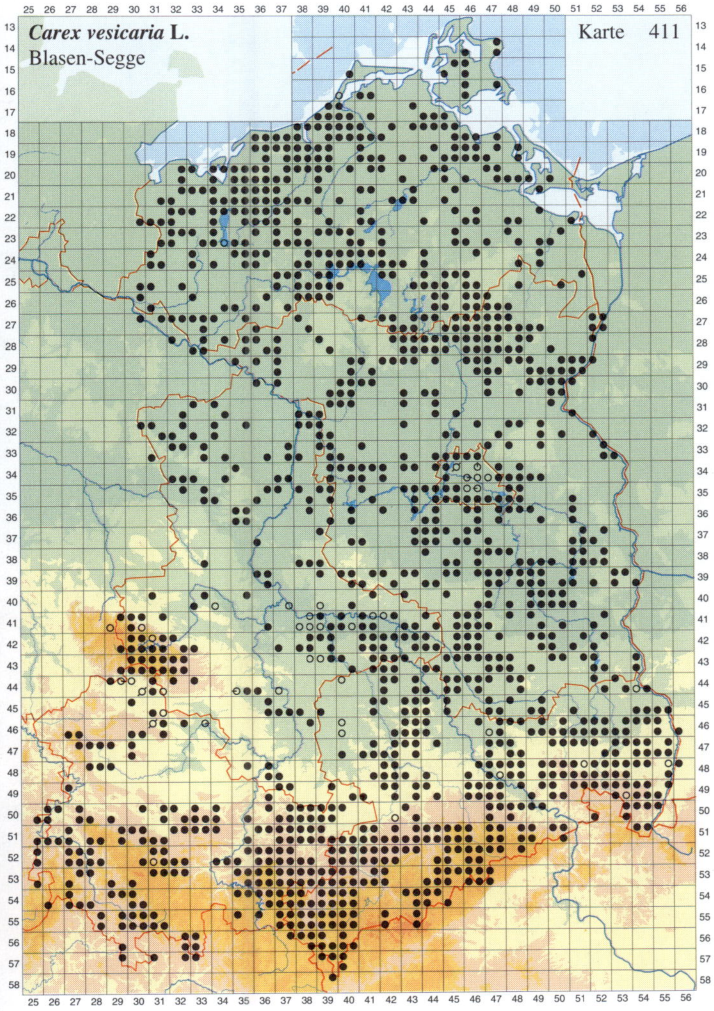

Carex vesicaria L.
Blasen-Segge
Karte 411

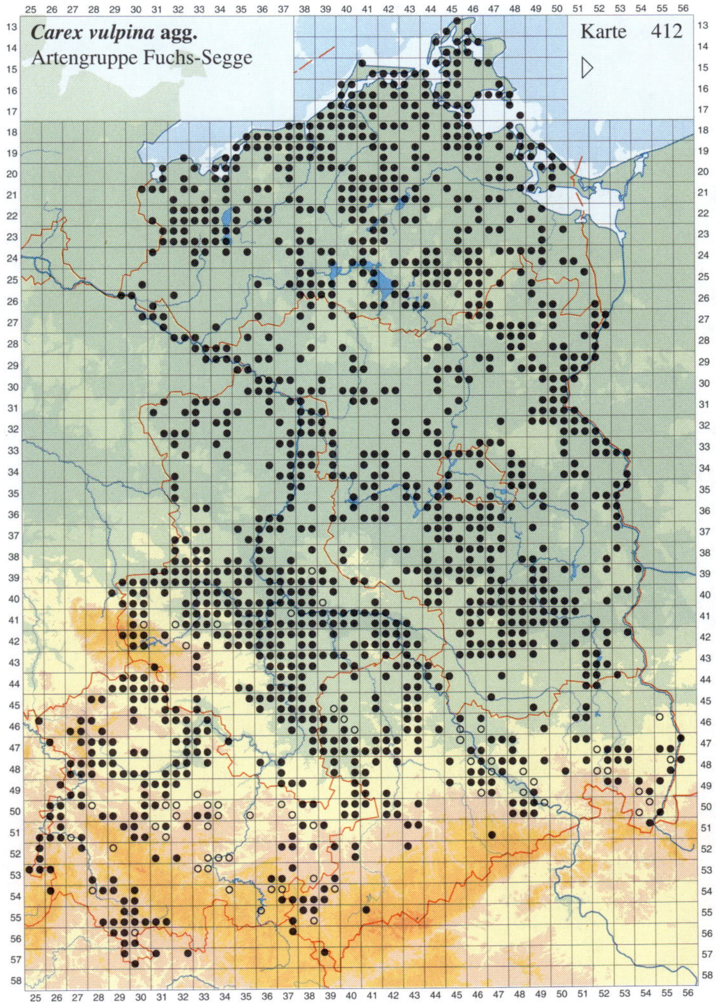

Carex vulpina agg.
Artengruppe Fuchs-Segge
Karte 412

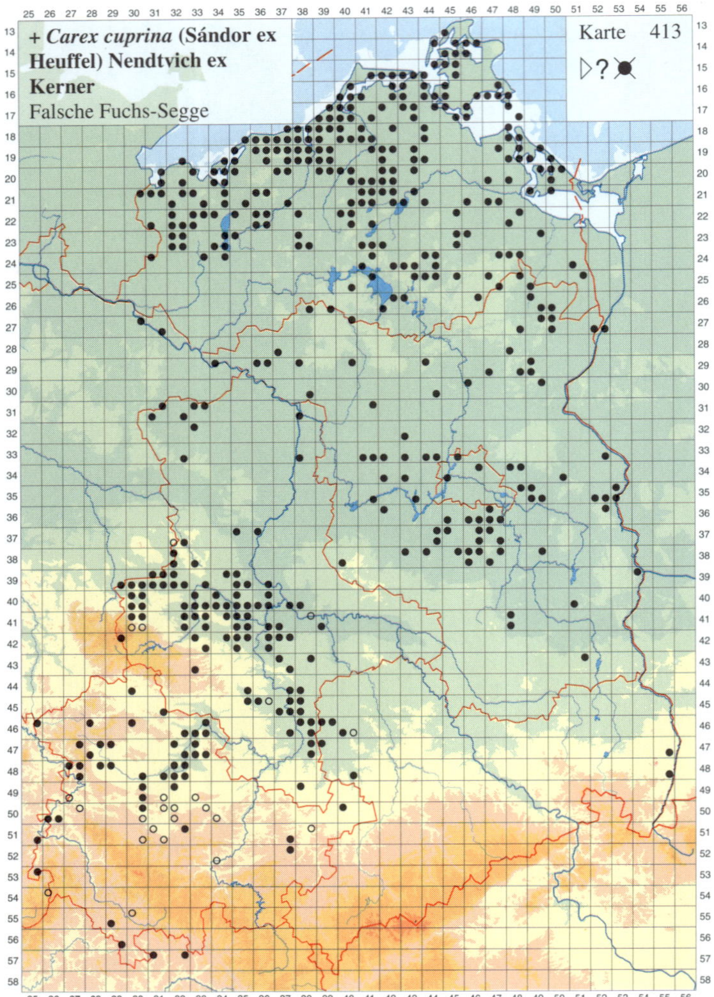
+ *Carex cuprina* (Sándor ex Heuffel) Nendtvich ex Kerner
Falsche Fuchs-Segge
Karte 413
▷? ✕

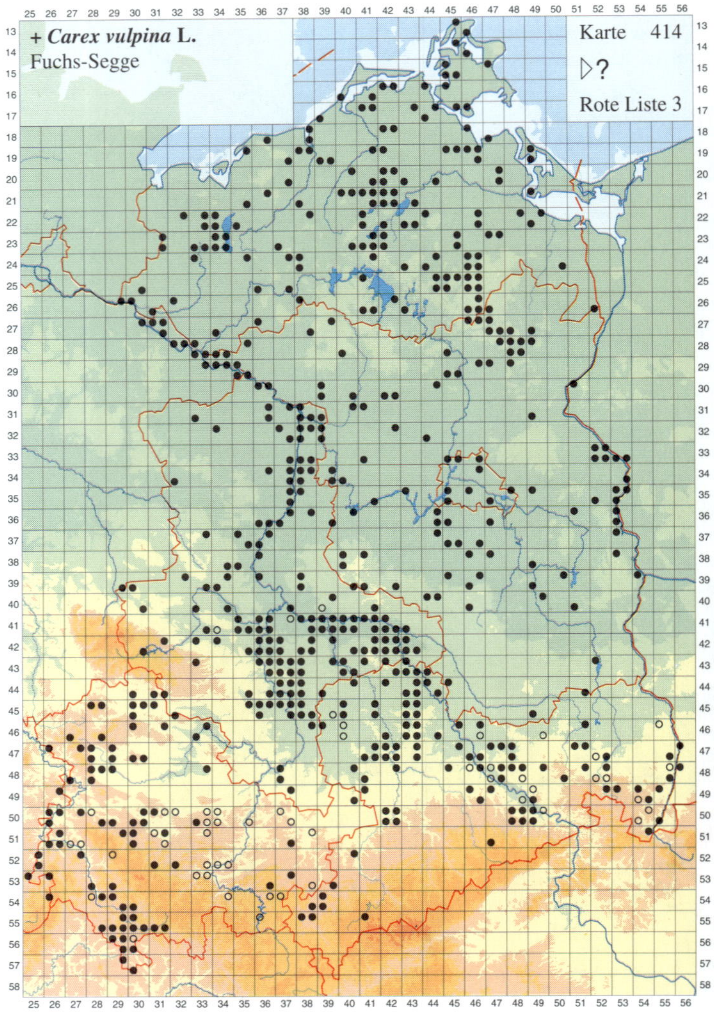
+ *Carex vulpina* L.
Fuchs-Segge
Karte 414
▷?
Rote Liste 3

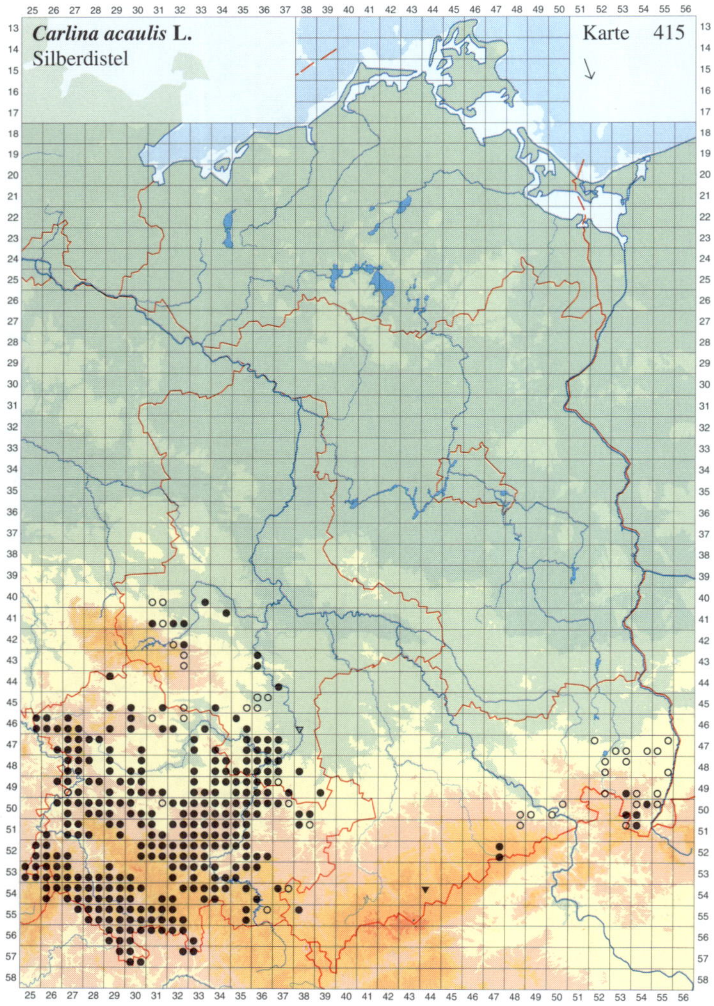
Carlina acaulis L.
Silberdistel
Karte 415
↘

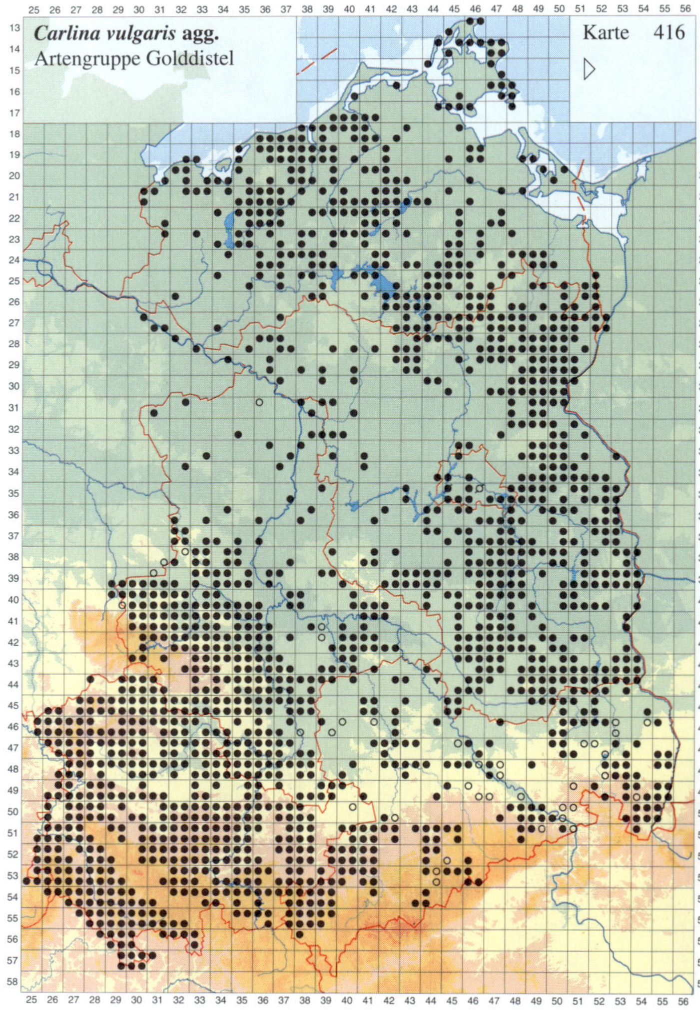
Carlina vulgaris agg.
Artengruppe Golddistel
Karte 416
▷

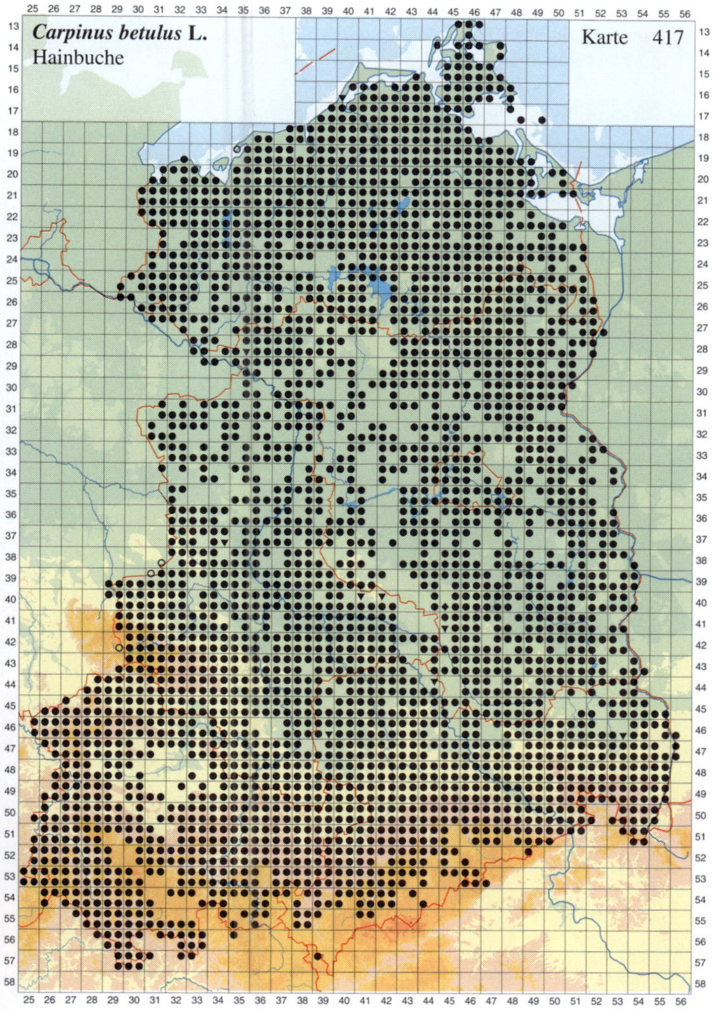
Carpinus betulus L.
Hainbuche
Karte 417

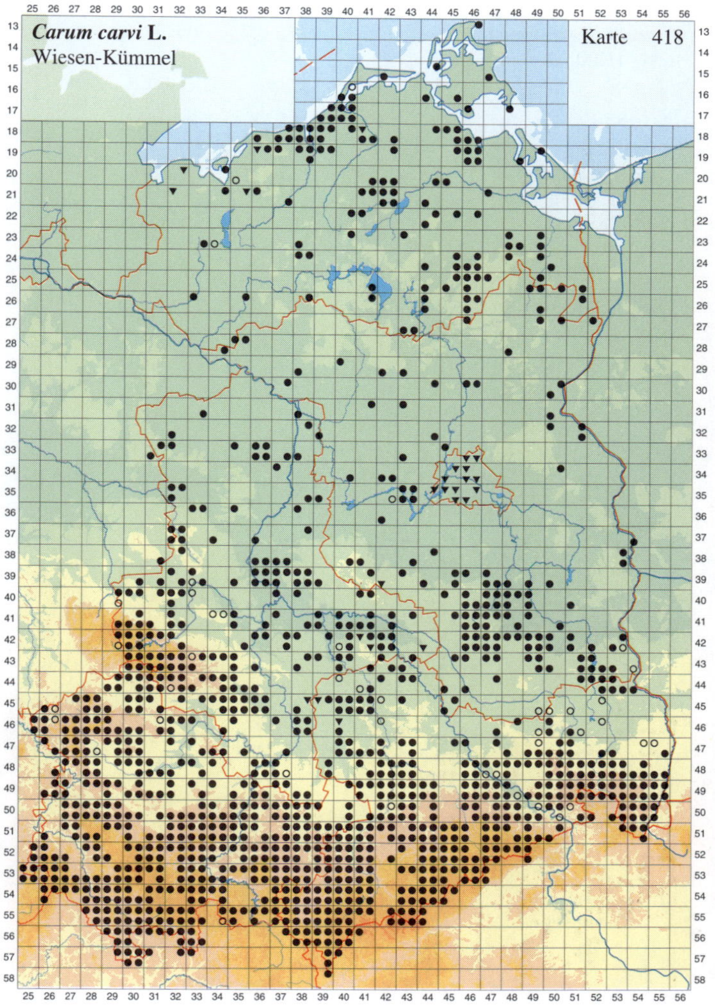
Carum carvi L.
Wiesen-Kümmel
Karte 418

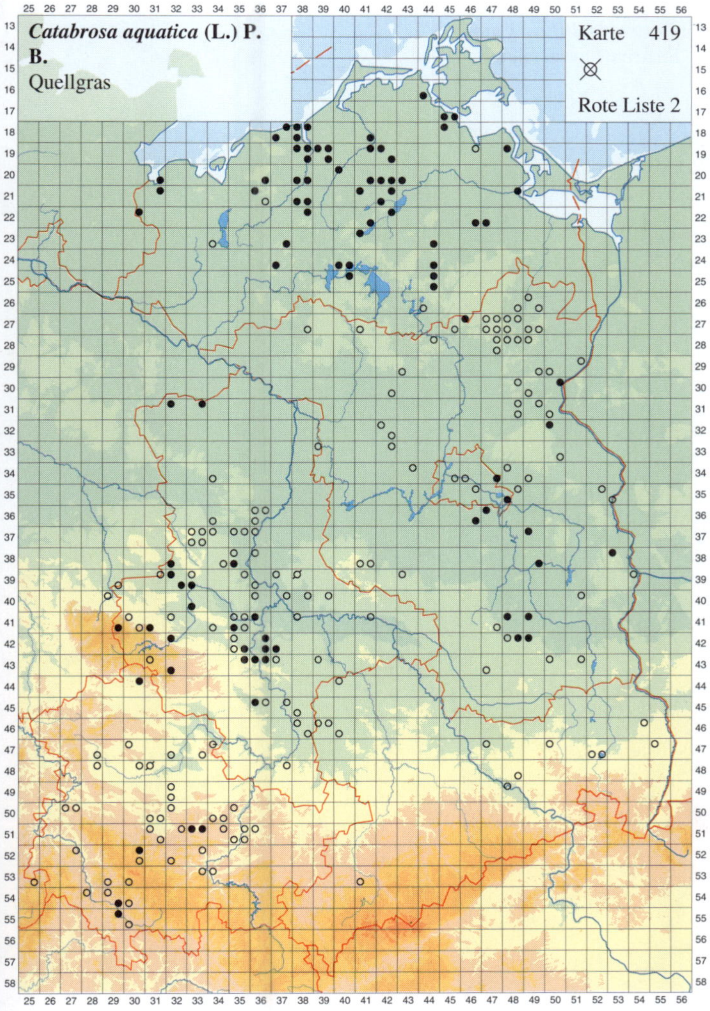
Catabrosa aquatica (L.) P. B.
Quellgras
Karte 419
Rote Liste 2

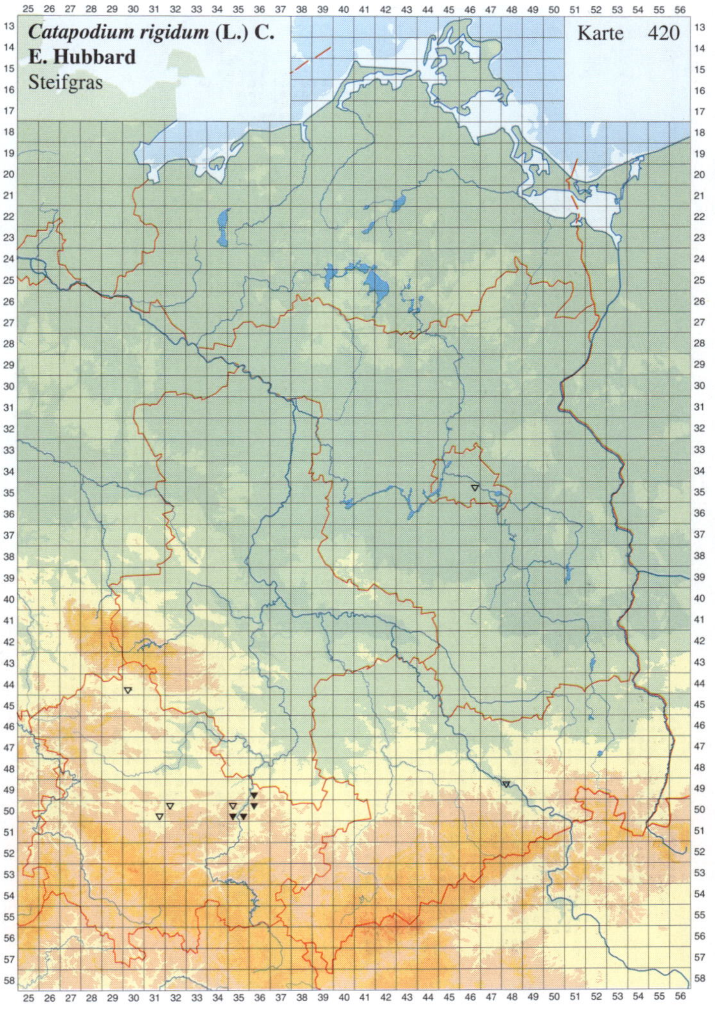
Catapodium rigidum (L.) C. E. Hubbard
Steifgras
Karte 420

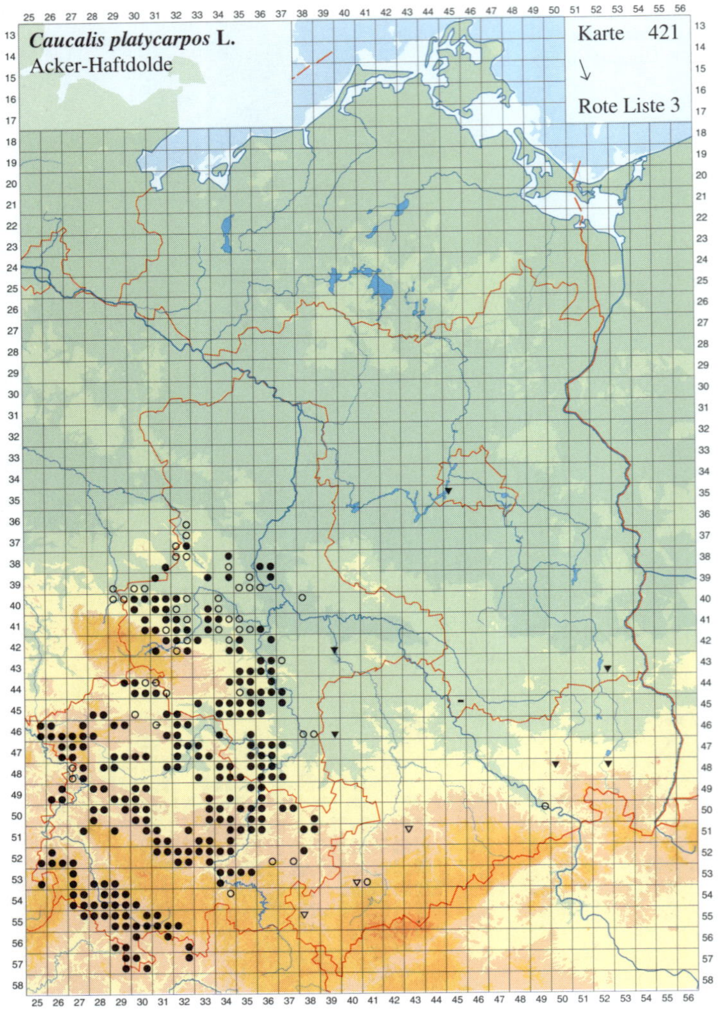
Caucalis platycarpos L.
Acker-Haftdolde
Karte 421
↘
Rote Liste 3

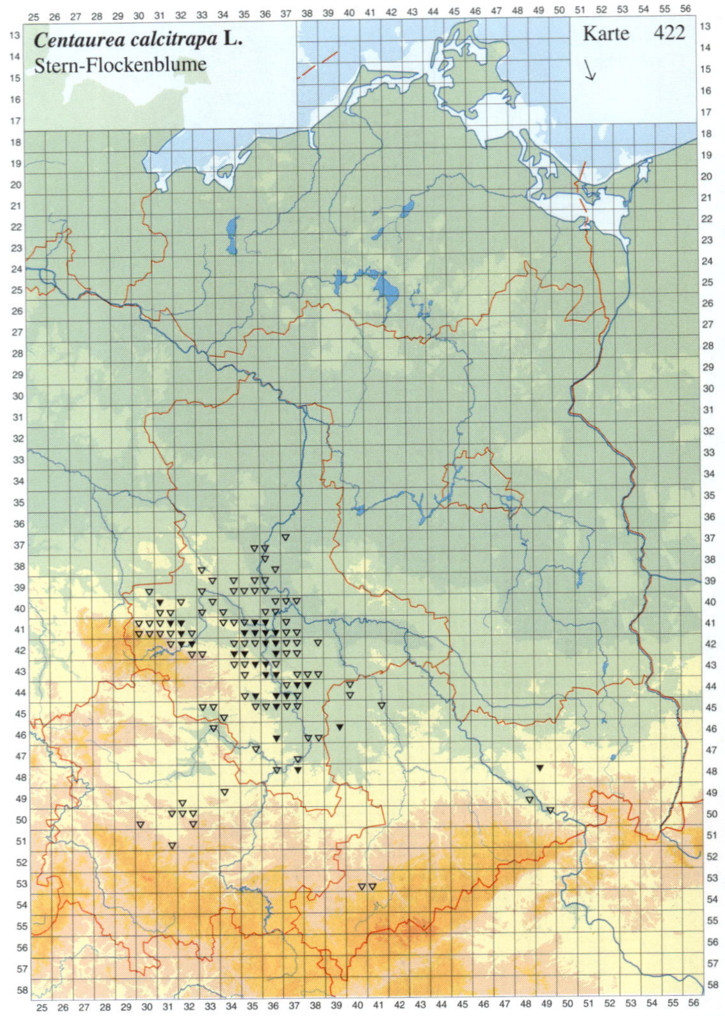
Centaurea calcitrapa L.
Stern-Flockenblume
Karte 422
↘

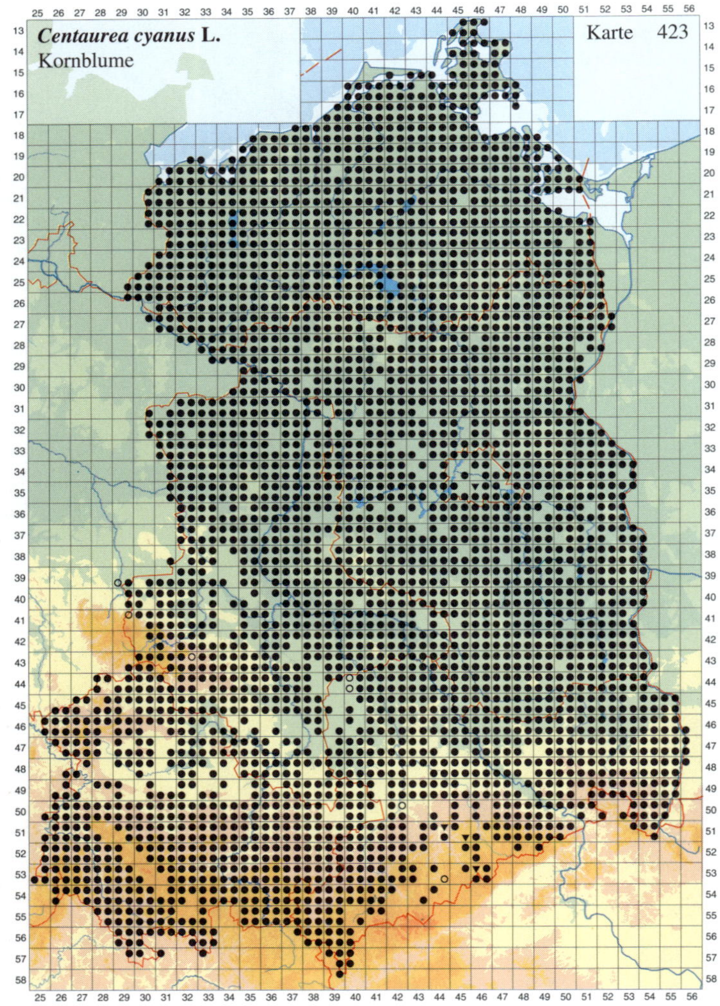
Centaurea cyanus L.
Kornblume
Karte 423

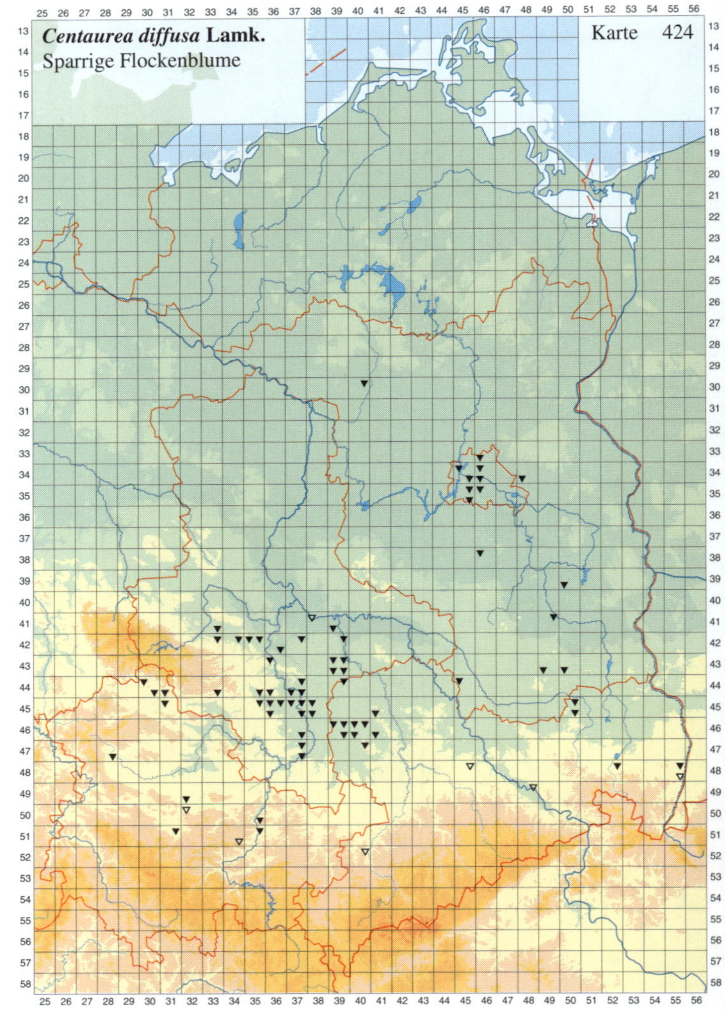
Centaurea diffusa Lamk.
Sparrige Flockenblume
Karte 424

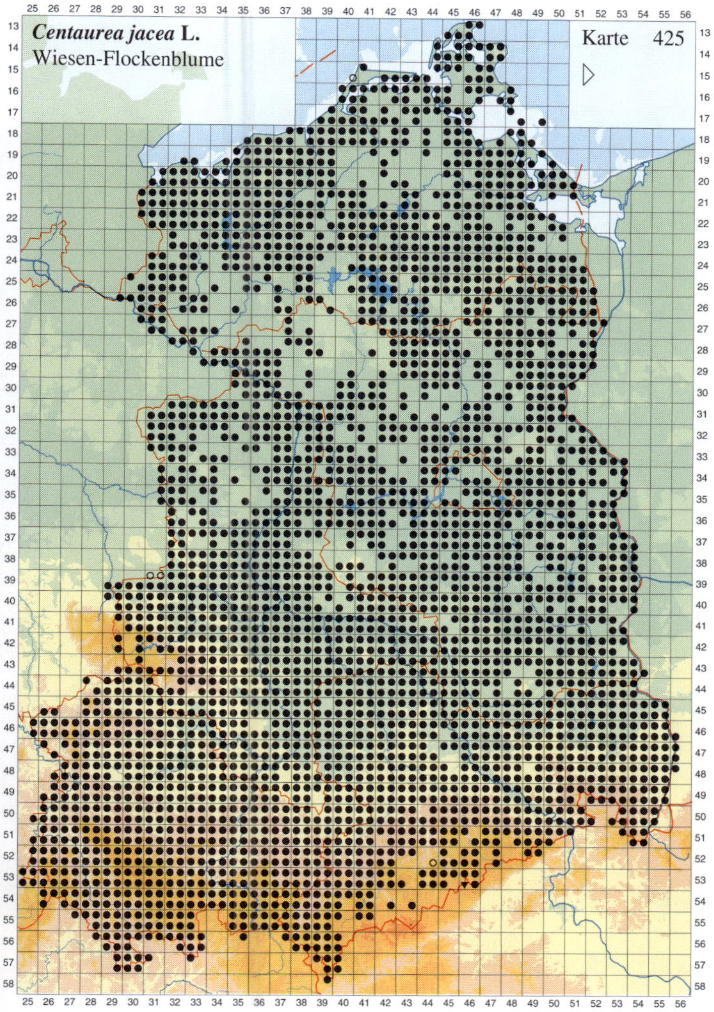
Centaurea jacea L.
Wiesen-Flockenblume
Karte 425

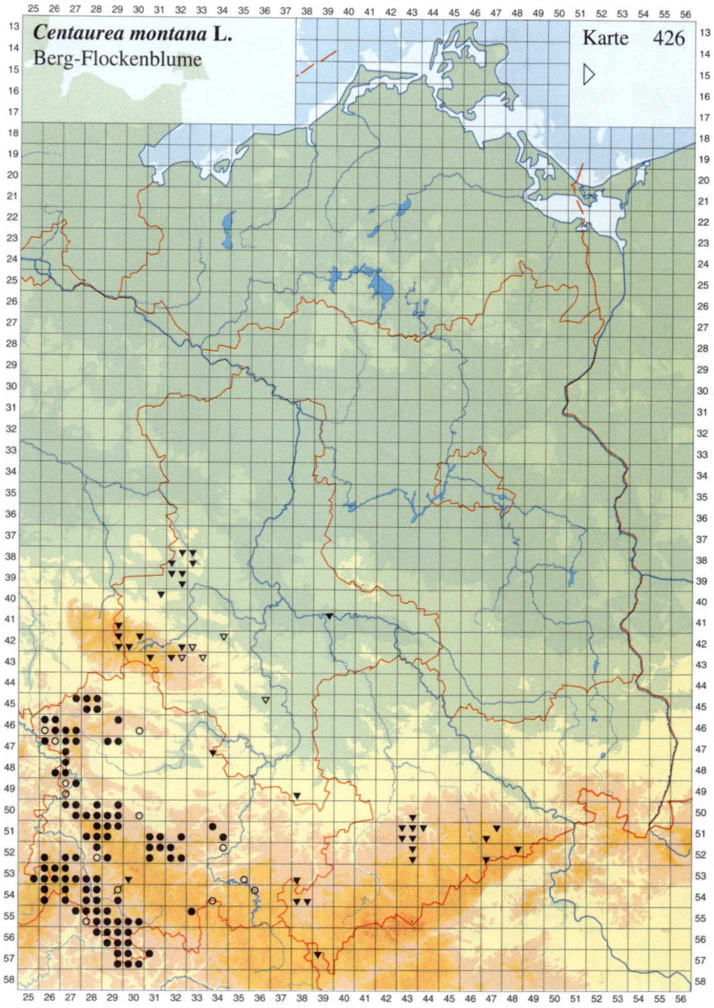
Centaurea montana L.
Berg-Flockenblume
Karte 426

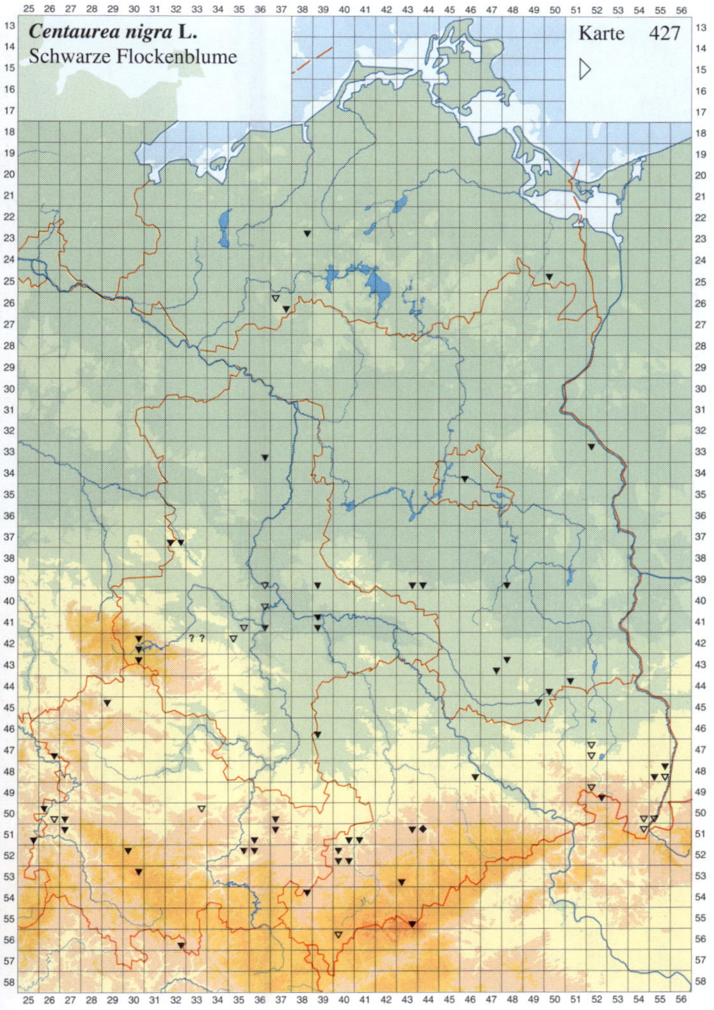
Centaurea nigra L.
Schwarze Flockenblume
Karte 427

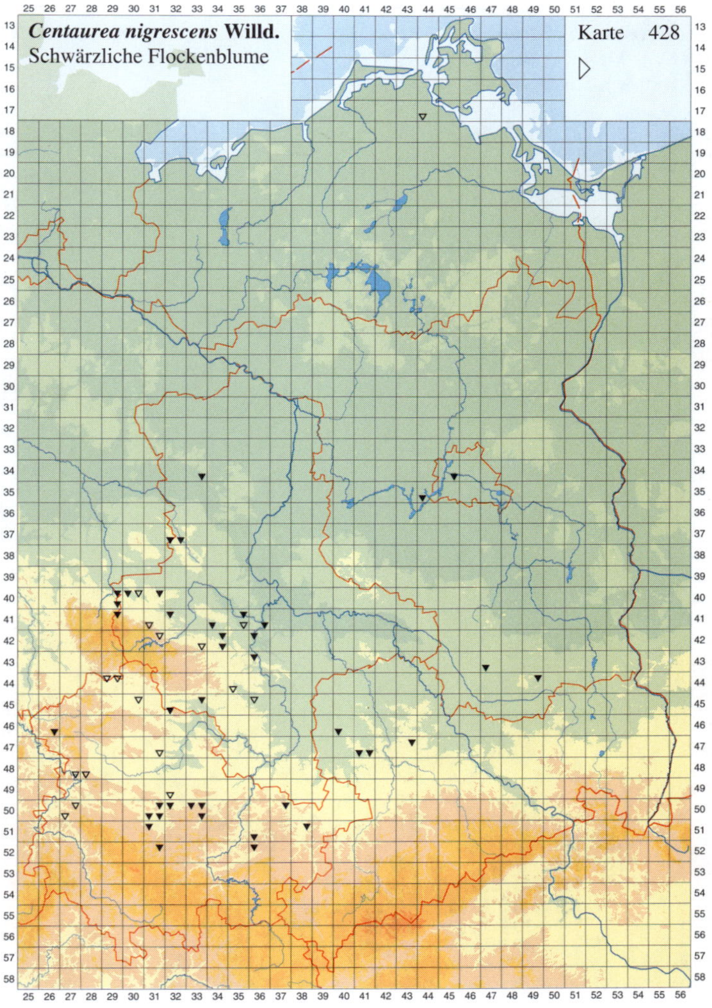
Centaurea nigrescens Willd.
Schwärzliche Flockenblume
Karte 428

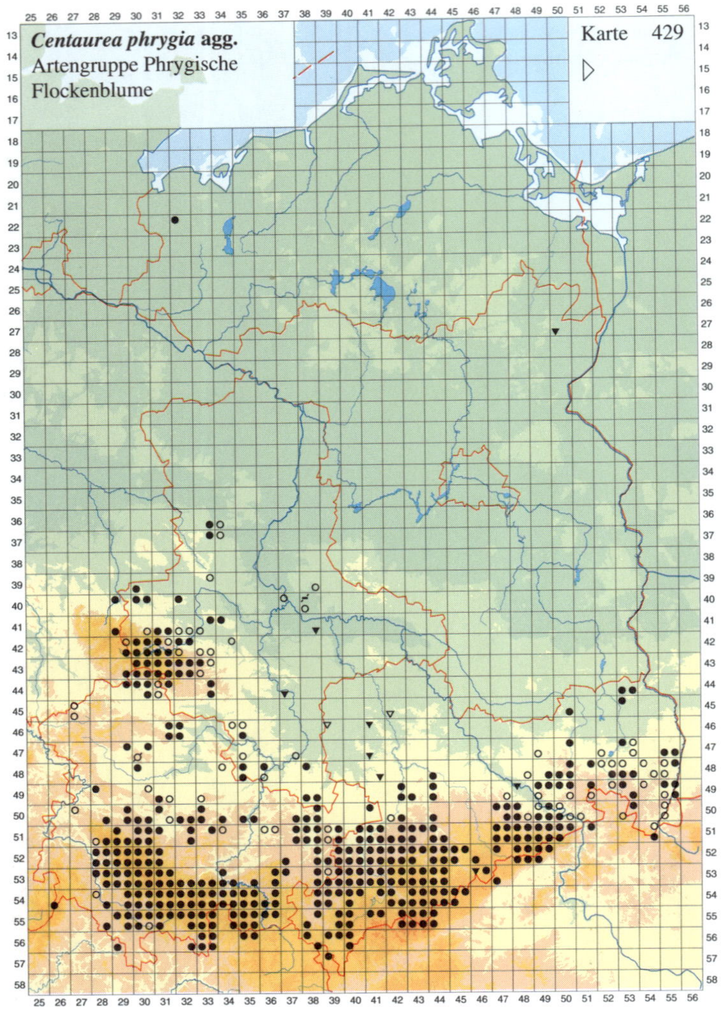
Centaurea phrygia agg.
Artengruppe Phrygische Flockenblume
Karte 429
▷

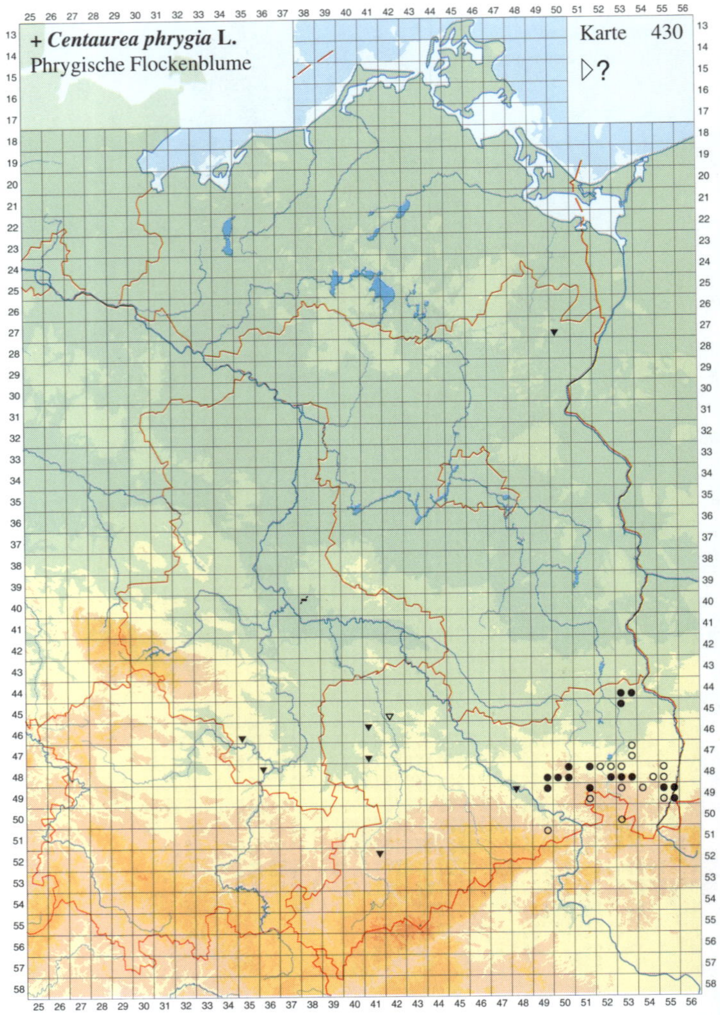
+ *Centaurea phrygia* L.
Phrygische Flockenblume
Karte 430
▷?

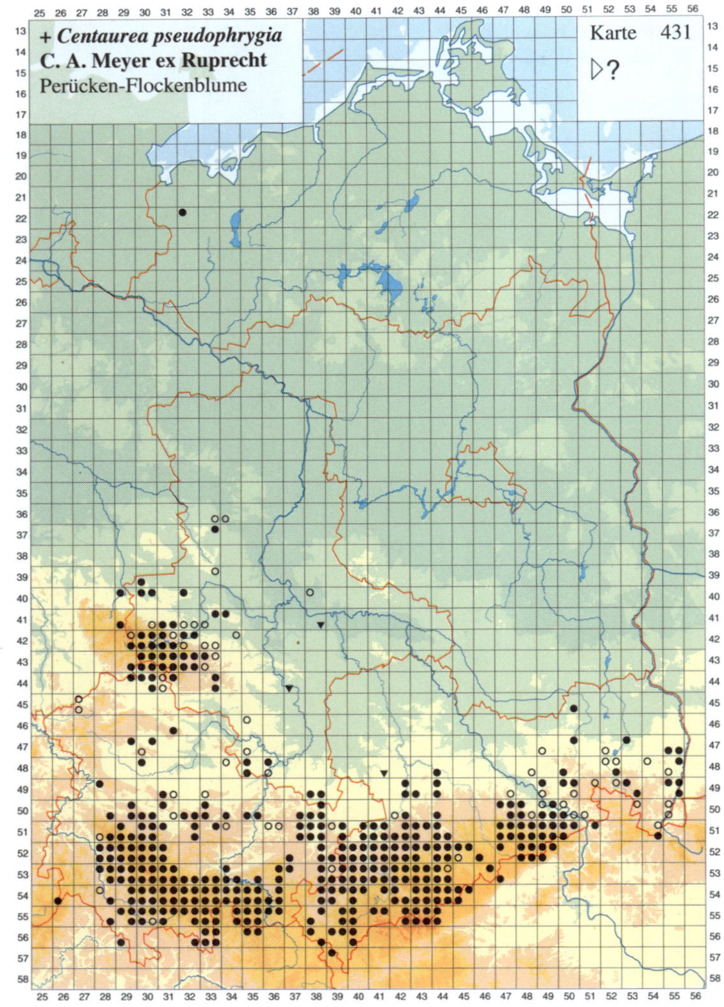
+ *Centaurea pseudophrygia*
C. A. Meyer ex Ruprecht
Perücken-Flockenblume
Karte 431
▷?

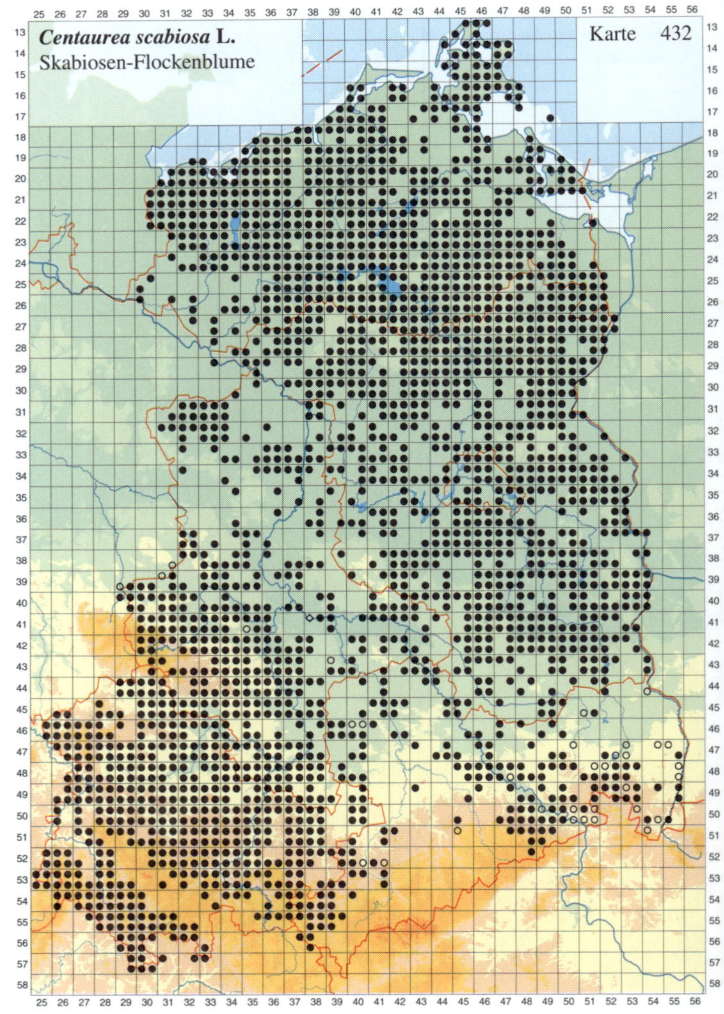
Centaurea scabiosa L.
Skabiosen-Flockenblume
Karte 432

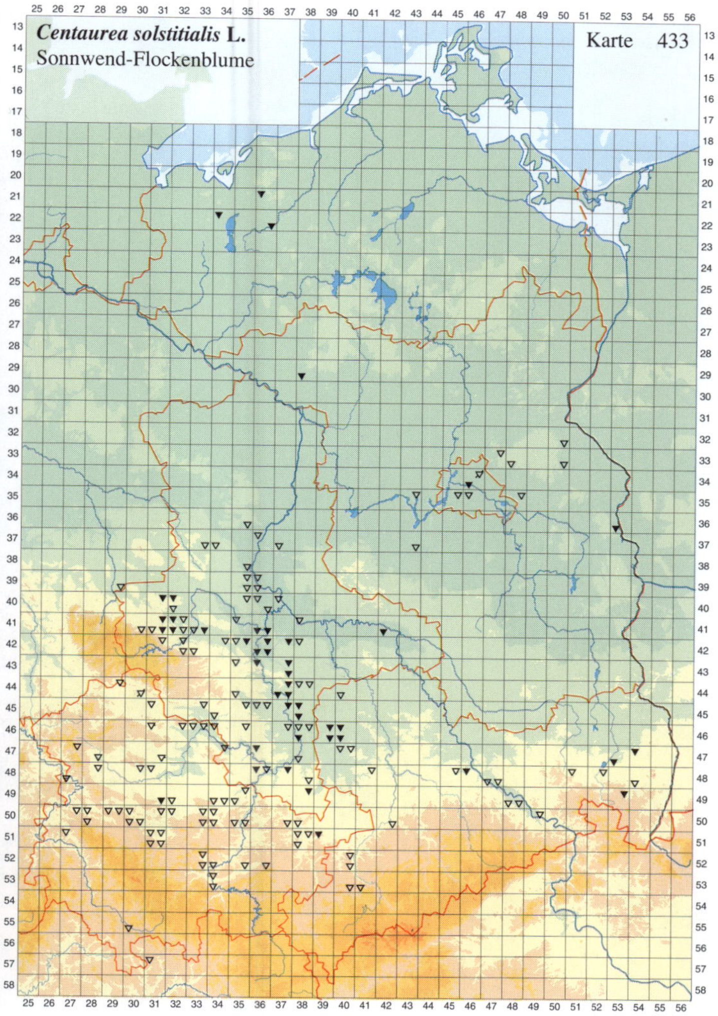
Centaurea solstitialis L.
Sonnwend-Flockenblume
Karte 433

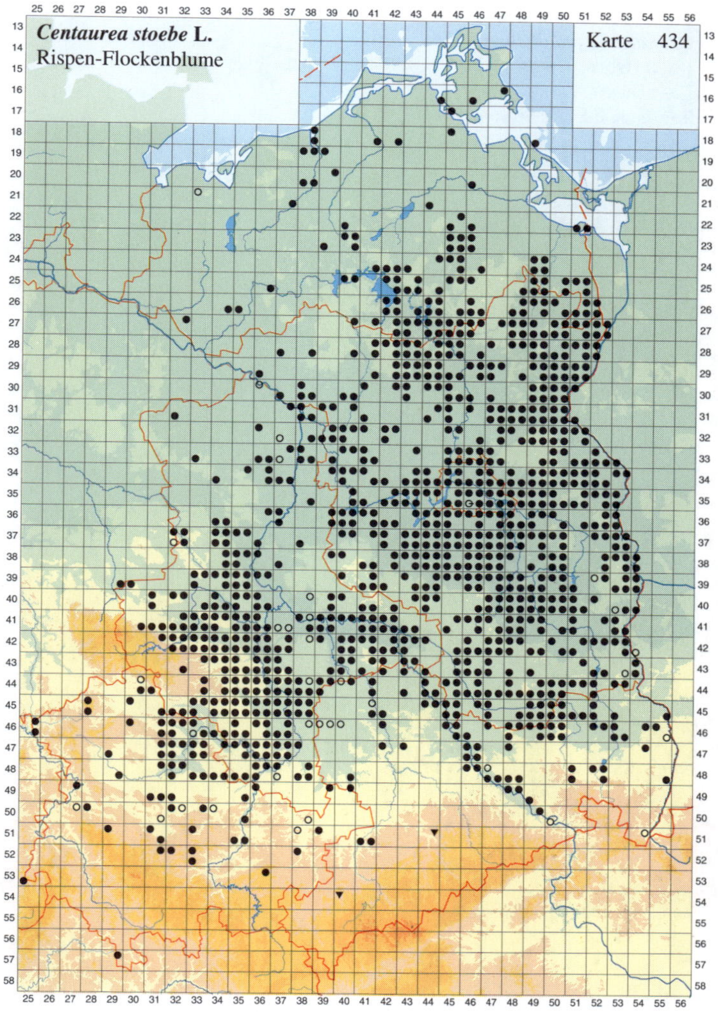
Centaurea stoebe L.
Rispen-Flockenblume
Karte 434

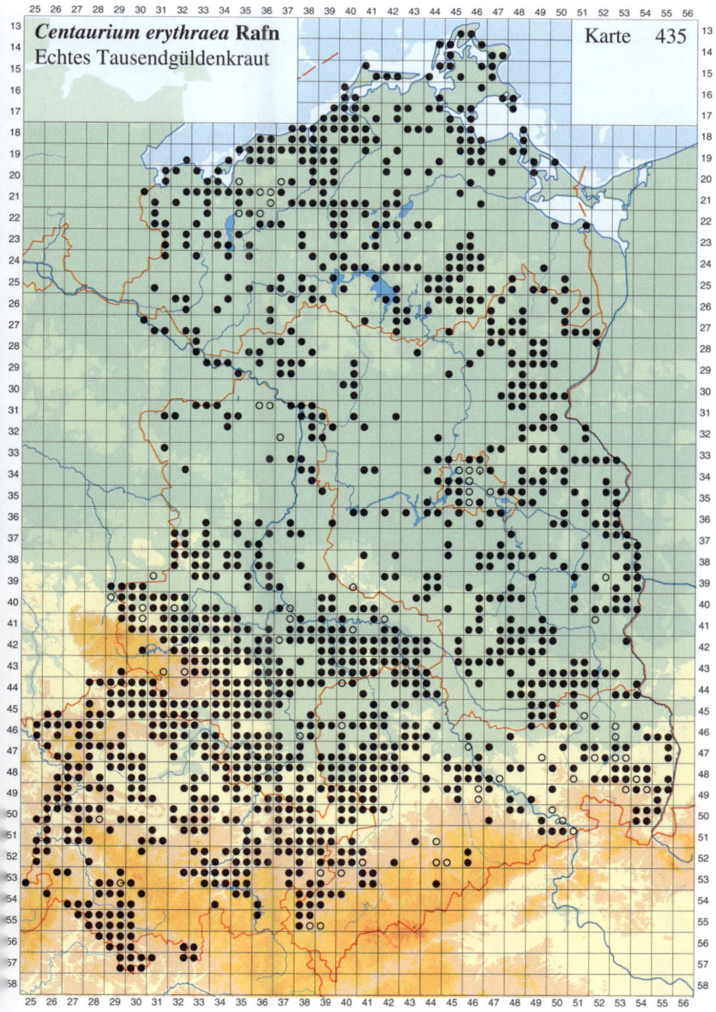
Centaurium erythraea Rafn
Echtes Tausendgüldenkraut
Karte 435

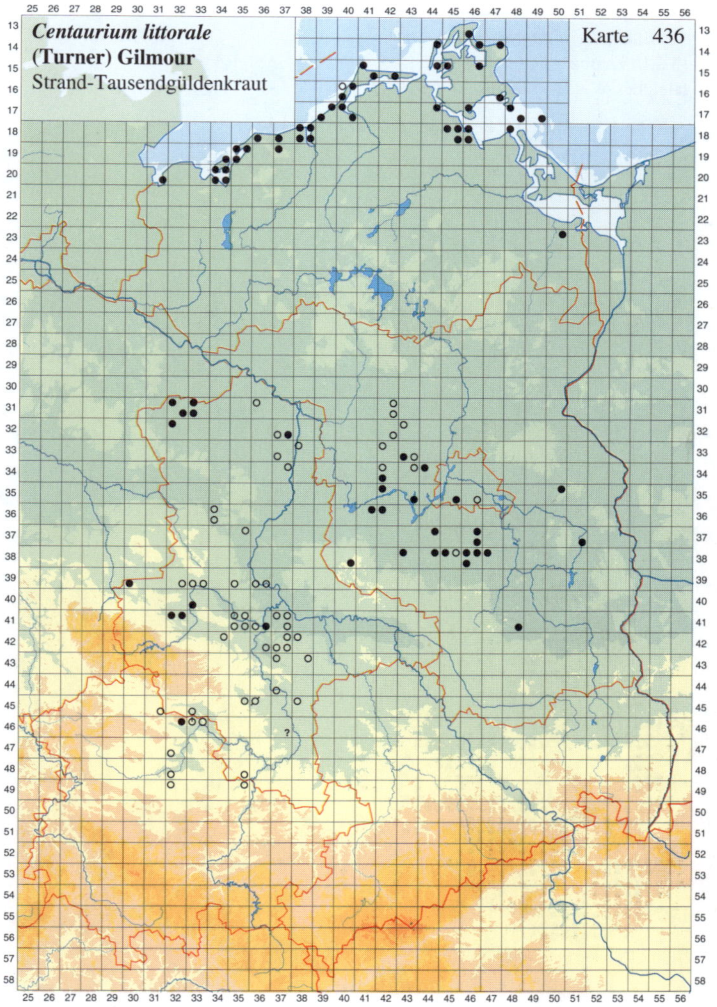
Centaurium littorale
(Turner) Gilmour
Strand-Tausendgüldenkraut
Karte 436

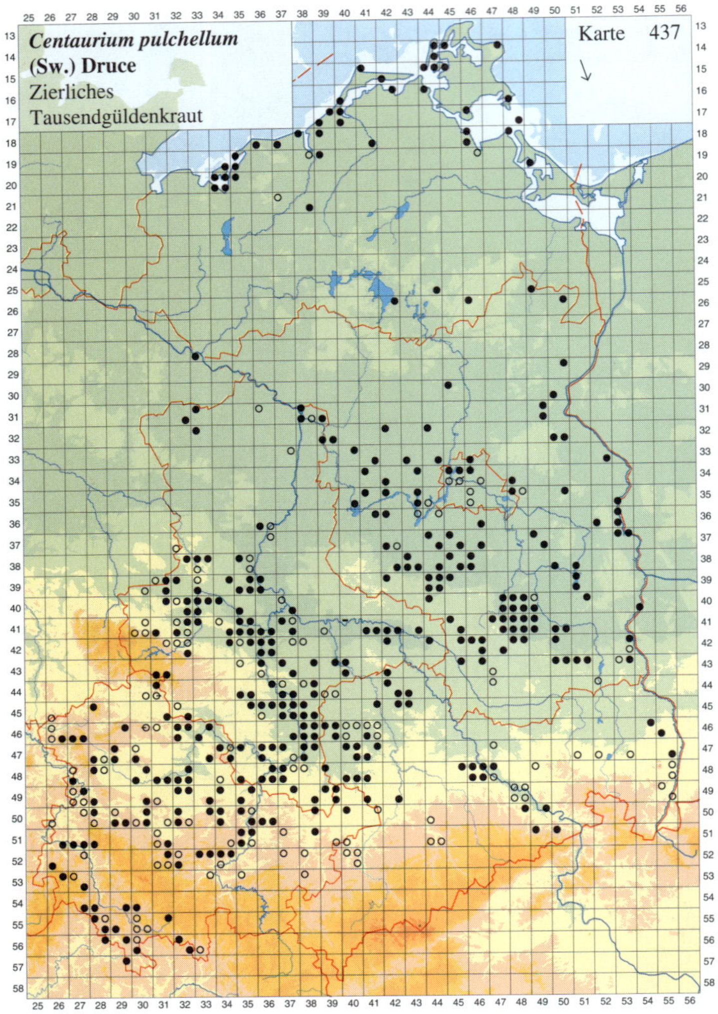
Centaurium pulchellum
(Sw.) Druce
Zierliches
Tausendgüldenkraut
Karte 437
↘

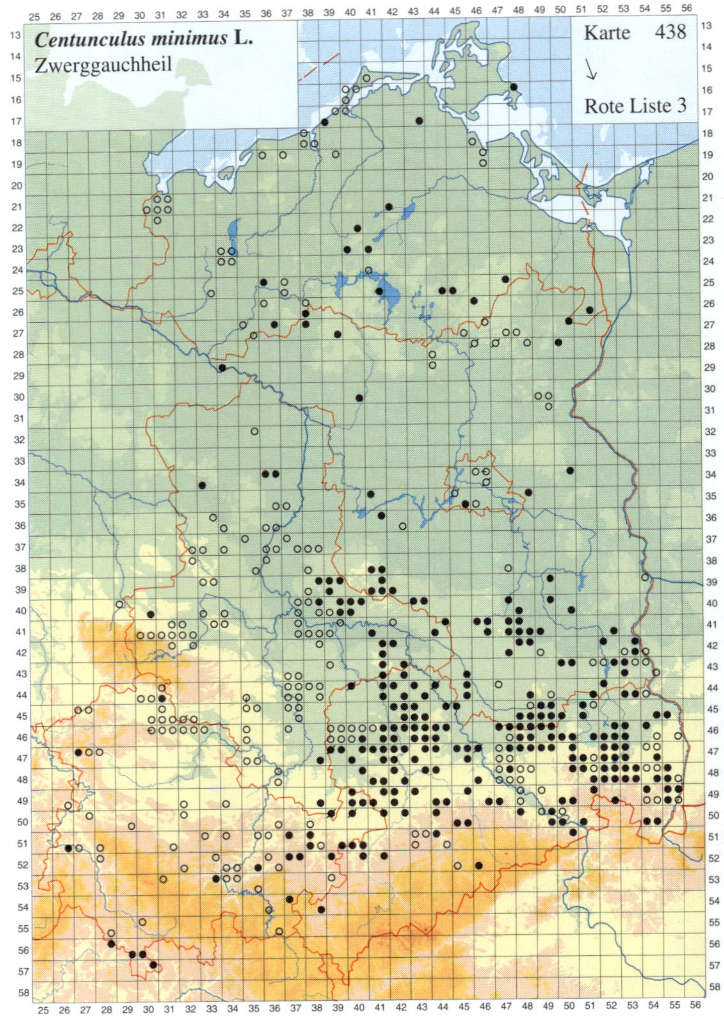
Centunculus minimus L.
Zwerggauchheil
Karte 438
↘
Rote Liste 3

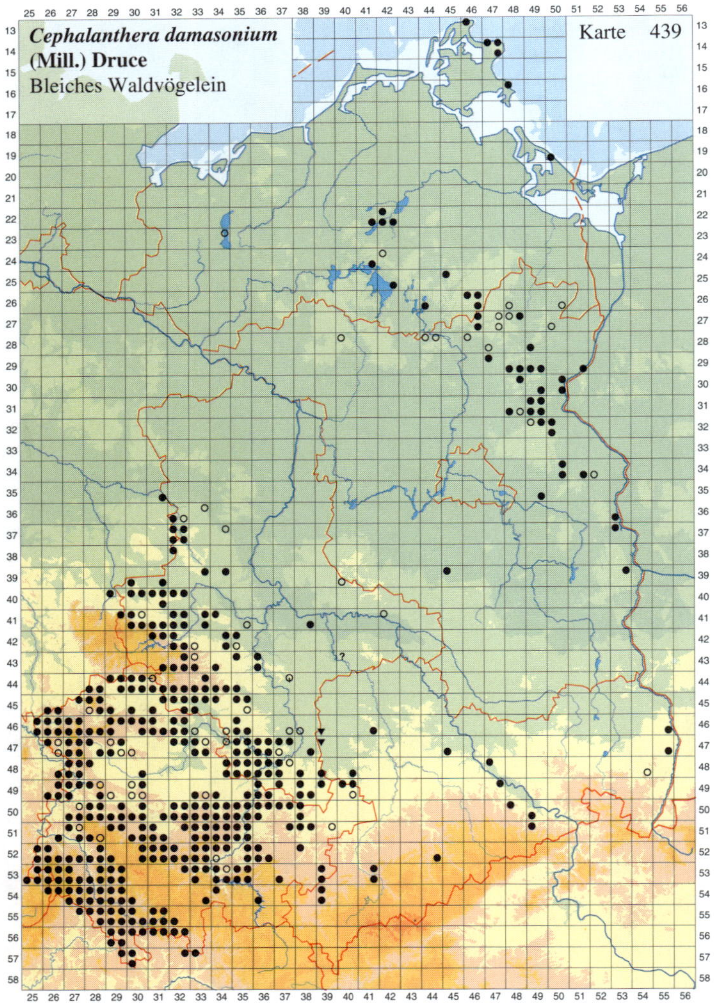
Cephalanthera damasonium
(Mill.) Druce
Bleiches Waldvögelein
Karte 439

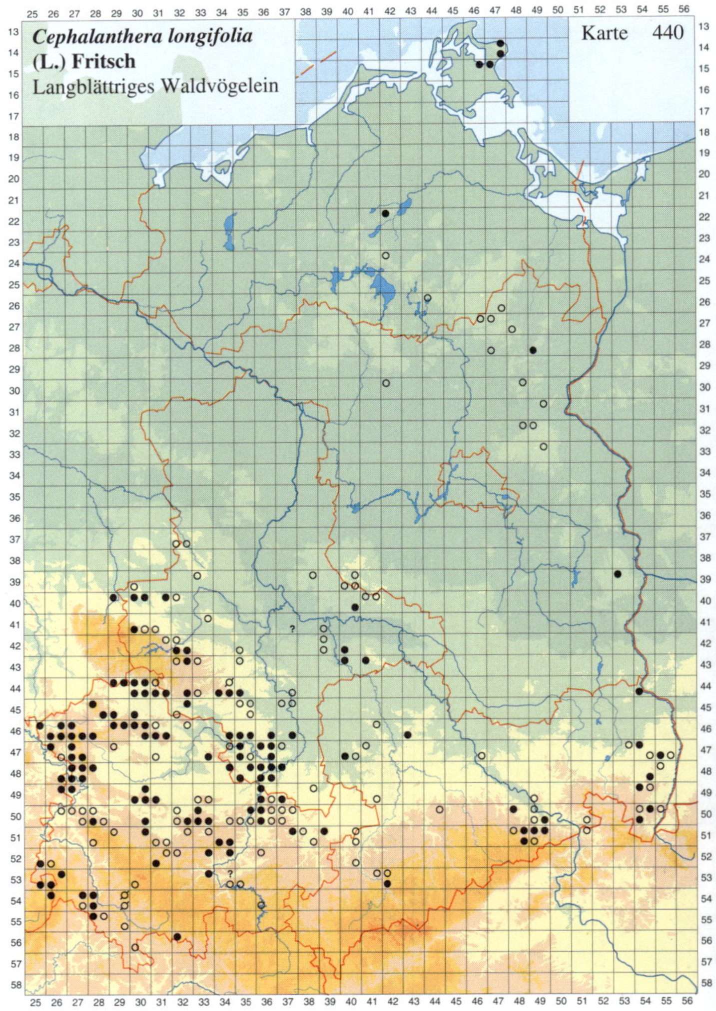
Cephalanthera longifolia
(L.) Fritsch
Langblättriges Waldvögelein
Karte 440

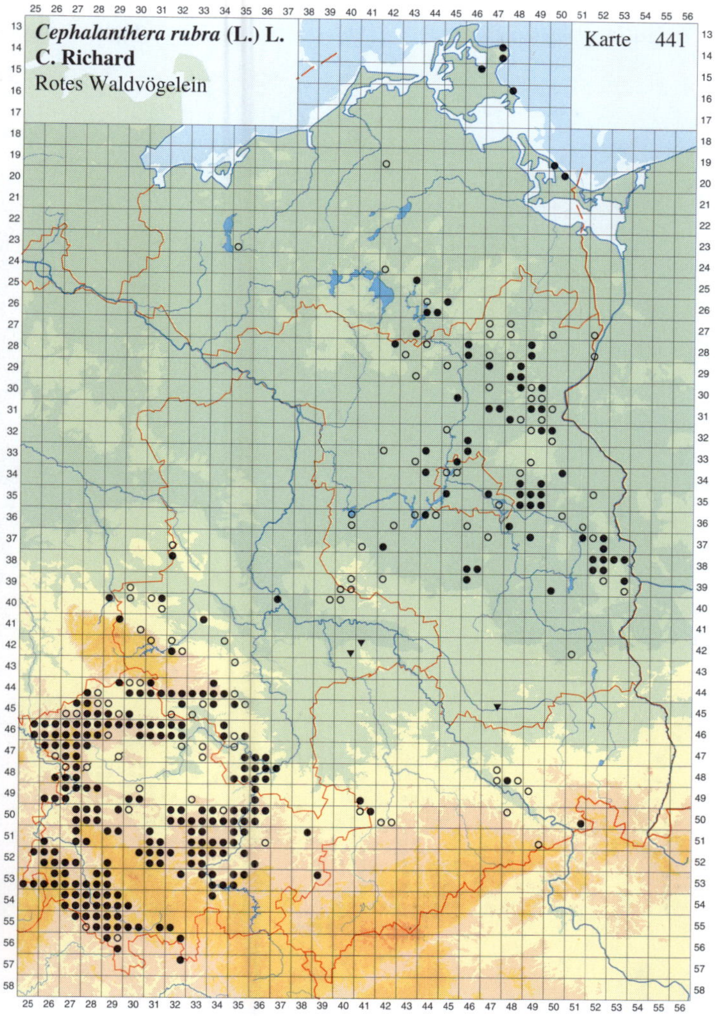
Cephalanthera rubra (L.) L. C. Richard
Rotes Waldvögelein
Karte 441

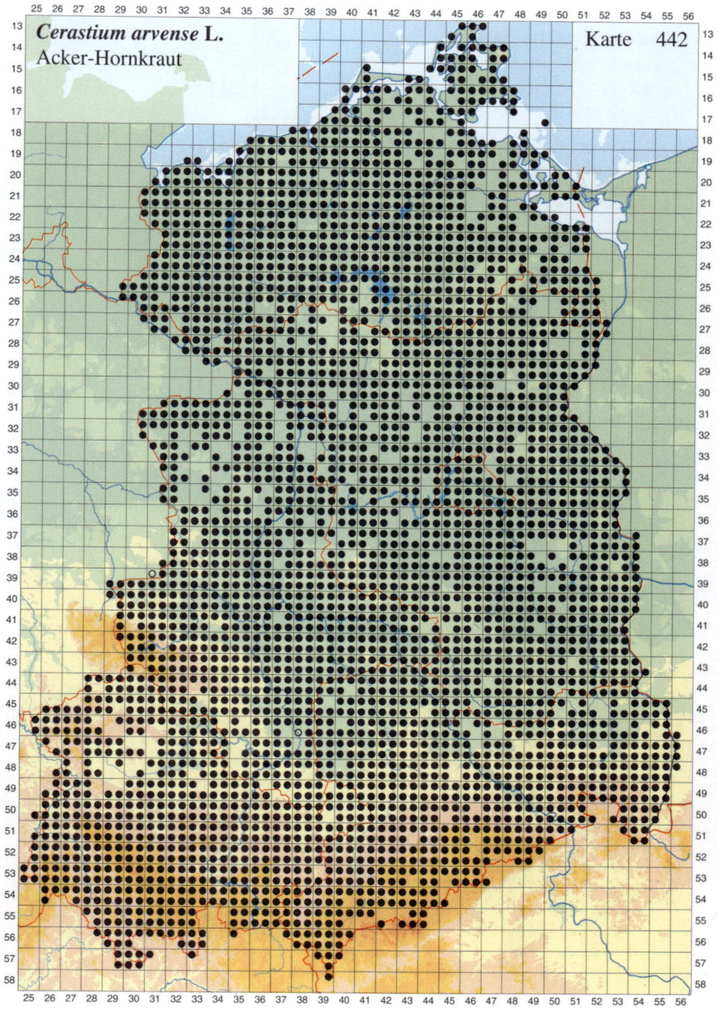
Cerastium arvense L.
Acker-Hornkraut
Karte 442

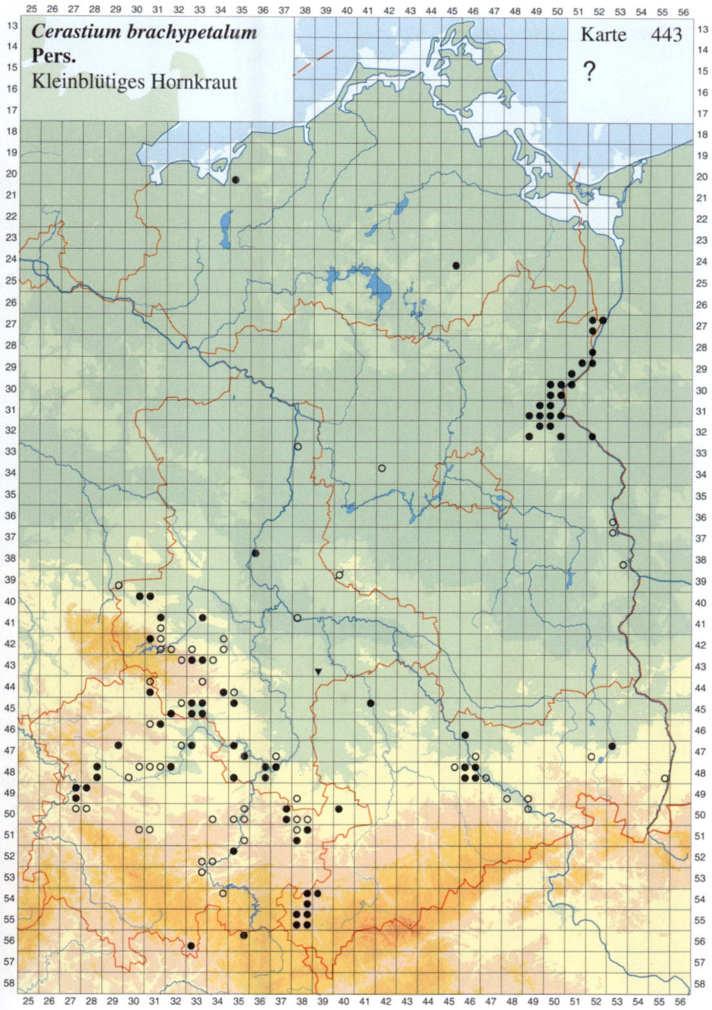
Cerastium brachypetalum Pers.
Kleinblütiges Hornkraut
Karte 443
?

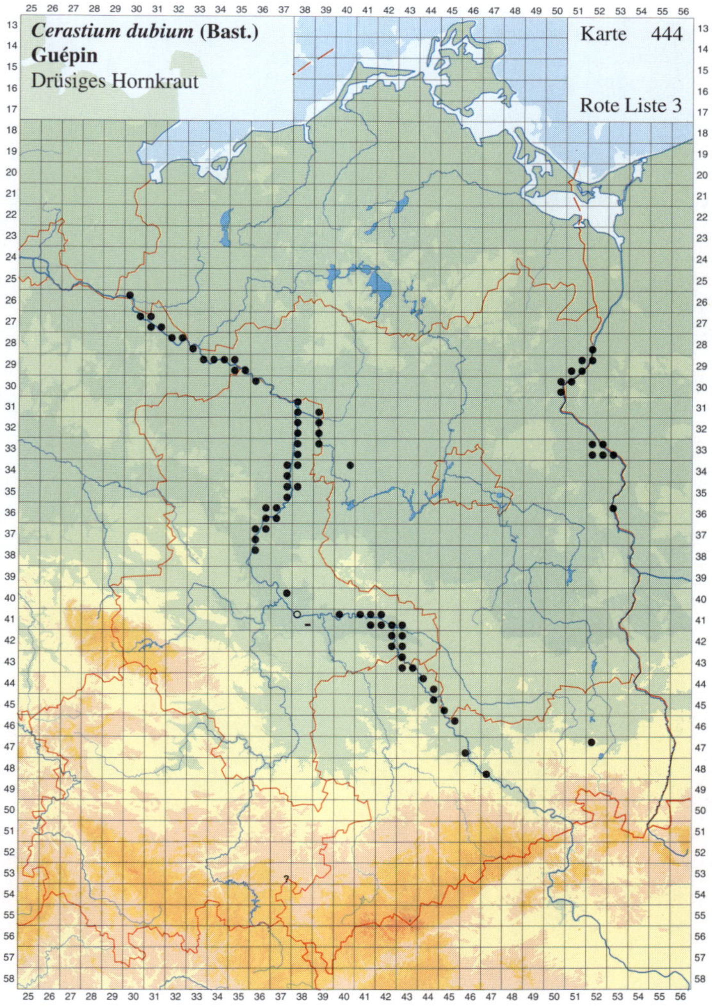
Cerastium dubium (Bast.) Guépin
Drüsiges Hornkraut
Karte 444
Rote Liste 3

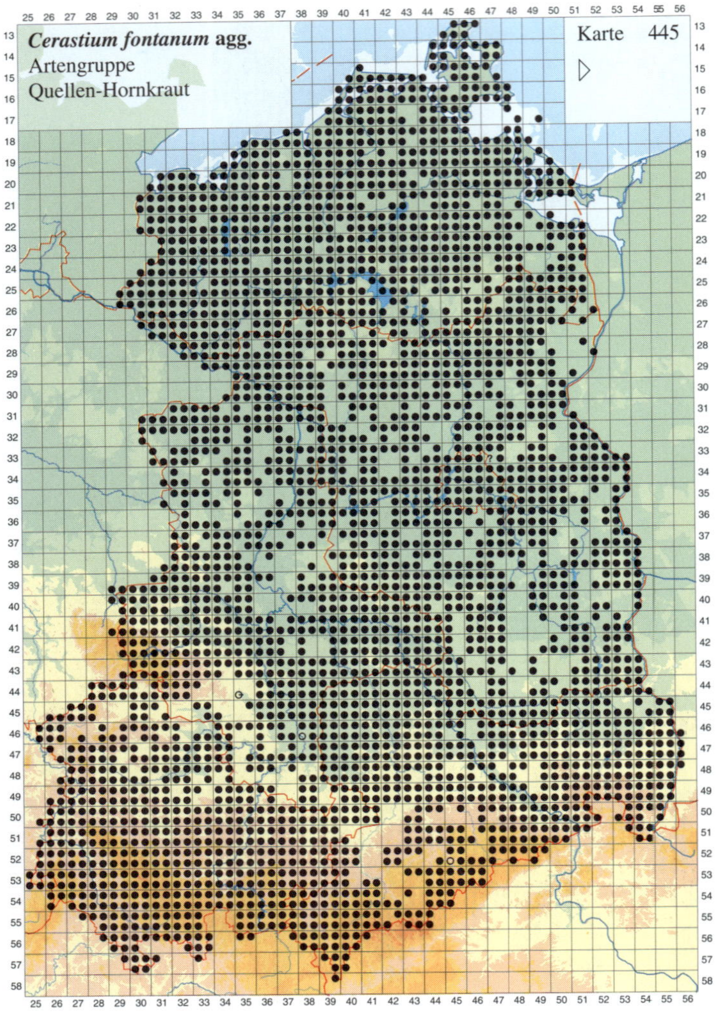
Cerastium fontanum agg.
Artengruppe
Quellen-Hornkraut
Karte 445

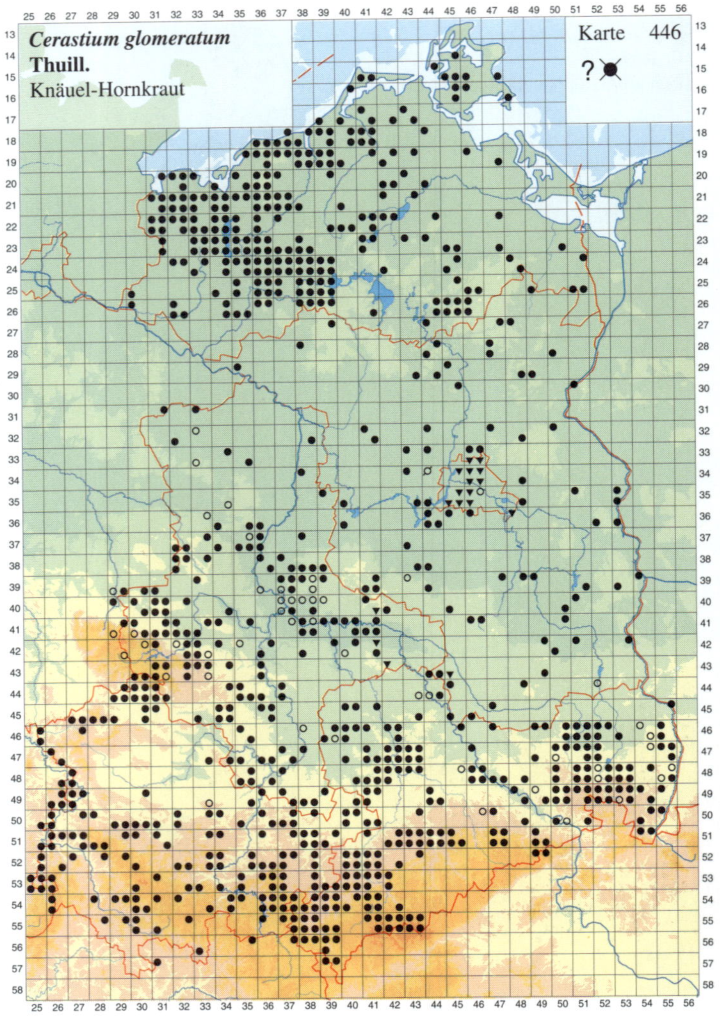
Cerastium glomeratum
Thuill.
Knäuel-Hornkraut
Karte 446

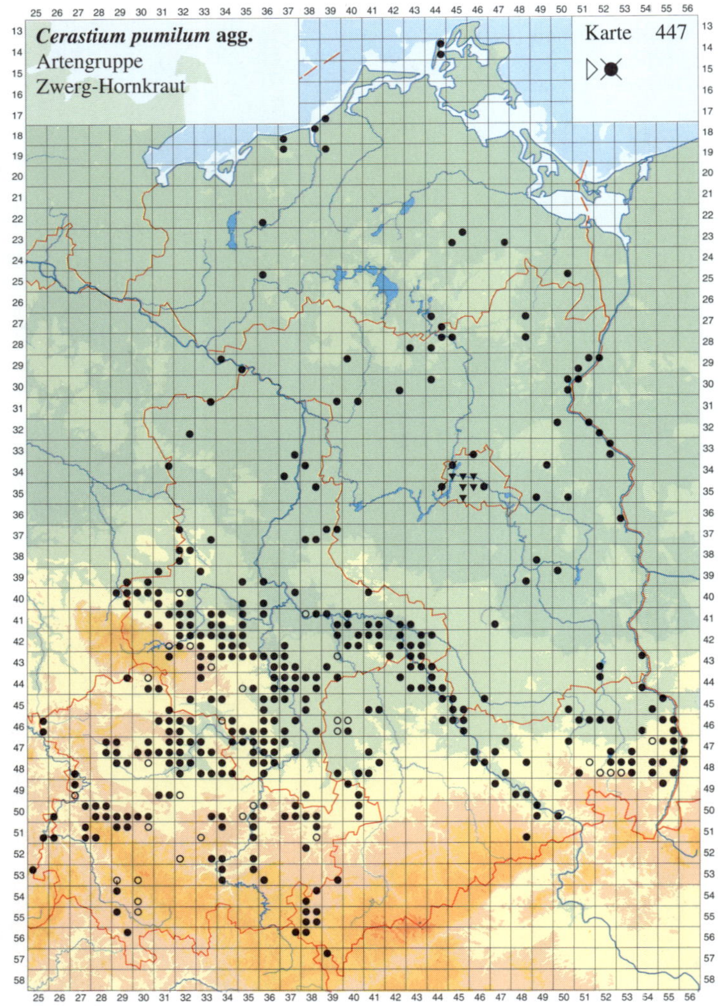
Cerastium pumilum agg.
Artengruppe
Zwerg-Hornkraut
Karte 447

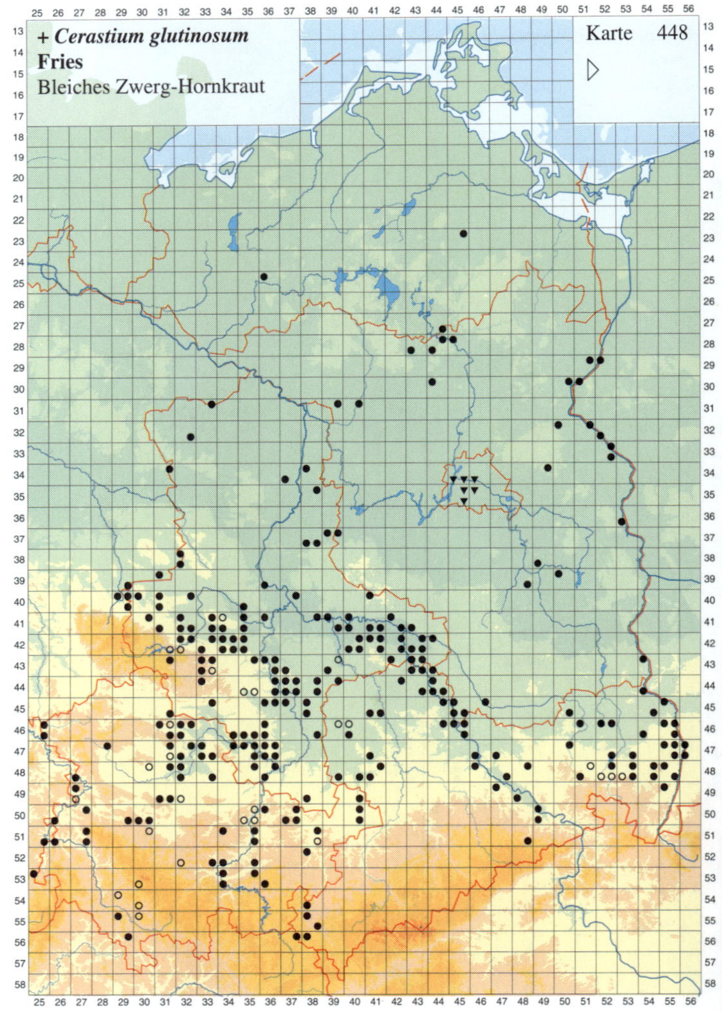
+ *Cerastium glutinosum*
Fries
Bleiches Zwerg-Hornkraut
Karte 448

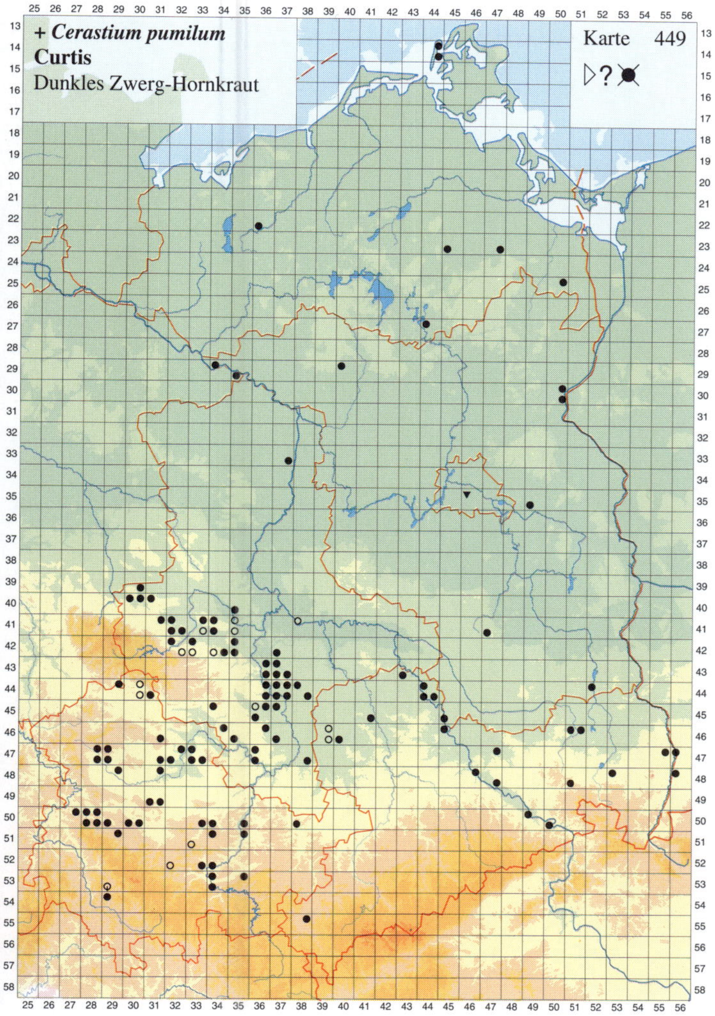
+ Cerastium pumilum
Curtis
Dunkles Zwerg-Hornkraut
Karte 449

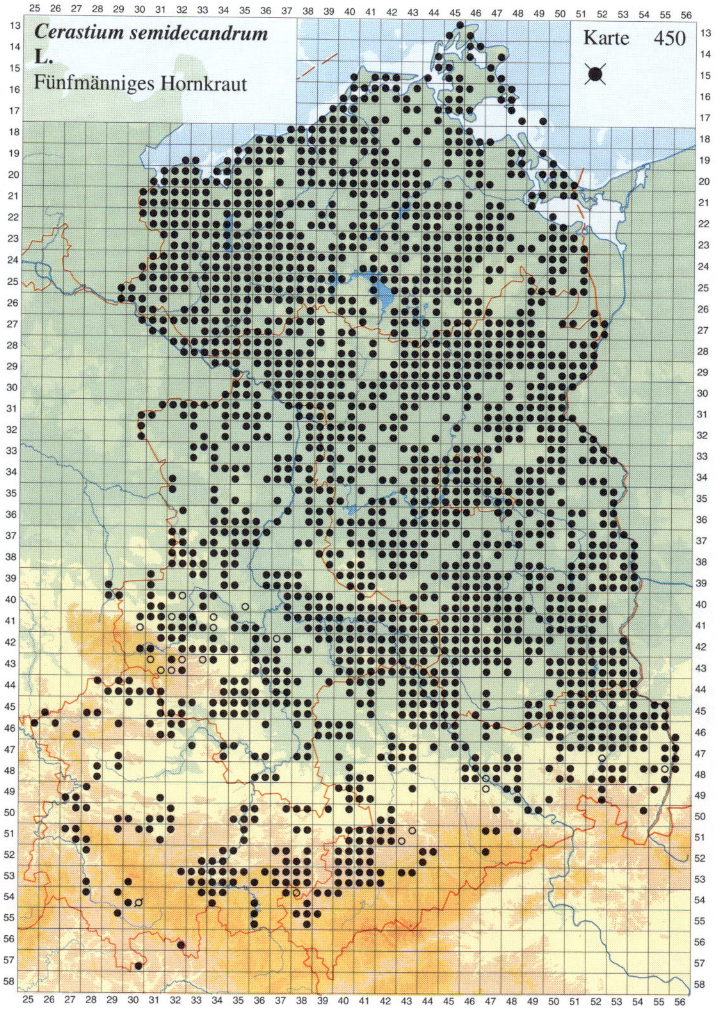
Cerastium semidecandrum
L.
Fünfmänniges Hornkraut
Karte 450

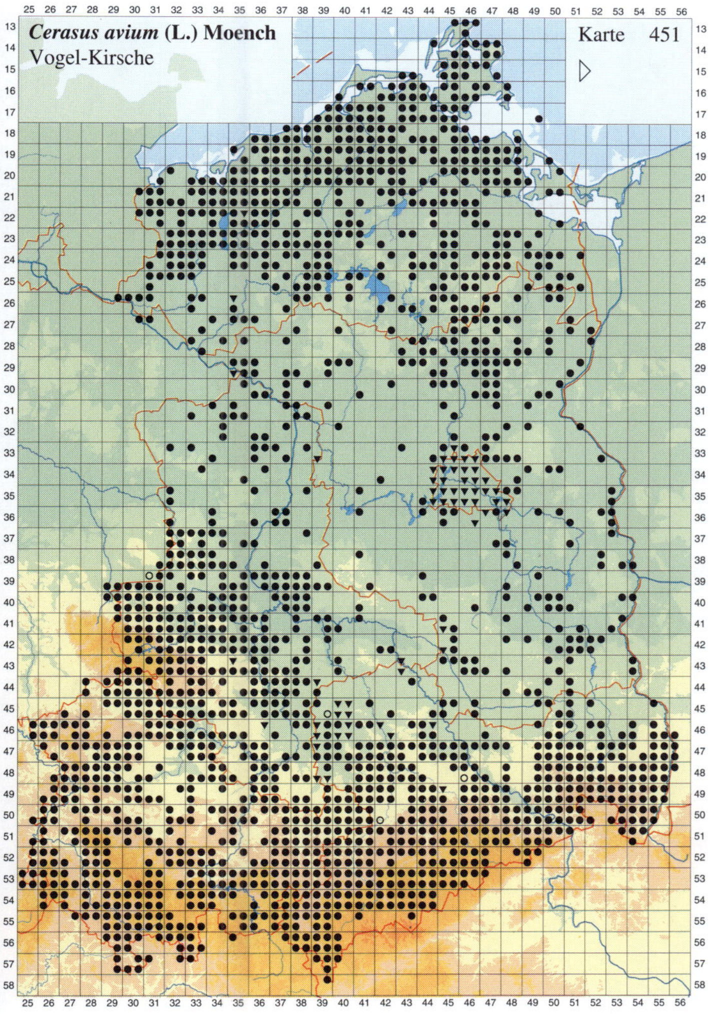
Cerasus avium (L.) Moench
Vogel-Kirsche
Karte 451

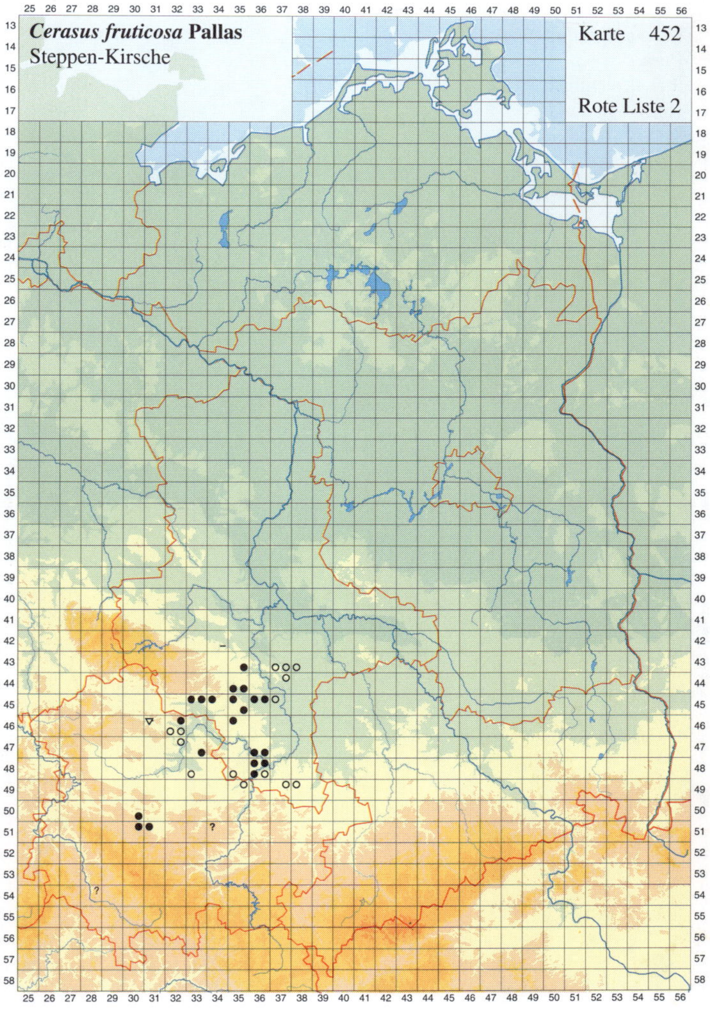
Cerasus fruticosa Pallas
Steppen-Kirsche
Karte 452
Rote Liste 2

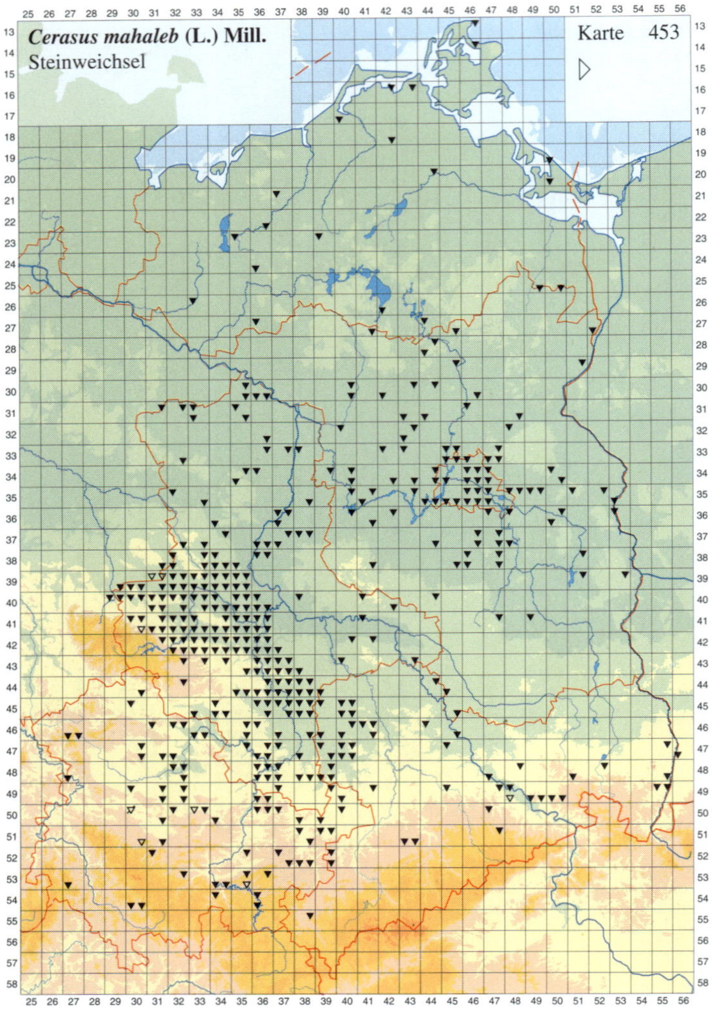
Cerasus mahaleb (L.) Mill.
Steinweichsel
Karte 453

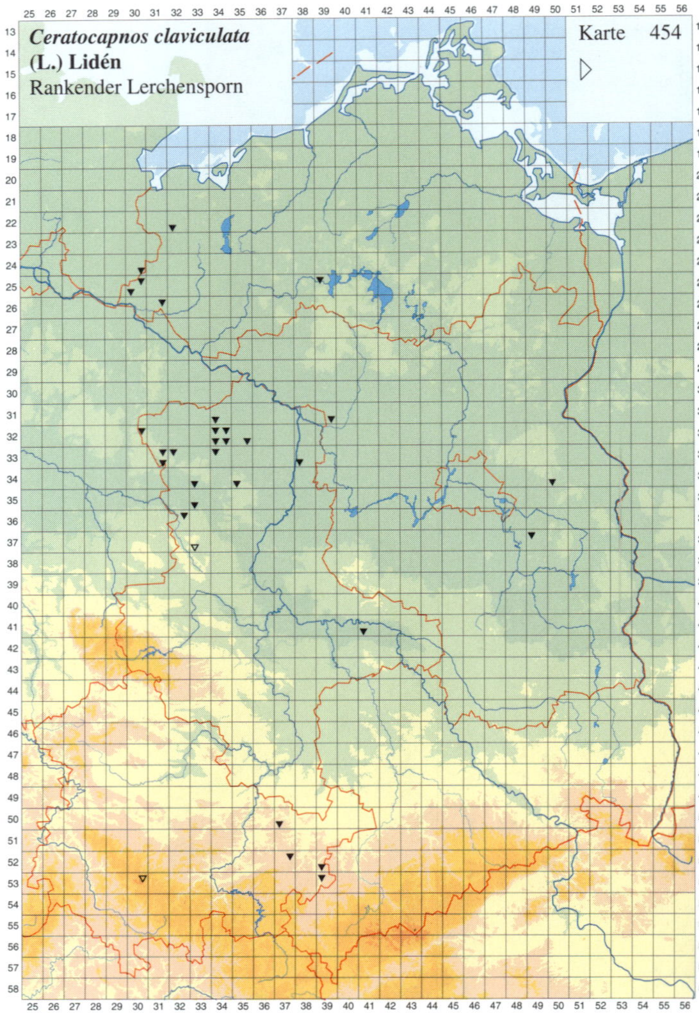
Ceratocapnos claviculata (L.) Lidén
Rankender Lerchensporn
Karte 454

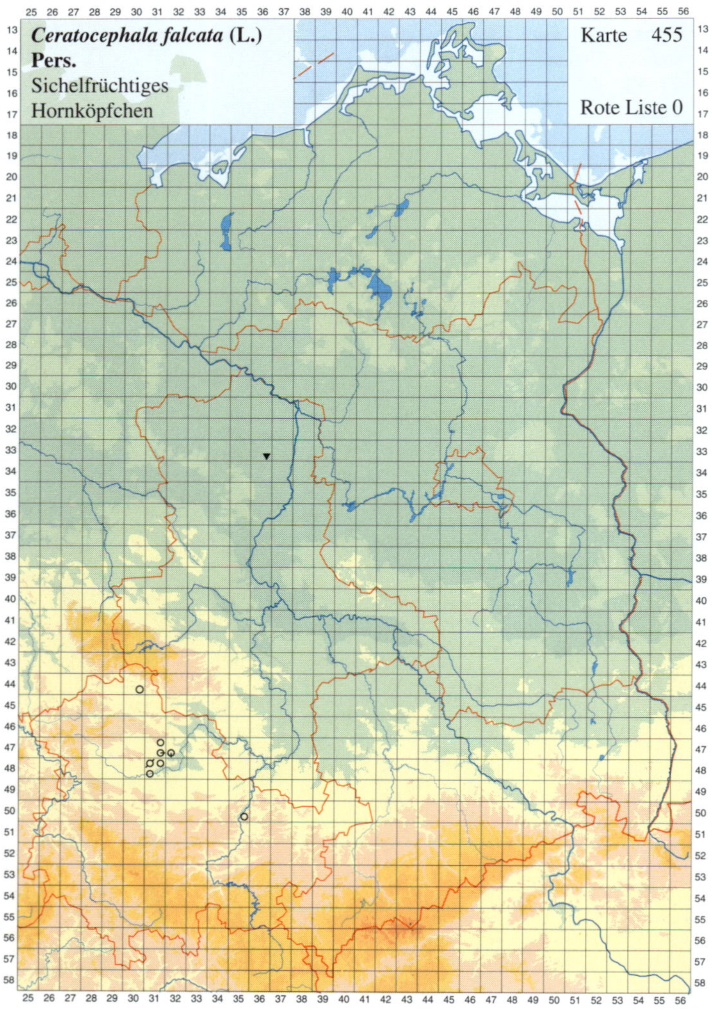
Ceratocephala falcata (L.) Pers.
Sichelfrüchtiges Hornköpfchen
Karte 455
Rote Liste 0

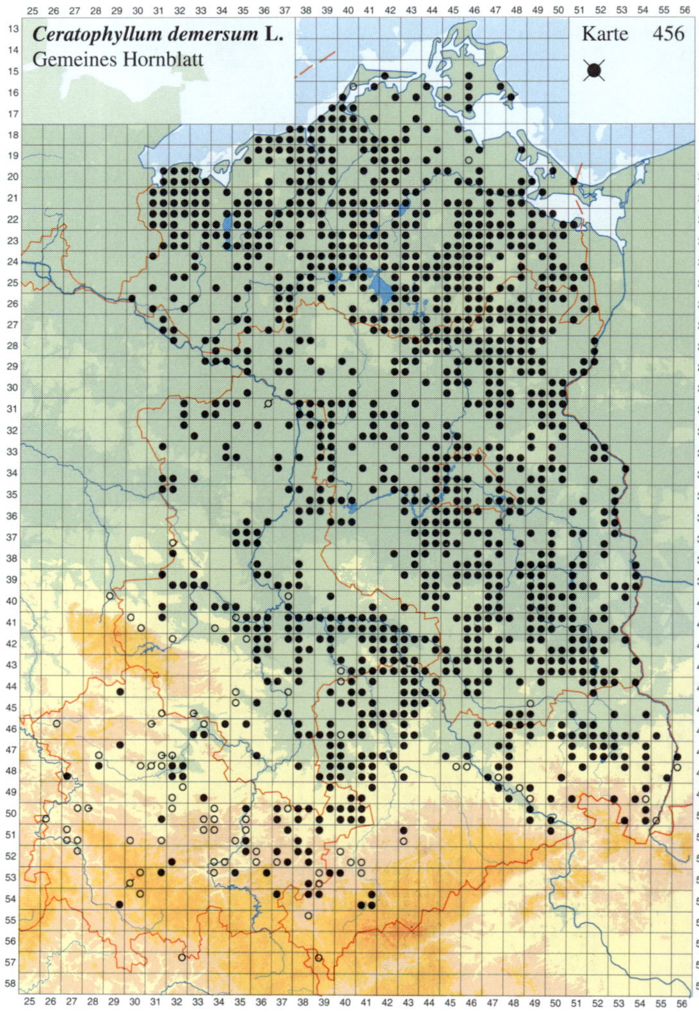
Ceratophyllum demersum L.
Gemeines Hornblatt
Karte 456

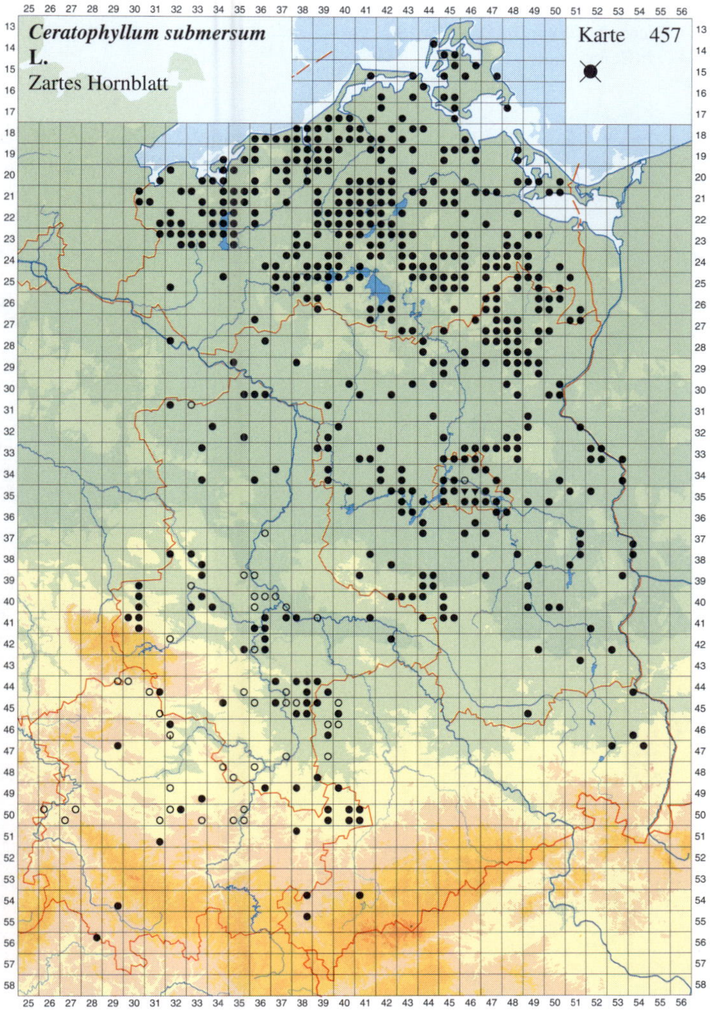
Ceratophyllum submersum L.
Zartes Hornblatt
Karte 457

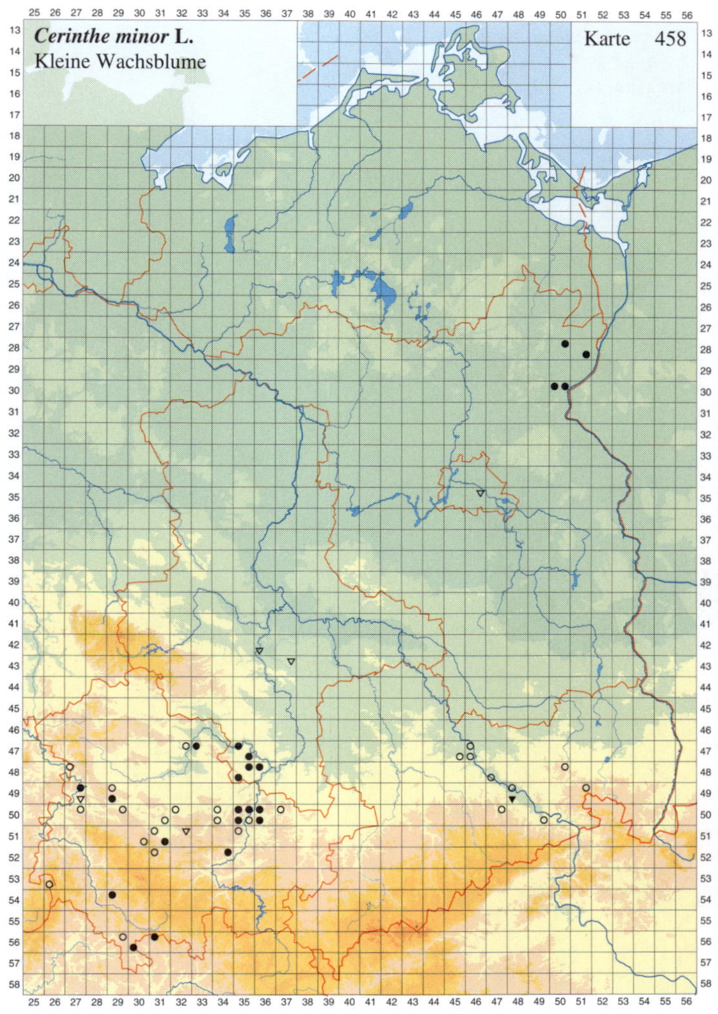
Cerinthe minor L.
Kleine Wachsblume
Karte 458

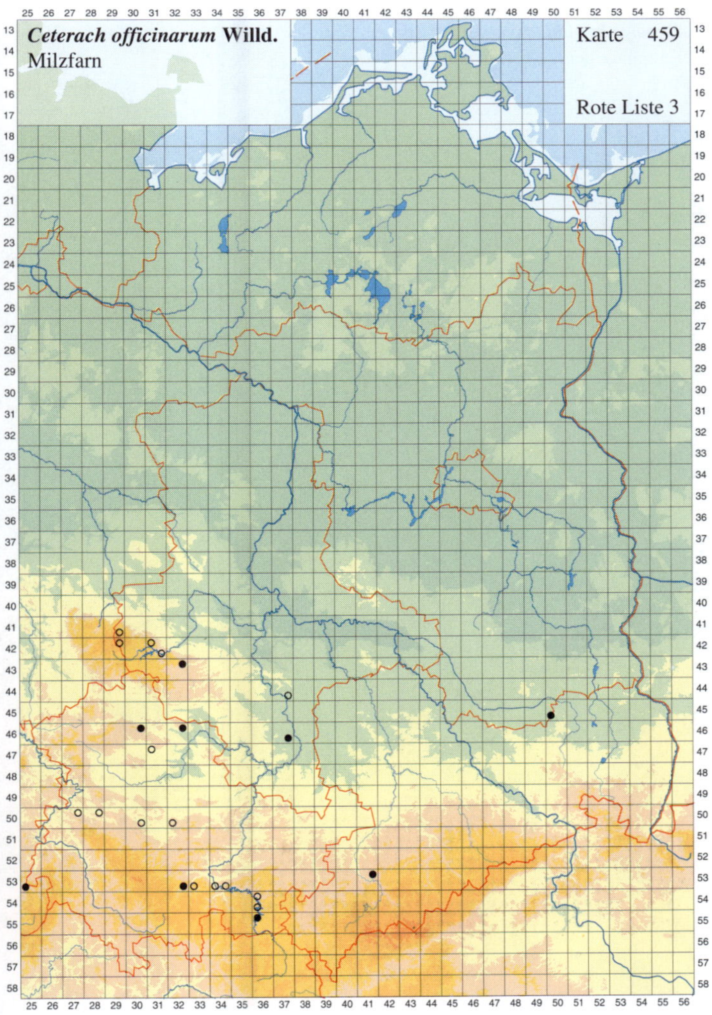
Ceterach officinarum Willd.
Milzfarn
Karte 459
Rote Liste 3

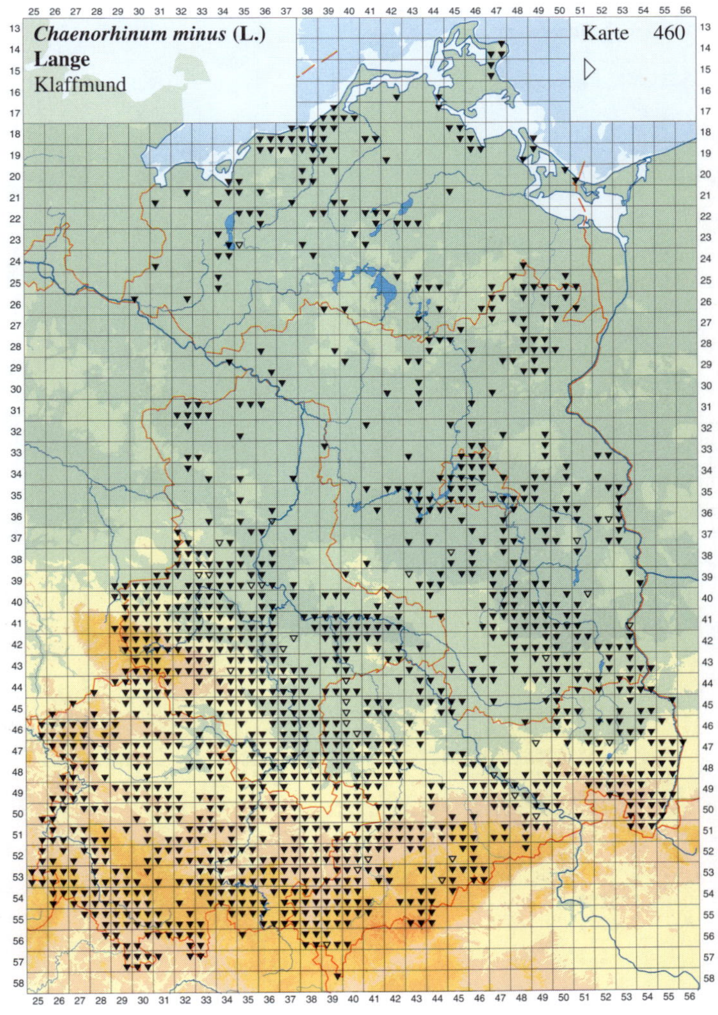
Chaenorhinum minus (L.) Lange
Klaffmund
Karte 460

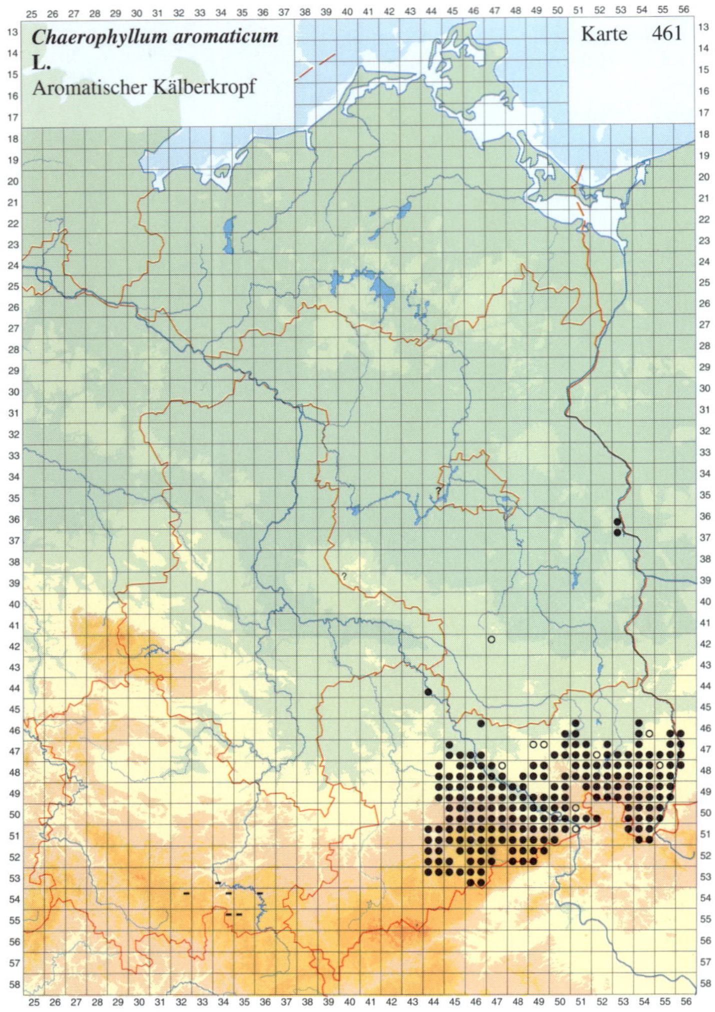
Chaerophyllum aromaticum L.
Aromatischer Kälberkropf
Karte 461

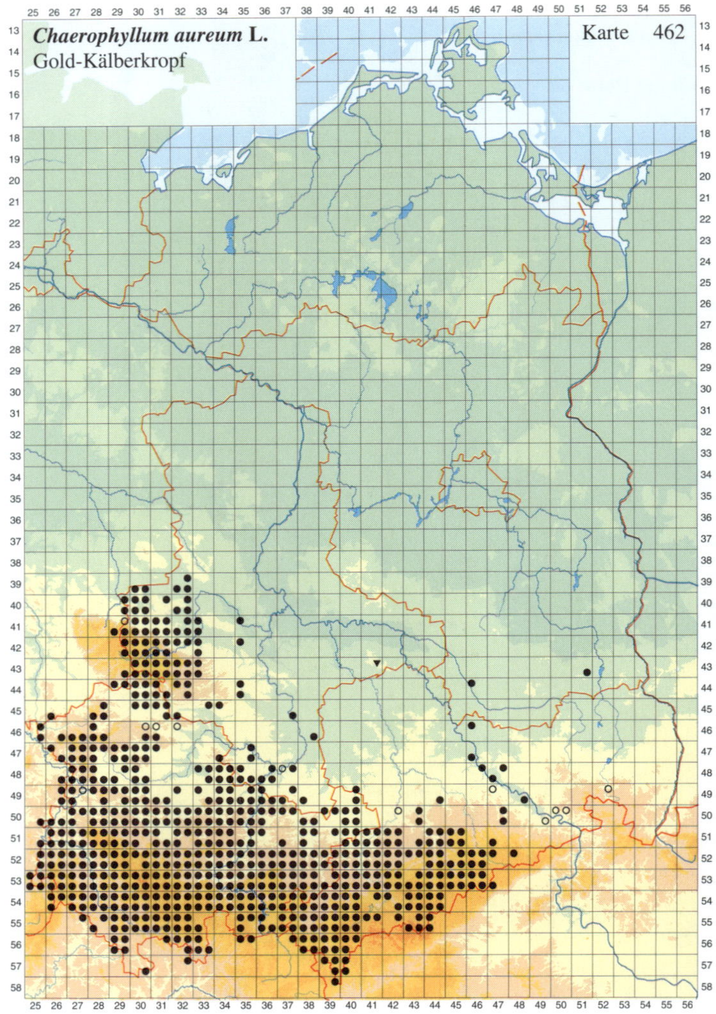
Chaerophyllum aureum L.
Gold-Kälberkropf
Karte 462

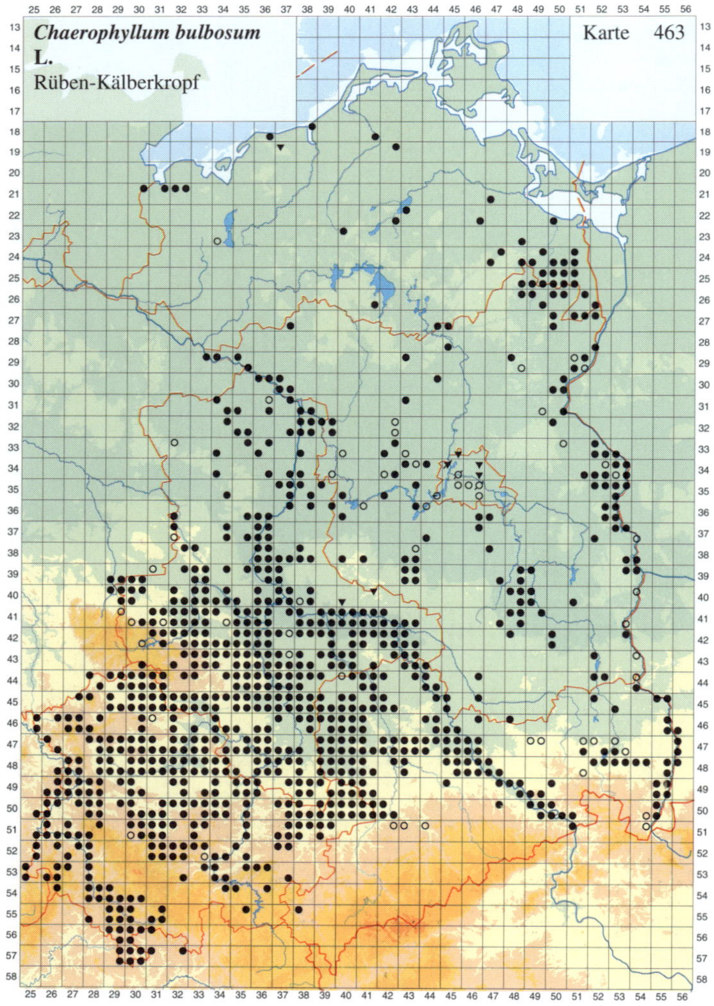
Chaerophyllum bulbosum L.
Rüben-Kälberkropf
Karte 463

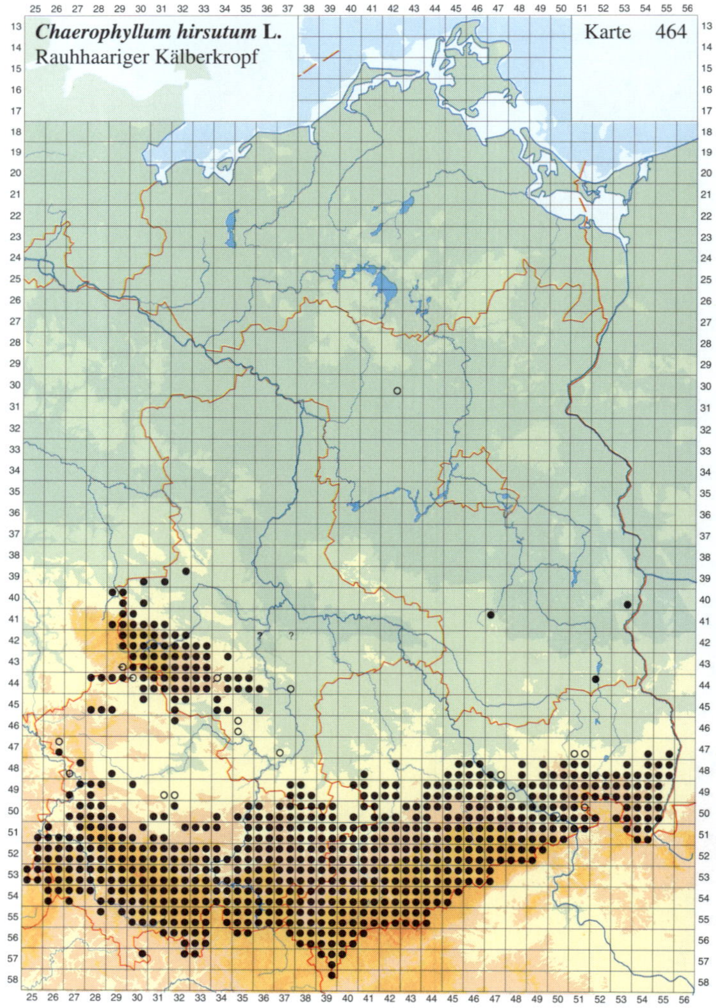
Chaerophyllum hirsutum L.
Rauhhaariger Kälberkropf
Karte 464

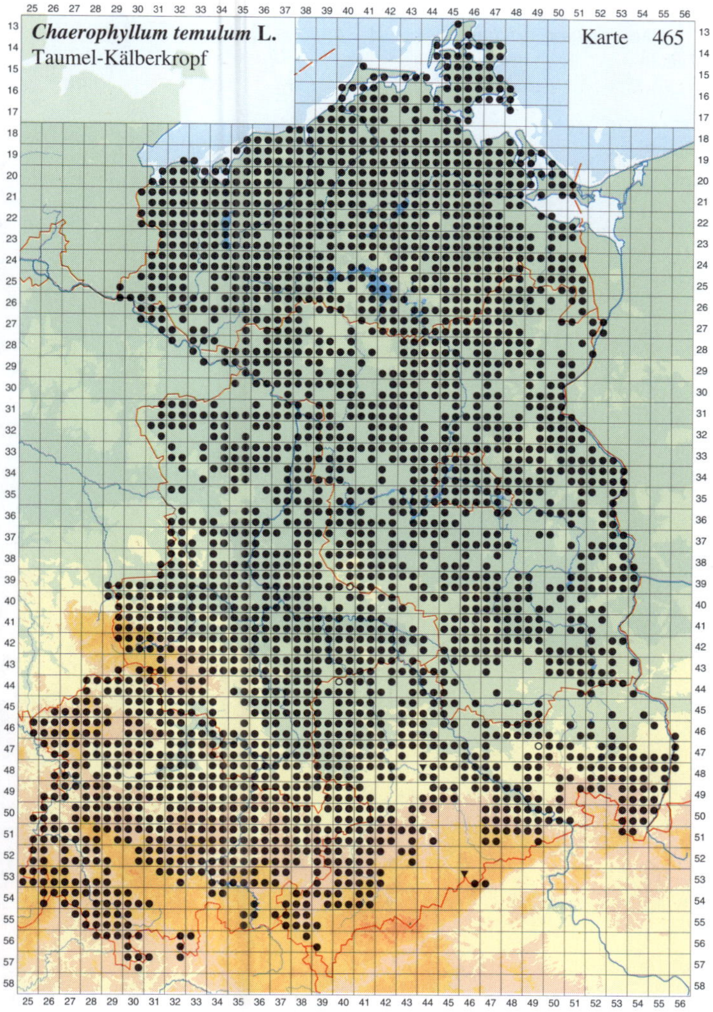
Chaerophyllum temulum L.
Taumel-Kälberkropf
Karte 465

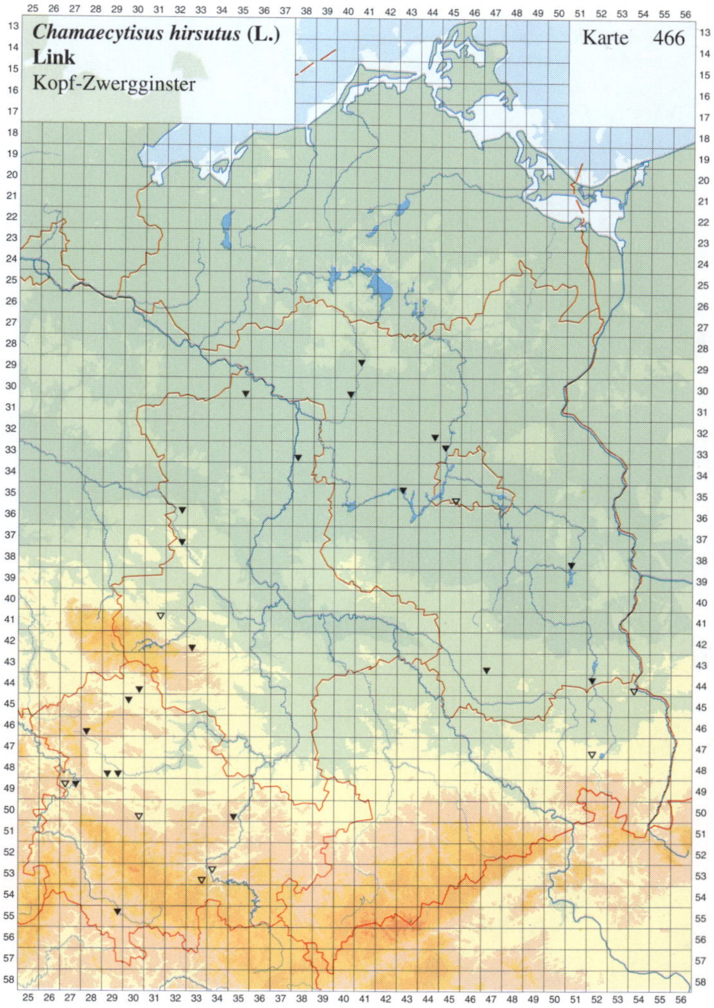
Chamaecytisus hirsutus (L.) Link
Kopf-Zwergginster
Karte 466

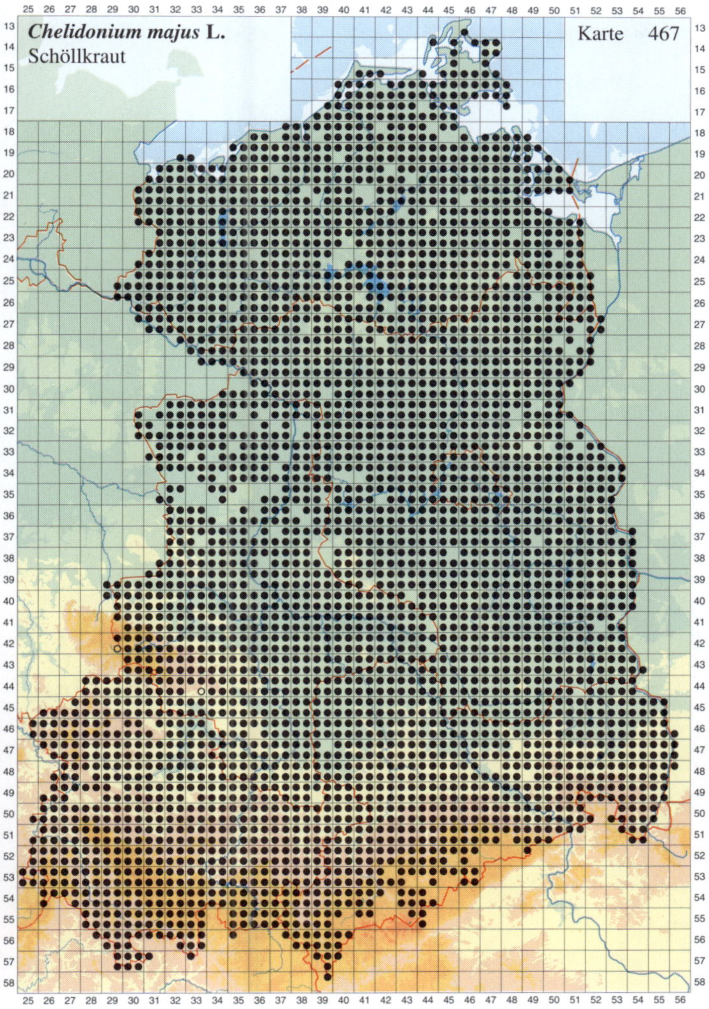
Chelidonium majus L.
Schöllkraut
Karte 467

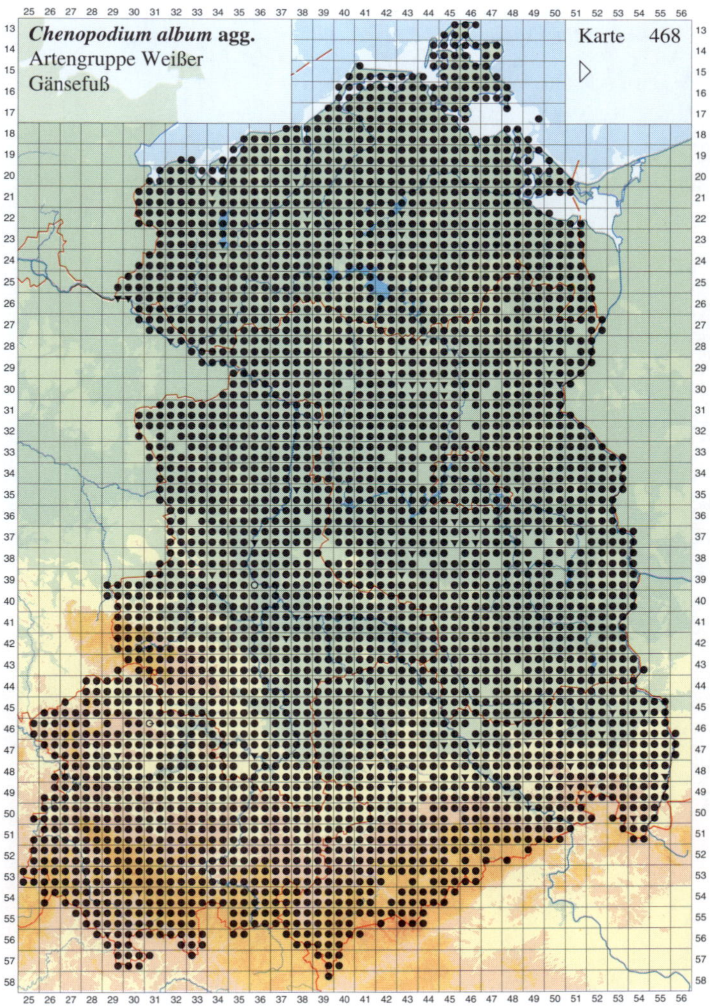
Chenopodium album agg.
Artengruppe Weißer Gänsefuß
Karte 468

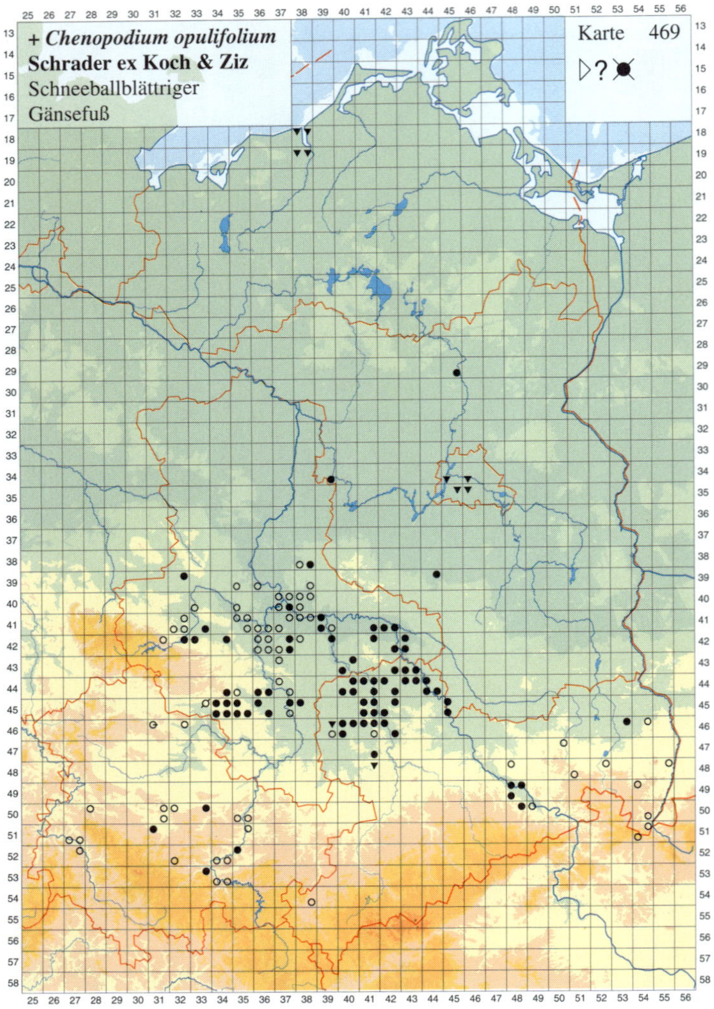
+ Chenopodium opulifolium
Schrader ex Koch & Ziz
Schneeballblättriger
Gänsefuß
Karte 469
▷? ●

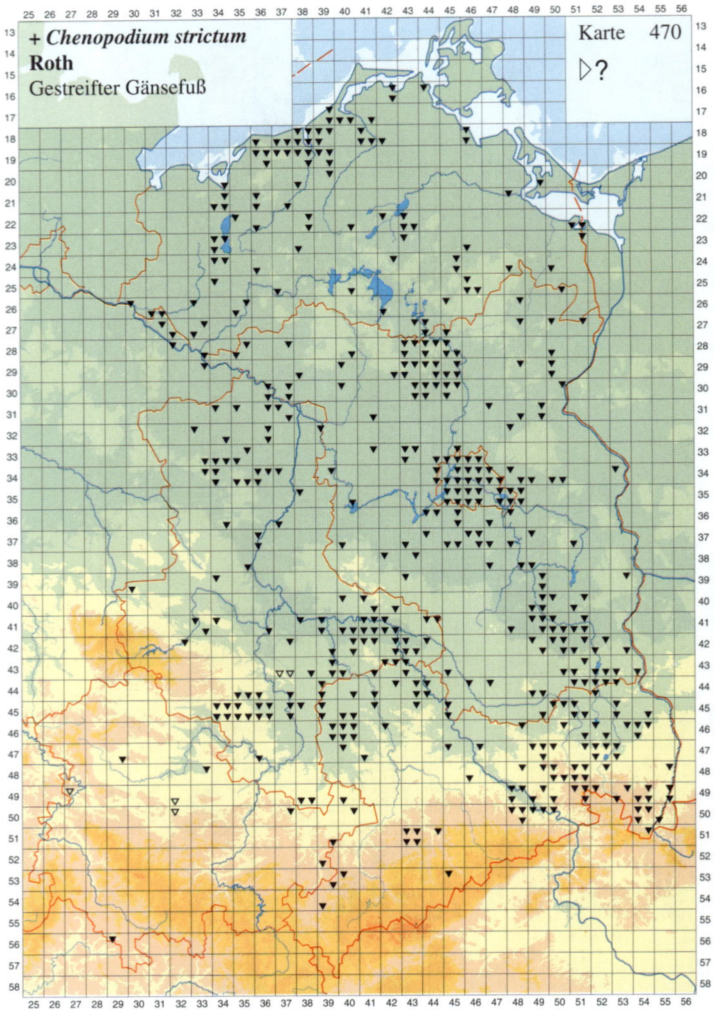
+ Chenopodium strictum
Roth
Gestreifter Gänsefuß
Karte 470
▷?

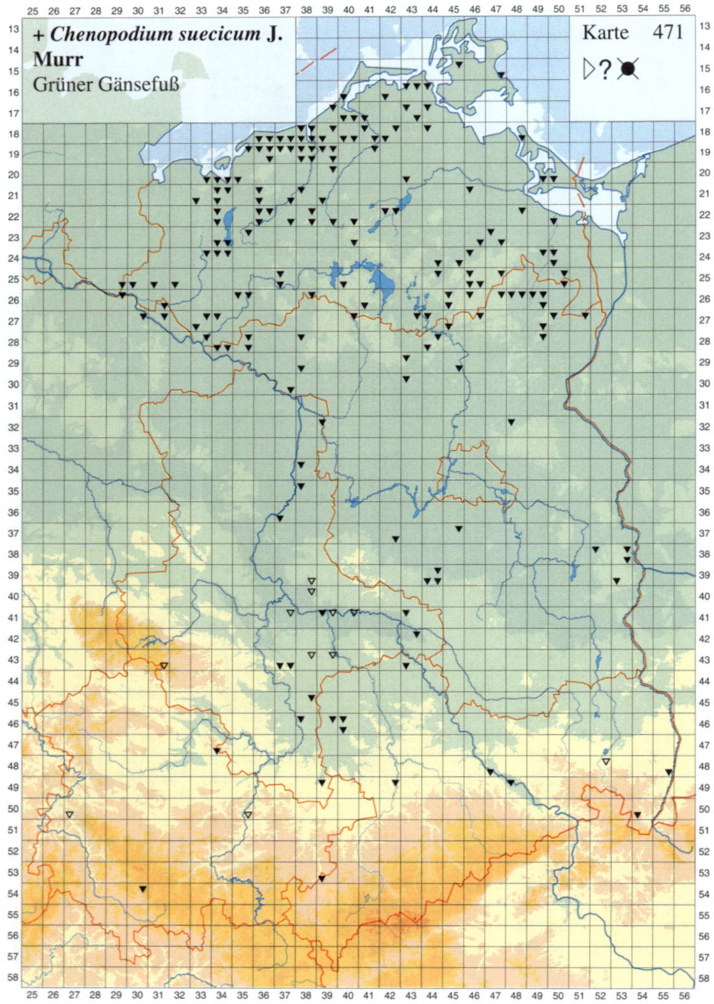
+ Chenopodium suecicum J.
Murr
Grüner Gänsefuß
Karte 471
▷? ●

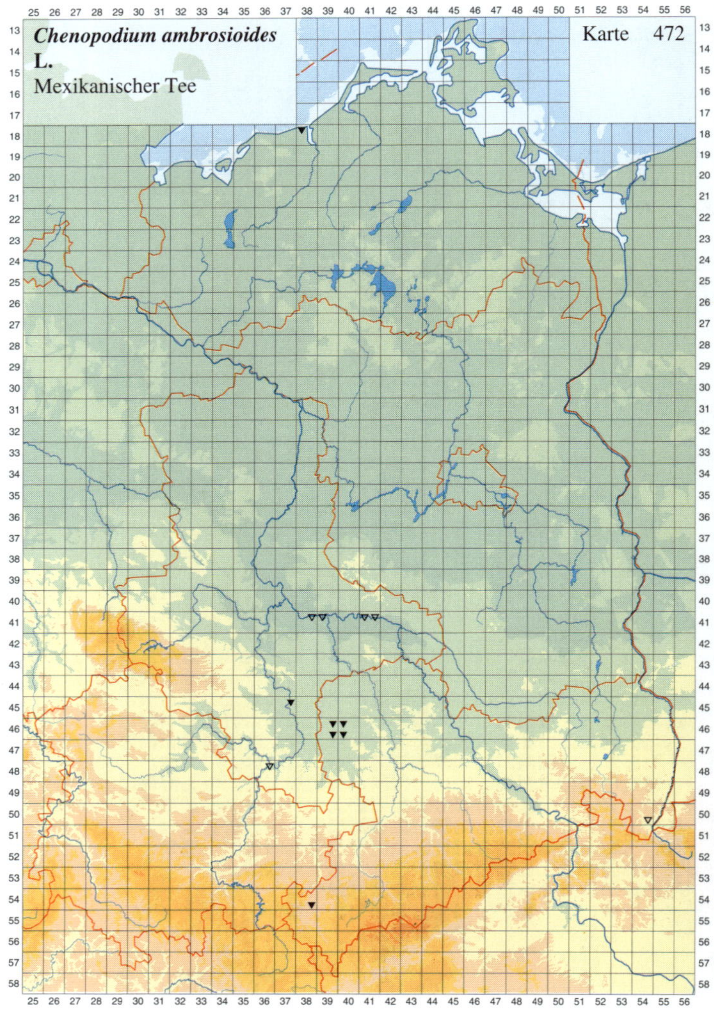
Chenopodium ambrosioides
L.
Mexikanischer Tee
Karte 472

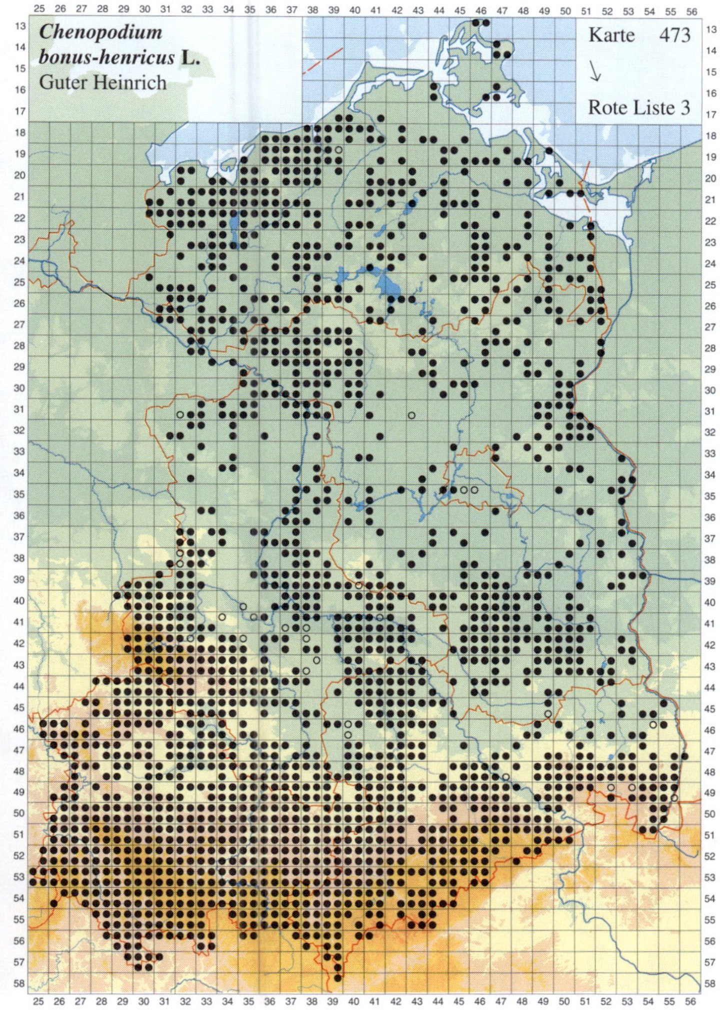
Chenopodium bonus-henricus L.
Guter Heinrich
Karte 473
Rote Liste 3

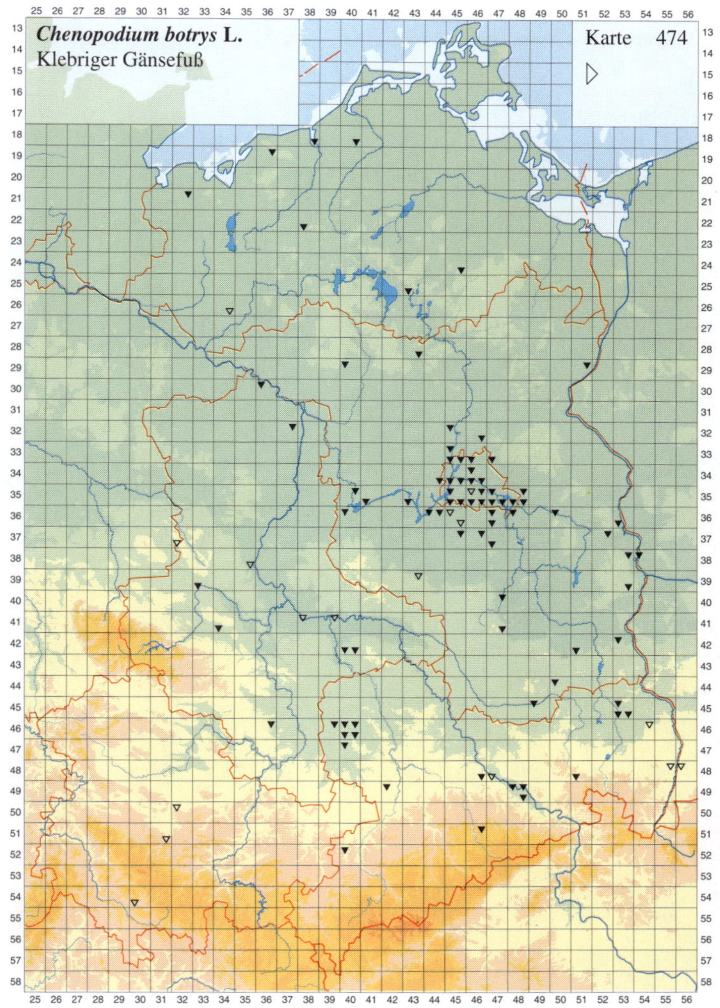
Chenopodium botrys L.
Klebriger Gänsefuß
Karte 474

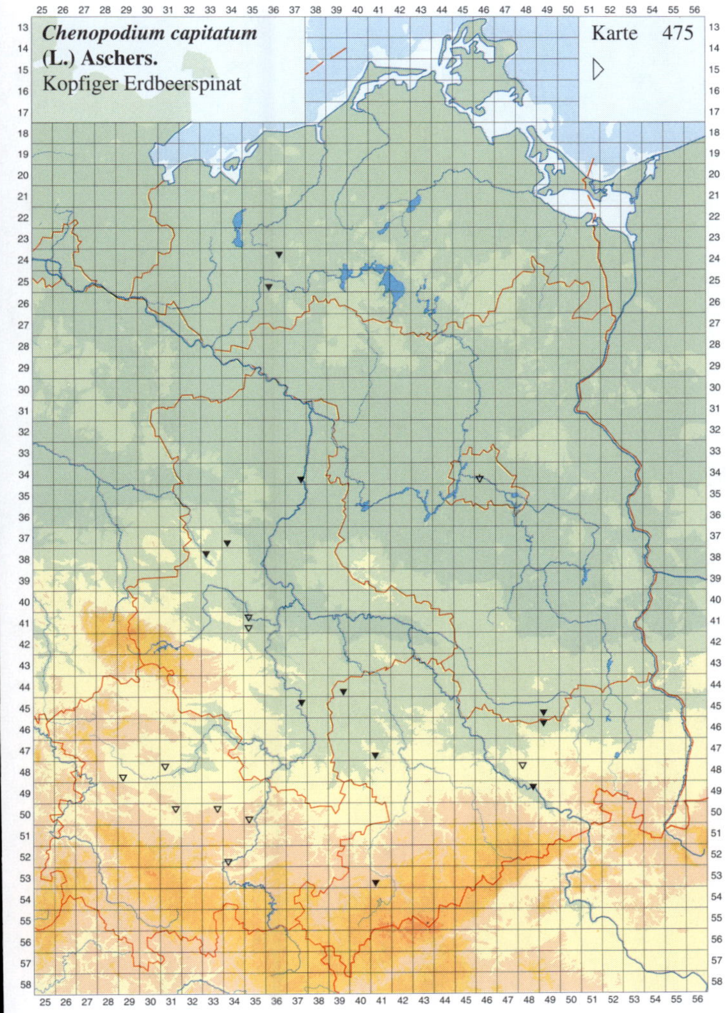
Chenopodium capitatum (L.) Aschers.
Kopfiger Erdbeerspinat
Karte 475

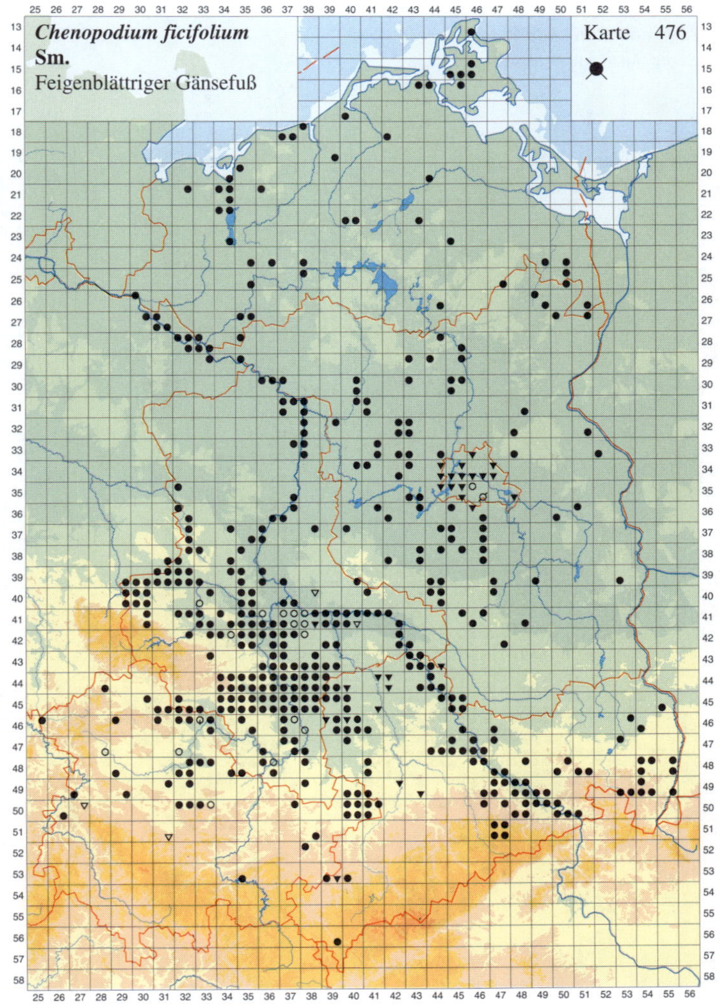
Chenopodium ficifolium Sm.
Feigenblättriger Gänsefuß
Karte 476

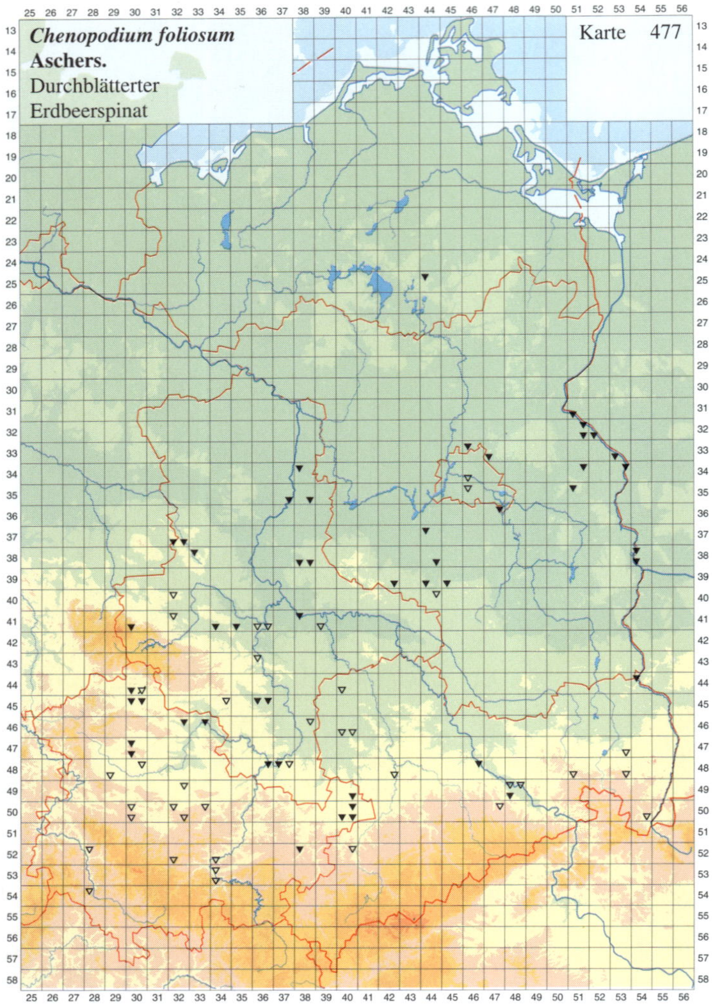
Chenopodium foliosum **Aschers.**
Durchblätterter Erdbeerspinat
Karte 477

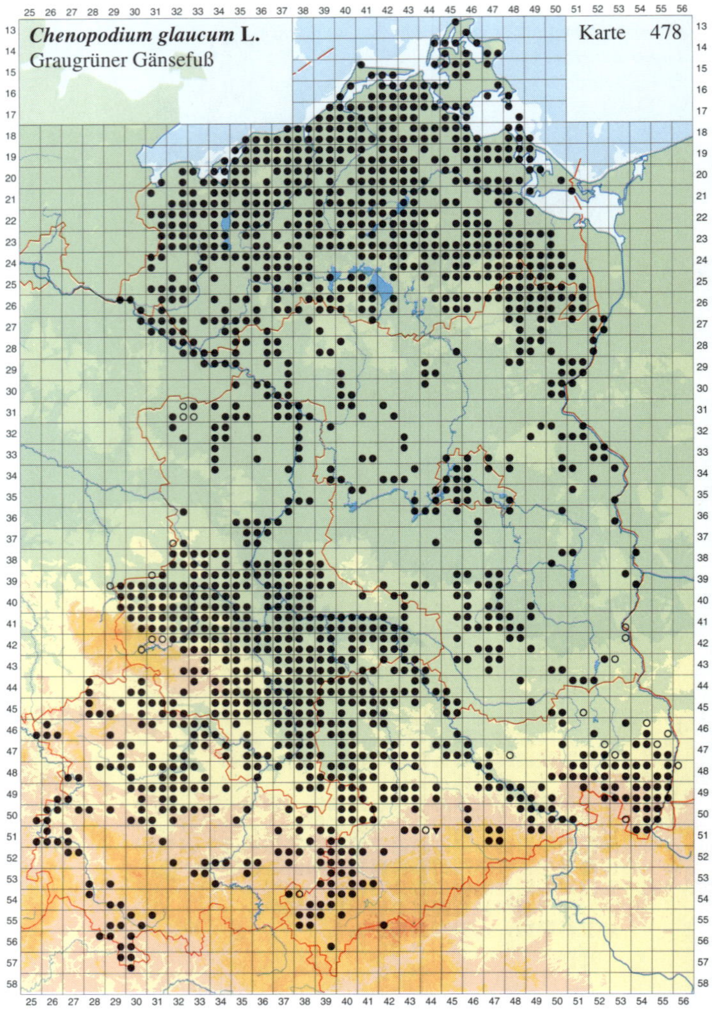
Chenopodium glaucum **L.**
Graugrüner Gänsefuß
Karte 478

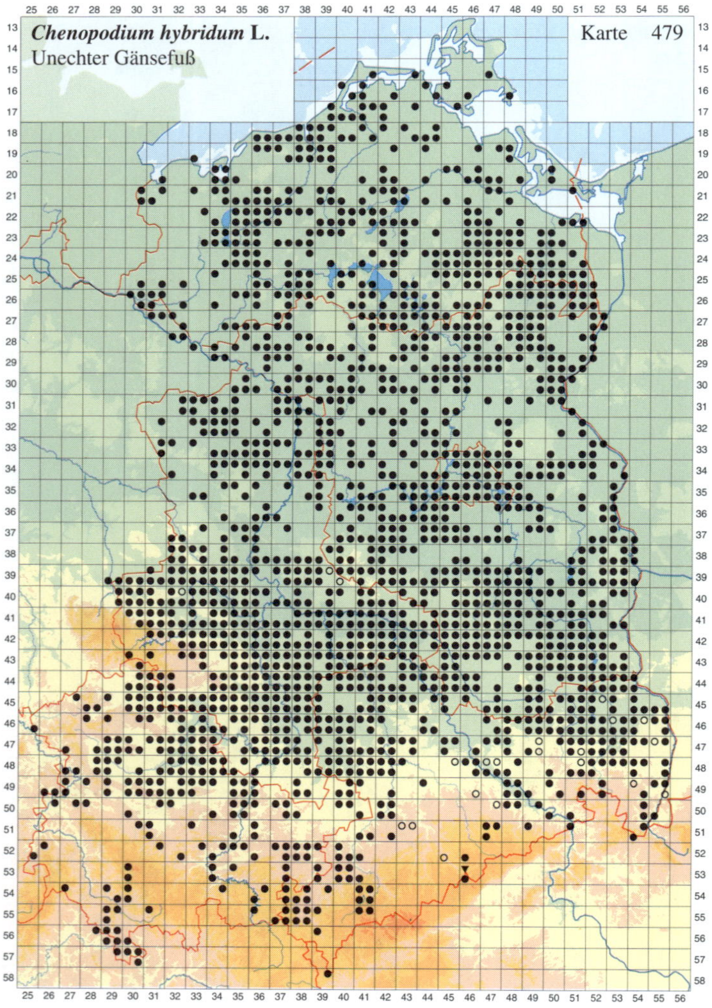
Chenopodium hybridum **L.**
Unechter Gänsefuß
Karte 479

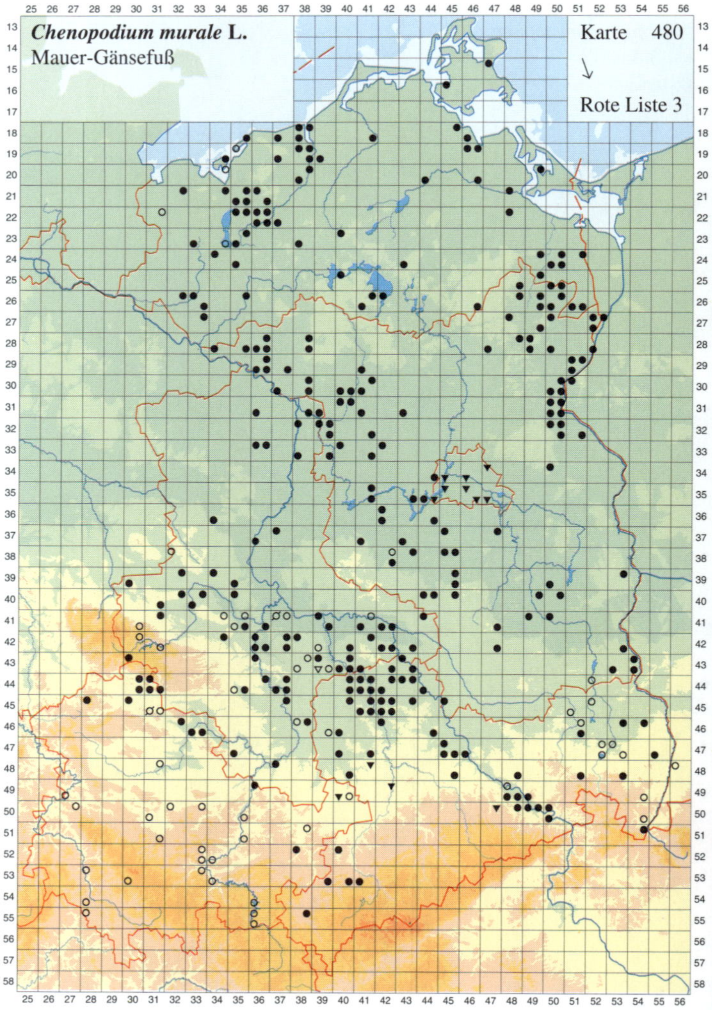
Chenopodium murale **L.**
Mauer-Gänsefuß
Karte 480
↘
Rote Liste 3

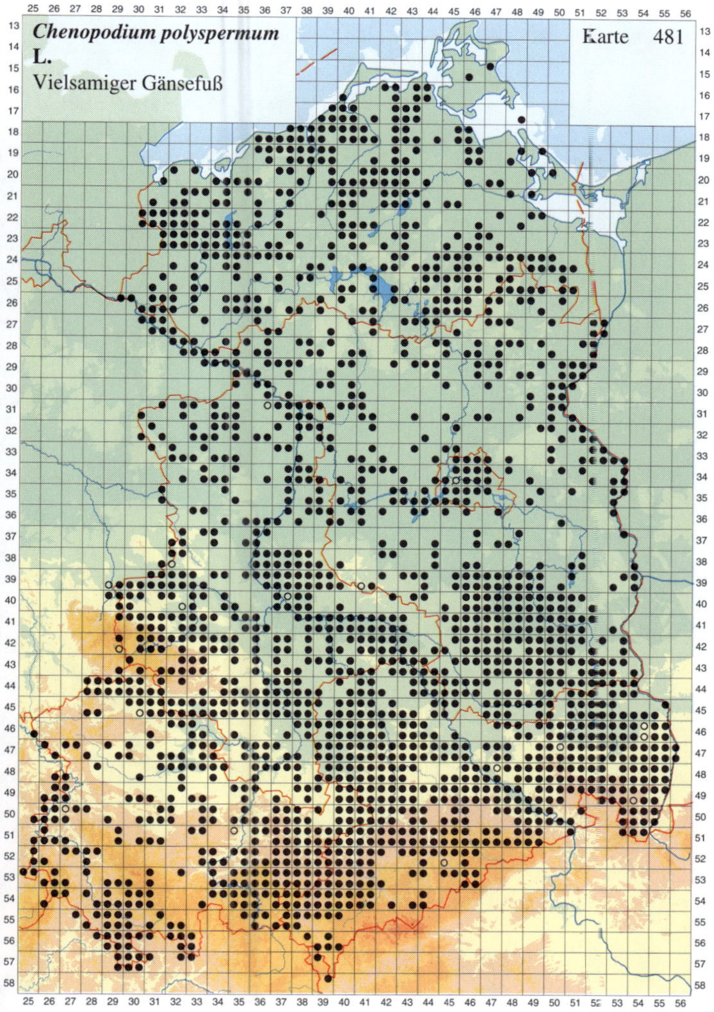
Chenopodium polyspermum L.
Vielsamiger Gänsefuß
Karte 481

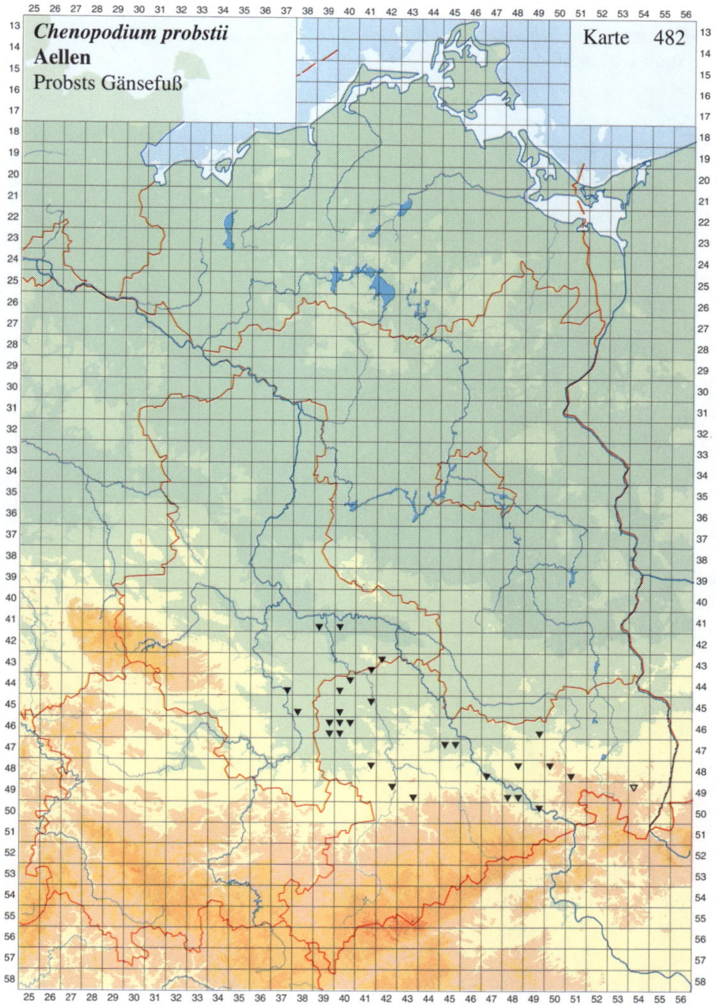
Chenopodium probstii Aellen
Probsts Gänsefuß
Karte 482

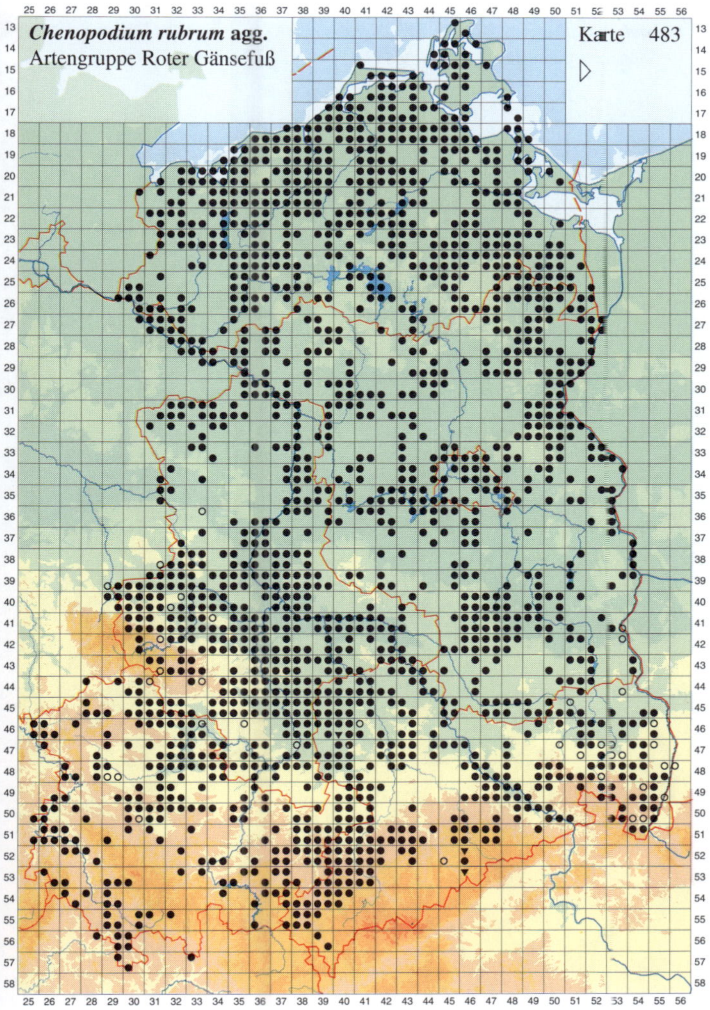
Chenopodium rubrum agg.
Artengruppe Roter Gänsefuß
Karte 483

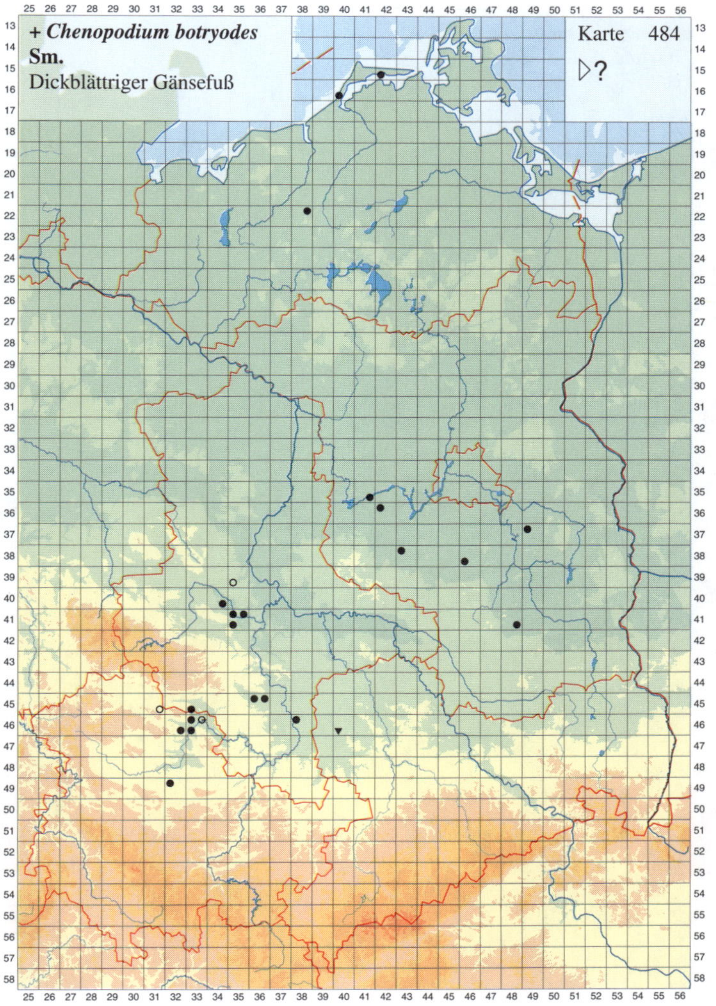
+ *Chenopodium botryodes* Sm.
Dickblättriger Gänsefuß
Karte 484
?

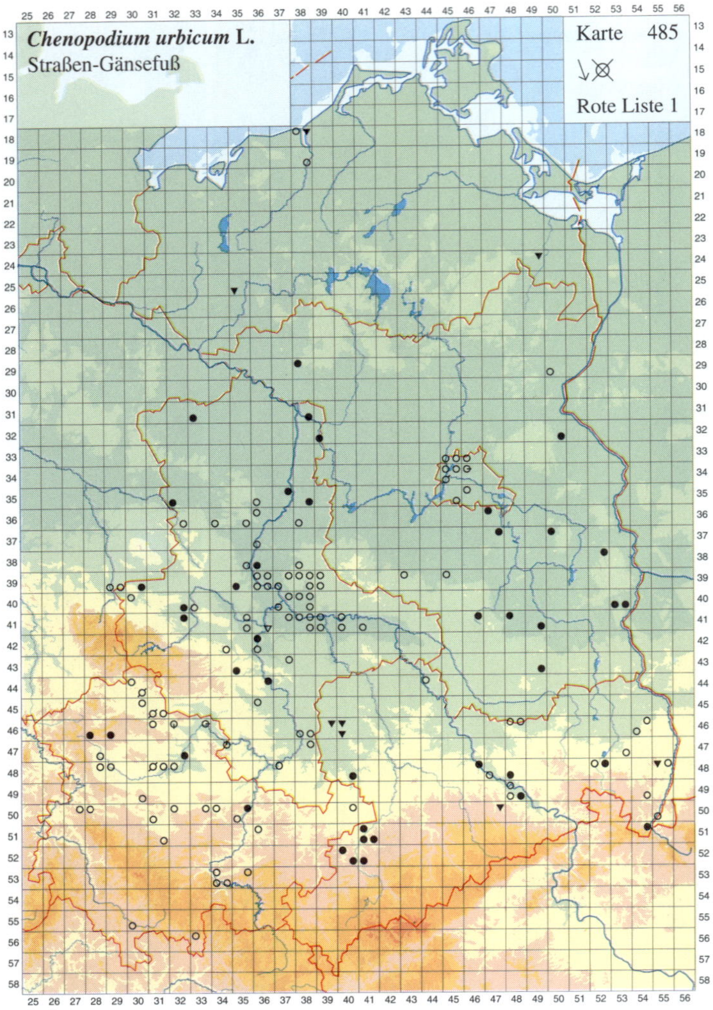
Chenopodium urbicum L.
Straßen-Gänsefuß
Karte 485
Rote Liste 1

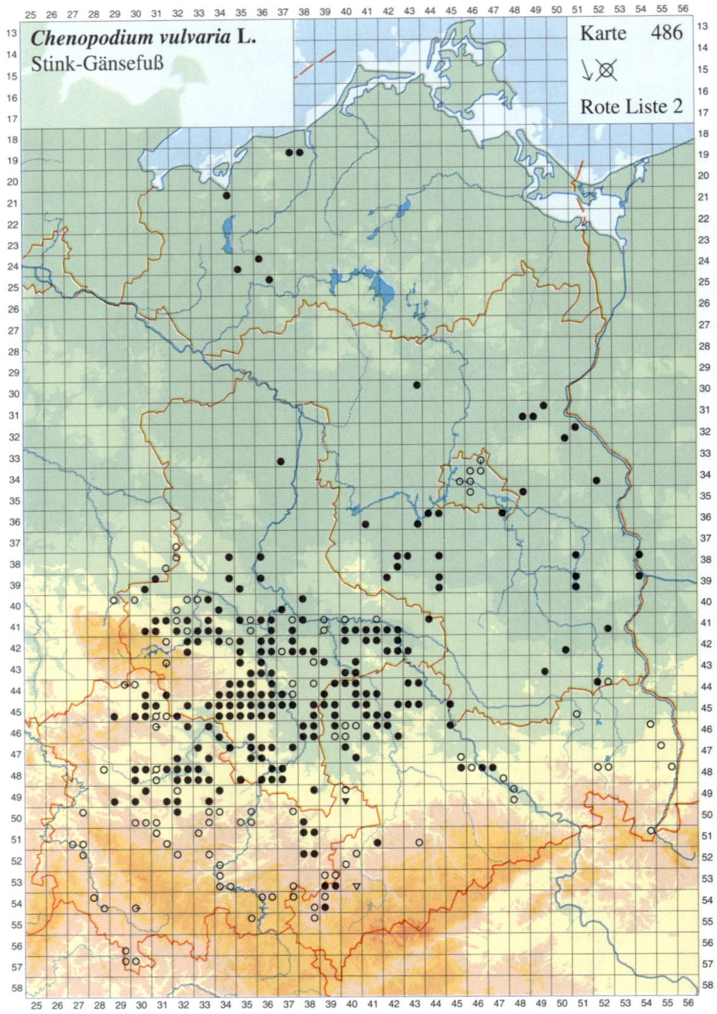
Chenopodium vulvaria L.
Stink-Gänsefuß
Karte 486
Rote Liste 2

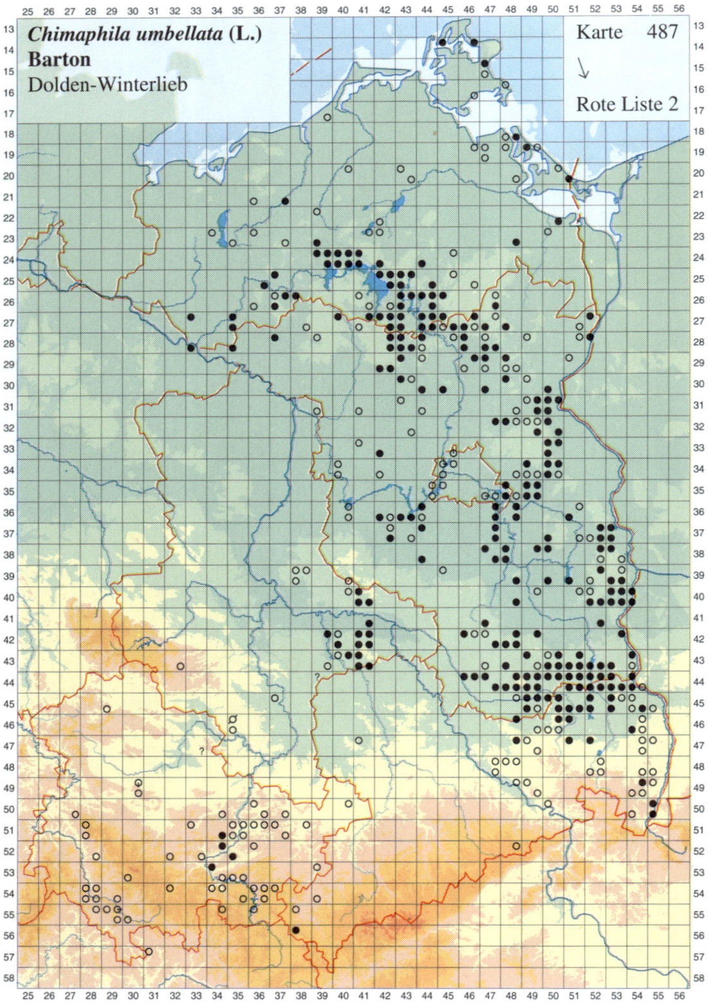
Chimaphila umbellata (L.) Barton
Dolden-Winterlieb
Karte 487
Rote Liste 2

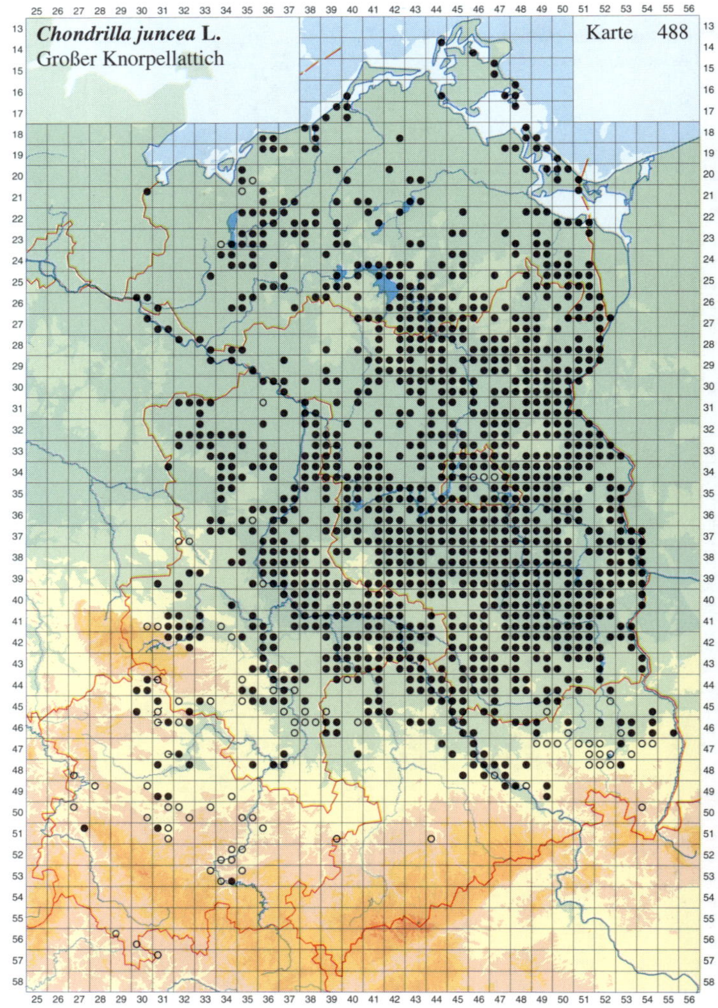
Chondrilla juncea L.
Großer Knorpellattich
Karte 488

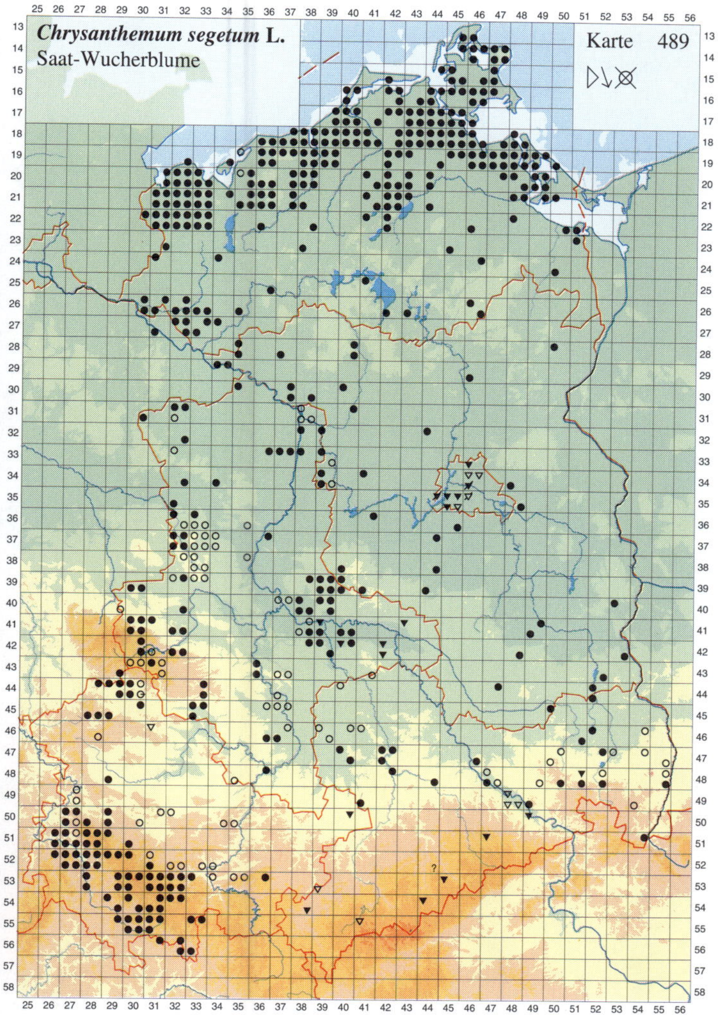
Chrysanthemum segetum L.
Saat-Wucherblume
Karte 489

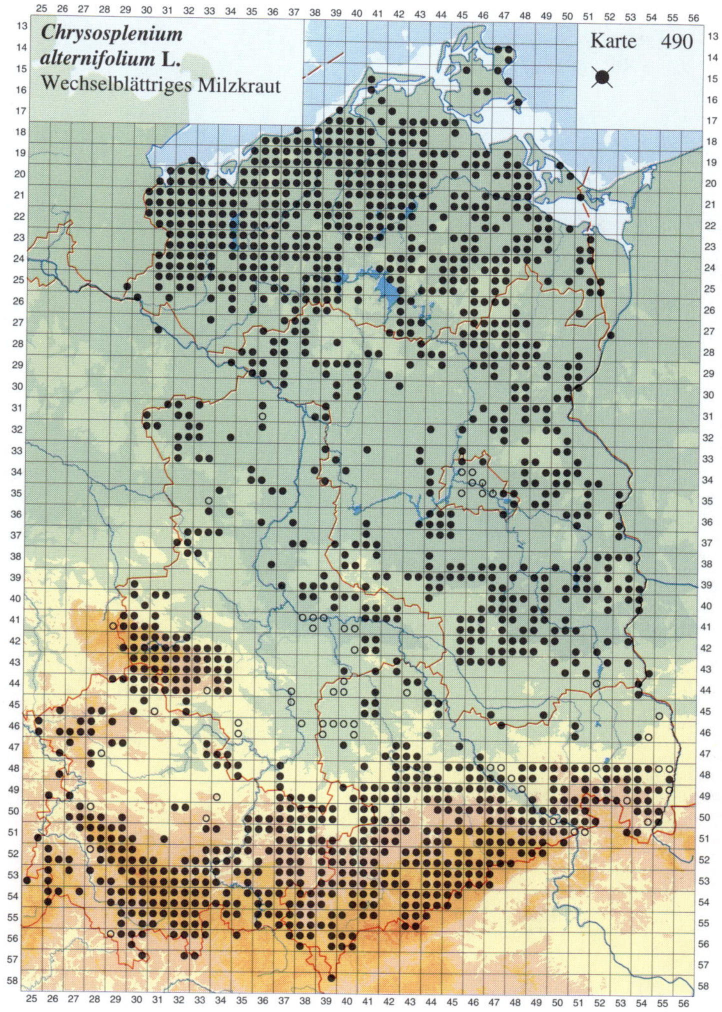
Chrysosplenium alternifolium L.
Wechselblättriges Milzkraut
Karte 490

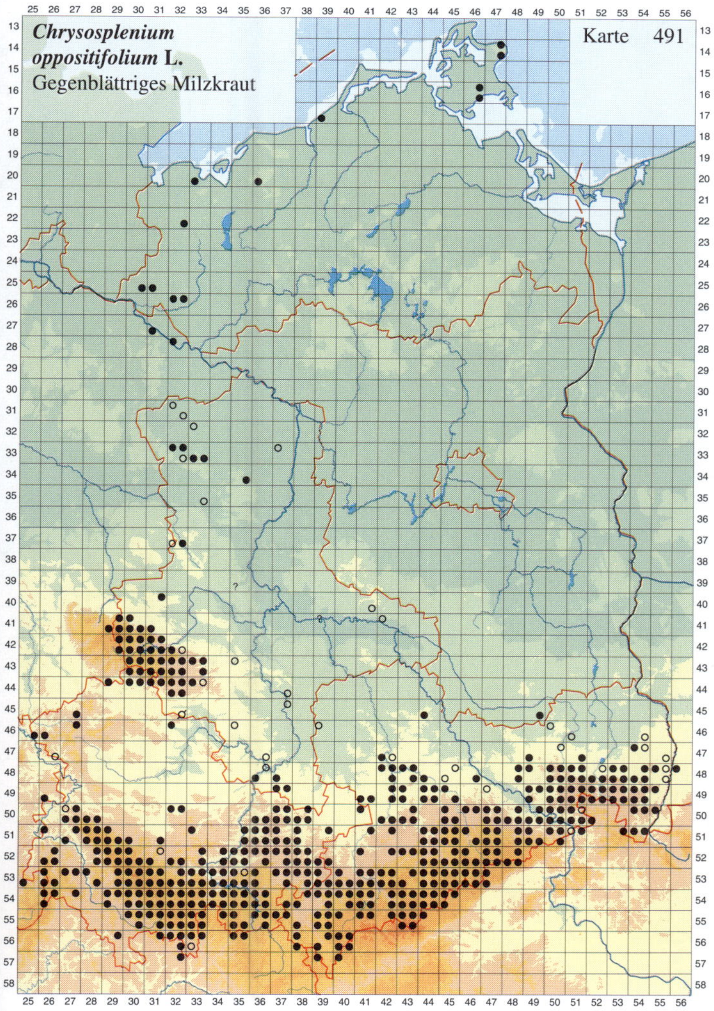
Chrysosplenium oppositifolium L.
Gegenblättriges Milzkraut
Karte 491

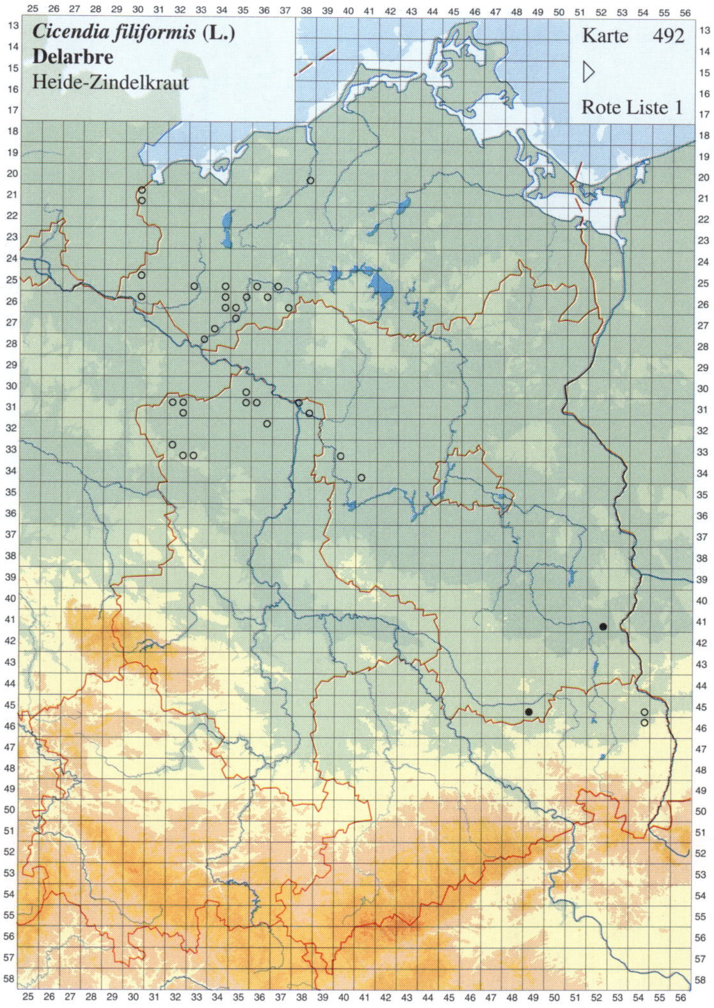
Cicendia filiformis (L.) Delarbre
Heide-Zindelkraut
Karte 492
Rote Liste 1

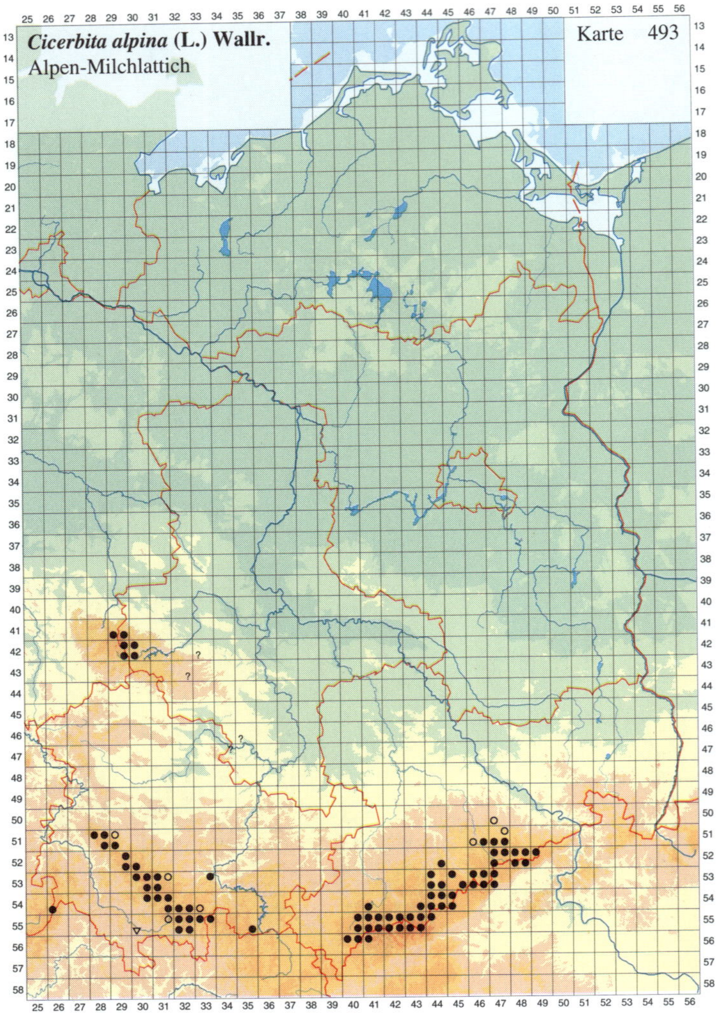
Cicerbita alpina (L.) Wallr.
Alpen-Milchlattich
Karte 493

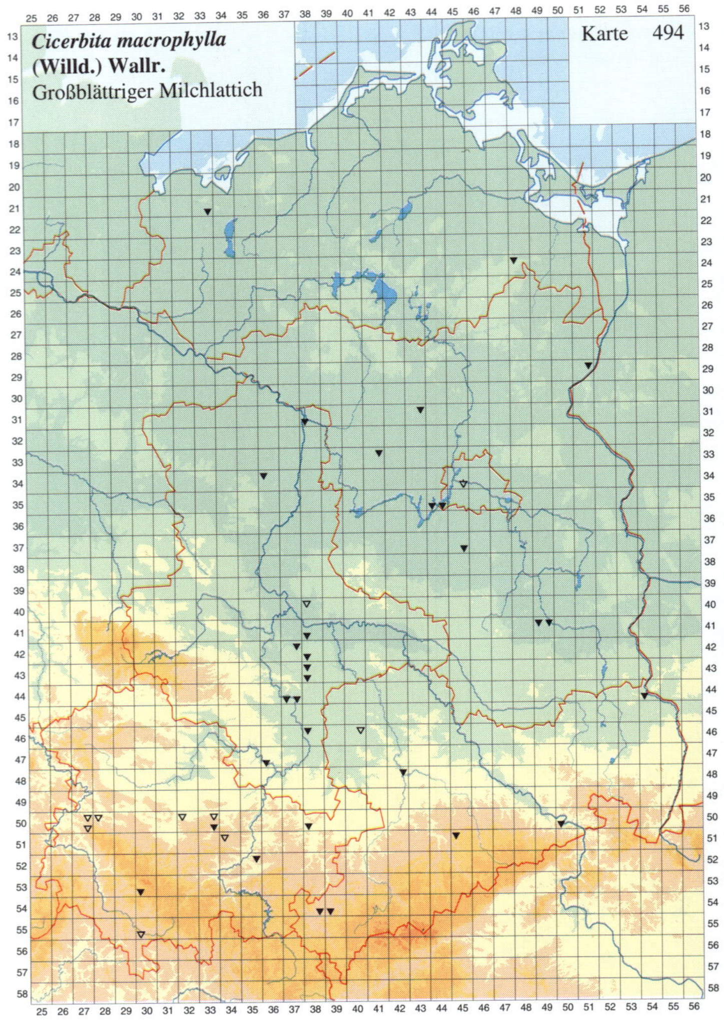
Cicerbita macrophylla (Willd.) Wallr.
Großblättriger Milchlattich
Karte 494

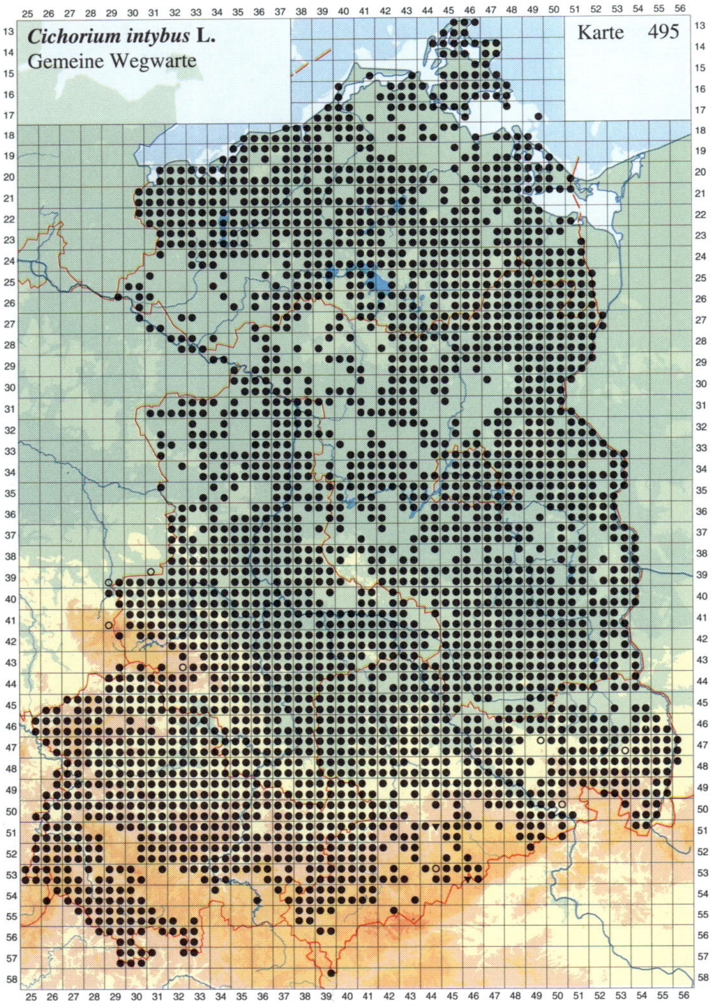
Cichorium intybus L.
Gemeine Wegwarte
Karte 495

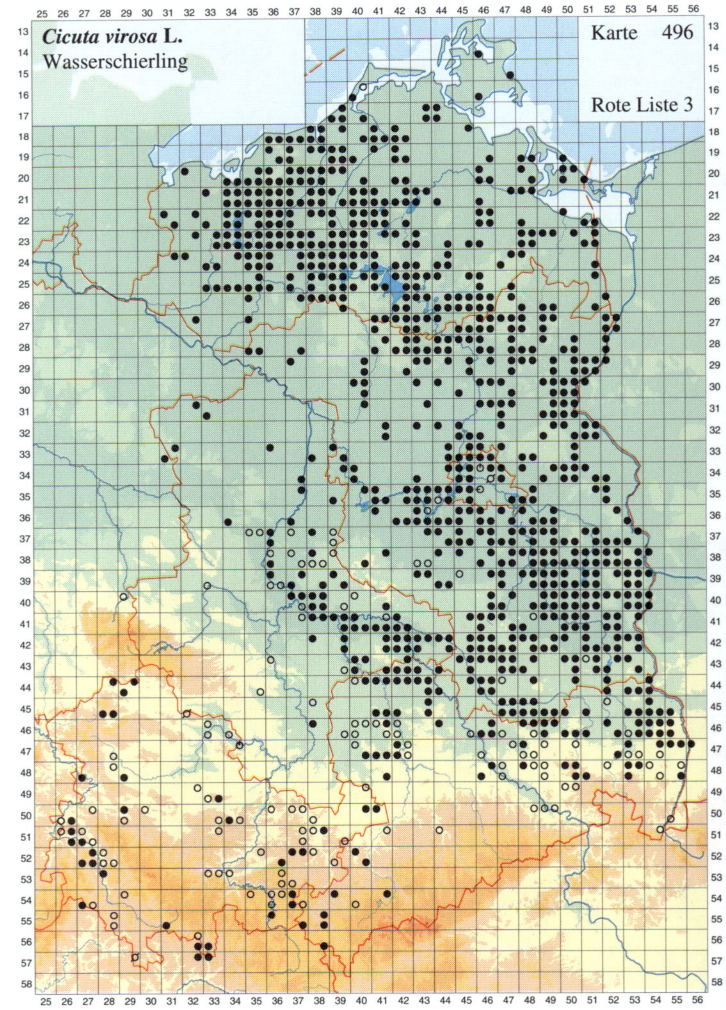
Cicuta virosa L.
Wasserschierling
Karte 496
Rote Liste 3

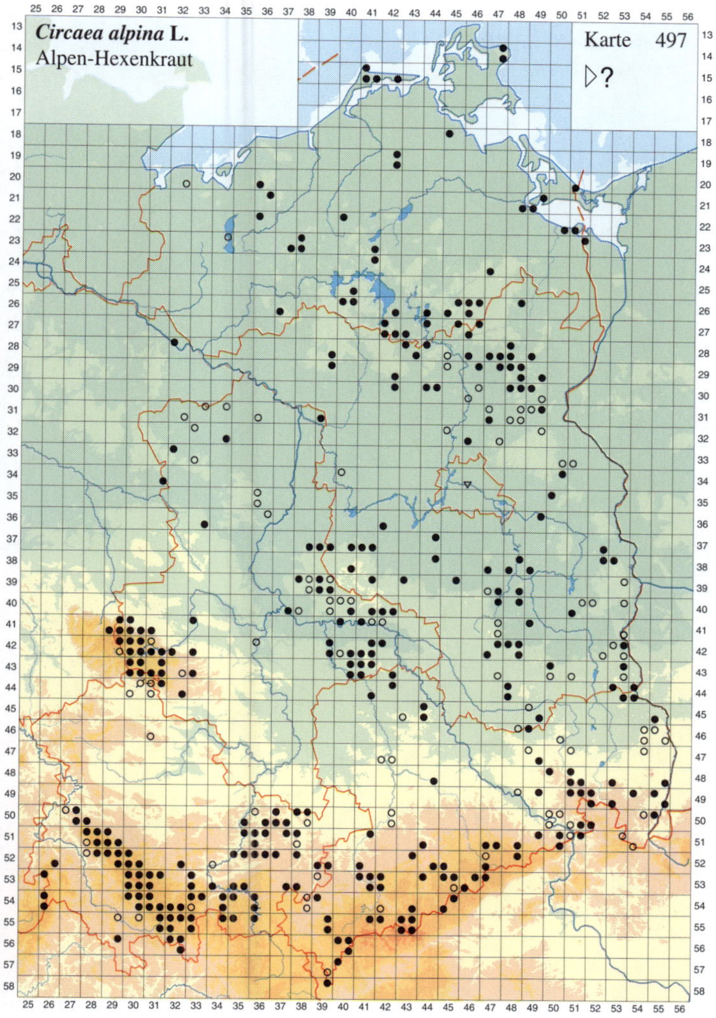
Circaea alpina L.
Alpen-Hexenkraut
Karte 497

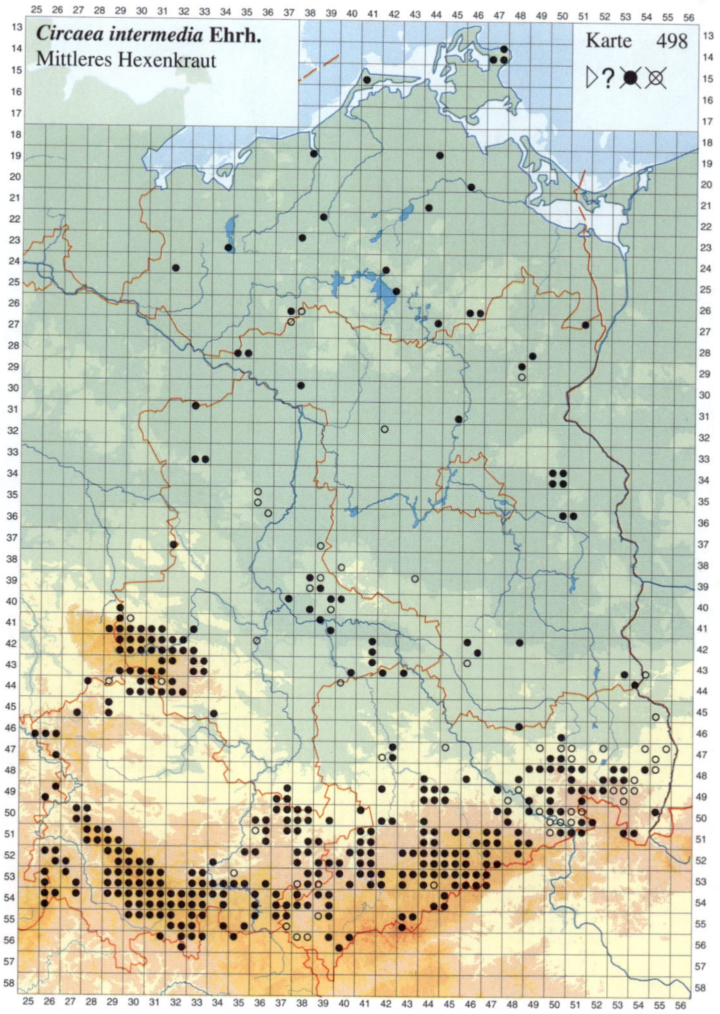
Circaea intermedia Ehrh.
Mittleres Hexenkraut
Karte 498

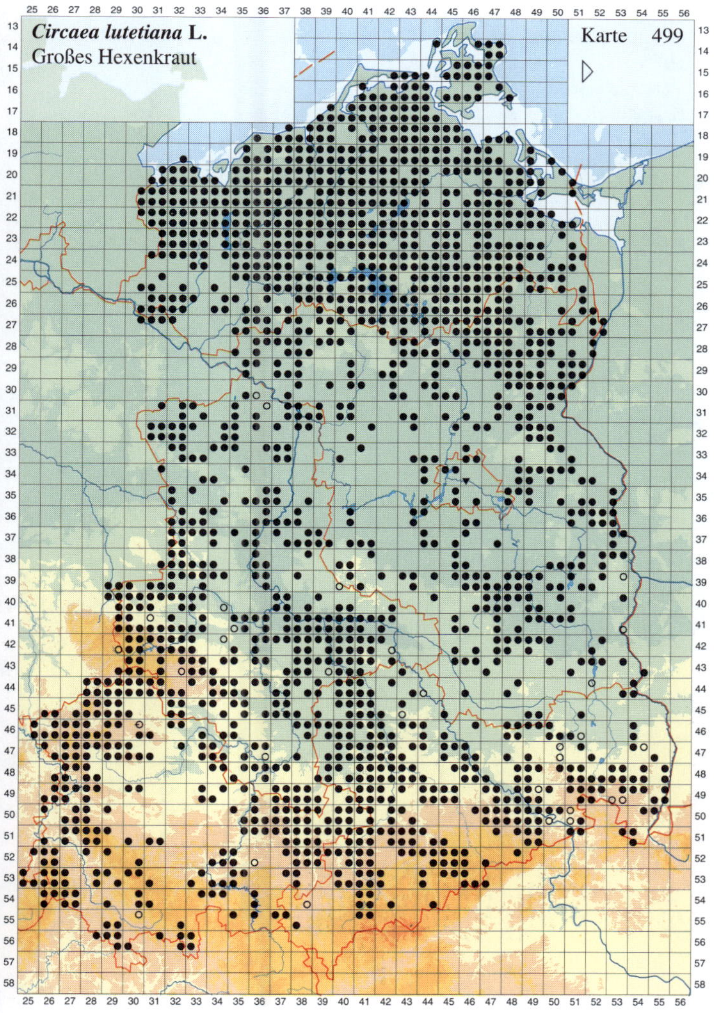
Circaea lutetiana L.
Großes Hexenkraut
Karte 499

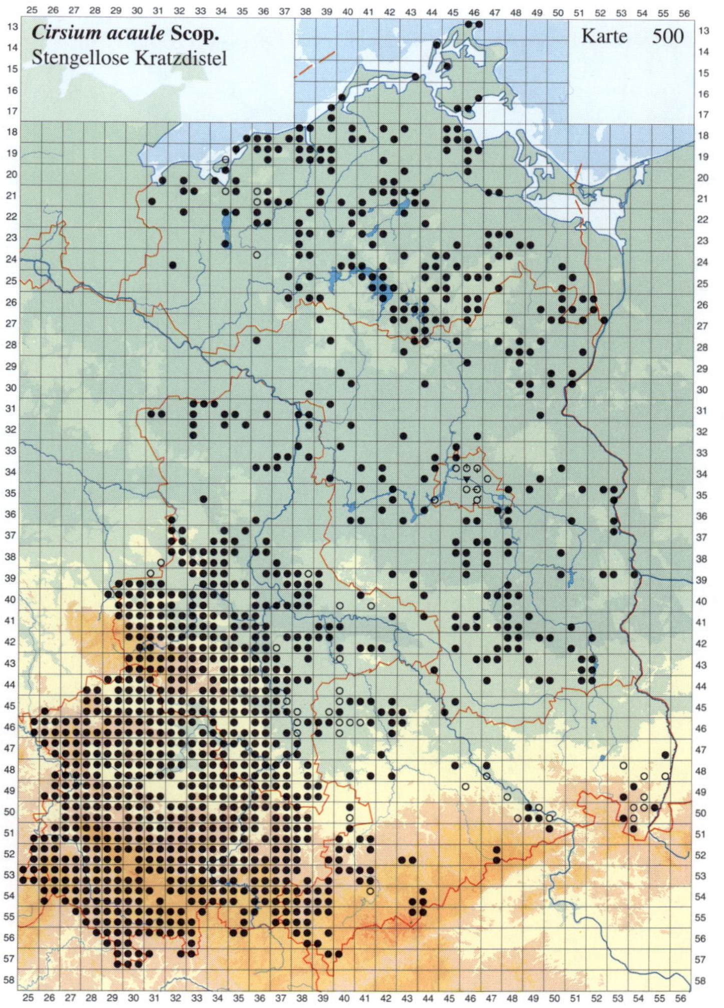
Cirsium acaule Scop.
Stengellose Kratzdistel
Karte 500

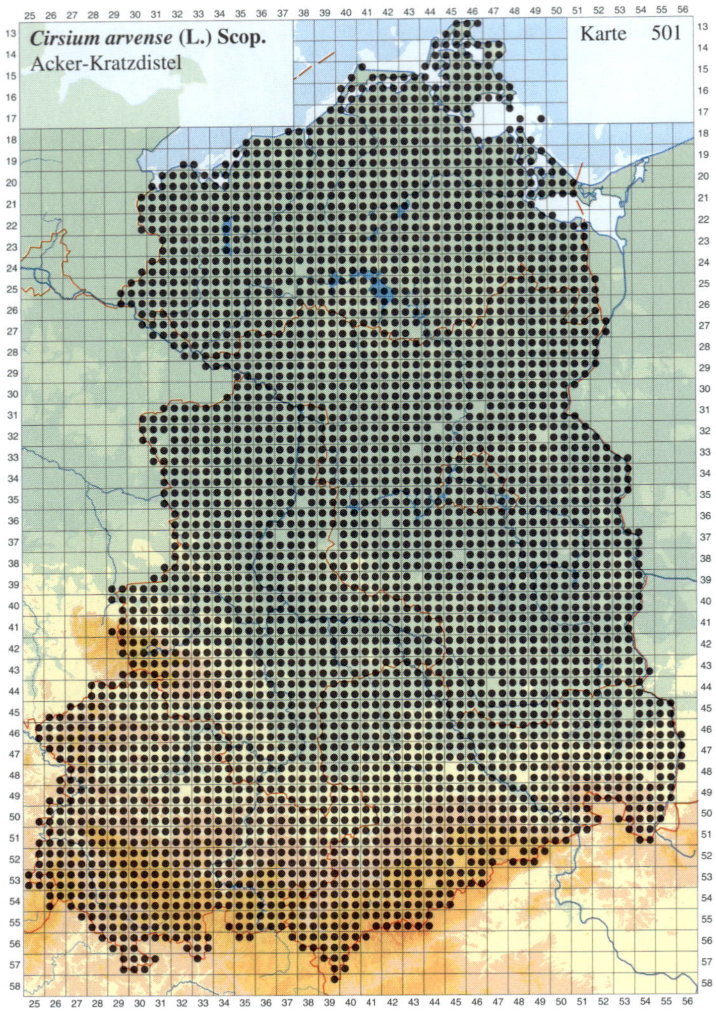
Cirsium arvense (L.) Scop.
Acker-Kratzdistel
Karte 501

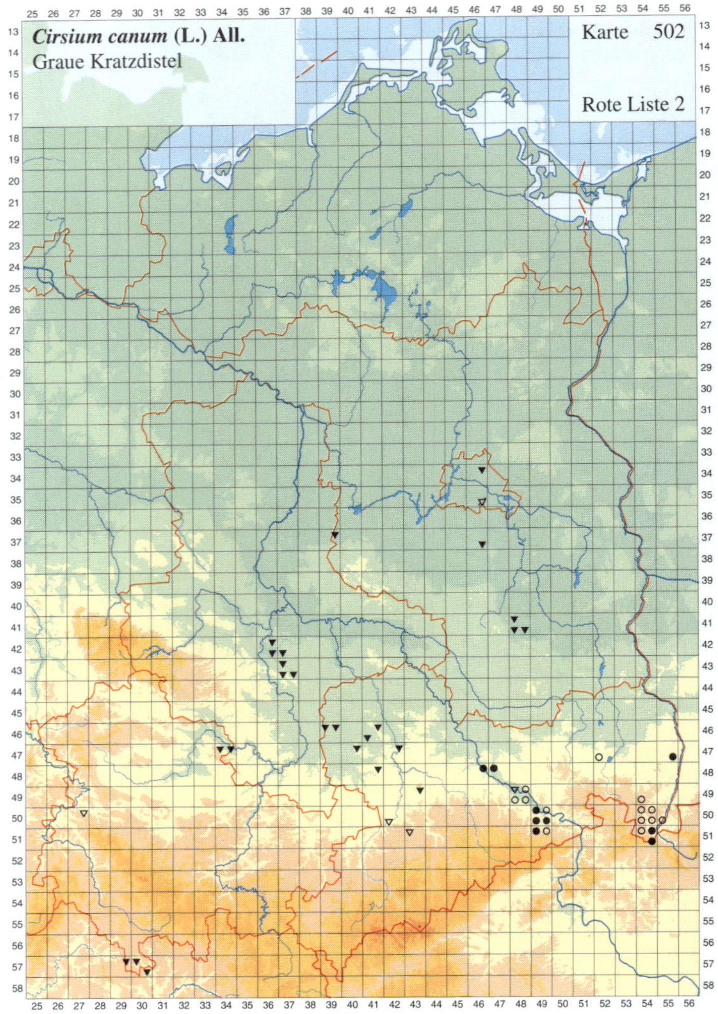
Cirsium canum (L.) All.
Graue Kratzdistel
Karte 502
Rote Liste 2

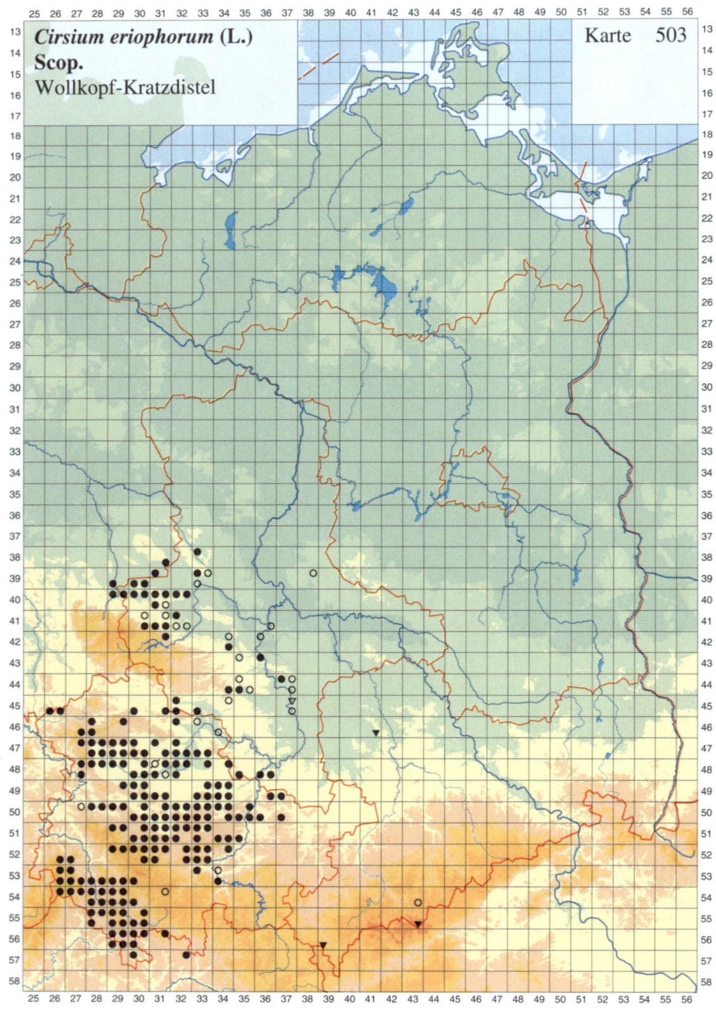
Cirsium eriophorum (L.) Scop.
Wollkopf-Kratzdistel
Karte 503

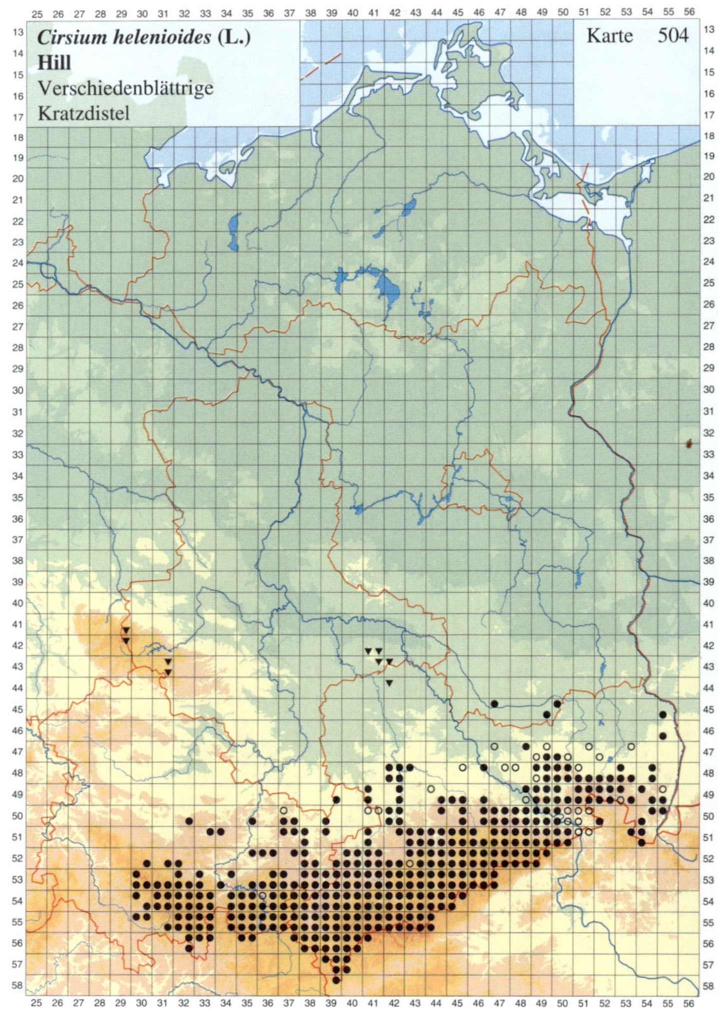
Cirsium helenioides (L.) Hill
Verschiedenblättrige Kratzdistel
Karte 504

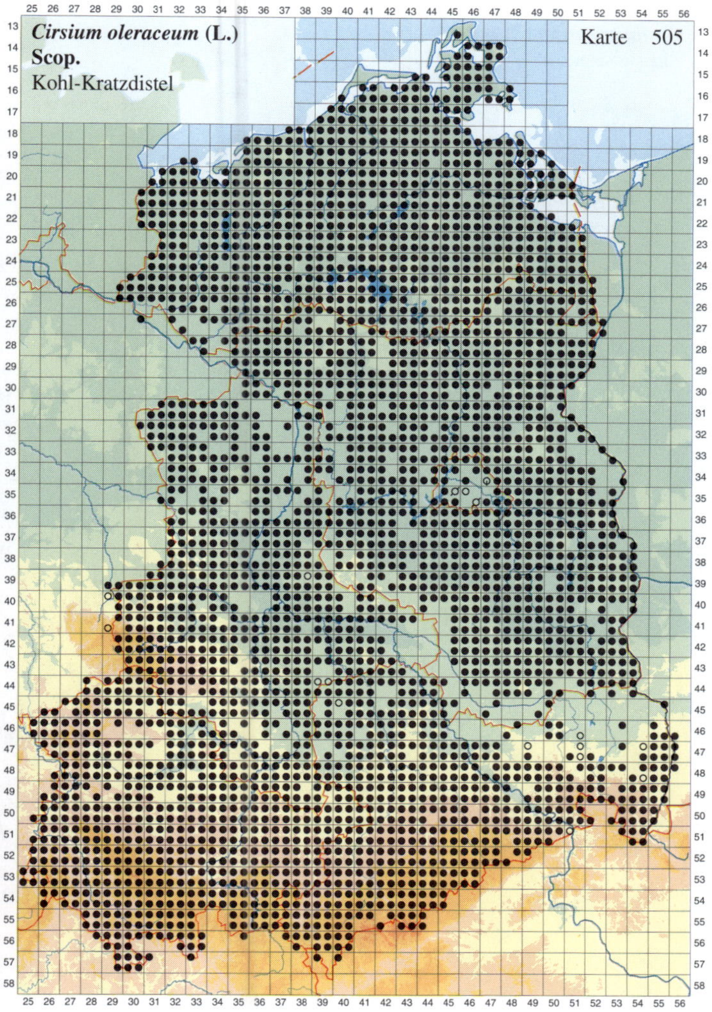
Cirsium oleraceum (L.) Scop.
Kohl-Kratzdistel
Karte 505

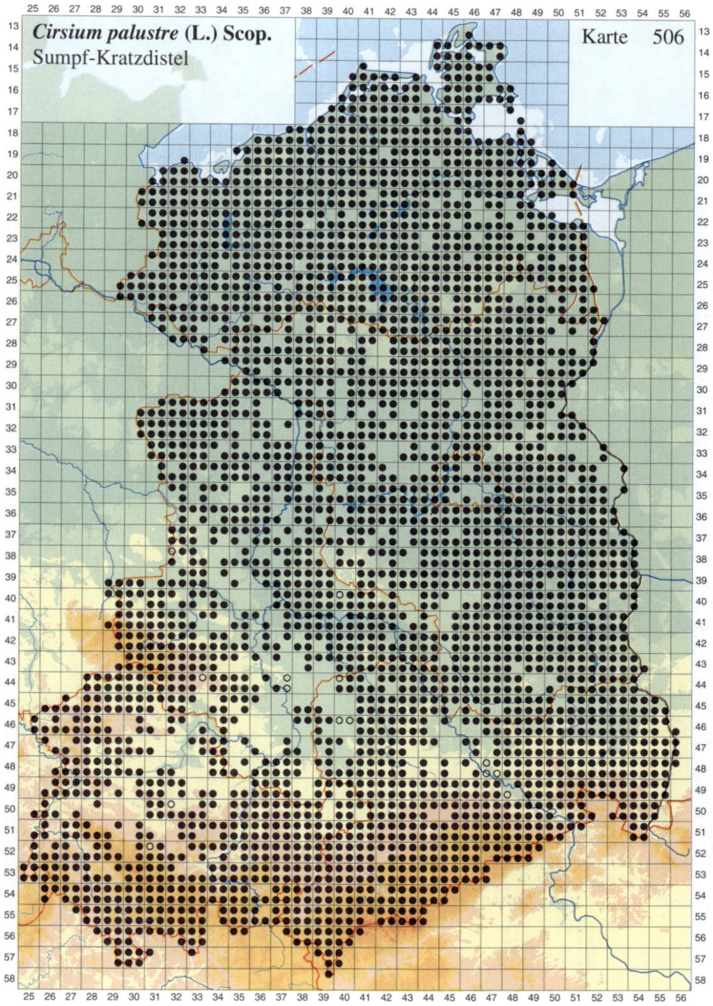
Cirsium palustre (L.) Scop.
Sumpf-Kratzdistel
Karte 506

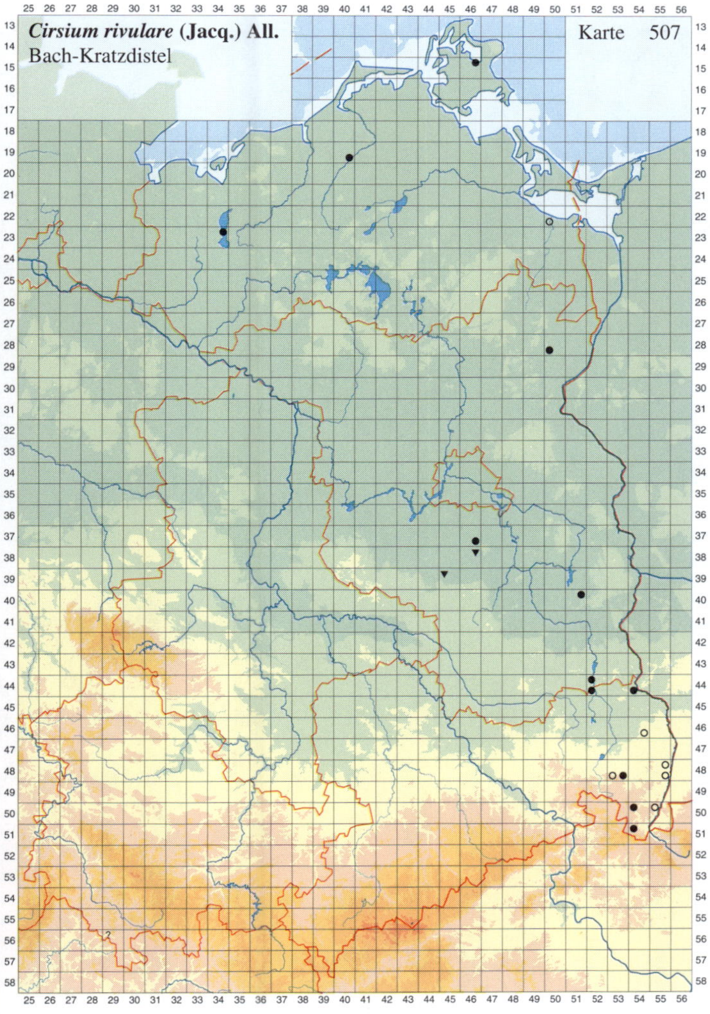
Cirsium rivulare (Jacq.) All.
Bach-Kratzdistel
Karte 507

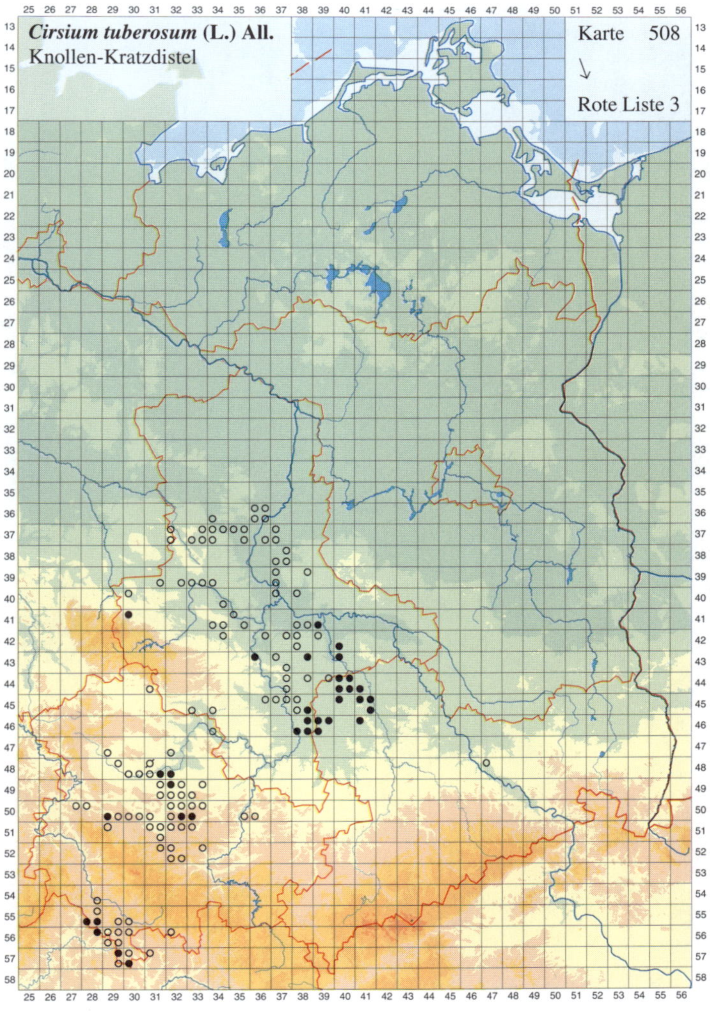
Cirsium tuberosum (L.) All.
Knollen-Kratzdistel
Karte 508
↘
Rote Liste 3

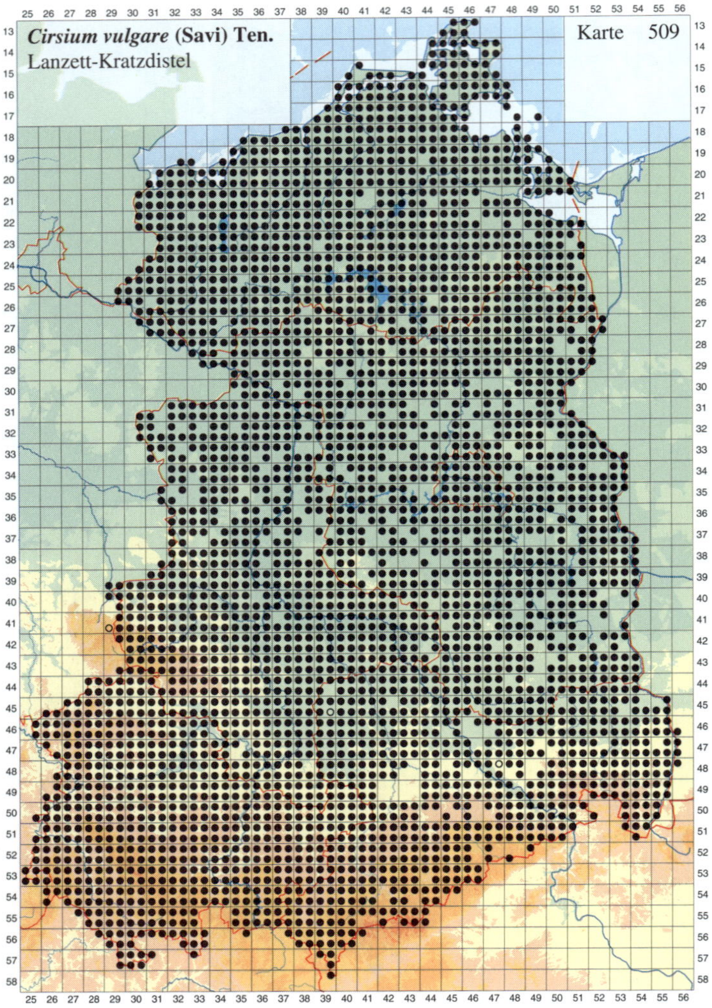
Cirsium vulgare (Savi) Ten.
Lanzett-Kratzdistel
Karte 509

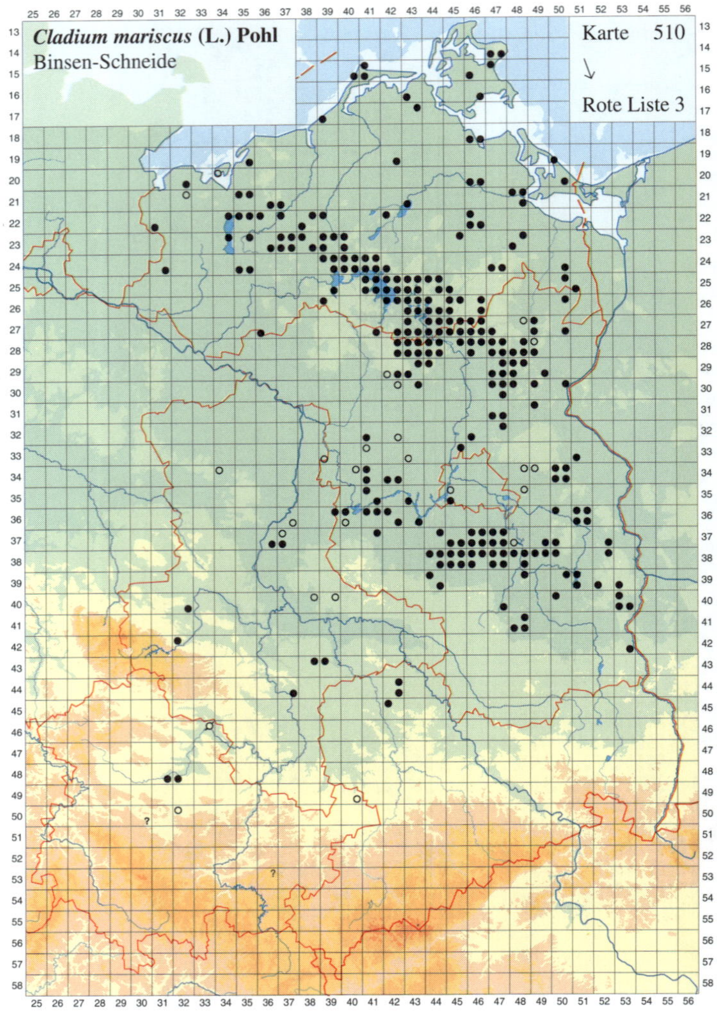
Cladium mariscus (L.) Pohl
Binsen-Schneide
Karte 510
↘
Rote Liste 3

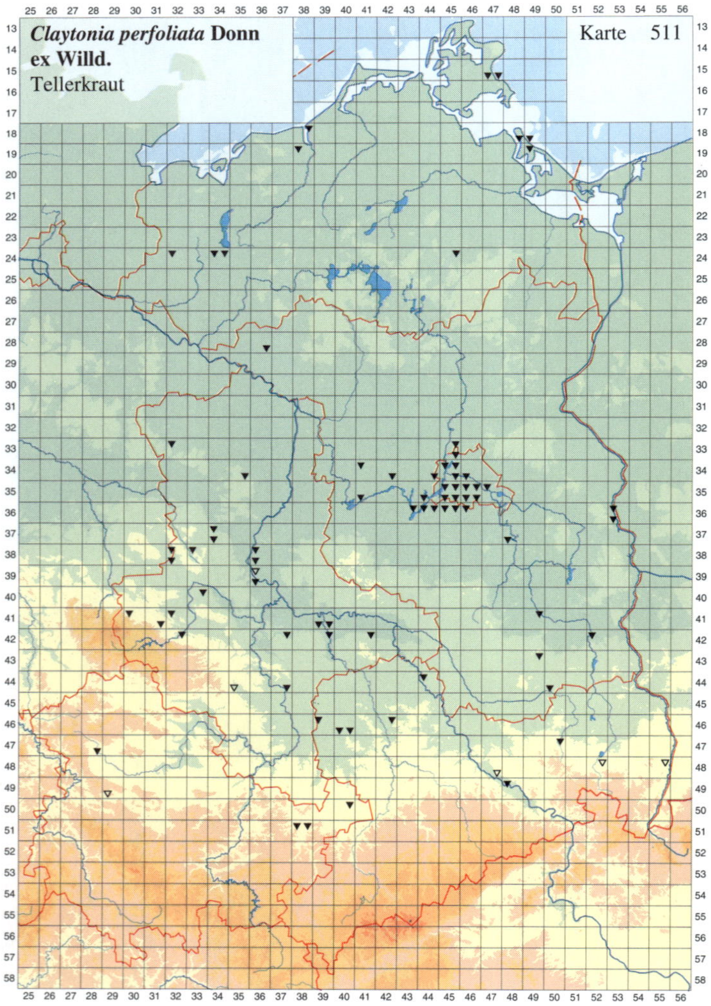
Claytonia perfoliata Donn ex Willd.
Tellerkraut
Karte 511

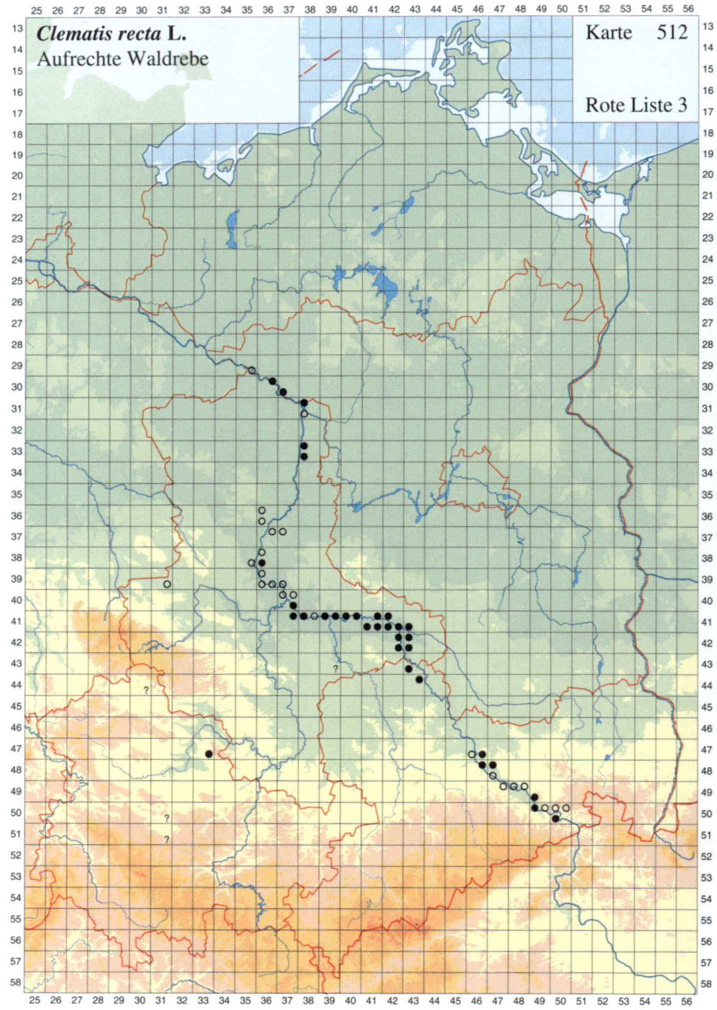
Clematis recta L.
Aufrechte Waldrebe
Karte 512
Rote Liste 3

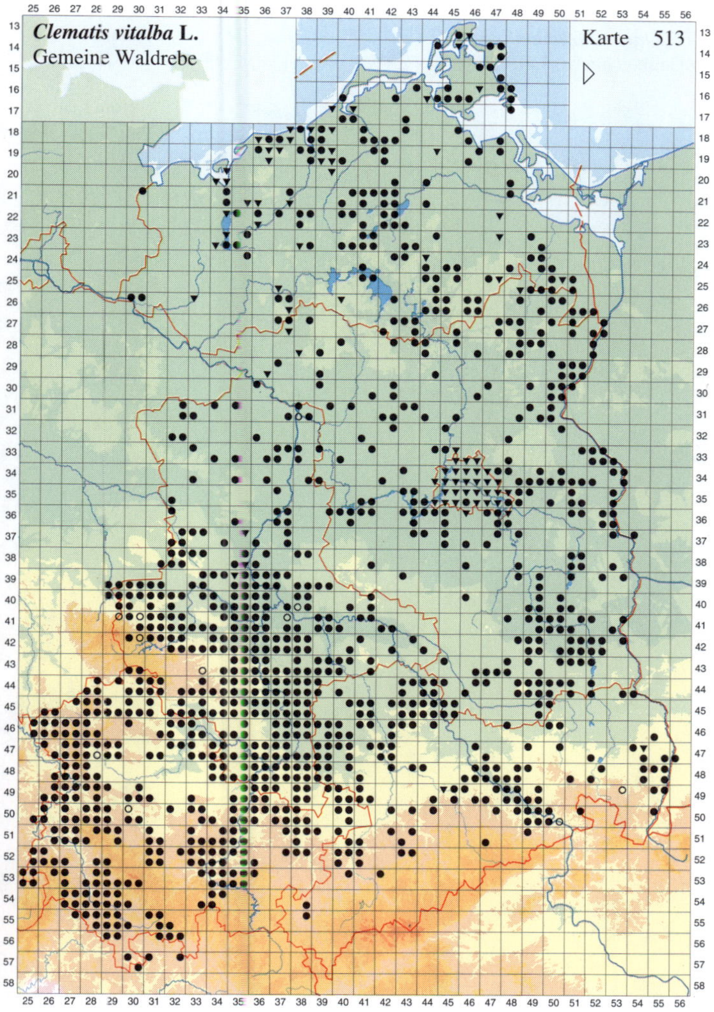
Clematis vitalba L.
Gemeine Waldrebe
Karte 513

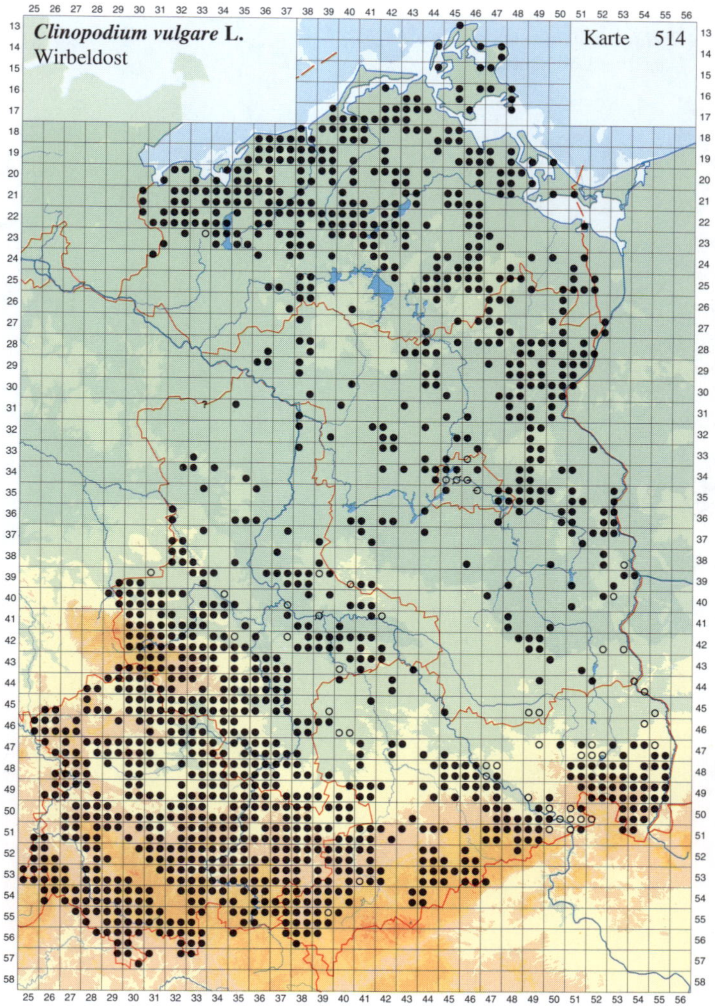
Clinopodium vulgare L.
Wirbeldost
Karte 514

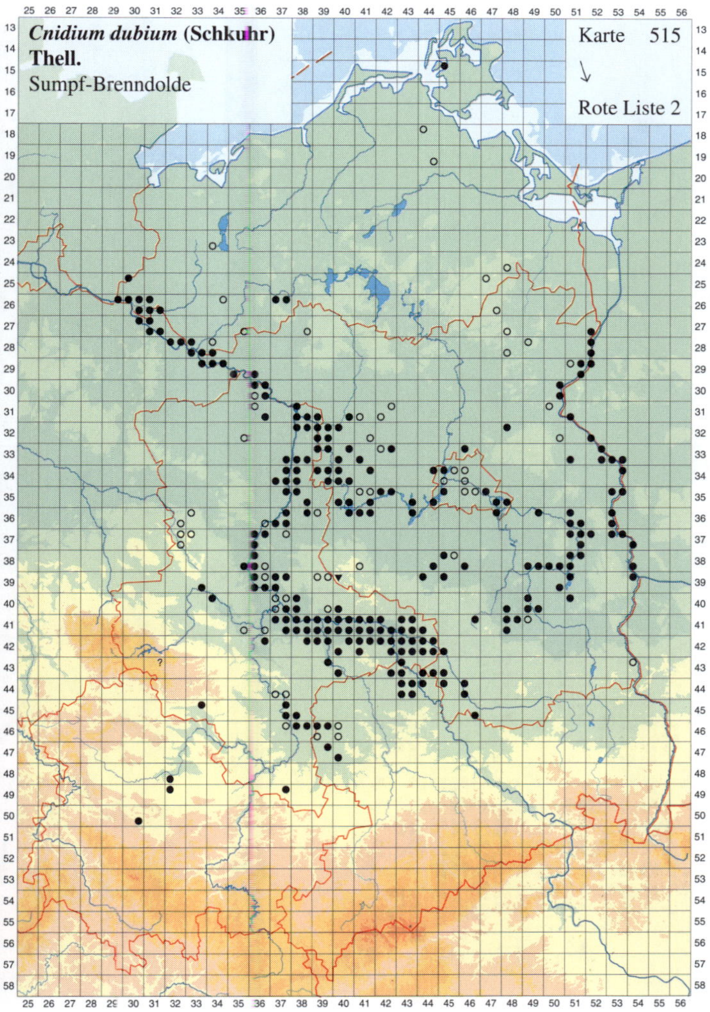
Cnidium dubium (Schkuhr) Thell.
Sumpf-Brenndolde
Karte 515
Rote Liste 2

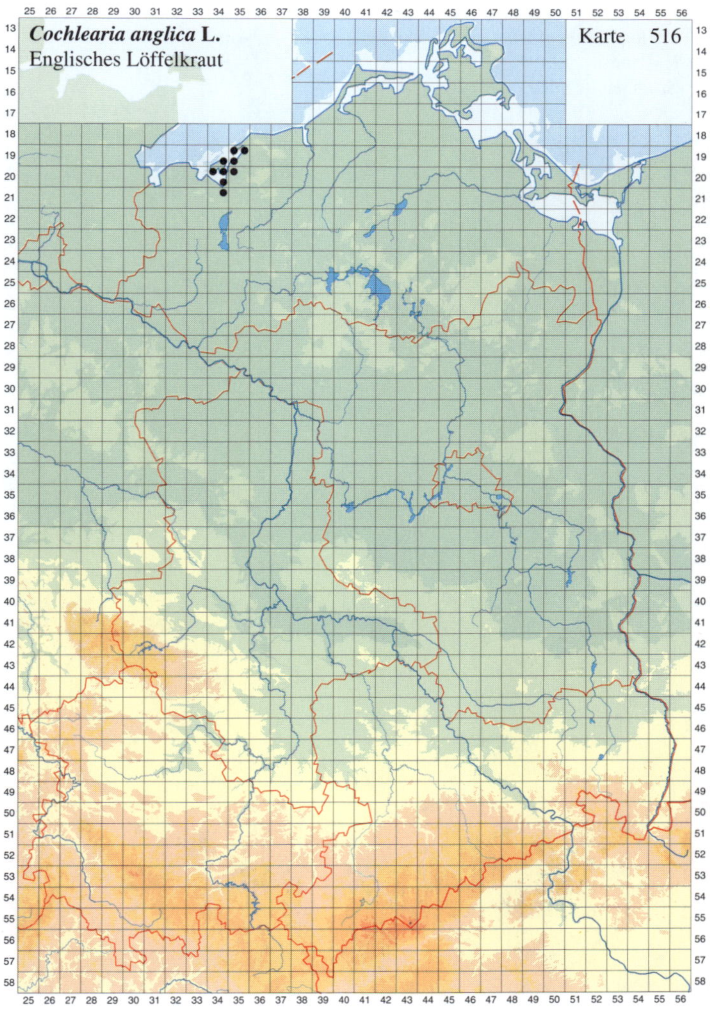
Cochlearia anglica L.
Englisches Löffelkraut
Karte 516

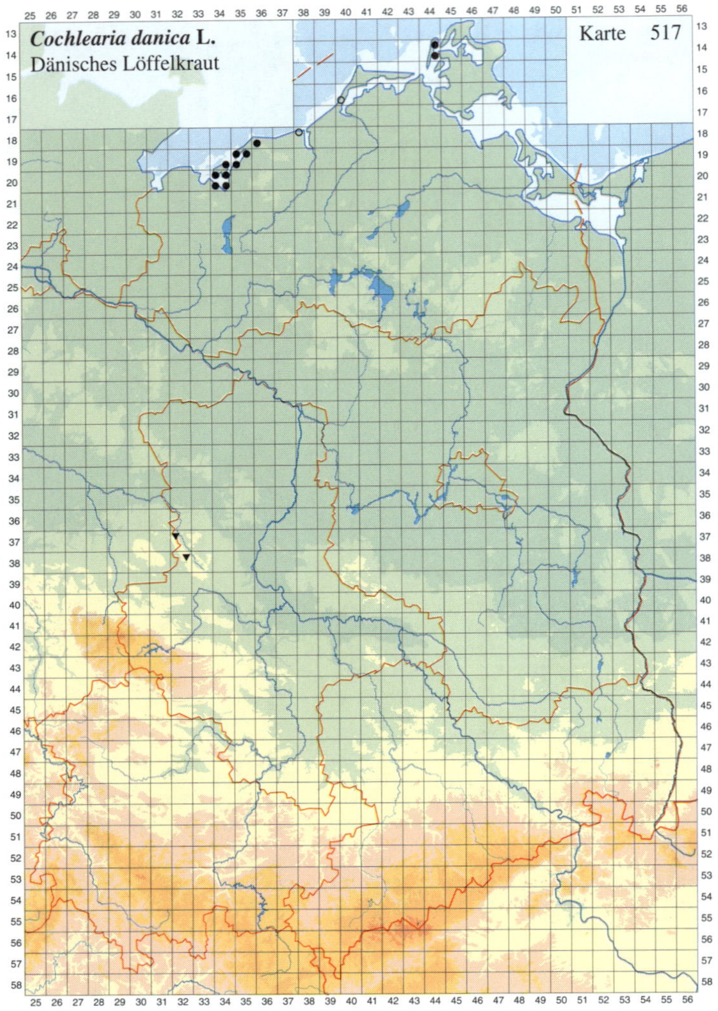
Cochlearia danica L.
Dänisches Löffelkraut
Karte 517

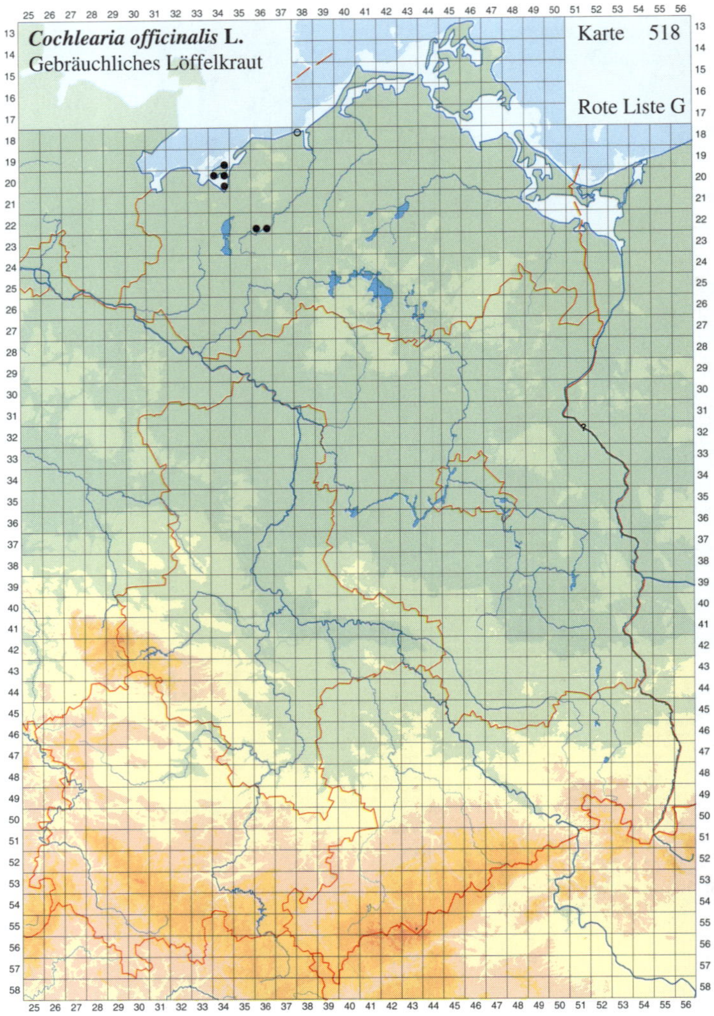
Cochlearia officinalis L.
Gebräuchliches Löffelkraut
Karte 518
Rote Liste G

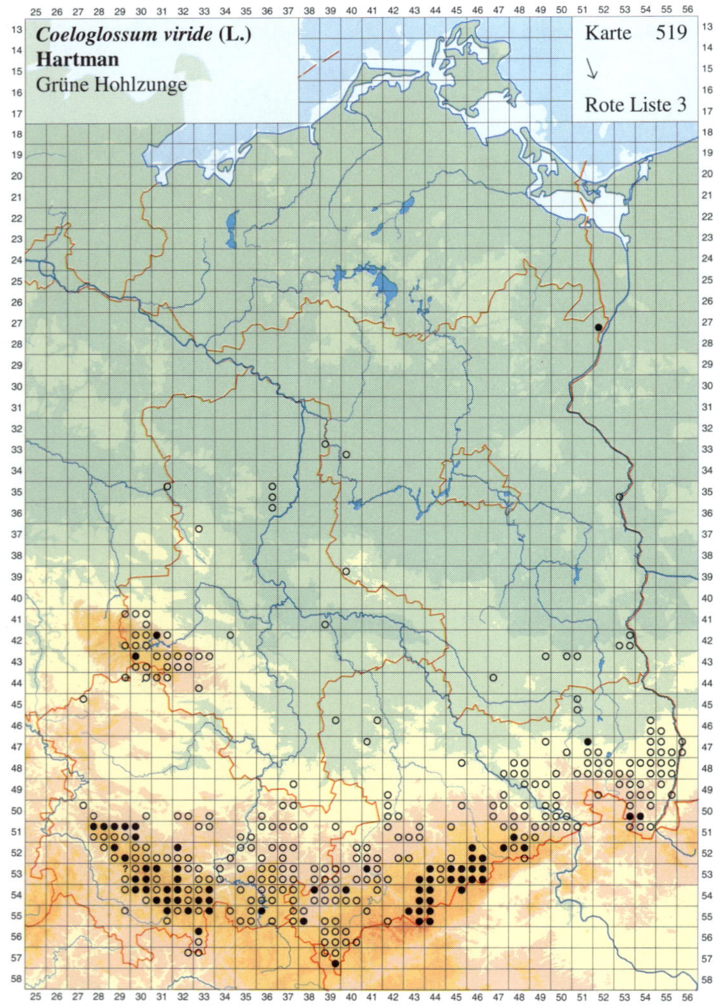
Coeloglossum viride (L.) Hartman
Grüne Hohlzunge
Karte 519
↘
Rote Liste 3

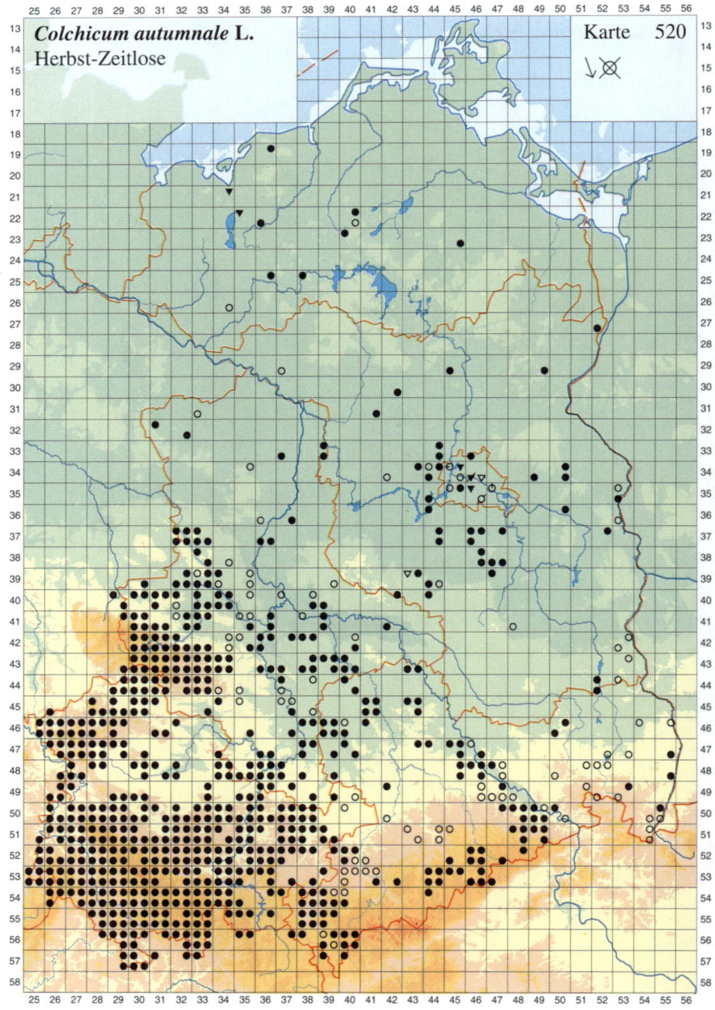
Colchicum autumnale L.
Herbst-Zeitlose
Karte 520

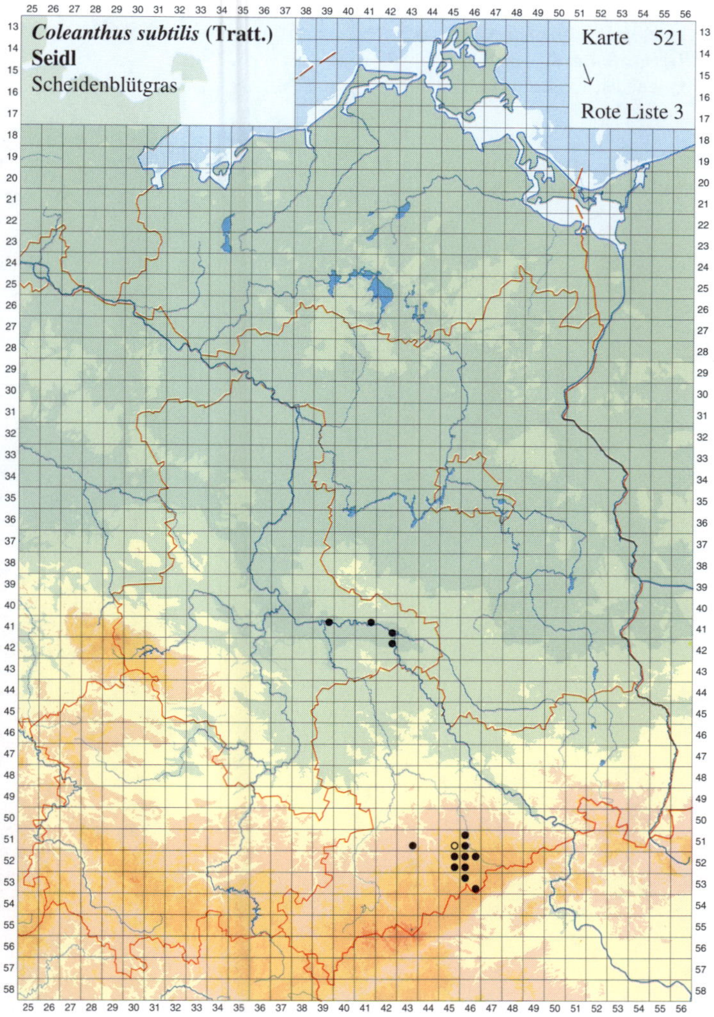
Coleanthus subtilis (Tratt.) Seidl
Scheidenblütgras
Karte 521
↘
Rote Liste 3

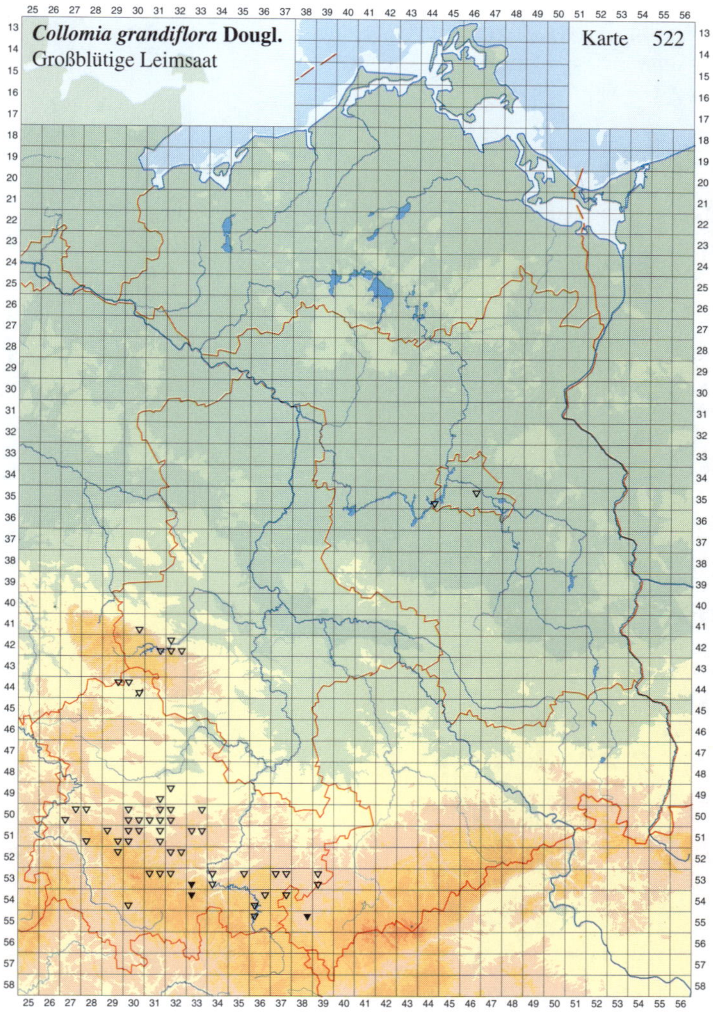
Collomia grandiflora Dougl.
Großblütige Leimsaat
Karte 522

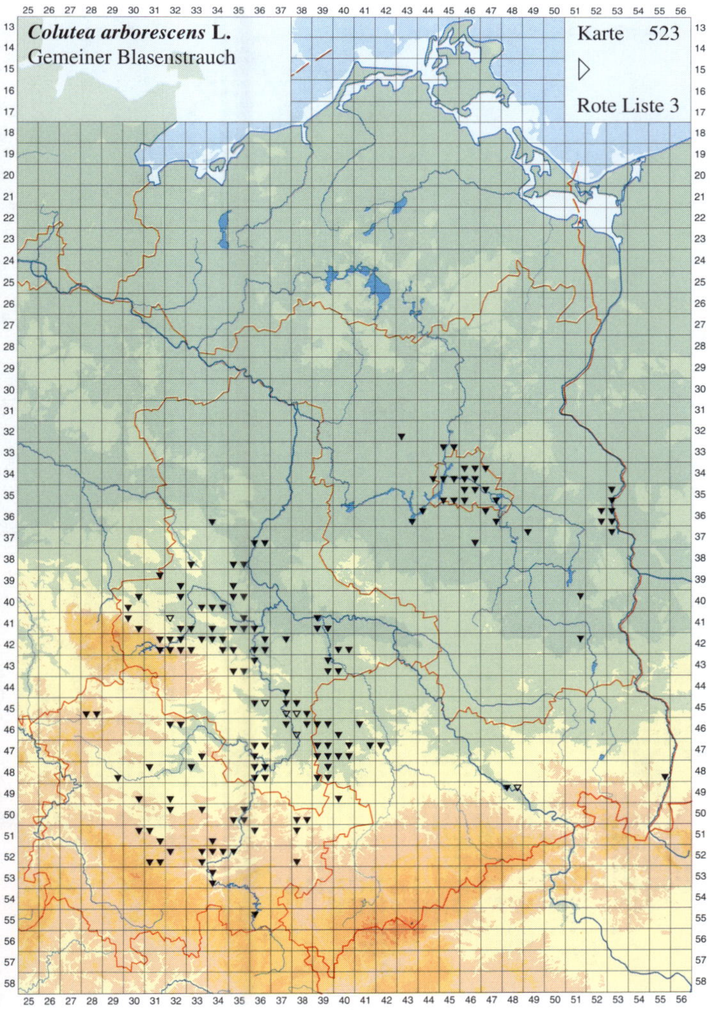
Colutea arborescens L.
Gemeiner Blasenstrauch
Karte 523
▷
Rote Liste 3

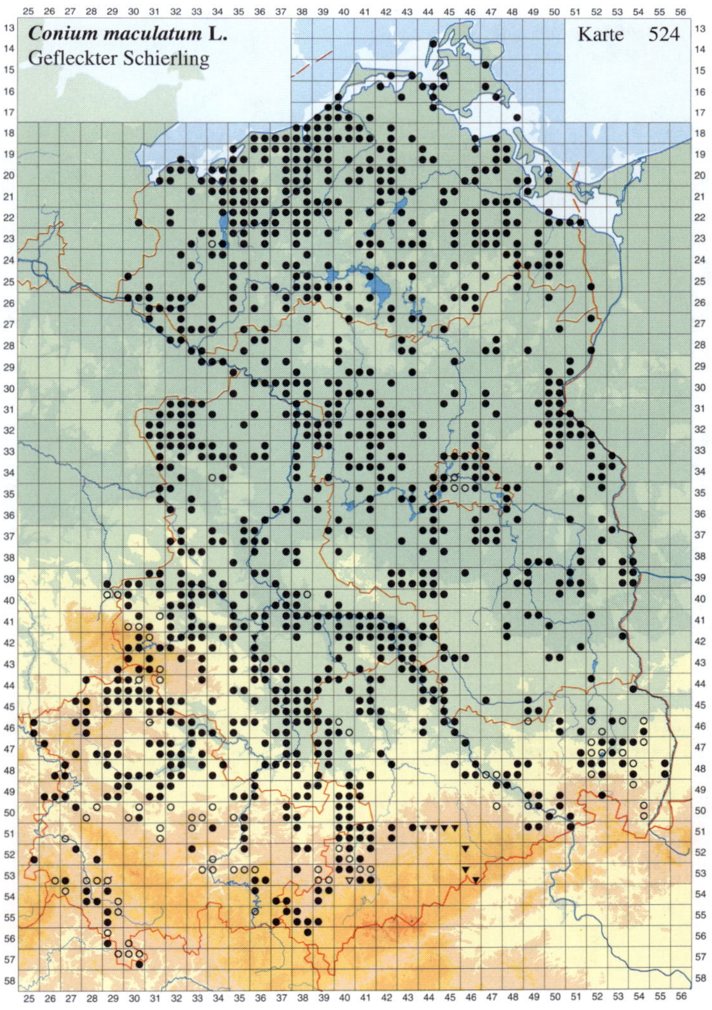
Conium maculatum L.
Gefleckter Schierling
Karte 524

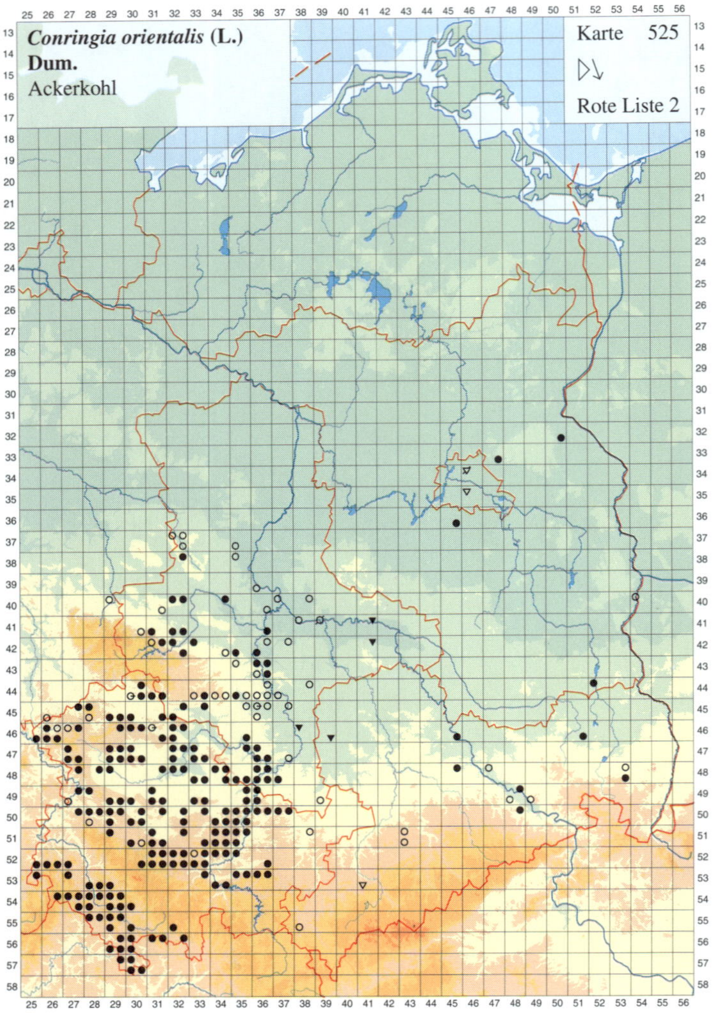
Conringia orientalis (L.) Dum.
Ackerkohl
Karte 525
Rote Liste 2

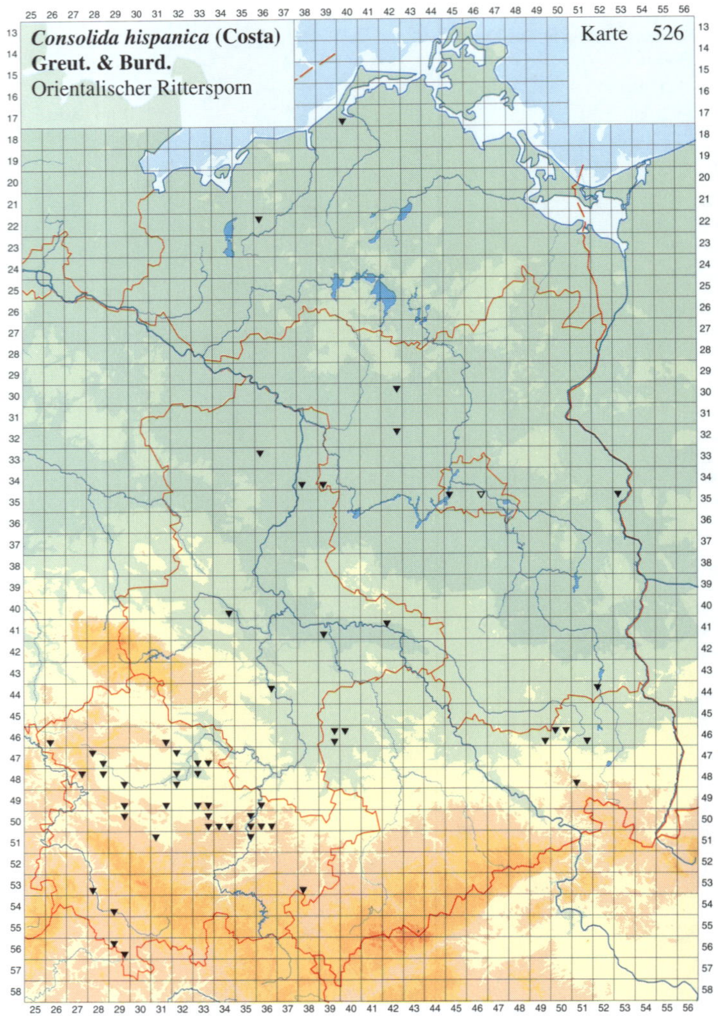
Consolida hispanica (Costa) Greut. & Burd.
Orientalischer Rittersporn
Karte 526

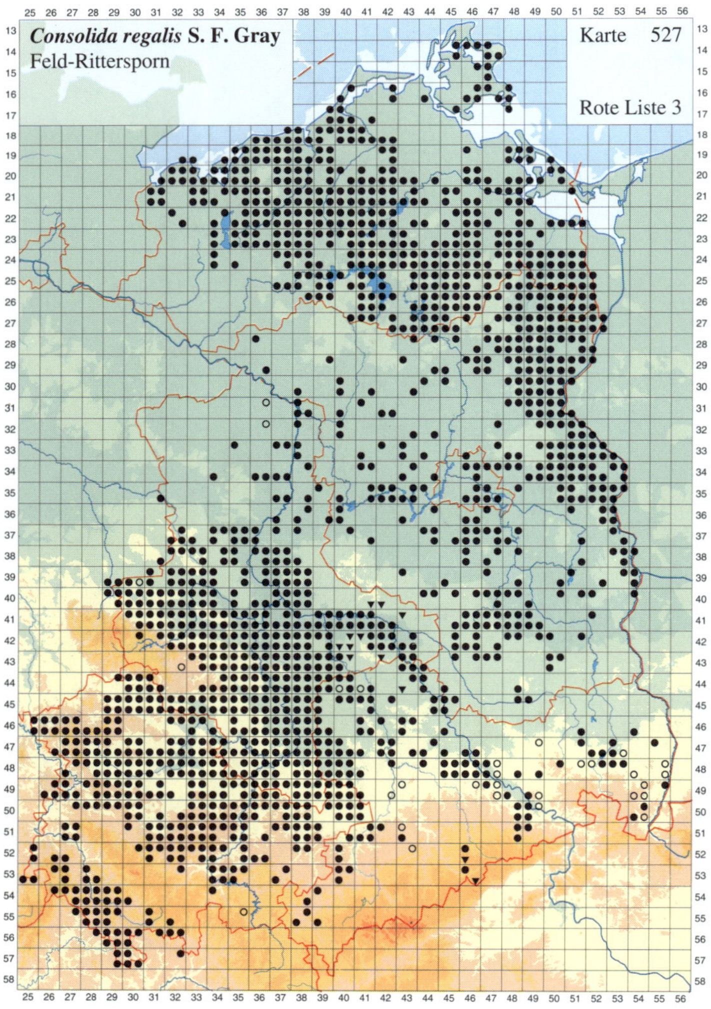
Consolida regalis S. F. Gray
Feld-Rittersporn
Karte 527
Rote Liste 3

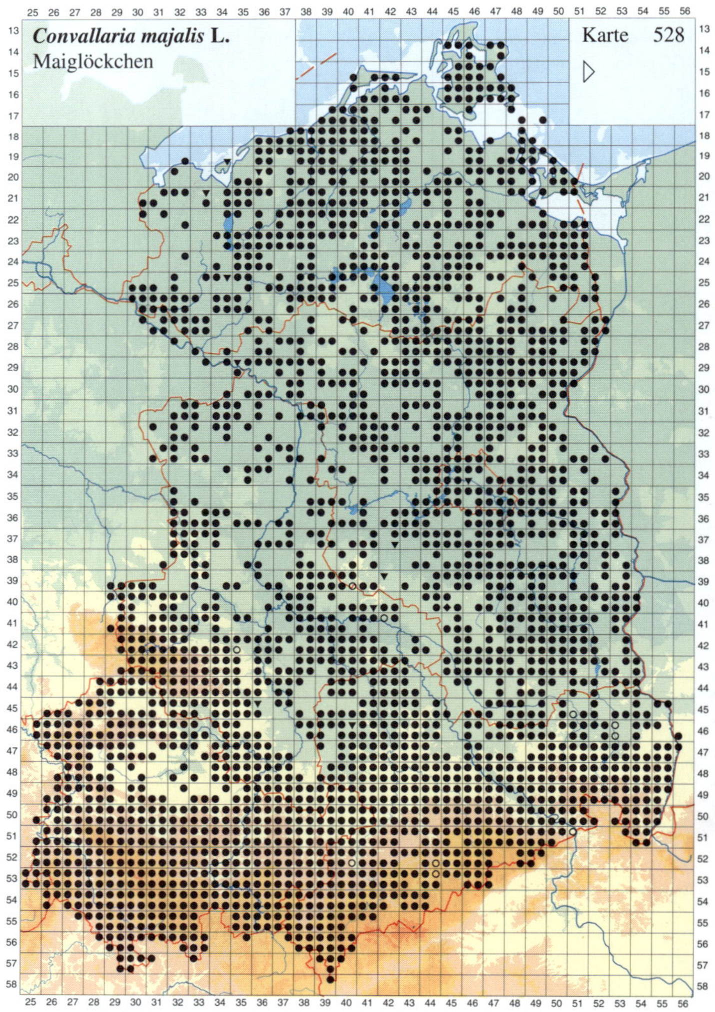
Convallaria majalis L.
Maiglöckchen
Karte 528

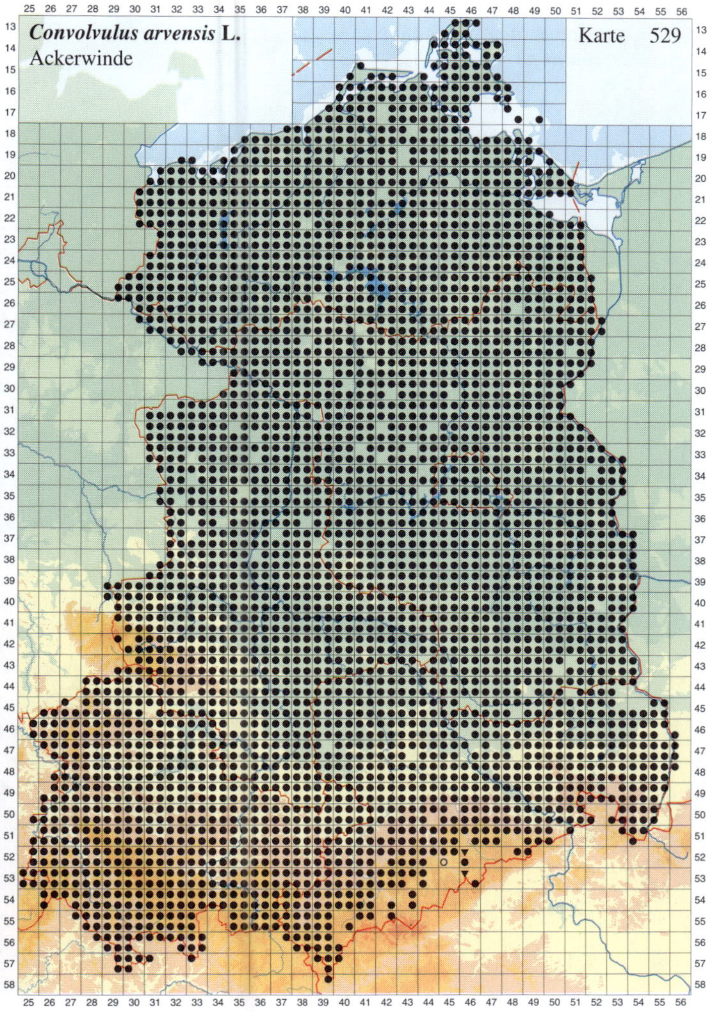
Convolvulus arvensis **L.**
Ackerwinde
Karte 529

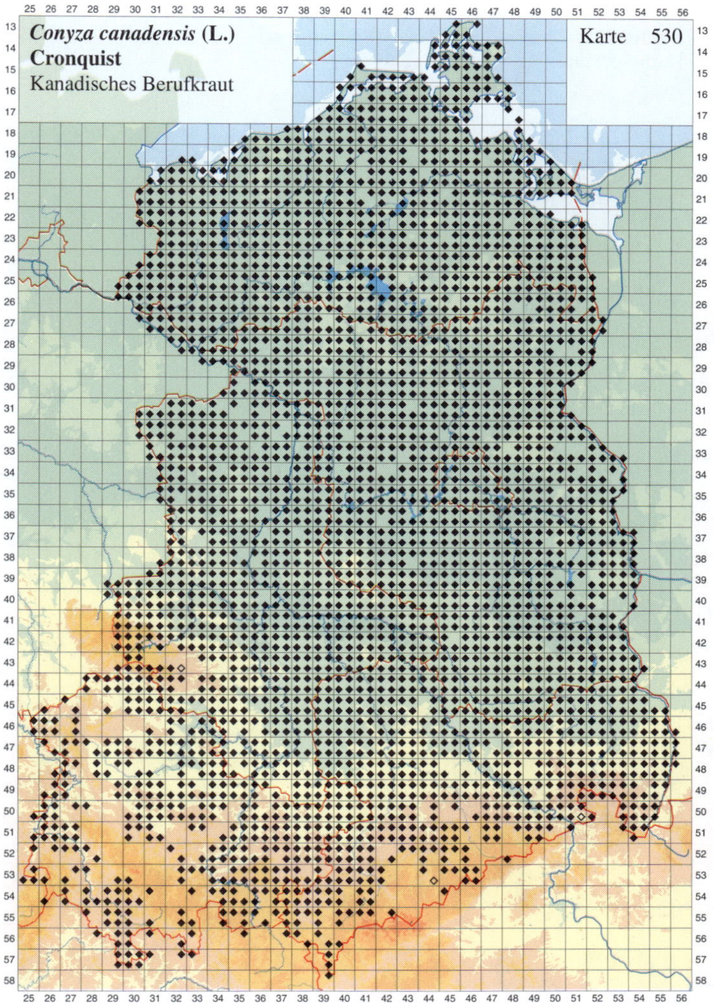
Conyza canadensis **(L.)**
Cronquist
Kanadisches Berufkraut
Karte 530

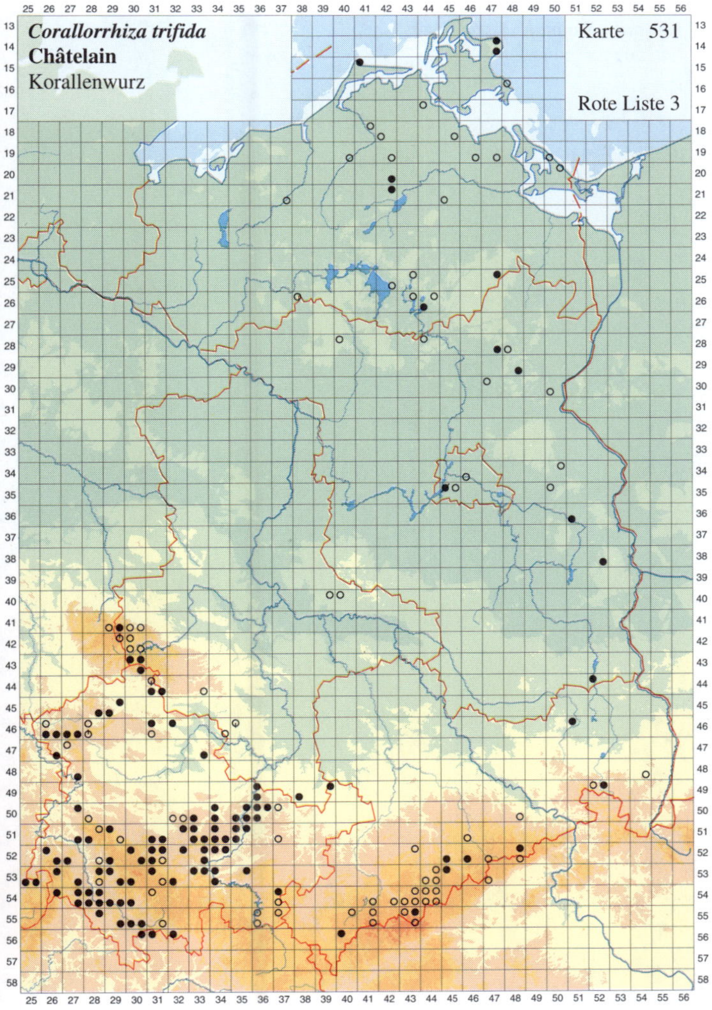
Corallorrhiza trifida
Châtelain
Korallenwurz
Karte 531
Rote Liste 3

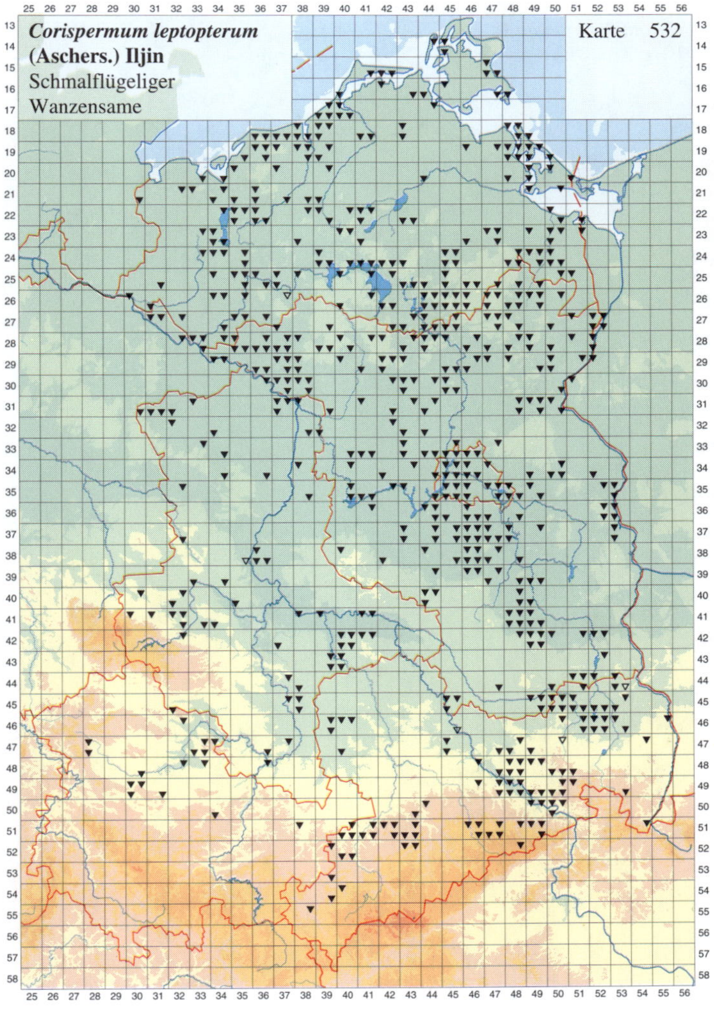
Corispermum leptopterum
(Aschers.) Iljin
Schmalflügeliger
Wanzensame
Karte 532

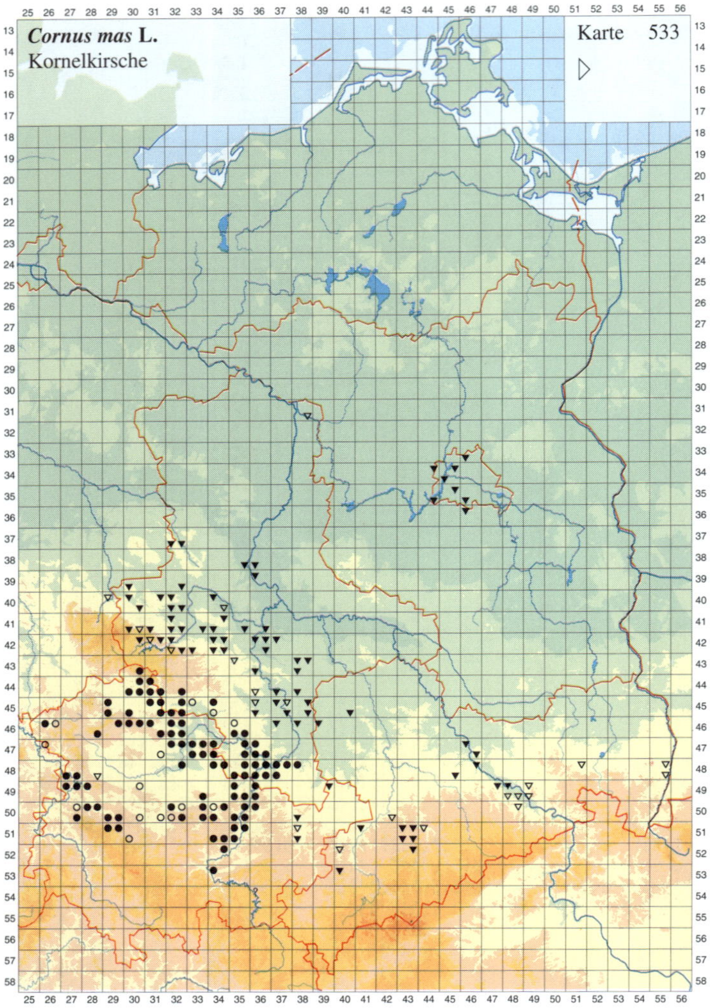
Cornus mas L.
Kornelkirsche
Karte 533

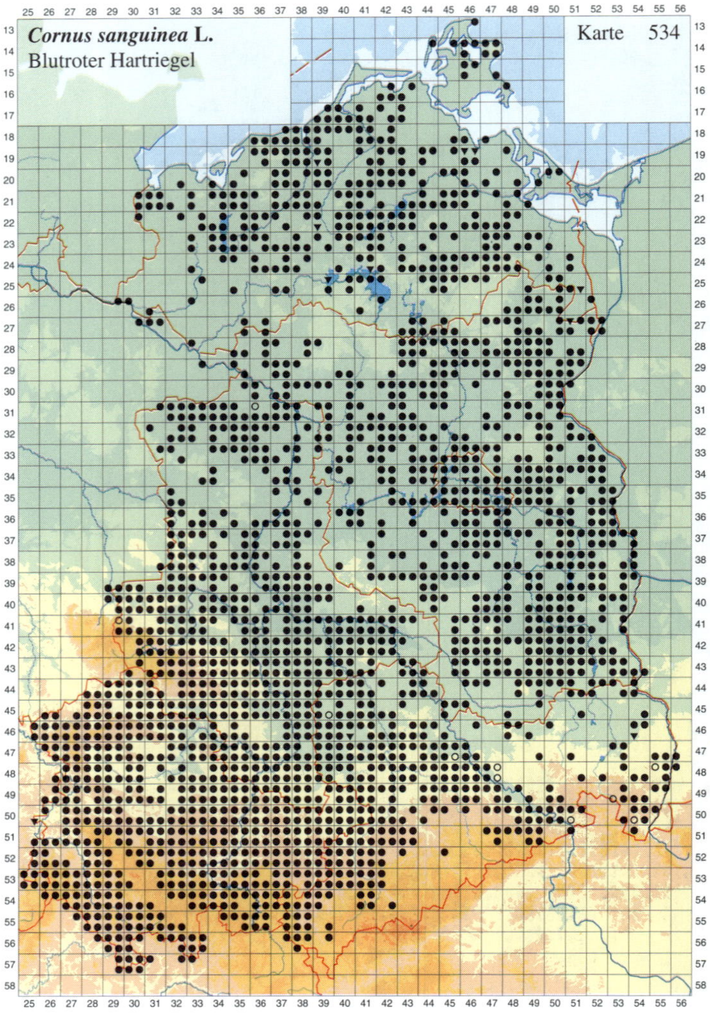
Cornus sanguinea L.
Blutroter Hartriegel
Karte 534

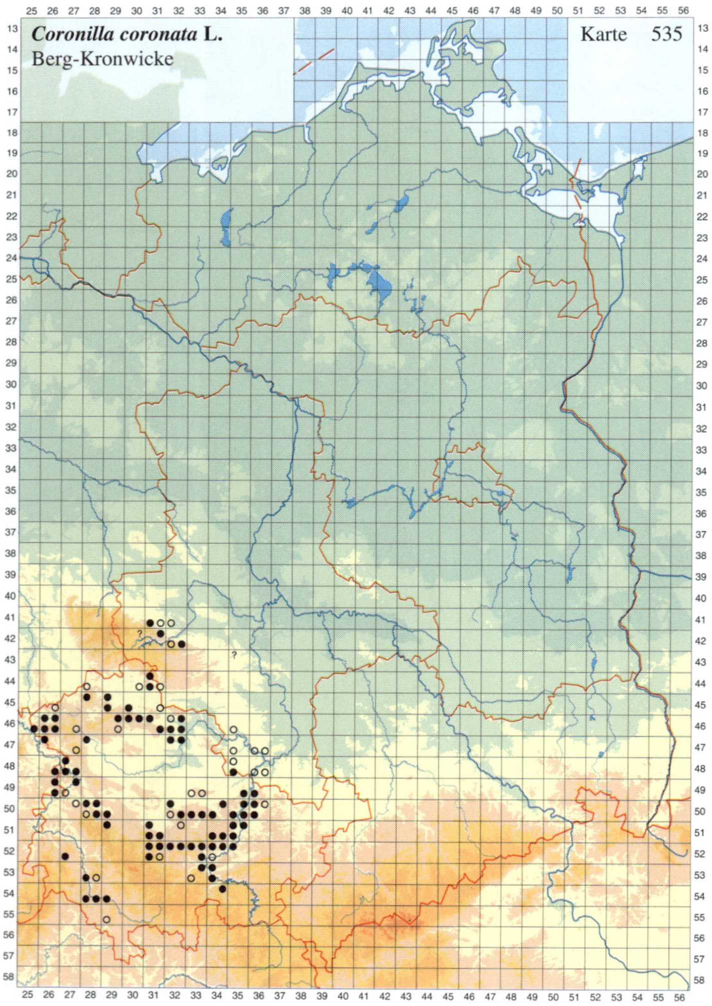
Coronilla coronata L.
Berg-Kronwicke
Karte 535

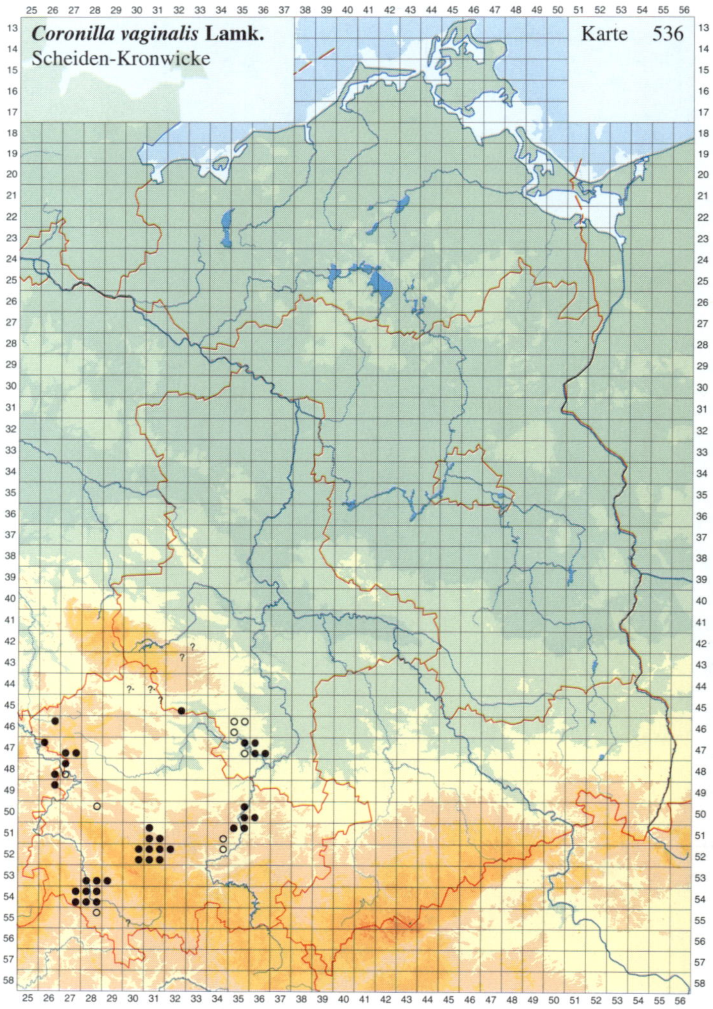
Coronilla vaginalis Lamk.
Scheiden-Kronwicke
Karte 536

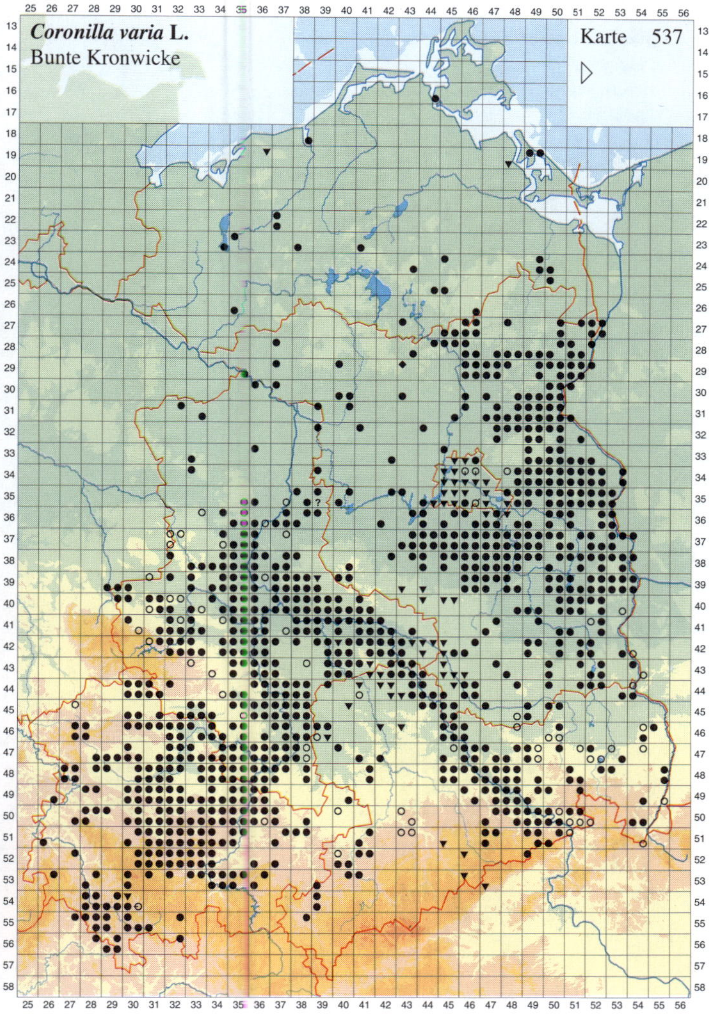
Coronilla varia L.
Bunte Kronwicke
Karte 537

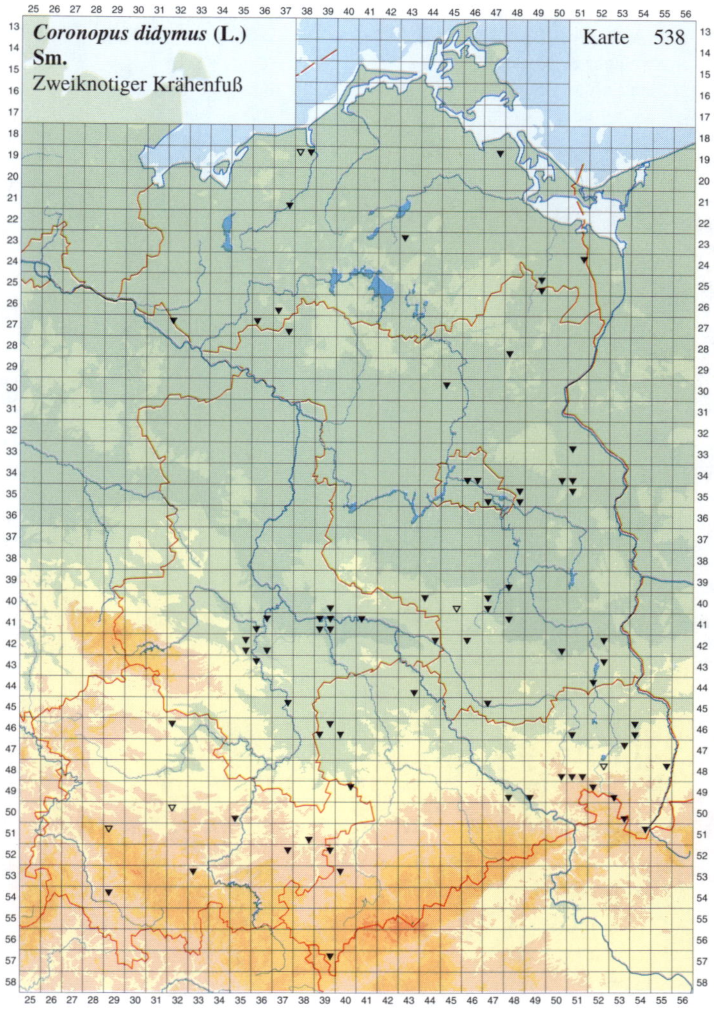
Coronopus didymus (L.) Sm.
Zweiknotiger Krähenfuß
Karte 538

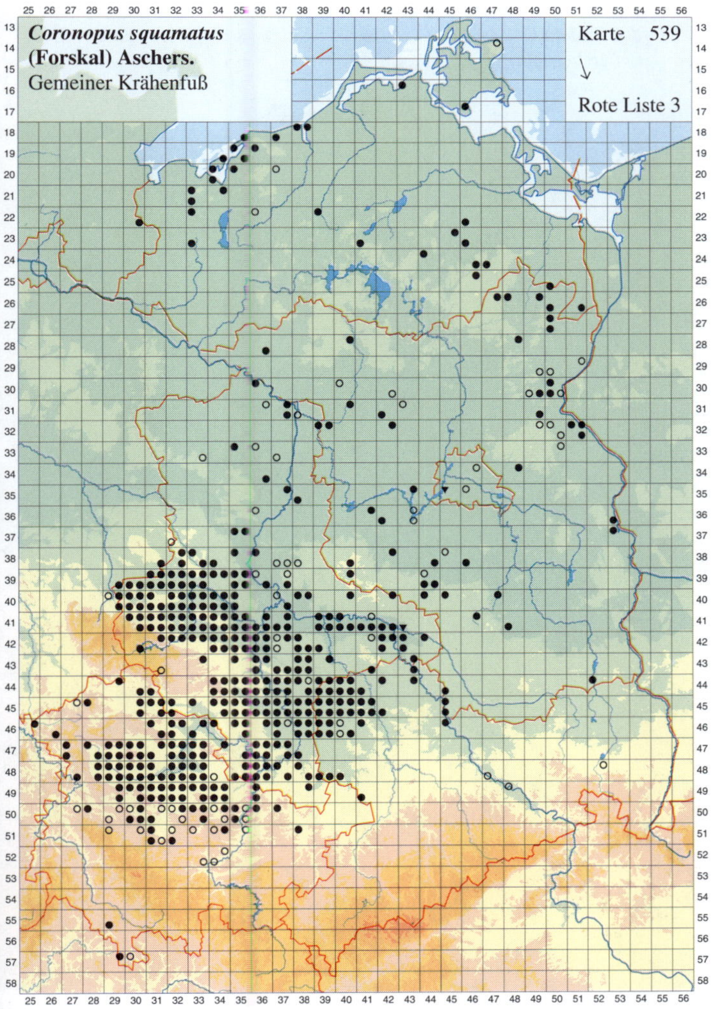
Coronopus squamatus (Forskal) Aschers.
Gemeiner Krähenfuß
Karte 539
Rote Liste 3

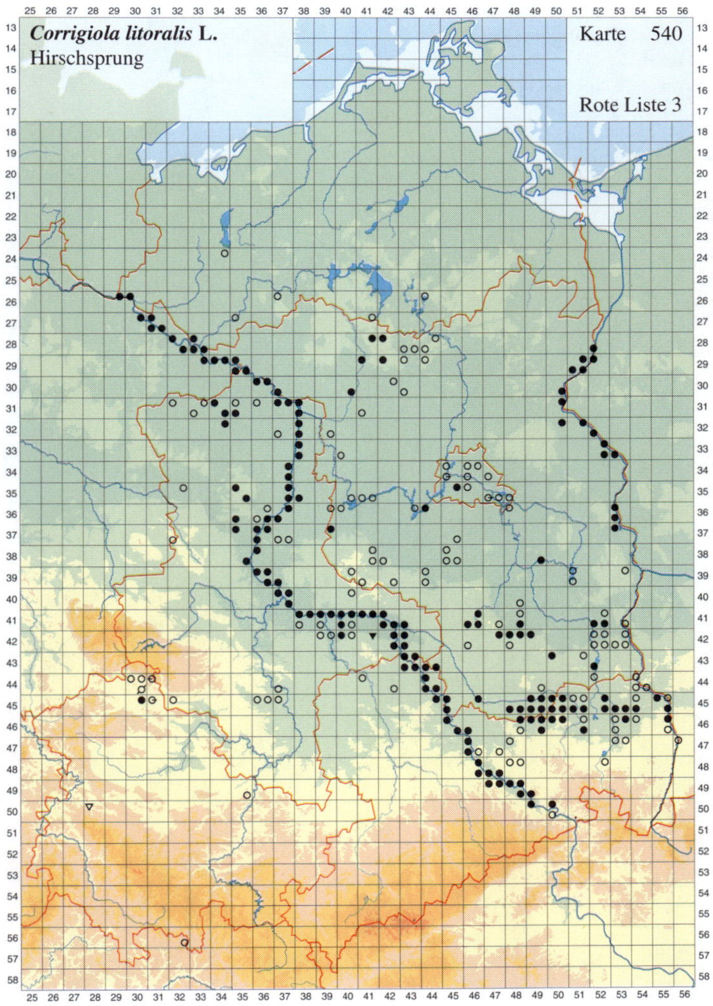
Corrigiola litoralis L.
Hirschsprung
Karte 540
Rote Liste 3

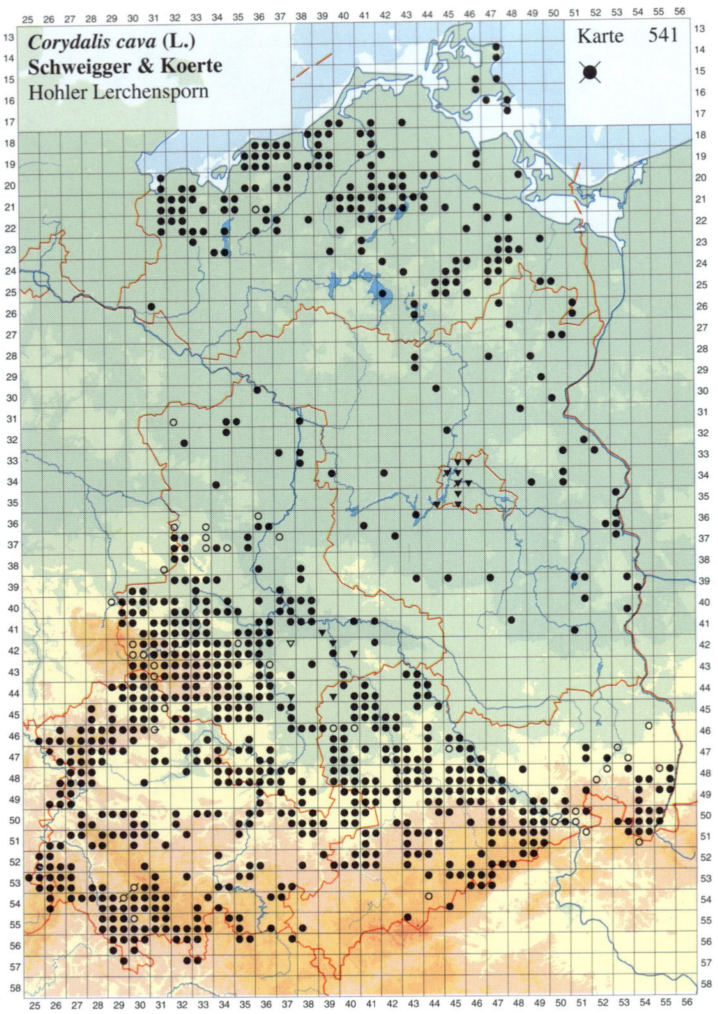
Corydalis cava (L.)
Schweigger & Koerte
Hohler Lerchensporn
Karte 541

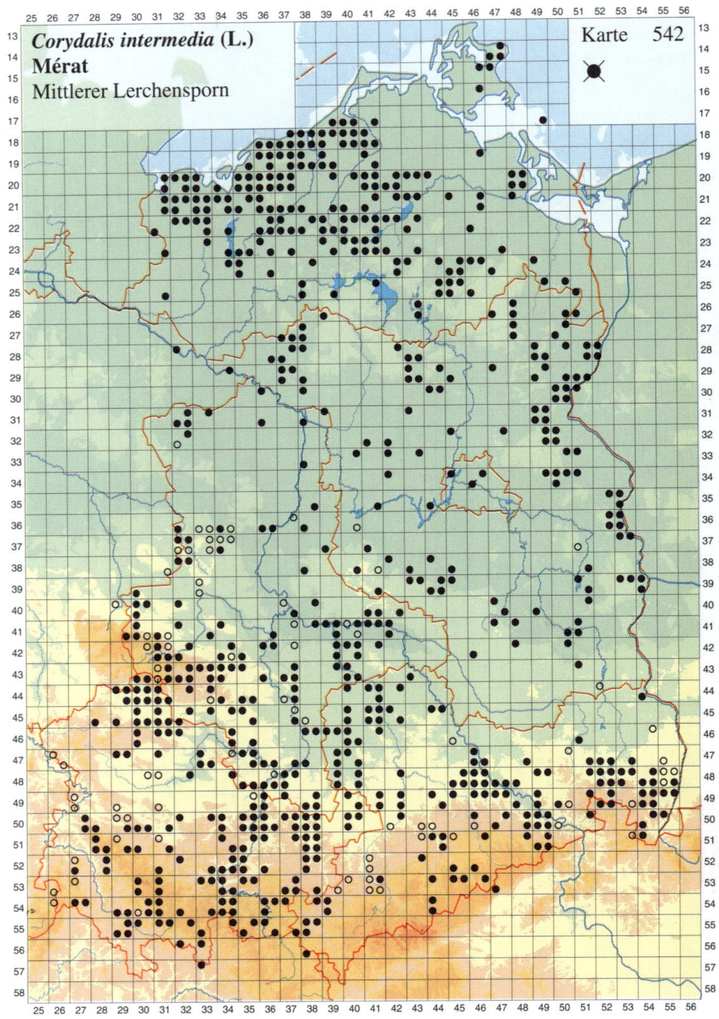
Corydalis intermedia (L.)
Mérat
Mittlerer Lerchensporn
Karte 542

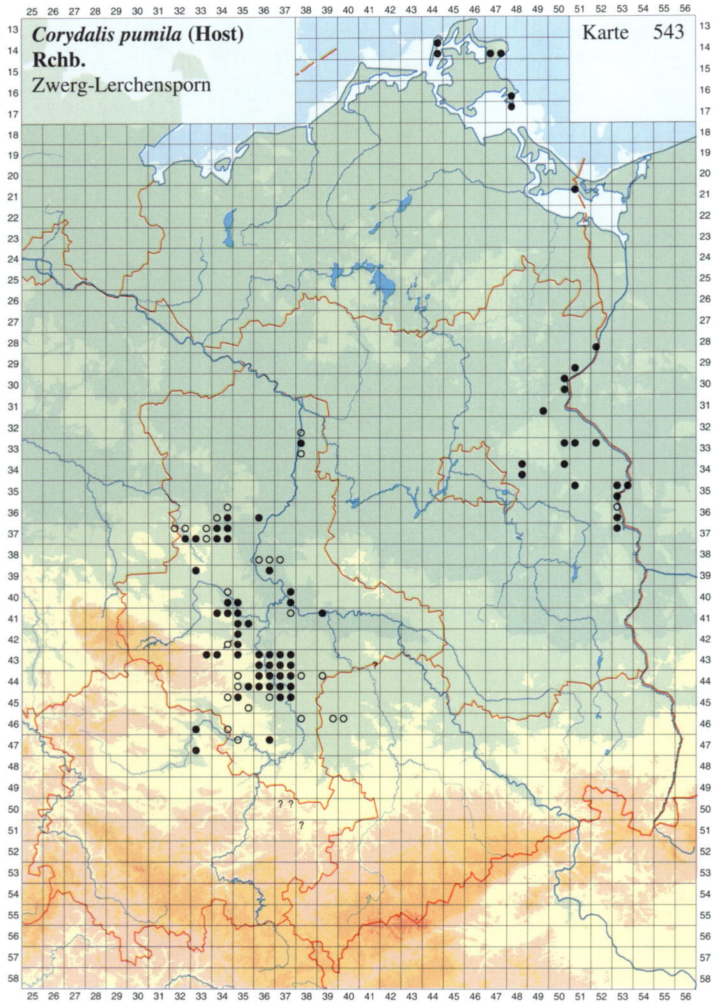
Corydalis pumila (Host)
Rchb.
Zwerg-Lerchensporn
Karte 543

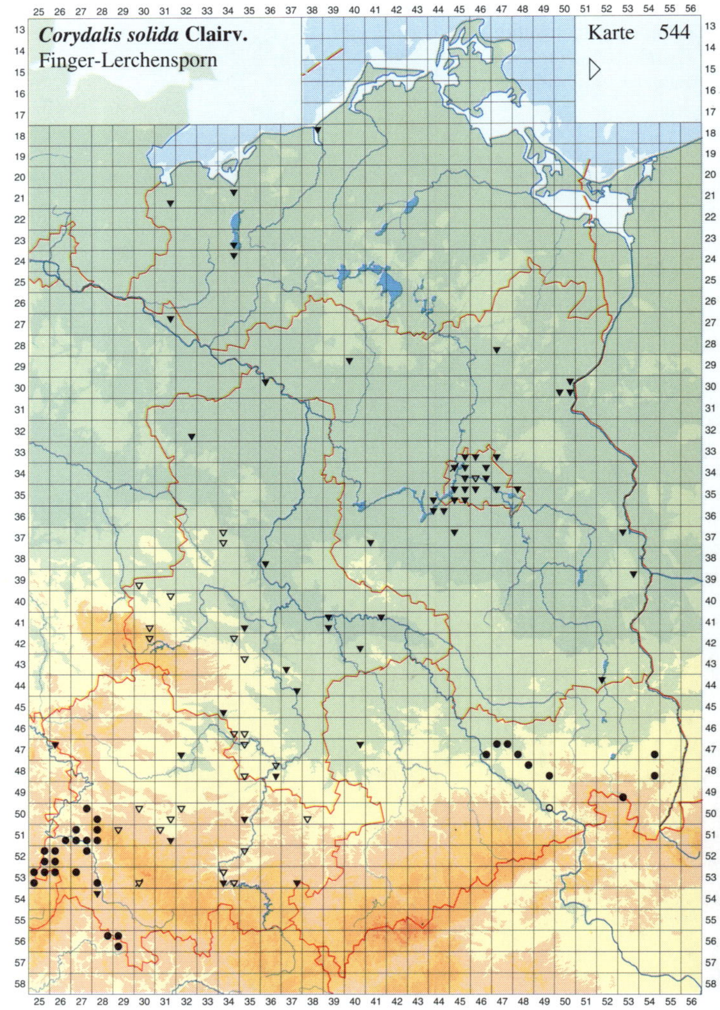
Corydalis solida Clairv.
Finger-Lerchensporn
Karte 544

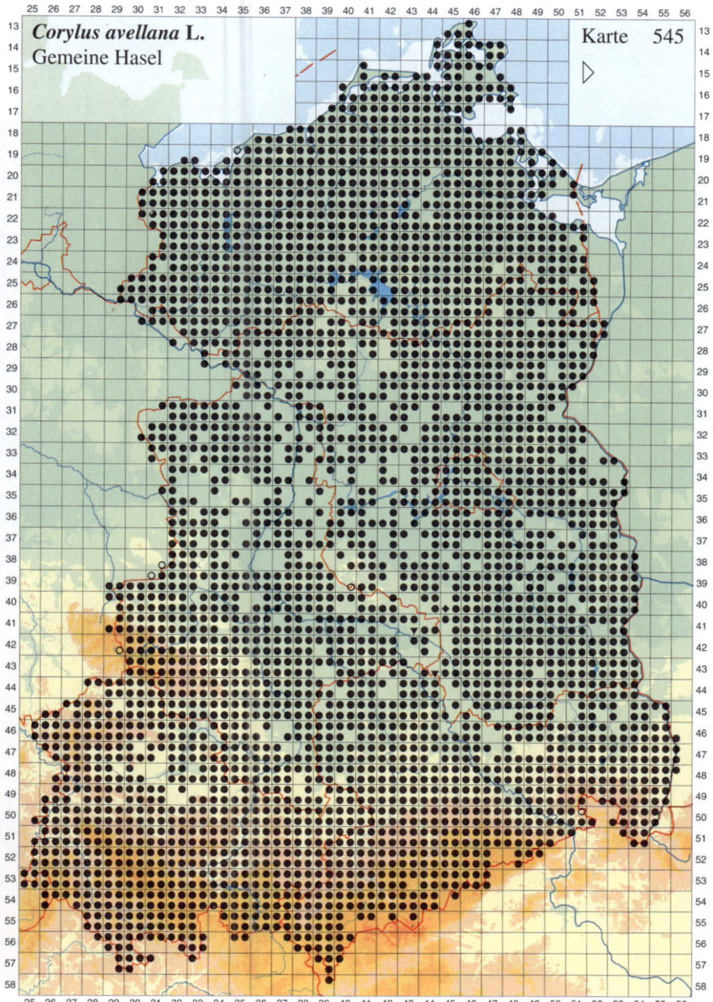
Corylus avellana L.
Gemeine Hasel
Karte 545

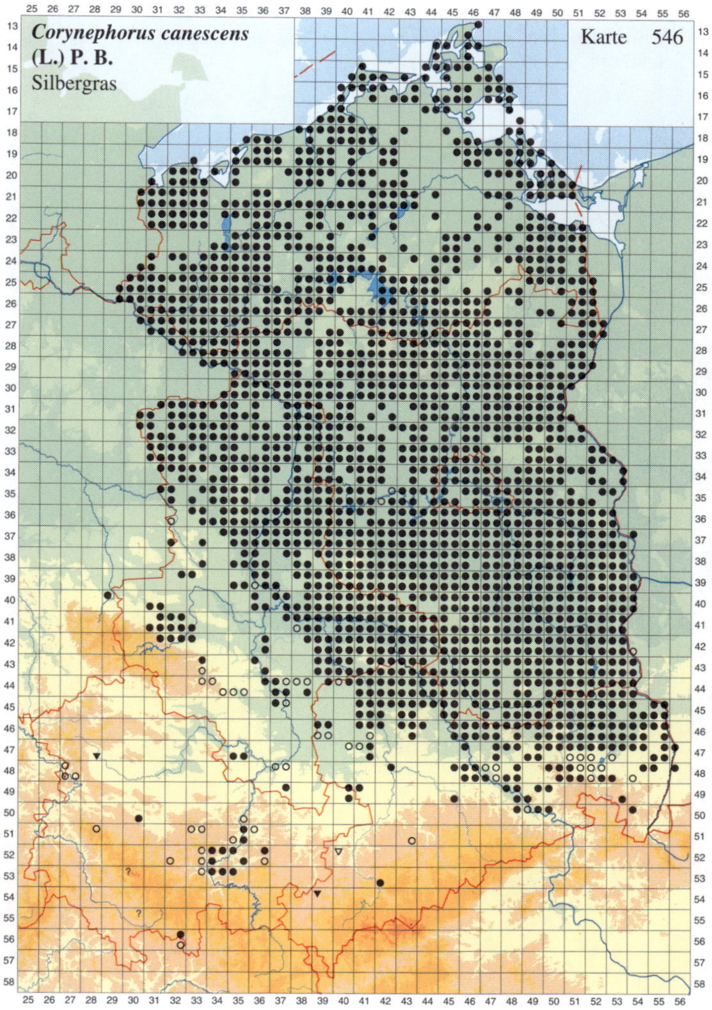
Corynephorus canescens (L.) P. B.
Silbergras
Karte 546

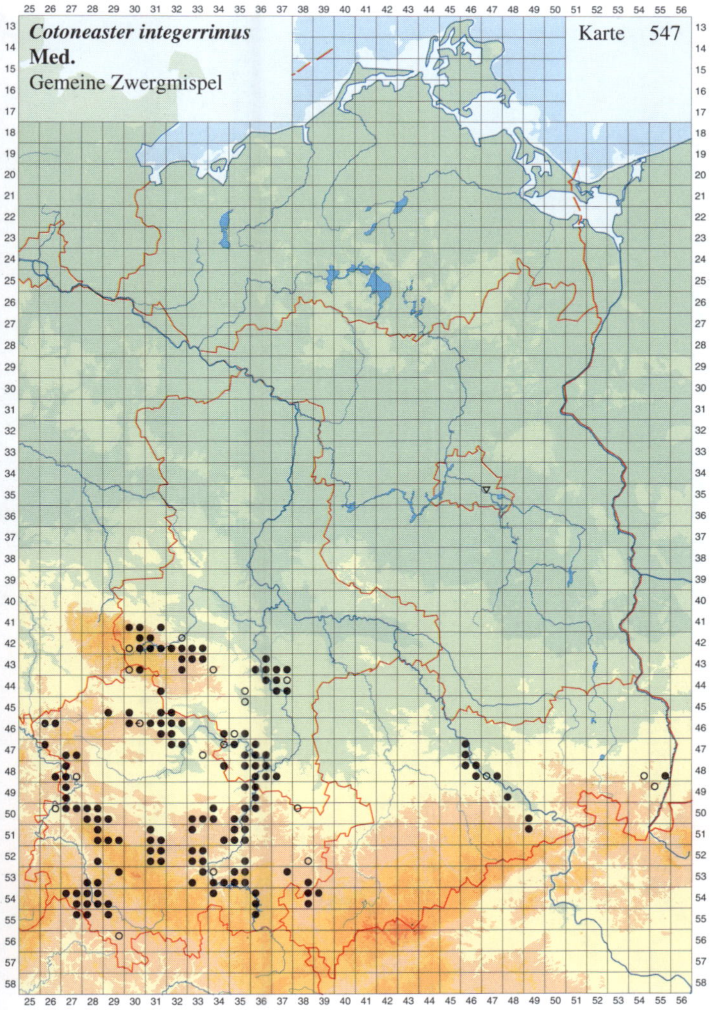
Cotoneaster integerrimus Med.
Gemeine Zwergmispel
Karte 547

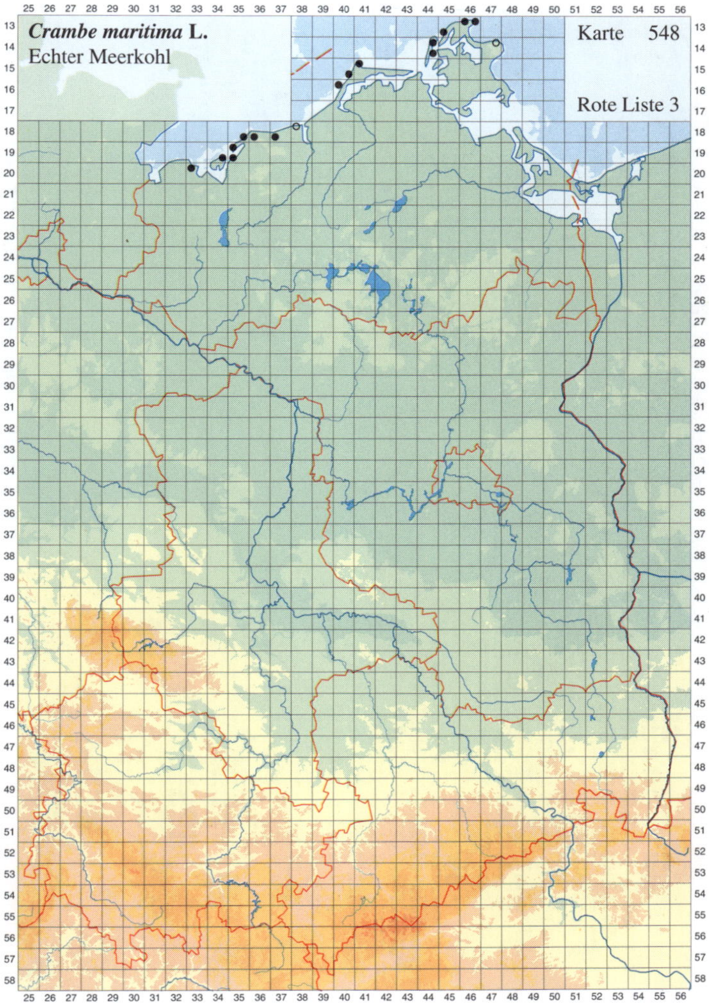
Crambe maritima L.
Echter Meerkohl
Karte 548
Rote Liste 3

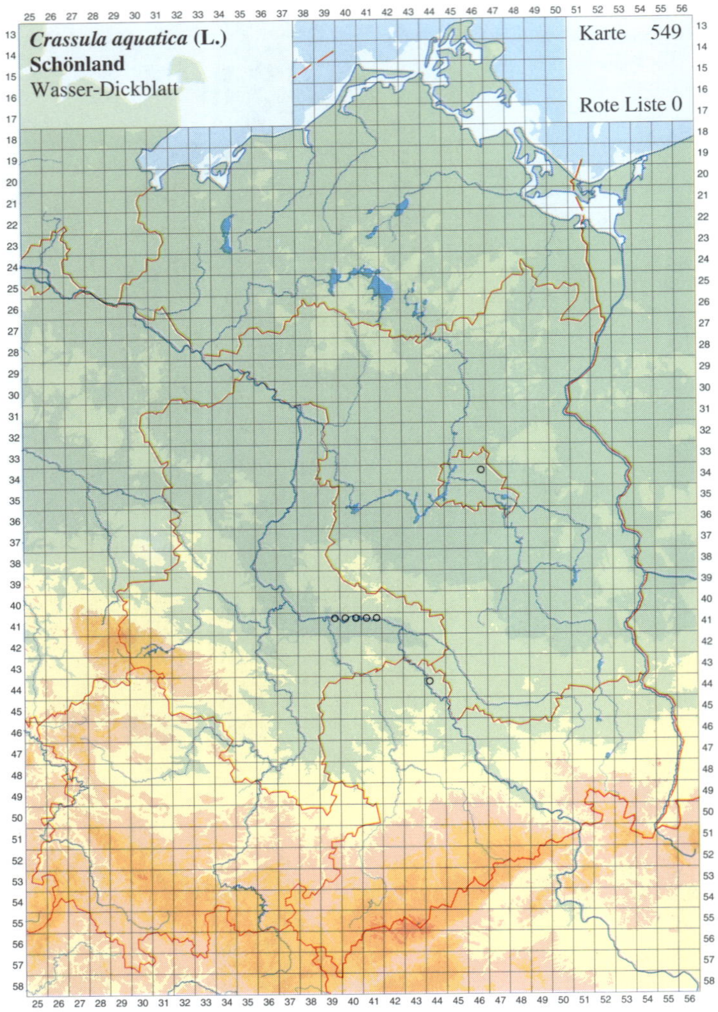
Crassula aquatica (L.)
Schönland
Wasser-Dickblatt
Karte 549
Rote Liste 0

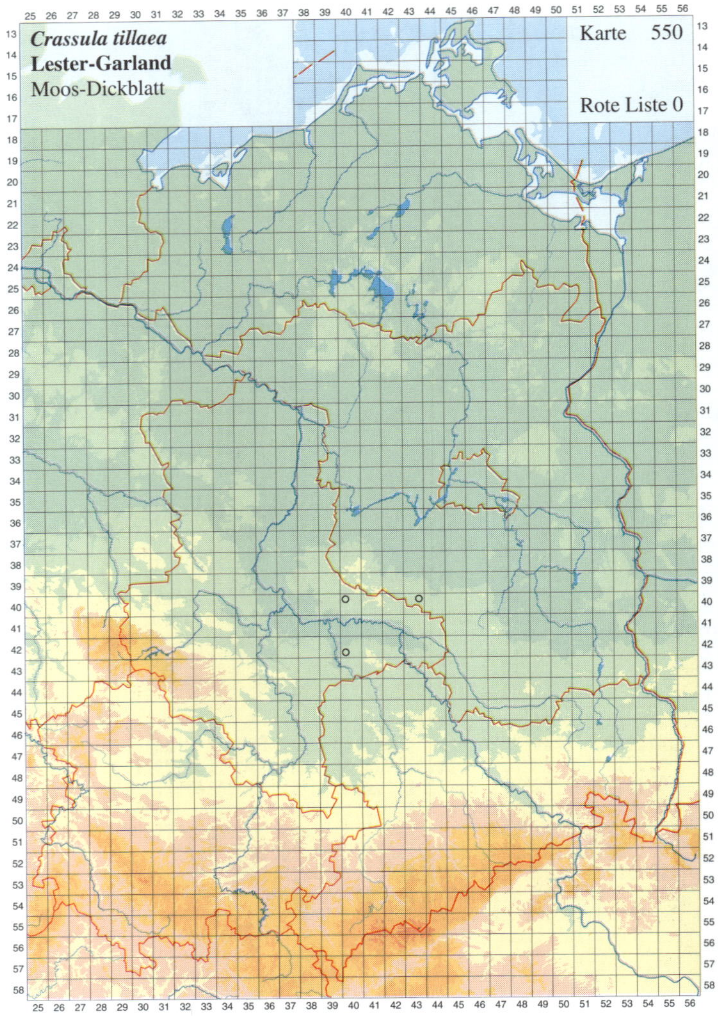
Crassula tillaea
Lester-Garland
Moos-Dickblatt
Karte 550
Rote Liste 0

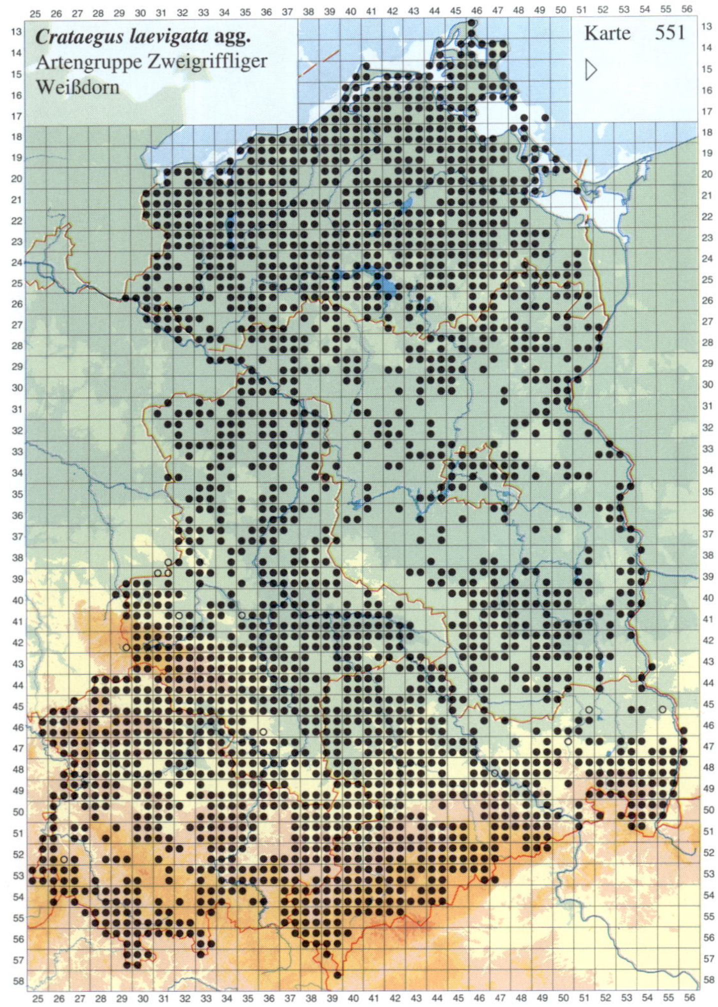
Crataegus laevigata agg.
Artengruppe Zweigriffliger
Weißdorn
Karte 551

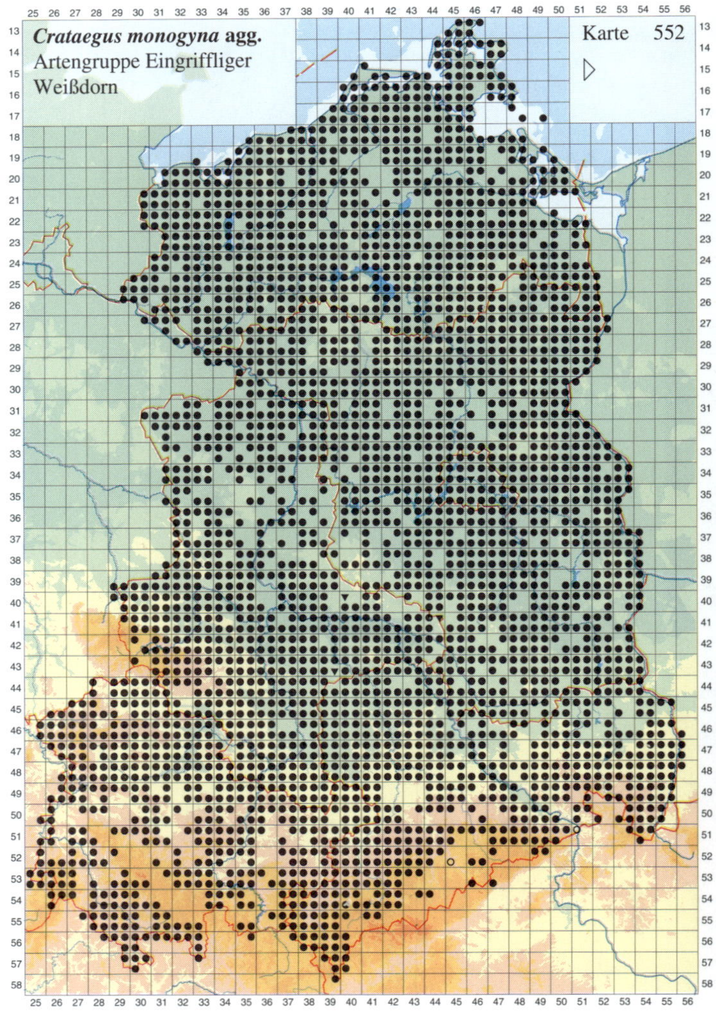
Crataegus monogyna agg.
Artengruppe Eingriffliger
Weißdorn
Karte 552

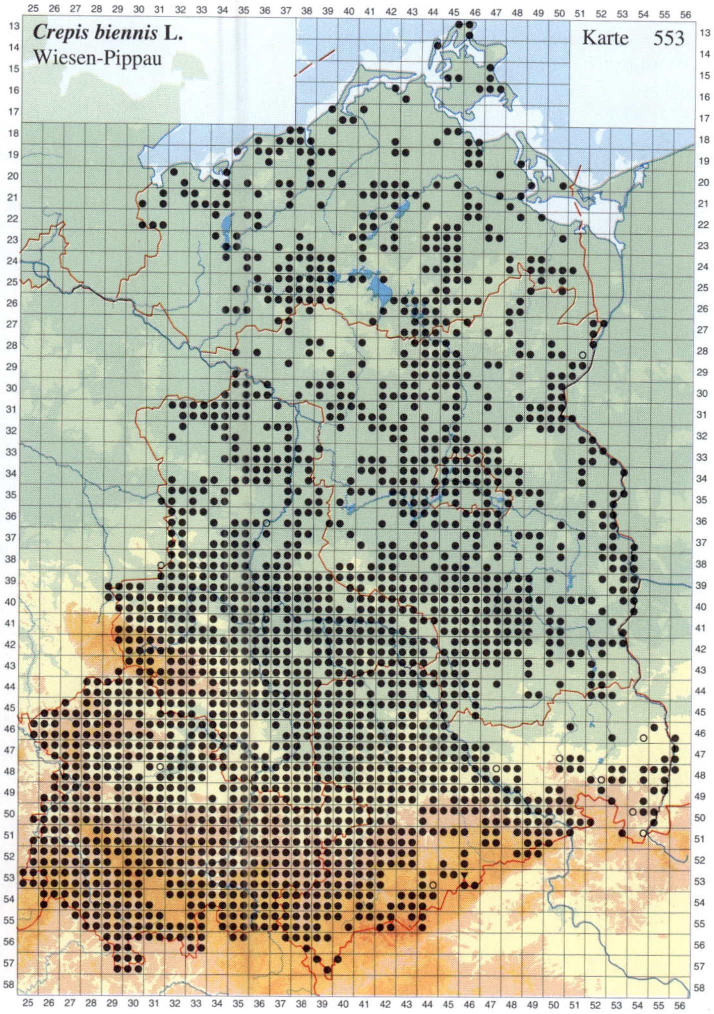
Crepis biennis L.
Wiesen-Pippau
Karte 553

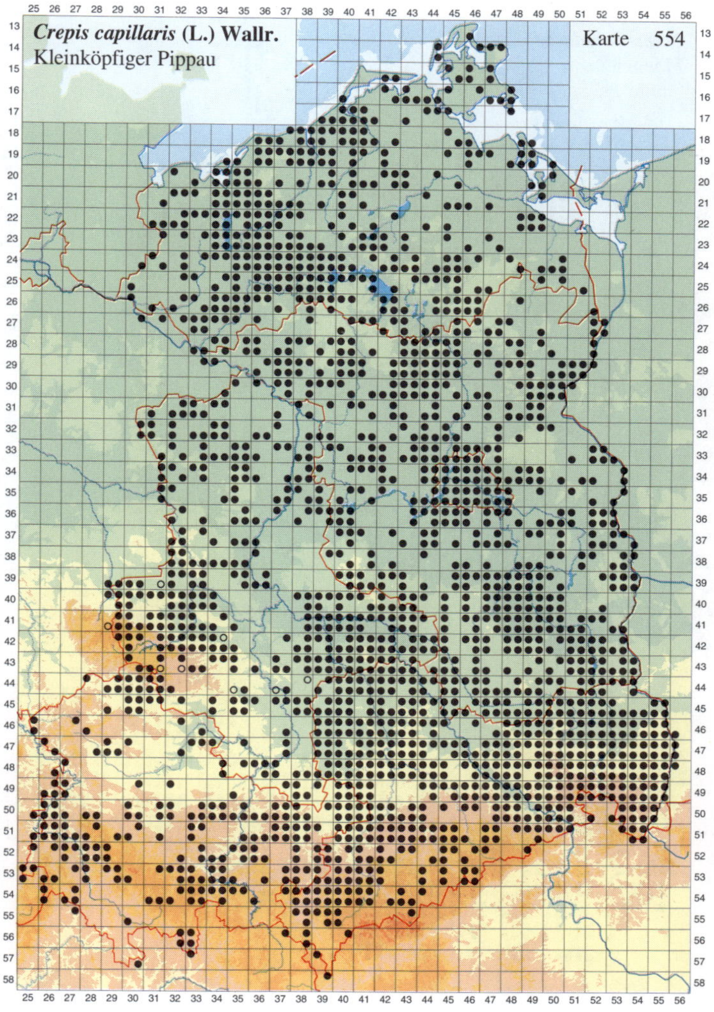
Crepis capillaris (L.) Wallr.
Kleinköpfiger Pippau
Karte 554

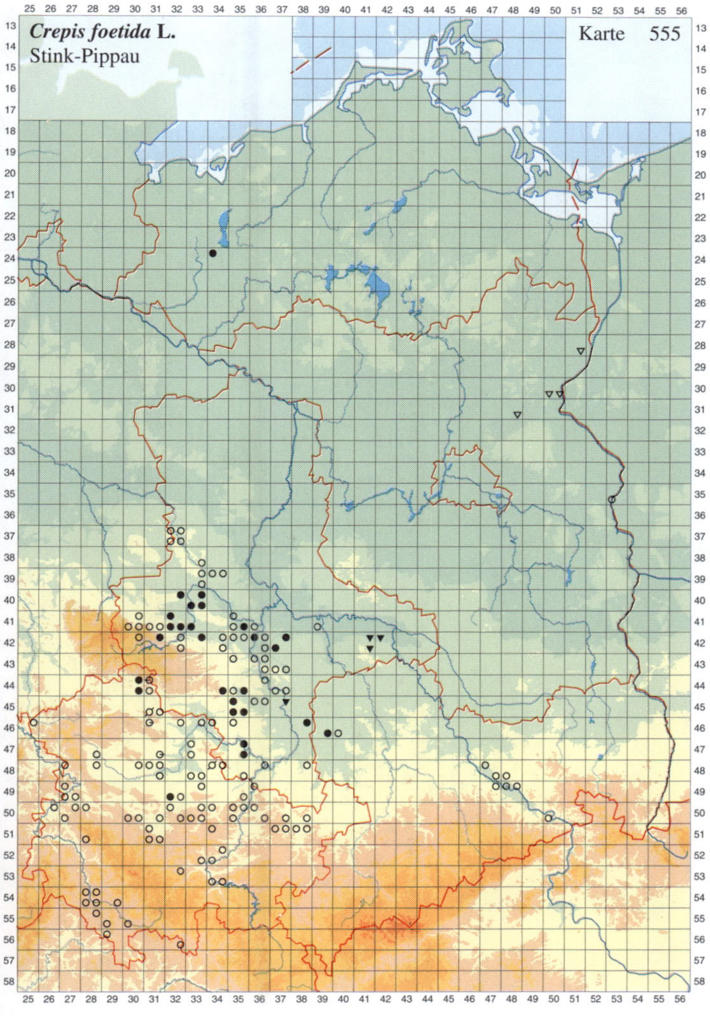
Crepis foetida L.
Stink-Pippau
Karte 555

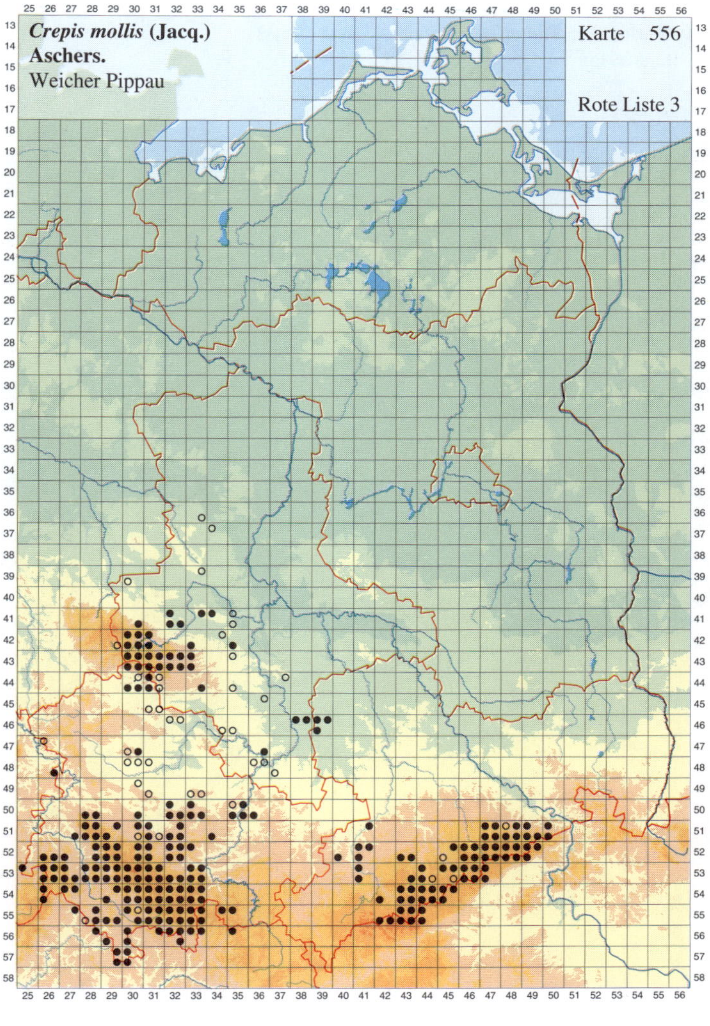
Crepis mollis (Jacq.) Aschers.
Weicher Pippau
Karte 556
Rote Liste 3

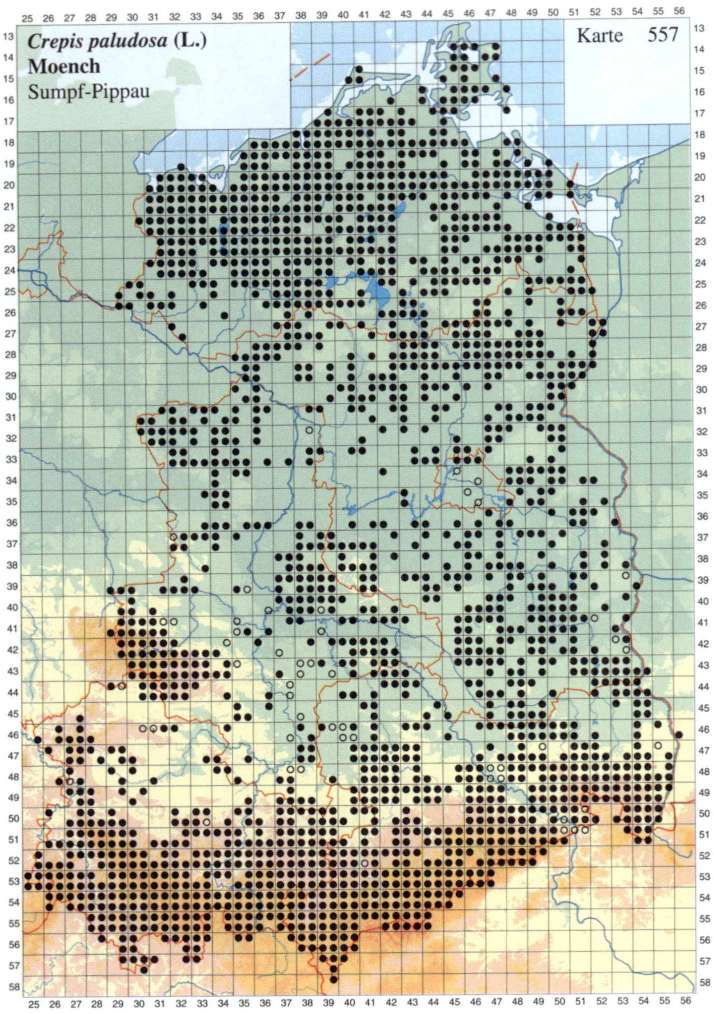
Crepis paludosa (L.) Moench
Sumpf-Pippau
Karte 557

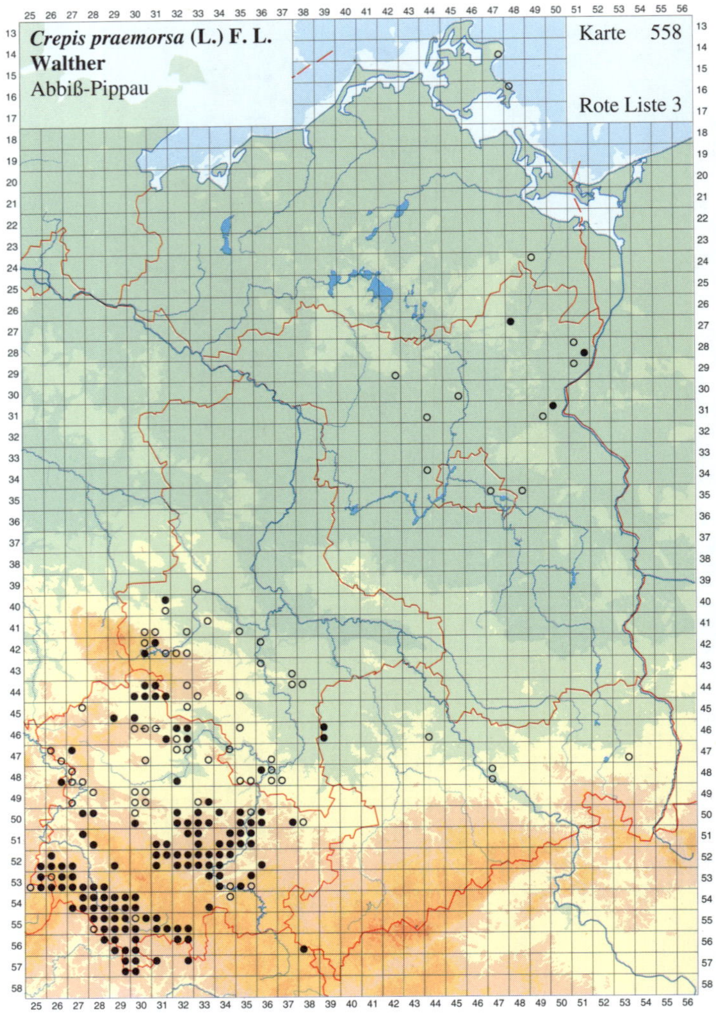
Crepis praemorsa (L.) F. L. Walther
Abbiß-Pippau
Karte 558
Rote Liste 3

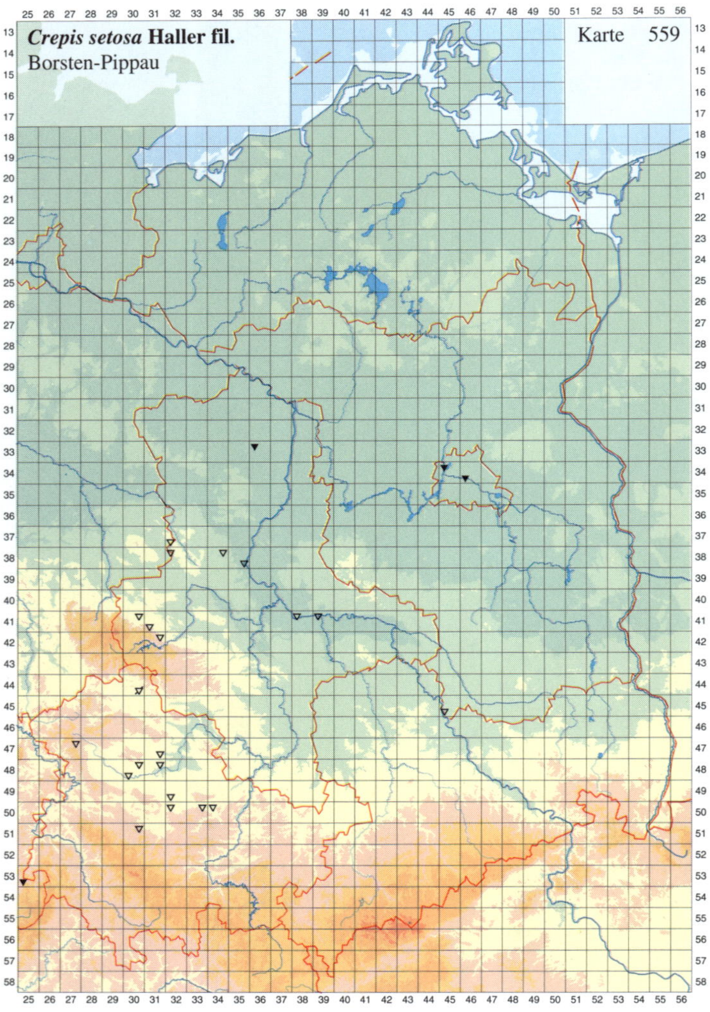
Crepis setosa Haller fil.
Borsten-Pippau
Karte 559

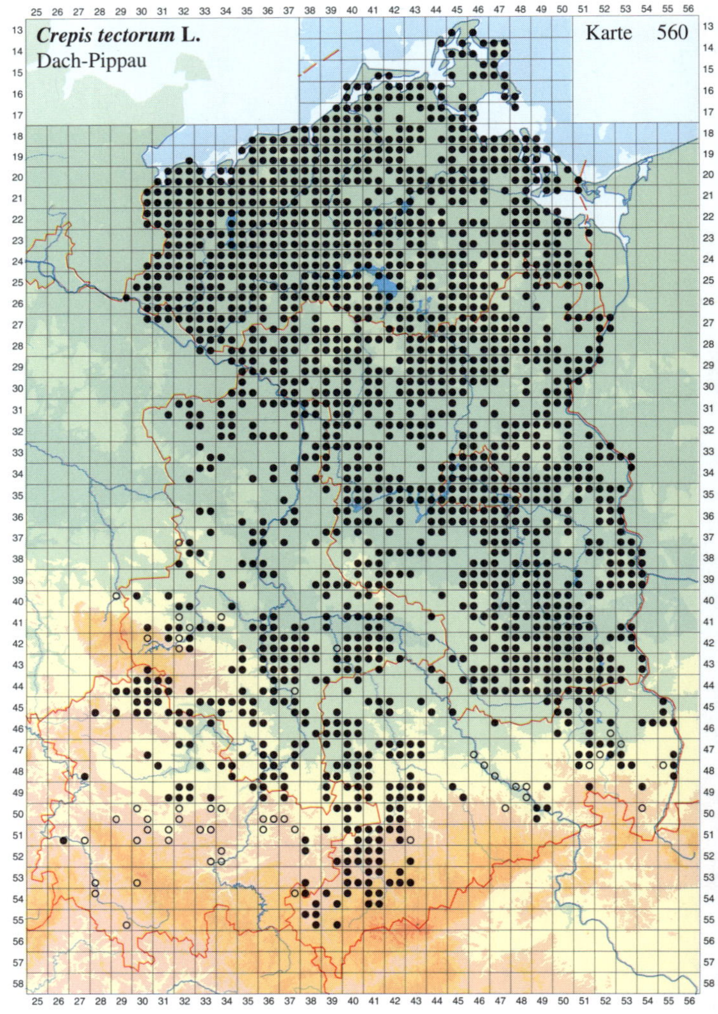
Crepis tectorum L.
Dach-Pippau
Karte 560

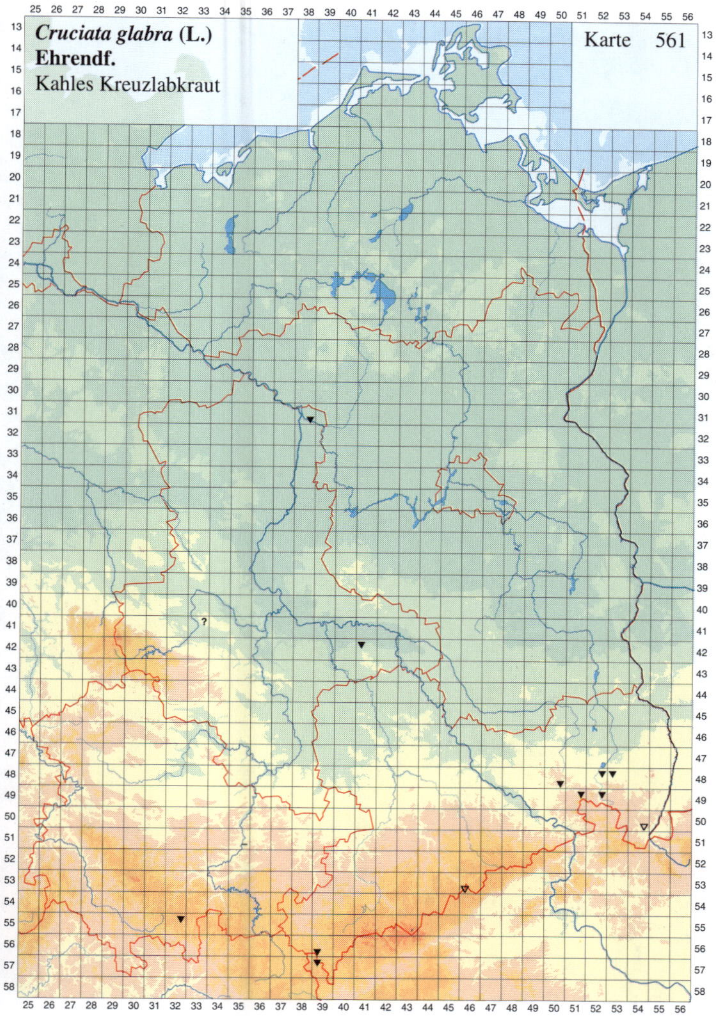
Cruciata glabra (L.) Ehrendf.
Kahles Kreuzlabkraut
Karte 561

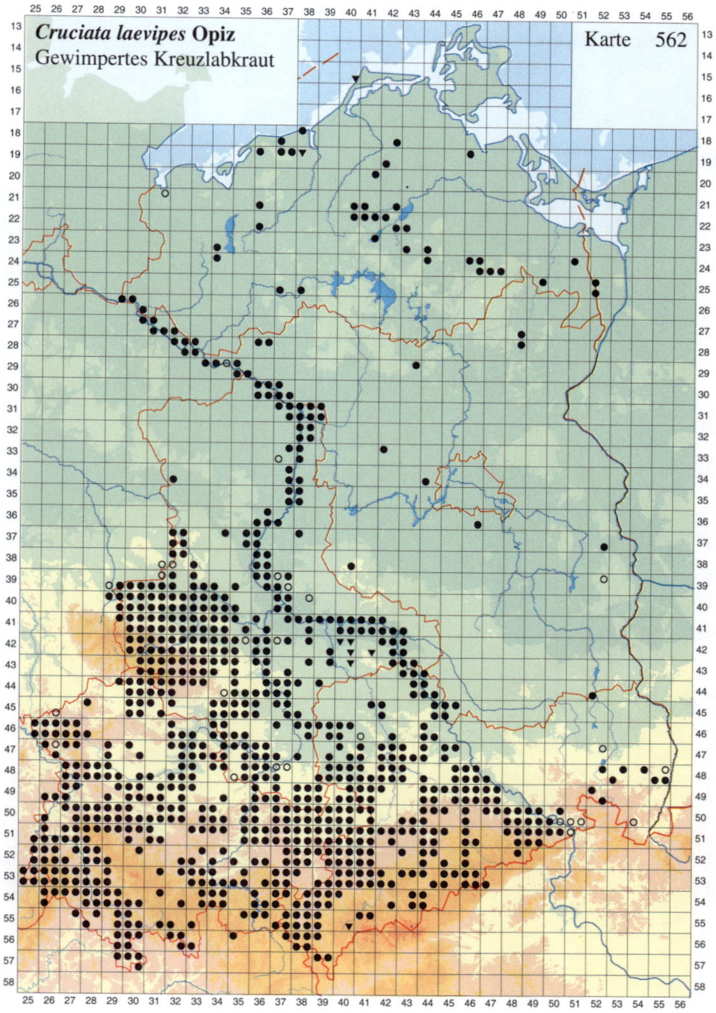
Cruciata laevipes Opiz
Gewimpertes Kreuzlabkraut
Karte 562

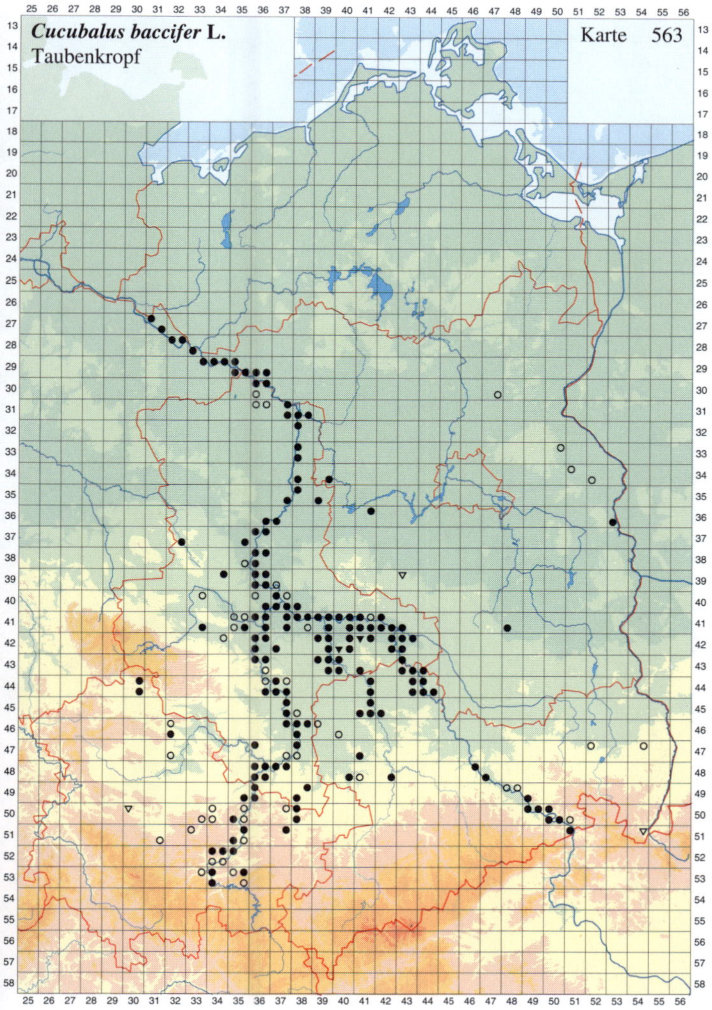
Cucubalus baccifer L.
Taubenkropf
Karte 563

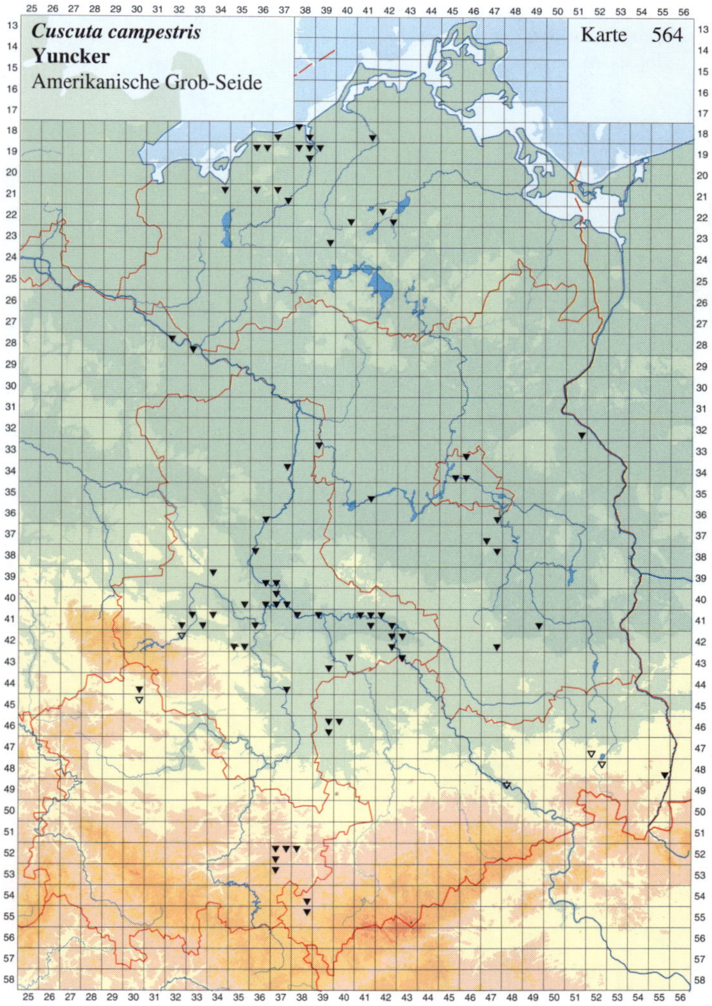
Cuscuta campestris Yuncker
Amerikanische Grob-Seide
Karte 564

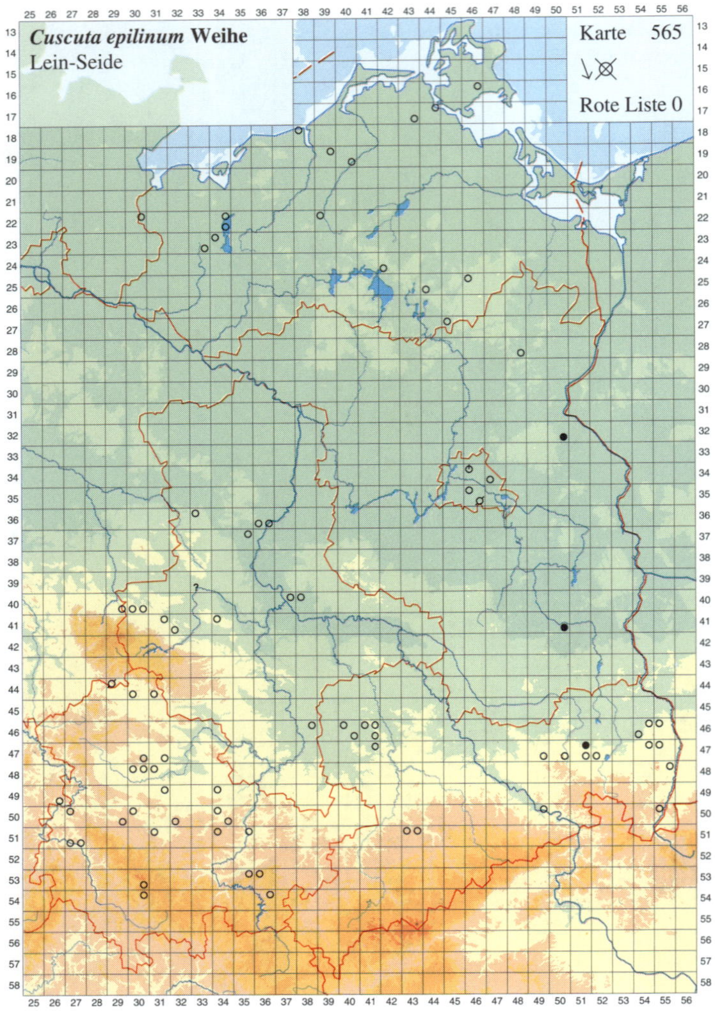

Cuscuta epilinum Weihe
Lein-Seide
Karte 565
Rote Liste 0

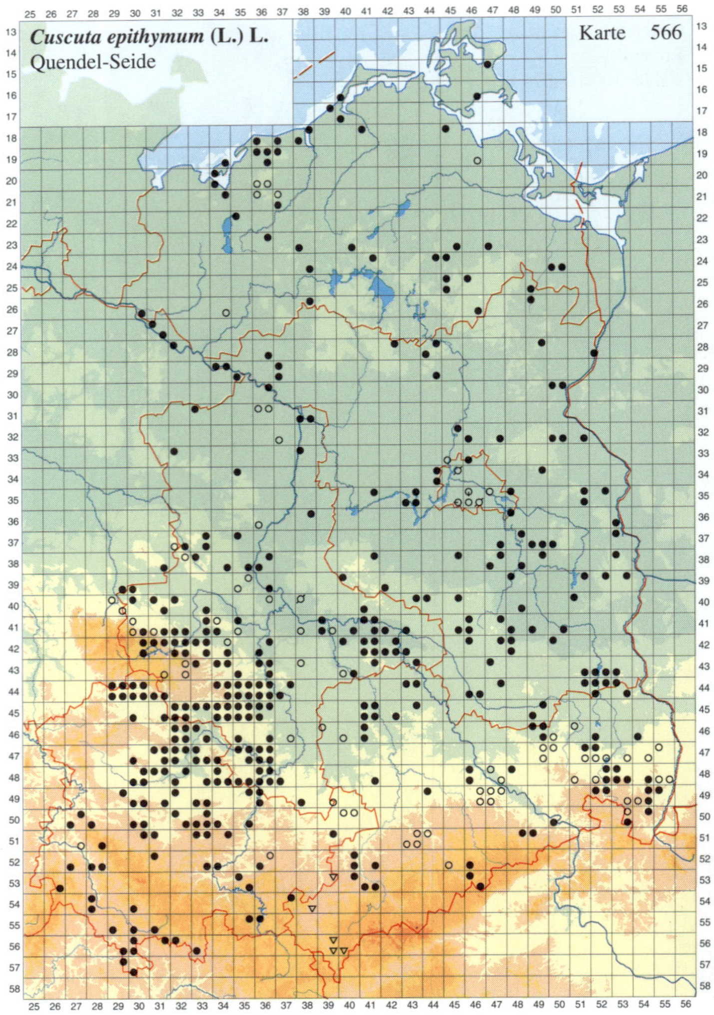

Cuscuta epithymum (L.) L.
Quendel-Seide
Karte 566

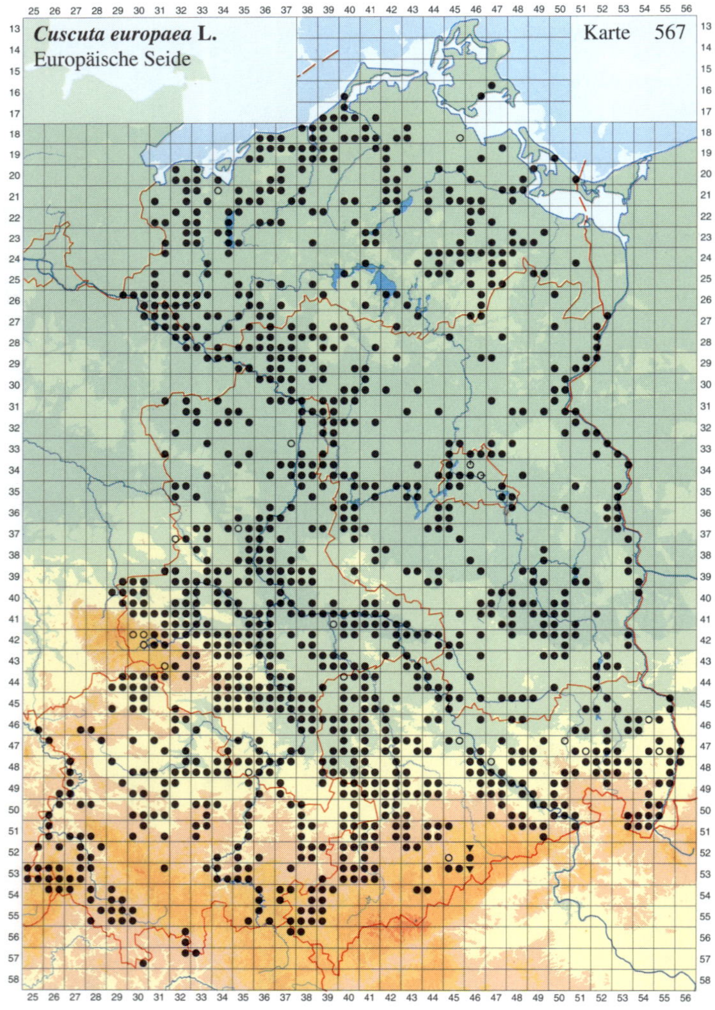

Cuscuta europaea L.
Europäische Seide
Karte 567

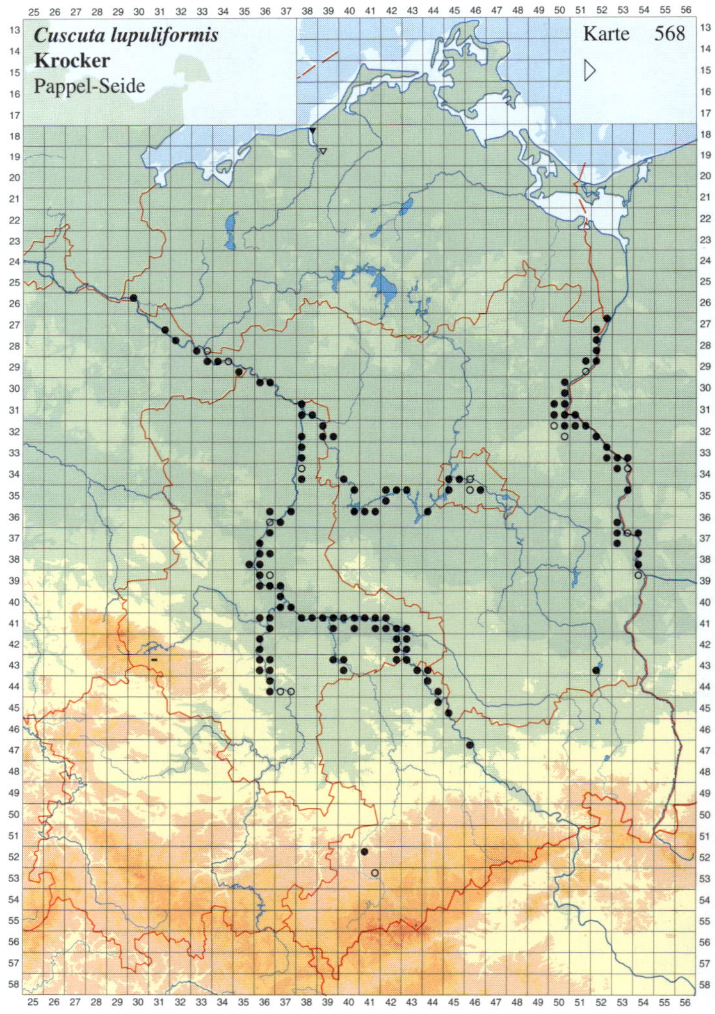

Cuscuta lupuliformis
Krocker
Pappel-Seide
Karte 568

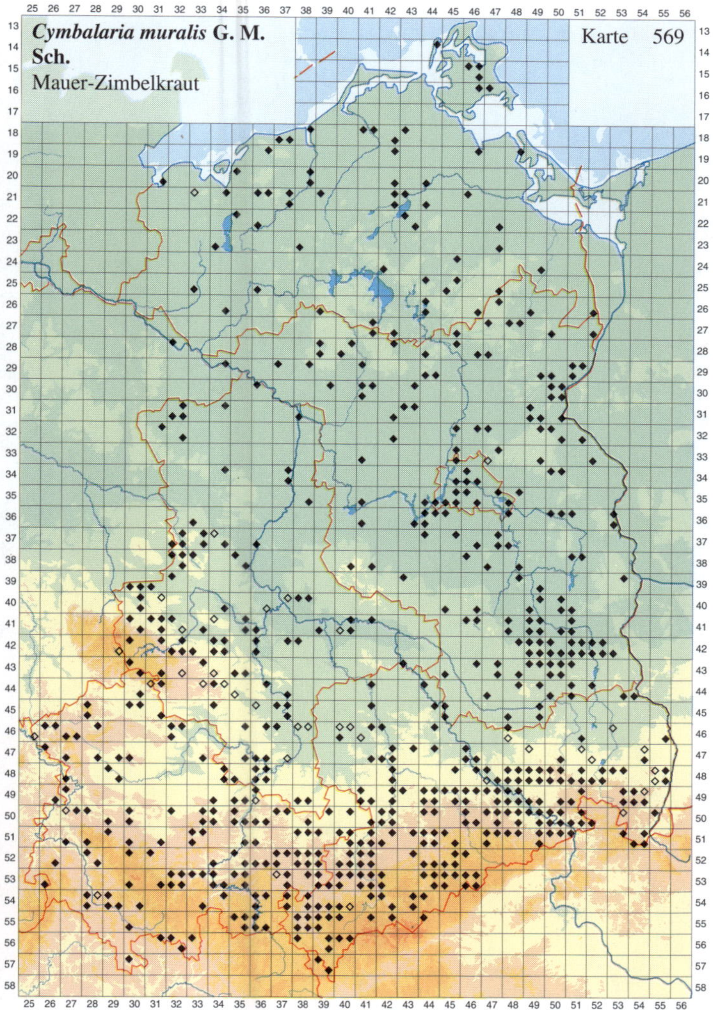
Cymbalaria muralis G. M. Sch.
Mauer-Zimbelkraut
Karte 569

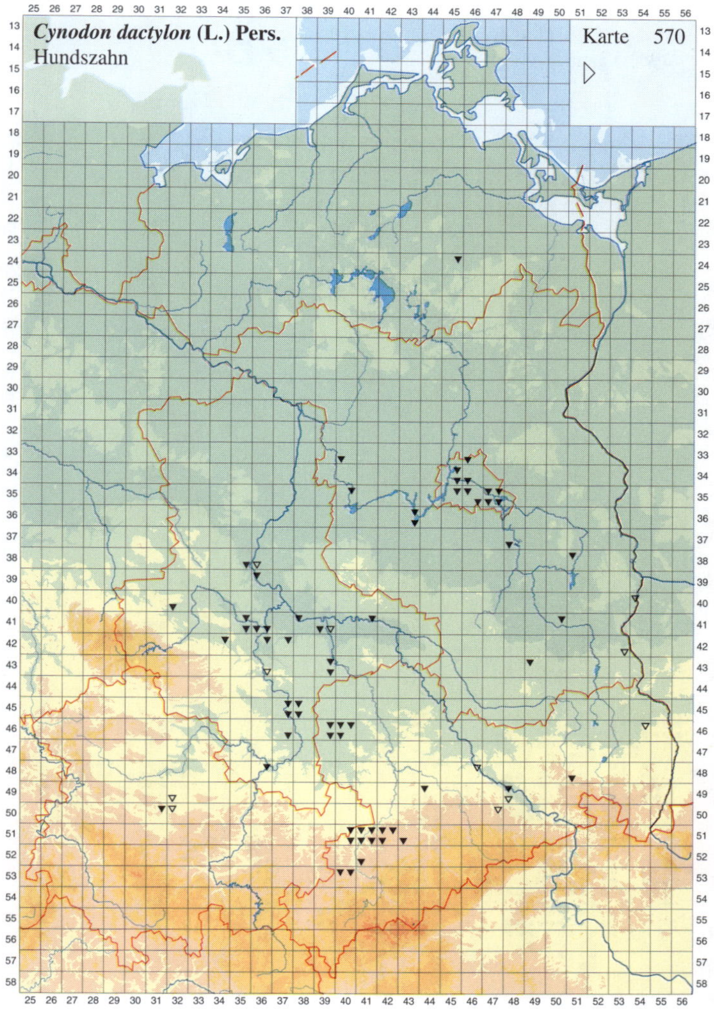
Cynodon dactylon (L.) Pers.
Hundszahn
Karte 570

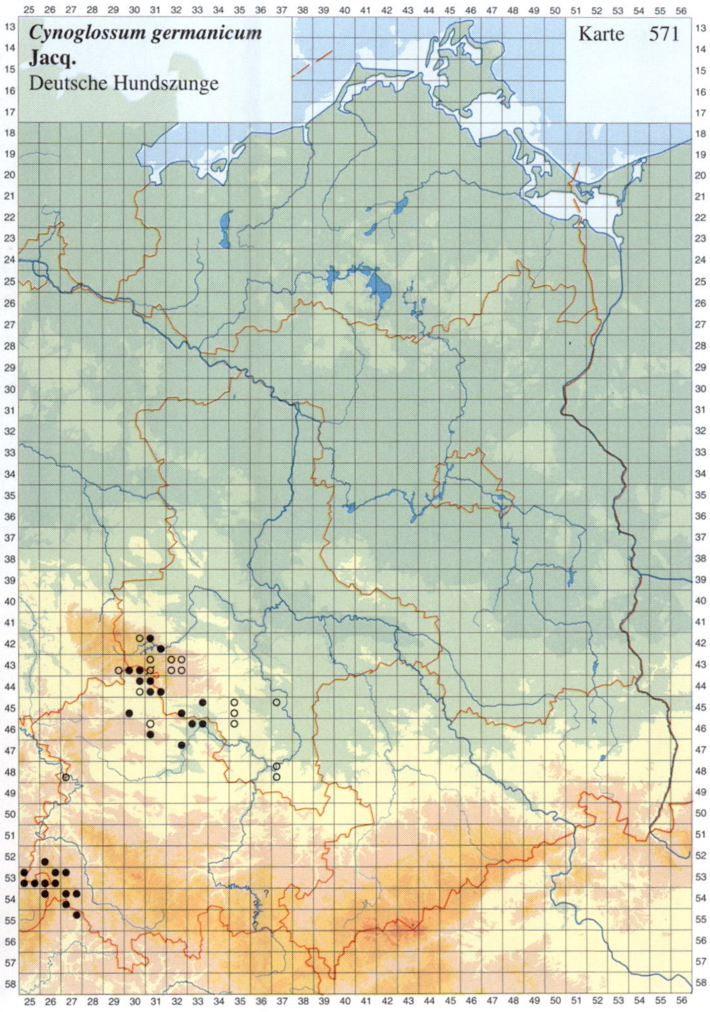
Cynoglossum germanicum Jacq.
Deutsche Hundszunge
Karte 571

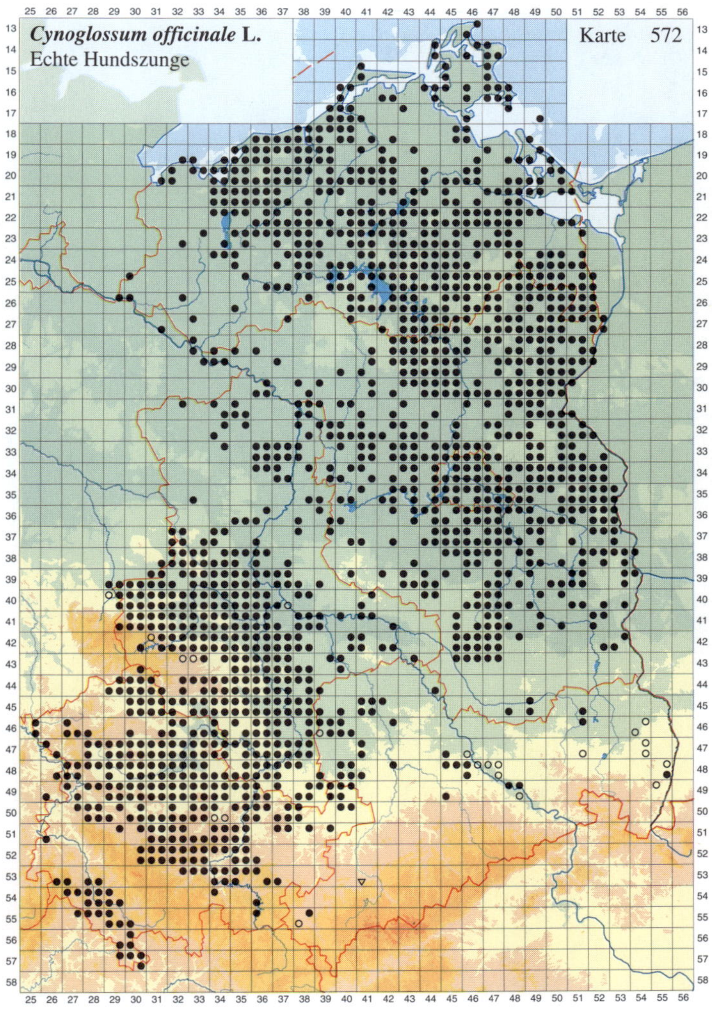
Cynoglossum officinale L.
Echte Hundszunge
Karte 572

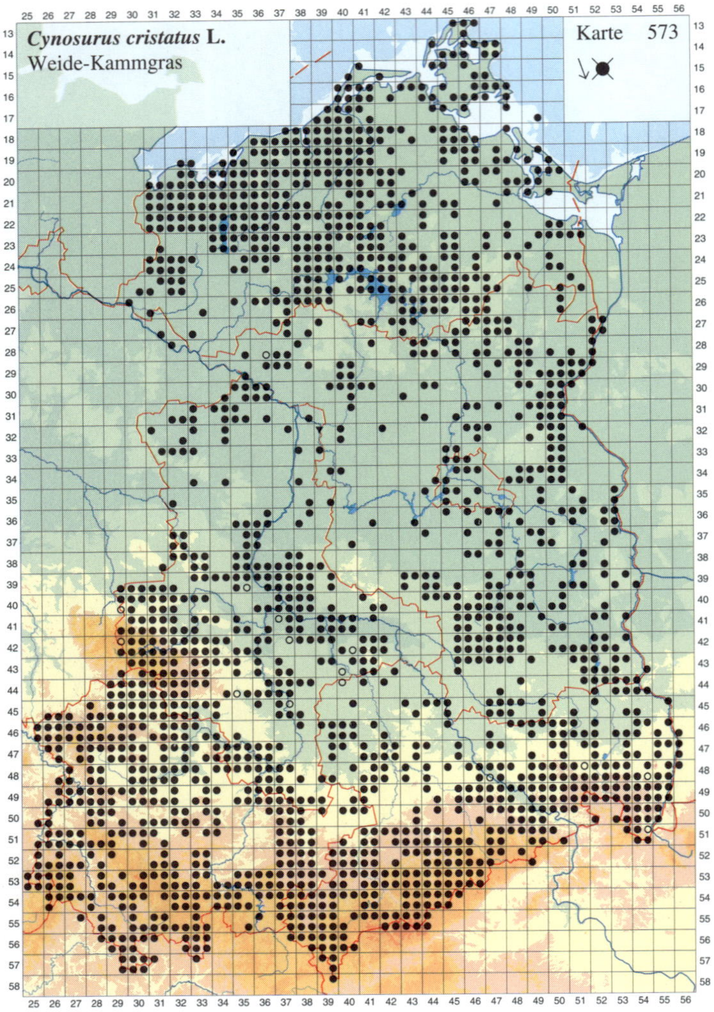
Cynosurus cristatus L.
Weide-Kammgras
Karte 573

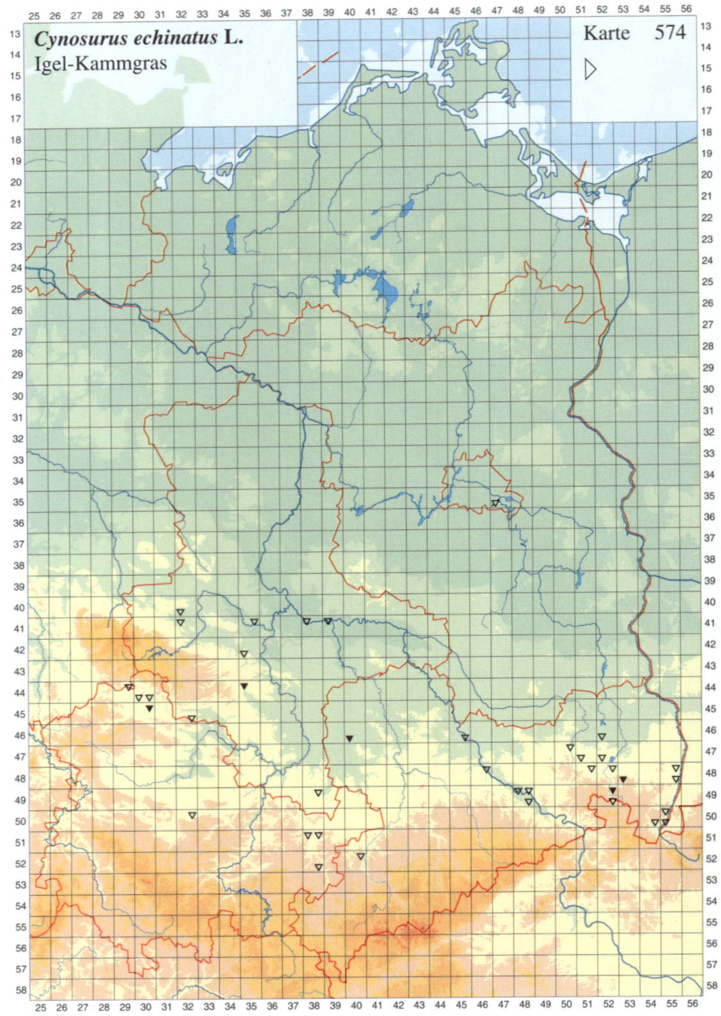
Cynosurus echinatus L.
Igel-Kammgras
Karte 574

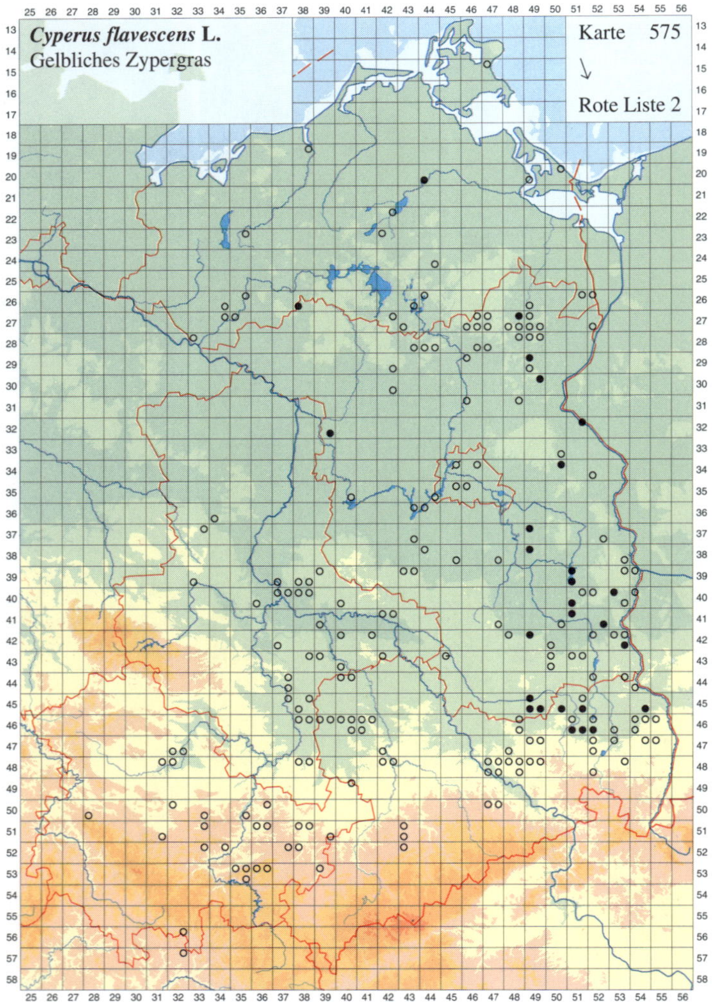
Cyperus flavescens L.
Gelbliches Zypergras
Karte 575
Rote Liste 2

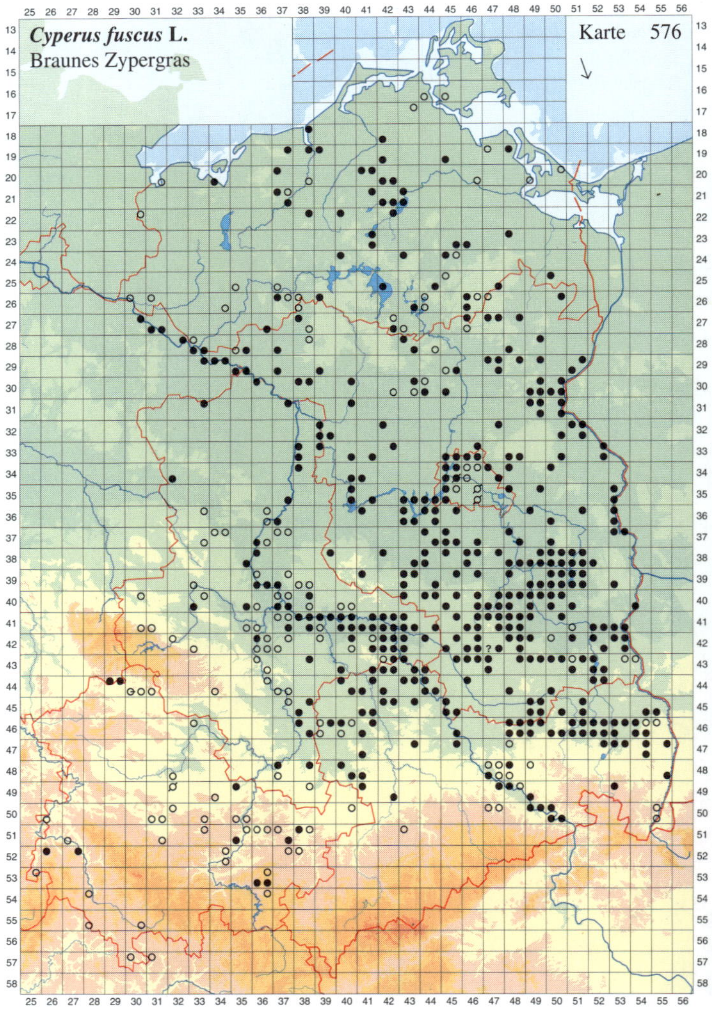
Cyperus fuscus L.
Braunes Zypergras
Karte 576

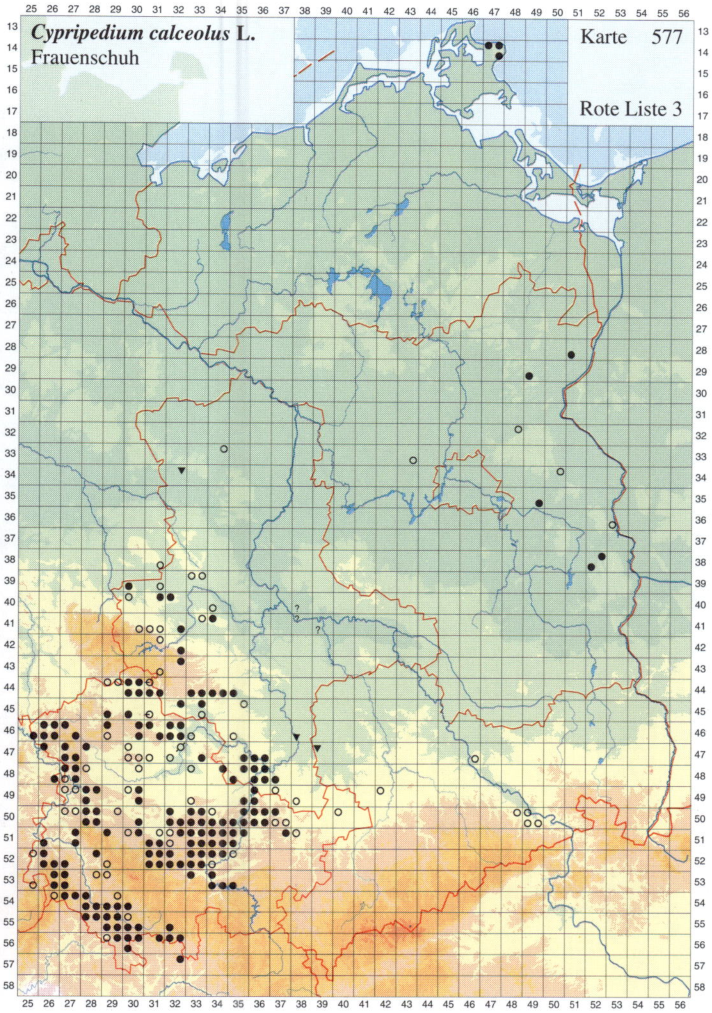
Cypripedium calceolus L.
Frauenschuh
Karte 577
Rote Liste 3

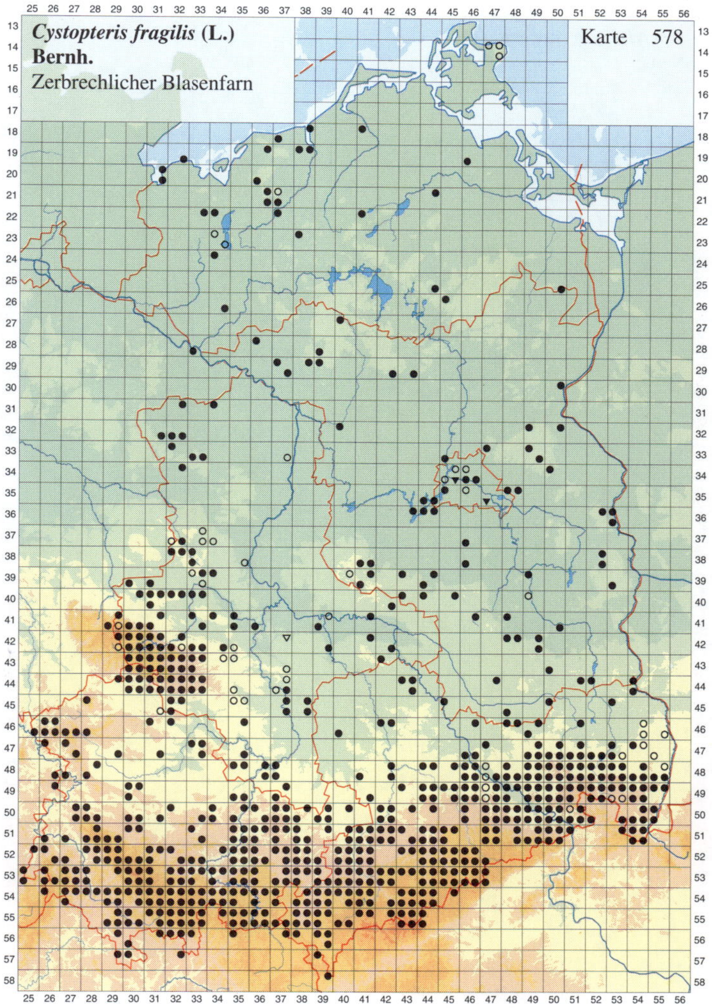
Cystopteris fragilis (L.) Bernh.
Zerbrechlicher Blasenfarn
Karte 578

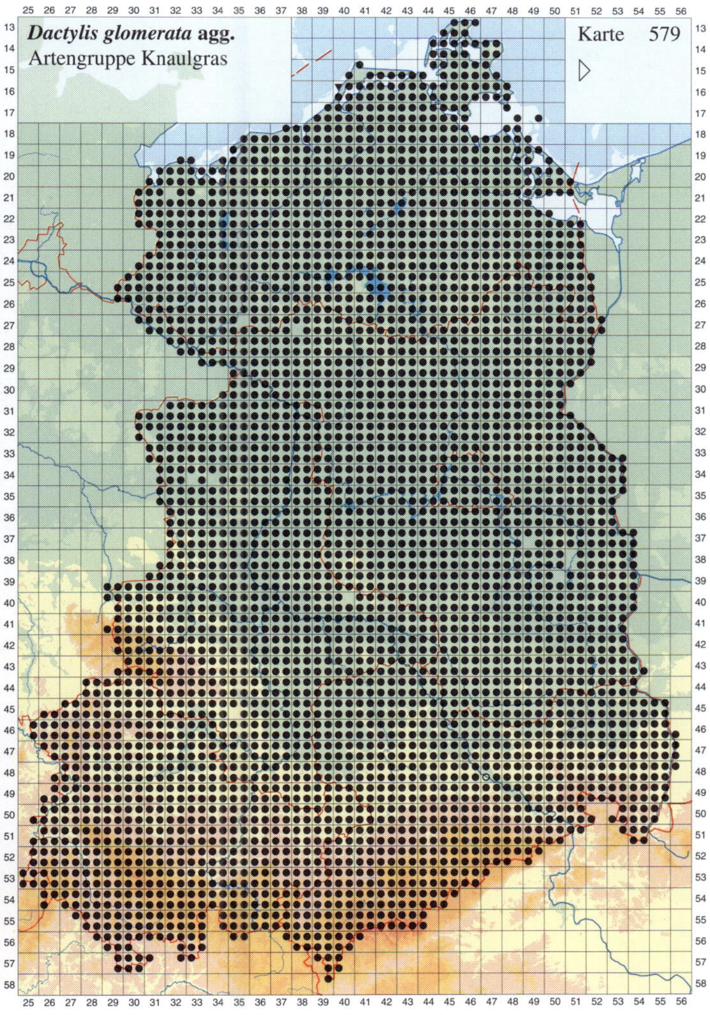
Dactylis glomerata agg.
Artengruppe Knaulgras
Karte 579
▷

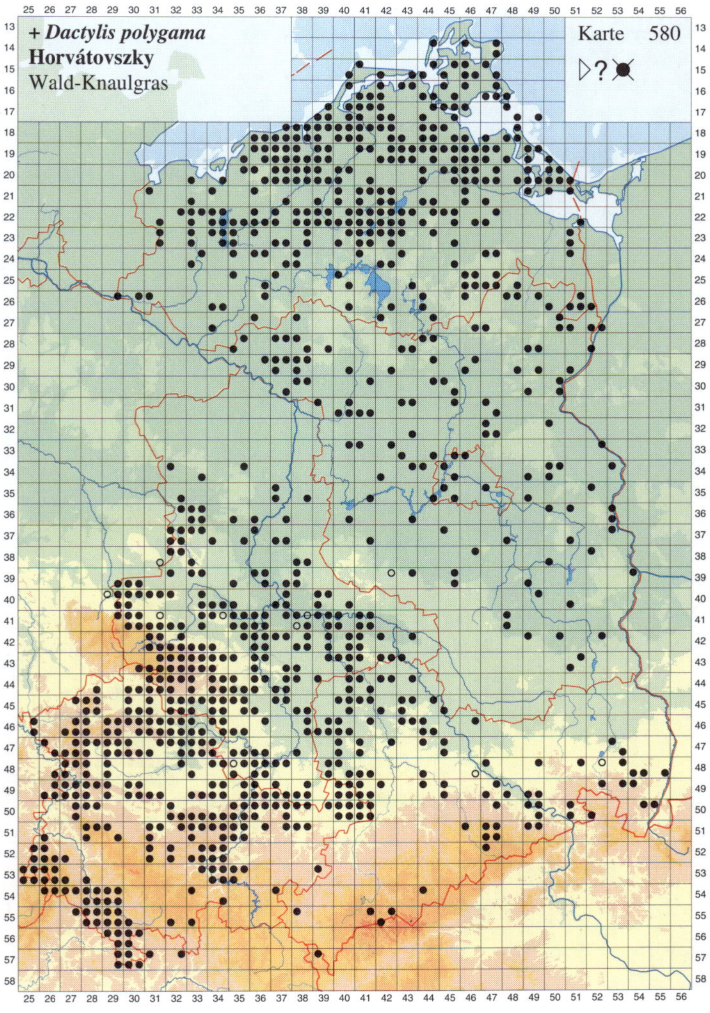
+ *Dactylis polygama* Horvátovszky
Wald-Knaulgras
Karte 580
▷?

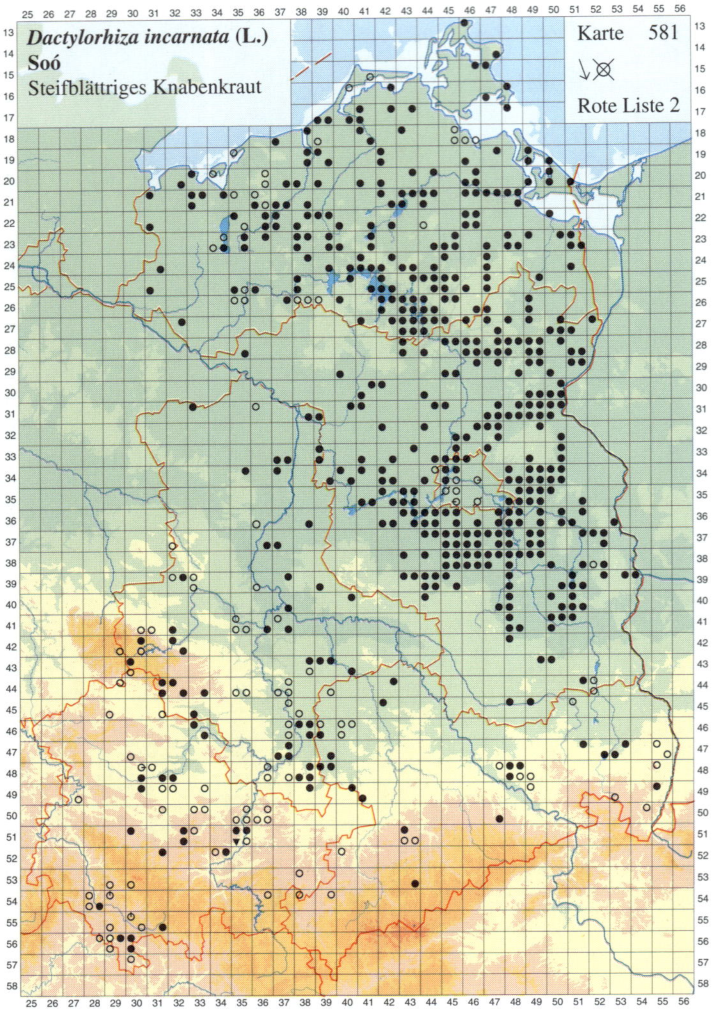
Dactylorhiza incarnata (L.) Soó
Steifblättriges Knabenkraut
Karte 581
Rote Liste 2

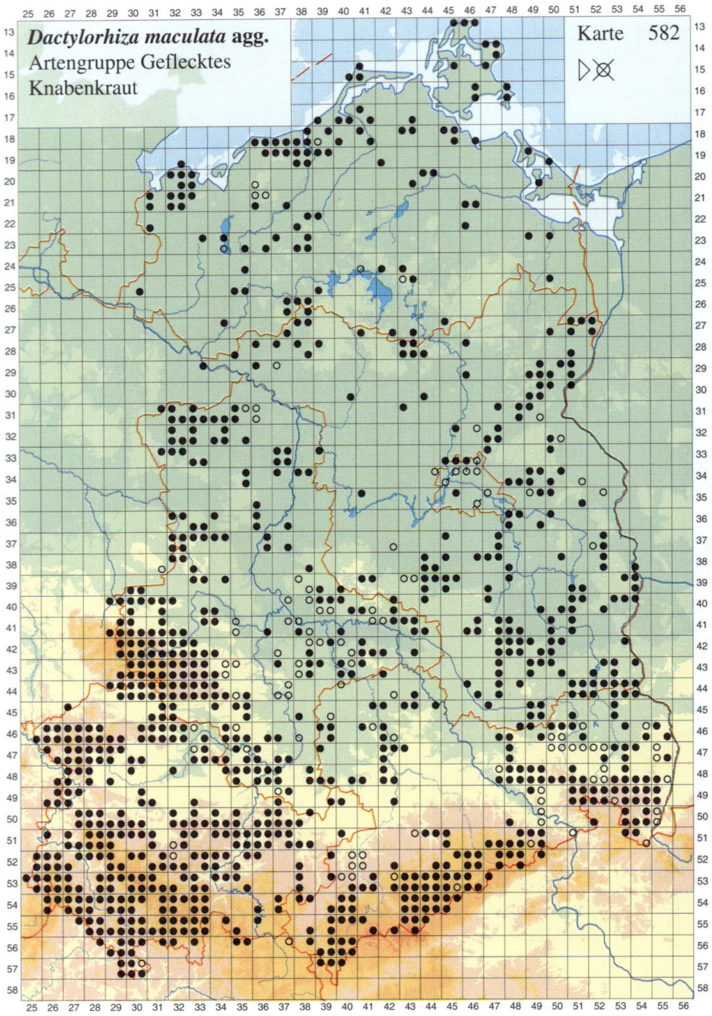
Dactylorhiza maculata agg.
Artengruppe Geflecktes Knabenkraut
Karte 582

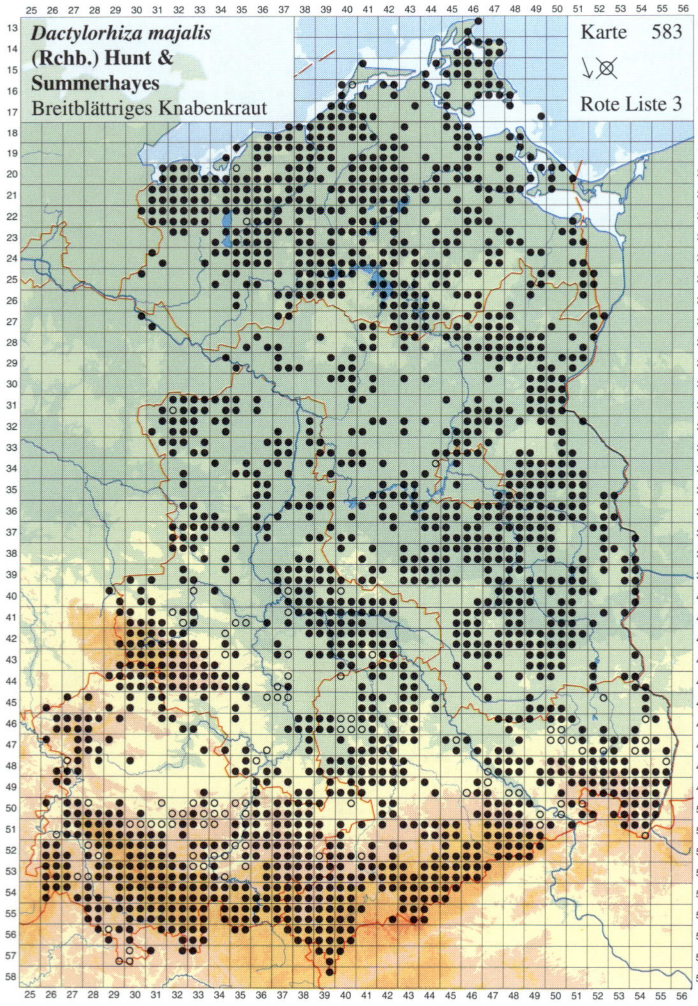
Dactylorhiza majalis (Rchb.) Hunt & Summerhayes
Breitblättriges Knabenkraut
Karte 583
Rote Liste 3

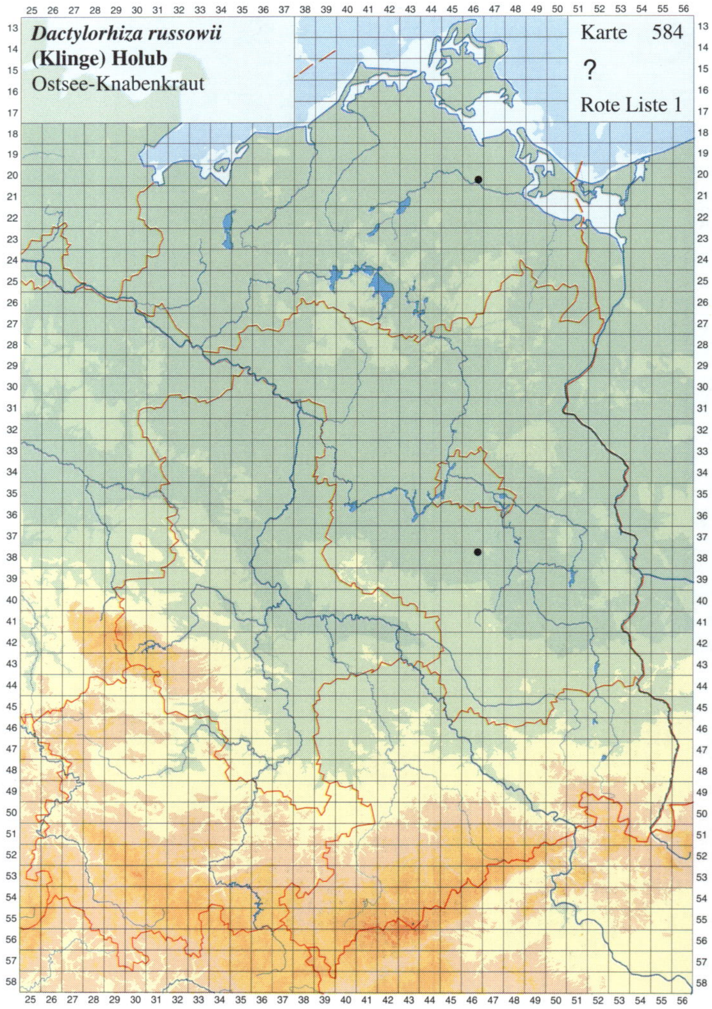
Dactylorhiza russowii (Klinge) Holub
Ostsee-Knabenkraut
Karte 584
?
Rote Liste 1

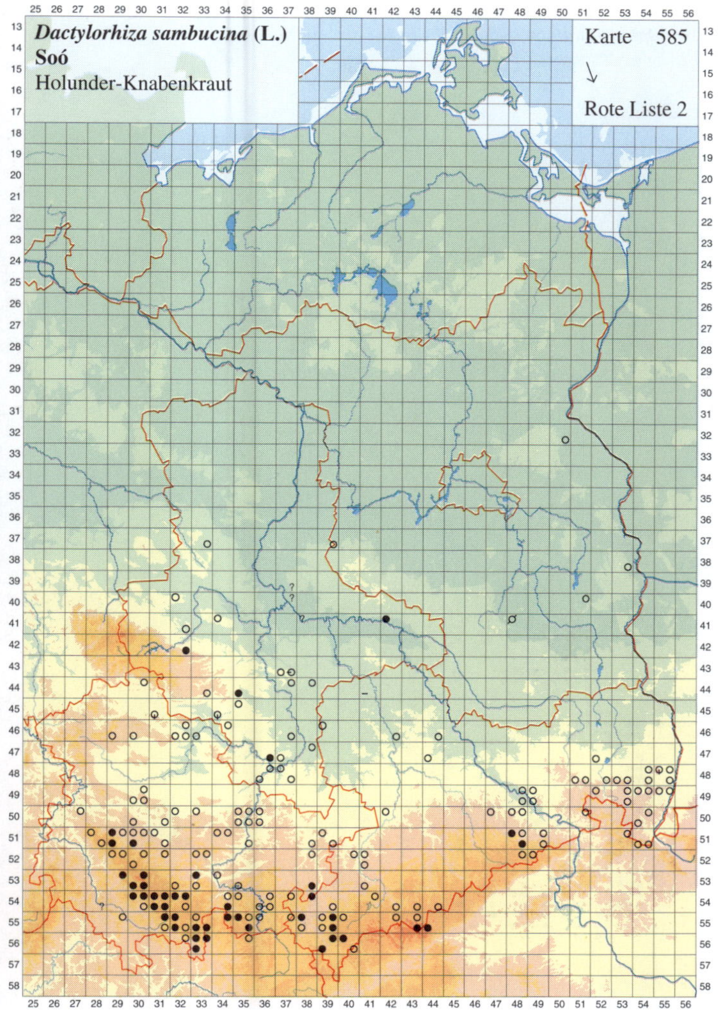
Dactylorhiza sambucina (L.) Soó
Holunder-Knabenkraut
Karte 585
↘
Rote Liste 2

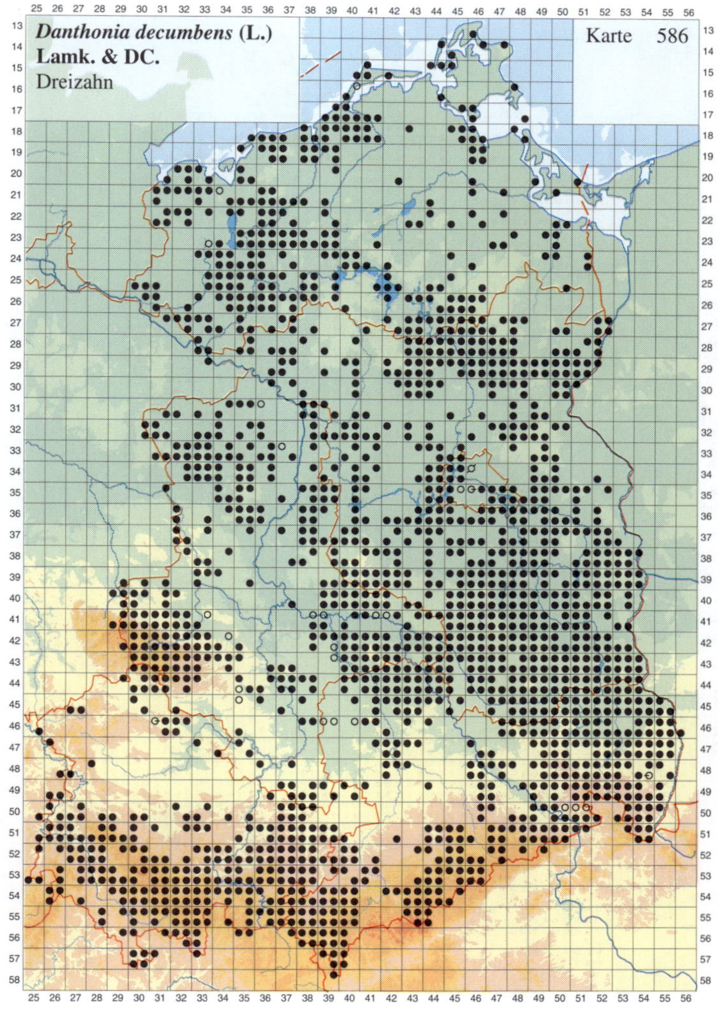
Danthonia decumbens (L.) Lamk. & DC.
Dreizahn
Karte 586

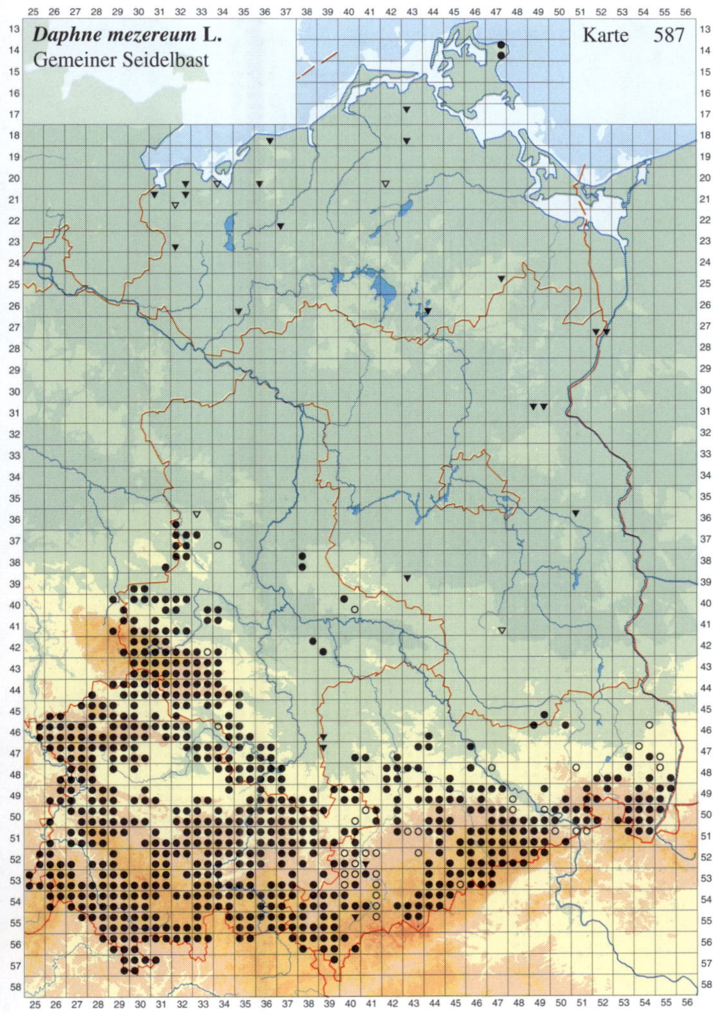
Daphne mezereum L.
Gemeiner Seidelbast
Karte 587

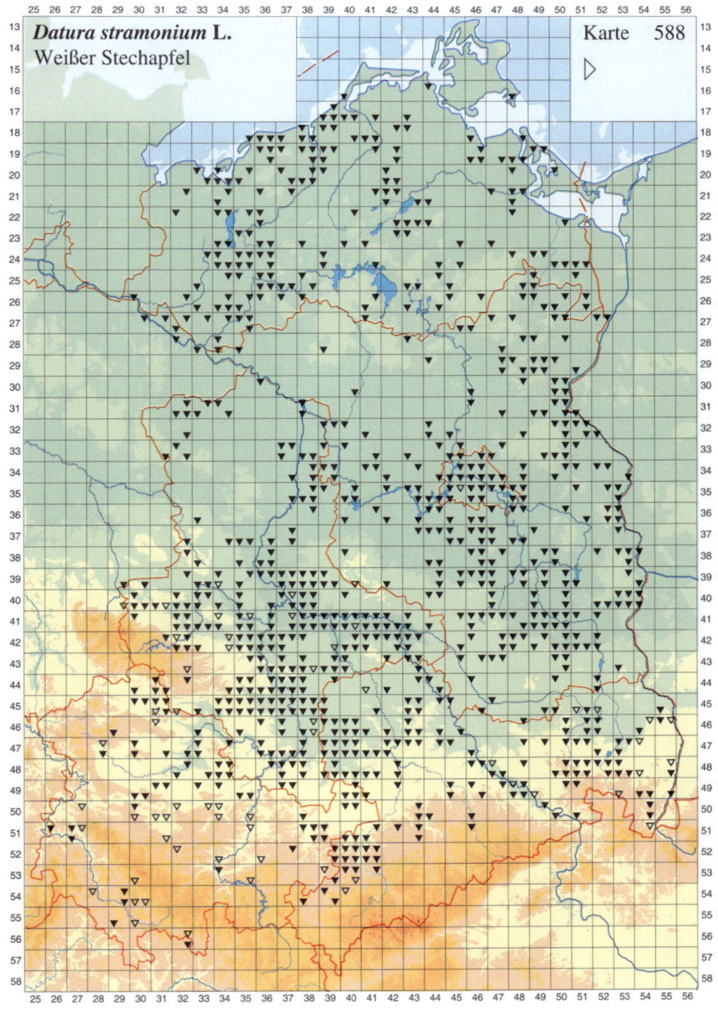
Datura stramonium L.
Weißer Stechapfel
Karte 588
▷

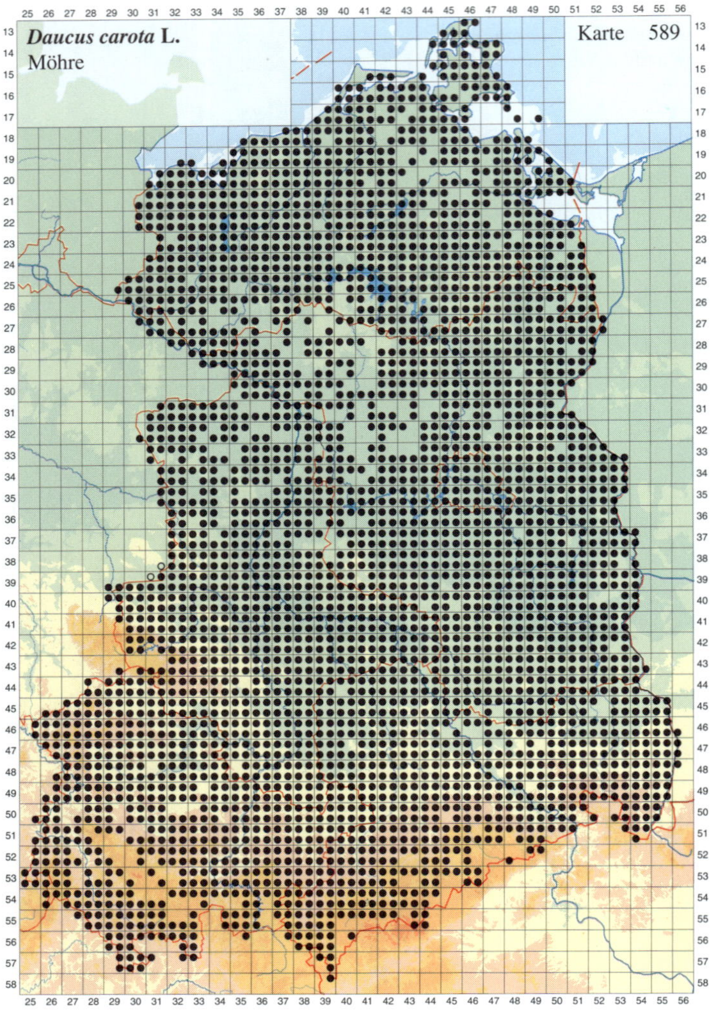
Daucus carota L.
Möhre
Karte 589

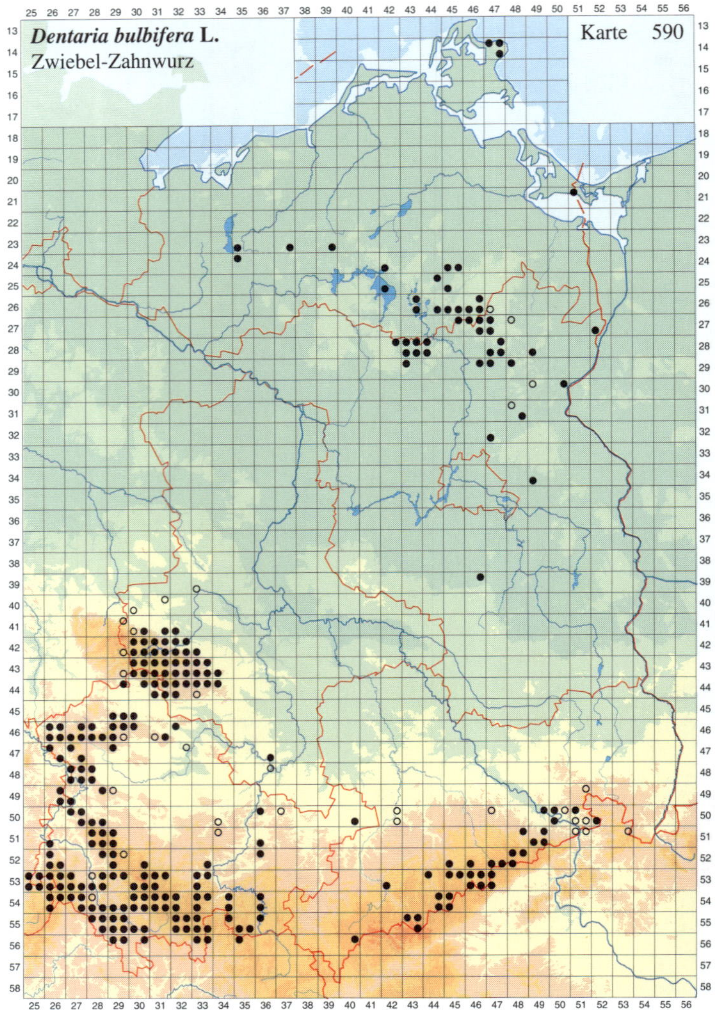
Dentaria bulbifera L.
Zwiebel-Zahnwurz
Karte 590

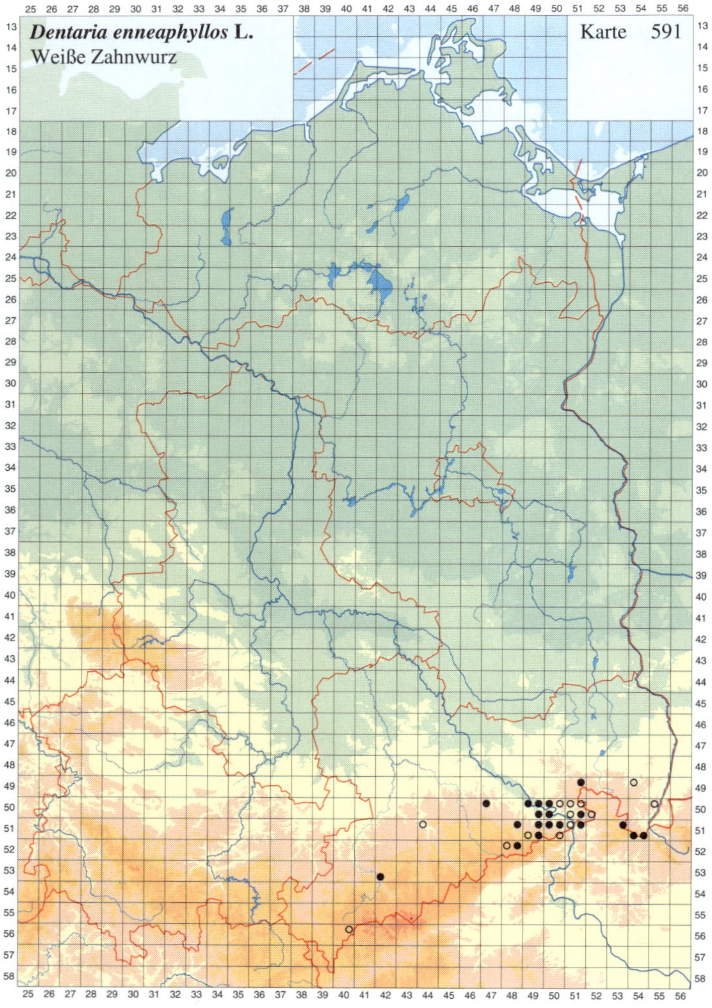
Dentaria enneaphyllos L.
Weiße Zahnwurz
Karte 591

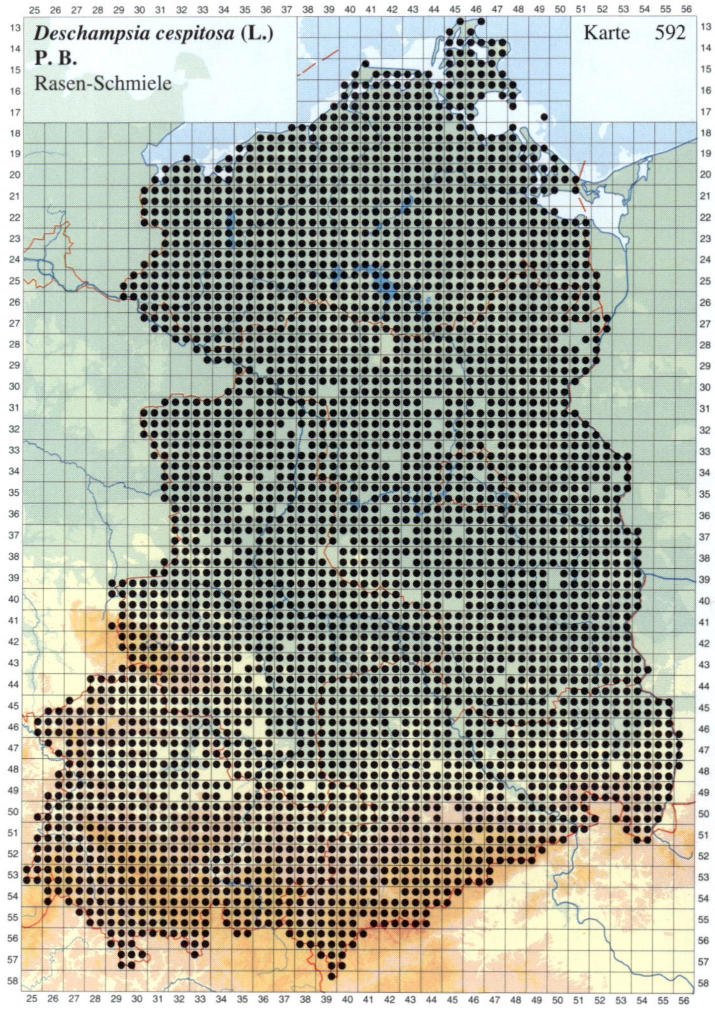
Deschampsia cespitosa (L.) P. B.
Rasen-Schmiele
Karte 592

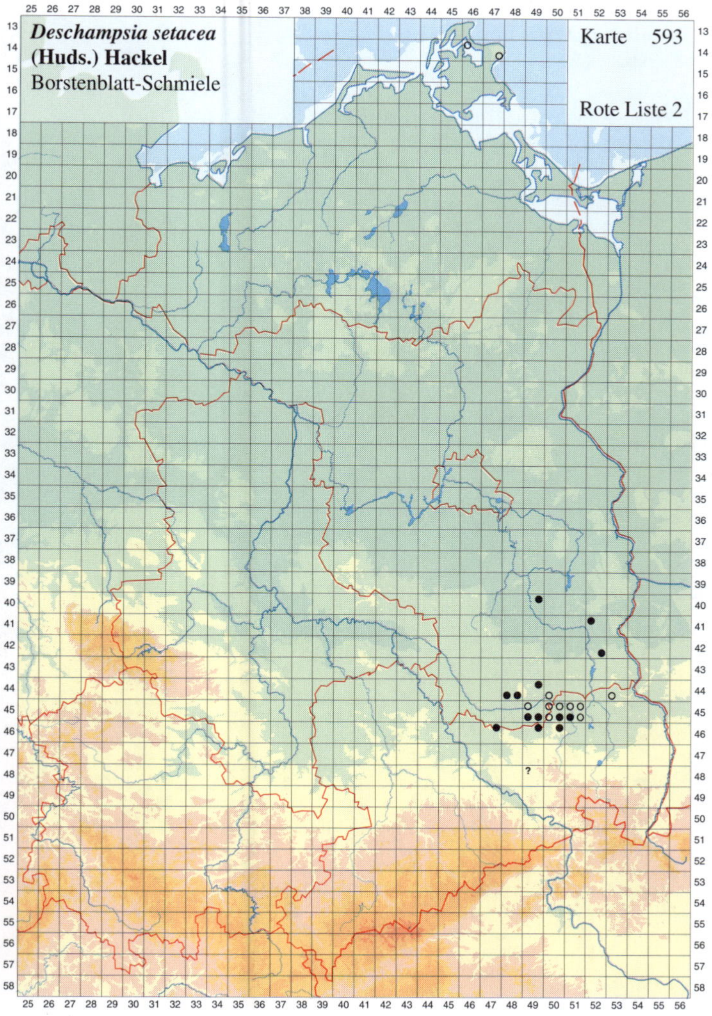
Deschampsia setacea
(Huds.) Hackel
Borstenblatt-Schmiele
Karte 593
Rote Liste 2

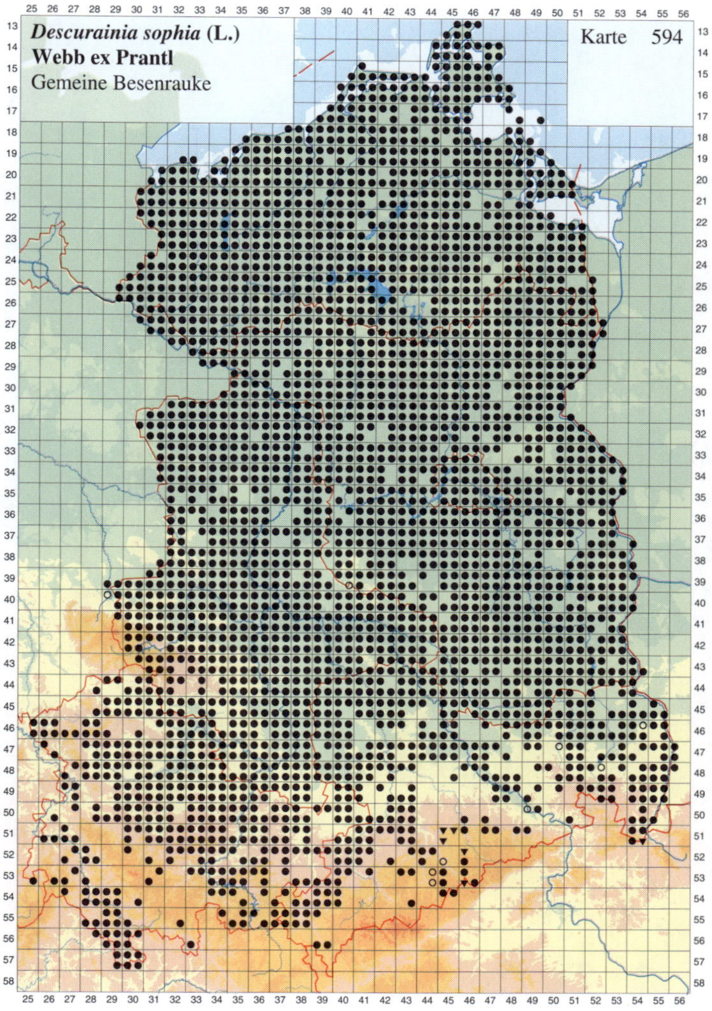
Descurainia sophia **(L.)**
Webb ex Prantl
Gemeine Besenrauke
Karte 594

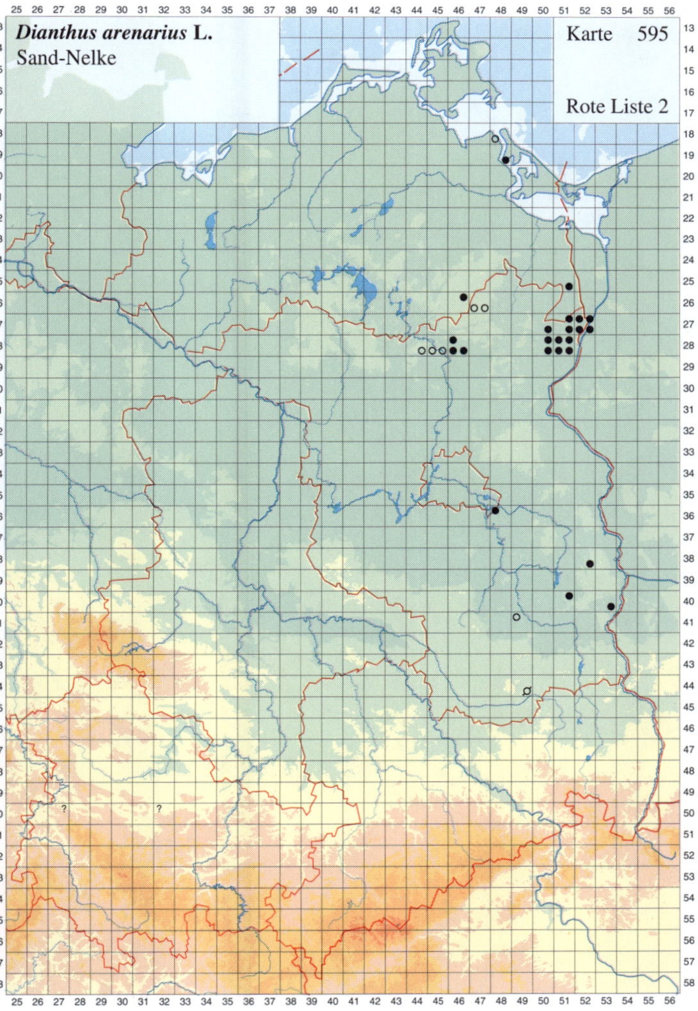
Dianthus arenarius **L.**
Sand-Nelke
Karte 595
Rote Liste 2

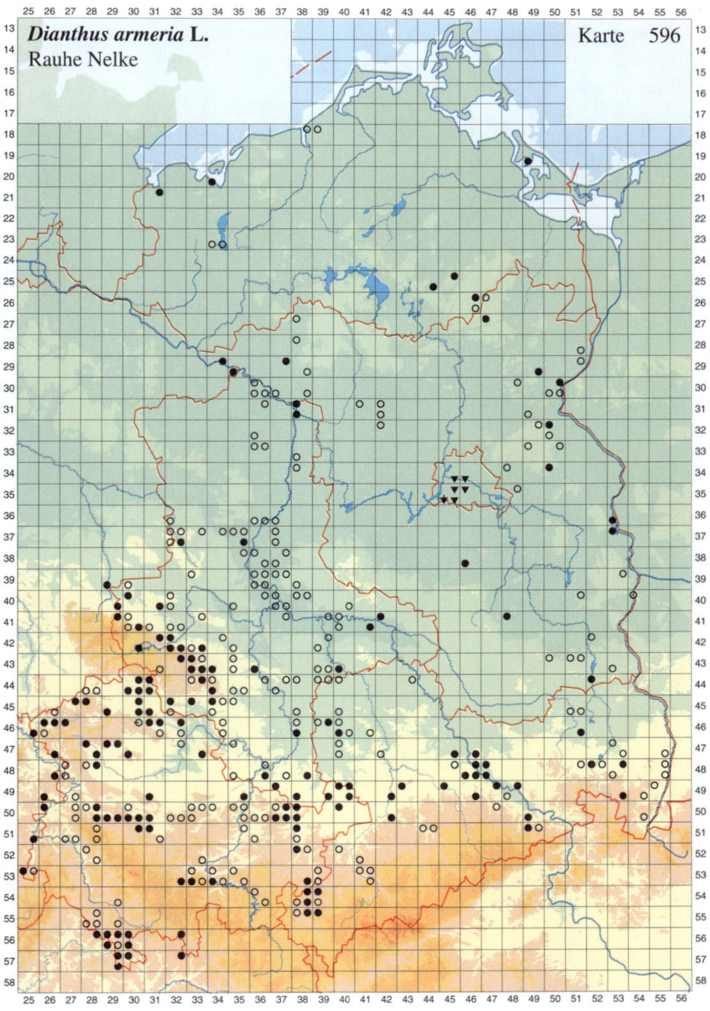
Dianthus armeria **L.**
Rauhe Nelke
Karte 596

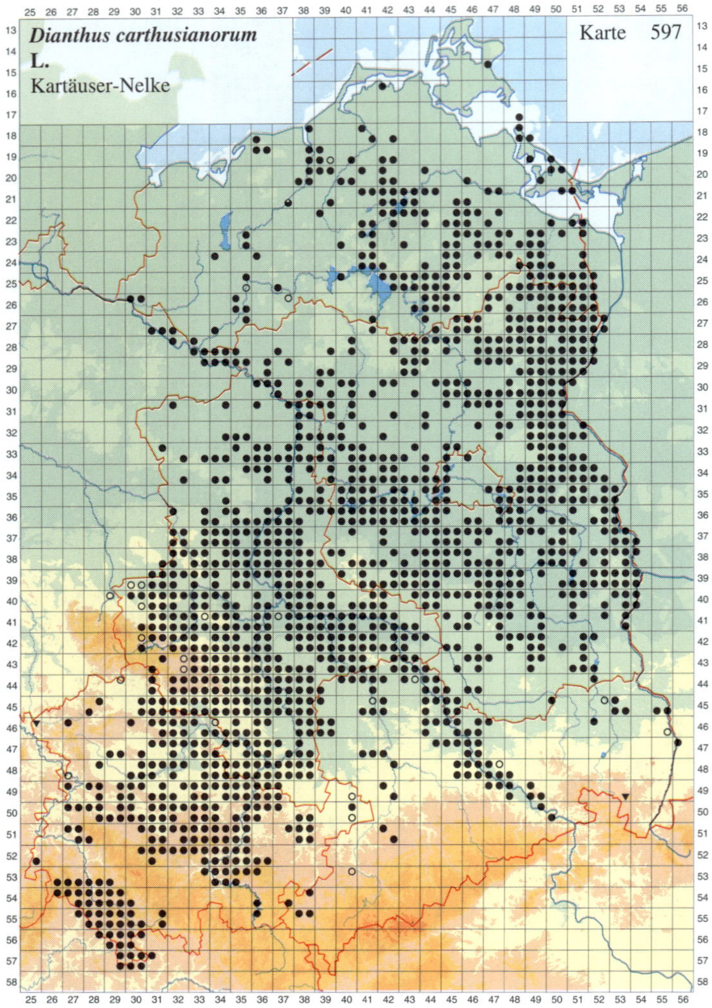
Dianthus carthusianorum **L.**
Kartäuser-Nelke
Karte 597

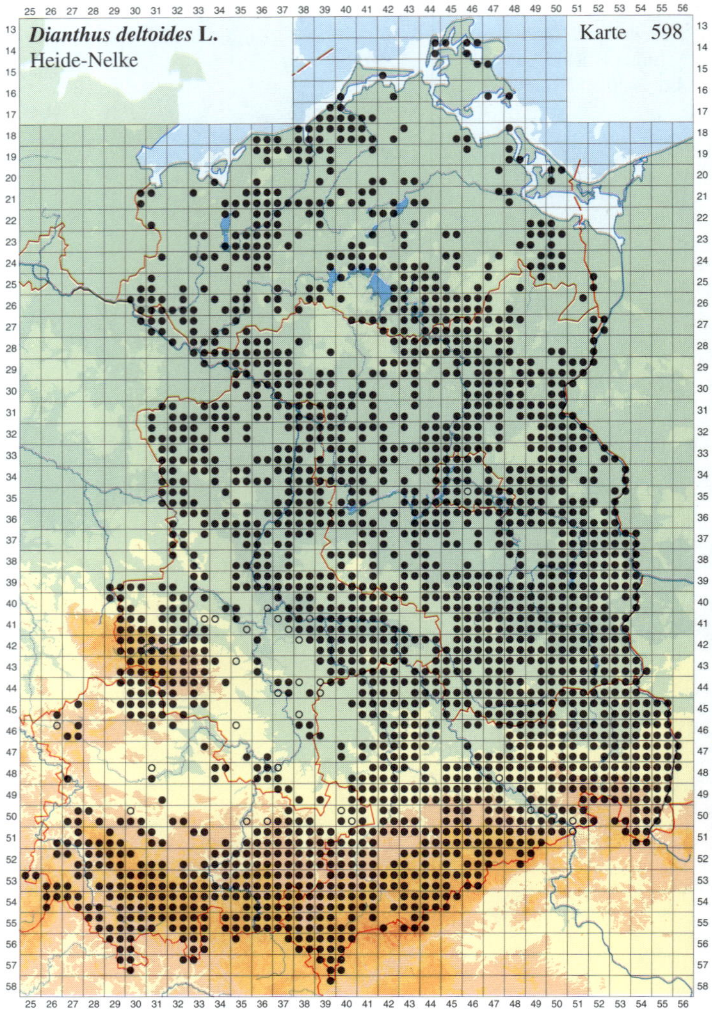
Dianthus deltoides **L.**
Heide-Nelke
Karte 598

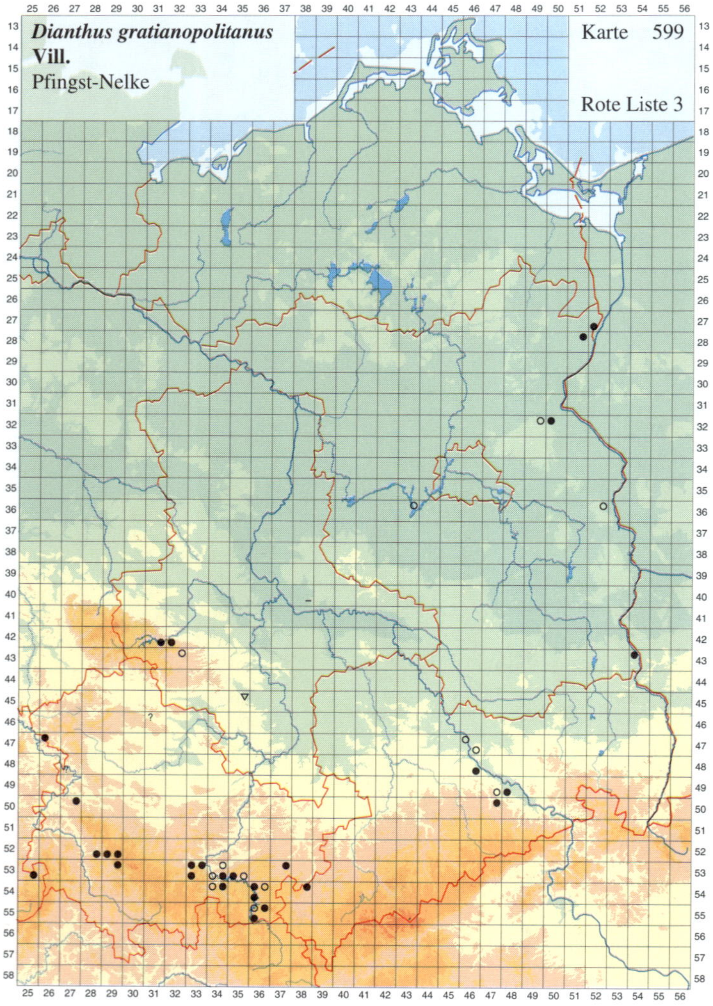
Dianthus gratianopolitanus **Vill.**
Pfingst-Nelke
Karte 599
Rote Liste 3

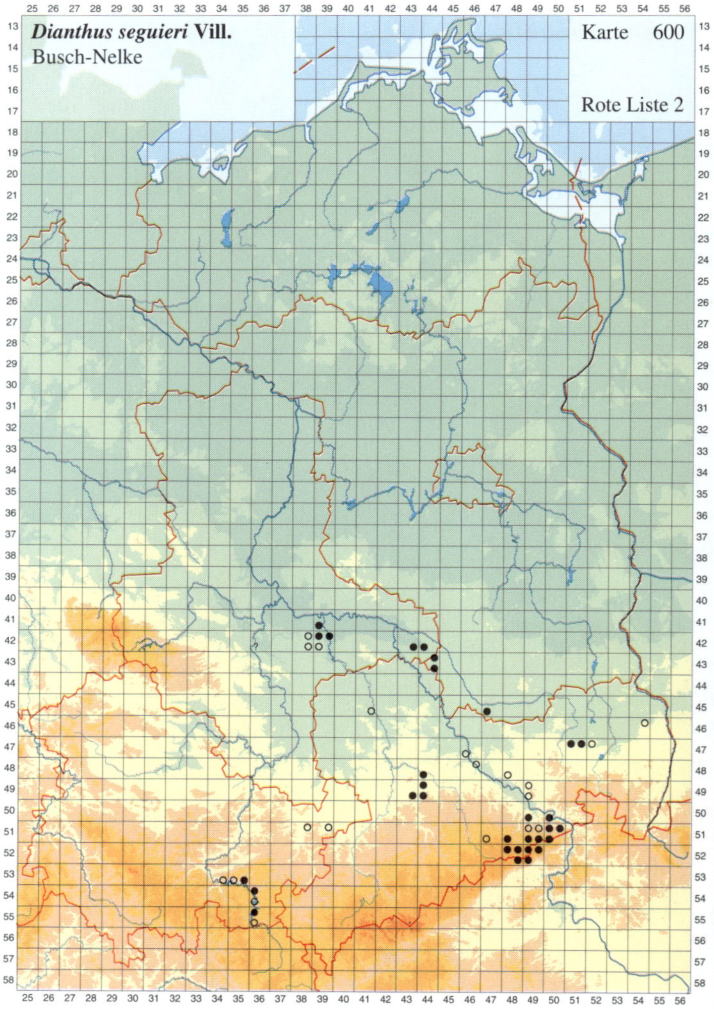
Dianthus seguieri **Vill.**
Busch-Nelke
Karte 600
Rote Liste 2

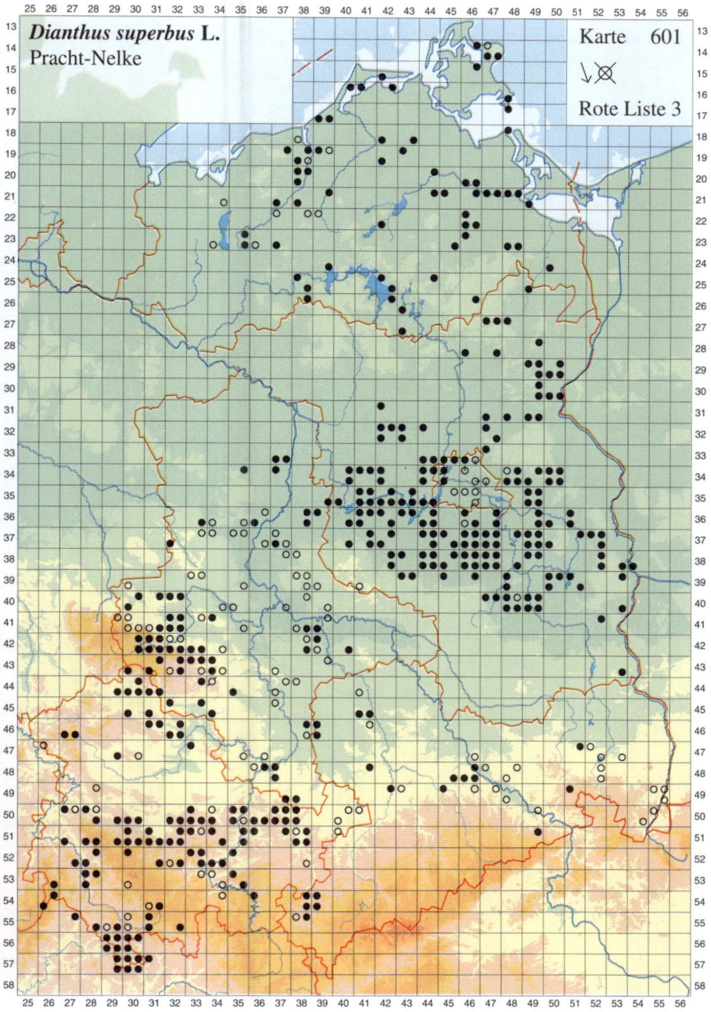
Dianthus superbus L.
Pracht-Nelke
Karte 601
Rote Liste 3

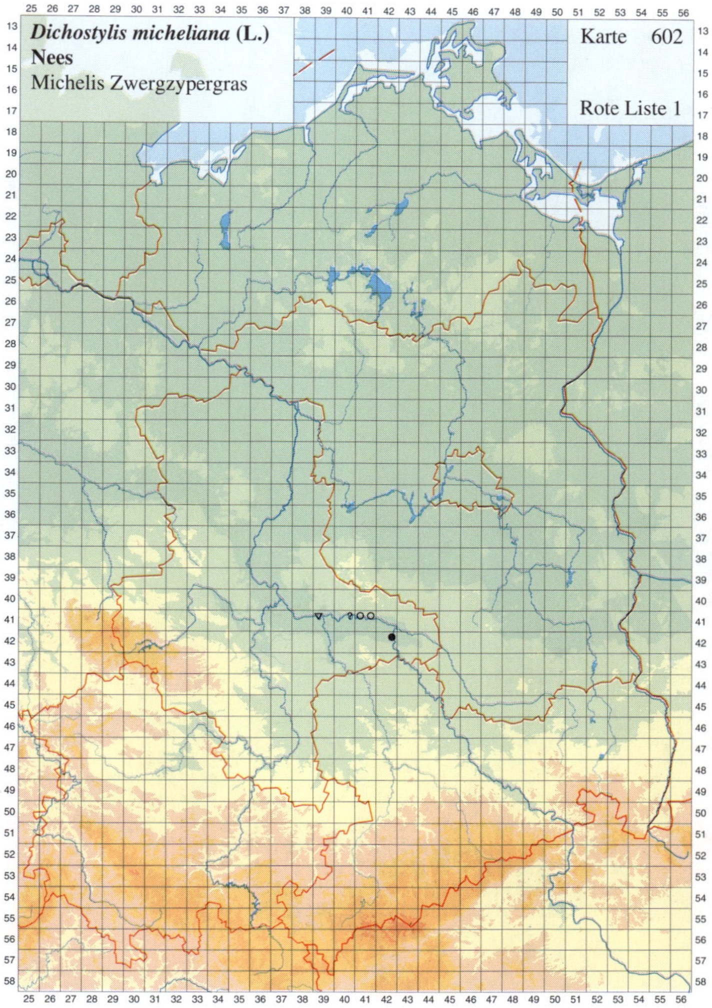
Dichostylis micheliana (L.) Nees
Michelis Zwergzypergras
Karte 602
Rote Liste 1

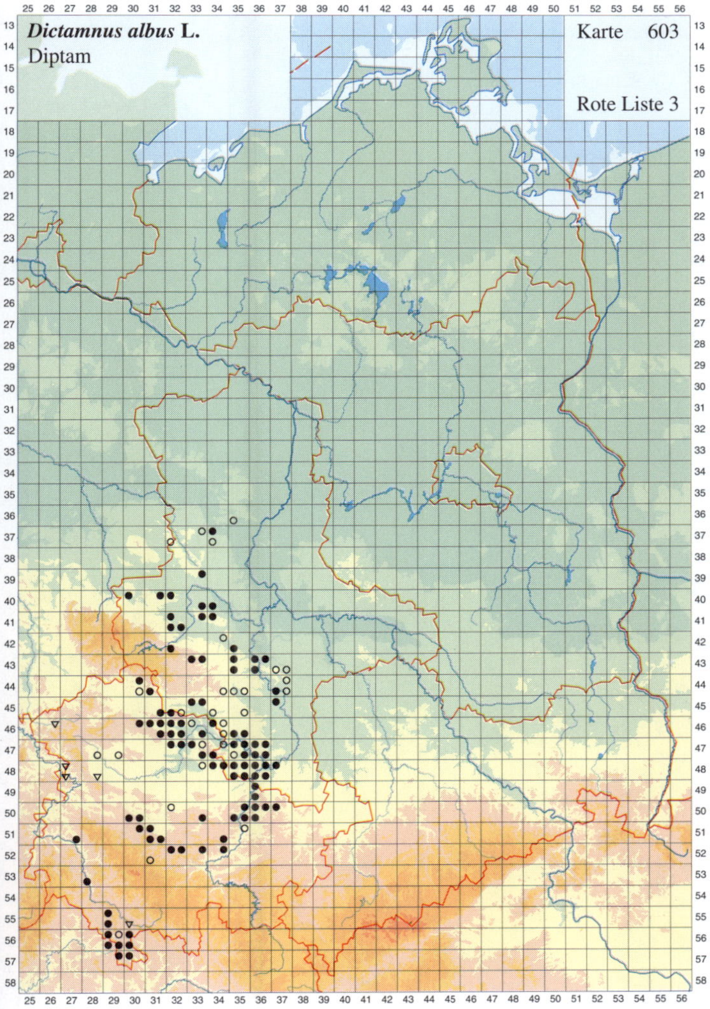
Dictamnus albus L.
Diptam
Karte 603
Rote Liste 3

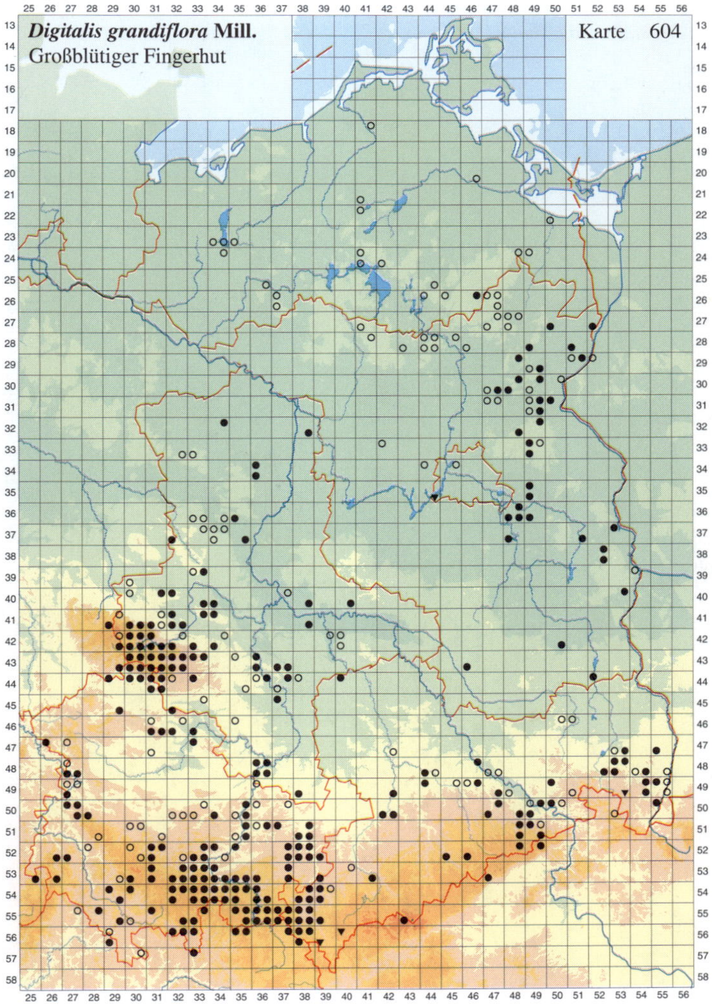
Digitalis grandiflora Mill.
Großblütiger Fingerhut
Karte 604

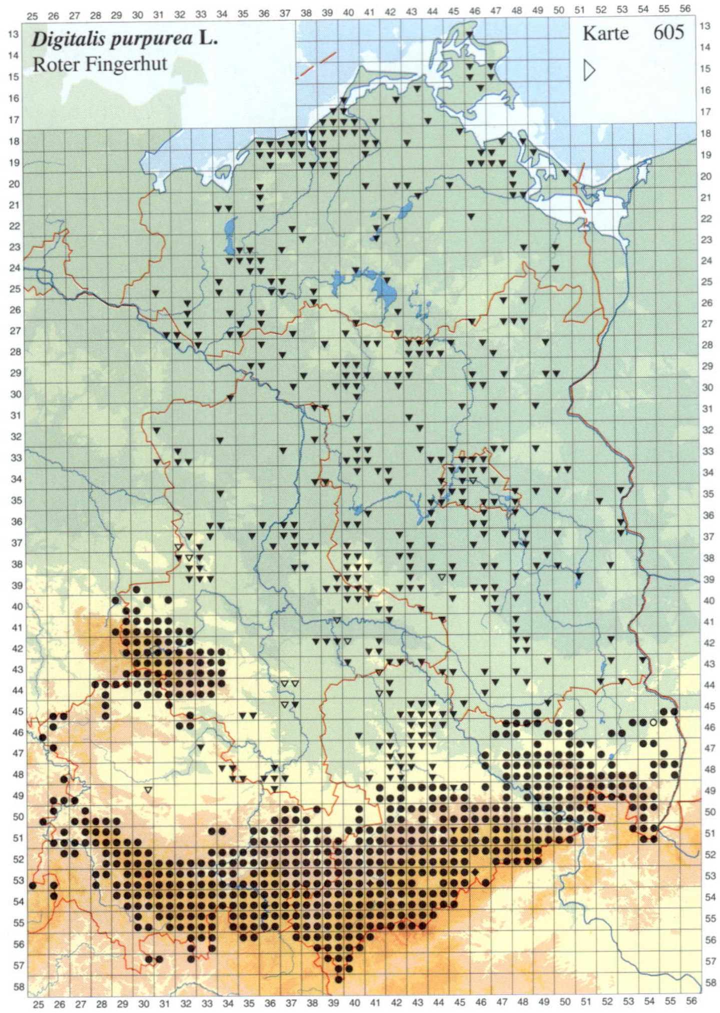
Digitalis purpurea L.
Roter Fingerhut
Karte 605

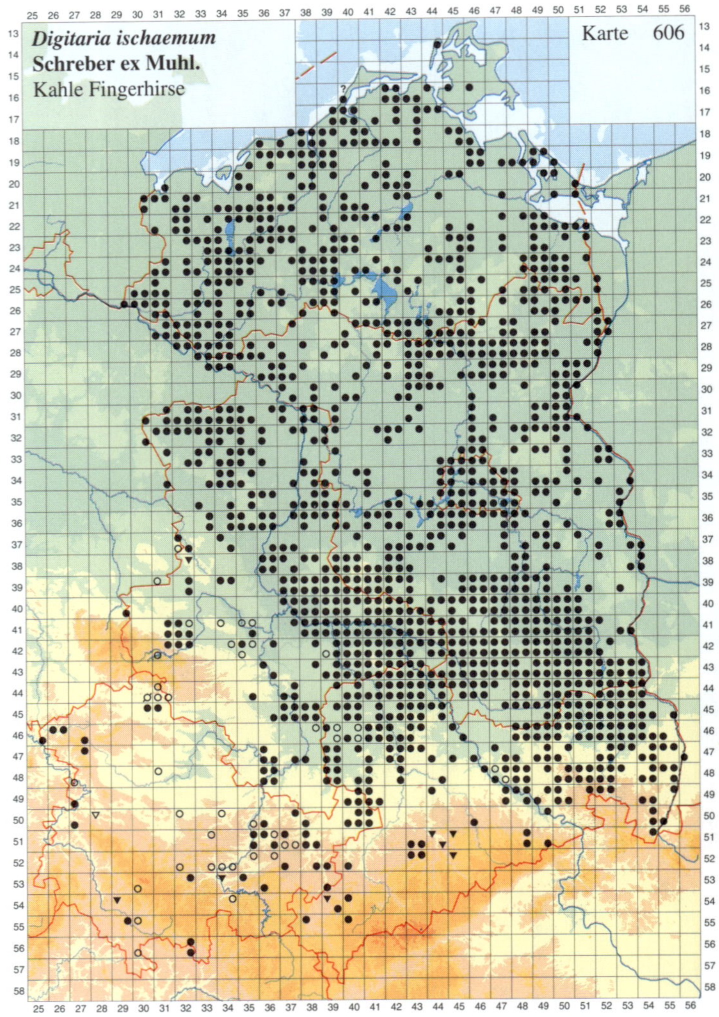
Digitaria ischaemum
Schreber ex Muhl.
Kahle Fingerhirse
Karte 606

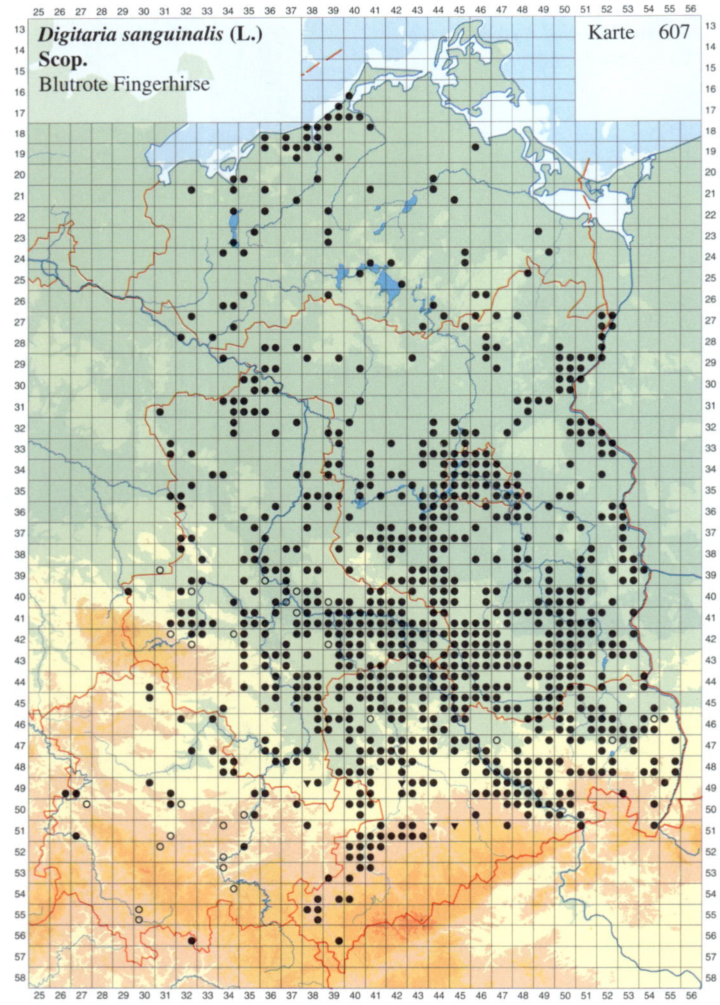
Digitaria sanguinalis (L.)
Scop.
Blutrote Fingerhirse
Karte 607

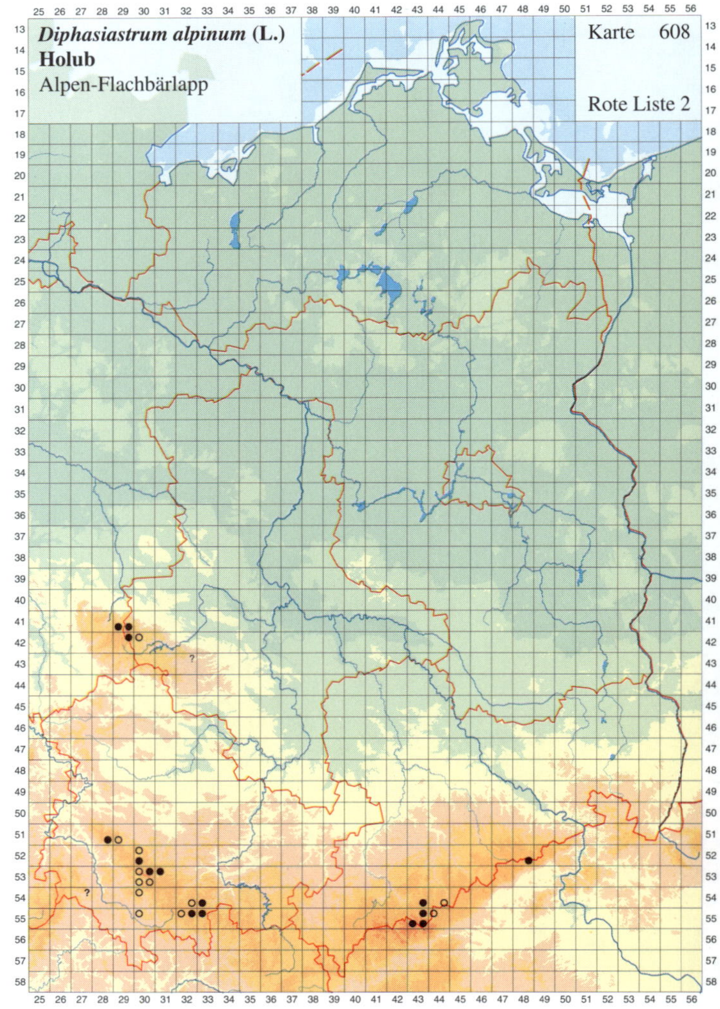
Diphasiastrum alpinum (L.)
Holub
Alpen-Flachbärlapp
Karte 608
Rote Liste 2

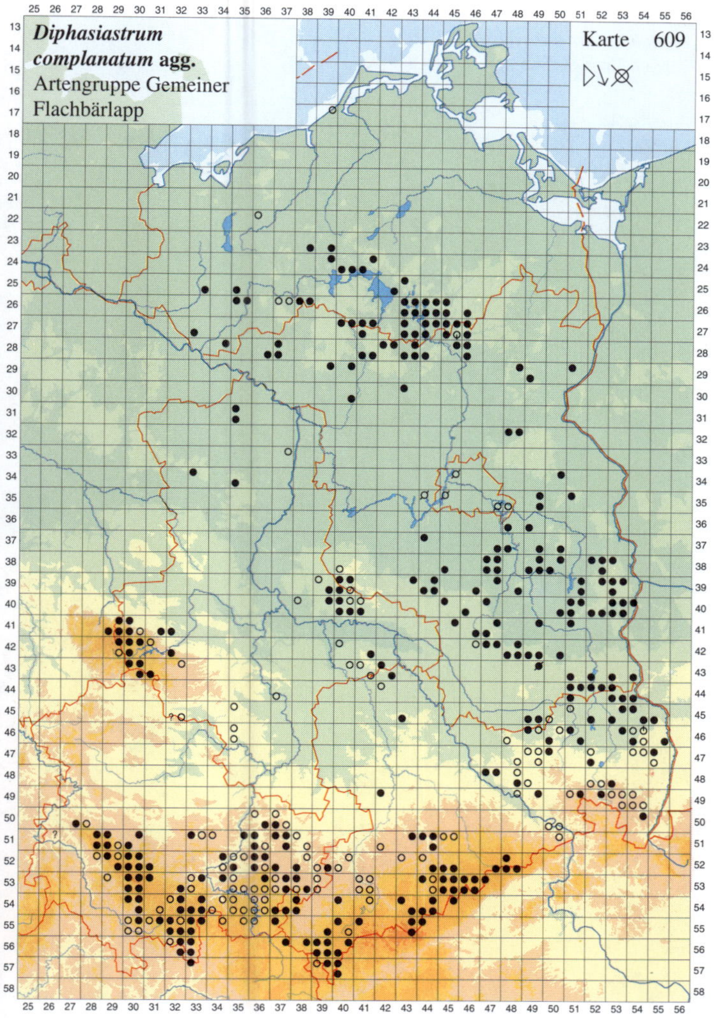
Diphasiastrum complanatum agg.
Artengruppe Gemeiner Flachbärlapp
Karte 609

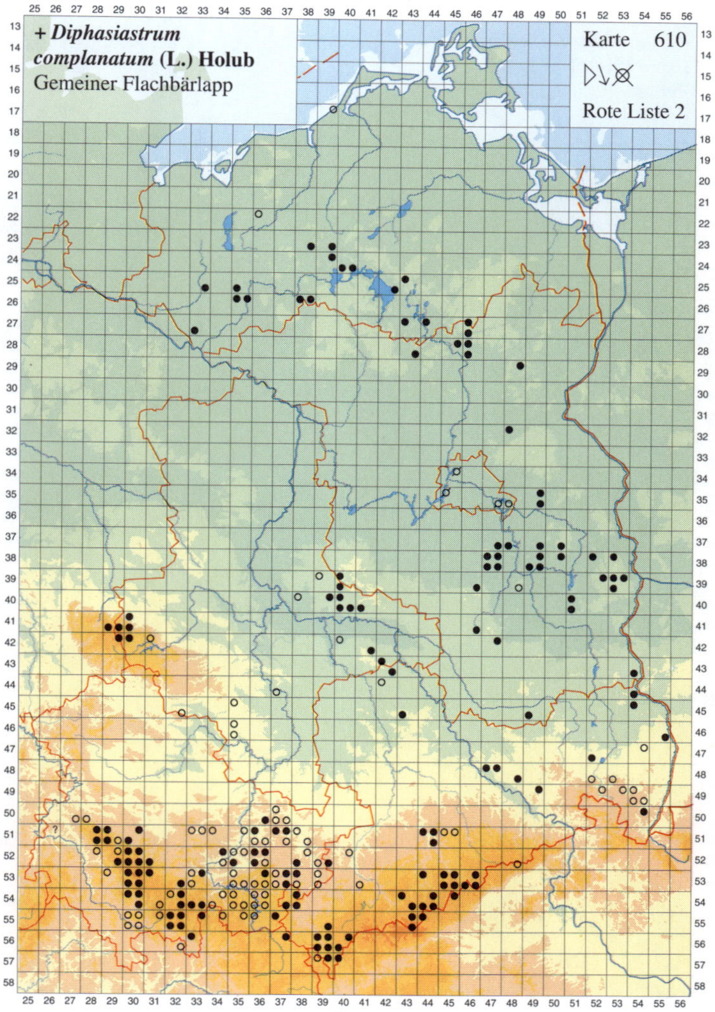
+ *Diphasiastrum complanatum* (L.) Holub
Gemeiner Flachbärlapp
Karte 610
Rote Liste 2

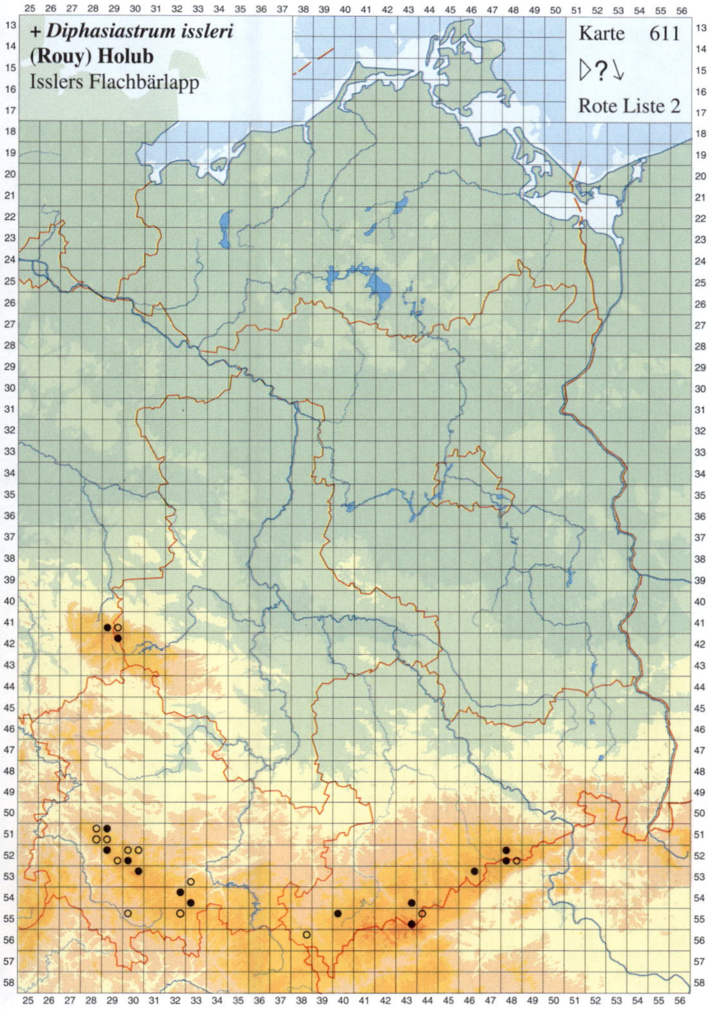
+ *Diphasiastrum issleri* (Rouy) Holub
Isslers Flachbärlapp
Karte 611
Rote Liste 2

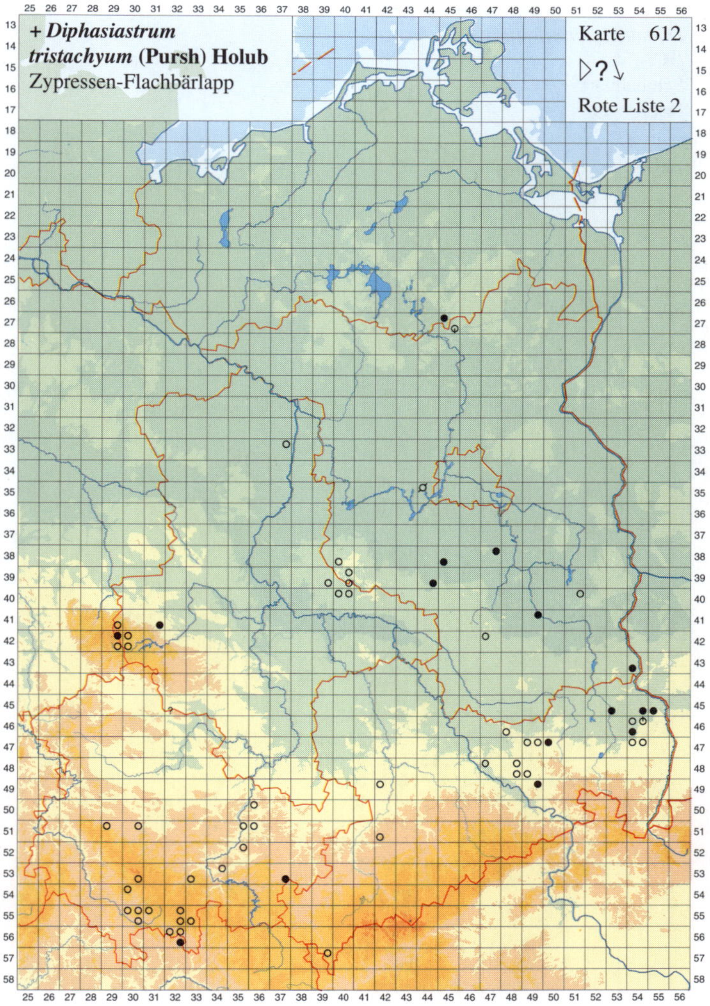
+ *Diphasiastrum tristachyum* (Pursh) Holub
Zypressen-Flachbärlapp
Karte 612
Rote Liste 2

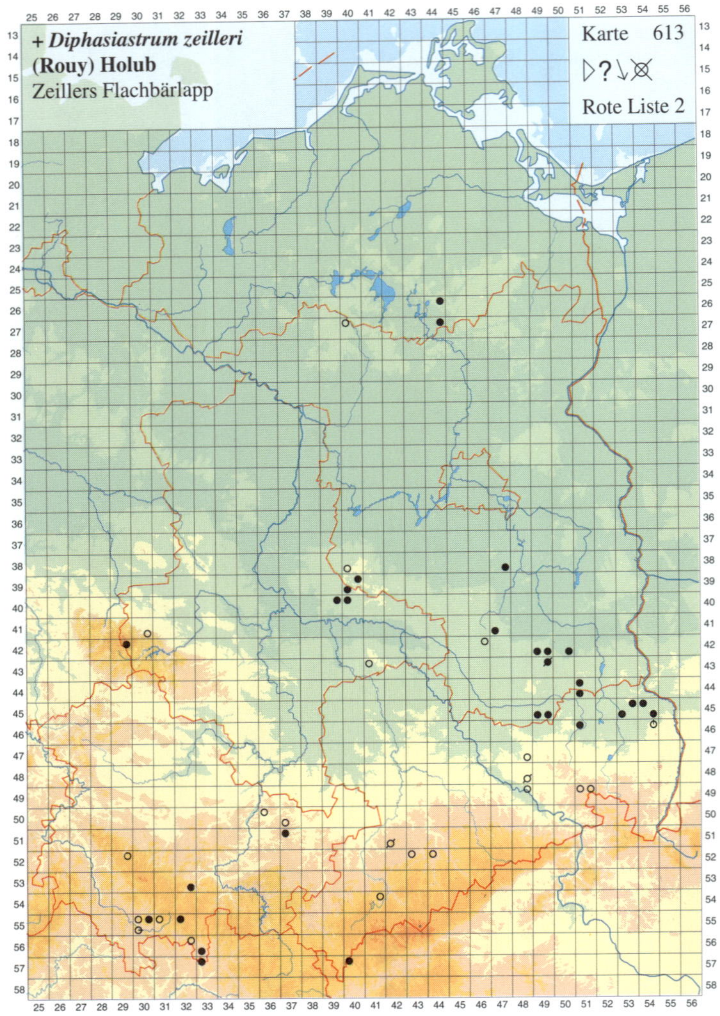
+ Diphasiastrum zeilleri (Rouy) Holub
Zeillers Flachbärlapp
Karte 613
Rote Liste 2

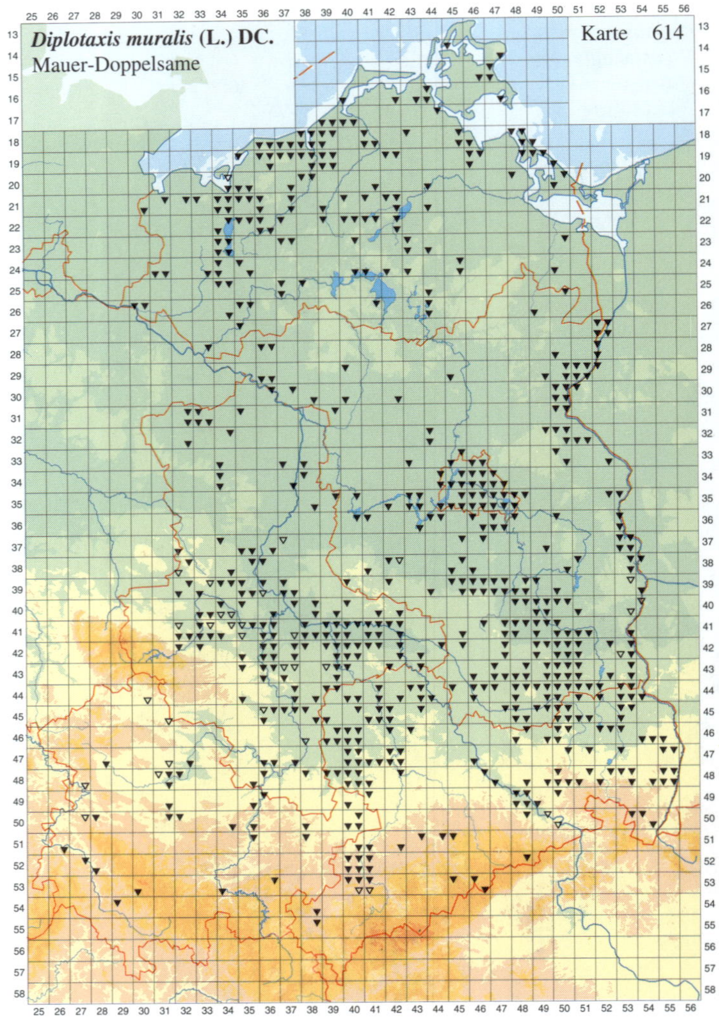
Diplotaxis muralis (L.) DC.
Mauer-Doppelsame
Karte 614

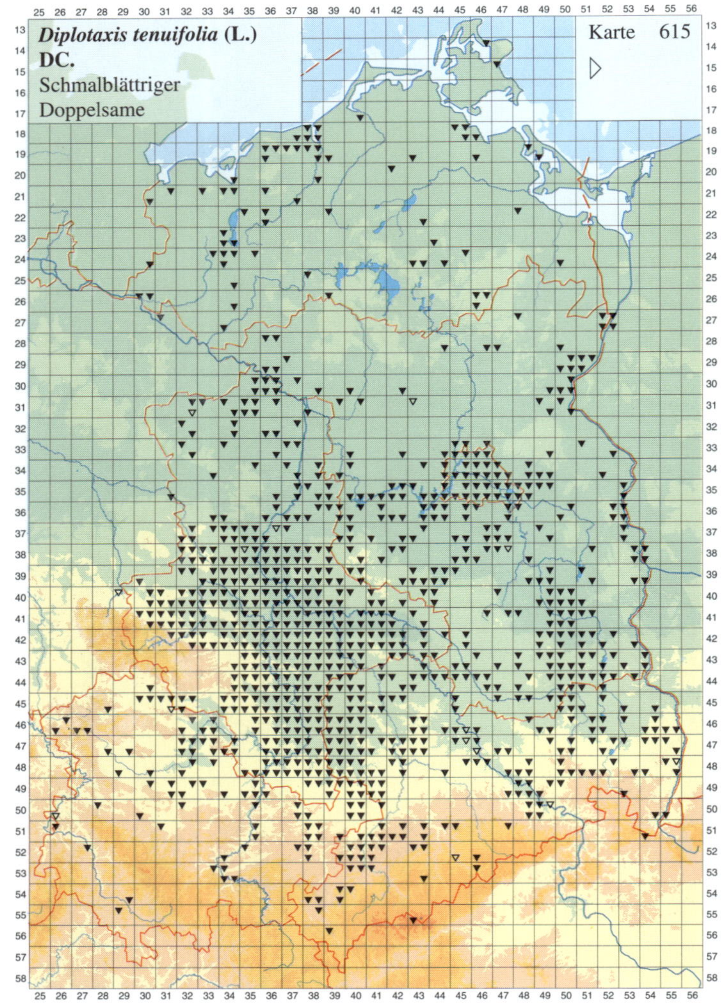
Diplotaxis tenuifolia (L.) DC.
Schmalblättriger Doppelsame
Karte 615

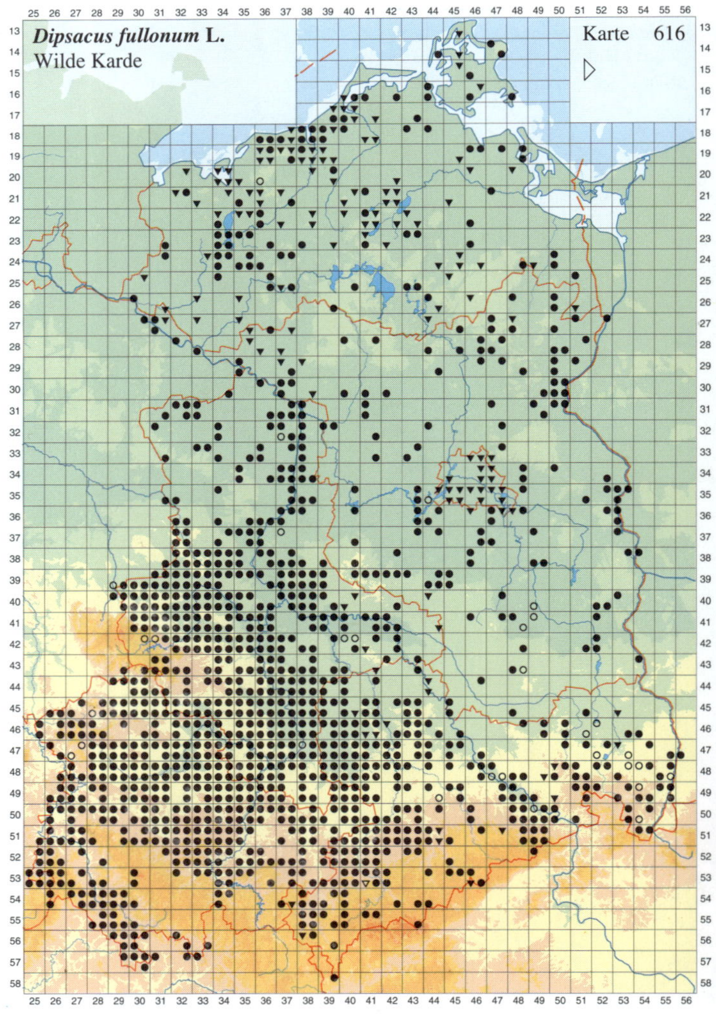
Dipsacus fullonum L.
Wilde Karde
Karte 616

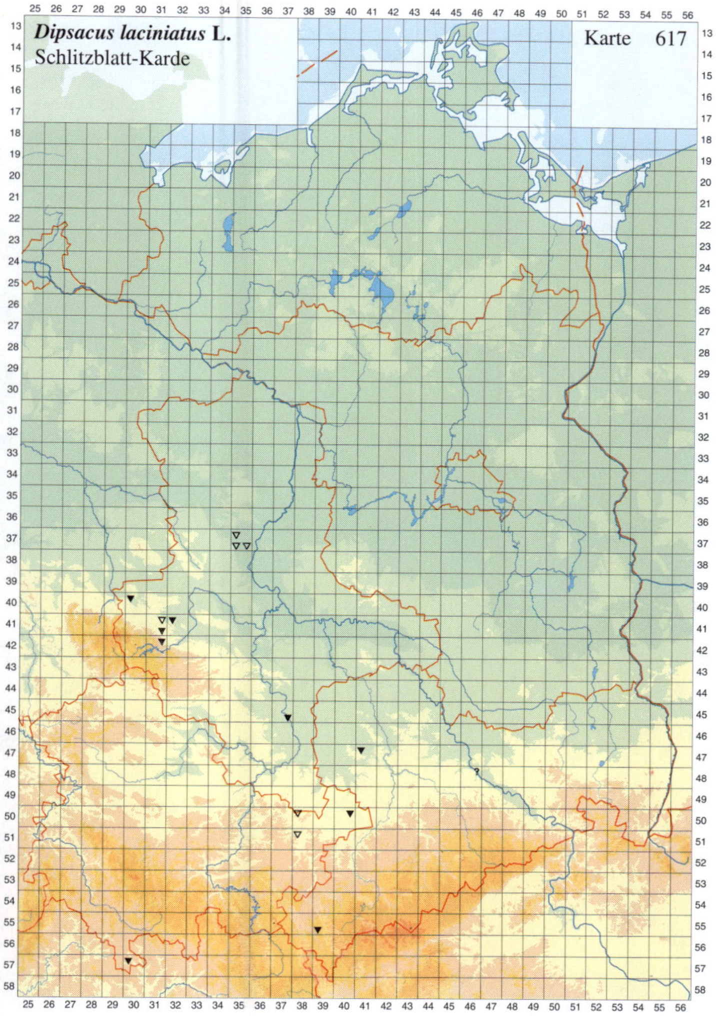
Dipsacus laciniatus L.
Schlitzblatt-Karde
Karte 617

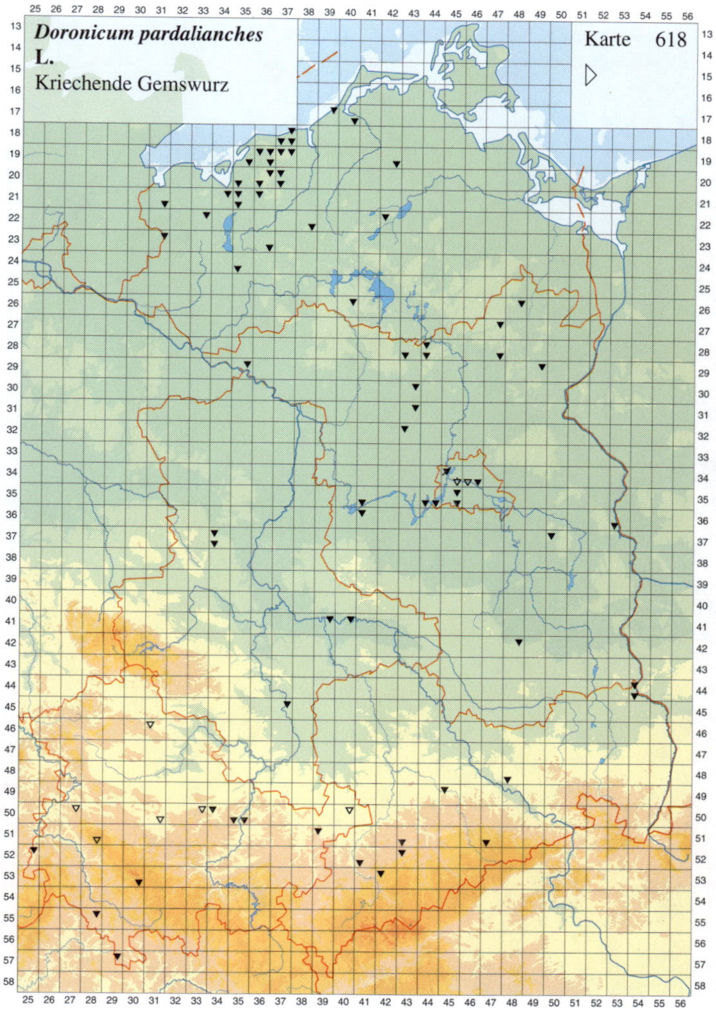
Doronicum pardalianches L.
Kriechende Gemswurz
Karte 618

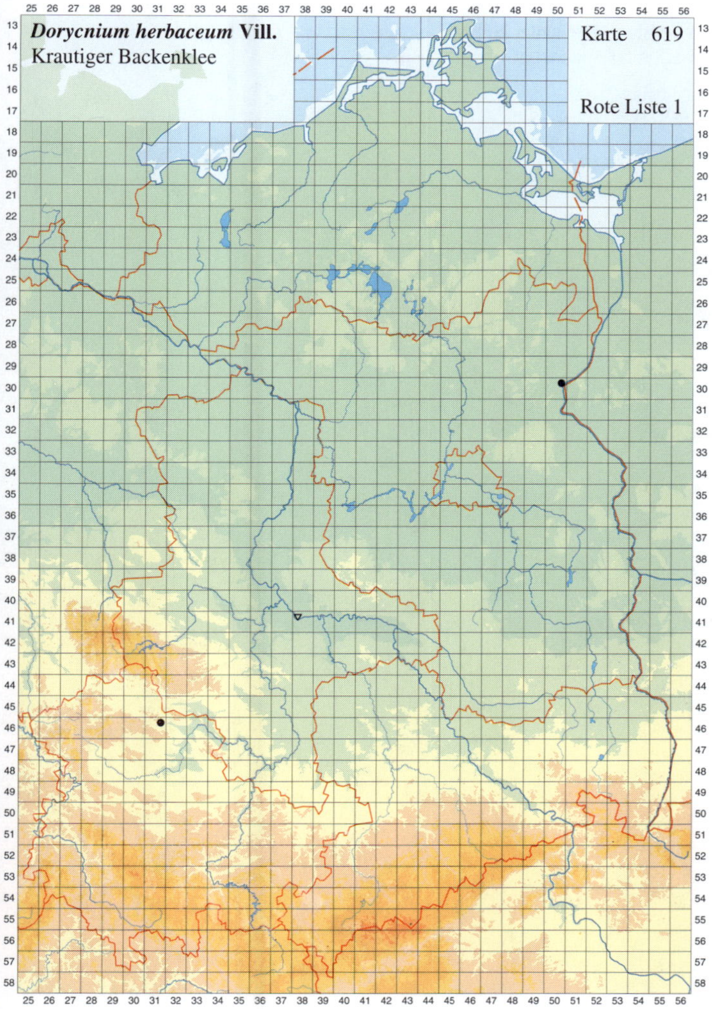
Dorycnium herbaceum Vill.
Krautiger Backenklee
Karte 619
Rote Liste 1

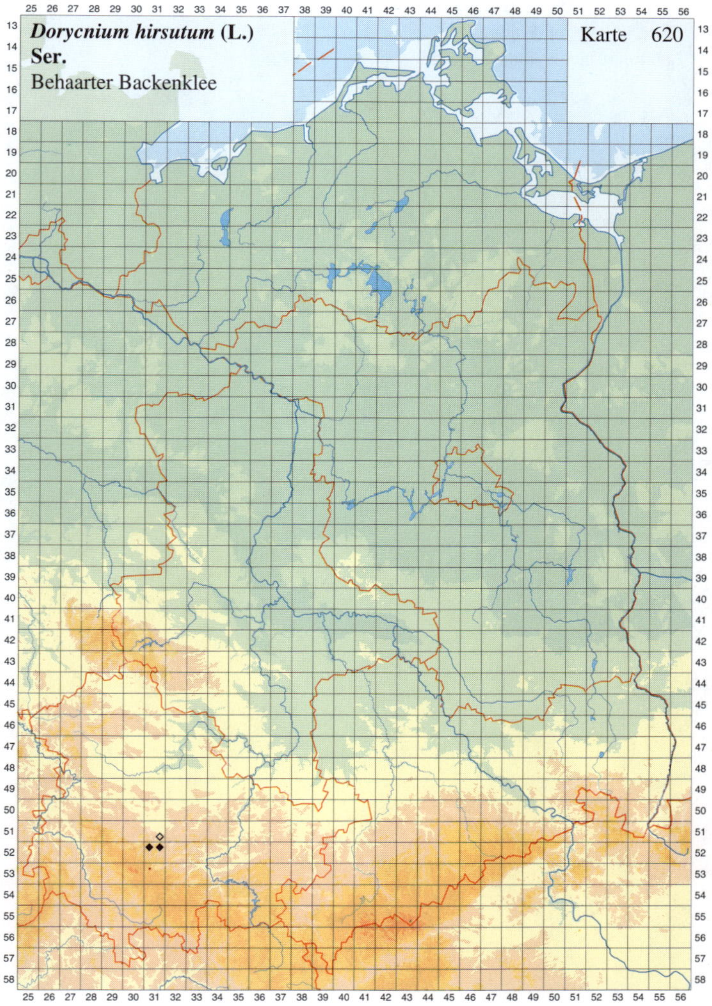
Dorycnium hirsutum (L.) Ser.
Behaarter Backenklee
Karte 620

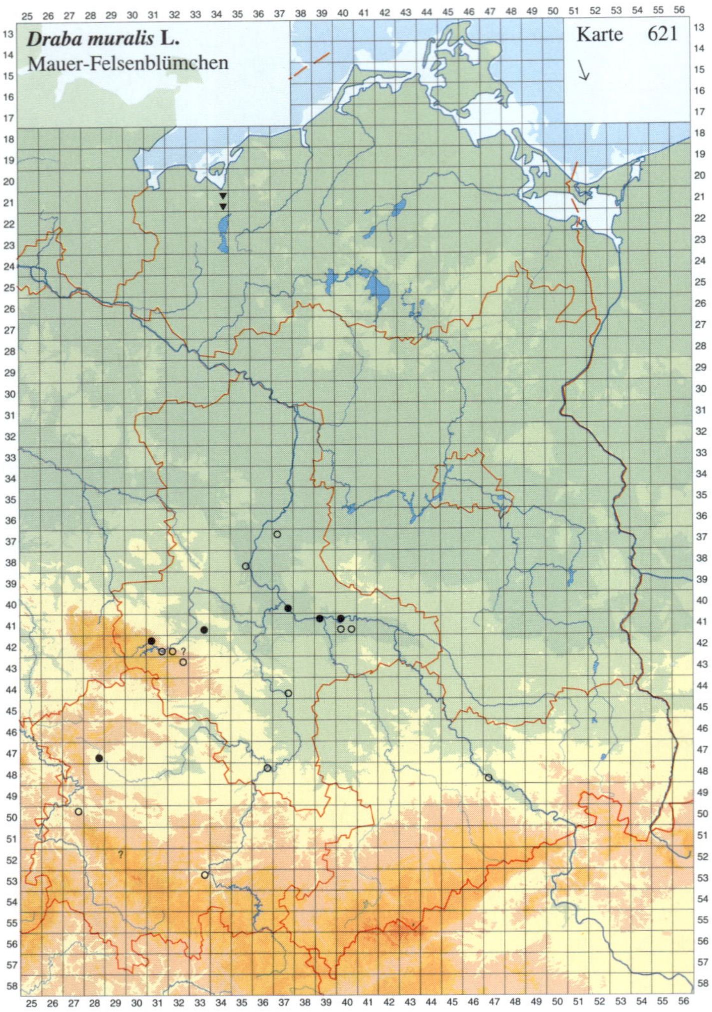
Draba muralis L.
Mauer-Felsenblümchen
Karte 621
↘

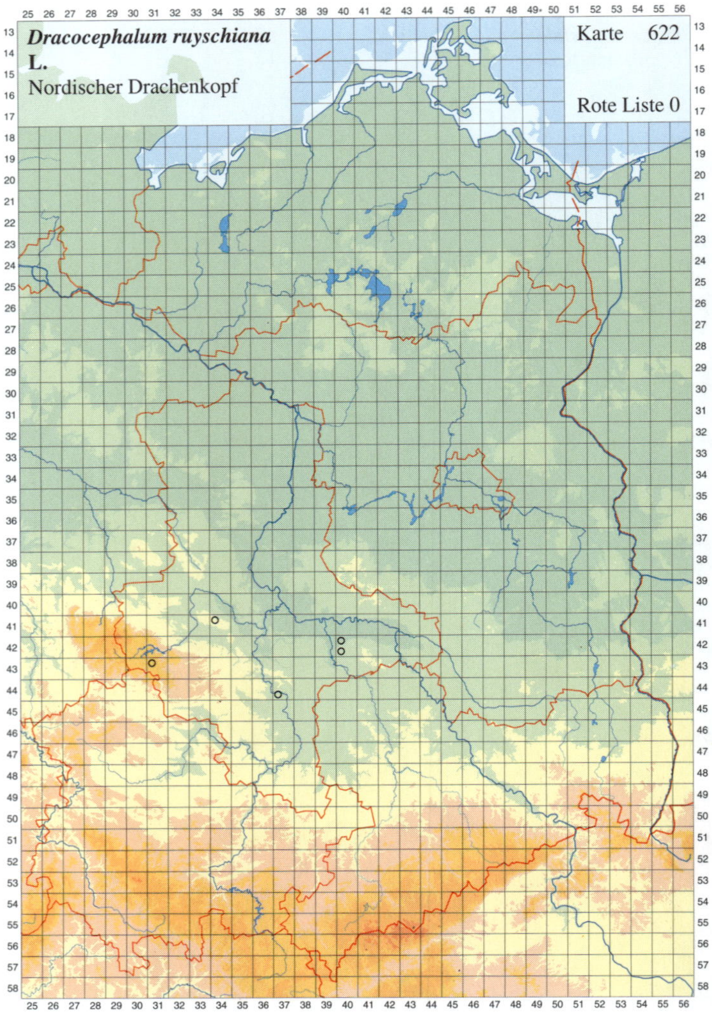
Dracocephalum ruyschiana L.
Nordischer Drachenkopf
Karte 622
Rote Liste 0

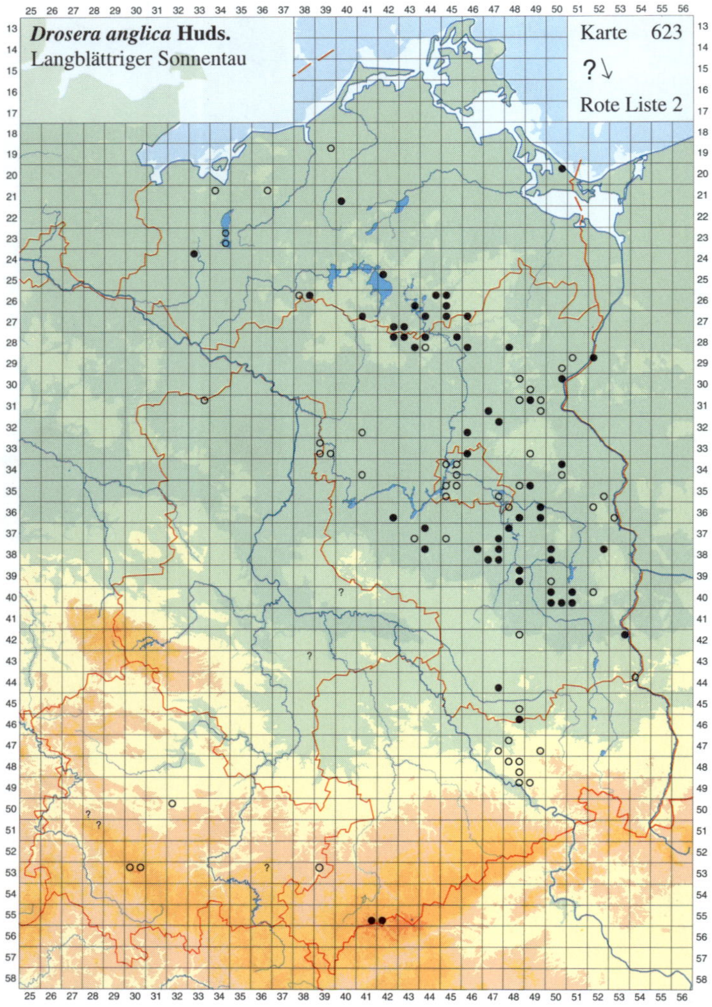
Drosera anglica Huds.
Langblättriger Sonnentau
Karte 623
?↘
Rote Liste 2

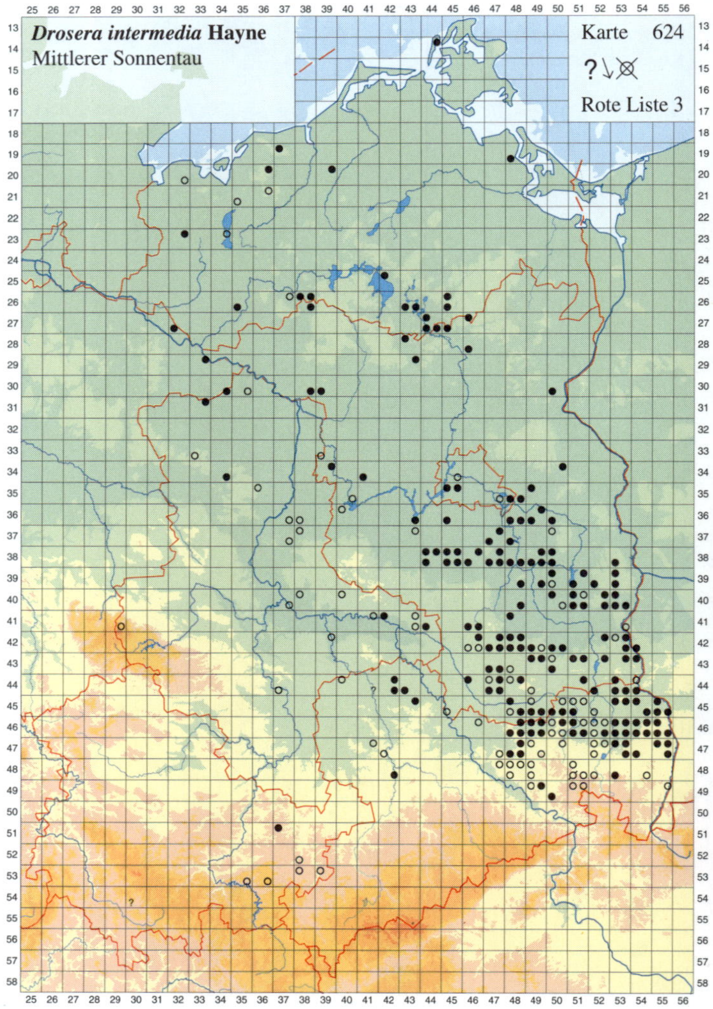
Drosera intermedia Hayne
Mittlerer Sonnentau
Karte 624
Rote Liste 3

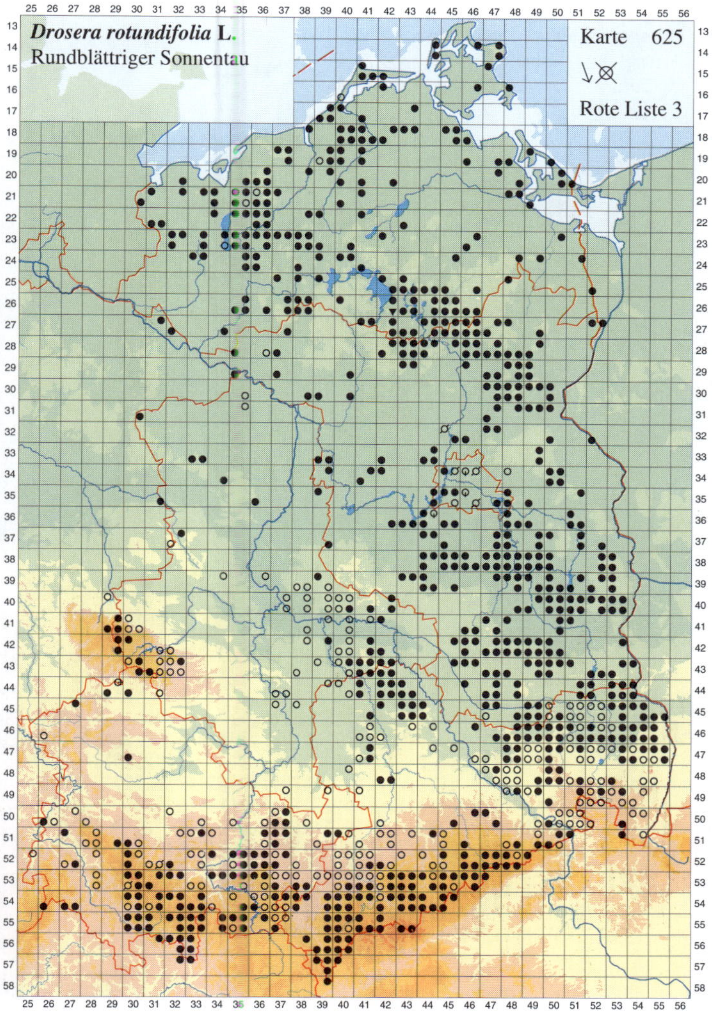
Drosera rotundifolia L.
Rundblättriger Sonnentau
Karte 625
Rote Liste 3

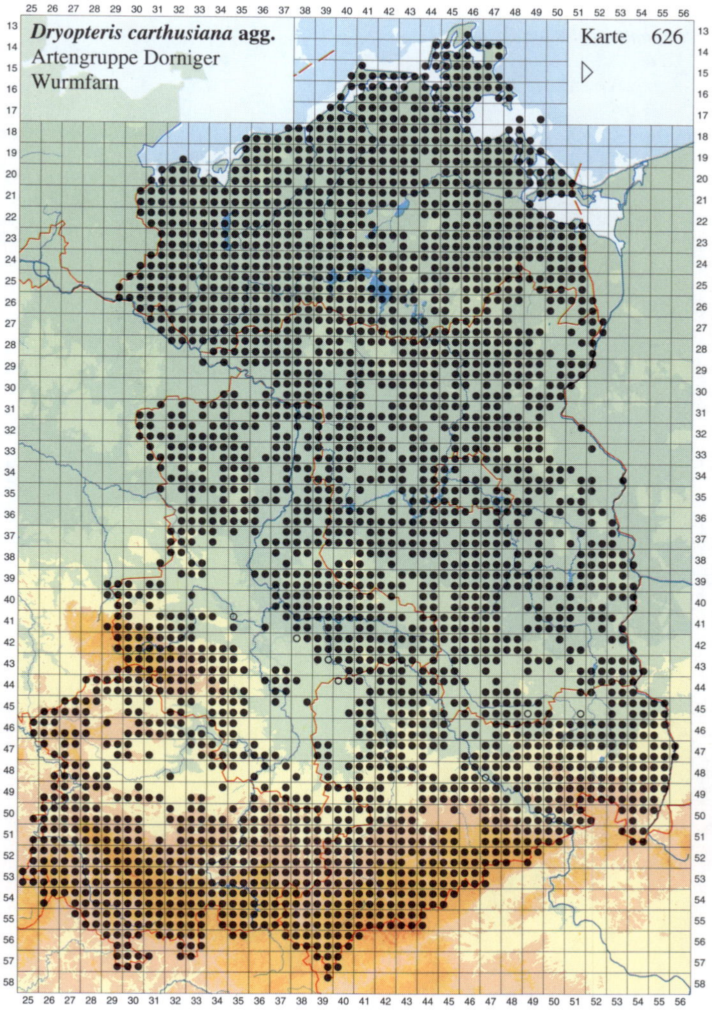
Dryopteris carthusiana agg.
Artengruppe Dorniger Wurmfarn
Karte 626

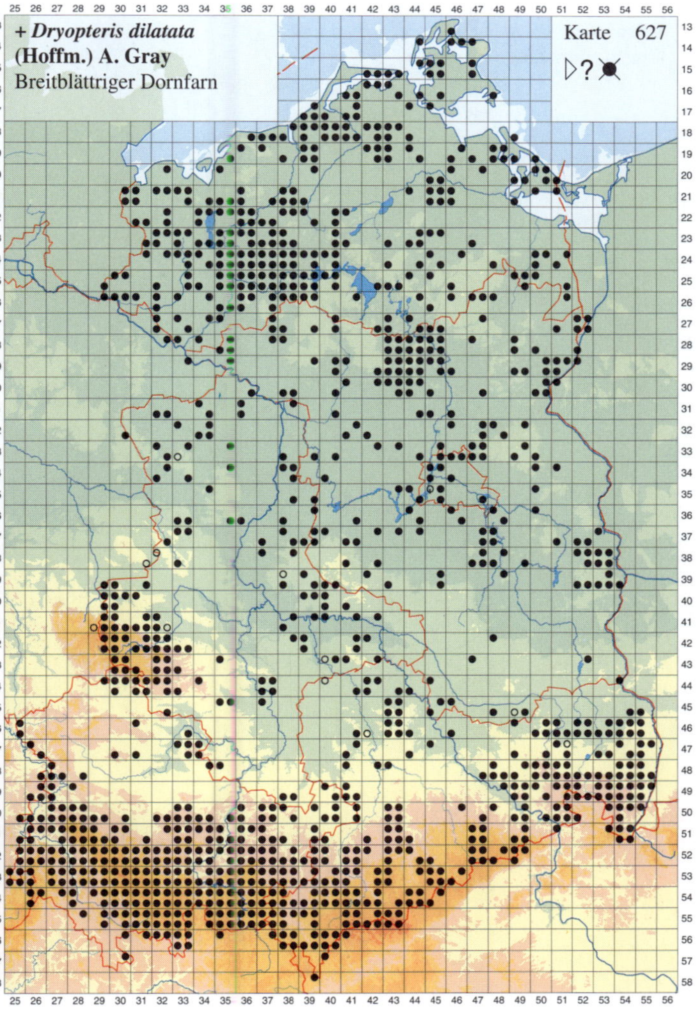
+ *Dryopteris dilatata* (Hoffm.) A. Gray
Breitblättriger Dornfarn
Karte 627

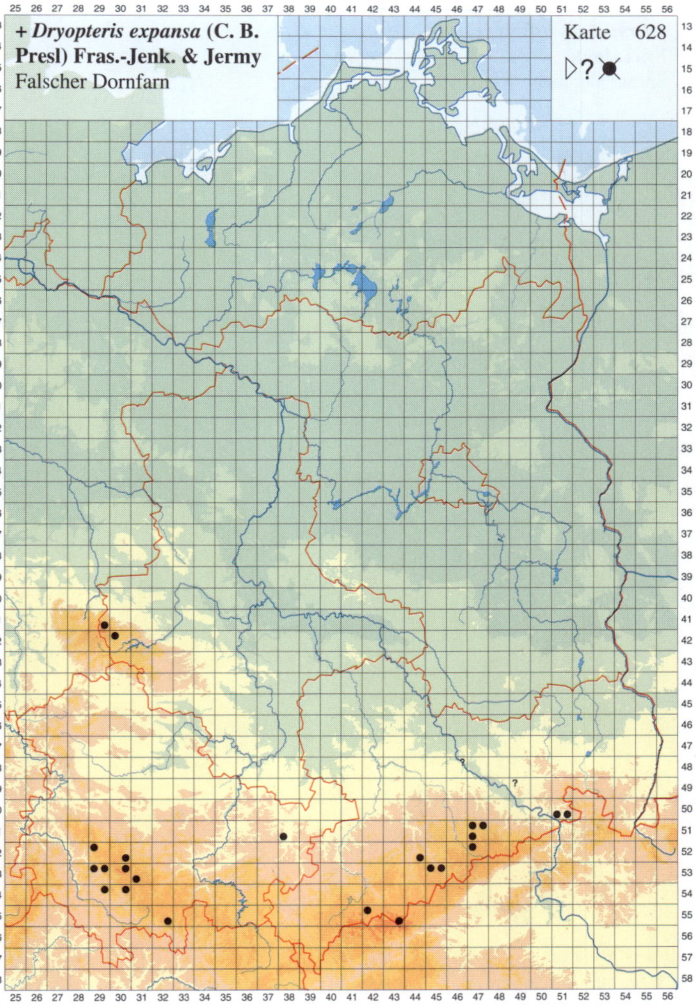
+ *Dryopteris expansa* (C. B. Presl) Fras.-Jenk. & Jermy
Falscher Dornfarn
Karte 628

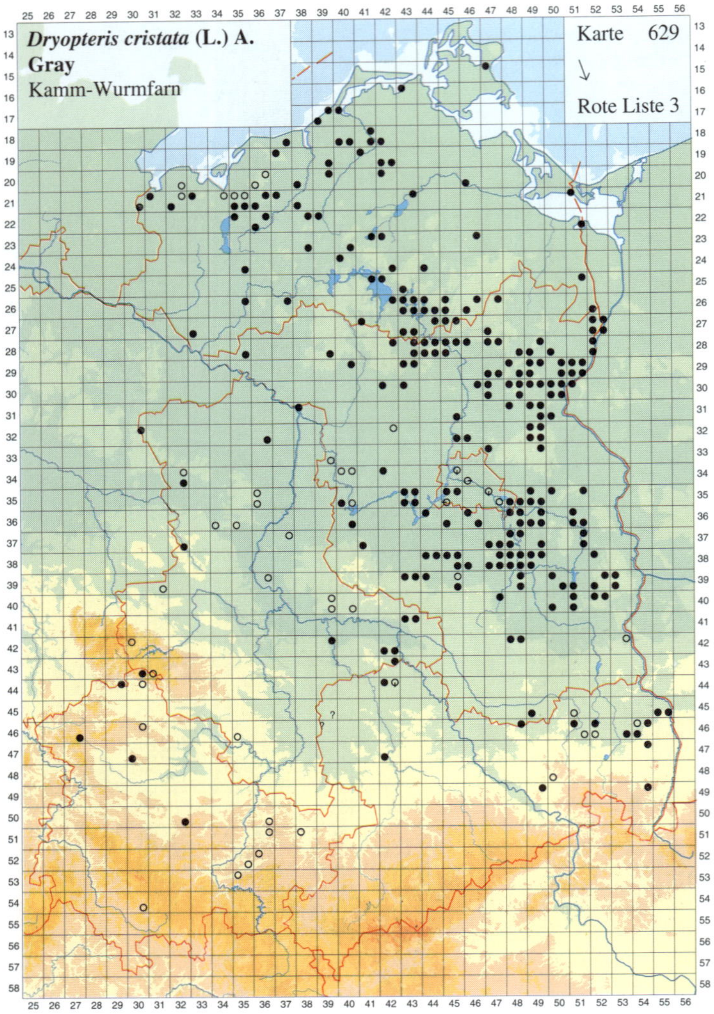
Dryopteris cristata (L.) A. Gray
Kamm-Wurmfarn
Karte 629
↘
Rote Liste 3

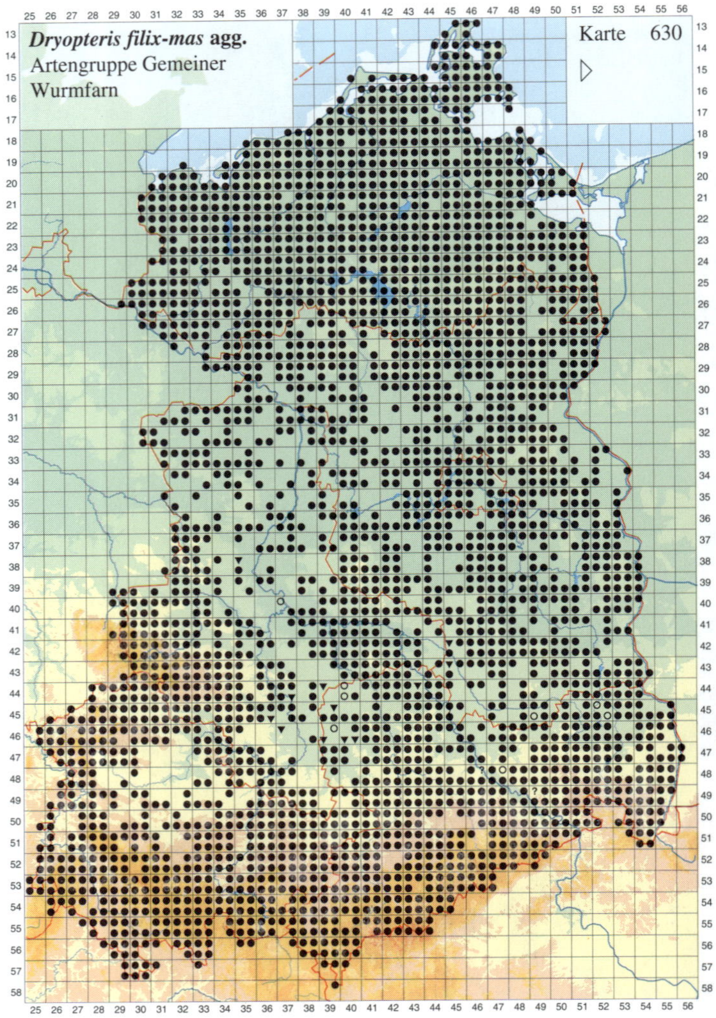
Dryopteris filix-mas agg.
Artengruppe Gemeiner Wurmfarn
Karte 630
▷

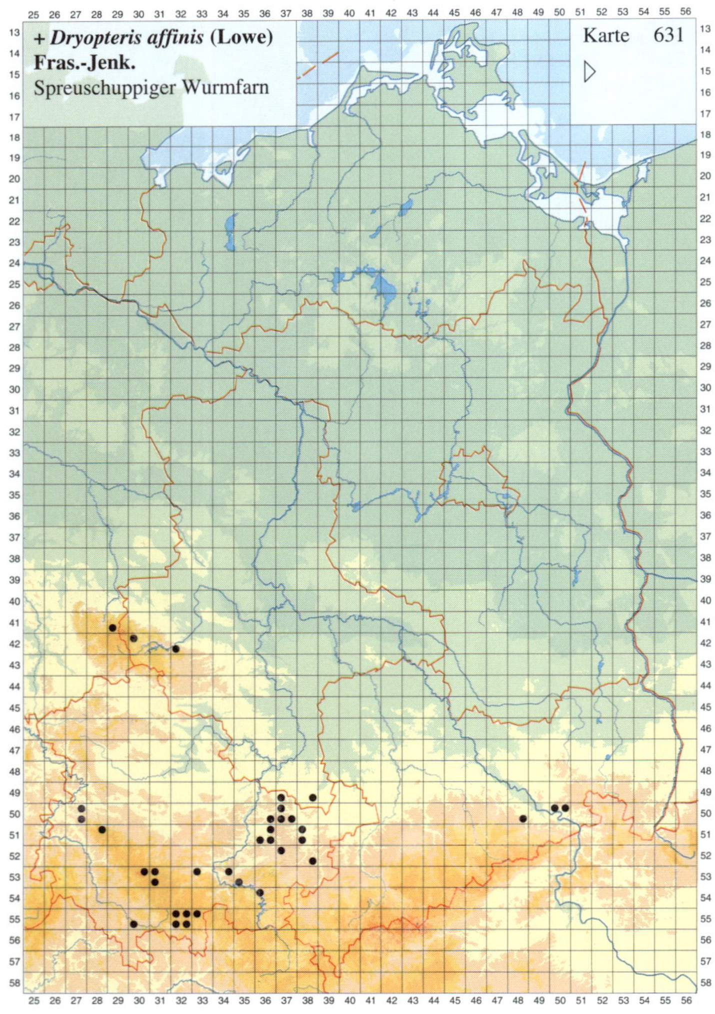
+ *Dryopteris affinis* (Lowe) Fras.-Jenk.
Spreuschuppiger Wurmfarn
Karte 631
▷

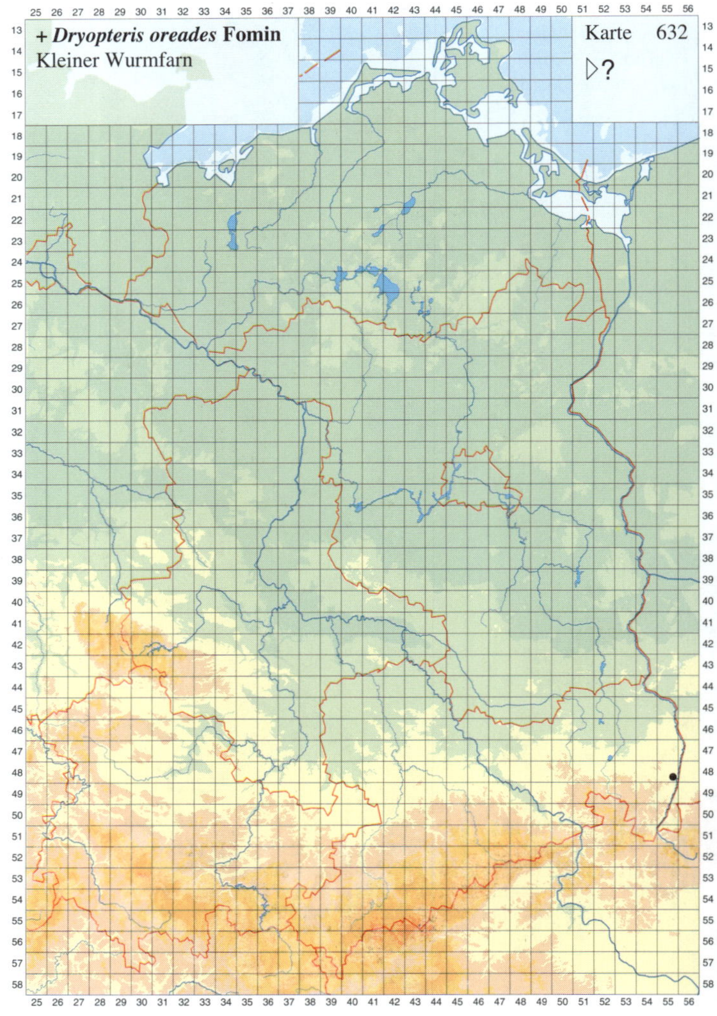
+ *Dryopteris oreades* Fomin
Kleiner Wurmfarn
Karte 632
▷?

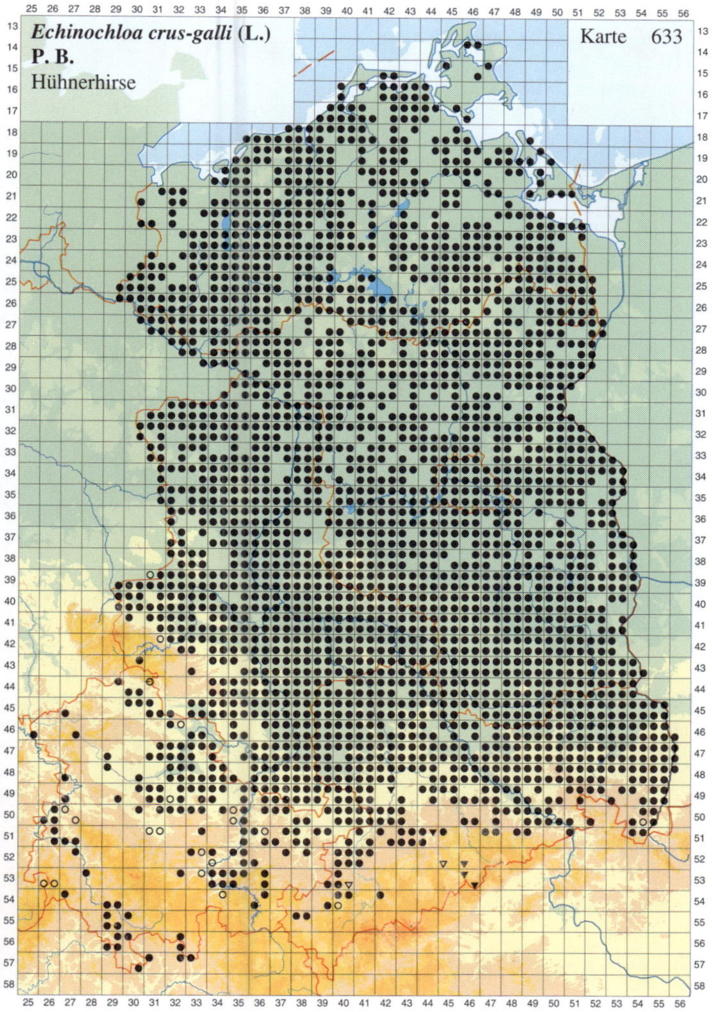
Echinochloa crus-galli (L.) P. B.
Hühnerhirse
Karte 633

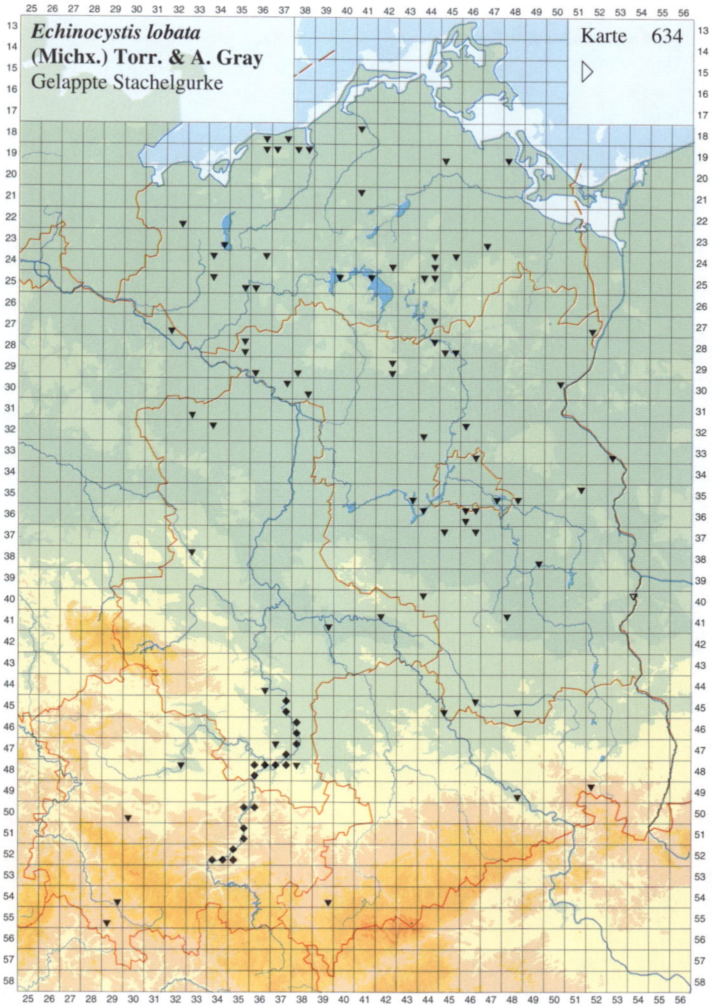
Echinocystis lobata (Michx.) Torr. & A. Gray
Gelappte Stachelgurke
Karte 634

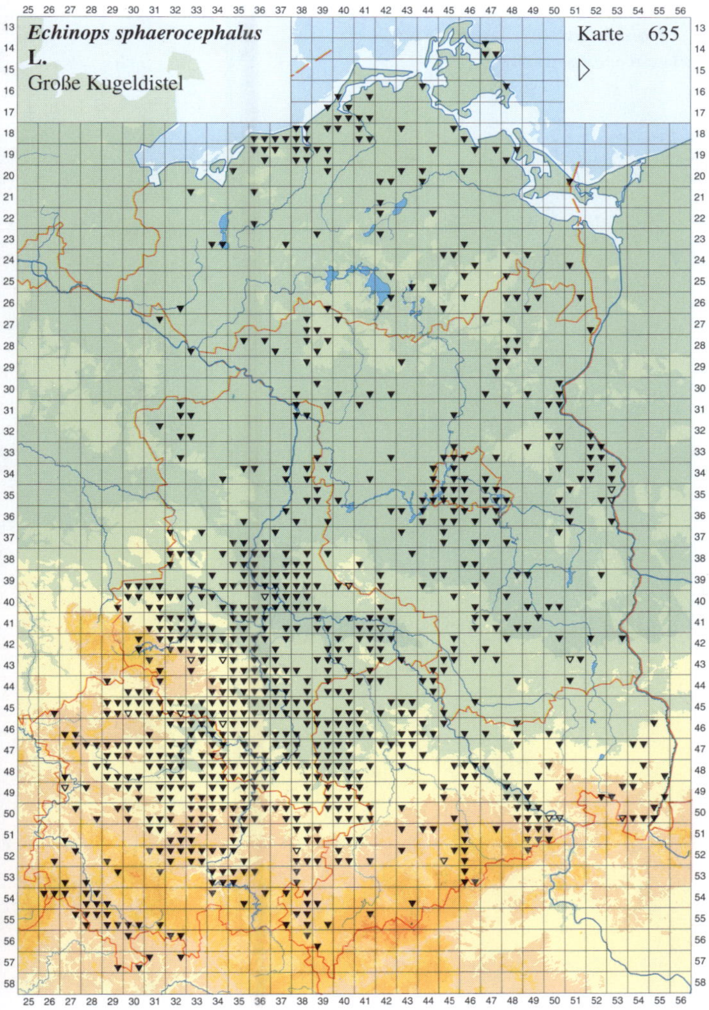
Echinops sphaerocephalus L.
Große Kugeldistel
Karte 635

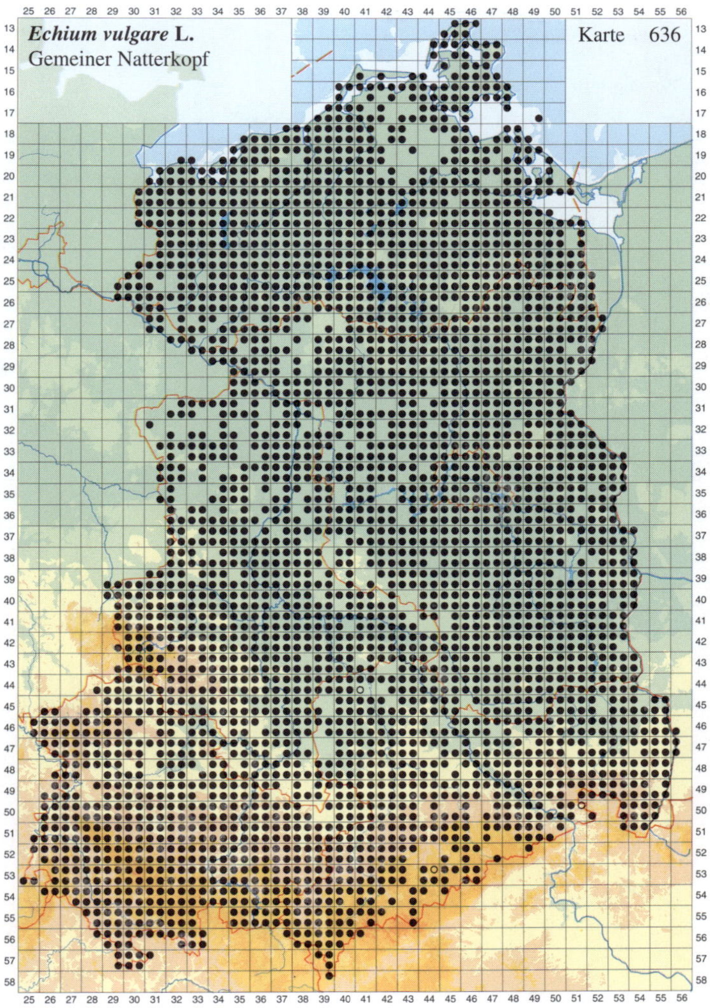
Echium vulgare L.
Gemeiner Natterkopf
Karte 636

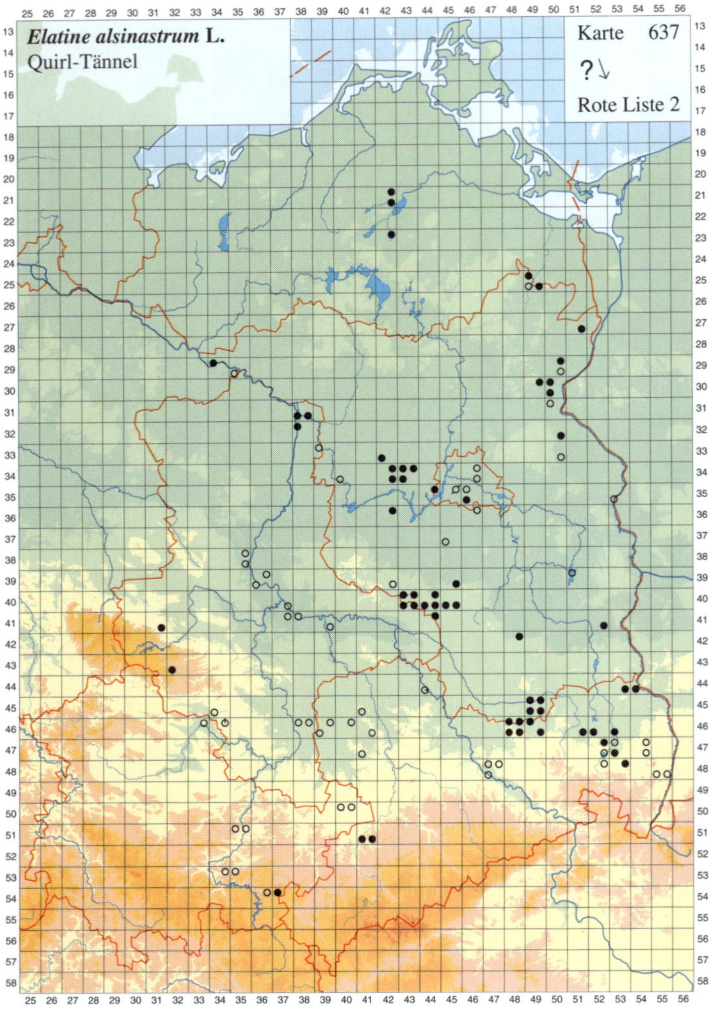
Elatine alsinastrum L.
Quirl-Tännel
Karte 637
?↘
Rote Liste 2

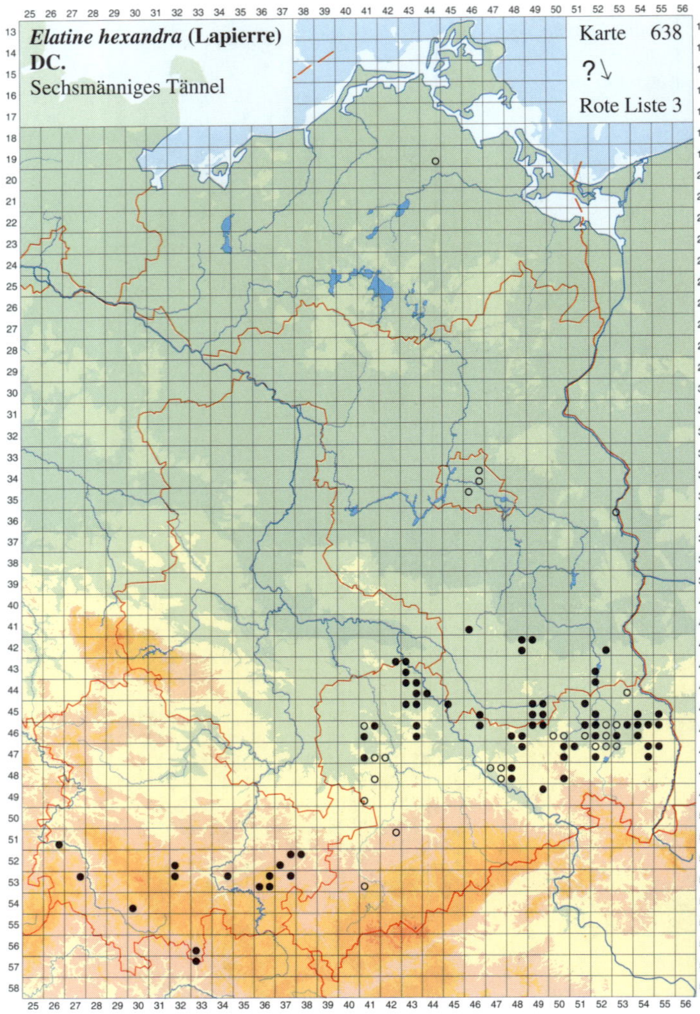
Elatine hexandra (Lapierre) DC.
Sechsmänniges Tännel
Karte 638
?↘
Rote Liste 3

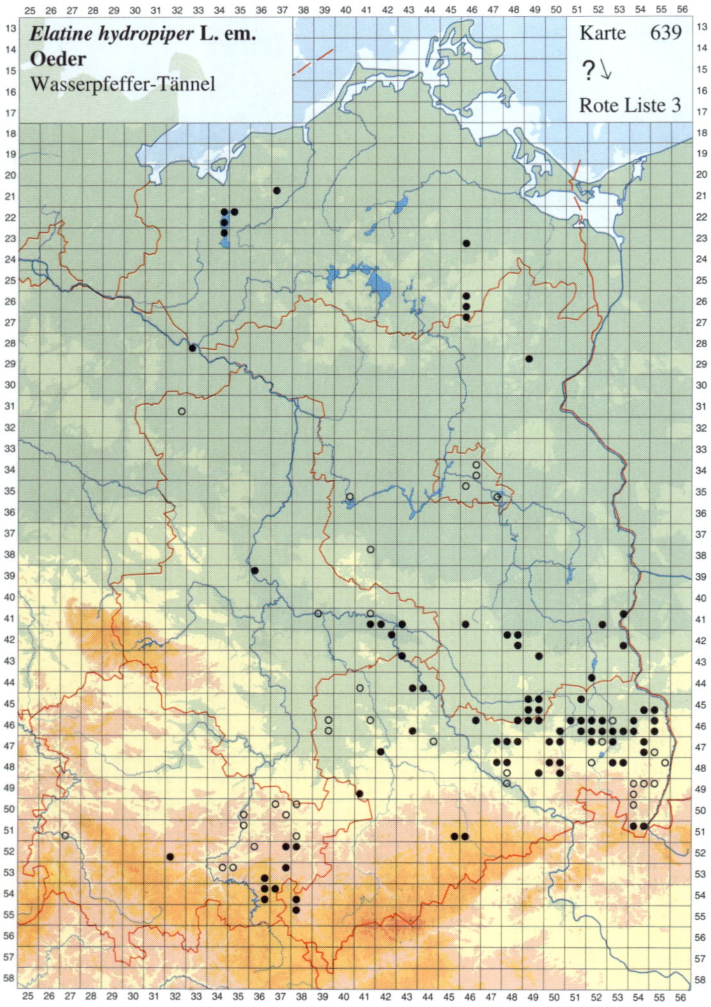
Elatine hydropiper L. em. Oeder
Wasserpfeffer-Tännel
Karte 639
?↘
Rote Liste 3

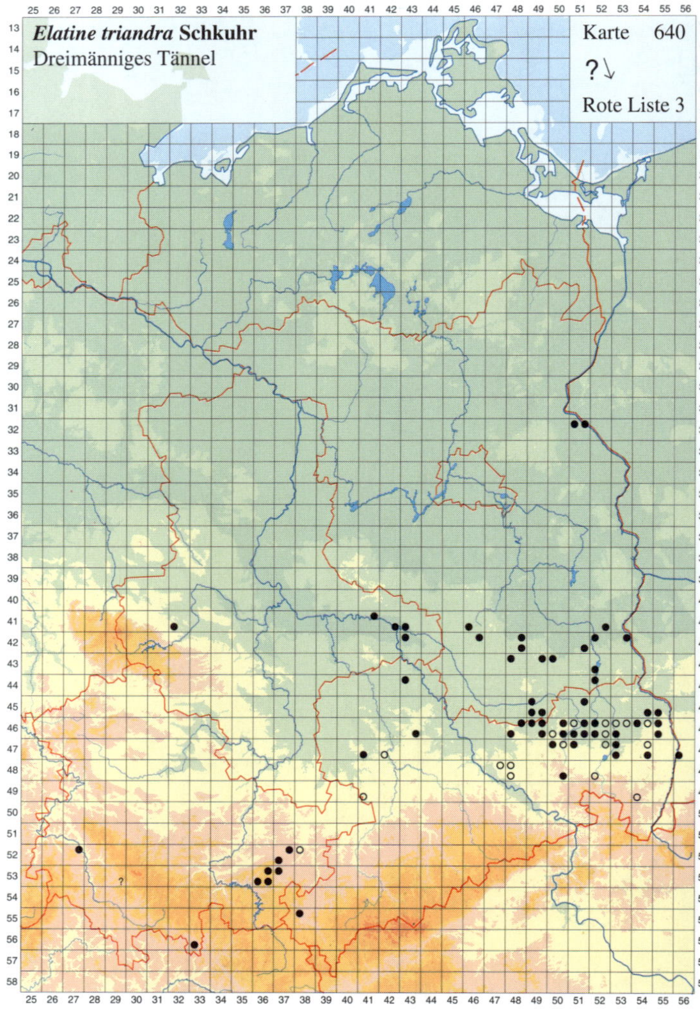
Elatine triandra Schkuhr
Dreimänniges Tännel
Karte 640
?↘
Rote Liste 3

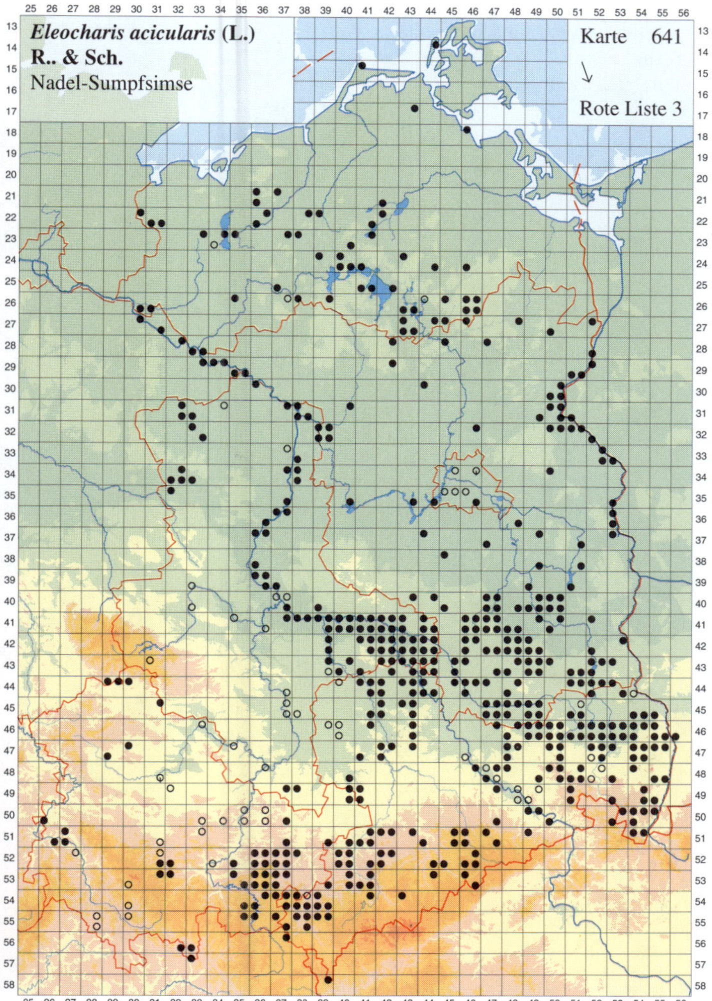
Eleocharis acicularis (L.) R.. & Sch.
Nadel-Sumpfsimse
Karte 641
↘
Rote Liste 3

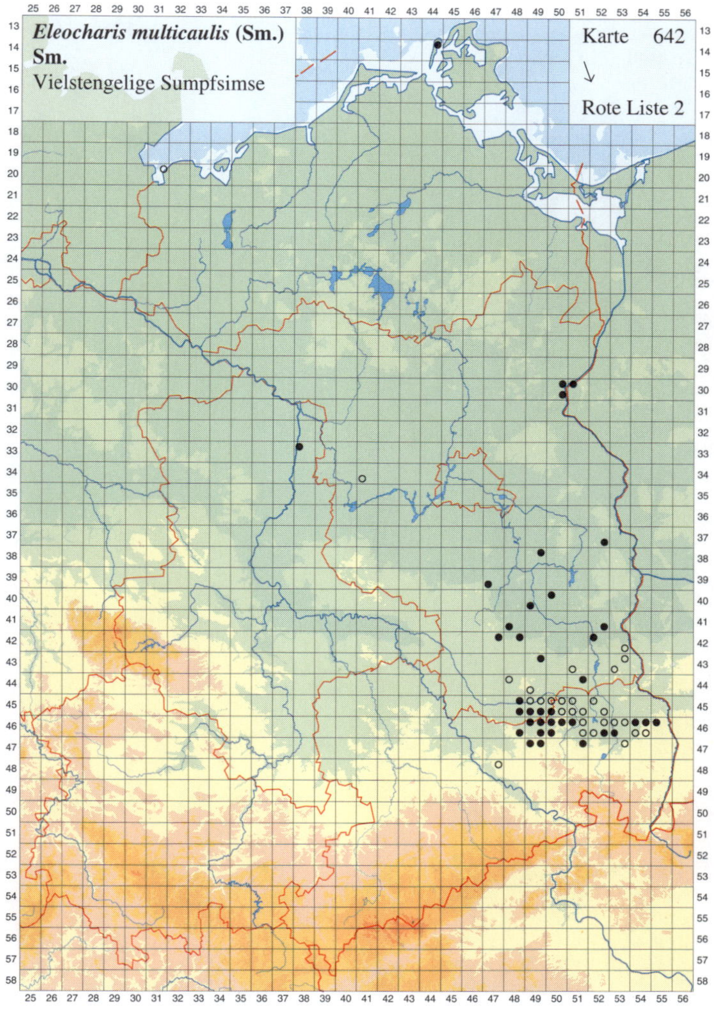
Eleocharis multicaulis (Sm.) Sm.
Vielstengelige Sumpfsimse
Karte 642
↘
Rote Liste 2

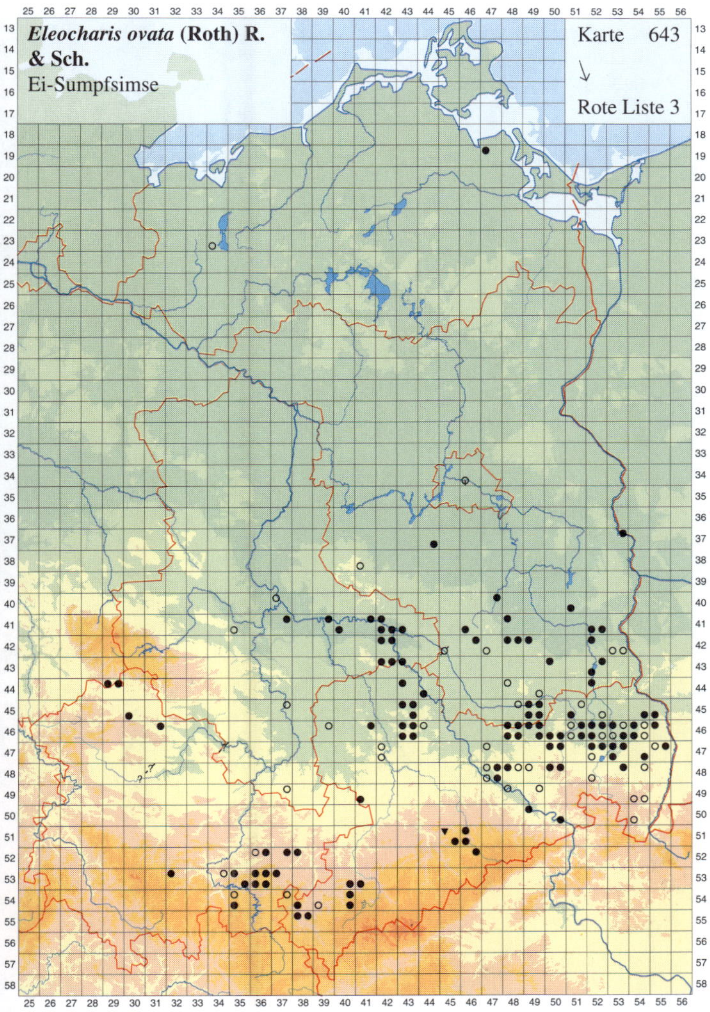
Eleocharis ovata (Roth) R. & Sch.
Ei-Sumpfsimse
Karte 643
↘
Rote Liste 3

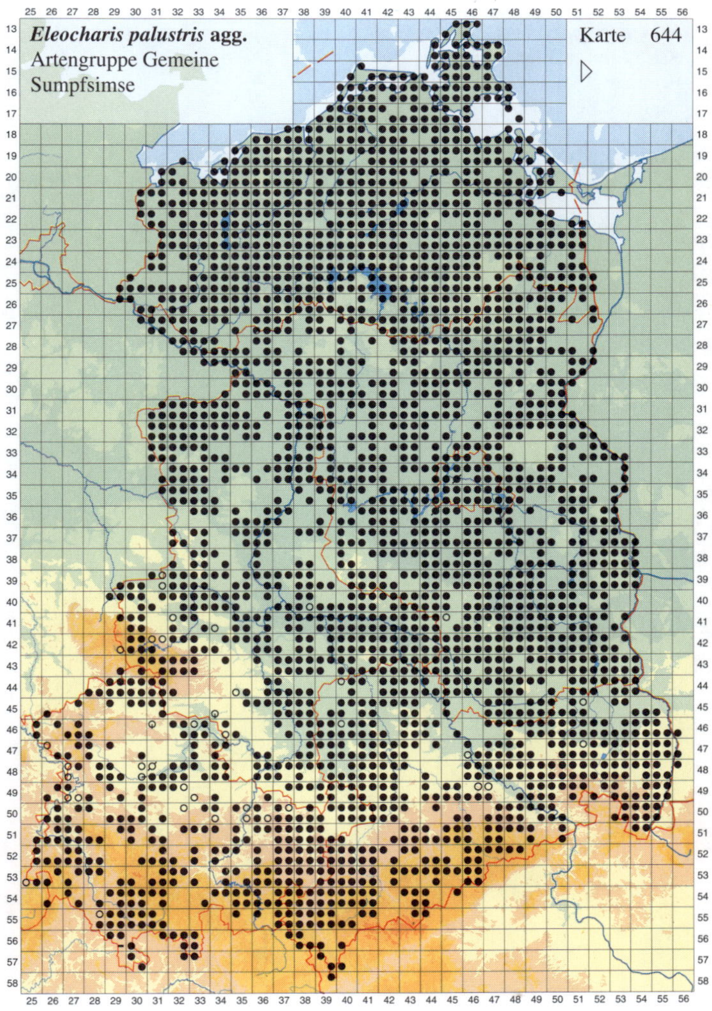
Eleocharis palustris agg.
Artengruppe Gemeine Sumpfsimse
Karte 644
▷

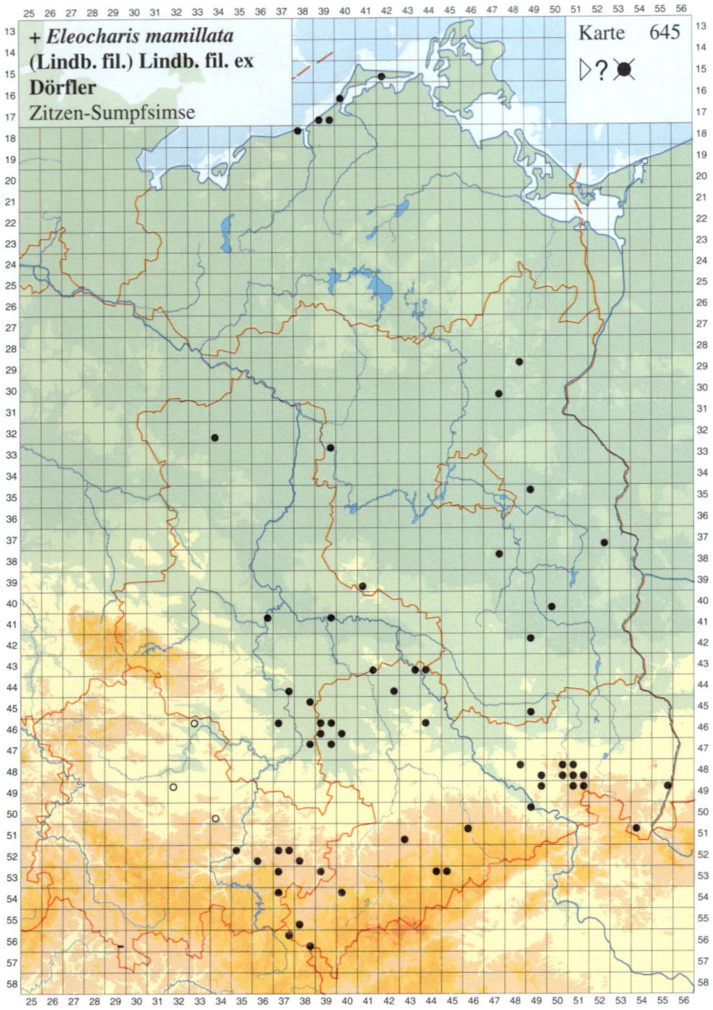
+ Eleocharis mamillata (Lindb. fil.) Lindb. fil. ex Dörfler
Zitzen-Sumpfsimse
Karte 645

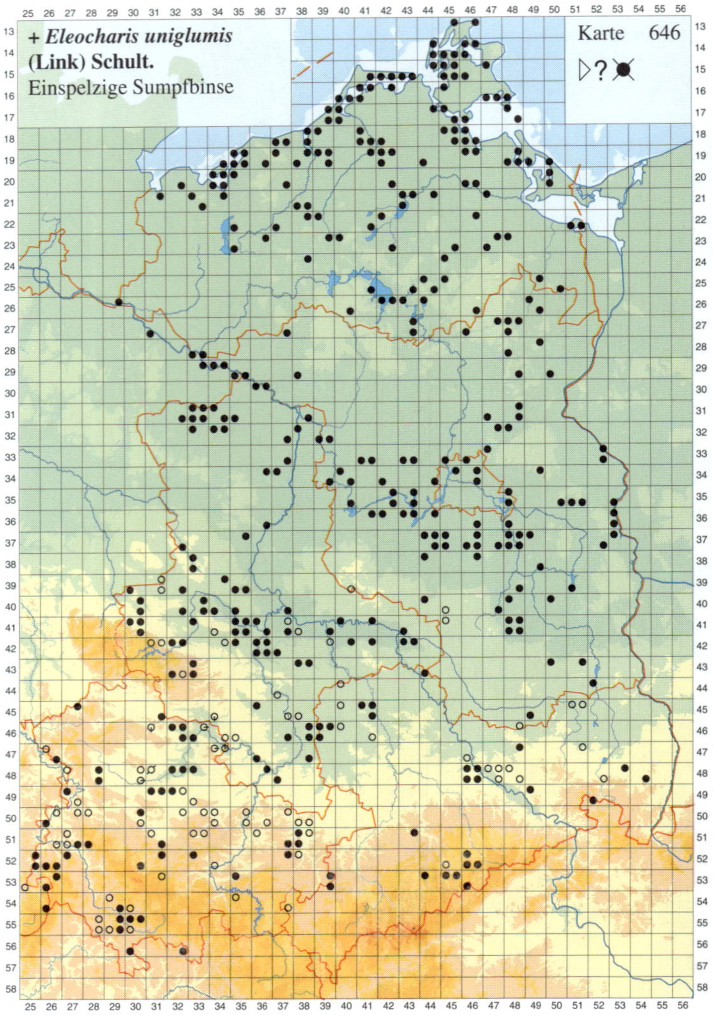
+ Eleocharis uniglumis (Link) Schult.
Einspelzige Sumpfbinse
Karte 646

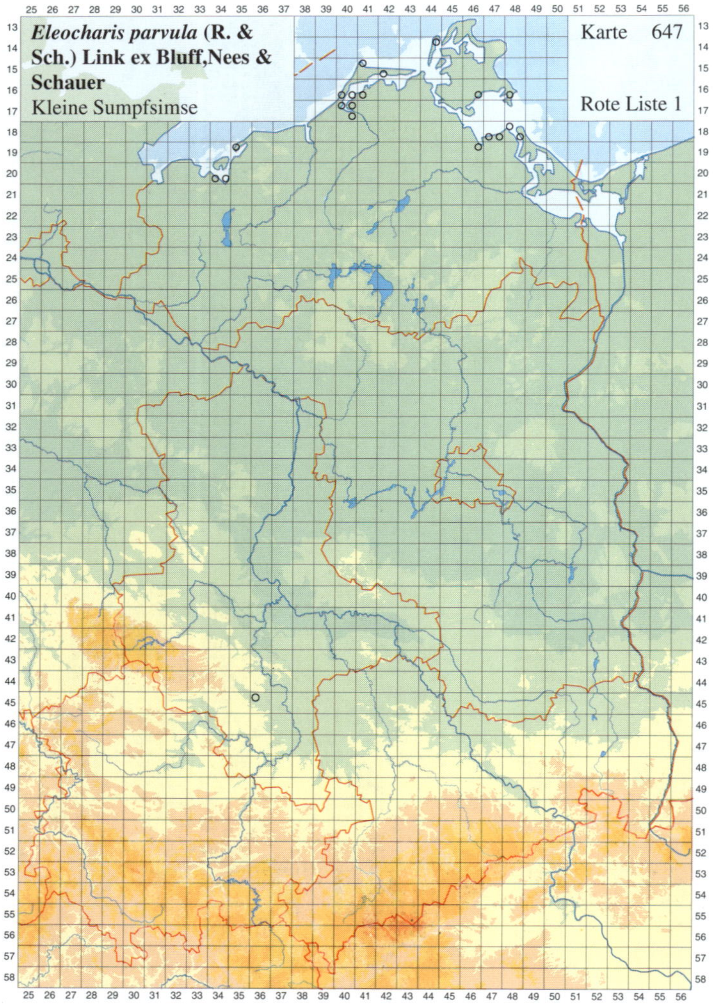
Eleocharis parvula (R. & Sch.) Link ex Bluff,Nees & Schauer
Kleine Sumpfsimse
Karte 647
Rote Liste 1

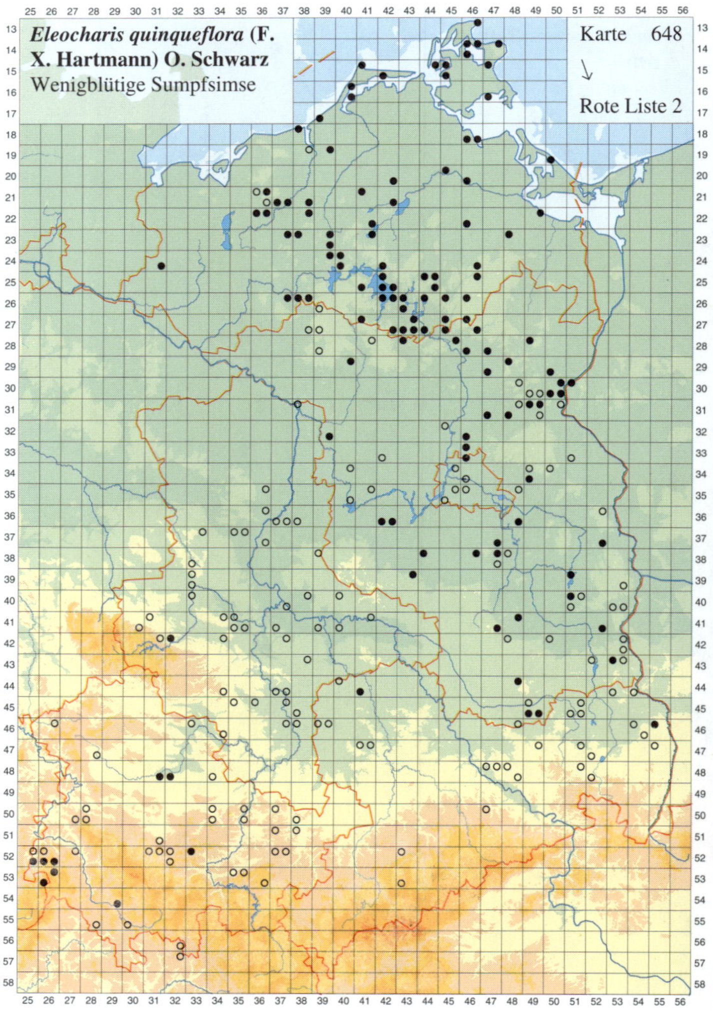
Eleocharis quinqueflora (F. X. Hartmann) O. Schwarz
Wenigblütige Sumpfsimse
Karte 648
Rote Liste 2

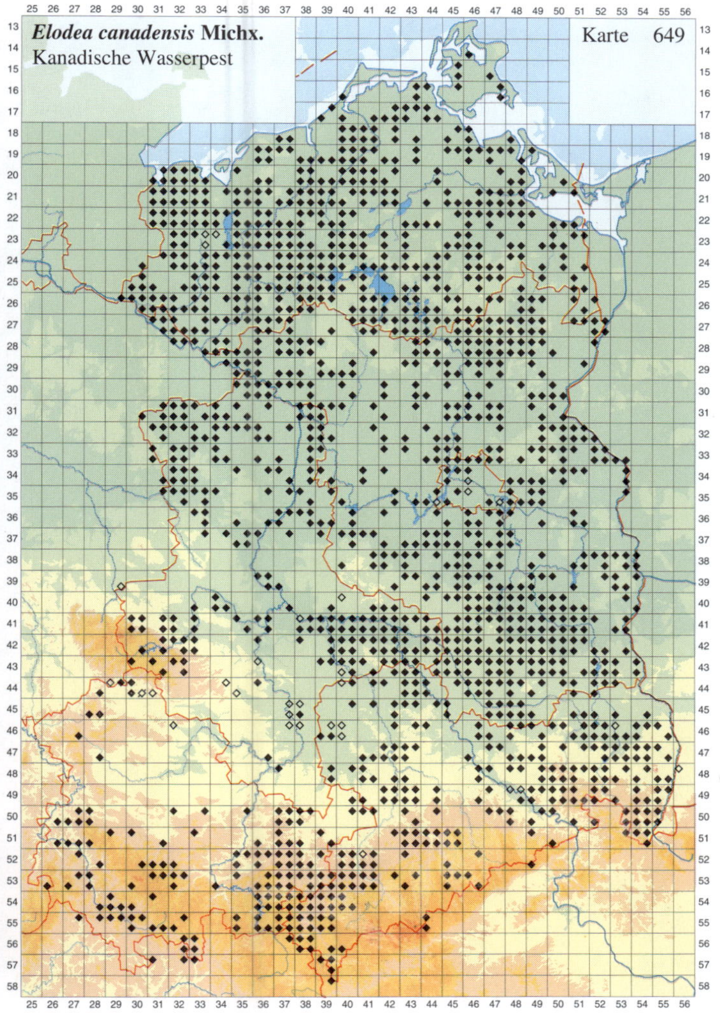
Elodea canadensis Michx.
Kanadische Wasserpest
Karte 649

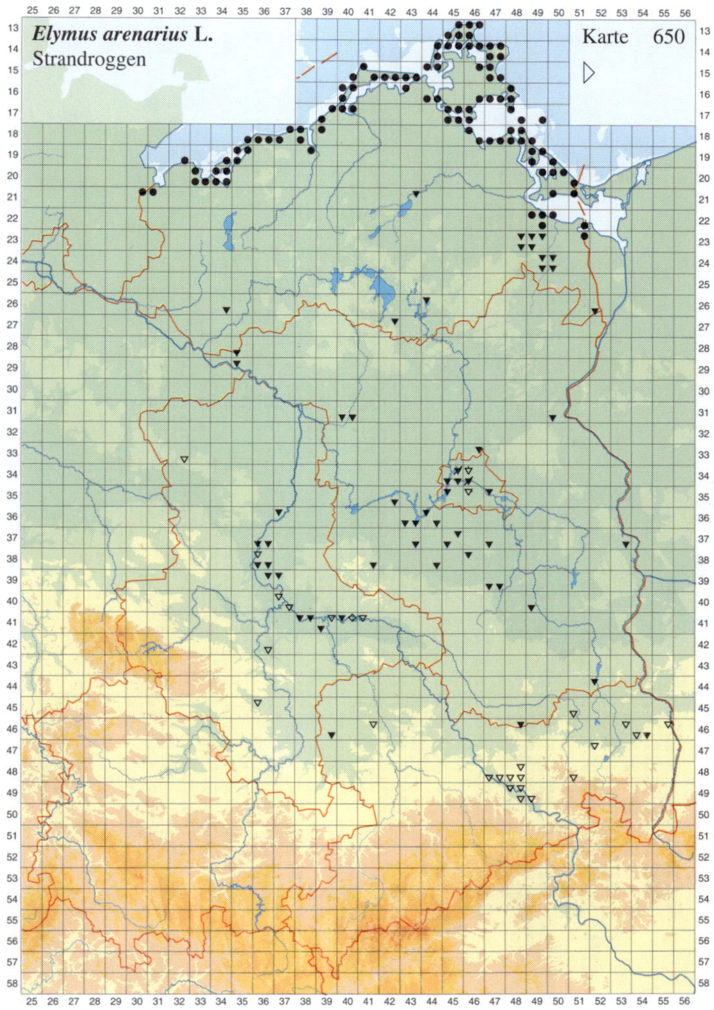
Elymus arenarius L.
Strandroggen
Karte 650

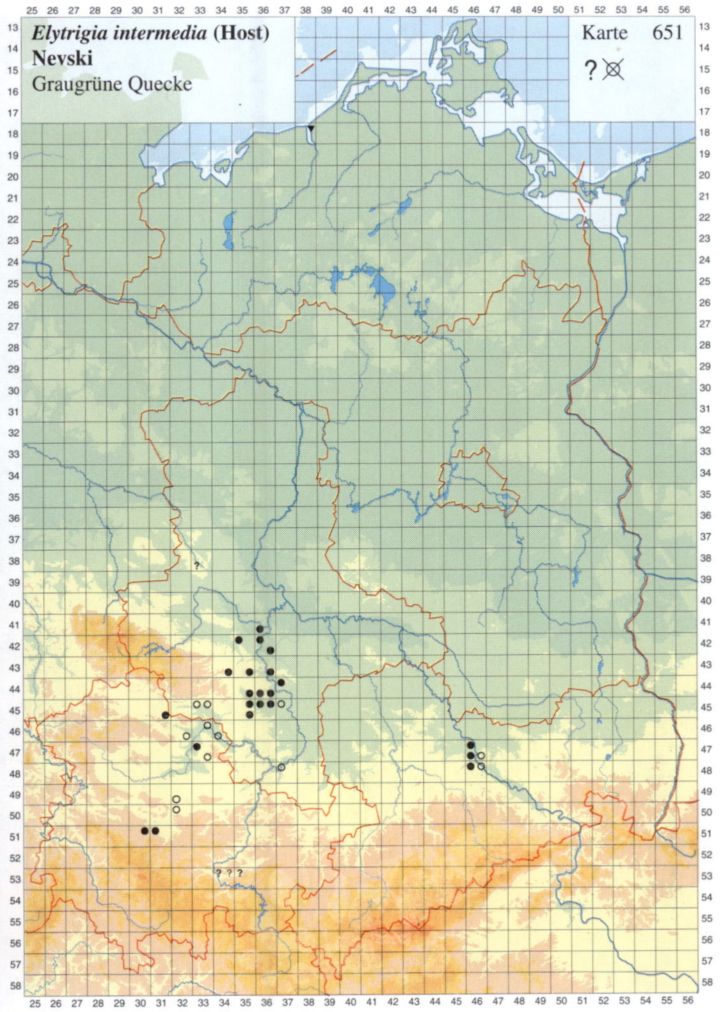
Elytrigia intermedia (Host) Nevski
Graugrüne Quecke
Karte 651

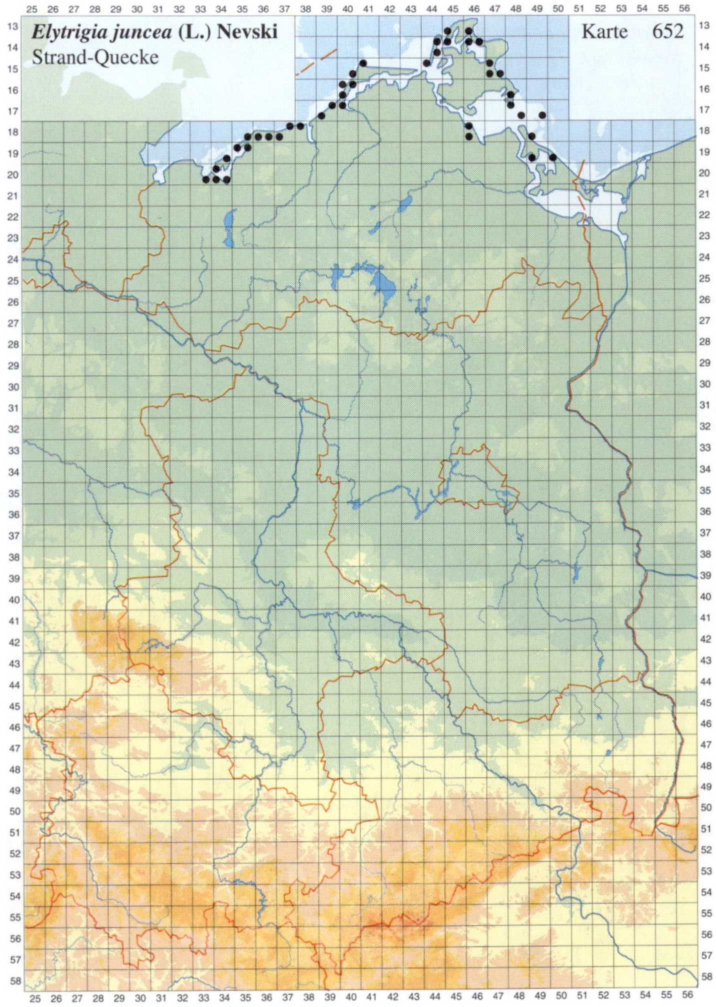
Elytrigia juncea (L.) Nevski
Strand-Quecke
Karte 652

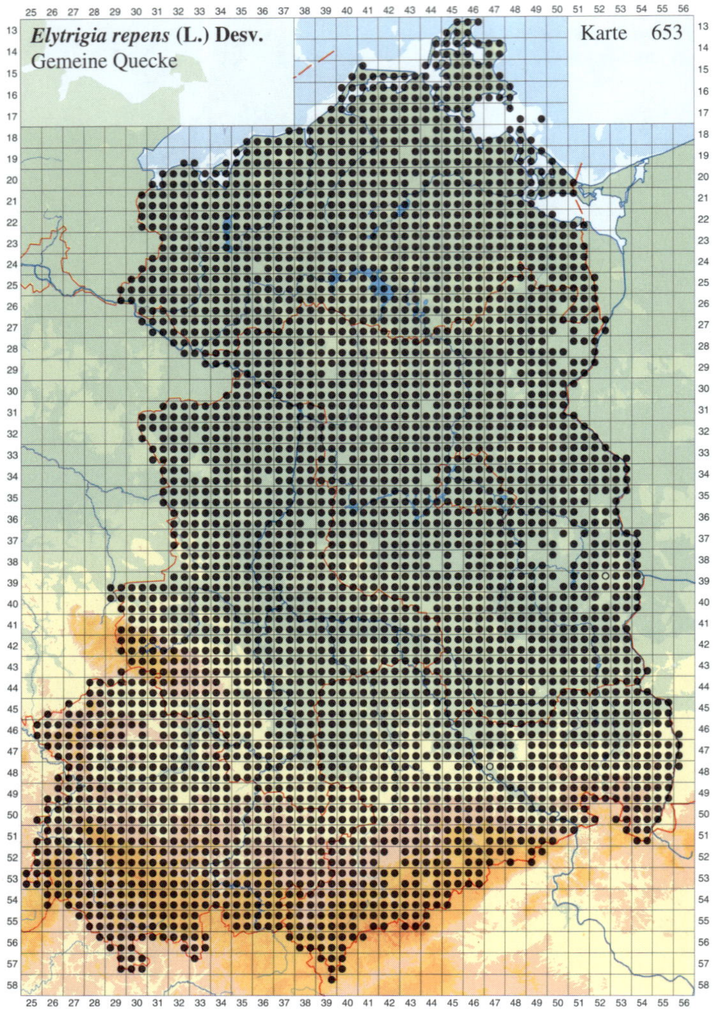
Elytrigia repens (L.) Desv.
Gemeine Quecke
Karte 653

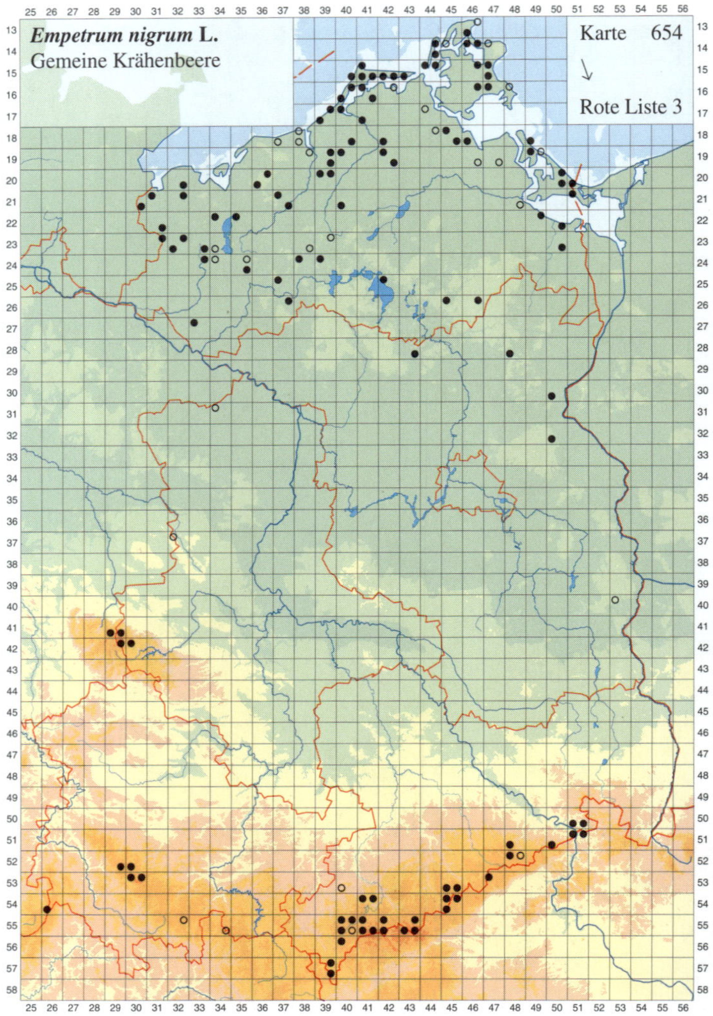
Empetrum nigrum L.
Gemeine Krähenbeere
Karte 654
Rote Liste 3

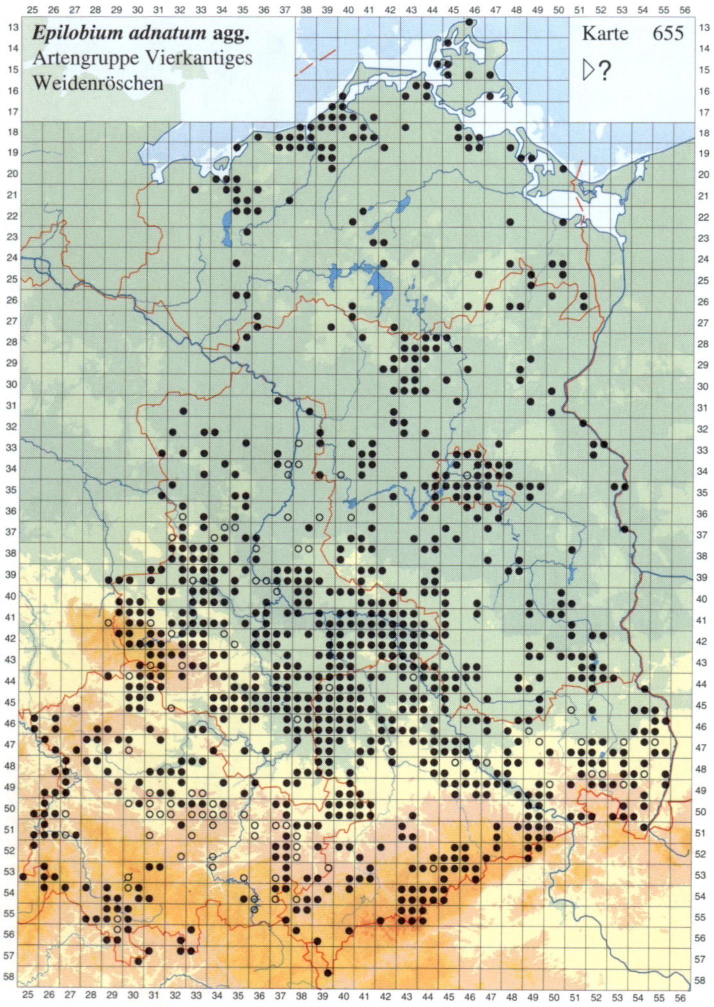
Epilobium adnatum agg.
Artengruppe Vierkantiges Weidenröschen
Karte 655
▷?

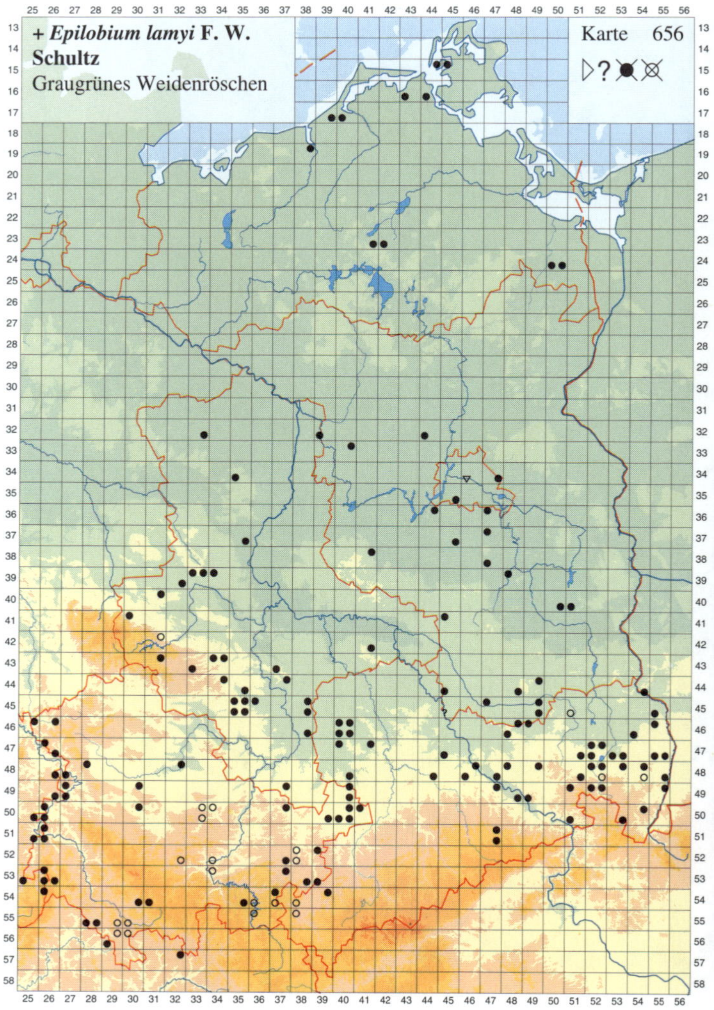
+ *Epilobium lamyi* F. W. Schultz
Graugrünes Weidenröschen
Karte 656
▷?

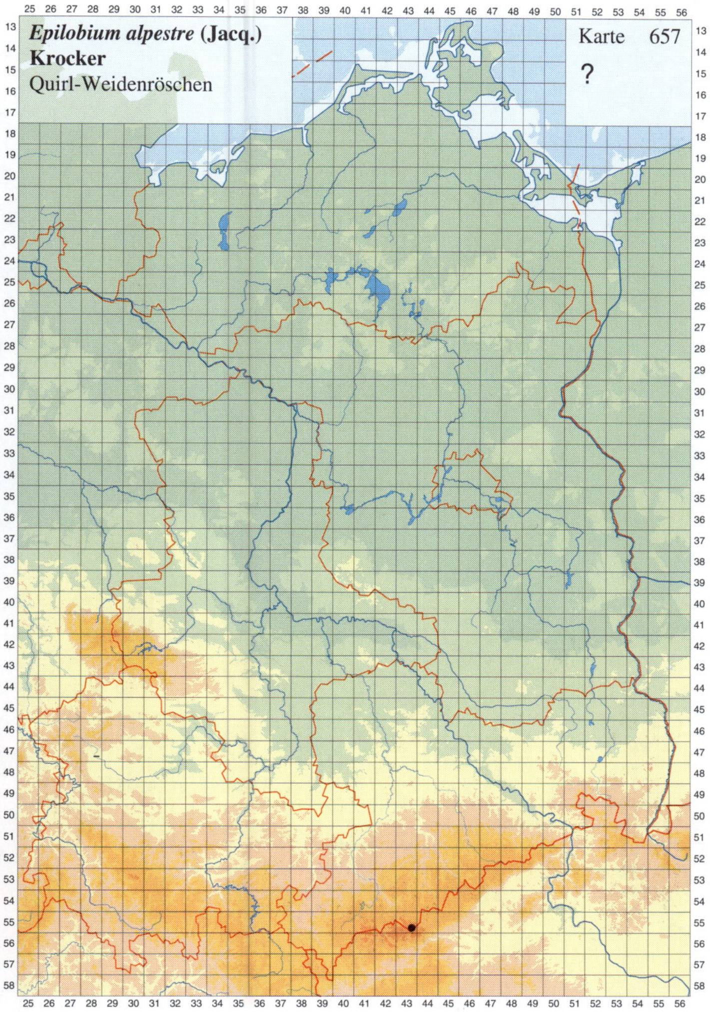
***Epilobium alpestre* (Jacq.) Krocker**
Quirl-Weidenröschen
Karte 657
?

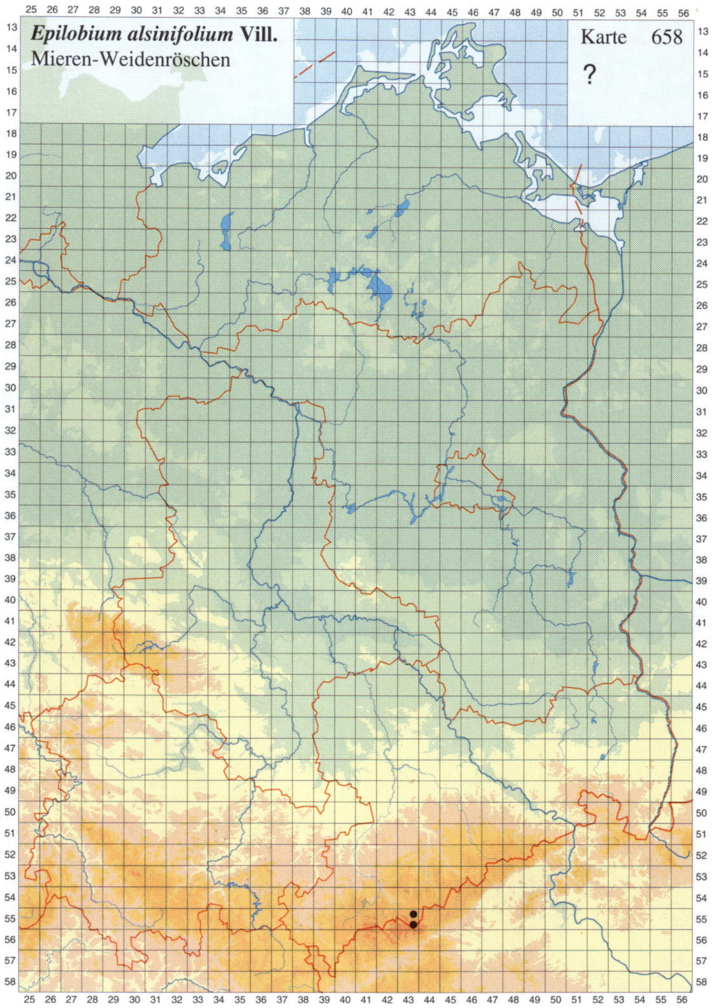
***Epilobium alsinifolium* Vill.**
Mieren-Weidenröschen
Karte 658
?

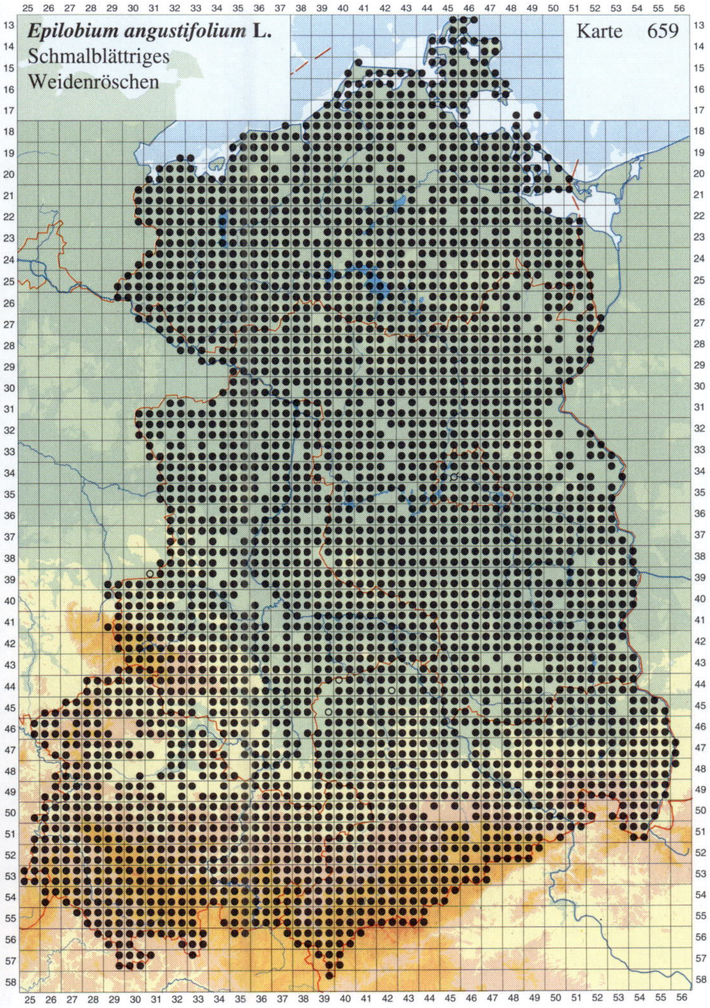
***Epilobium angustifolium* L.**
Schmalblättriges Weidenröschen
Karte 659

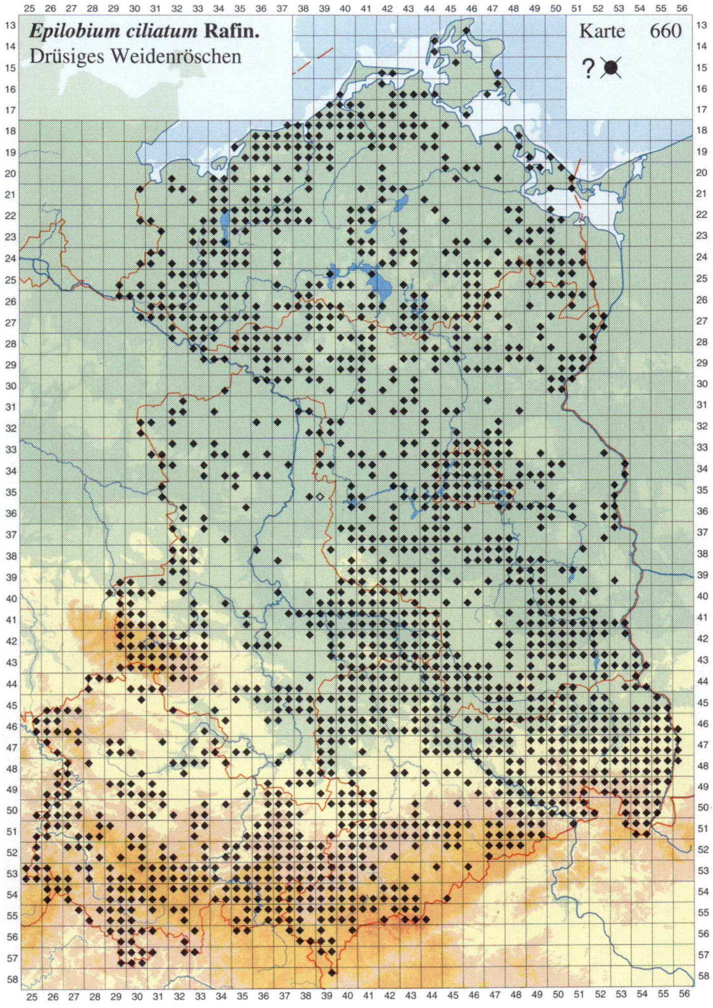
***Epilobium ciliatum* Rafin.**
Drüsiges Weidenröschen
Karte 660
?

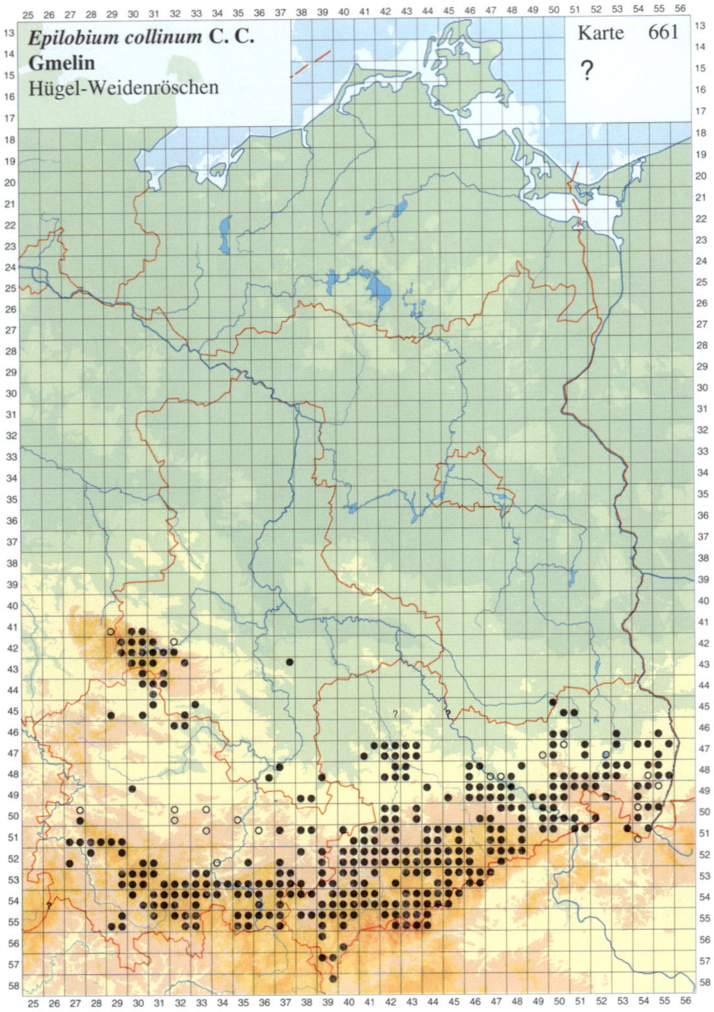
Epilobium collinum C. C. Gmelin
Hügel-Weidenröschen
Karte 661
?

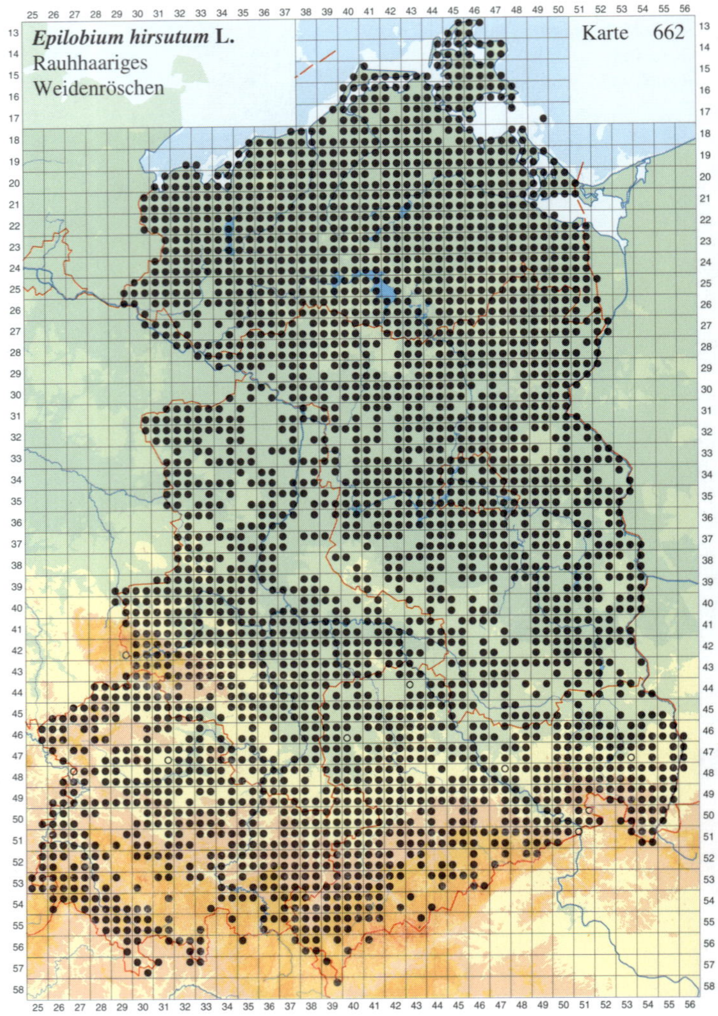
Epilobium hirsutum L.
Rauhhaariges Weidenröschen
Karte 662

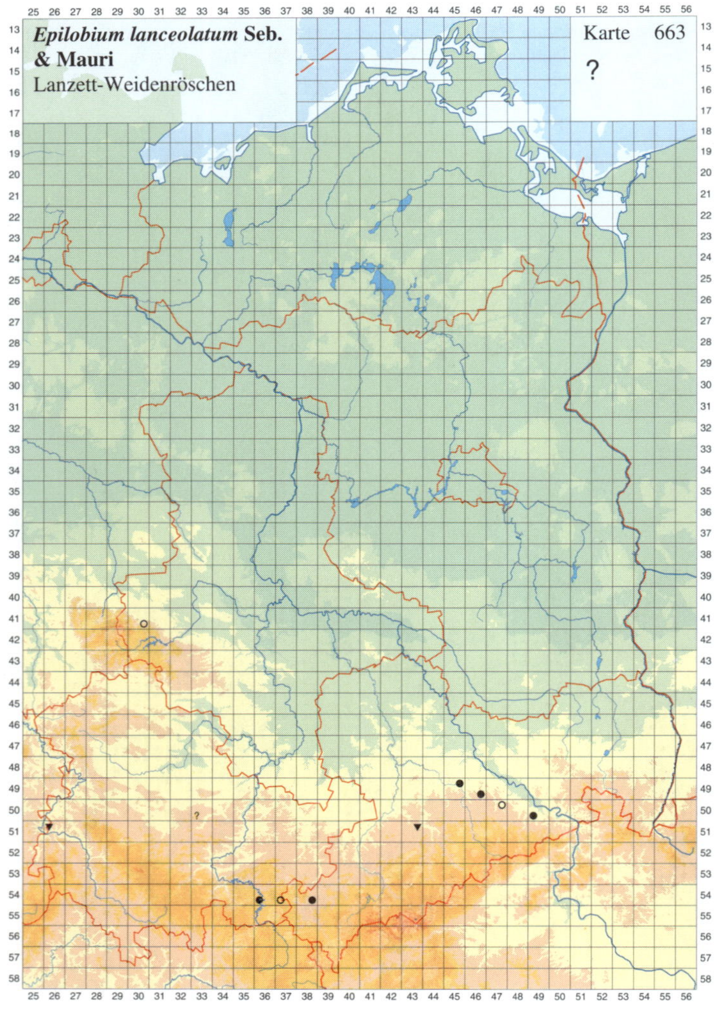
Epilobium lanceolatum Seb. & Mauri
Lanzett-Weidenröschen
Karte 663
?

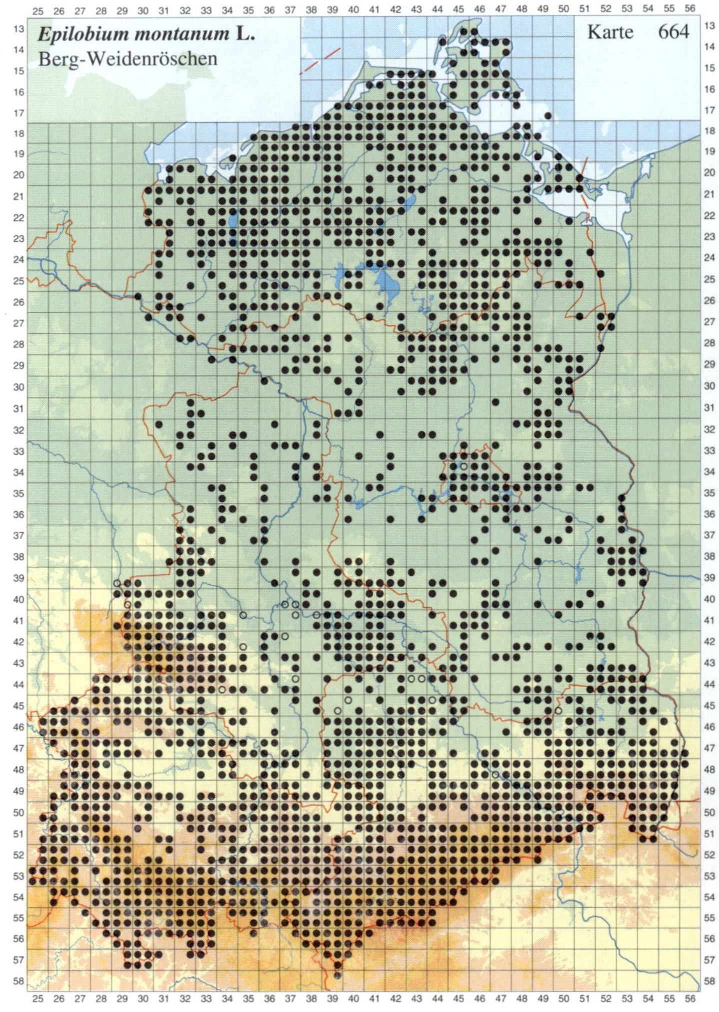
Epilobium montanum L.
Berg-Weidenröschen
Karte 664

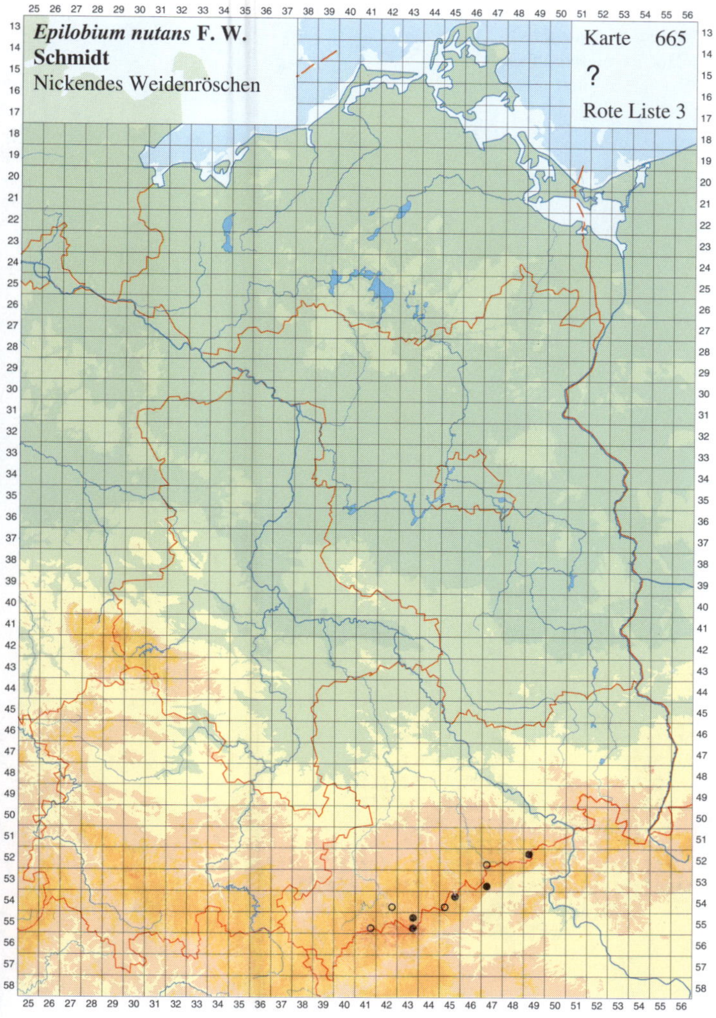
Epilobium nutans F. W. Schmidt
Nickendes Weidenröschen
Karte 665
?
Rote Liste 3

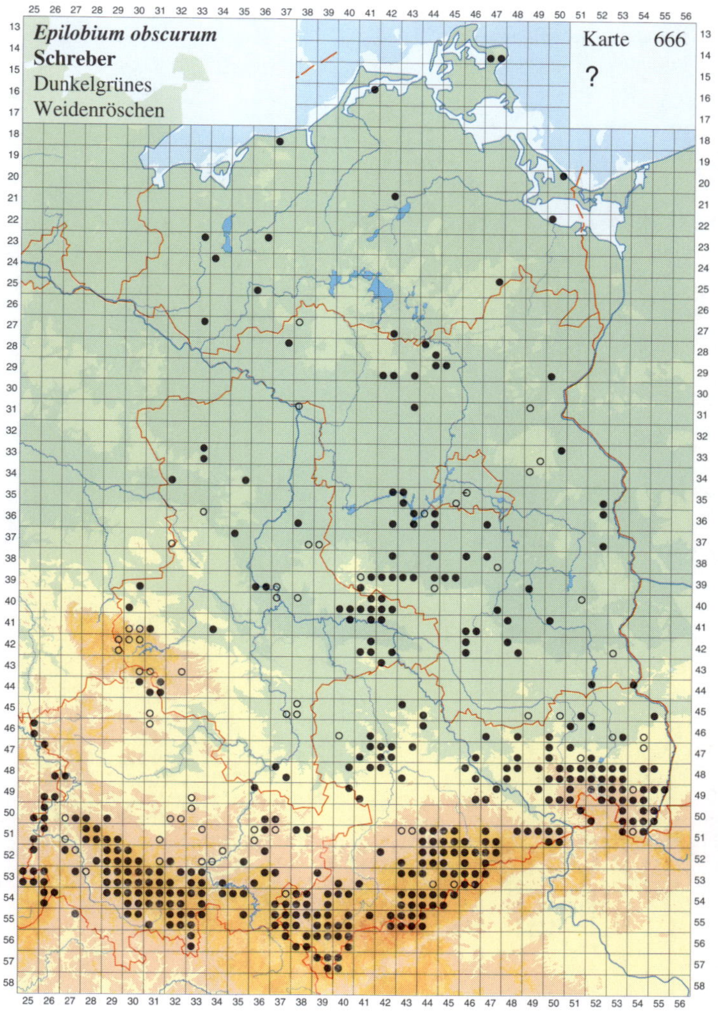
Epilobium obscurum Schreber
Dunkelgrünes Weidenröschen
Karte 666
?

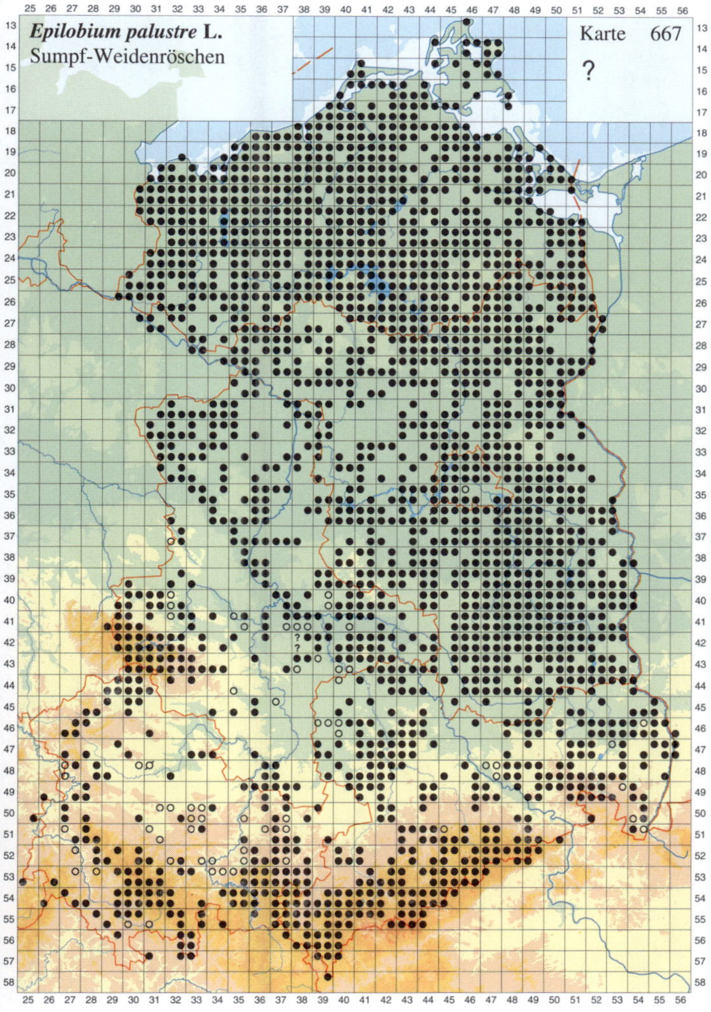
Epilobium palustre L.
Sumpf-Weidenröschen
Karte 667
?

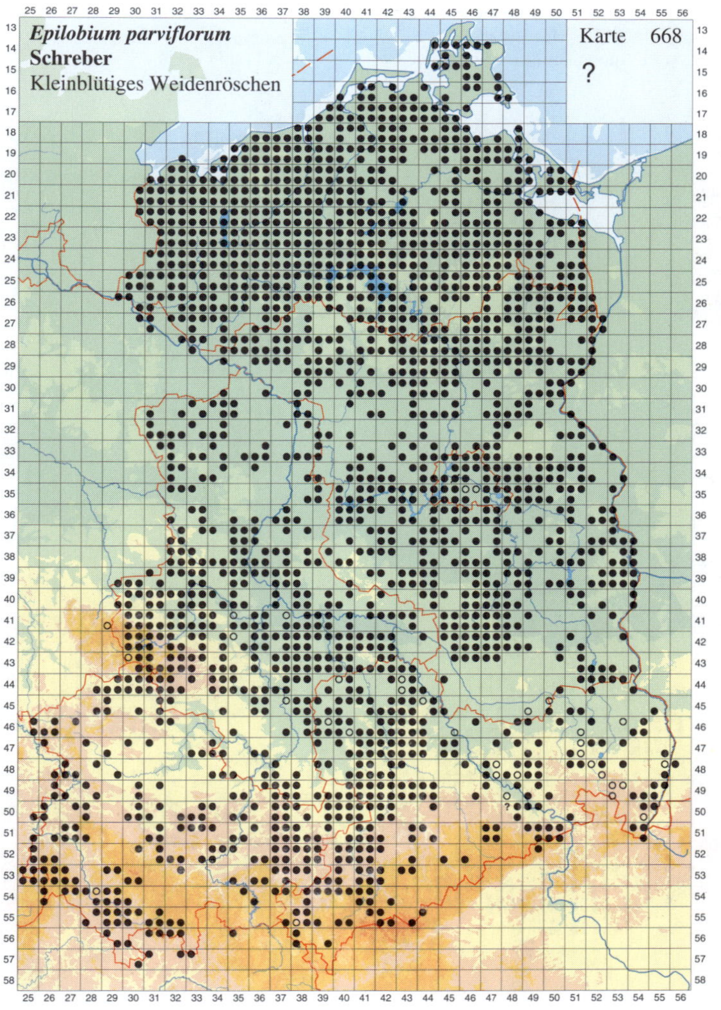
Epilobium parviflorum Schreber
Kleinblütiges Weidenröschen
Karte 668
?

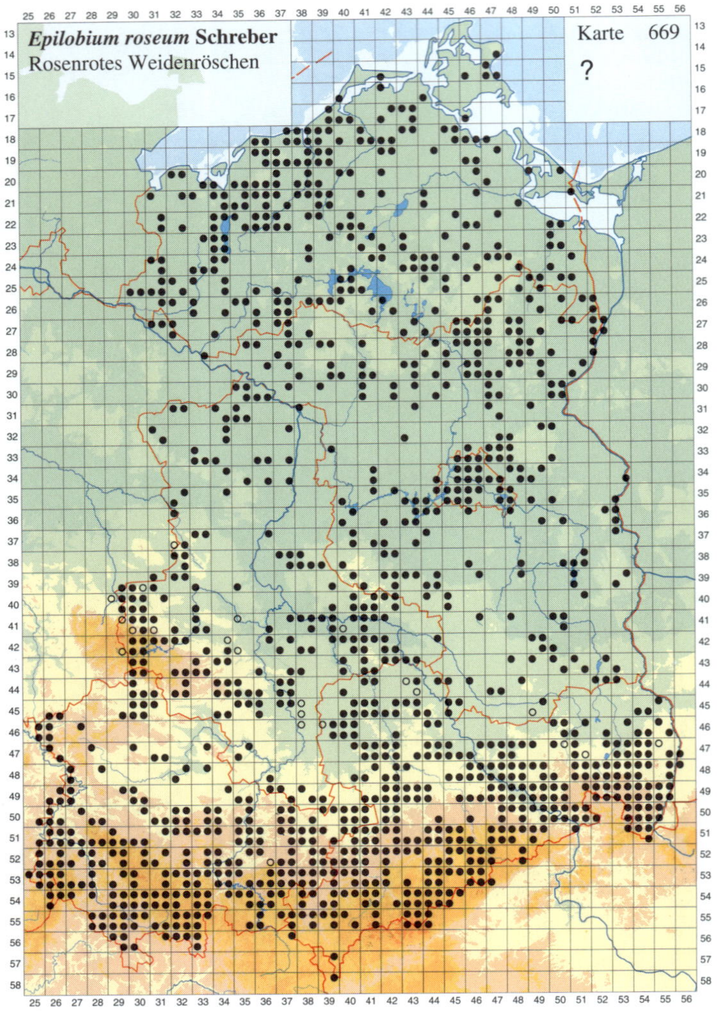
Epilobium roseum Schreber
Rosenrotes Weidenröschen
Karte 669
?

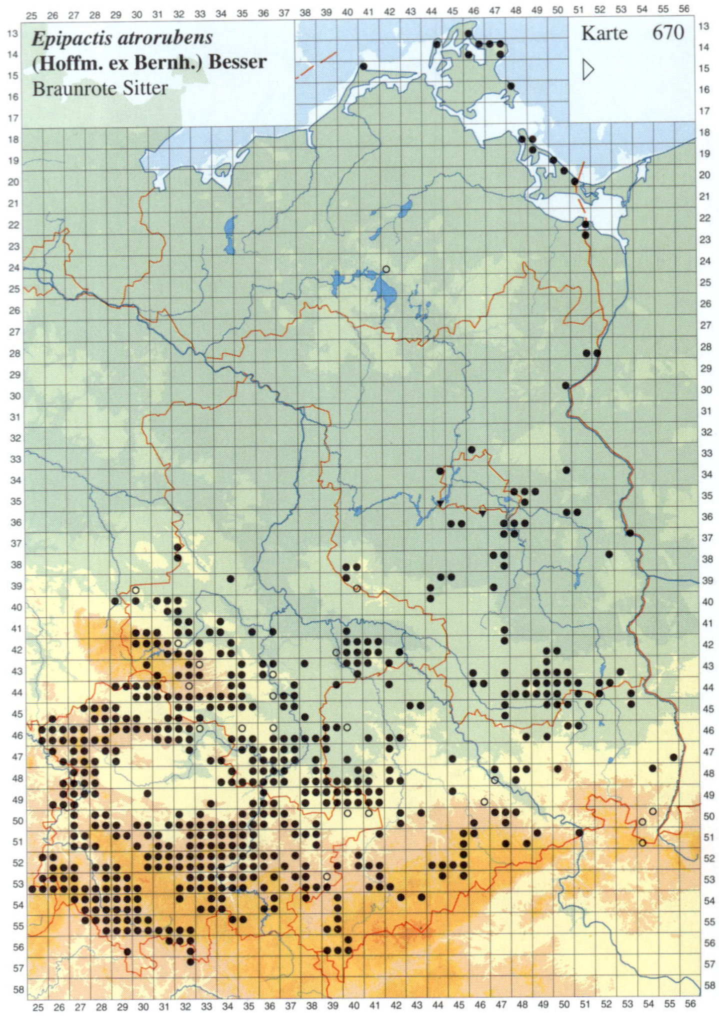
Epipactis atrorubens
(Hoffm. ex Bernh.) Besser
Braunrote Sitter
Karte 670

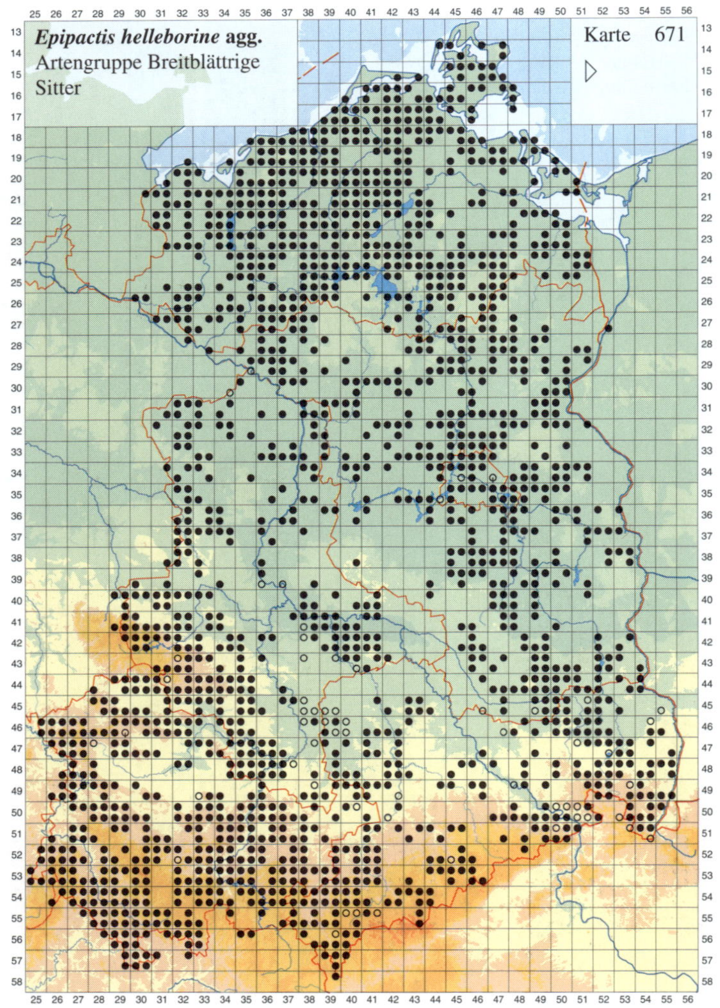
Epipactis helleborine agg.
Artengruppe Breitblättrige
Sitter
Karte 671

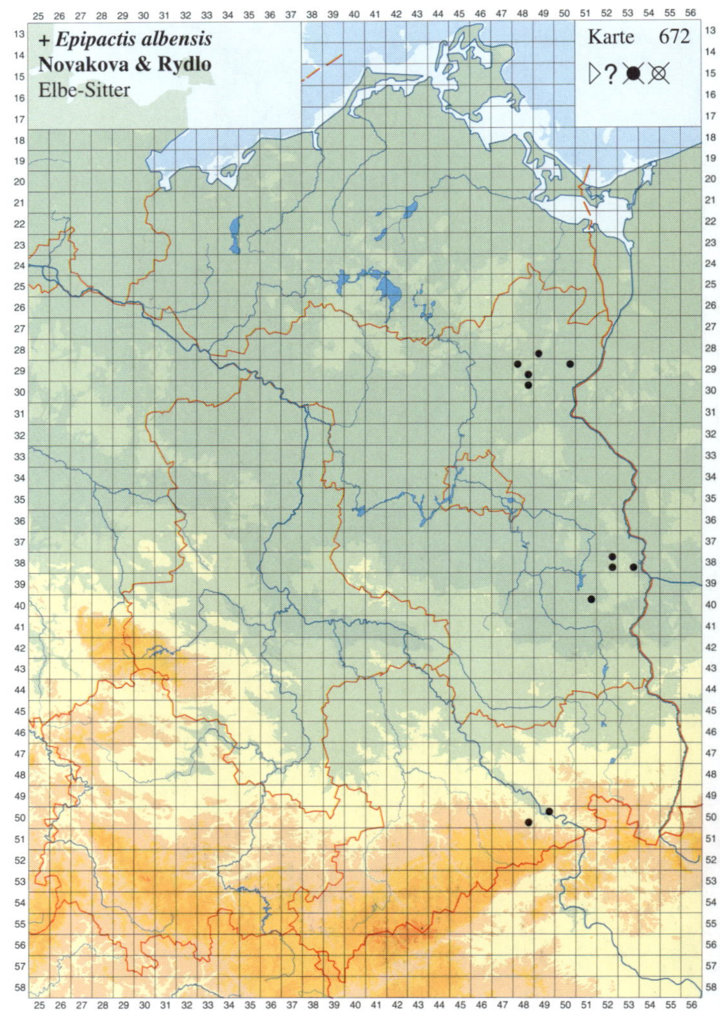
+ *Epipactis albensis*
Novakova & Rydlo
Elbe-Sitter
Karte 672
?

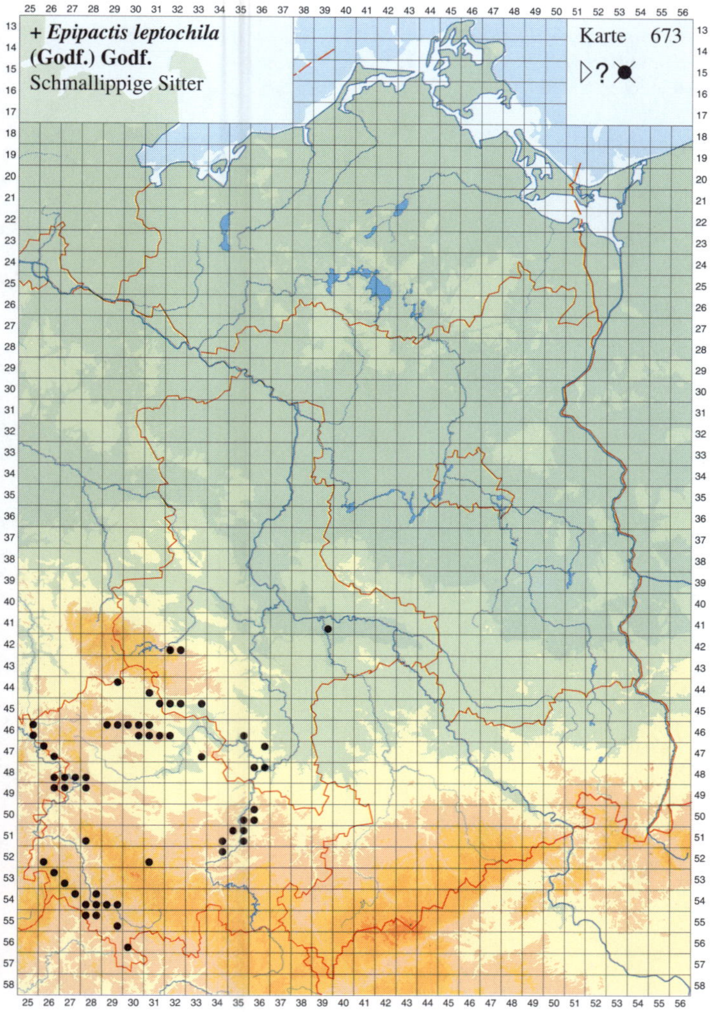
+ Epipactis leptochila
(Godf.) Godf.
Schmallippige Sitter
Karte 673
?

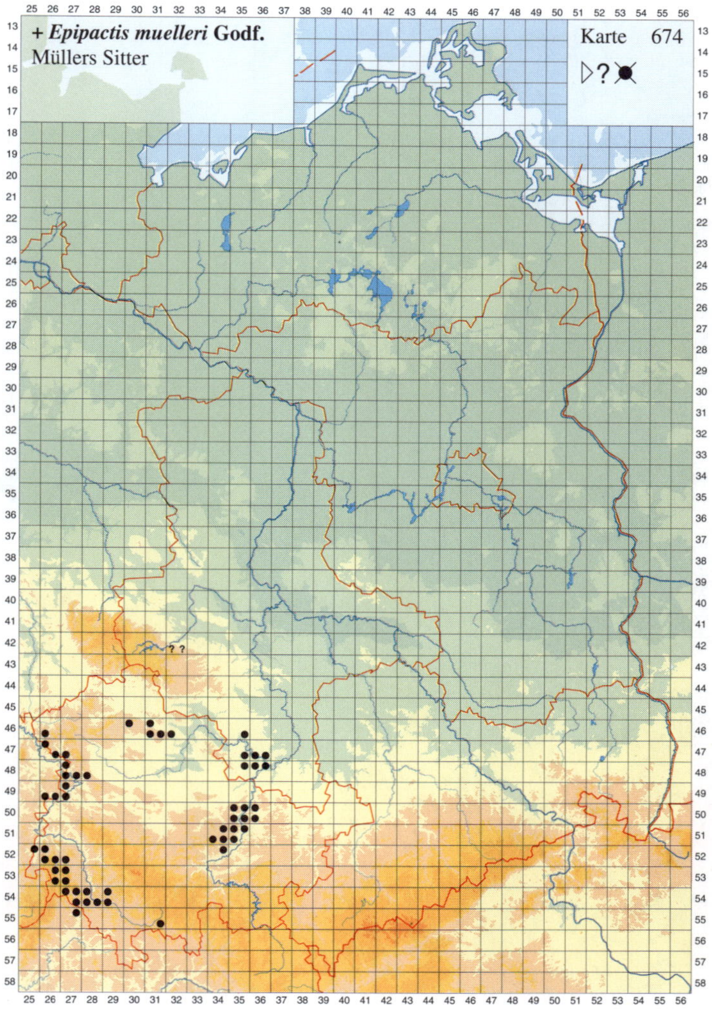
+ Epipactis muelleri Godf.
Müllers Sitter
Karte 674
?
? ?

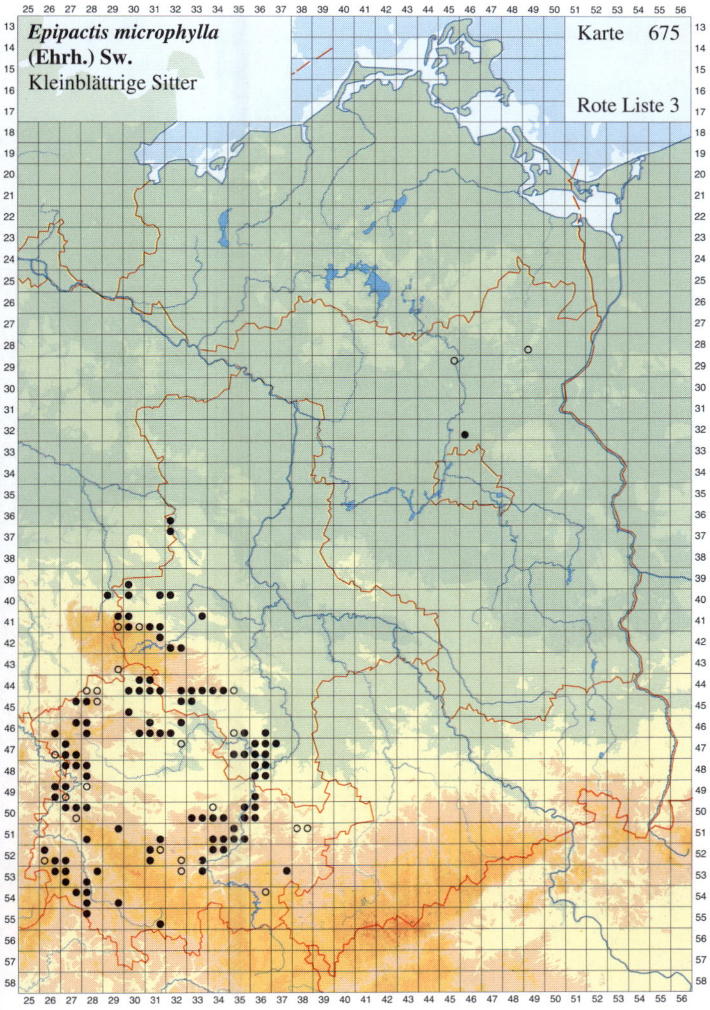
Epipactis microphylla
(Ehrh.) Sw.
Kleinblättrige Sitter
Karte 675
Rote Liste 3

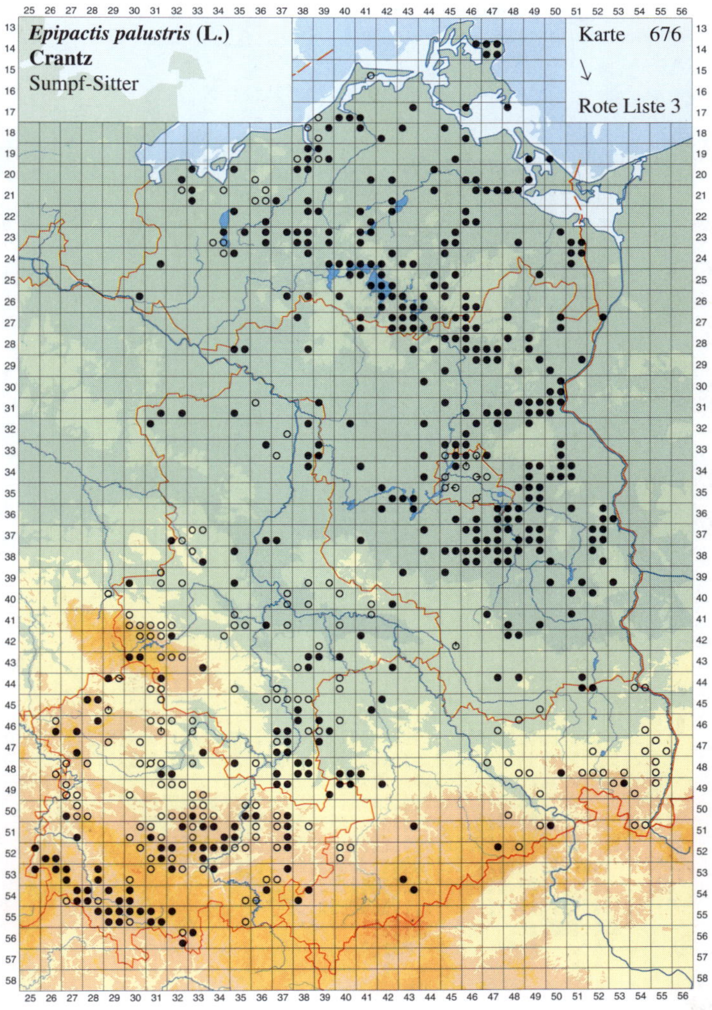
Epipactis palustris (L.)
Crantz
Sumpf-Sitter
Karte 676
↘
Rote Liste 3

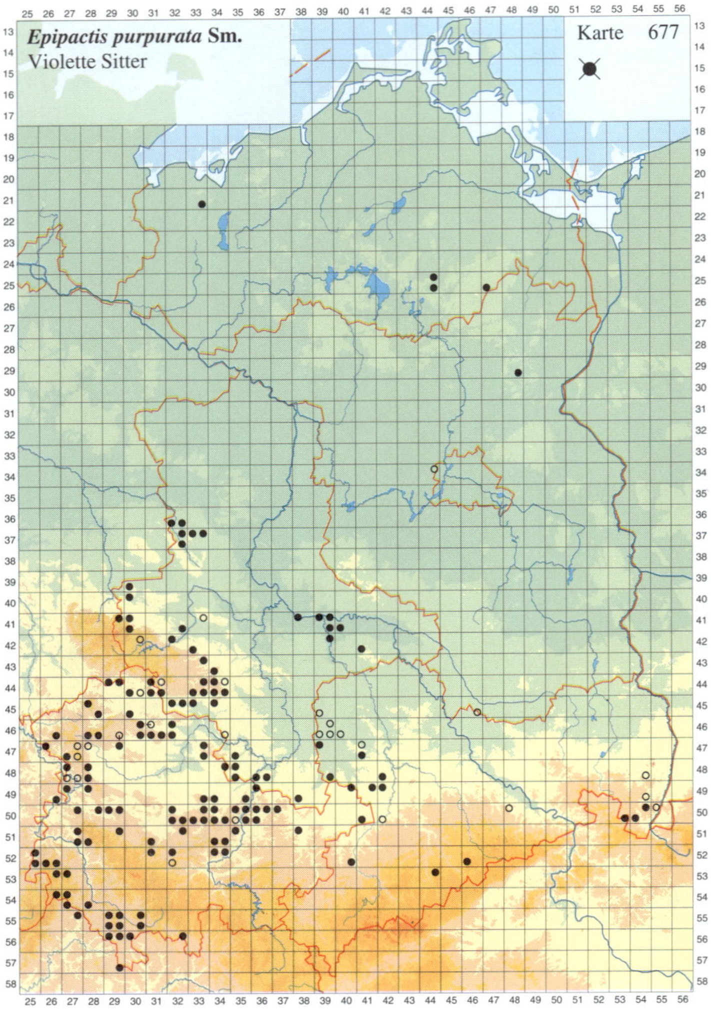
Epipactis purpurata Sm.
Violette Sitter
Karte 677

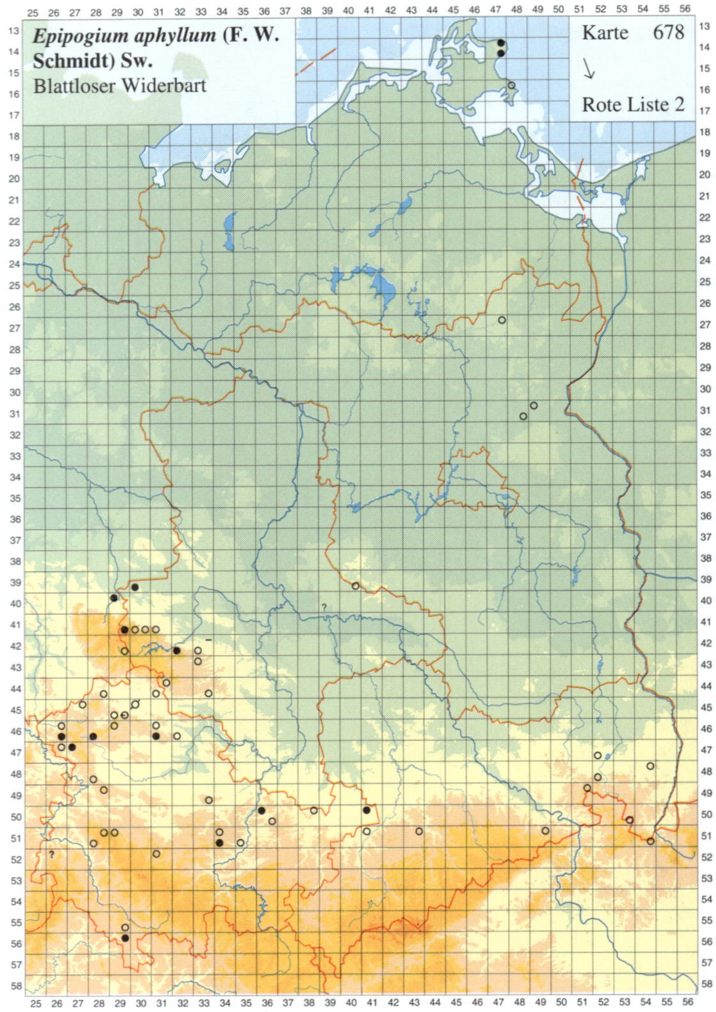
Epipogium aphyllum (F. W. Schmidt) Sw.
Blattloser Widerbart
Karte 678
Rote Liste 2

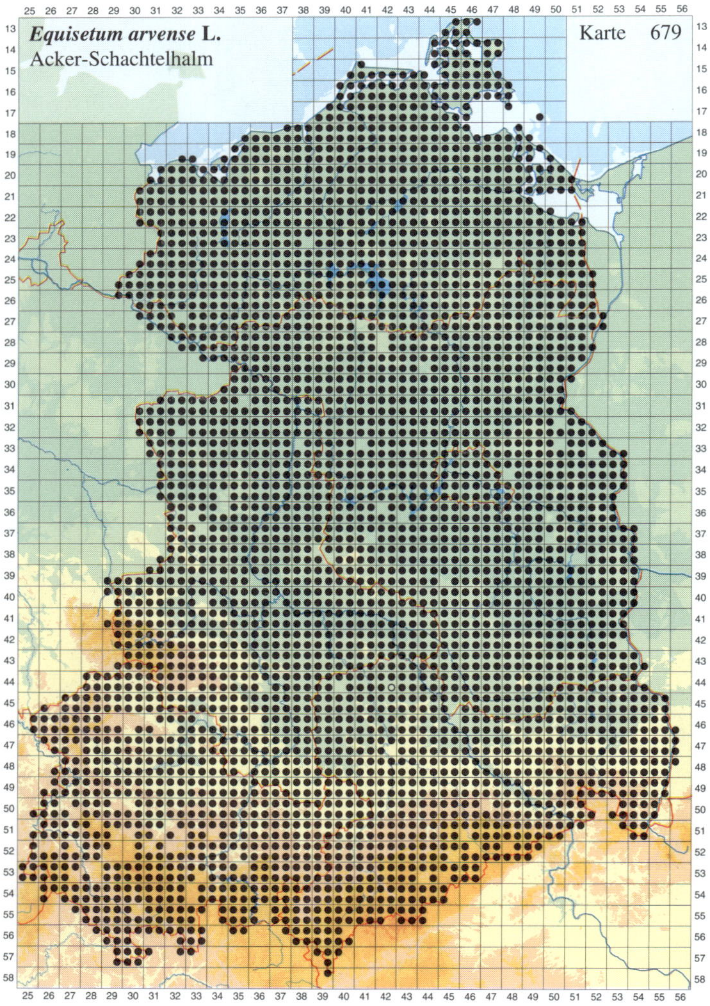
Equisetum arvense L.
Acker-Schachtelhalm
Karte 679

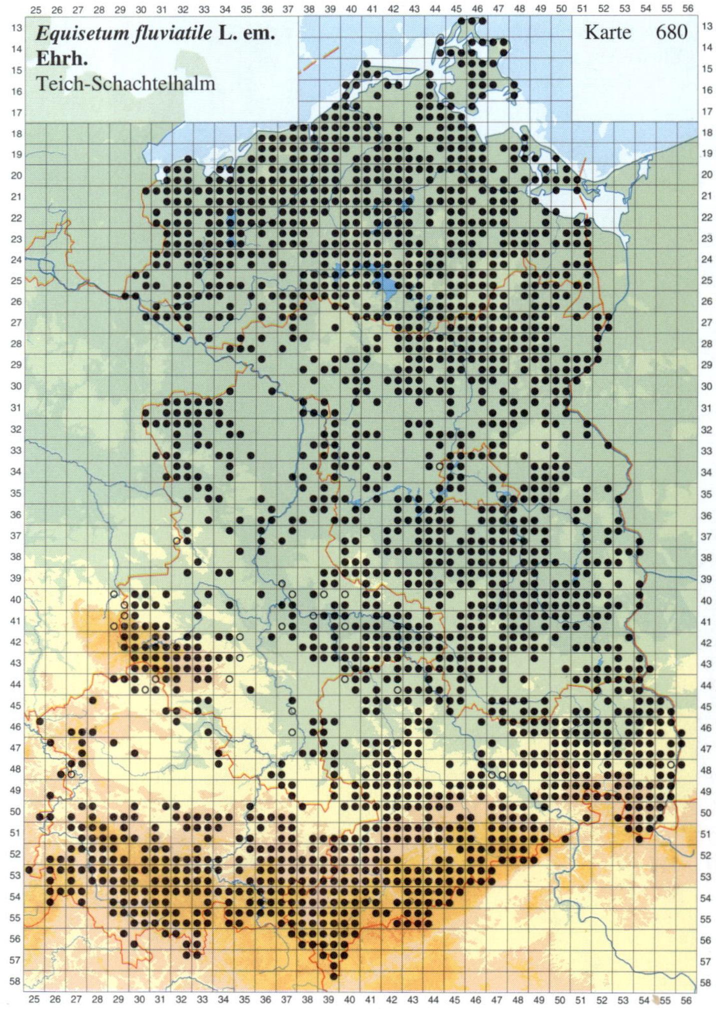
Equisetum fluviatile L. em. Ehrh.
Teich-Schachtelhalm
Karte 680

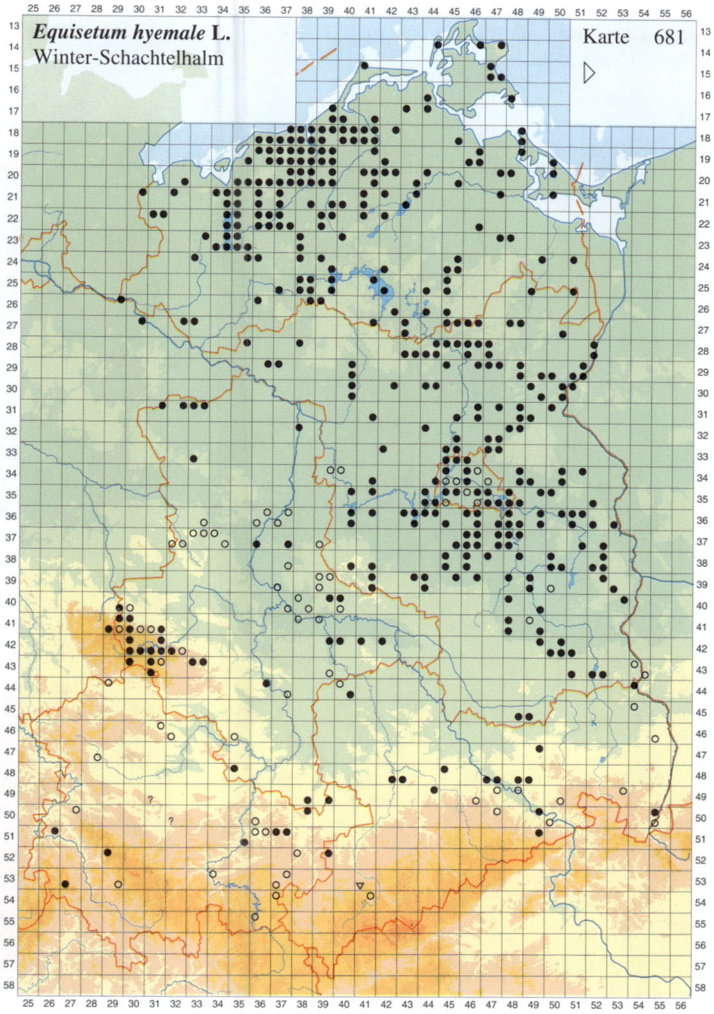
Equisetum hyemale L.
Winter-Schachtelhalm
Karte 681

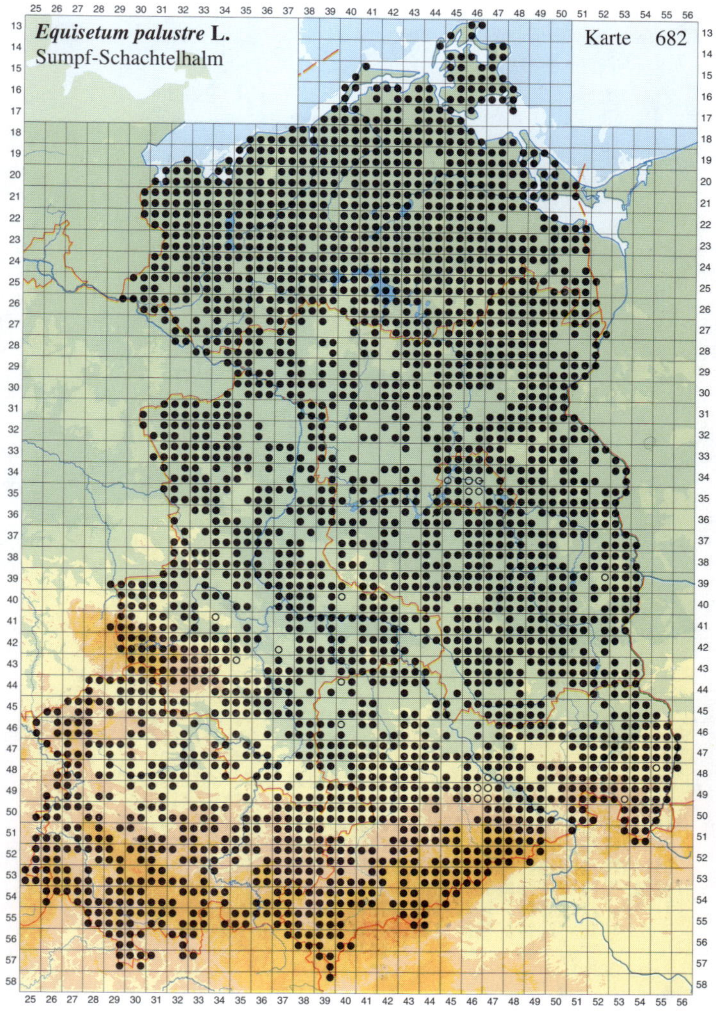
Equisetum palustre L.
Sumpf-Schachtelhalm
Karte 682

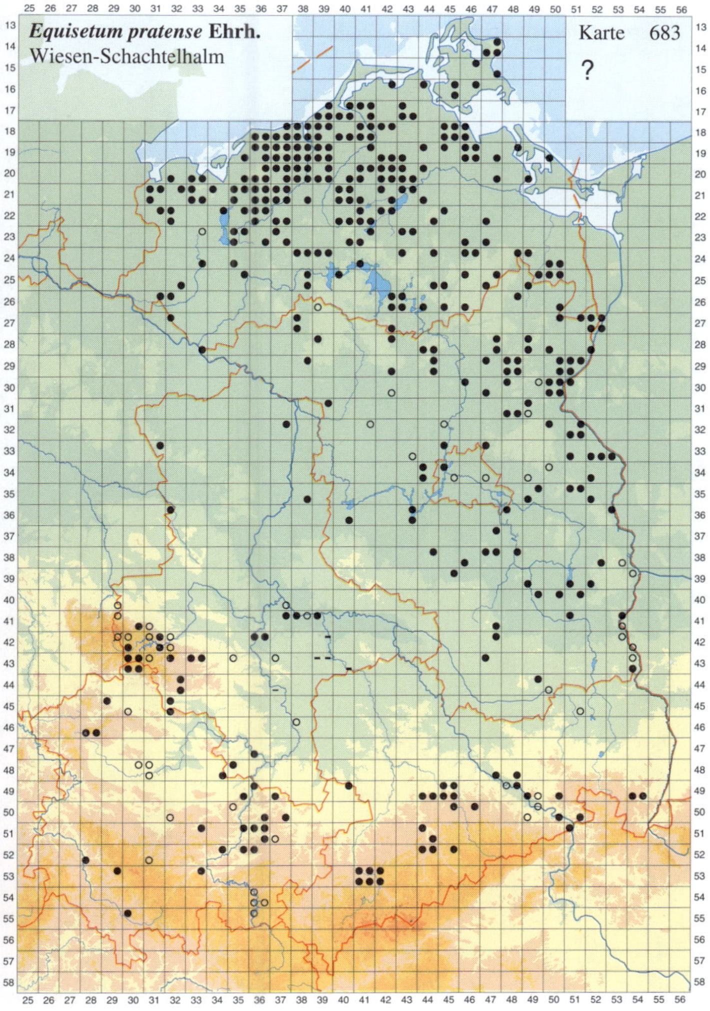
Equisetum pratense Ehrh.
Wiesen-Schachtelhalm
Karte 683
?

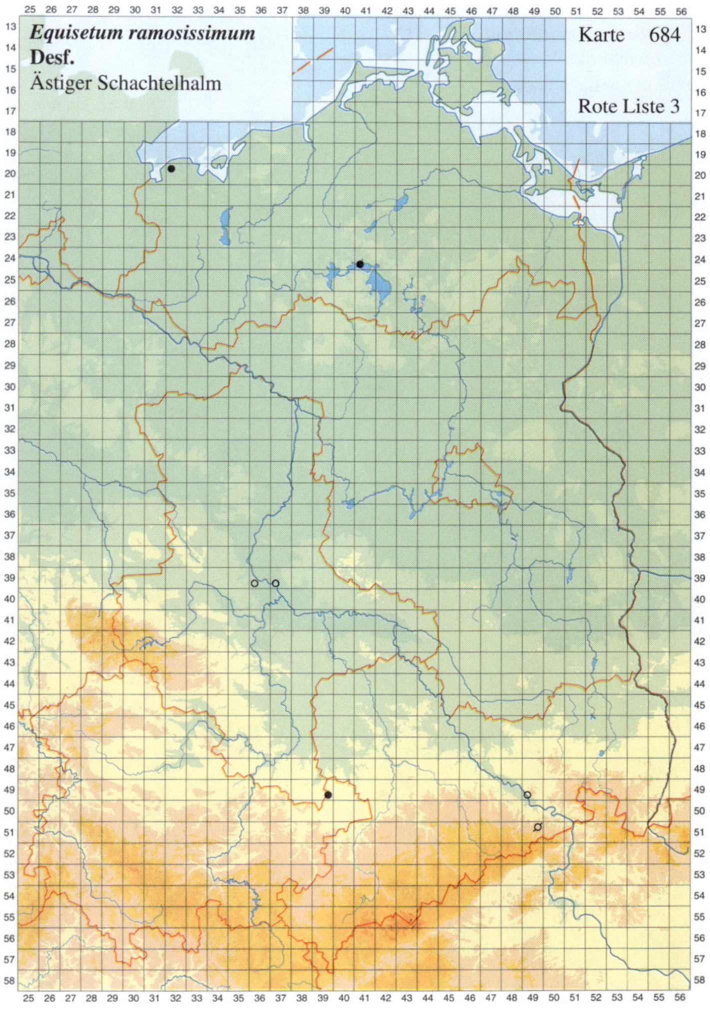
Equisetum ramosissimum Desf.
Ästiger Schachtelhalm
Karte 684
Rote Liste 3

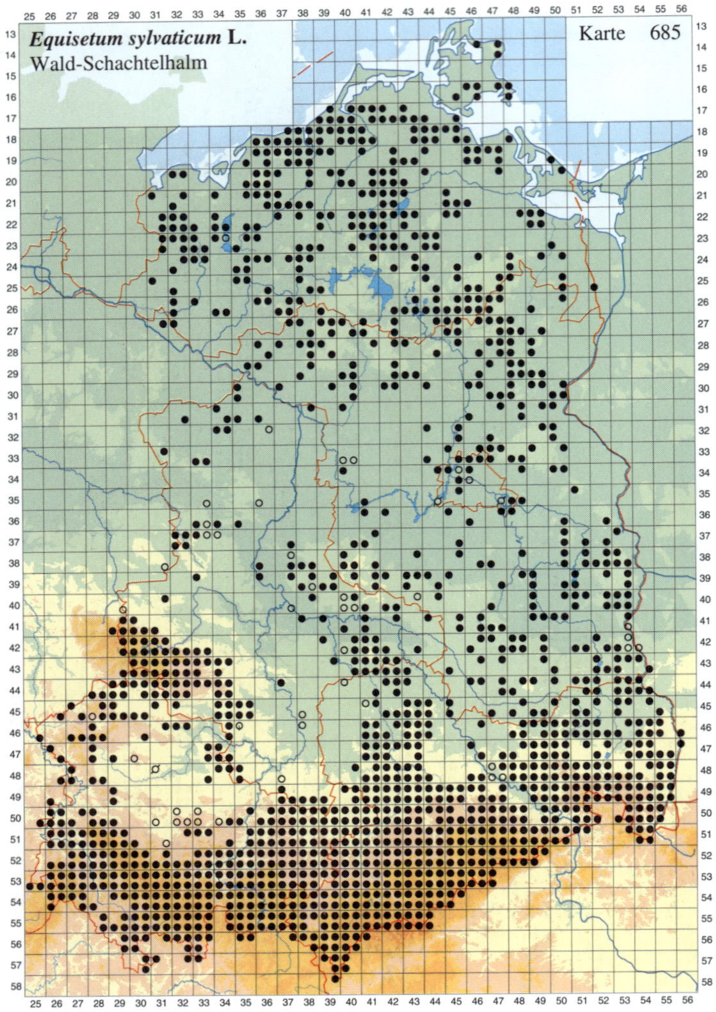
Equisetum sylvaticum **L.**
Wald-Schachtelhalm
Karte 685

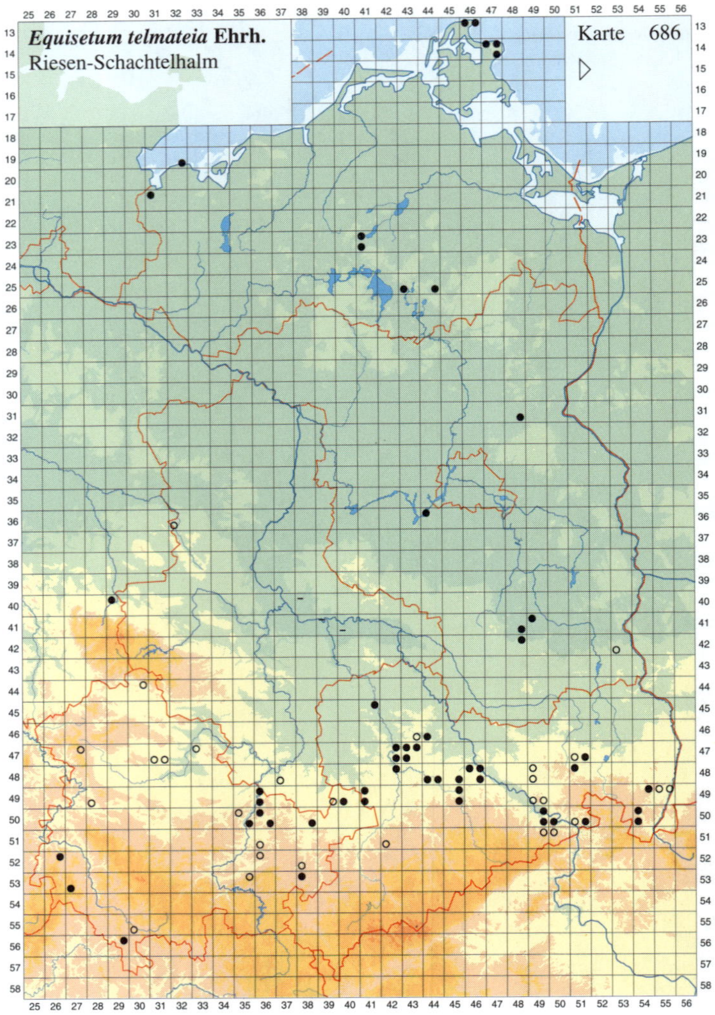
***Equisetum telmateia* Ehrh.**
Riesen-Schachtelhalm
Karte 686

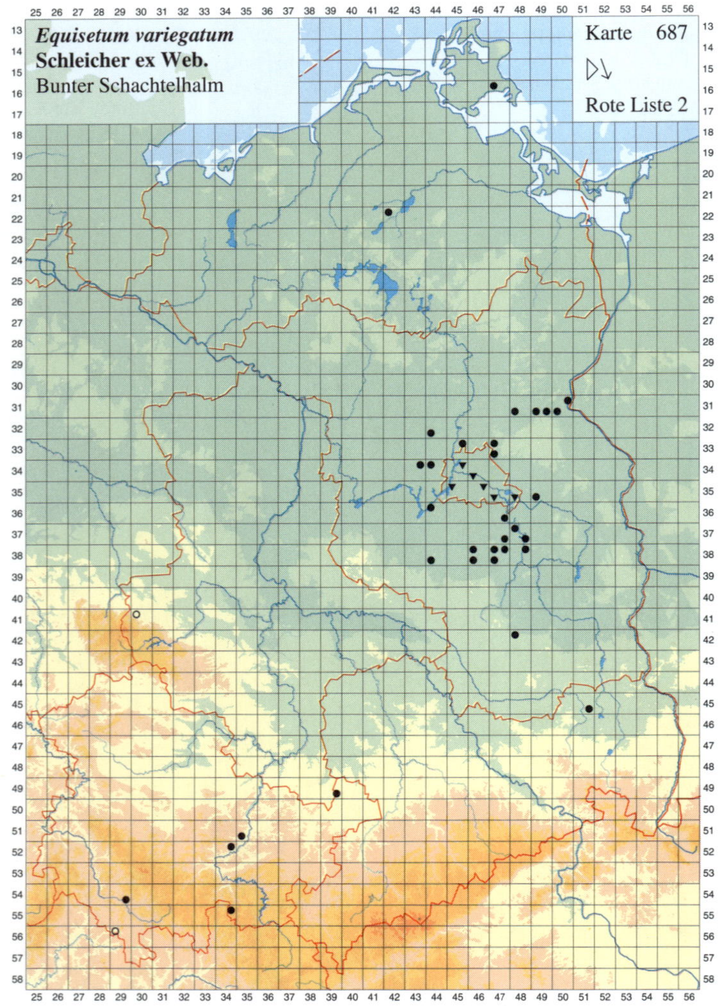
Equisetum variegatum
Schleicher ex Web.
Bunter Schachtelhalm
Karte 687
Rote Liste 2

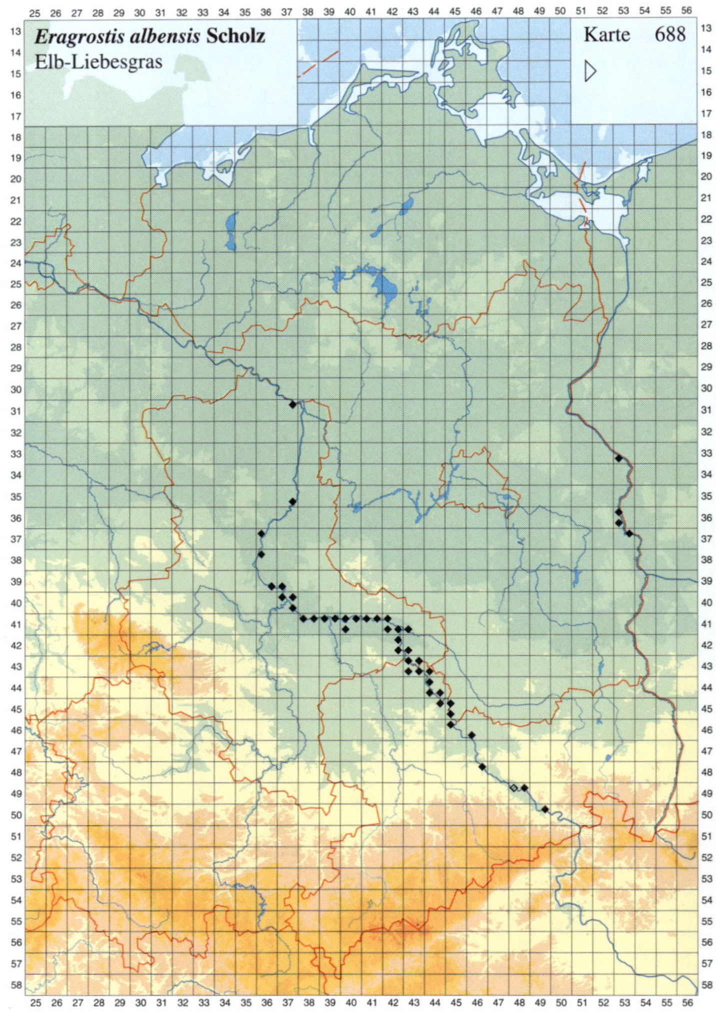
***Eragrostis albensis* Scholz**
Elb-Liebesgras
Karte 688

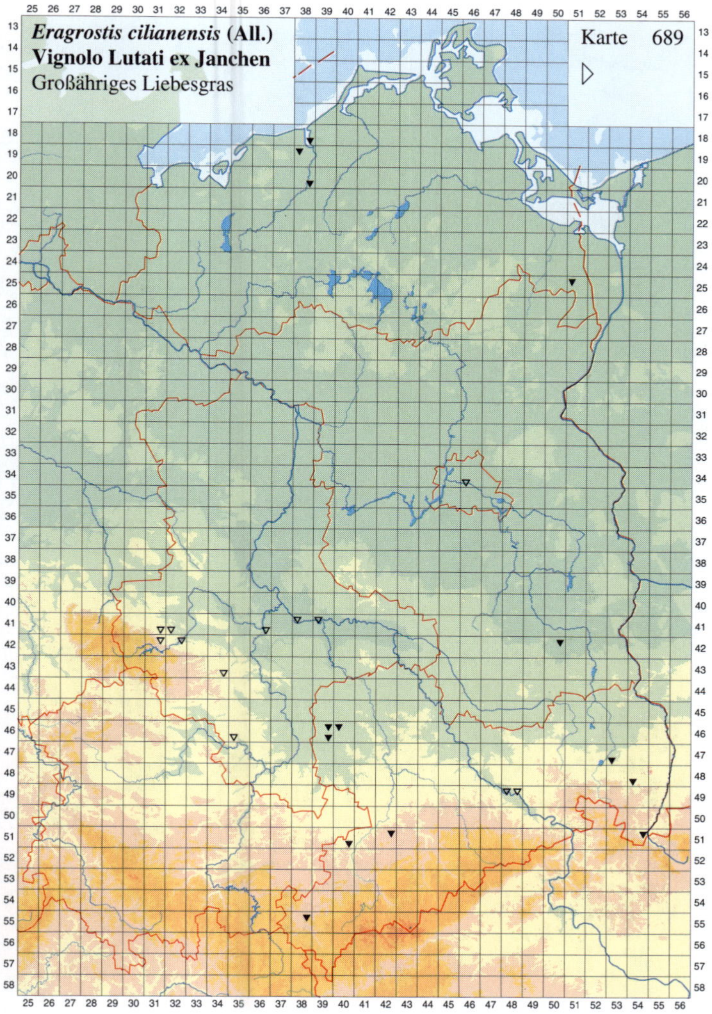
Eragrostis cilianensis (All.) Vignolo Lutati ex Janchen
Großähriges Liebesgras
Karte 689

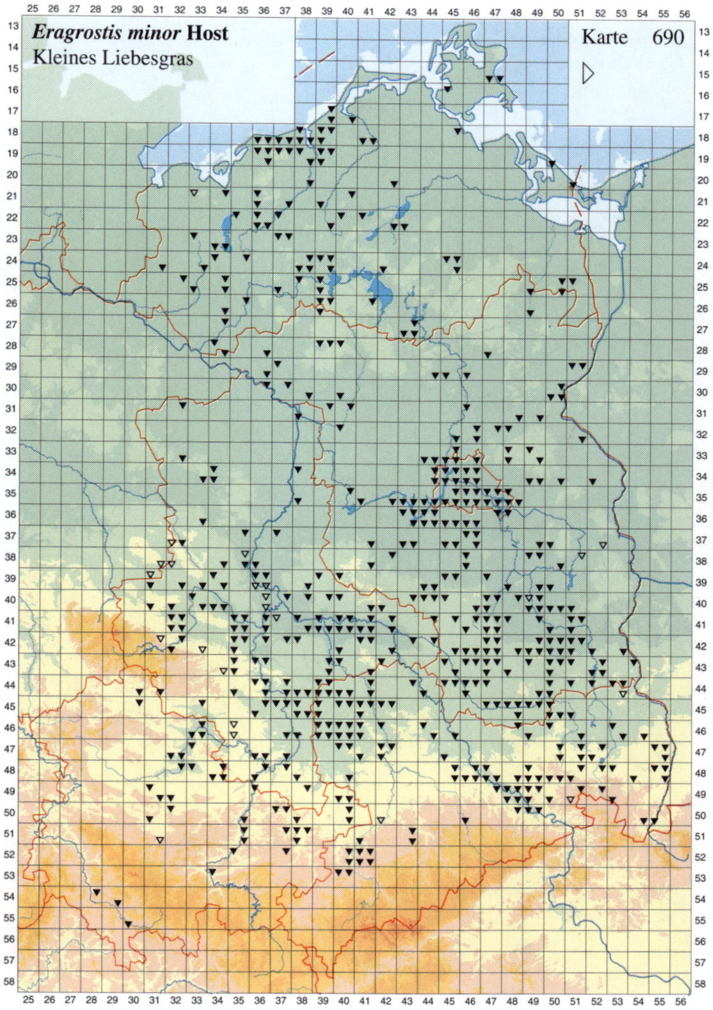
Eragrostis minor Host
Kleines Liebesgras
Karte 690

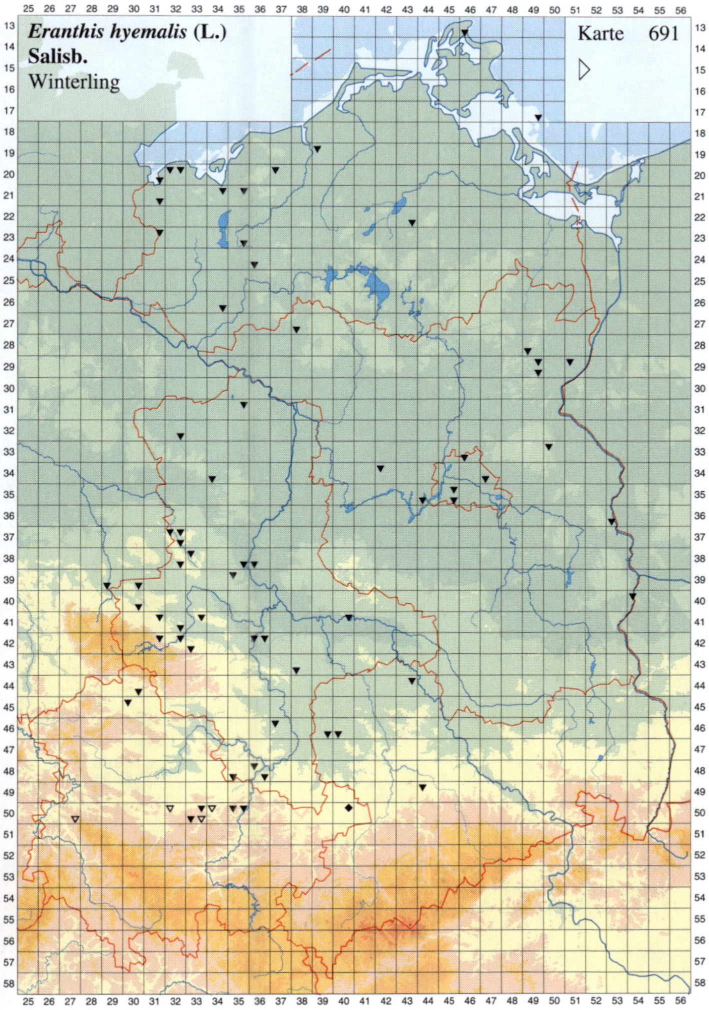
Eranthis hyemalis (L.) Salisb.
Winterling
Karte 691

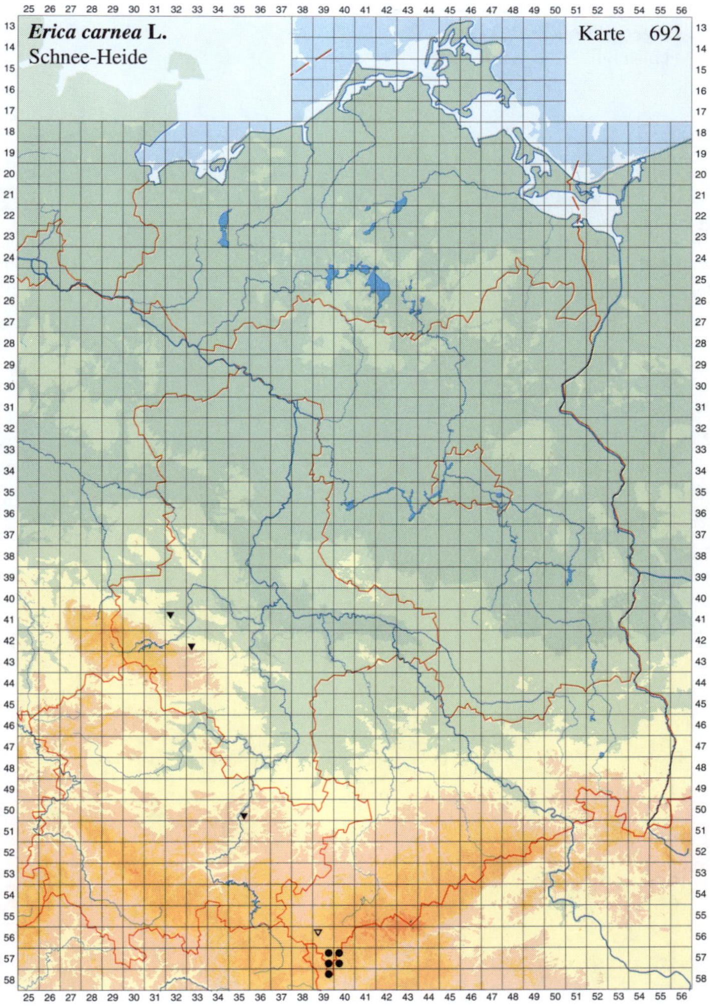
Erica carnea L.
Schnee-Heide
Karte 692

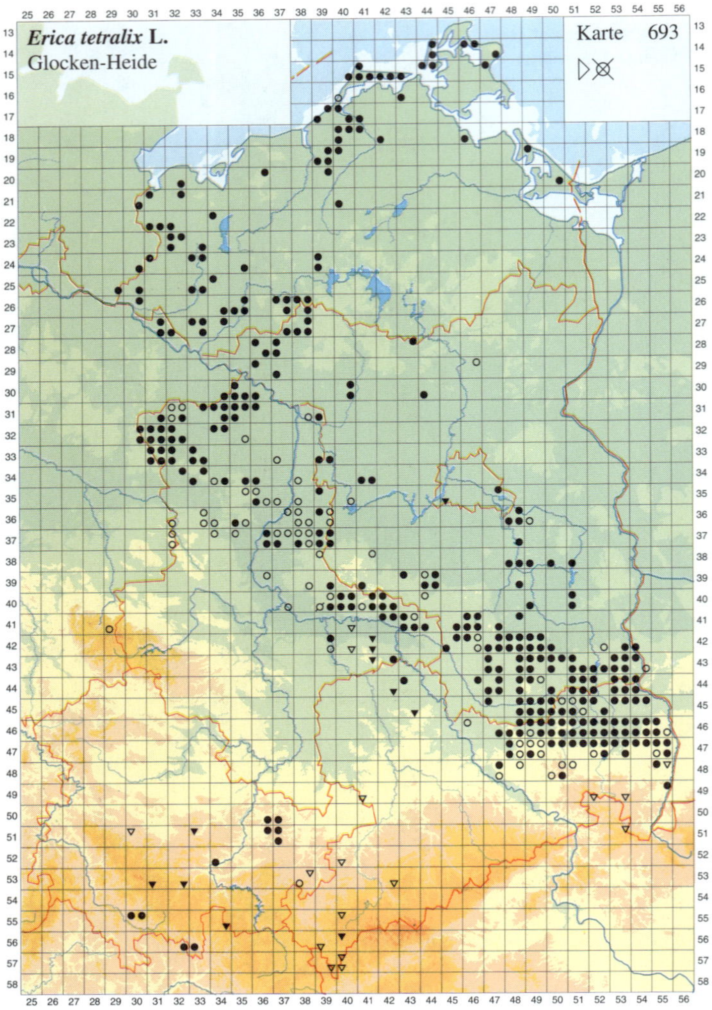
Erica tetralix L.
Glocken-Heide
Karte 693

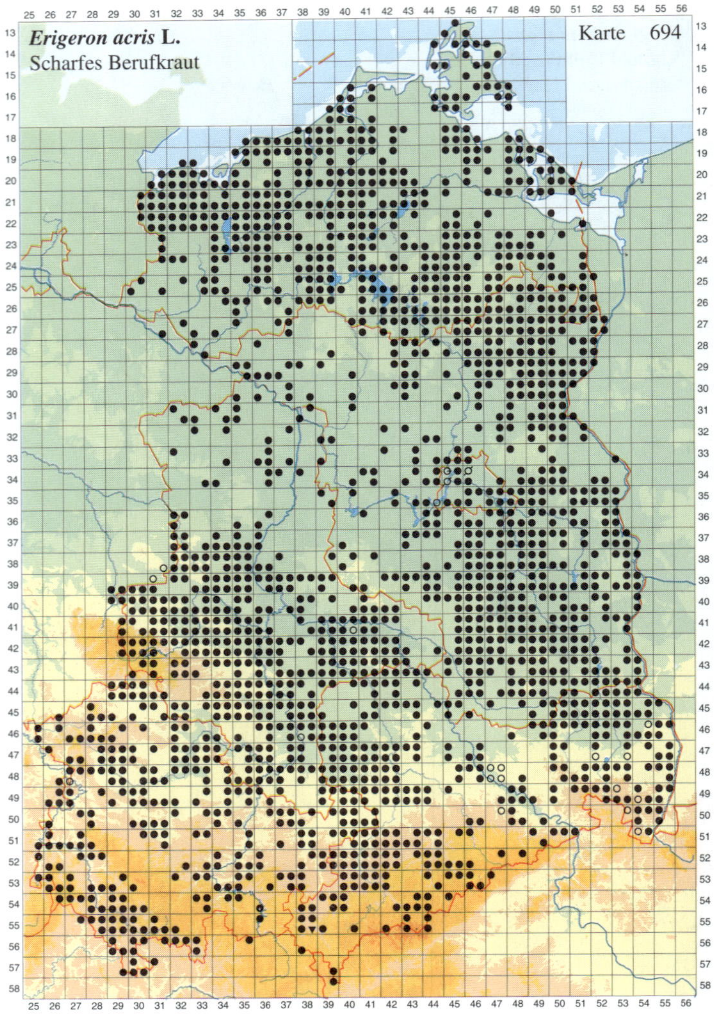
Erigeron acris L.
Scharfes Berufkraut
Karte 694

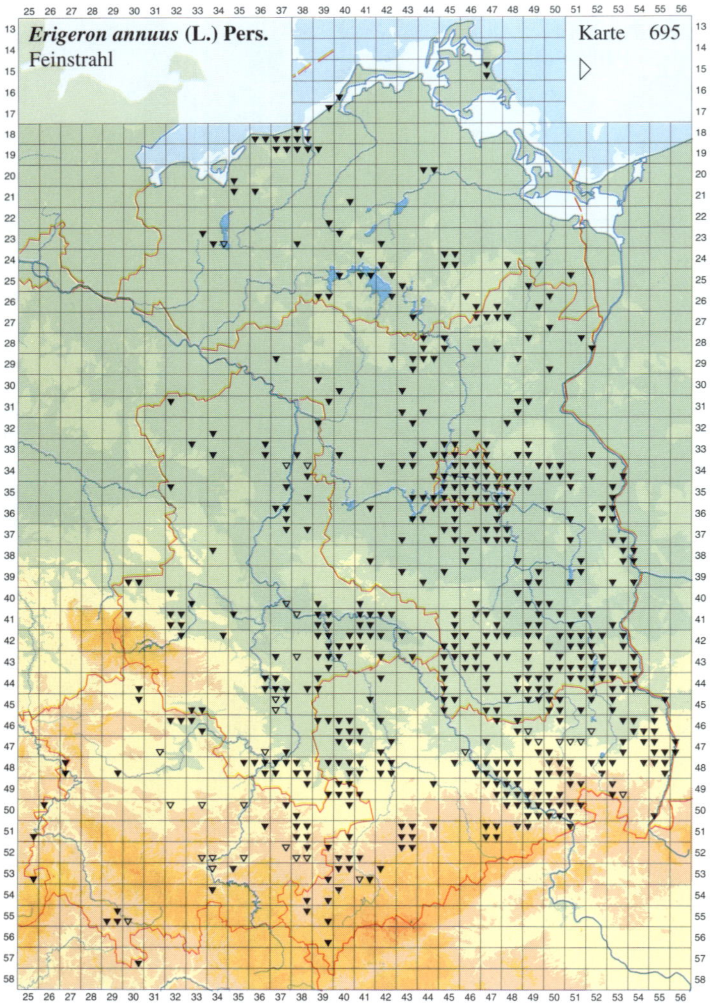
Erigeron annuus (L.) Pers.
Feinstrahl
Karte 695

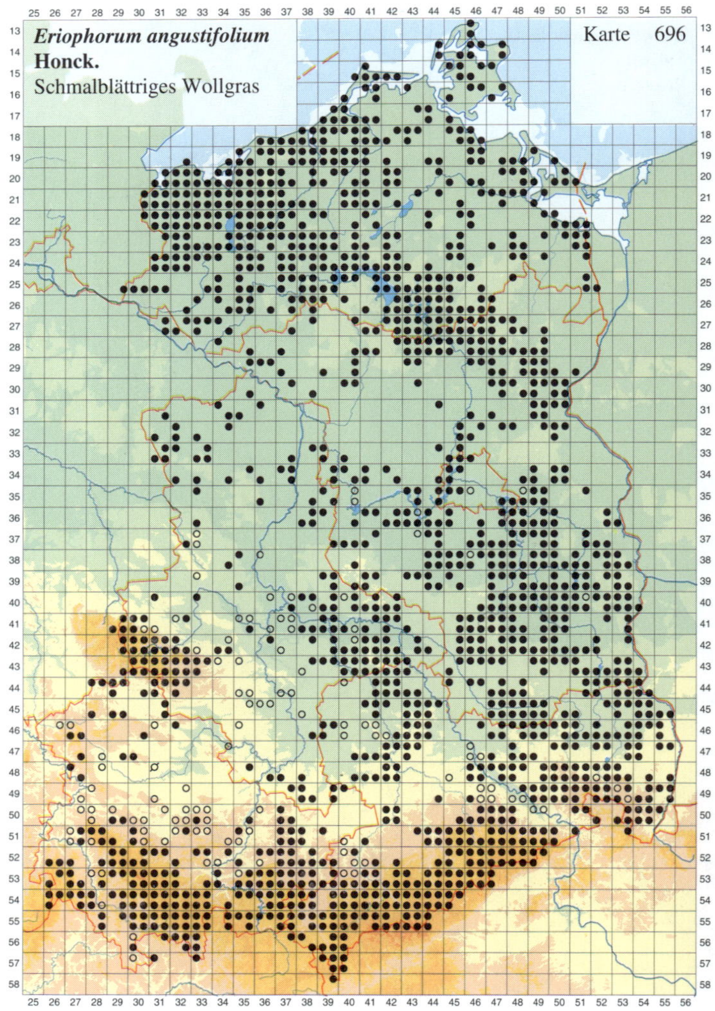
Eriophorum angustifolium Honck.
Schmalblättriges Wollgras
Karte 696

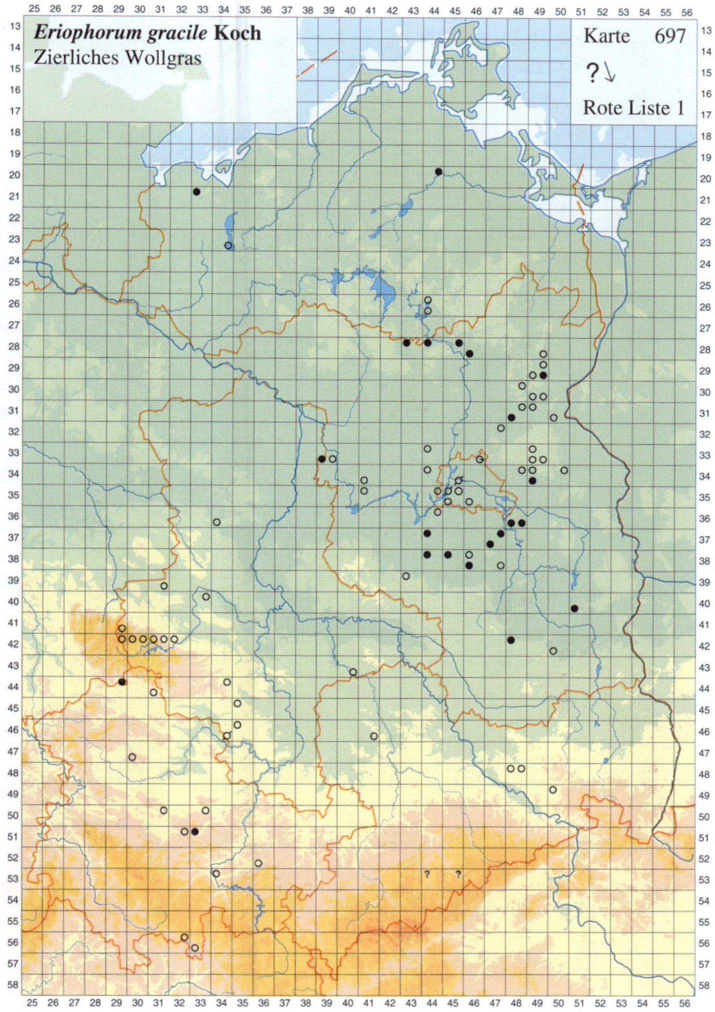
Eriophorum gracile Koch
Zierliches Wollgras
Karte 697
?↘
Rote Liste 1

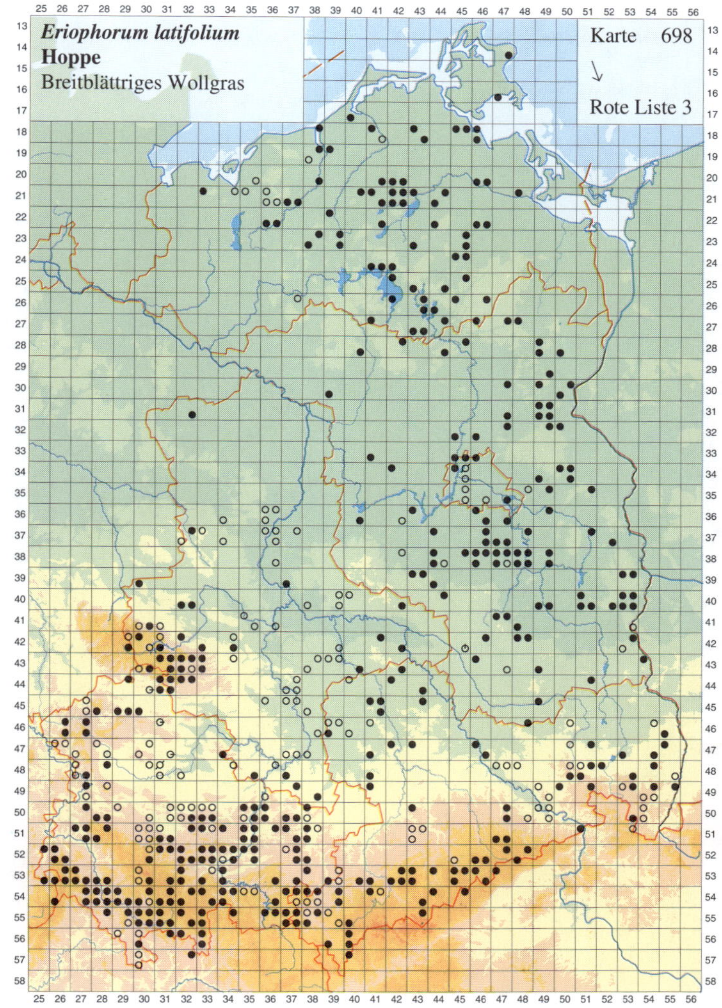
Eriophorum latifolium Hoppe
Breitblättriges Wollgras
Karte 698
↘
Rote Liste 3

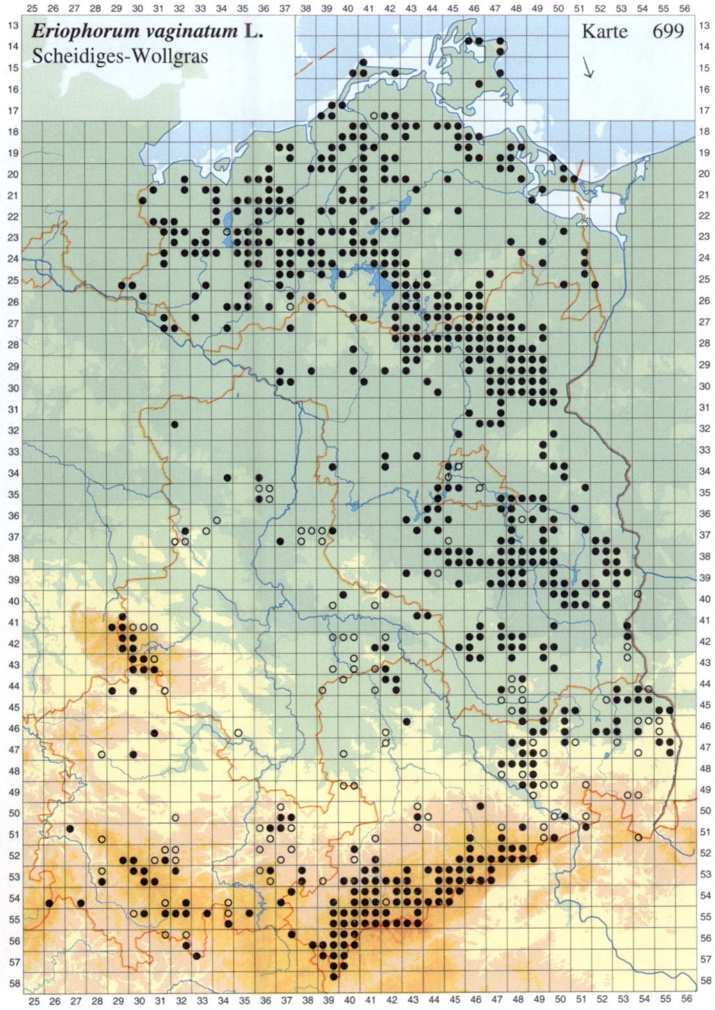
Eriophorum vaginatum L.
Scheidiges-Wollgras
Karte 699
↘

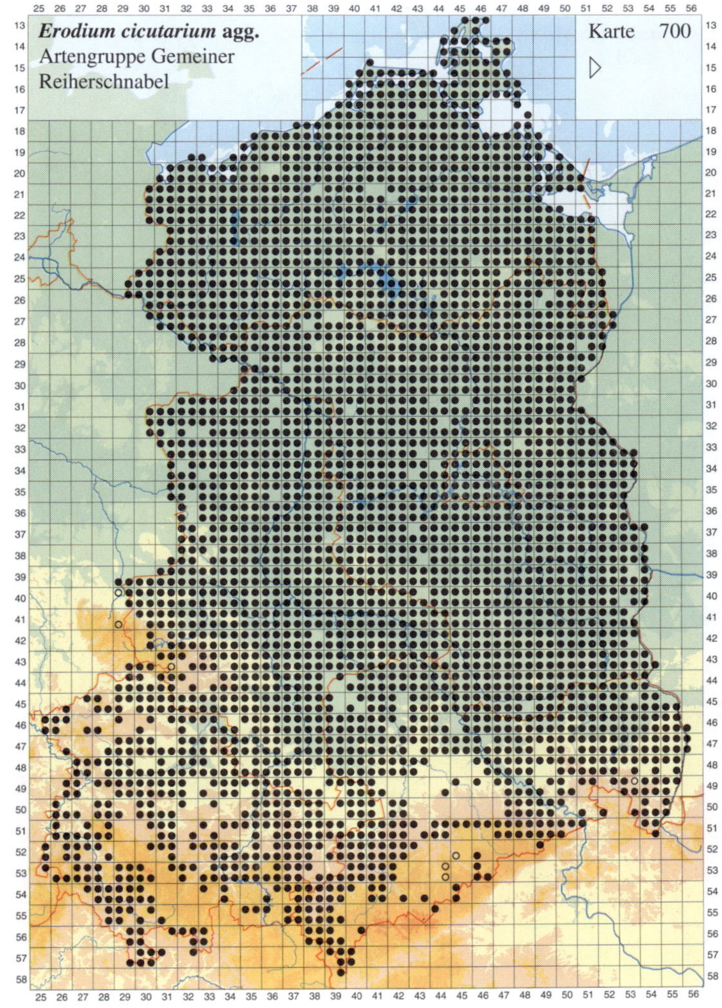
Erodium cicutarium agg.
Artengruppe Gemeiner Reiherschnabel
Karte 700

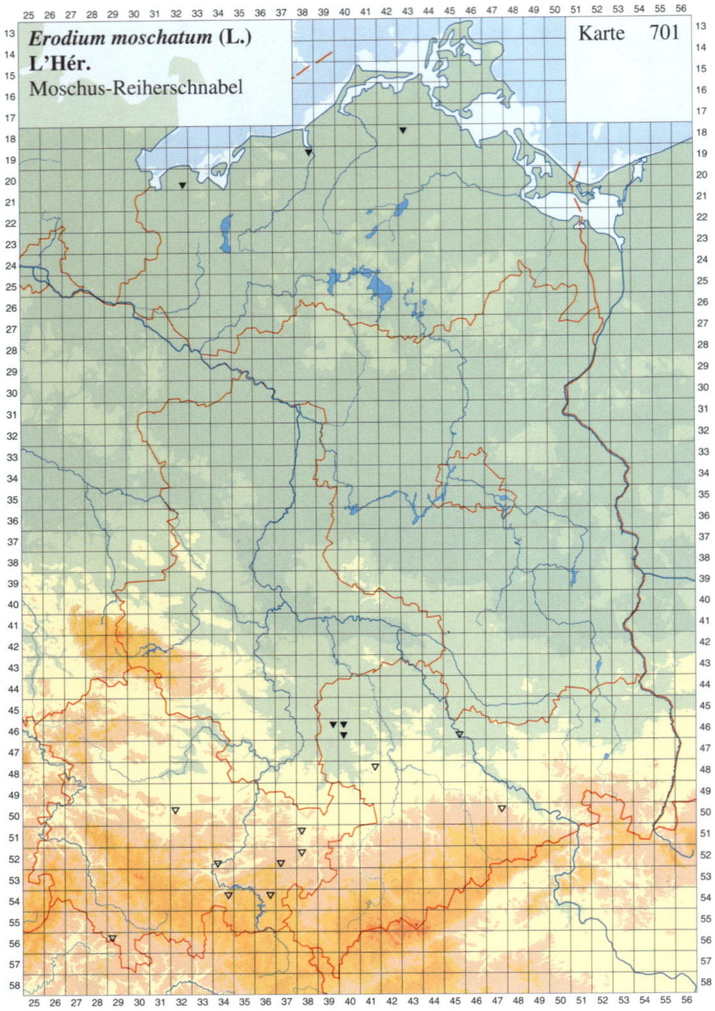
Erodium moschatum (L.) L'Hér.
Moschus-Reiherschnabel
Karte 701

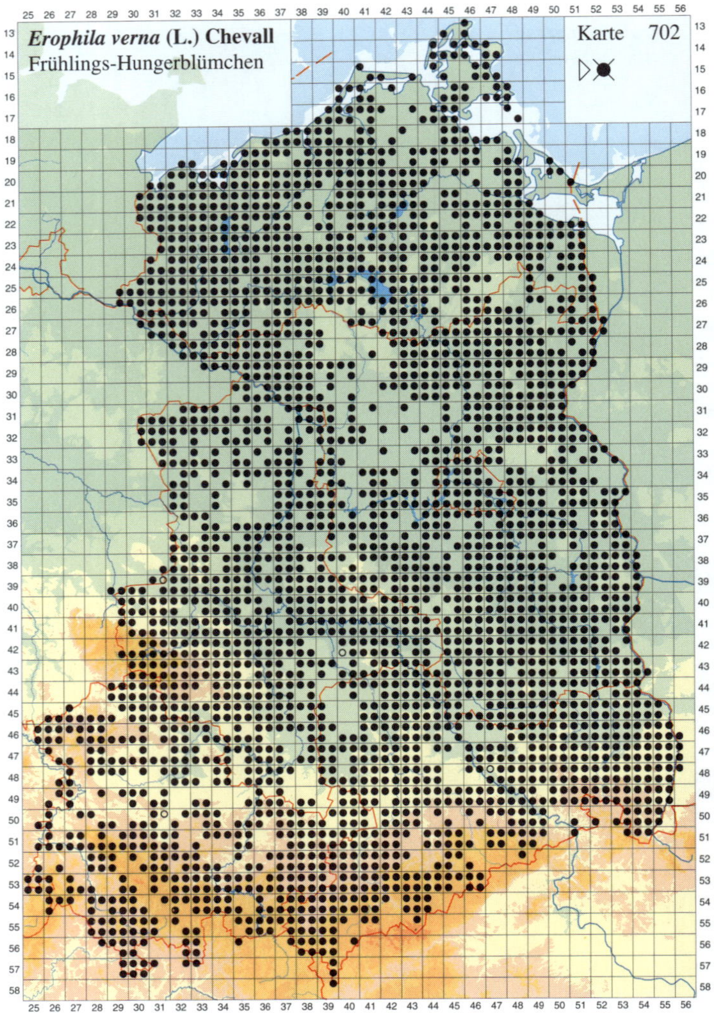
Erophila verna (L.) Chevall
Frühlings-Hungerblümchen
Karte 702

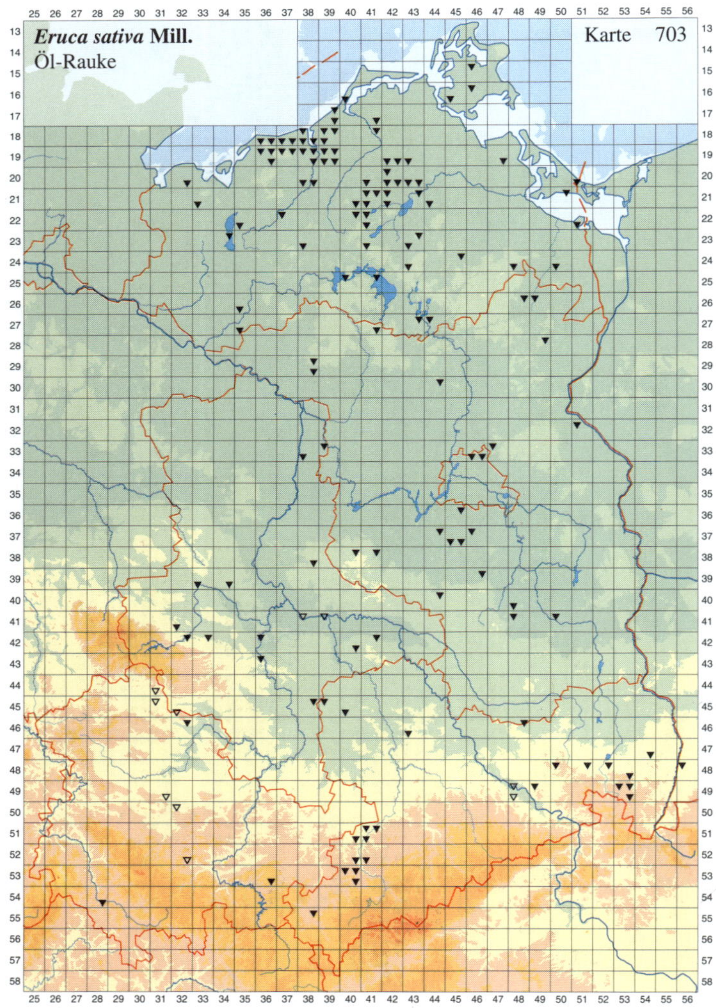
Eruca sativa Mill.
Öl-Rauke
Karte 703

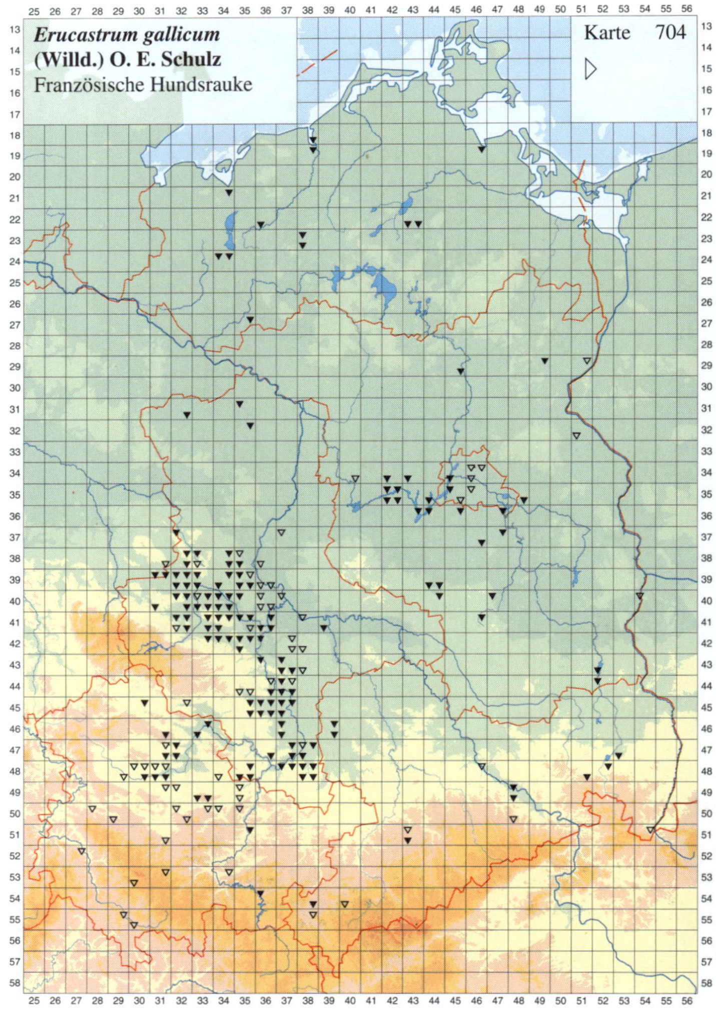
Erucastrum gallicum (Willd.) O. E. Schulz
Französische Hundsrauke
Karte 704

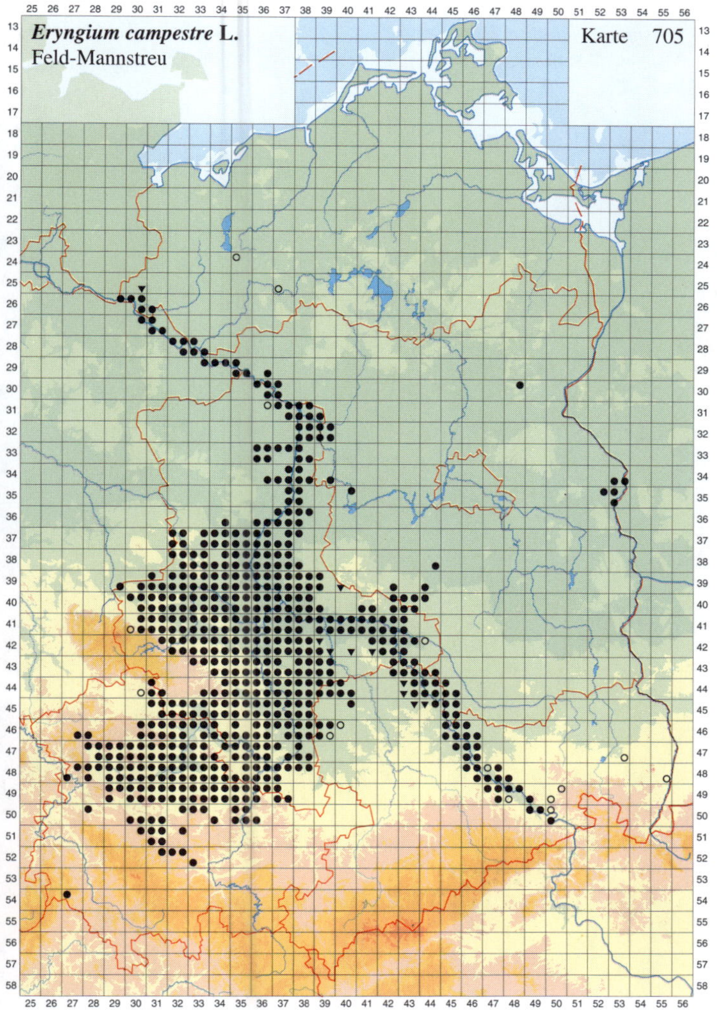

Eryngium campestre L.
Feld-Mannstreu
Karte 705

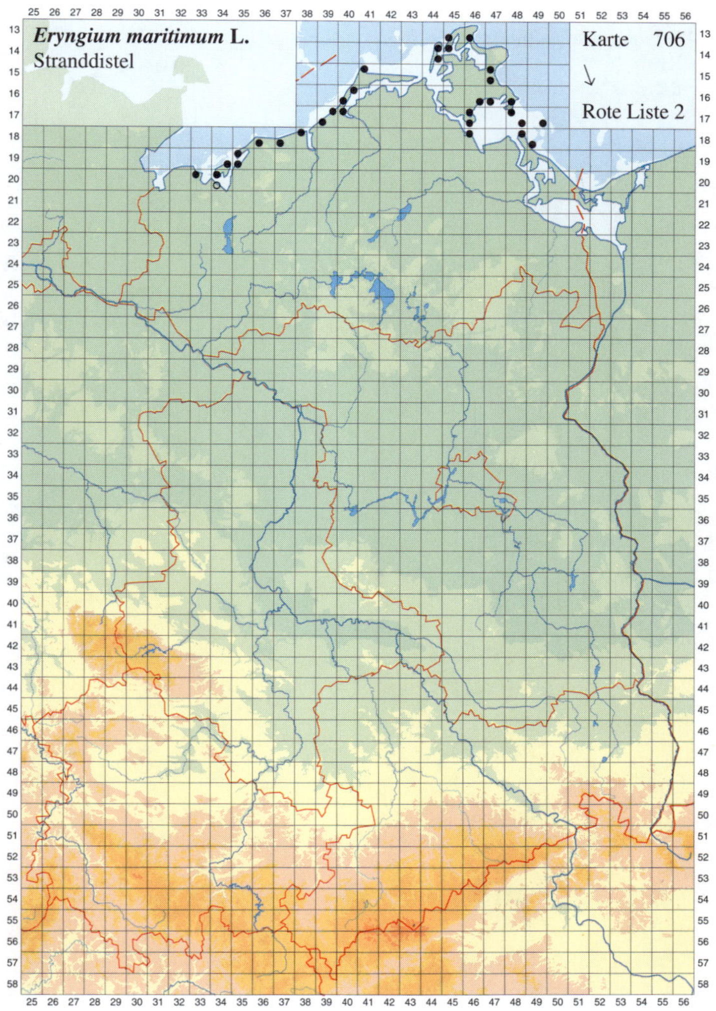

Eryngium maritimum L.
Stranddistel
Karte 706
Rote Liste 2

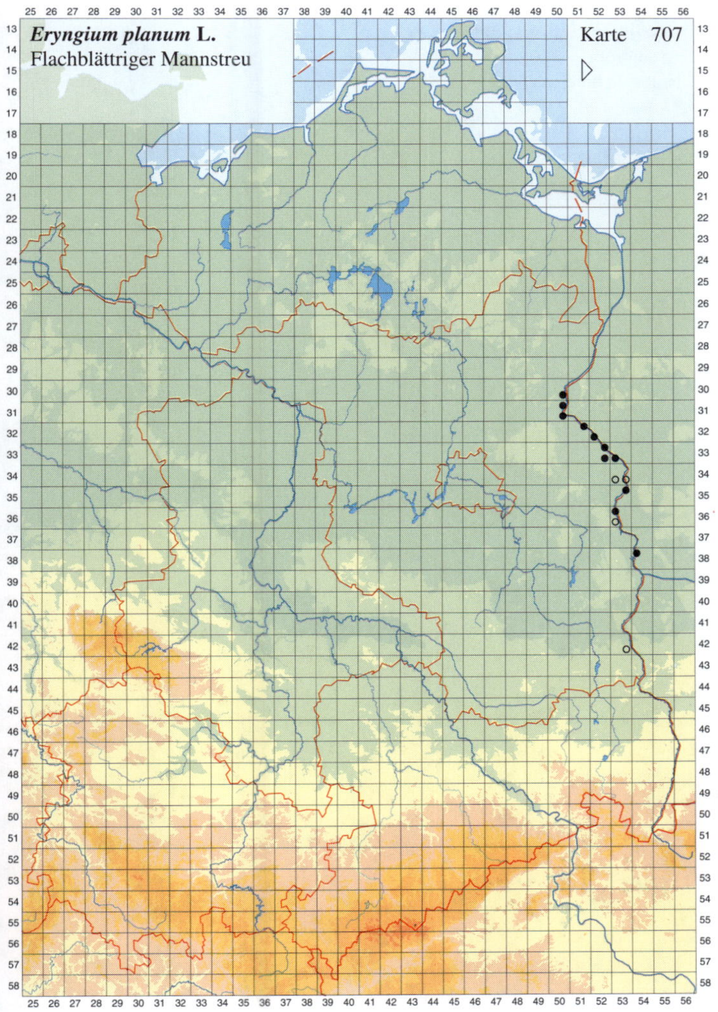

Eryngium planum L.
Flachblättriger Mannstreu
Karte 707

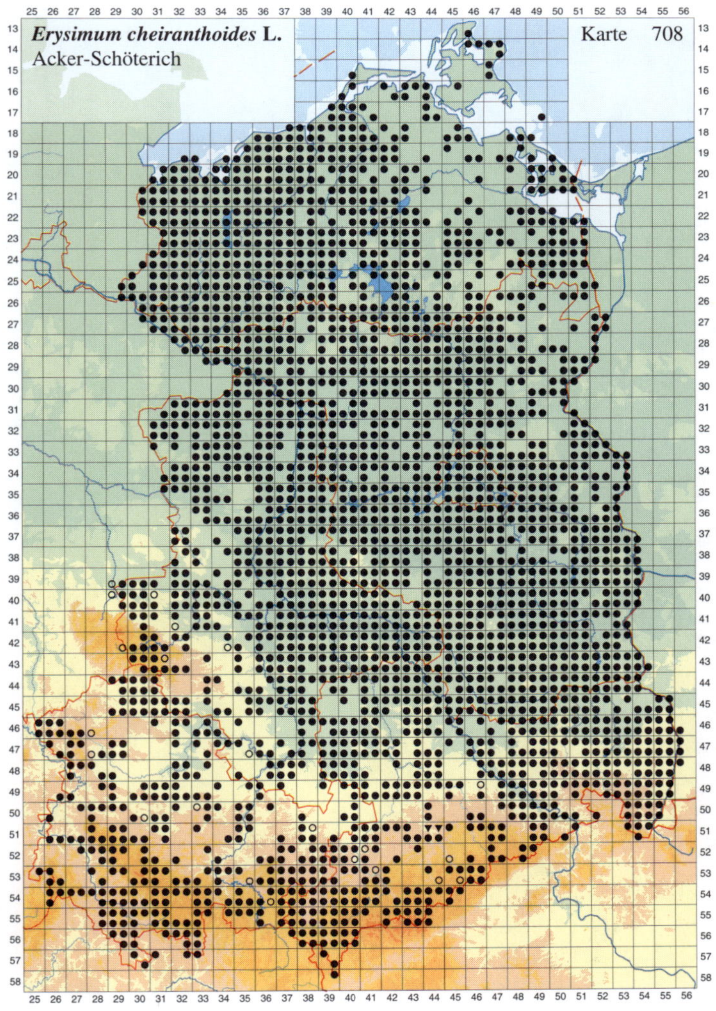

Erysimum cheiranthoides L.
Acker-Schöterich
Karte 708

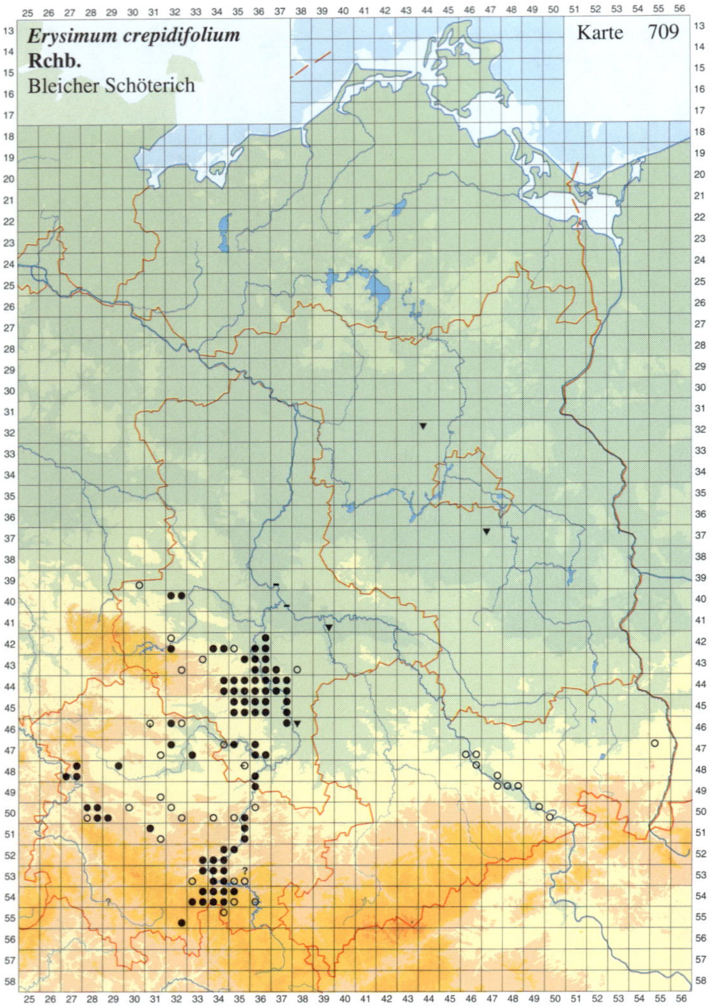
Erysimum crepidifolium **Rchb.**
Bleicher Schöterich
Karte 709

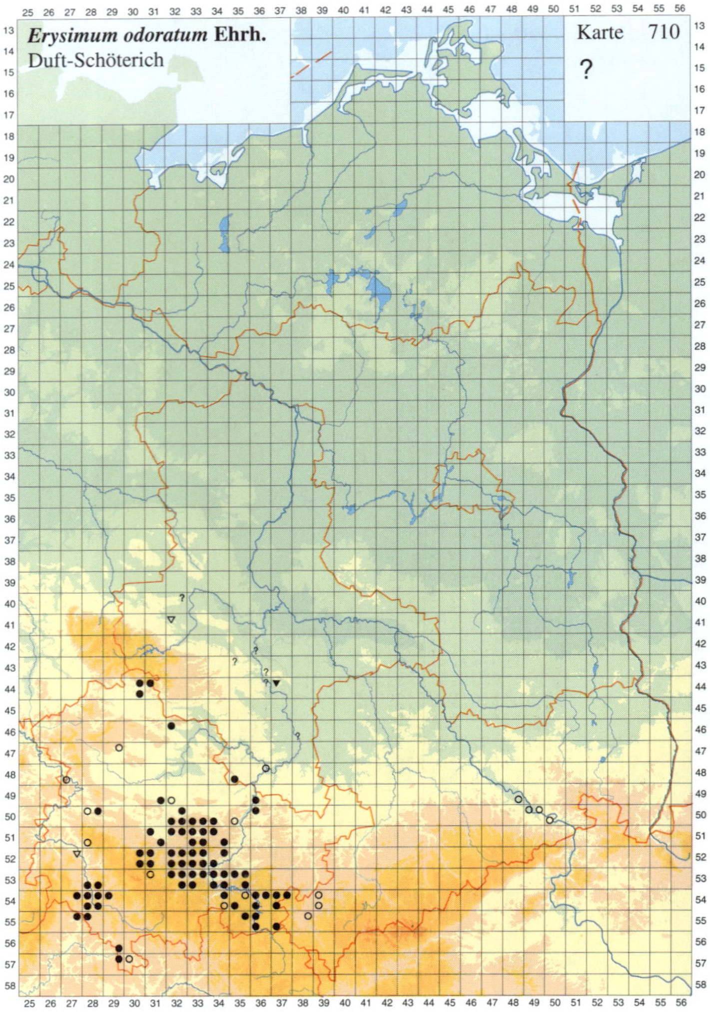
Erysimum odoratum **Ehrh.**
Duft-Schöterich
Karte 710
?

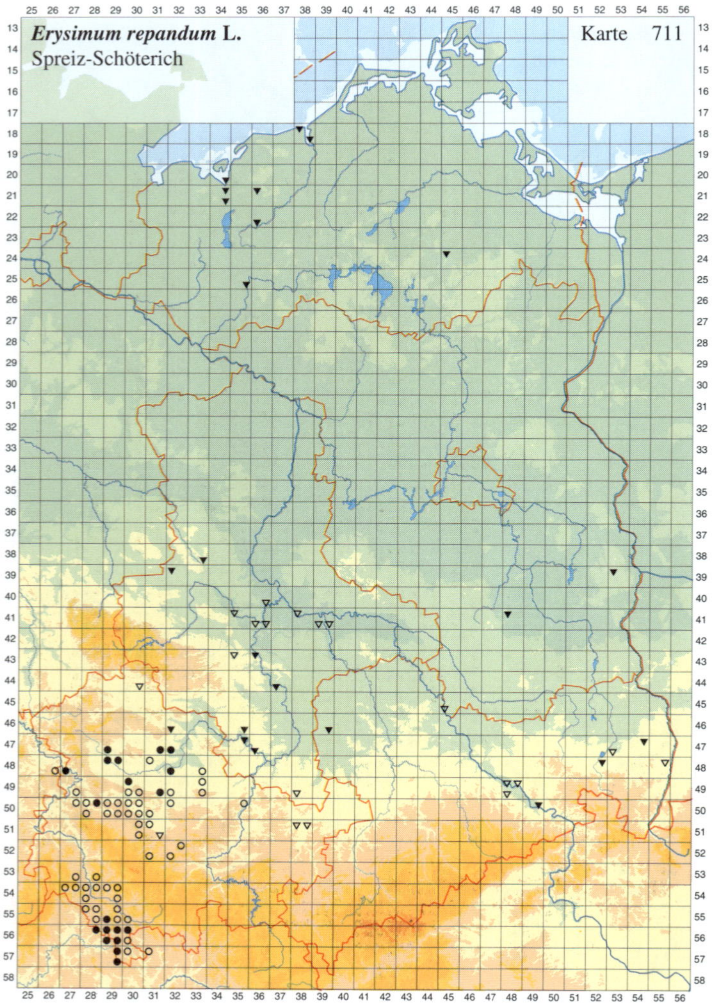
Erysimum repandum **L.**
Spreiz-Schöterich
Karte 711

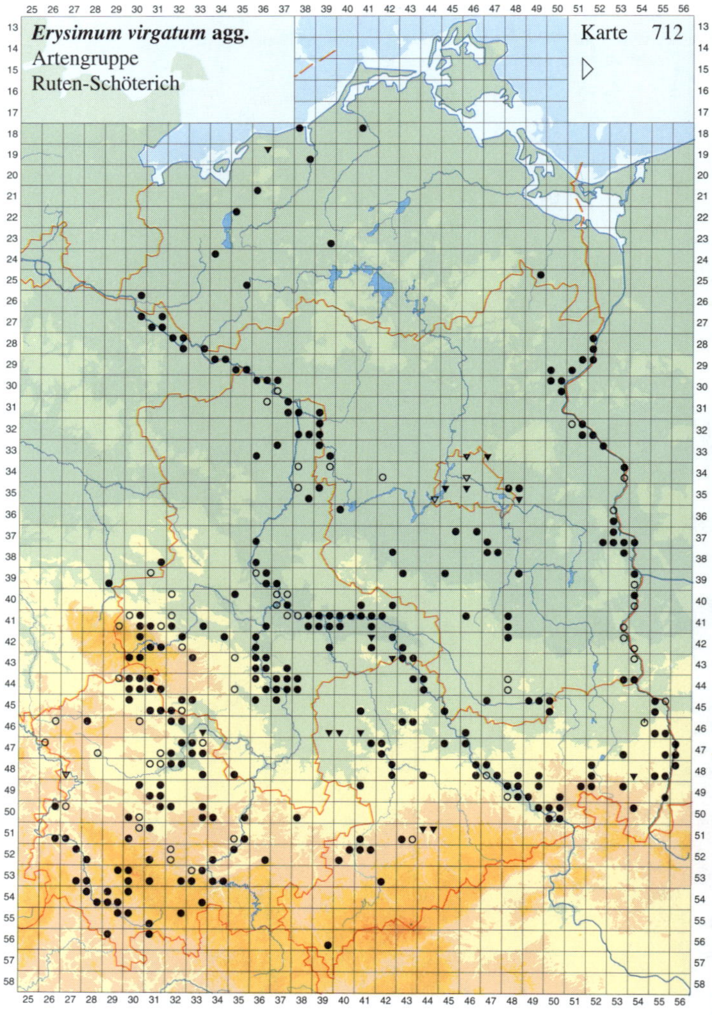
Erysimum virgatum **agg.**
Artengruppe
Ruten-Schöterich
Karte 712

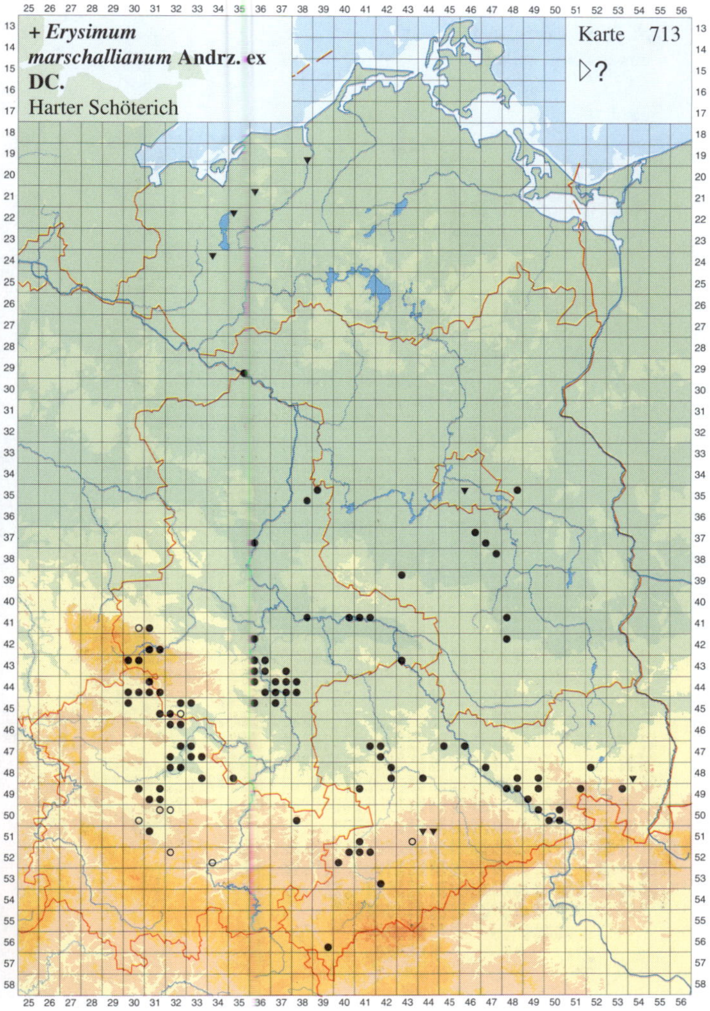
+ *Erysimum marschallianum* Andrz. ex DC.
Harter Schöterich
Karte 713
▷?

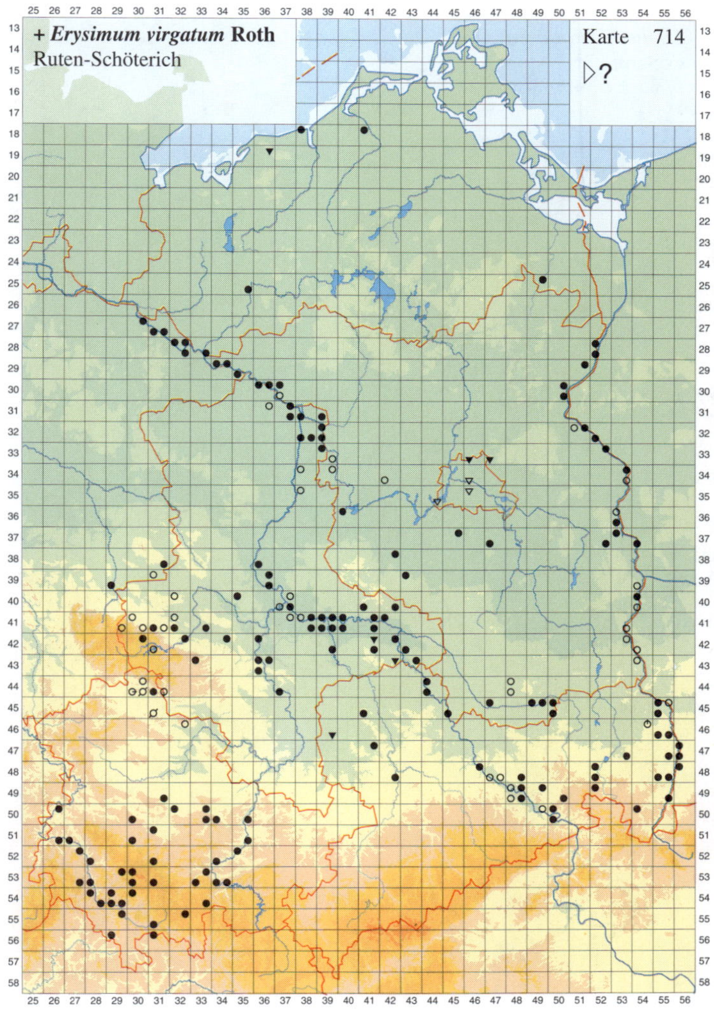
+ *Erysimum virgatum* Roth
Ruten-Schöterich
Karte 714
▷?

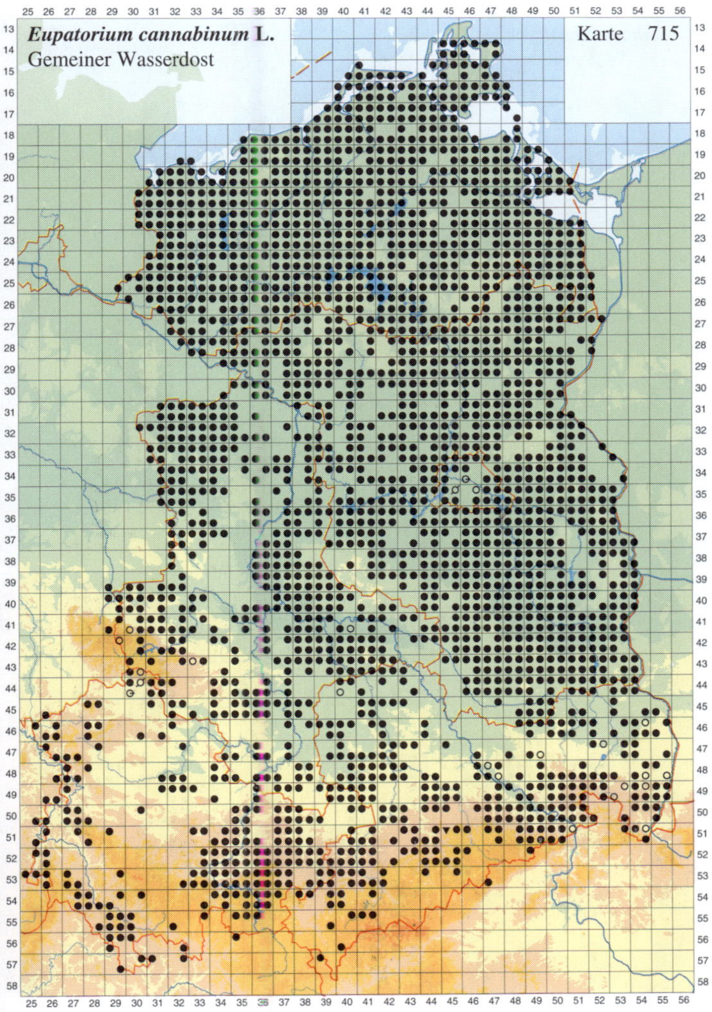
Eupatorium cannabinum L.
Gemeiner Wasserdost
Karte 715

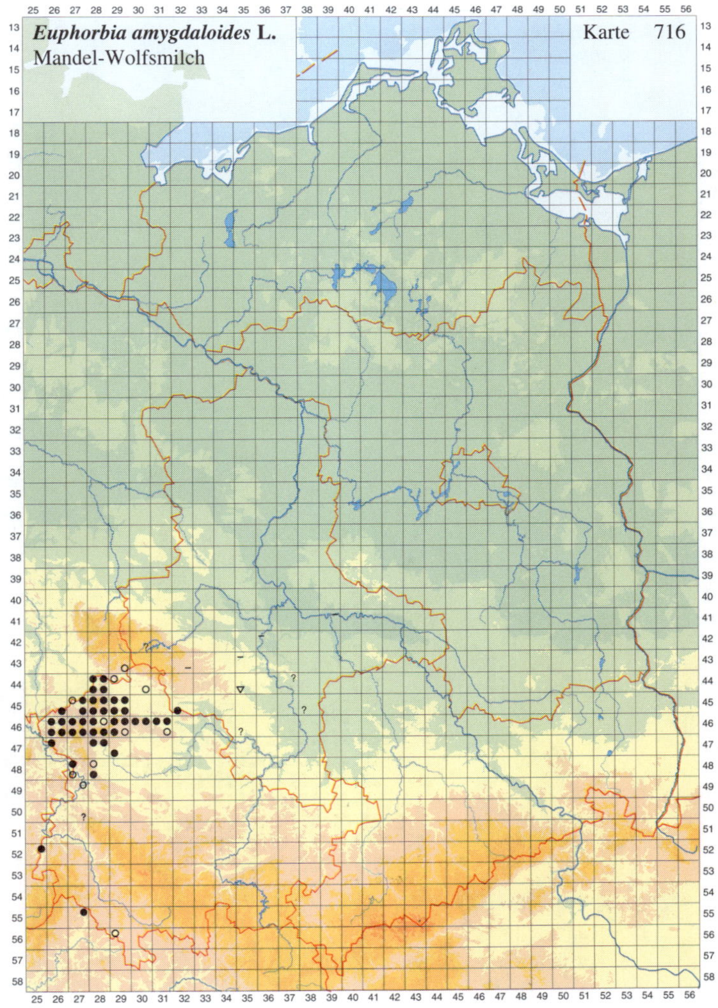
Euphorbia amygdaloides L.
Mandel-Wolfsmilch
Karte 716

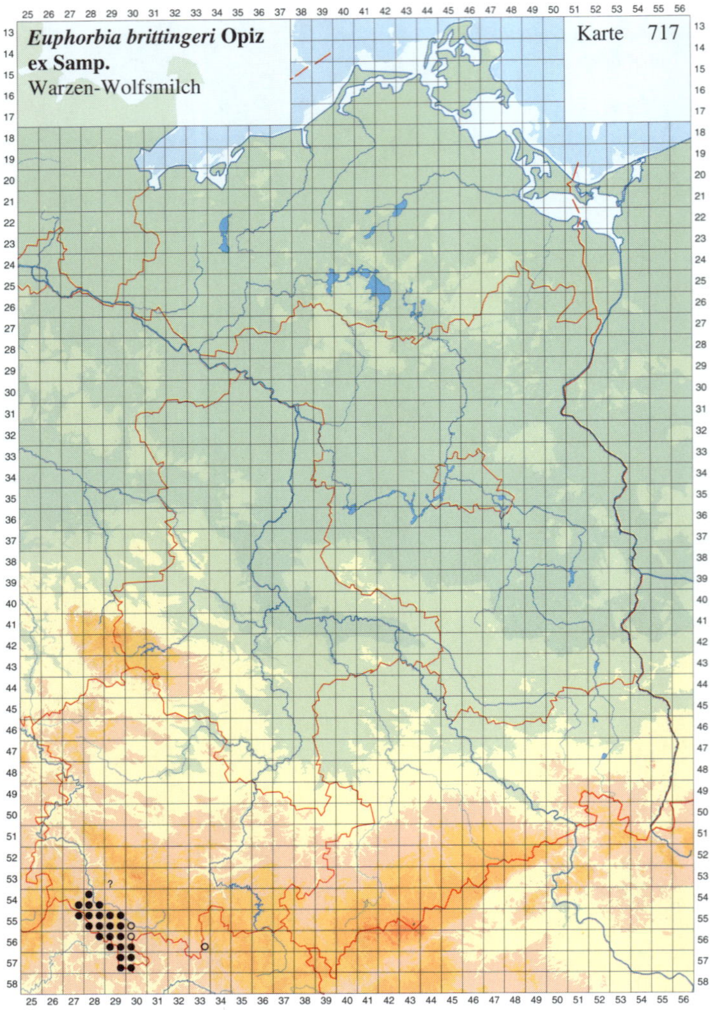
Euphorbia brittingeri Opiz ex Samp.
Warzen-Wolfsmilch
Karte 717

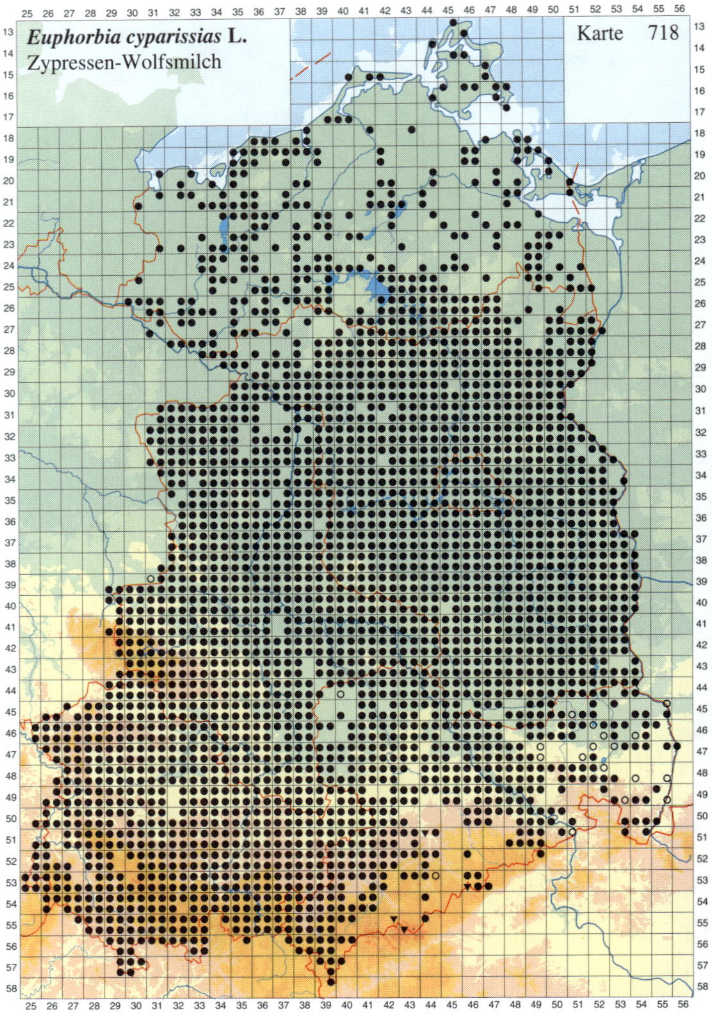
Euphorbia cyparissias L.
Zypressen-Wolfsmilch
Karte 718

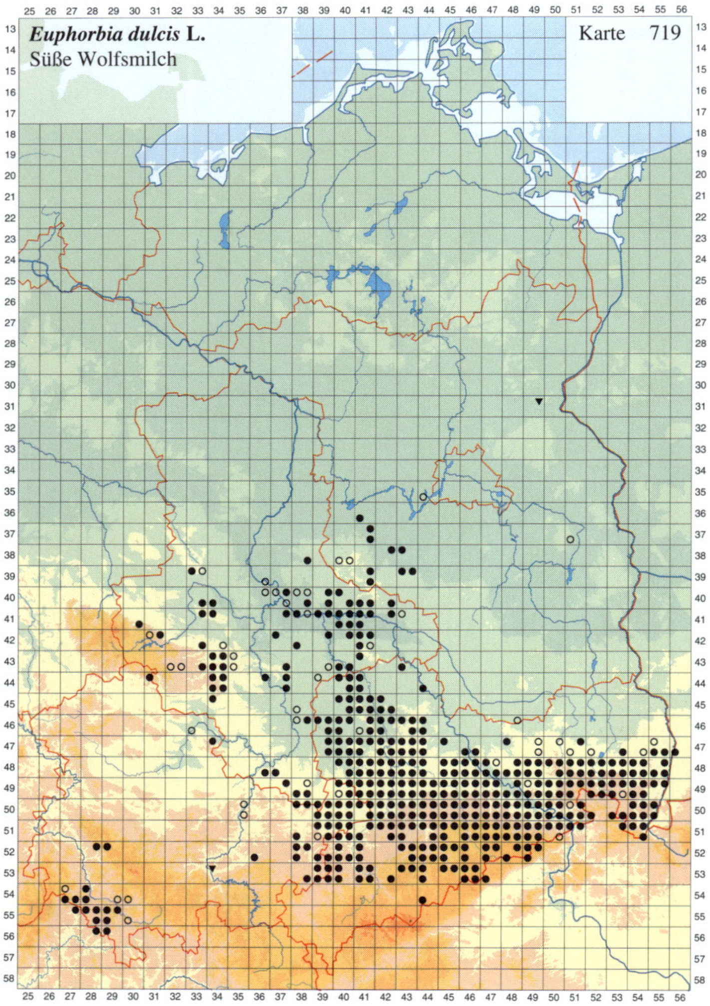
Euphorbia dulcis L.
Süße Wolfsmilch
Karte 719

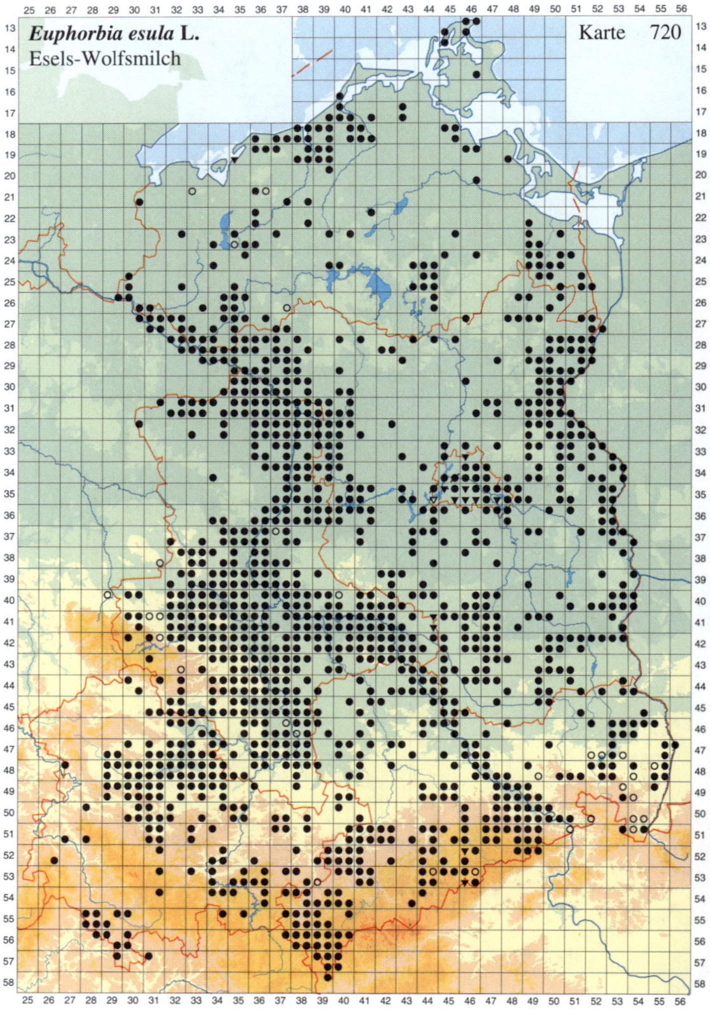
Euphorbia esula L.
Esels-Wolfsmilch
Karte 720

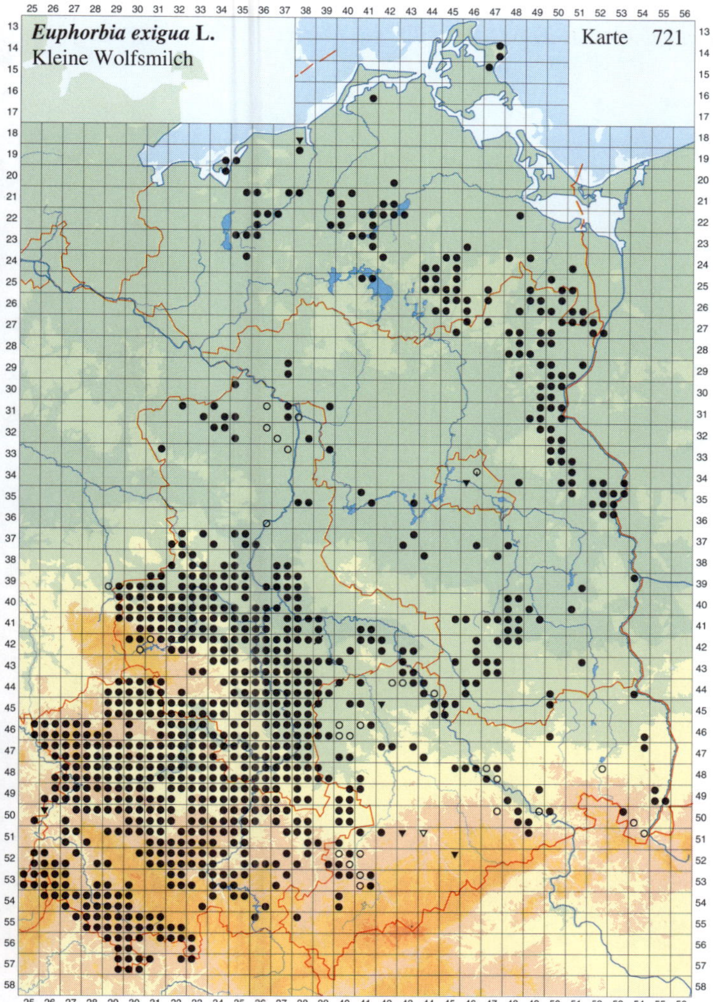

Euphorbia exigua L.
Kleine Wolfsmilch
Karte 721

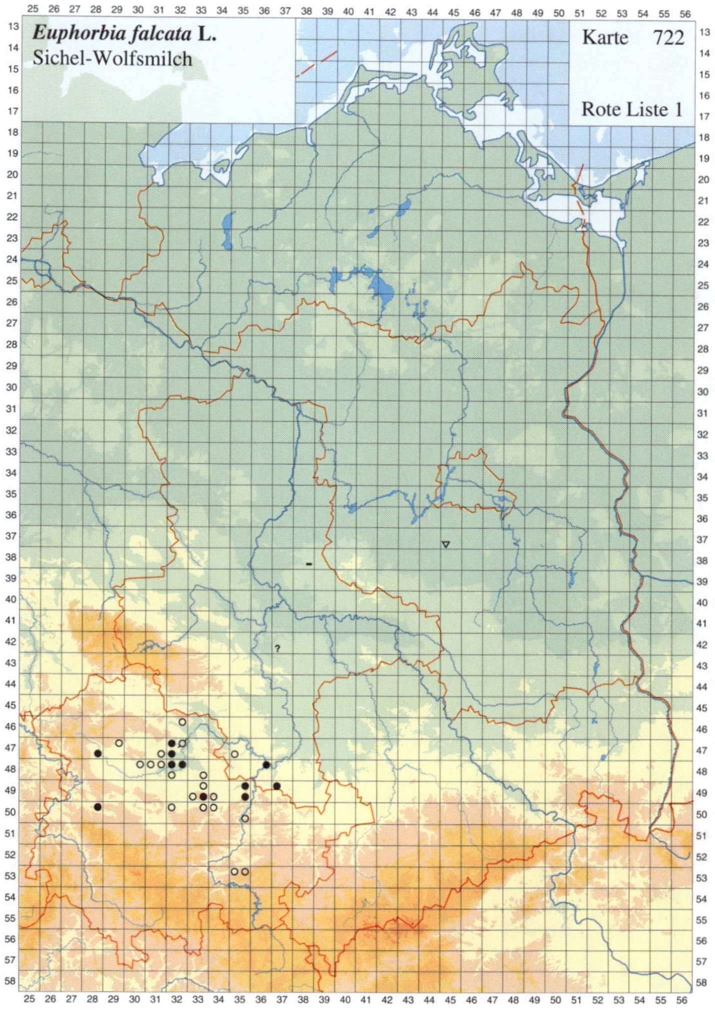

Euphorbia falcata L.
Sichel-Wolfsmilch
Karte 722
Rote Liste 1

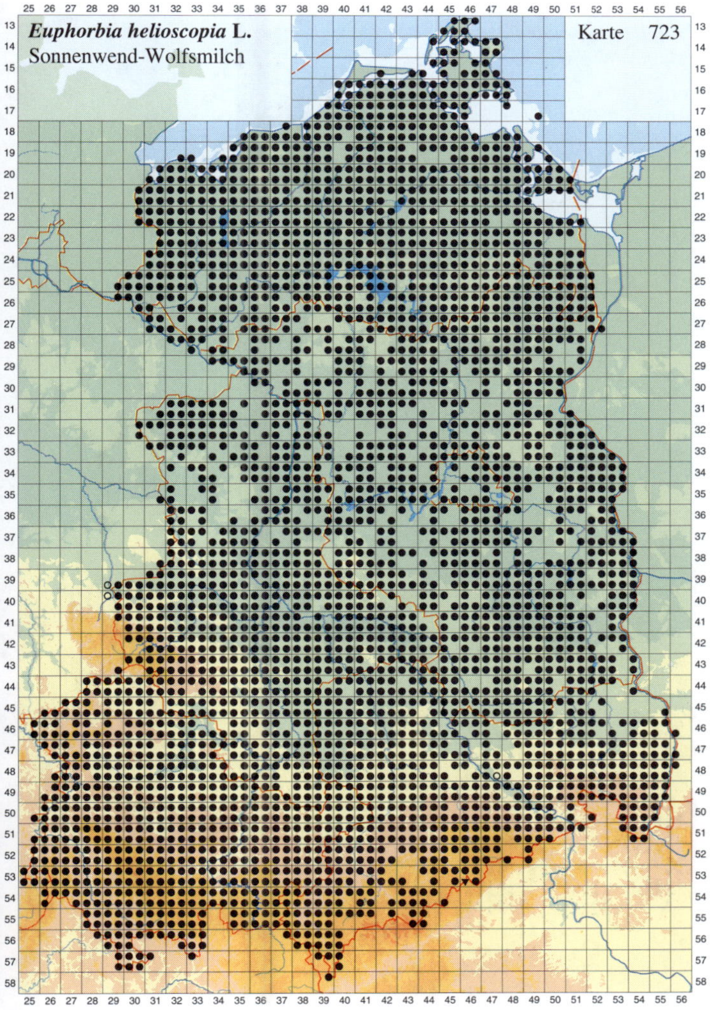

Euphorbia helioscopia L.
Sonnenwend-Wolfsmilch
Karte 723

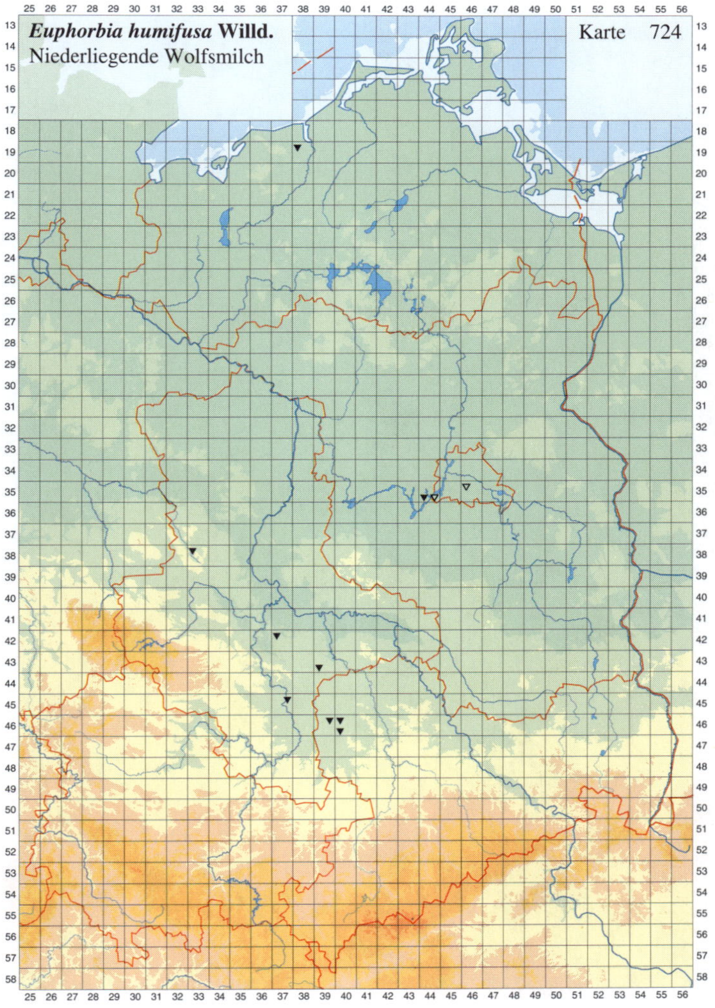

Euphorbia humifusa Willd.
Niederliegende Wolfsmilch
Karte 724

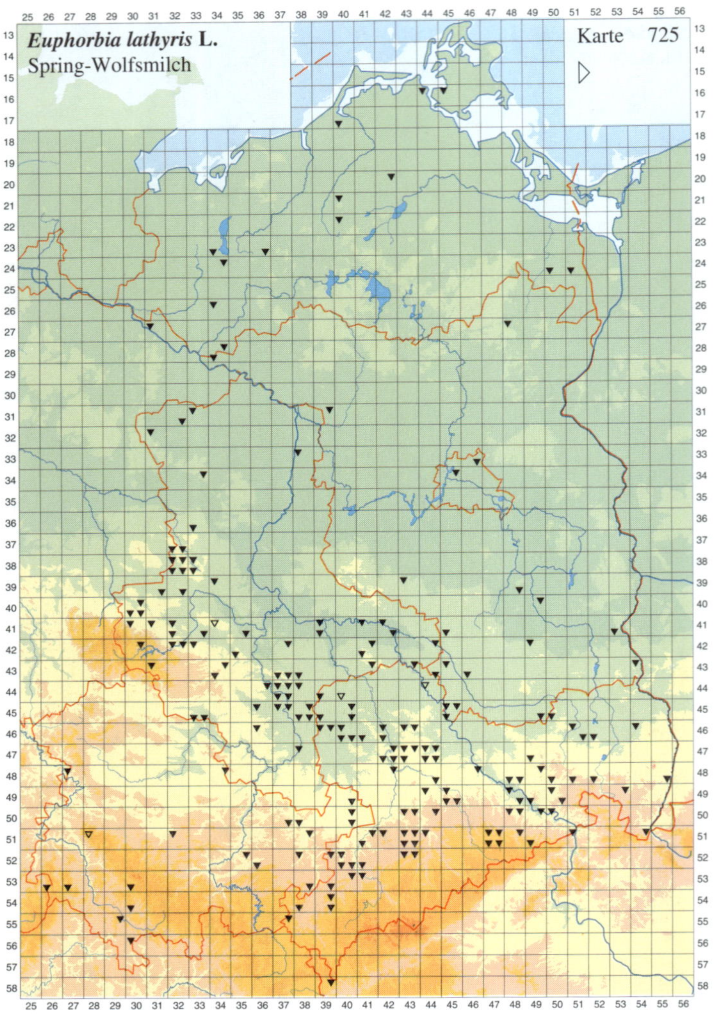
Euphorbia lathyris L.
Spring-Wolfsmilch
Karte 725

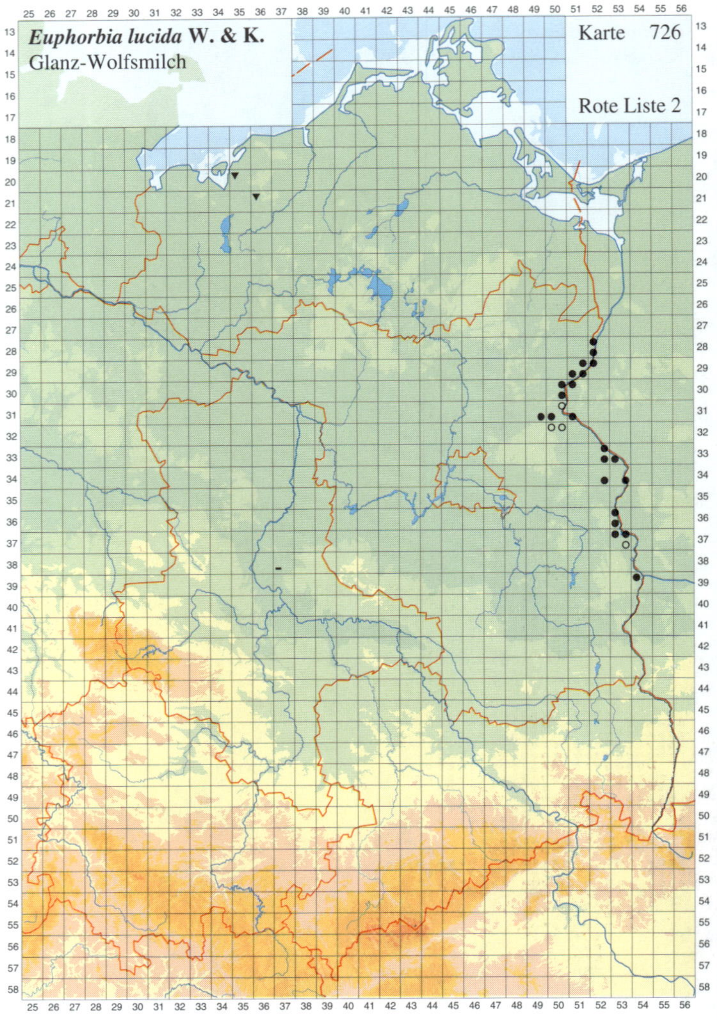
Euphorbia lucida W. & K.
Glanz-Wolfsmilch
Karte 726
Rote Liste 2

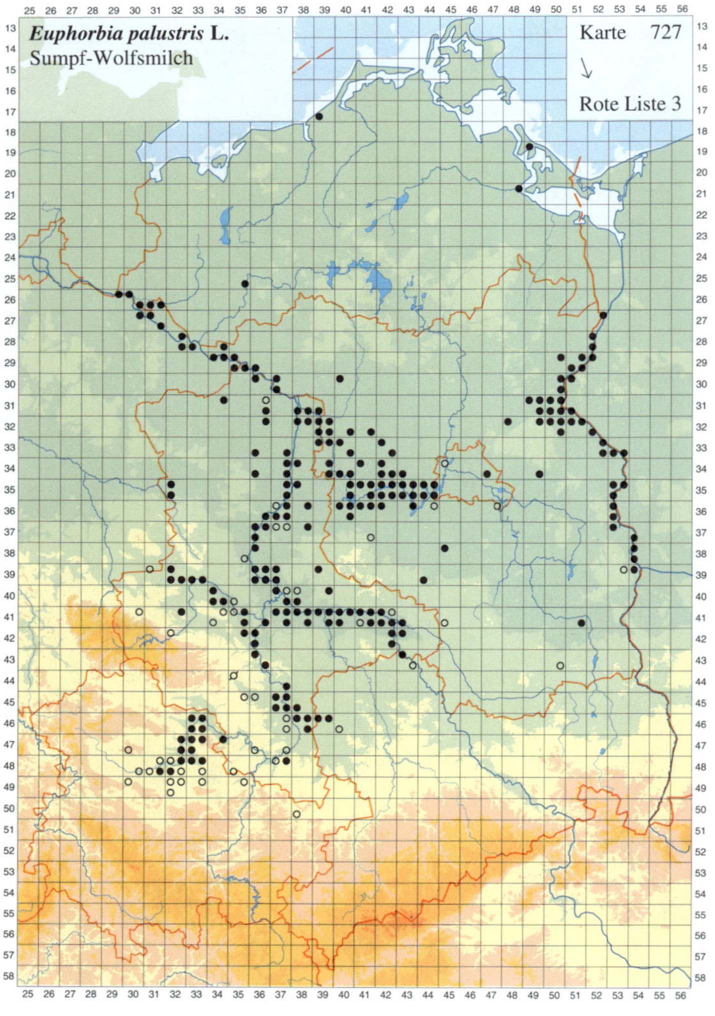
Euphorbia palustris L.
Sumpf-Wolfsmilch
Karte 727
Rote Liste 3

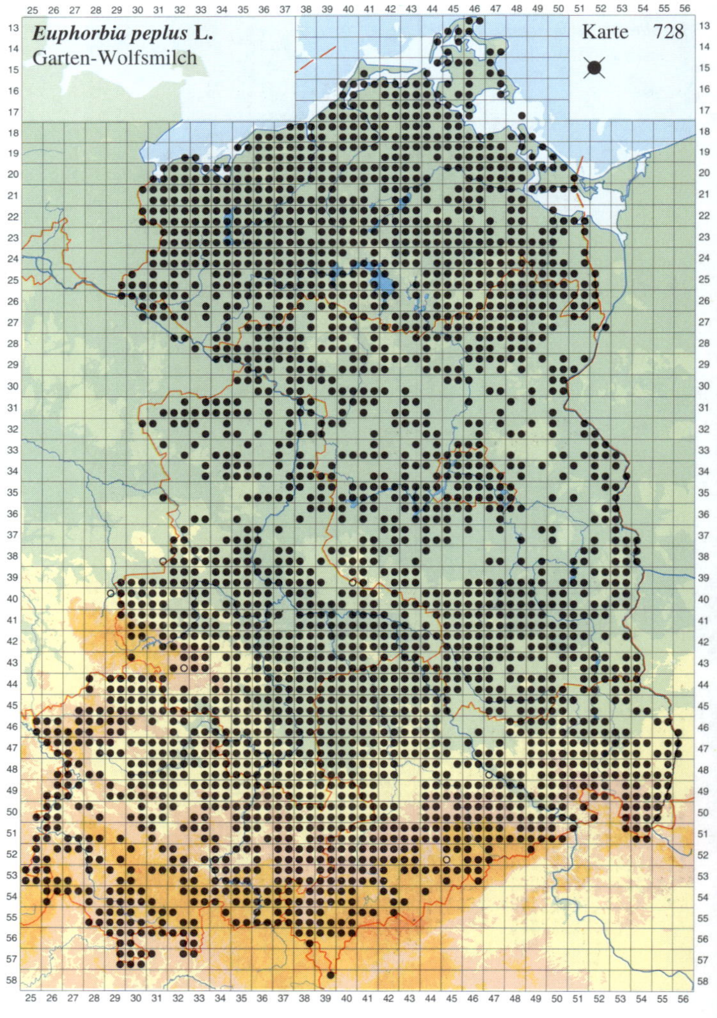
Euphorbia peplus L.
Garten-Wolfsmilch
Karte 728

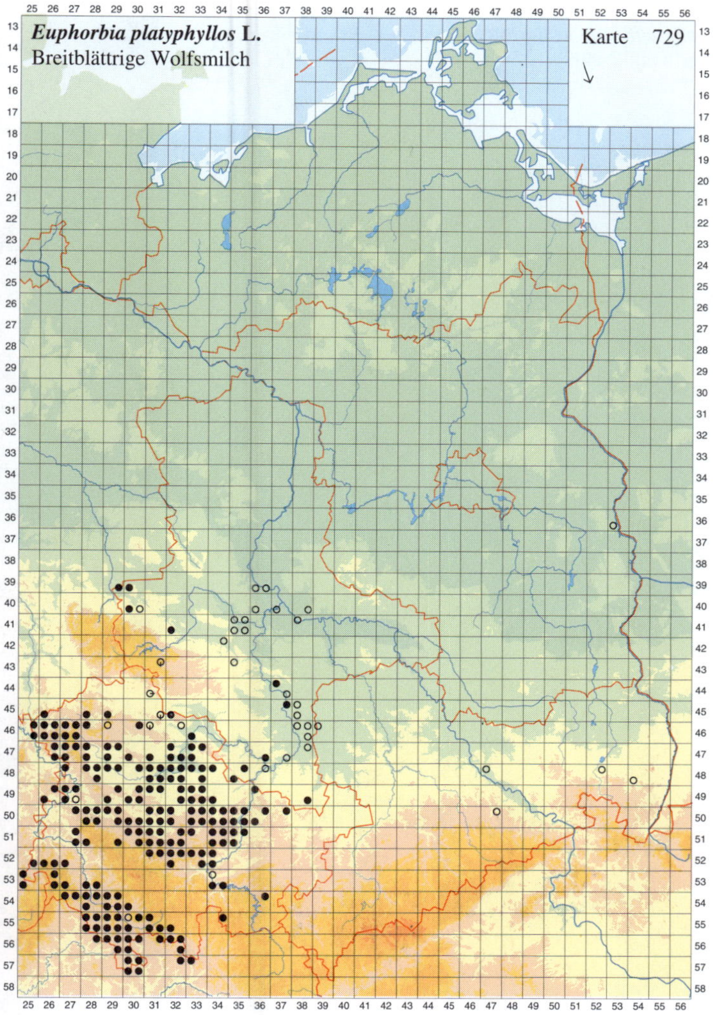
Euphorbia platyphyllos L.
Breitblättrige Wolfsmilch
Karte 729
↘

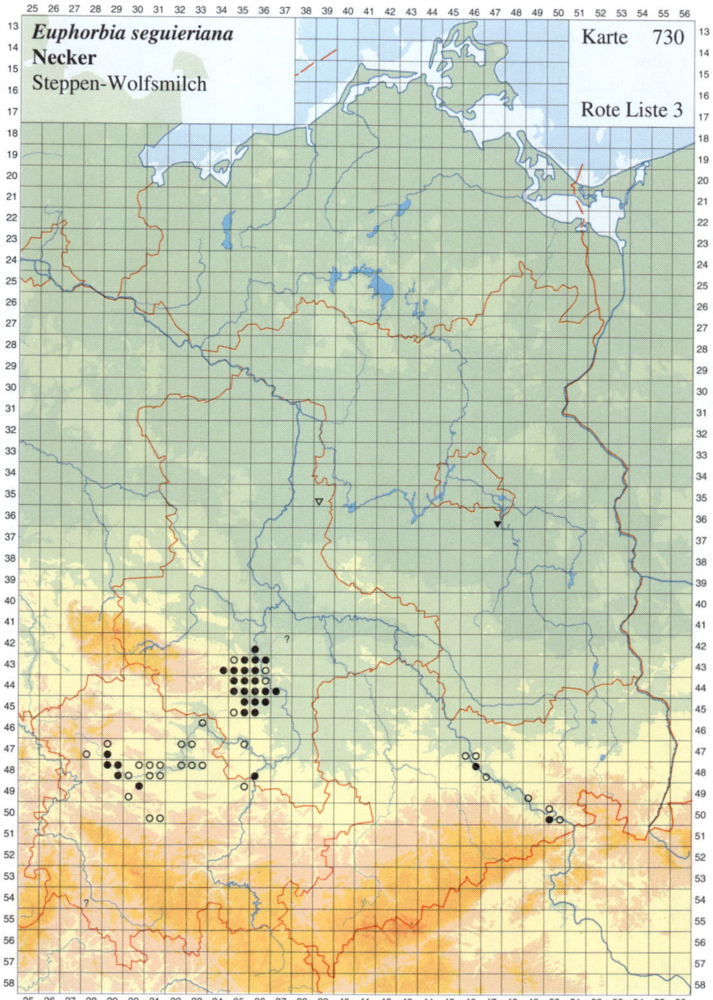
Euphorbia seguieriana Necker
Steppen-Wolfsmilch
Karte 730
Rote Liste 3

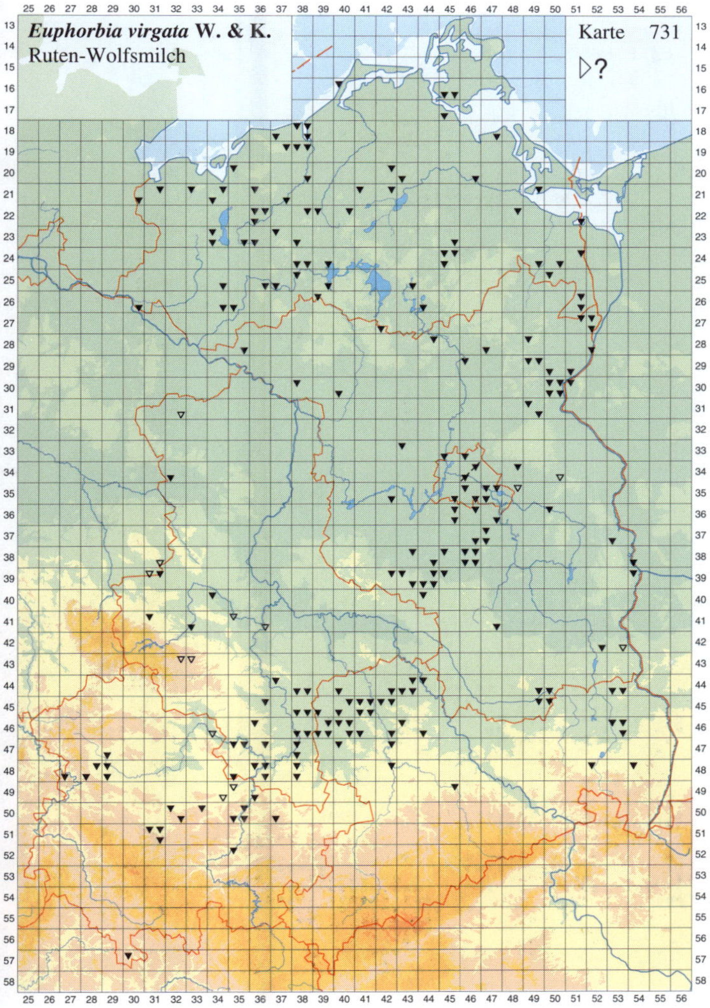
Euphorbia virgata W. & K.
Ruten-Wolfsmilch
Karte 731
▷?

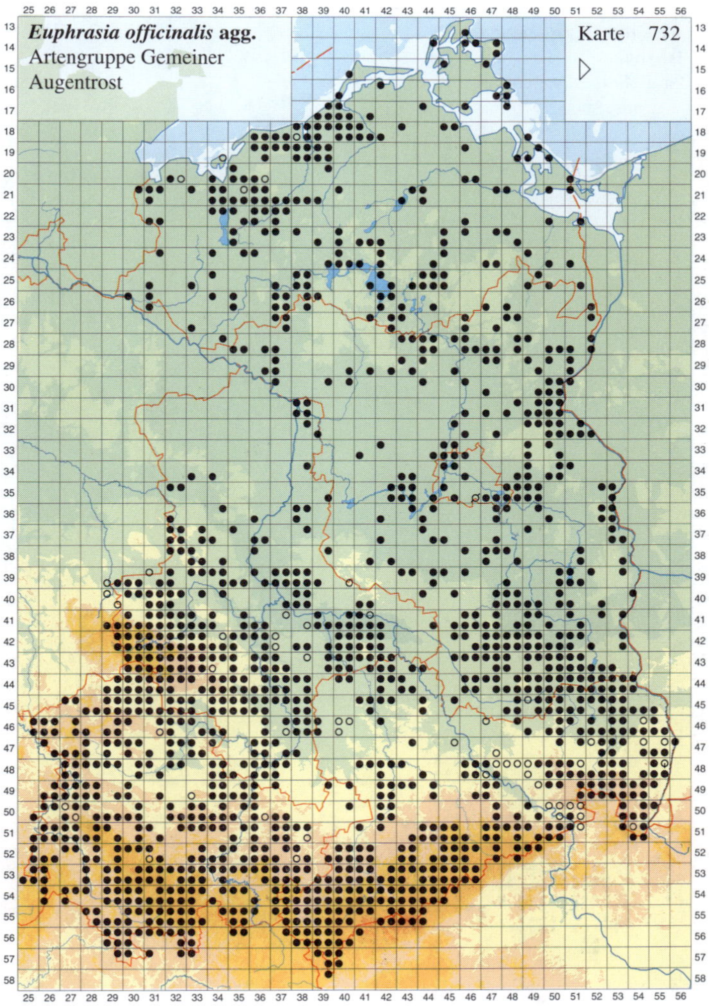
Euphrasia officinalis agg.
Artengruppe Gemeiner Augentrost
Karte 732
▷

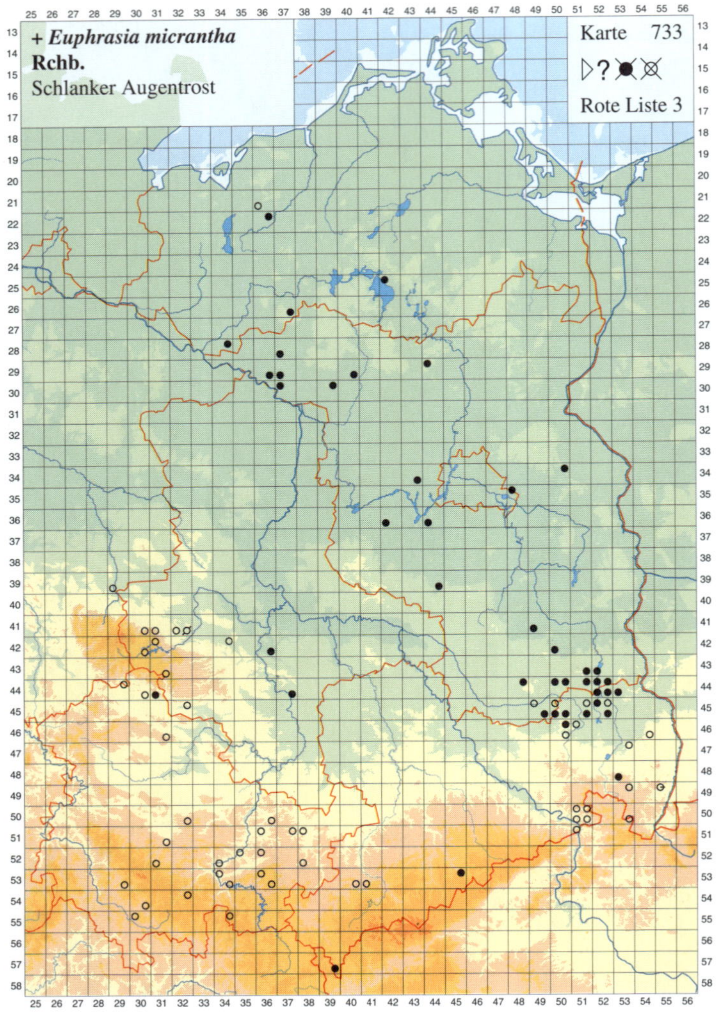
+ *Euphrasia micrantha* Rchb.
Schlanker Augentrost
Karte 733
Rote Liste 3

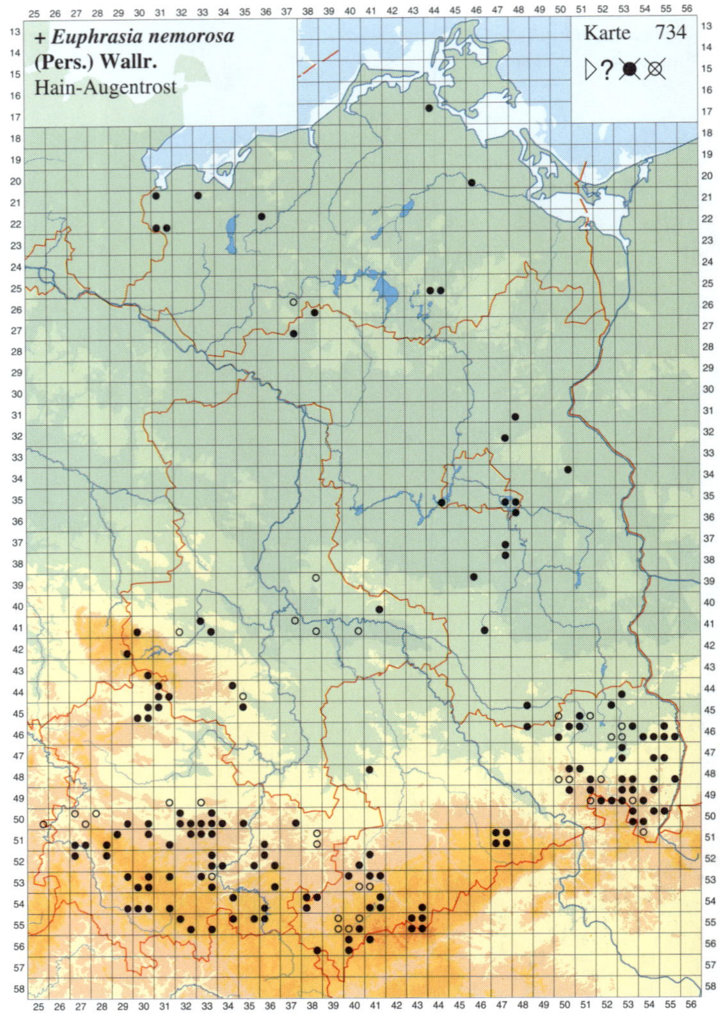
+ *Euphrasia nemorosa* (Pers.) Wallr.
Hain-Augentrost
Karte 734

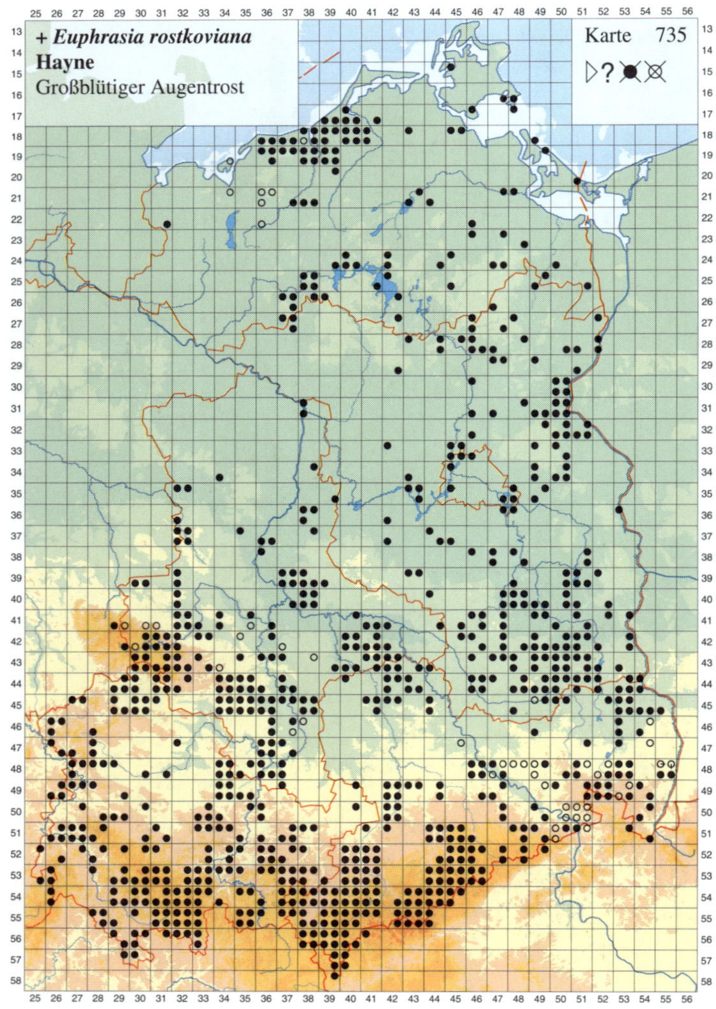
+ *Euphrasia rostkoviana* Hayne
Großblütiger Augentrost
Karte 735

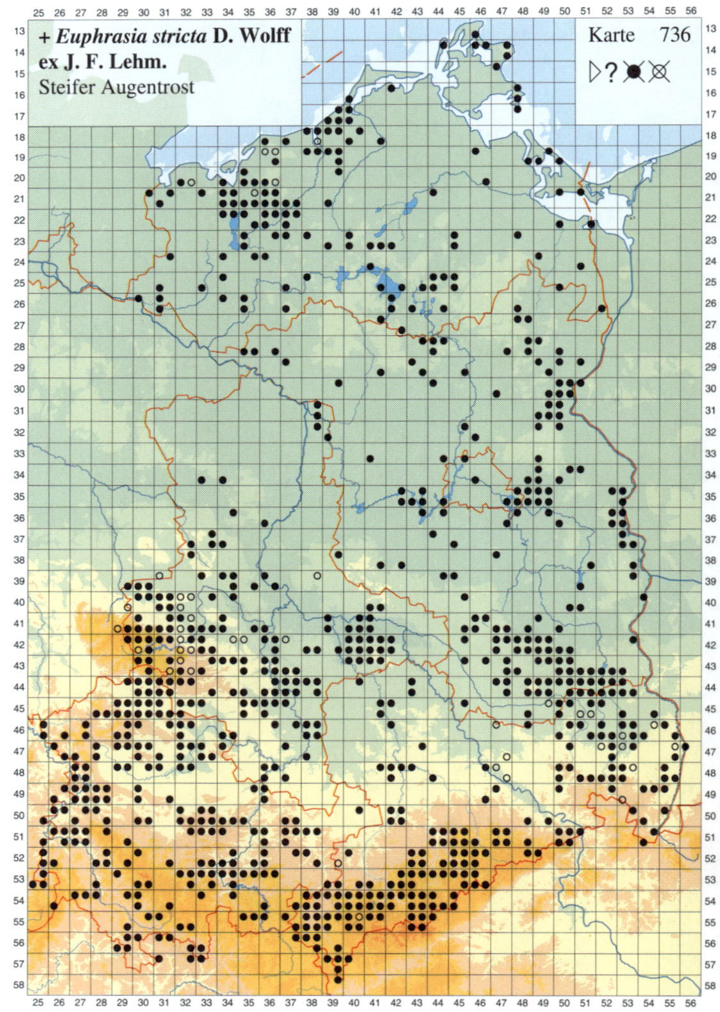
+ *Euphrasia stricta* D. Wolff ex J. F. Lehm.
Steifer Augentrost
Karte 736

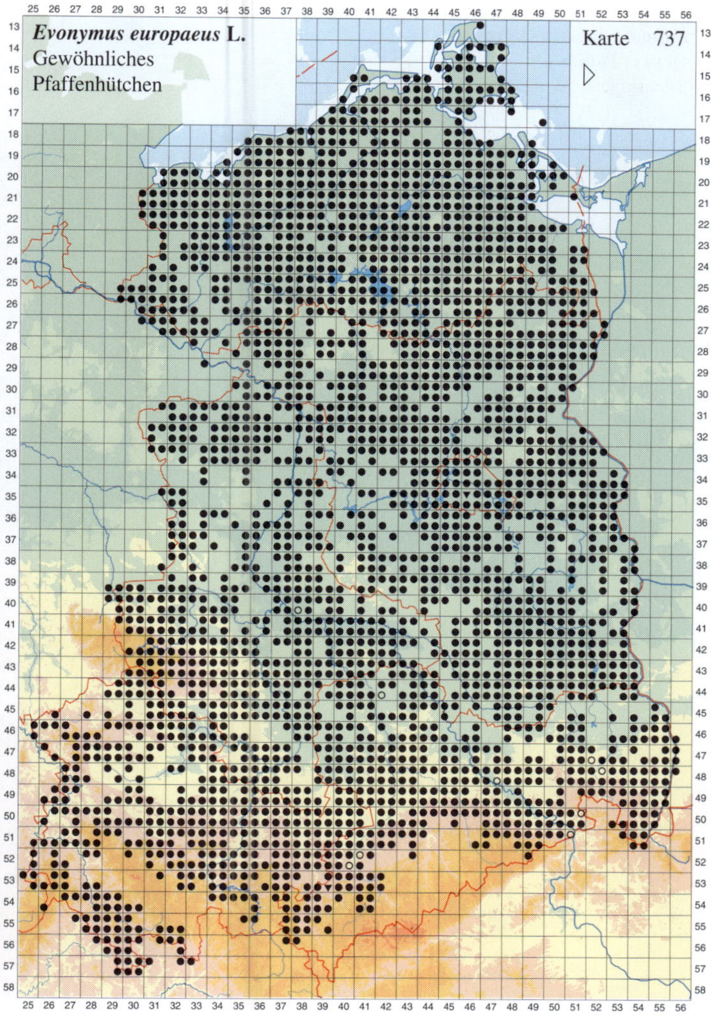
Evonymus europaeus L.
Gewöhnliches
Pfaffenhütchen
Karte 737

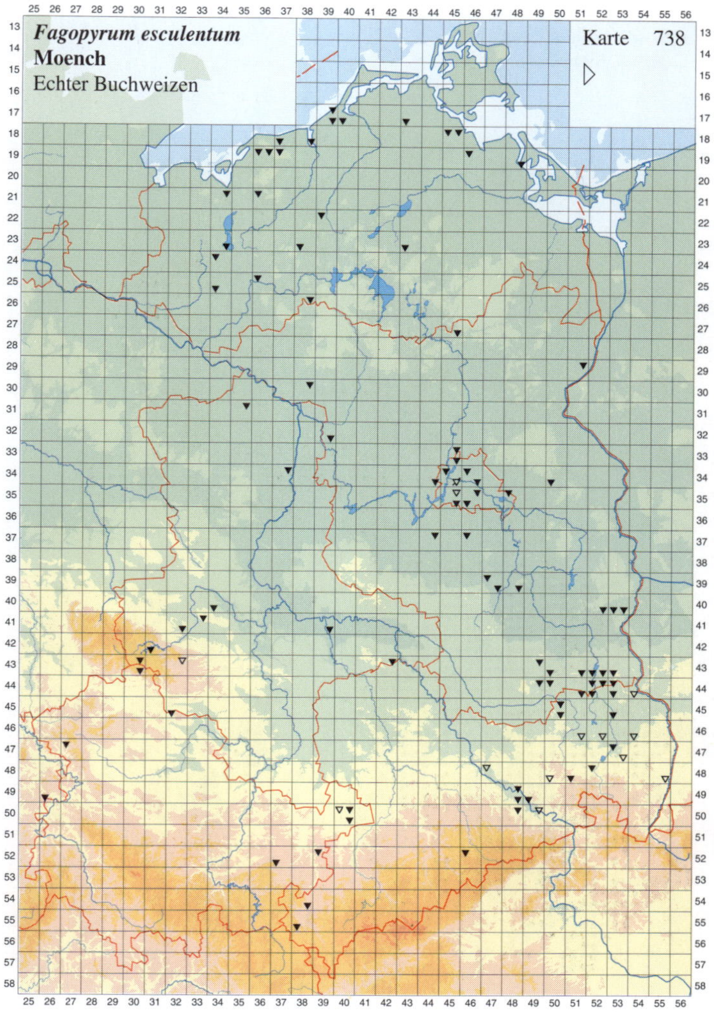
Fagopyrum esculentum
Moench
Echter Buchweizen
Karte 738

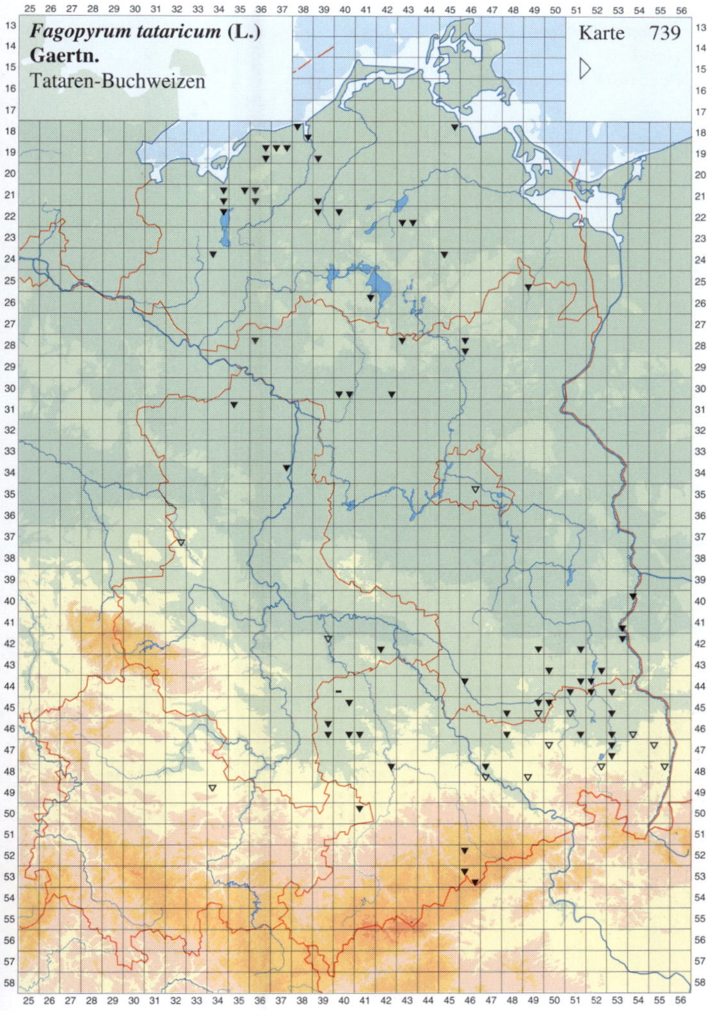
Fagopyrum tataricum (L.)
Gaertn.
Tataren-Buchweizen
Karte 739

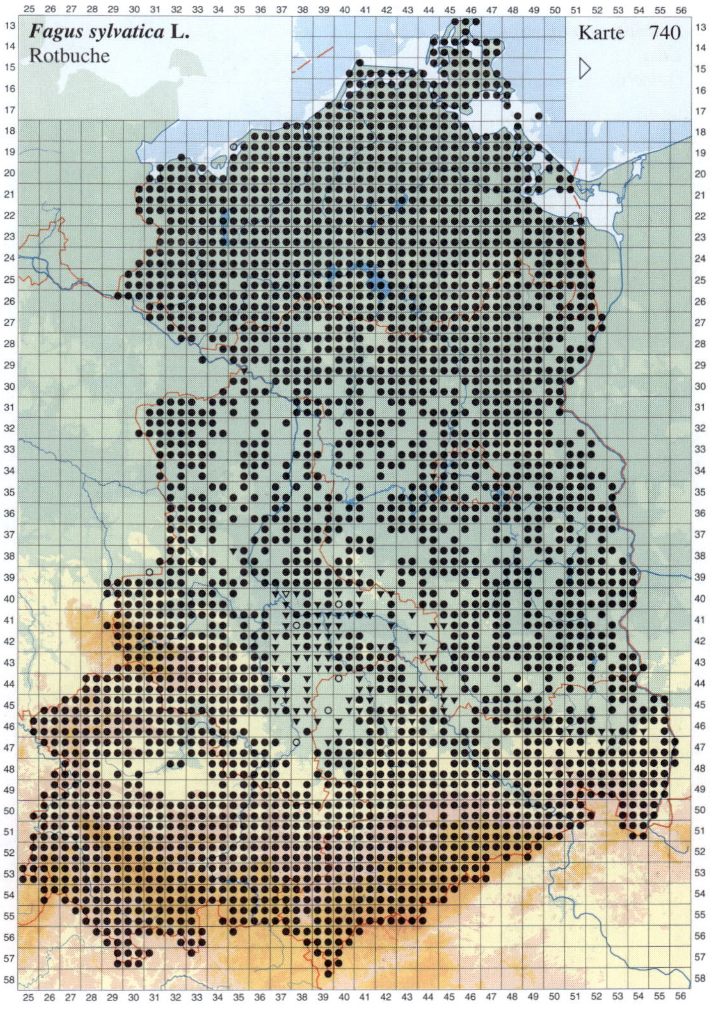
Fagus sylvatica L.
Rotbuche
Karte 740

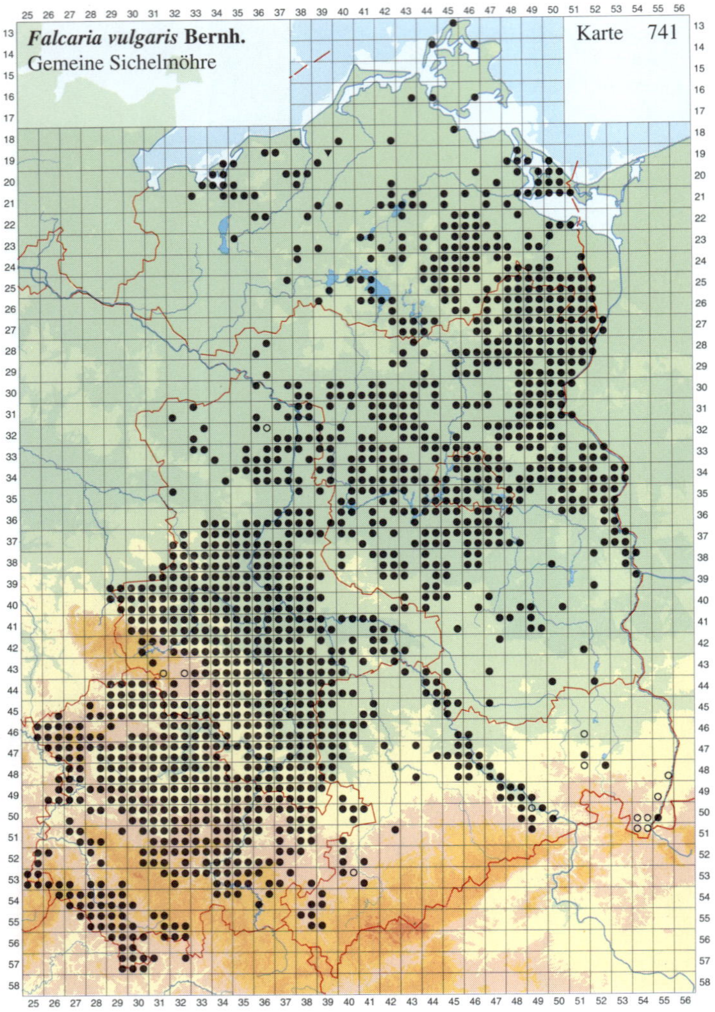
Falcaria vulgaris Bernh.
Gemeine Sichelmöhre
Karte 741

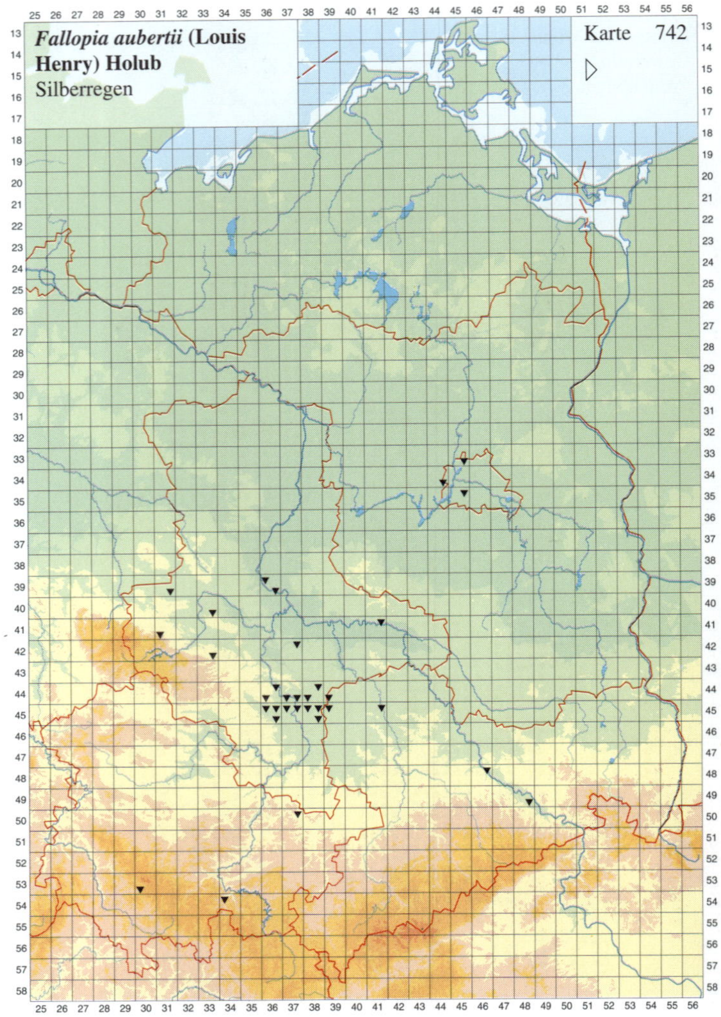
Fallopia aubertii (Louis Henry) Holub
Silberregen
Karte 742

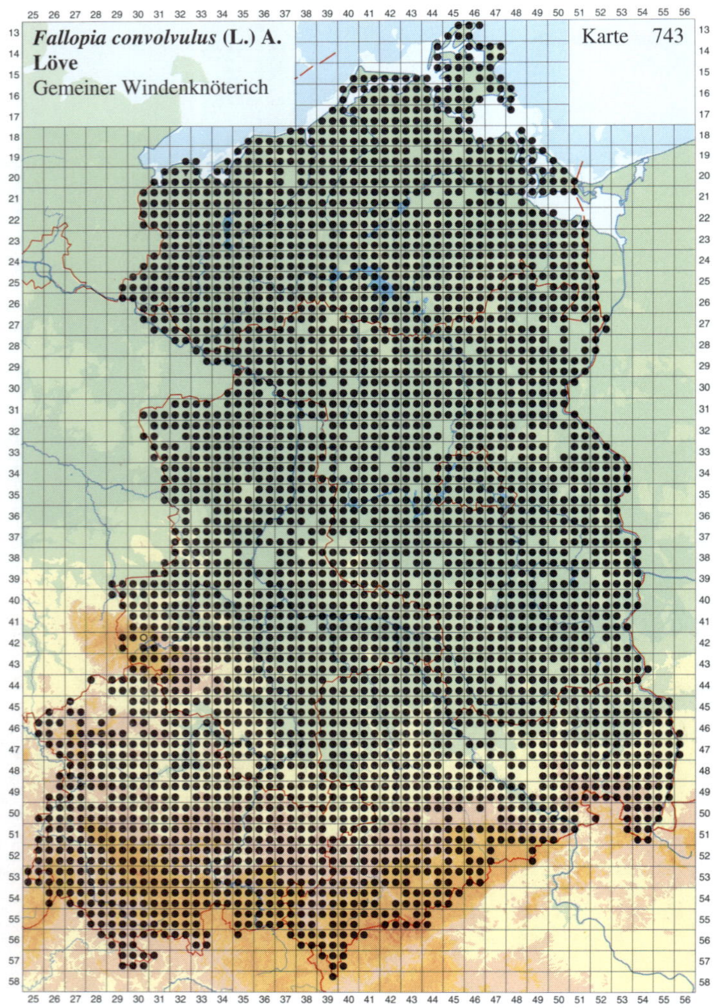
Fallopia convolvulus (L.) A. Löve
Gemeiner Windenknöterich
Karte 743

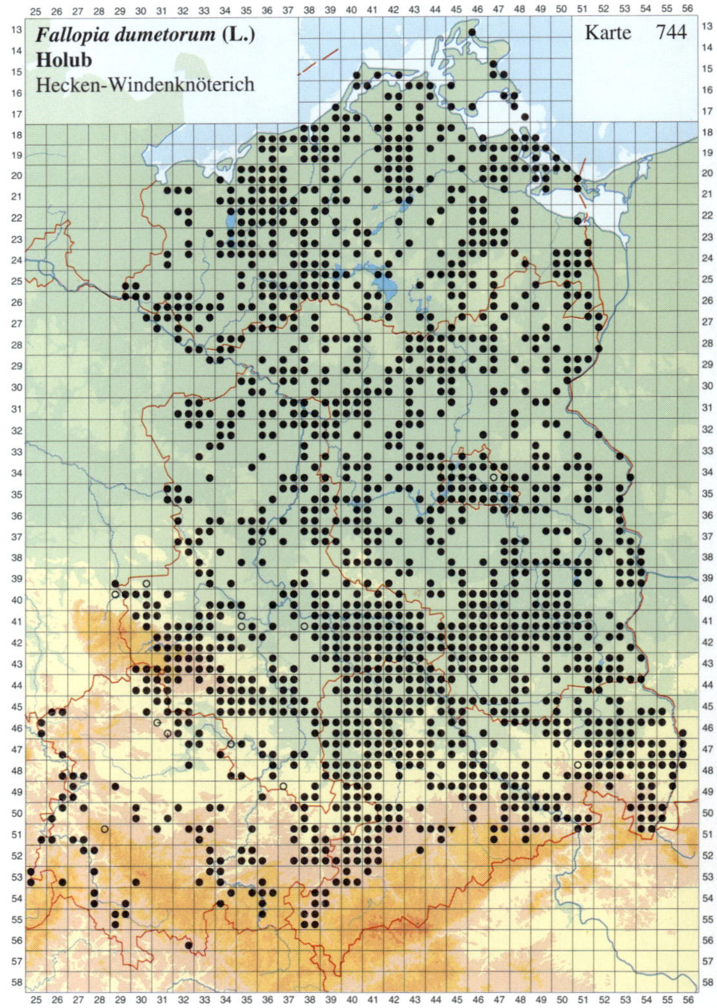
Fallopia dumetorum (L.) Holub
Hecken-Windenknöterich
Karte 744

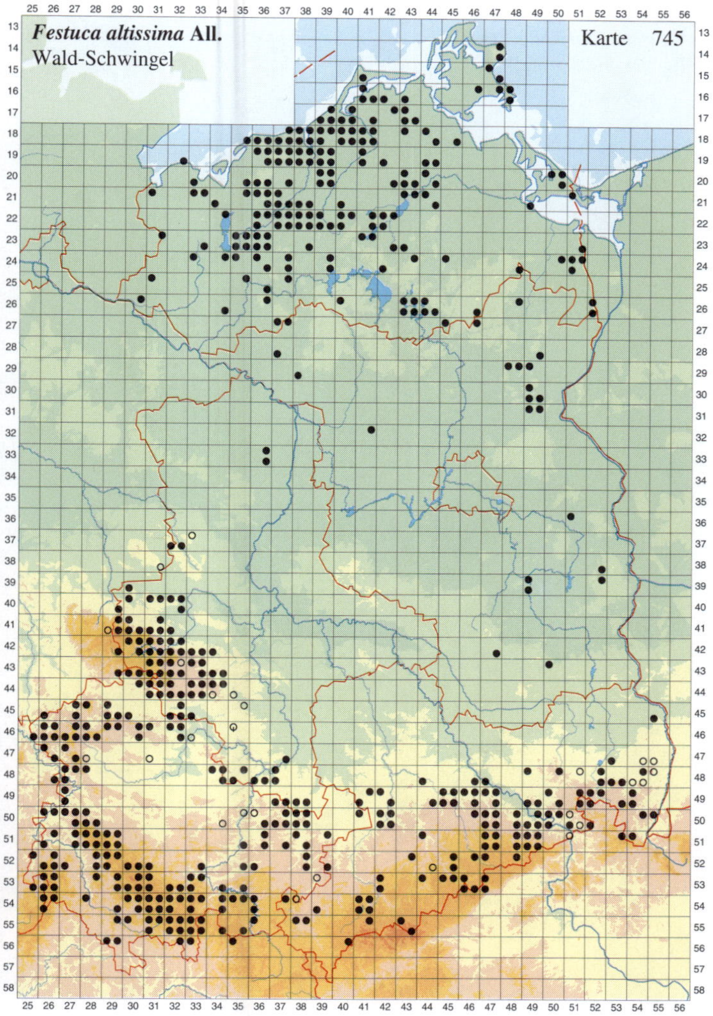

Festuca altissima All.
Wald-Schwingel
Karte 745

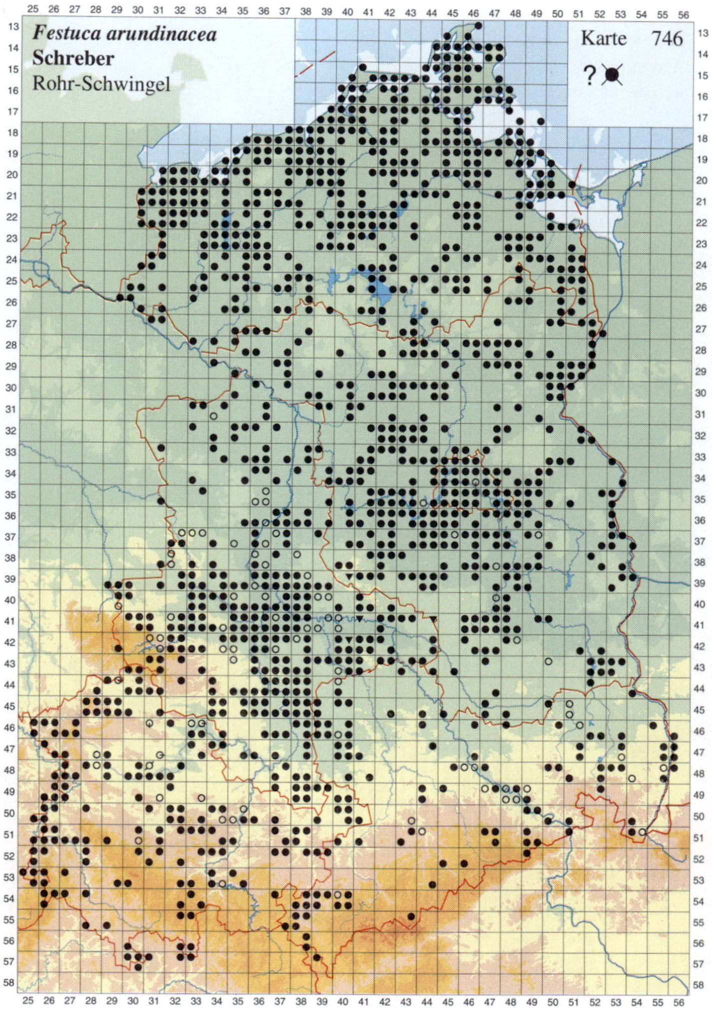

Festuca arundinacea Schreber
Rohr-Schwingel
Karte 746
?

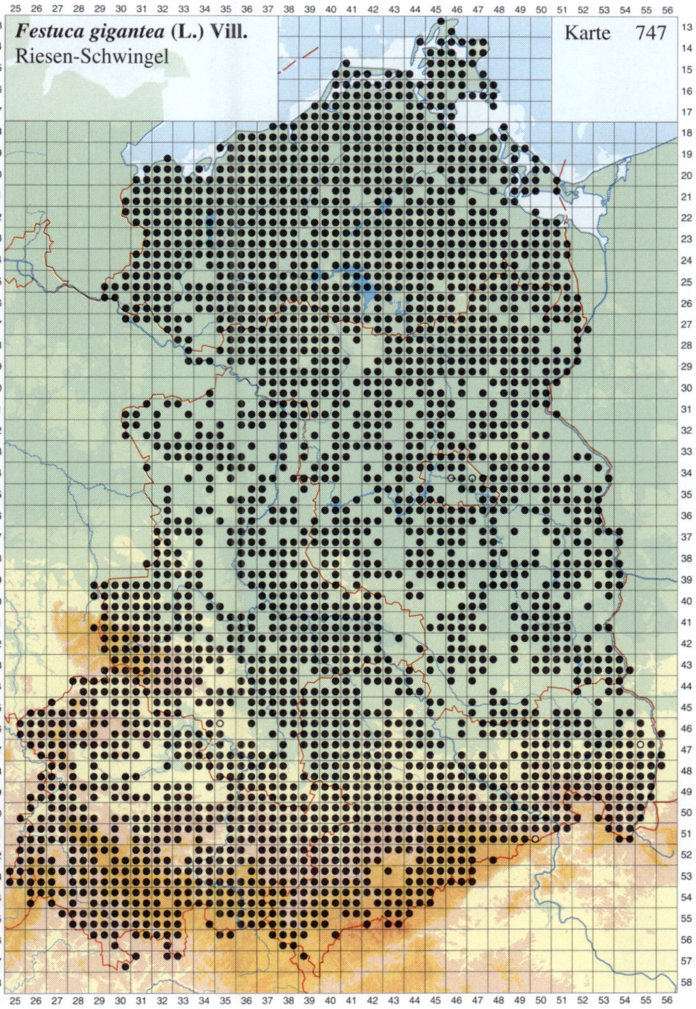

Festuca gigantea (L.) Vill.
Riesen-Schwingel
Karte 747

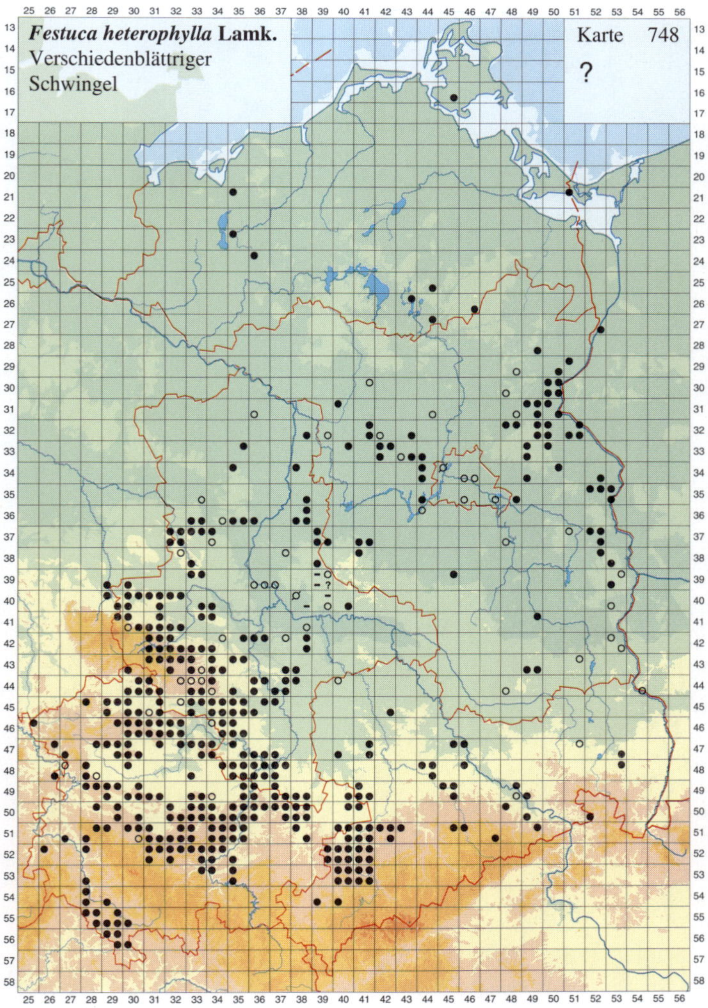

Festuca heterophylla Lamk.
Verschiedenblättriger Schwingel
Karte 748
?

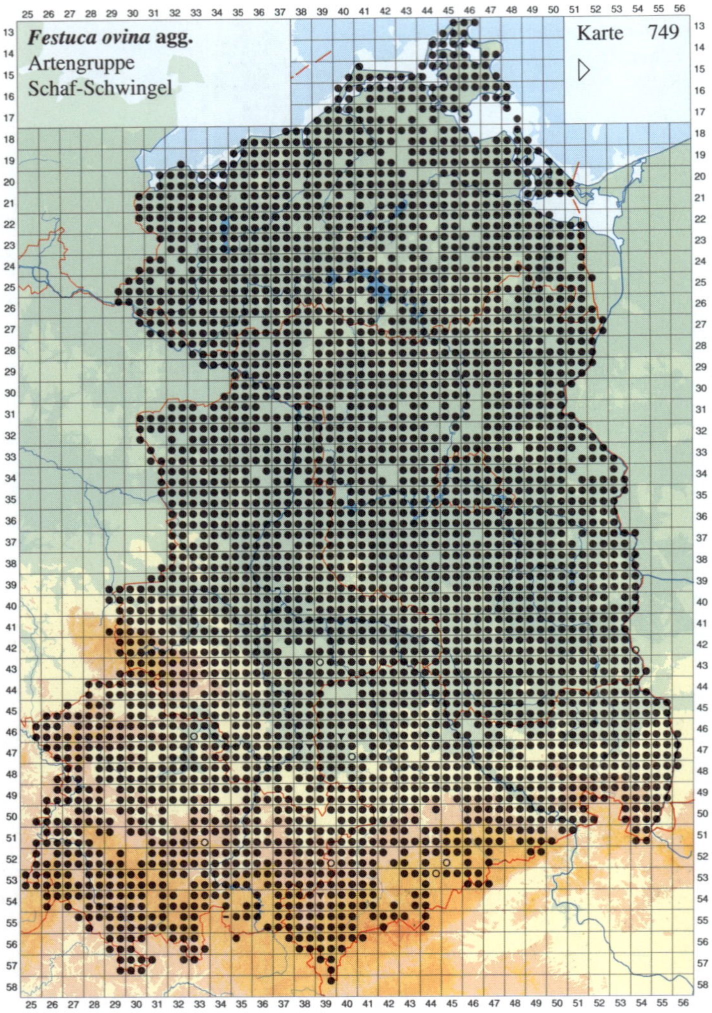
Festuca ovina agg.
Artengruppe
Schaf-Schwingel
Karte 749

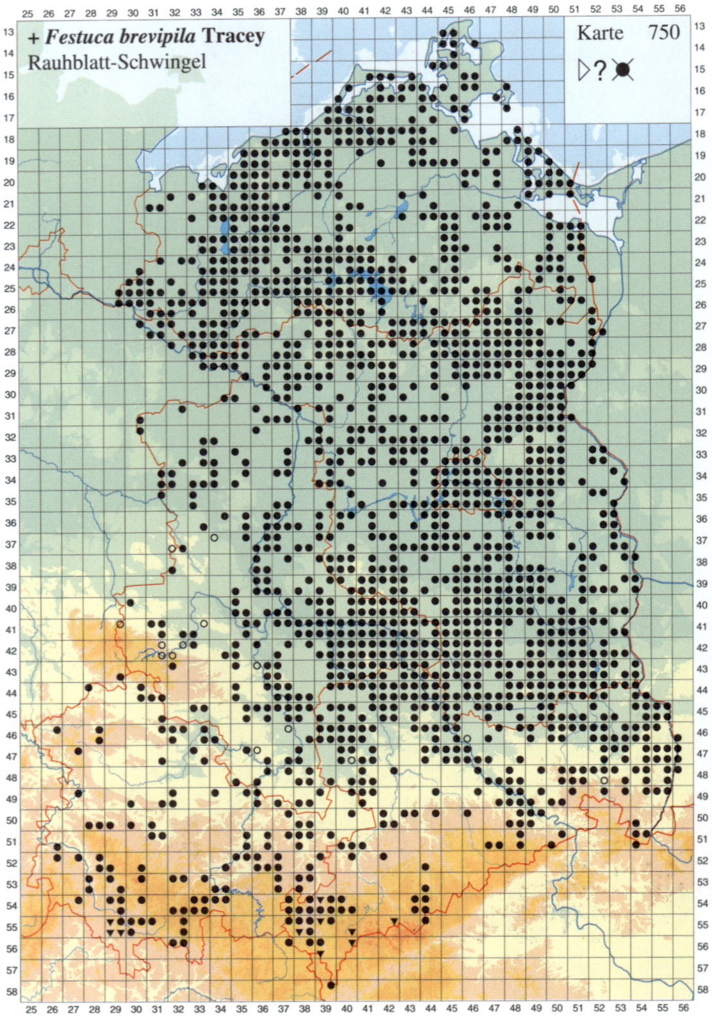
+ *Festuca brevipila* Tracey
Rauhblatt-Schwingel
Karte 750

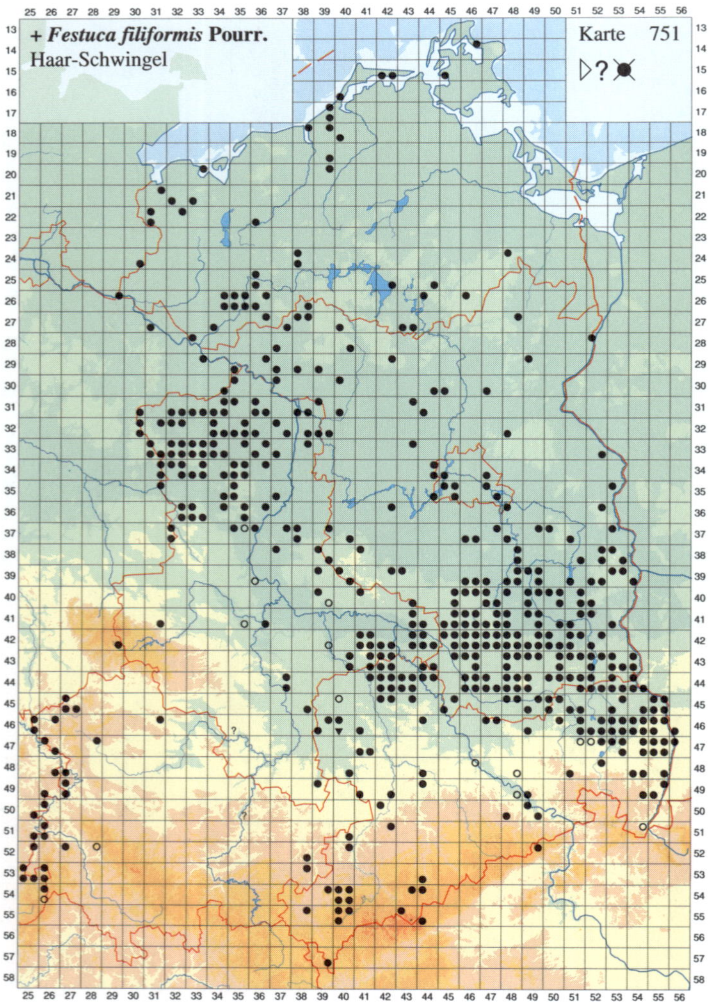
+ *Festuca filiformis* Pourr.
Haar-Schwingel
Karte 751

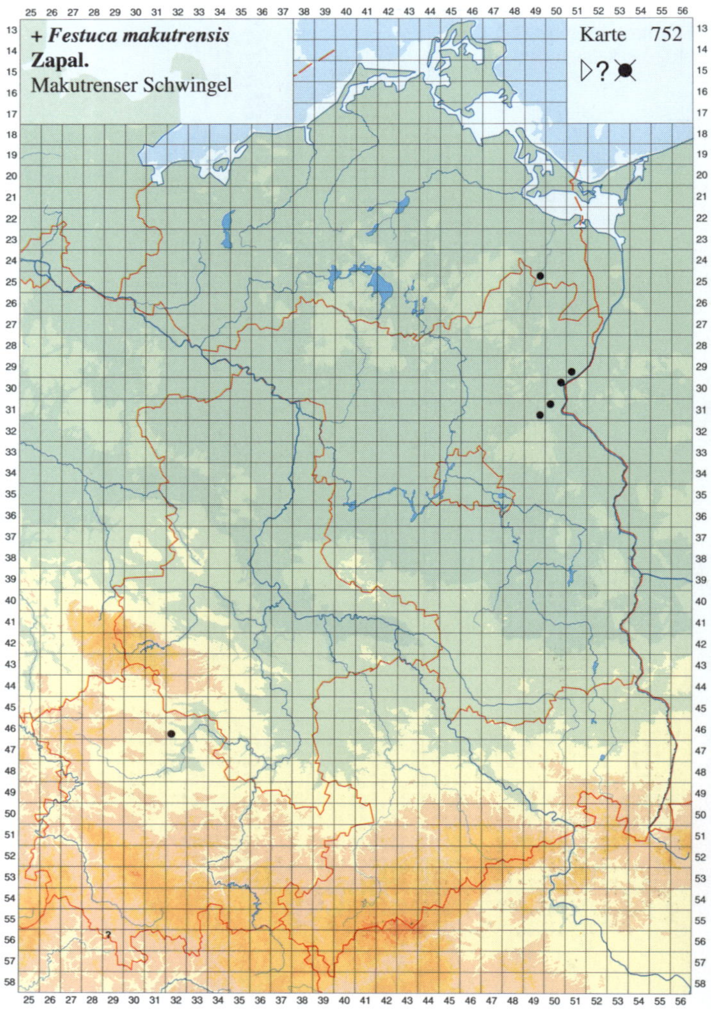
+ *Festuca makutrensis*
Zapal.
Makutrenser Schwingel
Karte 752

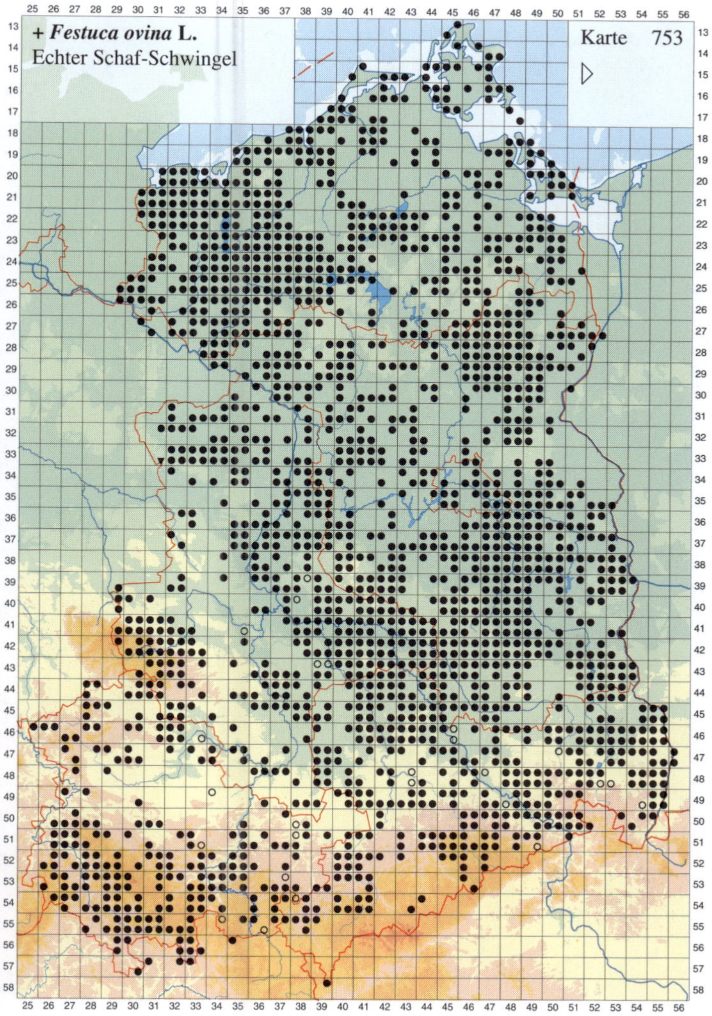
+ *Festuca ovina* L.
Echter Schaf-Schwingel
Karte 753

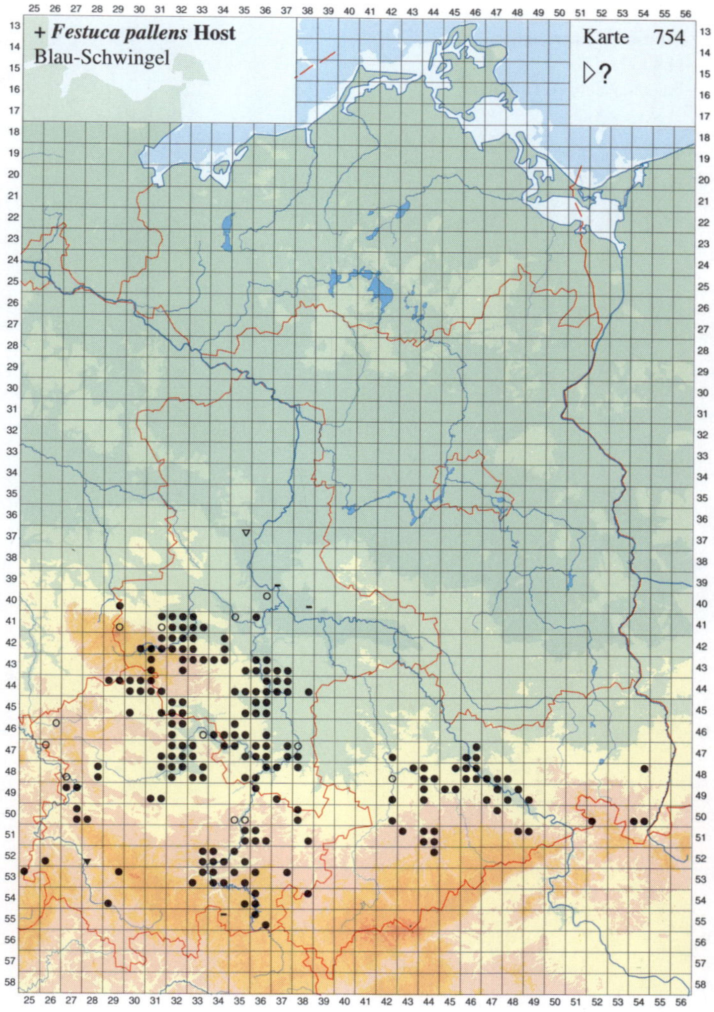
+ *Festuca pallens* Host
Blau-Schwingel
Karte 754

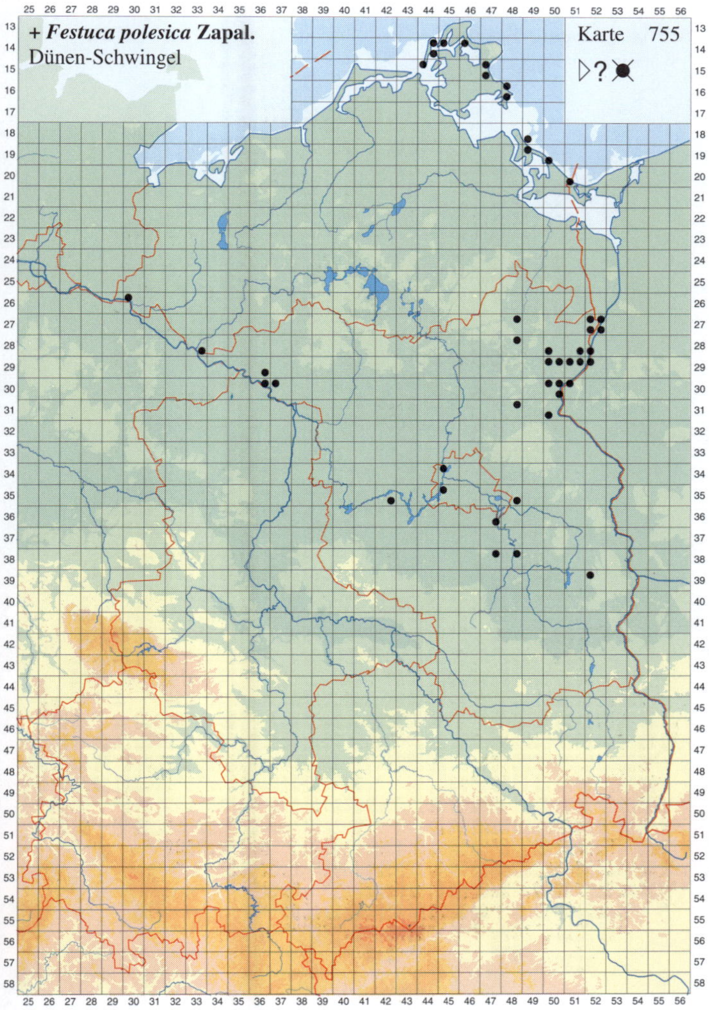
+ *Festuca polesica* Zapal.
Dünen-Schwingel
Karte 755

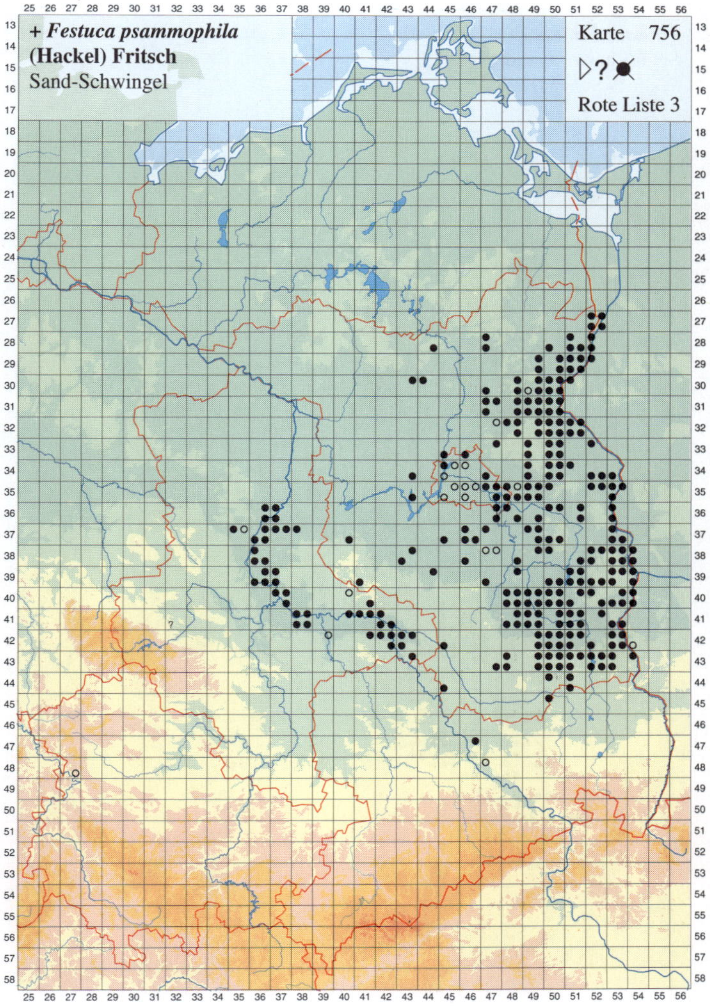
+ *Festuca psammophila* (Hackel) Fritsch
Sand-Schwingel
Karte 756
Rote Liste 3

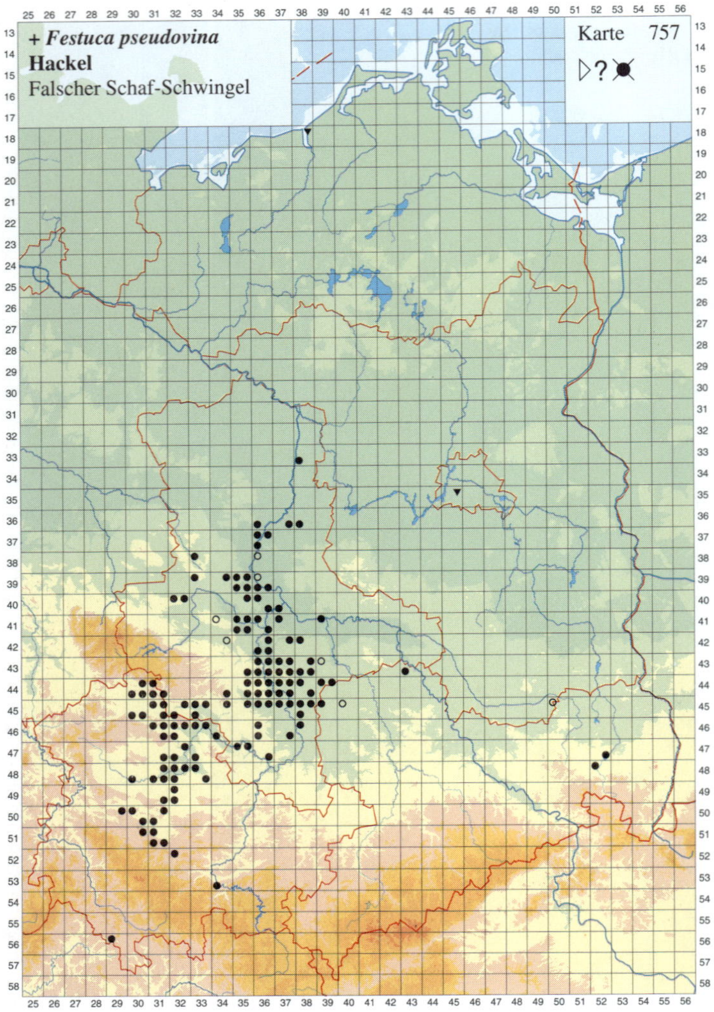
+ Festuca pseudovina
Hackel
Falscher Schaf-Schwingel
Karte 757

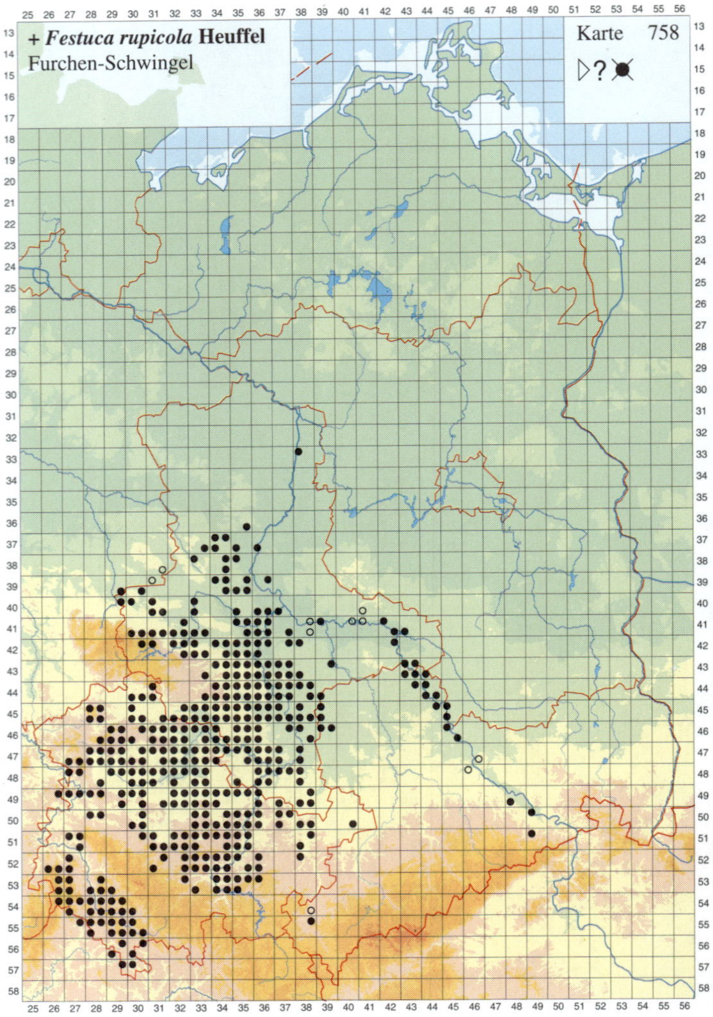
+ Festuca rupicola Heuffel
Furchen-Schwingel
Karte 758

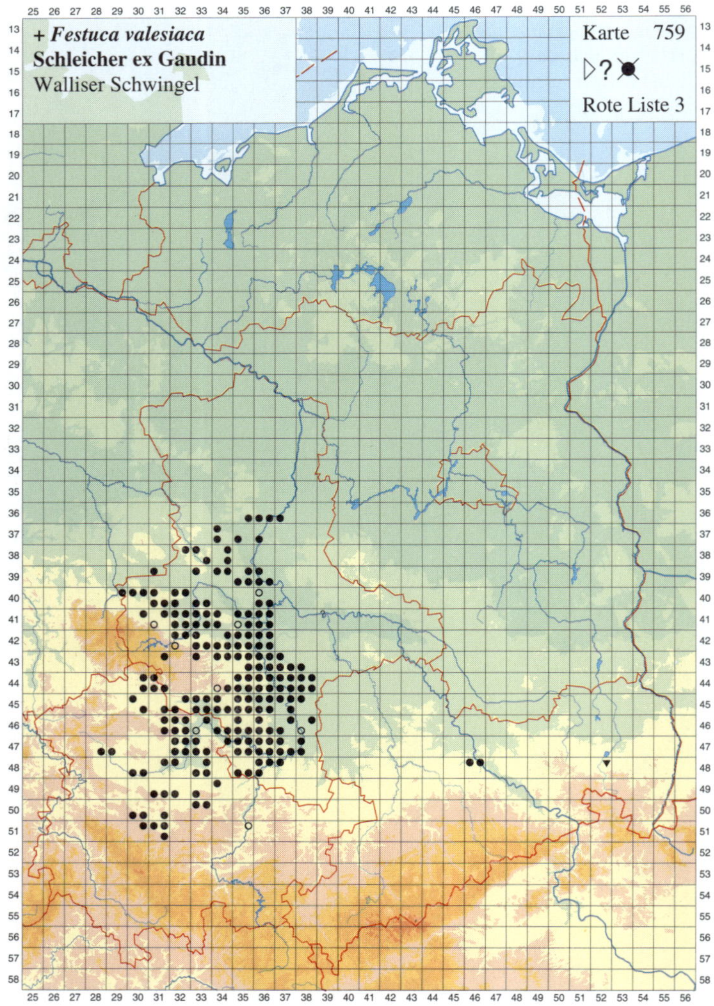
+ Festuca valesiaca
Schleicher ex Gaudin
Walliser Schwingel
Karte 759
Rote Liste 3

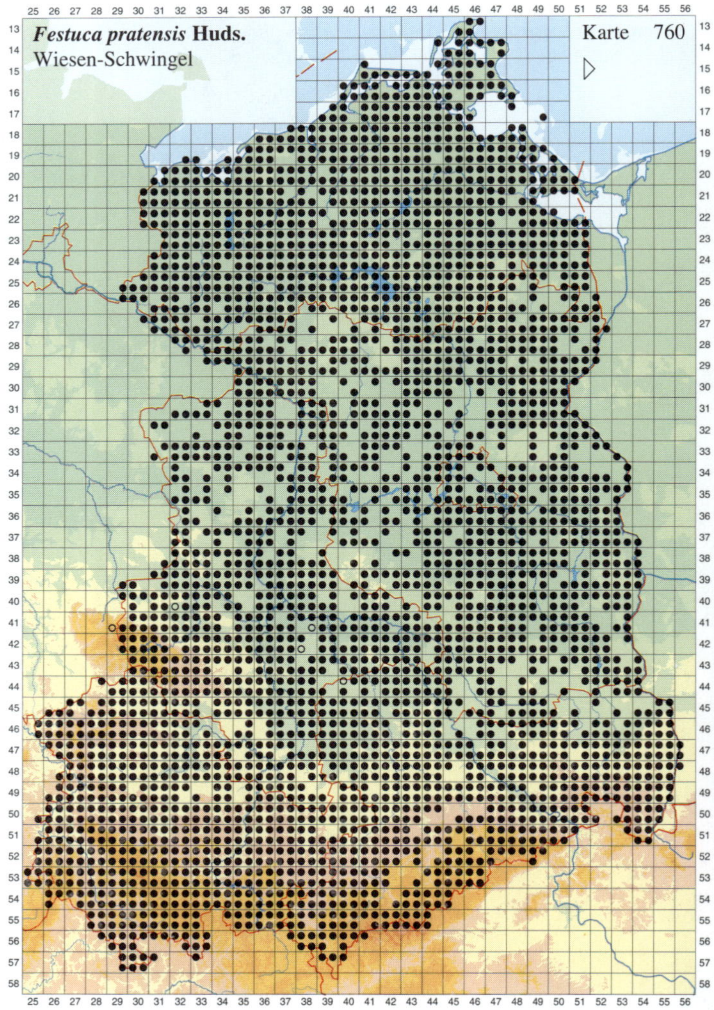
Festuca pratensis Huds.
Wiesen-Schwingel
Karte 760

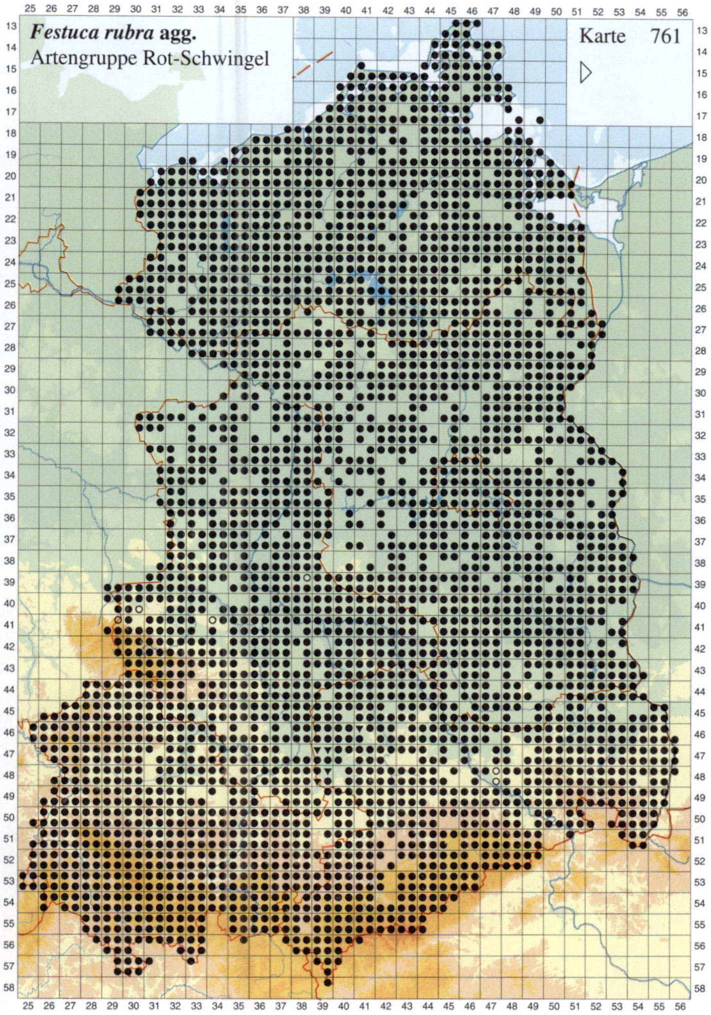
Festuca rubra agg.
Artengruppe Rot-Schwingel
Karte 761

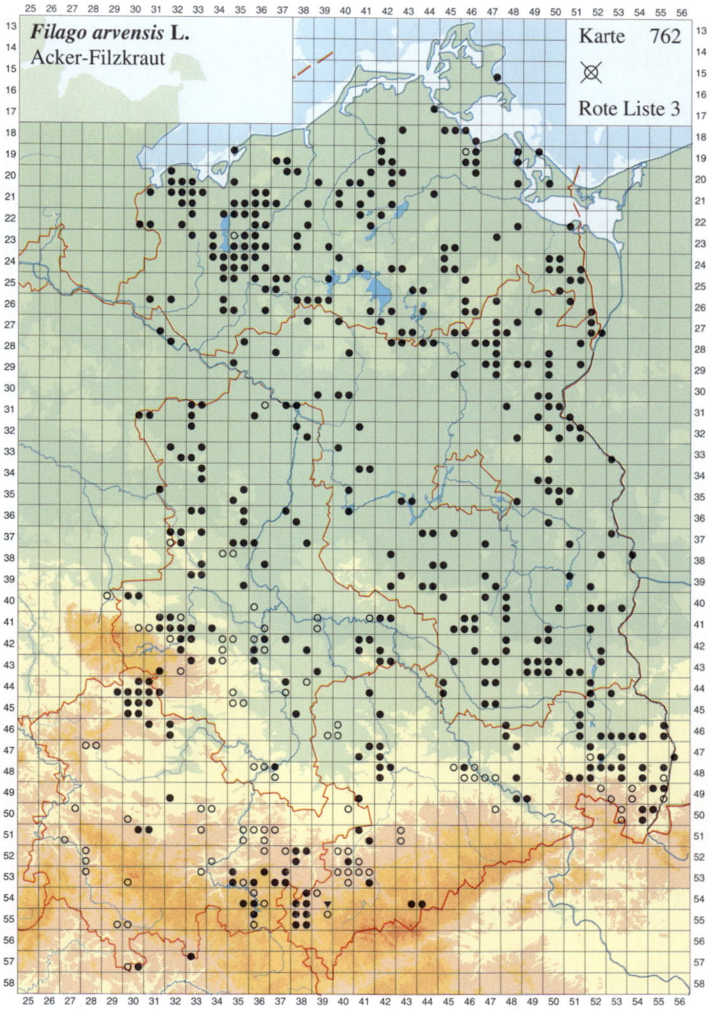
Filago arvensis L.
Acker-Filzkraut
Karte 762
Rote Liste 3

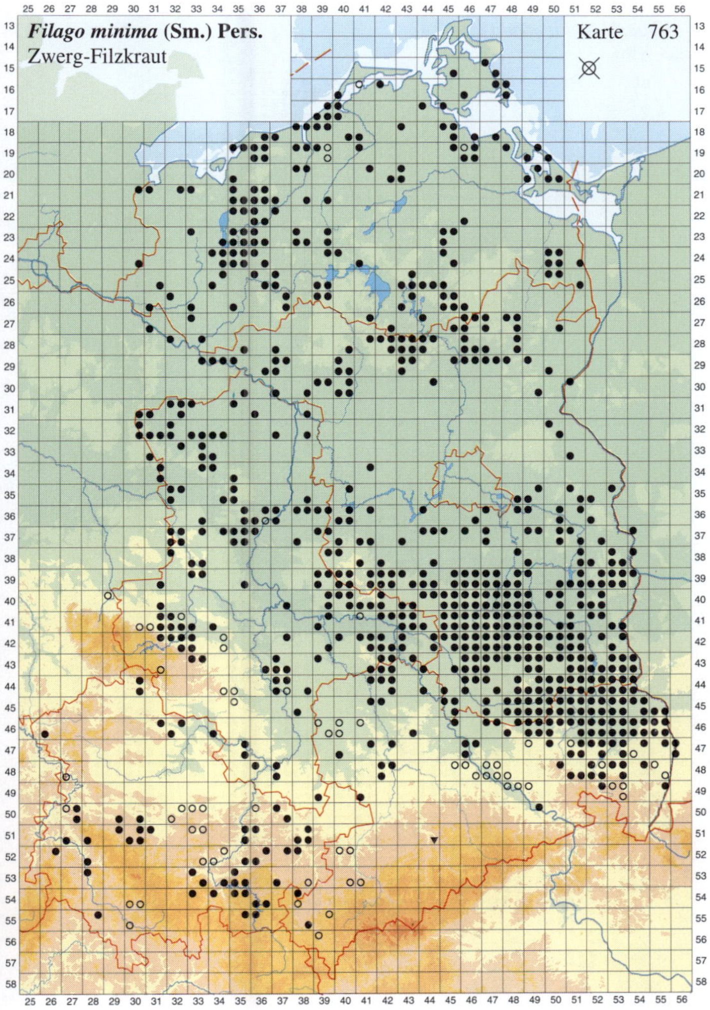
Filago minima (Sm.) Pers.
Zwerg-Filzkraut
Karte 763

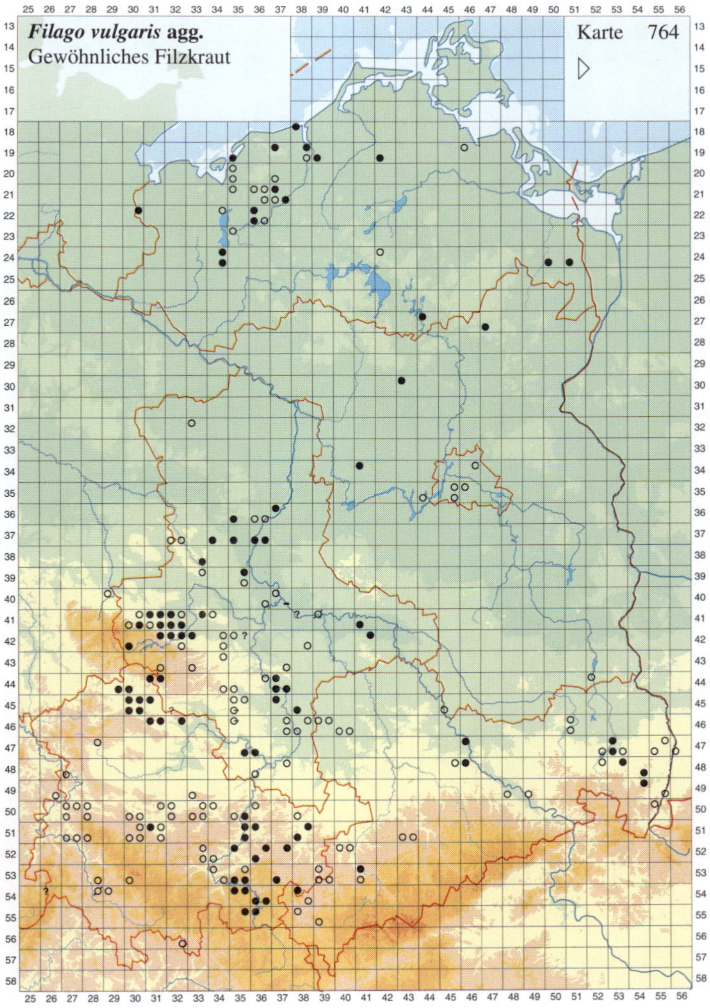
Filago vulgaris agg.
Gewöhnliches Filzkraut
Karte 764

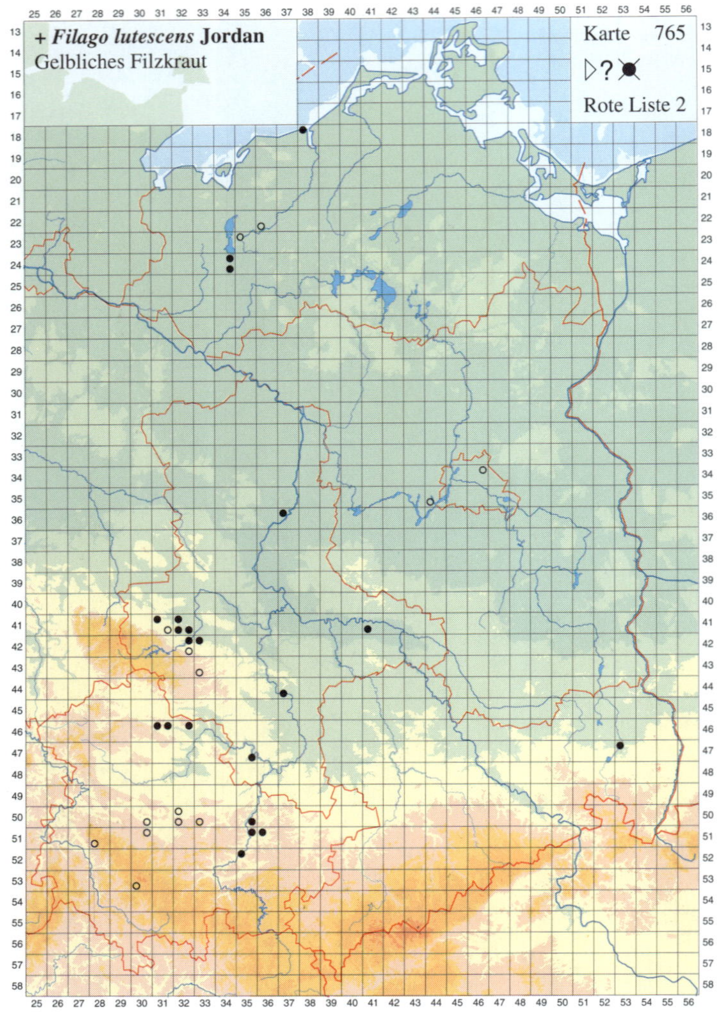
+ Filago lutescens Jordan
Gelbliches Filzkraut
Karte 765
Rote Liste 2

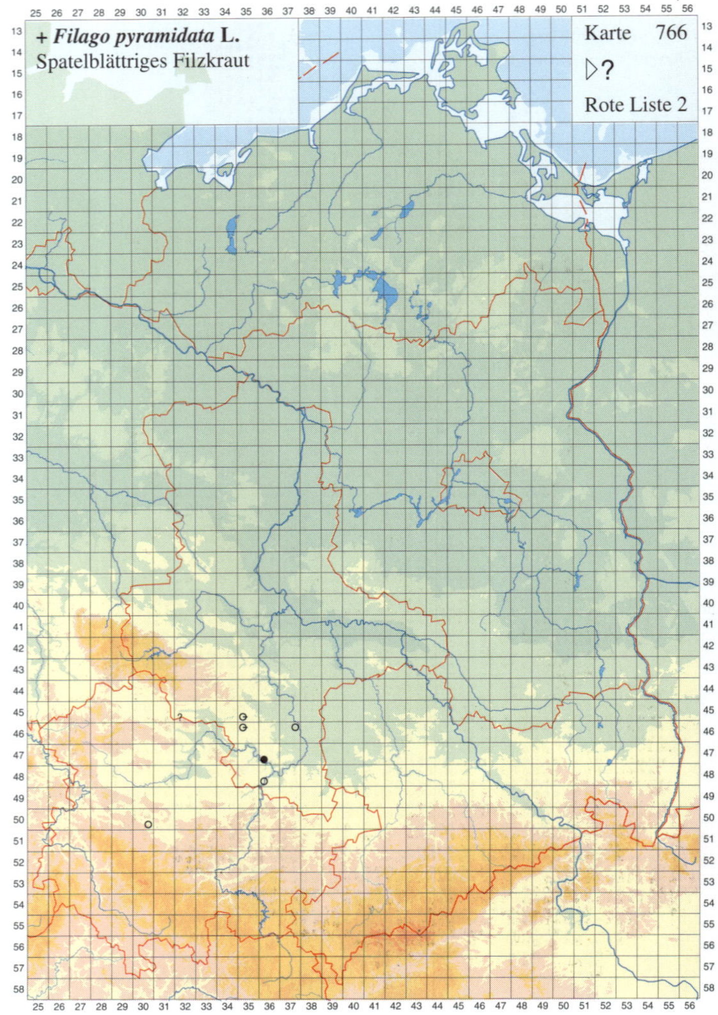
+ Filago pyramidata L.
Spatelblättriges Filzkraut
Karte 766
Rote Liste 2

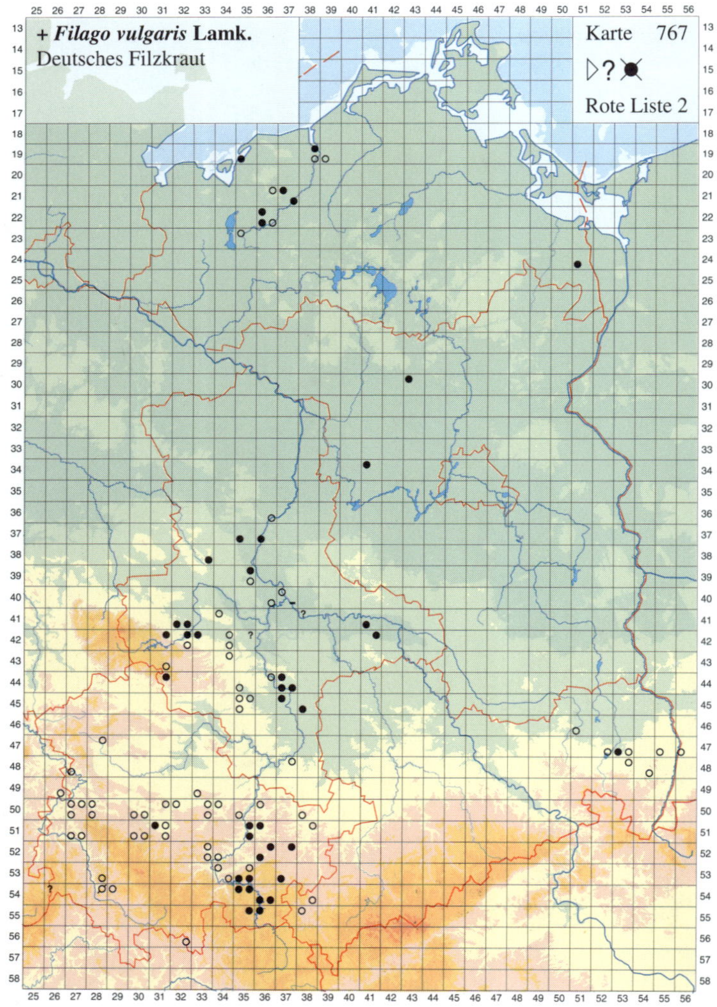
+ Filago vulgaris Lamk.
Deutsches Filzkraut
Karte 767
Rote Liste 2

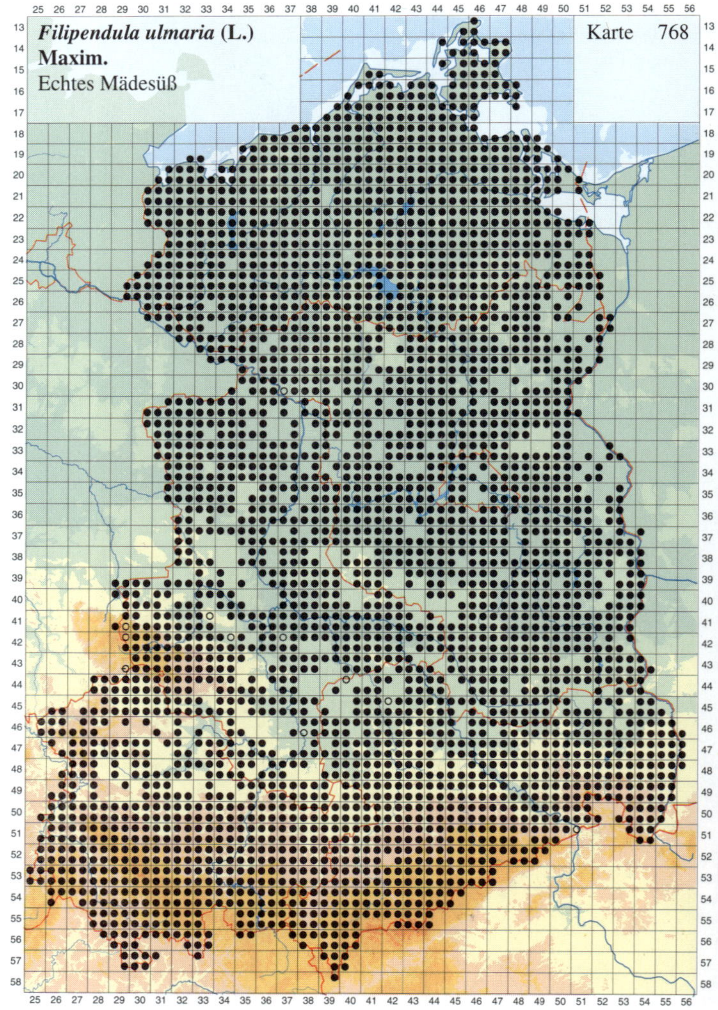
Filipendula ulmaria (L.) Maxim.
Echtes Mädesüß
Karte 768

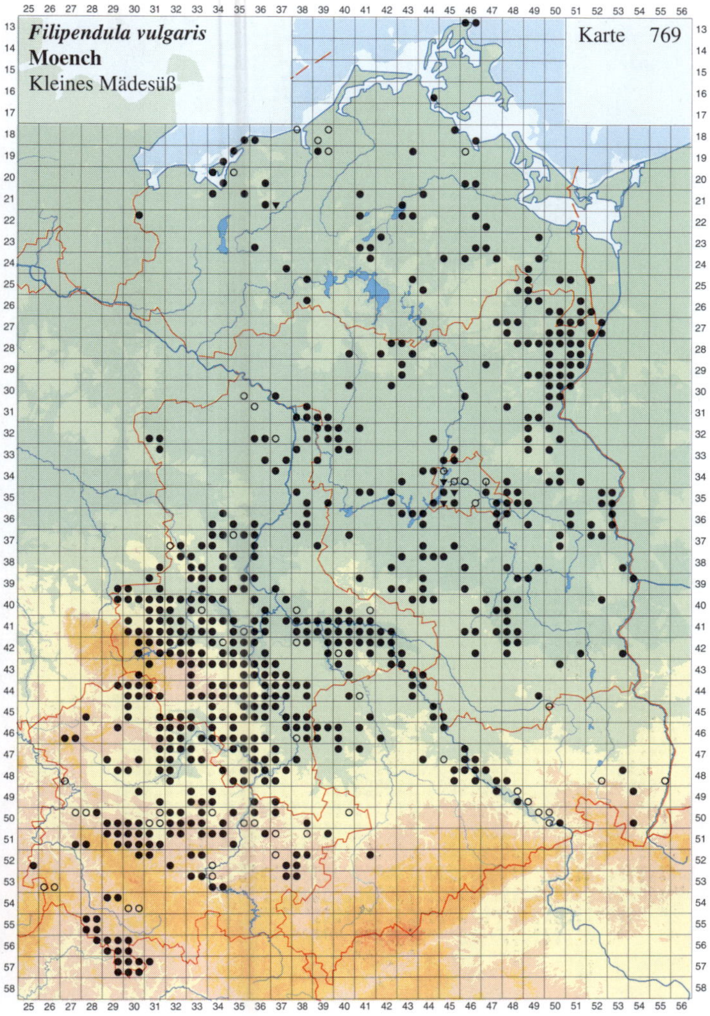
Filipendula vulgaris
Moench
Kleines Mädesüß
Karte 769

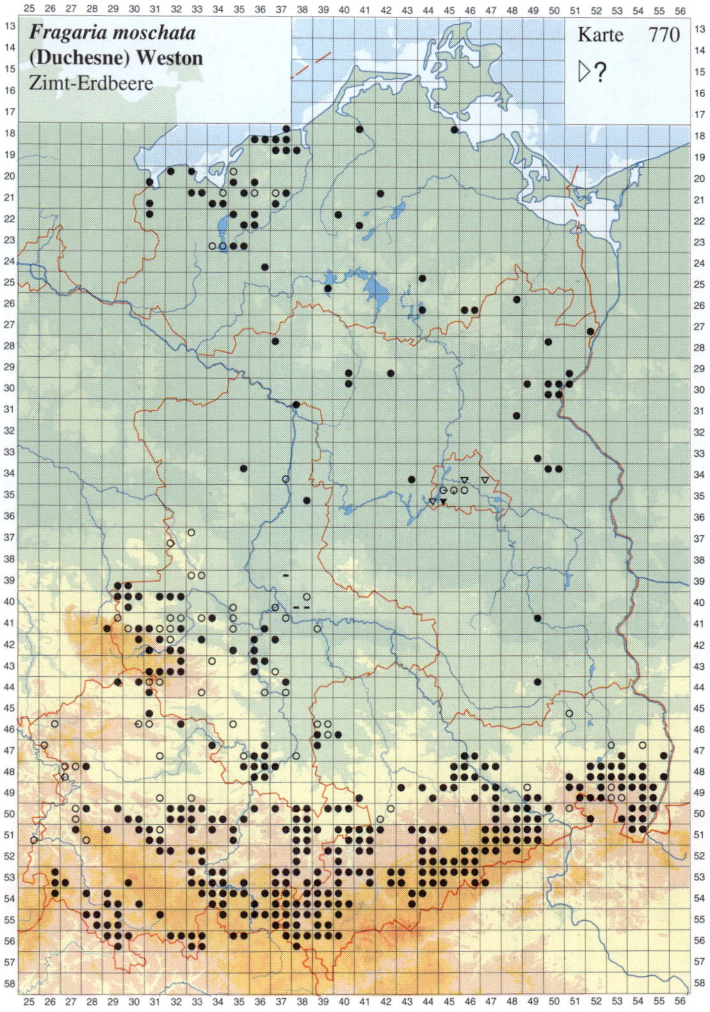
Fragaria moschata
(Duchesne) Weston
Zimt-Erdbeere
Karte 770

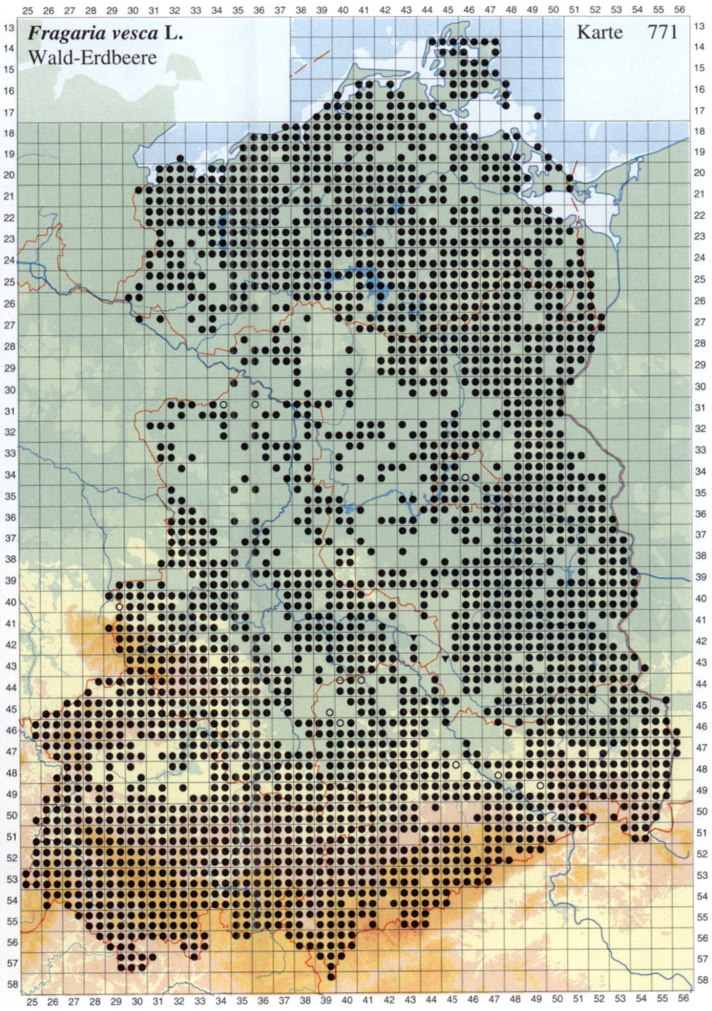
Fragaria vesca **L.**
Wald-Erdbeere
Karte 771

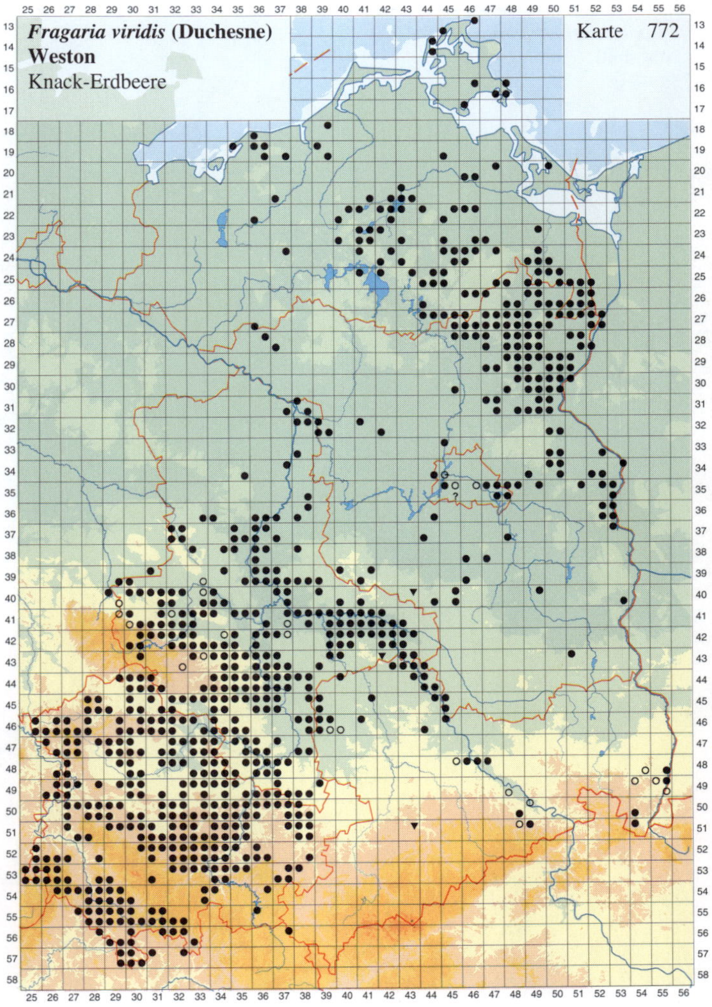
Fragaria viridis **(Duchesne)**
Weston
Knack-Erdbeere
Karte 772

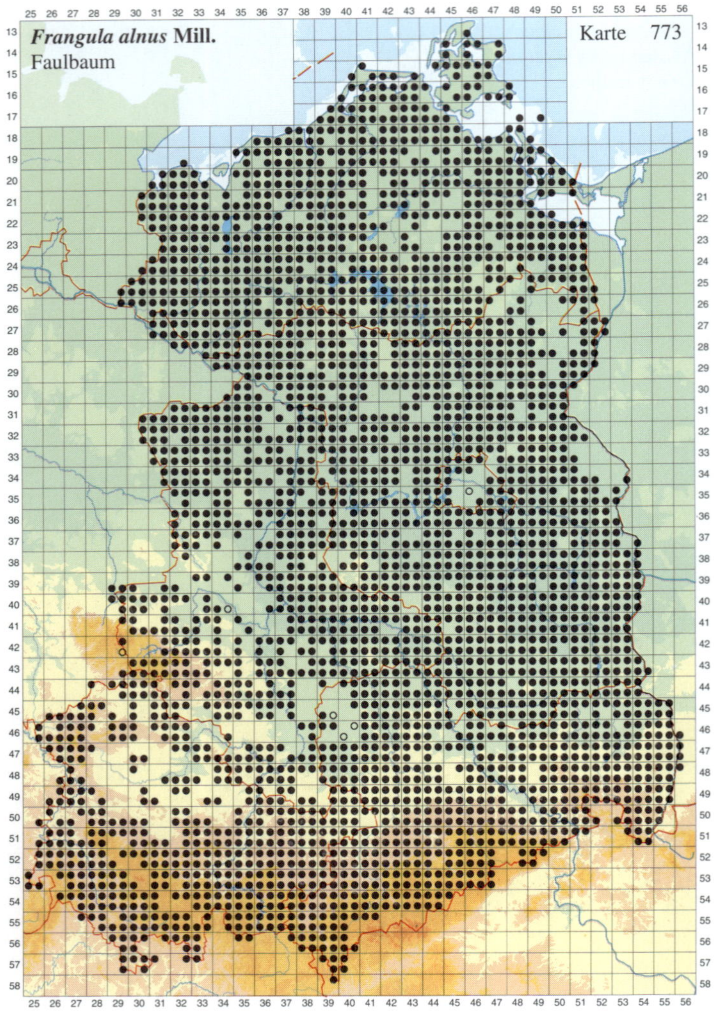
Frangula alnus Mill.
Faulbaum
Karte 773

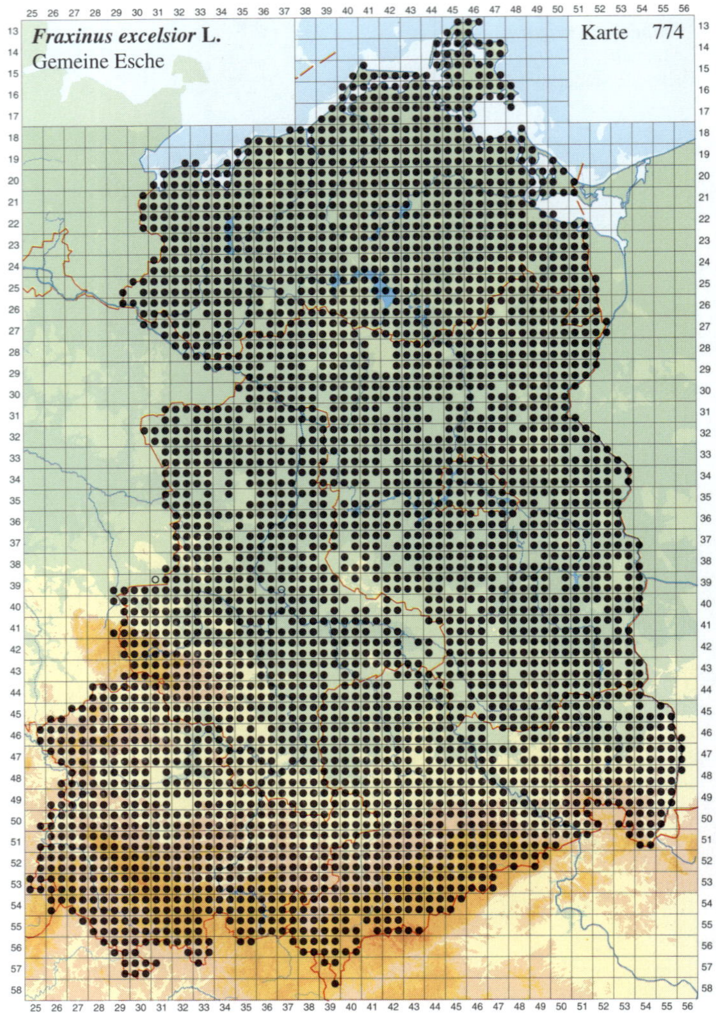
Fraxinus excelsior L.
Gemeine Esche
Karte 774

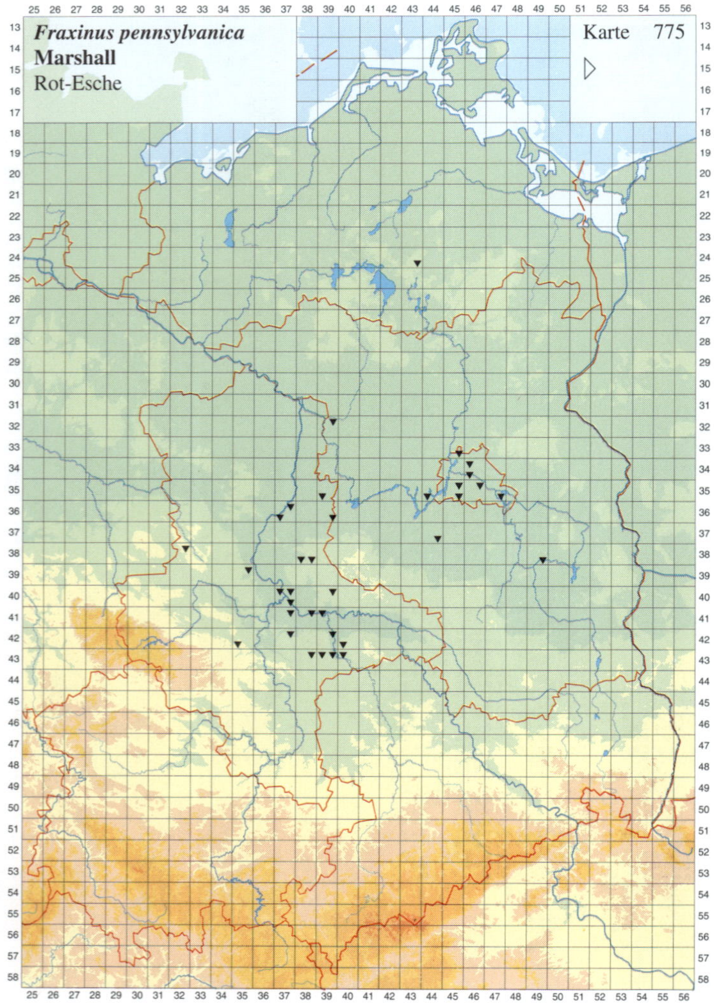
Fraxinus pennsylvanica Marshall
Rot-Esche
Karte 775

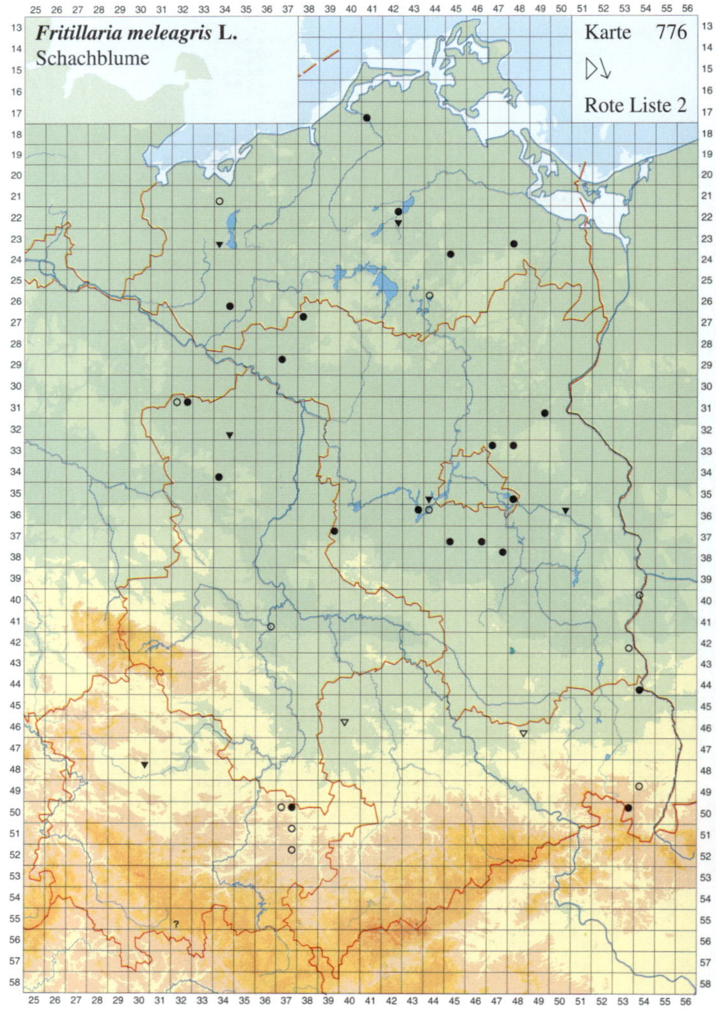
Fritillaria meleagris L.
Schachblume
Karte 776
Rote Liste 2

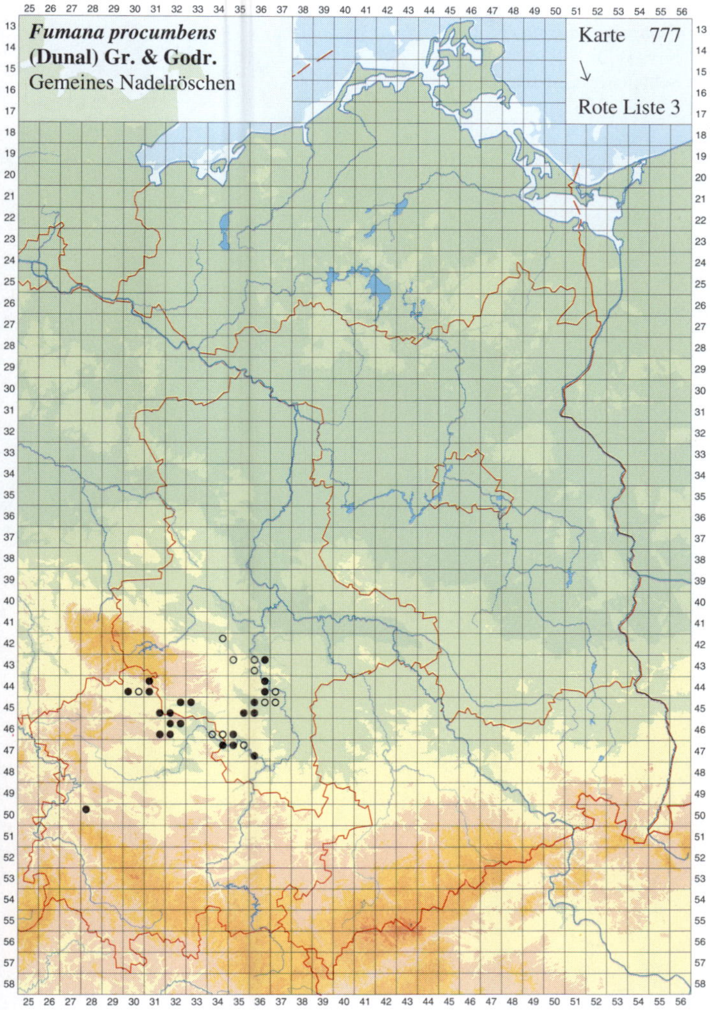
Fumana procumbens
(Dunal) Gr. & Godr.
Gemeines Nadelröschen
Karte 777
↘
Rote Liste 3

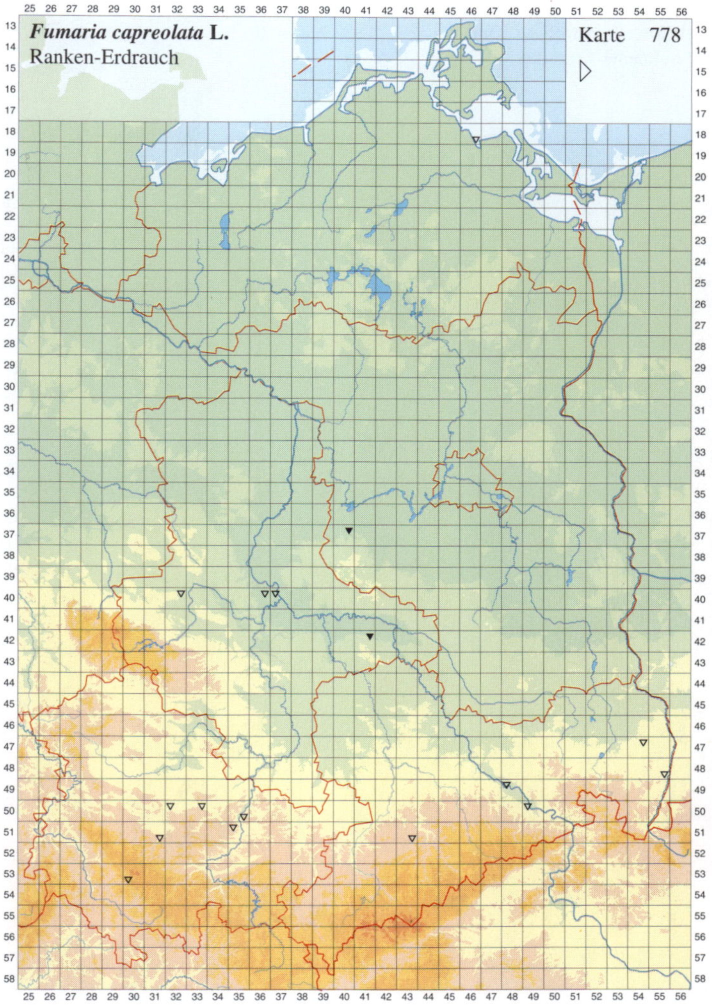
Fumaria capreolata **L.**
Ranken-Erdrauch
Karte 778

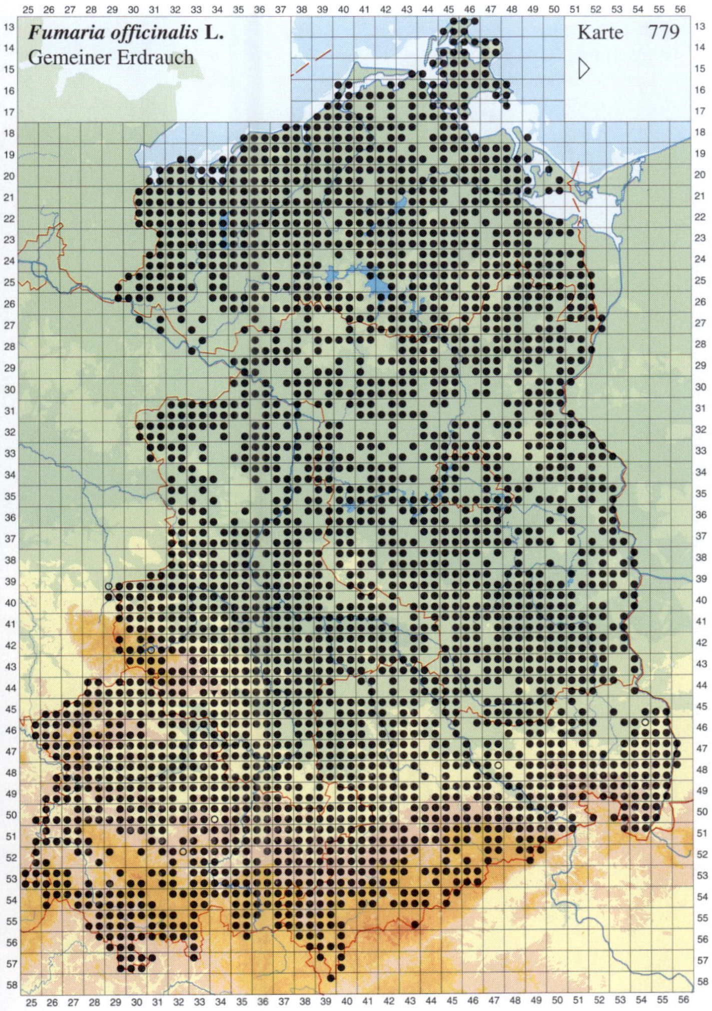
Fumaria officinalis **L.**
Gemeiner Erdrauch
Karte 779

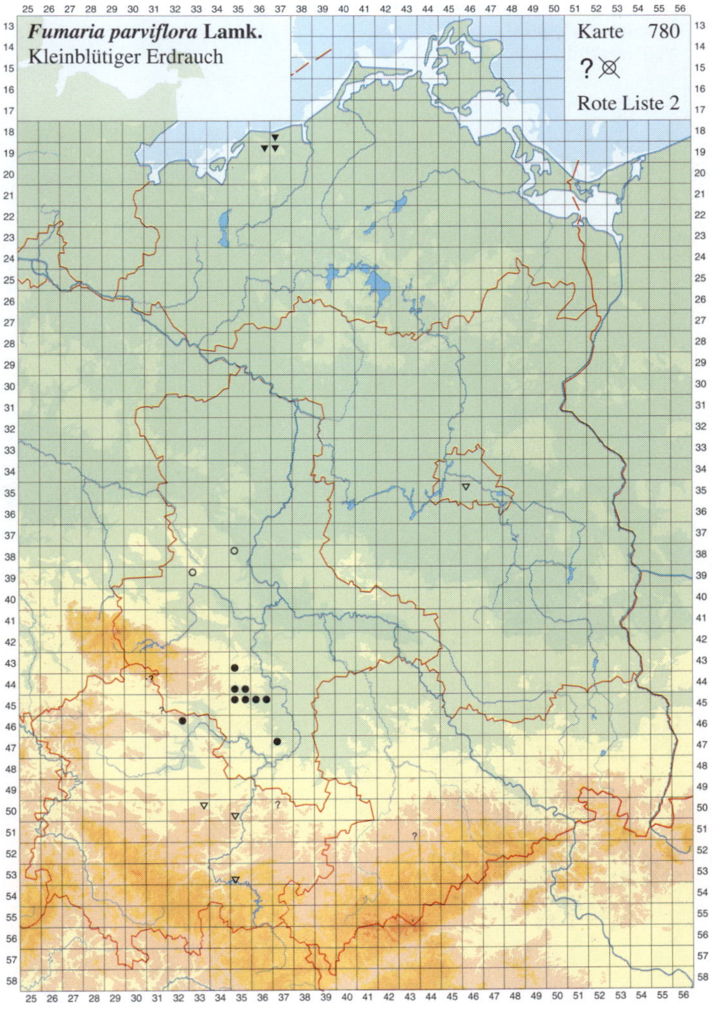
Fumaria parviflora **Lamk.**
Kleinblütiger Erdrauch
Karte 780
?
Rote Liste 2

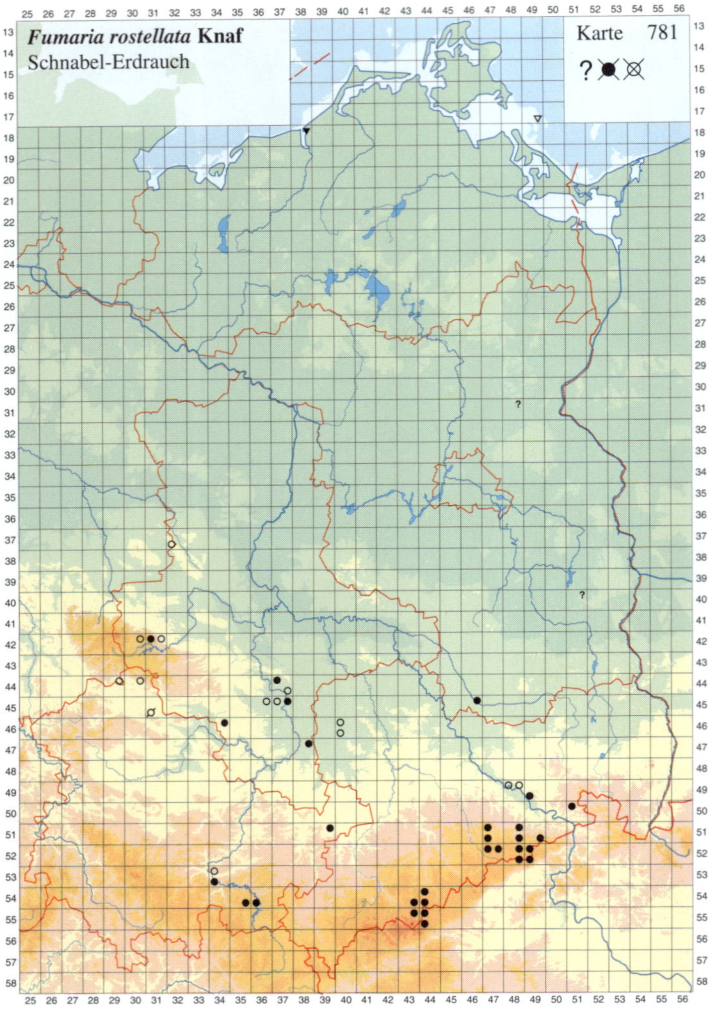
Fumaria rostellata **Knaf**
Schnabel-Erdrauch
Karte 781

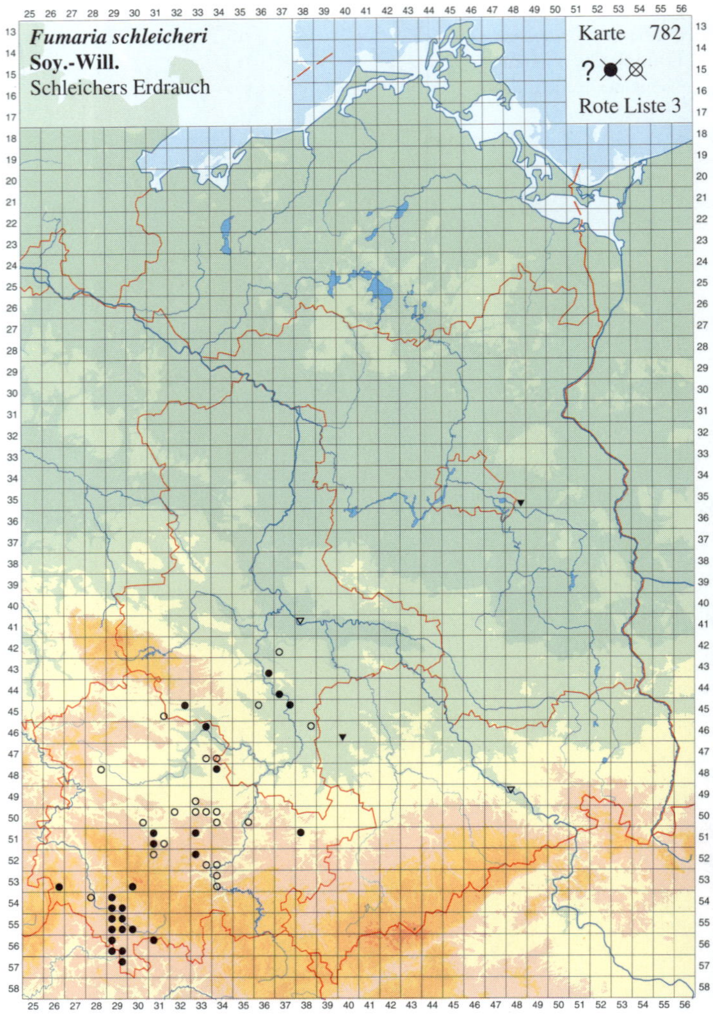
Fumaria schleicheri
Soy.-Will.
Schleichers Erdrauch
Karte 782
Rote Liste 3

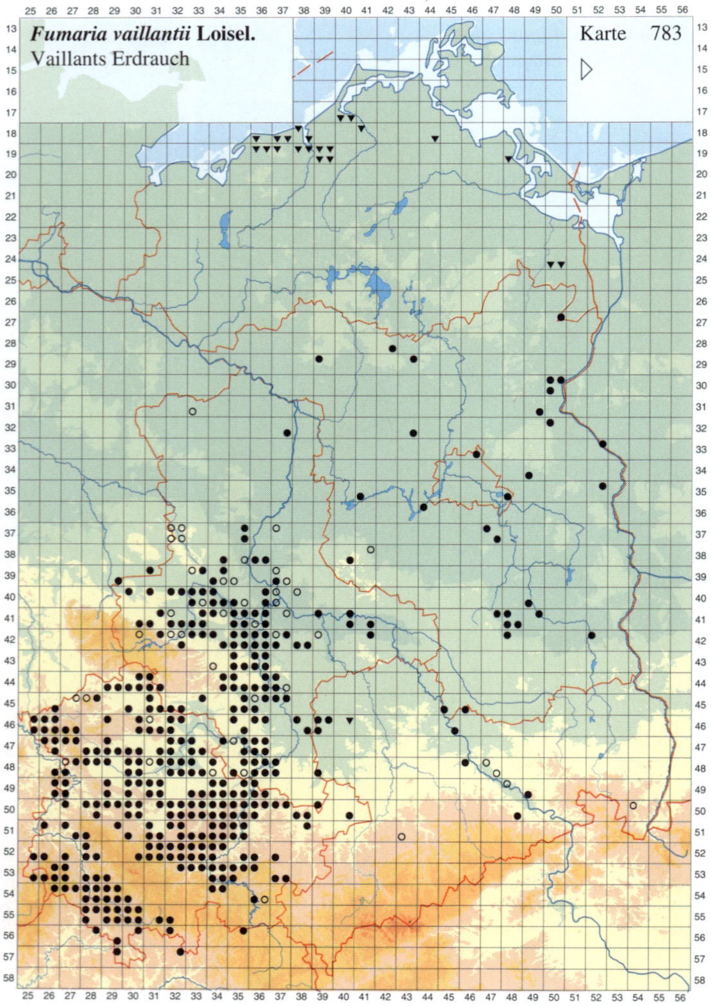
Fumaria vaillantii **Loisel.**
Vaillants Erdrauch
Karte 783

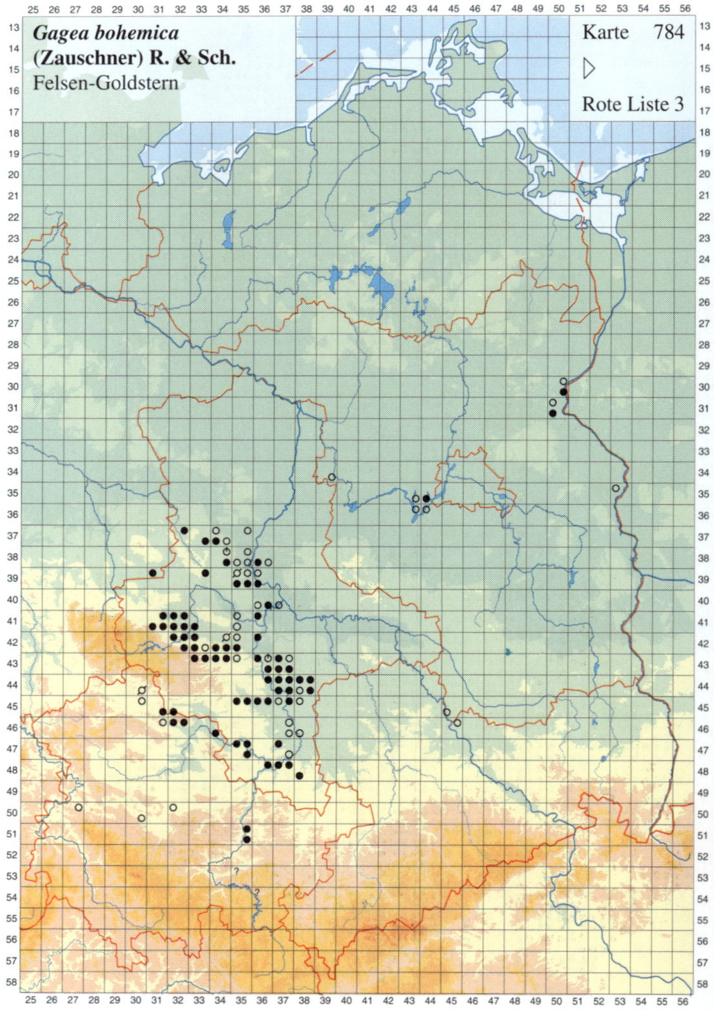
Gagea bohemica
(Zauschner) R. & Sch.
Felsen-Goldstern
Karte 784
Rote Liste 3

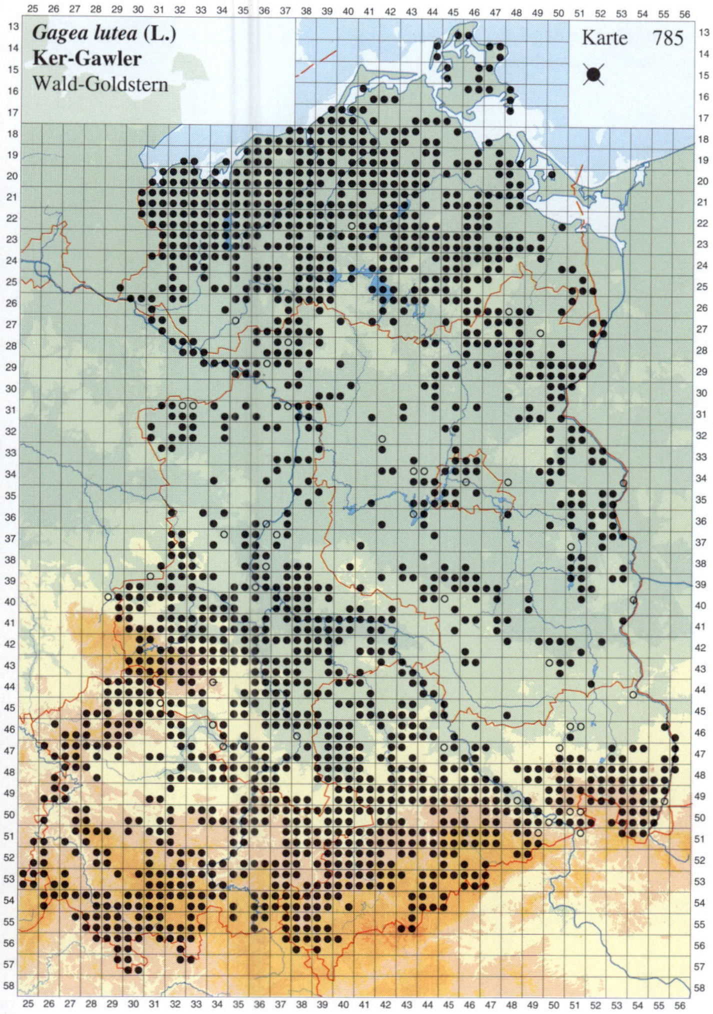
Gagea lutea (L.)
Ker-Gawler
Wald-Goldstern
Karte 785

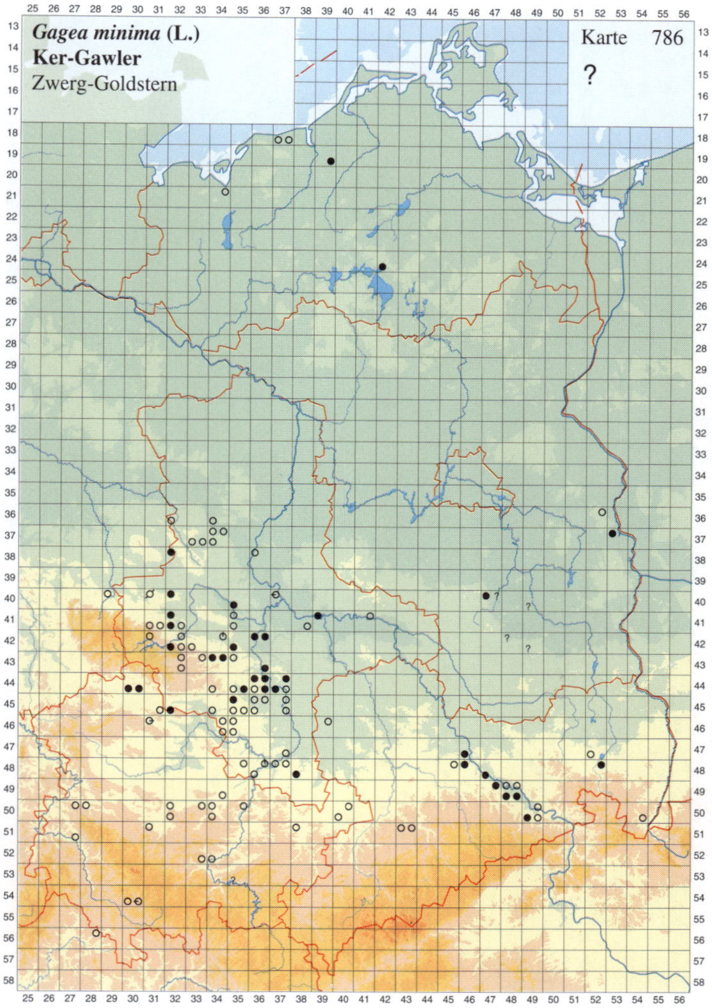
Gagea minima (L.)
Ker-Gawler
Zwerg-Goldstern
Karte 786
?

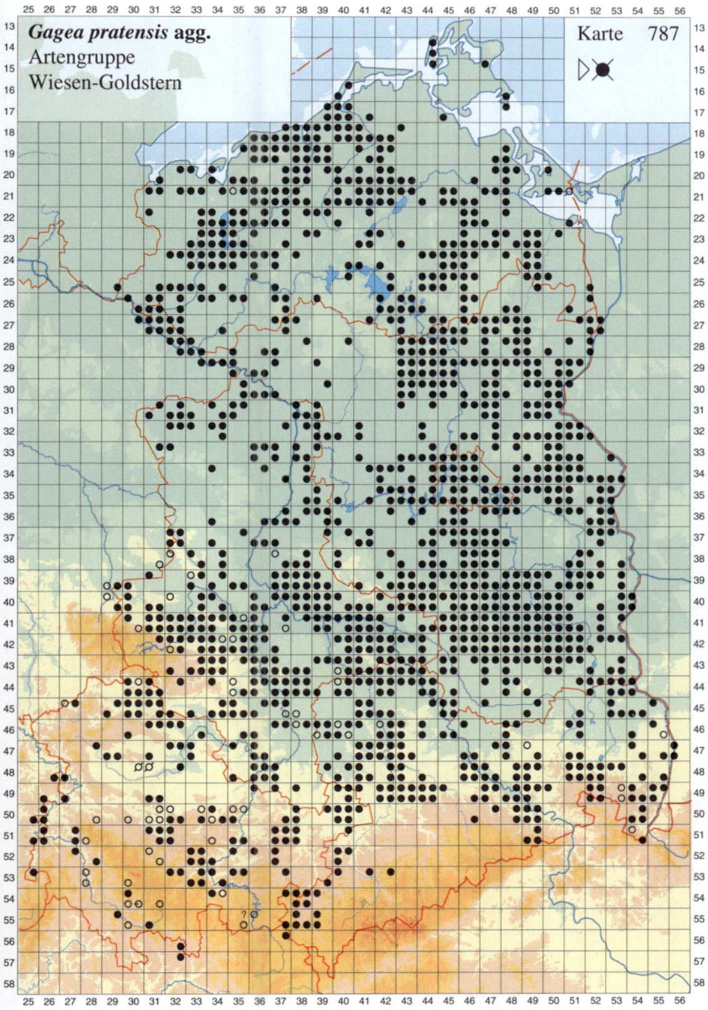
Gagea pratensis agg.
Artengruppe
Wiesen-Goldstern
Karte 787

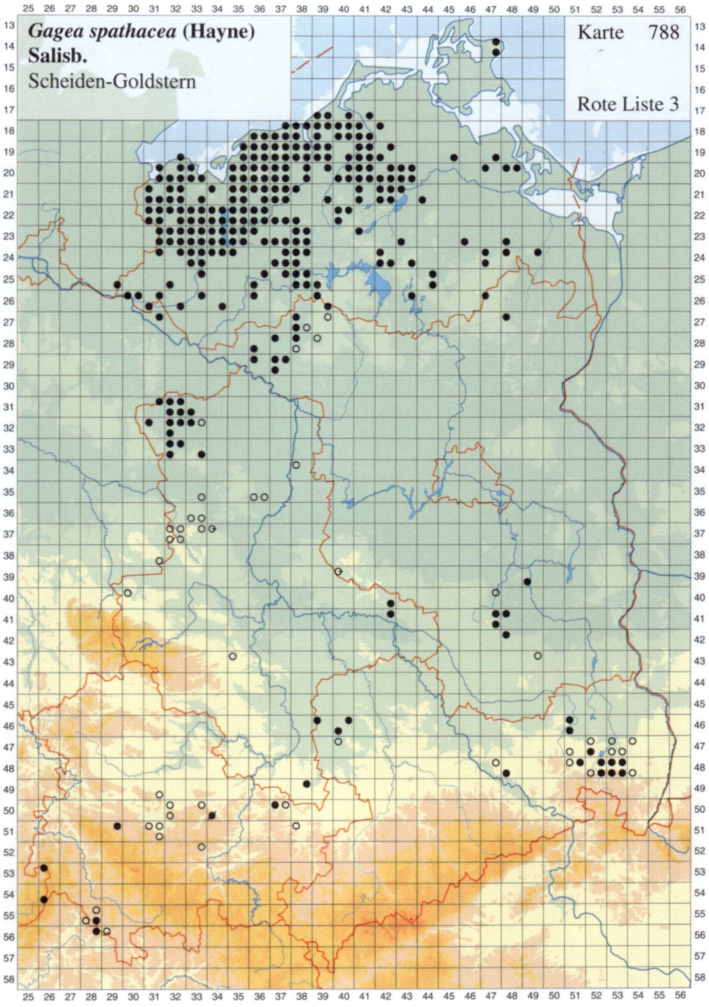
Gagea spathacea (Hayne)
Salisb.
Scheiden-Goldstern
Karte 788
Rote Liste 3

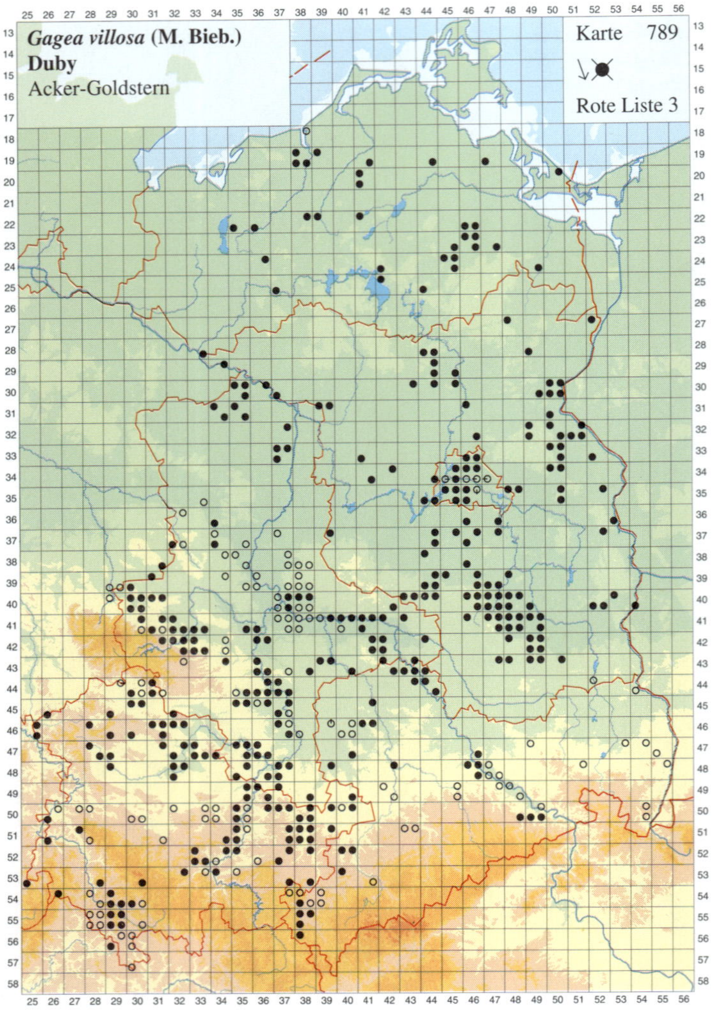
Gagea villosa (M. Bieb.) Duby
Acker-Goldstern
Karte 789
Rote Liste 3

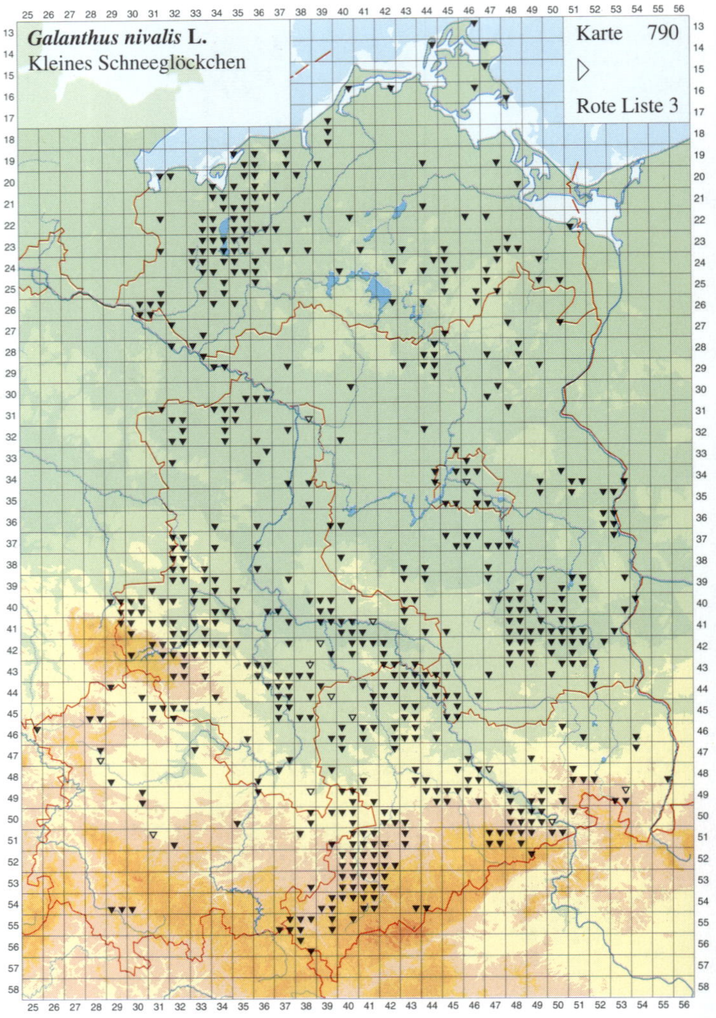
Galanthus nivalis L.
Kleines Schneeglöckchen
Karte 790
Rote Liste 3

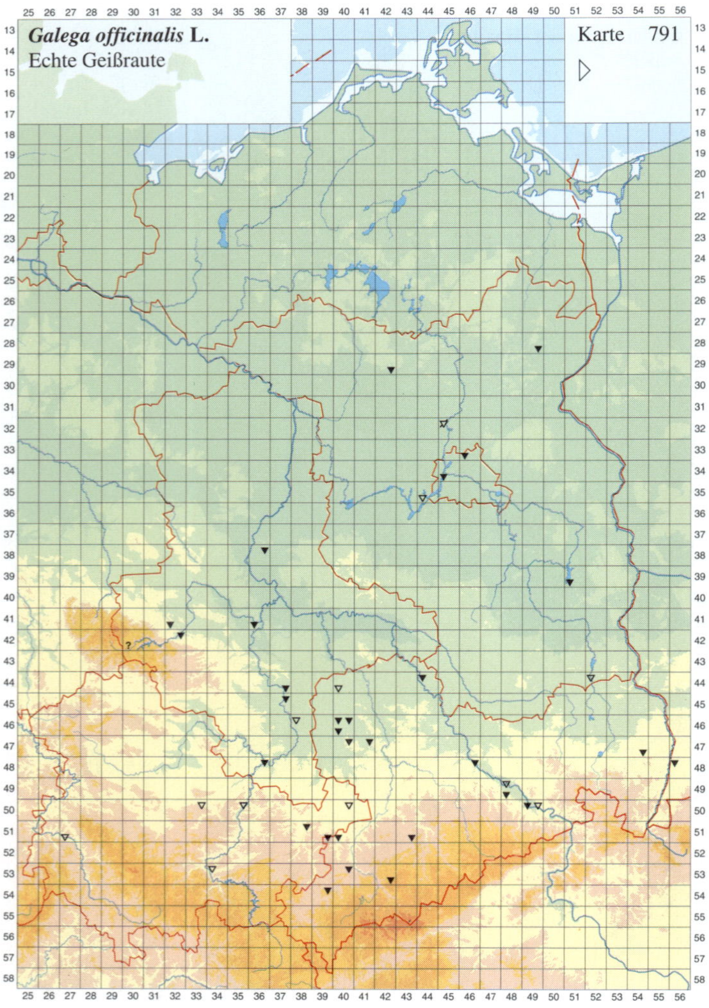
Galega officinalis L.
Echte Geißraute
Karte 791

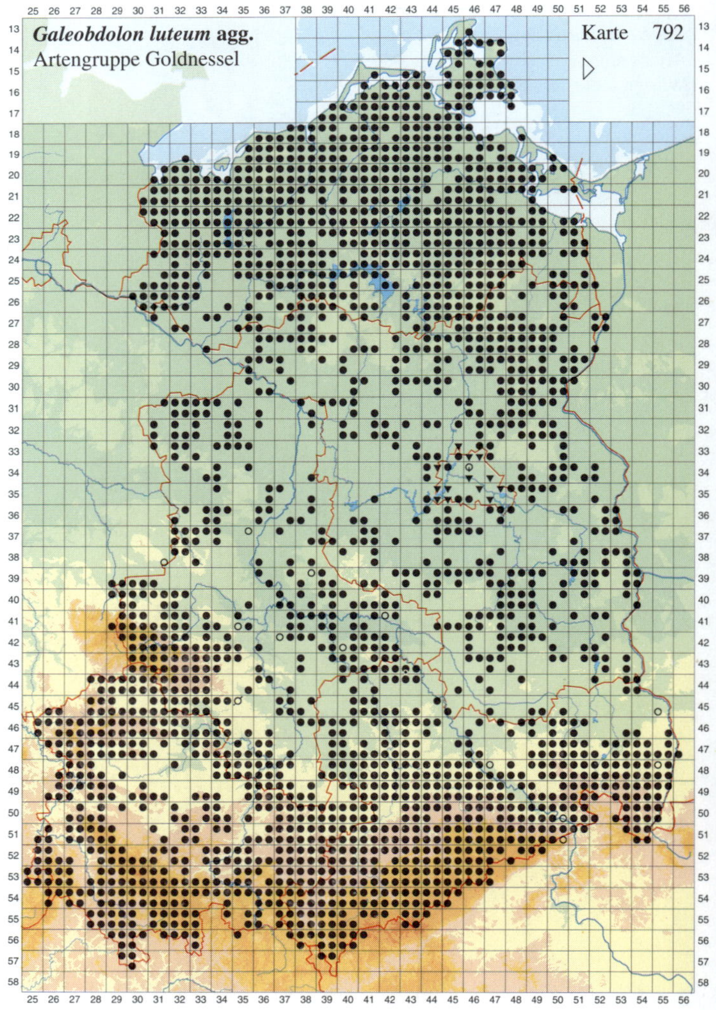
Galeobdolon luteum agg.
Artengruppe Goldnessel
Karte 792

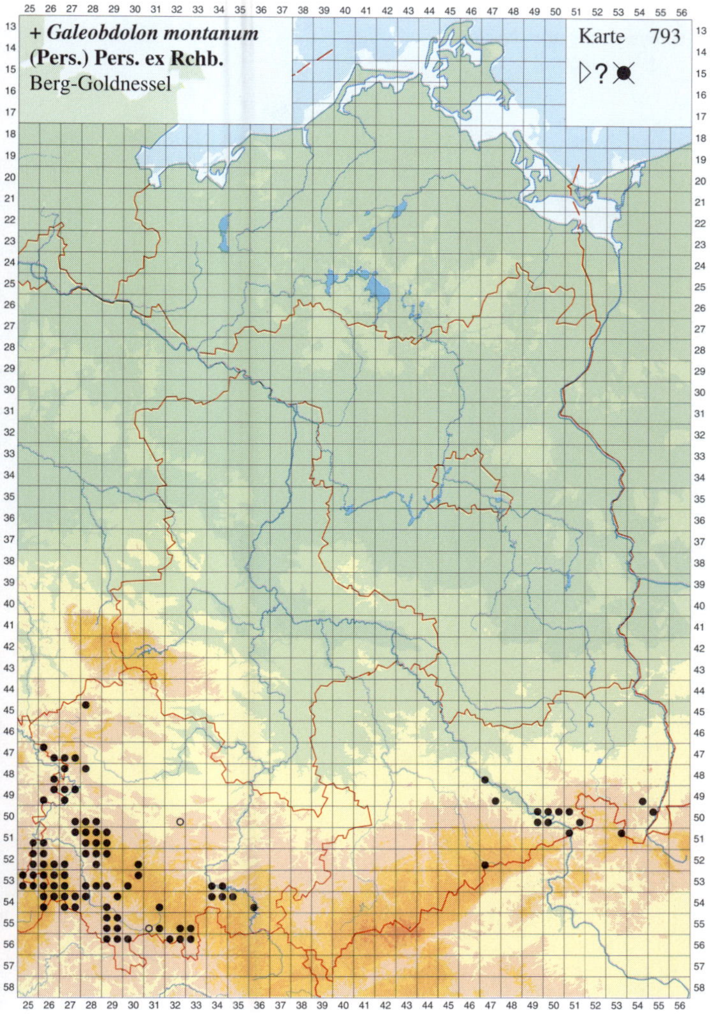
+ Galeobdolon montanum
(Pers.) Pers. ex Rchb.
Berg-Goldnessel
Karte 793

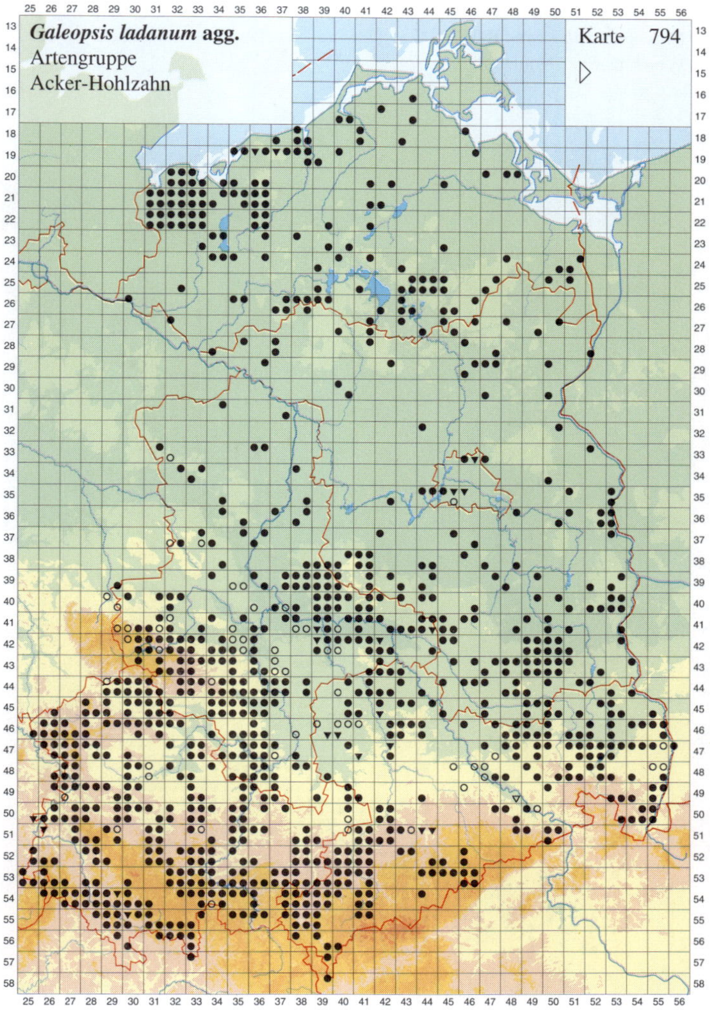
Galeopsis ladanum agg.
Artengruppe
Acker-Hohlzahn
Karte 794

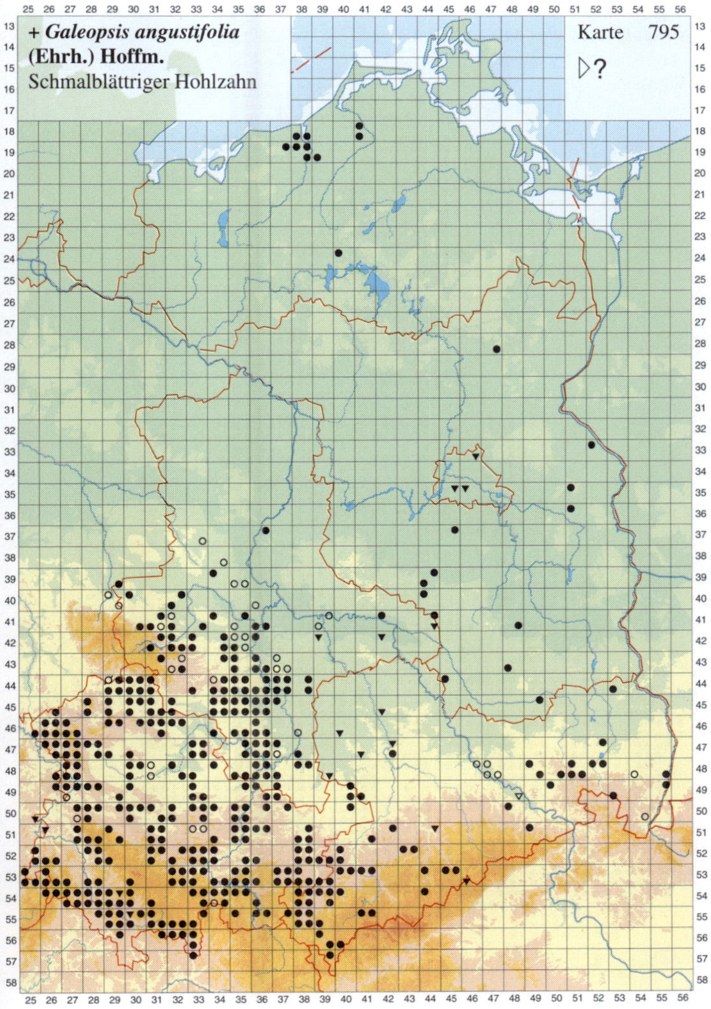
+ Galeopsis angustifolia
(Ehrh.) Hoffm.
Schmalblättriger Hohlzahn
Karte 795

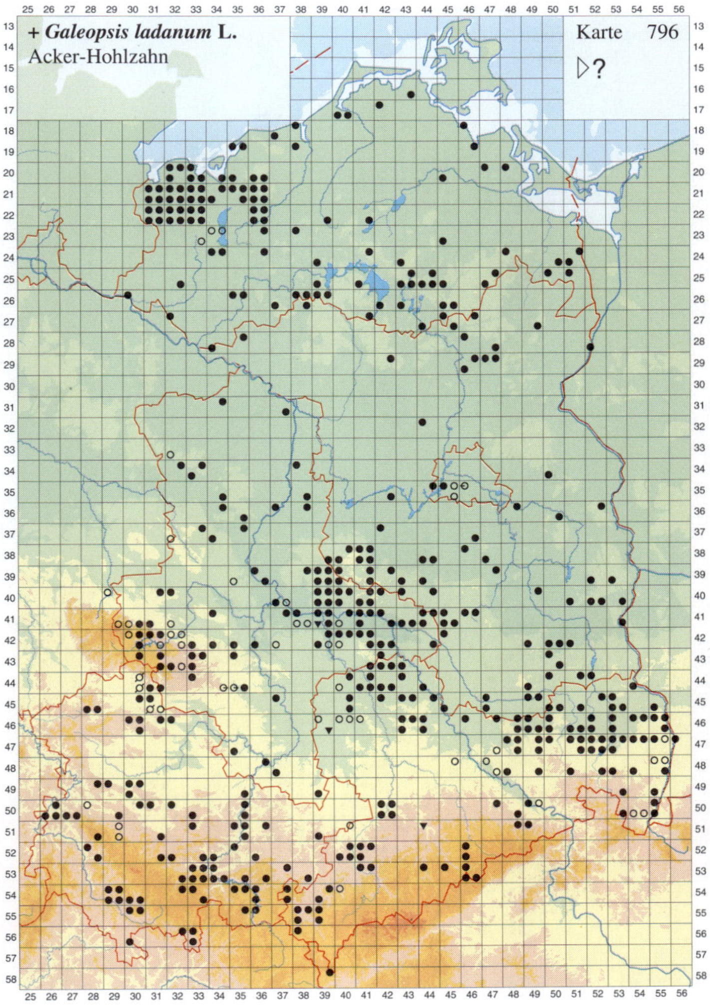
+ Galeopsis ladanum L.
Acker-Hohlzahn
Karte 796

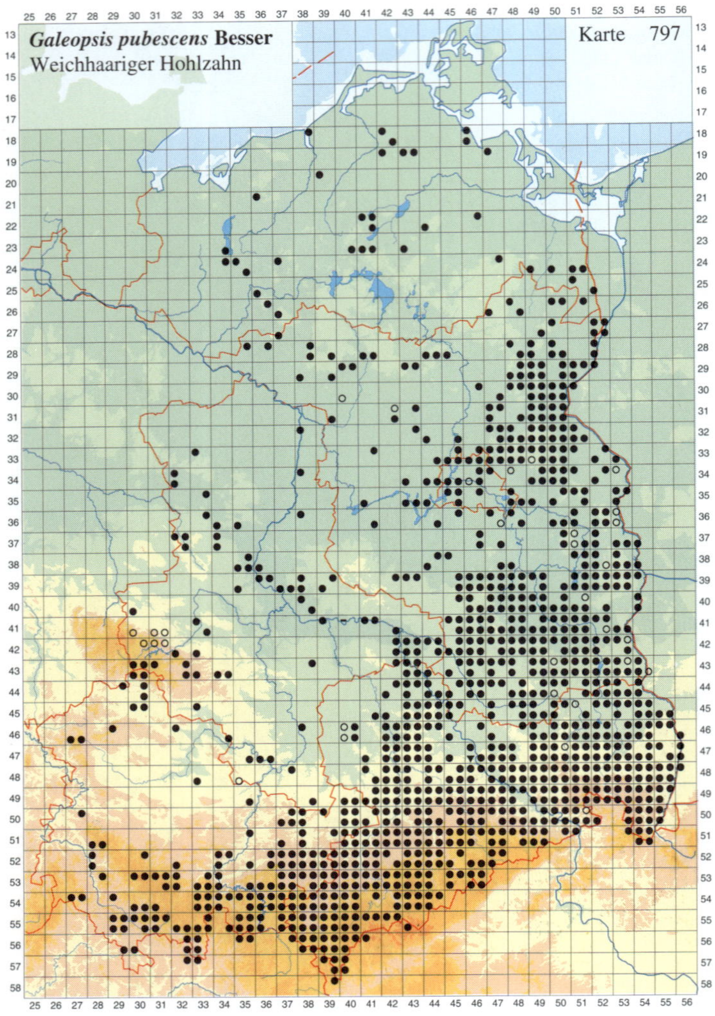
Galeopsis pubescens Besser
Weichhaariger Hohlzahn
Karte 797

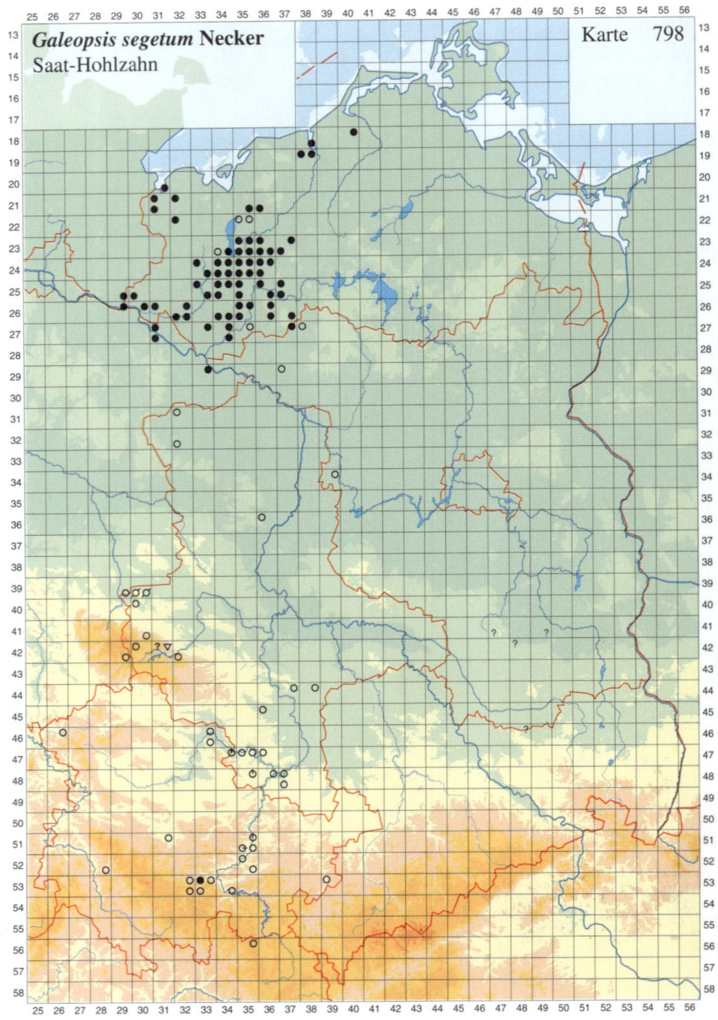
Galeopsis segetum Necker
Saat-Hohlzahn
Karte 798

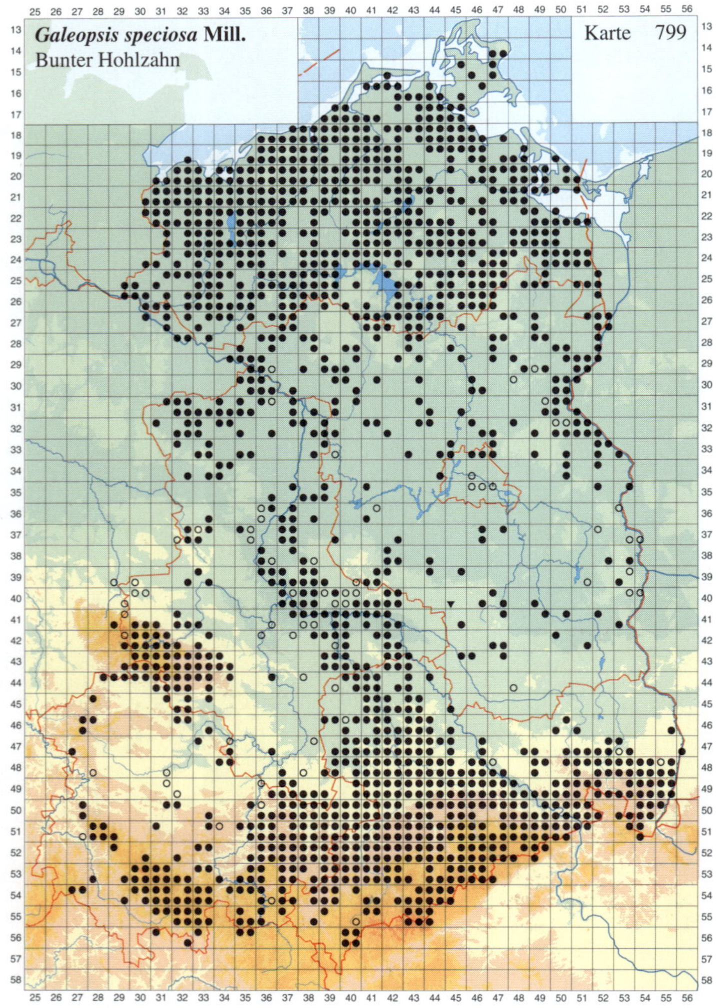
Galeopsis speciosa Mill.
Bunter Hohlzahn
Karte 799

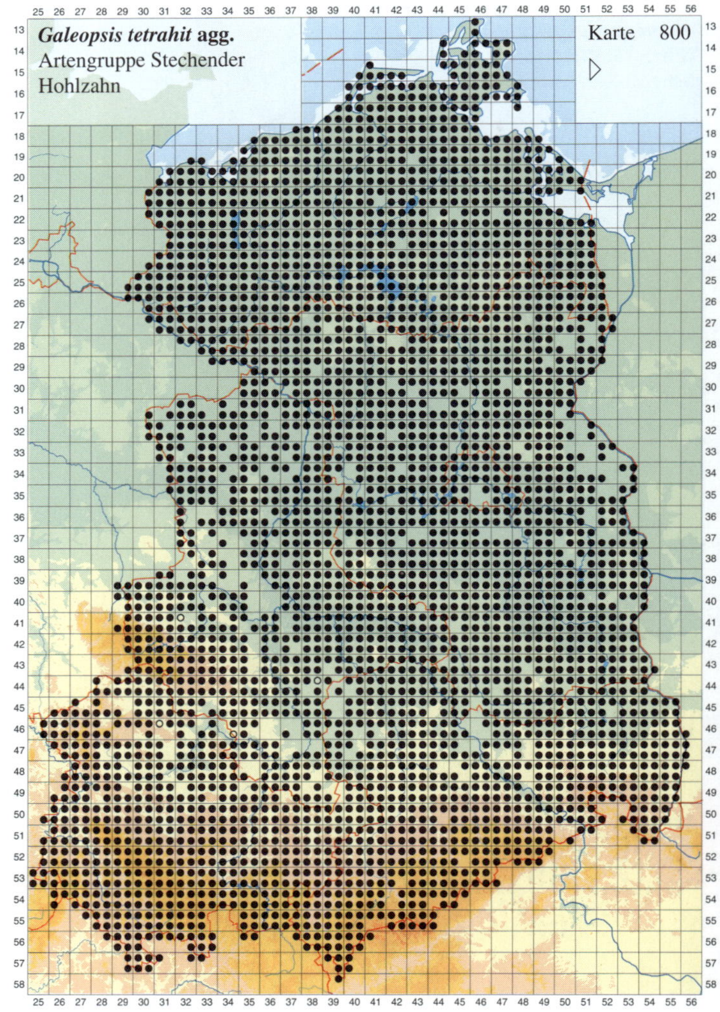
Galeopsis tetrahit agg.
Artengruppe Stechender
Hohlzahn
Karte 800

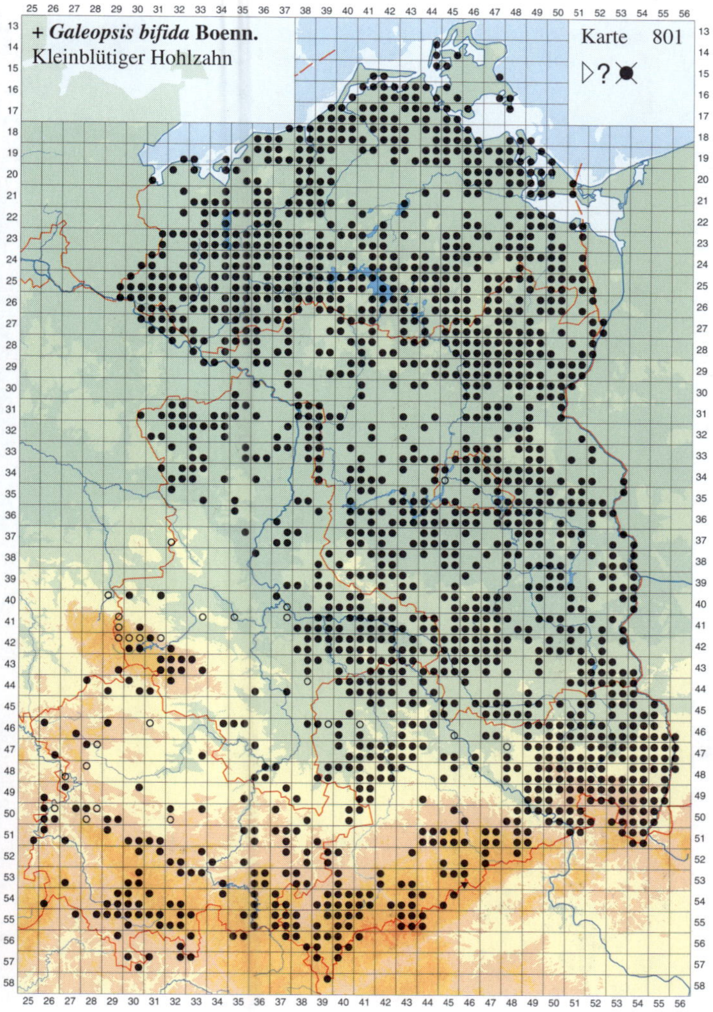
+ *Galeopsis bifida* Boenn.
Kleinblütiger Hohlzahn
Karte 801

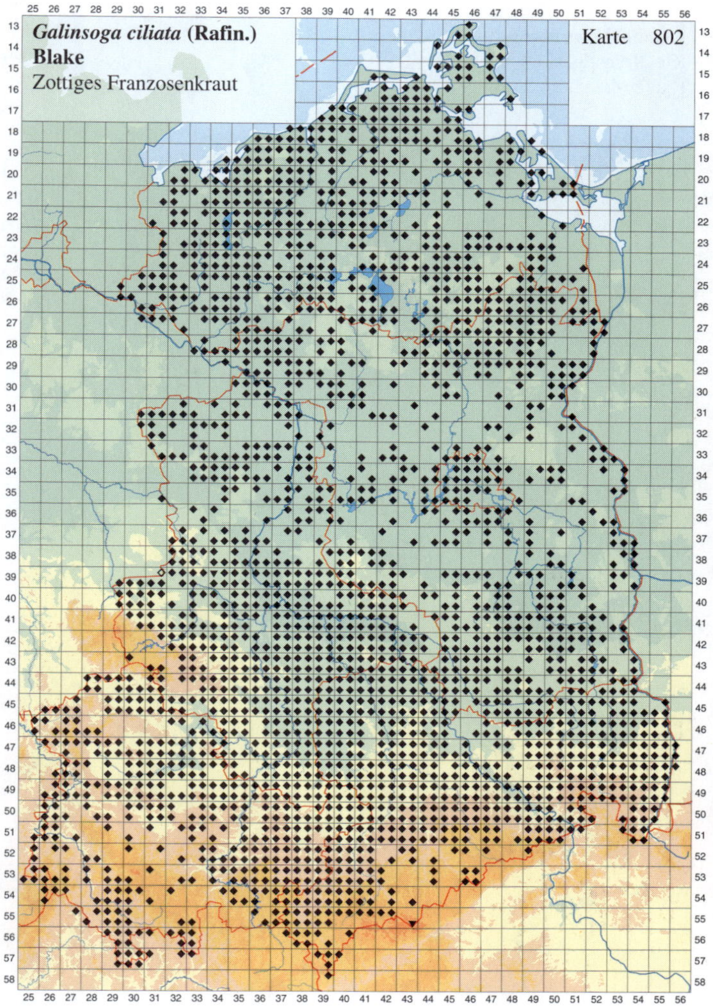
Galinsoga ciliata (Rafin.) Blake
Zottiges Franzosenkraut
Karte 802

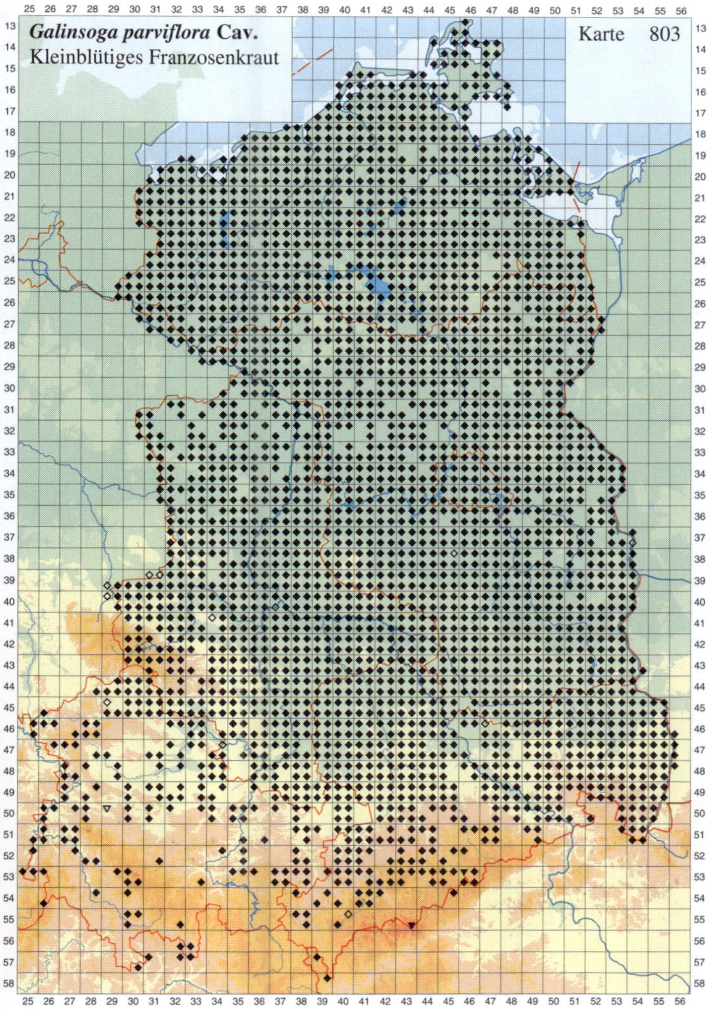
Galinsoga parviflora Cav.
Kleinblütiges Franzosenkraut
Karte 803

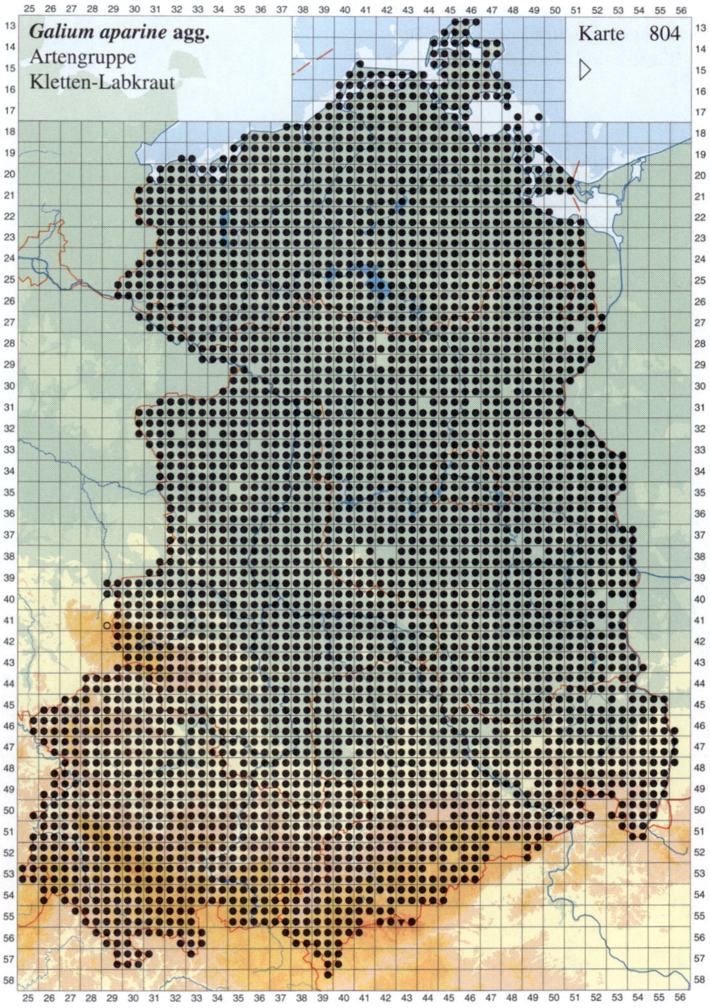
Galium aparine agg.
Artengruppe
Kletten-Labkraut
Karte 804

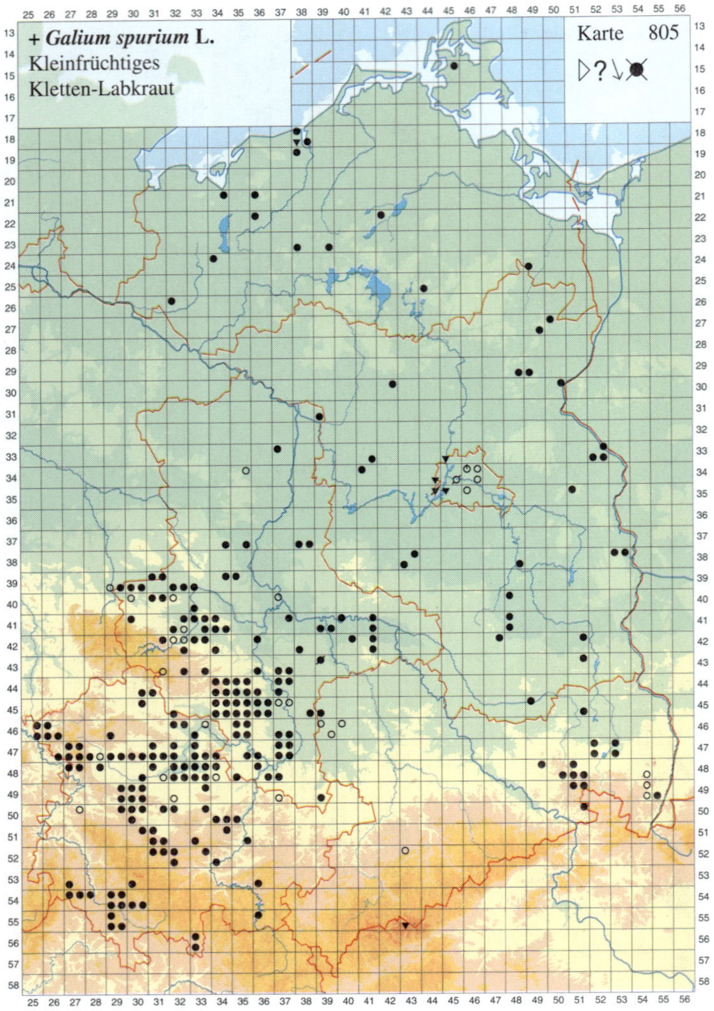
+ *Galium spurium* L.
Kleinfrüchtiges
Kletten-Labkraut
Karte 805

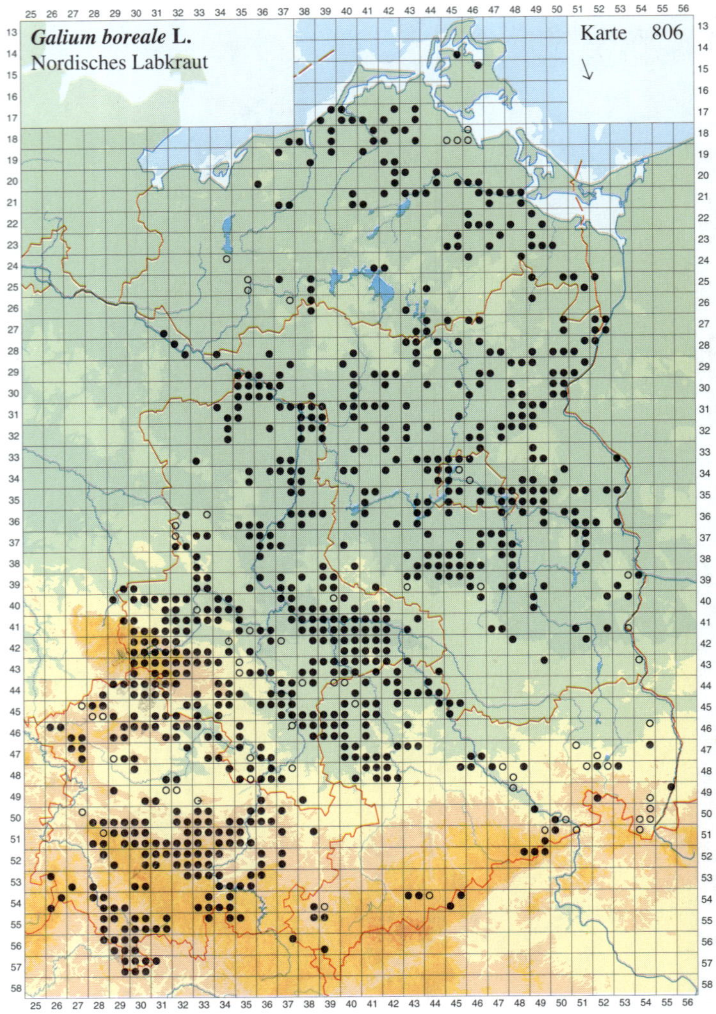
Galium boreale L.
Nordisches Labkraut
Karte 806

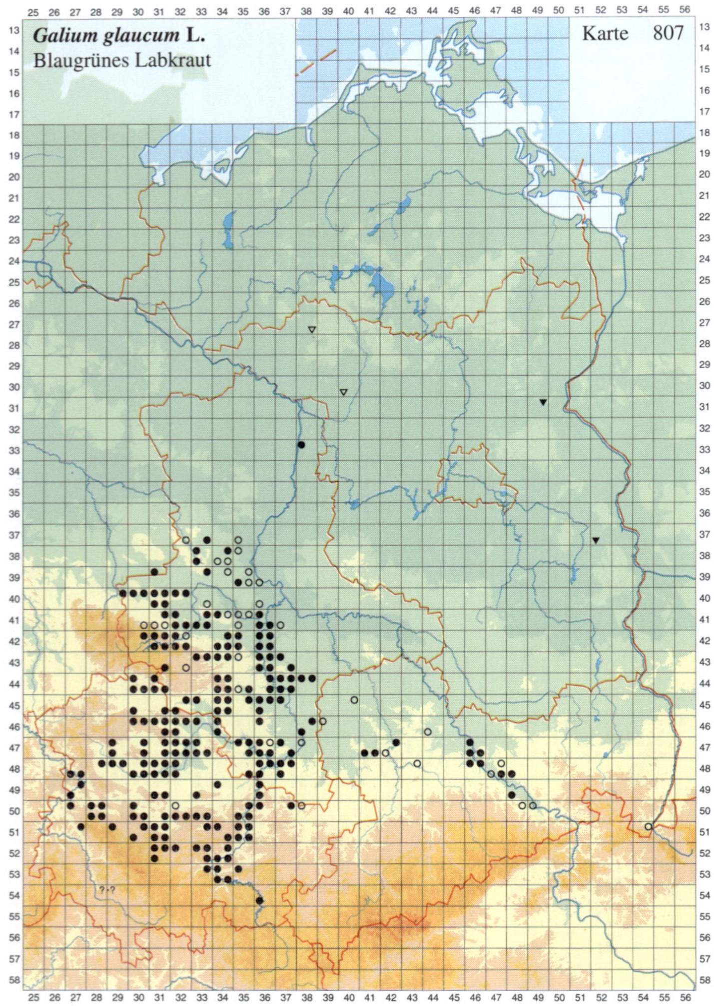
Galium glaucum L.
Blaugrünes Labkraut
Karte 807

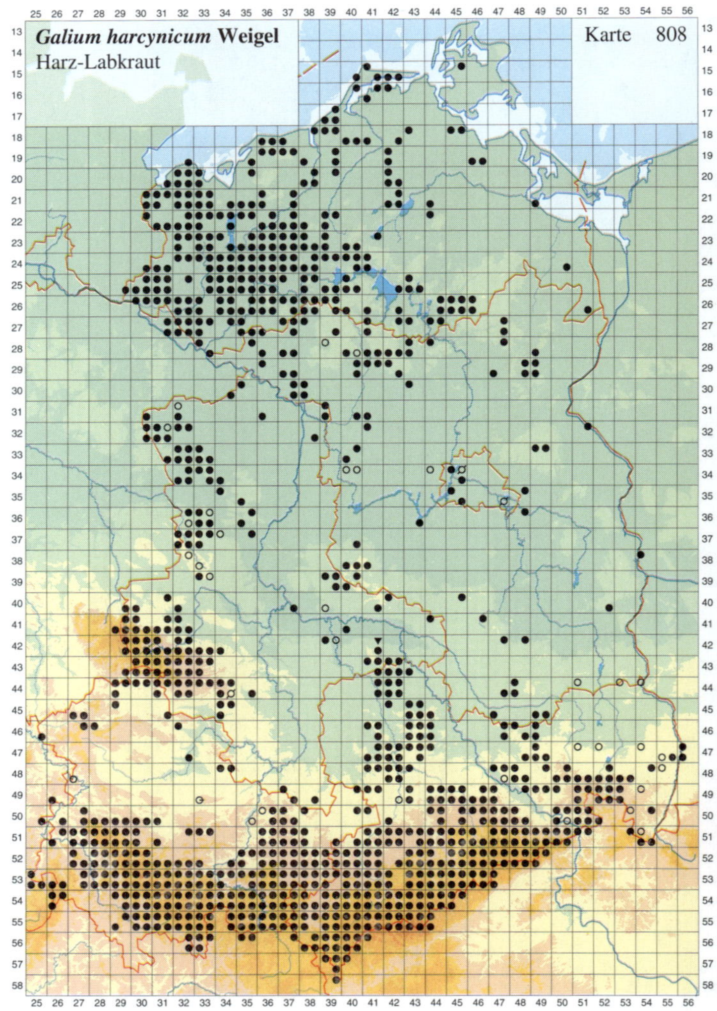
Galium harcynicum Weigel
Harz-Labkraut
Karte 808

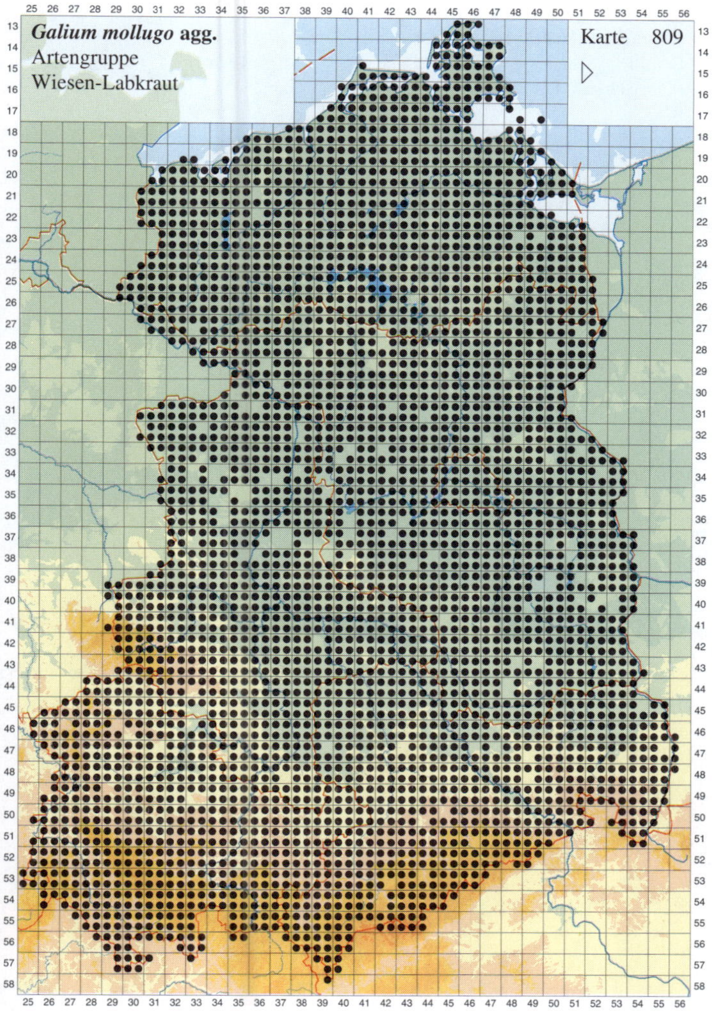
Galium mollugo agg.
Artengruppe
Wiesen-Labkraut
Karte 809

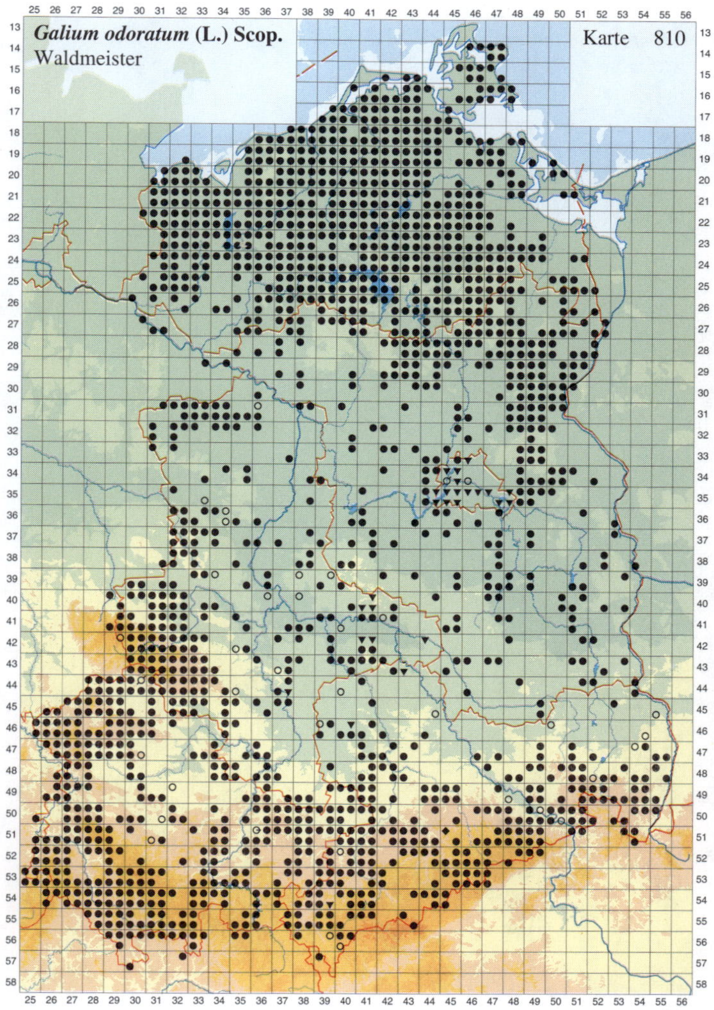
Galium odoratum (L.) Scop.
Waldmeister
Karte 810

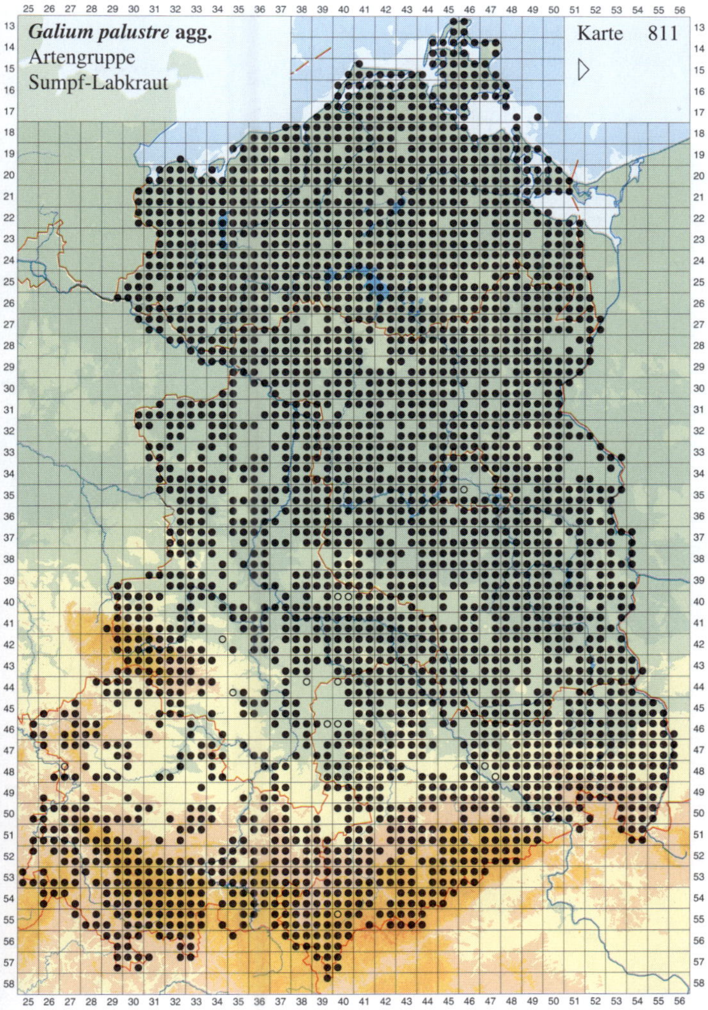
Galium palustre agg.
Artengruppe
Sumpf-Labkraut
Karte 811

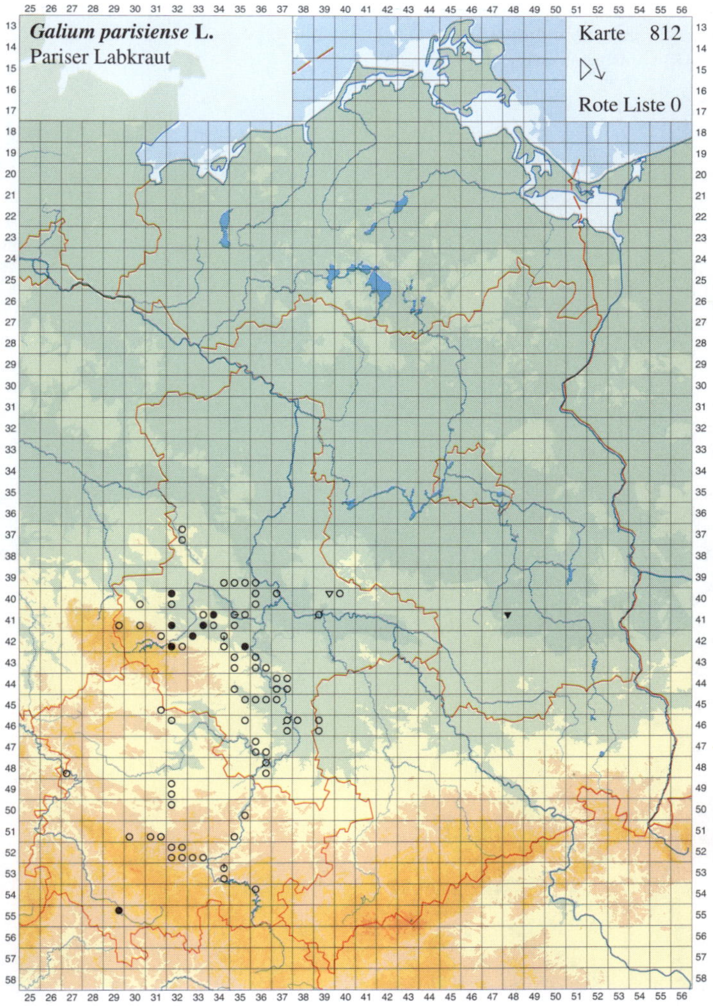
Galium parisiense L.
Pariser Labkraut
Karte 812
Rote Liste 0

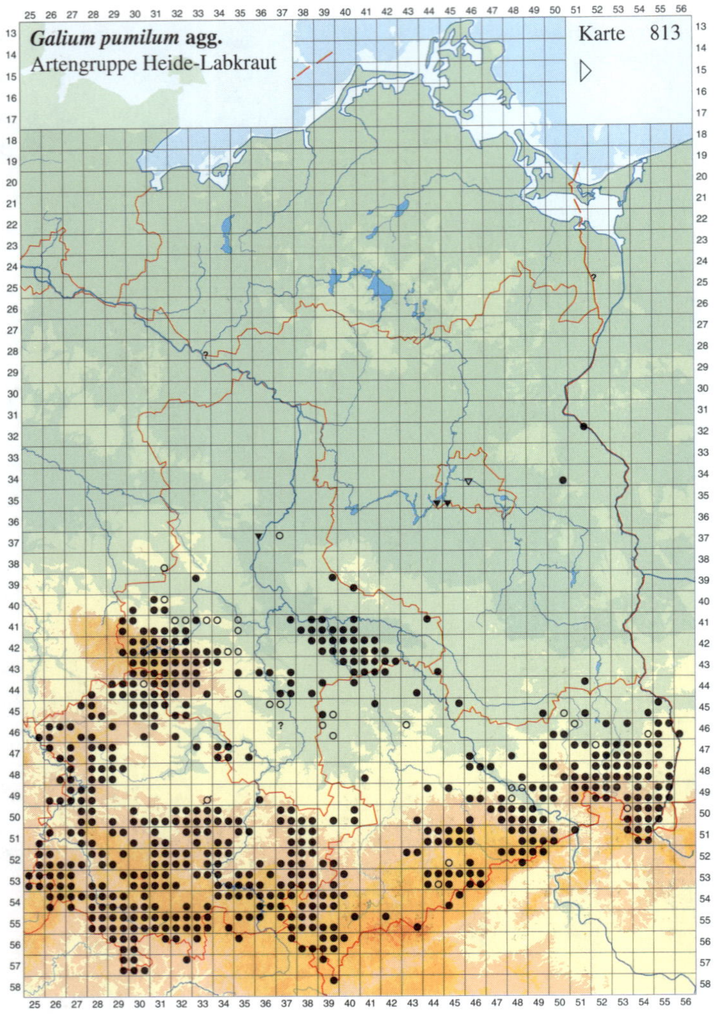
Galium pumilum agg.
Artengruppe Heide-Labkraut
Karte 813

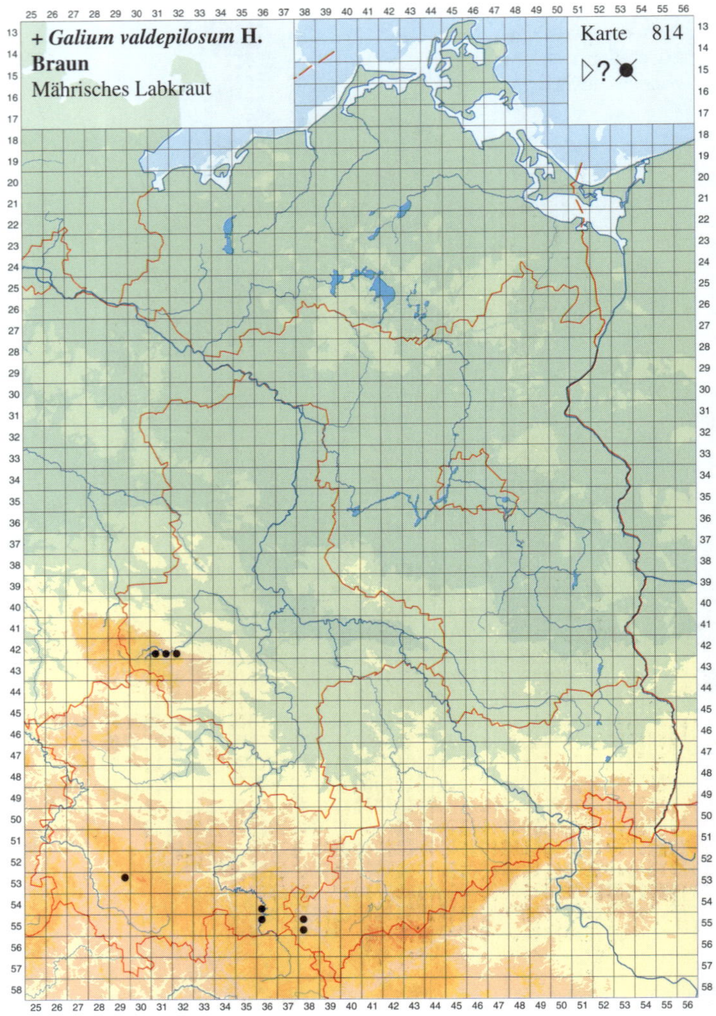
+ *Galium valdepilosum* H. Braun
Mährisches Labkraut
Karte 814

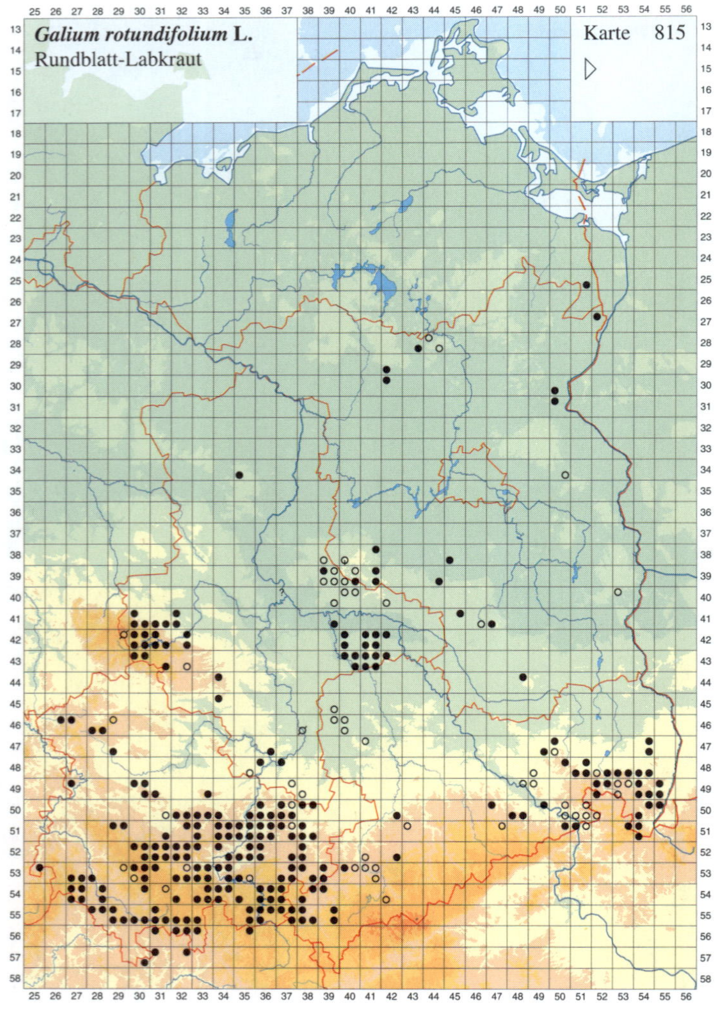
Galium rotundifolium L.
Rundblatt-Labkraut
Karte 815

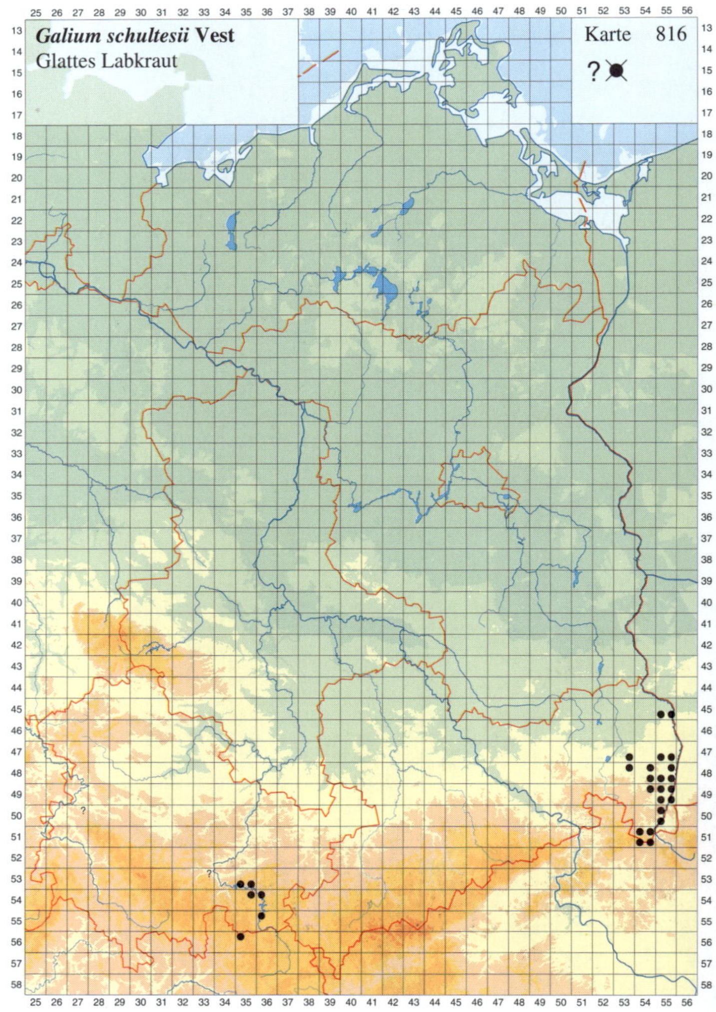
Galium schultesii Vest
Glattes Labkraut
Karte 816

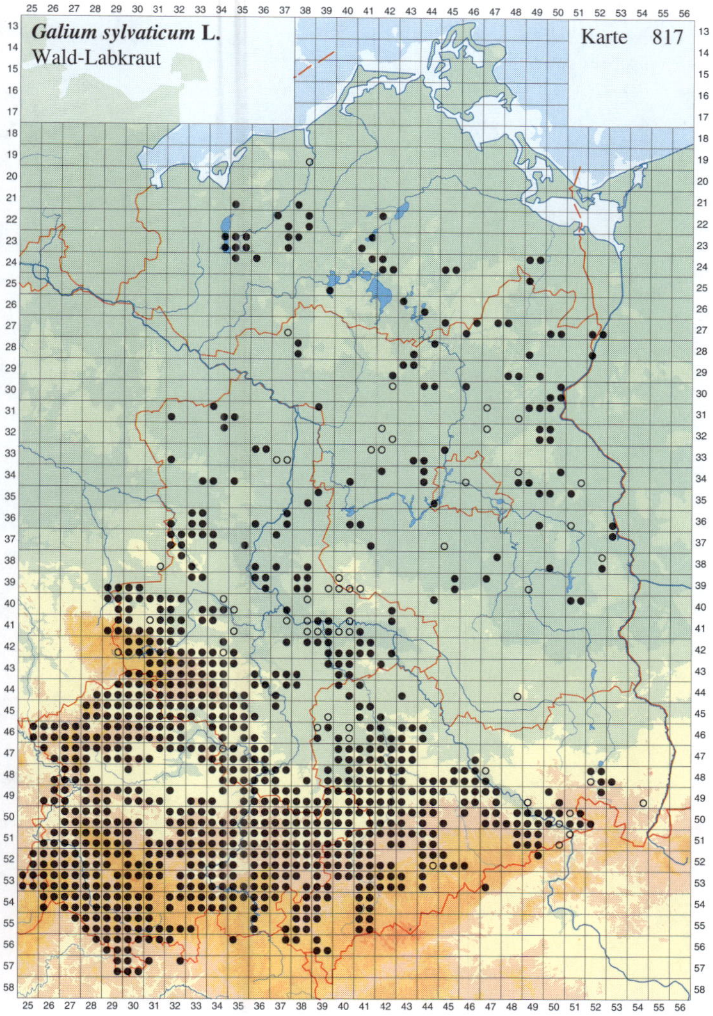
Galium sylvaticum L.
Wald-Labkraut
Karte 817

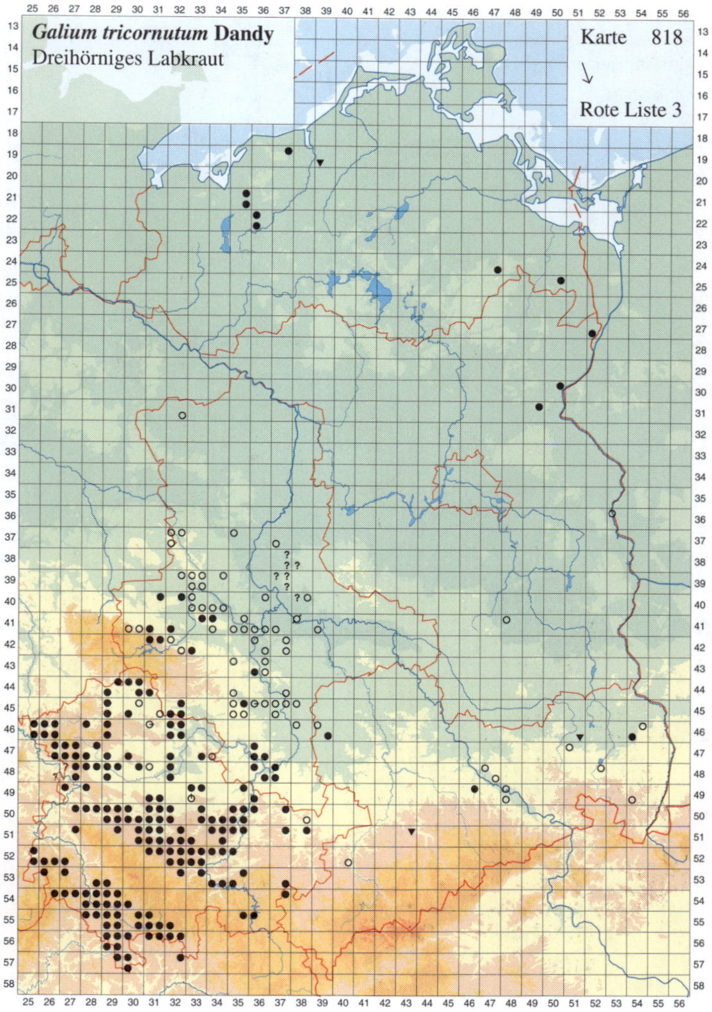
Galium tricornutum Dandy
Dreihörniges Labkraut
Karte 818
↘
Rote Liste 3

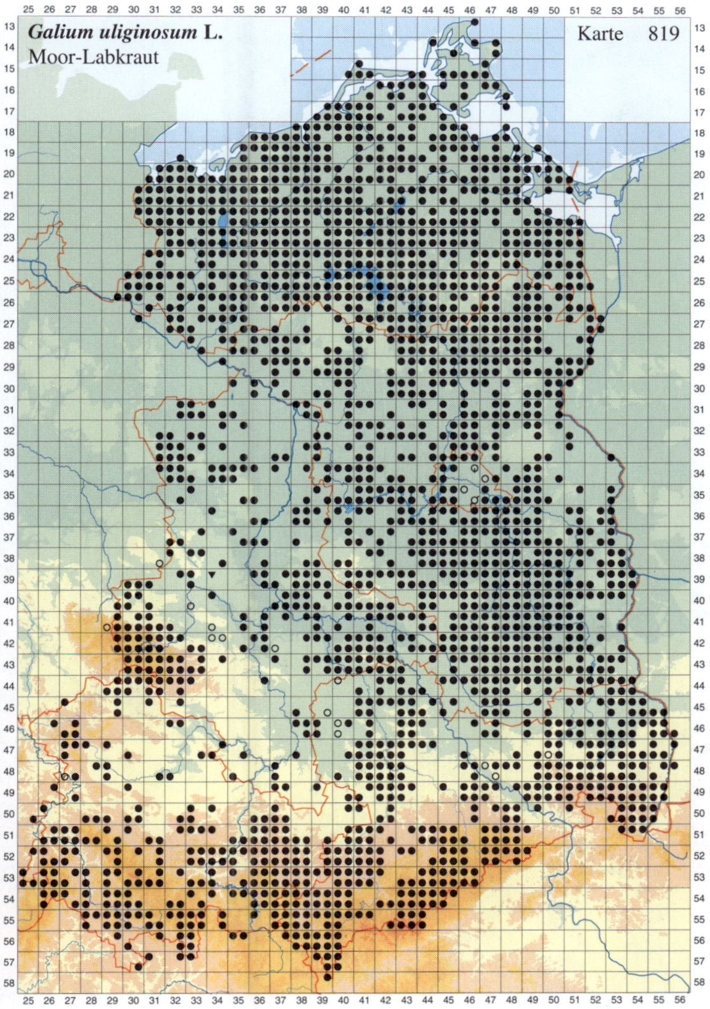
Galium uliginosum L.
Moor-Labkraut
Karte 819

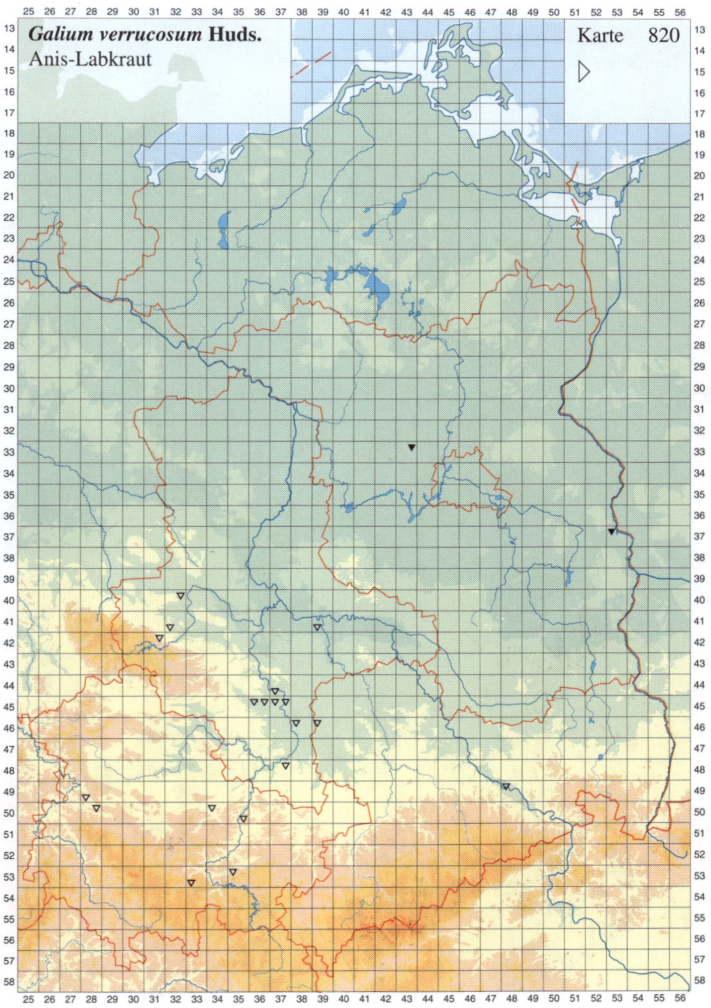
Galium verrucosum Huds.
Anis-Labkraut
Karte 820
▷

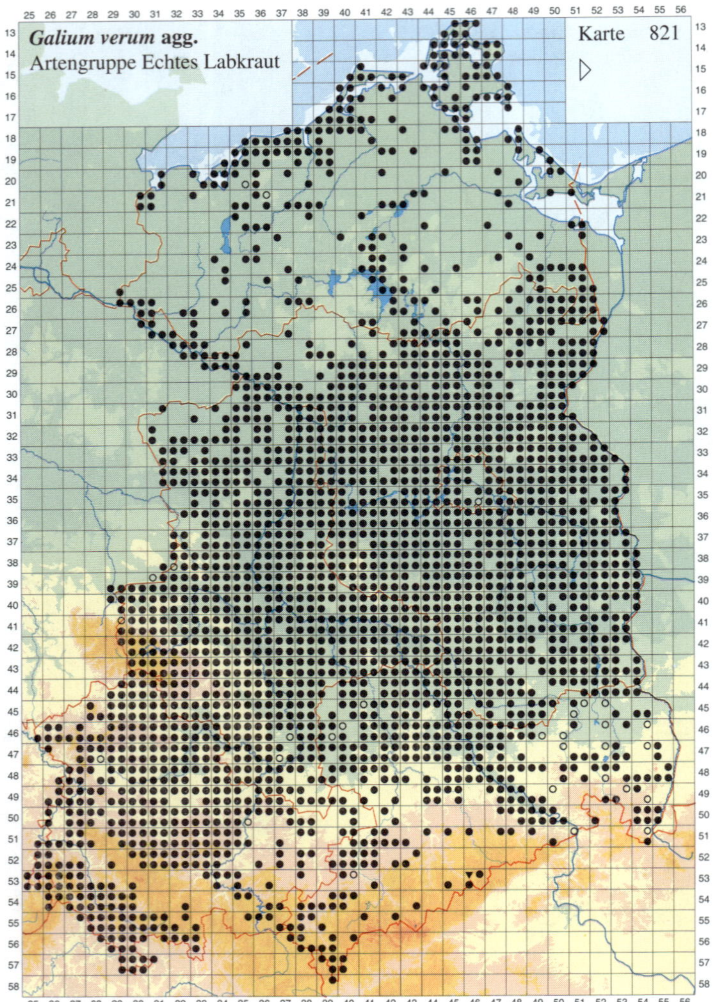
Galium verum agg.
Artengruppe Echtes Labkraut
Karte 821

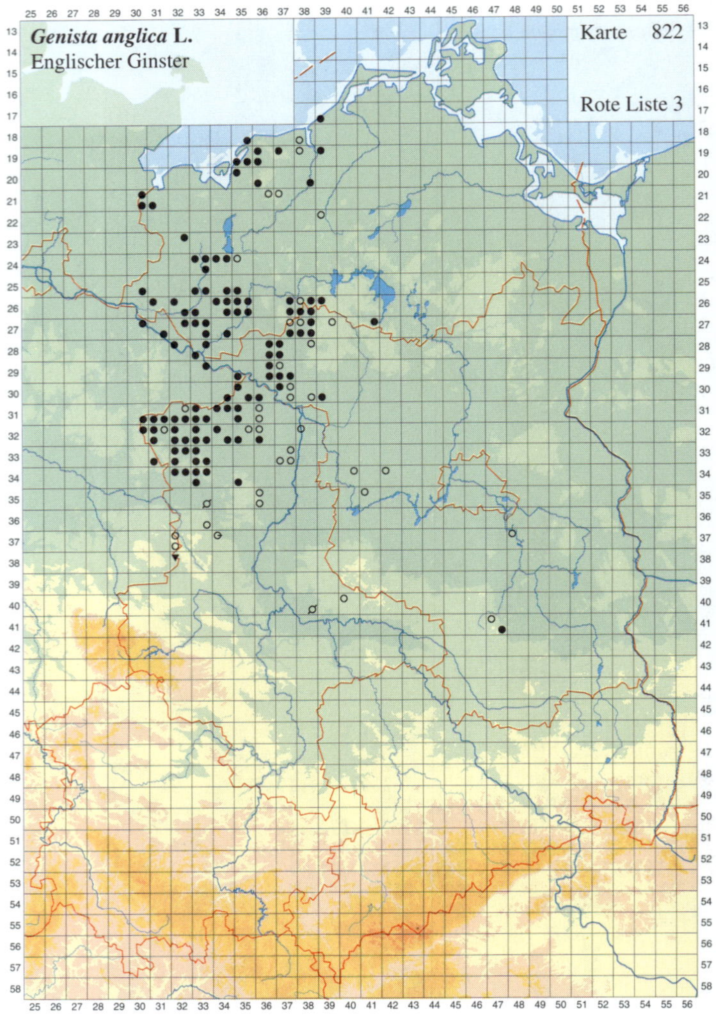
Genista anglica L.
Englischer Ginster
Karte 822
Rote Liste 3

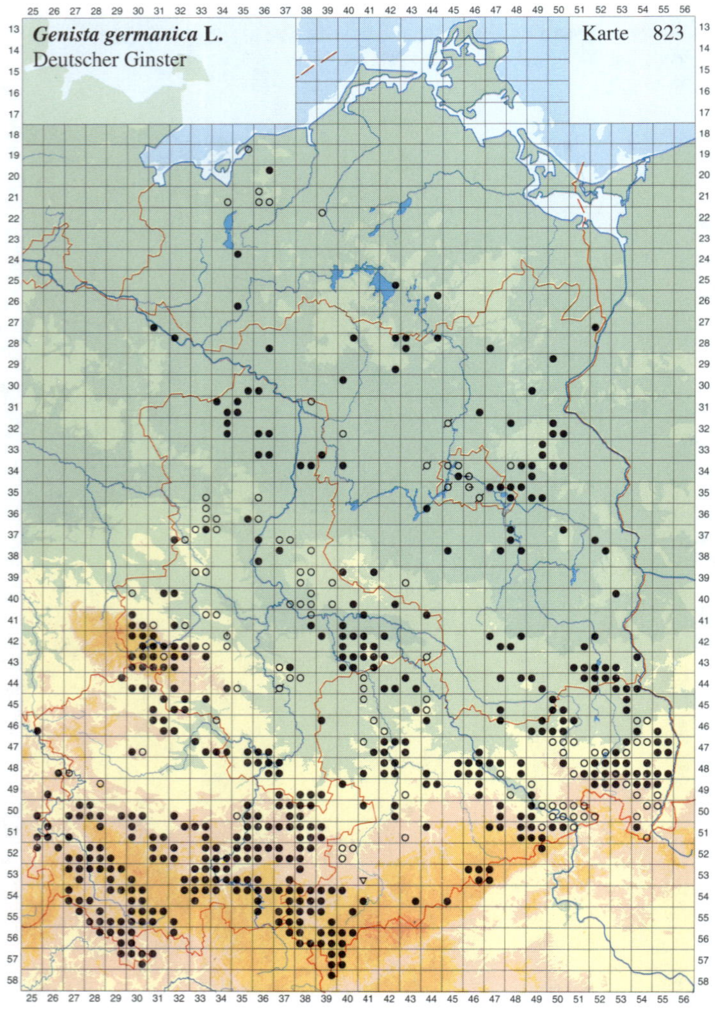
Genista germanica L.
Deutscher Ginster
Karte 823

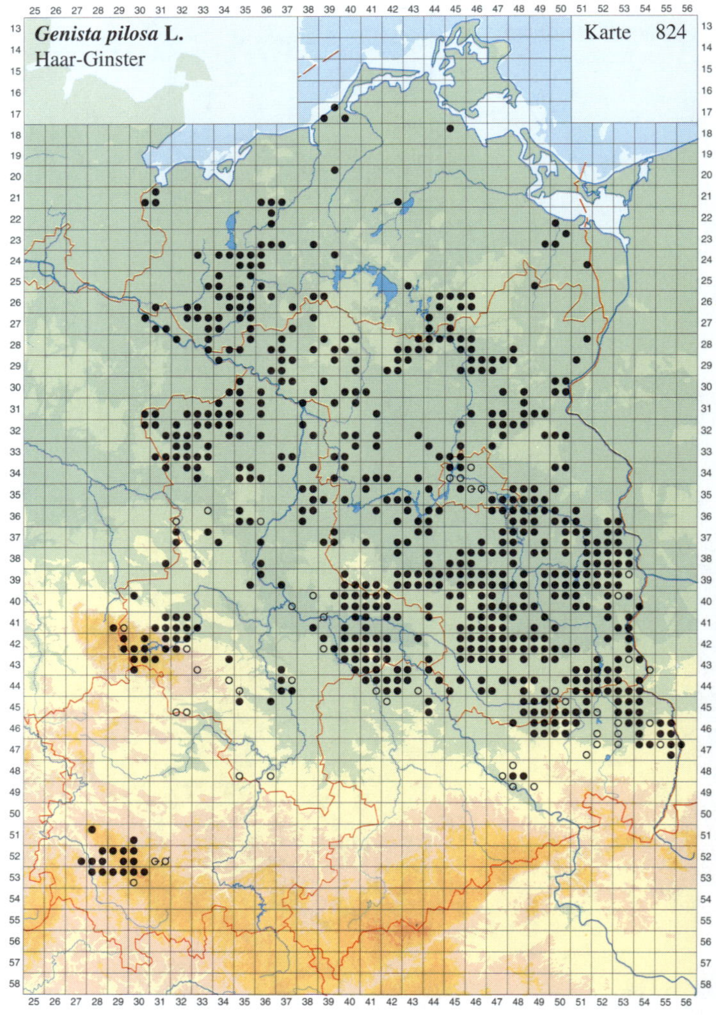
Genista pilosa L.
Haar-Ginster
Karte 824

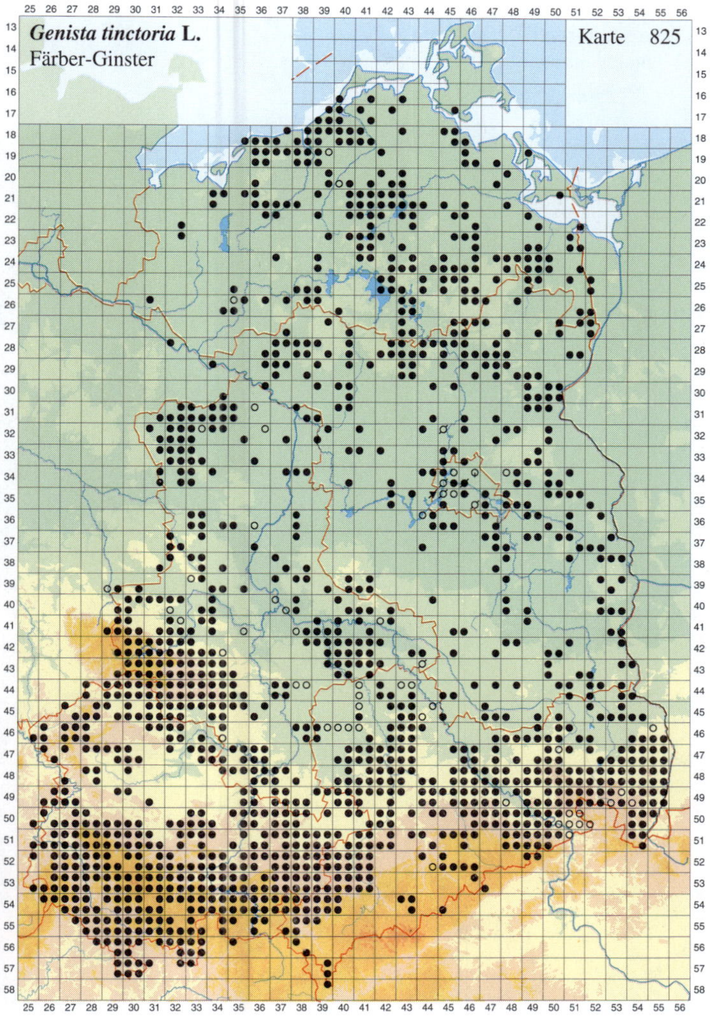
Genista tinctoria L.
Färber-Ginster
Karte 825

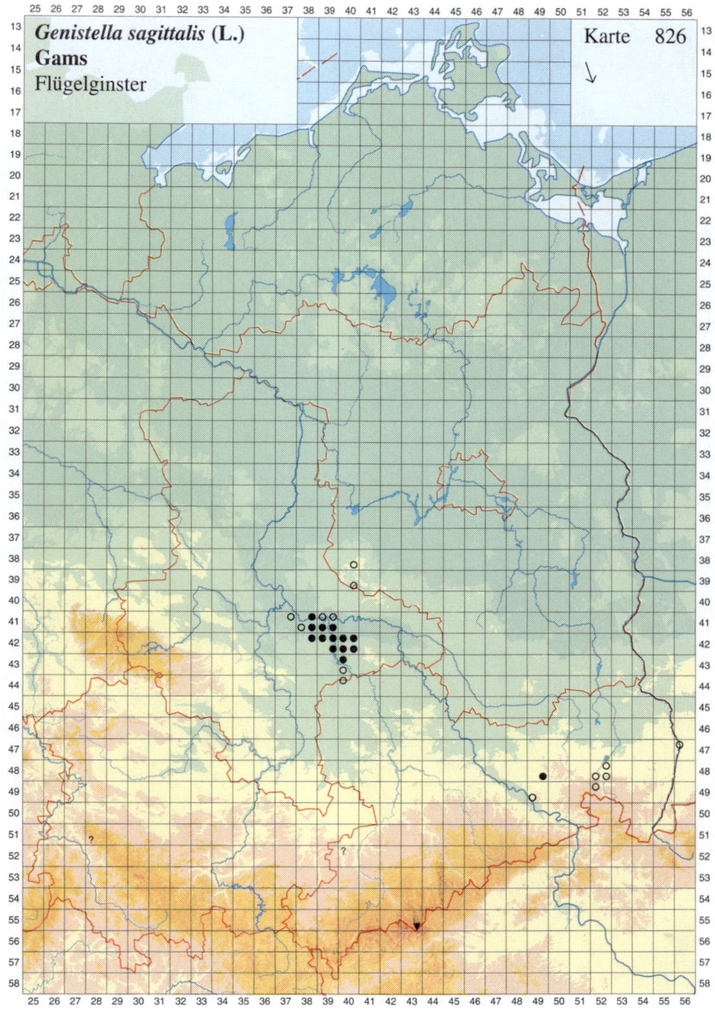
Genistella sagittalis (L.) Gams
Flügelginster
Karte 826

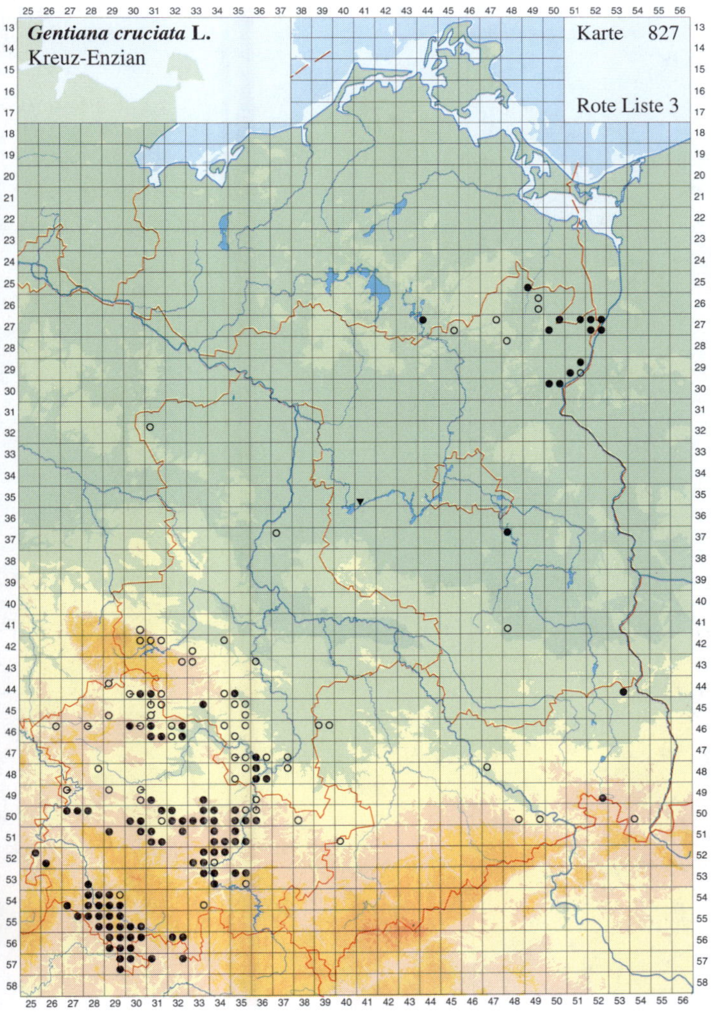
Gentiana cruciata L.
Kreuz-Enzian
Karte 827
Rote Liste 3

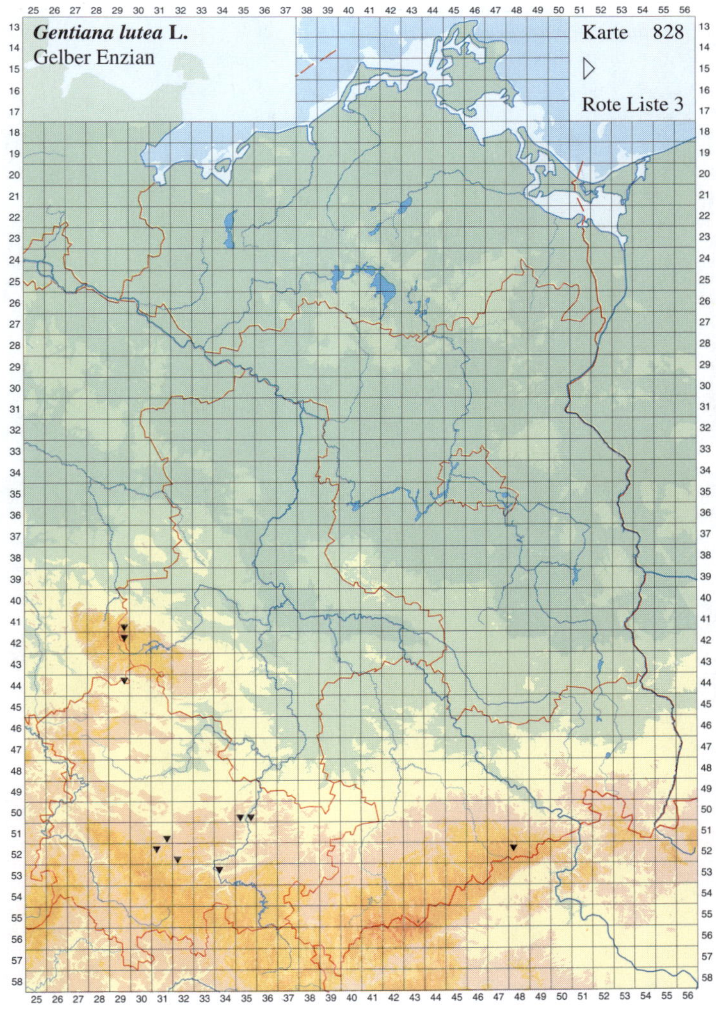
Gentiana lutea L.
Gelber Enzian
Karte 828
Rote Liste 3

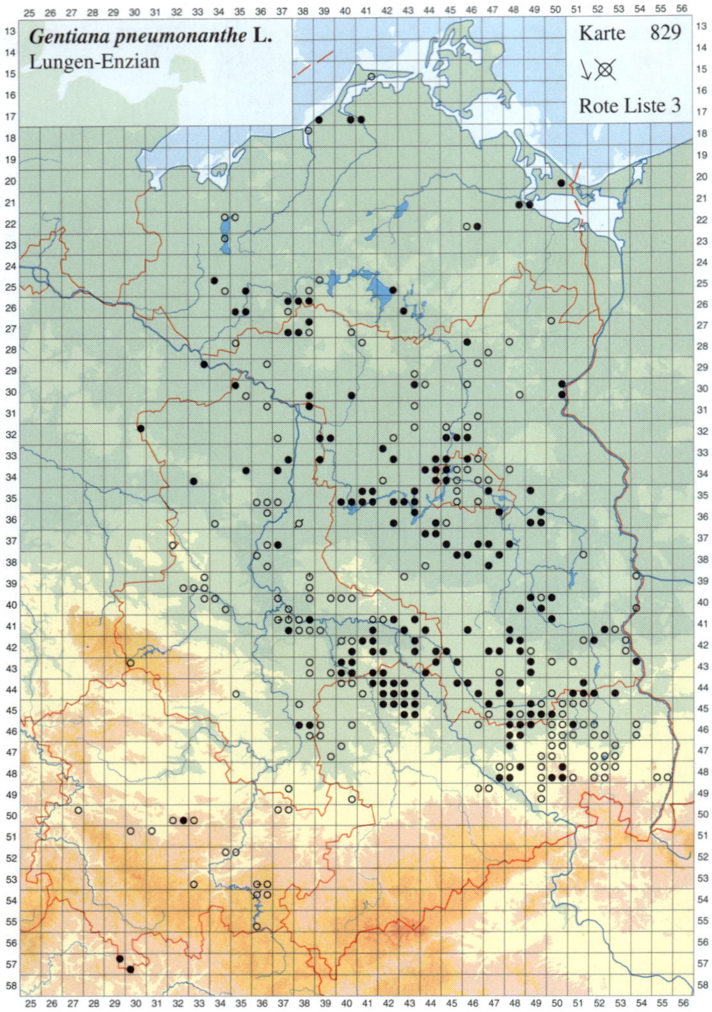
Gentiana pneumonanthe L.
Lungen-Enzian
Karte 829
Rote Liste 3

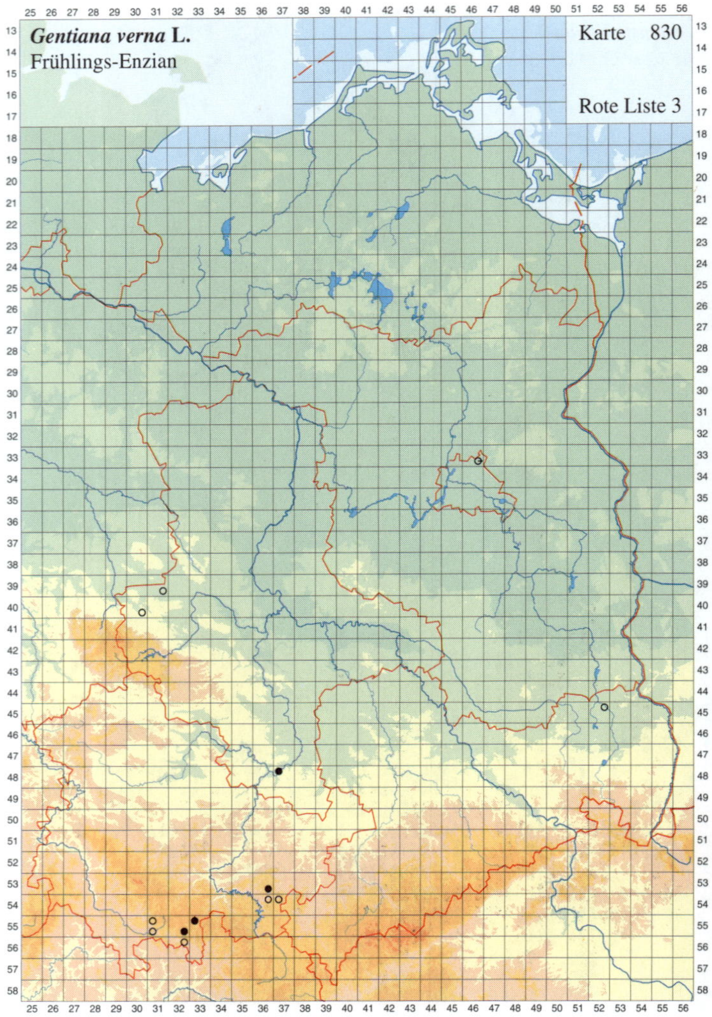
Gentiana verna L.
Frühlings-Enzian
Karte 830
Rote Liste 3

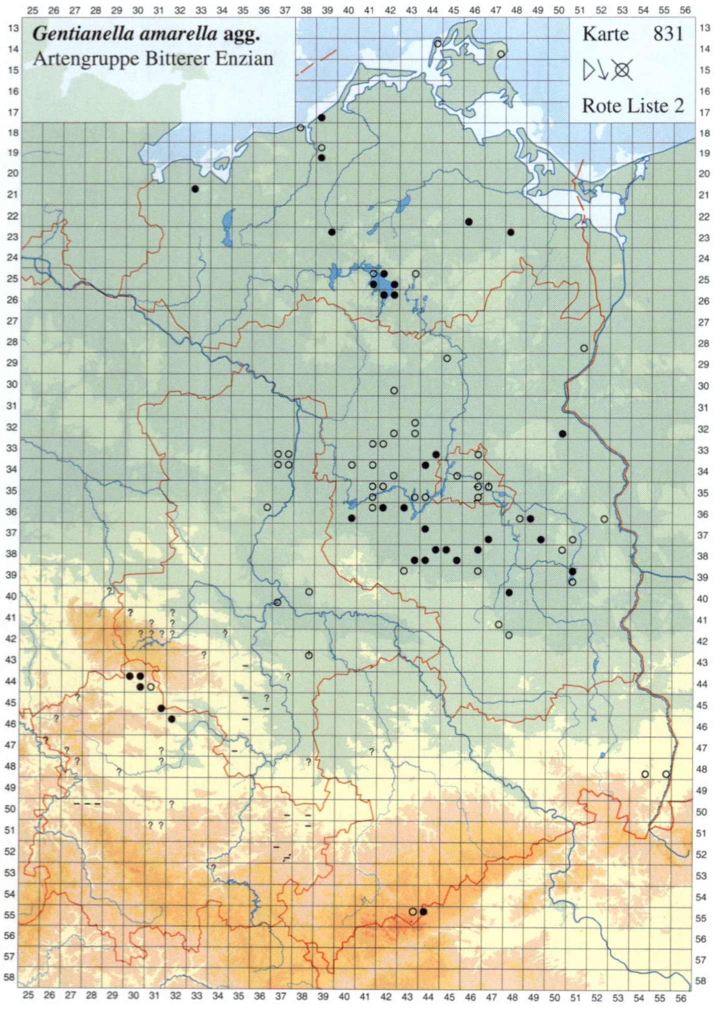
Gentianella amarella agg.
Artengruppe Bitterer Enzian
Karte 831
Rote Liste 2

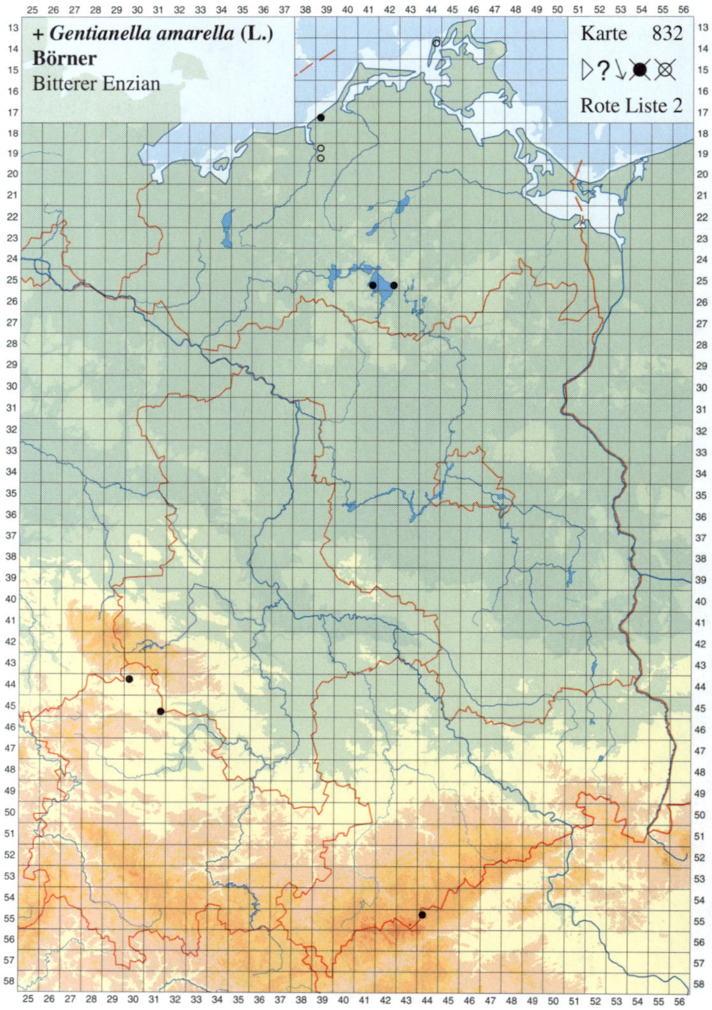
+ *Gentianella amarella* (L.) Börner
Bitterer Enzian
Karte 832
Rote Liste 2

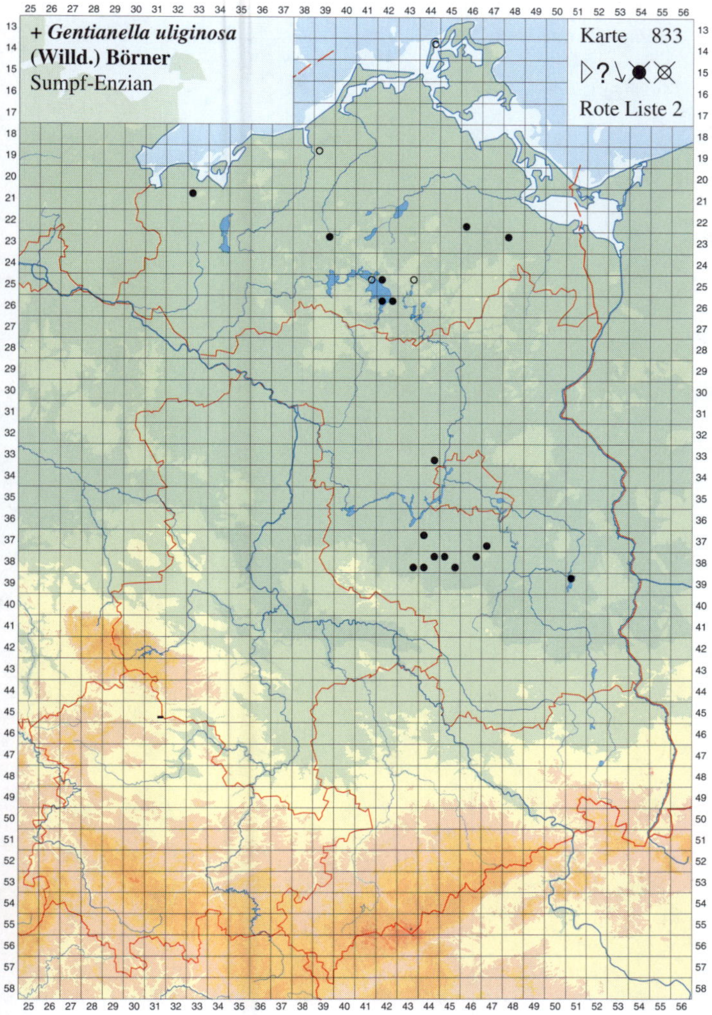
+ *Gentianella uliginosa*
(Willd.) Börner
Sumpf-Enzian
Karte 833
Rote Liste 2

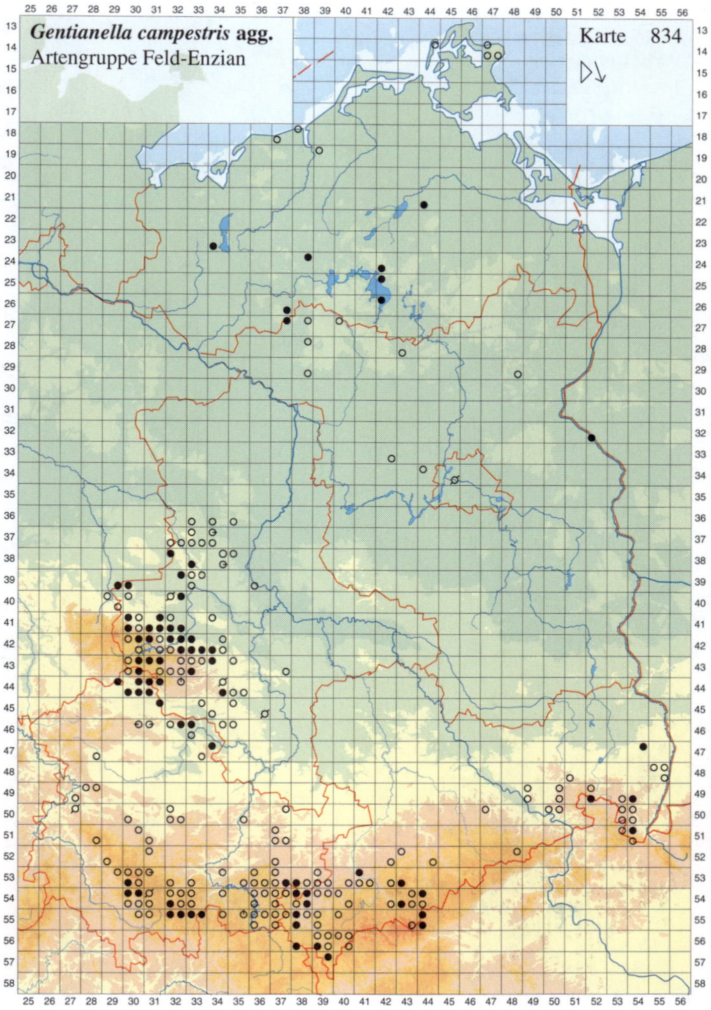
Gentianella campestris agg.
Artengruppe Feld-Enzian
Karte 834

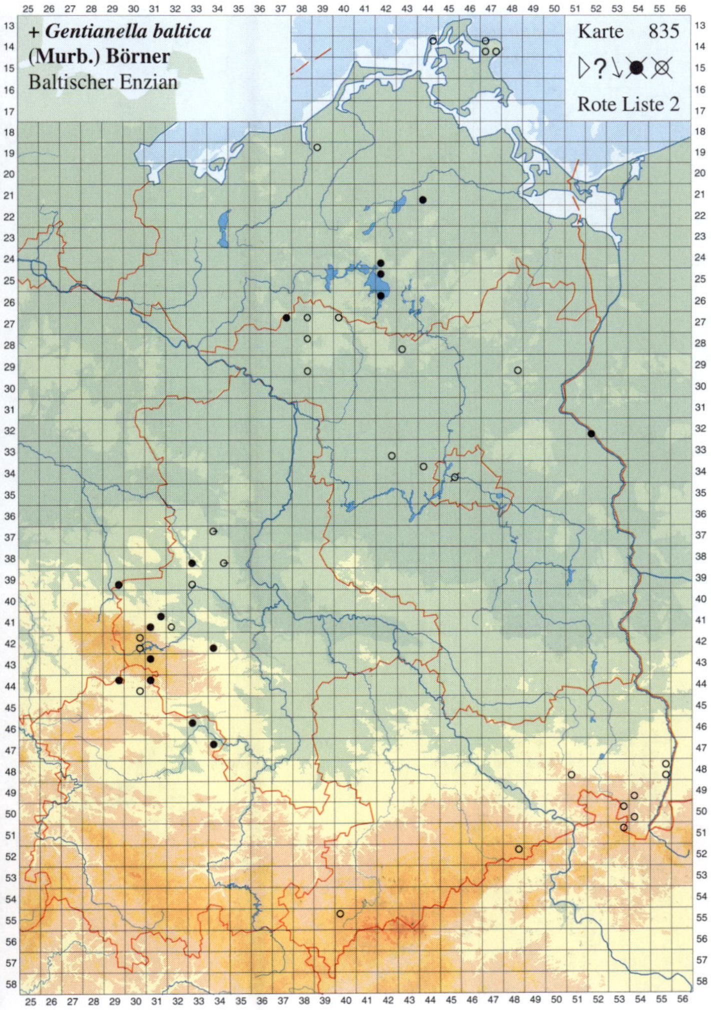
+ *Gentianella baltica*
(Murb.) Börner
Baltischer Enzian
Karte 835
Rote Liste 2

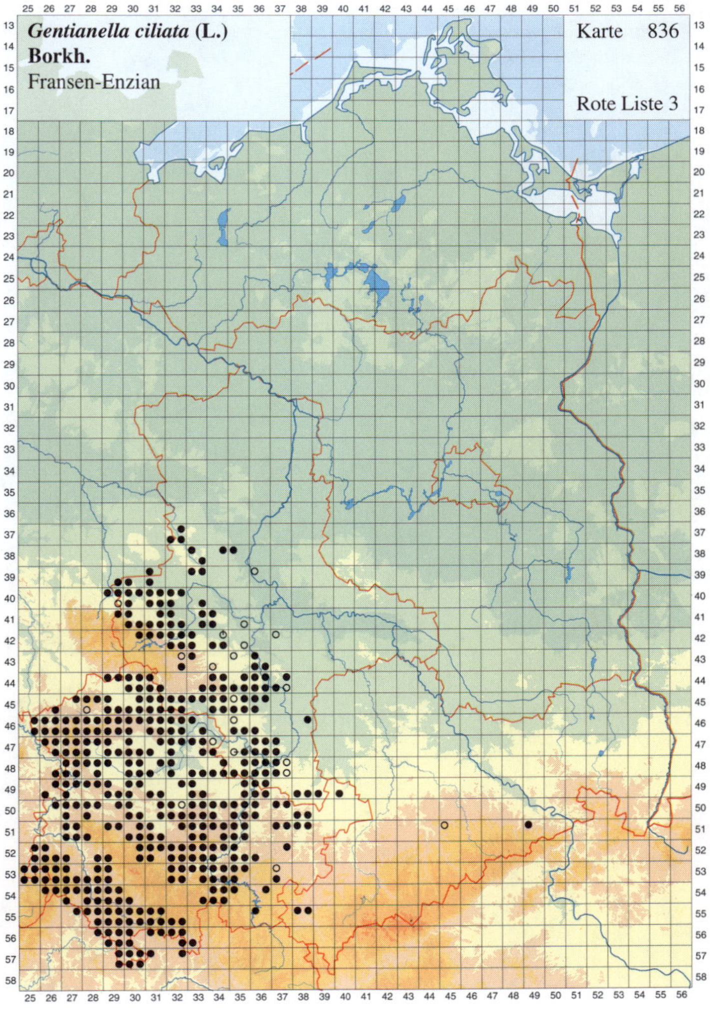
Gentianella ciliata (L.)
Borkh.
Fransen-Enzian
Karte 836
Rote Liste 3

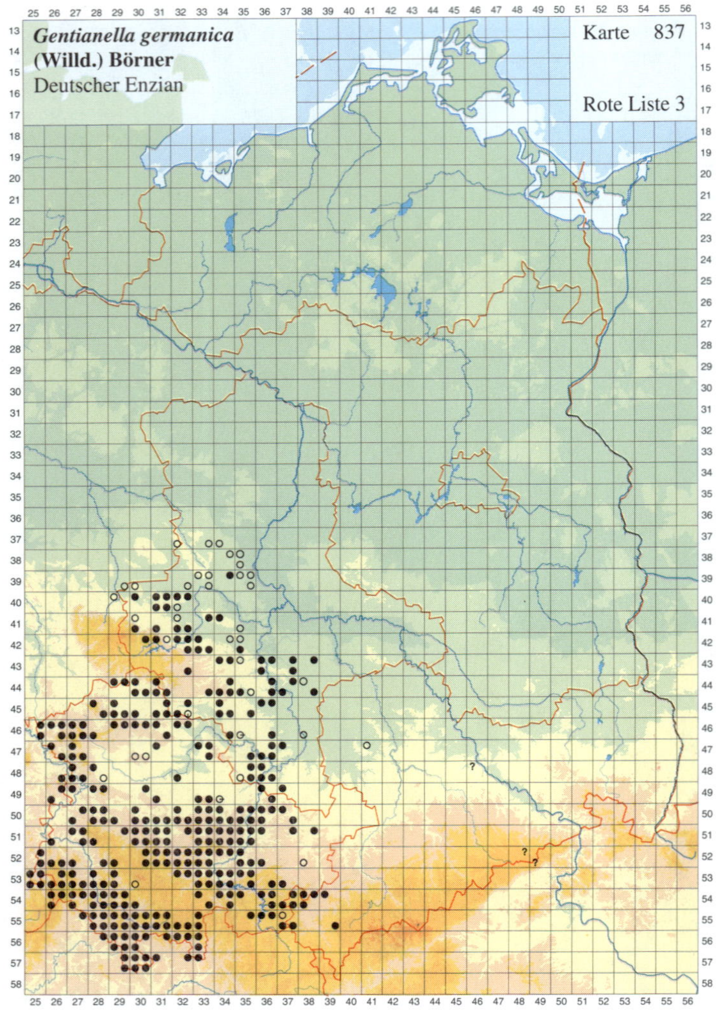
Gentianella germanica
(Willd.) Börner
Deutscher Enzian
Karte 837
Rote Liste 3

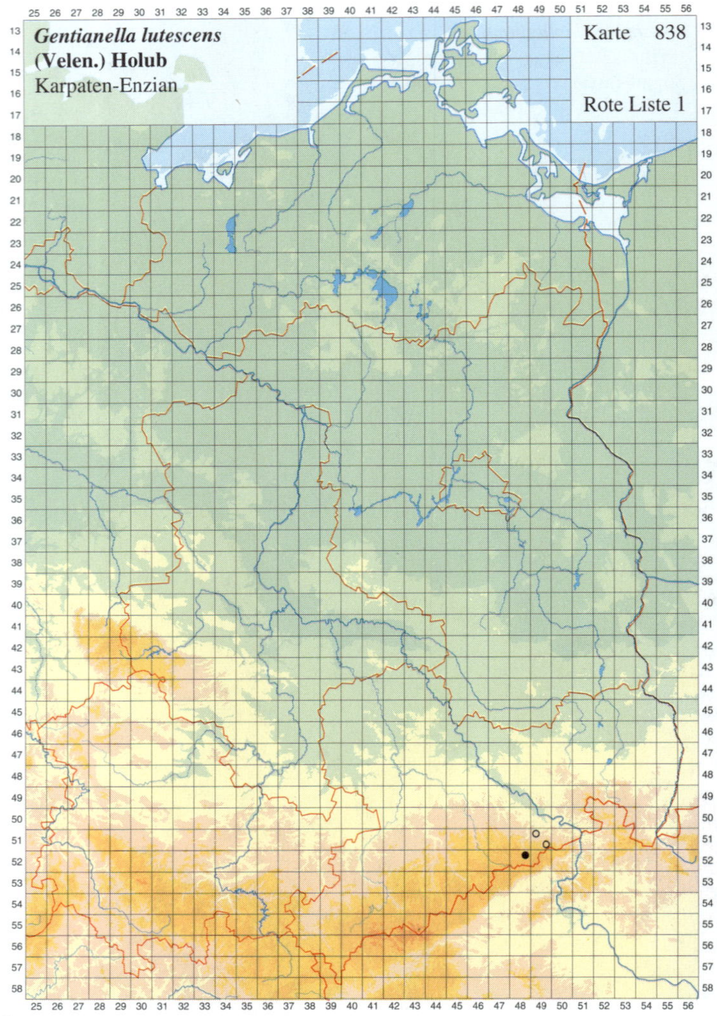
Gentianella lutescens
(Velen.) Holub
Karpaten-Enzian
Karte 838
Rote Liste 1

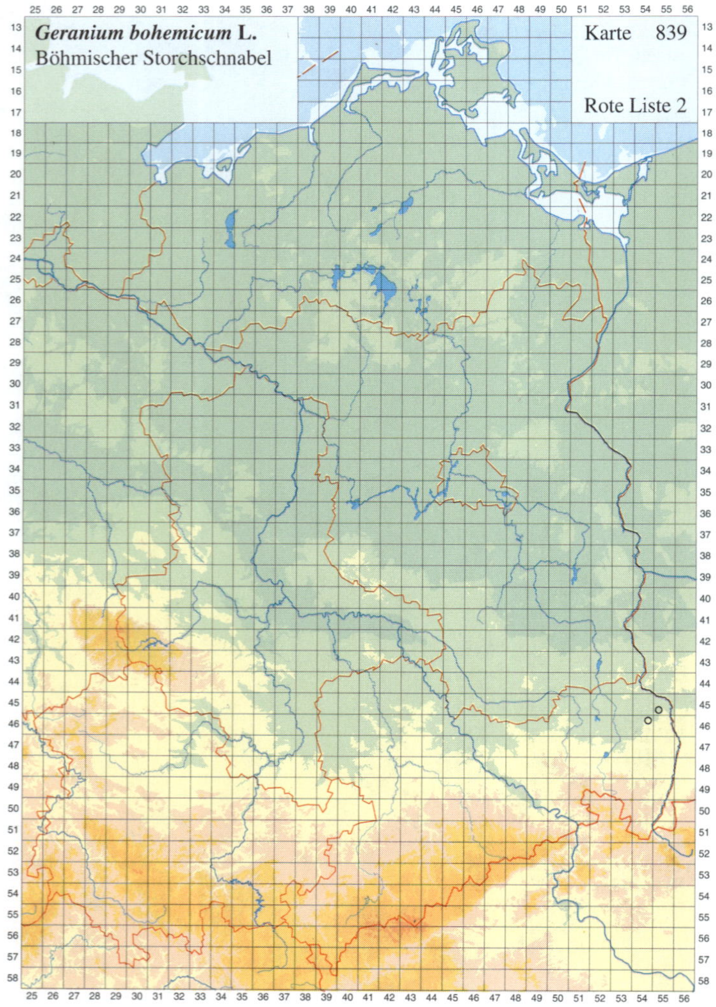
Geranium bohemicum L.
Böhmischer Storchschnabel
Karte 839
Rote Liste 2

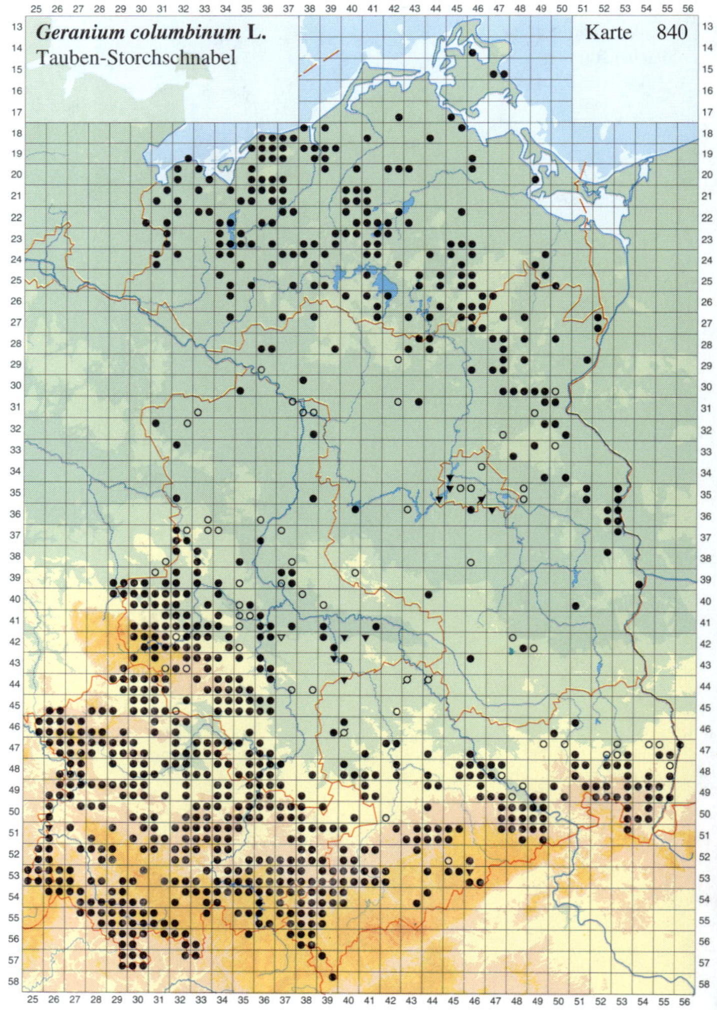
Geranium columbinum L.
Tauben-Storchschnabel
Karte 840

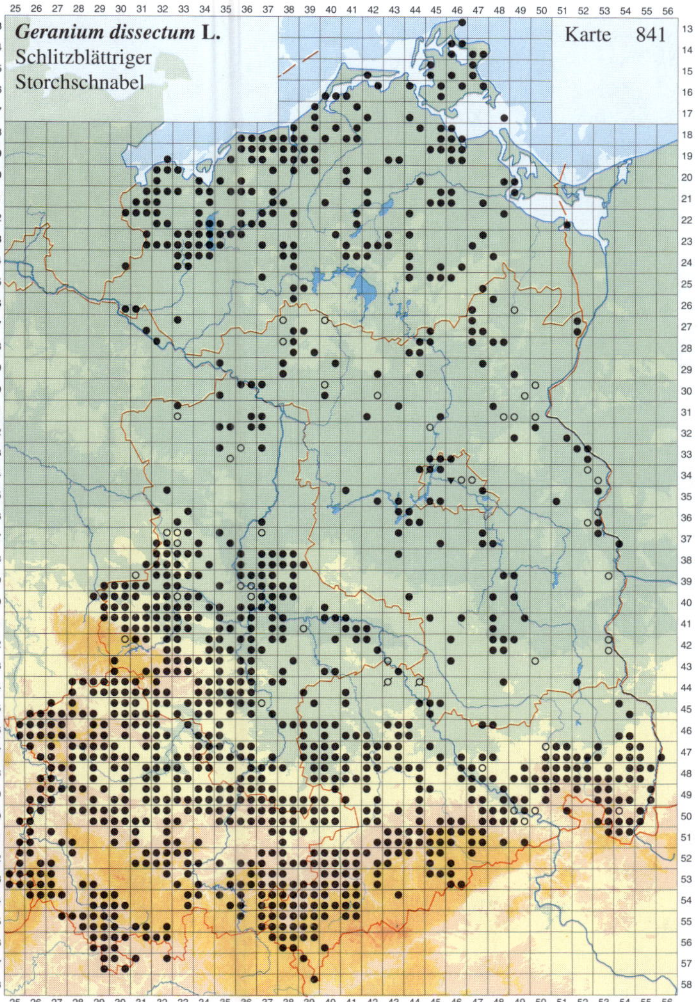
Geranium dissectum L.
Schlitzblättriger Storchschnabel
Karte 841

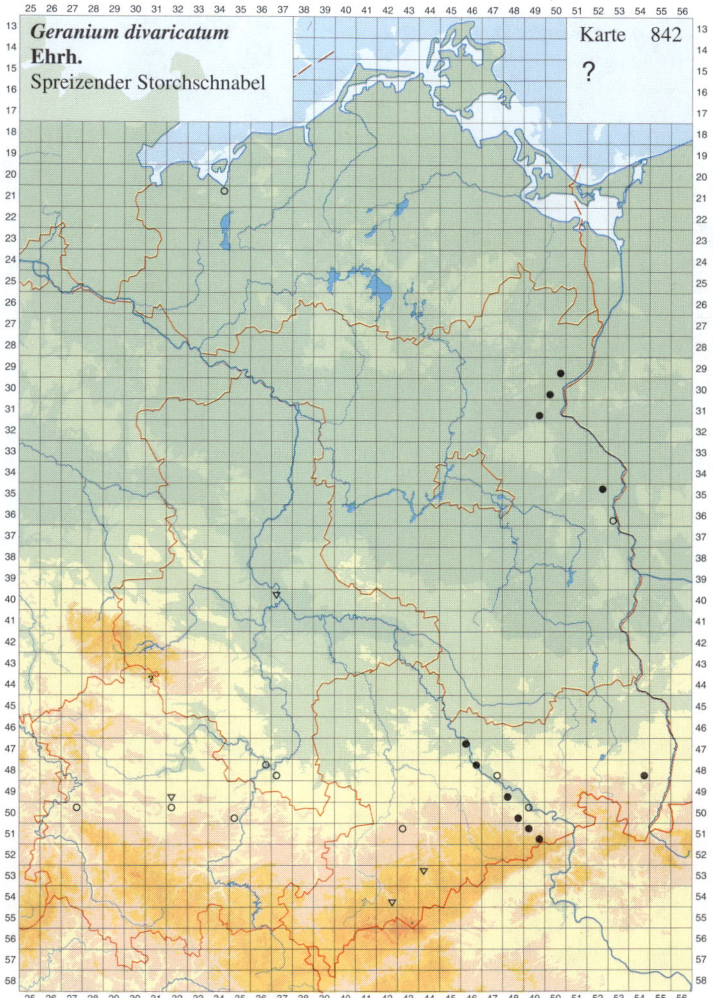
Geranium divaricatum Ehrh.
Spreizender Storchschnabel
Karte 842
?

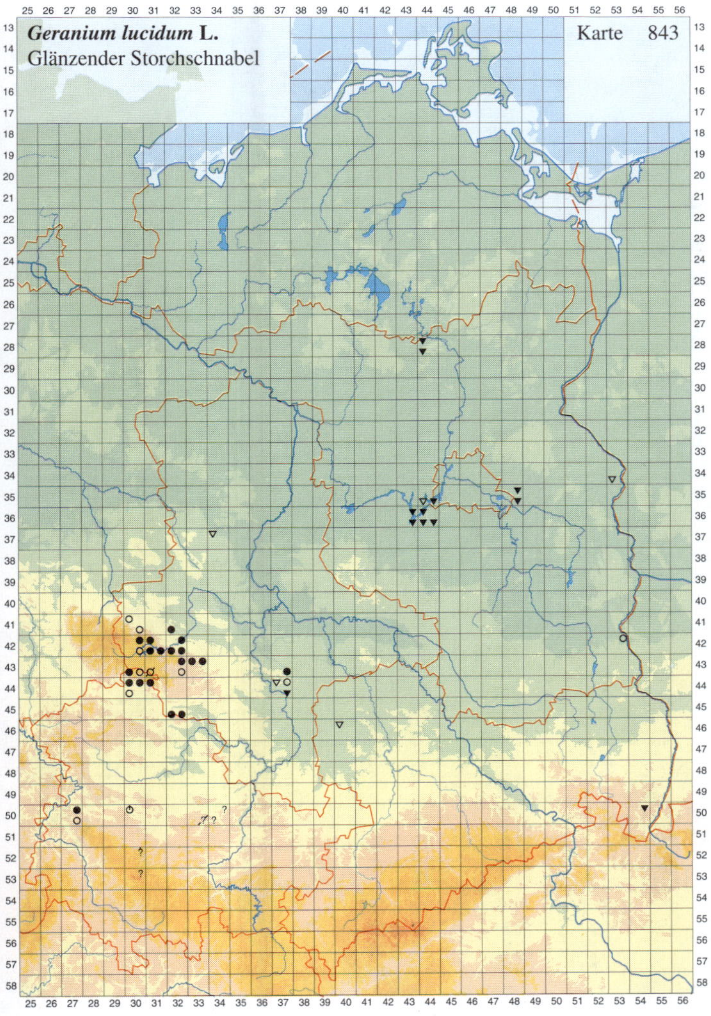
Geranium lucidum L.
Glänzender Storchschnabel
Karte 843

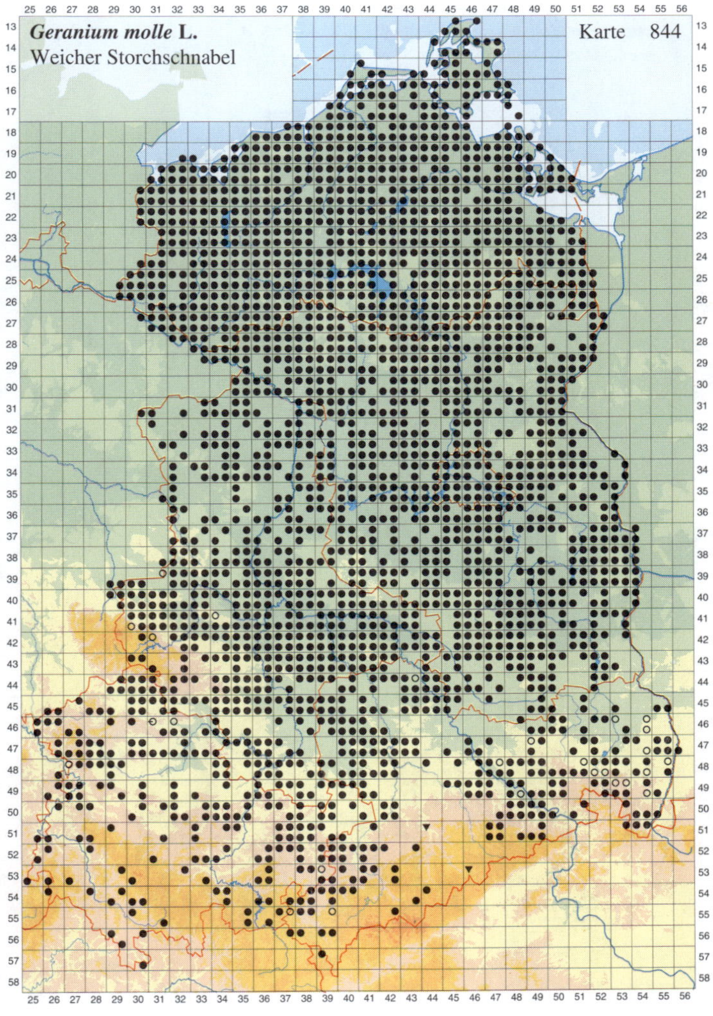
Geranium molle L.
Weicher Storchschnabel
Karte 844

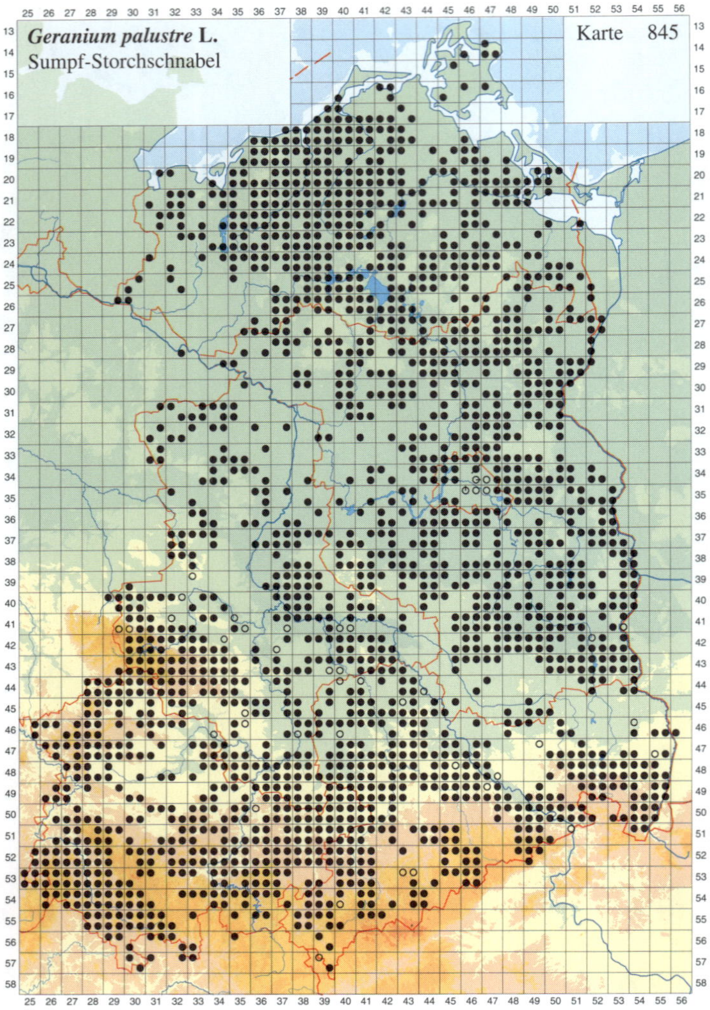
Geranium palustre L.
Sumpf-Storchschnabel
Karte 845

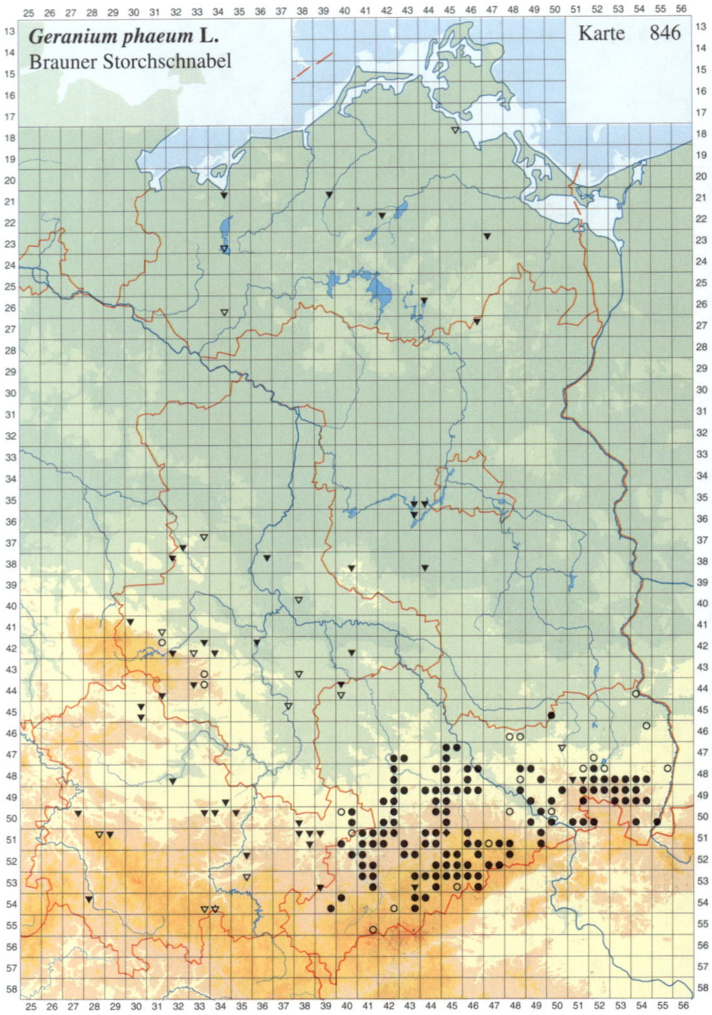
Geranium phaeum L.
Brauner Storchschnabel
Karte 846

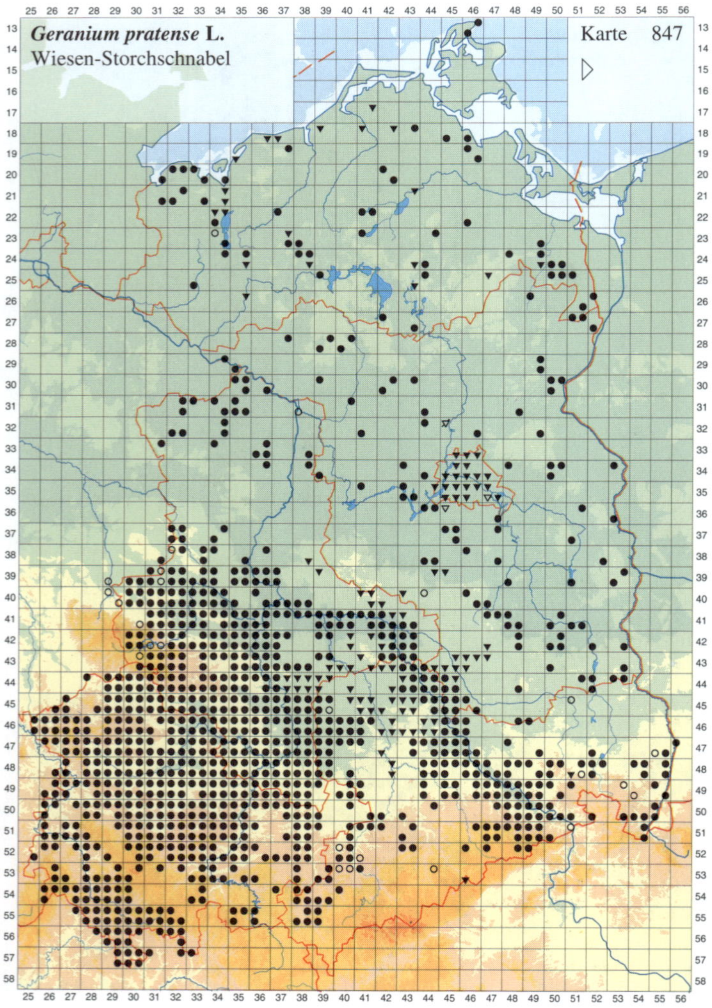
Geranium pratense L.
Wiesen-Storchschnabel
Karte 847

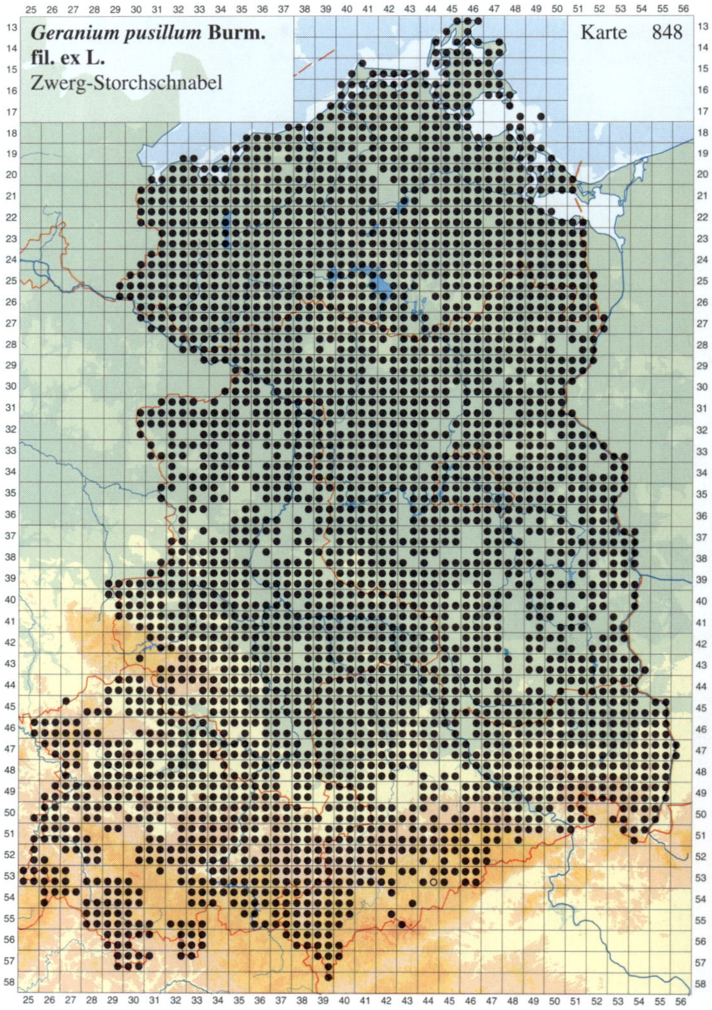
Geranium pusillum Burm. fil. ex L.
Zwerg-Storchschnabel
Karte 848

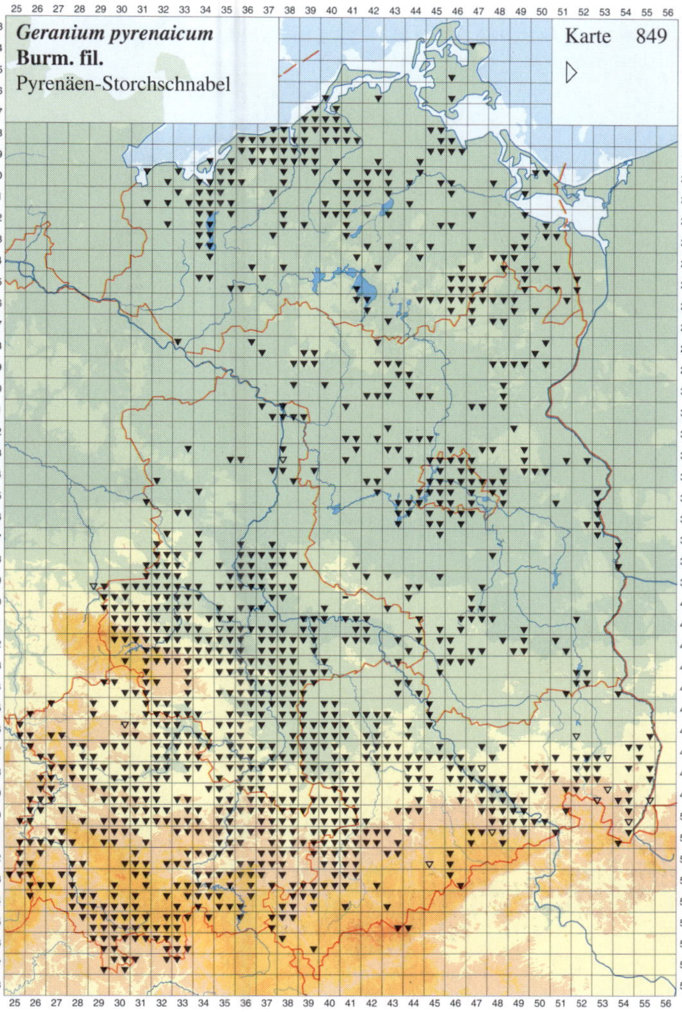
Geranium pyrenaicum **Burm. fil.**
Pyrenäen-Storchschnabel
Karte 849

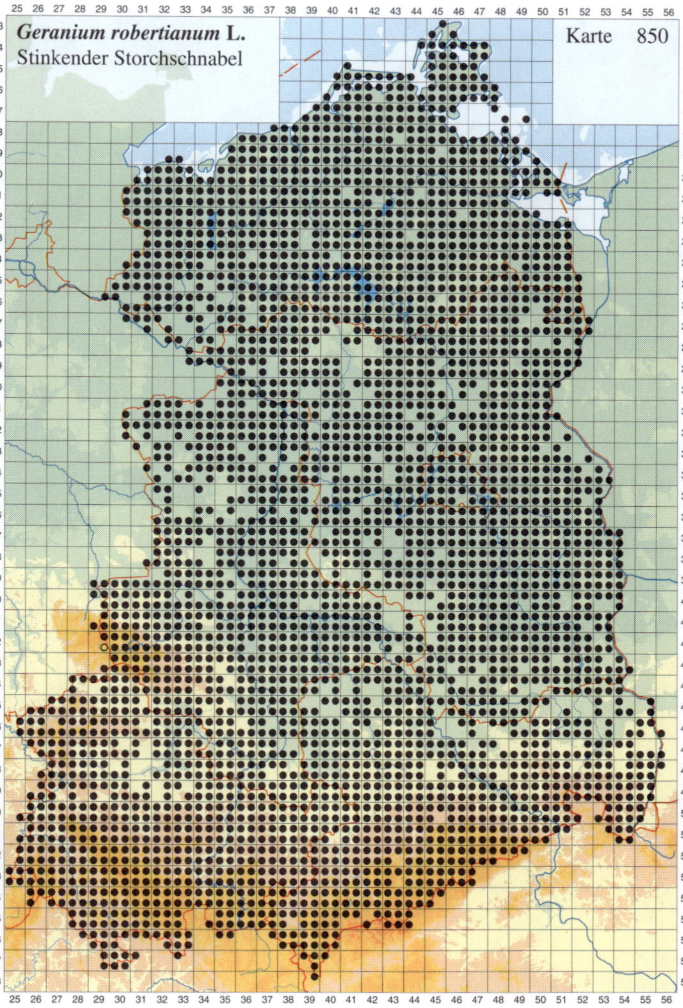
Geranium robertianum **L.**
Stinkender Storchschnabel
Karte 850

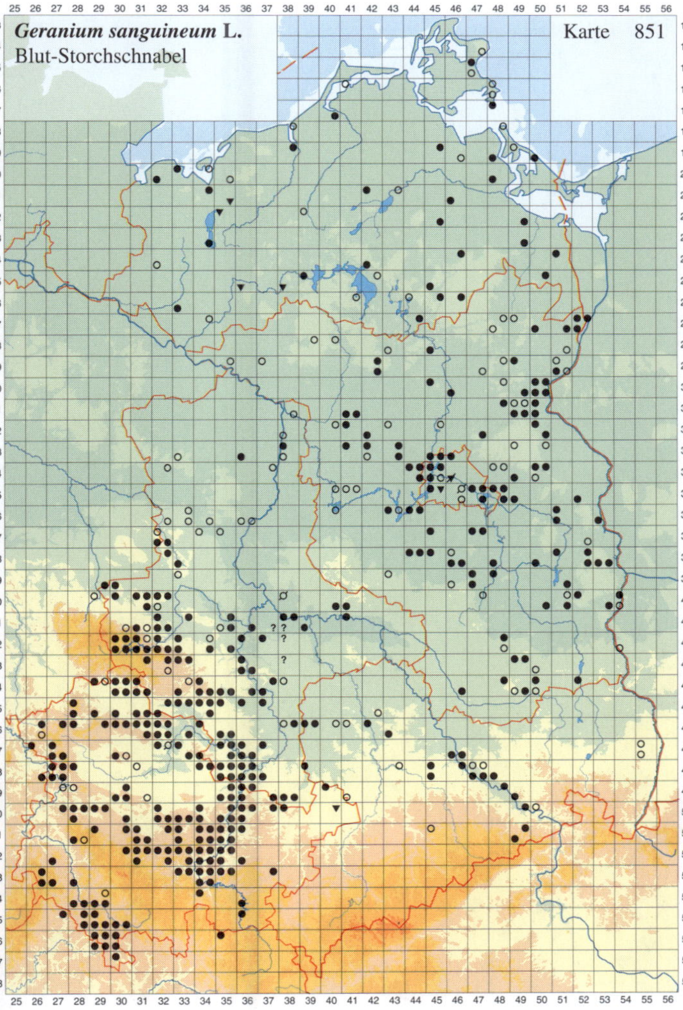
Geranium sanguineum **L.**
Blut-Storchschnabel
Karte 851

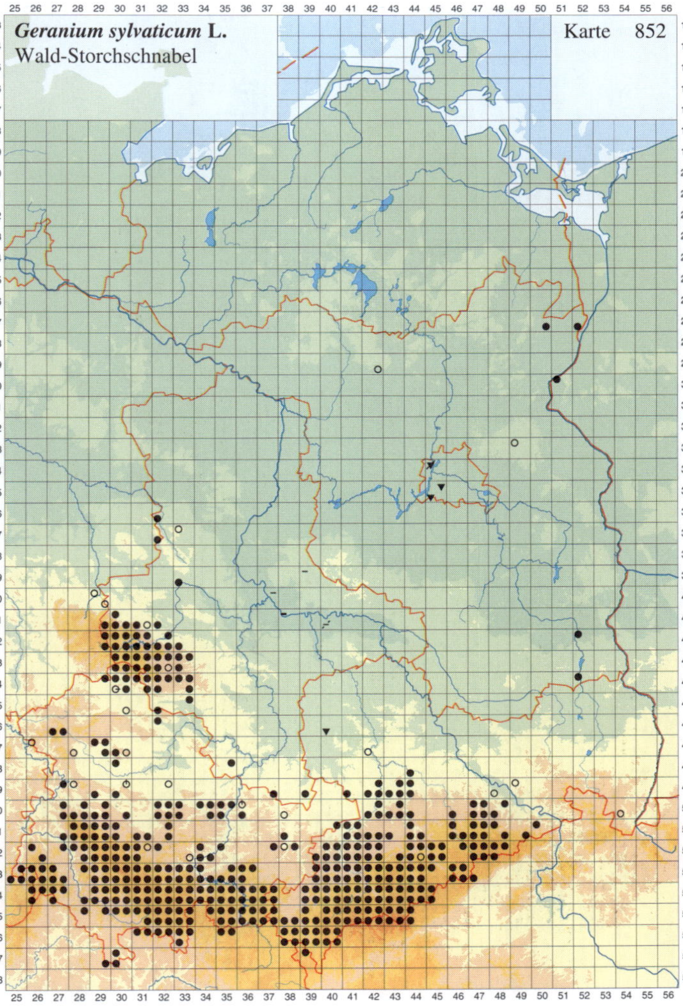
Geranium sylvaticum **L.**
Wald-Storchschnabel
Karte 852

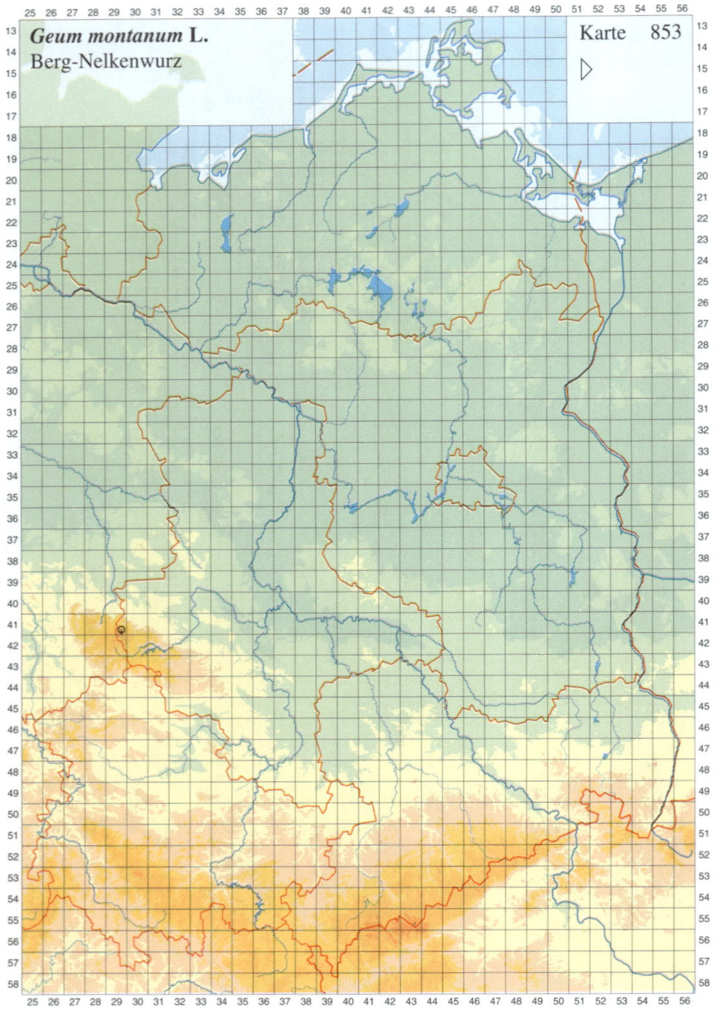
Geum montanum L.
Berg-Nelkenwurz
Karte 853
▷

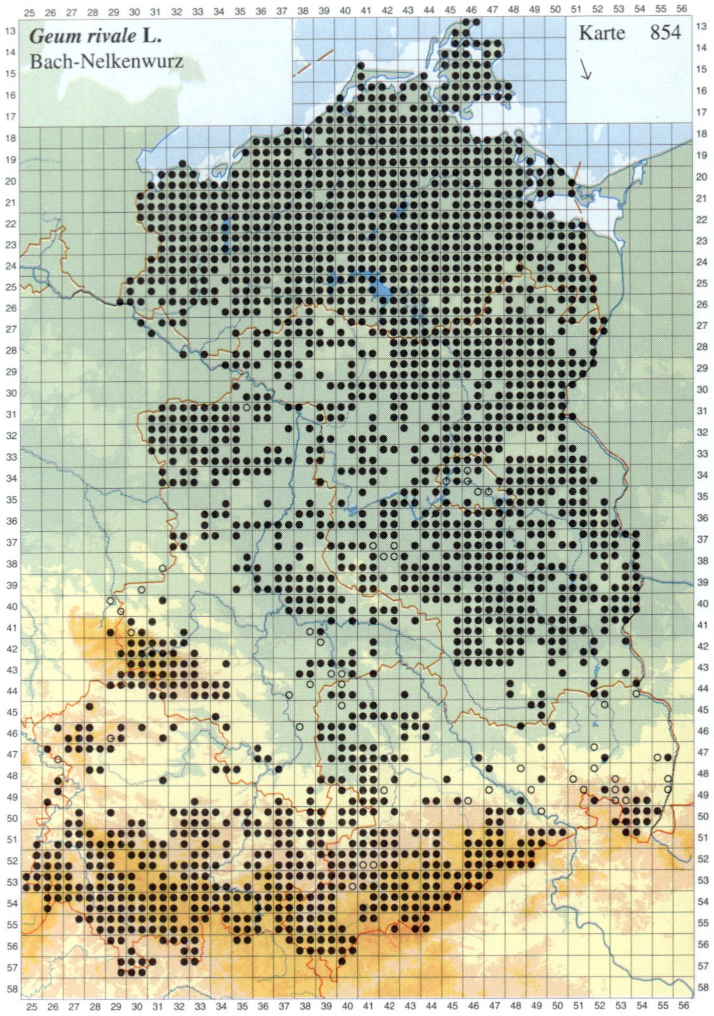
Geum rivale L.
Bach-Nelkenwurz
Karte 854
↘

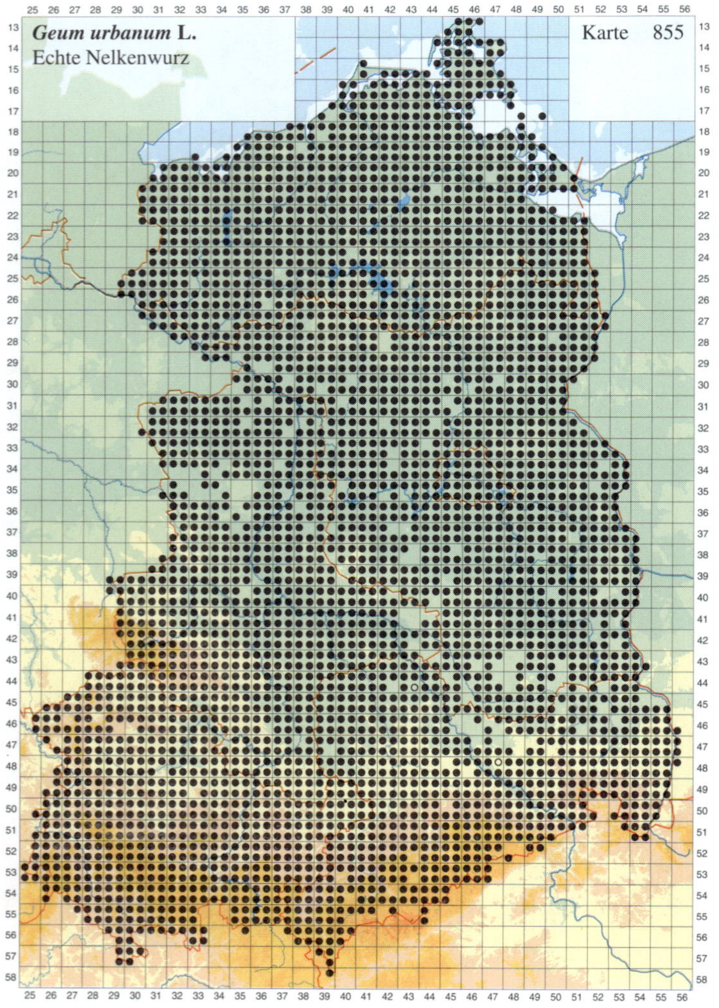
Geum urbanum L.
Echte Nelkenwurz
Karte 855

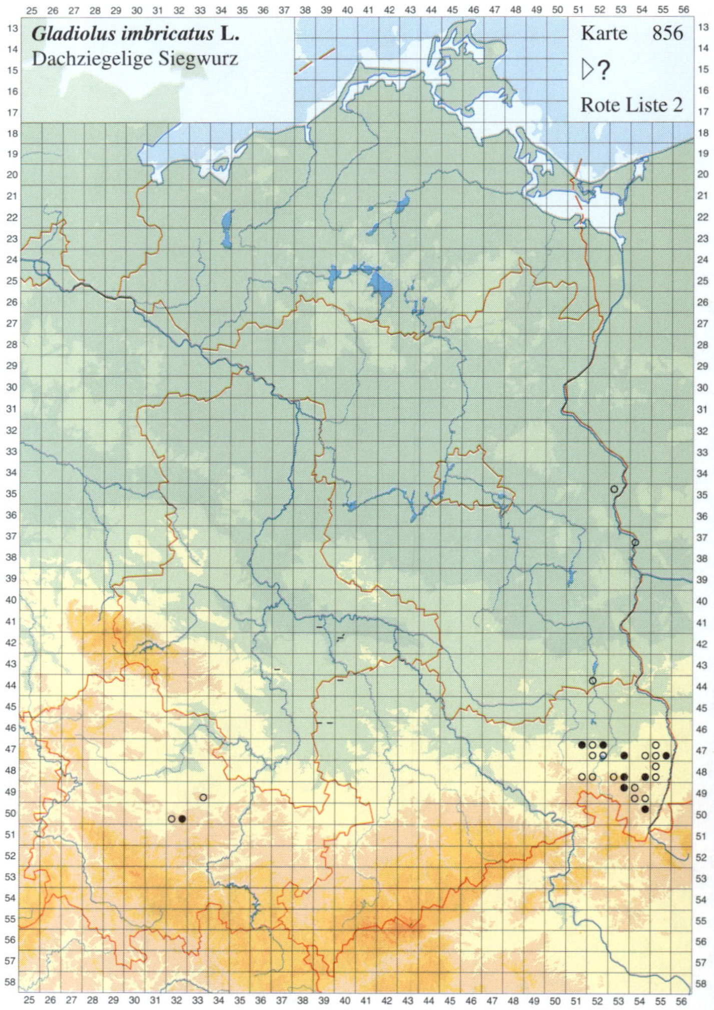
Gladiolus imbricatus L.
Dachziegelige Siegwurz
Karte 856
▷?
Rote Liste 2

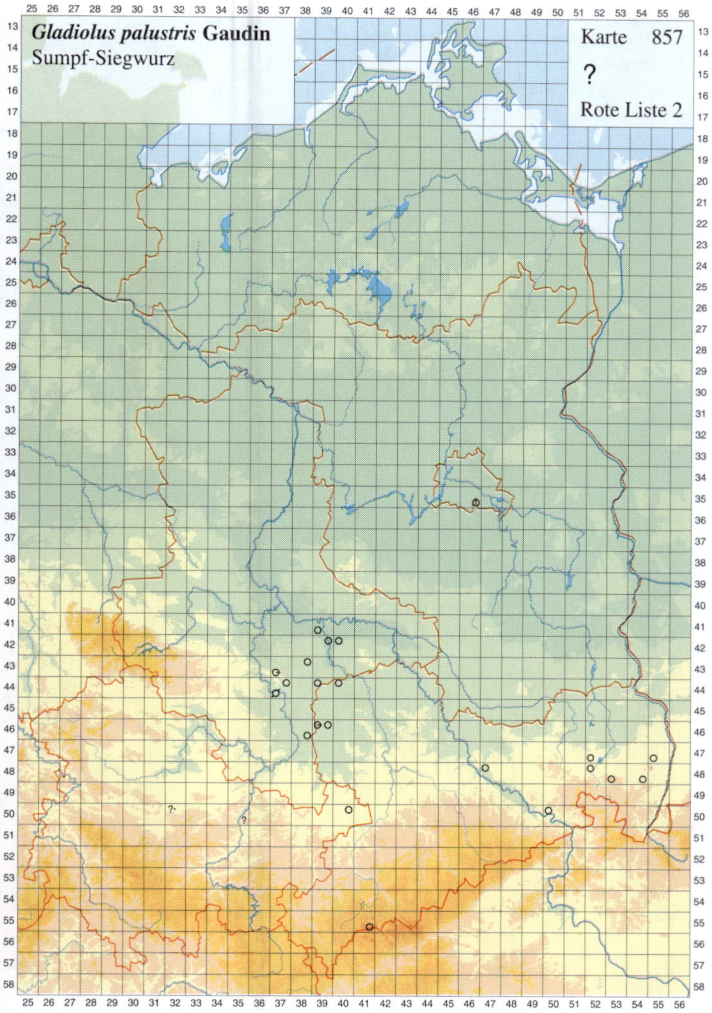
Gladiolus palustris **Gaudin**
Sumpf-Siegwurz
Karte 857
?
Rote Liste 2

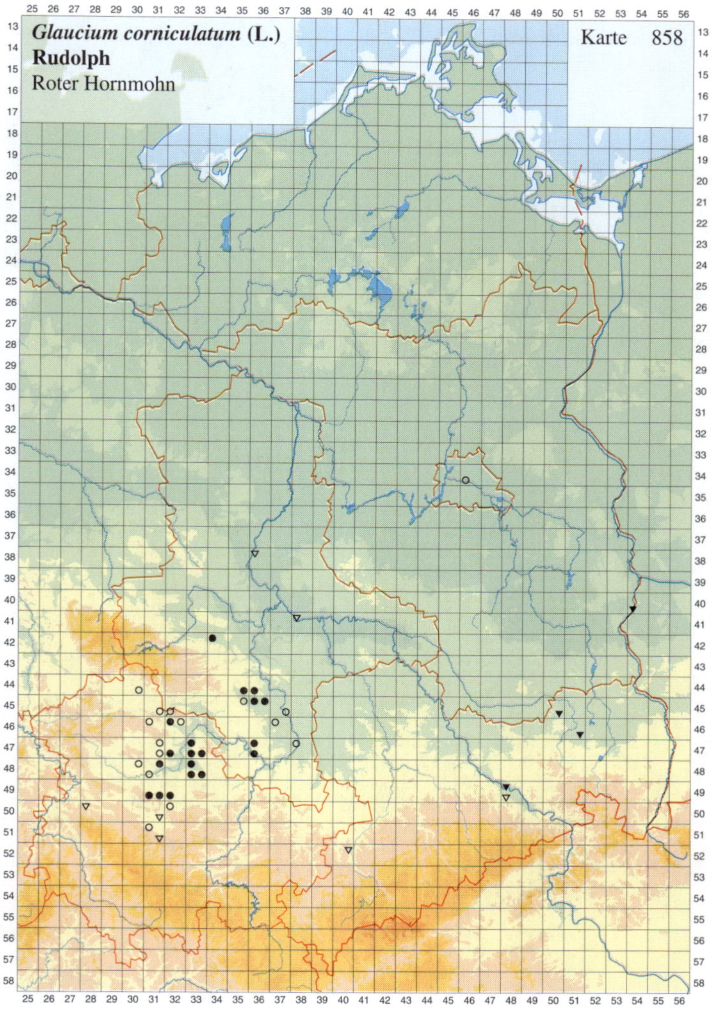
Glaucium corniculatum **(L.) Rudolph**
Roter Hornmohn
Karte 858

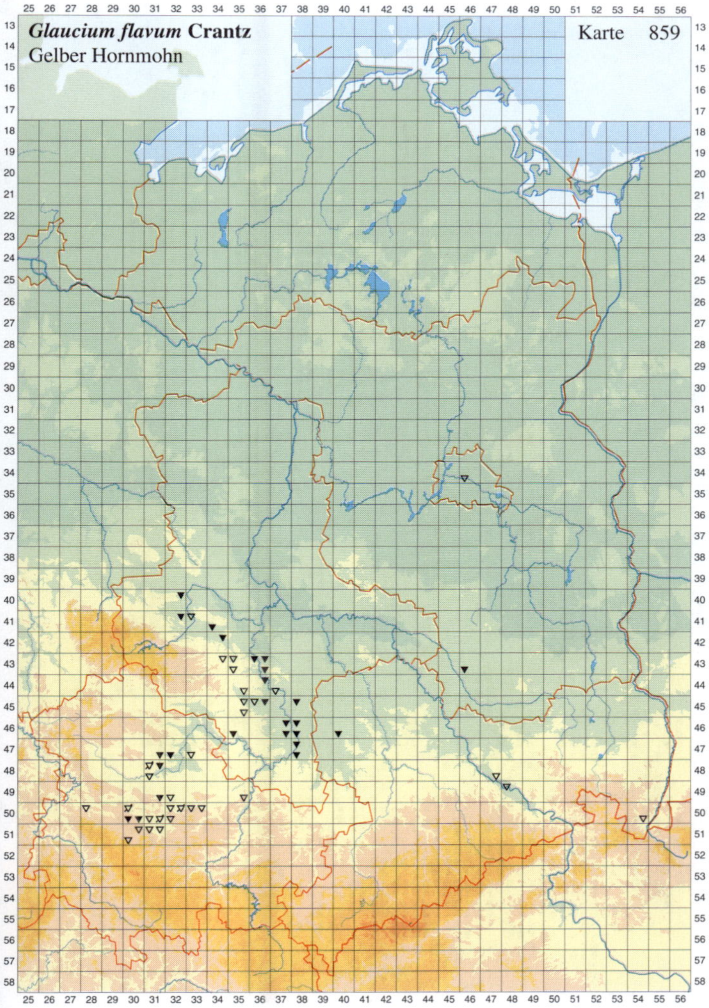
Glaucium flavum **Crantz**
Gelber Hornmohn
Karte 859

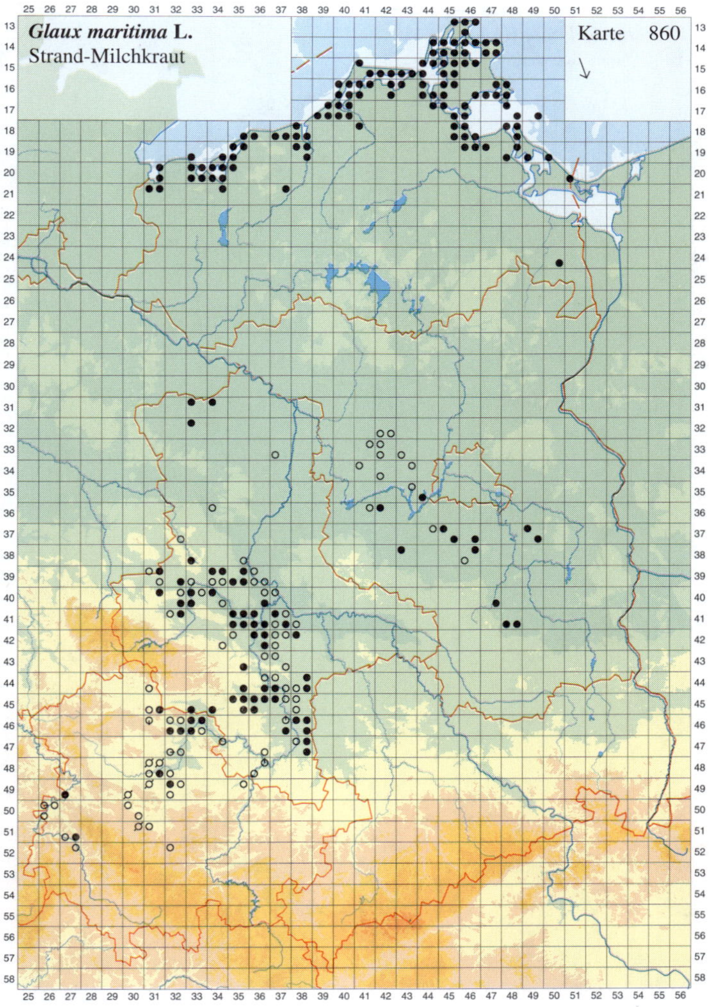
Glaux maritima **L.**
Strand-Milchkraut
Karte 860

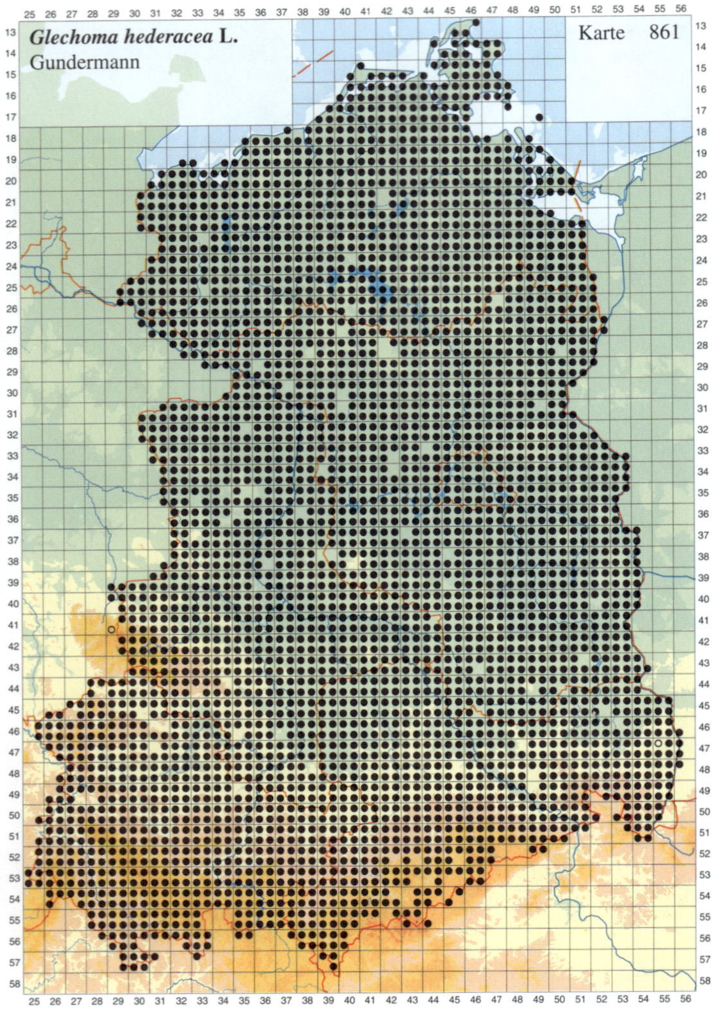
Glechoma hederacea L.
Gundermann
Karte 861

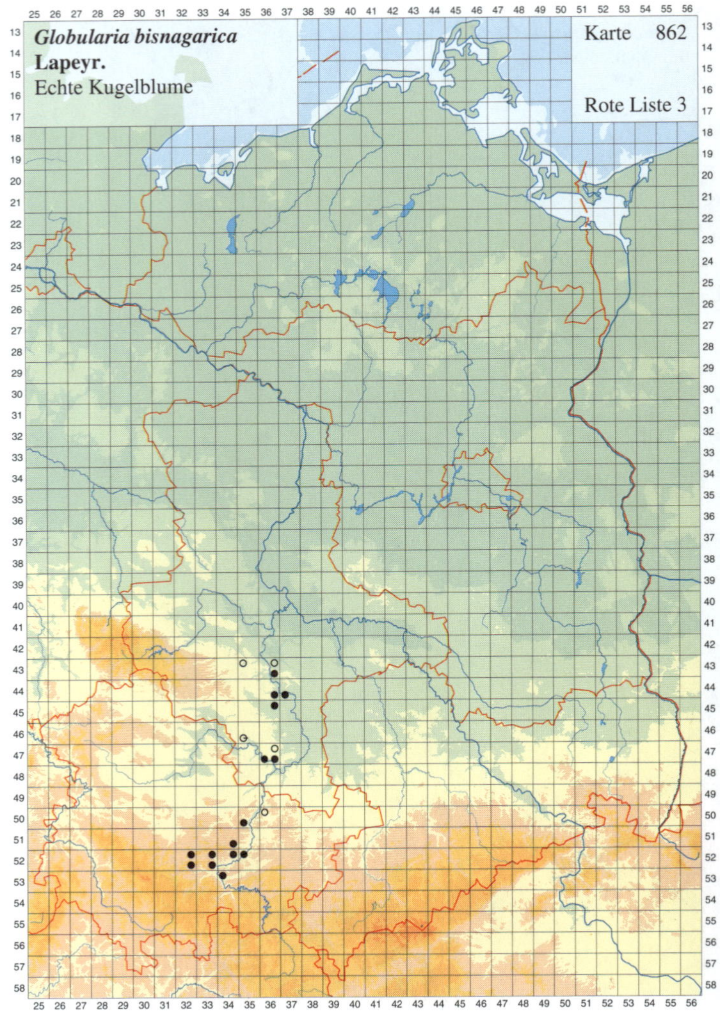
Globularia bisnagarica Lapeyr.
Echte Kugelblume
Karte 862
Rote Liste 3

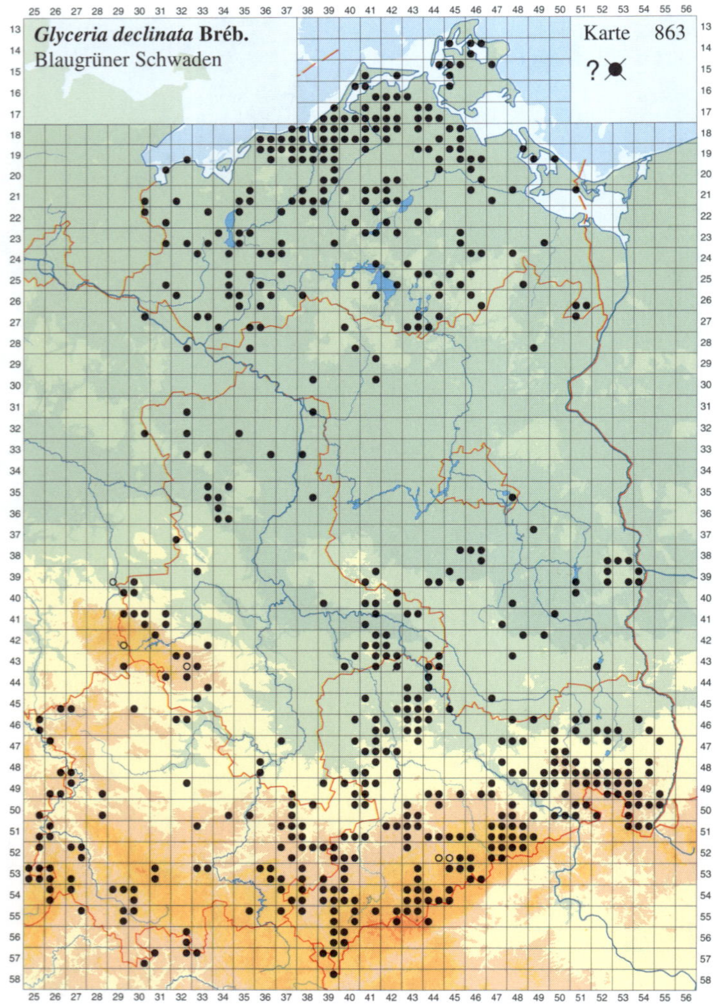
Glyceria declinata Bréb.
Blaugrüner Schwaden
Karte 863
?

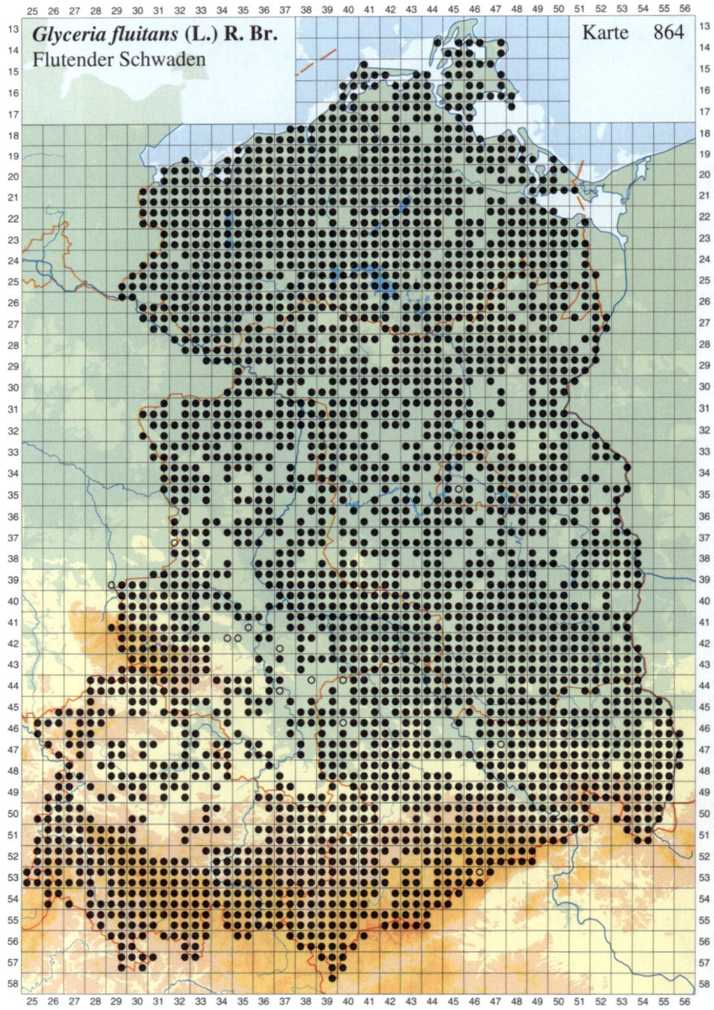
Glyceria fluitans (L.) R. Br.
Flutender Schwaden
Karte 864

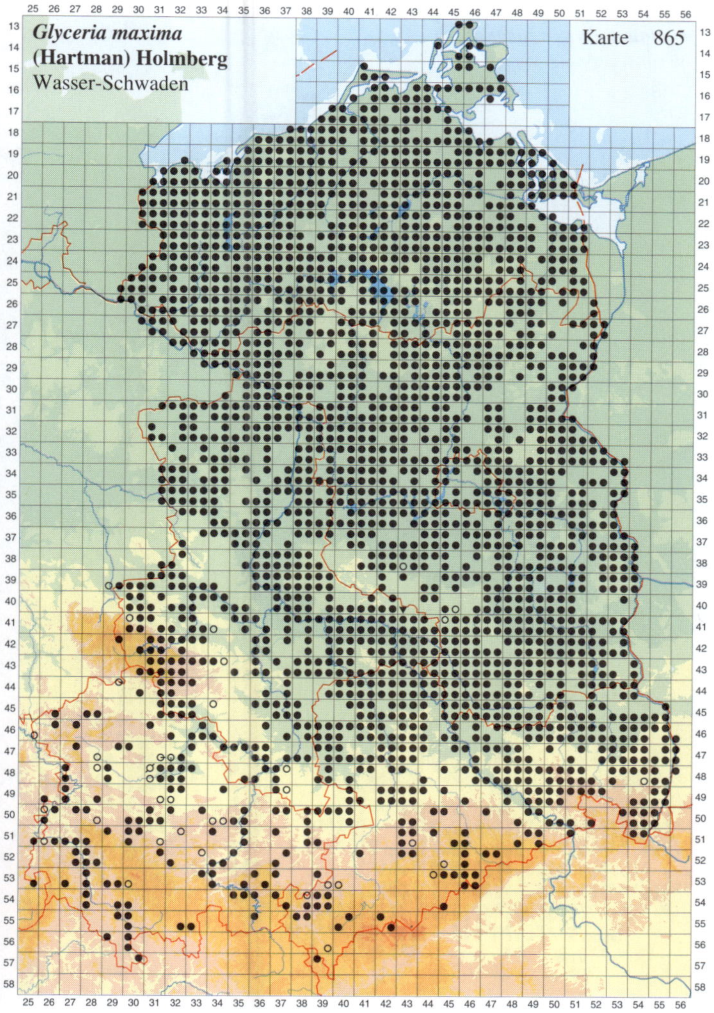
Glyceria maxima
(Hartman) Holmberg
Wasser-Schwaden
Karte 865

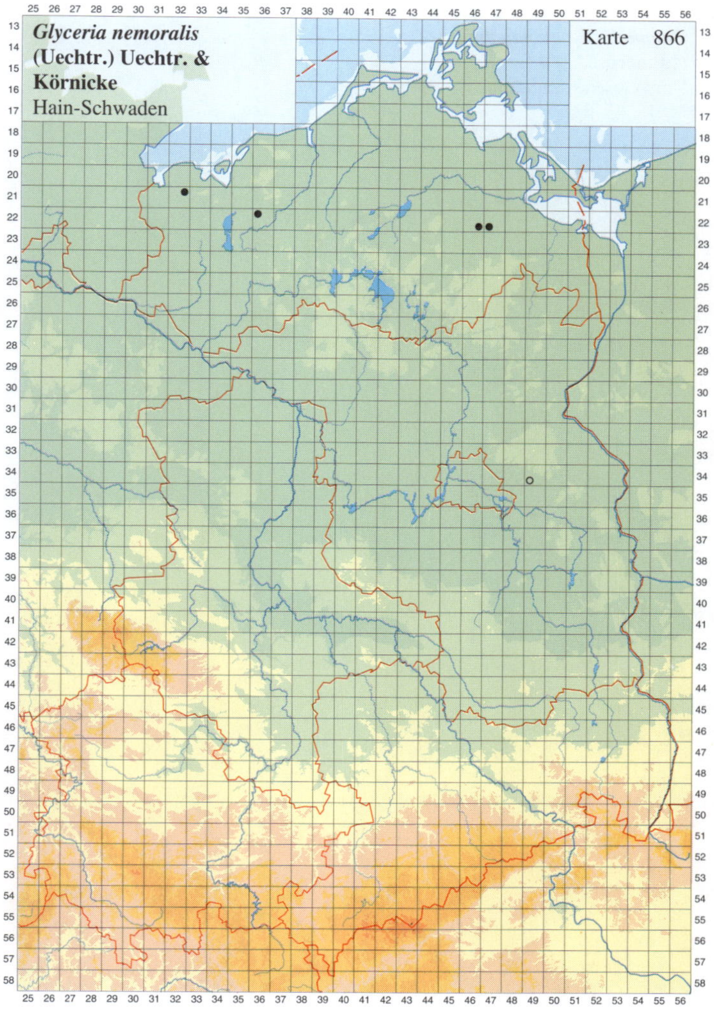
Glyceria nemoralis
(Uechtr.) Uechtr. &
Körnicke
Hain-Schwaden
Karte 866

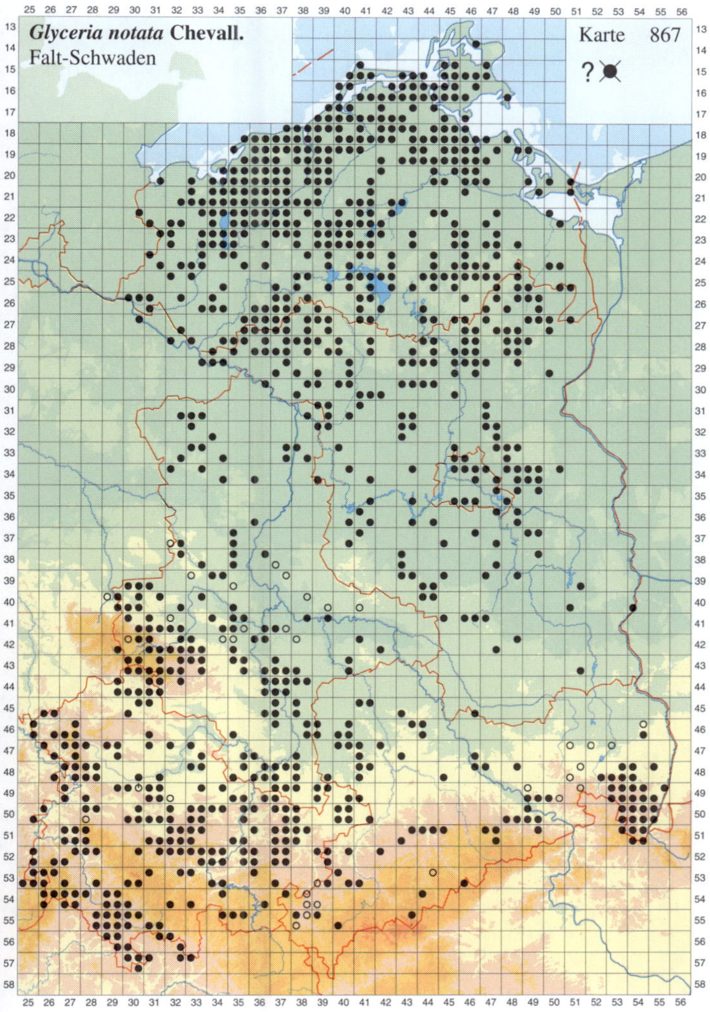
Glyceria notata **Chevall.**
Falt-Schwaden
Karte 867
?

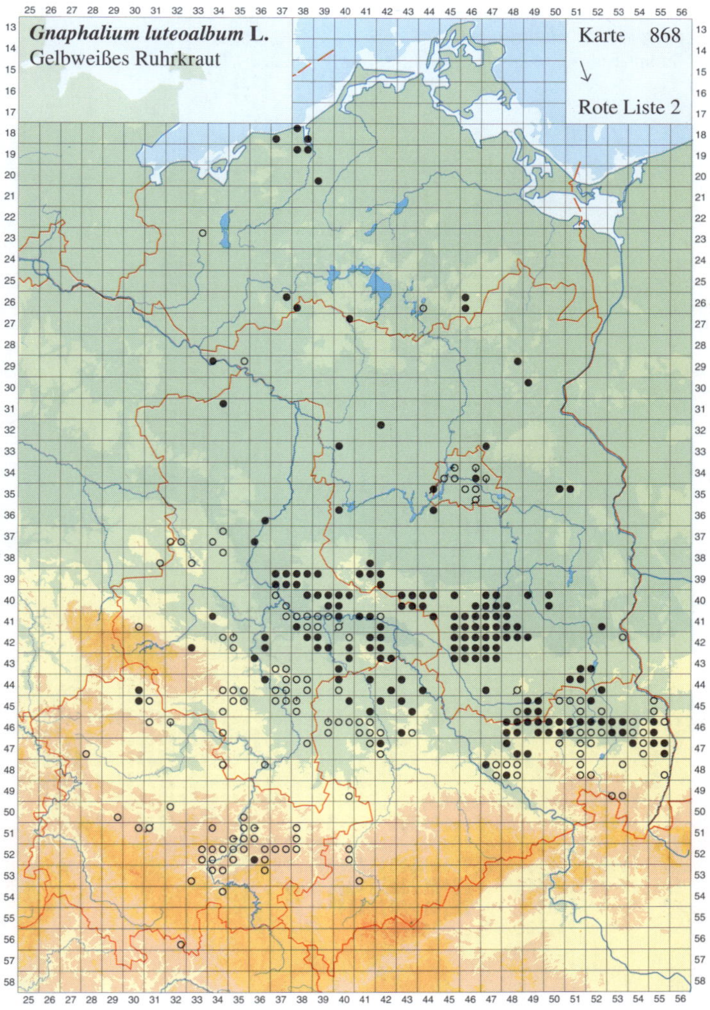
Gnaphalium luteoalbum **L.**
Gelbweißes Ruhrkraut
Karte 868
↘
Rote Liste 2

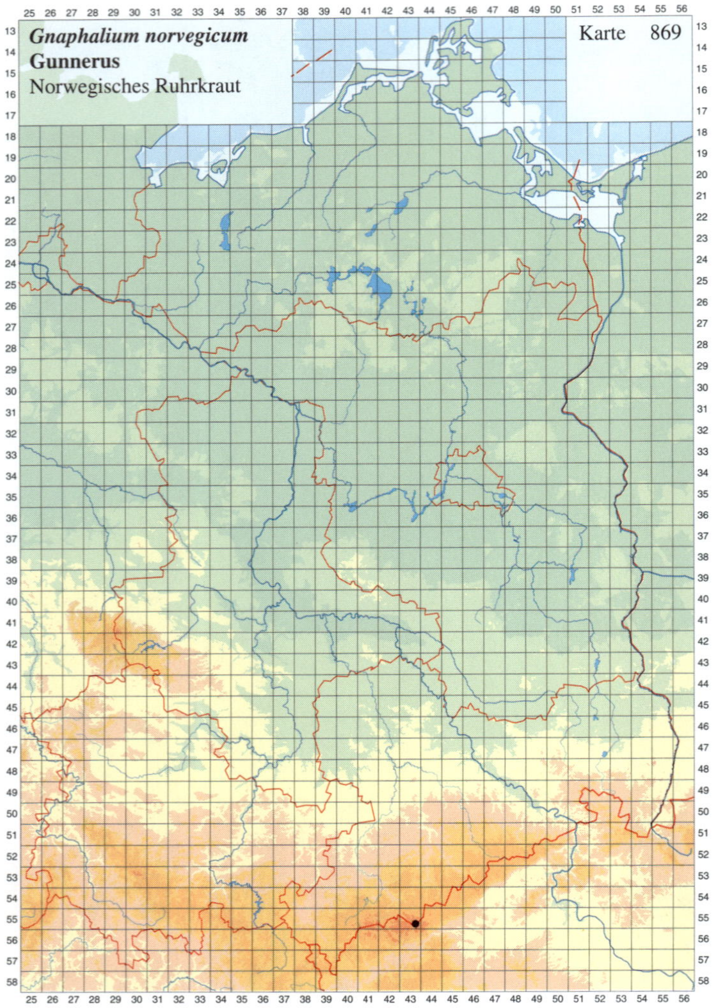
Gnaphalium norvegicum Gunnerus
Norwegisches Ruhrkraut
Karte 869

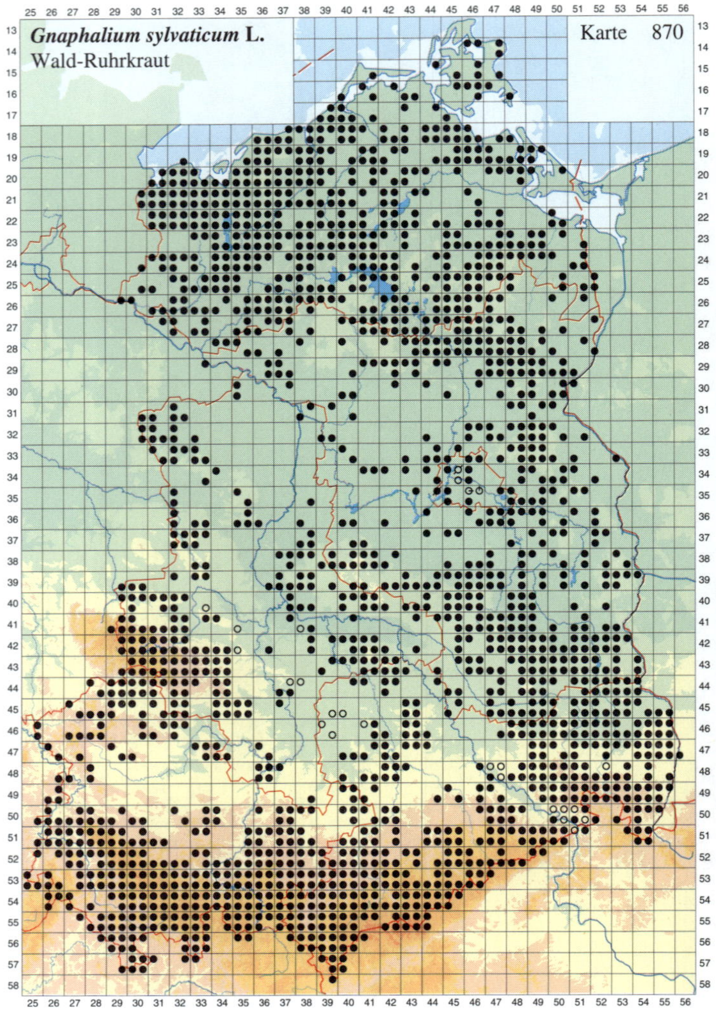
Gnaphalium sylvaticum L.
Wald-Ruhrkraut
Karte 870

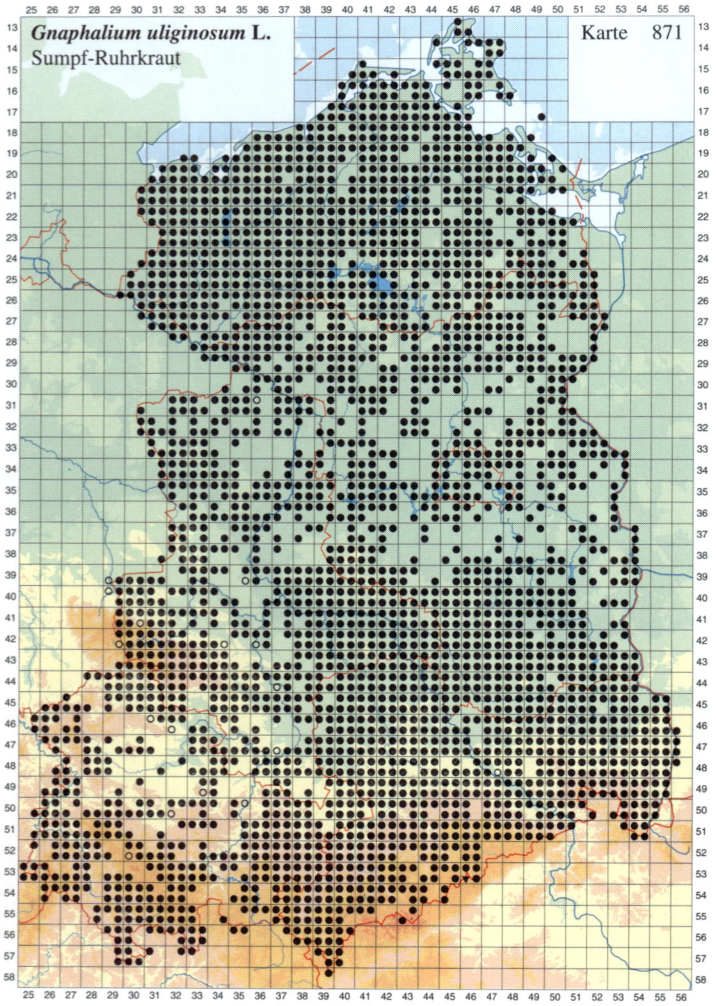
Gnaphalium uliginosum L.
Sumpf-Ruhrkraut
Karte 871

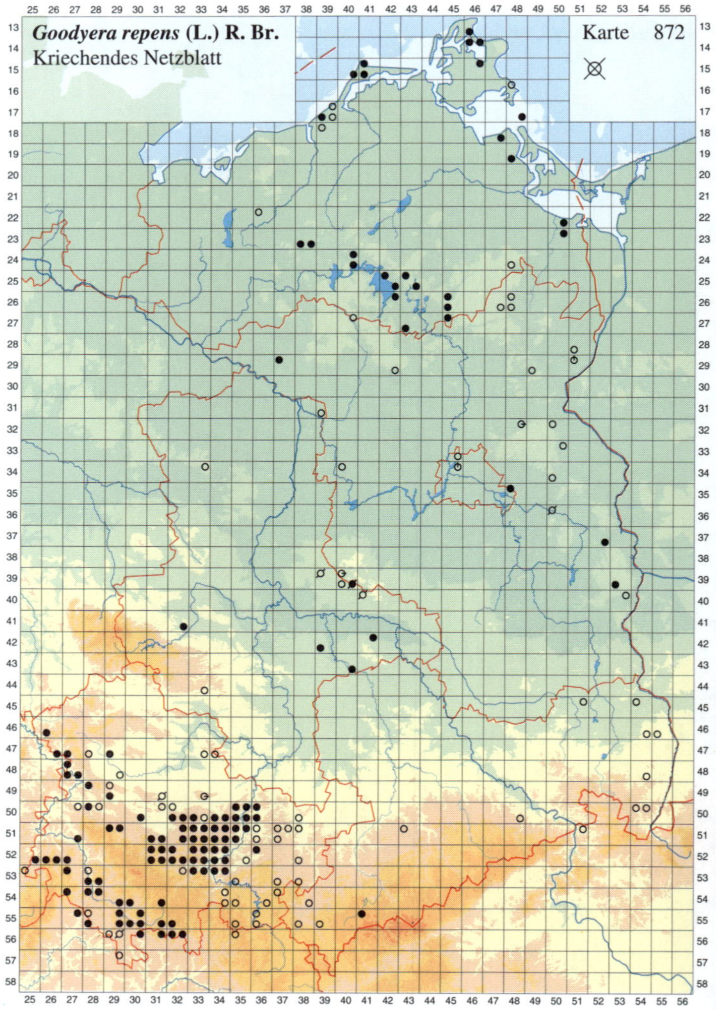
Goodyera repens (L.) R. Br.
Kriechendes Netzblatt
Karte 872

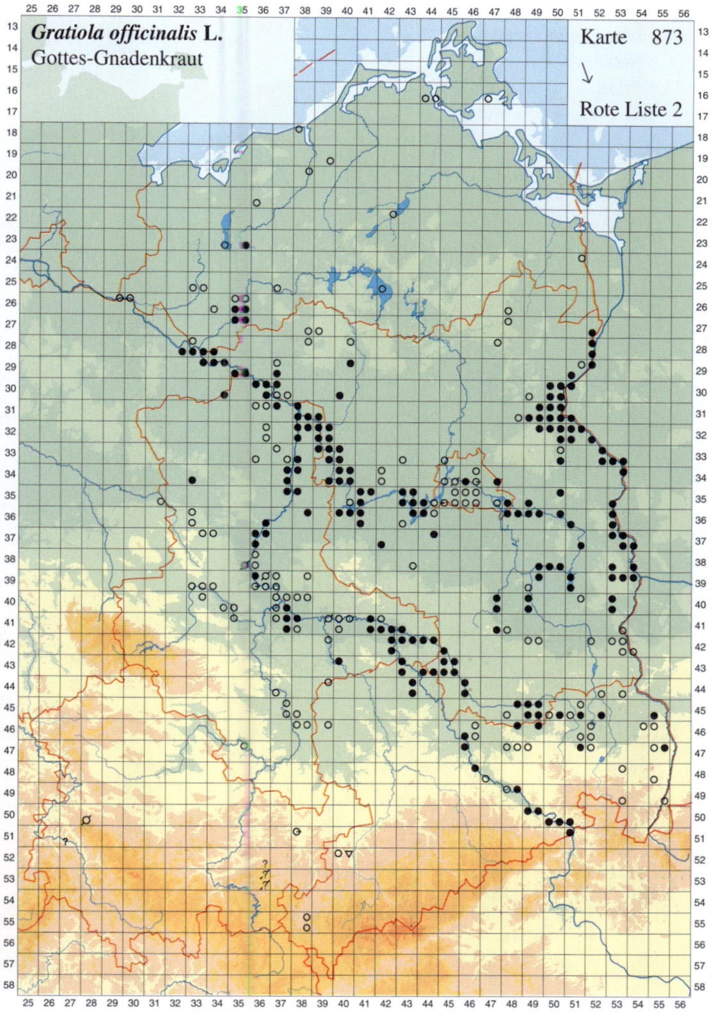
Gratiola officinalis L.
Gottes-Gnadenkraut
Karte 873
Rote Liste 2

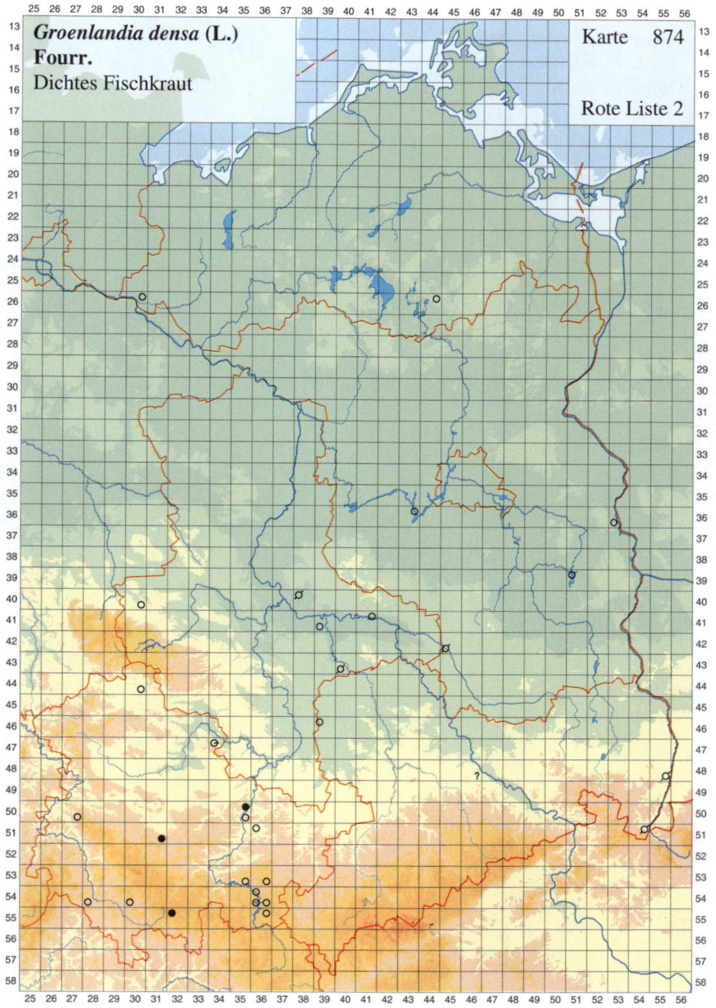
Groenlandia densa (L.) Fourr.
Dichtes Fischkraut
Karte 874
Rote Liste 2

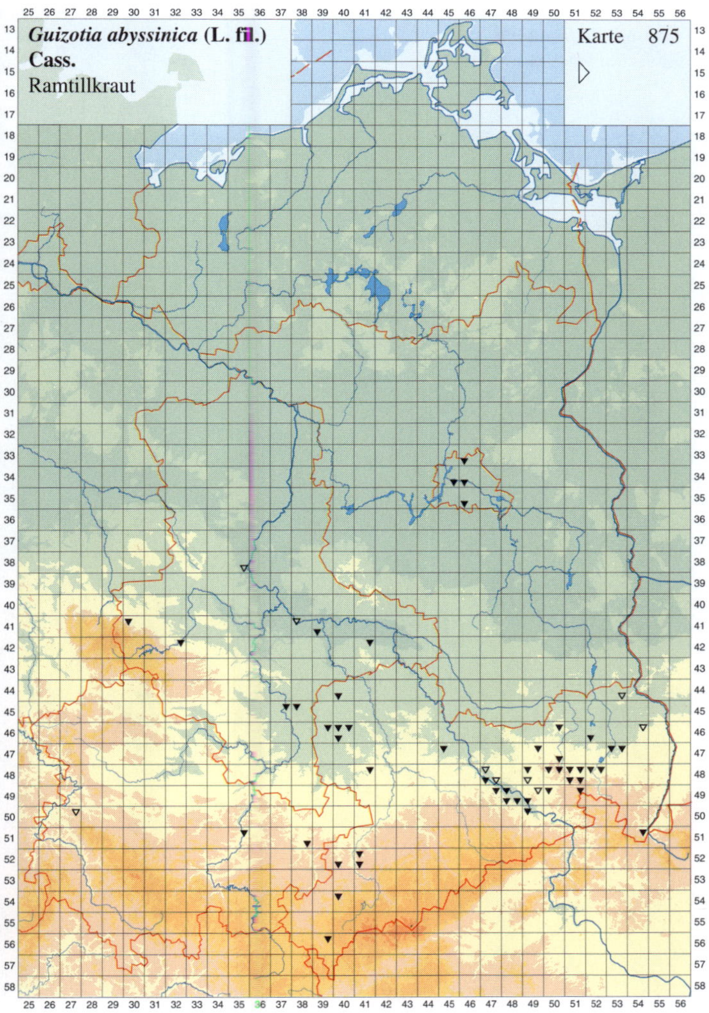
Guizotia abyssinica (L. fil.) Cass.
Ramtillkraut
Karte 875

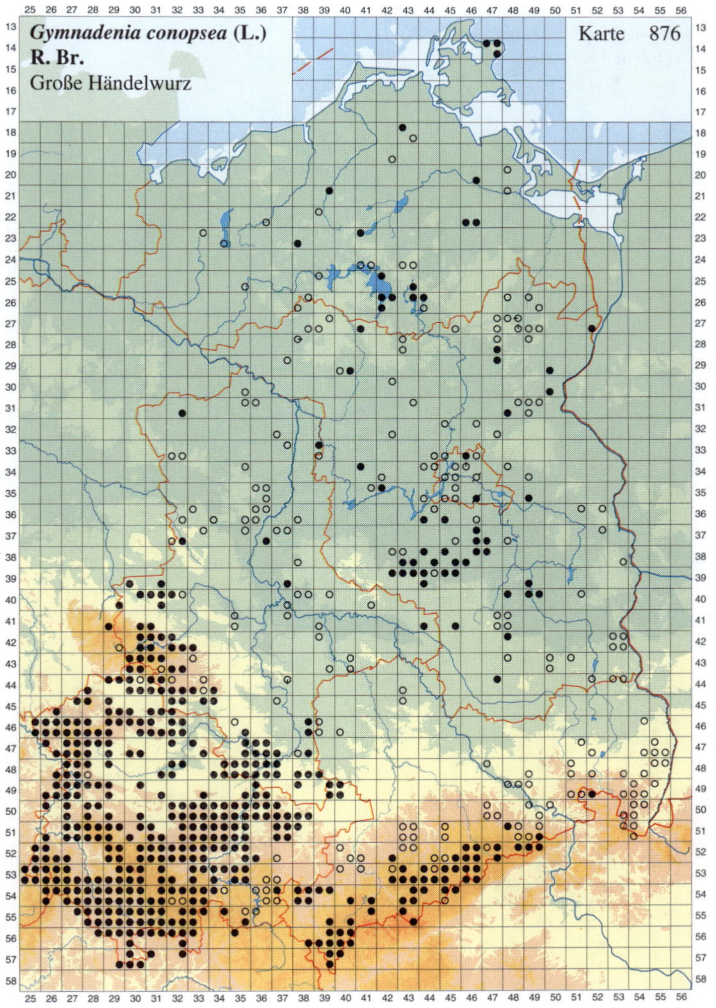
Gymnadenia conopsea (L.) R. Br.
Große Händelwurz
Karte 876

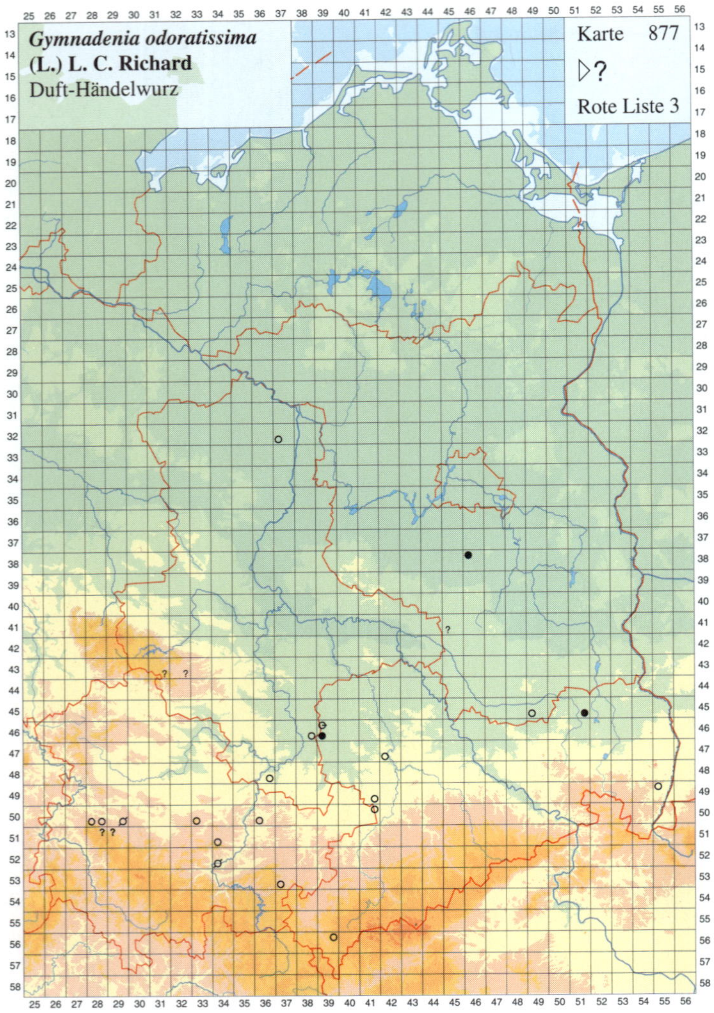
Gymnadenia odoratissima
(L.) L. C. Richard
Duft-Händelwurz
Karte 877
▷?
Rote Liste 3

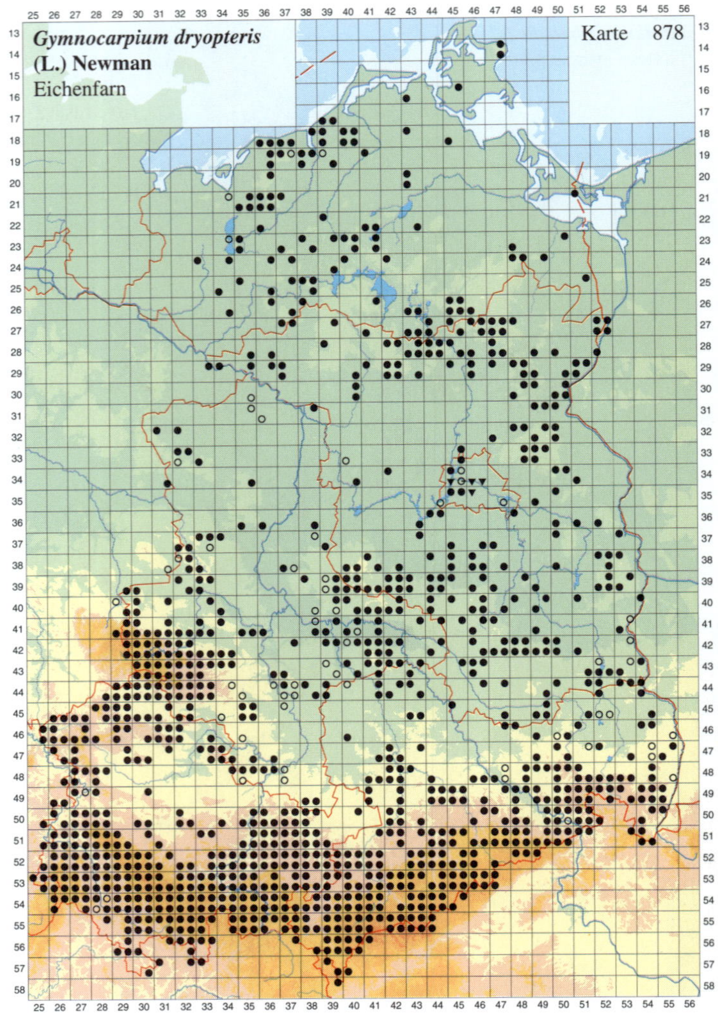
Gymnocarpium dryopteris
(L.) Newman
Eichenfarn
Karte 878

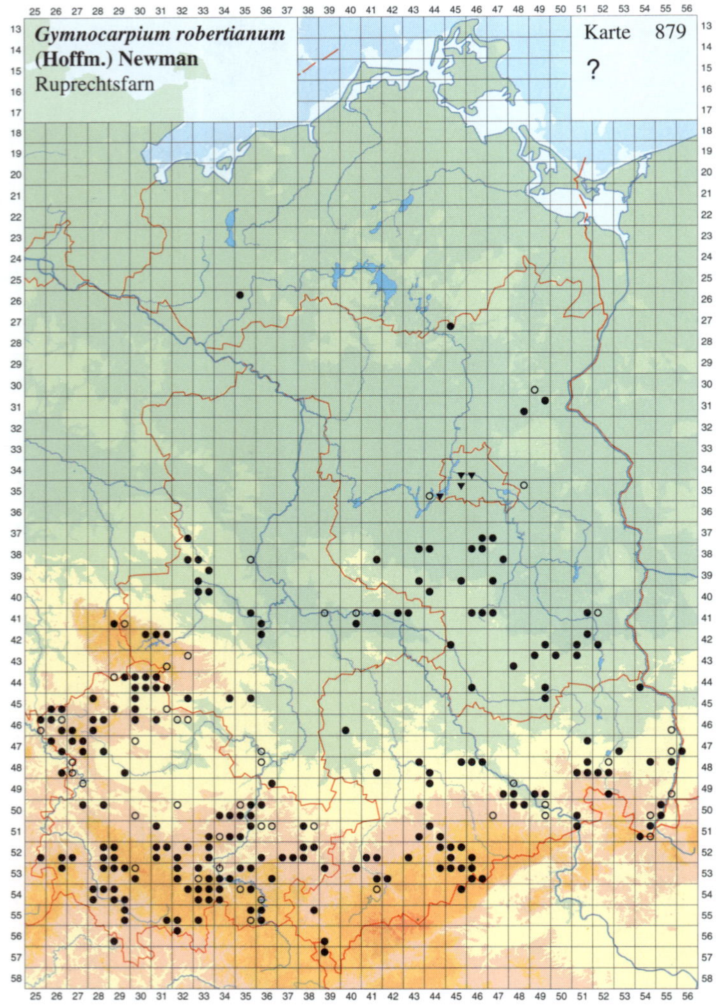
Gymnocarpium robertianum
(Hoffm.) Newman
Ruprechtsfarn
Karte 879
?

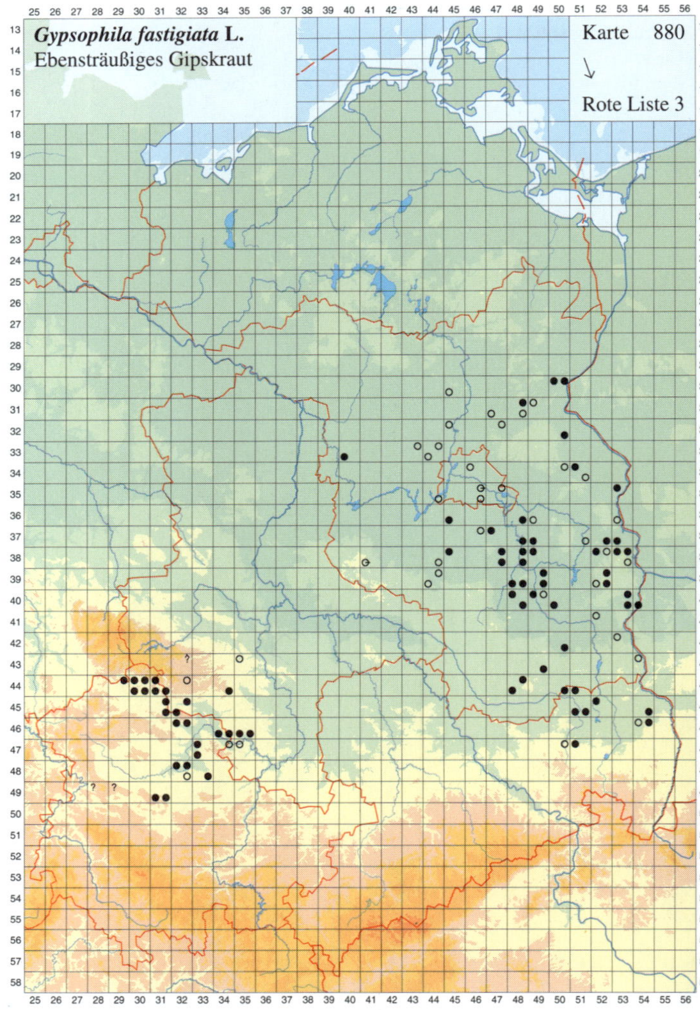
Gypsophila fastigiata **L.**
Ebensträußiges Gipskraut
Karte 880
↘
Rote Liste 3

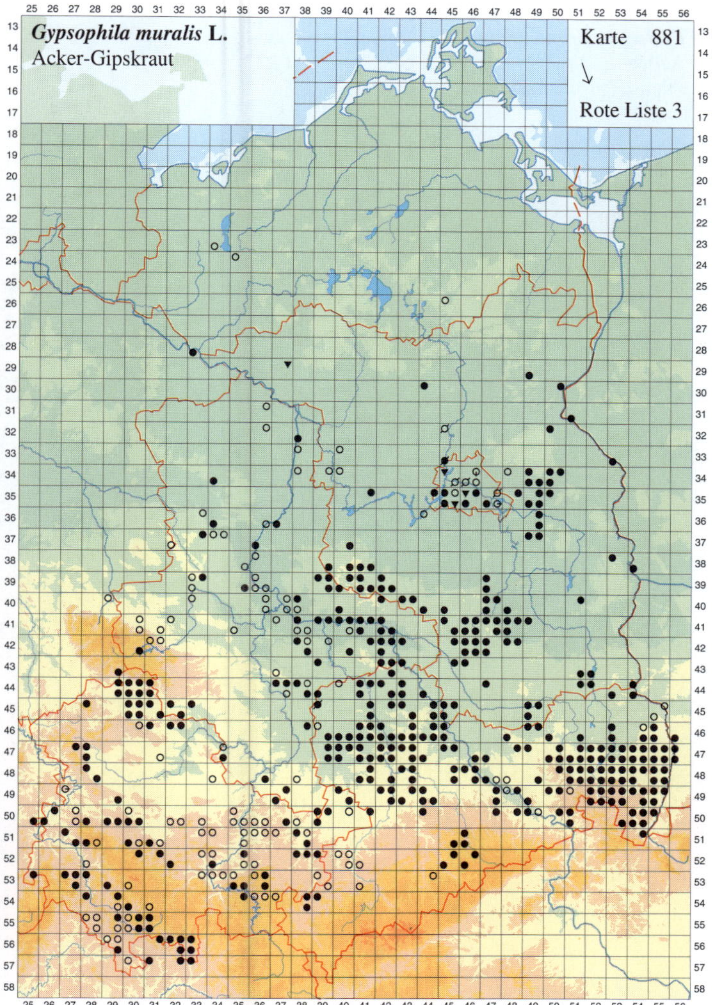
Gypsophila muralis L.
Acker-Gipskraut
Karte 881
↘
Rote Liste 3

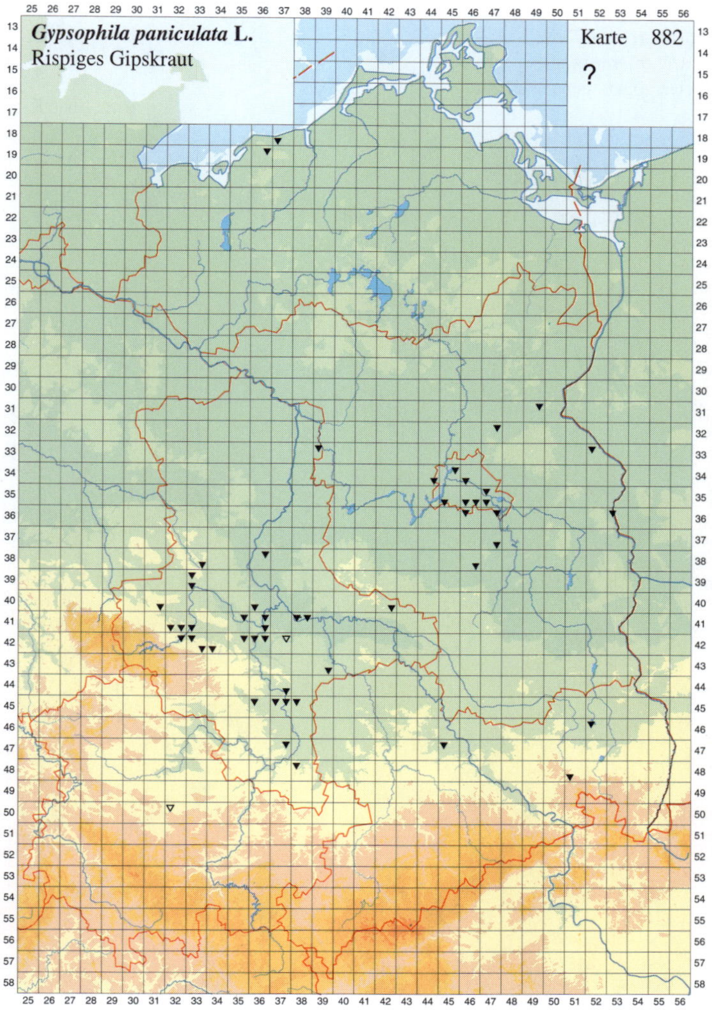
Gypsophila paniculata L.
Rispiges Gipskraut
Karte 882
?

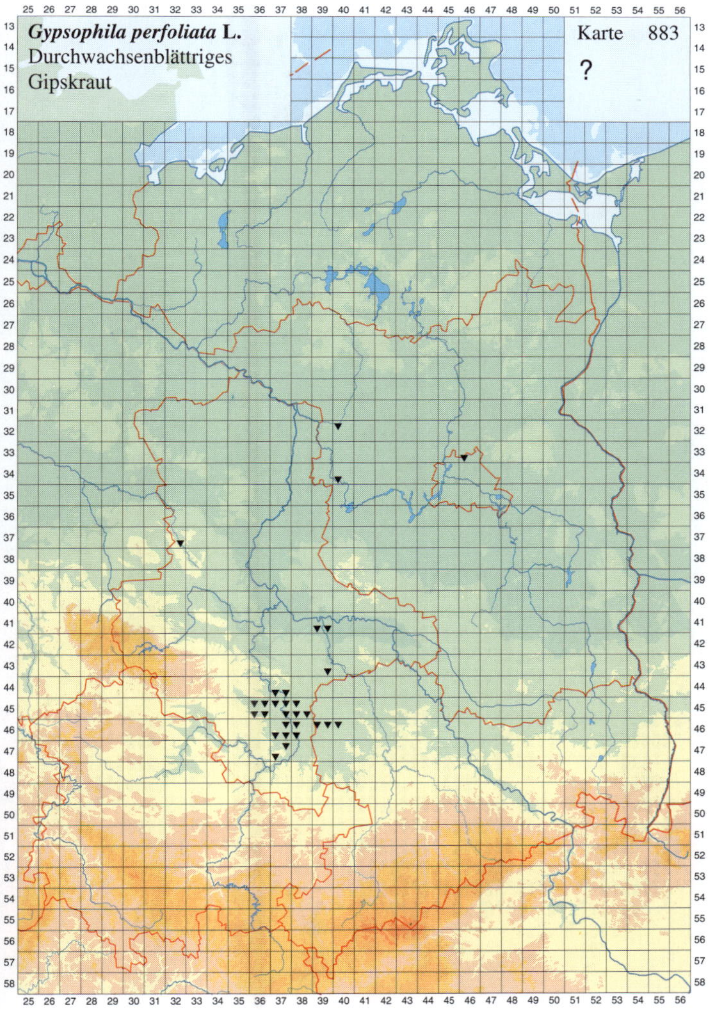
Gypsophila perfoliata L.
Durchwachsenblättriges
Gipskraut
Karte 883
?

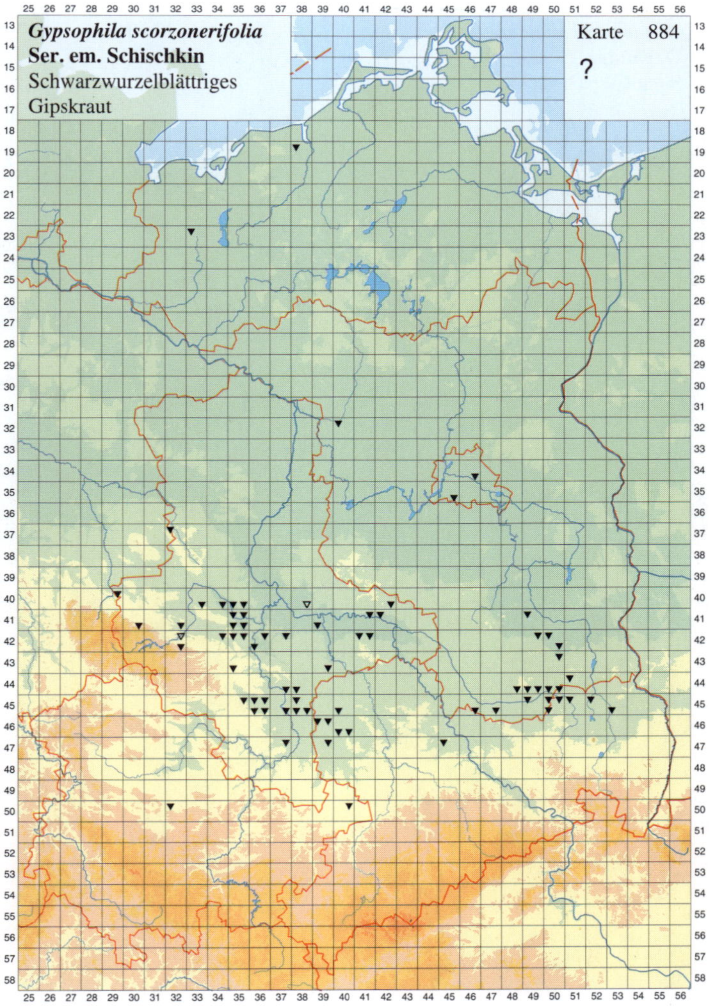
Gypsophila scorzonerifolia
Ser. em. Schischkin
Schwarzwurzelblättriges
Gipskraut
Karte 884
?

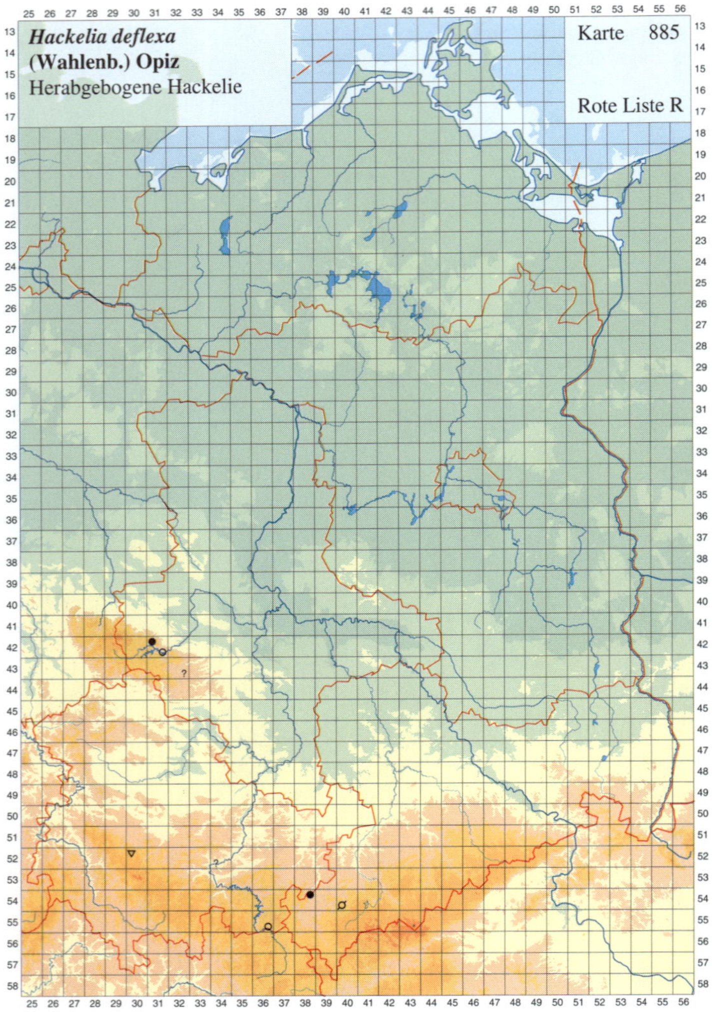
Hackelia deflexa
(Wahlenb.) Opiz
Herabgebogene Hackelie
Karte 885
Rote Liste R

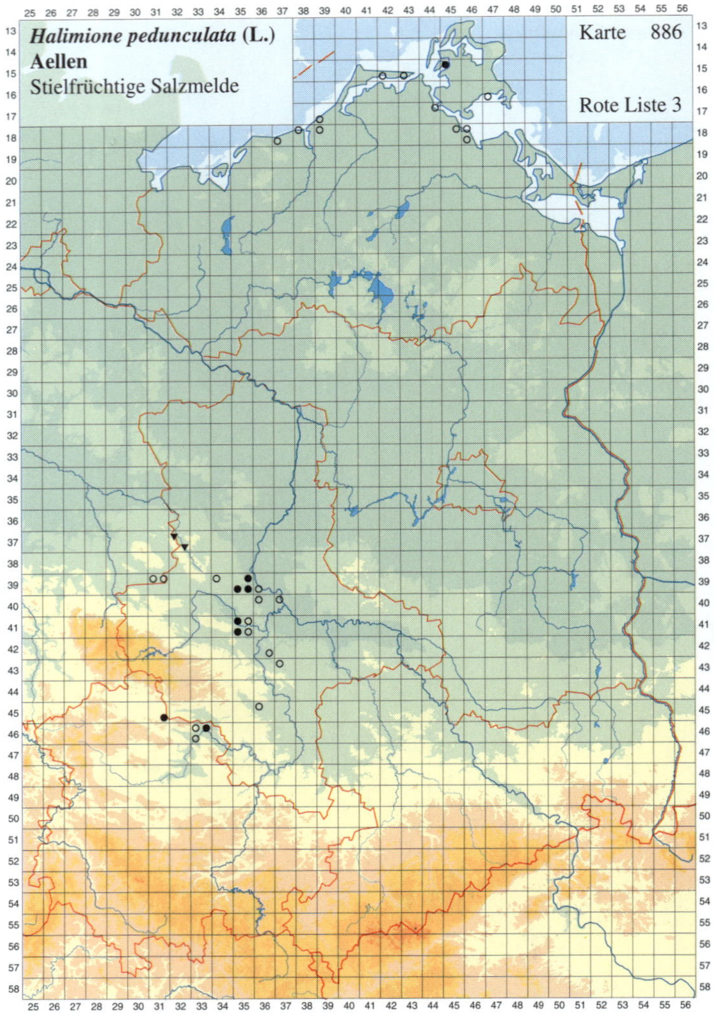
Halimione pedunculata (L.)
Aellen
Stielfrüchtige Salzmelde
Karte 886
Rote Liste 3

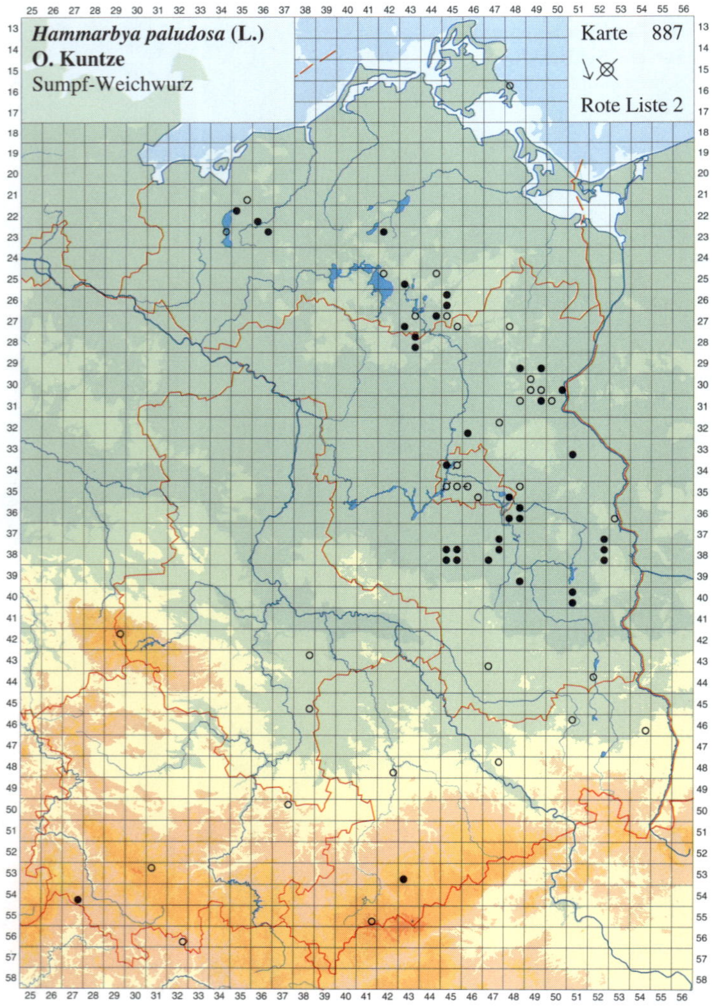
Hammarbya paludosa (L.)
O. Kuntze
Sumpf-Weichwurz
Karte 887
Rote Liste 2

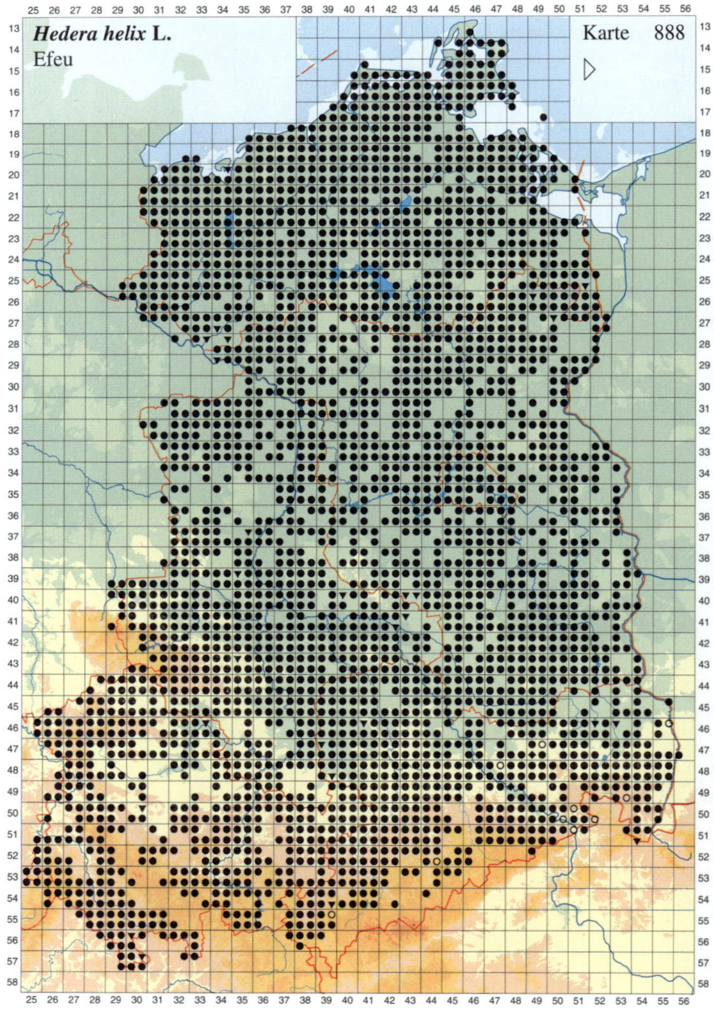
Hedera helix L.
Efeu
Karte 888

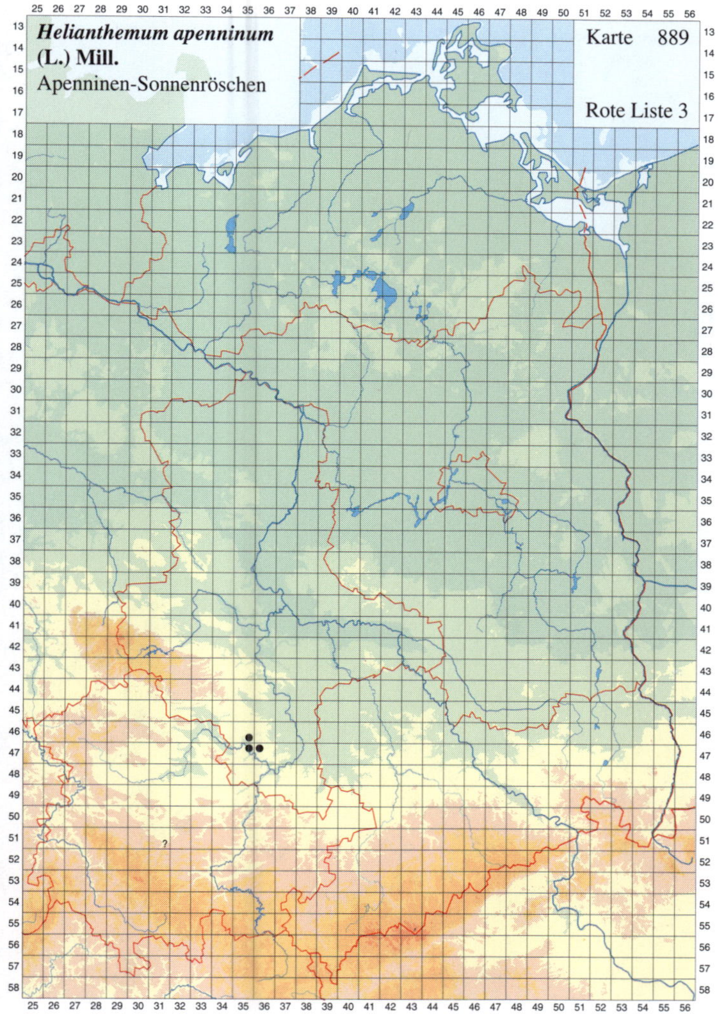
Helianthemum apenninum (L.) Mill.
Apenninen-Sonnenröschen
Karte 889
Rote Liste 3

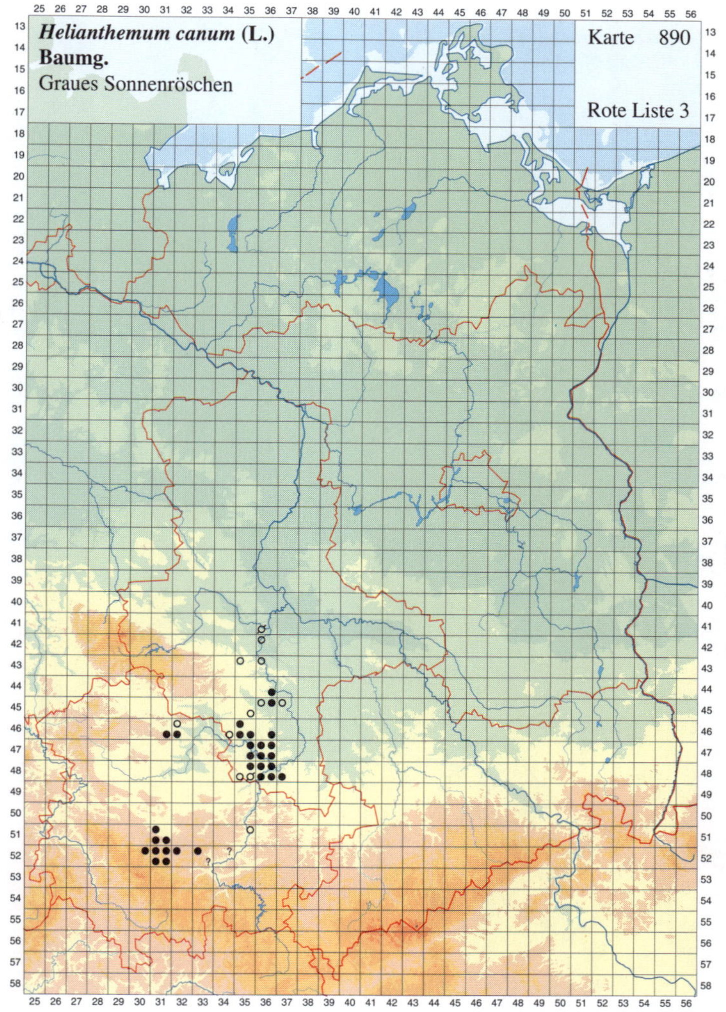
Helianthemum canum (L.) Baumg.
Graues Sonnenröschen
Karte 890
Rote Liste 3

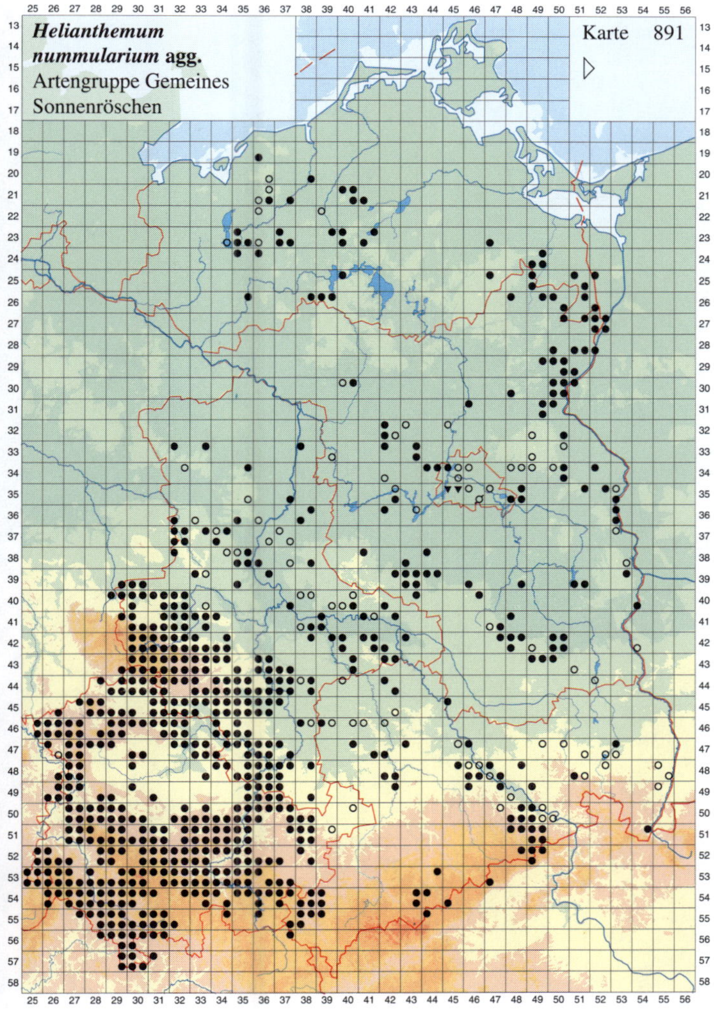
Helianthemum nummularium agg.
Artengruppe Gemeines Sonnenröschen
Karte 891

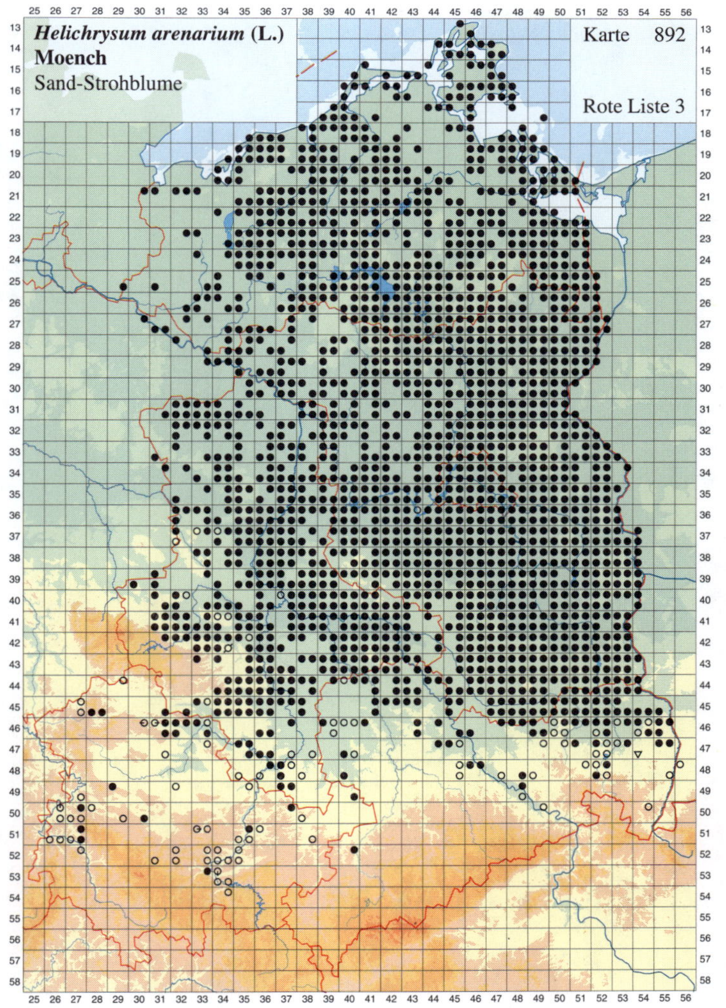
Helichrysum arenarium (L.) Moench
Sand-Strohblume
Karte 892
Rote Liste 3

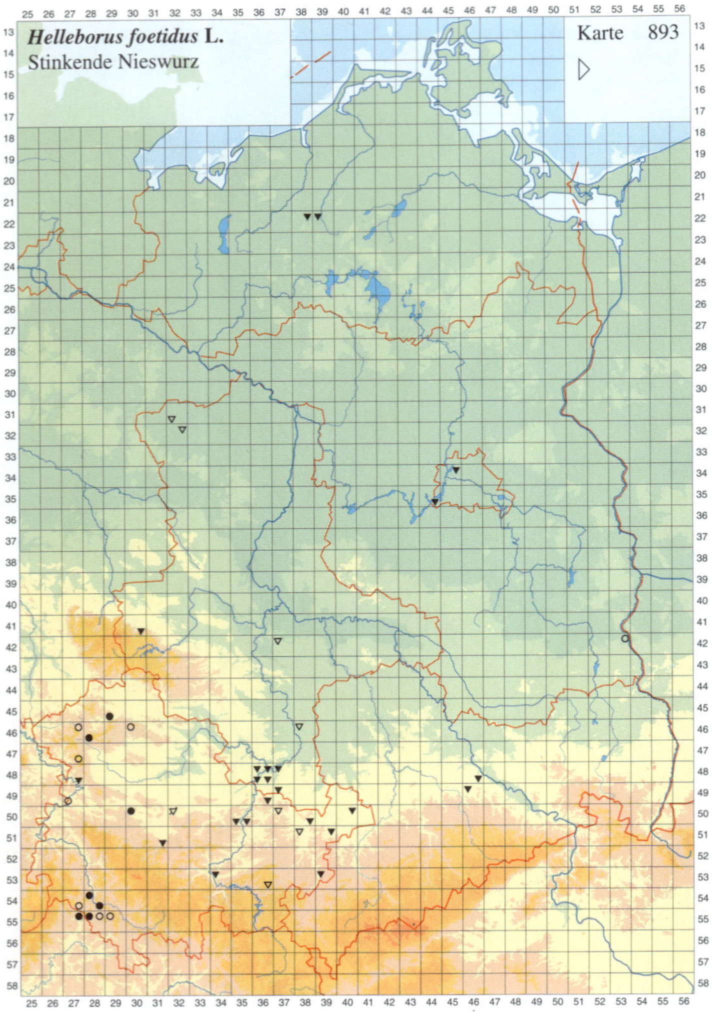
Helleborus foetidus L.
Stinkende Nieswurz
Karte 893

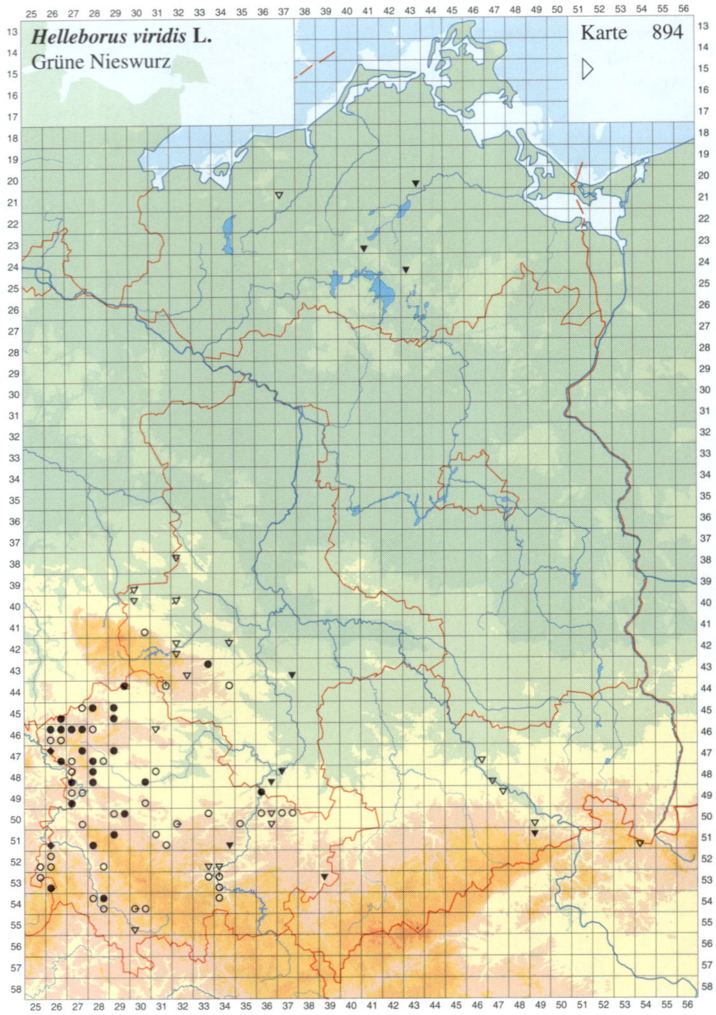
Helleborus viridis L.
Grüne Nieswurz
Karte 894

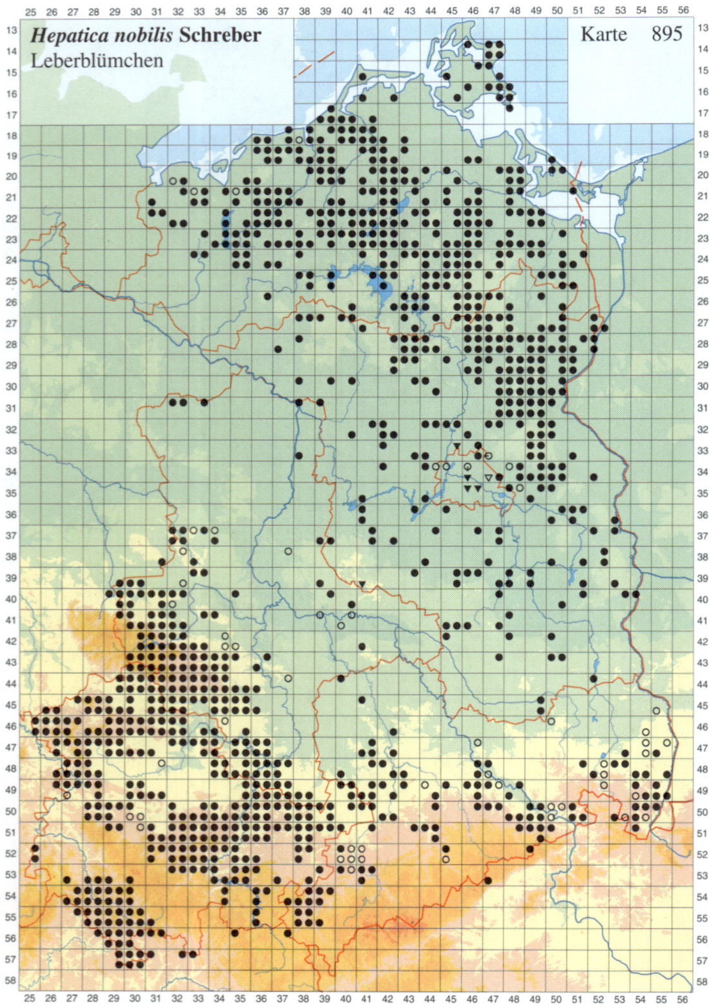
Hepatica nobilis Schreber
Leberblümchen
Karte 895

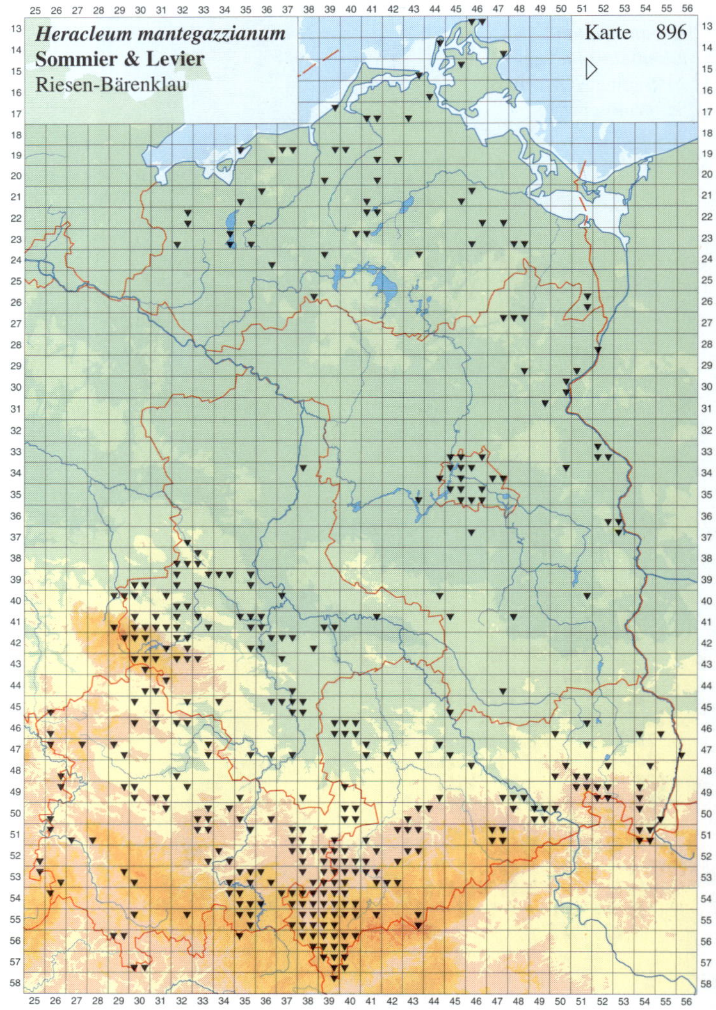
Heracleum mantegazzianum Sommier & Levier
Riesen-Bärenklau
Karte 896

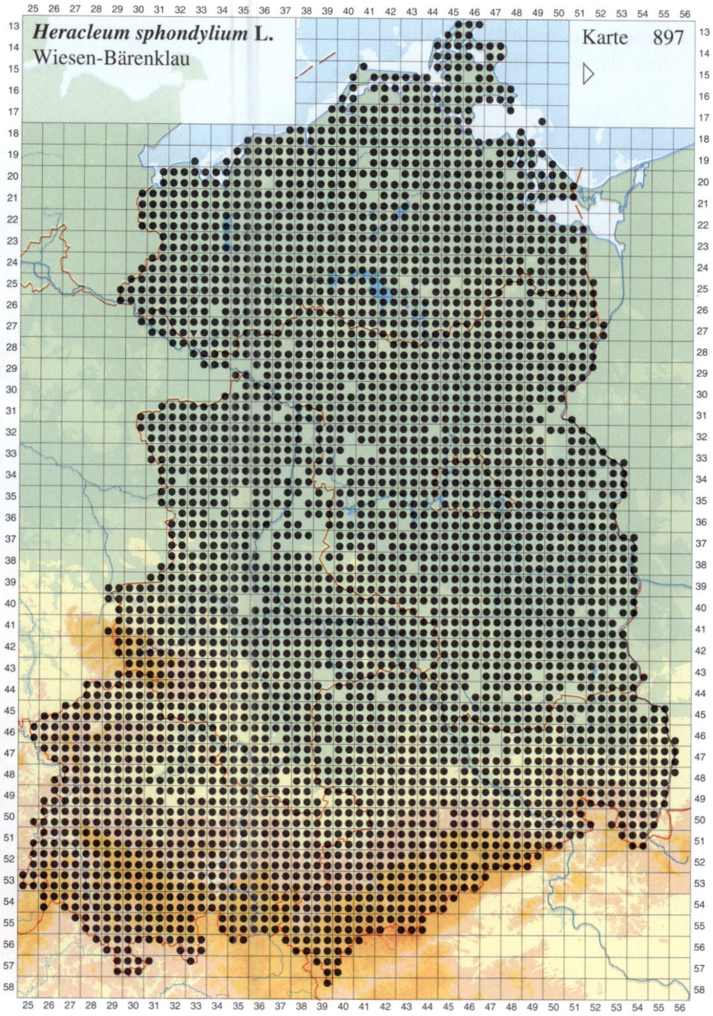
Heracleum sphondylium L.
Wiesen-Bärenklau
Karte 897
▷

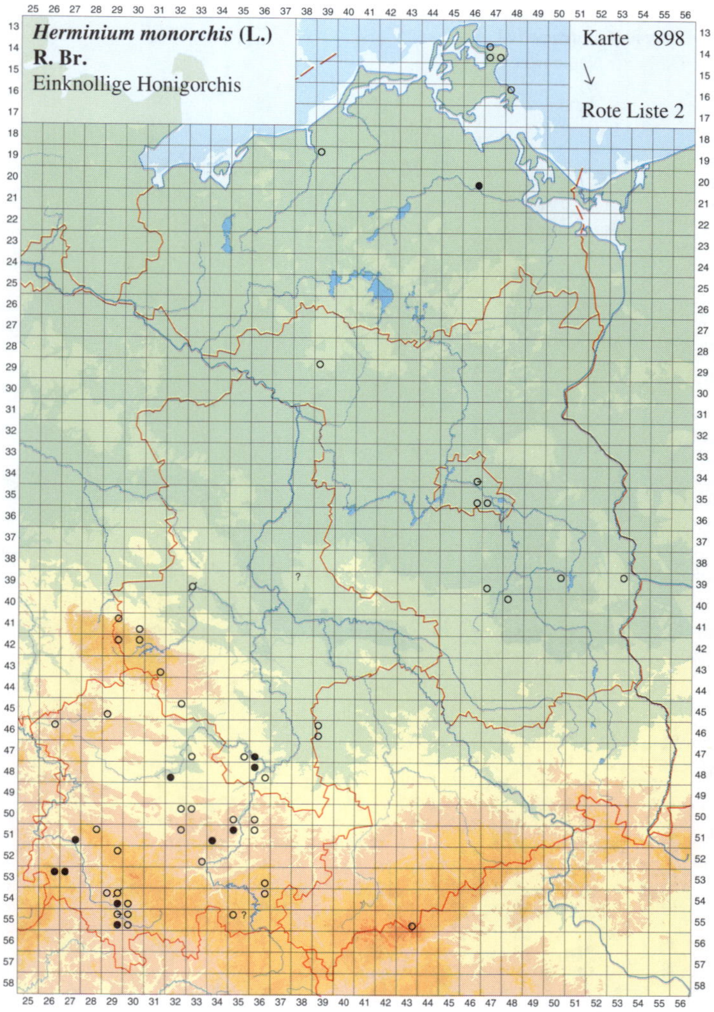
Herminium monorchis (L.) R. Br.
Einknollige Honigorchis
Karte 898
↘
Rote Liste 2

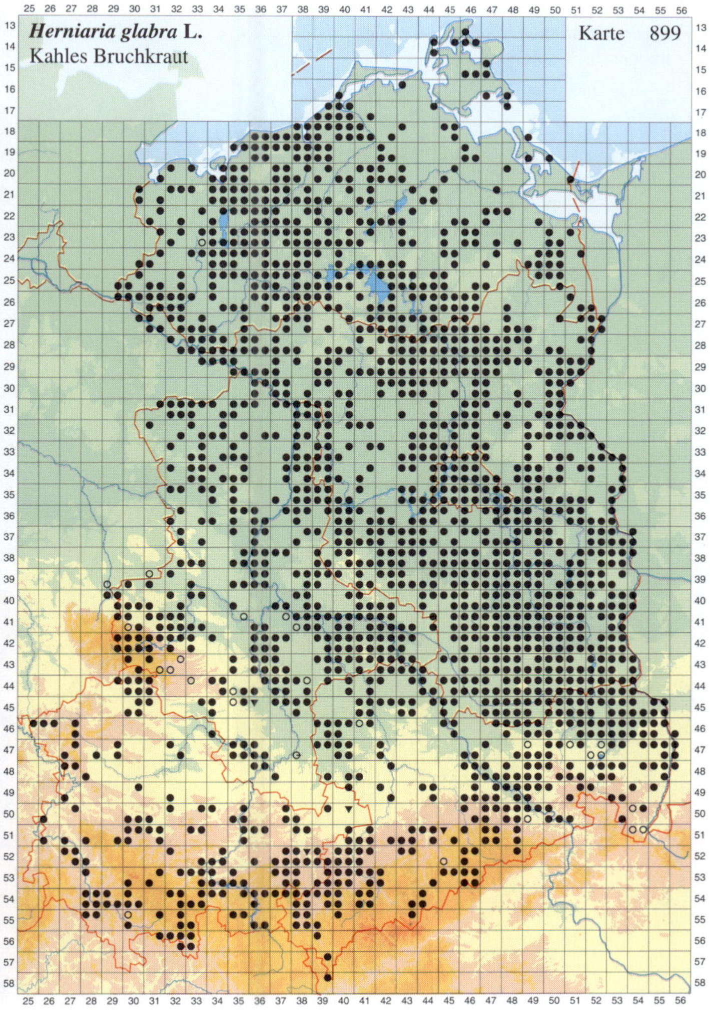
Herniaria glabra L.
Kahles Bruchkraut
Karte 899

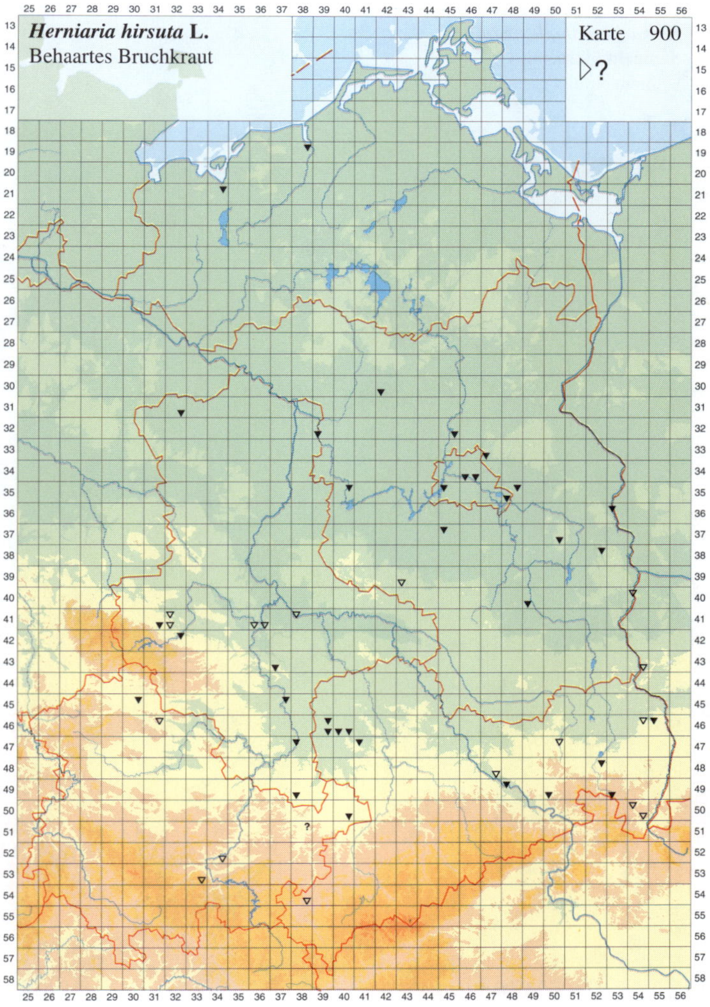
Herniaria hirsuta L.
Behaartes Bruchkraut
Karte 900
▷?

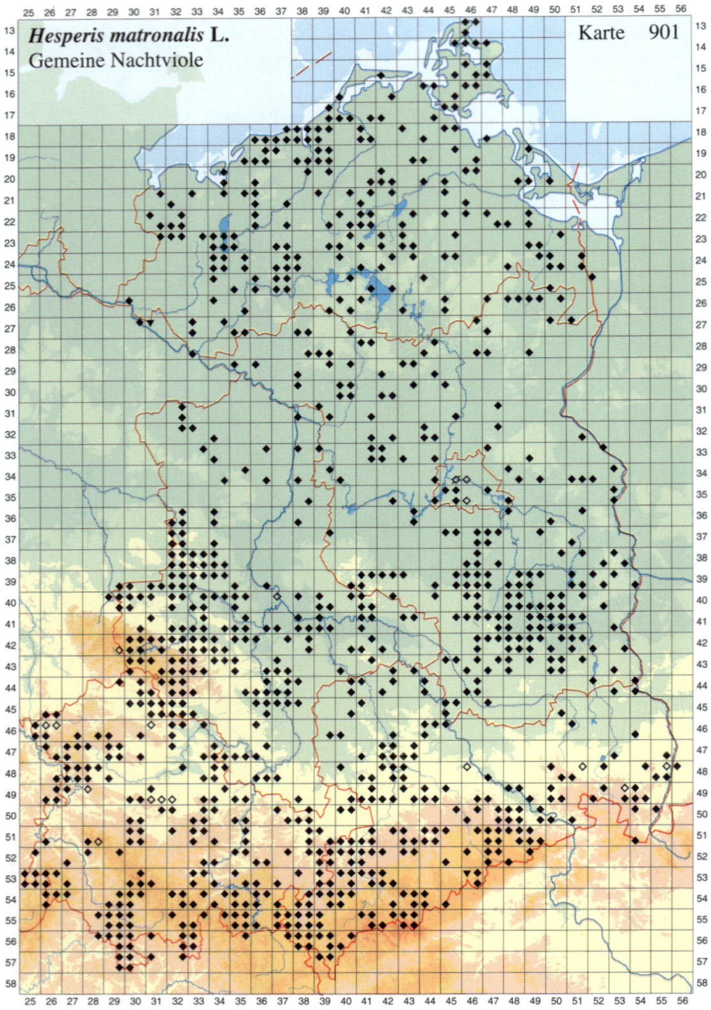
***Hesperis matronalis* L.**
Gemeine Nachtviole
Karte 901

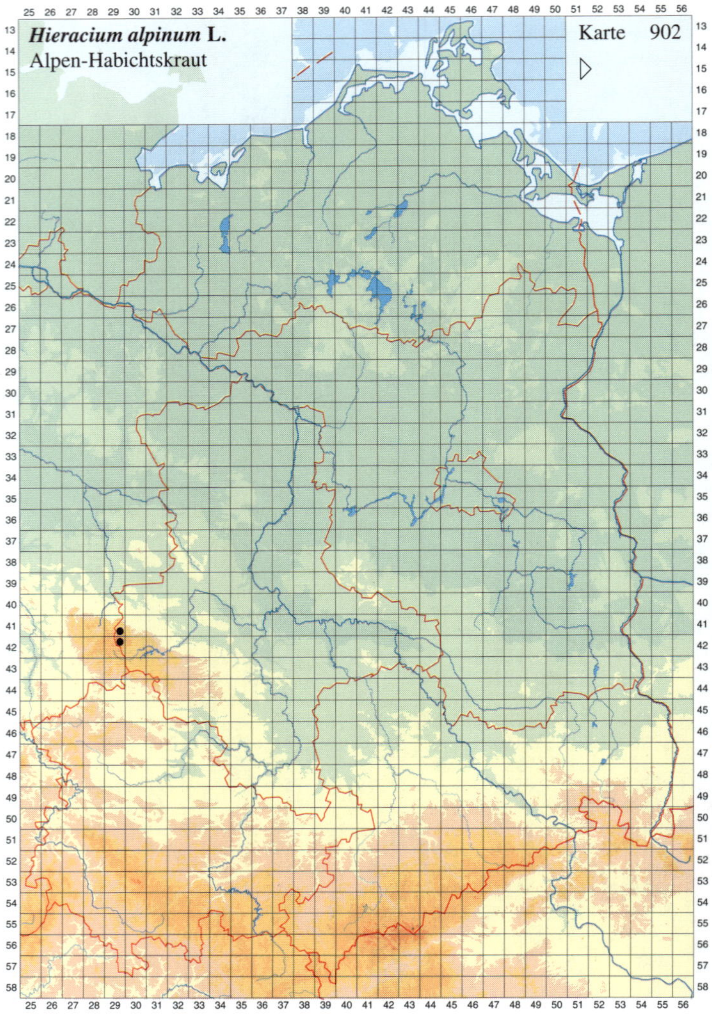
***Hieracium alpinum* L.**
Alpen-Habichtskraut
Karte 902

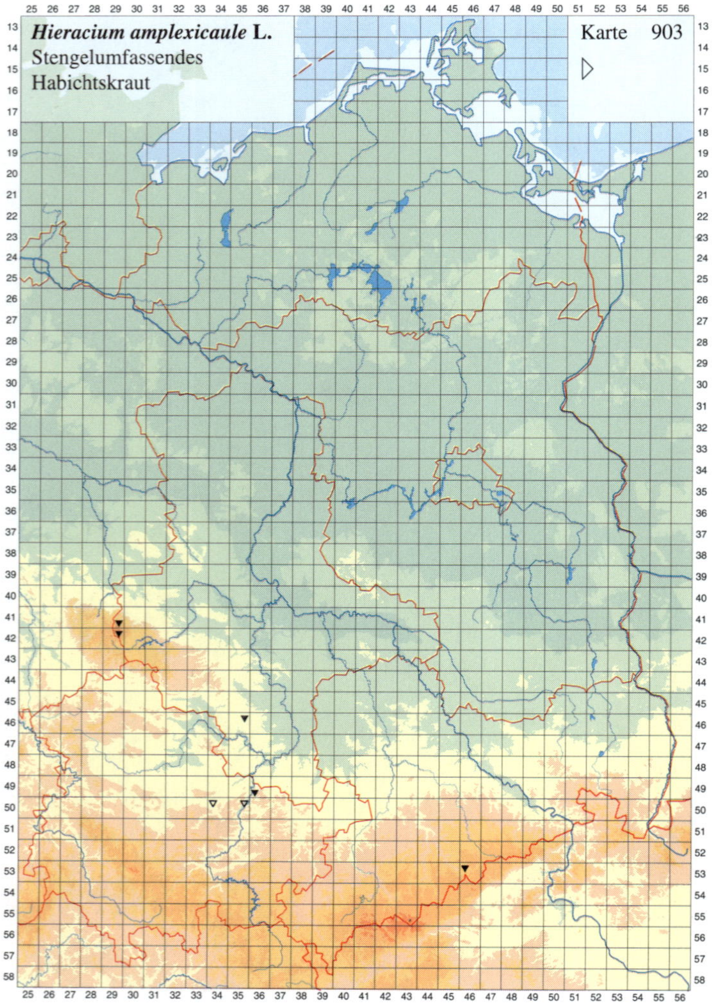
***Hieracium amplexicaule* L.**
Stengelumfassendes
Habichtskraut
Karte 903

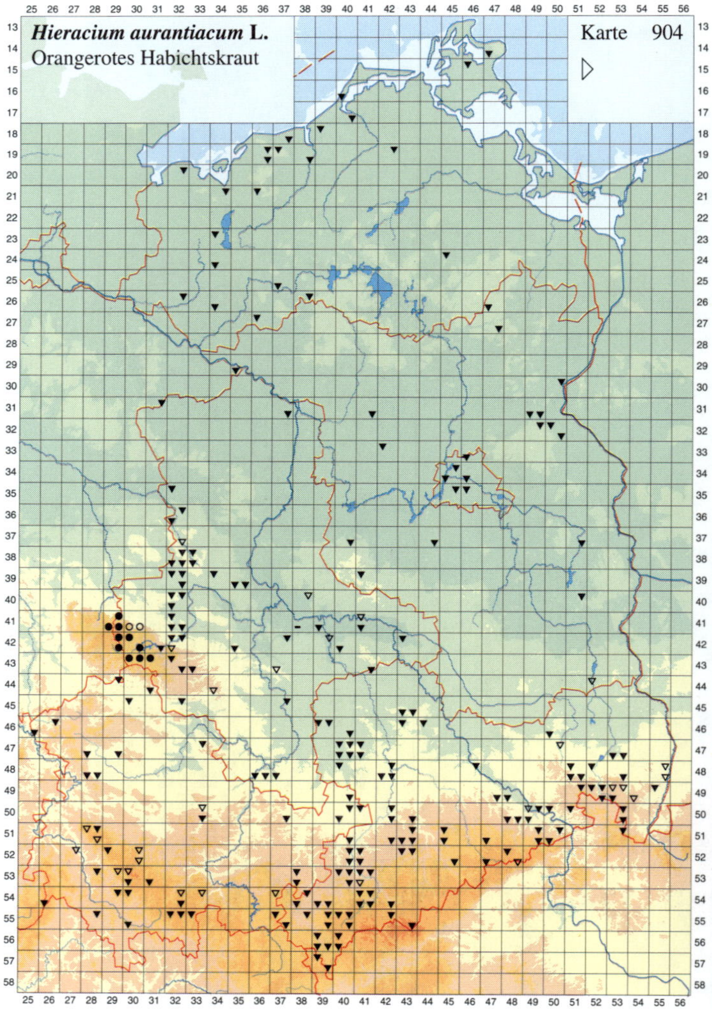
***Hieracium aurantiacum* L.**
Orangerotes Habichtskraut
Karte 904

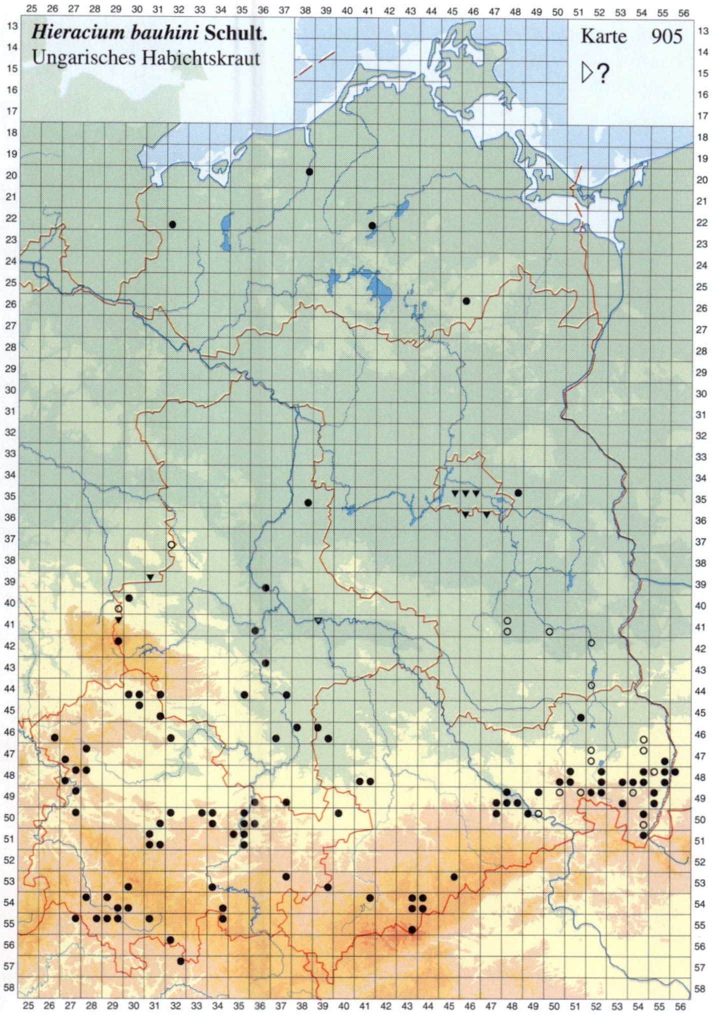
Hieracium bauhini Schult.
Ungarisches Habichtskraut
Karte 905
▷?

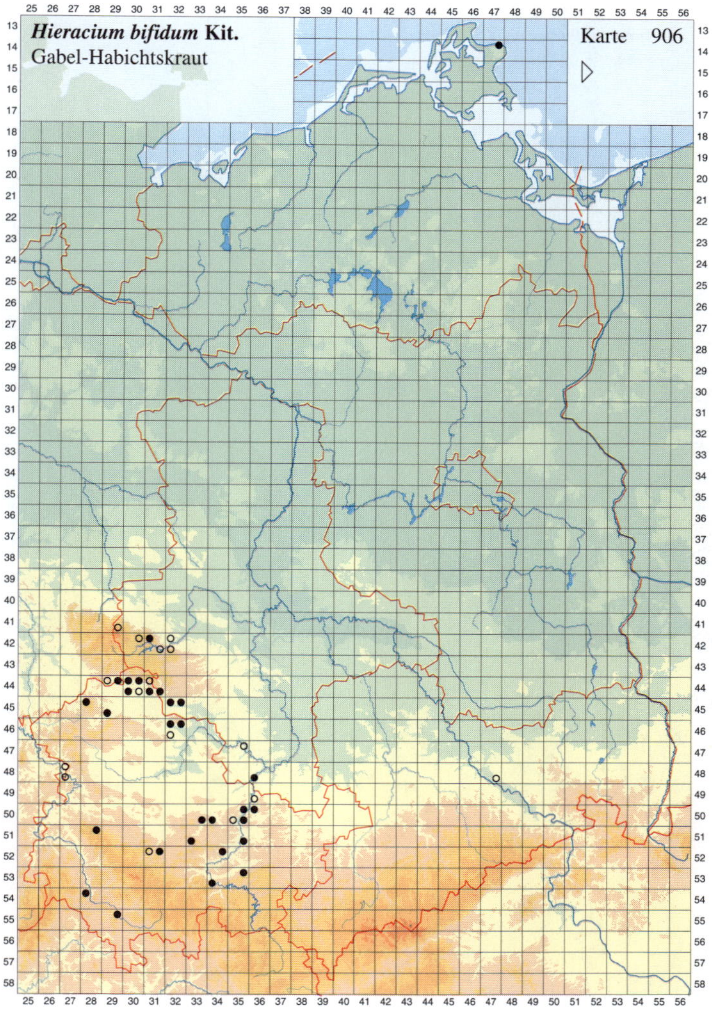
Hieracium bifidum Kit.
Gabel-Habichtskraut
Karte 906
▷

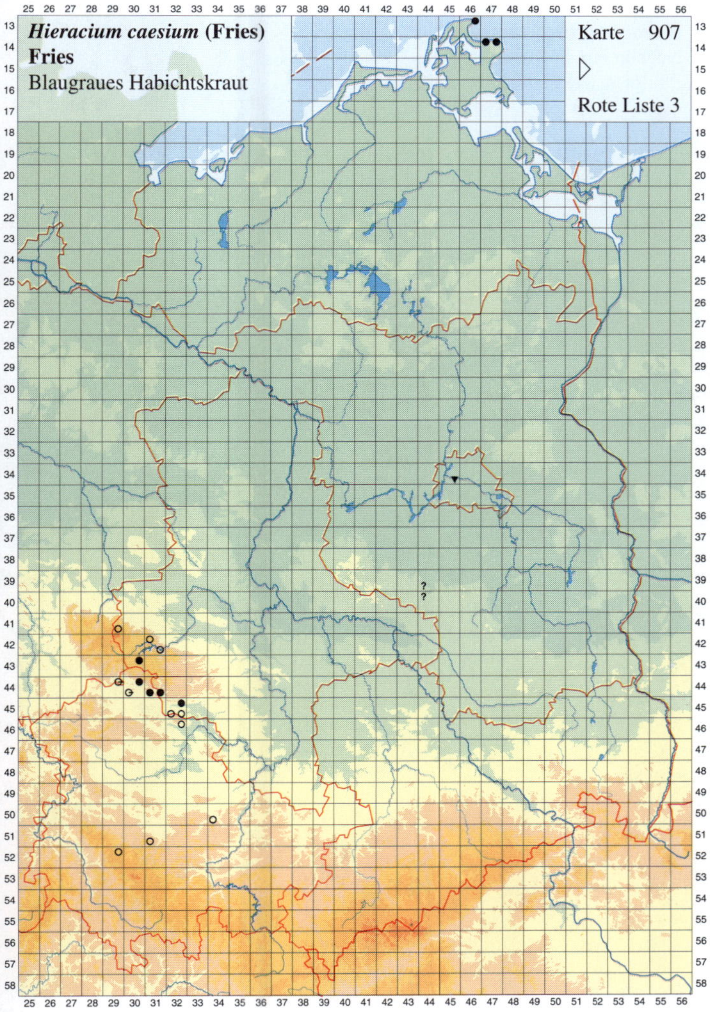
Hieracium caesium (Fries) Fries
Blaugraues Habichtskraut
Karte 907
▷
Rote Liste 3

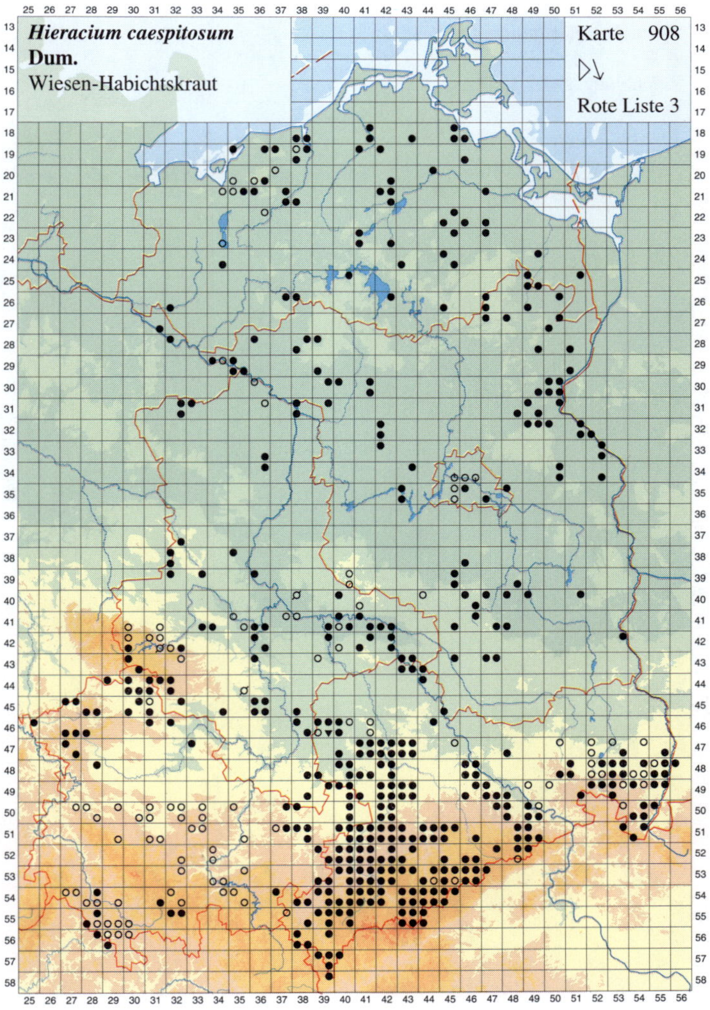
Hieracium caespitosum Dum.
Wiesen-Habichtskraut
Karte 908
▷↘
Rote Liste 3

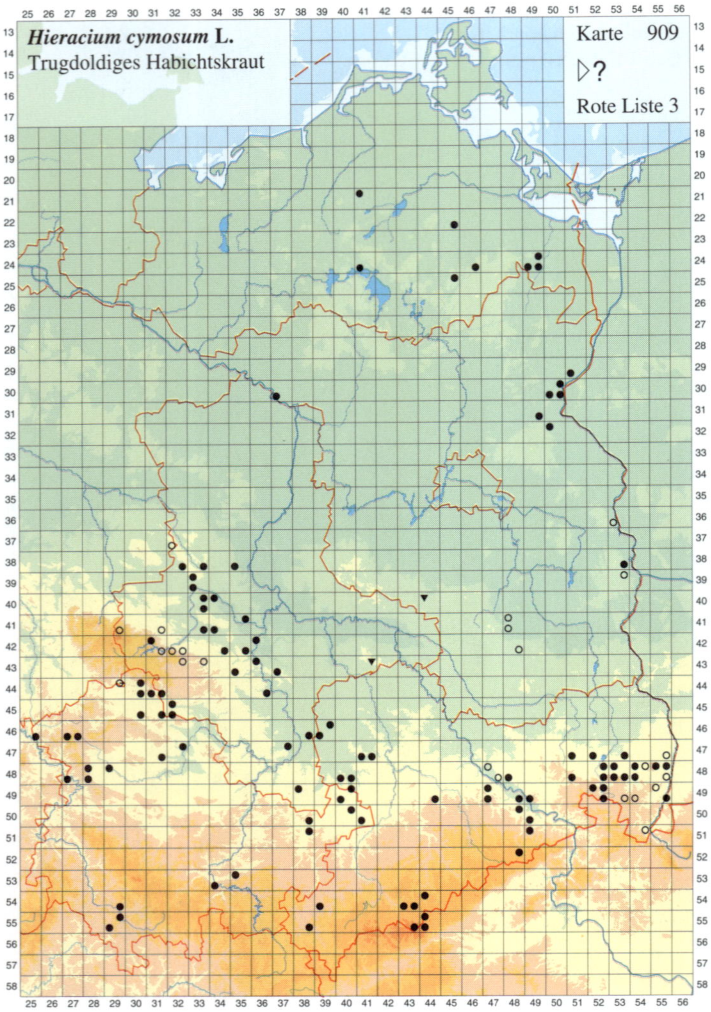
Hieracium cymosum L.
Trugdoldiges Habichtskraut
Karte 909
▷?
Rote Liste 3

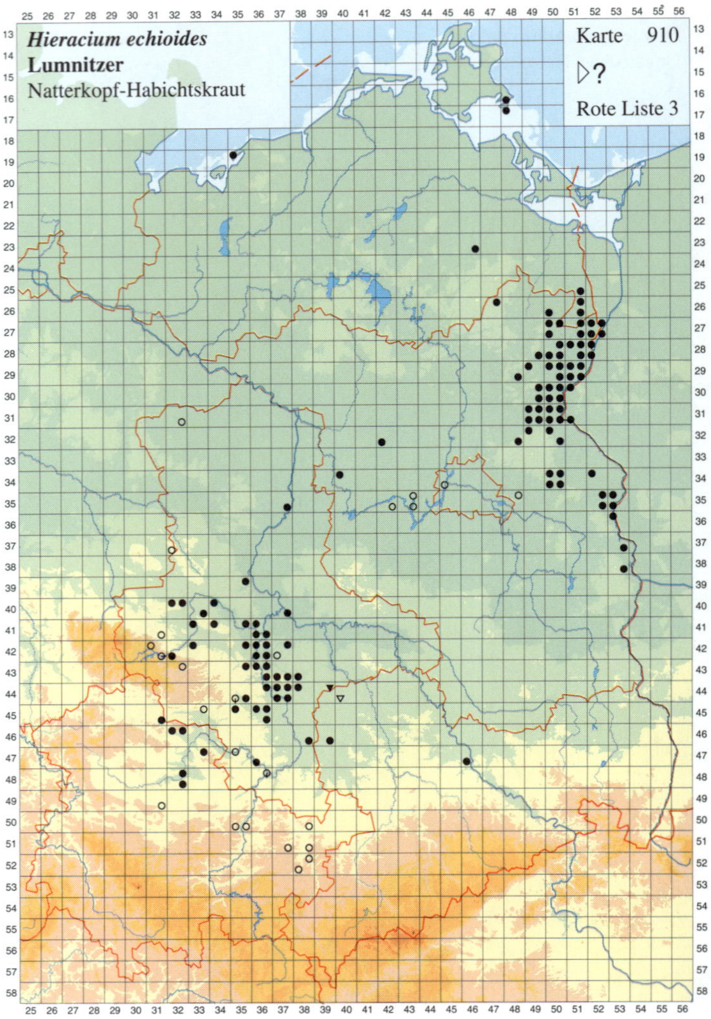
Hieracium echioides Lumnitzer
Natterkopf-Habichtskraut
Karte 910
▷?
Rote Liste 3

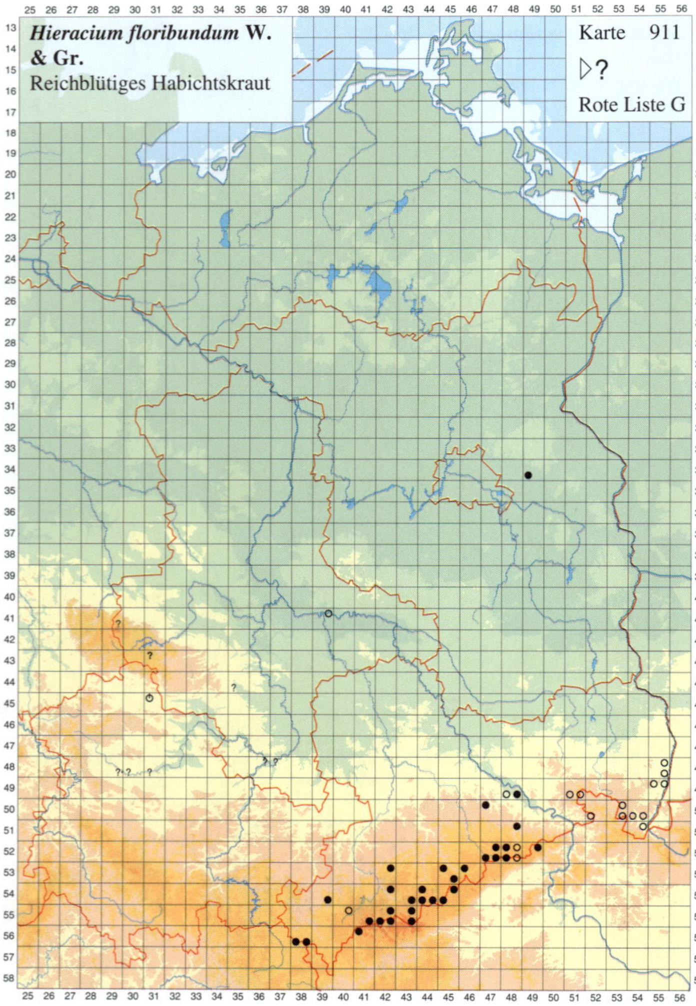
Hieracium floribundum W. & Gr.
Reichblütiges Habichtskraut
Karte 911
▷?
Rote Liste G

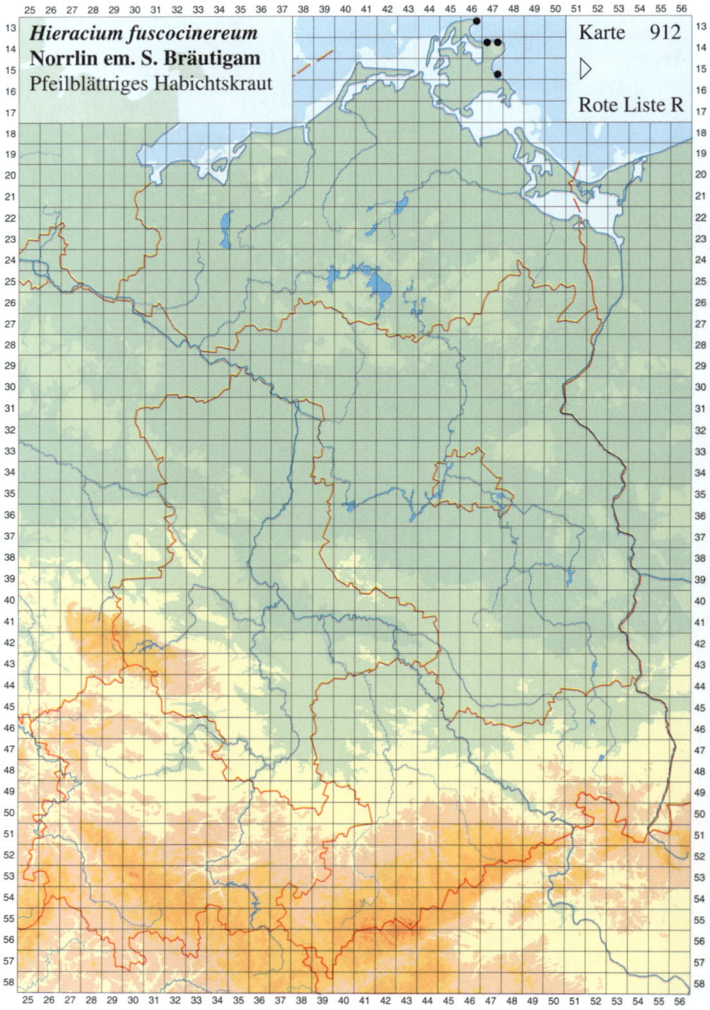
Hieracium fuscocinereum Norrlin em. S. Bräutigam
Pfeilblättriges Habichtskraut
Karte 912
▷
Rote Liste R

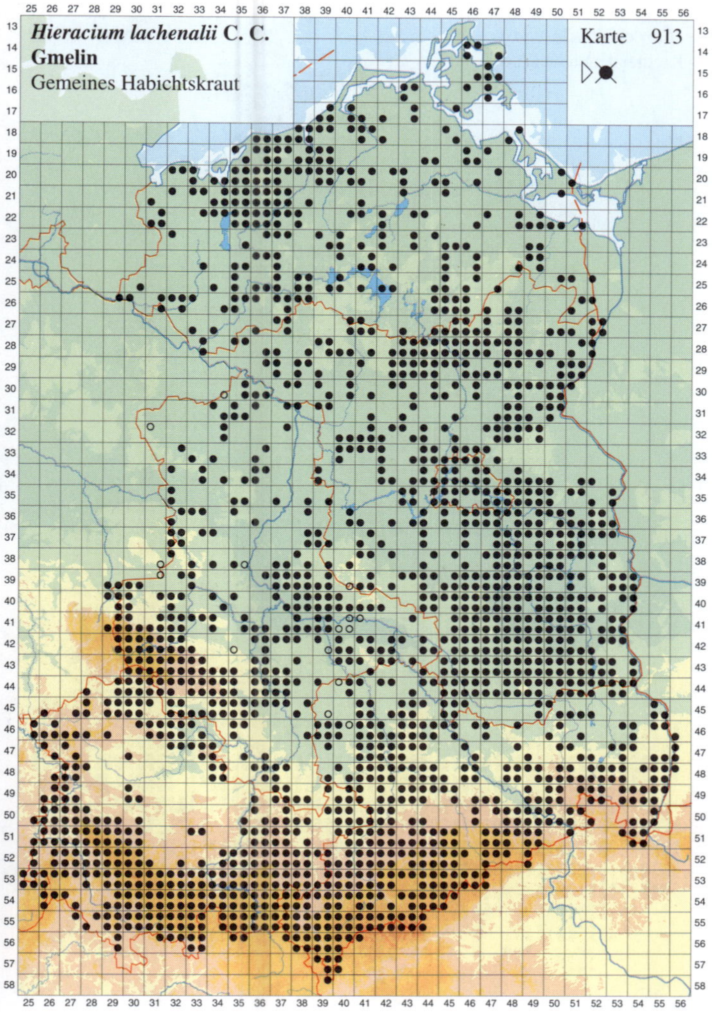
Hieracium lachenalii C. C. Gmelin
Gemeines Habichtskraut
Karte 913

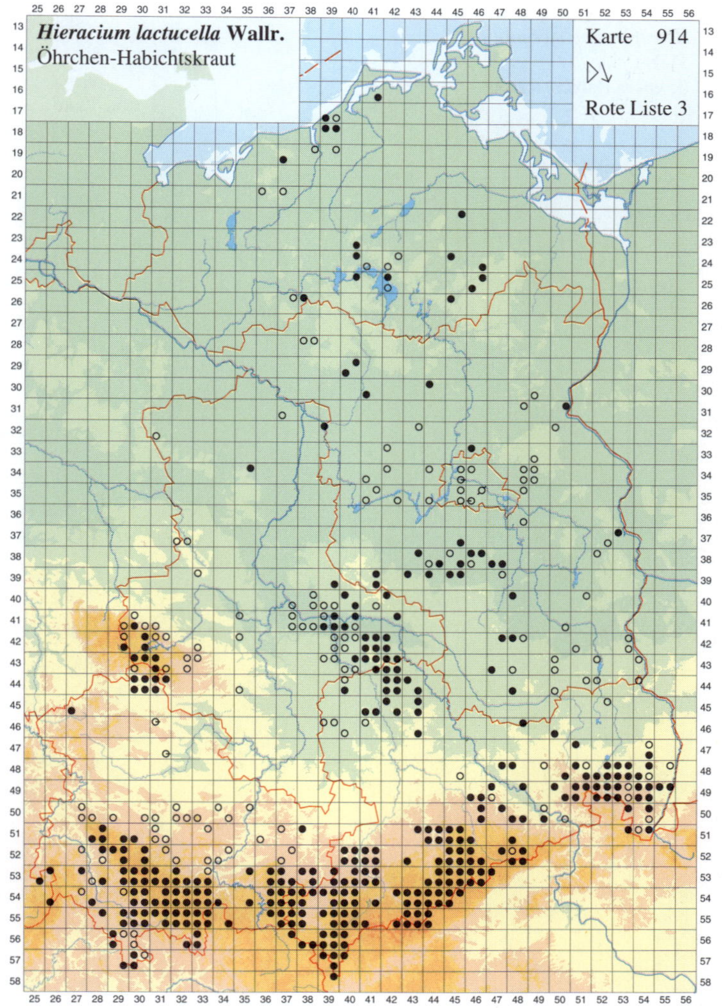
Hieracium lactucella Wallr.
Öhrchen-Habichtskraut
Karte 914
Rote Liste 3

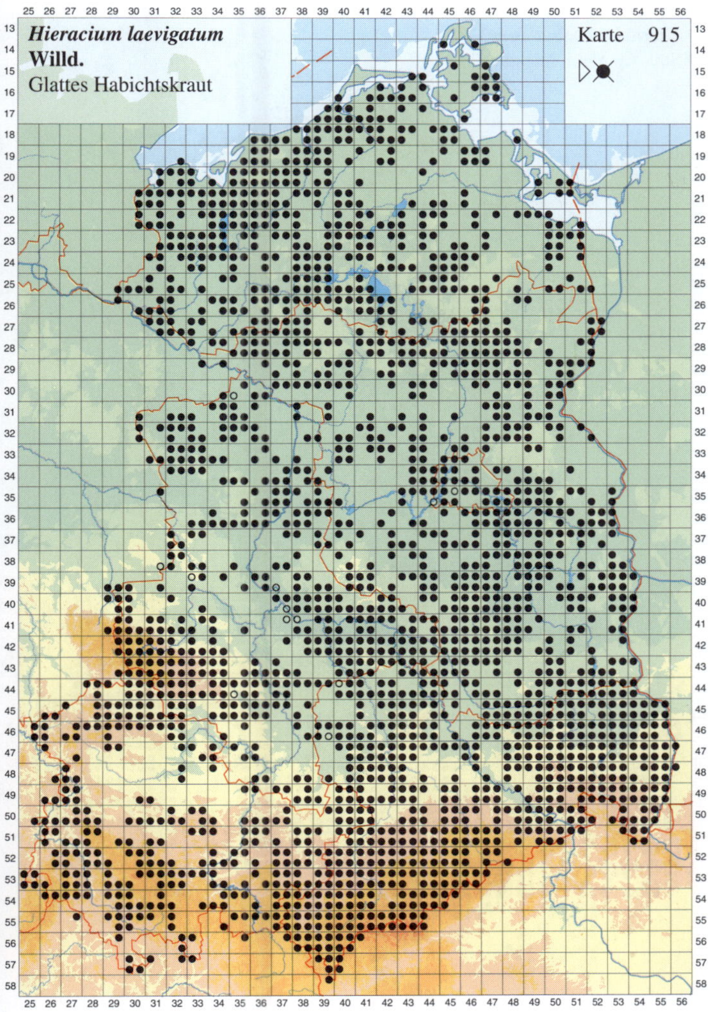
Hieracium laevigatum Willd.
Glattes Habichtskraut
Karte 915

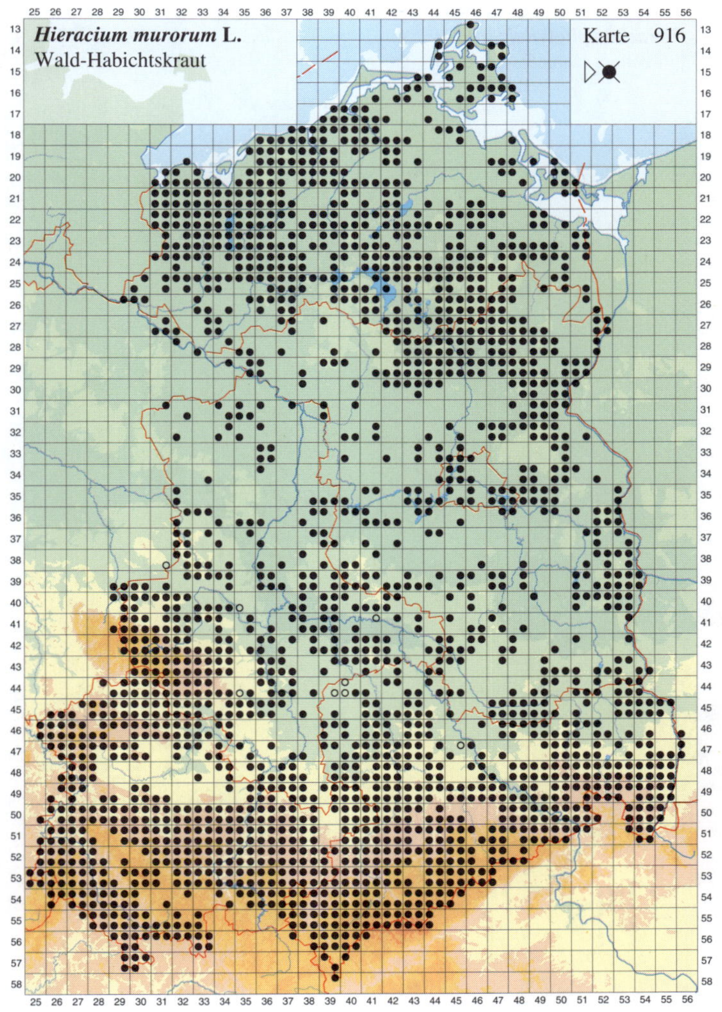
Hieracium murorum L.
Wald-Habichtskraut
Karte 916

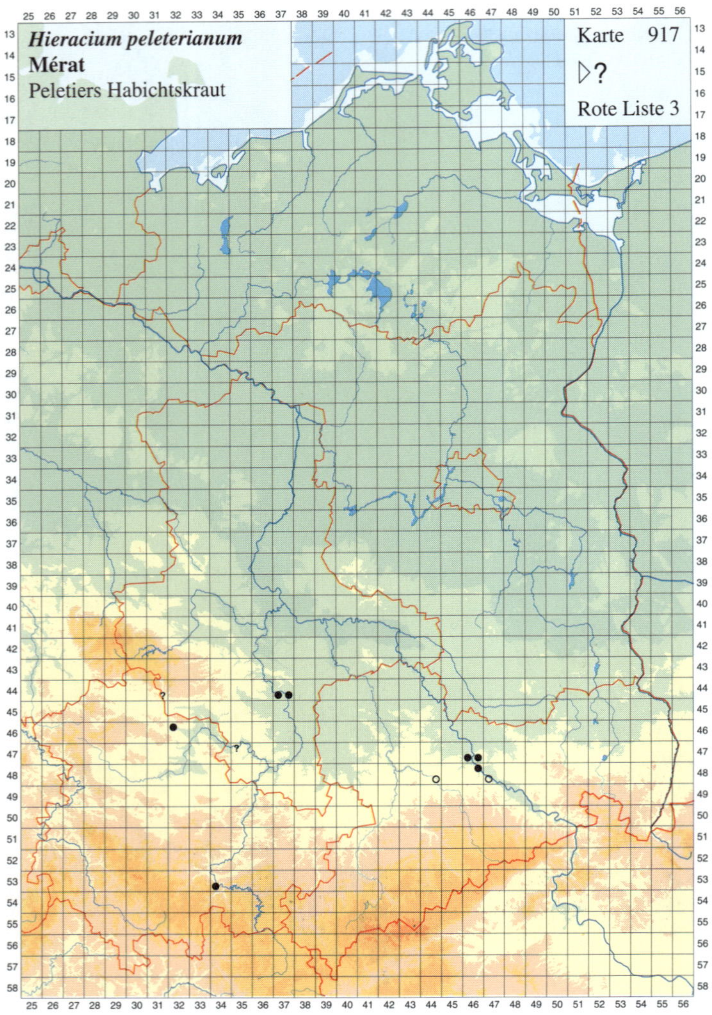
Hieracium peleterianum Mérat
Peletiers Habichtskraut
Karte 917
▷?
Rote Liste 3

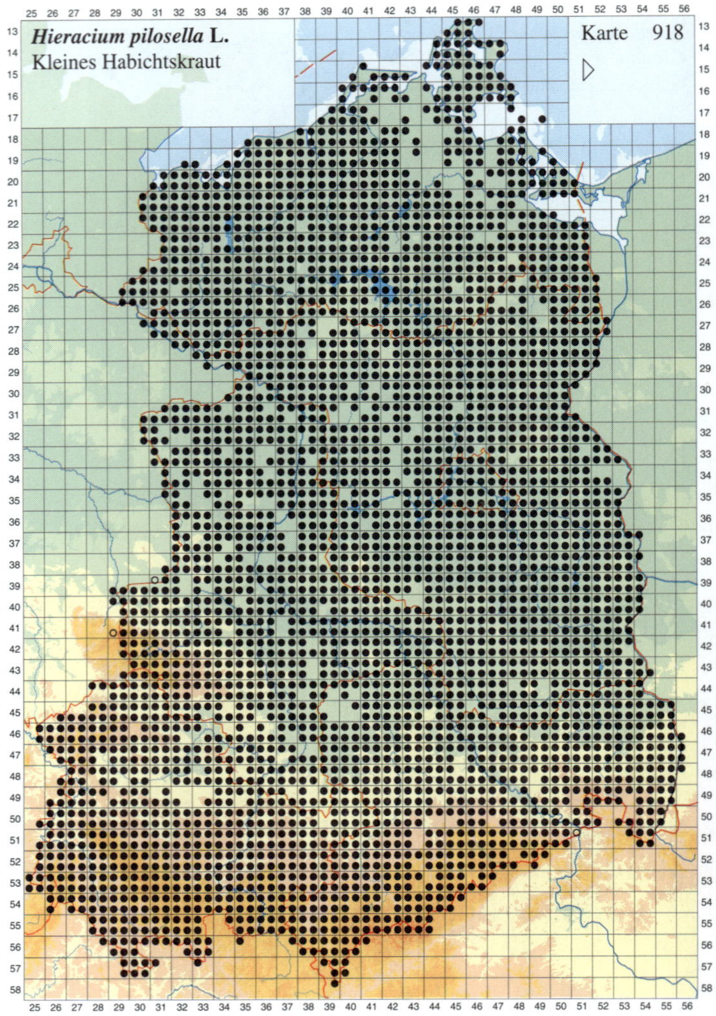
Hieracium pilosella L.
Kleines Habichtskraut
Karte 918
▷

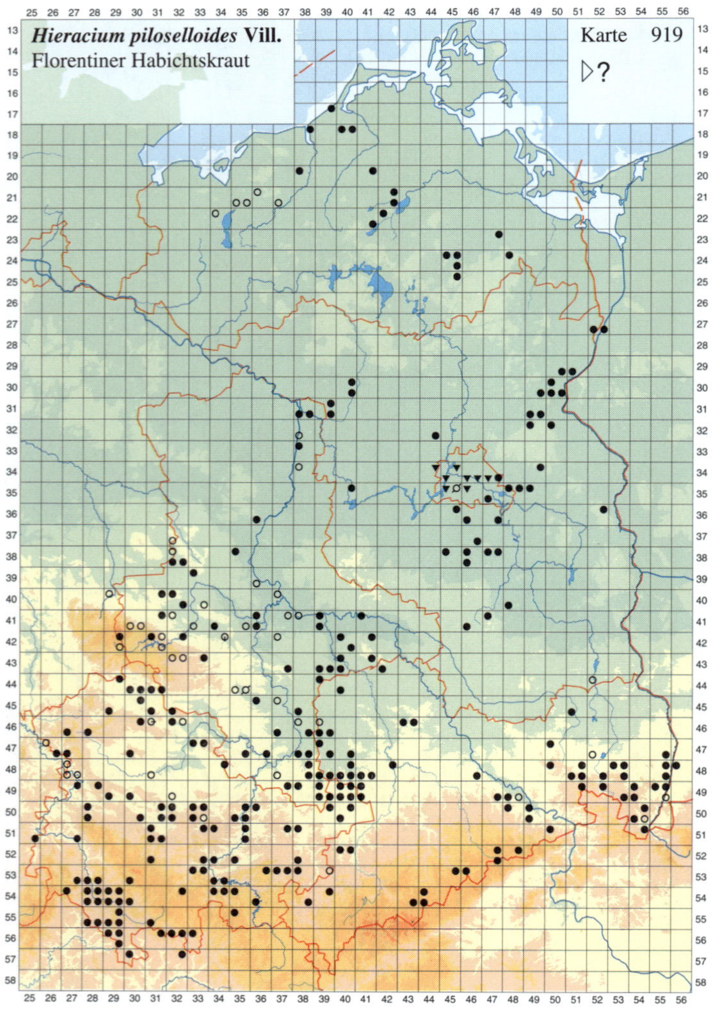
Hieracium piloselloides Vill.
Florentiner Habichtskraut
Karte 919
▷?

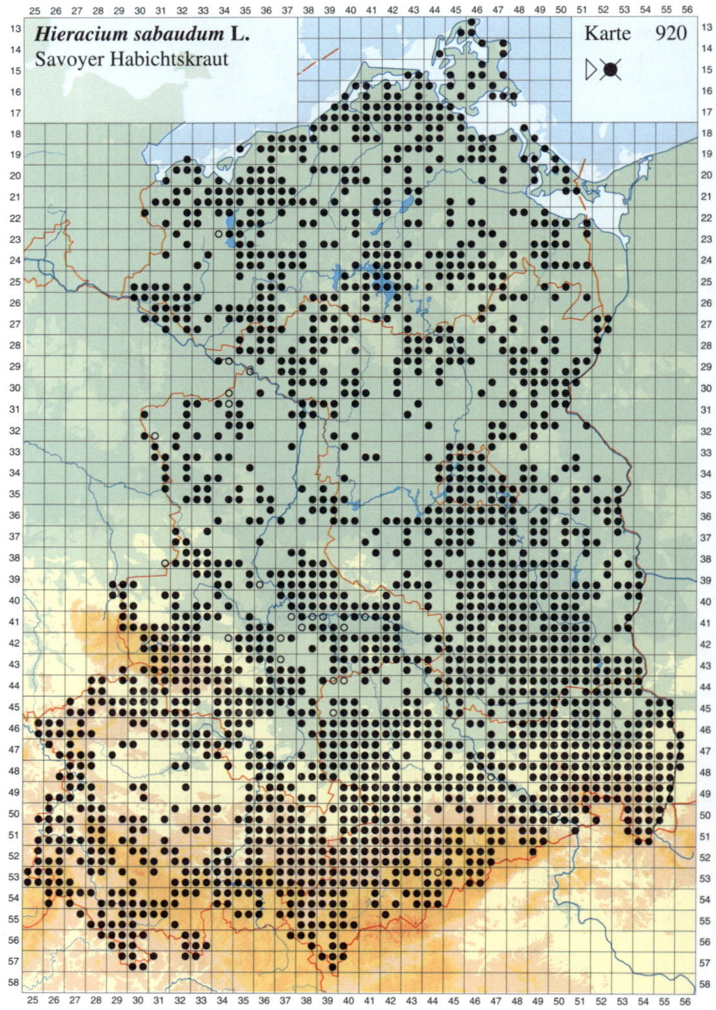
Hieracium sabaudum L.
Savoyer Habichtskraut
Karte 920

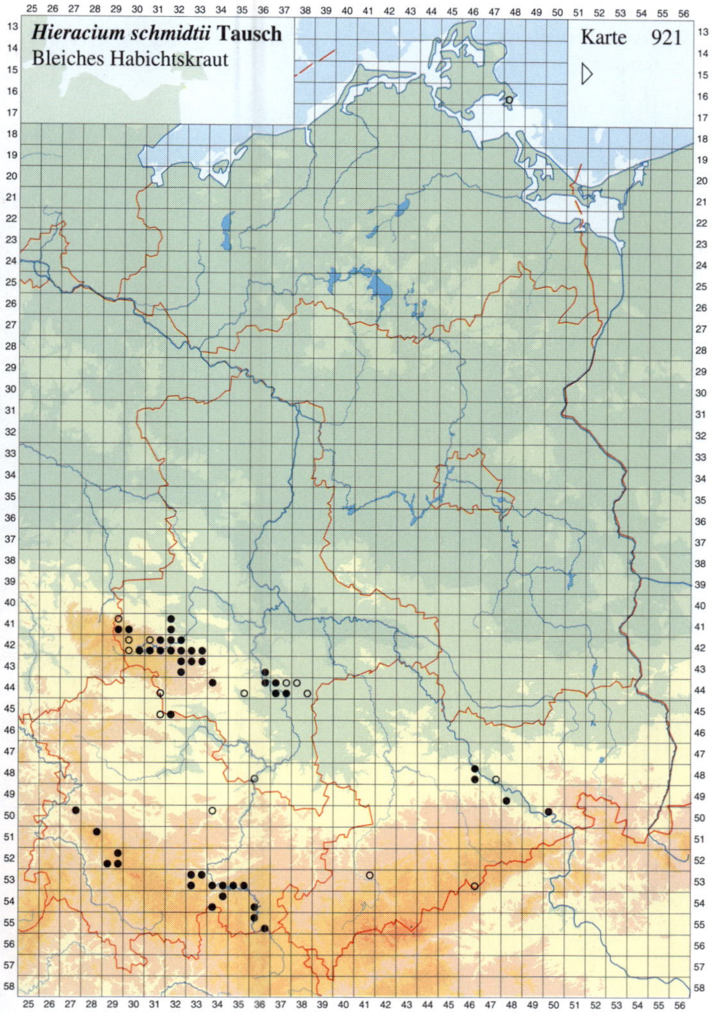
Hieracium schmidtii Tausch
Bleiches Habichtskraut
Karte 921

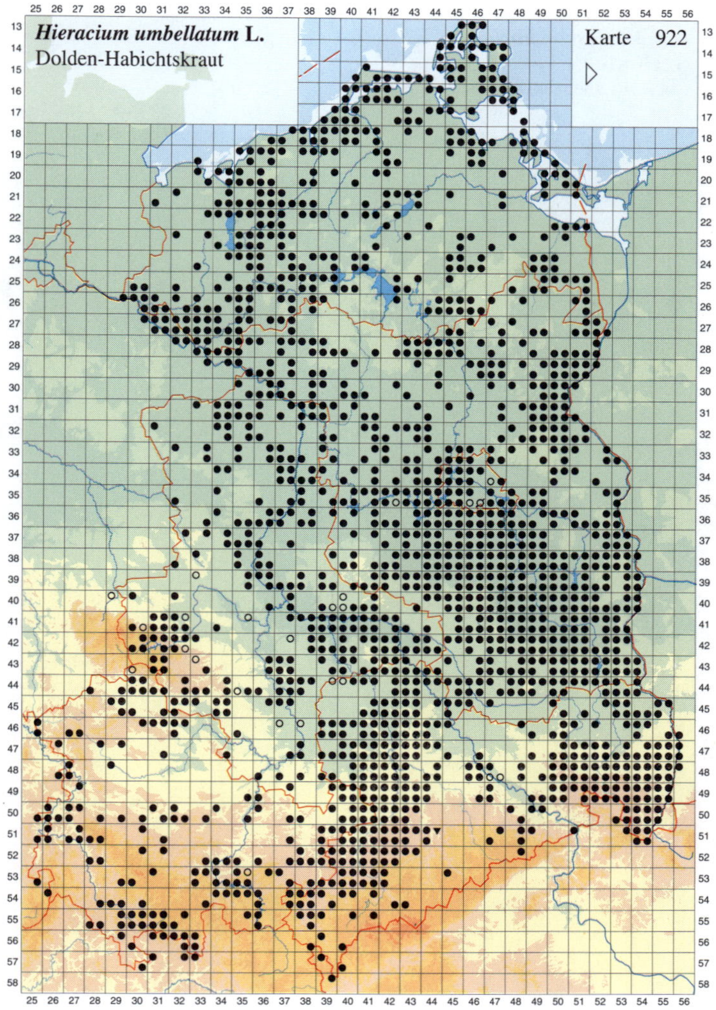
Hieracium umbellatum L.
Dolden-Habichtskraut
Karte 922

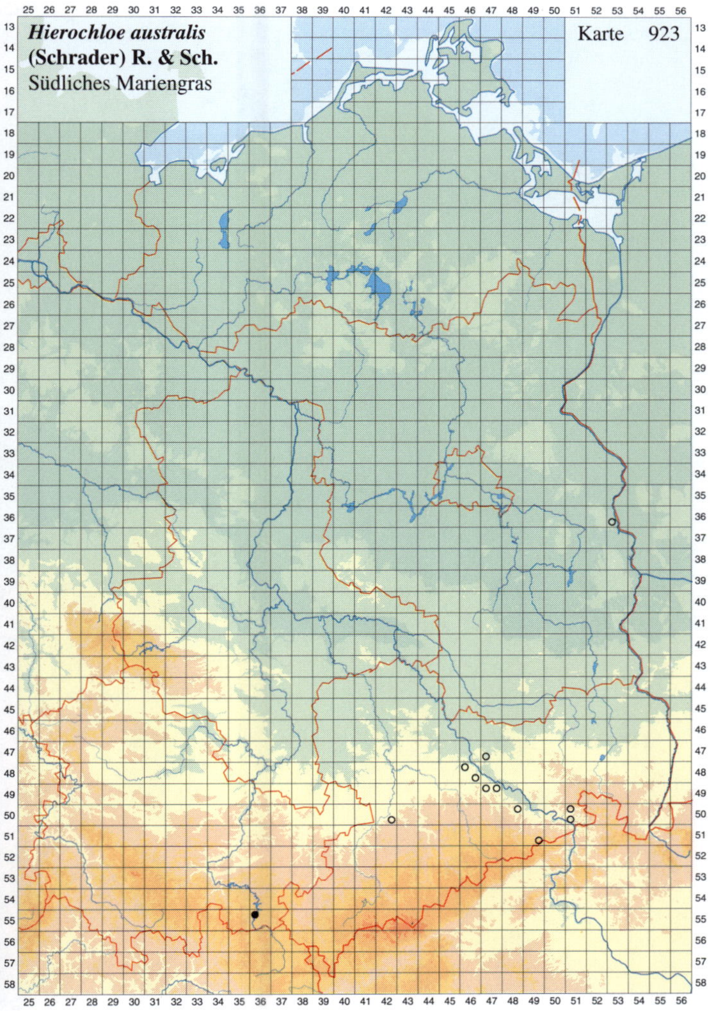
Hierochloe australis (Schrader) R. & Sch.
Südliches Mariengras
Karte 923

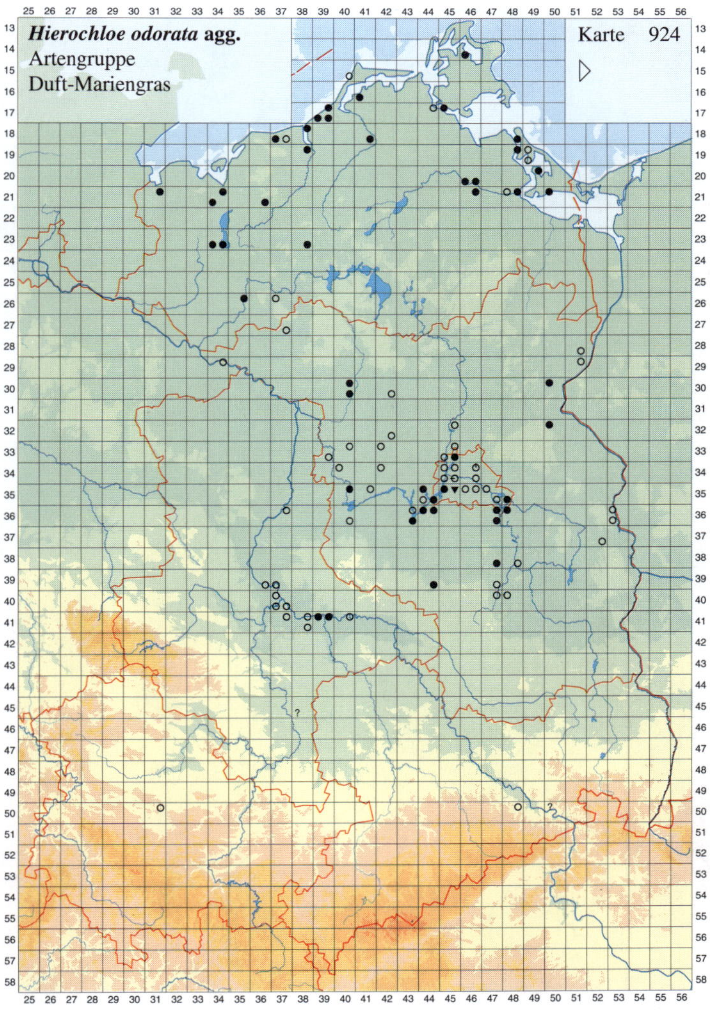
Hierochloe odorata agg.
Artengruppe
Duft-Mariengras
Karte 924

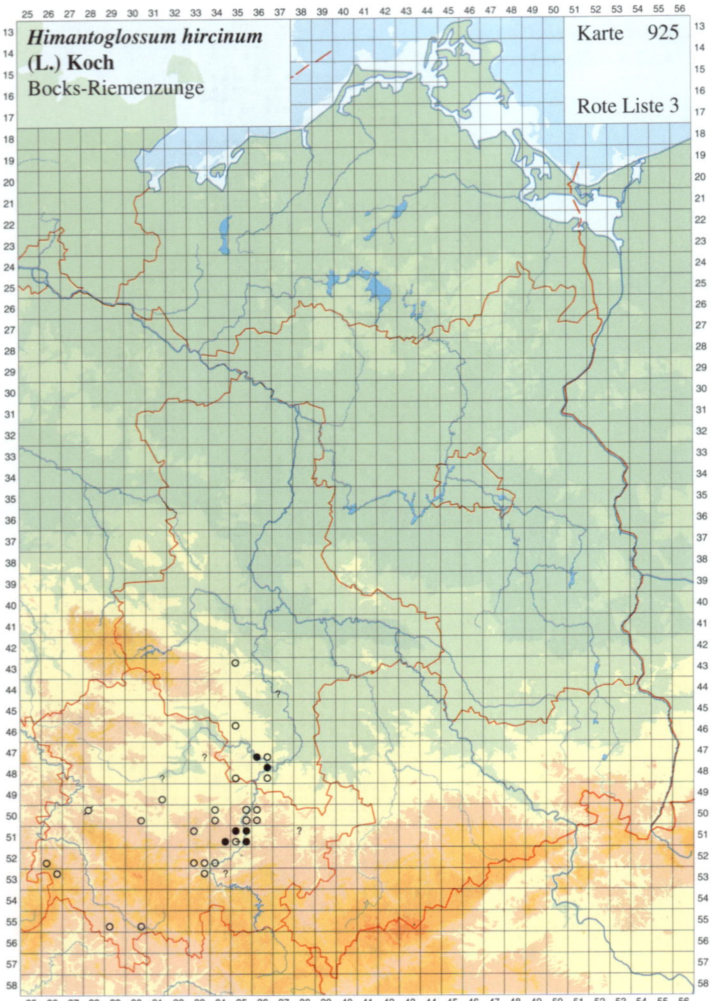
Himantoglossum hircinum (L.) Koch
Bocks-Riemenzunge
Karte 925
Rote Liste 3

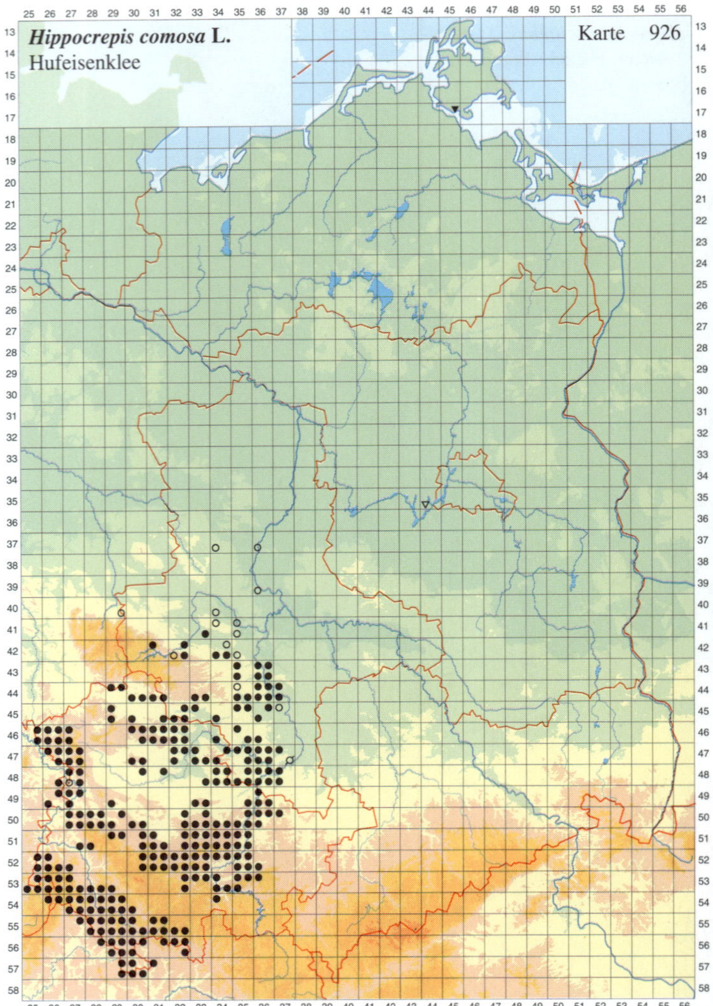
Hippocrepis comosa L.
Hufeisenklee
Karte 926

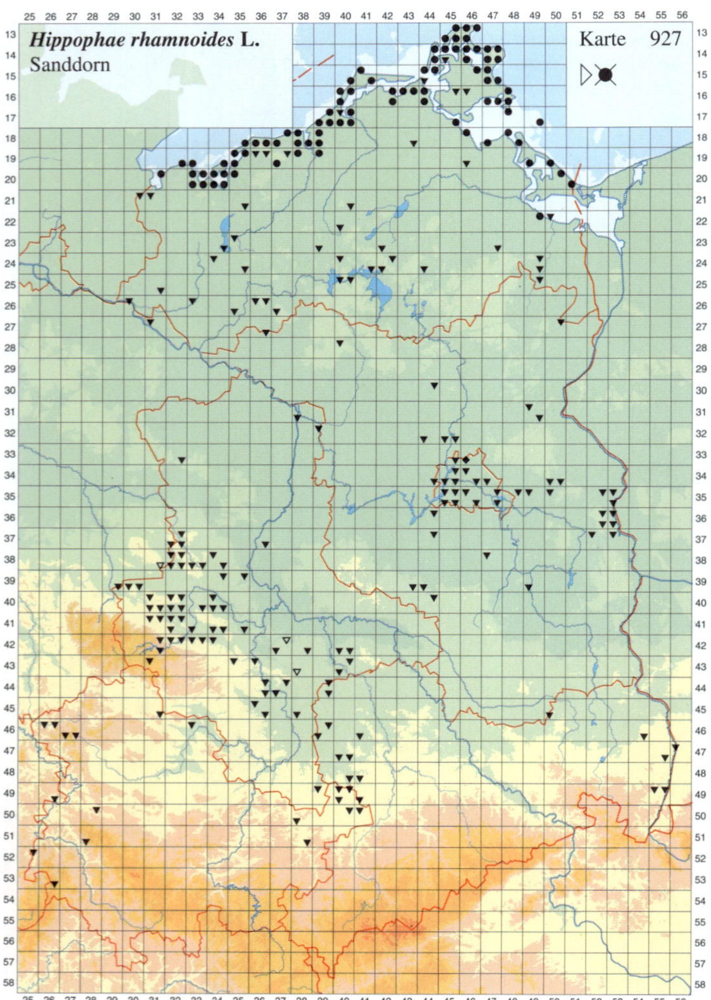
Hippophae rhamnoides L.
Sanddorn
Karte 927

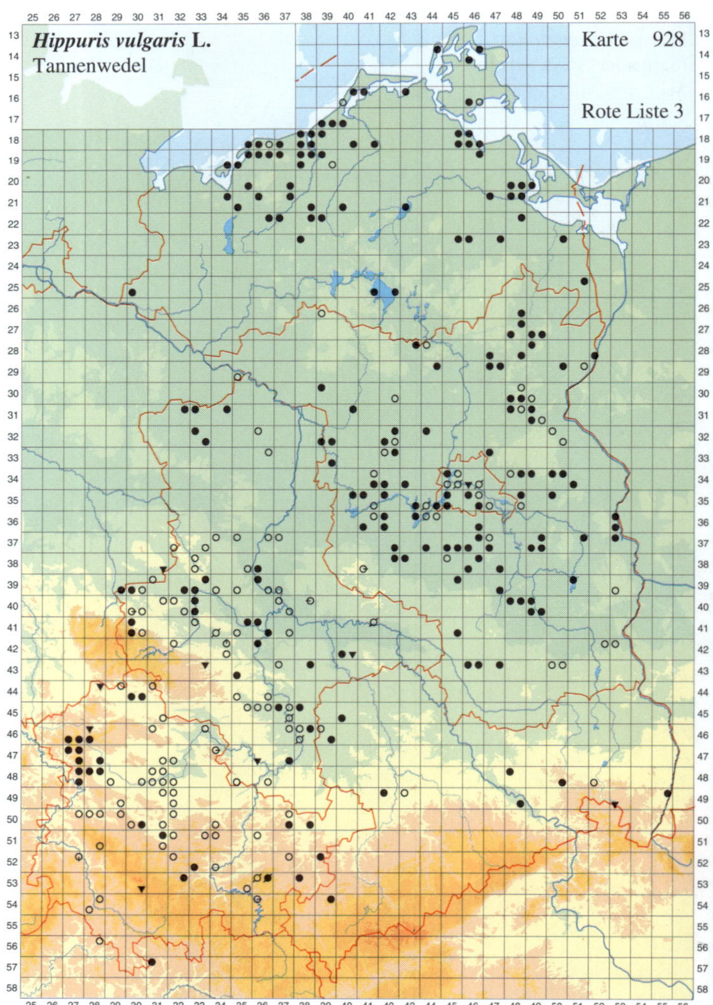
Hippuris vulgaris L.
Tannenwedel
Karte 928
Rote Liste 3

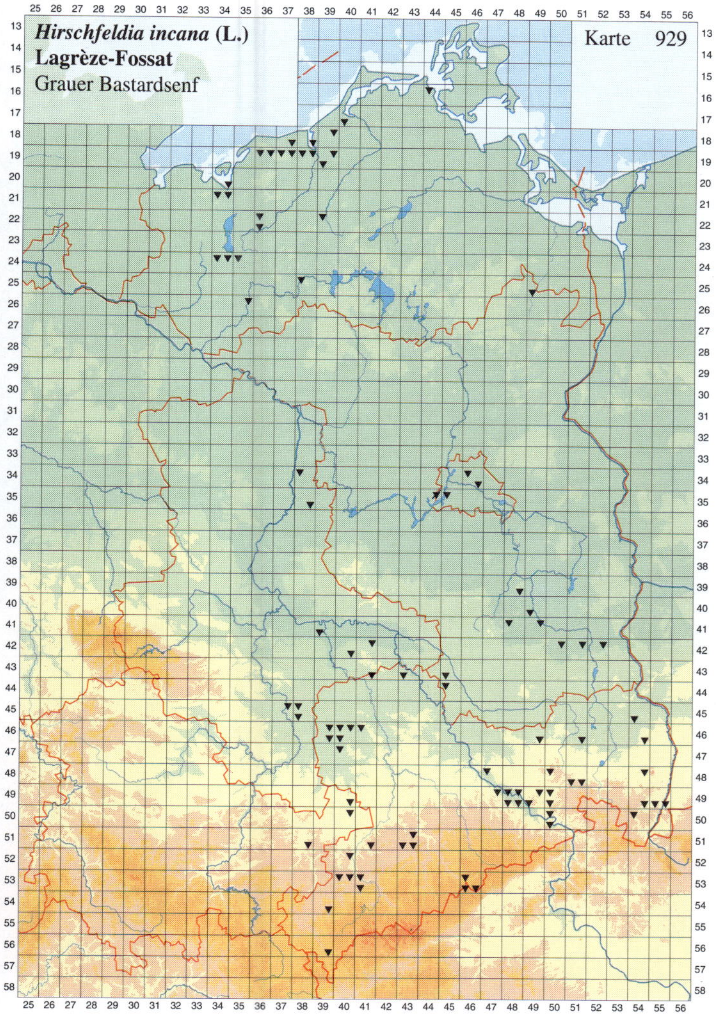
Hirschfeldia incana (L.) Lagrèze-Fossat
Grauer Bastardsenf
Karte 929

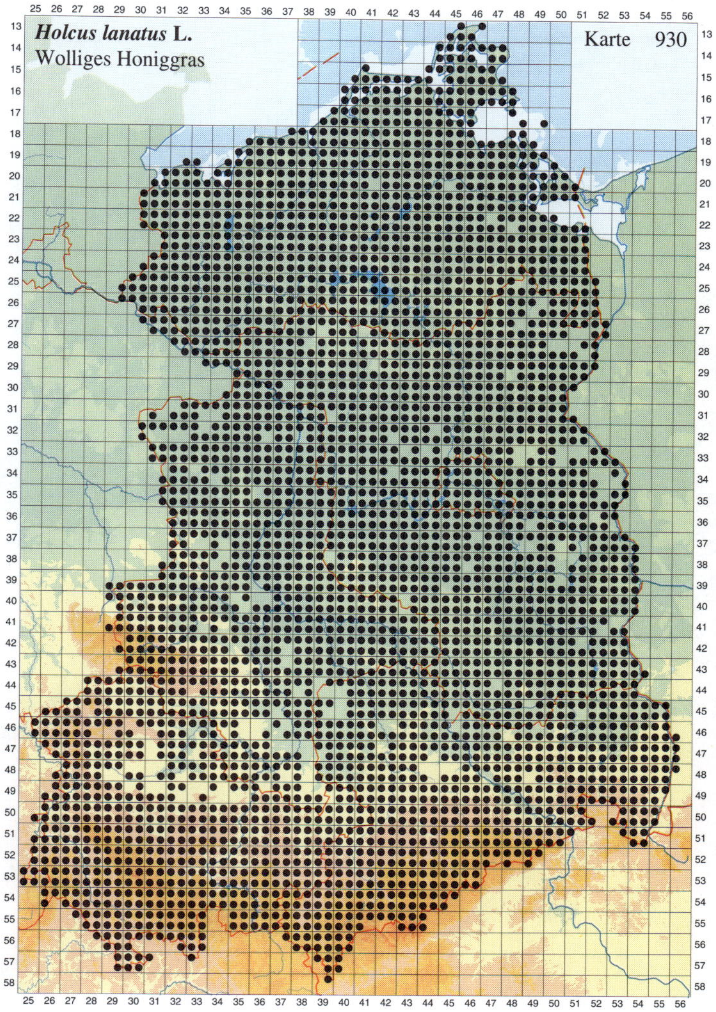
Holcus lanatus L.
Wolliges Honiggras
Karte 930

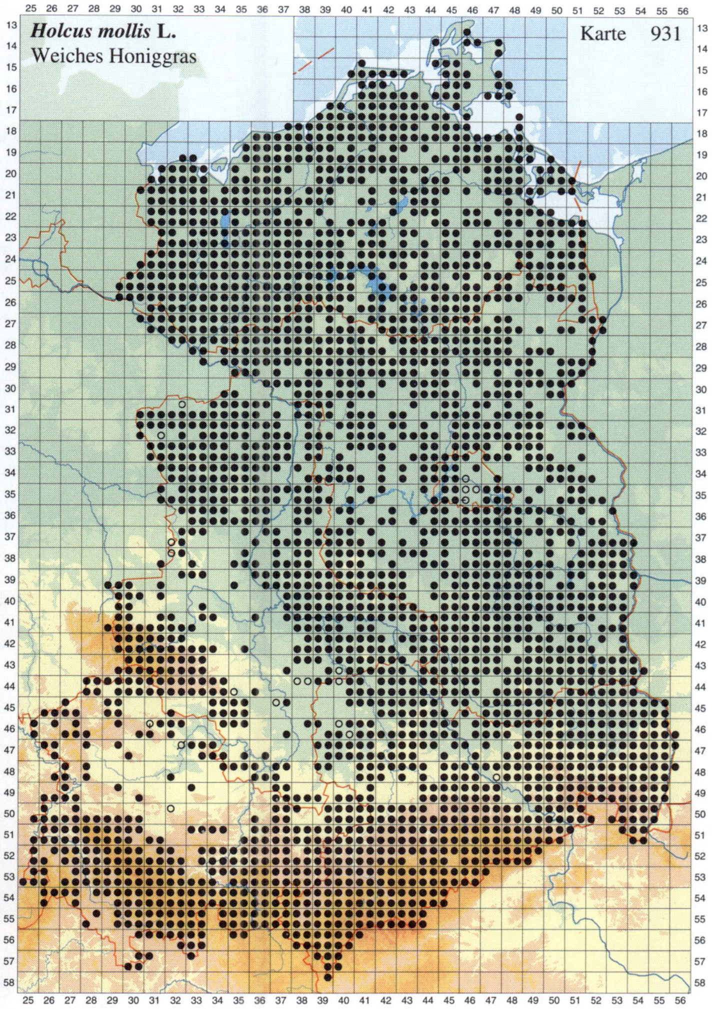
Holcus mollis L.
Weiches Honiggras
Karte 931

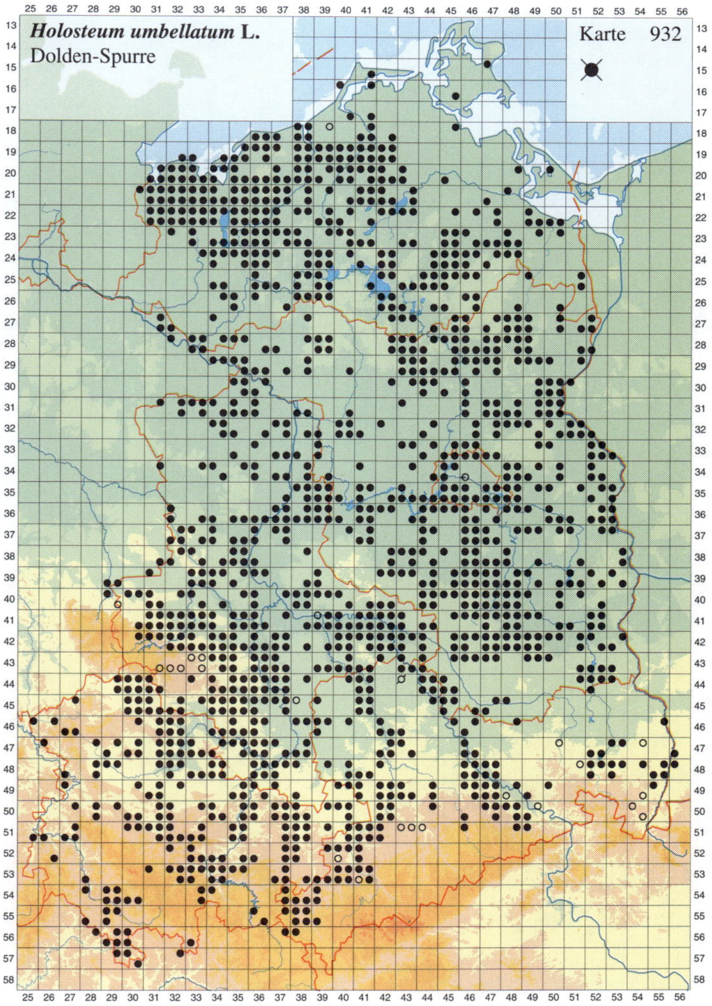
Holosteum umbellatum L.
Dolden-Spurre
Karte 932

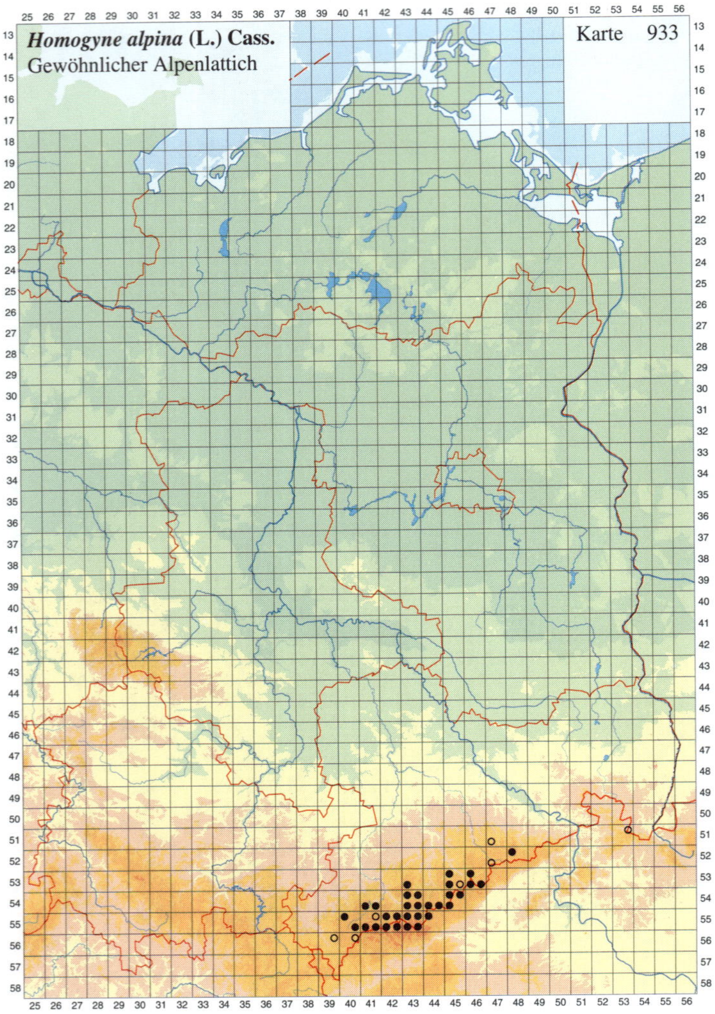

Homogyne alpina (L.) Cass.
Gewöhnlicher Alpenlattich
Karte 933

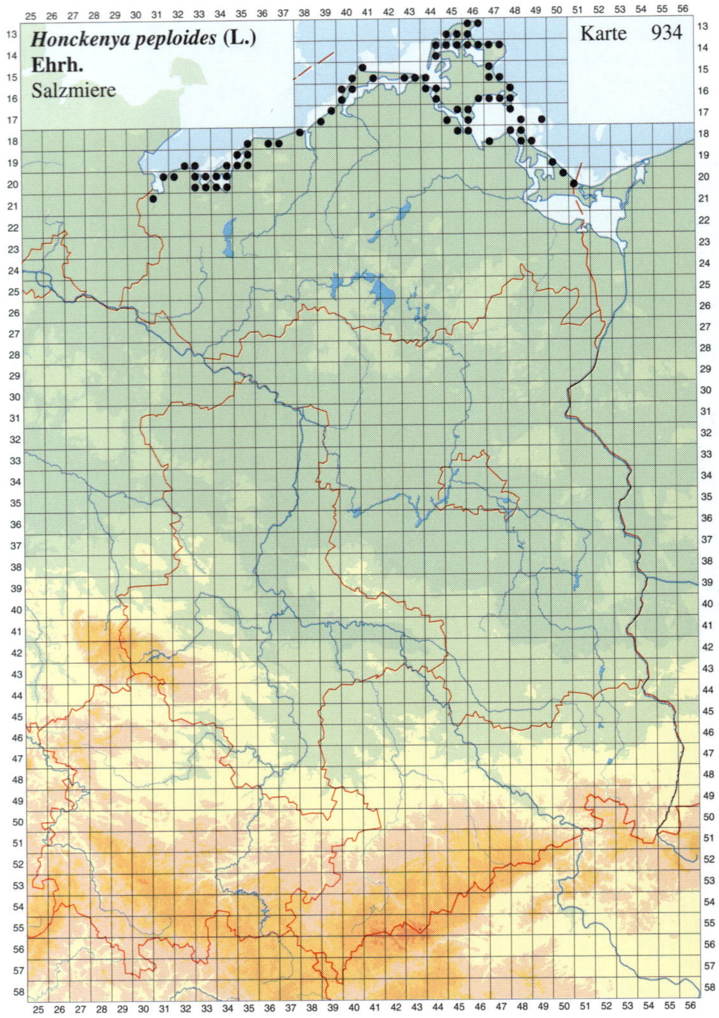

Honckenya peploides (L.) Ehrh.
Salzmiere
Karte 934

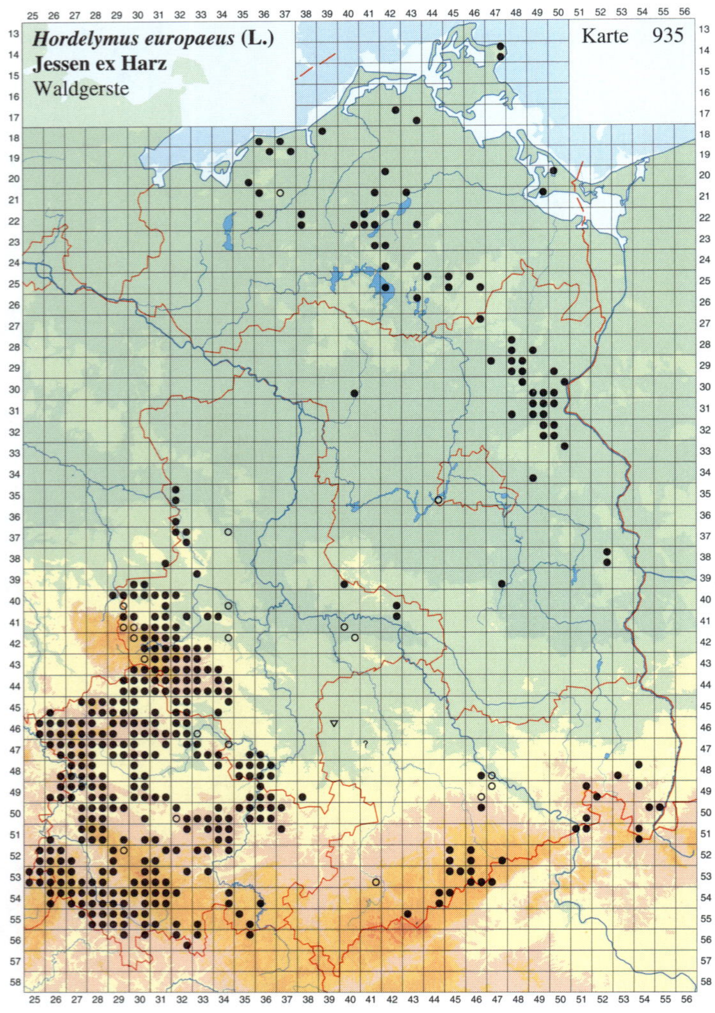

Hordelymus europaeus (L.) Jessen ex Harz
Waldgerste
Karte 935

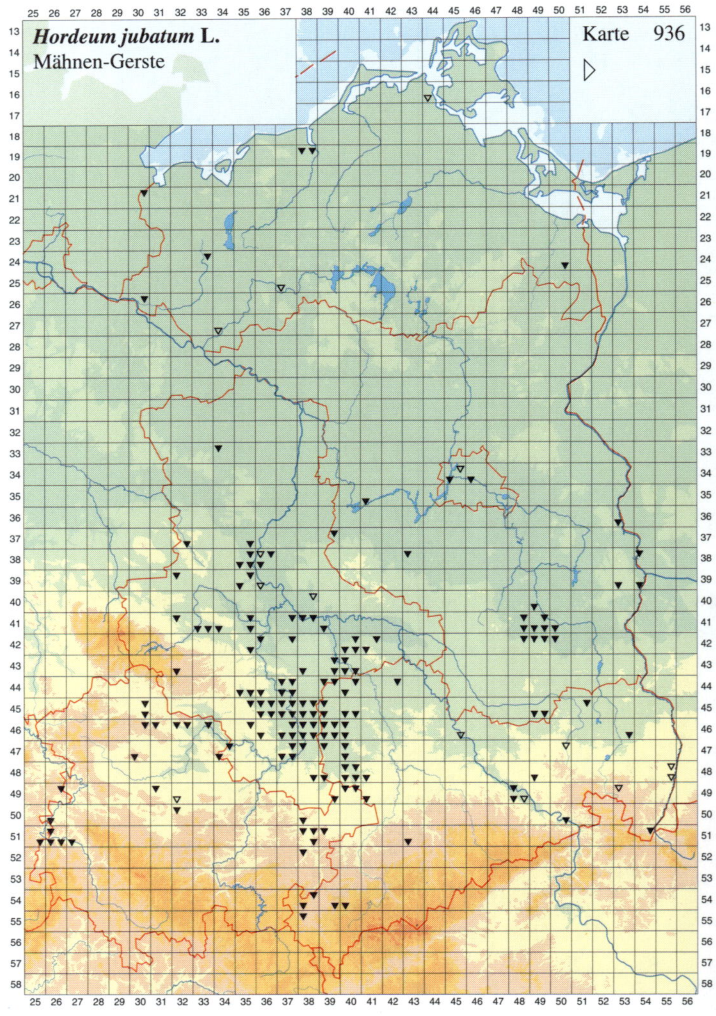

Hordeum jubatum L.
Mähnen-Gerste
Karte 936

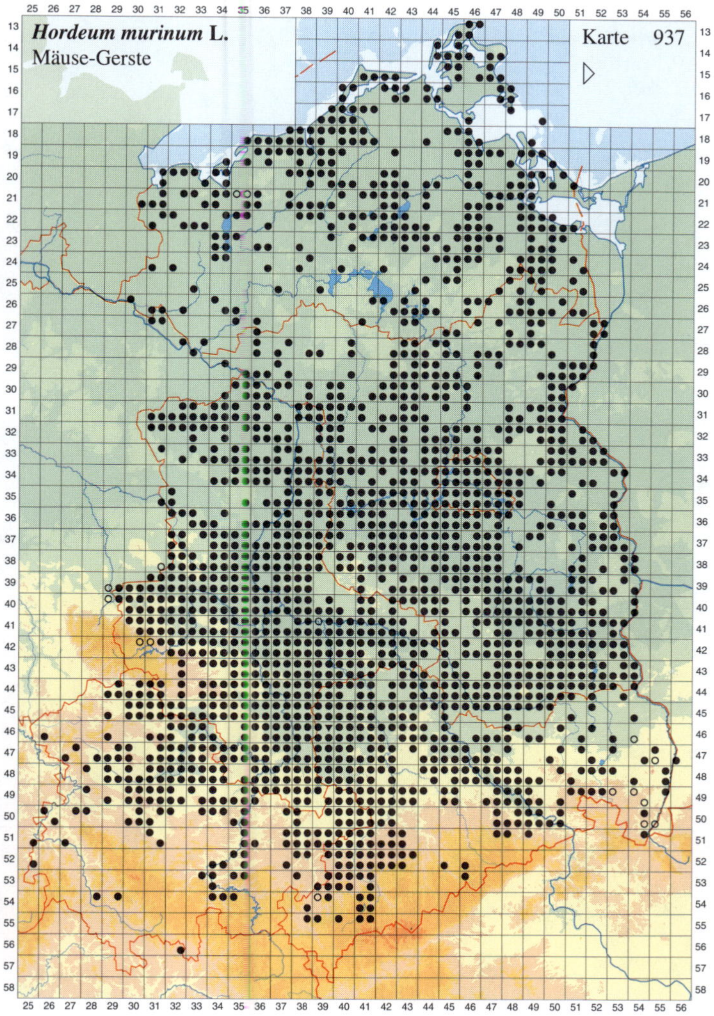
Hordeum murinum L.
Mäuse-Gerste
Karte 937
▷

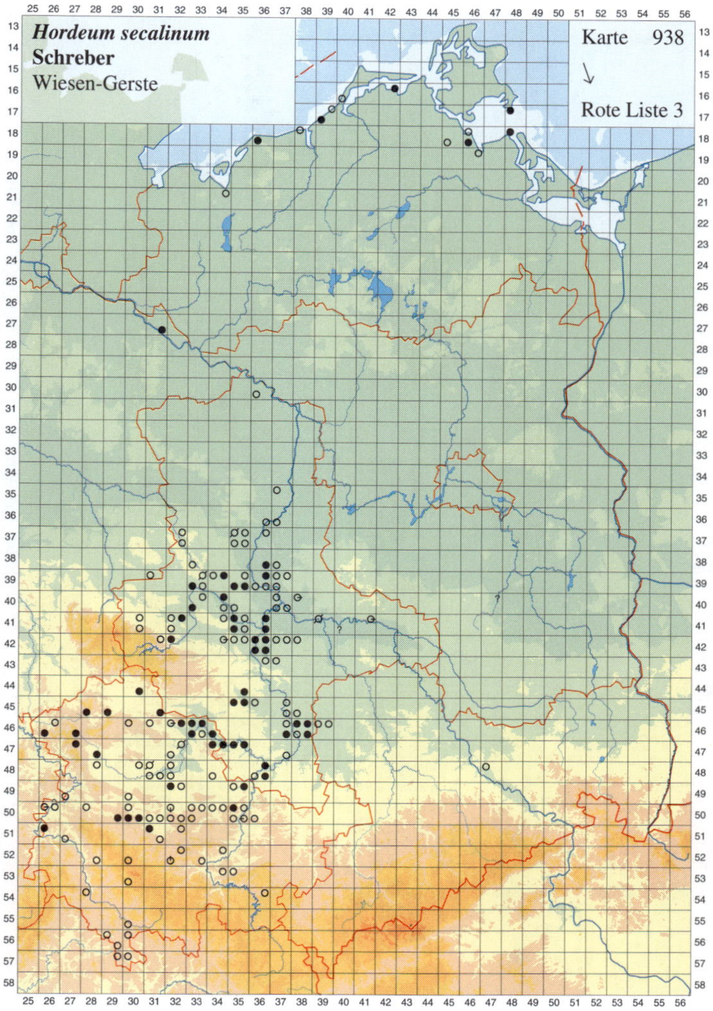
Hordeum secalinum
Schreber
Wiesen-Gerste
Karte 938
↘
Rote Liste 3

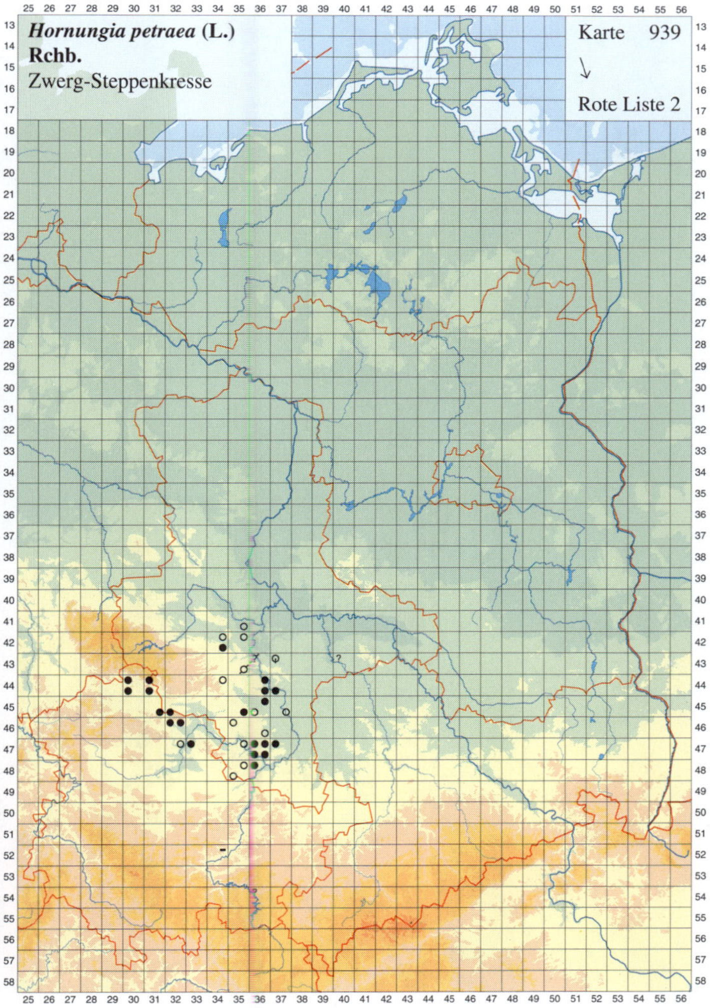
Hornungia petraea (L.)
Rchb.
Zwerg-Steppenkresse
Karte 939
↘
Rote Liste 2

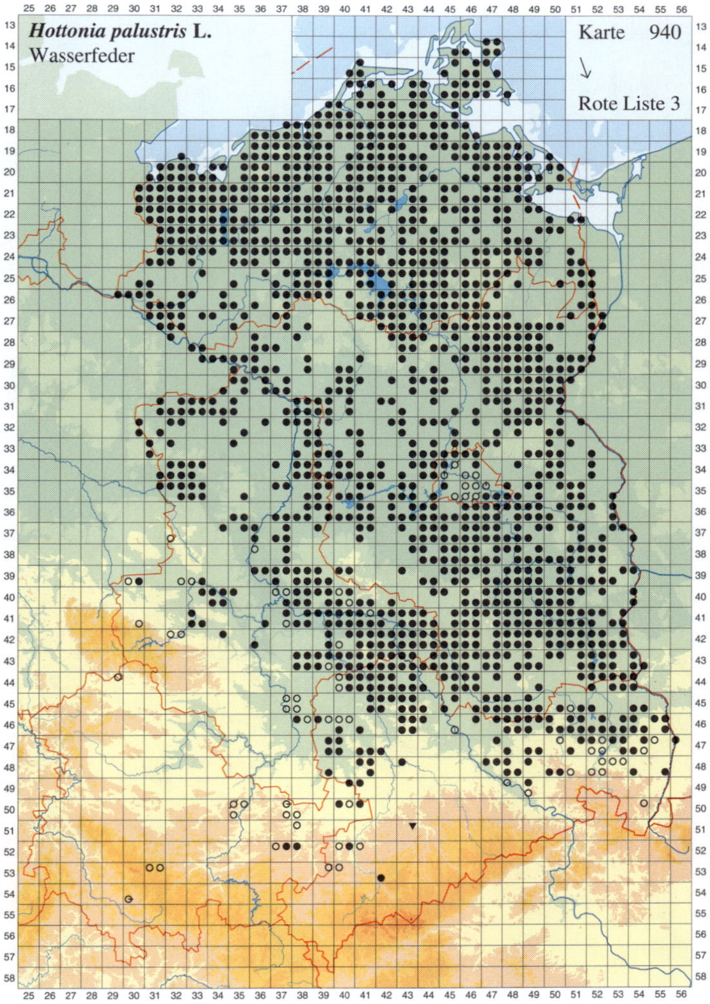
Hottonia palustris L.
Wasserfeder
Karte 940
↘
Rote Liste 3

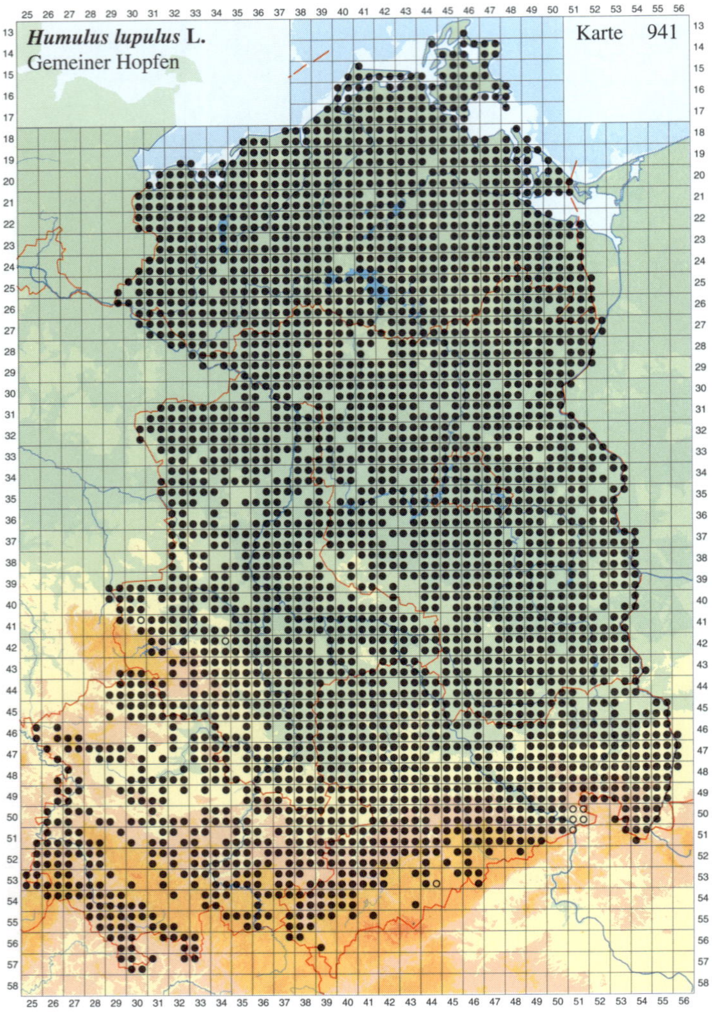
Humulus lupulus L.
Gemeiner Hopfen
Karte 941

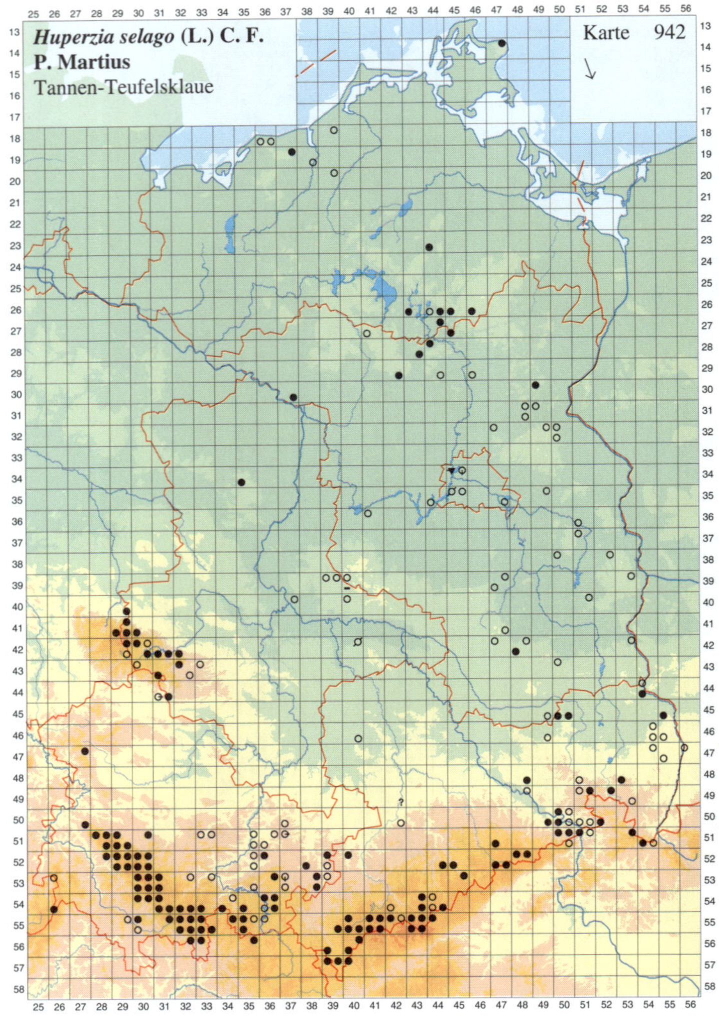
Huperzia selago (L.) C. F. P. Martius
Tannen-Teufelsklaue
Karte 942
↘

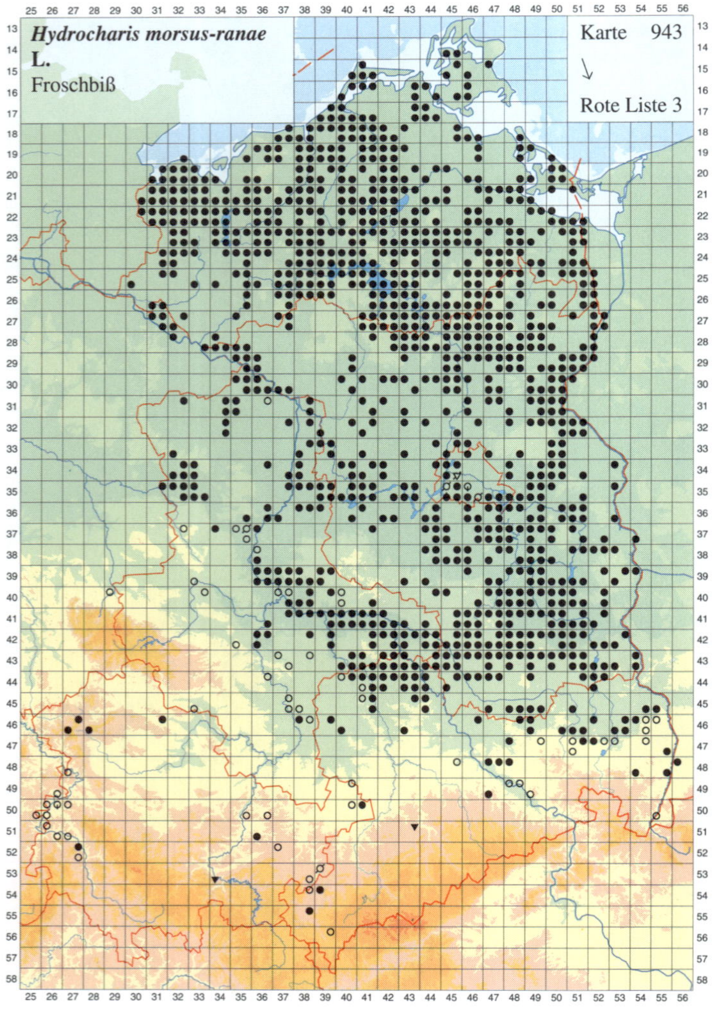
Hydrocharis morsus-ranae L.
Froschbiß
Karte 943
↘
Rote Liste 3

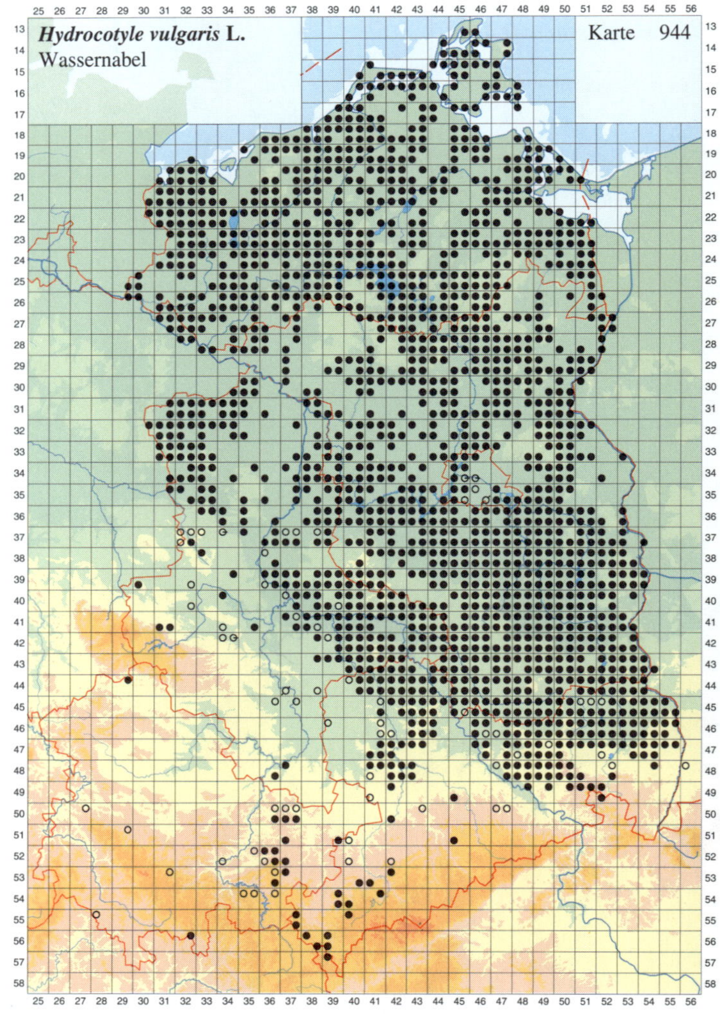
Hydrocotyle vulgaris L.
Wassernabel
Karte 944

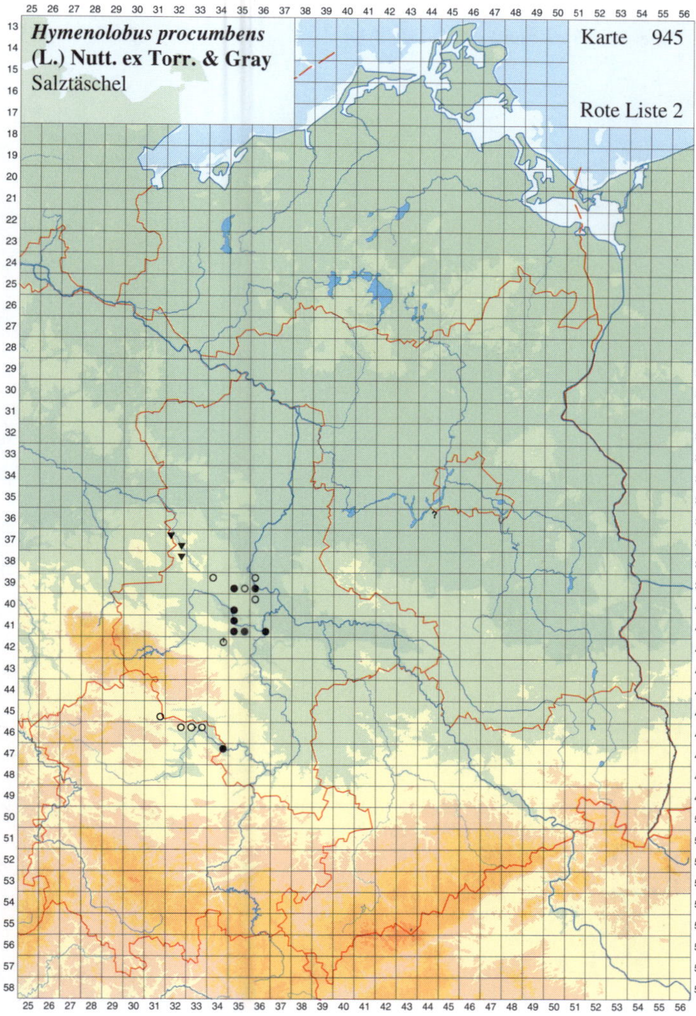
Hymenolobus procumbens (L.) Nutt. ex Torr. & Gray
Salztäschel
Karte 945
Rote Liste 2

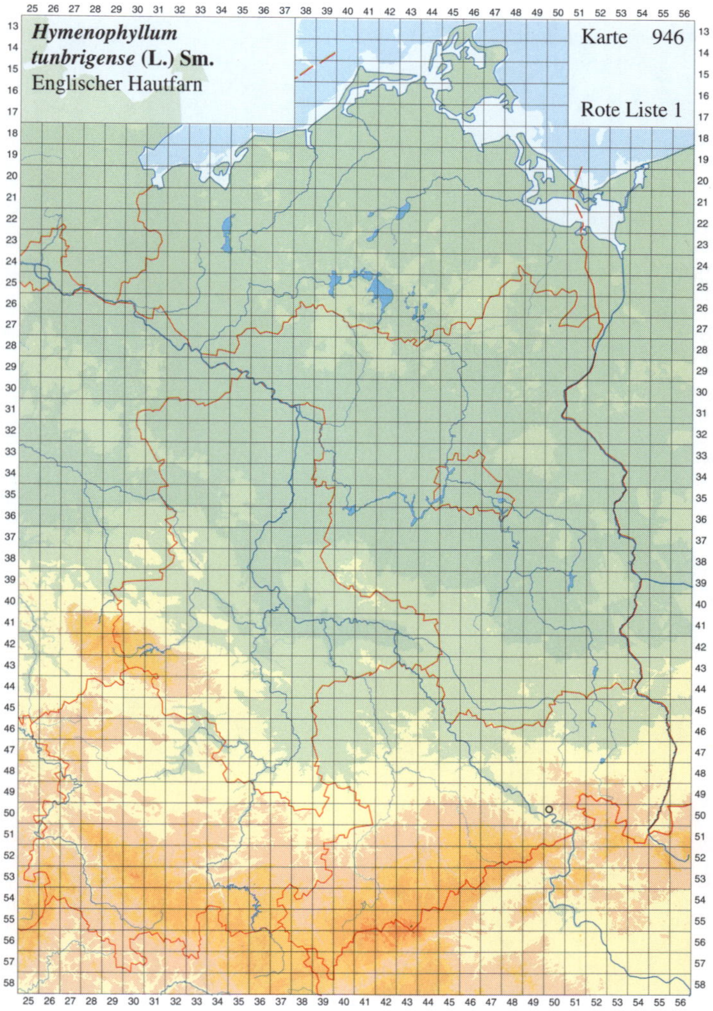
Hymenophyllum tunbrigense (L.) Sm.
Englischer Hautfarn
Karte 946
Rote Liste 1

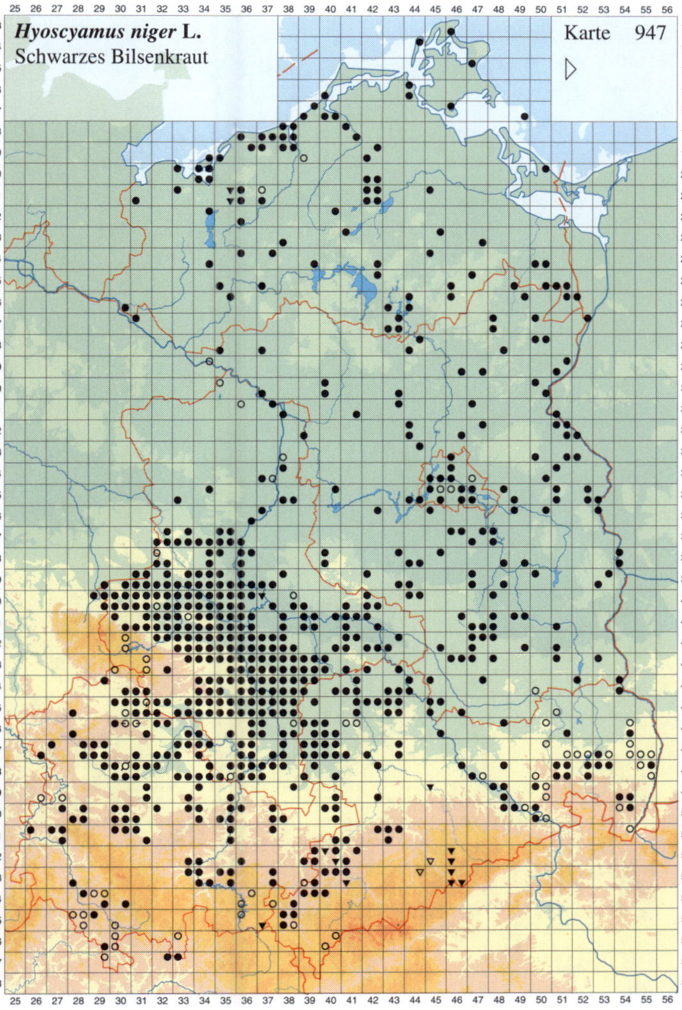
Hyoscyamus niger L.
Schwarzes Bilsenkraut
Karte 947

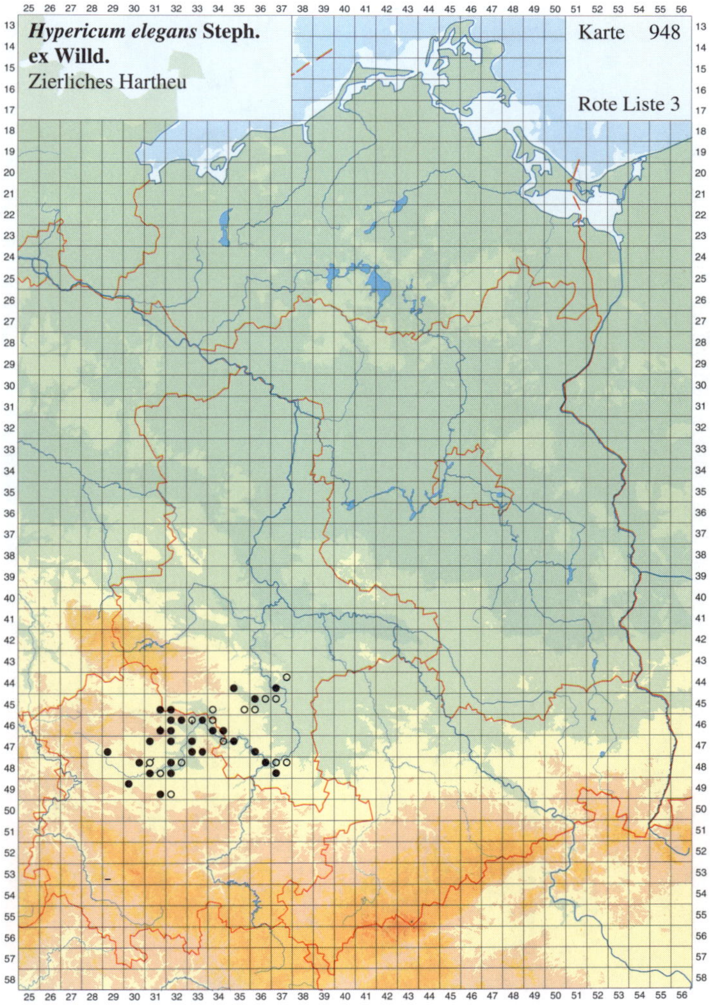
Hypericum elegans Steph. ex Willd.
Zierliches Hartheu
Karte 948
Rote Liste 3

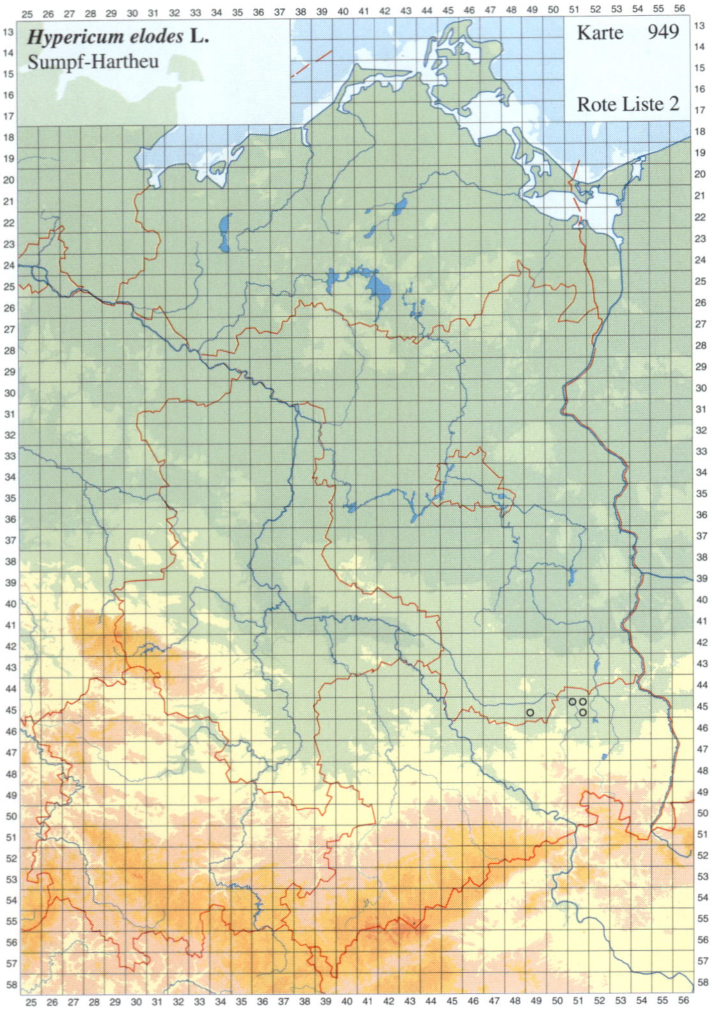
Hypericum elodes L.
Sumpf-Hartheu
Karte 949
Rote Liste 2

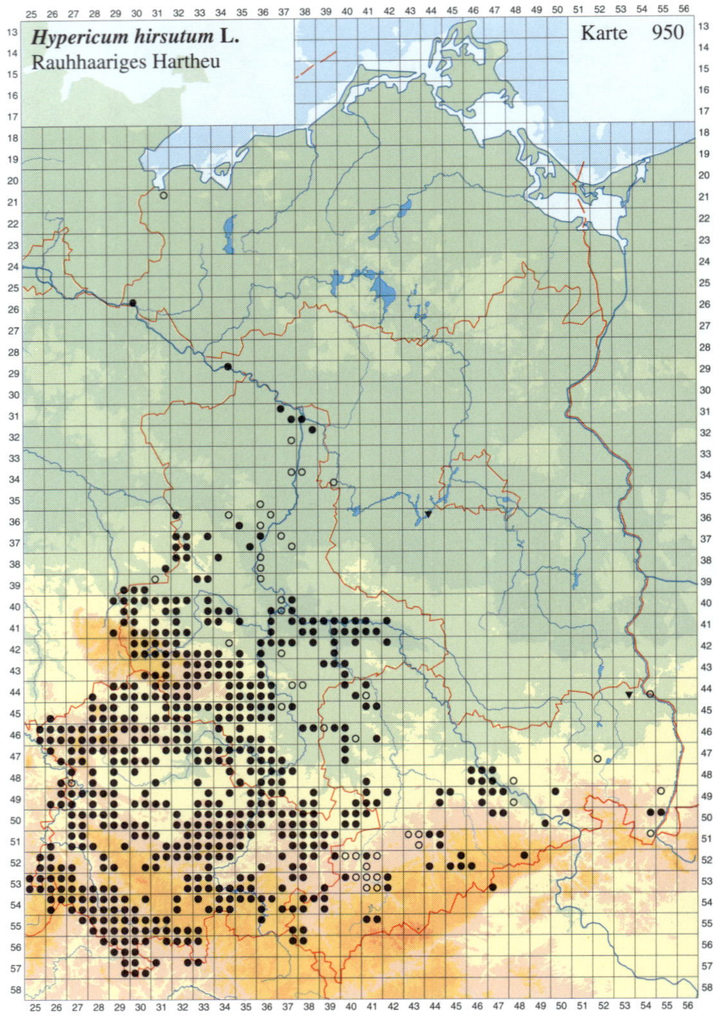
Hypericum hirsutum L.
Rauhhaariges Hartheu
Karte 950

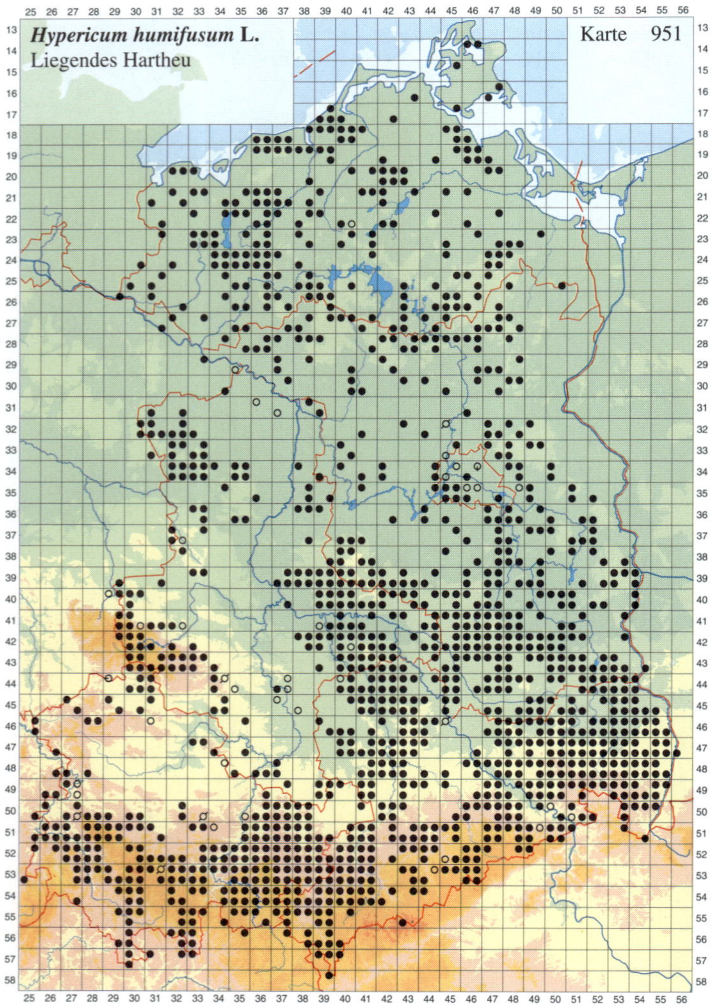
Hypericum humifusum L.
Liegendes Hartheu
Karte 951

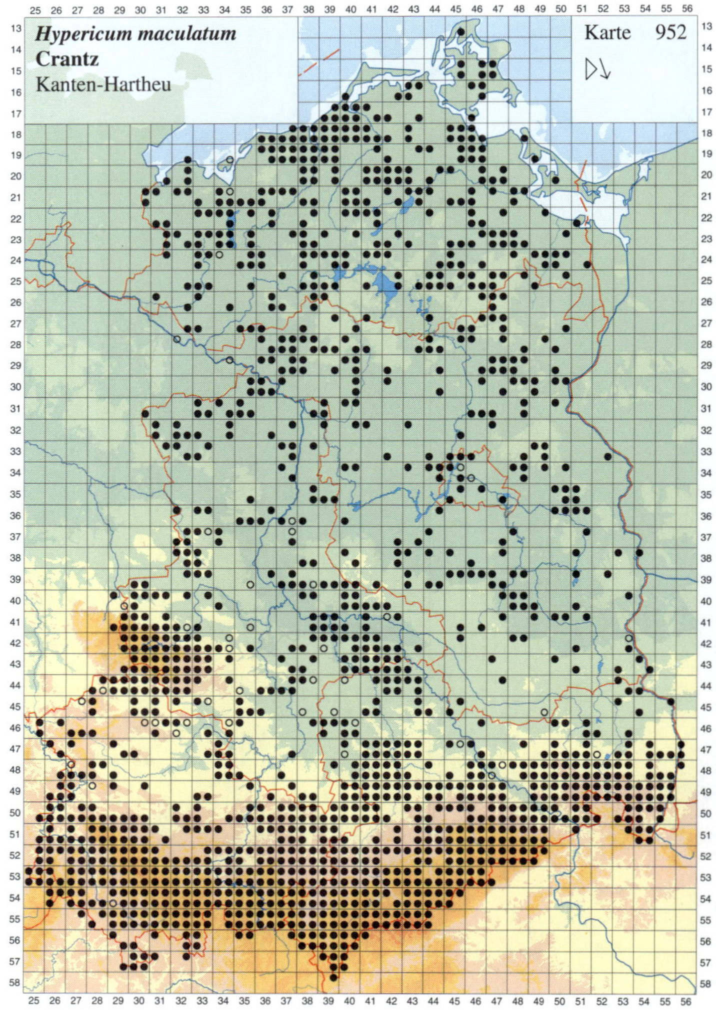
Hypericum maculatum Crantz
Kanten-Hartheu
Karte 952

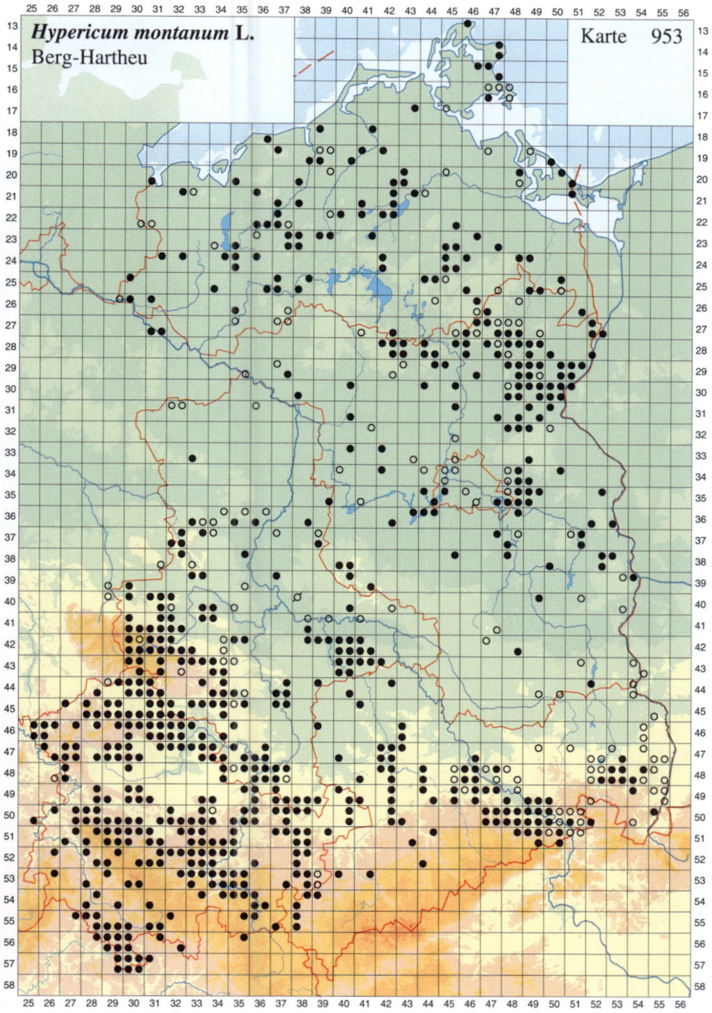
Hypericum montanum L.
Berg-Hartheu
Karte 953

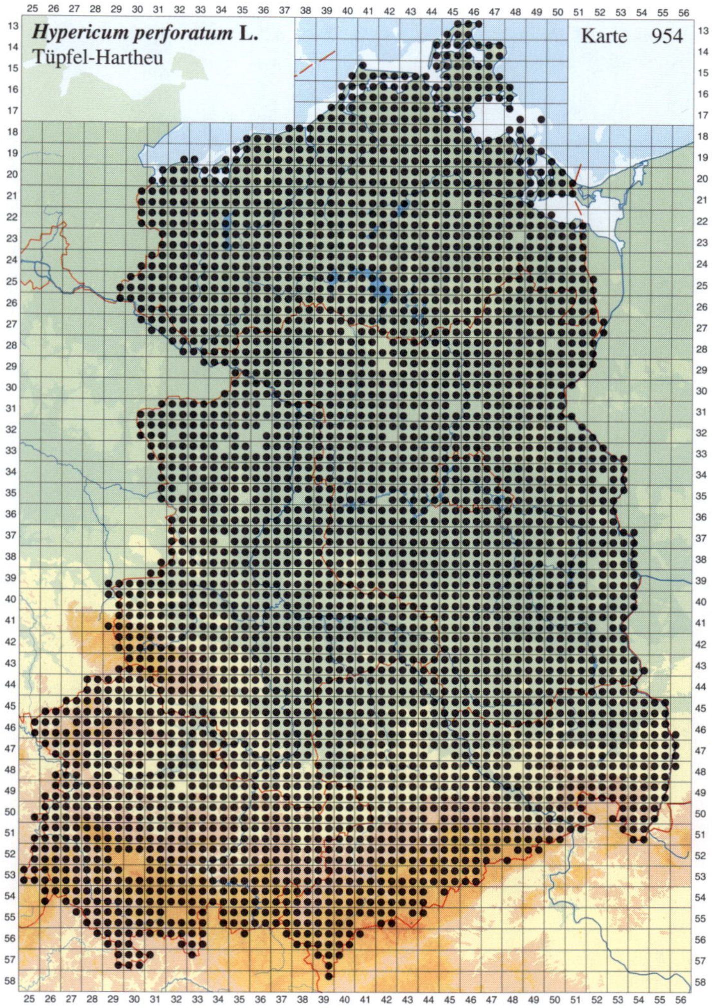
Hypericum perforatum L.
Tüpfel-Hartheu
Karte 954

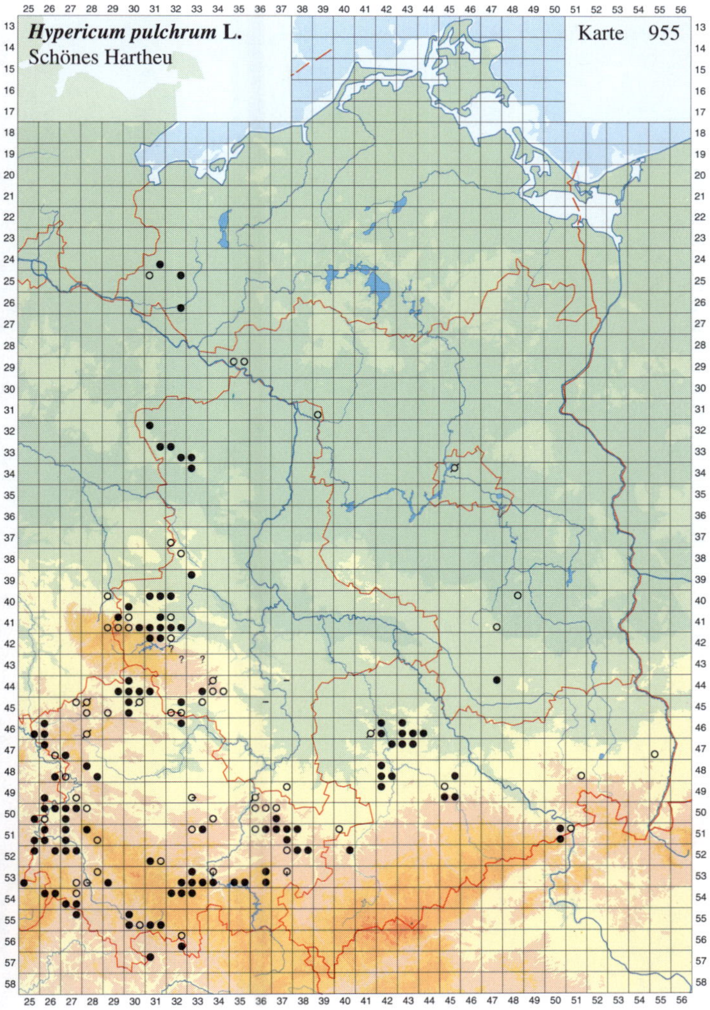
Hypericum pulchrum L.
Schönes Hartheu
Karte 955

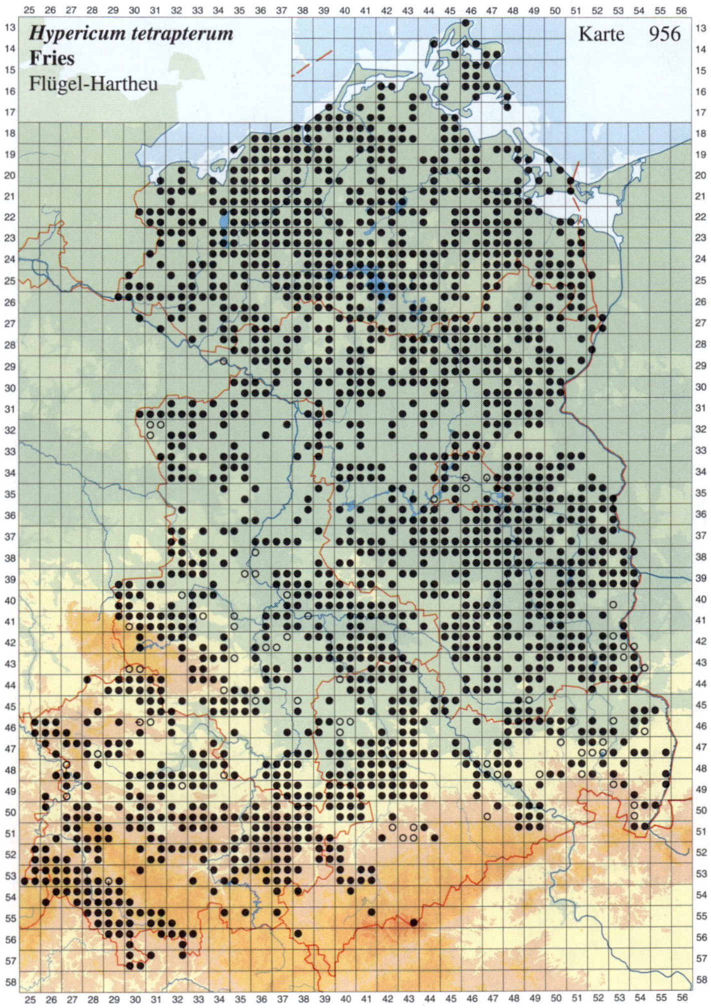
Hypericum tetrapterum Fries
Flügel-Hartheu
Karte 956

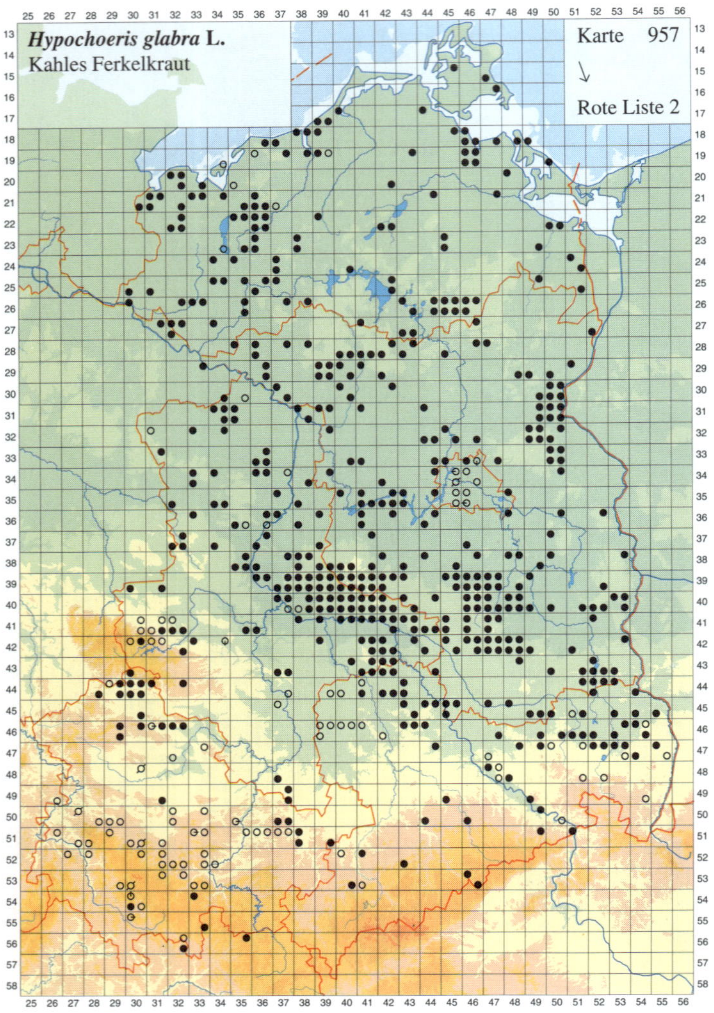
Hypochoeris glabra L.
Kahles Ferkelkraut
Karte 957
↘
Rote Liste 2

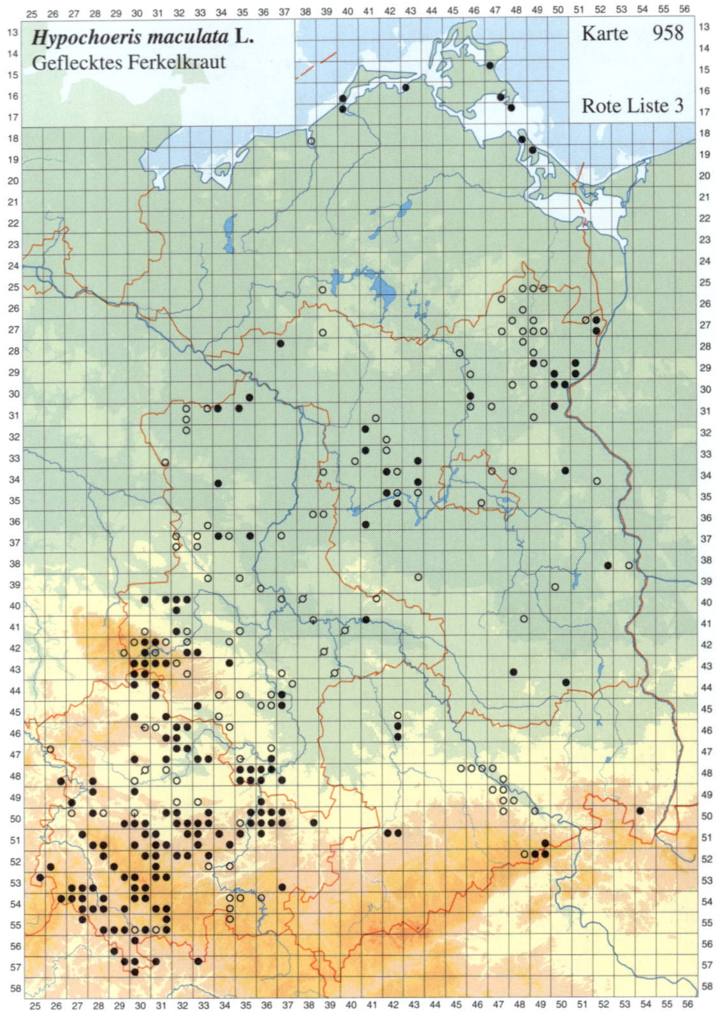
Hypochoeris maculata L.
Geflecktes Ferkelkraut
Karte 958
Rote Liste 3

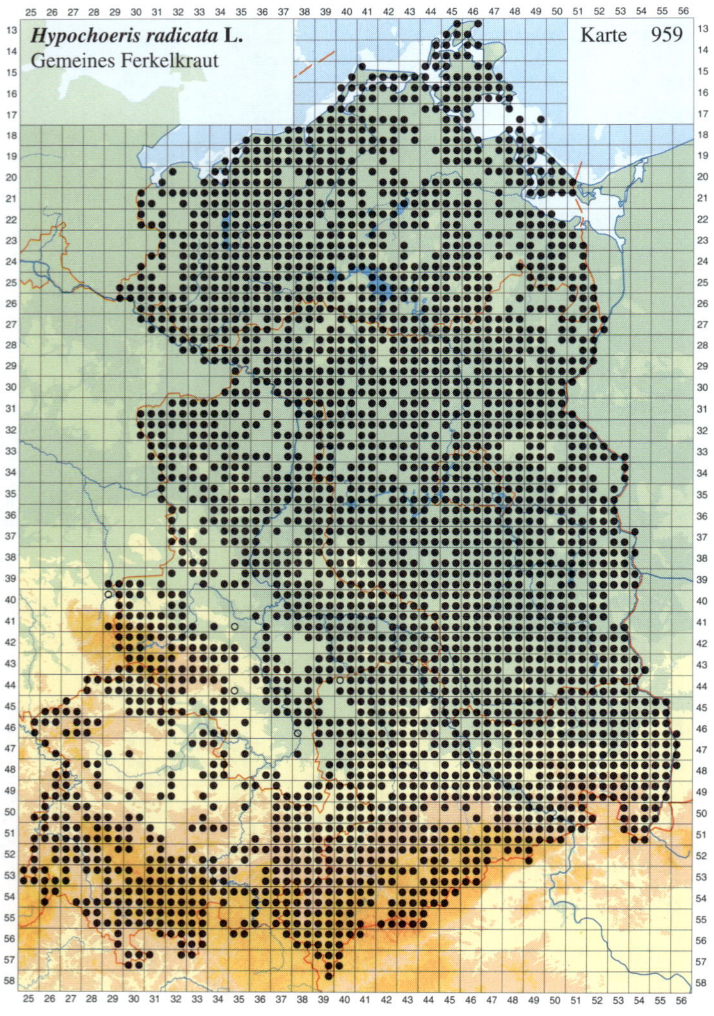
Hypochoeris radicata L.
Gemeines Ferkelkraut
Karte 959

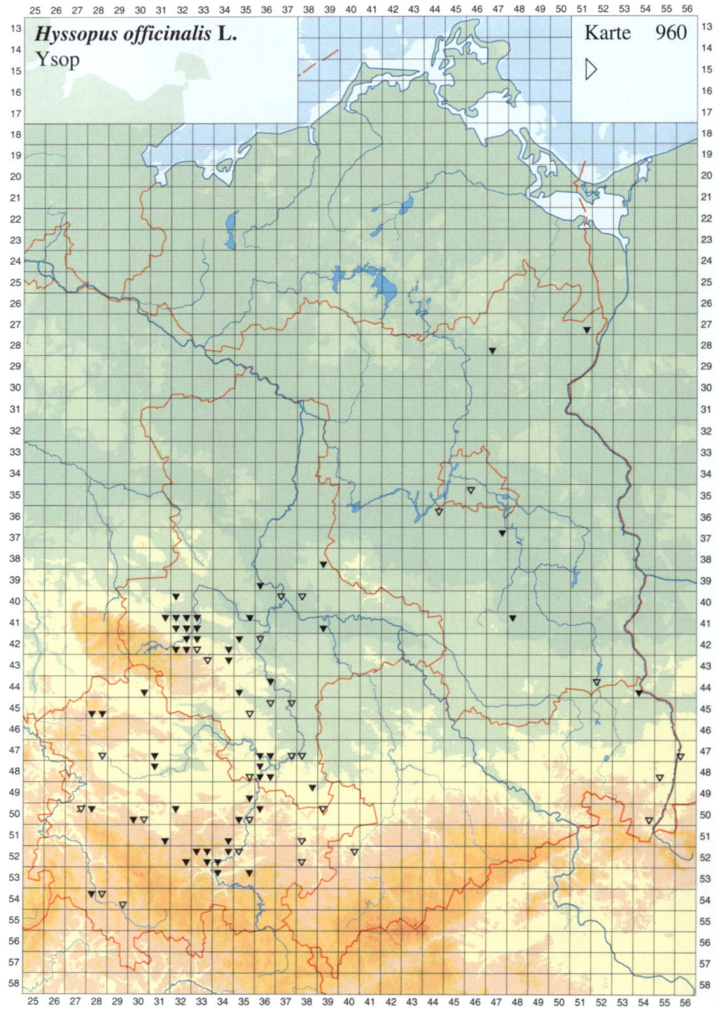
Hyssopus officinalis L.
Ysop
Karte 960
▷

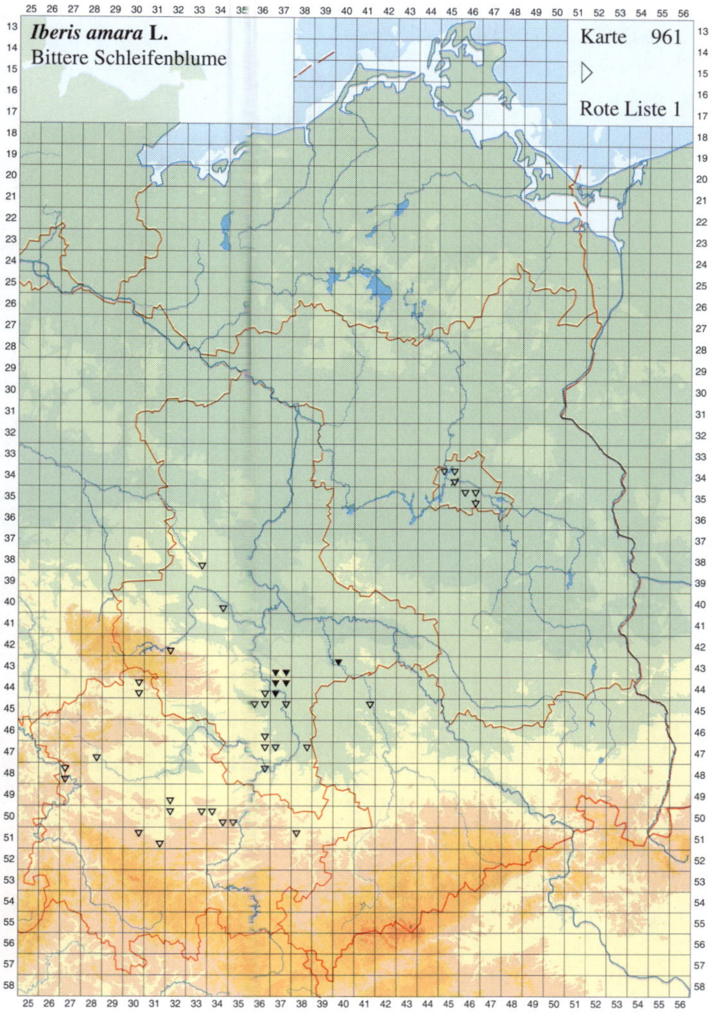
Iberis amara L.
Bittere Schleifenblume
Karte 961
Rote Liste 1

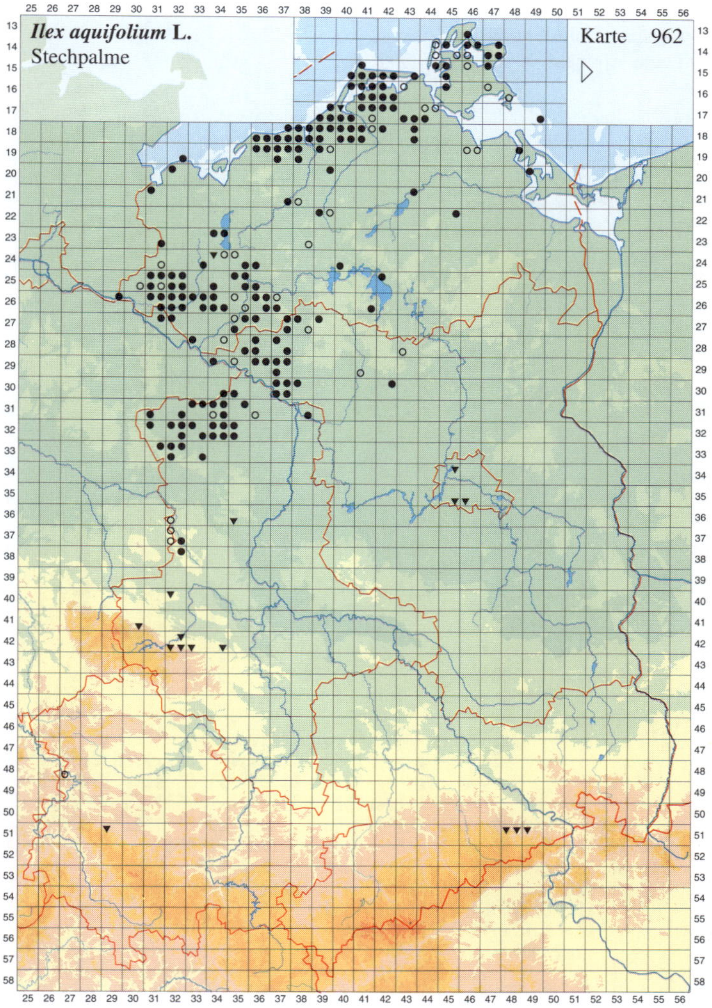
Ilex aquifolium L.
Stechpalme
Karte 962

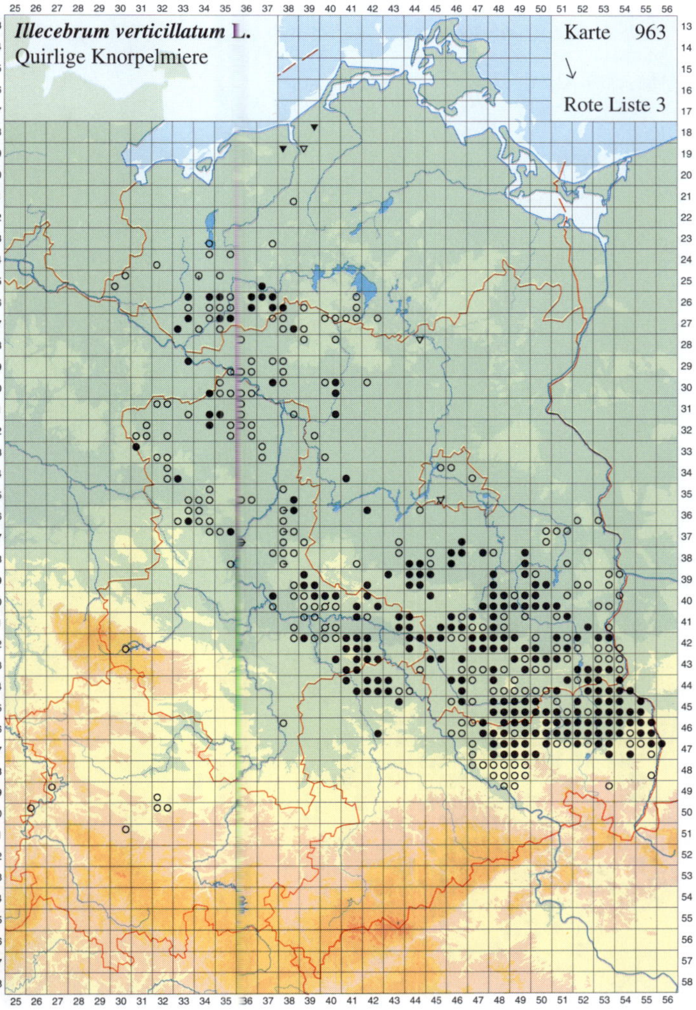
Illecebrum verticillatum L.
Quirlige Knorpelmiere
Karte 963
Rote Liste 3

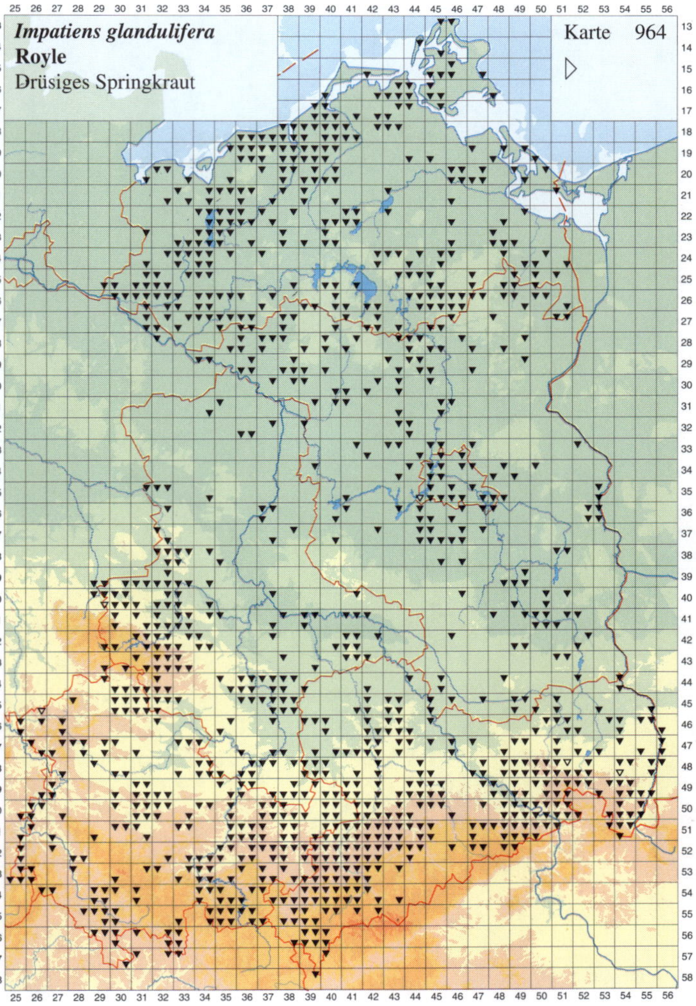
Impatiens glandulifera
Royle
Drüsiges Springkraut
Karte 964

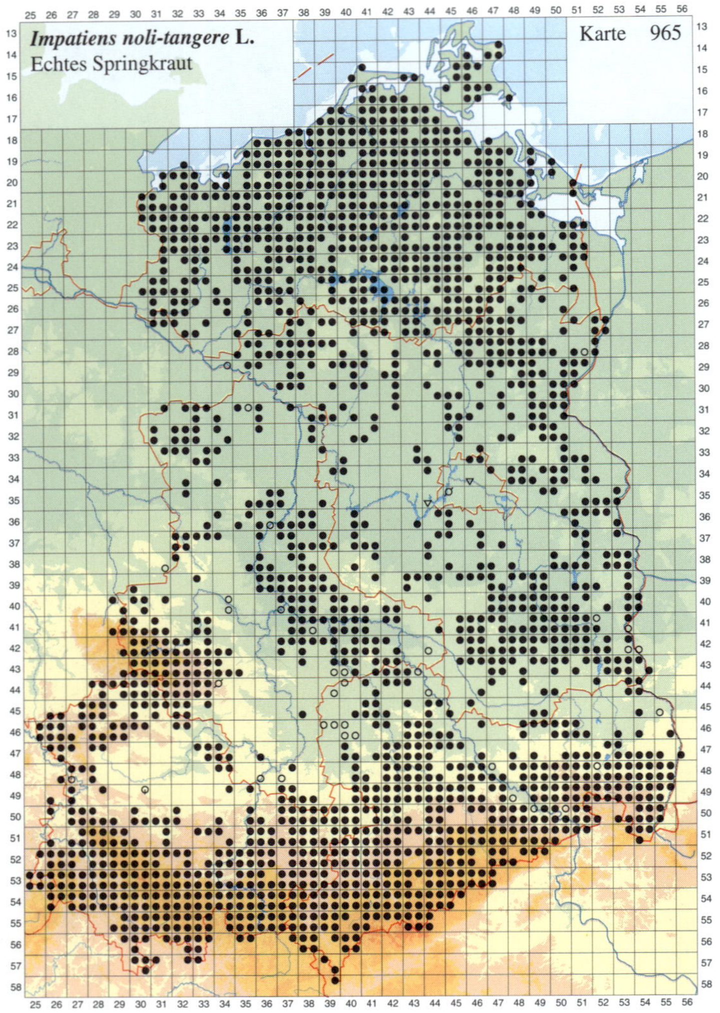
Impatiens noli-tangere L.
Echtes Springkraut
Karte 965

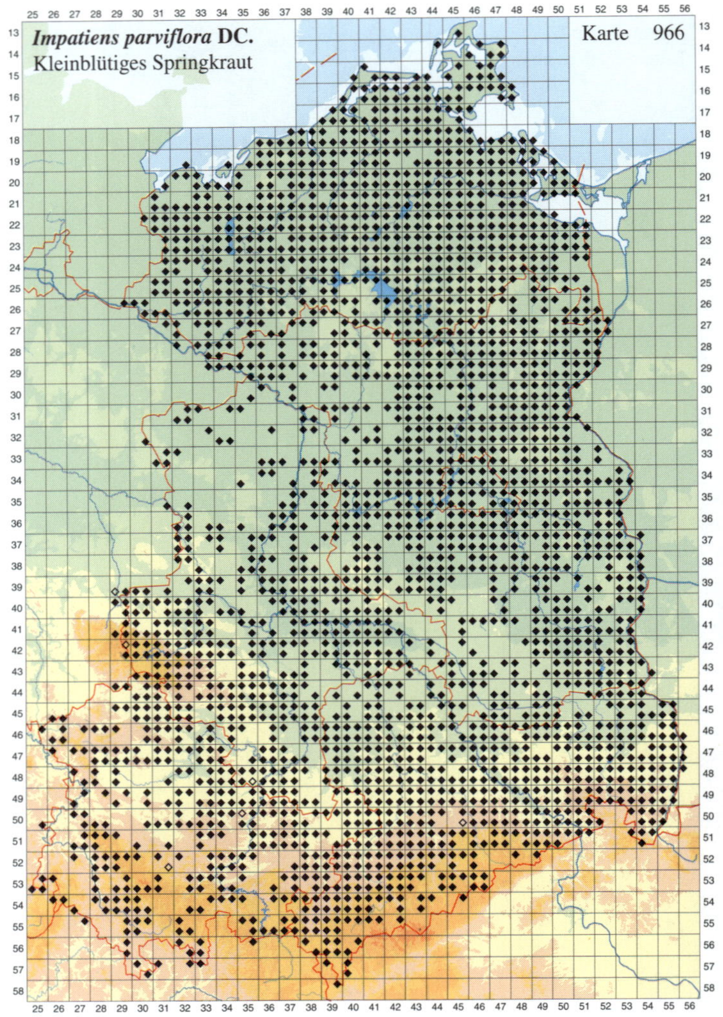
Impatiens parviflora DC.
Kleinblütiges Springkraut
Karte 966

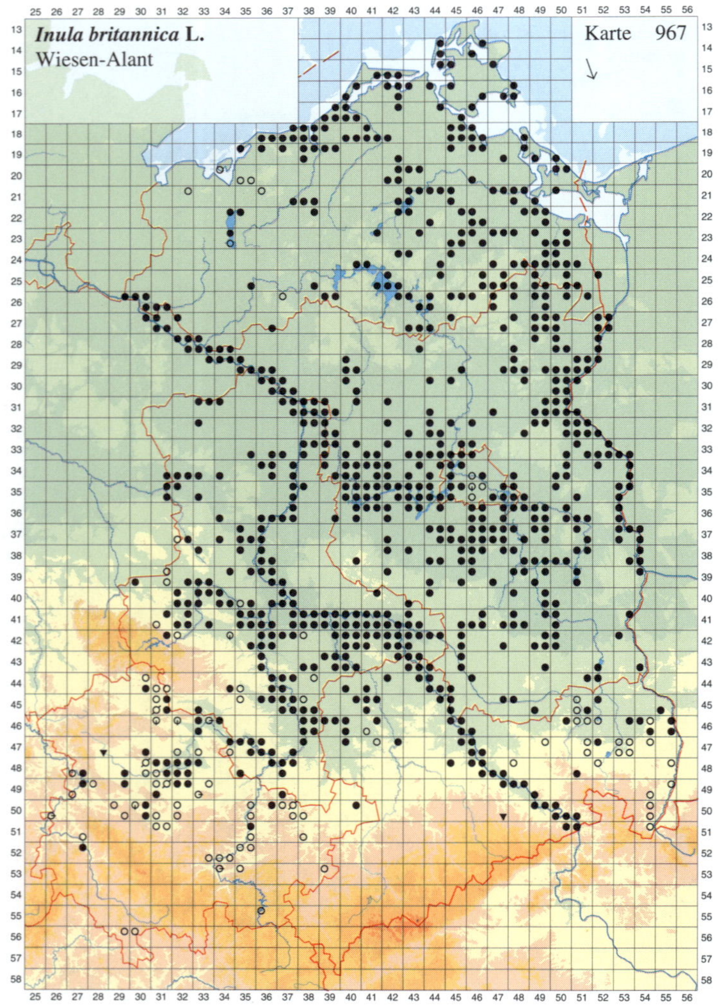
Inula britannica L.
Wiesen-Alant
Karte 967

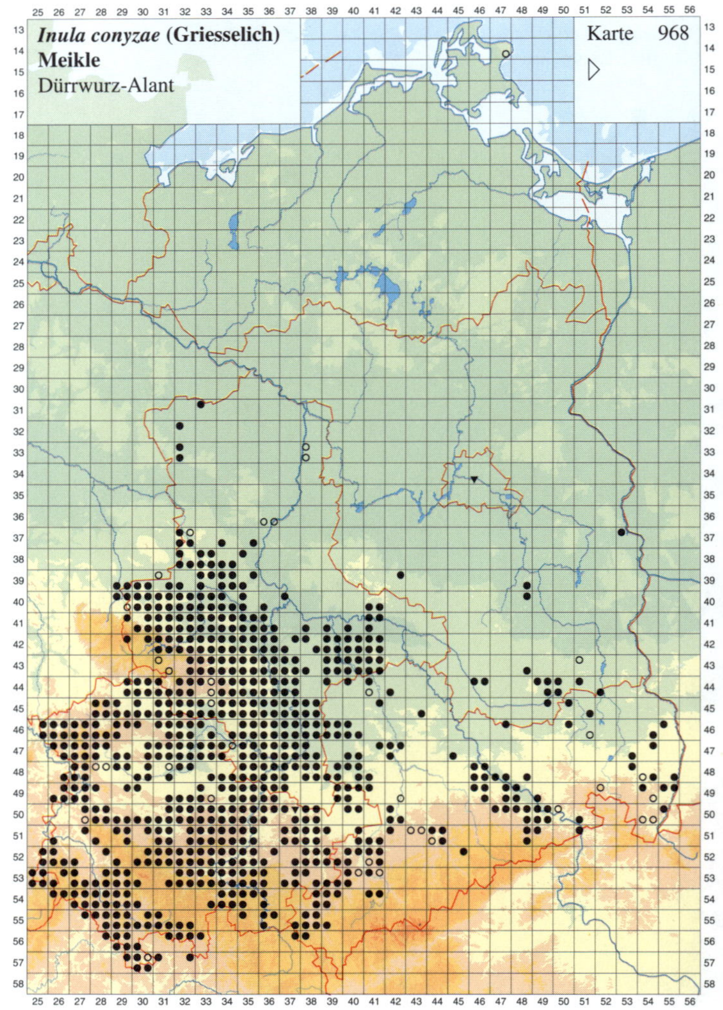
Inula conyzae (Griesselich) Meikle
Dürrwurz-Alant
Karte 968

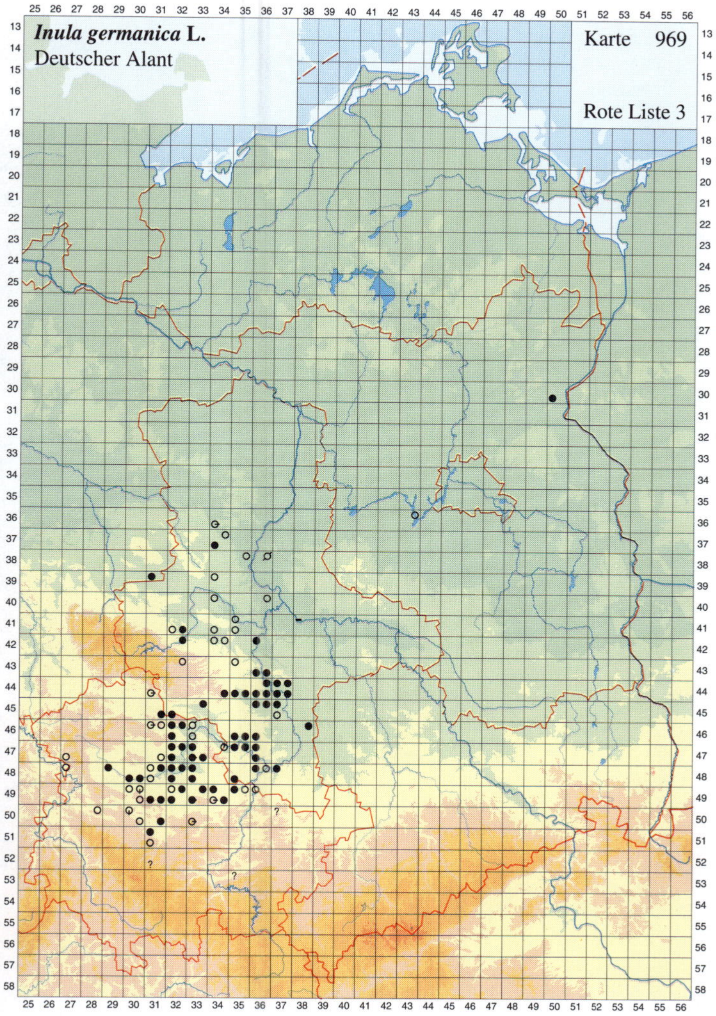
Inula germanica L.
Deutscher Alant
Karte 969
Rote Liste 3

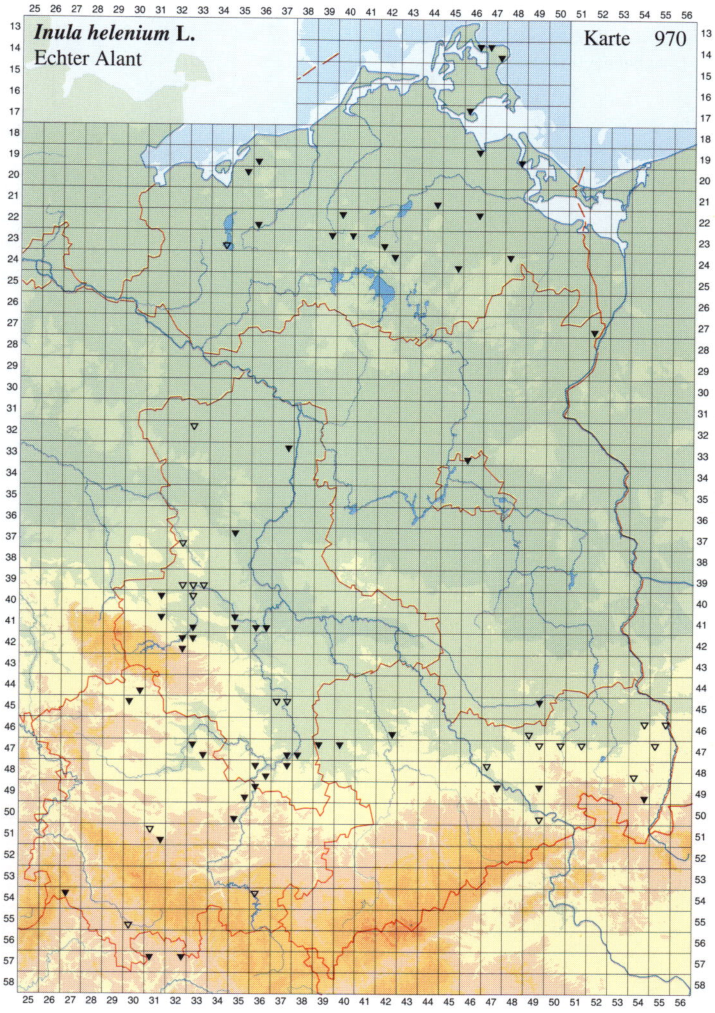
Inula helenium L.
Echter Alant
Karte 970

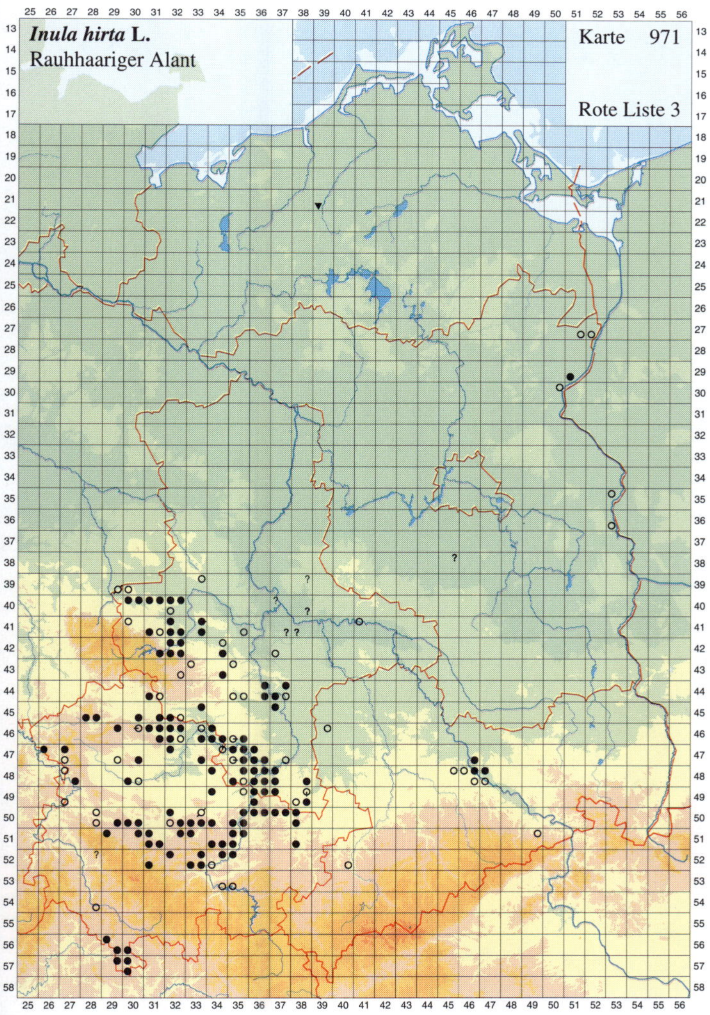
Inula hirta L.
Rauhhaariger Alant
Karte 971
Rote Liste 3

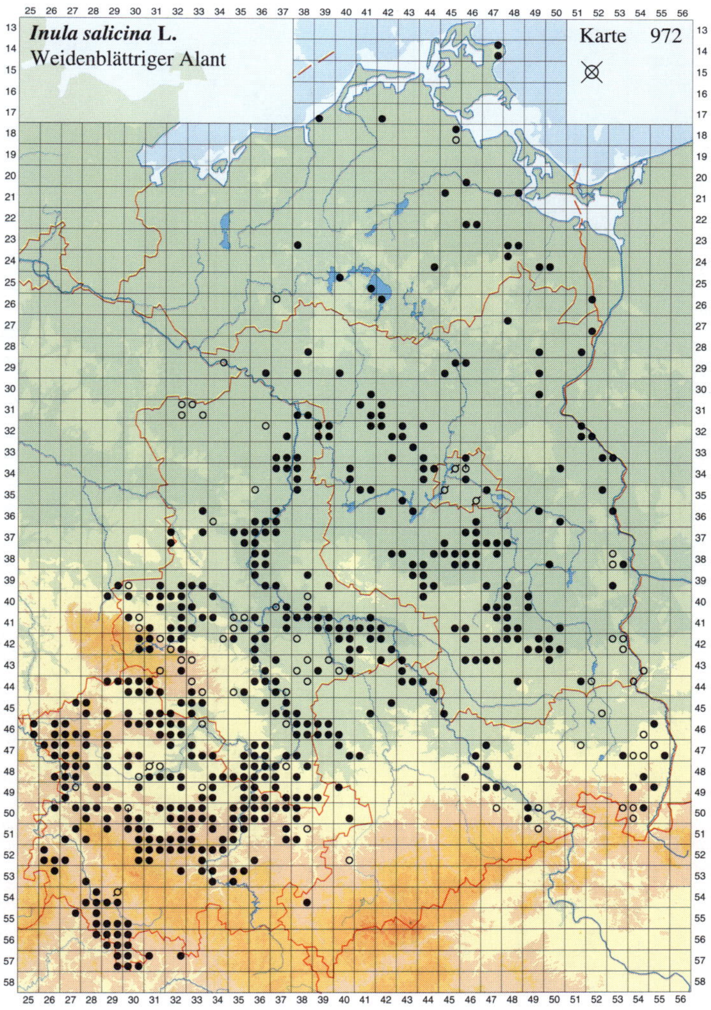
Inula salicina L.
Weidenblättriger Alant
Karte 972

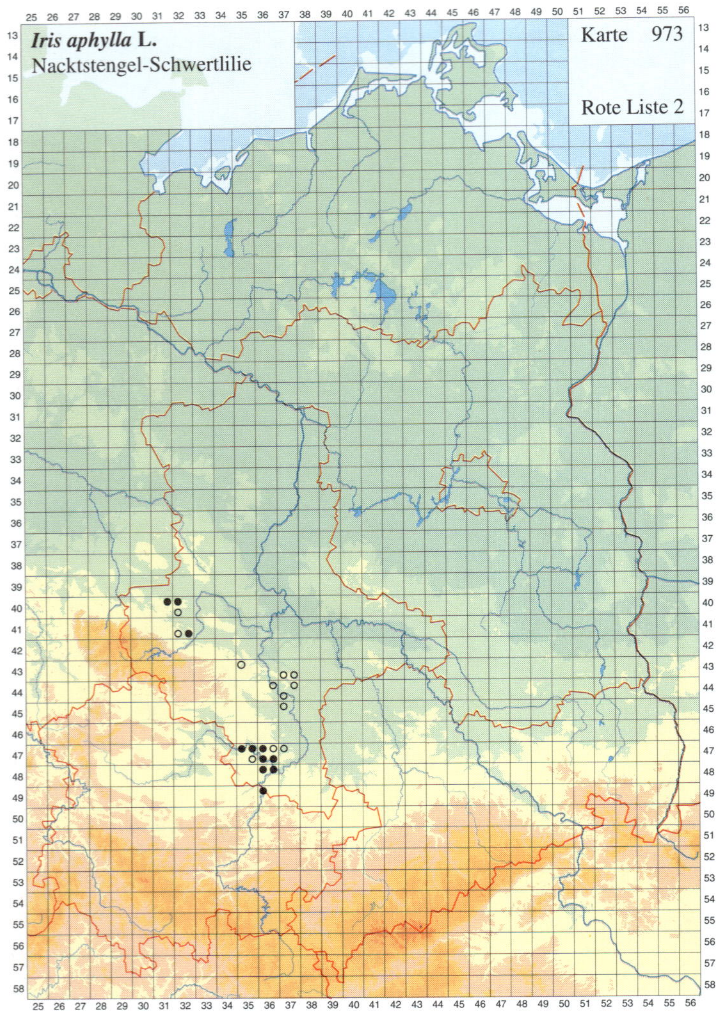
Iris aphylla L.
Nacktstengel-Schwertlilie
Karte 973
Rote Liste 2

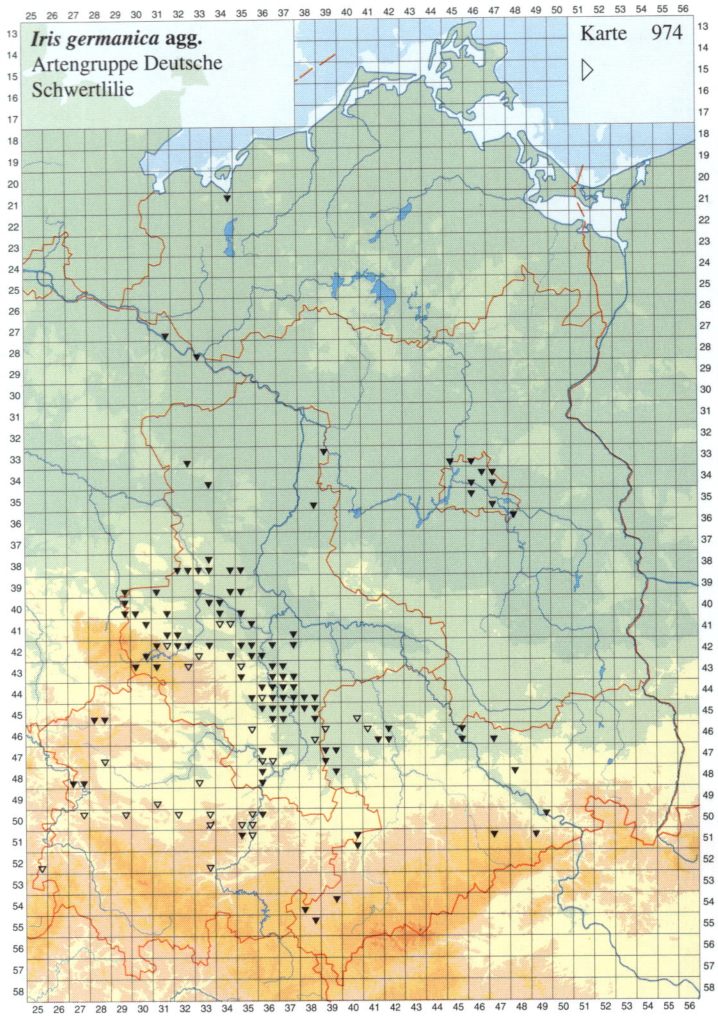
Iris germanica agg.
Artengruppe Deutsche Schwertlilie
Karte 974

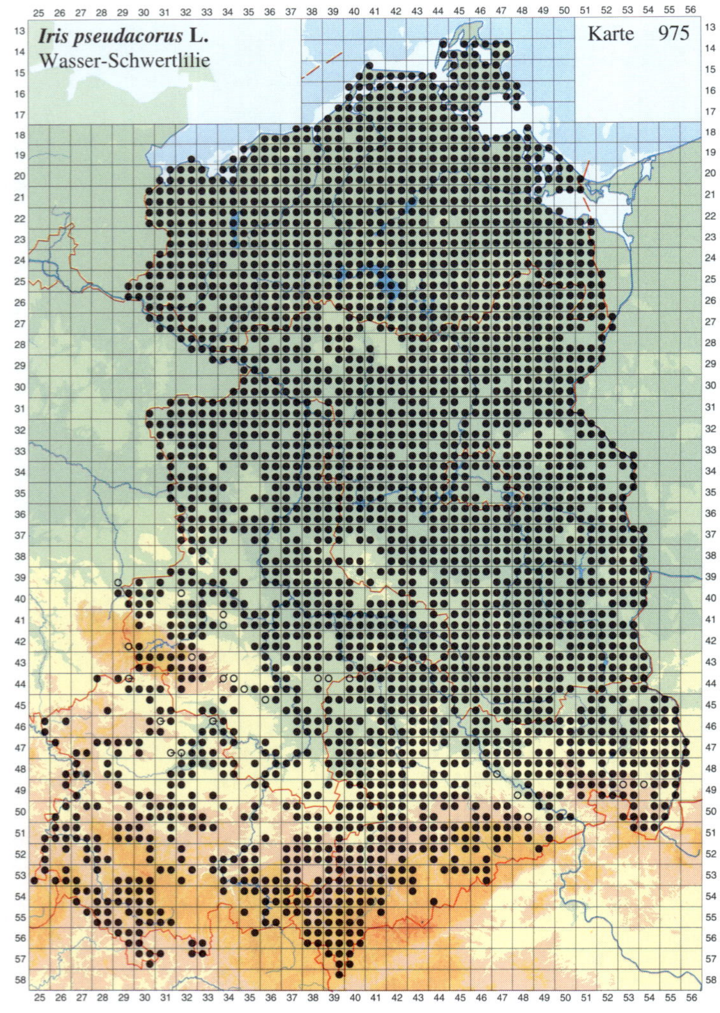
Iris pseudacorus L.
Wasser-Schwertlilie
Karte 975

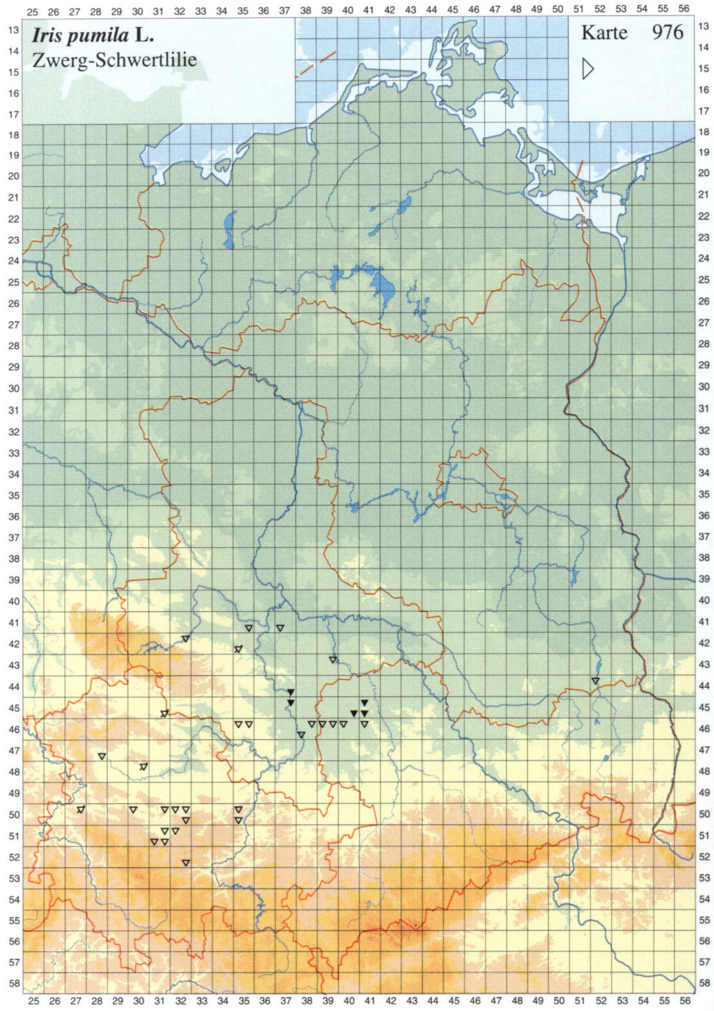
Iris pumila L.
Zwerg-Schwertlilie
Karte 976

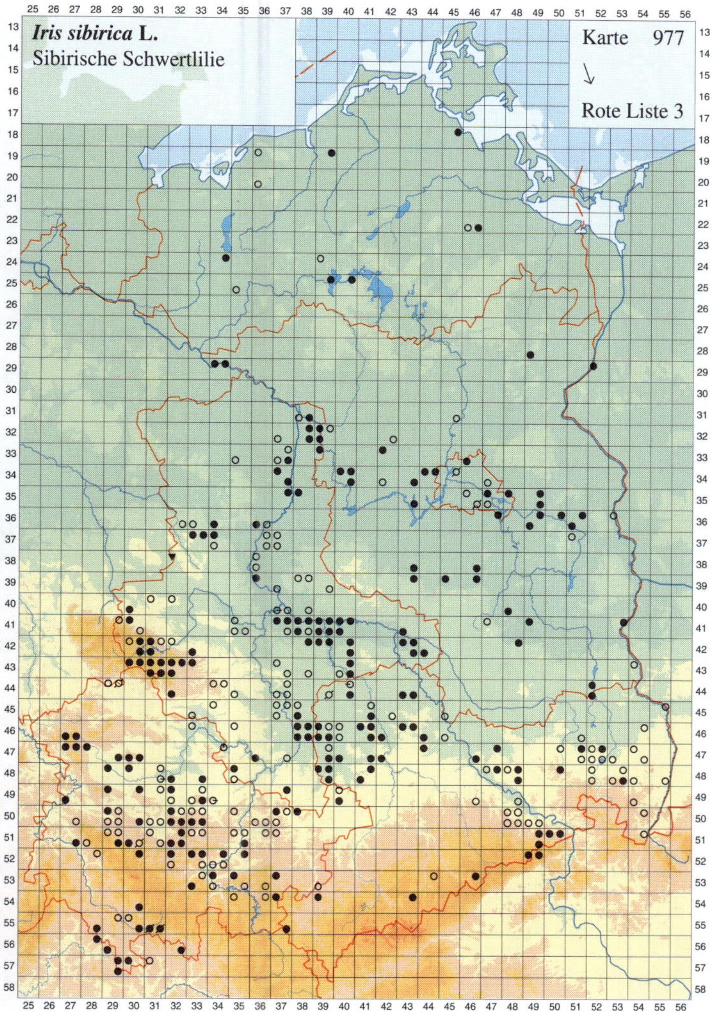
Iris sibirica L.
Sibirische Schwertlilie
Karte 977
Rote Liste 3

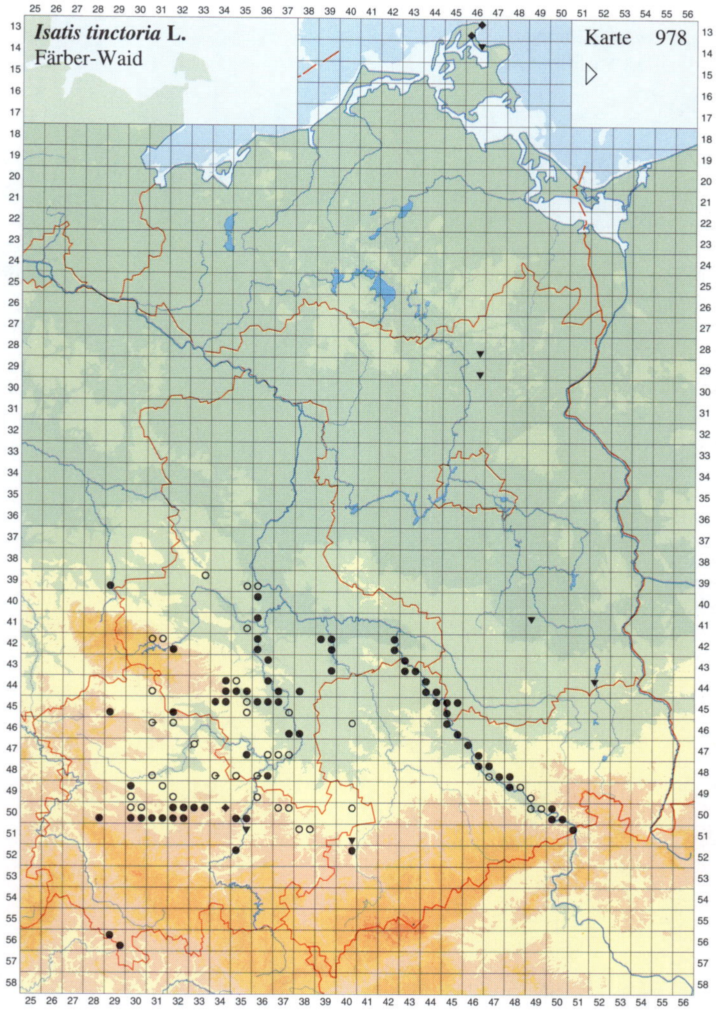
Isatis tinctoria L.
Färber-Waid
Karte 978

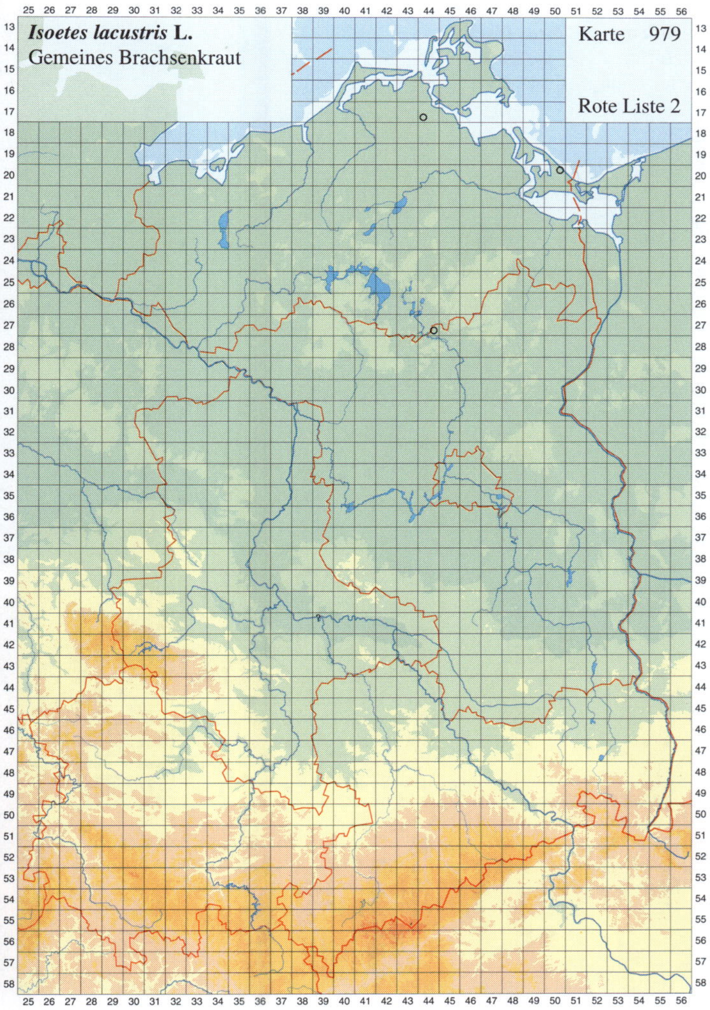
Isoetes lacustris L.
Gemeines Brachsenkraut
Karte 979
Rote Liste 2

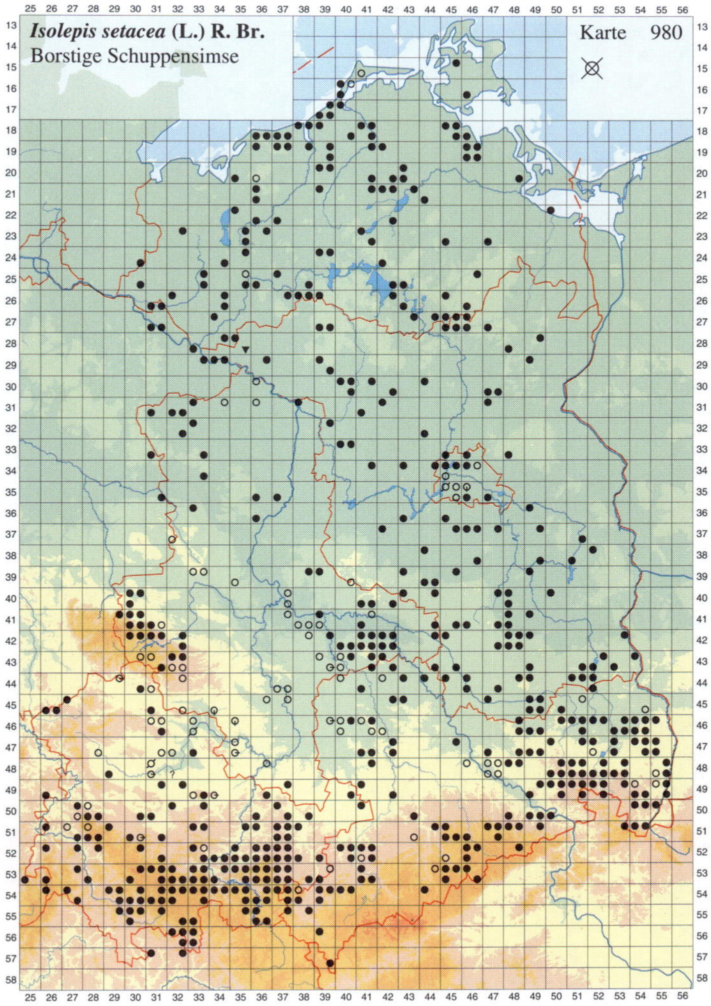
Isolepis setacea (L.) R. Br.
Borstige Schuppensimse
Karte 980

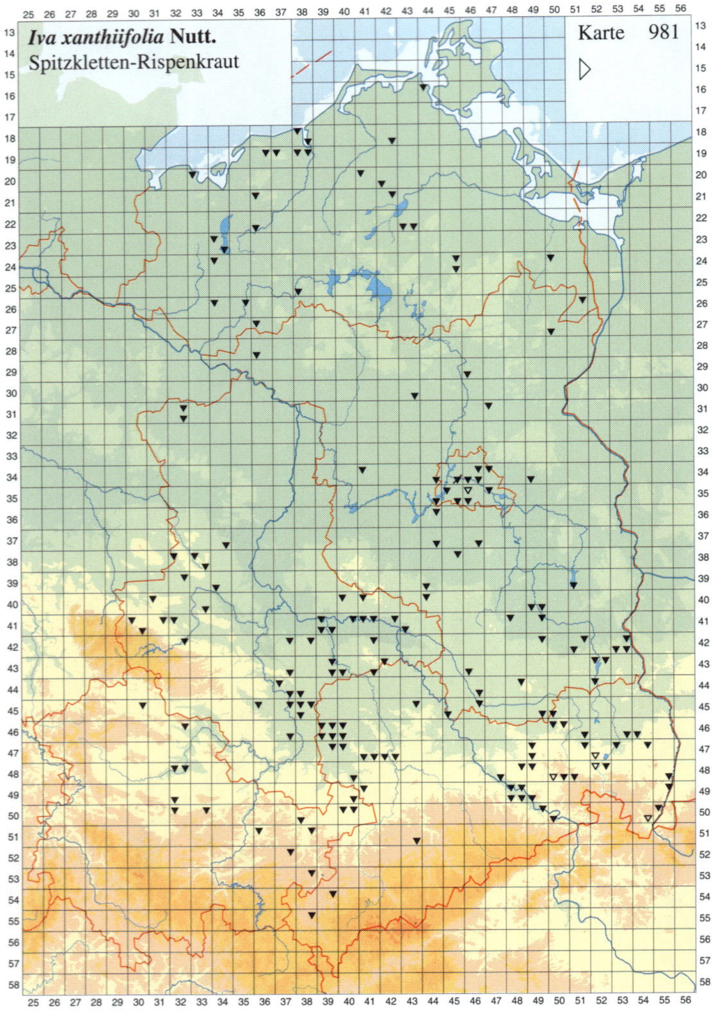
Iva xanthiifolia Nutt.
Spitzkletten-Rispenkraut
Karte 981

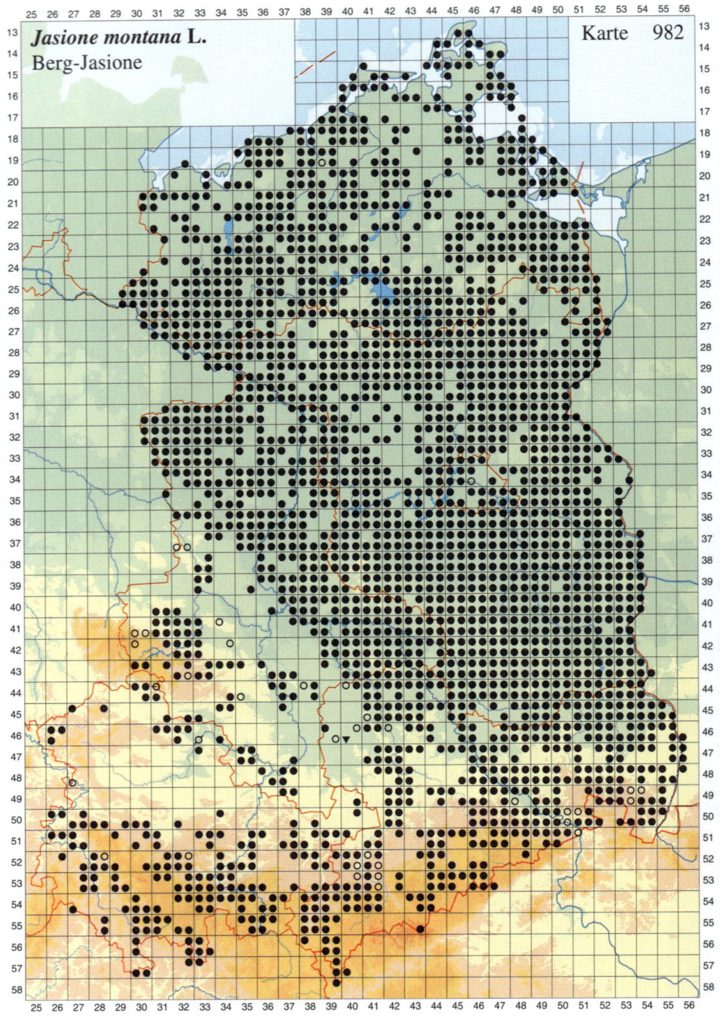
Jasione montana L.
Berg-Jasione
Karte 982

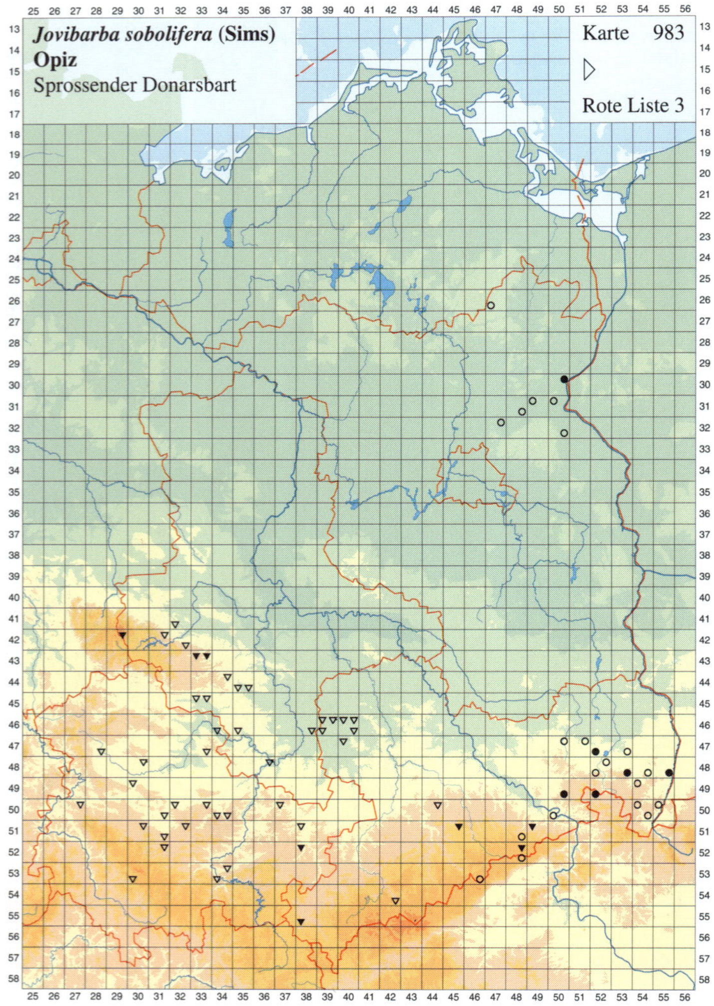
Jovibarba sobolifera (Sims) Opiz
Sprossender Donarsbart
Karte 983
Rote Liste 3

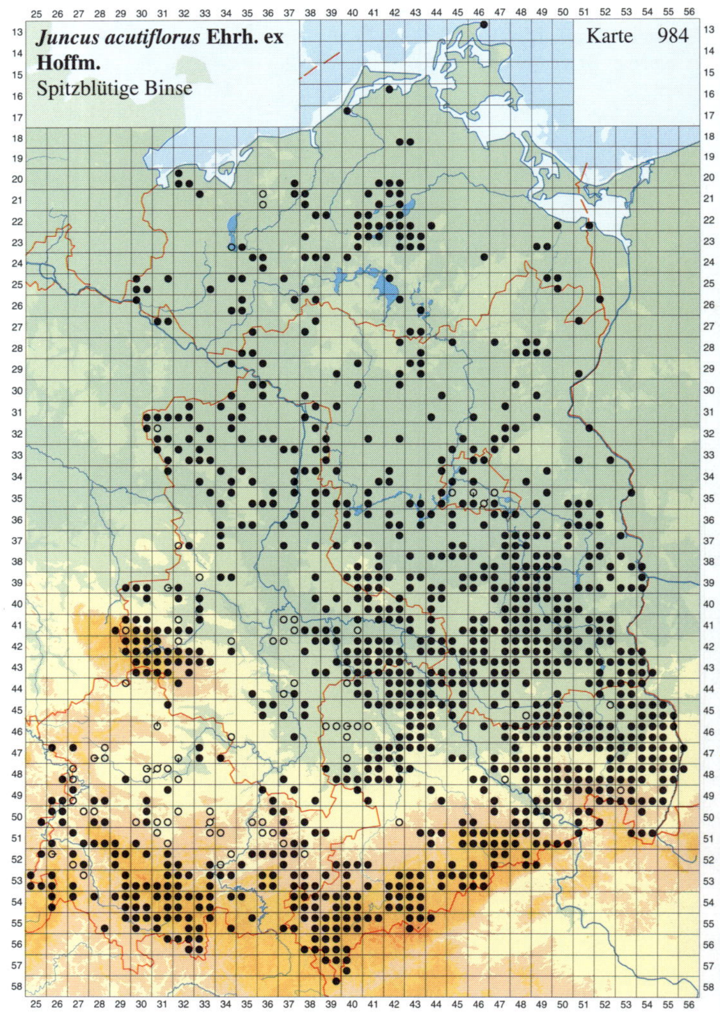
Juncus acutiflorus Ehrh. ex Hoffm.
Spitzblütige Binse
Karte 984

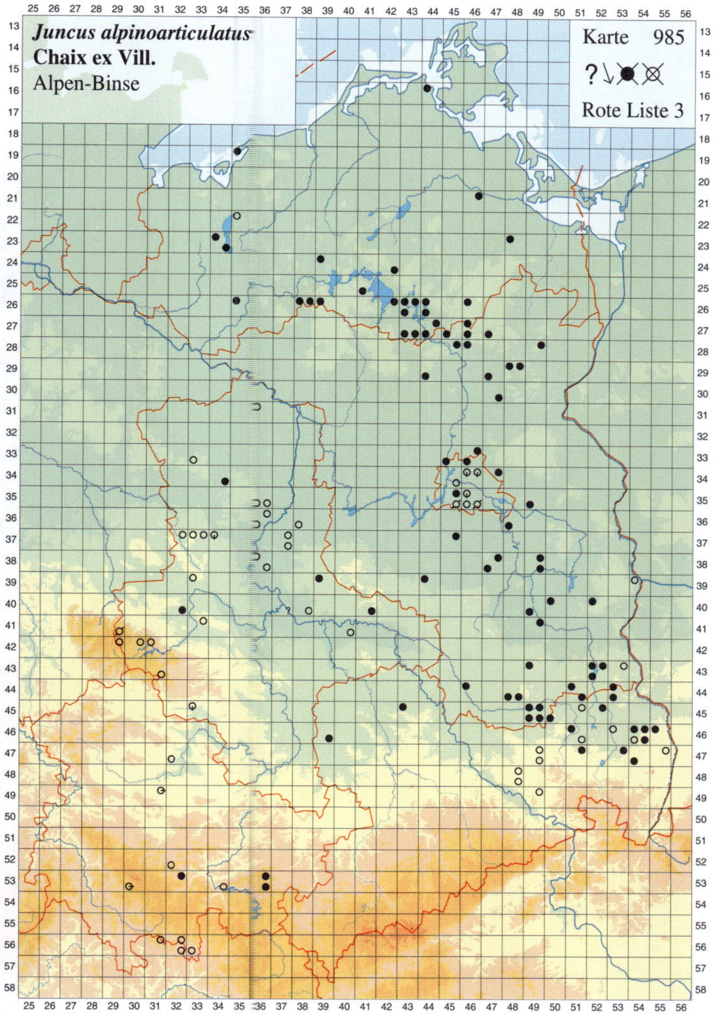
Juncus alpinoarticulatus Chaix ex Vill.
Alpen-Binse
Karte 985
Rote Liste 3

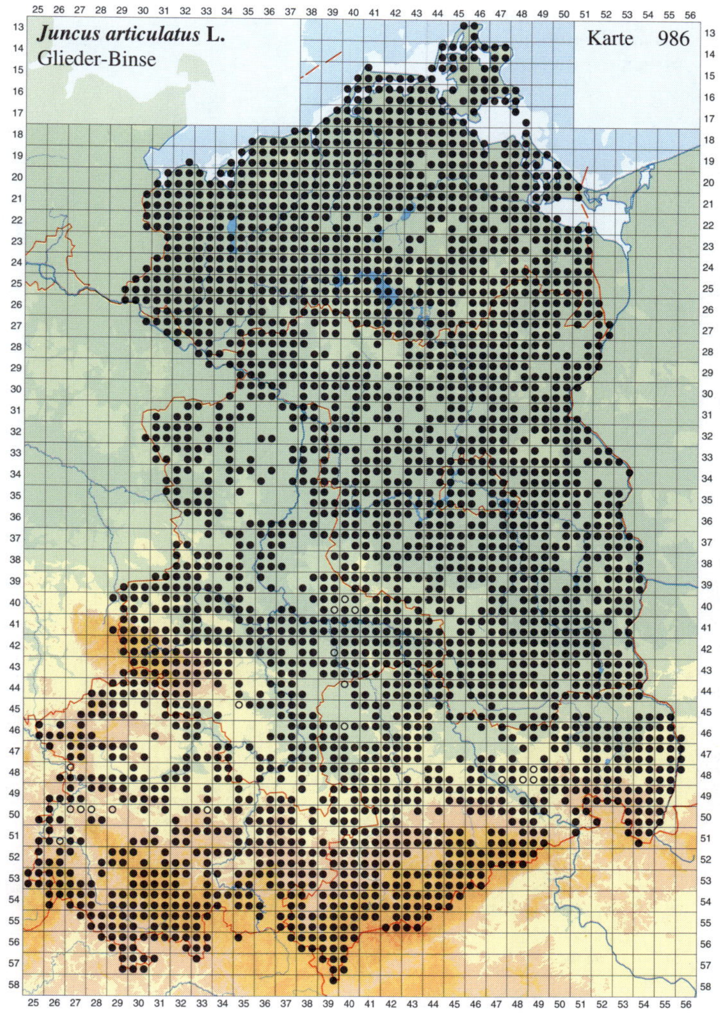
Juncus articulatus L.
Glieder-Binse
Karte 986

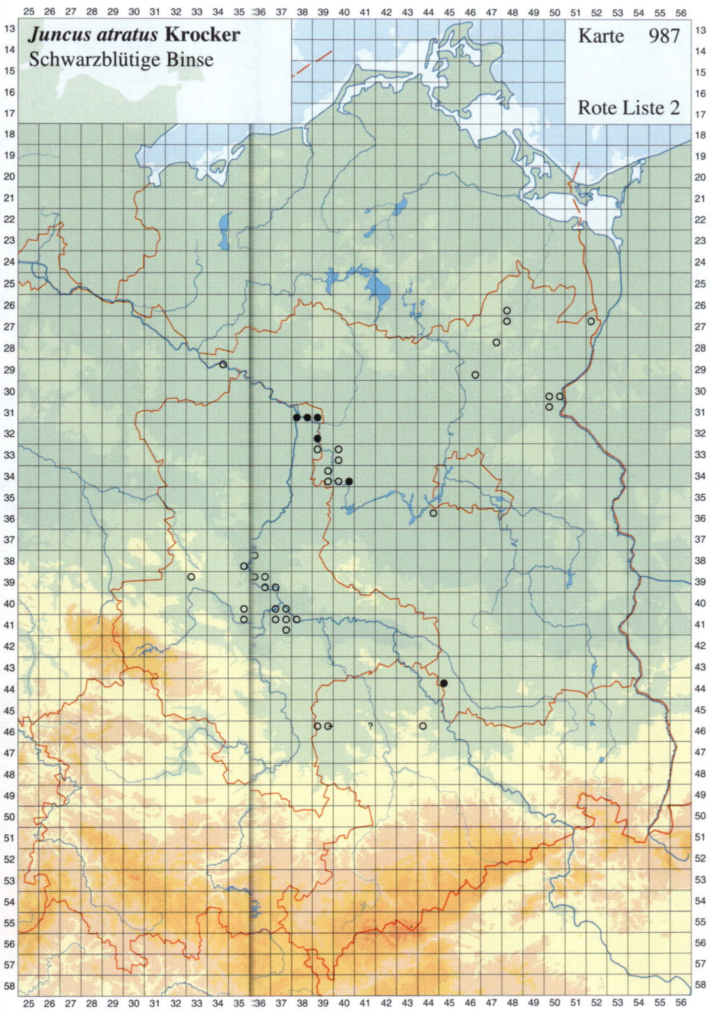
Juncus atratus Krocker
Schwarzblütige Binse
Karte 987
Rote Liste 2

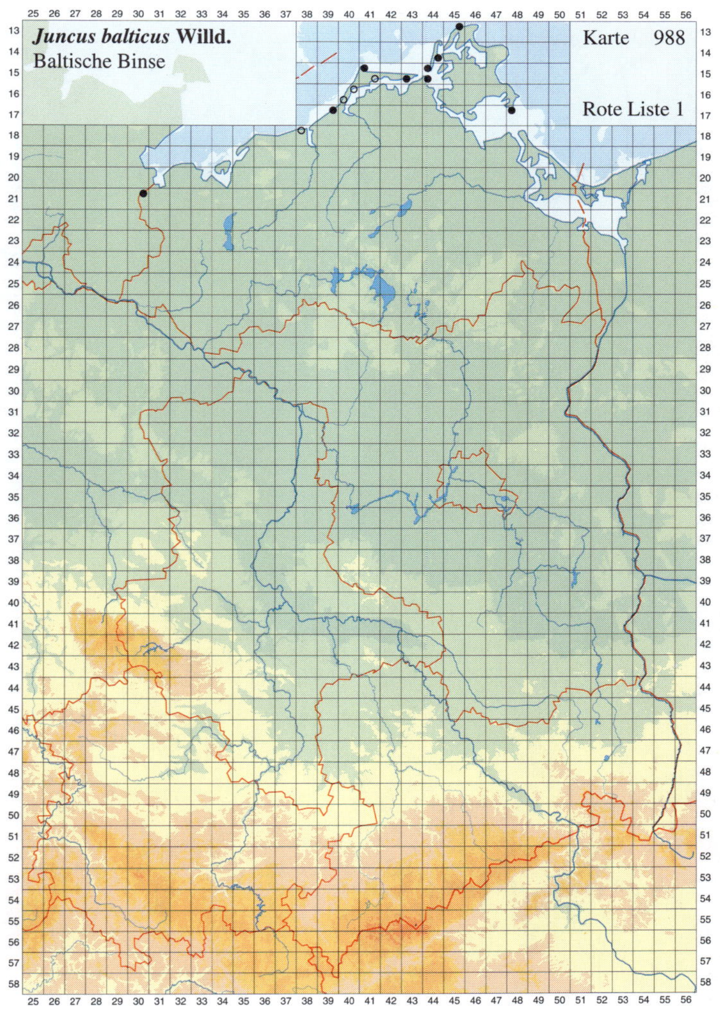
Juncus balticus Willd.
Baltische Binse
Karte 988
Rote Liste 1

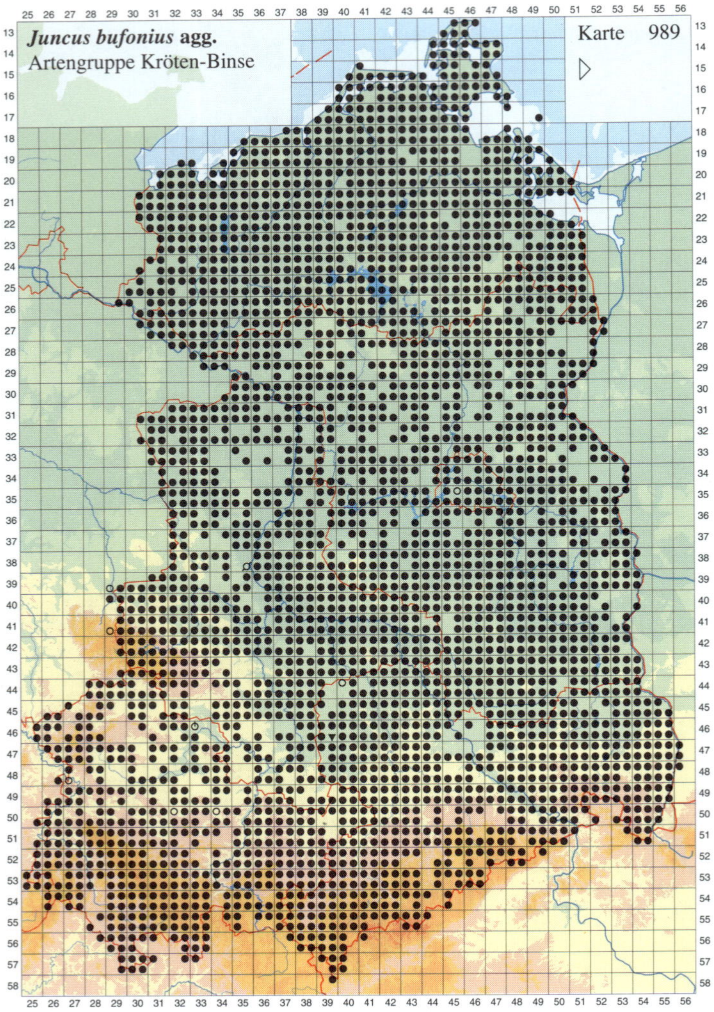
***Juncus bufonius* agg.**
Artengruppe Kröten-Binse
Karte 989

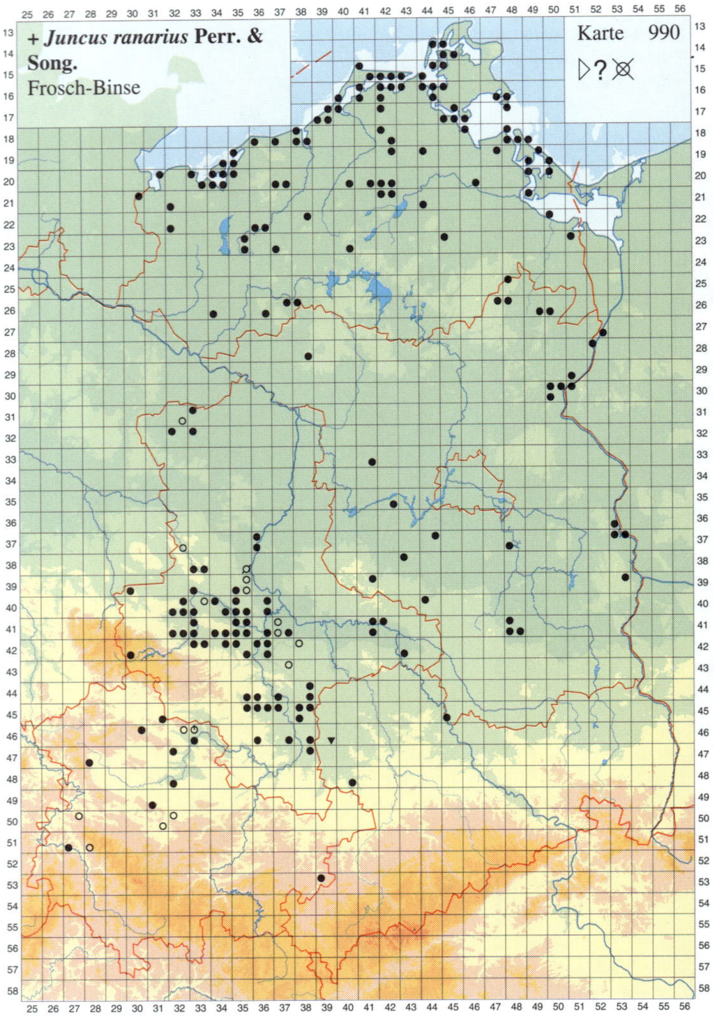
+ *Juncus ranarius* Perr. & Song.
Frosch-Binse
Karte 990

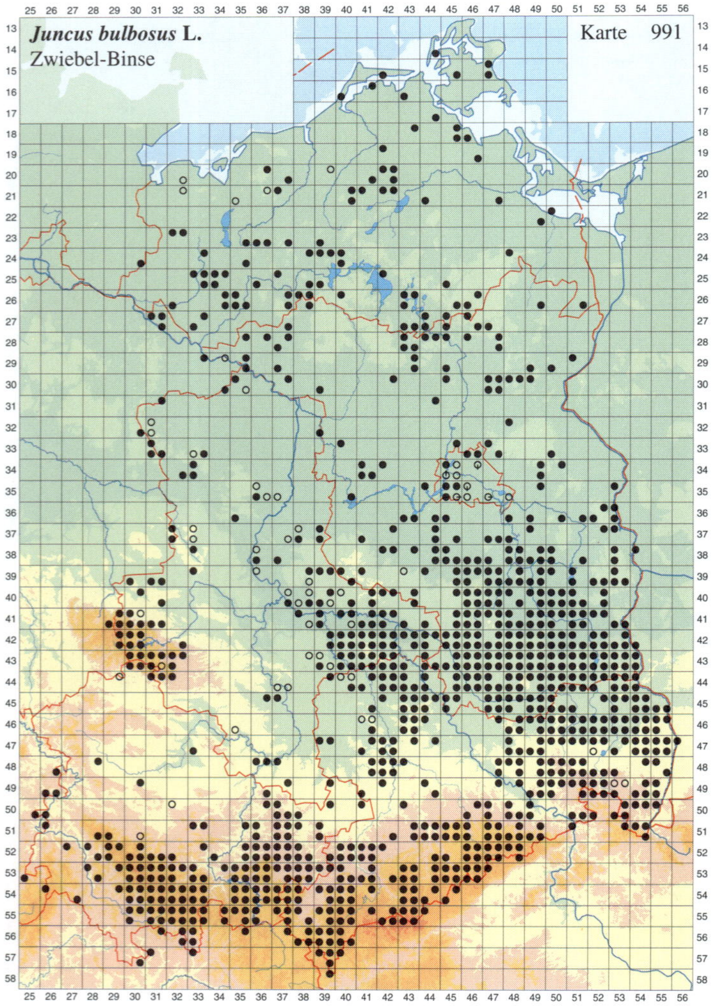
***Juncus bulbosus* L.**
Zwiebel-Binse
Karte 991

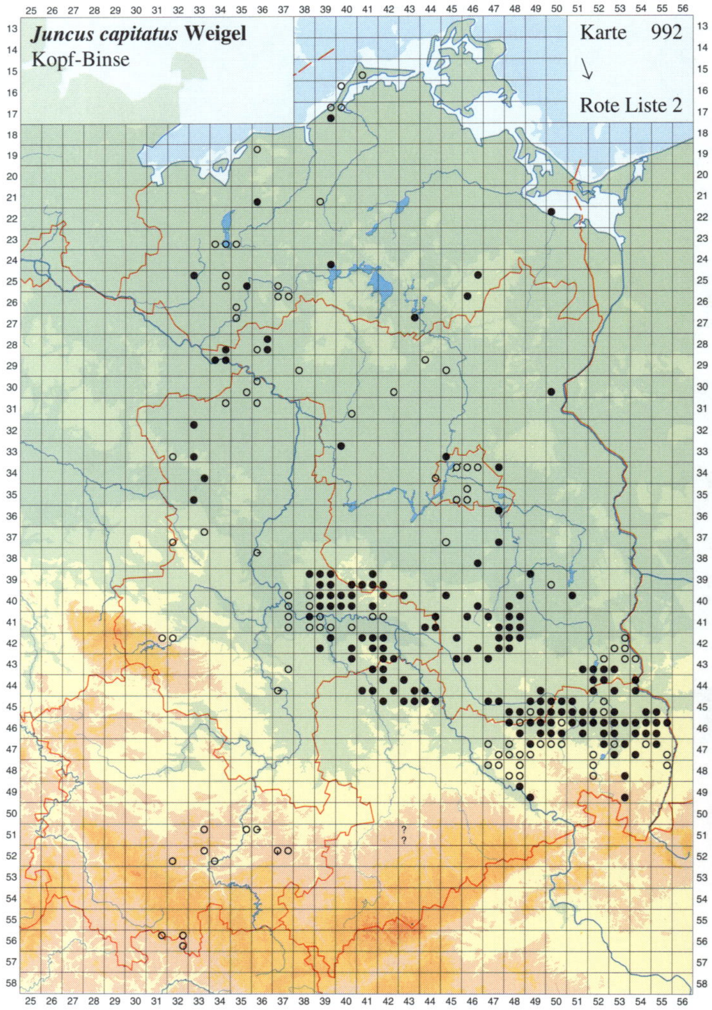
***Juncus capitatus* Weigel**
Kopf-Binse
Karte 992
Rote Liste 2

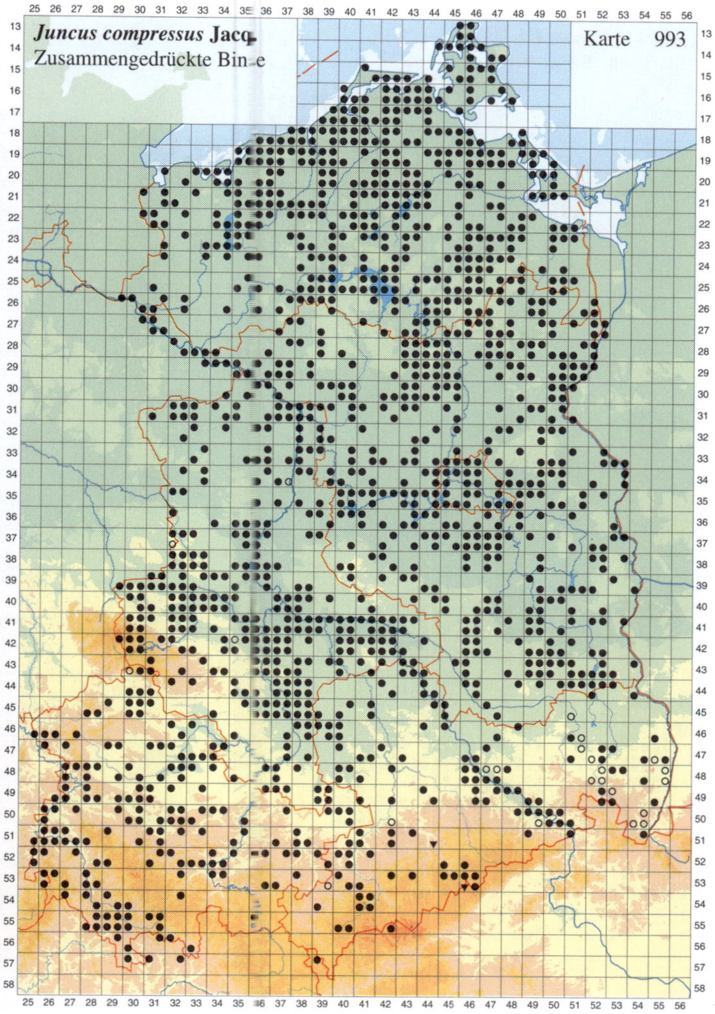
Juncus compressus Jacq
Zusammengedrückte Bin e
Karte 993

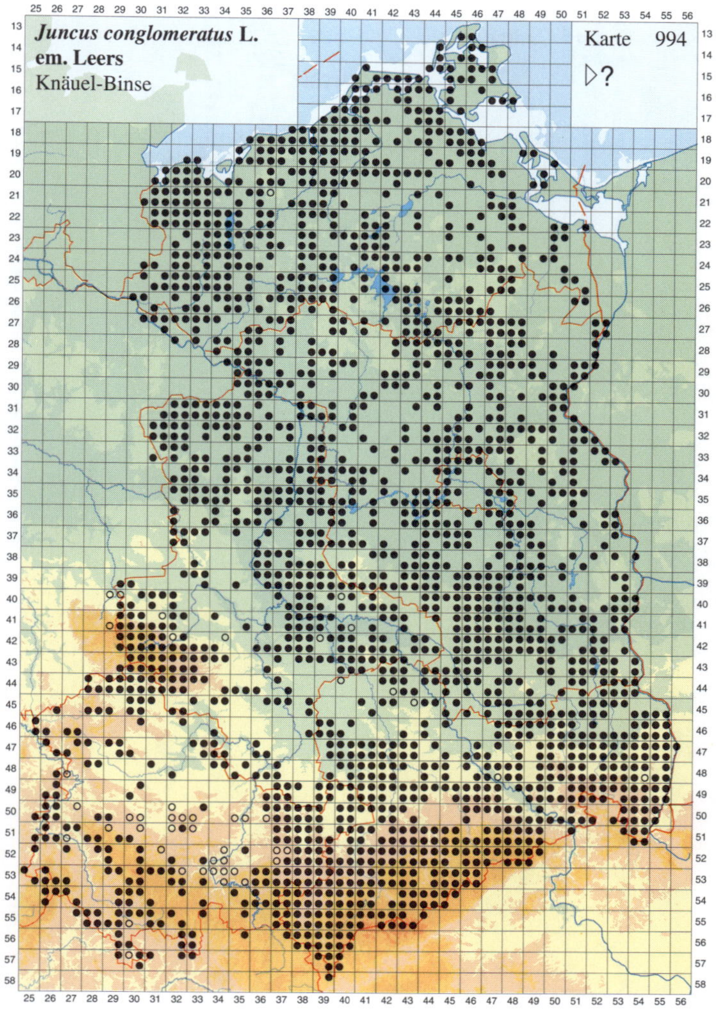
Juncus conglomeratus L.
em. Leers
Knäuel-Binse
Karte 994
▷?

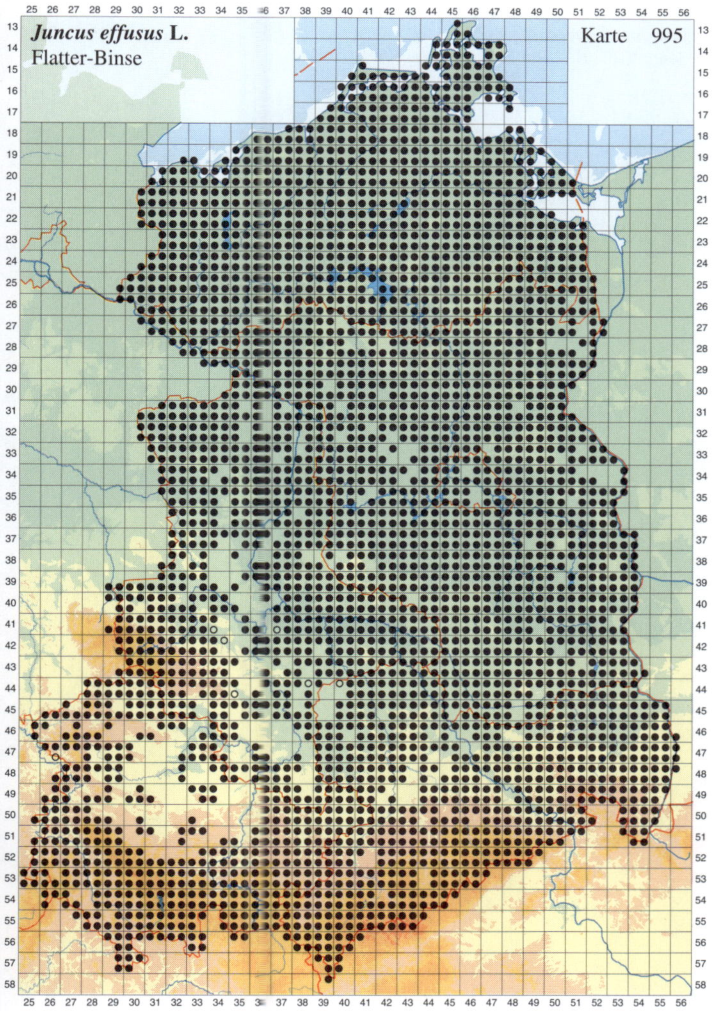
Juncus effusus L.
Flatter-Binse
Karte 995

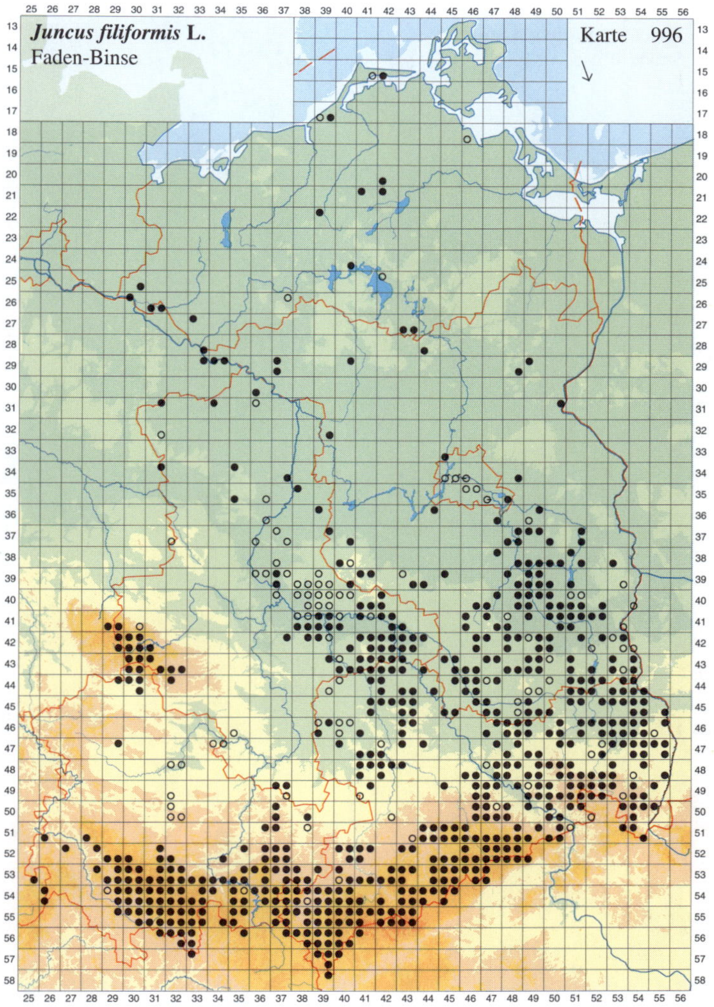
Juncus filiformis L.
Faden-Binse
Karte 996

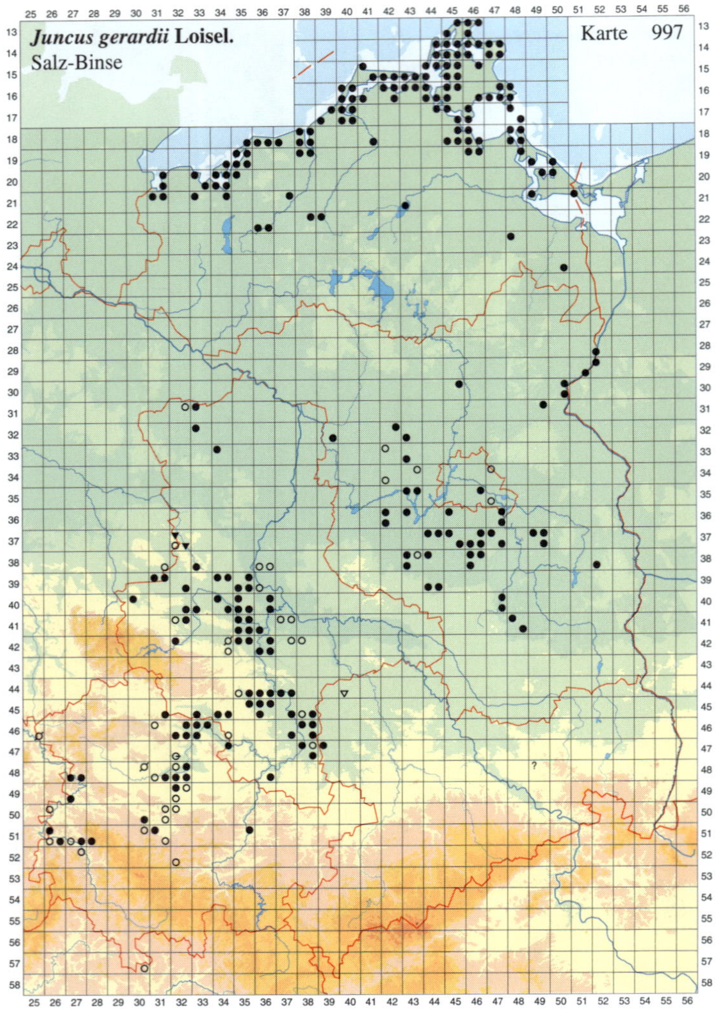
Juncus gerardii Loisel.
Salz-Binse
Karte 997

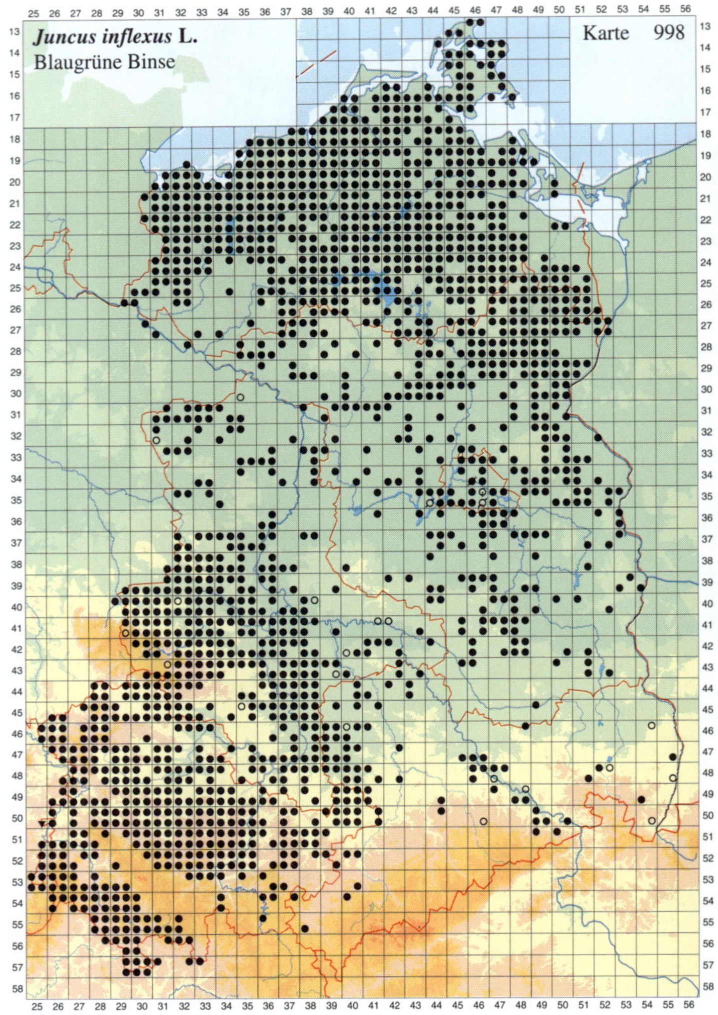
Juncus inflexus L.
Blaugrüne Binse
Karte 998

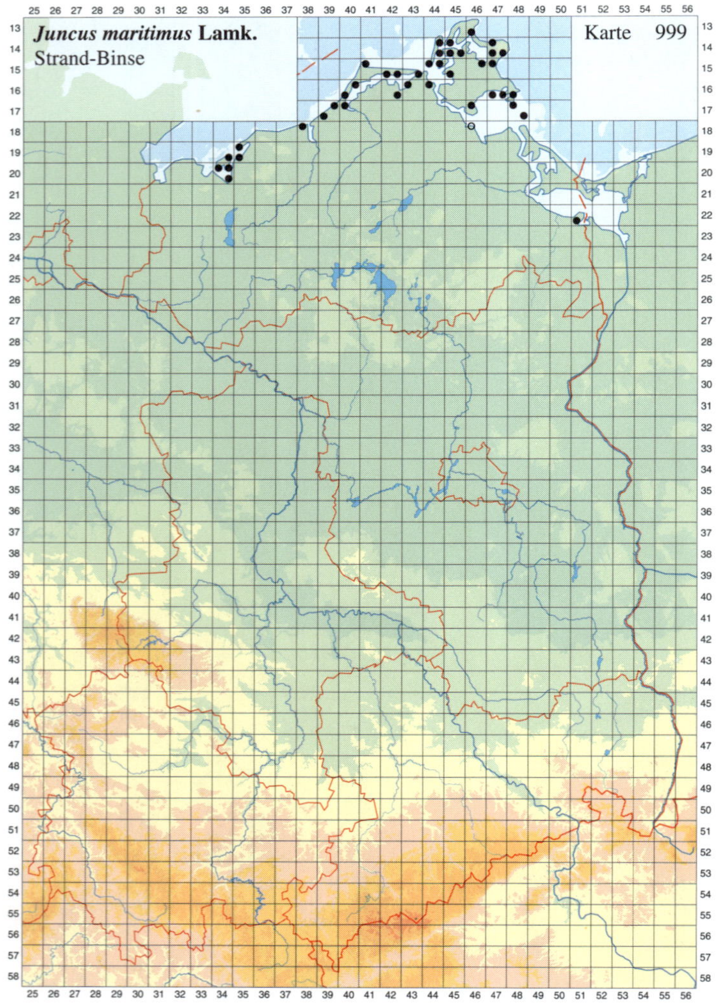
Juncus maritimus Lamk.
Strand-Binse
Karte 999

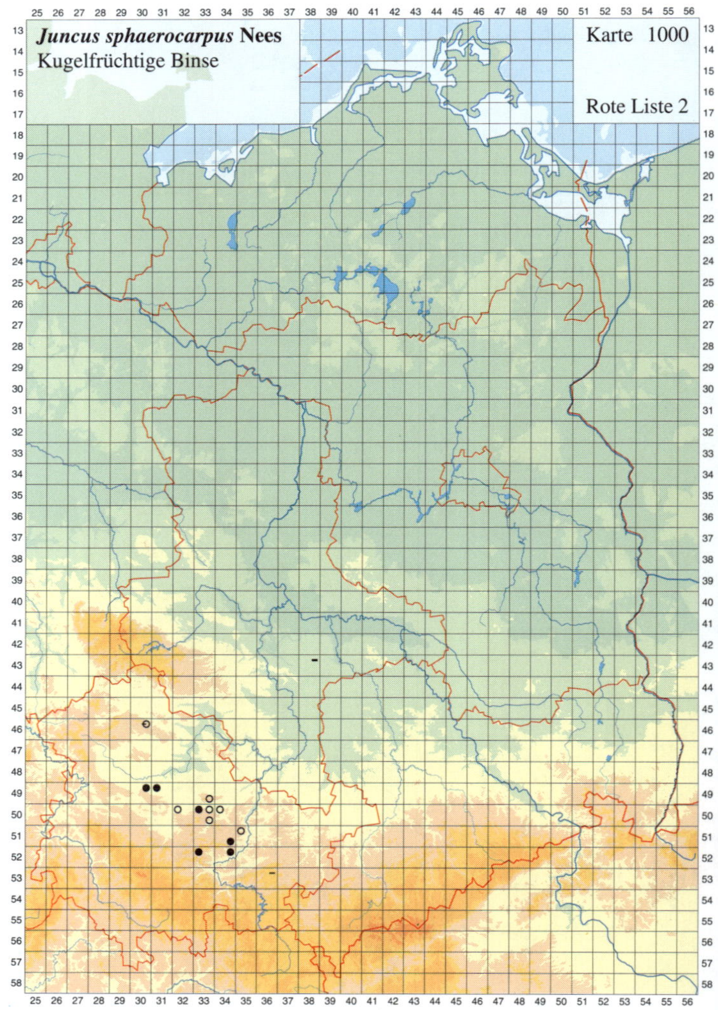
Juncus sphaerocarpus Nees
Kugelfrüchtige Binse
Karte 1000
Rote Liste 2

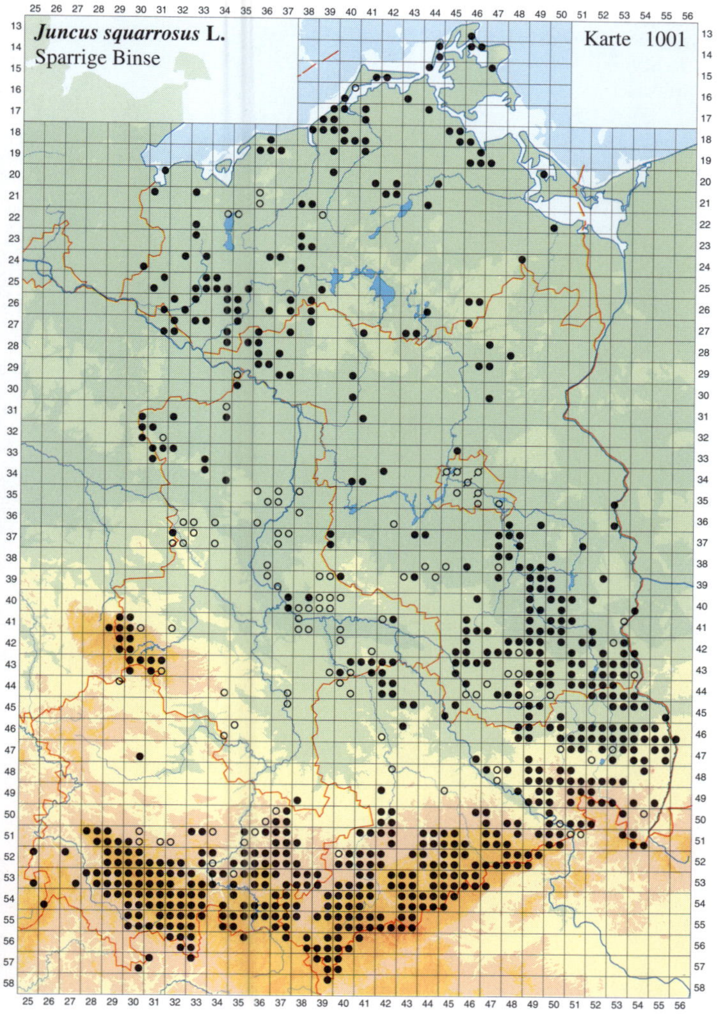
Juncus squarrosus L.
Sparrige Binse
Karte 1001

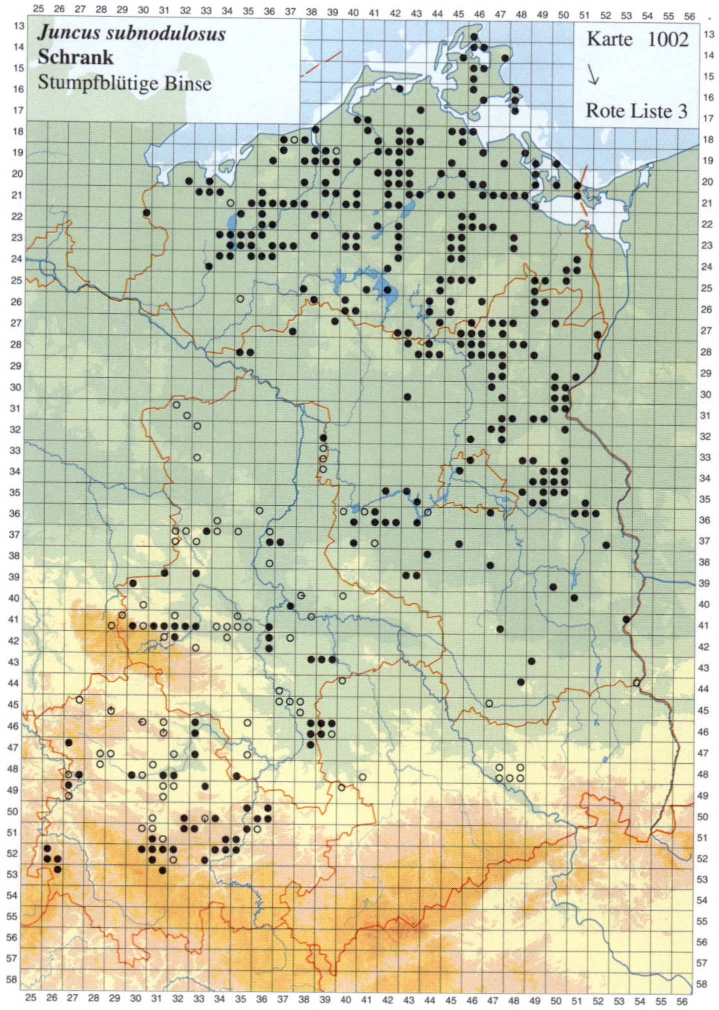
Juncus subnodulosus Schrank
Stumpfblütige Binse
Karte 1002
↘
Rote Liste 3

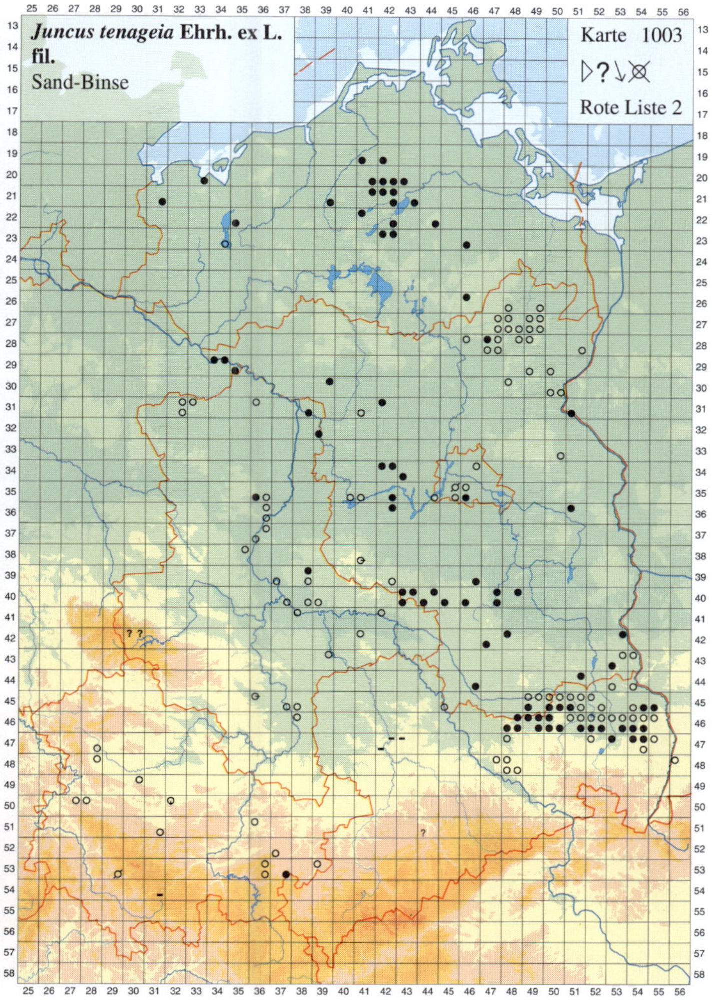
Juncus tenageia Ehrh. ex L. fil.
Sand-Binse
Karte 1003
▷?↘⊠
Rote Liste 2

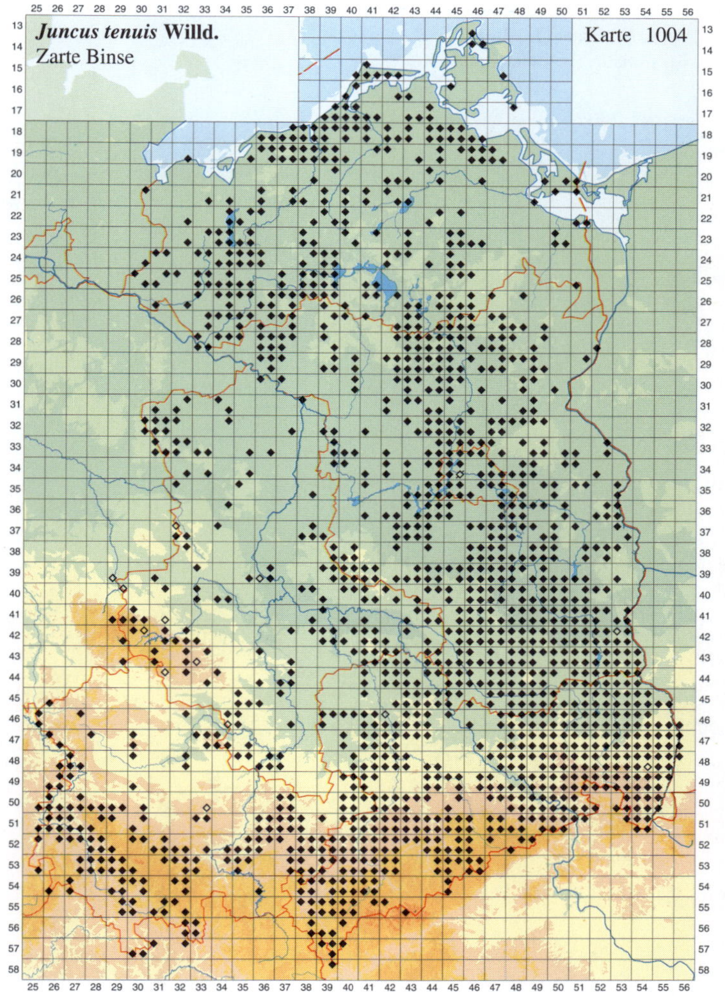
Juncus tenuis Willd.
Zarte Binse
Karte 1004

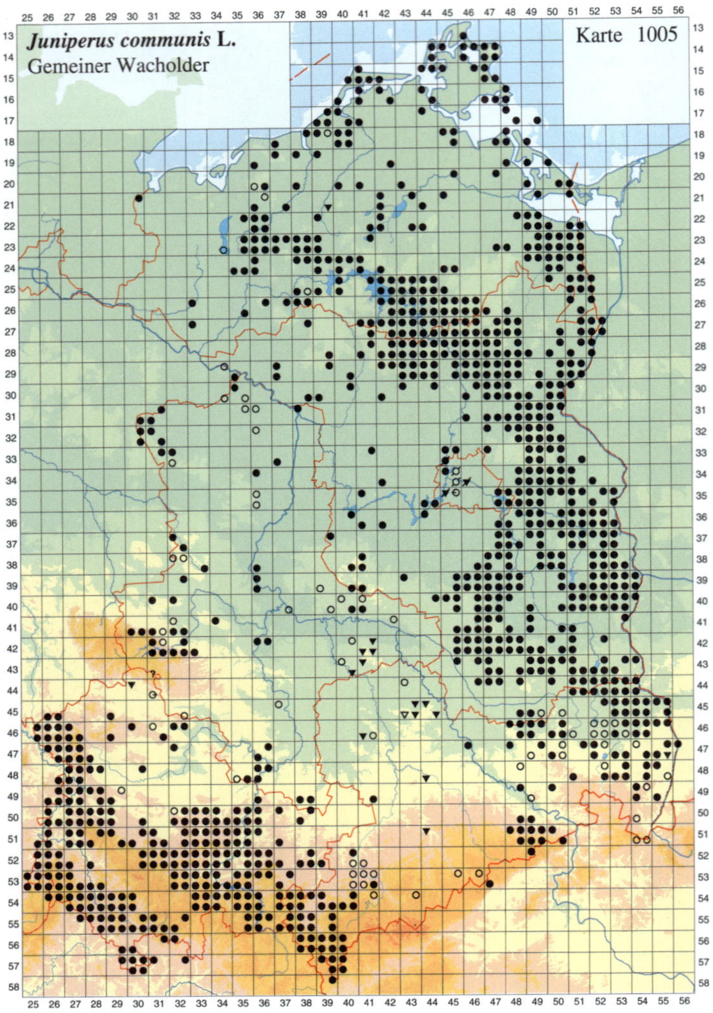
Juniperus communis L.
Gemeiner Wacholder
Karte 1005

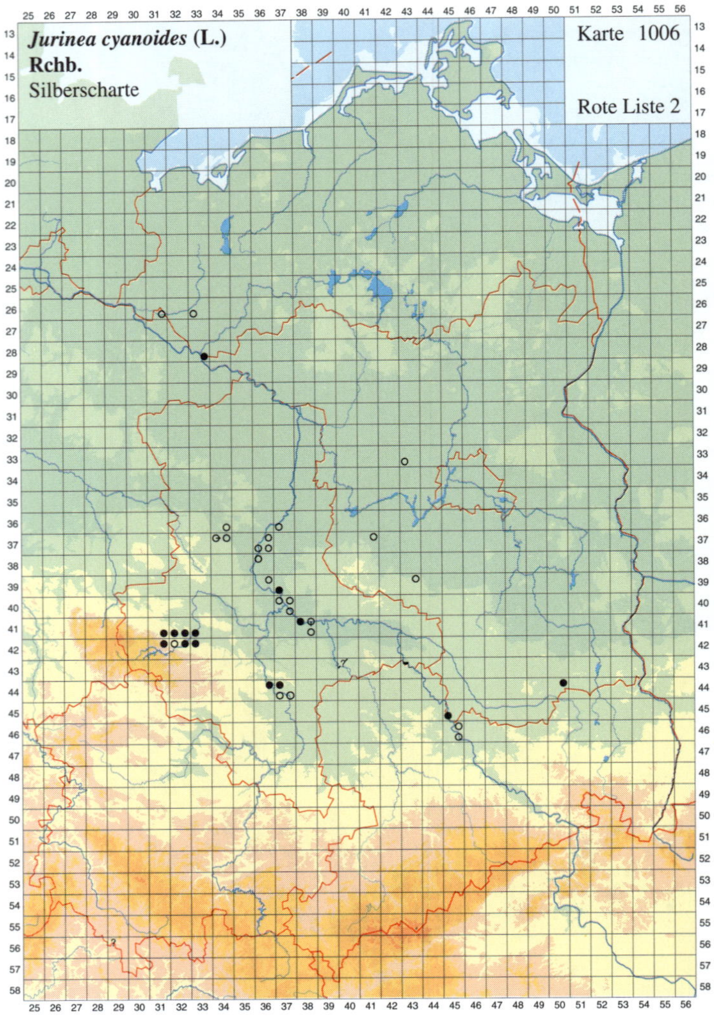
Jurinea cyanoides (L.) Rchb.
Silberscharte
Karte 1006
Rote Liste 2

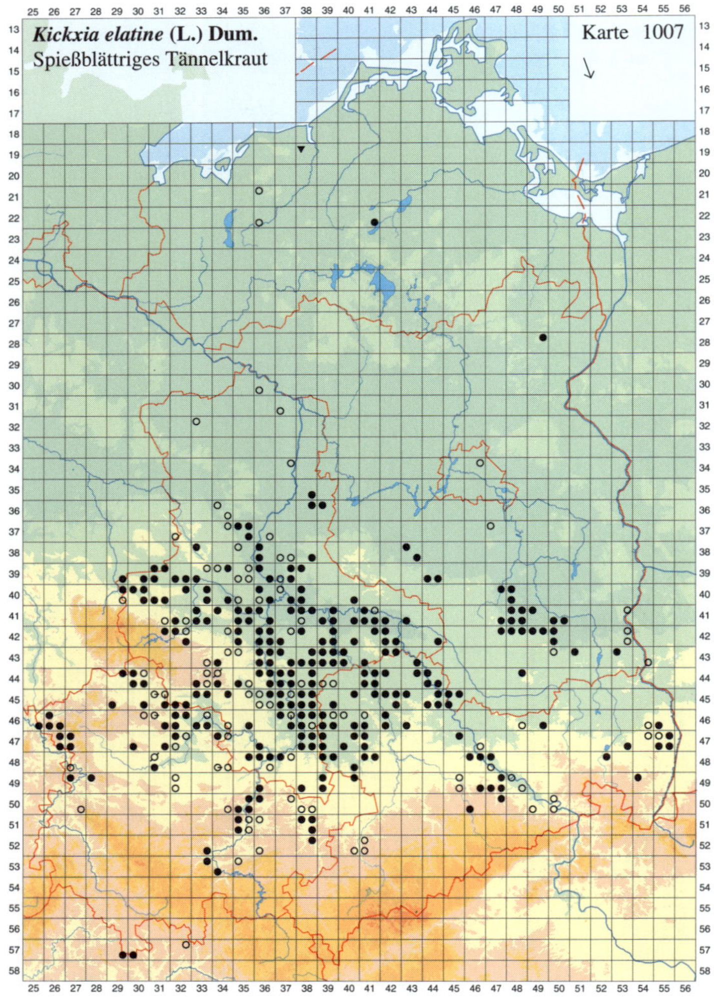
Kickxia elatine (L.) Dum.
Spießblättriges Tännelkraut
Karte 1007

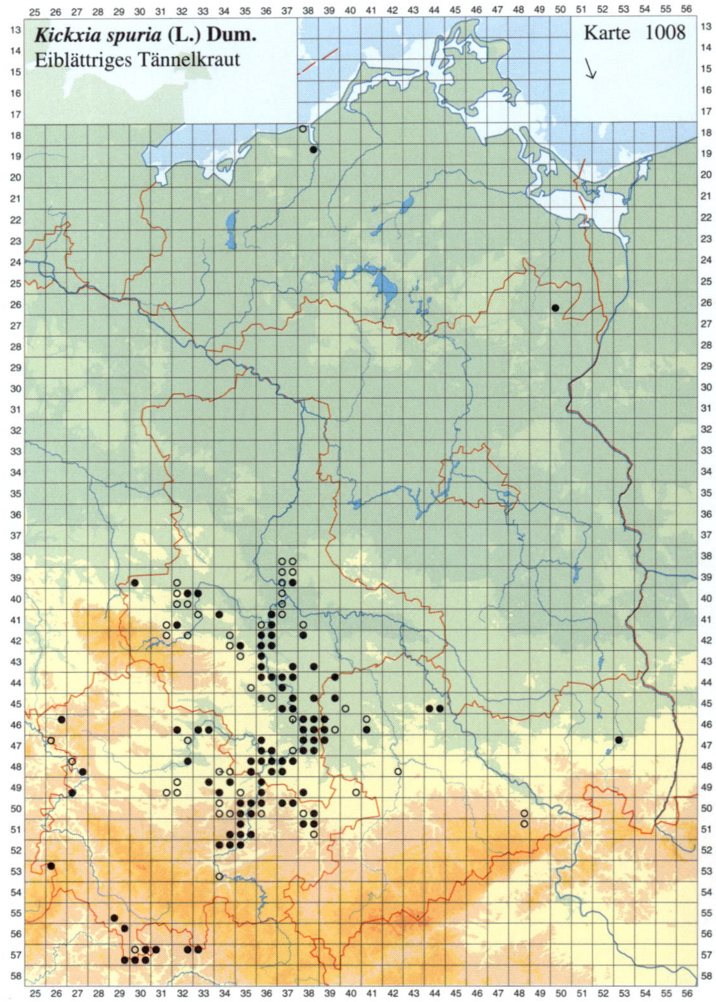
Kickxia spuria (L.) Dum.
Eiblättriges Tännelkraut
Karte 1008

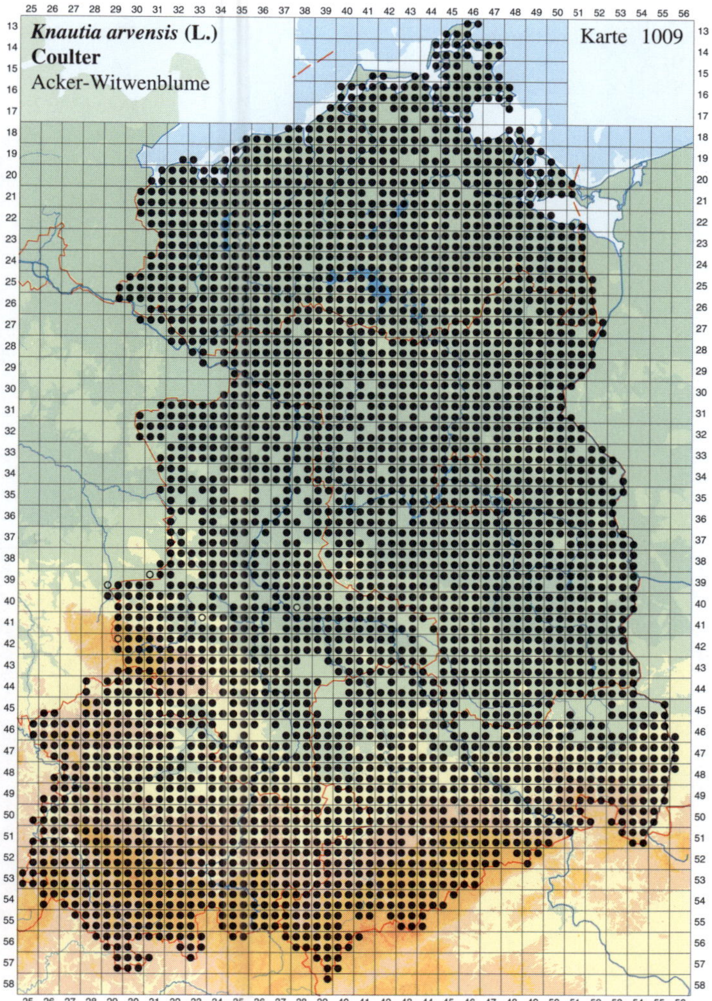
Knautia arvensis (L.) **Coulter**
Acker-Witwenblume
Karte 1009

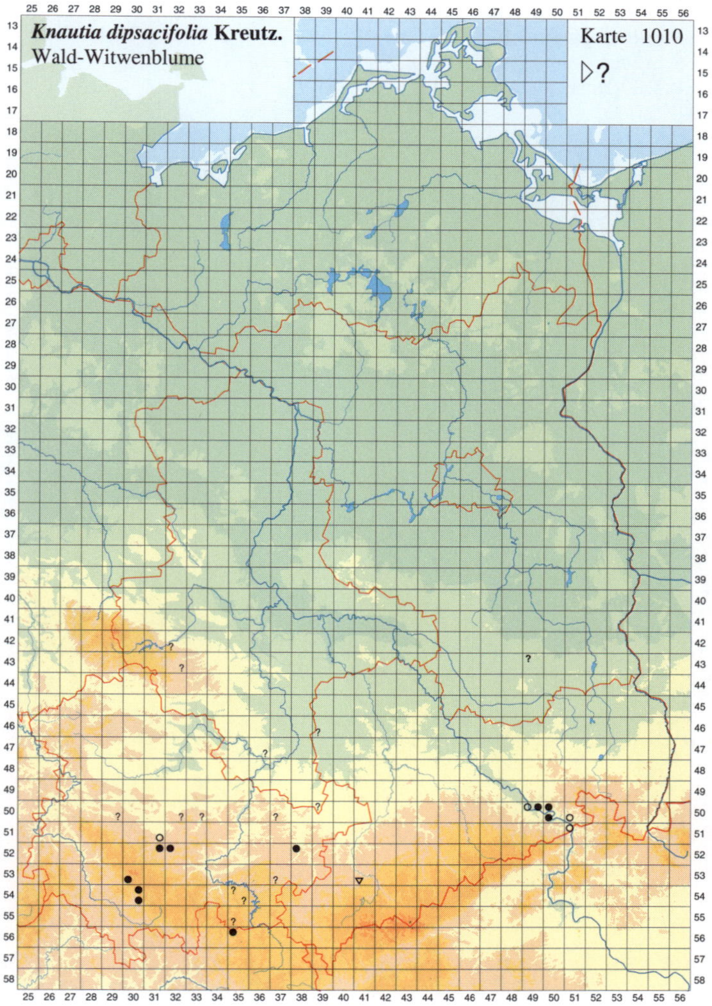
Knautia dipsacifolia **Kreutz.**
Wald-Witwenblume
Karte 1010
▷?

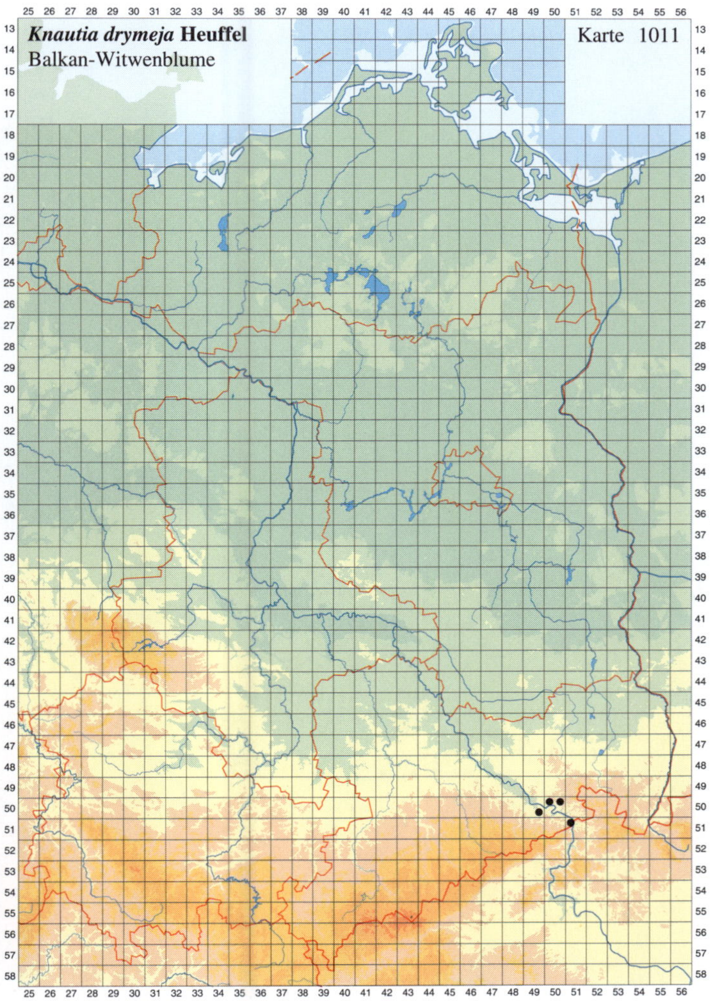
Knautia drymeja **Heuffel**
Balkan-Witwenblume
Karte 1011

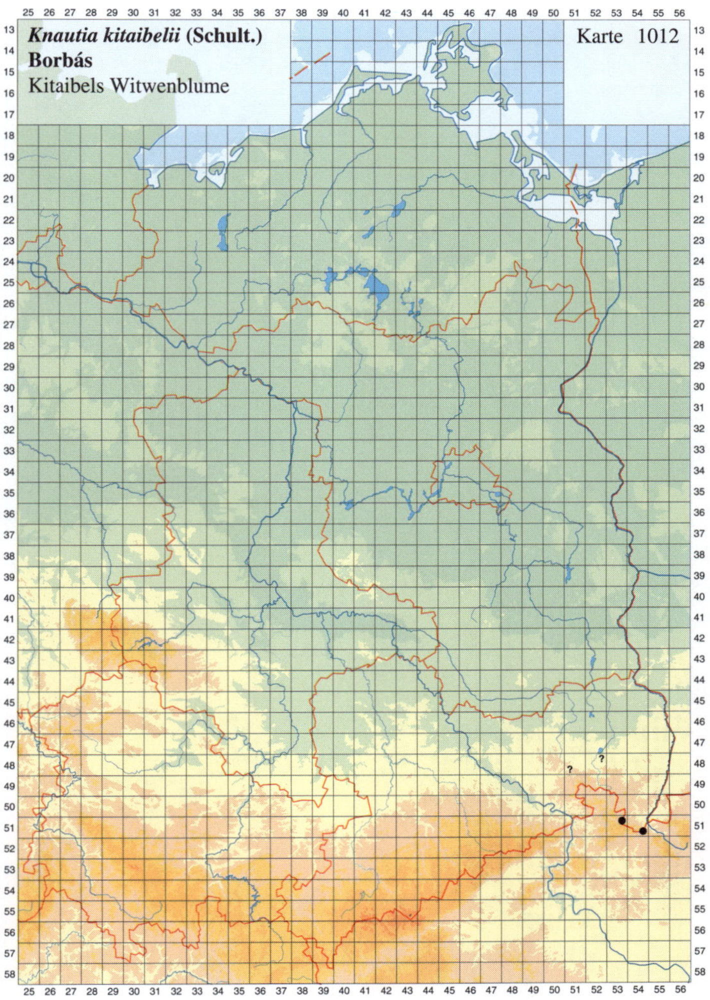
Knautia kitaibelii **(Schult.) Borbás**
Kitaibels Witwenblume
Karte 1012

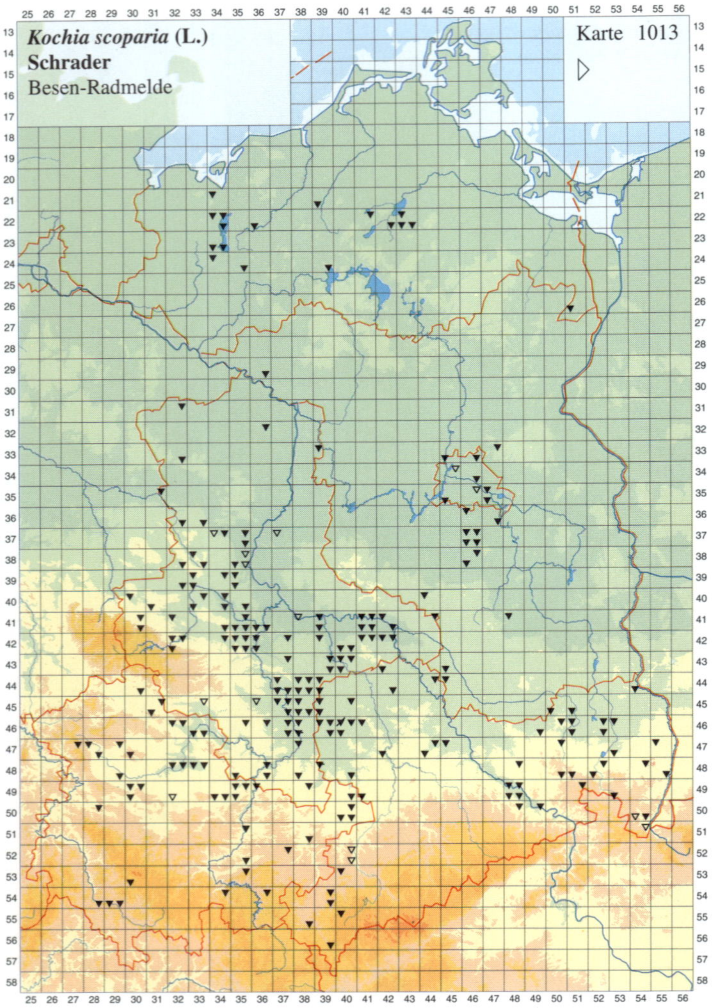
Kochia scoparia (L.)
Schrader
Besen-Radmelde
Karte 1013

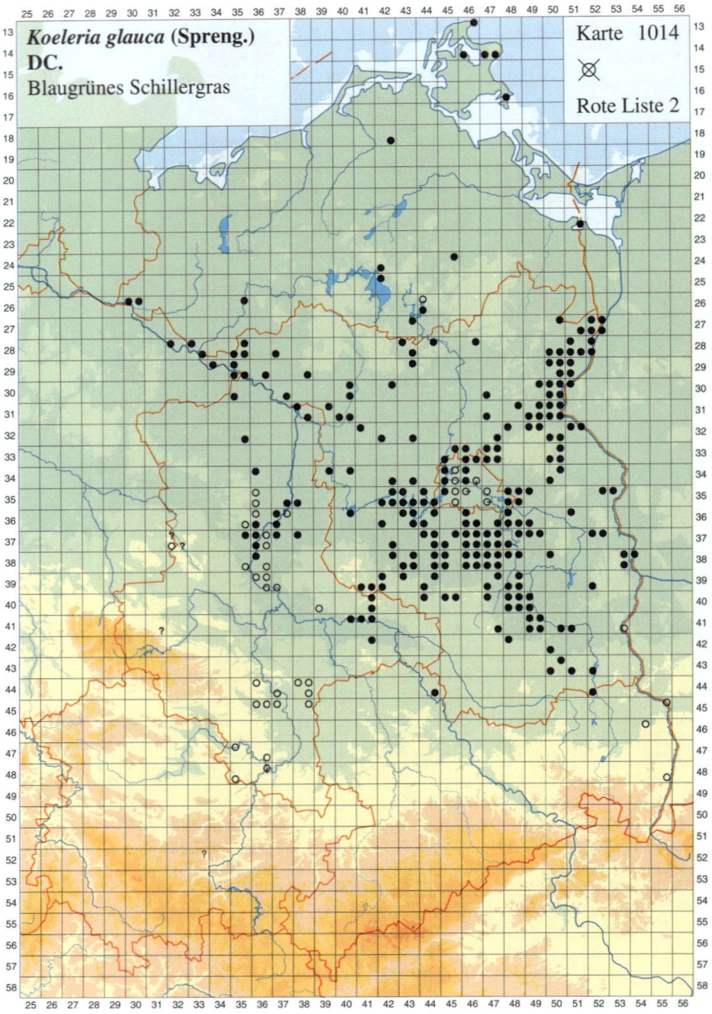
Koeleria glauca (Spreng.)
DC.
Blaugrünes Schillergras
Karte 1014
Rote Liste 2

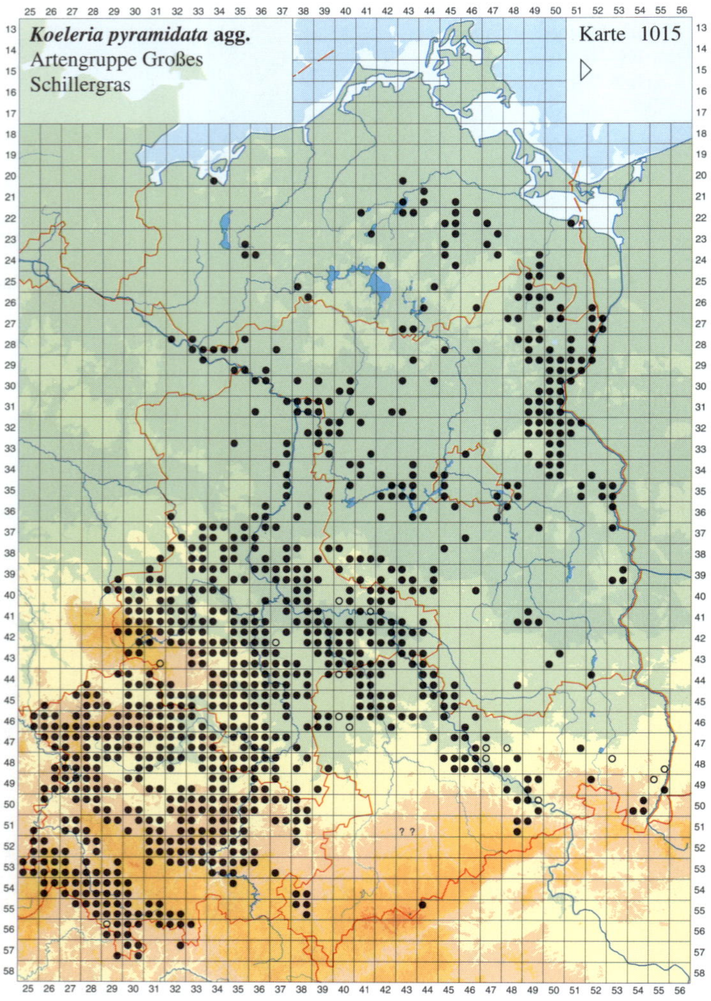
Koeleria pyramidata agg.
Artengruppe Großes
Schillergras
Karte 1015

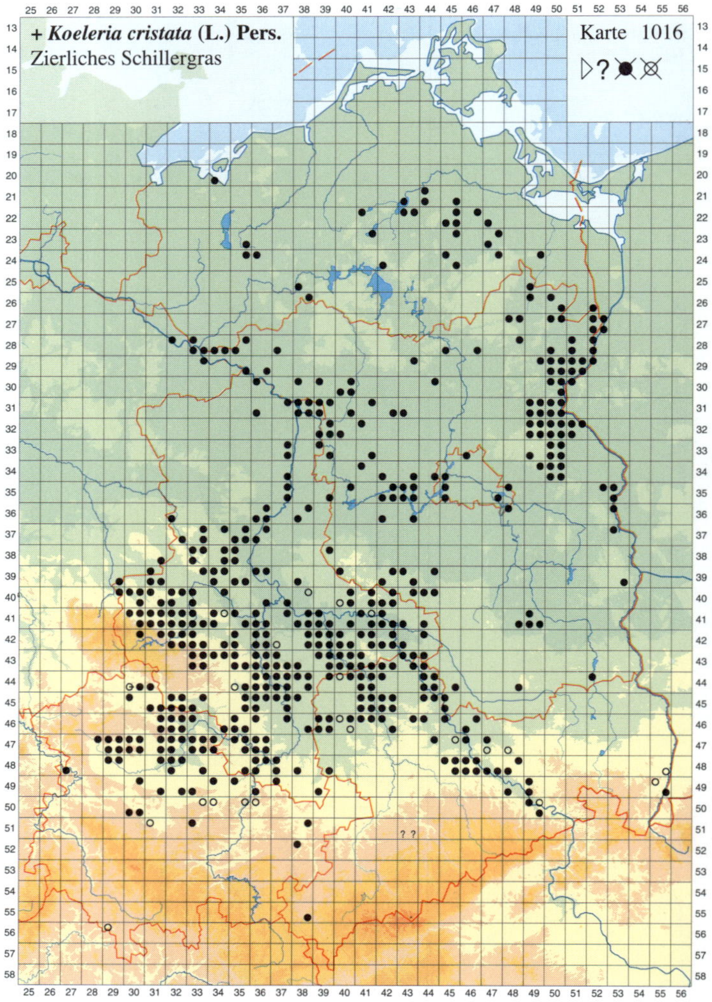
+ *Koeleria cristata* (L.) Pers.
Zierliches Schillergras
Karte 1016

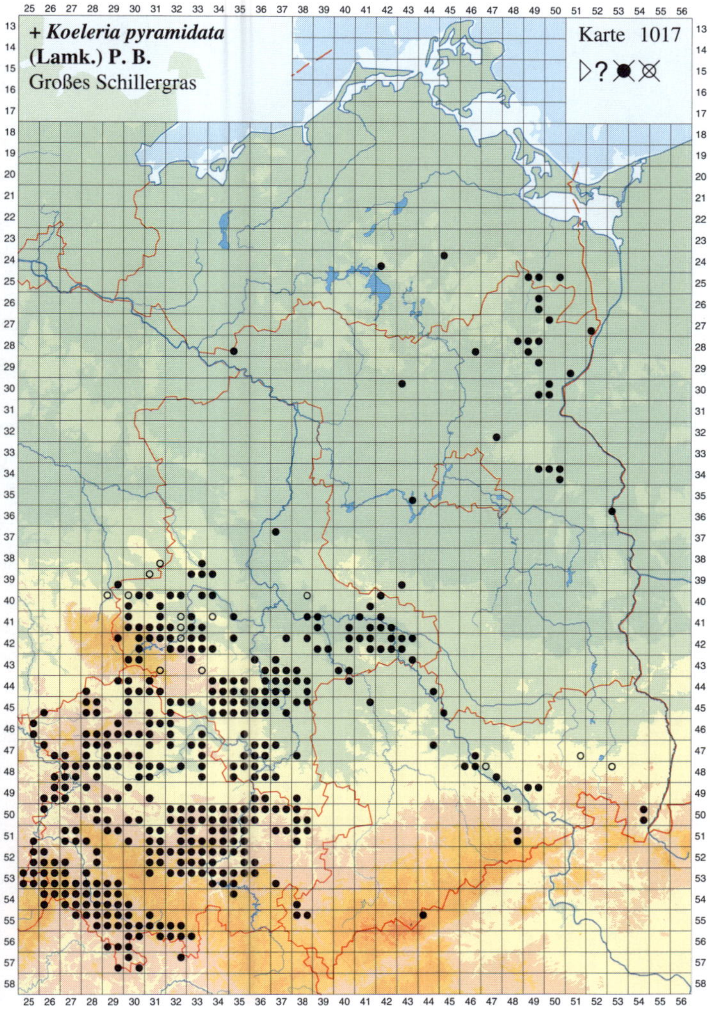
+ Koeleria pyramidata
(Lamk.) P. B.
Großes Schillergras
Karte 1017

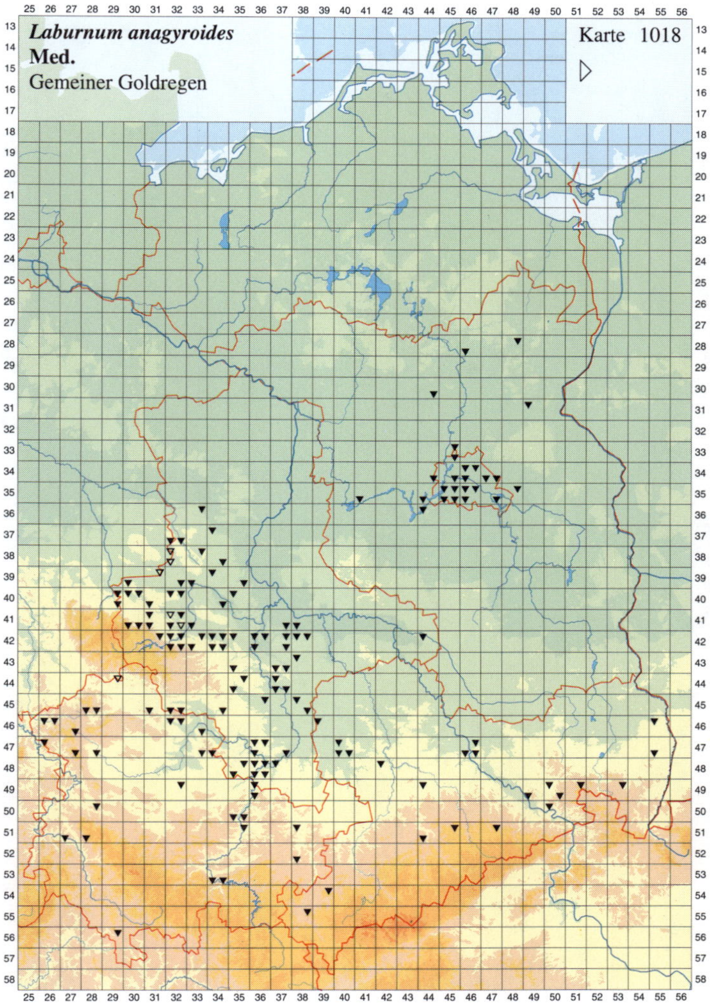
Laburnum anagyroides
Med.
Gemeiner Goldregen
Karte 1018

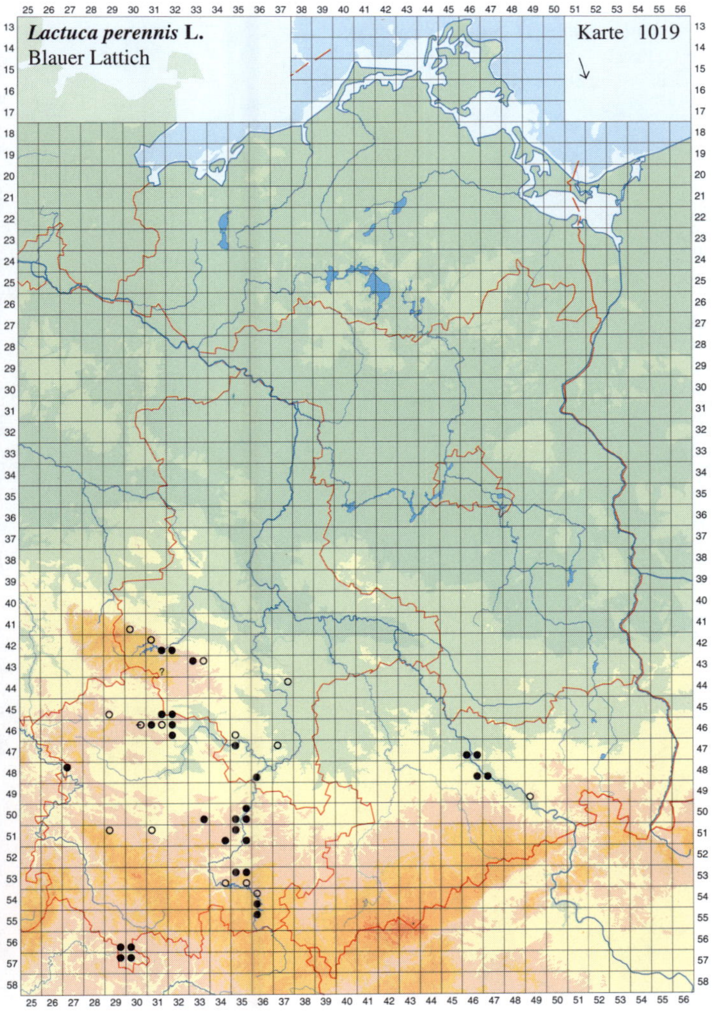
Lactuca perennis L.
Blauer Lattich
Karte 1019

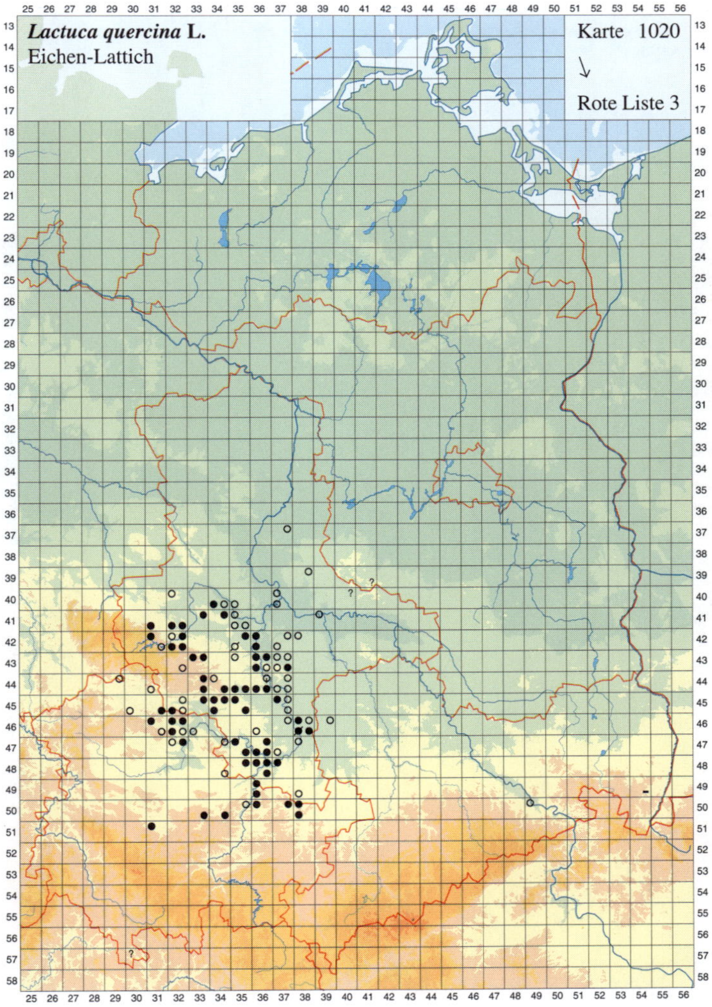
Lactuca quercina L.
Eichen-Lattich
Karte 1020
Rote Liste 3

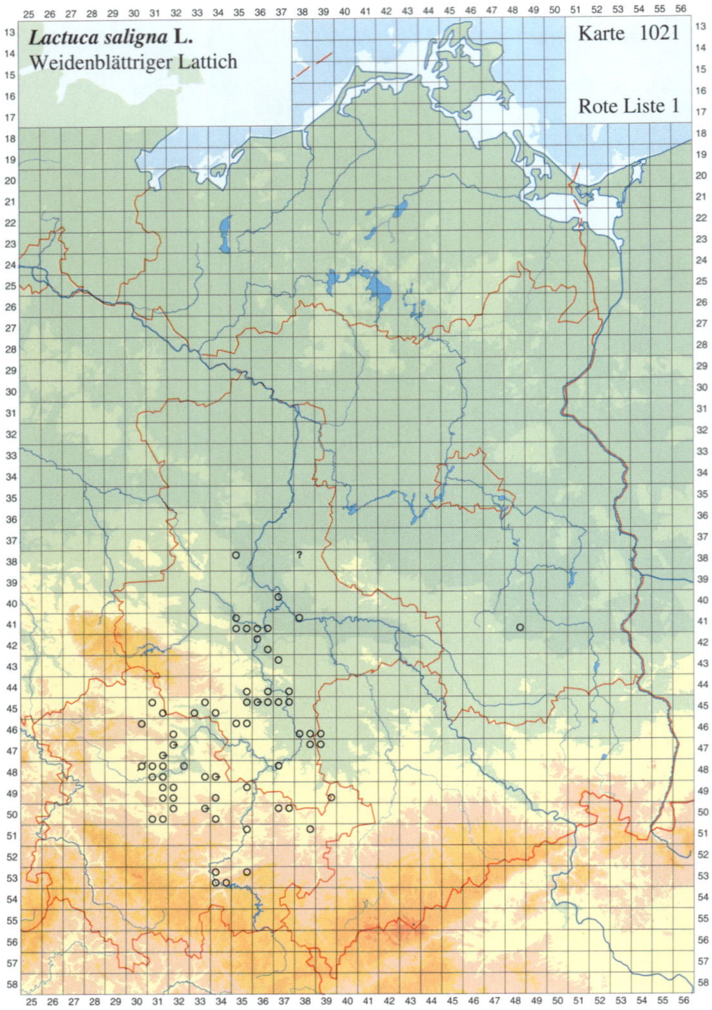
Lactuca saligna L.
Weidenblättriger Lattich
Karte 1021
Rote Liste 1

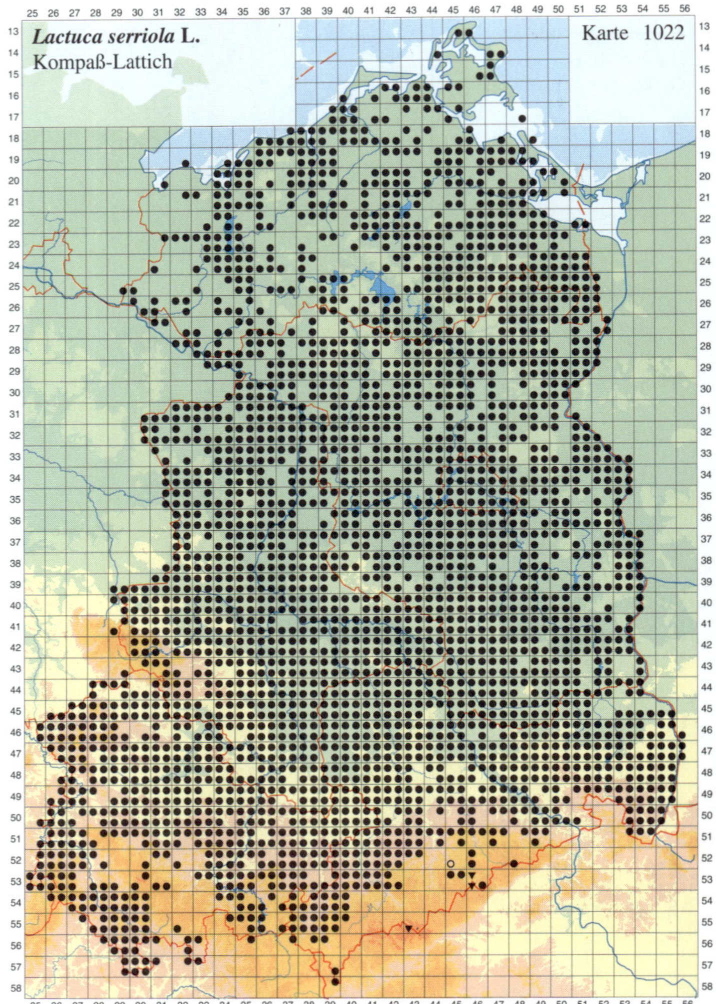
Lactuca serriola L.
Kompaß-Lattich
Karte 1022

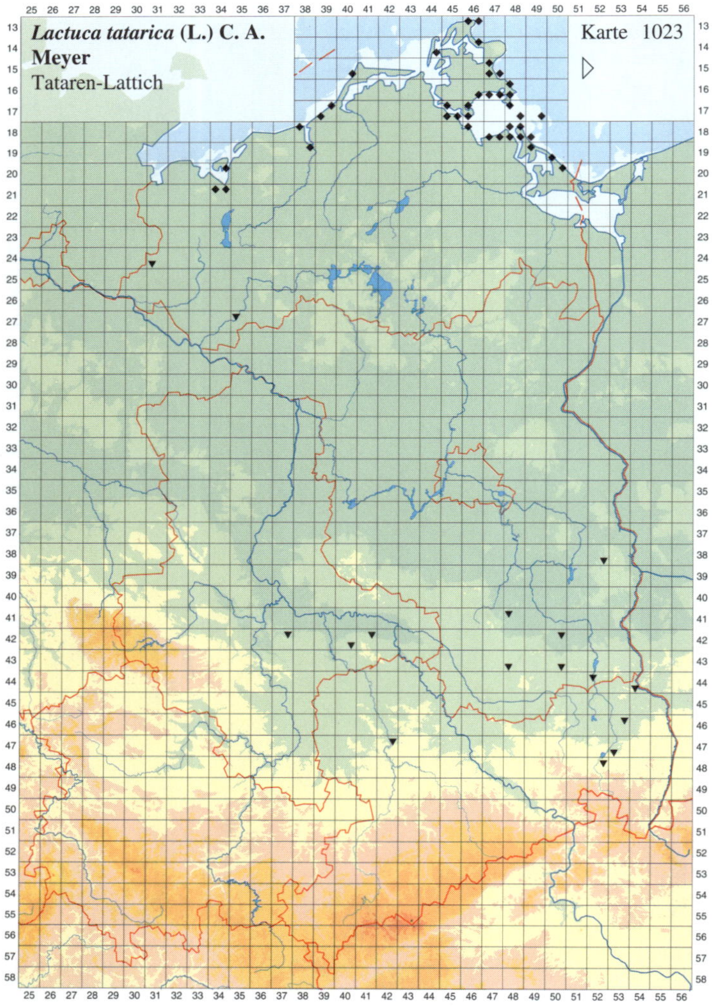
Lactuca tatarica (L.) C. A. Meyer
Tataren-Lattich
Karte 1023

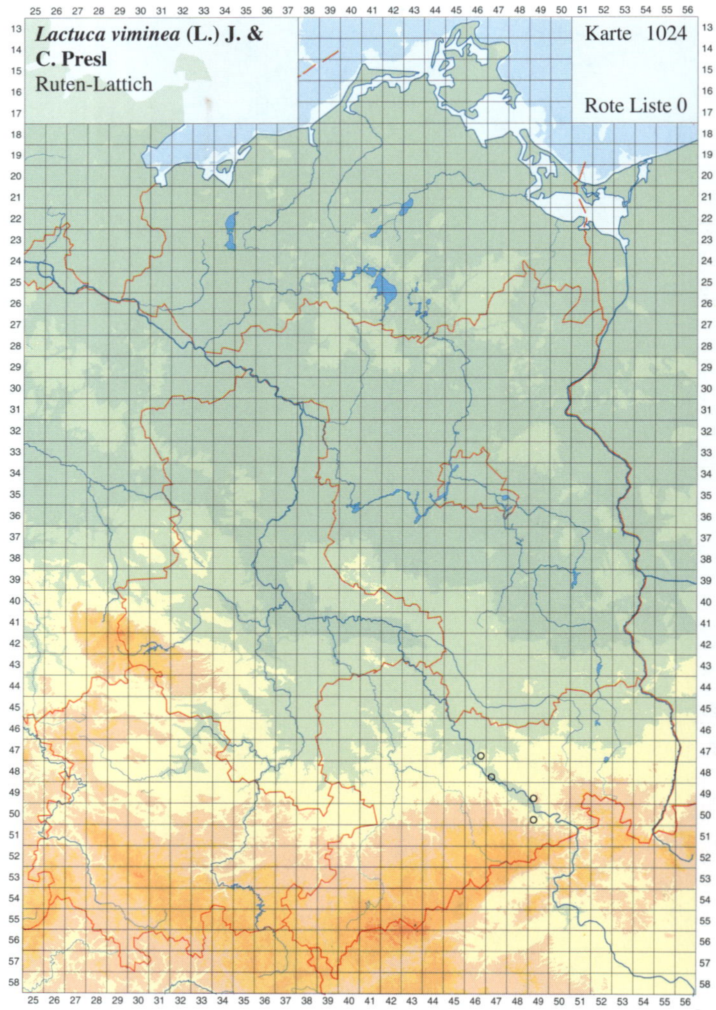
Lactuca viminea (L.) J. & C. Presl
Ruten-Lattich
Karte 1024
Rote Liste 0

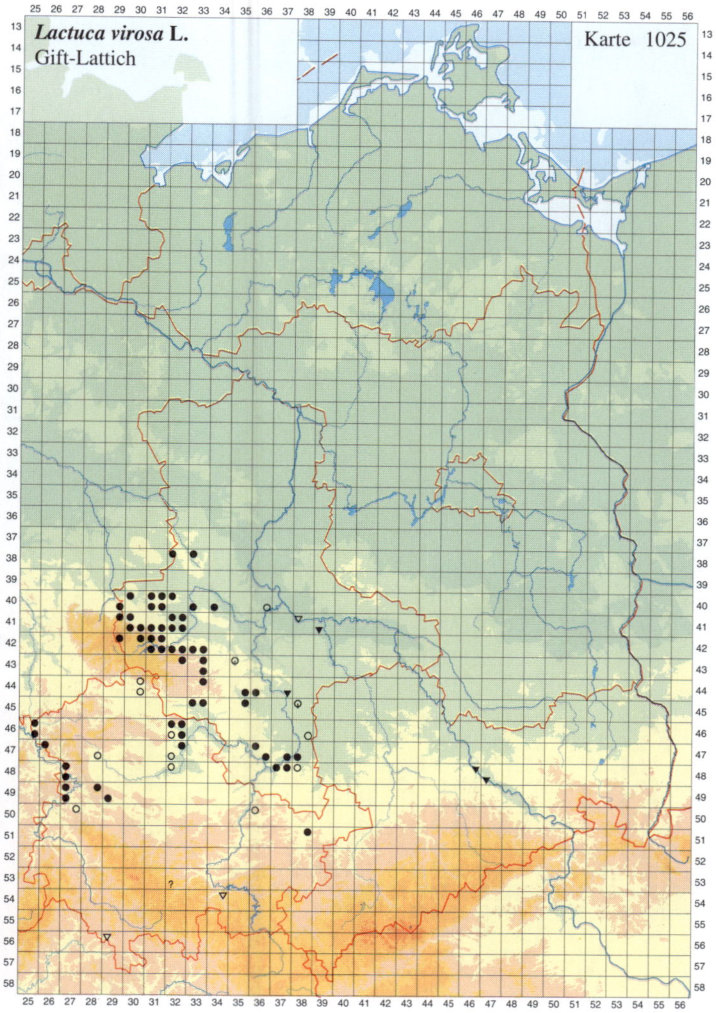
Lactuca virosa L.
Gift-Lattich
Karte 1025

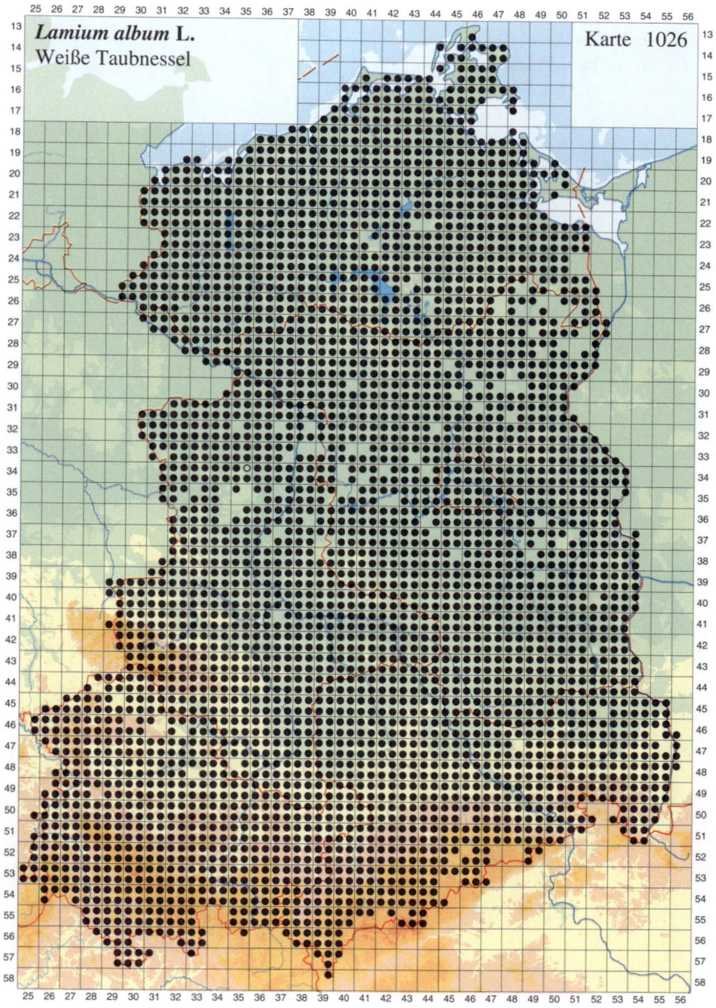
Lamium album L.
Weiße Taubnessel
Karte 1026

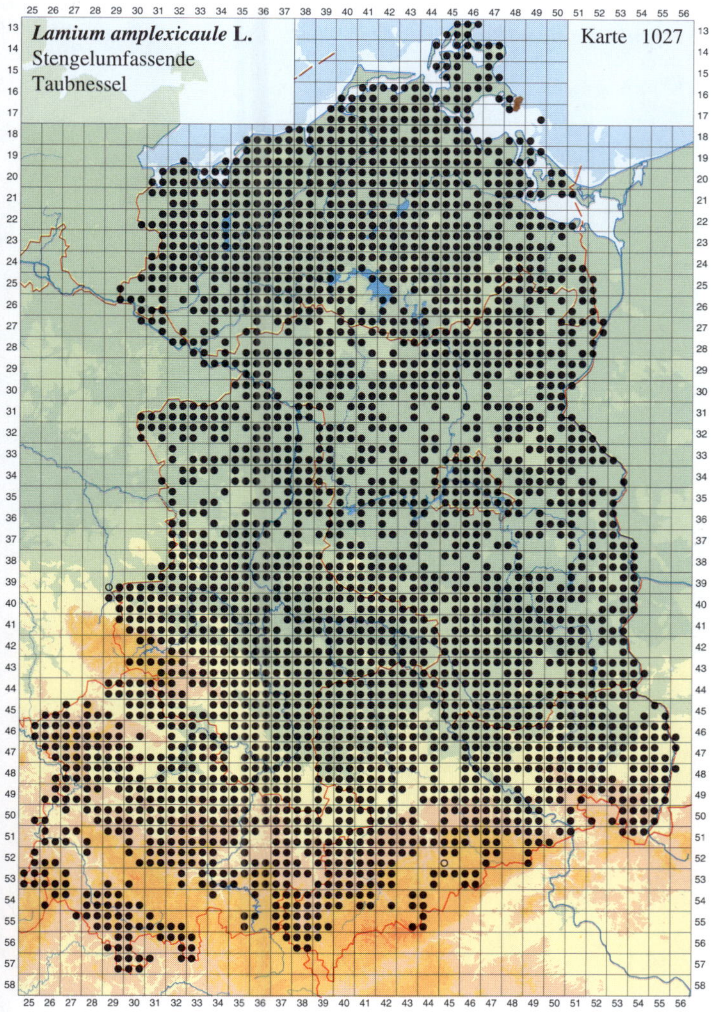
Lamium amplexicaule L.
Stengelumfassende
Taubnessel
Karte 1027

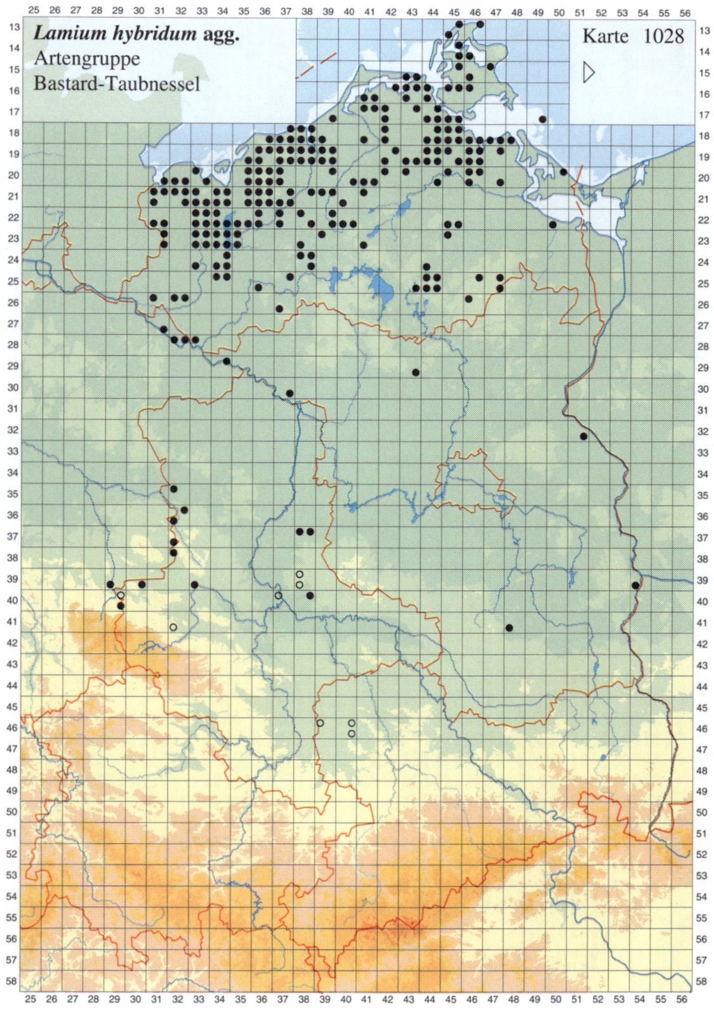
Lamium hybridum agg.
Artengruppe
Bastard-Taubnessel
Karte 1028

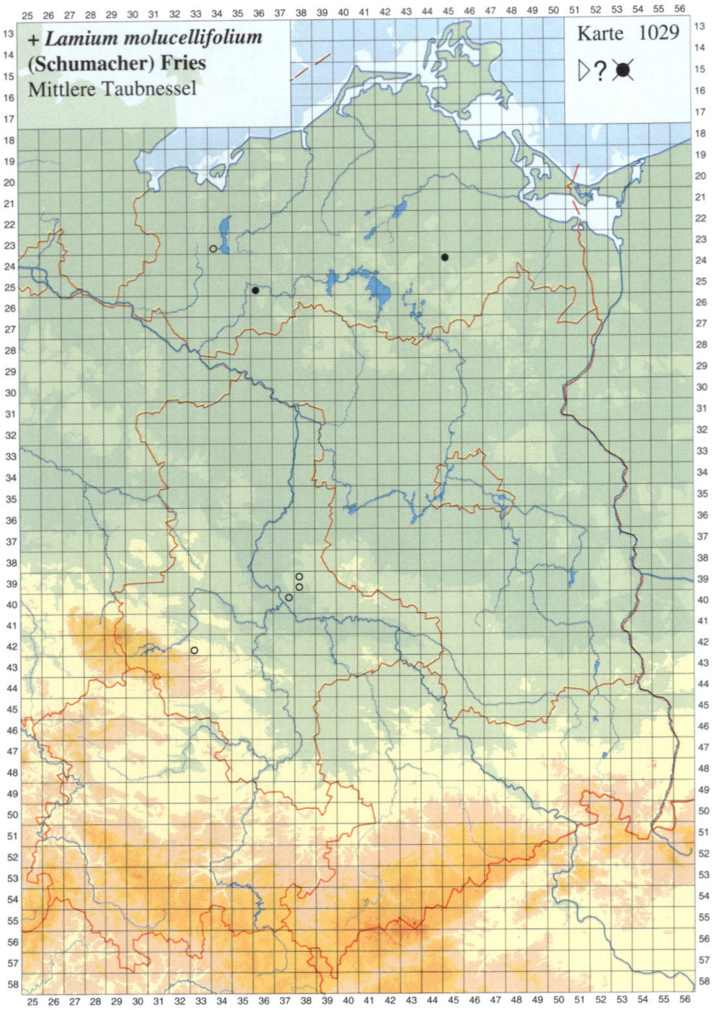
+ Lamium molucellifolium
(Schumacher) Fries
Mittlere Taubnessel
Karte 1029

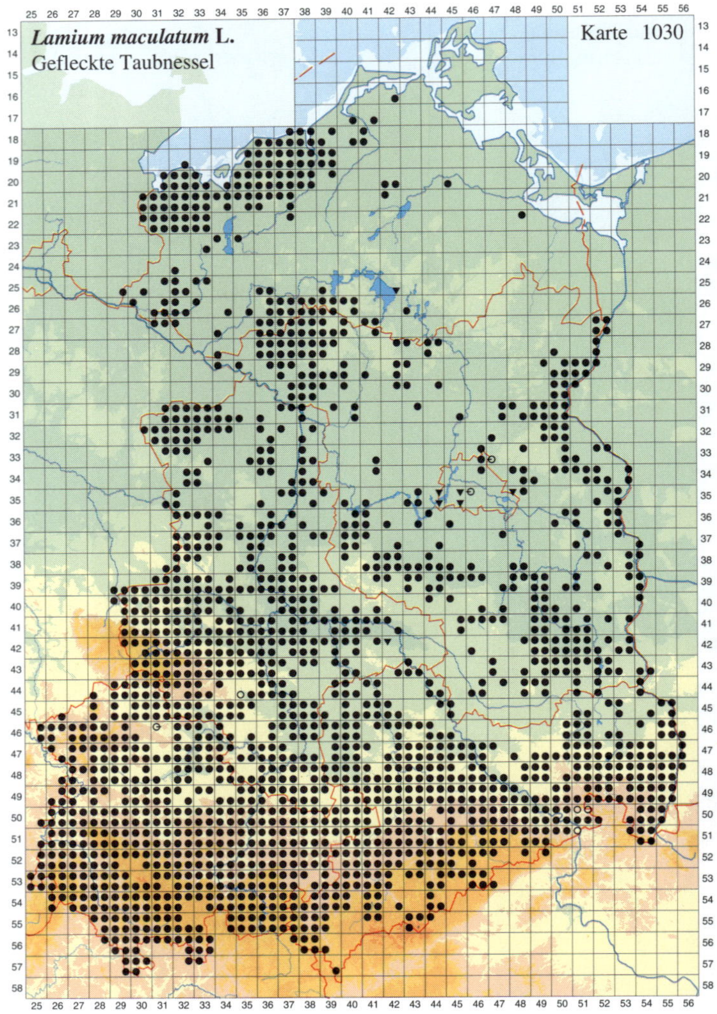
Lamium maculatum L.
Gefleckte Taubnessel
Karte 1030

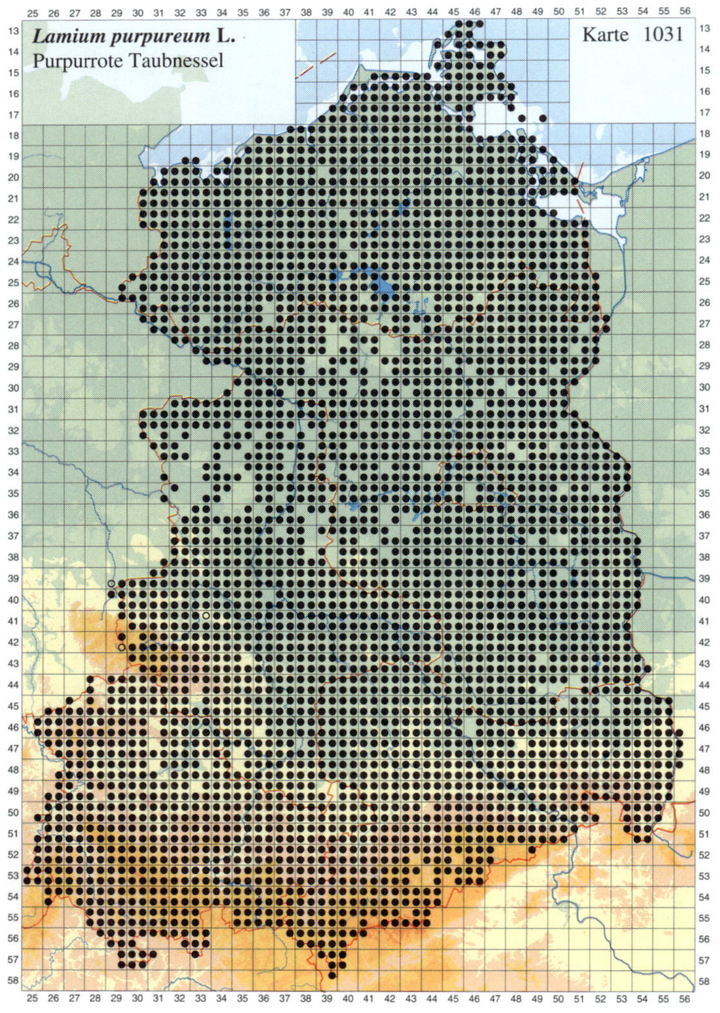
Lamium purpureum L.
Purpurrote Taubnessel
Karte 1031

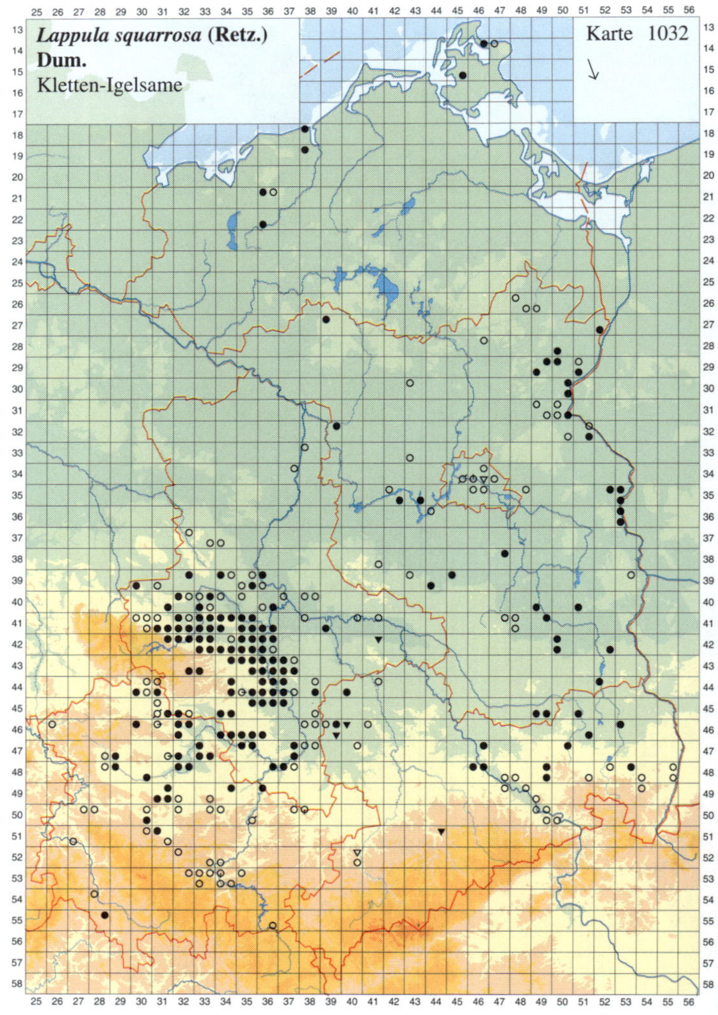
Lappula squarrosa (Retz.)
Dum.
Kletten-Igelsame
Karte 1032

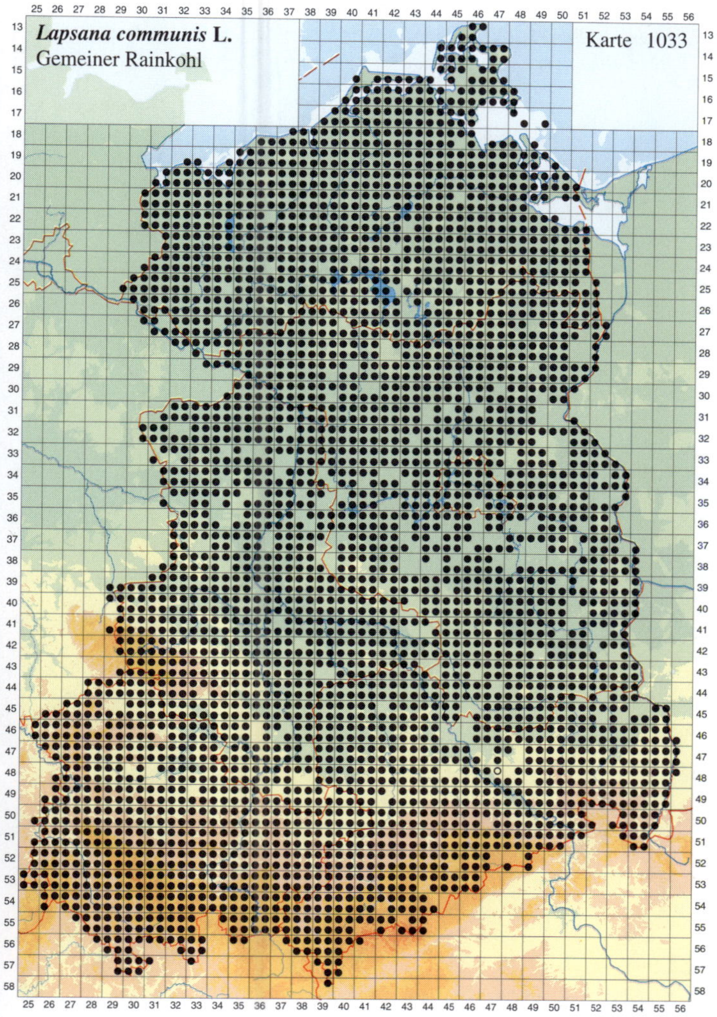

Lapsana communis L.
Gemeiner Rainkohl
Karte 1033

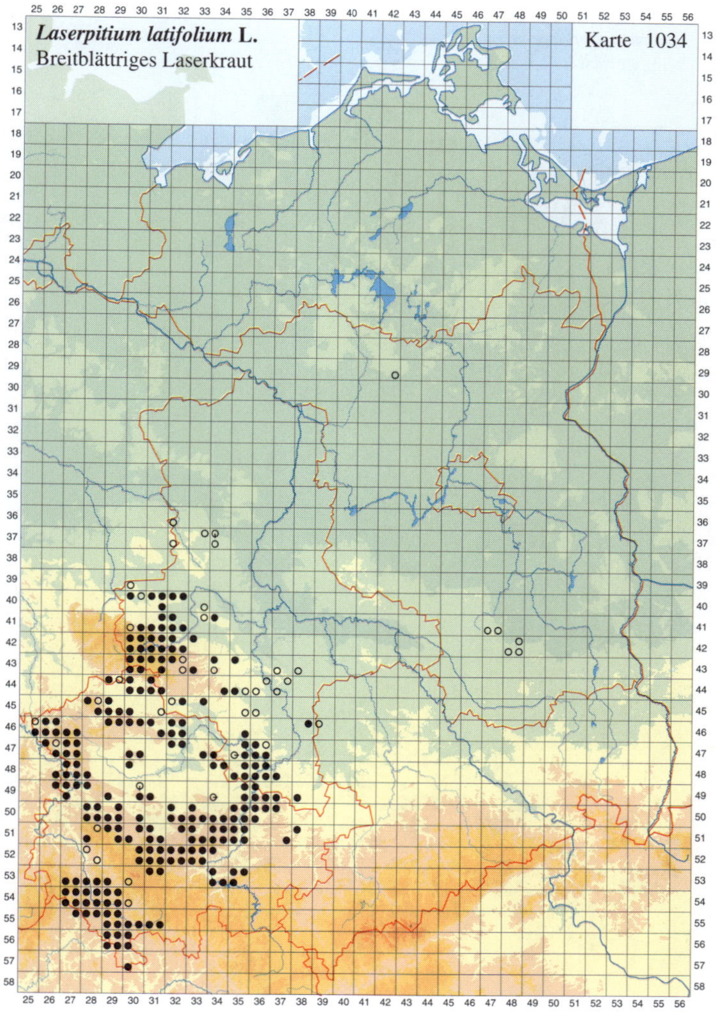

Laserpitium latifolium L.
Breitblättriges Laserkraut
Karte 1034

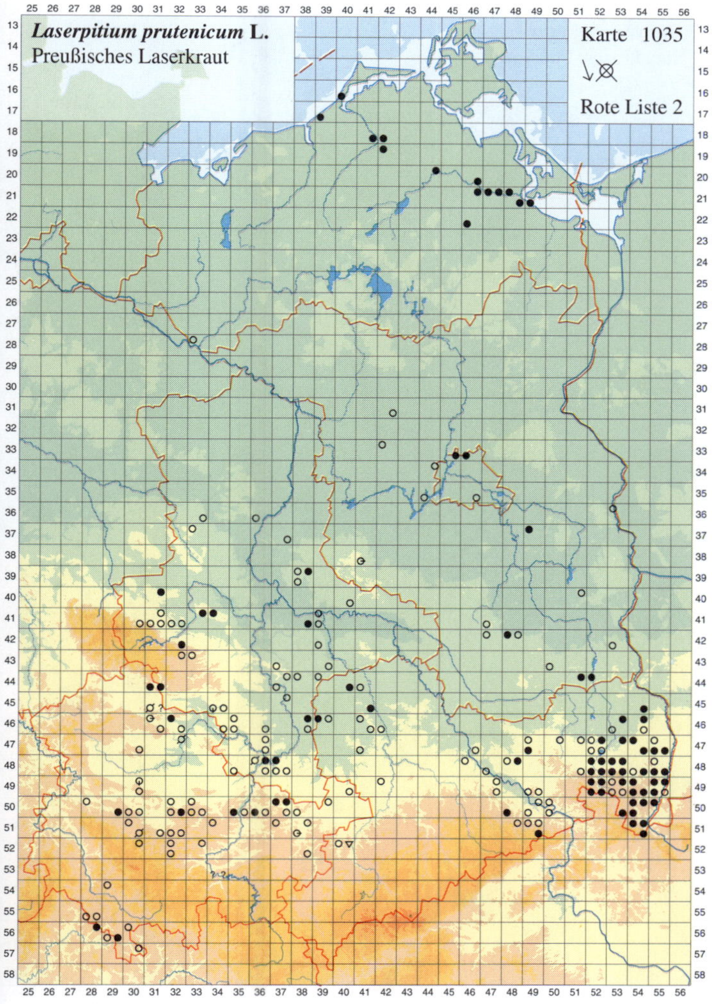

Laserpitium prutenicum L.
Preußisches Laserkraut
Karte 1035
Rote Liste 2

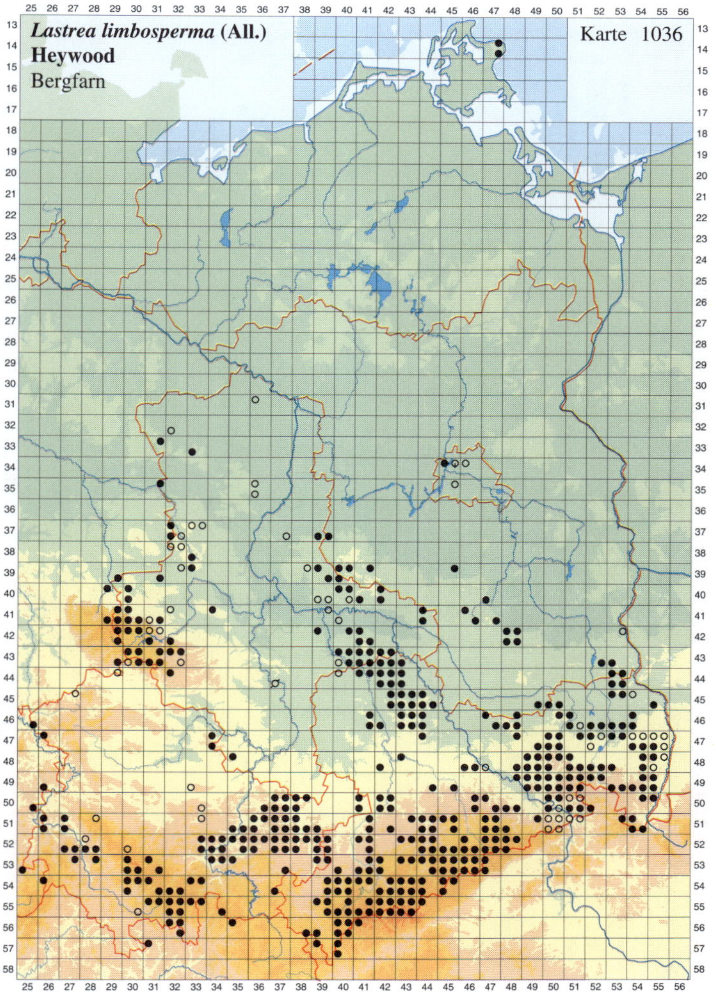

Lastrea limbosperma (All.) Heywood
Bergfarn
Karte 1036

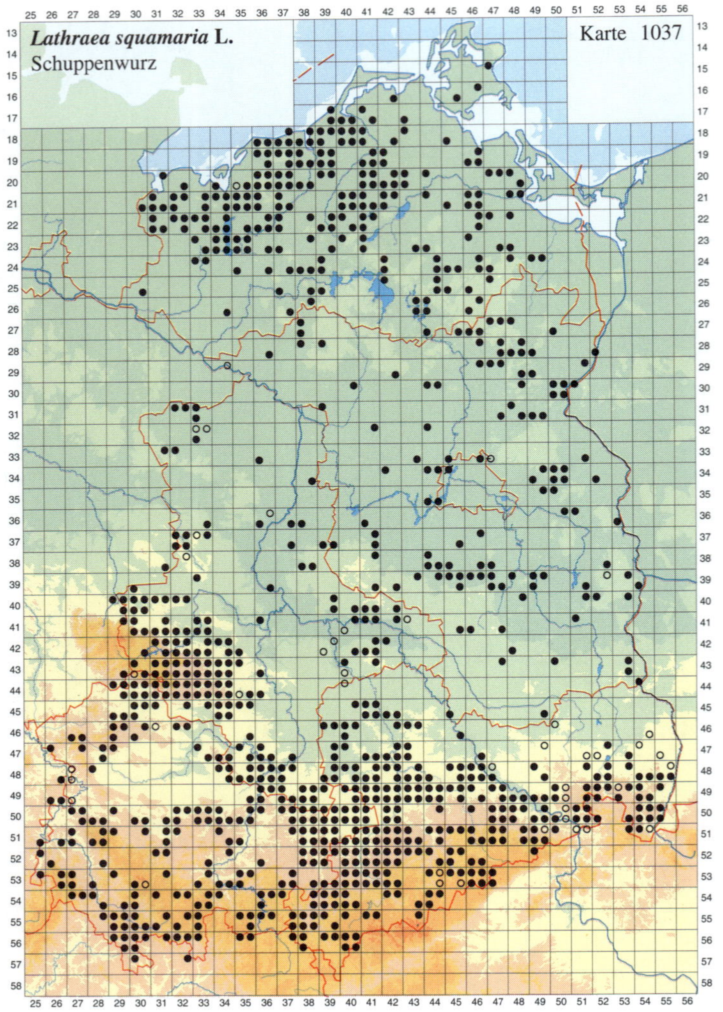

Lathraea squamaria L.
Schuppenwurz
Karte 1037

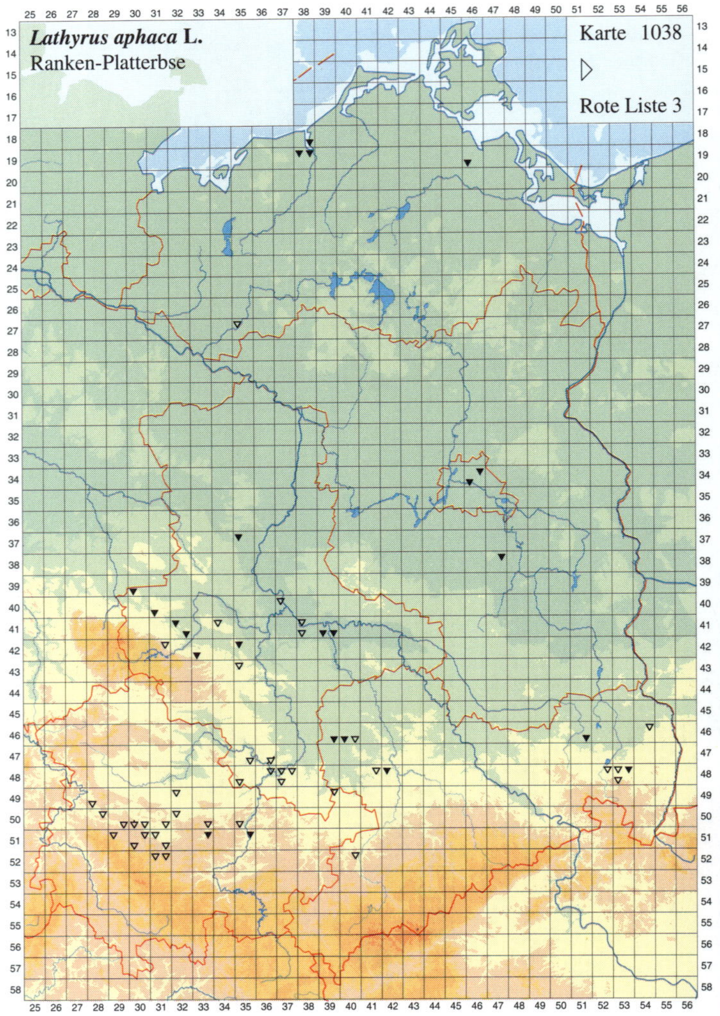

Lathyrus aphaca L.
Ranken-Platterbse
Karte 1038
Rote Liste 3

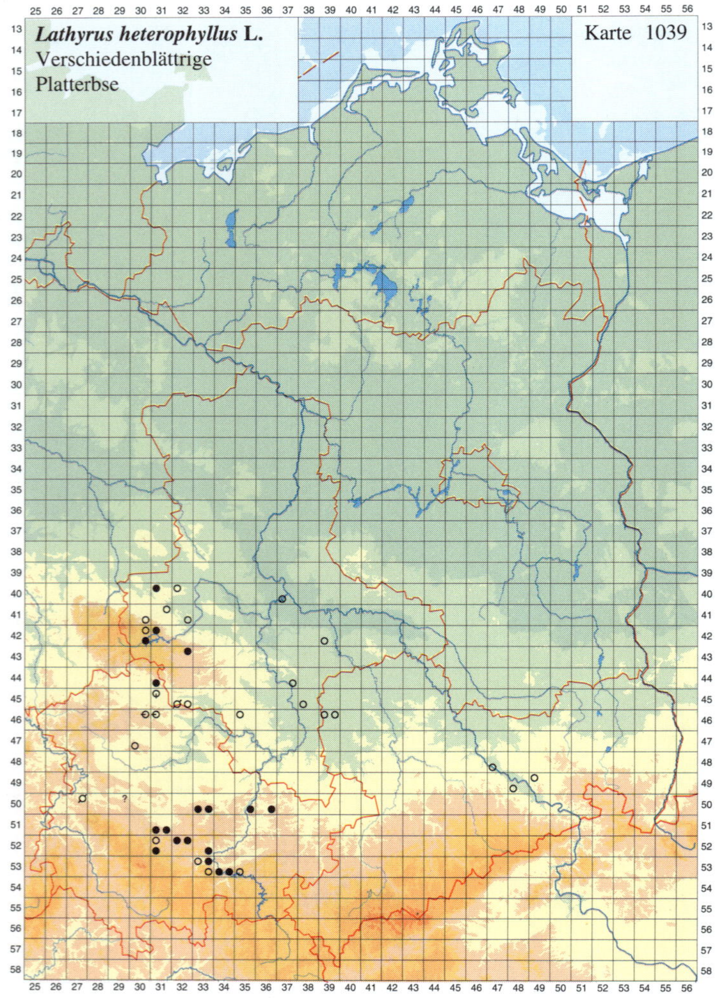

Lathyrus heterophyllus L.
Verschiedenblättrige Platterbse
Karte 1039

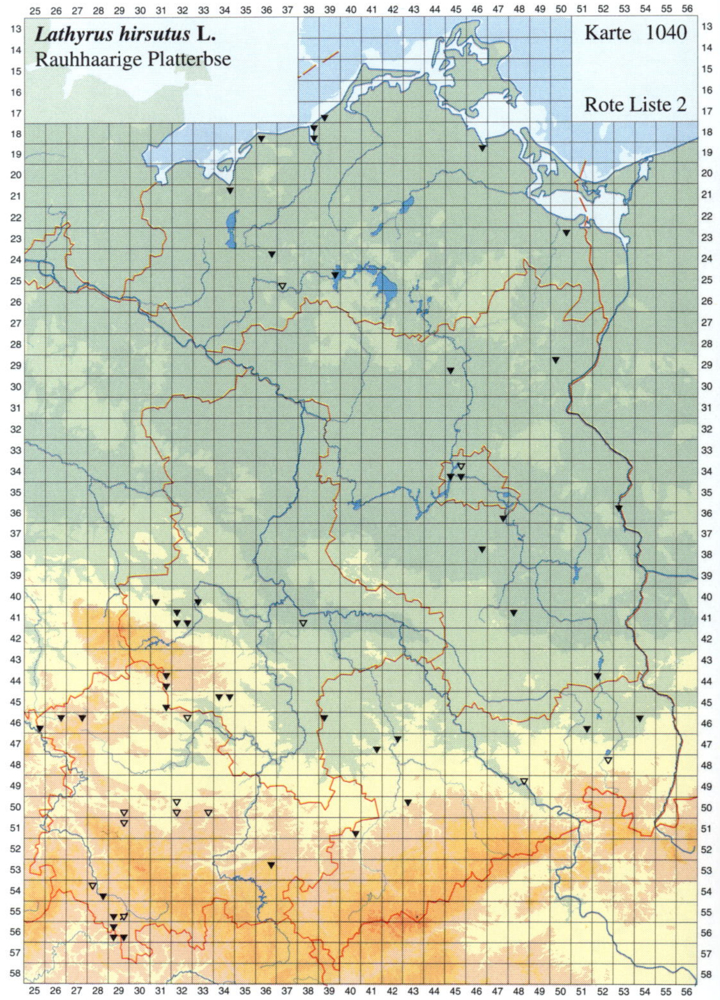

Lathyrus hirsutus L.
Rauhhaarige Platterbse
Karte 1040
Rote Liste 2

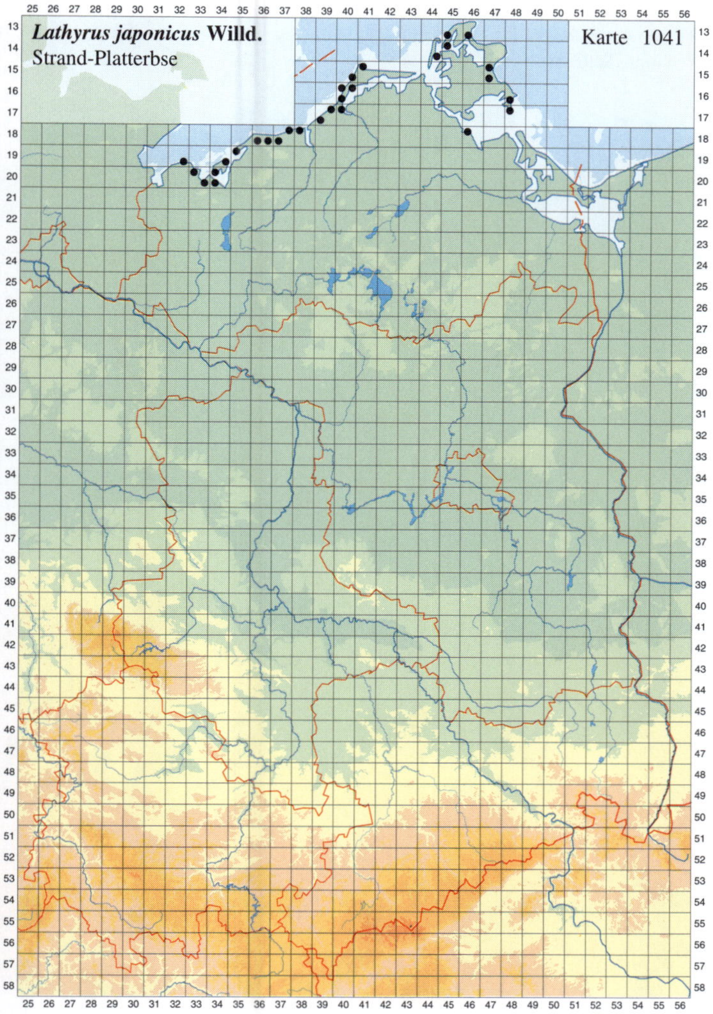
Lathyrus japonicus Willd.
Strand-Platterbse
Karte 1041

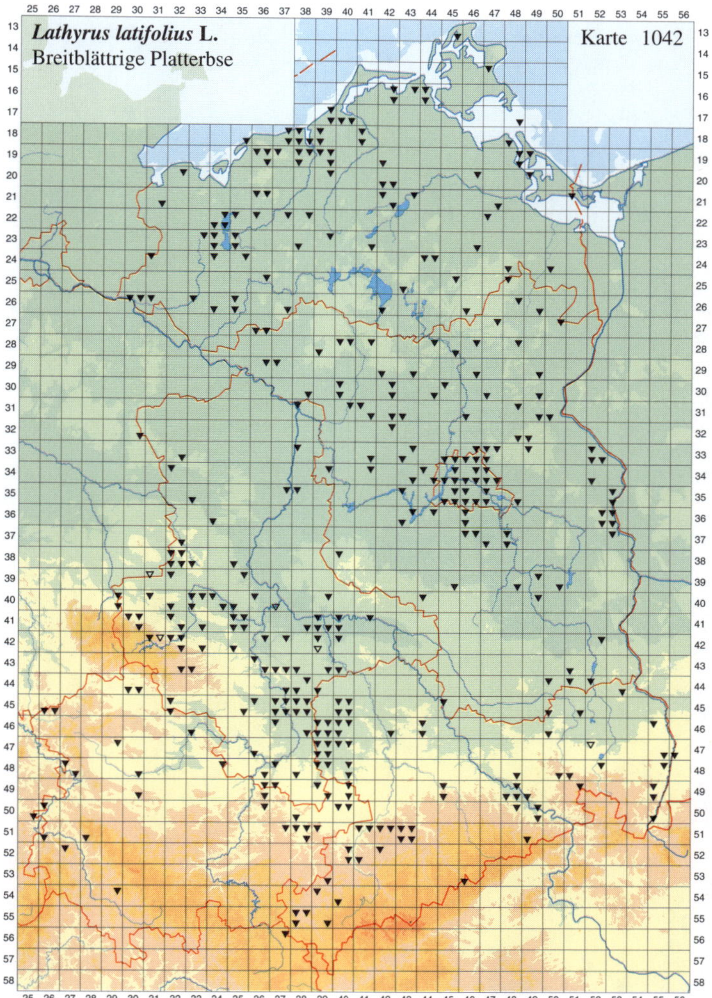
Lathyrus latifolius L.
Breitblättrige Platterbse
Karte 1042

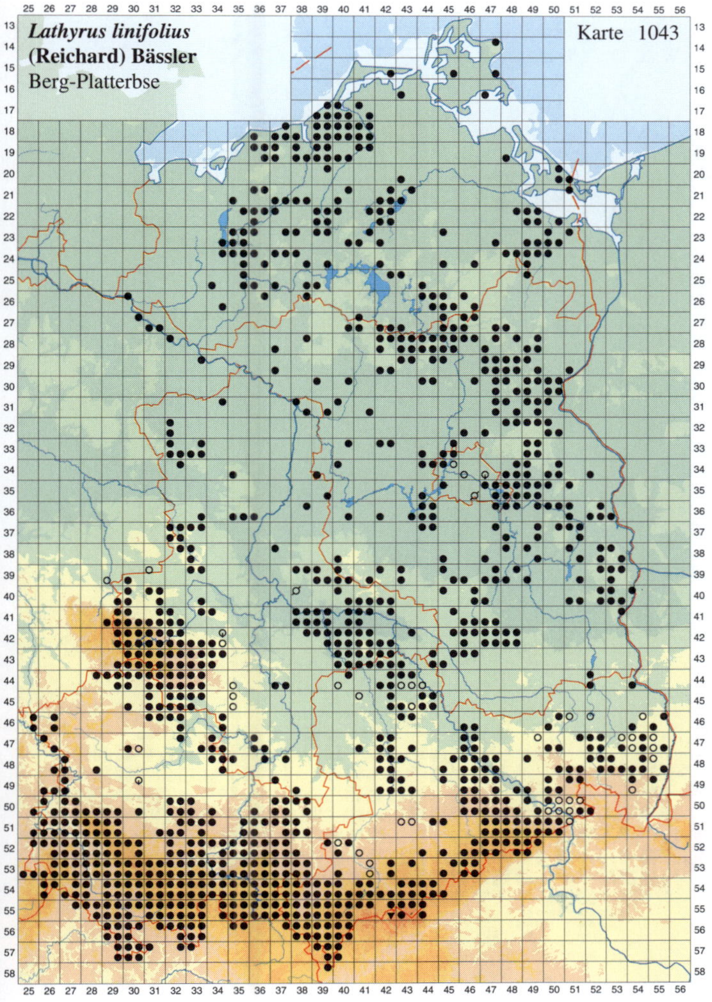
Lathyrus linifolius (Reichard) Bässler
Berg-Platterbse
Karte 1043

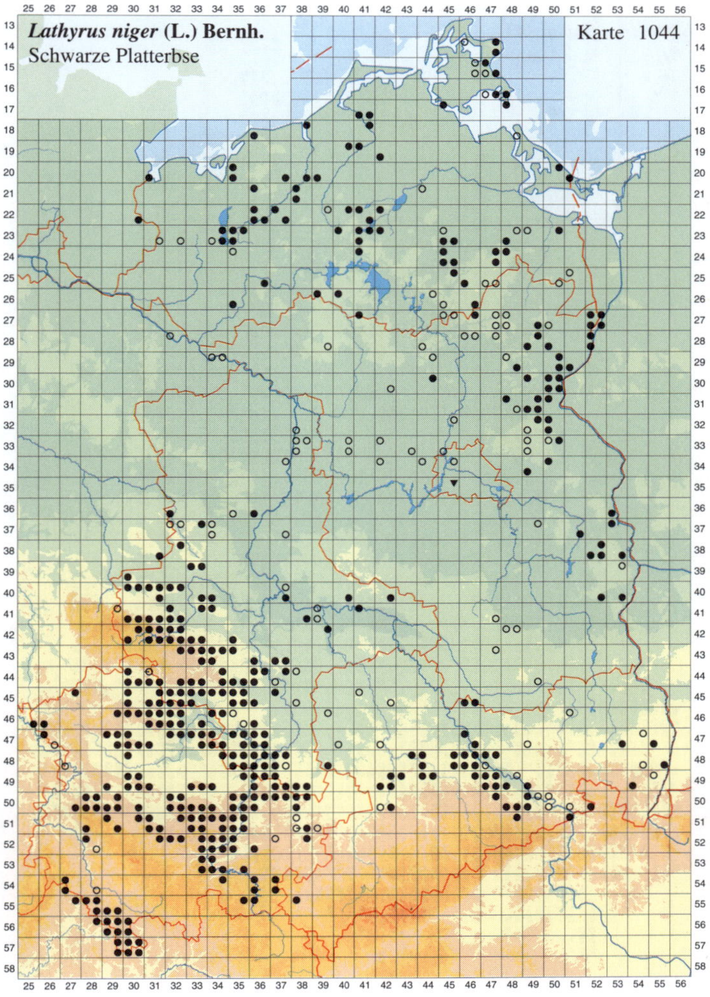
Lathyrus niger (L.) Bernh.
Schwarze Platterbse
Karte 1044

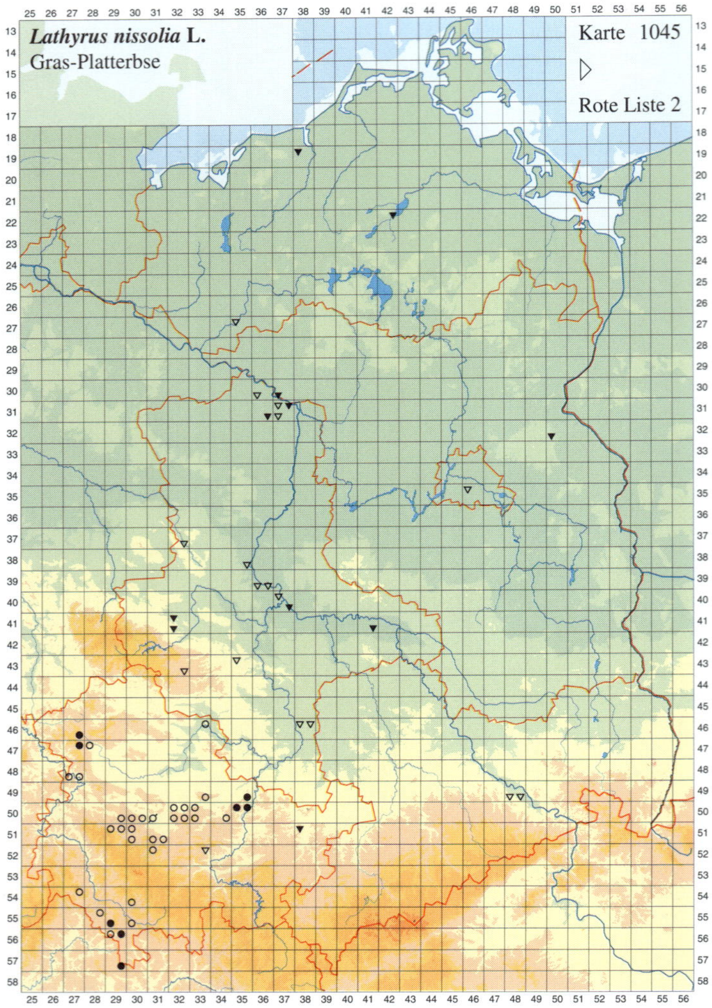
Lathyrus nissolia L.
Gras-Platterbse
Karte 1045
Rote Liste 2

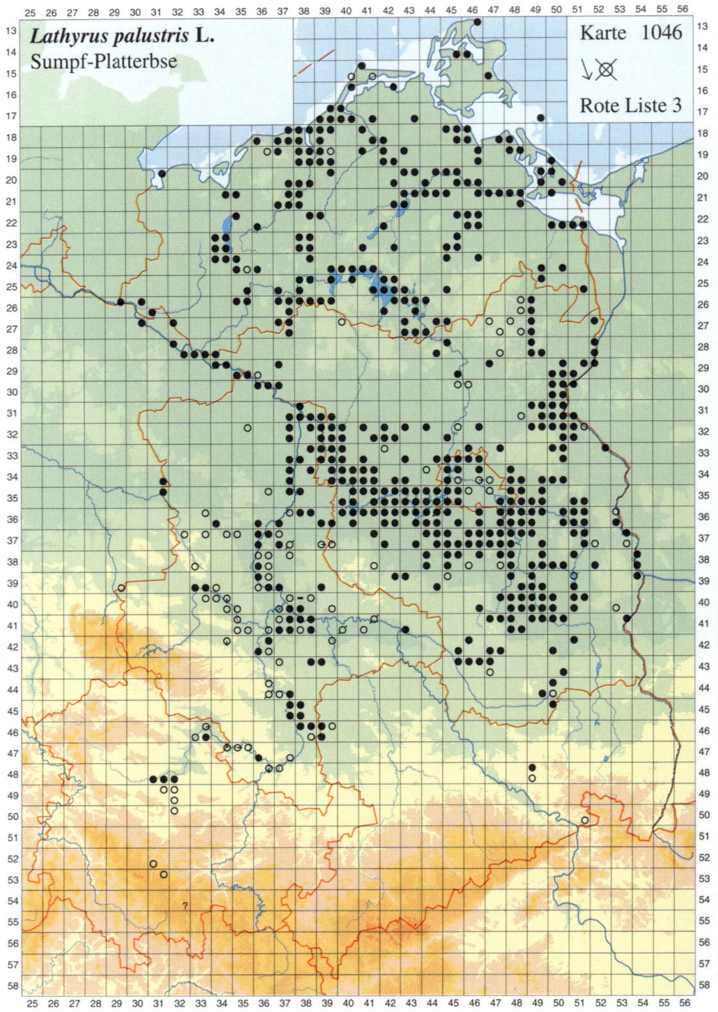
Lathyrus palustris L.
Sumpf-Platterbse
Karte 1046
Rote Liste 3

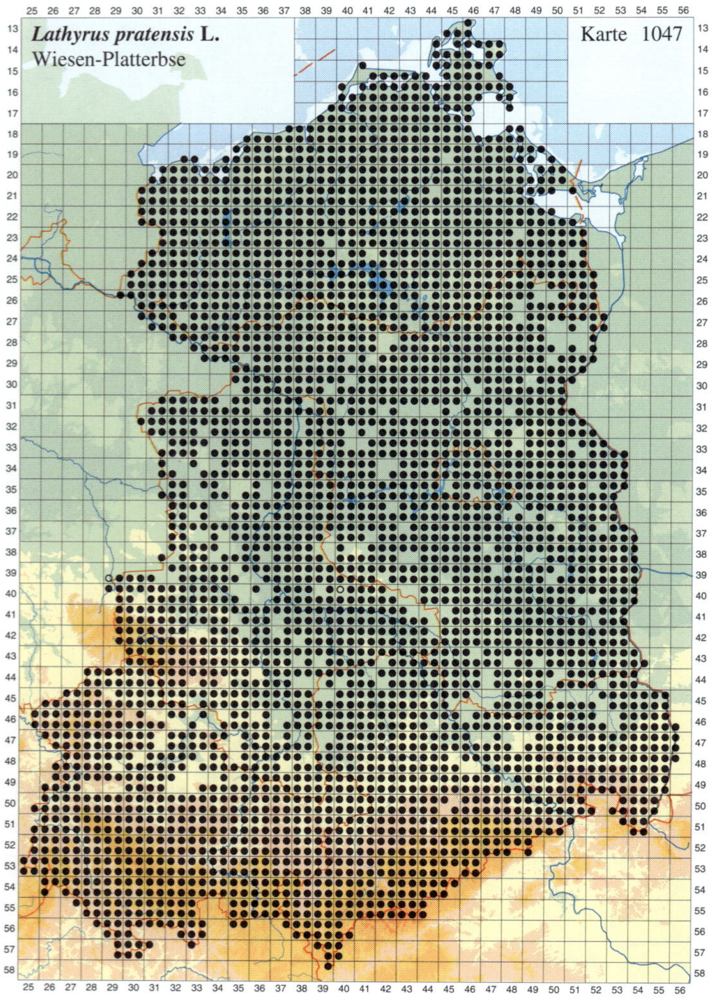
Lathyrus pratensis L.
Wiesen-Platterbse
Karte 1047

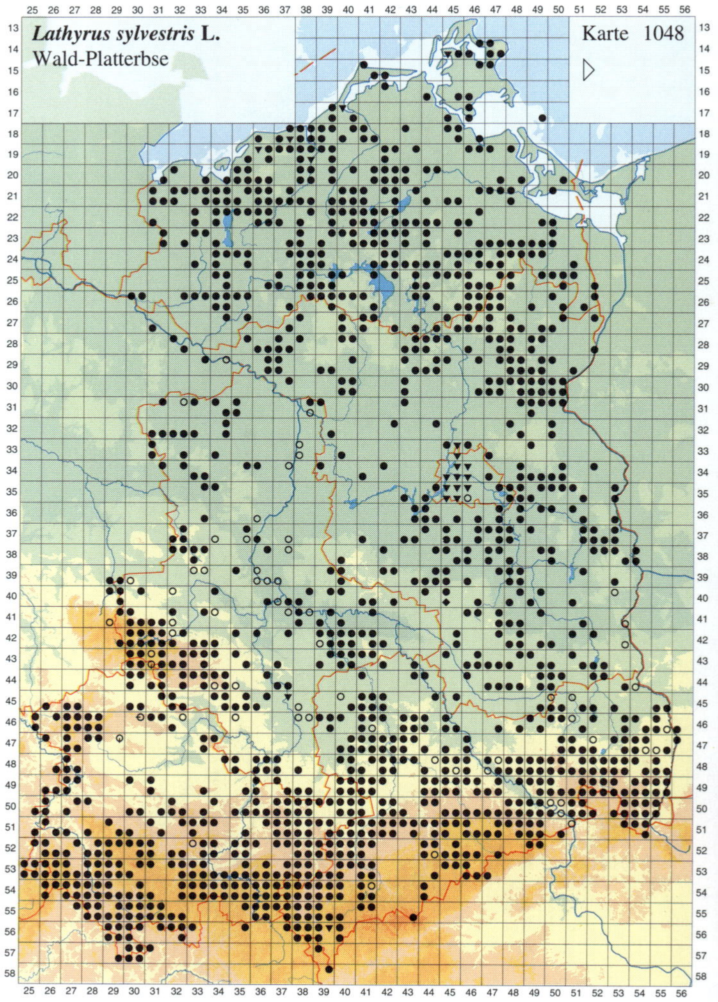
Lathyrus sylvestris L.
Wald-Platterbse
Karte 1048

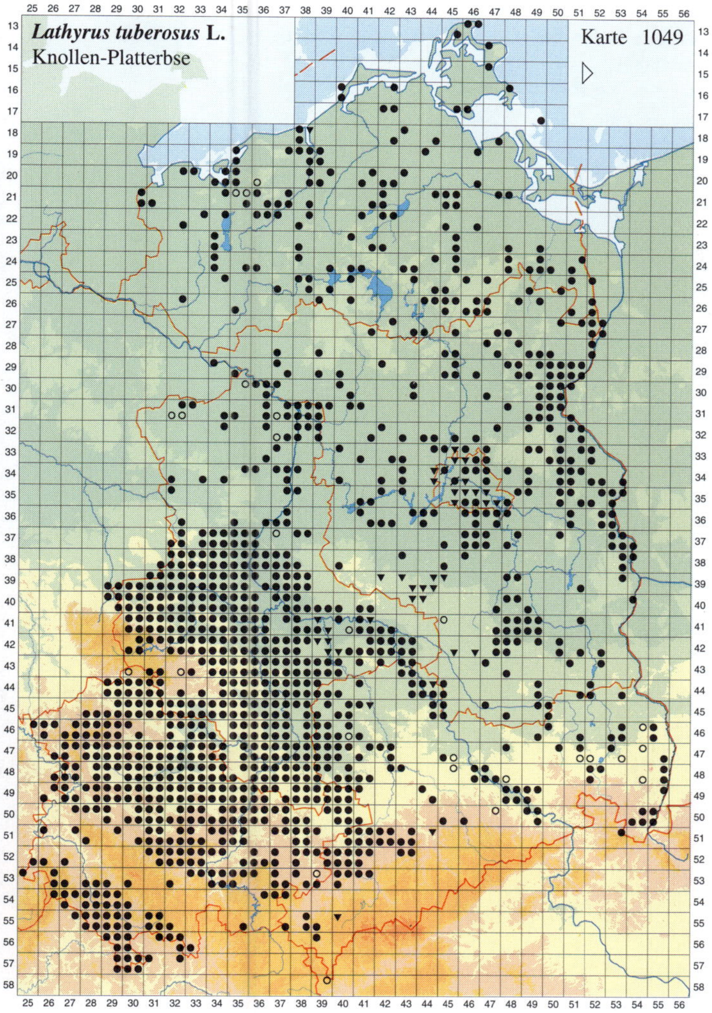
Lathyrus tuberosus L.
Knollen-Platterbse
Karte 1049

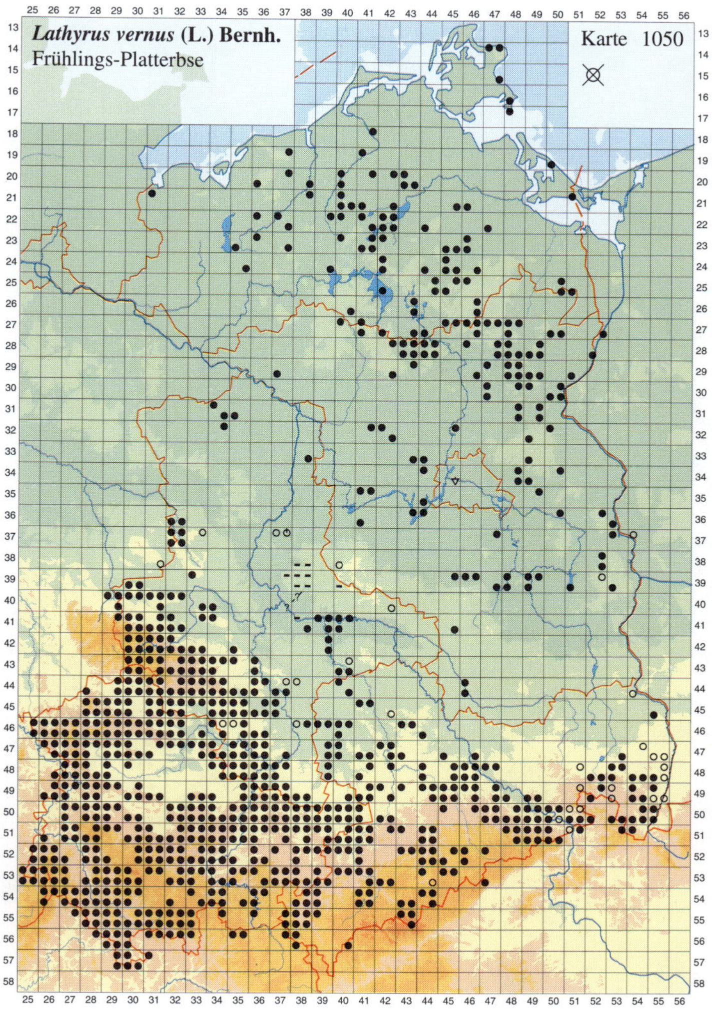
Lathyrus vernus (L.) Bernh.
Frühlings-Platterbse
Karte 1050

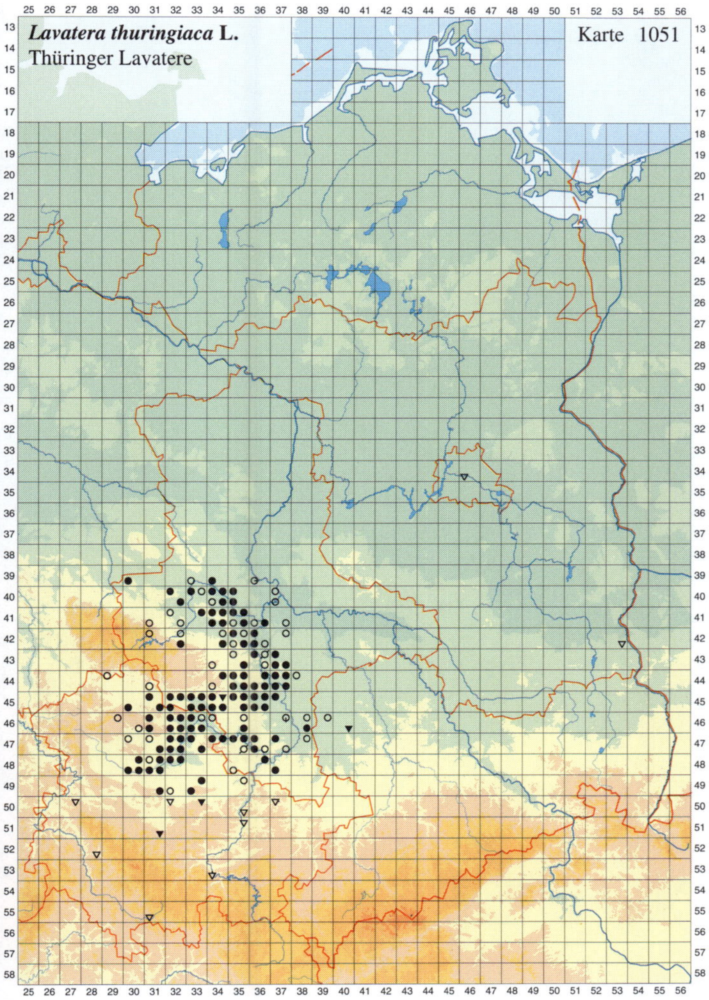
Lavatera thuringiaca L.
Thüringer Lavatere
Karte 1051

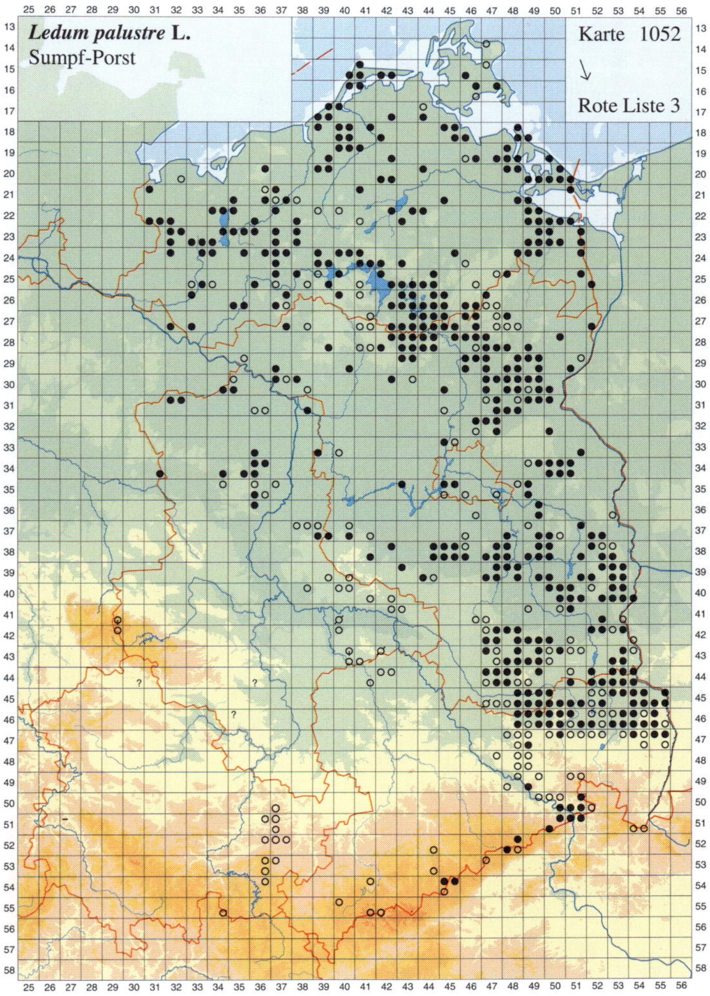
Ledum palustre L.
Sumpf-Porst
Karte 1052
Rote Liste 3

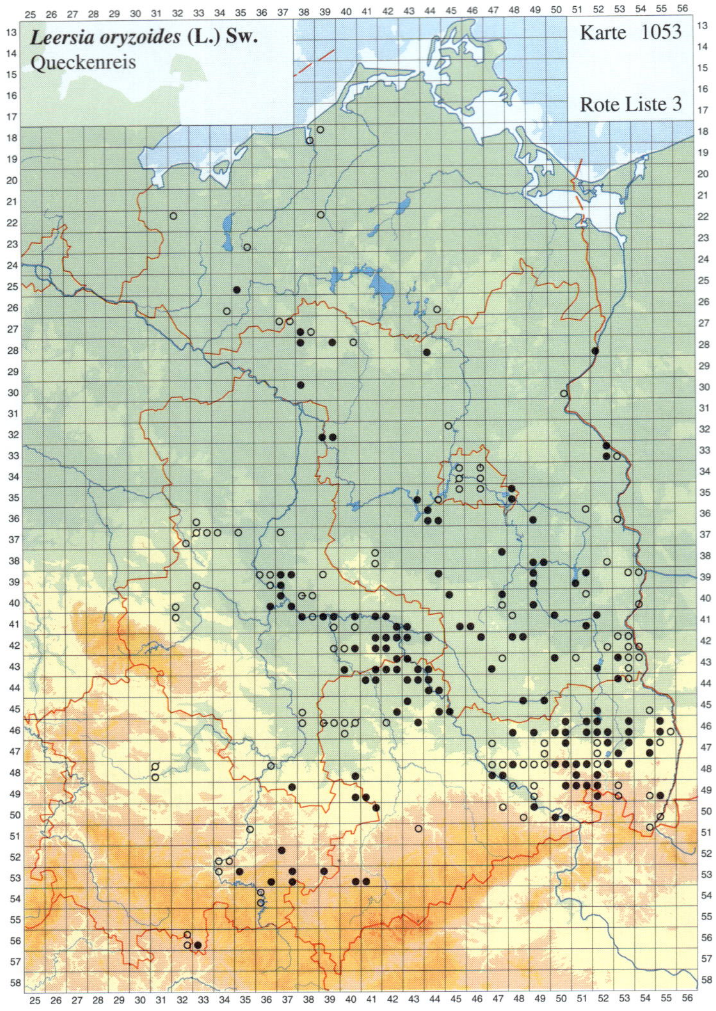
Leersia oryzoides (L.) Sw.
Queckenreis
Karte 1053
Rote Liste 3

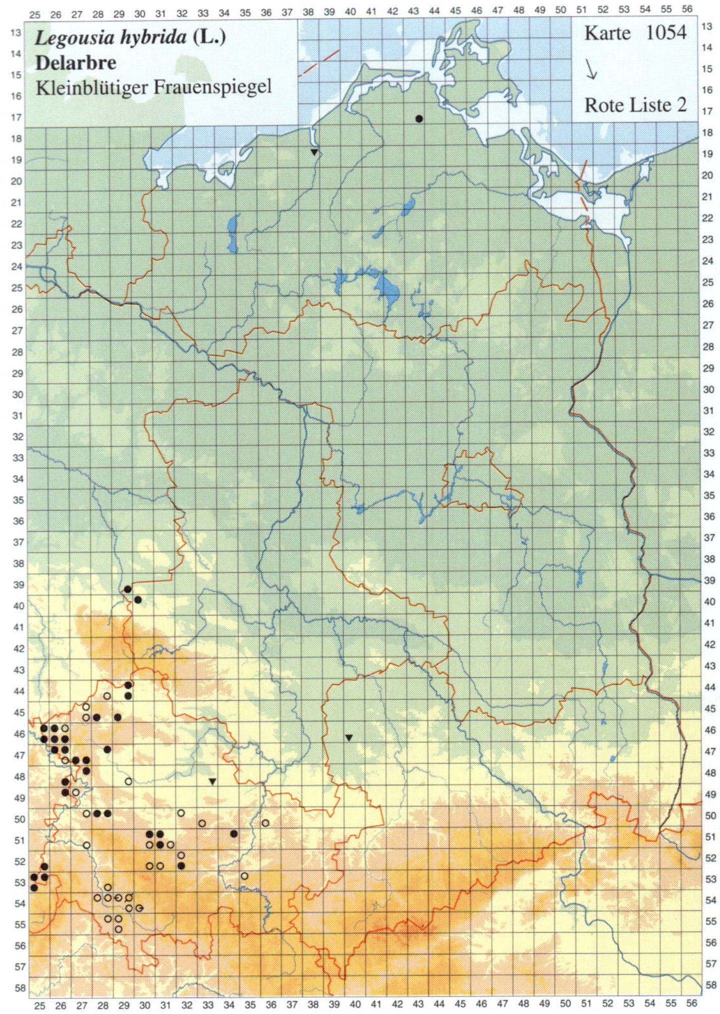
Legousia hybrida (L.) Delarbre
Kleinblütiger Frauenspiegel
Karte 1054
↘
Rote Liste 2

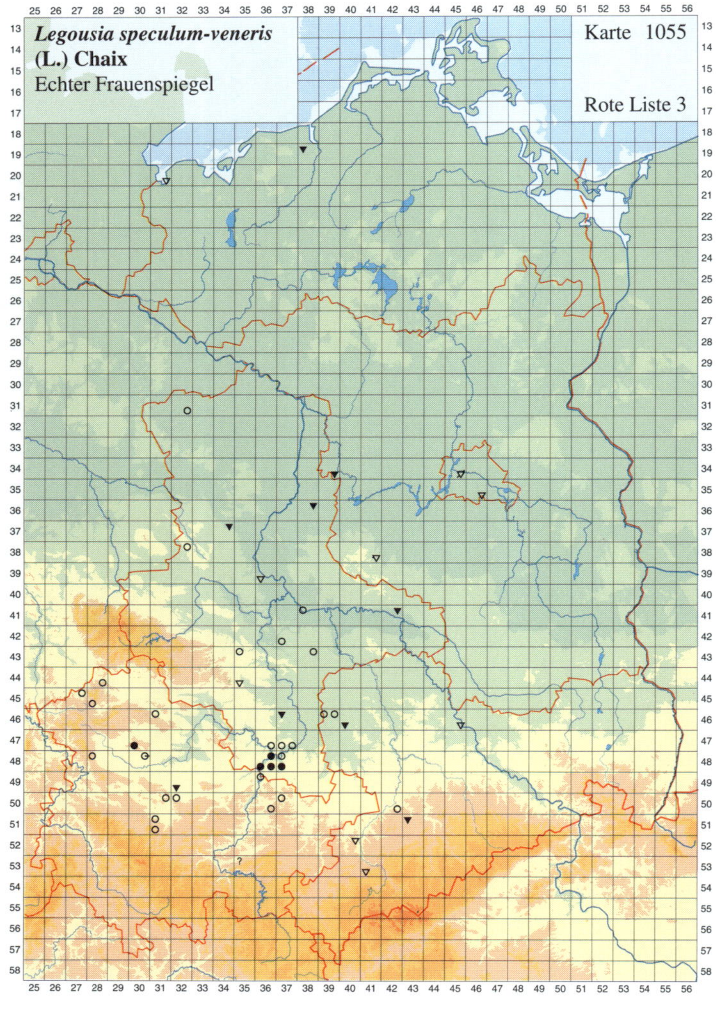
Legousia speculum-veneris (L.) Chaix
Echter Frauenspiegel
Karte 1055
Rote Liste 3

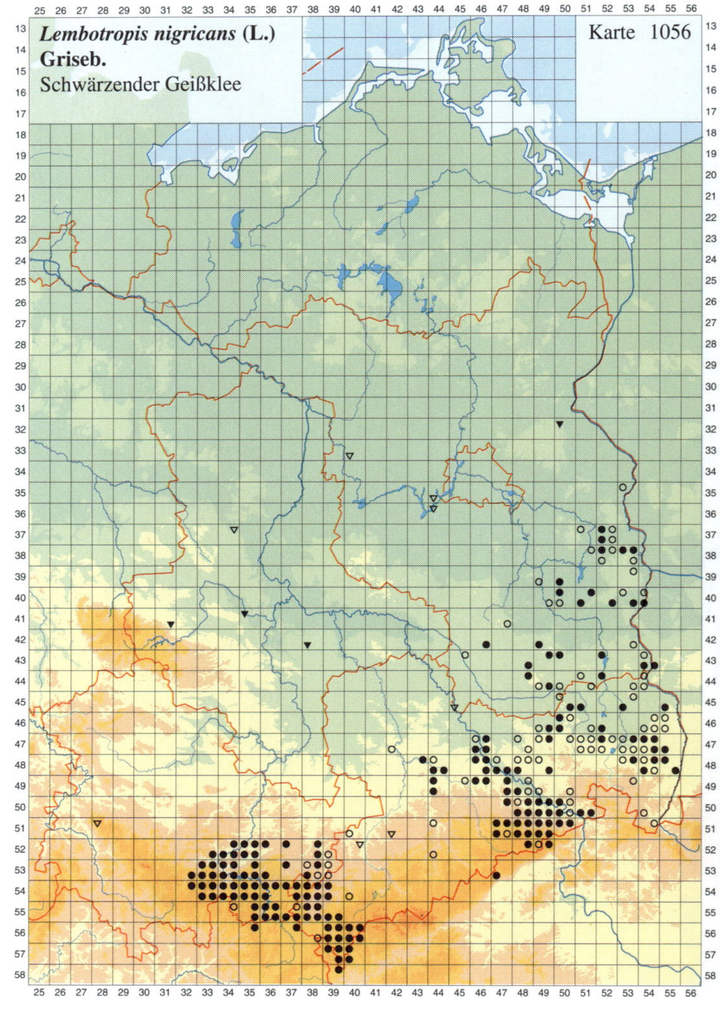
Lembotropis nigricans (L.) Griseb.
Schwärzender Geißklee
Karte 1056

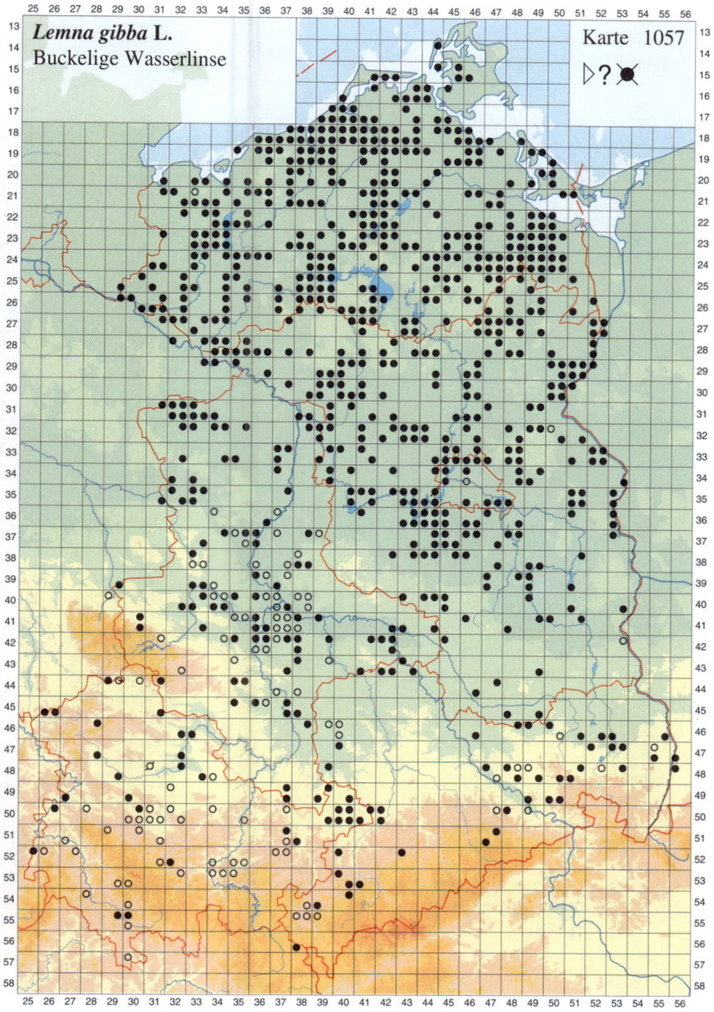

Lemna gibba L.
Buckelige Wasserlinse
Karte 1057

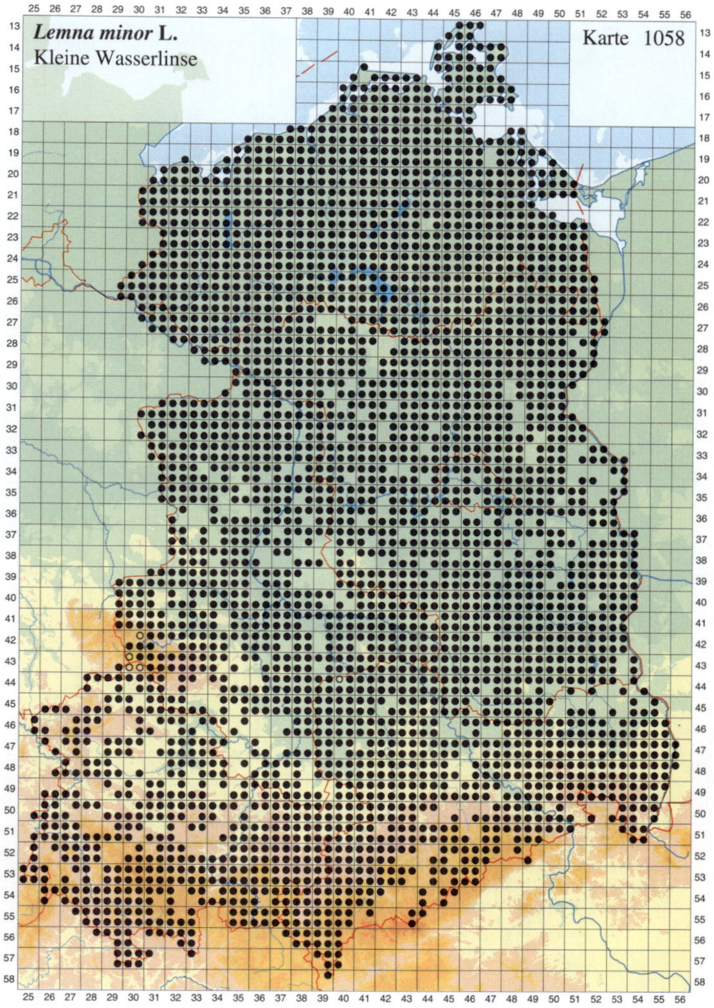

Lemna minor L.
Kleine Wasserlinse
Karte 1058

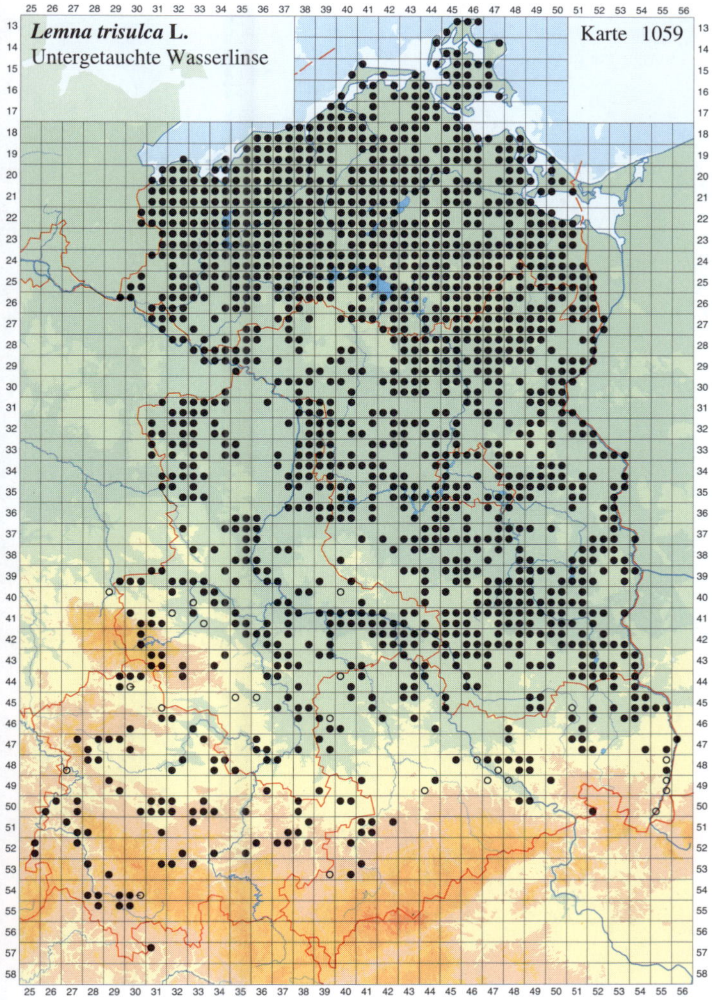

Lemna trisulca L.
Untergetauchte Wasserlinse
Karte 1059

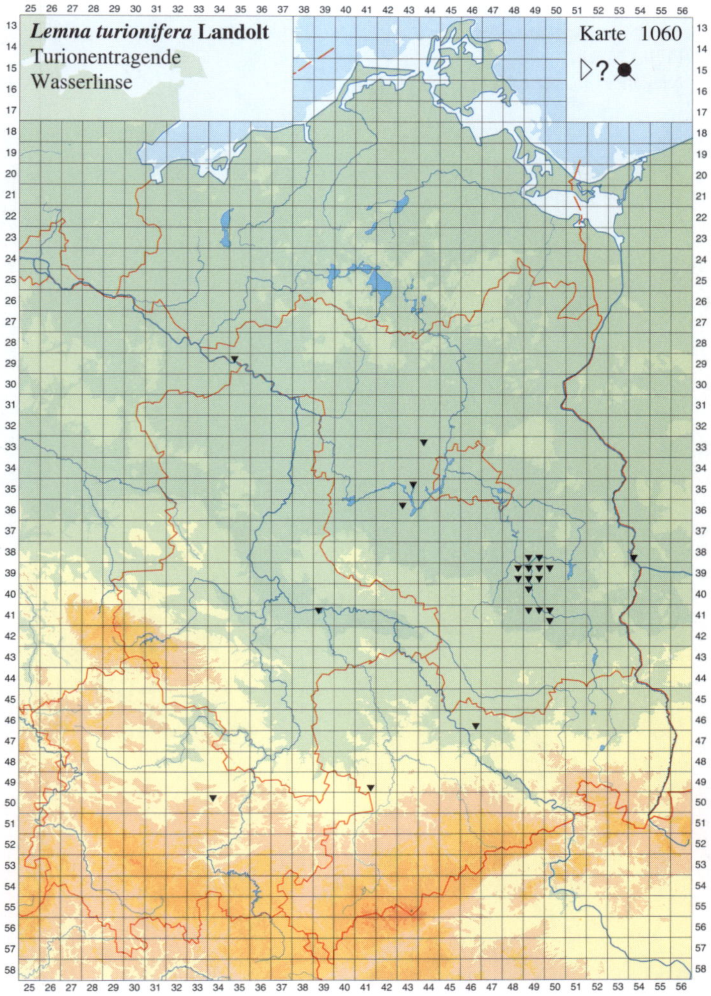

Lemna turionifera Landolt
Turionentragende Wasserlinse
Karte 1060

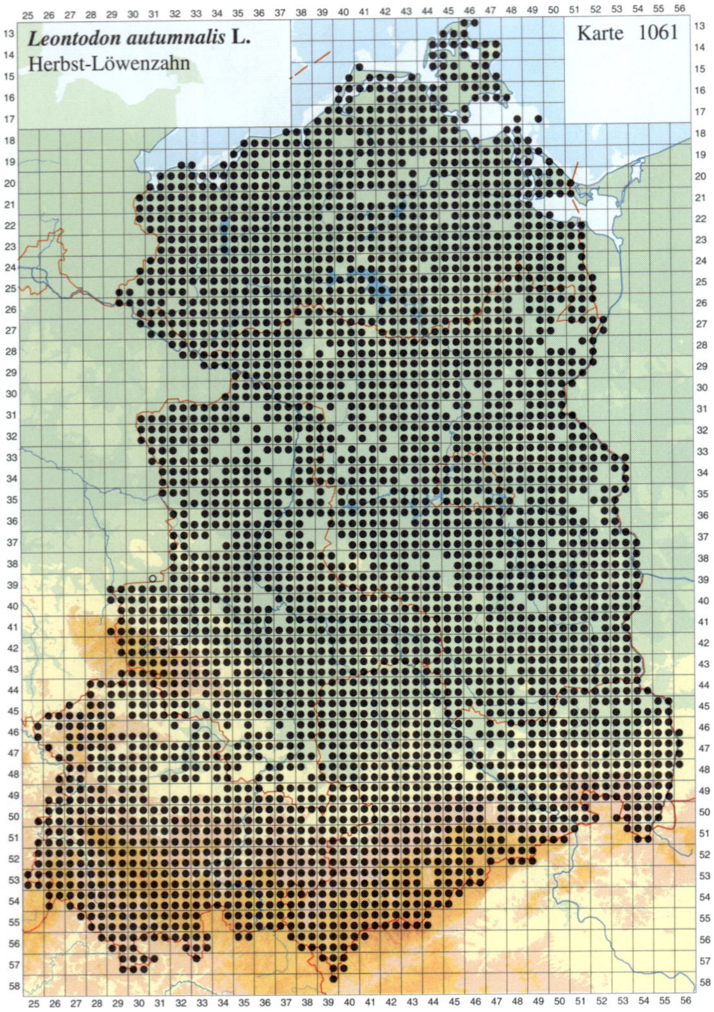

Leontodon autumnalis L.
Herbst-Löwenzahn
Karte 1061

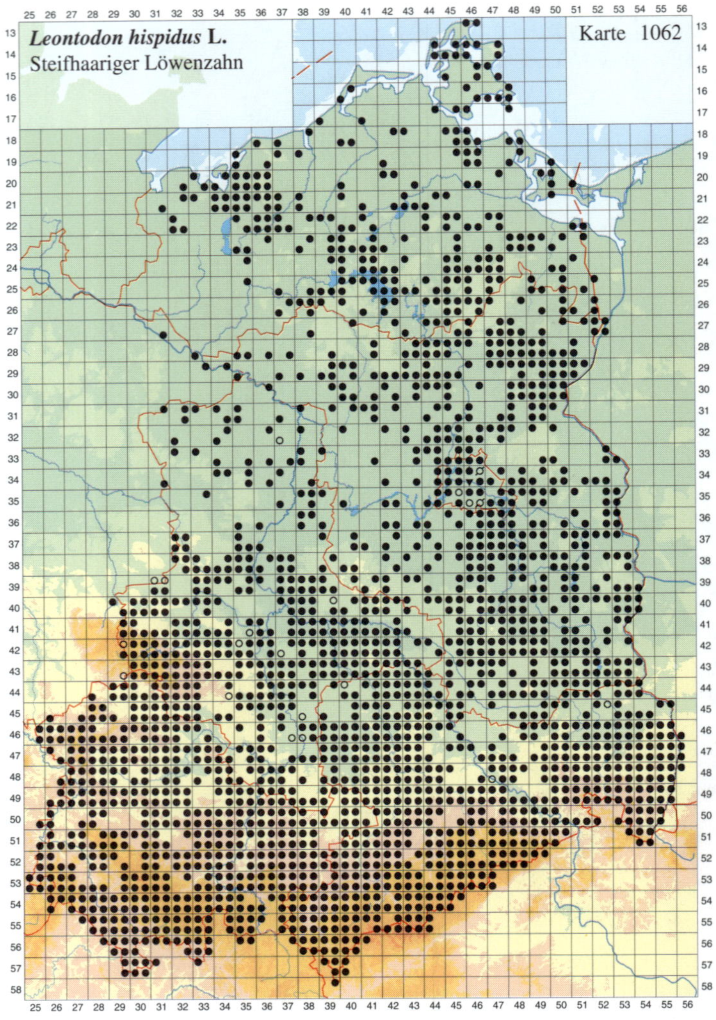

Leontodon hispidus L.
Steifhaariger Löwenzahn
Karte 1062

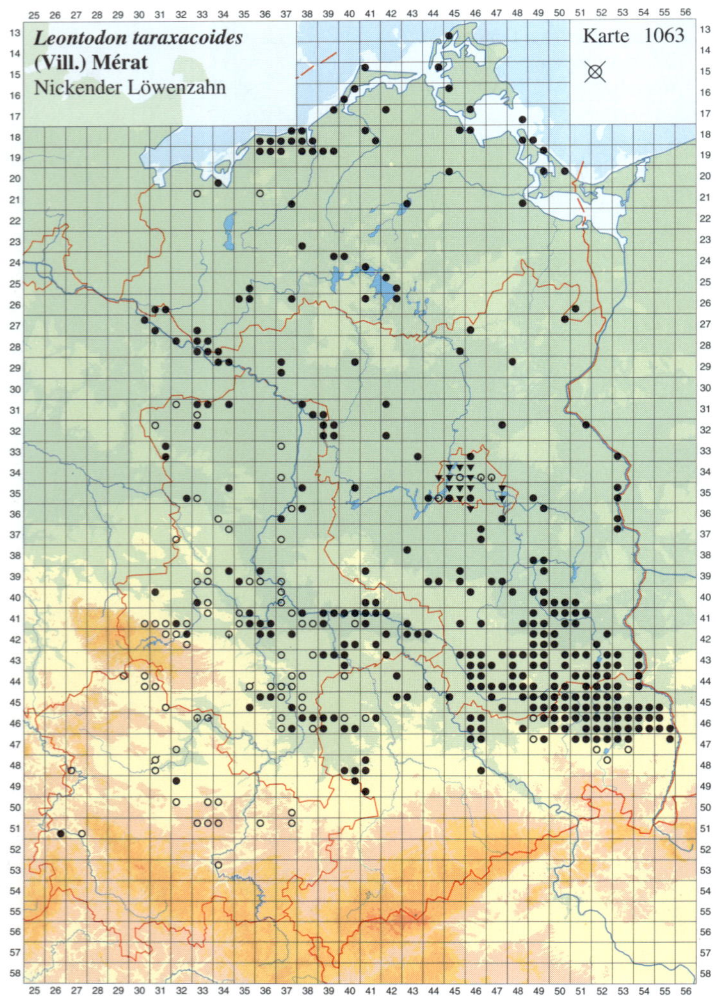

Leontodon taraxacoides (Vill.) Mérat
Nickender Löwenzahn
Karte 1063

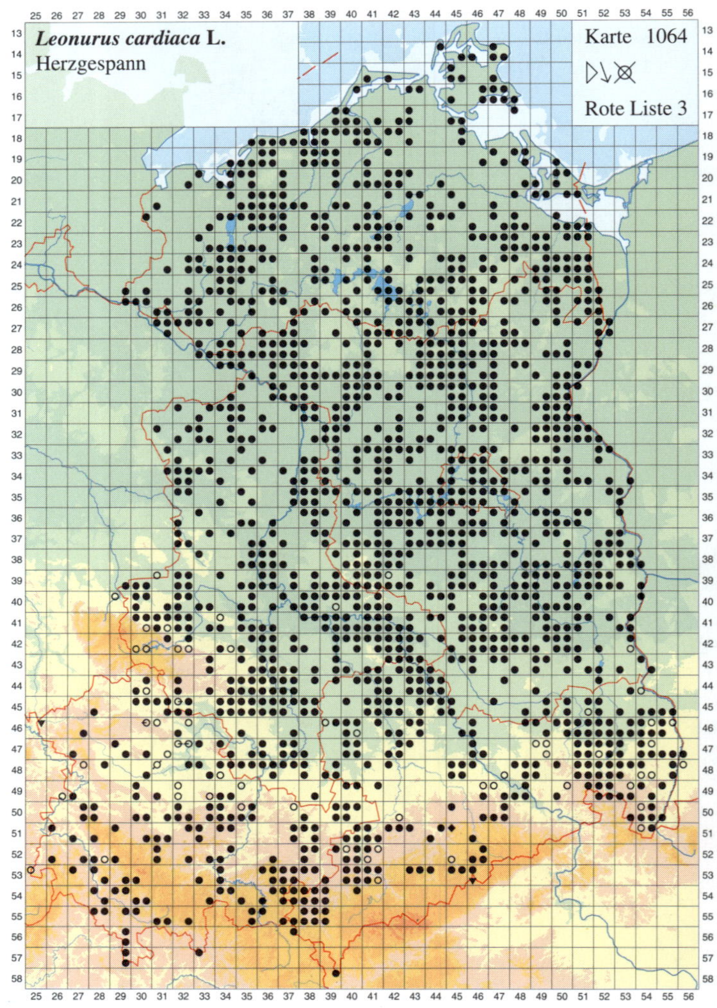

Leonurus cardiaca L.
Herzgespann
Karte 1064
Rote Liste 3

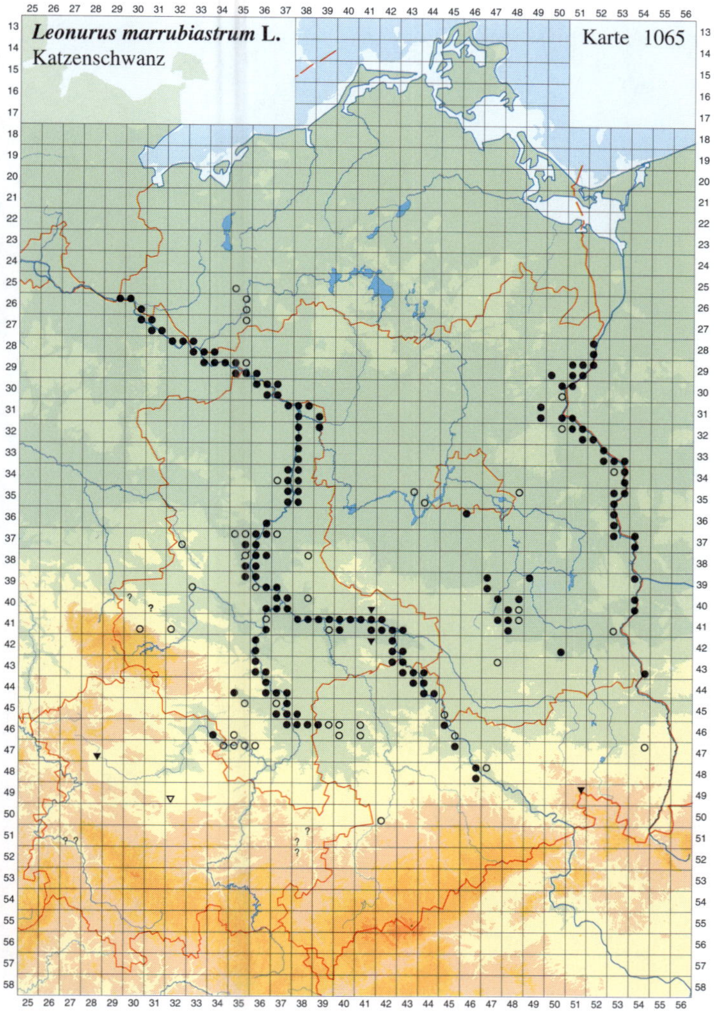
Leonurus marrubiastrum L.
Katzenschwanz
Karte 1065

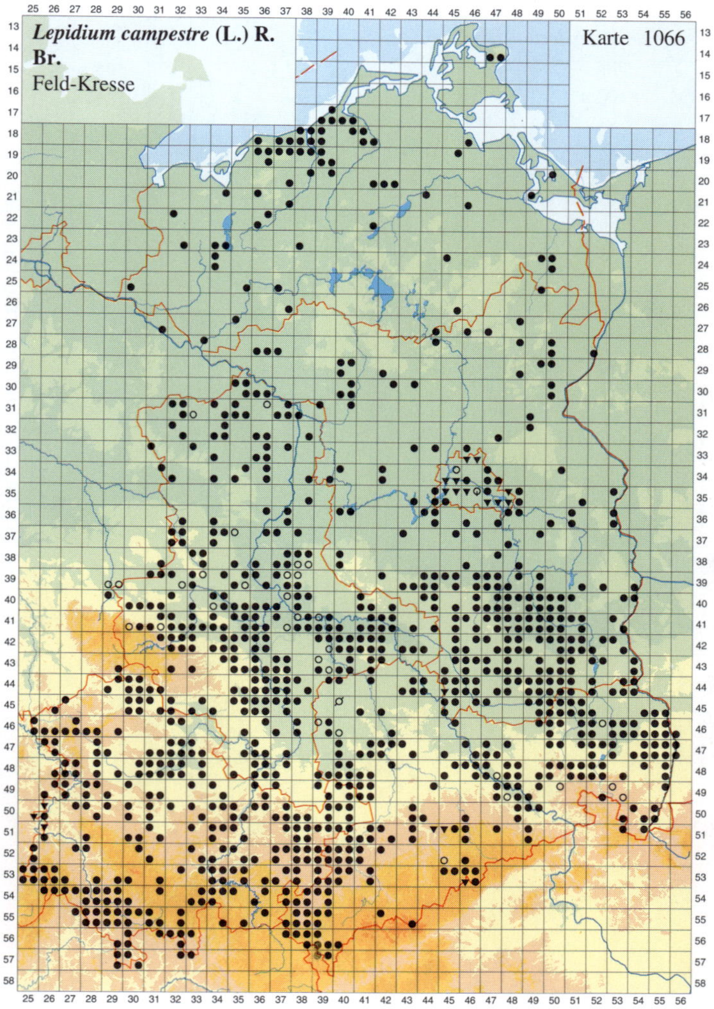
Lepidium campestre (L.) R. Br.
Feld-Kresse
Karte 1066

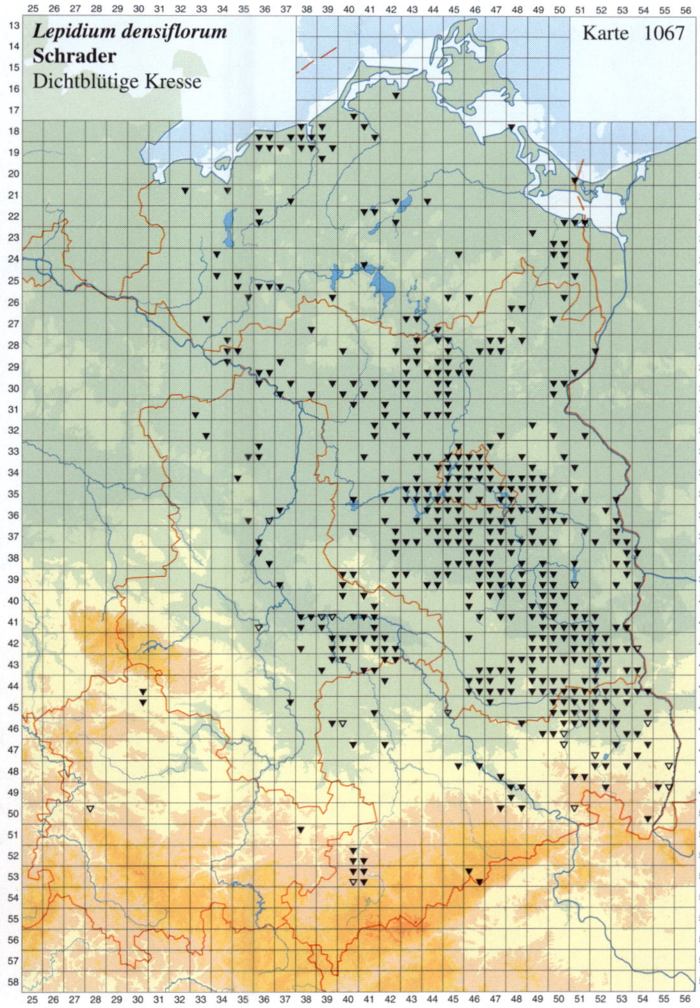
Lepidium densiflorum Schrader
Dichtblütige Kresse
Karte 1067

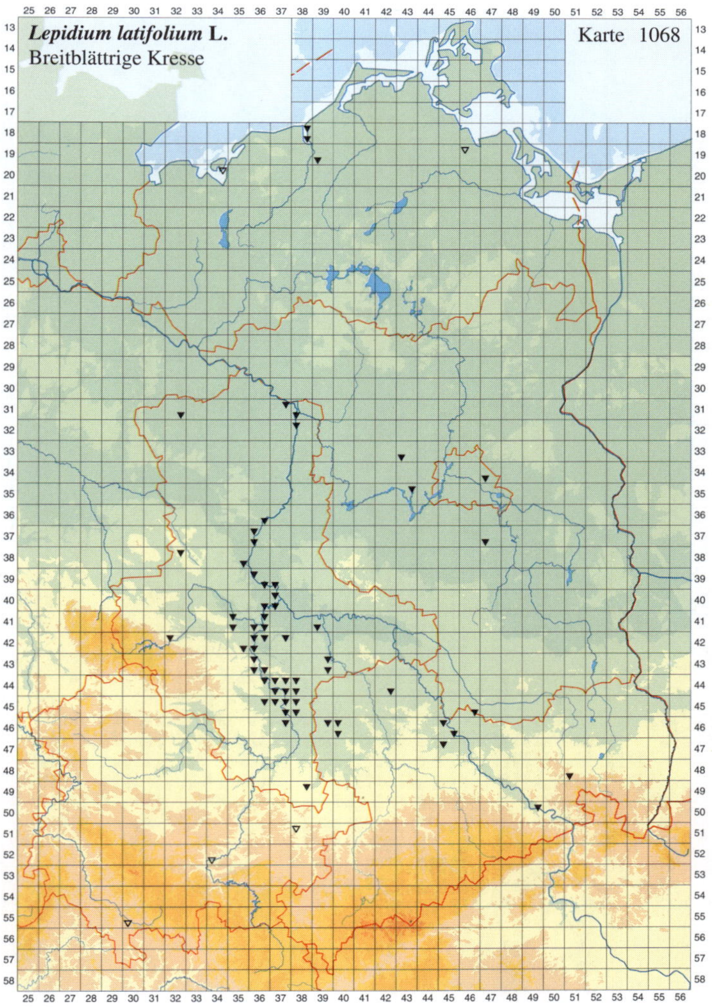
Lepidium latifolium L.
Breitblättrige Kresse
Karte 1068

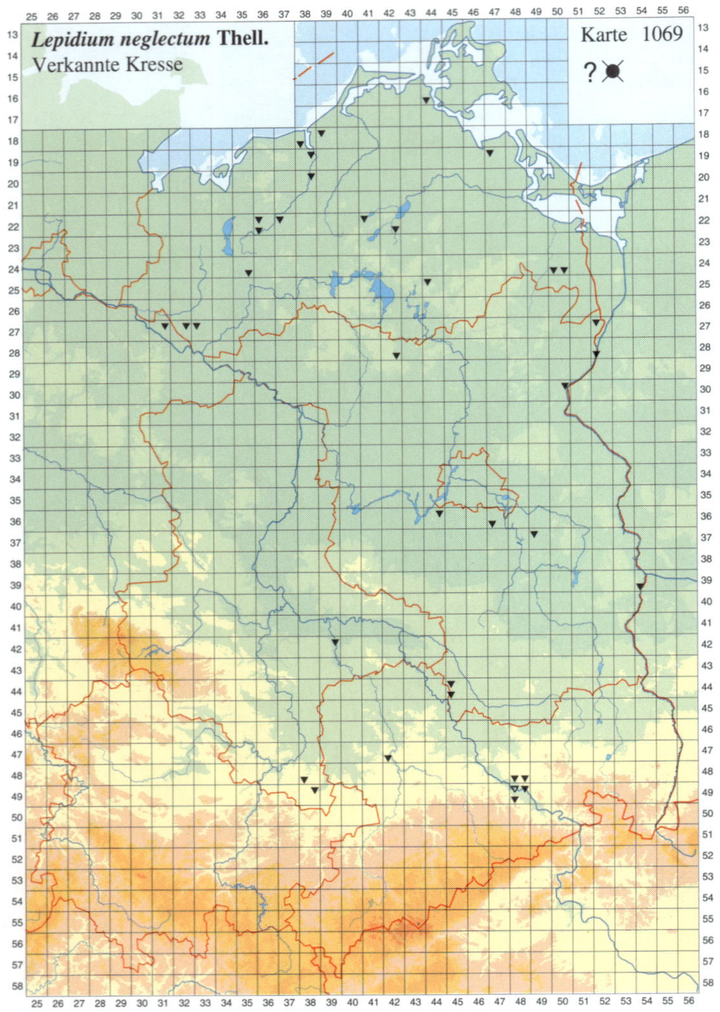
***Lepidium neglectum* Thell.**
Verkannte Kresse
Karte 1069

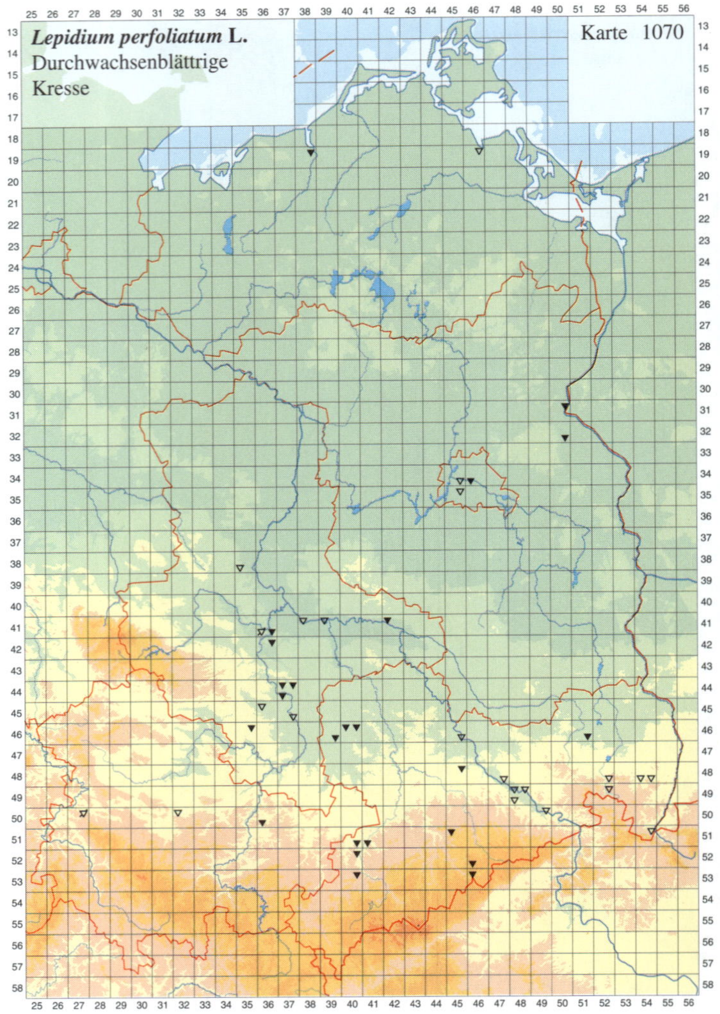
***Lepidium perfoliatum* L.**
Durchwachsenblättrige Kresse
Karte 1070

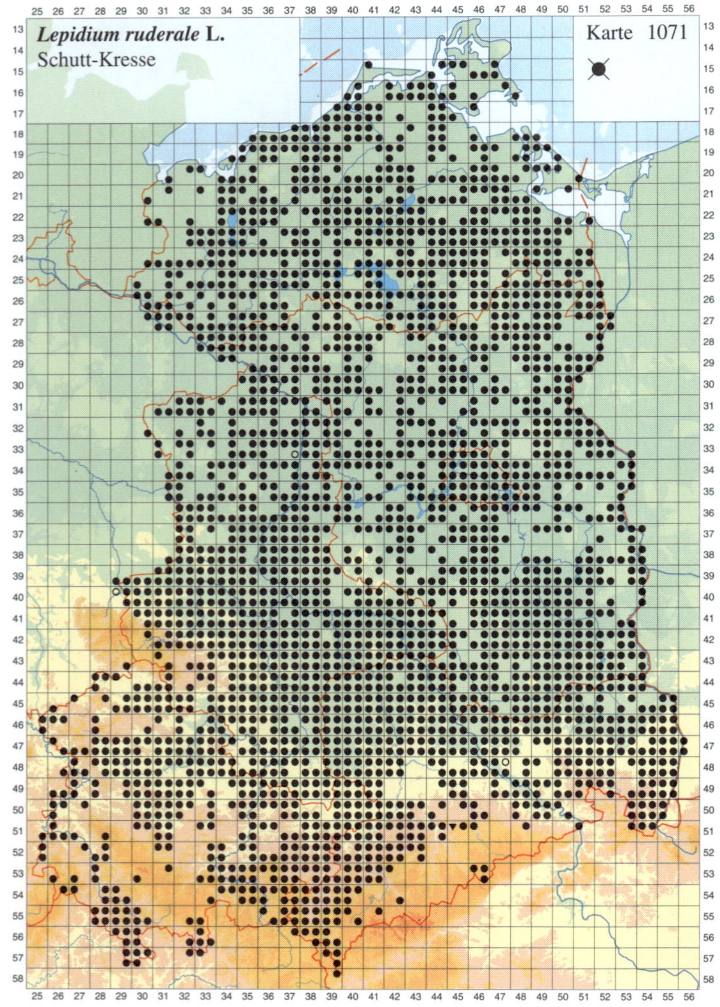
***Lepidium ruderale* L.**
Schutt-Kresse
Karte 1071

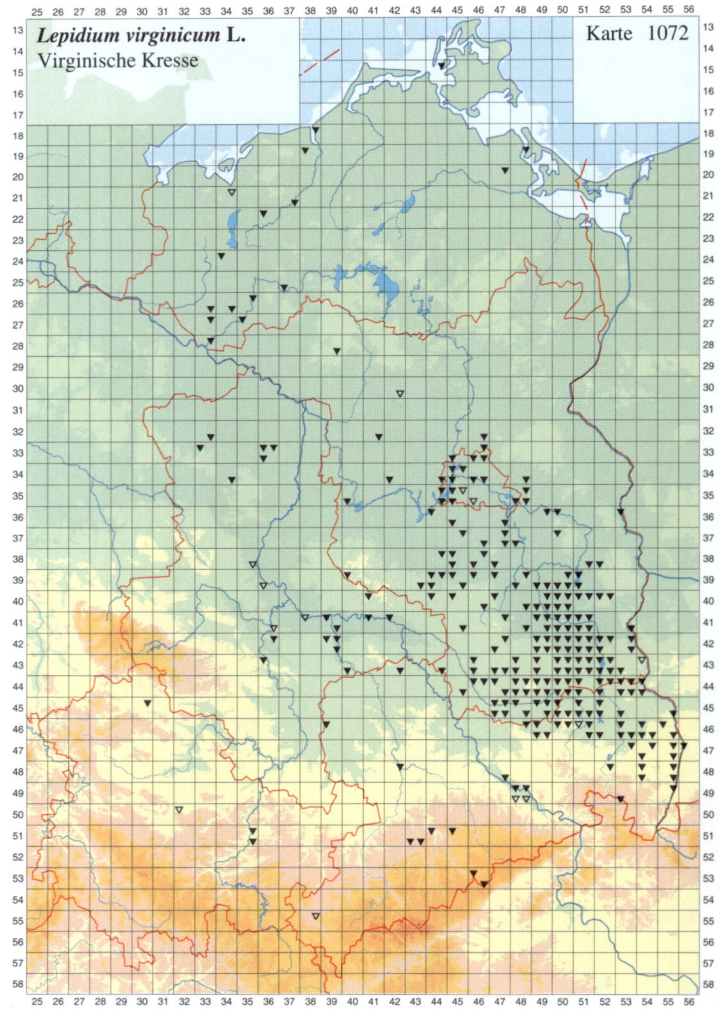
***Lepidium virginicum* L.**
Virginische Kresse
Karte 1072

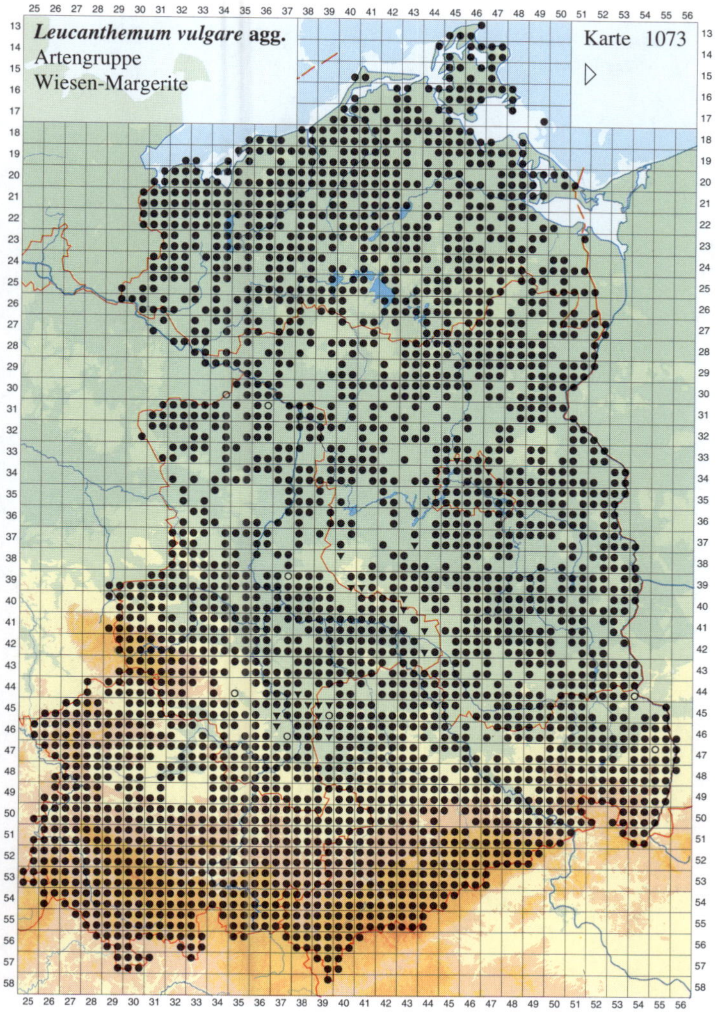
Leucanthemum vulgare agg.
Artengruppe
Wiesen-Margerite
Karte 1073
▷

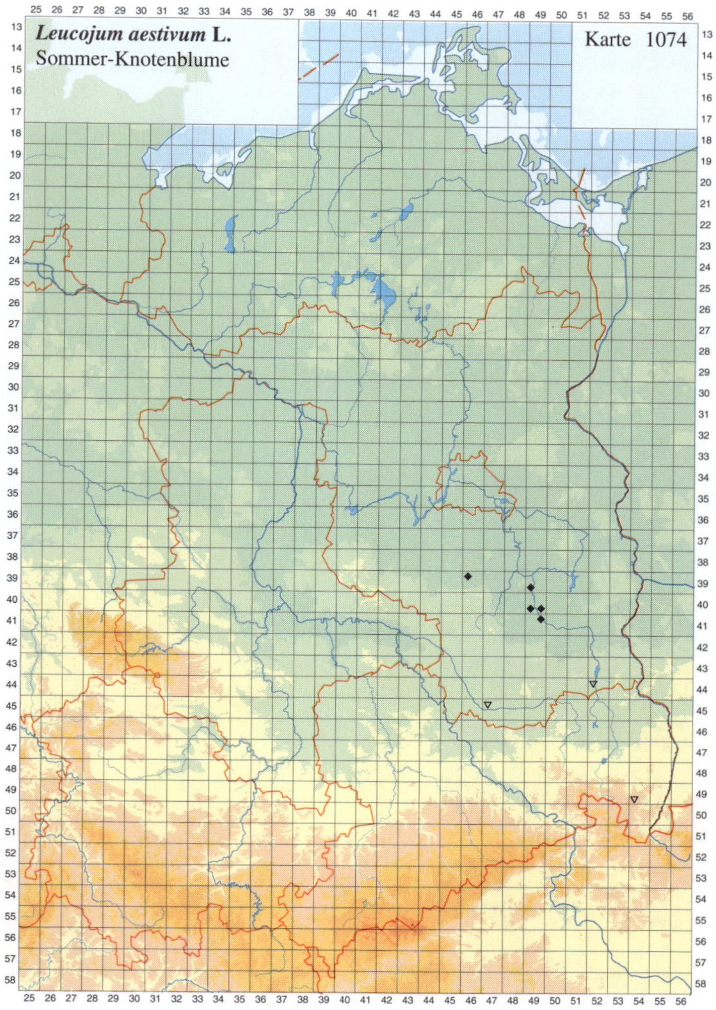
Leucojum aestivum L.
Sommer-Knotenblume
Karte 1074

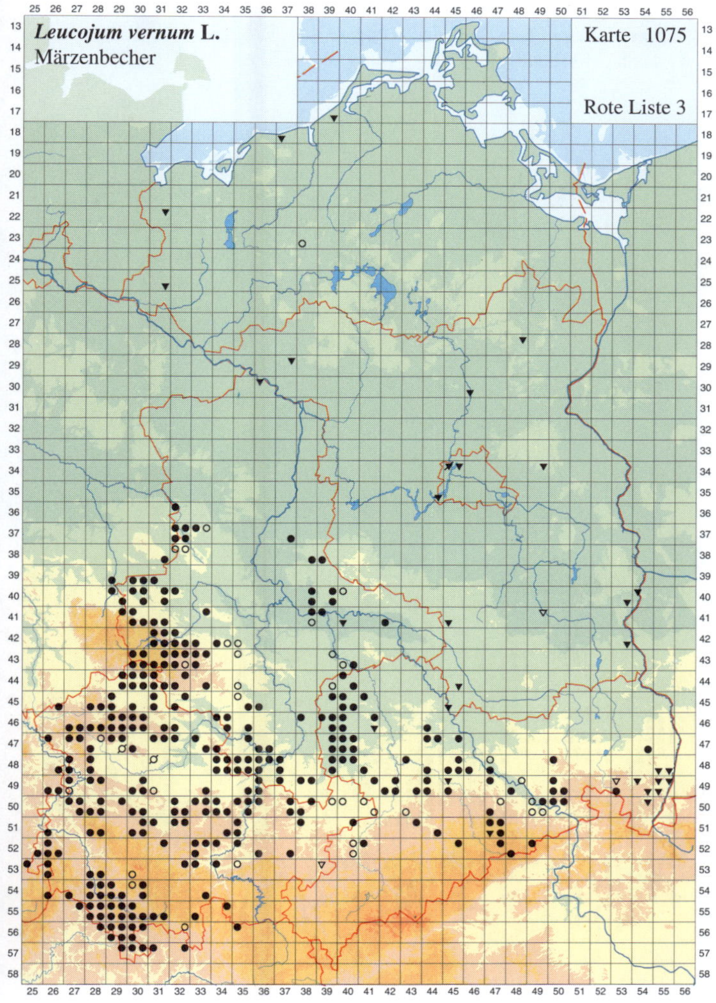
Leucojum vernum L.
Märzenbecher
Karte 1075
Rote Liste 3

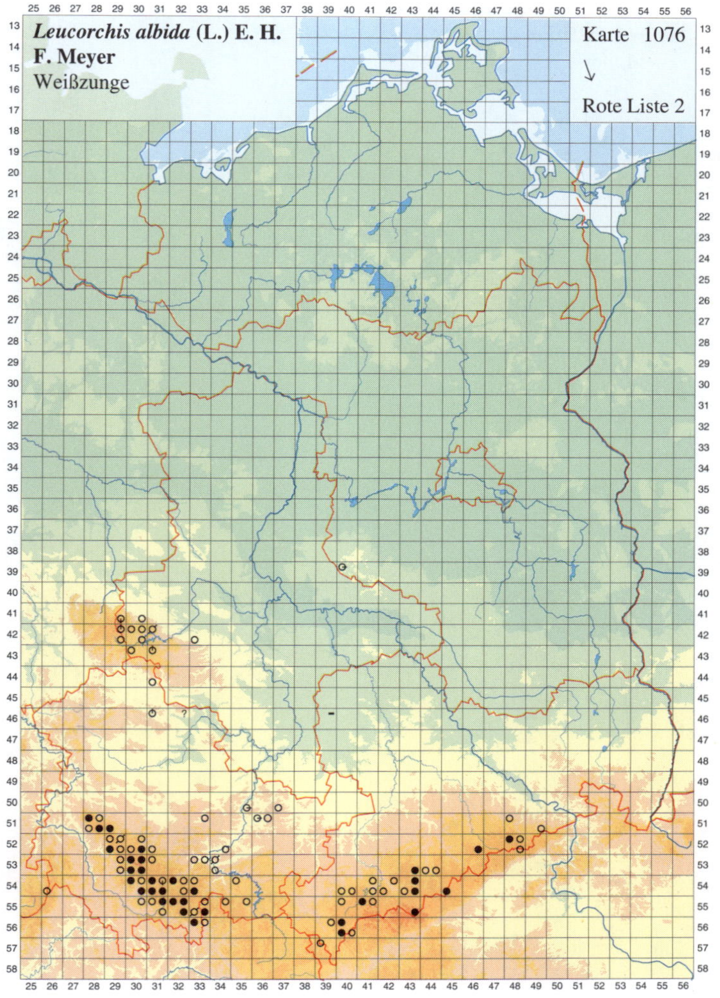
Leucorchis albida (L.) E. H. F. Meyer
Weißzunge
Karte 1076
↘
Rote Liste 2

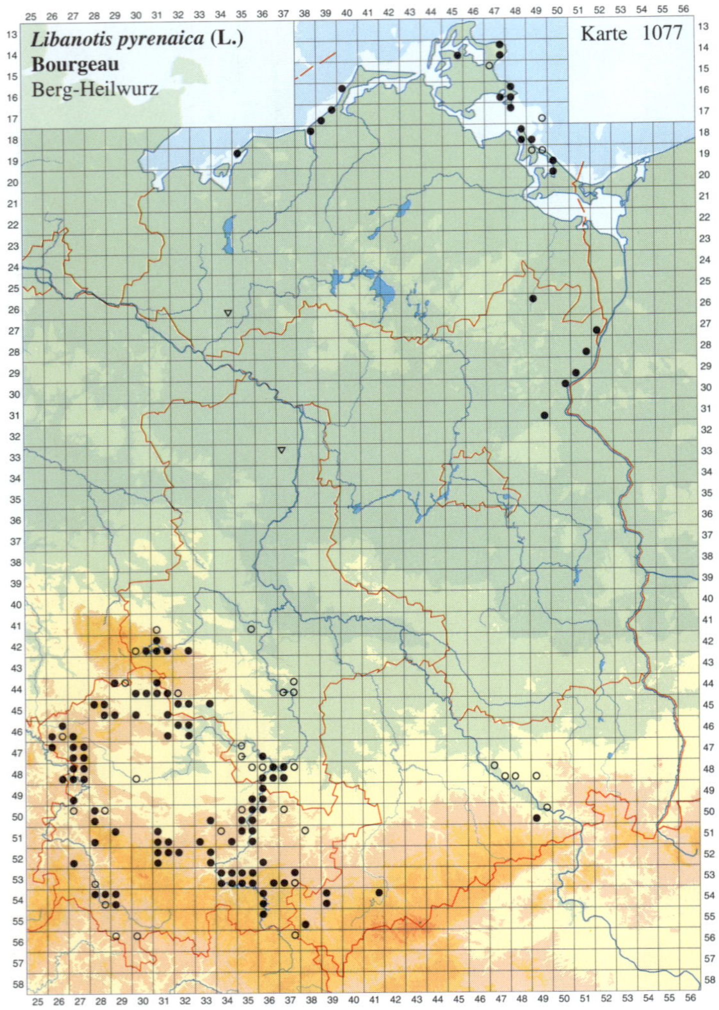
Libanotis pyrenaica (L.) Bourgeau
Berg-Heilwurz
Karte 1077

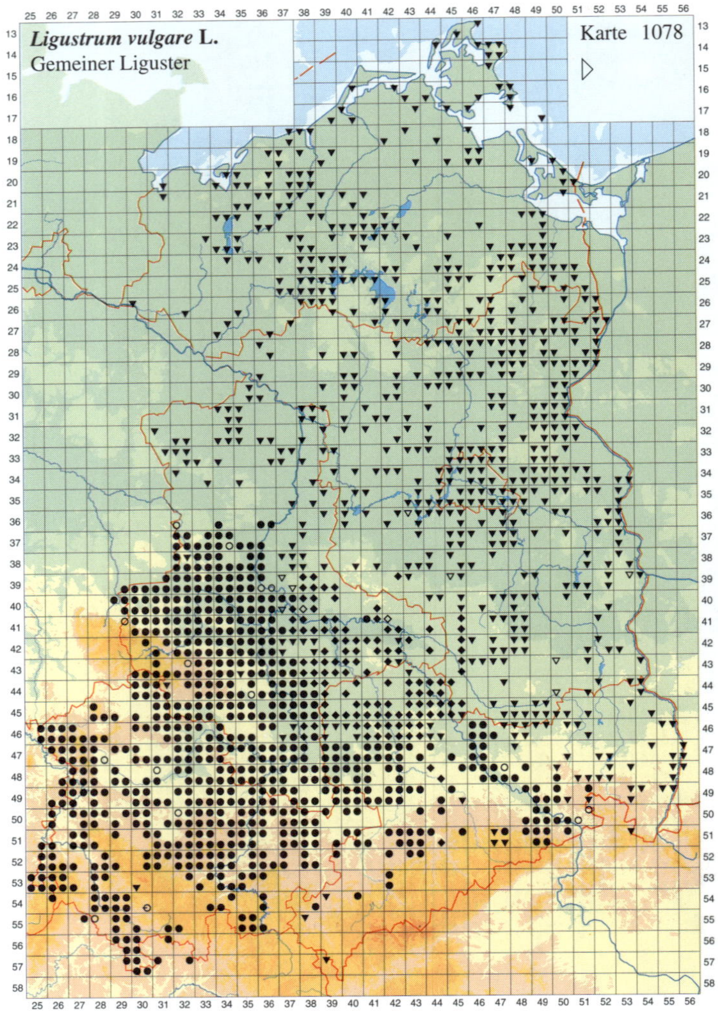
Ligustrum vulgare L.
Gemeiner Liguster
Karte 1078

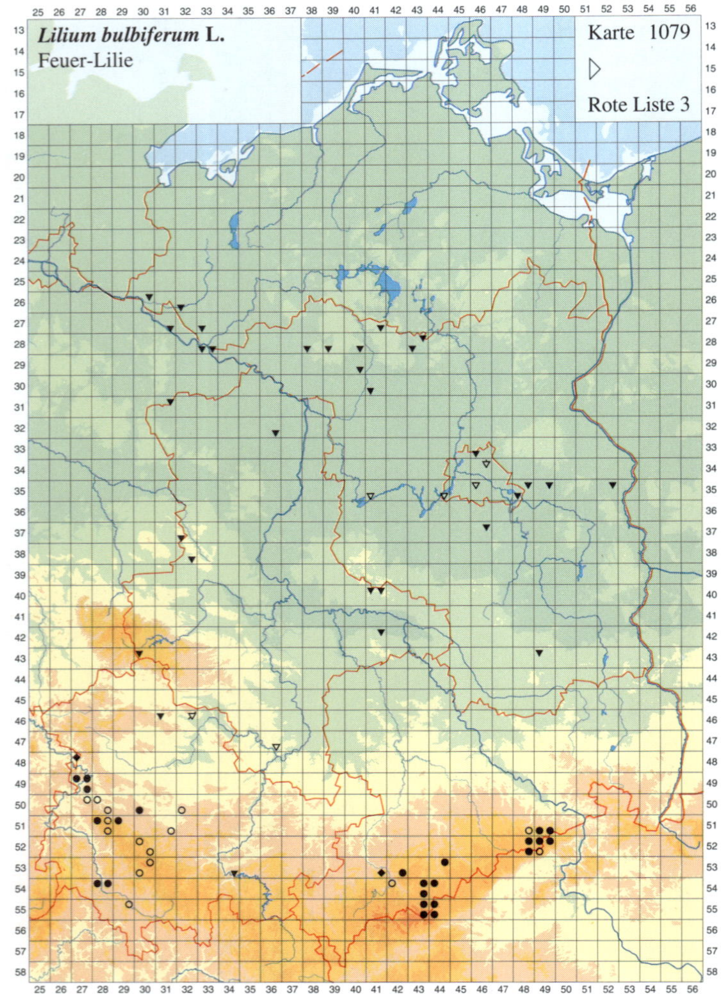
Lilium bulbiferum L.
Feuer-Lilie
Karte 1079
Rote Liste 3

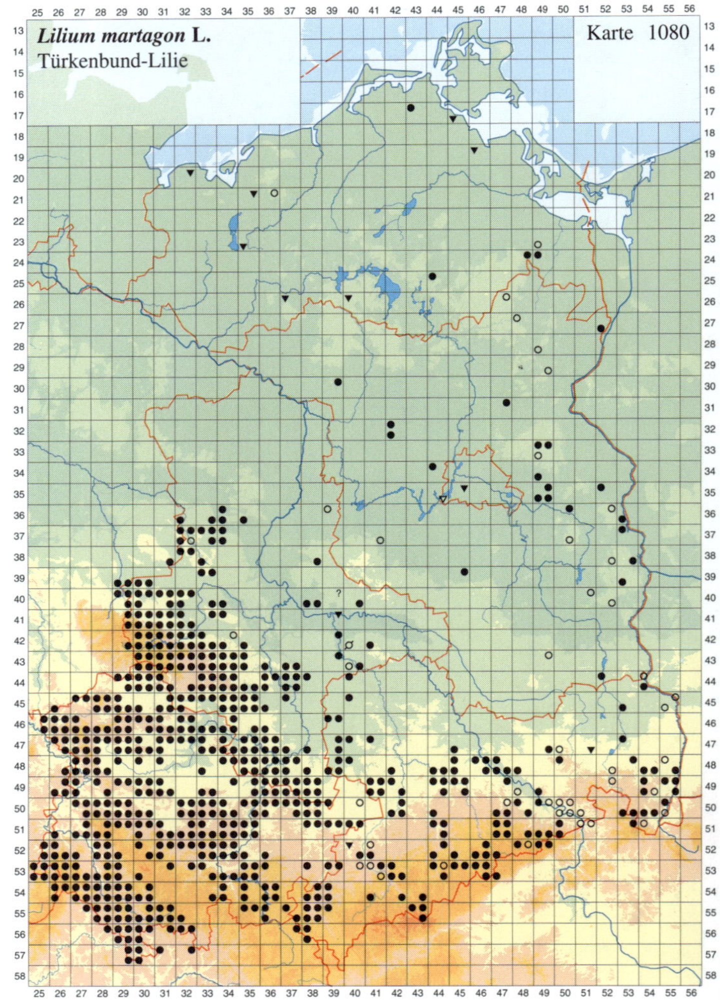
Lilium martagon L.
Türkenbund-Lilie
Karte 1080

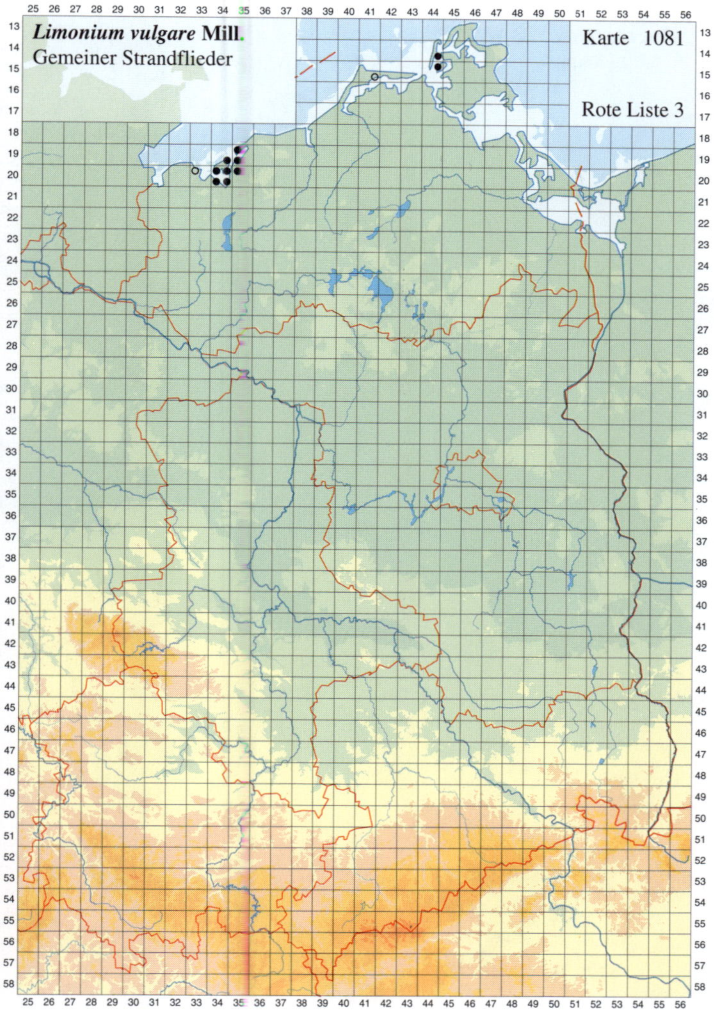
Limonium vulgare Mill.
Gemeiner Strandflieder
Karte 1081
Rote Liste 3

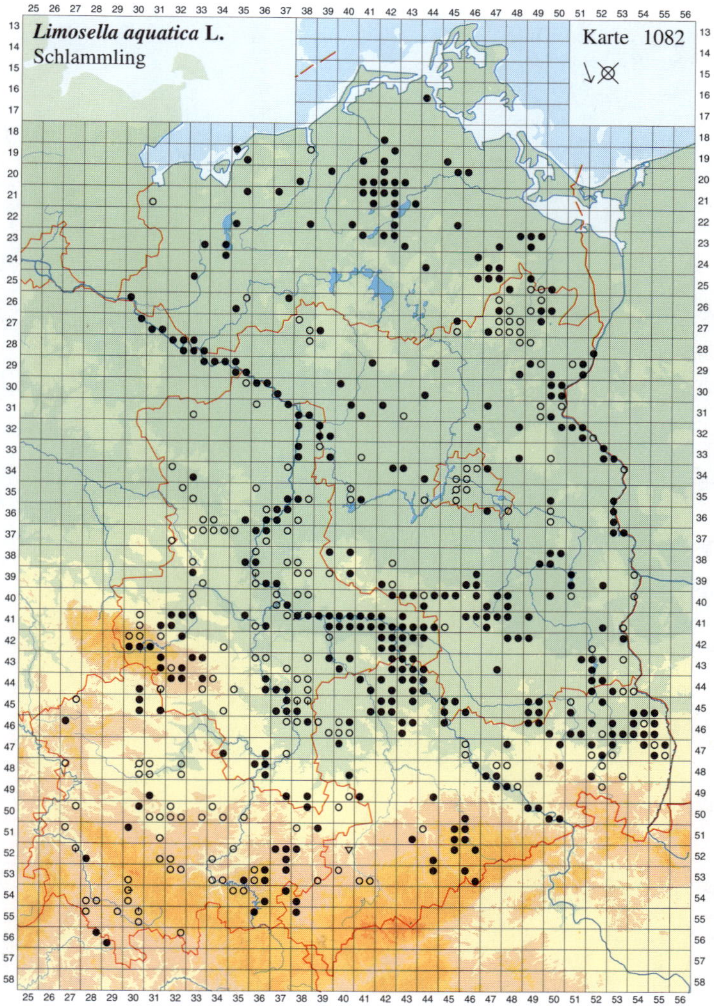
Limosella aquatica L.
Schlammling
Karte 1082

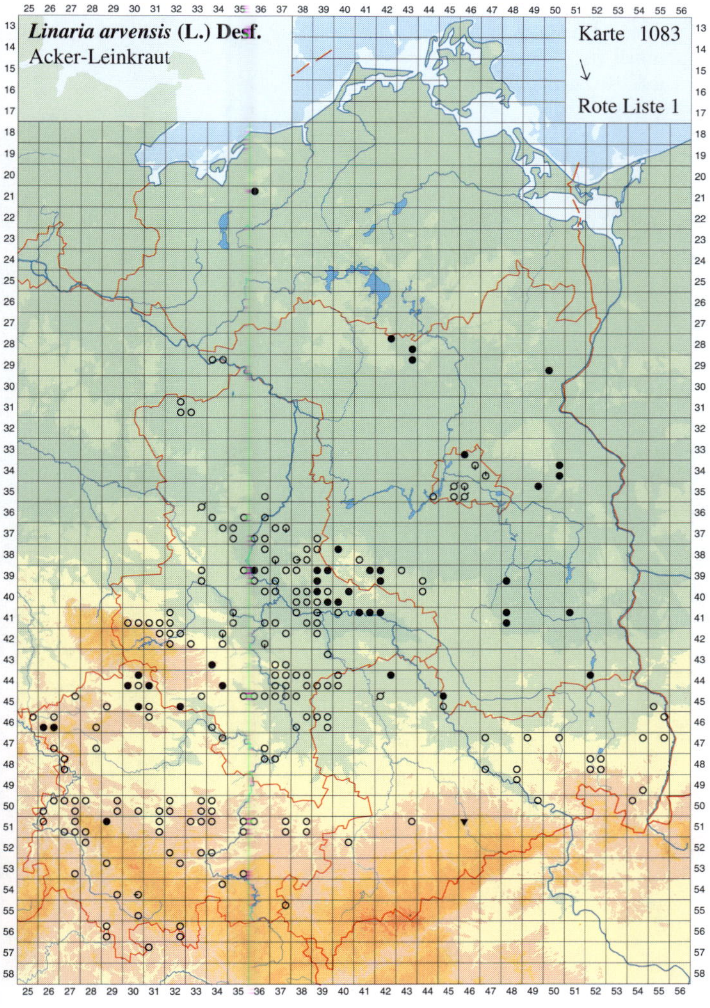
Linaria arvensis (L.) Desf.
Acker-Leinkraut
Karte 1083
Rote Liste 1

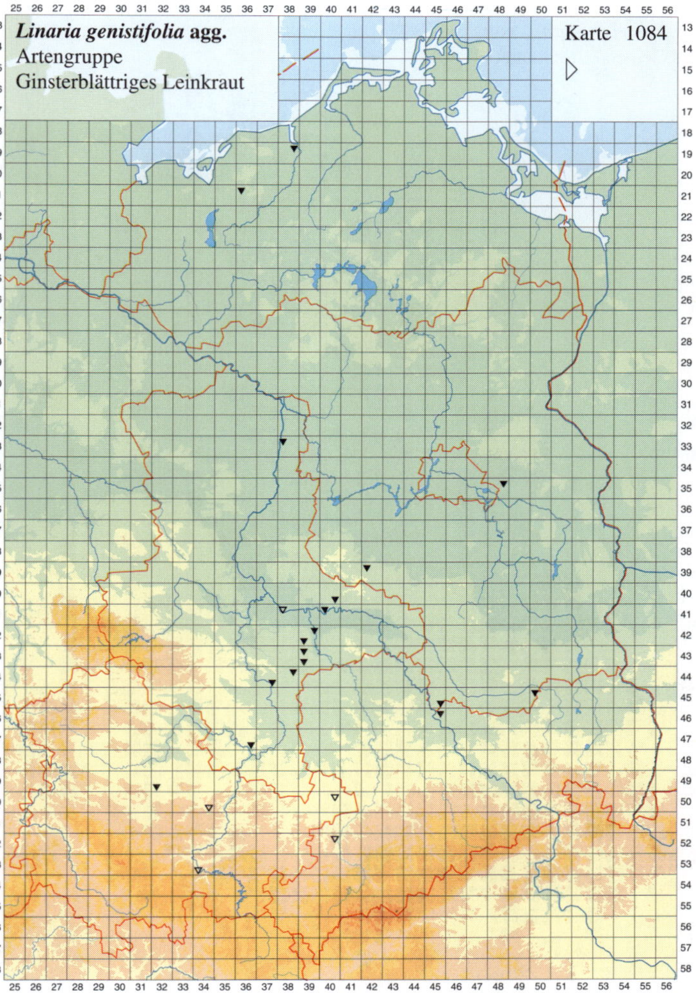
Linaria genistifolia agg.
Artengruppe
Ginsterblättriges Leinkraut
Karte 1084

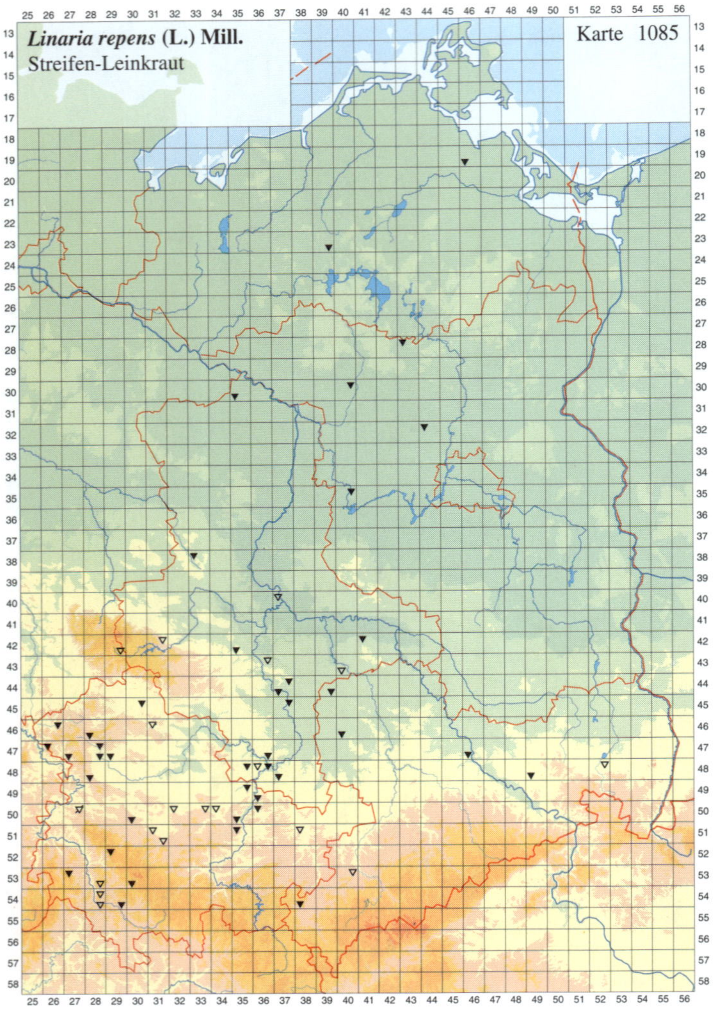
Linaria repens (L.) Mill.
Streifen-Leinkraut
Karte 1085

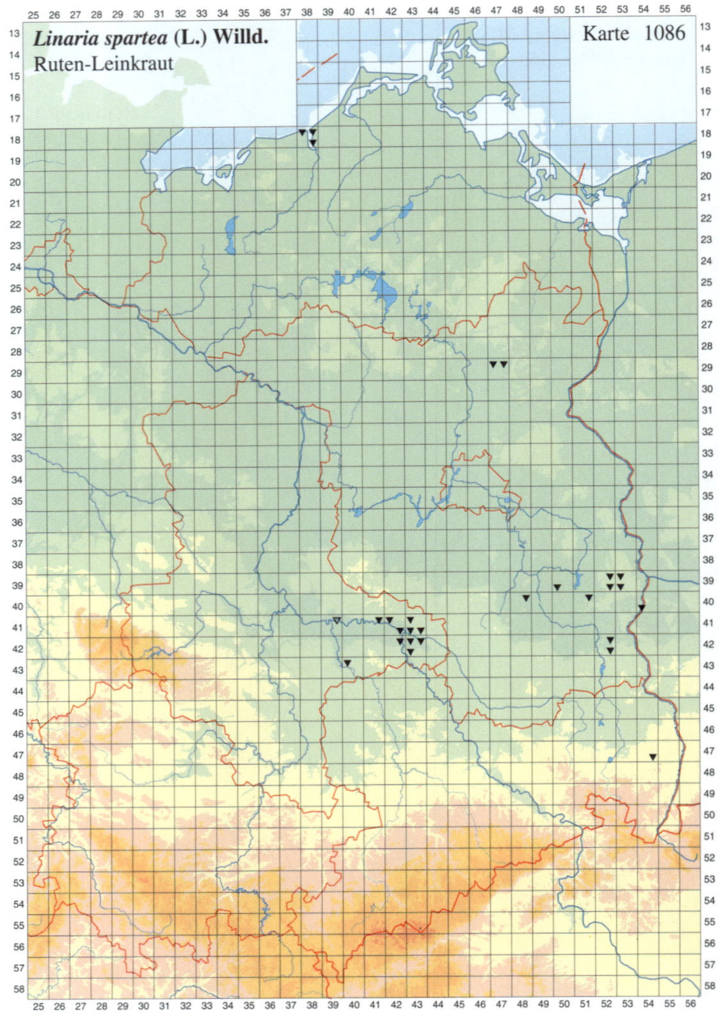
Linaria spartea (L.) Willd.
Ruten-Leinkraut
Karte 1086

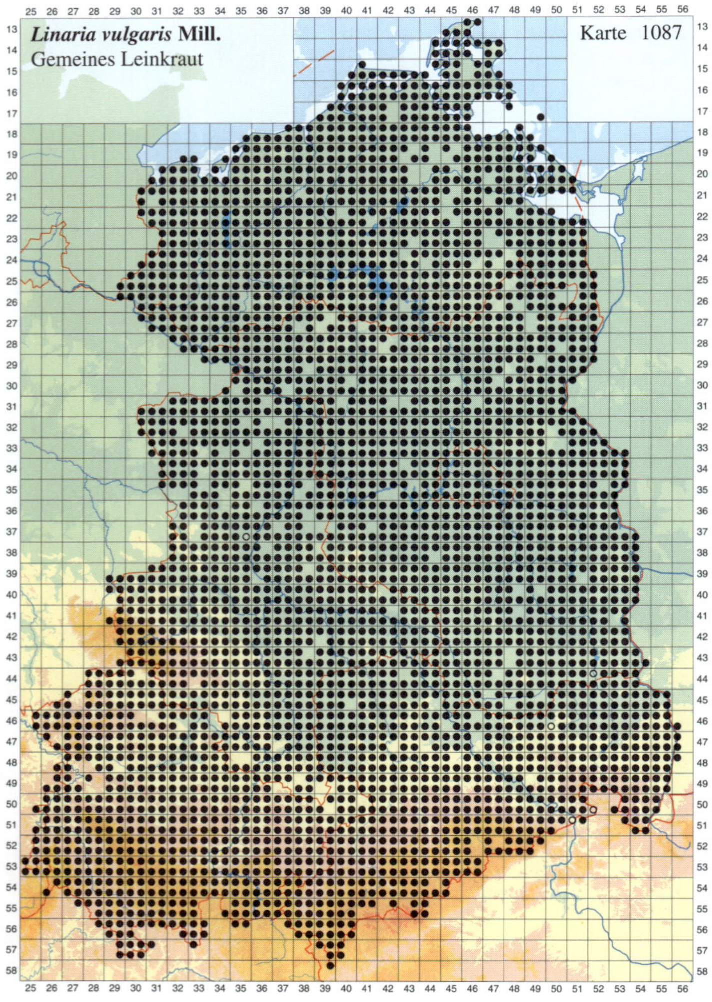
Linaria vulgaris Mill.
Gemeines Leinkraut
Karte 1087

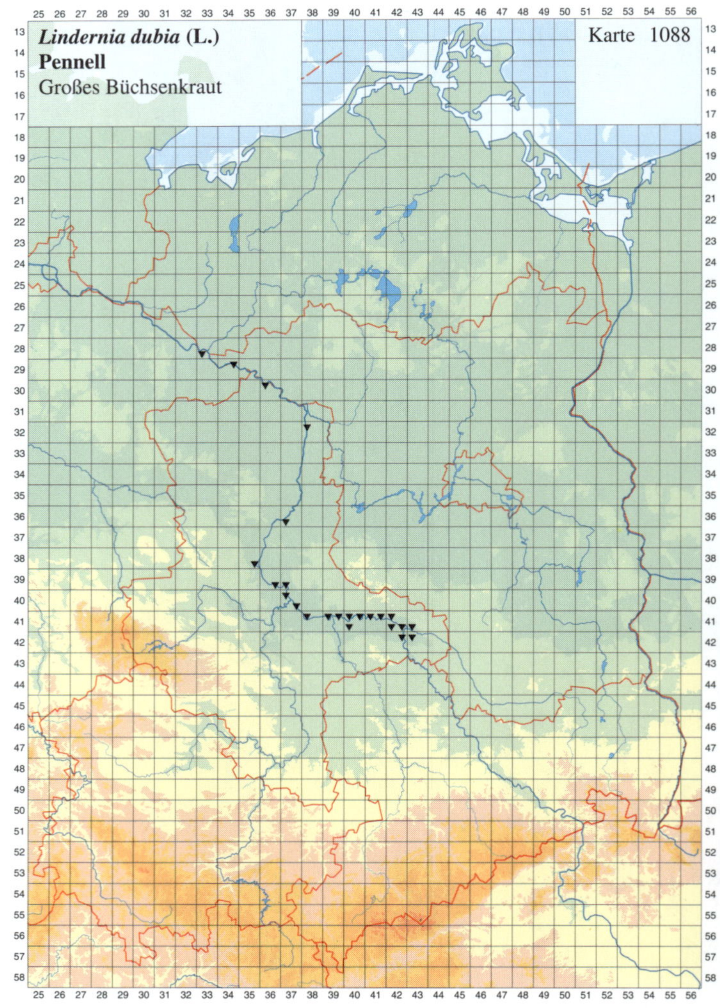
Lindernia dubia (L.) Pennell
Großes Büchsenkraut
Karte 1088

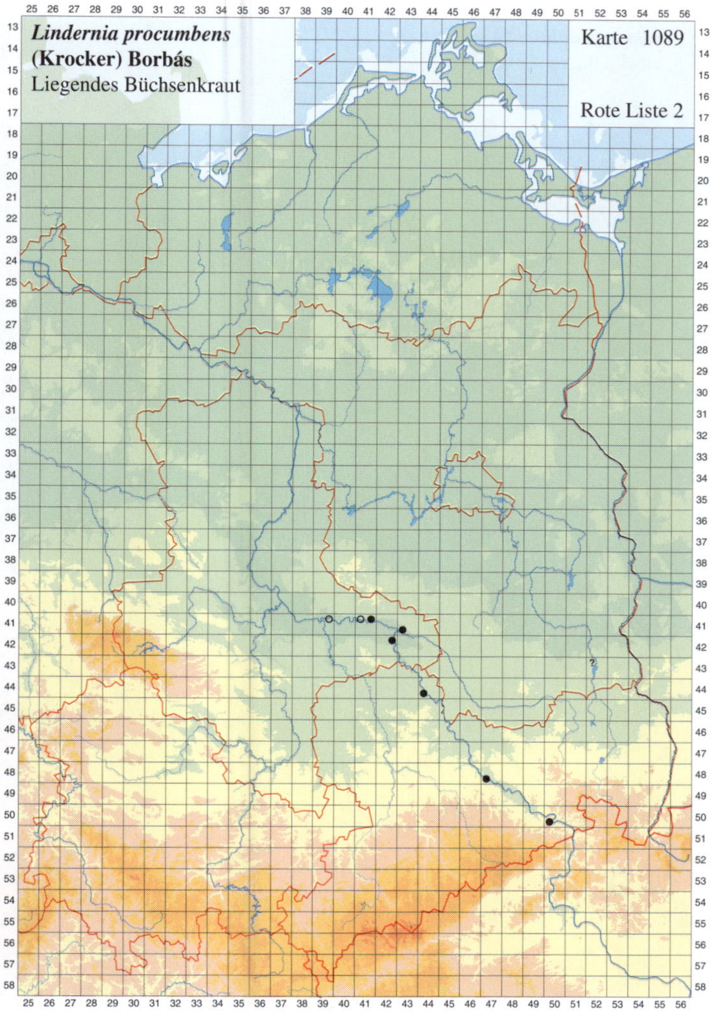

Lindernia procumbens
(Krocker) Borbás
Liegendes Büchsenkraut
Karte 1089
Rote Liste 2

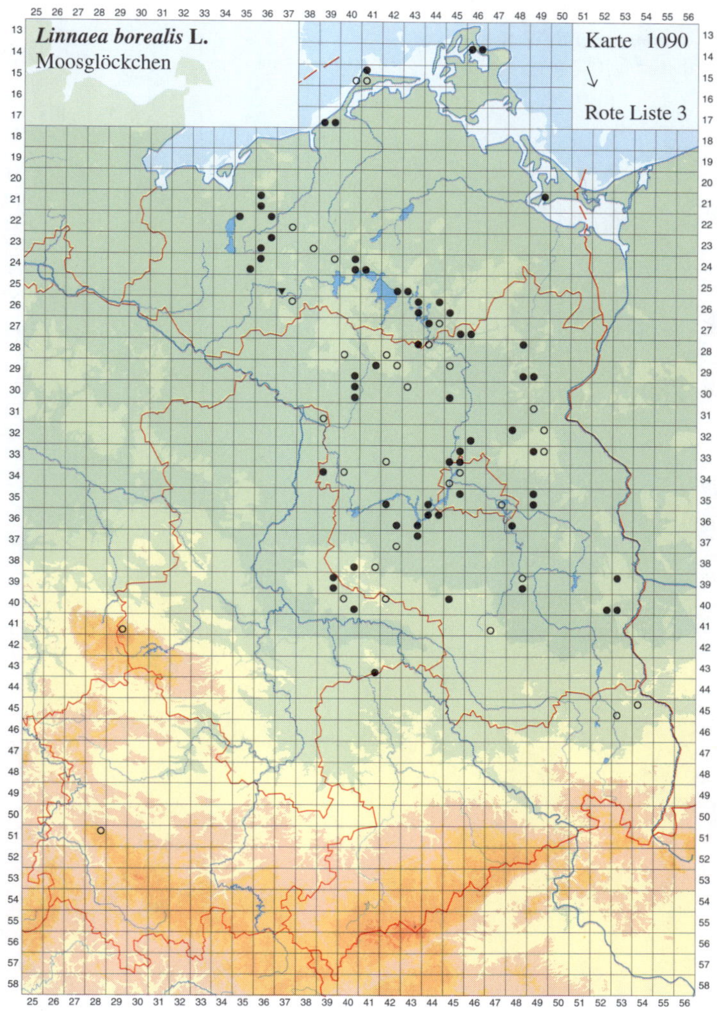

Linnaea borealis L.
Moosglöckchen
Karte 1090
Rote Liste 3

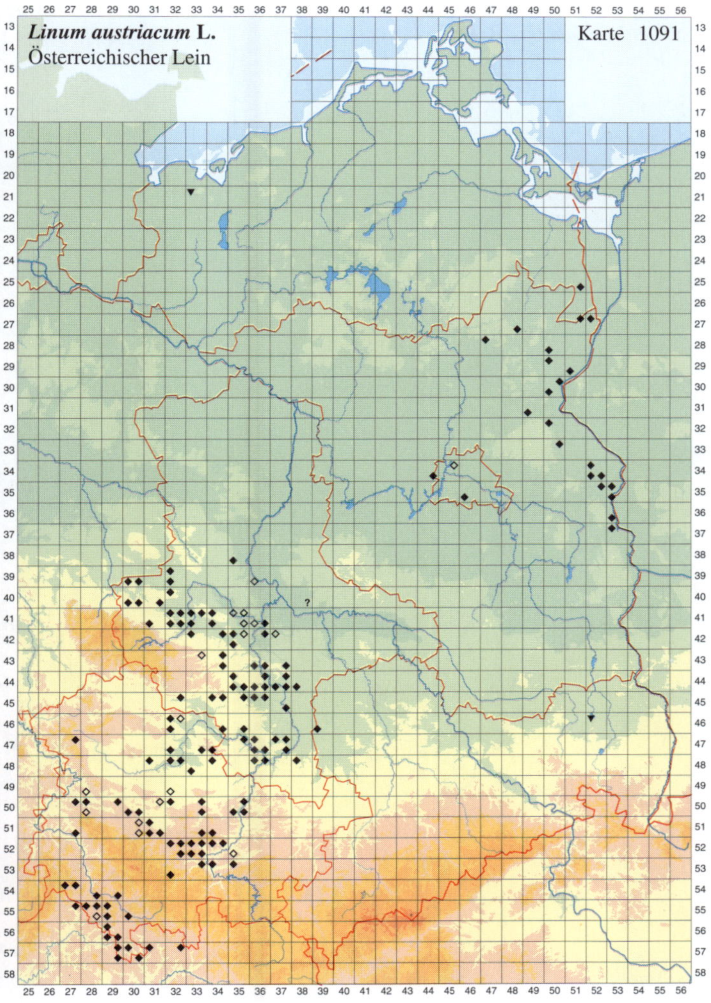

Linum austriacum L.
Österreichischer Lein
Karte 1091

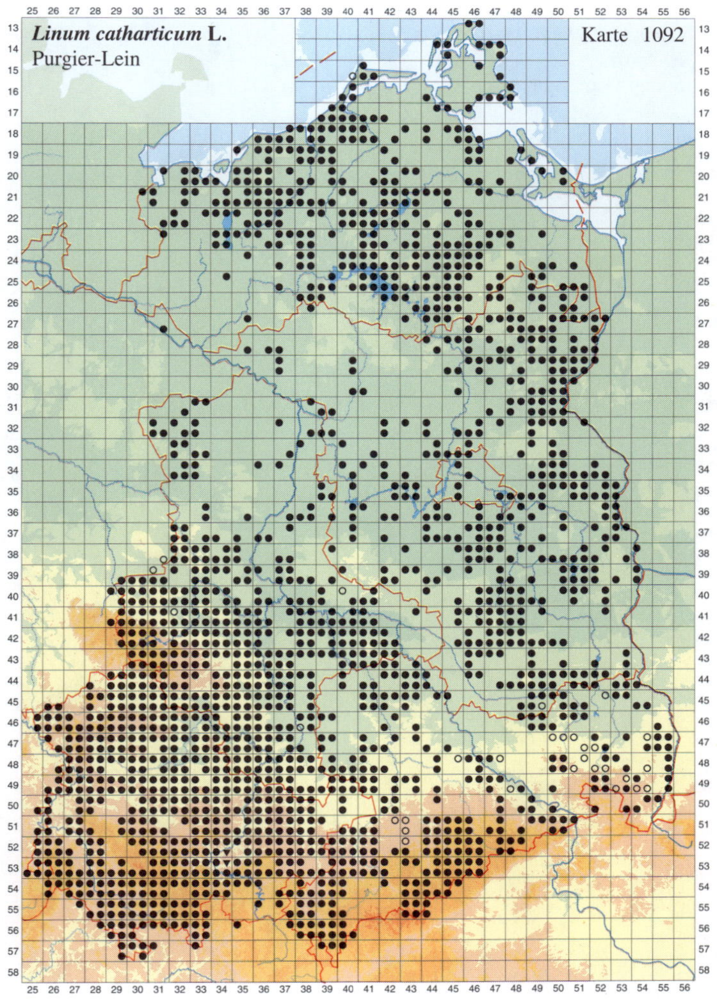

Linum catharticum L.
Purgier-Lein
Karte 1092

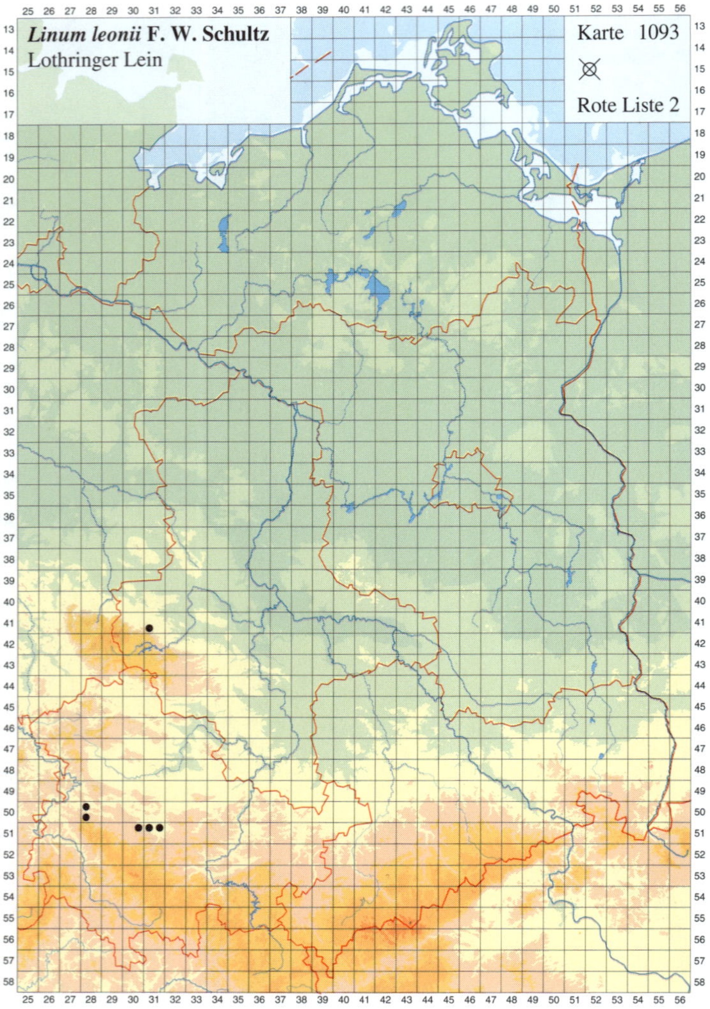
Linum leonii **F. W. Schultz**
Lothringer Lein
Karte 1093
Rote Liste 2

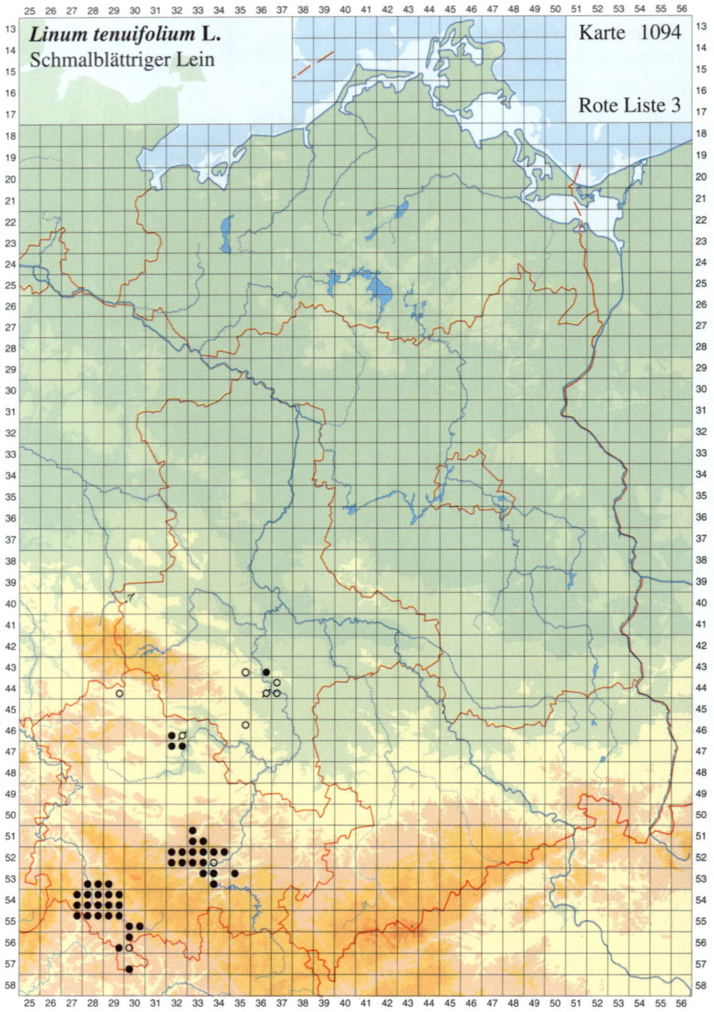
Linum tenuifolium **L.**
Schmalblättriger Lein
Karte 1094
Rote Liste 3

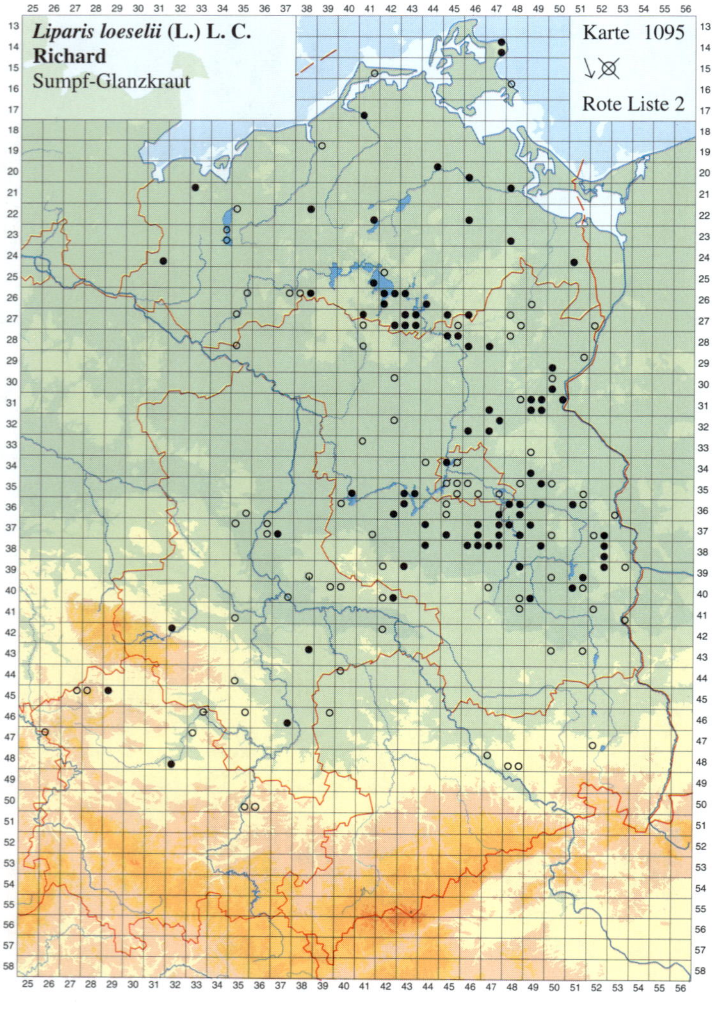
Liparis loeselii **(L.) L. C. Richard**
Sumpf-Glanzkraut
Karte 1095
Rote Liste 2

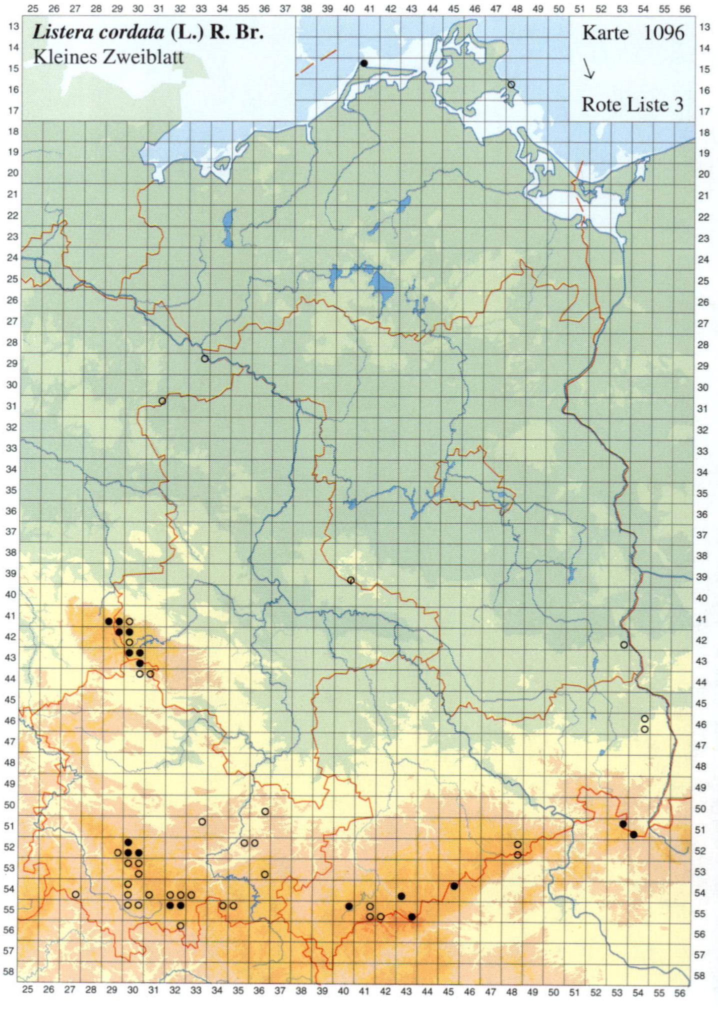
Listera cordata **(L.) R. Br.**
Kleines Zweiblatt
Karte 1096
Rote Liste 3

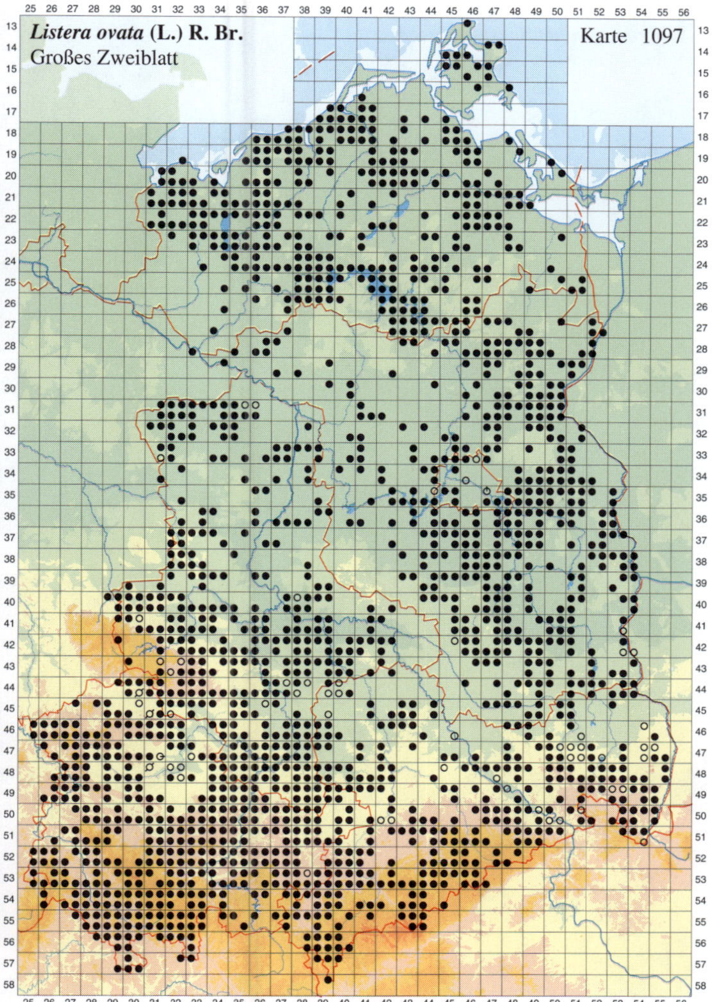
Listera ovata (L.) R. Br.
Großes Zweiblatt
Karte 1097

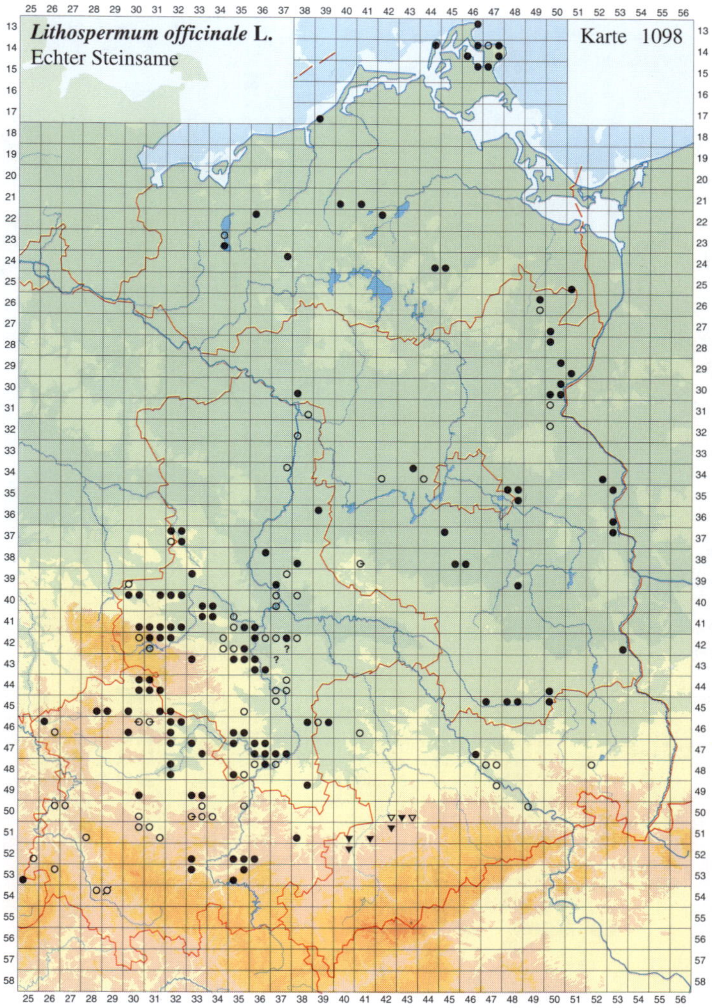
Lithospermum officinale L.
Echter Steinsame
Karte 1098

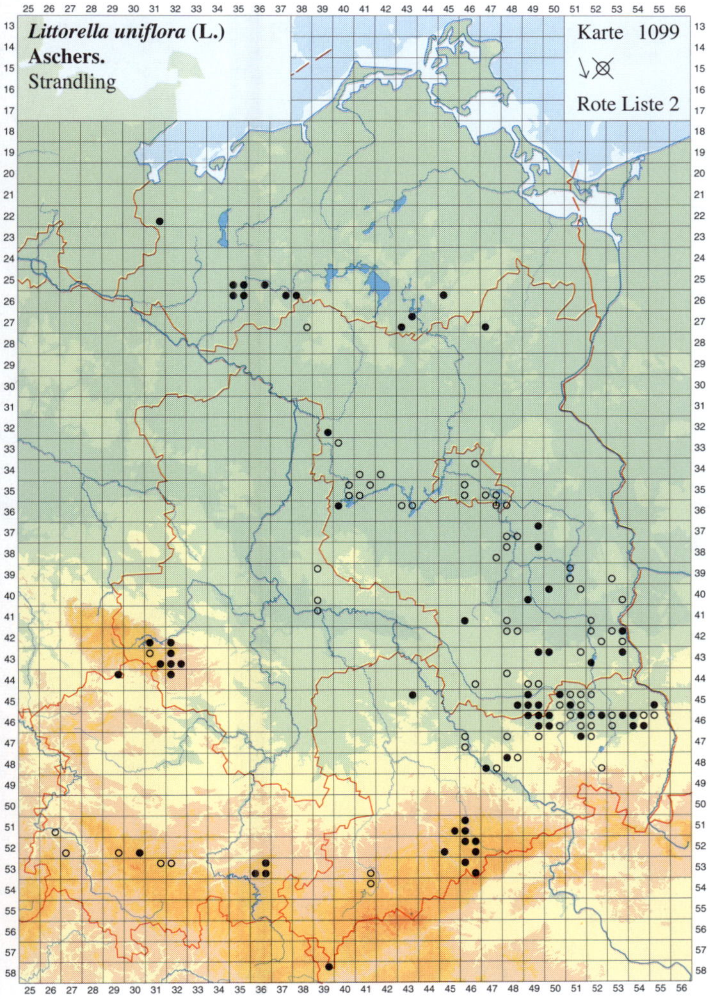
Littorella uniflora (L.) Aschers.
Strandling
Karte 1099
Rote Liste 2

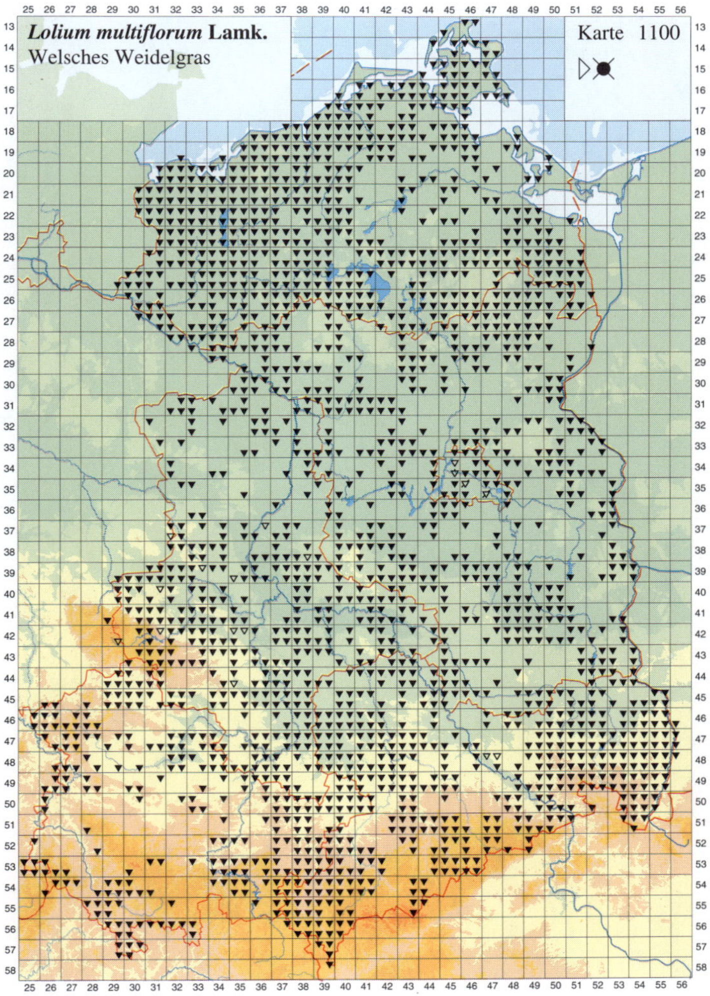
Lolium multiflorum Lamk.
Welsches Weidelgras
Karte 1100

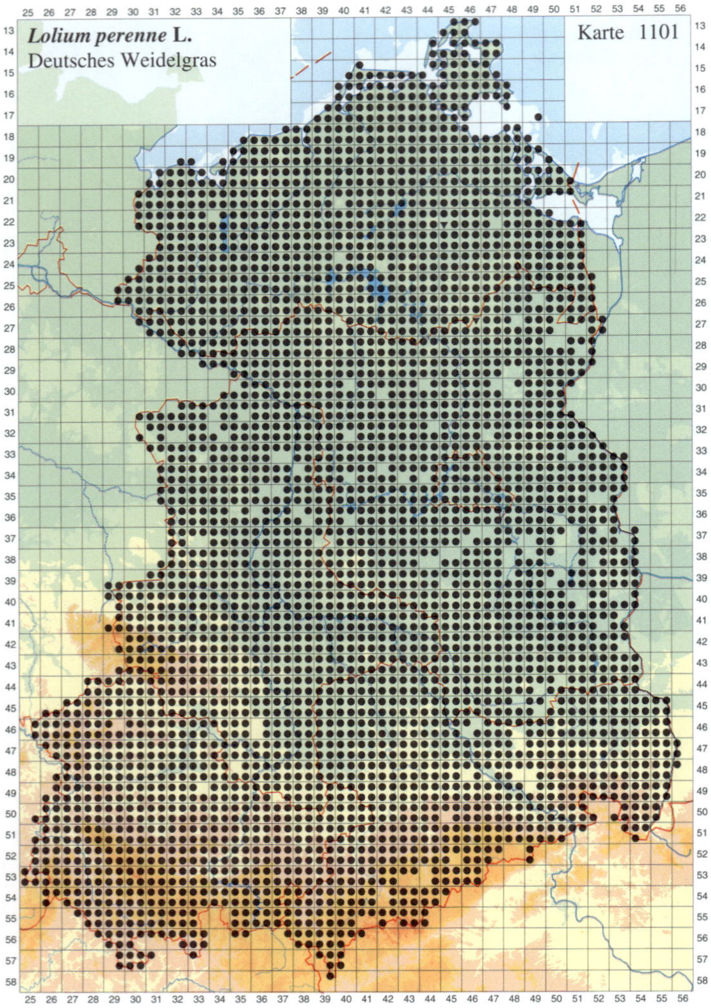
Lolium perenne L.
Deutsches Weidelgras
Karte 1101

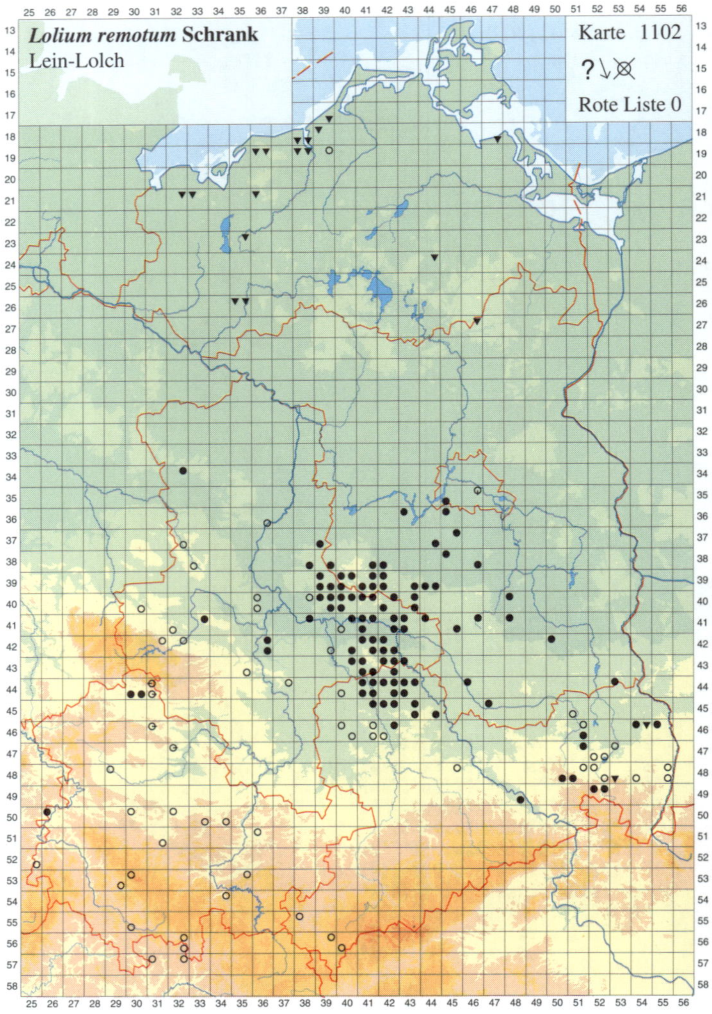
Lolium remotum Schrank
Lein-Lolch
Karte 1102
Rote Liste 0

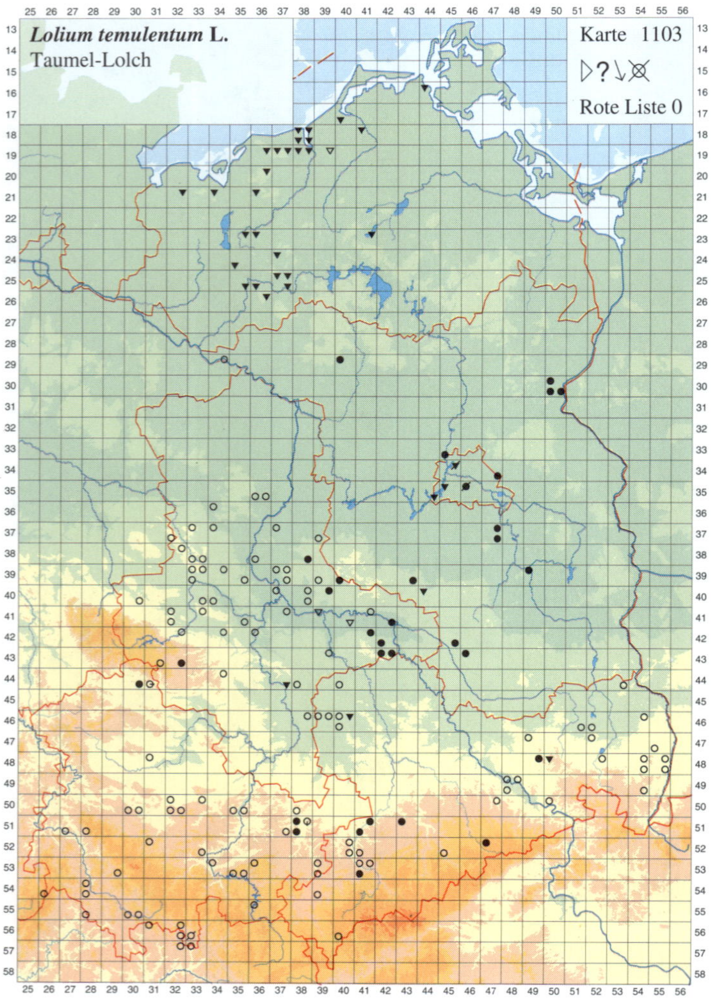
Lolium temulentum L.
Taumel-Lolch
Karte 1103
Rote Liste 0

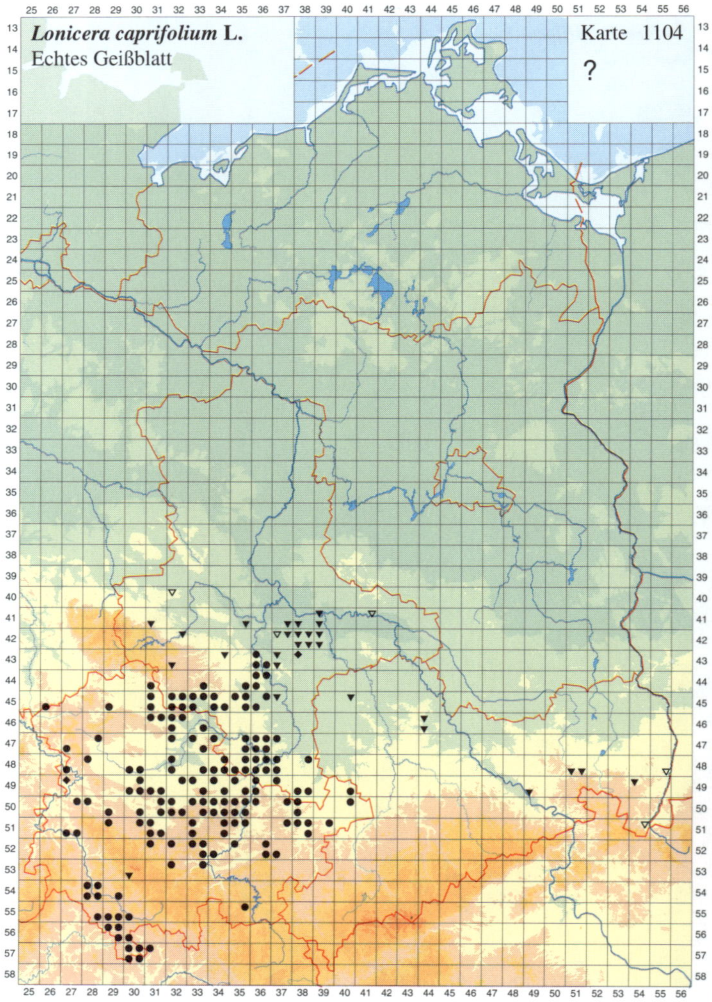
Lonicera caprifolium L.
Echtes Geißblatt
Karte 1104
?

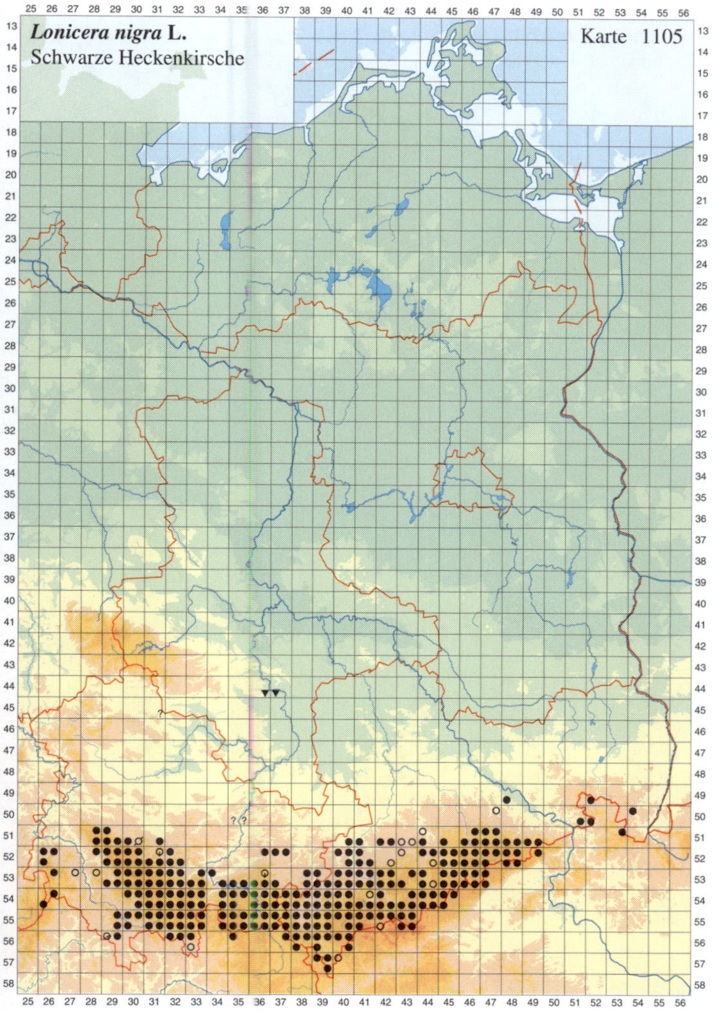
Lonicera nigra L.
Schwarze Heckenkirsche
Karte 1105

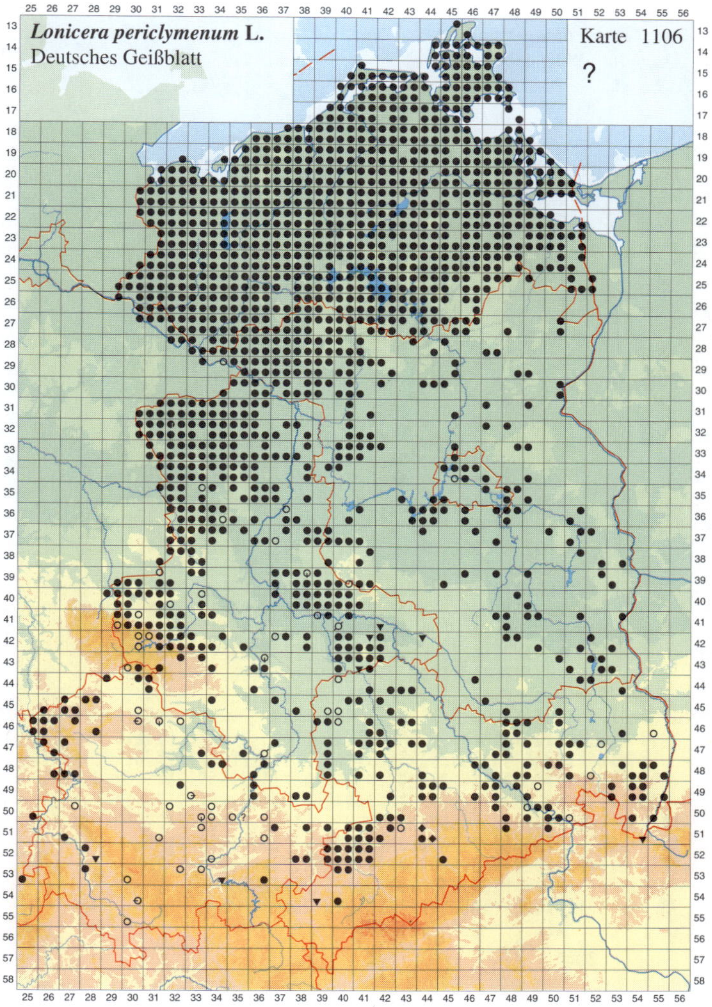
Lonicera periclymenum L.
Deutsches Geißblatt
Karte 1106
?

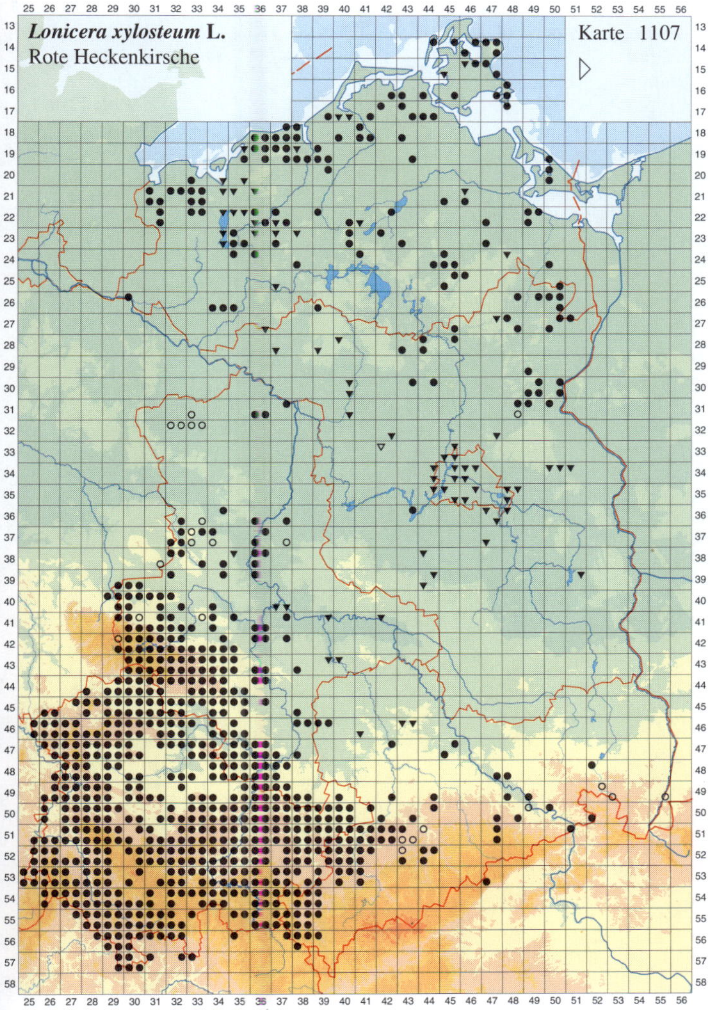
Lonicera xylosteum L.
Rote Heckenkirsche
Karte 1107
▷

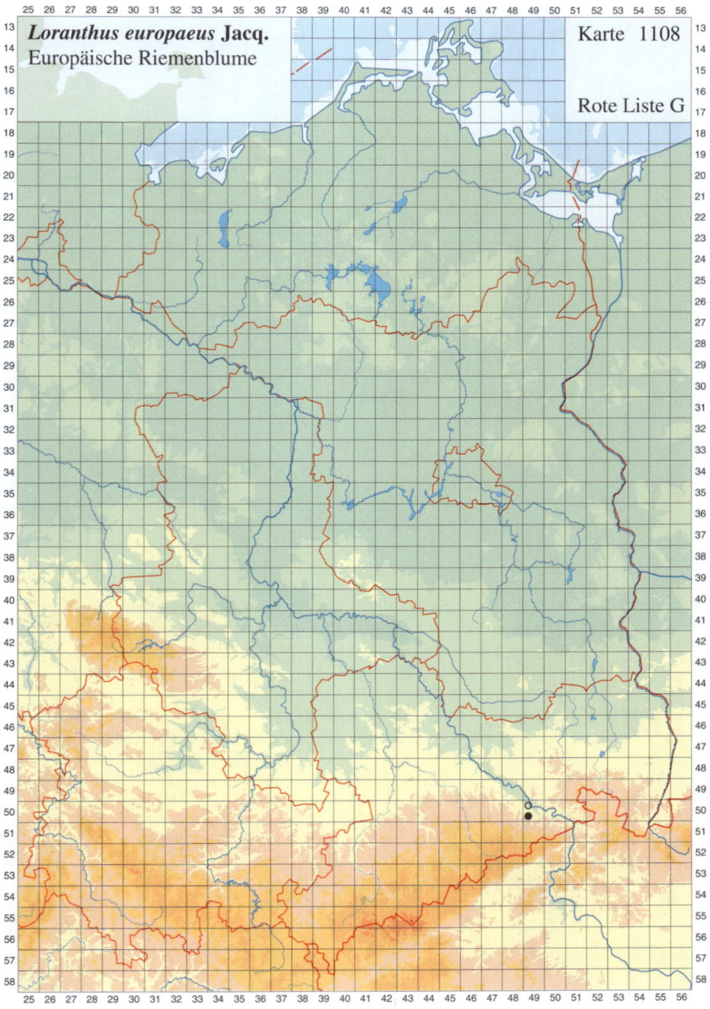
Loranthus europaeus Jacq.
Europäische Riemenblume
Karte 1108
Rote Liste G

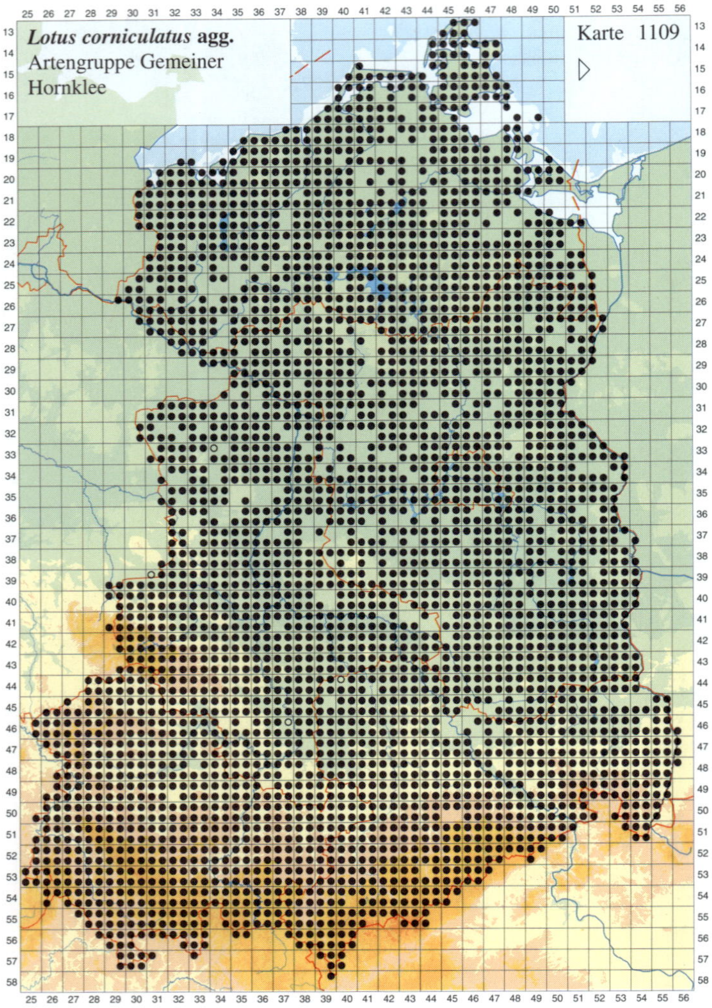
Lotus corniculatus **agg.**
Artengruppe Gemeiner Hornklee
Karte 1109

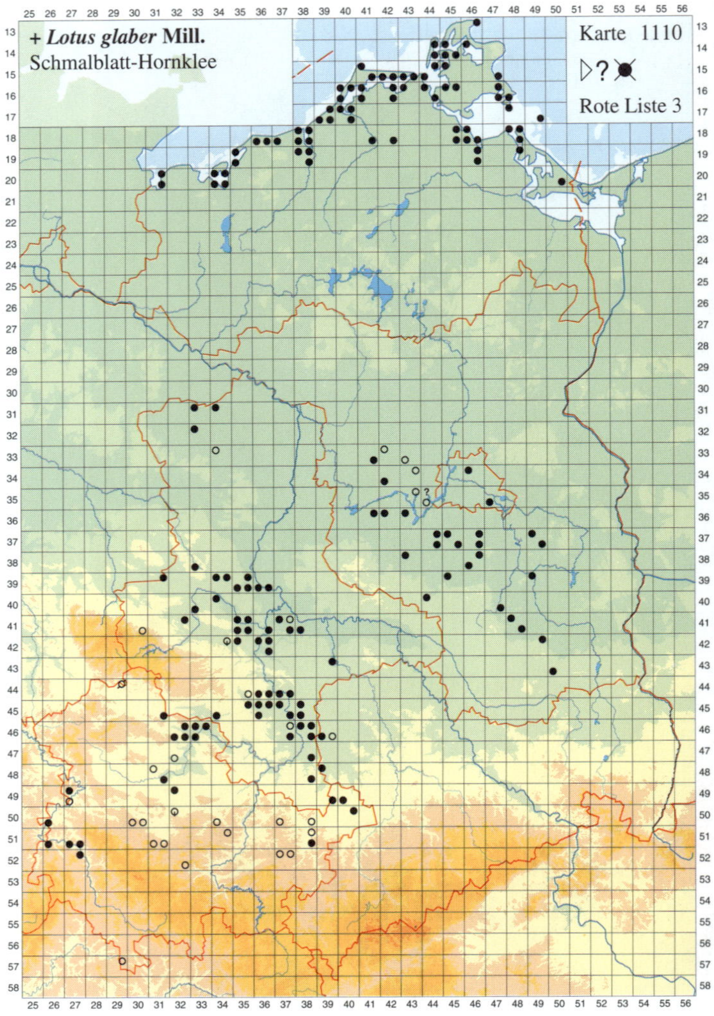
+ *Lotus glaber* Mill.
Schmalblatt-Hornklee
Karte 1110
Rote Liste 3

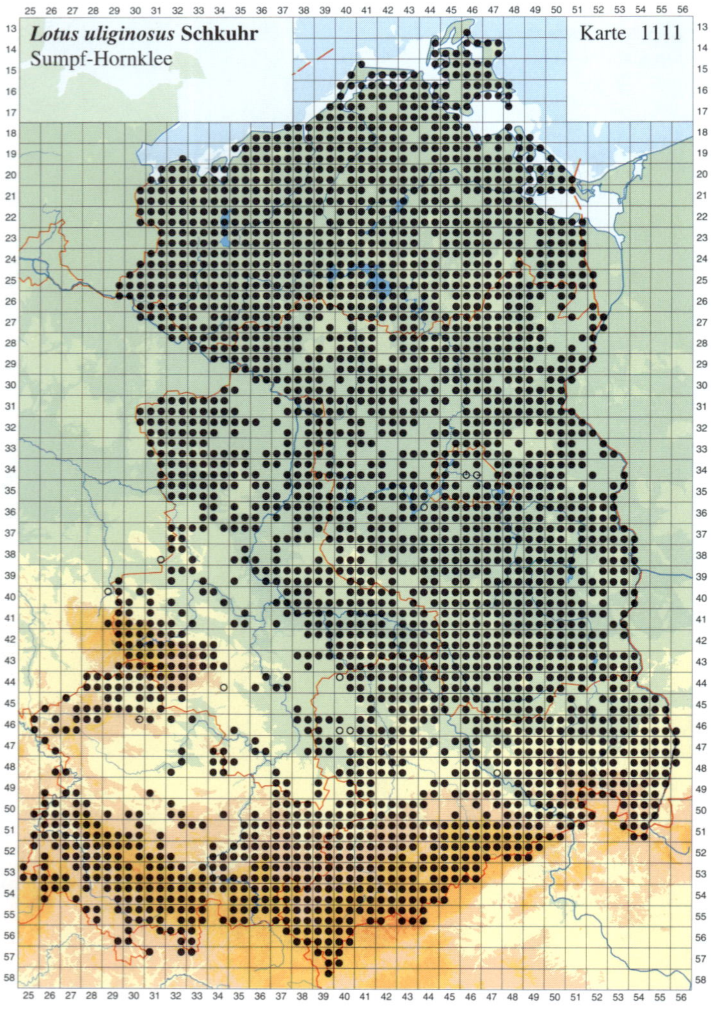
***Lotus uliginosus* Schkuhr**
Sumpf-Hornklee
Karte 1111

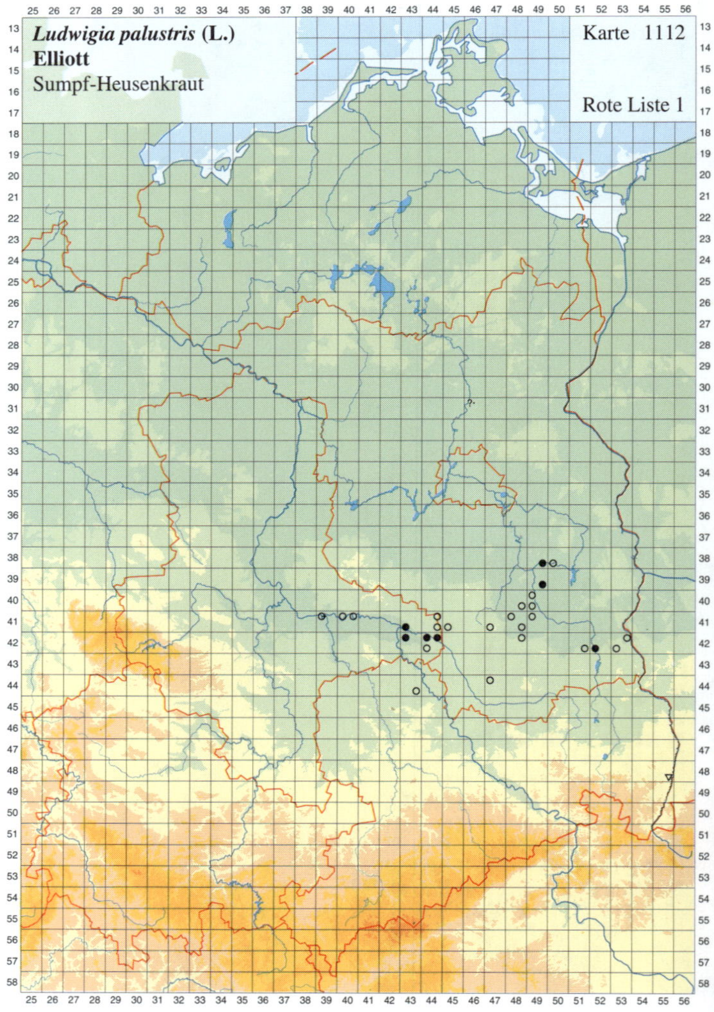
***Ludwigia palustris* (L.) Elliott**
Sumpf-Heusenkraut
Karte 1112
Rote Liste 1

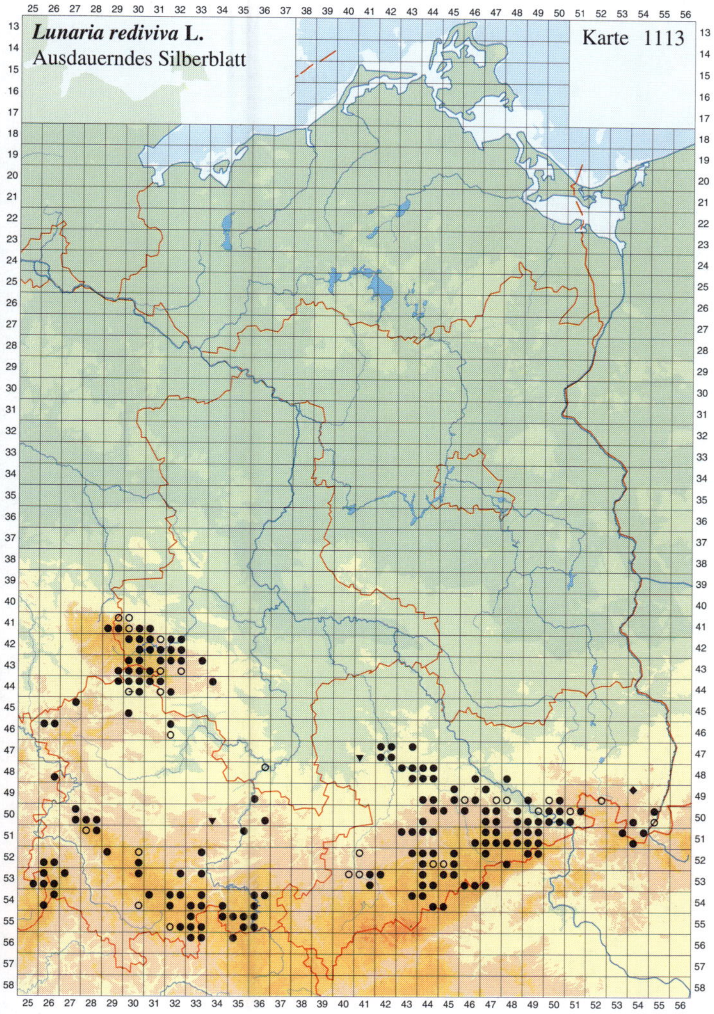
Lunaria rediviva L.
Ausdauerndes Silberblatt
Karte 1113

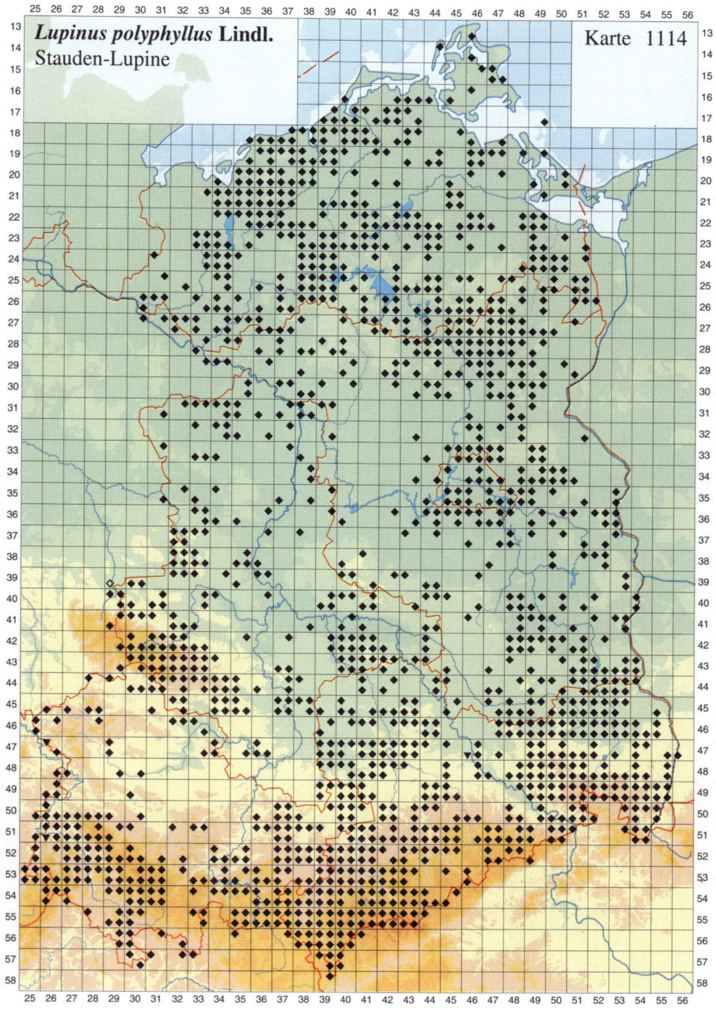
Lupinus polyphyllus Lindl.
Stauden-Lupine
Karte 1114

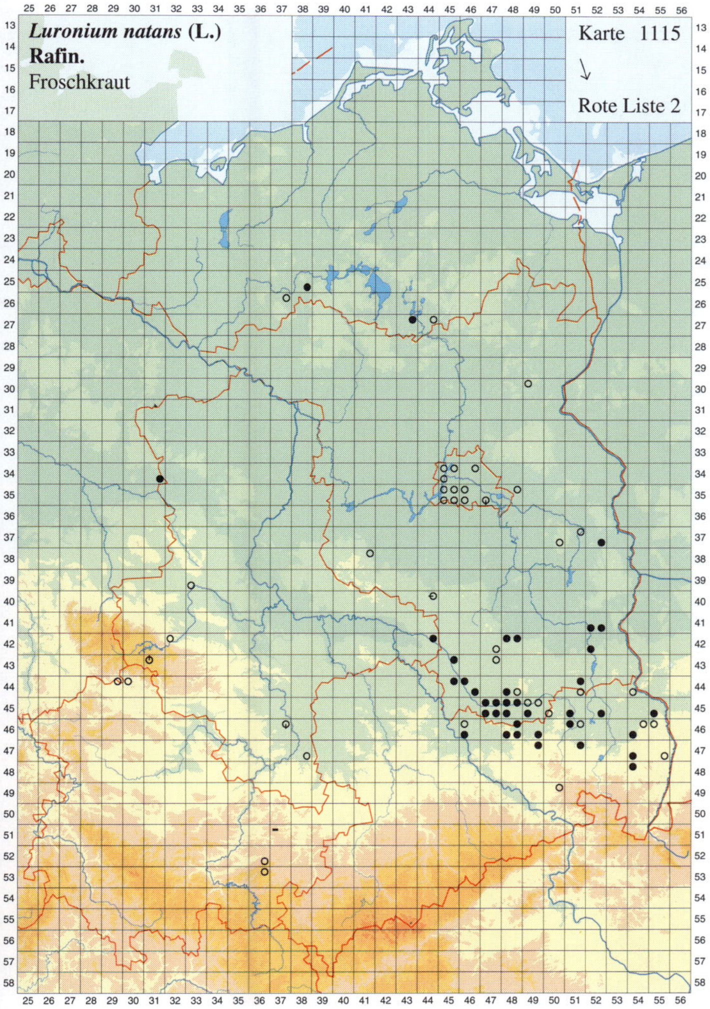
Luronium natans (L.) Rafin.
Froschkraut
Karte 1115
Rote Liste 2

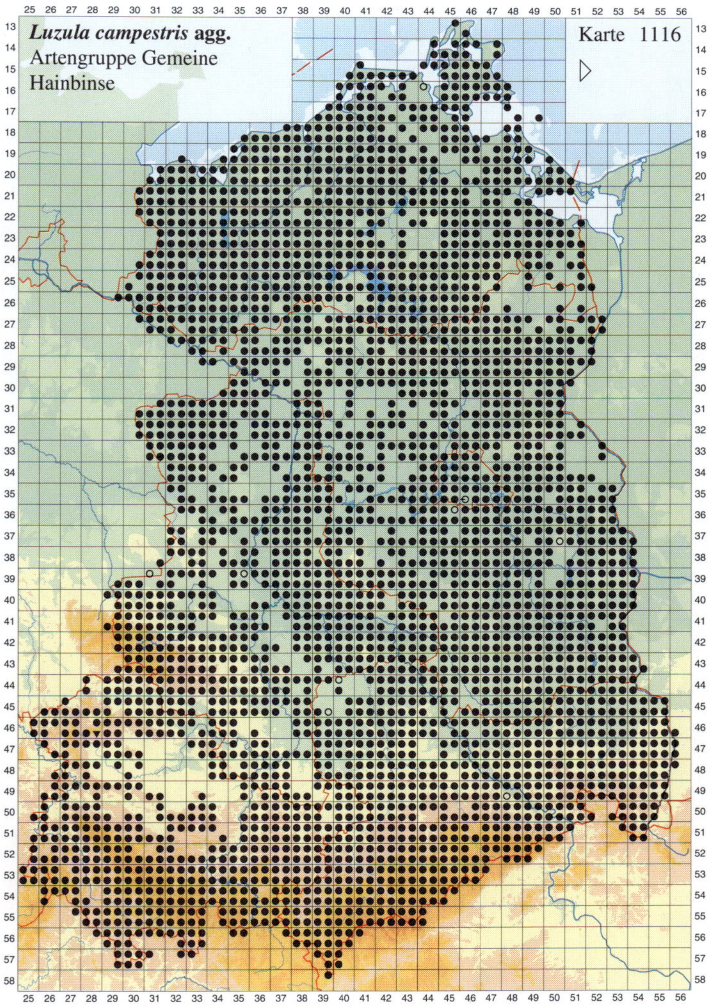
Luzula campestris agg.
Artengruppe Gemeine Hainbinse
Karte 1116

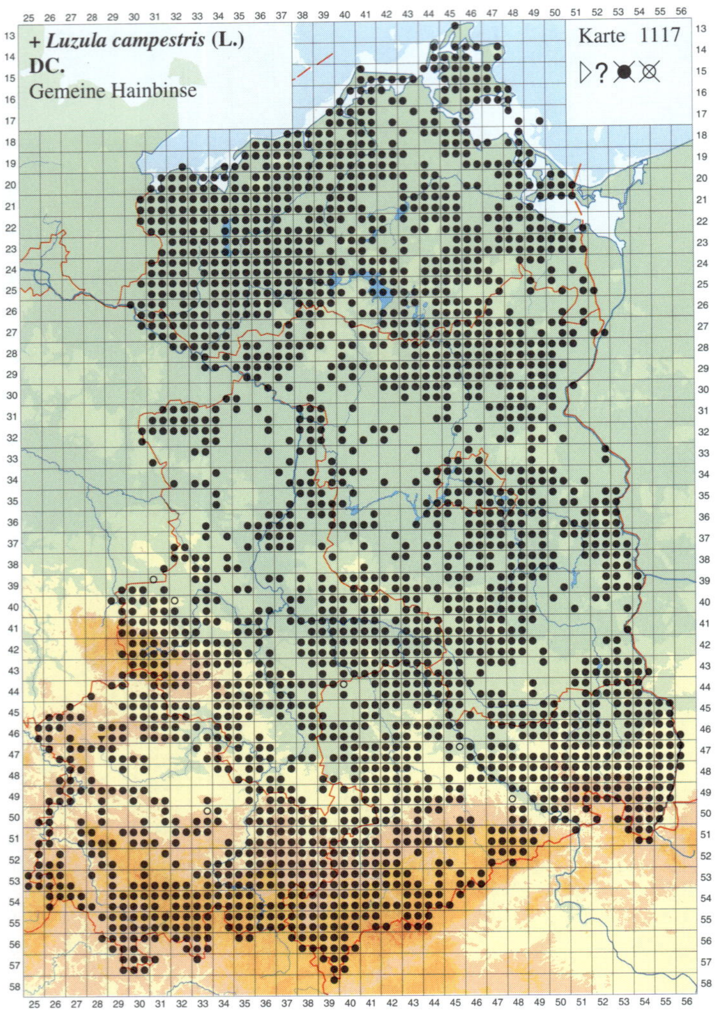
+ Luzula campestris (L.)
DC.
Gemeine Hainbinse
Karte 1117

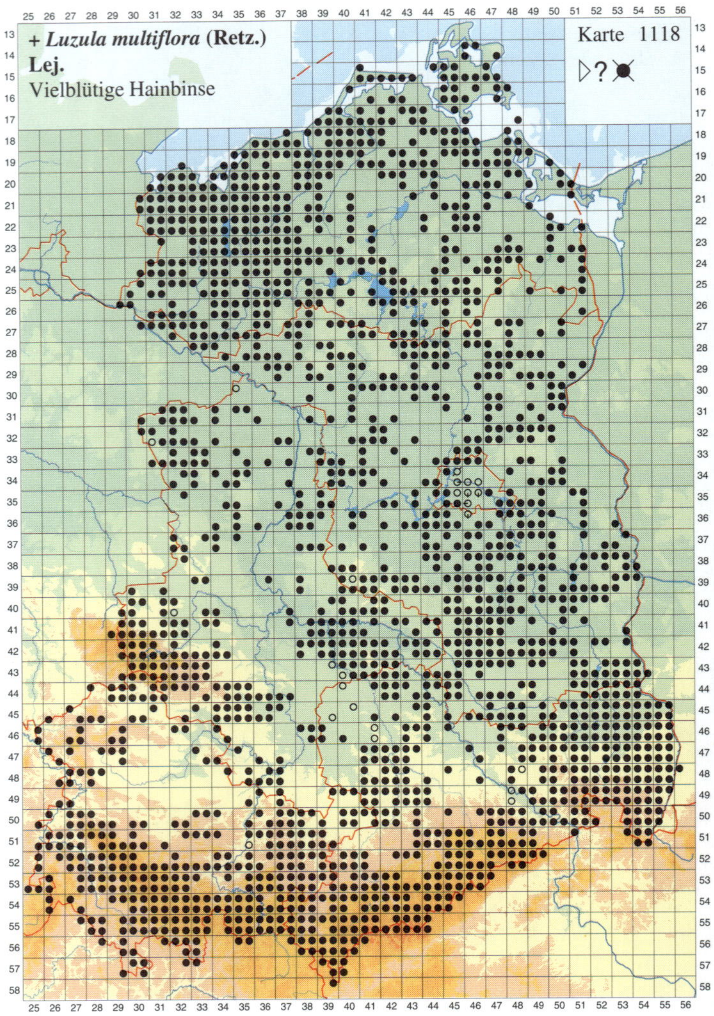
+ Luzula multiflora (Retz.)
Lej.
Vielblütige Hainbinse
Karte 1118

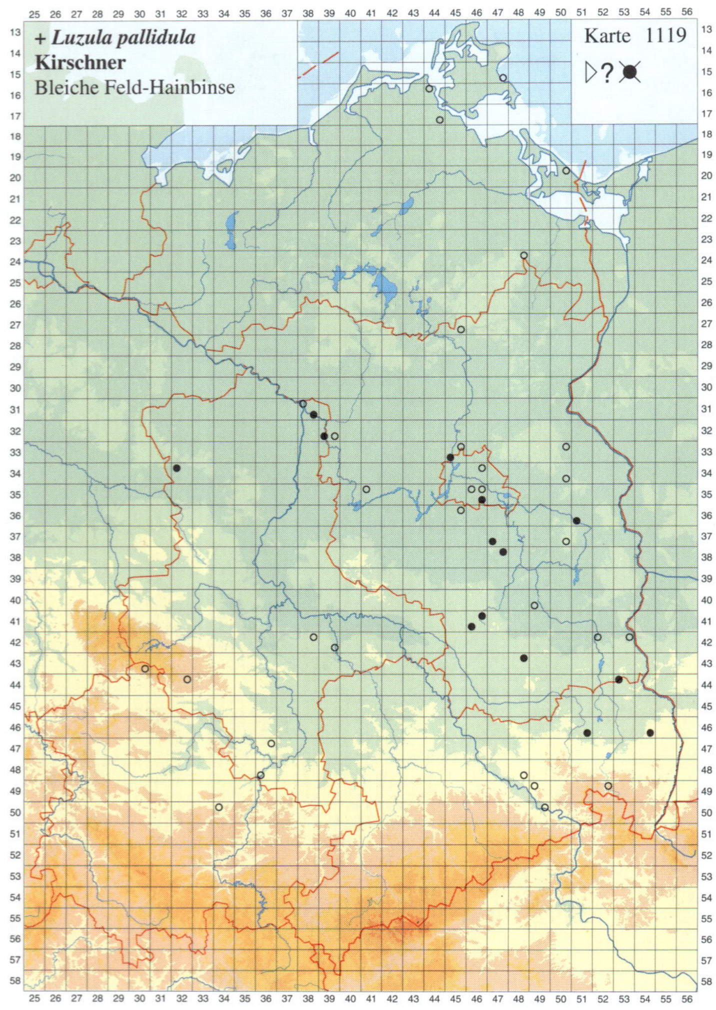
+ Luzula pallidula
Kirschner
Bleiche Feld-Hainbinse
Karte 1119

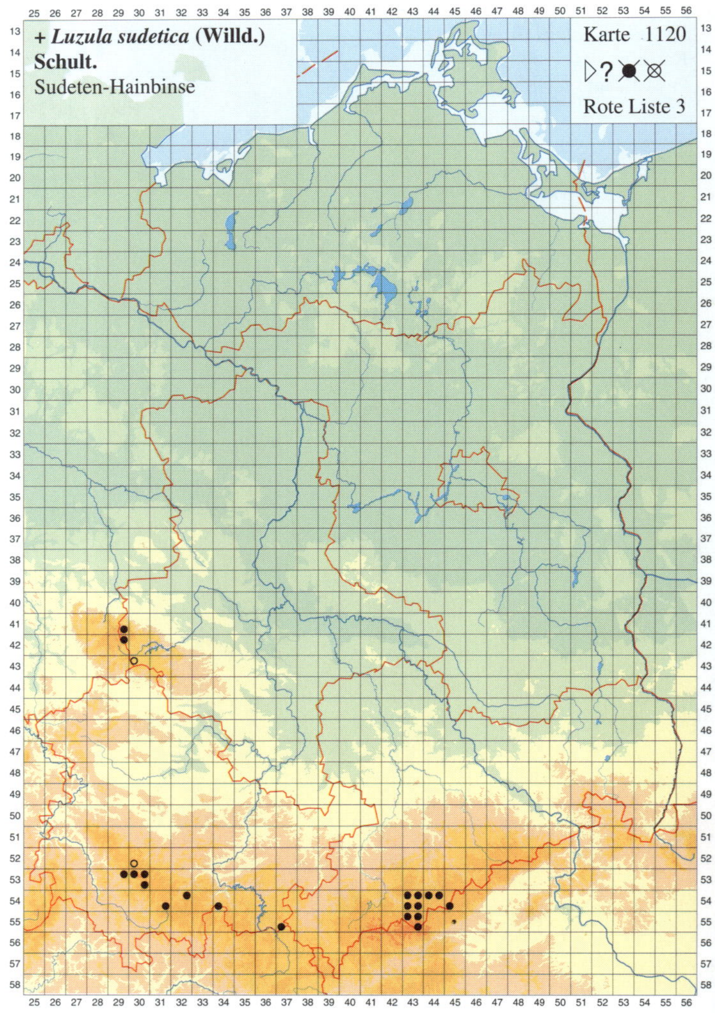
+ Luzula sudetica (Willd.)
Schult.
Sudeten-Hainbinse
Karte 1120
Rote Liste 3

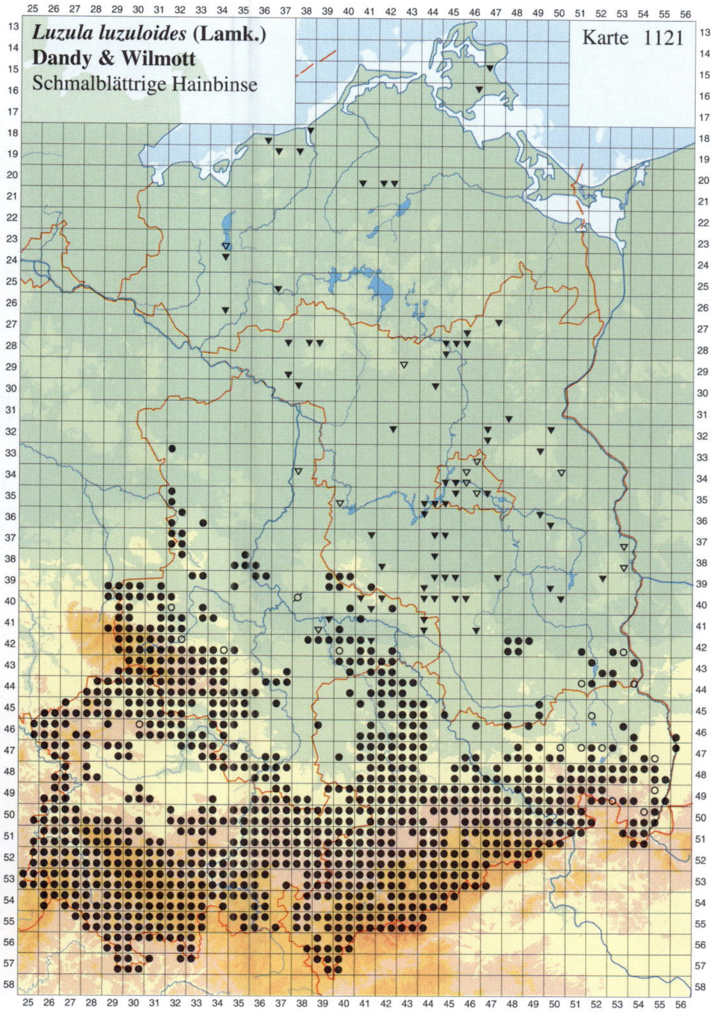
Luzula luzuloides (Lamk.)
Dandy & Wilmott
Schmalblättrige Hainbinse
Karte 1121

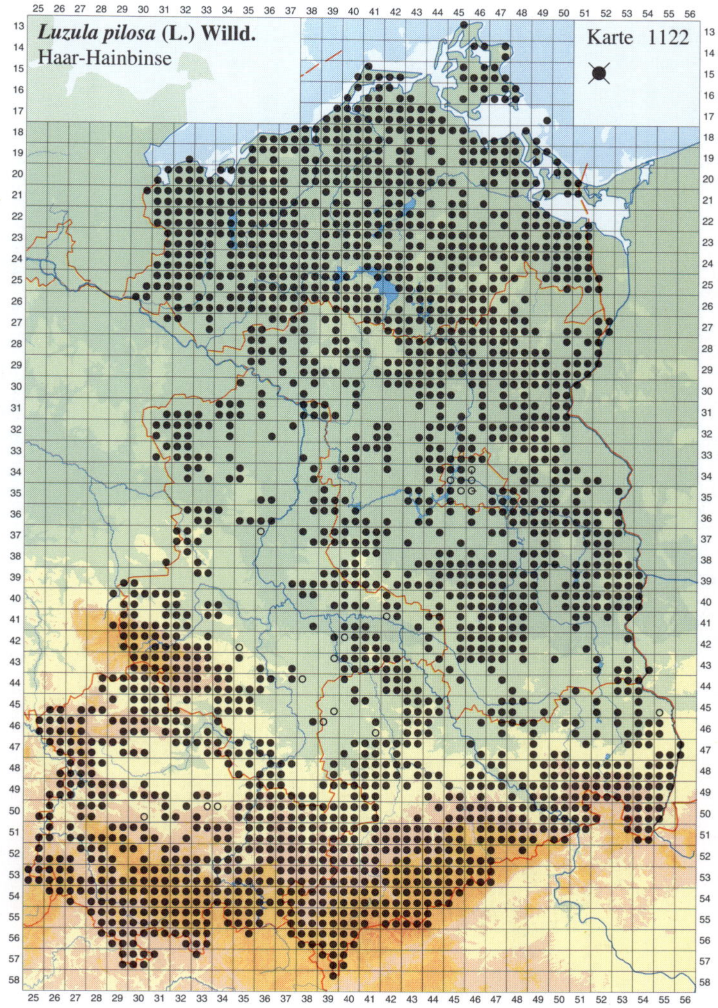
Luzula pilosa (L.) Willd.
Haar-Hainbinse
Karte 1122

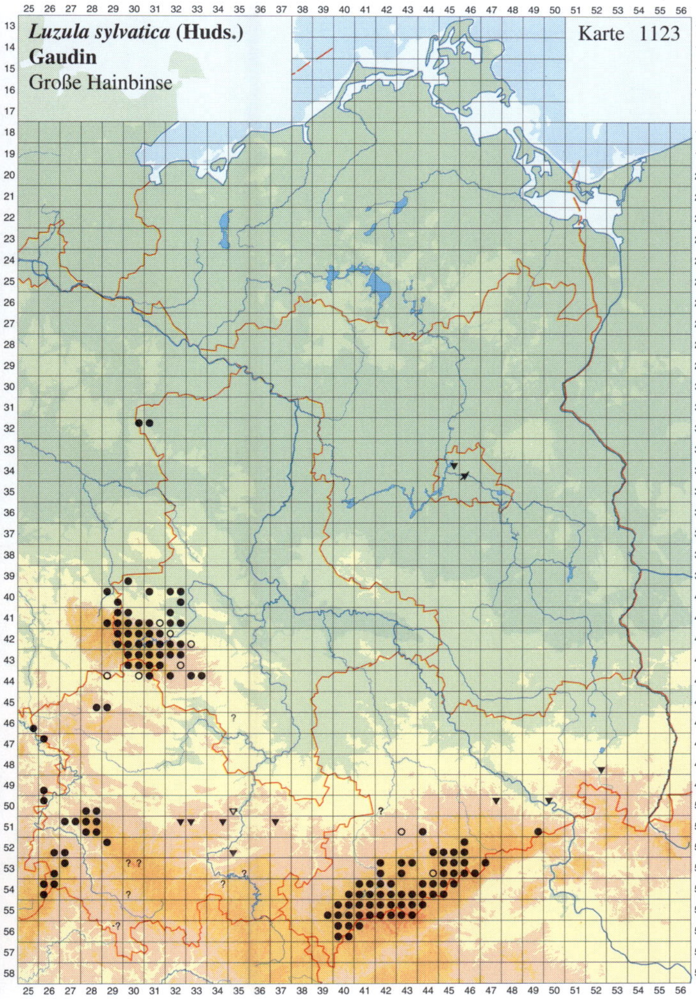
Luzula sylvatica (Huds.)
Gaudin
Große Hainbinse
Karte 1123

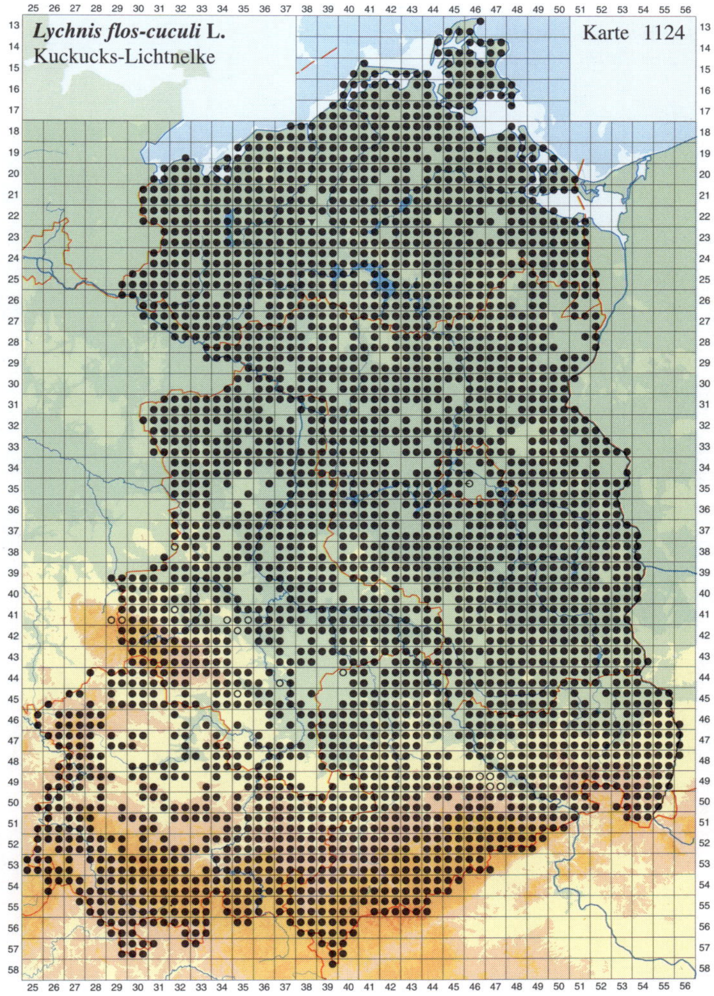
Lychnis flos-cuculi L.
Kuckucks-Lichtnelke
Karte 1124

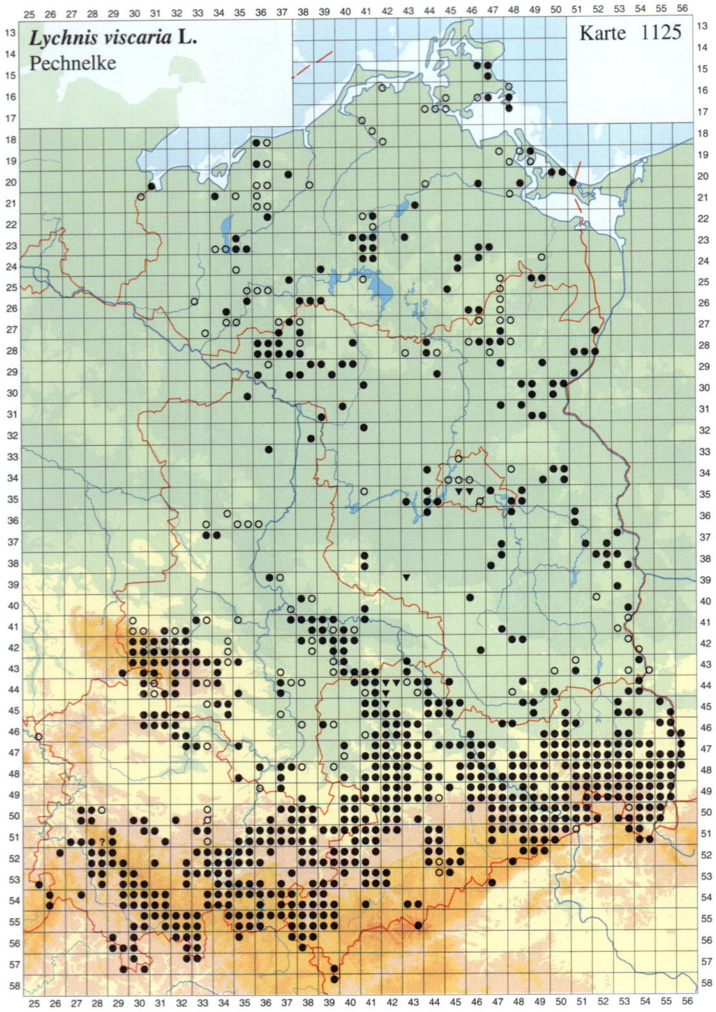
Lychnis viscaria L.
Pechnelke
Karte 1125

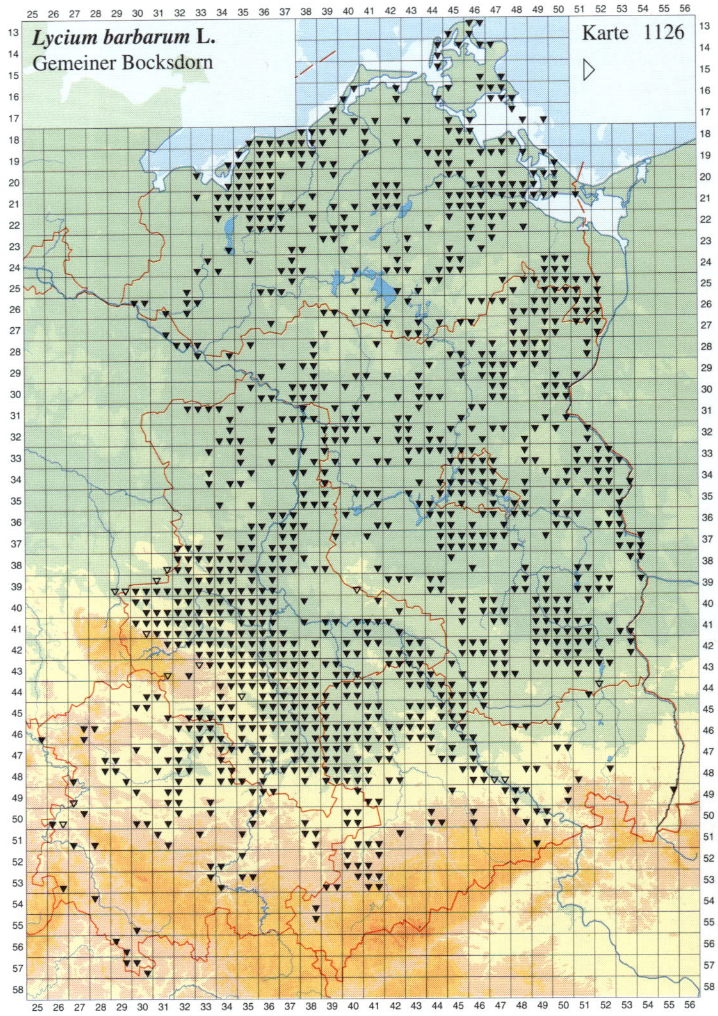
Lycium barbarum L.
Gemeiner Bocksdorn
Karte 1126
▷

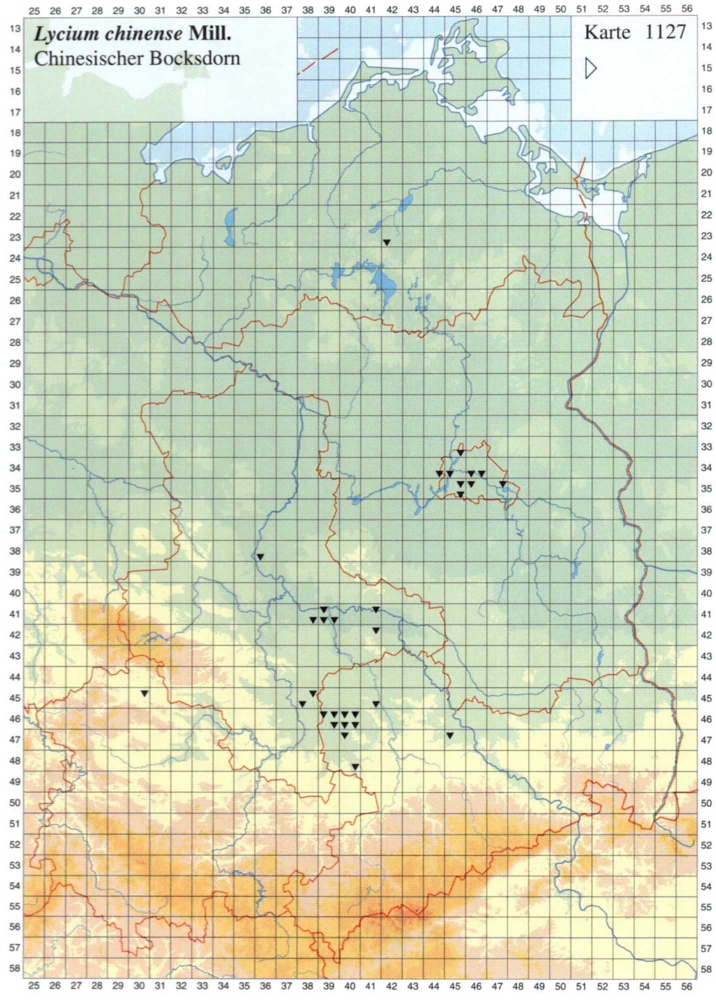
Lycium chinense Mill.
Chinesischer Bocksdorn
Karte 1127
▷

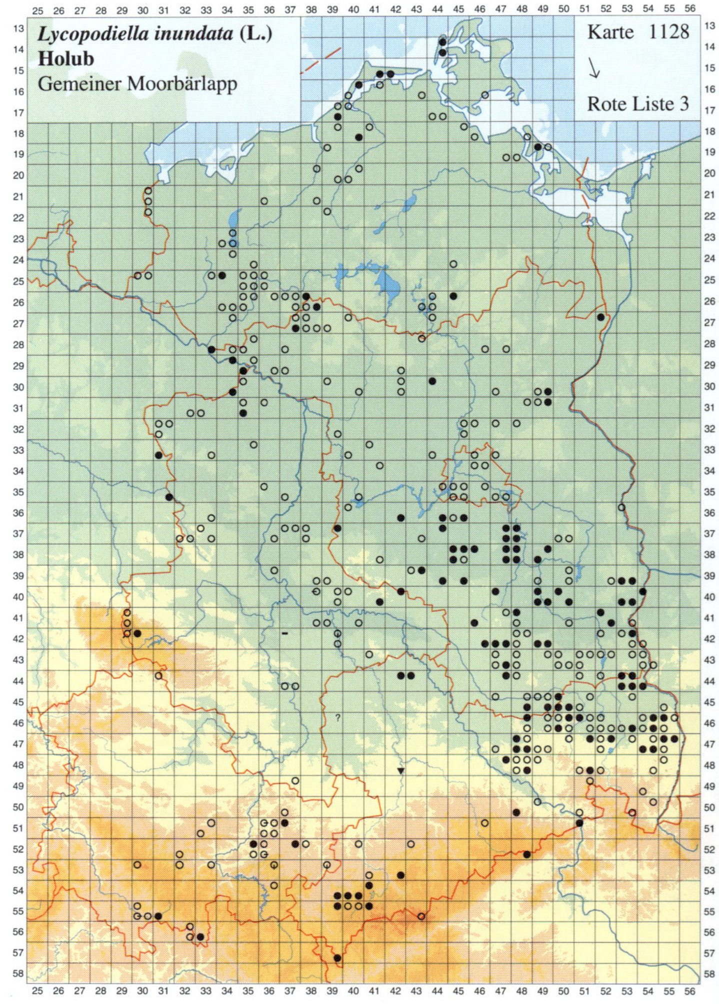
Lycopodiella inundata (L.) Holub
Gemeiner Moorbärlapp
Karte 1128
↘
Rote Liste 3

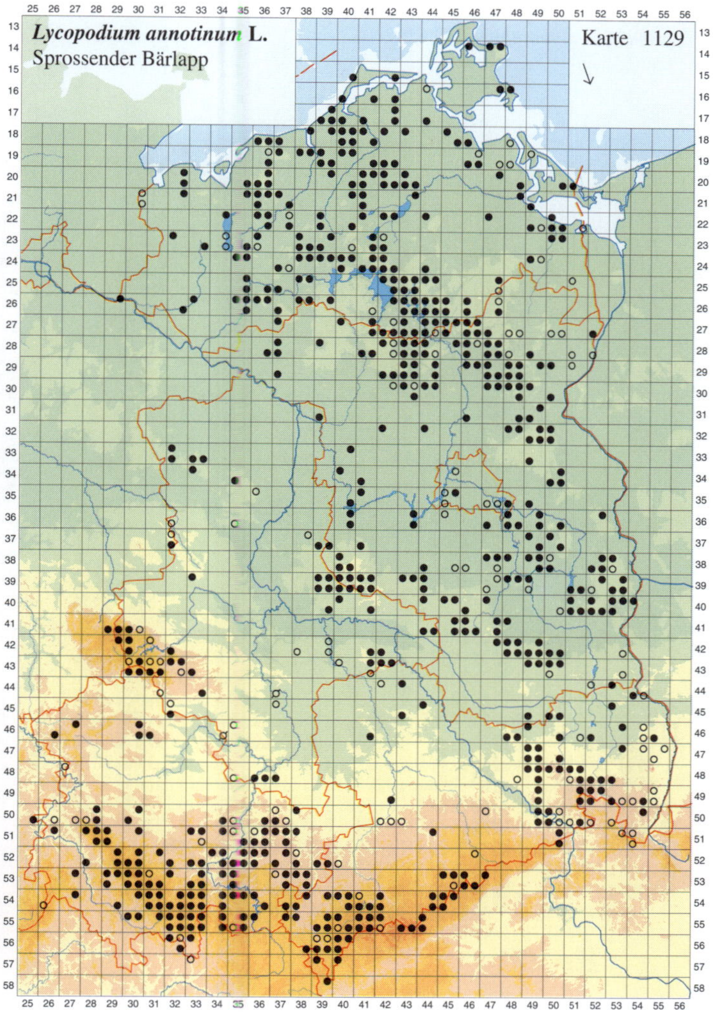
Lycopodium annotinum L.
Sprossender Bärlapp
Karte 1129
↘

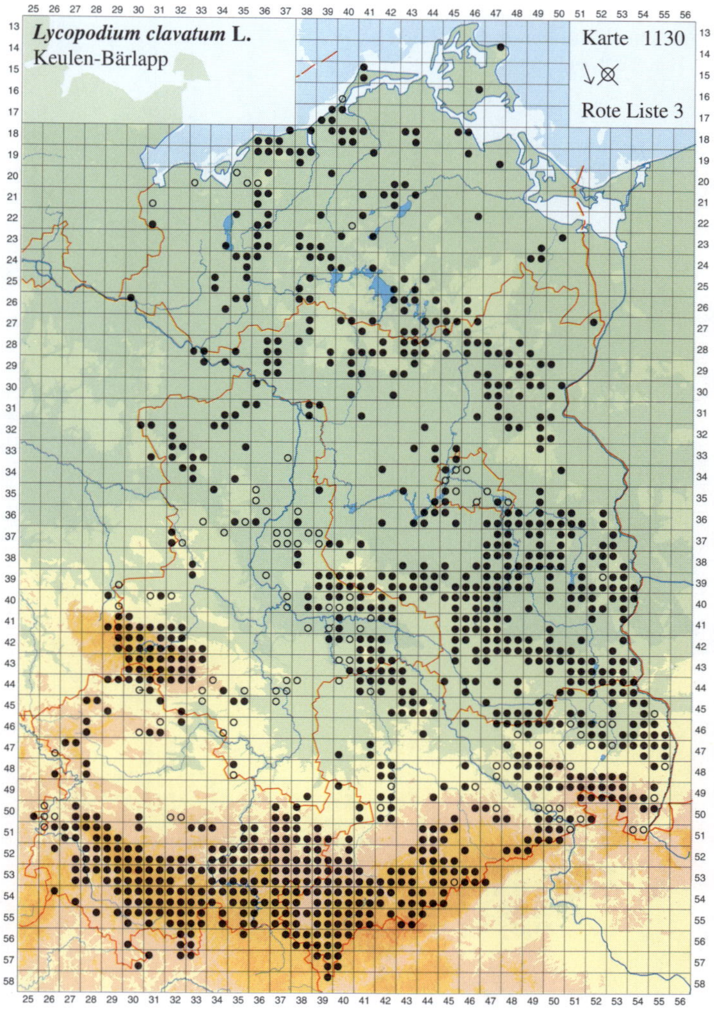
Lycopodium clavatum L.
Keulen-Bärlapp
Karte 1130
Rote Liste 3

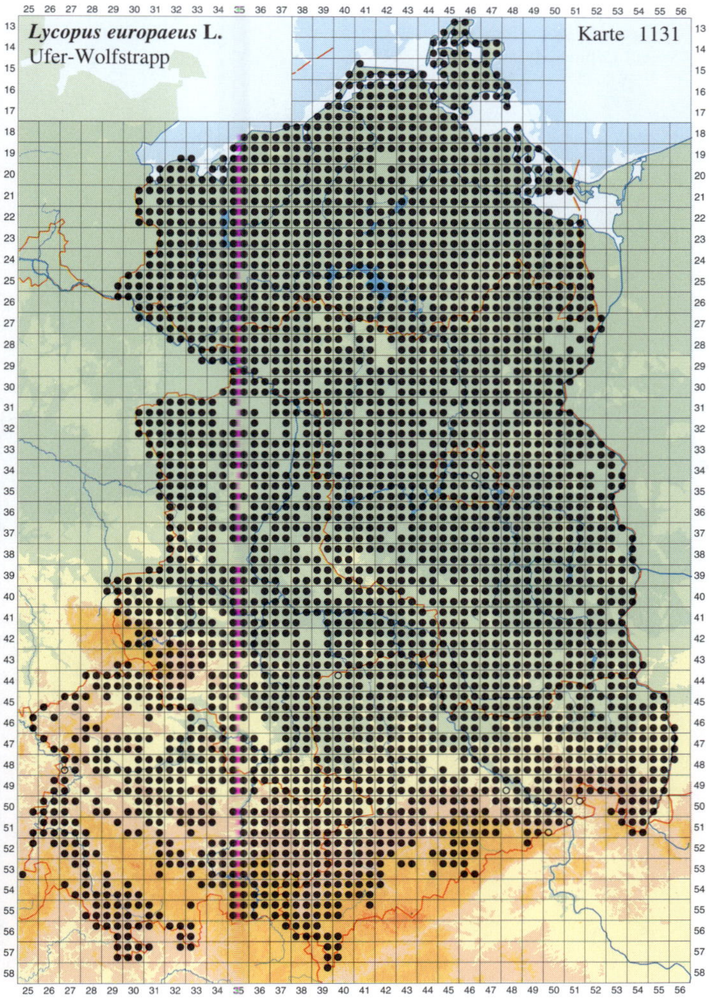
Lycopus europaeus L.
Ufer-Wolfstrapp
Karte 1131

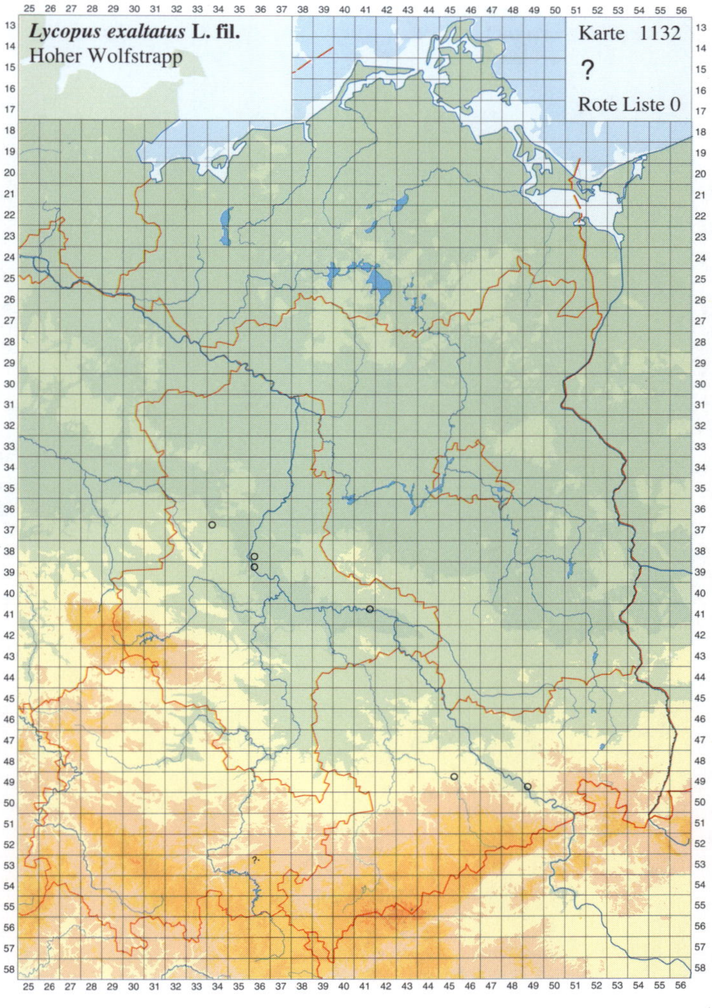
Lycopus exaltatus L. fil.
Hoher Wolfstrapp
Karte 1132
?
Rote Liste 0

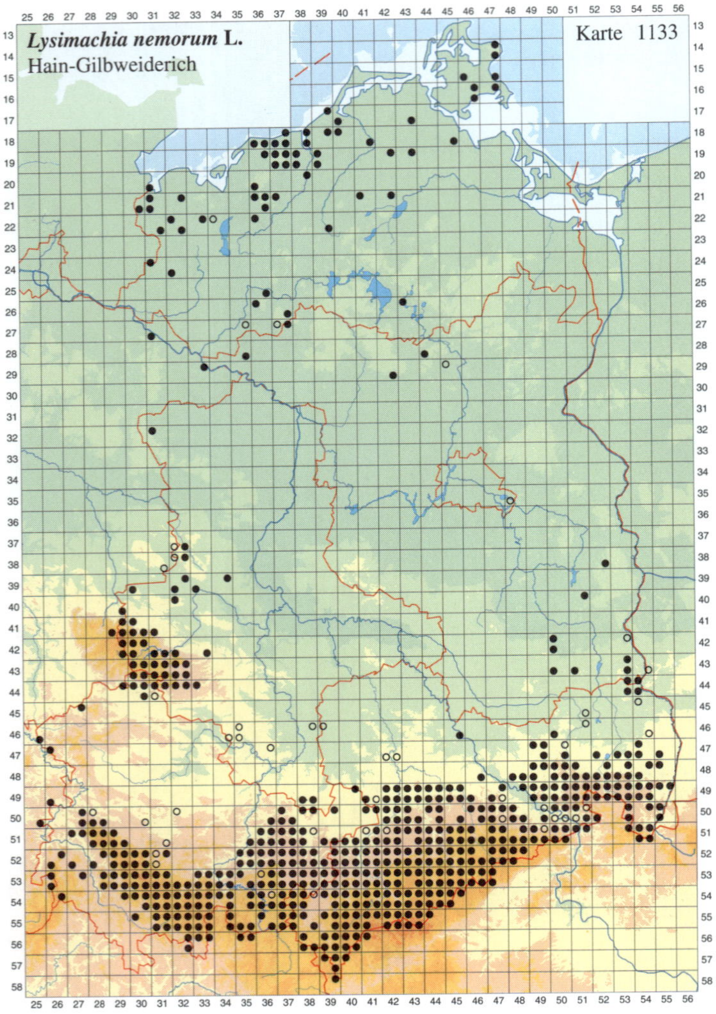

Lysimachia nemorum L.
Hain-Gilbweiderich
Karte 1133

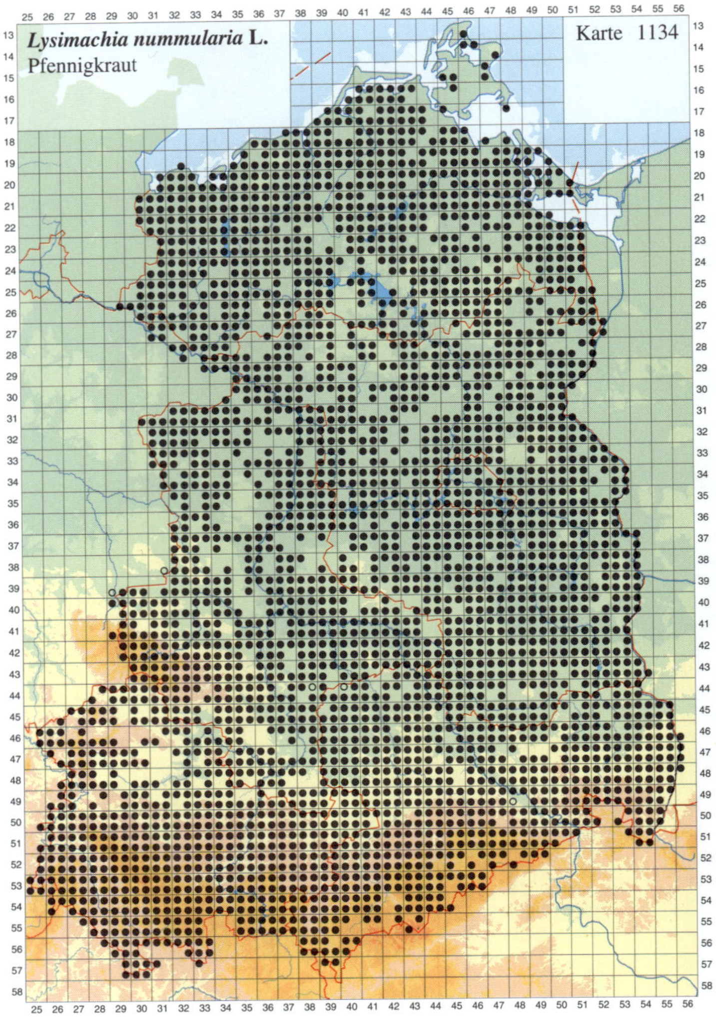

Lysimachia nummularia L.
Pfennigkraut
Karte 1134

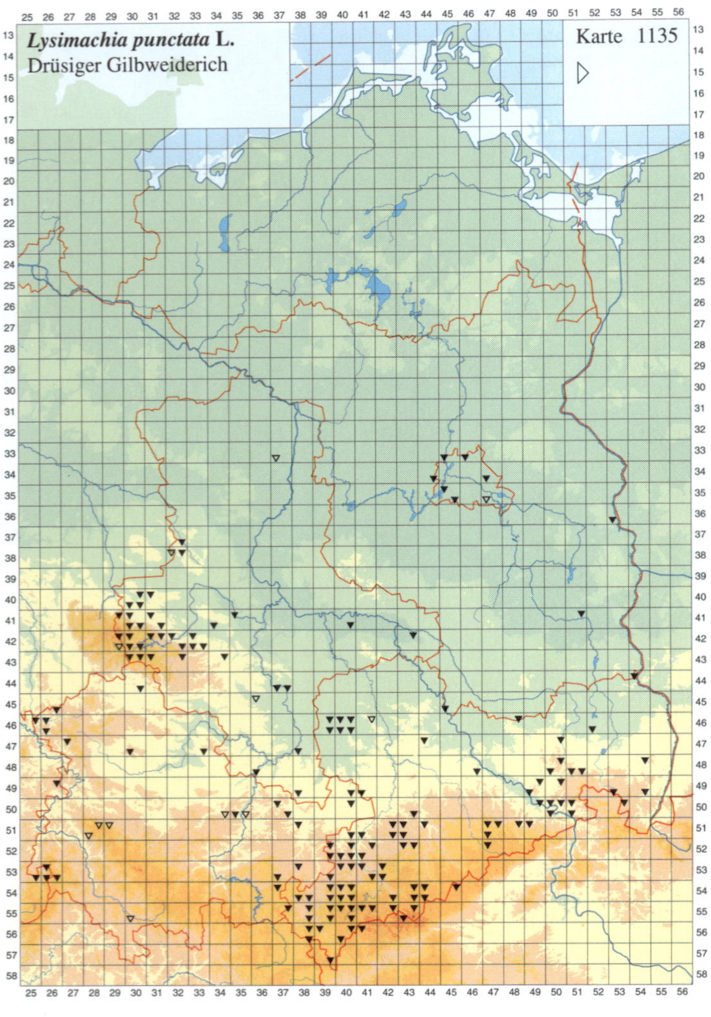

Lysimachia punctata L.
Drüsiger Gilbweiderich
Karte 1135

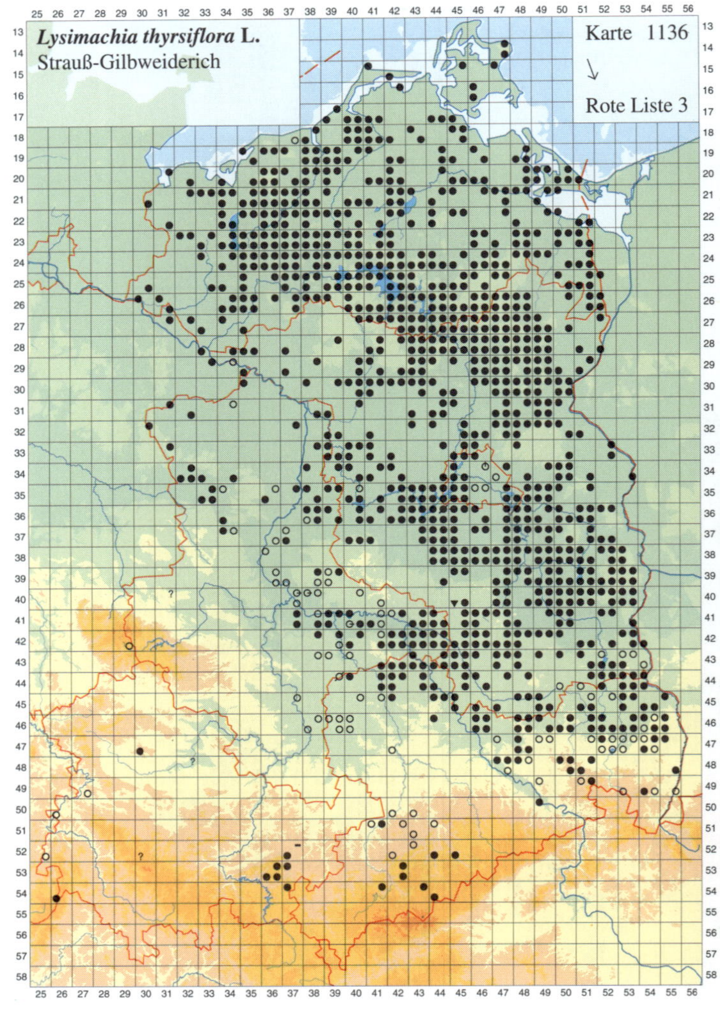

Lysimachia thyrsiflora L.
Strauß-Gilbweiderich
Karte 1136
Rote Liste 3

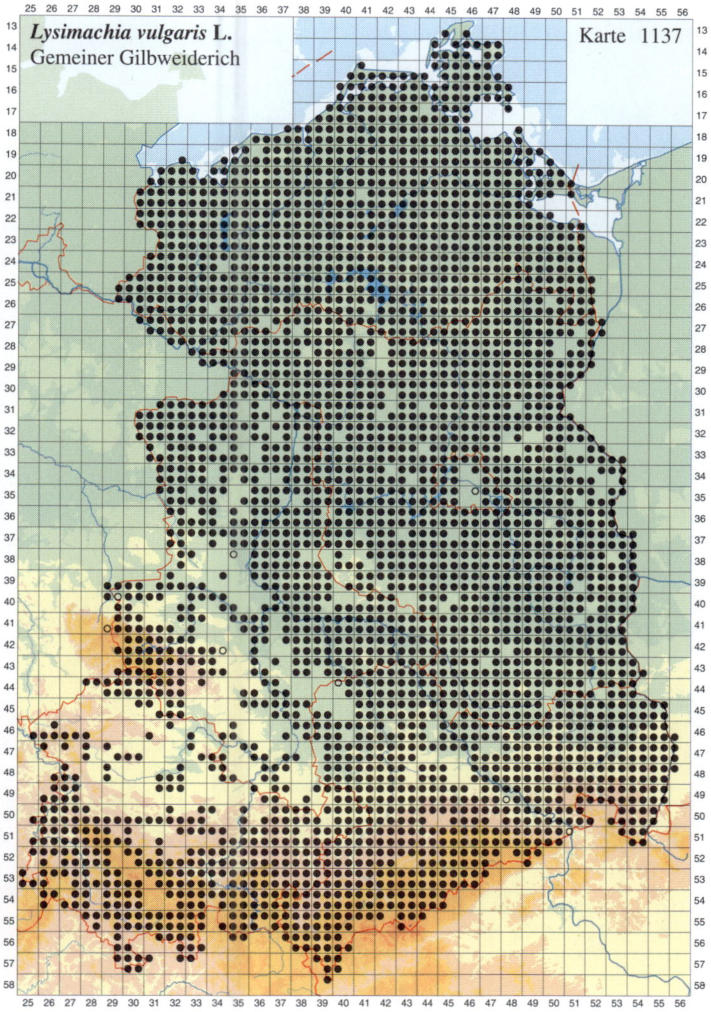
Lysimachia vulgaris L.
Gemeiner Gilbweiderich
Karte 1137

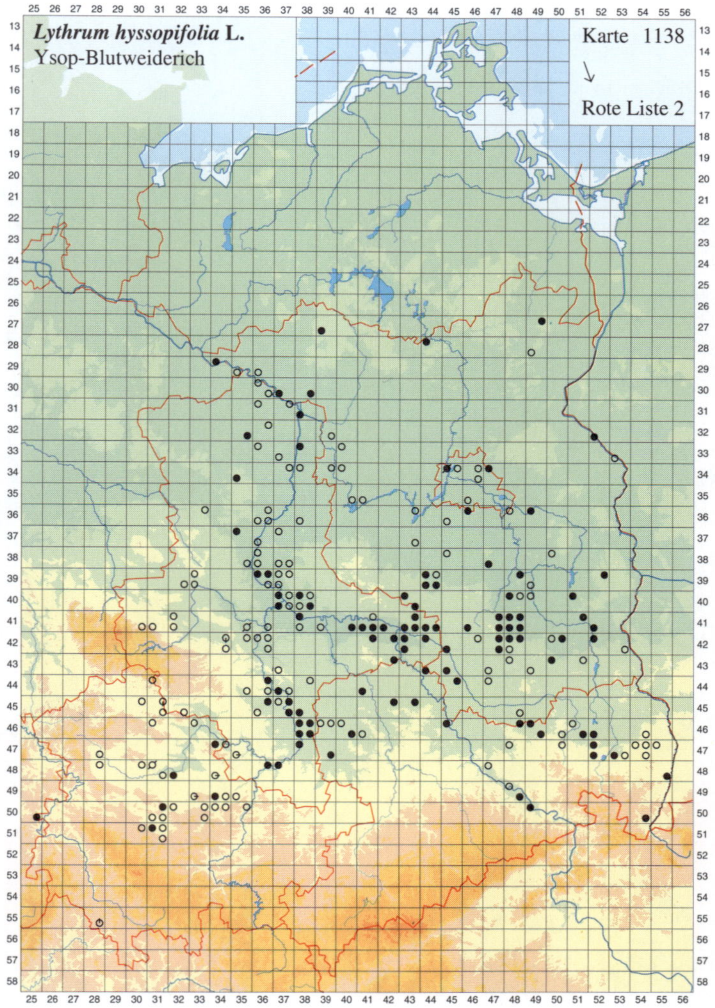
Lythrum hyssopifolia L.
Ysop-Blutweiderich
Karte 1138
Rote Liste 2

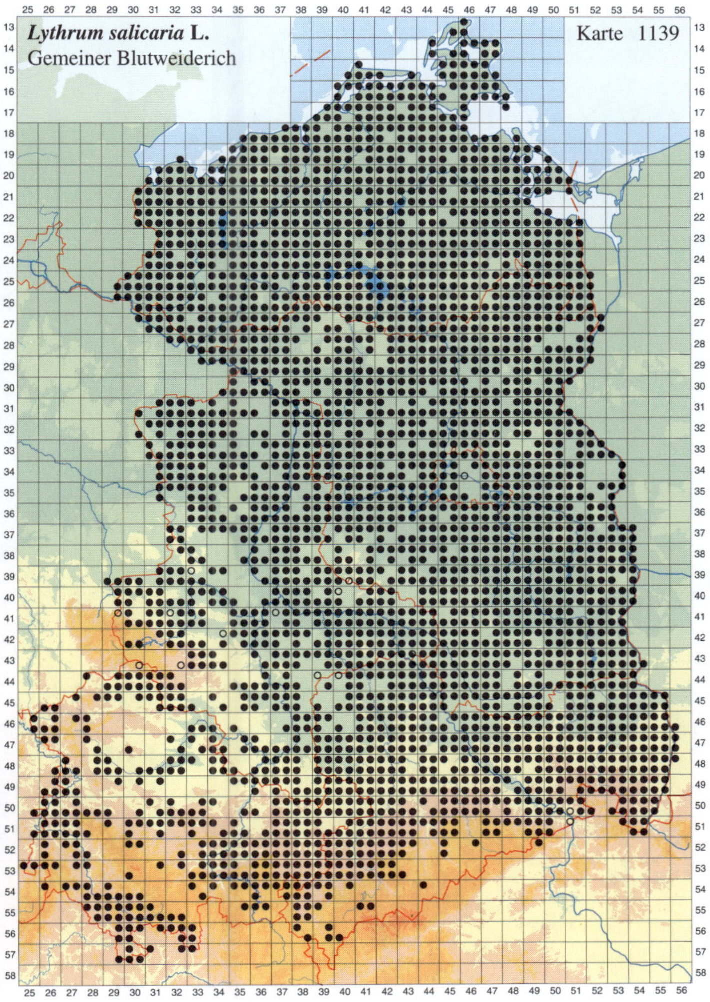
Lythrum salicaria L.
Gemeiner Blutweiderich
Karte 1139

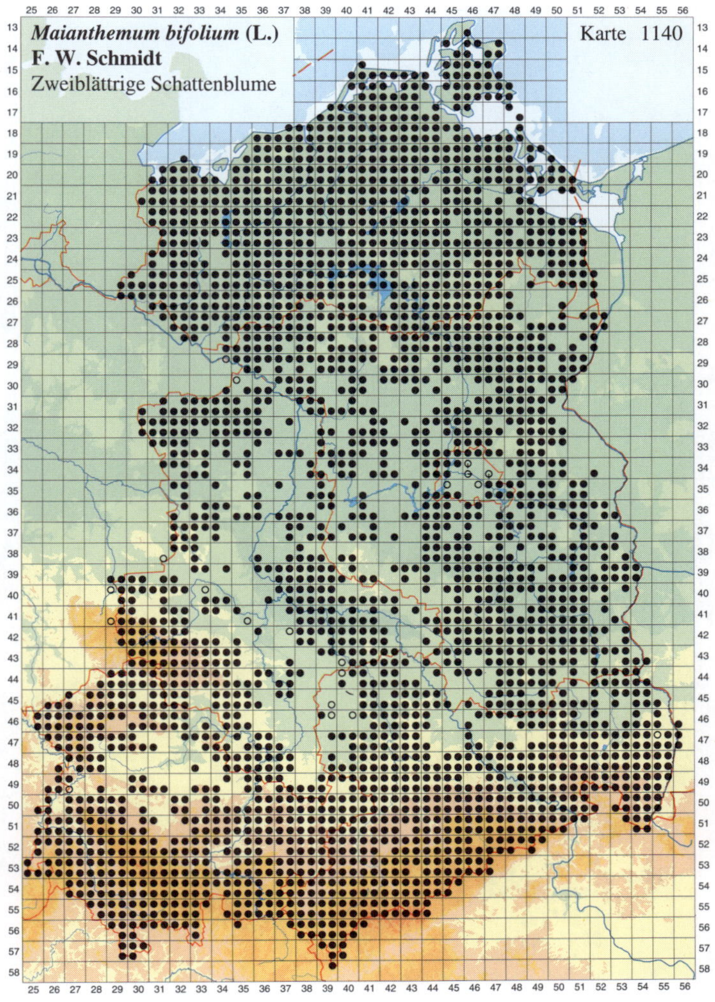
Maianthemum bifolium (L.) F. W. Schmidt
Zweiblättrige Schattenblume
Karte 1140

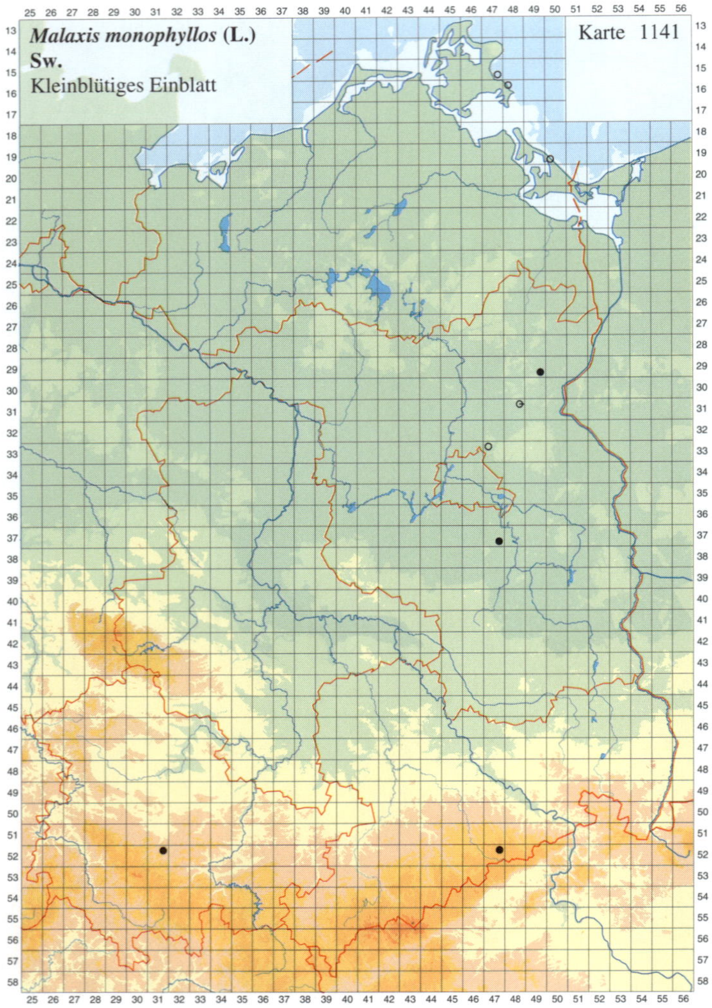
Malaxis monophyllos (L.) Sw.
Kleinblütiges Einblatt
Karte 1141

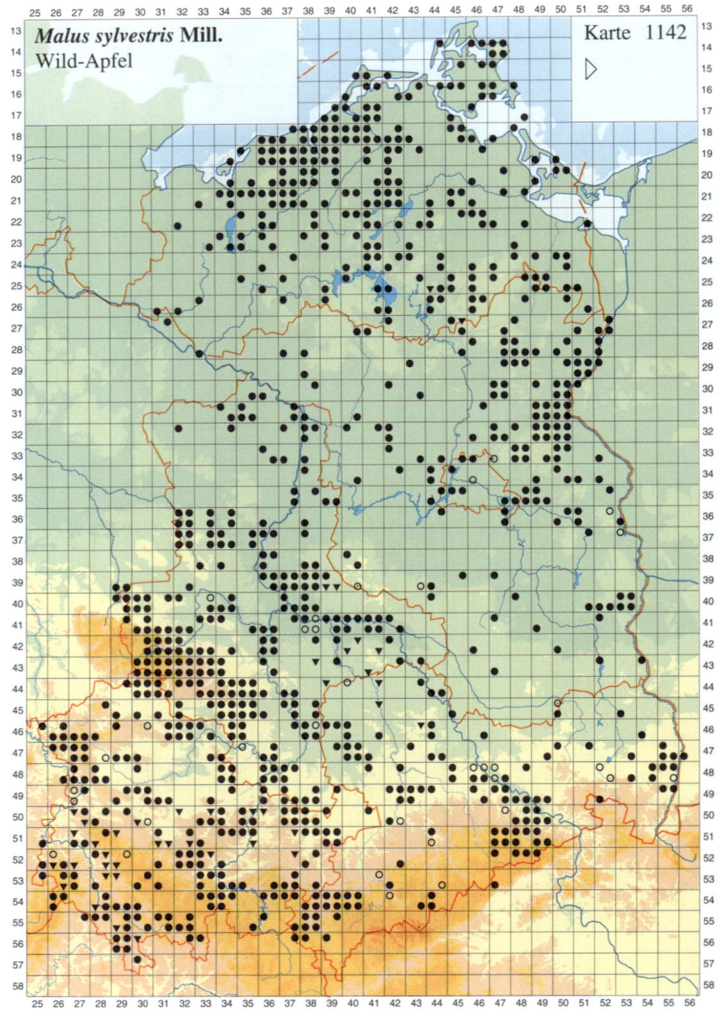
Malus sylvestris Mill.
Wild-Apfel
Karte 1142

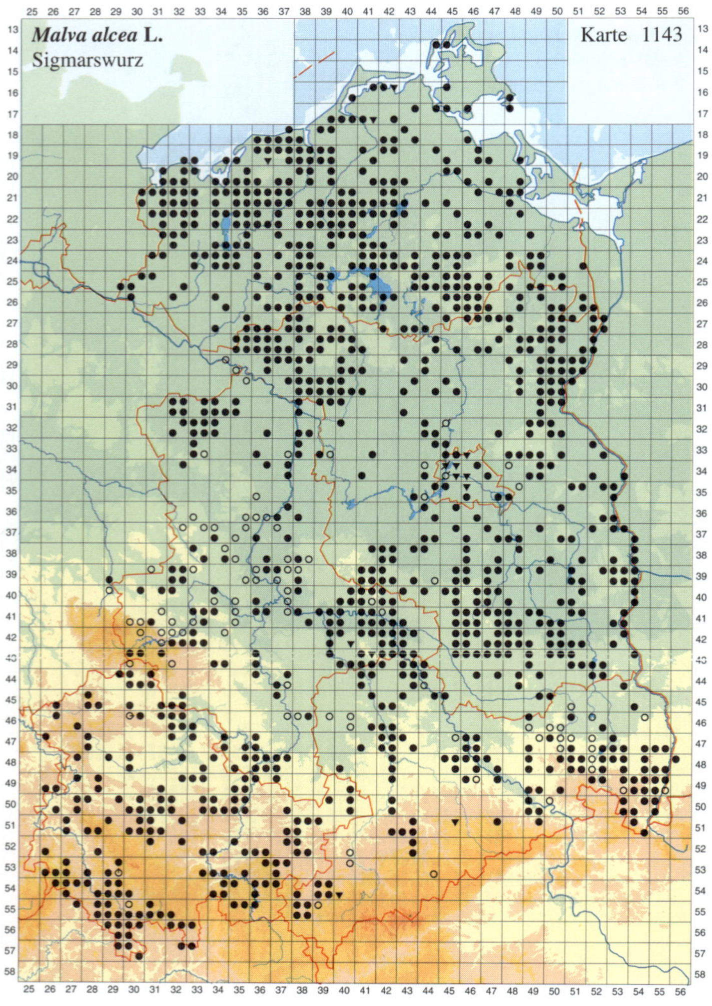
Malva alcea L.
Sigmarswurz
Karte 1143

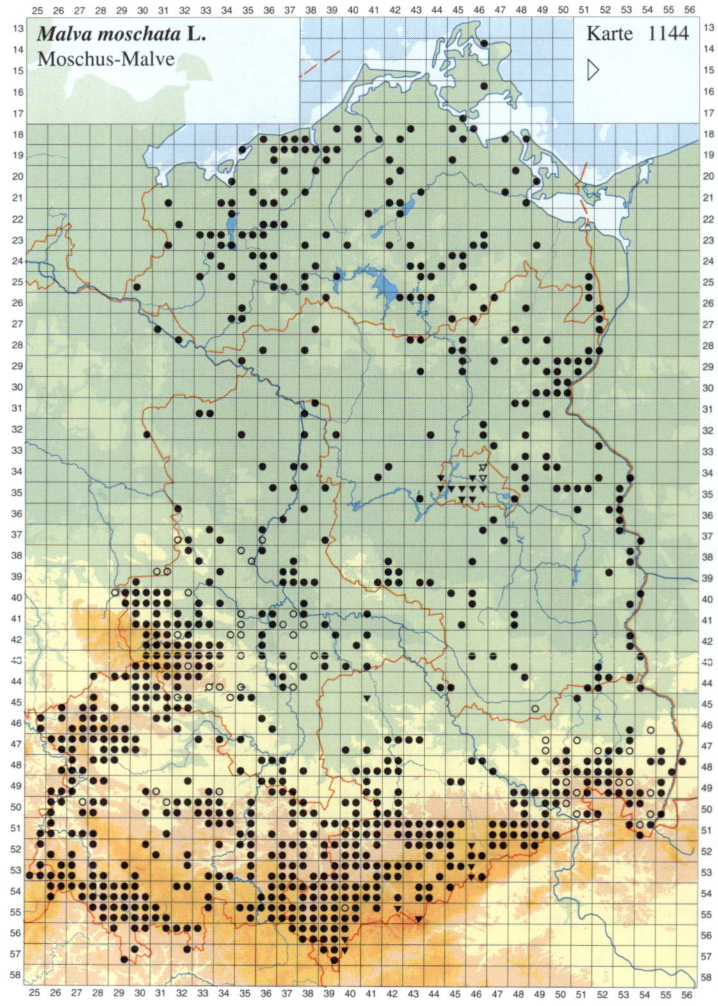
Malva moschata L.
Moschus-Malve
Karte 1144

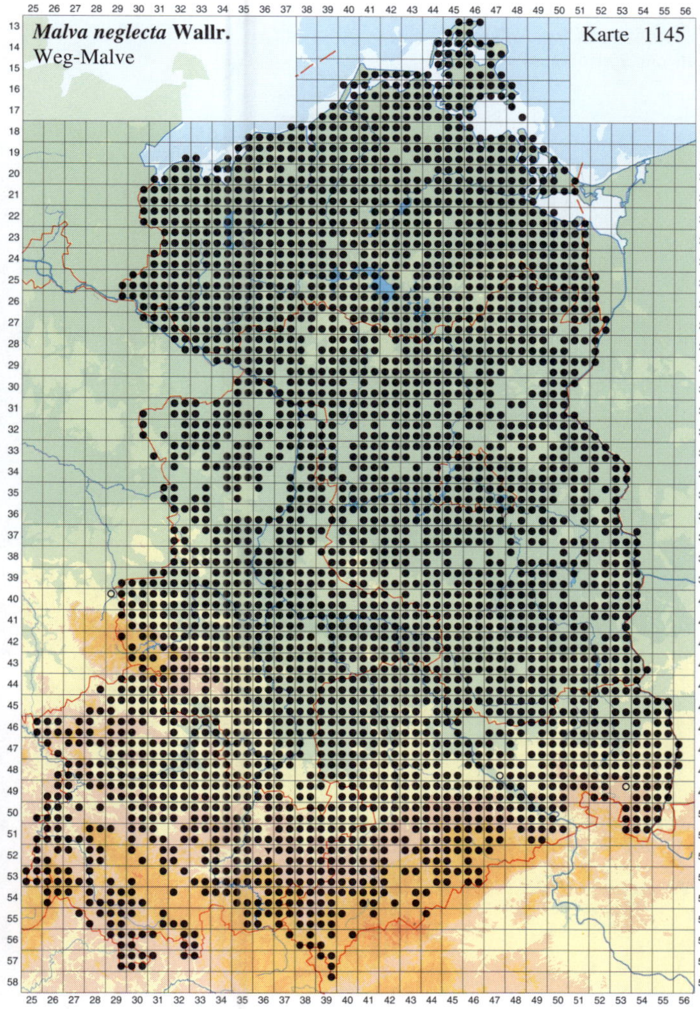
Malva neglecta Wallr.
Weg-Malve
Karte 1145

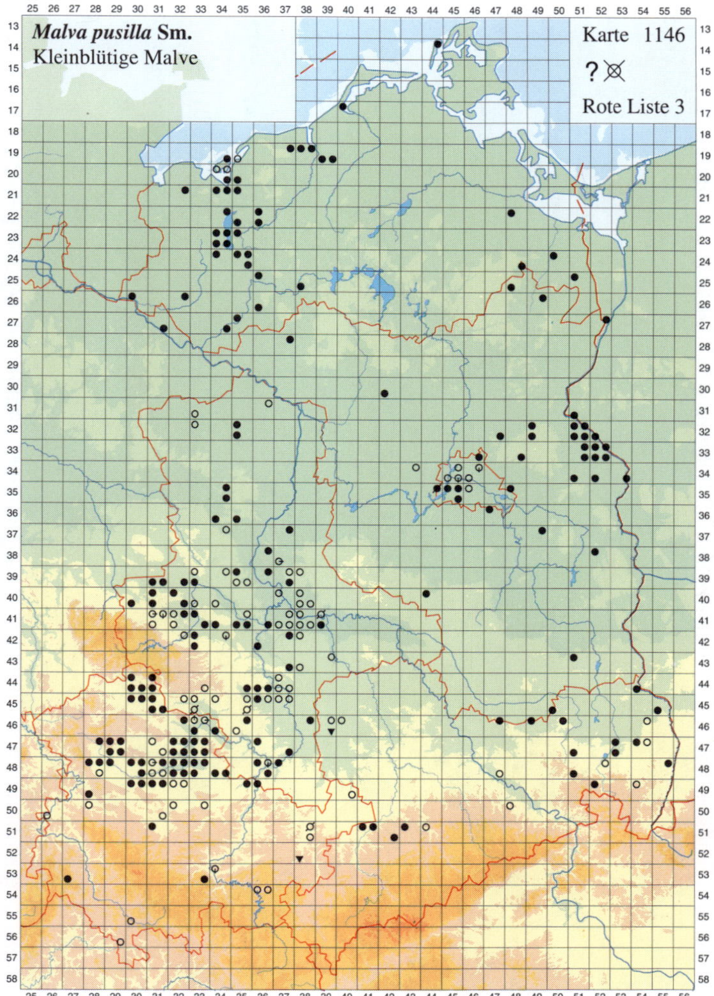
Malva pusilla Sm.
Kleinblütige Malve
Karte 1146
Rote Liste 3

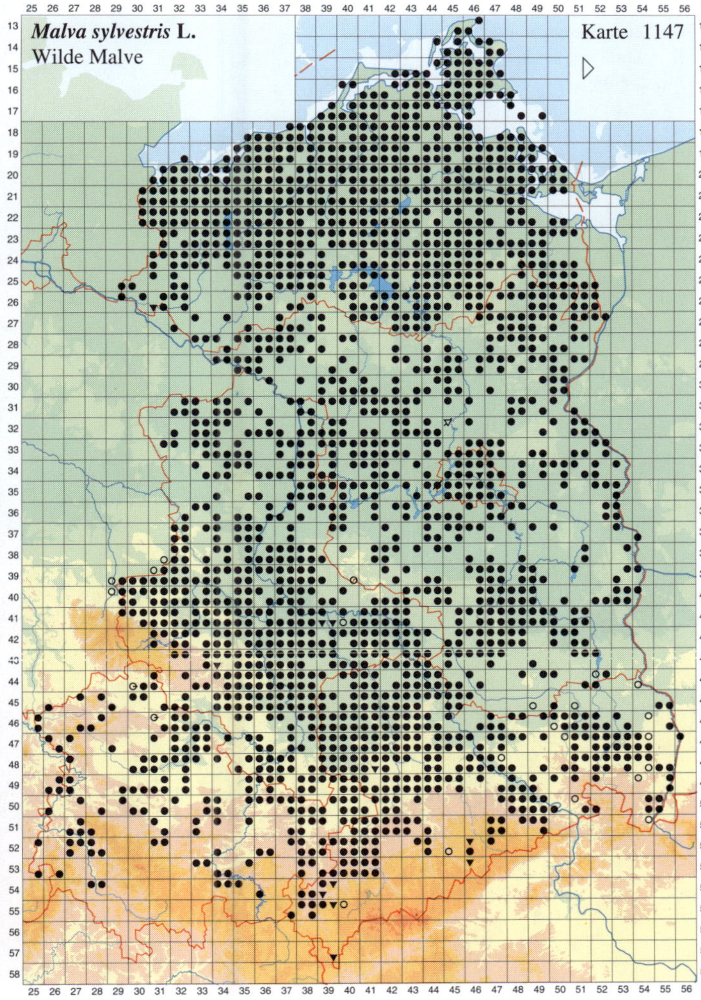
Malva sylvestris L.
Wilde Malve
Karte 1147

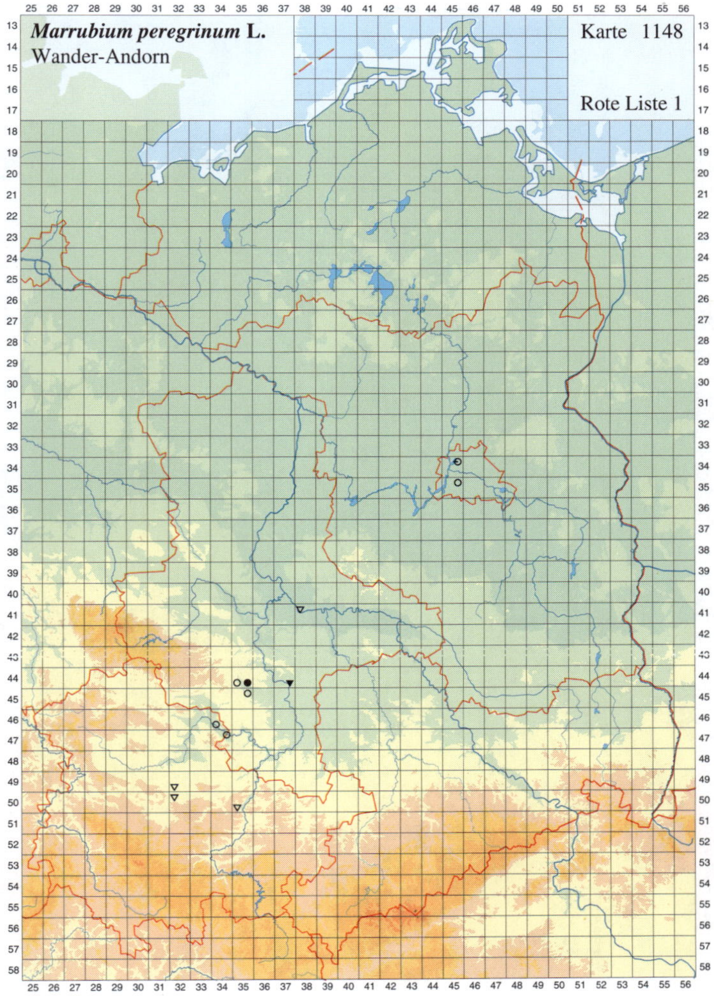
Marrubium peregrinum L.
Wander-Andorn
Karte 1148
Rote Liste 1

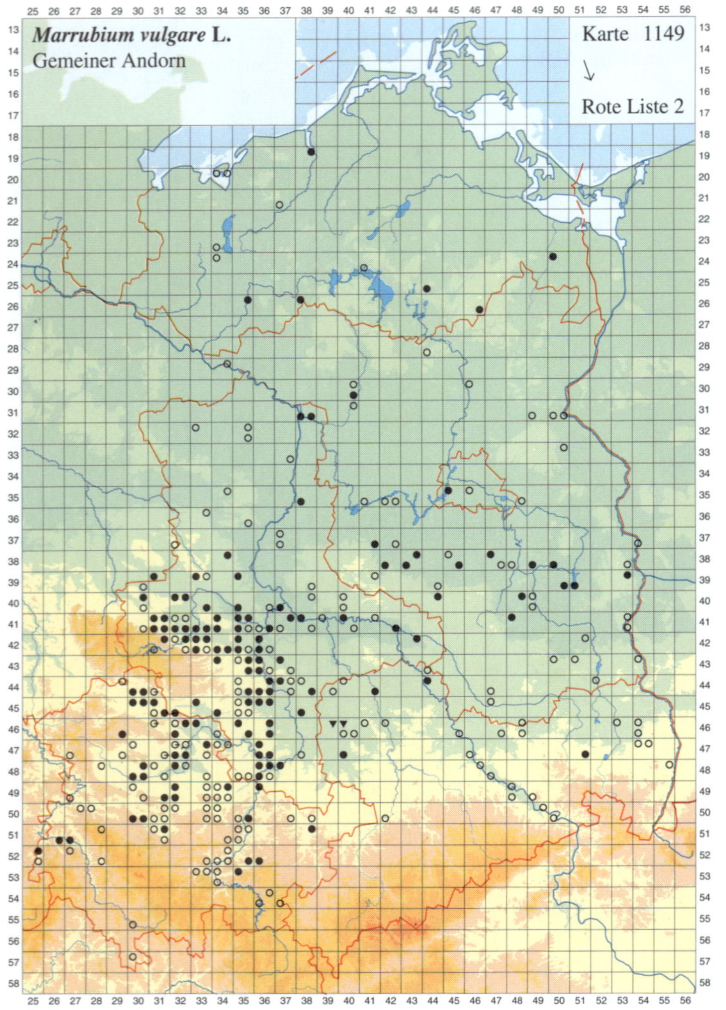
Marrubium vulgare L.
Gemeiner Andorn
Karte 1149
Rote Liste 2

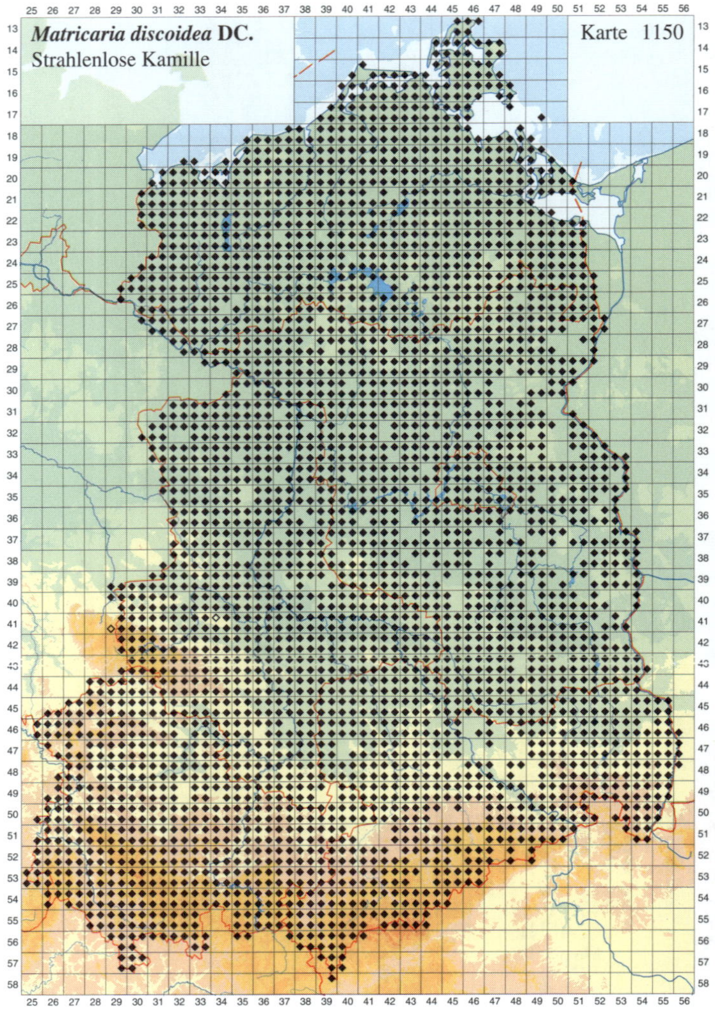
Matricaria discoidea DC.
Strahlenlose Kamille
Karte 1150

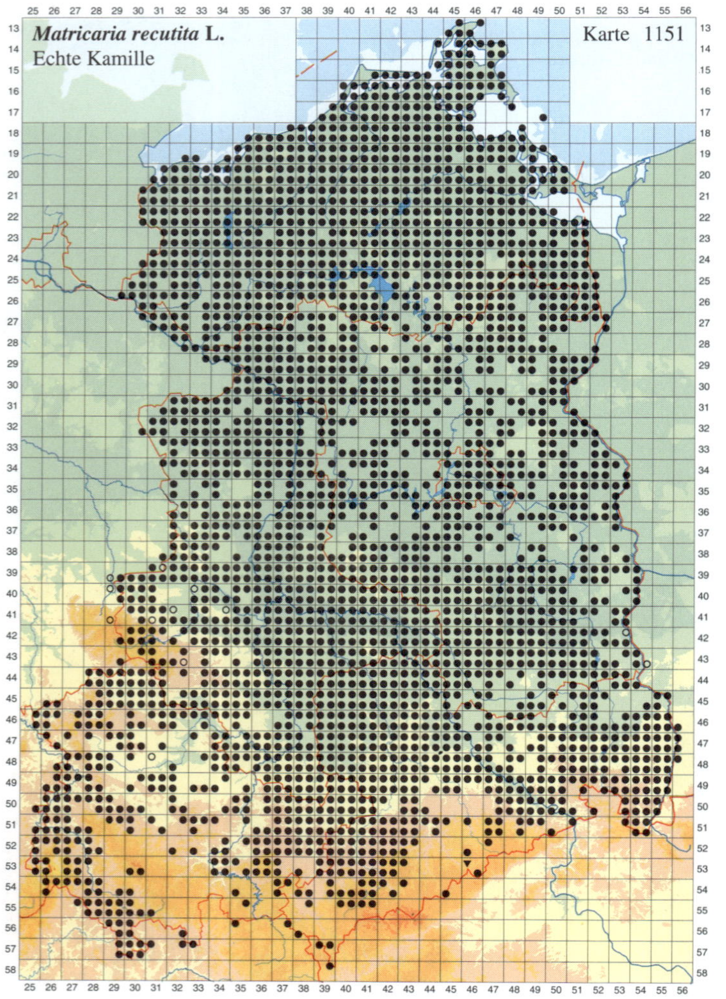
Matricaria recutita L.
Echte Kamille
Karte 1151

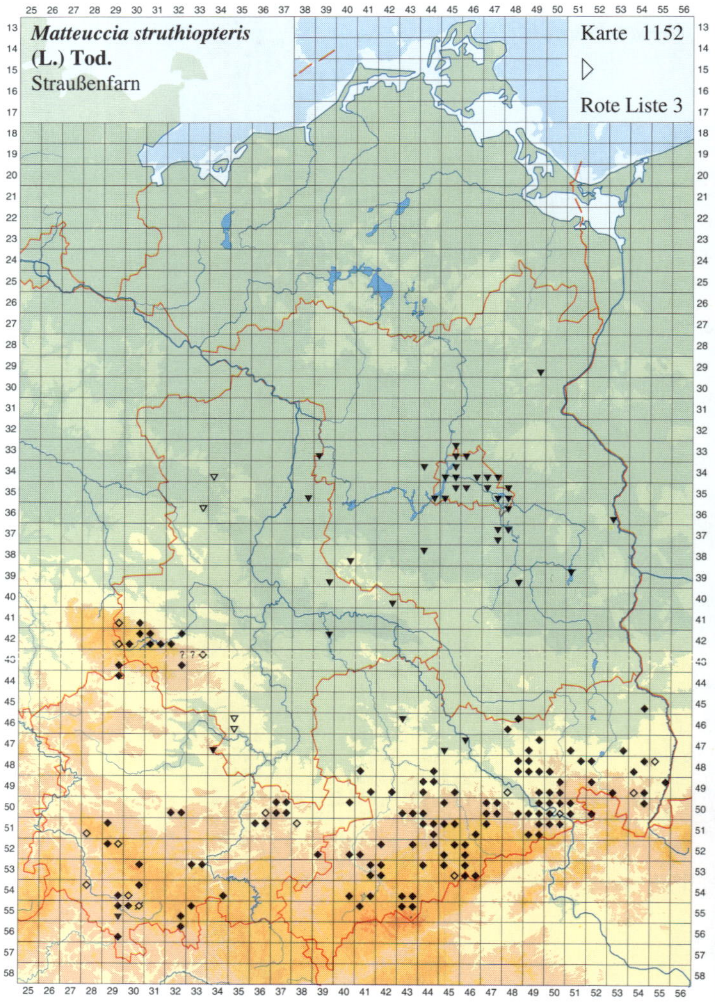
Matteuccia struthiopteris (L.) Tod.
Straußenfarn
Karte 1152
Rote Liste 3

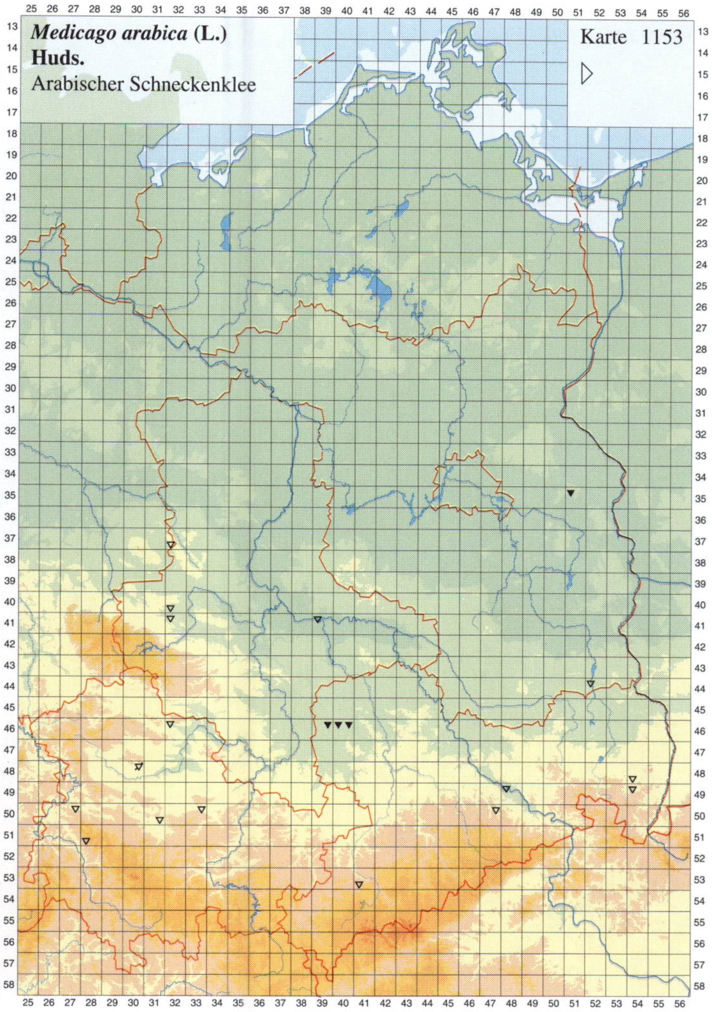
Medicago arabica (L.) Huds.
Arabischer Schneckenklee
Karte 1153

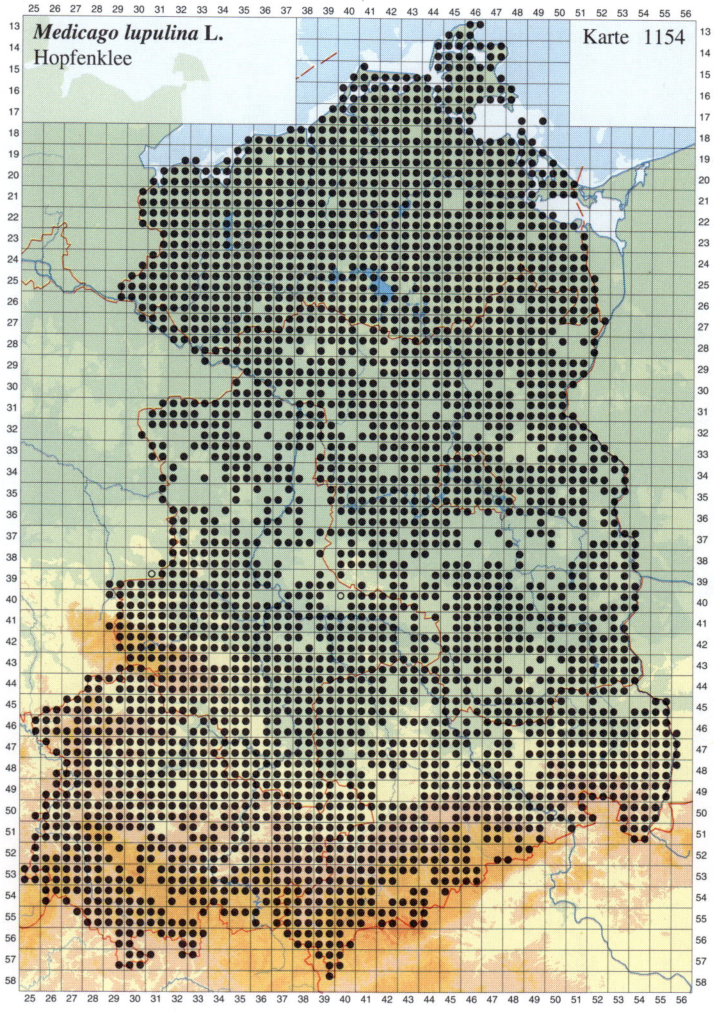
Medicago lupulina L.
Hopfenklee
Karte 1154

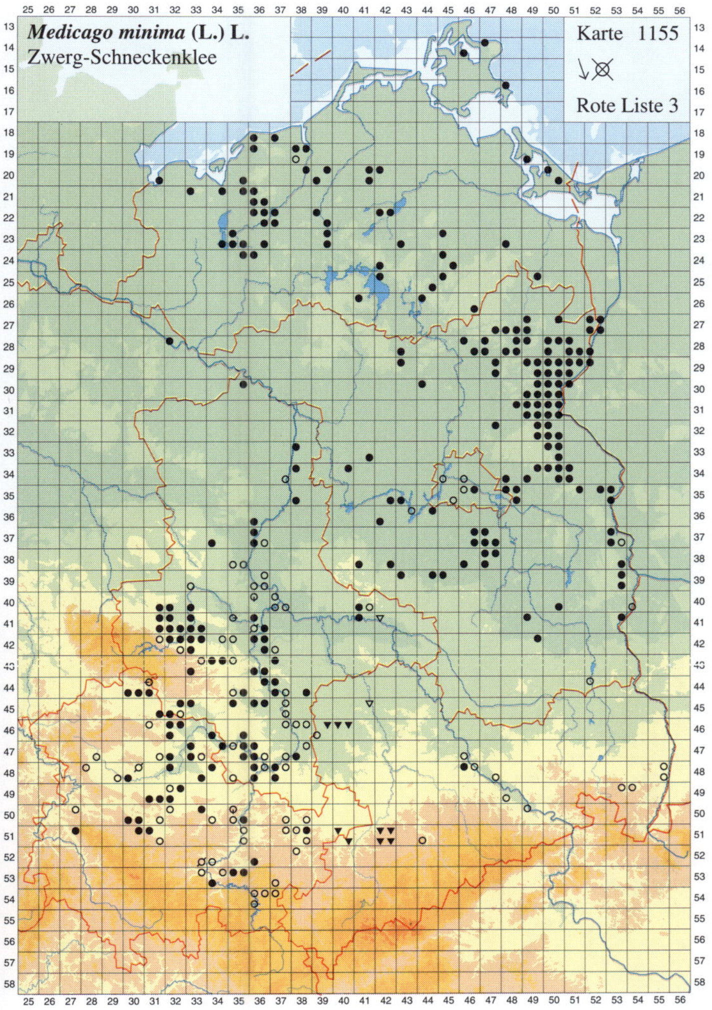
Medicago minima (L.) L.
Zwerg-Schneckenklee
Karte 1155
Rote Liste 3

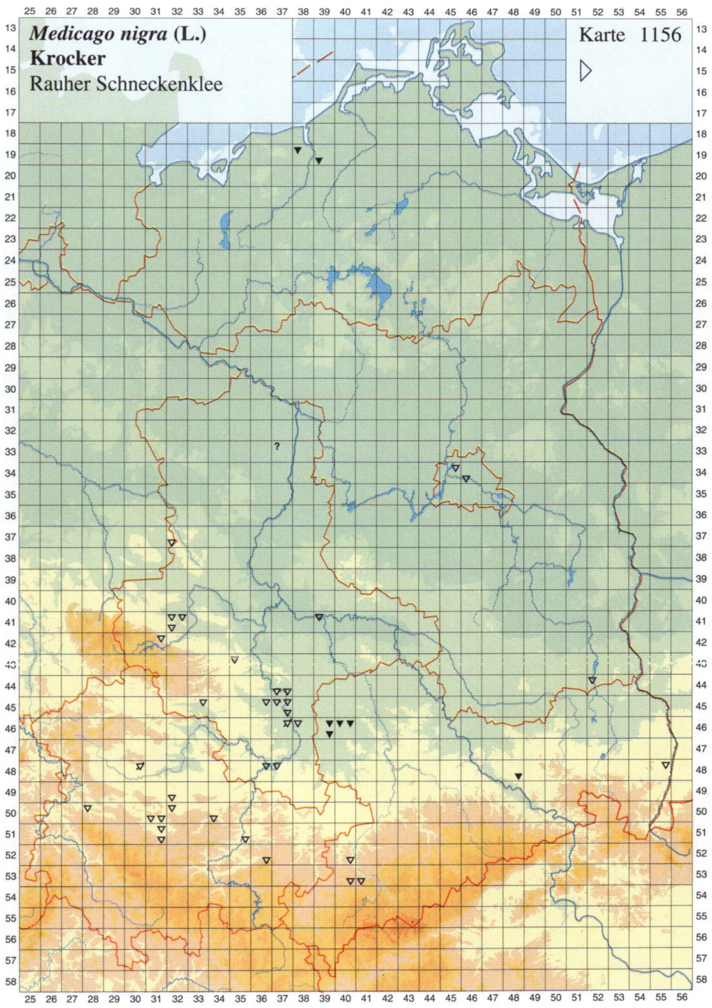
Medicago nigra (L.) Krocker
Rauher Schneckenklee
Karte 1156

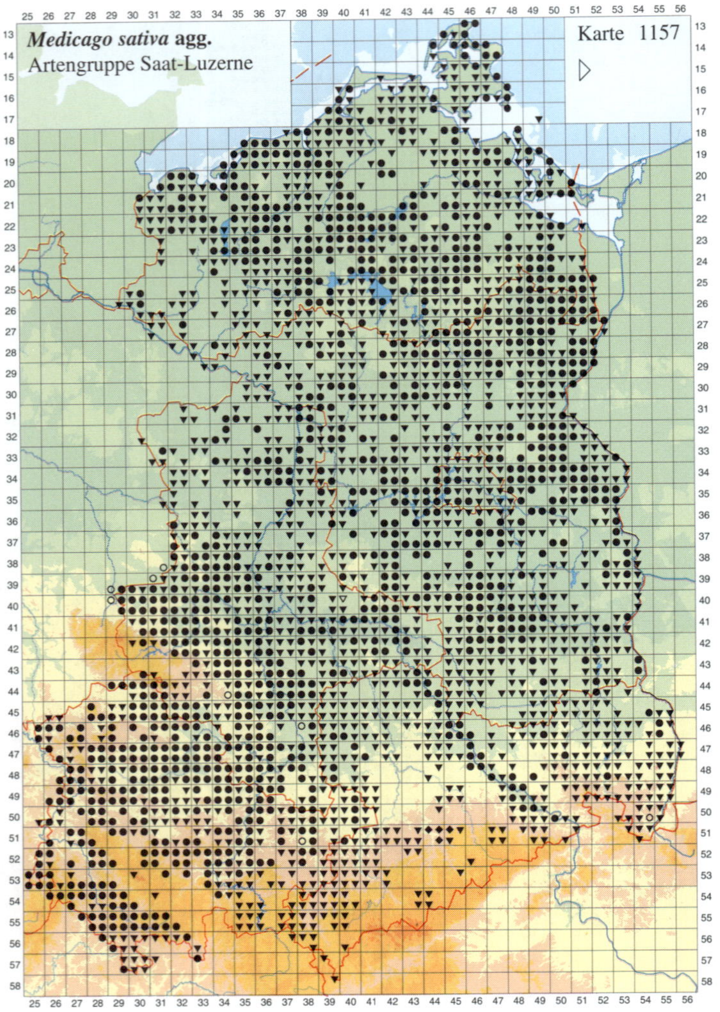
Medicago sativa agg.
Artengruppe Saat-Luzerne
Karte 1157

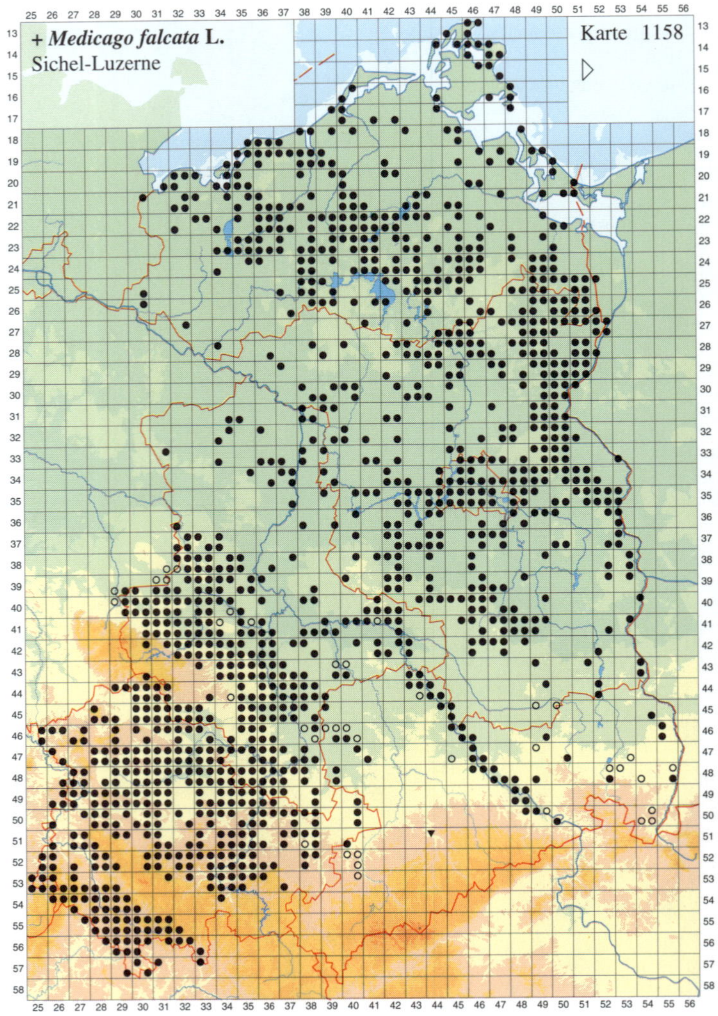
+ *Medicago falcata* L.
Sichel-Luzerne
Karte 1158

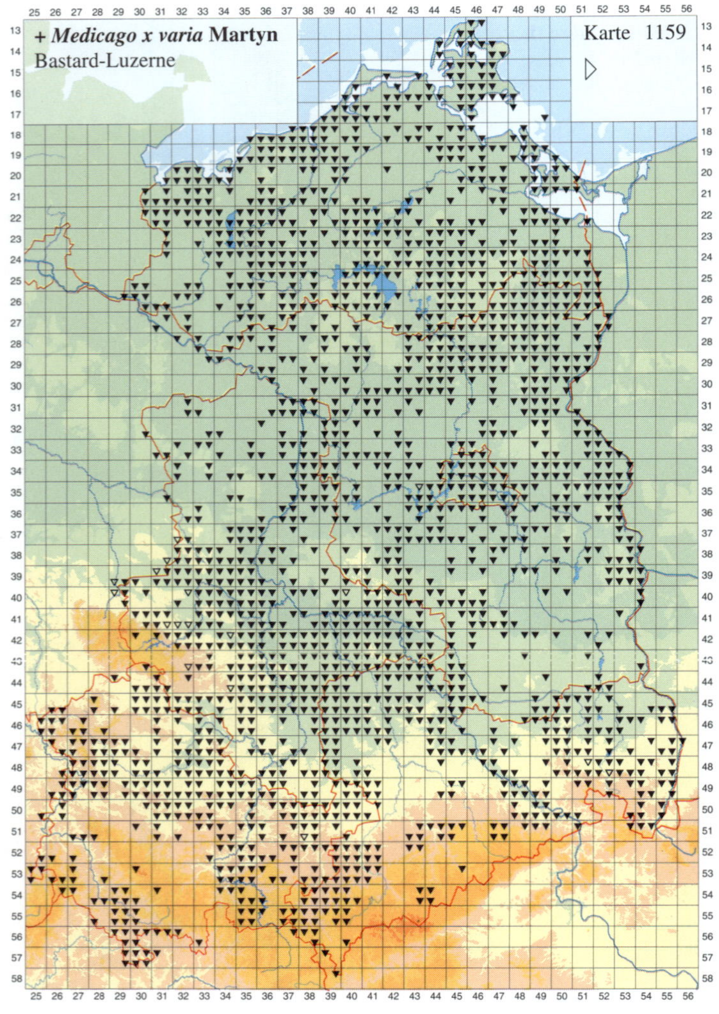
+ *Medicago x varia* Martyn
Bastard-Luzerne
Karte 1159

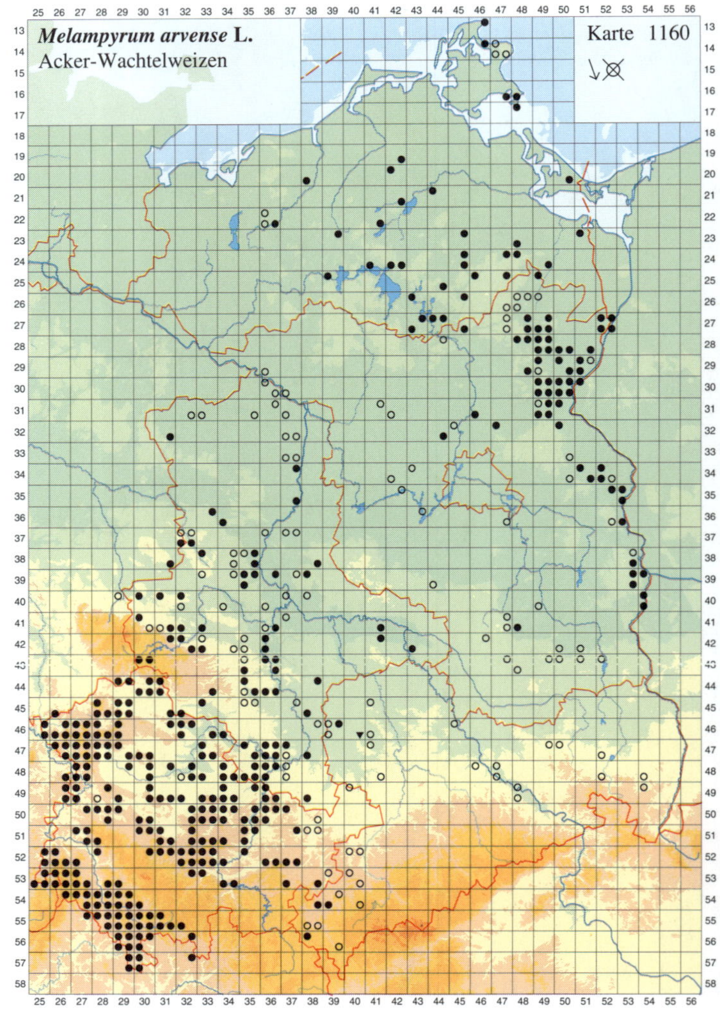
Melampyrum arvense L.
Acker-Wachtelweizen
Karte 1160

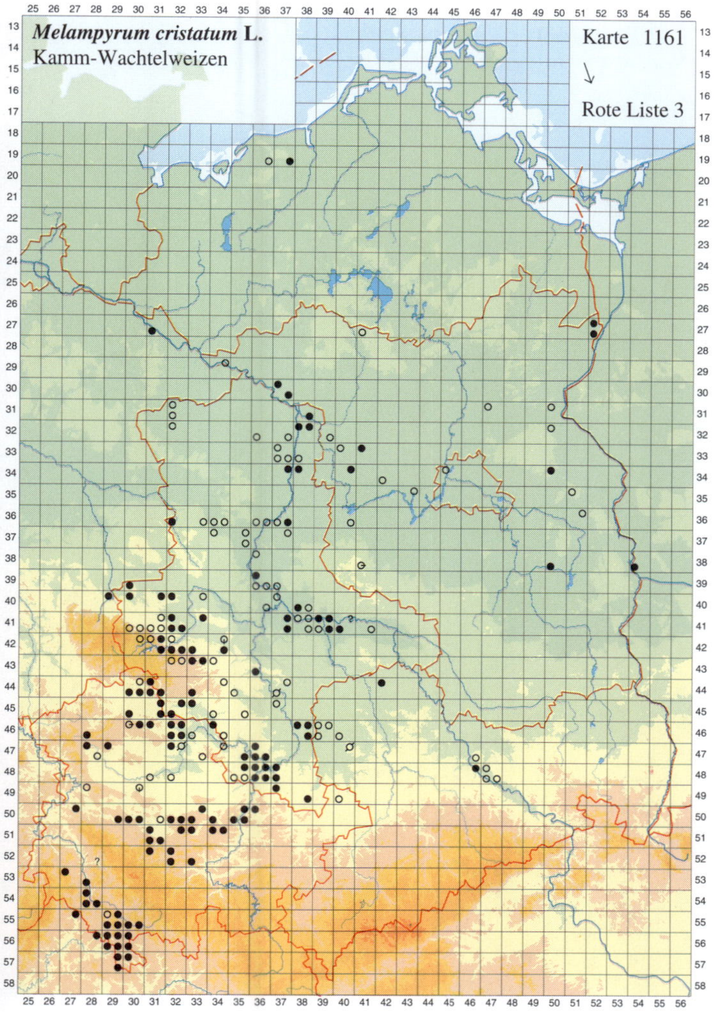
Melampyrum cristatum L.
Kamm-Wachtelweizen
Karte 1161
↘
Rote Liste 3

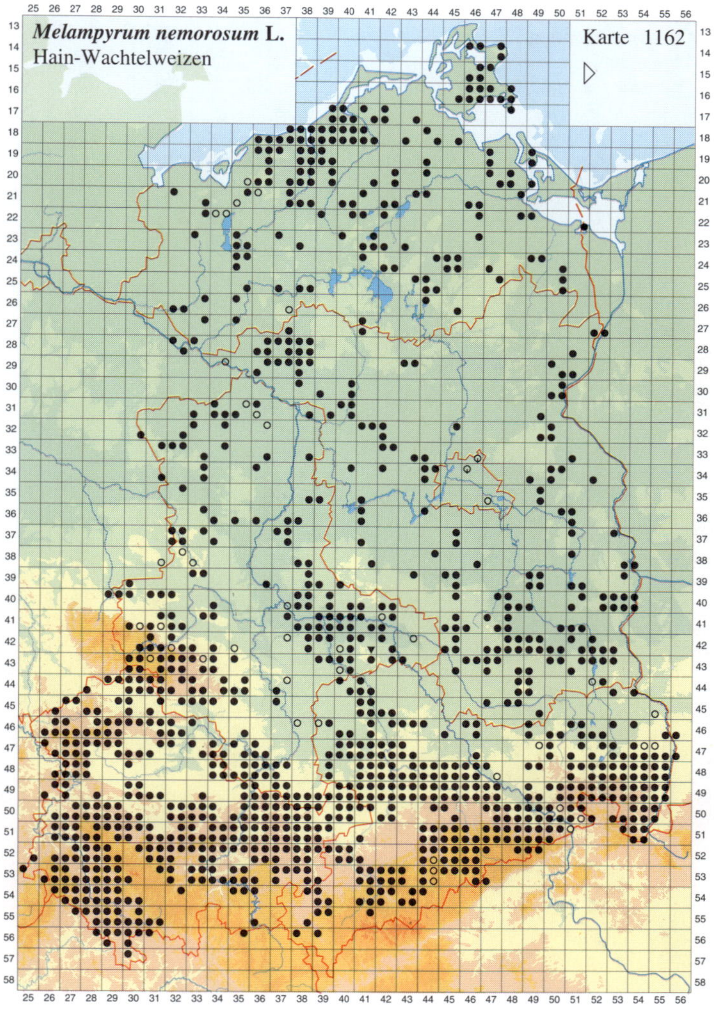
Melampyrum nemorosum L.
Hain-Wachtelweizen
Karte 1162
▷

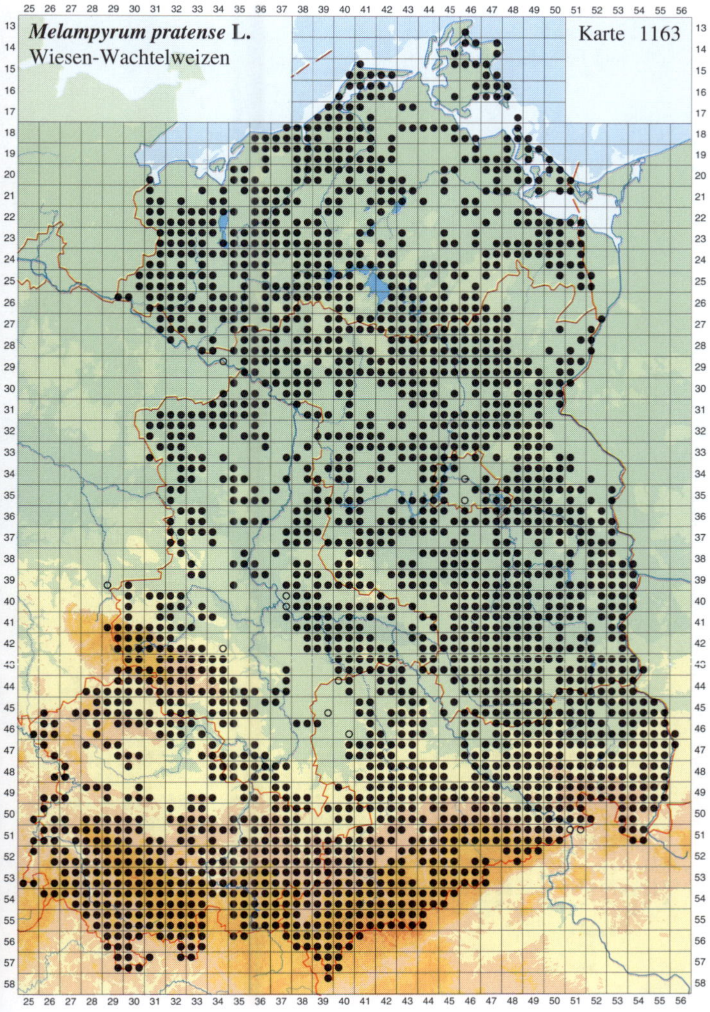
Melampyrum pratense L.
Wiesen-Wachtelweizen
Karte 1163

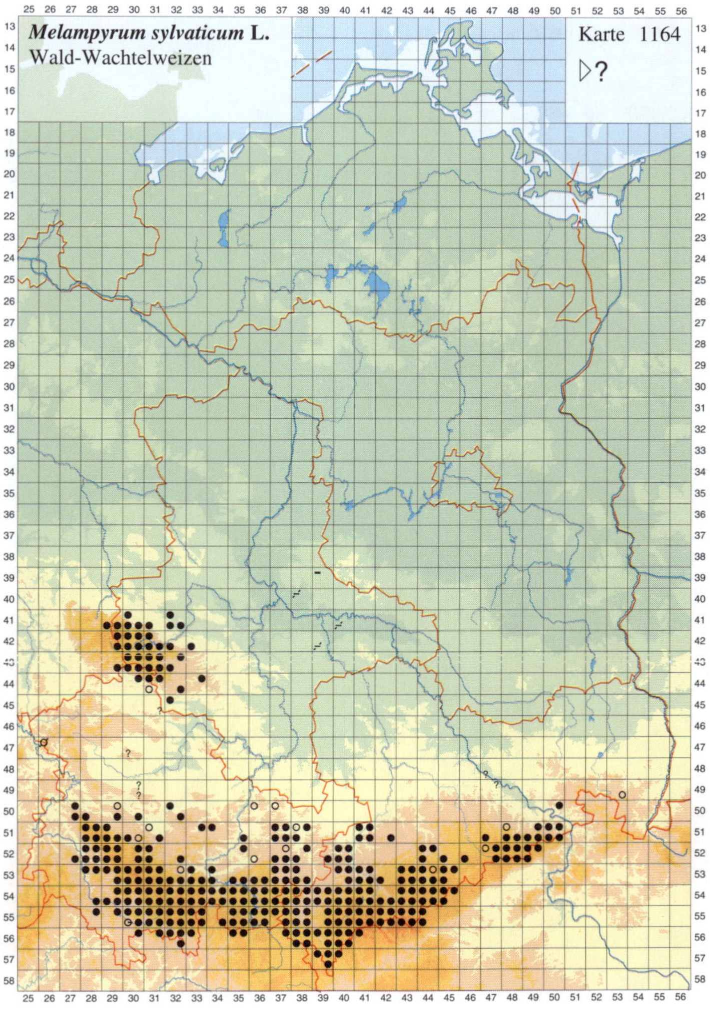
Melampyrum sylvaticum L.
Wald-Wachtelweizen
Karte 1164
▷?

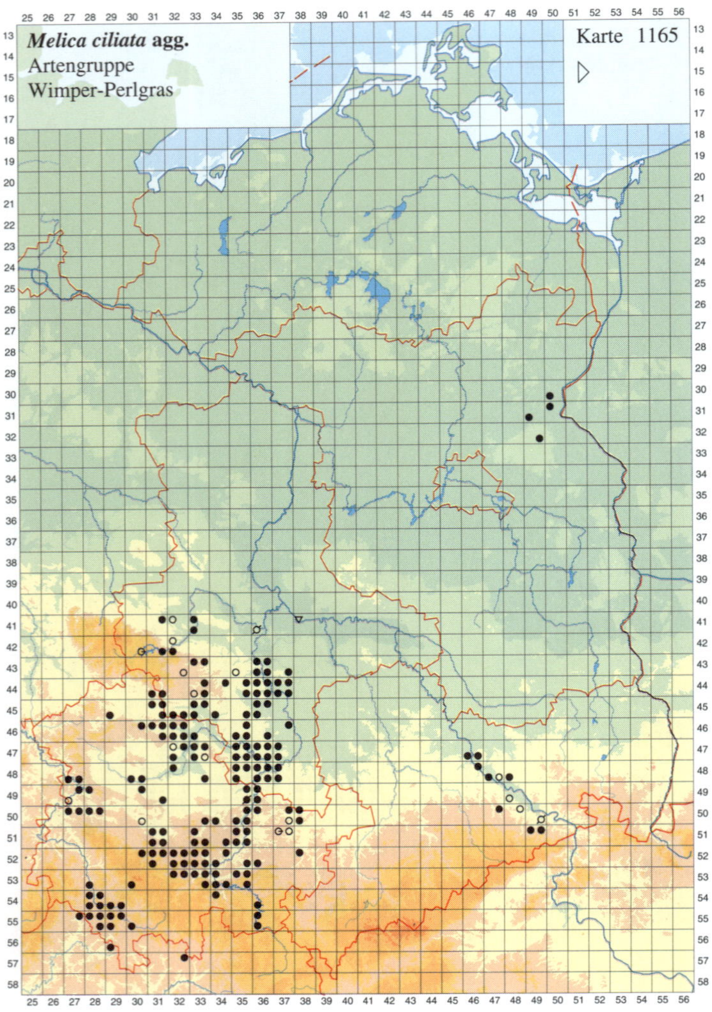
Melica ciliata agg.
Artengruppe
Wimper-Perlgras
Karte 1165
▷

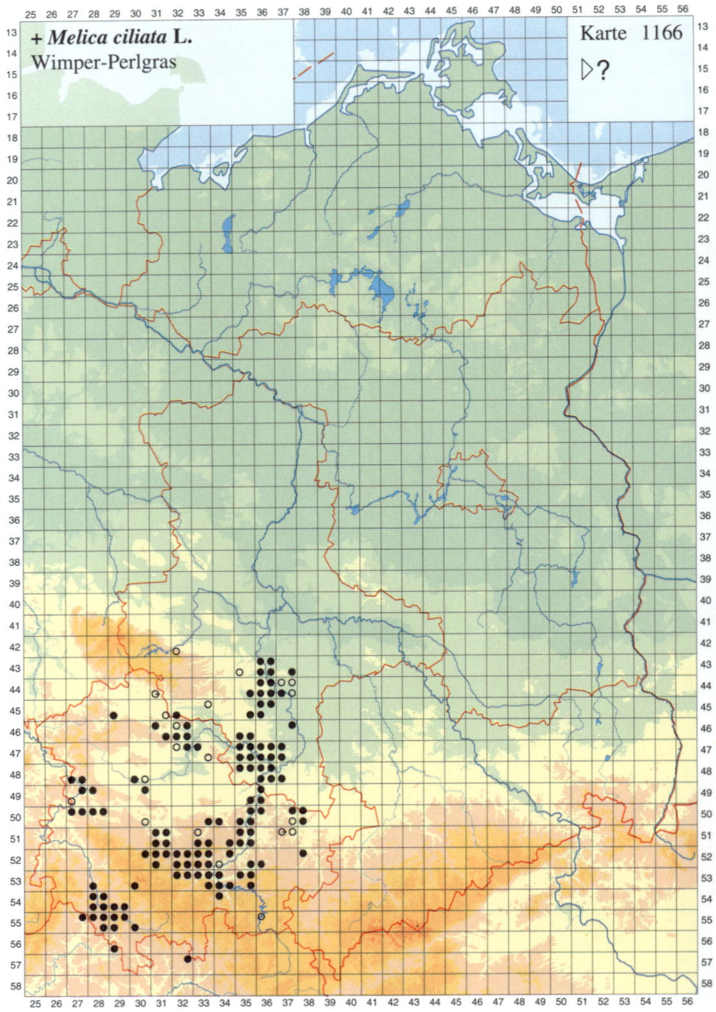
+ Melica ciliata L.
Wimper-Perlgras
Karte 1166
▷?

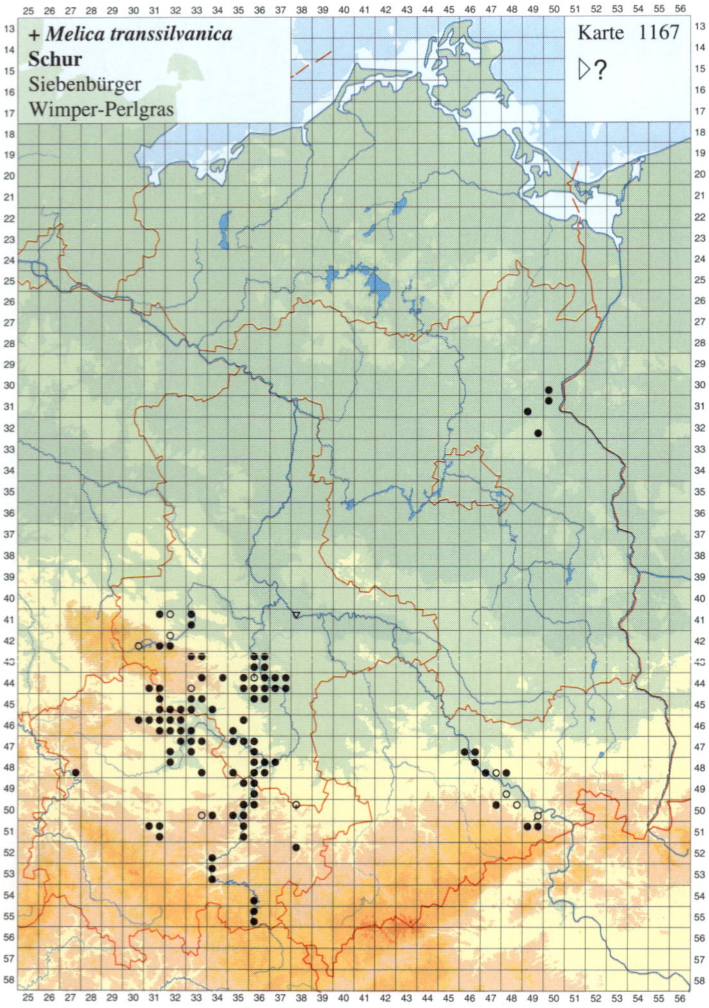
+ Melica transsilvanica Schur
Siebenbürger
Wimper-Perlgras
Karte 1167
▷?

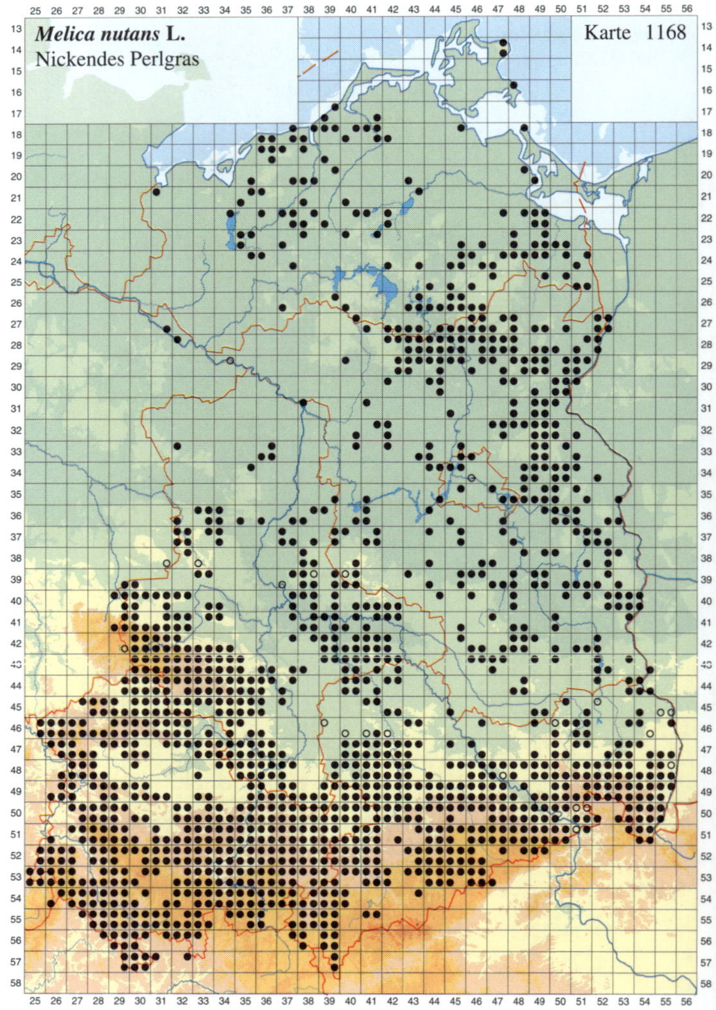
Melica nutans L.
Nickendes Perlgras
Karte 1168

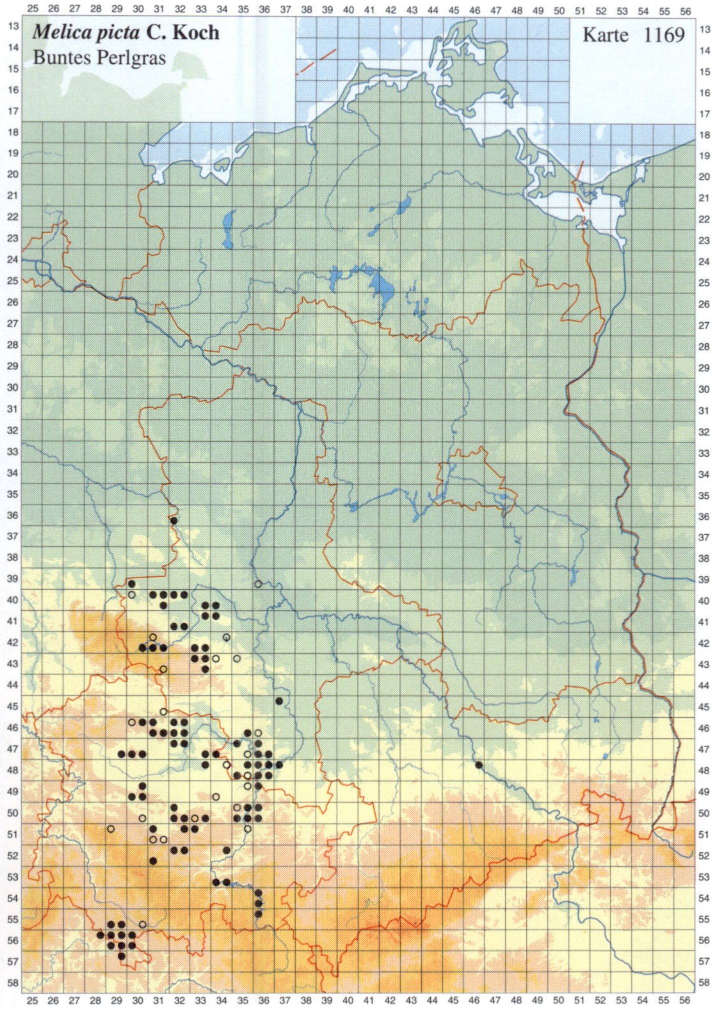
Melica picta C. Koch
Buntes Perlgras
Karte 1169

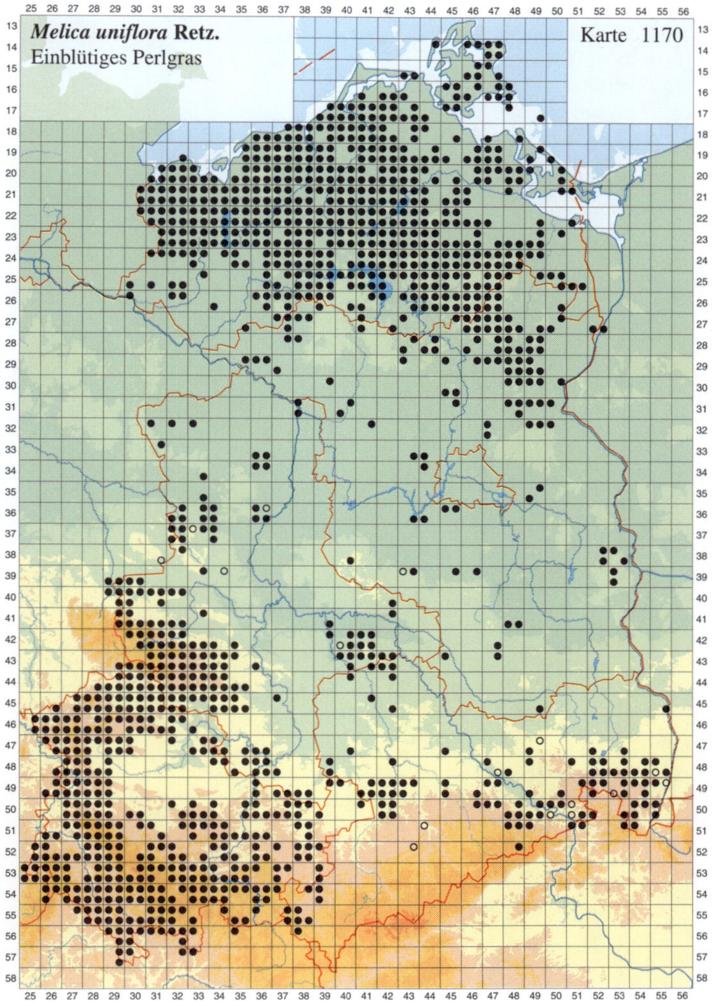
Melica uniflora Retz.
Einblütiges Perlgras
Karte 1170

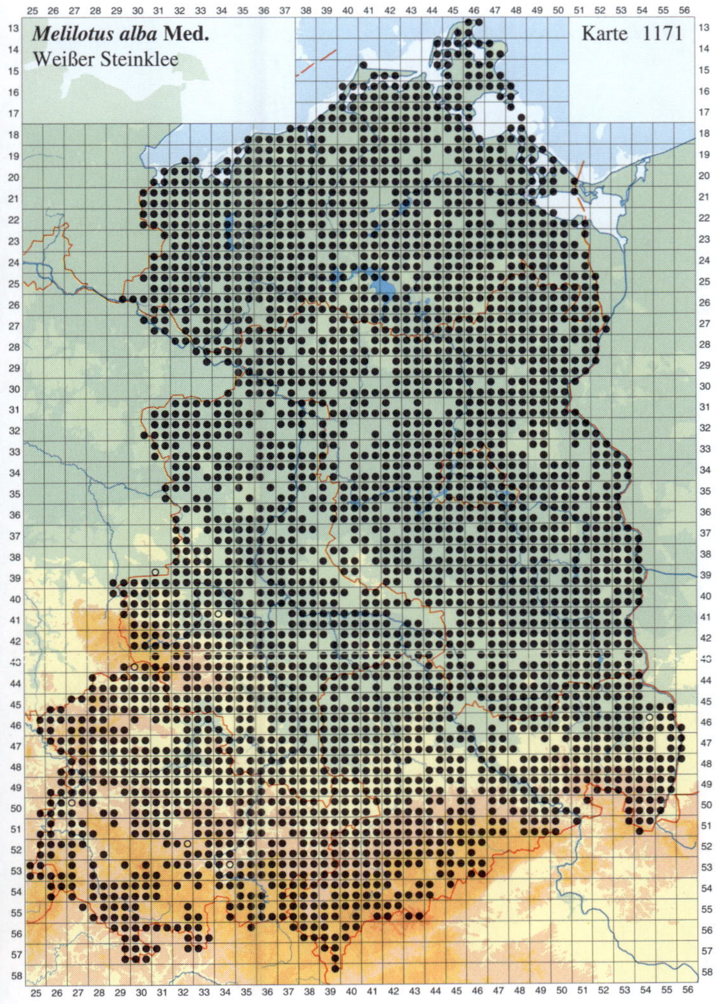
Melilotus alba Med.
Weißer Steinklee
Karte 1171

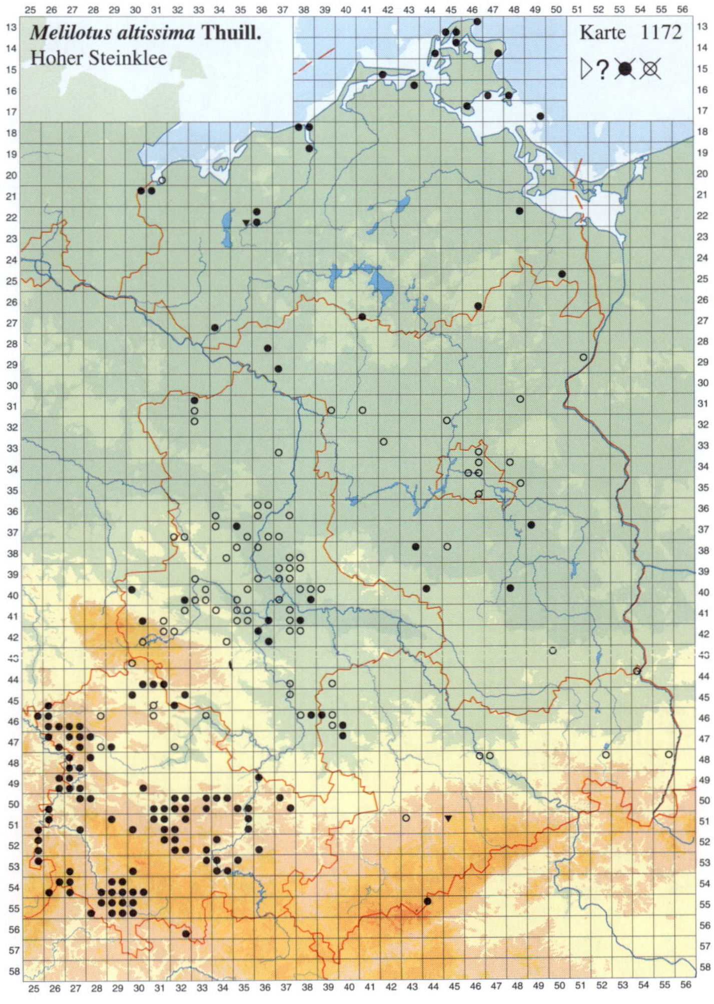
Melilotus altissima Thuill.
Hoher Steinklee
Karte 1172

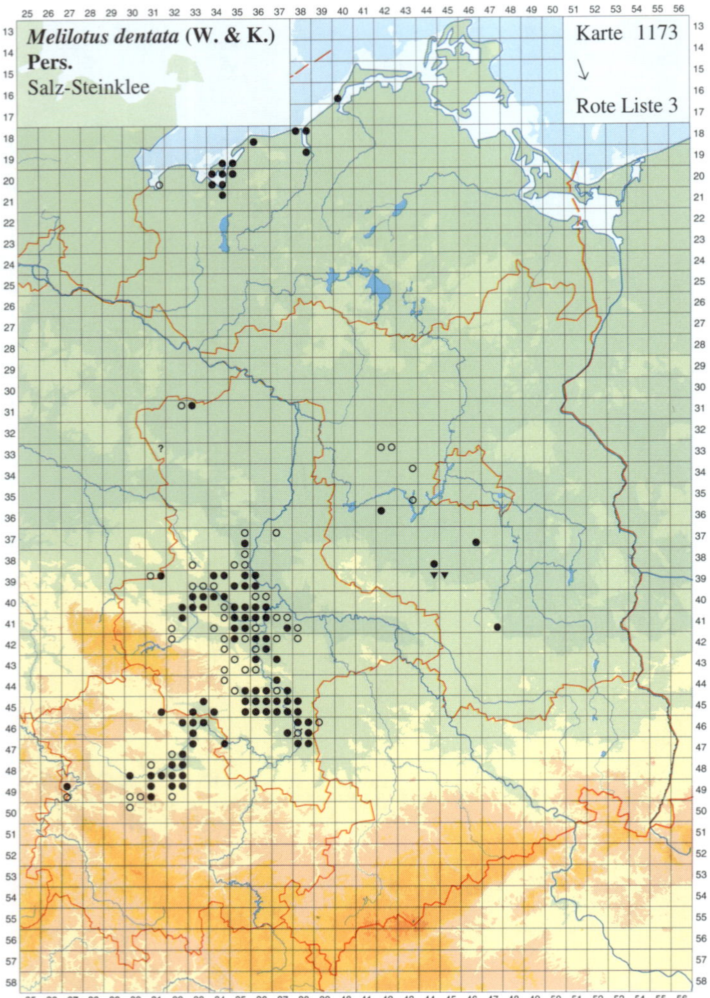
Melilotus dentata (W. & K.) Pers.
Salz-Steinklee
Karte 1173
Rote Liste 3

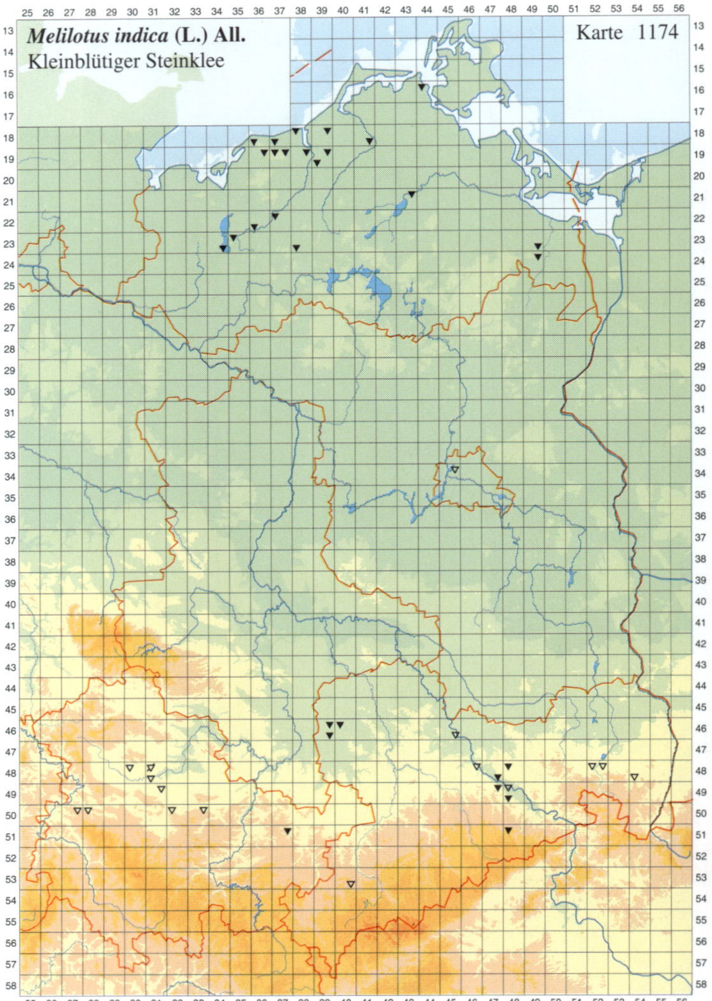
Melilotus indica (L.) All.
Kleinblütiger Steinklee
Karte 1174

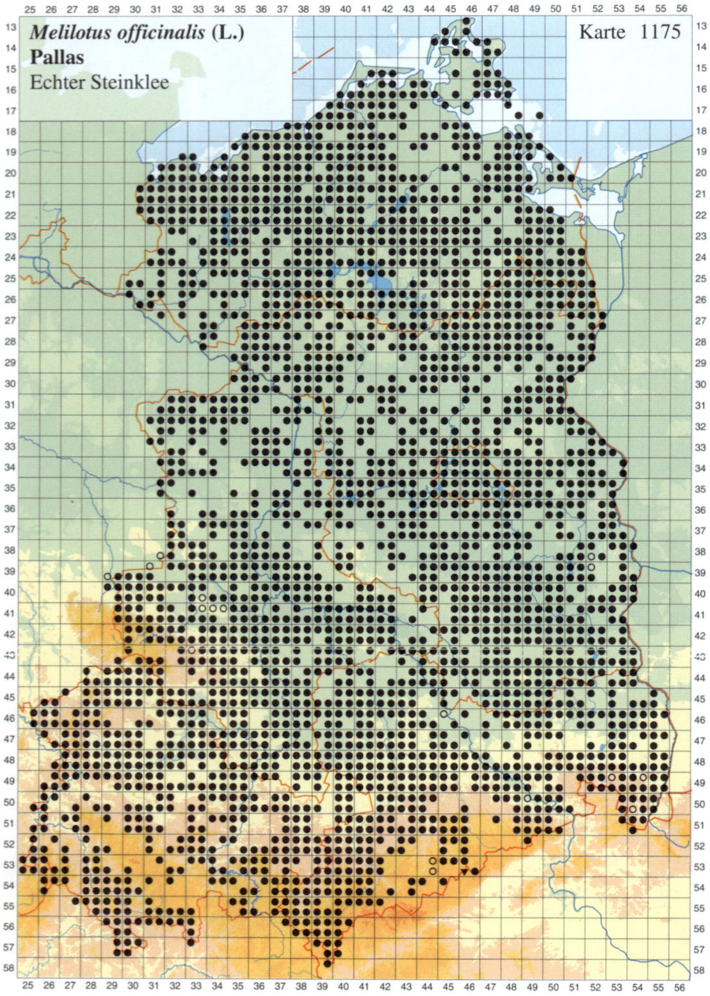
Melilotus officinalis (L.) Pallas
Echter Steinklee
Karte 1175

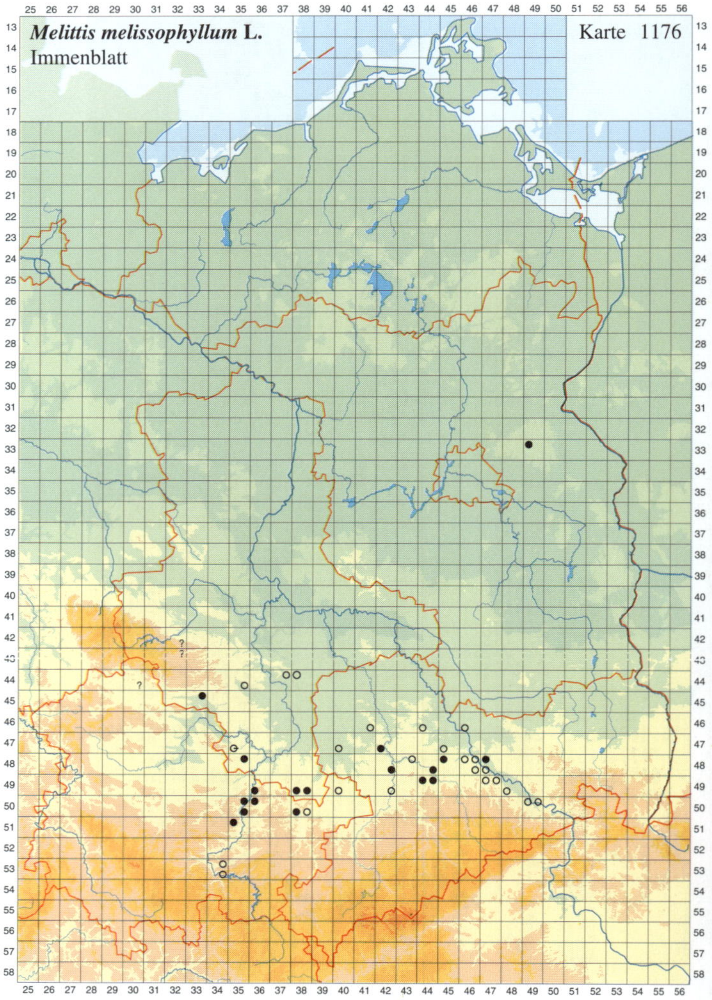
Melittis melissophyllum L.
Immenblatt
Karte 1176

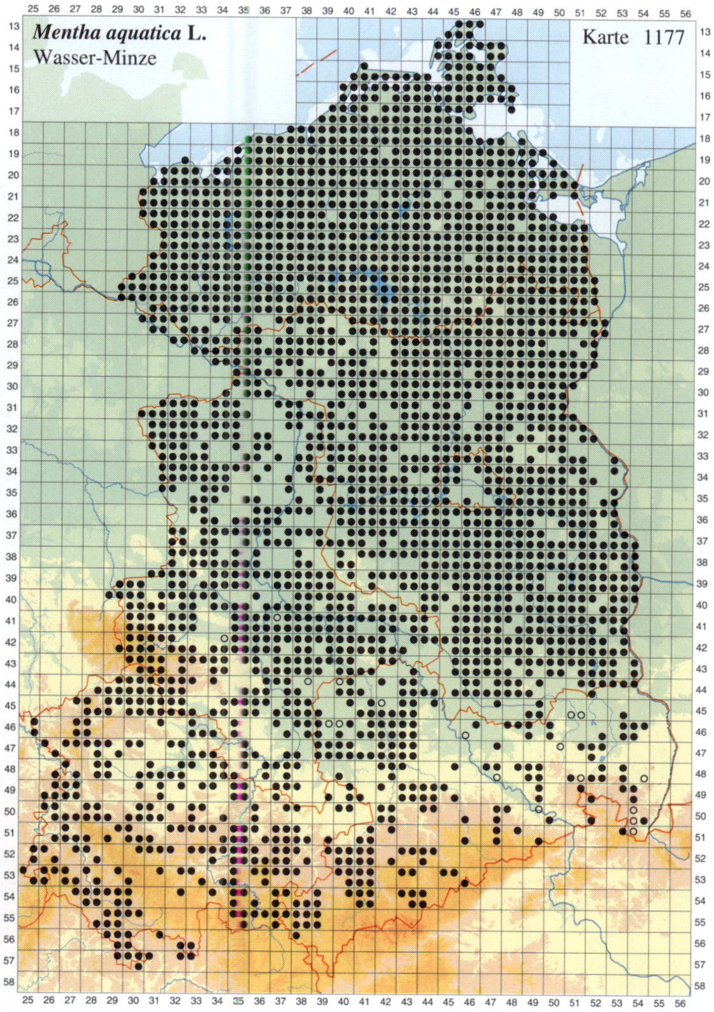
Mentha aquatica L.
Wasser-Minze
Karte 1177

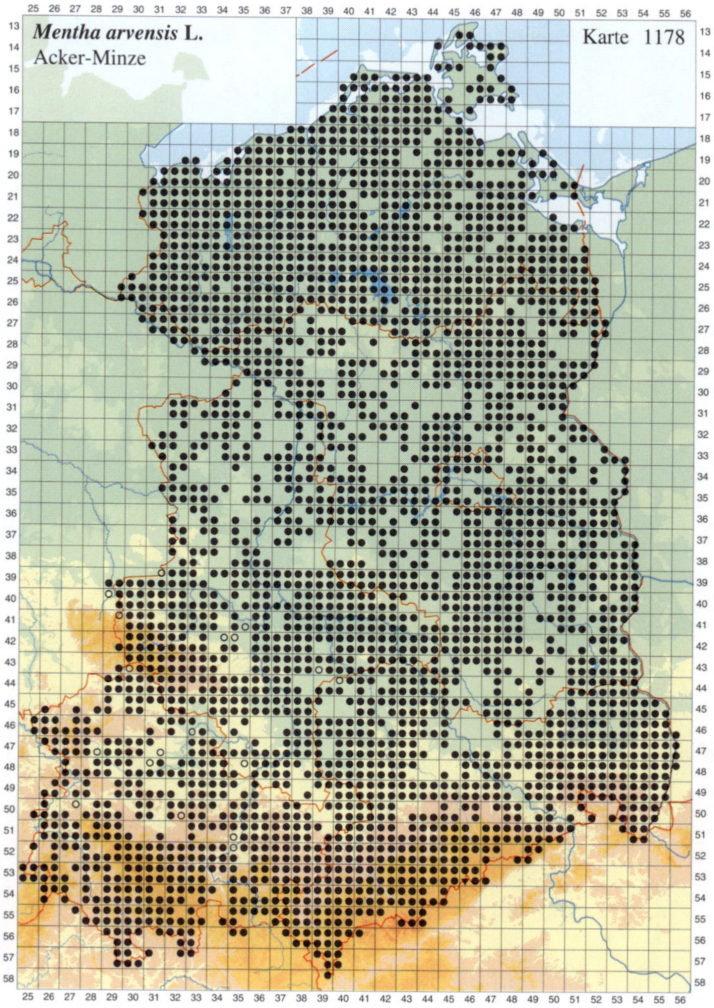
Mentha arvensis L.
Acker-Minze
Karte 1178

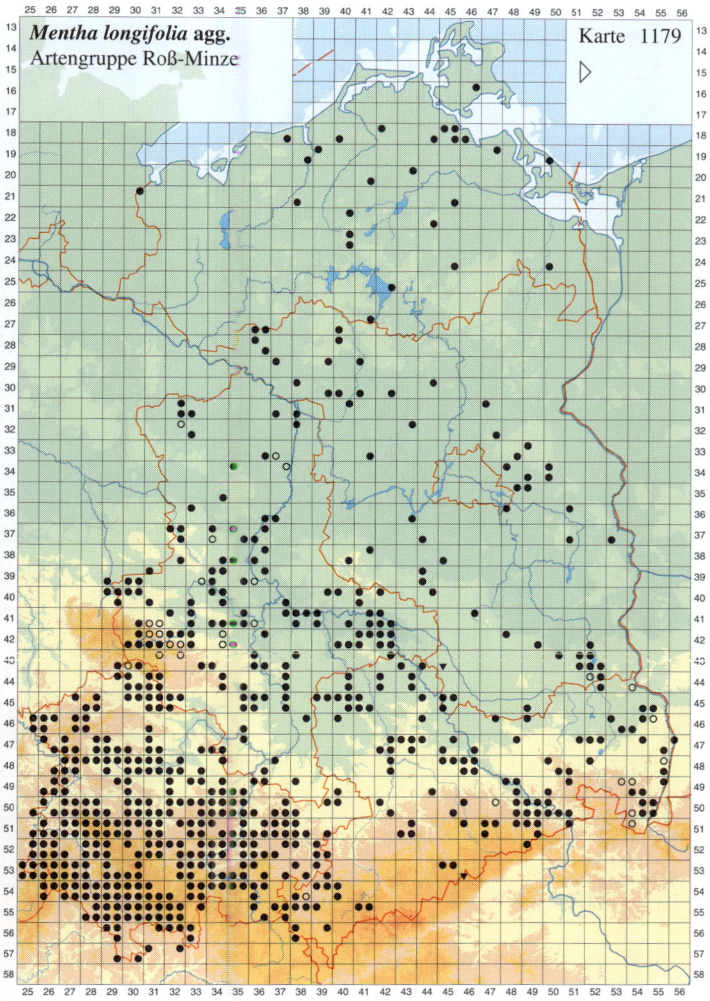
Mentha longifolia agg.
Artengruppe Roß-Minze
Karte 1179

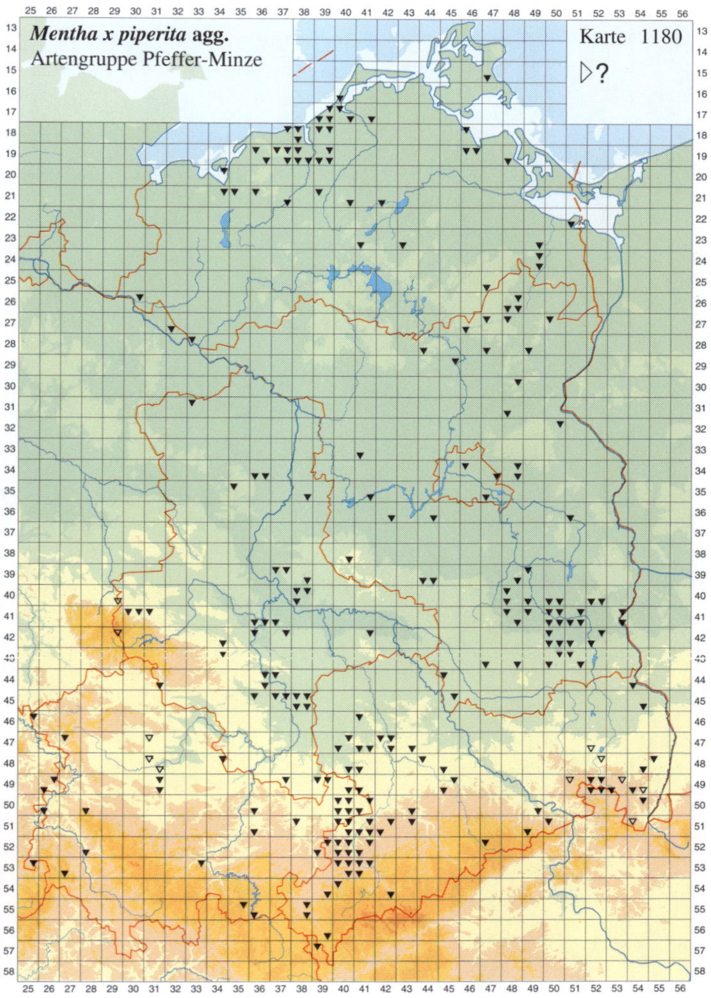
Mentha x piperita agg.
Artengruppe Pfeffer-Minze
Karte 1180
?

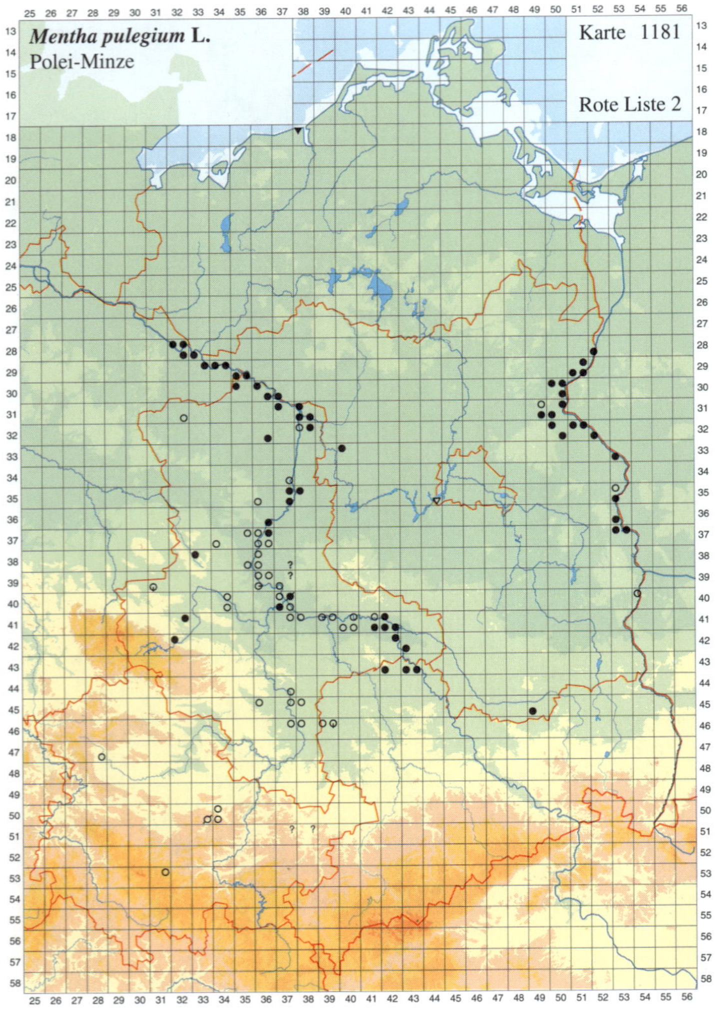
Mentha pulegium L.
Polei-Minze
Karte 1181
Rote Liste 2

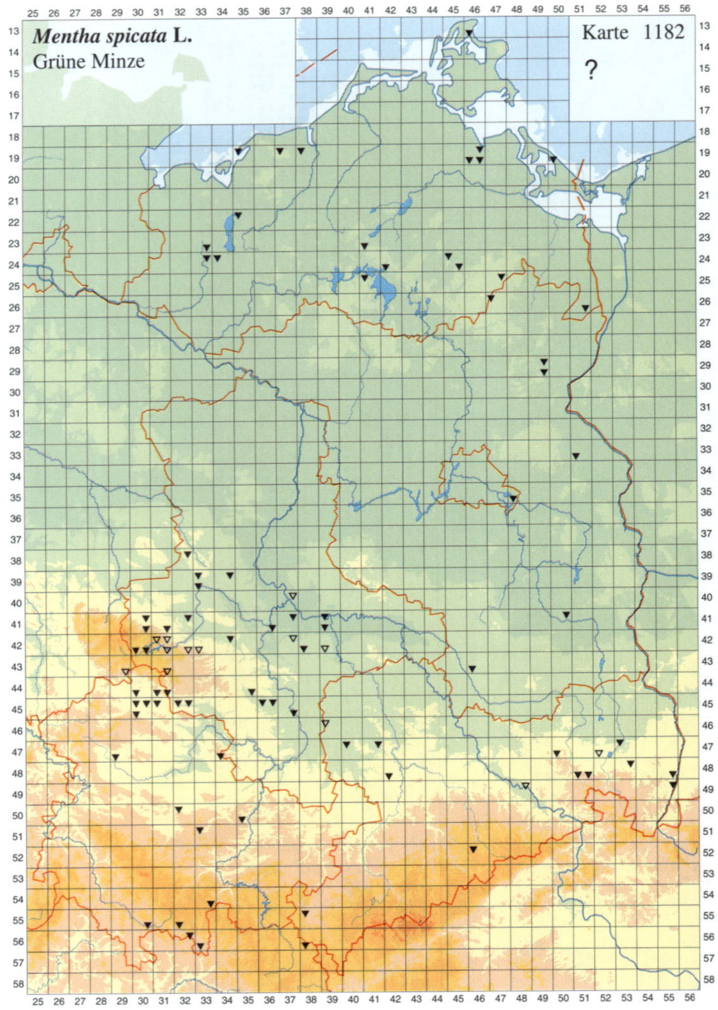
Mentha spicata L.
Grüne Minze
Karte 1182
?

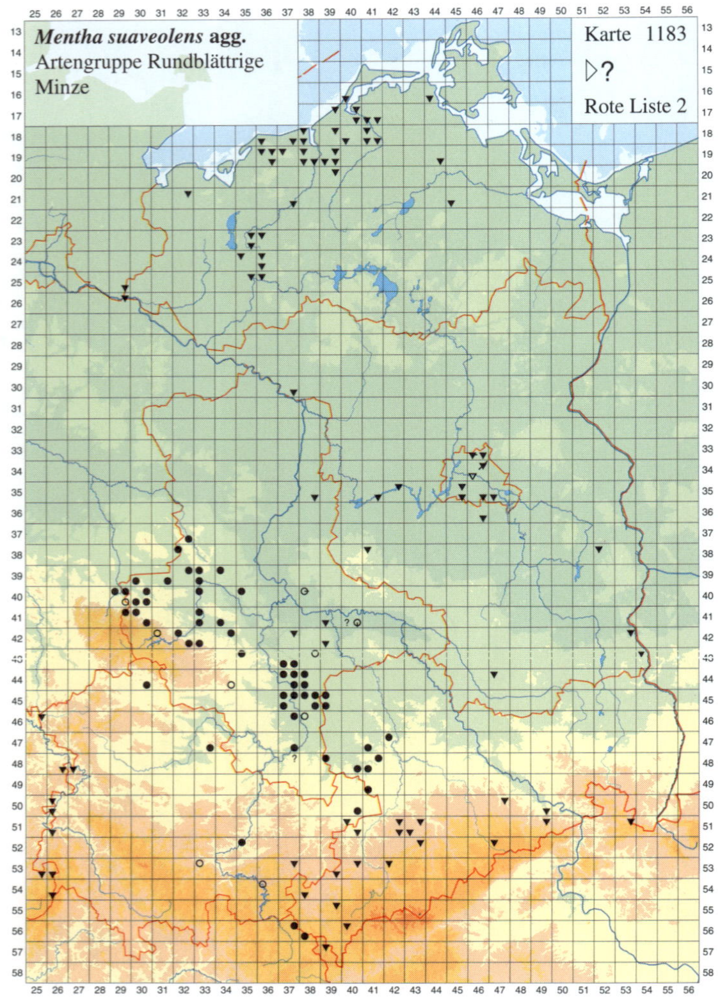
Mentha suaveolens agg.
Artengruppe Rundblättrige Minze
Karte 1183
▷?
Rote Liste 2

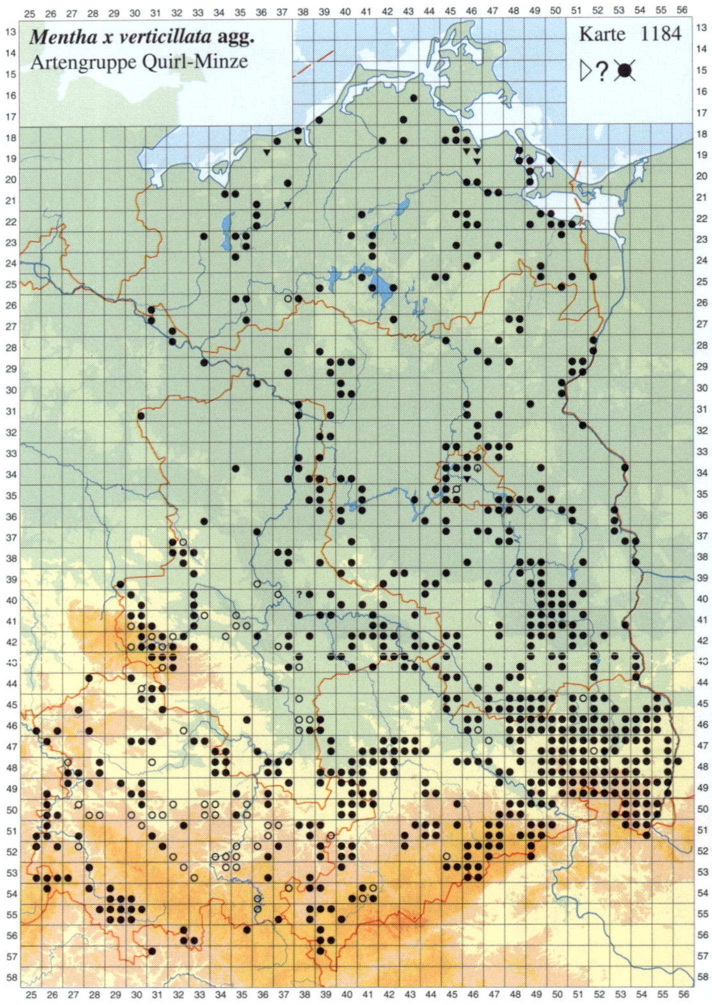
Mentha x verticillata agg.
Artengruppe Quirl-Minze
Karte 1184
▷?

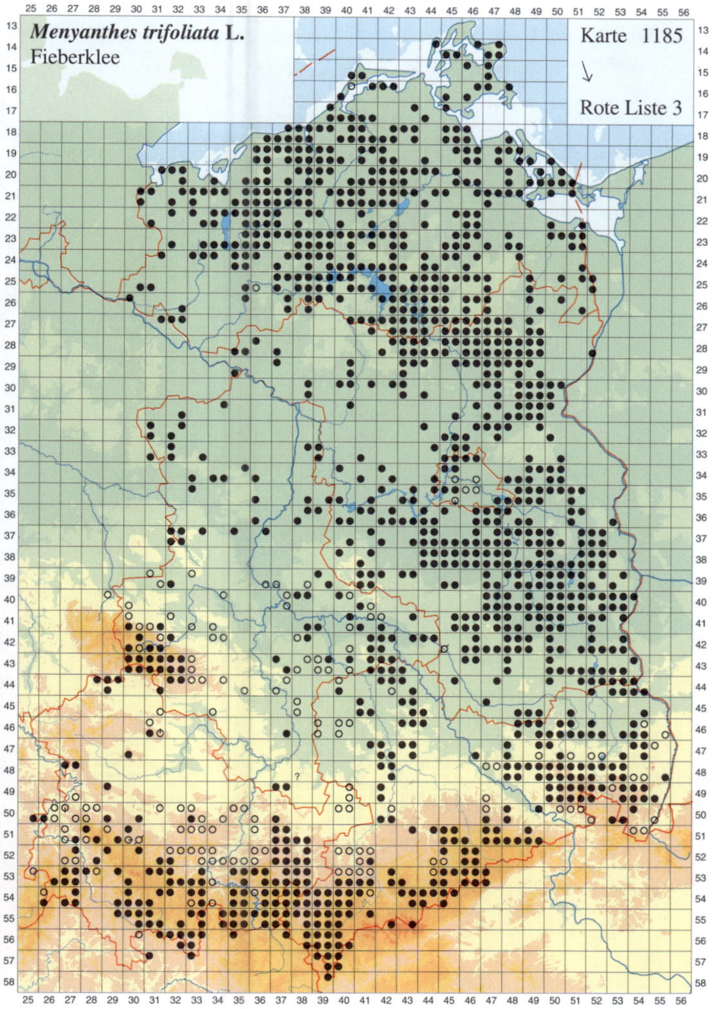
Menyanthes trifoliata L.
Fieberklee
Karte 1185
Rote Liste 3

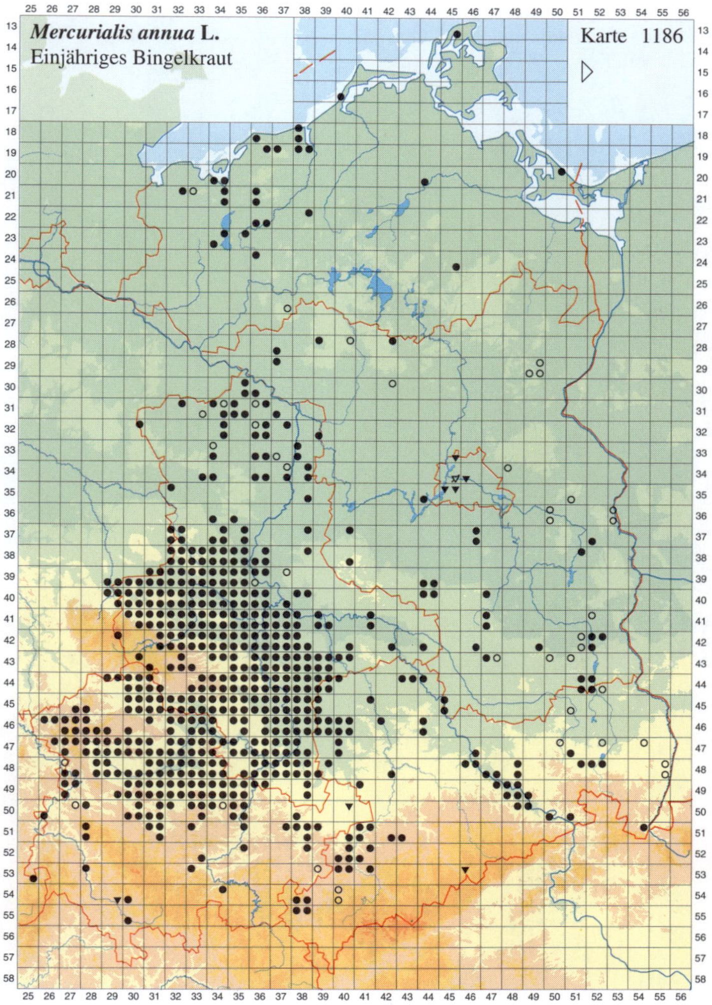
Mercurialis annua L.
Einjähriges Bingelkraut
Karte 1186

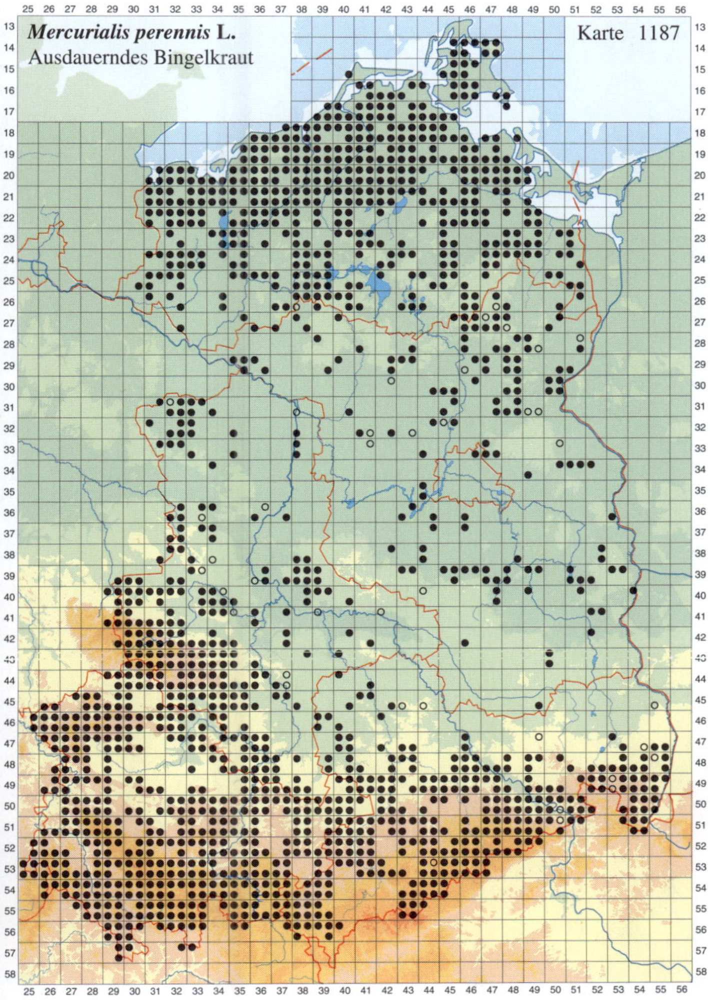
Mercurialis perennis L.
Ausdauerndes Bingelkraut
Karte 1187

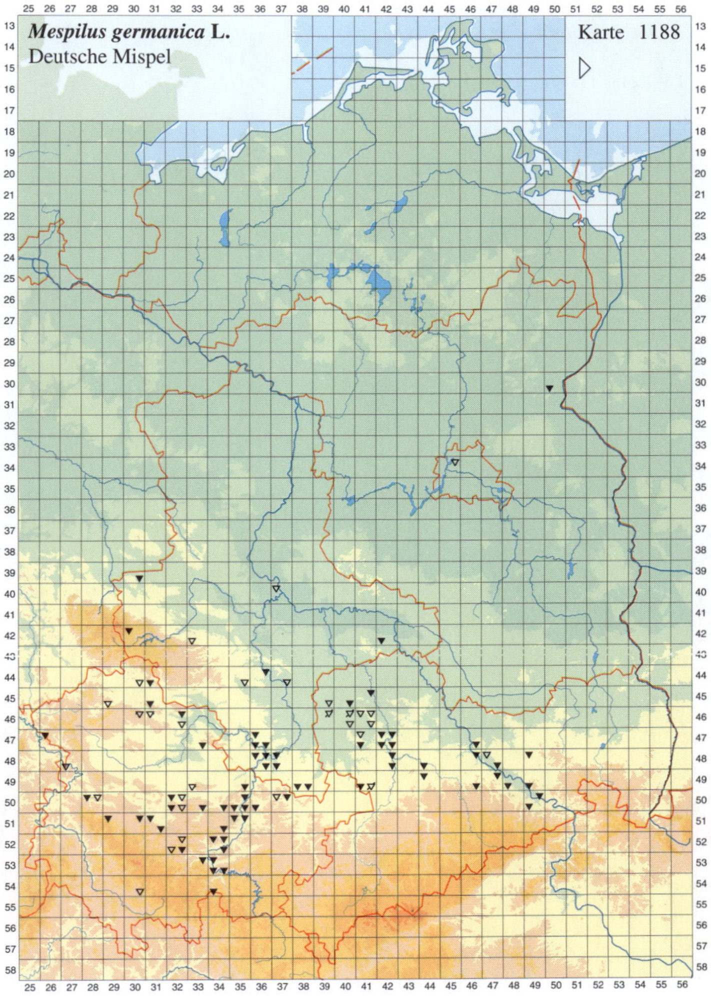
Mespilus germanica L.
Deutsche Mispel
Karte 1188

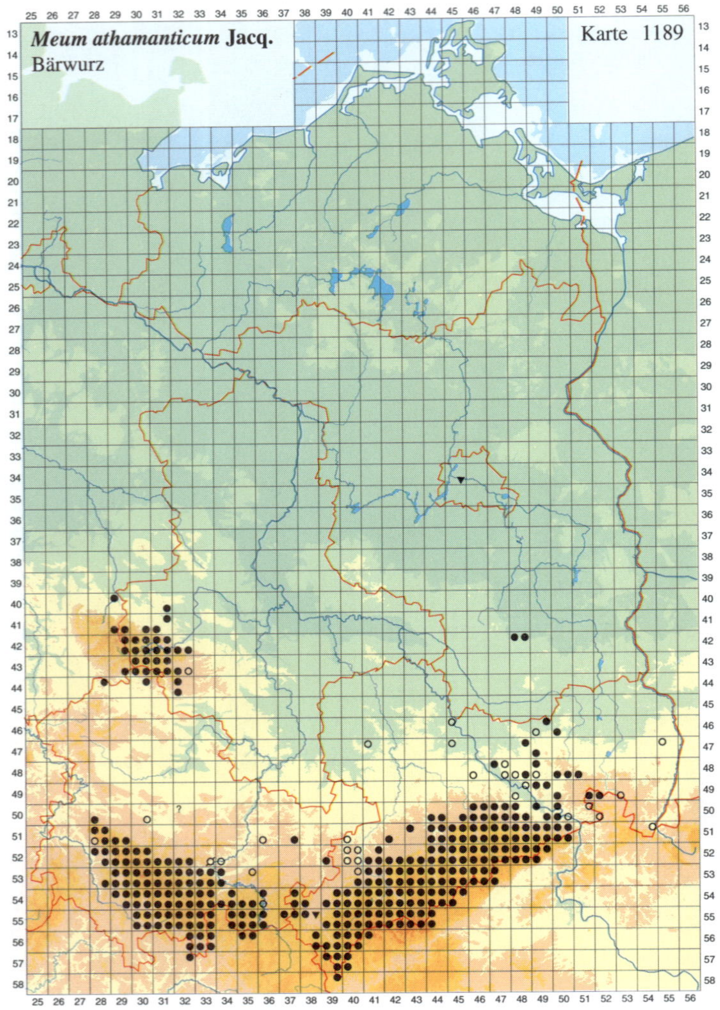
Meum athamanticum Jacq.
Bärwurz
Karte 1189

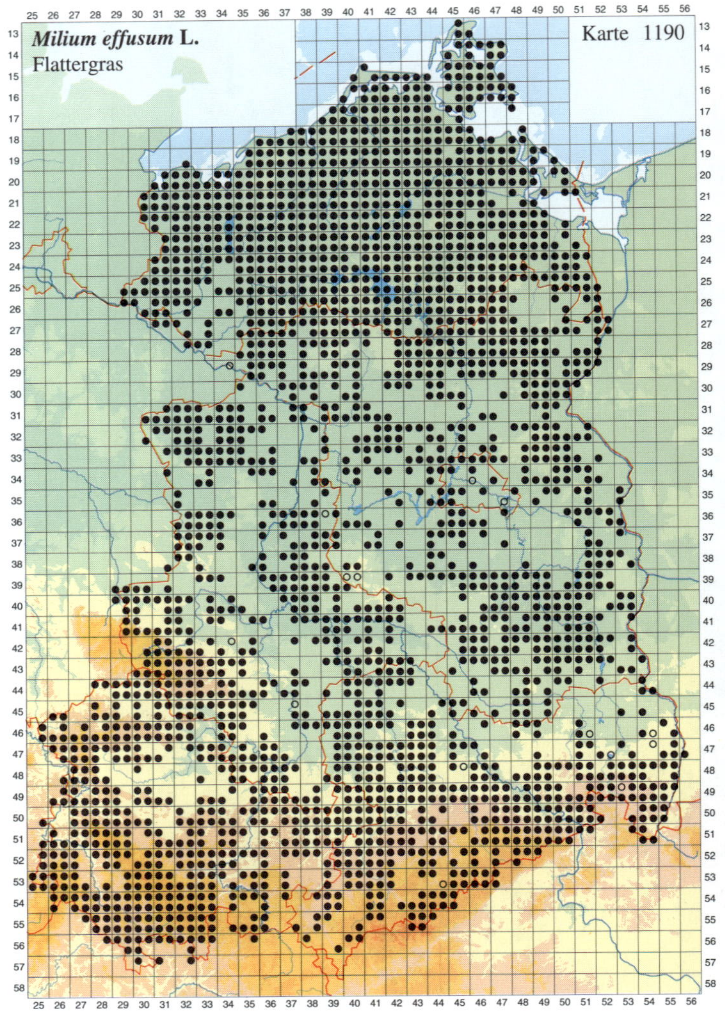
Milium effusum L.
Flattergras
Karte 1190

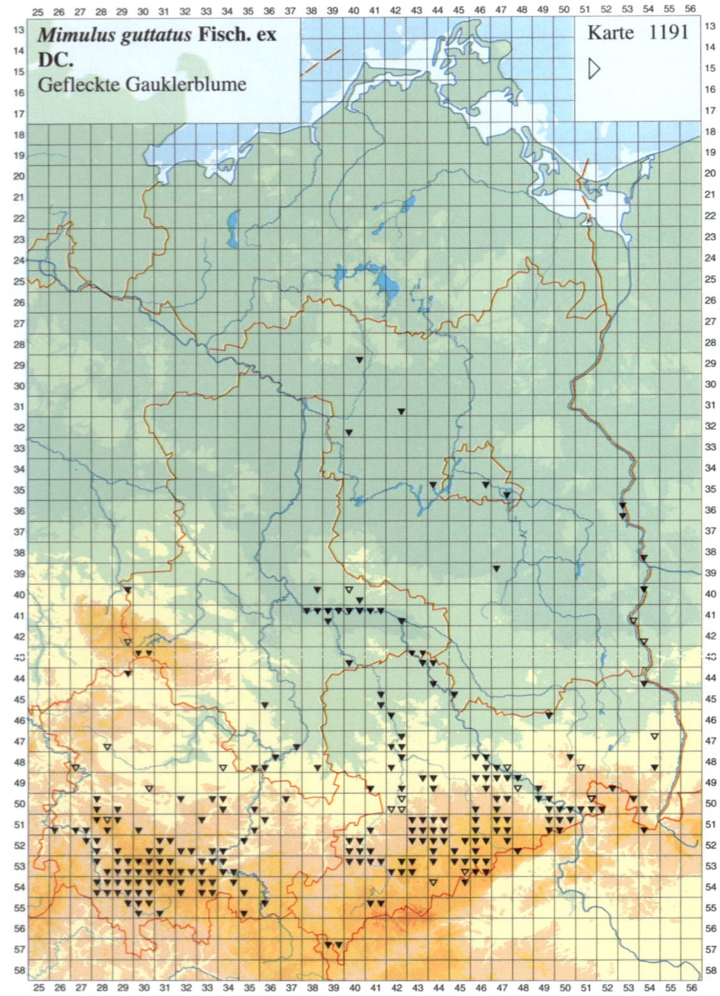
Mimulus guttatus Fisch. ex DC.
Gefleckte Gauklerblume
Karte 1191

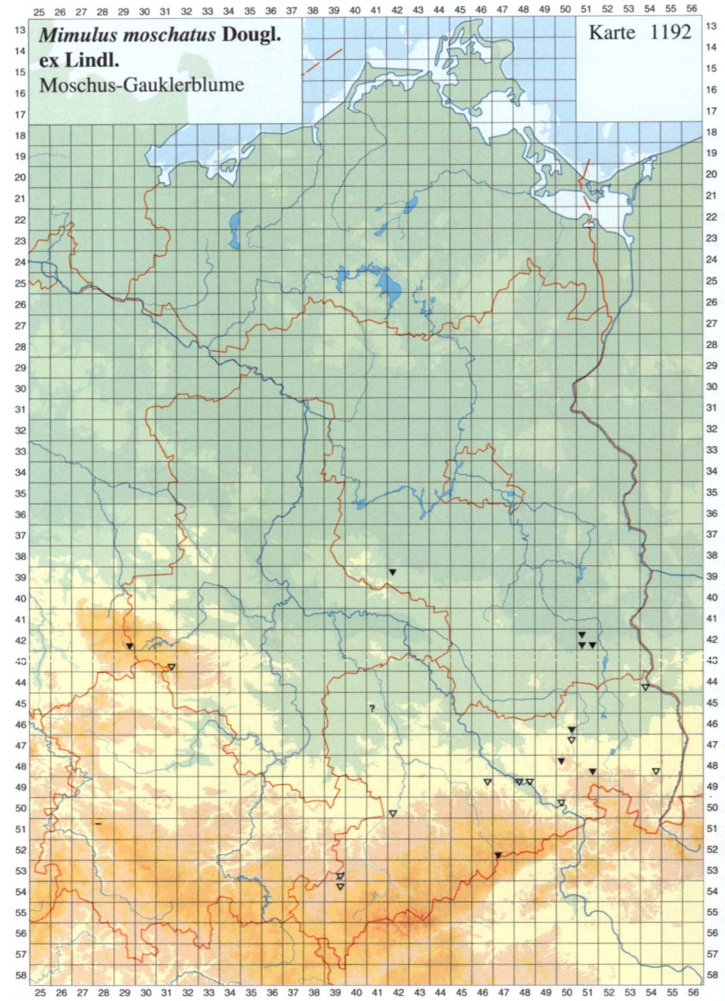
Mimulus moschatus Dougl. ex Lindl.
Moschus-Gauklerblume
Karte 1192

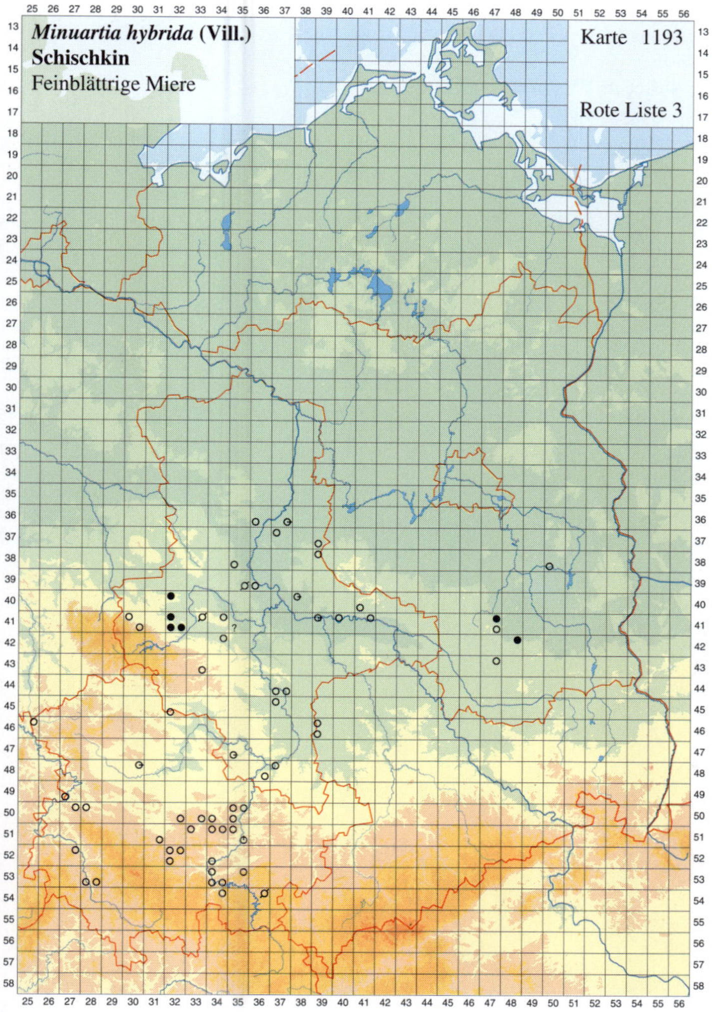
Minuartia hybrida (Vill.) Schischkin
Feinblättrige Miere
Karte 1193
Rote Liste 3

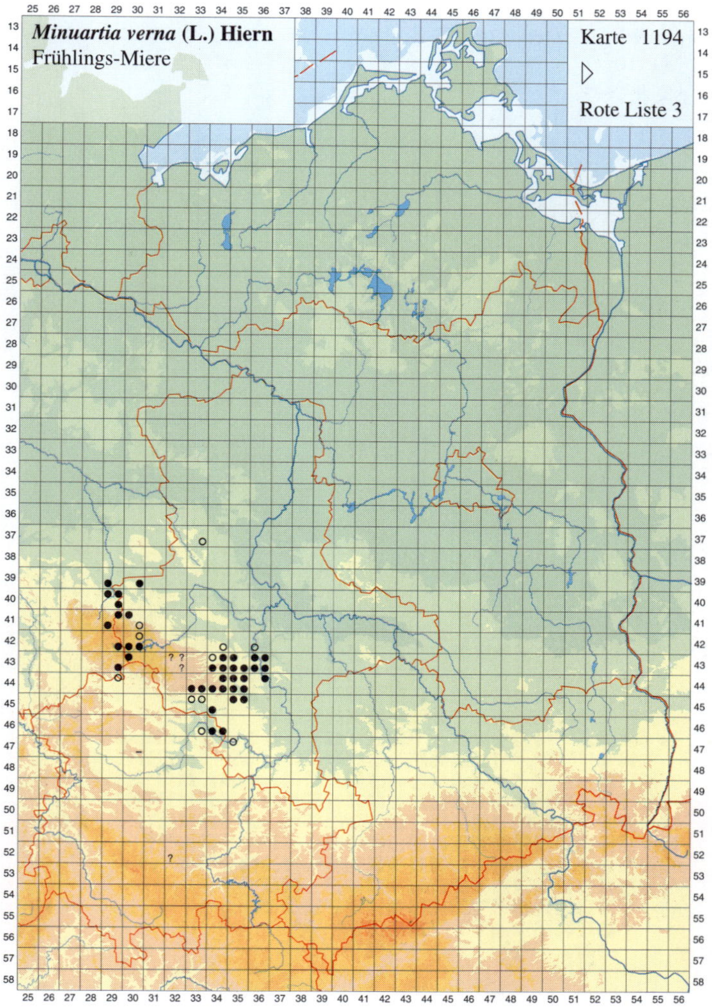
Minuartia verna (L.) Hiern
Frühlings-Miere
Karte 1194
Rote Liste 3

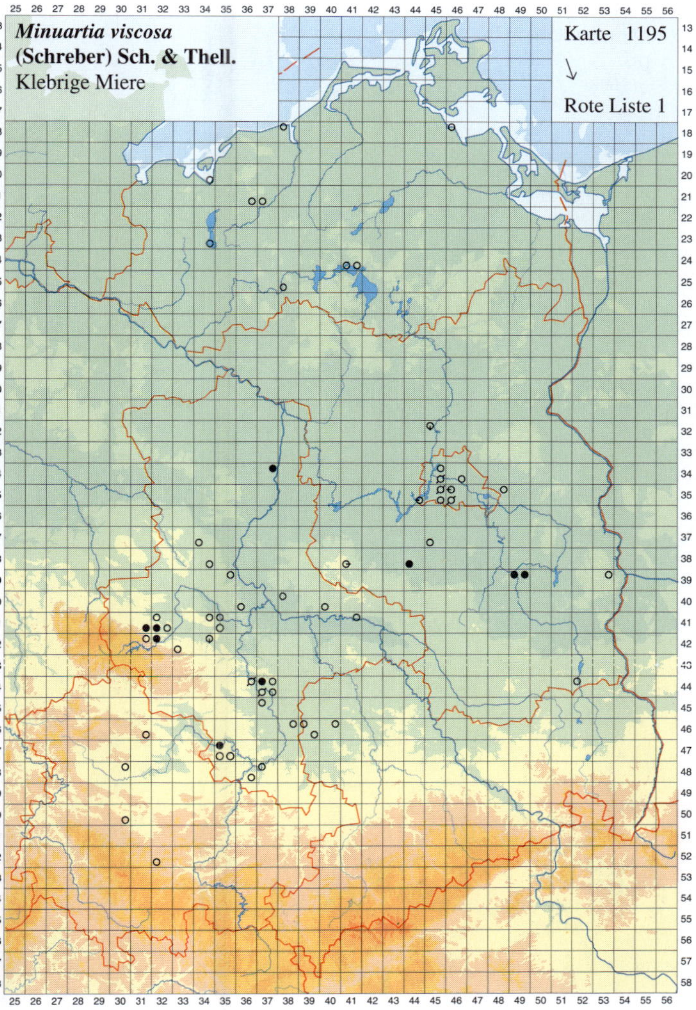
Minuartia viscosa (Schreber) Sch. & Thell.
Klebrige Miere
Karte 1195
Rote Liste 1

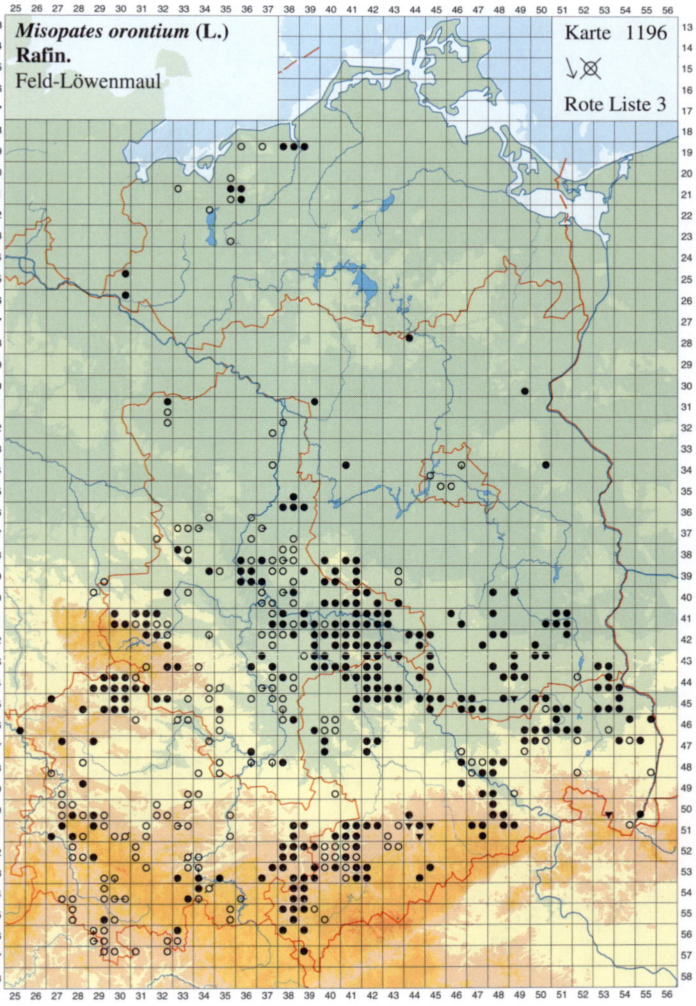
Misopates orontium (L.) Rafin.
Feld-Löwenmaul
Karte 1196
Rote Liste 3

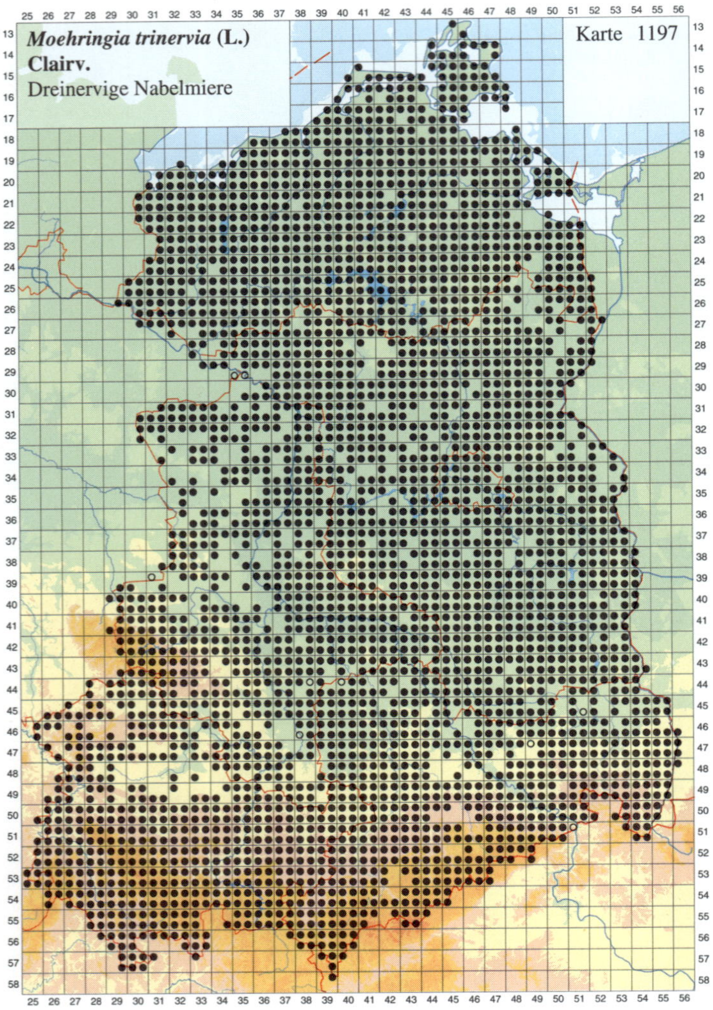
Moehringia trinervia (L.) Clairv.
Dreinervige Nabelmiere
Karte 1197

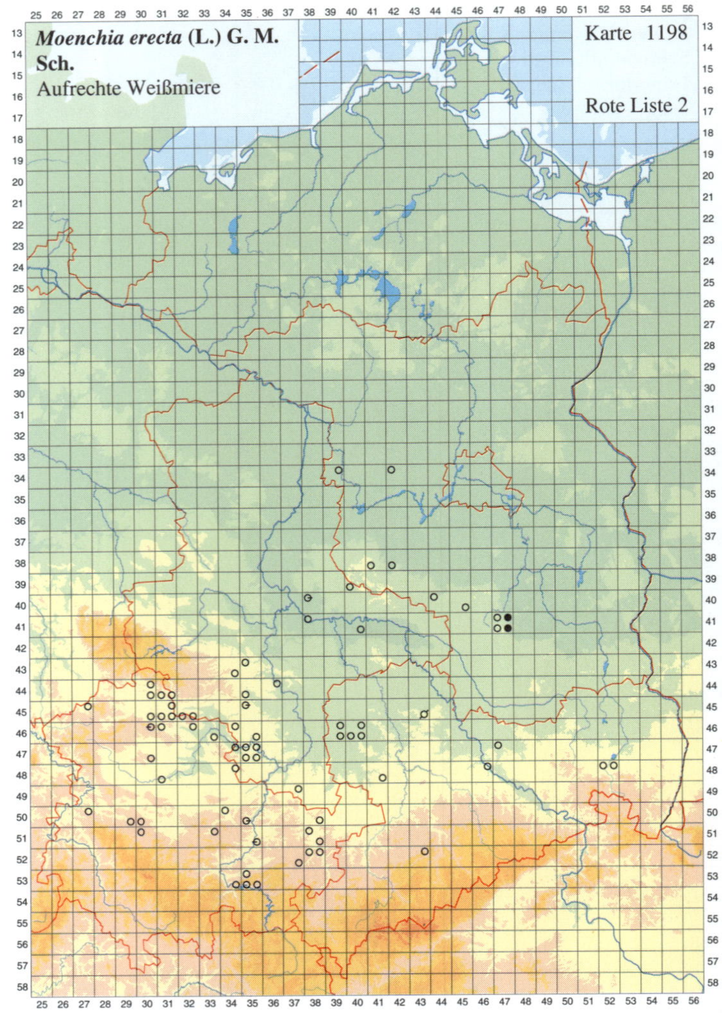
Moenchia erecta (L.) G. M. Sch.
Aufrechte Weißmiere
Karte 1198
Rote Liste 2

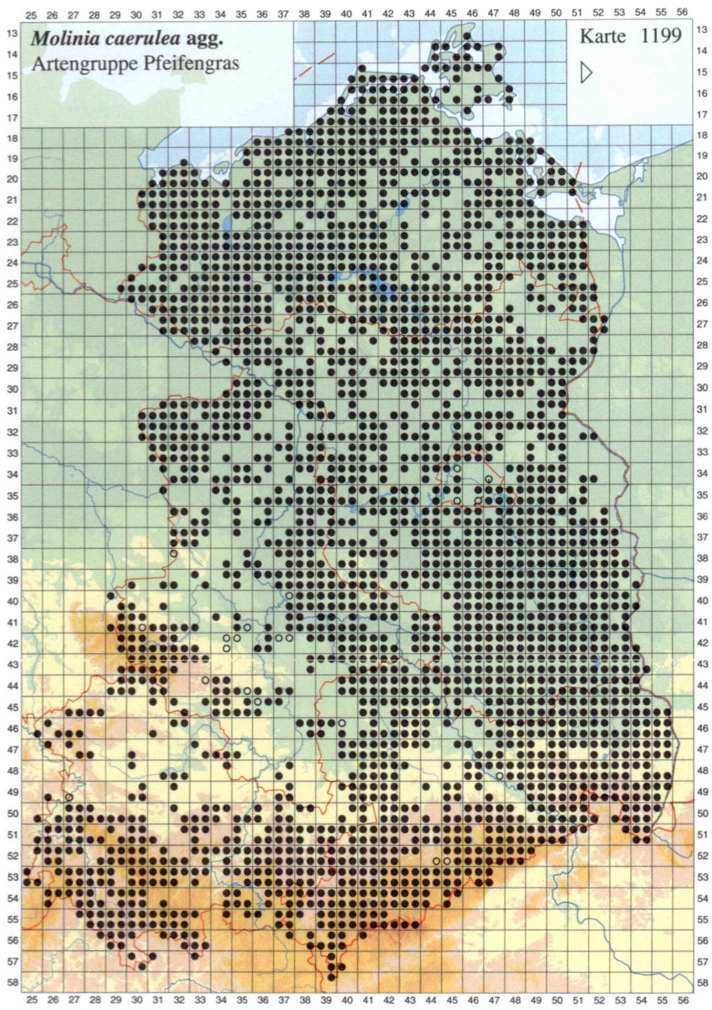
Molinia caerulea agg.
Artengruppe Pfeifengras
Karte 1199

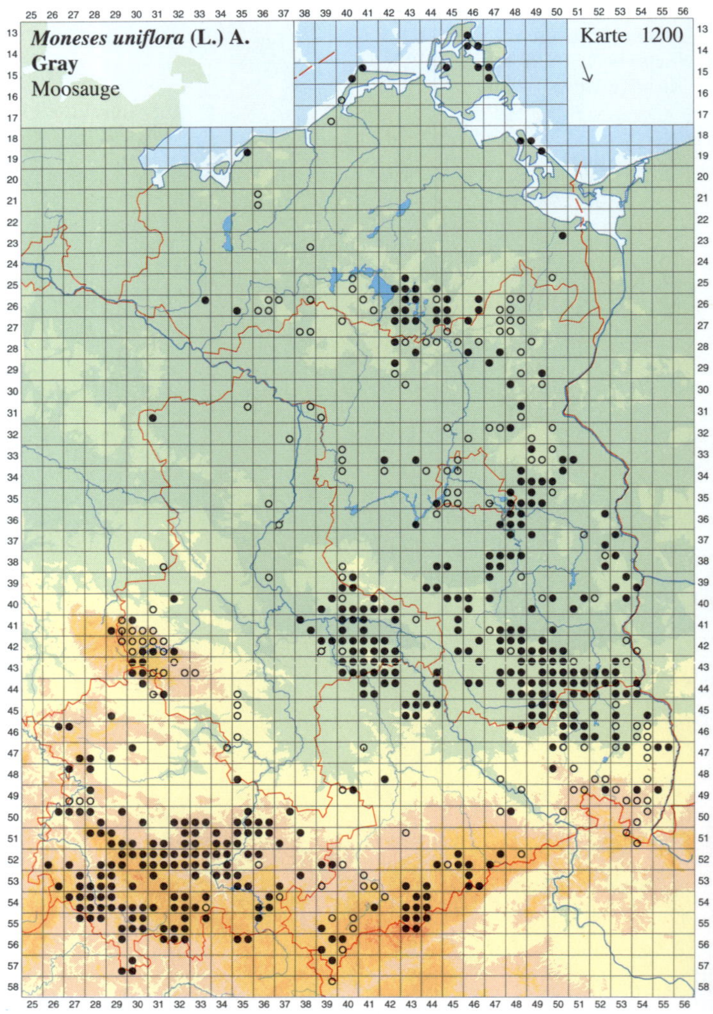
Moneses uniflora (L.) A. Gray
Moosauge
Karte 1200

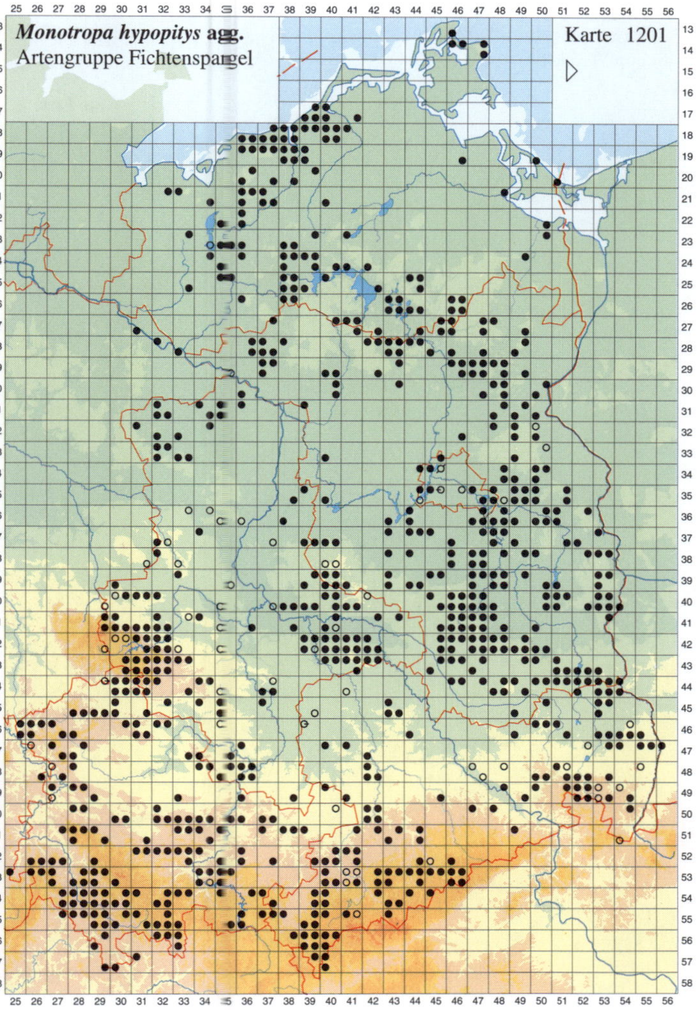
Monotropa hypopitys agg.
Artengruppe Fichtenspargel
Karte 1201

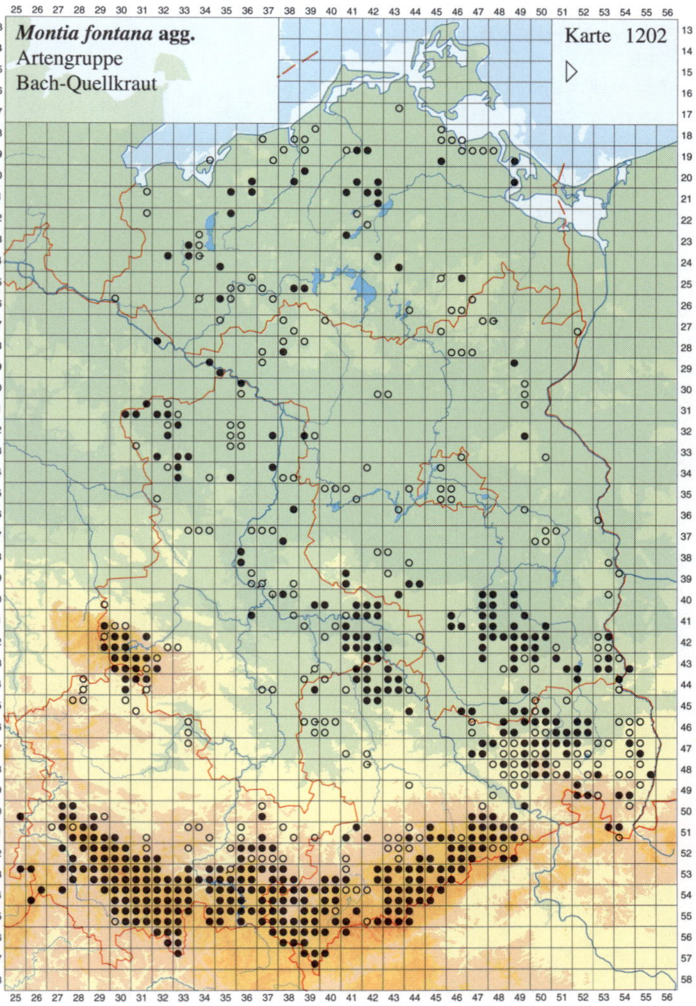
Montia fontana agg.
Artengruppe
Bach-Quellkraut
Karte 1202

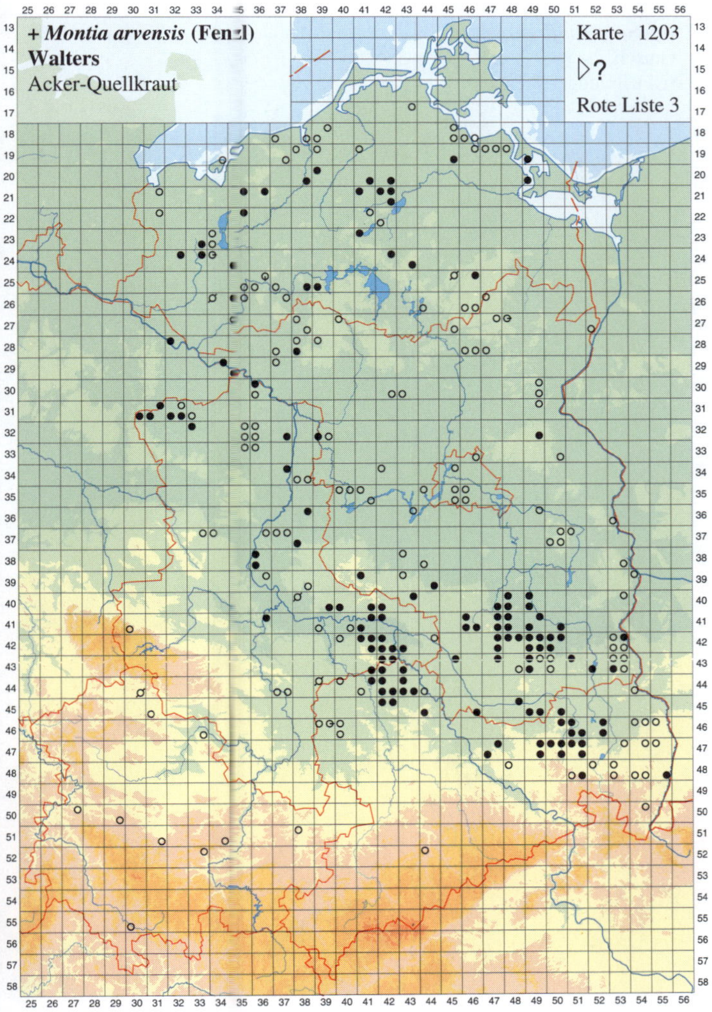
+ *Montia arvensis* (Fenzl) Walters
Acker-Quellkraut
Karte 1203
?
Rote Liste 3

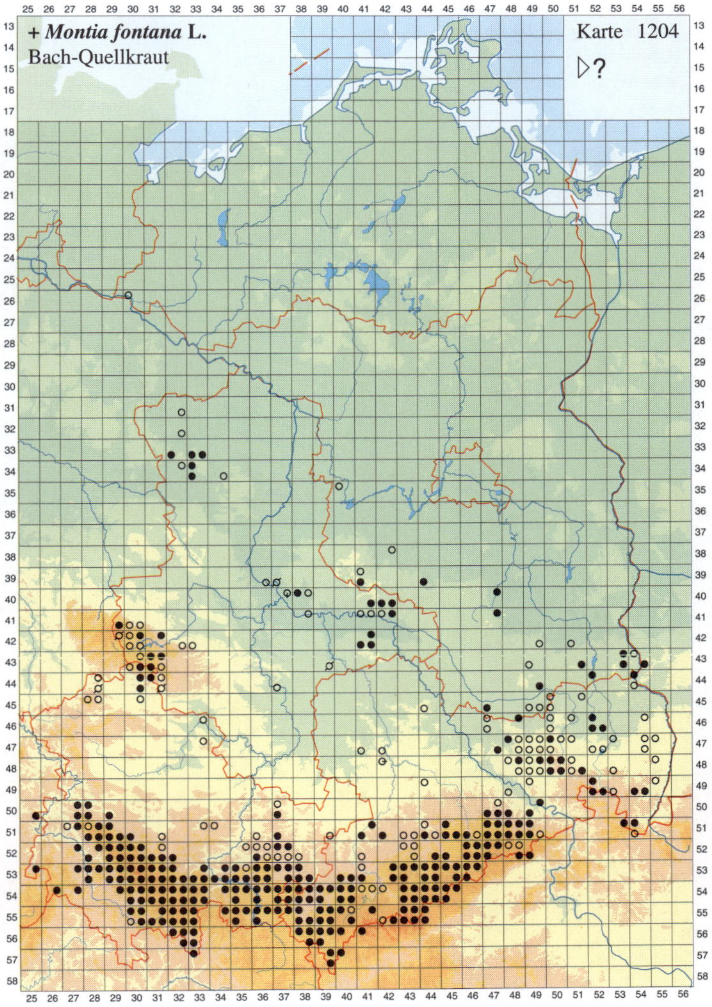
+ *Montia fontana* L.
Bach-Quellkraut
Karte 1204
?

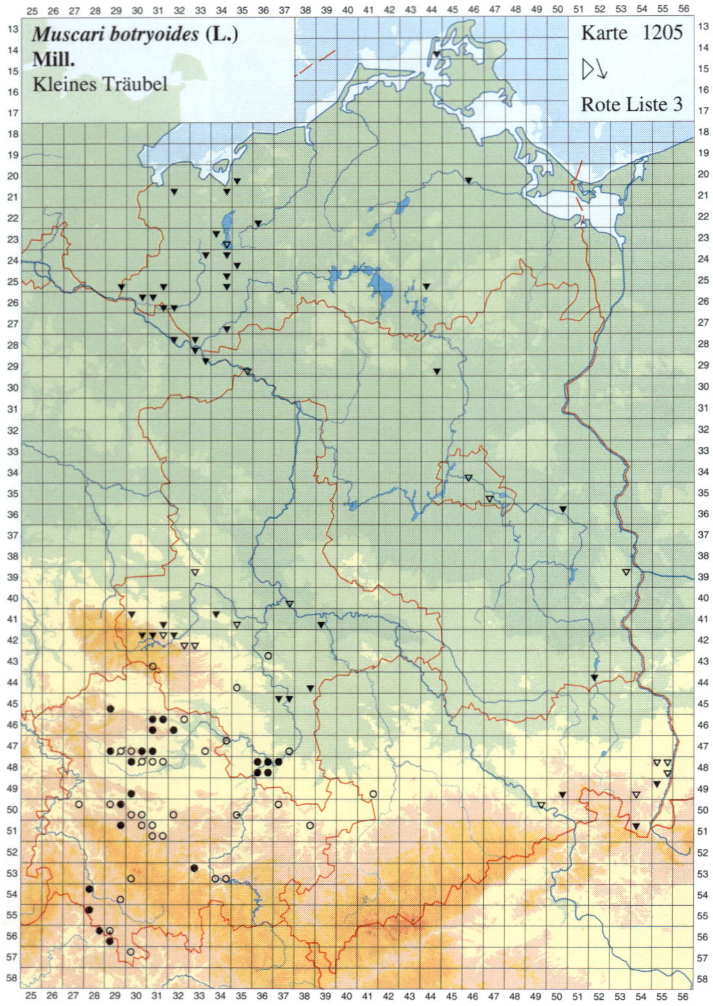
Muscari botryoides (L.) Mill.
Kleines Träubel
Karte 1205
Rote Liste 3

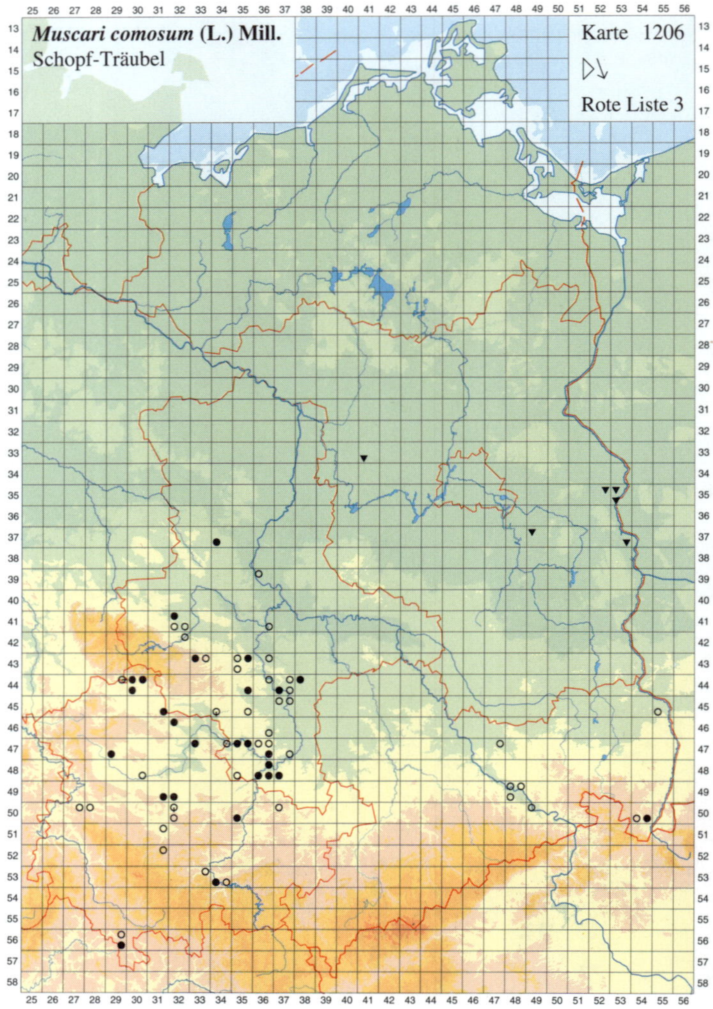
Muscari comosum (L.) Mill.
Schopf-Träubel
Karte 1206
Rote Liste 3

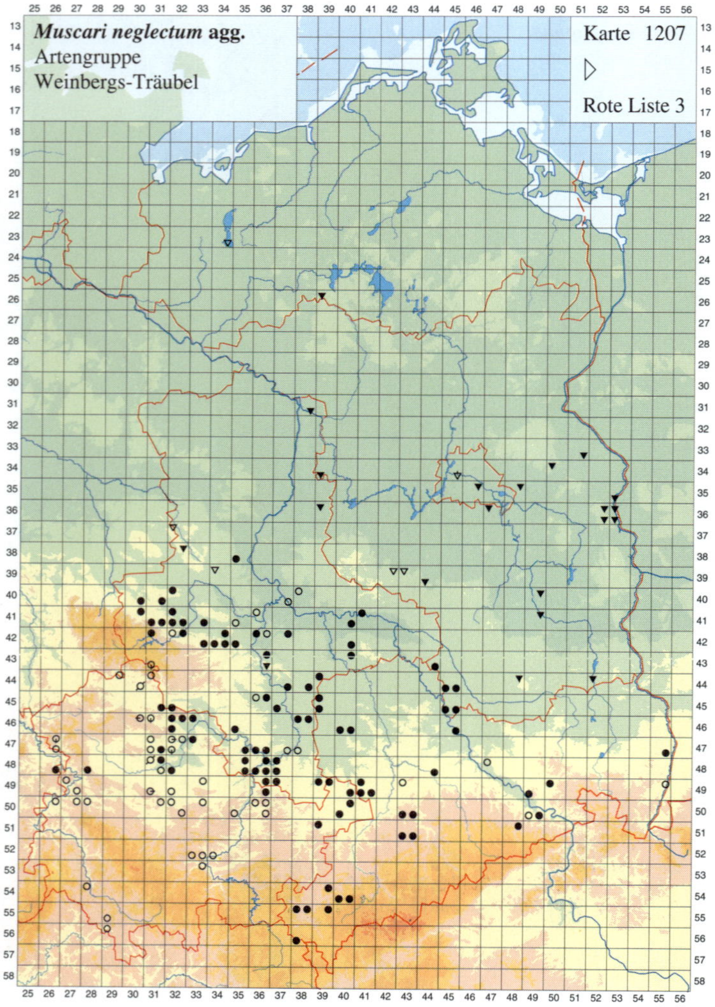
Muscari neglectum agg.
Artengruppe
Weinbergs-Träubel
Karte 1207
Rote Liste 3

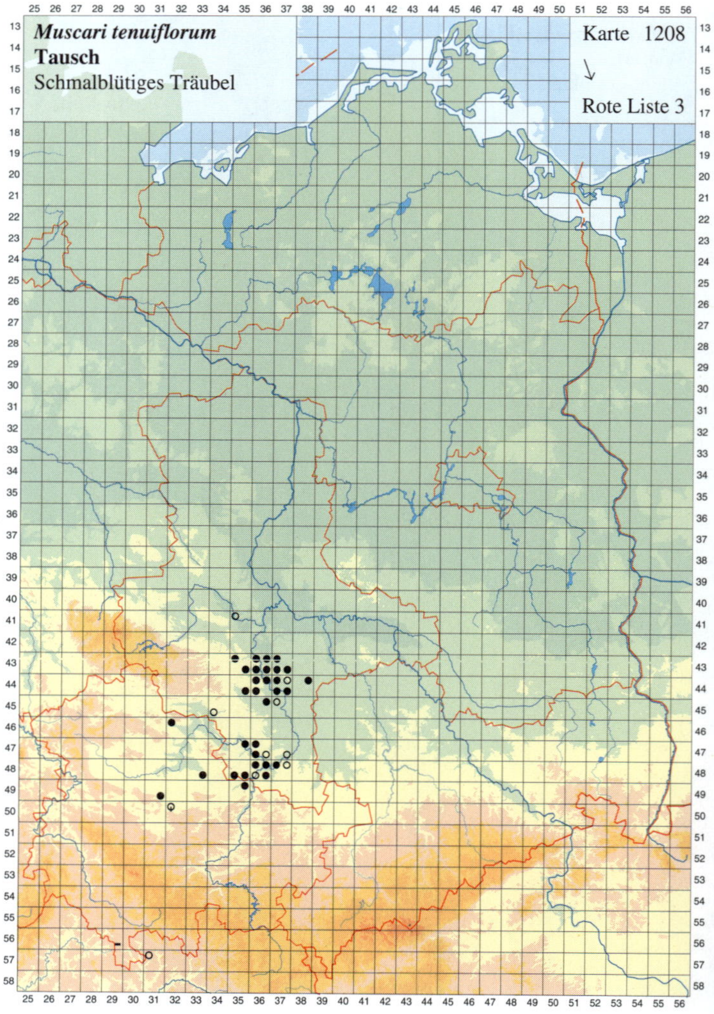
Muscari tenuiflorum Tausch
Schmalblütiges Träubel
Karte 1208
Rote Liste 3

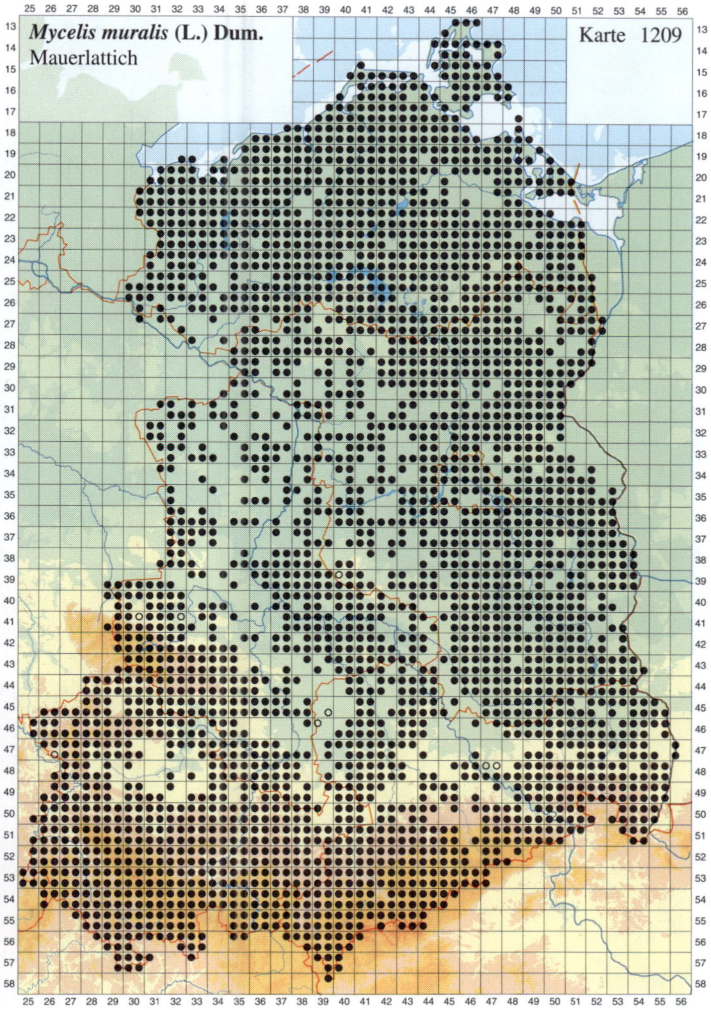
Mycelis muralis (L.) Dum.
Mauerlattich
Karte 1209

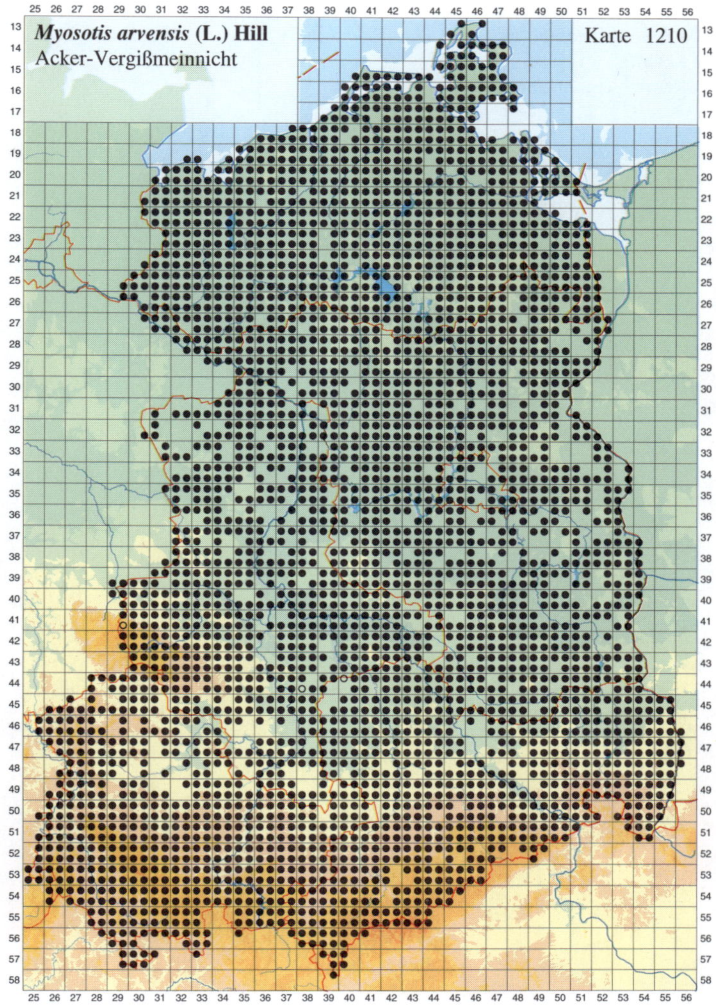
Myosotis arvensis (L.) Hill
Acker-Vergißmeinnicht
Karte 1210

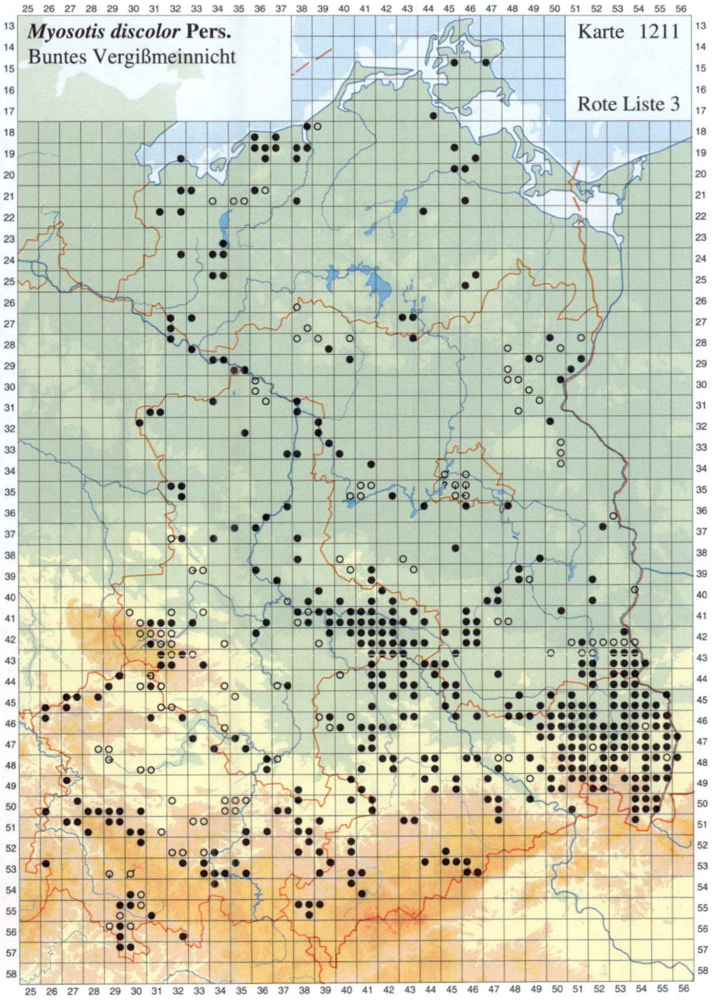
Myosotis discolor Pers.
Buntes Vergißmeinnicht
Karte 1211
Rote Liste 3

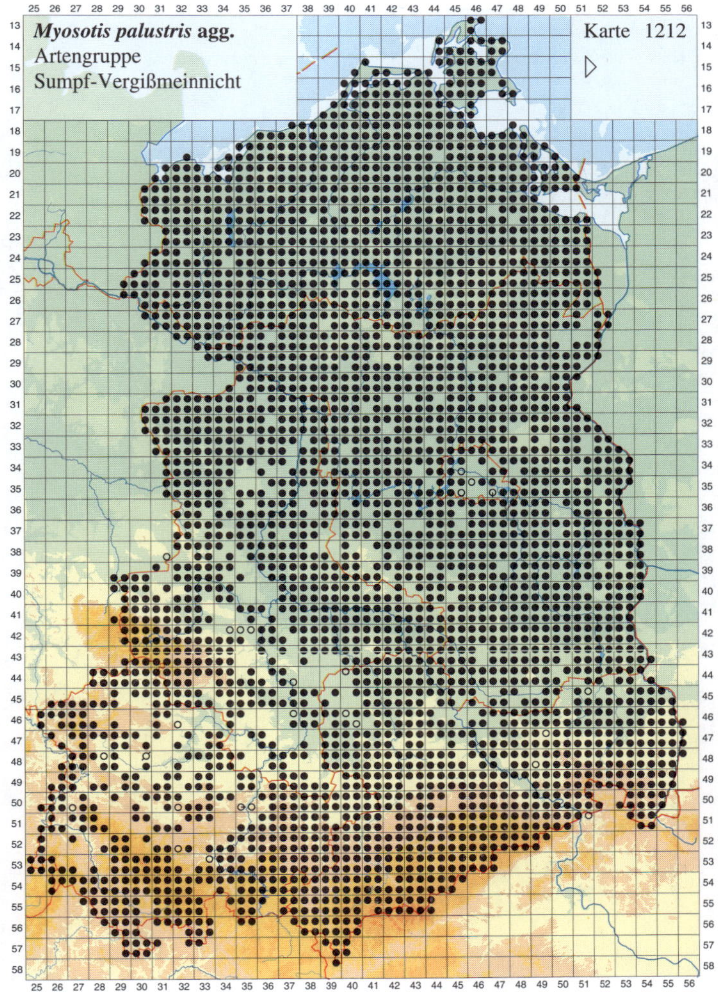
Myosotis palustris agg.
Artengruppe
Sumpf-Vergißmeinnicht
Karte 1212

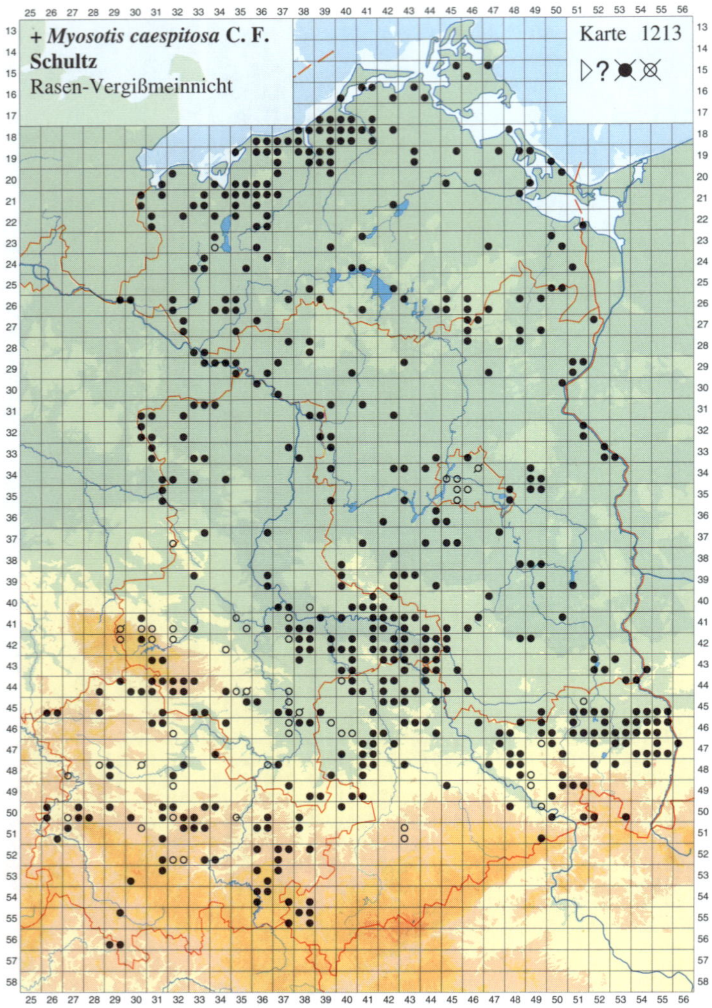
+ *Myosotis caespitosa* C. F. Schultz
Rasen-Vergißmeinnicht
Karte 1213

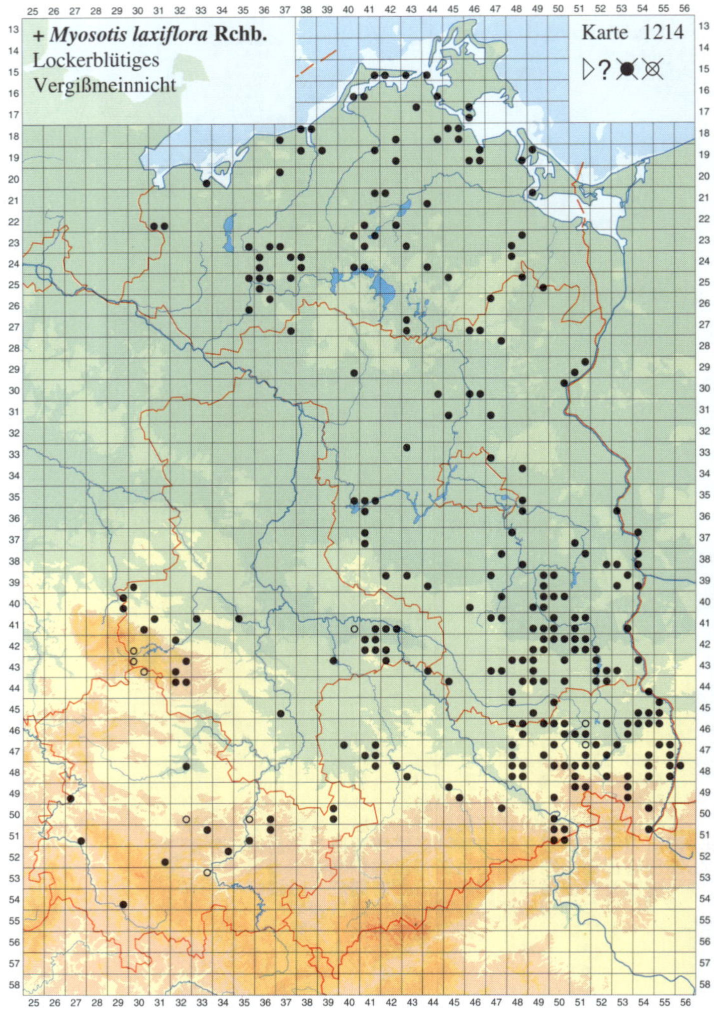
+ *Myosotis laxiflora* Rchb.
Lockerblütiges Vergißmeinnicht
Karte 1214

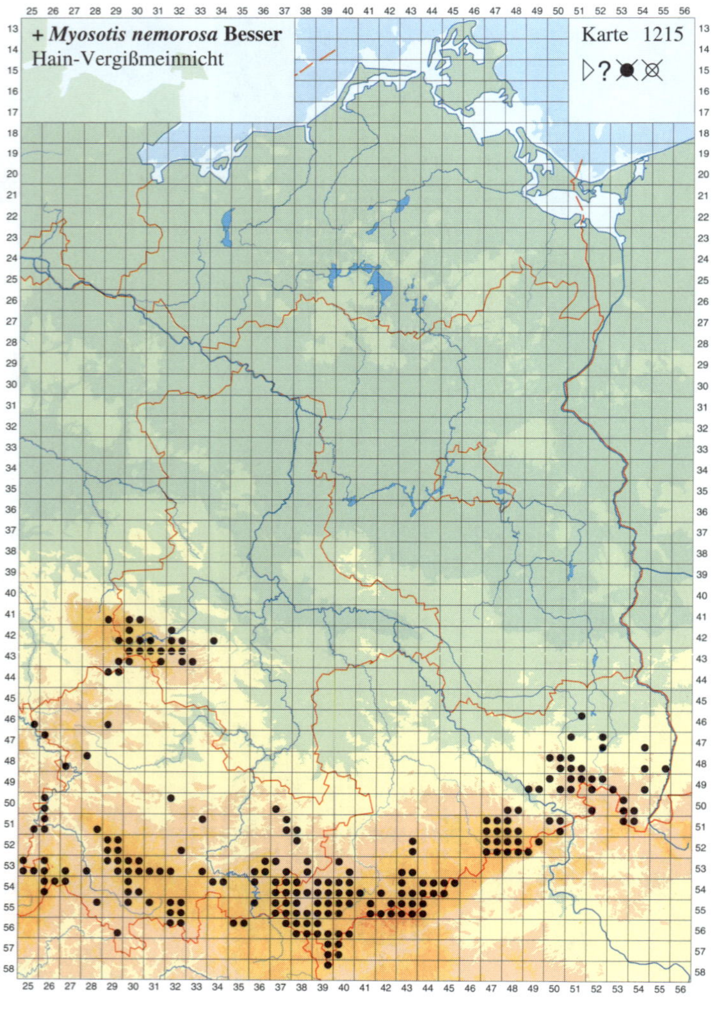
+ *Myosotis nemorosa* Besser
Hain-Vergißmeinnicht
Karte 1215

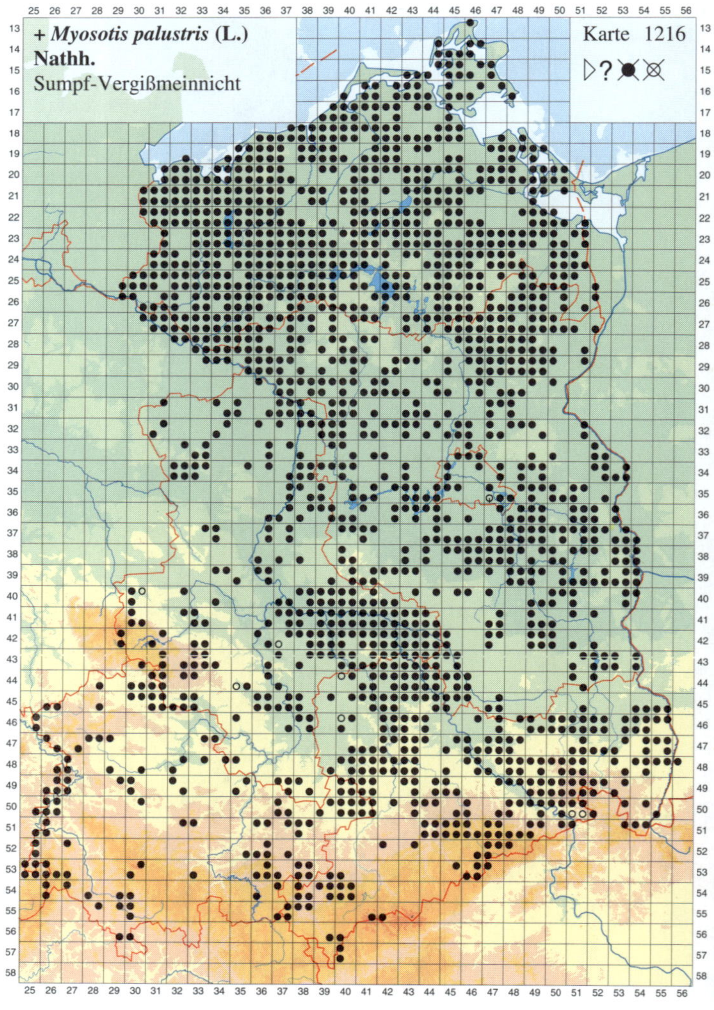
+ *Myosotis palustris* (L.) Nathh.
Sumpf-Vergißmeinnicht
Karte 1216

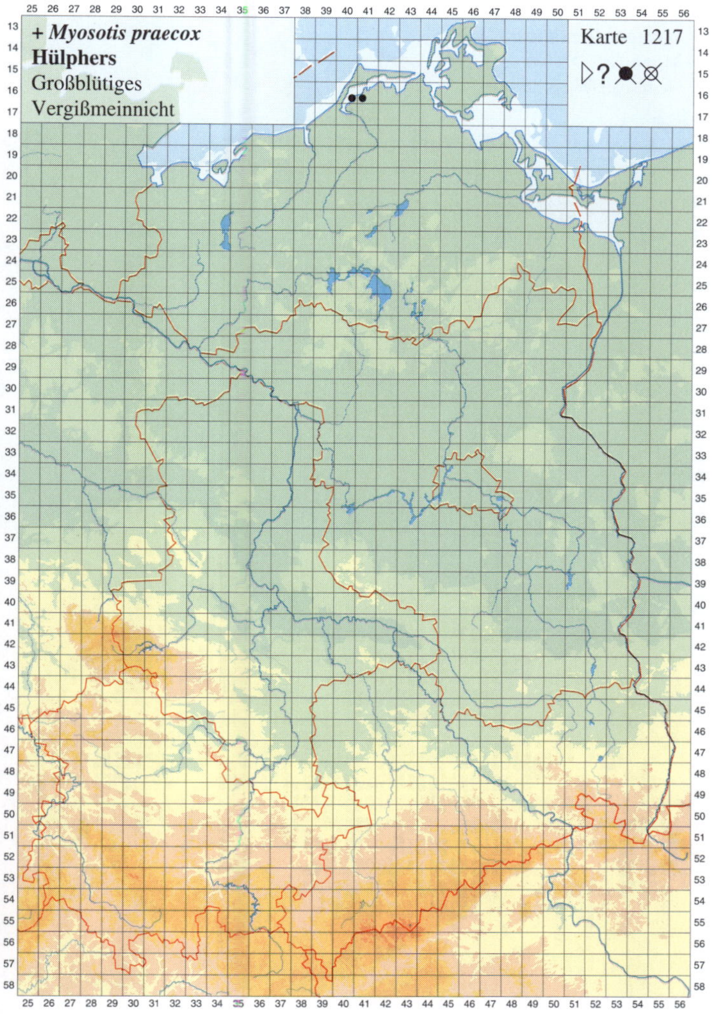
+ Myosotis praecox
Hülphers
Großblütiges
Vergißmeinnicht
Karte 1217

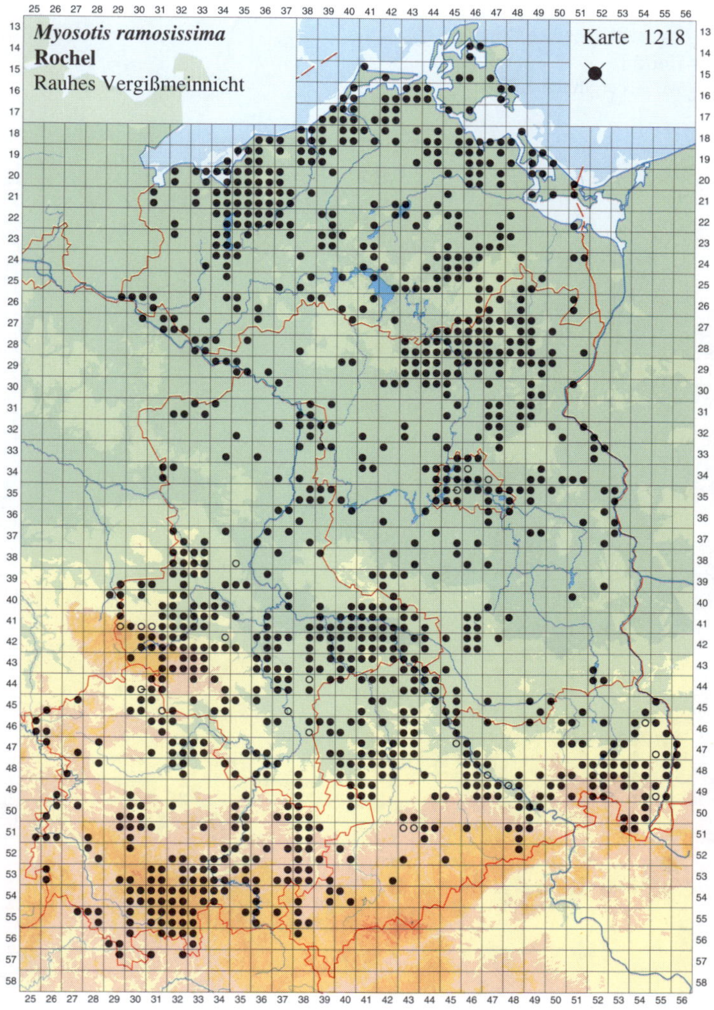
Myosotis ramosissima
Rochel
Rauhes Vergißmeinnicht
Karte 1218

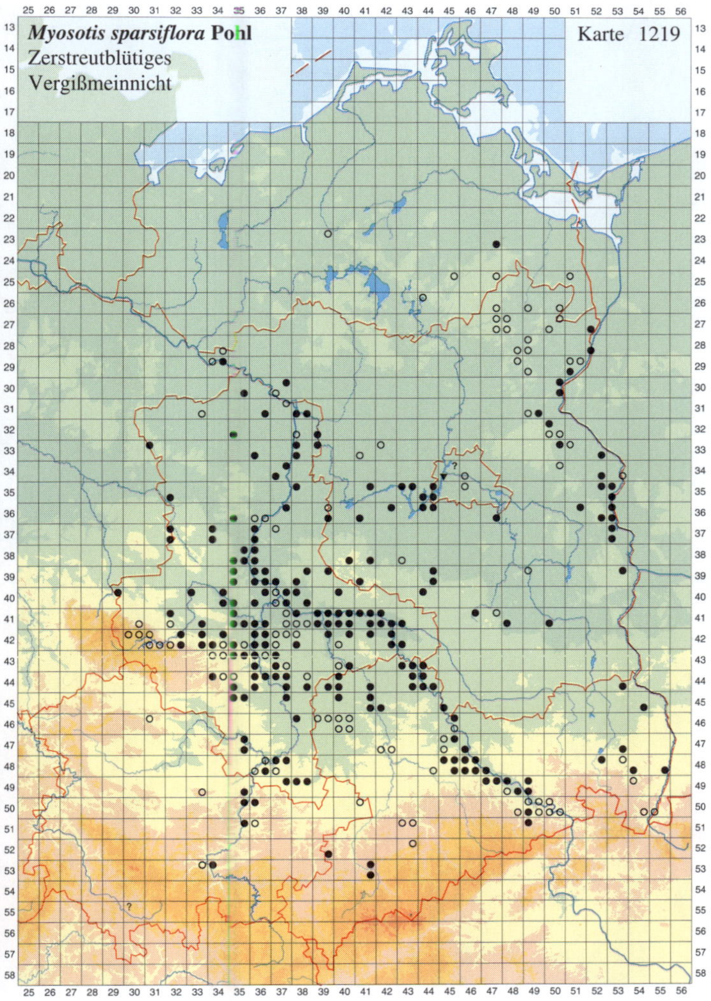
Myosotis sparsiflora Pohl
Zerstreutblütiges
Vergißmeinnicht
Karte 1219

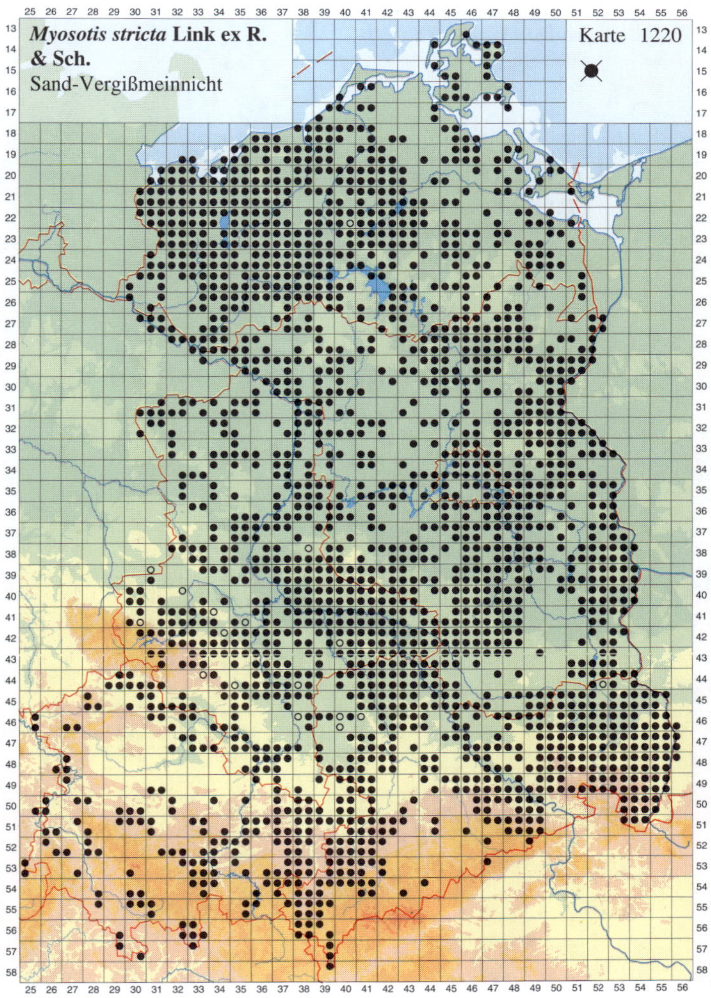
Myosotis stricta Link ex R.
& Sch.
Sand-Vergißmeinnicht
Karte 1220

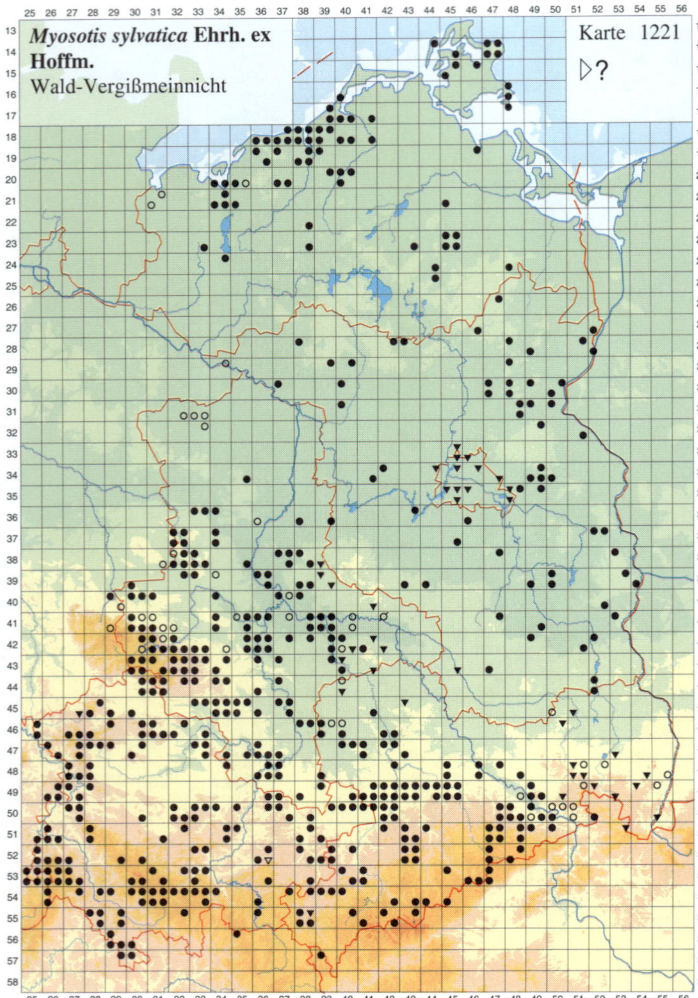
Myosotis sylvatica Ehrh. ex Hoffm.
Wald-Vergißmeinnicht
Karte 1221
▷?

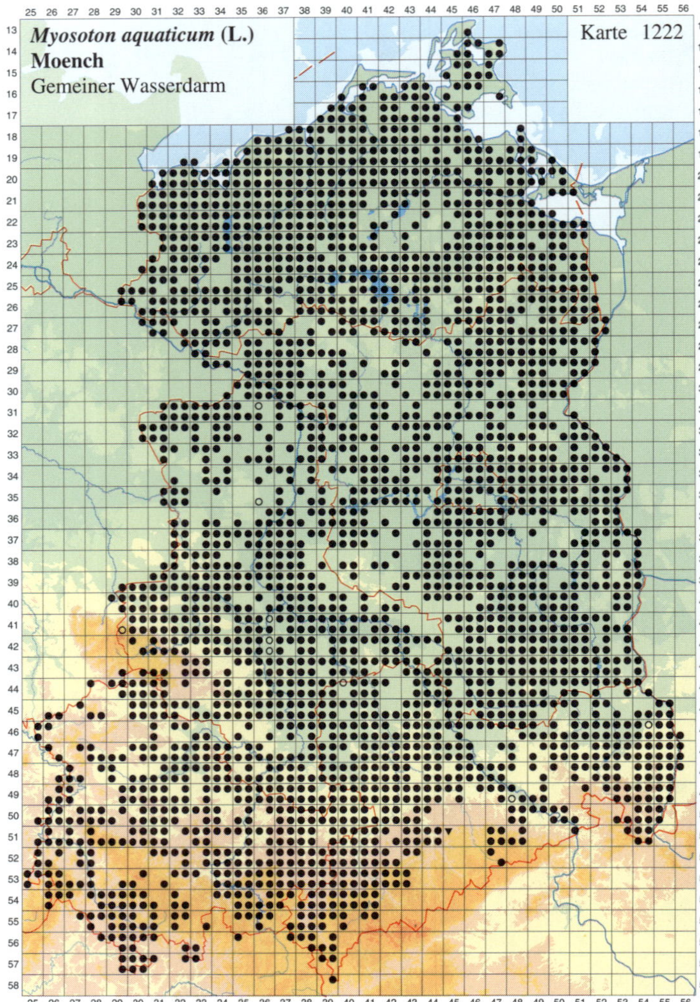
Myosoton aquaticum (L.) Moench
Gemeiner Wasserdarm
Karte 1222

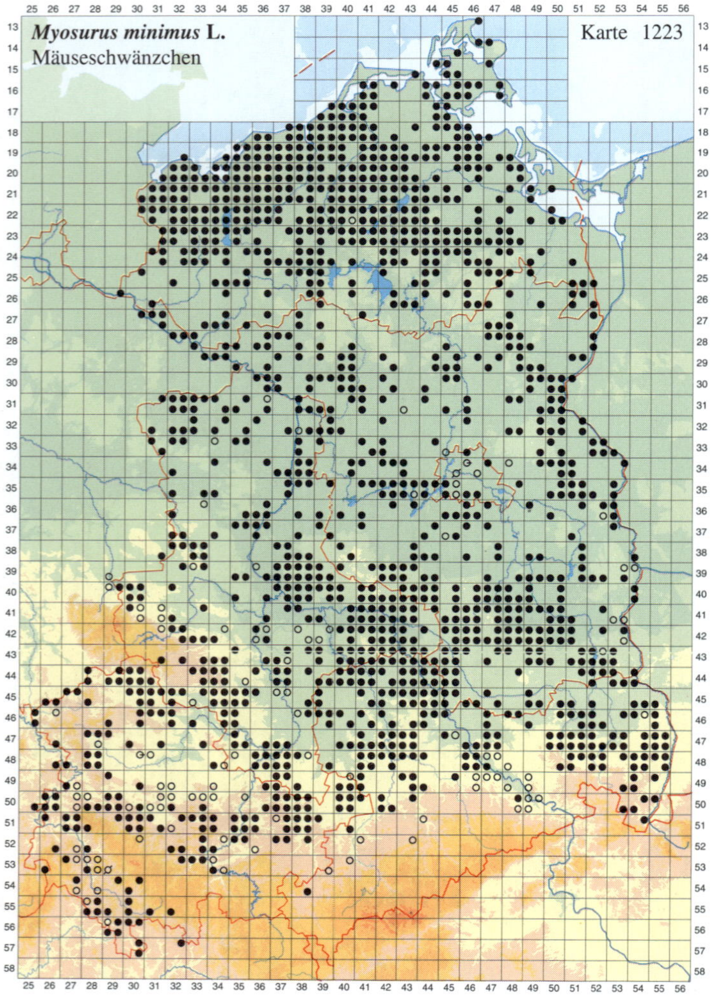
Myosurus minimus L.
Mäuseschwänzchen
Karte 1223

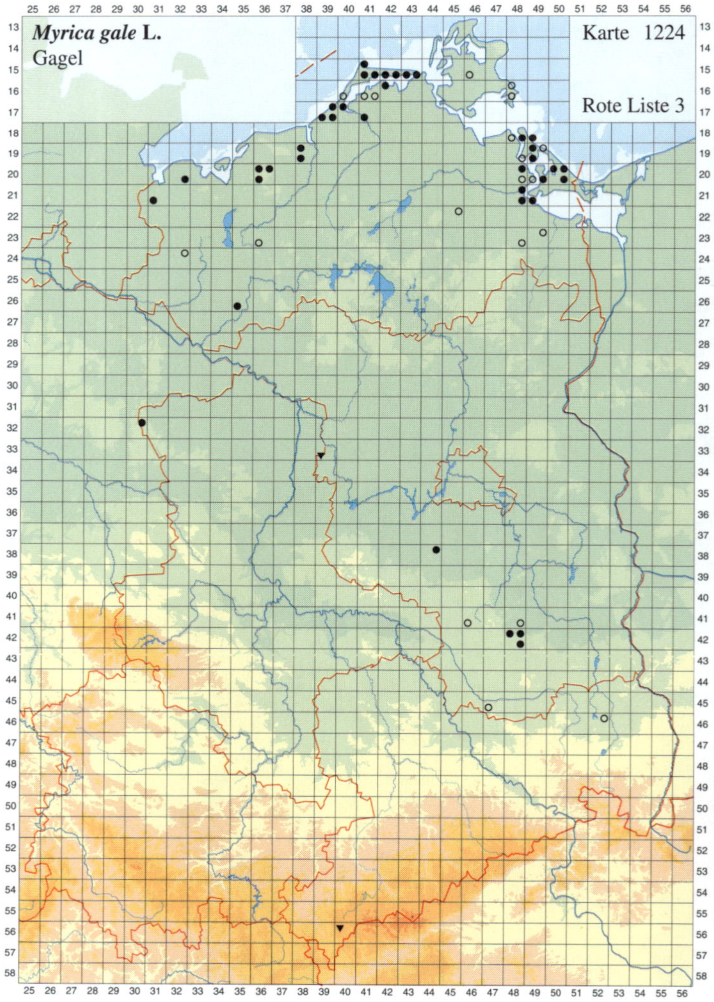
Myrica gale L.
Gagel
Karte 1224
Rote Liste 3

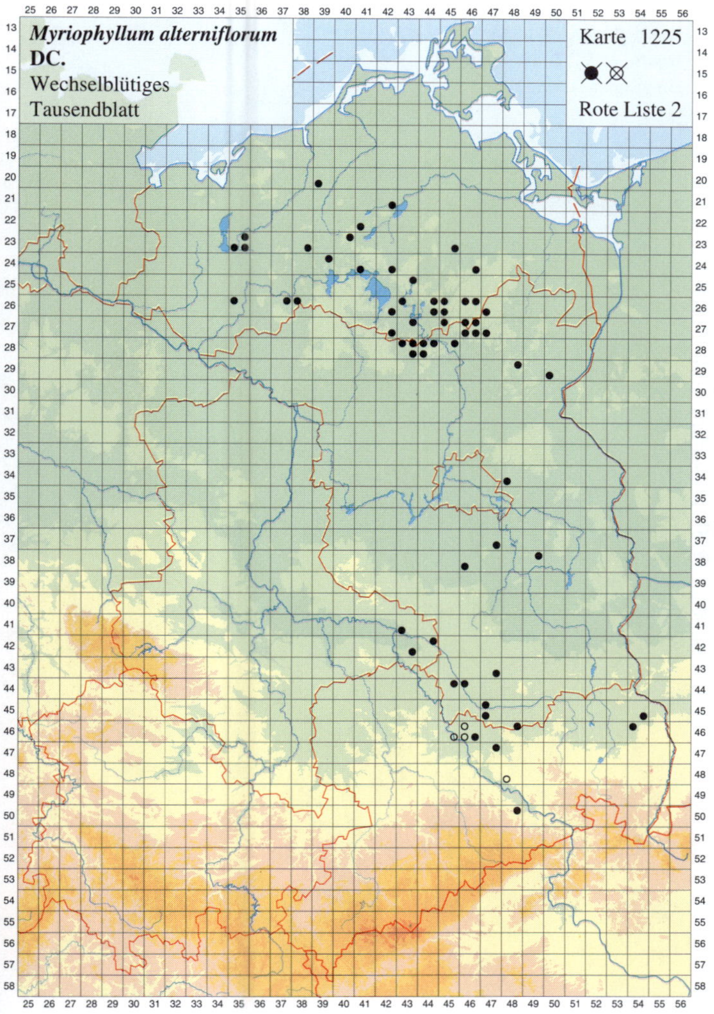
Myriophyllum alterniflorum DC.
Wechselblütiges Tausendblatt
Karte 1225
Rote Liste 2

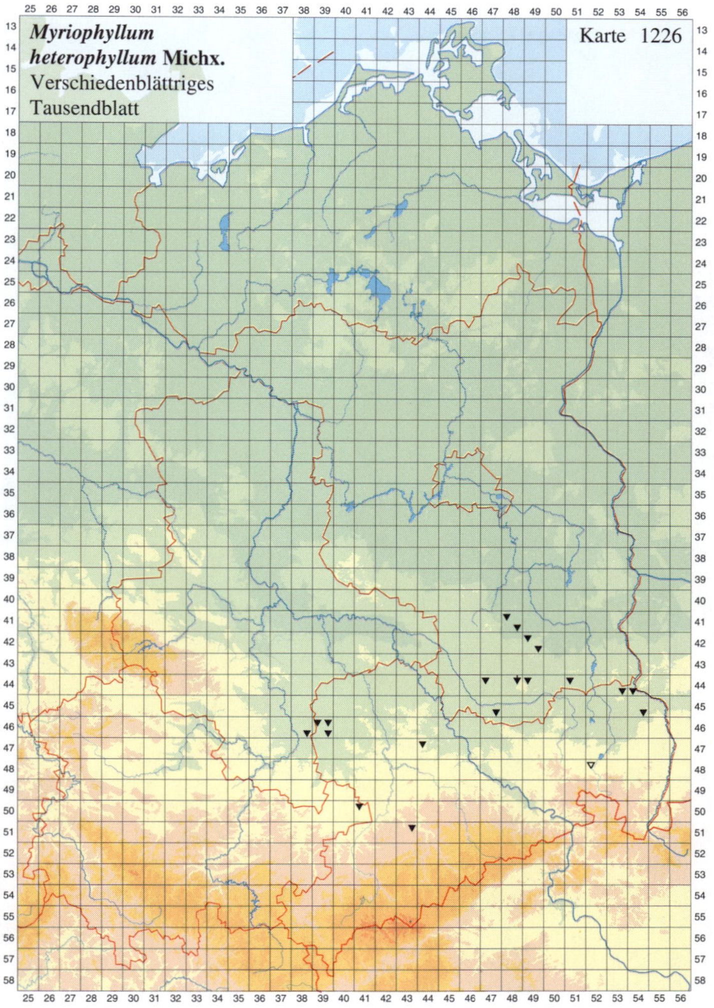
Myriophyllum heterophyllum Michx.
Verschiedenblättriges Tausendblatt
Karte 1226

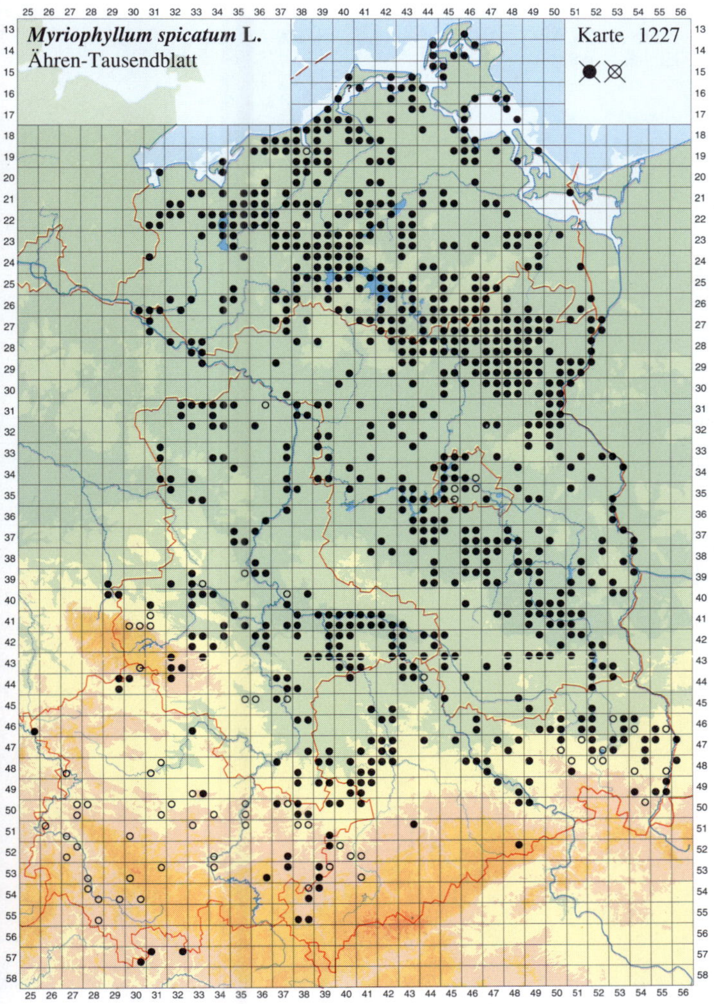
Myriophyllum spicatum L.
Ähren-Tausendblatt
Karte 1227

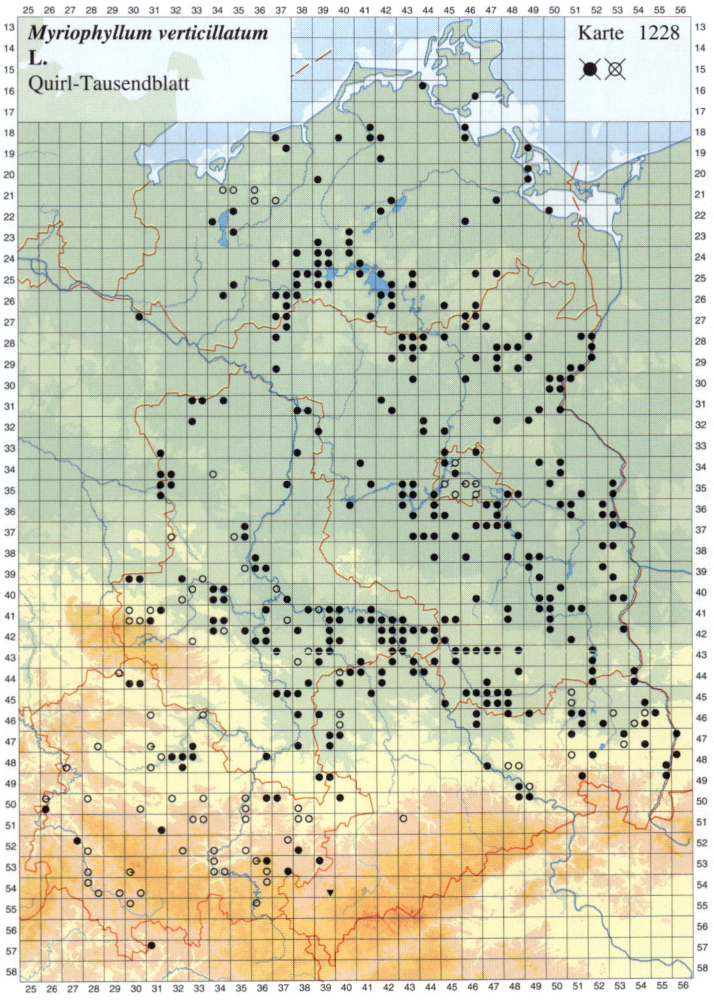
Myriophyllum verticillatum L.
Quirl-Tausendblatt
Karte 1228

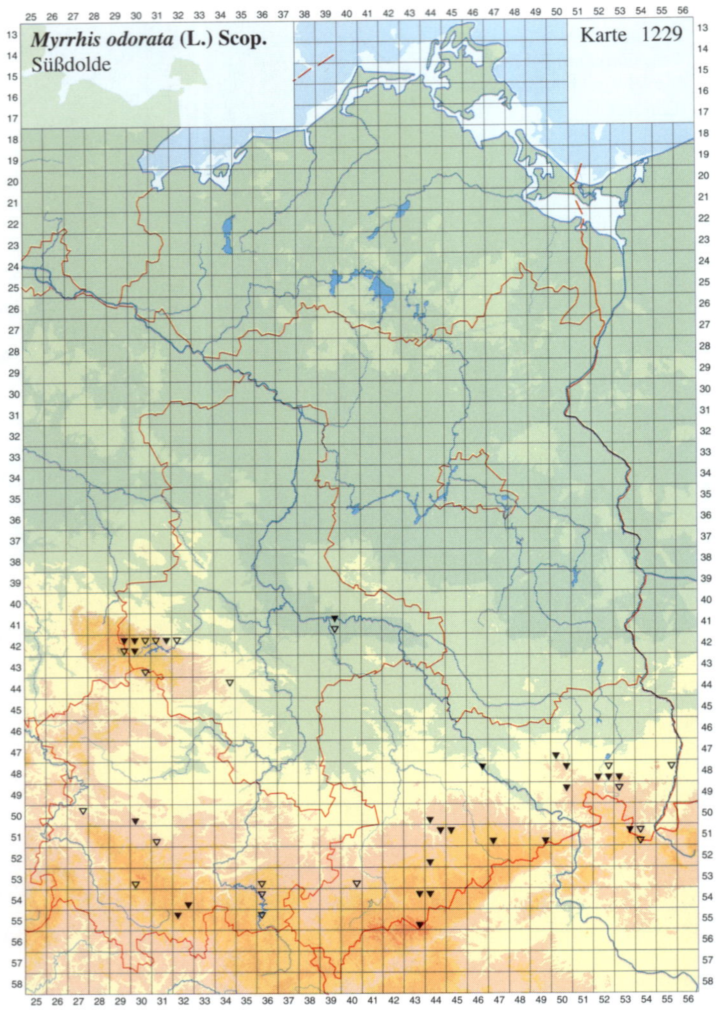
Myrrhis odorata (L.) Scop.
Süßdolde
Karte 1229

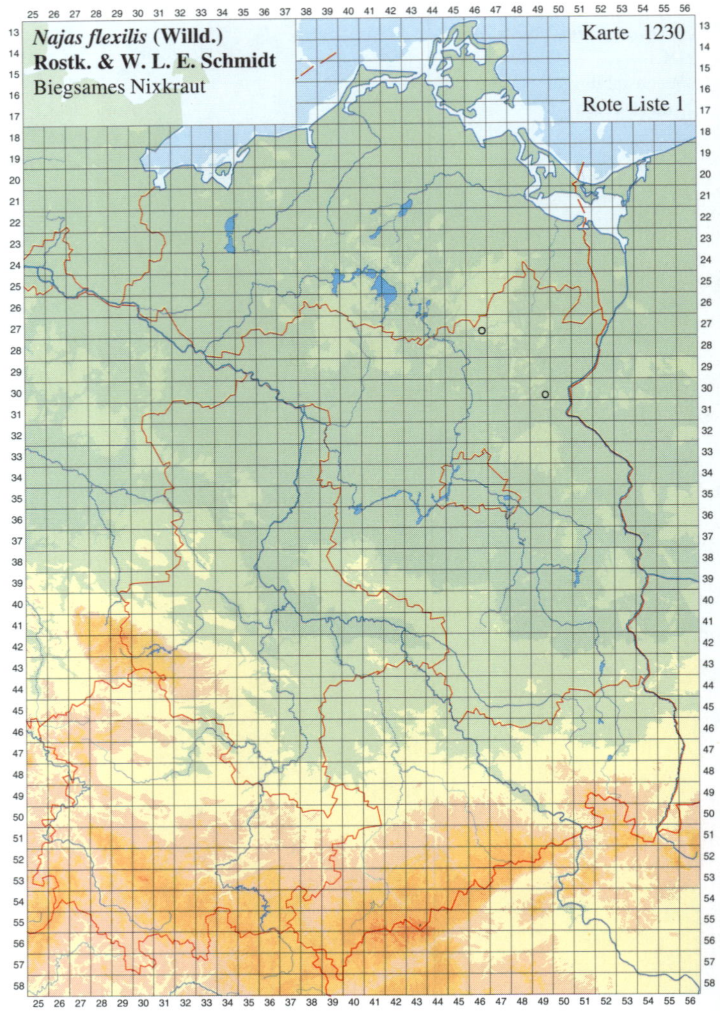
Najas flexilis (Willd.) Rostk. & W. L. E. Schmidt
Biegsames Nixkraut
Karte 1230
Rote Liste 1

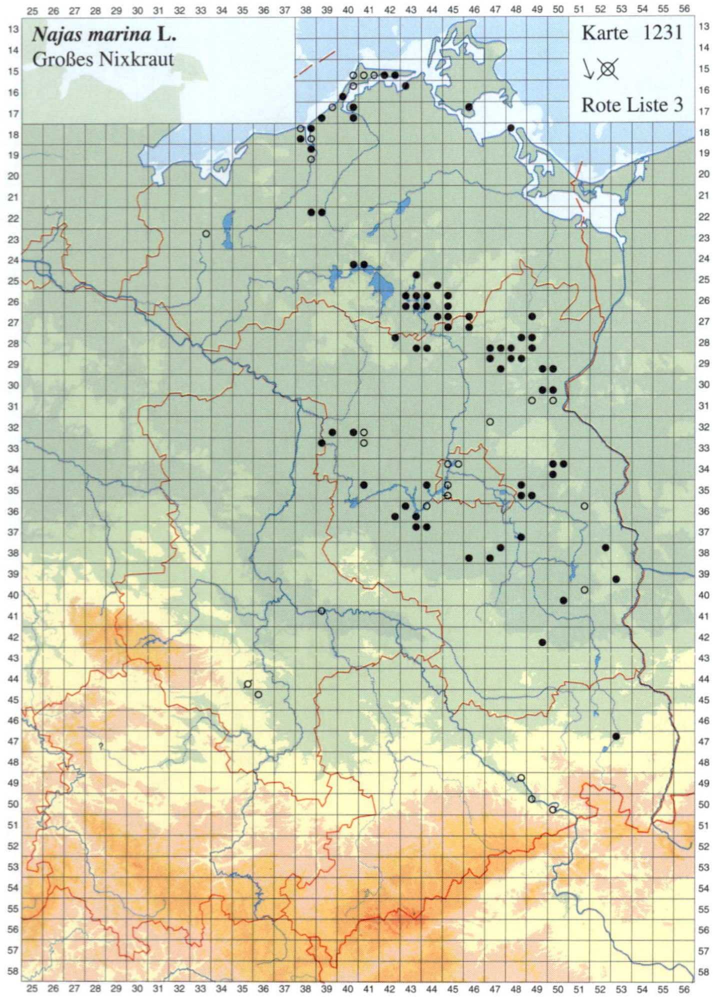
Najas marina L.
Großes Nixkraut
Karte 1231
Rote Liste 3

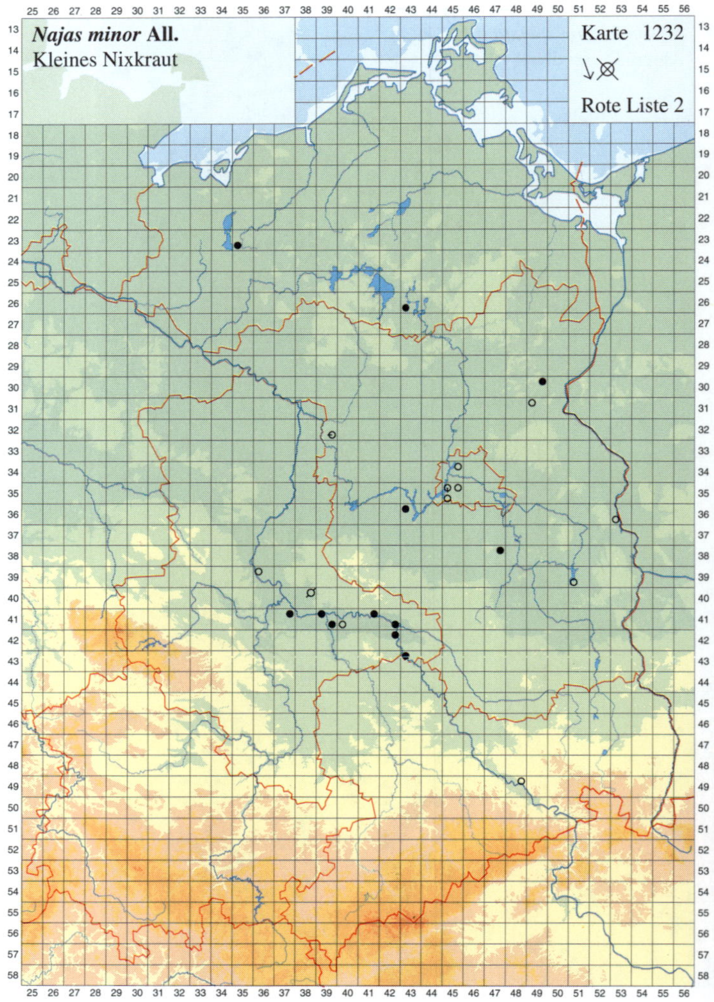
Najas minor All.
Kleines Nixkraut
Karte 1232
Rote Liste 2

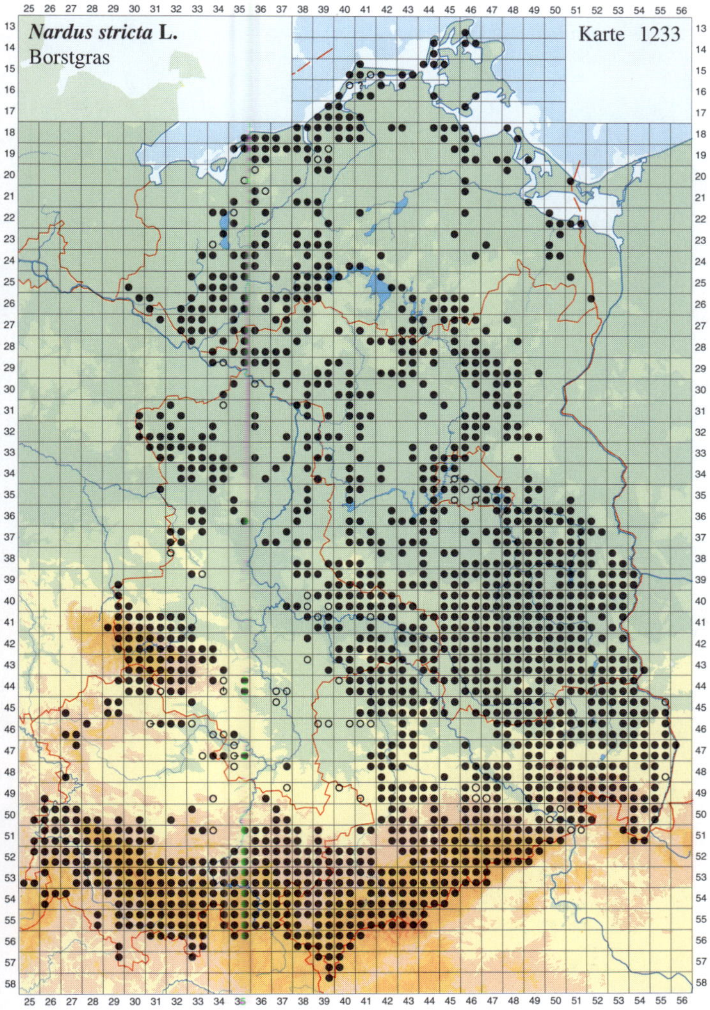
Nardus stricta L.
Borstgras
Karte 1233

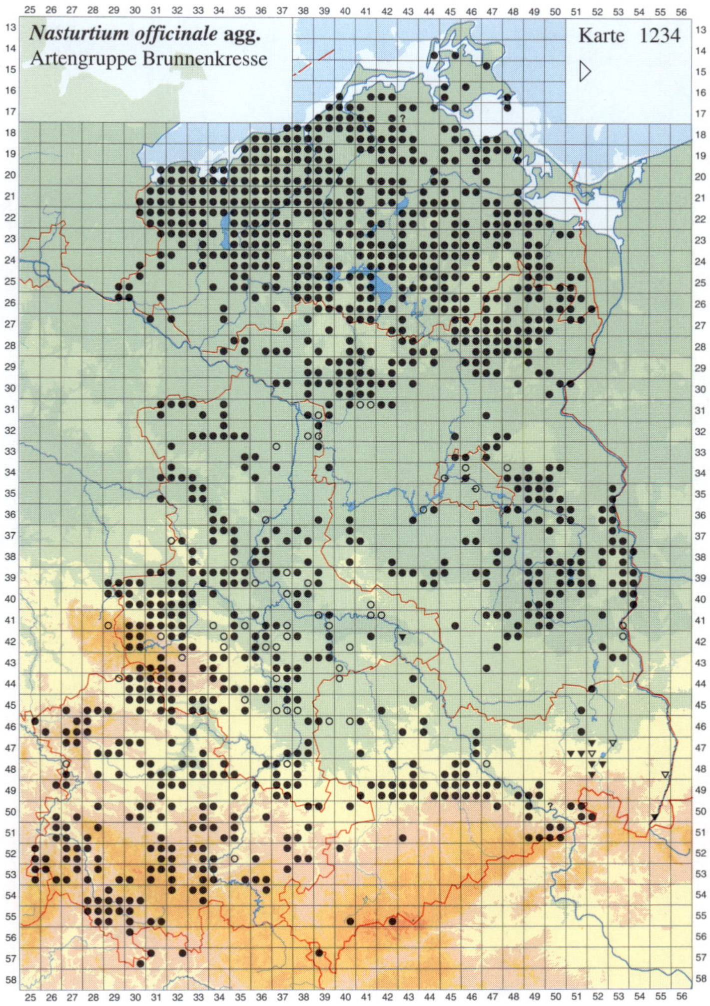
Nasturtium officinale agg.
Artengruppe Brunnenkresse
Karte 1234

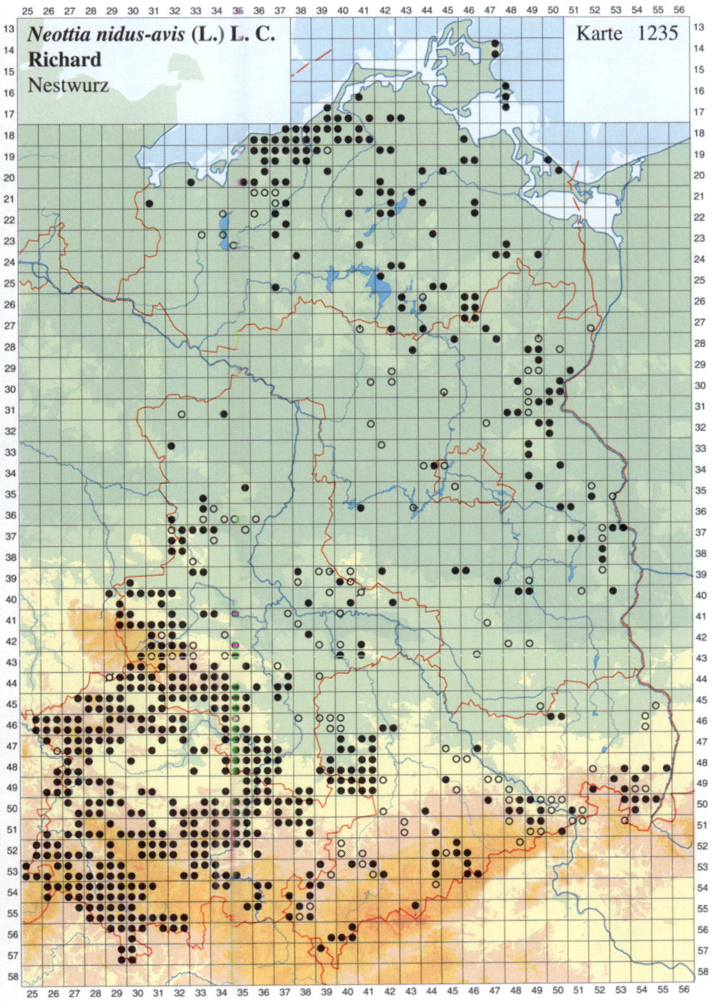
Neottia nidus-avis (L.) L. C. Richard
Nestwurz
Karte 1235

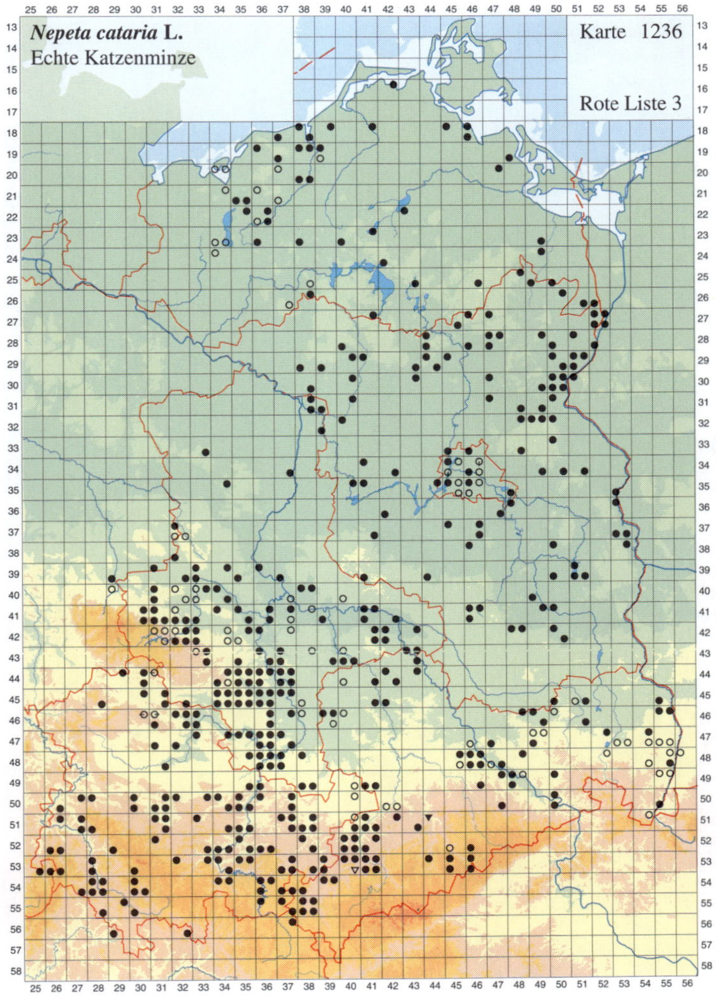
Nepeta cataria L.
Echte Katzenminze
Karte 1236
Rote Liste 3

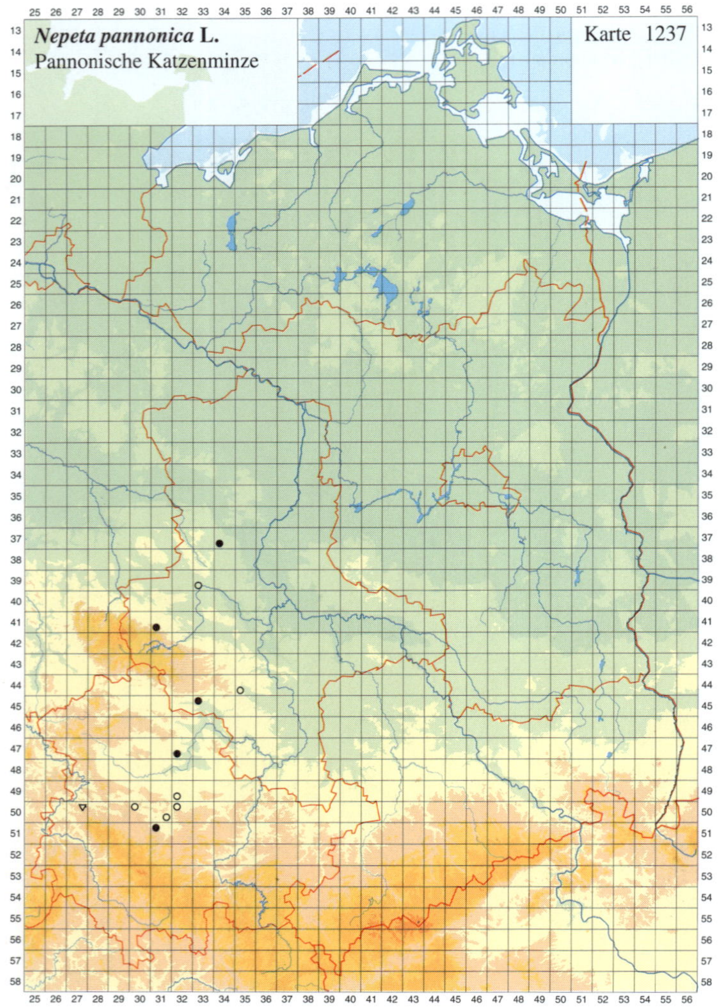
Nepeta pannonica L.
Pannonische Katzenminze
Karte 1237

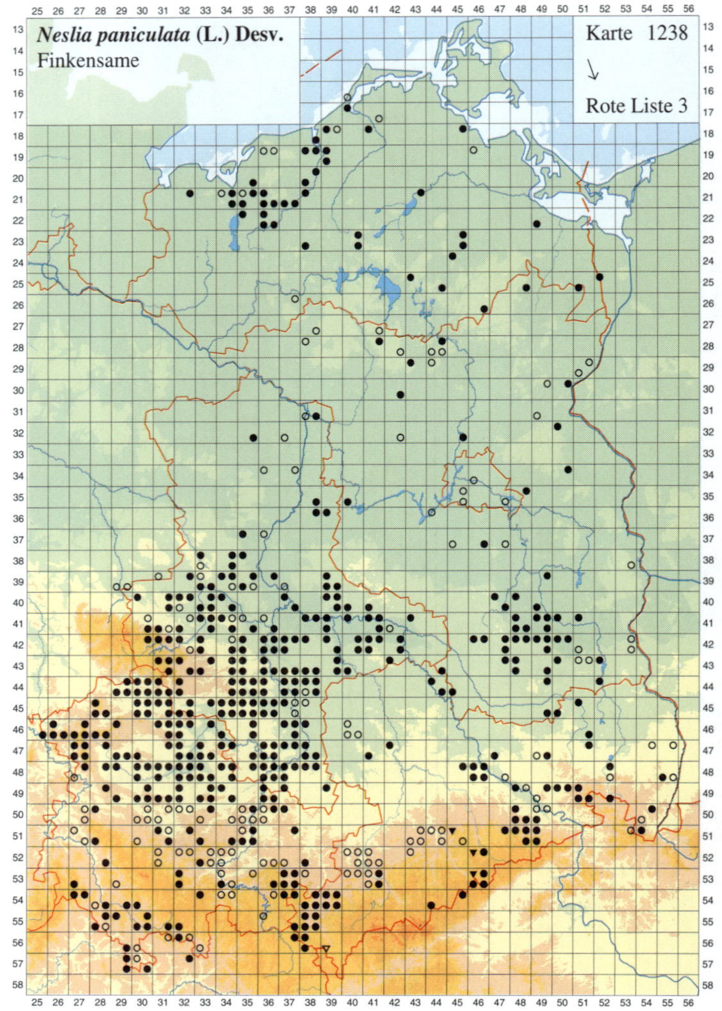
Neslia paniculata (L.) Desv.
Finkensame
Karte 1238
↘
Rote Liste 3

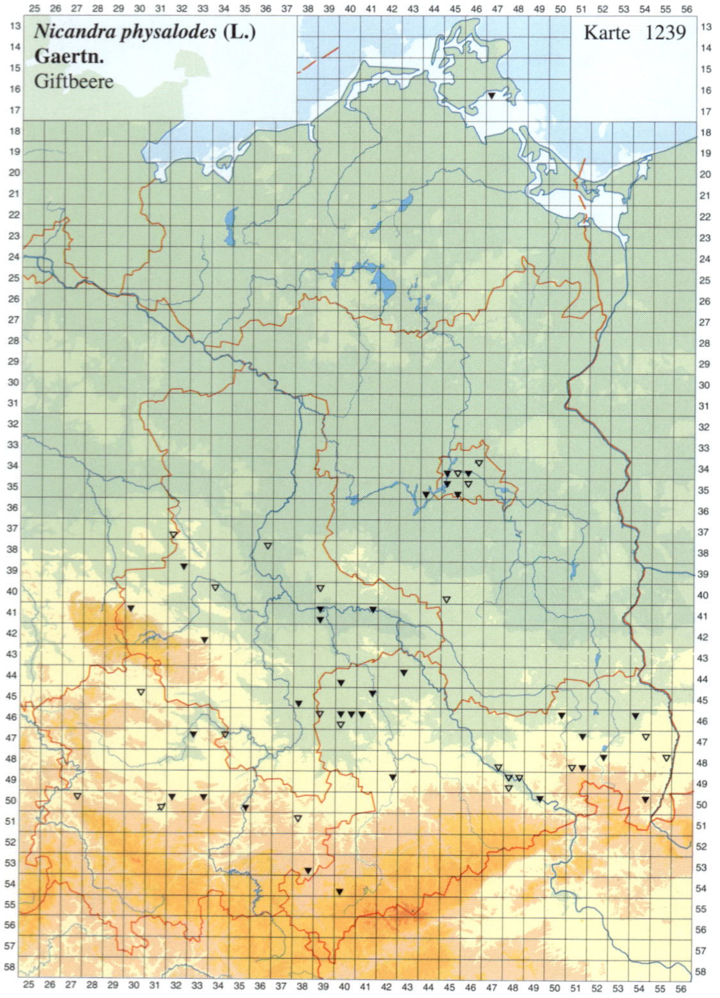
Nicandra physalodes (L.) Gaertn.
Giftbeere
Karte 1239

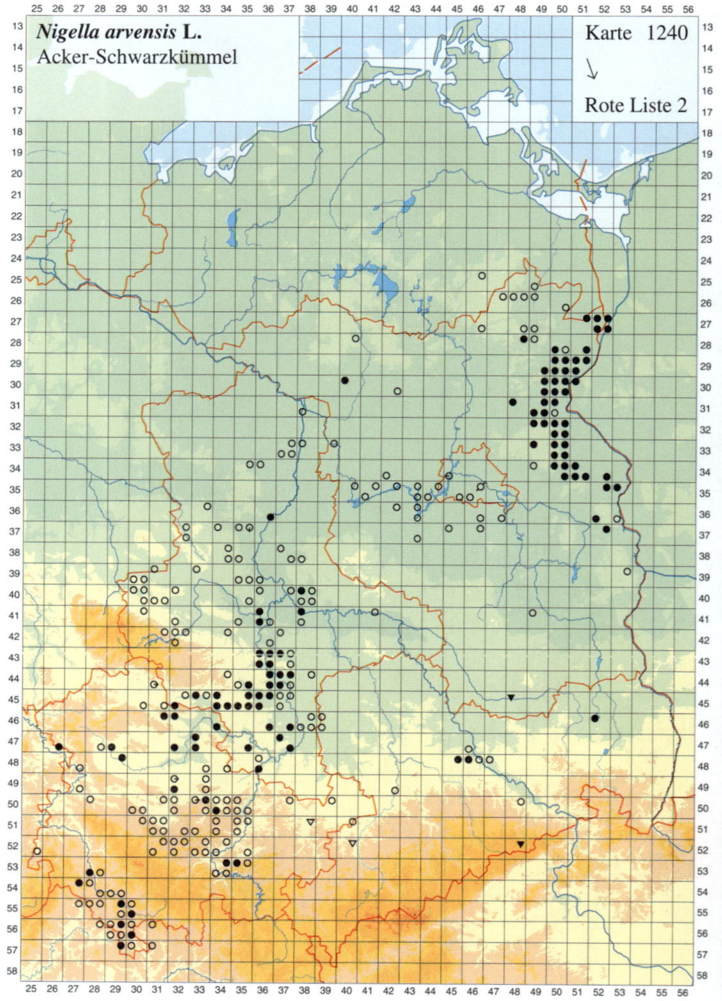
Nigella arvensis L.
Acker-Schwarzkümmel
Karte 1240
↘
Rote Liste 2

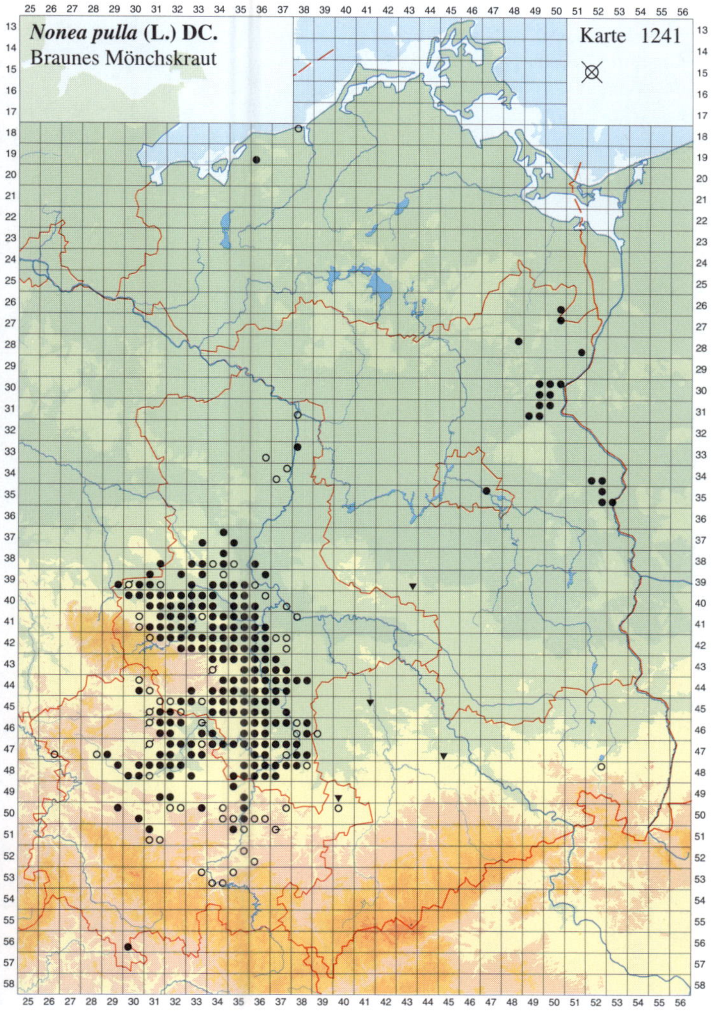

Nonea pulla (L.) DC.
Braunes Mönchskraut
Karte 1241

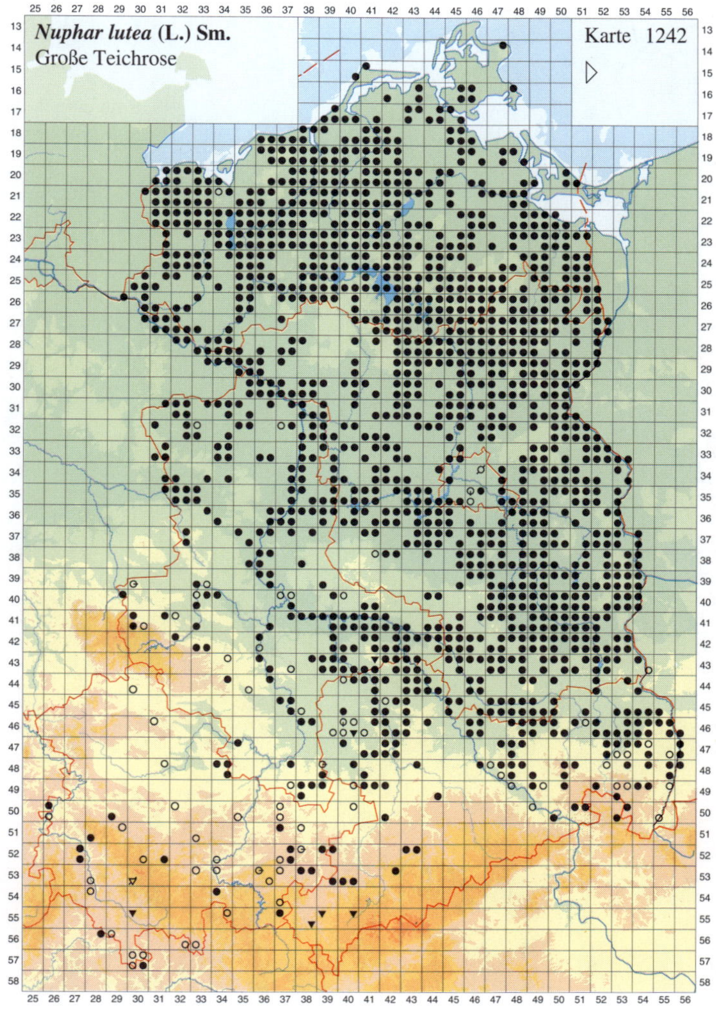

Nuphar lutea (L.) Sm.
Große Teichrose
Karte 1242

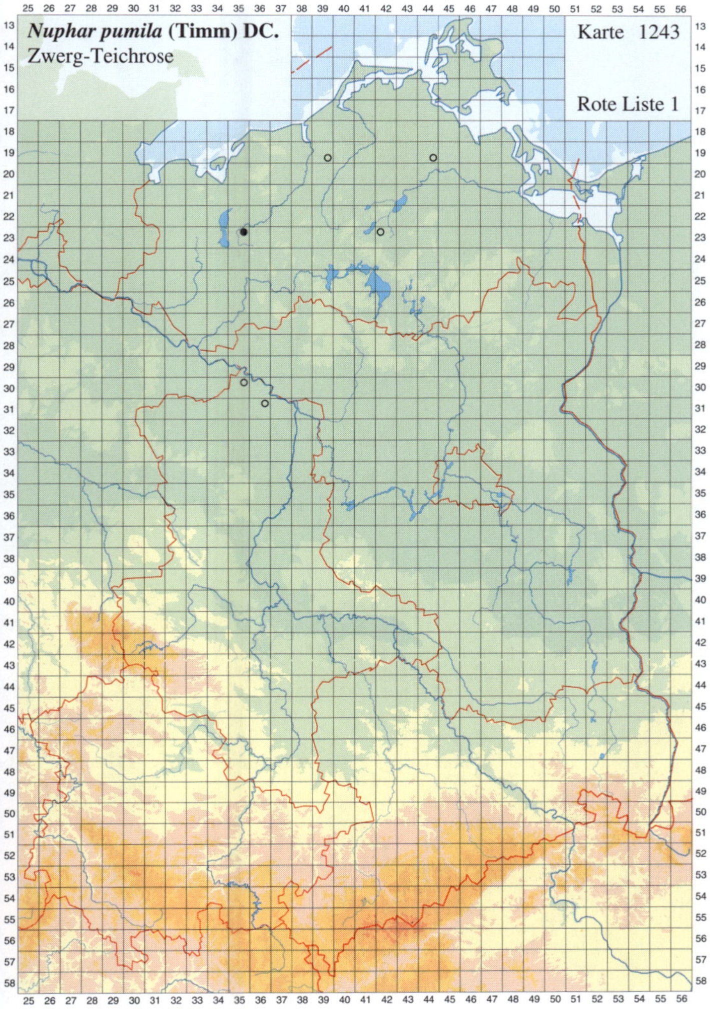

Nuphar pumila (Timm) DC.
Zwerg-Teichrose
Karte 1243
Rote Liste 1

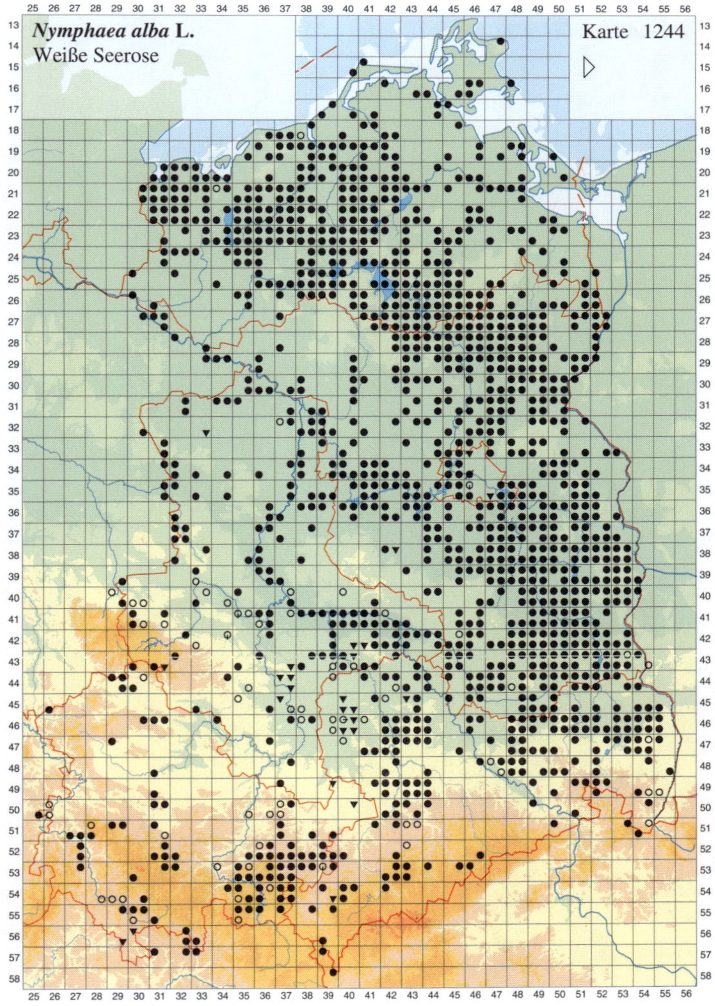

Nymphaea alba L.
Weiße Seerose
Karte 1244

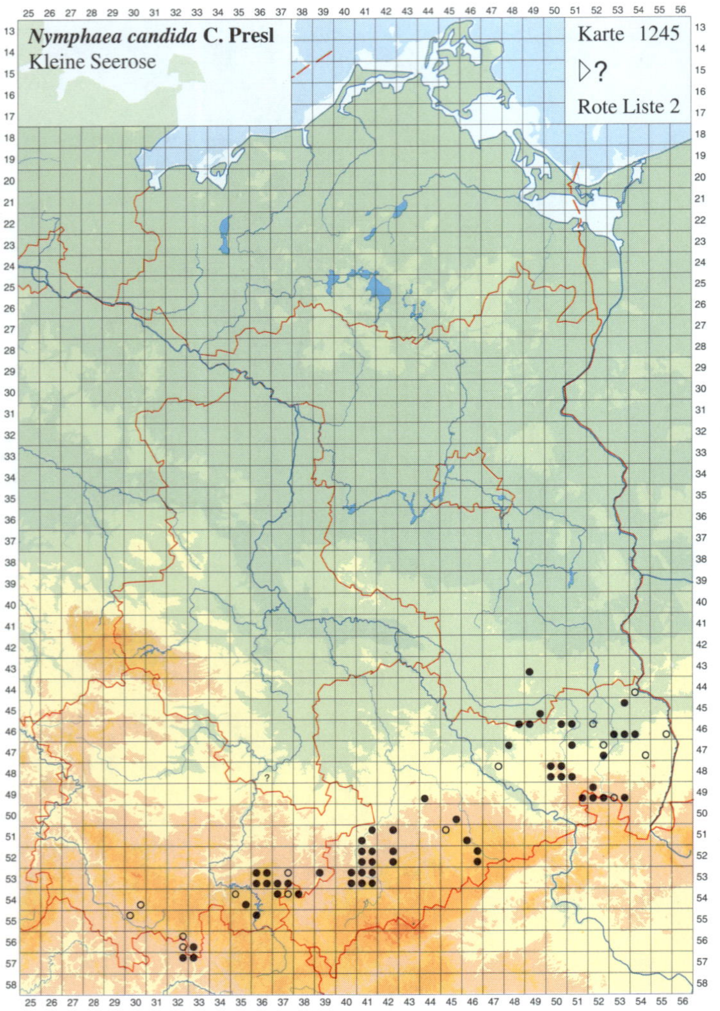
Nymphaea candida C. Presl
Kleine Seerose
Karte 1245
▷?
Rote Liste 2

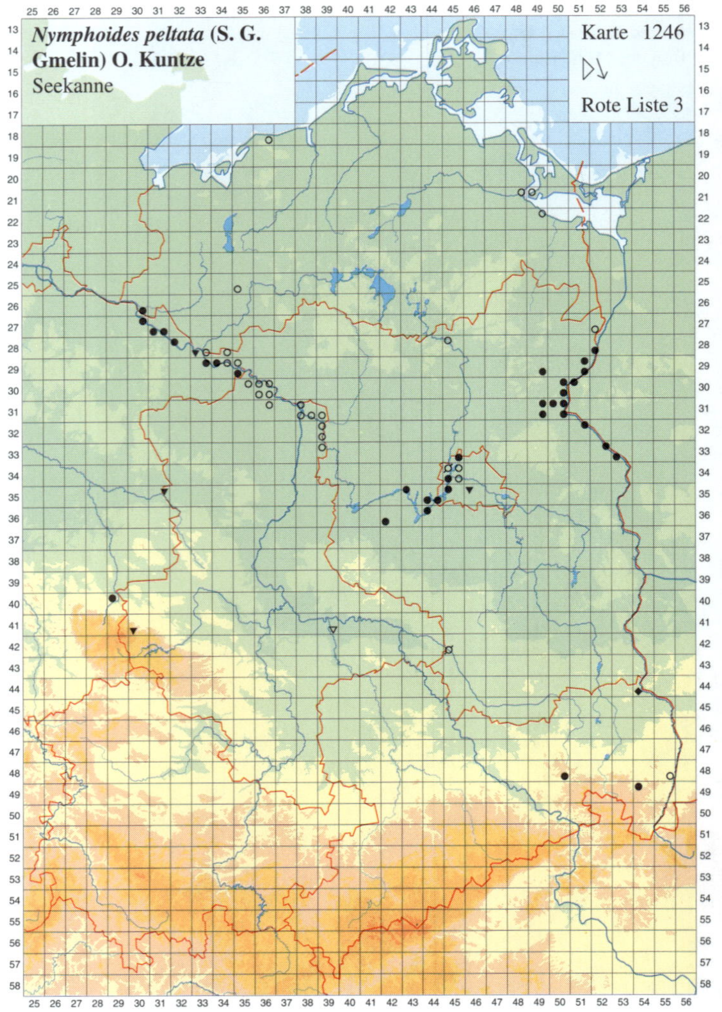
Nymphoides peltata (S. G. Gmelin) O. Kuntze
Seekanne
Karte 1246
▷↘
Rote Liste 3

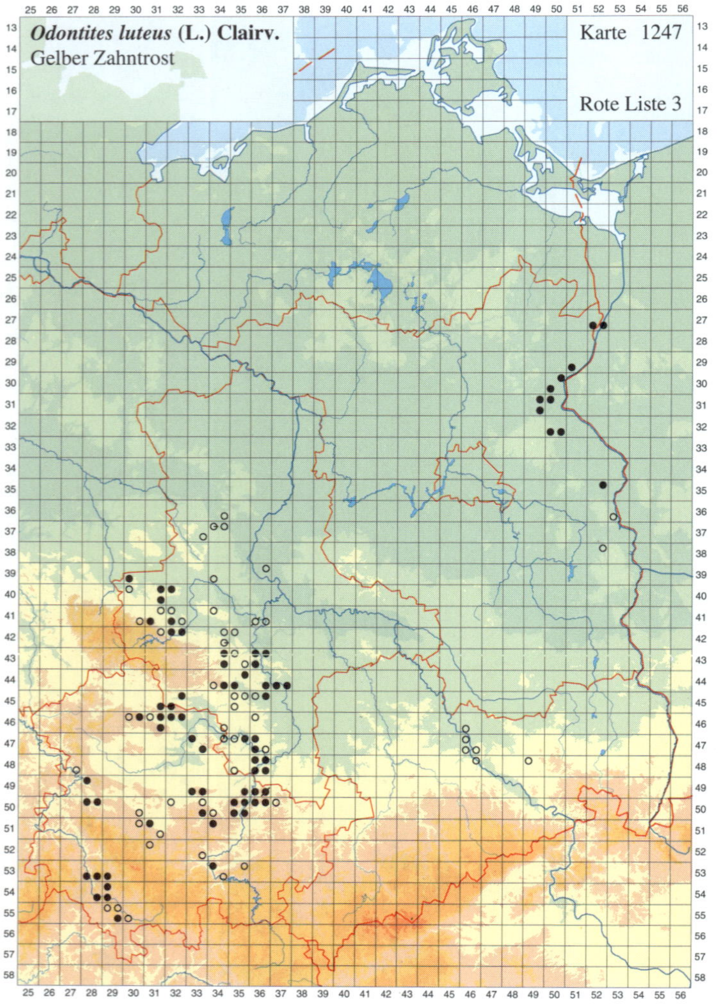
Odontites luteus (L.) Clairv.
Gelber Zahntrost
Karte 1247
Rote Liste 3

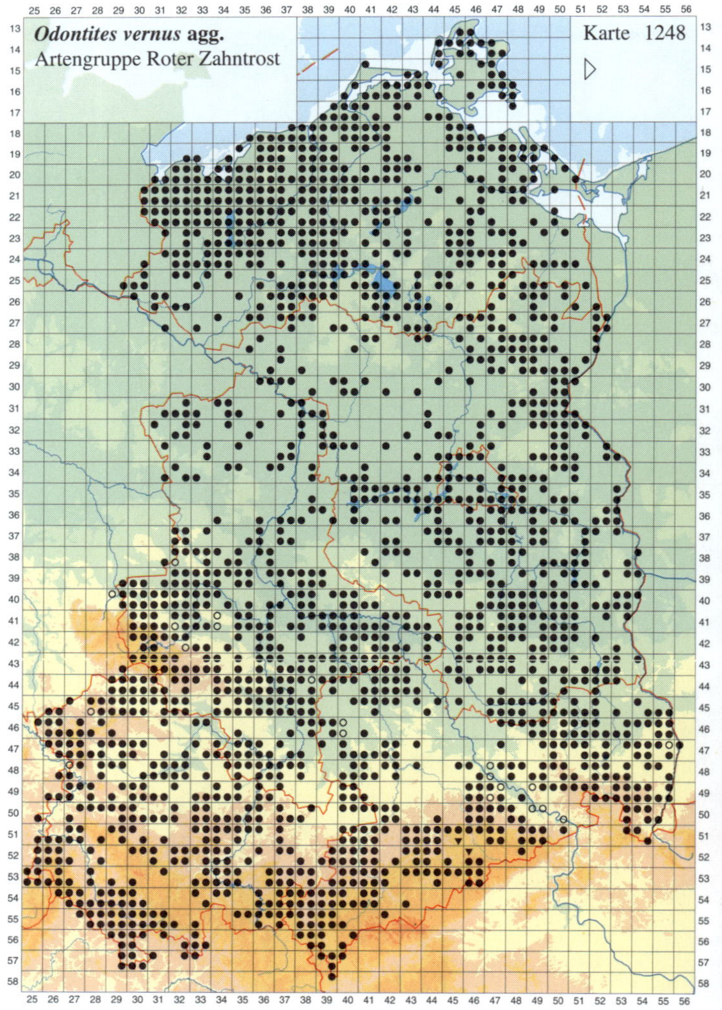
Odontites vernus agg.
Artengruppe Roter Zahntrost
Karte 1248
▷

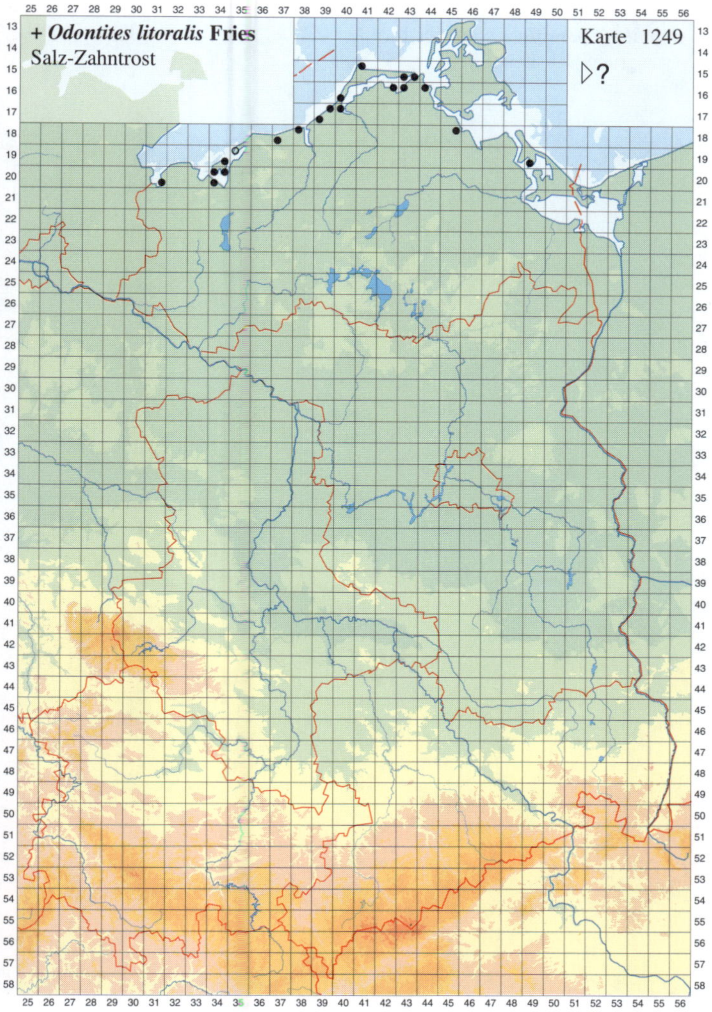
+ *Odontites litoralis* Fries
Salz-Zahntrost
Karte 1249
▷?

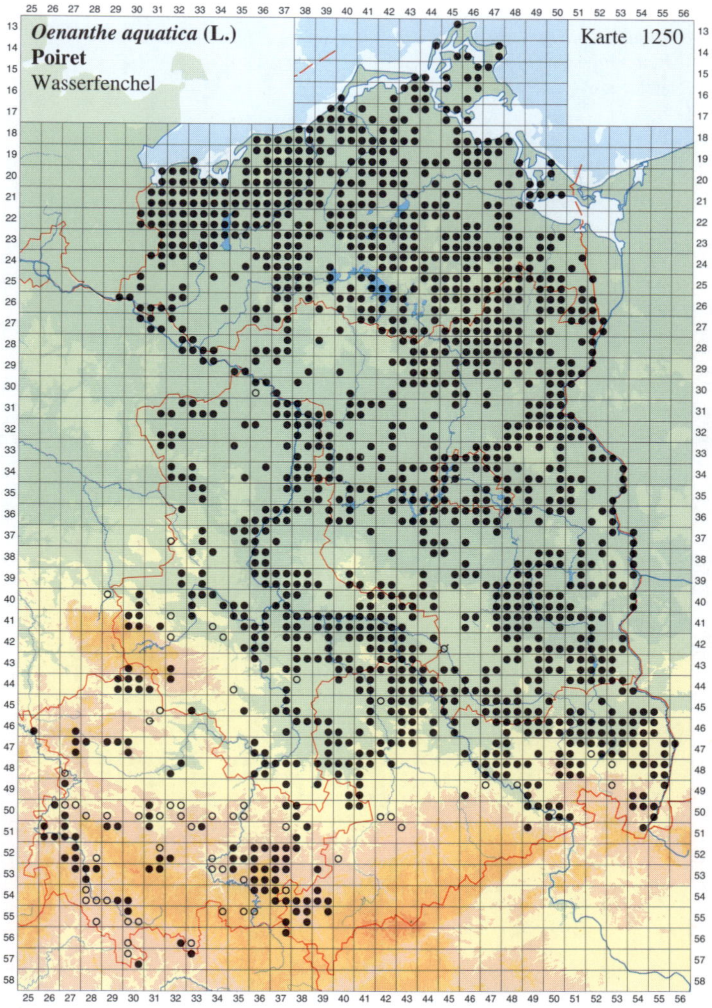
Oenanthe aquatica (L.) Poiret
Wasserfenchel
Karte 1250

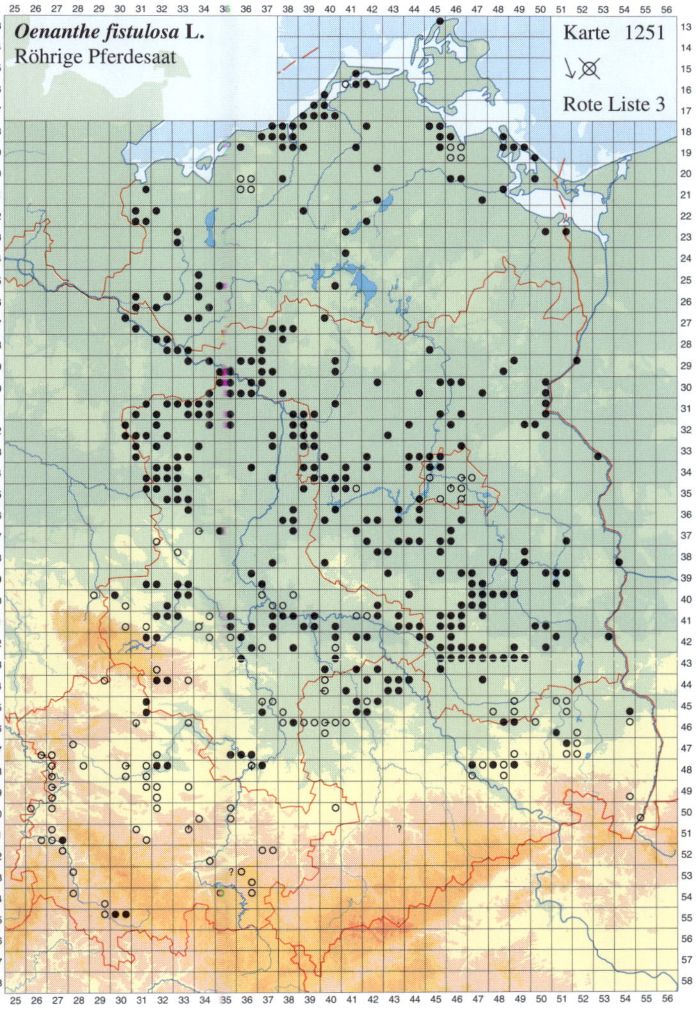
Oenanthe fistulosa L.
Röhrige Pferdesaat
Karte 1251
Rote Liste 3

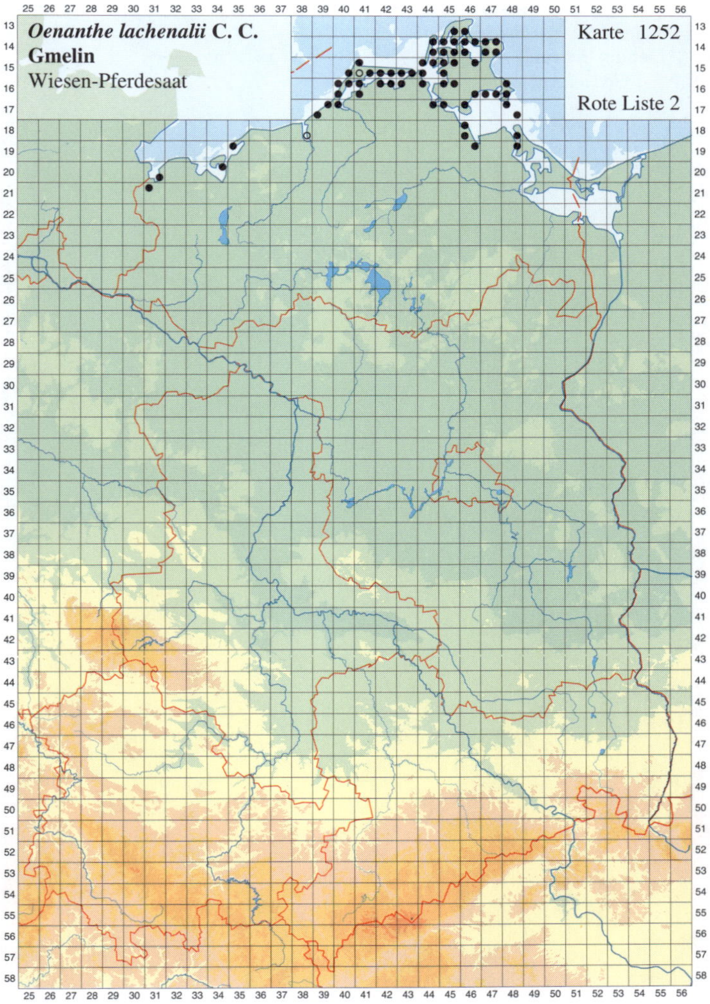
Oenanthe lachenalii C. C. Gmelin
Wiesen-Pferdesaat
Karte 1252
Rote Liste 2

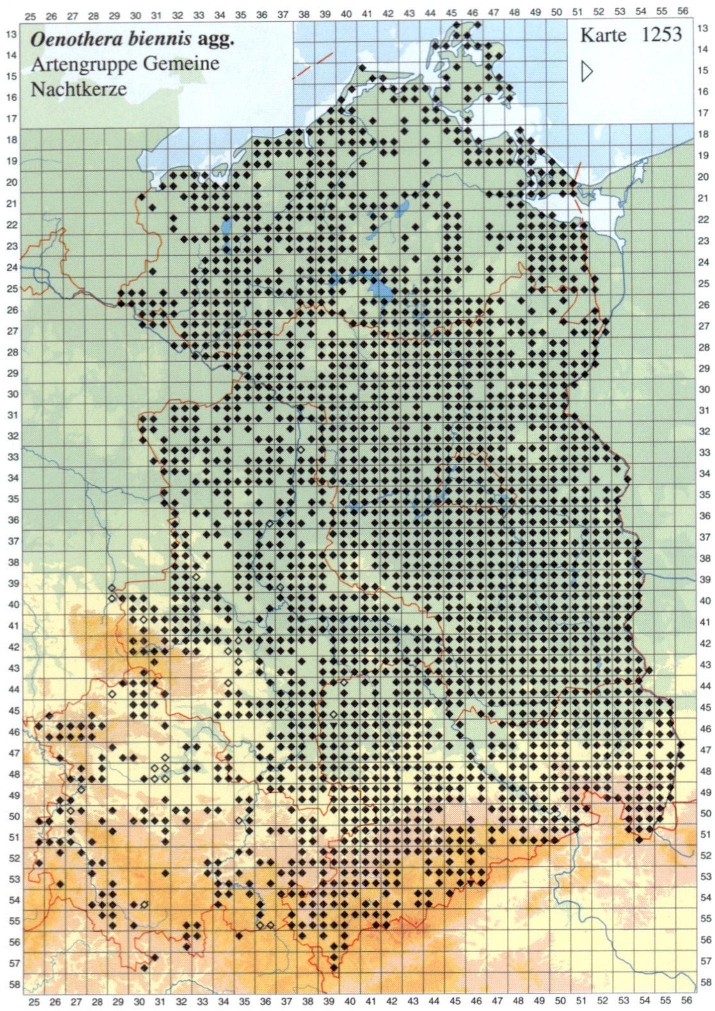
Oenothera biennis agg.
Artengruppe Gemeine
Nachtkerze
Karte 1253

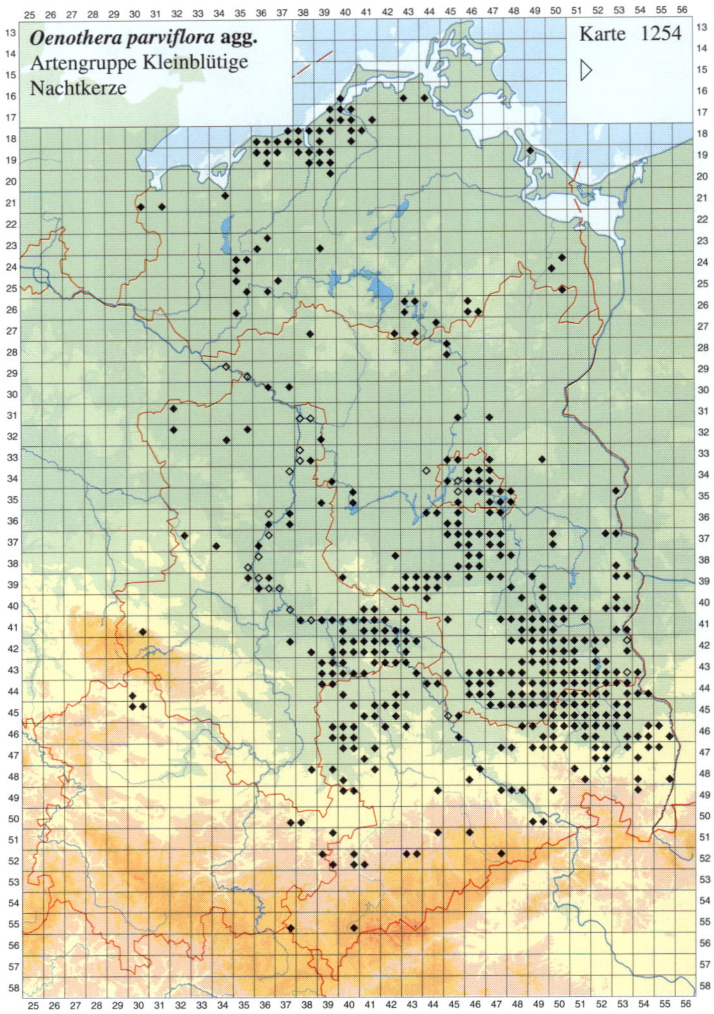
Oenothera parviflora agg.
Artengruppe Kleinblütige
Nachtkerze
Karte 1254

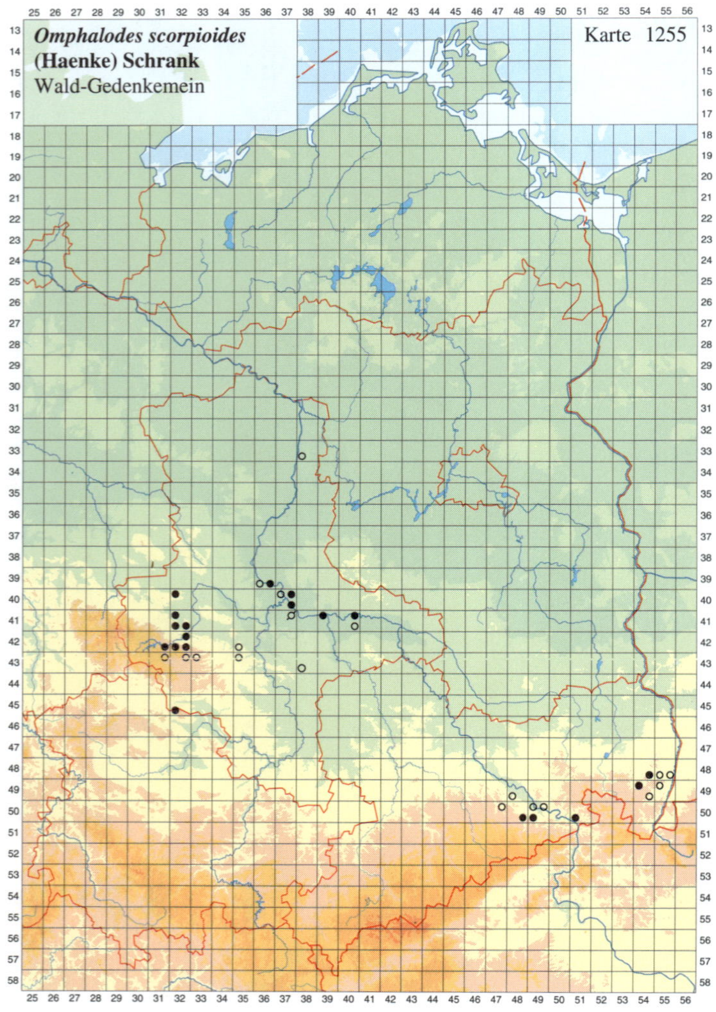
Omphalodes scorpioides
(Haenke) Schrank
Wald-Gedenkemein
Karte 1255

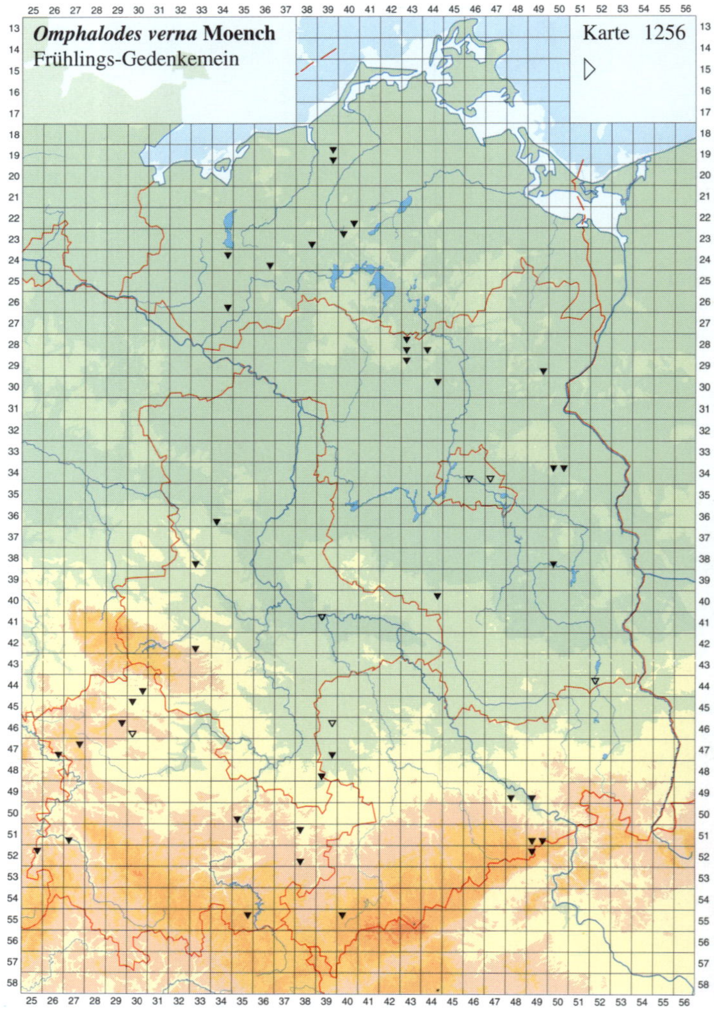
Omphalodes verna Moench
Frühlings-Gedenkemein
Karte 1256

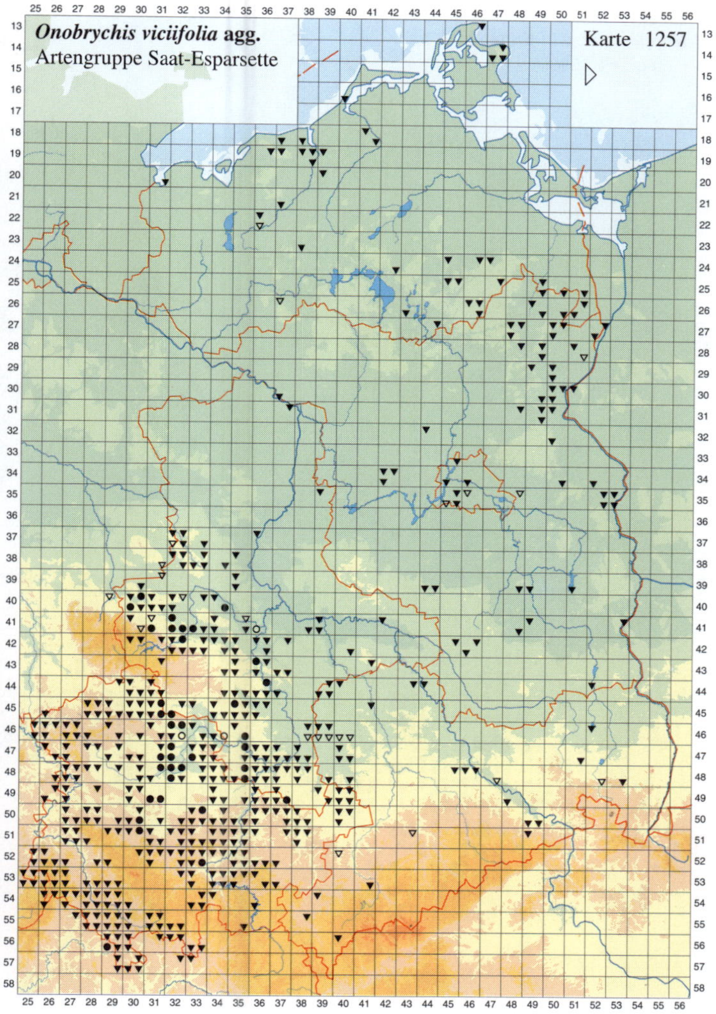
Onobrychis viciifolia agg.
Artengruppe Saat-Esparsette
Karte 1257

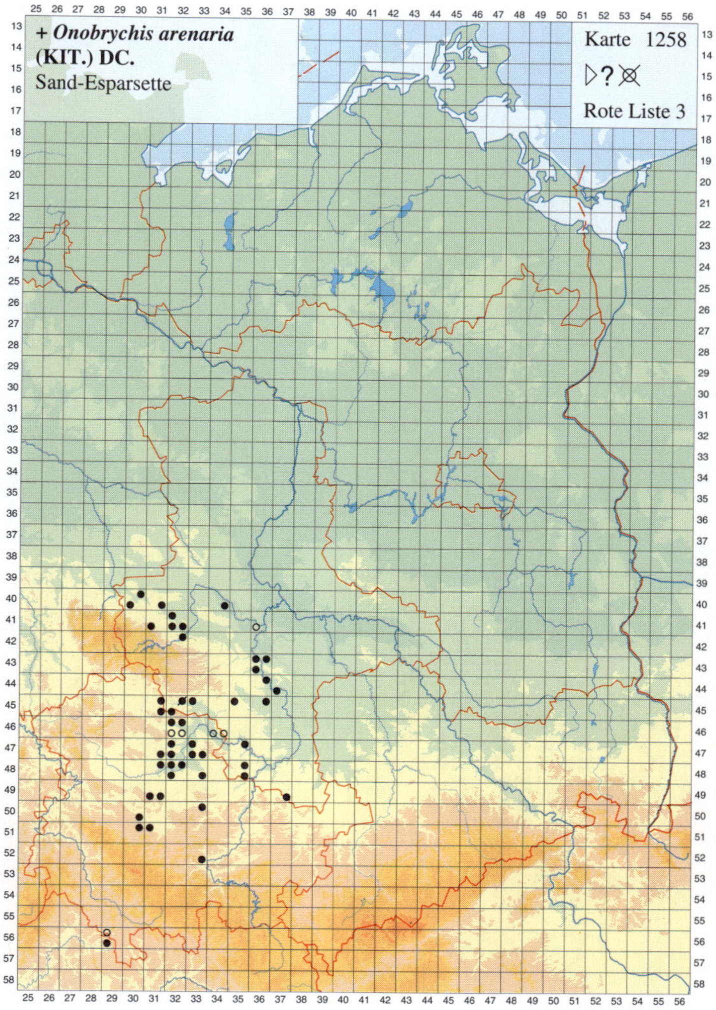
+ *Onobrychis arenaria* (KIT.) DC.
Sand-Esparsette
Karte 1258
Rote Liste 3

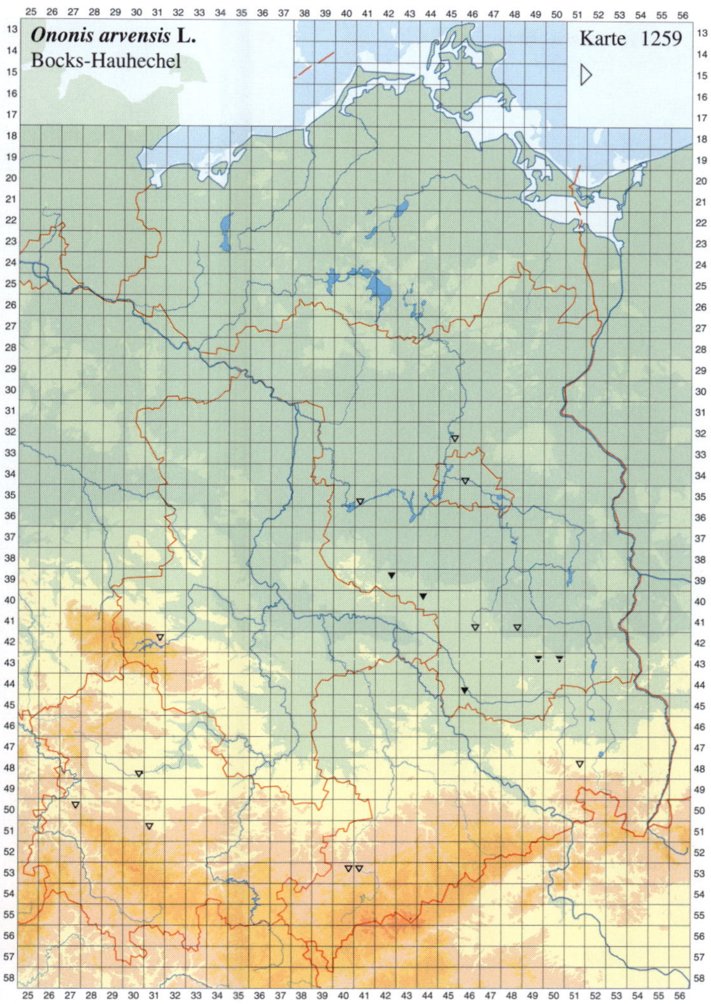
Ononis arvensis L.
Bocks-Hauhechel
Karte 1259

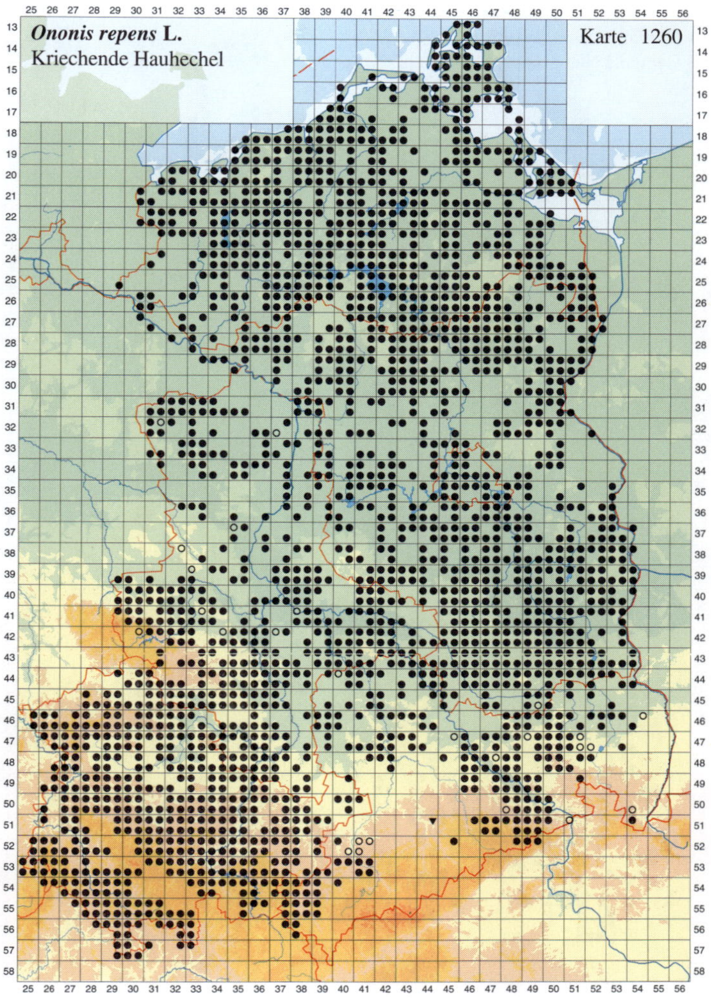
Ononis repens L.
Kriechende Hauhechel
Karte 1260

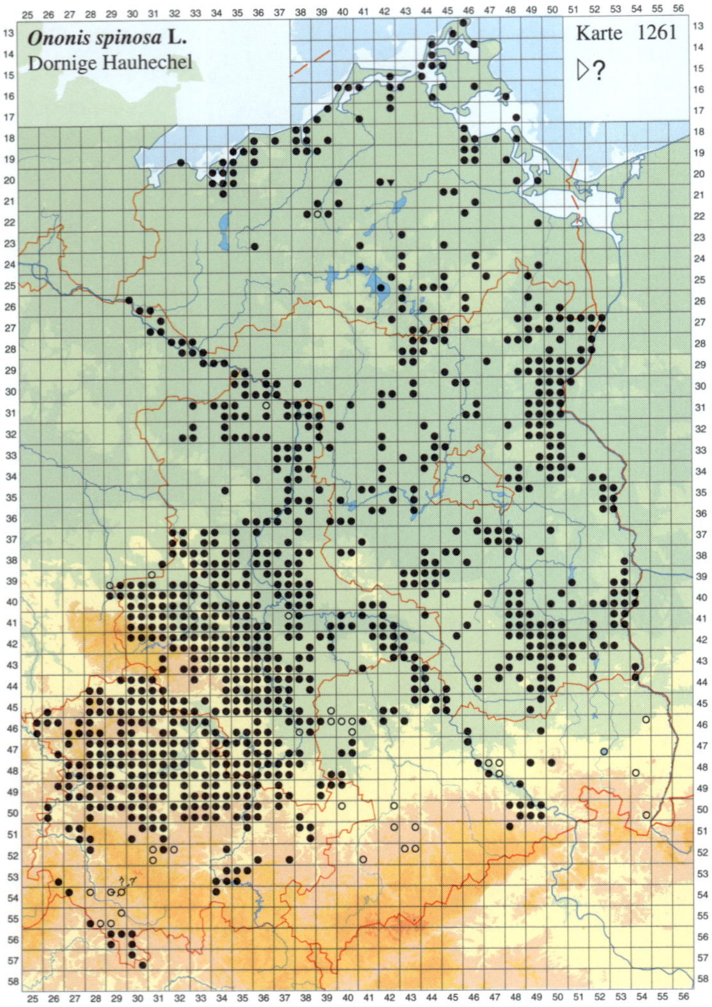
Ononis spinosa L.
Dornige Hauhechel
Karte 1261
▷?

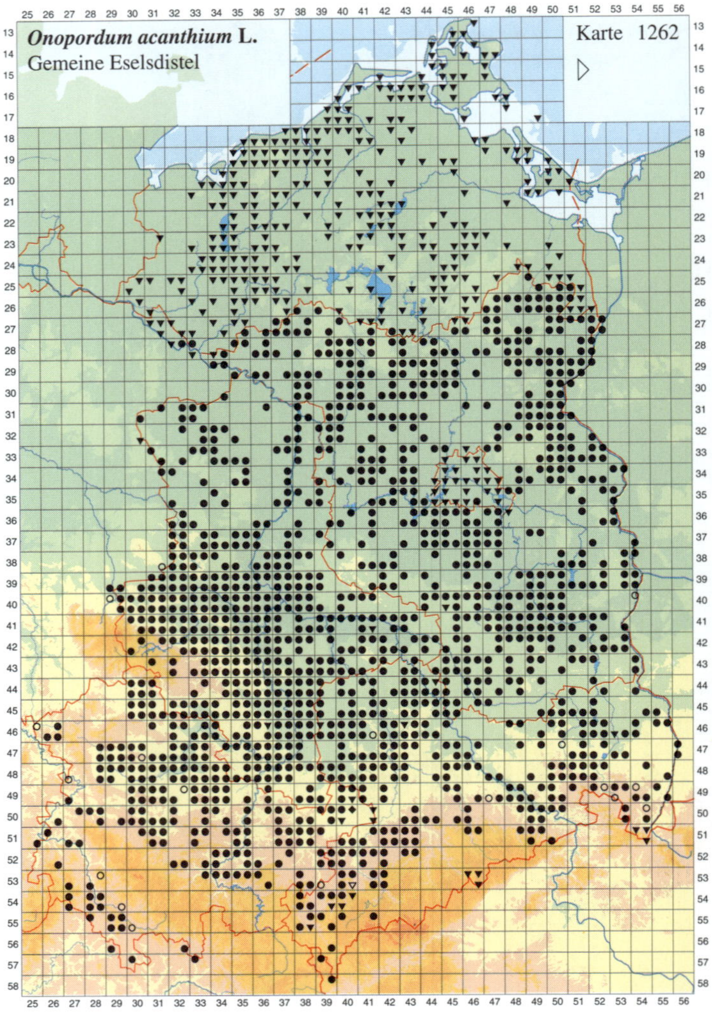
Onopordum acanthium L.
Gemeine Eselsdistel
Karte 1262
▷

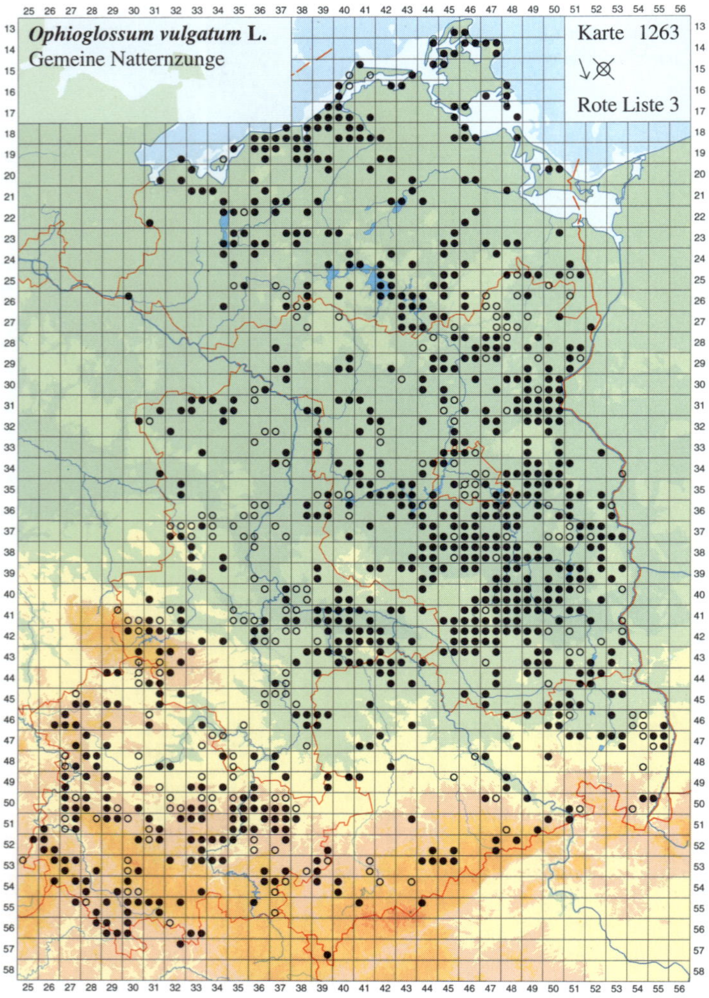
Ophioglossum vulgatum L.
Gemeine Natternzunge
Karte 1263
Rote Liste 3

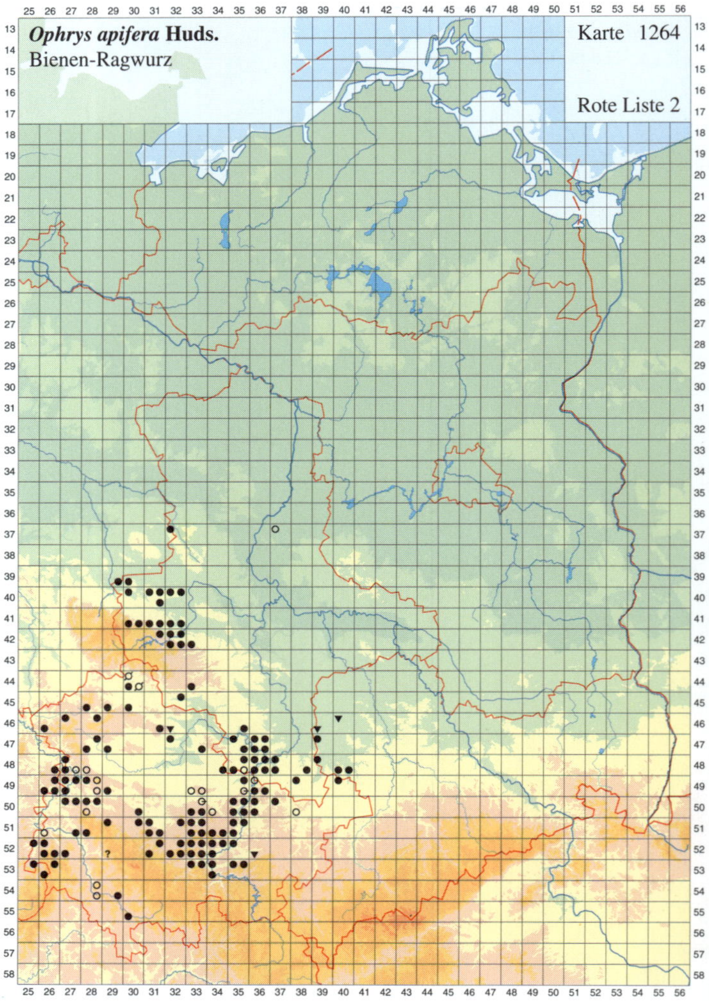
Ophrys apifera Huds.
Bienen-Ragwurz
Karte 1264
Rote Liste 2

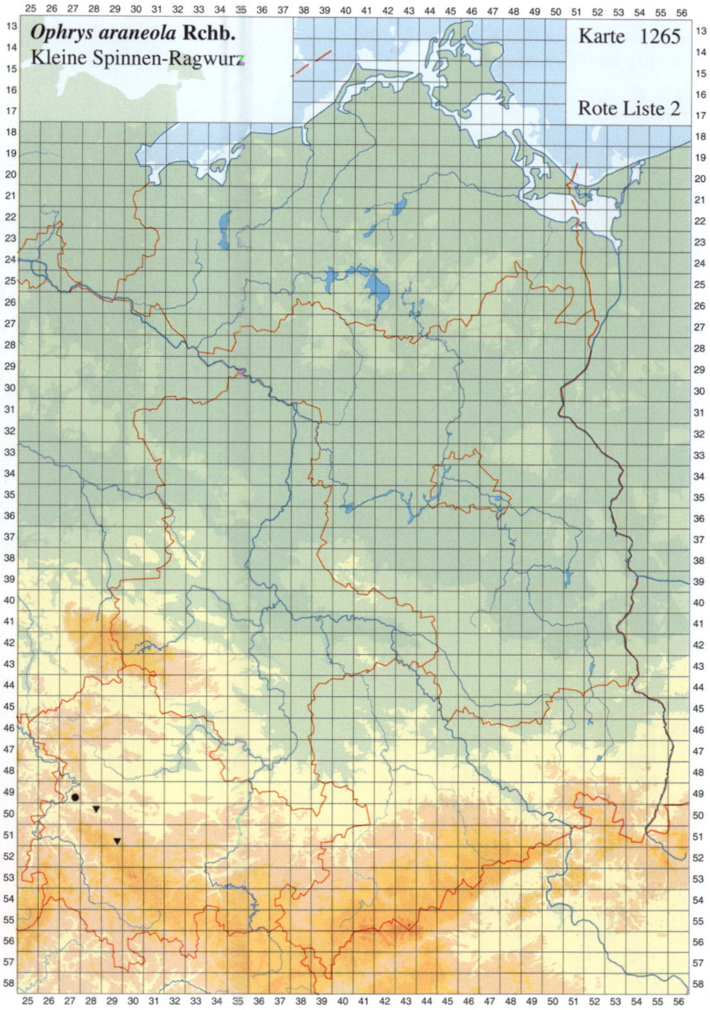
Ophrys araneola Rchb.
Kleine Spinnen-Ragwurz
Karte 1265
Rote Liste 2

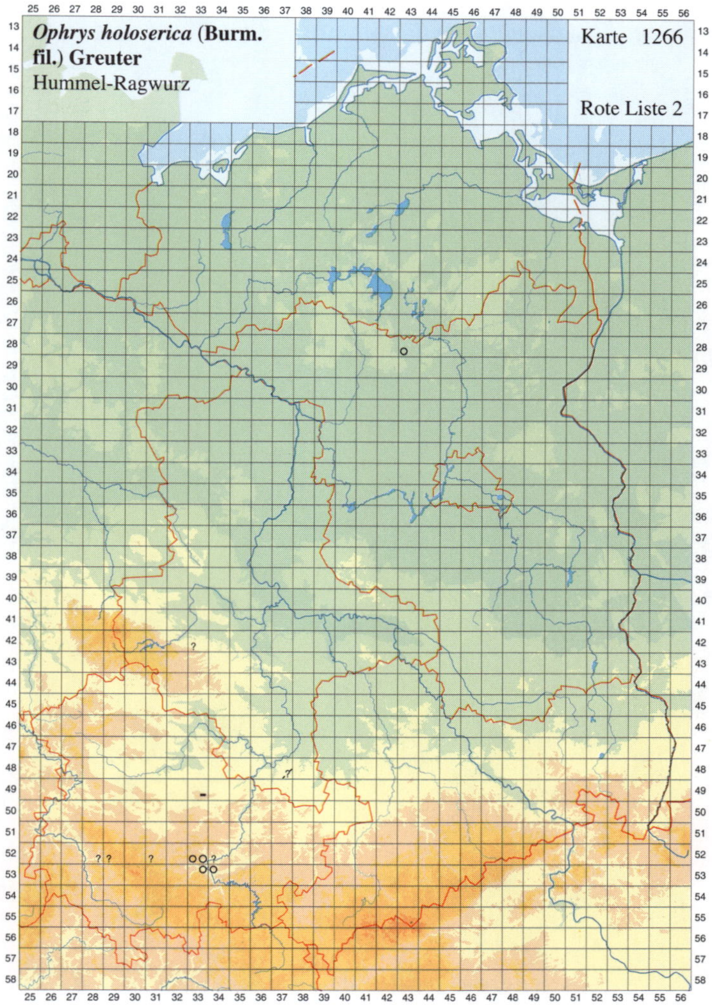
Ophrys holoserica (Burm. fil.) Greuter
Hummel-Ragwurz
Karte 1266
Rote Liste 2

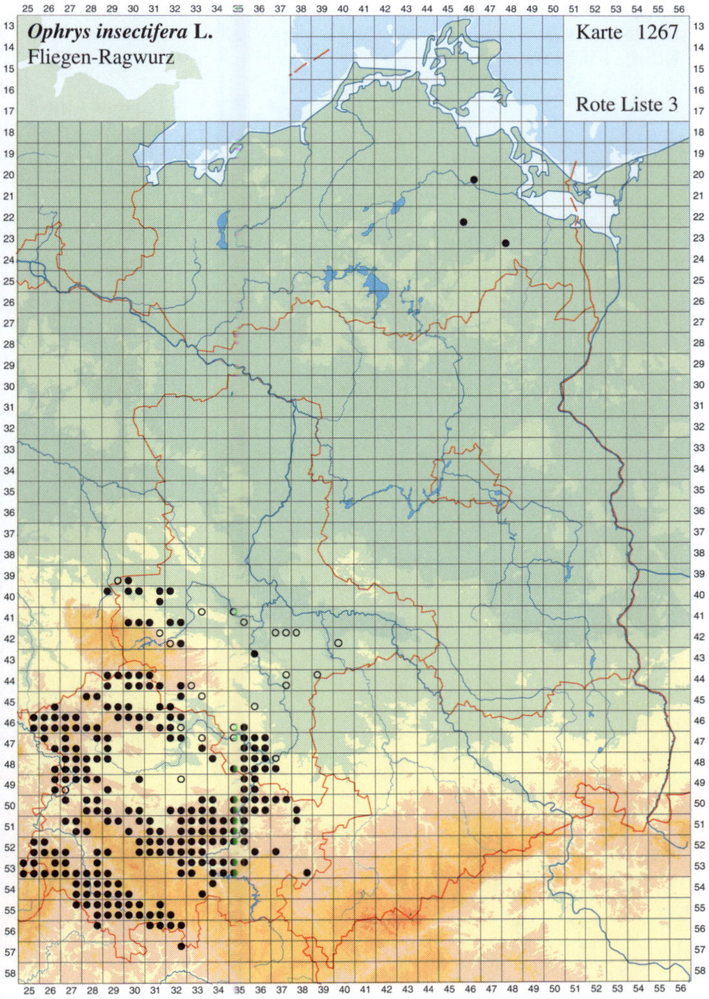
Ophrys insectifera L.
Fliegen-Ragwurz
Karte 1267
Rote Liste 3

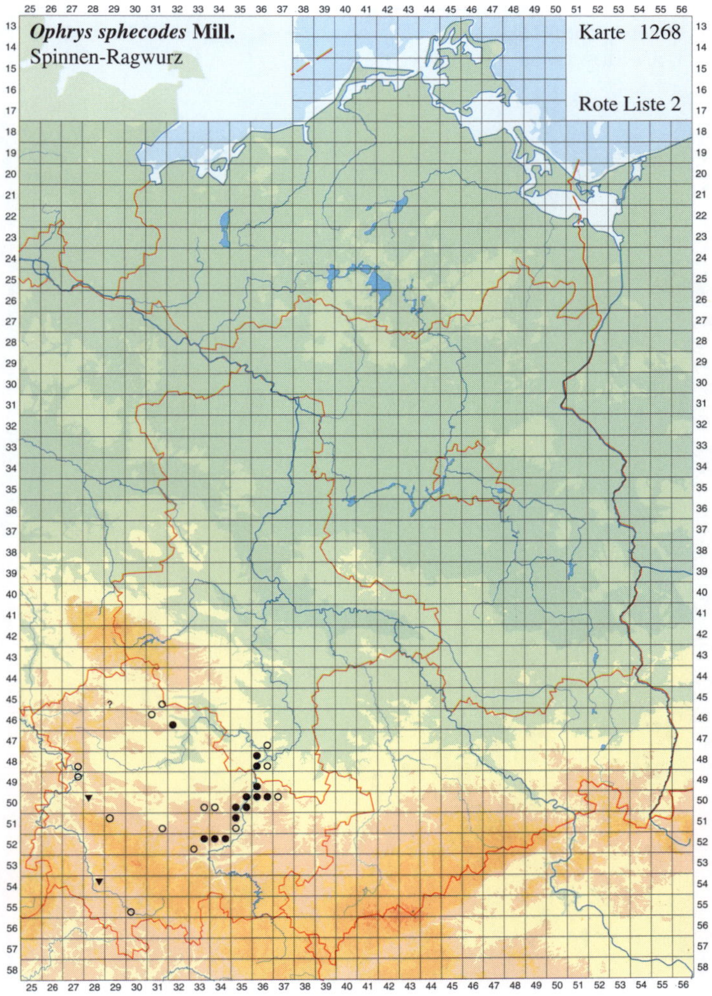
Ophrys sphecodes Mill.
Spinnen-Ragwurz
Karte 1268
Rote Liste 2

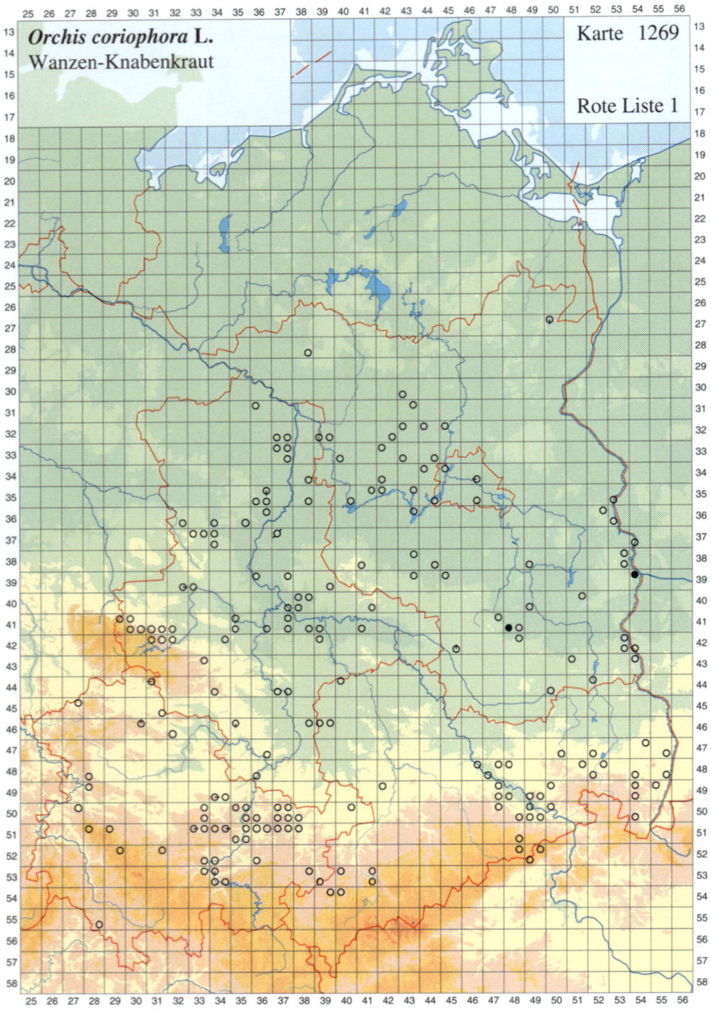

Orchis coriophora L.
Wanzen-Knabenkraut
Karte 1269
Rote Liste 1

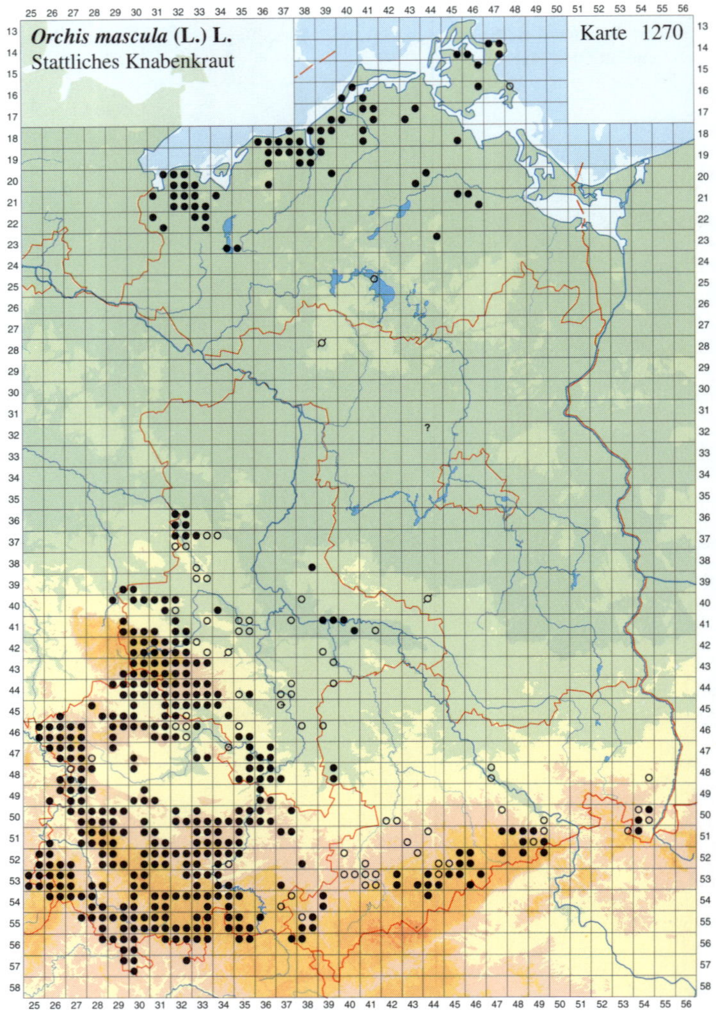

Orchis mascula (L.) L.
Stattliches Knabenkraut
Karte 1270

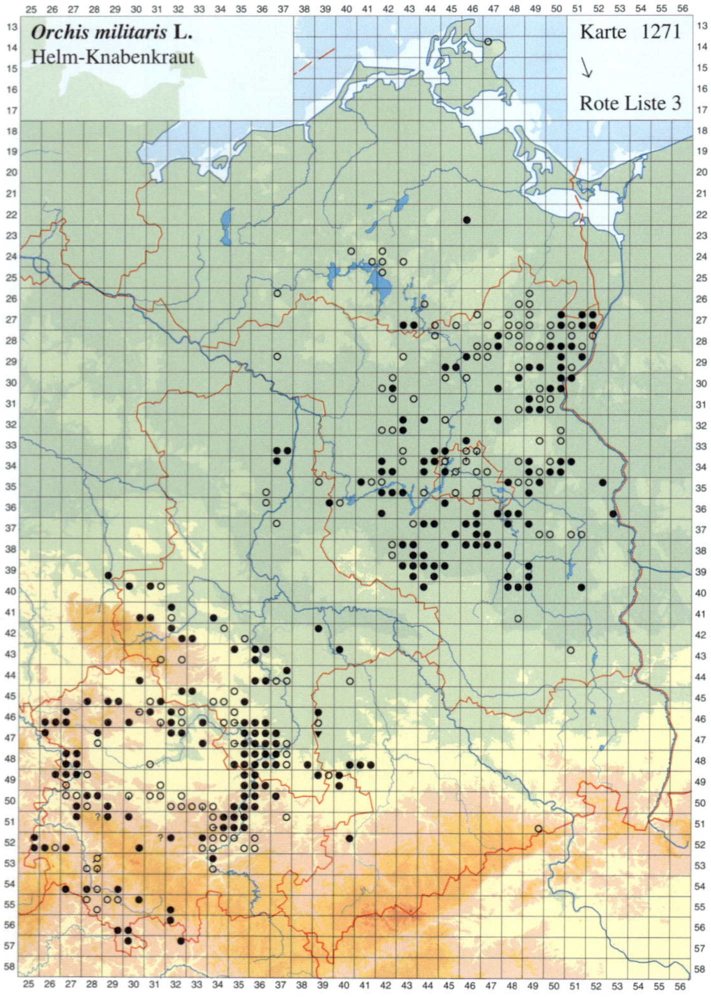

Orchis militaris L.
Helm-Knabenkraut
Karte 1271
Rote Liste 3

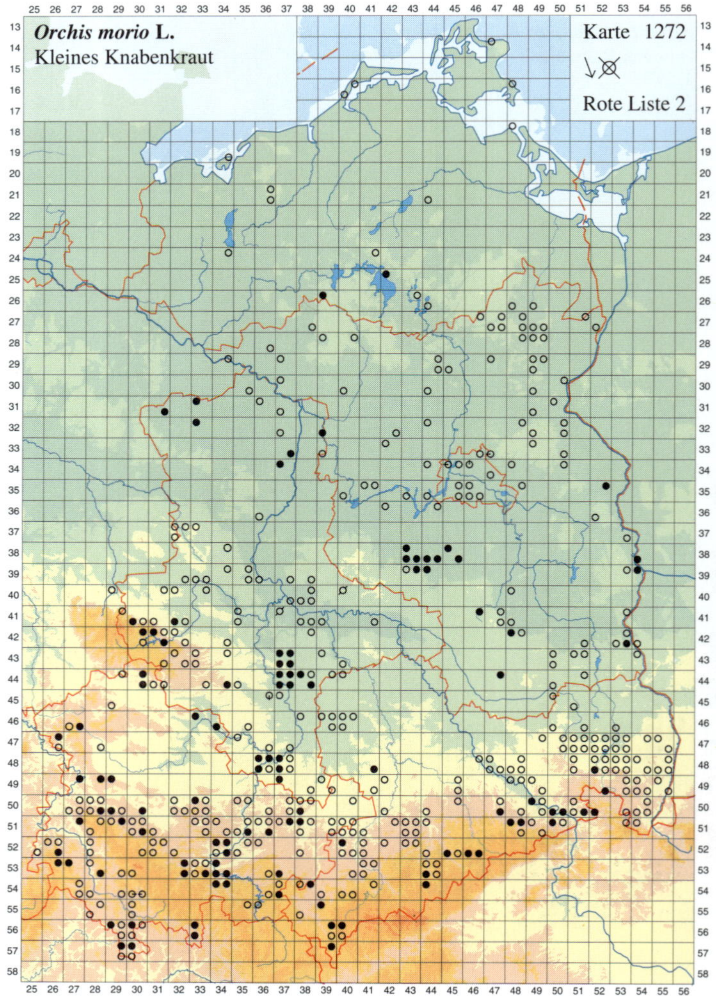

Orchis morio L.
Kleines Knabenkraut
Karte 1272
Rote Liste 2

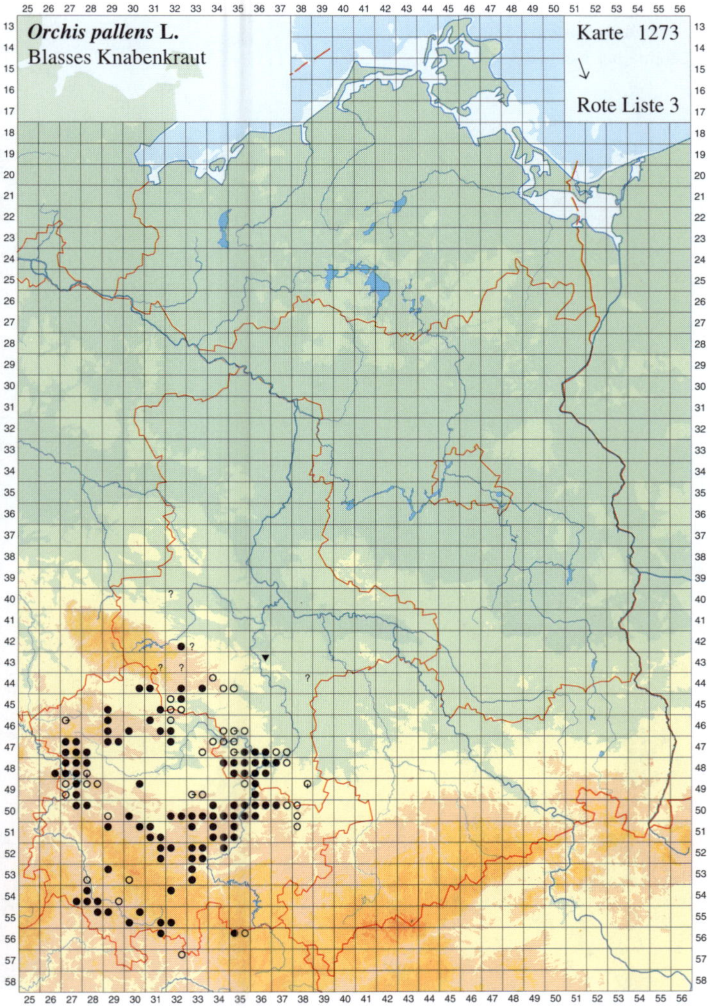
Orchis pallens L.
Blasses Knabenkraut
Karte 1273
Rote Liste 3

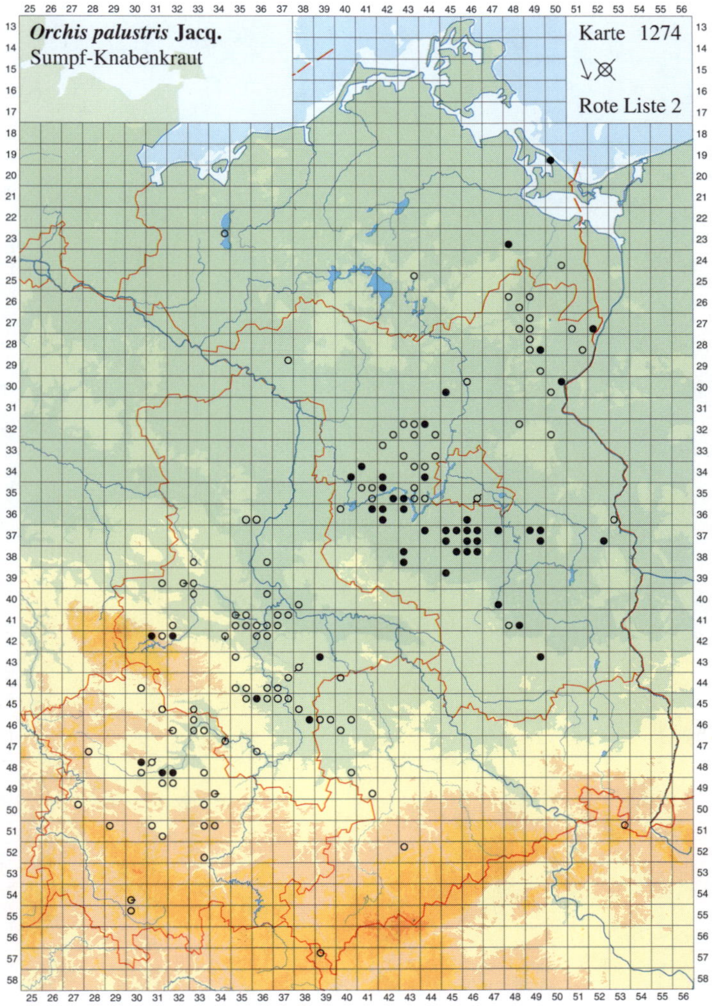
Orchis palustris Jacq.
Sumpf-Knabenkraut
Karte 1274
Rote Liste 2

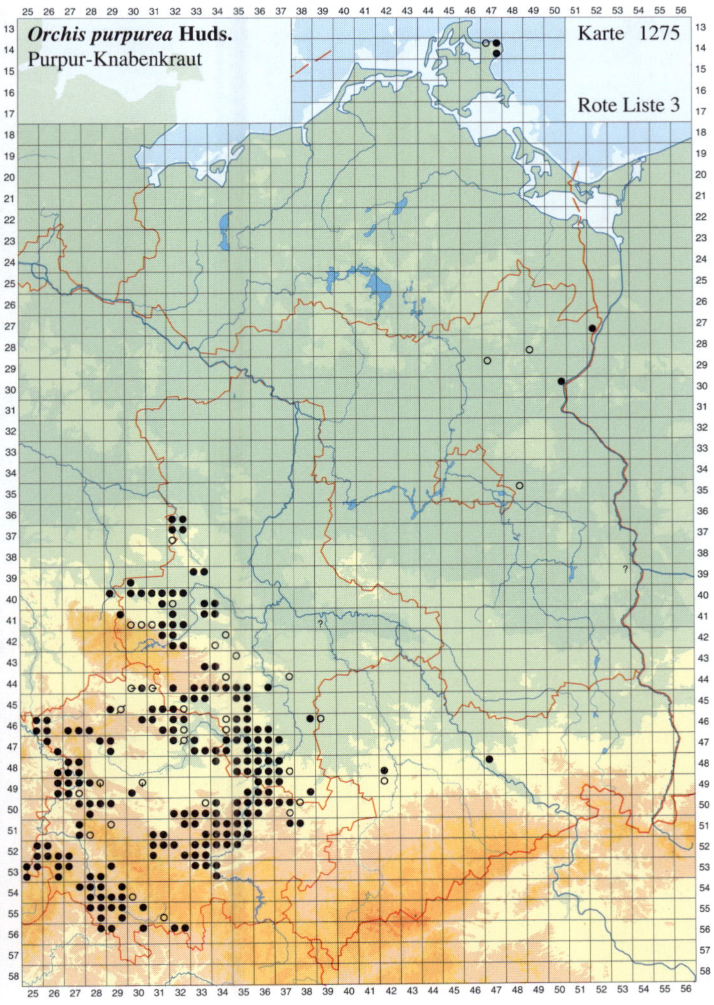
Orchis purpurea Huds.
Purpur-Knabenkraut
Karte 1275
Rote Liste 3

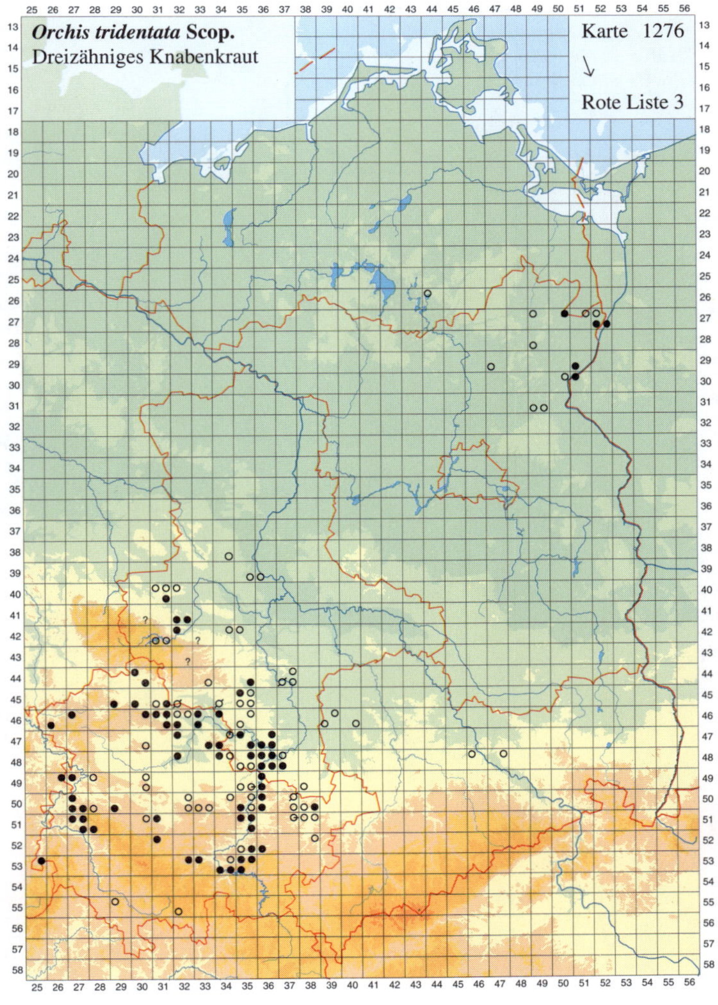
Orchis tridentata Scop.
Dreizähniges Knabenkraut
Karte 1276
Rote Liste 3

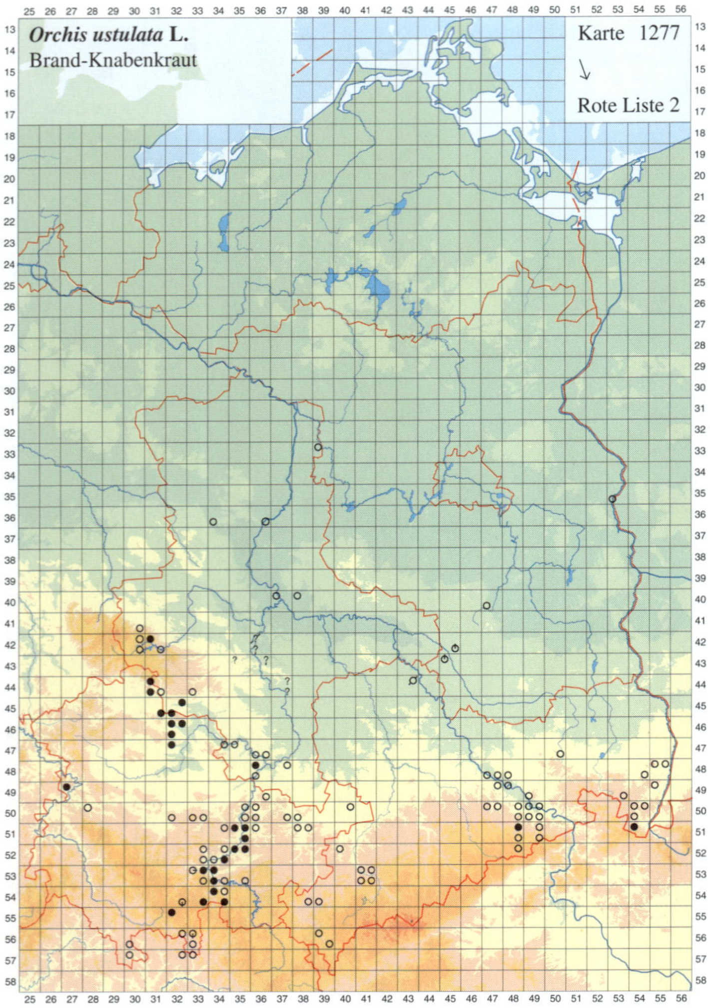
Orchis ustulata L.
Brand-Knabenkraut
Karte 1277
↘
Rote Liste 2

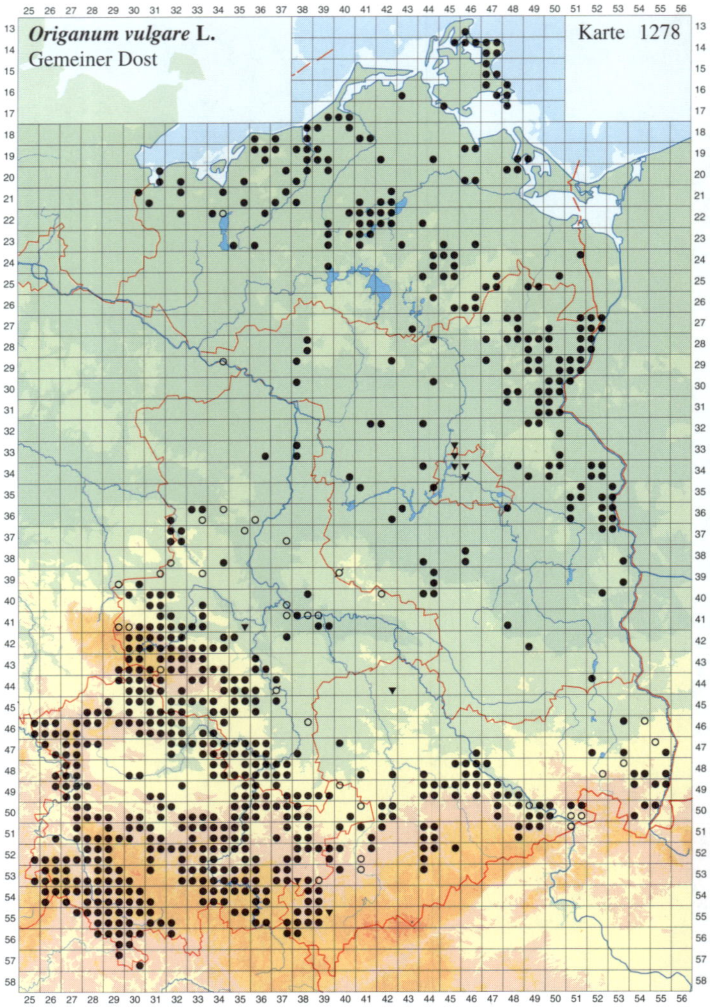
Origanum vulgare L.
Gemeiner Dost
Karte 1278

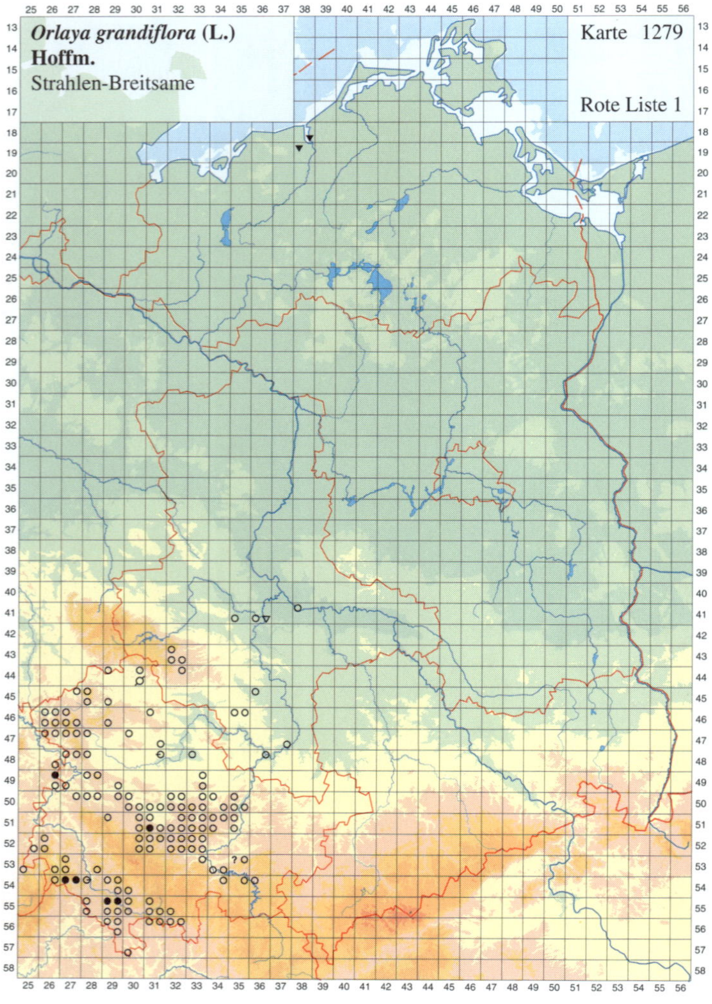
Orlaya grandiflora (L.) Hoffm.
Strahlen-Breitsame
Karte 1279
Rote Liste 1

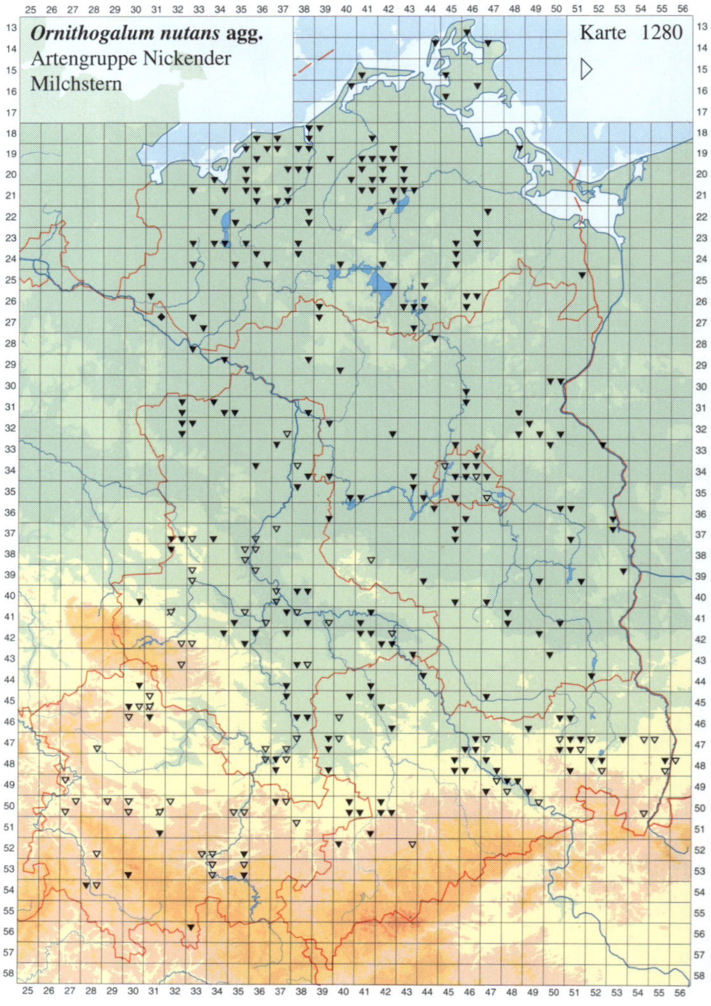
Ornithogalum nutans agg.
Artengruppe Nickender Milchstern
Karte 1280
▷

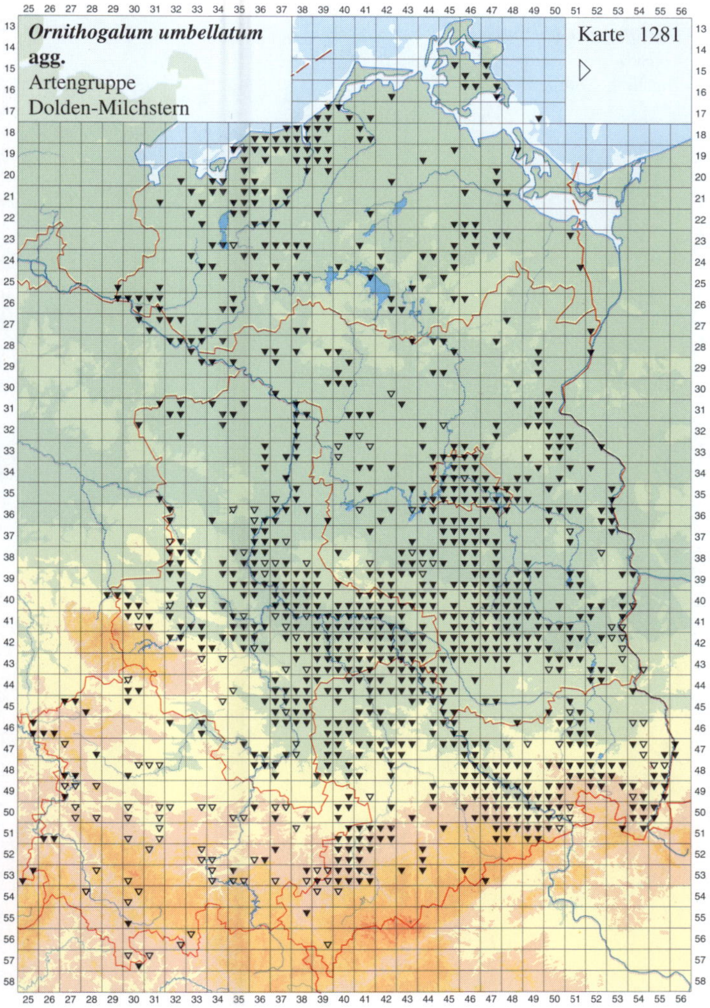
Ornithogalum umbellatum agg.
Artengruppe
Dolden-Milchstern
Karte 1281

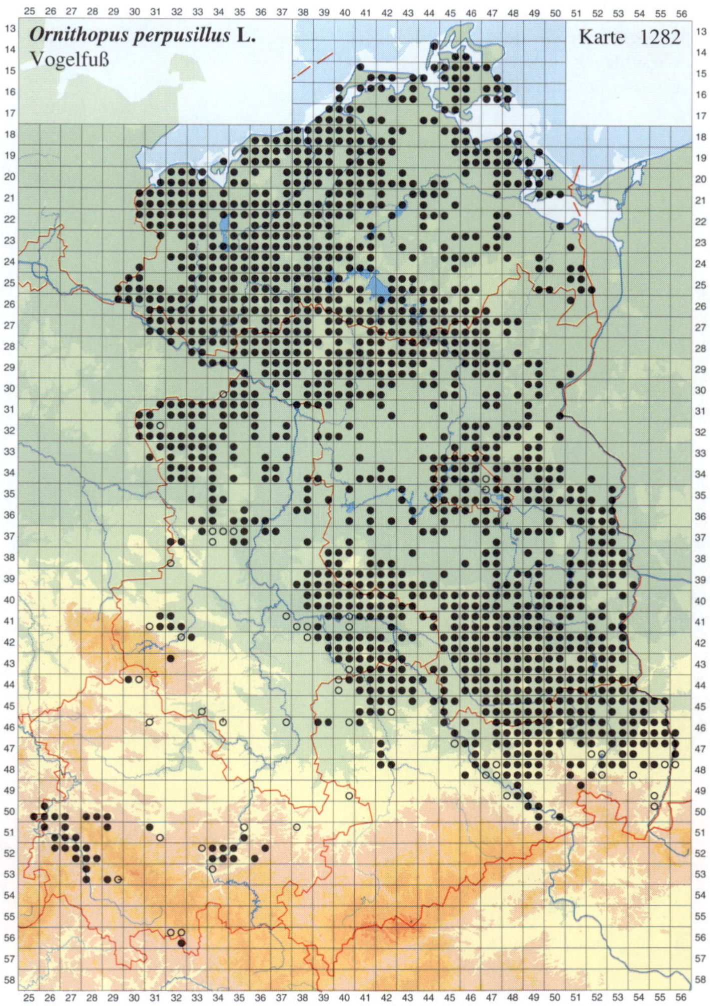
Ornithopus perpusillus L.
Vogelfuß
Karte 1282

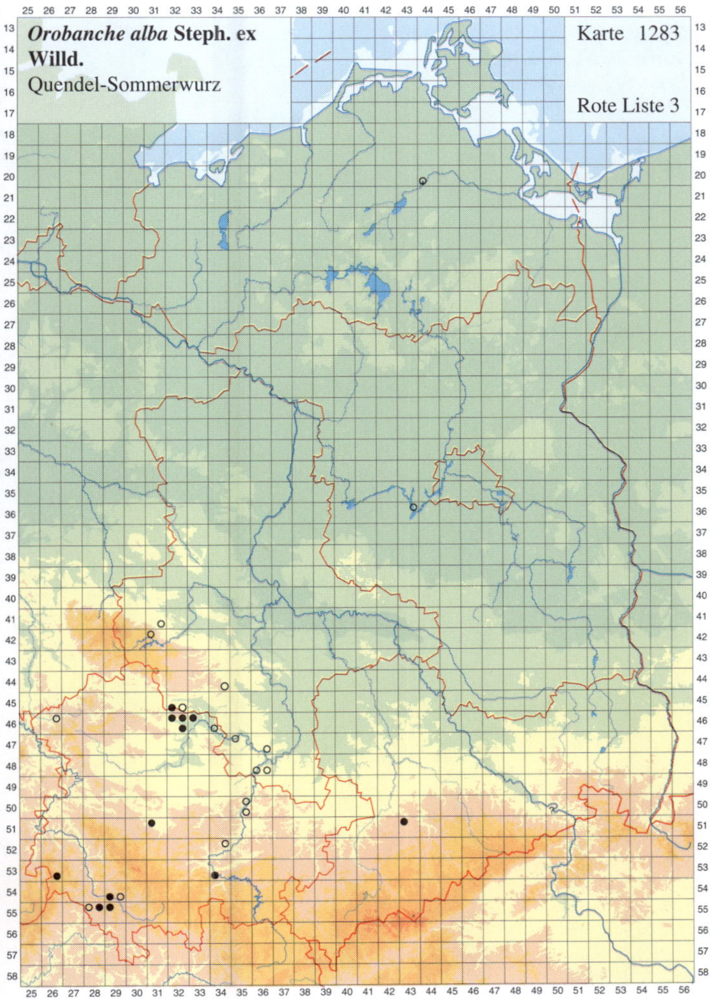
Orobanche alba Steph. ex Willd.
Quendel-Sommerwurz
Karte 1283
Rote Liste 3

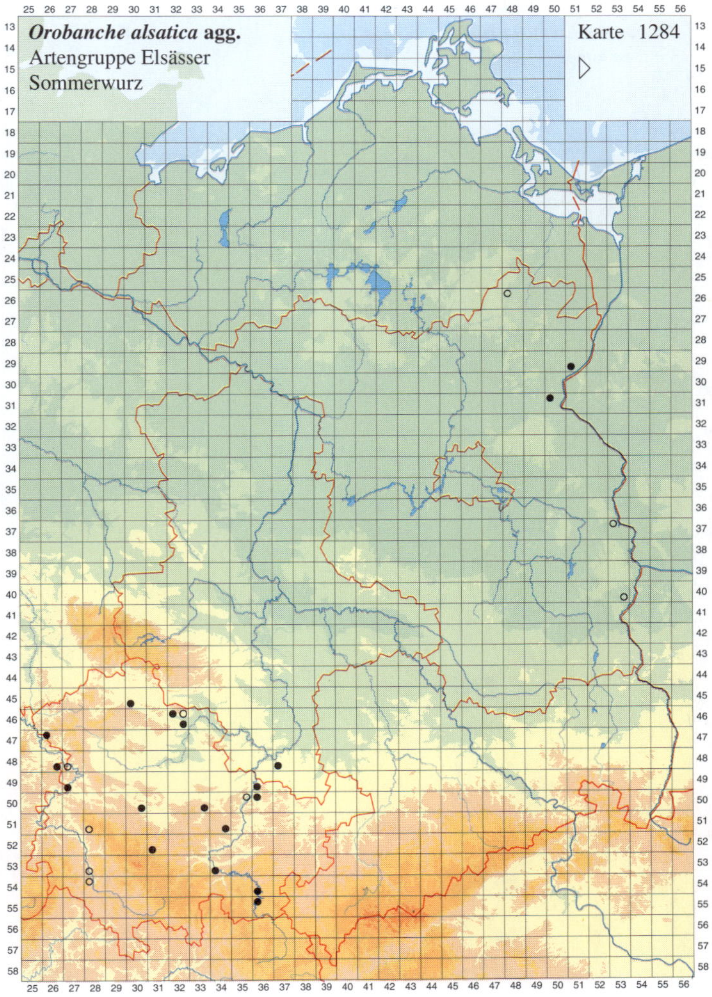
Orobanche alsatica agg.
Artengruppe Elsässer
Sommerwurz
Karte 1284

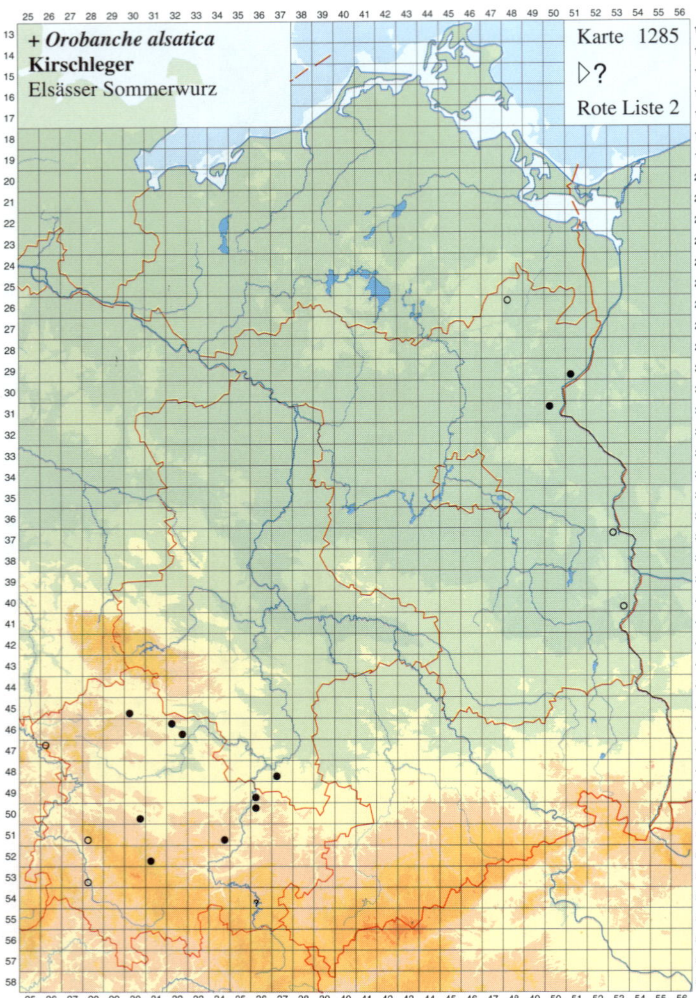
+ *Orobanche alsatica*
Kirschleger
Elsässer Sommerwurz
Karte 1285
▷?
Rote Liste 2

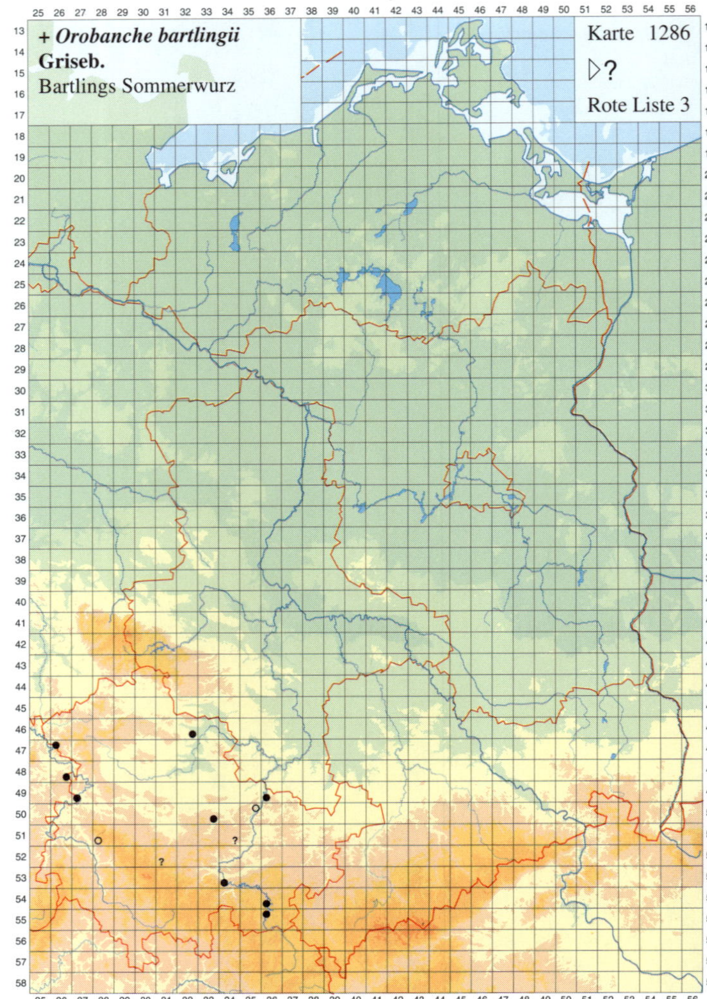
+ *Orobanche bartlingii*
Griseb.
Bartlings Sommerwurz
Karte 1286
▷?
Rote Liste 3

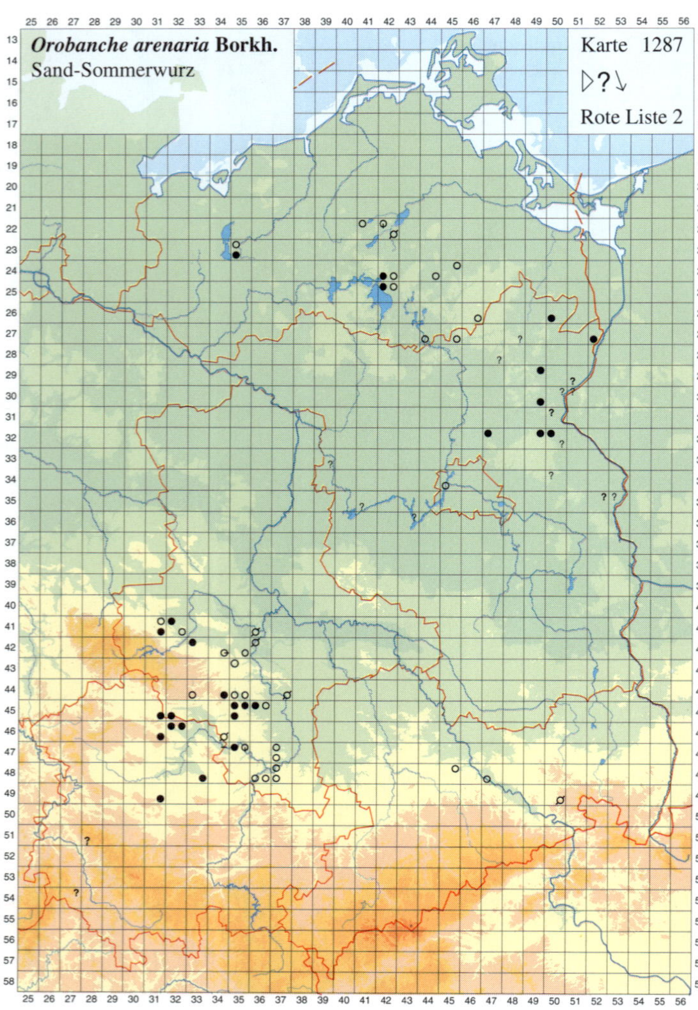
Orobanche arenaria **Borkh.**
Sand-Sommerwurz
Karte 1287
▷?↓
Rote Liste 2

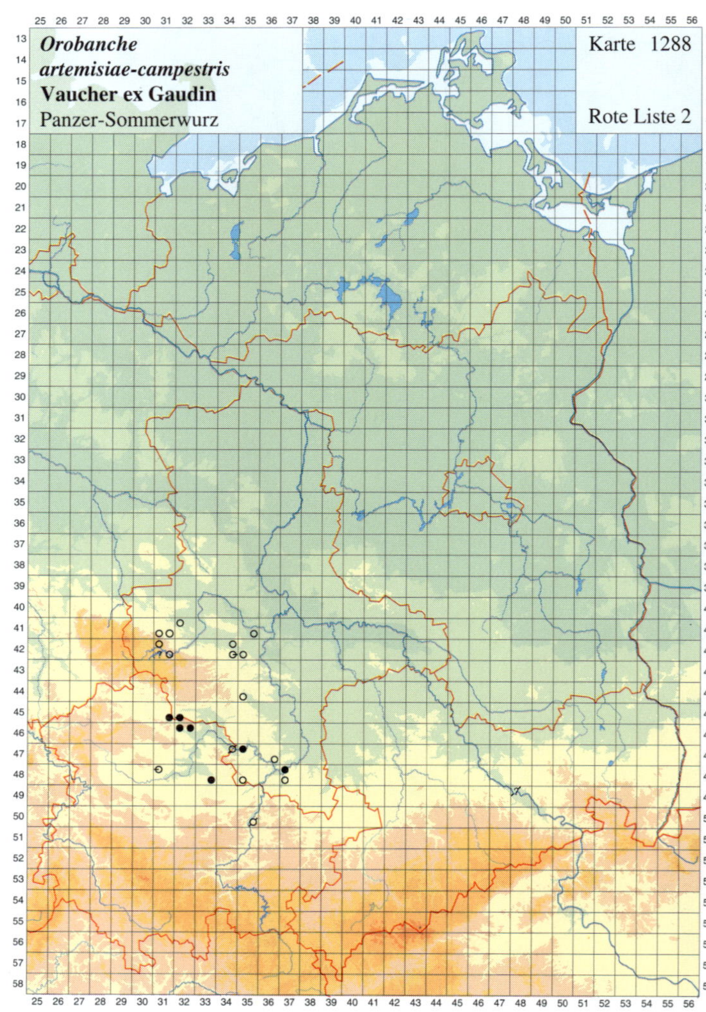
Orobanche
artemisiae-campestris
Vaucher ex Gaudin
Panzer-Sommerwurz
Karte 1288
Rote Liste 2

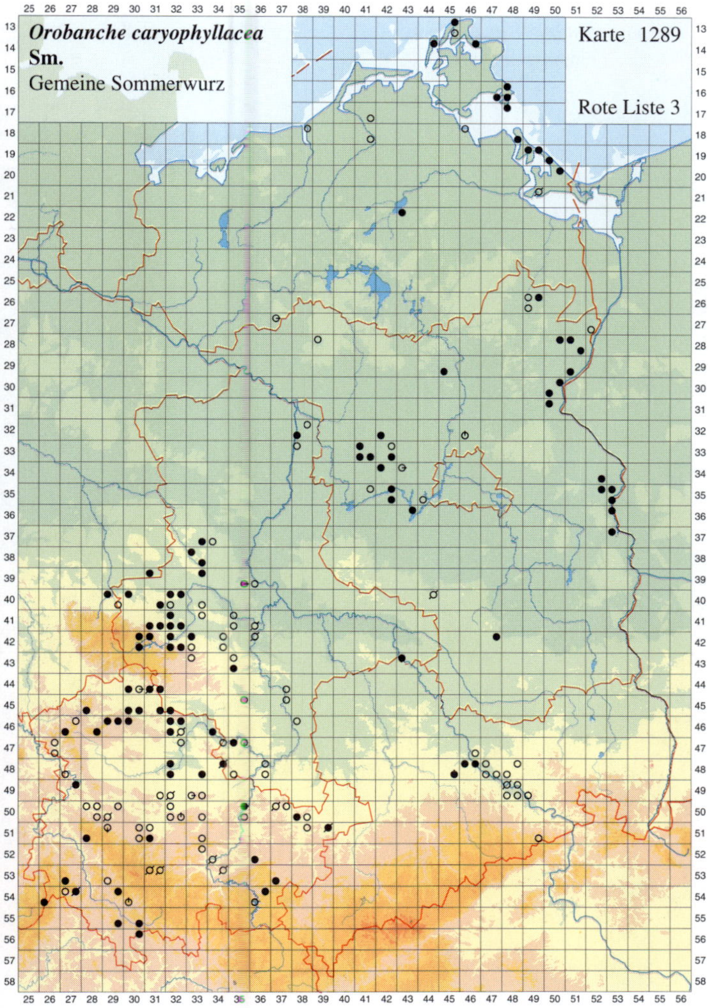
Orobanche caryophyllacea **Sm.**
Gemeine Sommerwurz
Karte 1289
Rote Liste 3

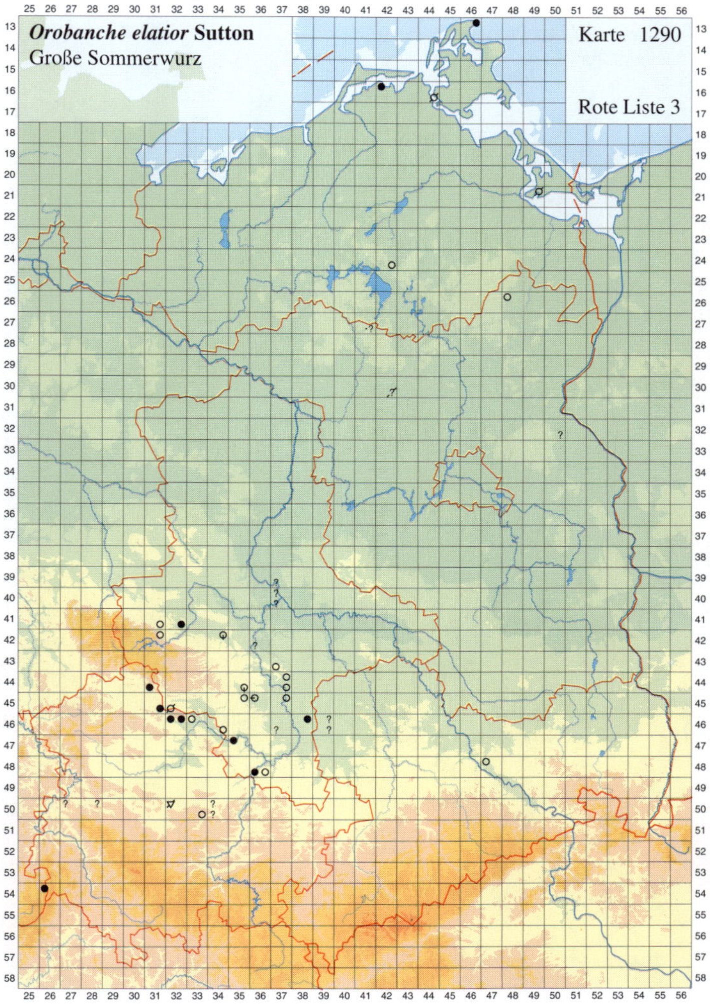
***Orobanche elatior* Sutton**
Große Sommerwurz
Karte 1290
Rote Liste 3

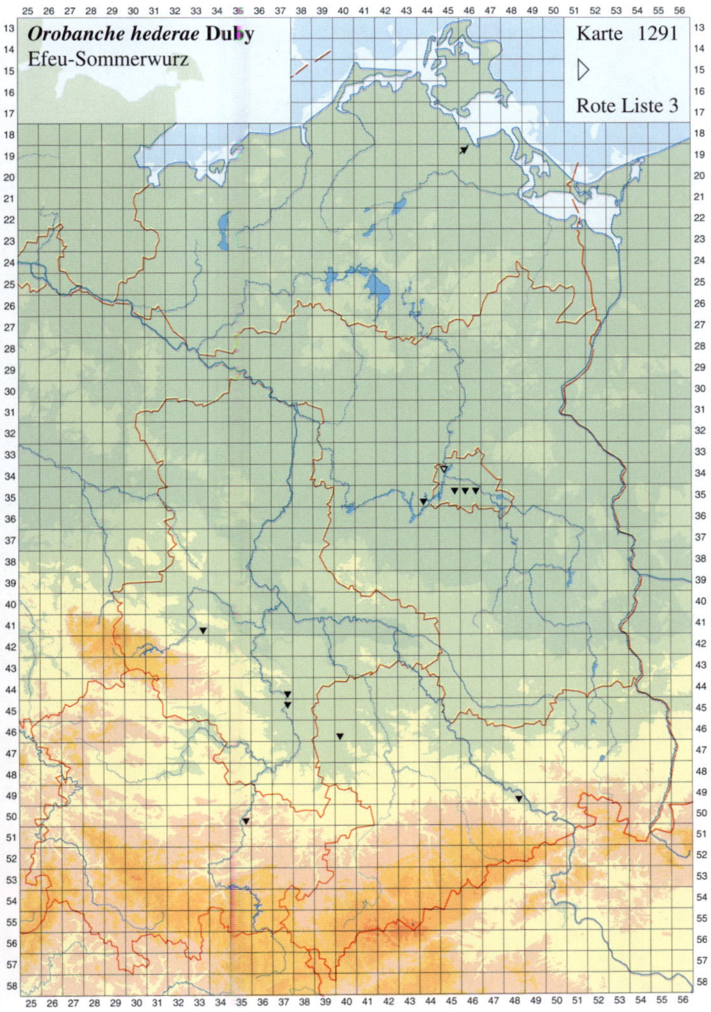
***Orobanche hederae* Duby**
Efeu-Sommerwurz
Karte 1291
Rote Liste 3

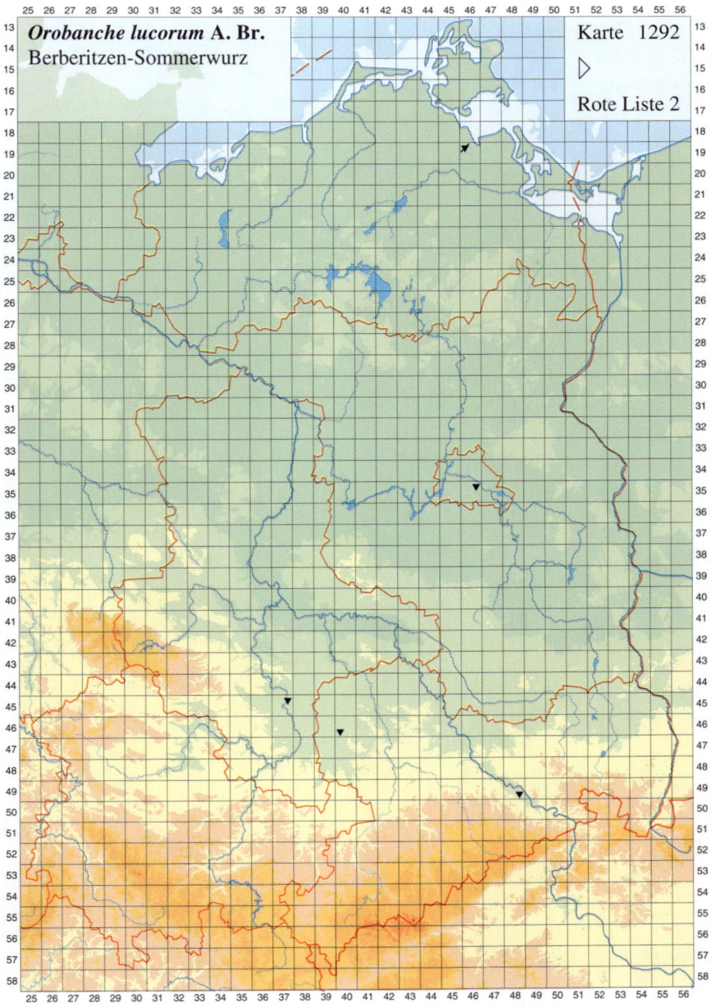
***Orobanche lucorum* A. Br.**
Berberitzen-Sommerwurz
Karte 1292
Rote Liste 2

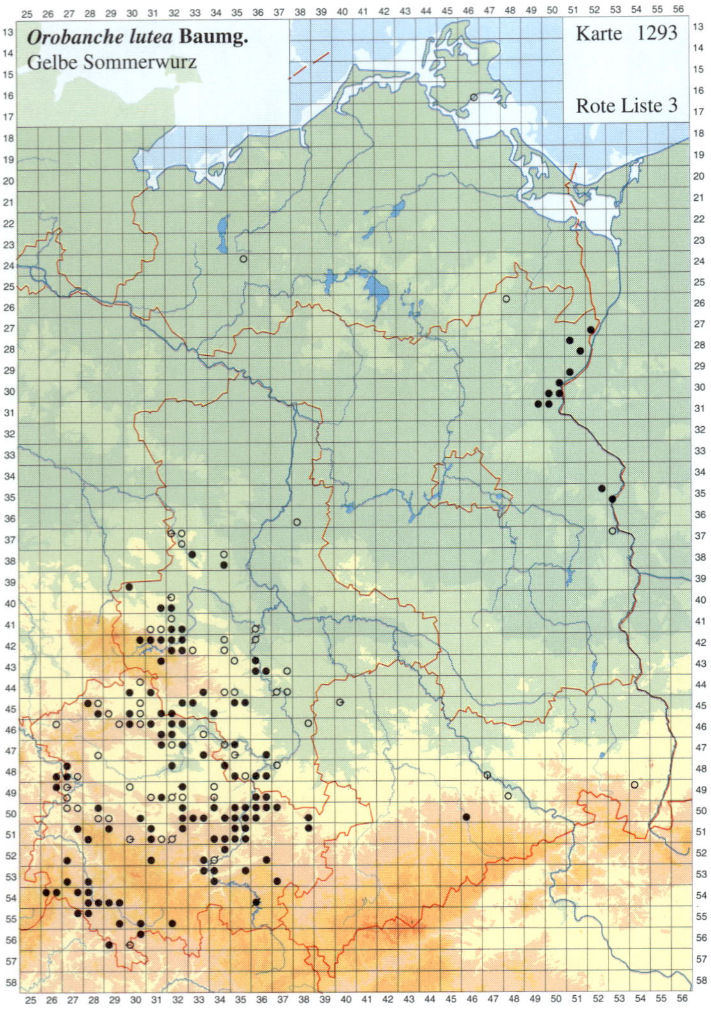
Orobanche lutea Baumg.
Gelbe Sommerwurz
Karte 1293
Rote Liste 3

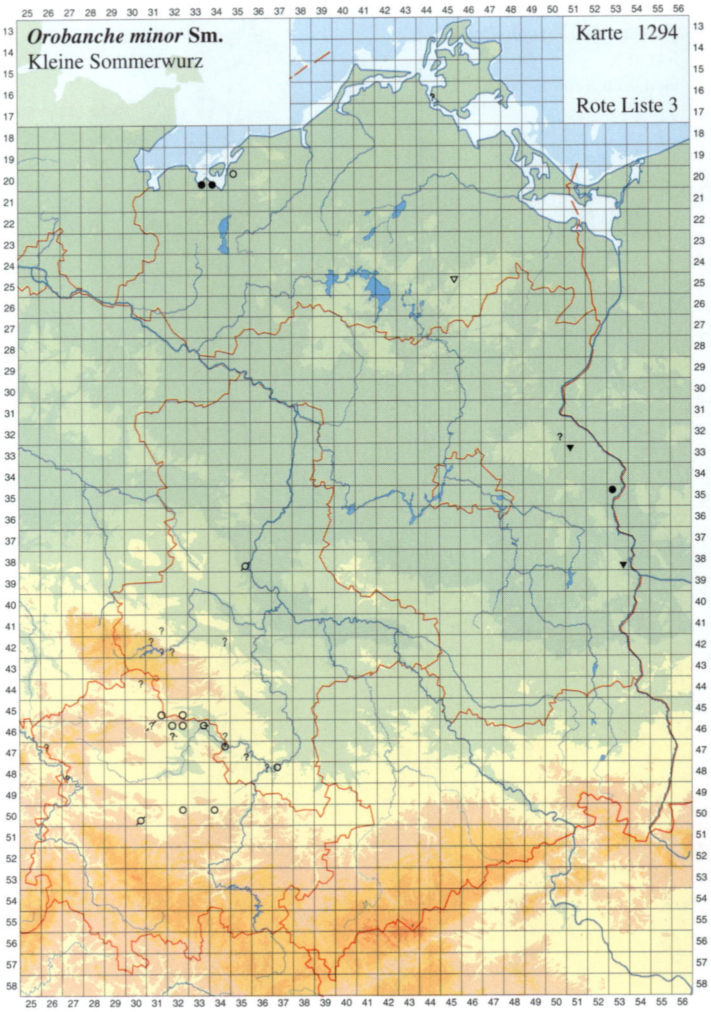
Orobanche minor Sm.
Kleine Sommerwurz
Karte 1294
Rote Liste 3

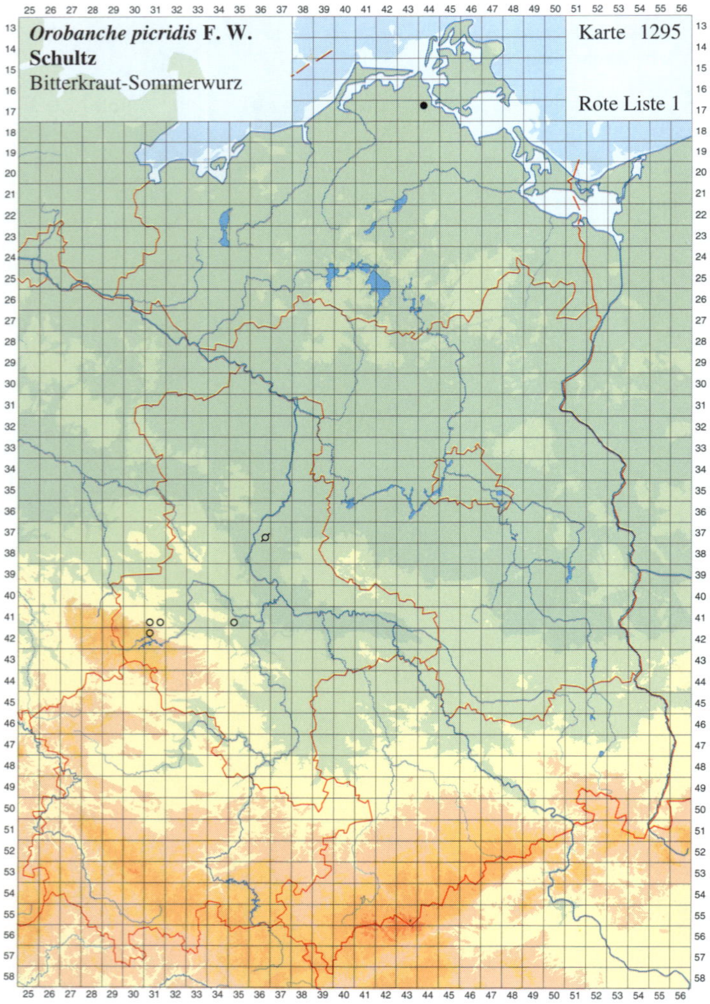
Orobanche picridis F. W. Schultz
Bitterkraut-Sommerwurz
Karte 1295
Rote Liste 1

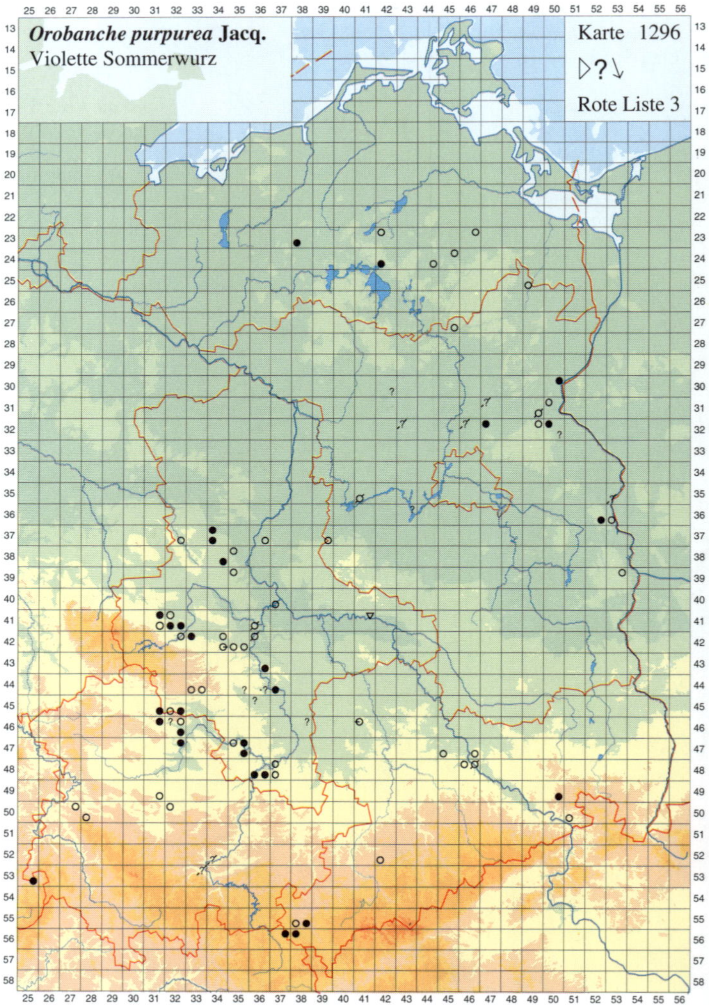
Orobanche purpurea Jacq.
Violette Sommerwurz
Karte 1296
▷?↘
Rote Liste 3

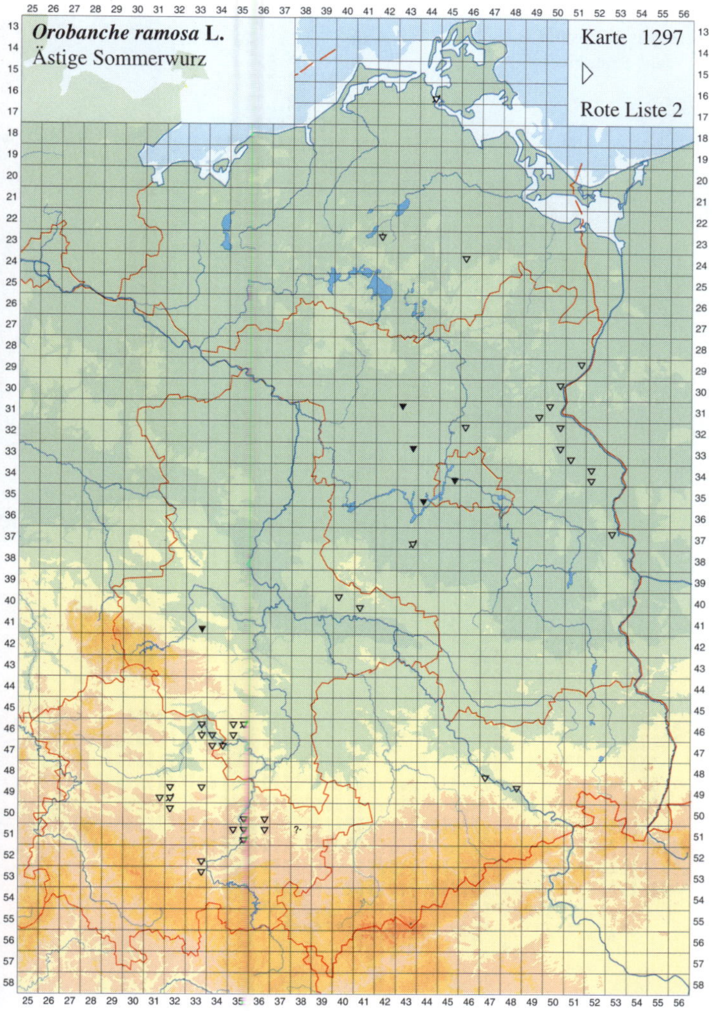
Orobanche ramosa L.
Ästige Sommerwurz
Karte 1297
Rote Liste 2

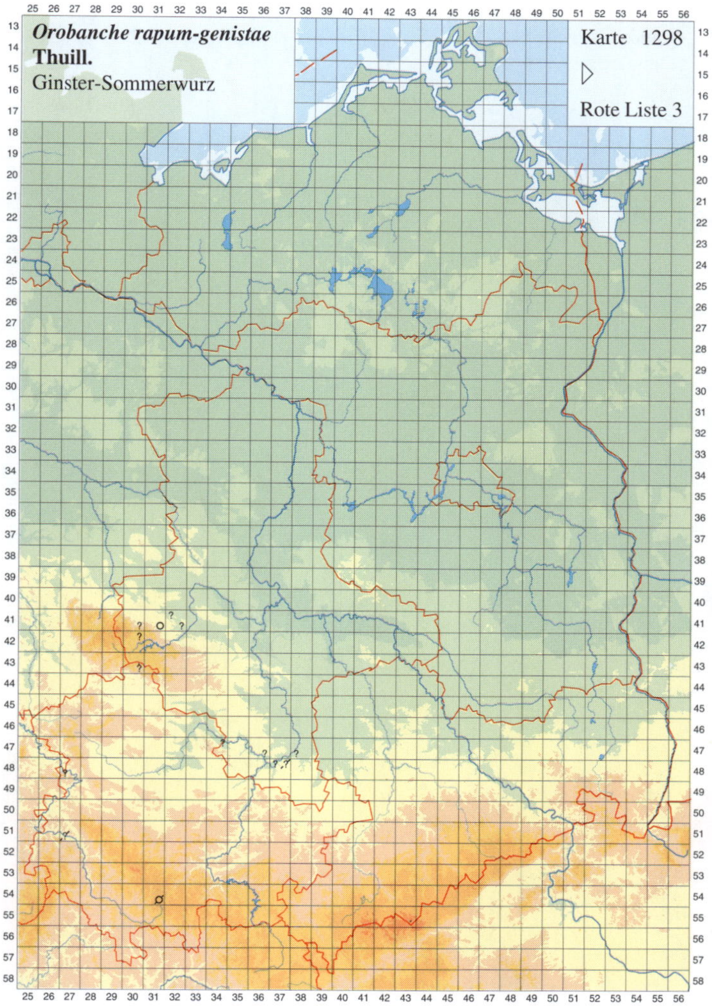
Orobanche rapum-genistae Thuill.
Ginster-Sommerwurz
Karte 1298
Rote Liste 3

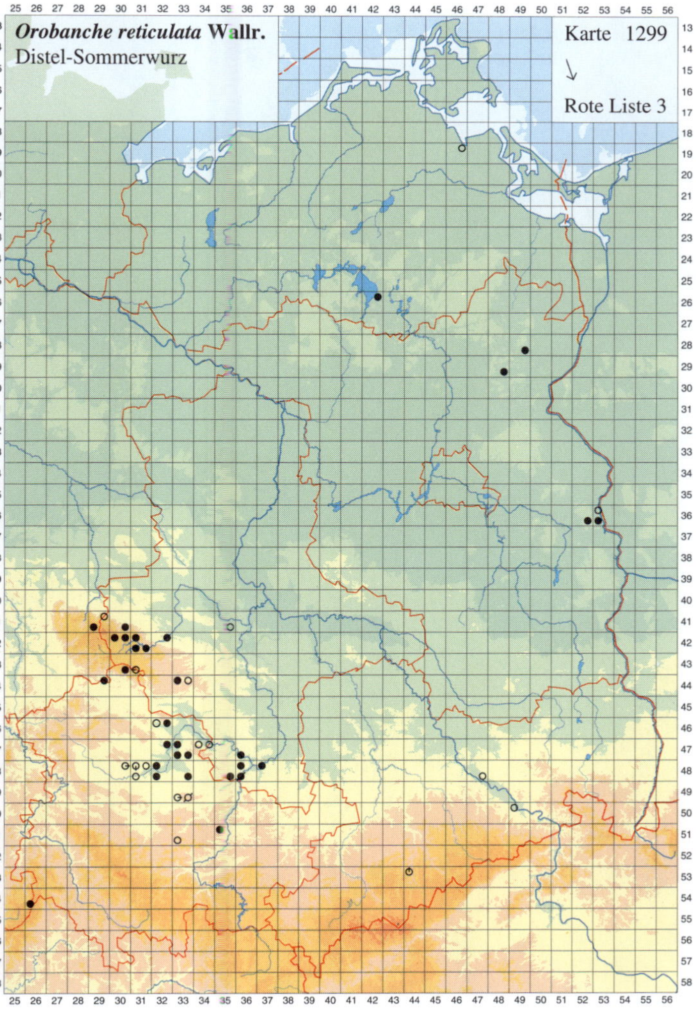
Orobanche reticulata Wallr.
Distel-Sommerwurz
Karte 1299
Rote Liste 3

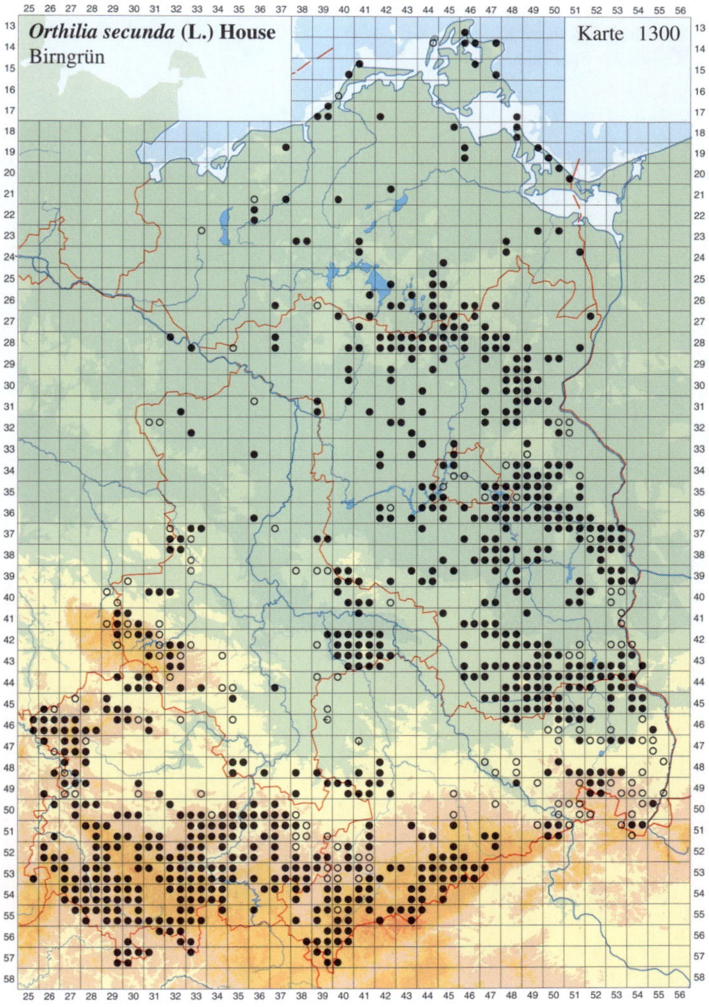
Orthilia secunda (L.) House
Birngrün
Karte 1300

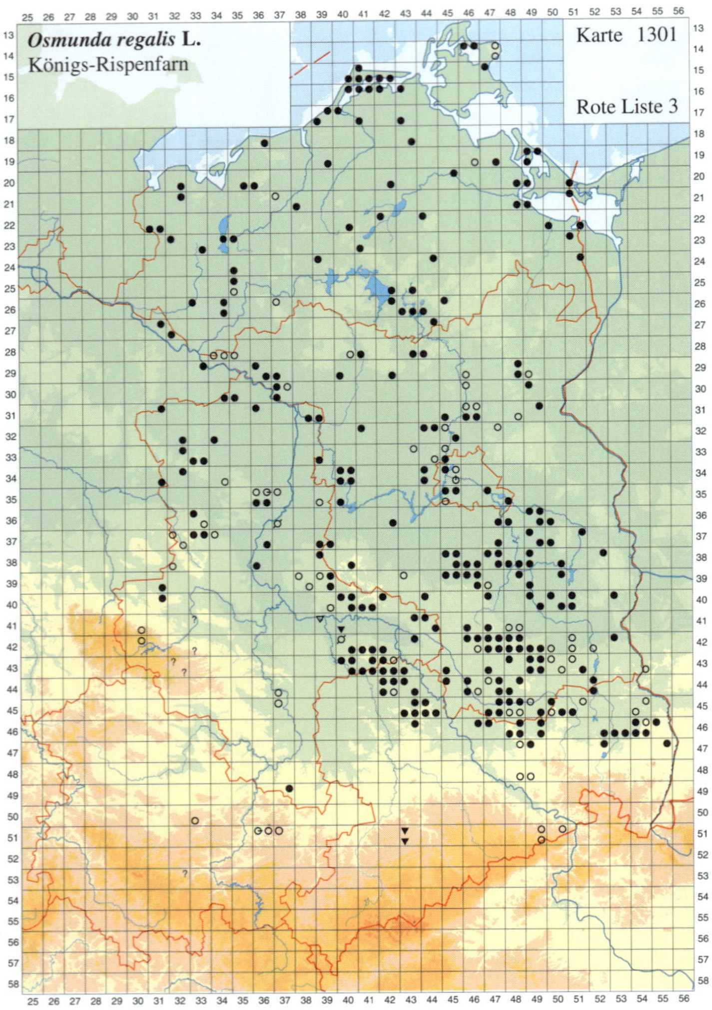
Osmunda regalis L.
Königs-Rispenfarn
Karte 1301
Rote Liste 3

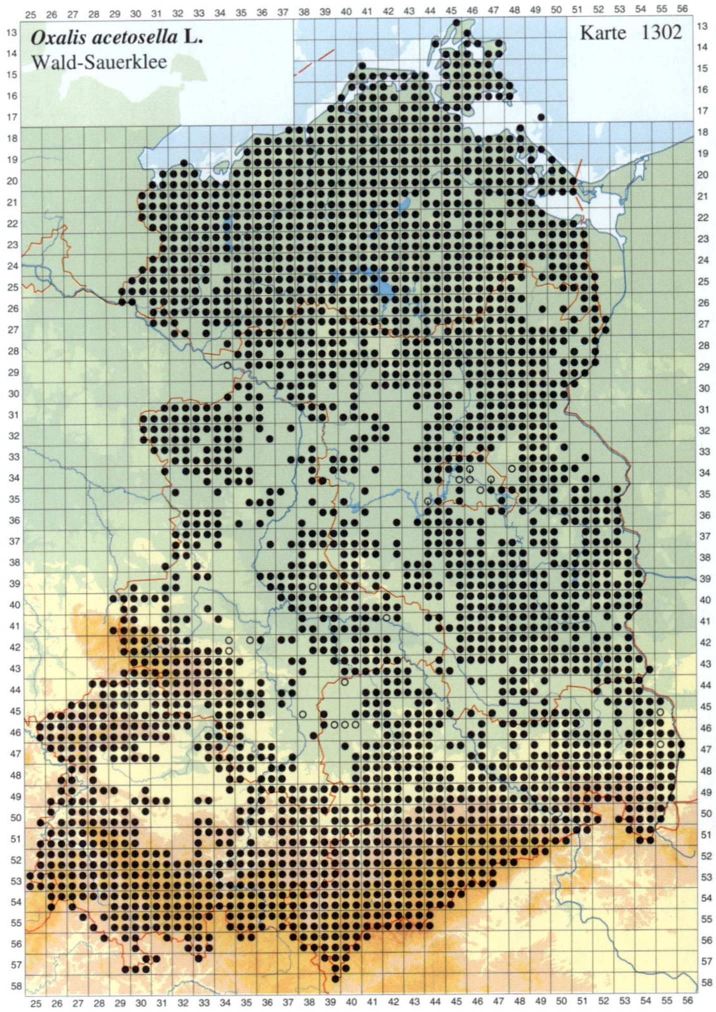
Oxalis acetosella L.
Wald-Sauerklee
Karte 1302

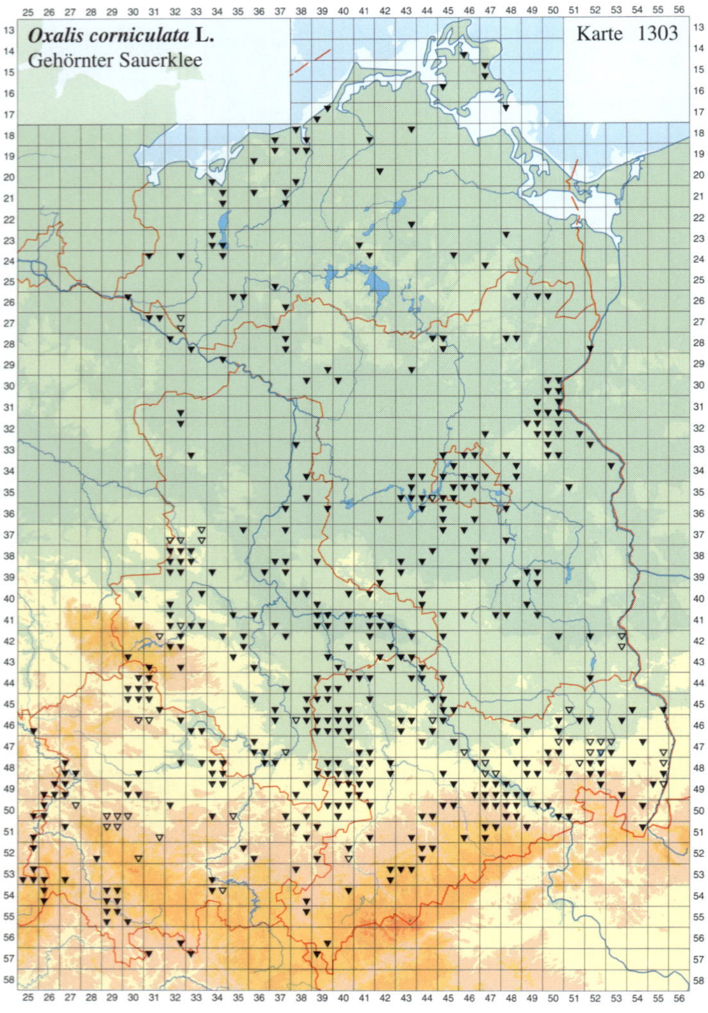
Oxalis corniculata L.
Gehörnter Sauerklee
Karte 1303

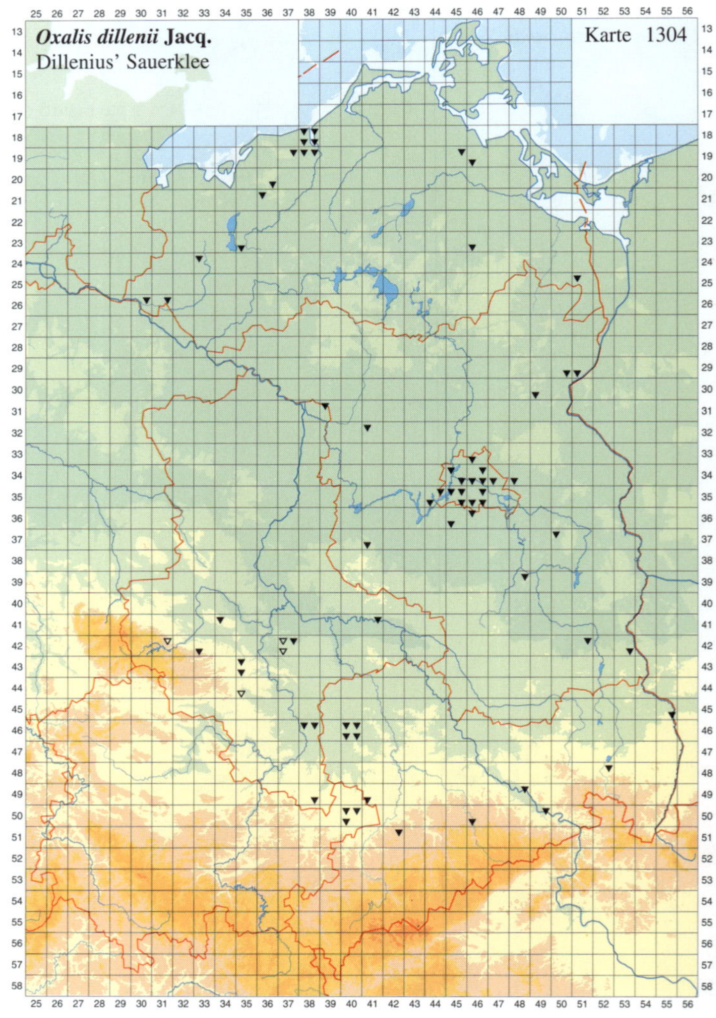
Oxalis dillenii Jacq.
Dillenius' Sauerklee
Karte 1304

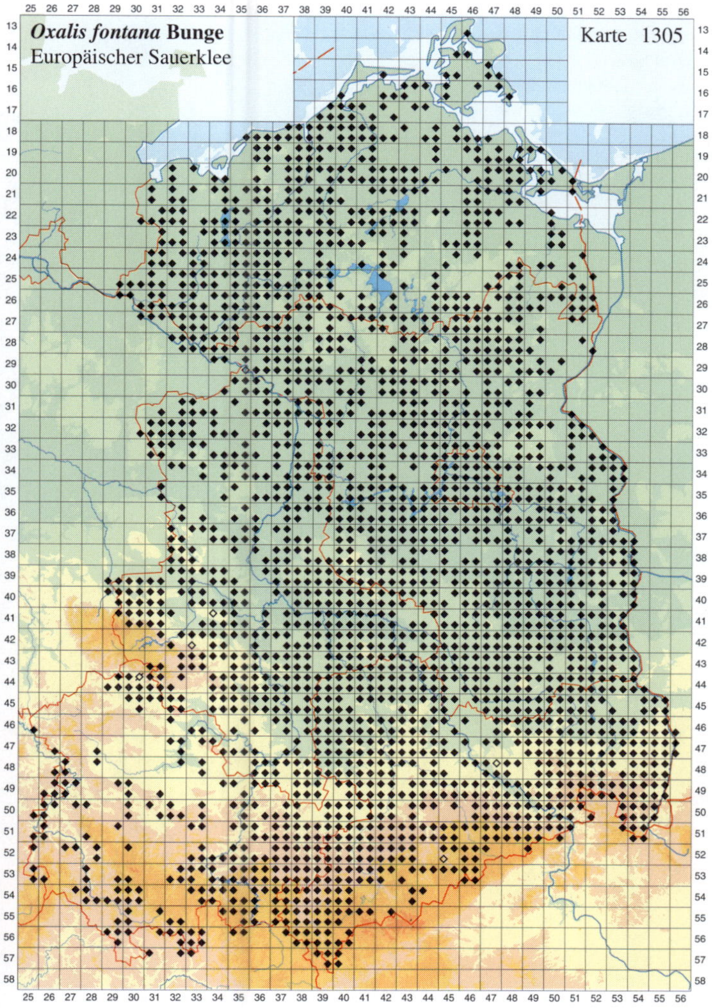
Oxalis fontana **Bunge**
Europäischer Sauerklee
Karte 1305

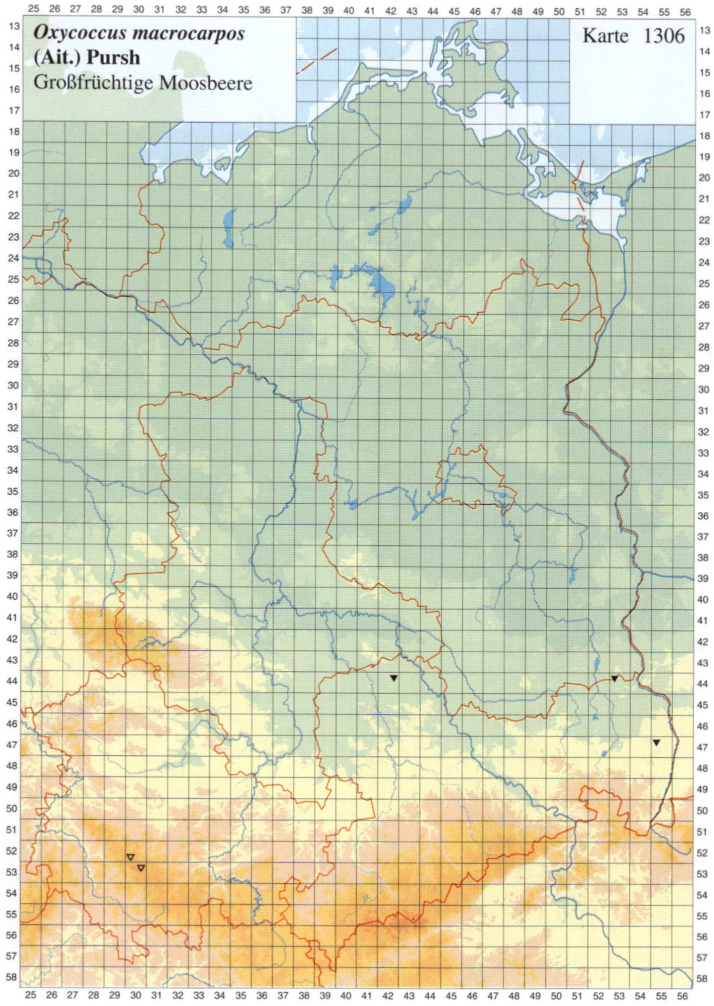
Oxycoccus macrocarpos
(Ait.) Pursh
Großfrüchtige Moosbeere
Karte 1306

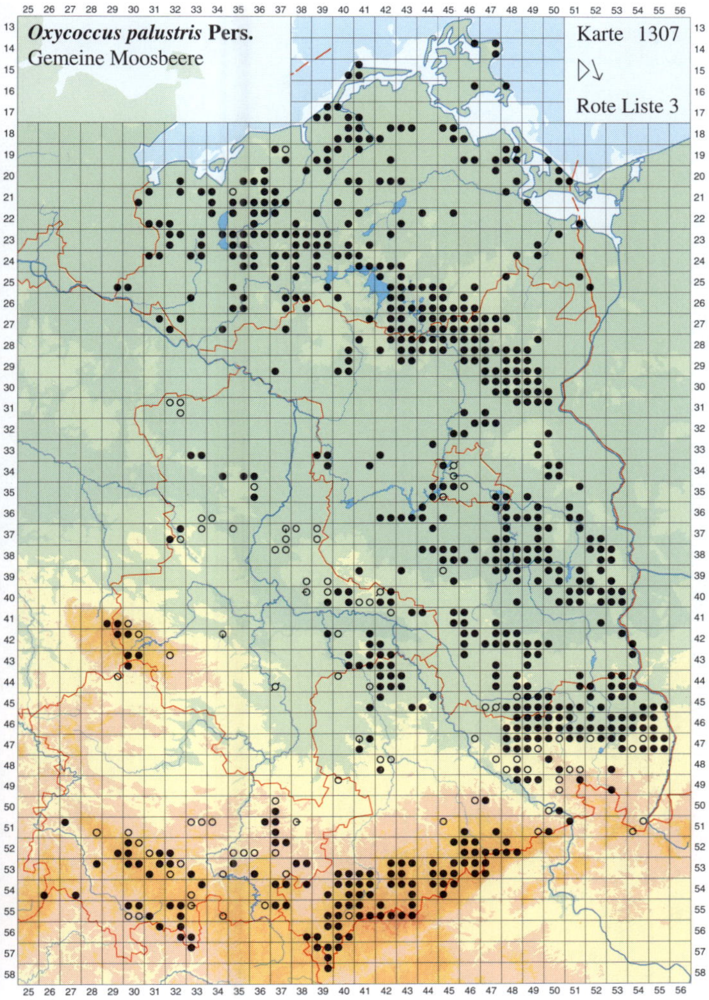
Oxycoccus palustris **Pers.**
Gemeine Moosbeere
Karte 1307
Rote Liste 3

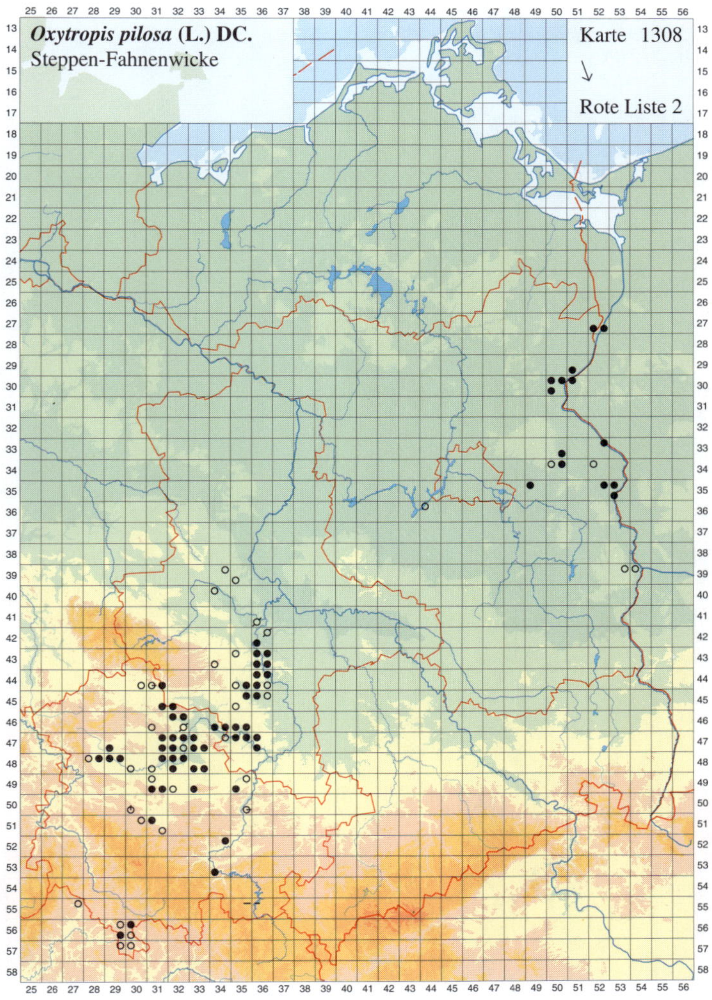
Oxytropis pilosa **(L.) DC.**
Steppen-Fahnenwicke
Karte 1308
Rote Liste 2

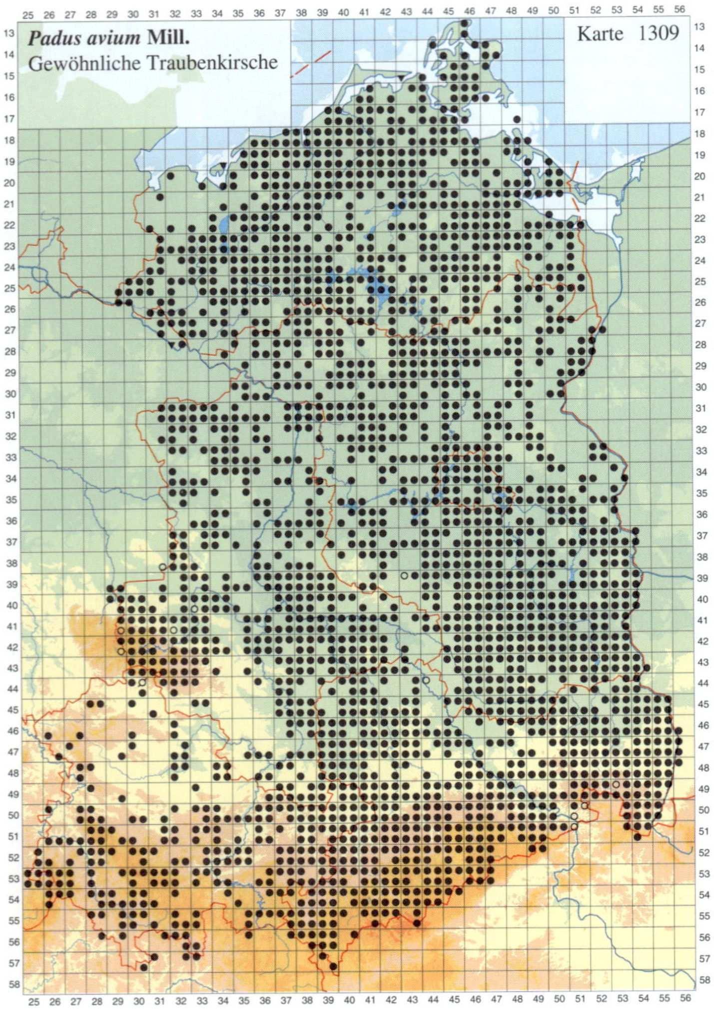
Padus avium **Mill.**
Gewöhnliche Traubenkirsche
Karte 1309

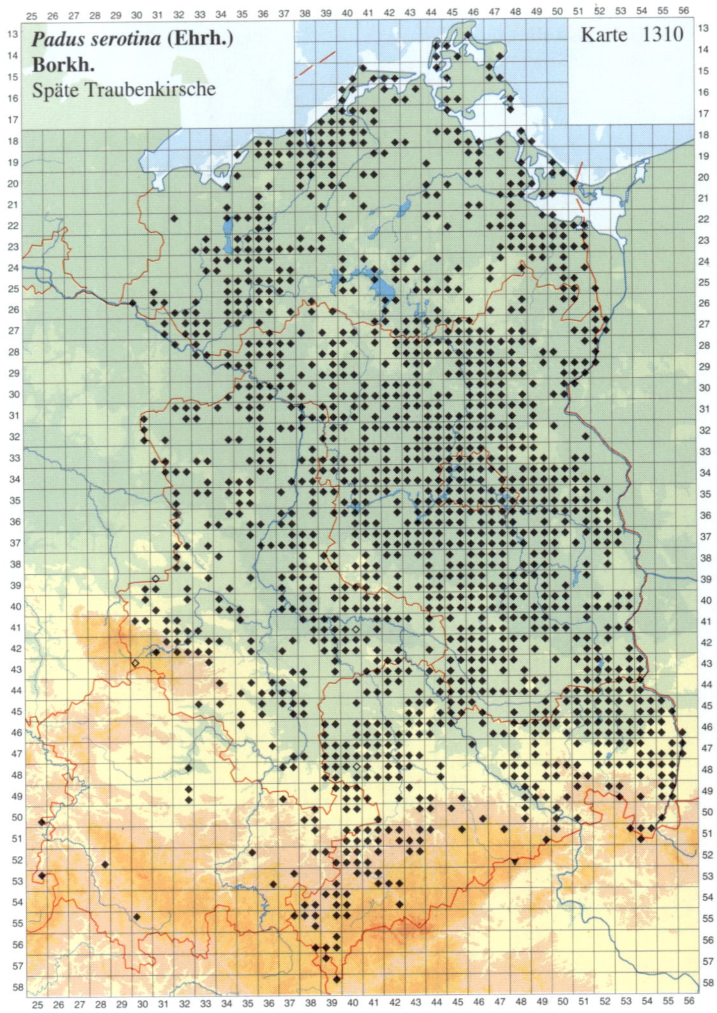
Padus serotina **(Ehrh.) Borkh.**
Späte Traubenkirsche
Karte 1310

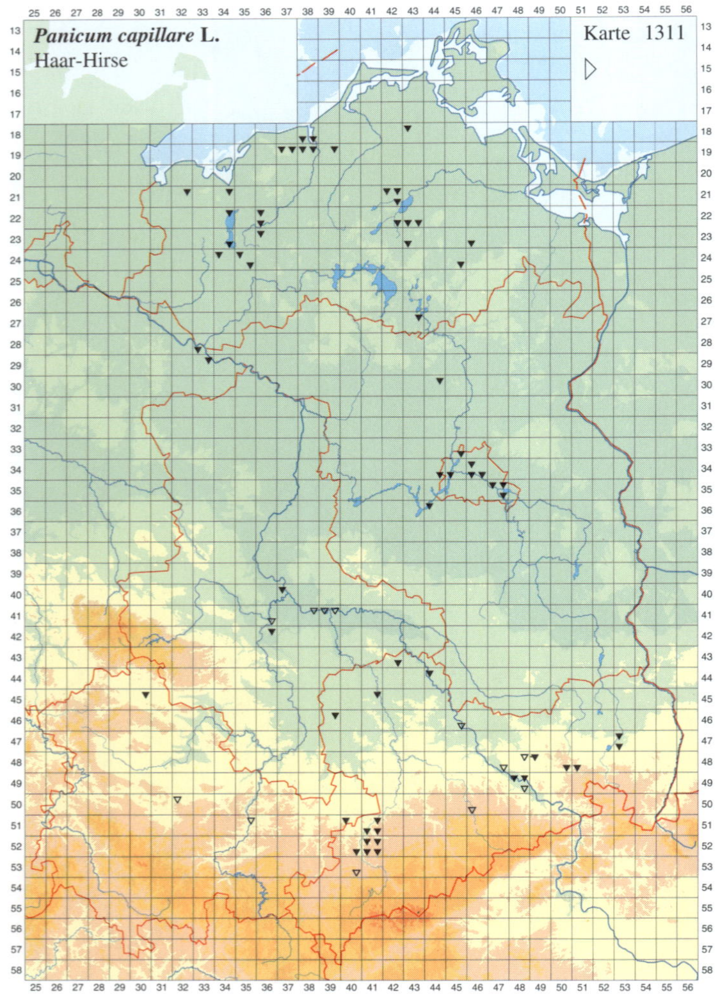
Panicum capillare **L.**
Haar-Hirse
Karte 1311

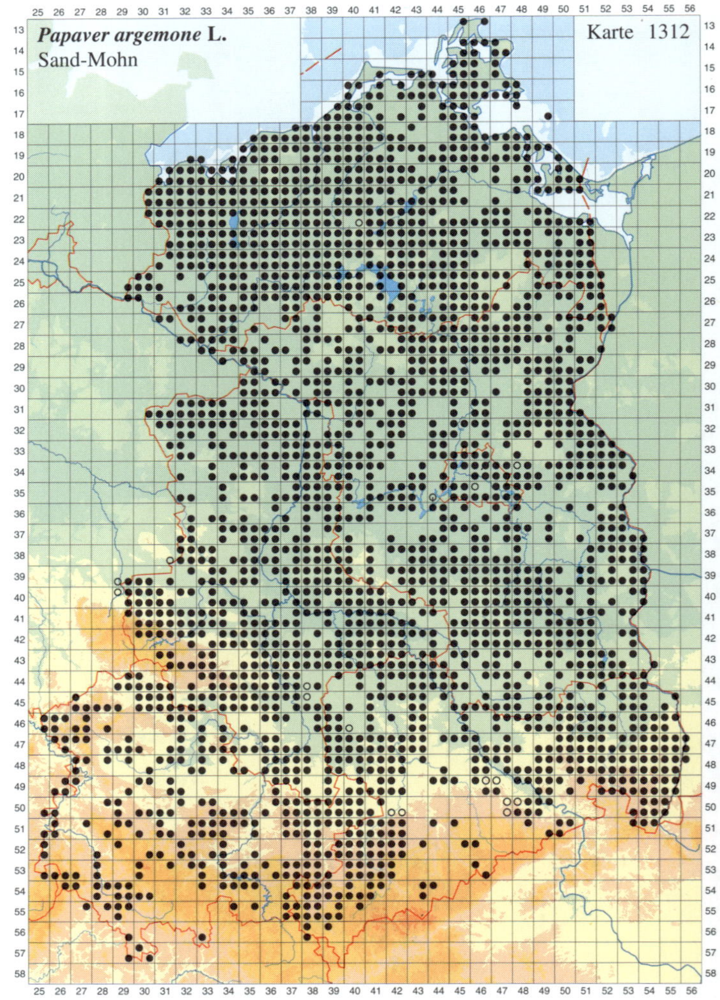
Papaver argemone **L.**
Sand-Mohn
Karte 1312

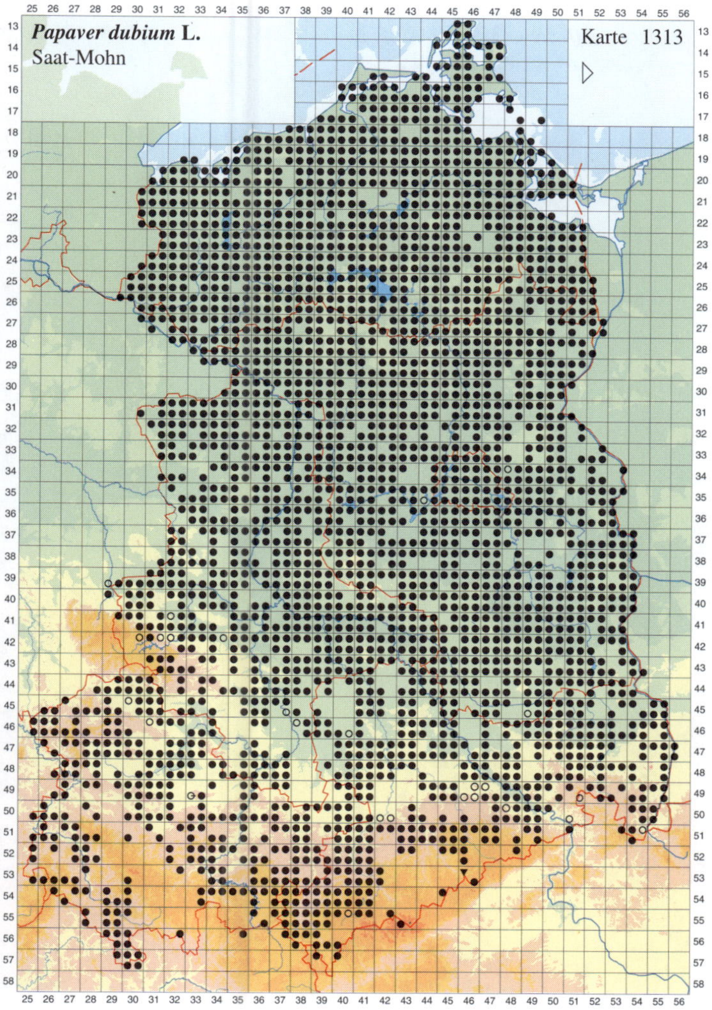
Papaver dubium L.
Saat-Mohn
Karte 1313

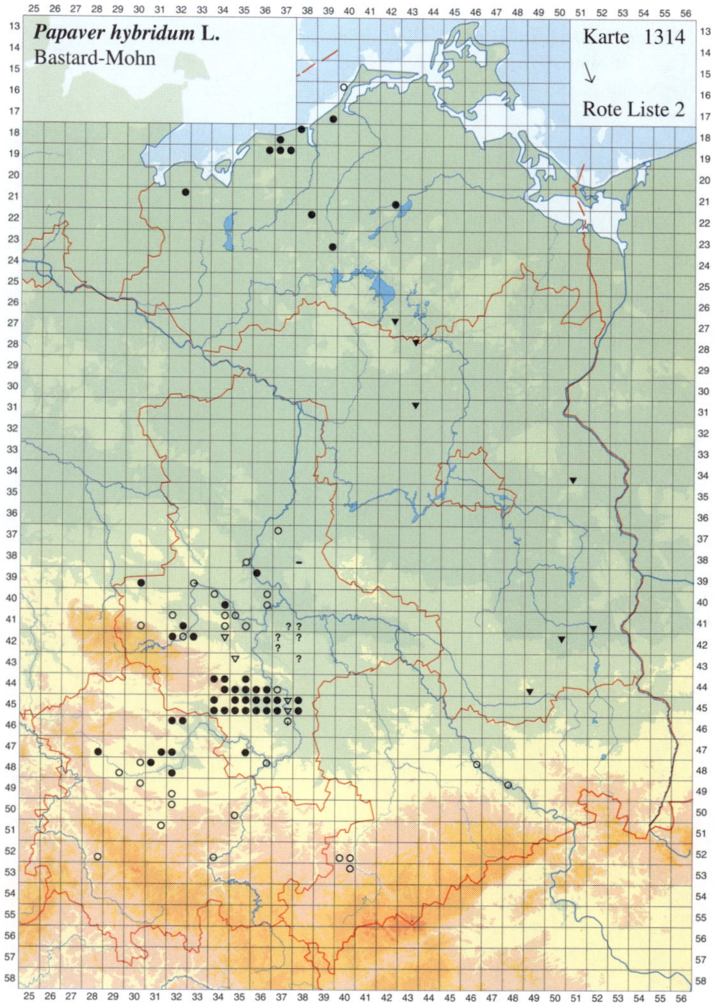
Papaver hybridum L.
Bastard-Mohn
Karte 1314
Rote Liste 2

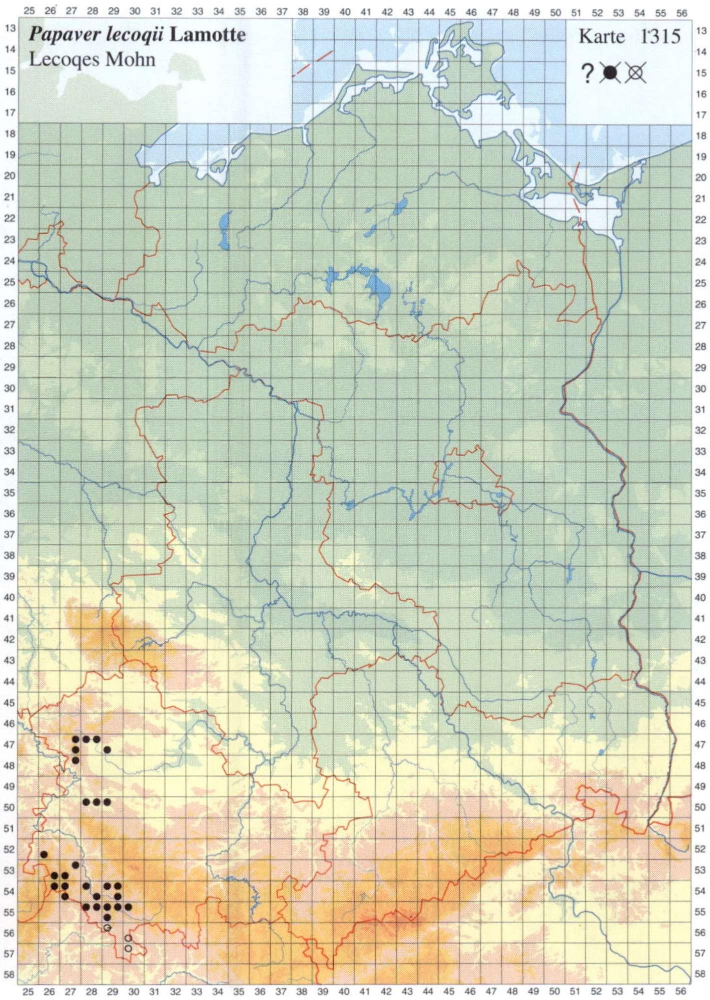
Papaver lecoqii Lamotte
Lecoqes Mohn
Karte 1315

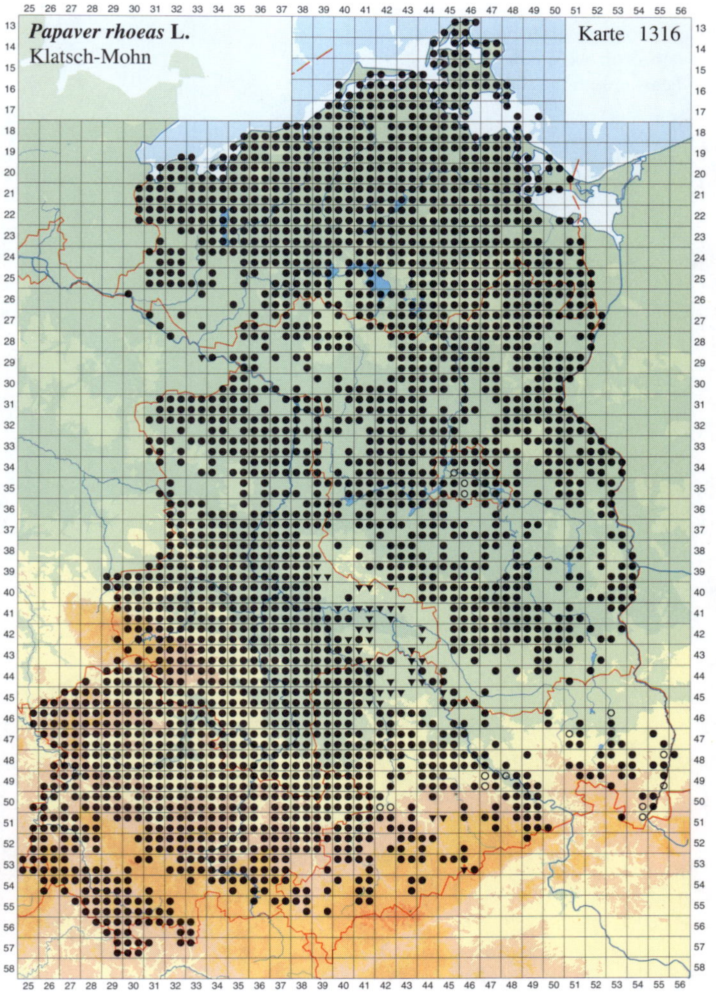
Papaver rhoeas L.
Klatsch-Mohn
Karte 1316

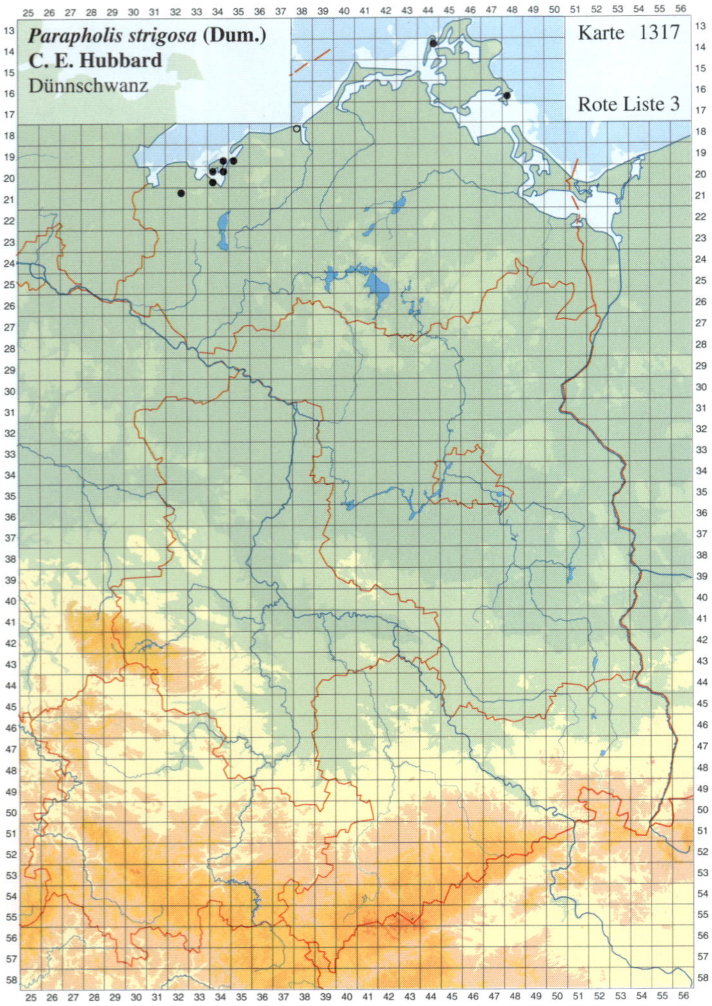
Parapholis strigosa (Dum.)
C. E. Hubbard
Dünnschwanz
Karte 1317
Rote Liste 3

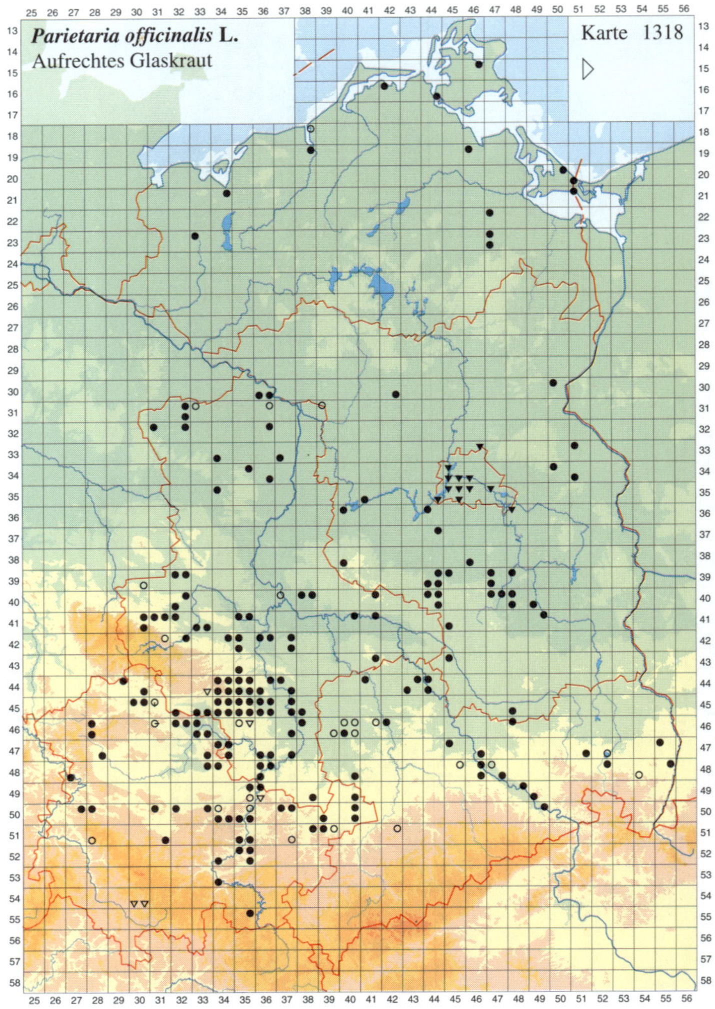
Parietaria officinalis L.
Aufrechtes Glaskraut
Karte 1318

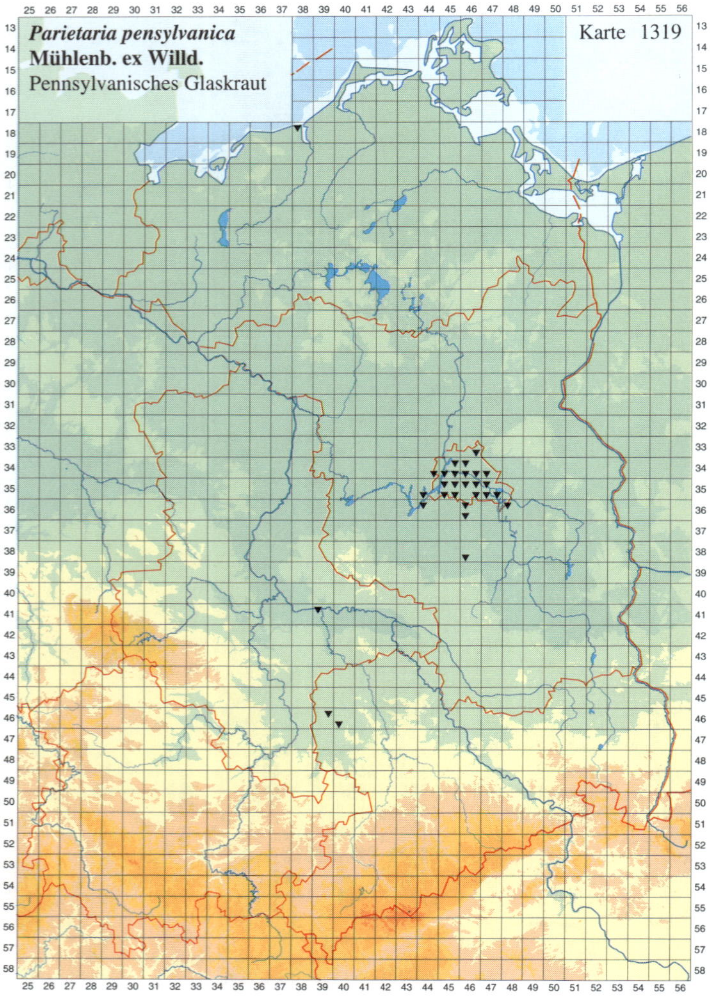
Parietaria pensylvanica
Mühlenb. ex Willd.
Pennsylvanisches Glaskraut
Karte 1319

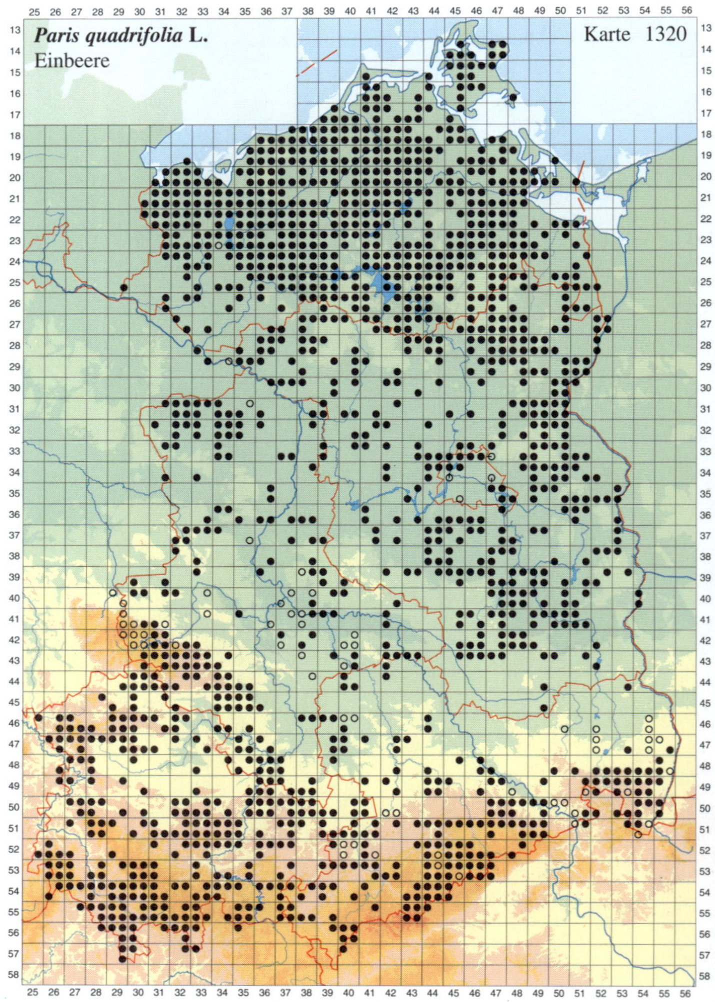
Paris quadrifolia L.
Einbeere
Karte 1320

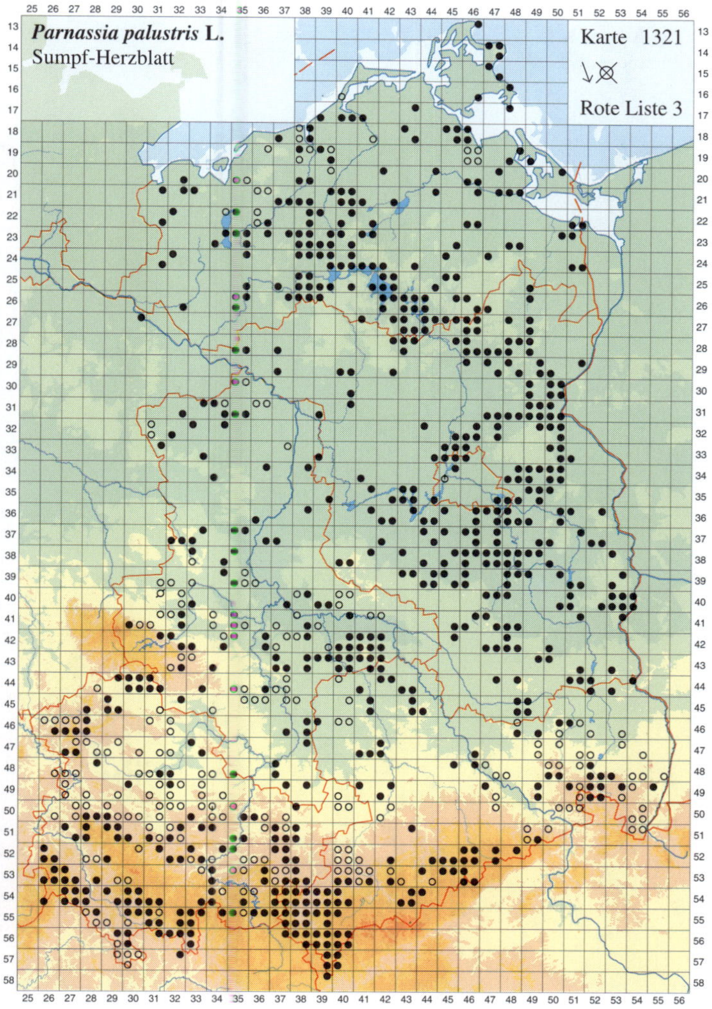
Parnassia palustris L.
Sumpf-Herzblatt
Karte 1321
Rote Liste 3

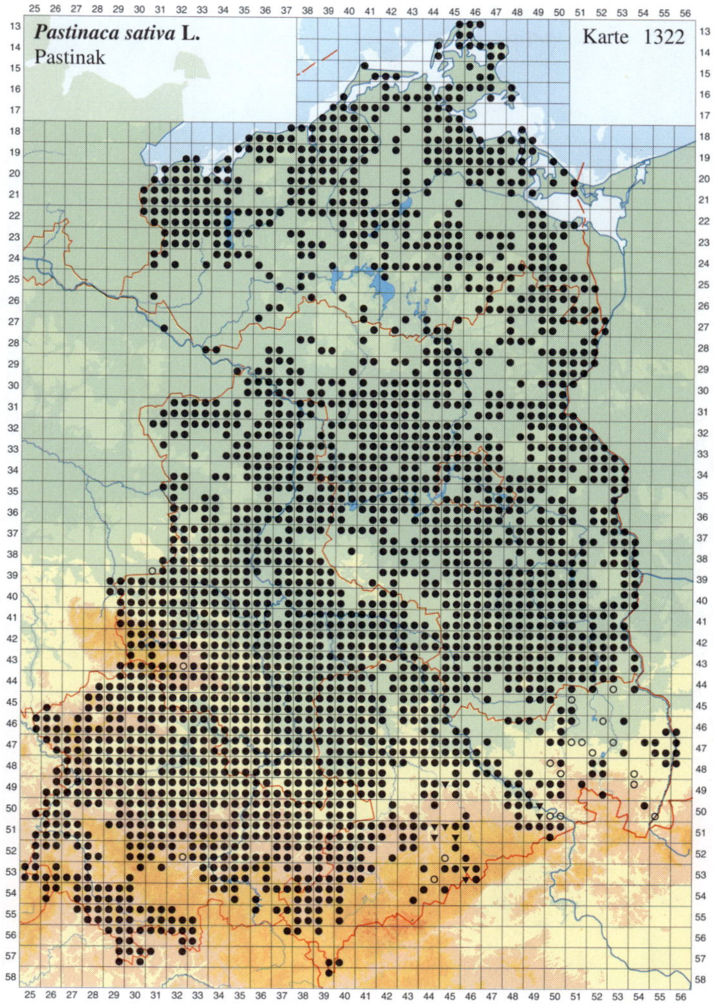
Pastinaca sativa L.
Pastinak
Karte 1322

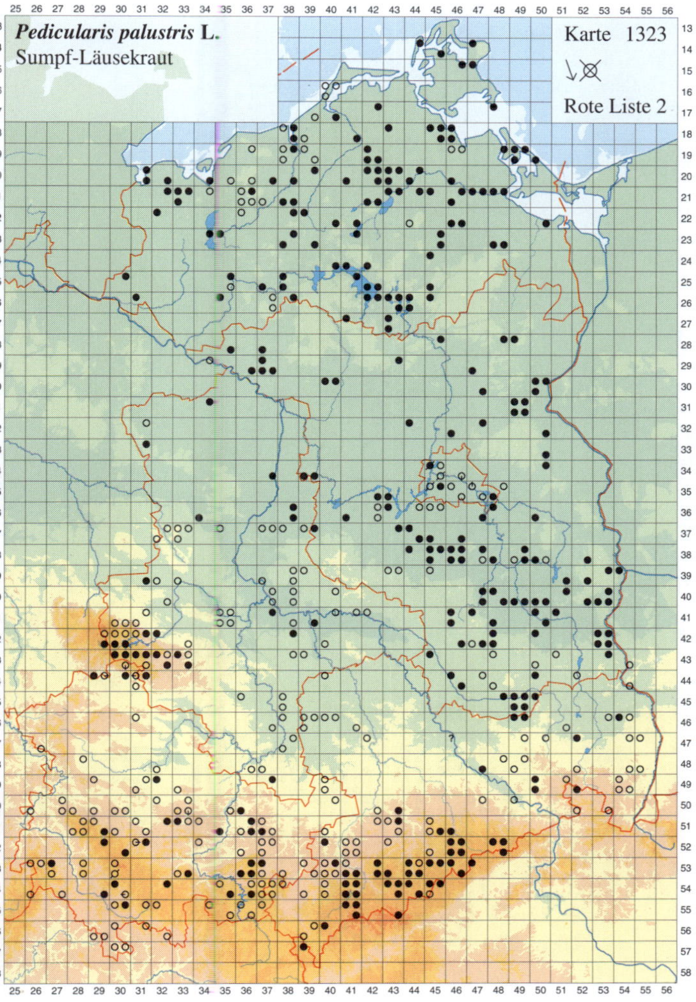
Pedicularis palustris L.
Sumpf-Läusekraut
Karte 1323
Rote Liste 2

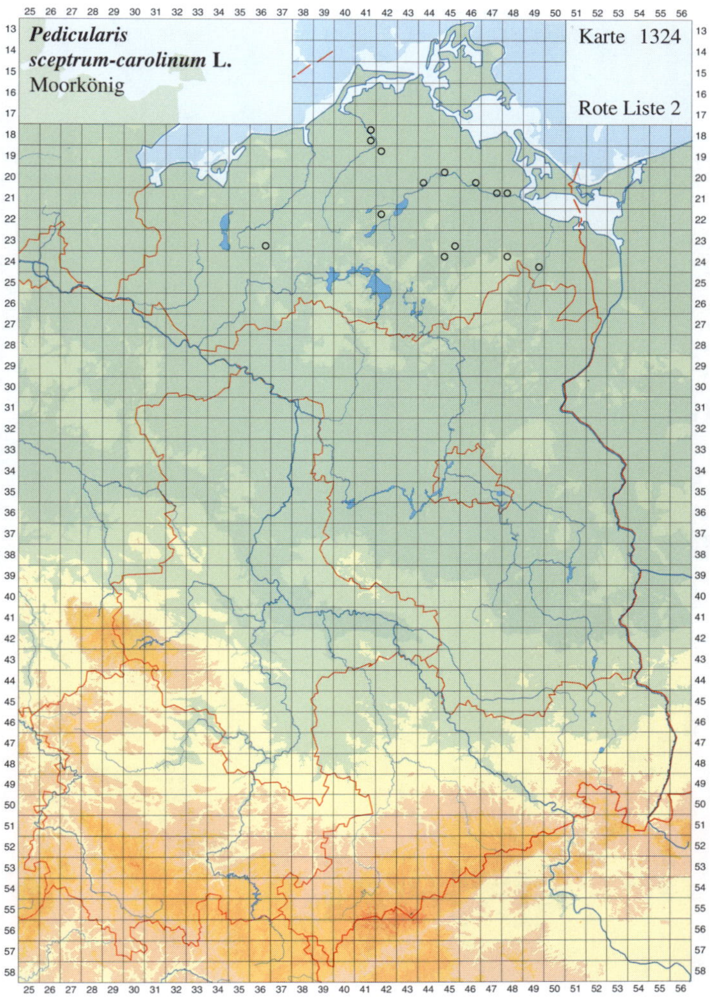
Pedicularis sceptrum-carolinum L.
Moorkönig
Karte 1324
Rote Liste 2

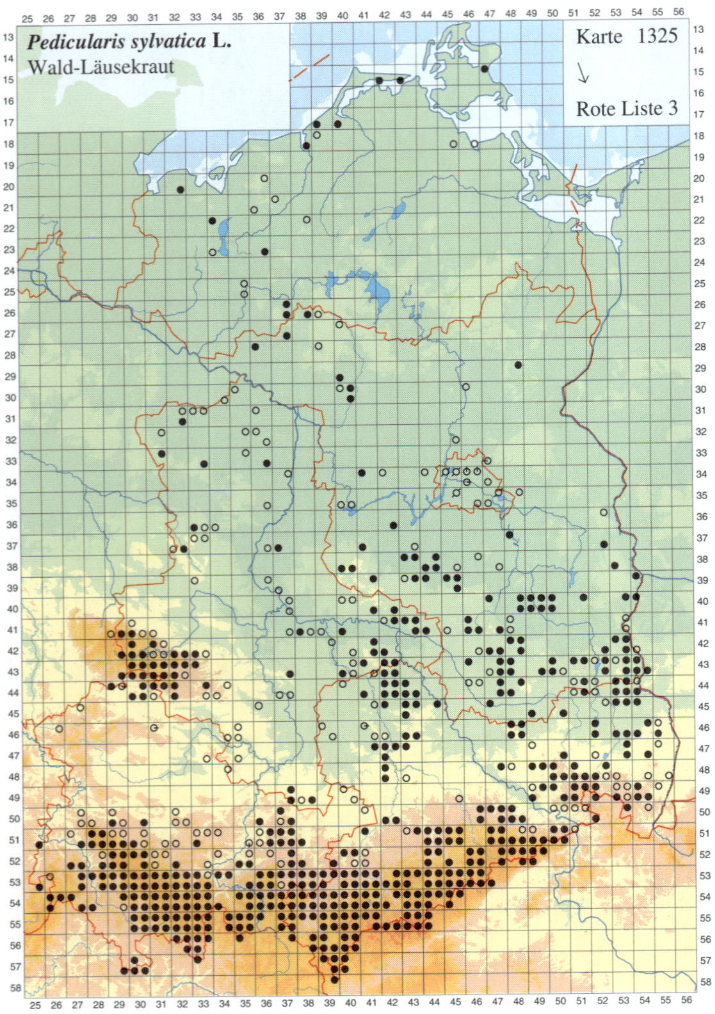
Pedicularis sylvatica L.
Wald-Läusekraut
Karte 1325
Rote Liste 3

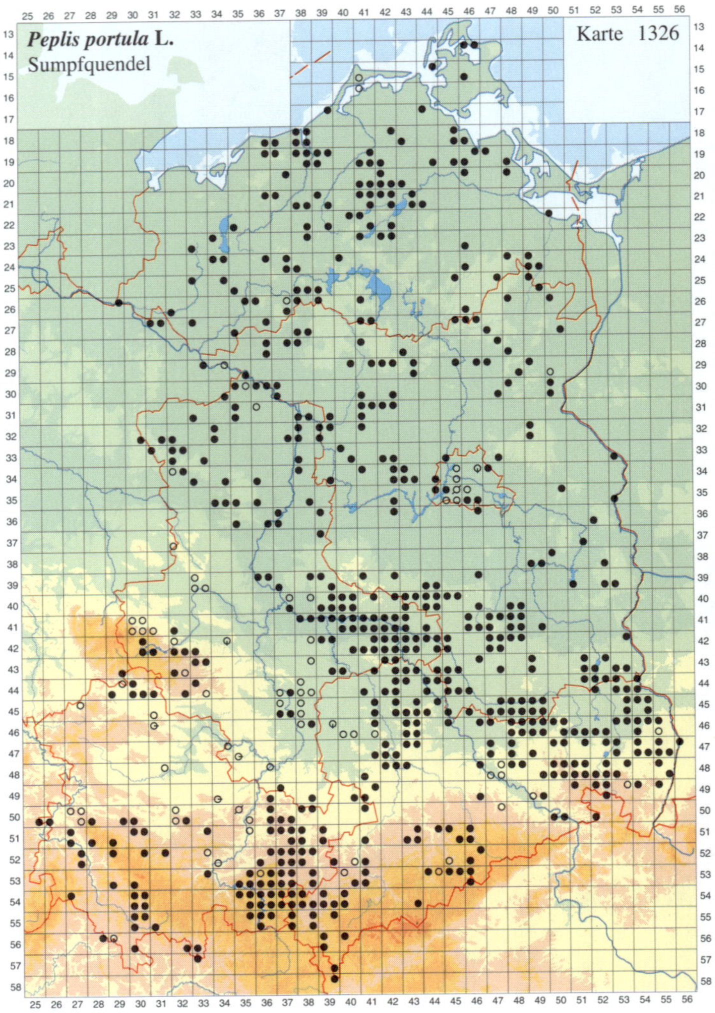
Peplis portula L.
Sumpfquendel
Karte 1326

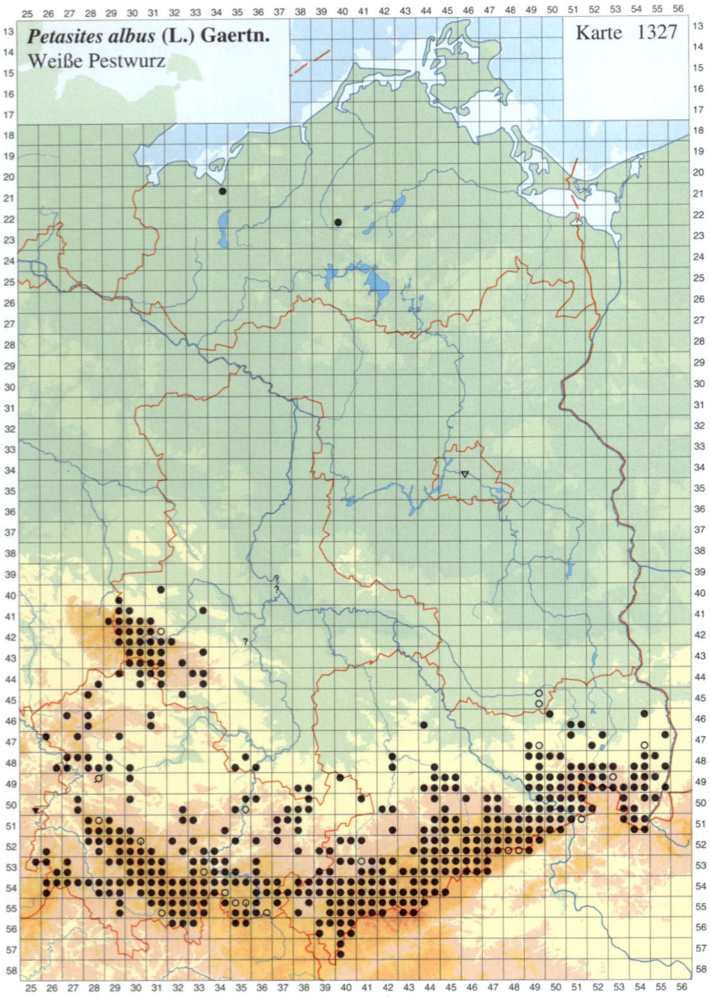
Petasites albus (L.) Gaertn.
Weiße Pestwurz
Karte 1327

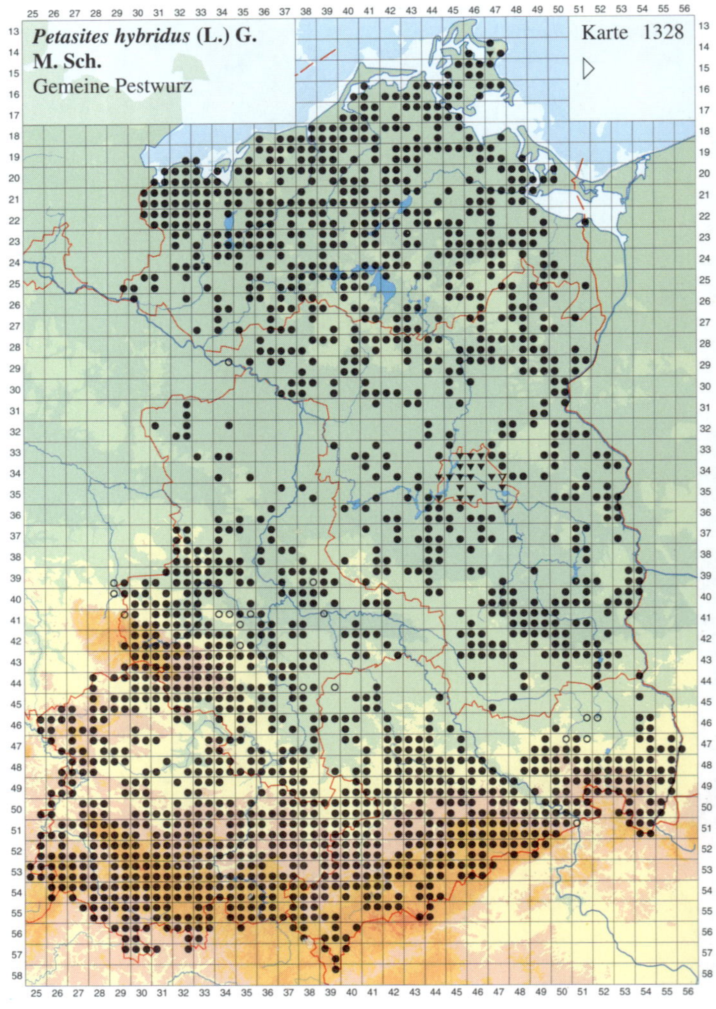
Petasites hybridus (L.) G. M. Sch.
Gemeine Pestwurz
Karte 1328

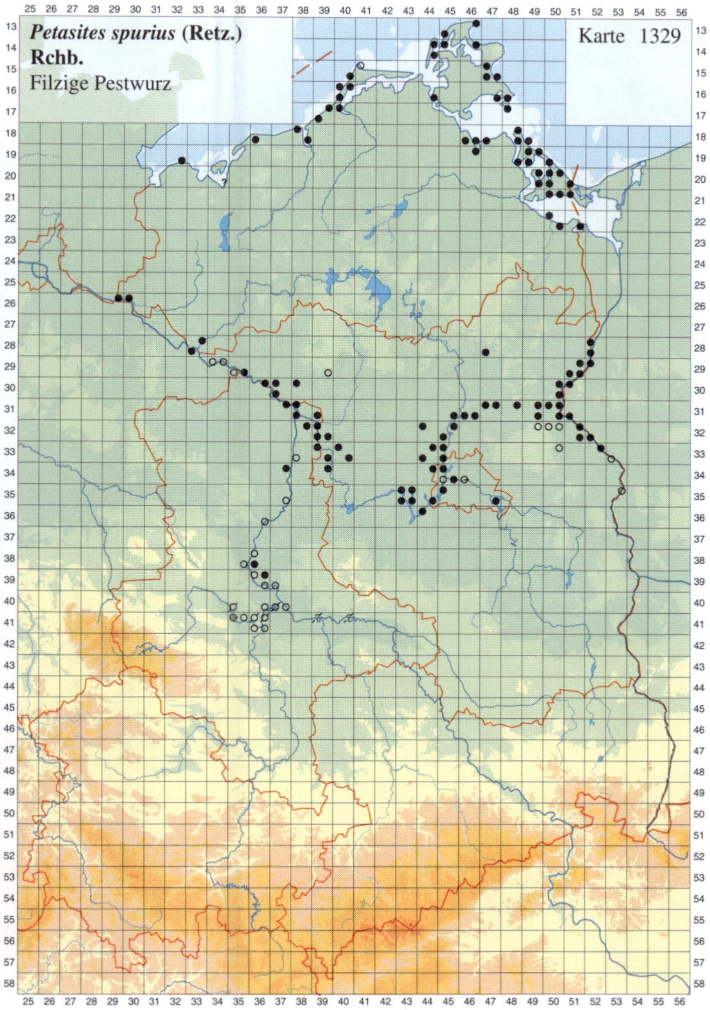
Petasites spurius (Retz.)
Rchb.
Filzige Pestwurz
Karte 1329

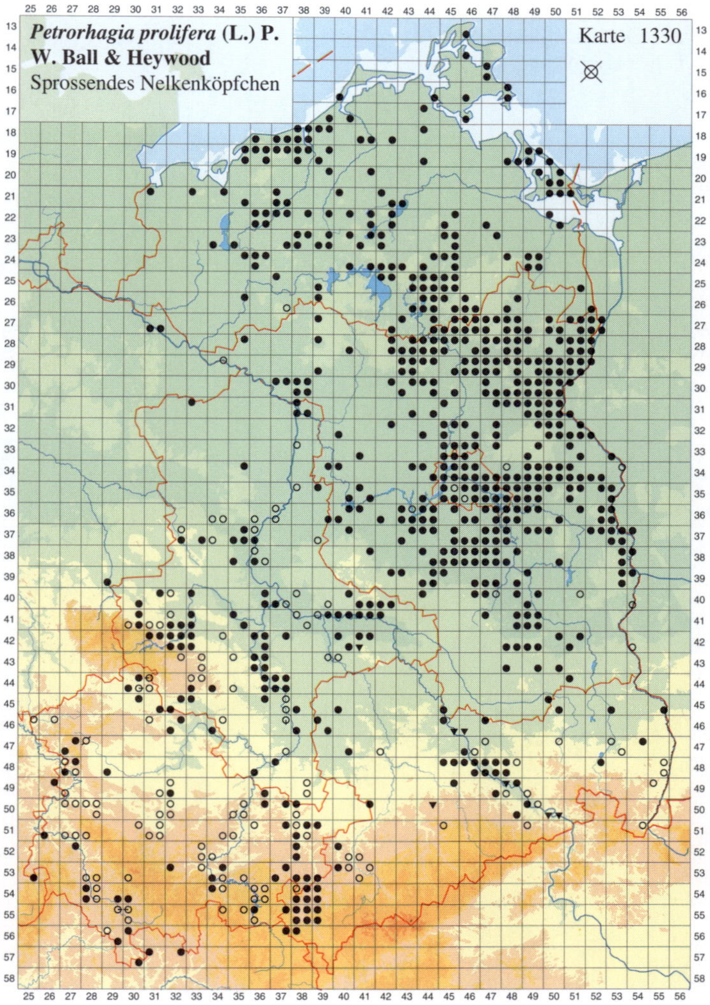
Petrorhagia prolifera (L.) P.
W. Ball & Heywood
Sprossendes Nelkenköpfchen
Karte 1330

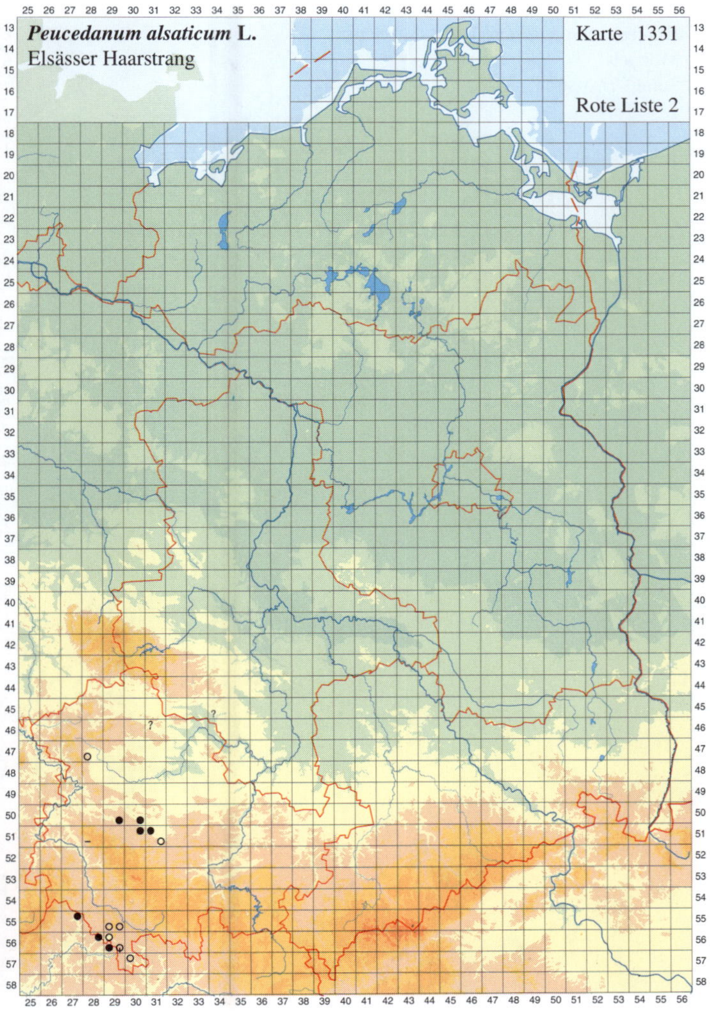
Peucedanum alsaticum L.
Elsässer Haarstrang
Karte 1331
Rote Liste 2

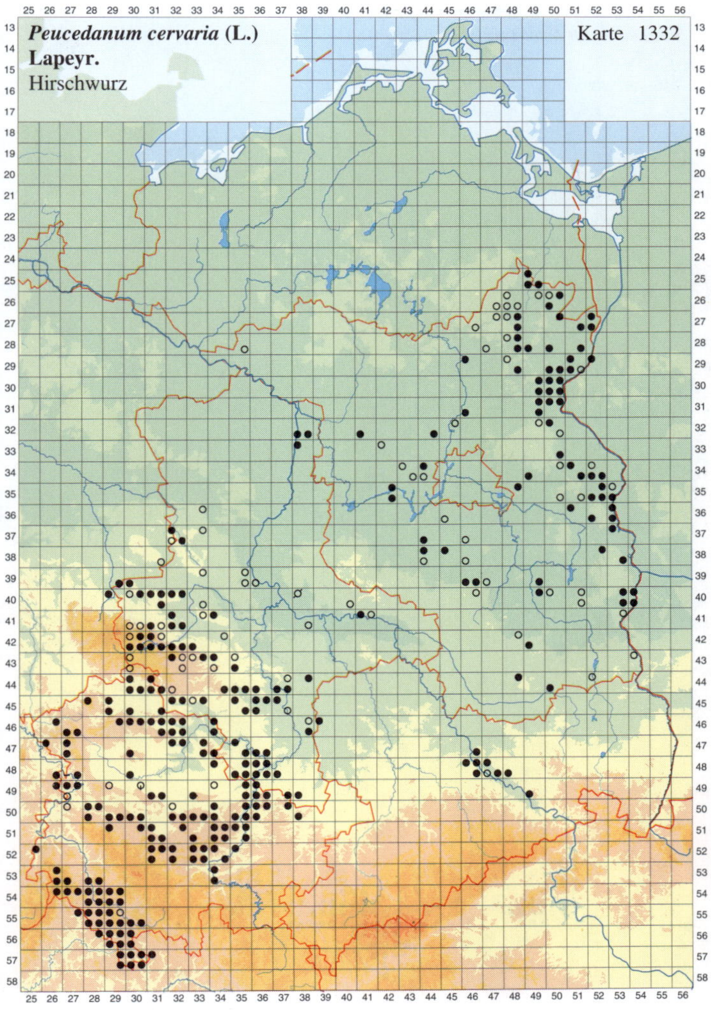
Peucedanum cervaria (L.)
Lapeyr.
Hirschwurz
Karte 1332

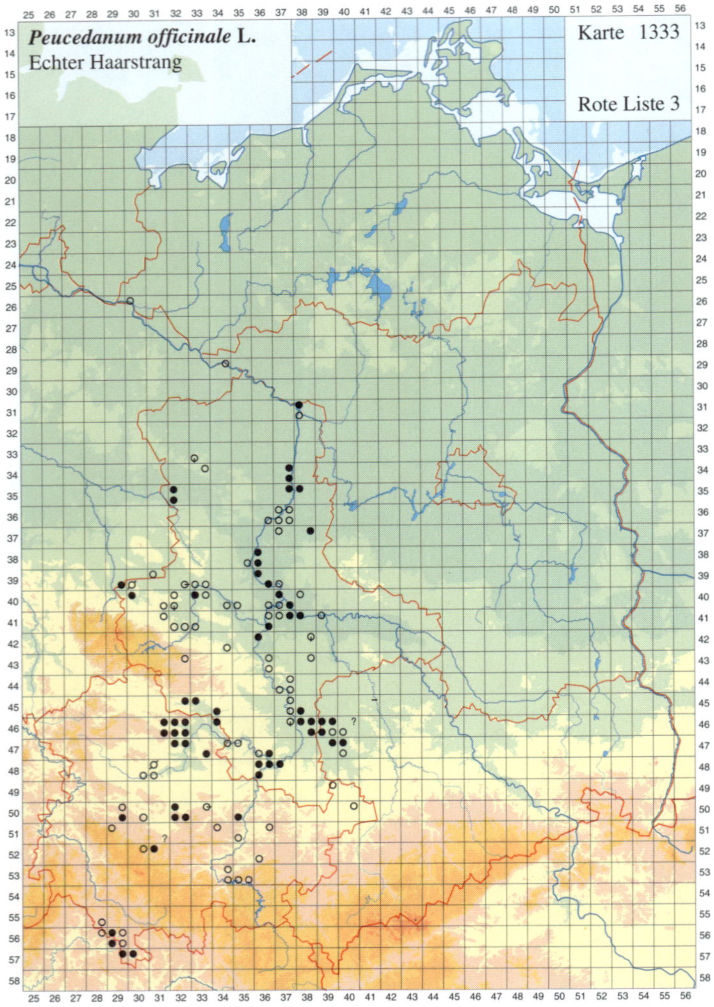
Peucedanum officinale L.
Echter Haarstrang
Karte 1333
Rote Liste 3

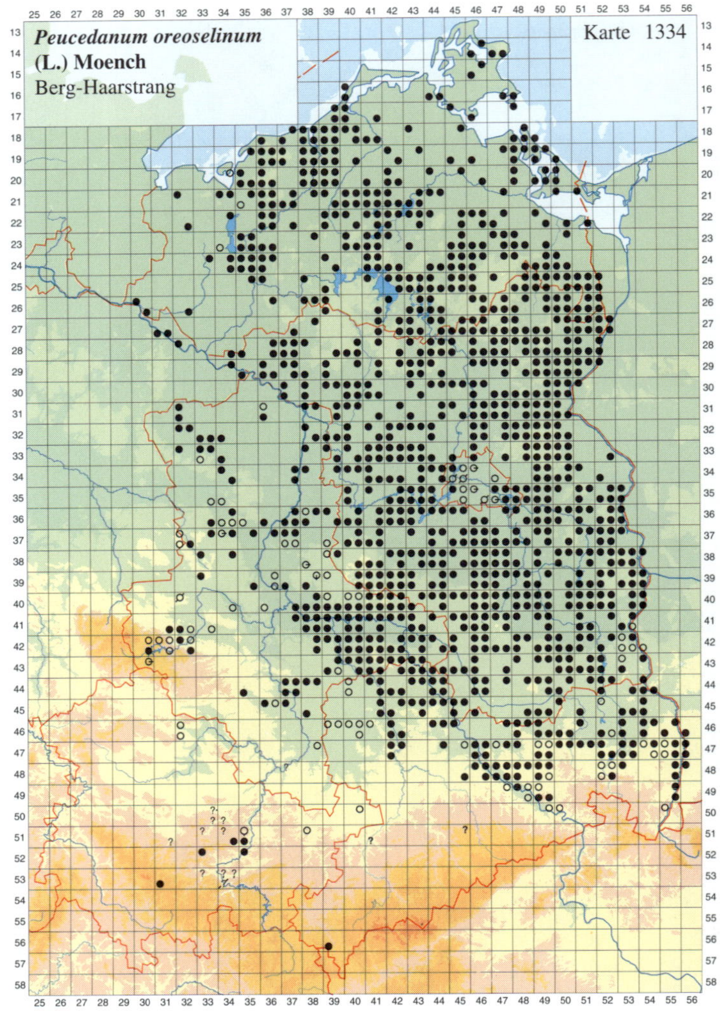
Peucedanum oreoselinum (L.) Moench
Berg-Haarstrang
Karte 1334

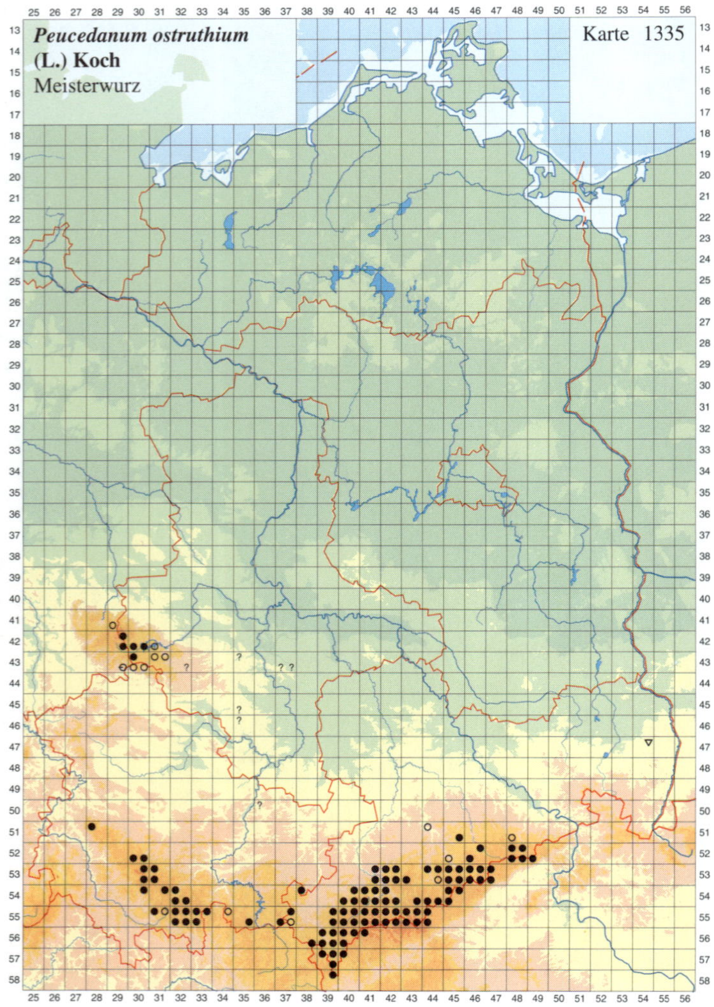
Peucedanum ostruthium (L.) Koch
Meisterwurz
Karte 1335

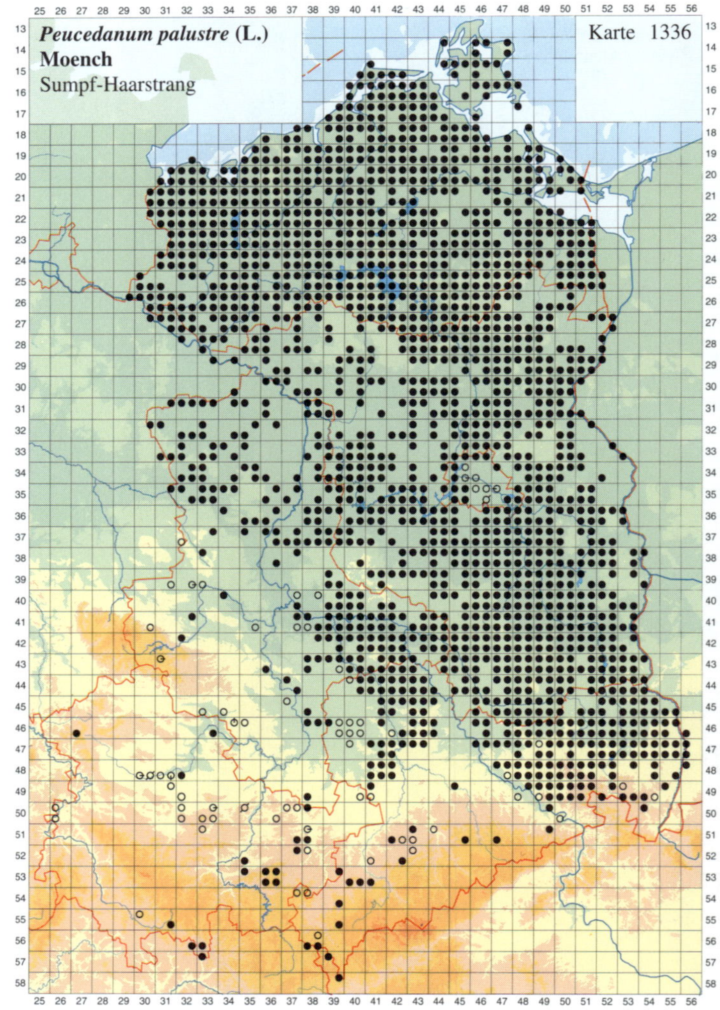
Peucedanum palustre (L.) Moench
Sumpf-Haarstrang
Karte 1336

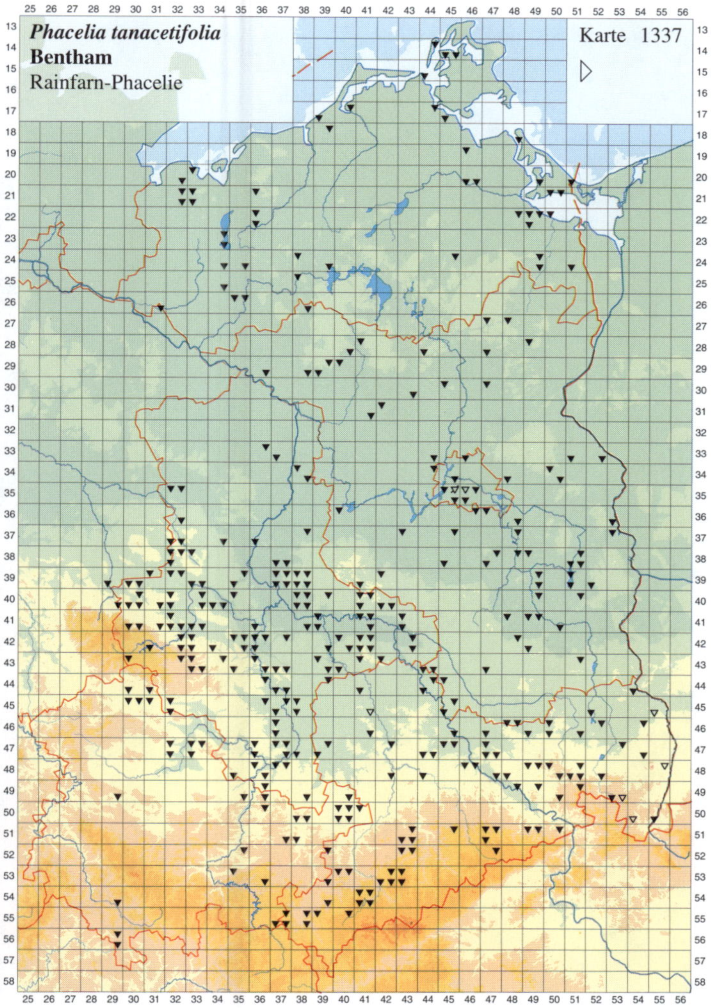
Phacelia tanacetifolia
Bentham
Rainfarn-Phacelie
Karte 1337

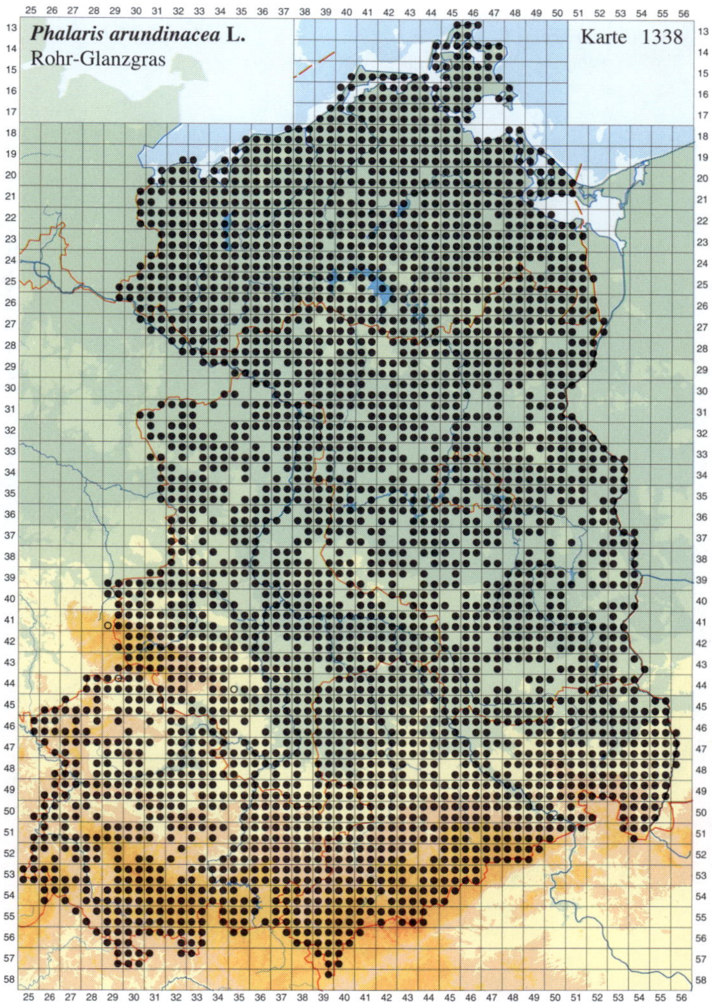
Phalaris arundinacea **L.**
Rohr-Glanzgras
Karte 1338

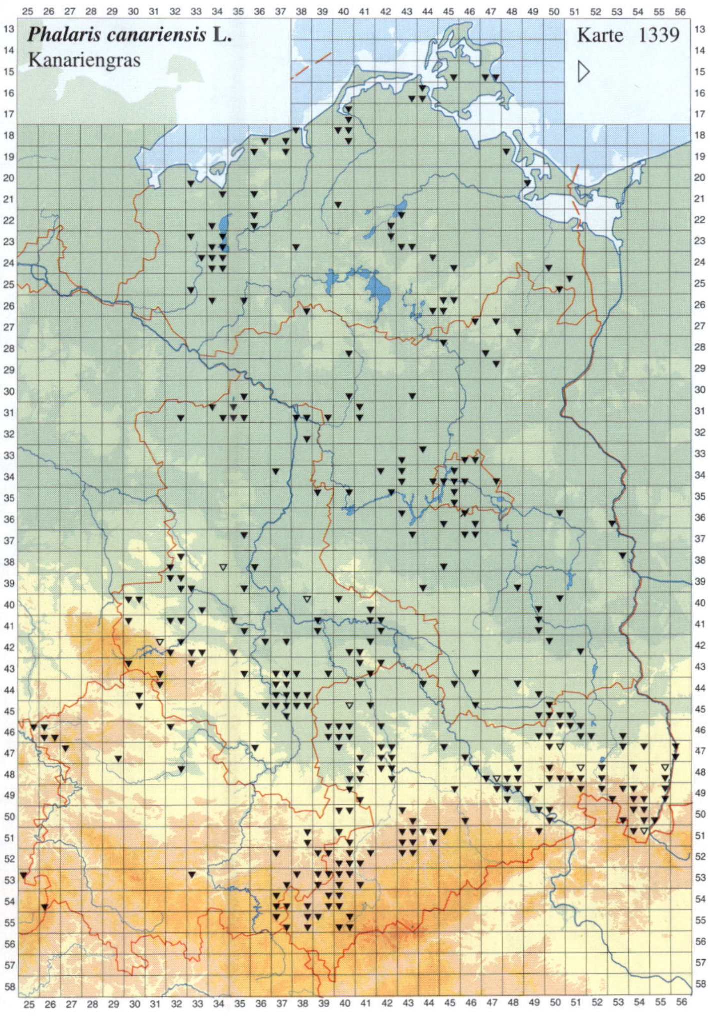
Phalaris canariensis **L.**
Kanariengras
Karte 1339

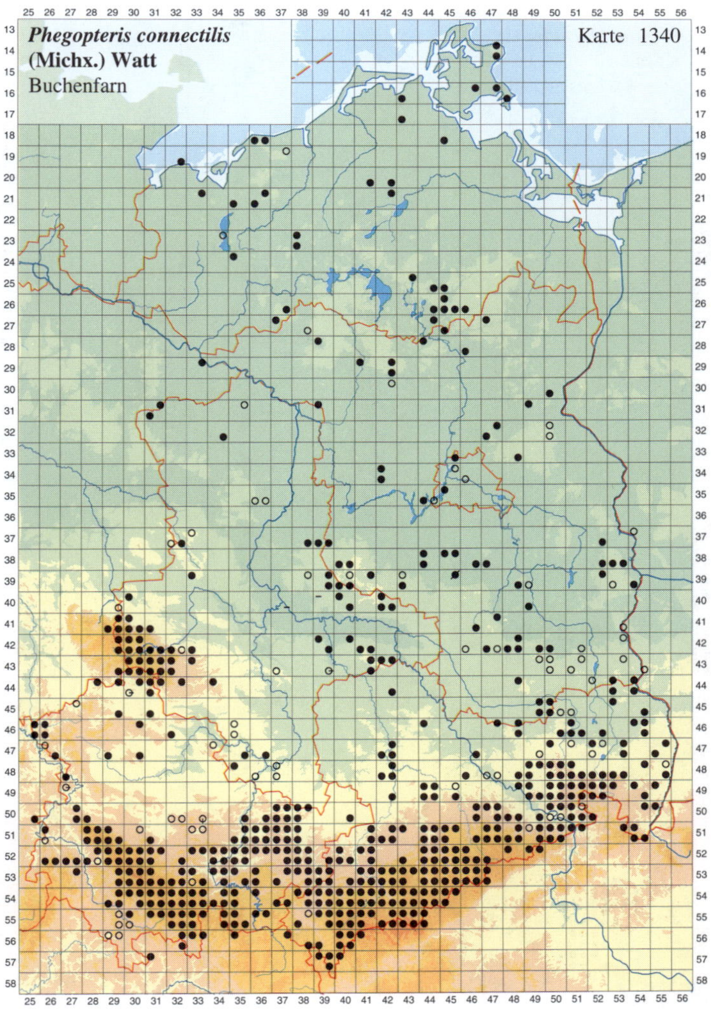
Phegopteris connectilis
(Michx.) Watt
Buchenfarn
Karte 1340

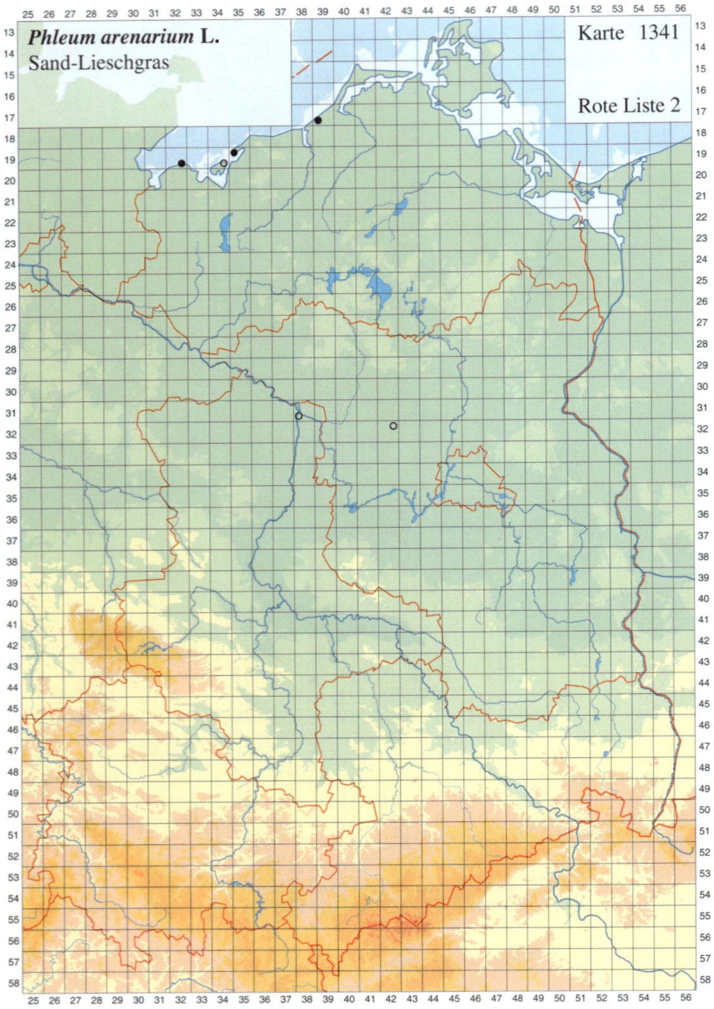
Phleum arenarium L.
Sand-Lieschgras
Karte 1341
Rote Liste 2

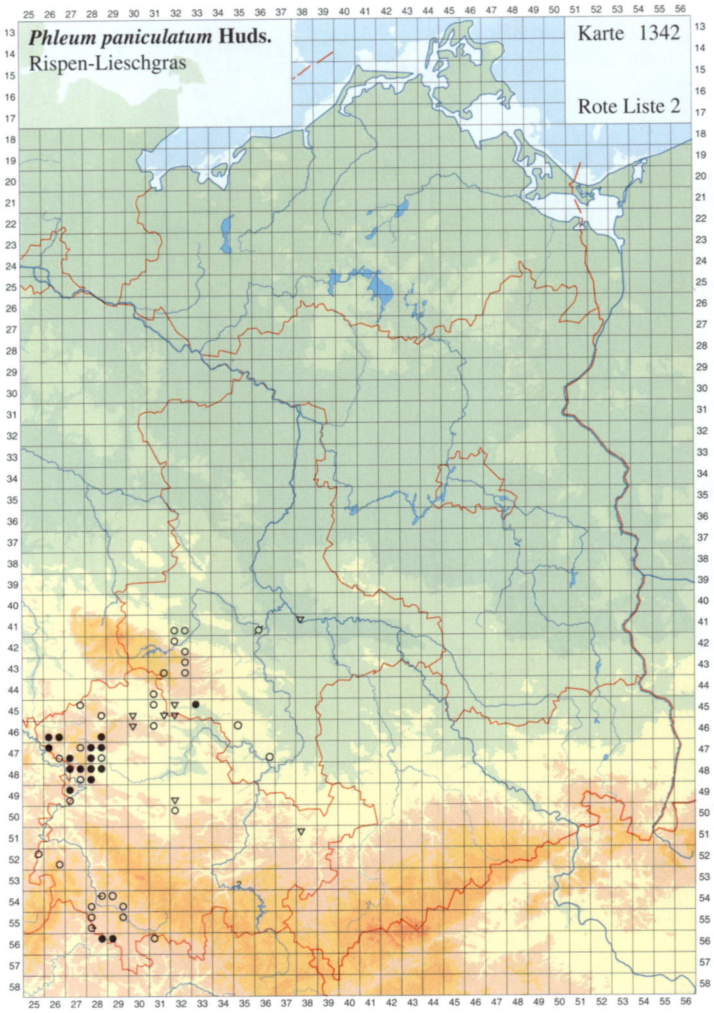
Phleum paniculatum Huds.
Rispen-Lieschgras
Karte 1342
Rote Liste 2

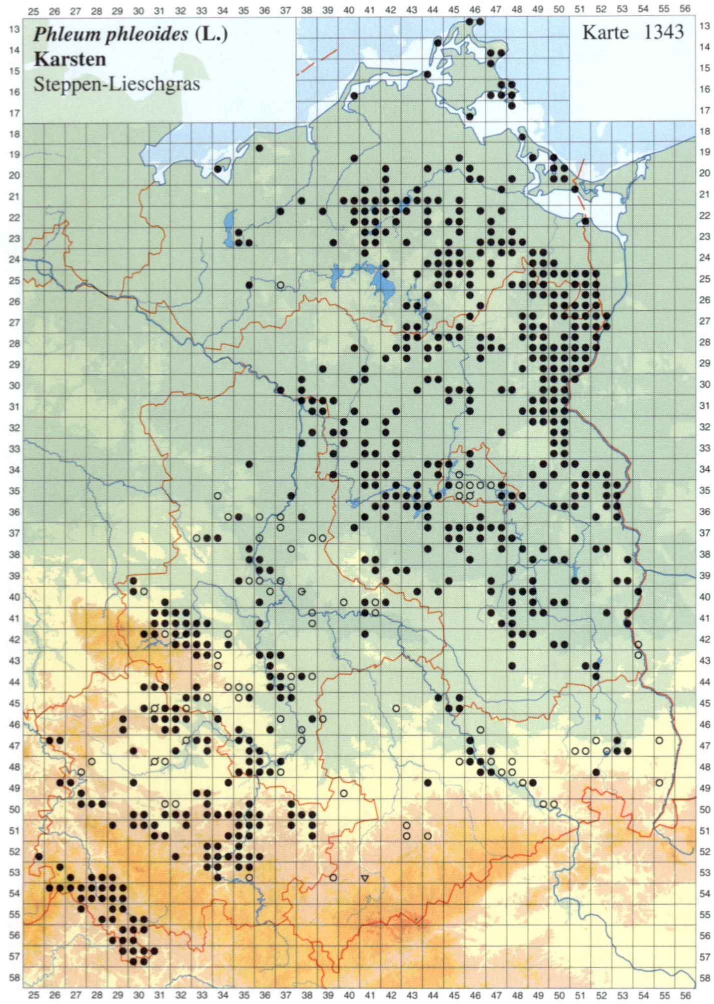
Phleum phleoides (L.) Karsten
Steppen-Lieschgras
Karte 1343

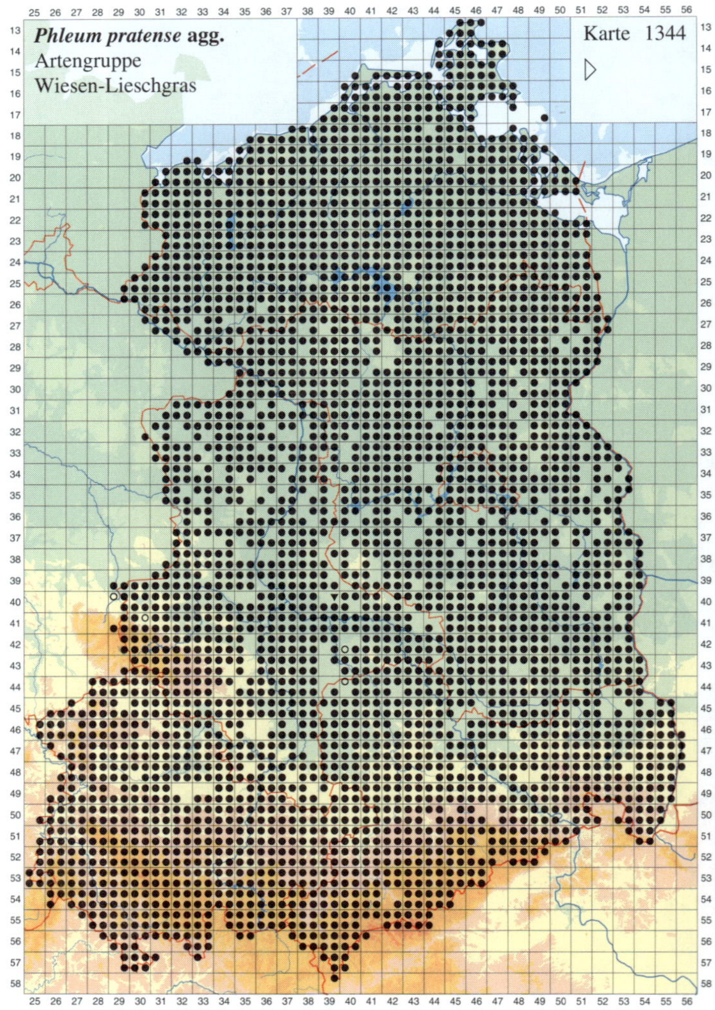
Phleum pratense agg.
Artengruppe
Wiesen-Lieschgras
Karte 1344

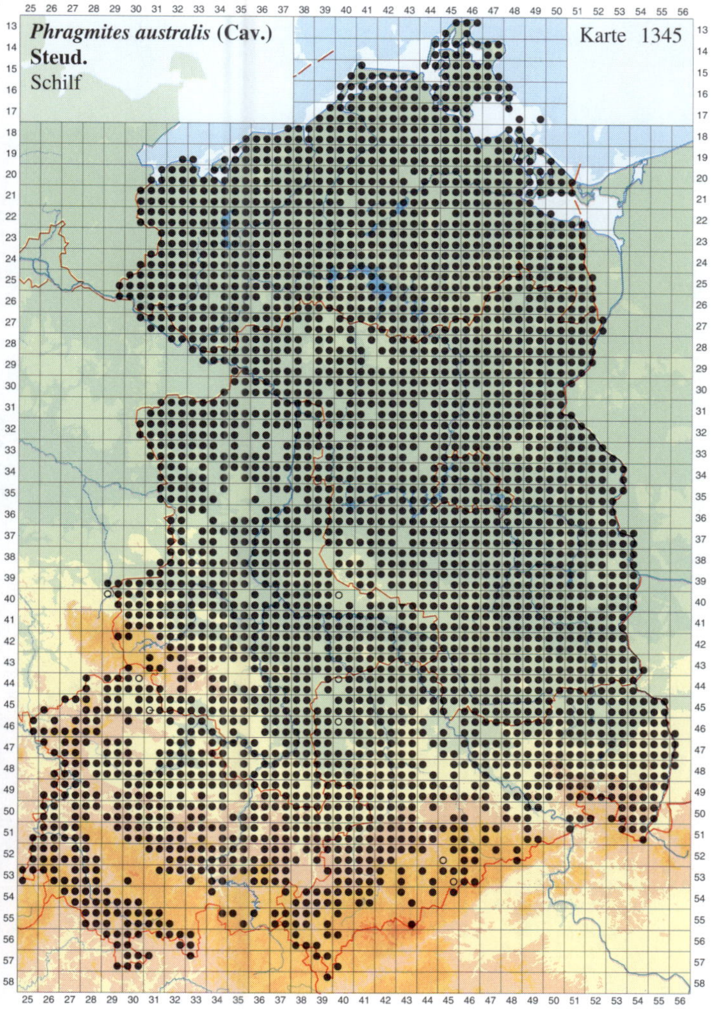
Phragmites australis (Cav.) **Steud.**
Schilf
Karte 1345

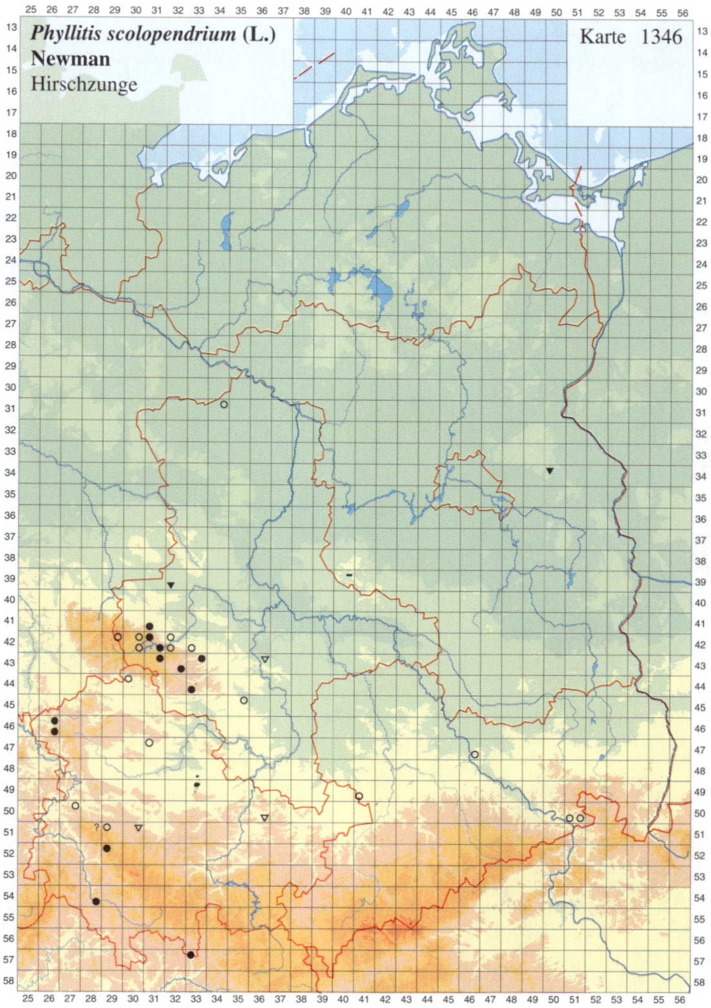
Phyllitis scolopendrium (L.) **Newman**
Hirschzunge
Karte 1346

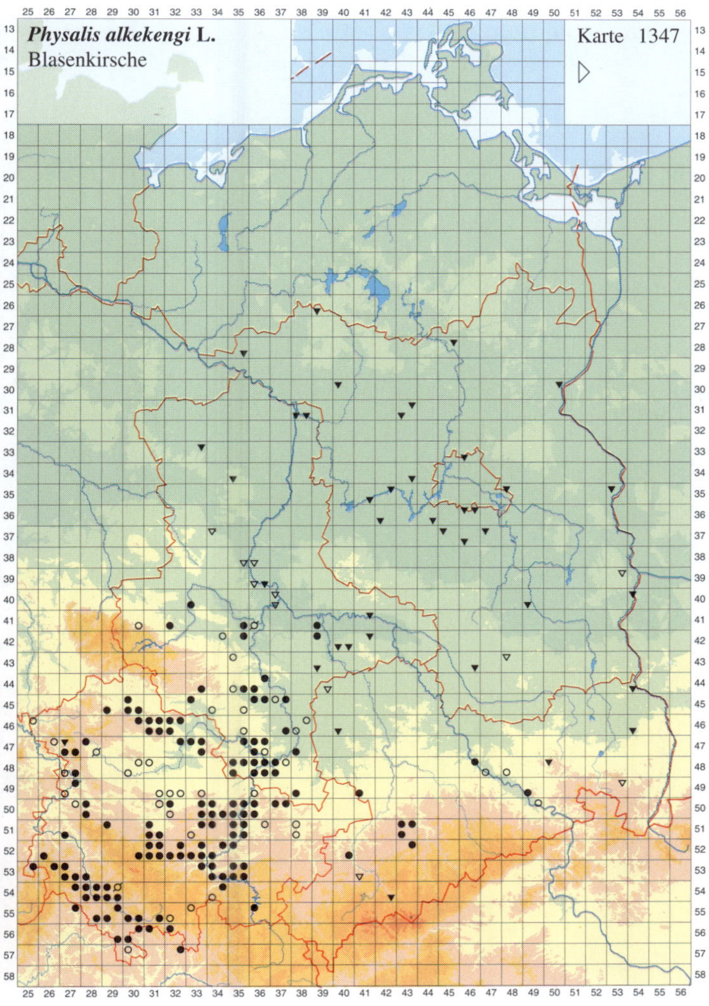
Physalis alkekengi L.
Blasenkirsche
Karte 1347

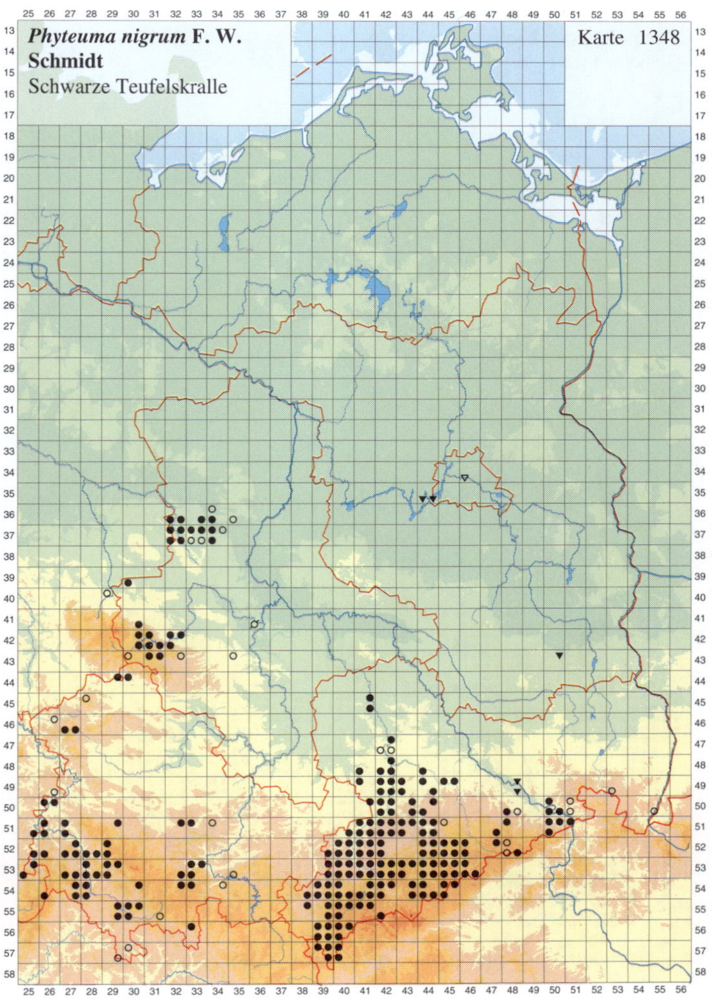
Phyteuma nigrum F. W. **Schmidt**
Schwarze Teufelskralle
Karte 1348

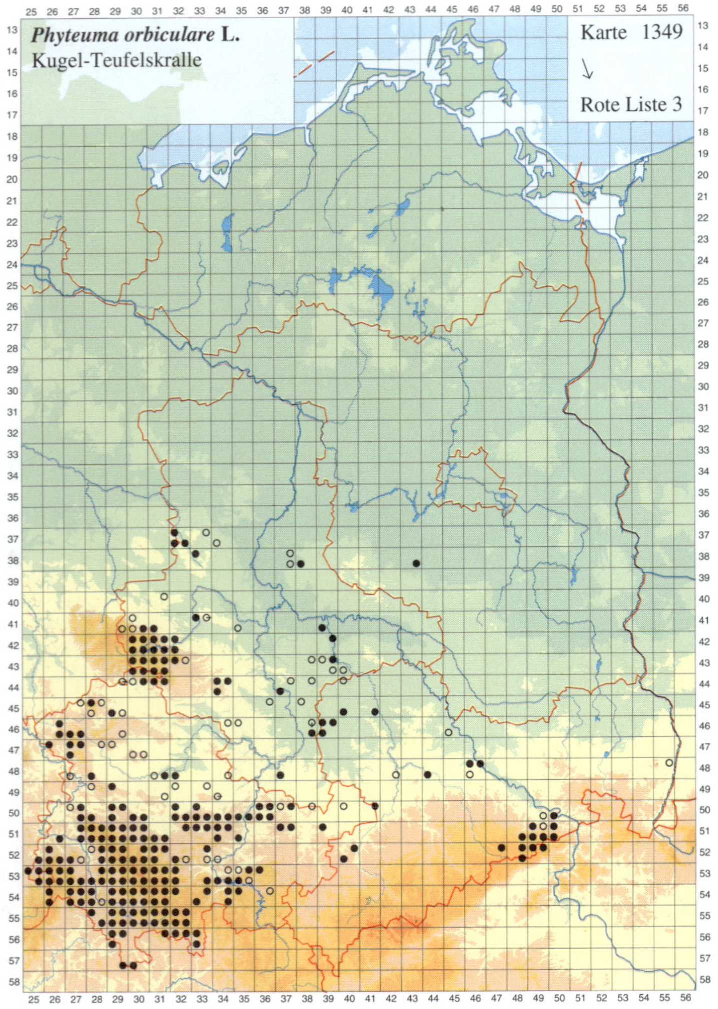
Phyteuma orbiculare L.
Kugel-Teufelskralle
Karte 1349
↘
Rote Liste 3

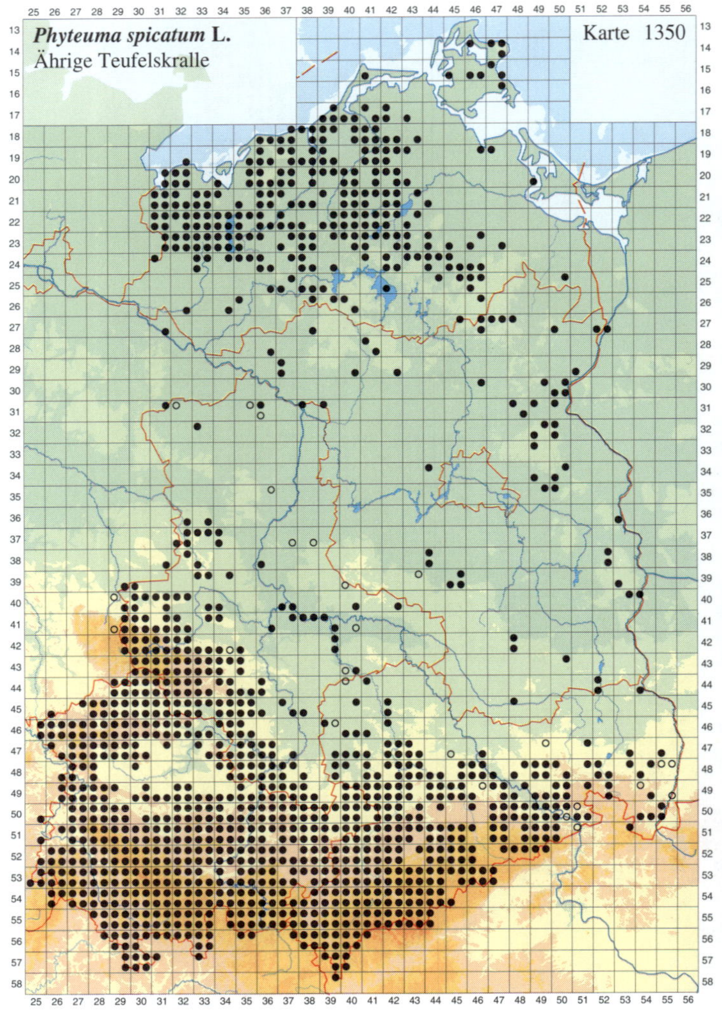
Phyteuma spicatum L.
Ährige Teufelskralle
Karte 1350

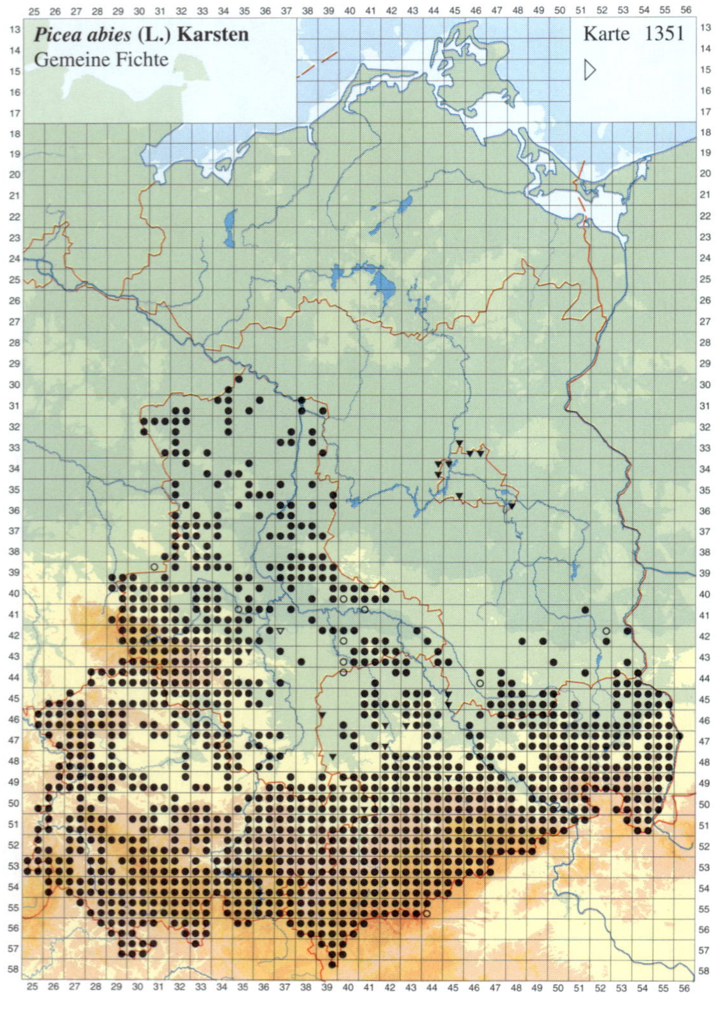
Picea abies (L.) Karsten
Gemeine Fichte
Karte 1351
▷

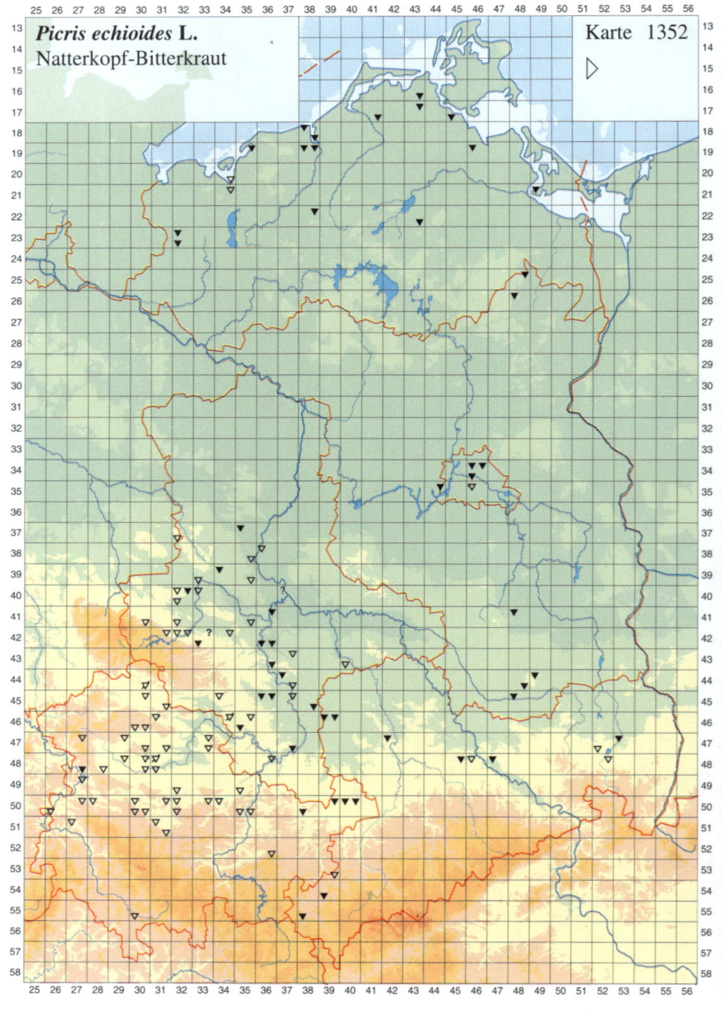
Picris echioides L.
Natterkopf-Bitterkraut
Karte 1352
▷

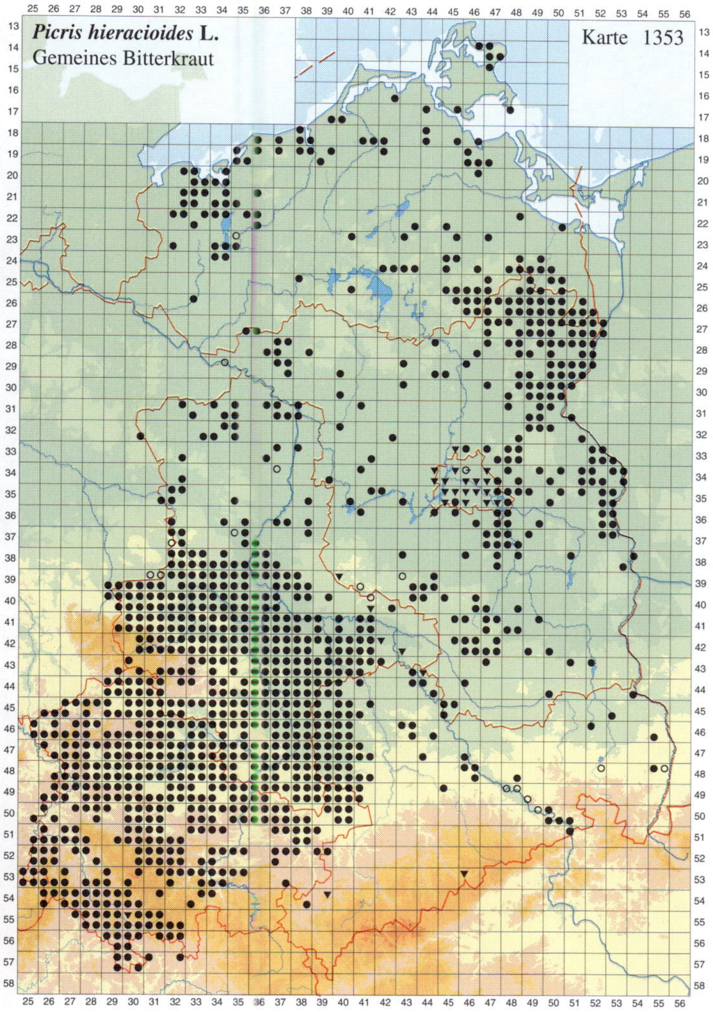
Picris hieracioides L.
Gemeines Bitterkraut
Karte 1353

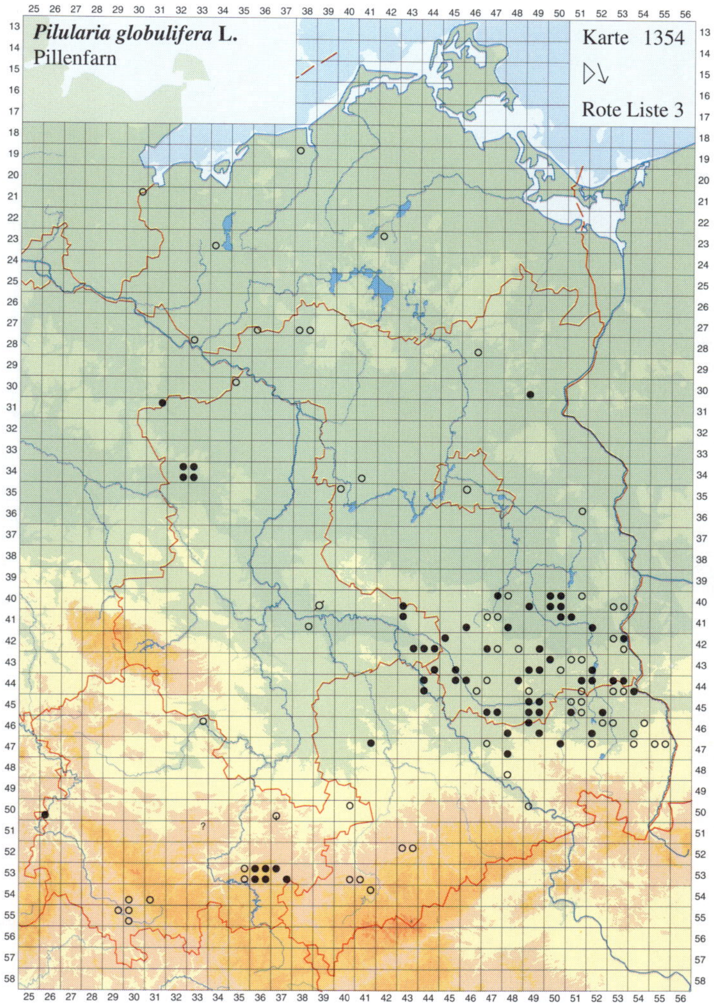
Pilularia globulifera L.
Pillenfarn
Karte 1354
Rote Liste 3

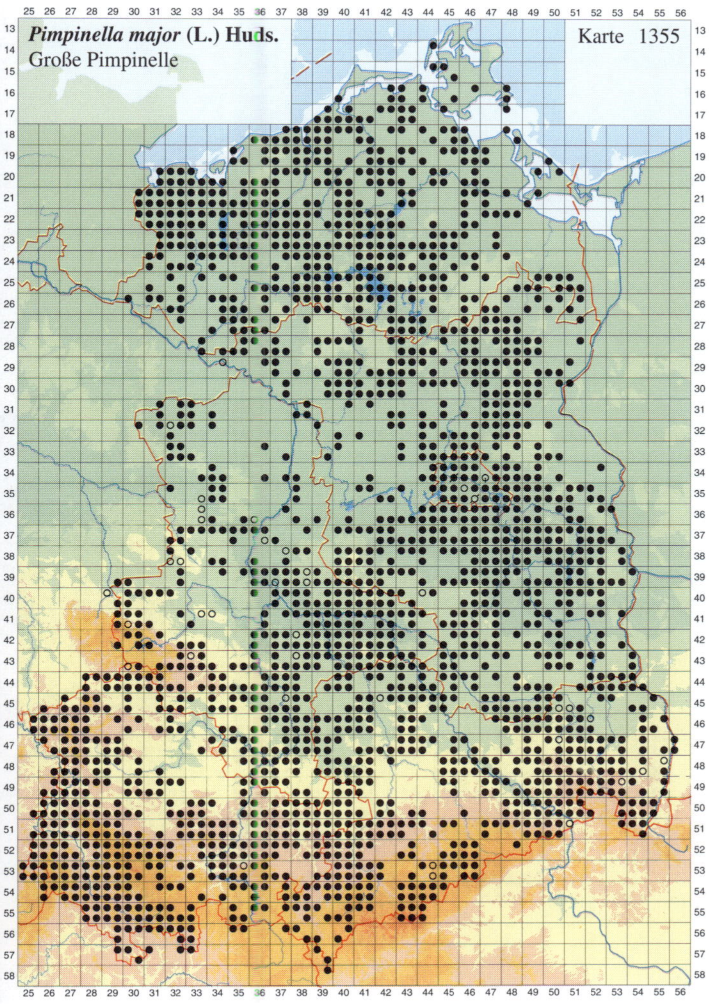
Pimpinella major (L.) Huds.
Große Pimpinelle
Karte 1355

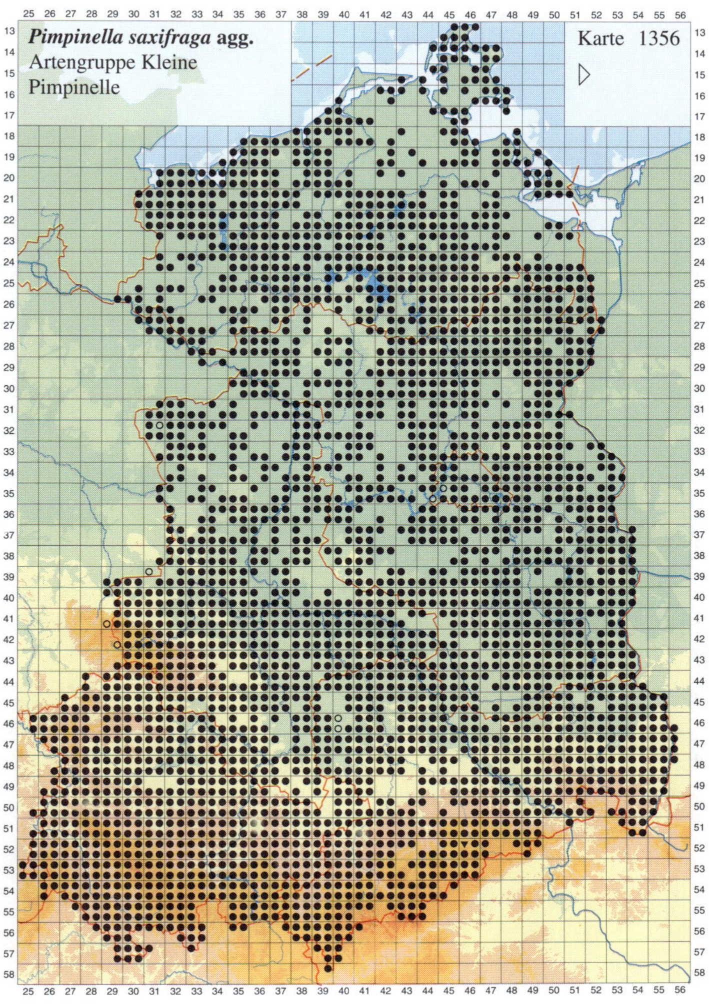
Pimpinella saxifraga agg.
Artengruppe Kleine
Pimpinelle
Karte 1356

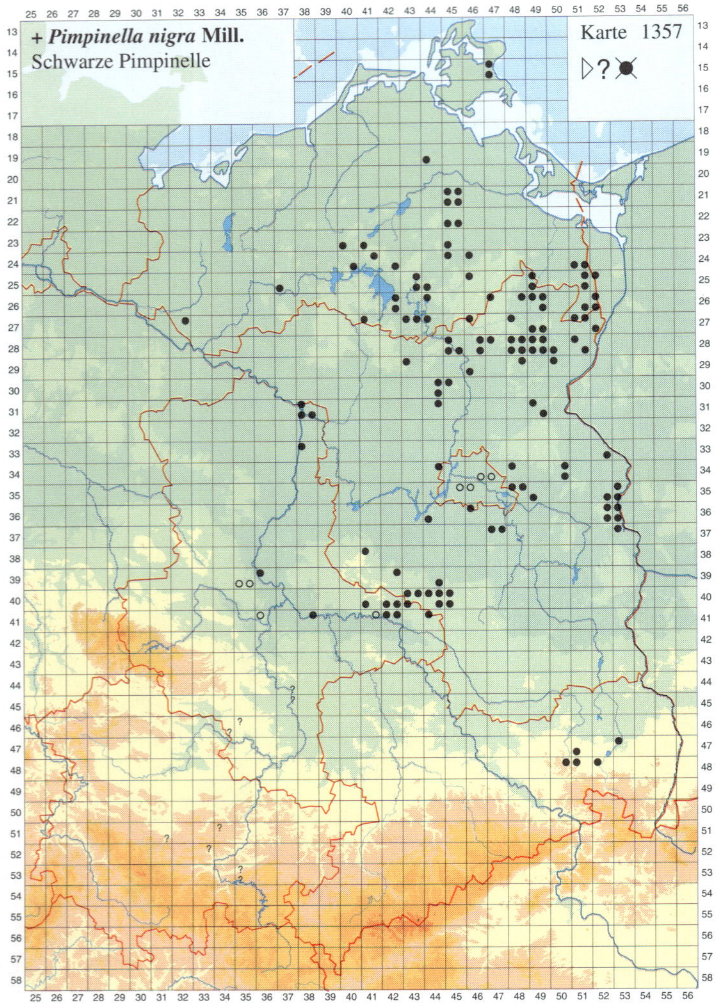
+ *Pimpinella nigra* Mill.
Schwarze Pimpinelle
Karte 1357

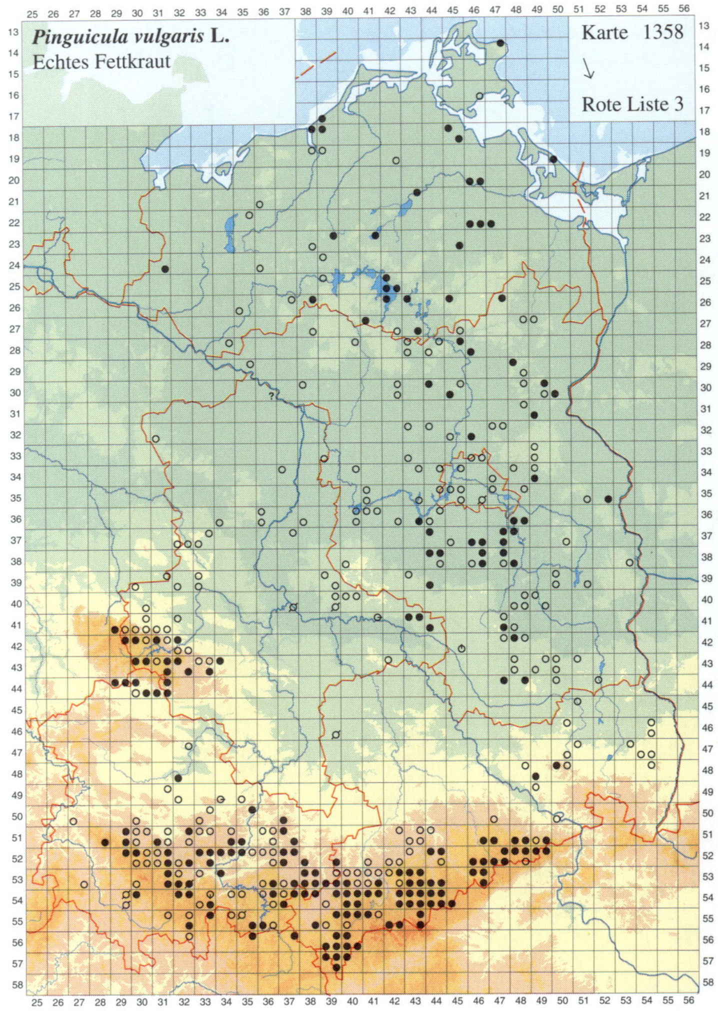
Pinguicula vulgaris L.
Echtes Fettkraut
Karte 1358
Rote Liste 3

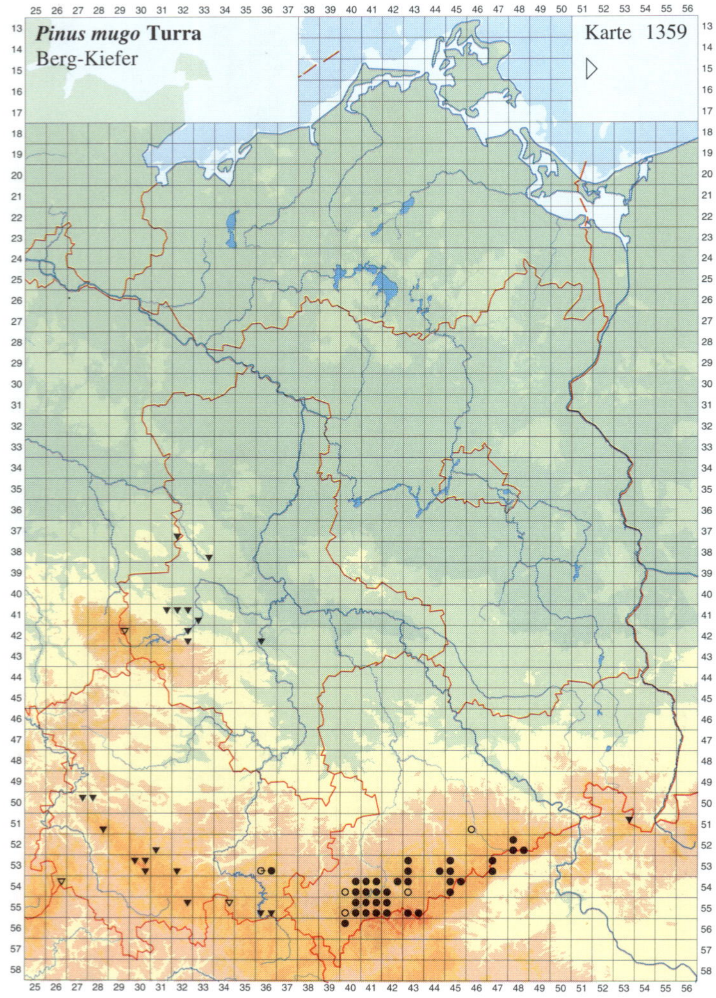
Pinus mugo Turra
Berg-Kiefer
Karte 1359

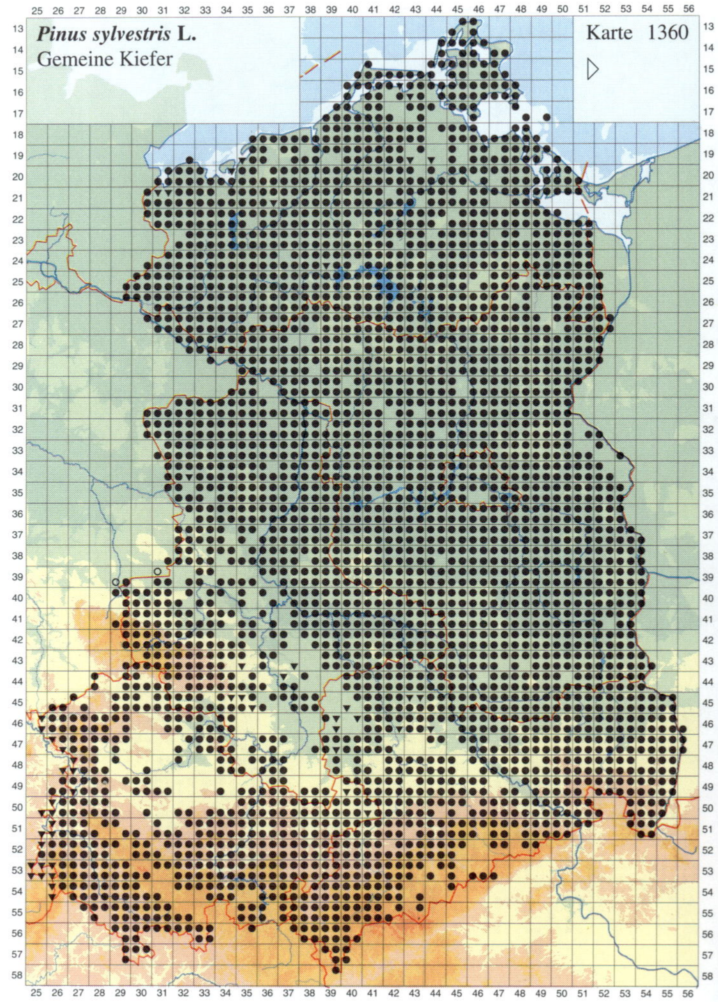
Pinus sylvestris L.
Gemeine Kiefer
Karte 1360

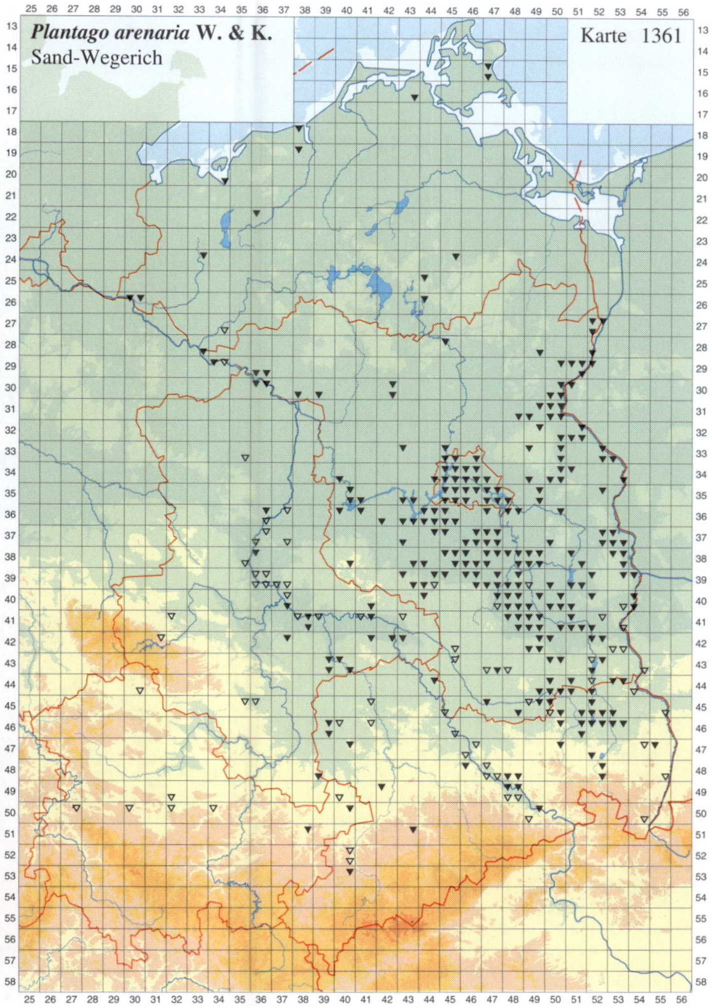
Plantago arenaria W. & K.
Sand-Wegerich
Karte 1361

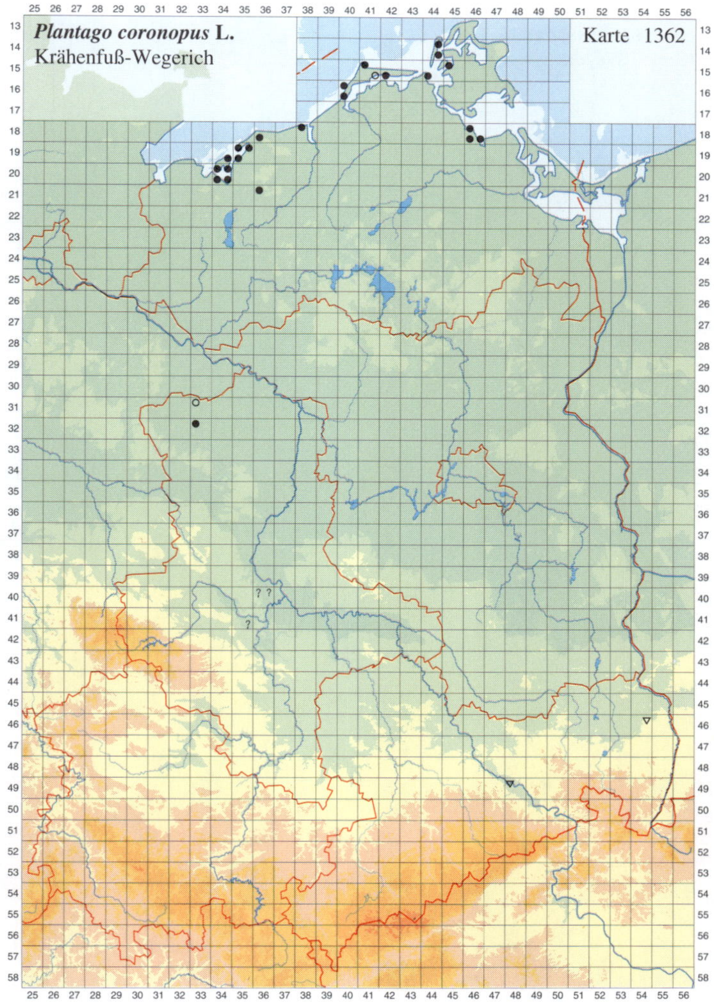
Plantago coronopus L.
Krähenfuß-Wegerich
Karte 1362

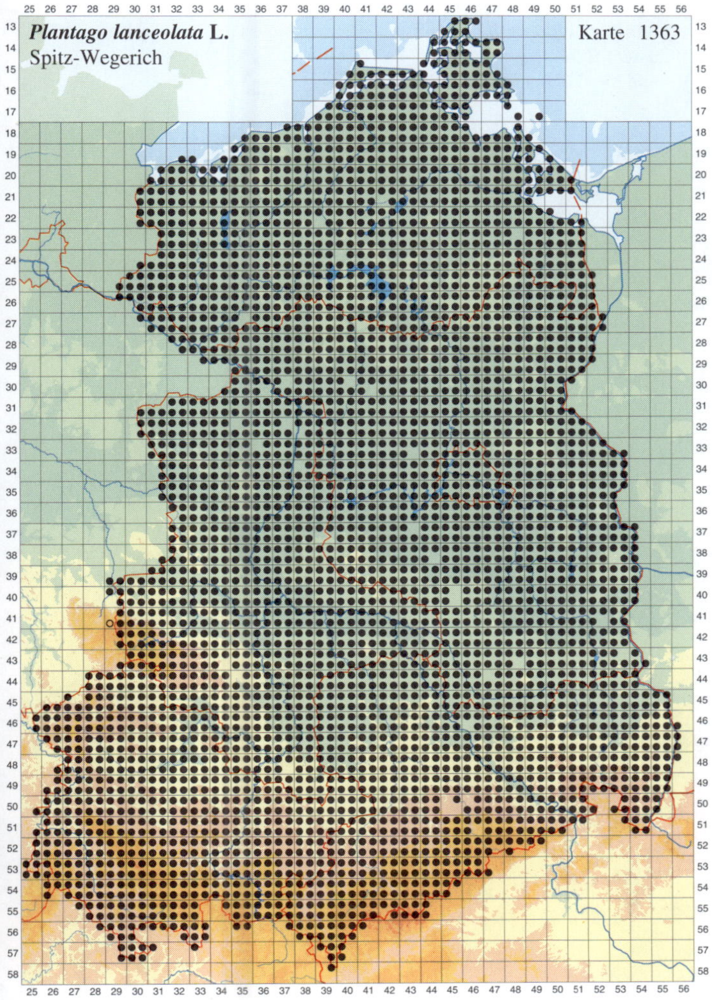
Plantago lanceolata L.
Spitz-Wegerich
Karte 1363

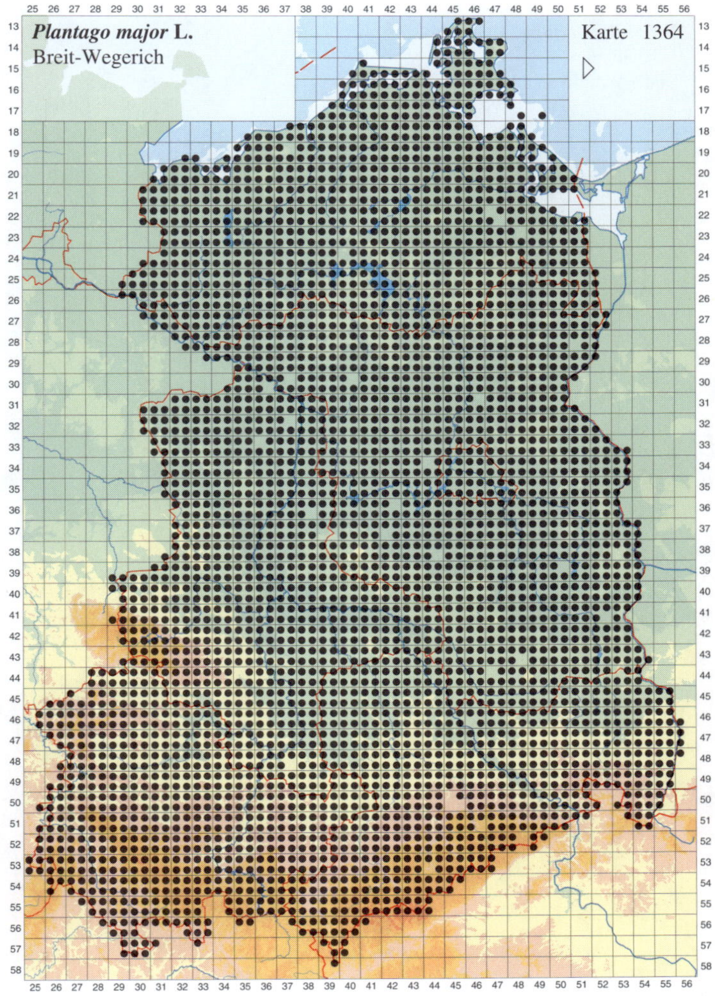
Plantago major L.
Breit-Wegerich
Karte 1364

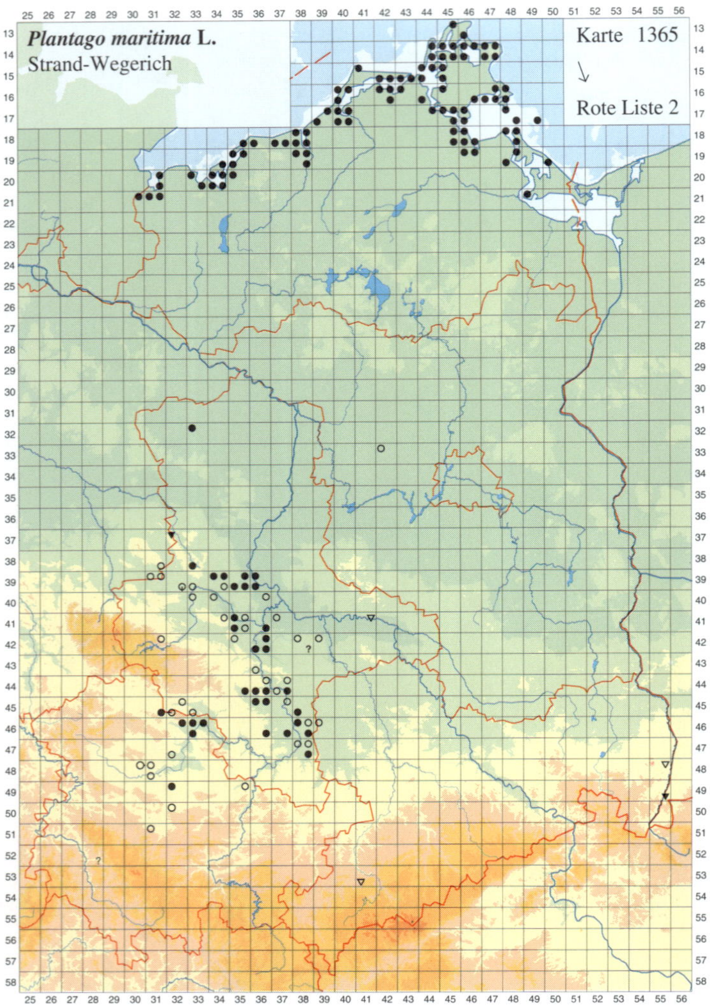

Plantago maritima L.
Strand-Wegerich
Karte 1365
↘
Rote Liste 2

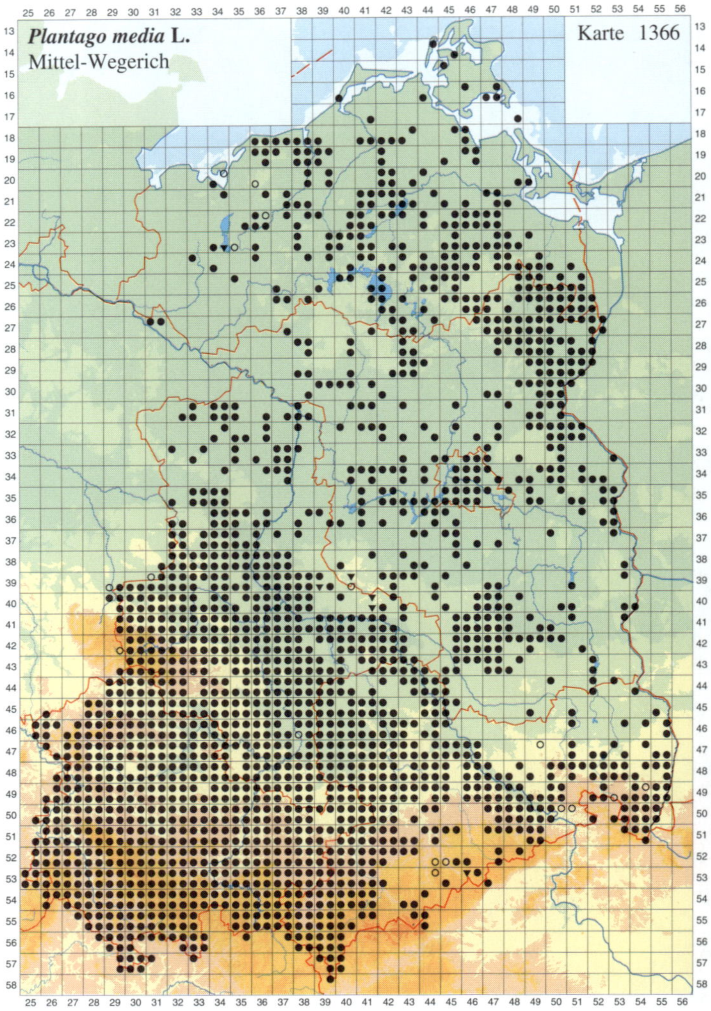

Plantago media L.
Mittel-Wegerich
Karte 1366

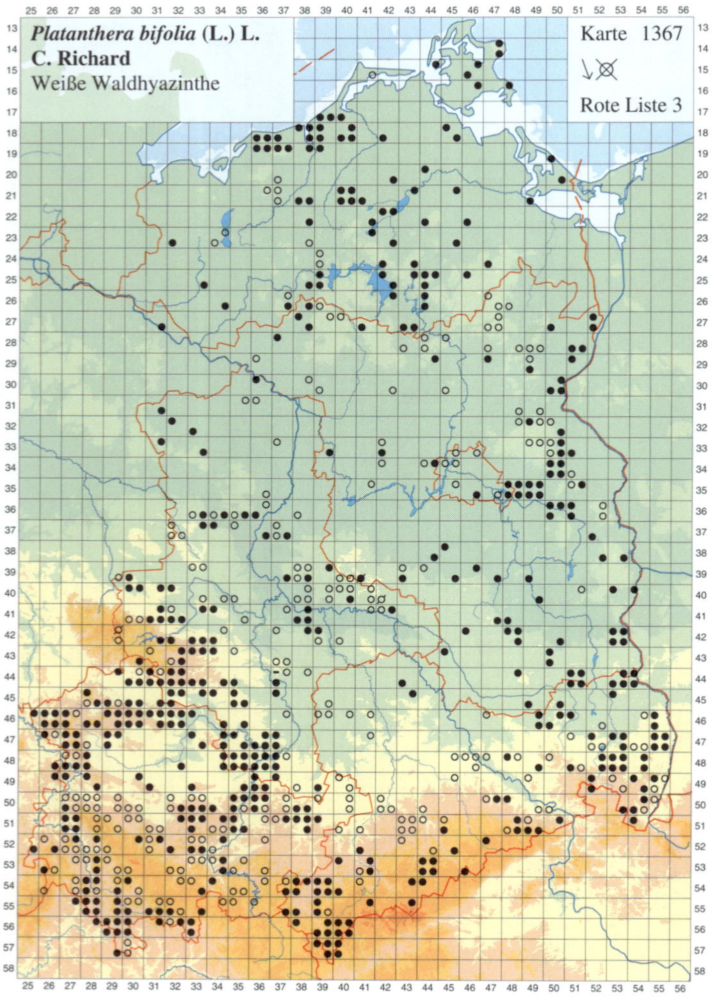

Platanthera bifolia (L.) L. C. Richard
Weiße Waldhyazinthe
Karte 1367
Rote Liste 3

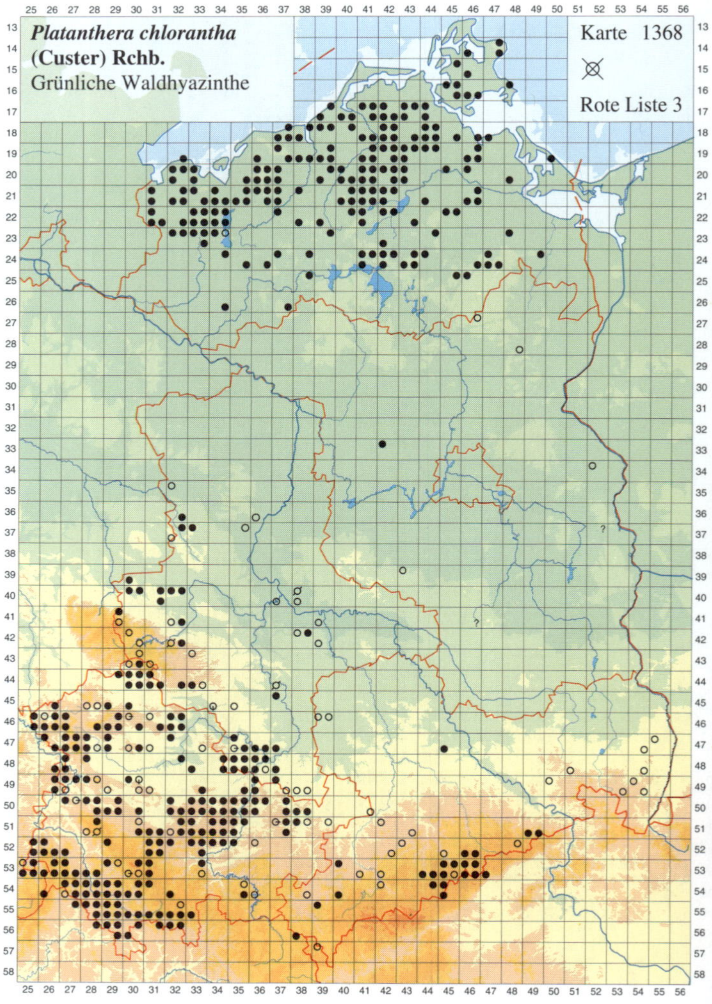

Platanthera chlorantha (Custer) Rchb.
Grünliche Waldhyazinthe
Karte 1368
Rote Liste 3

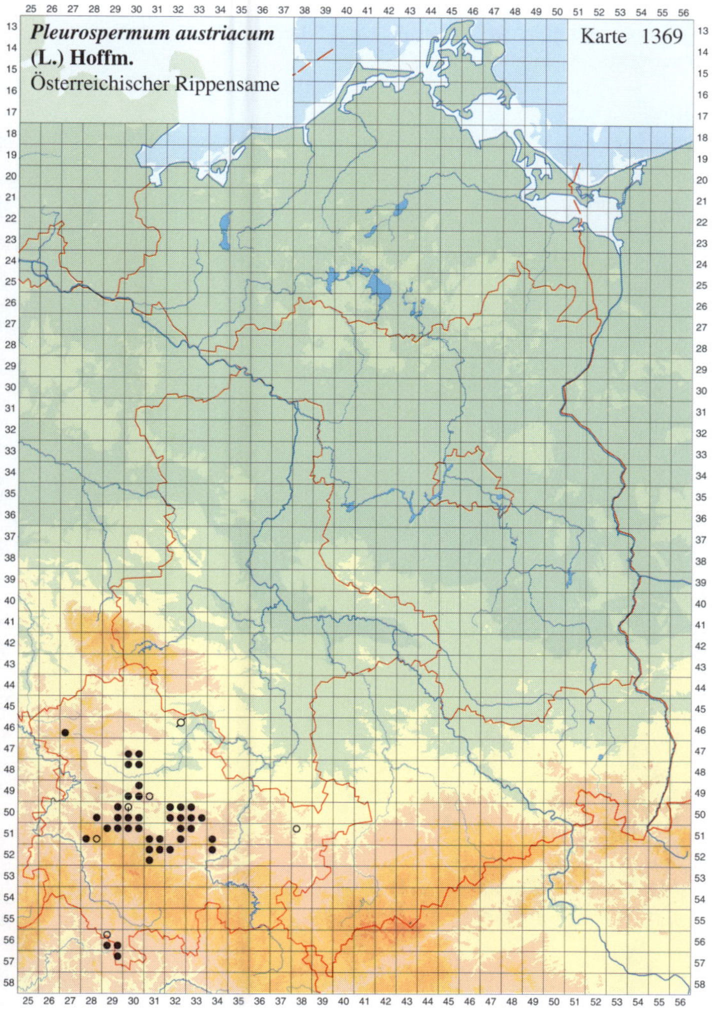
Pleurospermum austriacum **(L.) Hoffm.**
Österreichischer Rippensame
Karte 1369

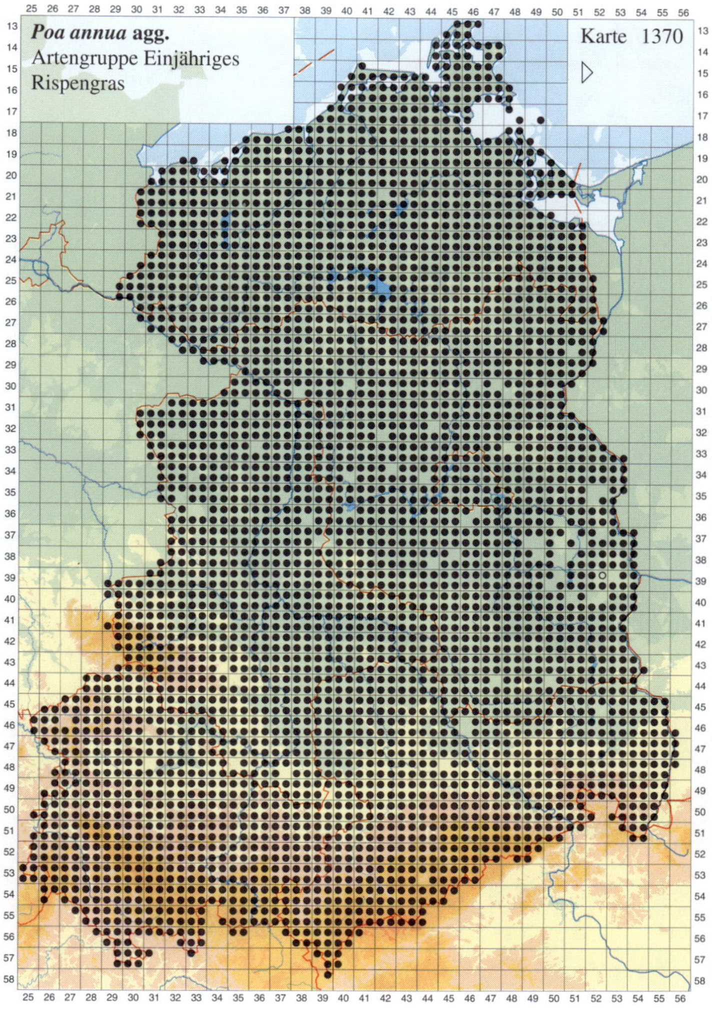
Poa annua **agg.**
Artengruppe Einjähriges Rispengras
Karte 1370

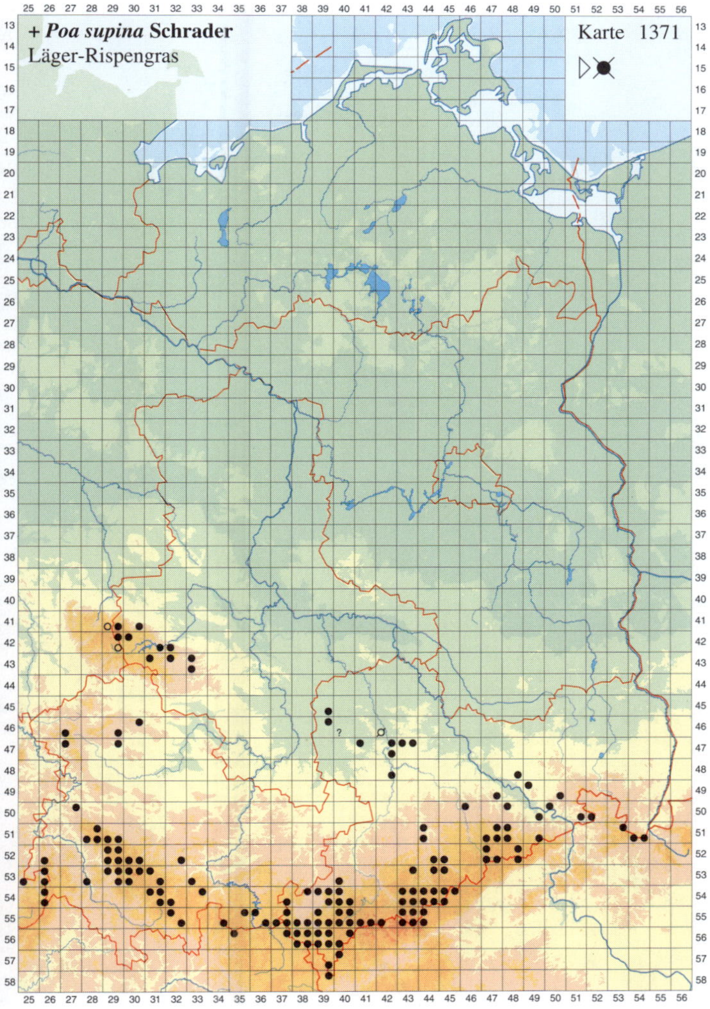
+ *Poa supina* Schrader
Läger-Rispengras
Karte 1371

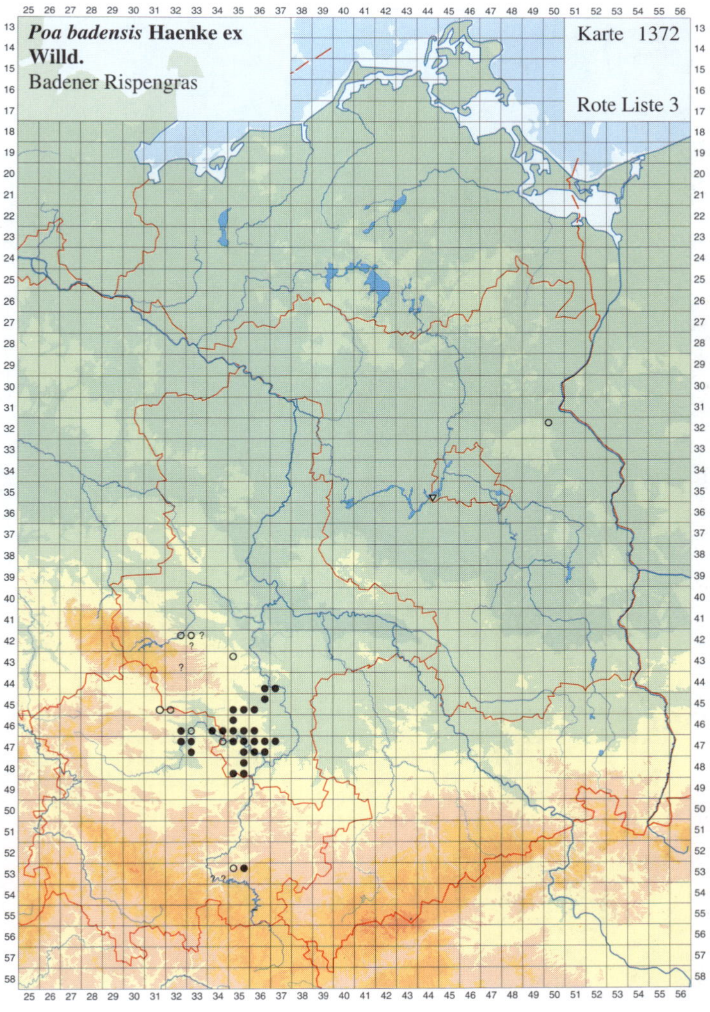
Poa badensis **Haenke ex Willd.**
Badener Rispengras
Karte 1372
Rote Liste 3

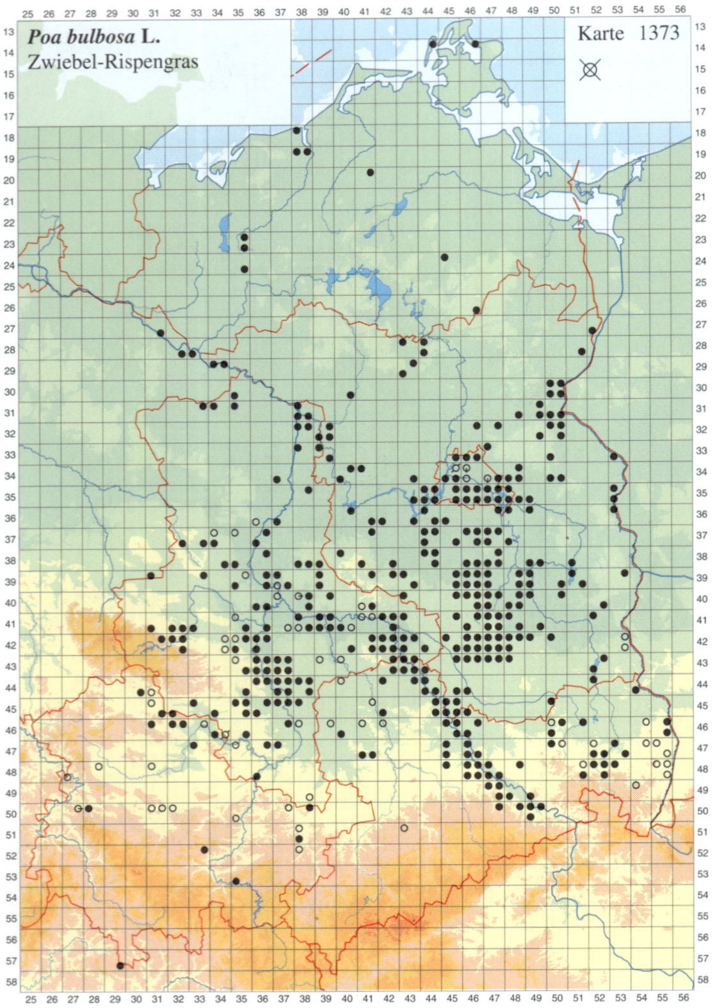
Poa bulbosa L.
Zwiebel-Rispengras
Karte 1373

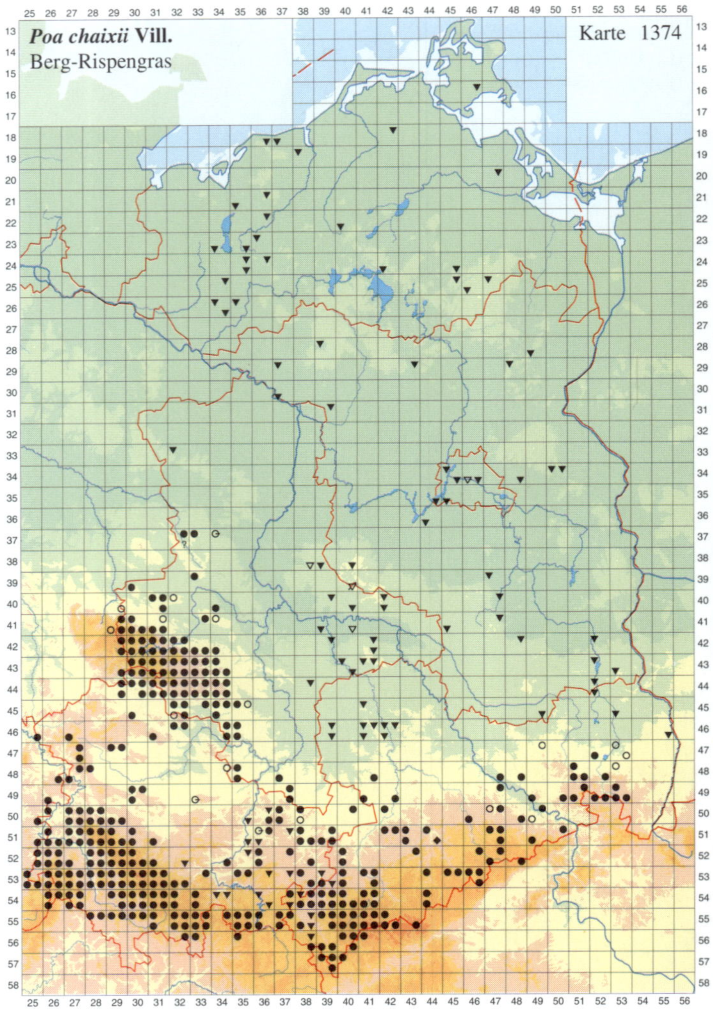
Poa chaixii Vill.
Berg-Rispengras
Karte 1374

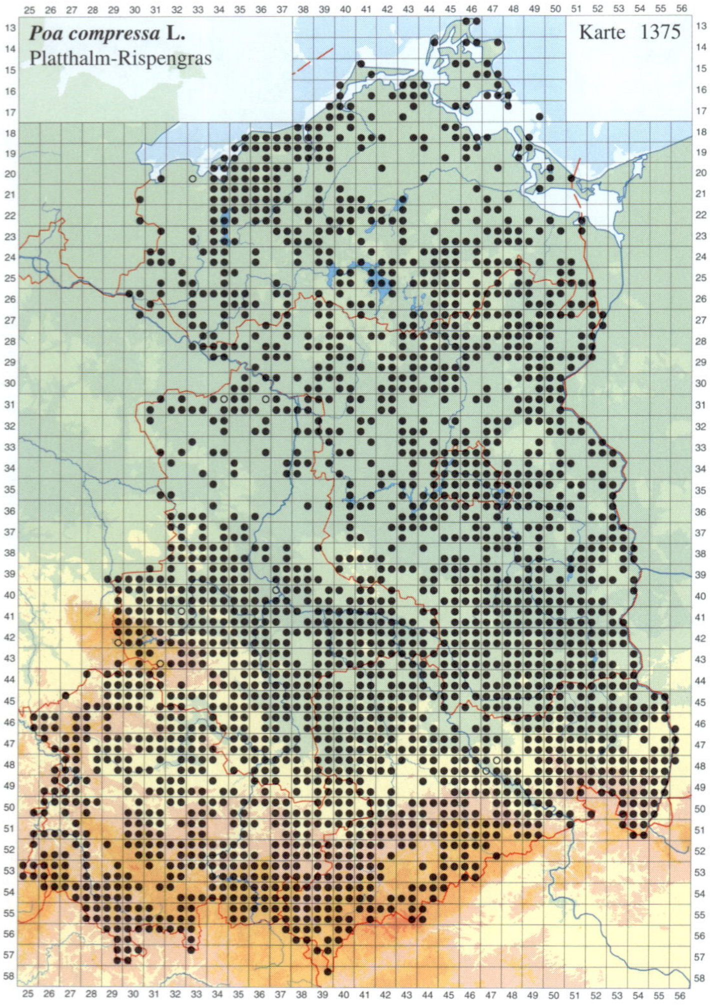
Poa compressa L.
Platthalm-Rispengras
Karte 1375

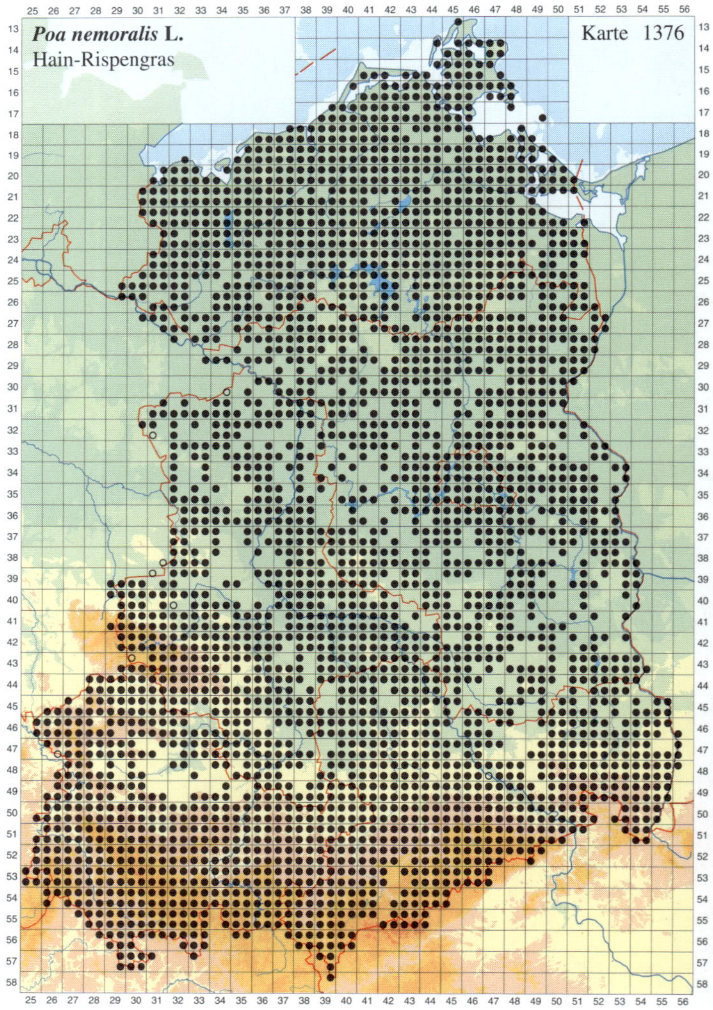
Poa nemoralis L.
Hain-Rispengras
Karte 1376

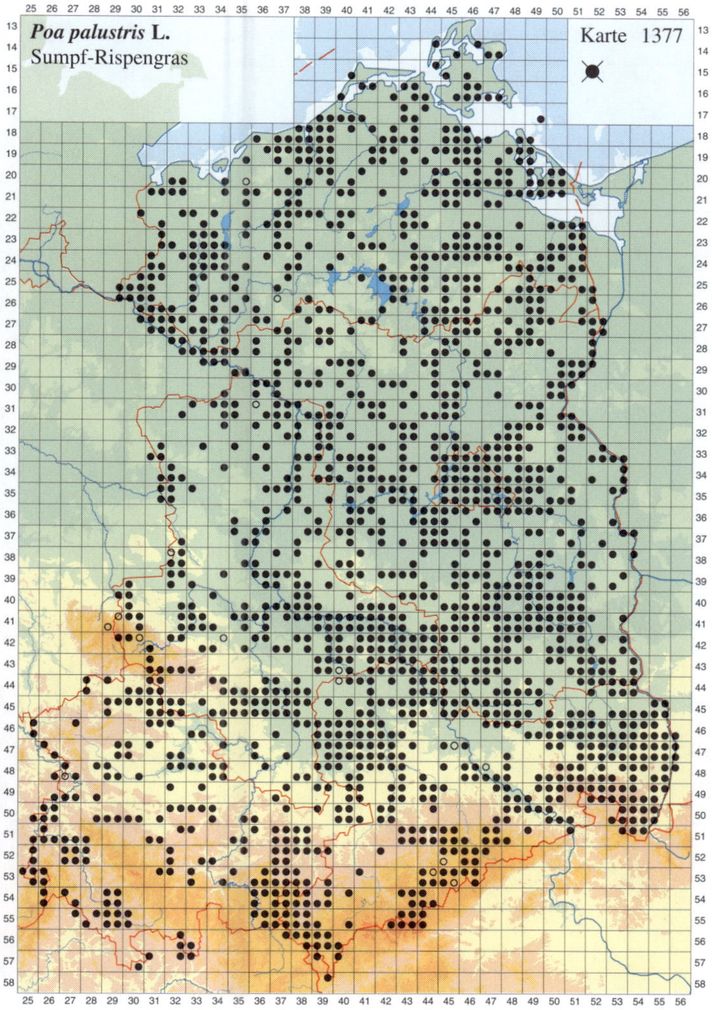
Poa palustris L.
Sumpf-Rispengras
Karte 1377

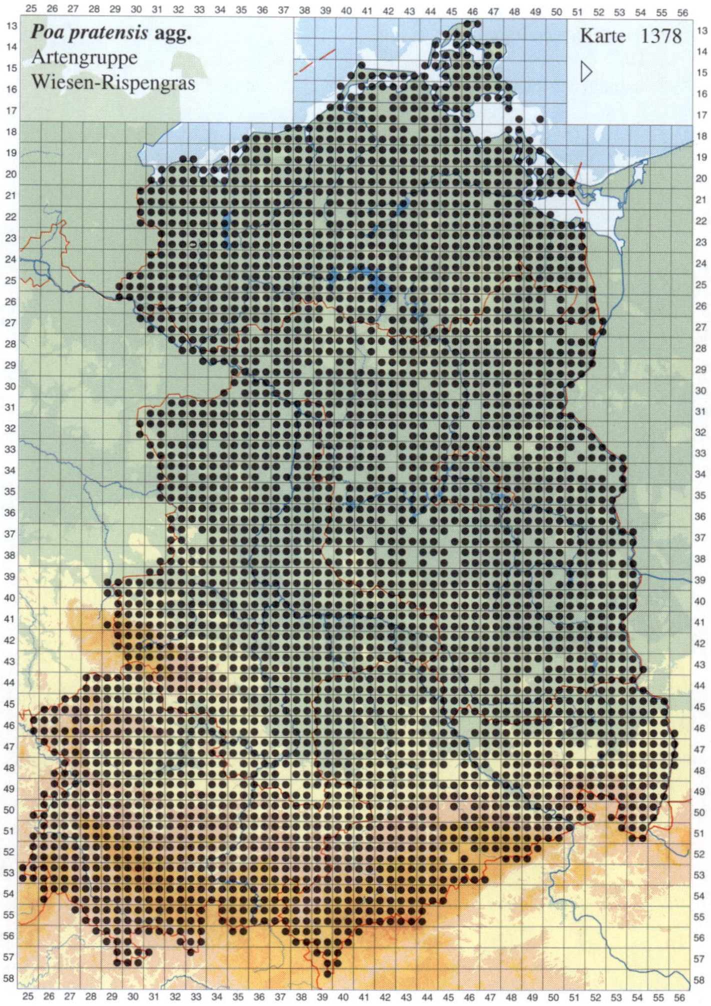
Poa pratensis agg.
Artengruppe
Wiesen-Rispengras
Karte 1378

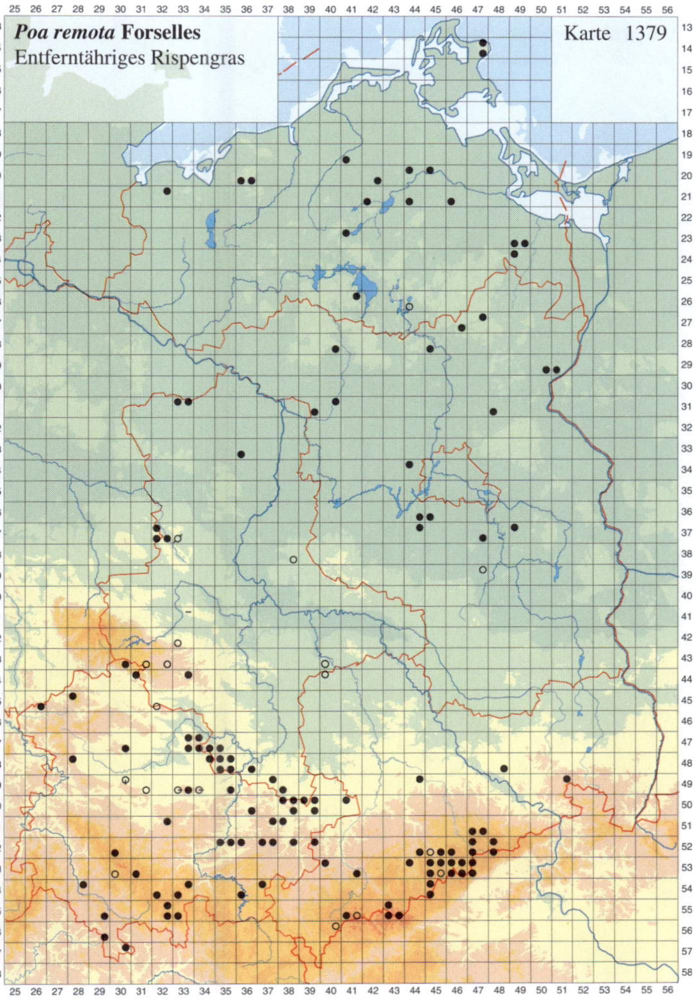
Poa remota Forselles
Entferntähriges Rispengras
Karte 1379

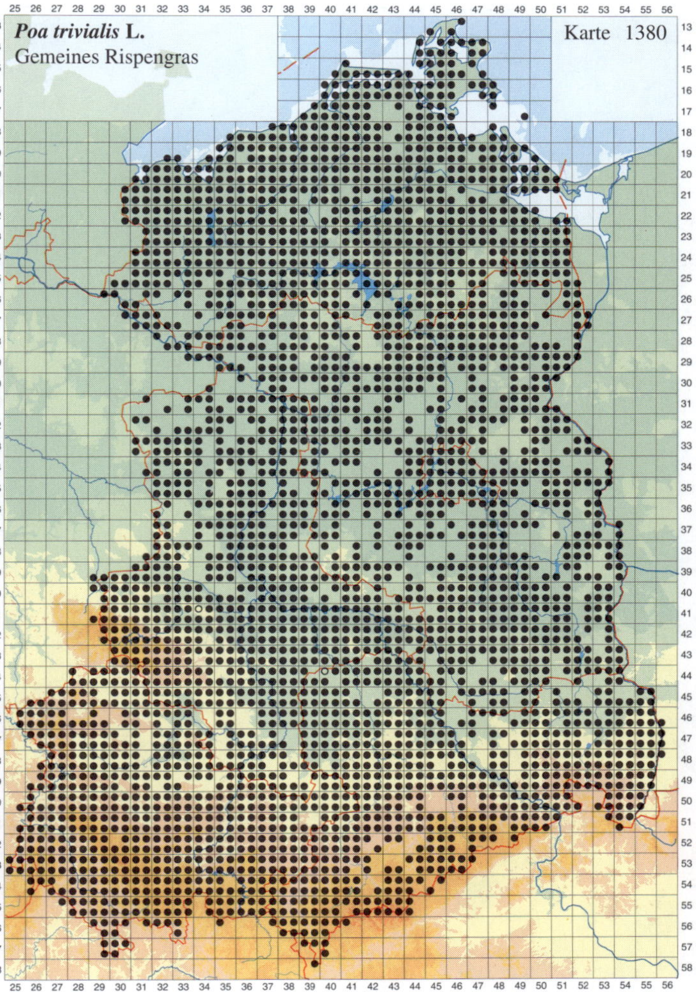
Poa trivialis L.
Gemeines Rispengras
Karte 1380

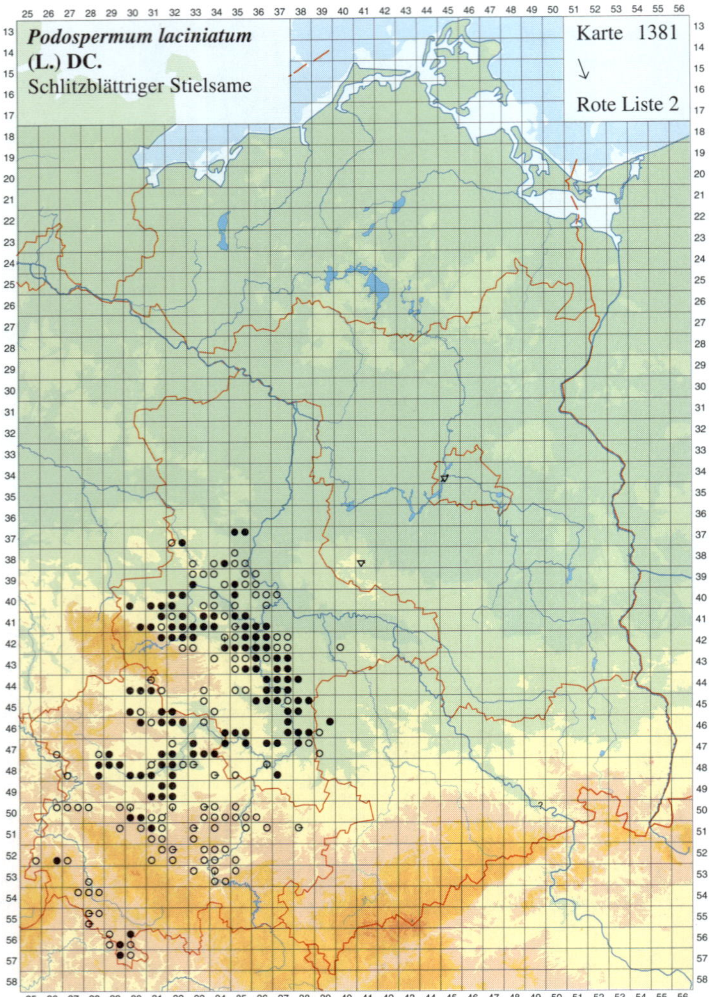
Podospermum laciniatum (L.) DC.
Schlitzblättriger Stielsame
Karte 1381
Rote Liste 2

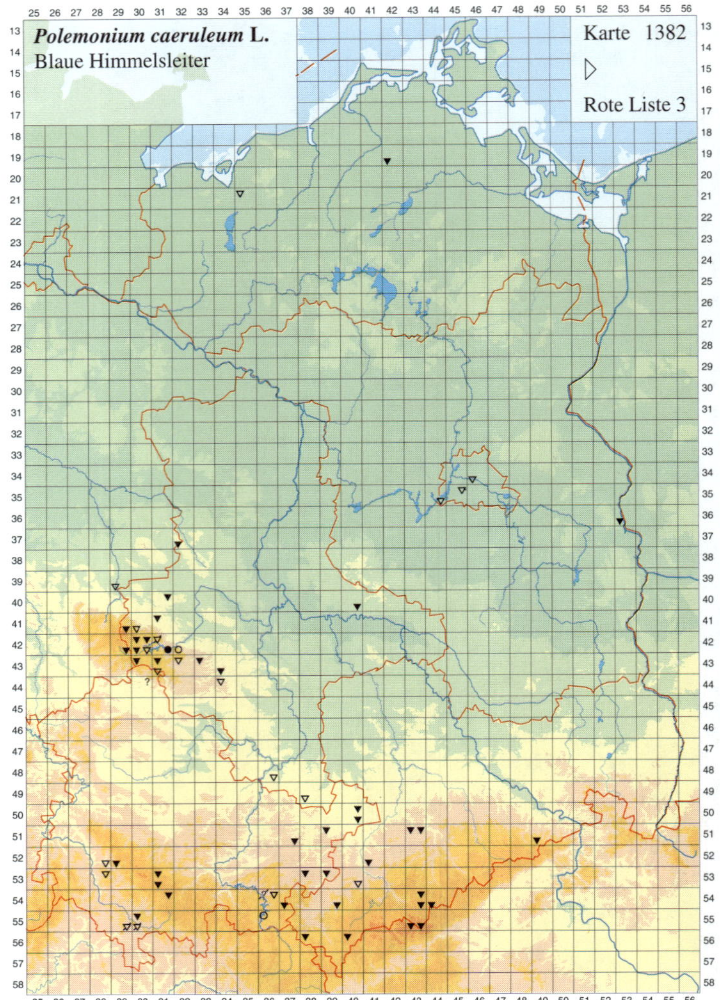
Polemonium caeruleum L.
Blaue Himmelsleiter
Karte 1382
Rote Liste 3

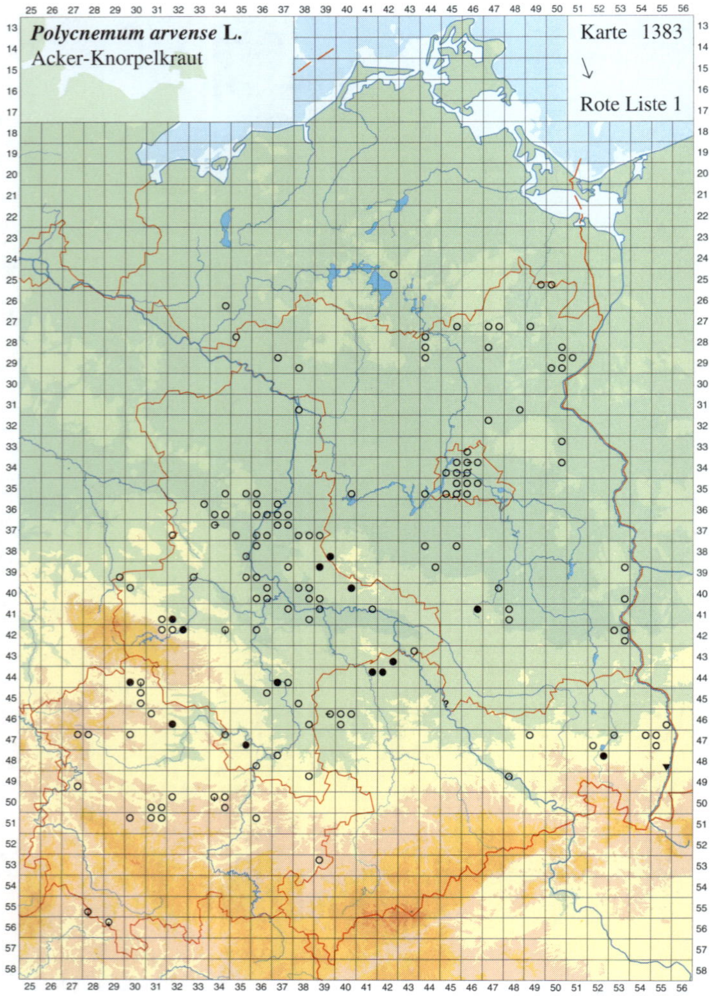
Polycnemum arvense L.
Acker-Knorpelkraut
Karte 1383
Rote Liste 1

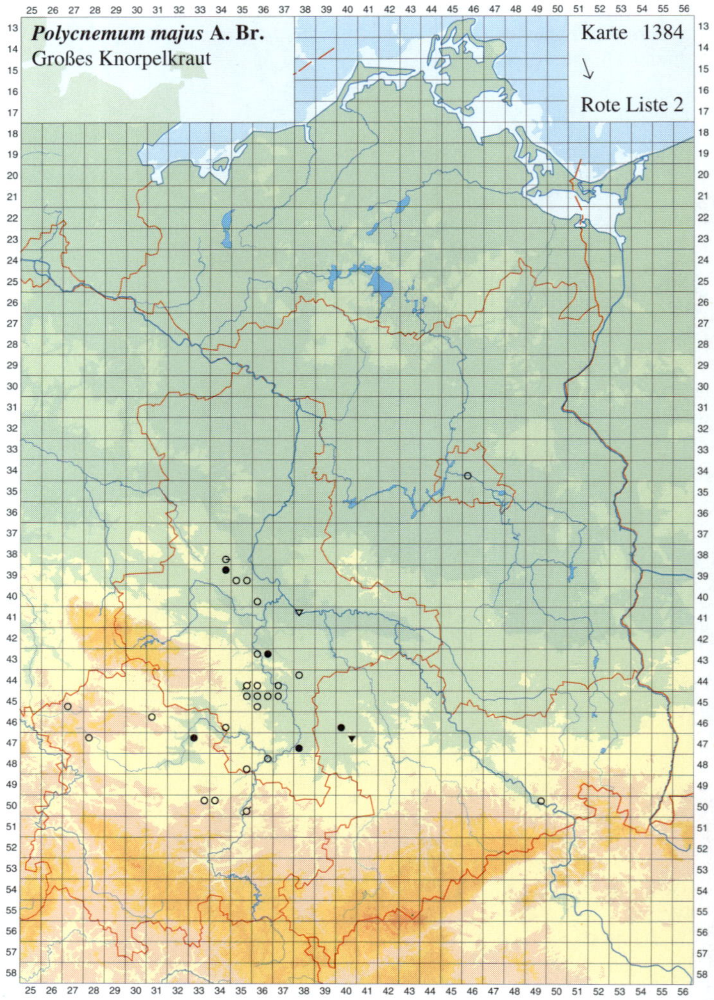
Polycnemum majus A. Br.
Großes Knorpelkraut
Karte 1384
Rote Liste 2

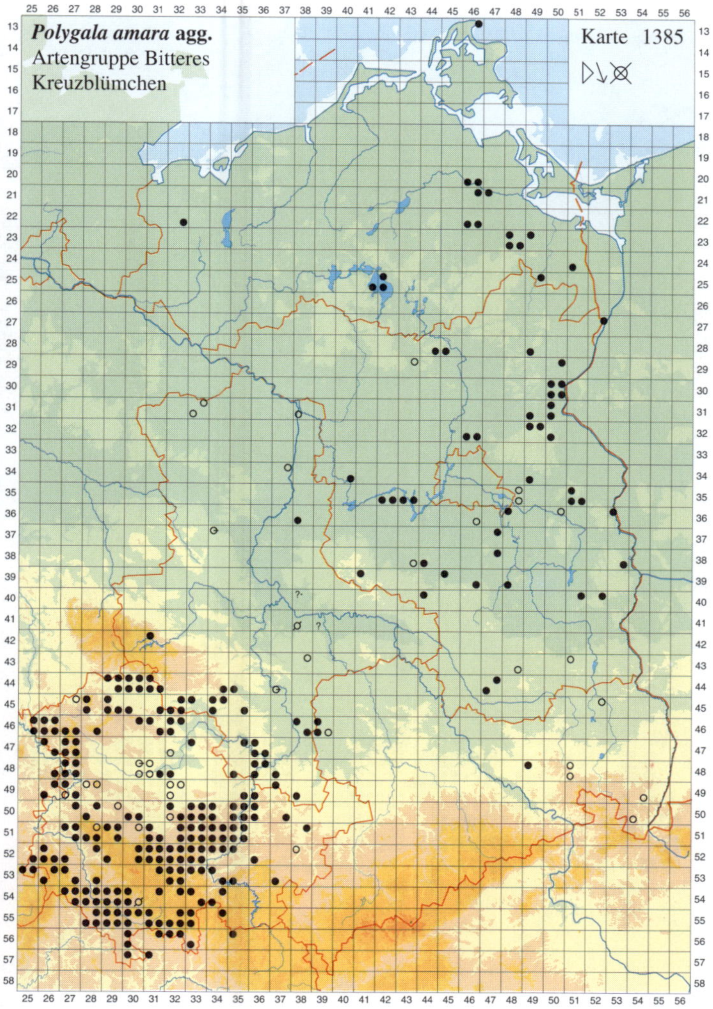
Polygala amara agg.
Artengruppe Bitteres Kreuzblümchen
Karte 1385

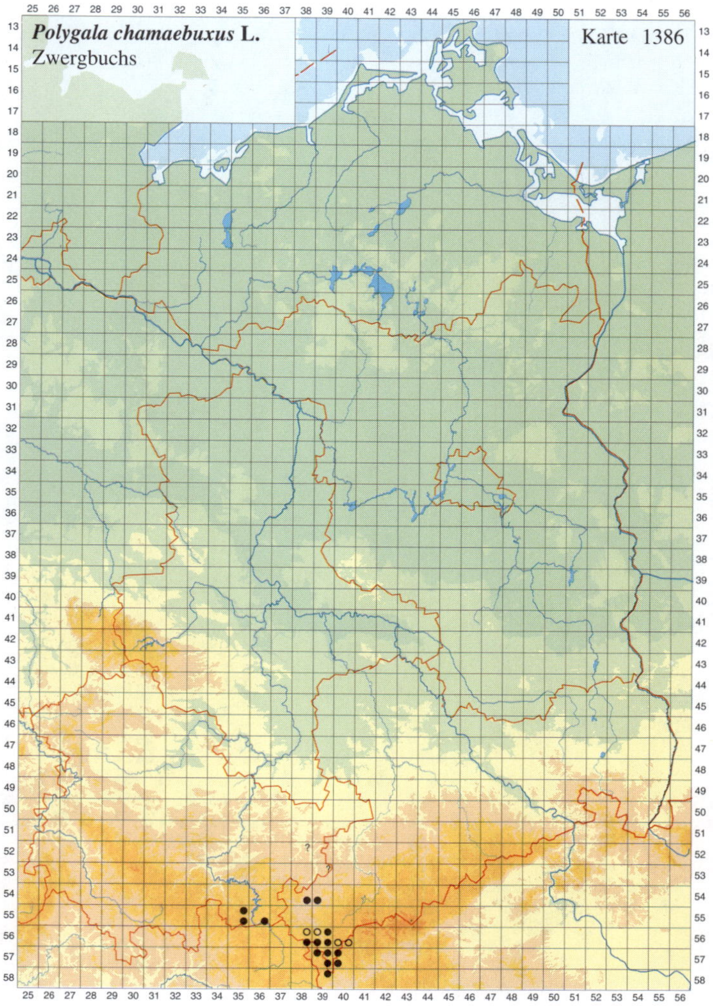
Polygala chamaebuxus L.
Zwergbuchs
Karte 1386

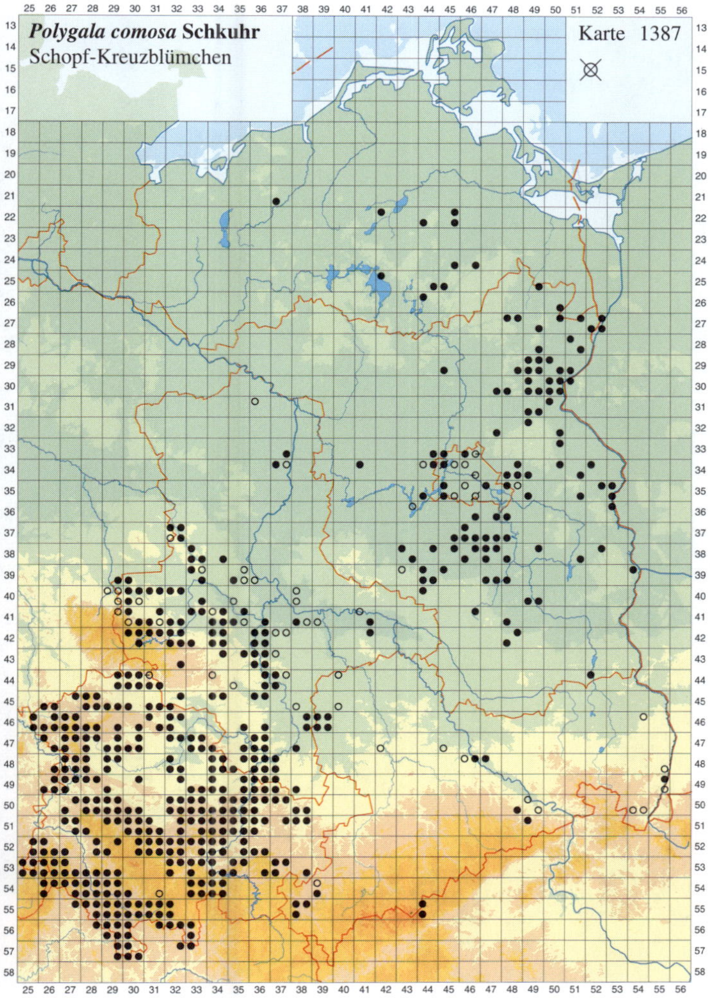
Polygala comosa Schkuhr
Schopf-Kreuzblümchen
Karte 1387

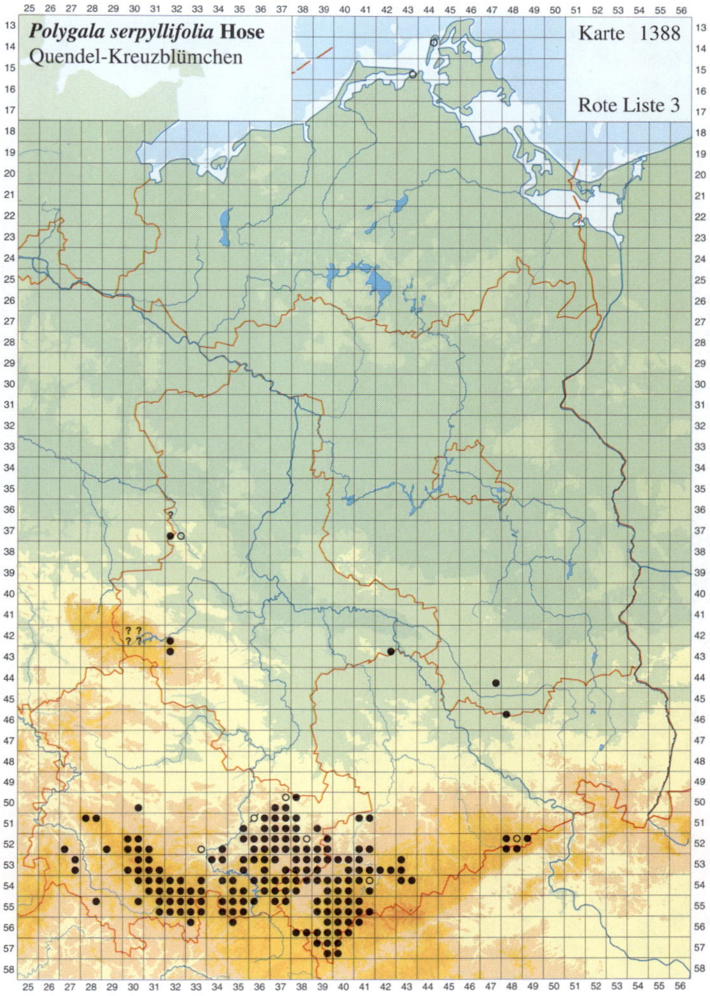
Polygala serpyllifolia Hose
Quendel-Kreuzblümchen
Karte 1388
Rote Liste 3

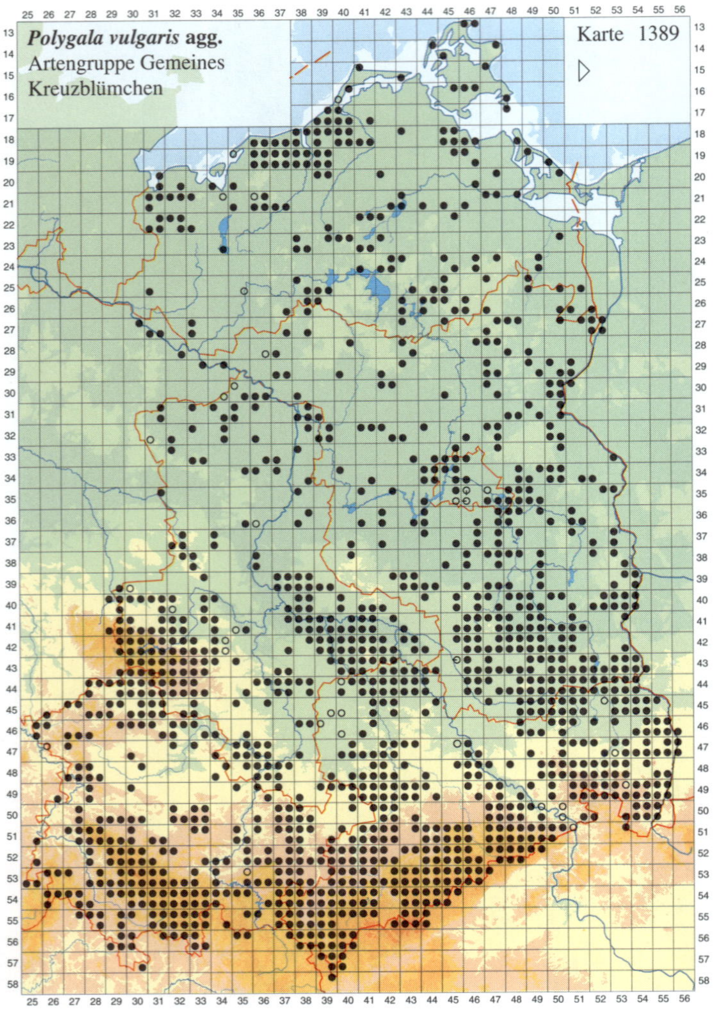
Polygala vulgaris agg.
Artengruppe Gemeines Kreuzblümchen
Karte 1389

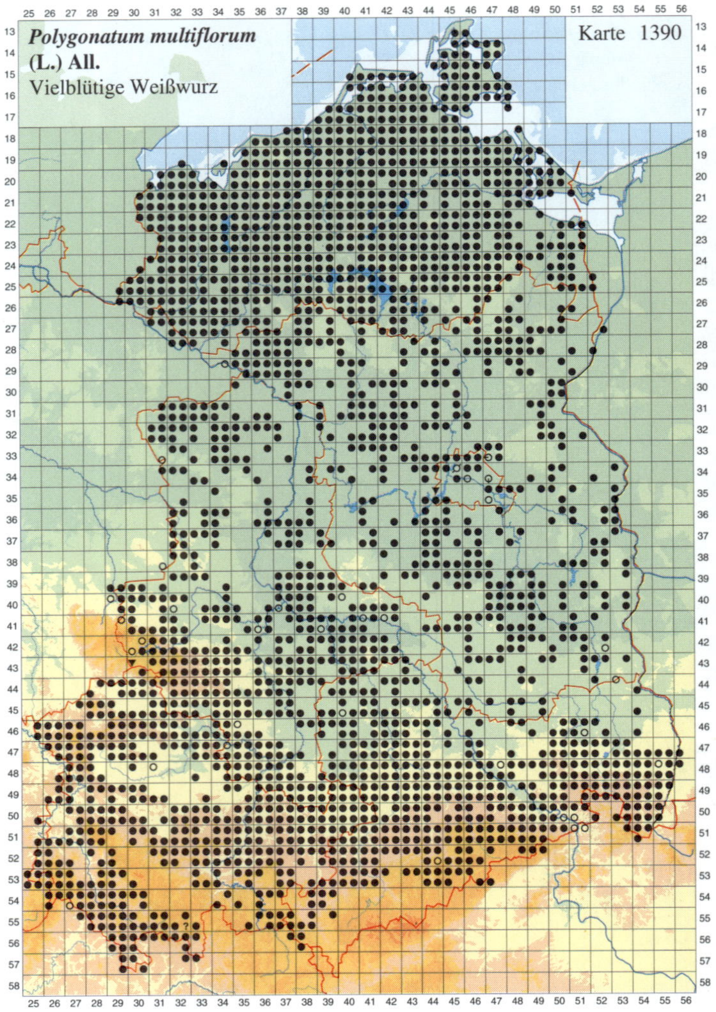
Polygonatum multiflorum (L.) All.
Vielblütige Weißwurz
Karte 1390

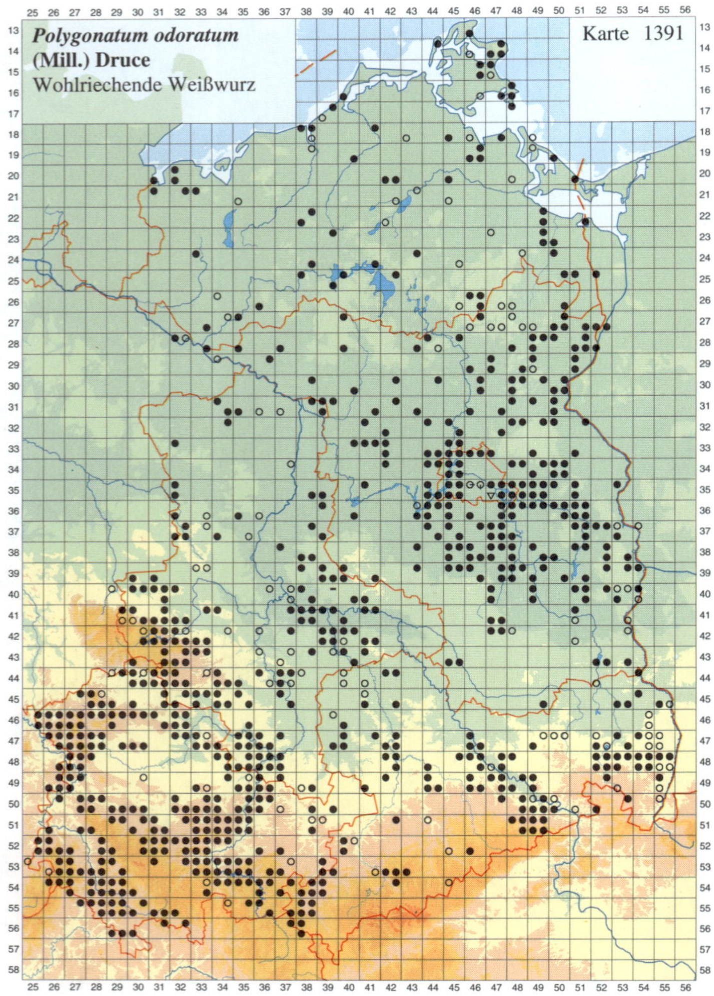
Polygonatum odoratum (Mill.) Druce
Wohlriechende Weißwurz
Karte 1391

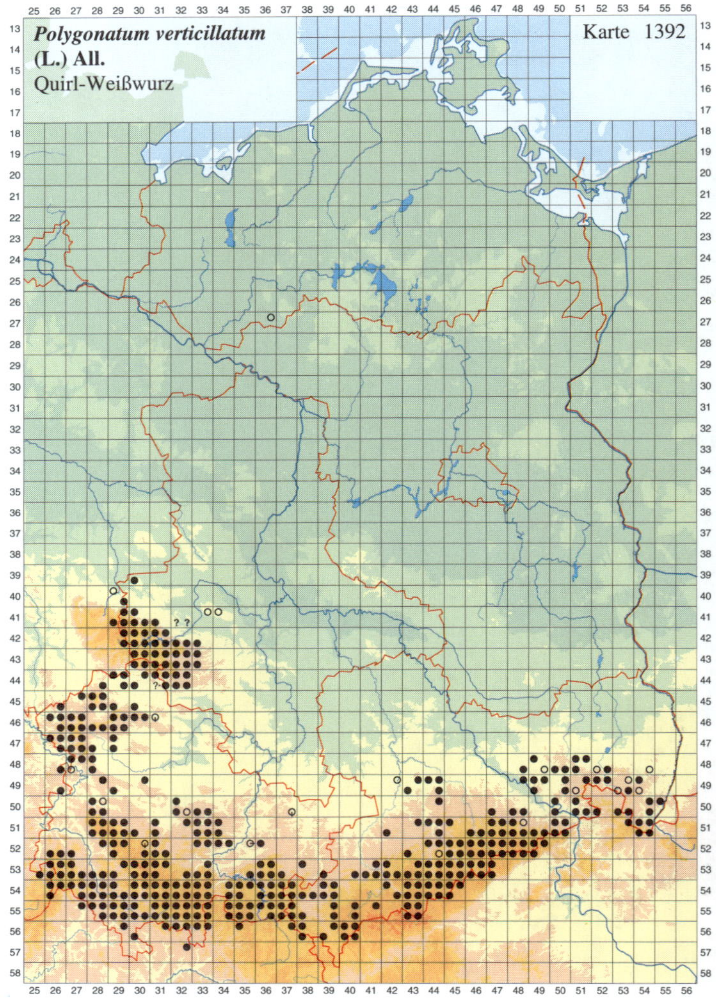
Polygonatum verticillatum (L.) All.
Quirl-Weißwurz
Karte 1392

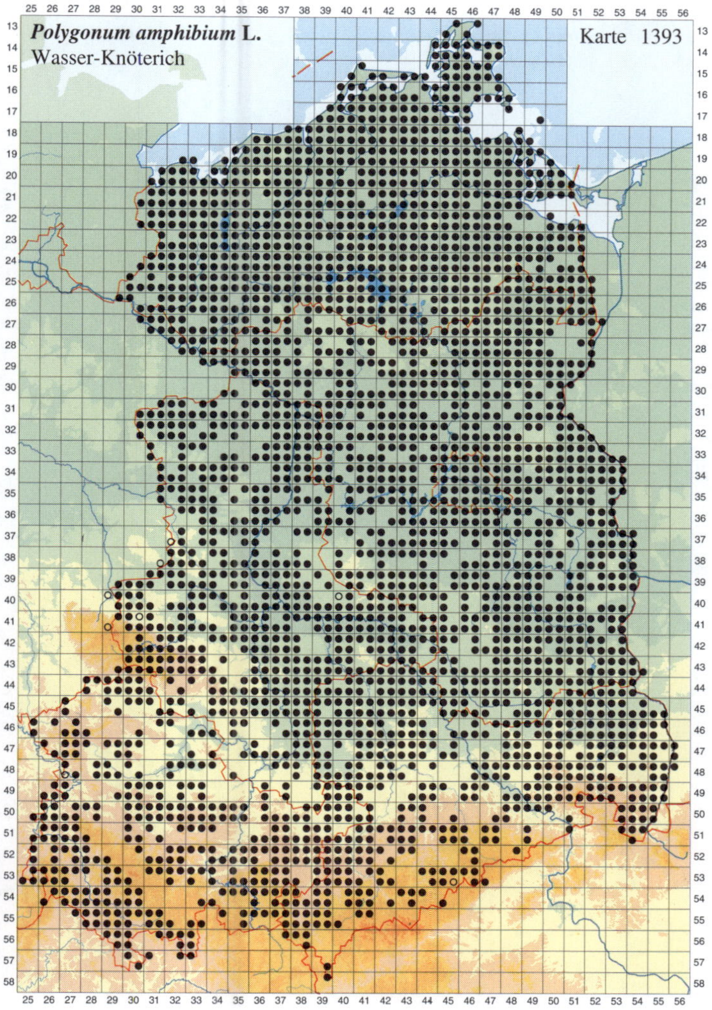
Polygonum amphibium L.
Wasser-Knöterich
Karte 1393

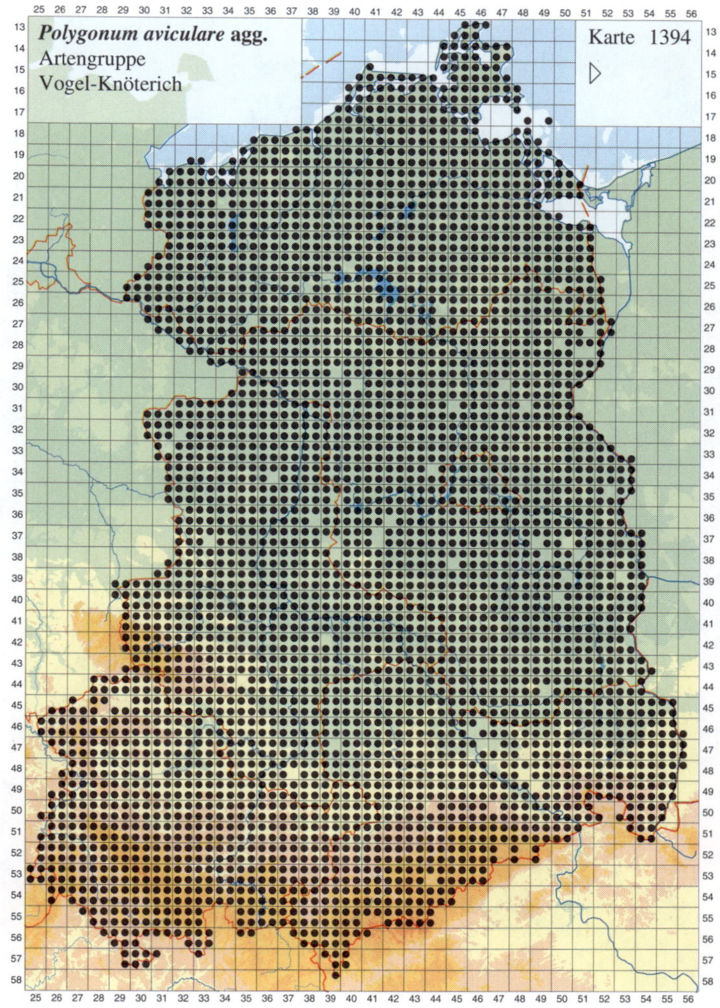
Polygonum aviculare agg.
Artengruppe
Vogel-Knöterich
Karte 1394

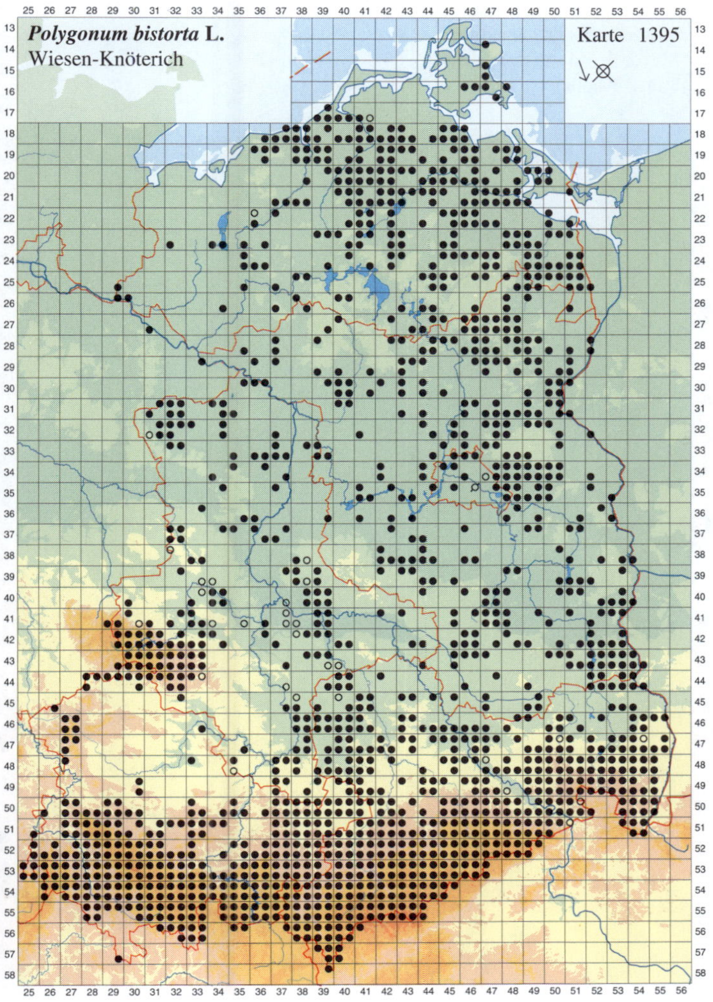
Polygonum bistorta L.
Wiesen-Knöterich
Karte 1395

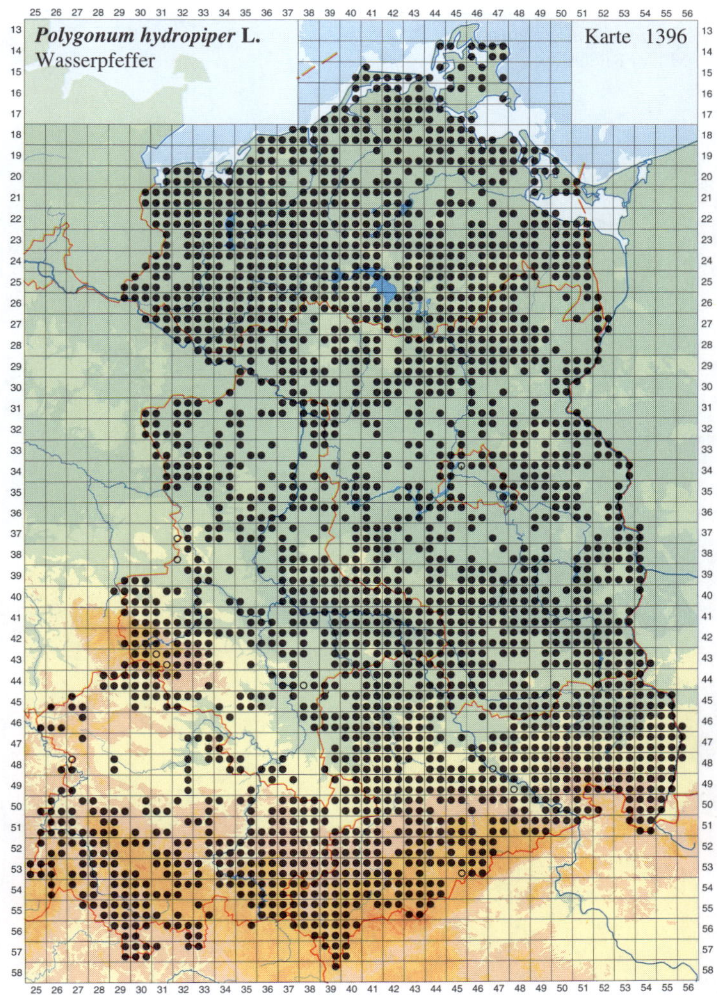
Polygonum hydropiper L.
Wasserpfeffer
Karte 1396

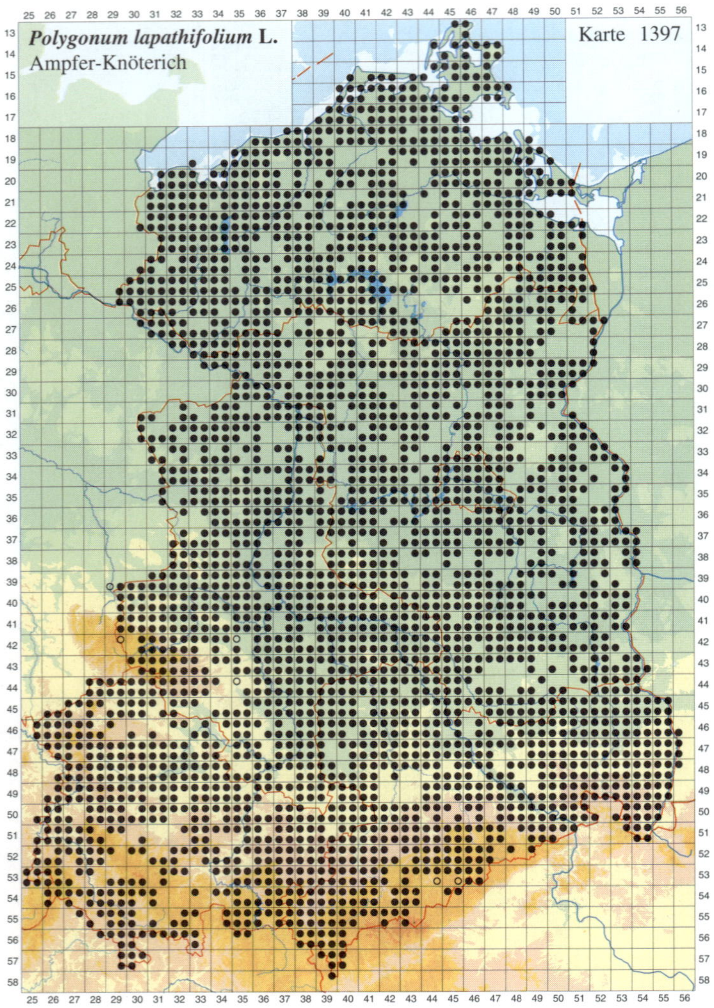
Polygonum lapathifolium L.
Ampfer-Knöterich
Karte 1397

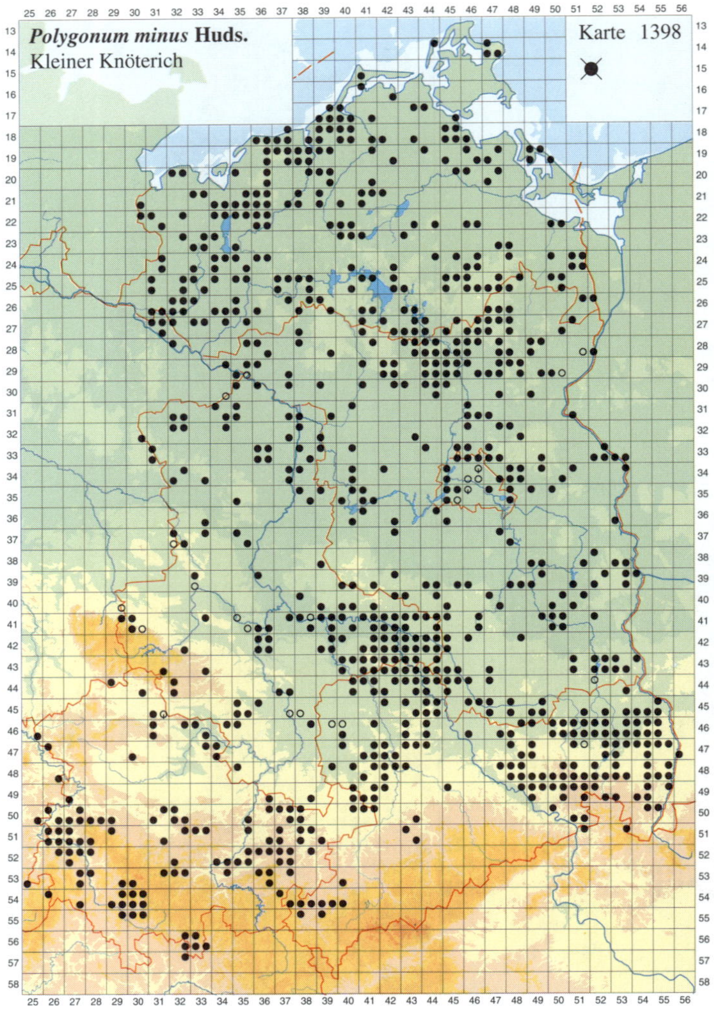
Polygonum minus Huds.
Kleiner Knöterich
Karte 1398

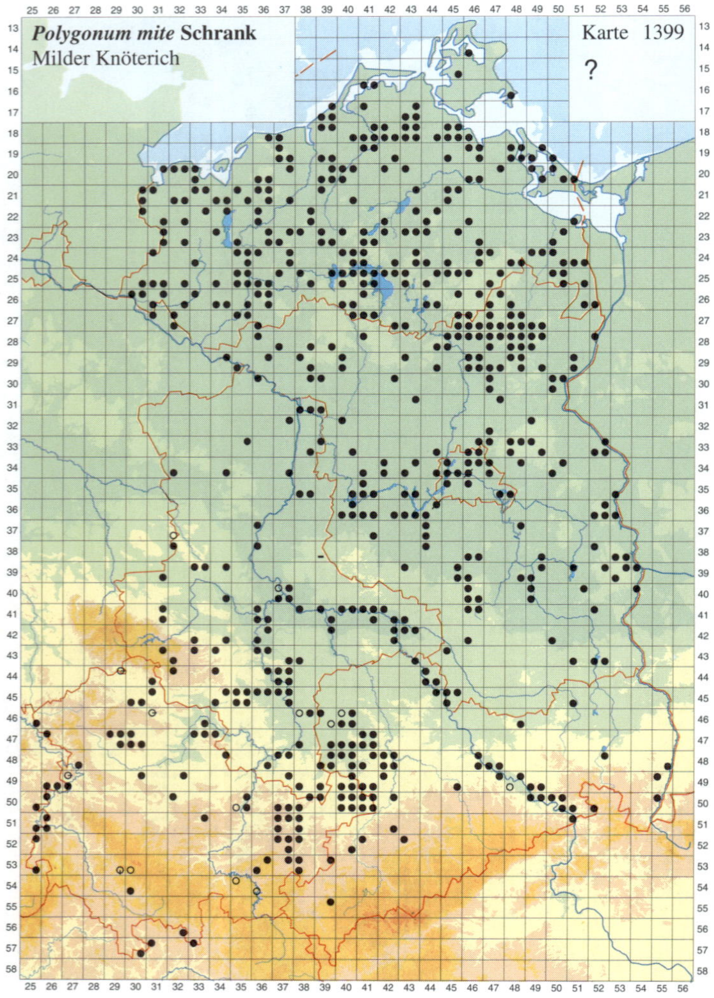
Polygonum mite Schrank
Milder Knöterich
Karte 1399
?

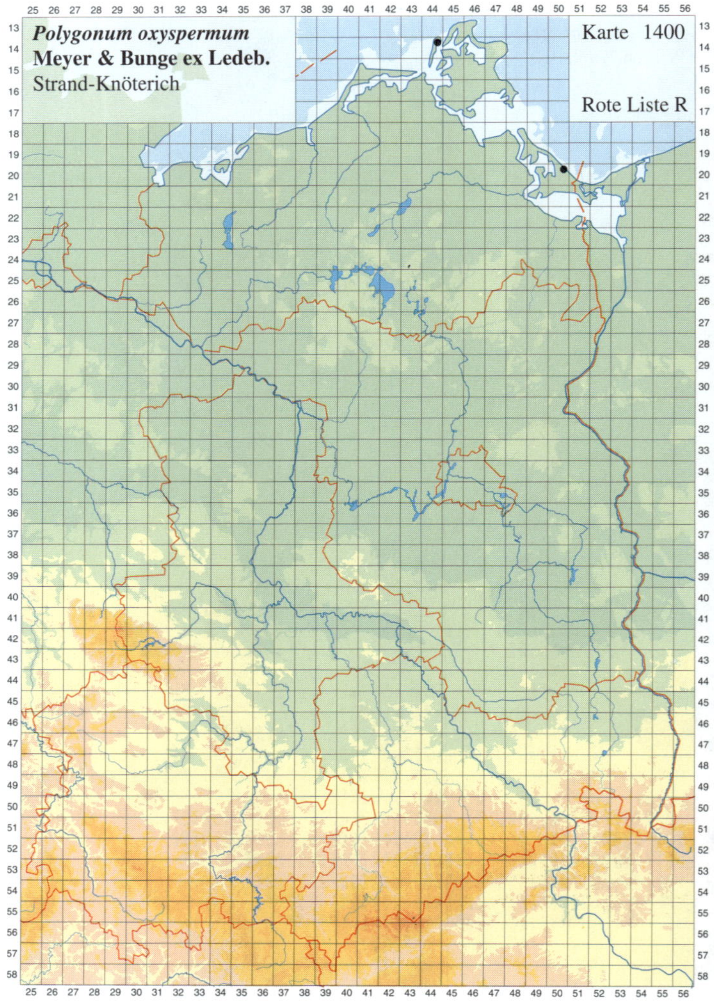
Polygonum oxyspermum
Meyer & Bunge ex Ledeb.
Strand-Knöterich
Karte 1400
Rote Liste R

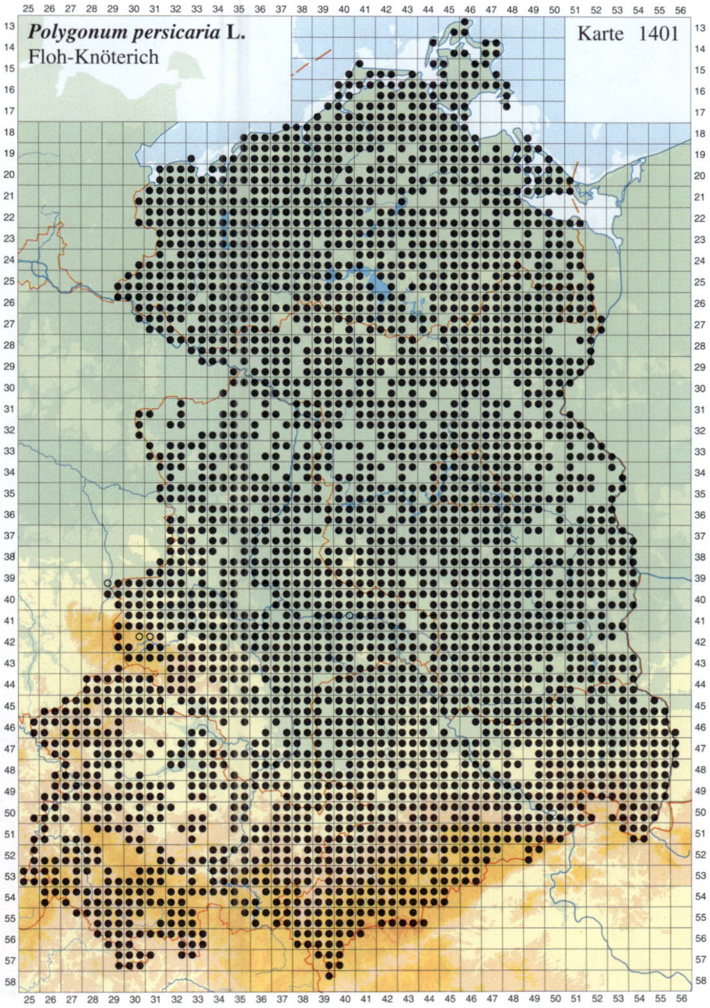
Polygonum persicaria L.
Floh-Knöterich
Karte 1401

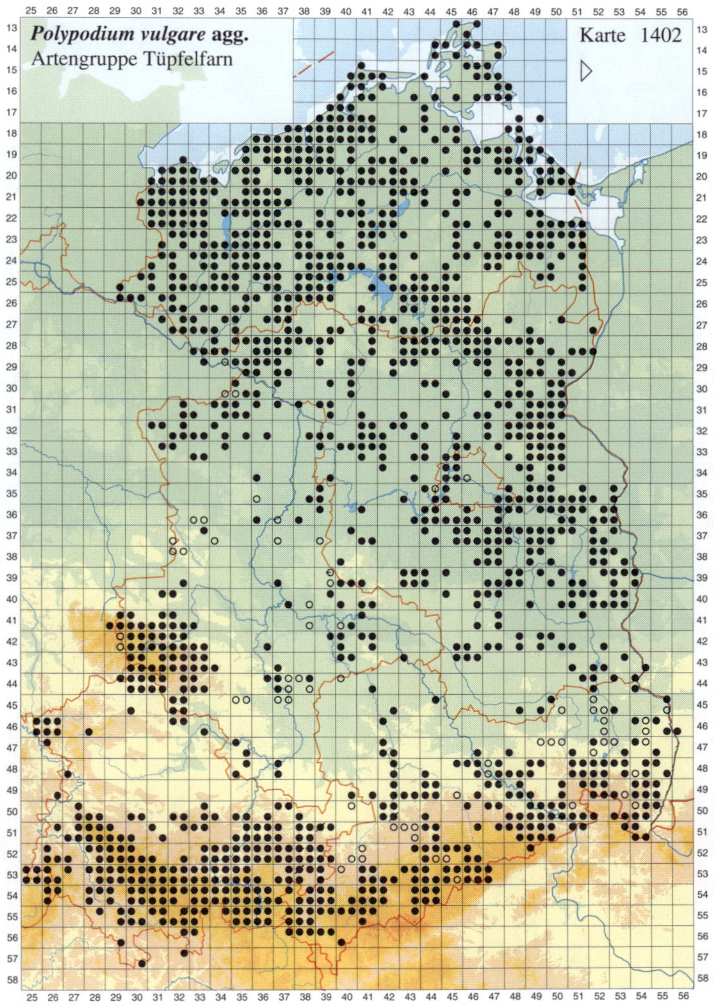
Polypodium vulgare agg.
Artengruppe Tüpfelfarn
Karte 1402
▷

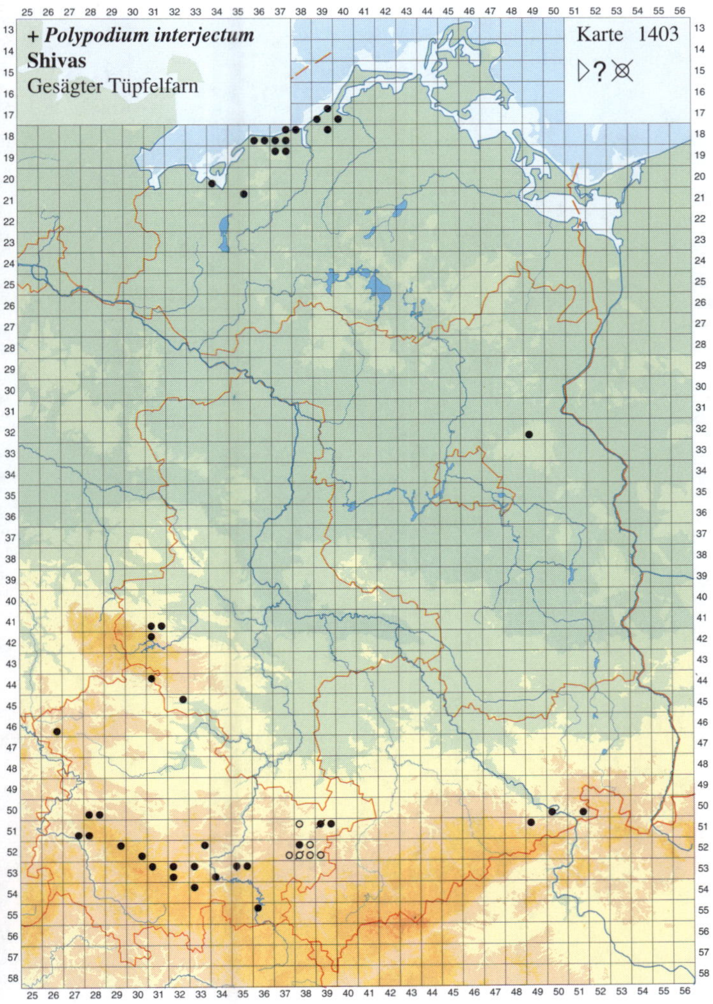
+ *Polypodium interjectum*
Shivas
Gesägter Tüpfelfarn
Karte 1403
▷?⊠

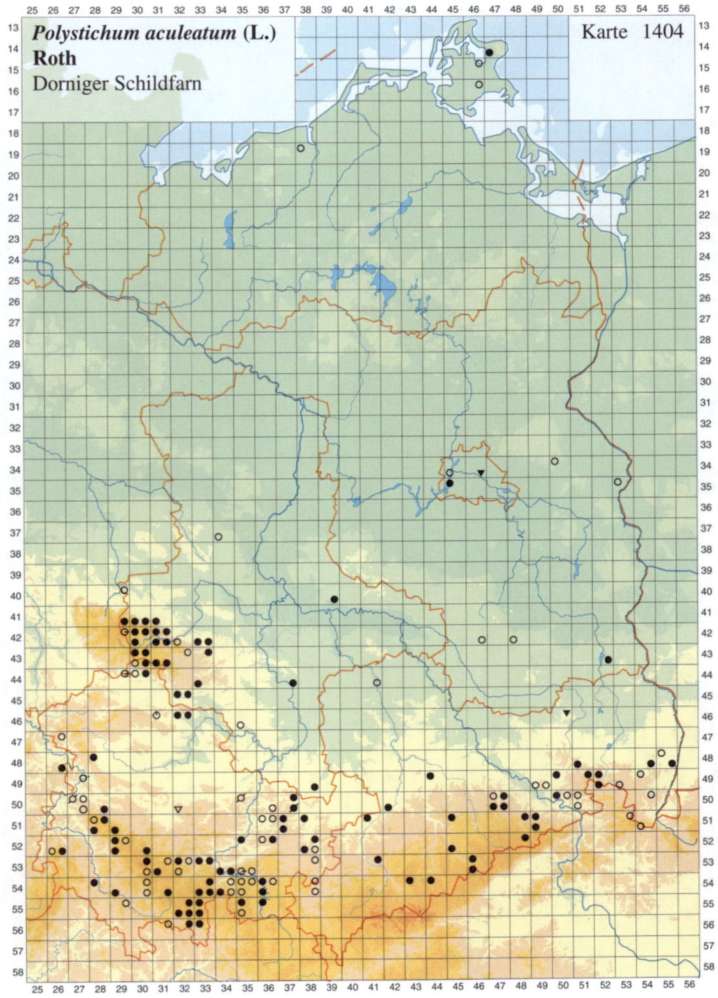
Polystichum aculeatum (L.)
Roth
Dorniger Schildfarn
Karte 1404

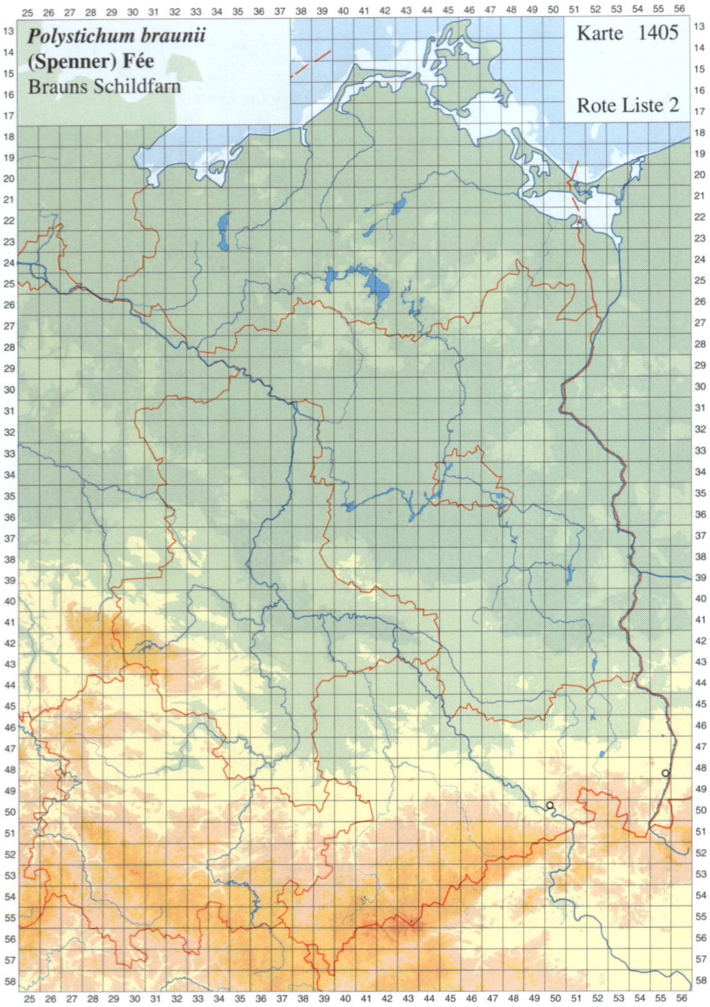
Polystichum braunii (Spenner) Fée
Brauns Schildfarn
Karte 1405
Rote Liste 2

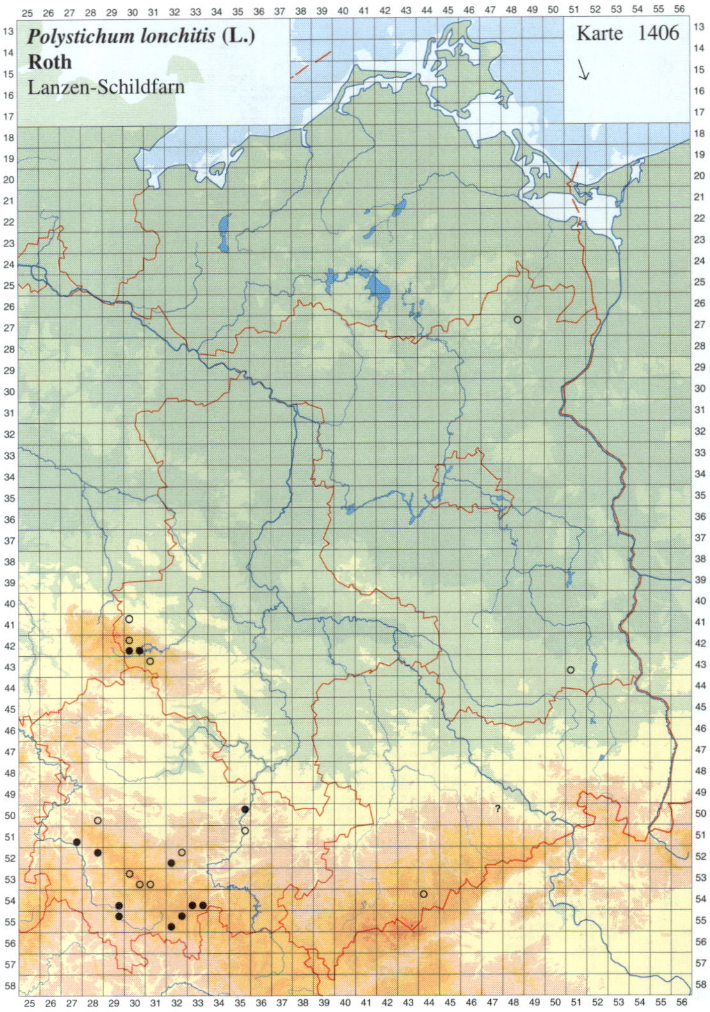
Polystichum lonchitis (L.) Roth
Lanzen-Schildfarn
Karte 1406

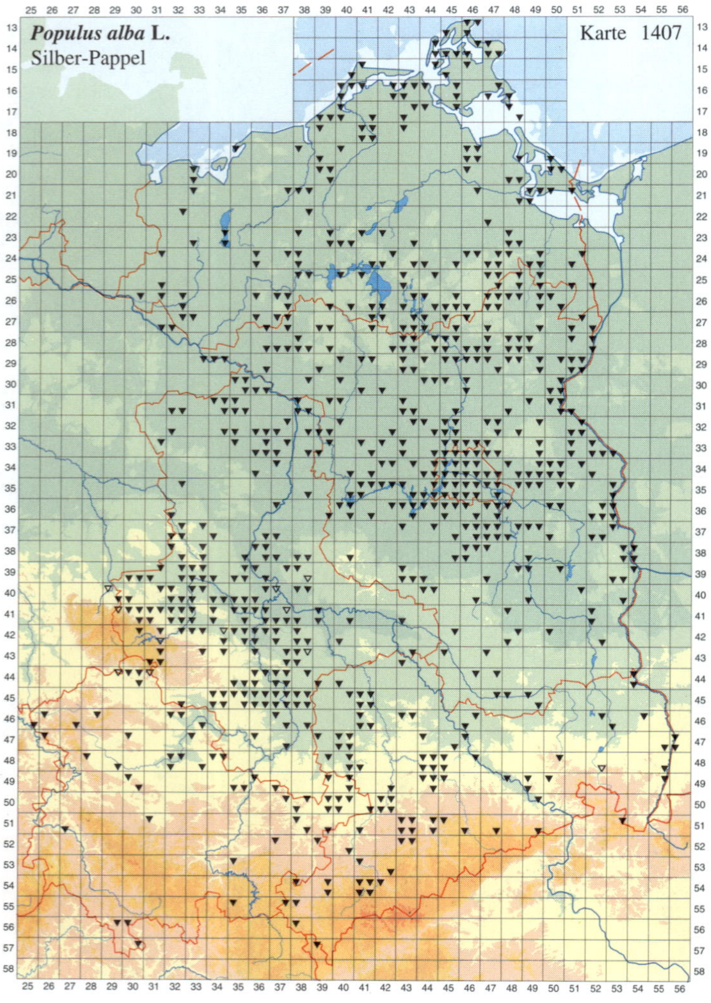
Populus alba L.
Silber-Pappel
Karte 1407

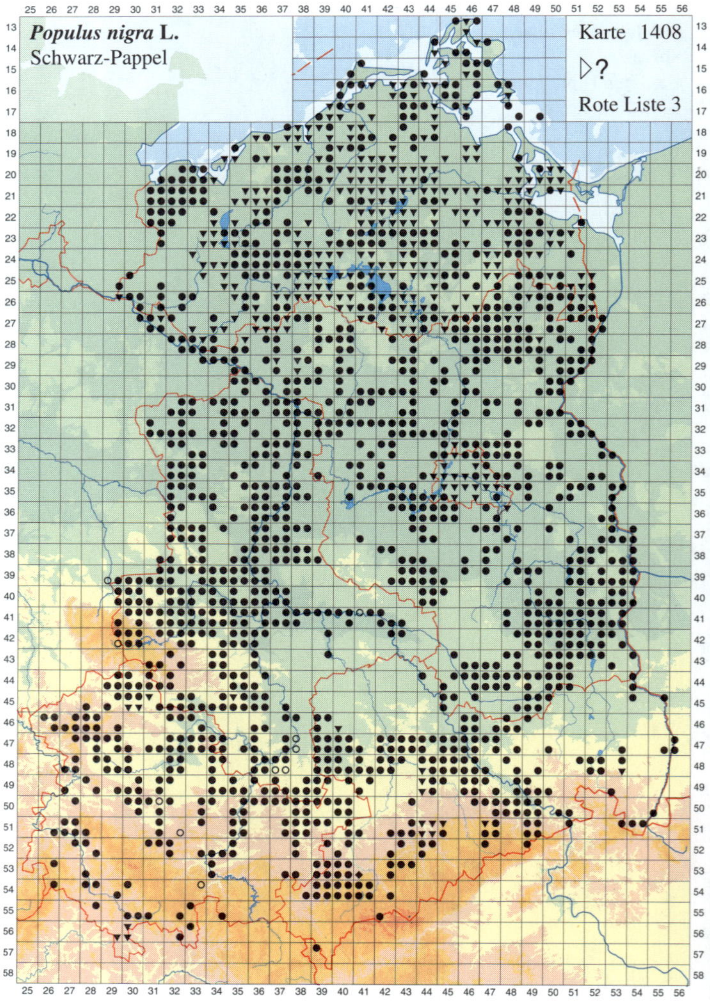
Populus nigra L.
Schwarz-Pappel
Karte 1408
?
Rote Liste 3

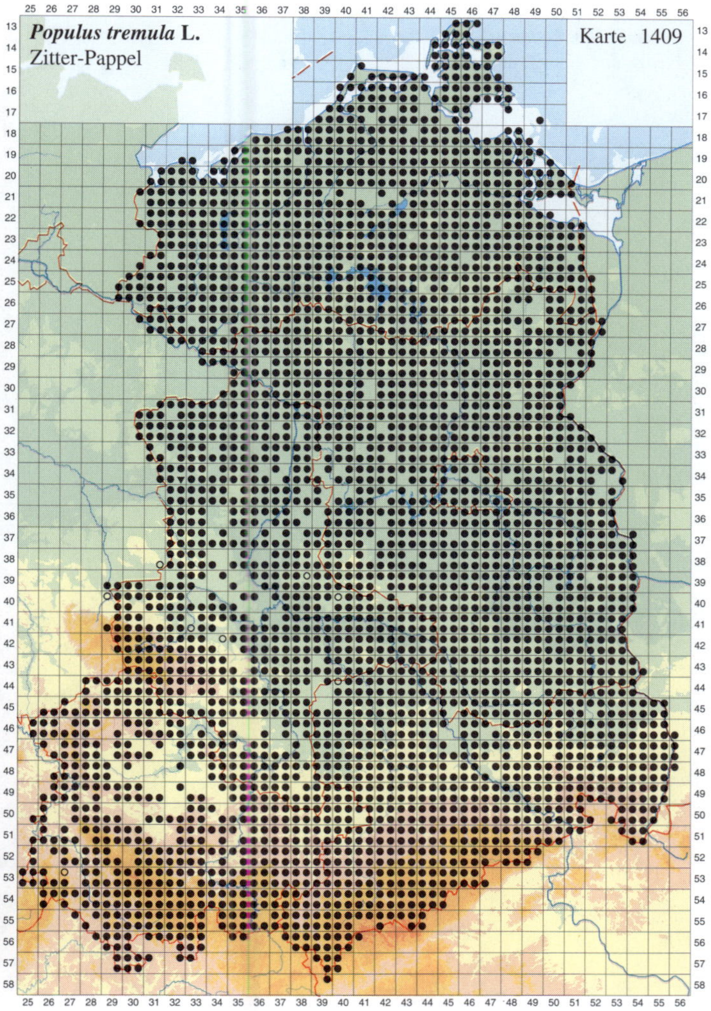
Populus tremula L.
Zitter-Pappel
Karte 1409

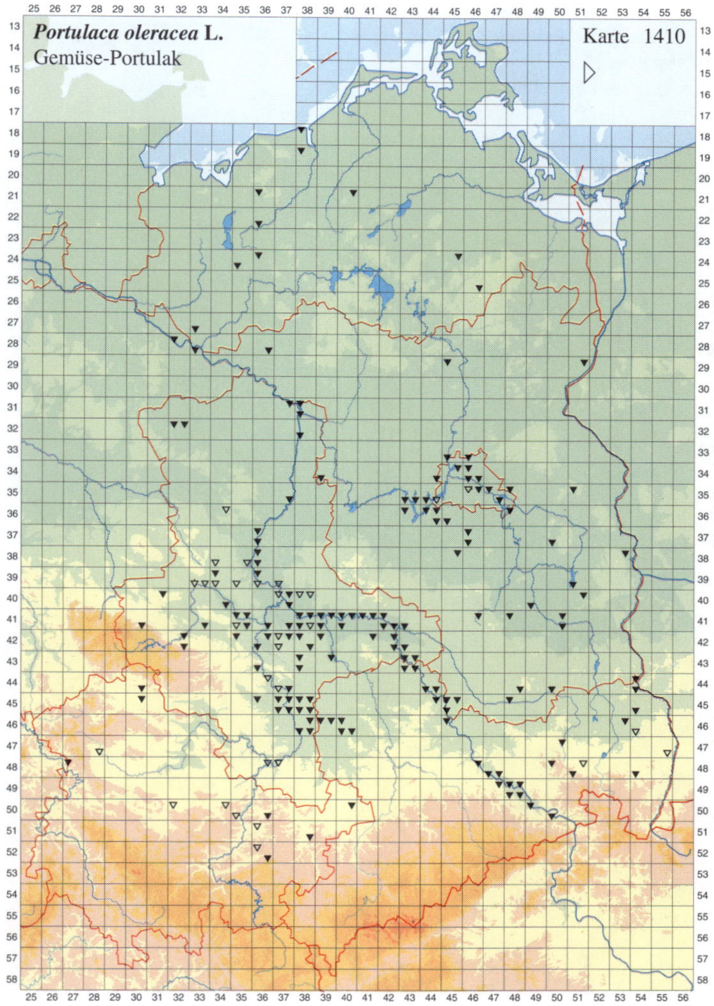
Portulaca oleracea L.
Gemüse-Portulak
Karte 1410

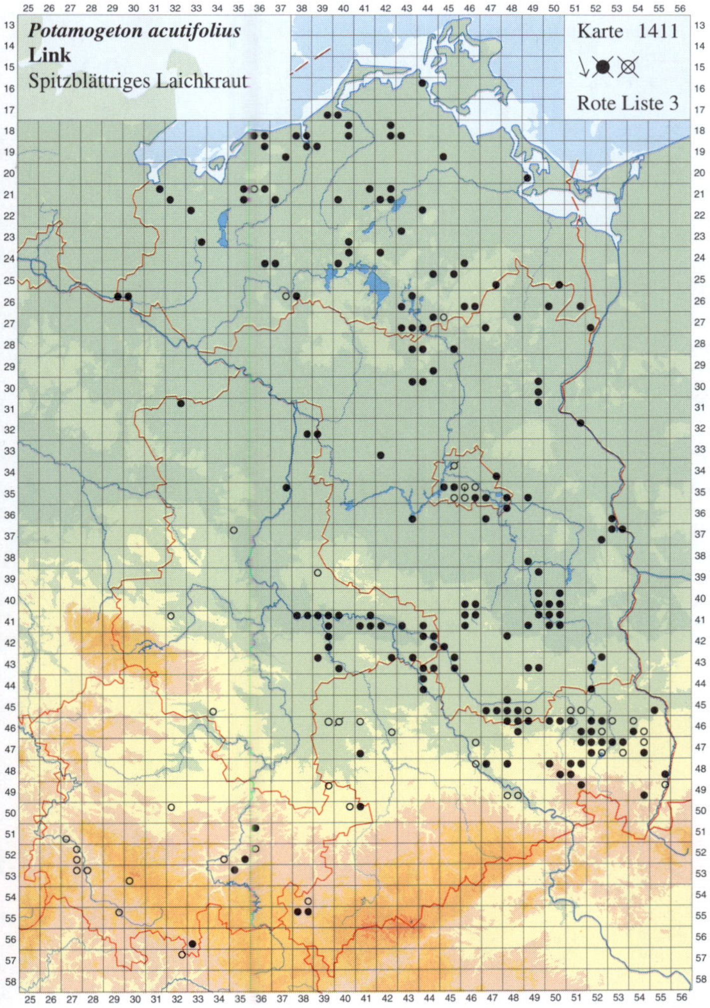
Potamogeton acutifolius
Link
Spitzblättriges Laichkraut
Karte 1411
Rote Liste 3

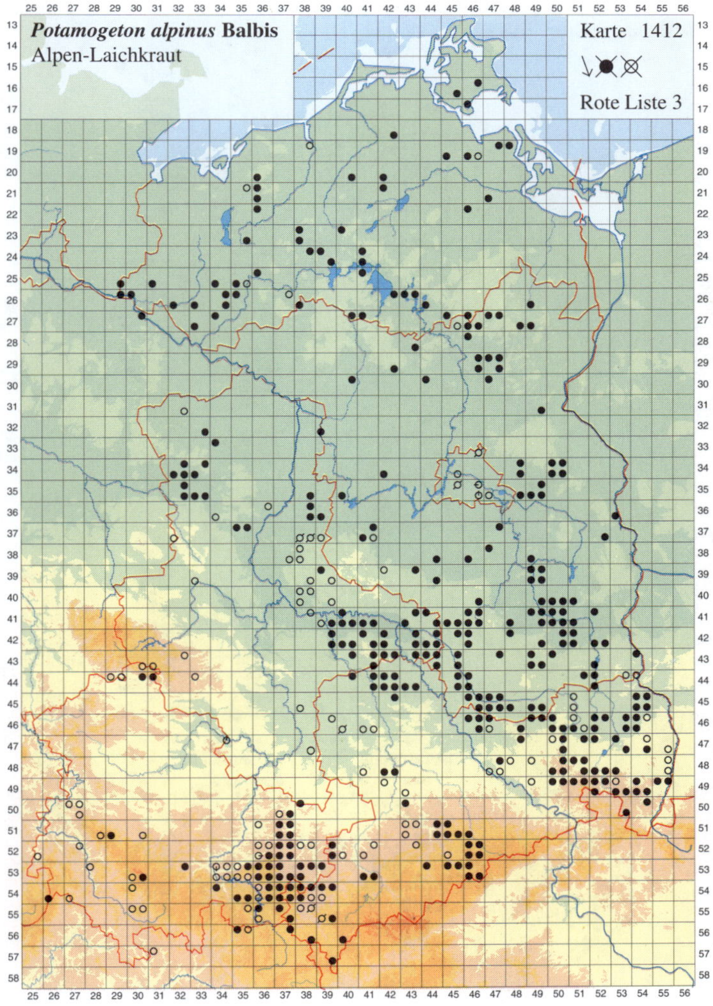
Potamogeton alpinus Balbis
Alpen-Laichkraut
Karte 1412
Rote Liste 3

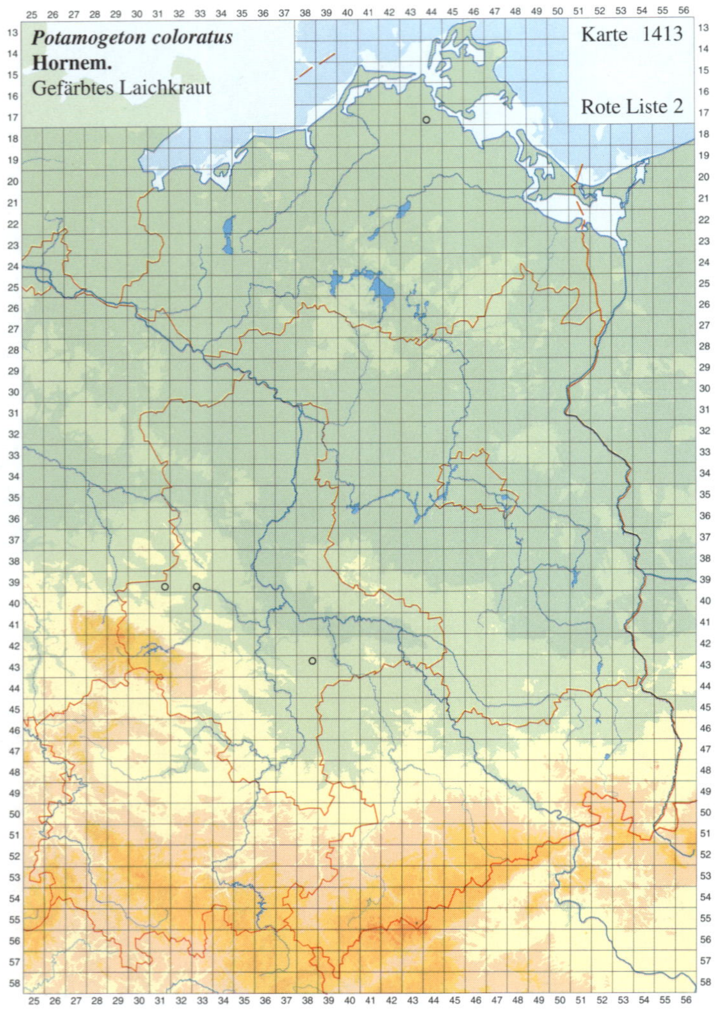
Potamogeton coloratus Hornem.
Gefärbtes Laichkraut
Karte 1413
Rote Liste 2

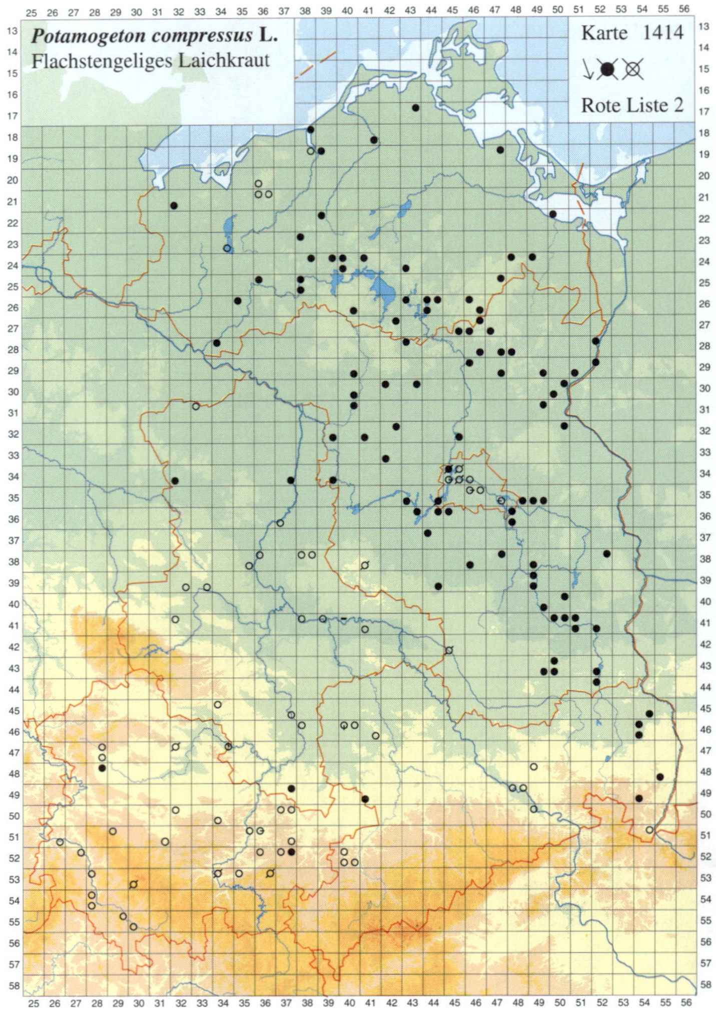
Potamogeton compressus L.
Flachstengeliges Laichkraut
Karte 1414
Rote Liste 2

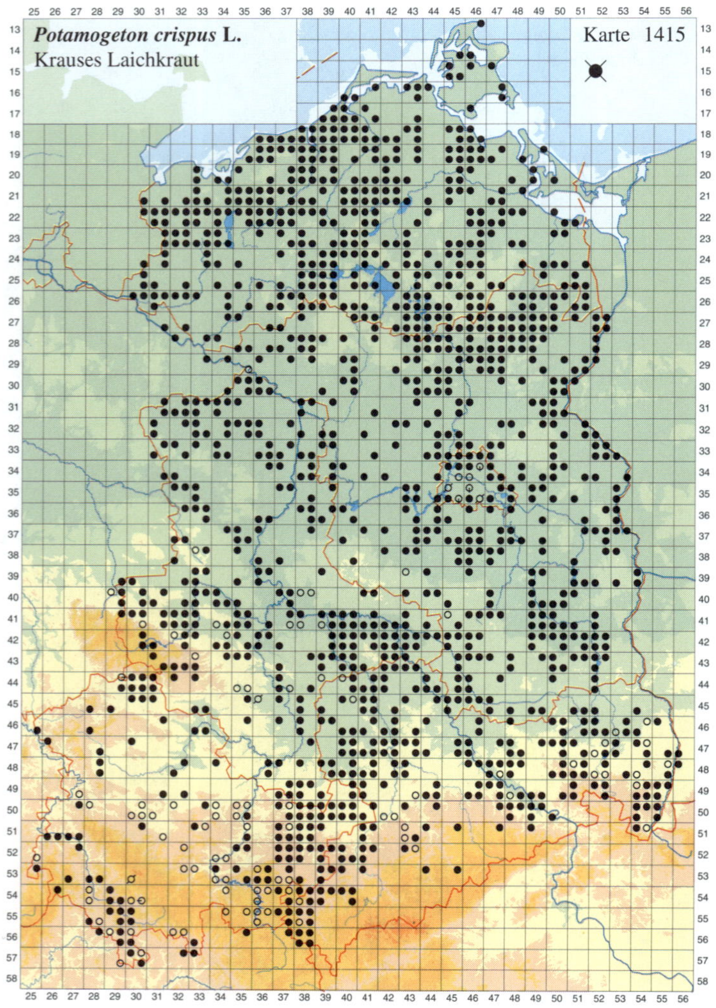
Potamogeton crispus L.
Krauses Laichkraut
Karte 1415

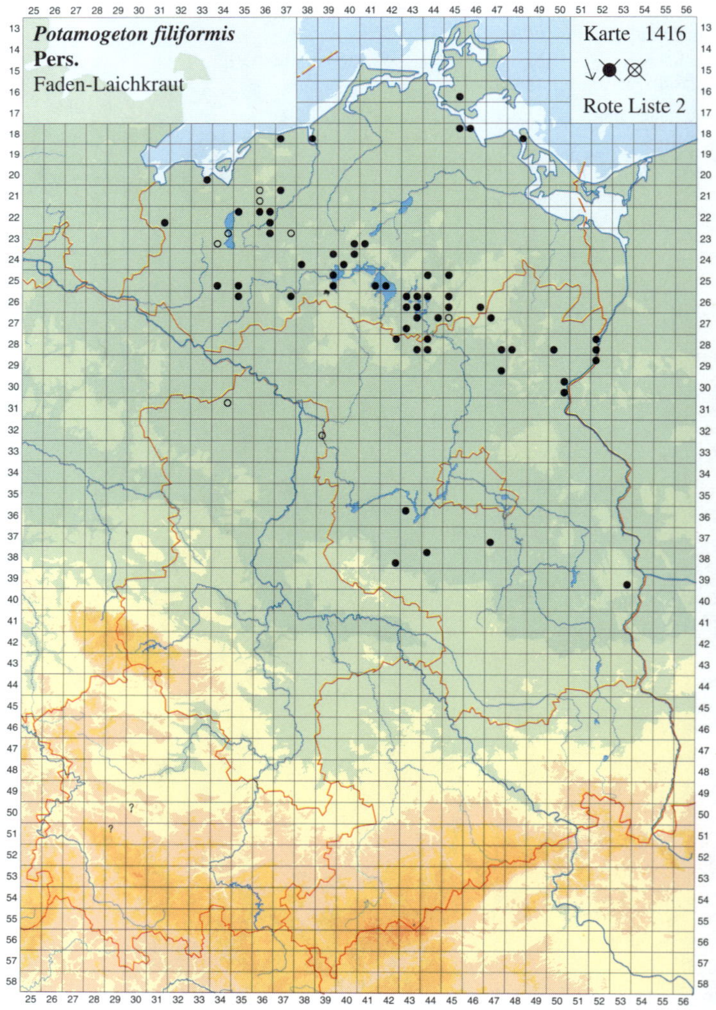
Potamogeton filiformis Pers.
Faden-Laichkraut
Karte 1416
Rote Liste 2

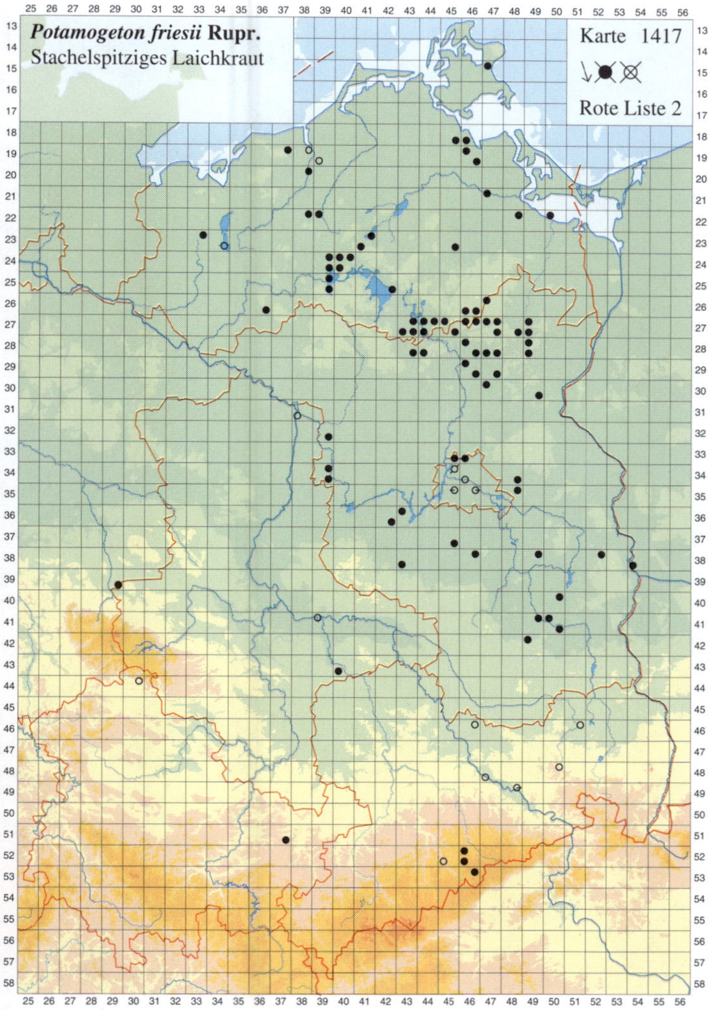
Potamogeton friesii Rupr.
Stachelspitziges Laichkraut
Karte 1417
Rote Liste 2

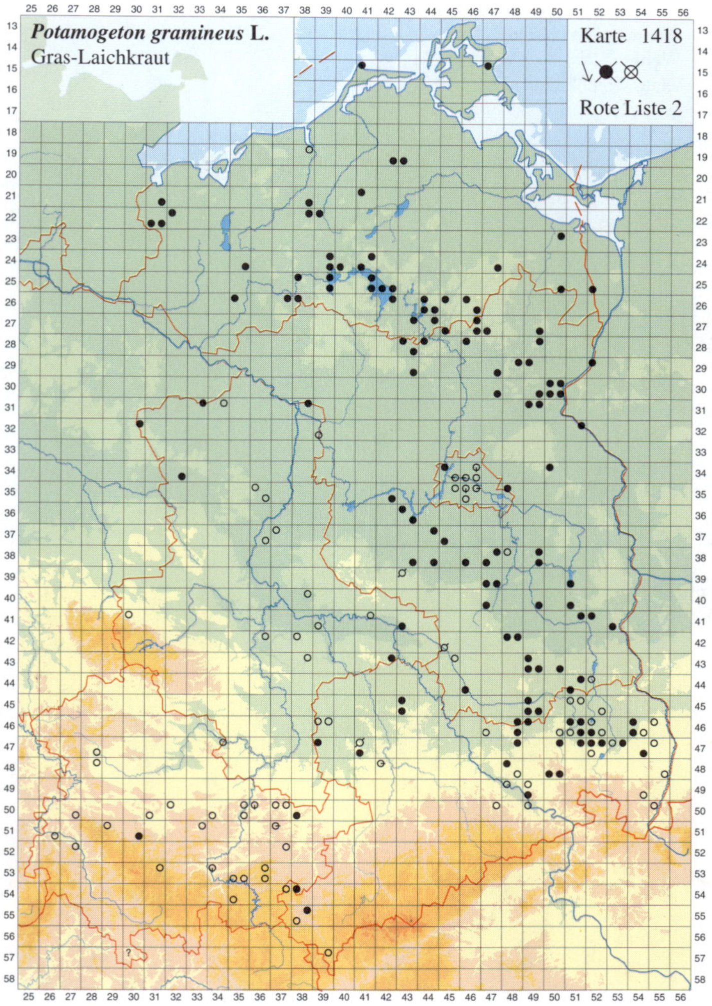
Potamogeton gramineus L.
Gras-Laichkraut
Karte 1418
Rote Liste 2

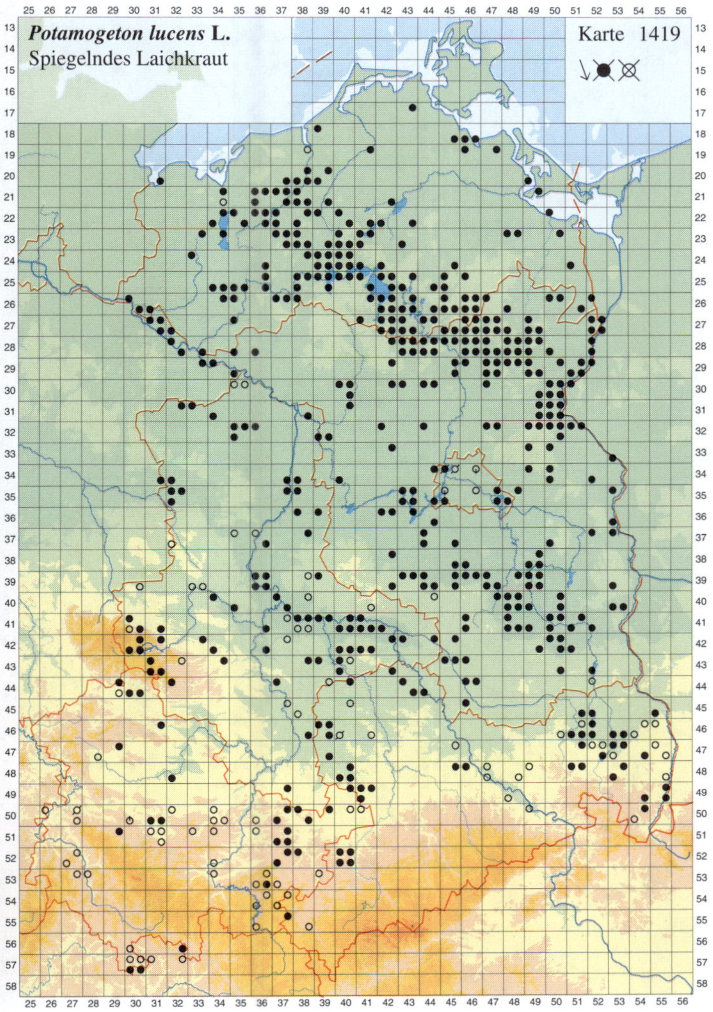
Potamogeton lucens L.
Spiegelndes Laichkraut
Karte 1419

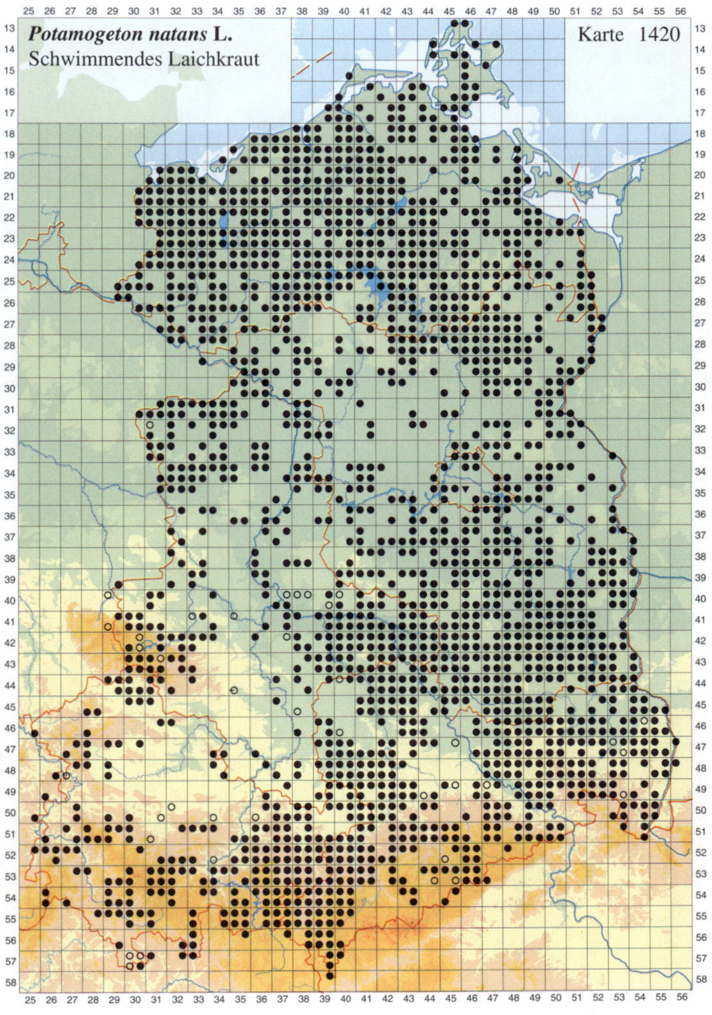
Potamogeton natans L.
Schwimmendes Laichkraut
Karte 1420

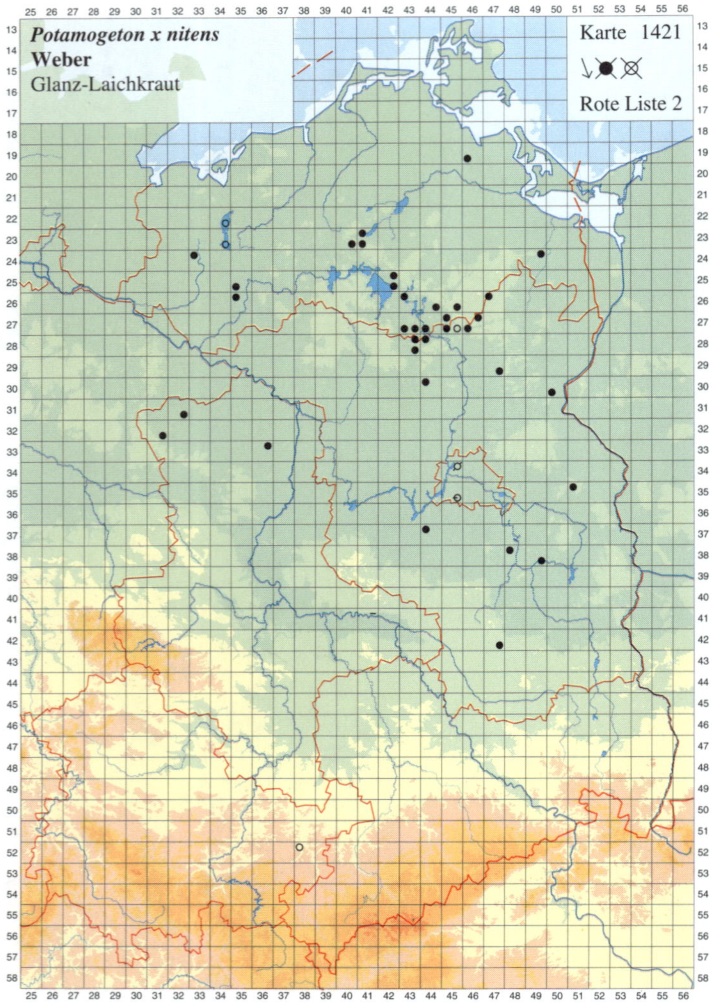
Potamogeton x nitens
Weber
Glanz-Laichkraut
Karte 1421
Rote Liste 2

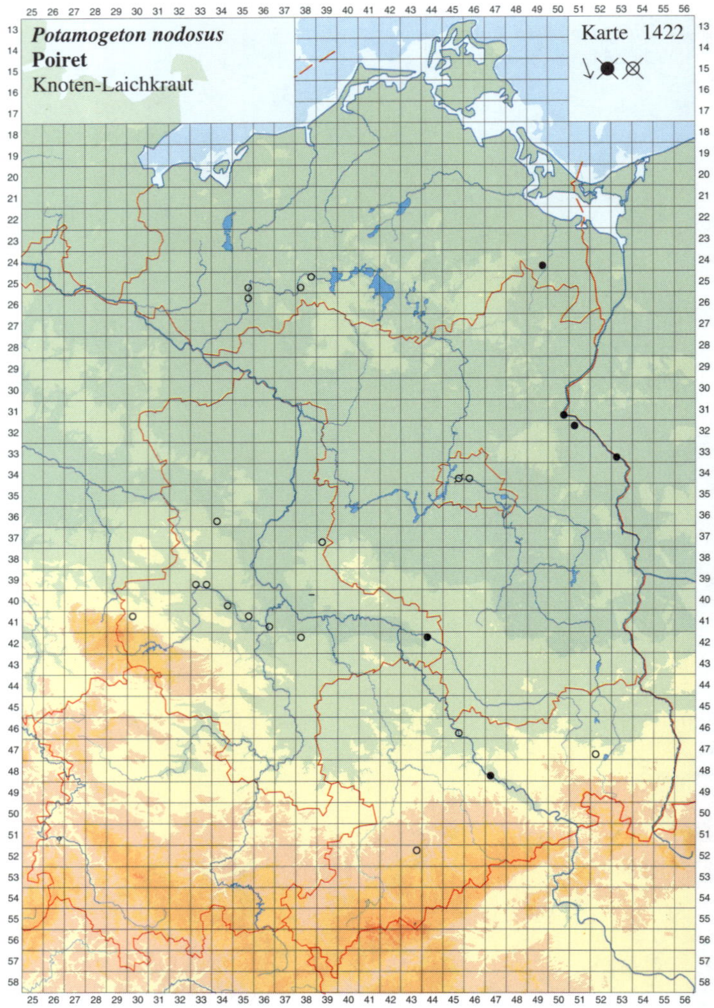
Potamogeton nodosus
Poiret
Knoten-Laichkraut
Karte 1422

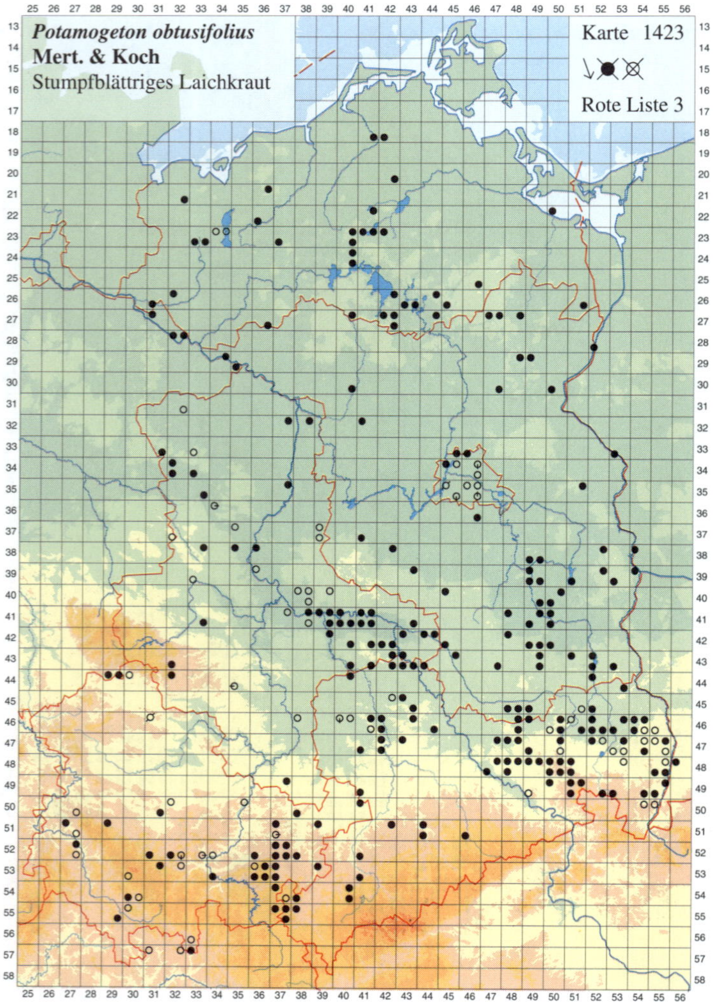
Potamogeton obtusifolius
Mert. & Koch
Stumpfblättriges Laichkraut
Karte 1423
Rote Liste 3

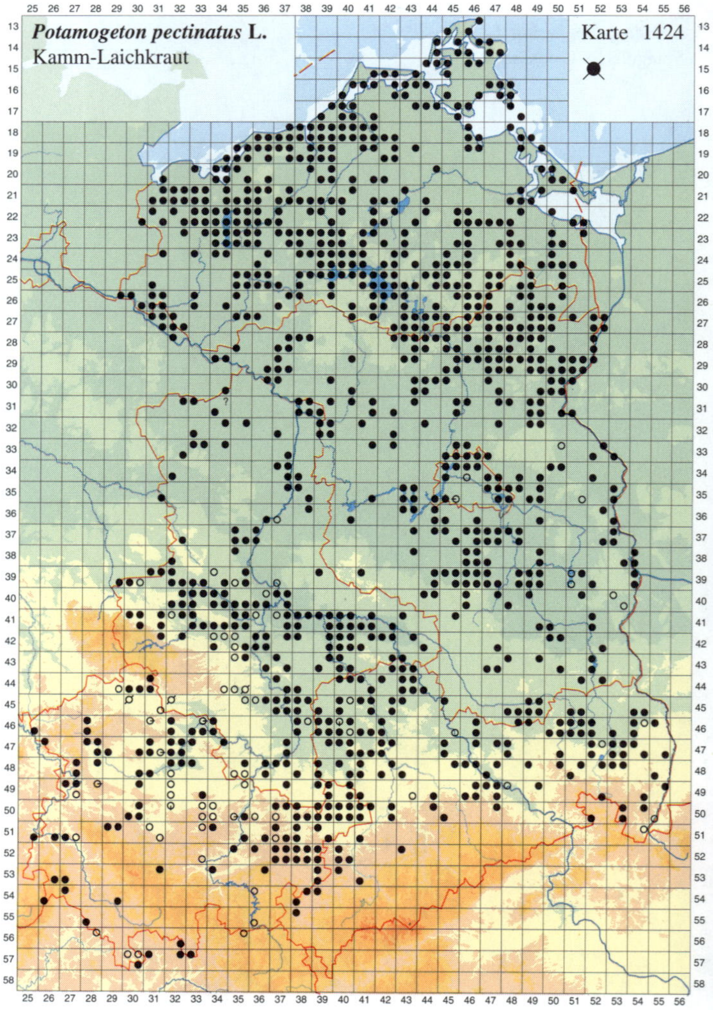
Potamogeton pectinatus **L.**
Kamm-Laichkraut
Karte 1424

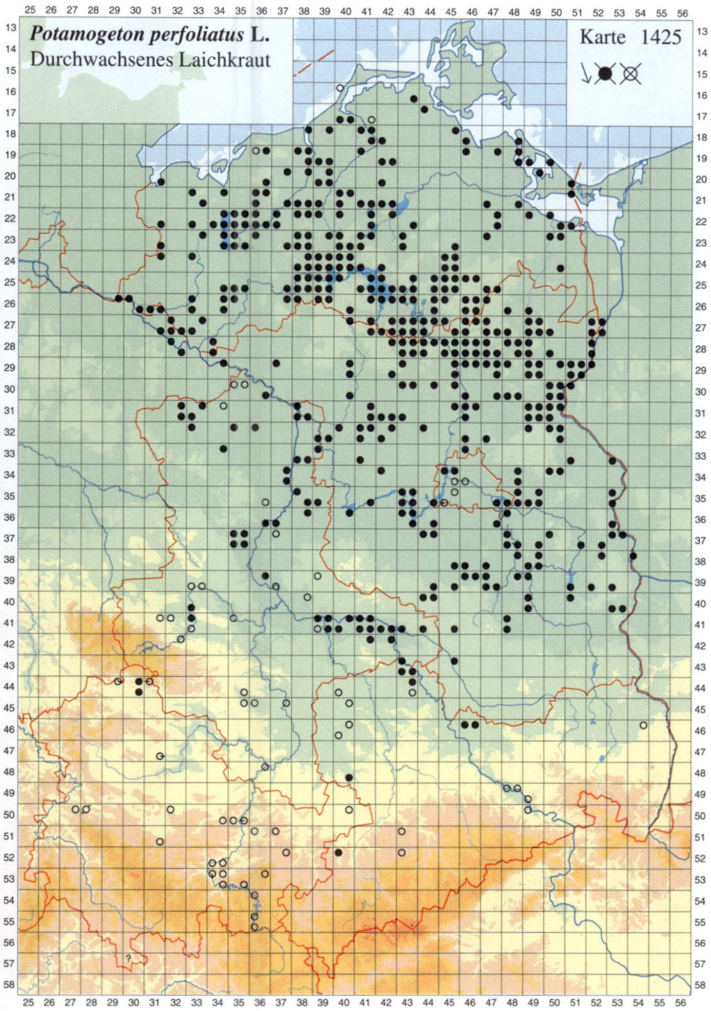
Potamogeton perfoliatus L.
Durchwachsenes Laichkraut
Karte 1425

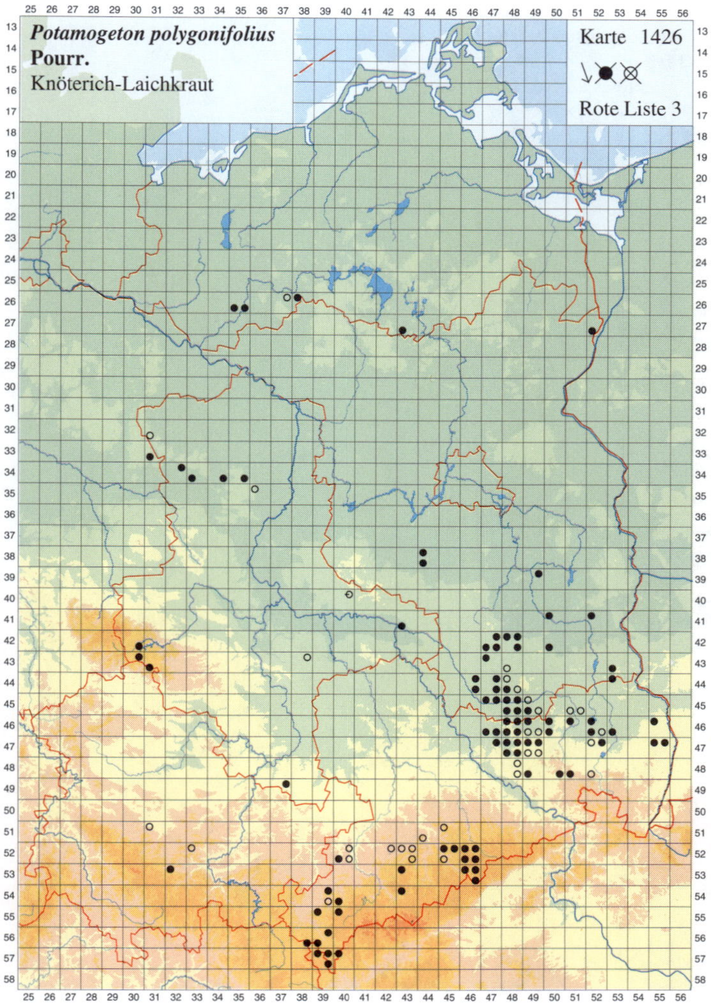
Potamogeton polygonifolius Pourr.
Knöterich-Laichkraut
Karte 1426
Rote Liste 3

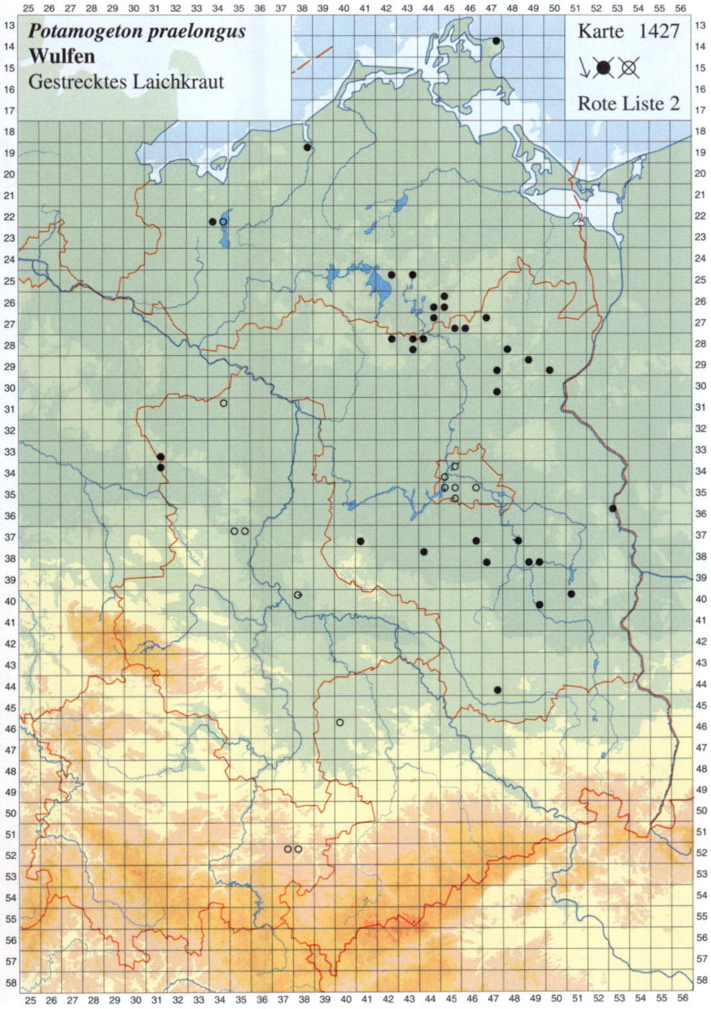
Potamogeton praelongus Wulfen
Gestrecktes Laichkraut
Karte 1427
Rote Liste 2

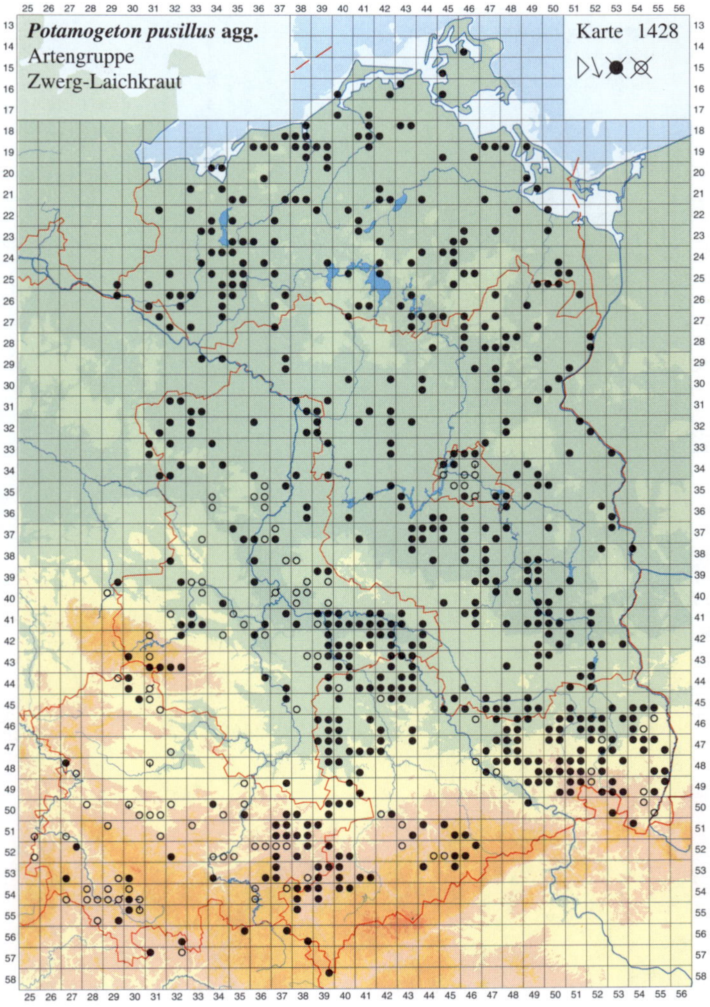
Potamogeton pusillus agg.
Artengruppe
Zwerg-Laichkraut
Karte 1428

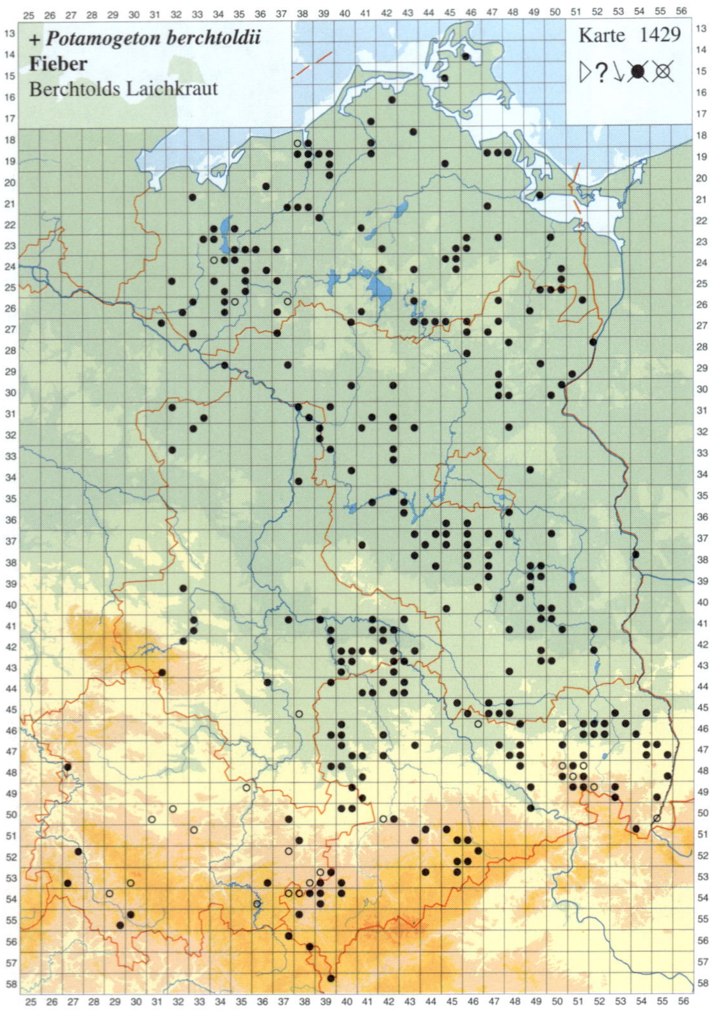
+ Potamogeton berchtoldii
Fieber
Berchtolds Laichkraut
Karte 1429

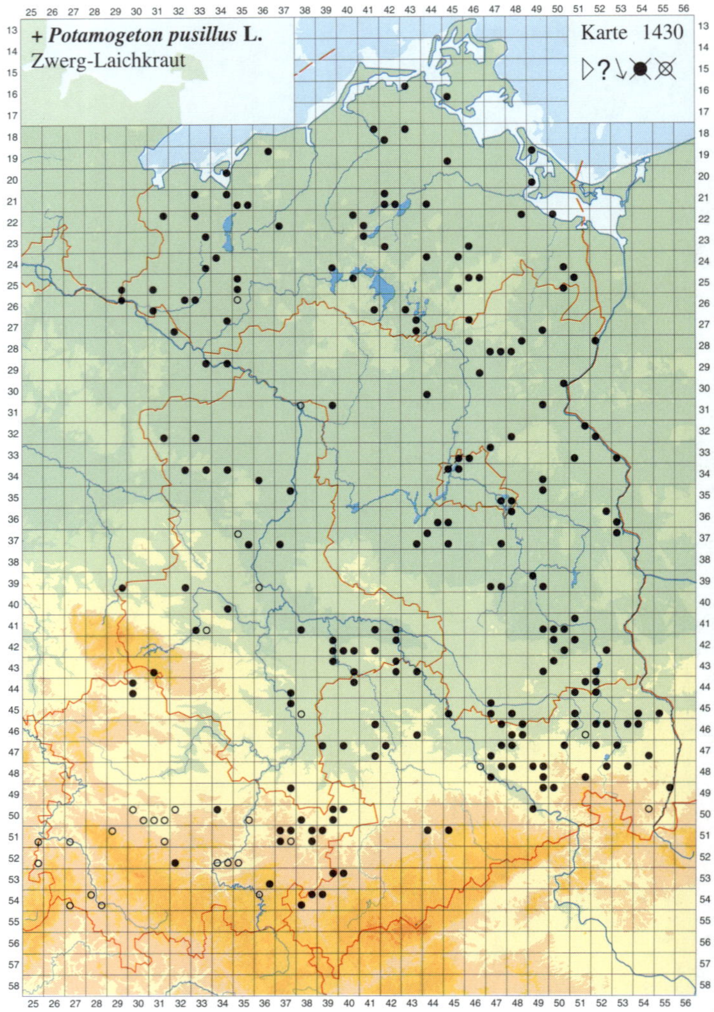
+ Potamogeton pusillus L.
Zwerg-Laichkraut
Karte 1430

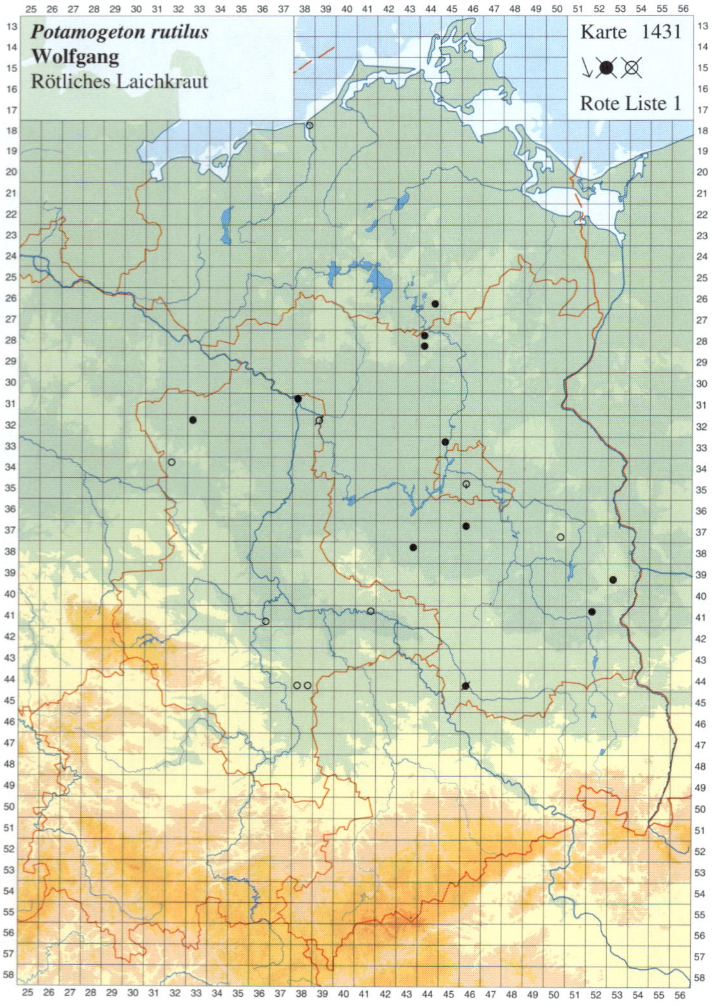
Potamogeton rutilus
Wolfgang
Rötliches Laichkraut
Karte 1431
Rote Liste 1

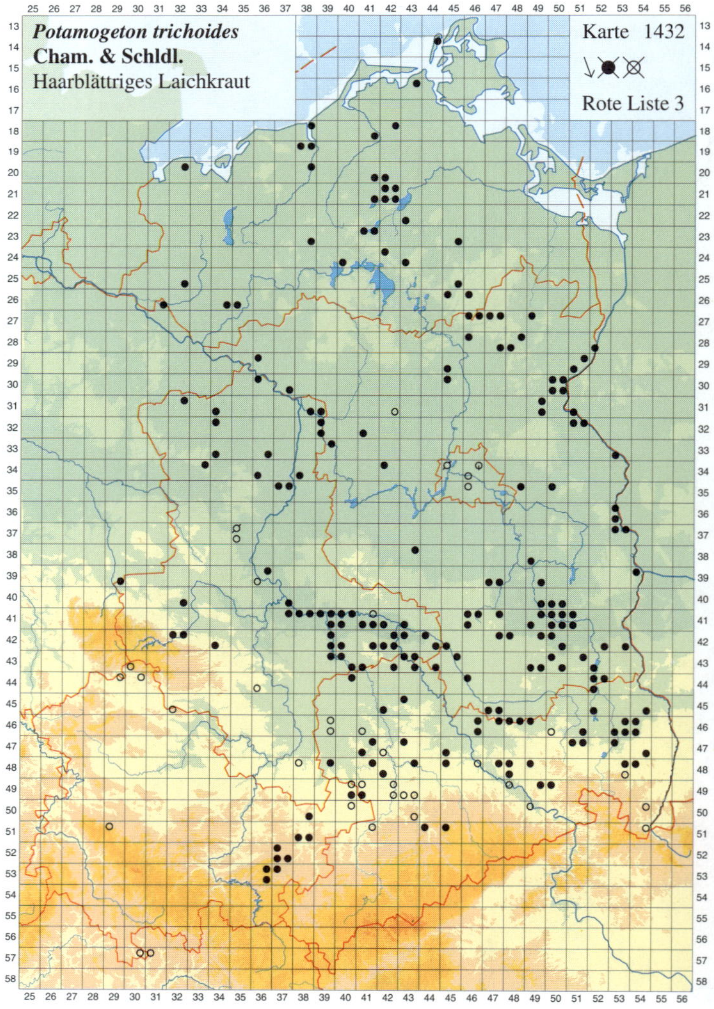
Potamogeton trichoides
Cham. & Schldl.
Haarblättriges Laichkraut
Karte 1432
Rote Liste 3

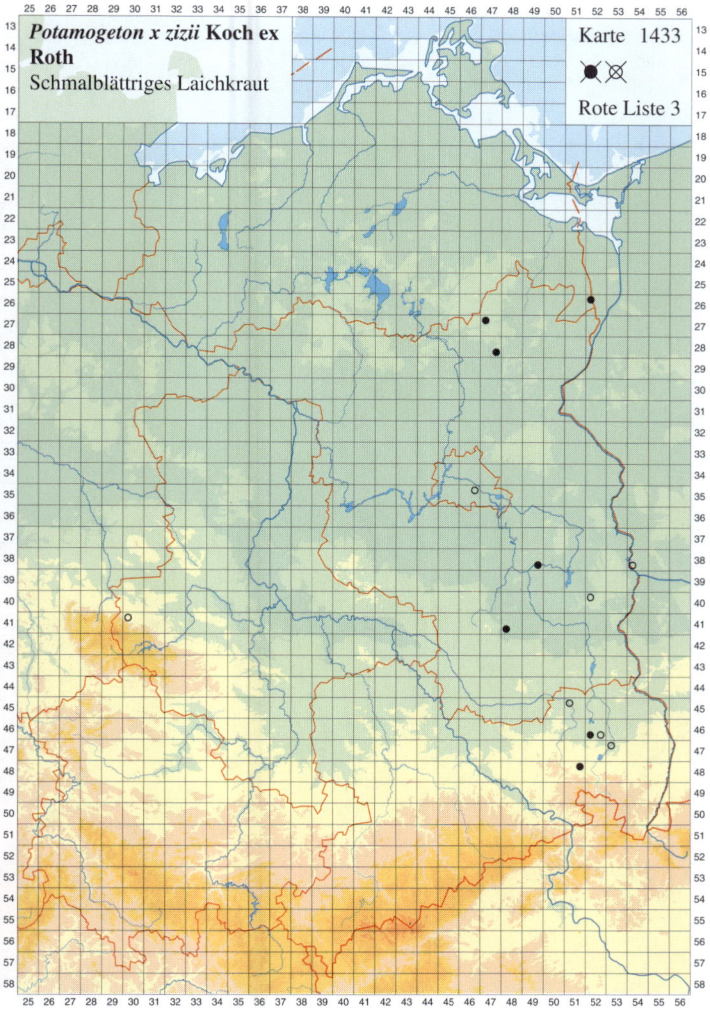
Potamogeton x zizii Koch ex Roth
Schmalblättriges Laichkraut
Karte 1433
Rote Liste 3

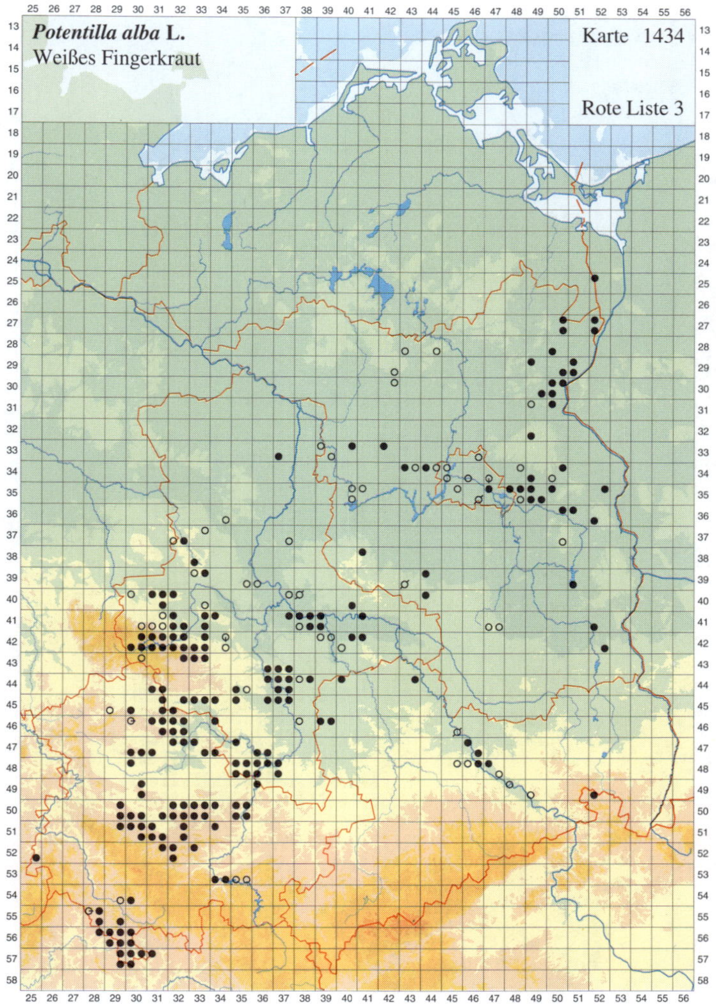
Potentilla alba L.
Weißes Fingerkraut
Karte 1434
Rote Liste 3

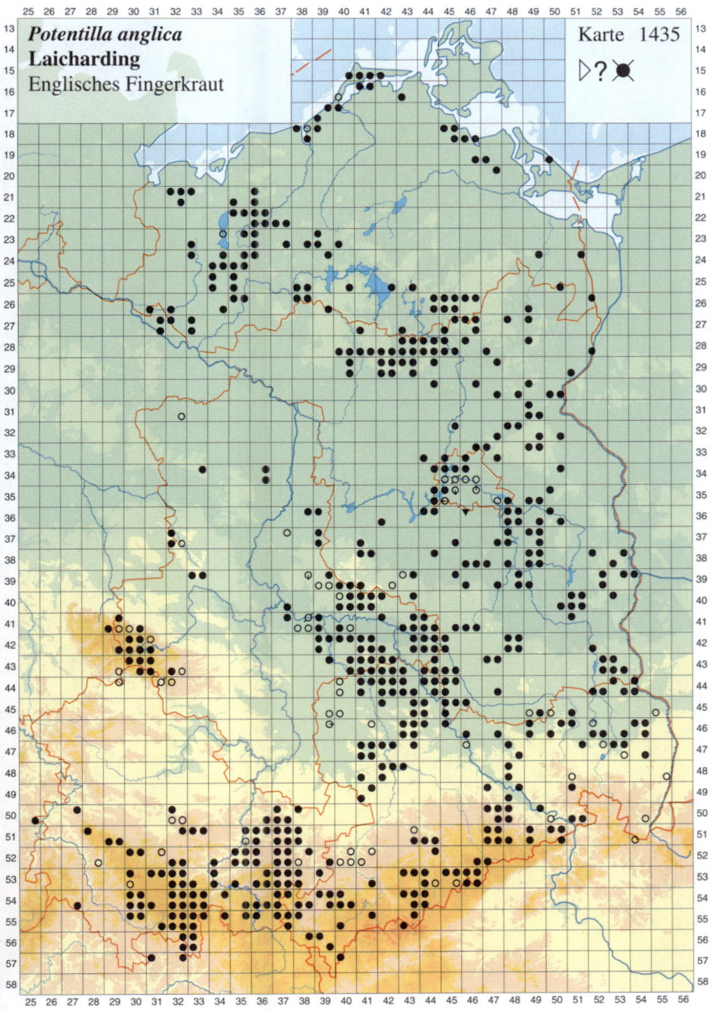
Potentilla anglica Laicharding
Englisches Fingerkraut
Karte 1435
?

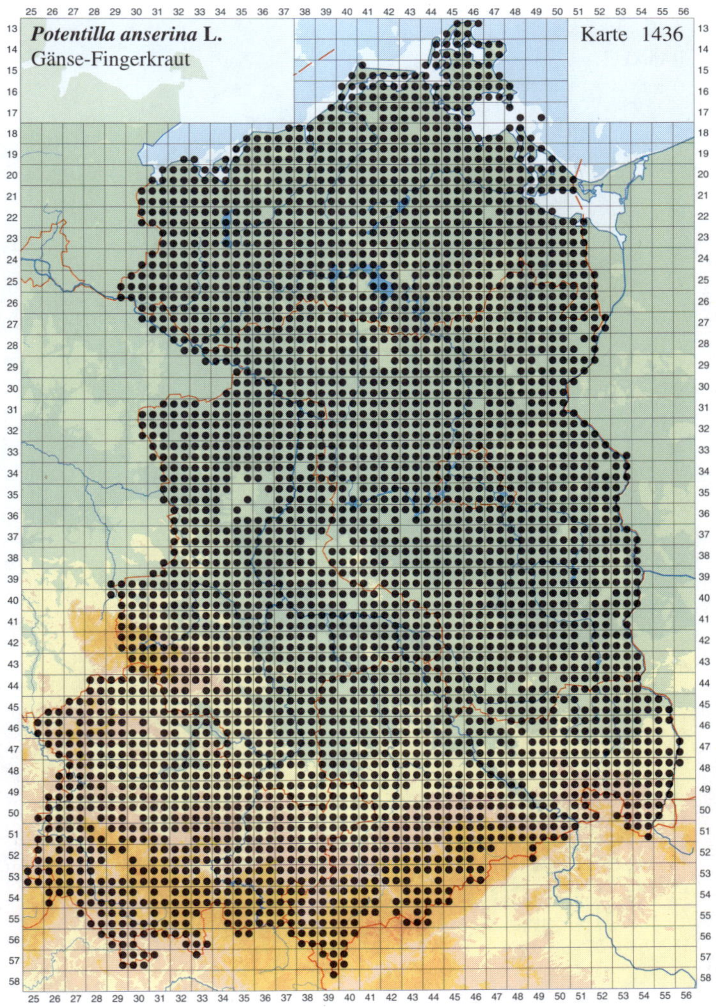
Potentilla anserina L.
Gänse-Fingerkraut
Karte 1436

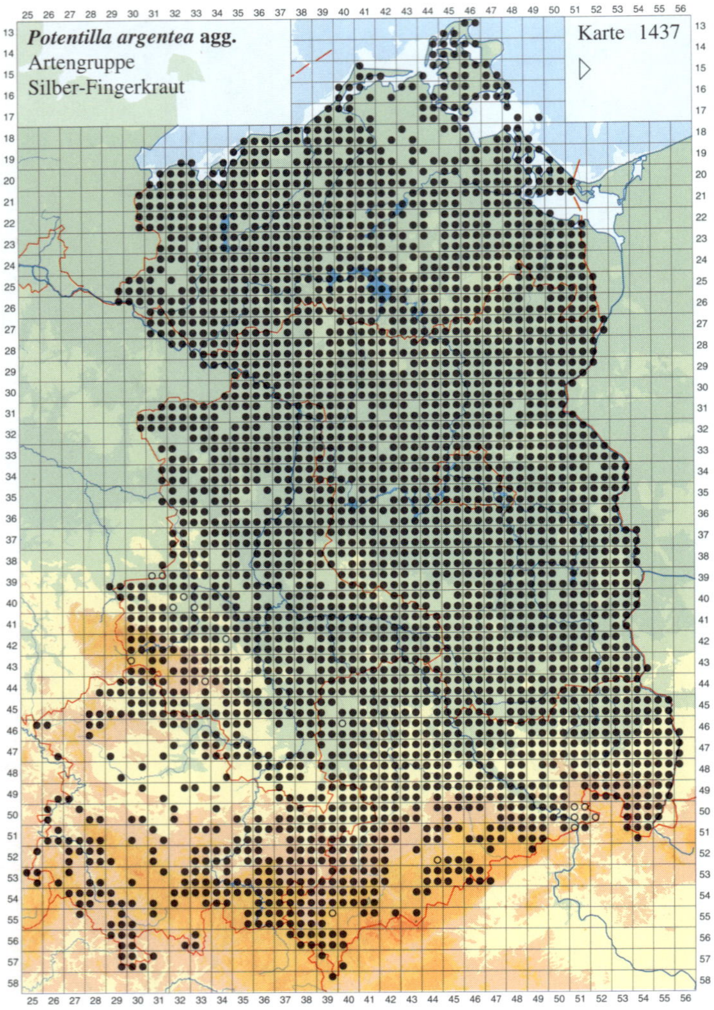
Potentilla argentea agg.
Artengruppe
Silber-Fingerkraut
Karte 1437
▷

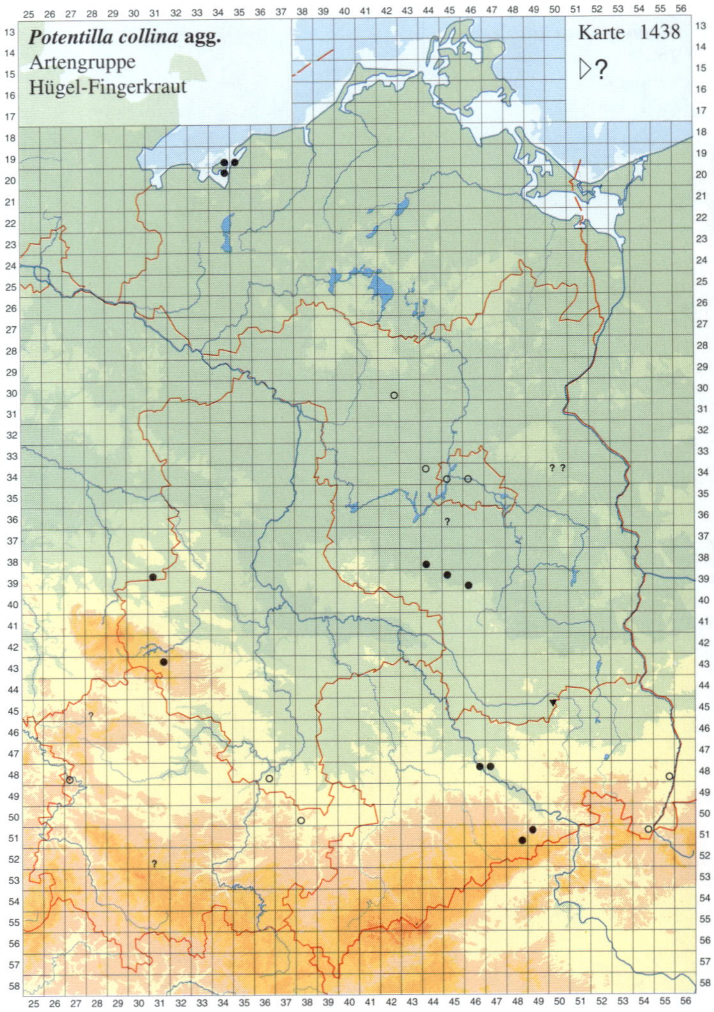
Potentilla collina agg.
Artengruppe
Hügel-Fingerkraut
Karte 1438
▷?

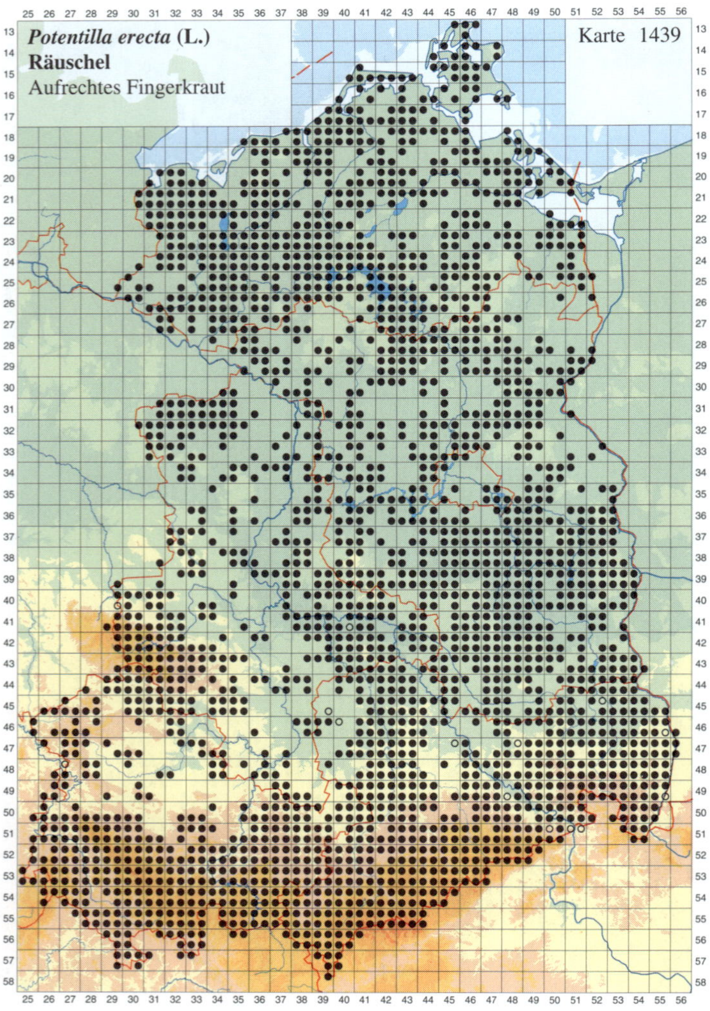
Potentilla erecta (L.)
Räuschel
Aufrechtes Fingerkraut
Karte 1439

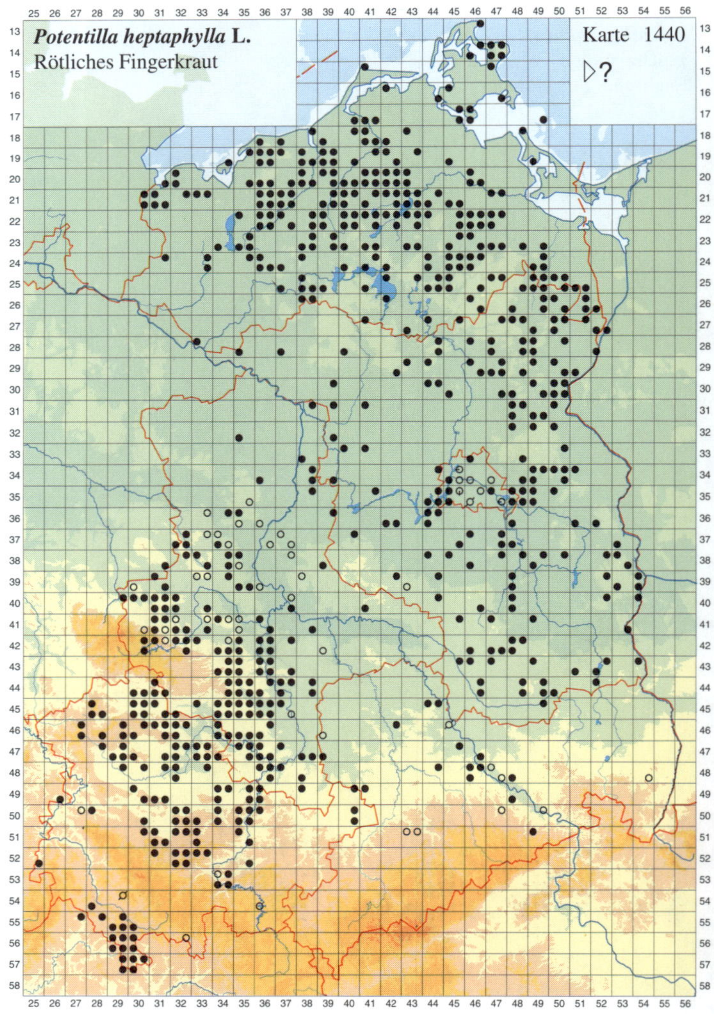
Potentilla heptaphylla L.
Rötliches Fingerkraut
Karte 1440
▷?

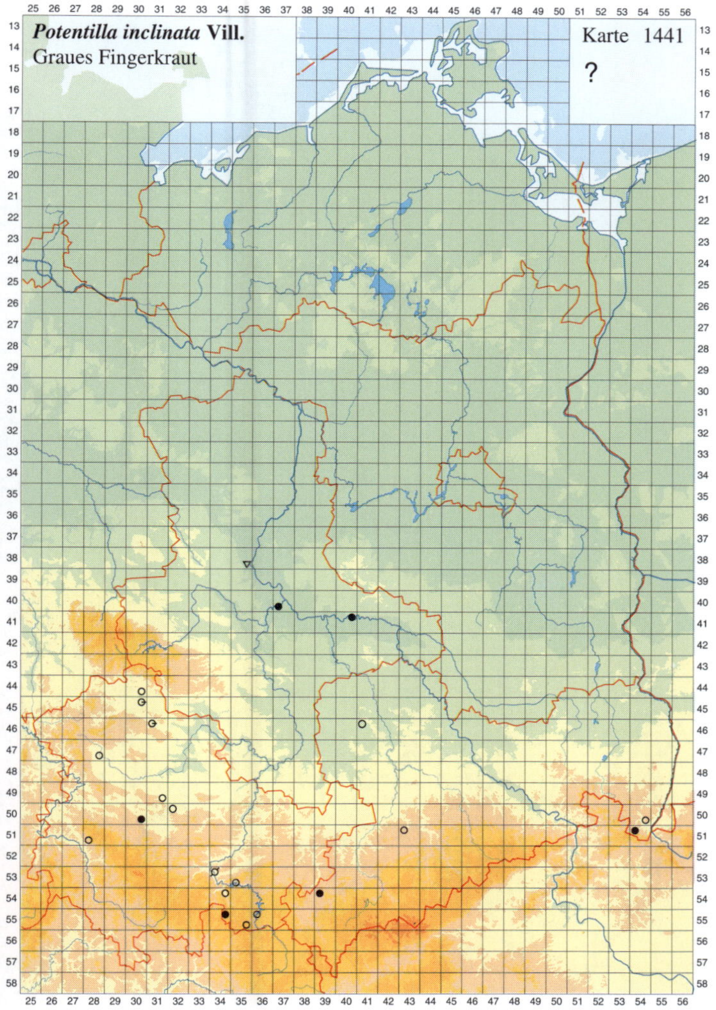
Potentilla inclinata Vill.
Graues Fingerkraut
Karte 1441
?

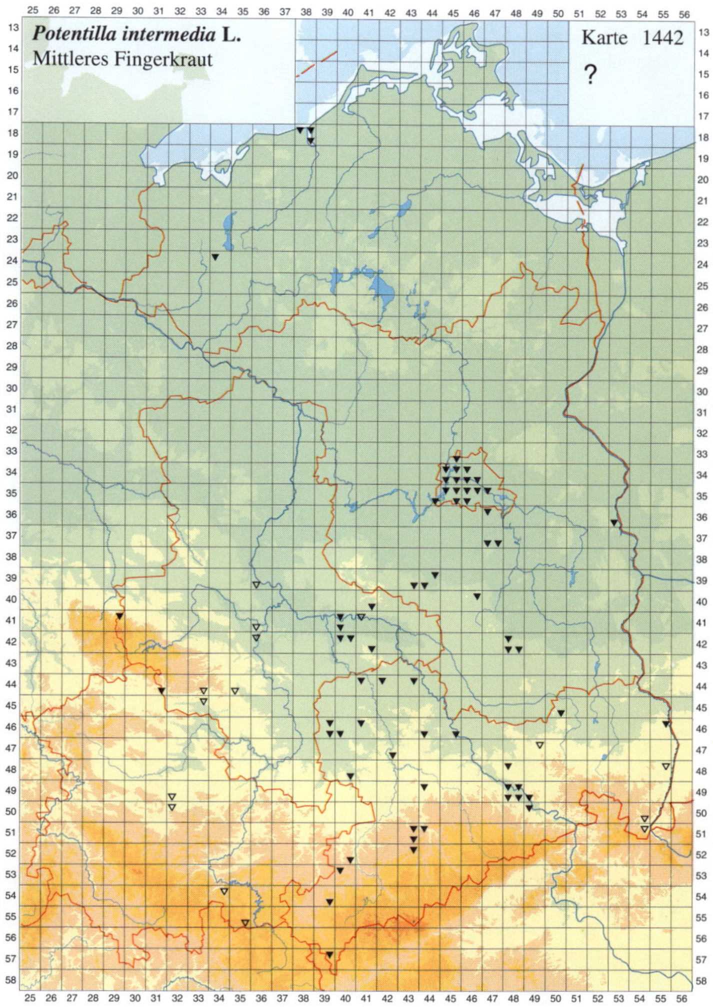
Potentilla intermedia L.
Mittleres Fingerkraut
Karte 1442
?

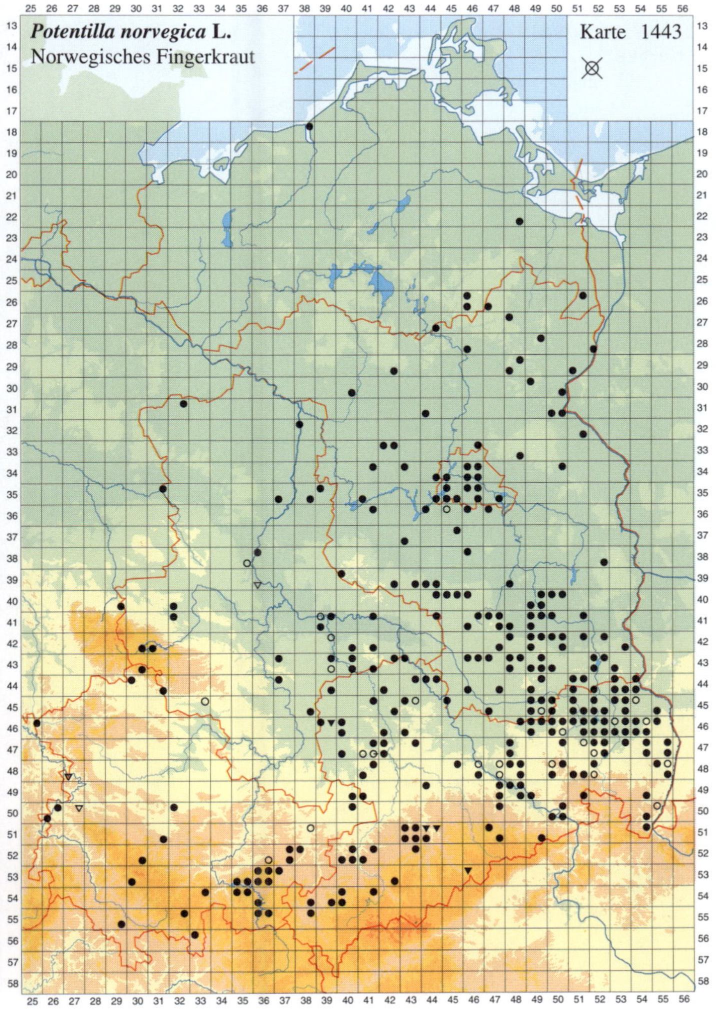
Potentilla norvegica L.
Norwegisches Fingerkraut
Karte 1443

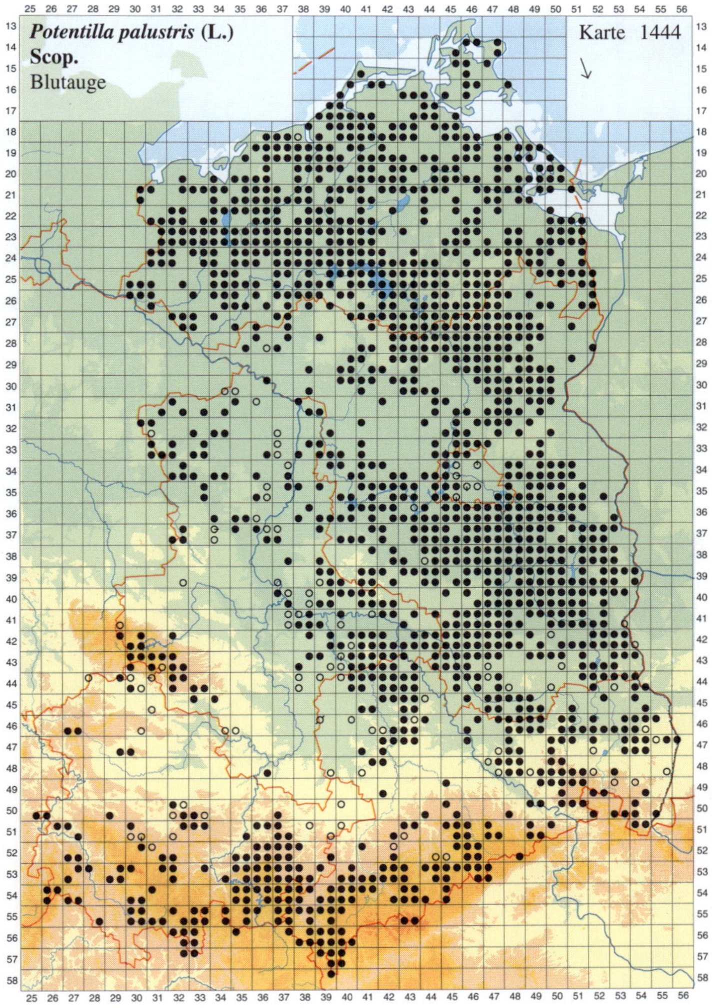
Potentilla palustris (L.)
Scop.
Blutauge
Karte 1444

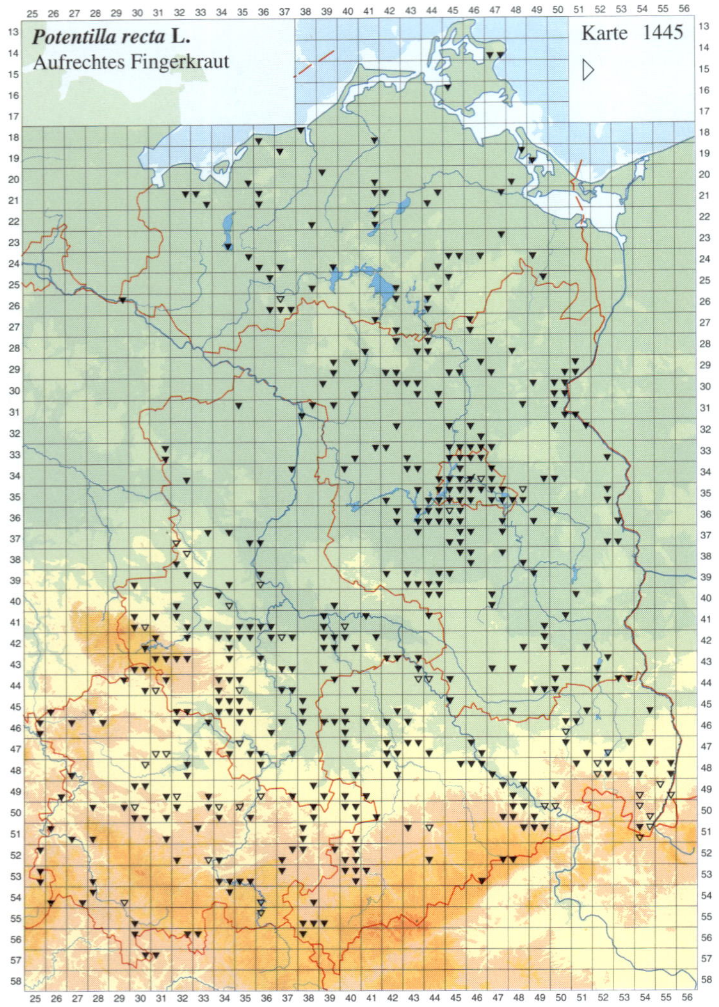
Potentilla recta L.
Aufrechtes Fingerkraut
Karte 1445

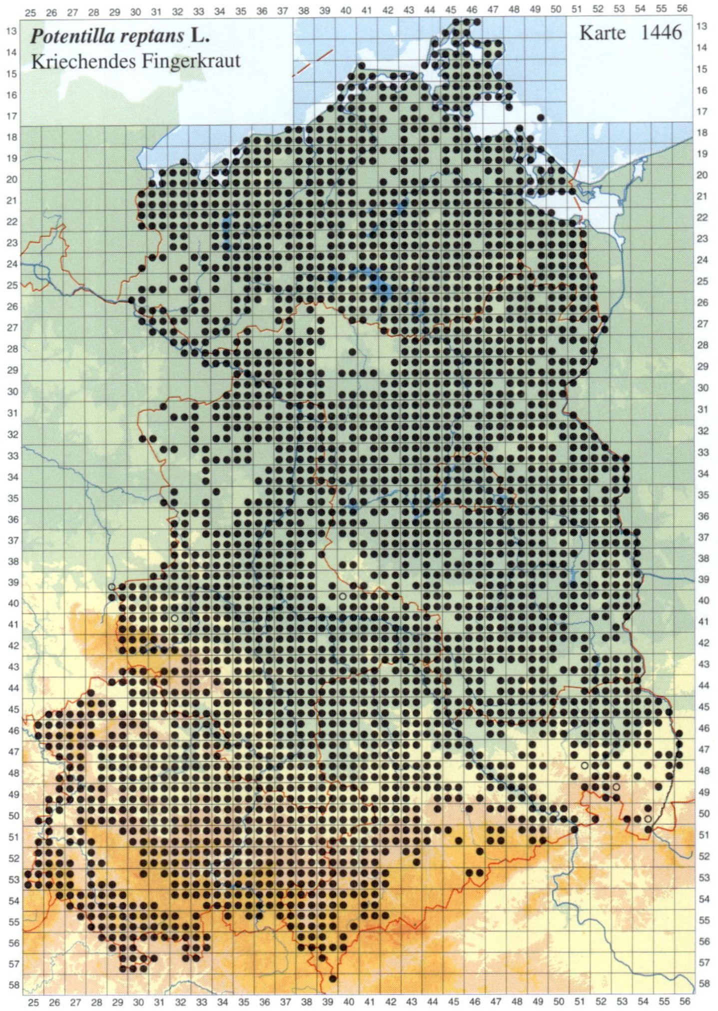
Potentilla reptans L.
Kriechendes Fingerkraut
Karte 1446

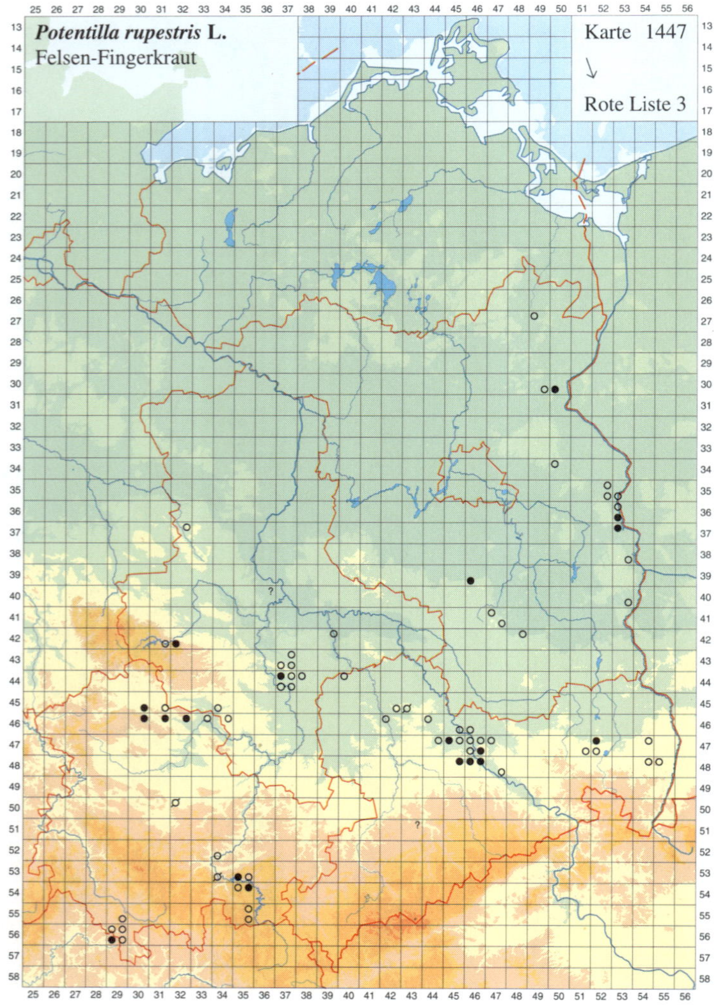
Potentilla rupestris L.
Felsen-Fingerkraut
Karte 1447
Rote Liste 3

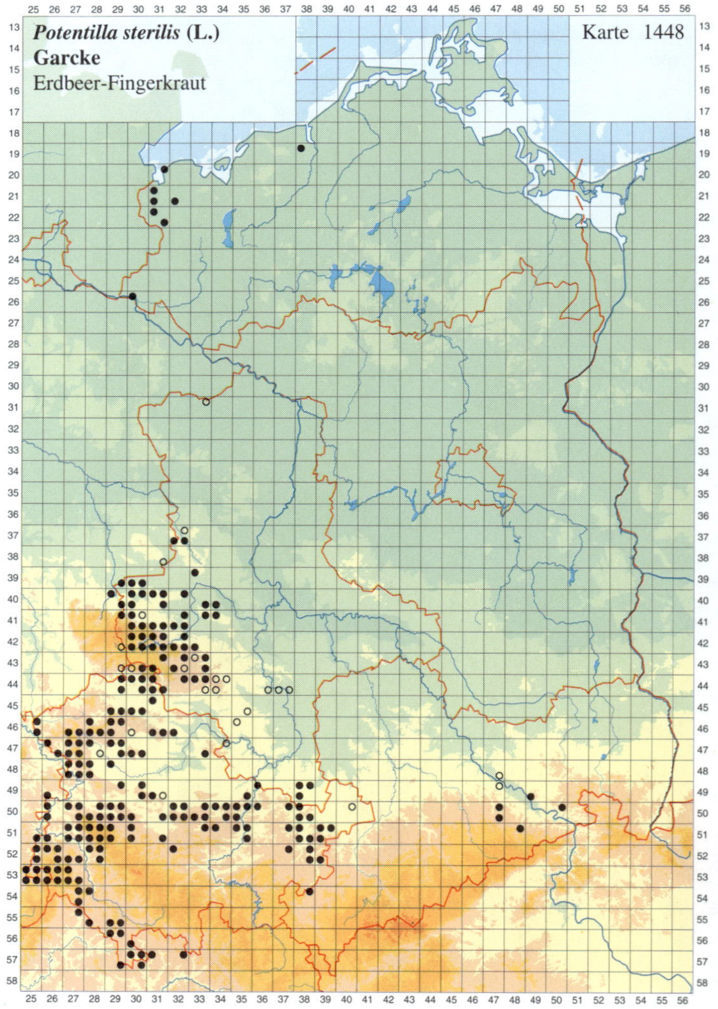
Potentilla sterilis (L.)
Garcke
Erdbeer-Fingerkraut
Karte 1448

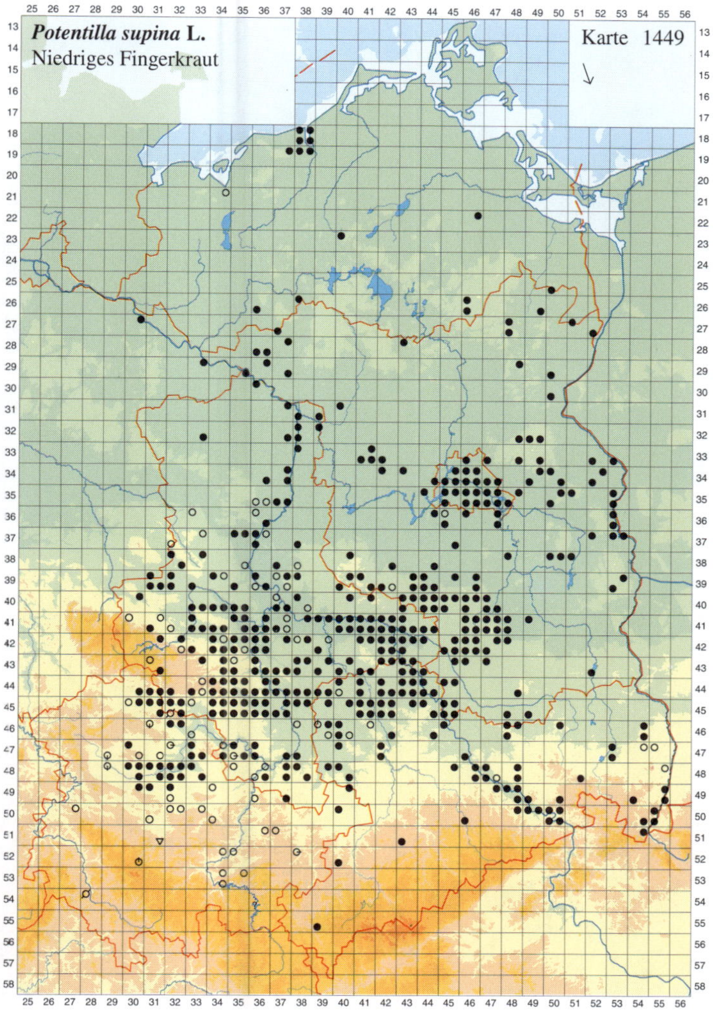
Potentilla supina L.
Niedriges Fingerkraut
Karte 1449
↘

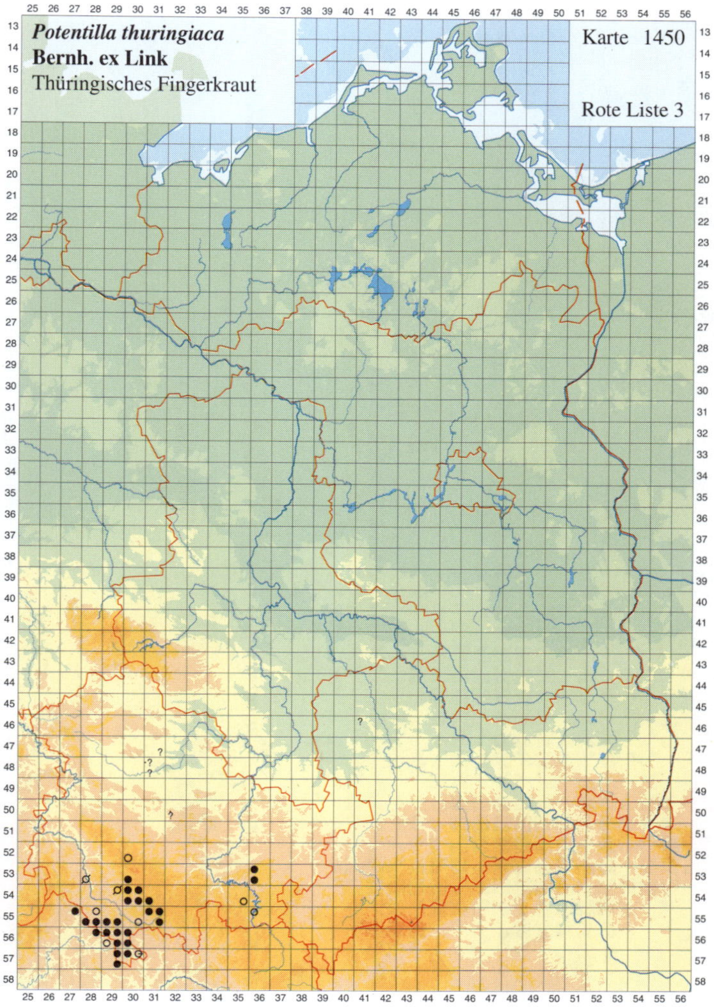
Potentilla thuringiaca Bernh. ex Link
Thüringisches Fingerkraut
Karte 1450
Rote Liste 3

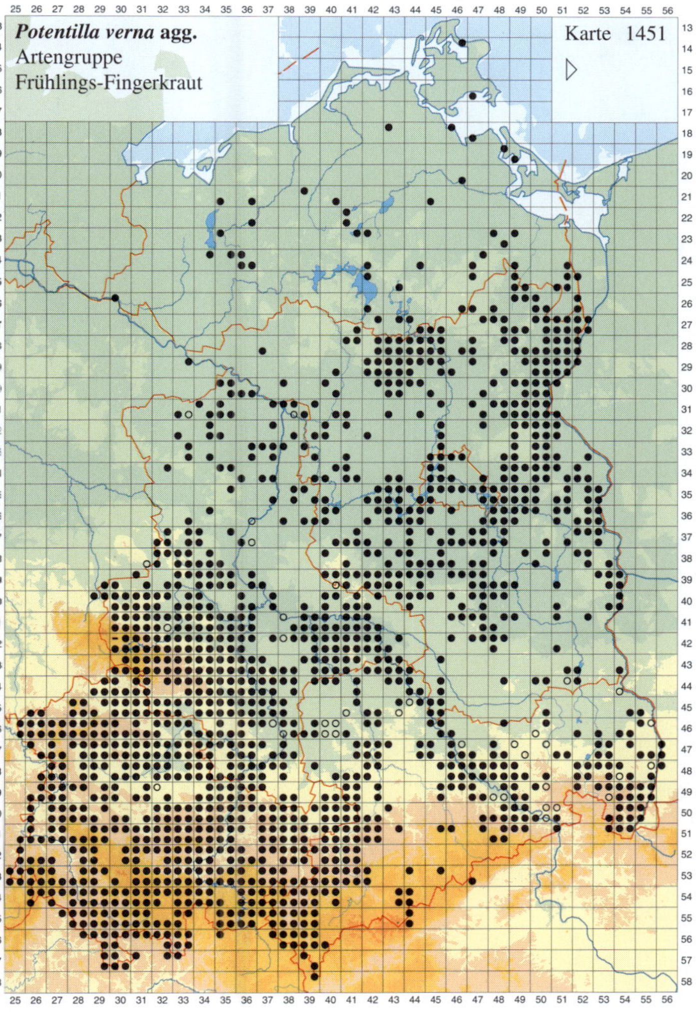
Potentilla verna agg.
Artengruppe
Frühlings-Fingerkraut
Karte 1451
▷

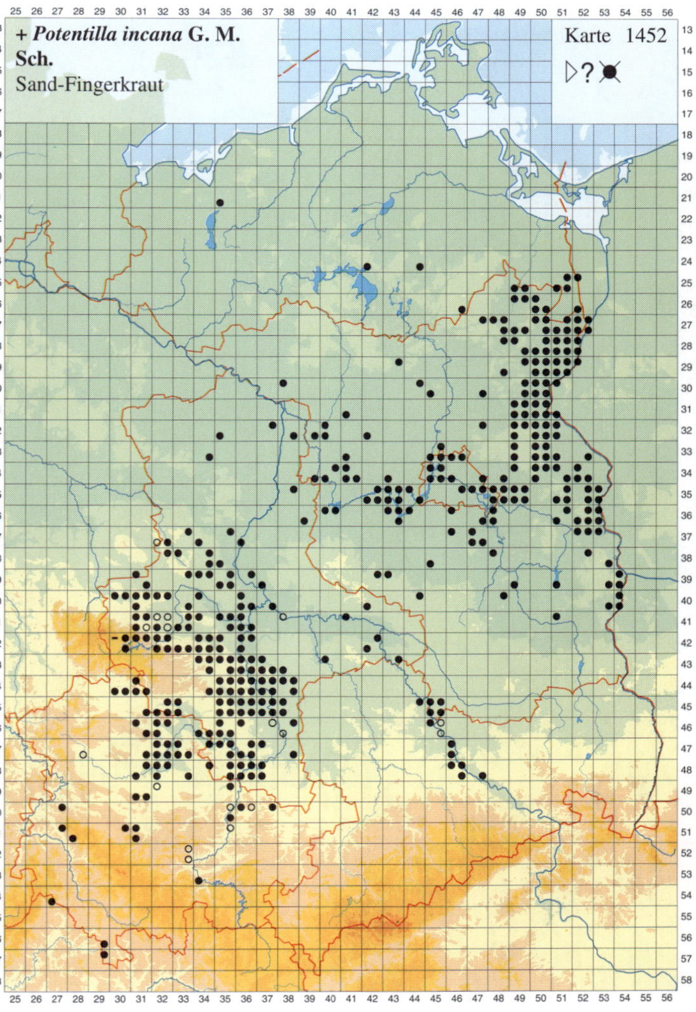
+ Potentilla incana G. M. Sch.
Sand-Fingerkraut
Karte 1452
▷?

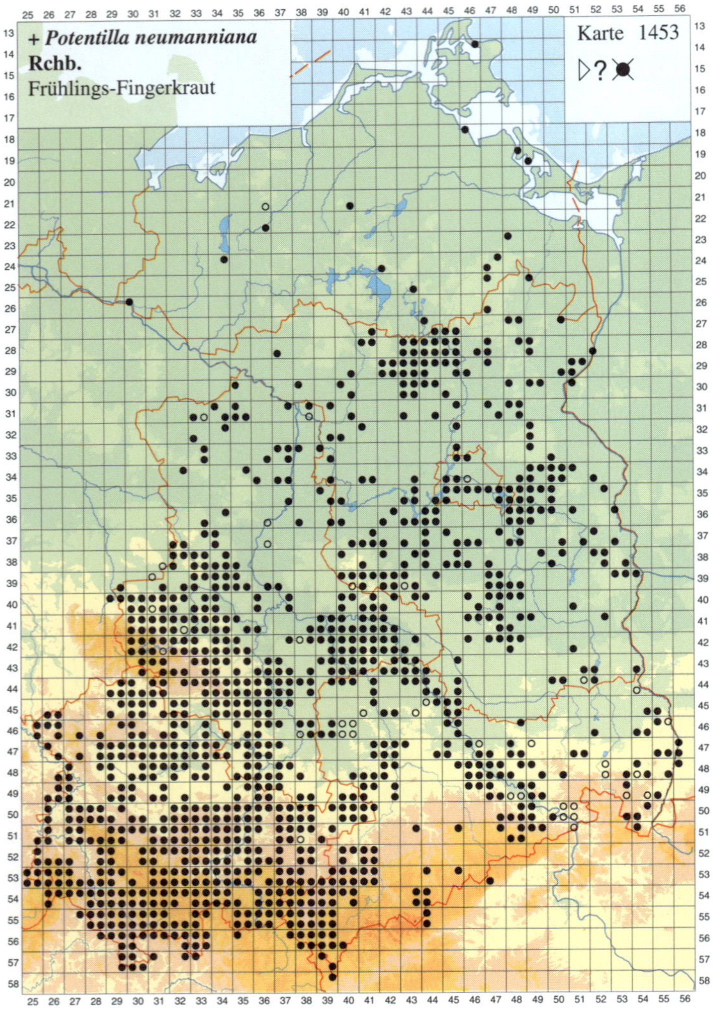
+ *Potentilla neumanniana* Rchb.
Frühlings-Fingerkraut
Karte 1453

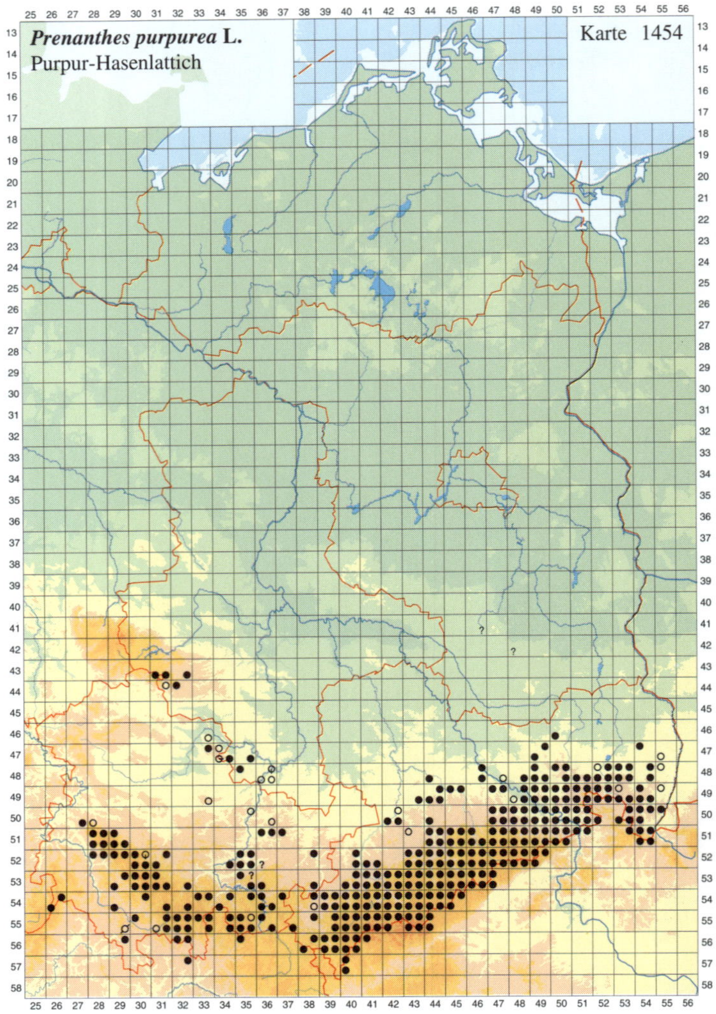
Prenanthes purpurea L.
Purpur-Hasenlattich
Karte 1454

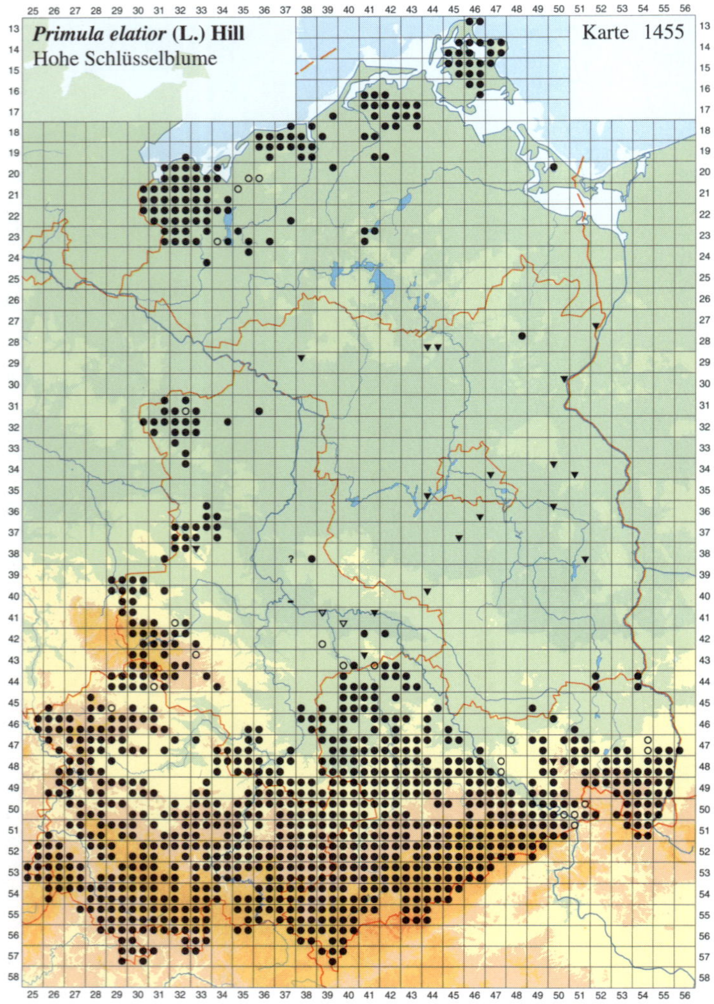
Primula elatior (L.) Hill
Hohe Schlüsselblume
Karte 1455

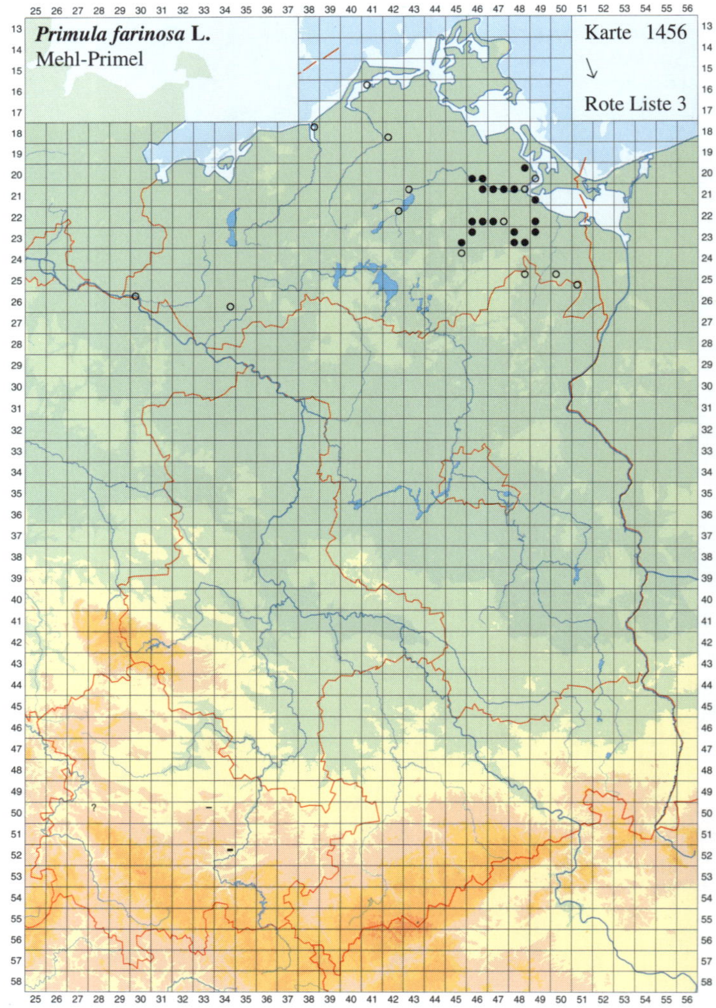
Primula farinosa L.
Mehl-Primel
Karte 1456
↘
Rote Liste 3

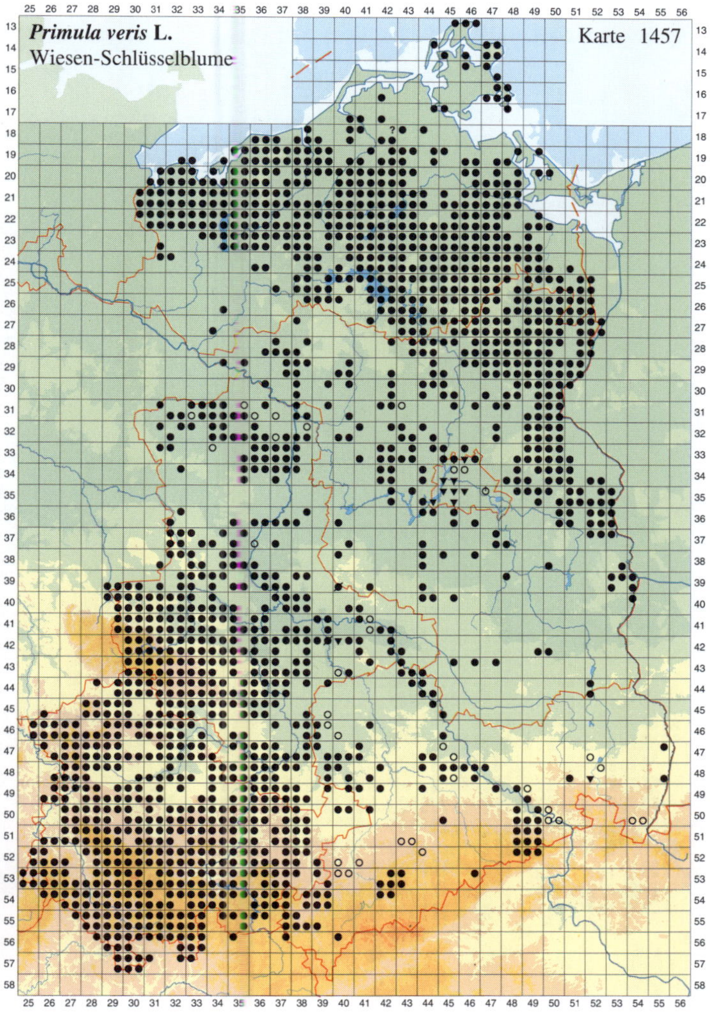
Primula veris L.
Wiesen-Schlüsselblume
Karte 1457

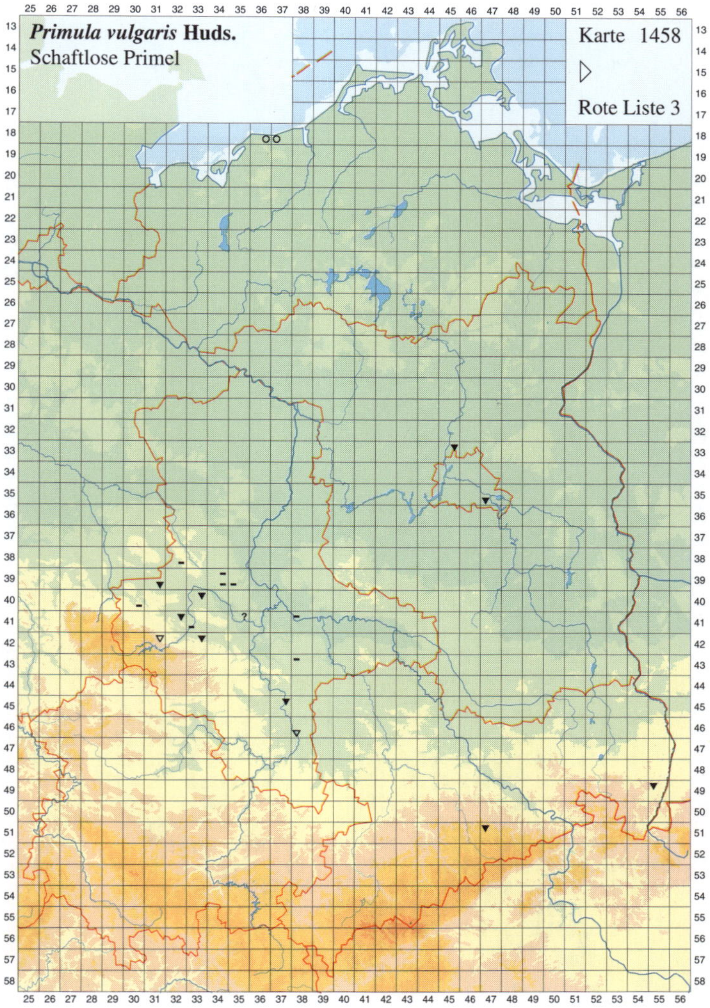
Primula vulgaris Huds.
Schaftlose Primel
Karte 1458
Rote Liste 3

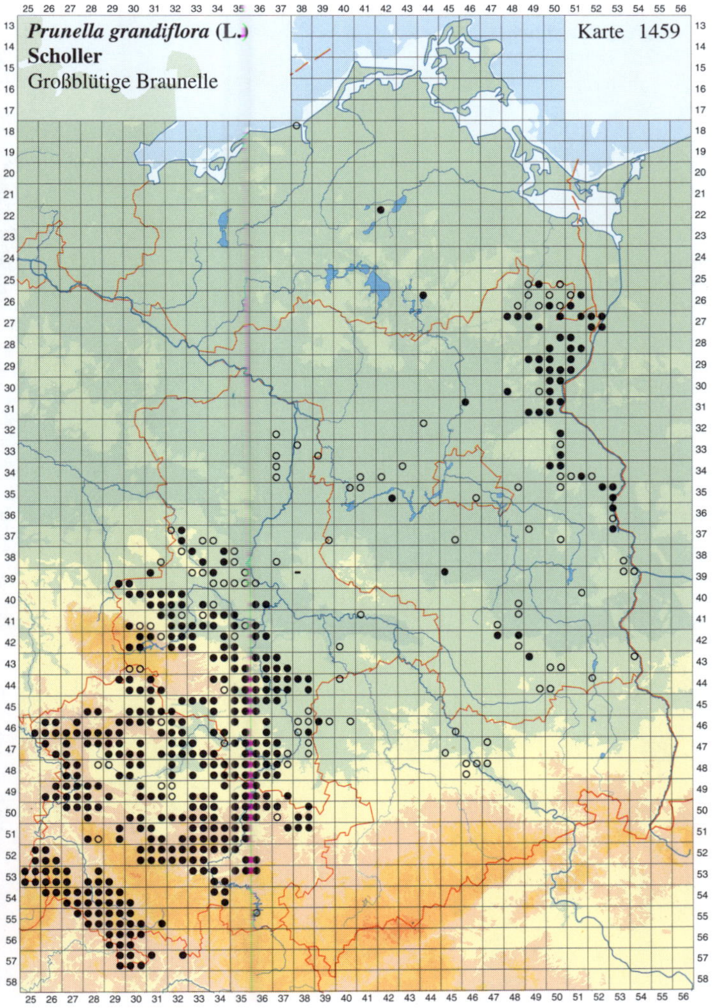
Prunella grandiflora (L.)
Scholler
Großblütige Braunelle
Karte 1459

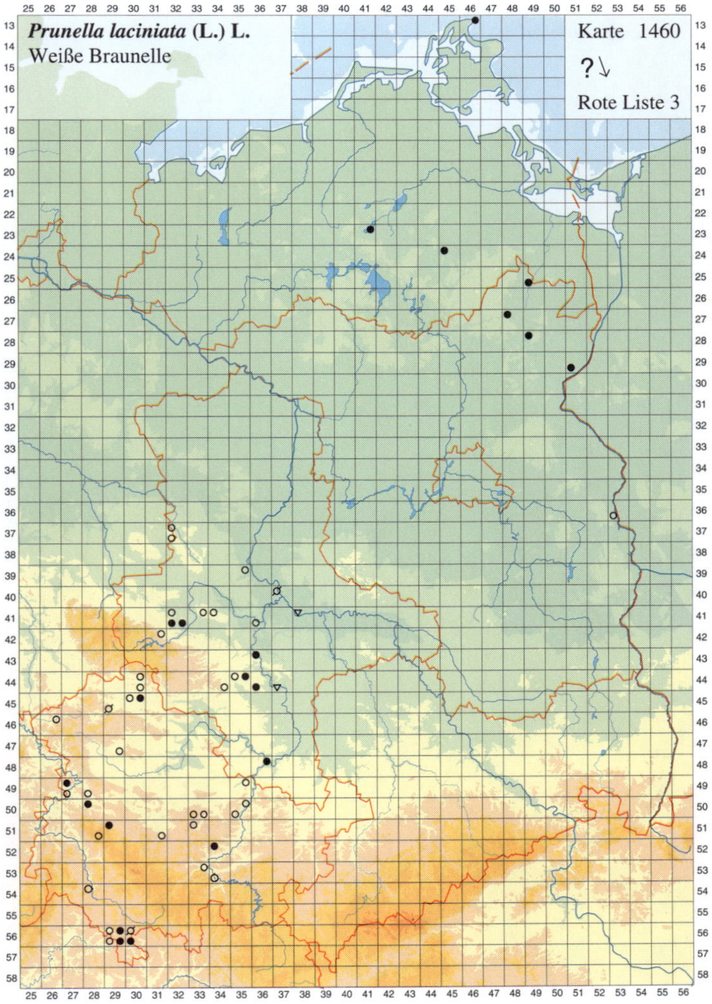
Prunella laciniata (L.) L.
Weiße Braunelle
Karte 1460
?↘
Rote Liste 3

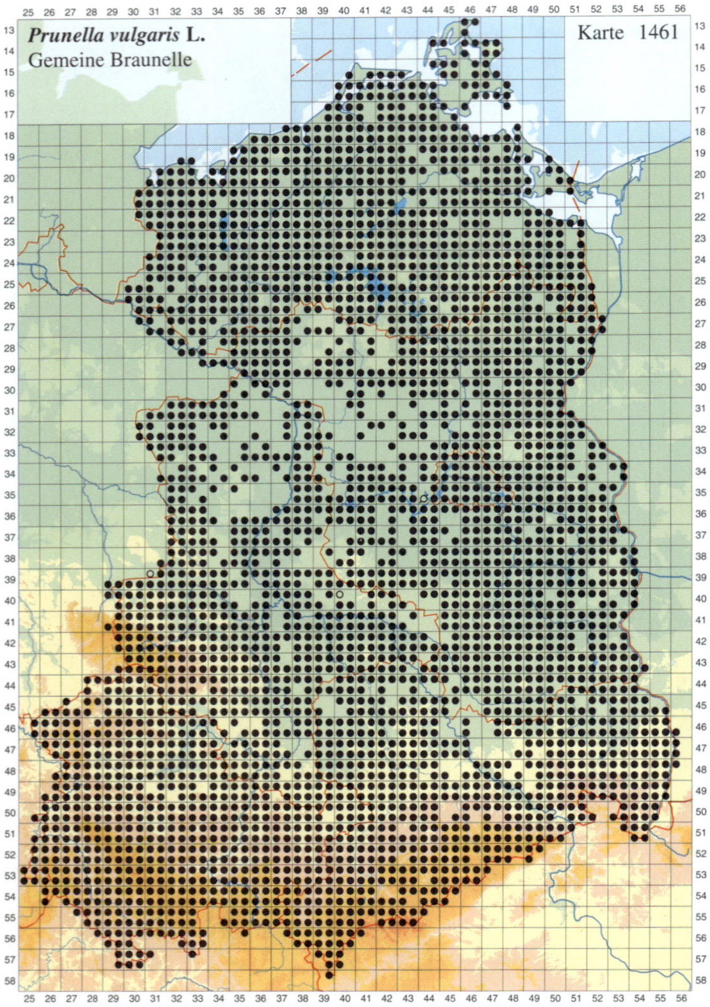
Prunella vulgaris L.
Gemeine Braunelle
Karte 1461

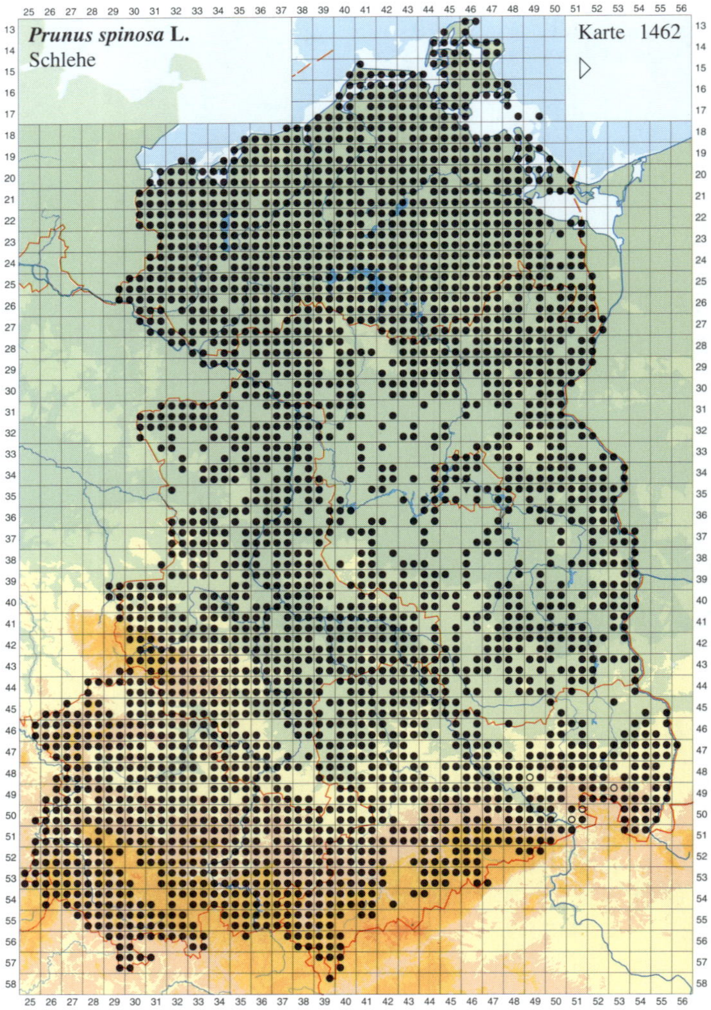
Prunus spinosa L.
Schlehe
Karte 1462

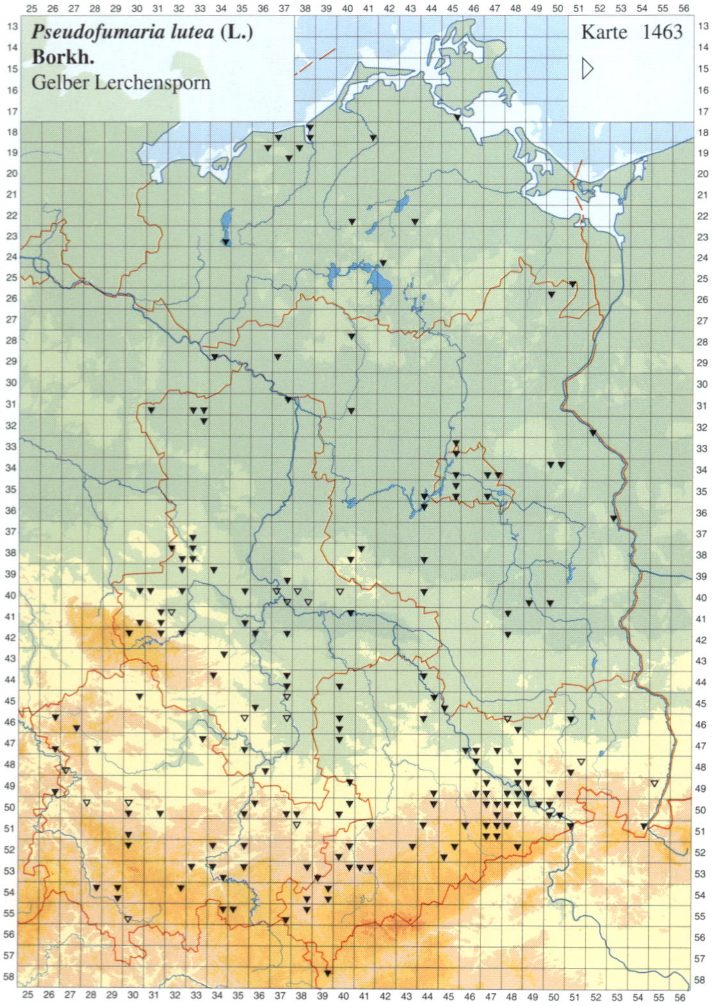
Pseudofumaria lutea (L.) Borkh.
Gelber Lerchensporn
Karte 1463

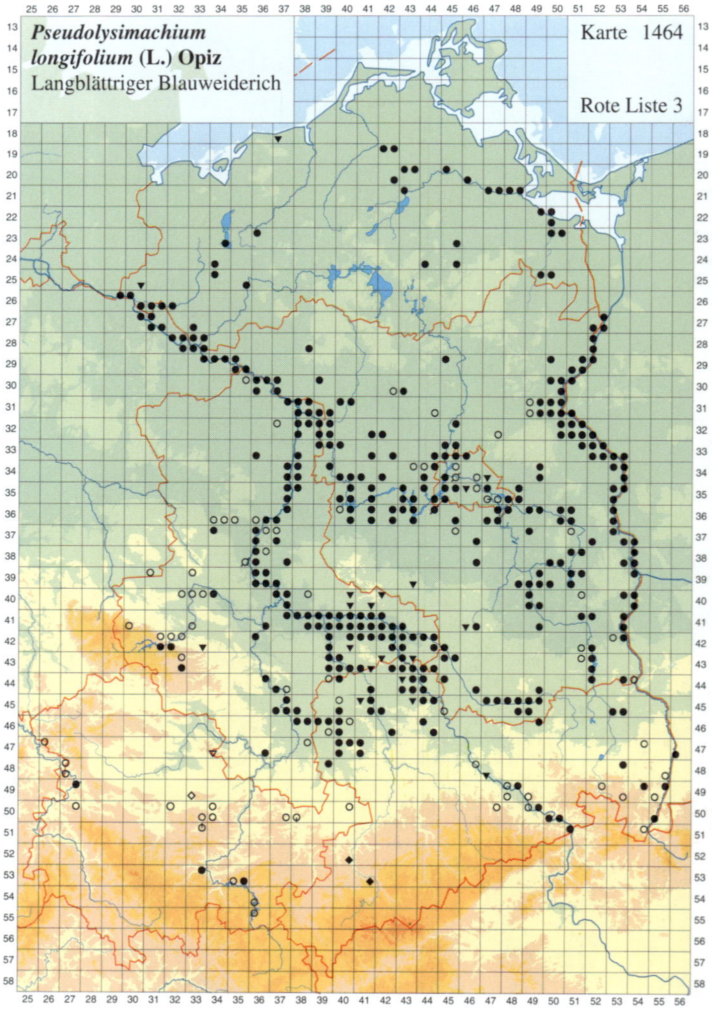
Pseudolysimachium longifolium (L.) Opiz
Langblättriger Blauweiderich
Karte 1464
Rote Liste 3

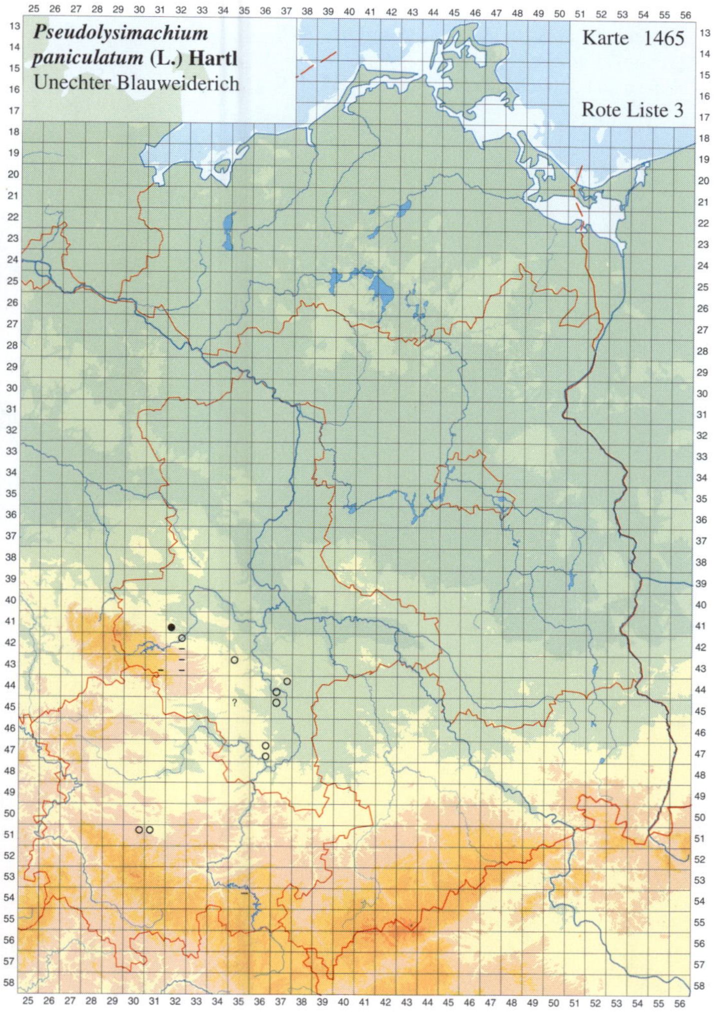
Pseudolysimachium
***paniculatum* (L.) Hartl**
Unechter Blauweiderich
Karte 1465
Rote Liste 3

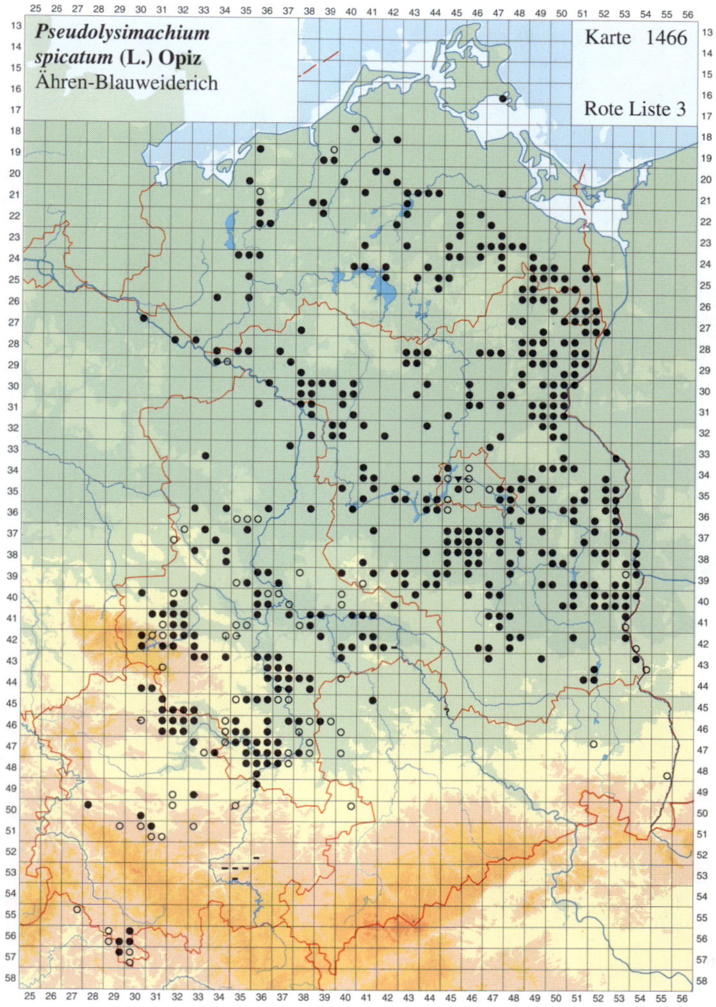
Pseudolysimachium
***spicatum* (L.) Opiz**
Ähren-Blauweiderich
Karte 1466
Rote Liste 3

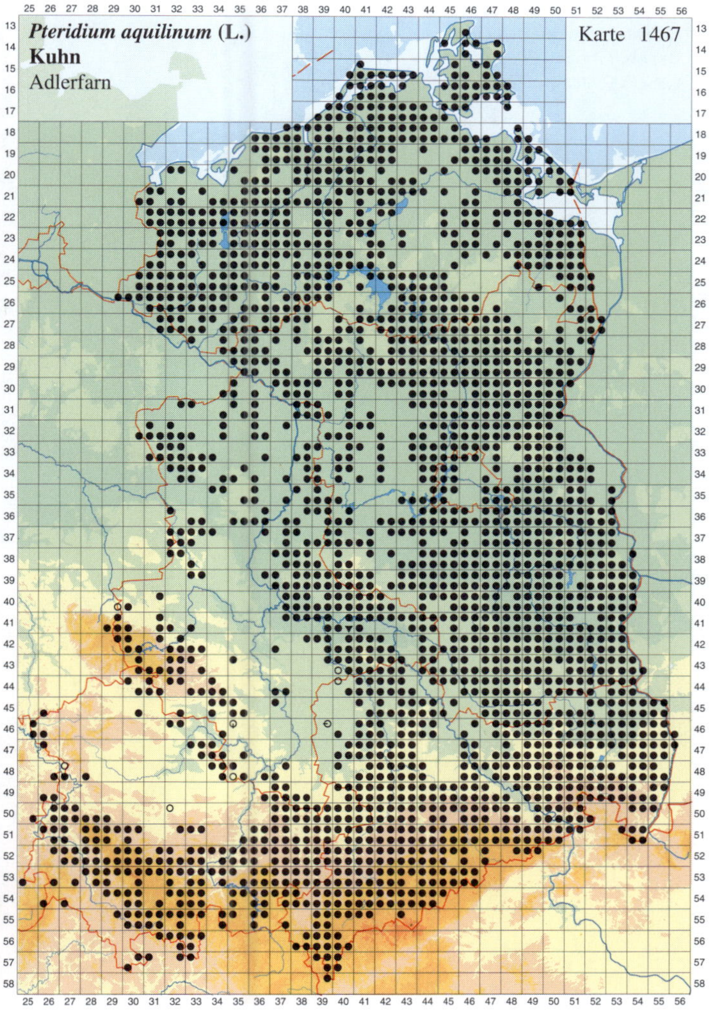
***Pteridium aquilinum* (L.)**
Kuhn
Adlerfarn
Karte 1467

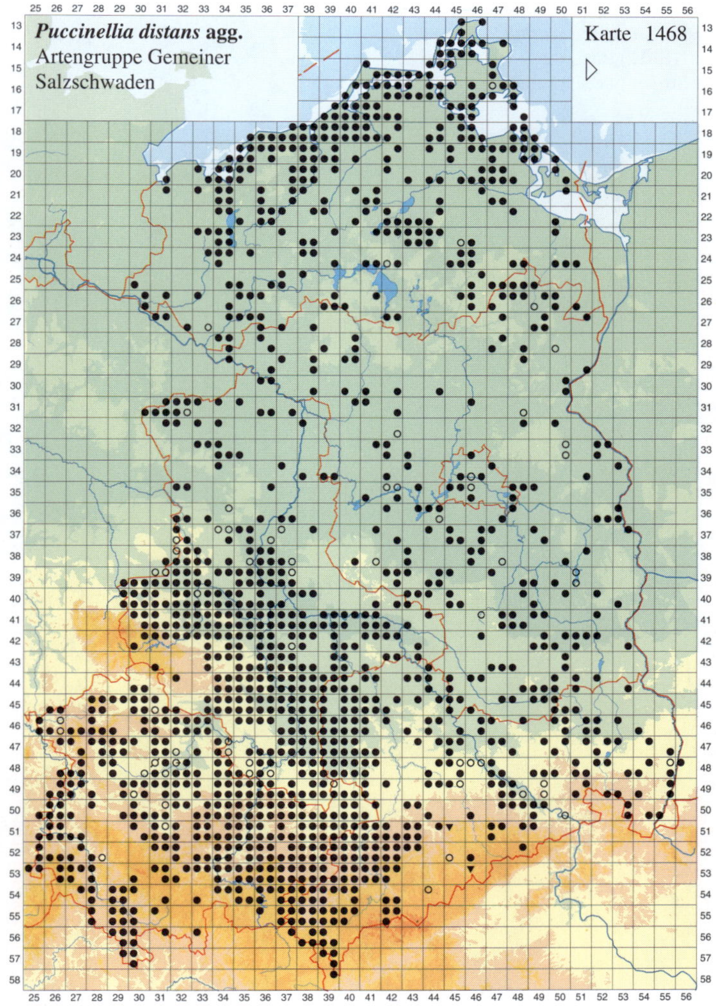
***Puccinellia distans* agg.**
Artengruppe Gemeiner
Salzschwaden
Karte 1468

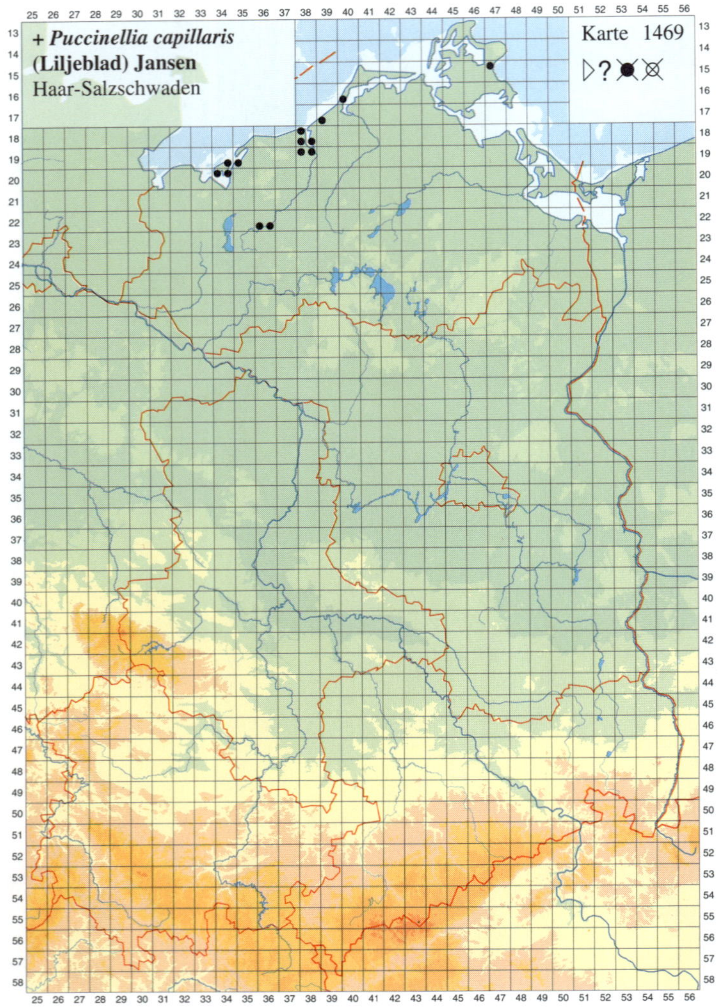
+ Puccinellia capillaris
(Liljeblad) Jansen
Haar-Salzschwaden
Karte 1469

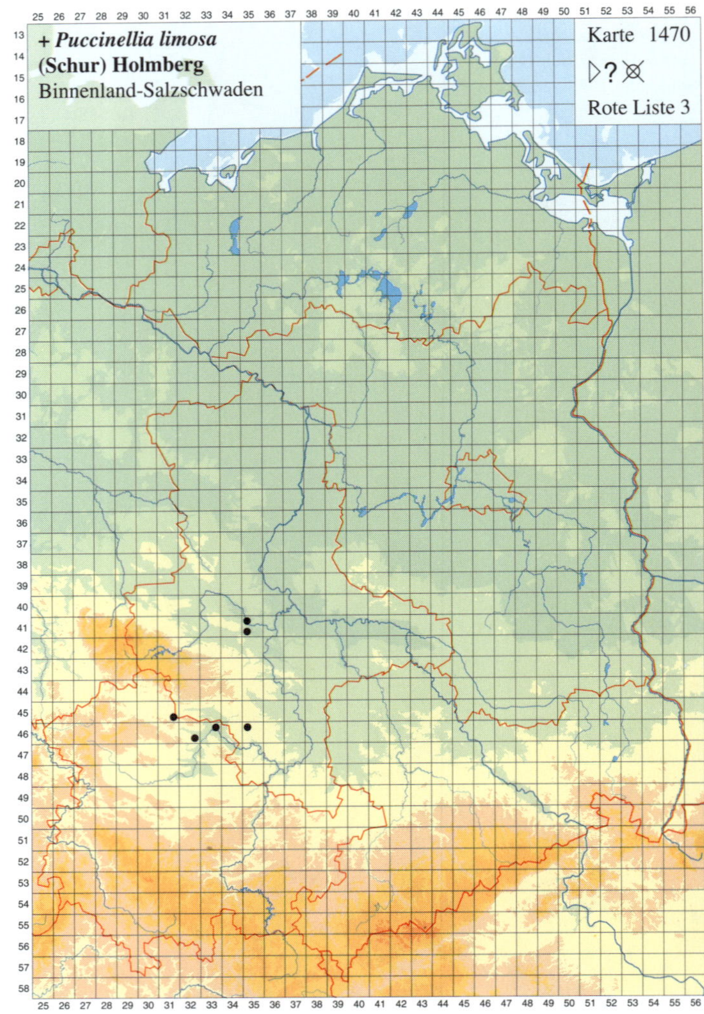
+ Puccinellia limosa
(Schur) Holmberg
Binnenland-Salzschwaden
Karte 1470
Rote Liste 3

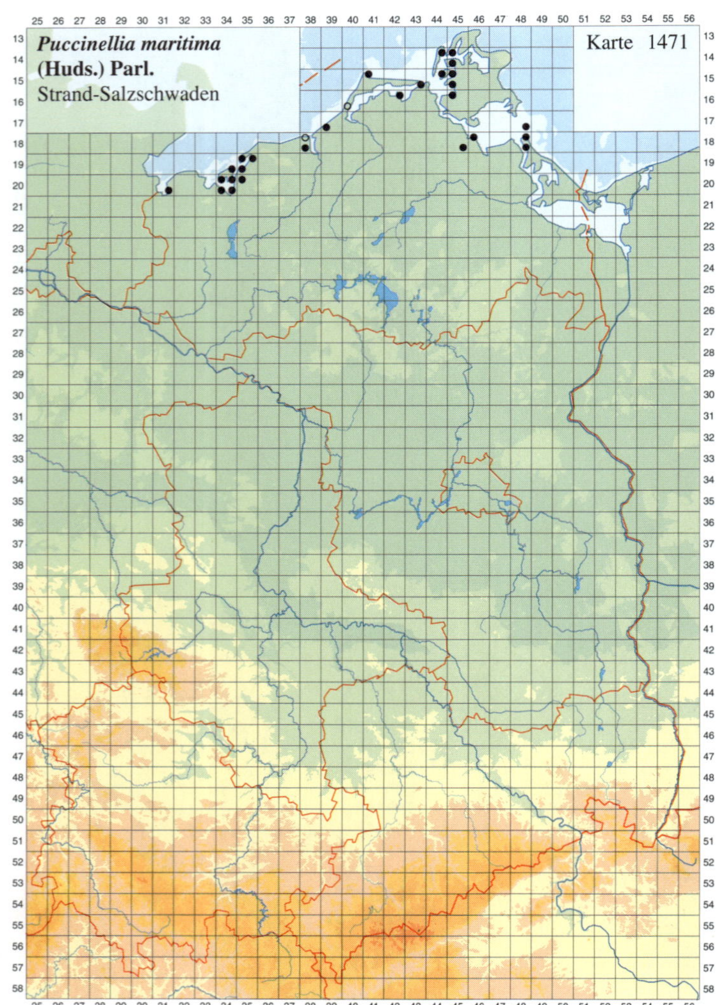
Puccinellia maritima
(Huds.) Parl.
Strand-Salzschwaden
Karte 1471

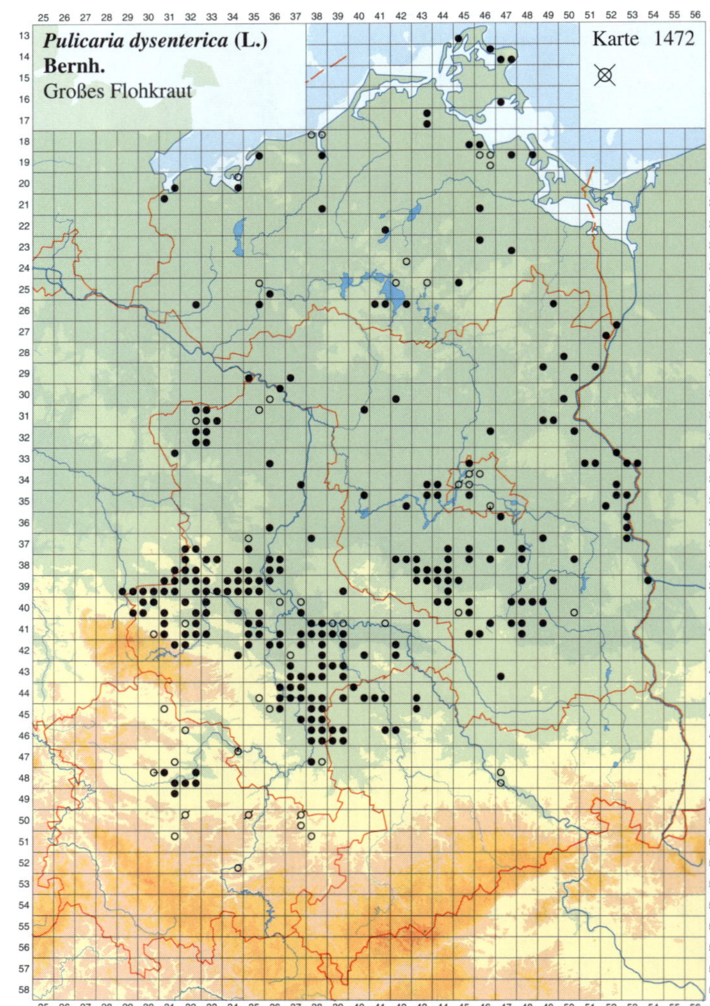
Pulicaria dysenterica (L.)
Bernh.
Großes Flohkraut
Karte 1472

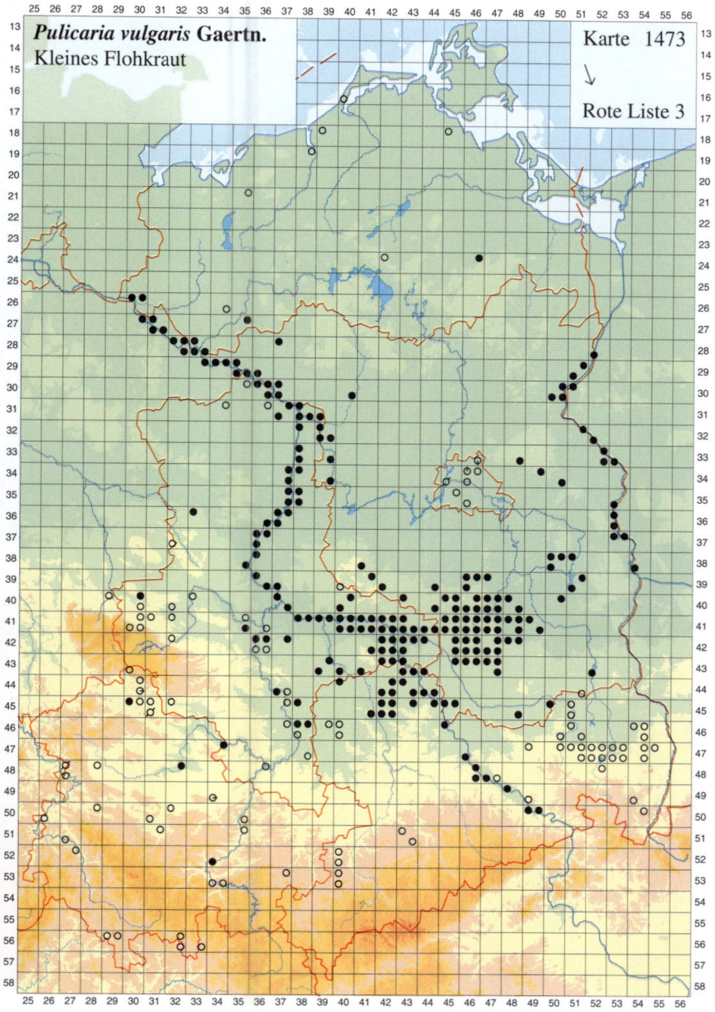
Pulicaria vulgaris Gaertn.
Kleines Flohkraut
Karte 1473
↘
Rote Liste 3

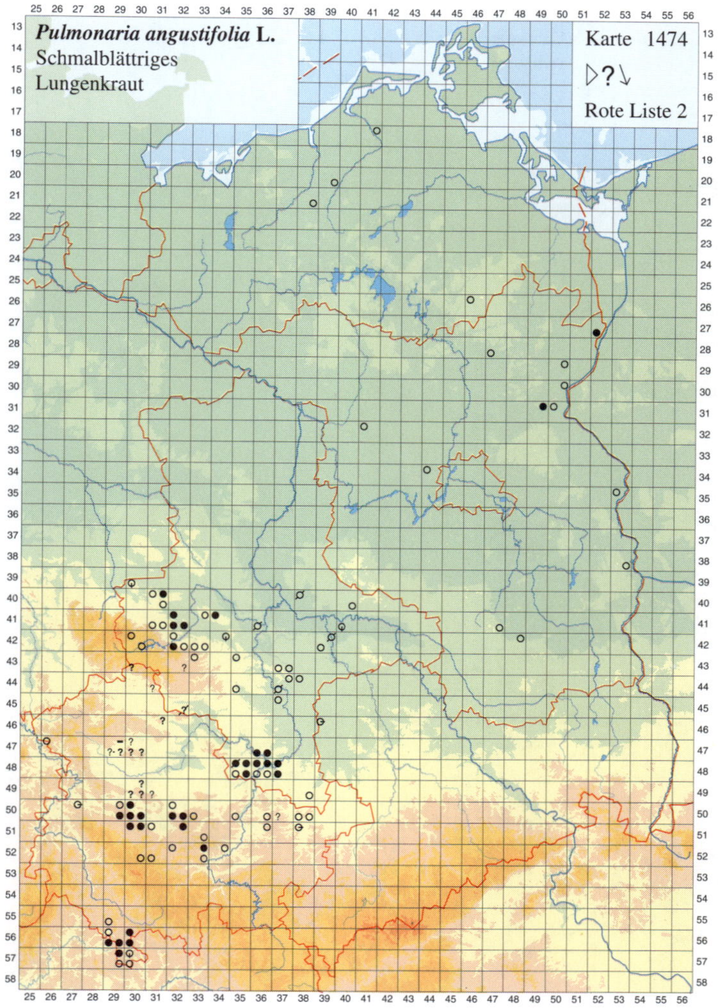
Pulmonaria angustifolia L.
Schmalblättriges
Lungenkraut
Karte 1474
▷?↘
Rote Liste 2

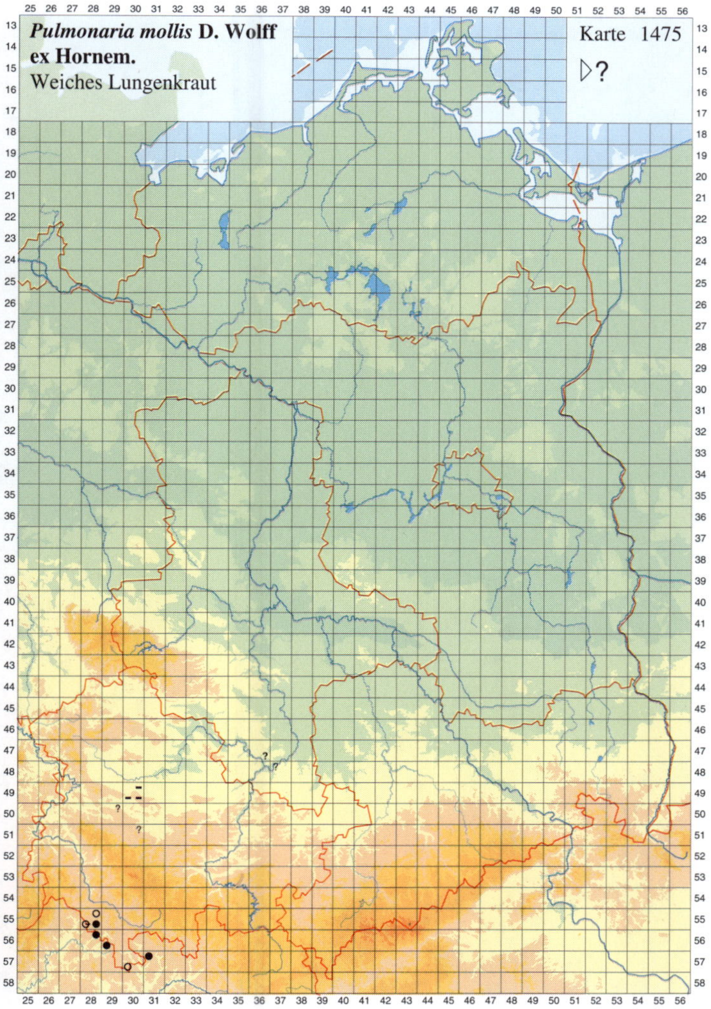
Pulmonaria mollis D. Wolff
ex Hornem.
Weiches Lungenkraut
Karte 1475
▷?

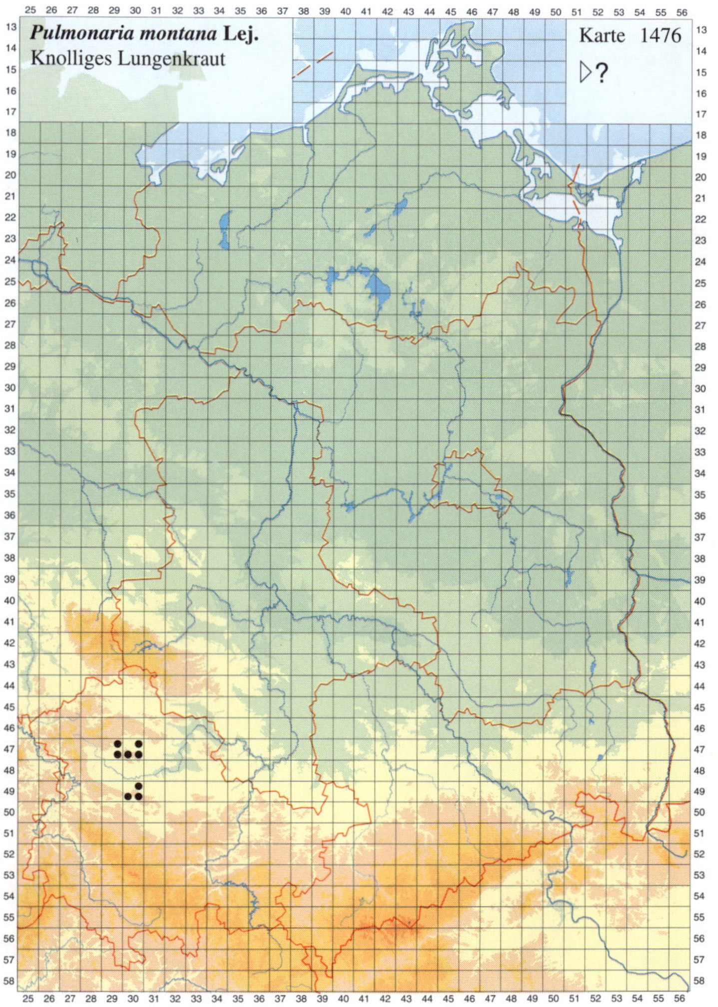
Pulmonaria montana Lej.
Knolliges Lungenkraut
Karte 1476
▷?

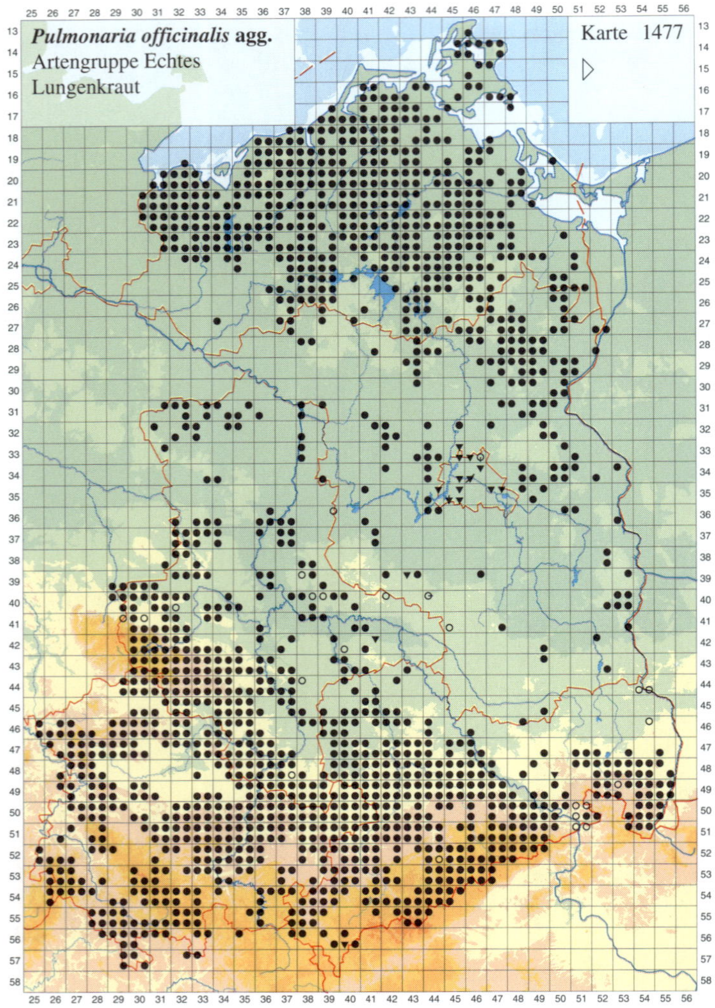

Pulmonaria officinalis agg.
Artengruppe Echtes Lungenkraut
Karte 1477

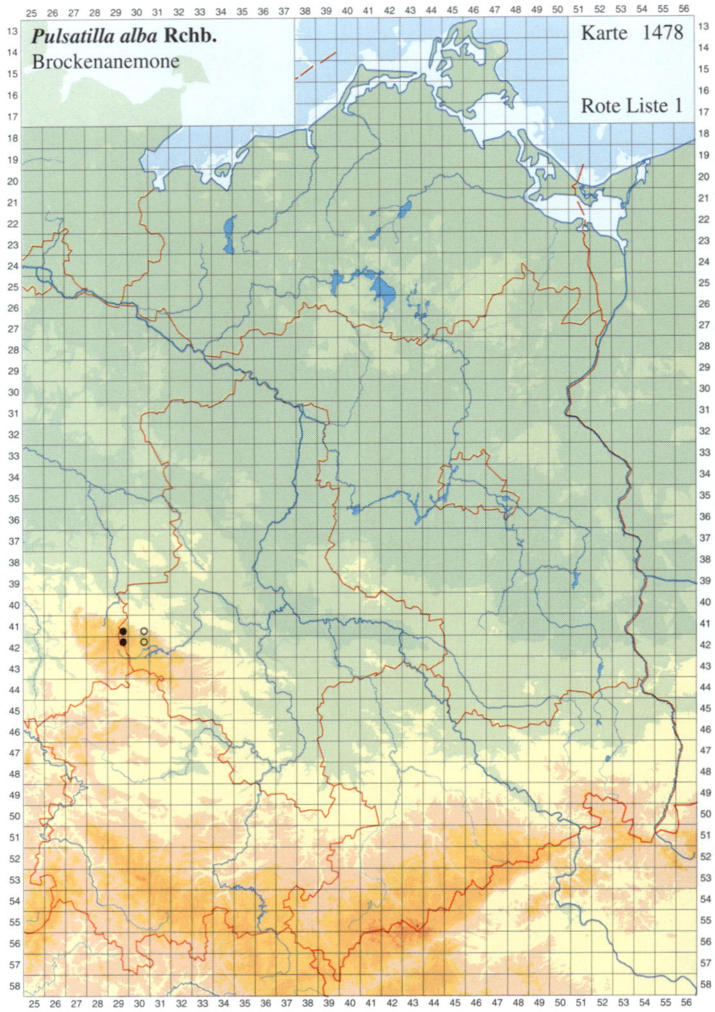

Pulsatilla alba Rchb.
Brockenanemone
Karte 1478
Rote Liste 1

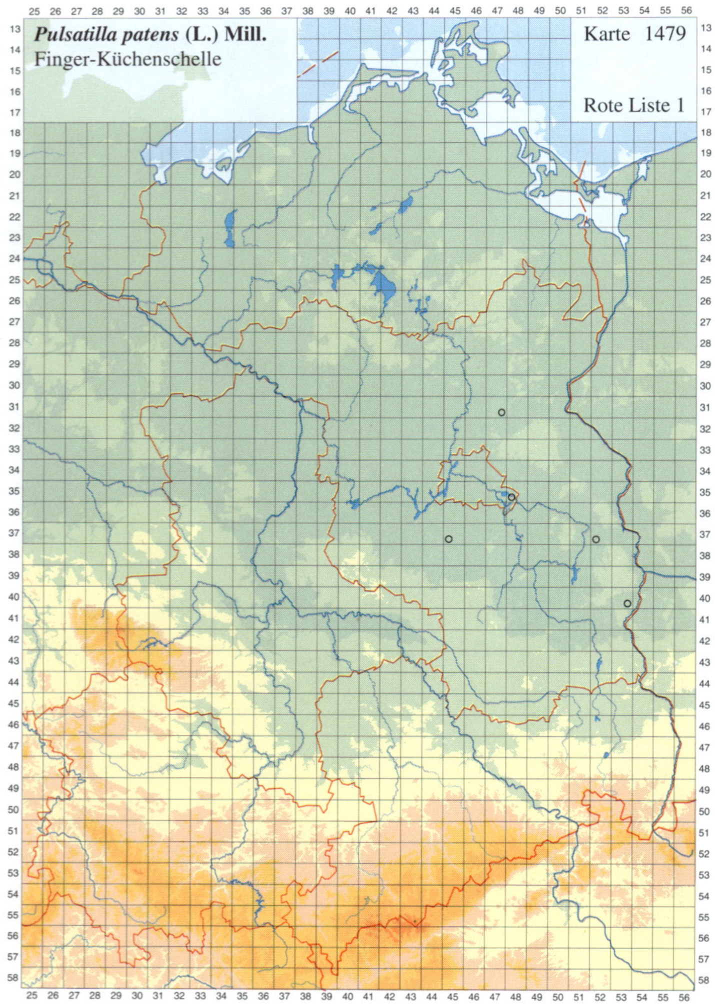

Pulsatilla patens (L.) Mill.
Finger-Küchenschelle
Karte 1479
Rote Liste 1

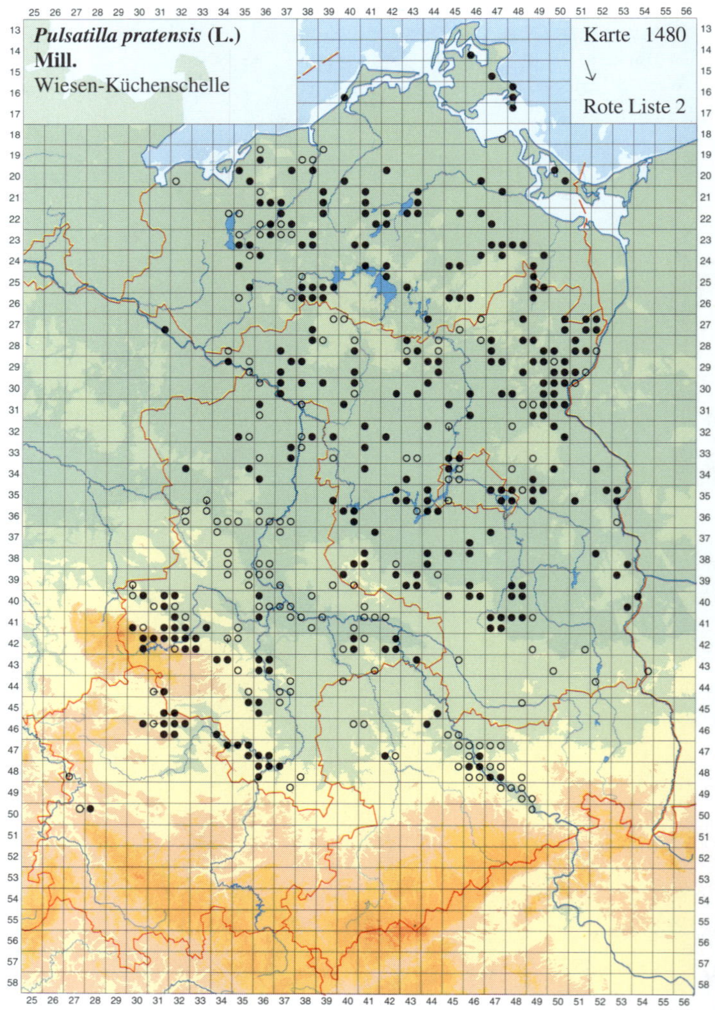

Pulsatilla pratensis (L.) Mill.
Wiesen-Küchenschelle
Karte 1480
Rote Liste 2

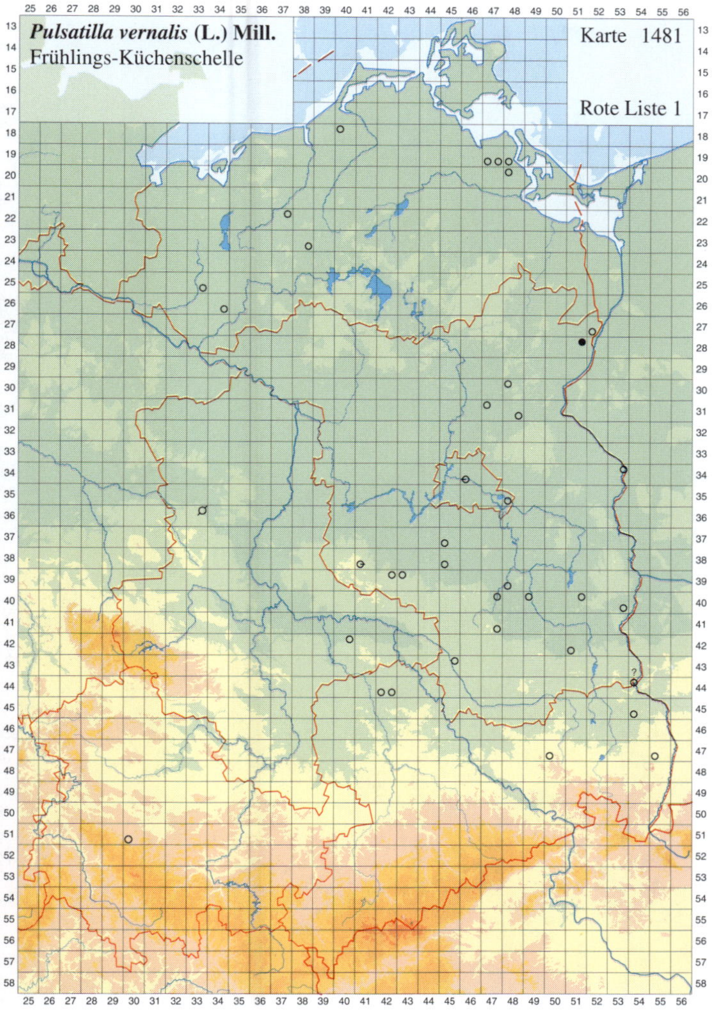
Pulsatilla vernalis (L.) Mill.
Frühlings-Küchenschelle
Karte 1481
Rote Liste 1

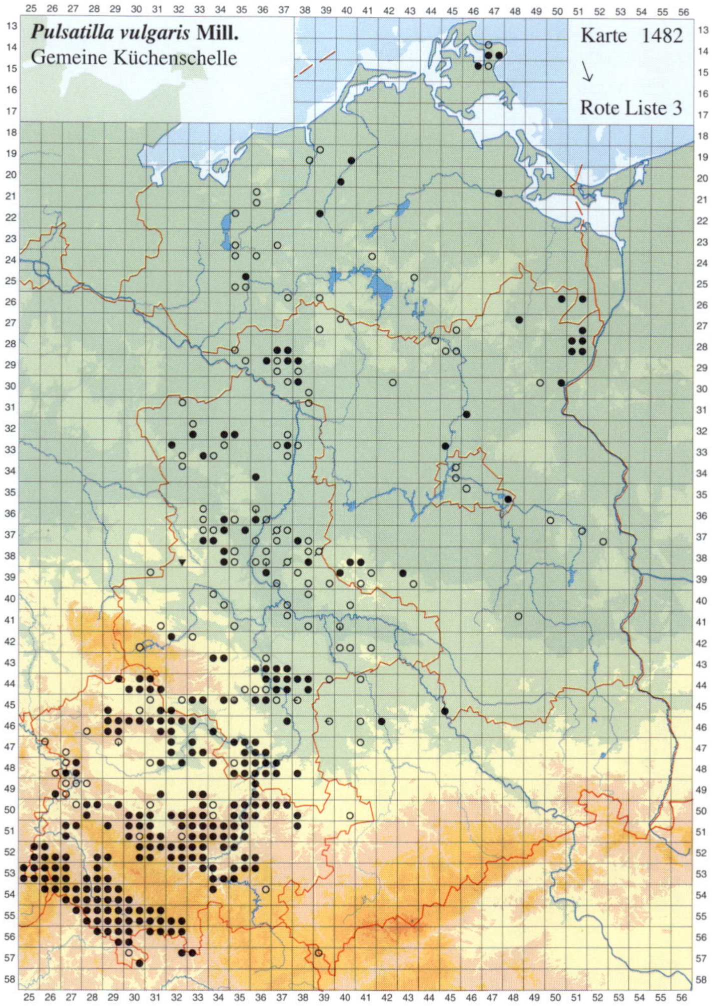
Pulsatilla vulgaris Mill.
Gemeine Küchenschelle
Karte 1482
↘
Rote Liste 3

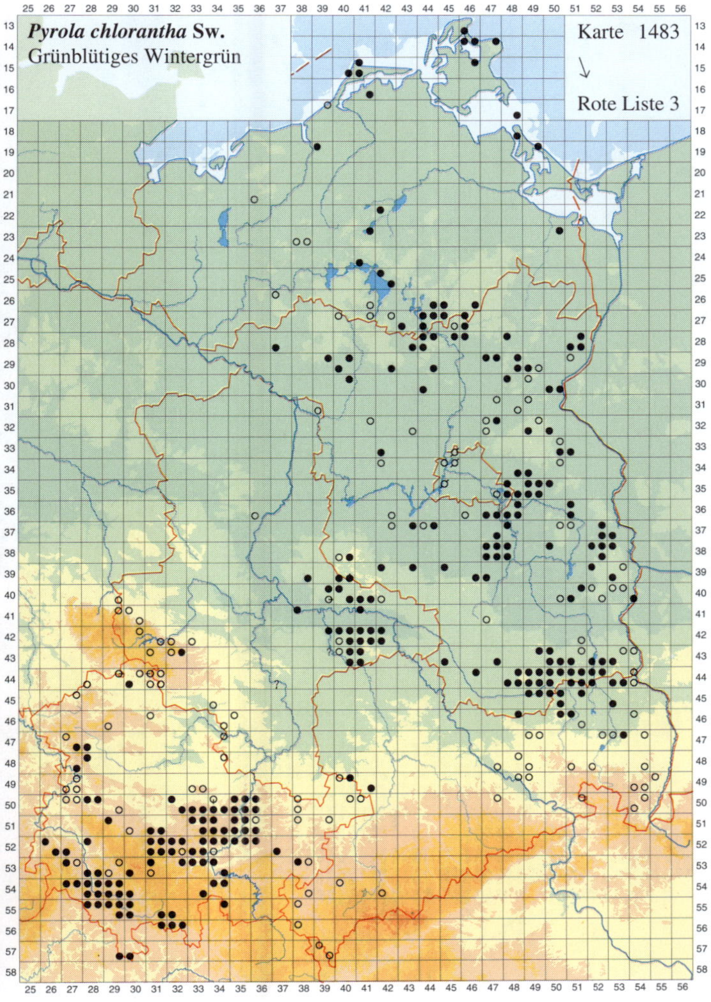
Pyrola chlorantha Sw.
Grünblütiges Wintergrün
Karte 1483
↘
Rote Liste 3

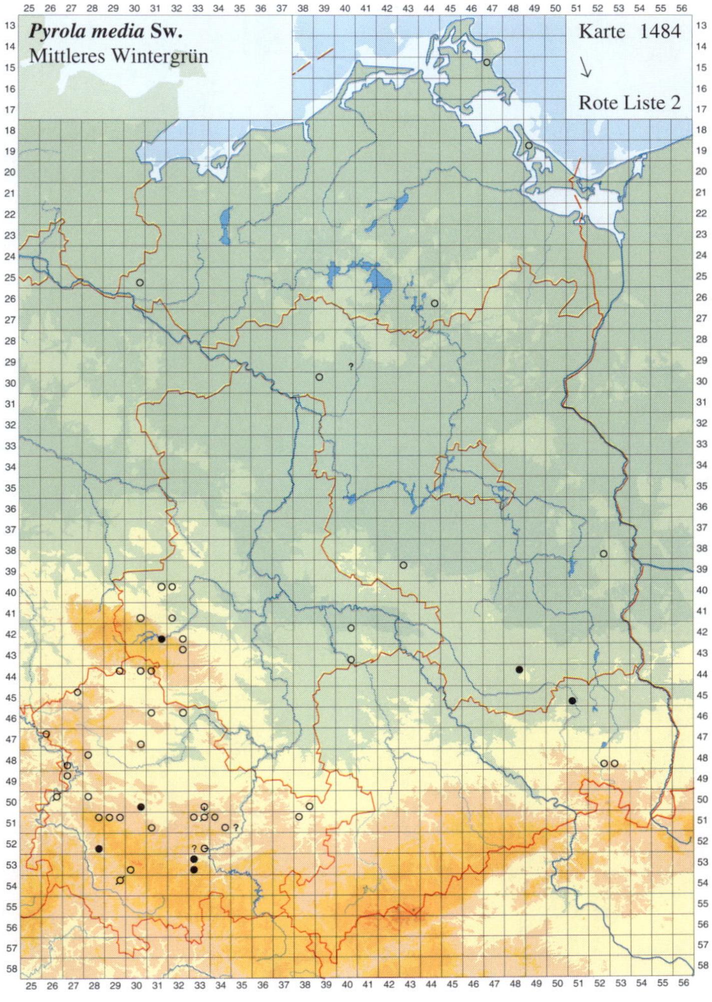
Pyrola media Sw.
Mittleres Wintergrün
Karte 1484
↘
Rote Liste 2

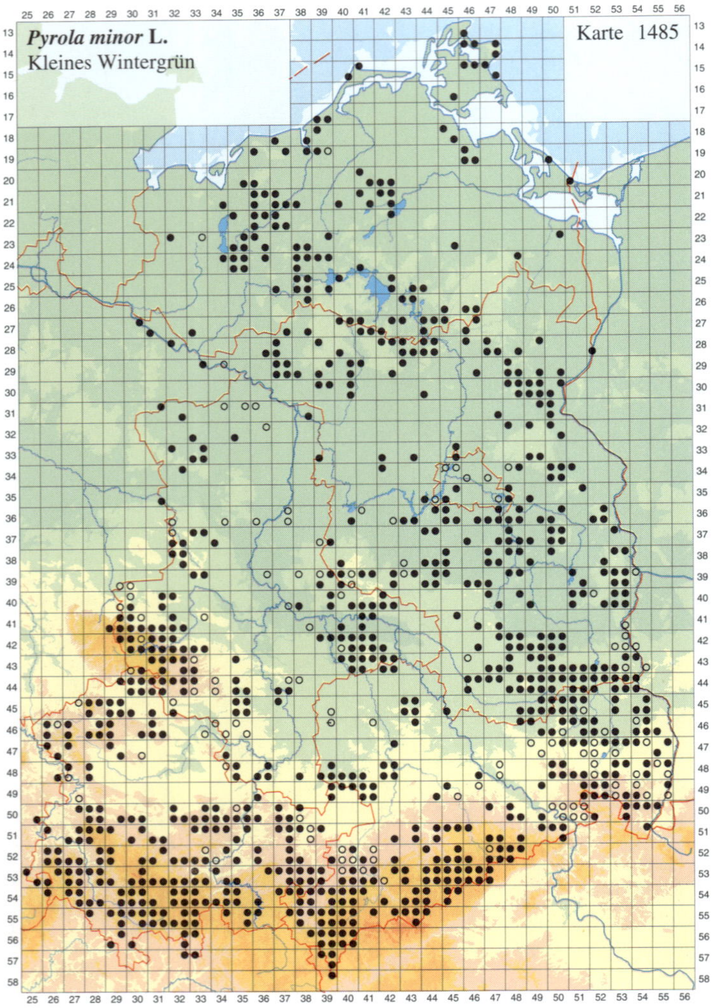
Pyrola minor **L.**
Kleines Wintergrün
Karte 1485

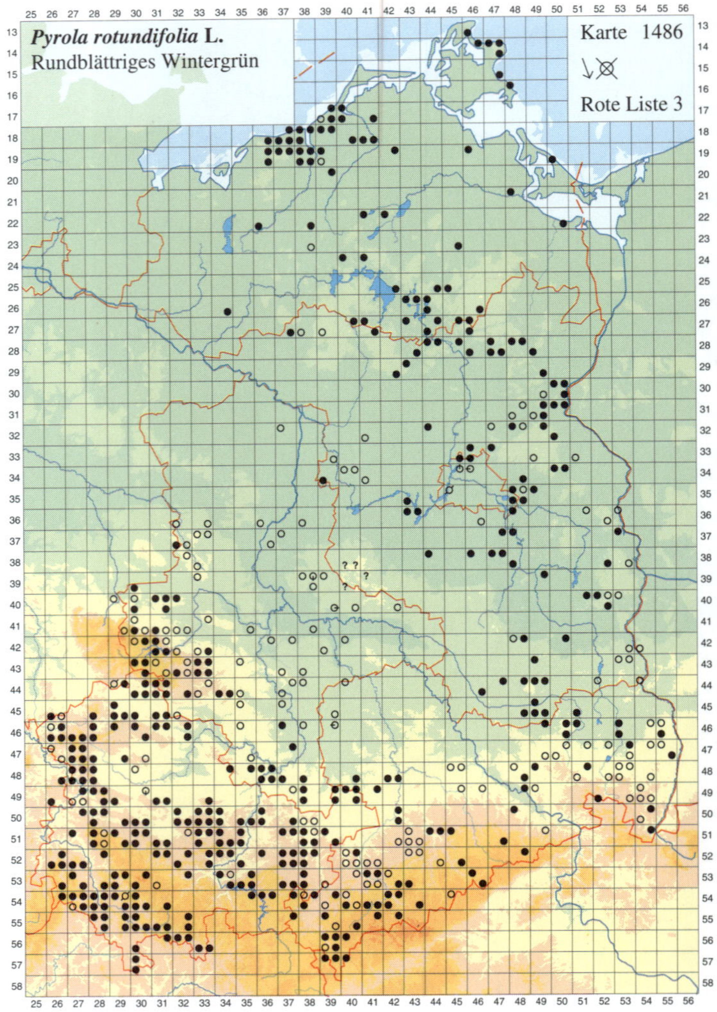
***Pyrola rotundifolia* L.**
Rundblättriges Wintergrün
Karte 1486
Rote Liste 3

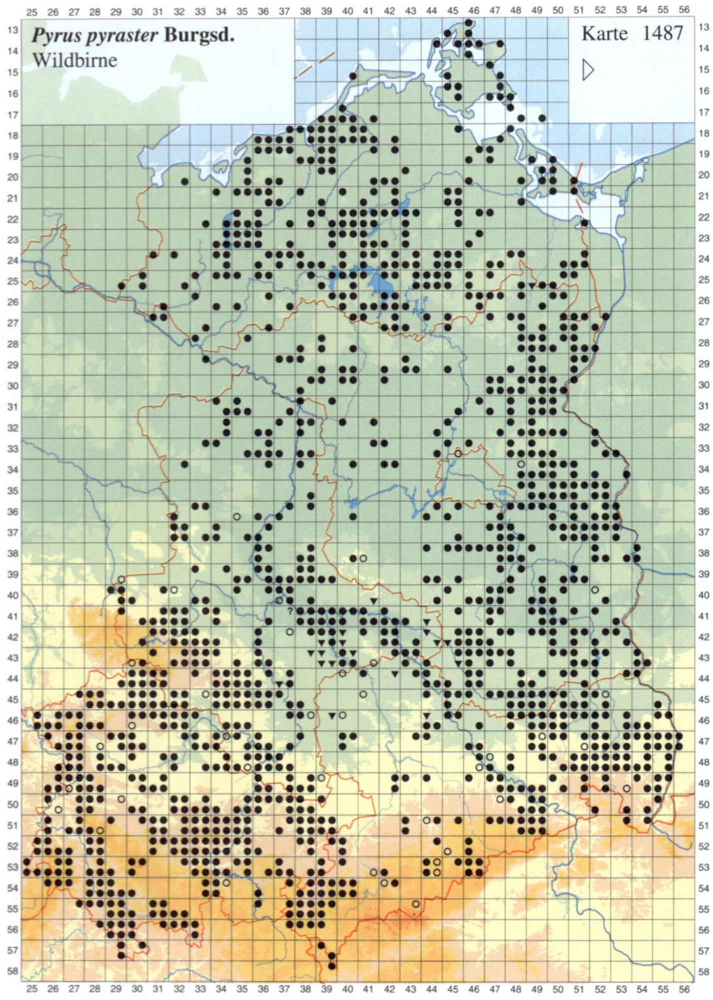
***Pyrus pyraster* Burgsd.**
Wildbirne
Karte 1487

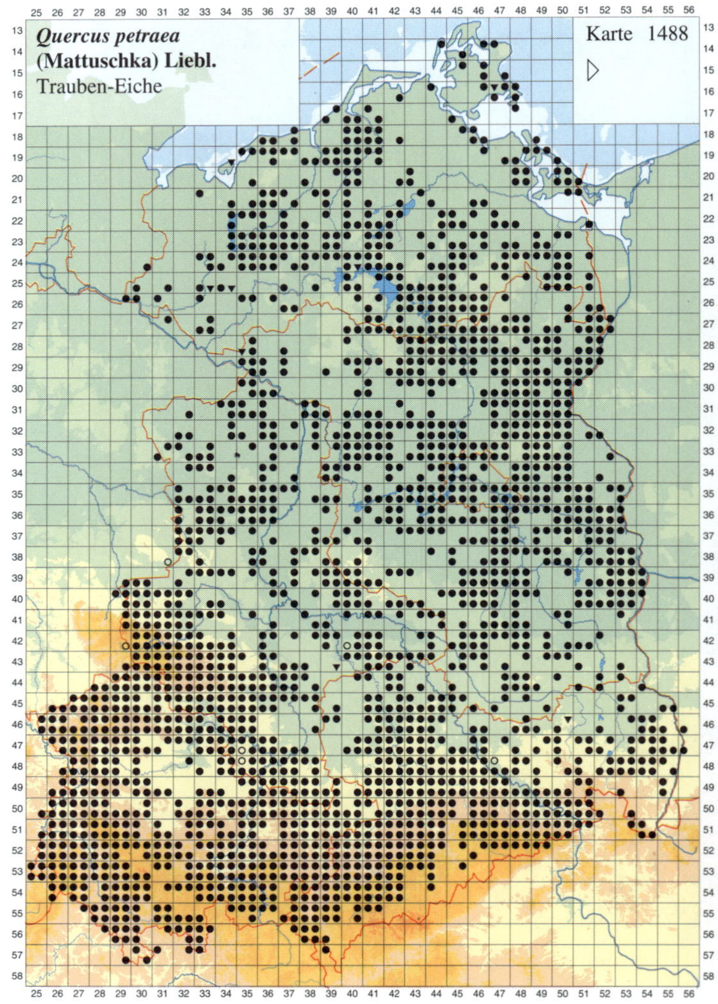
Quercus petraea
(Mattuschka) Liebl.
Trauben-Eiche
Karte 1488

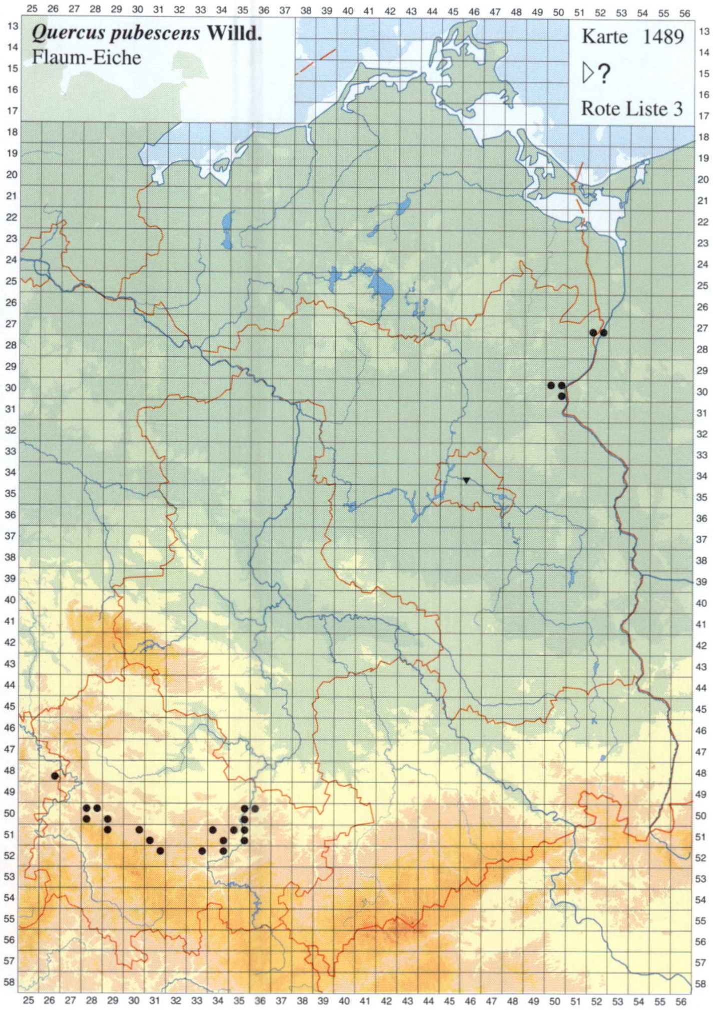
Quercus pubescens Willd.
Flaum-Eiche
Karte 1489
▷?
Rote Liste 3

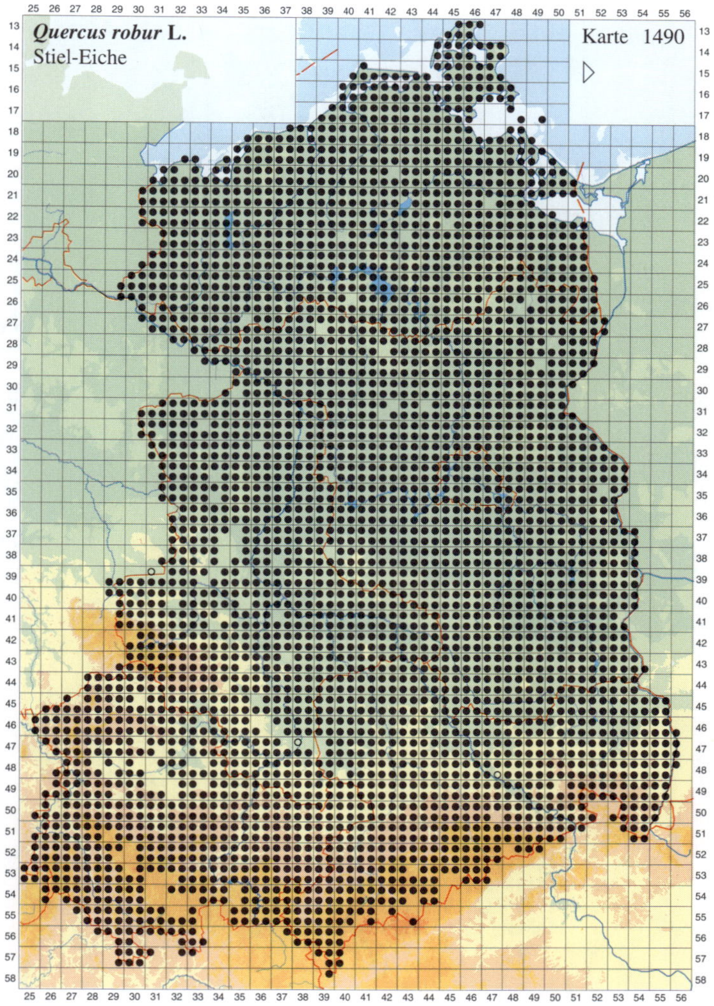
Quercus robur L.
Stiel-Eiche
Karte 1490
▷

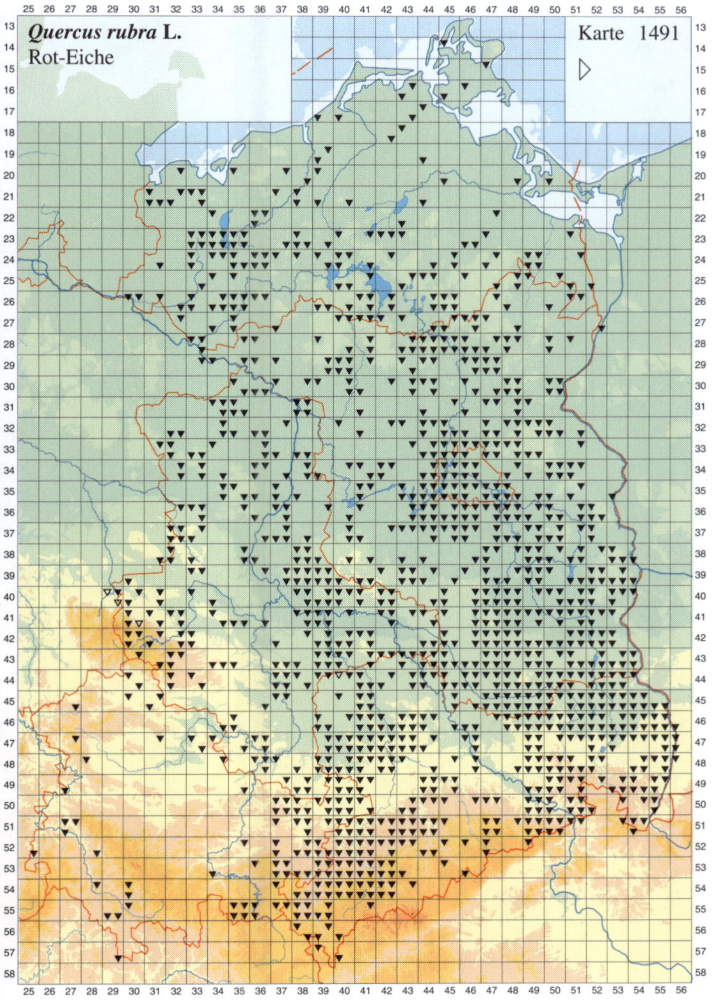
Quercus rubra L.
Rot-Eiche
Karte 1491
▷

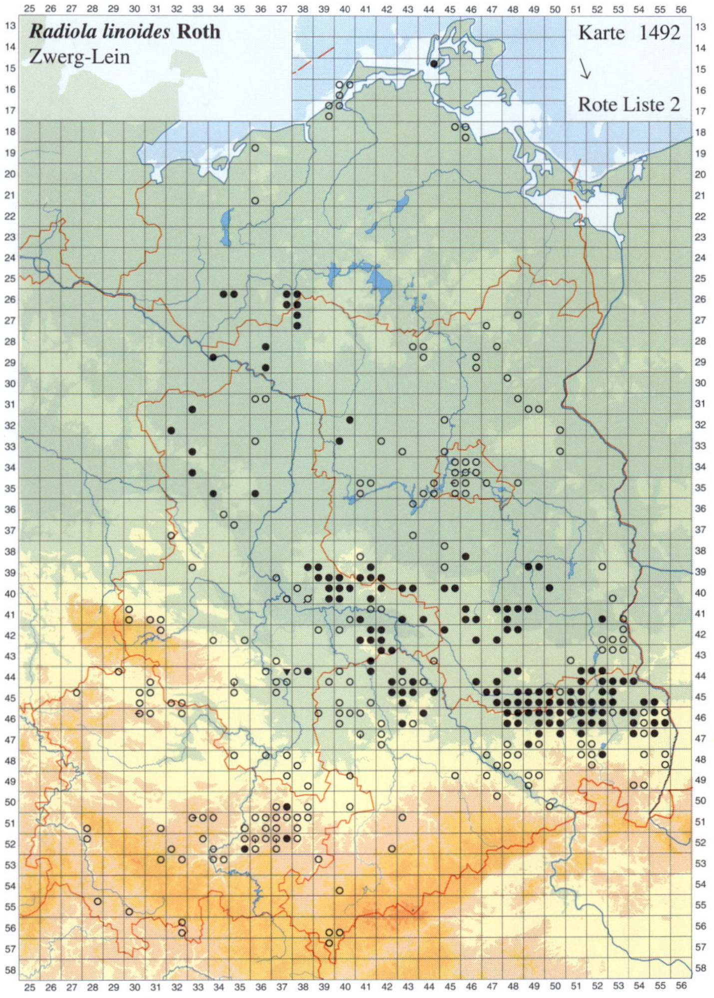
Radiola linoides Roth
Zwerg-Lein
Karte 1492
↘
Rote Liste 2

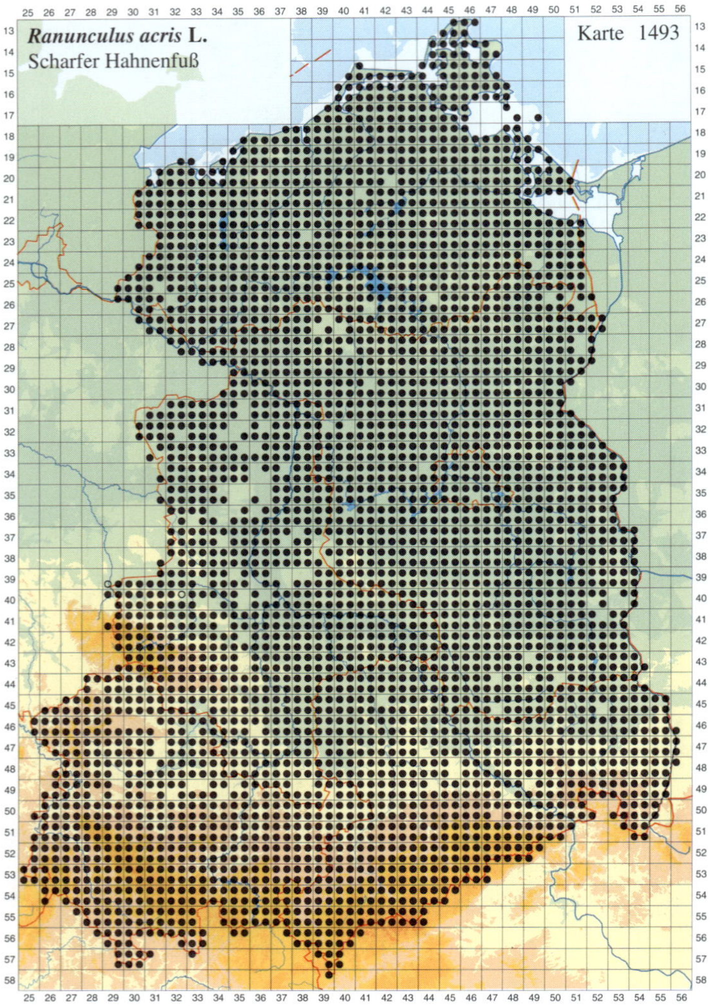
Ranunculus acris L.
Scharfer Hahnenfuß
Karte 1493

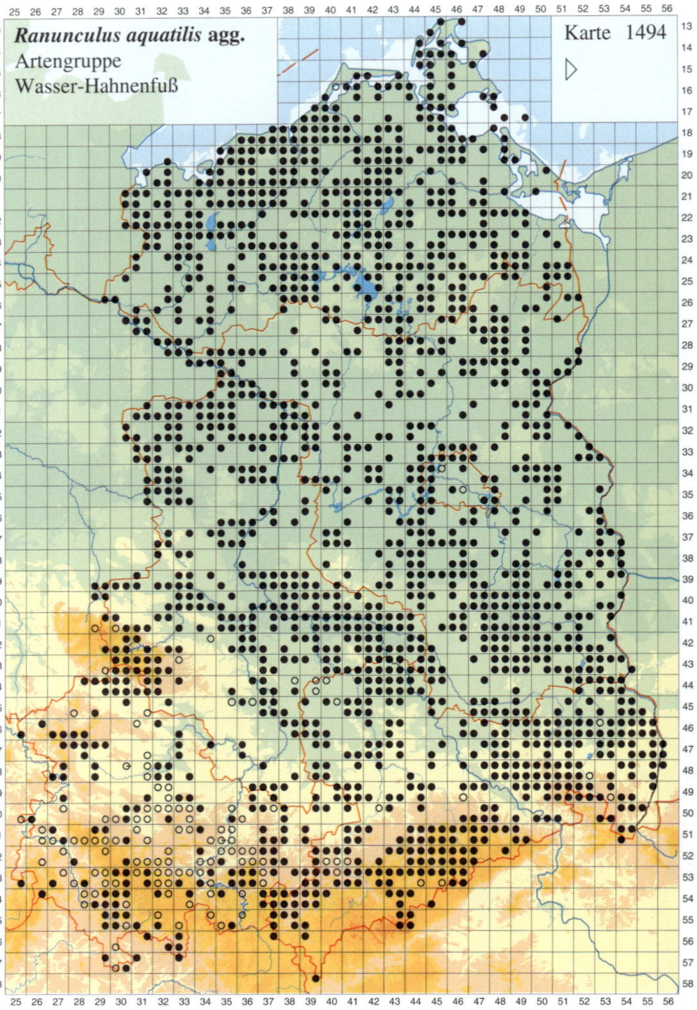
Ranunculus aquatilis agg.
Artengruppe
Wasser-Hahnenfuß
Karte 1494

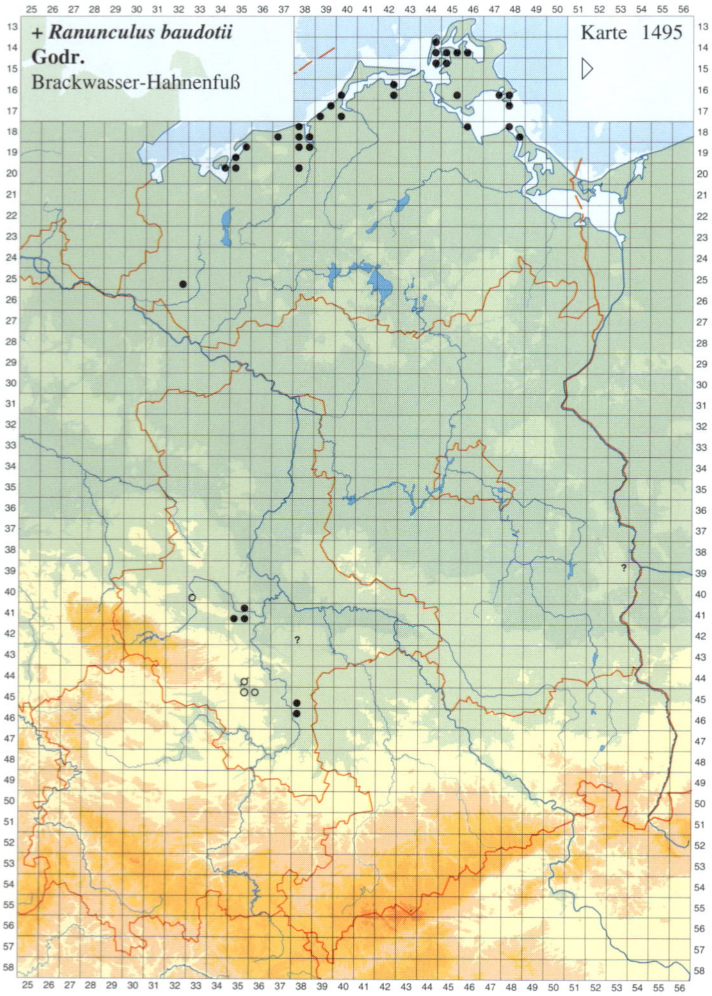
+ *Ranunculus baudotii*
Godr.
Brackwasser-Hahnenfuß
Karte 1495

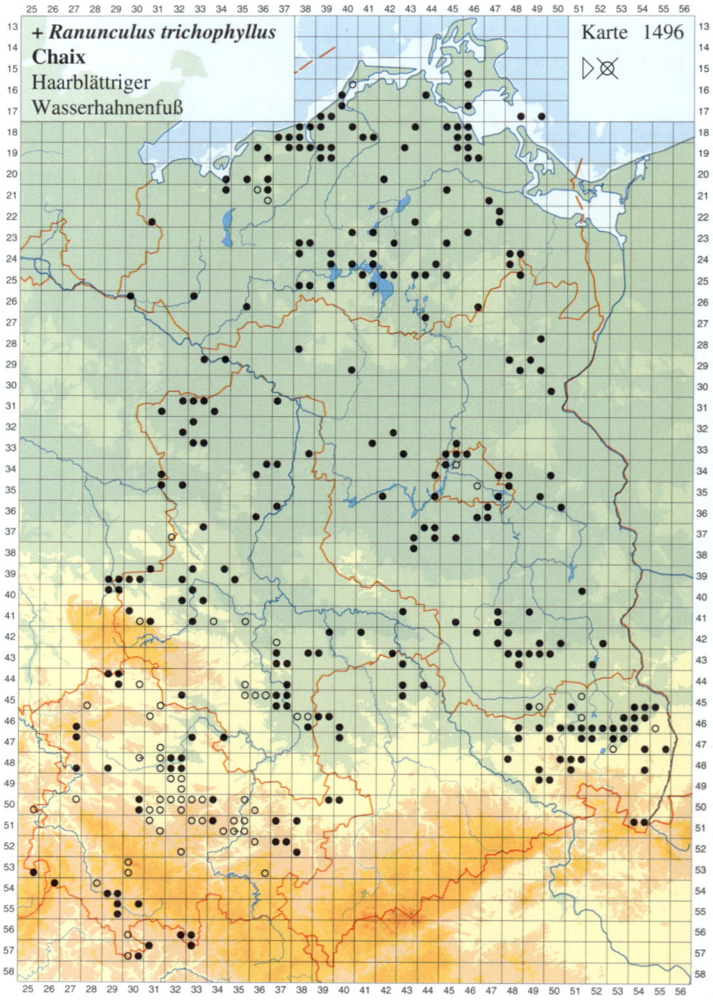
+ *Ranunculus trichophyllus*
Chaix
Haarblättriger
Wasserhahnenfuß
Karte 1496

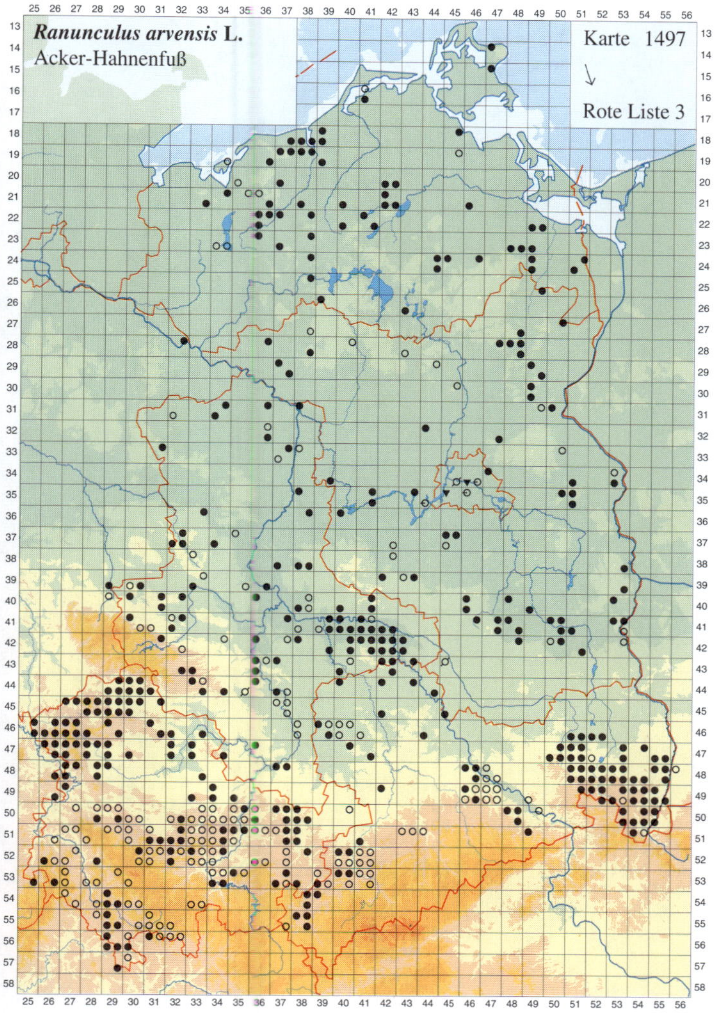
Ranunculus arvensis L.
Acker-Hahnenfuß
Karte 1497
Rote Liste 3

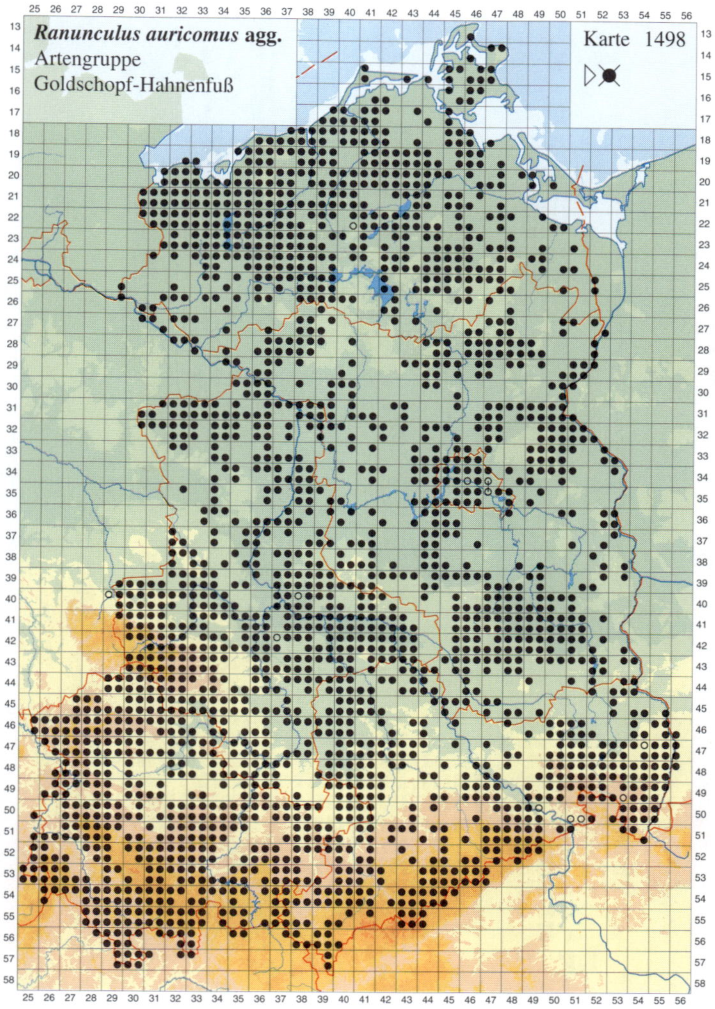
Ranunculus auricomus agg.
Artengruppe
Goldschopf-Hahnenfuß
Karte 1498

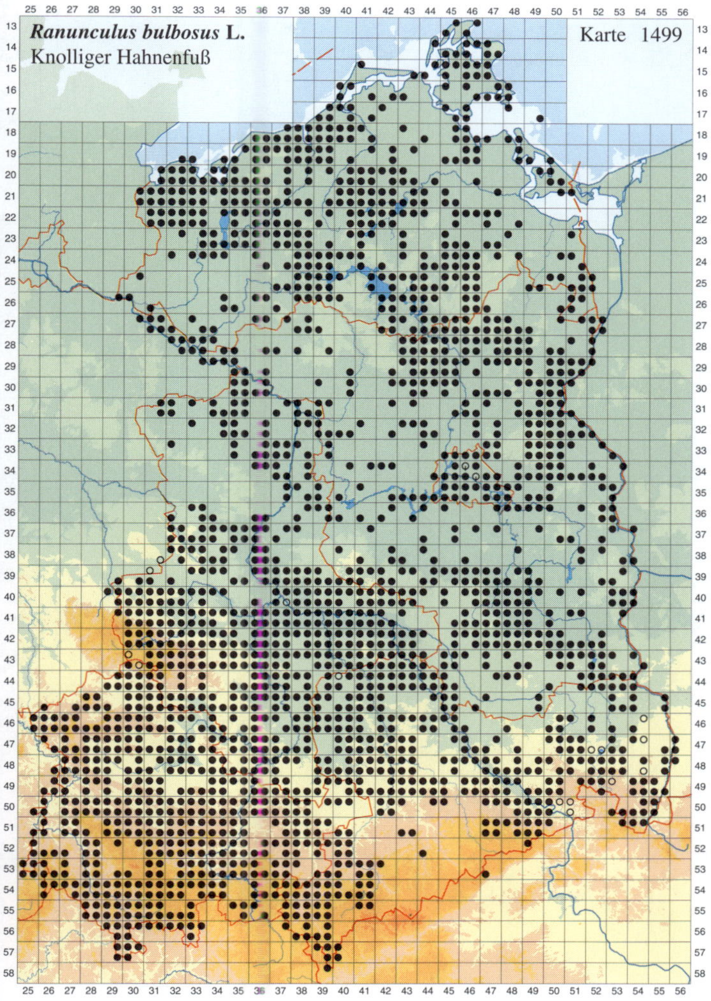
Ranunculus bulbosus L.
Knolliger Hahnenfuß
Karte 1499

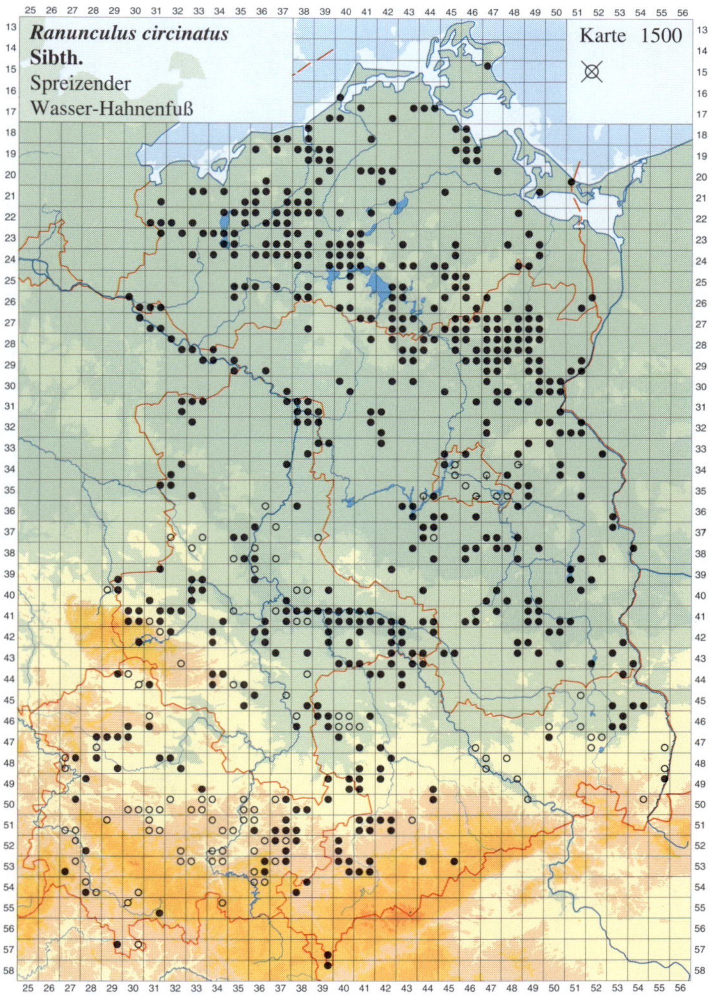
Ranunculus circinatus
Sibth.
Spreizender
Wasser-Hahnenfuß
Karte 1500

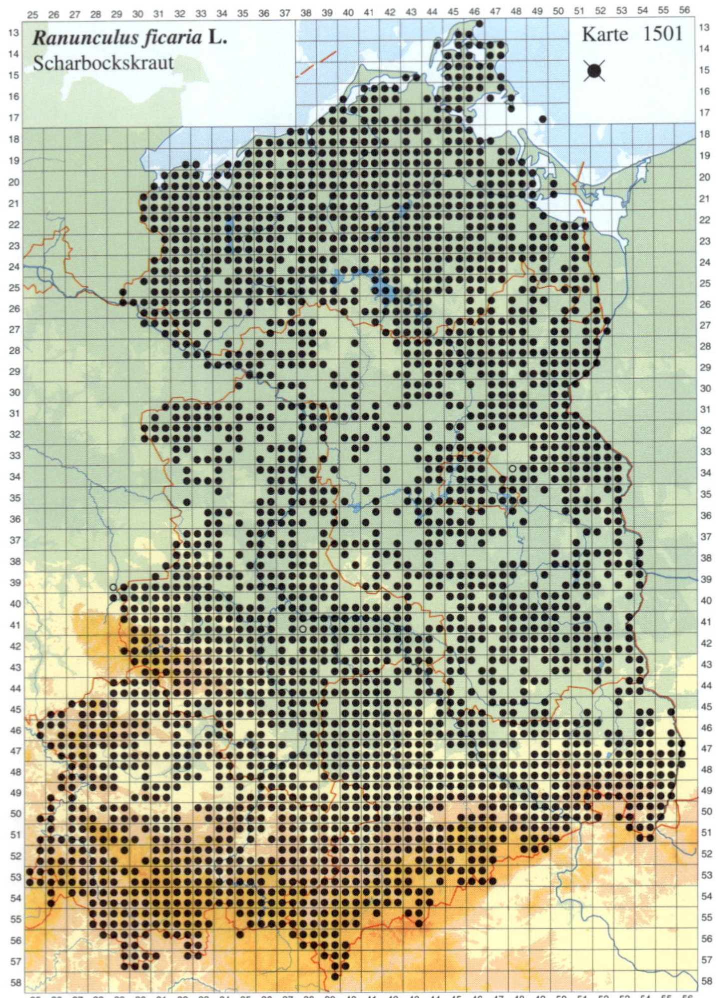
Ranunculus ficaria L.
Scharbockskraut
Karte 1501

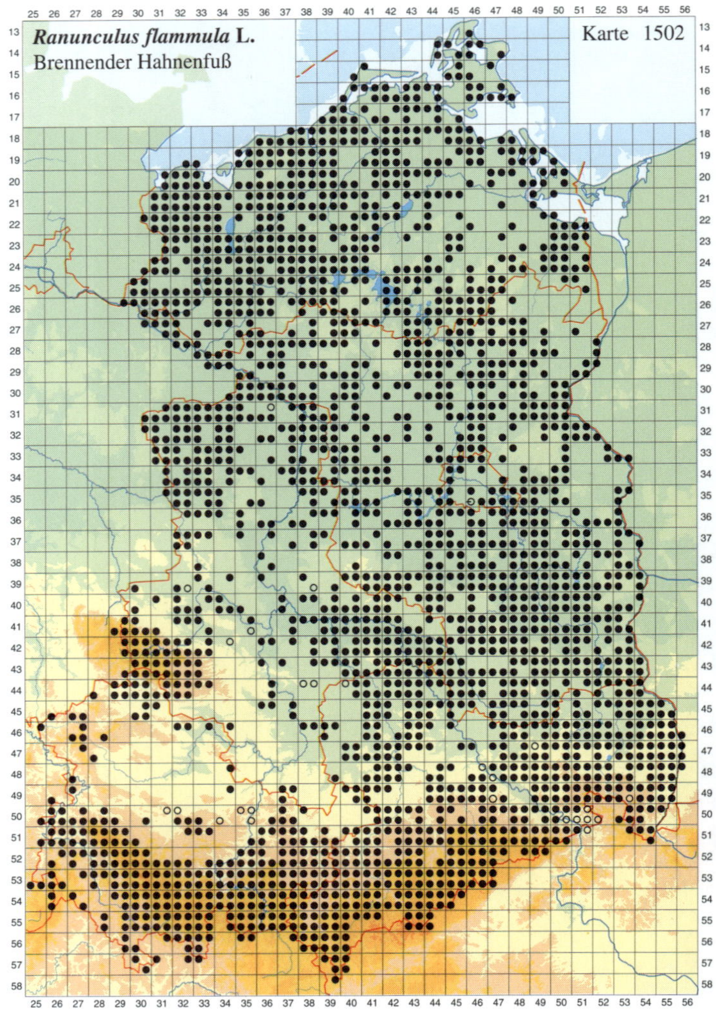
Ranunculus flammula L.
Brennender Hahnenfuß
Karte 1502

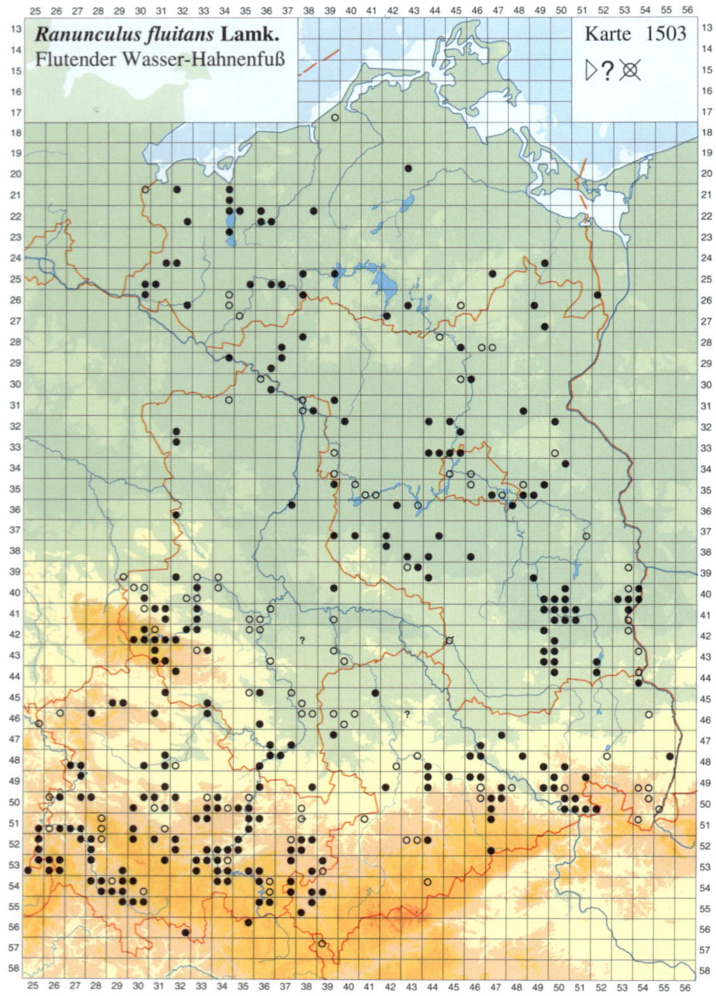
Ranunculus fluitans Lamk.
Flutender Wasser-Hahnenfuß
Karte 1503

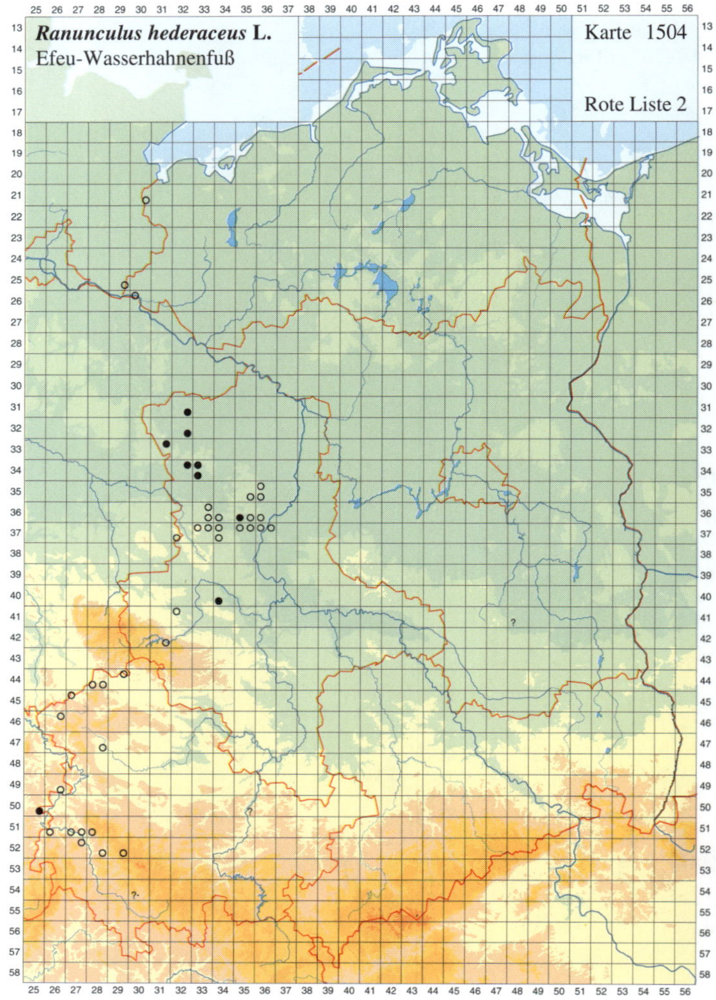
Ranunculus hederaceus L.
Efeu-Wasserhahnenfuß
Karte 1504
Rote Liste 2

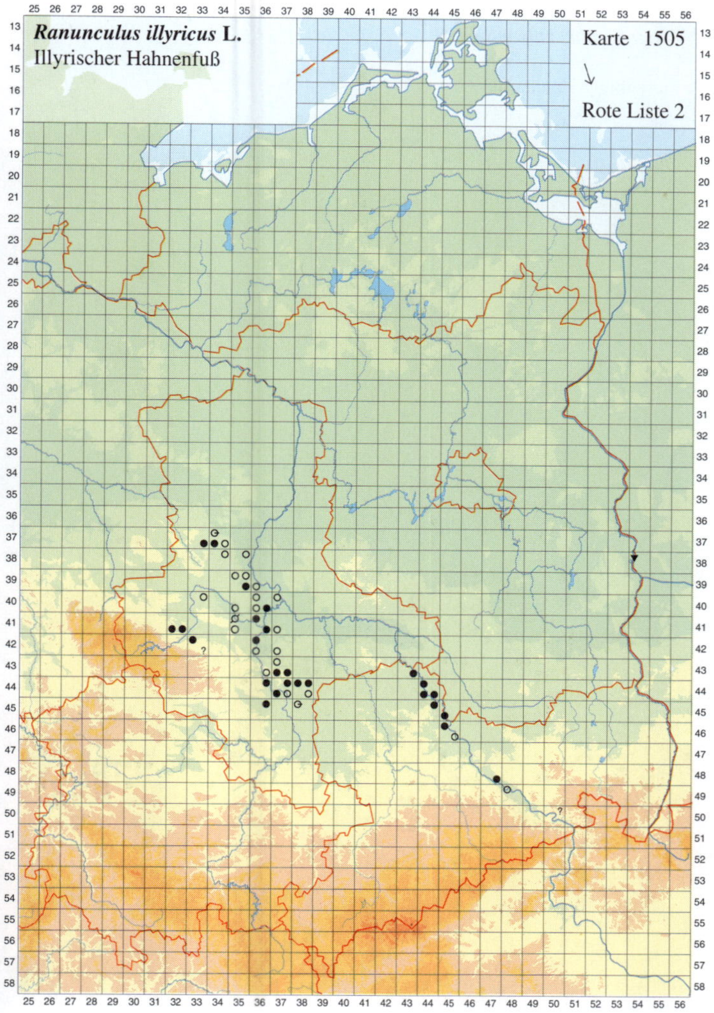
Ranunculus illyricus L.
Illyrischer Hahnenfuß
Karte 1505
Rote Liste 2

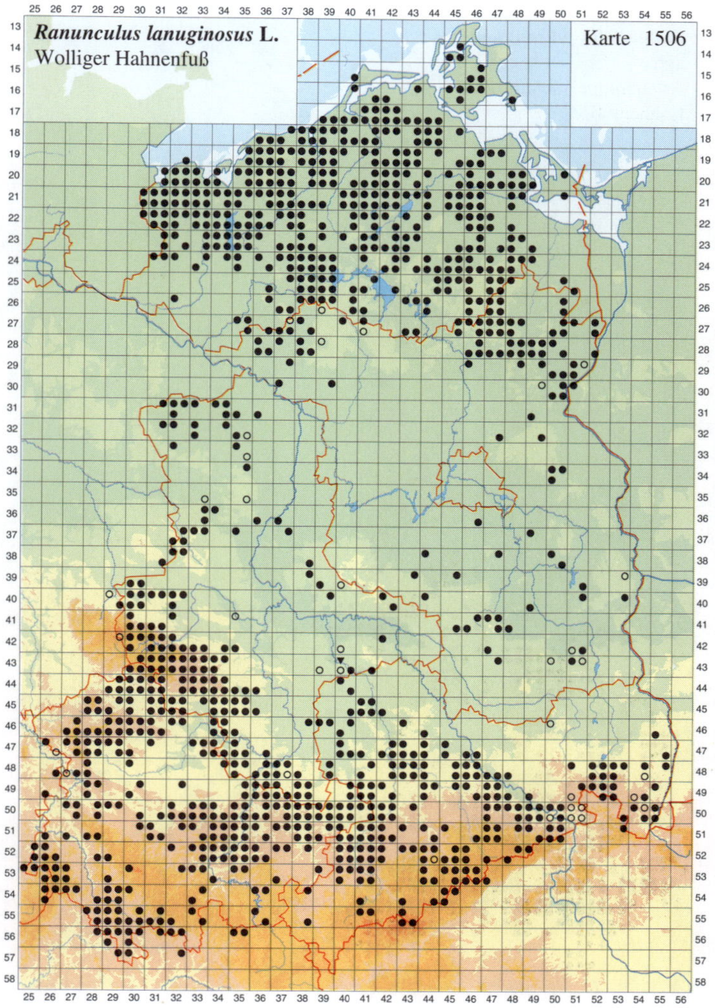
Ranunculus lanuginosus L.
Wolliger Hahnenfuß
Karte 1506

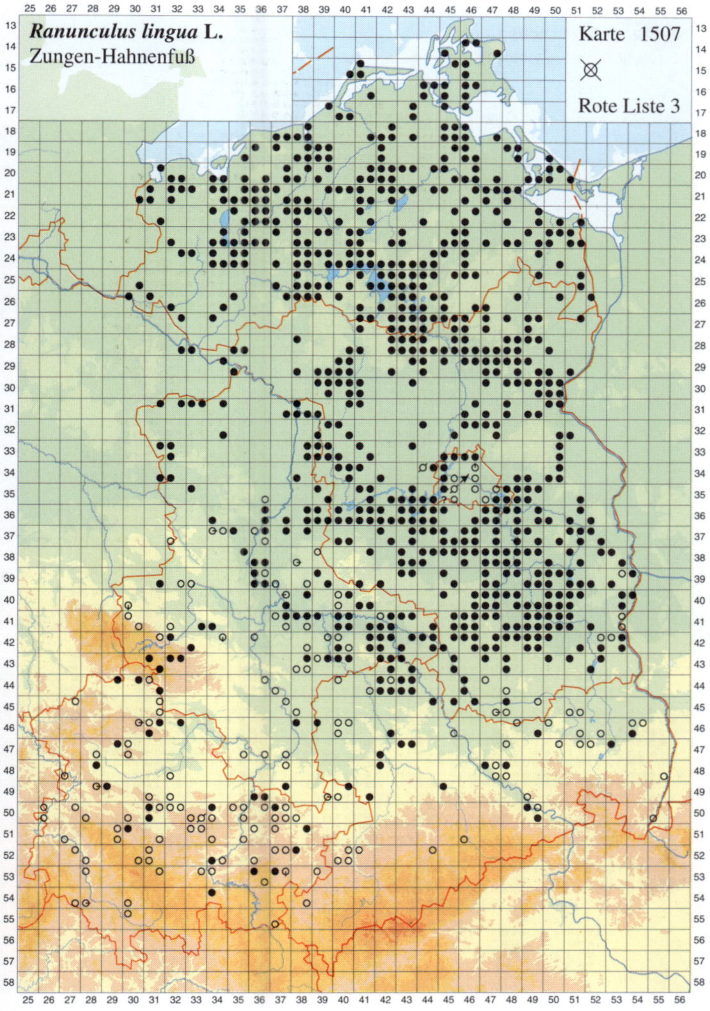
Ranunculus lingua L.
Zungen-Hahnenfuß
Karte 1507
Rote Liste 3

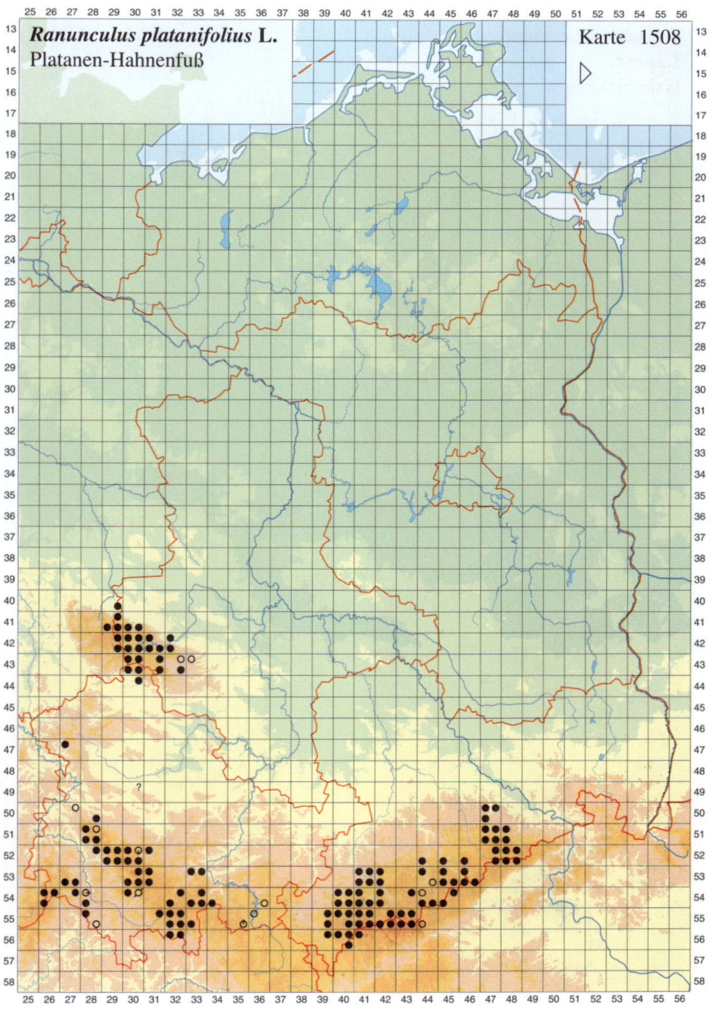
Ranunculus platanifolius L.
Platanen-Hahnenfuß
Karte 1508

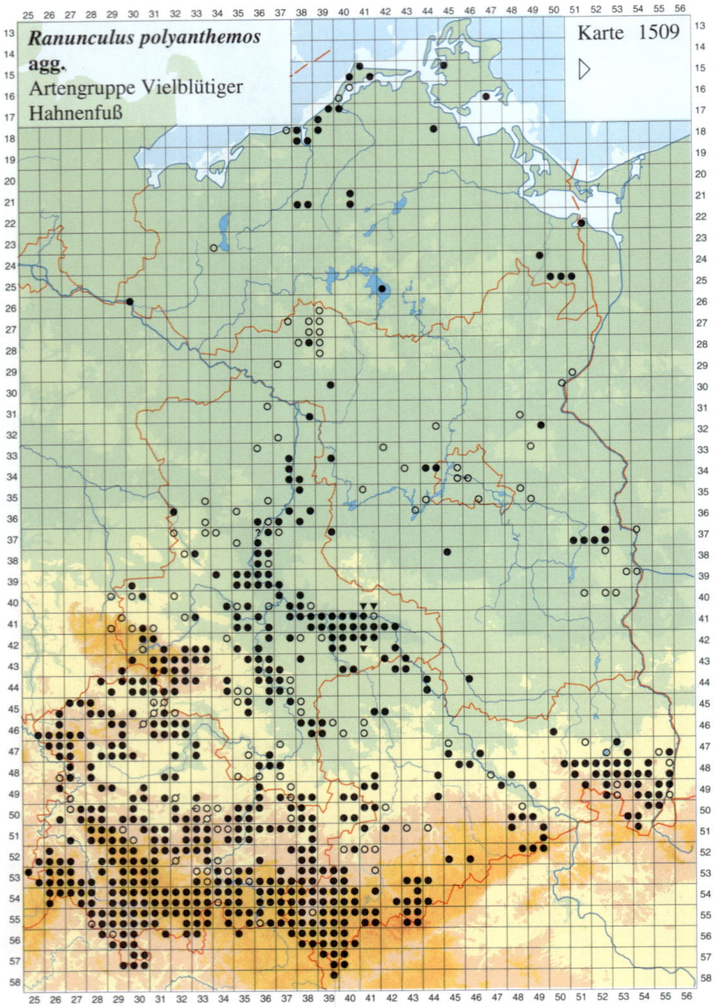
Ranunculus polyanthemos agg.
Artengruppe Vielblütiger Hahnenfuß
Karte 1509

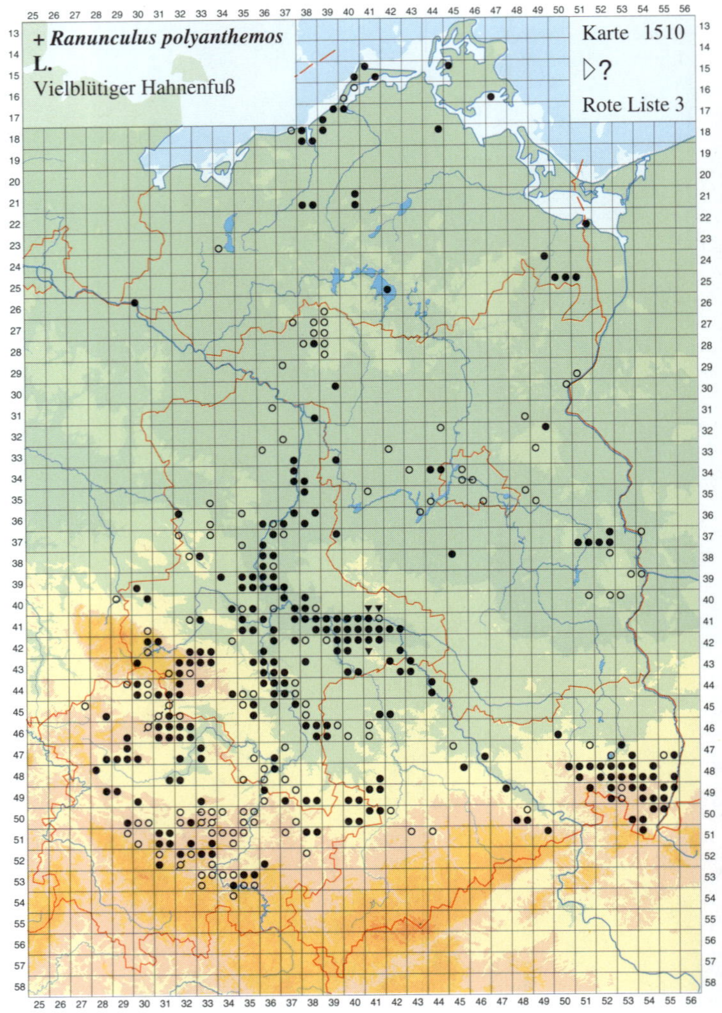
+ Ranunculus polyanthemos L.
Vielblütiger Hahnenfuß
Karte 1510
?
Rote Liste 3

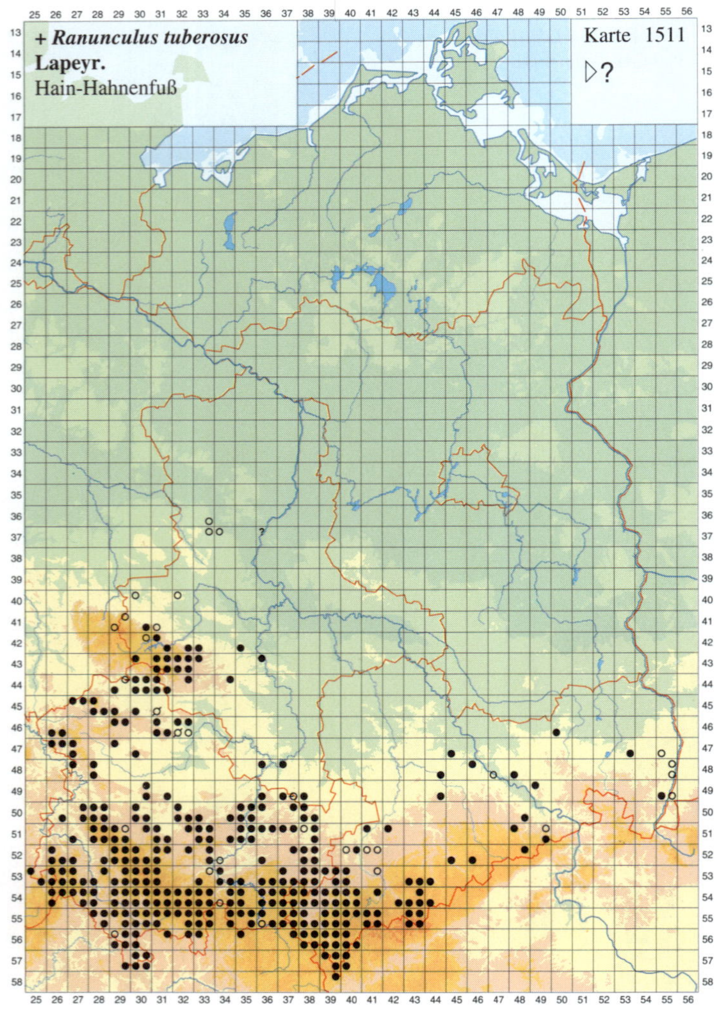
+ Ranunculus tuberosus Lapeyr.
Hain-Hahnenfuß
Karte 1511
?

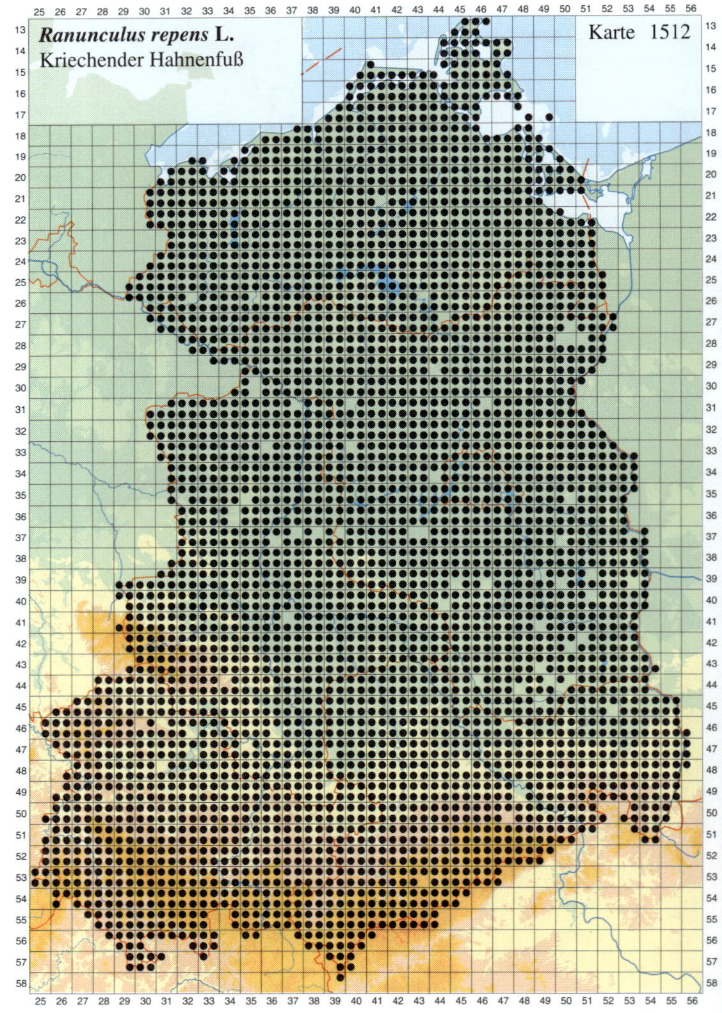
Ranunculus repens L.
Kriechender Hahnenfuß
Karte 1512

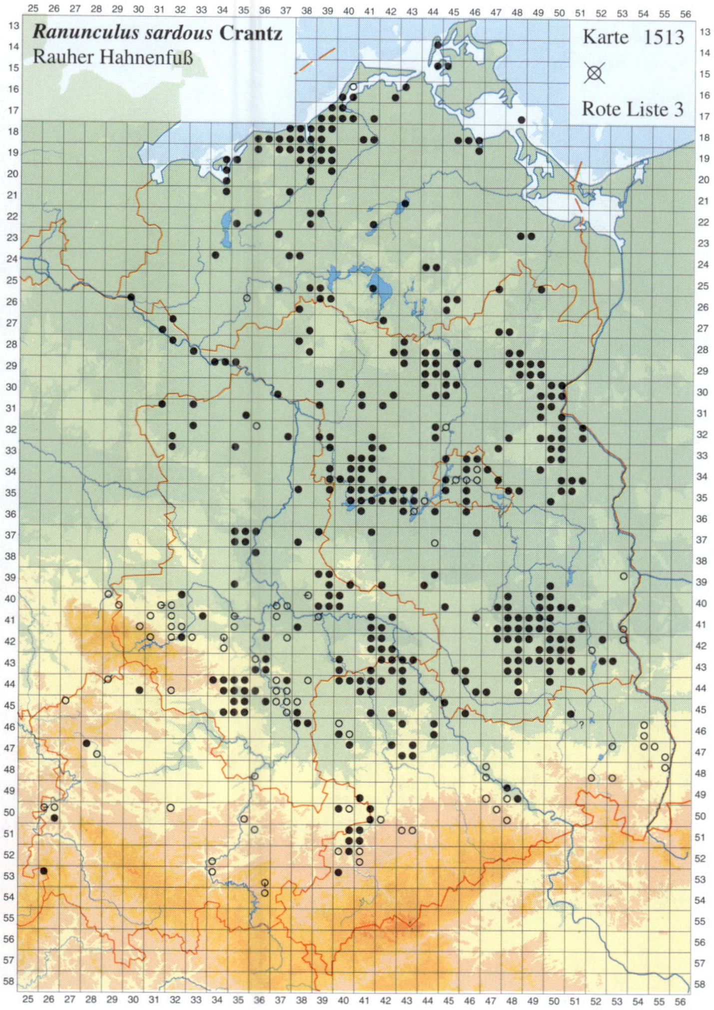
Ranunculus sardous Crantz
Rauher Hahnenfuß
Karte 1513
Rote Liste 3

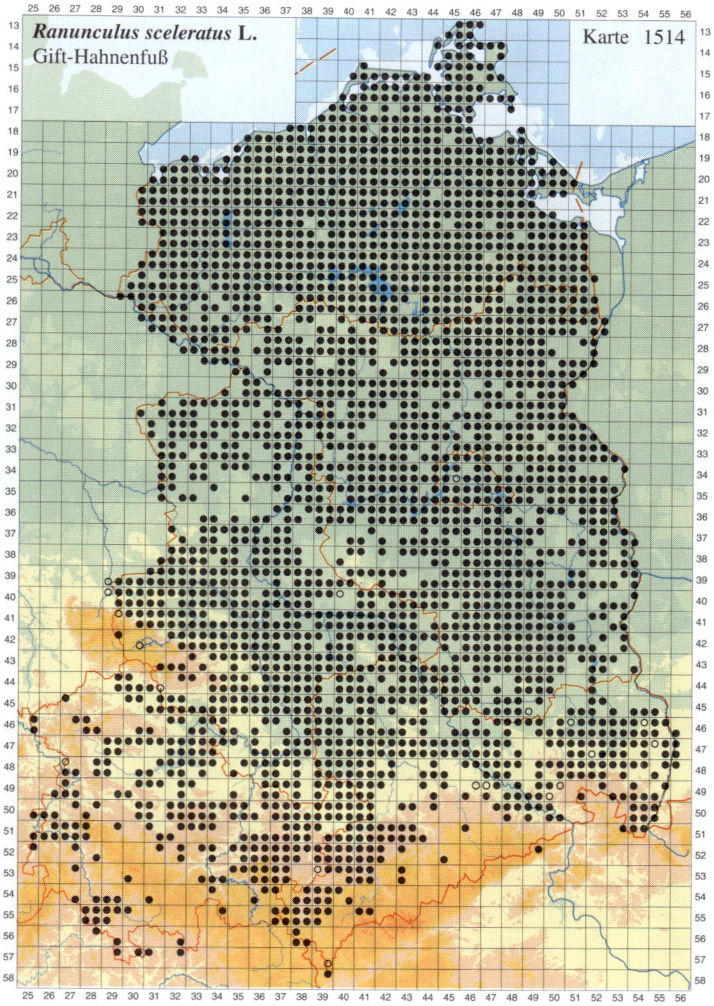
Ranunculus sceleratus L.
Gift-Hahnenfuß
Karte 1514

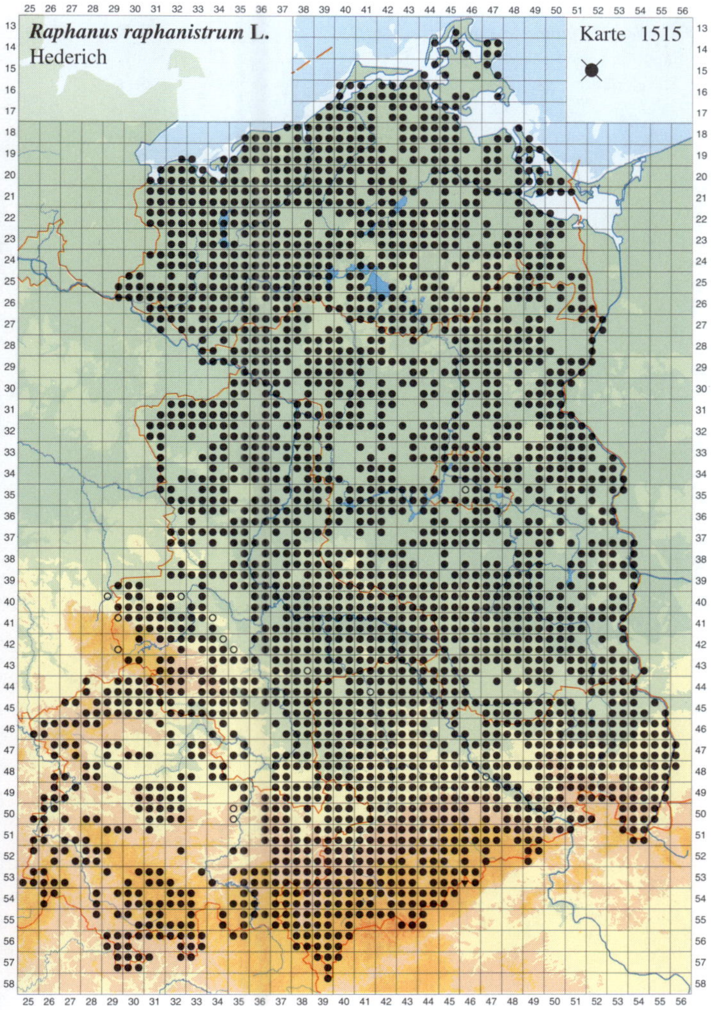
Raphanus raphanistrum L.
Hederich
Karte 1515

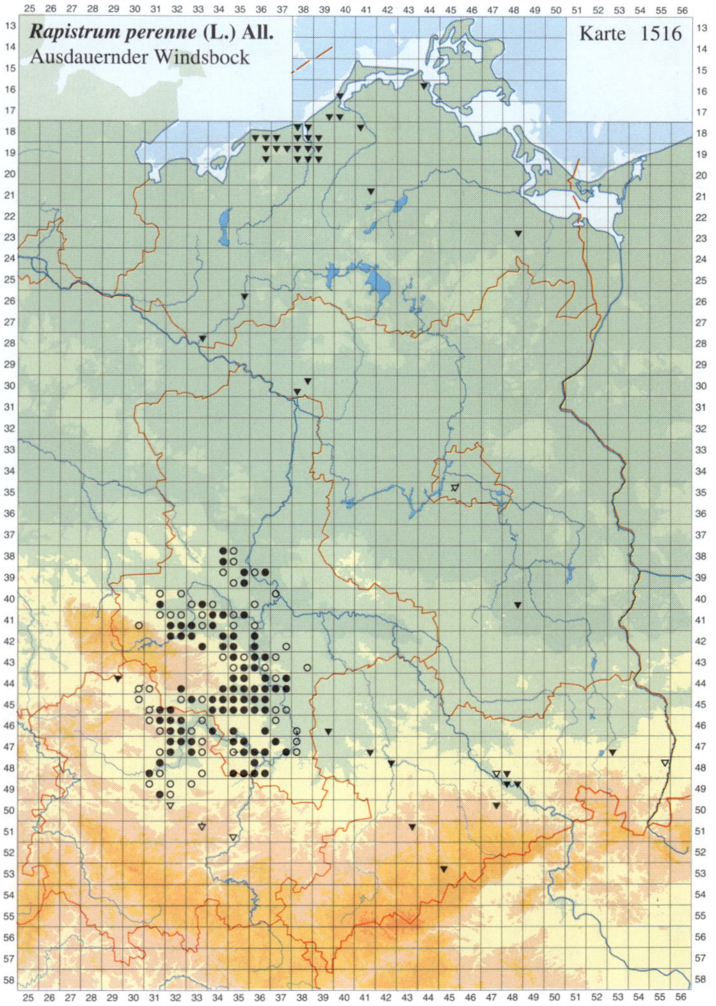
Rapistrum perenne (L.) All.
Ausdauernder Windsbock
Karte 1516

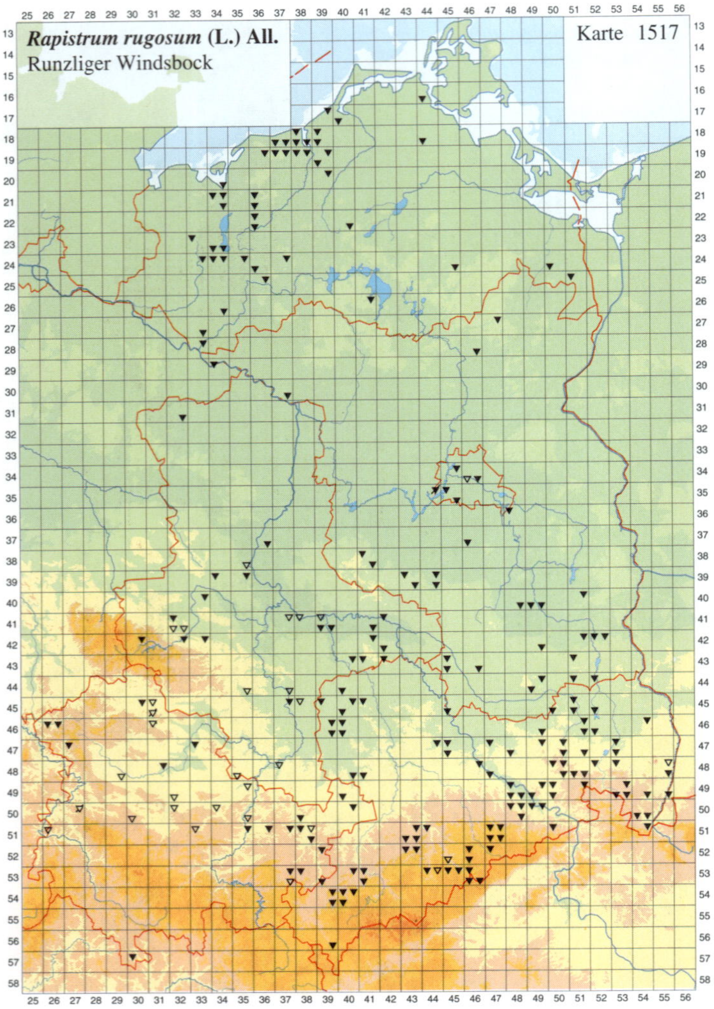
Rapistrum rugosum (L.) All.
Runzliger Windsbock
Karte 1517

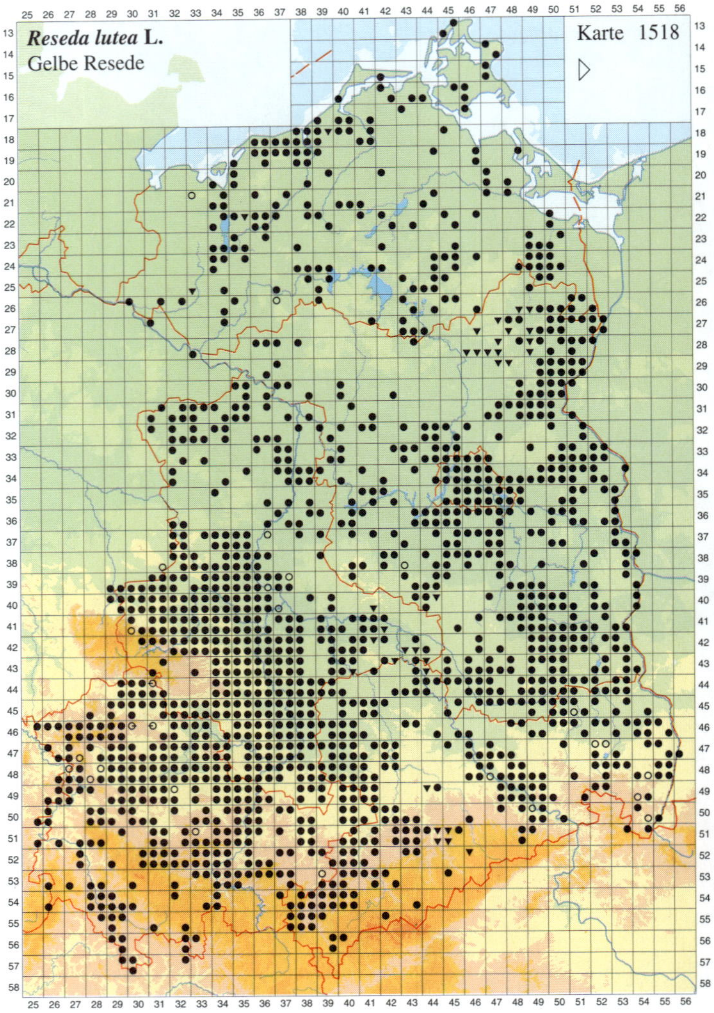
Reseda lutea L.
Gelbe Resede
Karte 1518

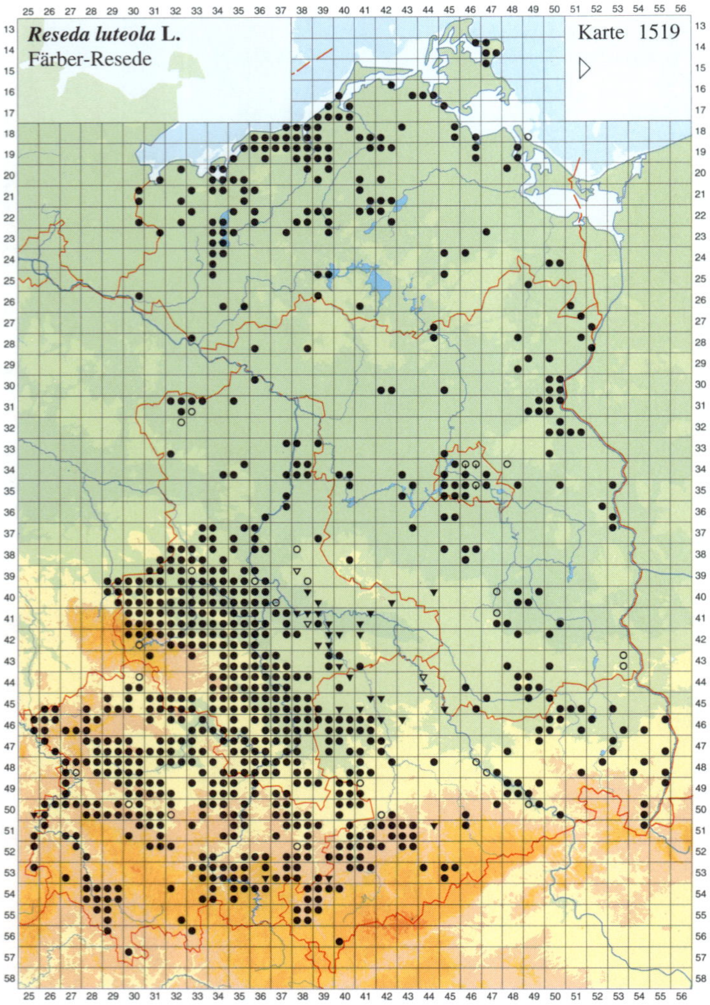
Reseda luteola L.
Färber-Resede
Karte 1519

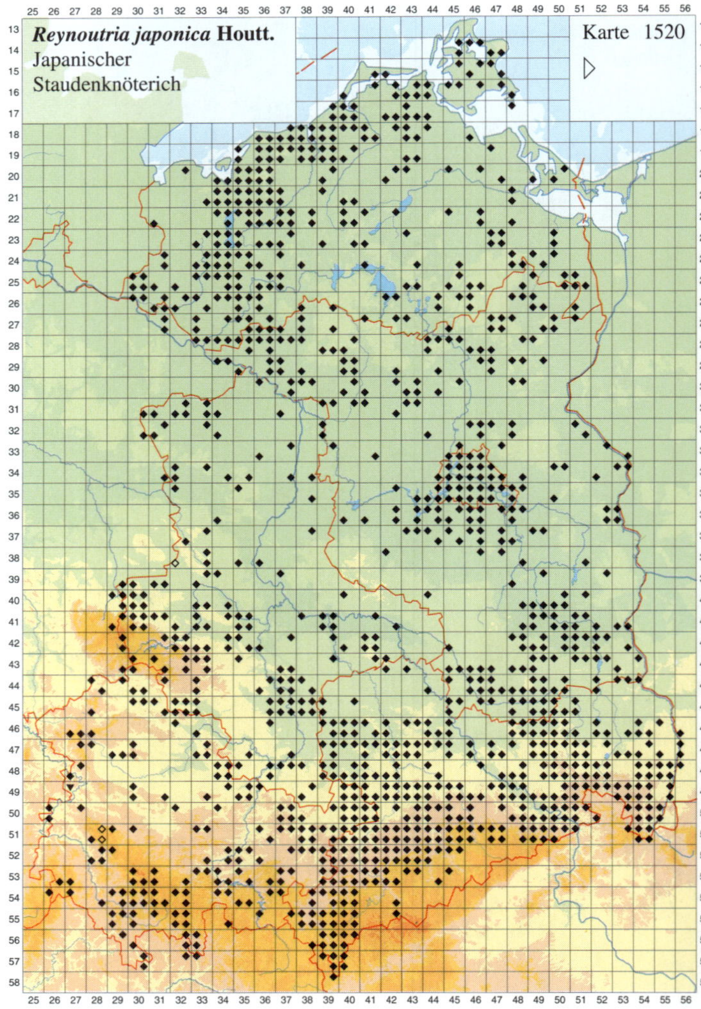
Reynoutria japonica Houtt.
Japanischer
Staudenknöterich
Karte 1520

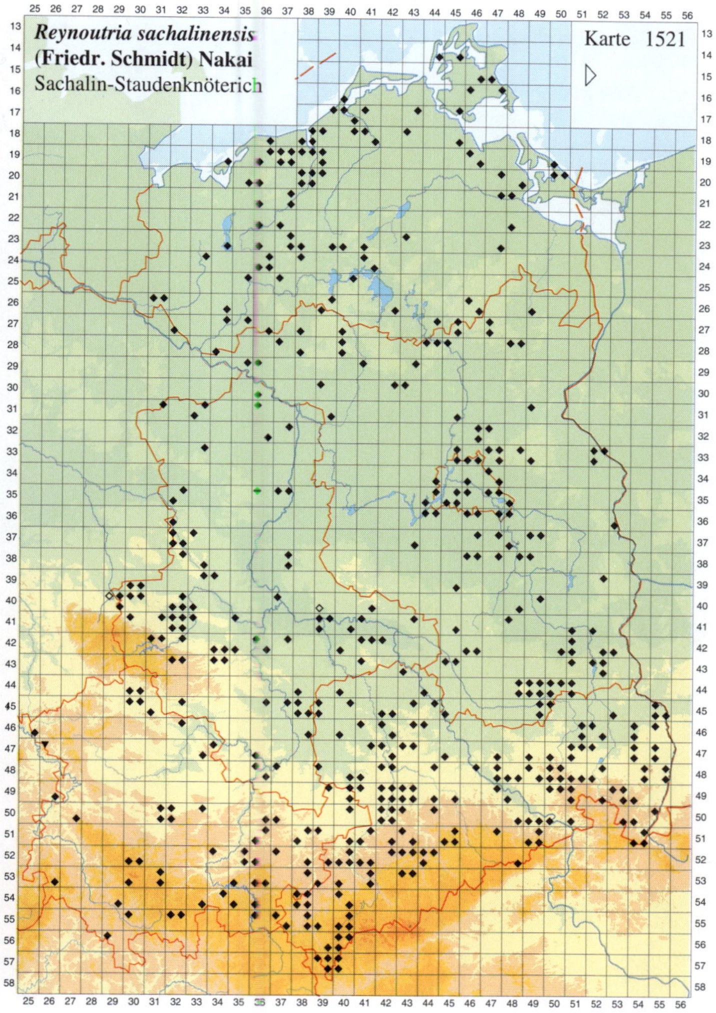
Reynoutria sachalinensis
(Friedr. Schmidt) Nakai
Sachalin-Staudenknöterich
Karte 1521
▷

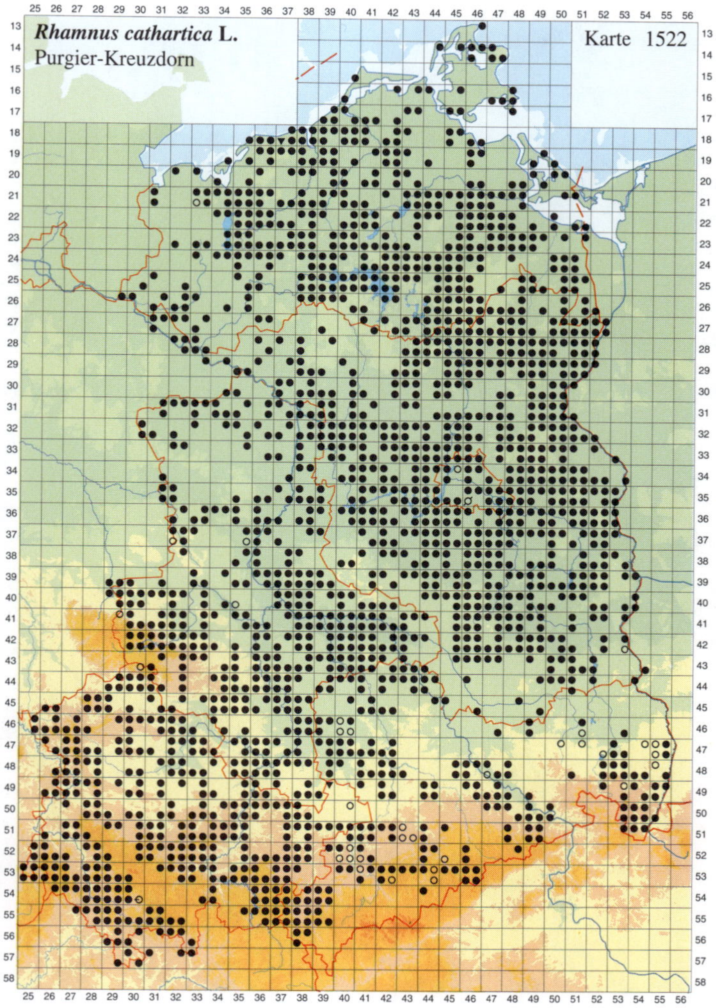
Rhamnus cathartica **L.**
Purgier-Kreuzdorn
Karte 1522

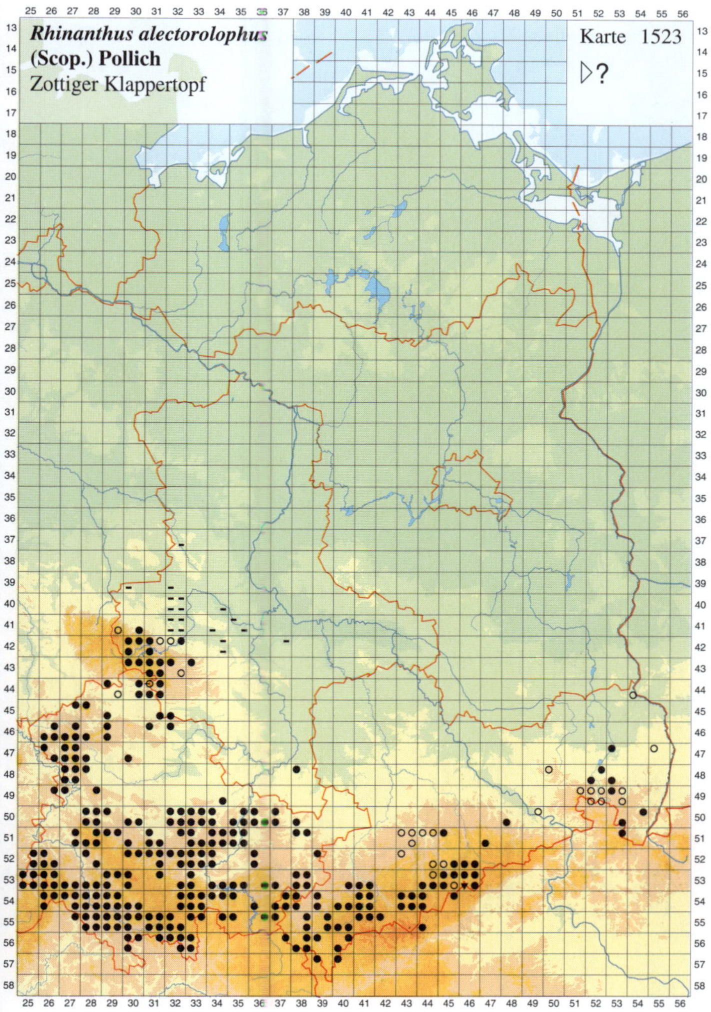
Rhinanthus alectorolophus
(Scop.) Pollich
Zottiger Klappertopf
Karte 1523
▷?

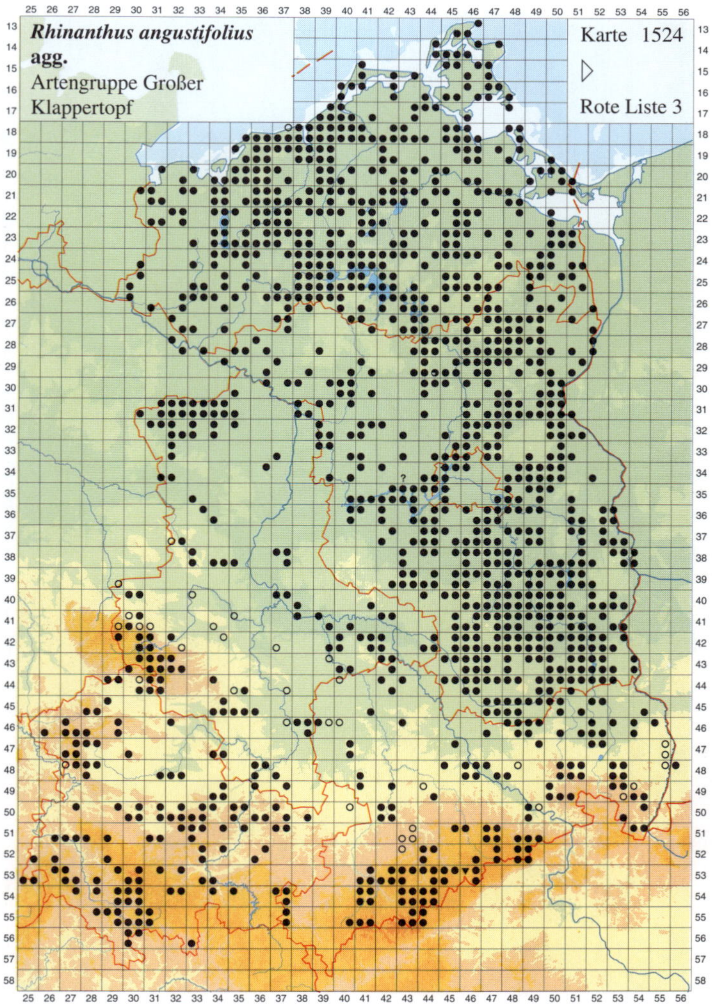
Rhinanthus angustifolius
agg.
Artengruppe Großer
Klappertopf
Karte 1524
▷
Rote Liste 3

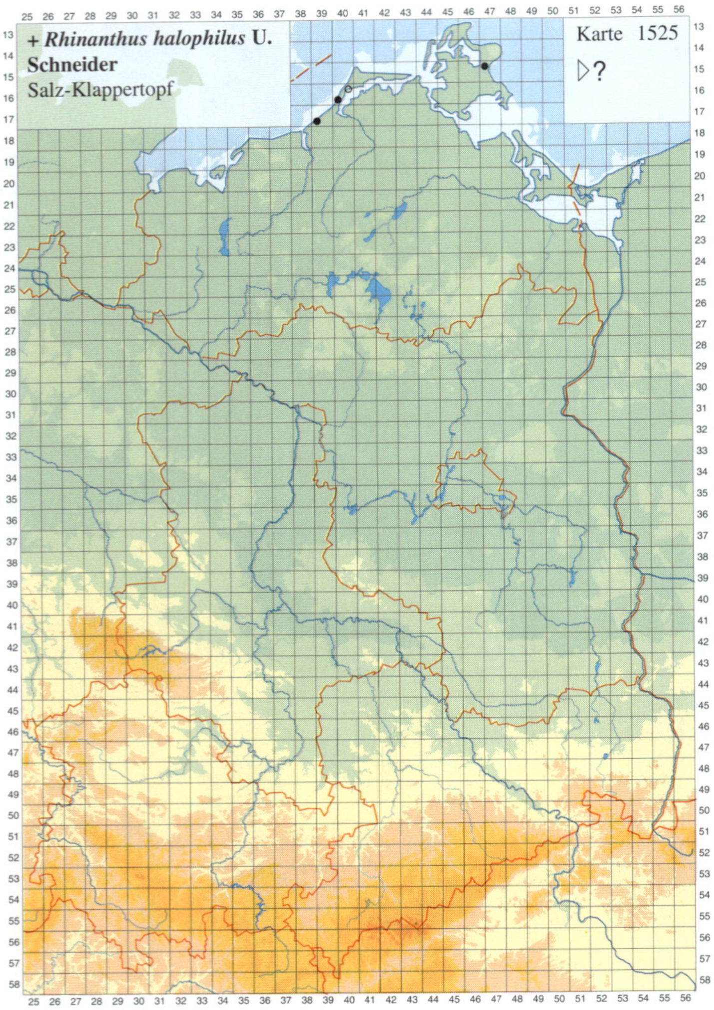
+ Rhinanthus halophilus U. Schneider
Salz-Klappertopf
Karte 1525
▷?

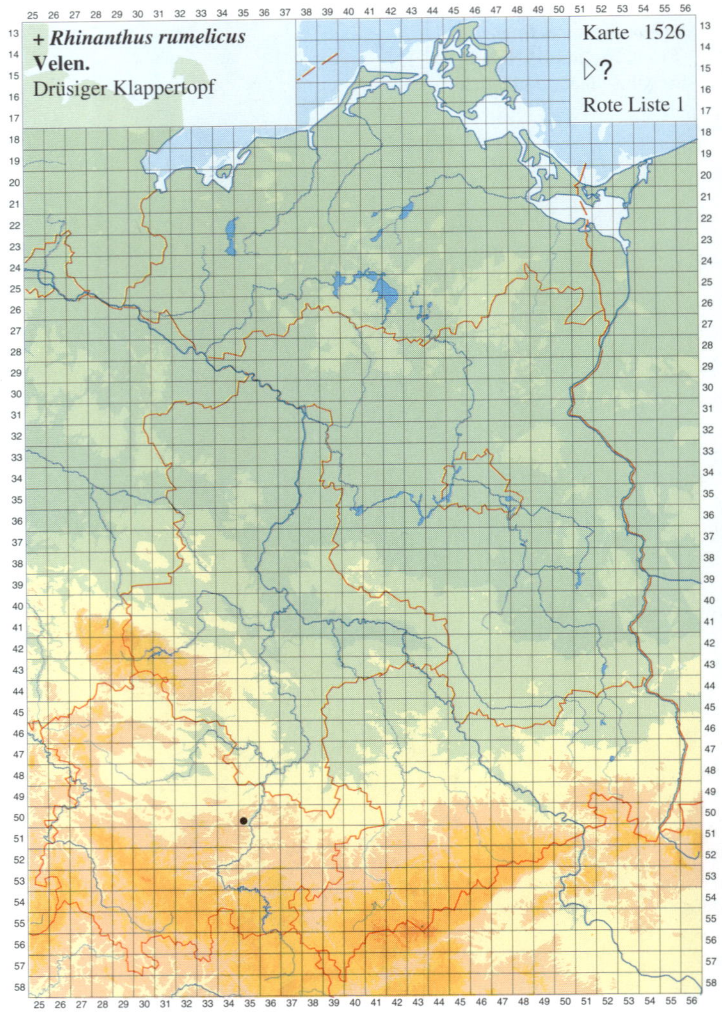
+ Rhinanthus rumelicus Velen.
Drüsiger Klappertopf
Karte 1526
▷?
Rote Liste 1

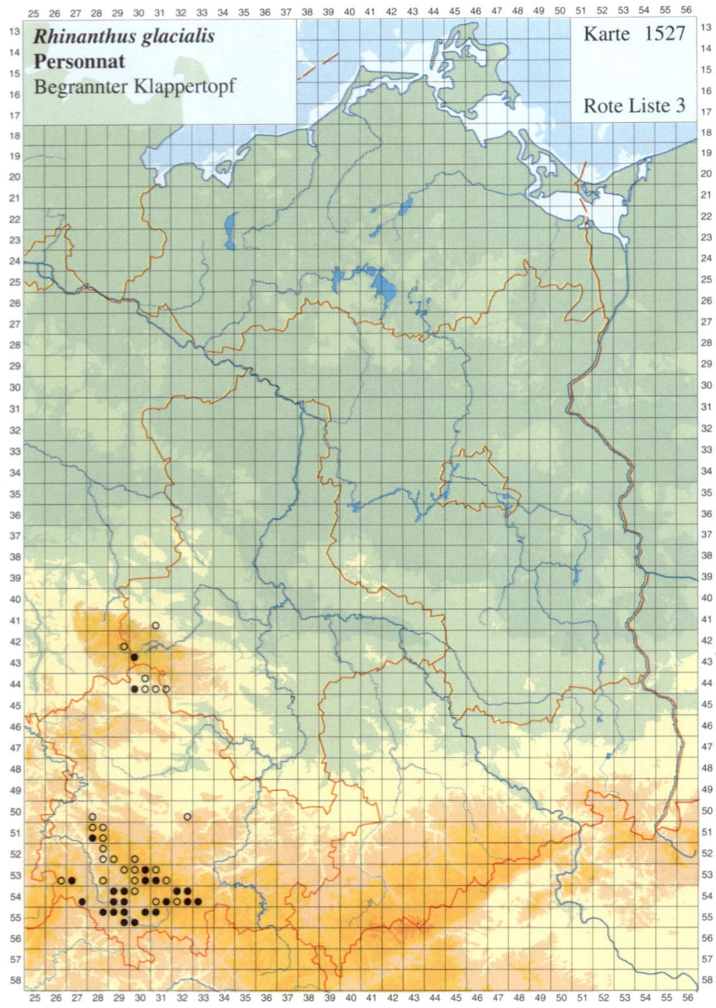
Rhinanthus glacialis Personnat
Begrannter Klappertopf
Karte 1527
Rote Liste 3

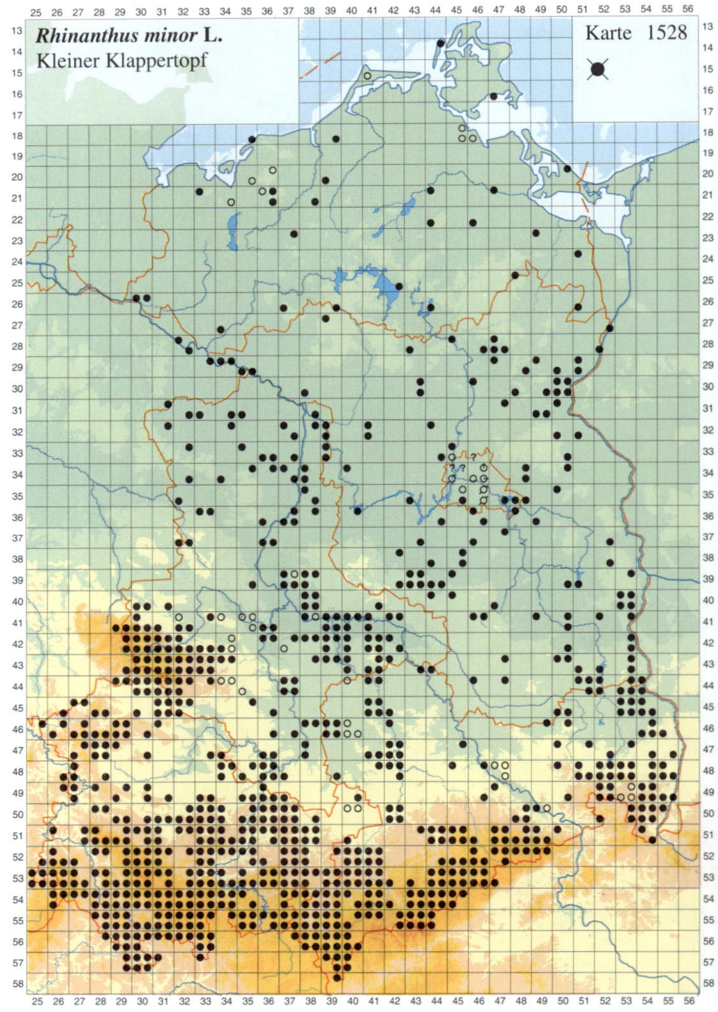
Rhinanthus minor L.
Kleiner Klappertopf
Karte 1528

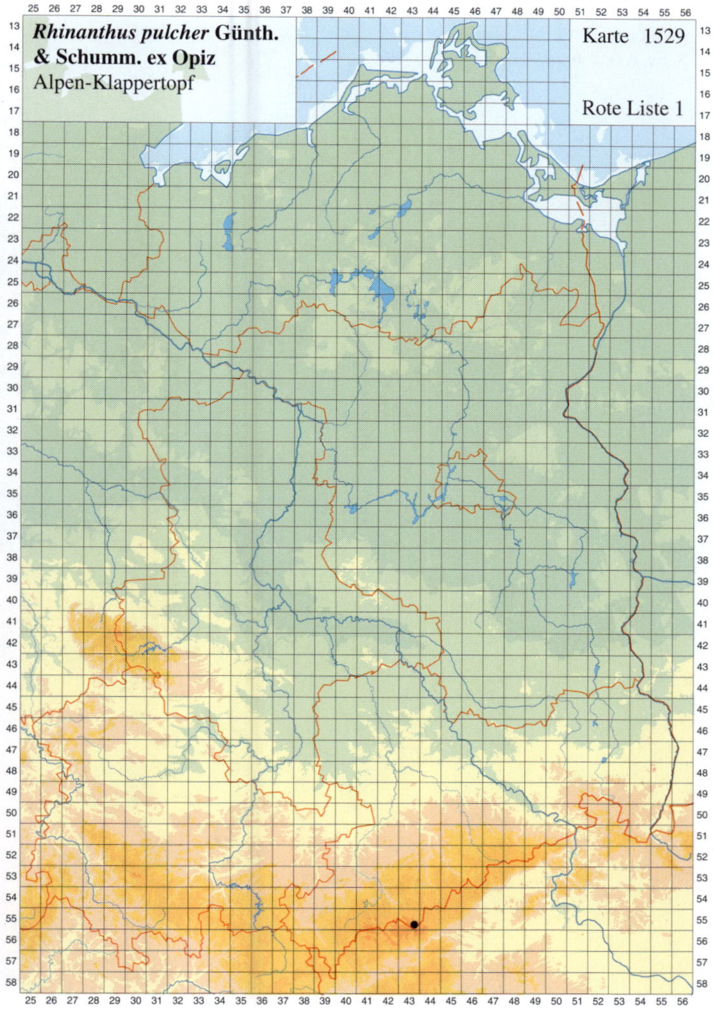
Rhinanthus pulcher Günth. & Schumm. ex Opiz
Alpen-Klappertopf
Karte 1529
Rote Liste 1

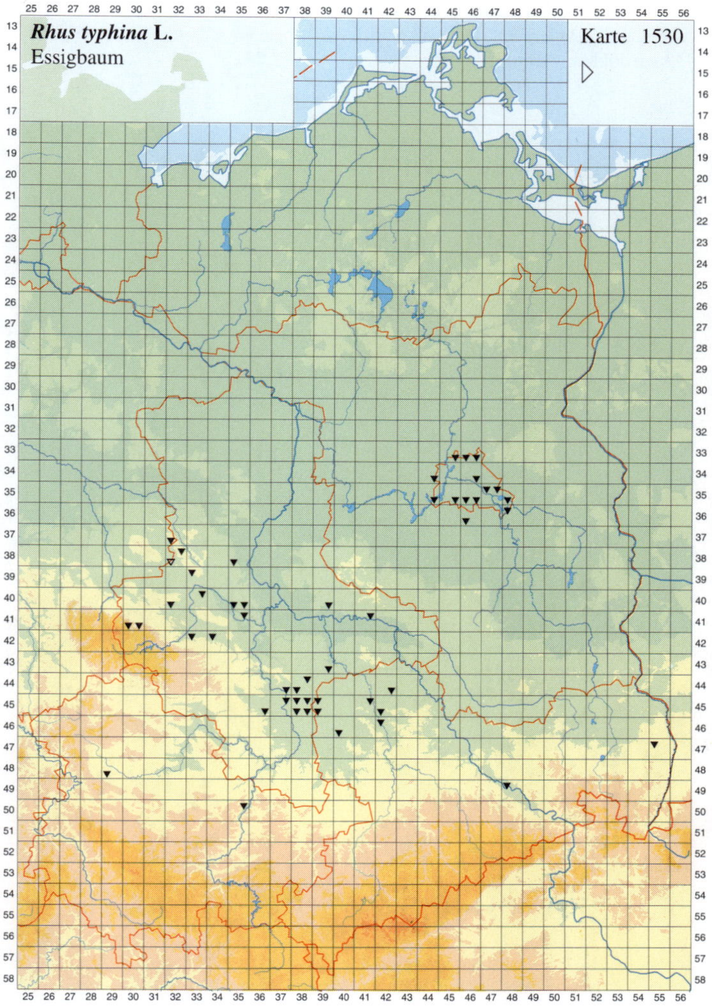
Rhus typhina L.
Essigbaum
Karte 1530

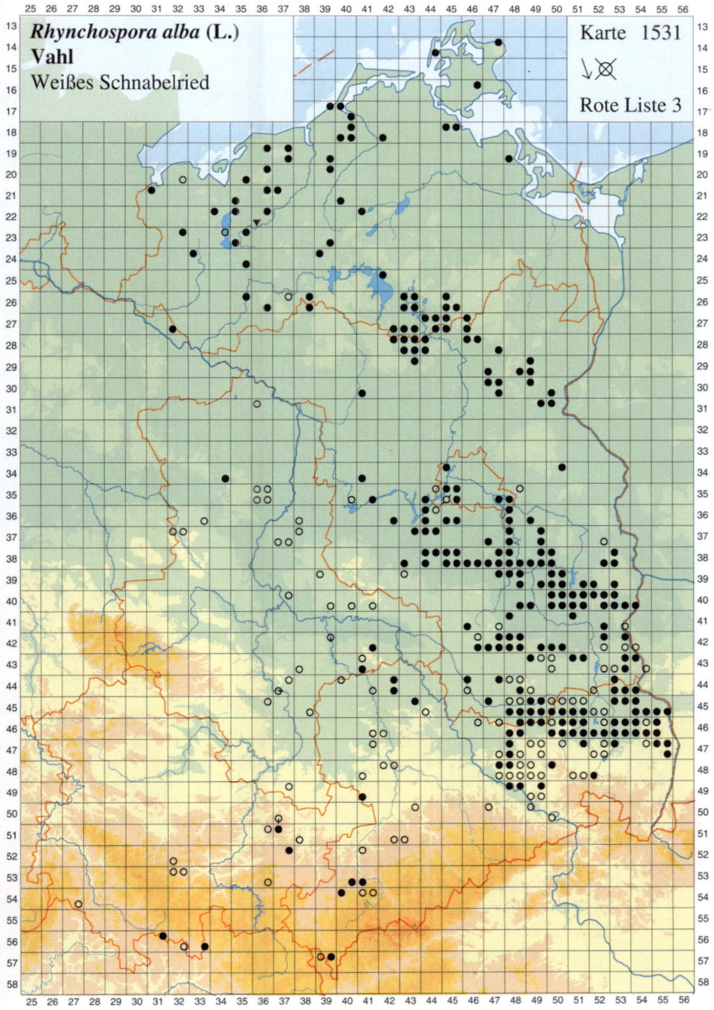
Rhynchospora alba (L.) Vahl
Weißes Schnabelried
Karte 1531
Rote Liste 3

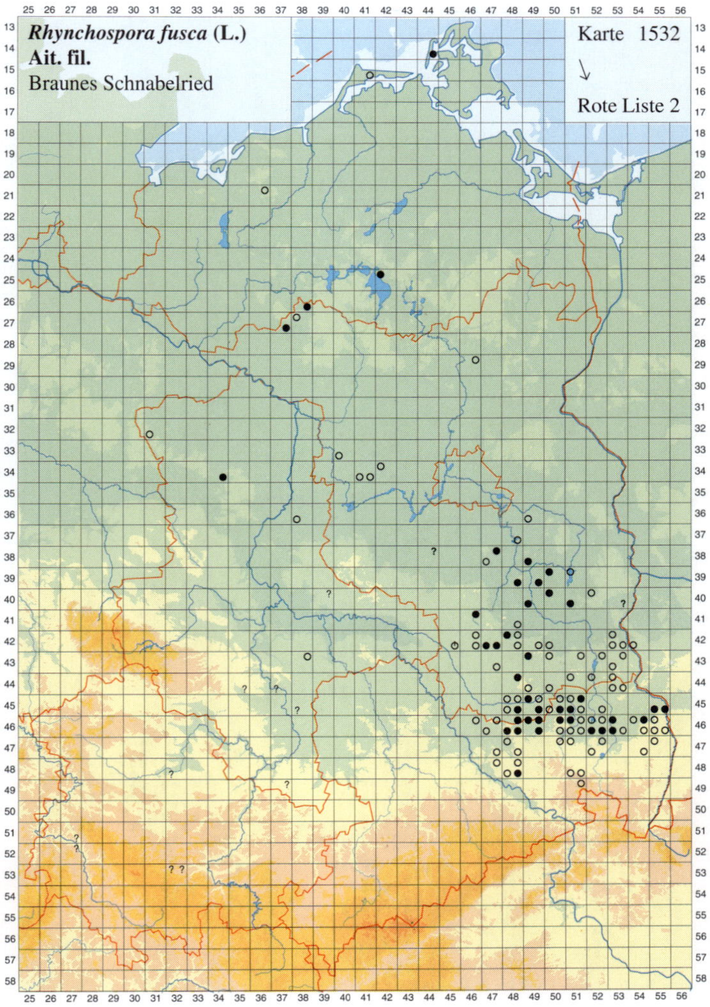
Rhynchospora fusca (L.) Ait. fil.
Braunes Schnabelried
Karte 1532
Rote Liste 2

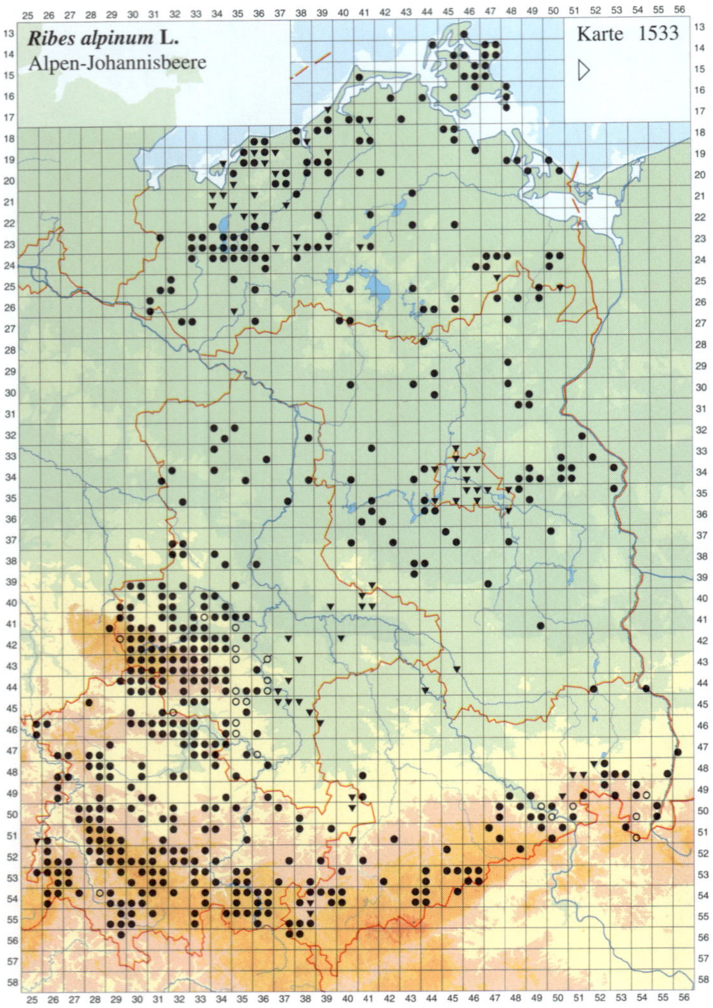
Ribes alpinum L.
Alpen-Johannisbeere
Karte 1533

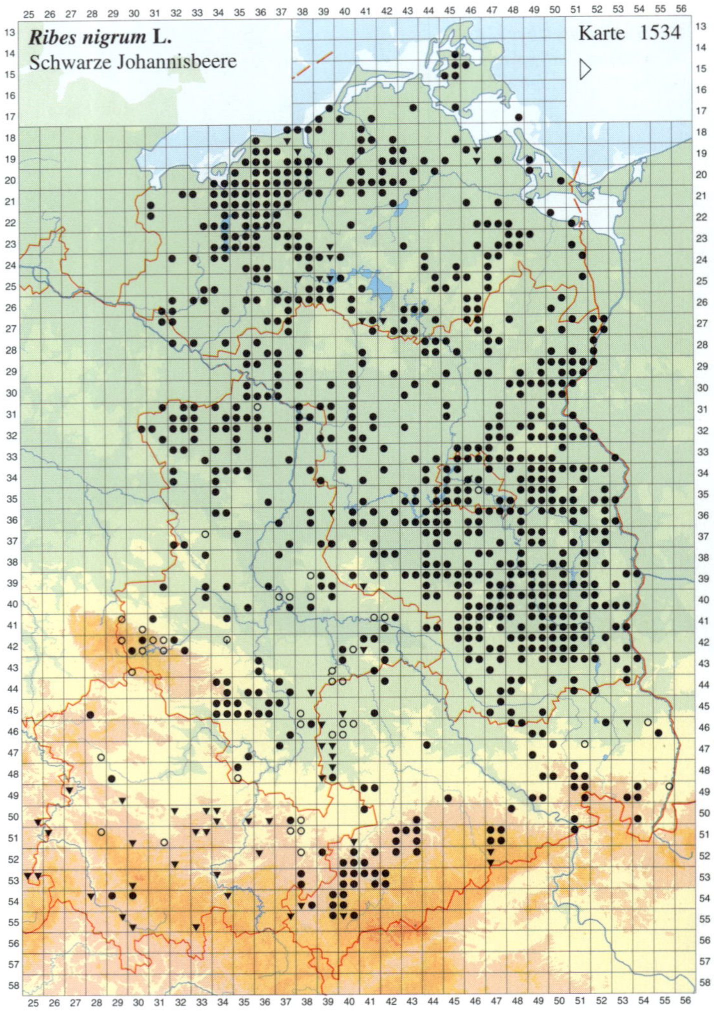
Ribes nigrum L.
Schwarze Johannisbeere
Karte 1534

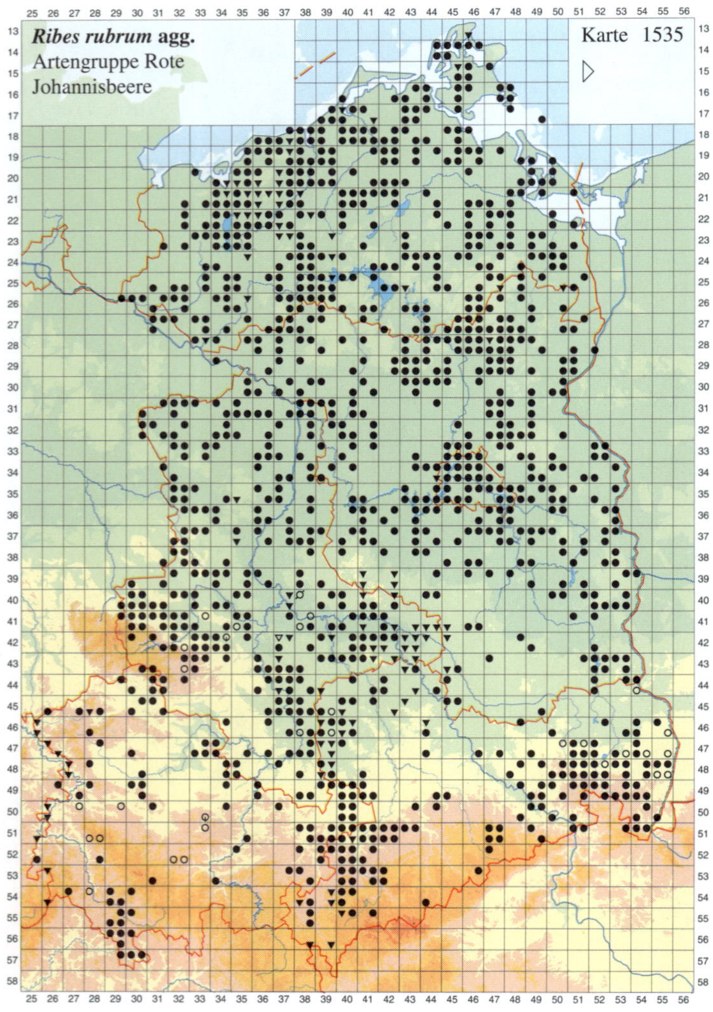
Ribes rubrum agg.
Artengruppe Rote Johannisbeere
Karte 1535

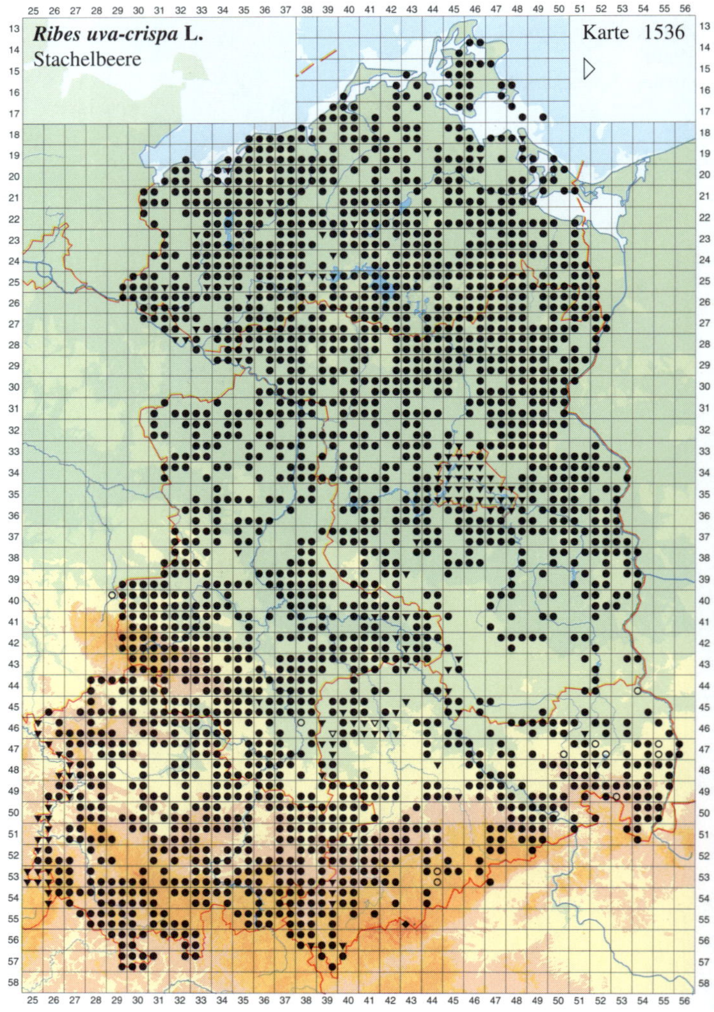
Ribes uva-crispa L.
Stachelbeere
Karte 1536

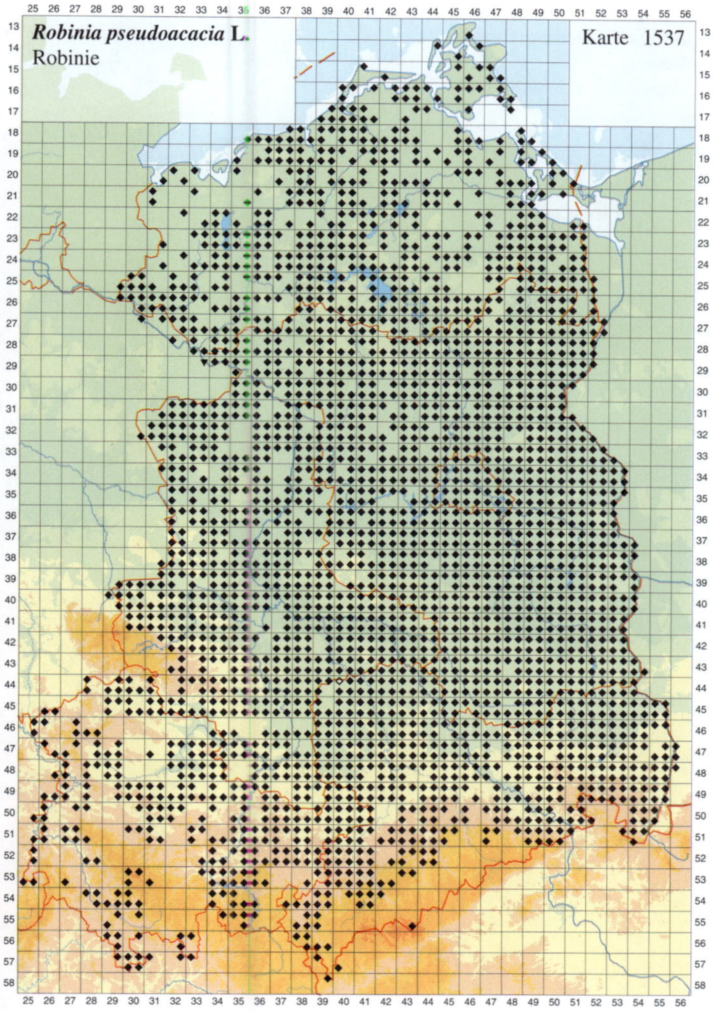

Robinia pseudoacacia L.
Robinie
Karte 1537

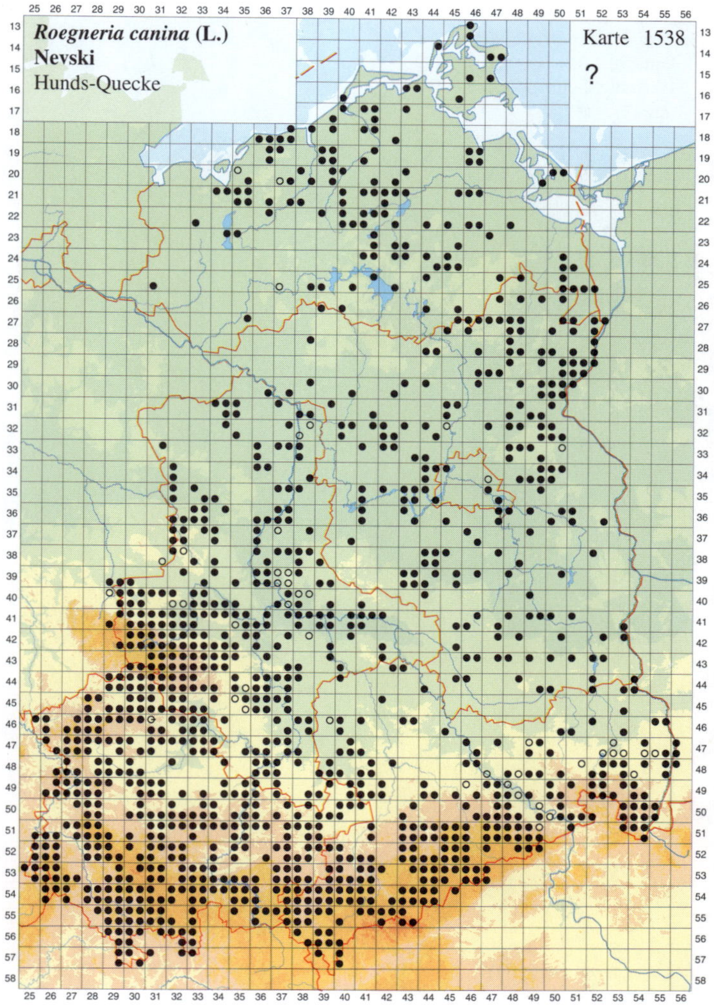

Roegneria canina (L.) Nevski
Hunds-Quecke
Karte 1538
?

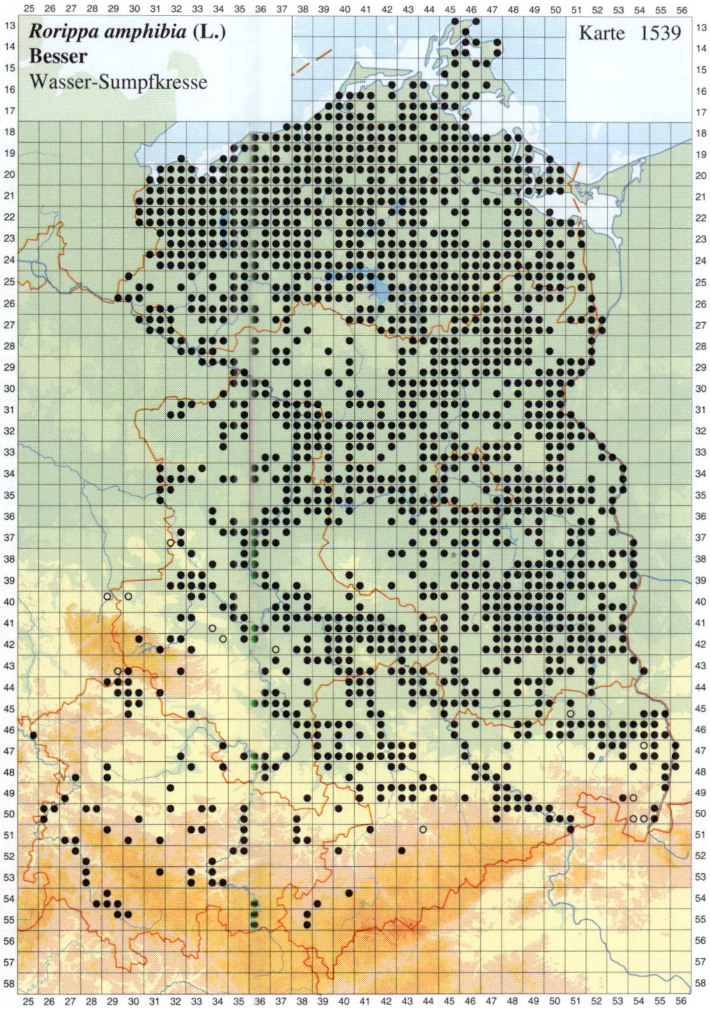

Rorippa amphibia (L.) Besser
Wasser-Sumpfkresse
Karte 1539

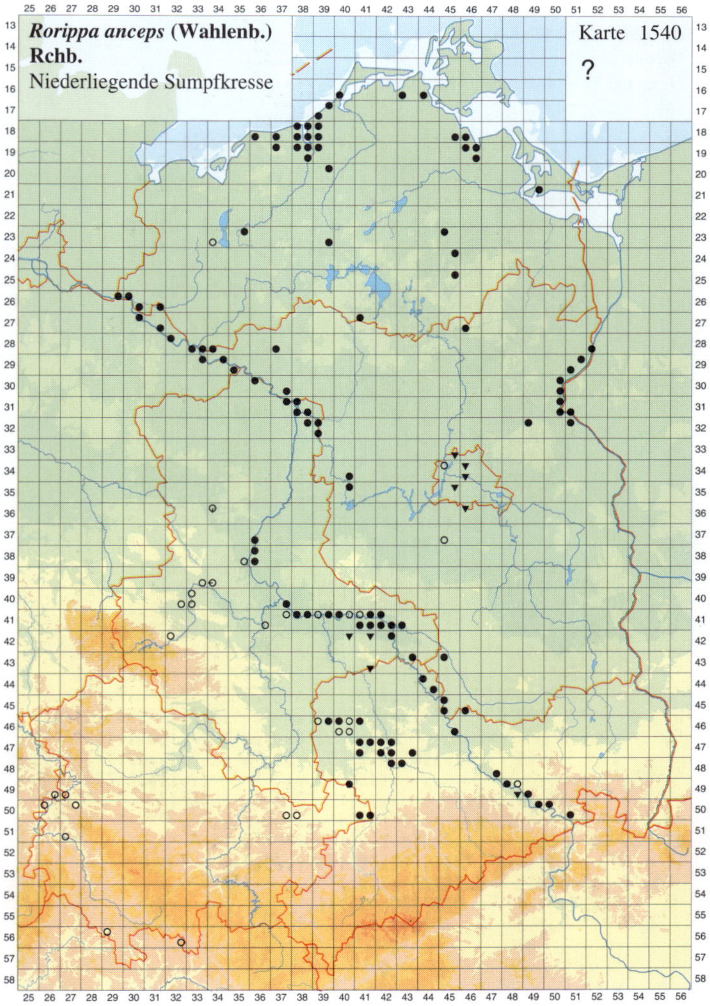

Rorippa anceps (Wahlenb.) Rchb.
Niederliegende Sumpfkresse
Karte 1540
?

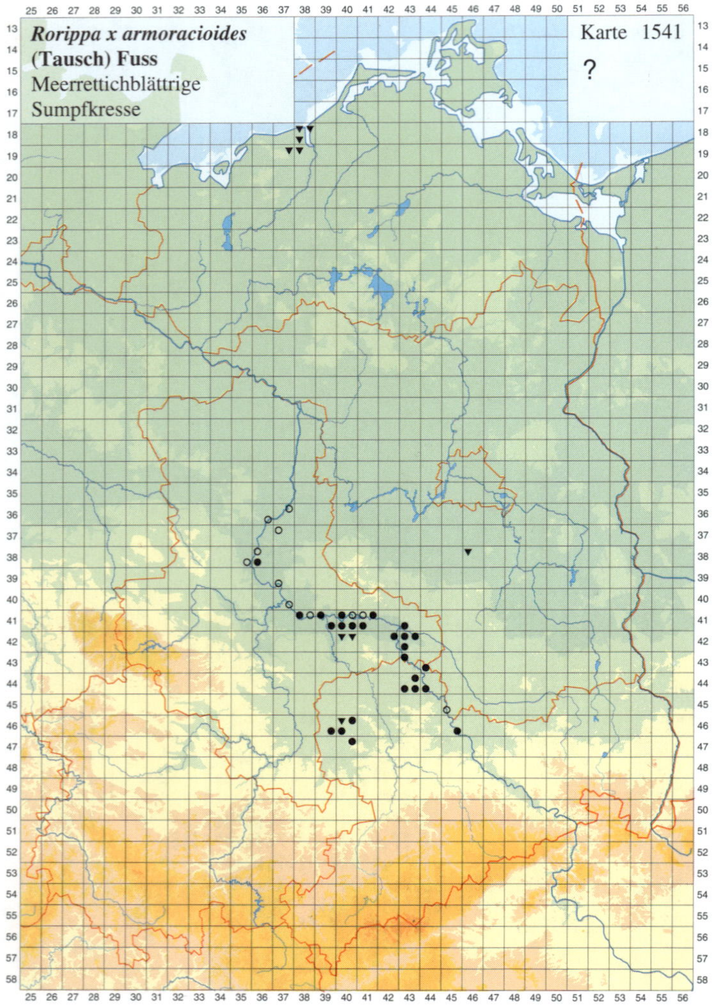
Rorippa x armoracioides **(Tausch) Fuss**
Meerrettichblättrige Sumpfkresse
Karte 1541
?

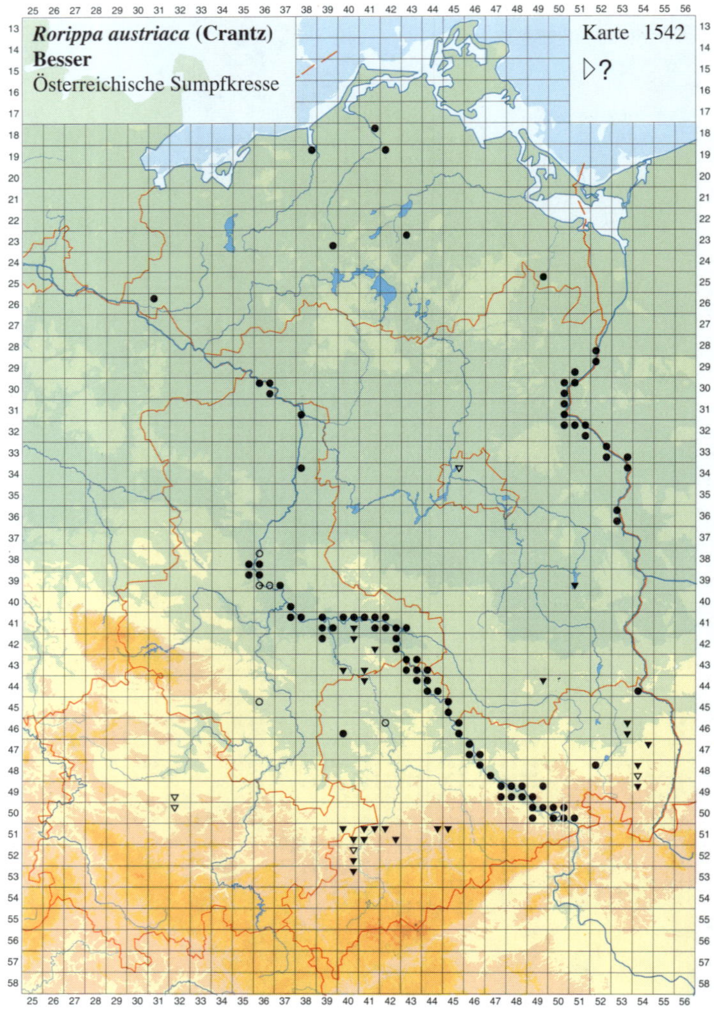
Rorippa austriaca **(Crantz) Besser**
Österreichische Sumpfkresse
Karte 1542
▷?

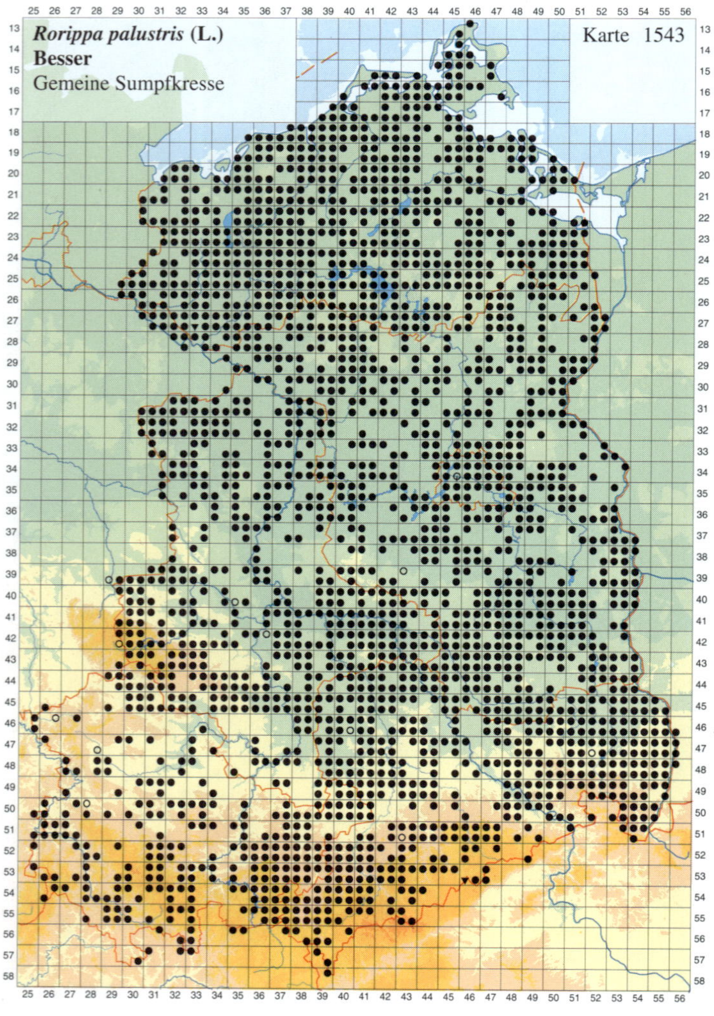
Rorippa palustris **(L.) Besser**
Gemeine Sumpfkresse
Karte 1543

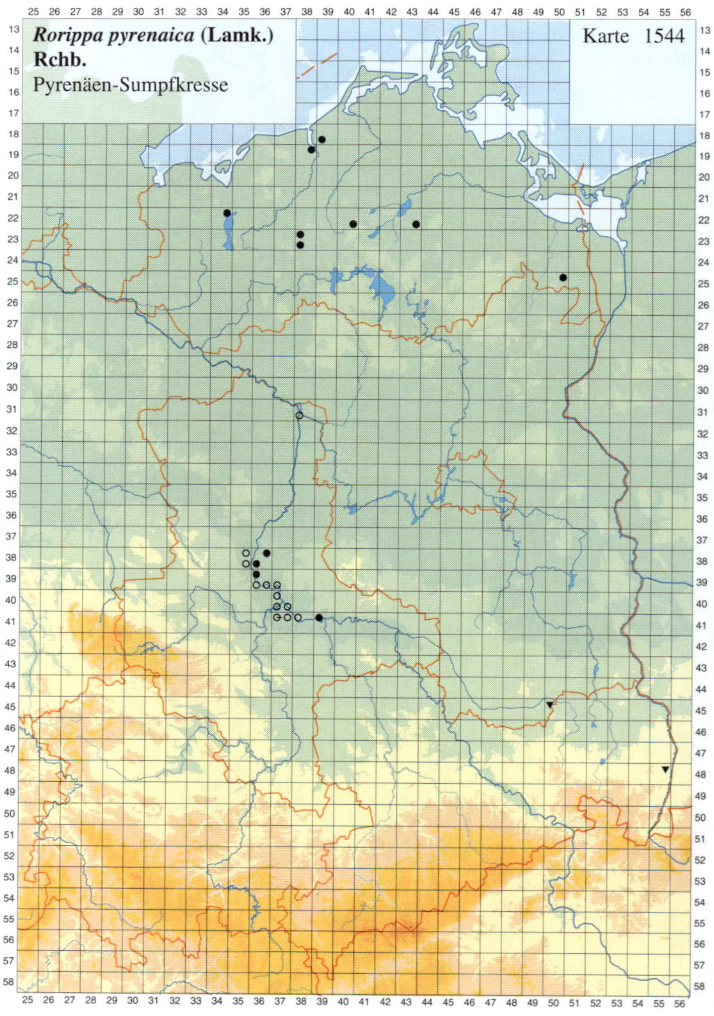
Rorippa pyrenaica **(Lamk.) Rchb.**
Pyrenäen-Sumpfkresse
Karte 1544

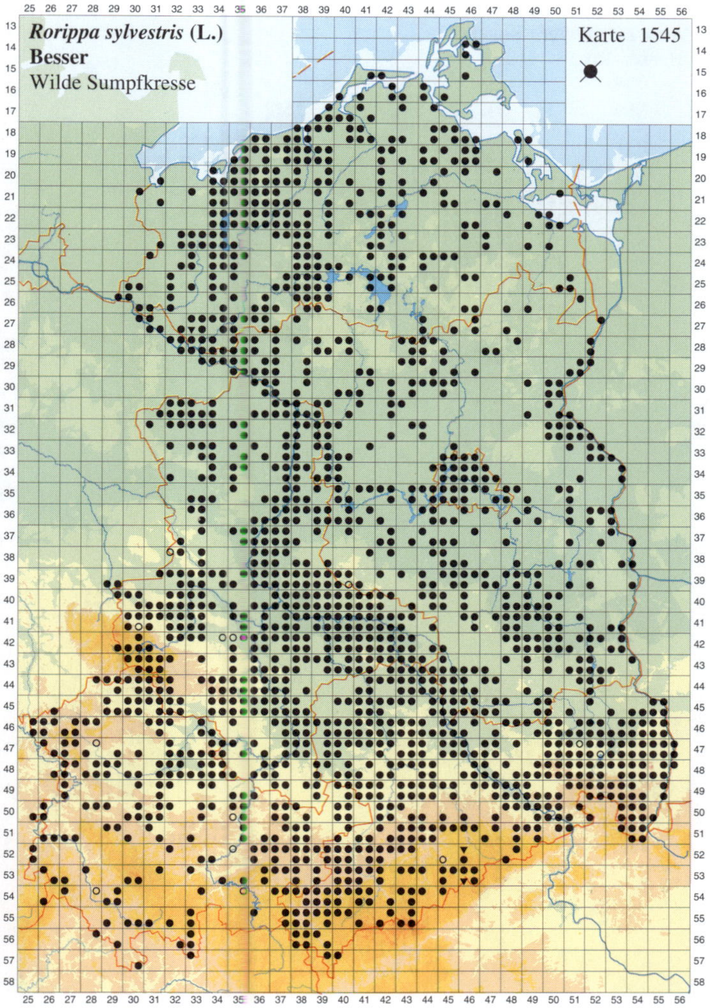
Rorippa sylvestris (L.) Besser
Wilde Sumpfkresse
Karte 1545

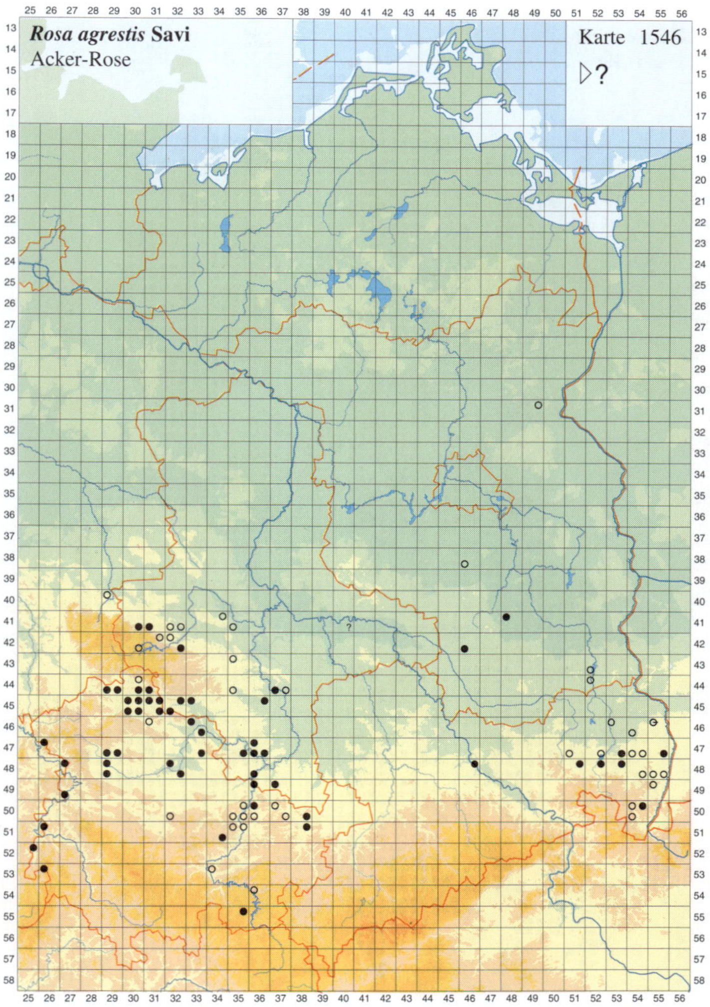
Rosa agrestis Savi
Acker-Rose
Karte 1546

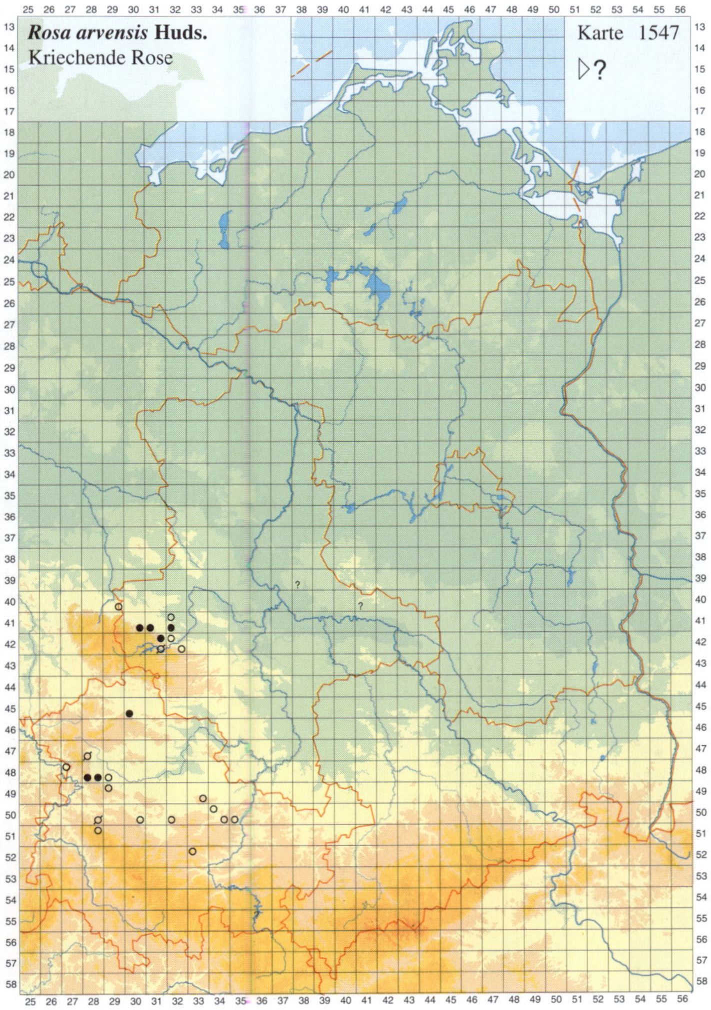
Rosa arvensis Huds.
Kriechende Rose
Karte 1547

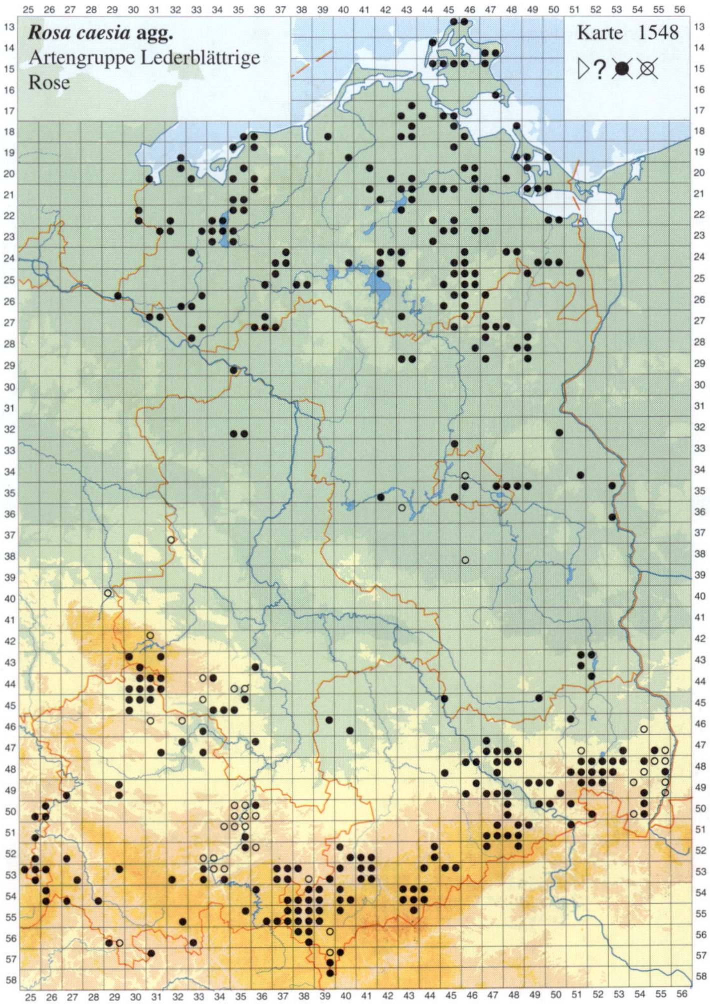
Rosa caesia agg.
Artengruppe Lederblättrige Rose
Karte 1548

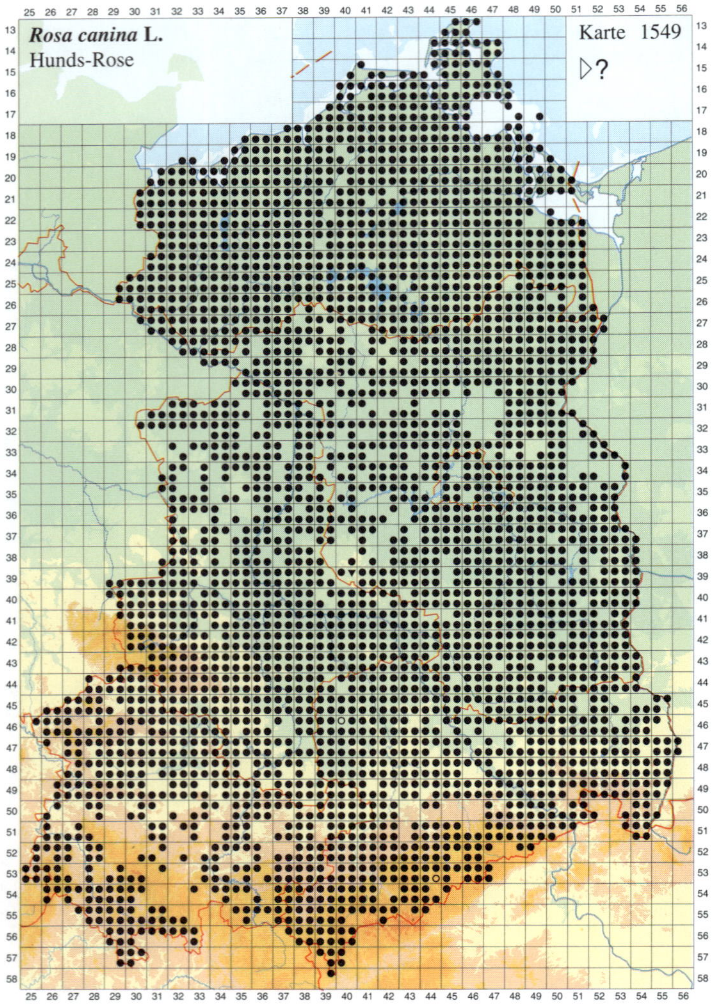
Rosa canina L.
Hunds-Rose
Karte 1549
▷?

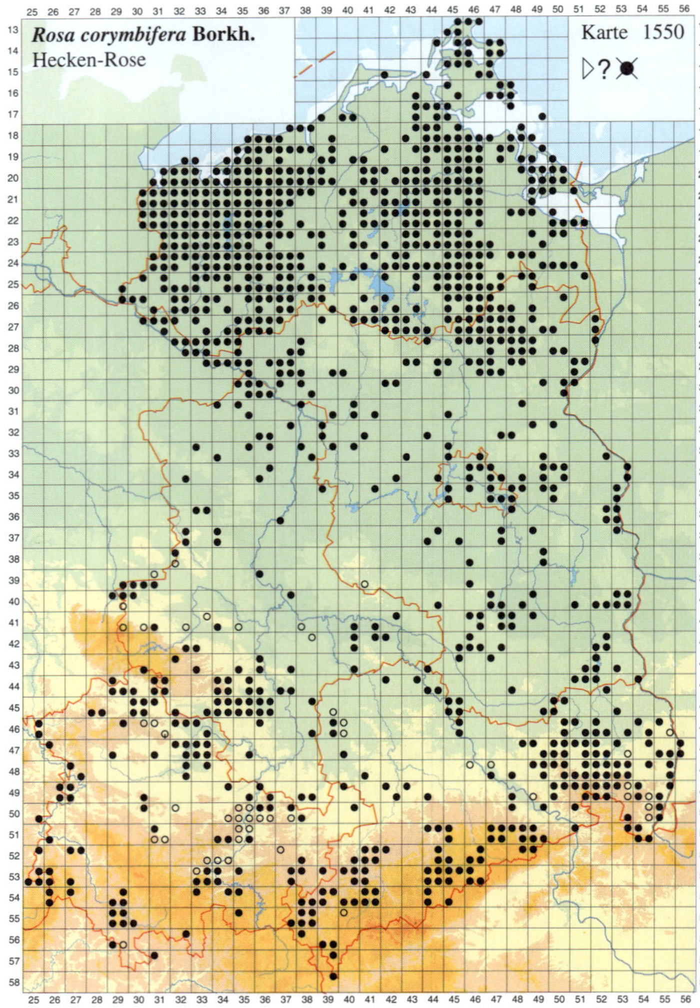
Rosa corymbifera Borkh.
Hecken-Rose
Karte 1550
▷?

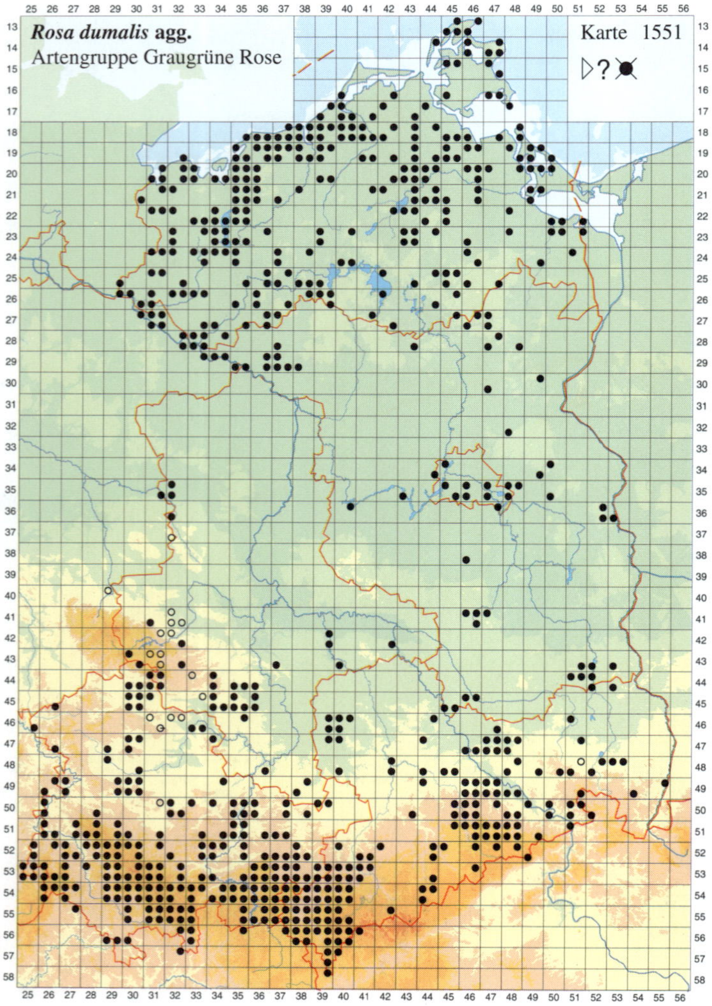
Rosa dumalis agg.
Artengruppe Graugrüne Rose
Karte 1551
▷?

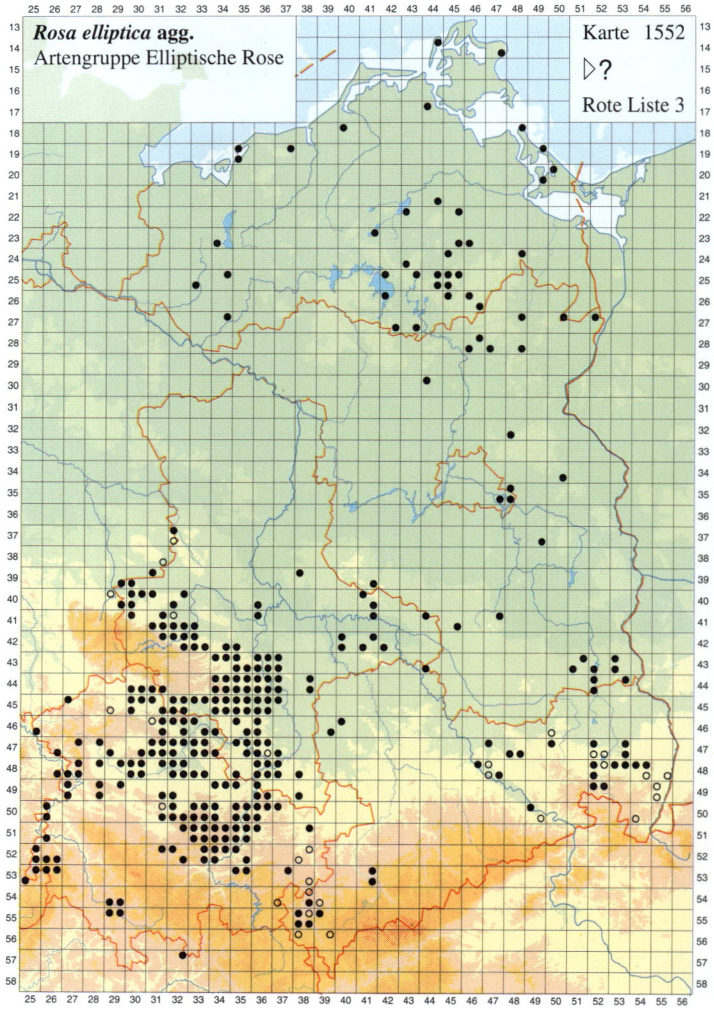
Rosa elliptica agg.
Artengruppe Elliptische Rose
Karte 1552
▷?
Rote Liste 3

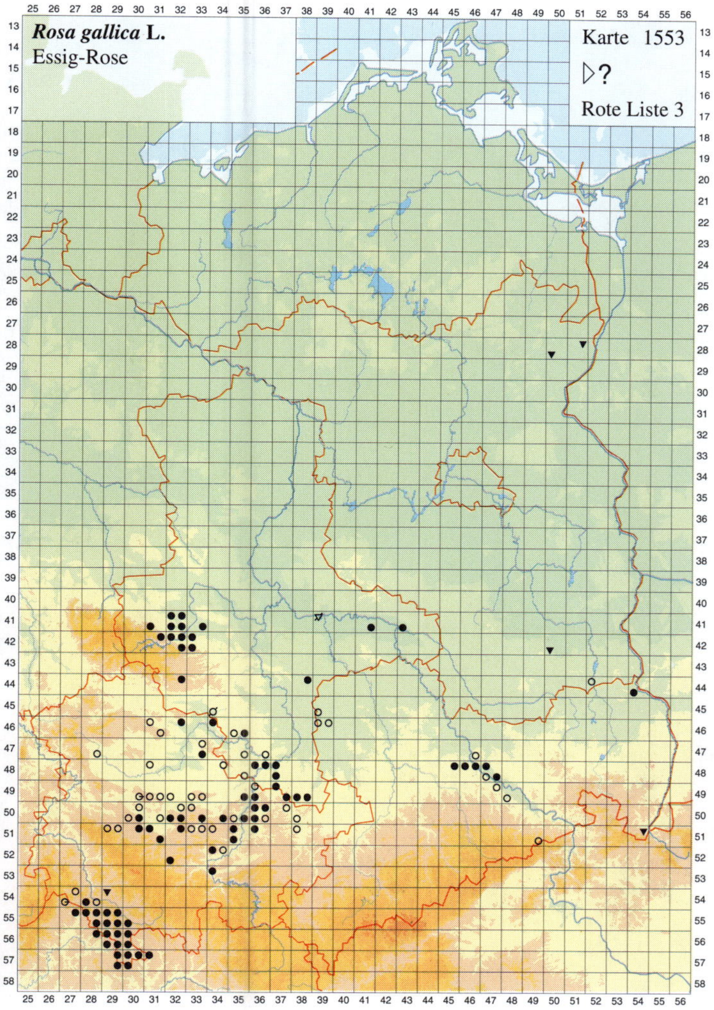
Rosa gallica L.
Essig-Rose
Karte 1553
?
Rote Liste 3

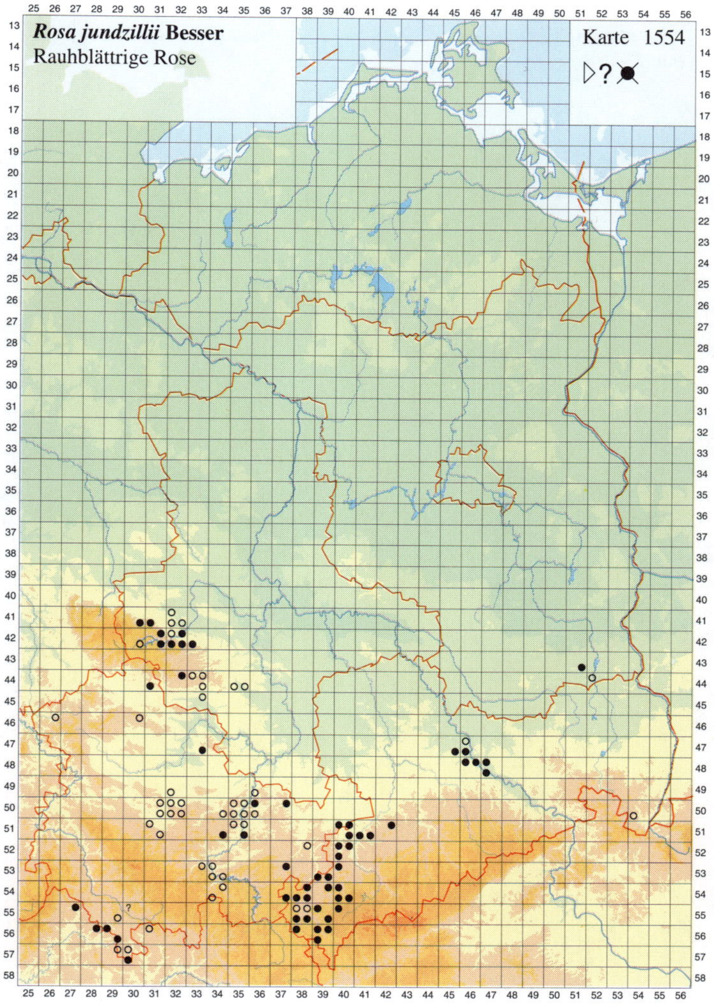
Rosa jundzillii Besser
Rauhblättrige Rose
Karte 1554
?

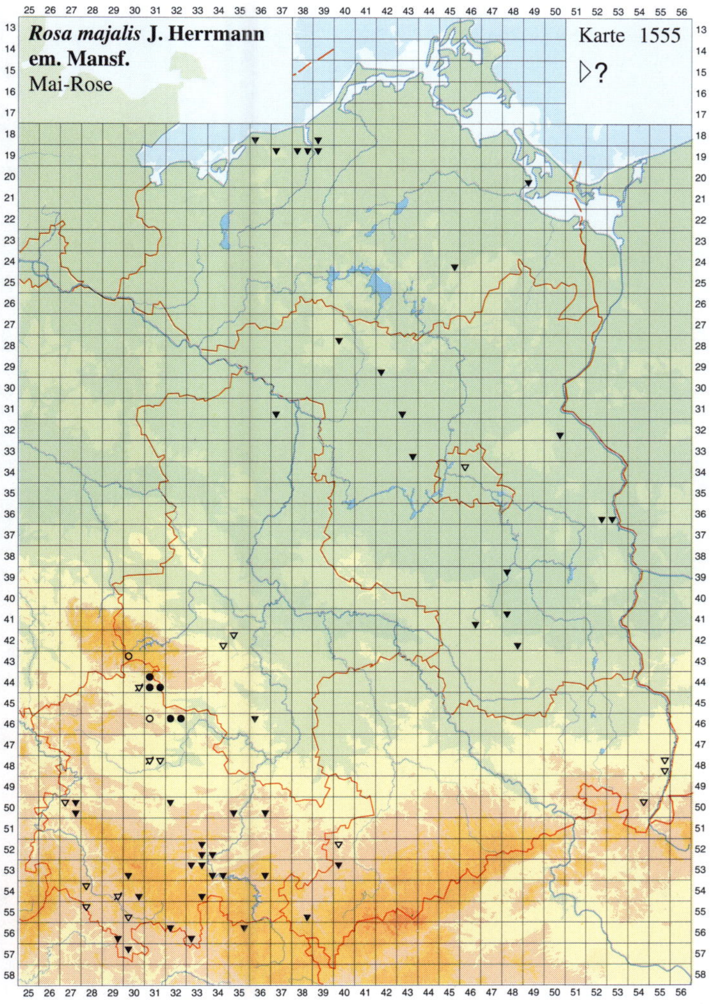
Rosa majalis J. Herrmann em. Mansf.
Mai-Rose
Karte 1555
?

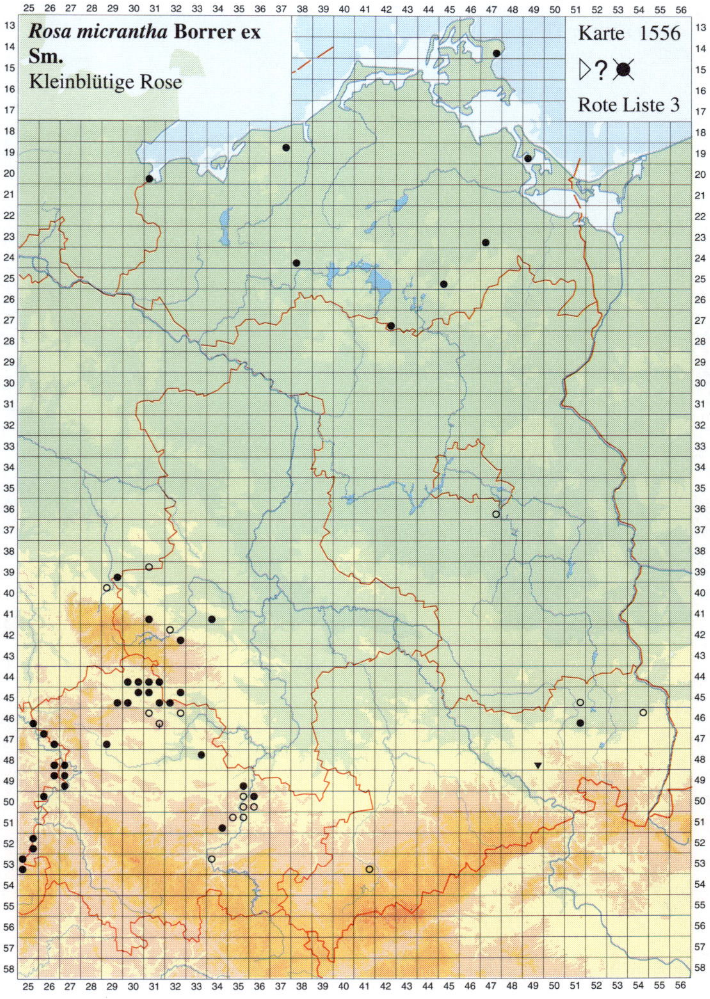
Rosa micrantha Borrer ex Sm.
Kleinblütige Rose
Karte 1556
?
Rote Liste 3

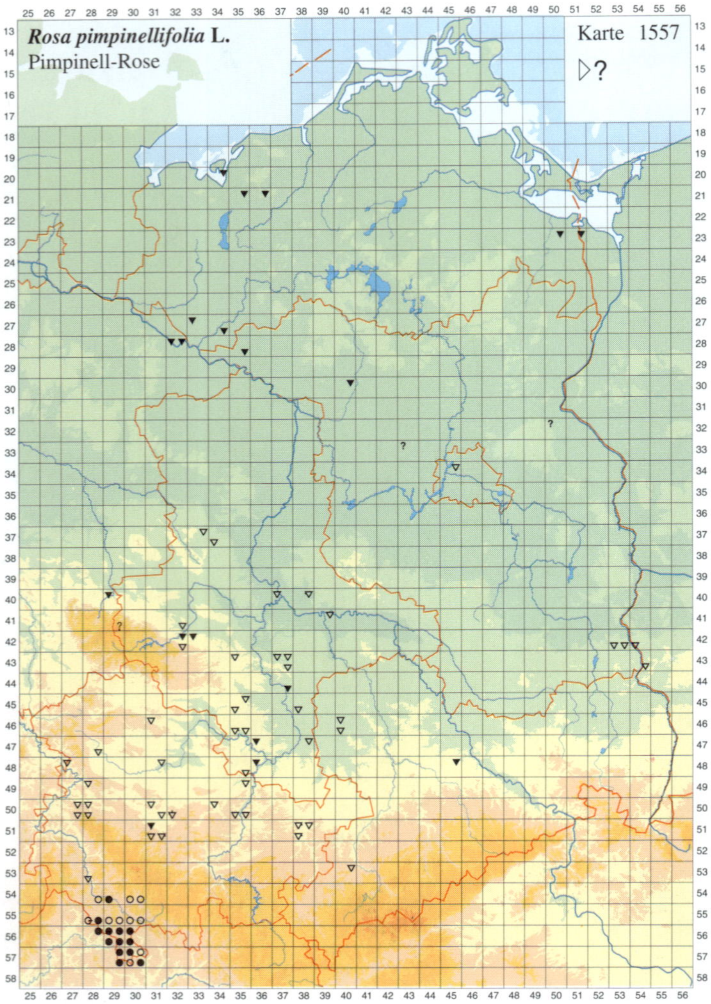
Rosa pimpinellifolia L.
Pimpinell-Rose
Karte 1557
?

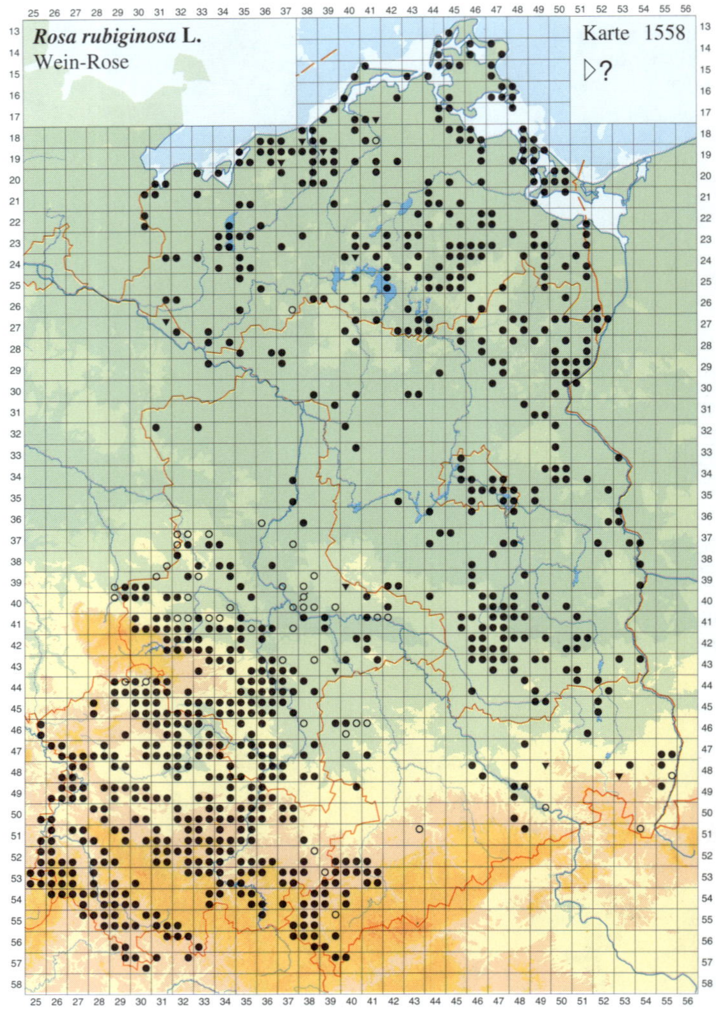
Rosa rubiginosa L.
Wein-Rose
Karte 1558
?

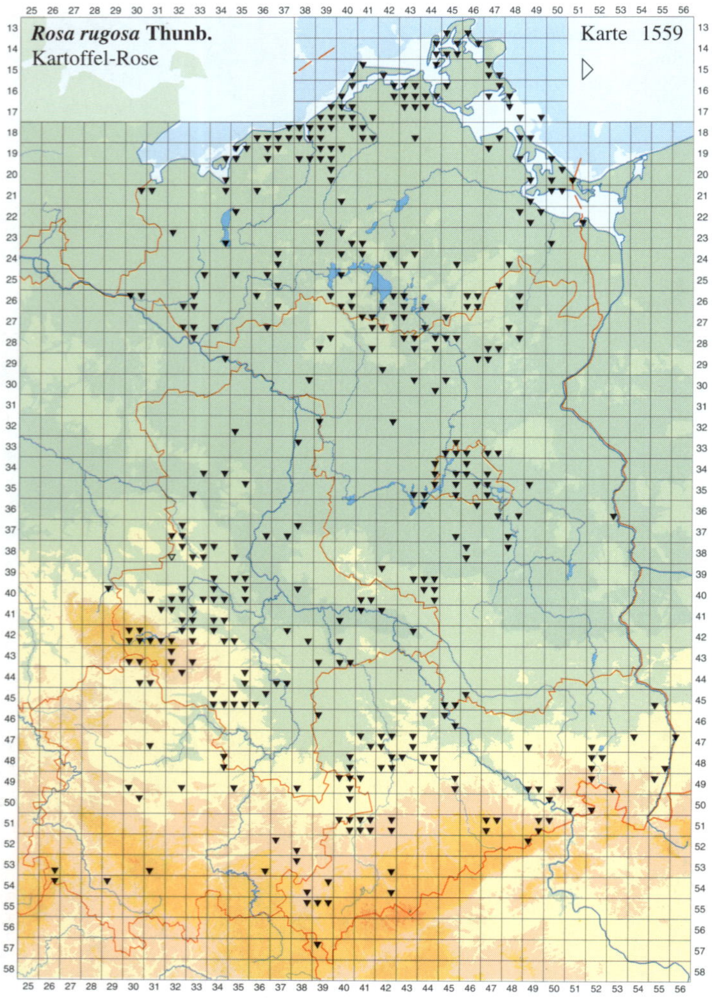
Rosa rugosa Thunb.
Kartoffel-Rose
Karte 1559

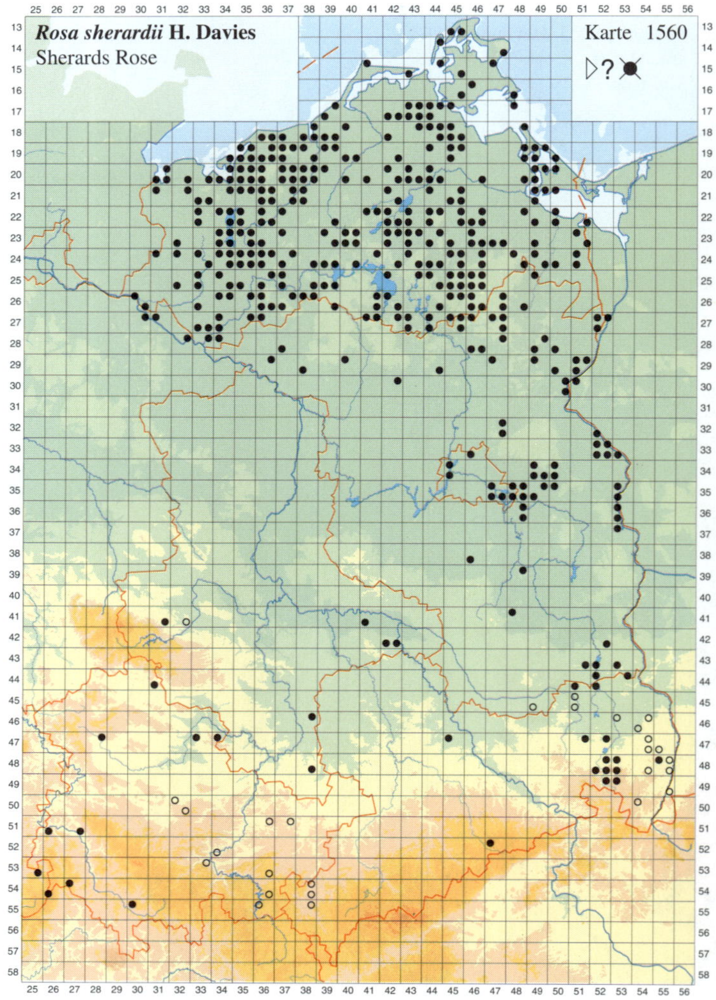
Rosa sherardii H. Davies
Sherards Rose
Karte 1560
?

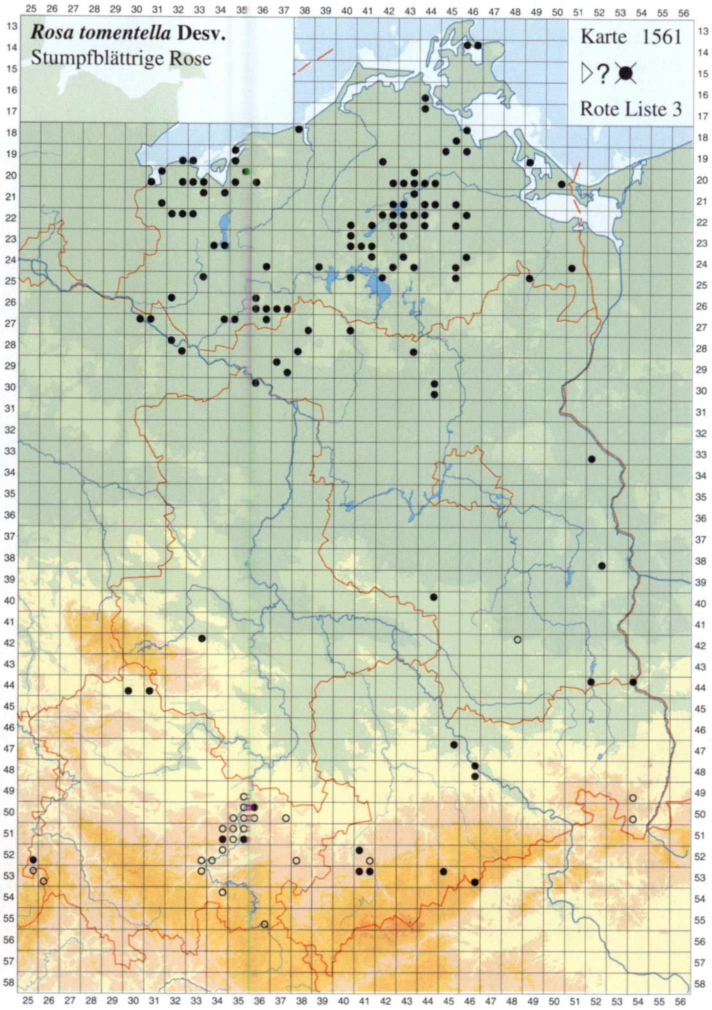
Rosa tomentella Desv.
Stumpfblättrige Rose
Karte 1561
Rote Liste 3

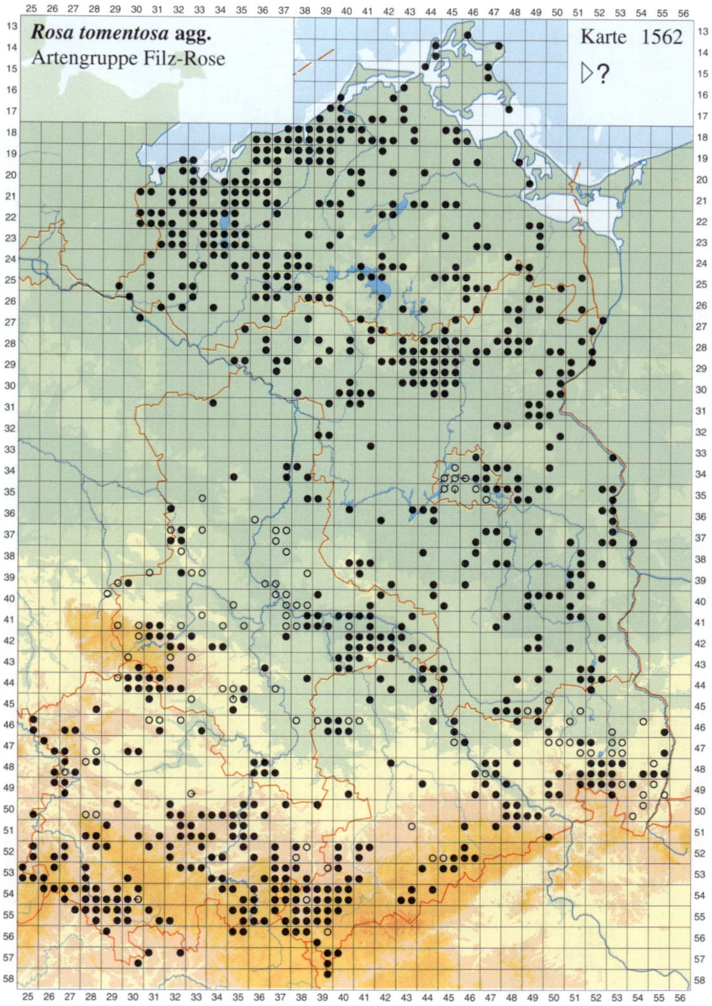
Rosa tomentosa agg.
Artengruppe Filz-Rose
Karte 1562

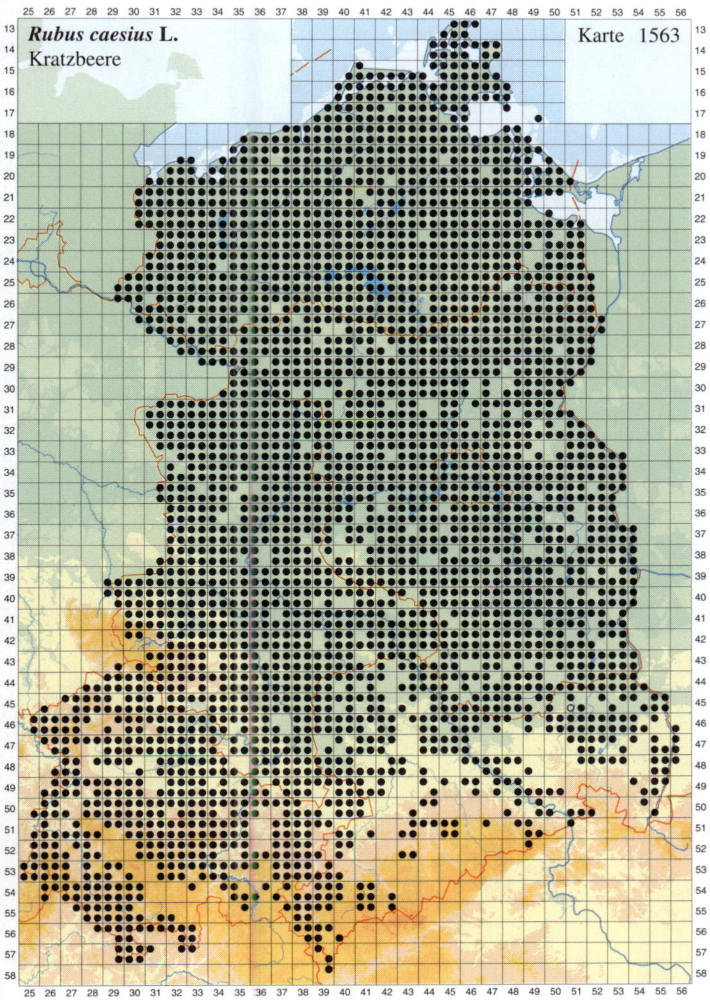
Rubus caesius L.
Kratzbeere
Karte 1563

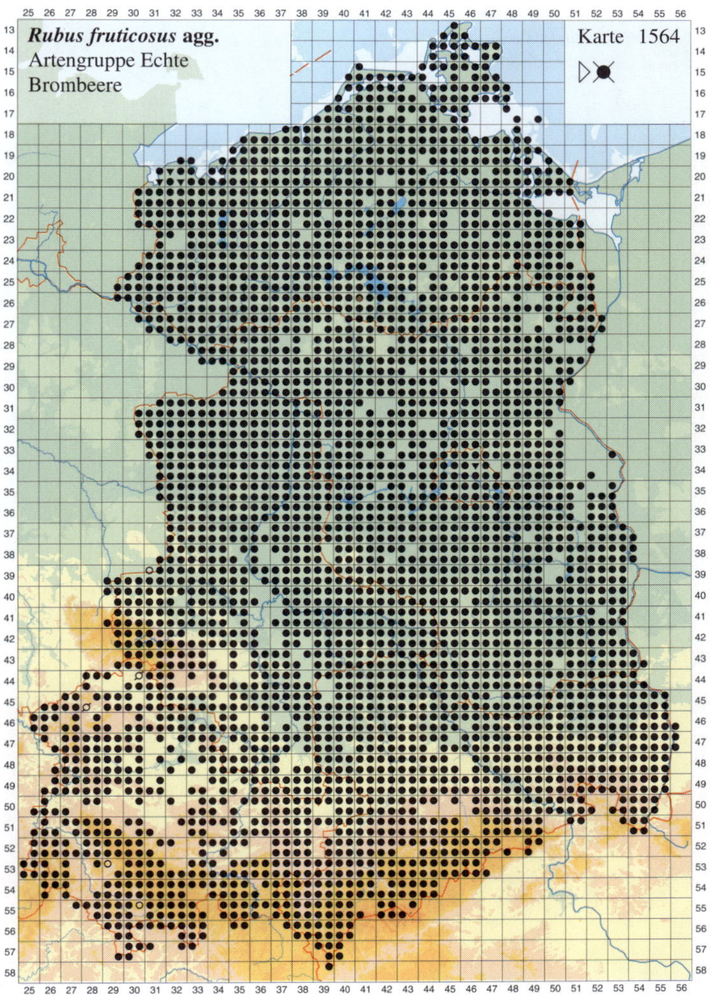
Rubus fruticosus agg.
Artengruppe Echte
Brombeere
Karte 1564

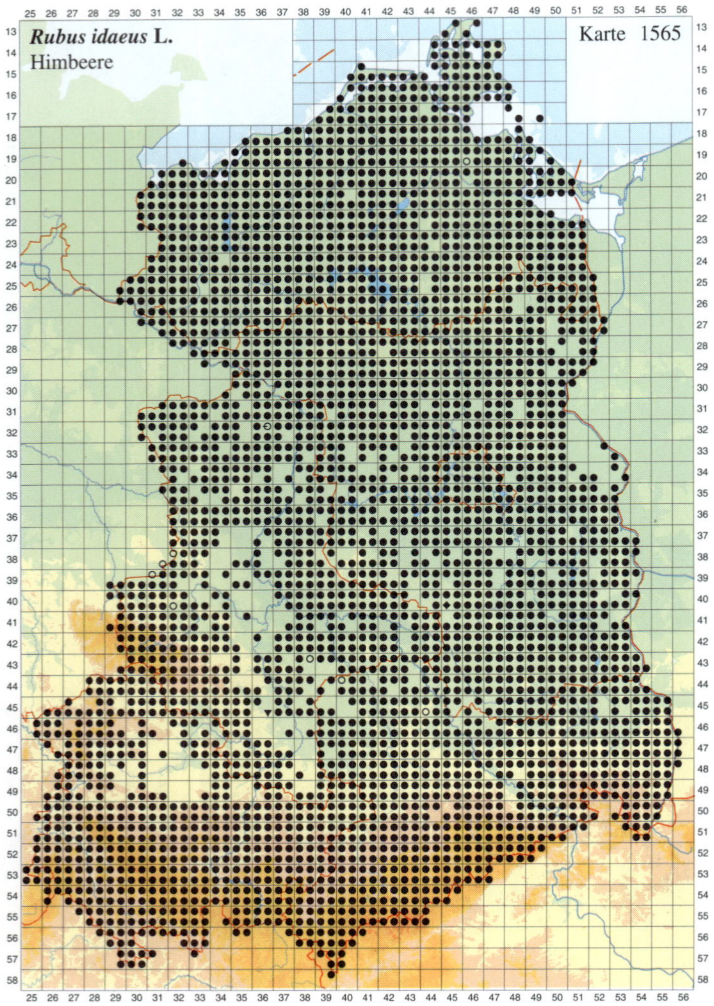
Rubus idaeus L.
Himbeere
Karte 1565

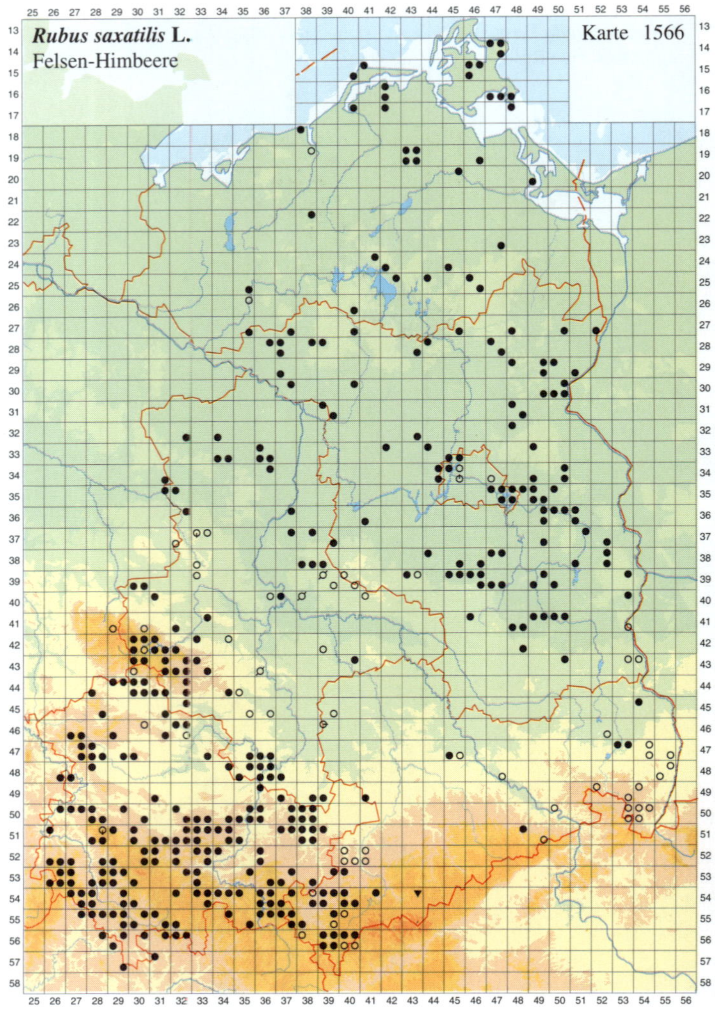
Rubus saxatilis L.
Felsen-Himbeere
Karte 1566

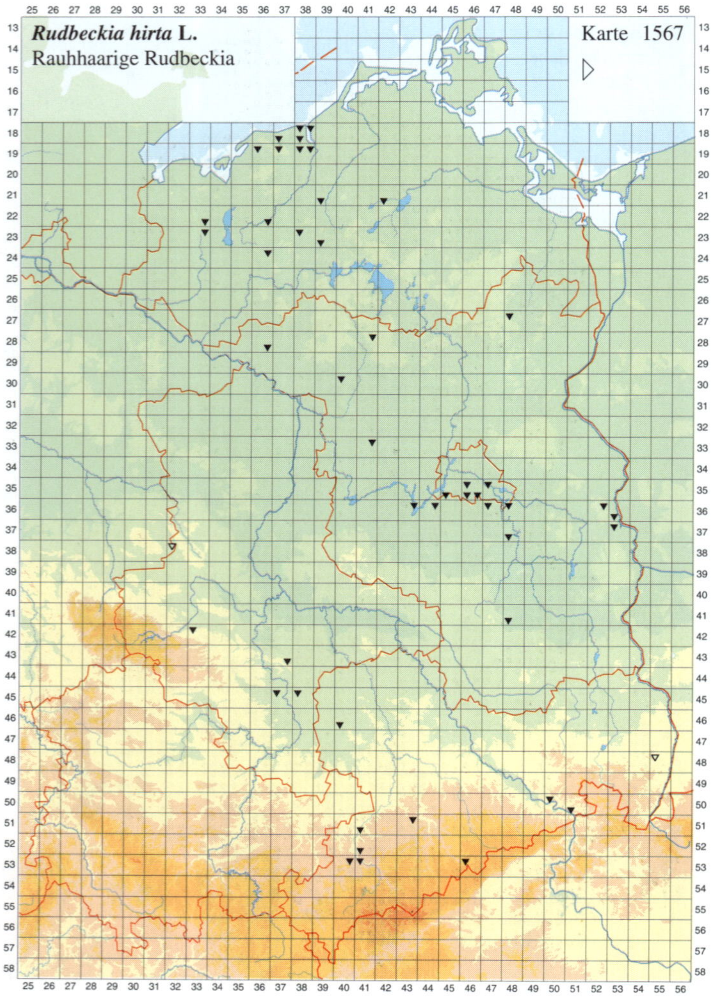
Rudbeckia hirta L.
Rauhhaarige Rudbeckia
Karte 1567

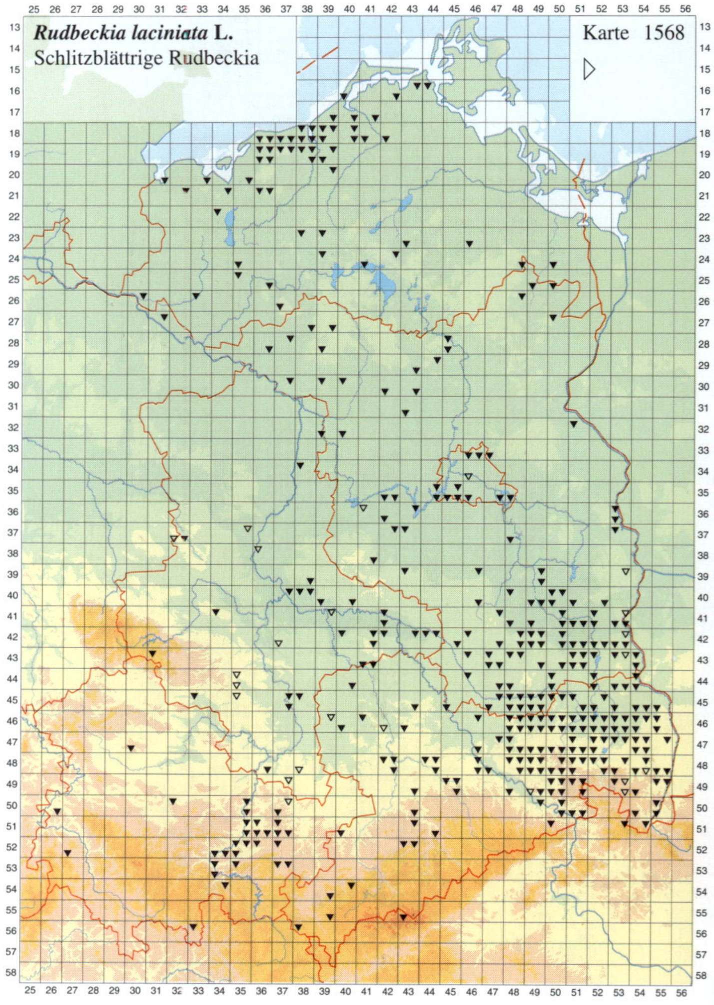
Rudbeckia laciniata L.
Schlitzblättrige Rudbeckia
Karte 1568

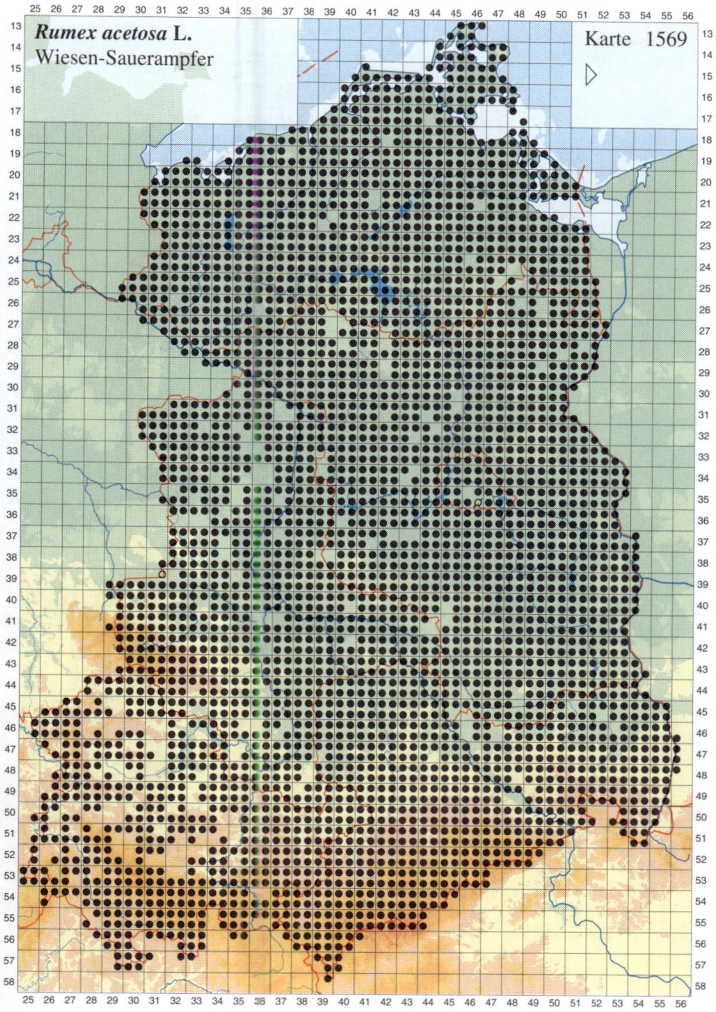
Rumex acetosa L.
Wiesen-Sauerampfer
Karte 1569

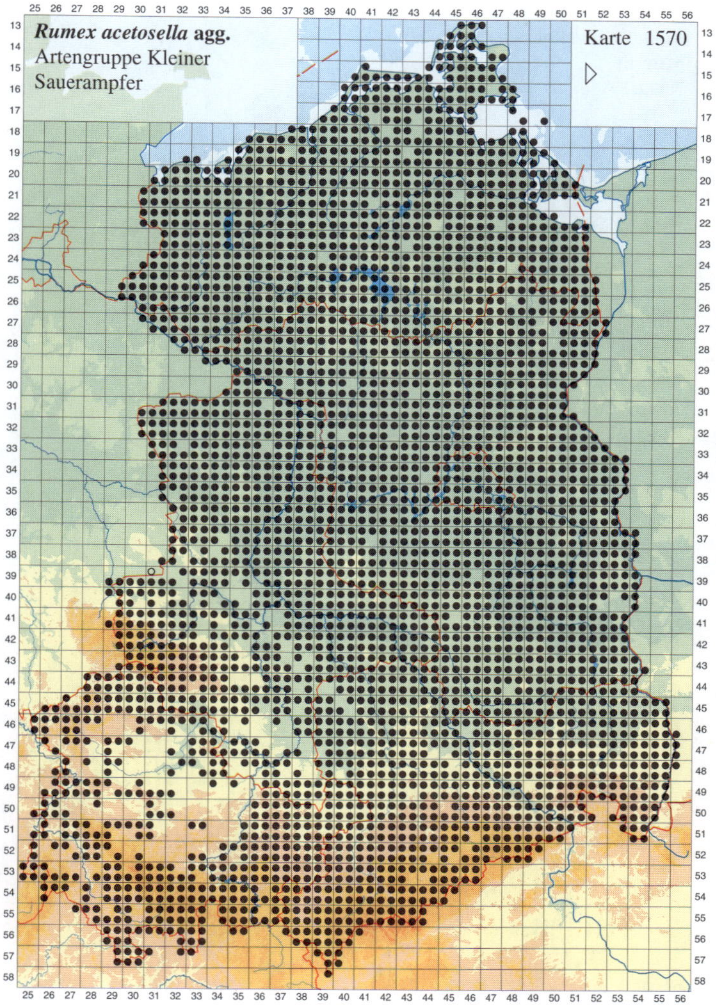
Rumex acetosella agg.
Artengruppe Kleiner
Sauerampfer
Karte 1570

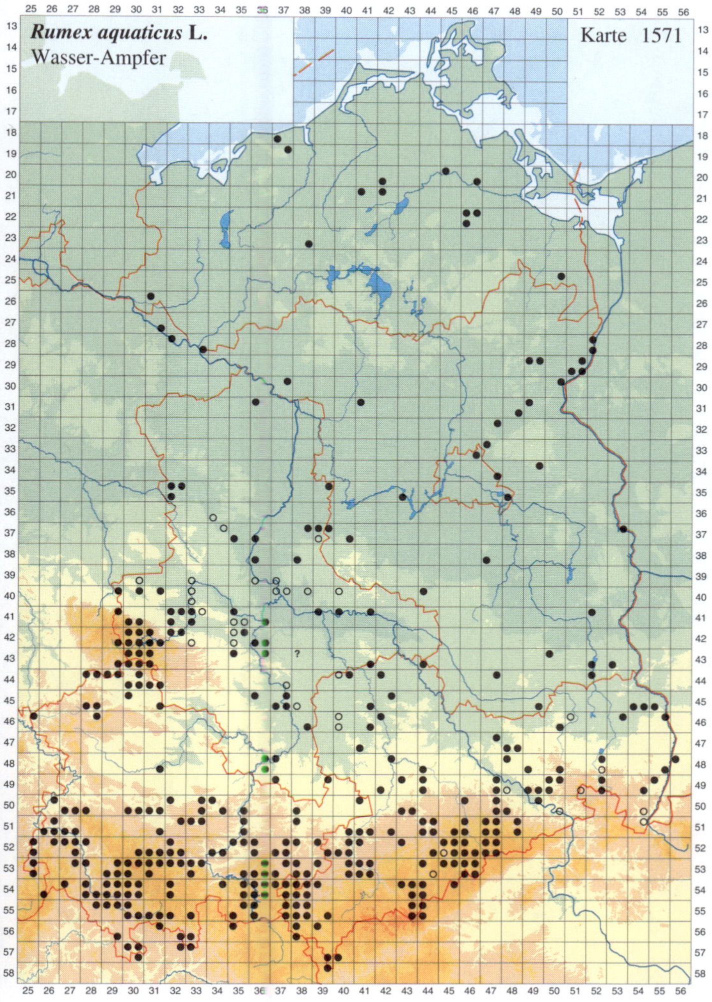
Rumex aquaticus L.
Wasser-Ampfer
Karte 1571

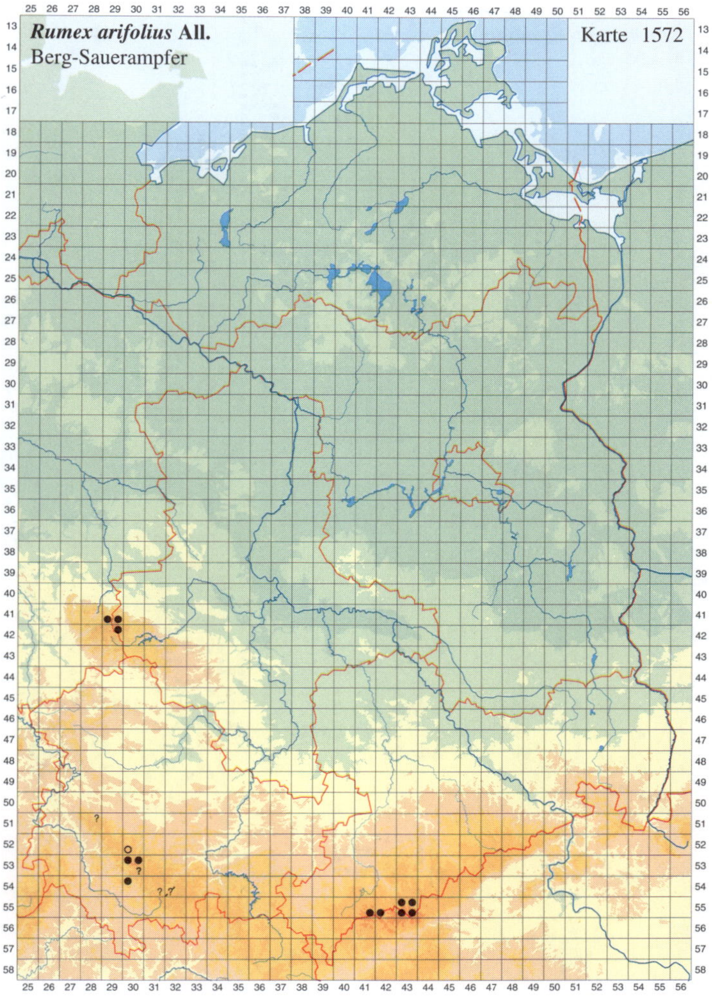
Rumex arifolius All.
Berg-Sauerampfer
Karte 1572

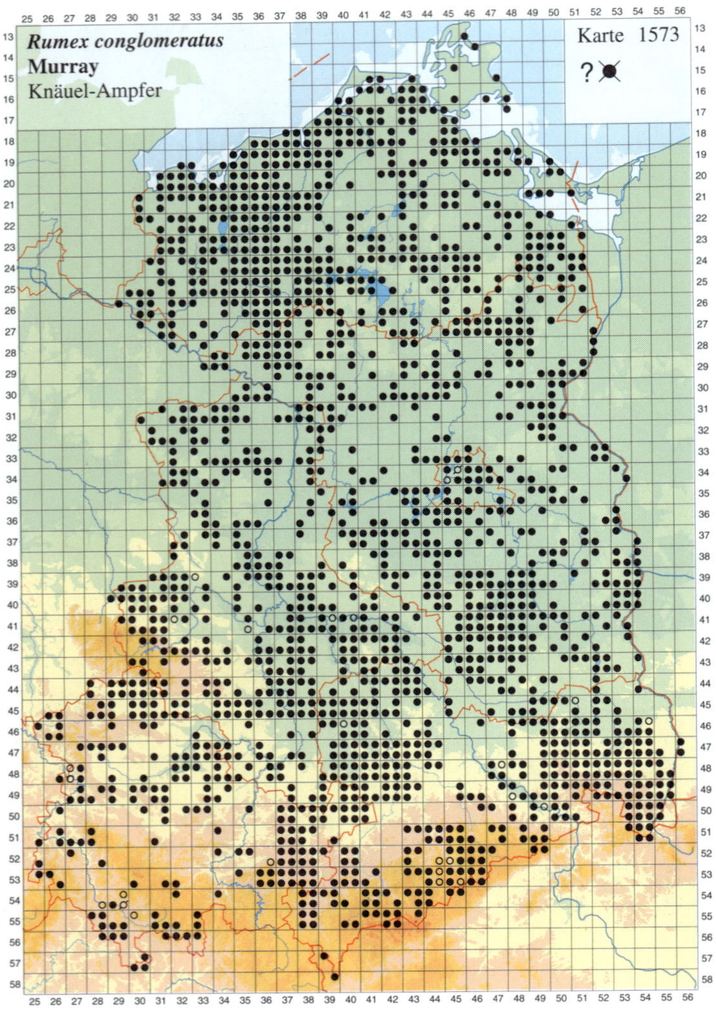
Rumex conglomeratus **Murray**
Knäuel-Ampfer
Karte 1573

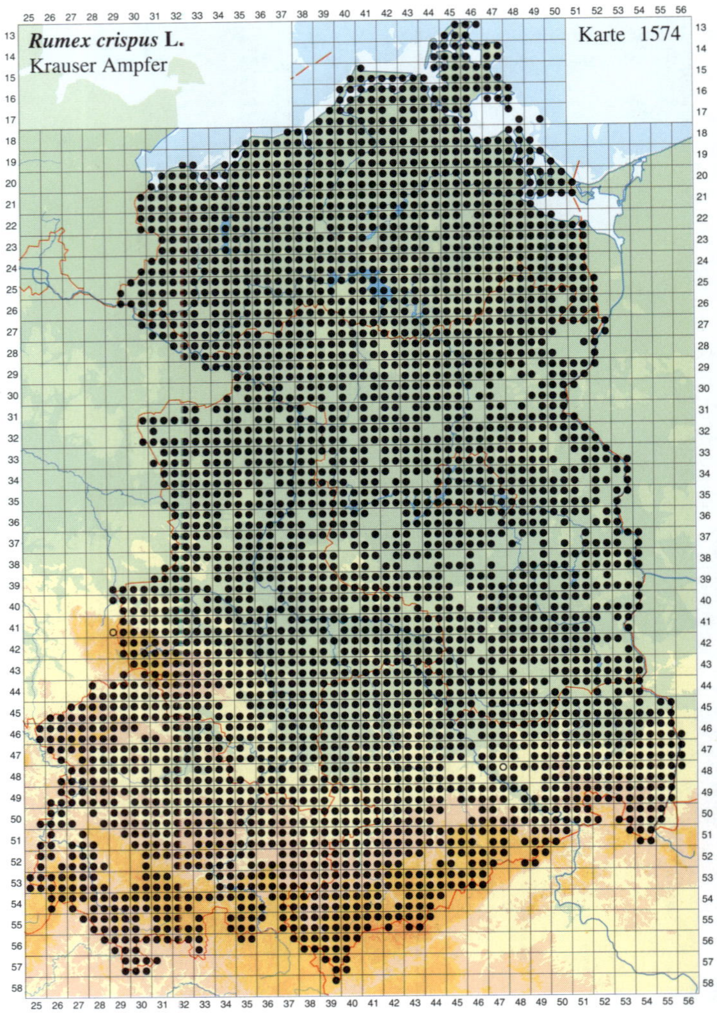
Rumex crispus **L.**
Krauser Ampfer
Karte 1574

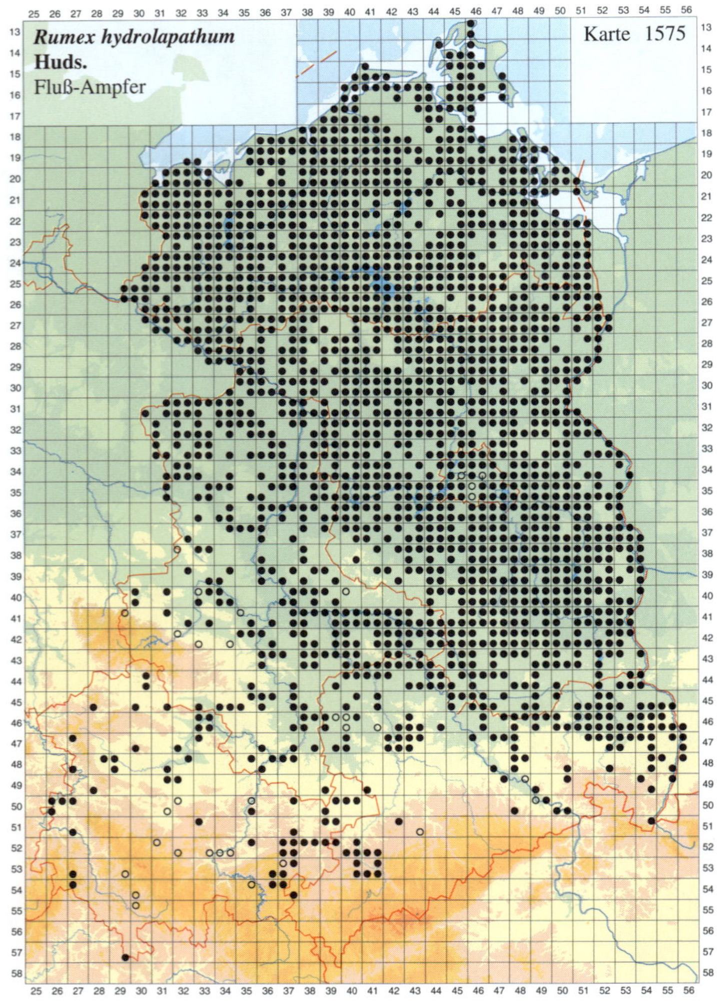
Rumex hydrolapathum **Huds.**
Fluß-Ampfer
Karte 1575

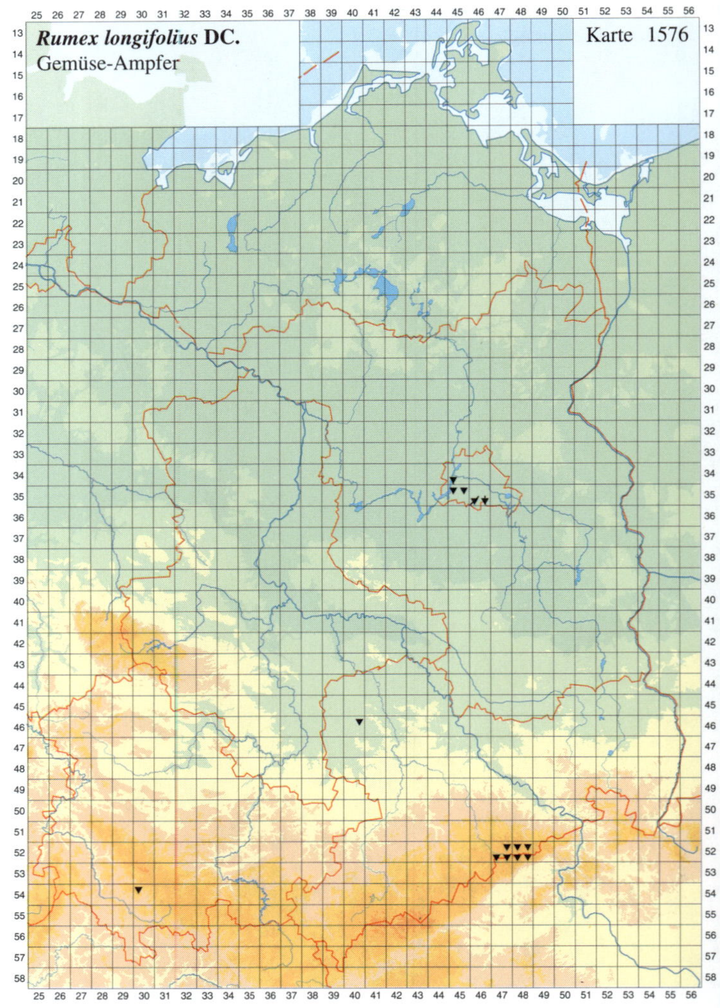
Rumex longifolius **DC.**
Gemüse-Ampfer
Karte 1576

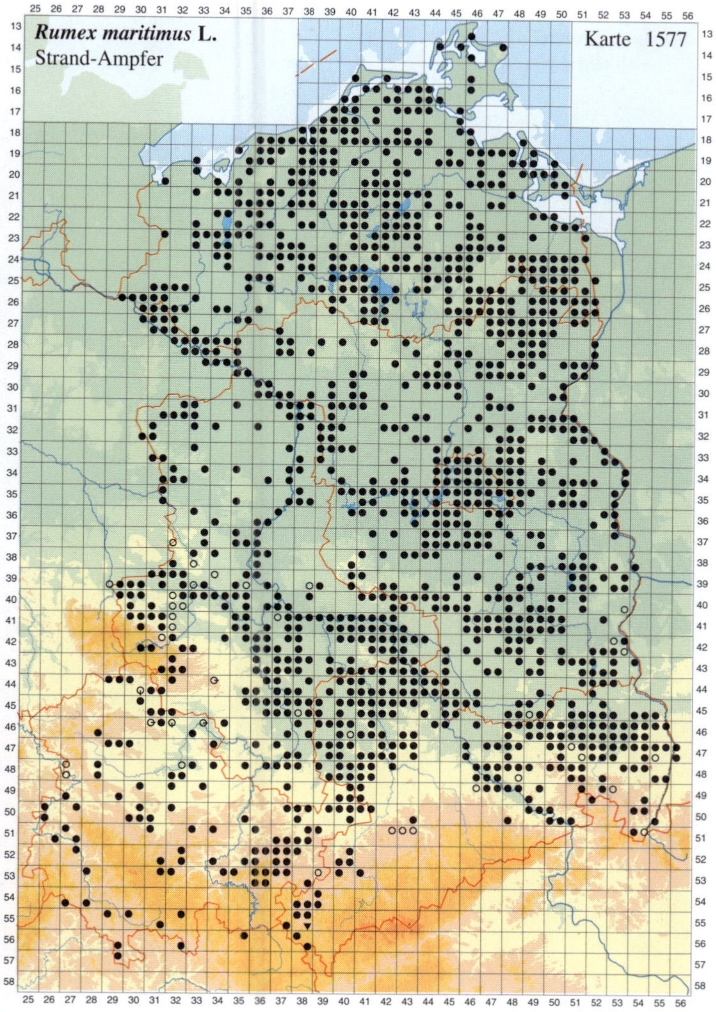
Rumex maritimus L.
Strand-Ampfer
Karte 1577

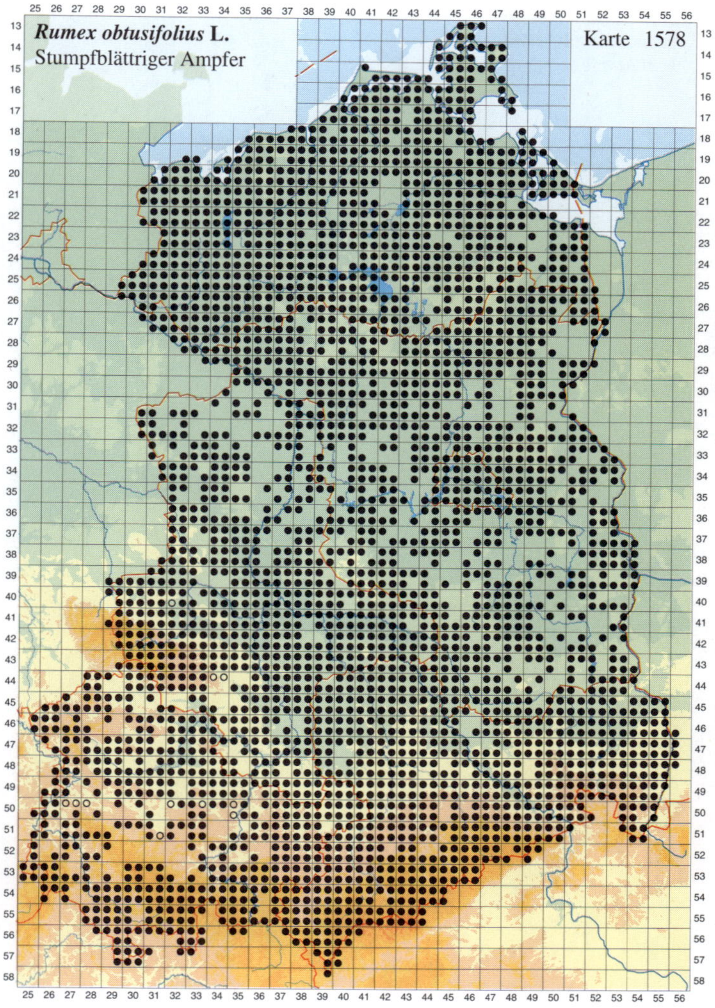
Rumex obtusifolius L.
Stumpfblättriger Ampfer
Karte 1578

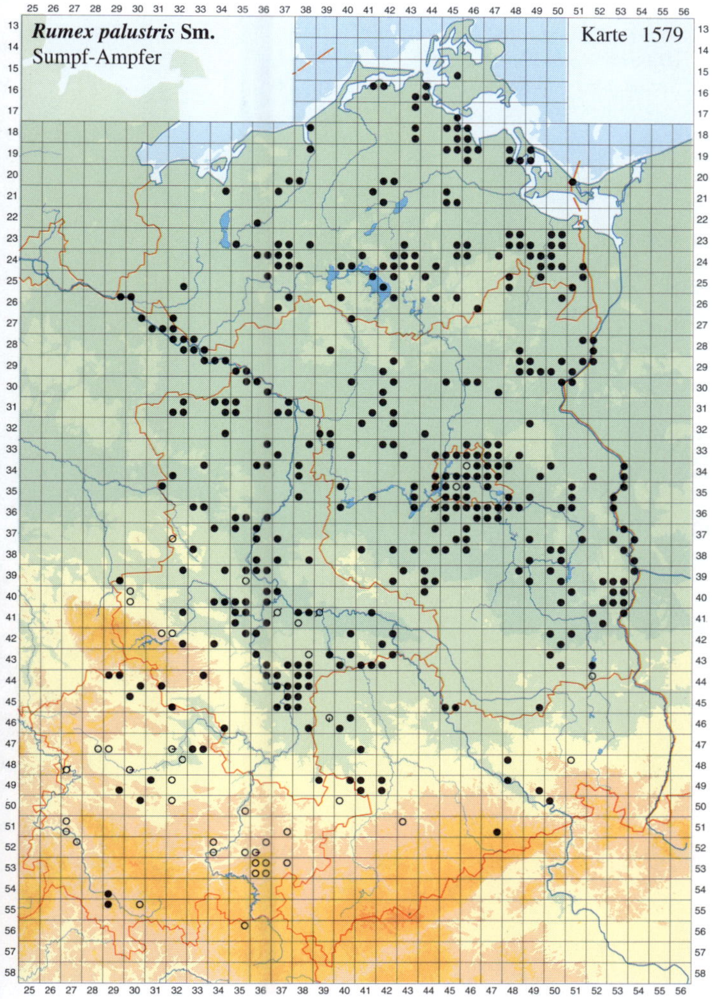
Rumex palustris Sm.
Sumpf-Ampfer
Karte 1579

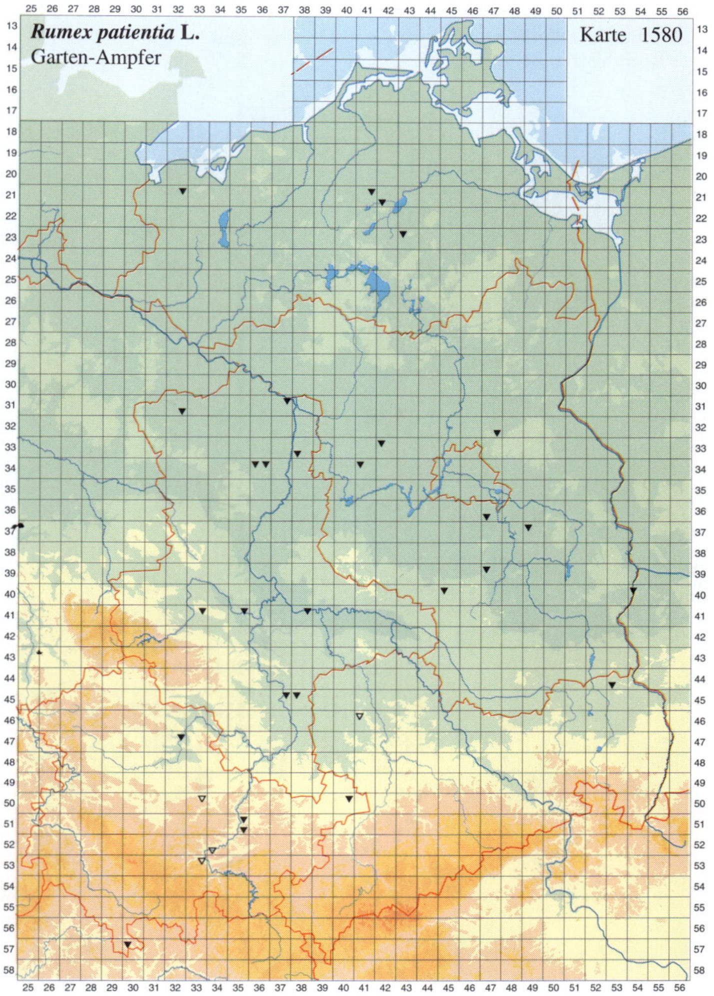
Rumex patientia L.
Garten-Ampfer
Karte 1580

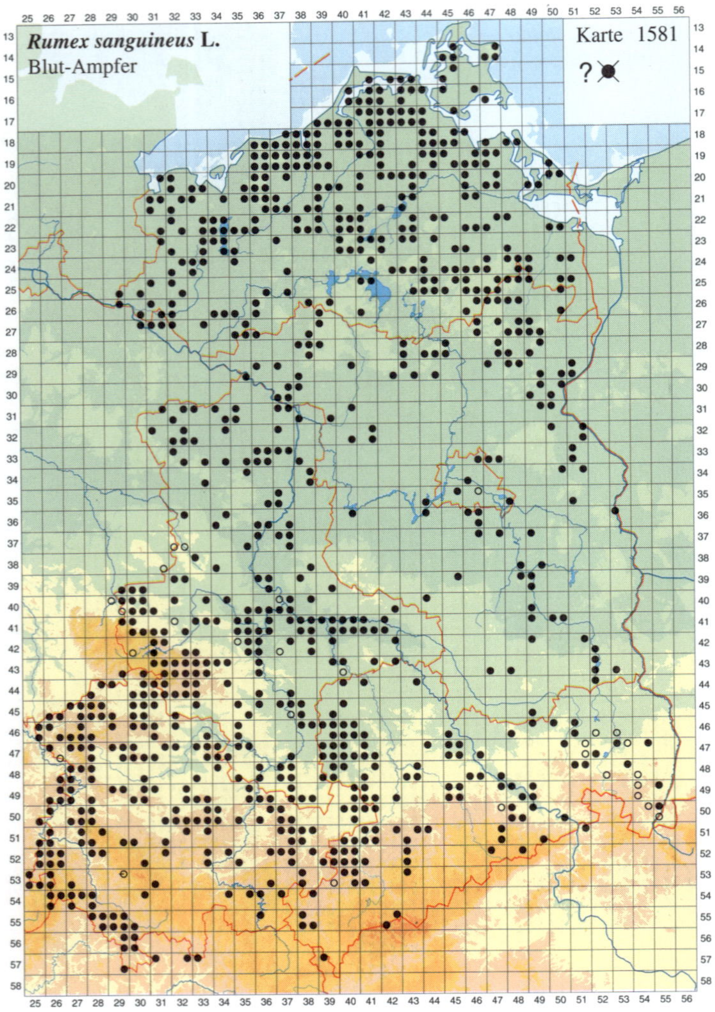
Rumex sanguineus L.
Blut-Ampfer
Karte 1581

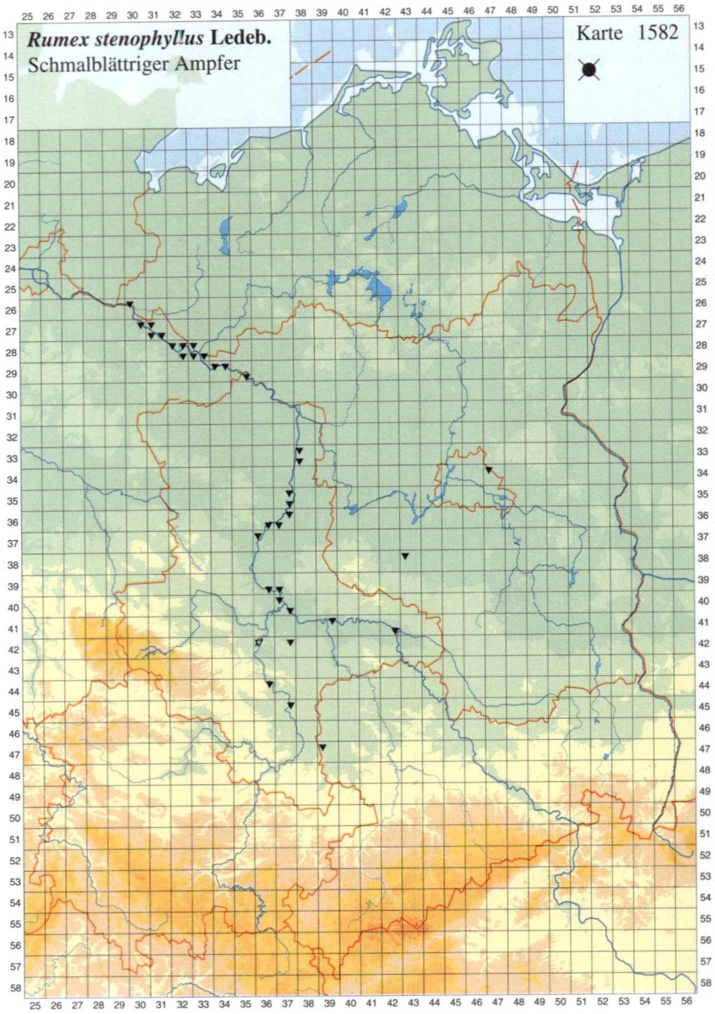
Rumex stenophyllus Ledeb.
Schmalblättriger Ampfer
Karte 1582

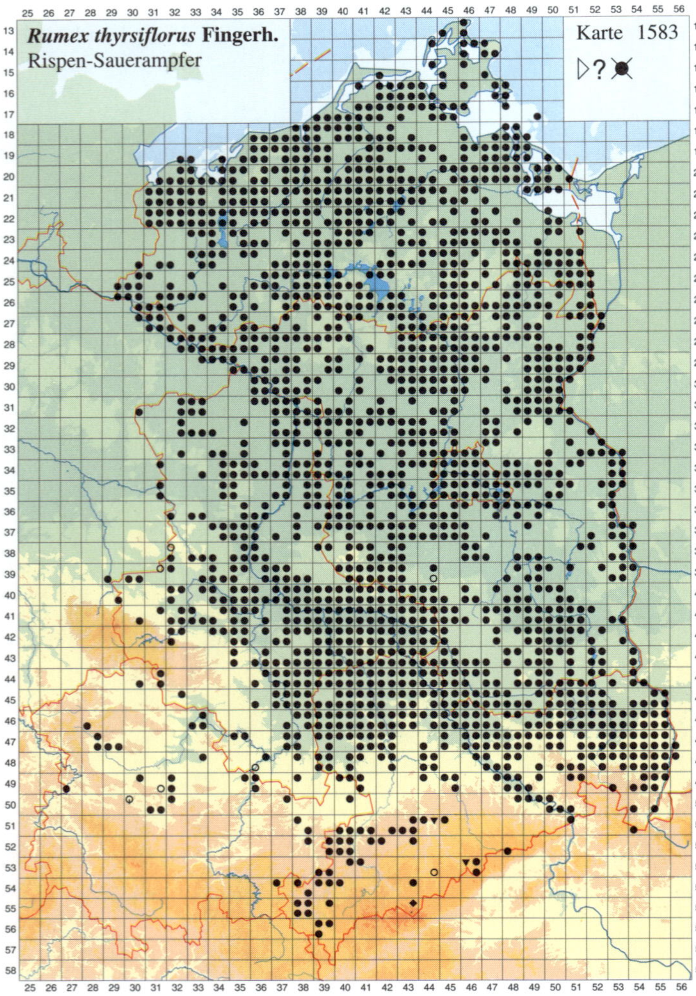
Rumex thyrsiflorus Fingerh.
Rispen-Sauerampfer
Karte 1583

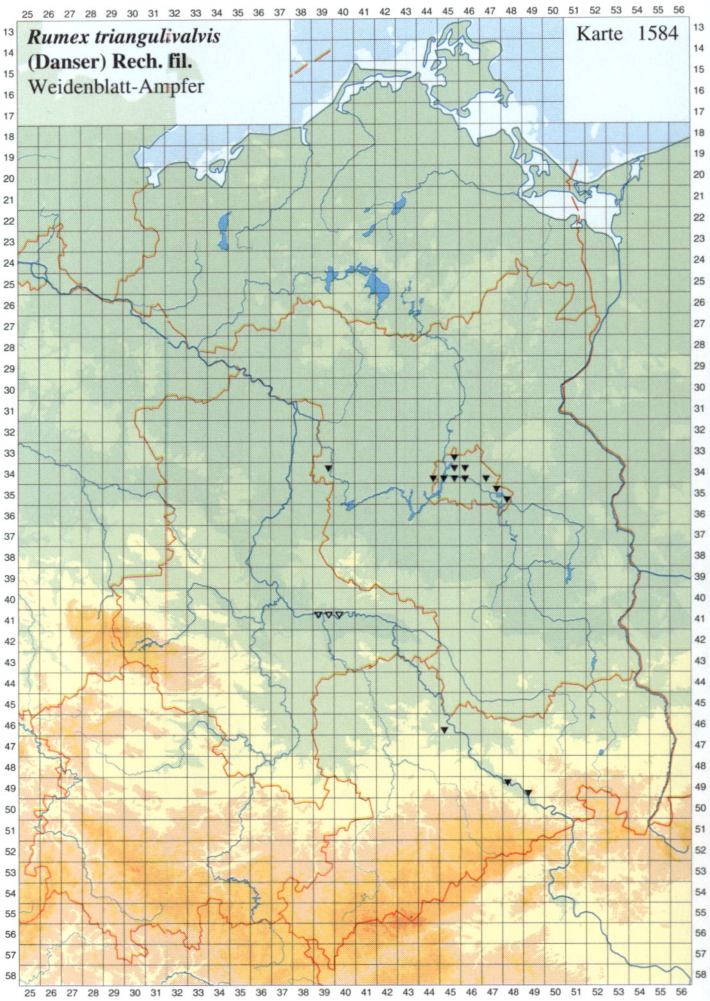
Rumex triangulivalvis
(Danser) Rech. fil.
Weidenblatt-Ampfer
Karte 1584

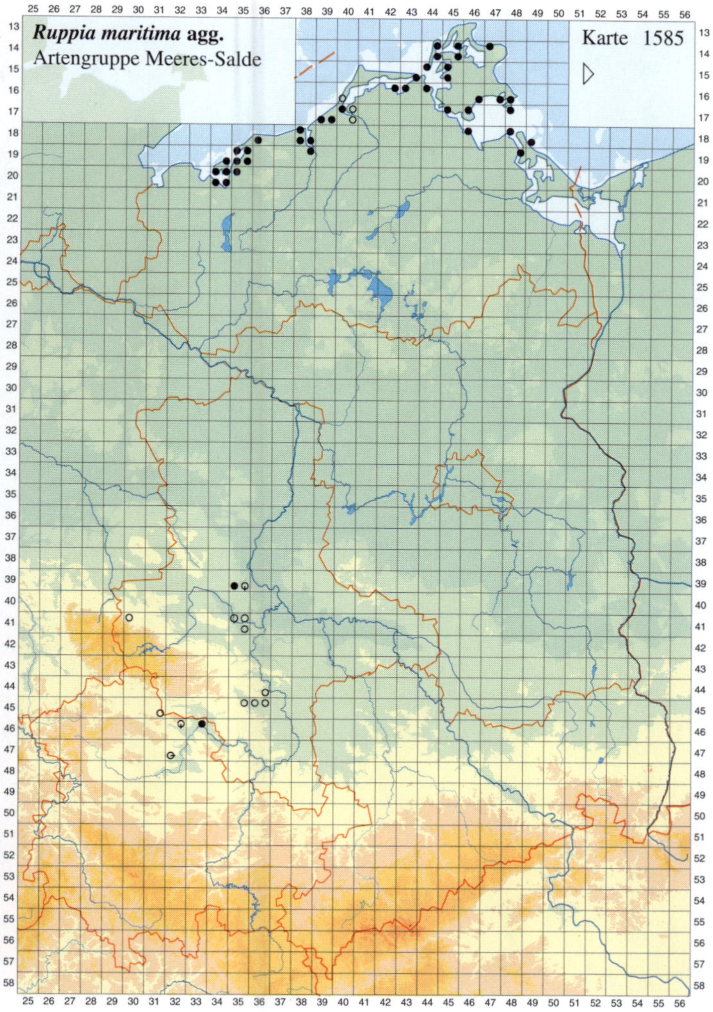
Ruppia maritima agg.
Artengruppe Meeres-Salde
Karte 1585
▷

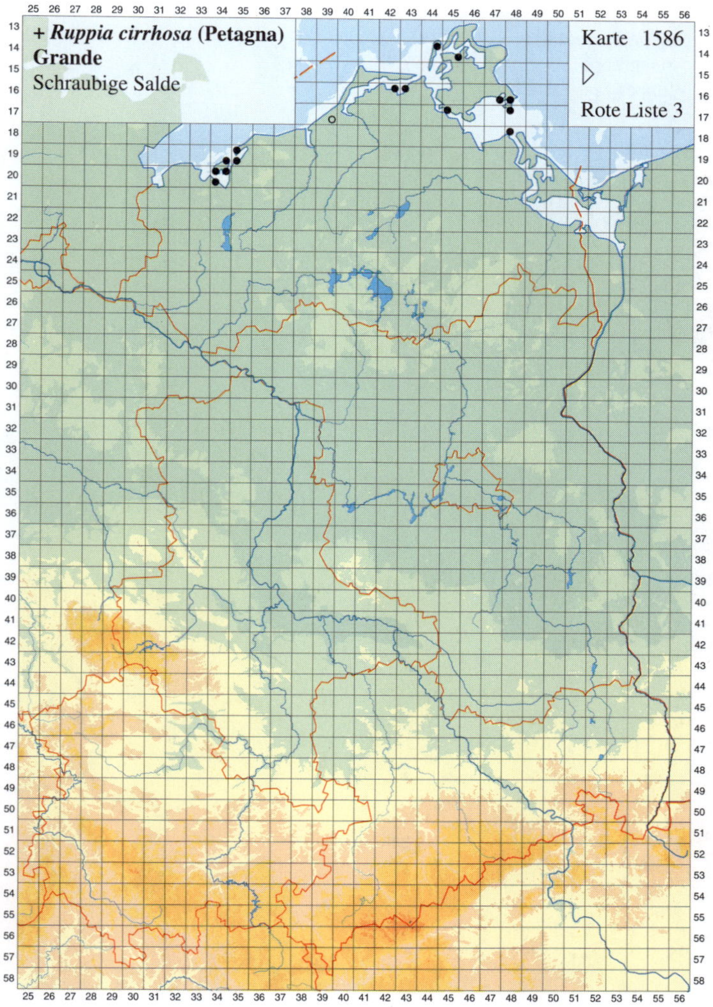
+ *Ruppia cirrhosa* (Petagna) Grande
Schraubige Salde
Karte 1586
▷
Rote Liste 3

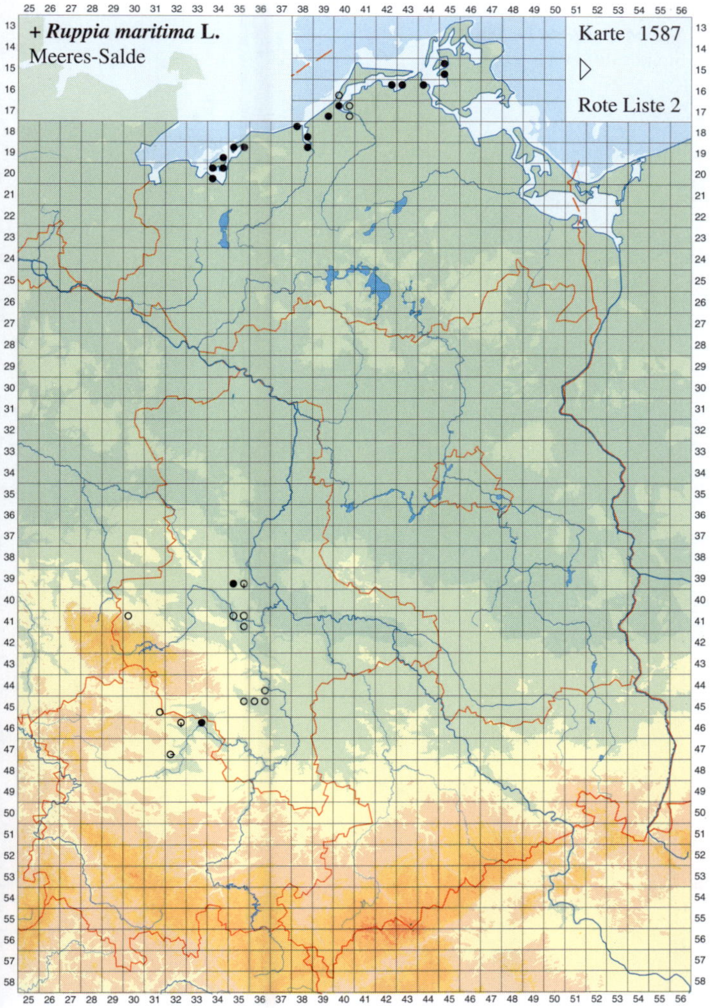
+ *Ruppia maritima* L.
Meeres-Salde
Karte 1587
▷
Rote Liste 2

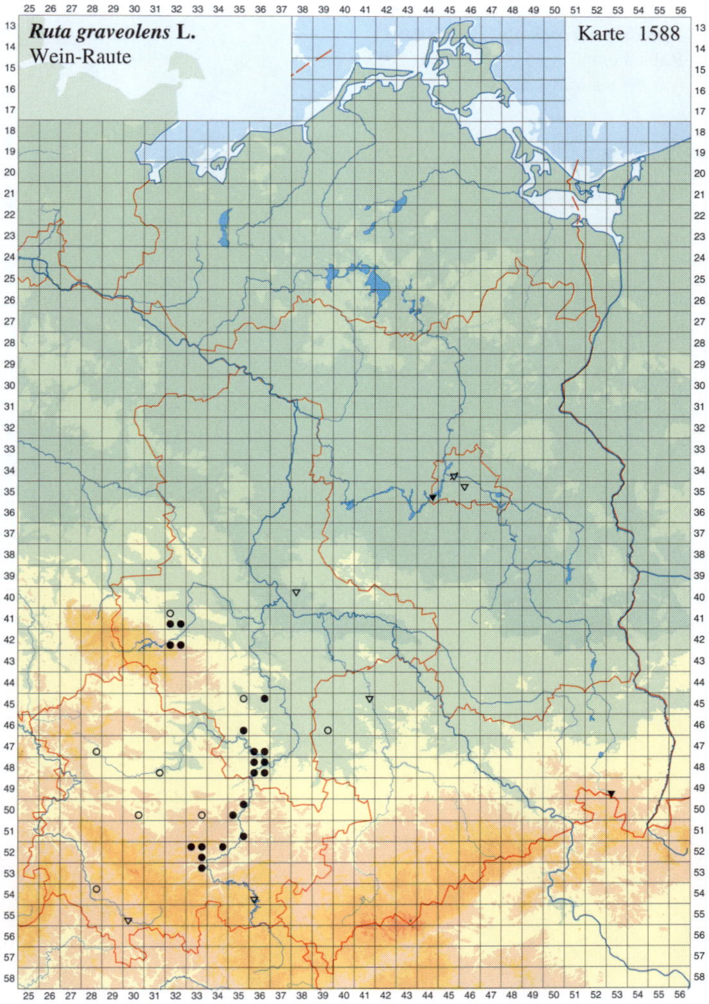
Ruta graveolens L.
Wein-Raute
Karte 1588

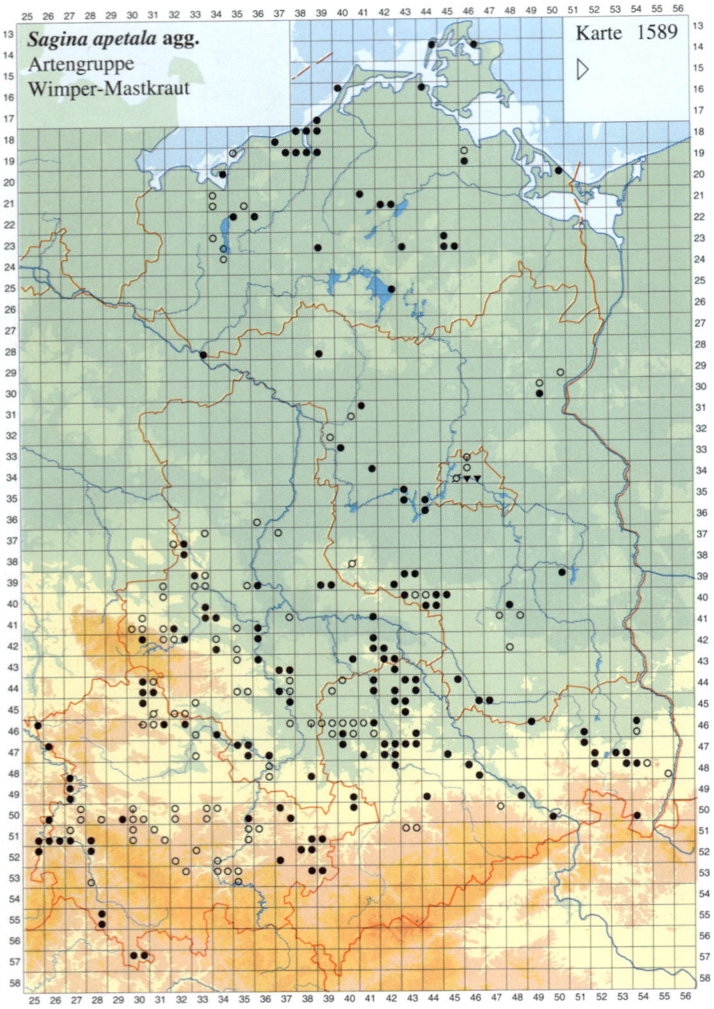
Sagina apetala agg.
Artengruppe
Wimper-Mastkraut
Karte 1589

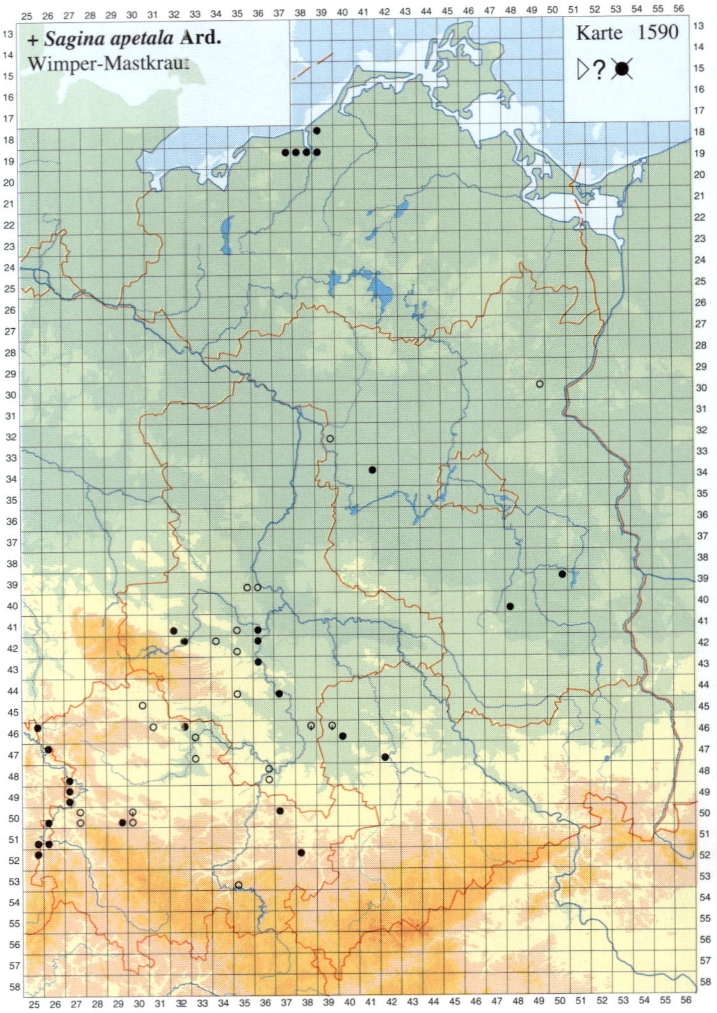
+ *Sagina apetala* Ard.
Wimper-Mastkraut
Karte 1590

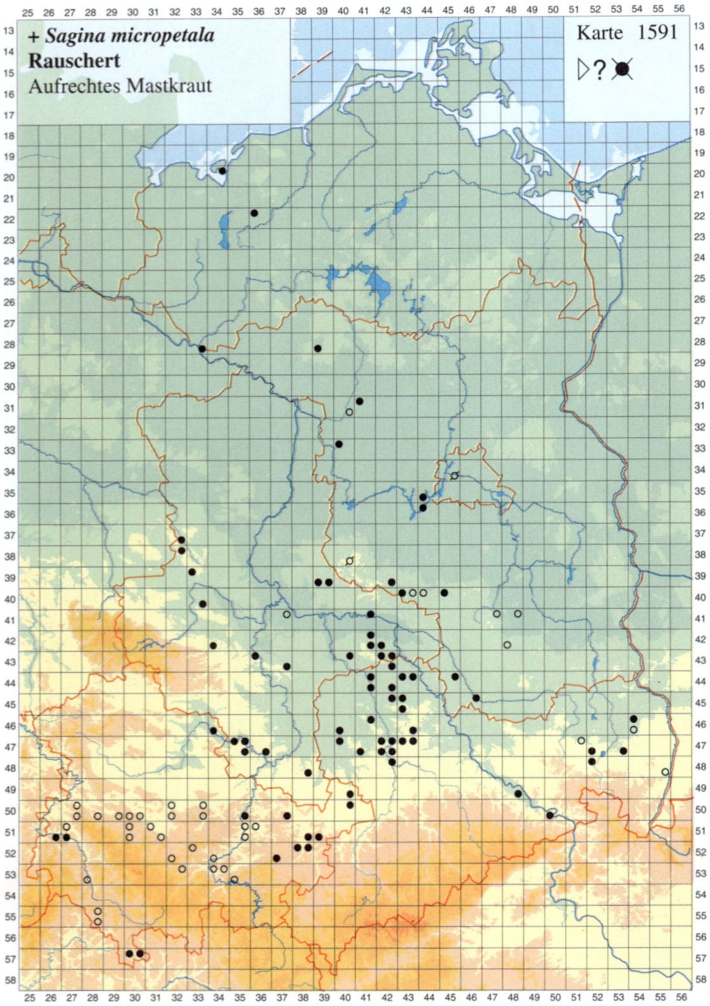
+ *Sagina micropetala* Rauschert
Aufrechtes Mastkraut
Karte 1591

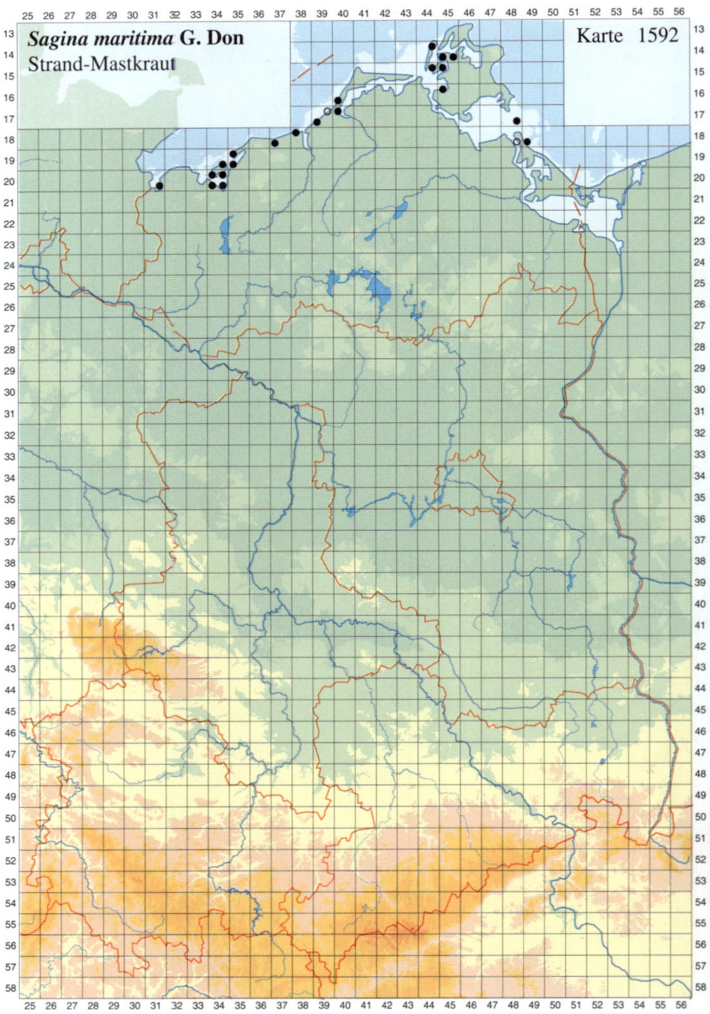
Sagina maritima G. Don
Strand-Mastkraut
Karte 1592

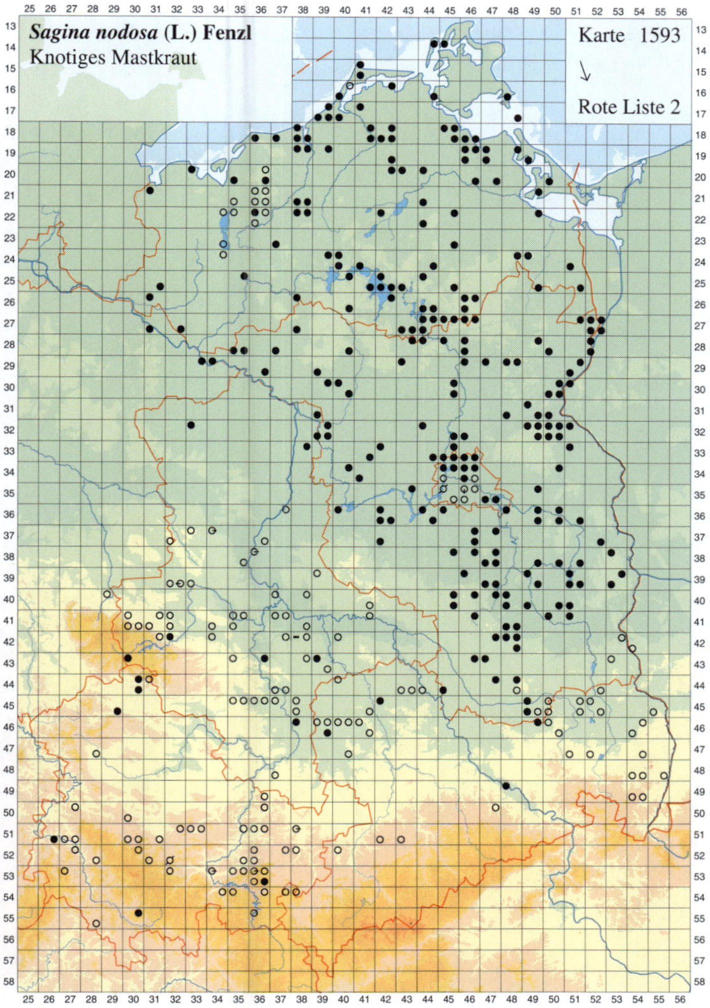
Sagina nodosa (L.) Fenzl
Knotiges Mastkraut
Karte 1593
Rote Liste 2

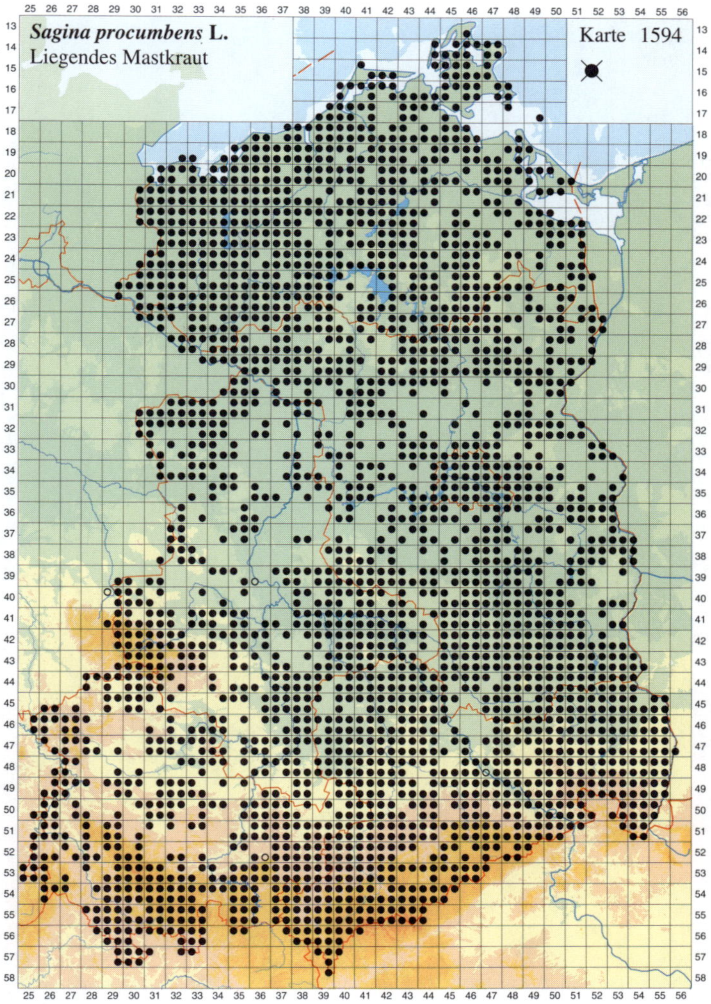
Sagina procumbens L.
Liegendes Mastkraut
Karte 1594

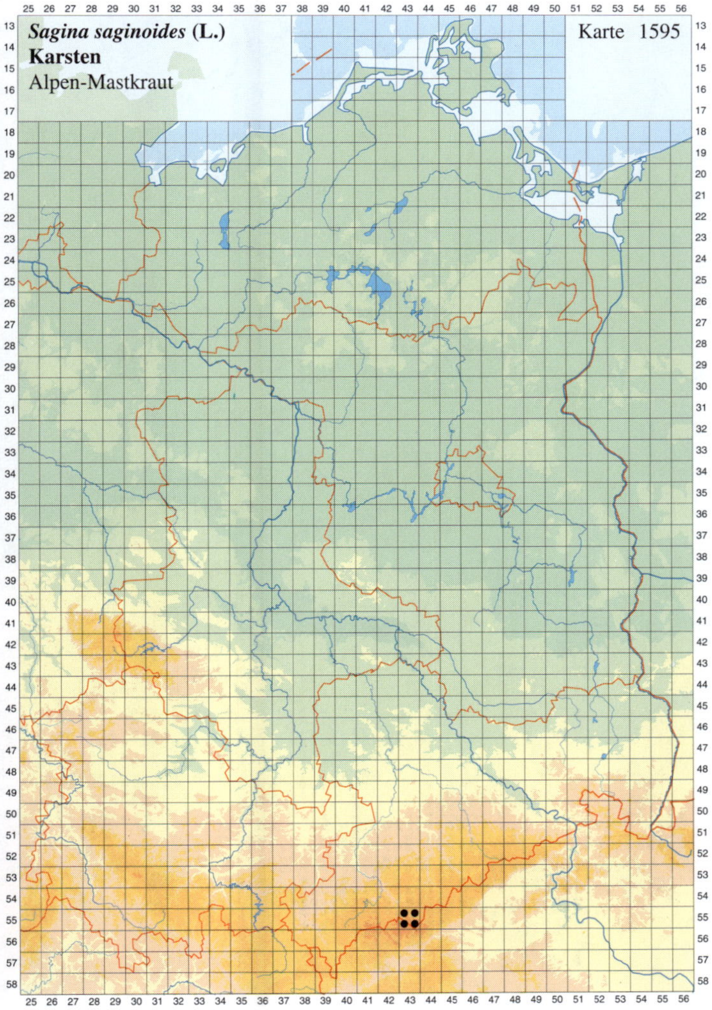
Sagina saginoides (L.) Karsten
Alpen-Mastkraut
Karte 1595

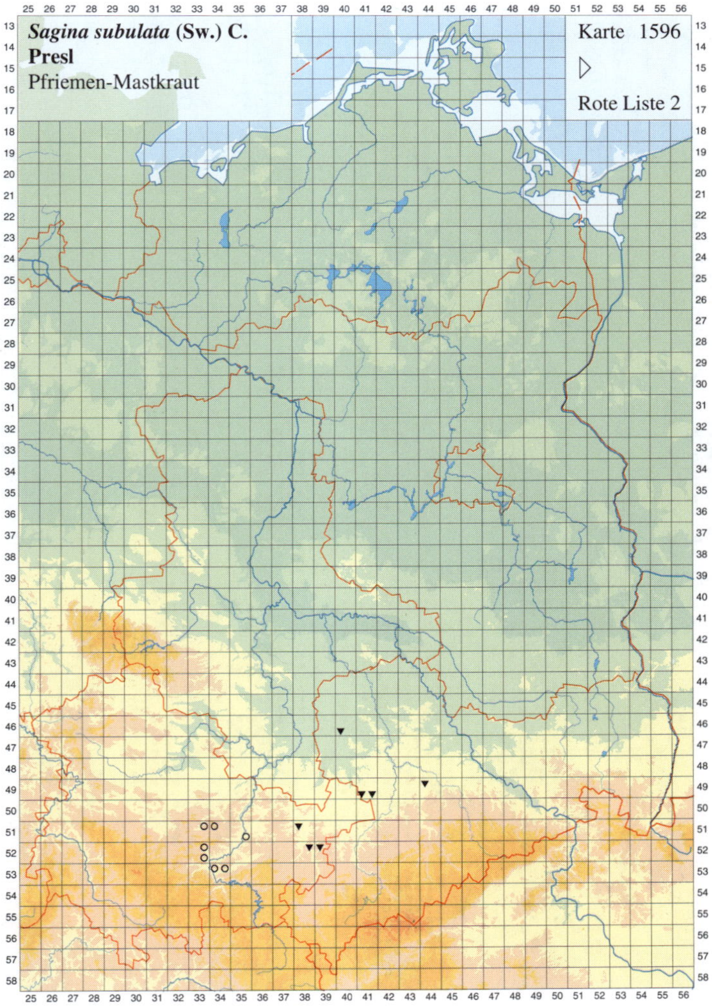
Sagina subulata (Sw.) C. Presl
Pfriemen-Mastkraut
Karte 1596
Rote Liste 2

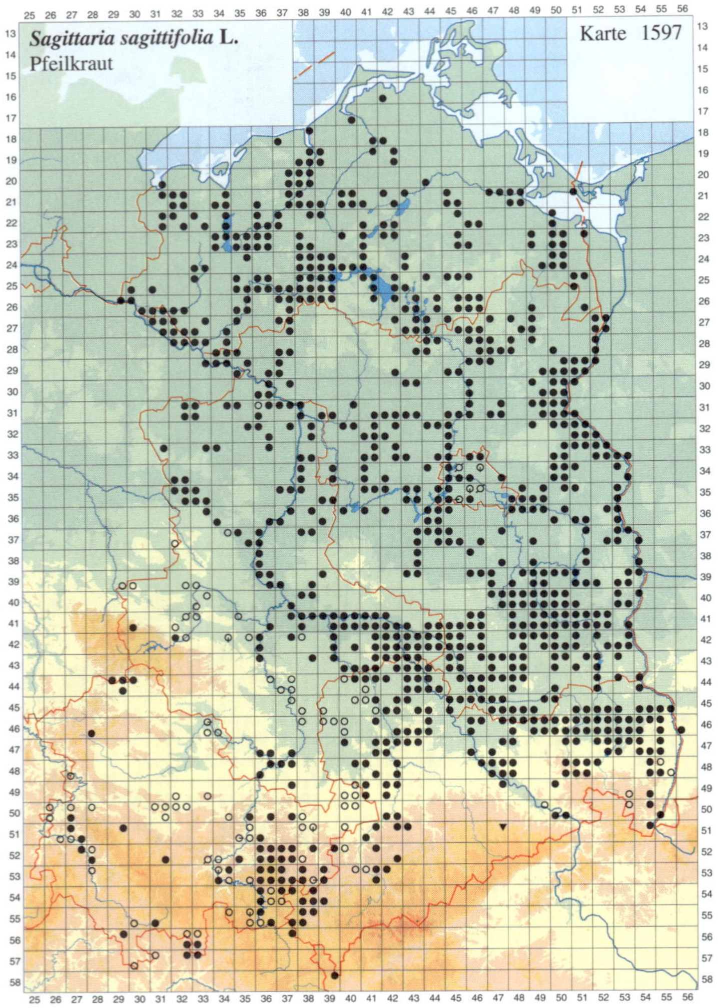
Sagittaria sagittifolia L.
Pfeilkraut
Karte 1597

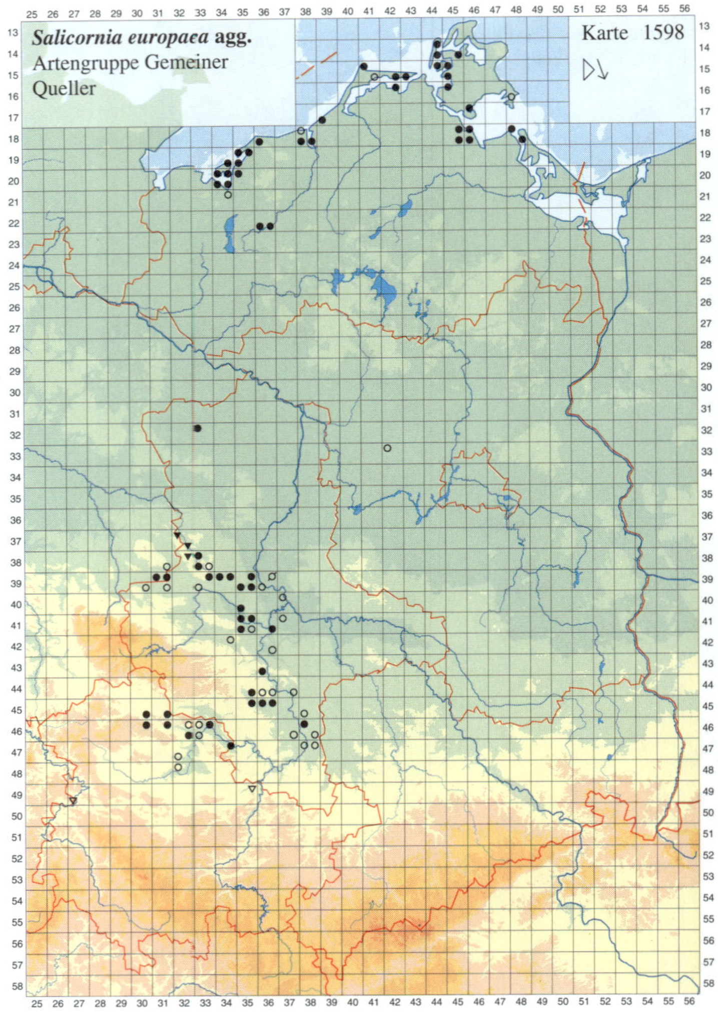
Salicornia europaea agg.
Artengruppe Gemeiner Queller
Karte 1598

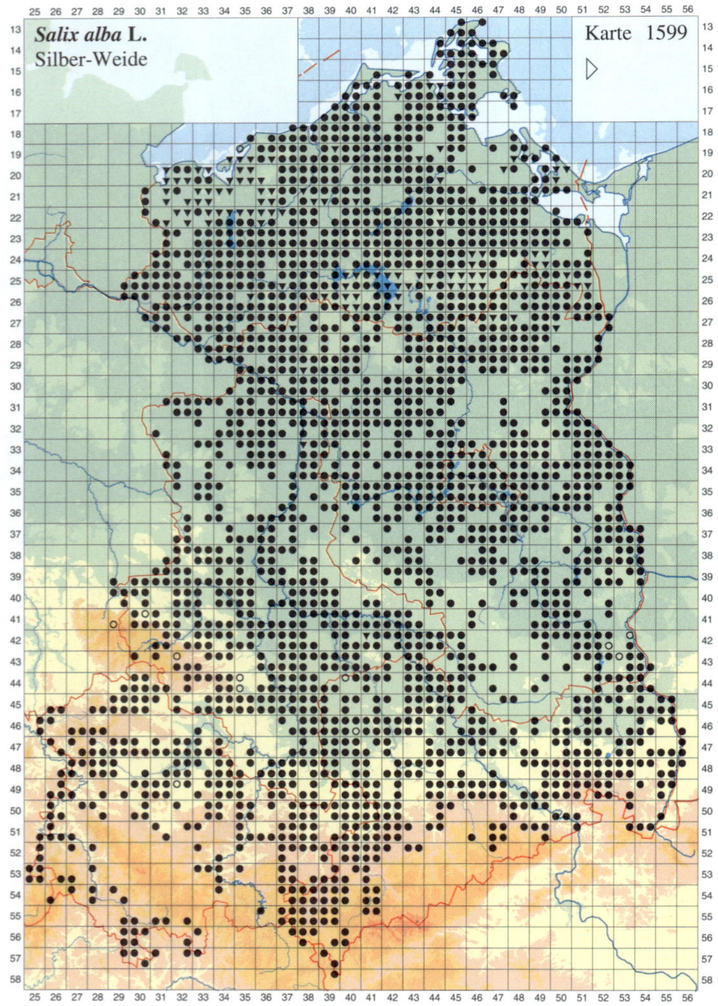
Salix alba L.
Silber-Weide
Karte 1599

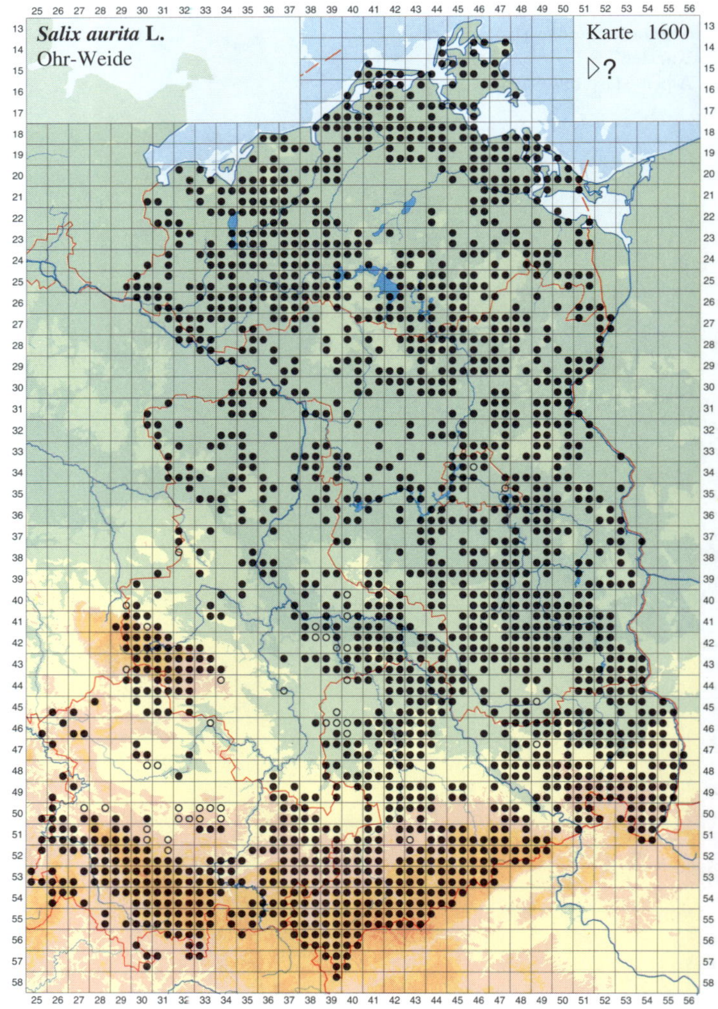
Salix aurita L.
Ohr-Weide
Karte 1600

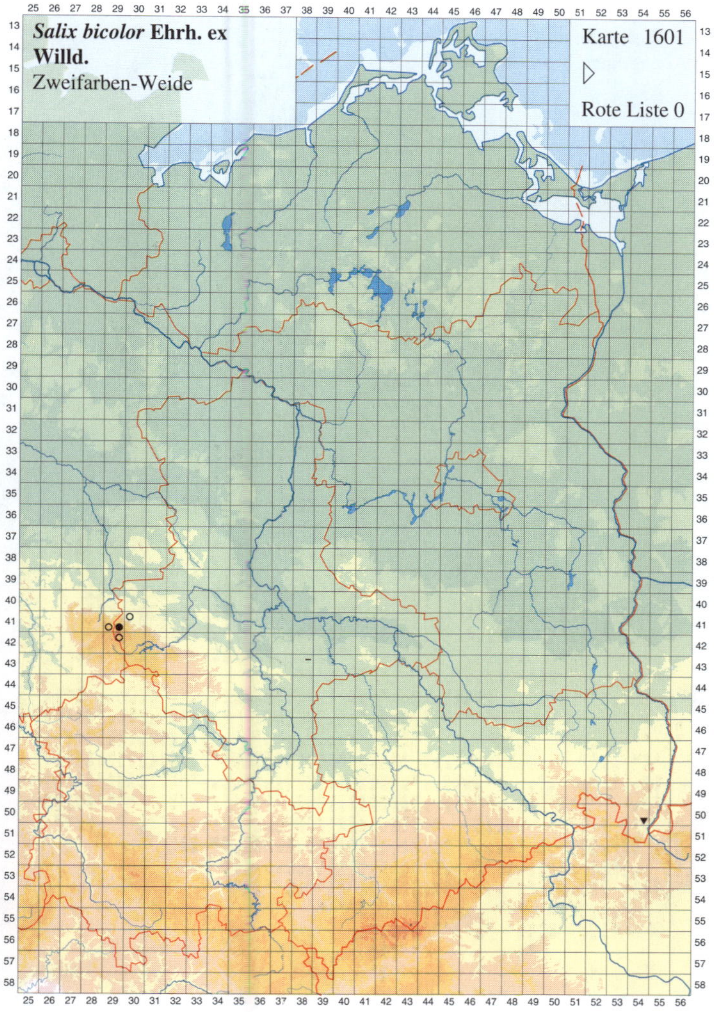
Salix bicolor Ehrh. ex Willd.
Zweifarben-Weide
Karte 1601
Rote Liste 0

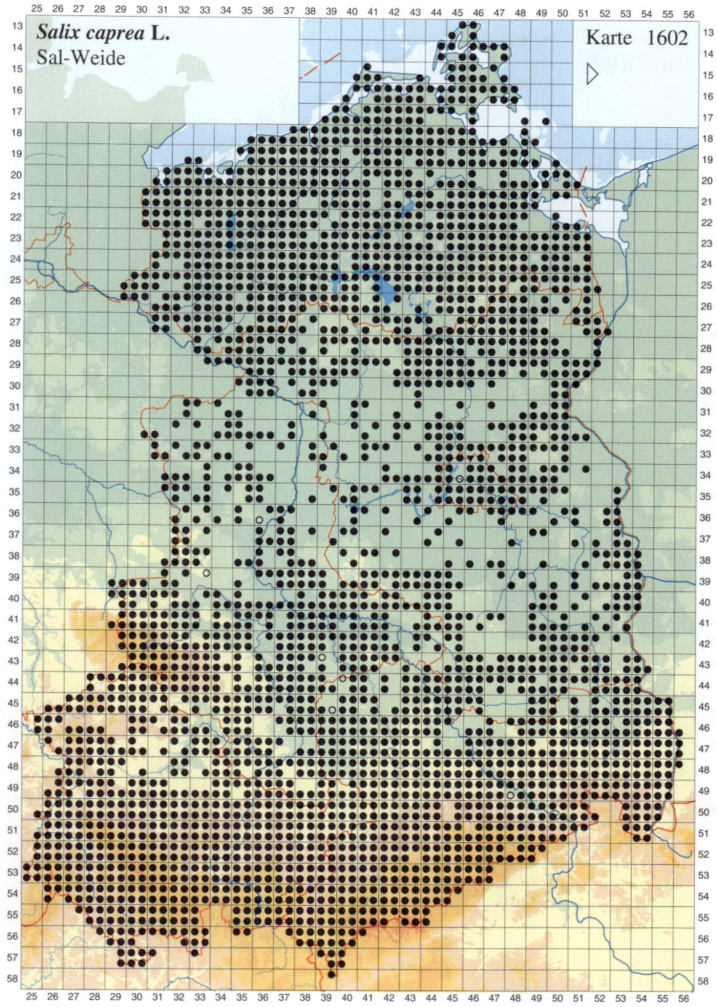
Salix caprea L.
Sal-Weide
Karte 1602

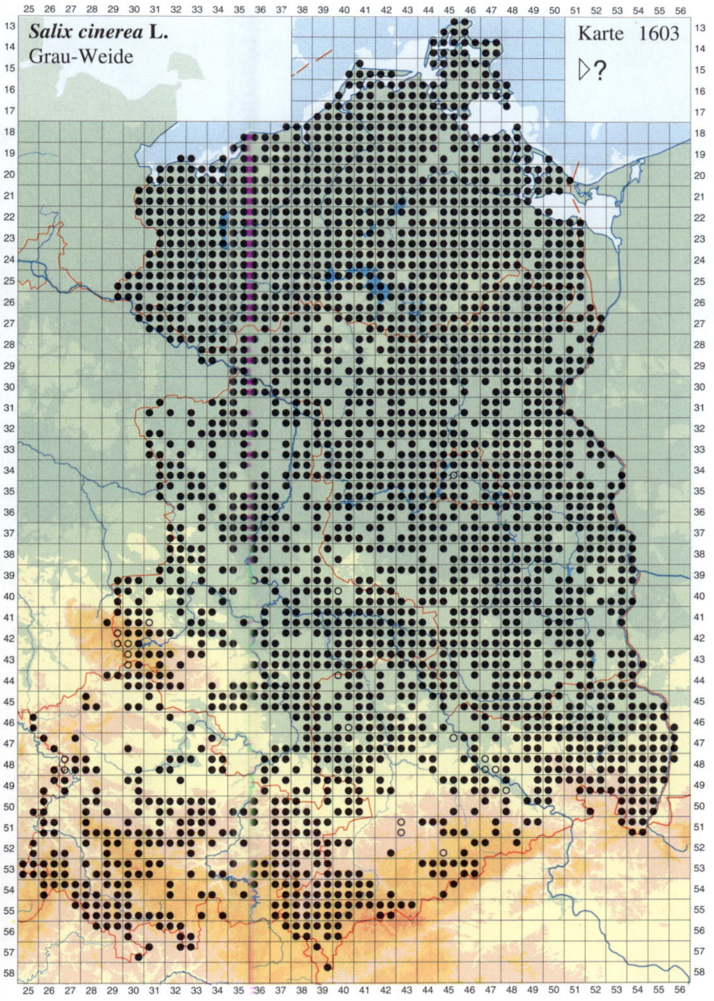
Salix cinerea L.
Grau-Weide
Karte 1603
?

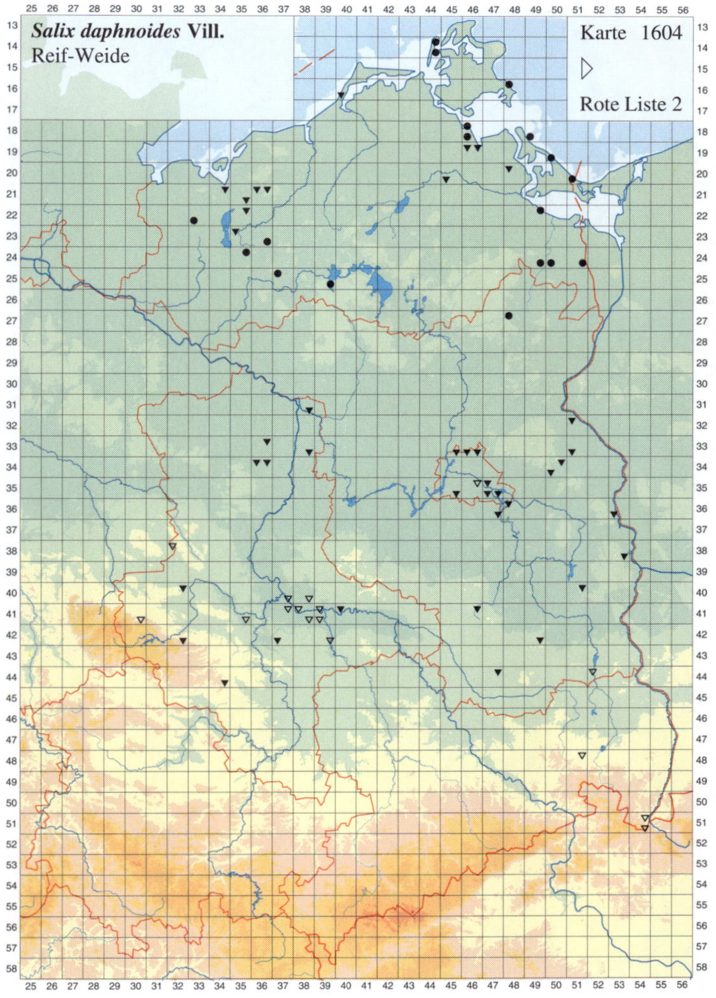
Salix daphnoides Vill.
Reif-Weide
Karte 1604
Rote Liste 2

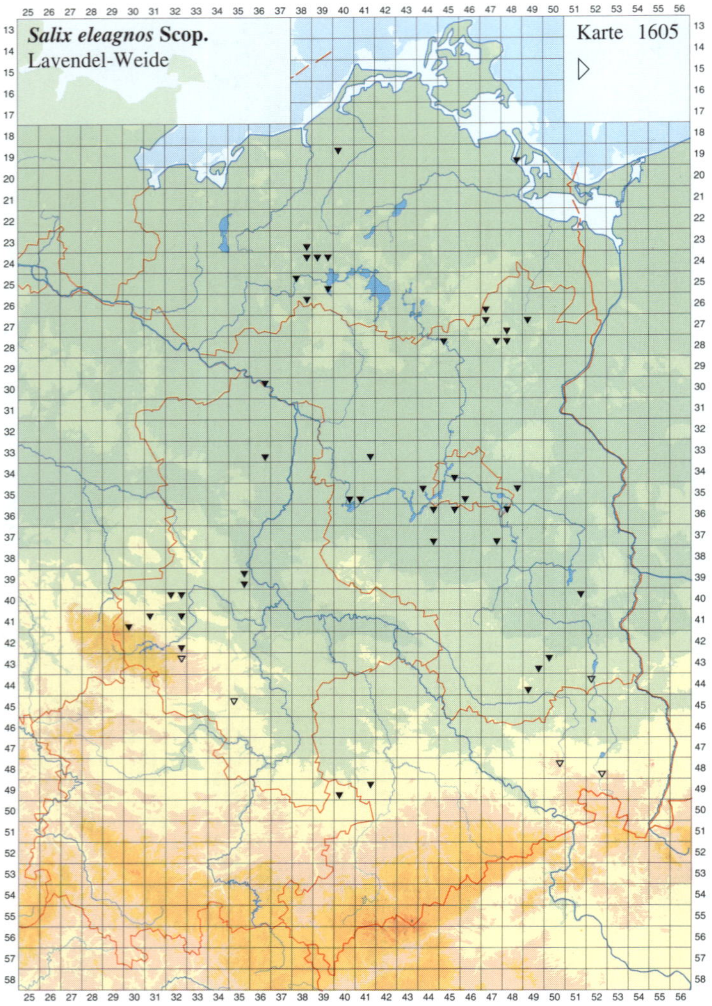
Salix eleagnos Scop.
Lavendel-Weide
Karte 1605

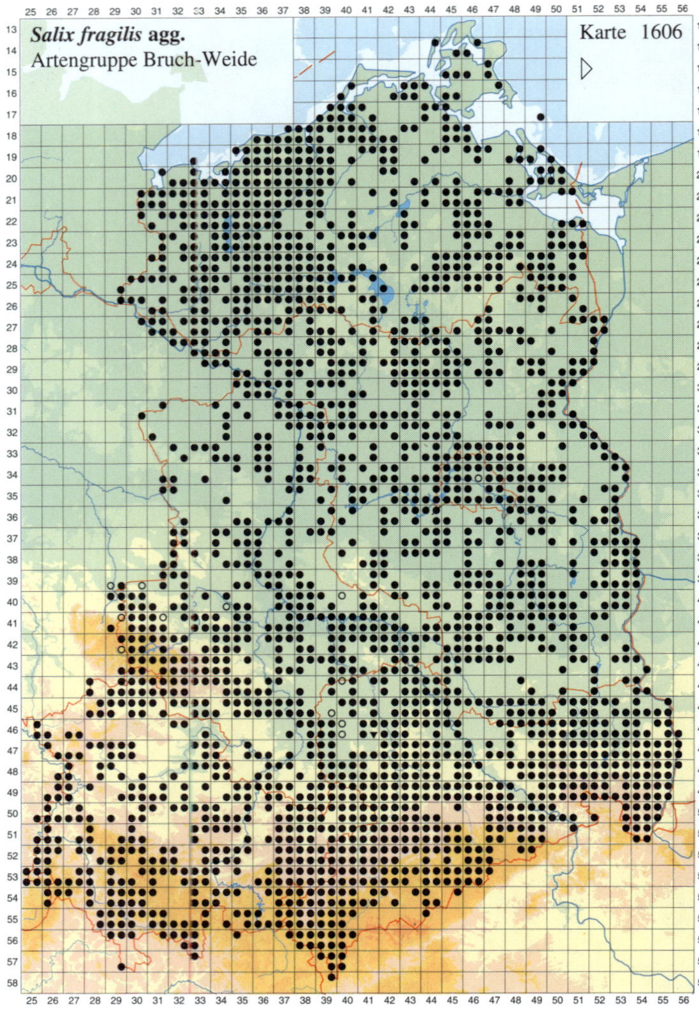
Salix fragilis agg.
Artengruppe Bruch-Weide
Karte 1606

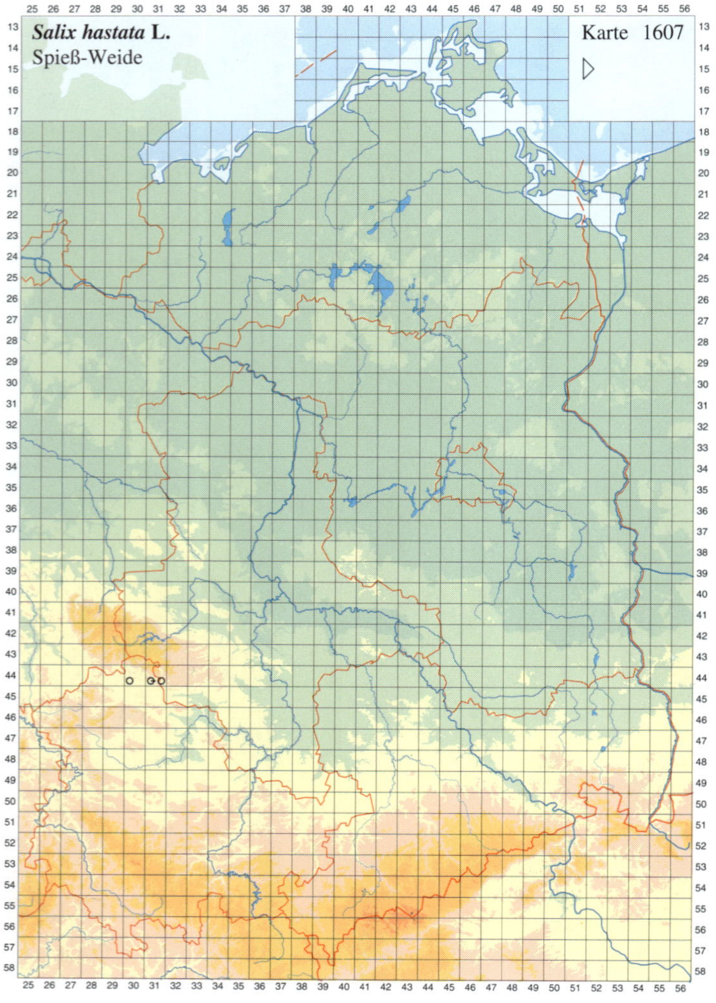
Salix hastata L.
Spieß-Weide
Karte 1607

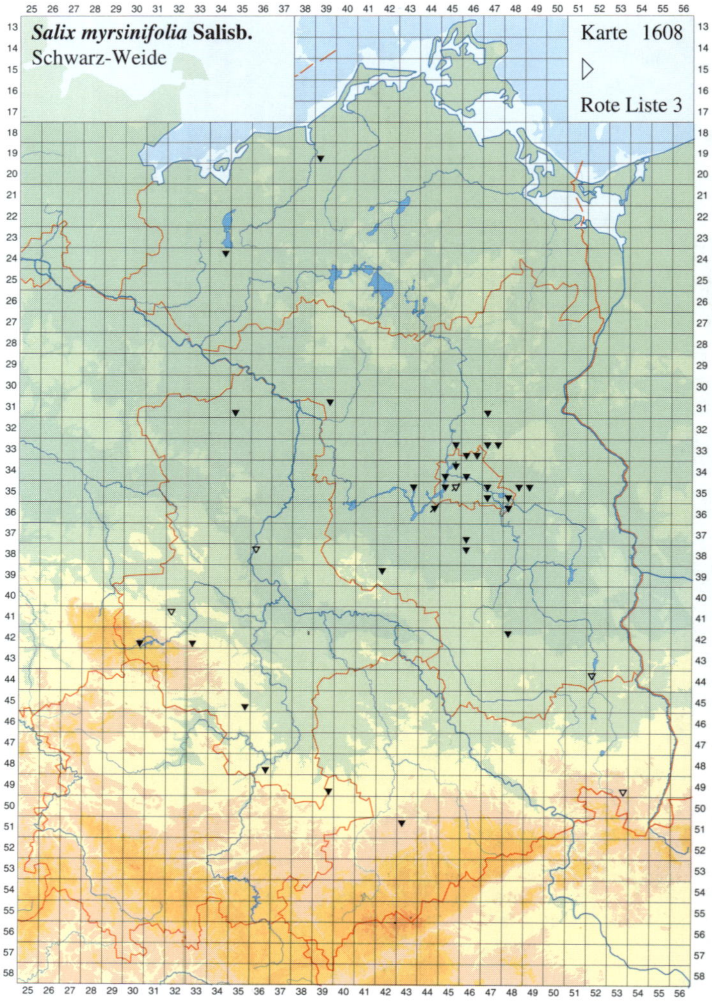
Salix myrsinifolia Salisb.
Schwarz-Weide
Karte 1608
Rote Liste 3

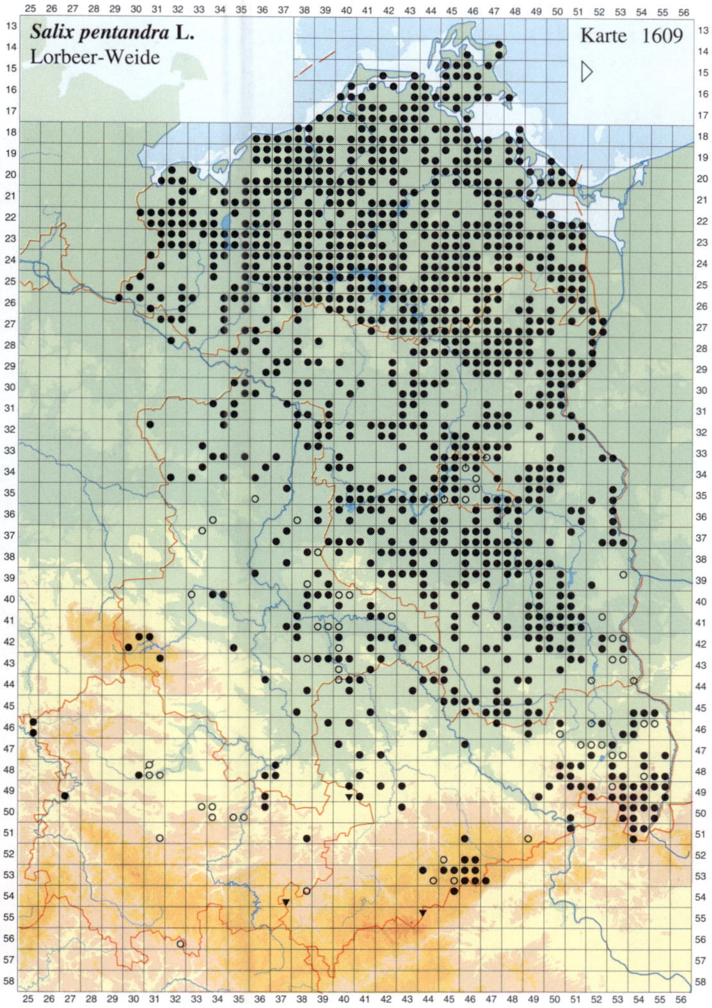
Salix pentandra L.
Lorbeer-Weide
Karte 1609
▷

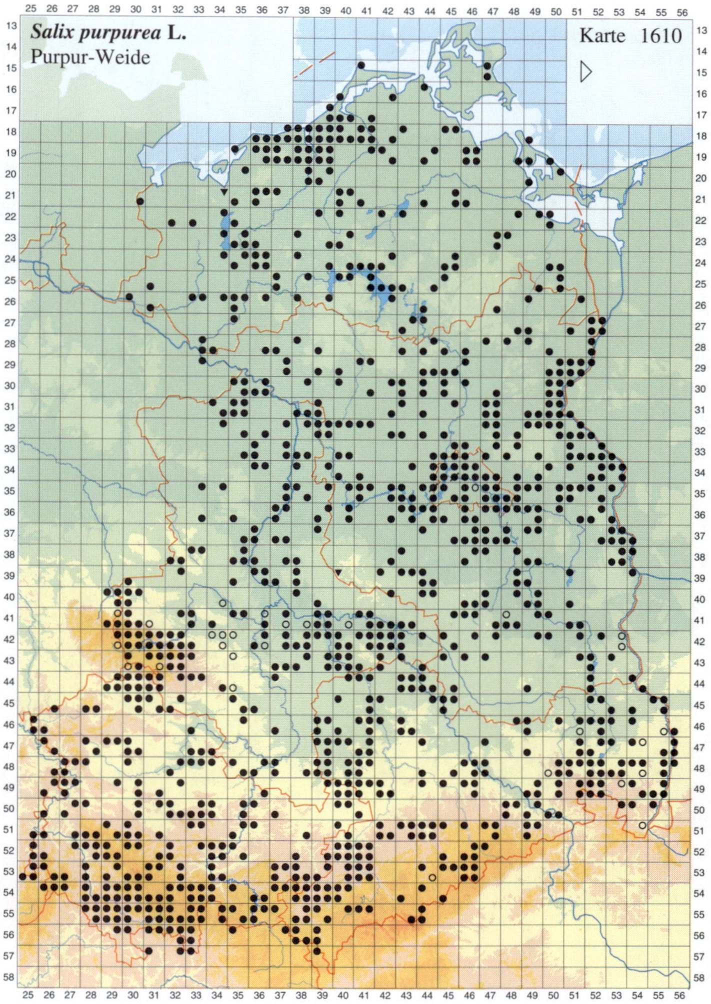
Salix purpurea L.
Purpur-Weide
Karte 1610
▷

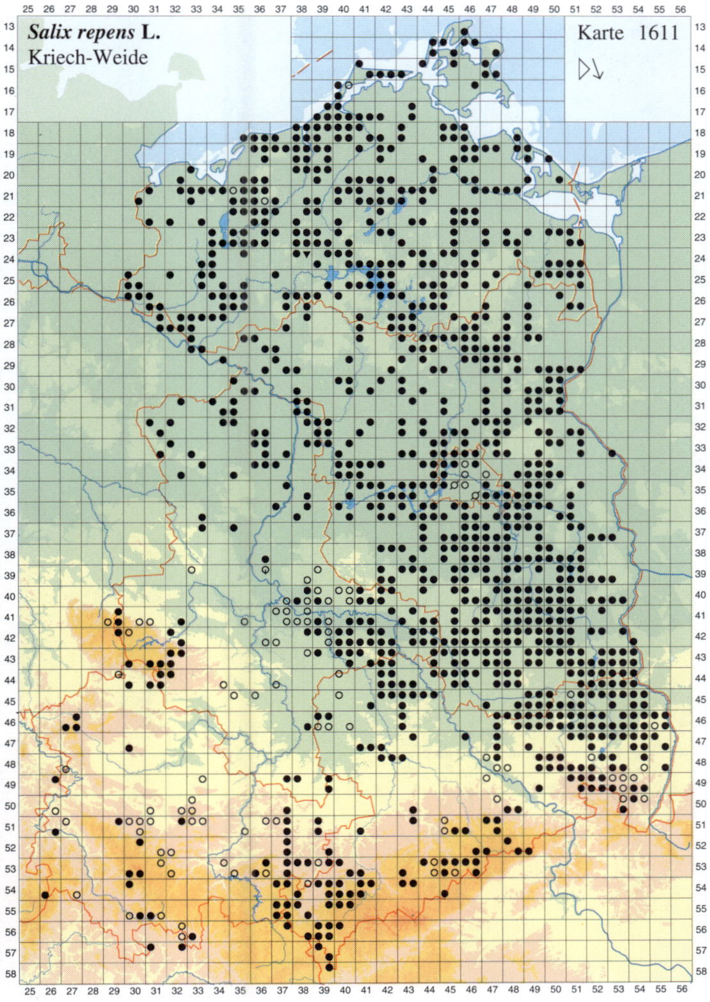
Salix repens L.
Kriech-Weide
Karte 1611
▷↘

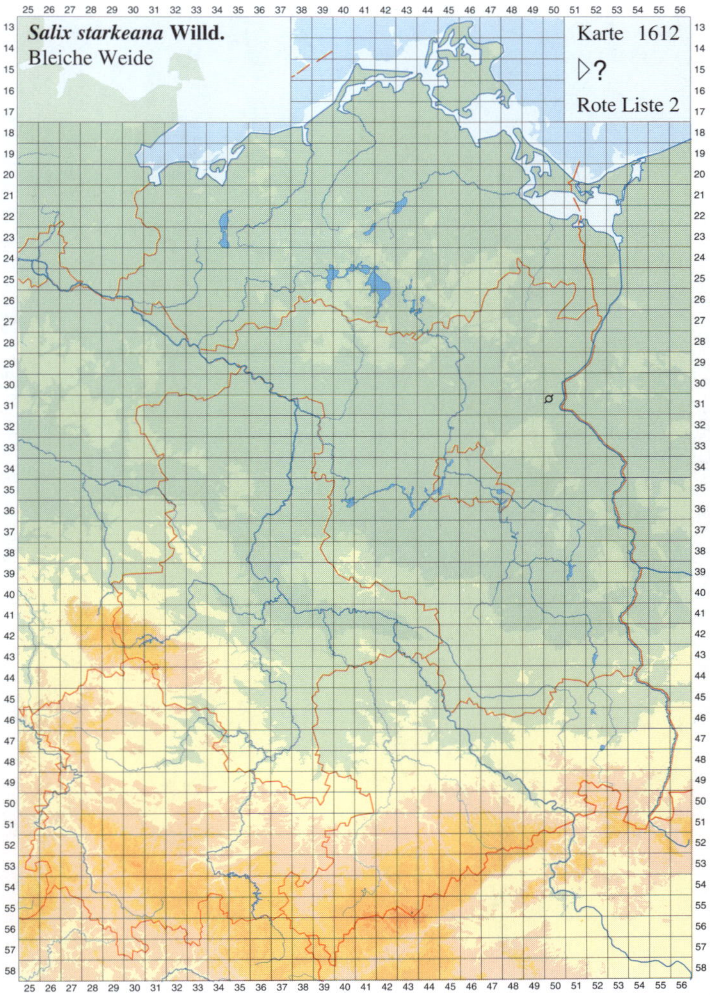
Salix starkeana Willd.
Bleiche Weide
Karte 1612
▷?
Rote Liste 2

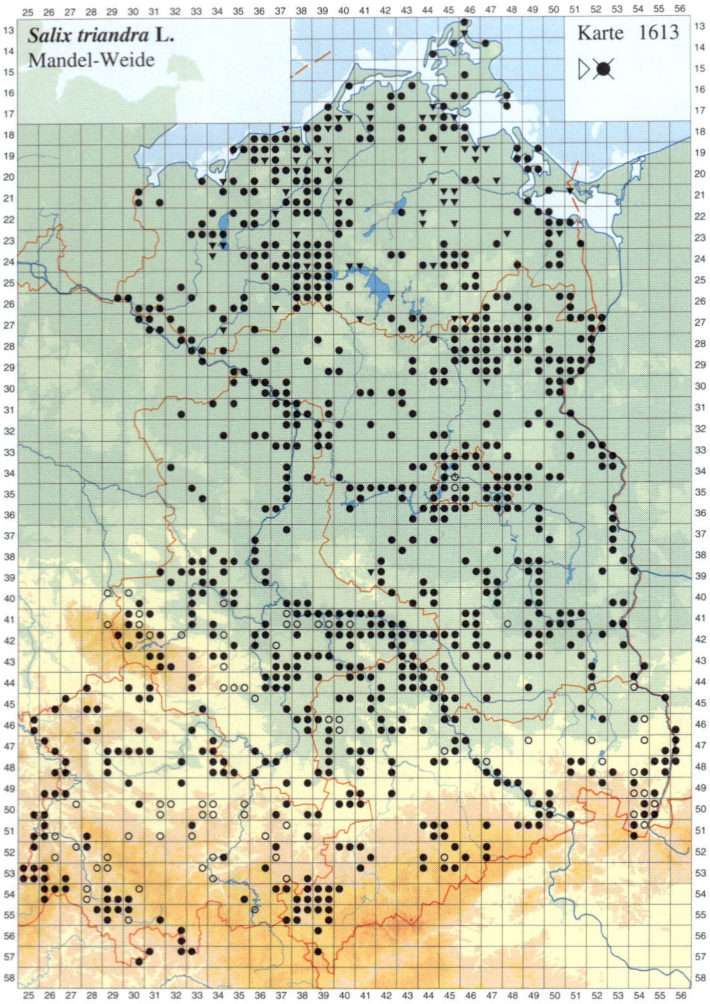
Salix triandra L.
Mandel-Weide
Karte 1613

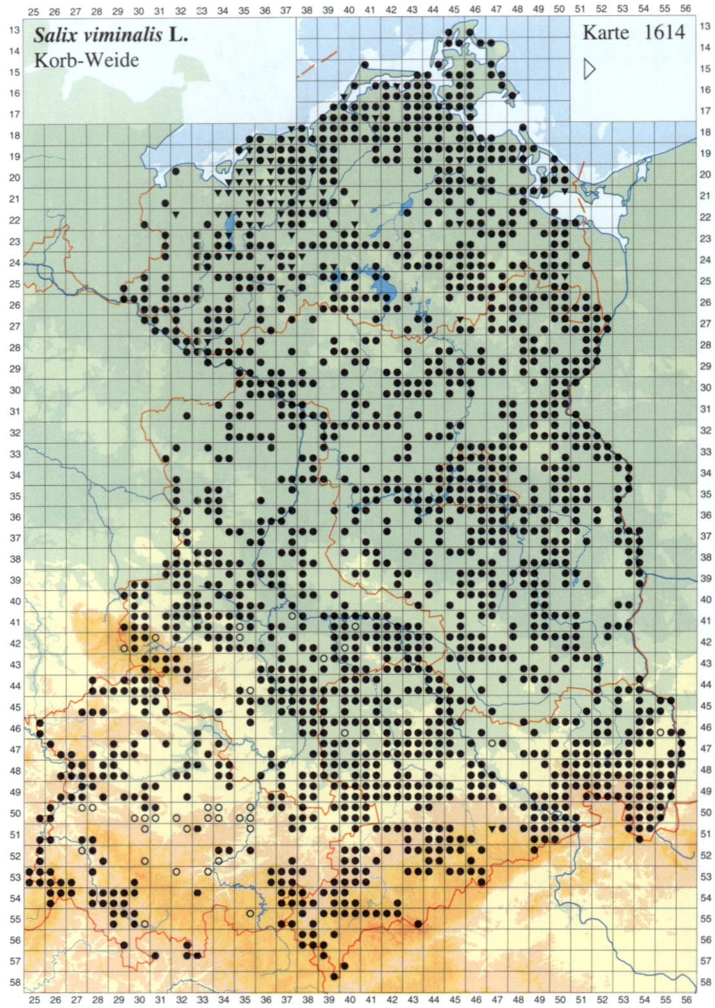
Salix viminalis L.
Korb-Weide
Karte 1614

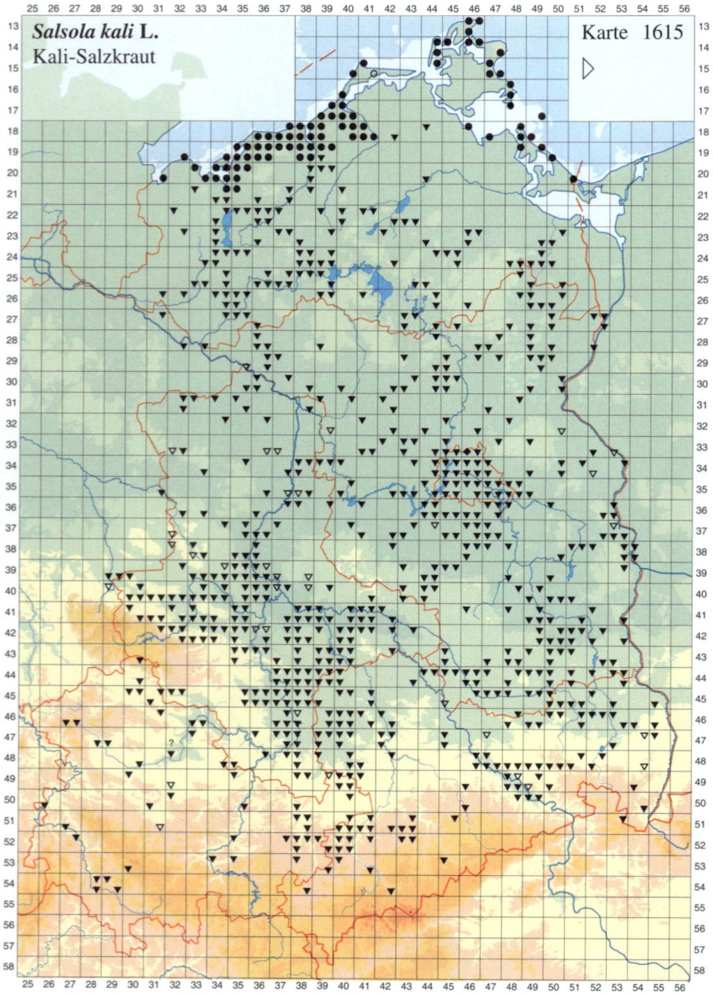
Salsola kali L.
Kali-Salzkraut
Karte 1615

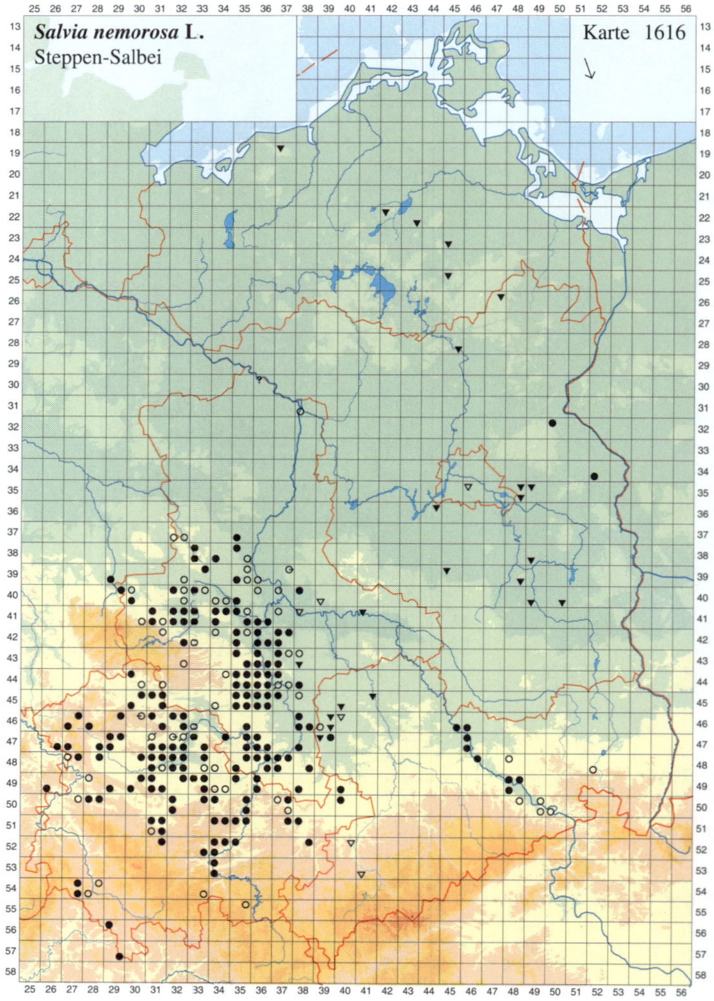
Salvia nemorosa L.
Steppen-Salbei
Karte 1616

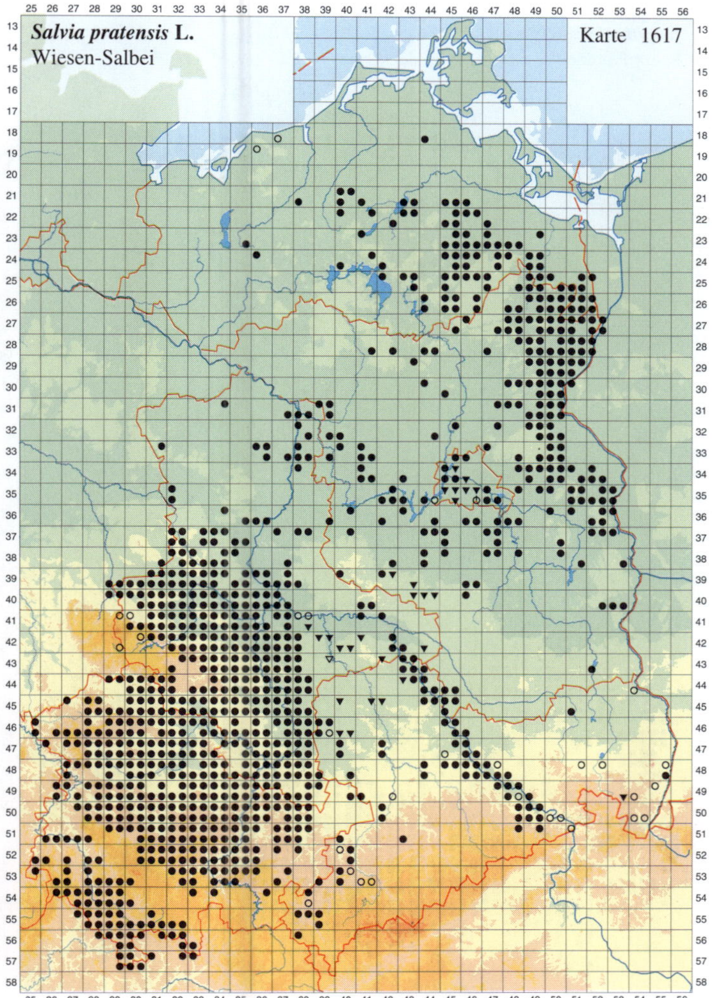
Salvia pratensis L.
Wiesen-Salbei
Karte 1617

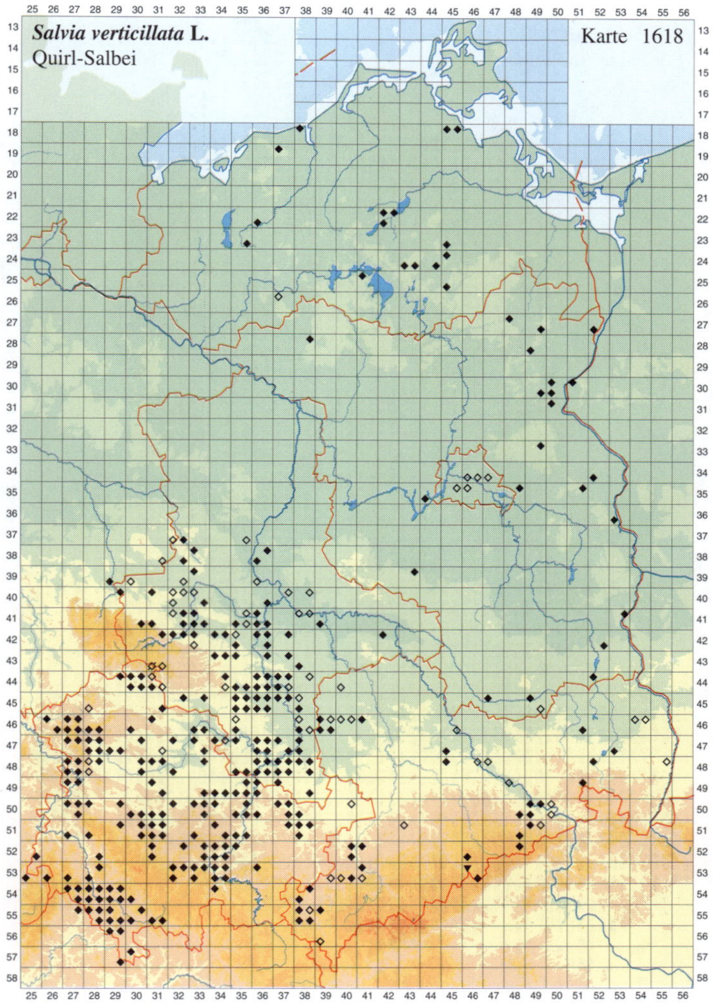
Salvia verticillata L.
Quirl-Salbei
Karte 1618

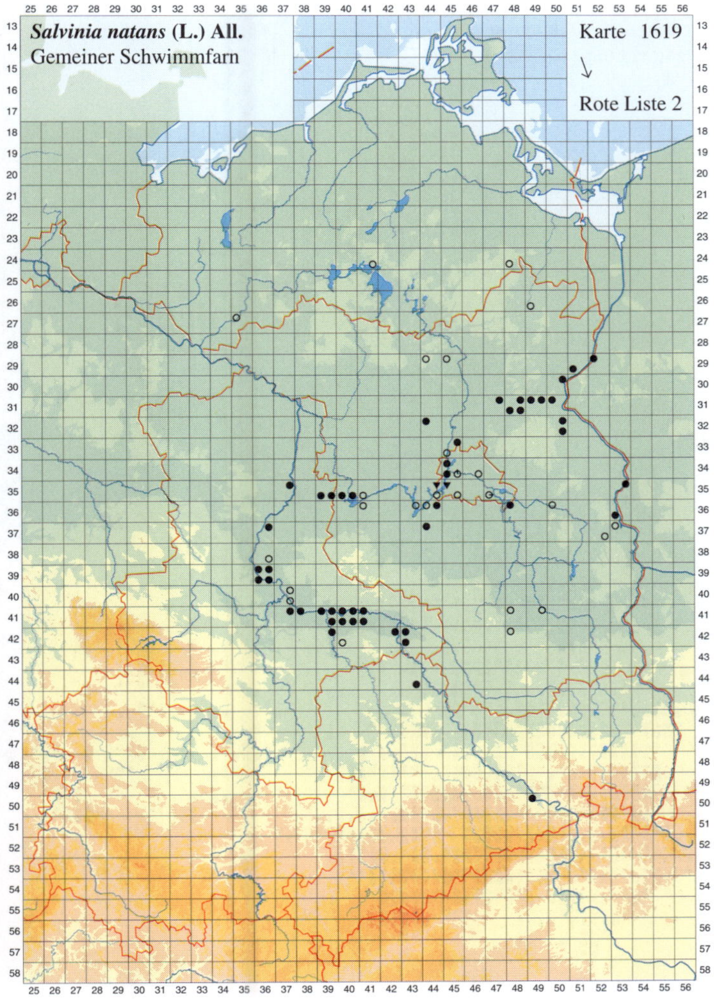
Salvinia natans (L.) All.
Gemeiner Schwimmfarn
Karte 1619
↘
Rote Liste 2

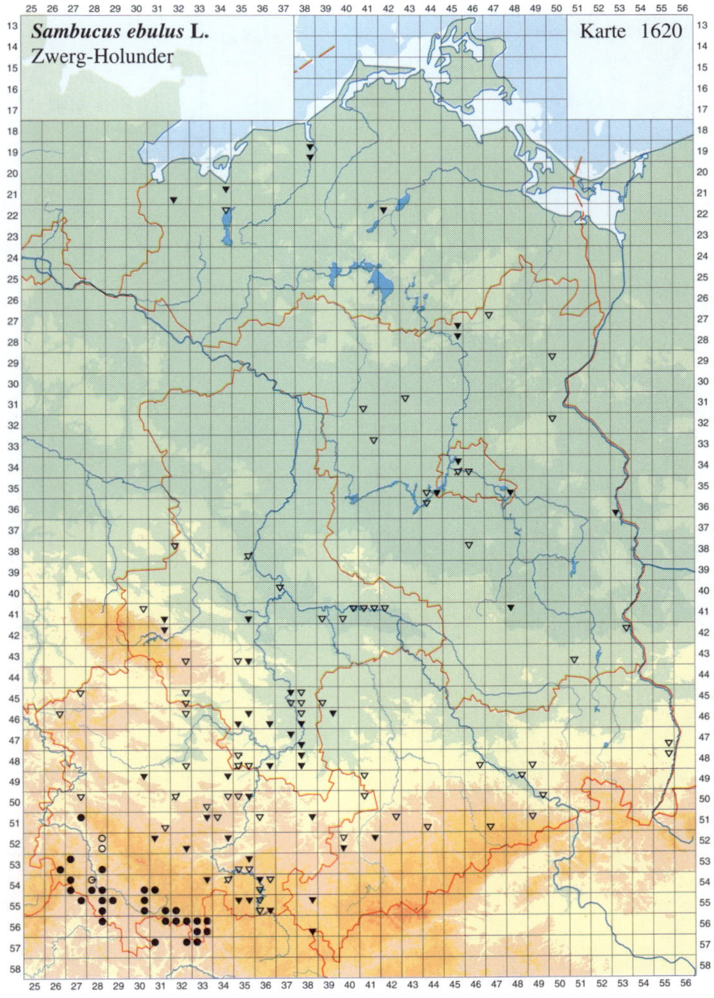
Sambucus ebulus L.
Zwerg-Holunder
Karte 1620

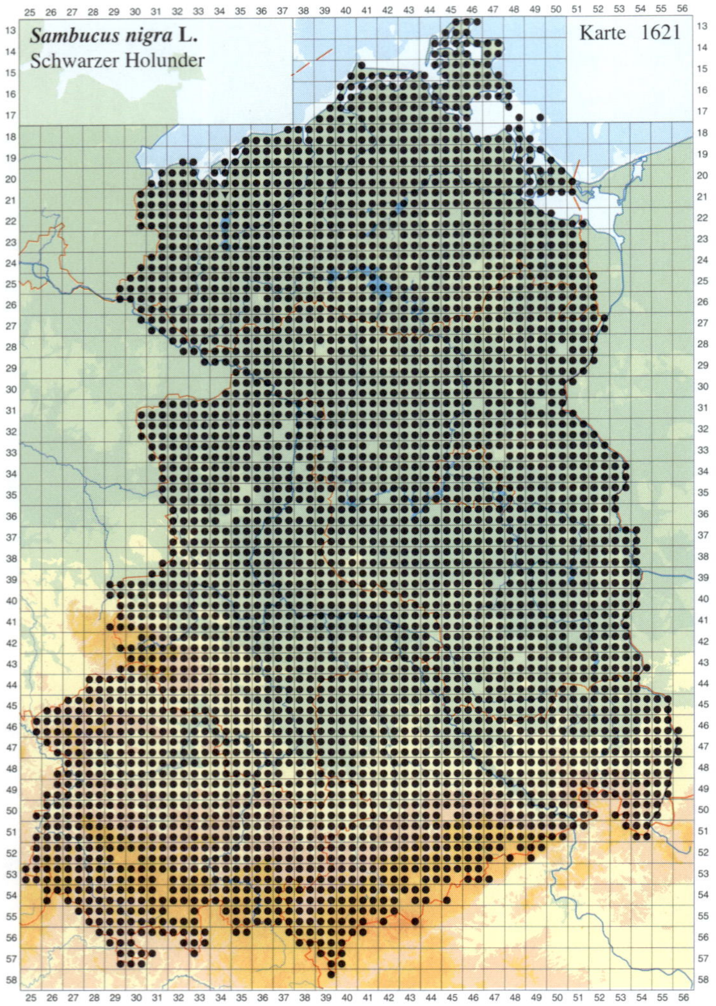
Sambucus nigra L.
Schwarzer Holunder
Karte 1621

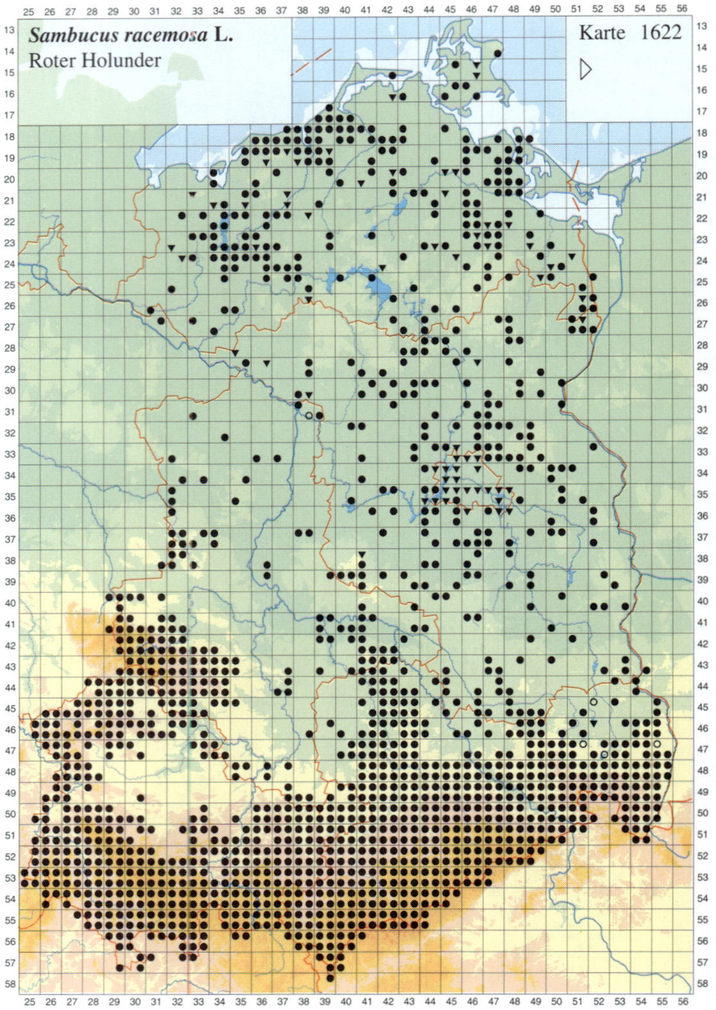
Sambucus racemosa L.
Roter Holunder
Karte 1622

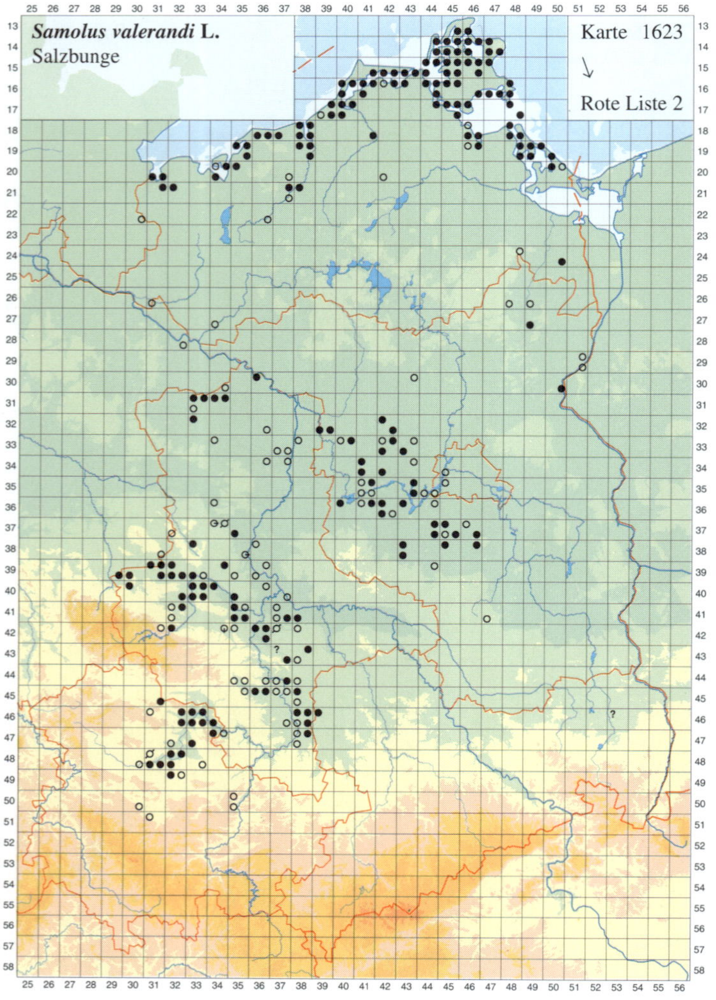
Samolus valerandi L.
Salzbunge
Karte 1623
Rote Liste 2

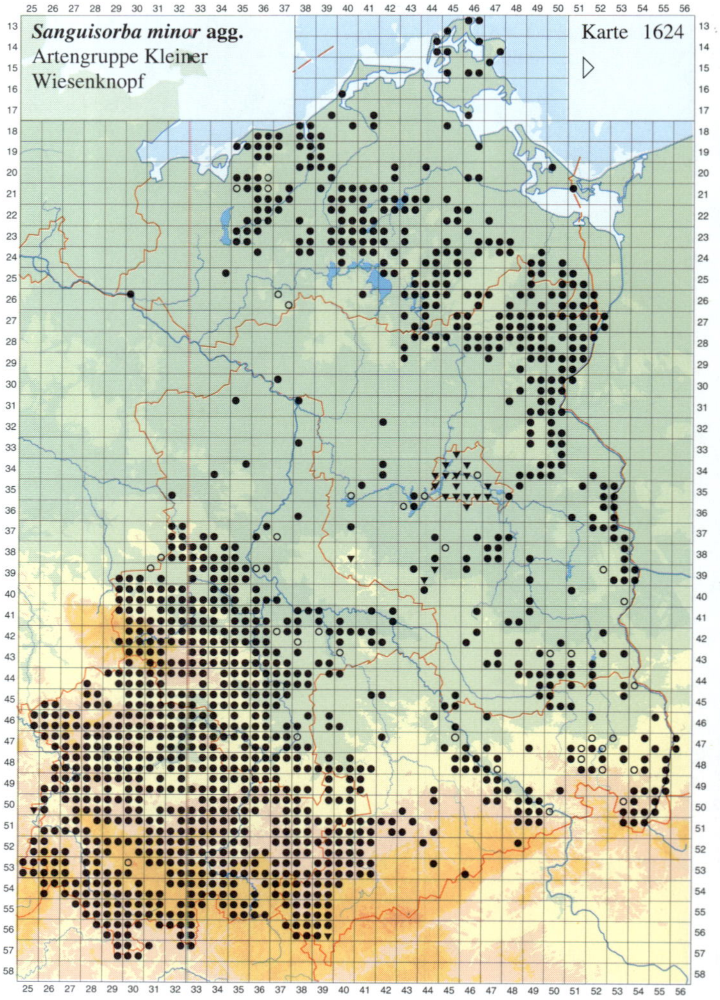
Sanguisorba minor agg.
Artengruppe Kleiner Wiesenknopf
Karte 1624

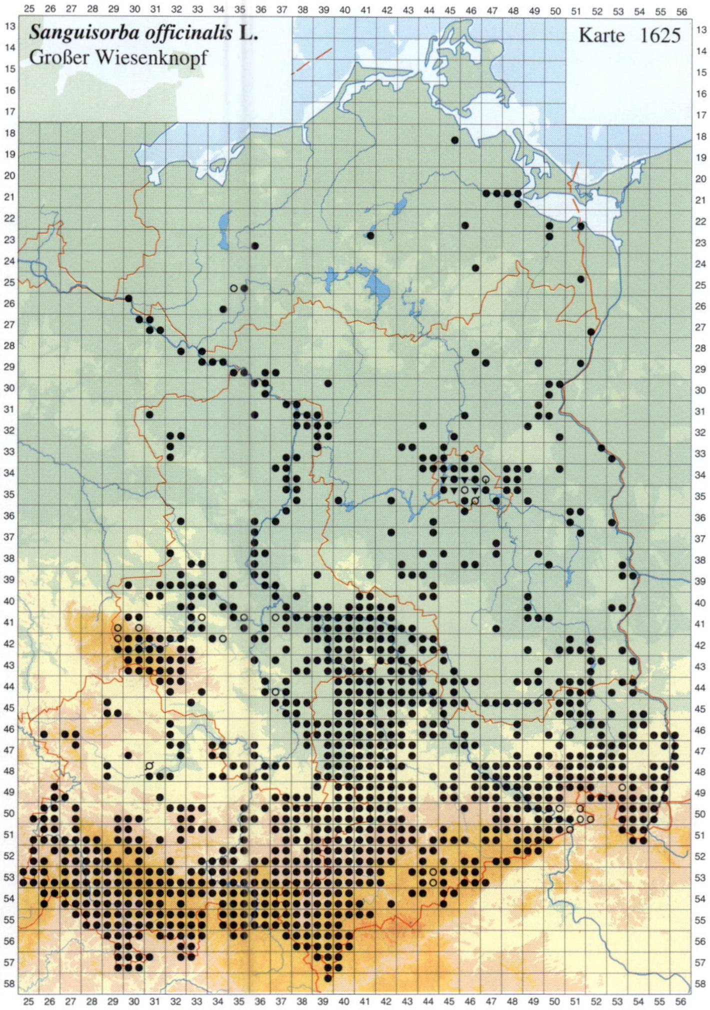
Sanguisorba officinalis L.
Großer Wiesenknopf
Karte 1625

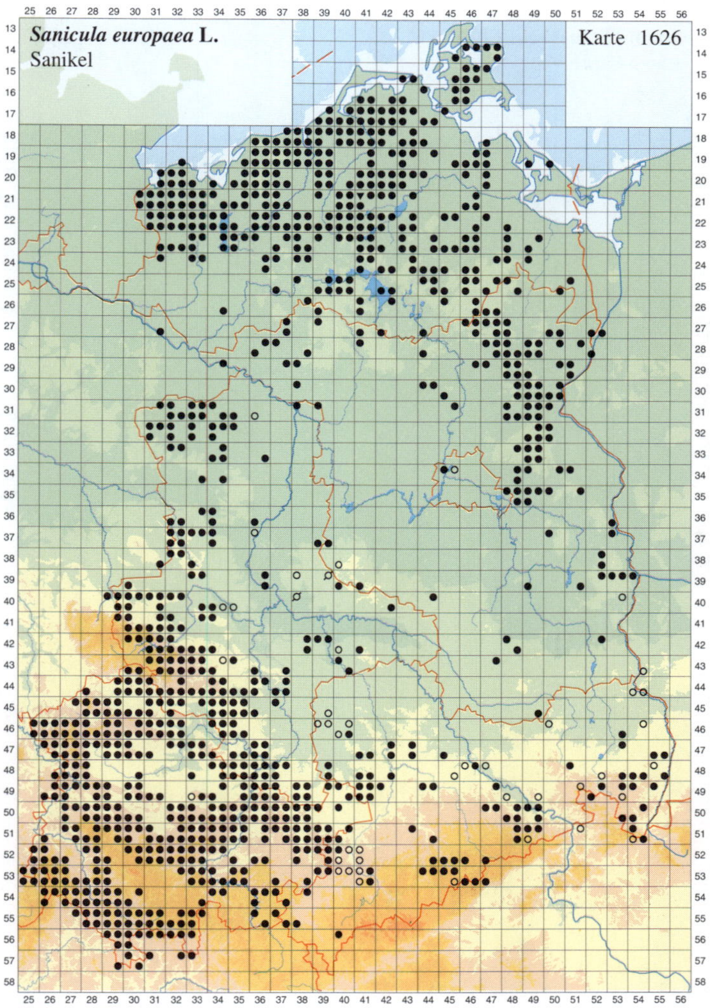
Sanicula europaea L.
Sanikel
Karte 1626

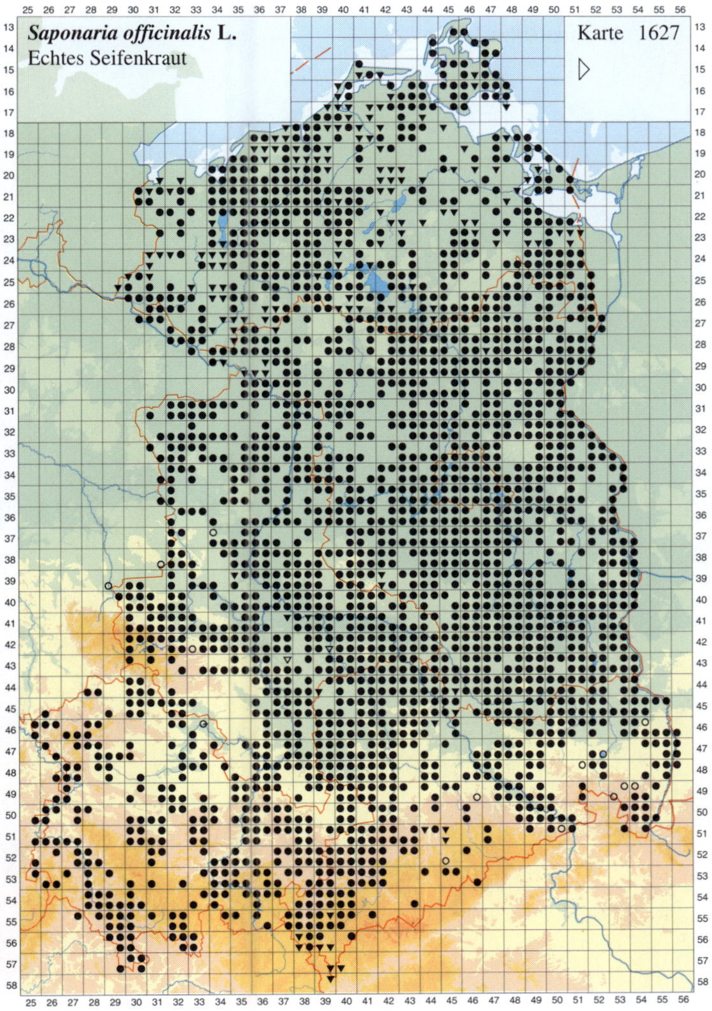
Saponaria officinalis L.
Echtes Seifenkraut
Karte 1627

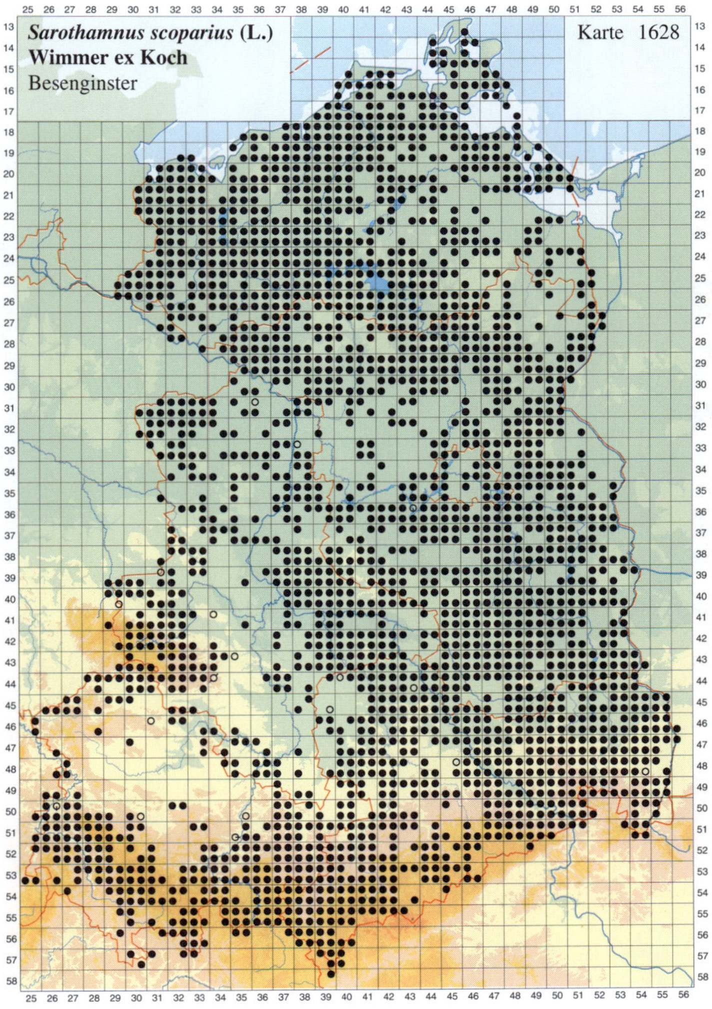
Sarothamnus scoparius (L.)
Wimmer ex Koch
Besenginster
Karte 1628

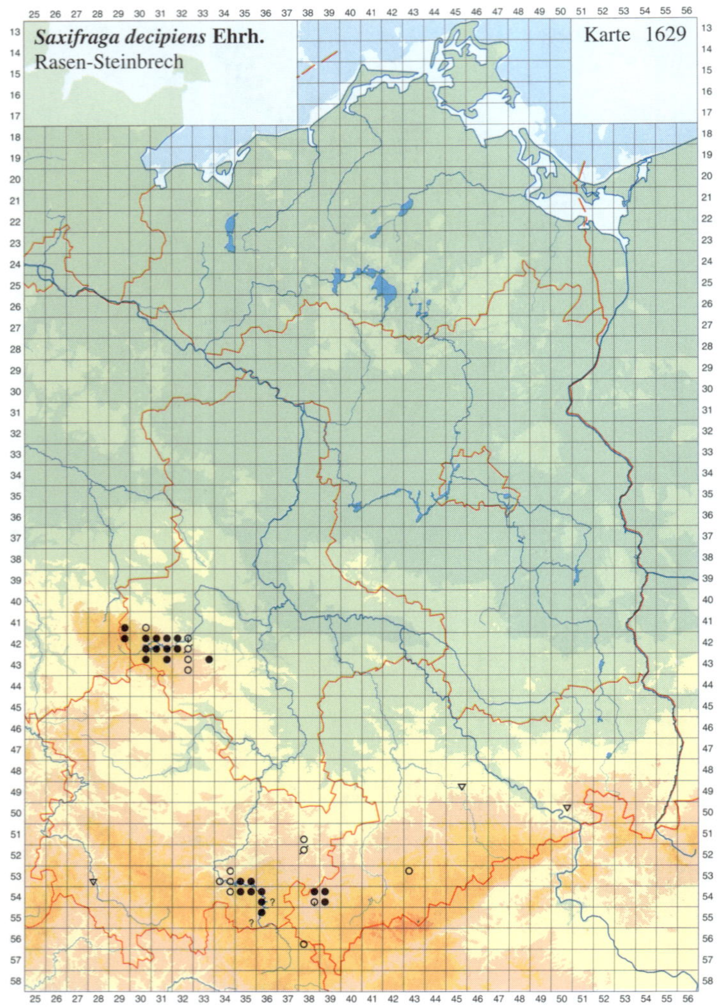
Saxifraga decipiens Ehrh.
Rasen-Steinbrech
Karte 1629

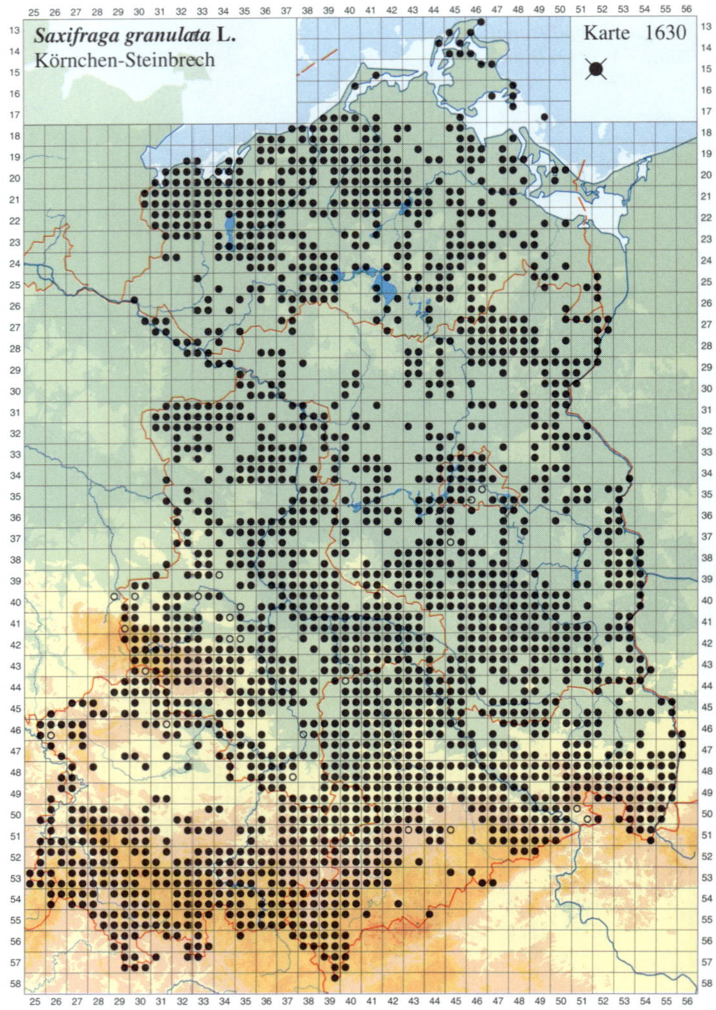
Saxifraga granulata L.
Körnchen-Steinbrech
Karte 1630

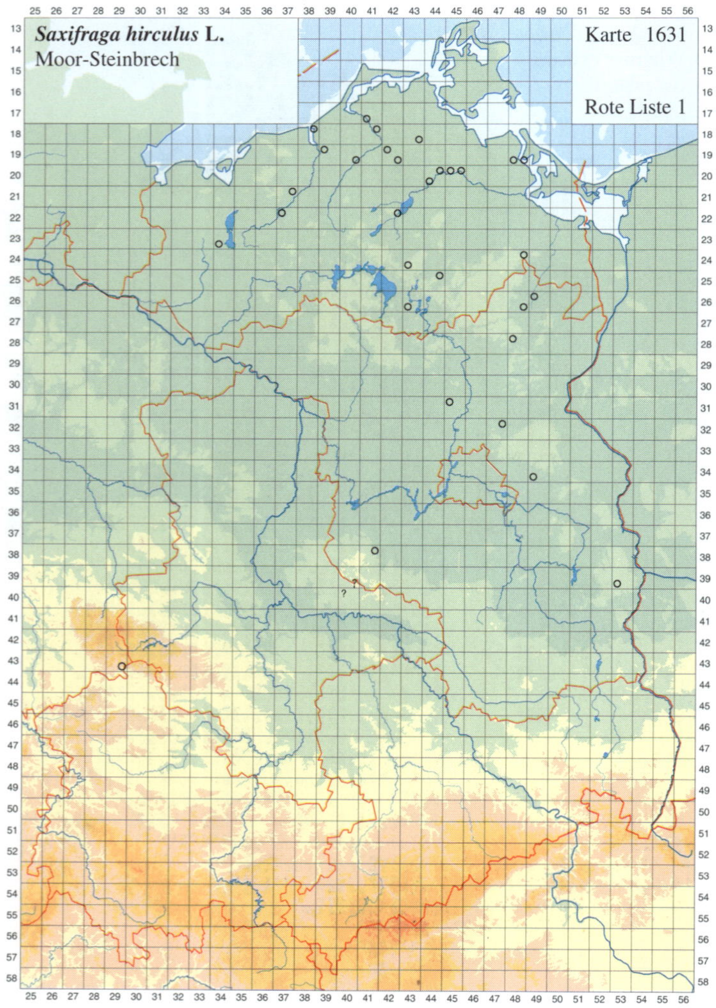
Saxifraga hirculus L.
Moor-Steinbrech
Karte 1631
Rote Liste 1

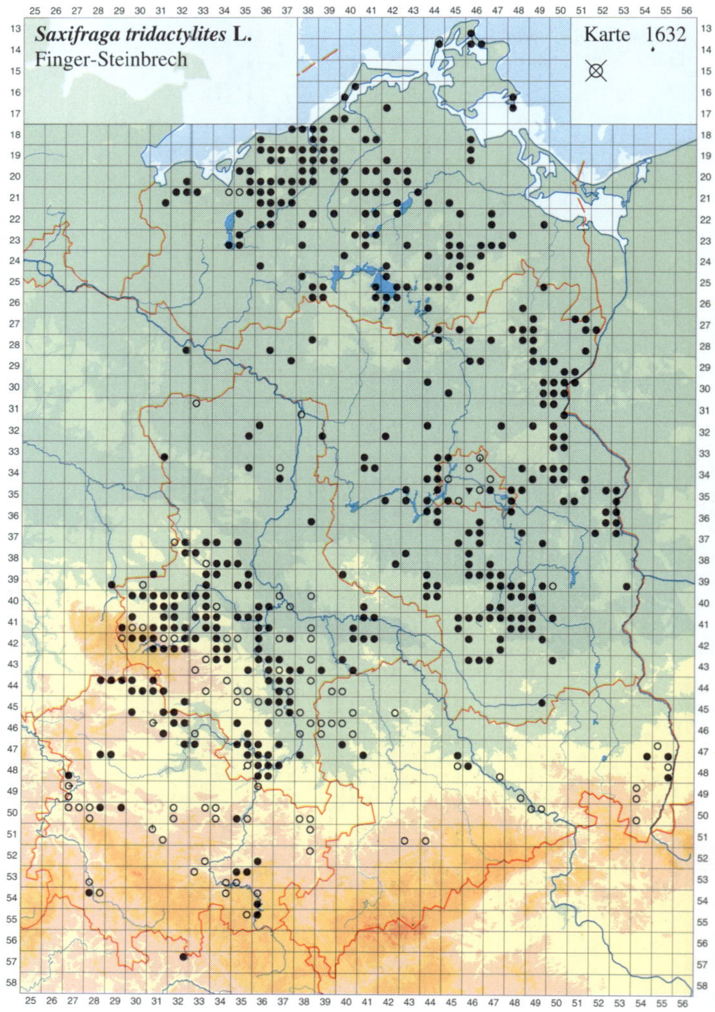
Saxifraga tridactylites L.
Finger-Steinbrech
Karte 1632

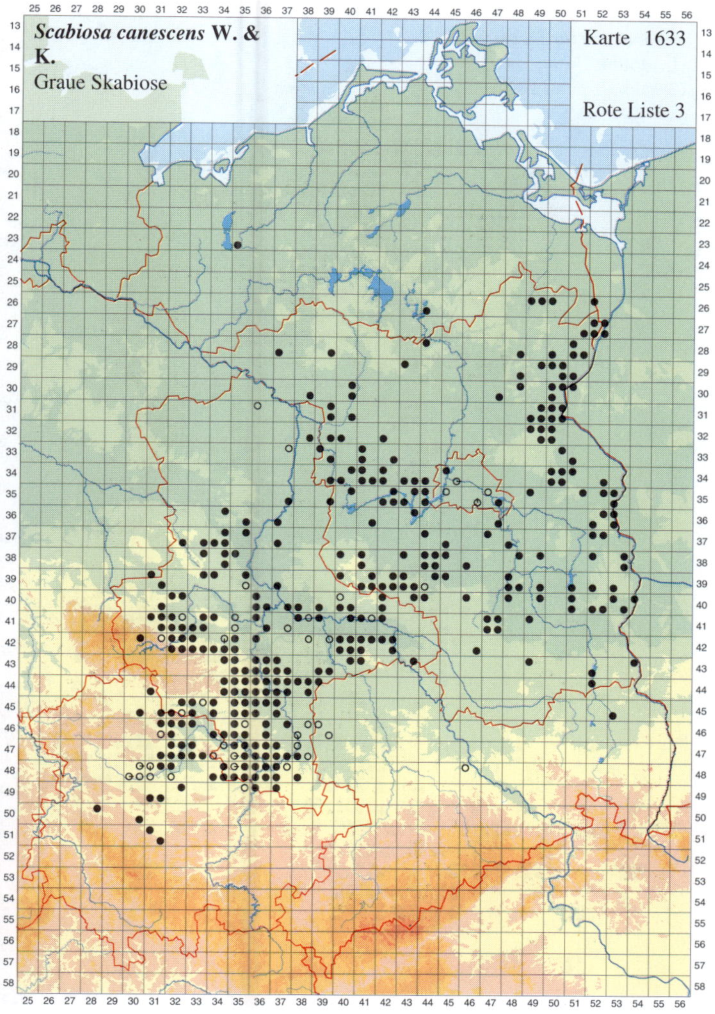
Scabiosa canescens W. & K.
Graue Skabiose
Karte 1633
Rote Liste 3

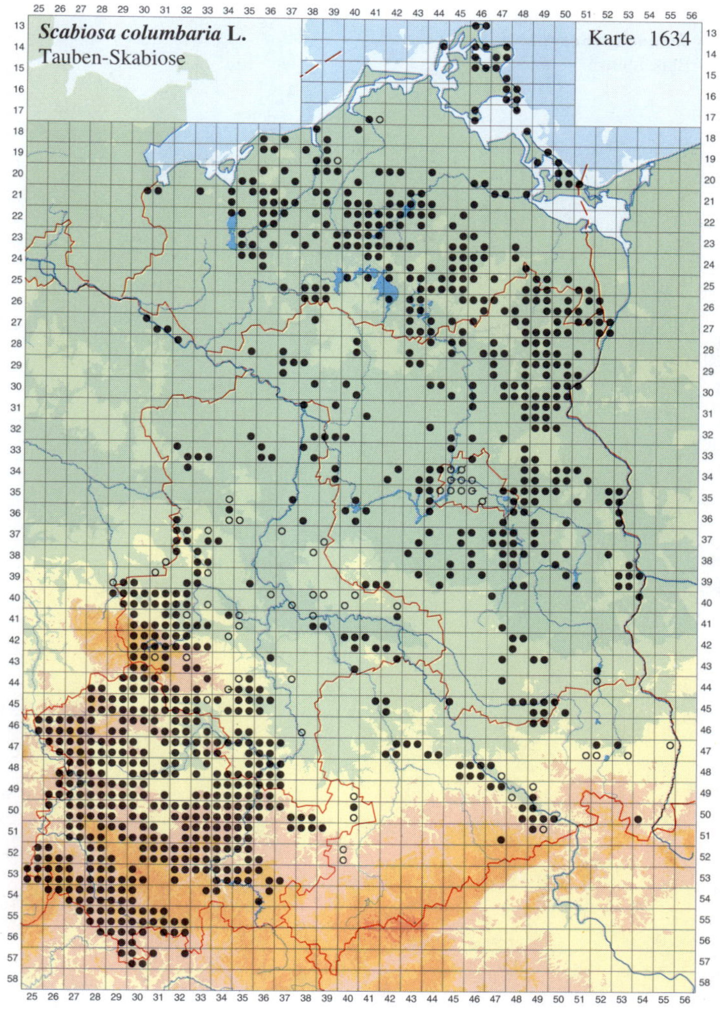
Scabiosa columbaria L.
Tauben-Skabiose
Karte 1634

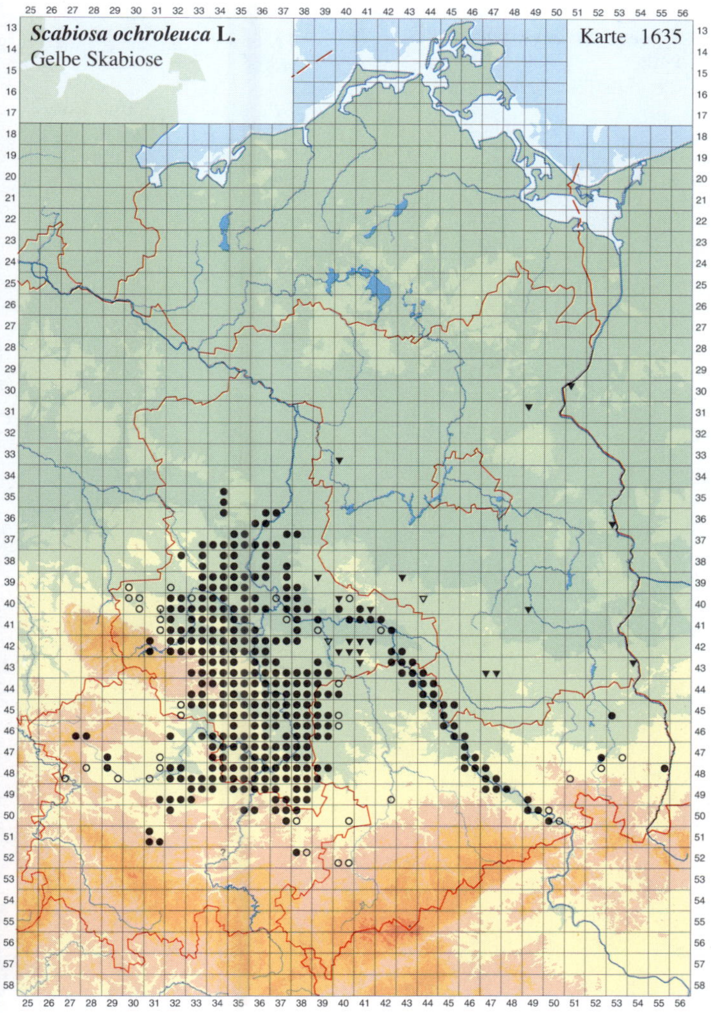
Scabiosa ochroleuca L.
Gelbe Skabiose
Karte 1635

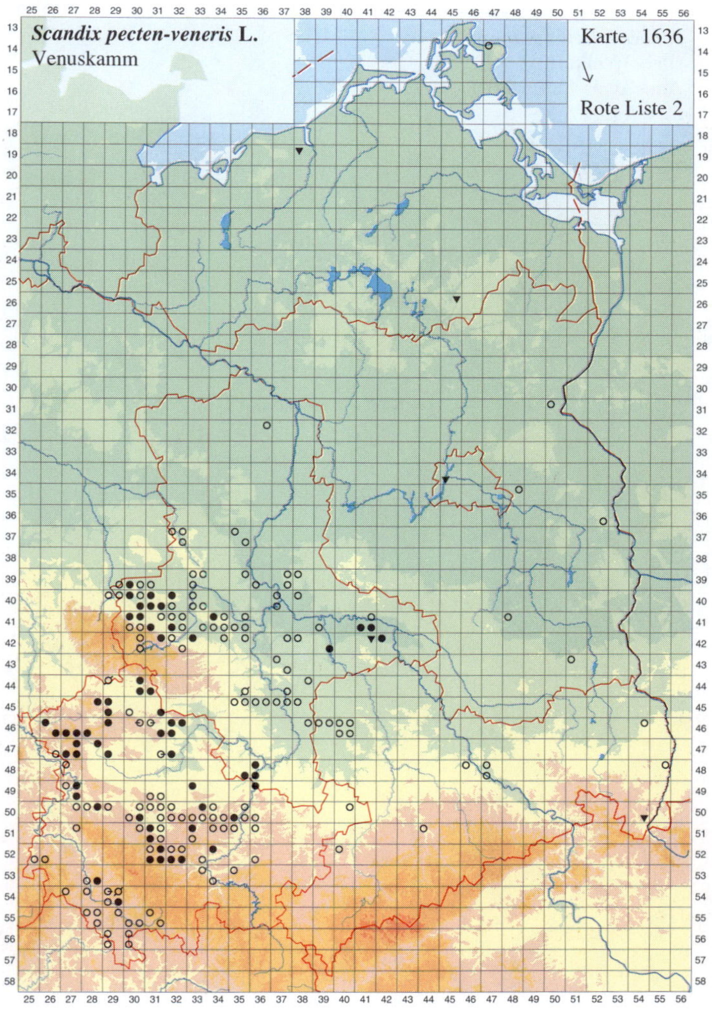
Scandix pecten-veneris L.
Venuskamm
Karte 1636
Rote Liste 2

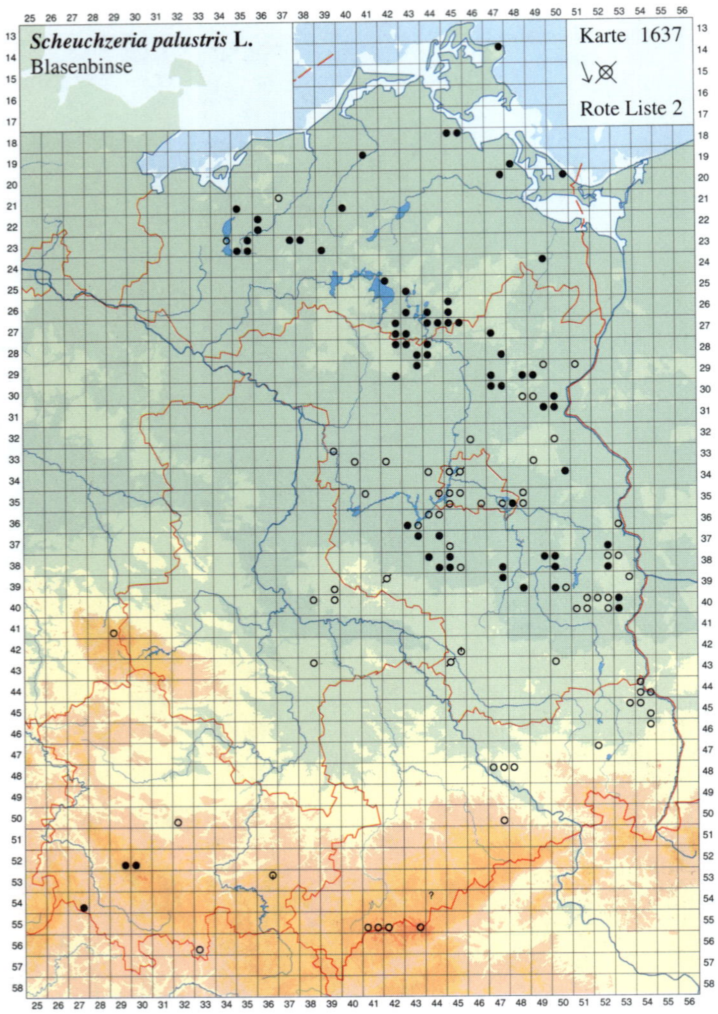
Scheuchzeria palustris L.
Blasenbinse
Karte 1637
Rote Liste 2

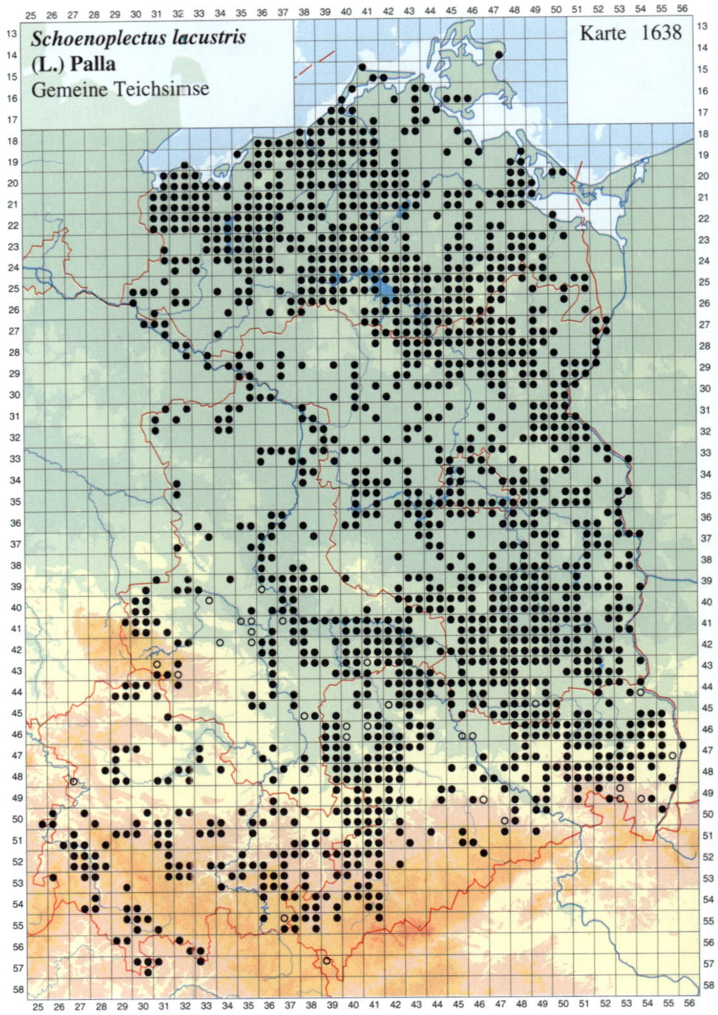
Schoenoplectus lacustris (L.) Palla
Gemeine Teichsimse
Karte 1638

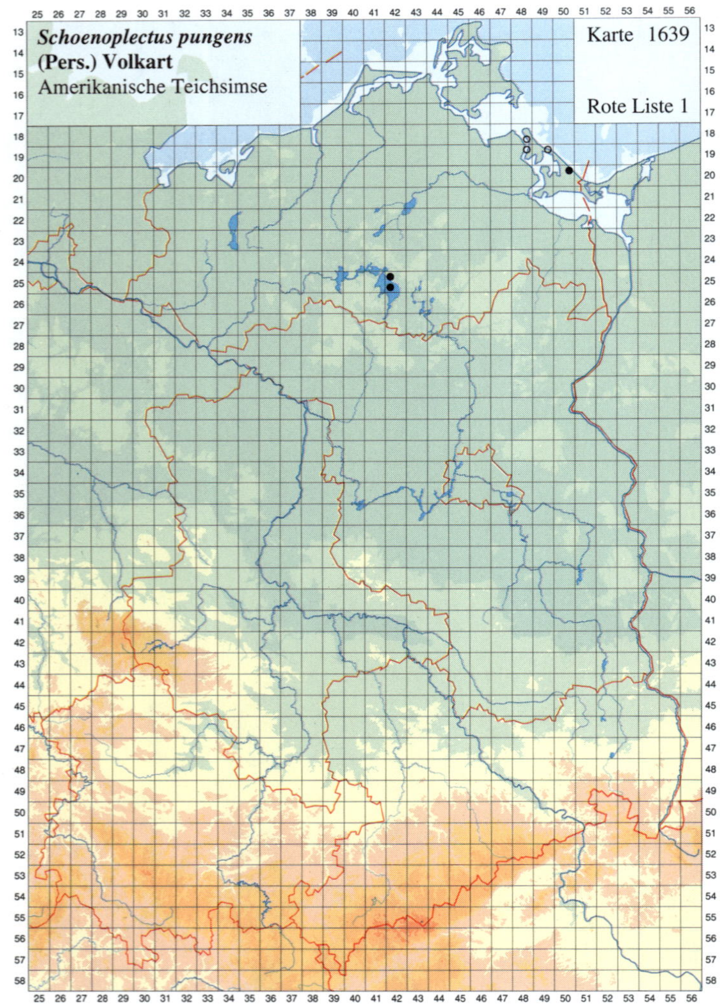
Schoenoplectus pungens (Pers.) Volkart
Amerikanische Teichsimse
Karte 1639
Rote Liste 1

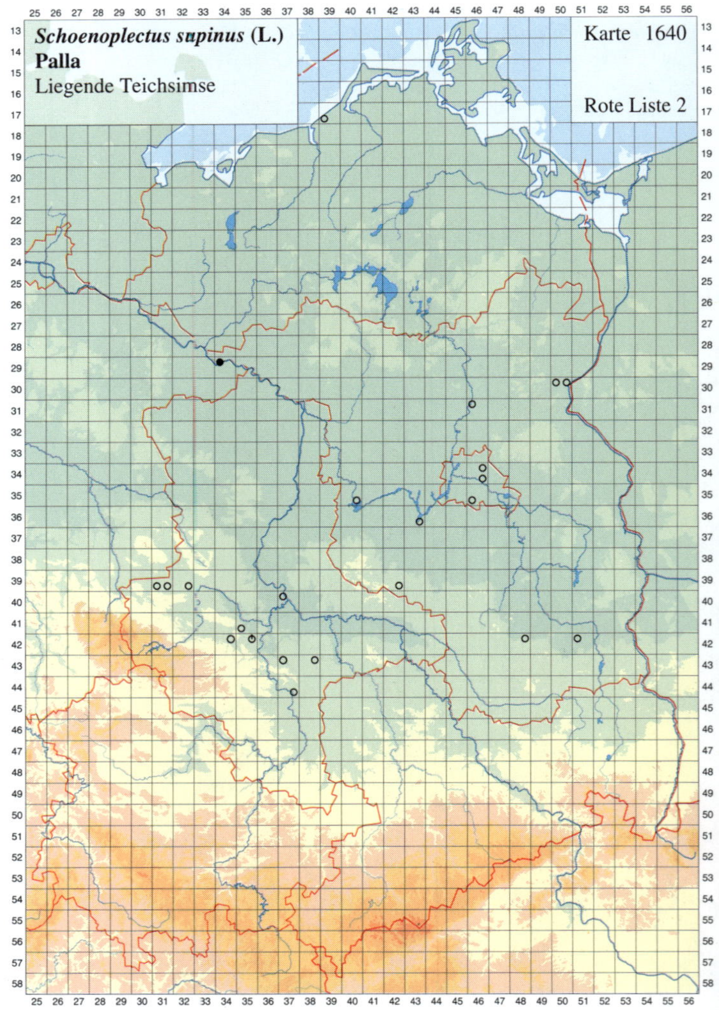
Schoenoplectus supinus (L.) Palla
Liegende Teichsimse
Karte 1640
Rote Liste 2

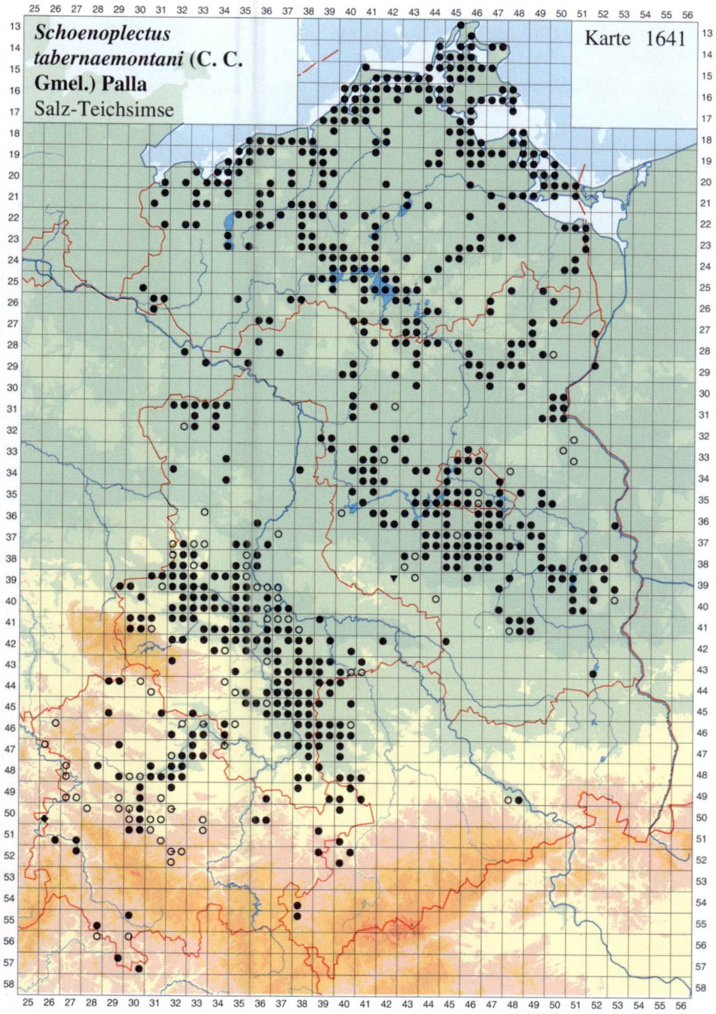
Schoenoplectus tabernaemontani (C. C. Gmel.) Palla
Salz-Teichsimse
Karte 1641

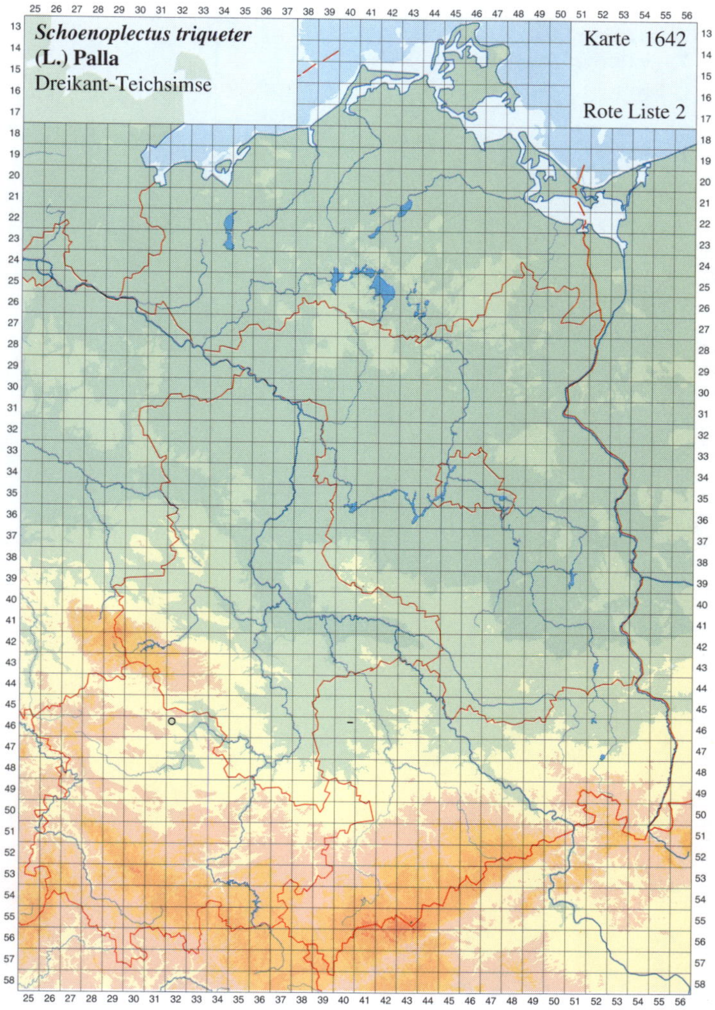
Schoenoplectus triqueter (L.) Palla
Dreikant-Teichsimse
Karte 1642
Rote Liste 2

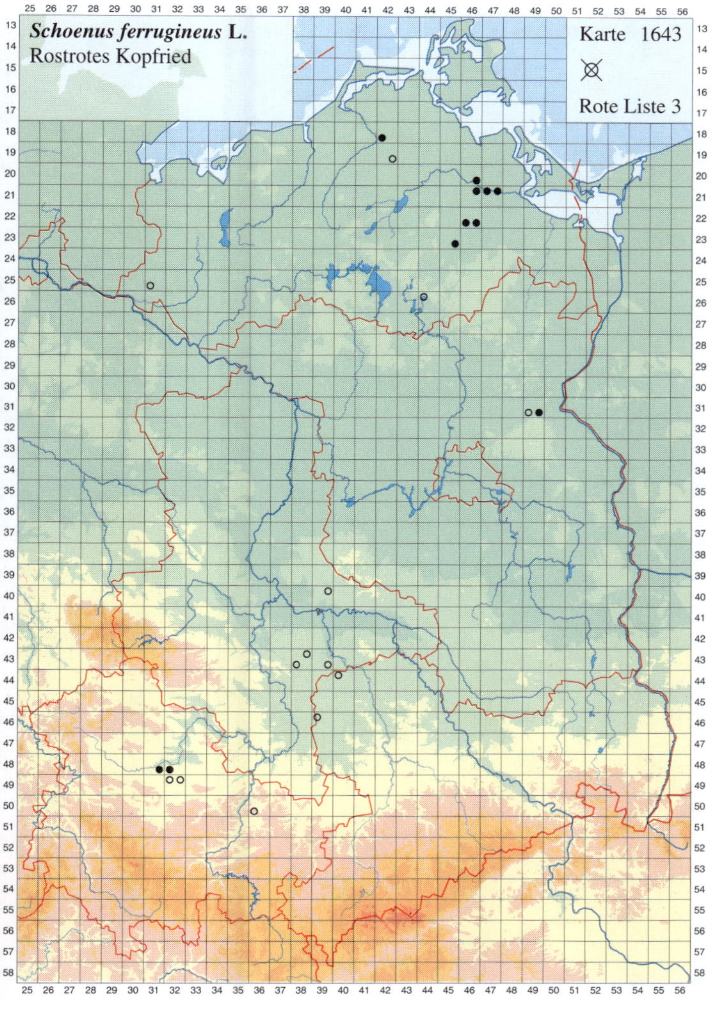
Schoenus ferrugineus L.
Rostrotes Kopfried
Karte 1643
Rote Liste 3

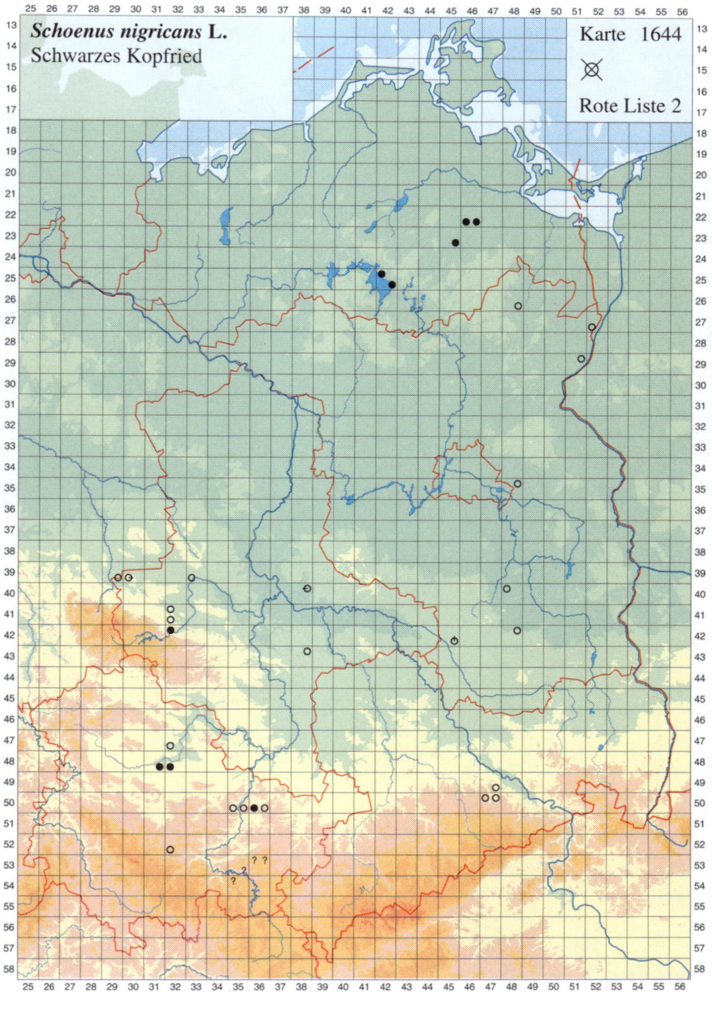
Schoenus nigricans L.
Schwarzes Kopfried
Karte 1644
Rote Liste 2

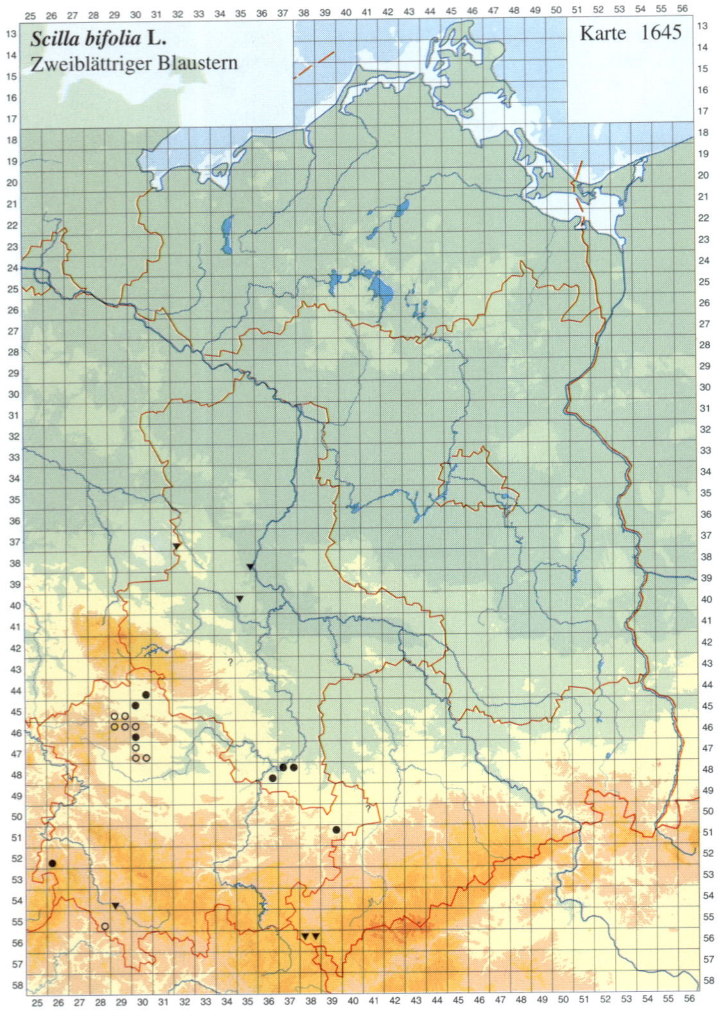
Scilla bifolia L.
Zweiblättriger Blaustern
Karte 1645

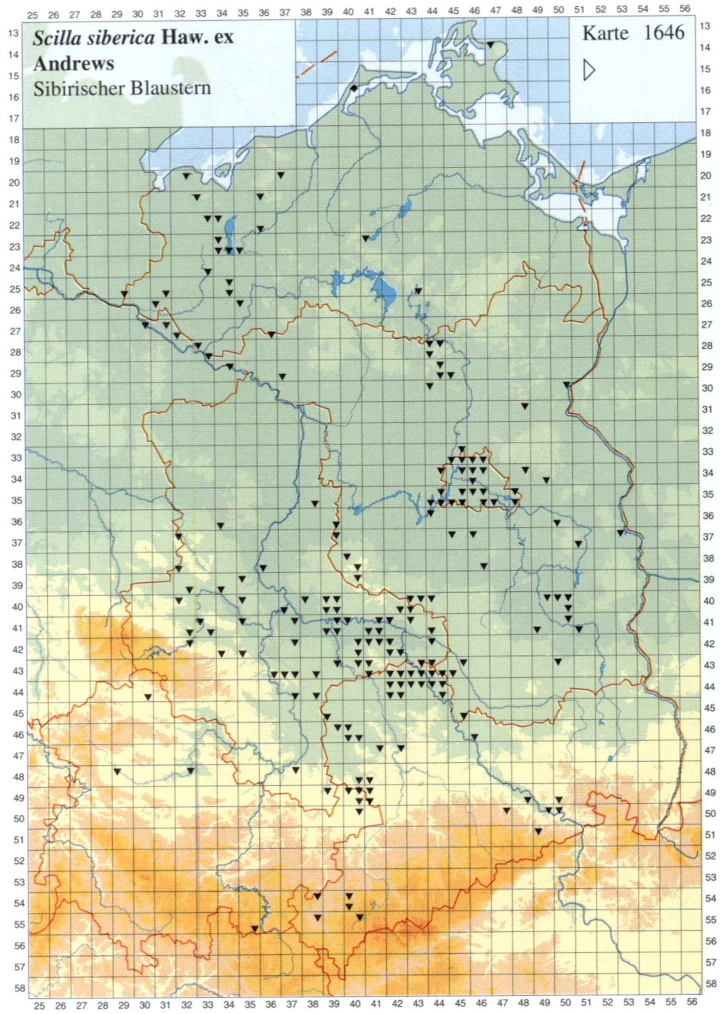
Scilla siberica Haw. ex Andrews
Sibirischer Blaustern
Karte 1646

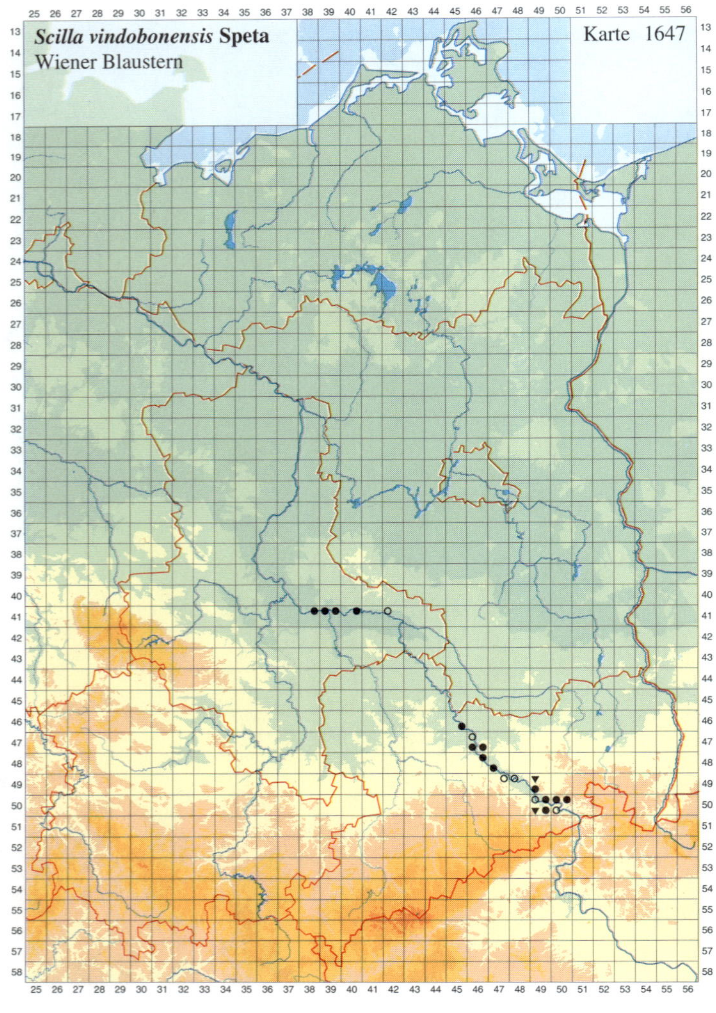
Scilla vindobonensis Speta
Wiener Blaustern
Karte 1647

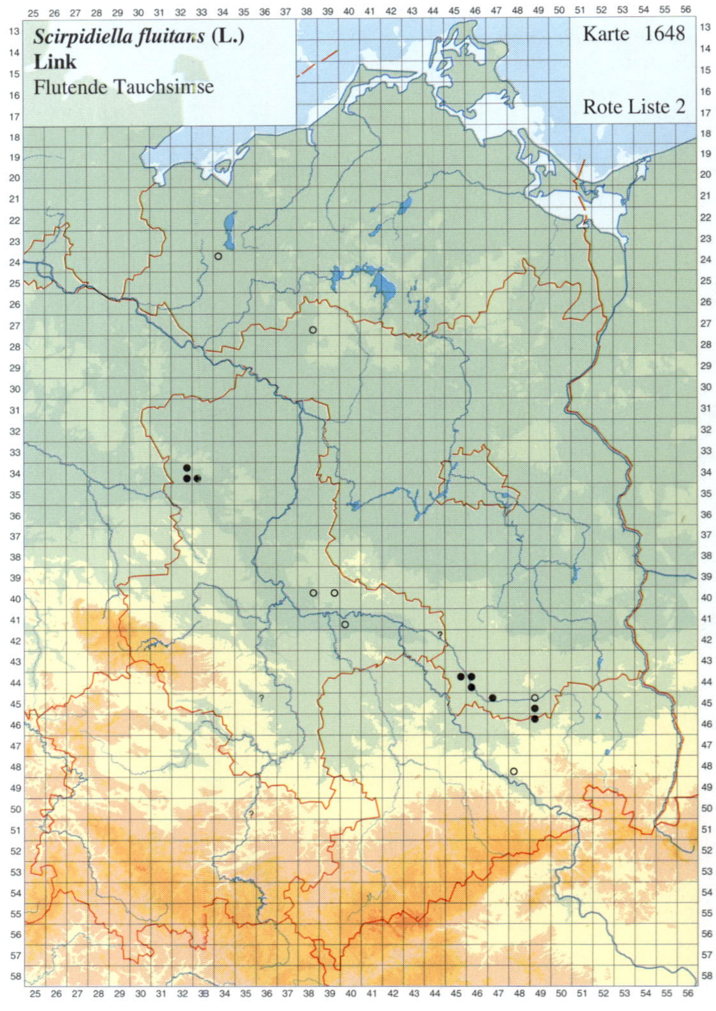
Scirpidiella fluitans (L.) Link
Flutende Tauchsimse
Karte 1648
Rote Liste 2

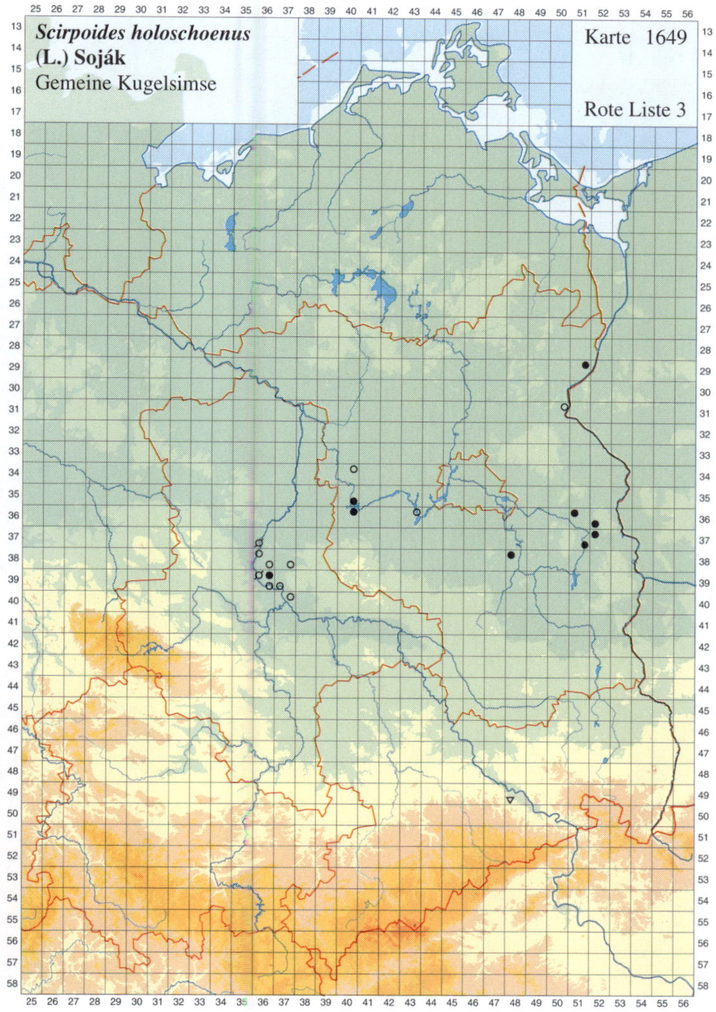
Scirpoides holoschoenus (L.) Soják
Gemeine Kugelsimse
Karte 1649
Rote Liste 3

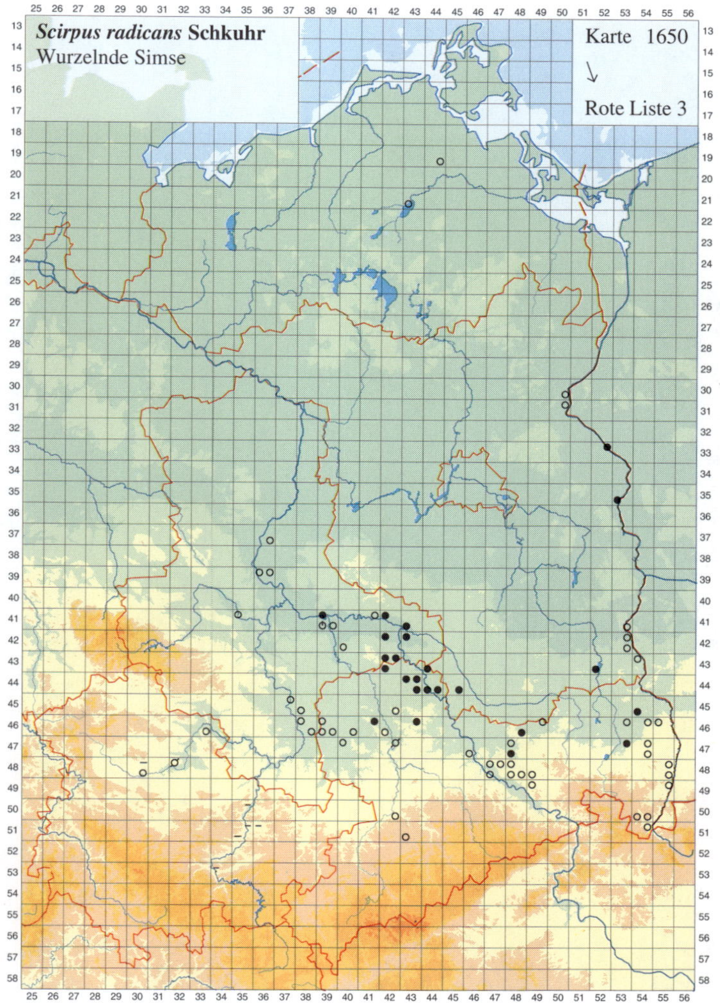
Scirpus radicans Schkuhr
Wurzelnde Simse
Karte 1650
↘
Rote Liste 3

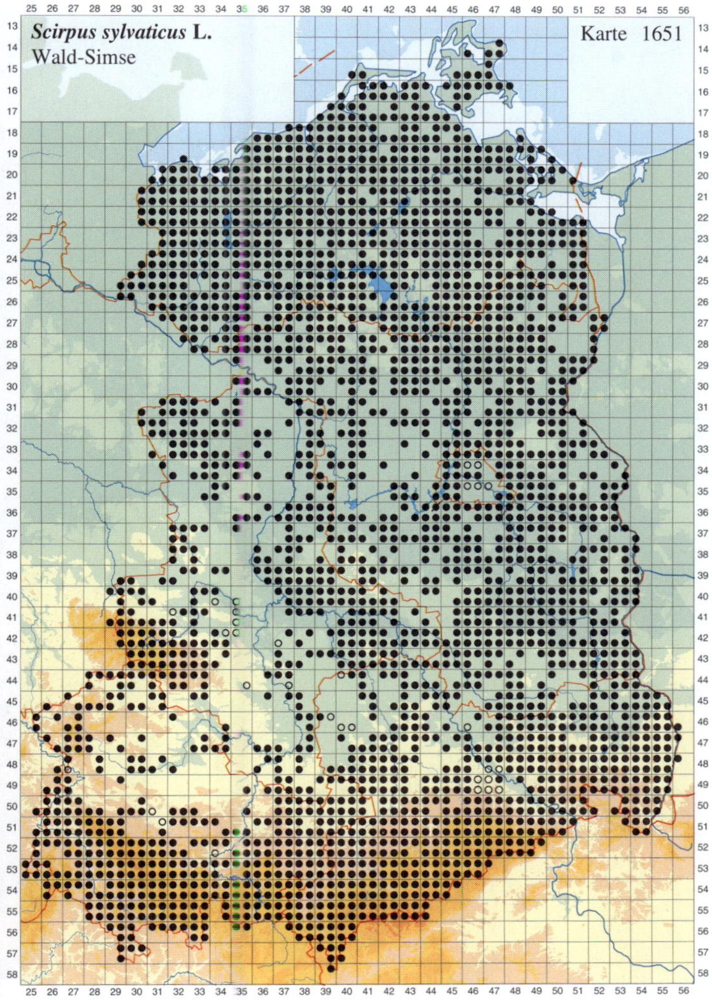
Scirpus sylvaticus L.
Wald-Simse
Karte 1651

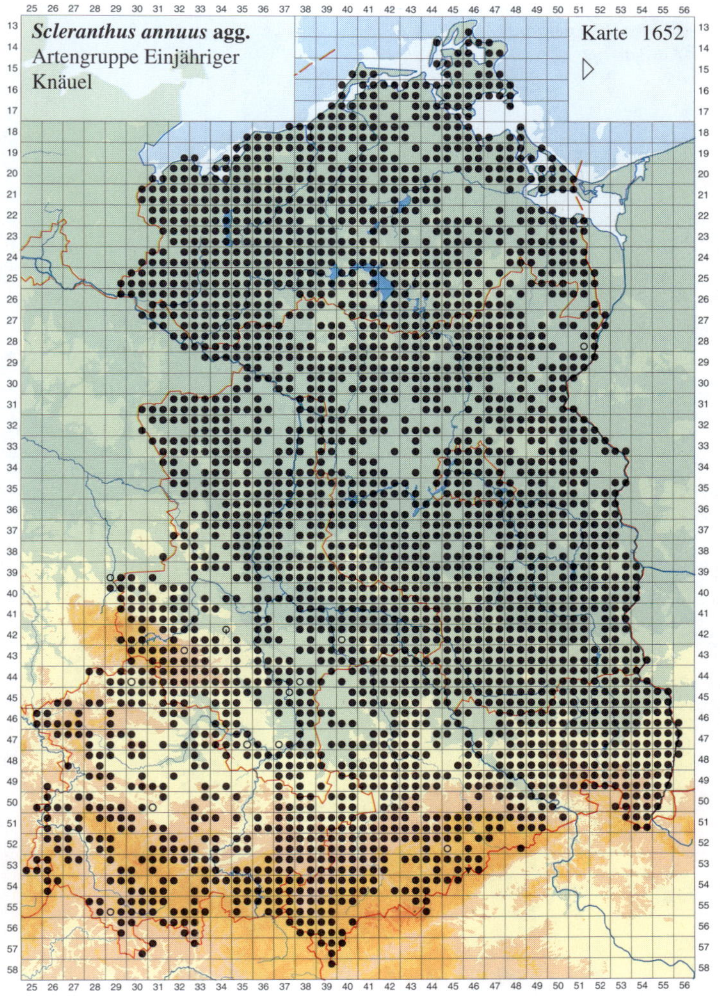
Scleranthus annuus agg.
Artengruppe Einjähriger Knäuel
Karte 1652
▷

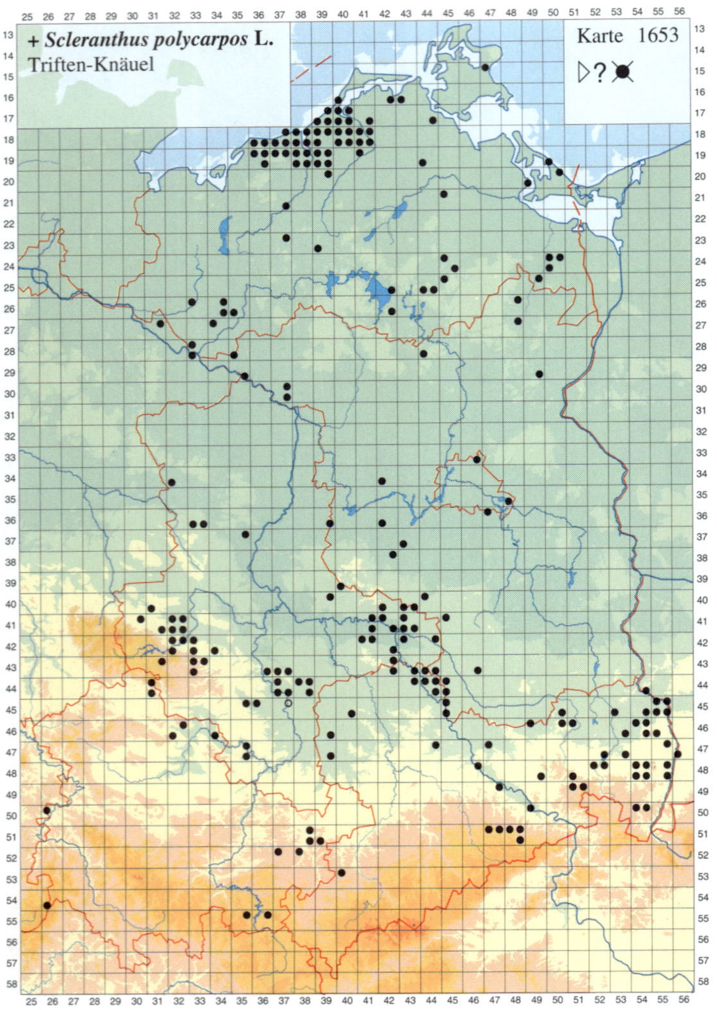
+ Scleranthus polycarpos L.
Triften-Knäuel
Karte 1653

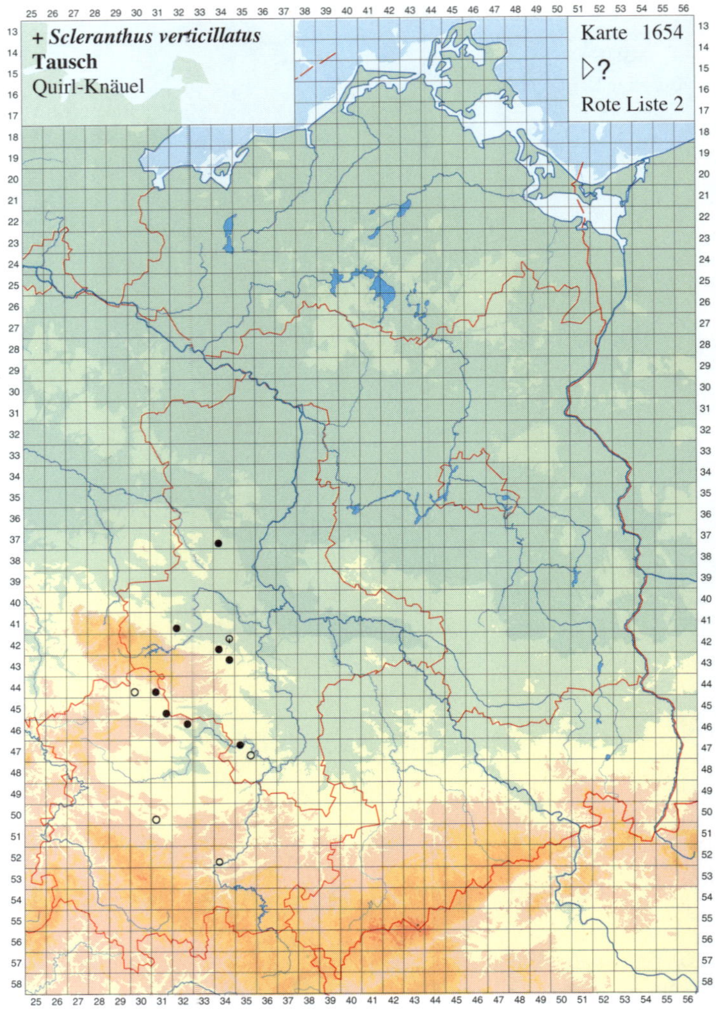
+ Scleranthus verticillatus Tausch
Quirl-Knäuel
Karte 1654
Rote Liste 2

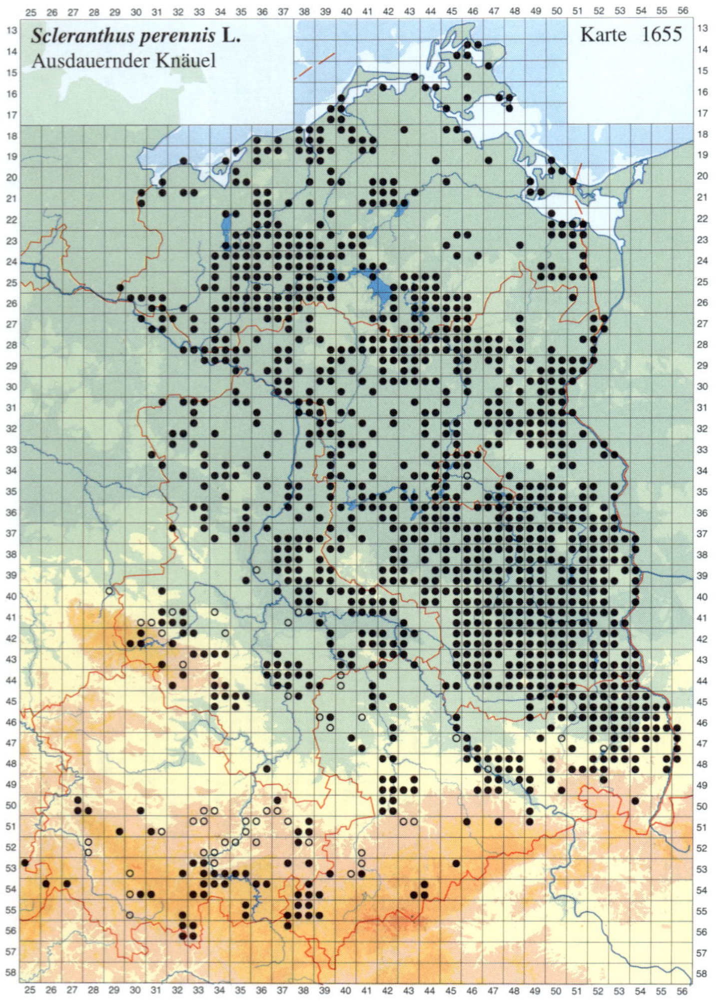
Scleranthus perennis L.
Ausdauernder Knäuel
Karte 1655

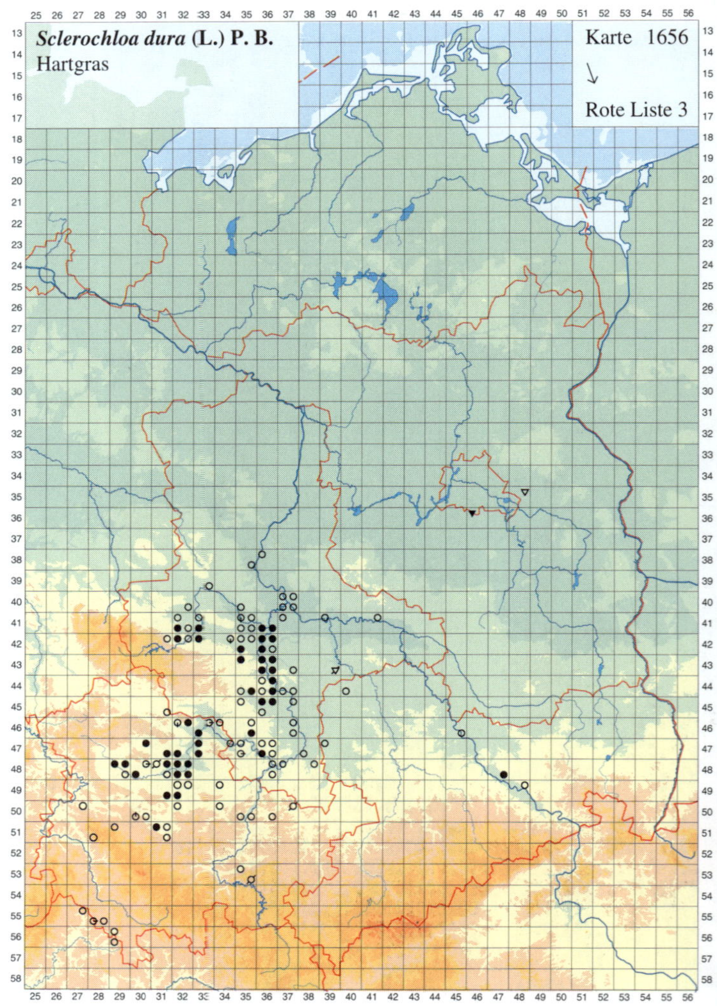
Sclerochloa dura (L.) P. B.
Hartgras
Karte 1656
Rote Liste 3

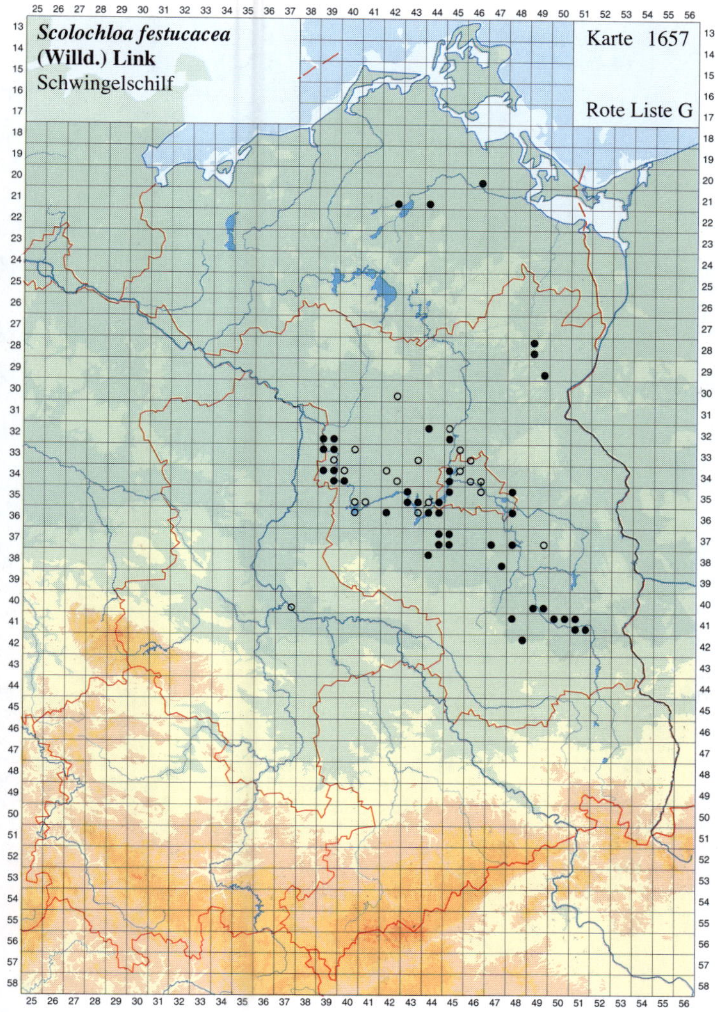
Scolochloa festucacea (Willd.) Link
Schwingelschilf
Karte 1657
Rote Liste G

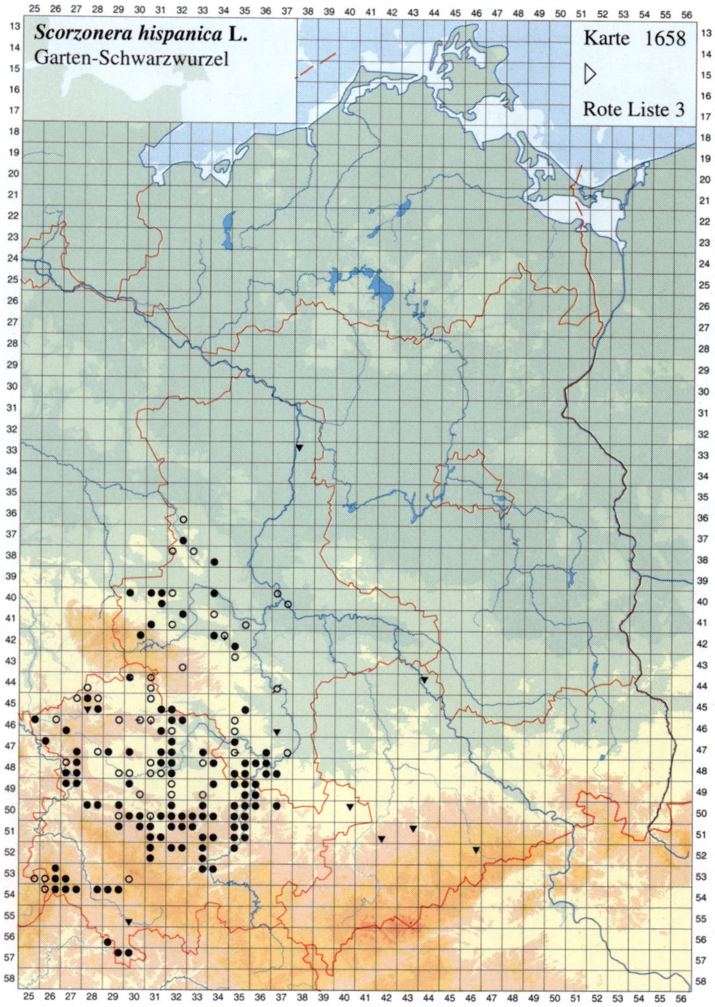
Scorzonera hispanica L.
Garten-Schwarzwurzel
Karte 1658
Rote Liste 3

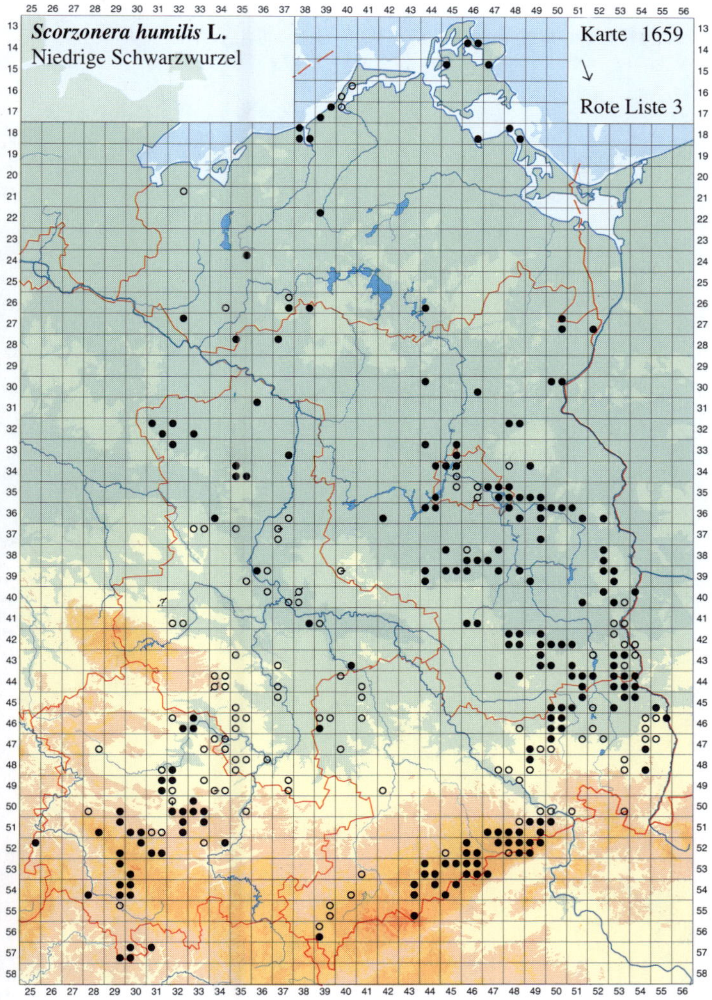
Scorzonera humilis L.
Niedrige Schwarzwurzel
Karte 1659
Rote Liste 3

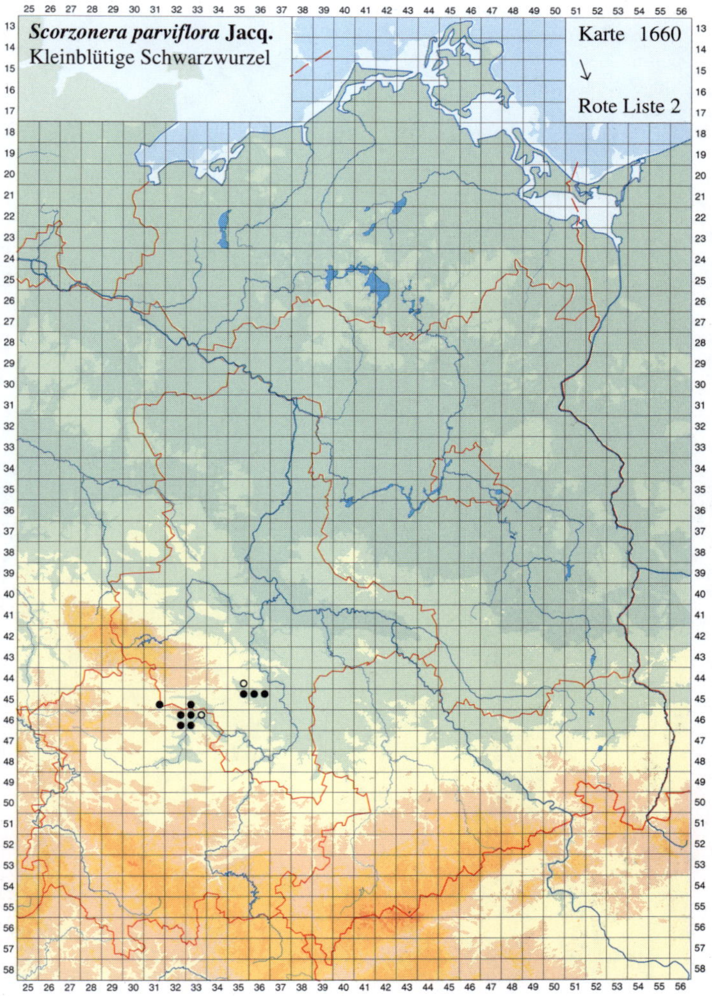
Scorzonera parviflora Jacq.
Kleinblütige Schwarzwurzel
Karte 1660
Rote Liste 2

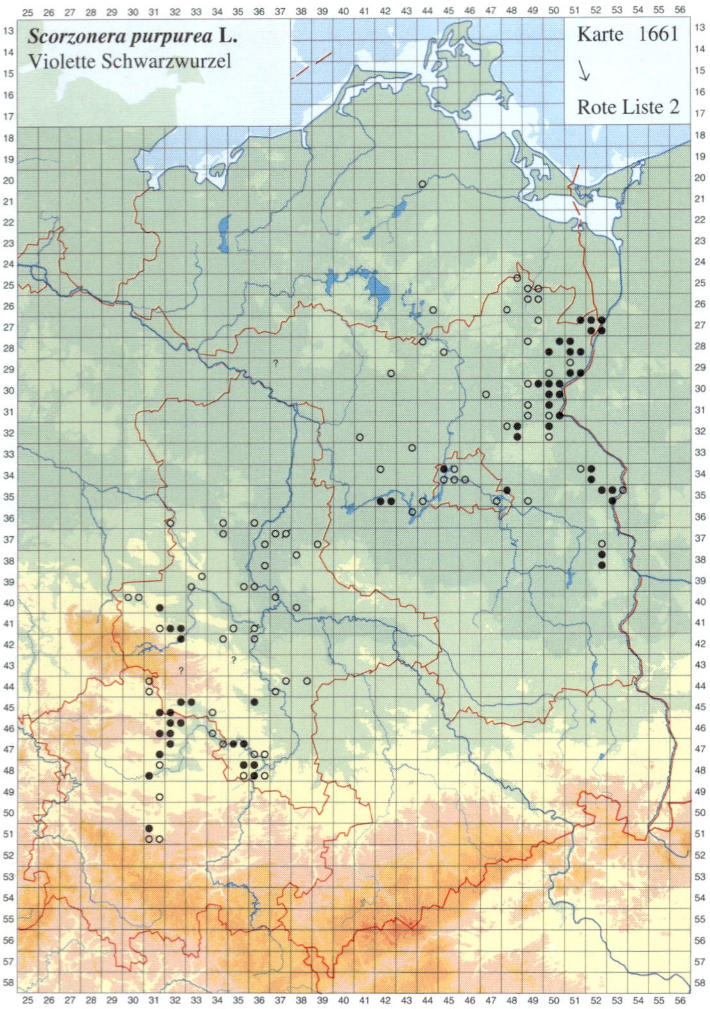
Scorzonera purpurea L.
Violette Schwarzwurzel
Karte 1661
Rote Liste 2

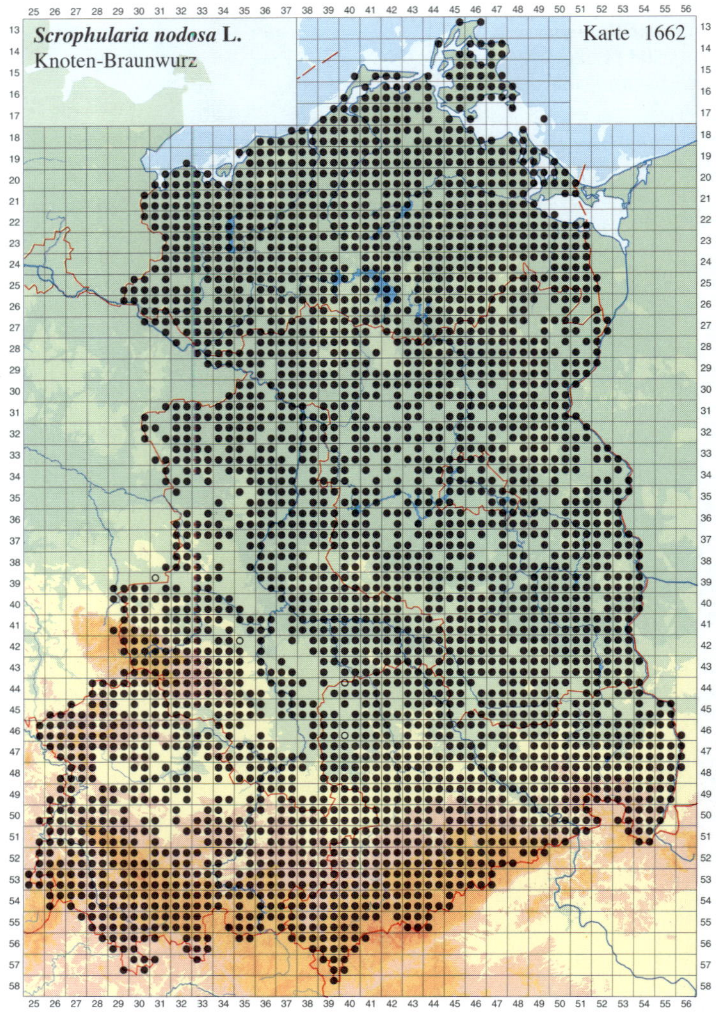
Scrophularia nodosa L.
Knoten-Braunwurz
Karte 1662

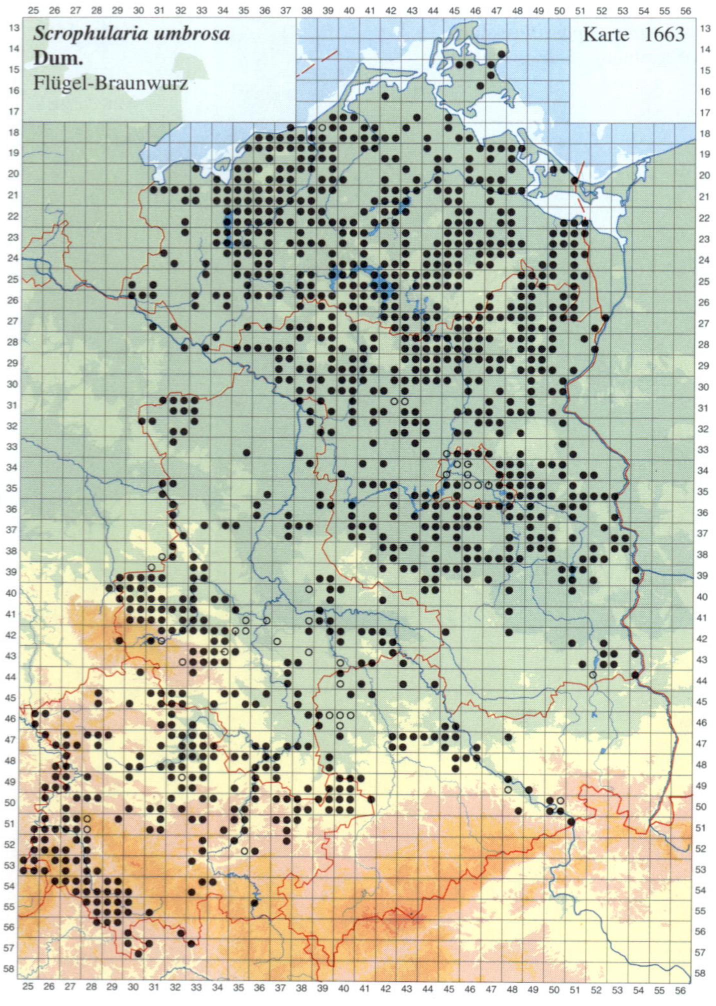
Scrophularia umbrosa Dum.
Flügel-Braunwurz
Karte 1663

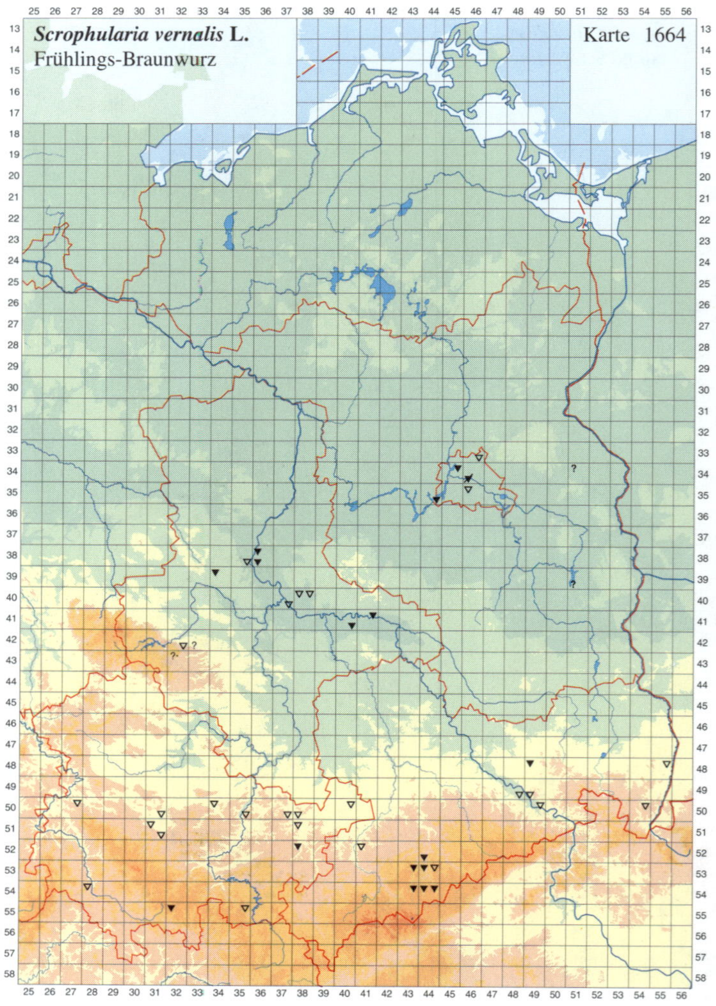
Scrophularia vernalis L.
Frühlings-Braunwurz
Karte 1664

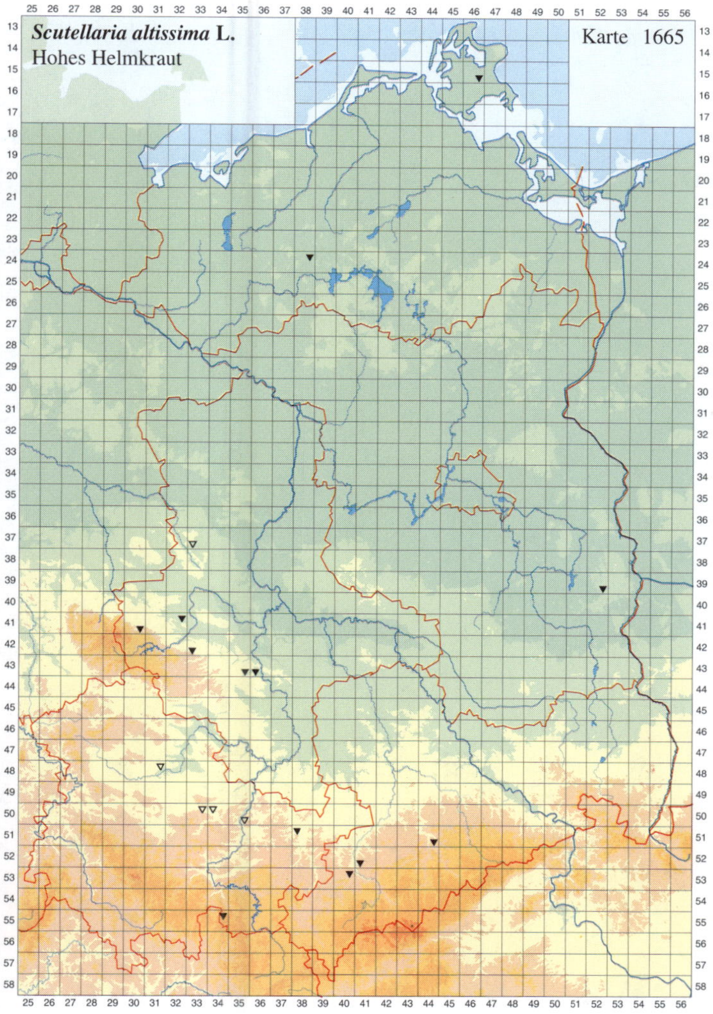
Scutellaria altissima L.
Hohes Helmkraut
Karte 1665

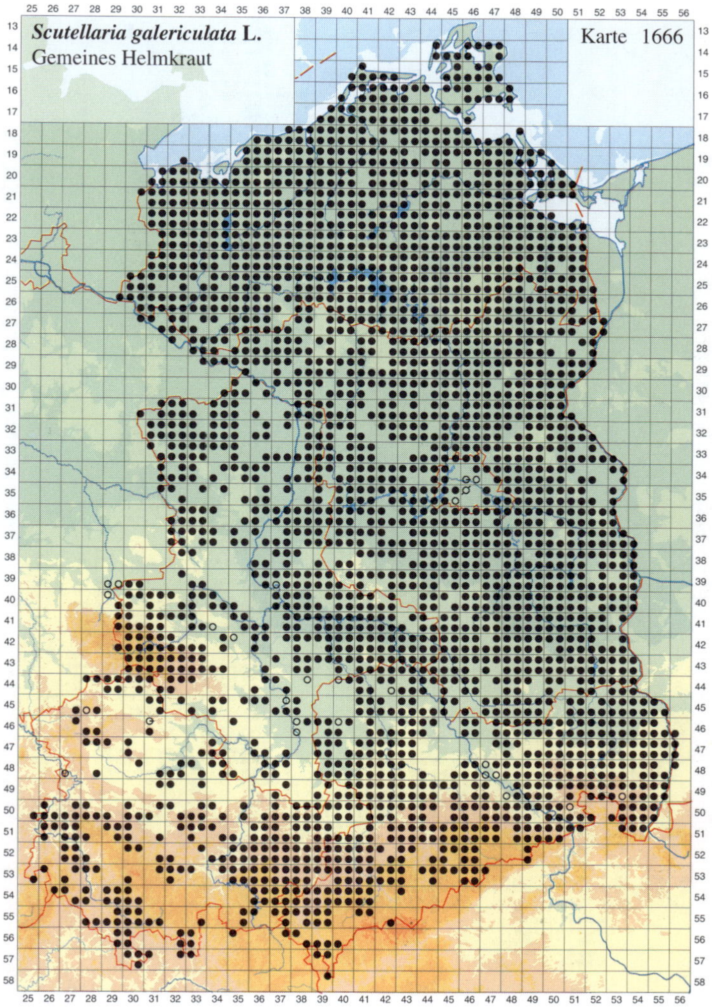
Scutellaria galericulata L.
Gemeines Helmkraut
Karte 1666

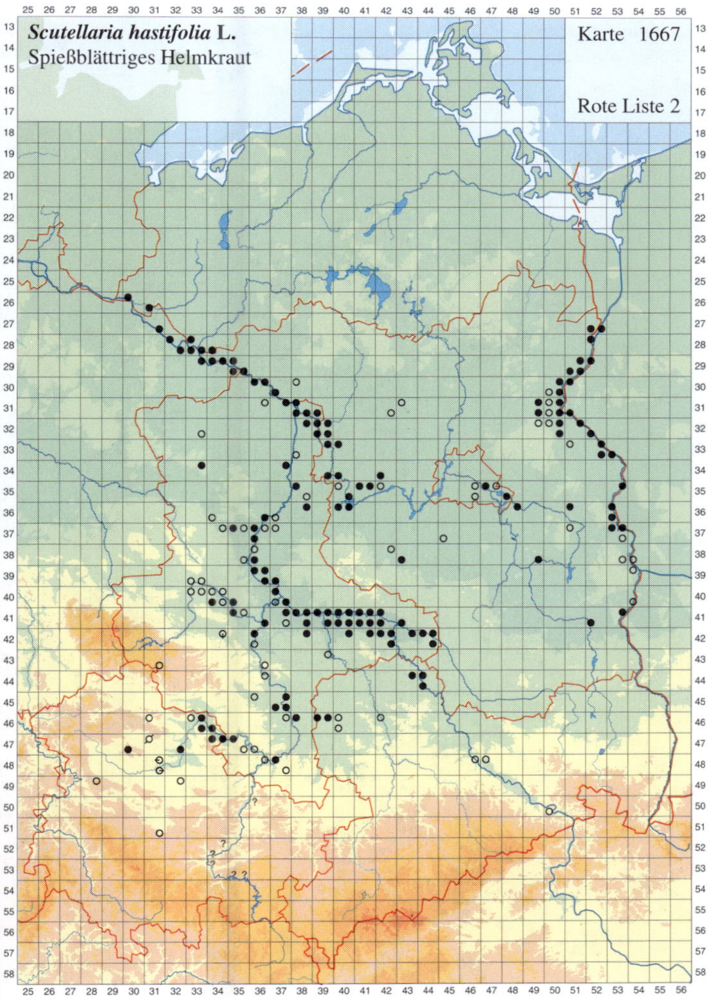
Scutellaria hastifolia L.
Spießblättriges Helmkraut
Karte 1667
Rote Liste 2

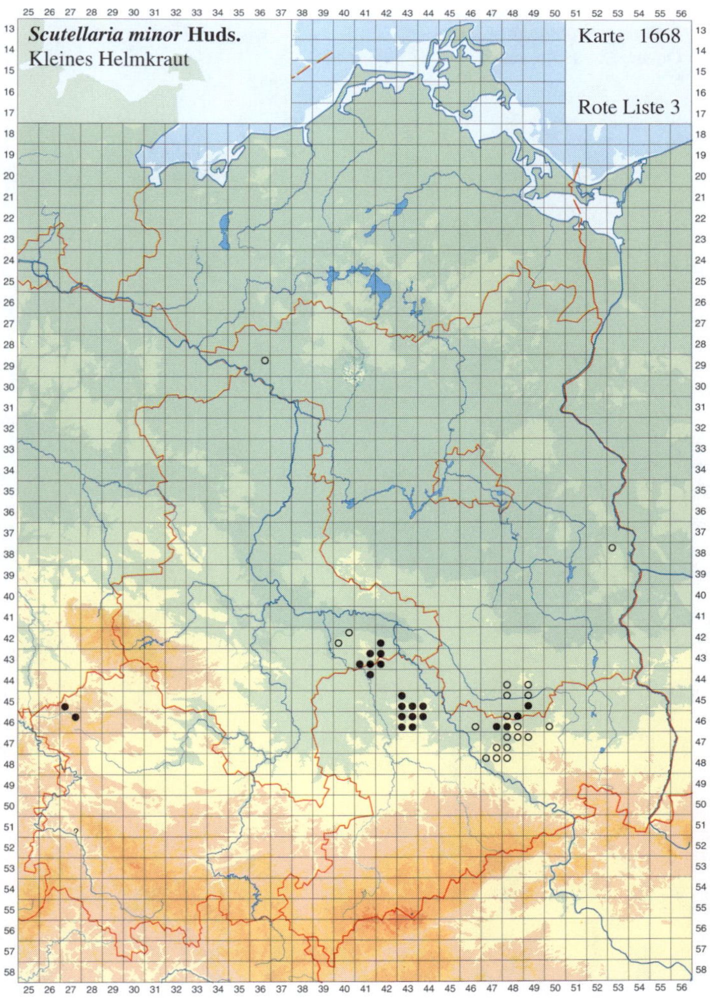
Scutellaria minor Huds.
Kleines Helmkraut
Karte 1668
Rote Liste 3

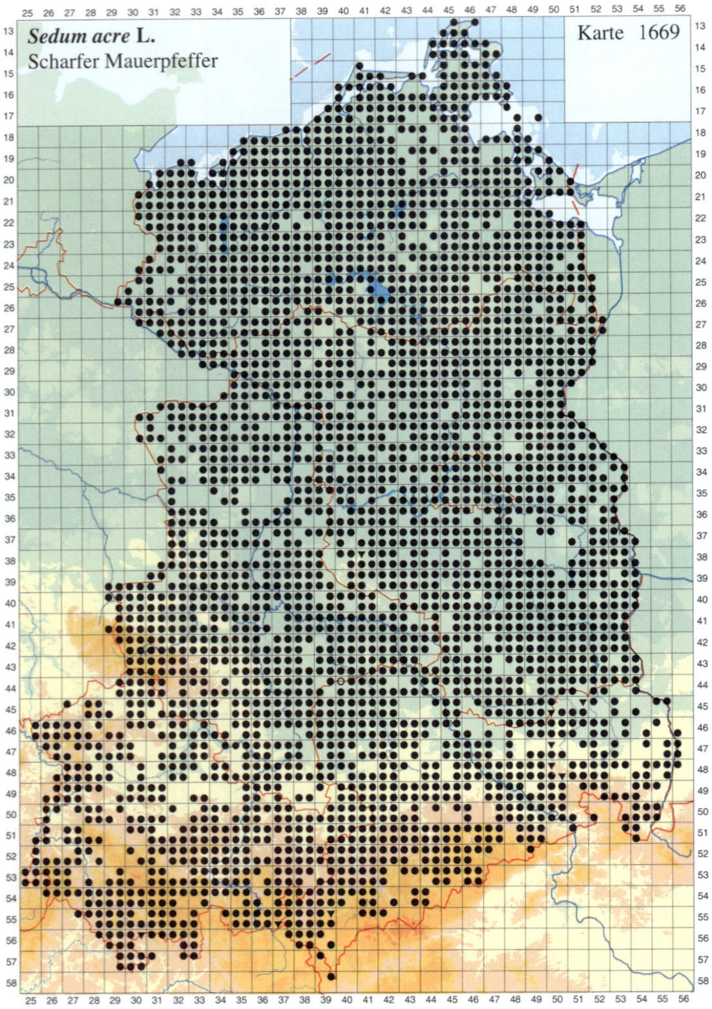
Sedum acre L.
Scharfer Mauerpfeffer
Karte 1669

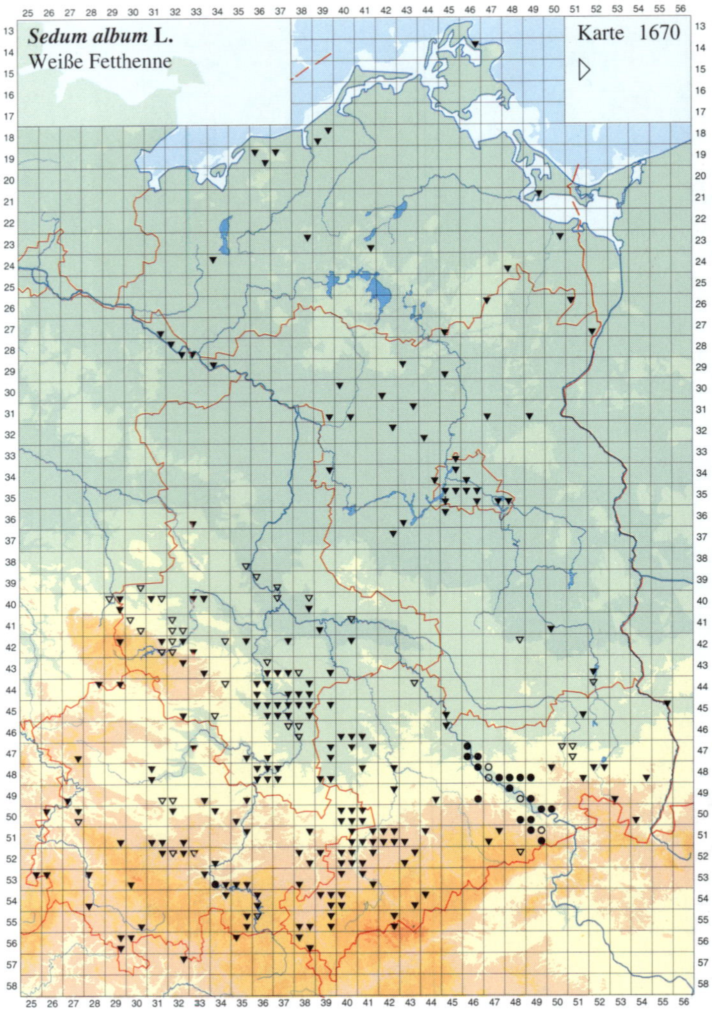
Sedum album L.
Weiße Fetthenne
Karte 1670

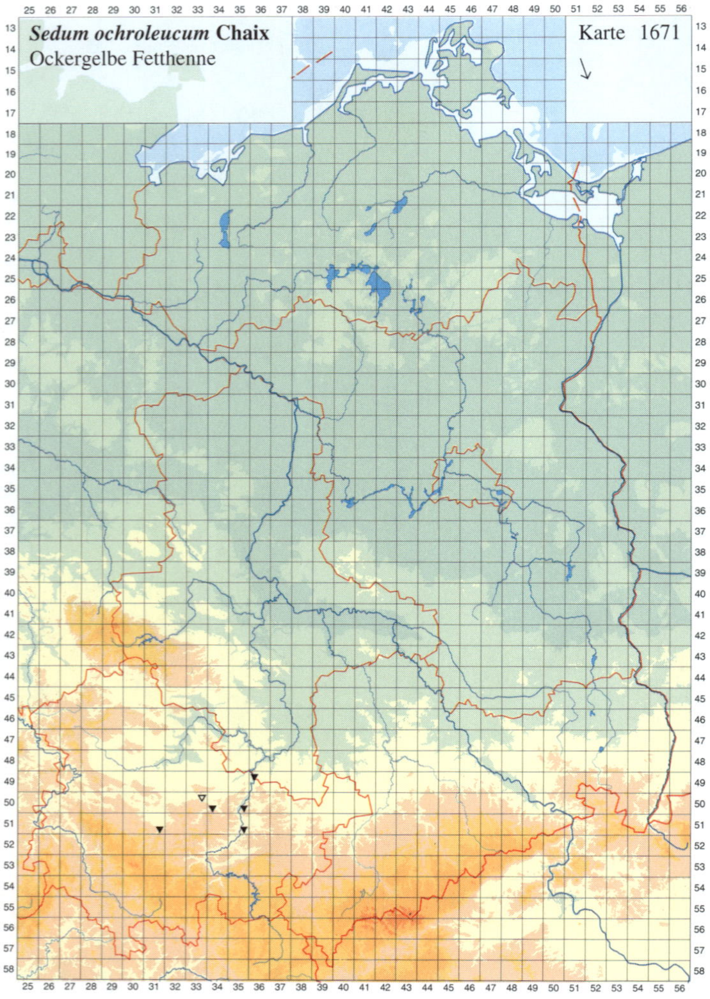
Sedum ochroleucum Chaix
Ockergelbe Fetthenne
Karte 1671

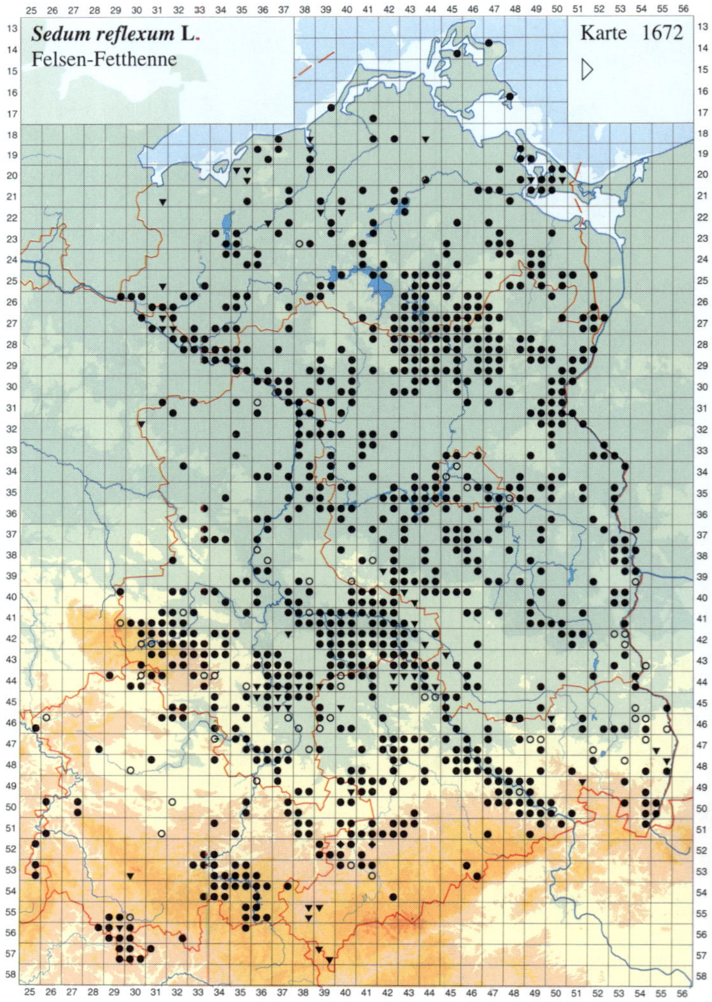
Sedum reflexum L.
Felsen-Fetthenne
Karte 1672

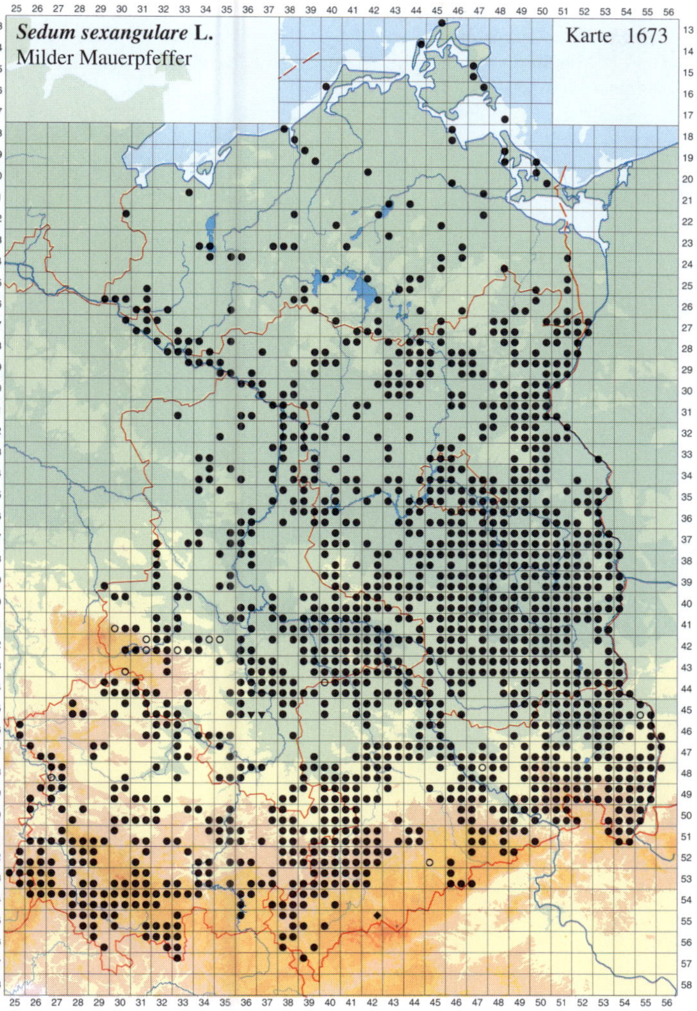
Sedum sexangulare L.
Milder Mauerpfeffer
Karte 1673

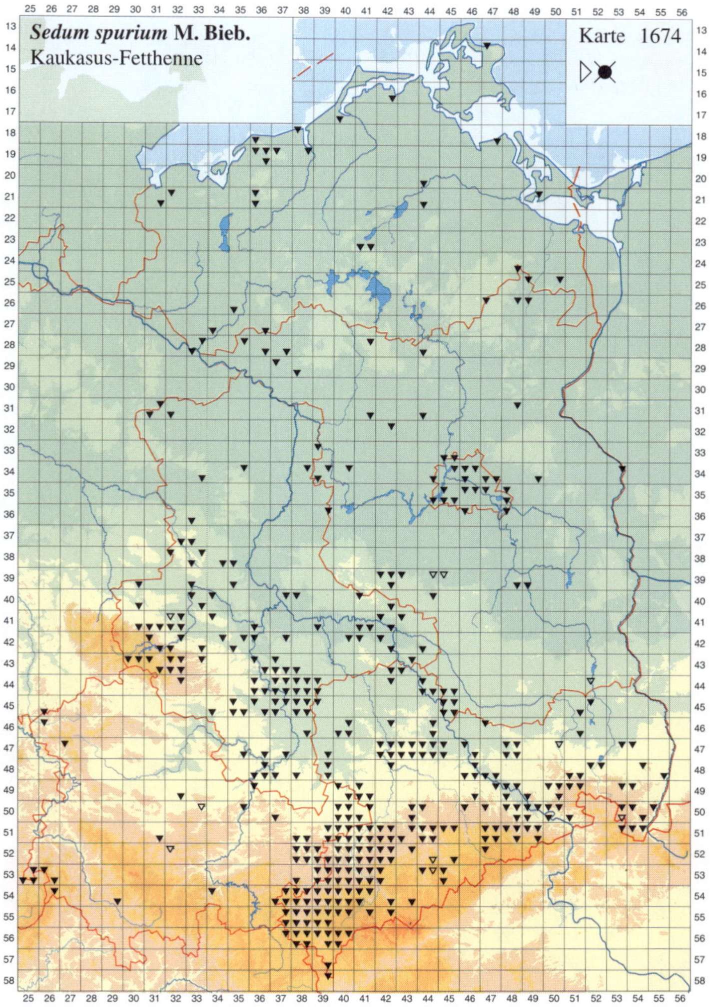
Sedum spurium M. Bieb.
Kaukasus-Fetthenne
Karte 1674

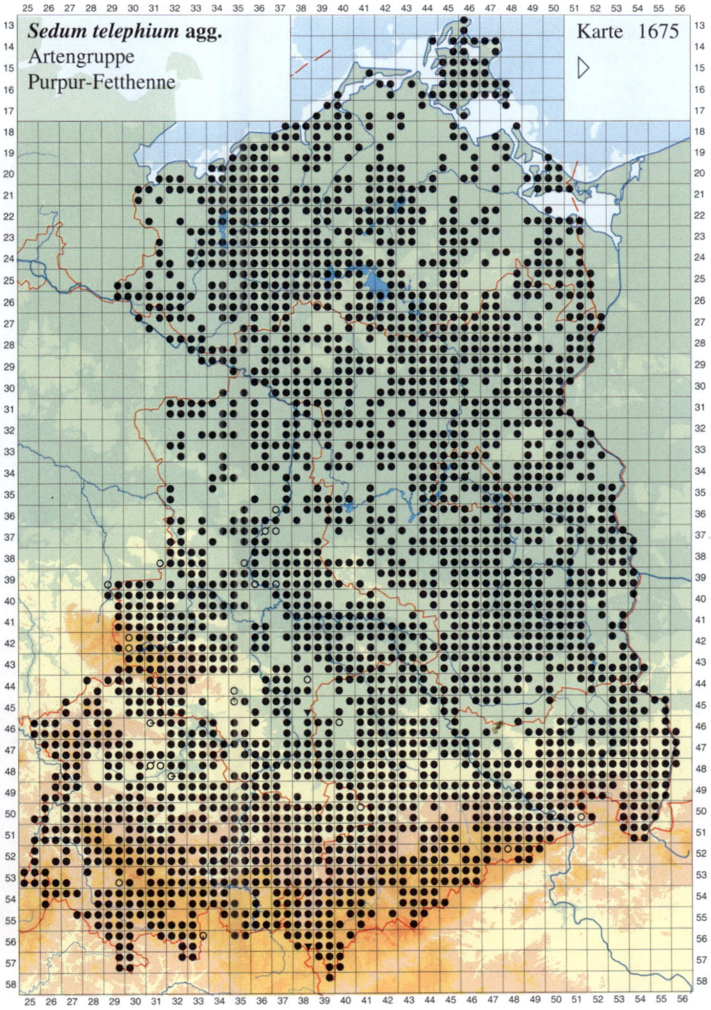
Sedum telephium agg.
Artengruppe
Purpur-Fetthenne
Karte 1675

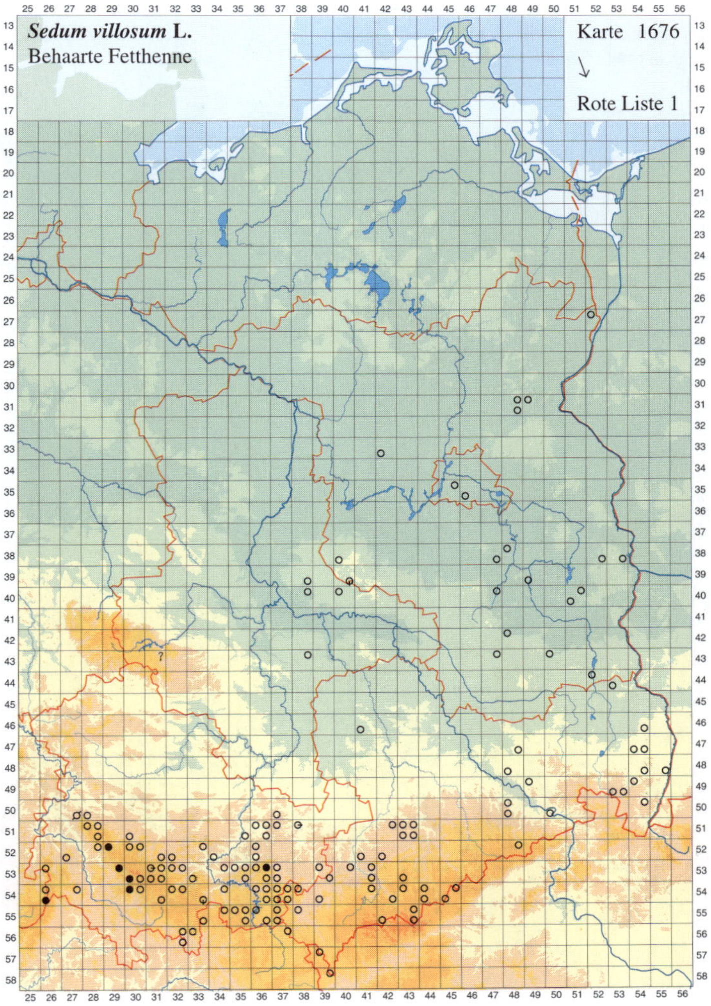
Sedum villosum L.
Behaarte Fetthenne
Karte 1676
Rote Liste 1

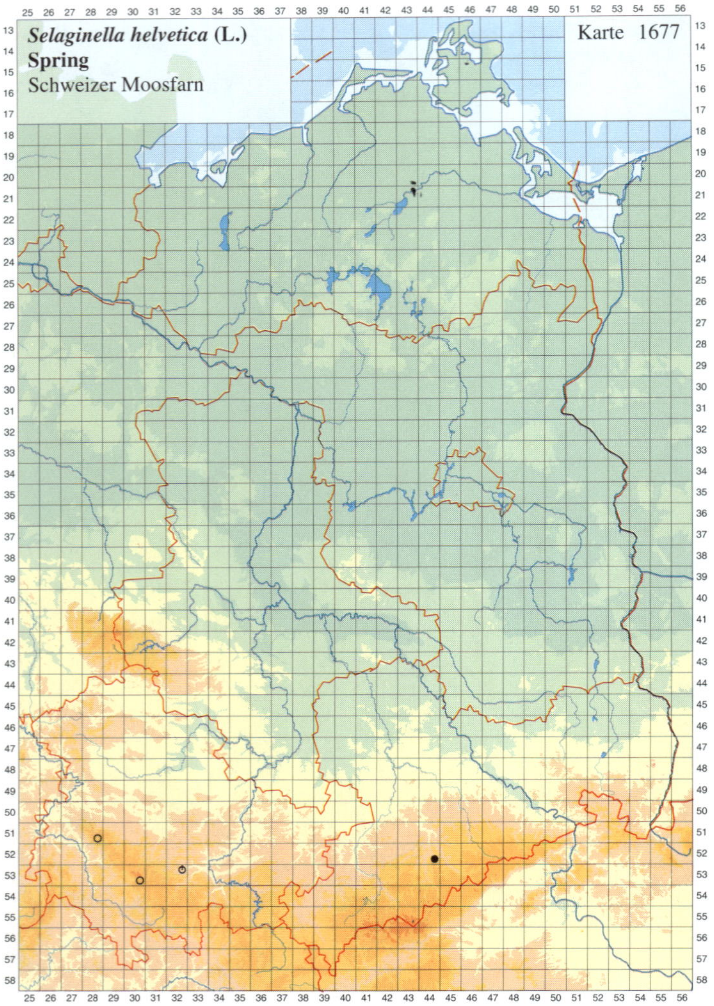
Selaginella helvetica (L.)
Spring
Schweizer Moosfarn
Karte 1677

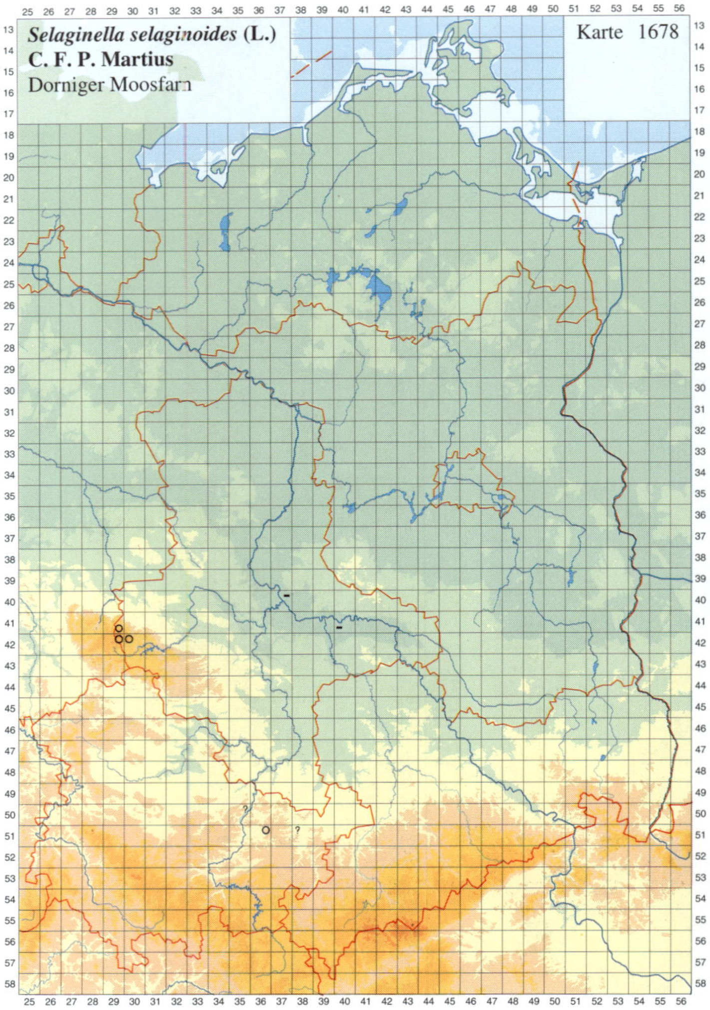
Selaginella selaginoides (L.)
C. F. P. Martius
Dorniger Moosfarn
Karte 1678

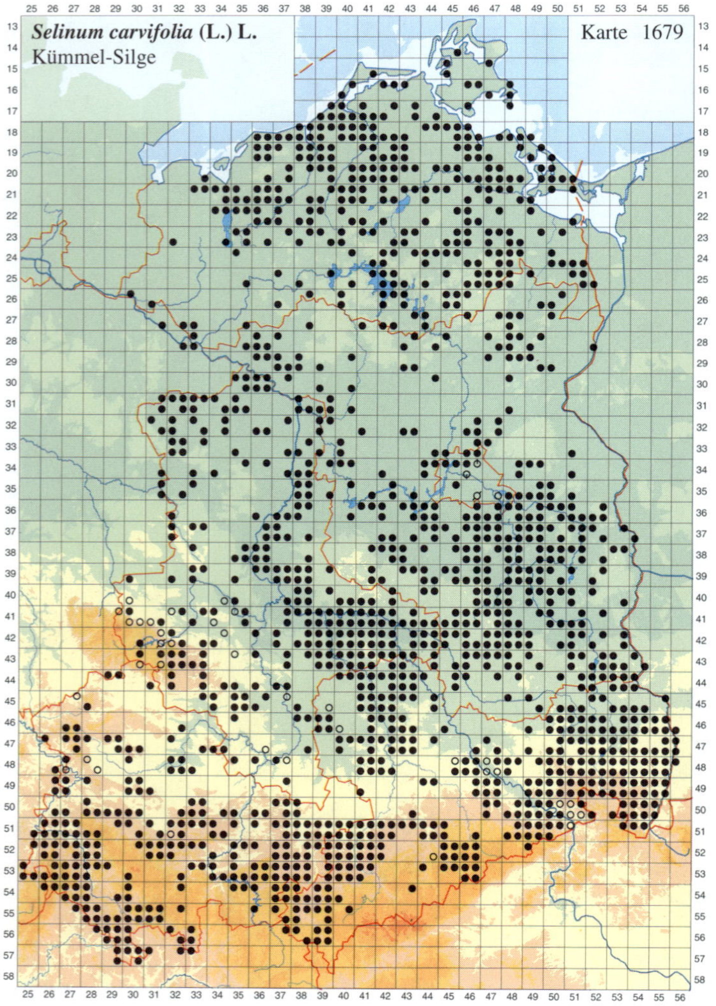
Selinum carvifolia (L.) L.
Kümmel-Silge
Karte 1679

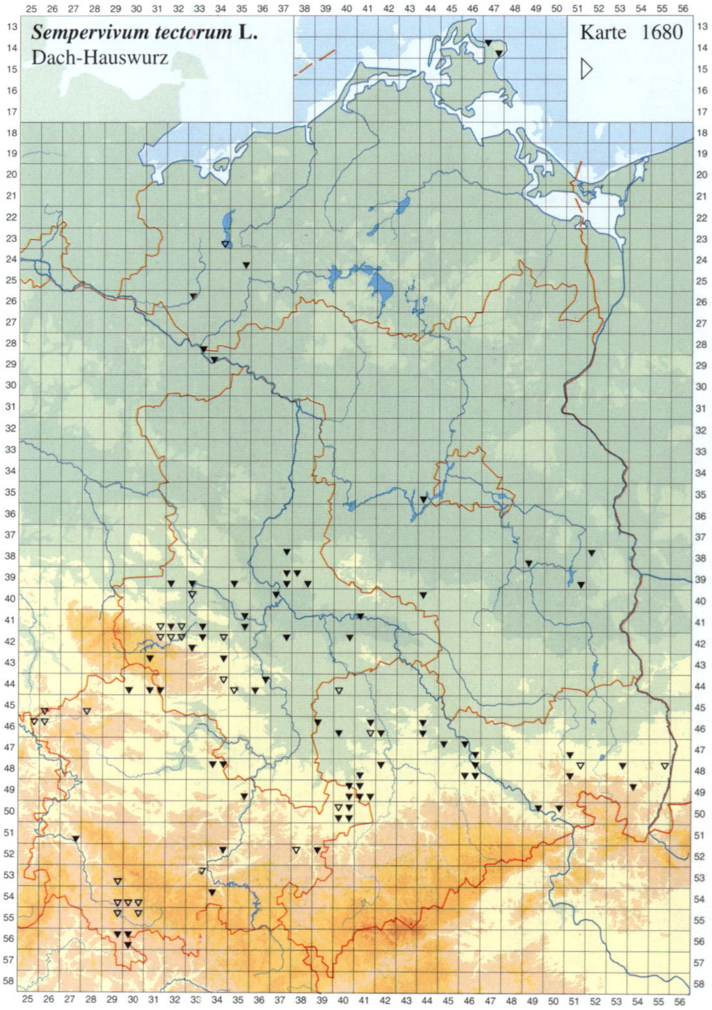
Sempervivum tectorum L.
Dach-Hauswurz
Karte 1680

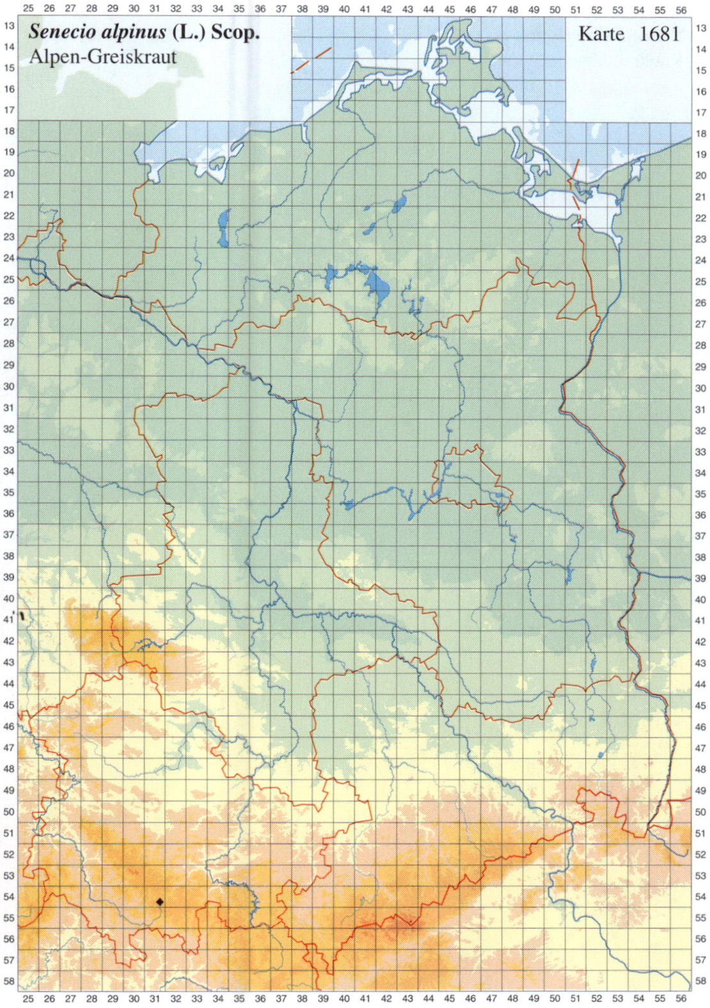
Senecio alpinus (L.) Scop.
Alpen-Greiskraut
Karte 1681

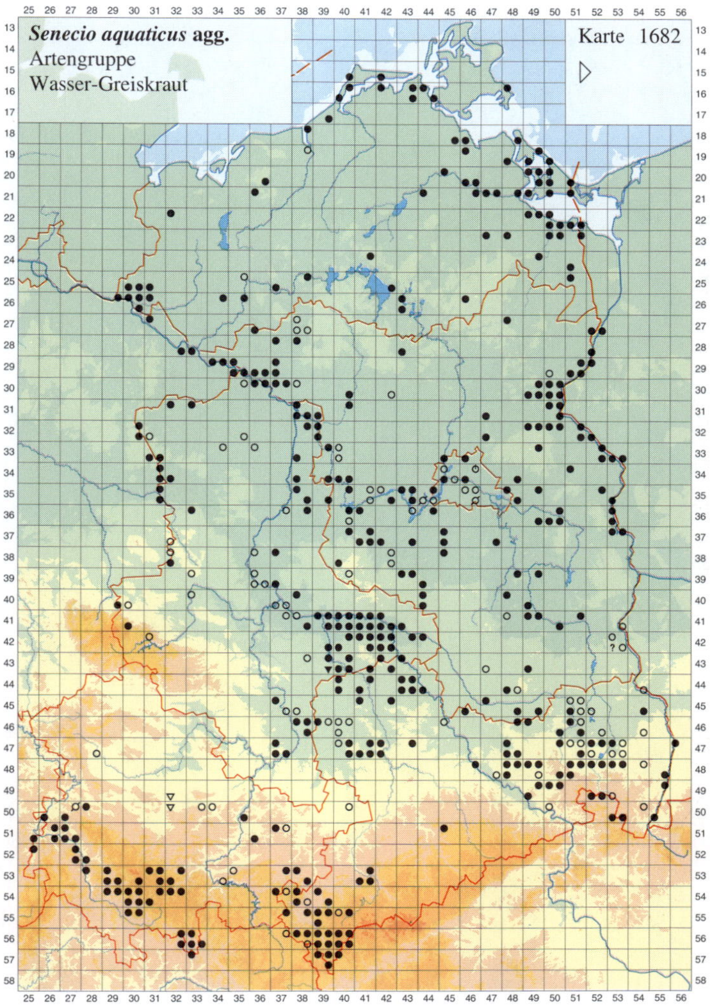
Senecio aquaticus agg.
Artengruppe
Wasser-Greiskraut
Karte 1682

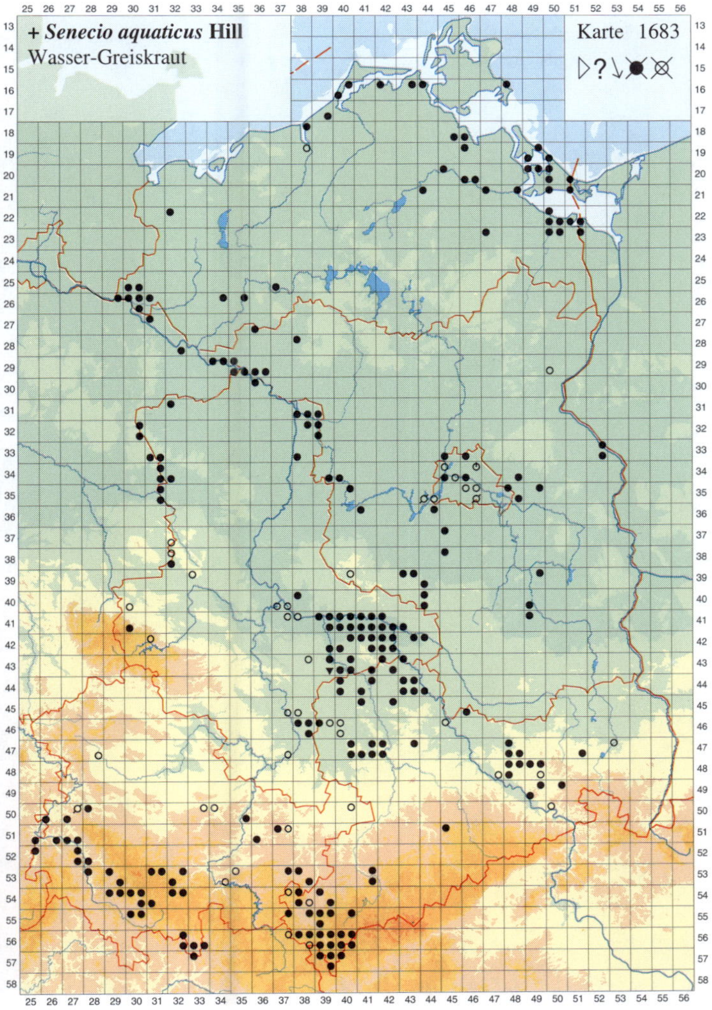
+ *Senecio aquaticus* Hill
Wasser-Greiskraut
Karte 1683

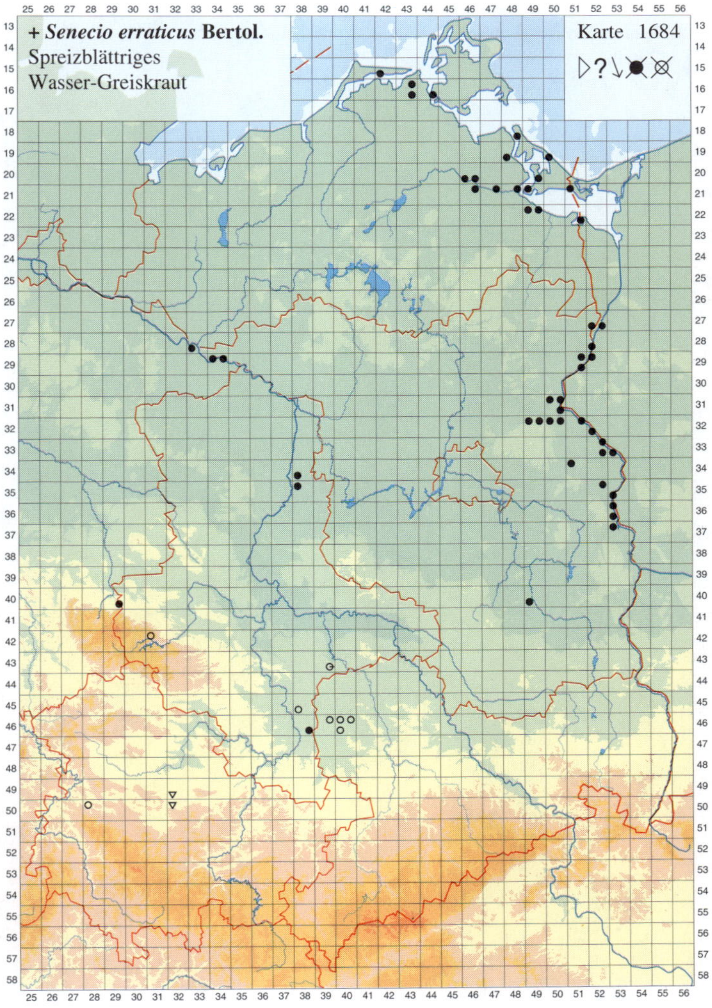
+ *Senecio erraticus* Bertol.
Spreizblättriges
Wasser-Greiskraut
Karte 1684

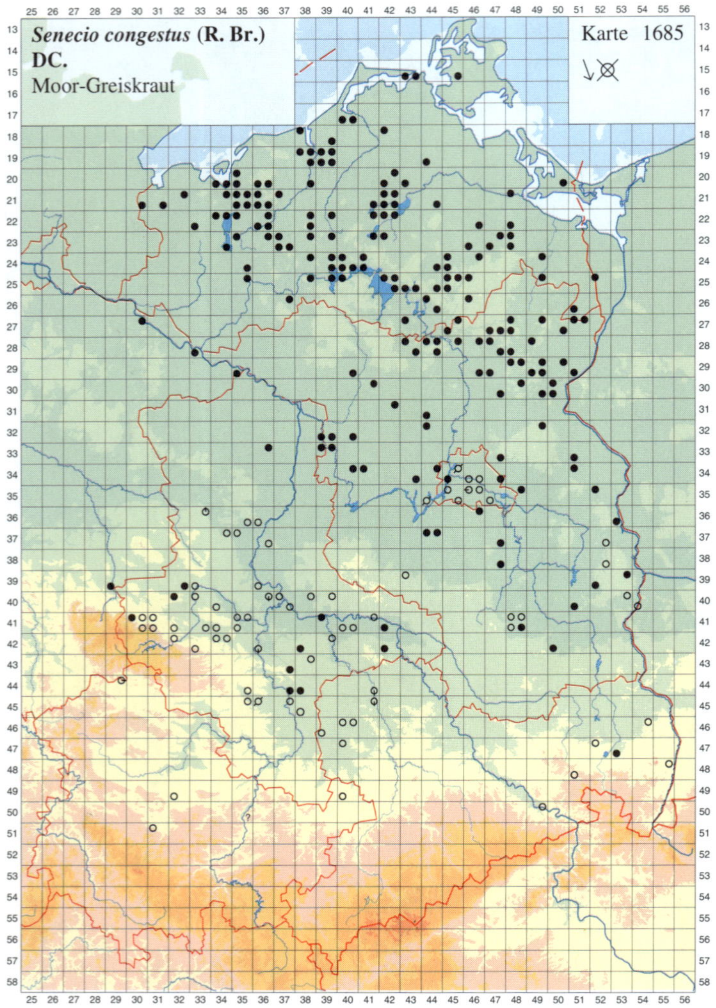

Senecio congestus (R. Br.) DC.
Moor-Greiskraut
Karte 1685

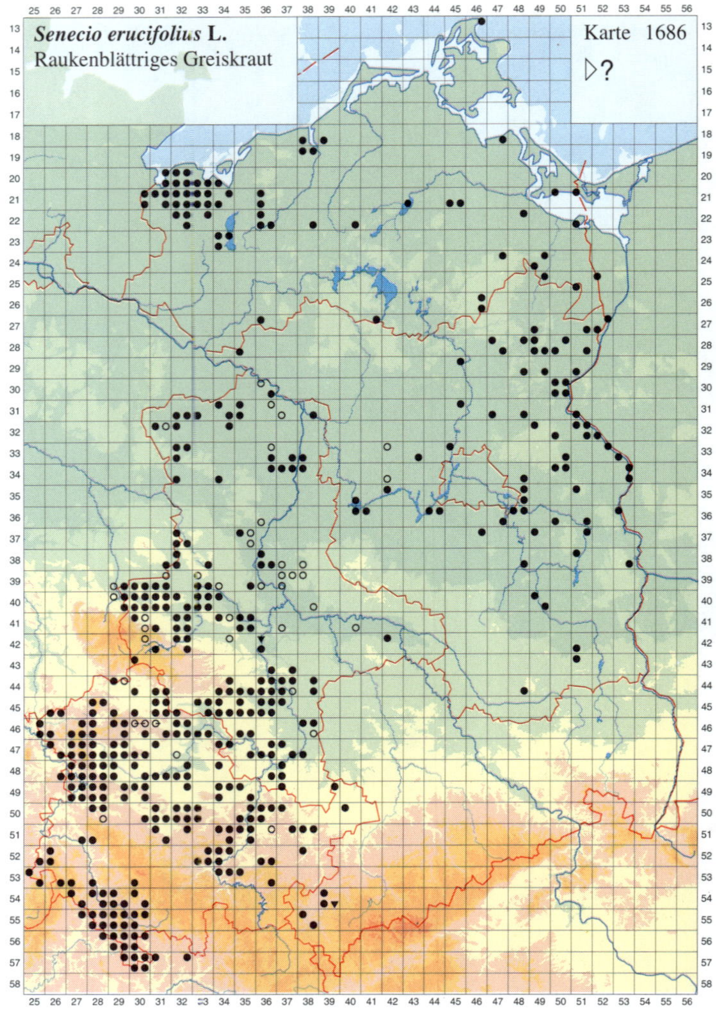

Senecio erucifolius L.
Raukenblättriges Greiskraut
Karte 1686

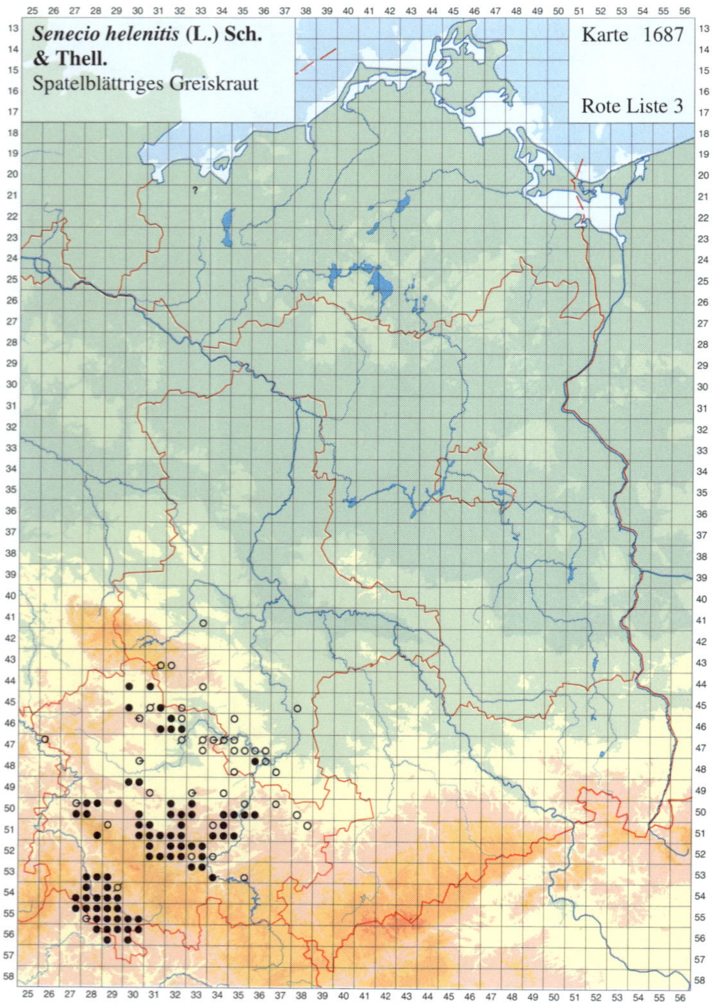

Senecio helenitis (L.) Sch. & Thell.
Spatelblättriges Greiskraut
Karte 1687
Rote Liste 3

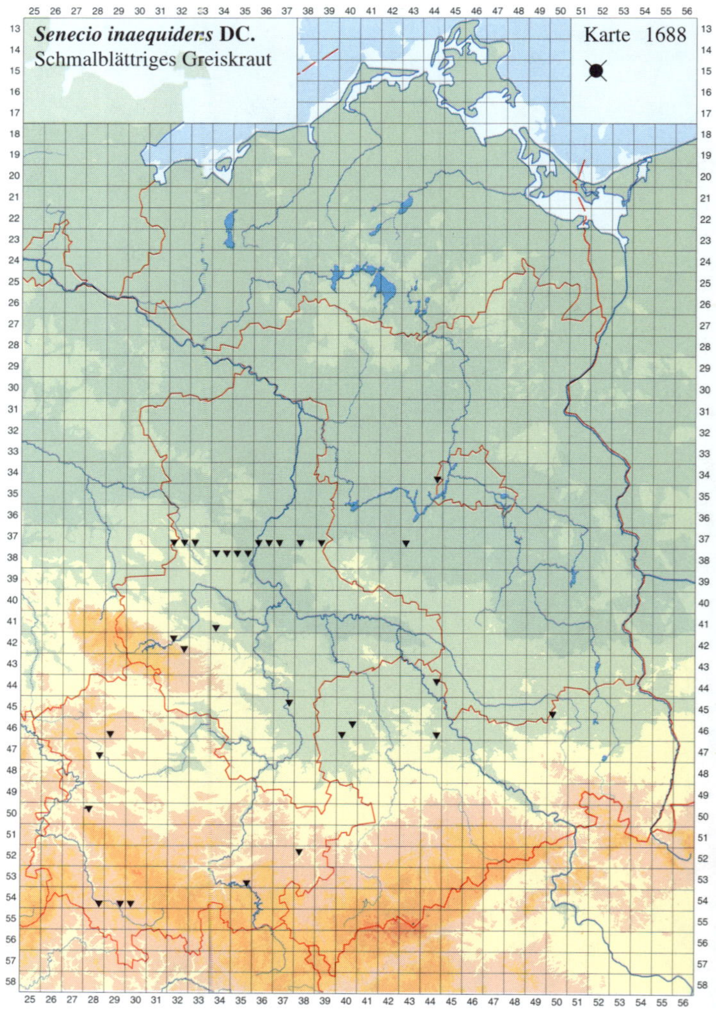

Senecio inaequidens DC.
Schmalblättriges Greiskraut
Karte 1688

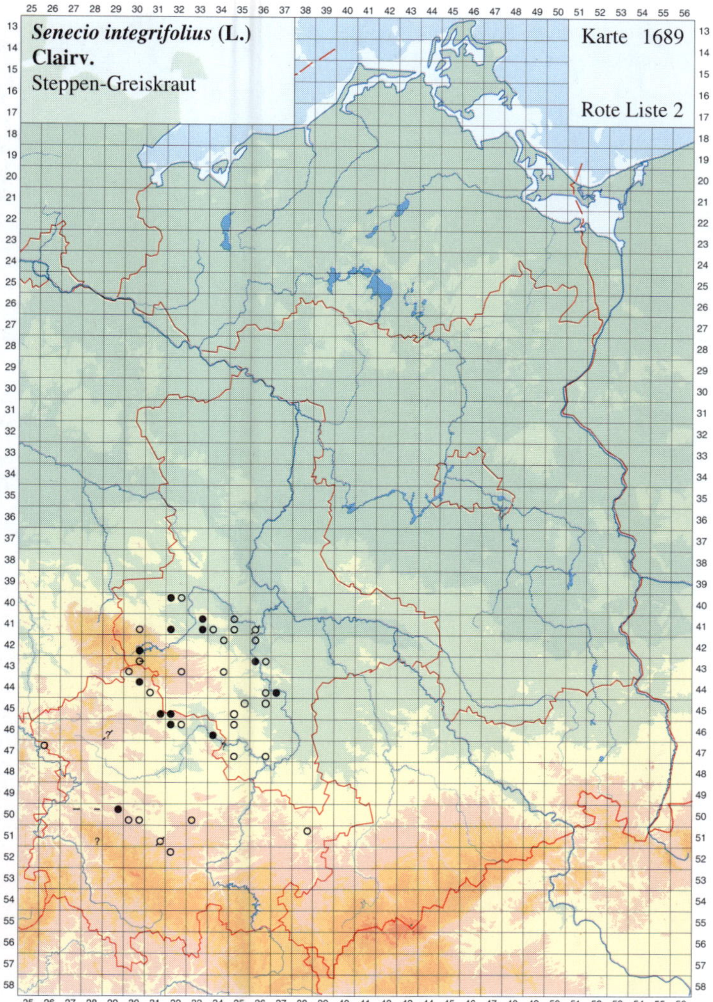
Senecio integrifolius (L.) Clairv.
Steppen-Greiskraut
Karte 1689
Rote Liste 2

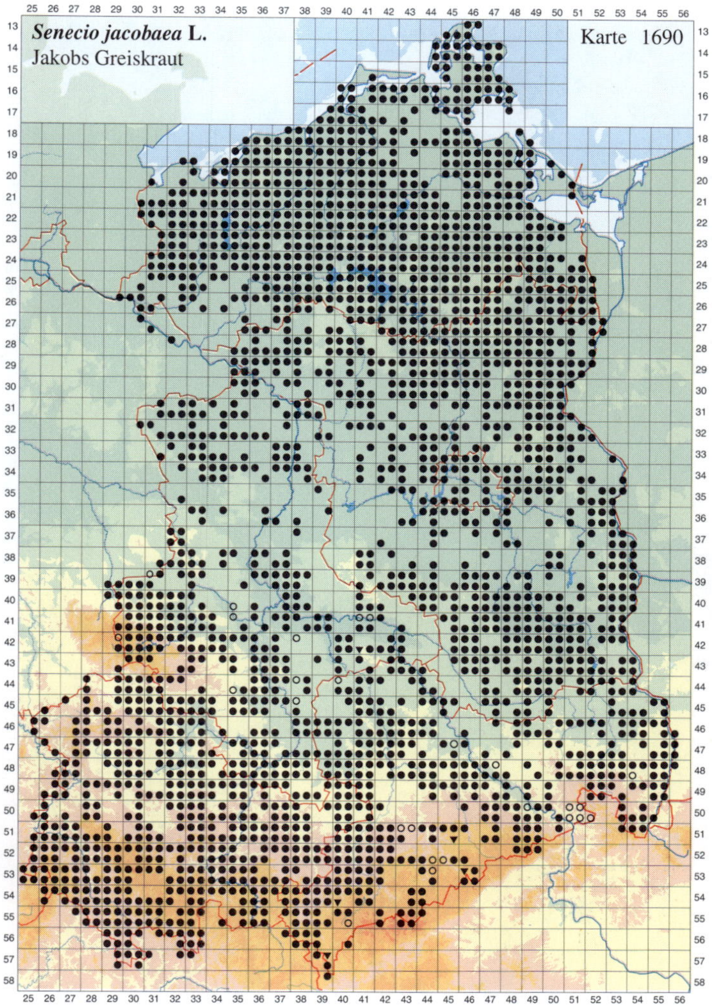
Senecio jacobaea L.
Jakobs Greiskraut
Karte 1690

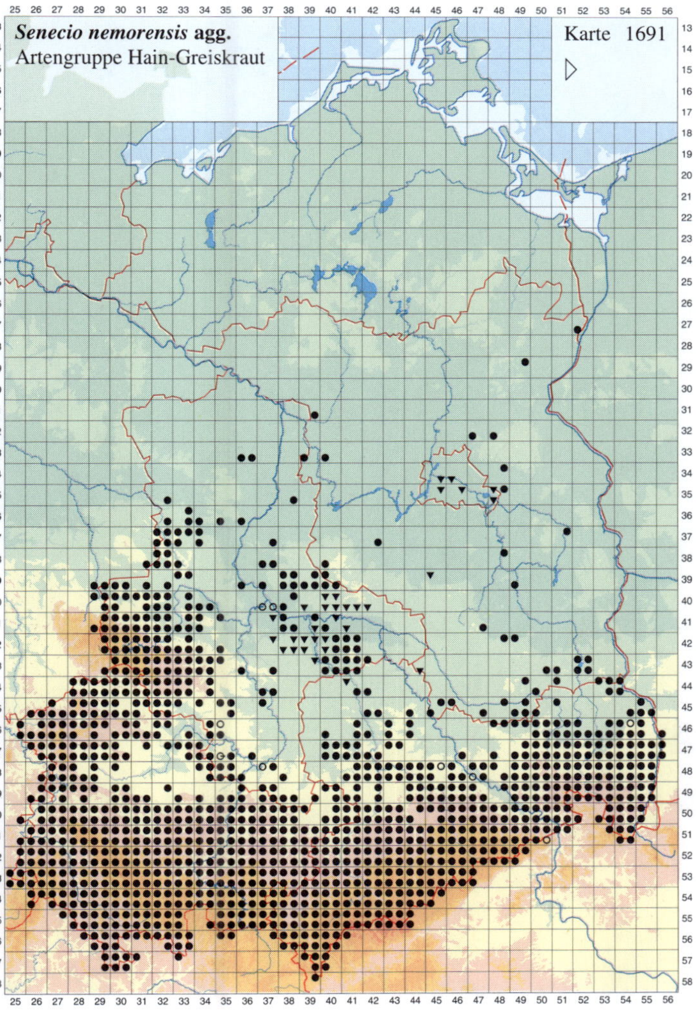
Senecio nemorensis agg.
Artengruppe Hain-Greiskraut
Karte 1691
▷

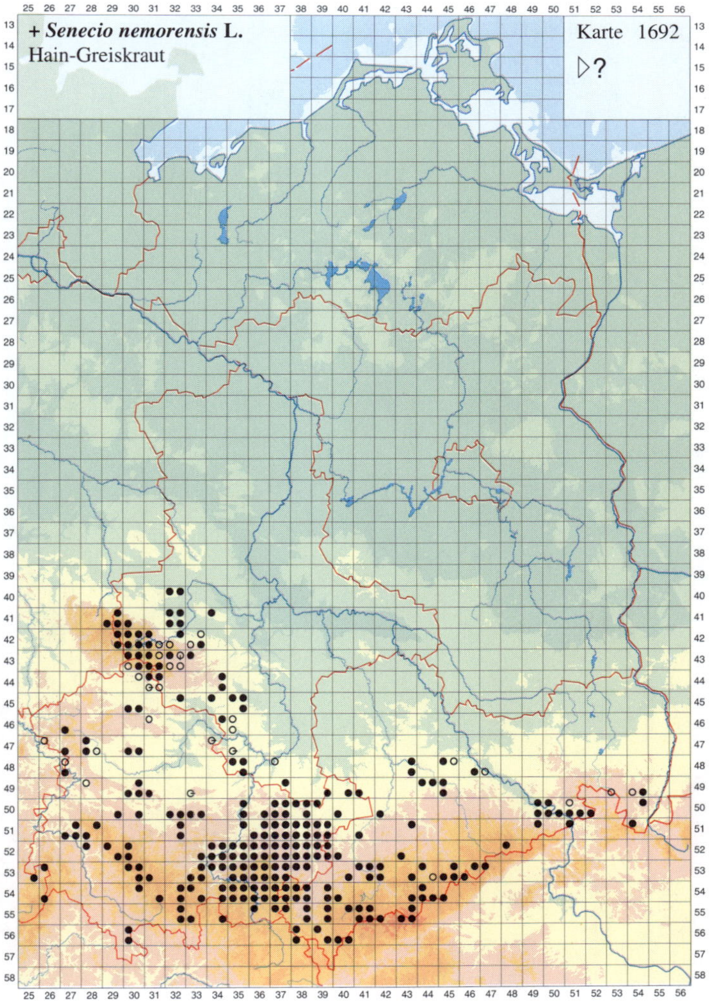
+ Senecio nemorensis L.
Hain-Greiskraut
Karte 1692
▷?

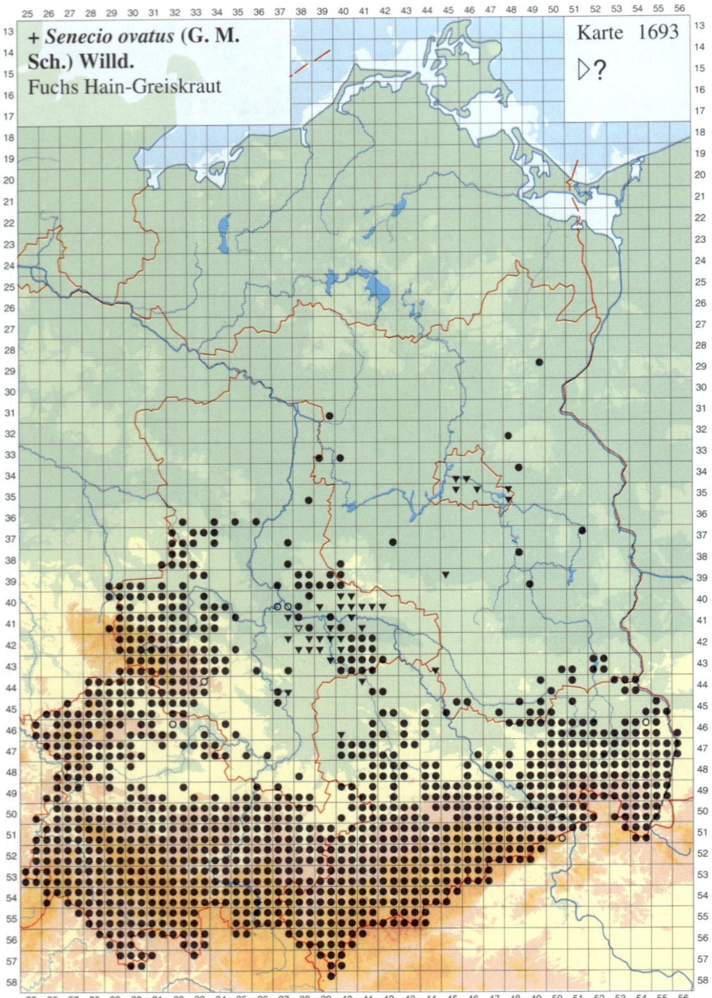
+ *Senecio ovatus* (G. M. Sch.) Willd.
Fuchs Hain-Greiskraut
Karte 1693
▷?

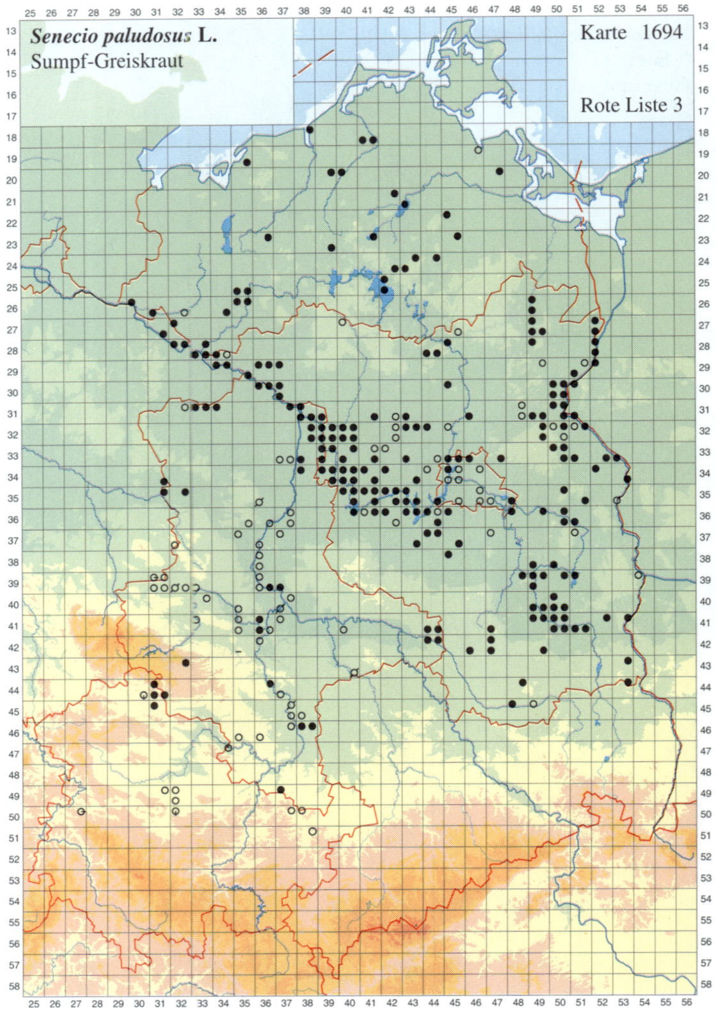
Senecio paludosus L.
Sumpf-Greiskraut
Karte 1694
Rote Liste 3

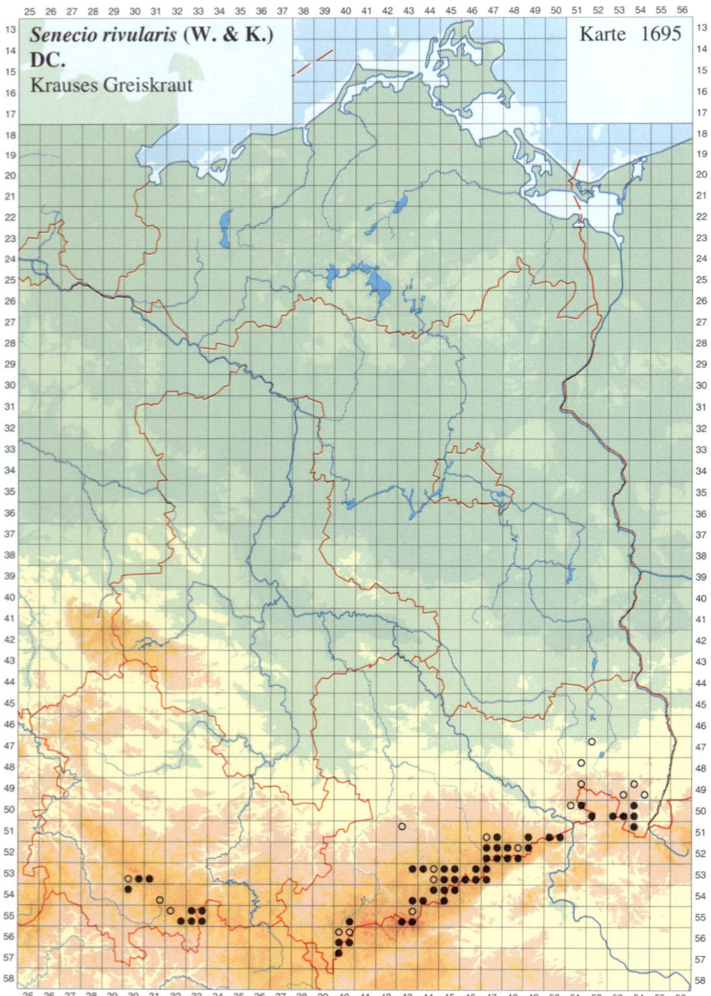
Senecio rivularis (W. & K.) DC.
Krauses Greiskraut
Karte 1695

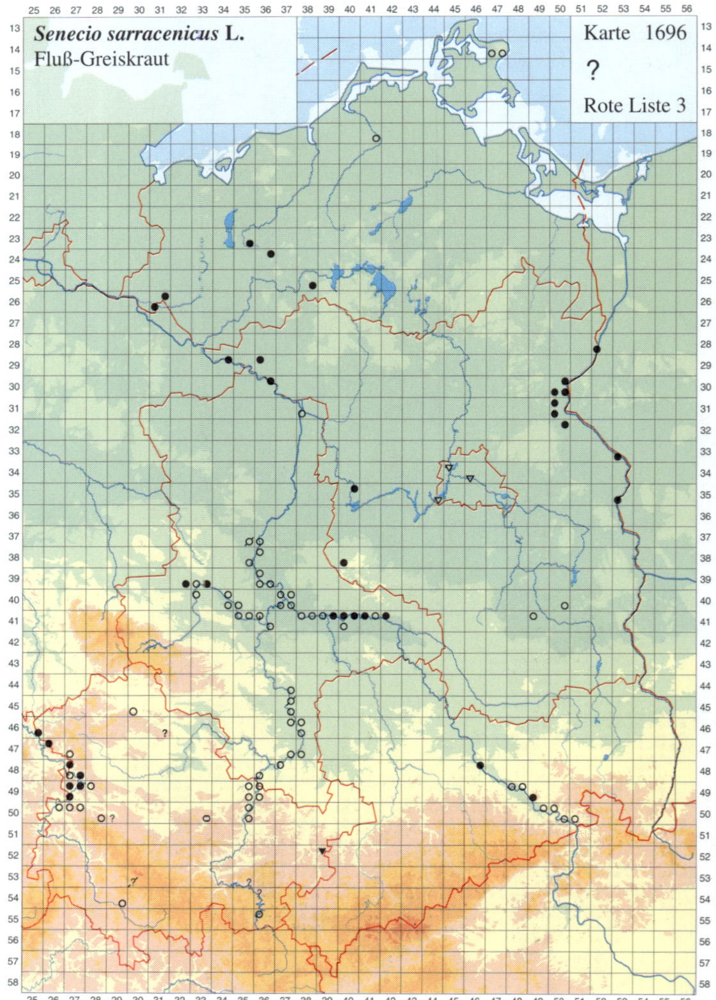
Senecio sarracenicus L.
Fluß-Greiskraut
Karte 1696
?
Rote Liste 3

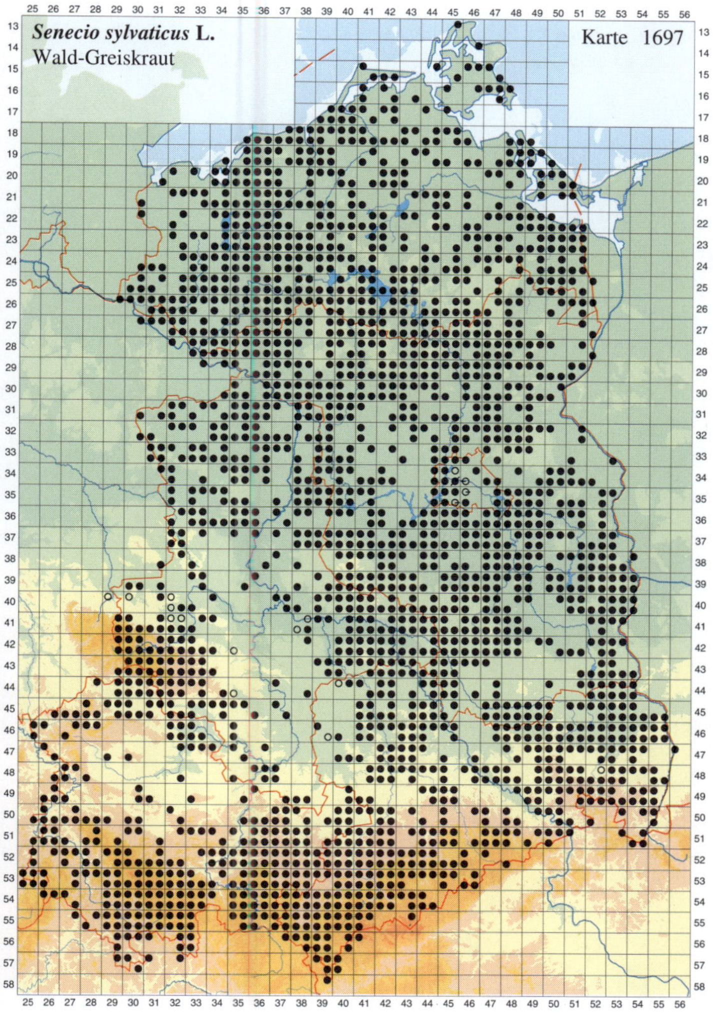
Senecio sylvaticus L.
Wald-Greiskraut
Karte 1697

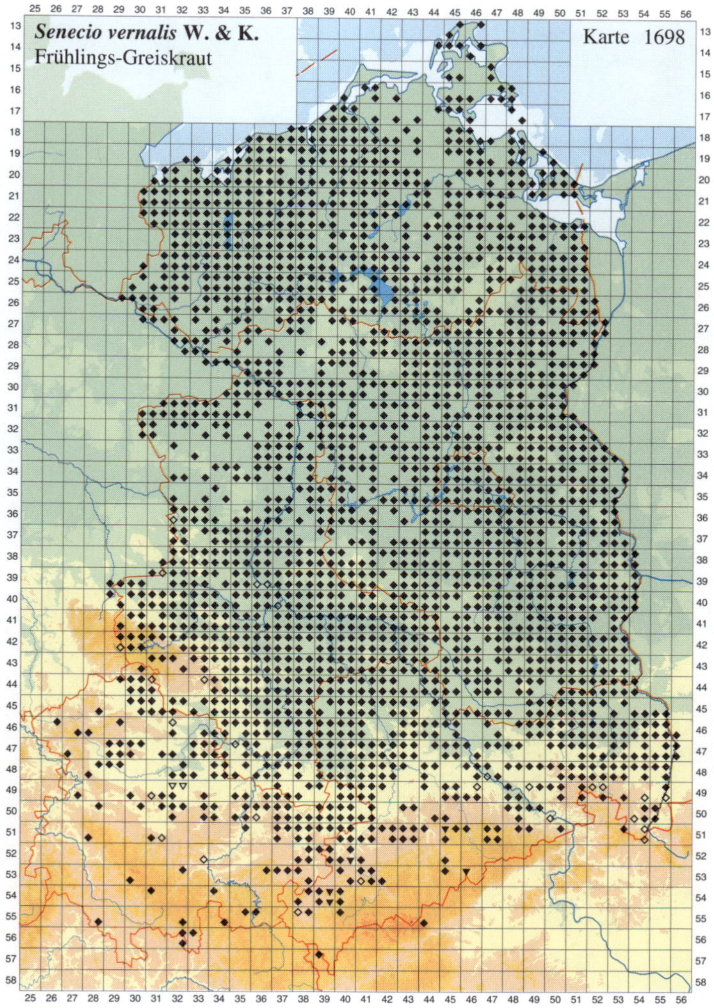
Senecio vernalis W. & K.
Frühlings-Greiskraut
Karte 1698

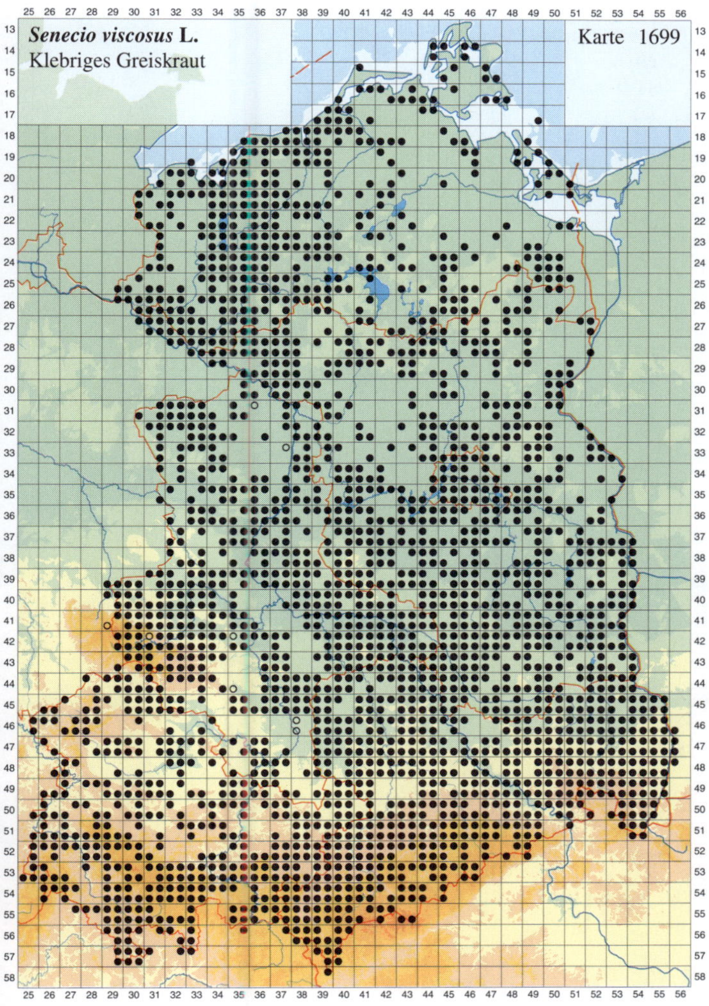
Senecio viscosus L.
Klebriges Greiskraut
Karte 1699

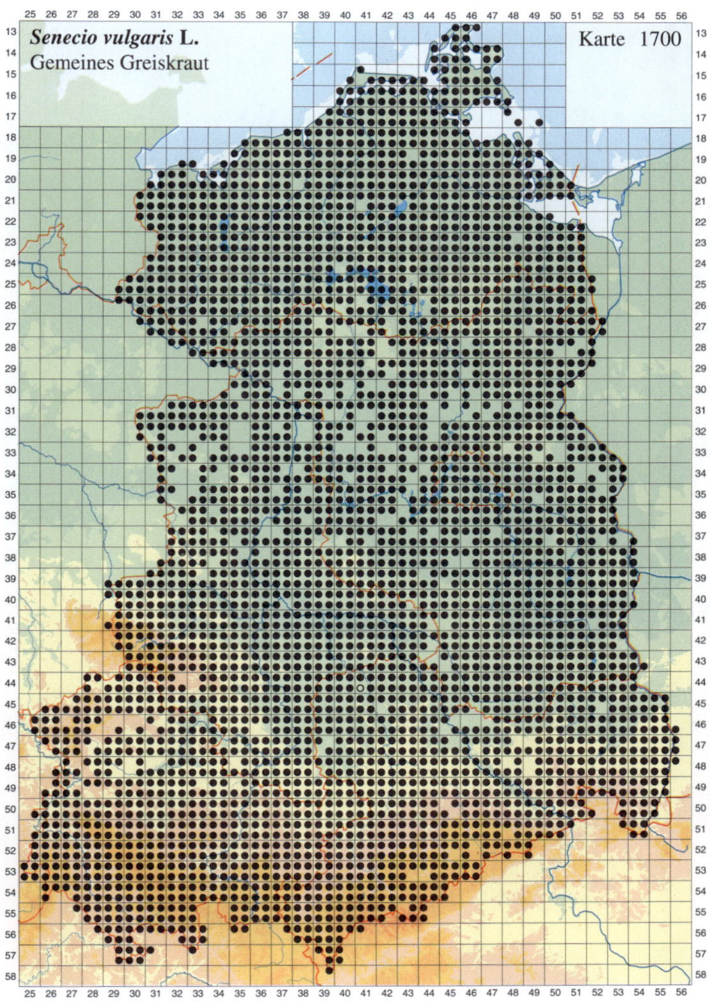
Senecio vulgaris L.
Gemeines Greiskraut
Karte 1700

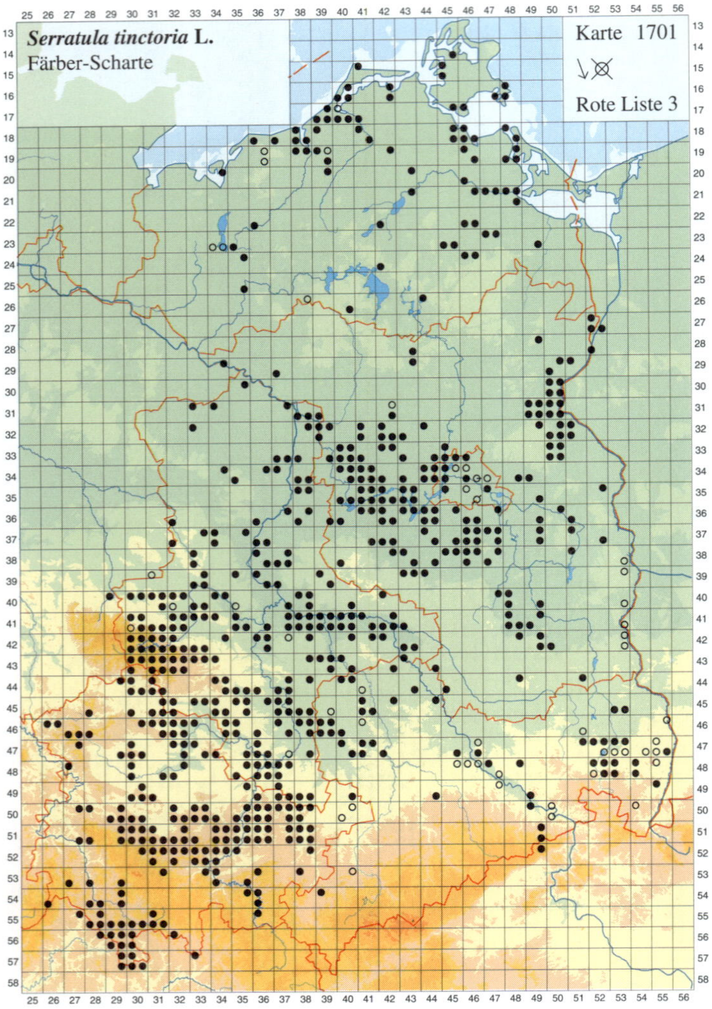
Serratula tinctoria L.
Färber-Scharte
Karte 1701
Rote Liste 3

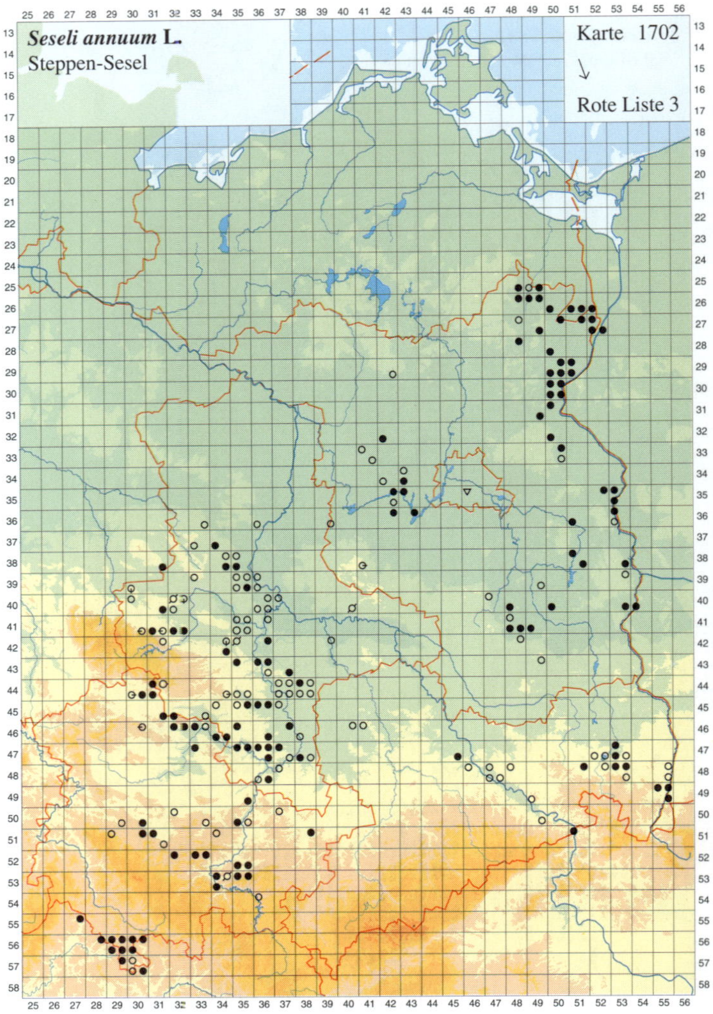
Seseli annuum L.
Steppen-Sesel
Karte 1702
Rote Liste 3

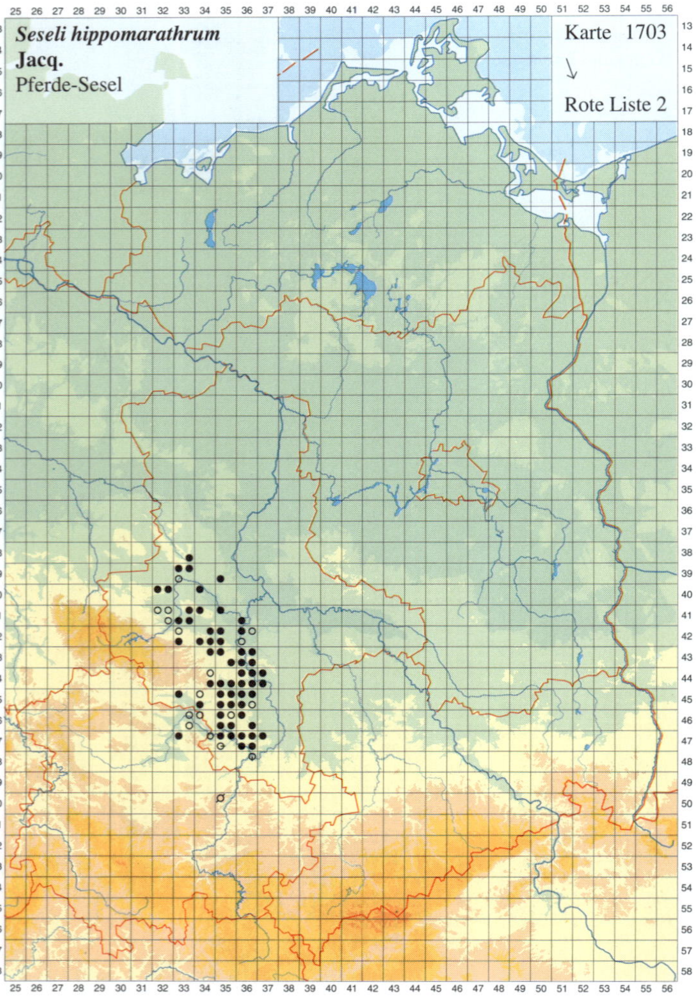
Seseli hippomarathrum Jacq.
Pferde-Sesel
Karte 1703
Rote Liste 2

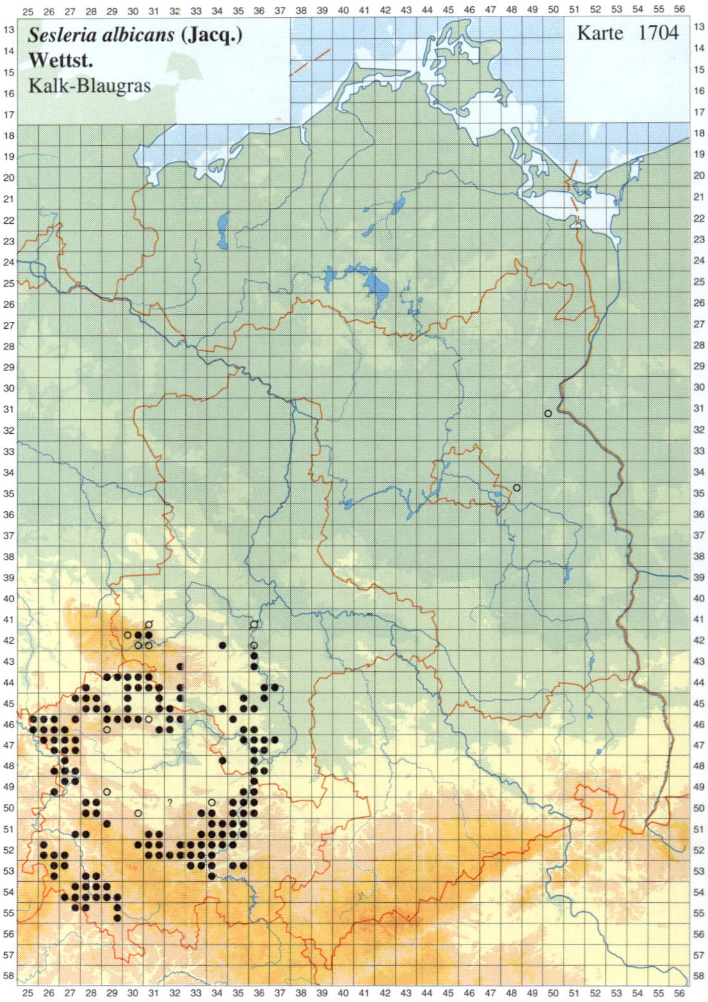
Sesleria albicans (Jacq.) Wettst.
Kalk-Blaugras
Karte 1704

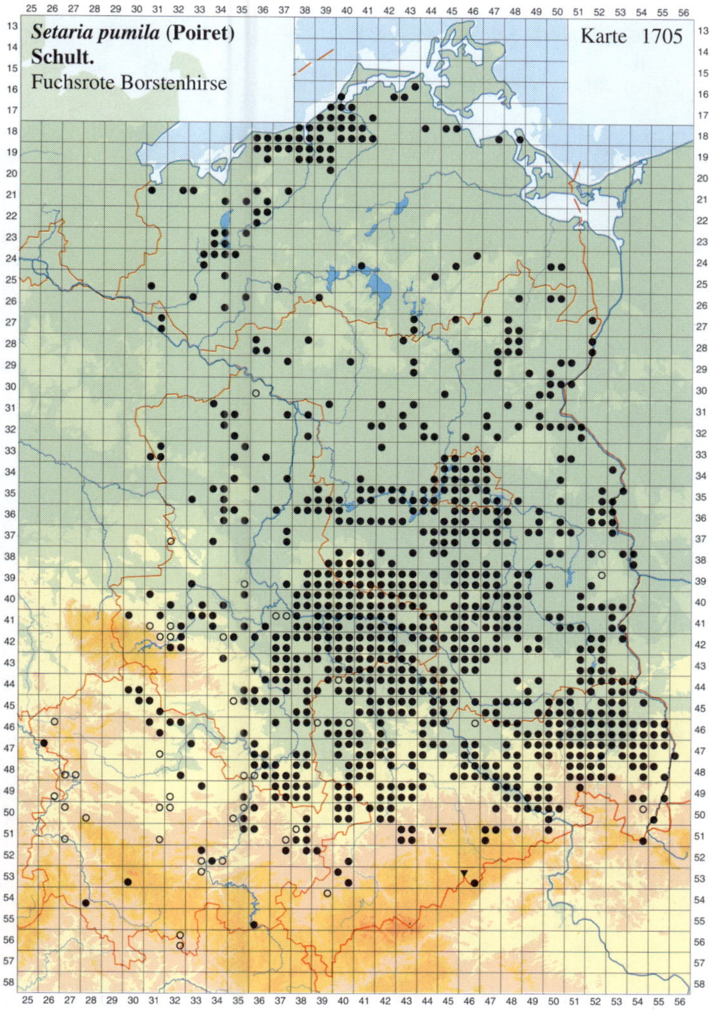
Setaria pumila (Poiret) Schult.
Fuchsrote Borstenhirse
Karte 1705

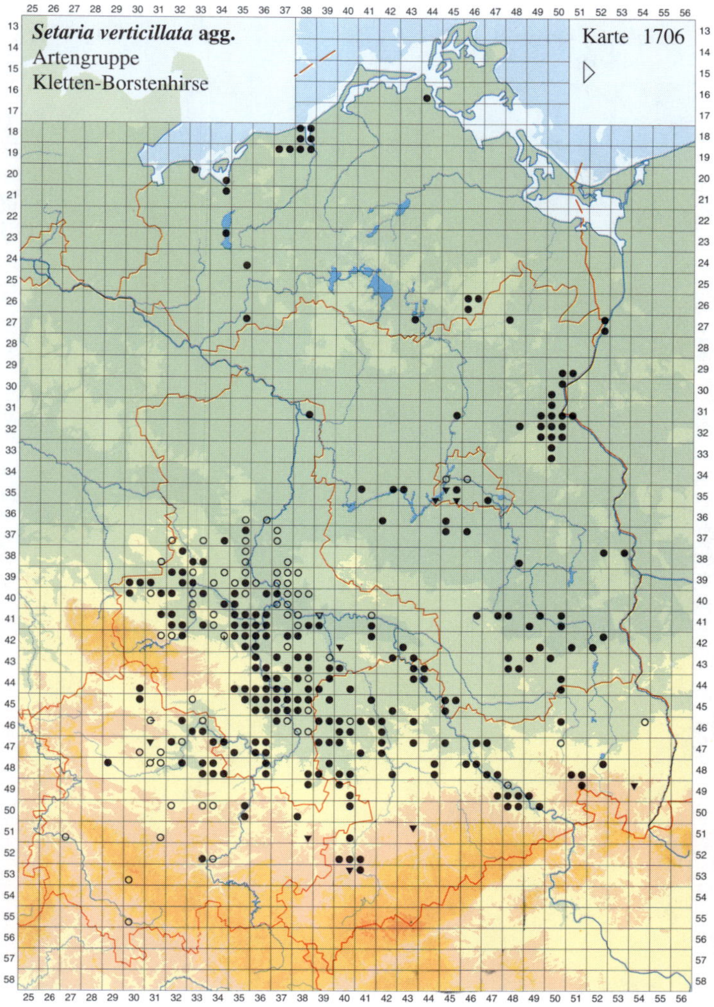
Setaria verticillata agg.
Artengruppe
Kletten-Borstenhirse
Karte 1706

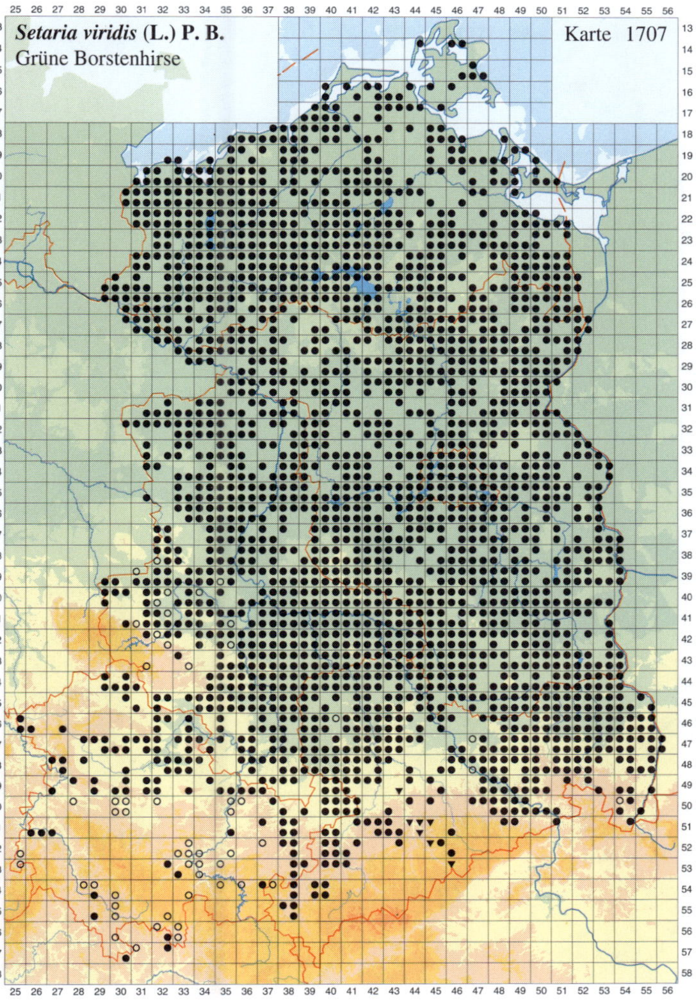
Setaria viridis (L.) P. B.
Grüne Borstenhirse
Karte 1707

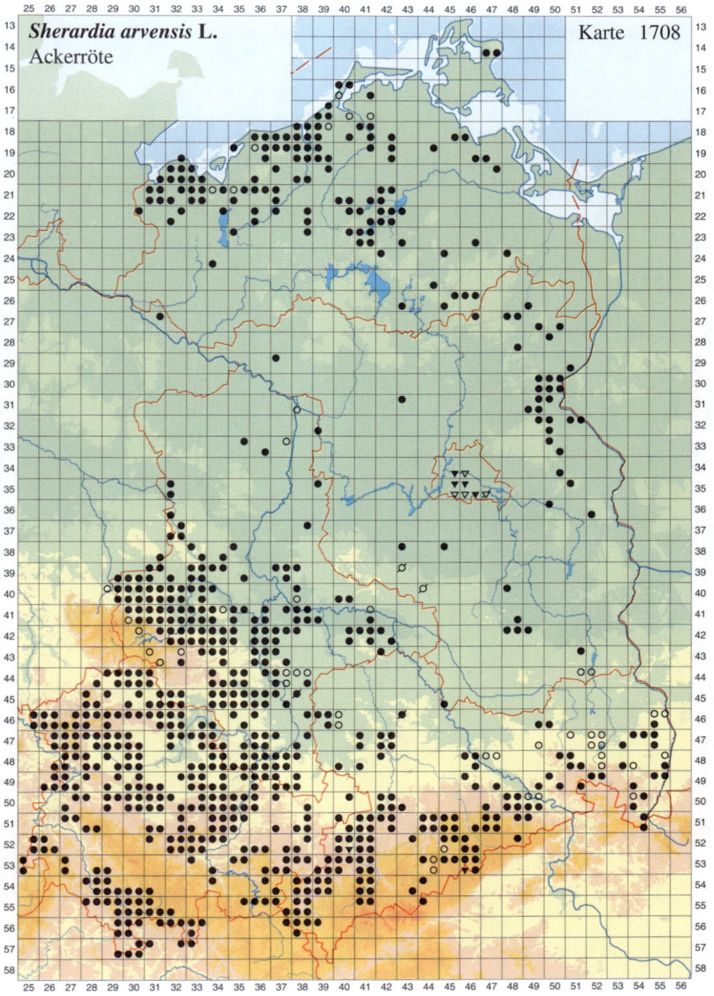
Sherardia arvensis L.
Ackerröte
Karte 1708

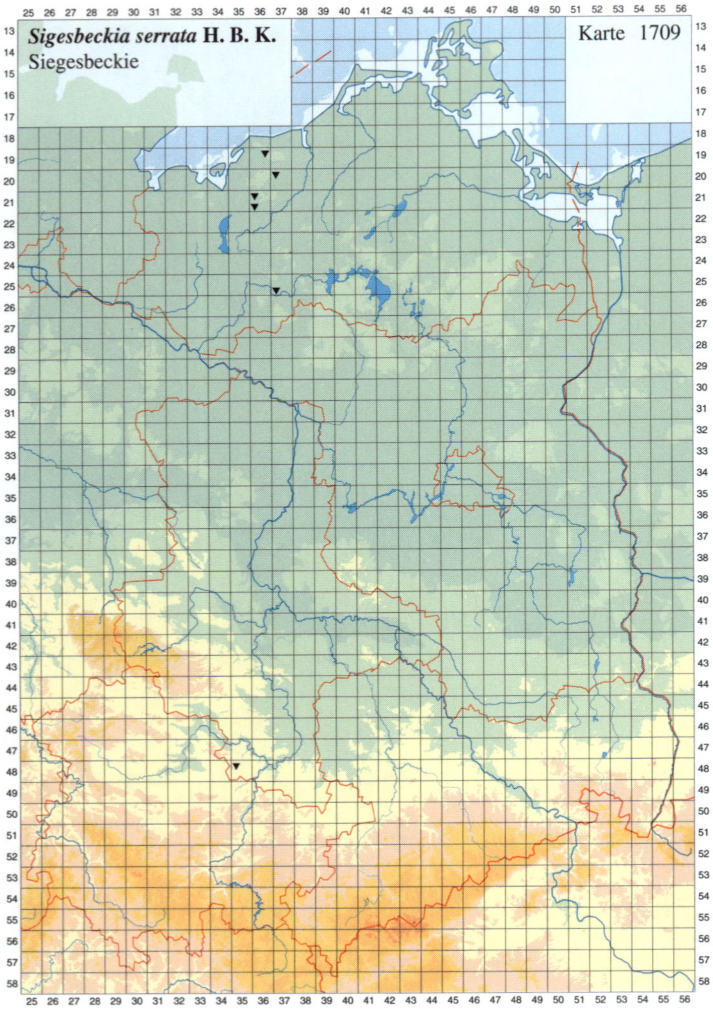
Sigesbeckia serrata H. B. K.
Siegesbeckie
Karte 1709

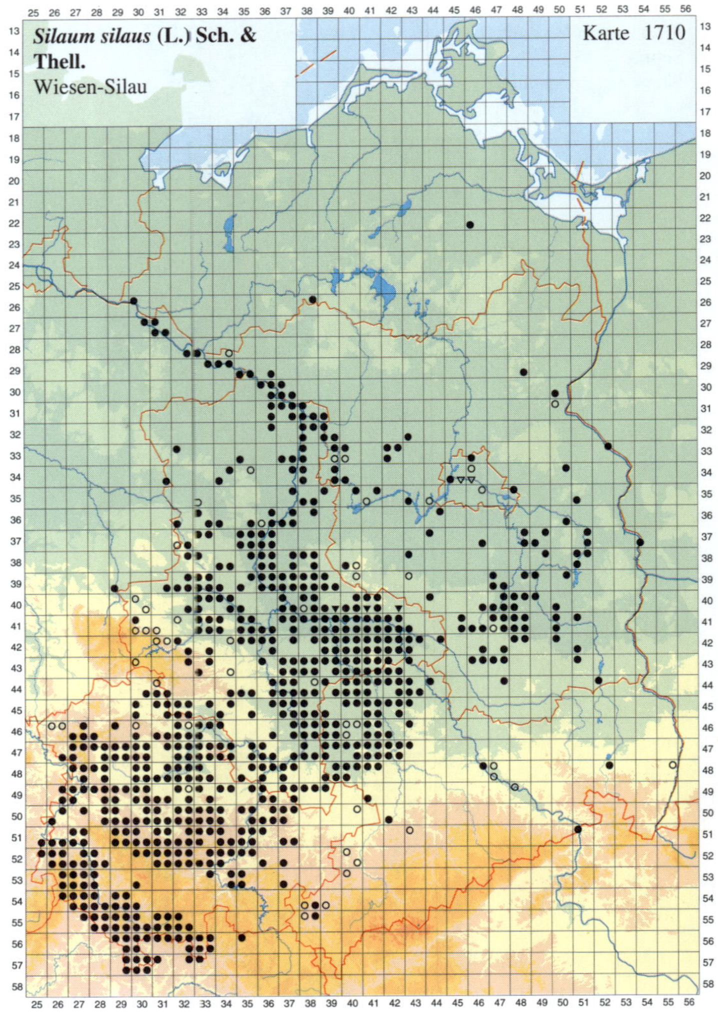
Silaum silaus (L.) Sch. & Thell.
Wiesen-Silau
Karte 1710

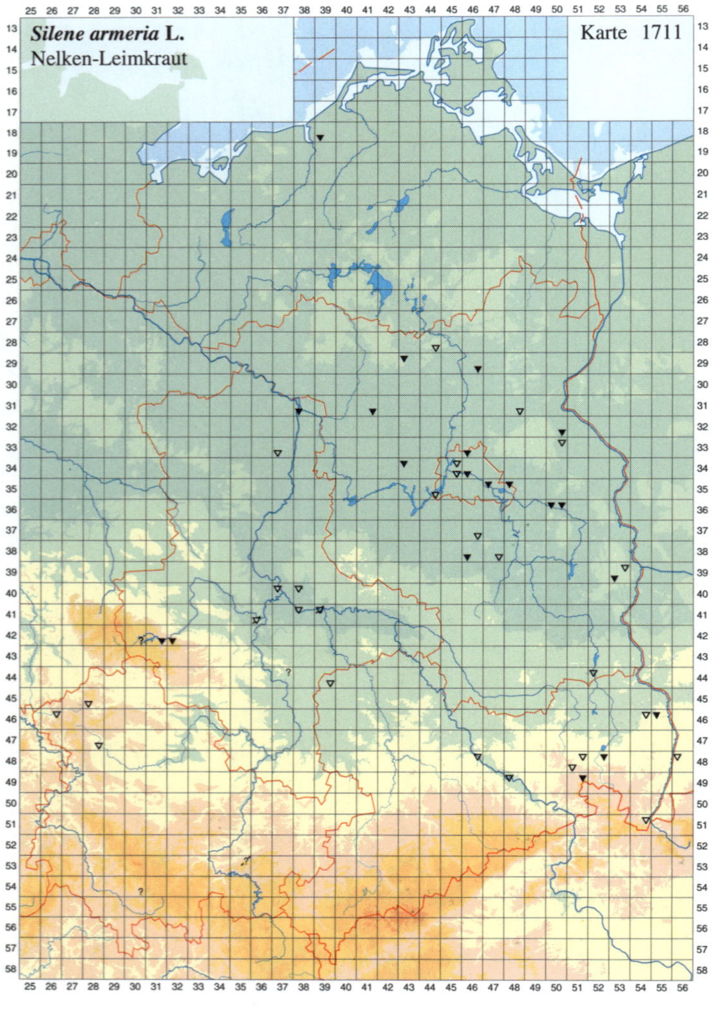
Silene armeria L.
Nelken-Leimkraut
Karte 1711

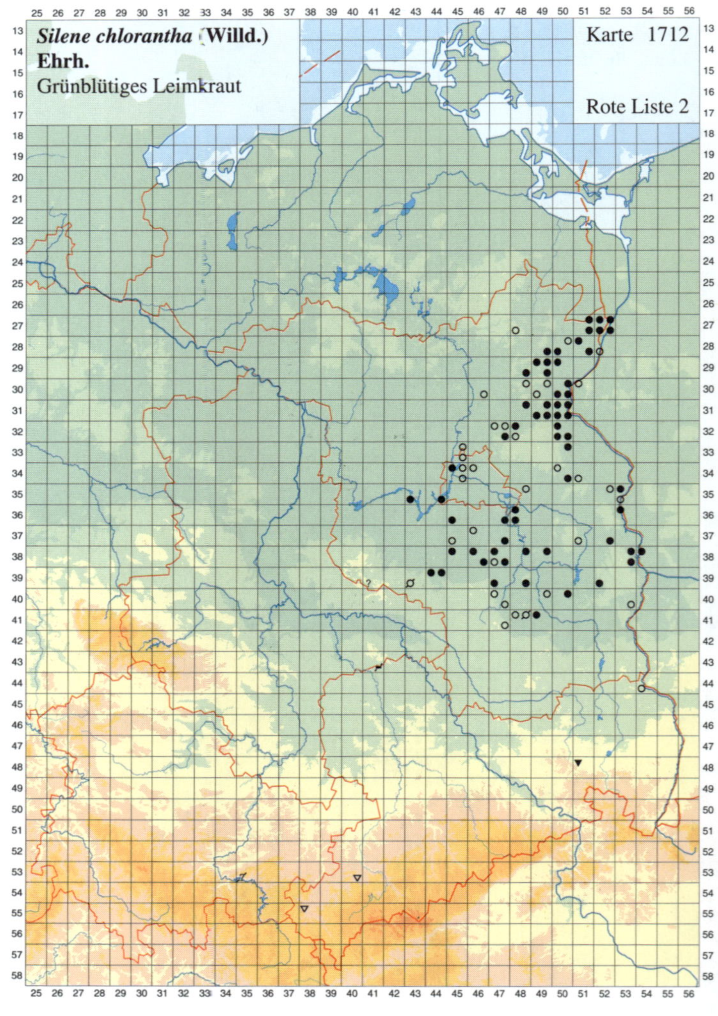
Silene chlorantha (Willd.) Ehrh.
Grünblütiges Leimkraut
Karte 1712
Rote Liste 2

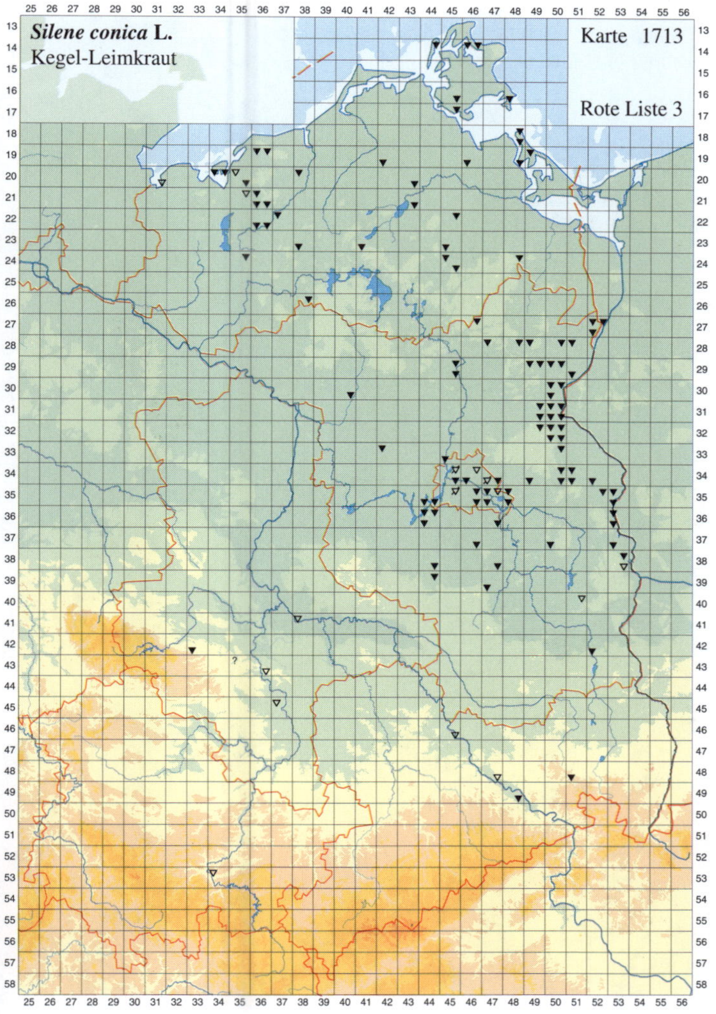
Silene conica L.
Kegel-Leimkraut
Karte 1713
Rote Liste 3

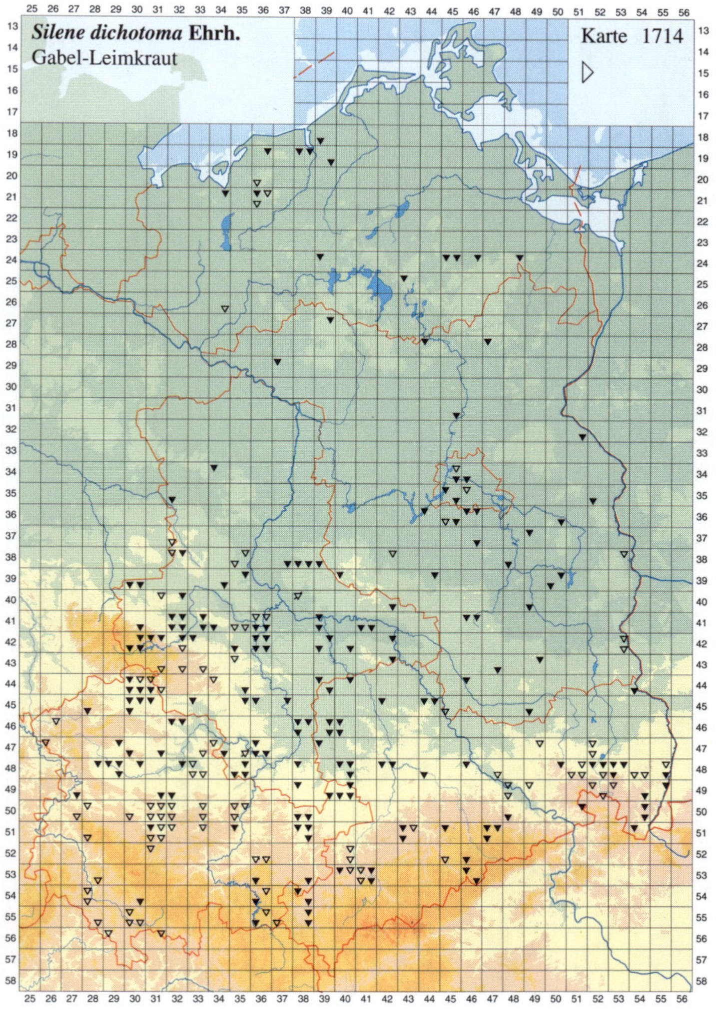
Silene dichotoma Ehrh.
Gabel-Leimkraut
Karte 1714

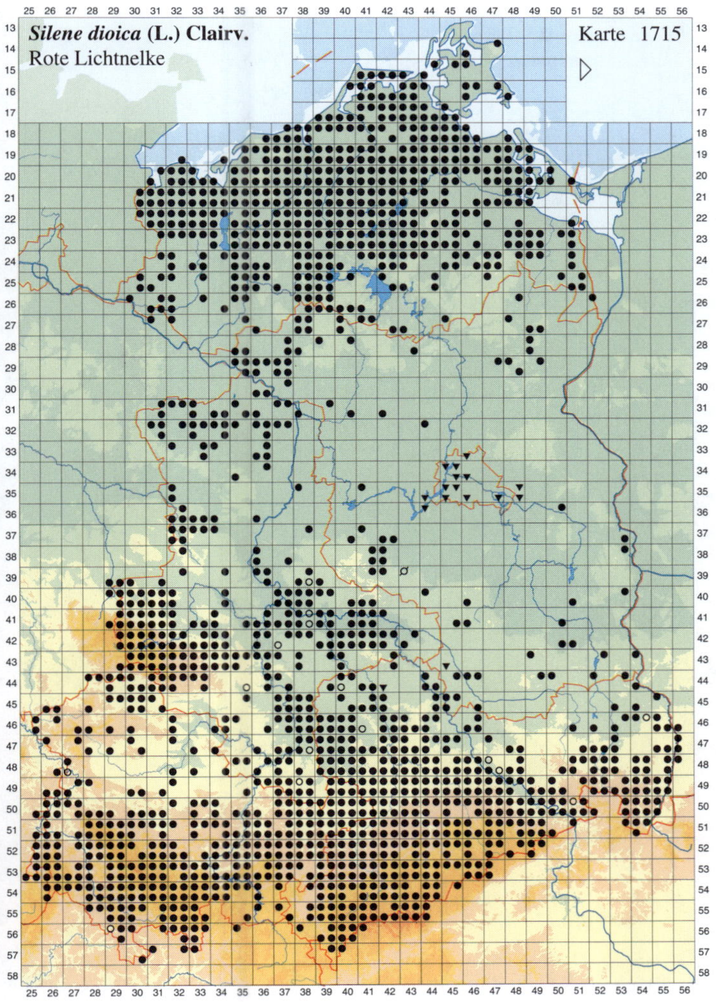
Silene dioica (L.) Clairv.
Rote Lichtnelke
Karte 1715

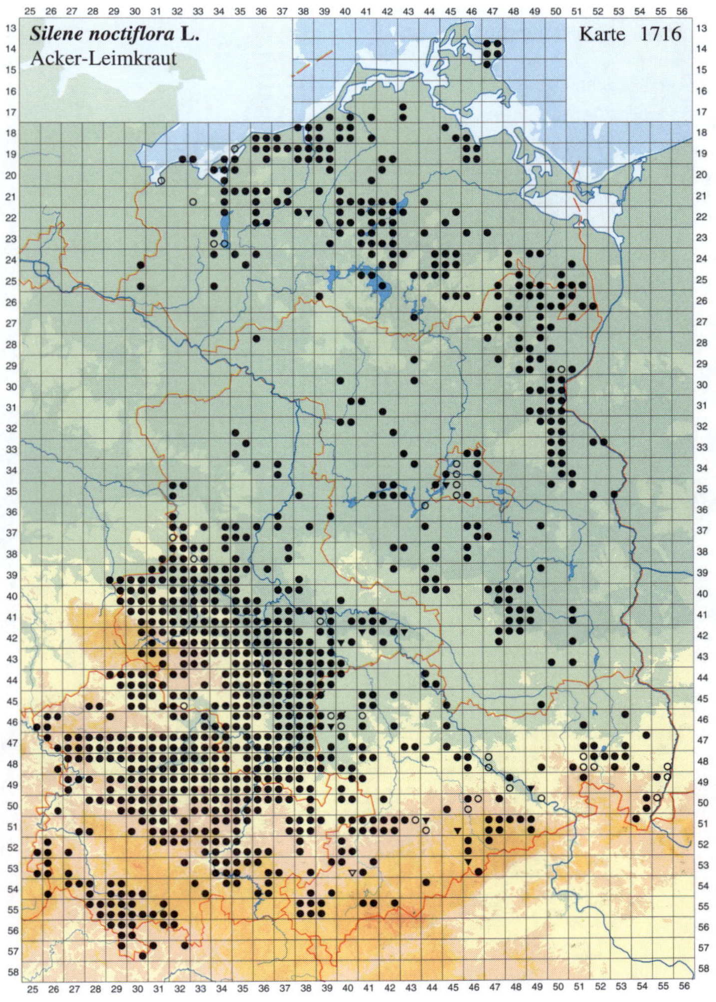
Silene noctiflora L.
Acker-Leimkraut
Karte 1716

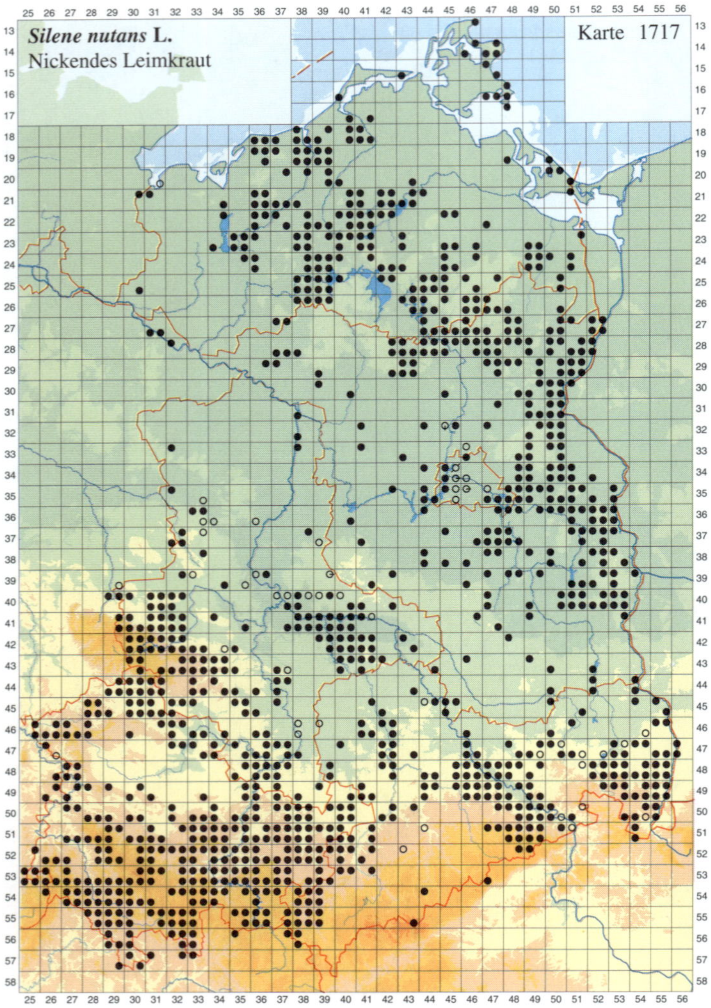
Silene nutans L.
Nickendes Leimkraut
Karte 1717

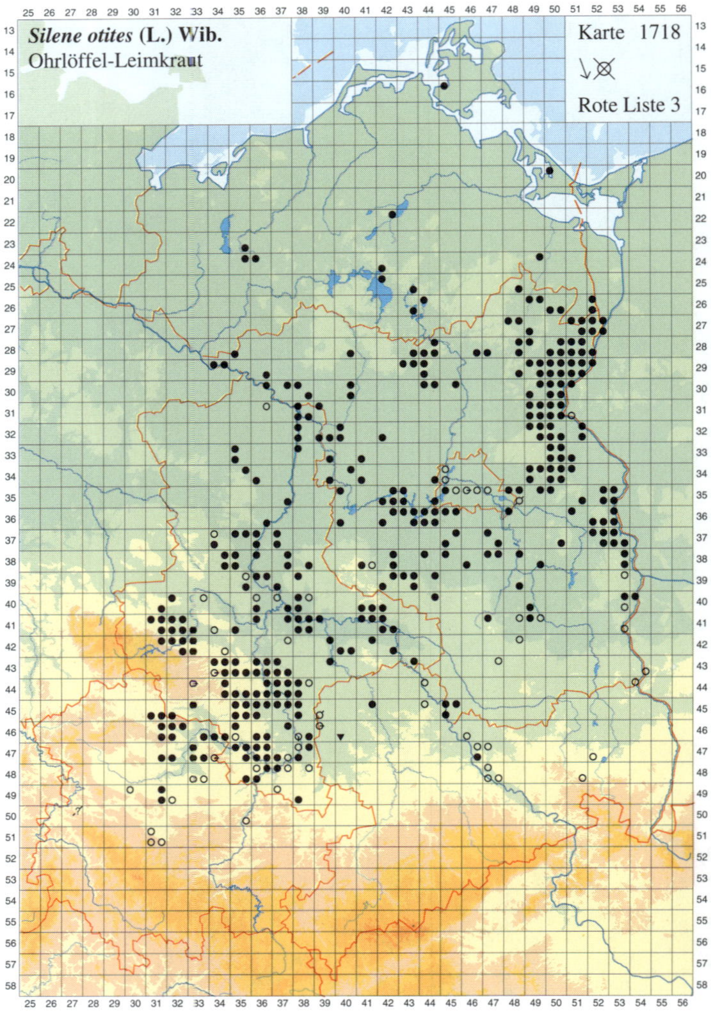
Silene otites (L.) Wib.
Ohrlöffel-Leimkraut
Karte 1718
Rote Liste 3

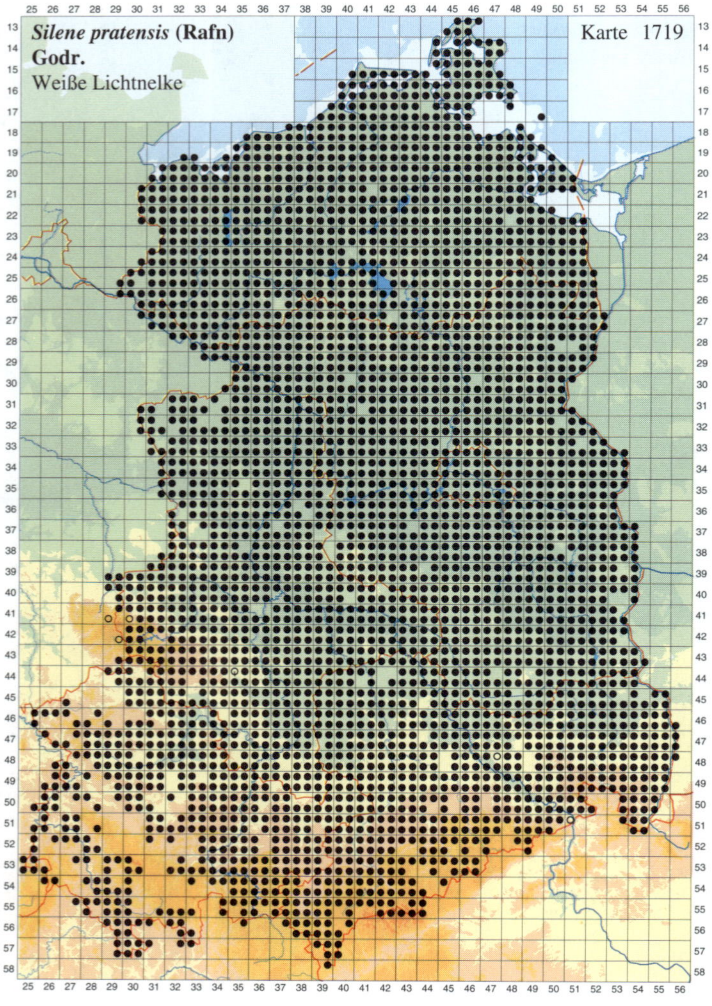
Silene pratensis (Rafn) Godr.
Weiße Lichtnelke
Karte 1719

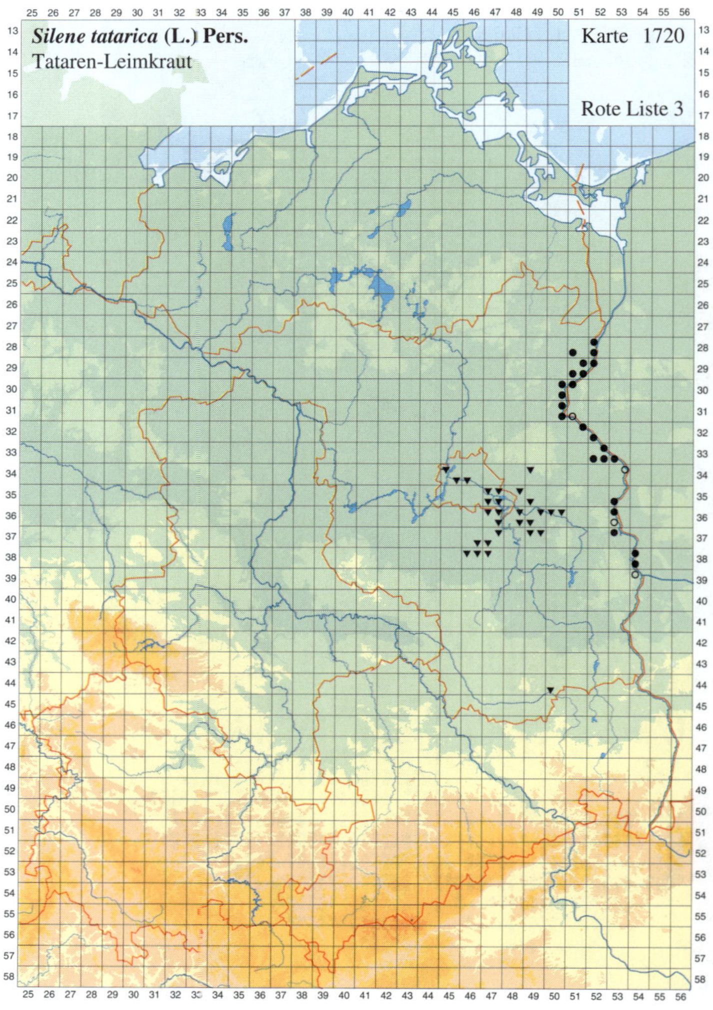
Silene tatarica (L.) Pers.
Tataren-Leimkraut
Karte 1720
Rote Liste 3

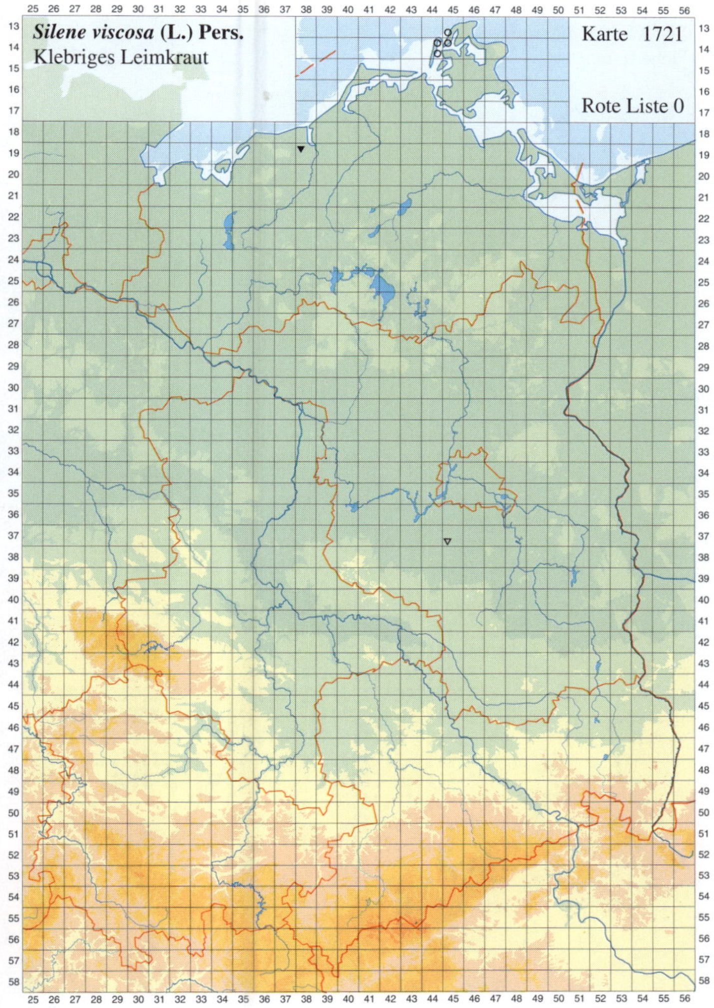
Silene viscosa (L.) Pers.
Klebriges Leimkraut
Karte 1721
Rote Liste 0

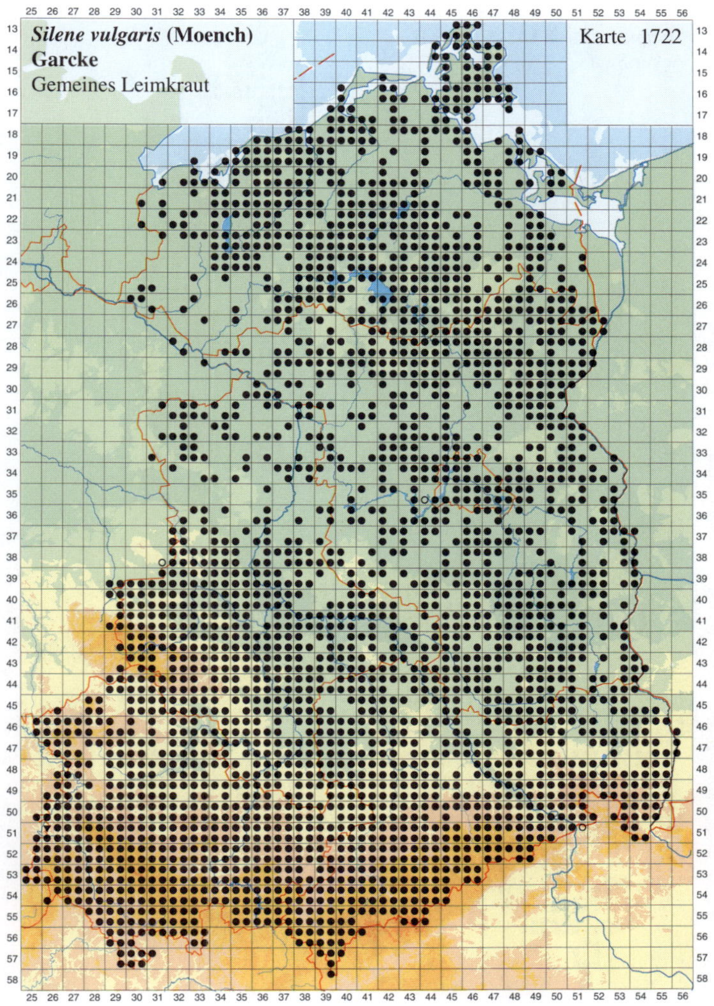
Silene vulgaris (Moench) Garcke
Gemeines Leimkraut
Karte 1722

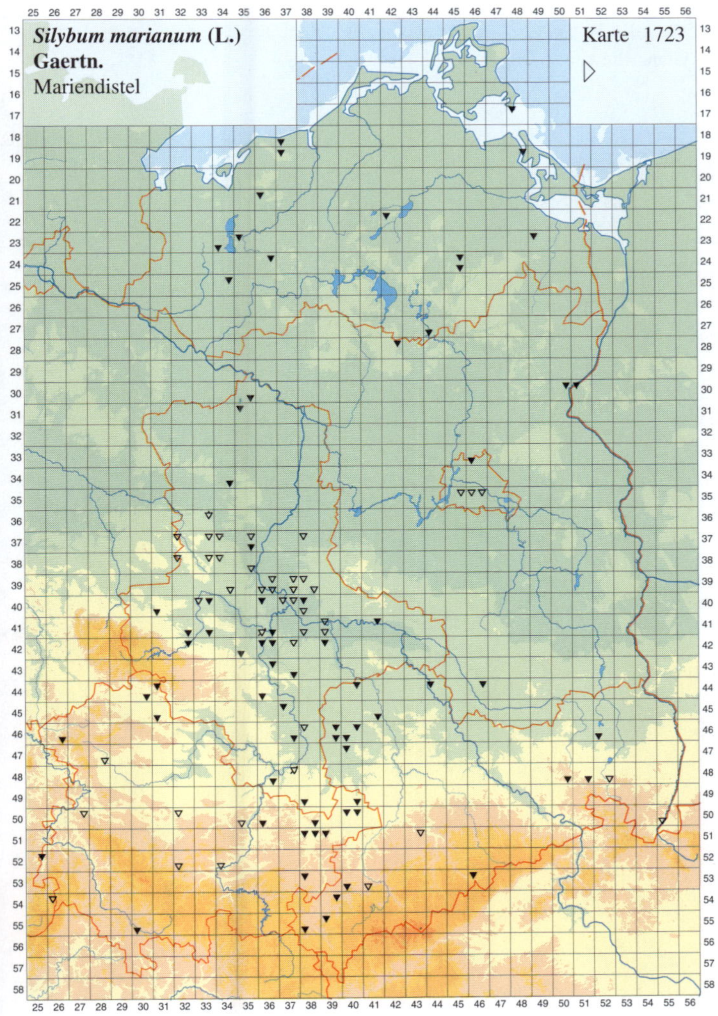
Silybum marianum (L.) Gaertn.
Mariendistel
Karte 1723

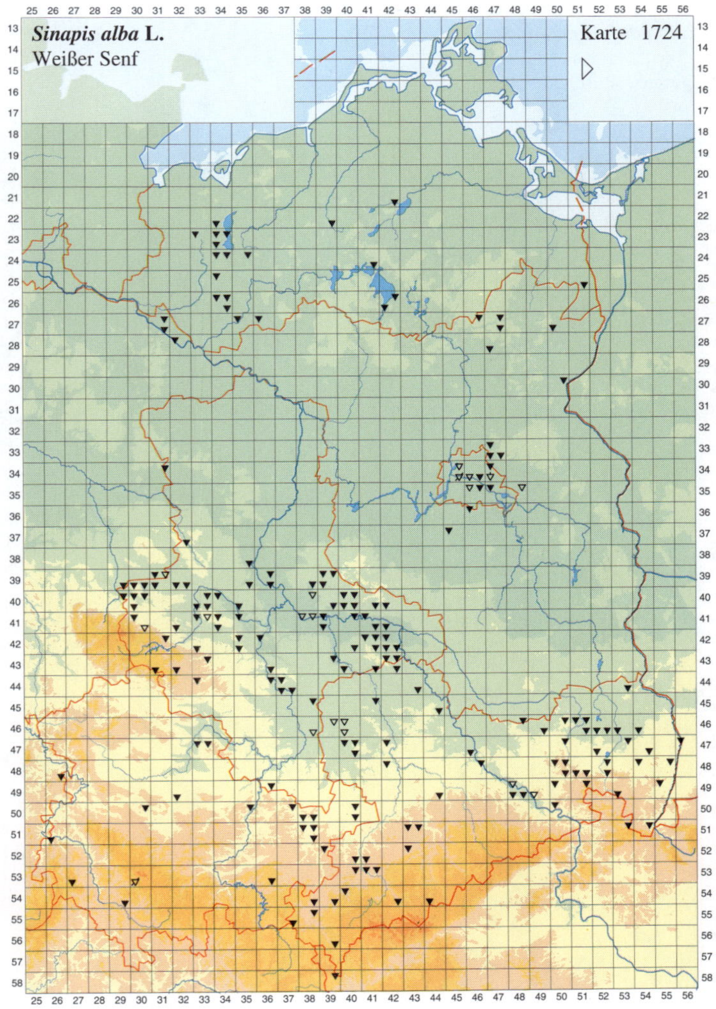
Sinapis alba L.
Weißer Senf
Karte 1724

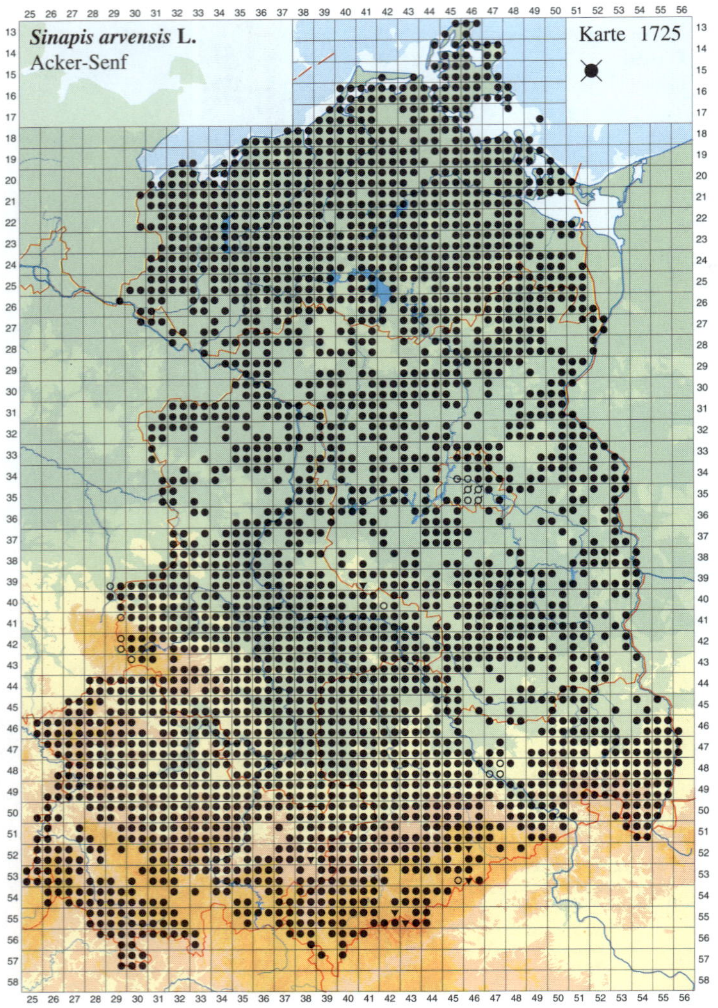
Sinapis arvensis L.
Acker-Senf
Karte 1725

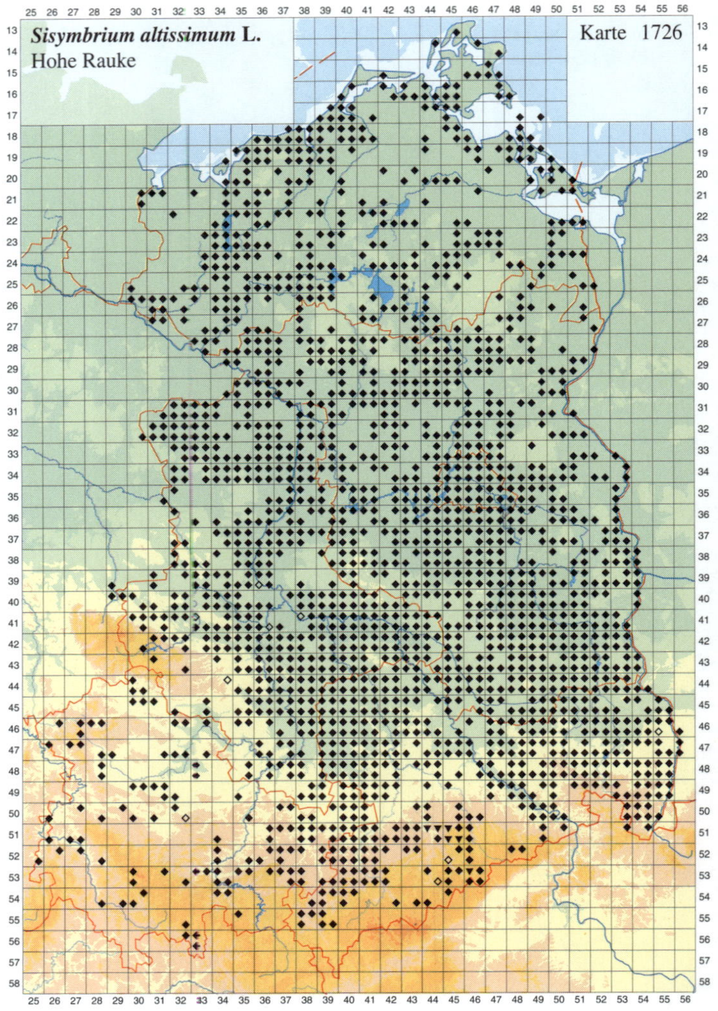
Sisymbrium altissimum L.
Hohe Rauke
Karte 1726

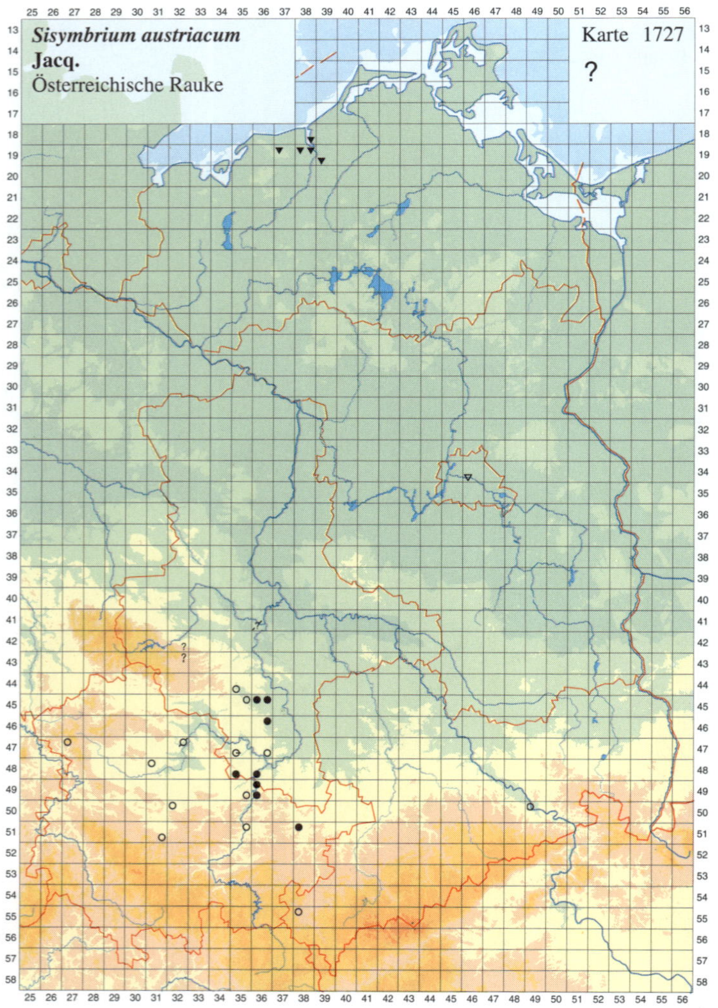
Sisymbrium austriacum Jacq.
Österreichische Rauke
Karte 1727
?

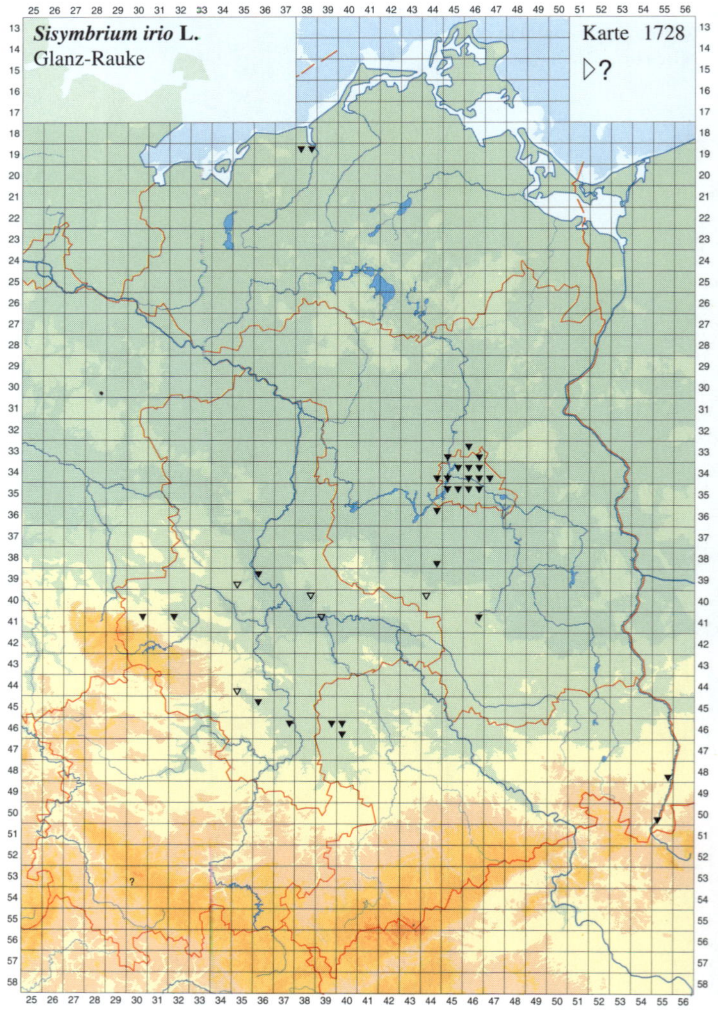
Sisymbrium irio L.
Glanz-Rauke
Karte 1728
?

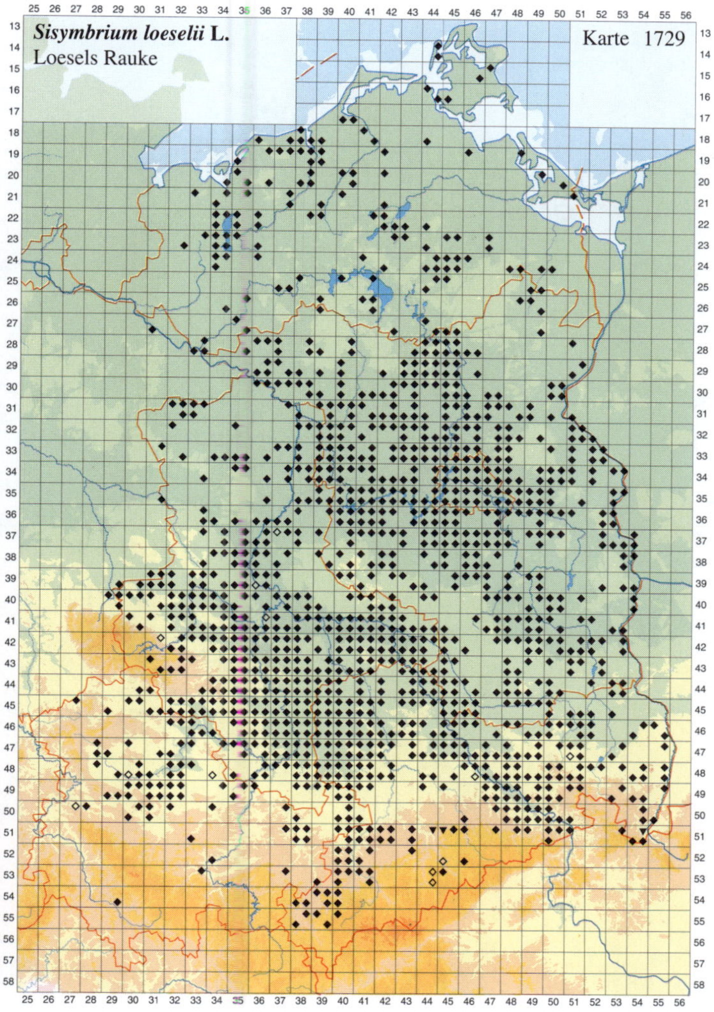
Sisymbrium loeselii L.
Loesels Rauke
Karte 1729

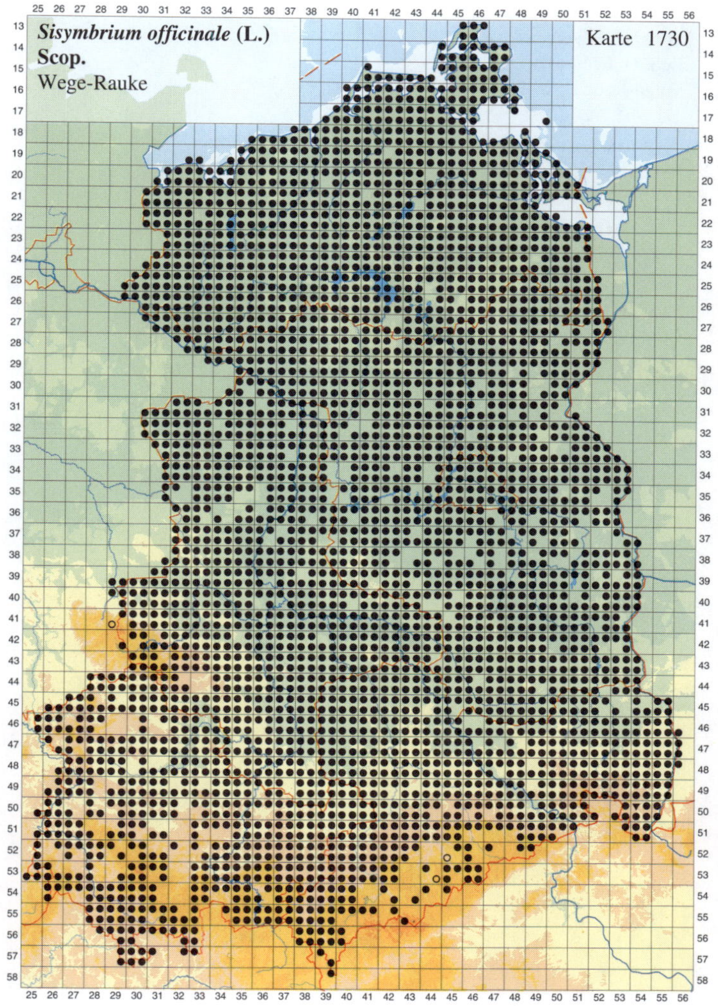
Sisymbrium officinale (L.) Scop.
Wege-Rauke
Karte 1730

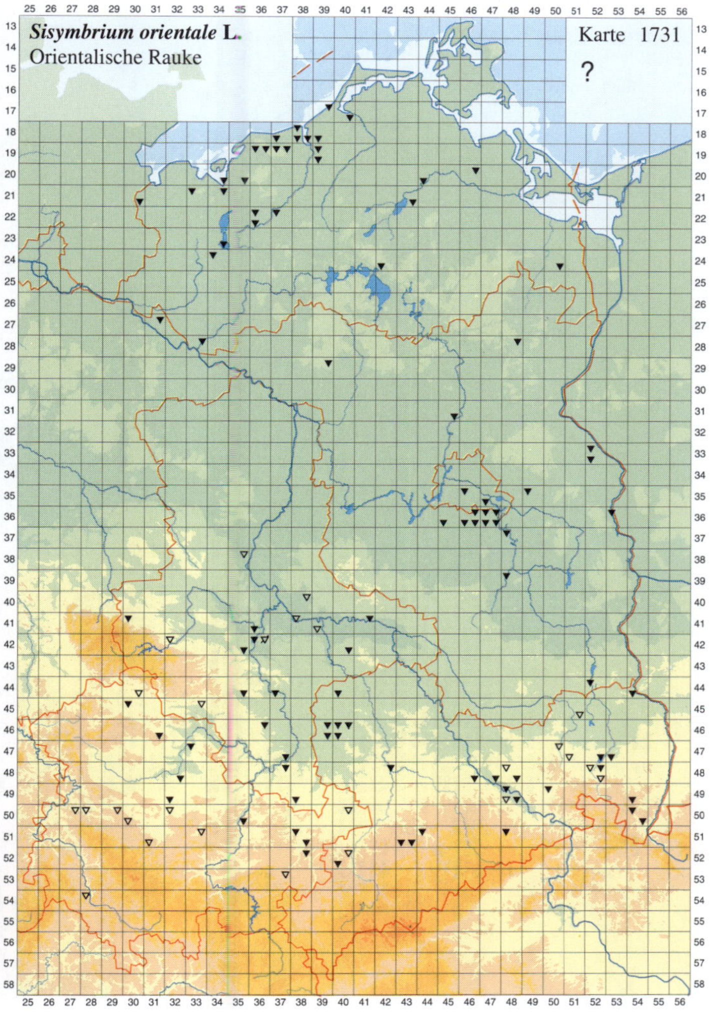
Sisymbrium orientale L.
Orientalische Rauke
Karte 1731
?

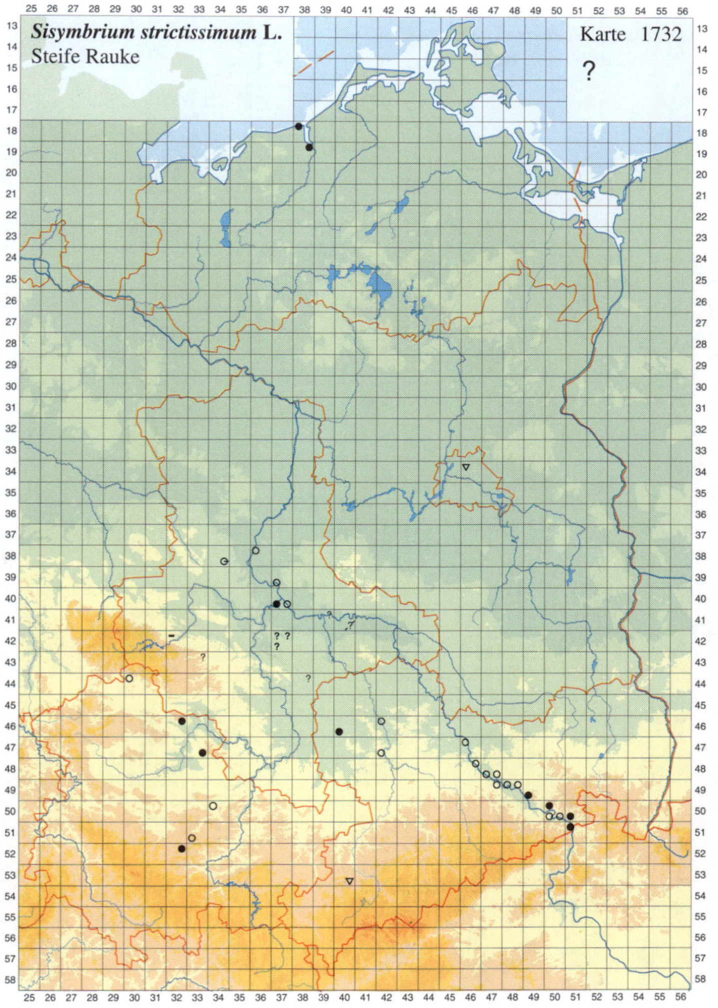
Sisymbrium strictissimum L.
Steife Rauke
Karte 1732
?

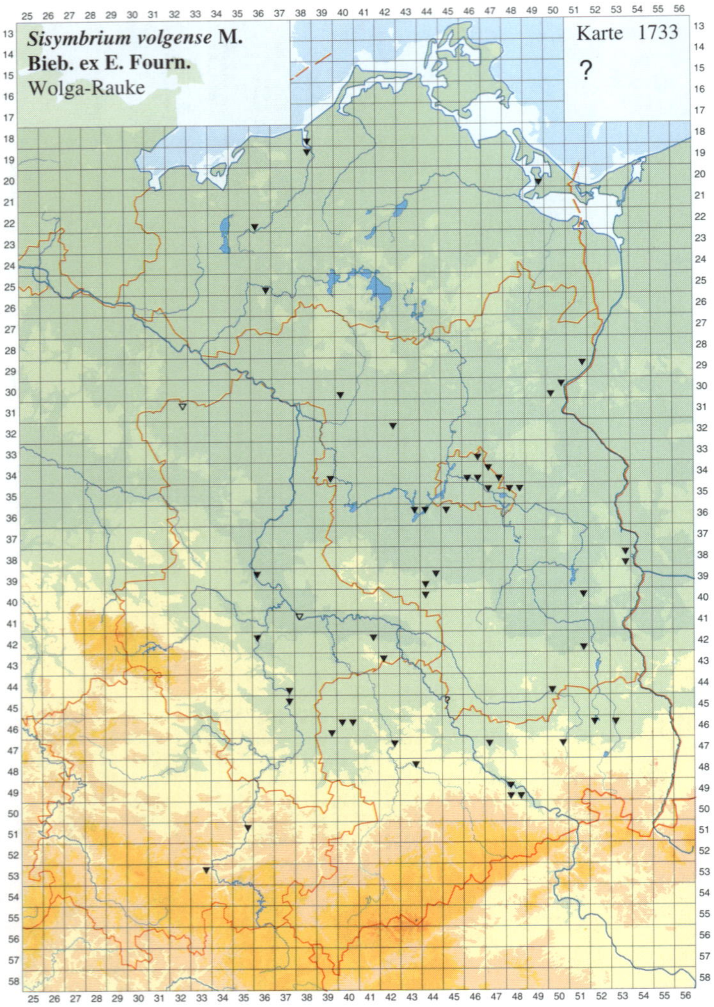
Sisymbrium volgense M. Bieb. ex E. Fourn.
Wolga-Rauke
Karte 1733
?

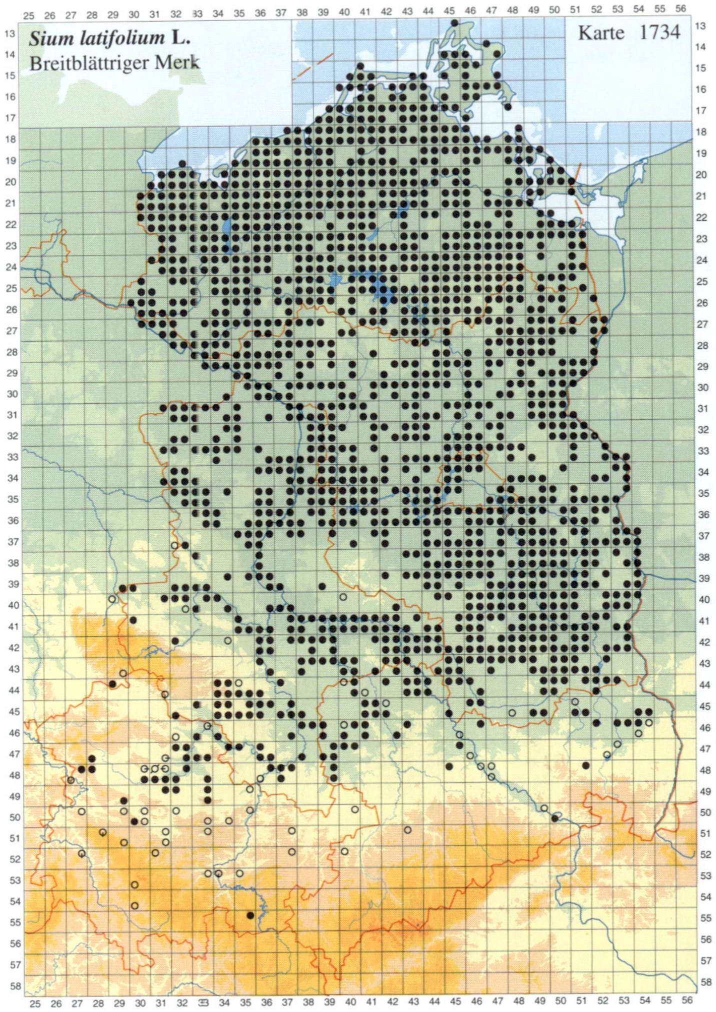
Sium latifolium L.
Breitblättriger Merk
Karte 1734

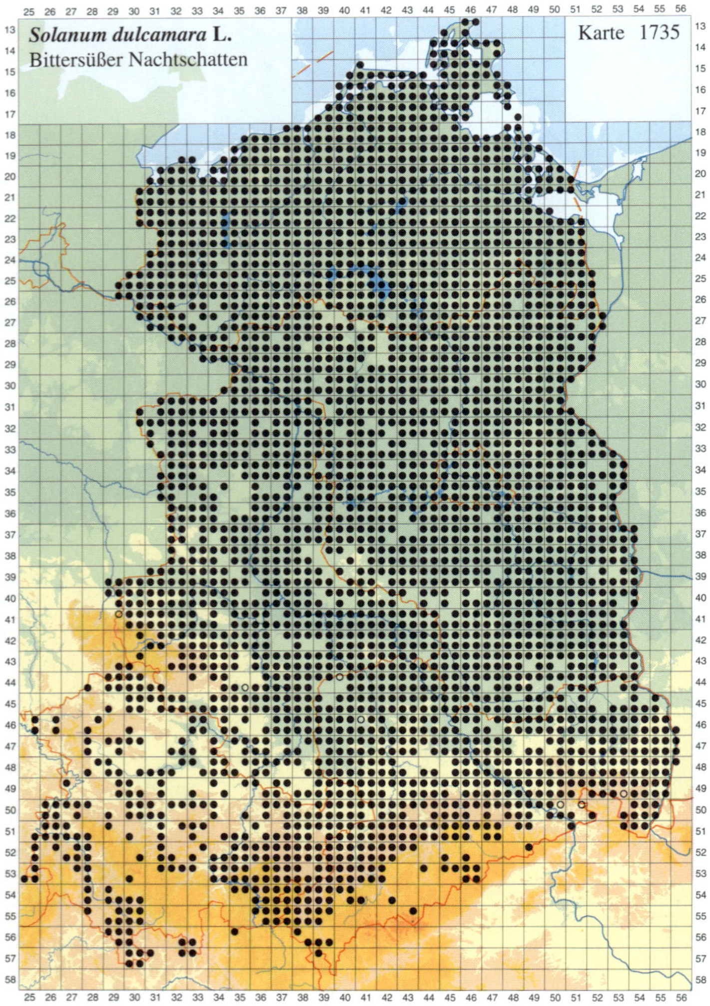
Solanum dulcamara L.
Bittersüßer Nachtschatten
Karte 1735

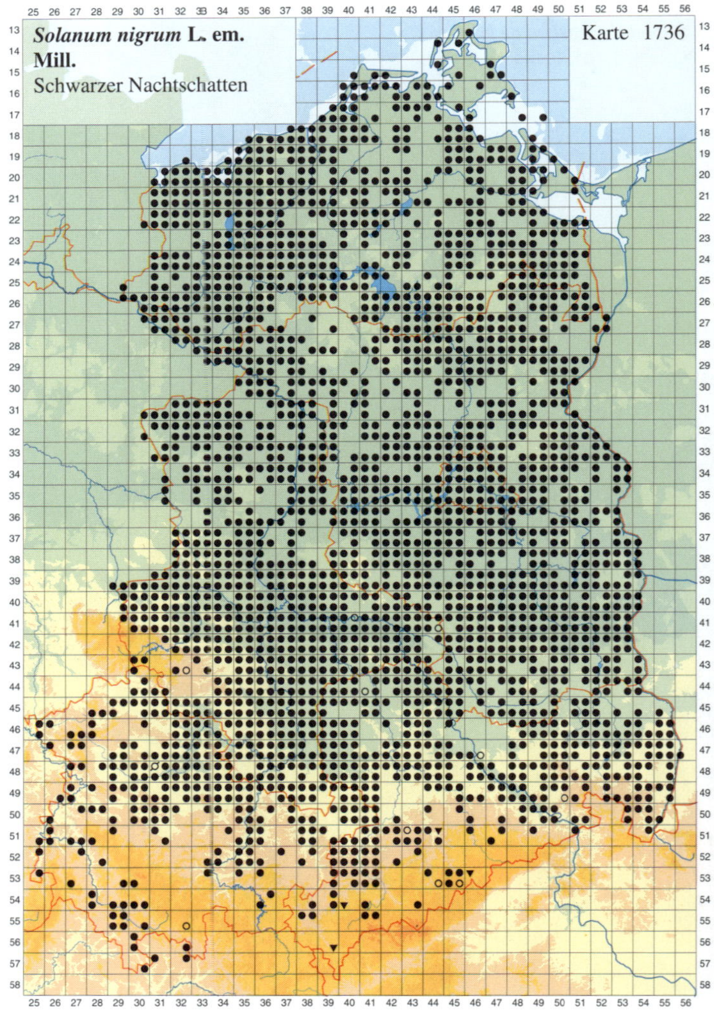
Solanum nigrum L. em. Mill.
Schwarzer Nachtschatten
Karte 1736

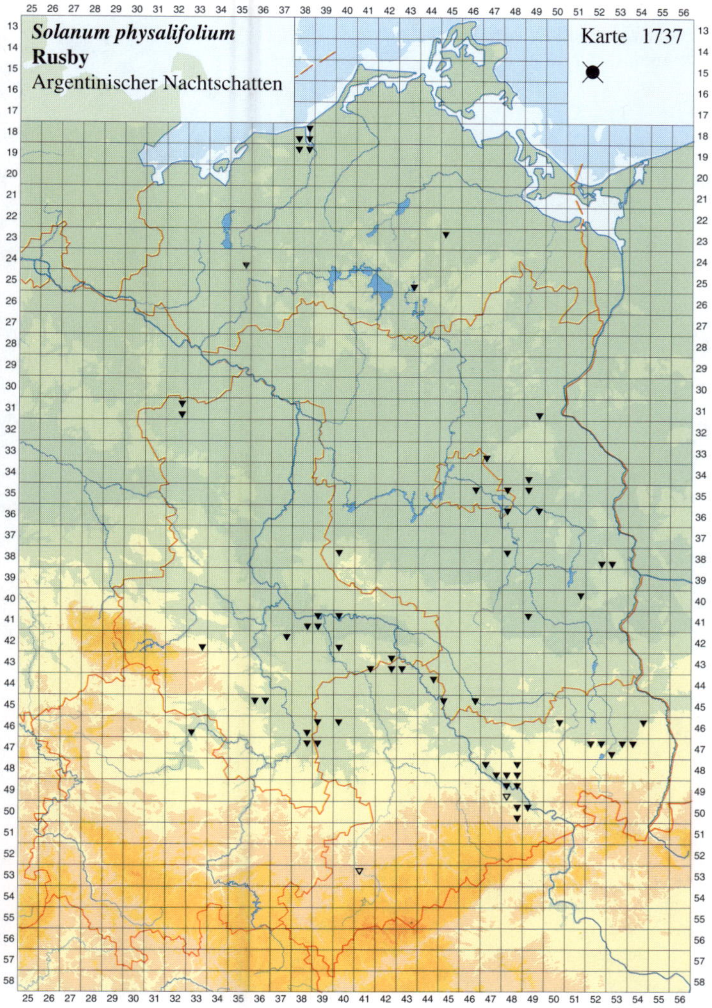
Solanum physalifolium
Rusby
Argentinischer Nachtschatten
Karte 1737

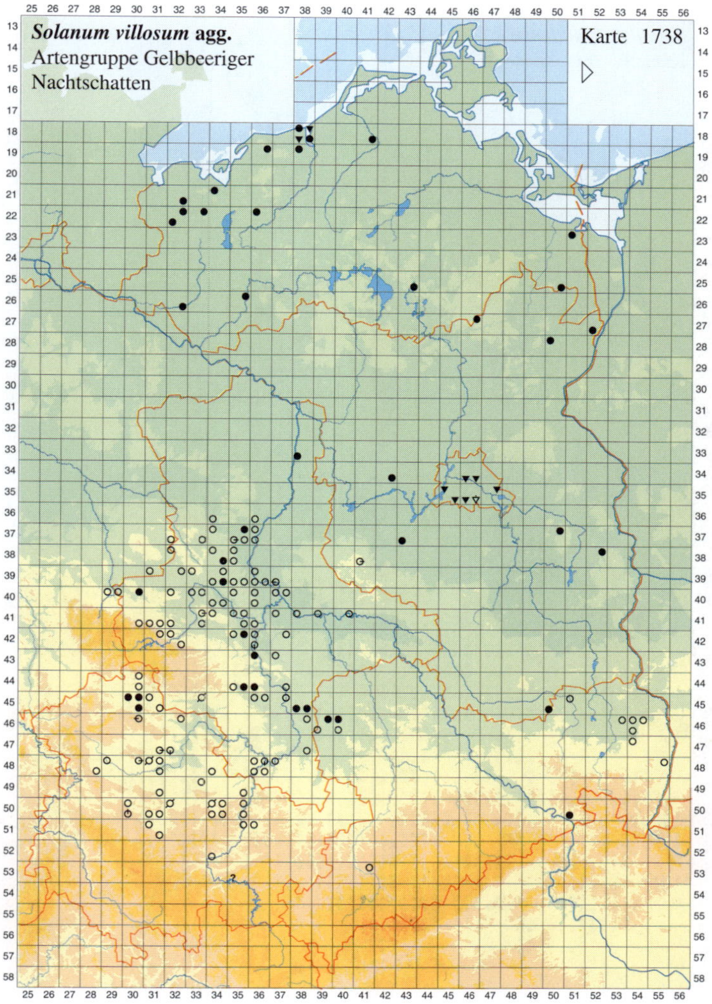
Solanum villosum **agg.**
Artengruppe Gelbbeeriger
Nachtschatten
Karte 1738

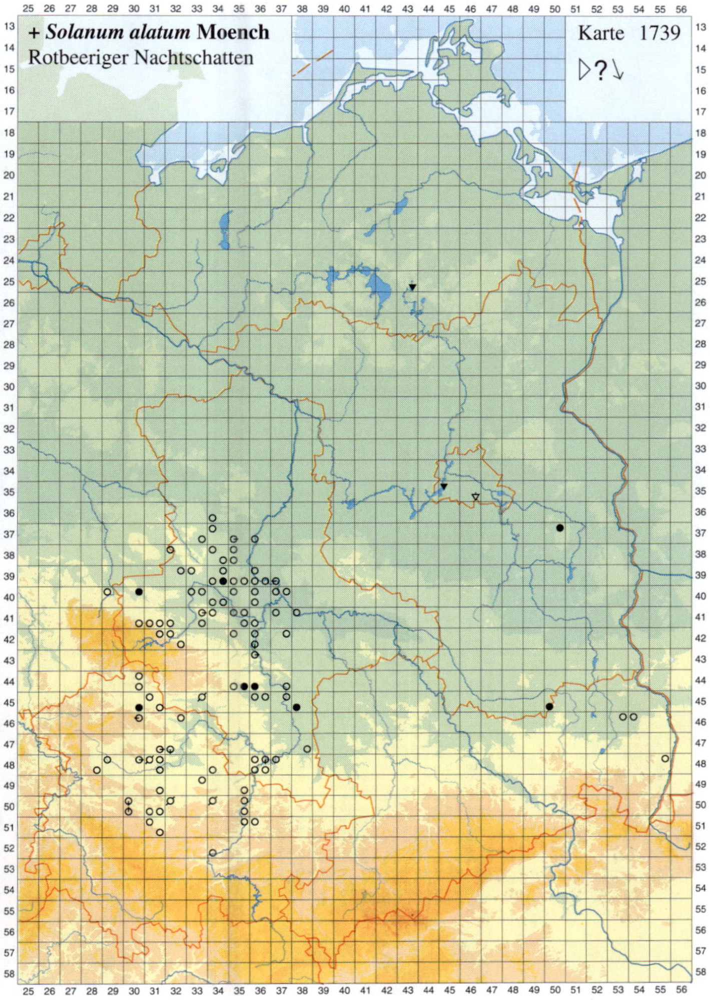
+ *Solanum alatum* Moench
Rotbeeriger Nachtschatten
Karte 1739
▷?↓

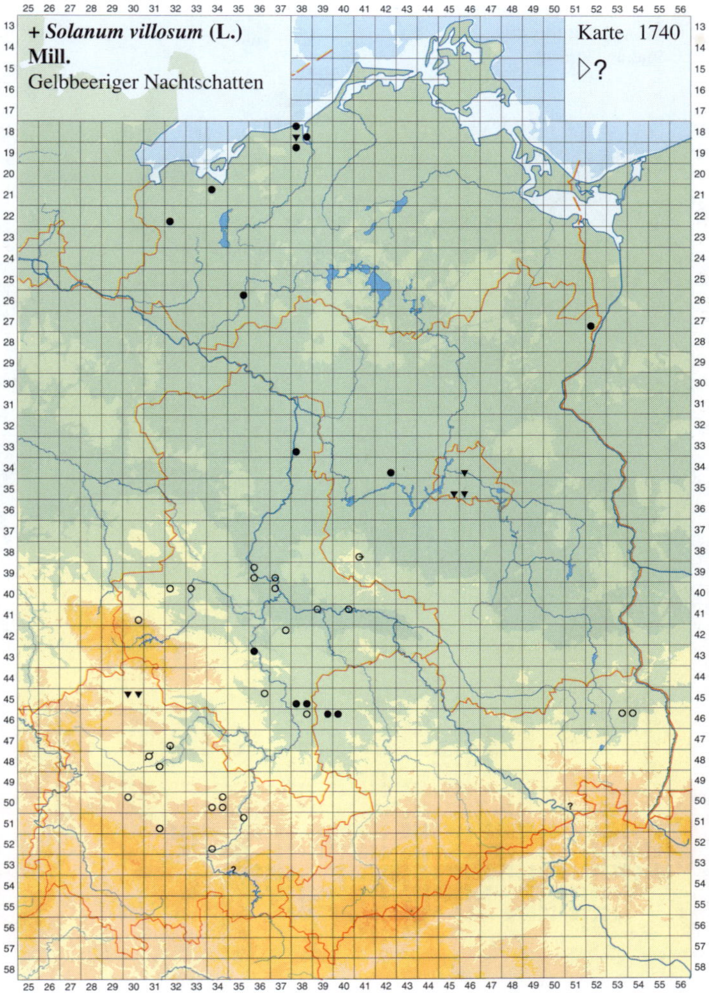
+ *Solanum villosum* (L.)
Mill.
Gelbbeeriger Nachtschatten
Karte 1740
▷?

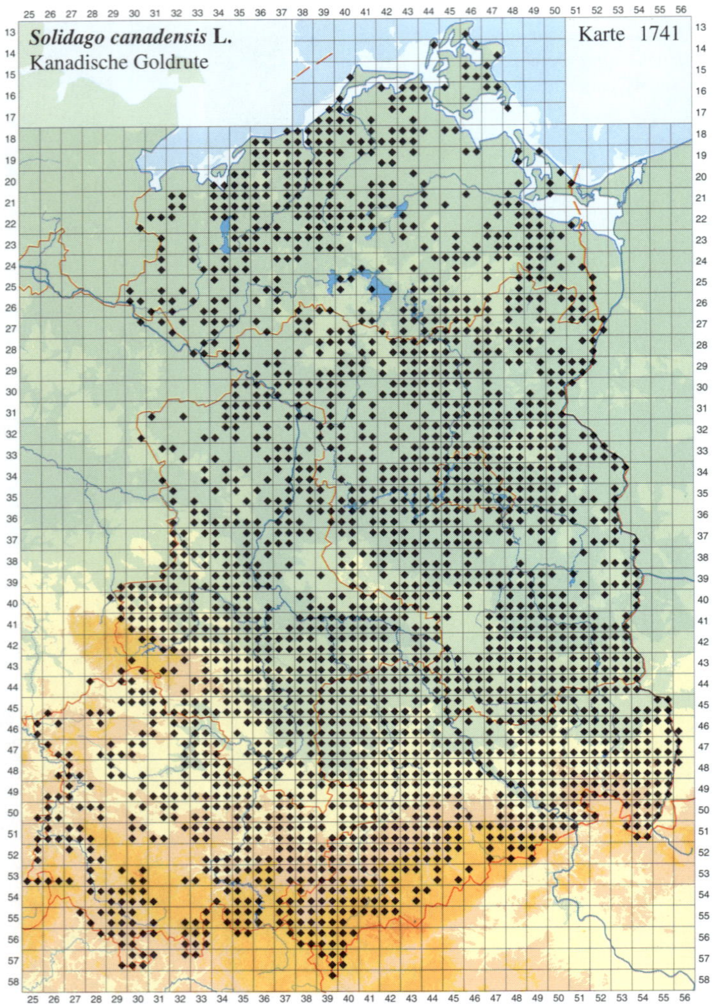
Solidago canadensis L.
Kanadische Goldrute
Karte 1741

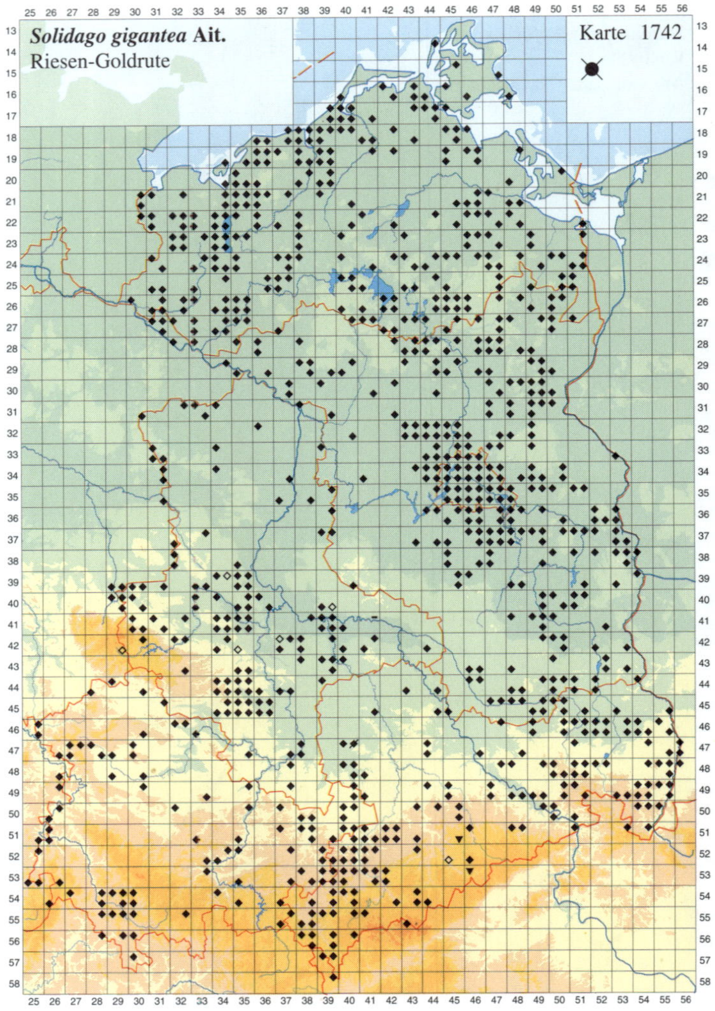
Solidago gigantea Ait.
Riesen-Goldrute
Karte 1742

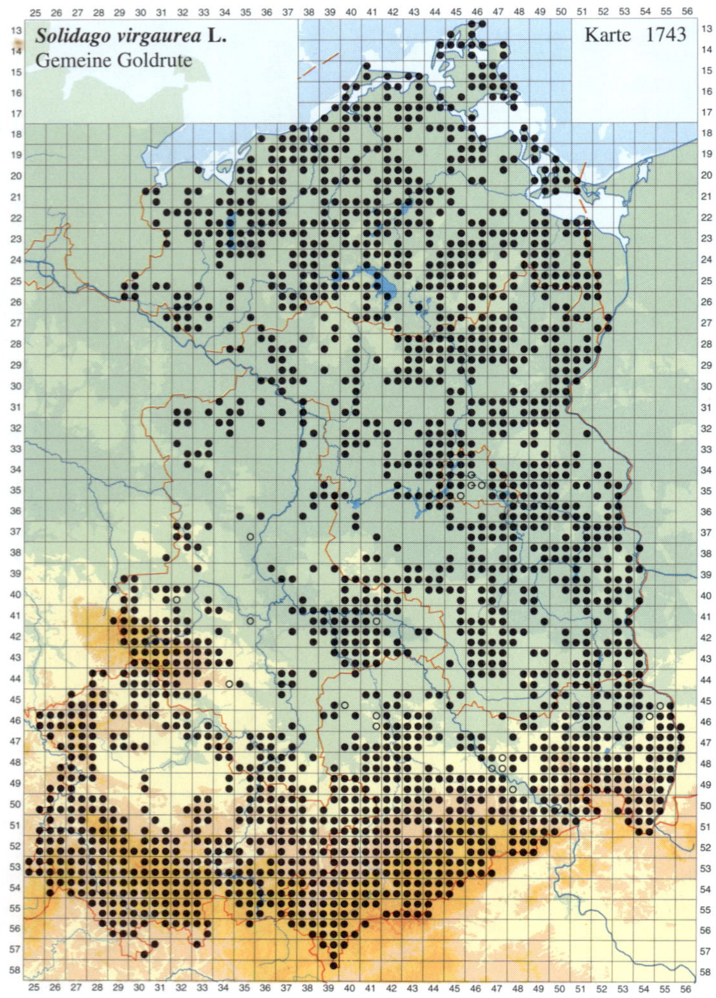
Solidago virgaurea L.
Gemeine Goldrute
Karte 1743

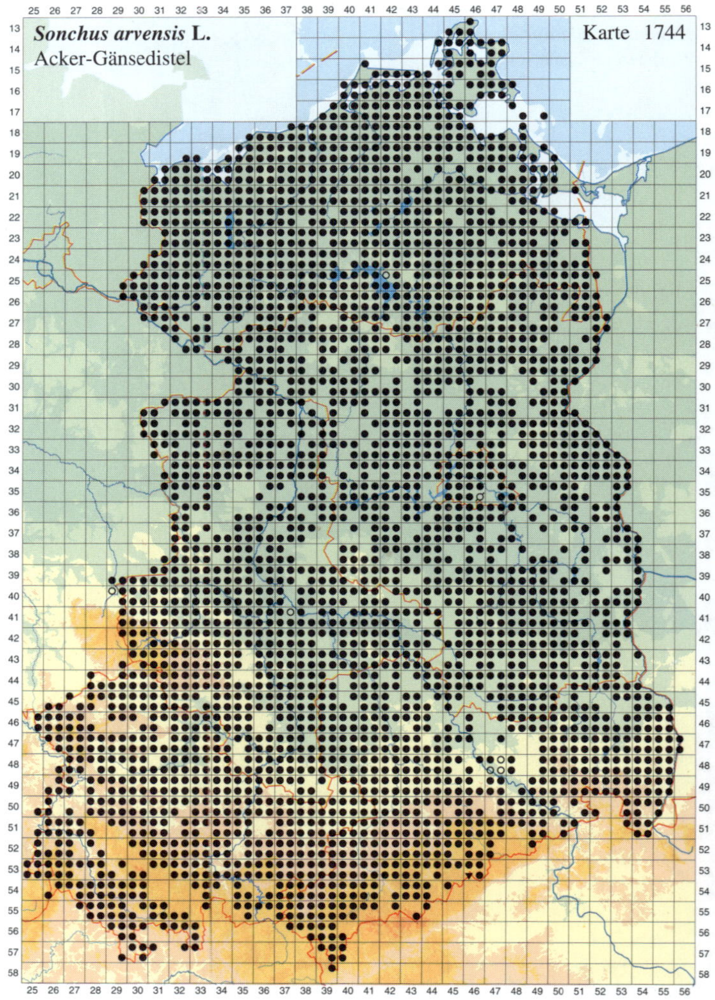
Sonchus arvensis L.
Acker-Gänsedistel
Karte 1744

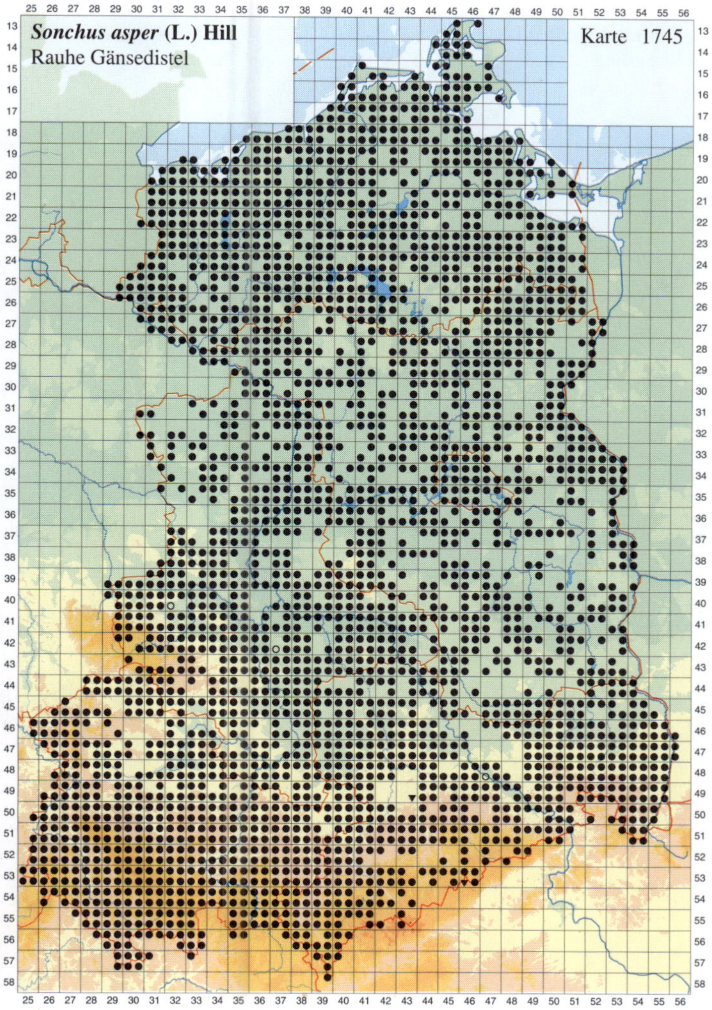
Sonchus asper (L.) Hill
Rauhe Gänsedistel
Karte 1745

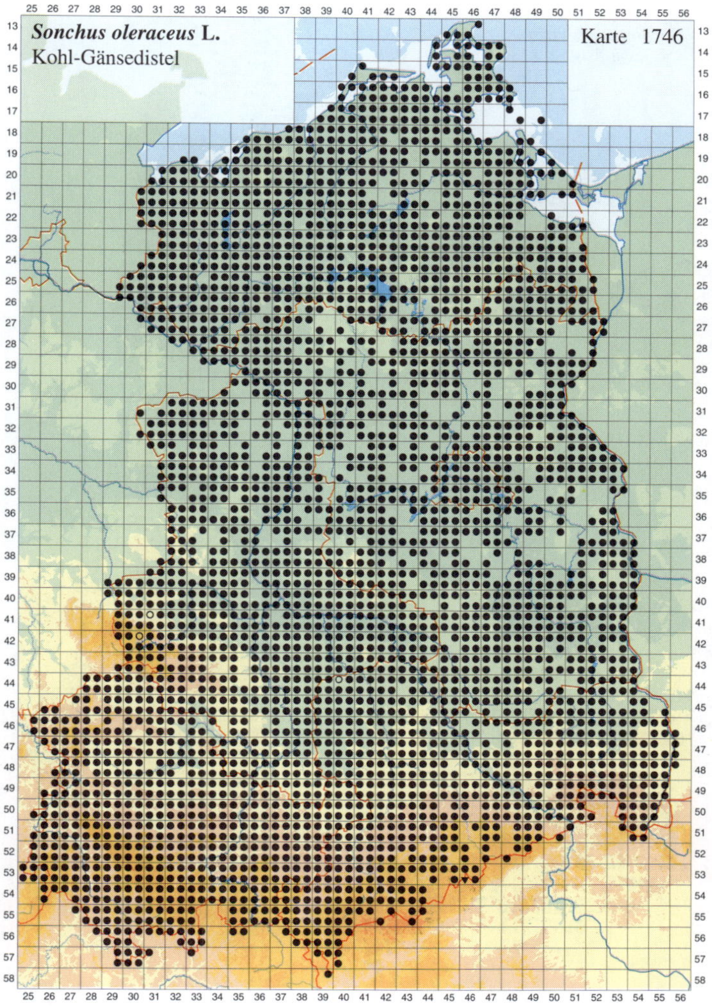
Sonchus oleraceus L.
Kohl-Gänsedistel
Karte 1746

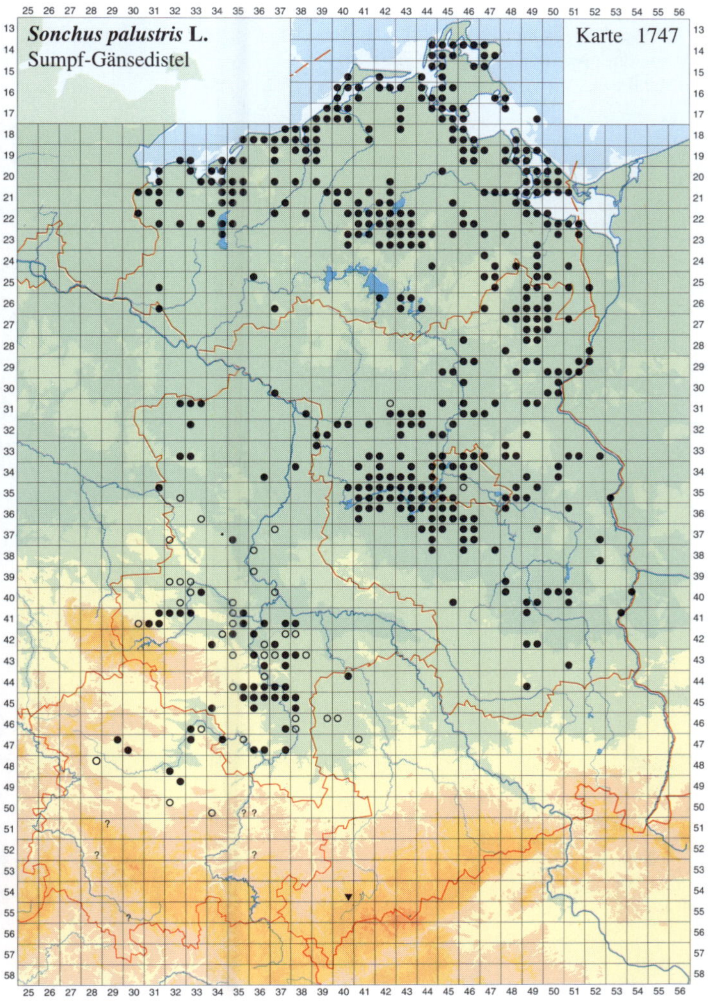
Sonchus palustris L.
Sumpf-Gänsedistel
Karte 1747

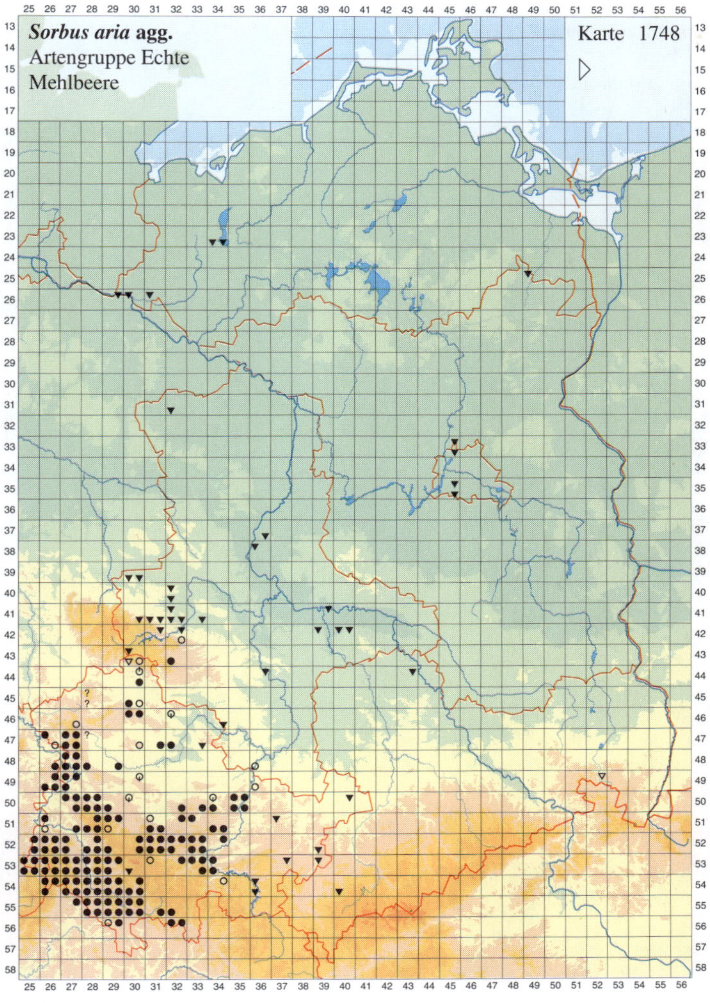
Sorbus aria agg.
Artengruppe Echte
Mehlbeere
Karte 1748

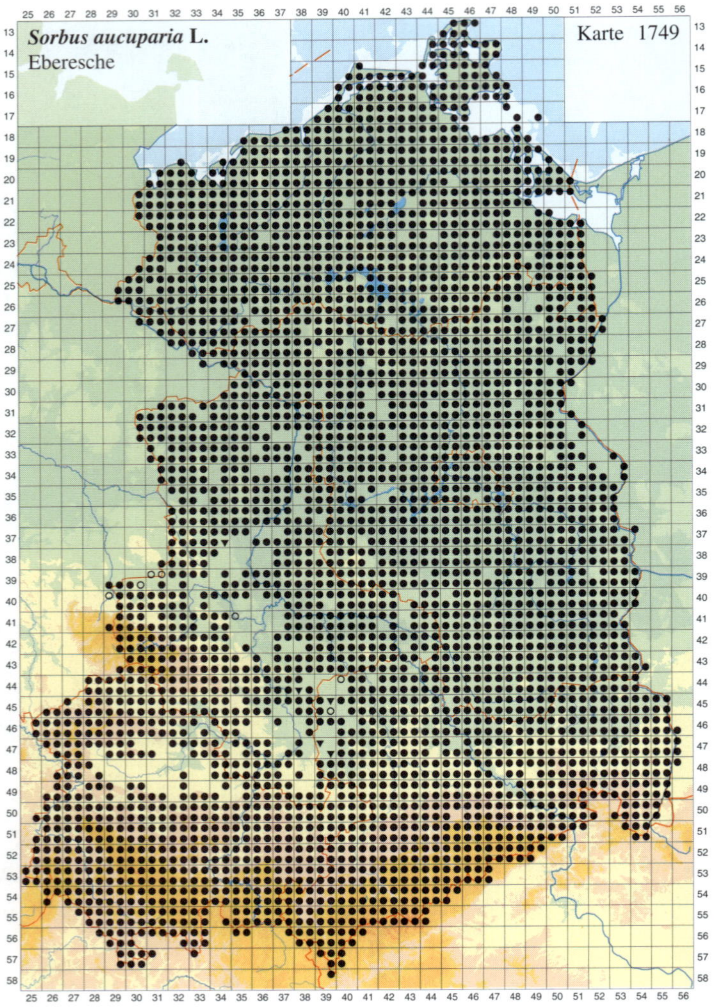
Sorbus aucuparia L.
Eberesche
Karte 1749

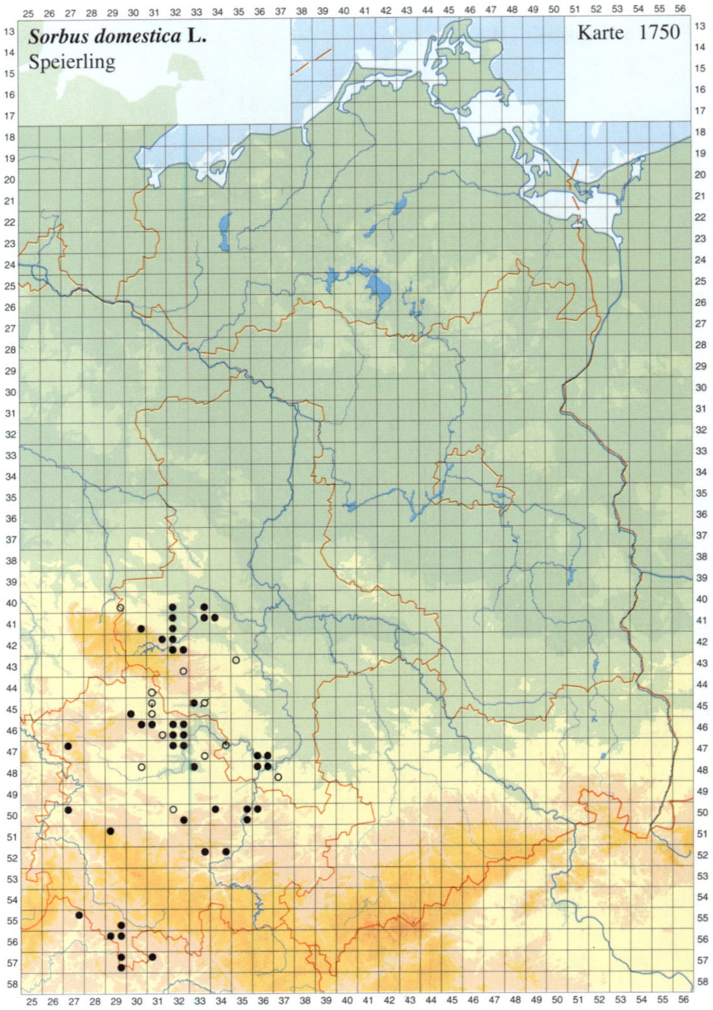
Sorbus domestica L.
Speierling
Karte 1750

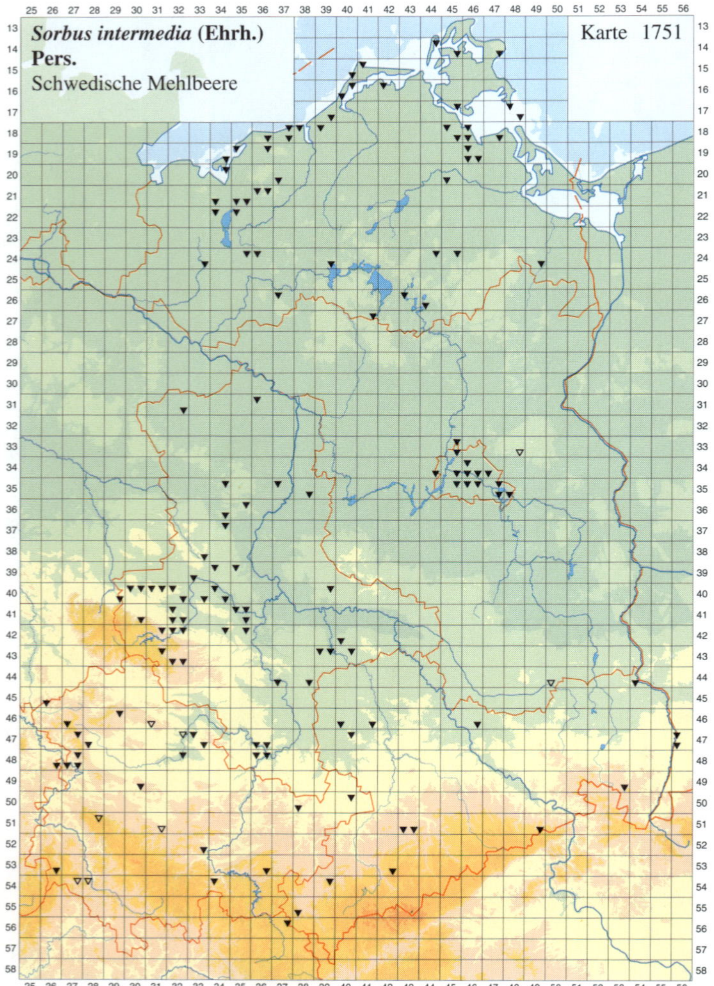
Sorbus intermedia (Ehrh.) Pers.
Schwedische Mehlbeere
Karte 1751

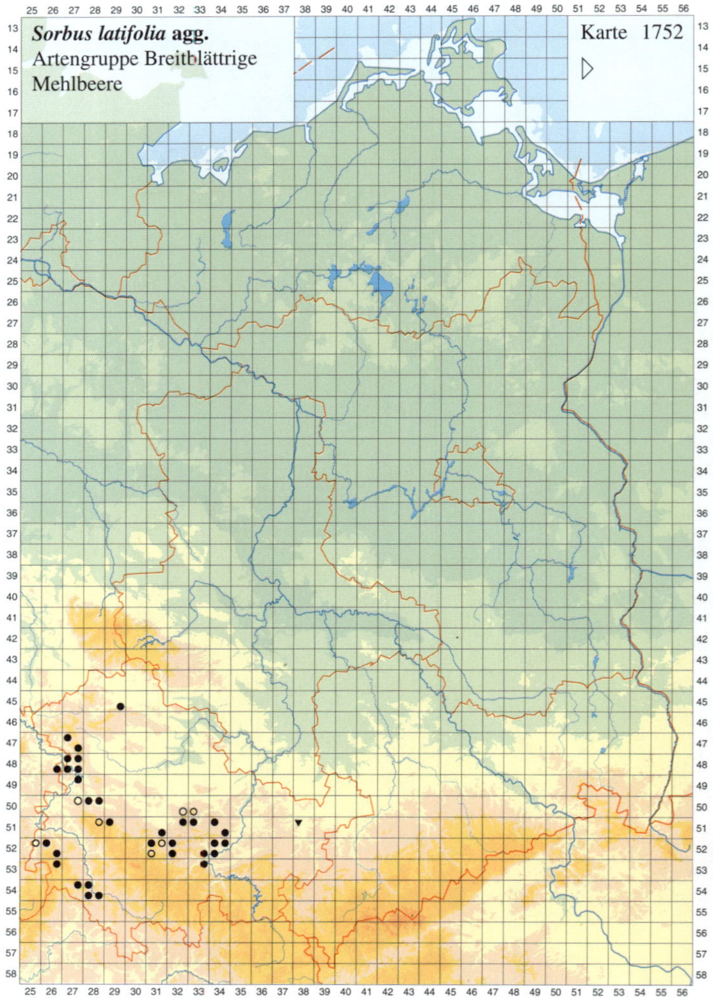
Sorbus latifolia agg.
Artengruppe Breitblättrige Mehlbeere
Karte 1752

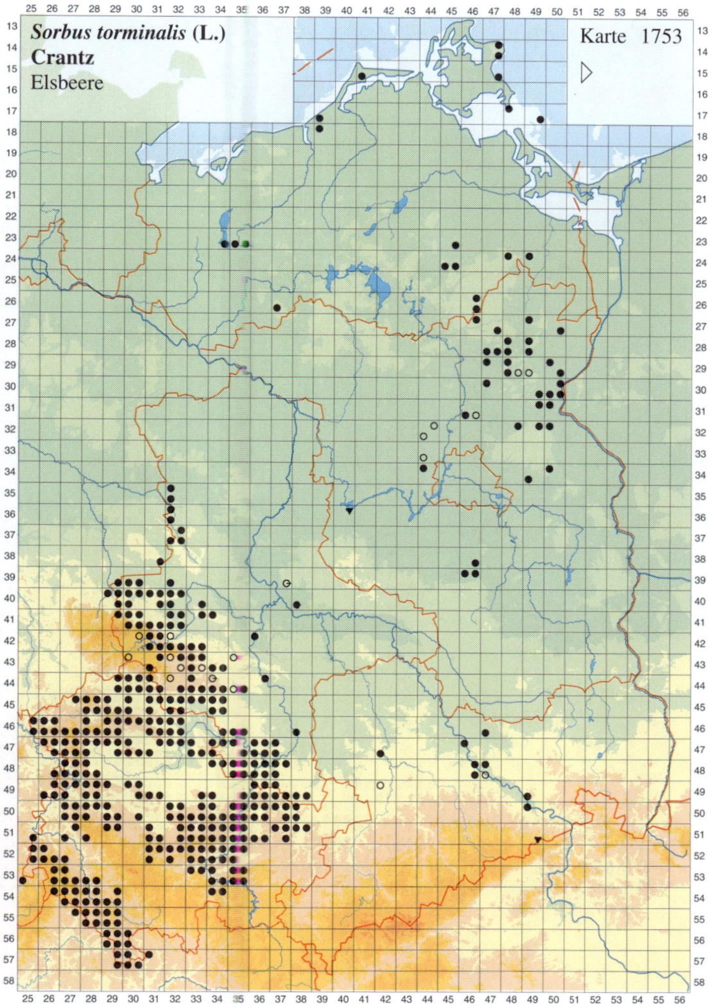
Sorbus torminalis (L.) Crantz
Elsbeere
Karte 1753

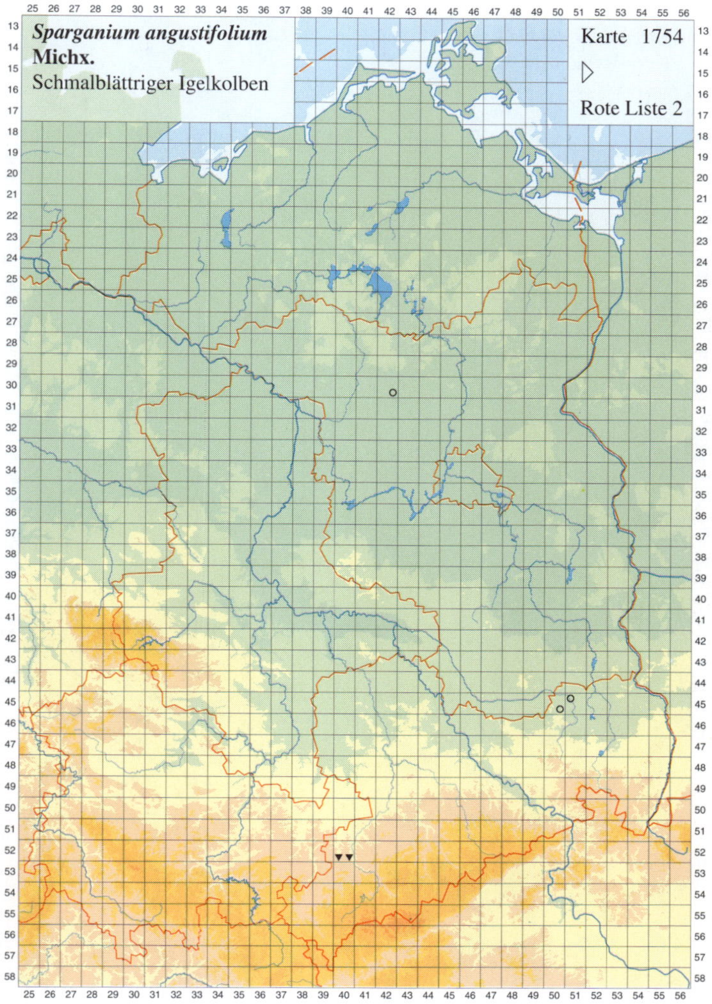
Sparganium angustifolium Michx.
Schmalblättriger Igelkolben
Karte 1754
Rote Liste 2

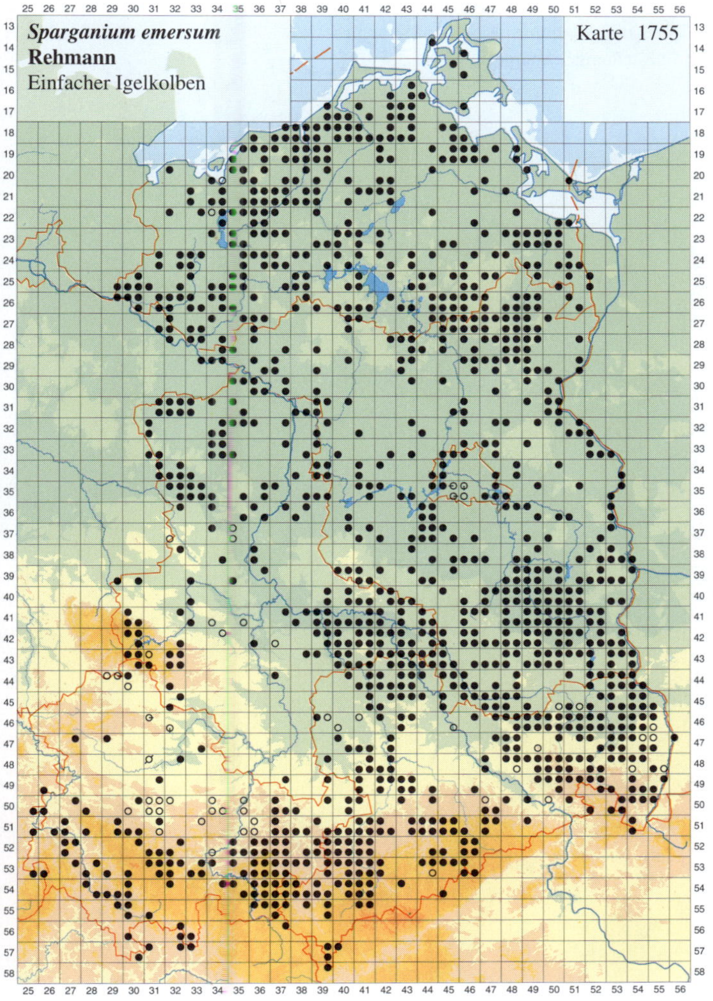
Sparganium emersum Rehmann
Einfacher Igelkolben
Karte 1755

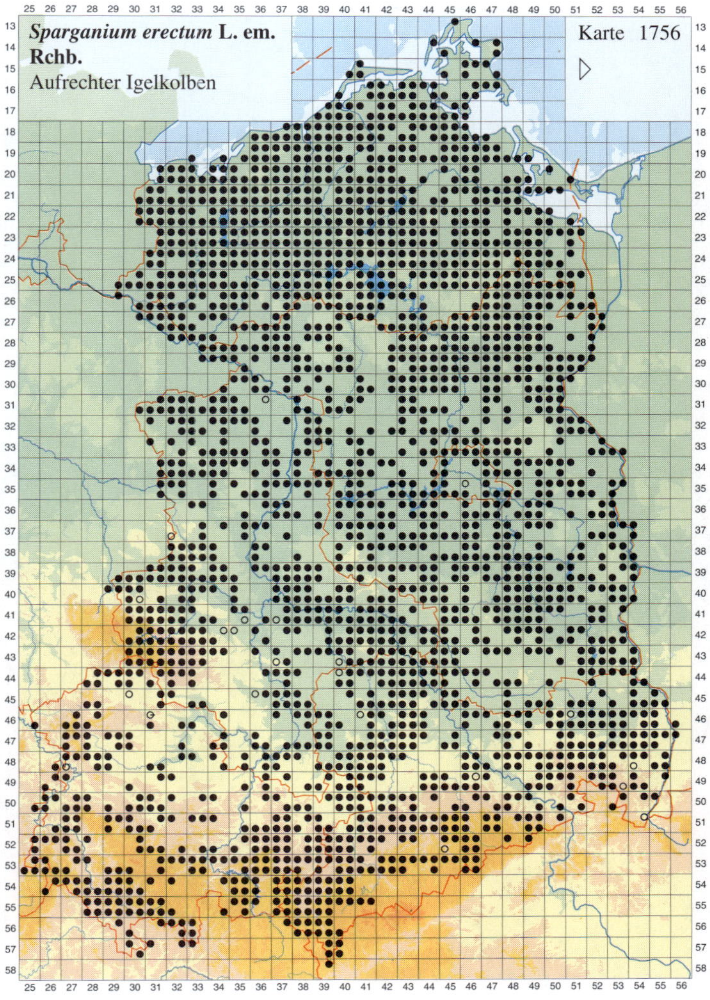
Sparganium erectum L. em. Rchb.
Aufrechter Igelkolben
Karte 1756

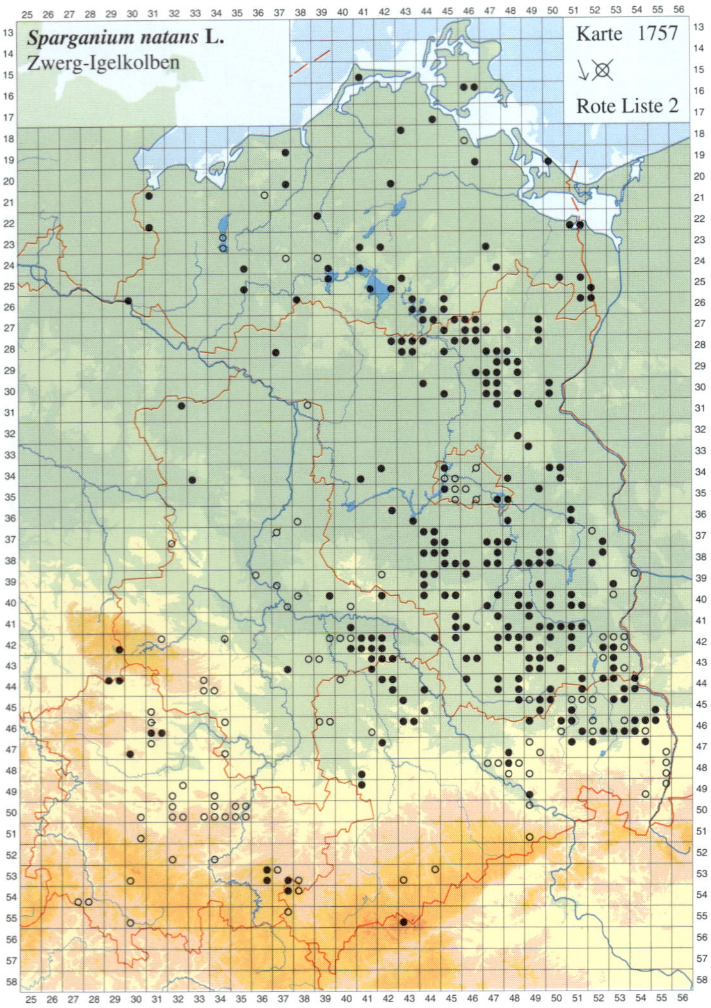
Sparganium natans L.
Zwerg-Igelkolben
Karte 1757
Rote Liste 2

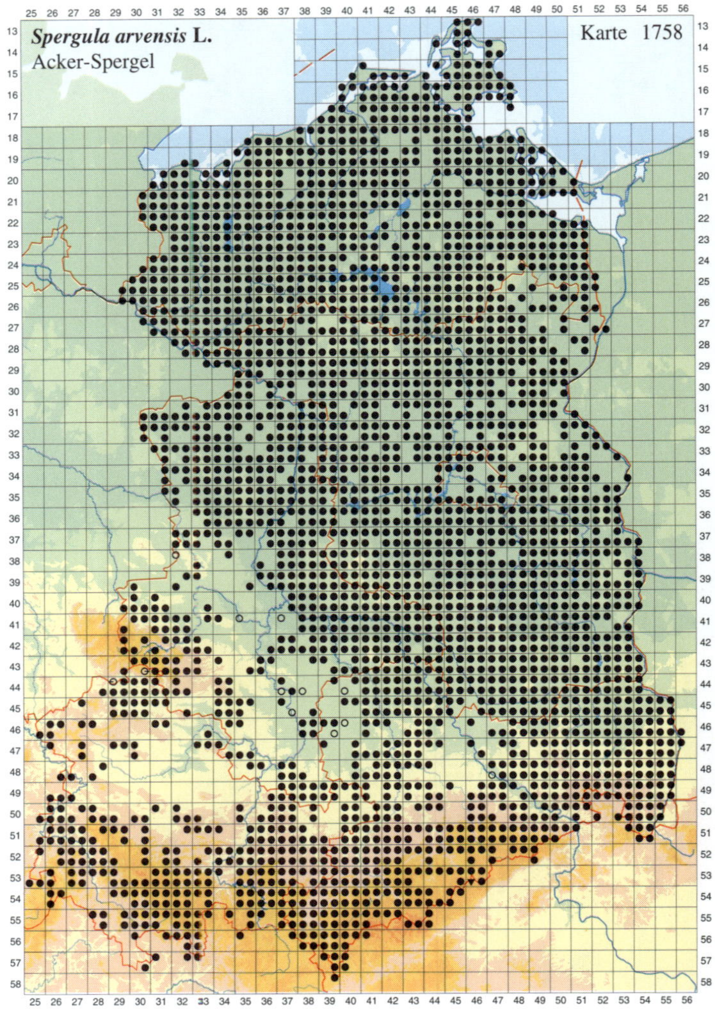
Spergula arvensis L.
Acker-Spergel
Karte 1758

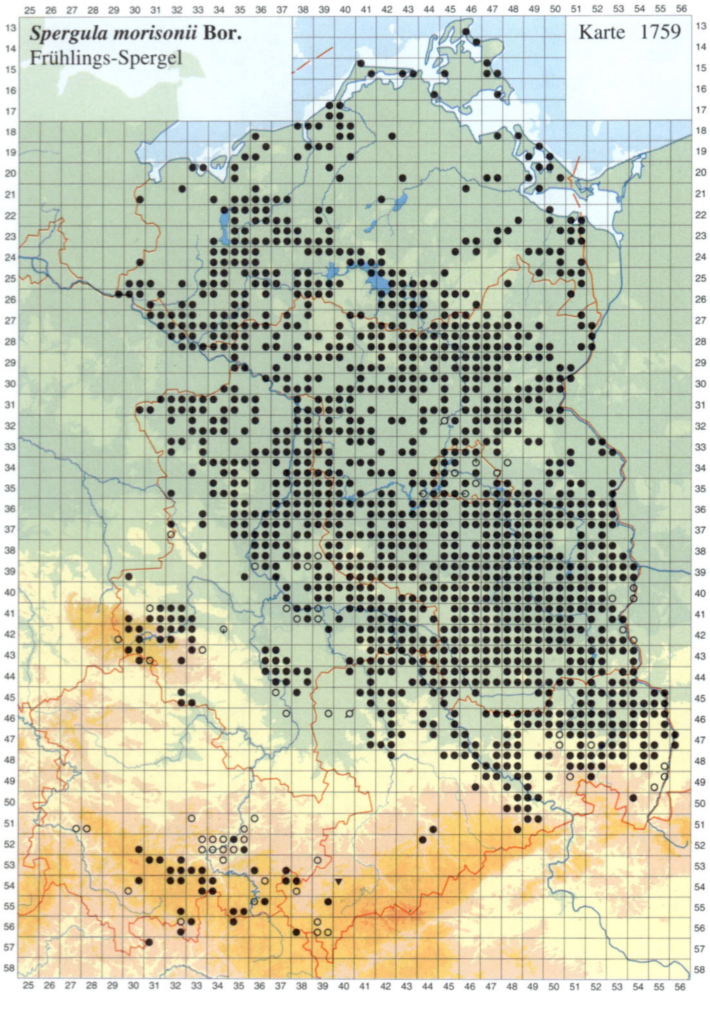
Spergula morisonii Bor.
Frühlings-Spergel
Karte 1759

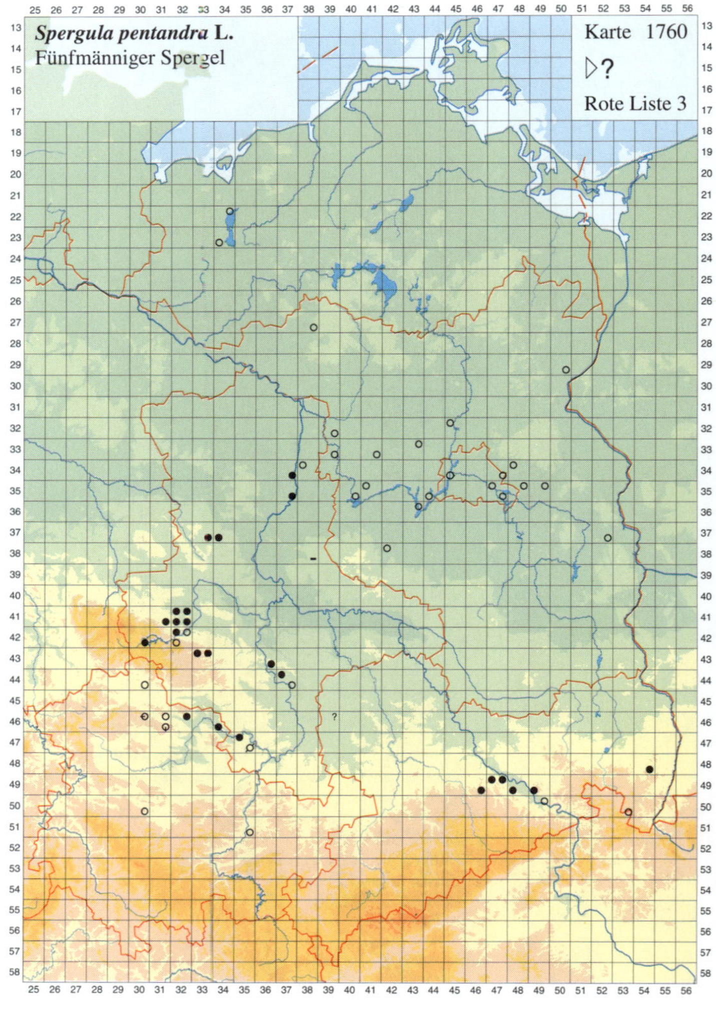
Spergula pentandra L.
Fünfmänniger Spergel
Karte 1760
Rote Liste 3

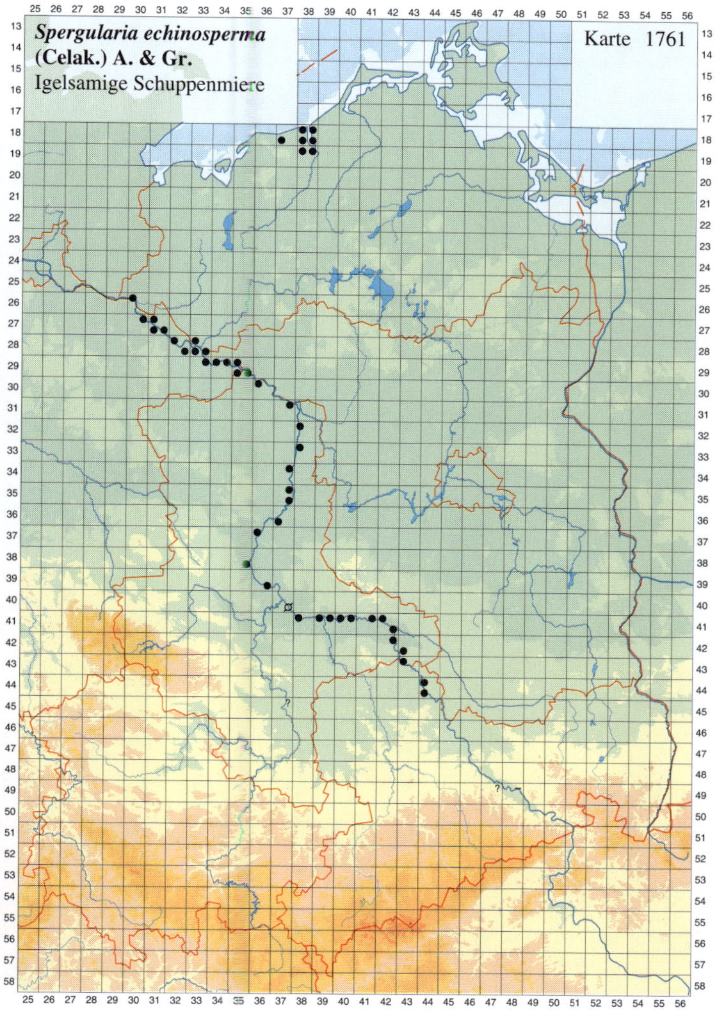
Spergularia echinosperma (Celak.) A. & Gr.
Igelsamige Schuppenmiere
Karte 1761

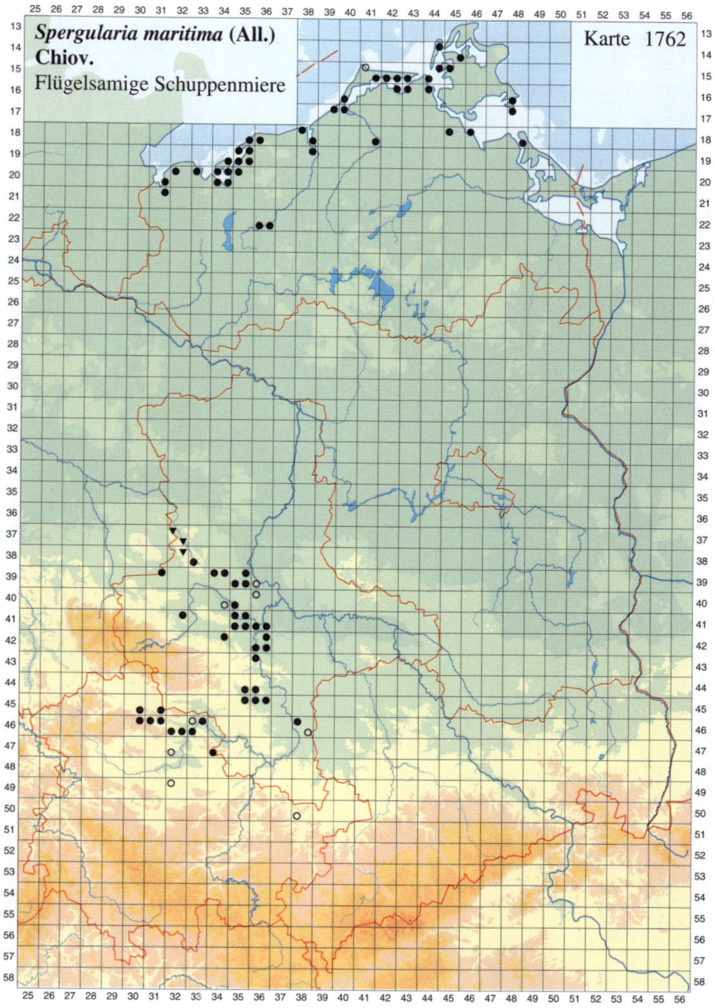
Spergularia maritima (All.) Chiov.
Flügelsamige Schuppenmiere
Karte 1762

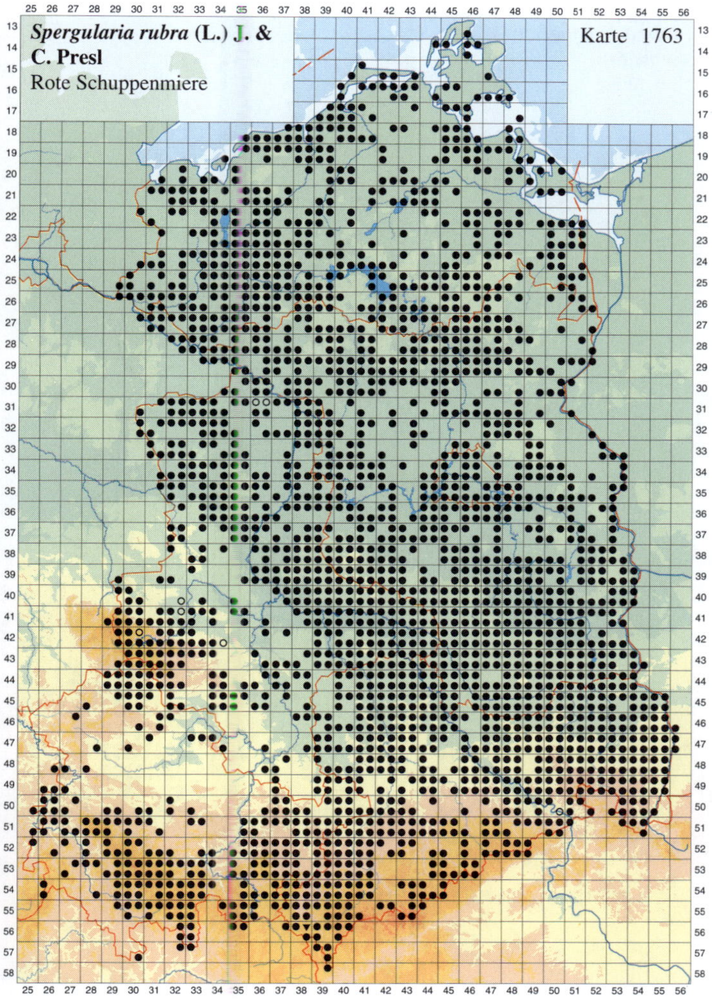
Spergularia rubra (L.) J. & C. Presl
Rote Schuppenmiere
Karte 1763

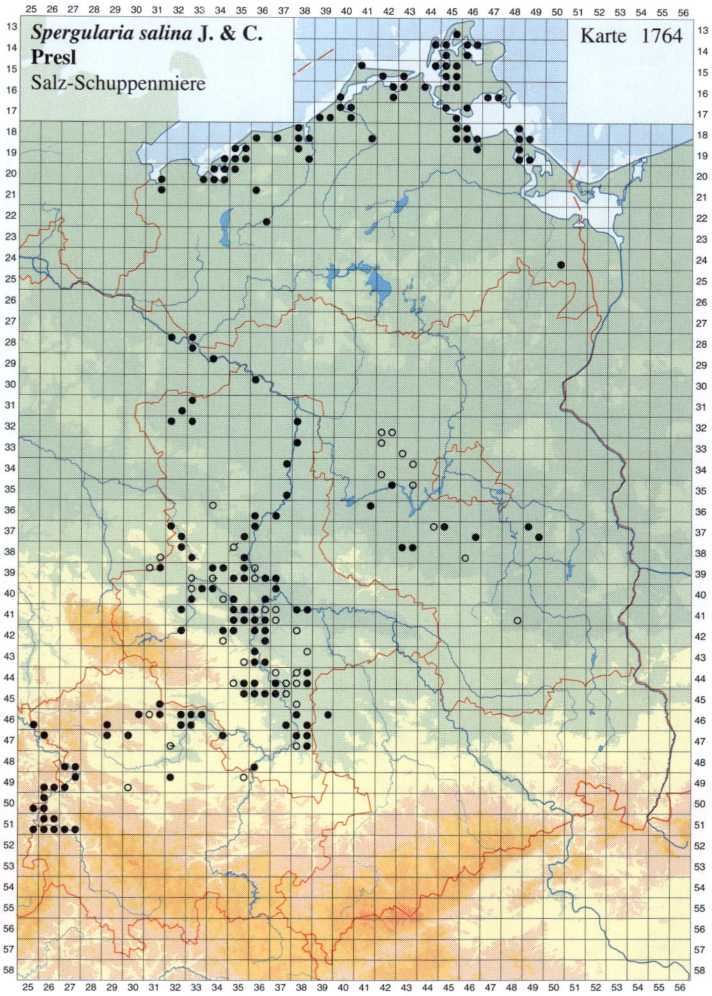
Spergularia salina J. & C. Presl
Salz-Schuppenmiere
Karte 1764

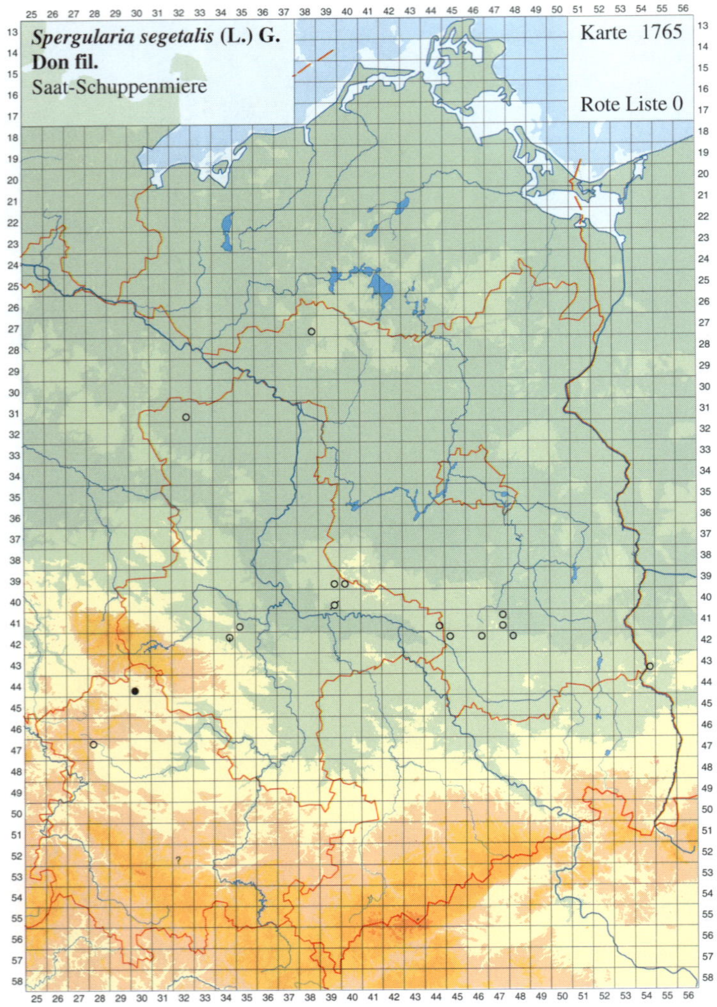
Spergularia segetalis (L.) G. Don fil.
Saat-Schuppenmiere
Karte 1765
Rote Liste 0

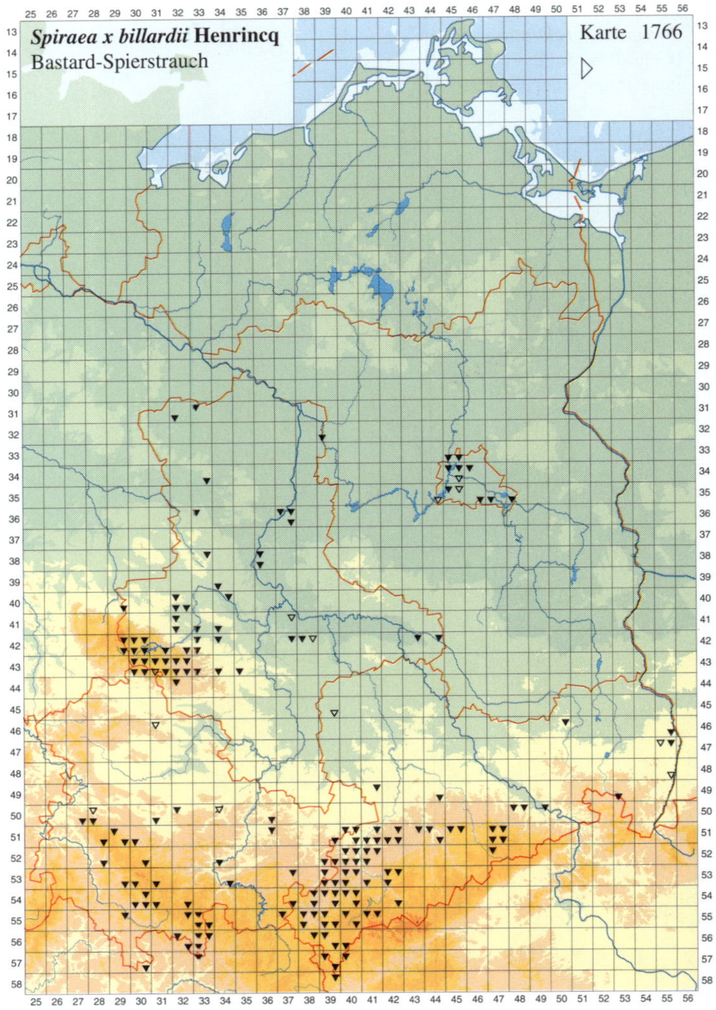
Spiraea x billardii Henrincq
Bastard-Spierstrauch
Karte 1766

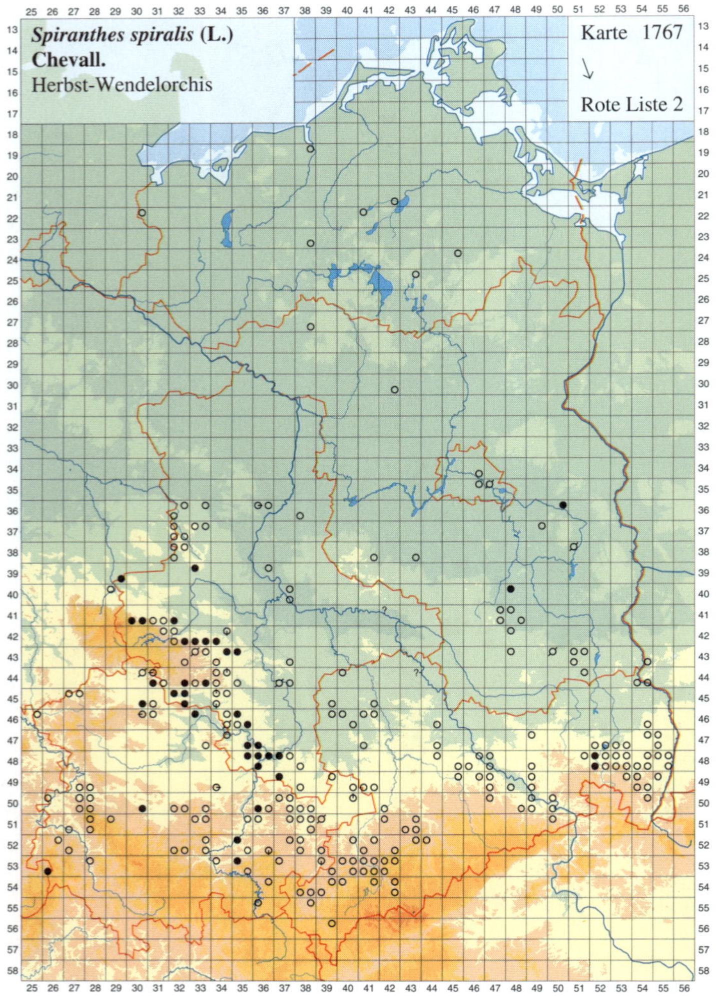
Spiranthes spiralis (L.) Chevall.
Herbst-Wendelorchis
Karte 1767
Rote Liste 2

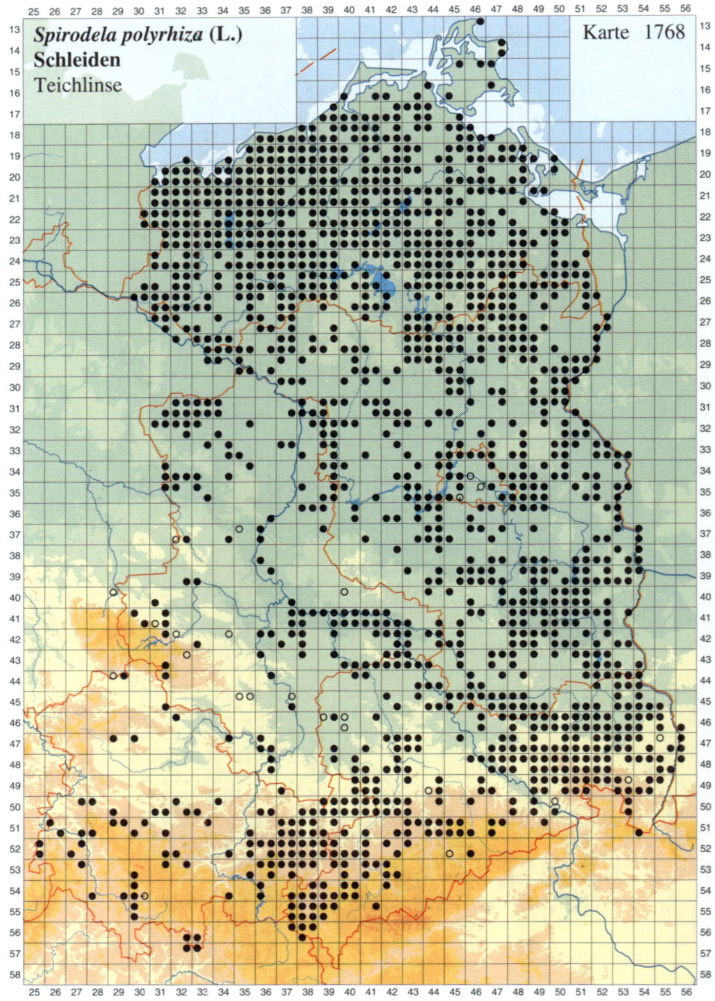
Spirodela polyrhiza (L.) Schleiden
Teichlinse
Karte 1768

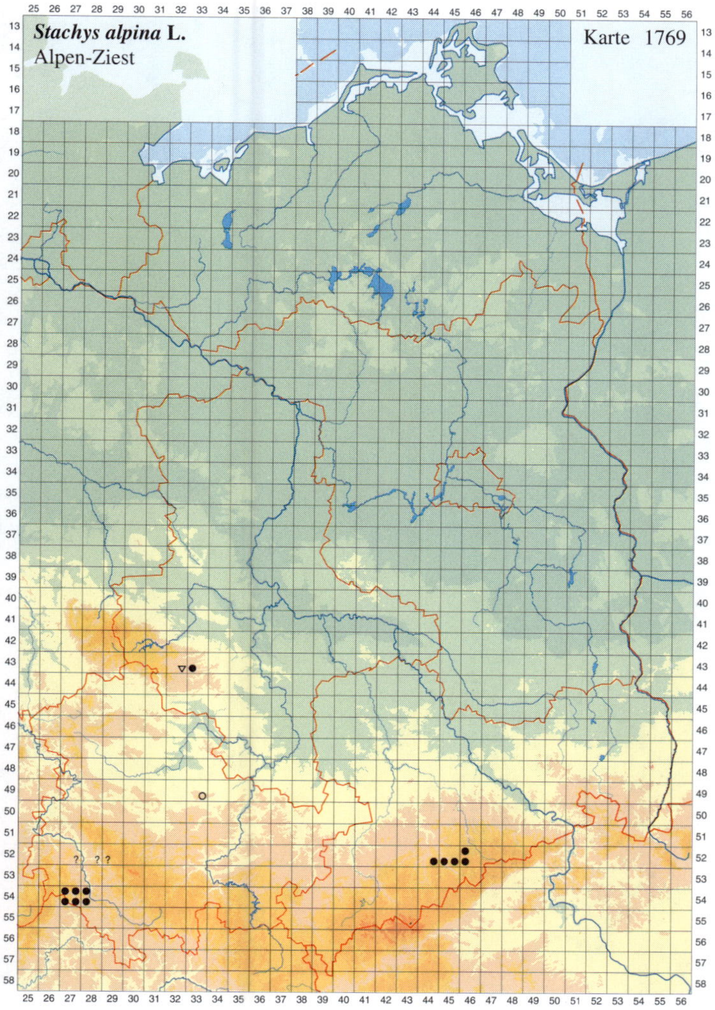
Stachys alpina L.
Alpen-Ziest
Karte 1769

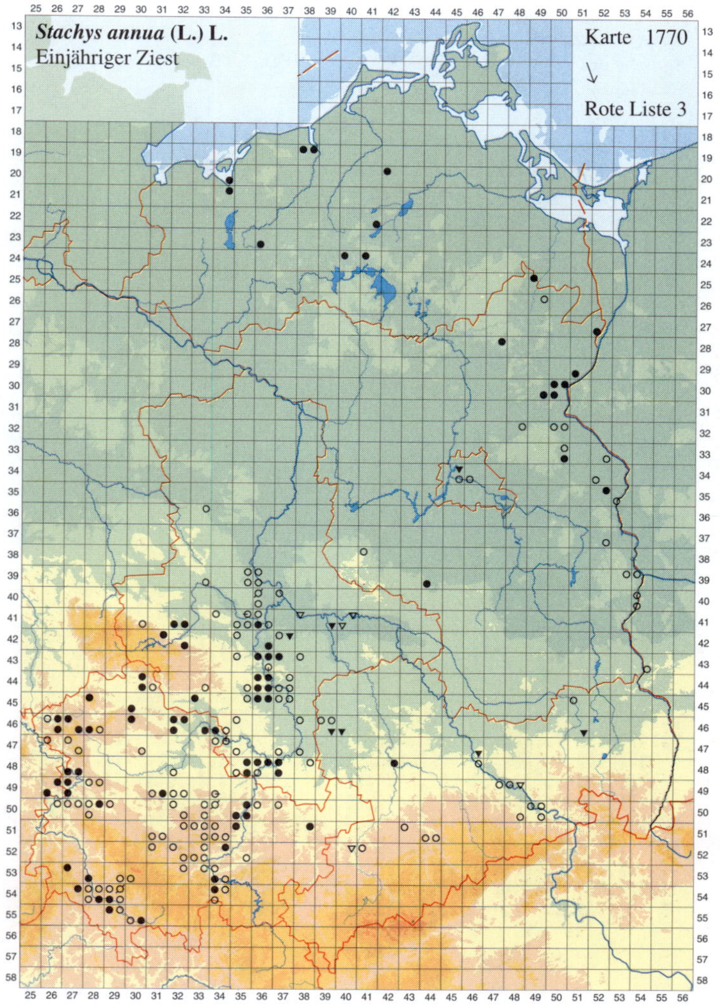
Stachys annua (L.) L.
Einjähriger Ziest
Karte 1770
Rote Liste 3

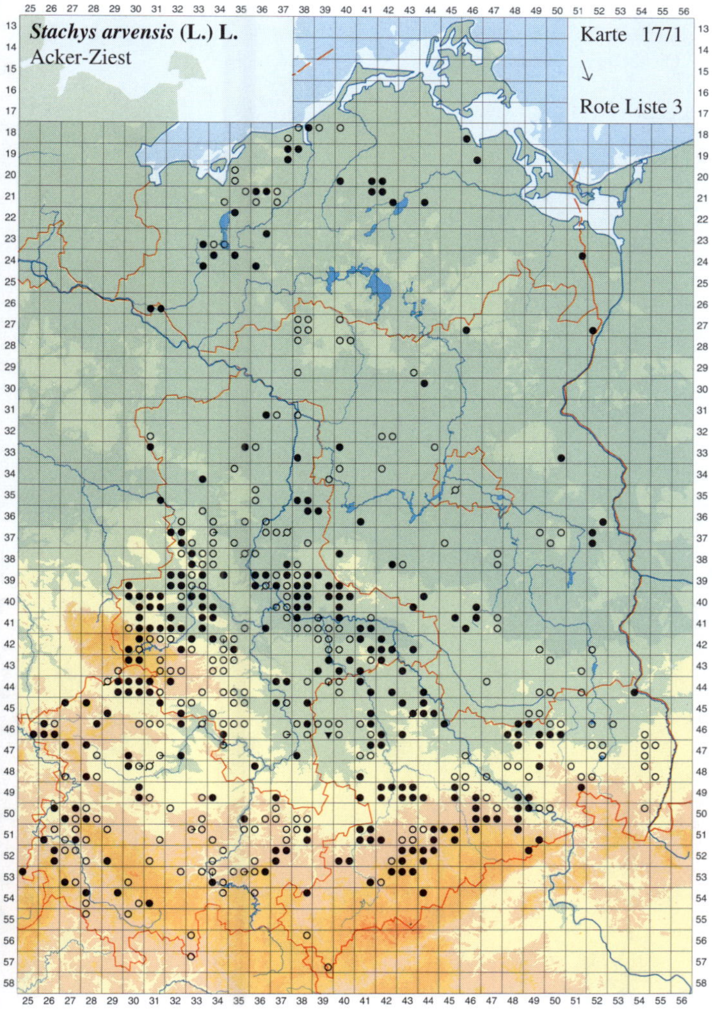
Stachys arvensis (L.) L.
Acker-Ziest
Karte 1771
Rote Liste 3

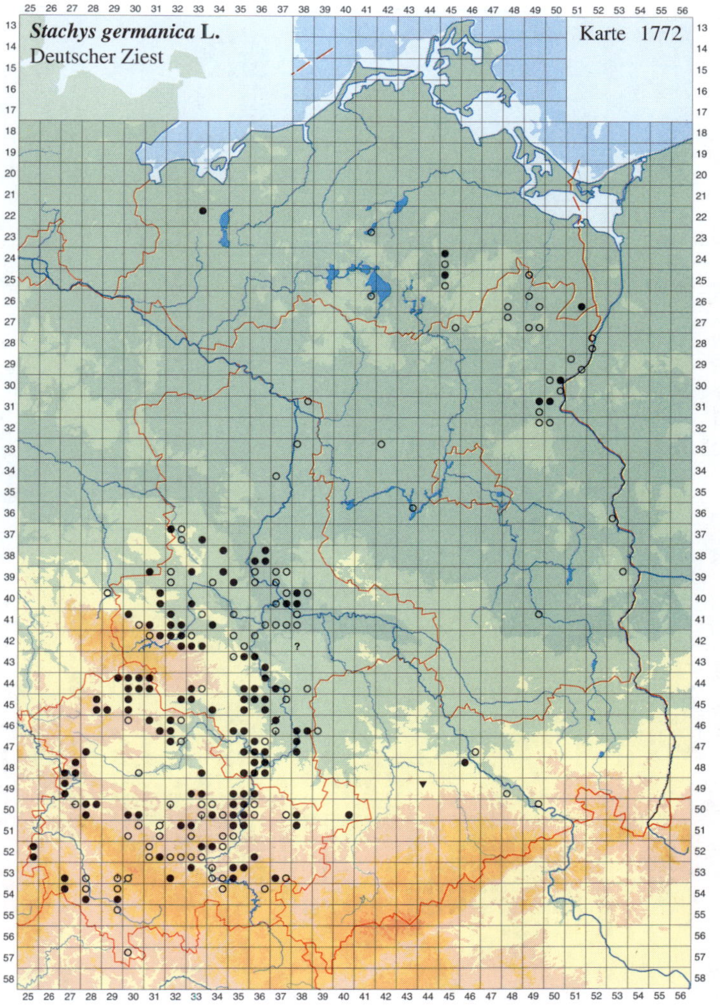
Stachys germanica L.
Deutscher Ziest
Karte 1772

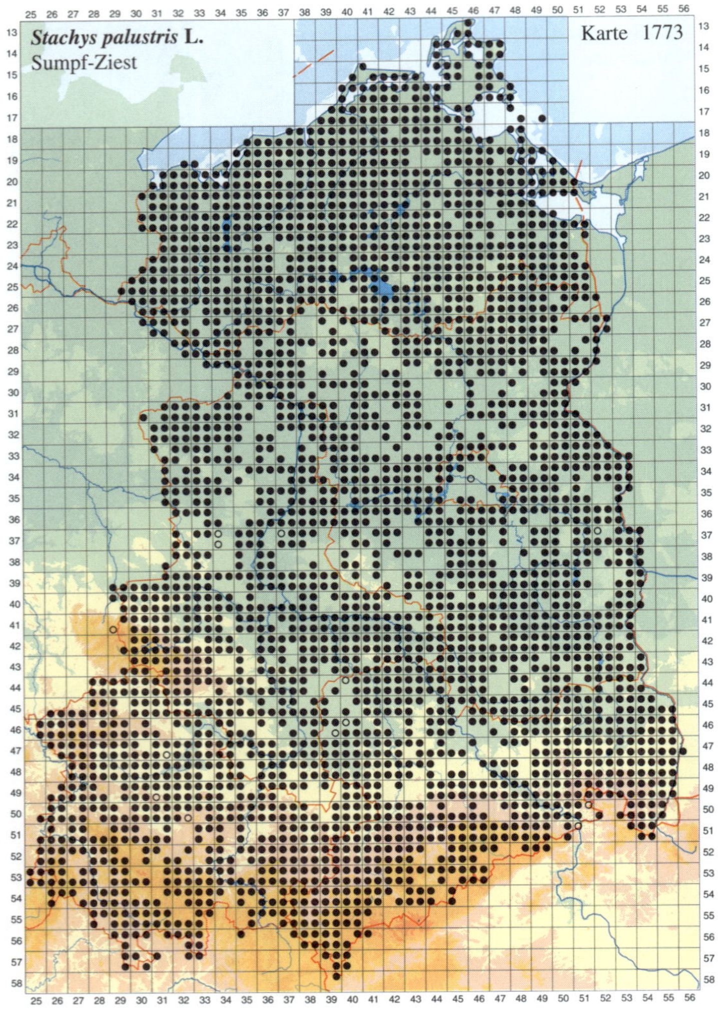

Stachys palustris L.
Sumpf-Ziest
Karte 1773

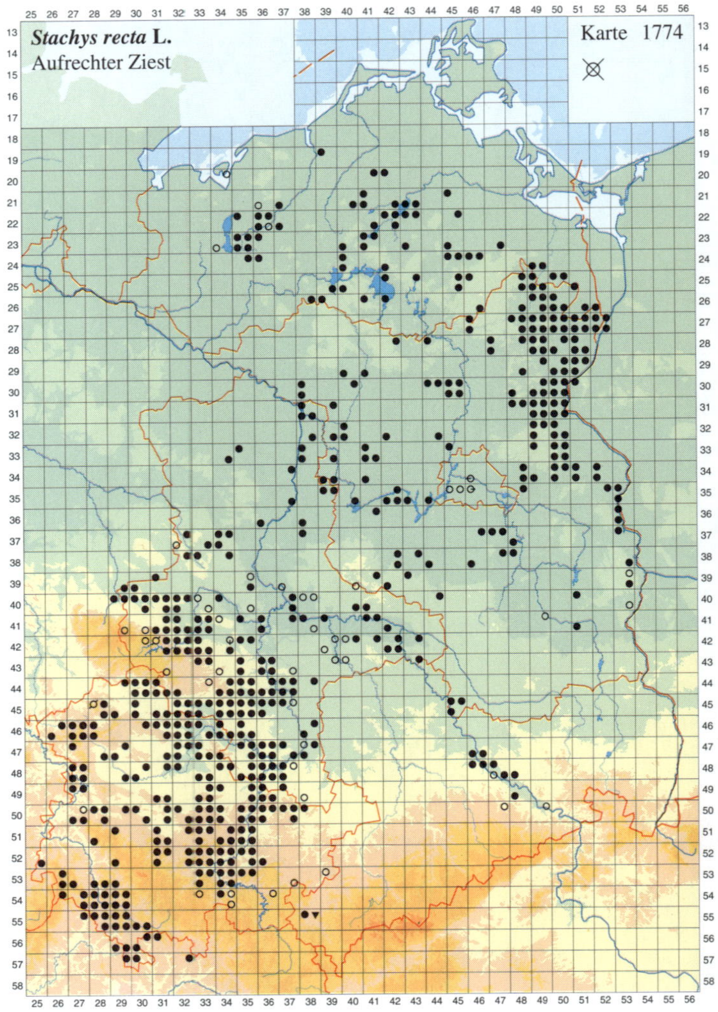

Stachys recta L.
Aufrechter Ziest
Karte 1774

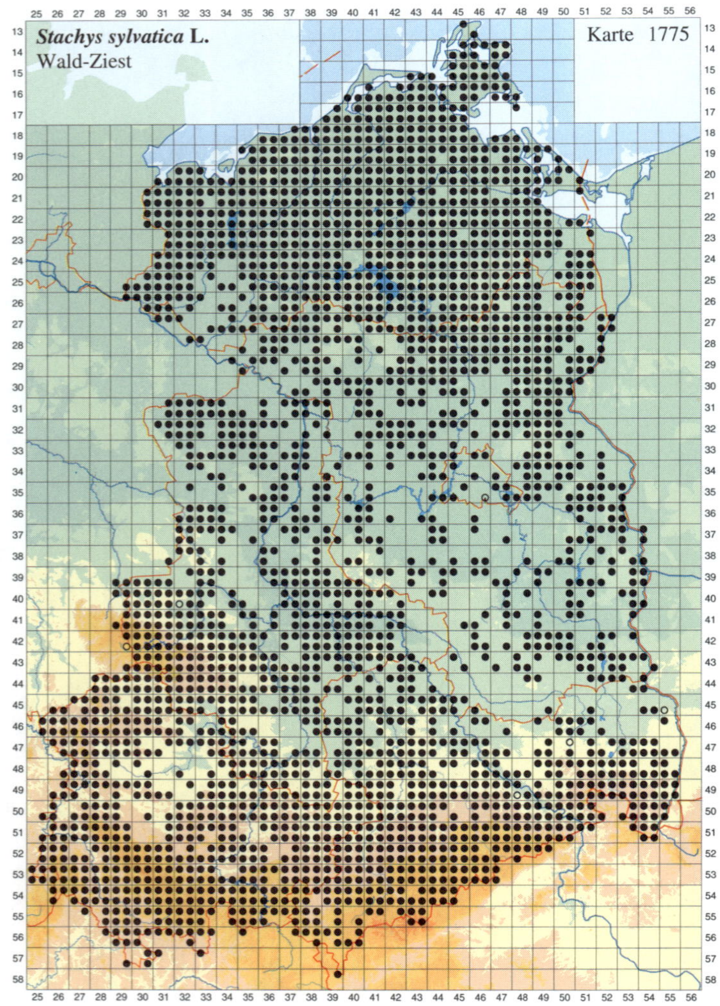

Stachys sylvatica L.
Wald-Ziest
Karte 1775

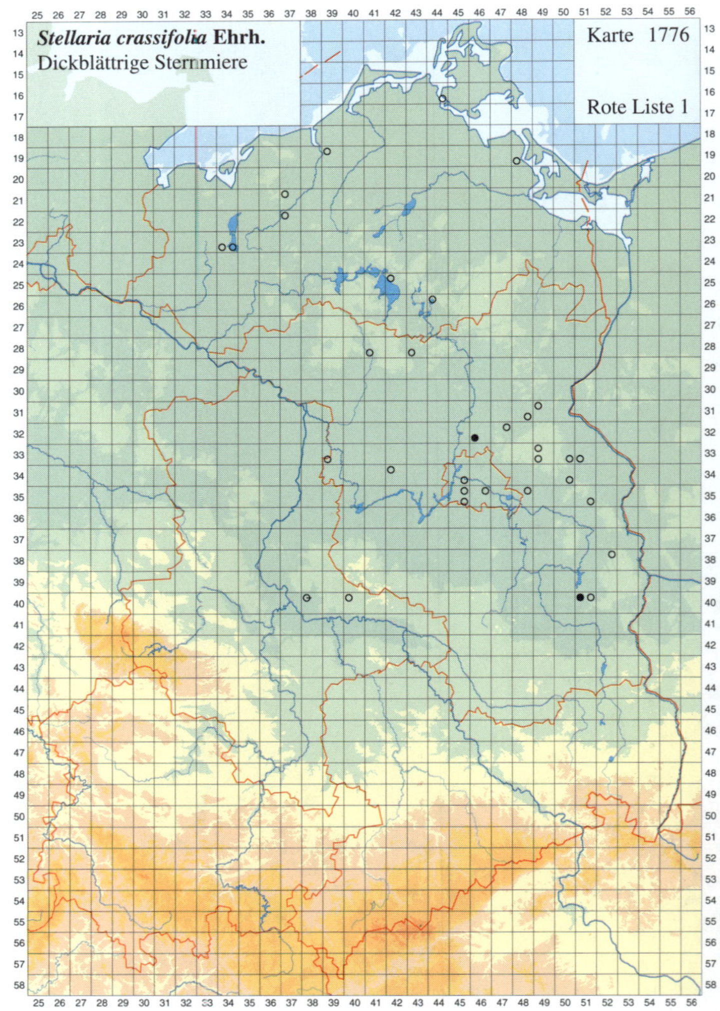

Stellaria crassifolia Ehrh.
Dickblättrige Sternmiere
Karte 1776
Rote Liste 1

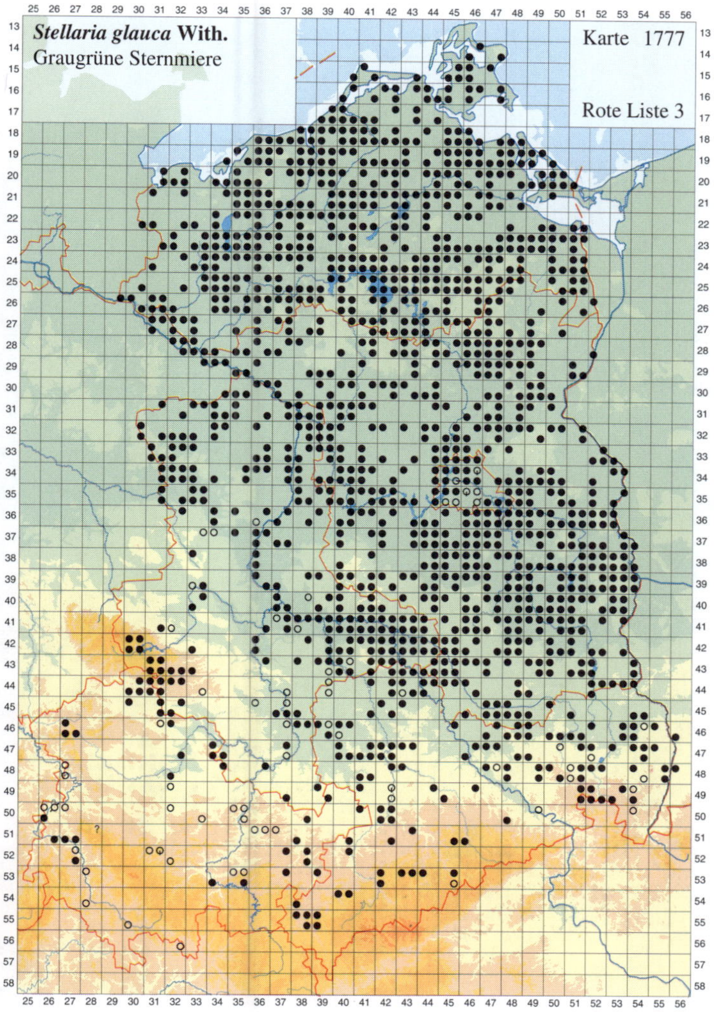
Stellaria glauca With.
Graugrüne Sternmiere
Karte 1777
Rote Liste 3

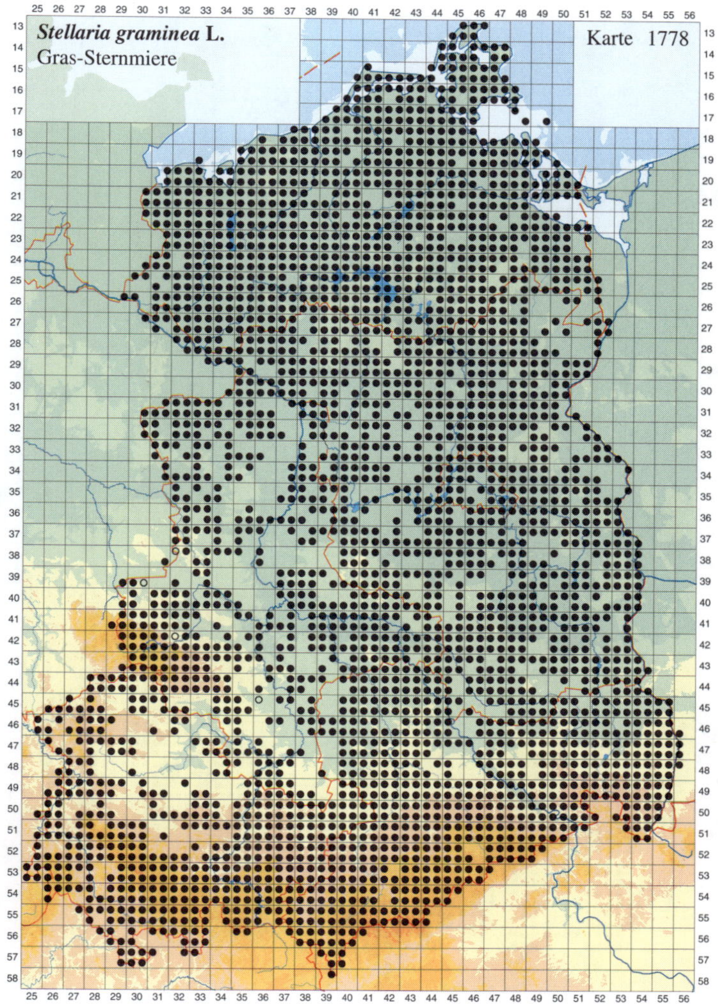
Stellaria graminea L.
Gras-Sternmiere
Karte 1778

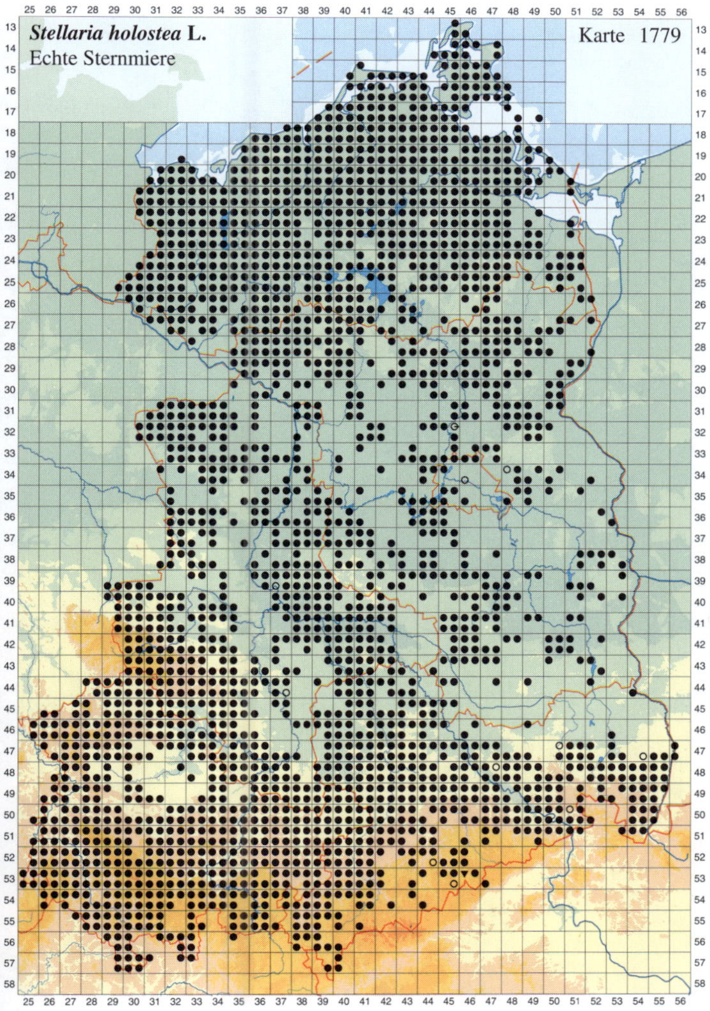
Stellaria holostea L.
Echte Sternmiere
Karte 1779

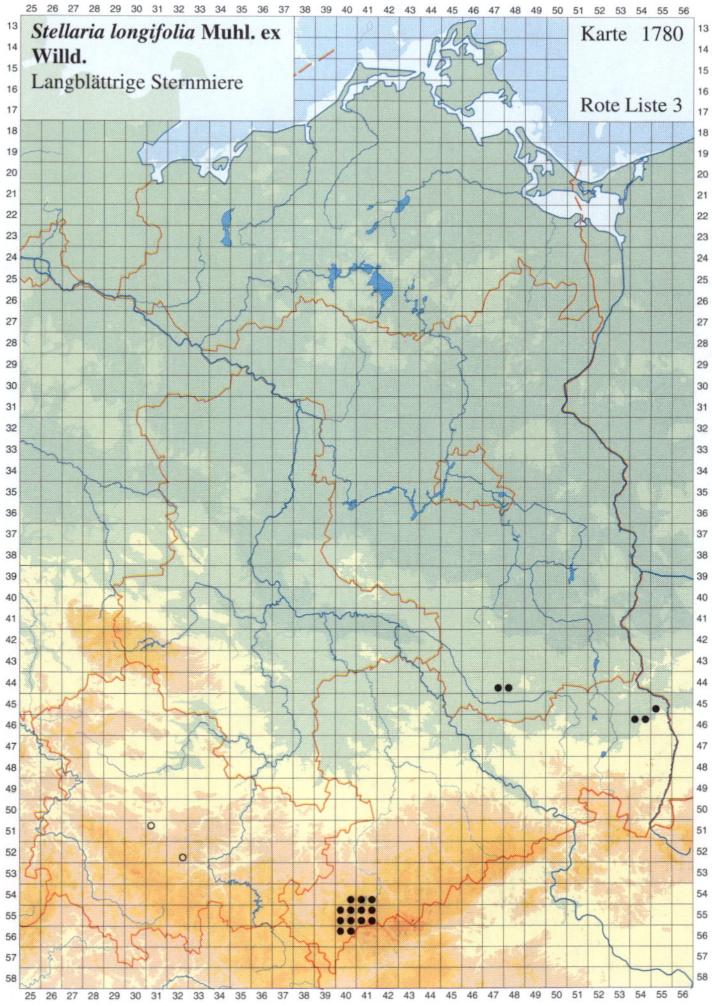
Stellaria longifolia Muhl. ex Willd.
Langblättrige Sternmiere
Karte 1780
Rote Liste 3

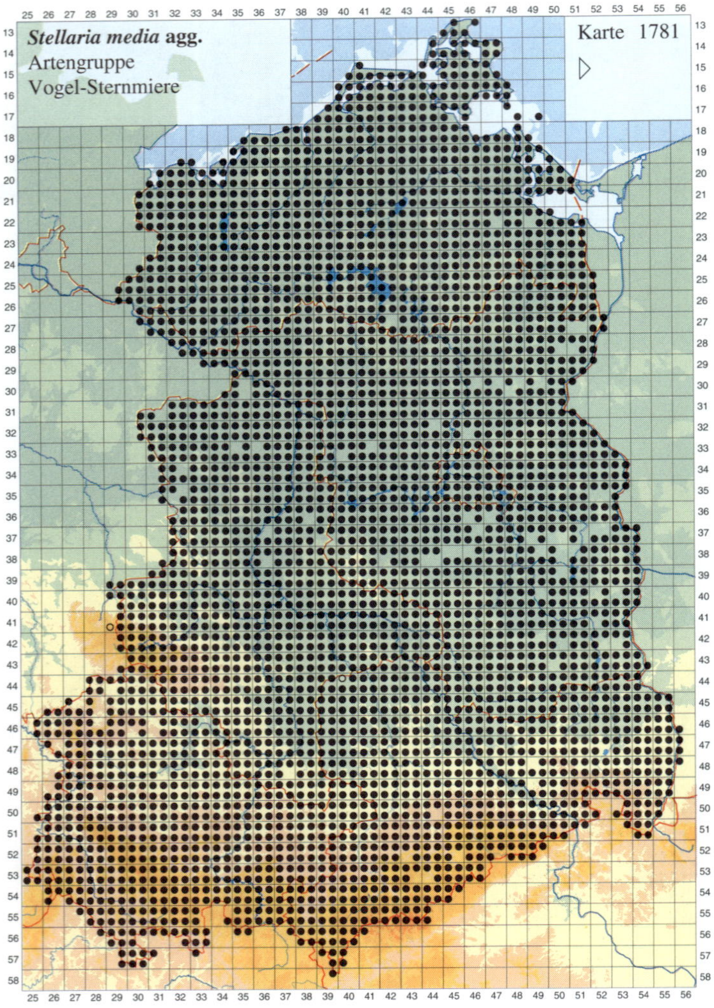
Stellaria media agg.
Artengruppe
Vogel-Sternmiere
Karte 1781

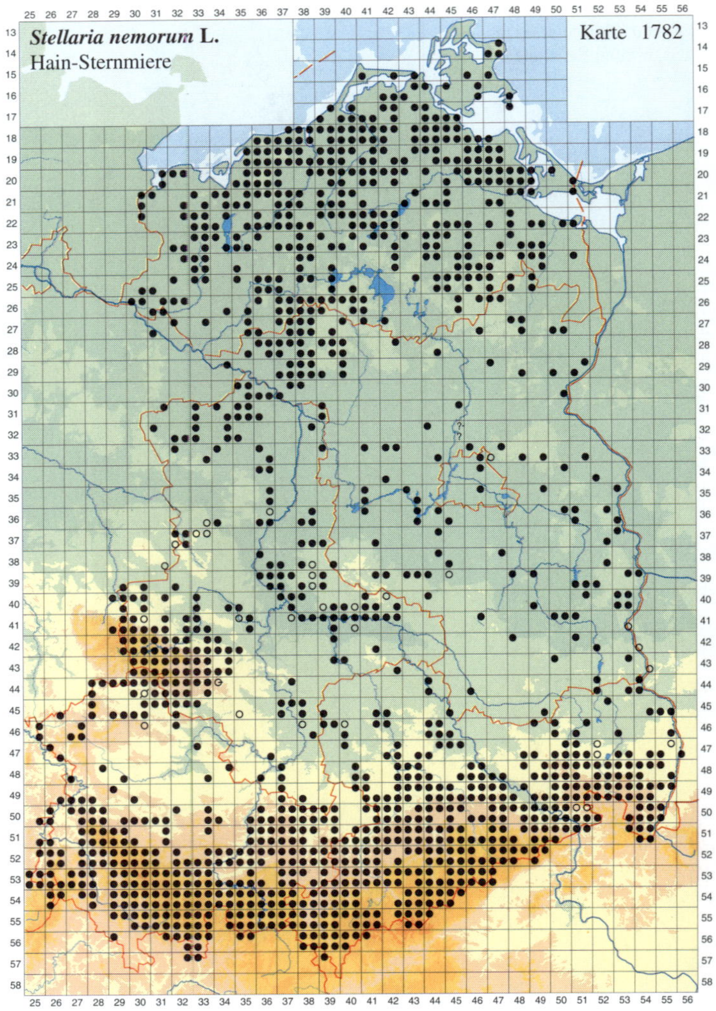
Stellaria nemorum L.
Hain-Sternmiere
Karte 1782

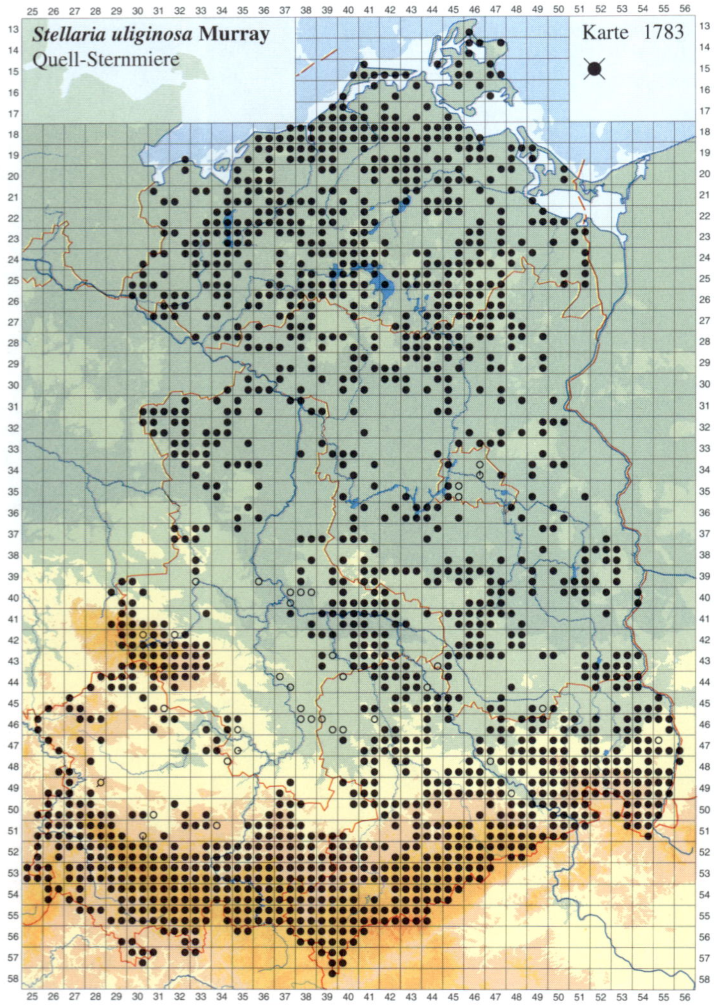
Stellaria uliginosa Murray
Quell-Sternmiere
Karte 1783

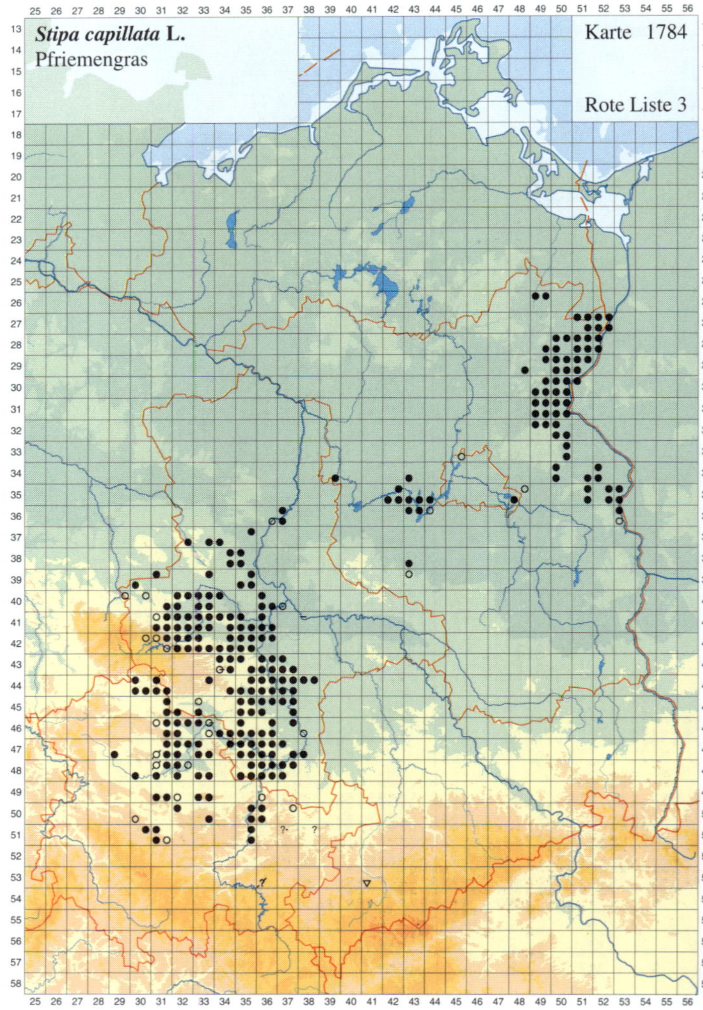
Stipa capillata L.
Pfriemengras
Karte 1784
Rote Liste 3

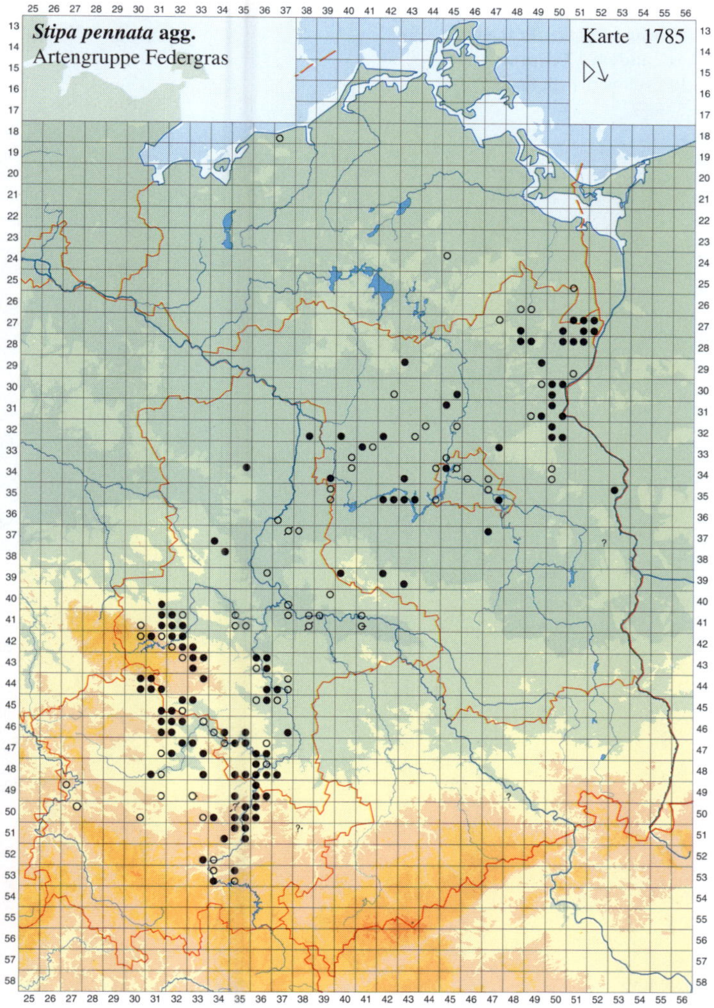
Stipa pennata agg.
Artengruppe Federgras
Karte 1785
▷↘

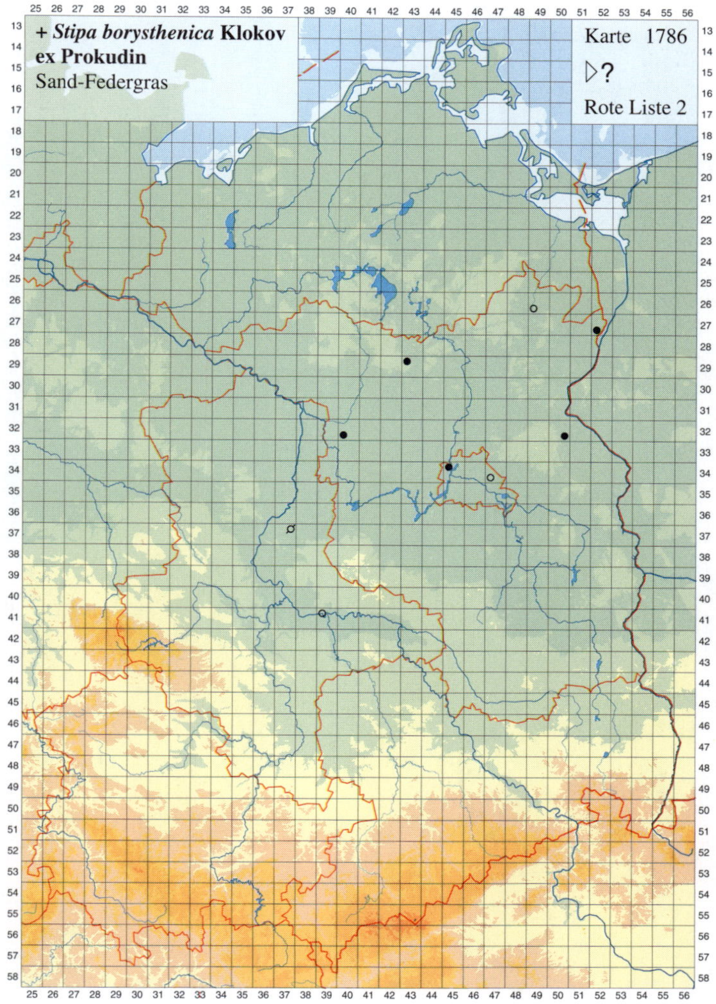
+ *Stipa borysthenica* Klokov ex Prokudin
Sand-Federgras
Karte 1786
▷?
Rote Liste 2

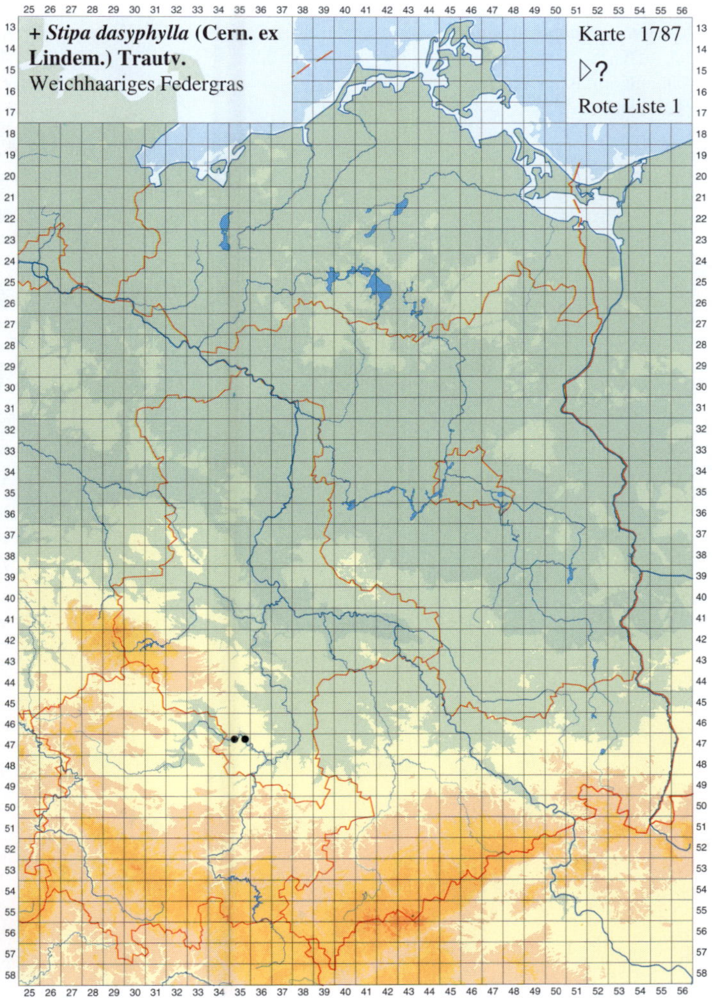
+ *Stipa dasyphylla* (Cern. ex Lindem.) Trautv.
Weichhaariges Federgras
Karte 1787
▷?
Rote Liste 1

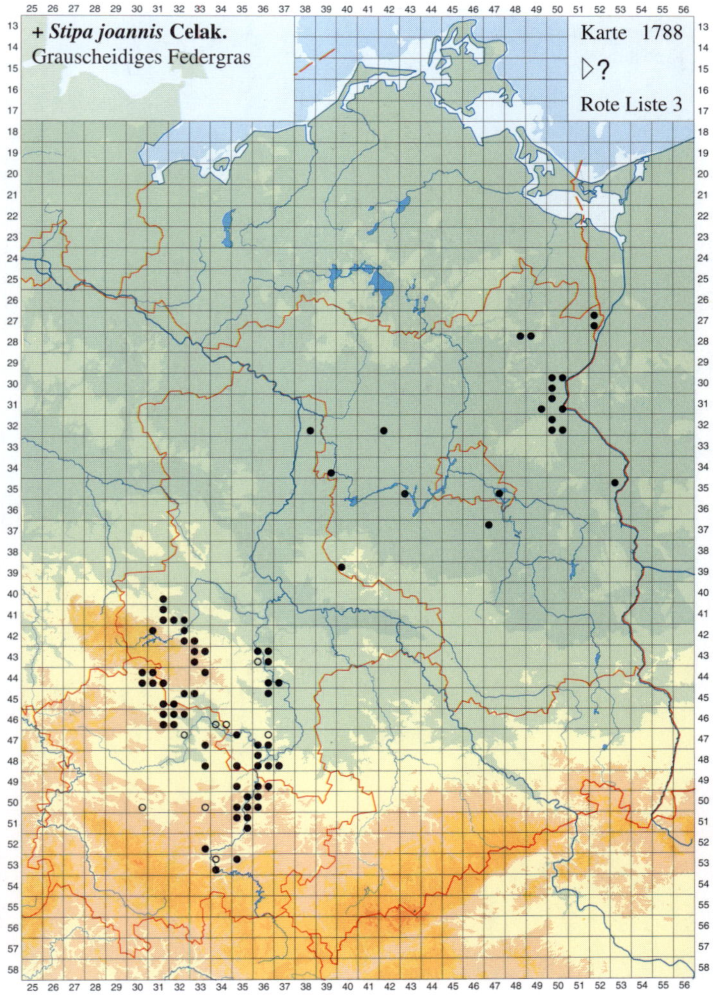
+ *Stipa joannis* Celak.
Grauscheidiges Federgras
Karte 1788
▷?
Rote Liste 3

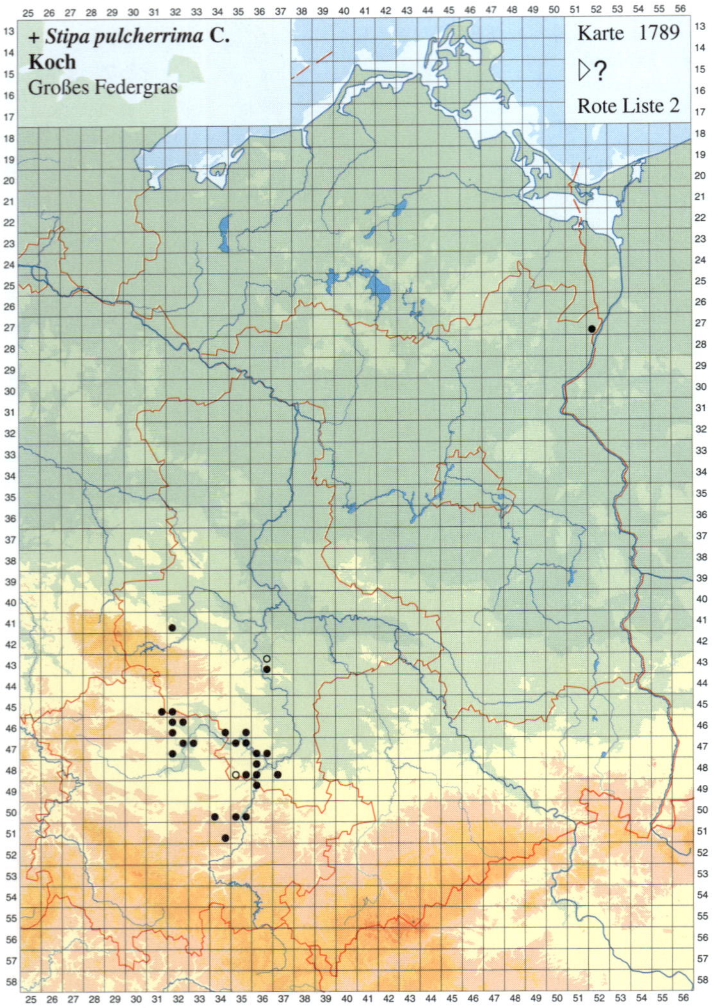
+ *Stipa pulcherrima* C. Koch
Großes Federgras
Karte 1789
▷?
Rote Liste 2

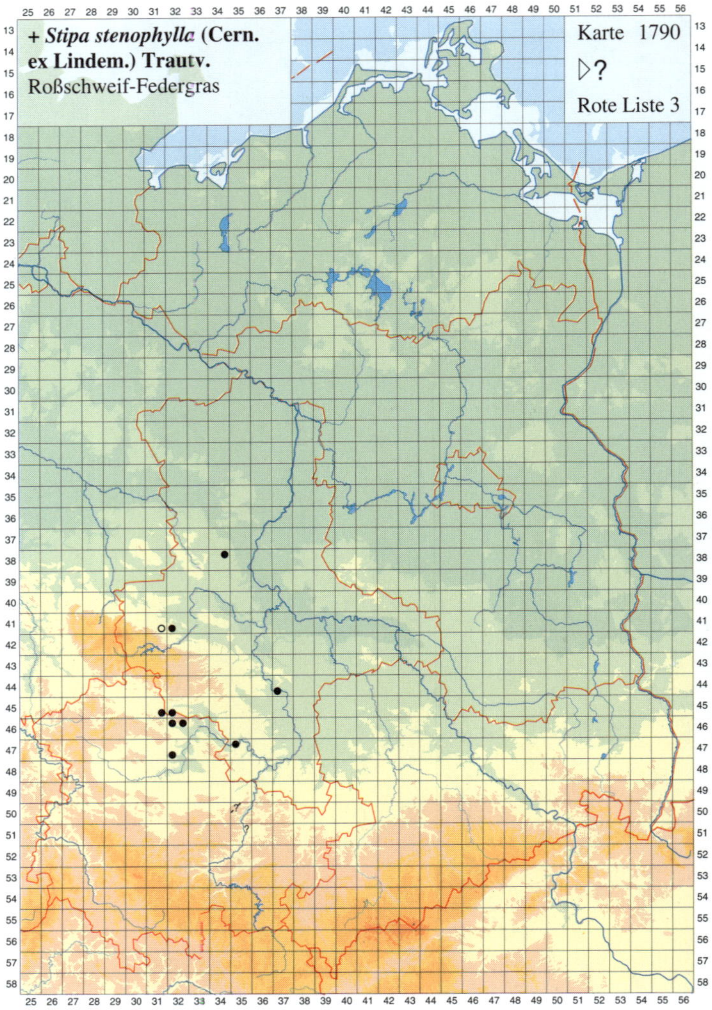
+ *Stipa stenophylla* (Cern. ex Lindem.) Trautv.
Roßschweif-Federgras
Karte 1790
▷?
Rote Liste 3

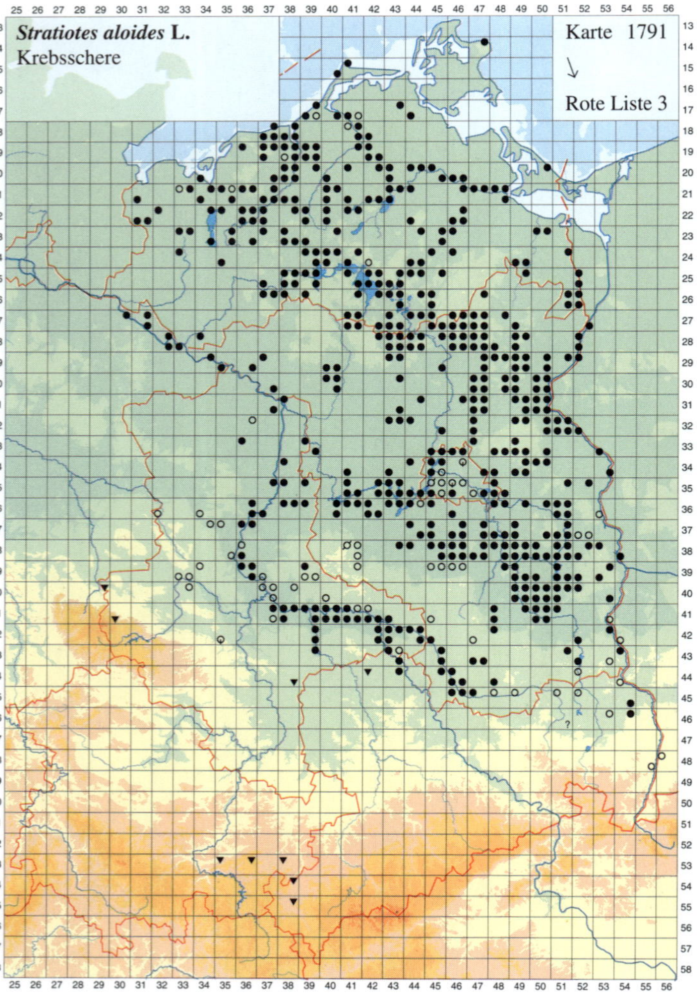
Stratiotes aloides L.
Krebsschere
Karte 1791
↘
Rote Liste 3

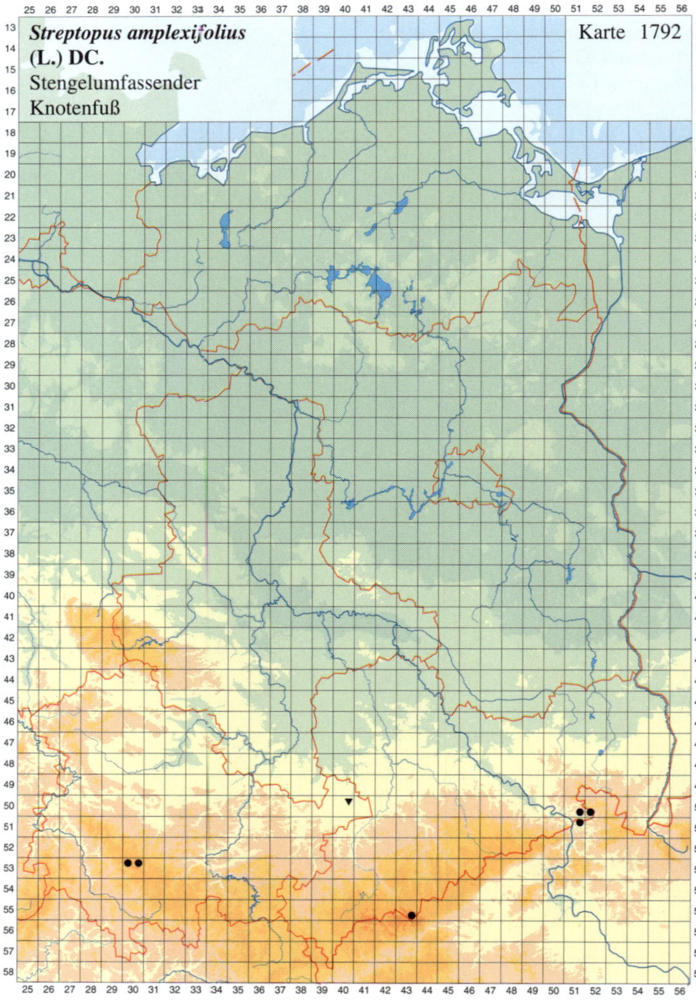
Streptopus amplexifolius (L.) DC.
Stengelumfassender Knotenfuß
Karte 1792

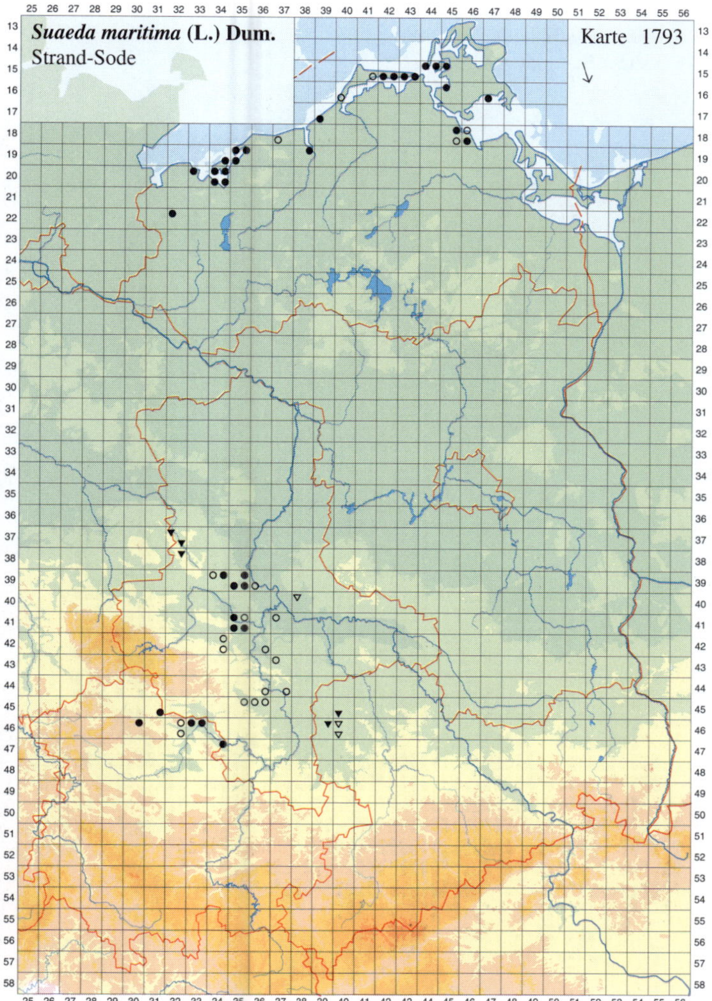
Suaeda maritima (L.) Dum.
Strand-Sode
Karte 1793

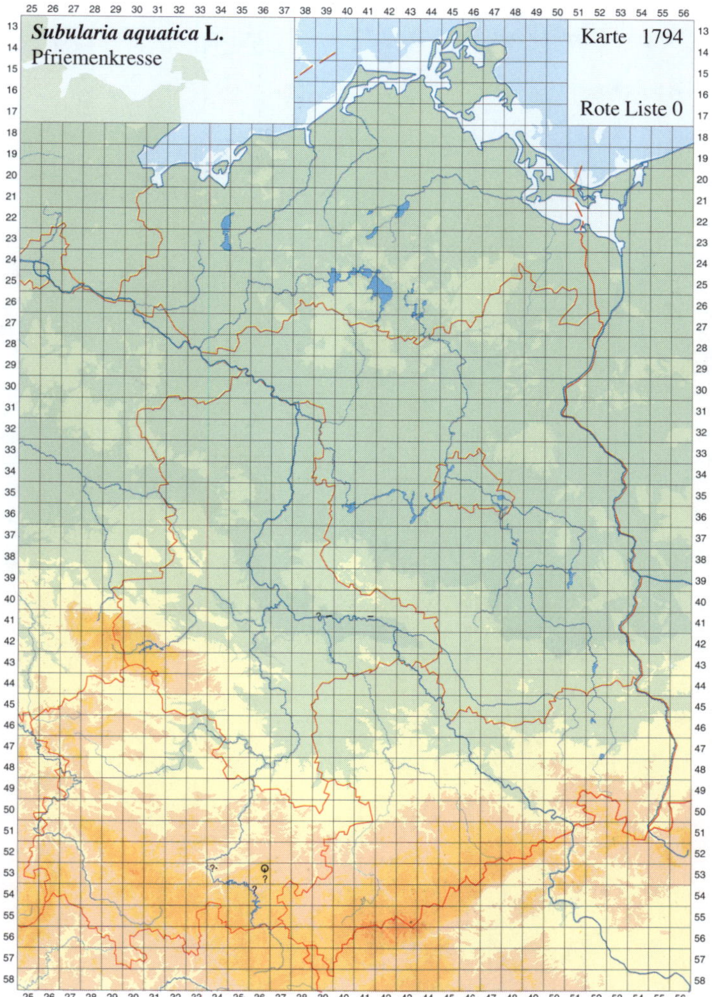
Subularia aquatica L.
Pfriemenkresse
Karte 1794
Rote Liste 0

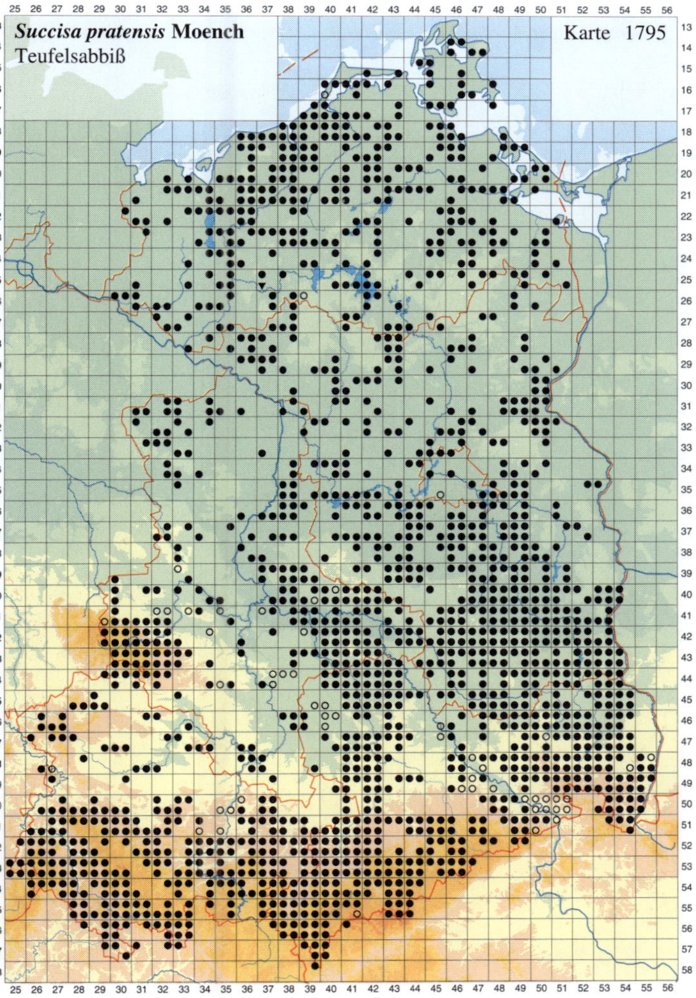
Succisa pratensis Moench
Teufelsabbiß
Karte 1795

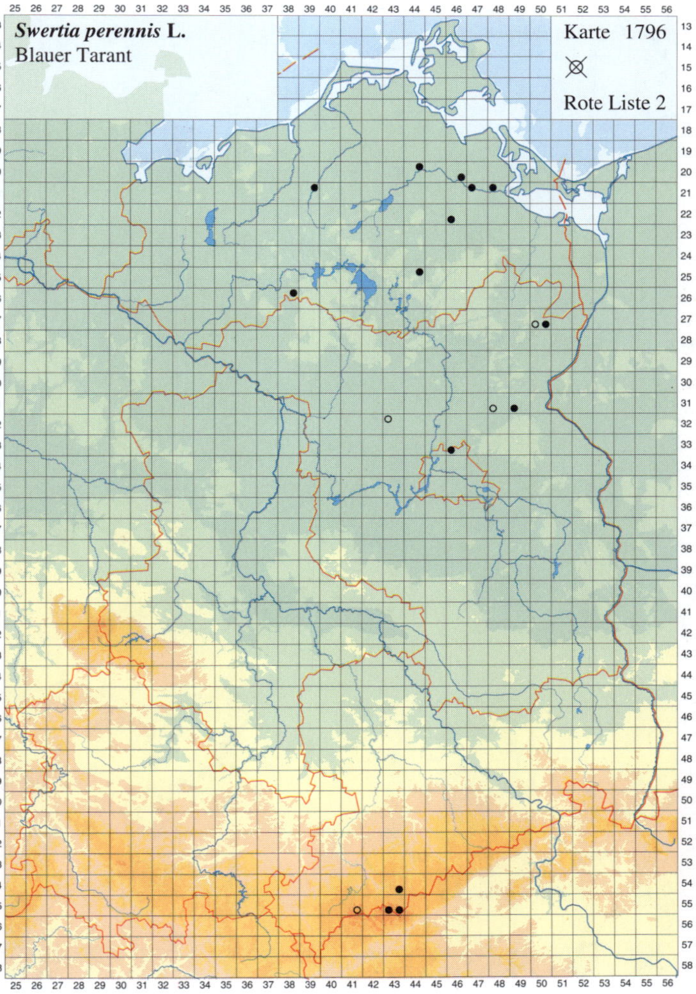
Swertia perennis L.
Blauer Tarant
Karte 1796
Rote Liste 2

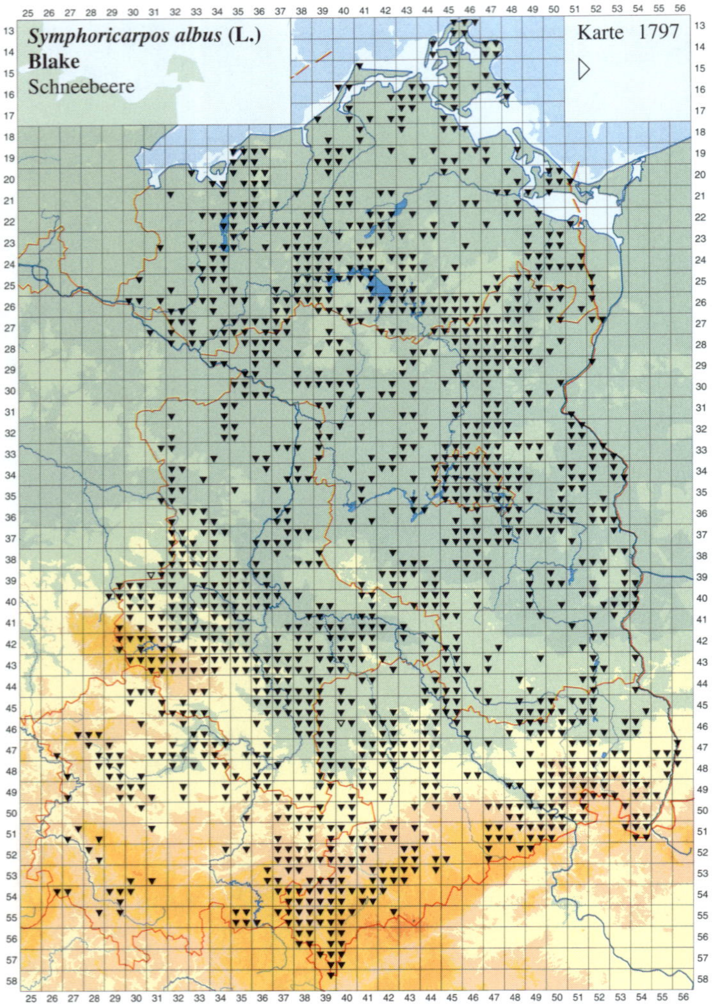
Symphoricarpos albus (L.) Blake
Schneebeere
Karte 1797

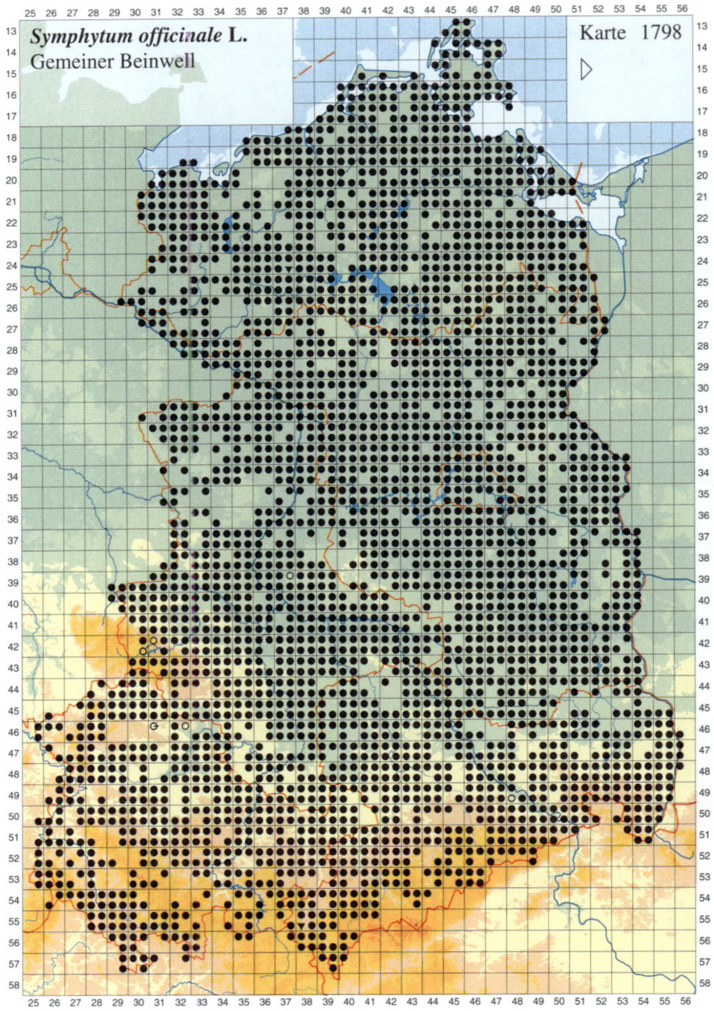
Symphytum officinale L.
Gemeiner Beinwell
Karte 1798

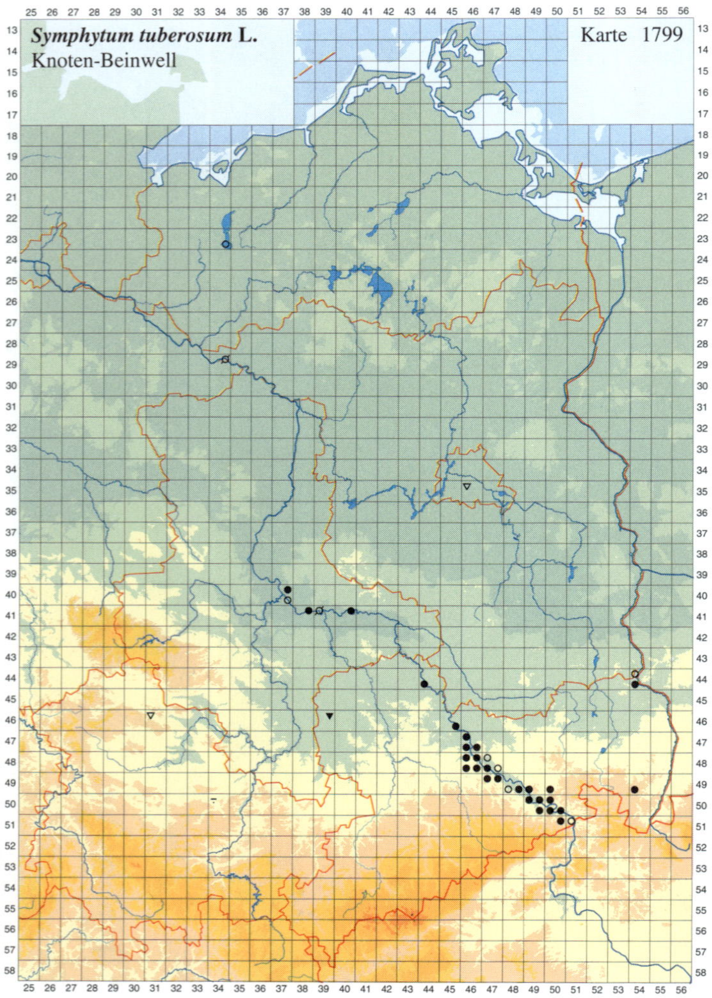
Symphytum tuberosum L.
Knoten-Beinwell
Karte 1799

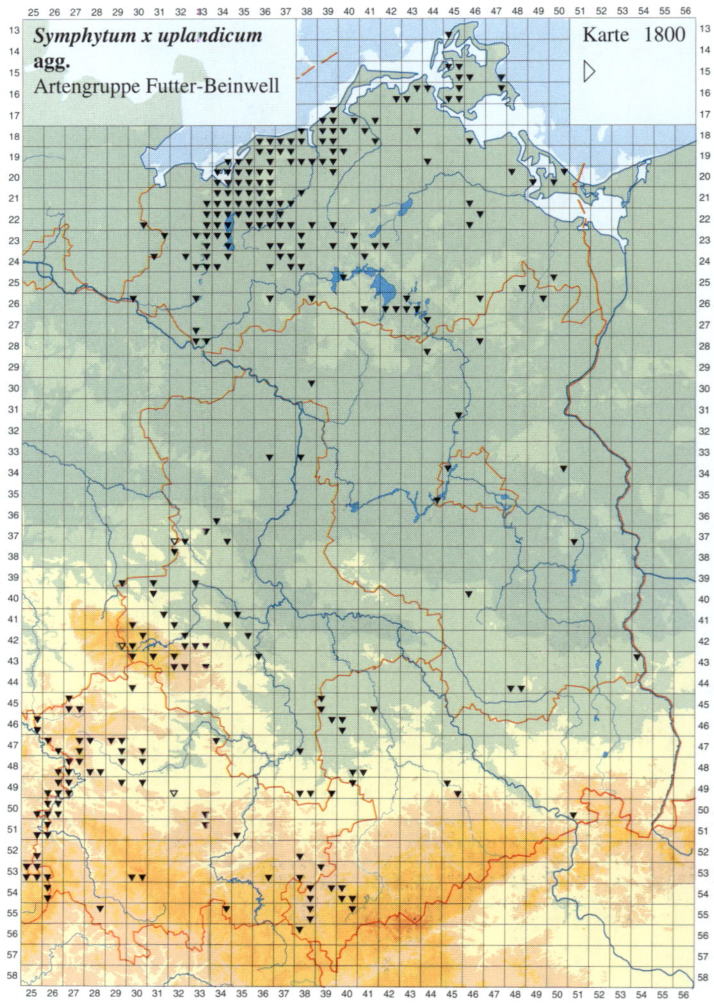
Symphytum x uplandicum agg.
Artengruppe Futter-Beinwell
Karte 1800

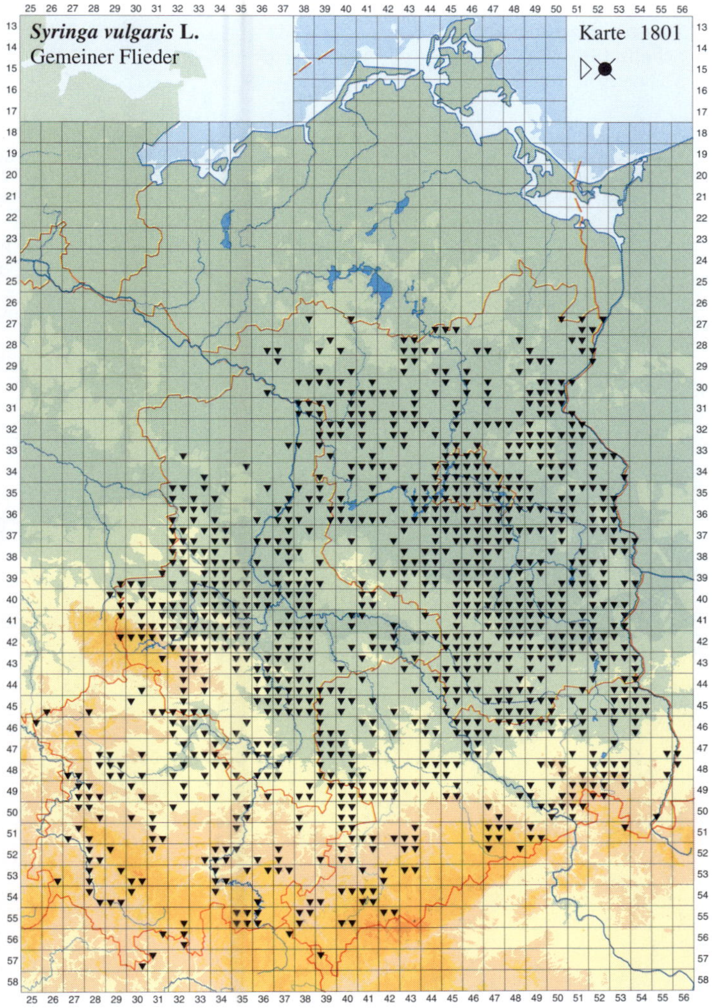
Syringa vulgaris L.
Gemeiner Flieder
Karte 1801

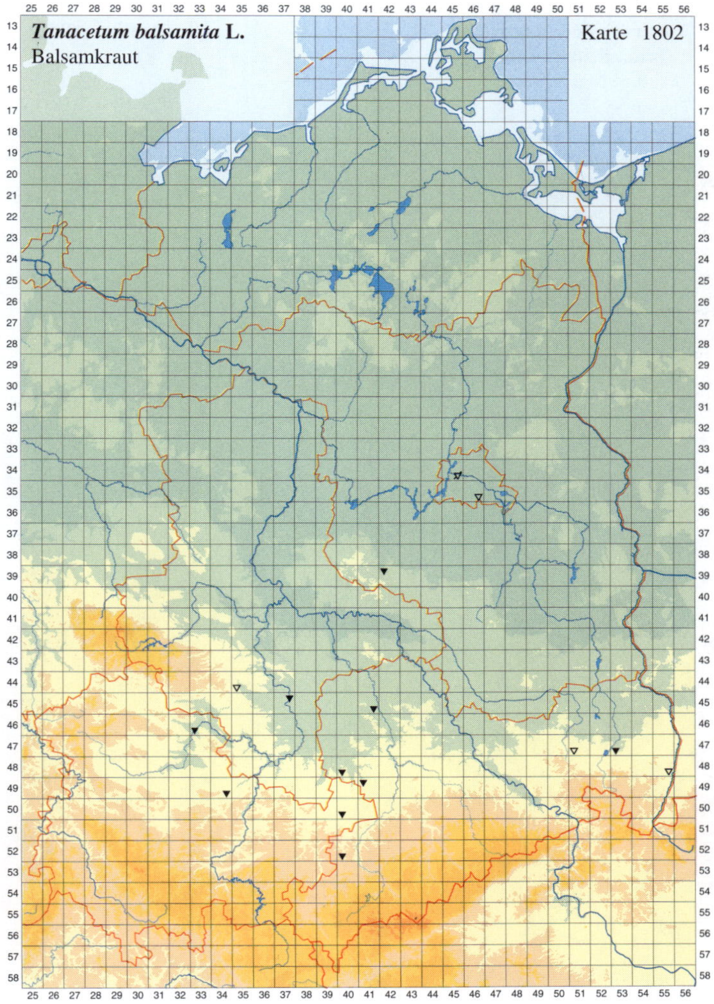
Tanacetum balsamita L.
Balsamkraut
Karte 1802

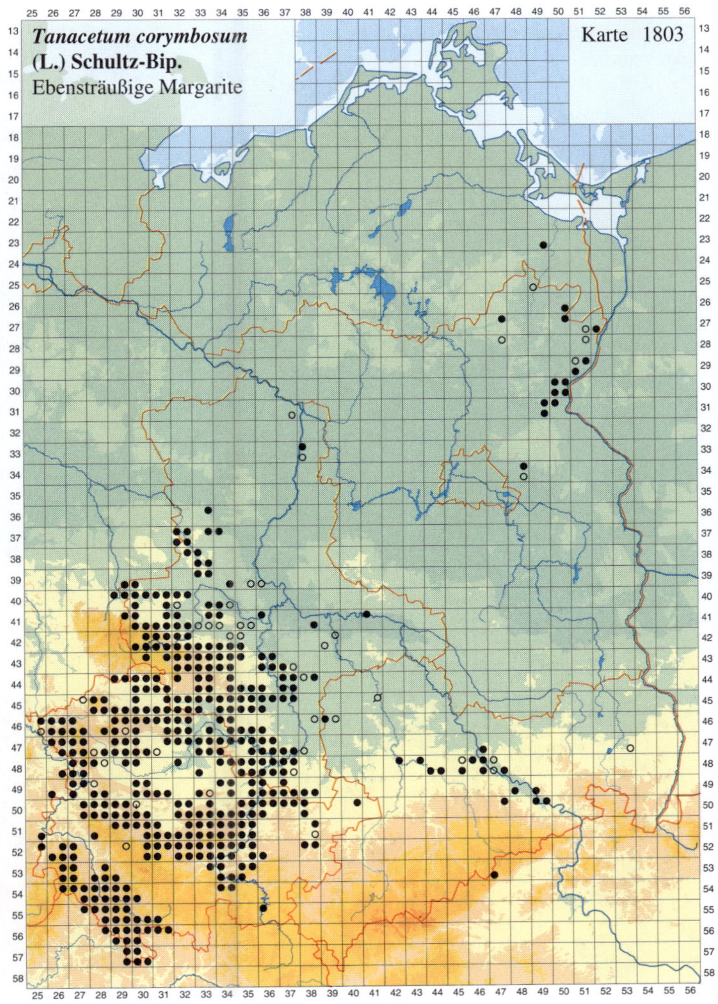
Tanacetum corymbosum (L.) Schultz-Bip.
Ebensträußige Margarite
Karte 1803

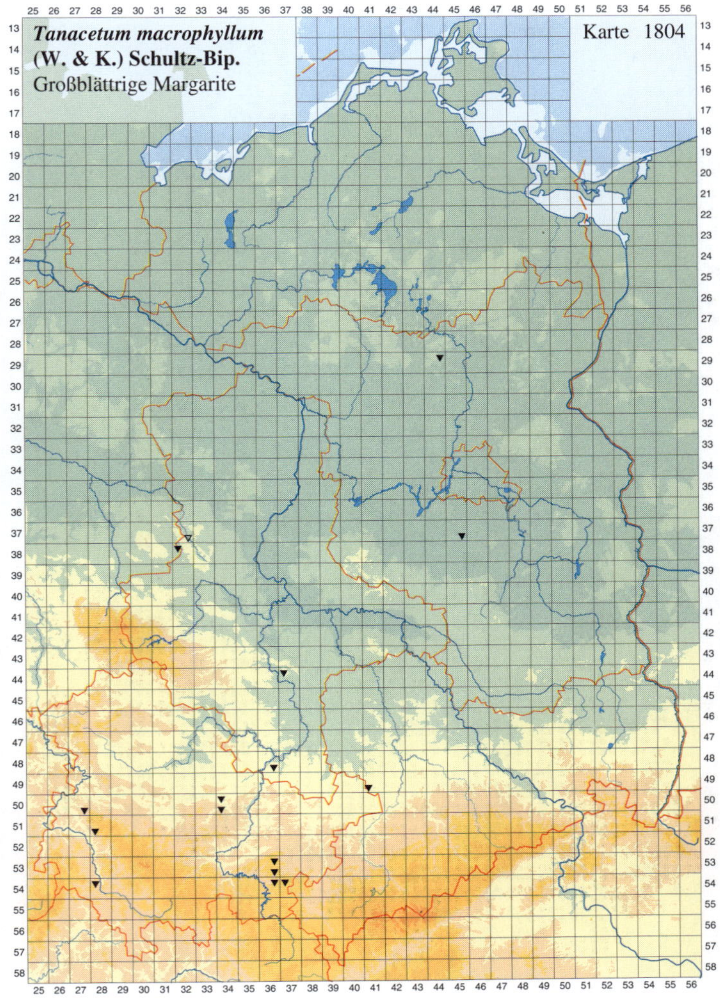
Tanacetum macrophyllum (W. & K.) Schultz-Bip.
Großblättrige Margarite
Karte 1804

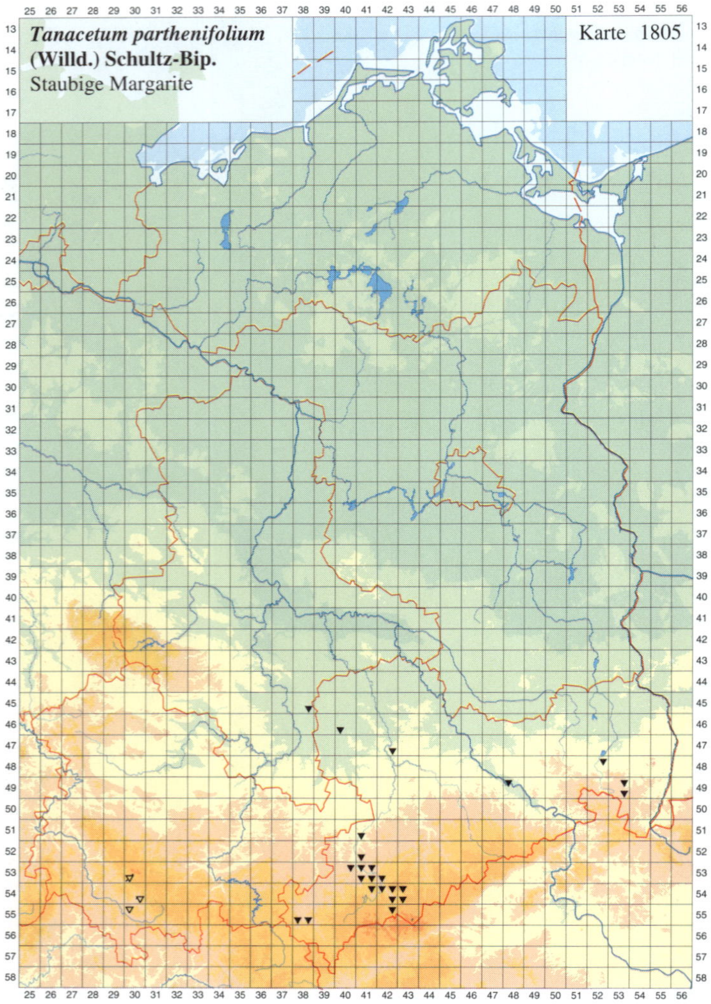
Tanacetum parthenifolium
(Willd.) Schultz-Bip.
Staubige Margarite
Karte 1805

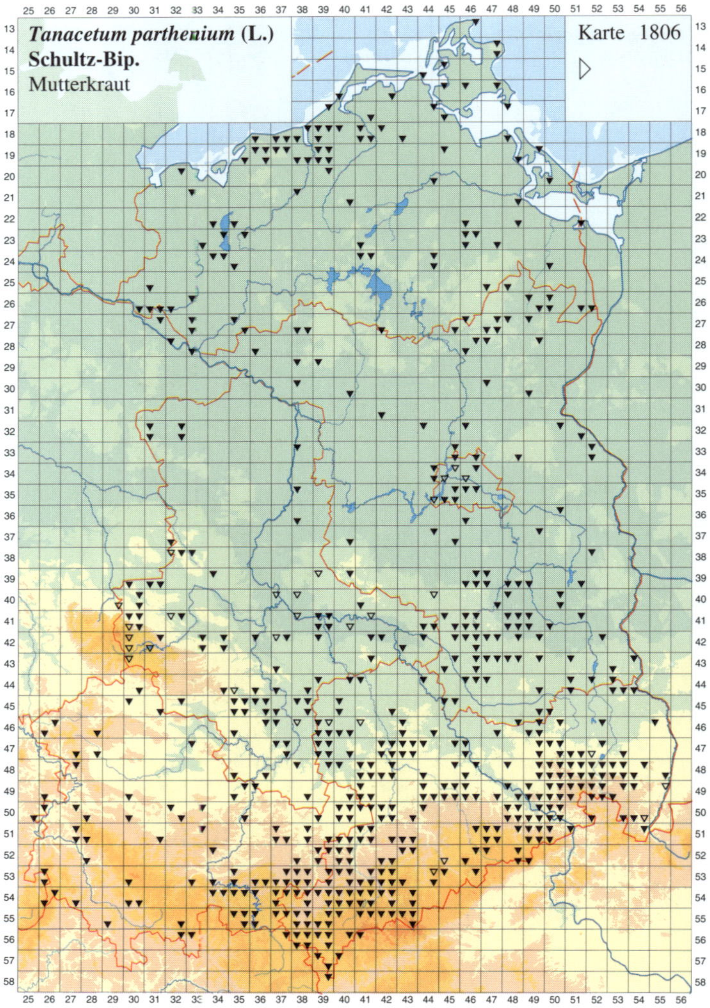
Tanacetum parthenium (L.)
Schultz-Bip.
Mutterkraut
Karte 1806

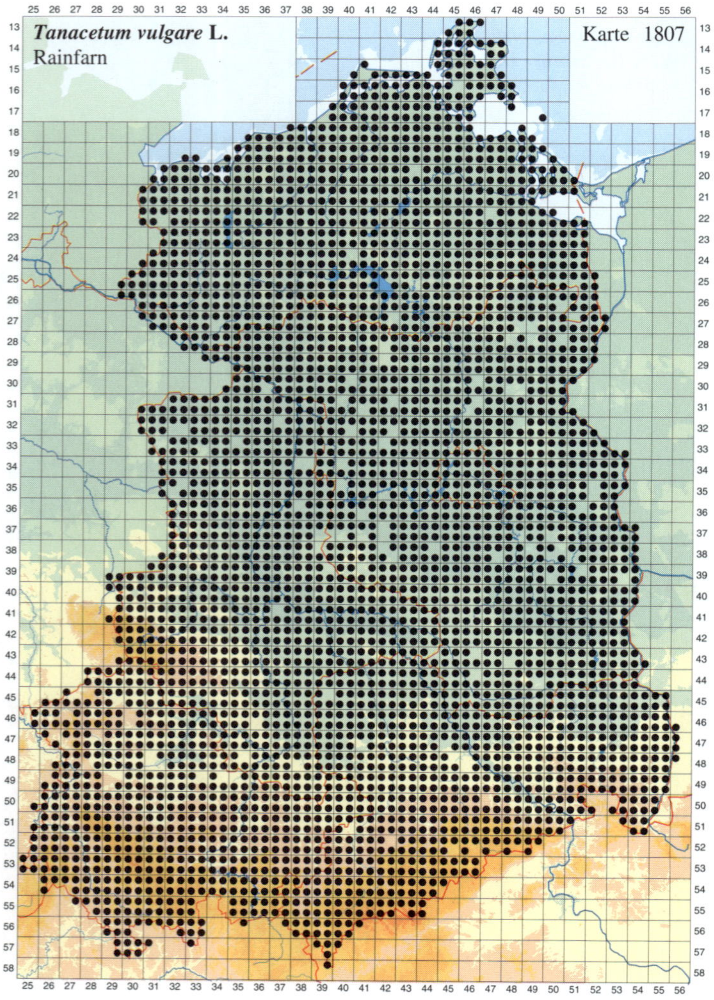
Tanacetum vulgare L.
Rainfarn
Karte 1807

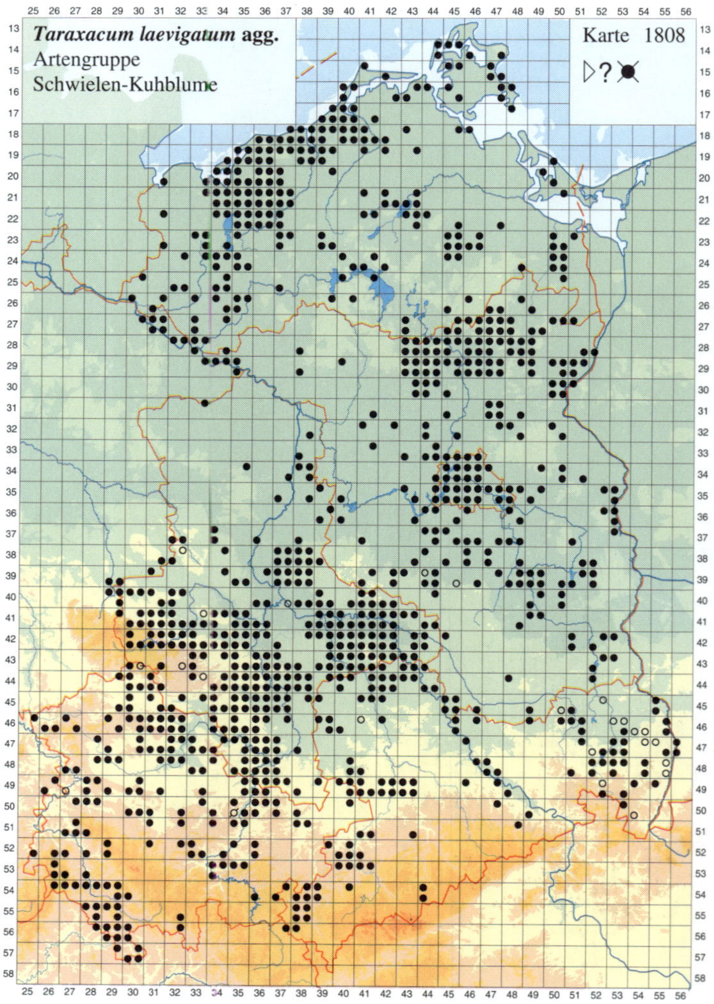
Taraxacum laevigatum agg.
Artengruppe
Schwielen-Kuhblume
Karte 1808

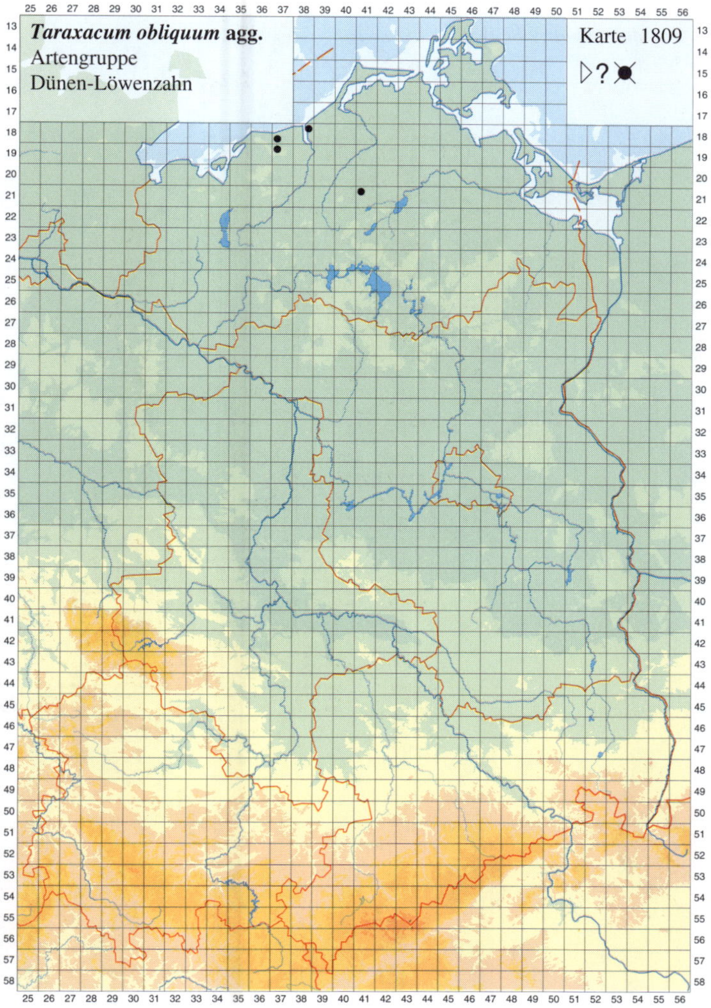
Taraxacum obliquum agg.
Artengruppe
Dünen-Löwenzahn
Karte 1809

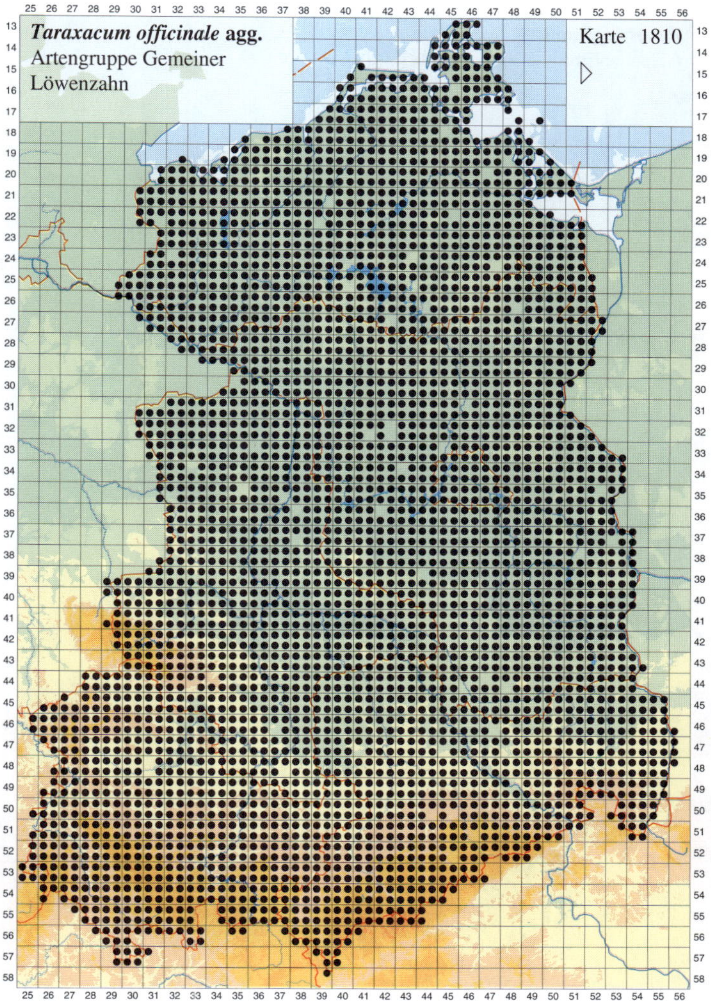
Taraxacum officinale agg.
Artengruppe Gemeiner
Löwenzahn
Karte 1810

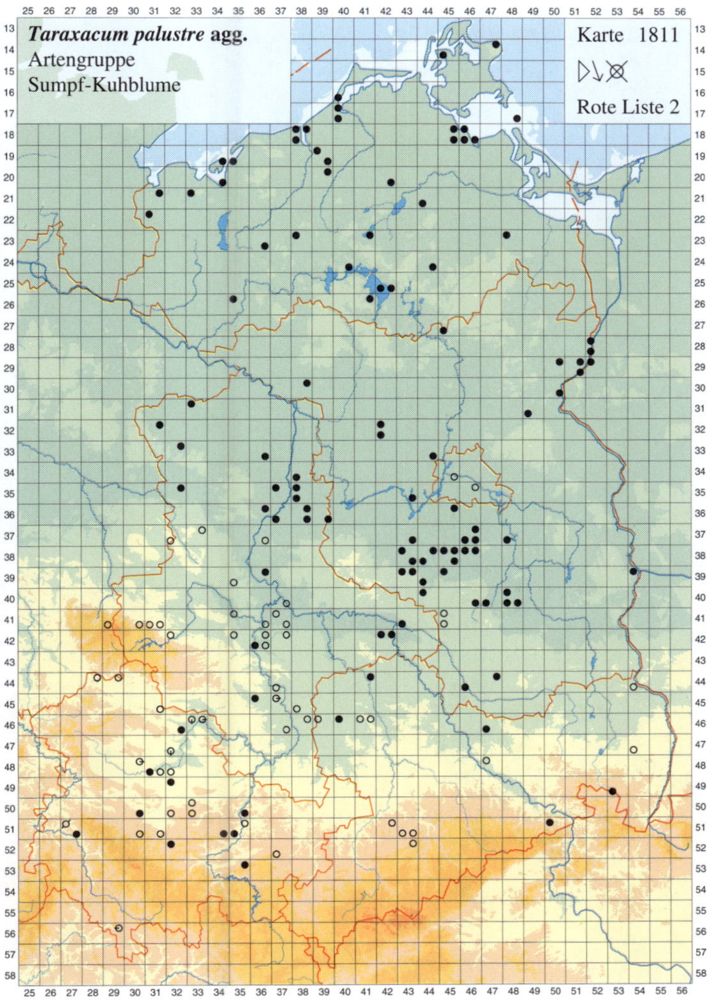
Taraxacum palustre agg.
Artengruppe
Sumpf-Kuhblume
Karte 1811
Rote Liste 2

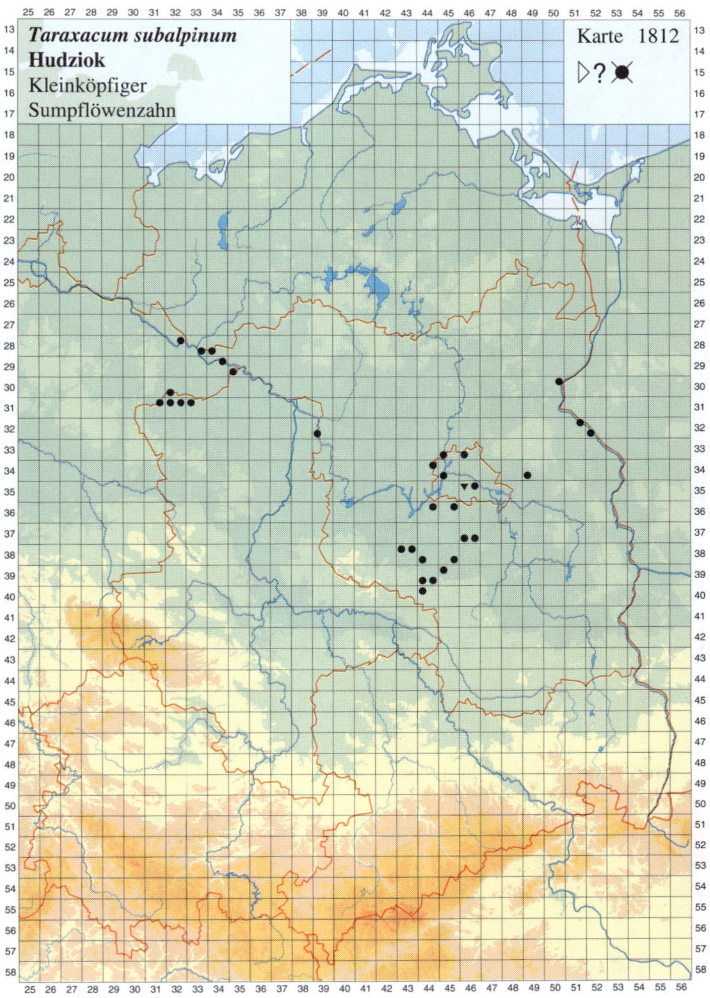
Taraxacum subalpinum
Hudziok
Kleinköpfiger
Sumpflöwenzahn
Karte 1812

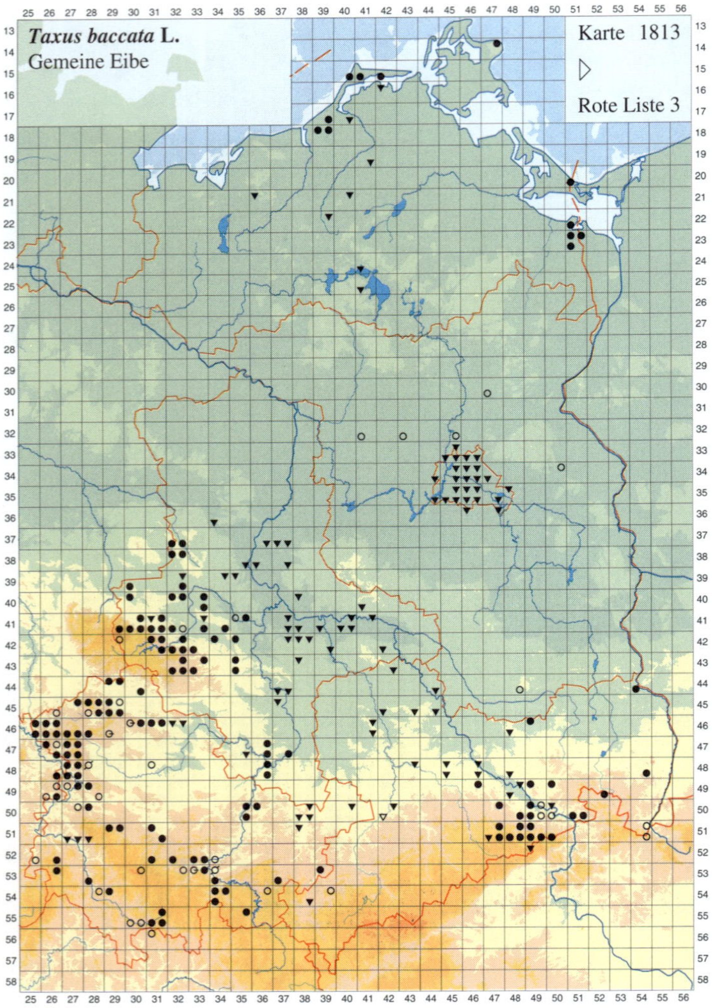
Taxus baccata L.
Gemeine Eibe
Karte 1813
▷
Rote Liste 3

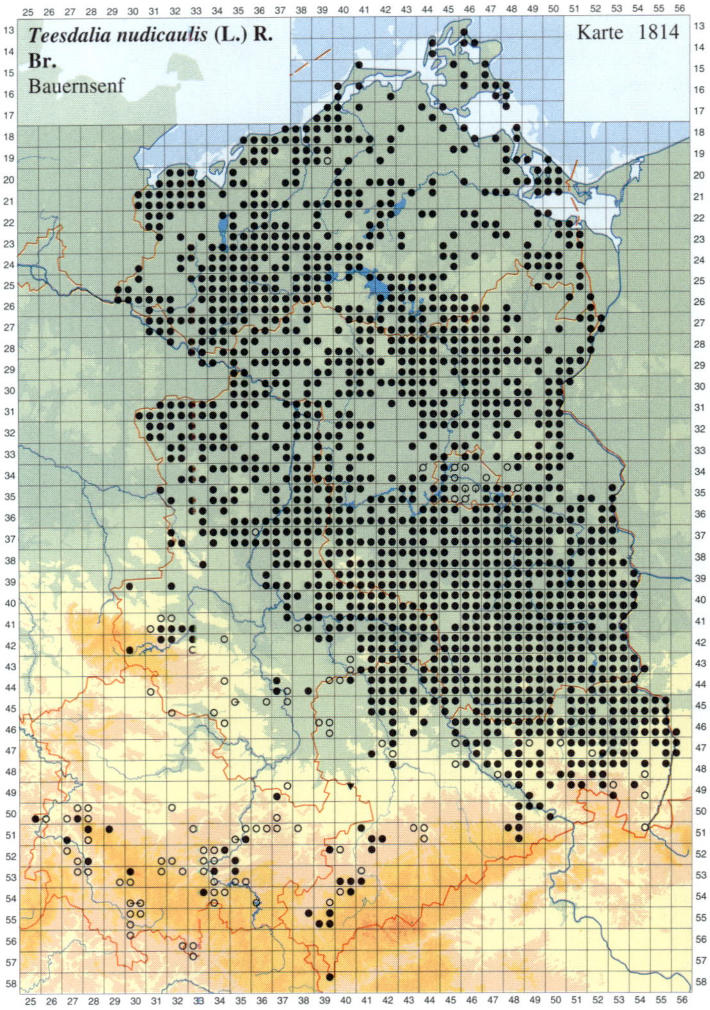
Teesdalia nudicaulis (L.) R. Br.
Bauernsenf
Karte 1814

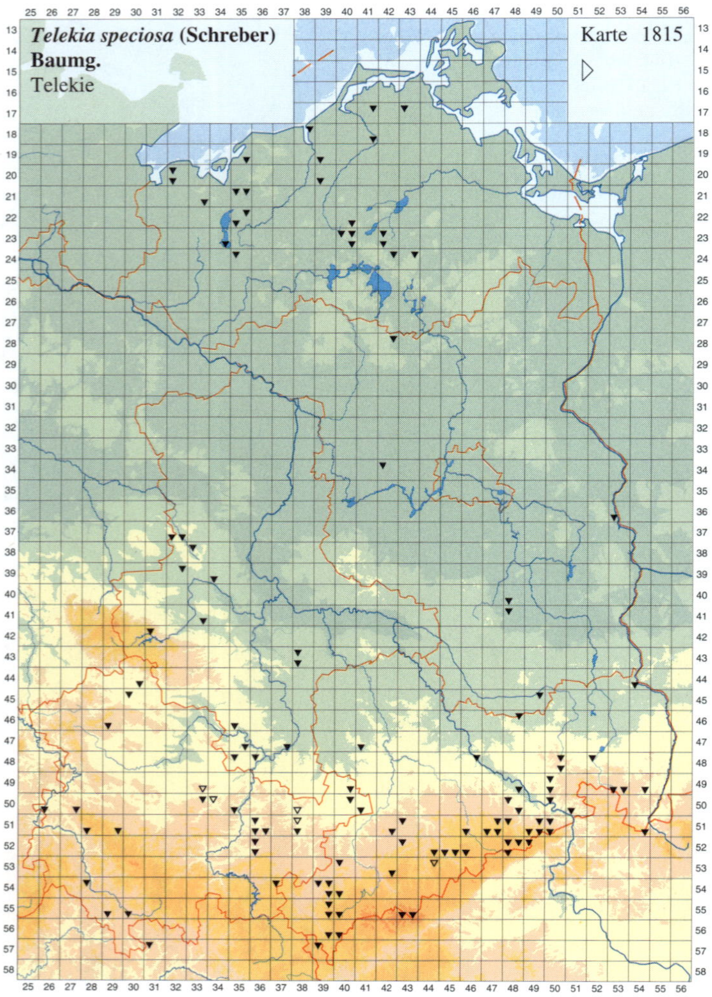
Telekia speciosa (Schreber) Baumg.
Telekie
Karte 1815
▷

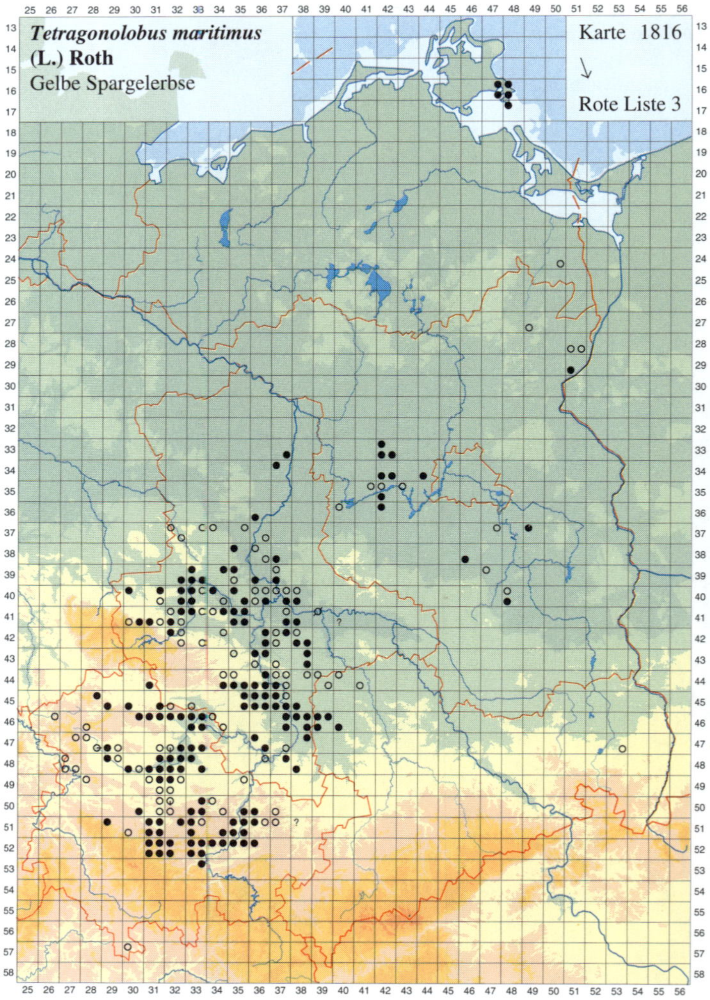
Tetragonolobus maritimus (L.) Roth
Gelbe Spargelerbse
Karte 1816
↘
Rote Liste 3

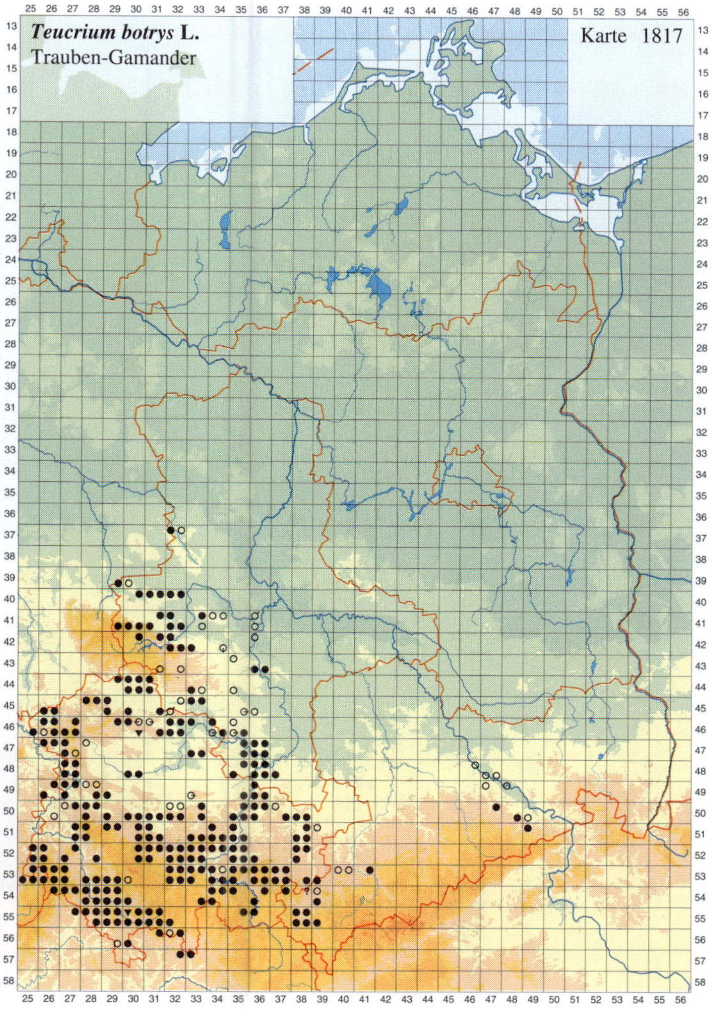
Teucrium botrys L.
Trauben-Gamander
Karte 1817

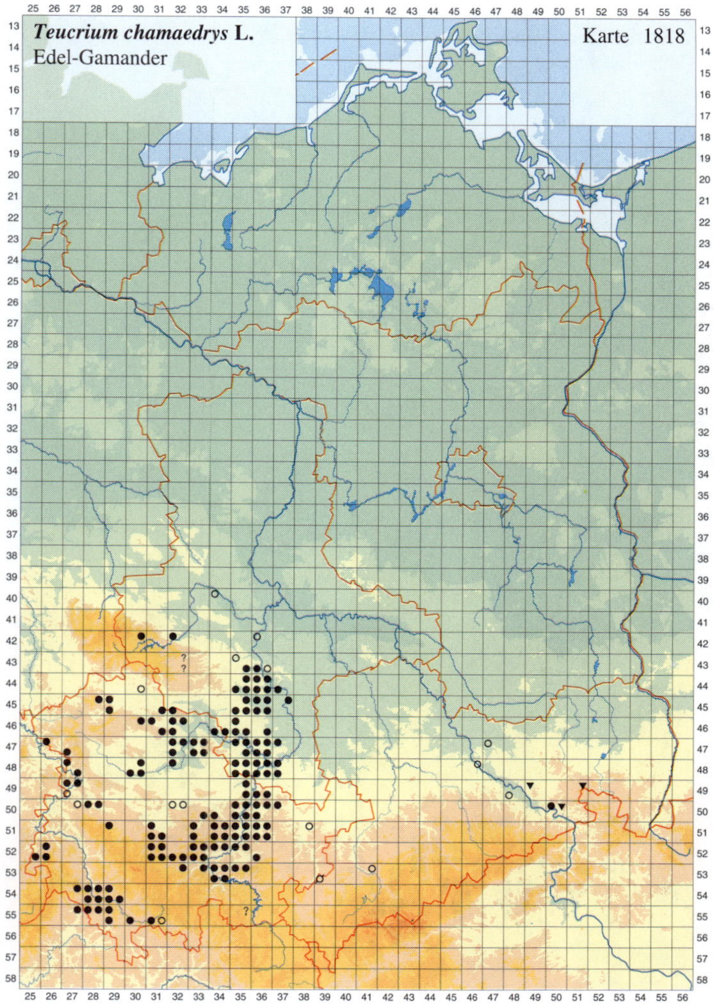
Teucrium chamaedrys L.
Edel-Gamander
Karte 1818

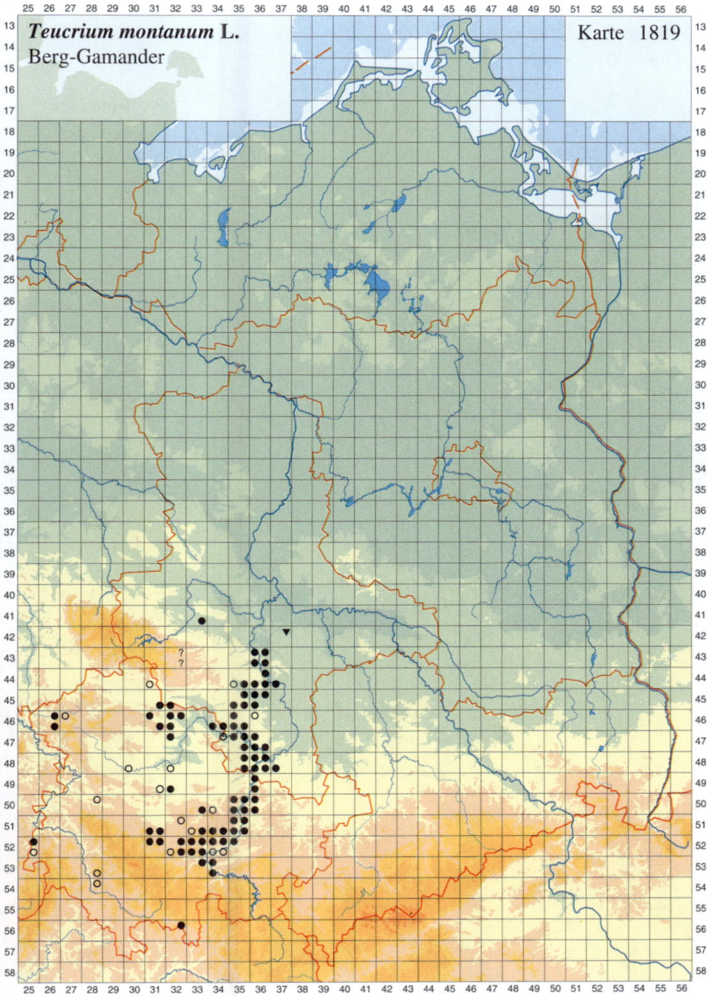
Teucrium montanum L.
Berg-Gamander
Karte 1819

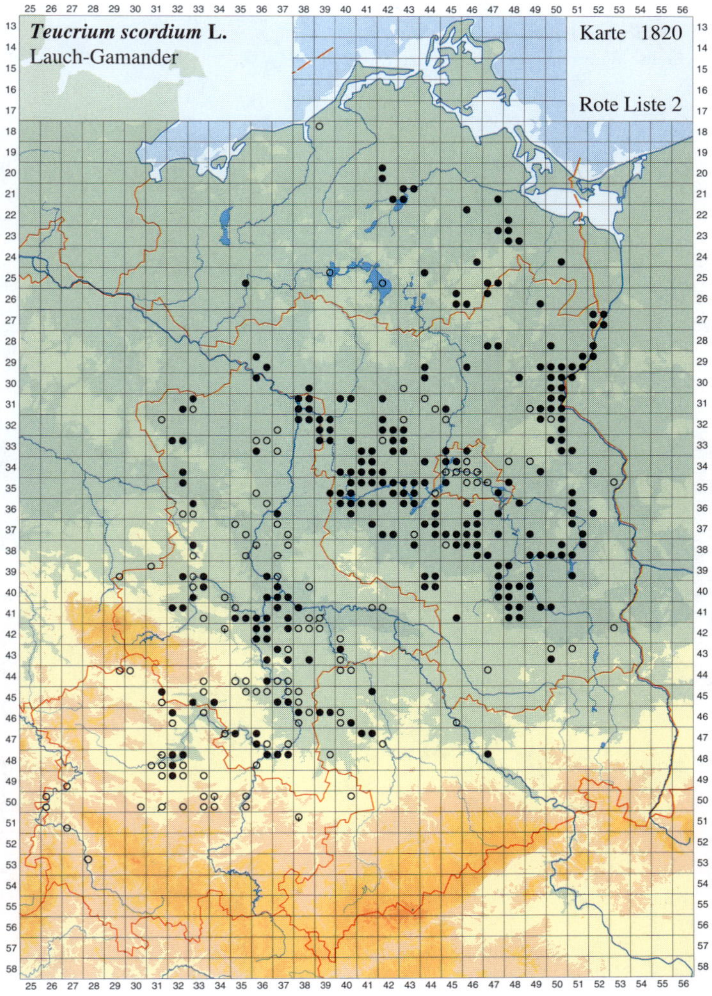
Teucrium scordium L.
Lauch-Gamander
Karte 1820
Rote Liste 2

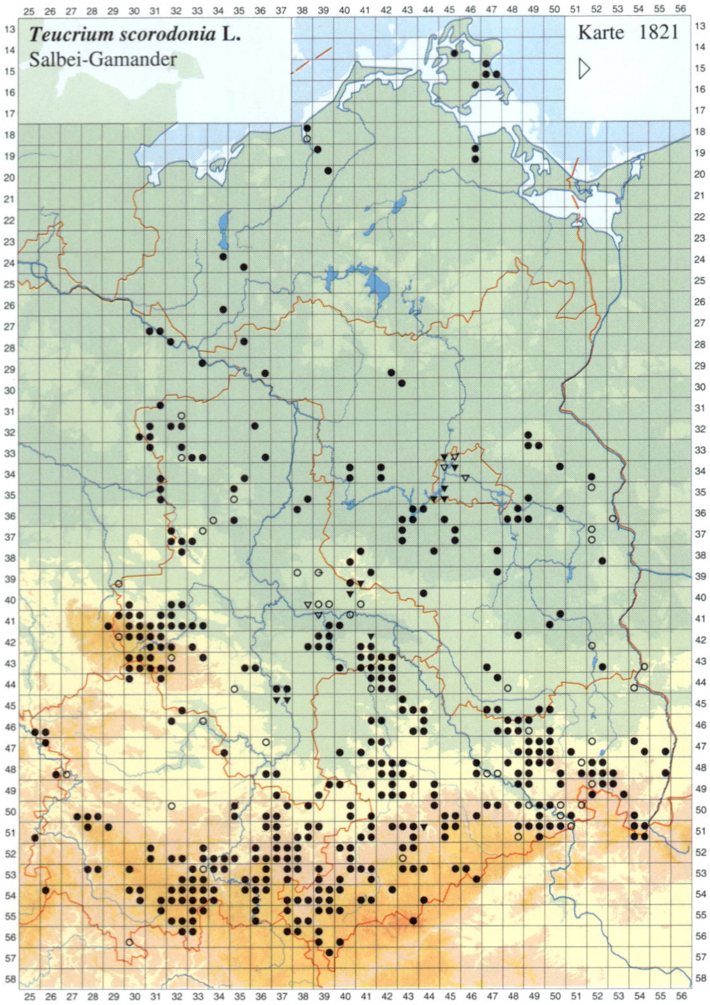

Teucrium scorodonia L.
Salbei-Gamander
Karte 1821
▷

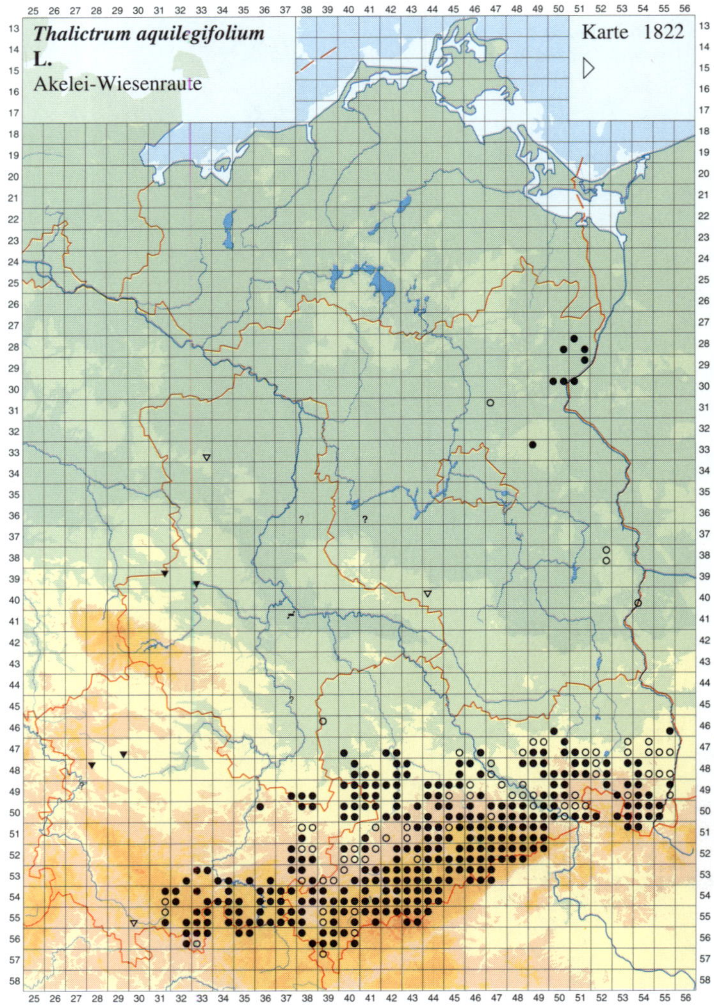

Thalictrum aquilegifolium L.
Akelei-Wiesenraute
Karte 1822
▷

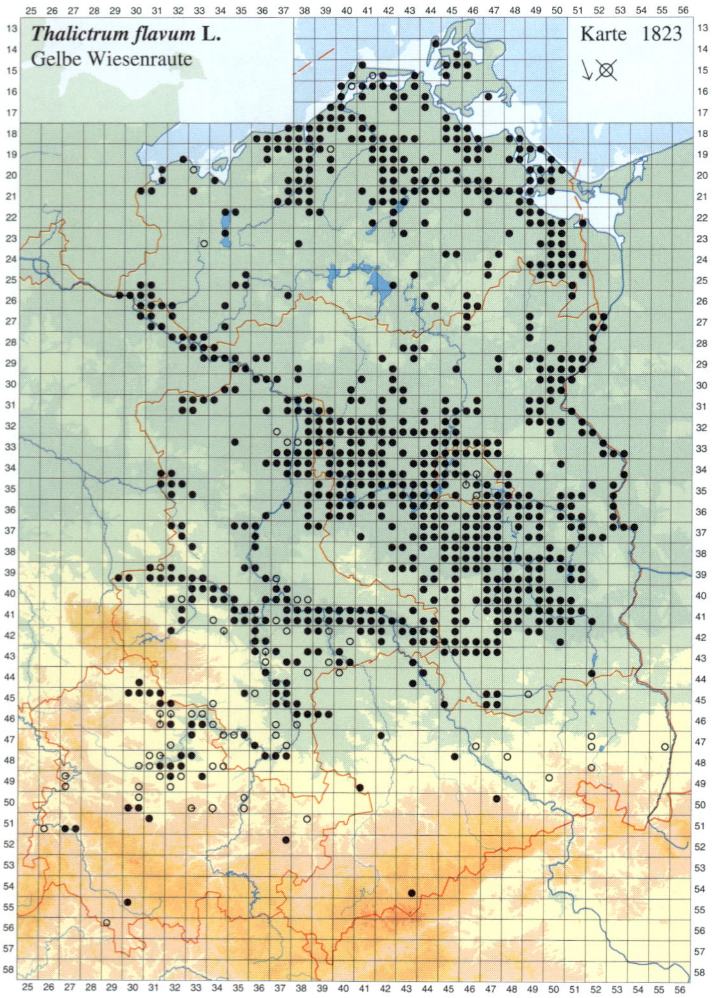

Thalictrum flavum L.
Gelbe Wiesenraute
Karte 1823

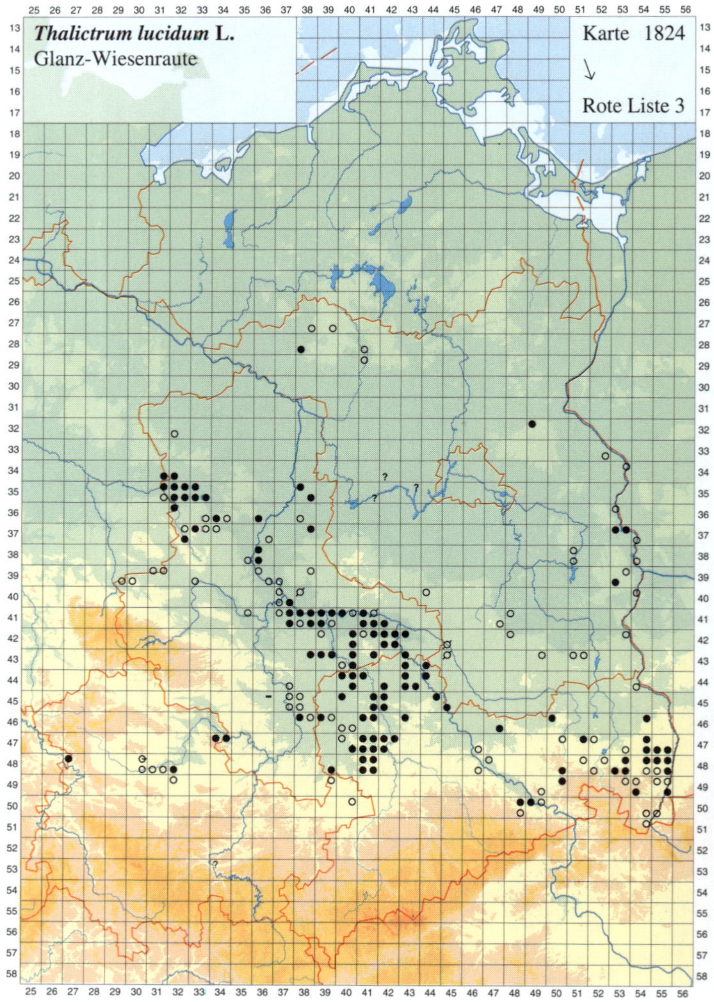

Thalictrum lucidum L.
Glanz-Wiesenraute
Karte 1824
Rote Liste 3

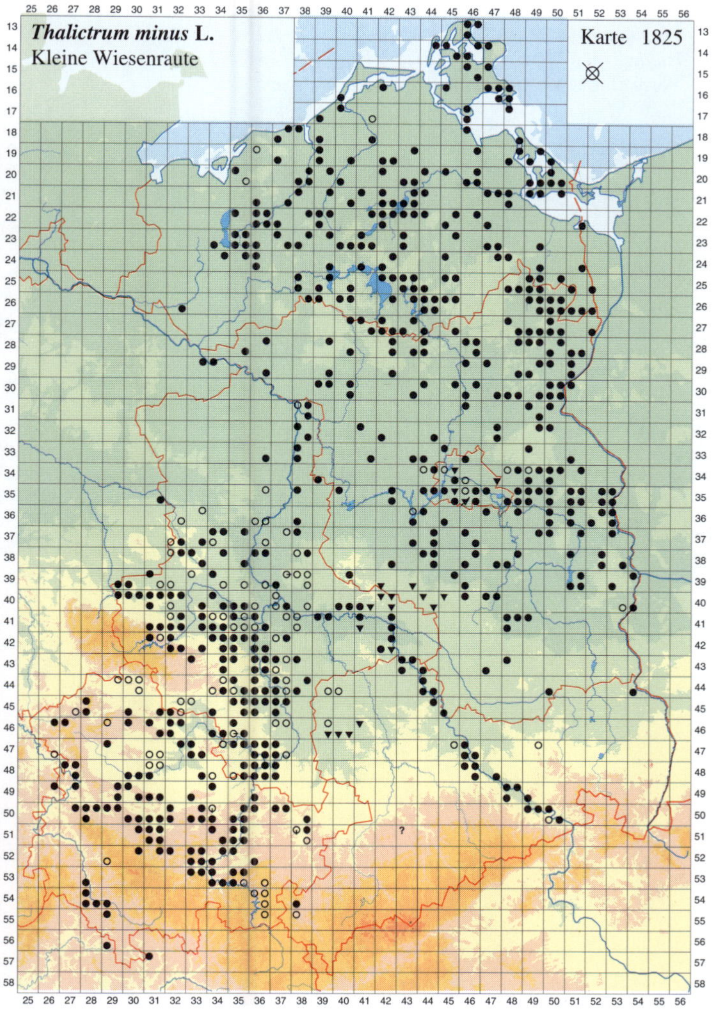
Thalictrum minus L.
Kleine Wiesenraute
Karte 1825

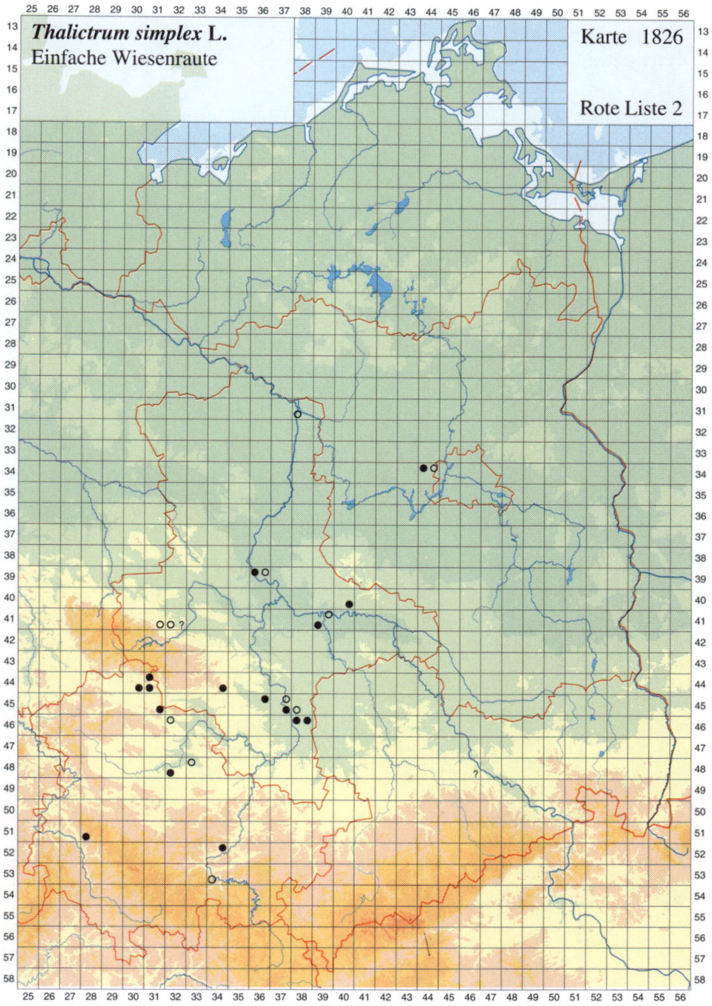
Thalictrum simplex L.
Einfache Wiesenraute
Karte 1826
Rote Liste 2

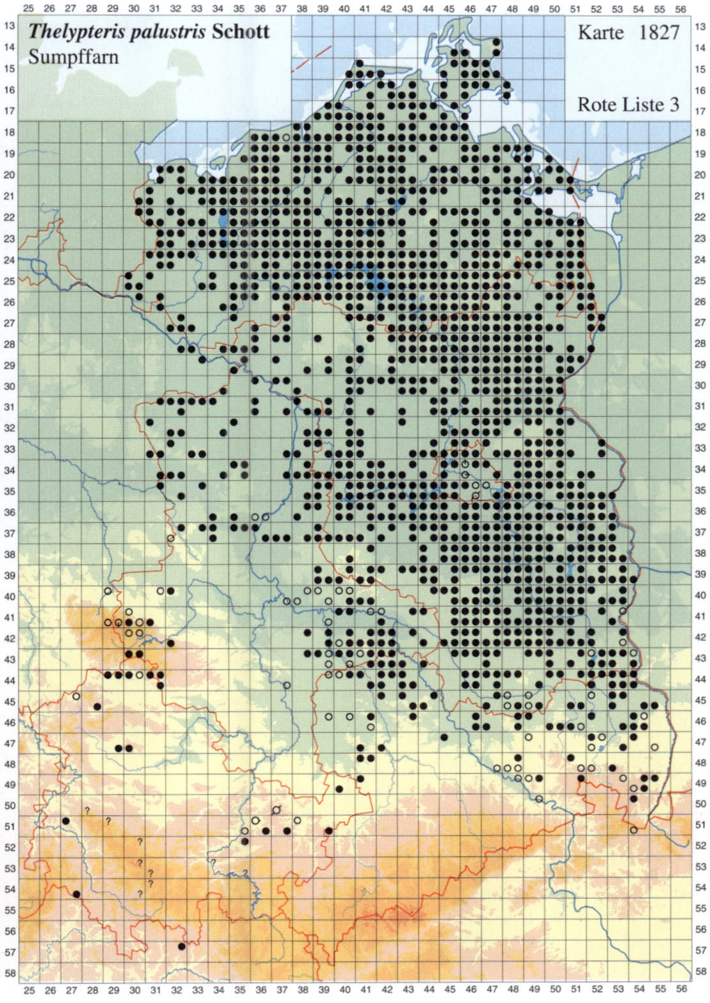
Thelypteris palustris Schott
Sumpffarn
Karte 1827
Rote Liste 3

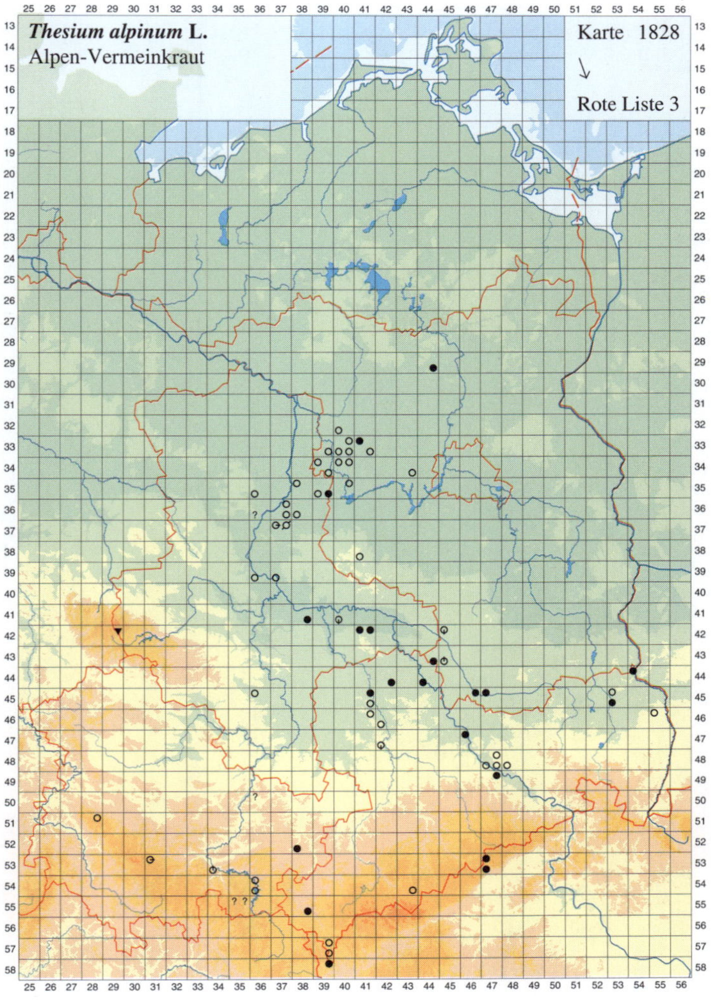
Thesium alpinum L.
Alpen-Vermeinkraut
Karte 1828
Rote Liste 3

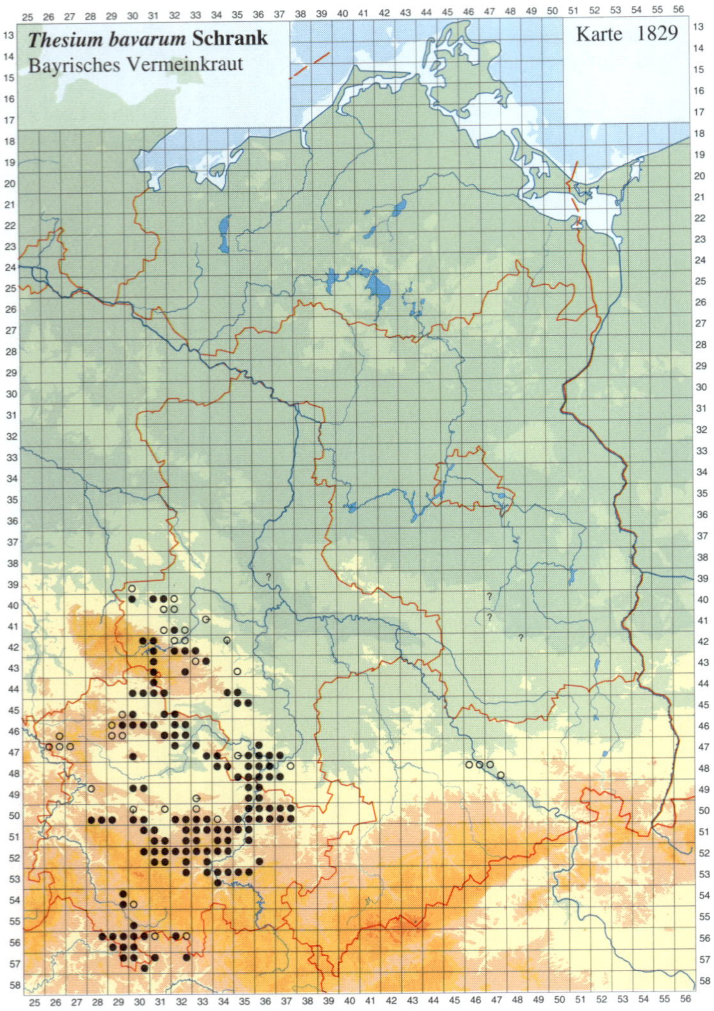
Thesium bavarum Schrank
Bayrisches Vermeinkraut
Karte 1829

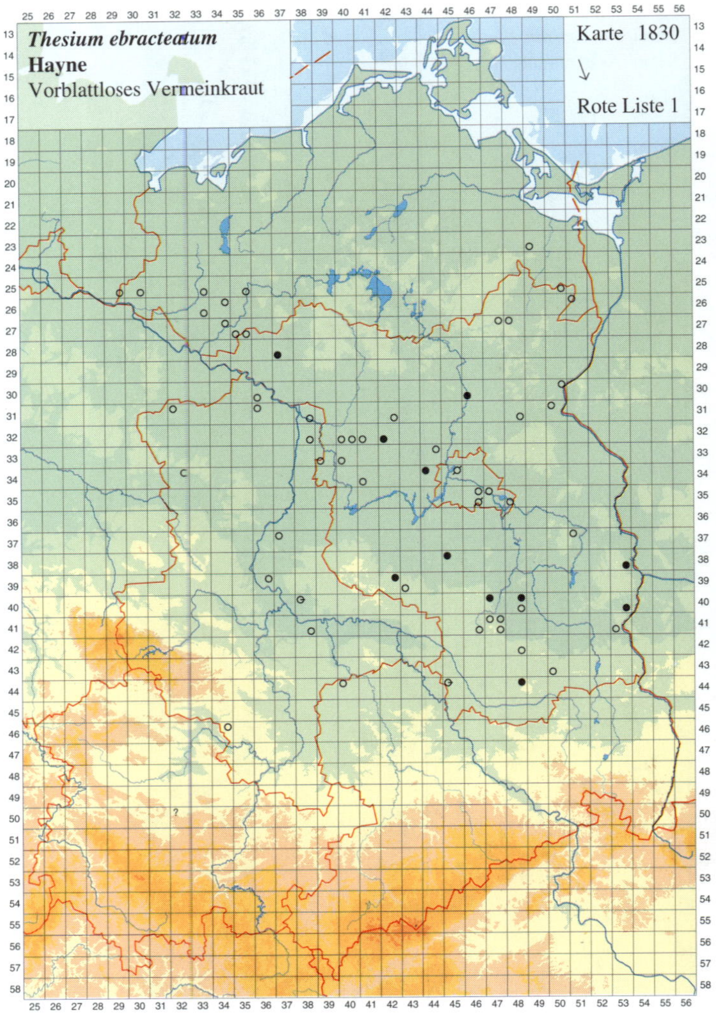
Thesium ebracteatum Hayne
Vorblattloses Vermeinkraut
Karte 1830
Rote Liste 1

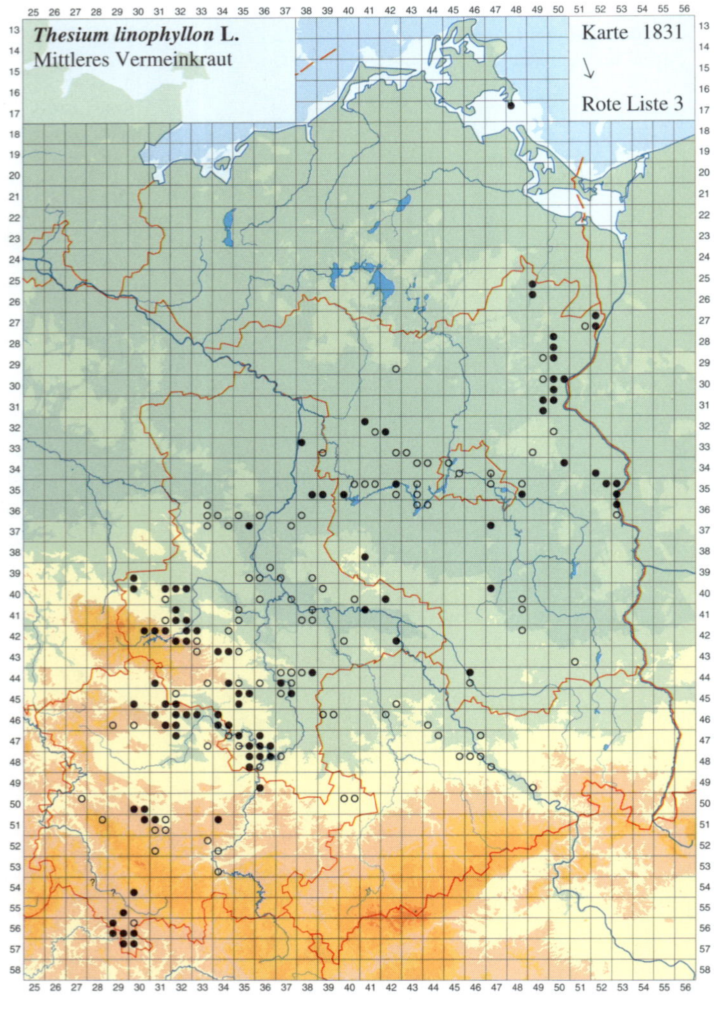
Thesium linophyllon L.
Mittleres Vermeinkraut
Karte 1831
Rote Liste 3

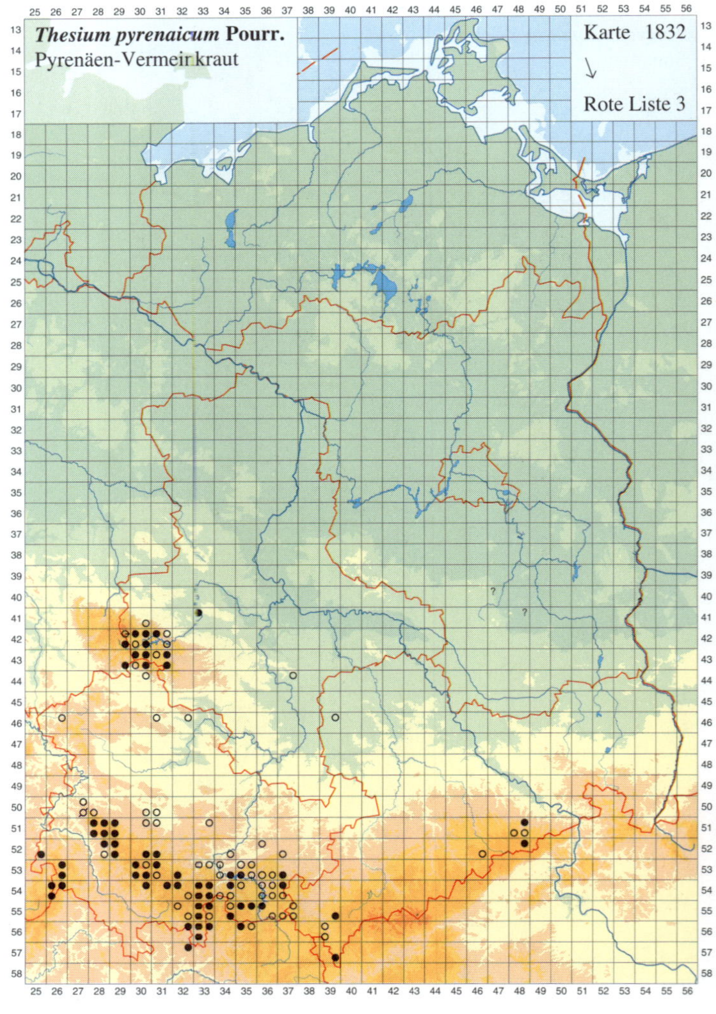
Thesium pyrenaicum Pourr.
Pyrenäen-Vermeinkraut
Karte 1832
Rote Liste 3

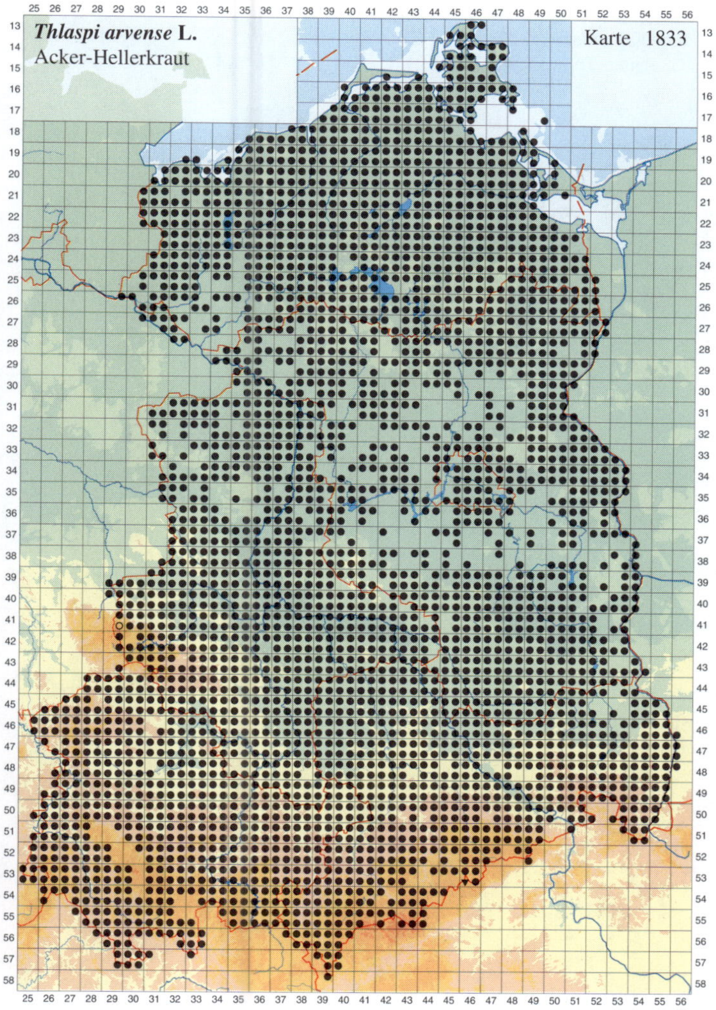
Thlaspi arvense L.
Acker-Hellerkraut
Karte 1833

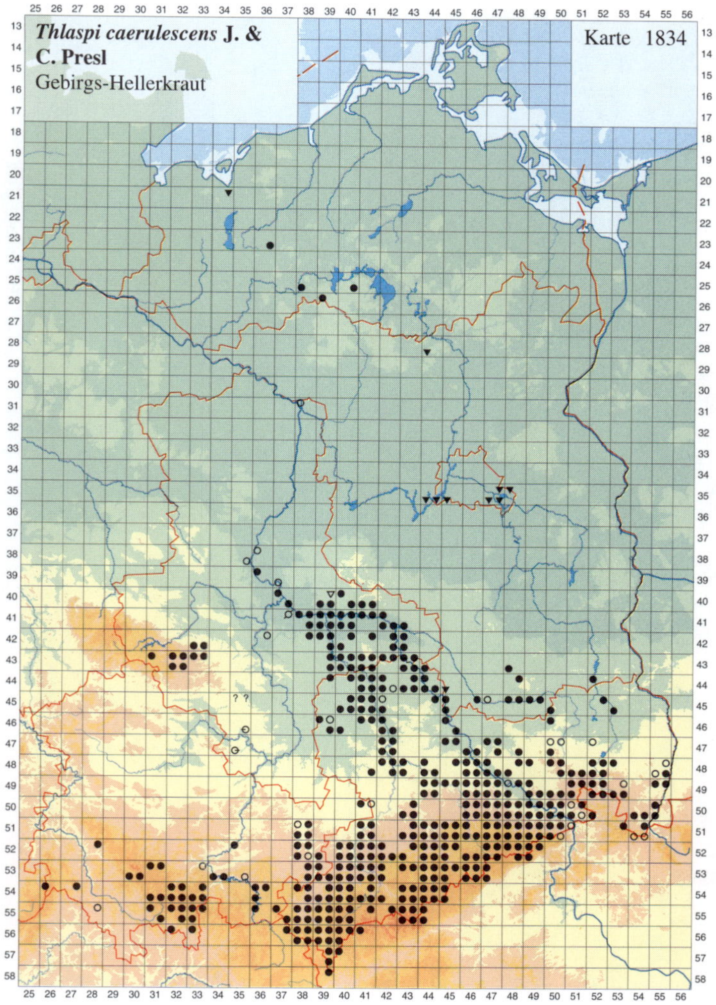
Thlaspi caerulescens J. & C. Presl
Gebirgs-Hellerkraut
Karte 1834

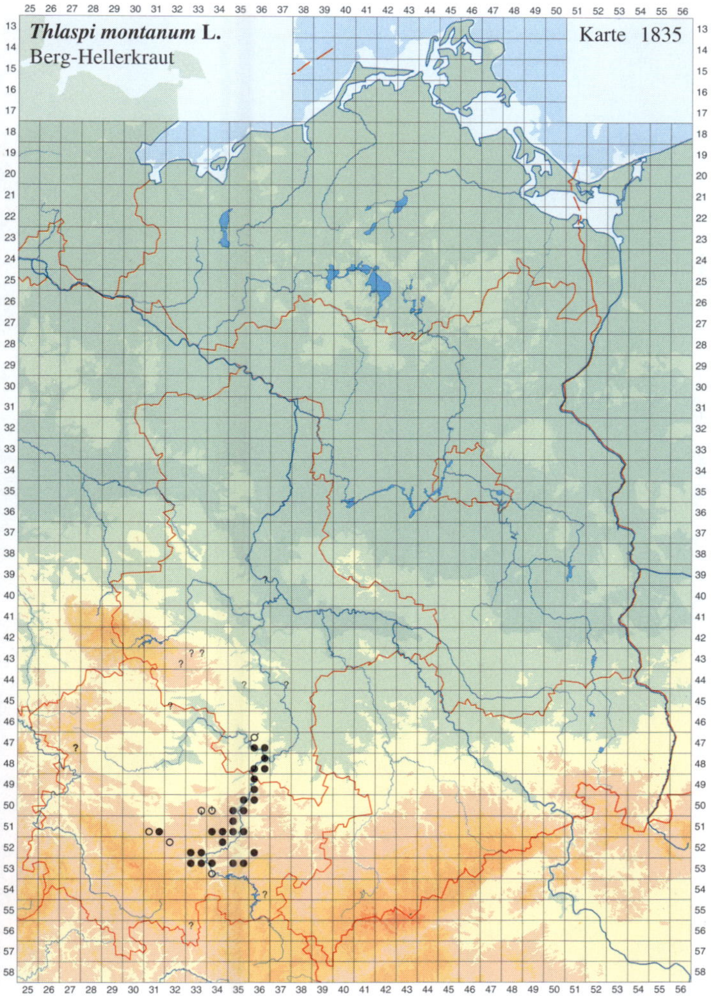
Thlaspi montanum L.
Berg-Hellerkraut
Karte 1835

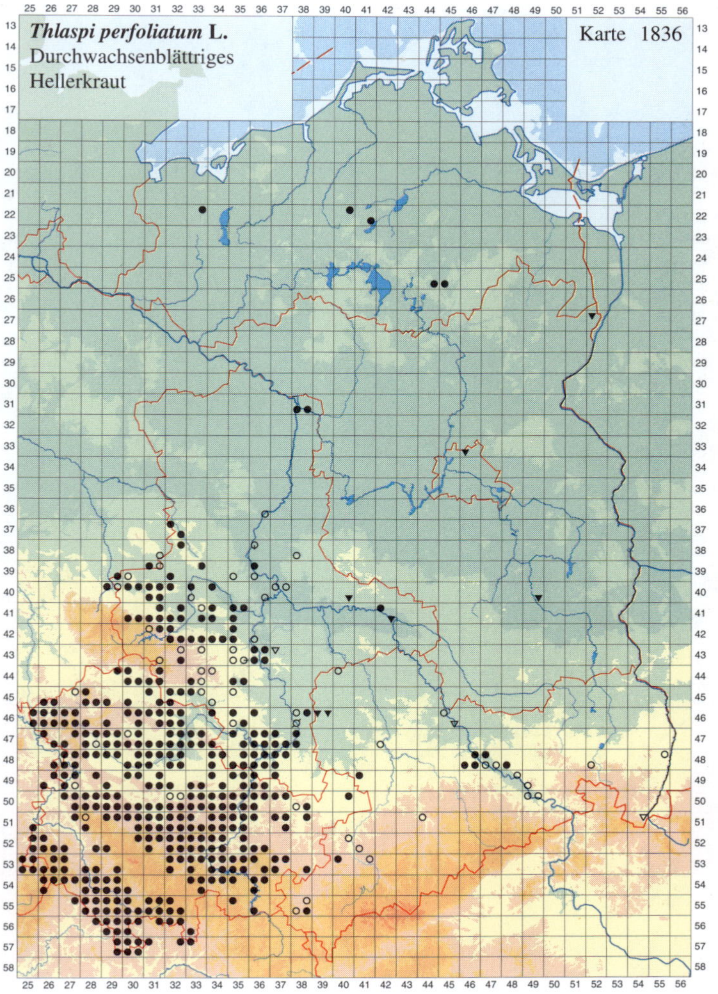
Thlaspi perfoliatum L.
Durchwachsenblättriges Hellerkraut
Karte 1836

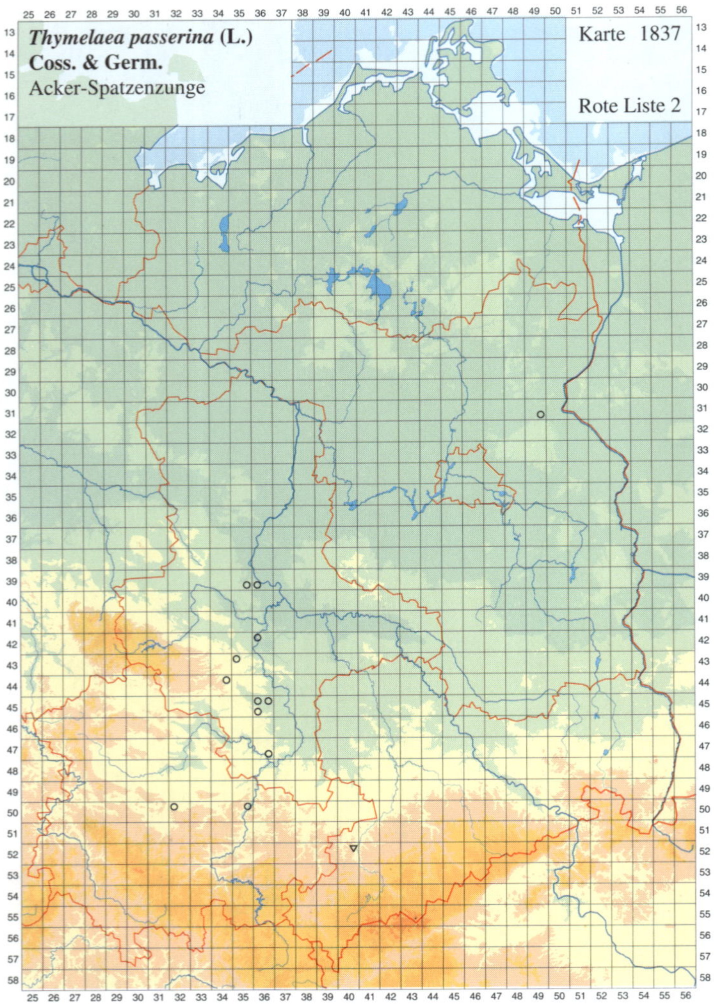
Thymelaea passerina (L.) Coss. & Germ.
Acker-Spatzenzunge
Karte 1837
Rote Liste 2

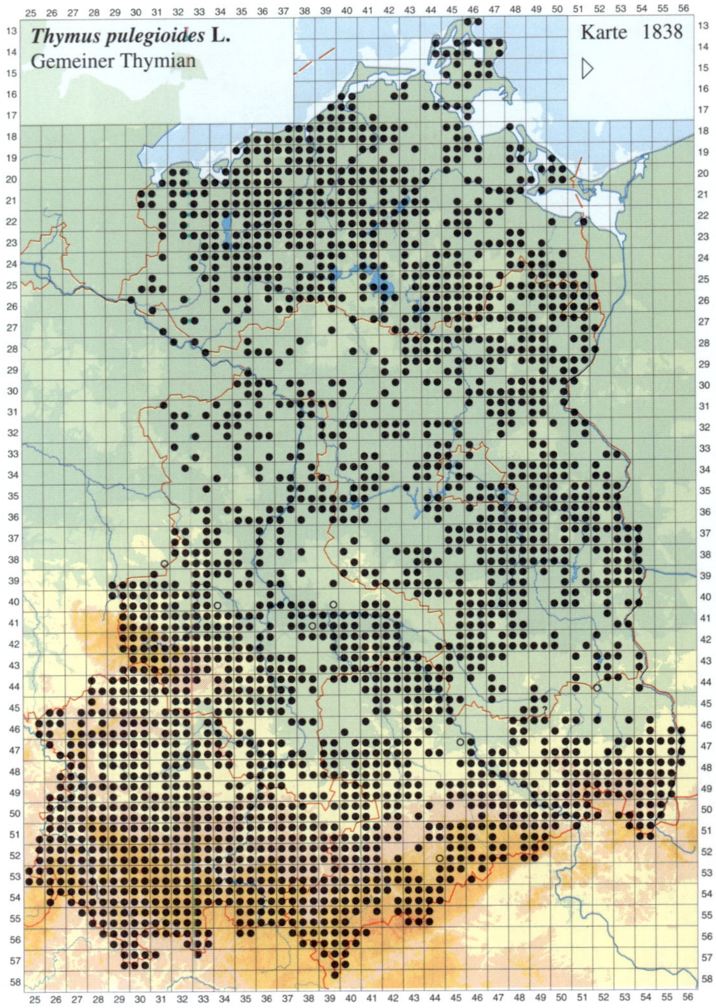
Thymus pulegioides L.
Gemeiner Thymian
Karte 1838

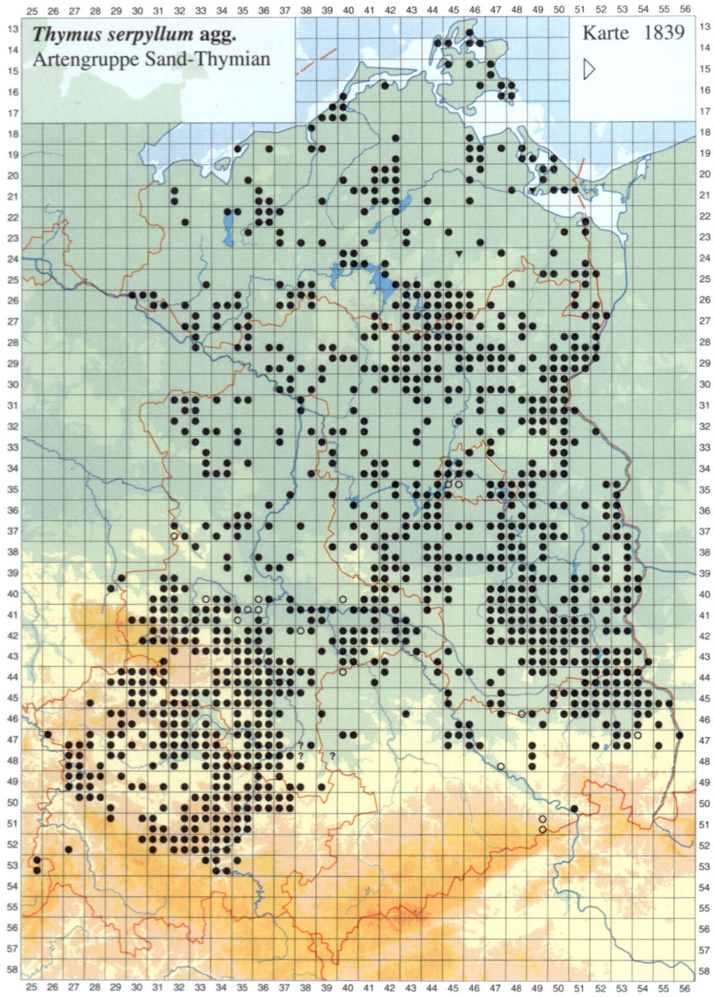
Thymus serpyllum agg.
Artengruppe Sand-Thymian
Karte 1839

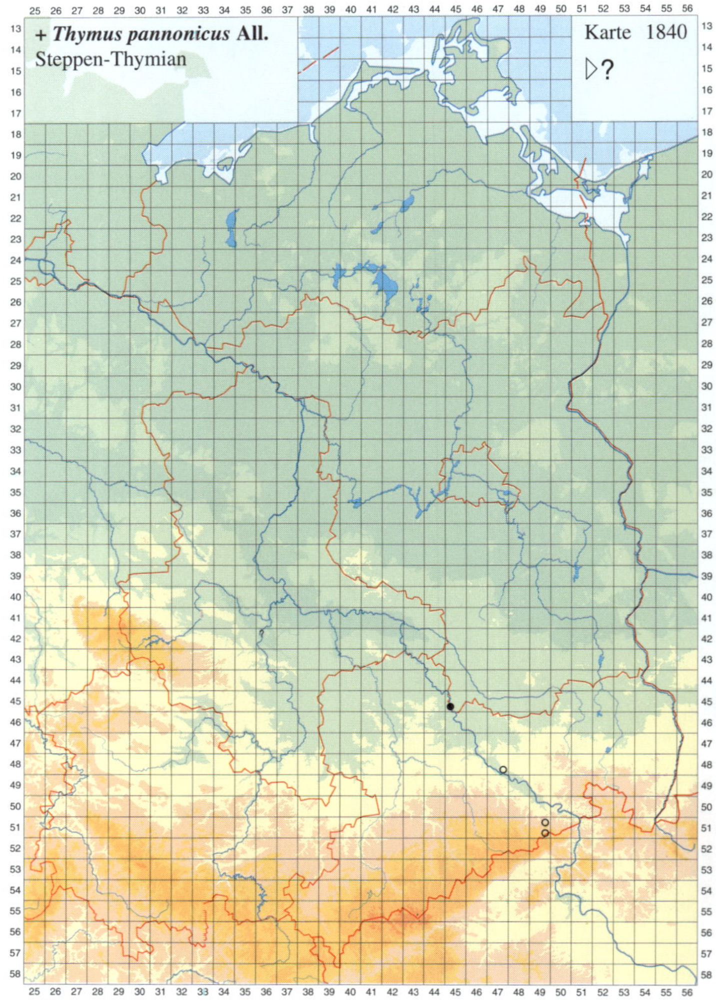
+ *Thymus pannonicus* All.
Steppen-Thymian
Karte 1840
?

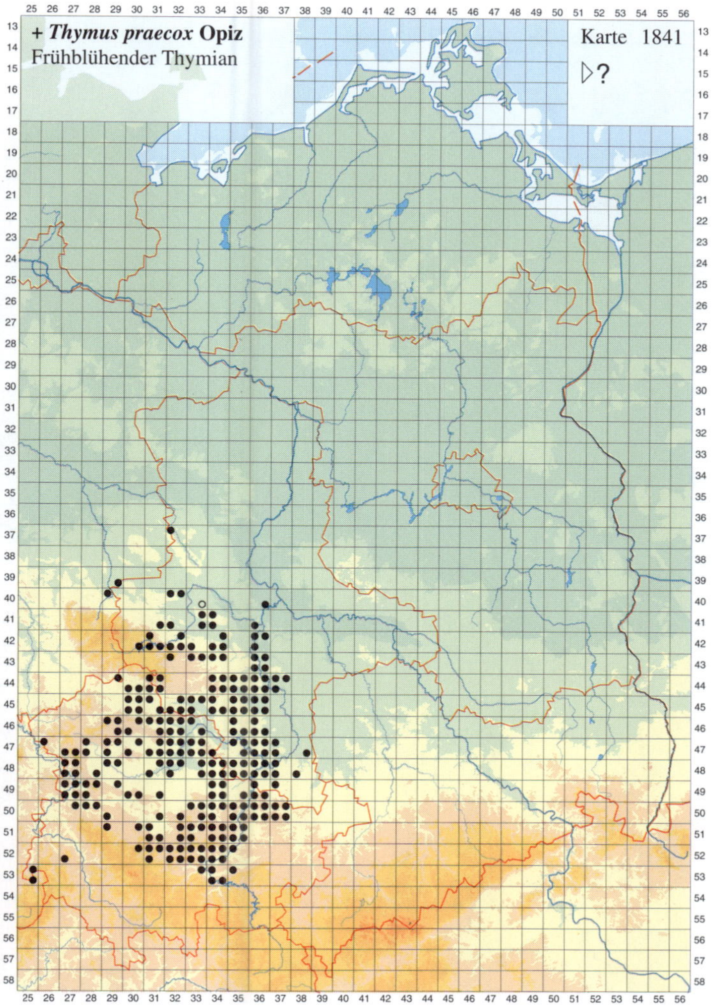
+ Thymus praecox Opiz
Frühblühender Thymian
Karte 1841
▷?

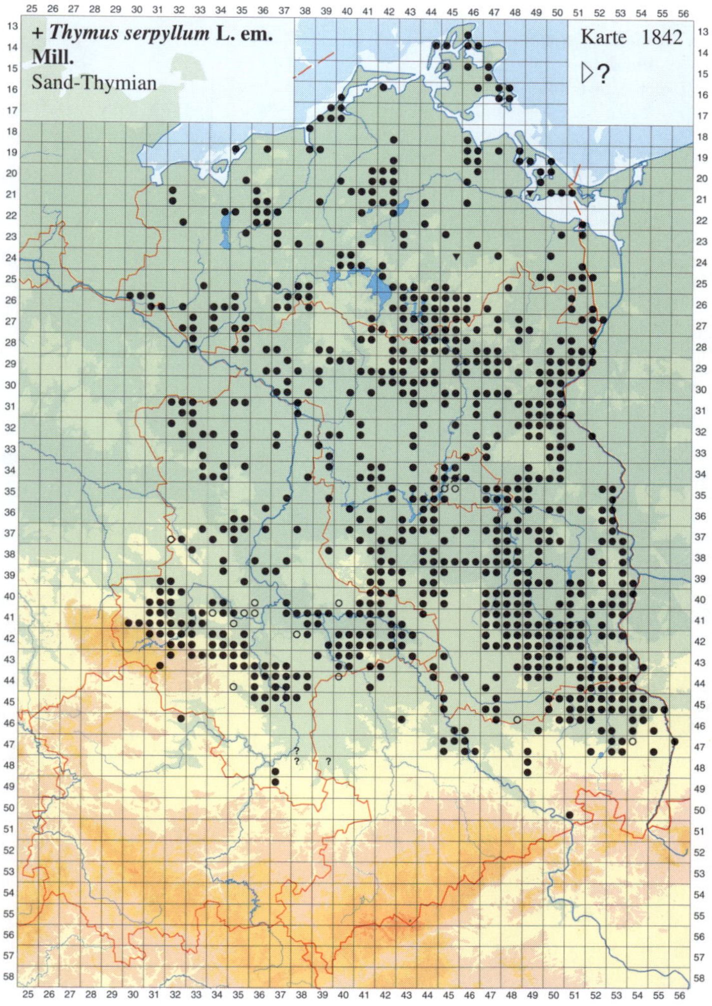
+ Thymus serpyllum L. em. Mill.
Sand-Thymian
Karte 1842
▷?

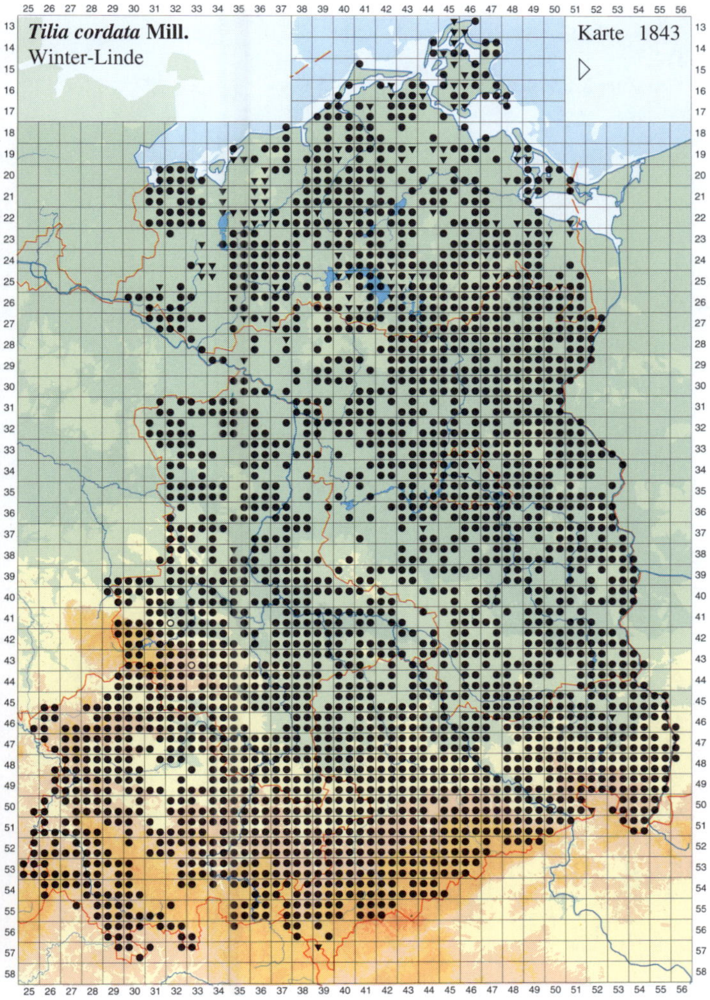
Tilia cordata Mill.
Winter-Linde
Karte 1843
▷

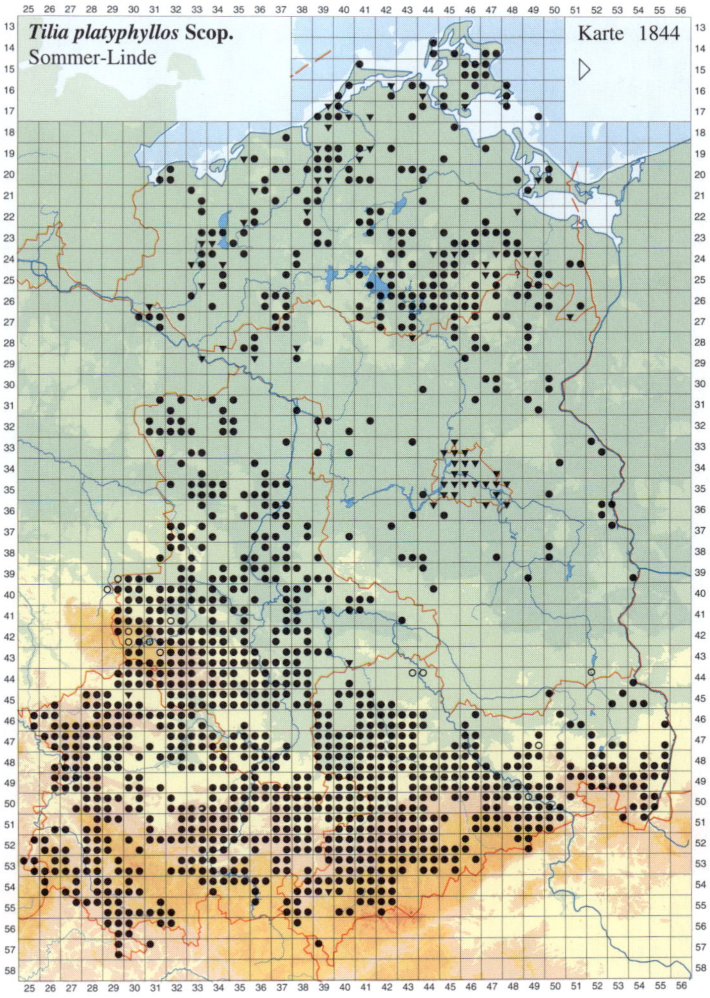
Tilia platyphyllos Scop.
Sommer-Linde
Karte 1844
▷

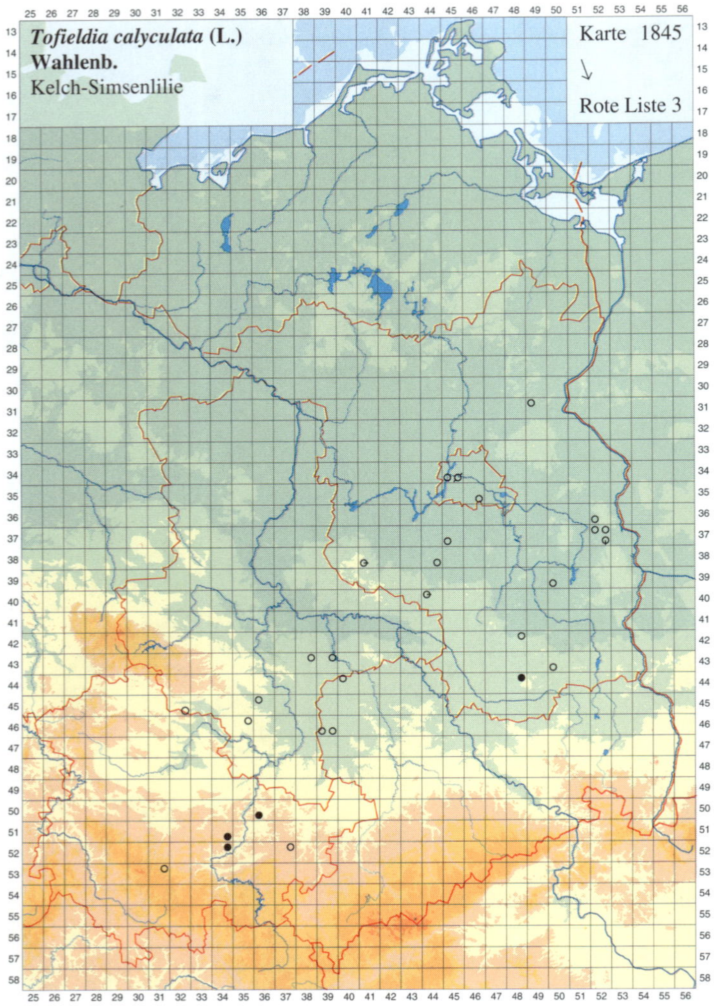
Tofieldia calyculata (L.) Wahlenb.
Kelch-Simsenlilie
Karte 1845
↘
Rote Liste 3

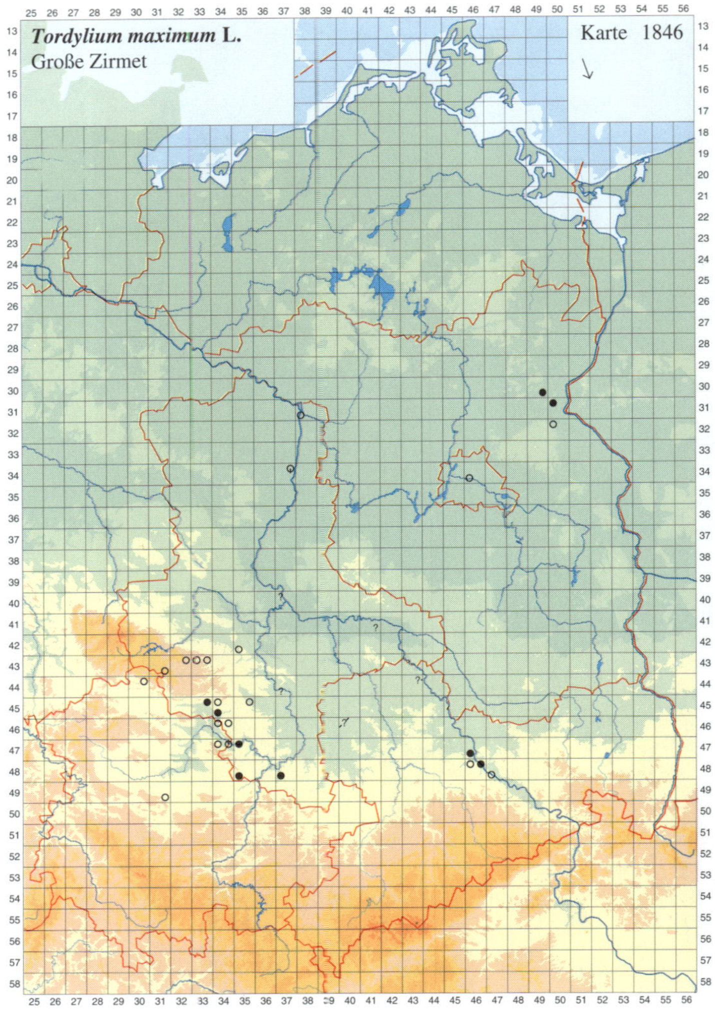
Tordylium maximum L.
Große Zirmet
Karte 1846
↘

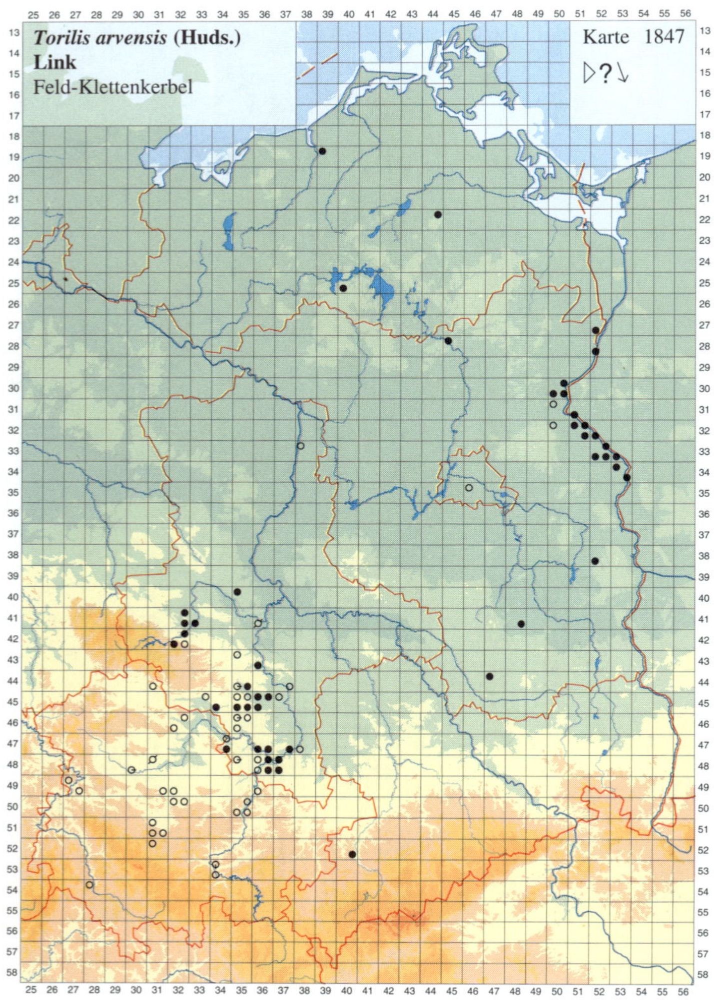
Torilis arvensis (Huds.) Link
Feld-Klettenkerbel
Karte 1847
▷?↘

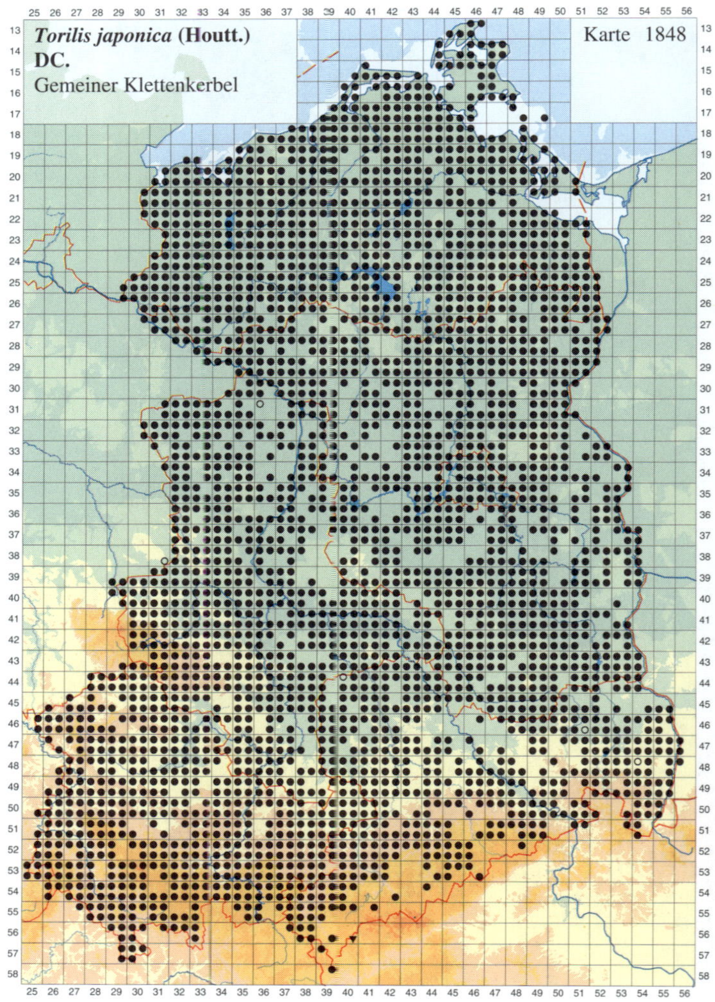
Torilis japonica (Houtt.) DC.
Gemeiner Klettenkerbel
Karte 1848

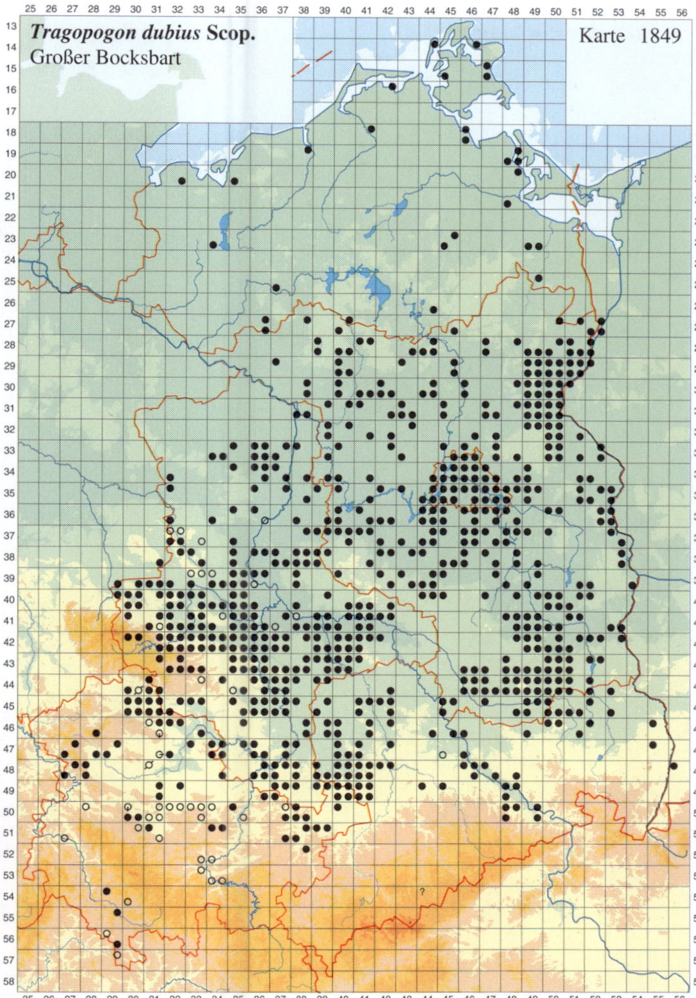
Tragopogon dubius Scop.
Großer Bocksbart
Karte 1849

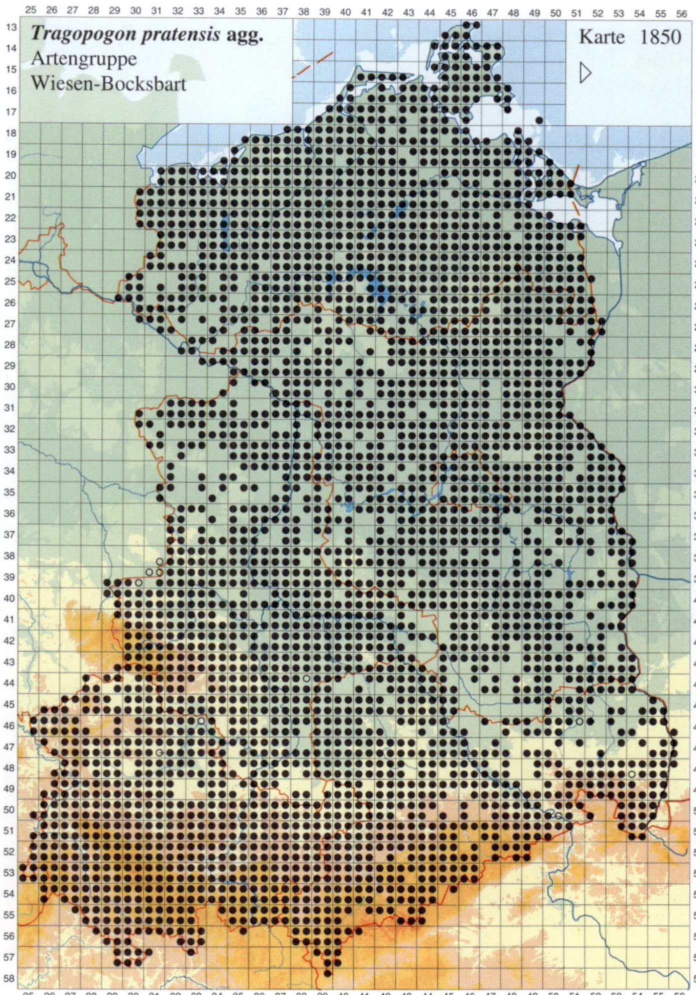
Tragopogon pratensis agg.
Artengruppe
Wiesen-Bocksbart
Karte 1850
▷

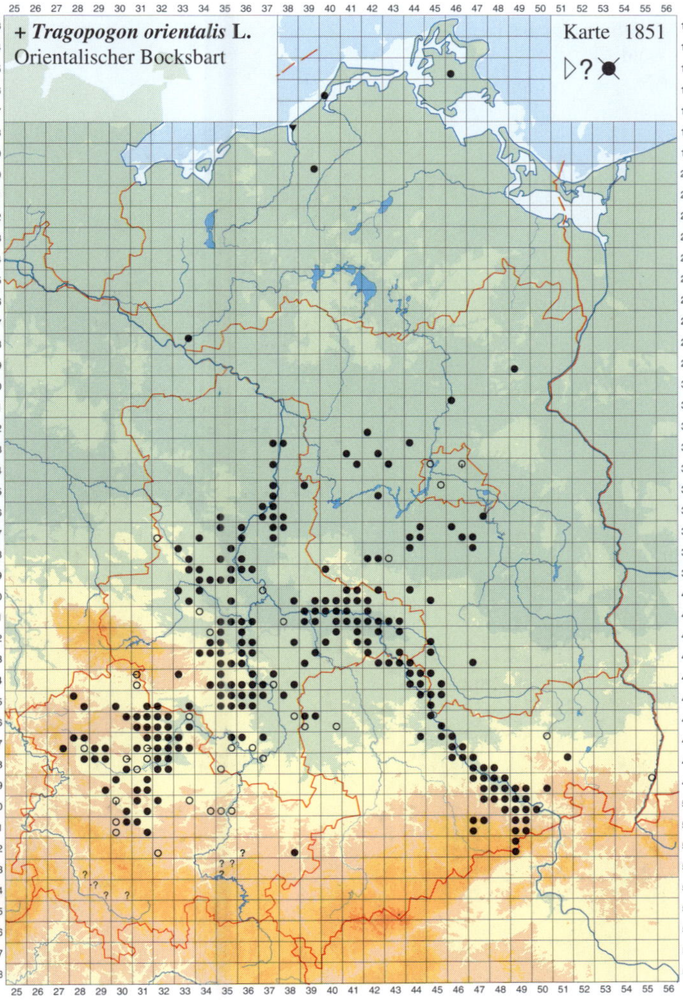
+ Tragopogon orientalis L.
Orientalischer Bocksbart
Karte 1851
▷?

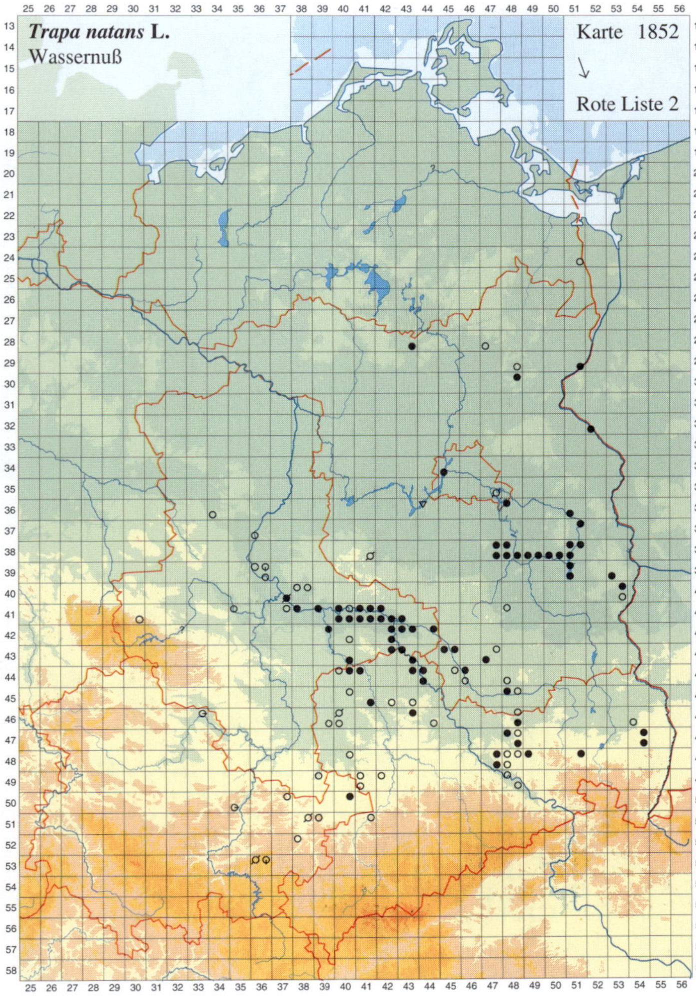
Trapa natans L.
Wassernuß
Karte 1852
↘
Rote Liste 2

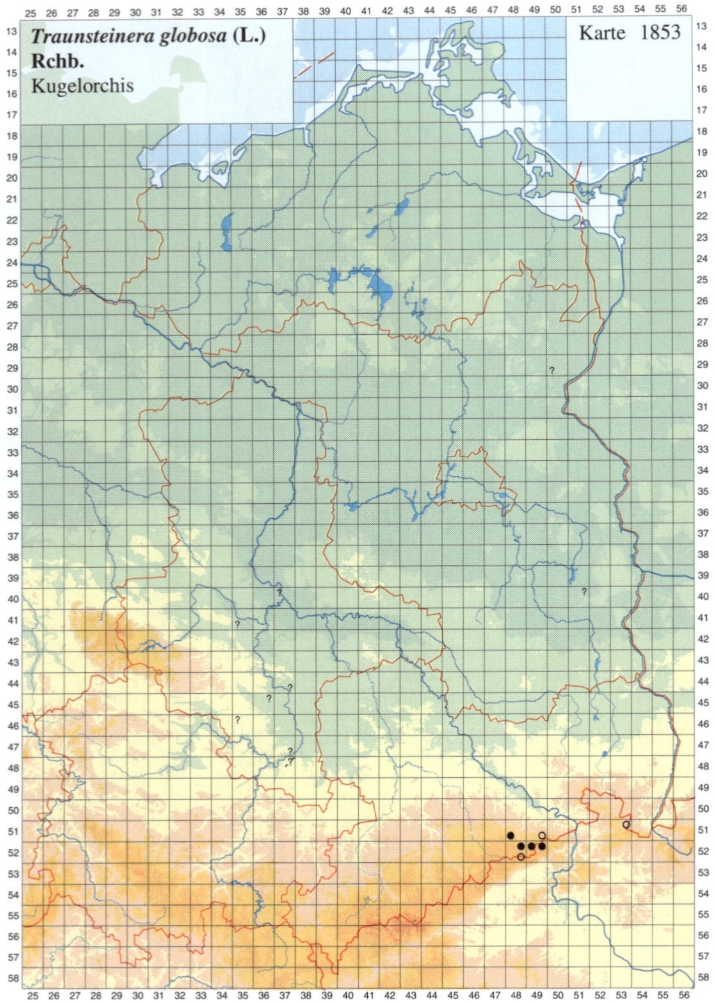
Traunsteinera globosa (L.) Rchb.
Kugelorchis
Karte 1853

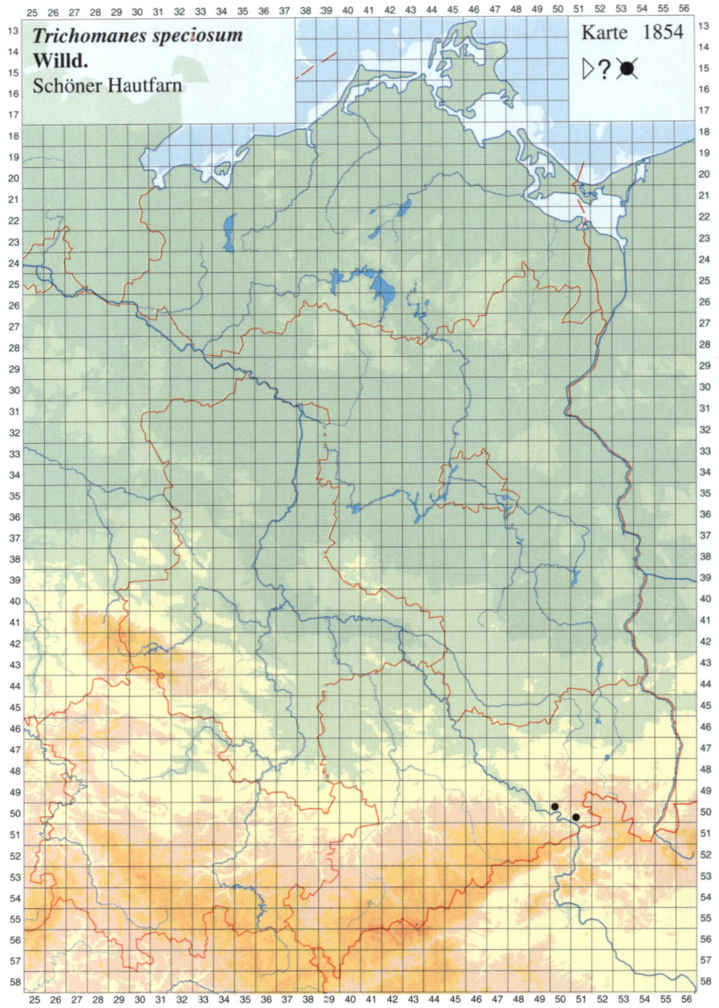
Trichomanes speciosum Willd.
Schöner Hautfarn
Karte 1854

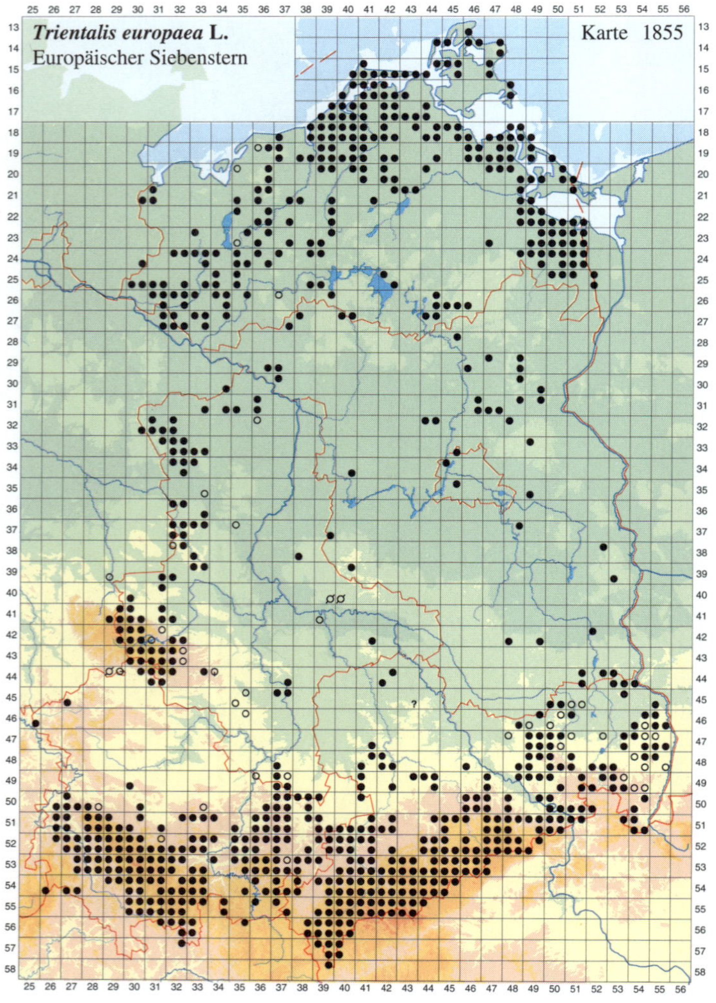
Trientalis europaea L.
Europäischer Siebenstern
Karte 1855

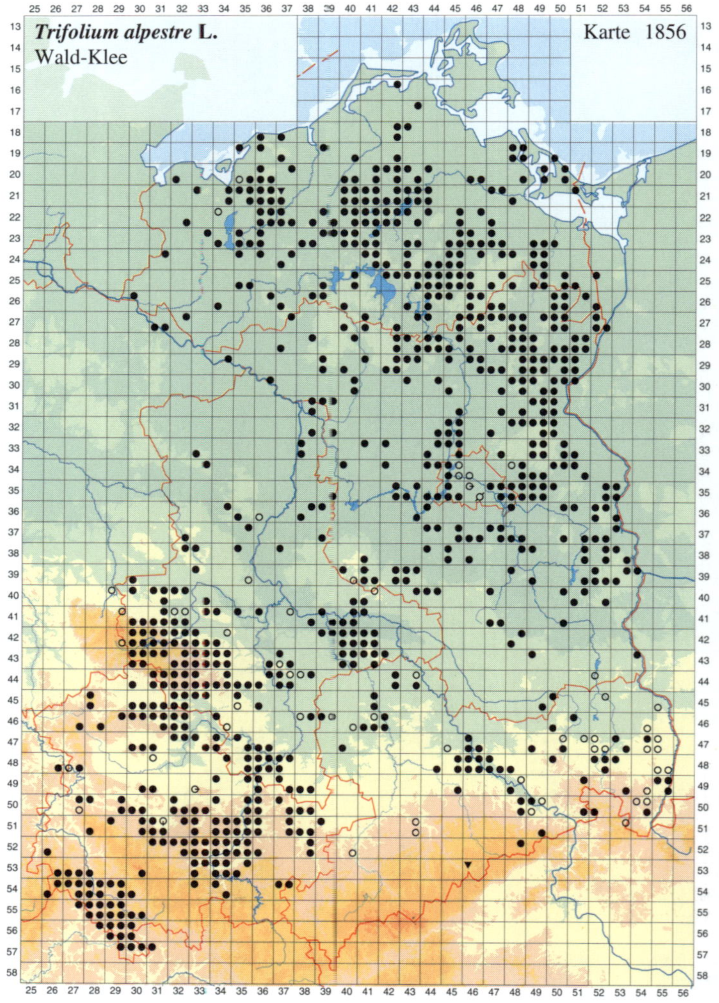
Trifolium alpestre L.
Wald-Klee
Karte 1856

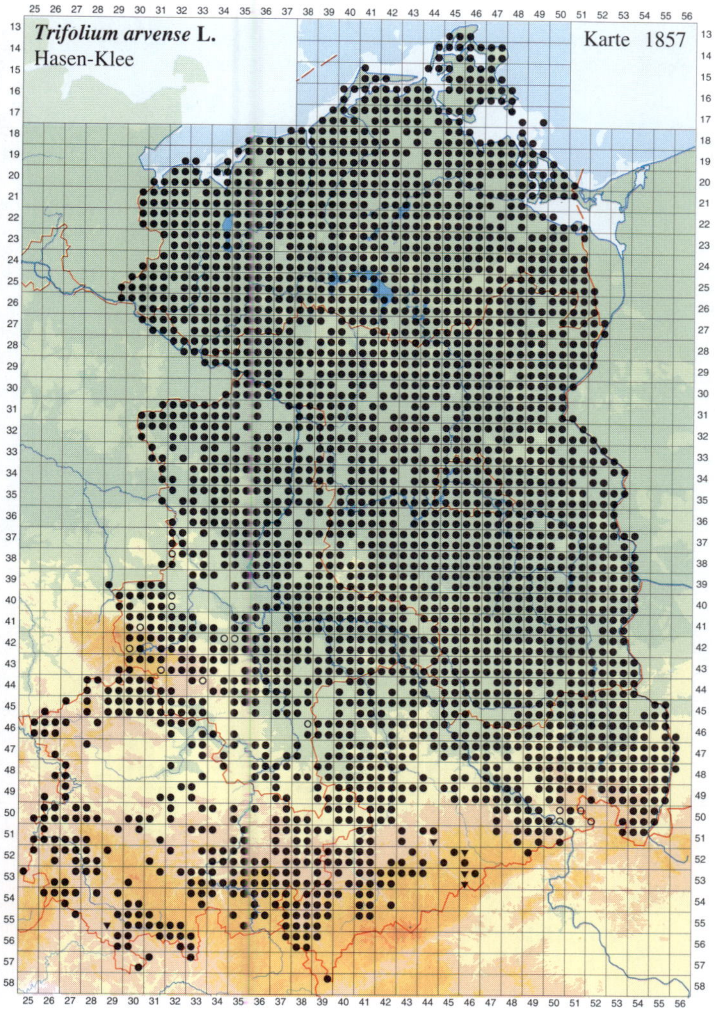
Trifolium arvense L.
Hasen-Klee
Karte 1857

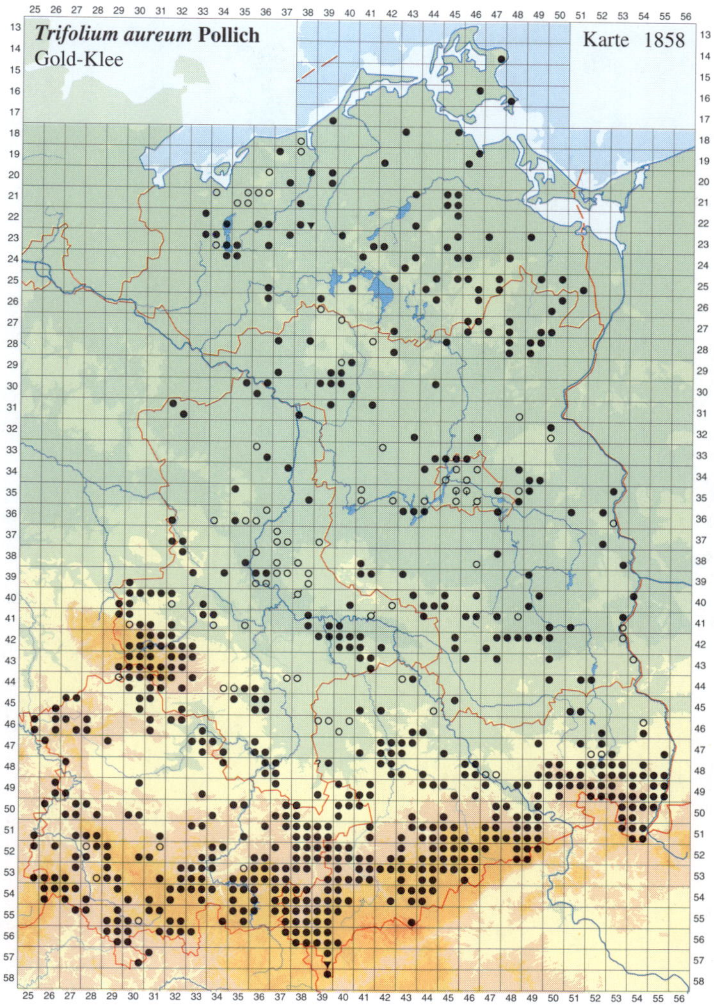
Trifolium aureum Pollich
Gold-Klee
Karte 1858

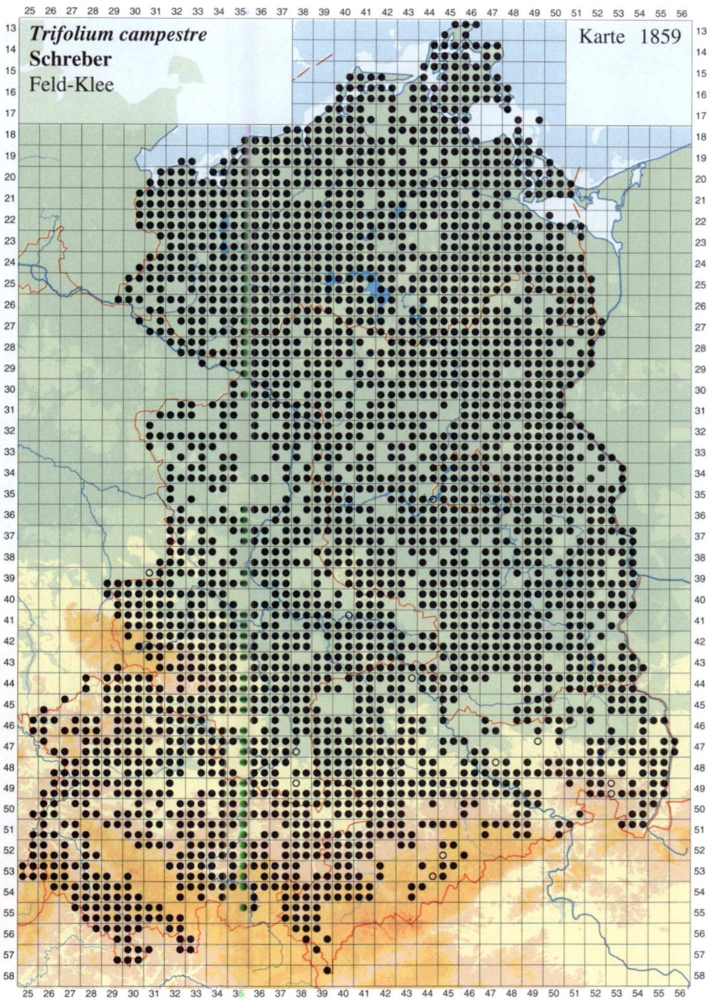
Trifolium campestre
Schreber
Feld-Klee
Karte 1859

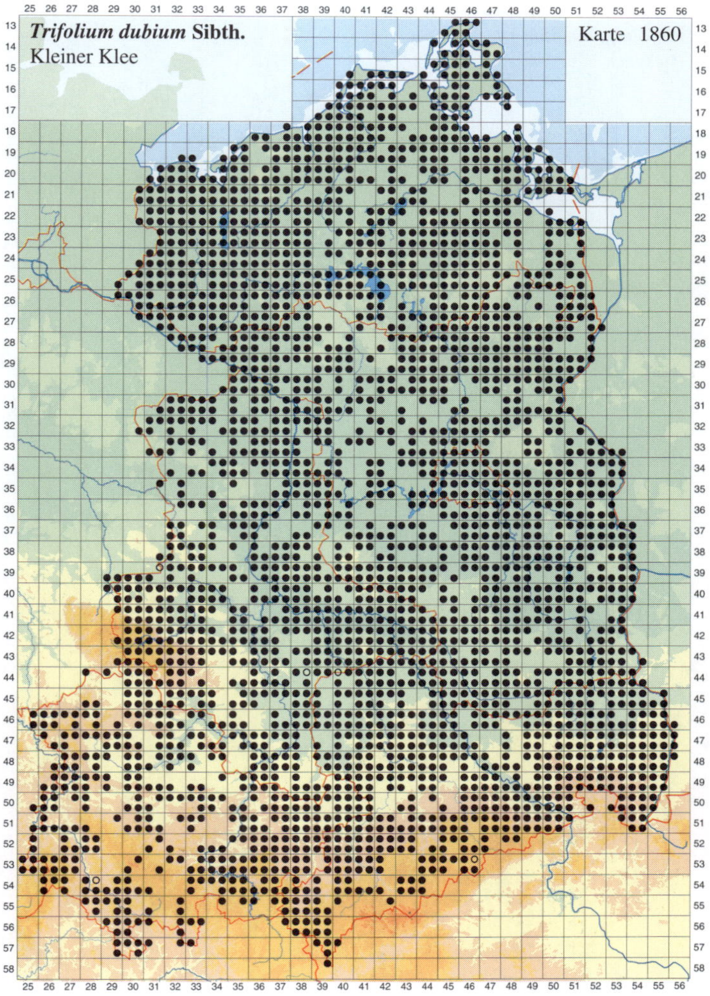
Trifolium dubium Sibth.
Kleiner Klee
Karte 1860

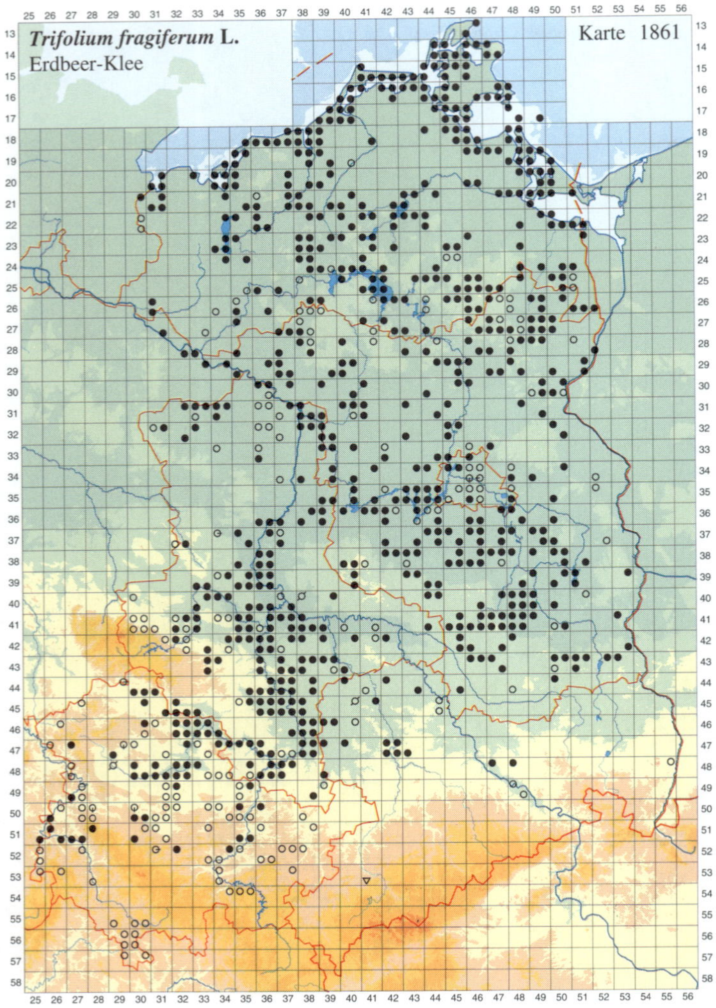
Trifolium fragiferum L.
Erdbeer-Klee
Karte 1861

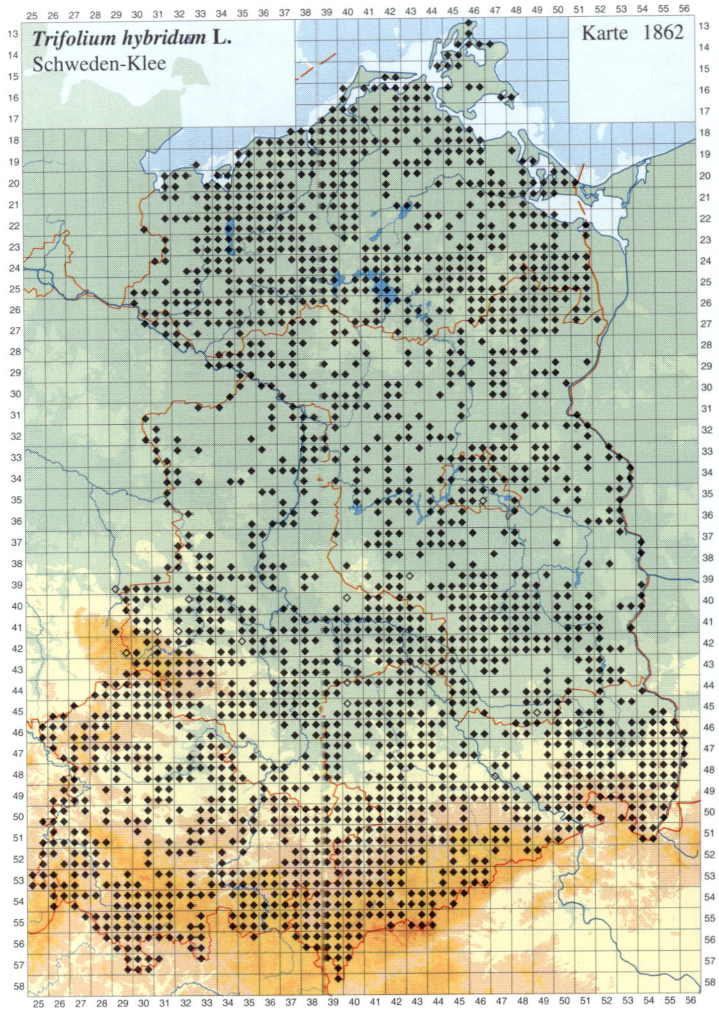
Trifolium hybridum L.
Schweden-Klee
Karte 1862

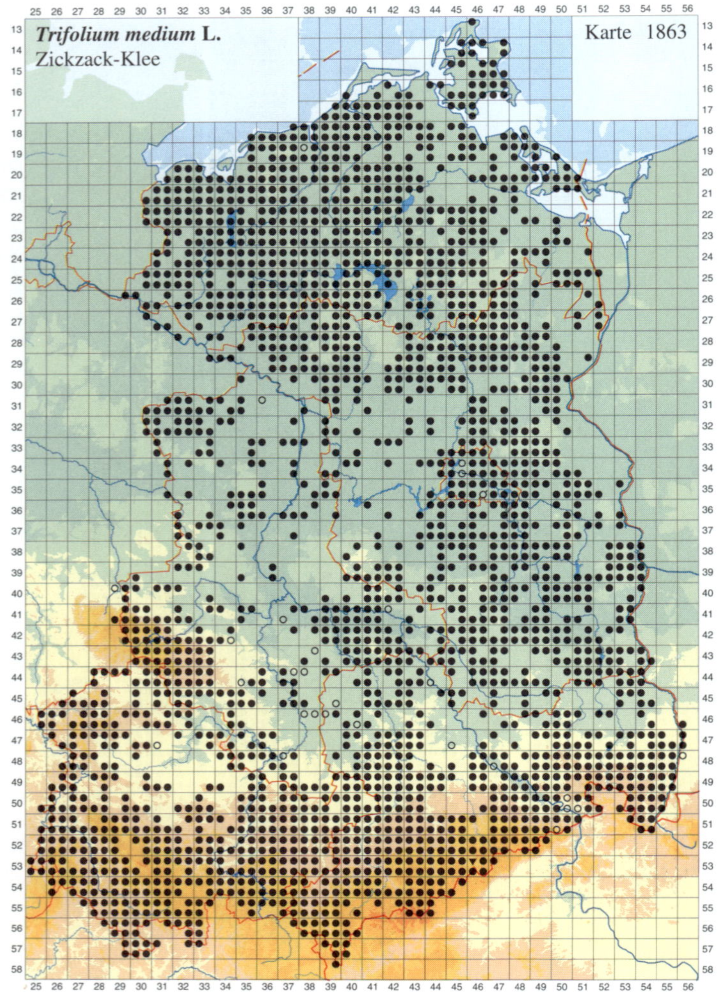
Trifolium medium L.
Zickzack-Klee
Karte 1863

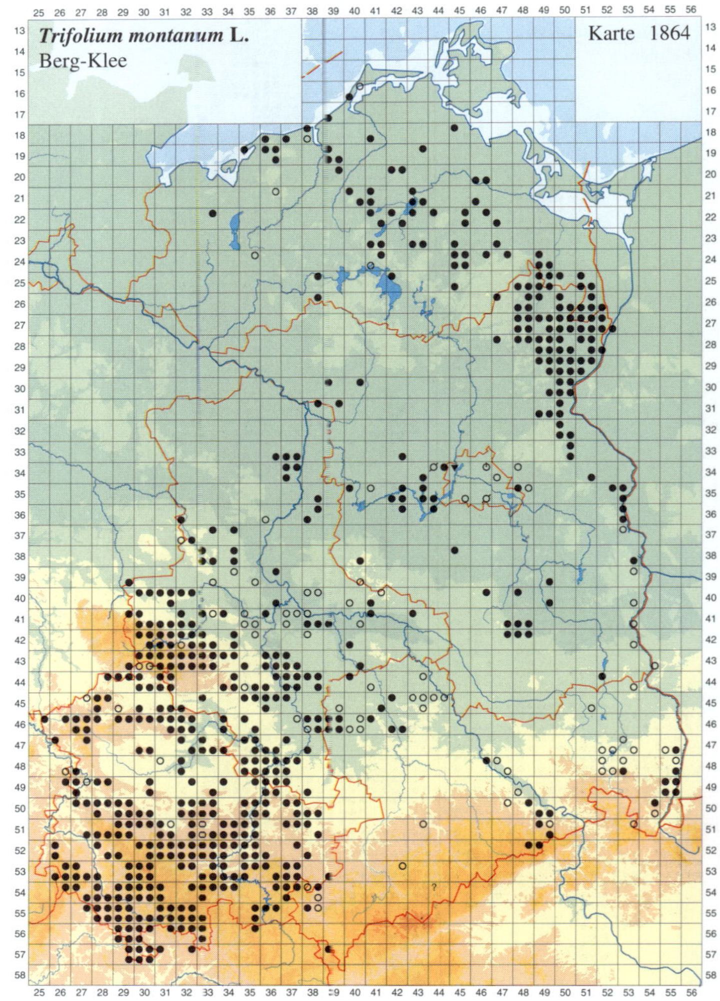
Trifolium montanum L.
Berg-Klee
Karte 1864

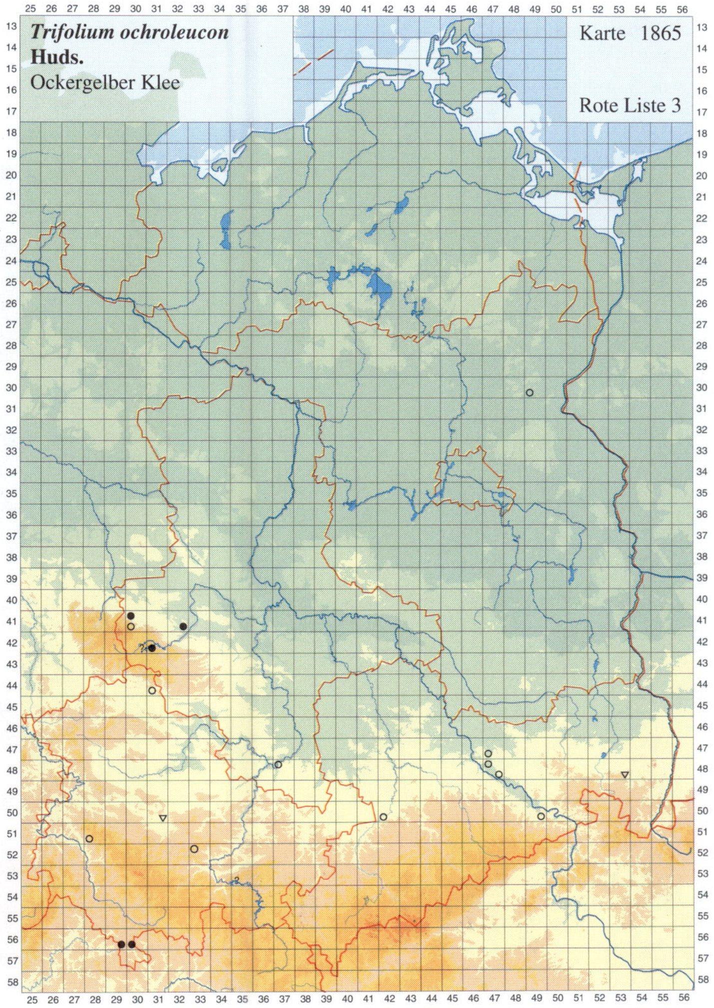
Trifolium ochroleucon Huds.
Ockergelber Klee
Karte 1865
Rote Liste 3

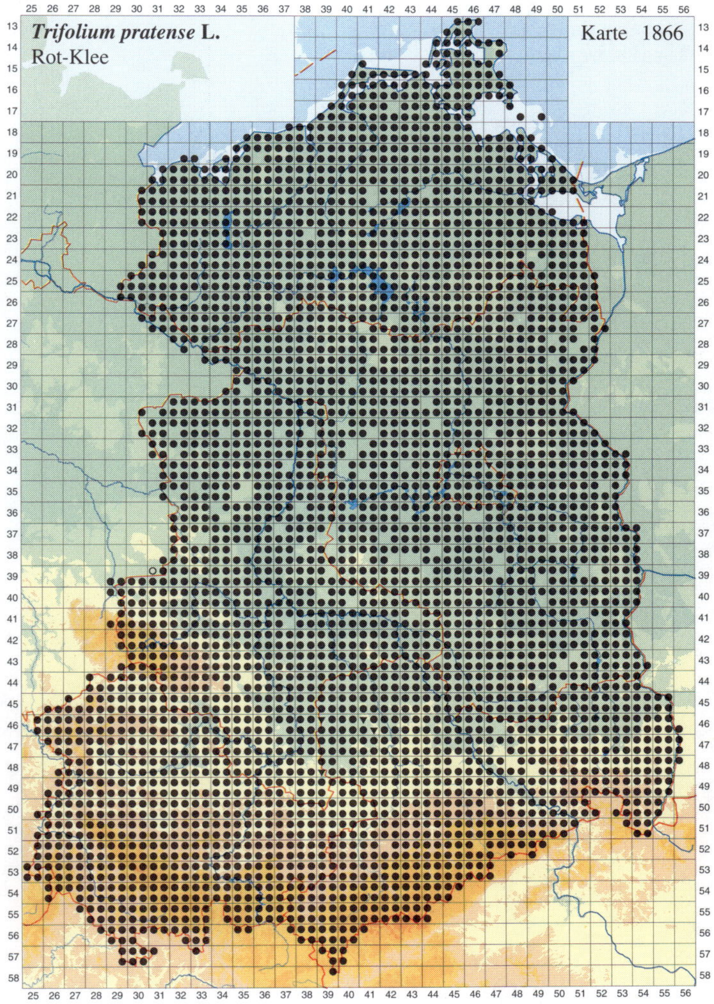
Trifolium pratense L.
Rot-Klee
Karte 1866

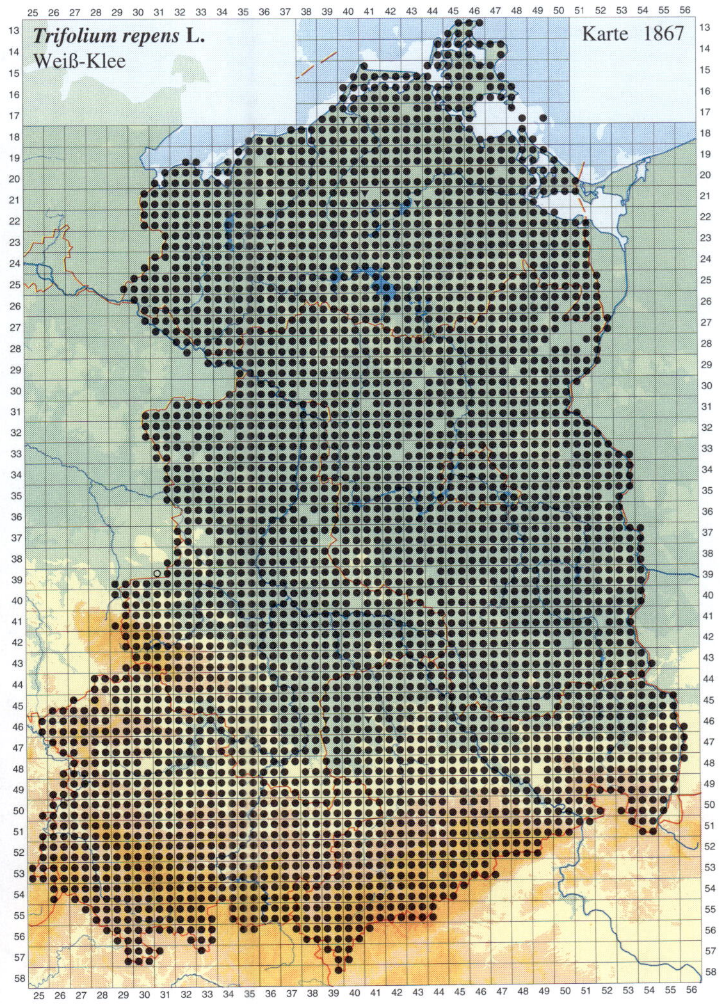
Trifolium repens L.
Weiß-Klee
Karte 1867

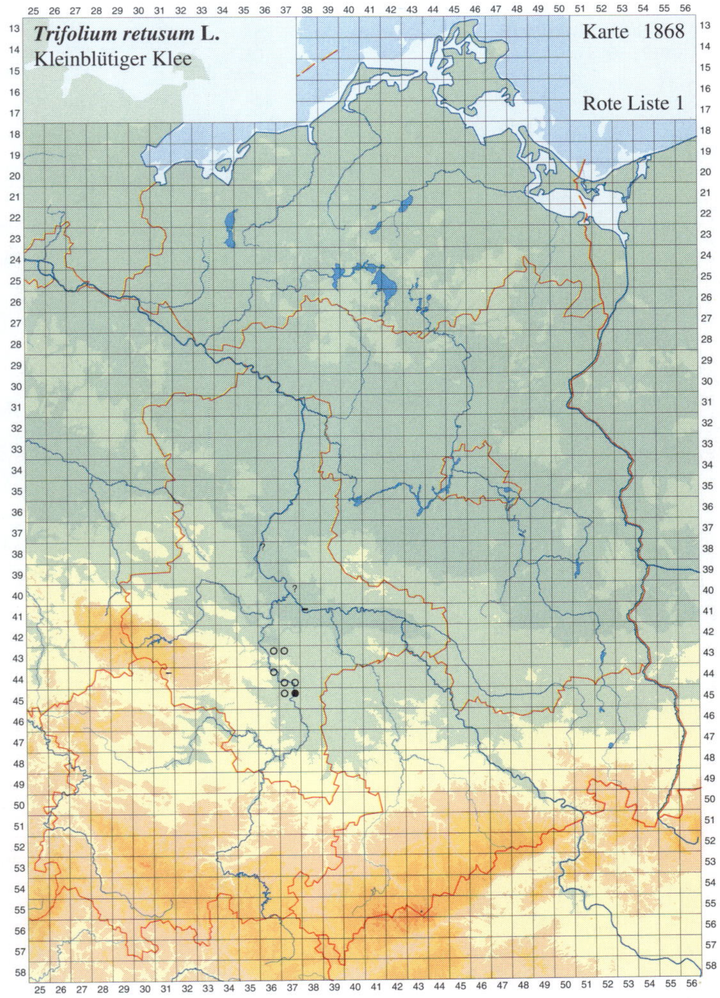
Trifolium retusum L.
Kleinblütiger Klee
Karte 1868
Rote Liste 1

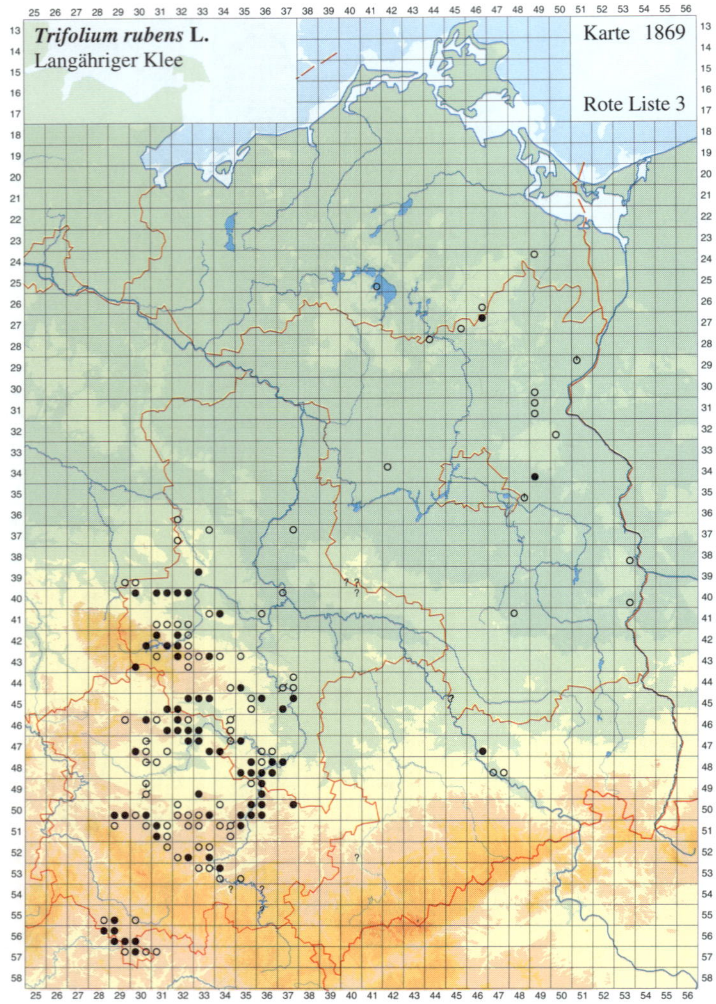
Trifolium rubens L.
Langähriger Klee
Karte 1869
Rote Liste 3

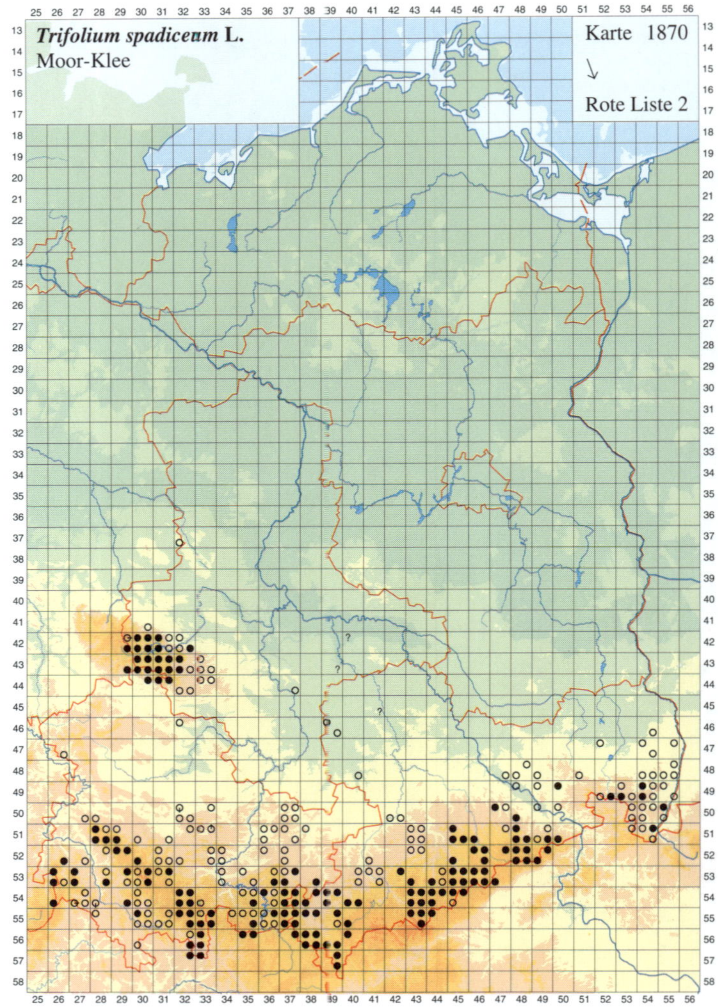
Trifolium spadiceum L.
Moor-Klee
Karte 1870
Rote Liste 2

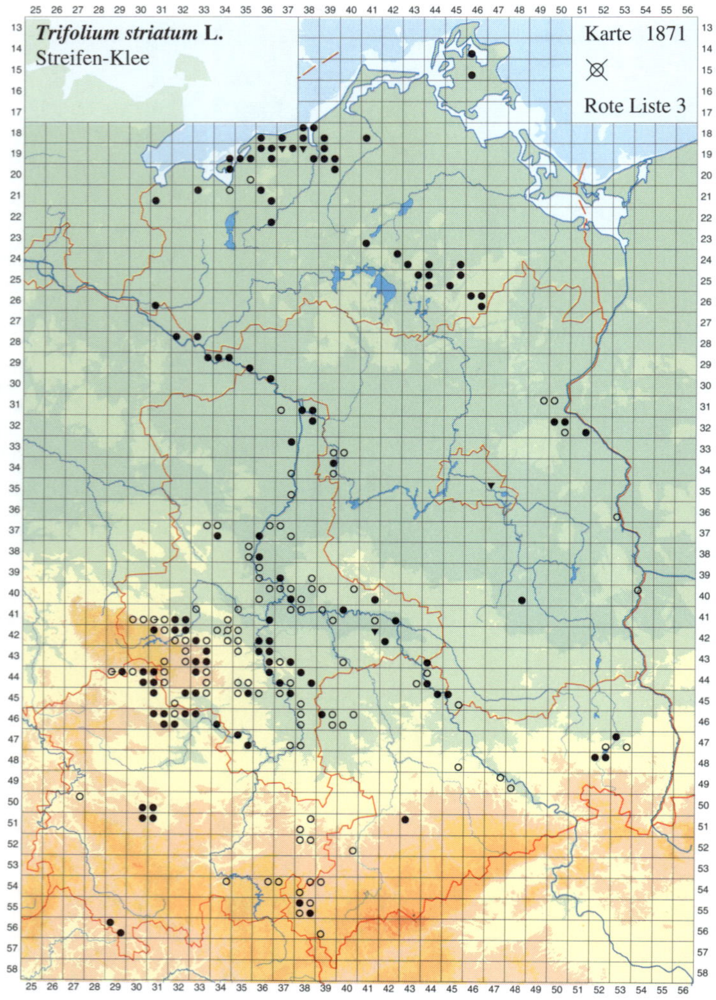
Trifolium striatum L.
Streifen-Klee
Karte 1871
Rote Liste 3

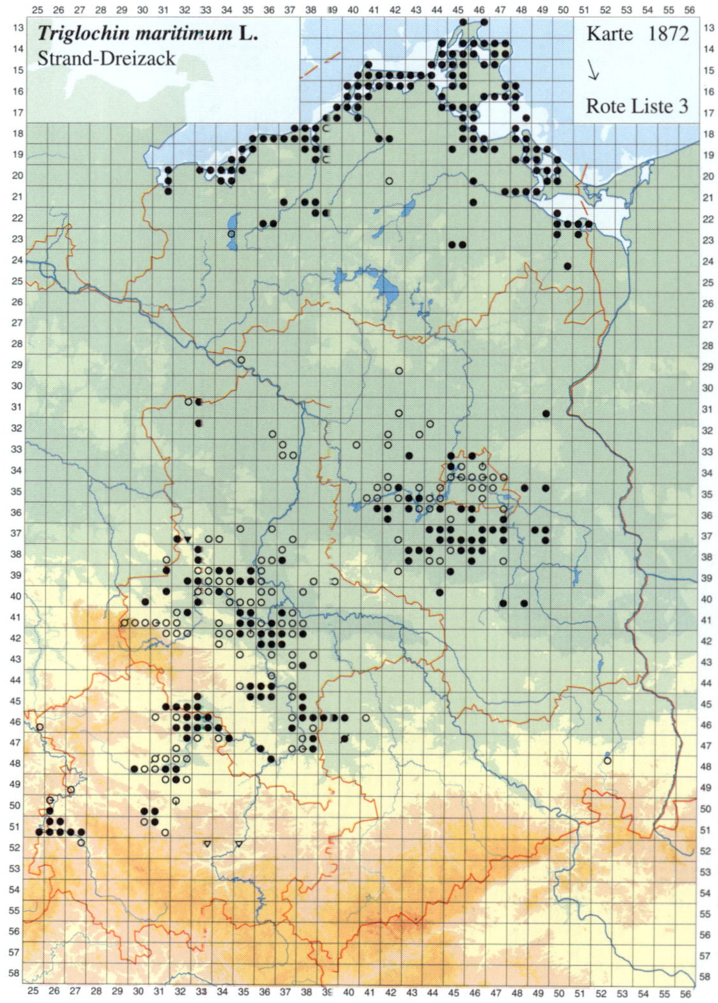
Triglochin maritimum L.
Strand-Dreizack
Karte 1872
Rote Liste 3

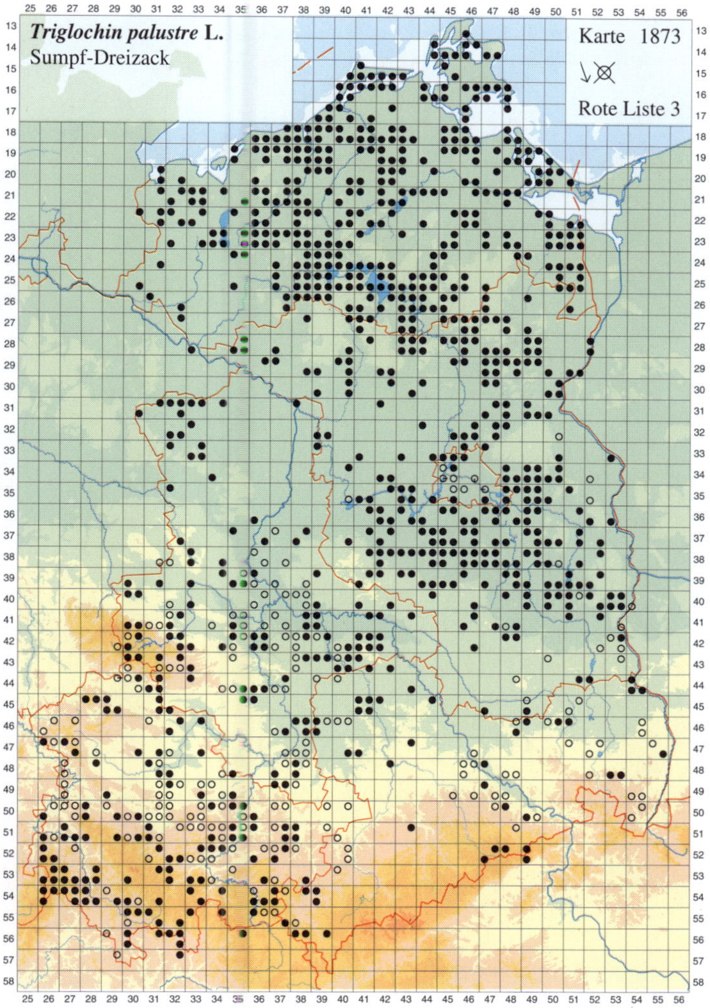
Triglochin palustre L.
Sumpf-Dreizack
Karte 1873
Rote Liste 3

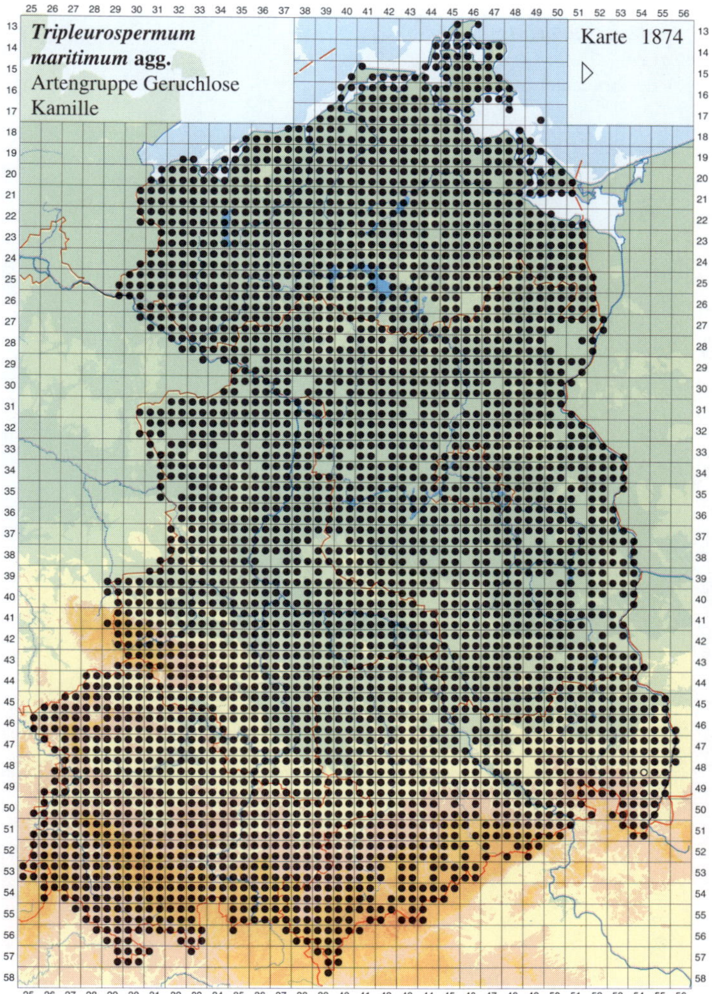
Tripleurospermum maritimum agg.
Artengruppe Geruchlose Kamille
Karte 1874

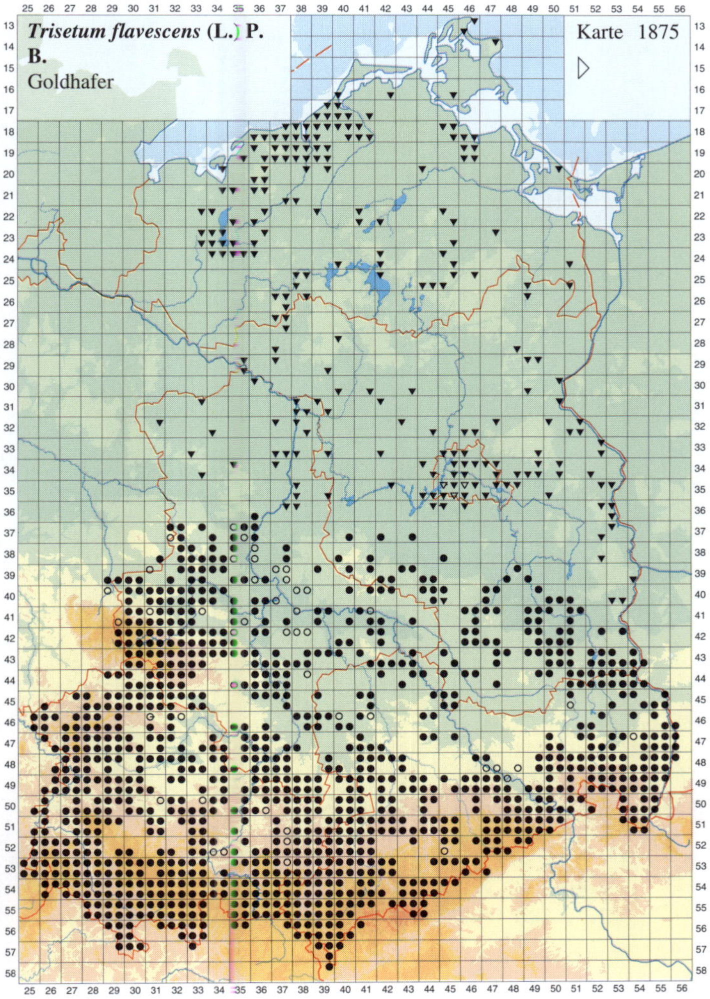
Trisetum flavescens (L.) P. B.
Goldhafer
Karte 1875

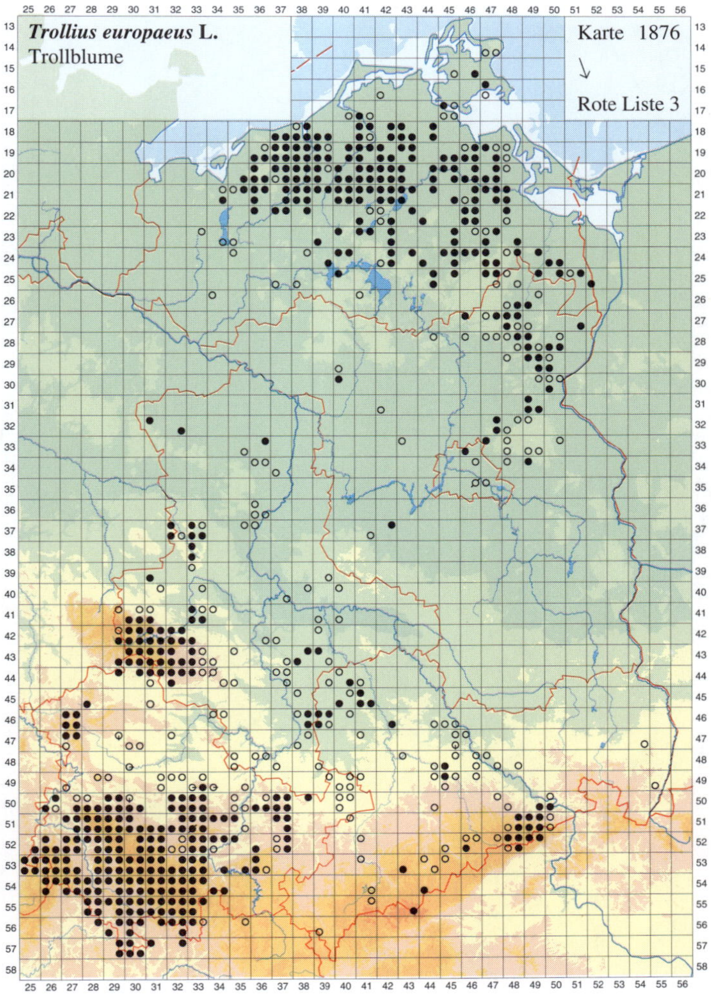
Trollius europaeus L.
Trollblume
Karte 1876
Rote Liste 3

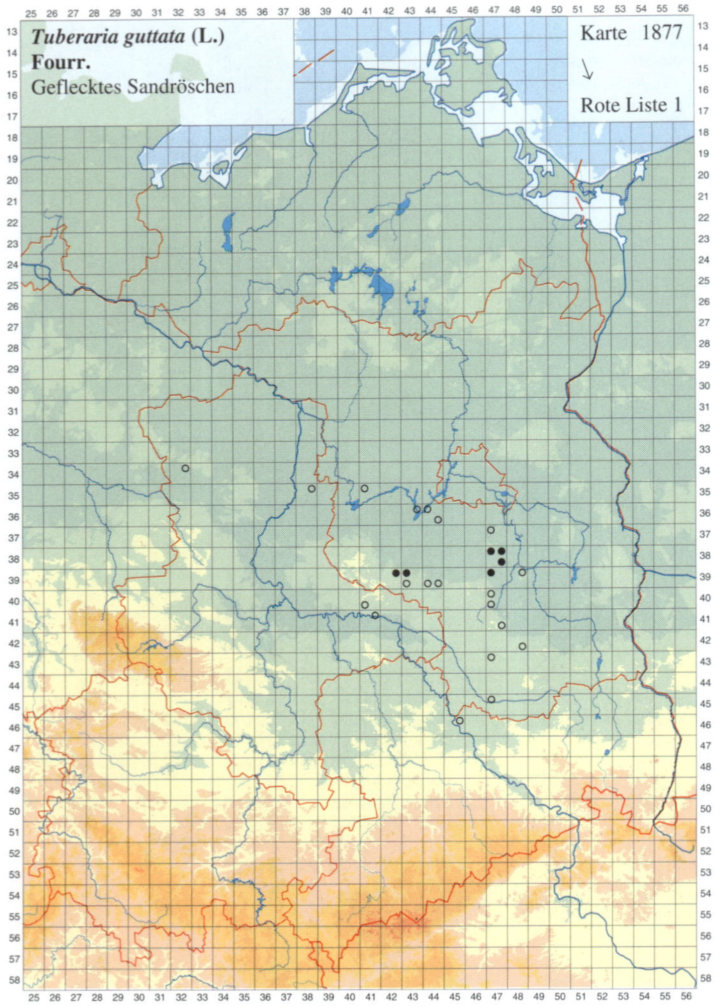
Tuberaria guttata (L.) Fourr.
Geflecktes Sandröschen
Karte 1877
Rote Liste 1

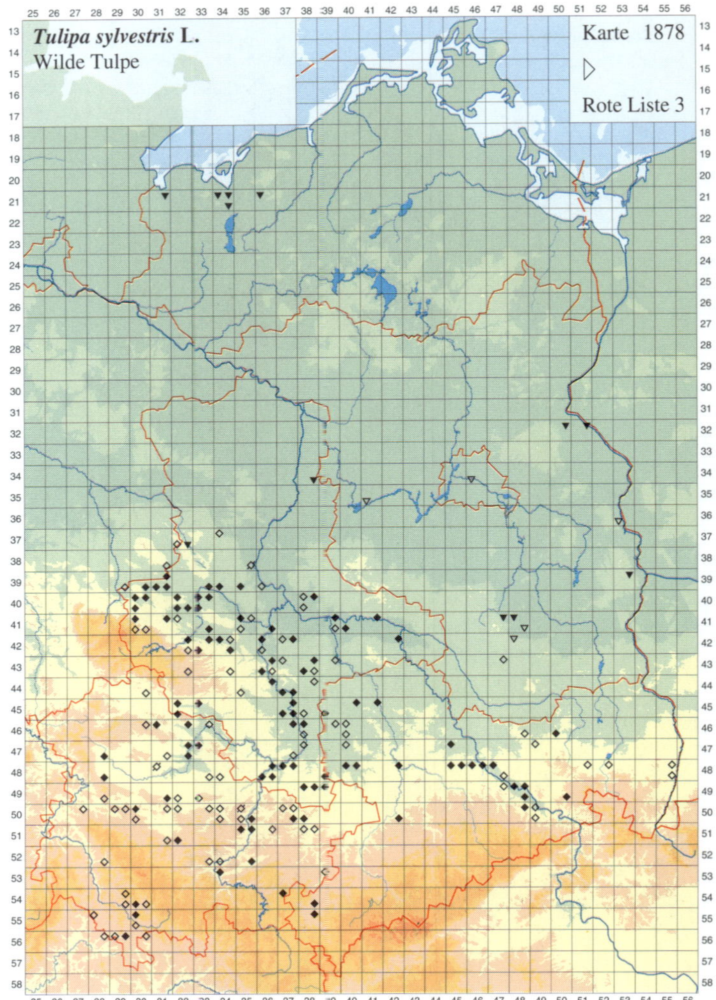
Tulipa sylvestris L.
Wilde Tulpe
Karte 1878
Rote Liste 3

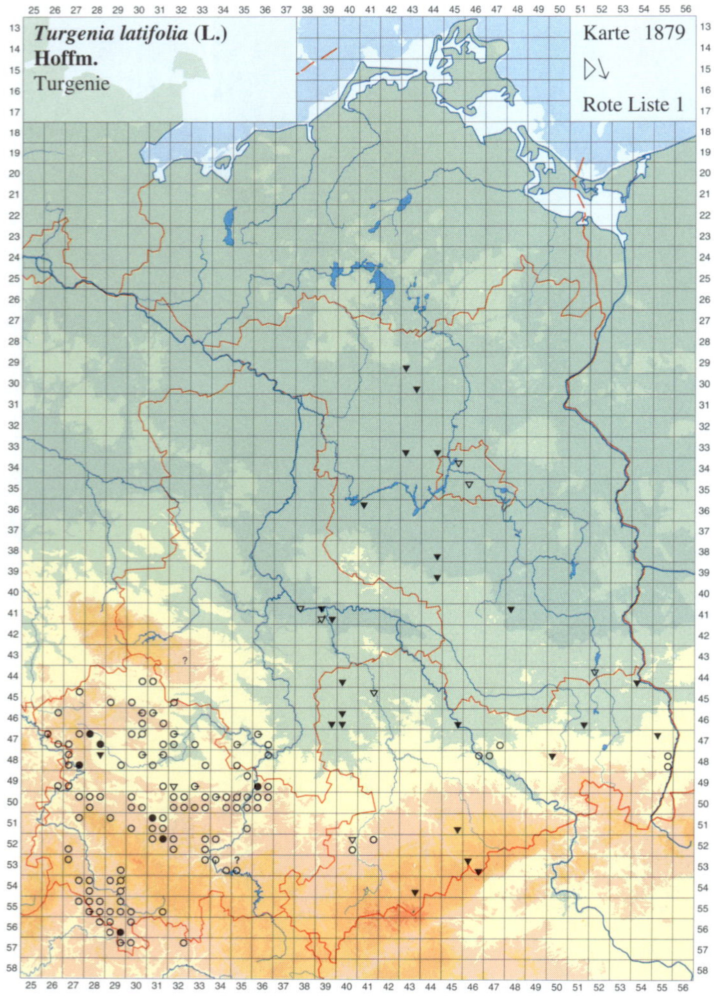
Turgenia latifolia (L.) Hoffm.
Turgenie
Karte 1879
Rote Liste 1

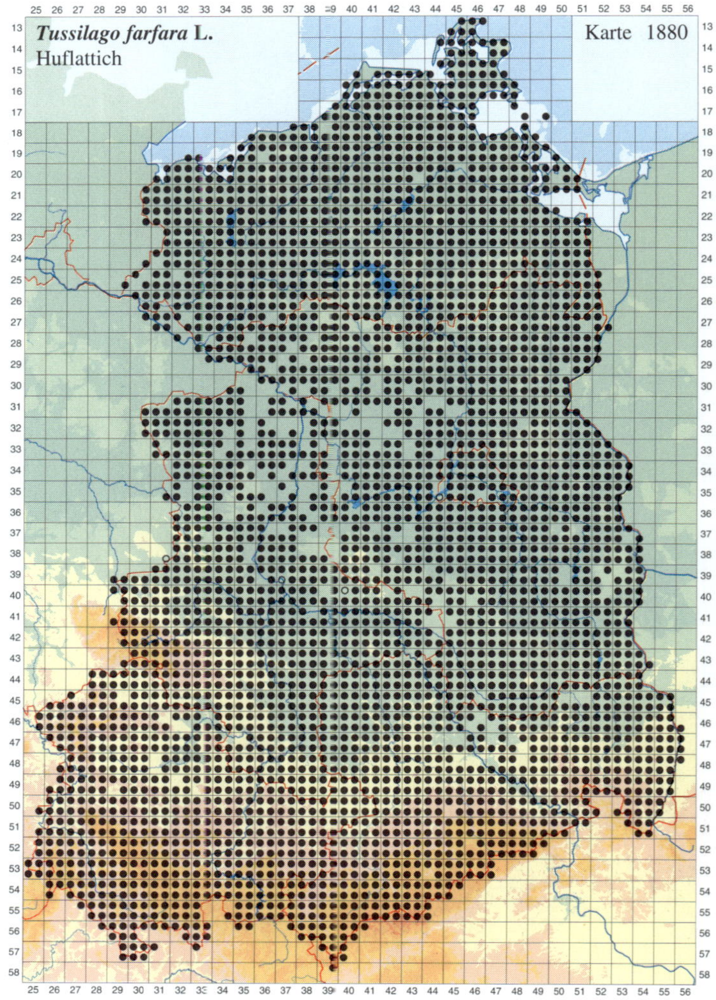
Tussilago farfara L.
Huflattich
Karte 1880

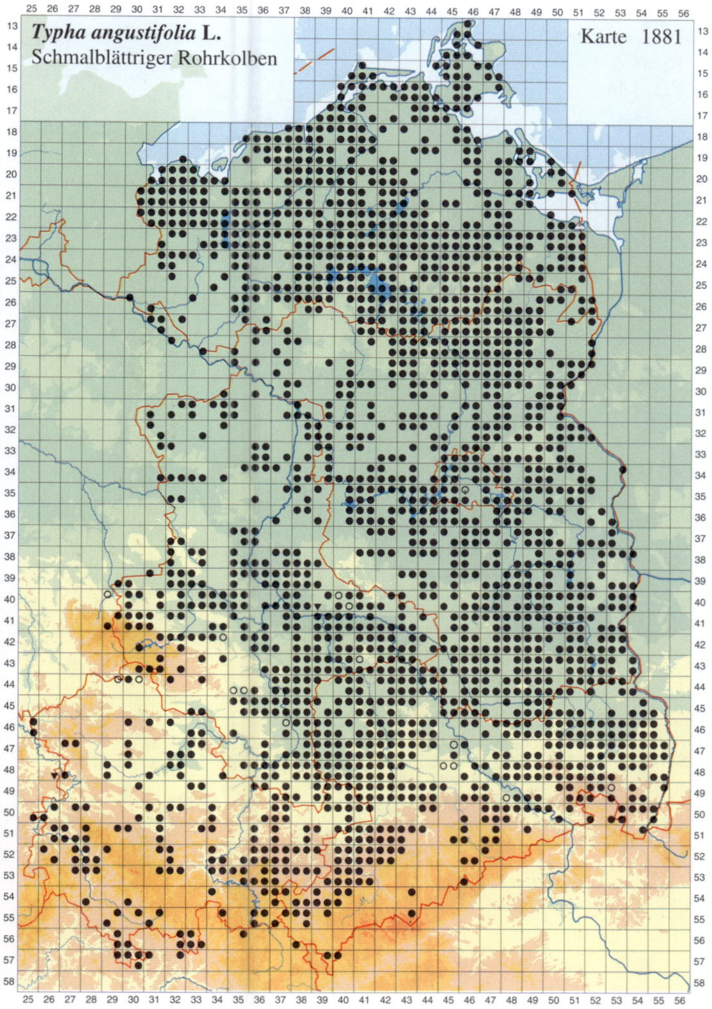
Typha angustifolia L.
Schmalblättriger Rohrkolben
Karte 1881

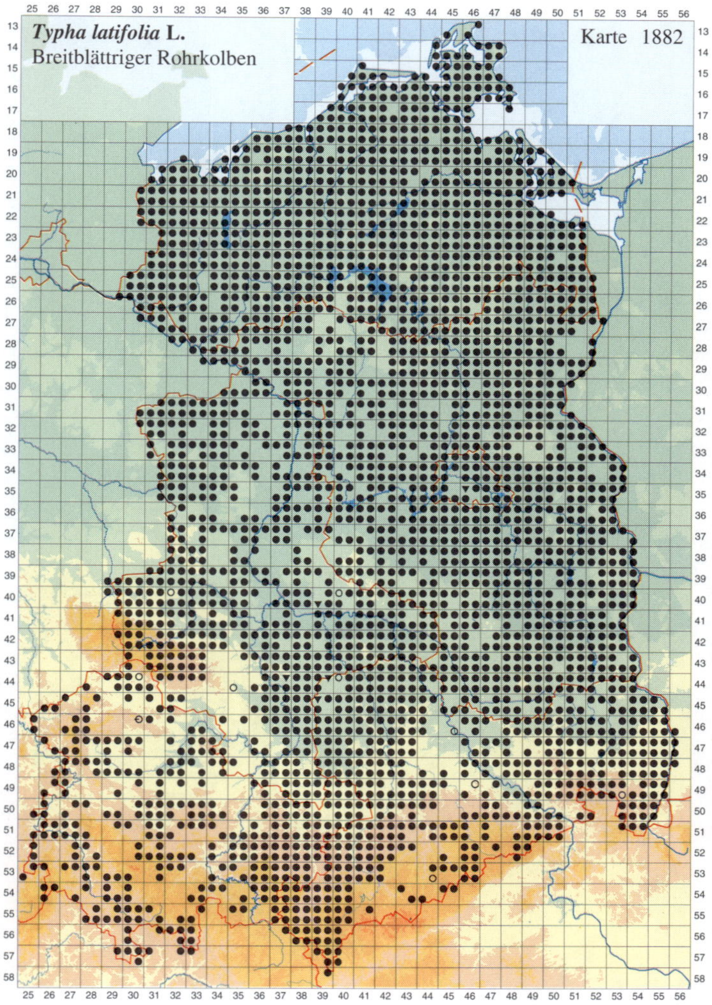
Typha latifolia L.
Breitblättriger Rohrkolben
Karte 1882

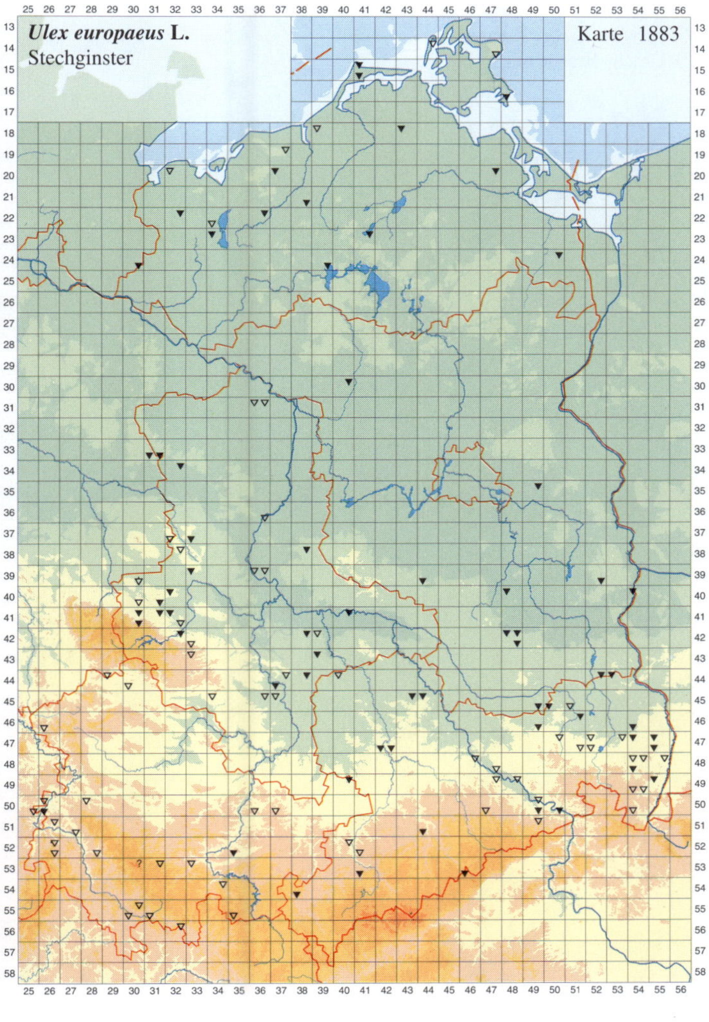
Ulex europaeus L.
Stechginster
Karte 1883

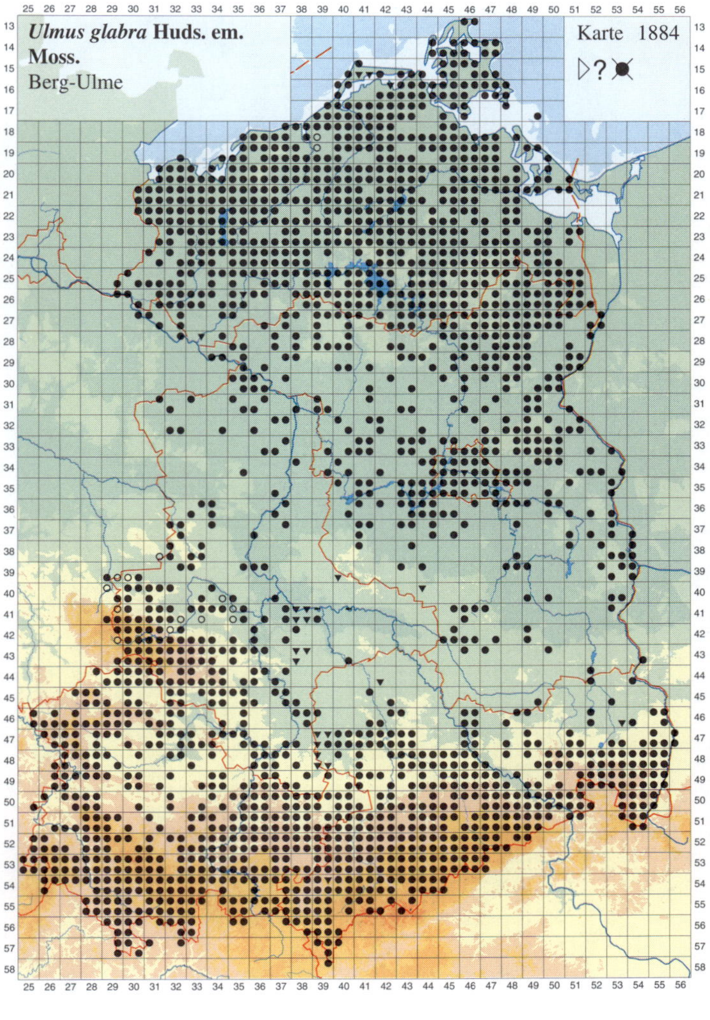
Ulmus glabra Huds. em. Moss.
Berg-Ulme
Karte 1884

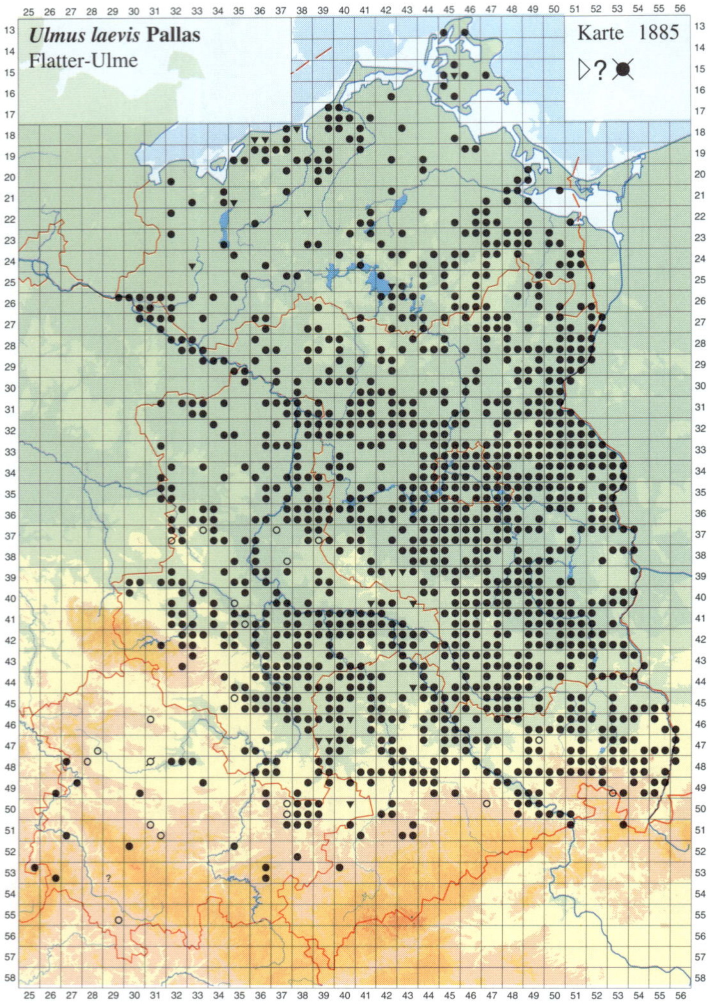
Ulmus laevis **Pallas**
Flatter-Ulme
Karte 1885

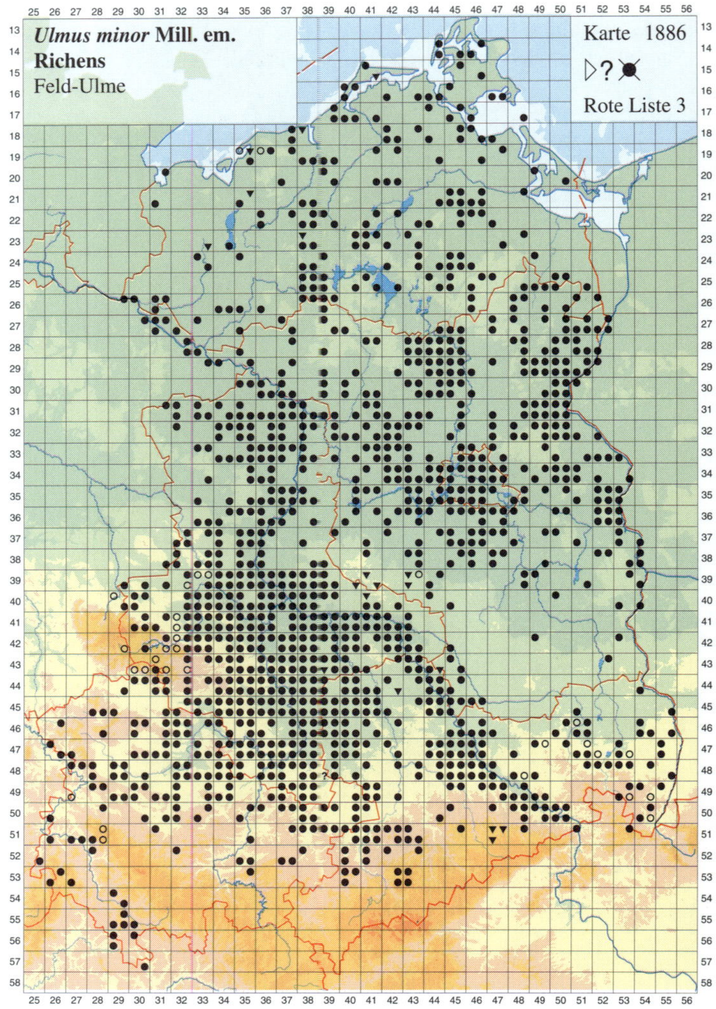
Ulmus minor **Mill. em. Richens**
Feld-Ulme
Karte 1886
Rote Liste 3

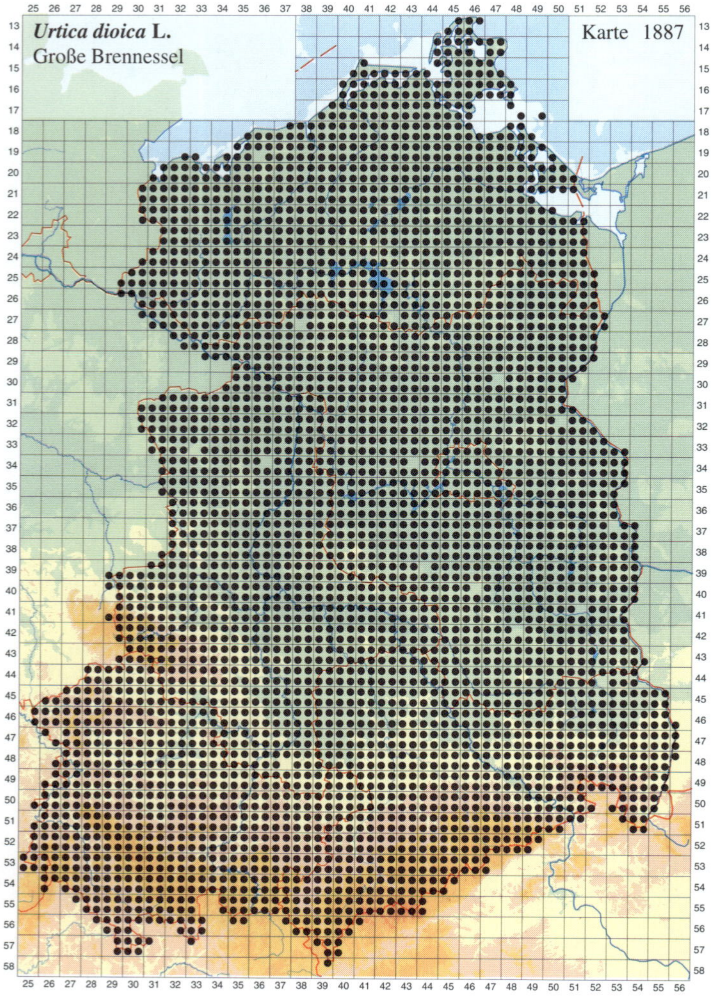
Urtica dioica **L.**
Große Brennessel
Karte 1887

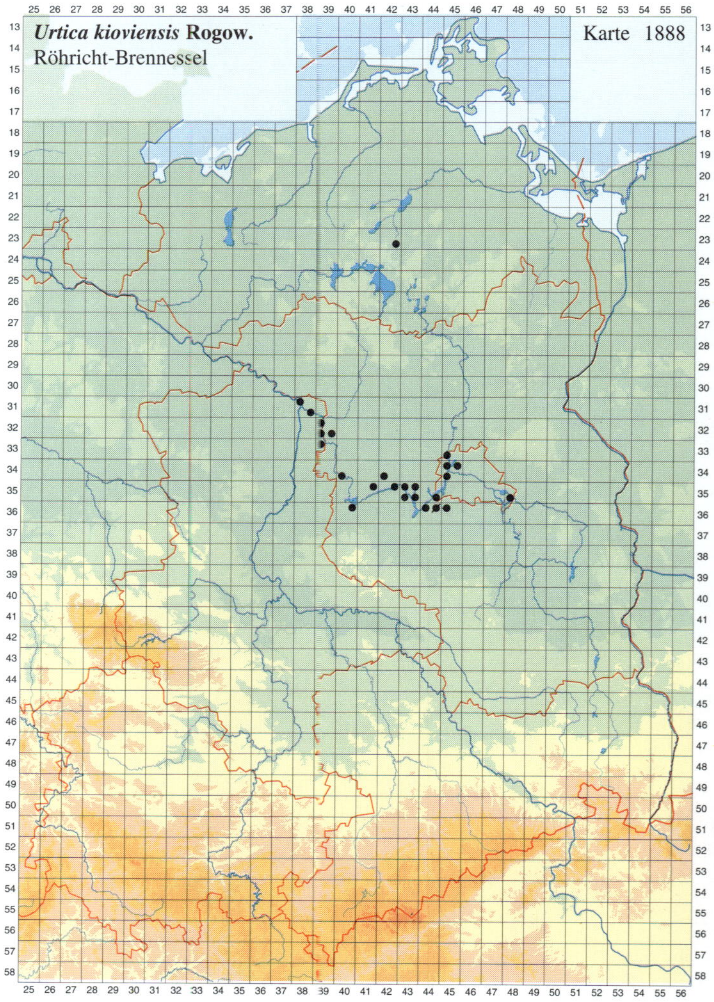
Urtica kioviensis **Rogow.**
Röhricht-Brennessel
Karte 1888

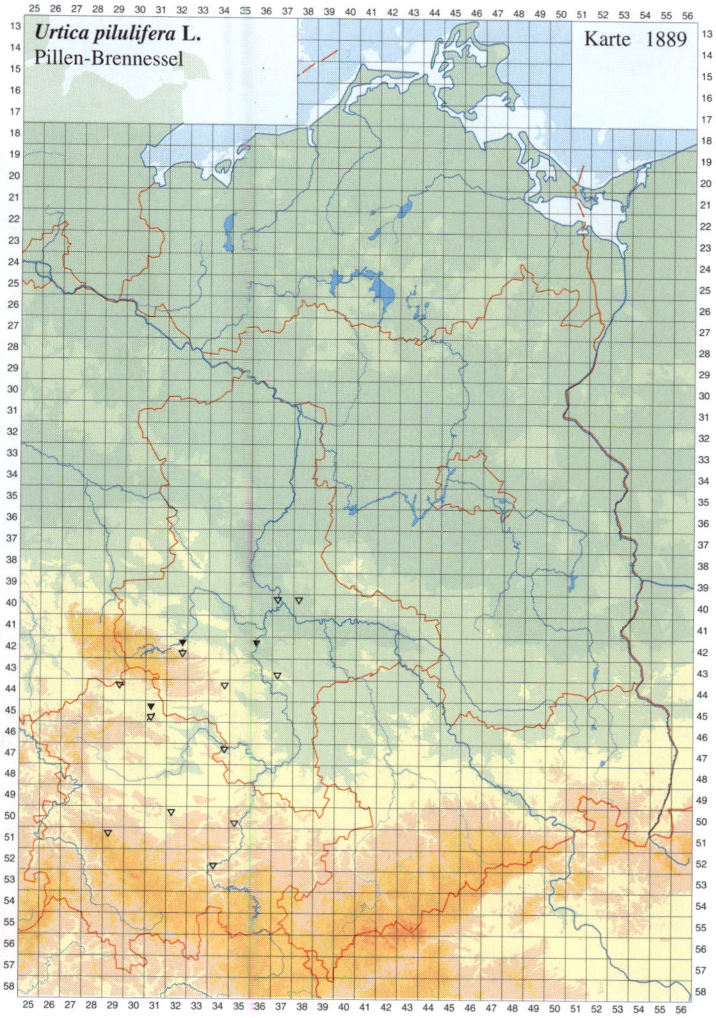
Urtica pilulifera L.
Pillen-Brennessel
Karte 1889

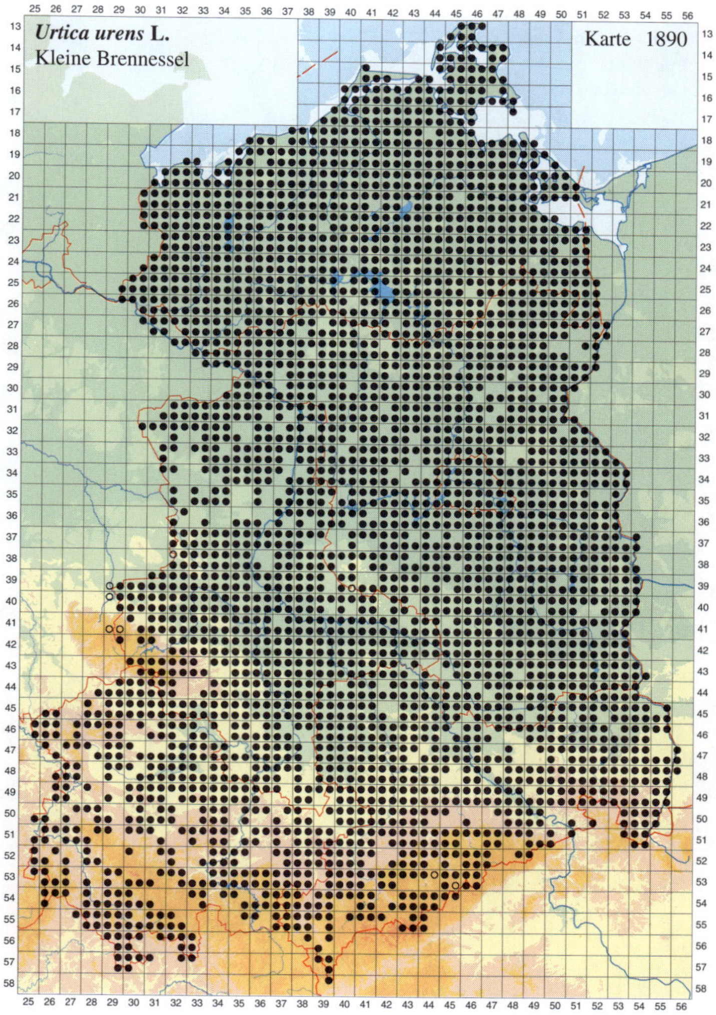
Urtica urens L.
Kleine Brennessel
Karte 1890

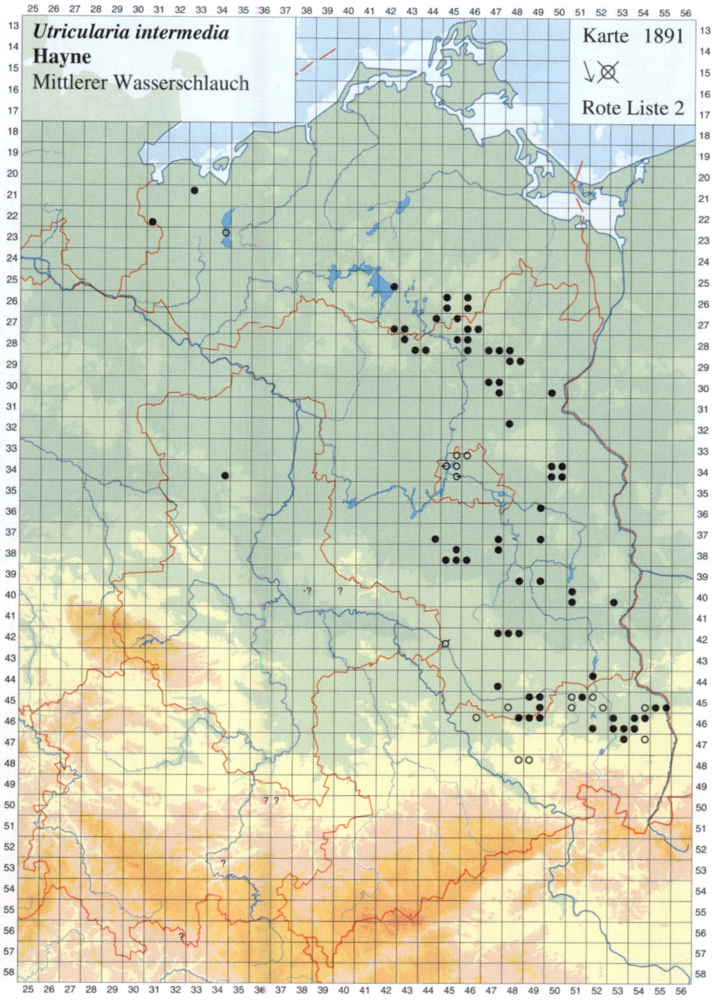
Utricularia intermedia Hayne
Mittlerer Wasserschlauch
Karte 1891
Rote Liste 2

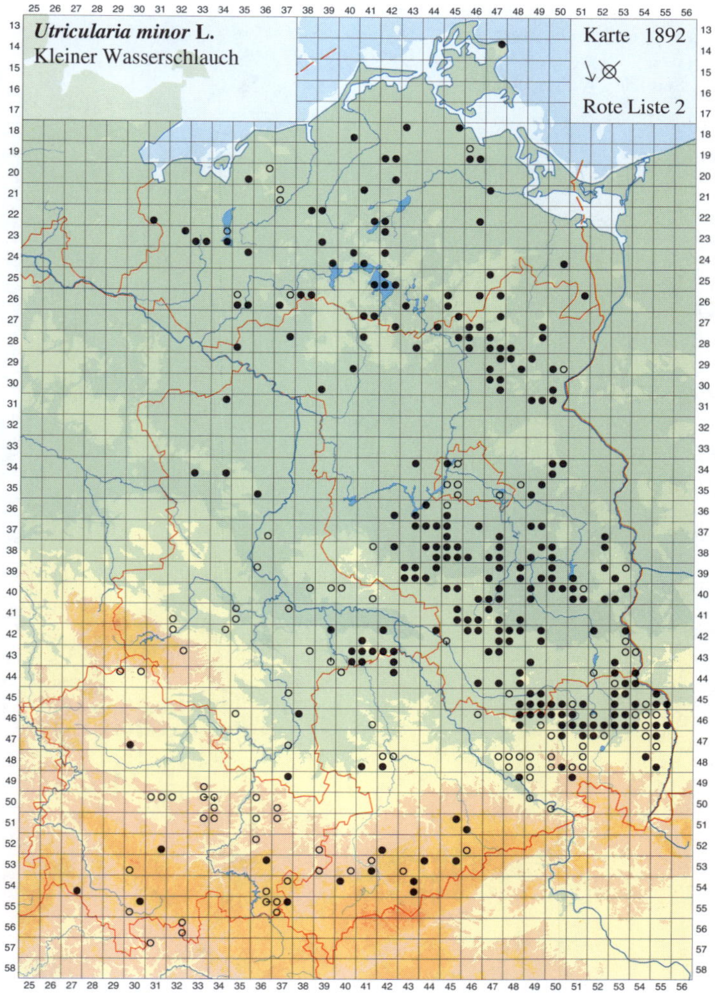
Utricularia minor L.
Kleiner Wasserschlauch
Karte 1892
Rote Liste 2

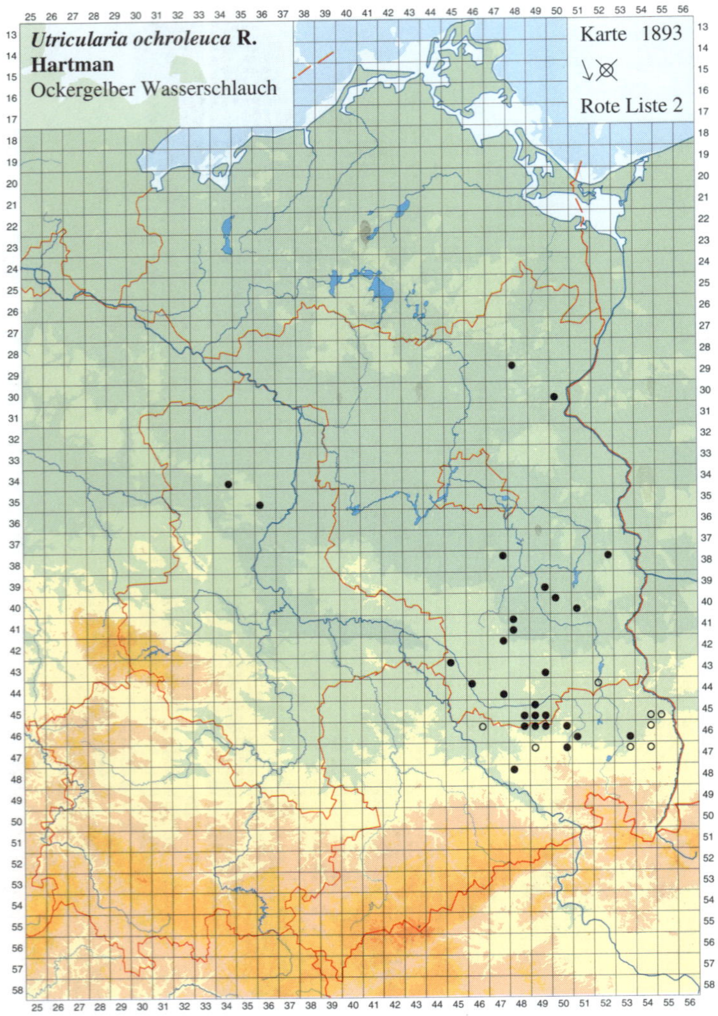
Utricularia ochroleuca R. Hartman
Ockergelber Wasserschlauch
Karte 1893
Rote Liste 2

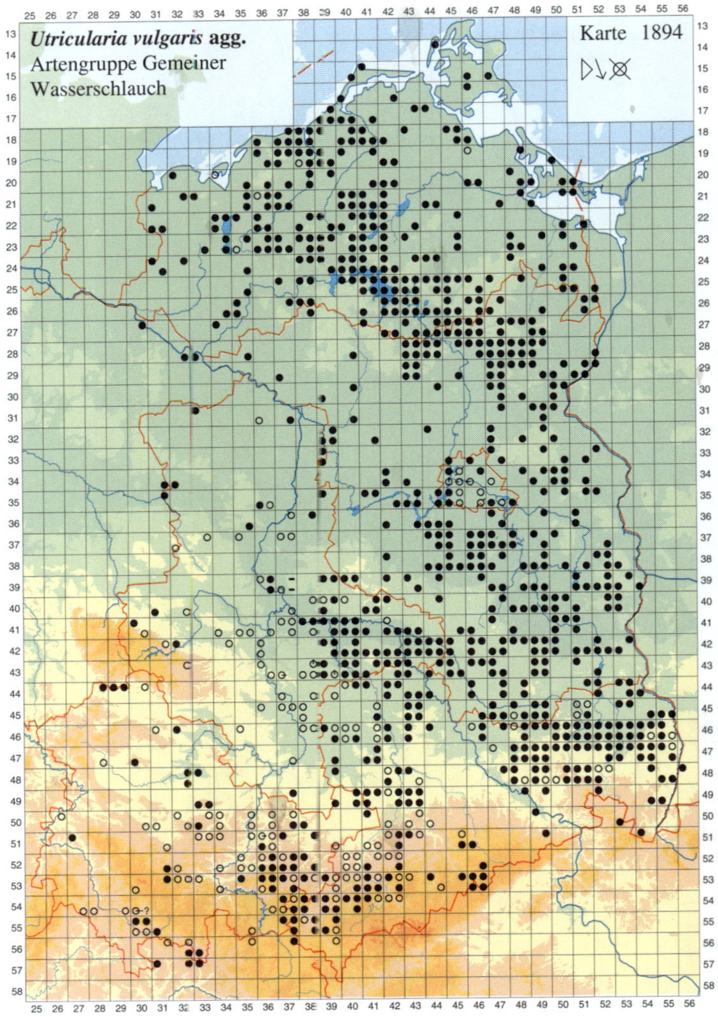
Utricularia vulgaris agg.
Artengruppe Gemeiner Wasserschlauch
Karte 1894

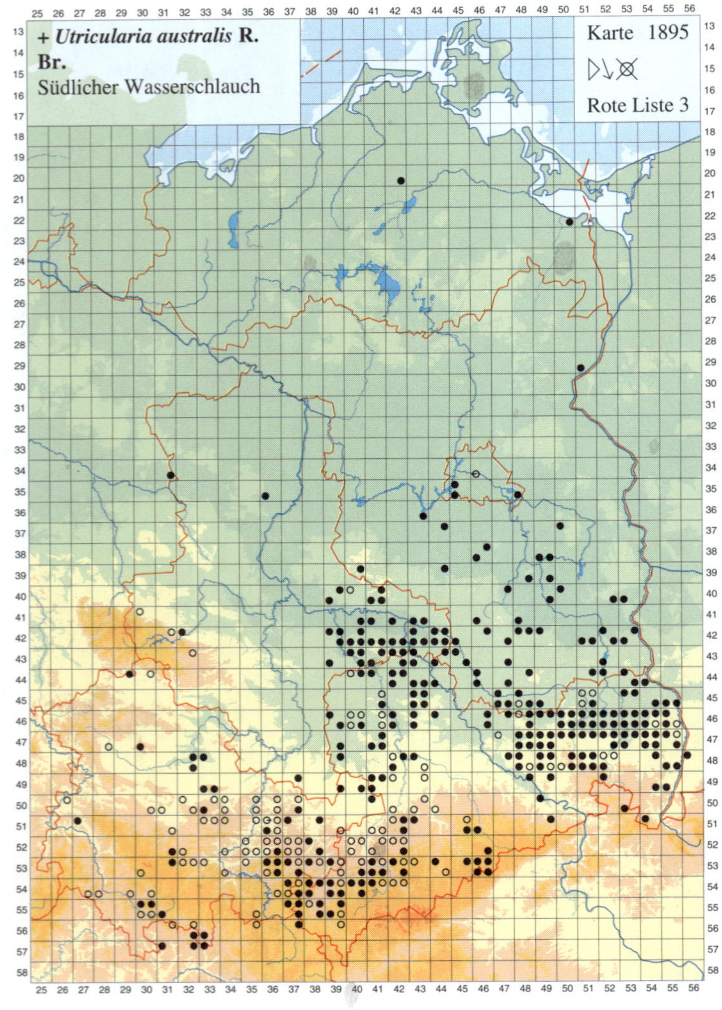
+ *Utricularia australis* R. Br.
Südlicher Wasserschlauch
Karte 1895
Rote Liste 3

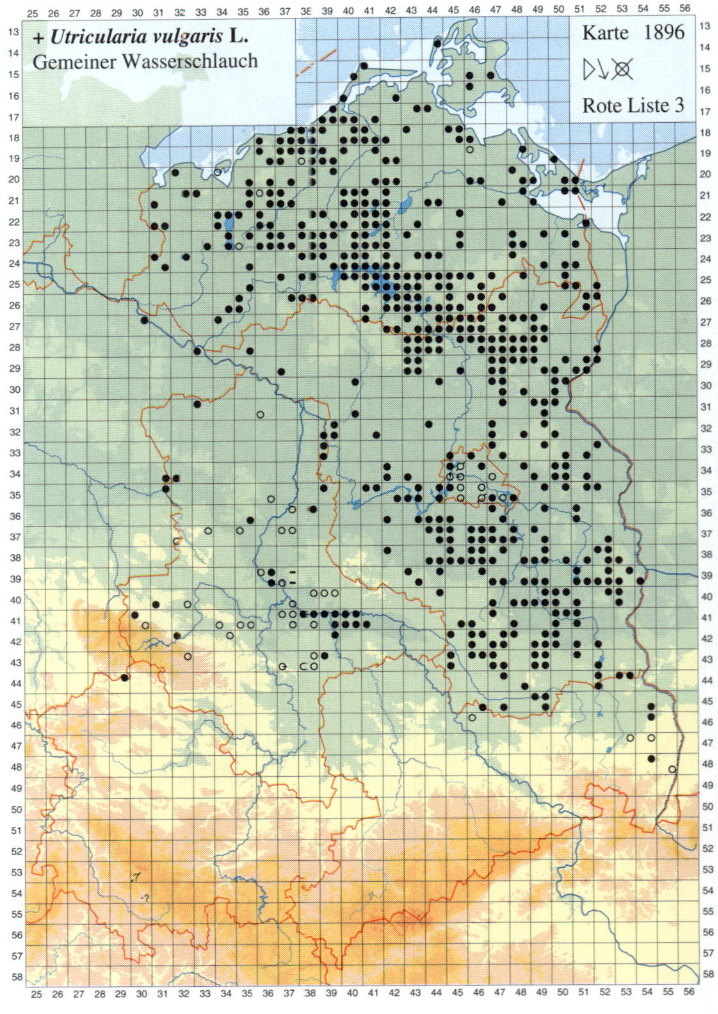
+ *Utricularia vulgaris* L.
Gemeiner Wasserschlauch
Karte 1896
Rote Liste 3

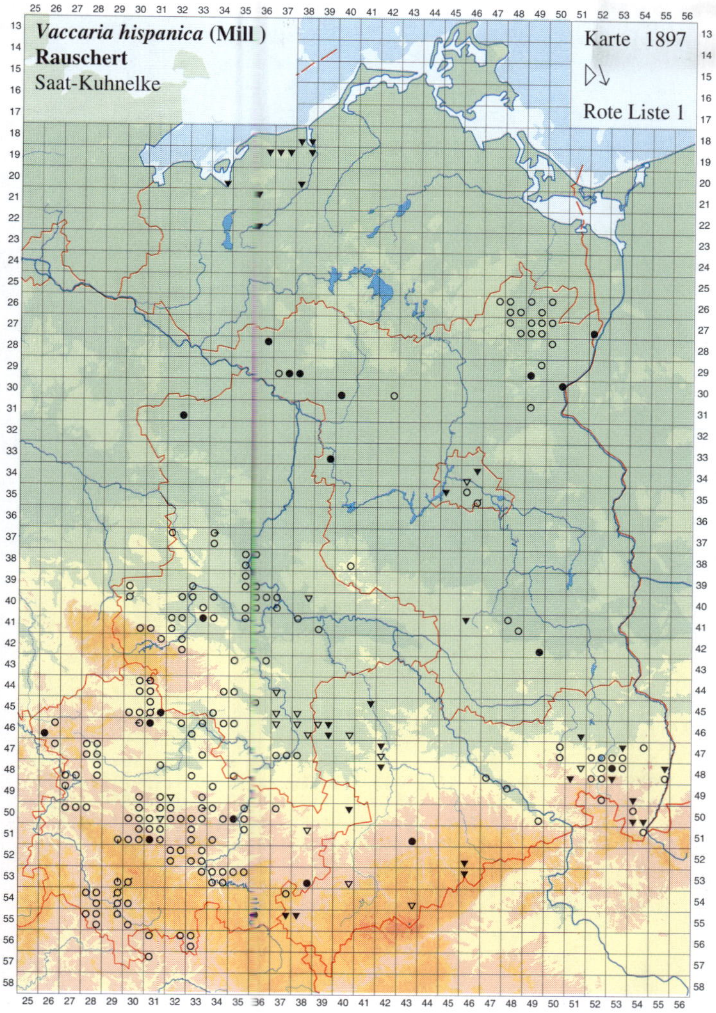
Vaccaria hispanica (Mill.) Rauschert
Saat-Kuhnelke
Karte 1897
Rote Liste 1

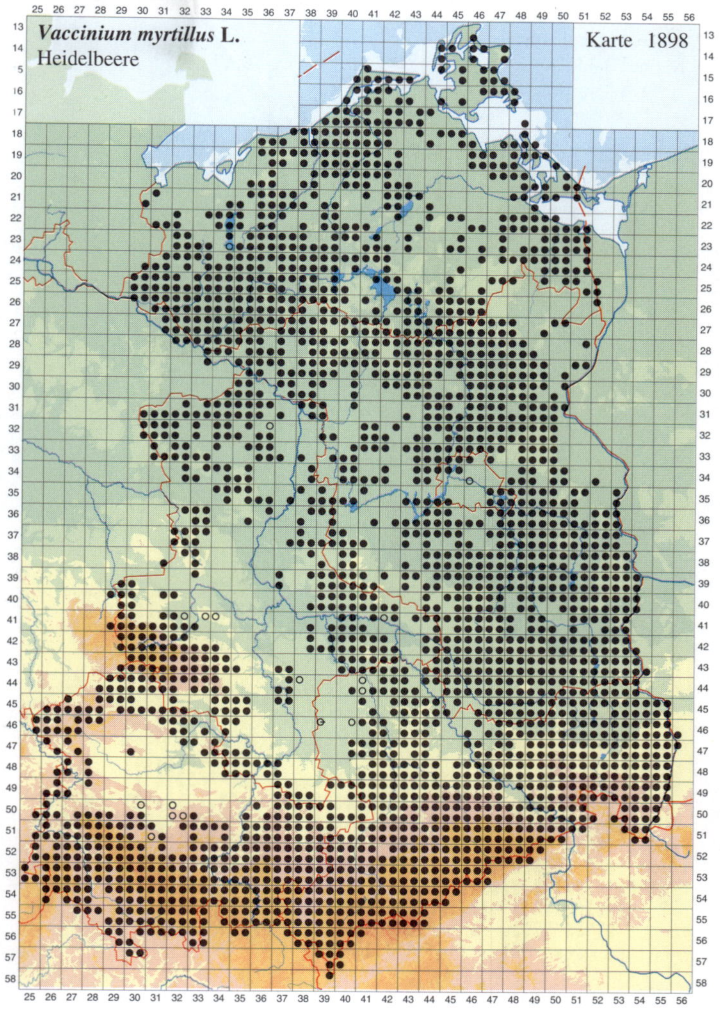
Vaccinium myrtillus L.
Heidelbeere
Karte 1898

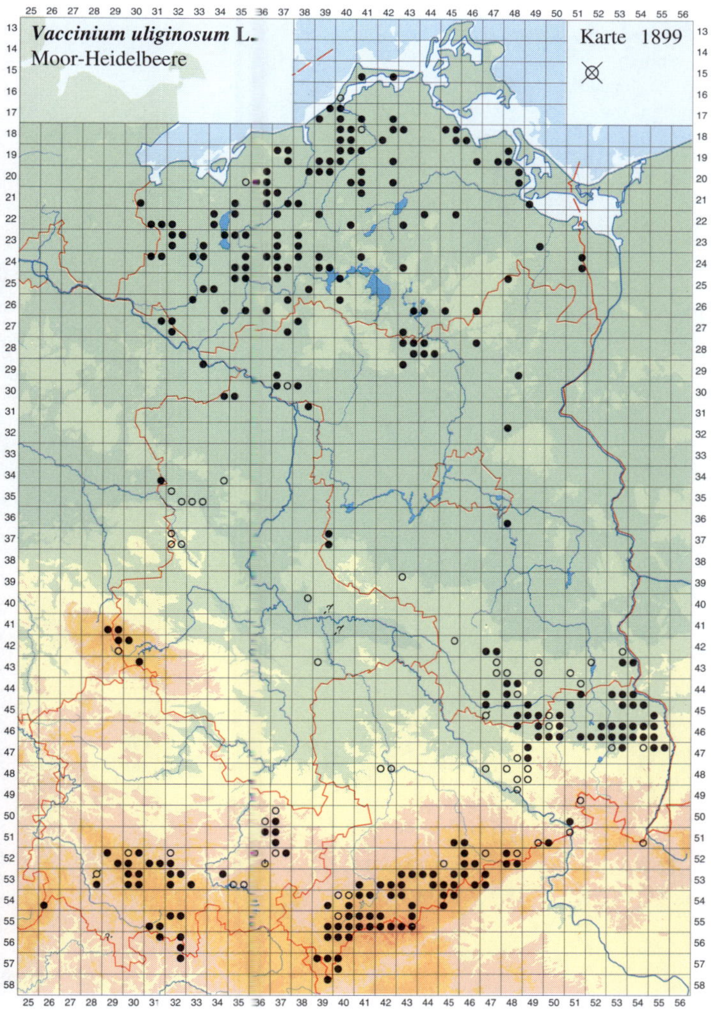
Vaccinium uliginosum L.
Moor-Heidelbeere
Karte 1899

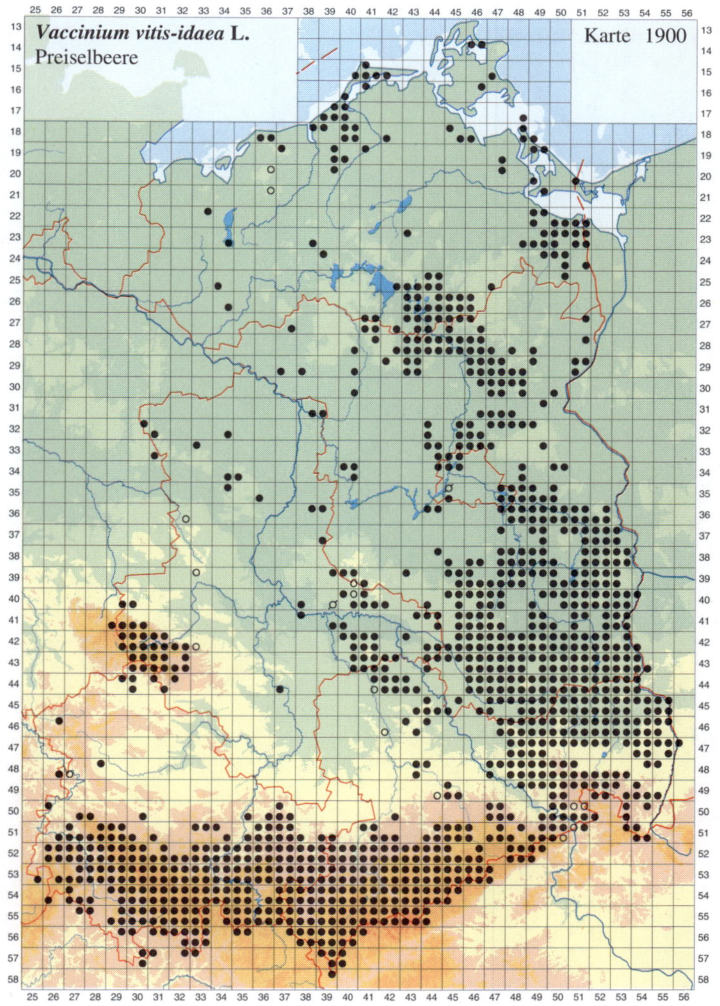
Vaccinium vitis-idaea L.
Preiselbeere
Karte 1900

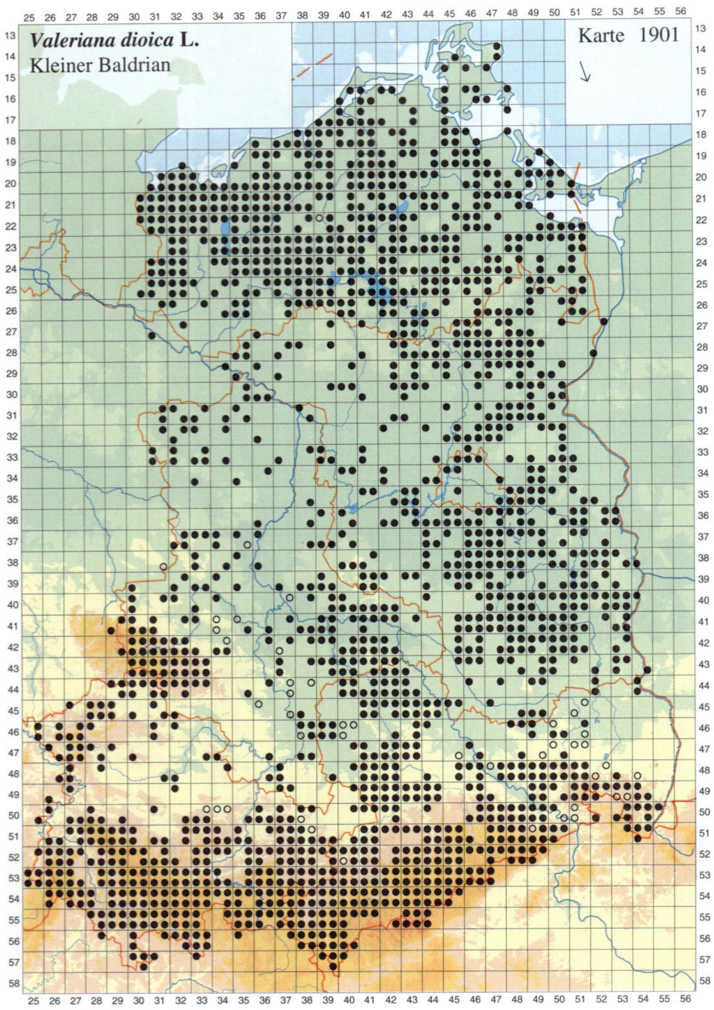
Valeriana dioica L.
Kleiner Baldrian
Karte 1901

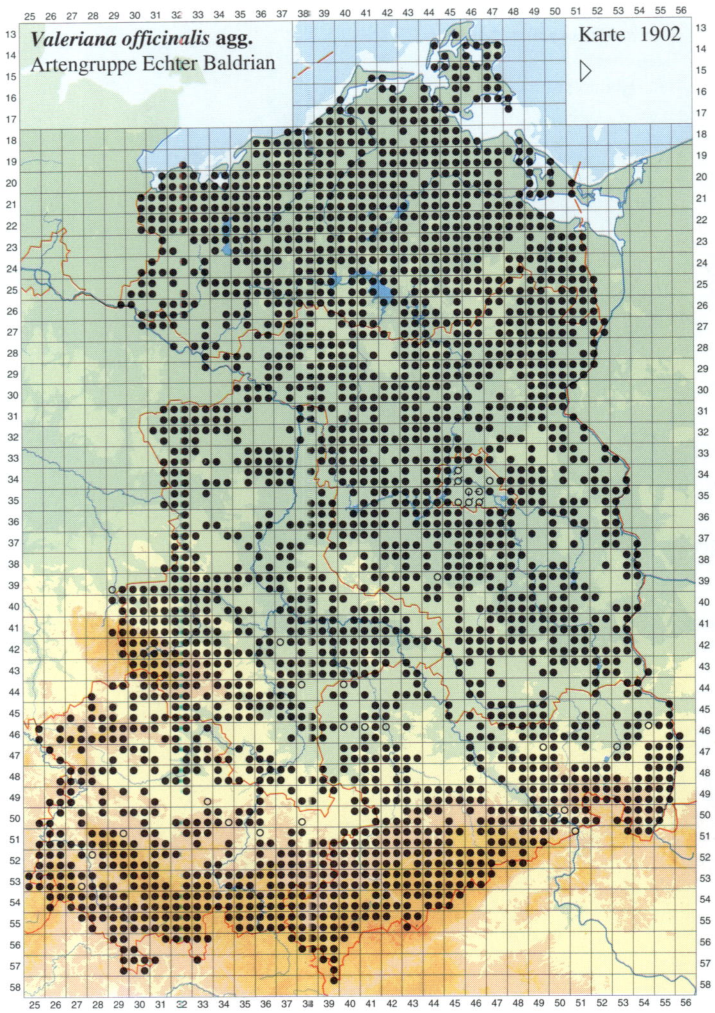
Valeriana officinalis agg.
Artengruppe Echter Baldrian
Karte 1902

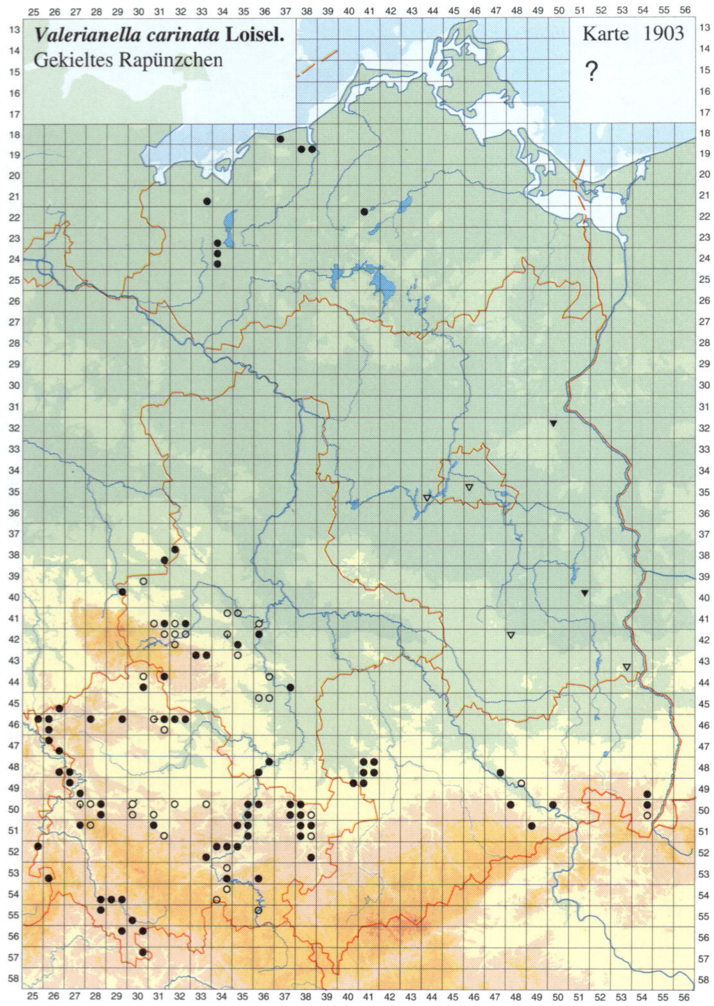
Valerianella carinata Loisel.
Gekieltes Rapünzchen
Karte 1903

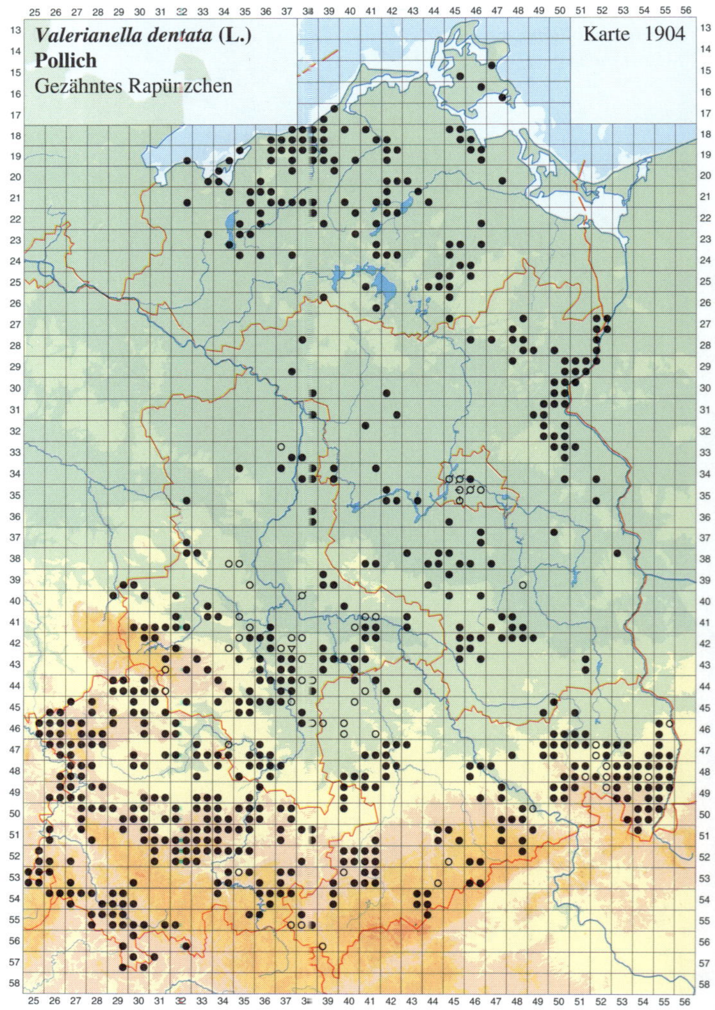
Valerianella dentata (L.) Pollich
Gezähntes Rapünzchen
Karte 1904

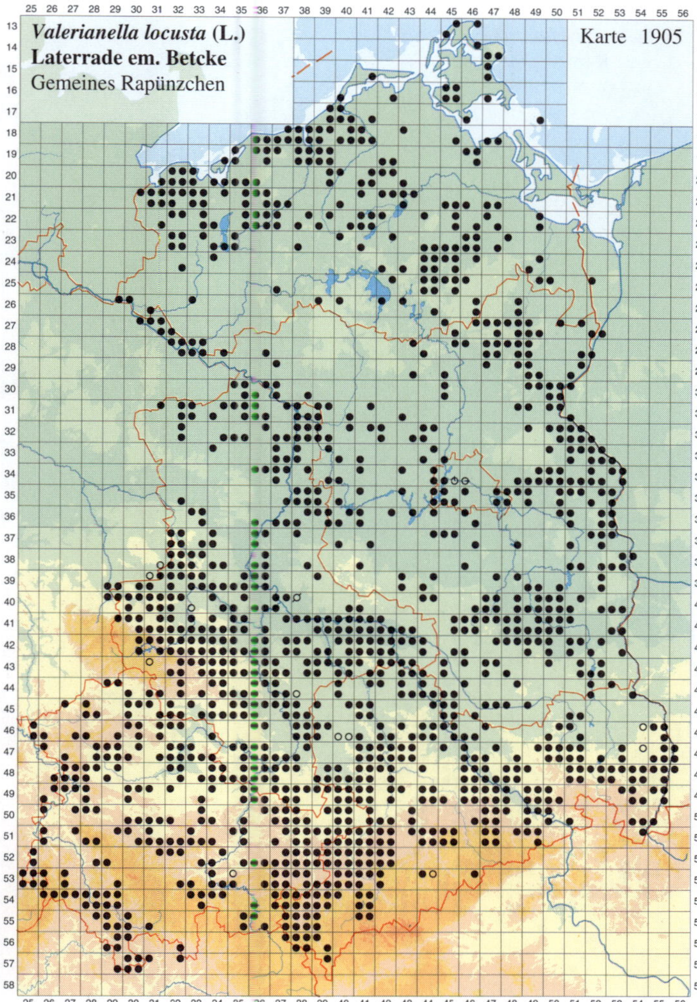
Valerianella locusta (L.)
Laterrade em. Betcke
Gemeines Rapünzchen
Karte 1905

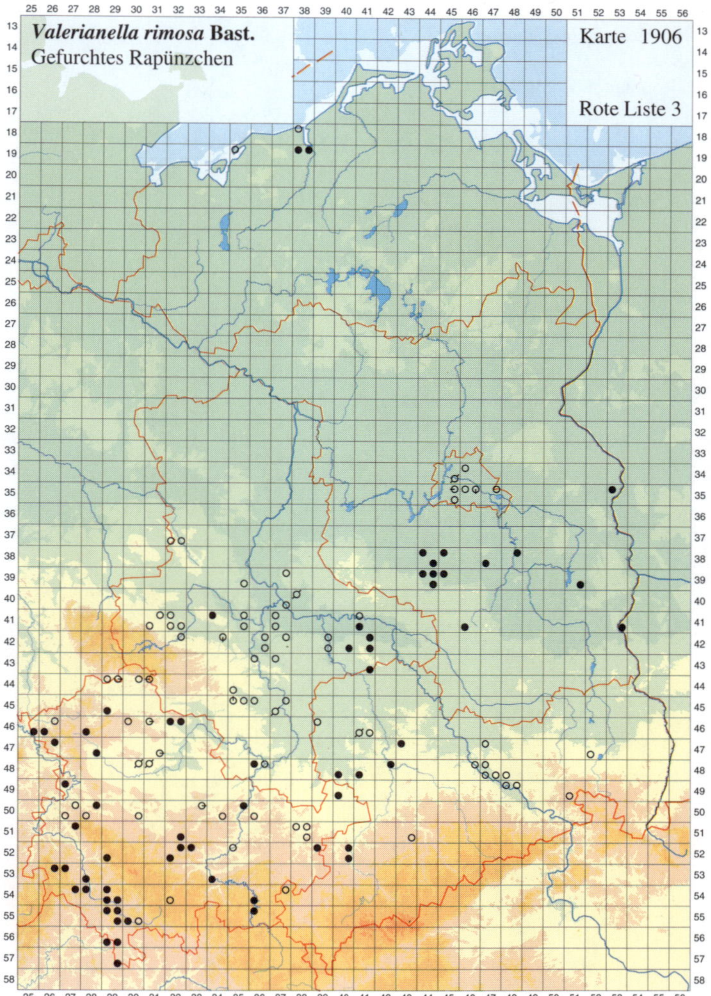
Valerianella rimosa Bast.
Gefurchtes Rapünzchen
Karte 1906
Rote Liste 3

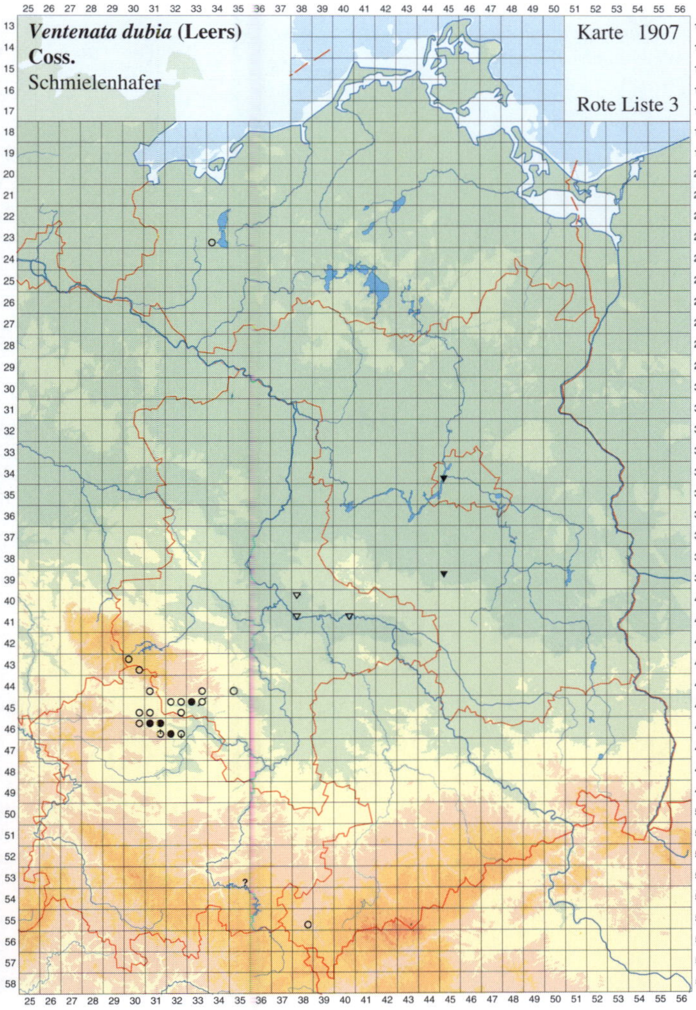
Ventenata dubia (Leers)
Coss.
Schmielenhafer
Karte 1907
Rote Liste 3

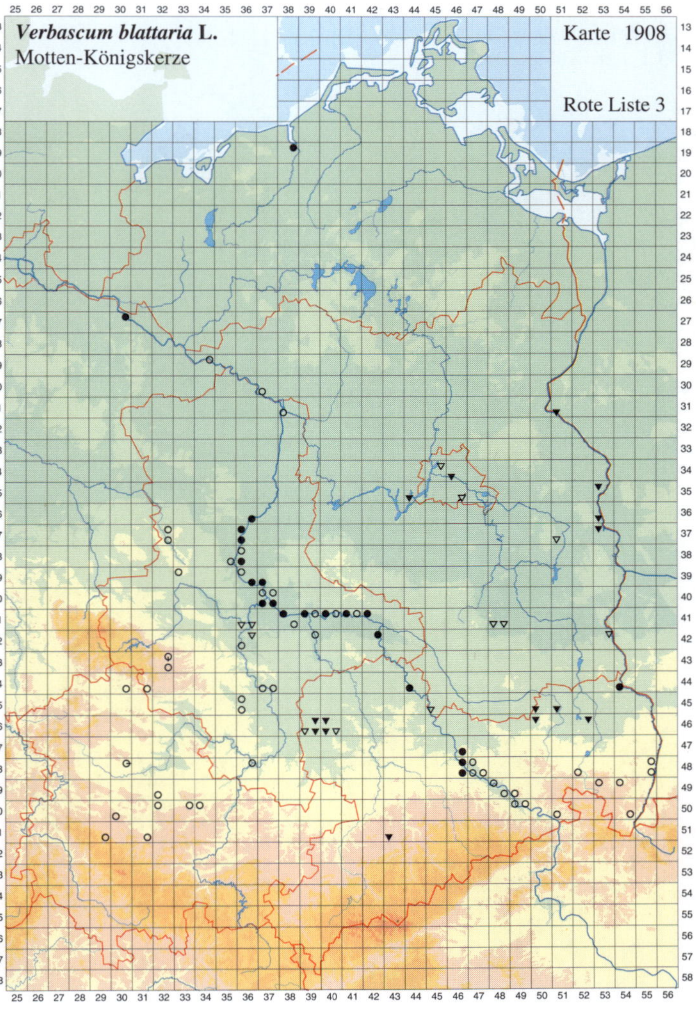
Verbascum blattaria L.
Motten-Königskerze
Karte 1908
Rote Liste 3

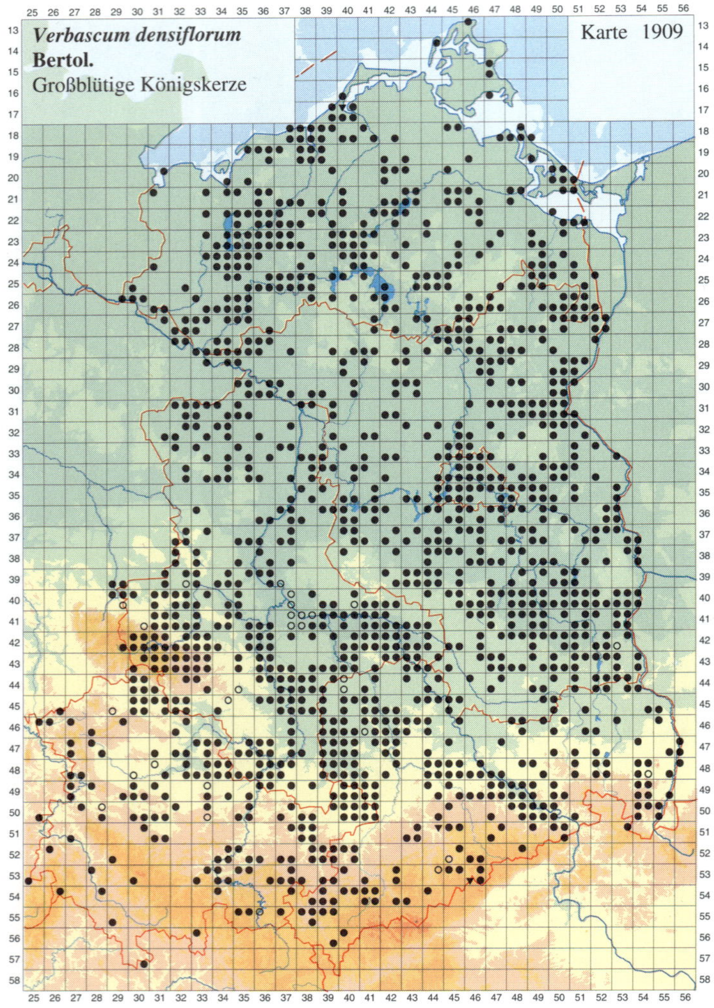
Verbascum densiflorum
Bertol.
Großblütige Königskerze
Karte 1909

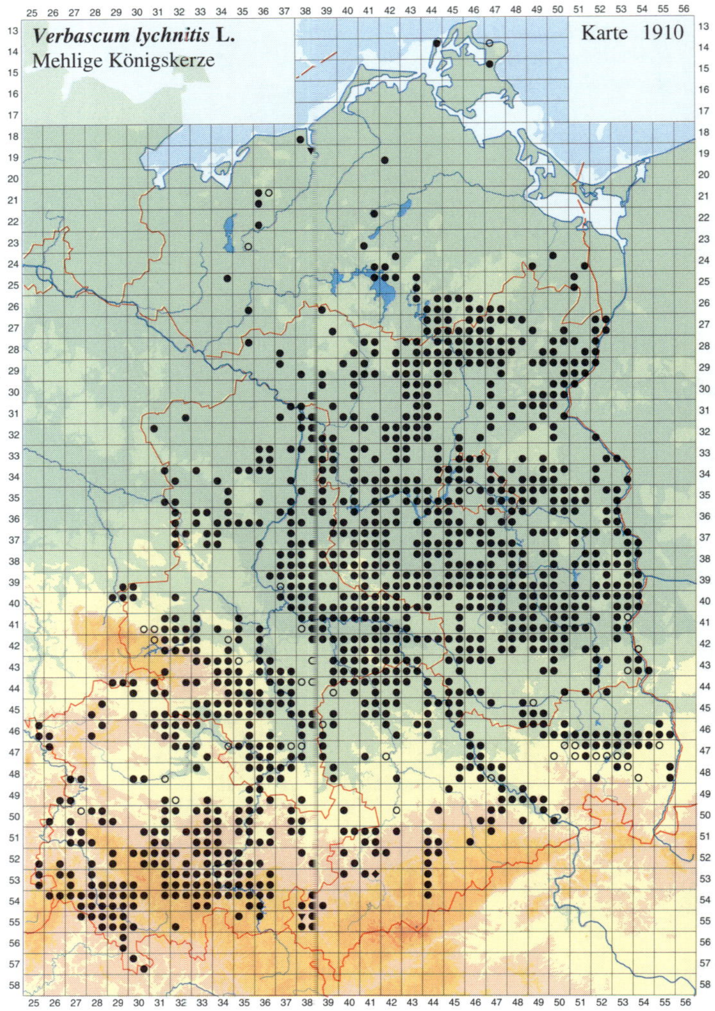
Verbascum lychnitis **L.**
Mehlige Königskerze
Karte 1910

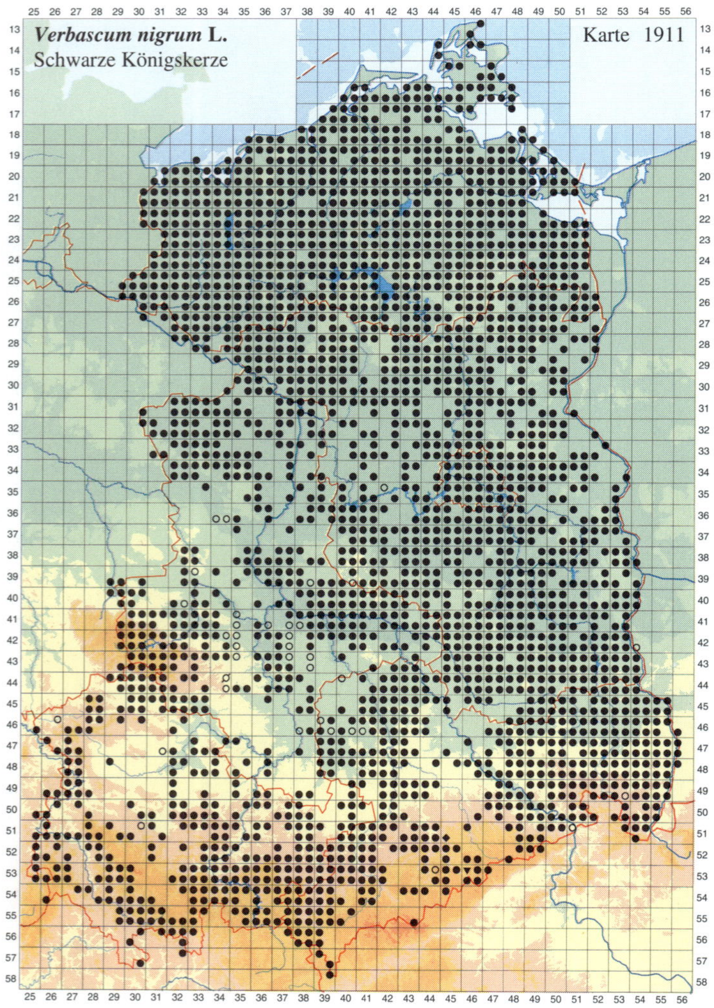
Verbascum nigrum **L.**
Schwarze Königskerze
Karte 1911

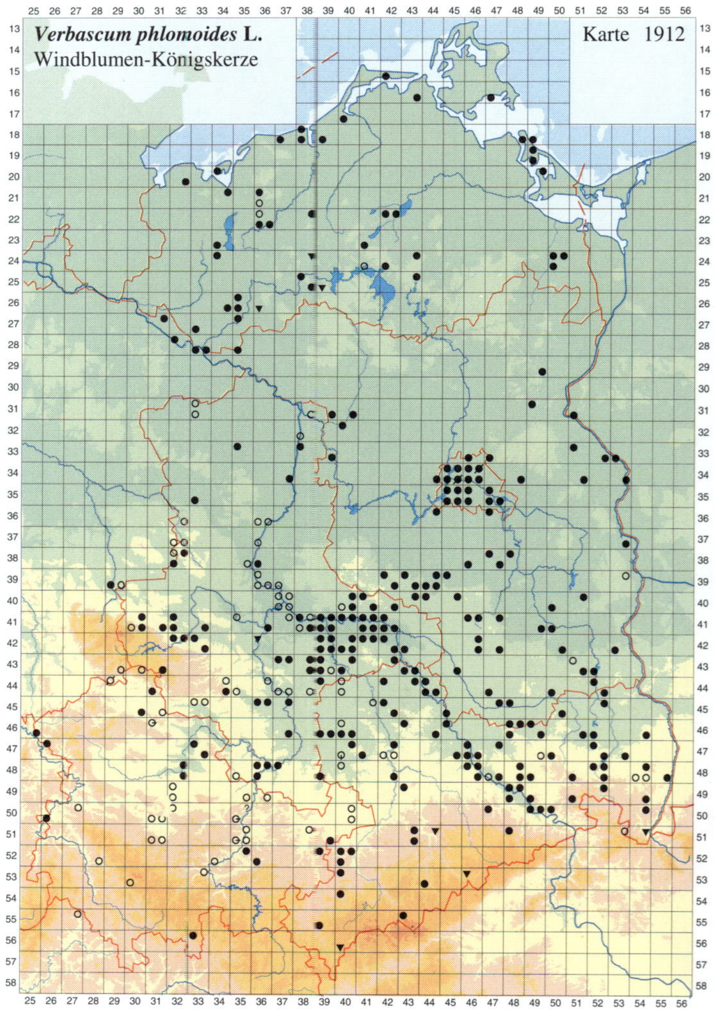
Verbascum phlomoides **L.**
Windblumen-Königskerze
Karte 1912

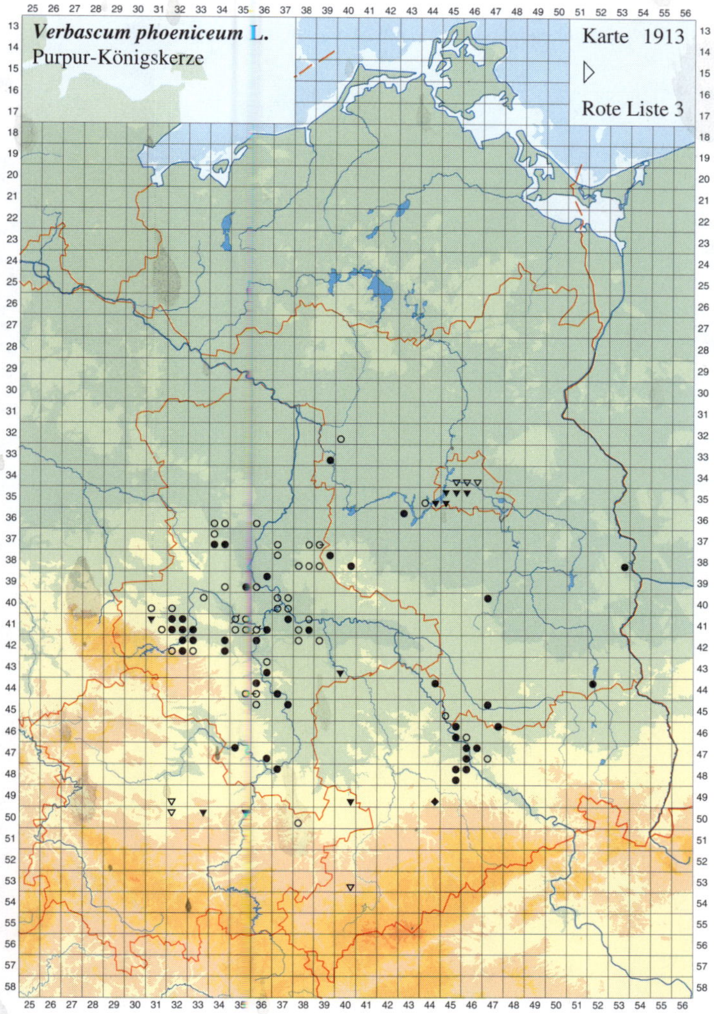
Verbascum phoeniceum L.
Purpur-Königskerze
Karte 1913
▷
Rote Liste 3

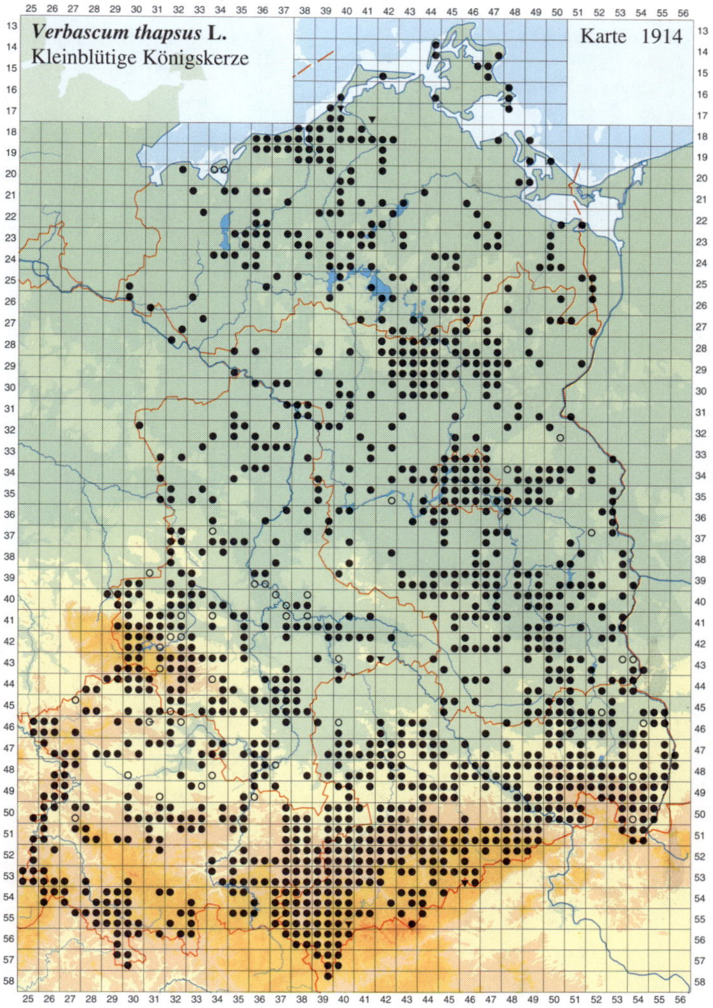
Verbascum thapsus L.
Kleinblütige Königskerze
Karte 1914

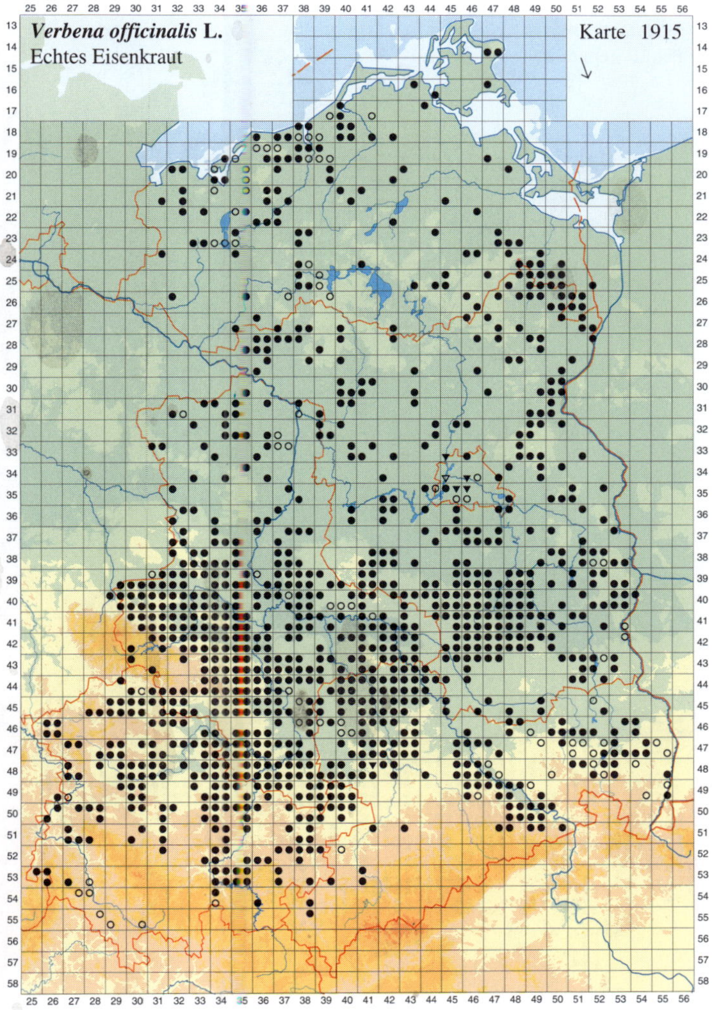
Verbena officinalis L.
Echtes Eisenkraut
Karte 1915
↘

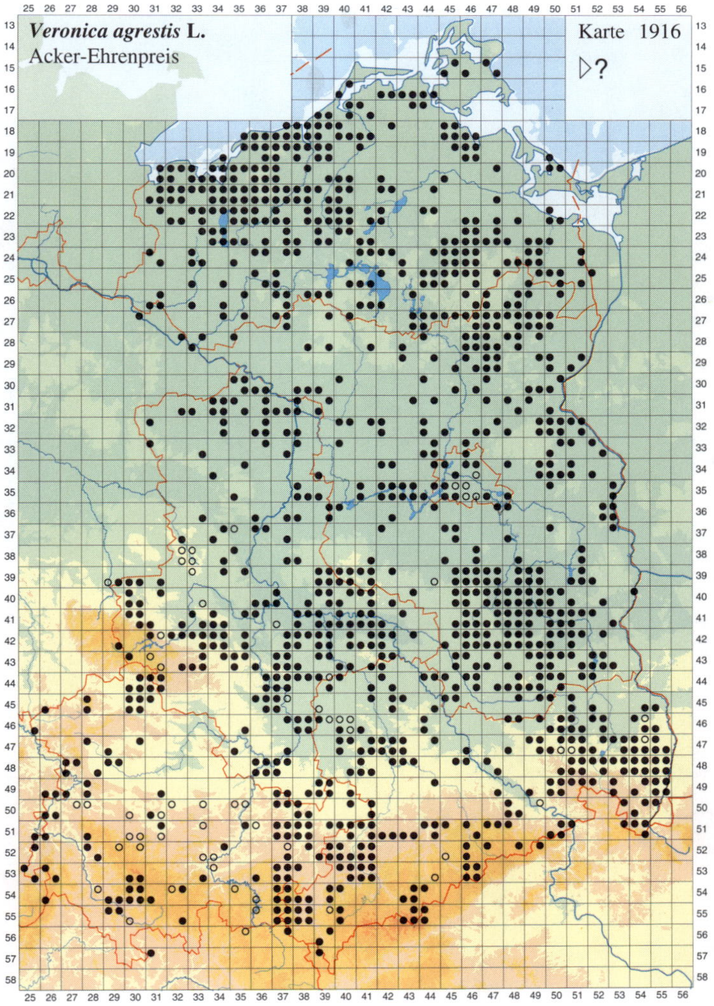
Veronica agrestis L.
Acker-Ehrenpreis
Karte 1916
▷?

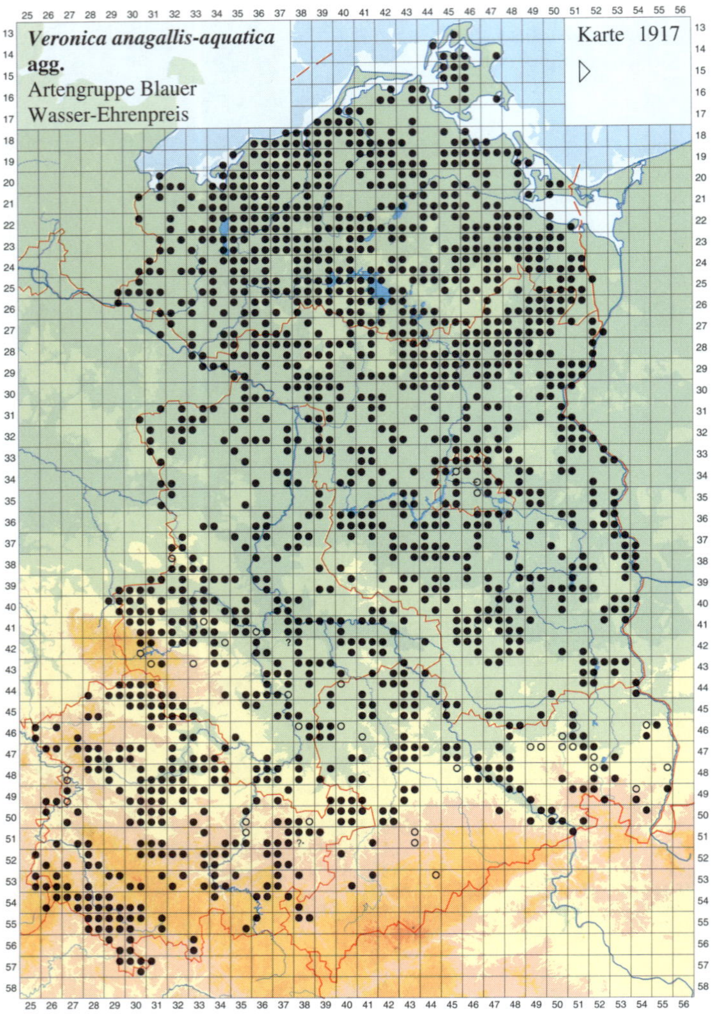
Veronica anagallis-aquatica agg.
Artengruppe Blauer Wasser-Ehrenpreis
Karte 1917

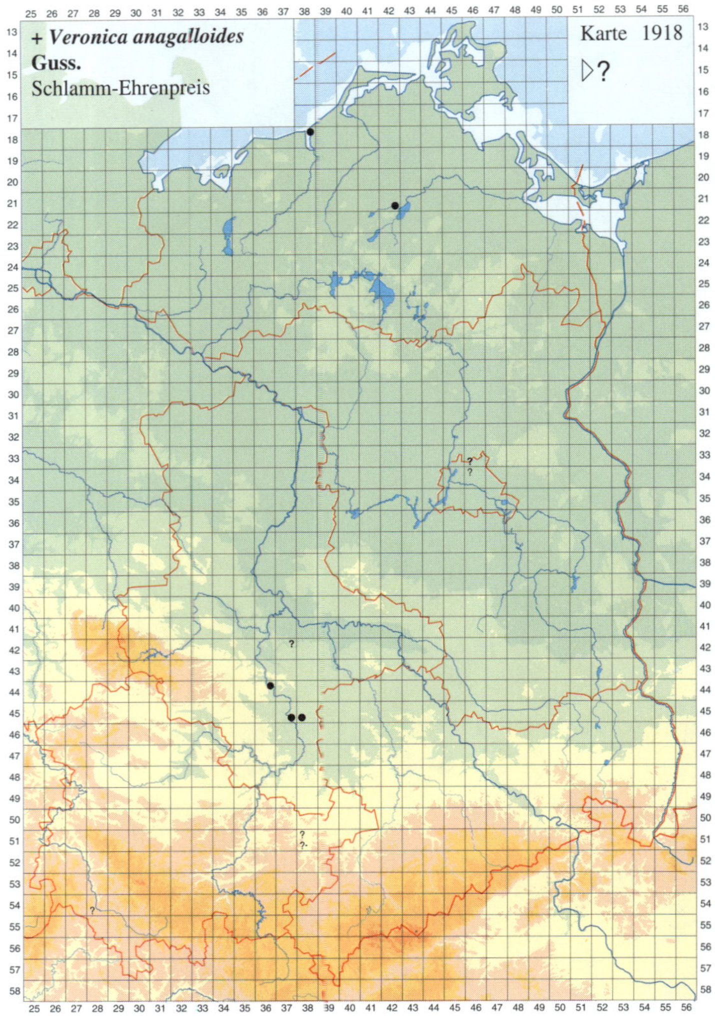
+ Veronica anagalloides Guss.
Schlamm-Ehrenpreis
Karte 1918

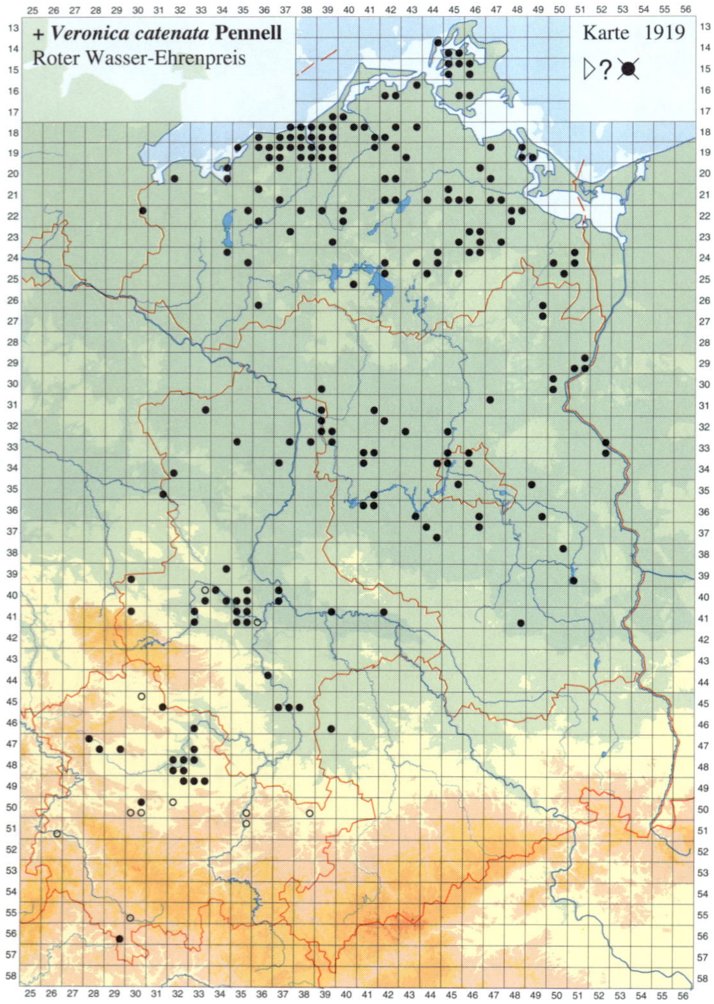
+ Veronica catenata Pennell
Roter Wasser-Ehrenpreis
Karte 1919

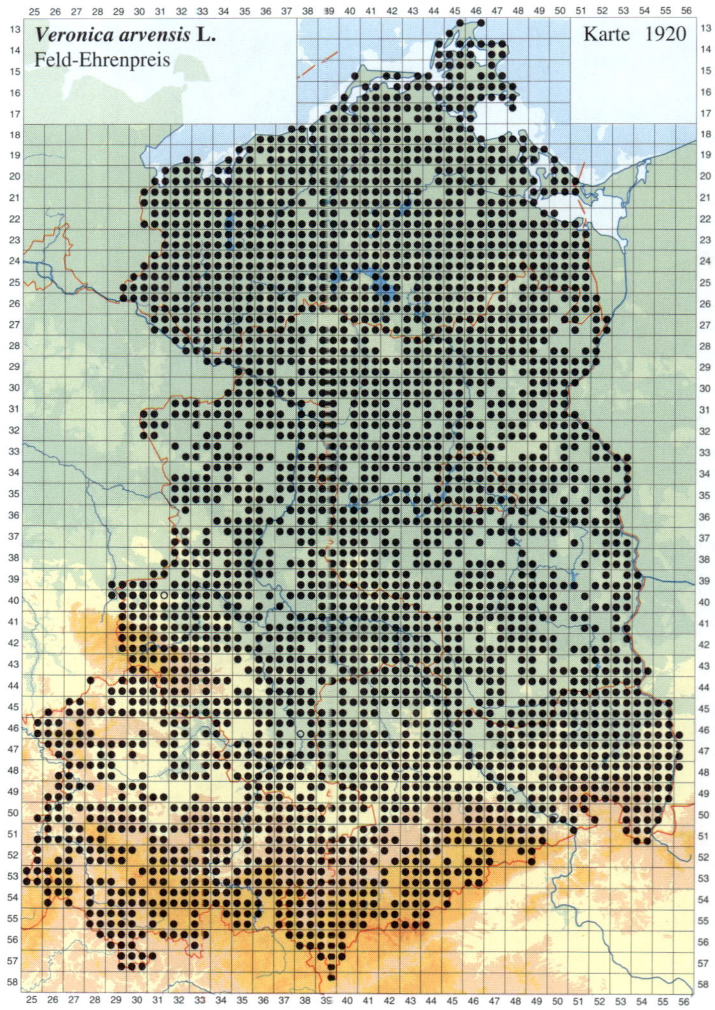
Veronica arvensis L.
Feld-Ehrenpreis
Karte 1920

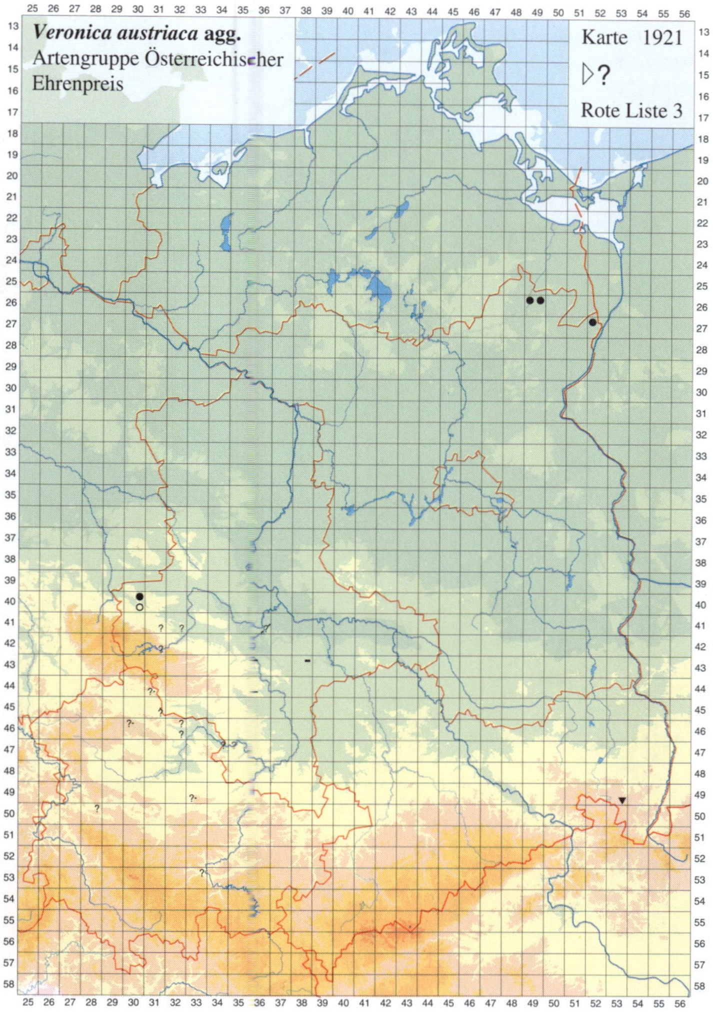
Veronica austriaca agg.
Artengruppe Österreichischer Ehrenpreis
Karte 1921
▷?
Rote Liste 3

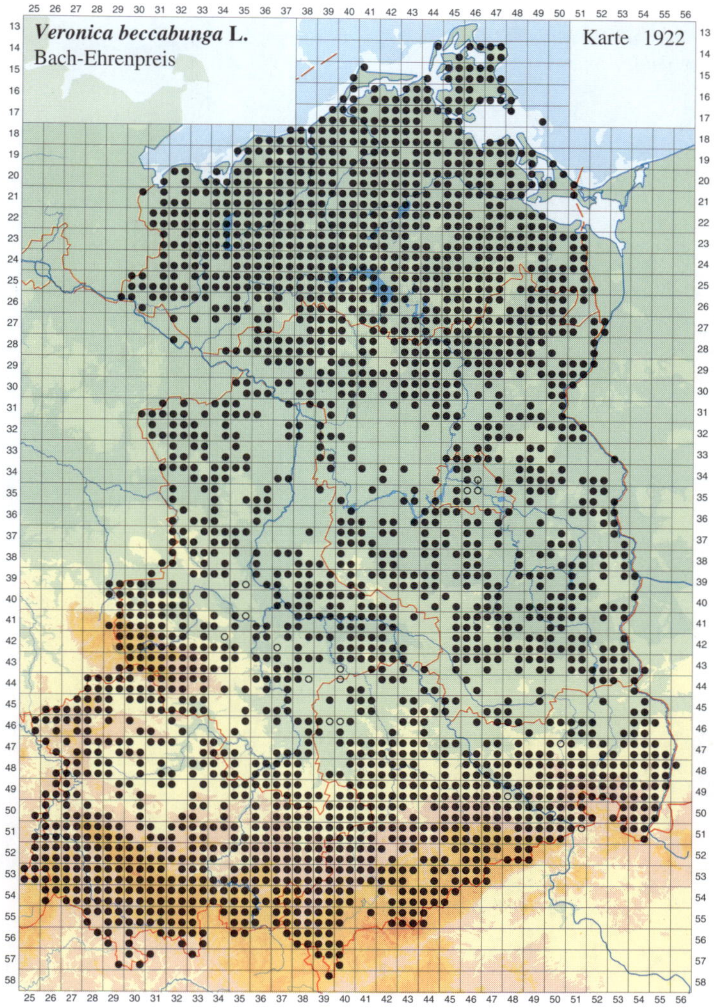
Veronica beccabunga L.
Bach-Ehrenpreis
Karte 1922

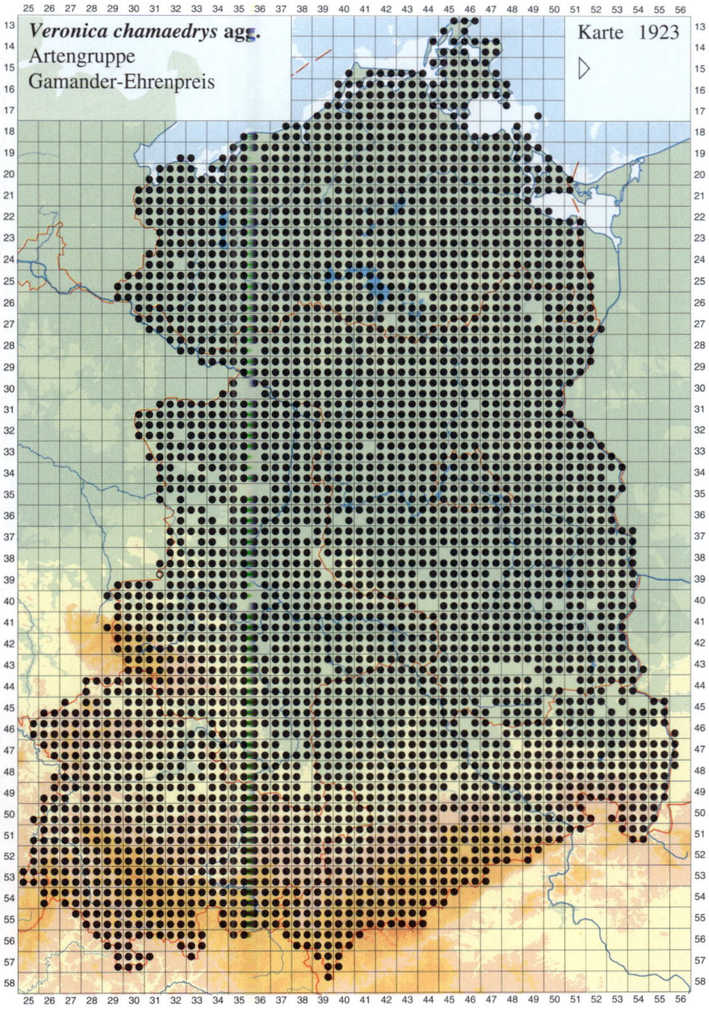
Veronica chamaedrys agg.
Artengruppe Gamander-Ehrenpreis
Karte 1923
▷

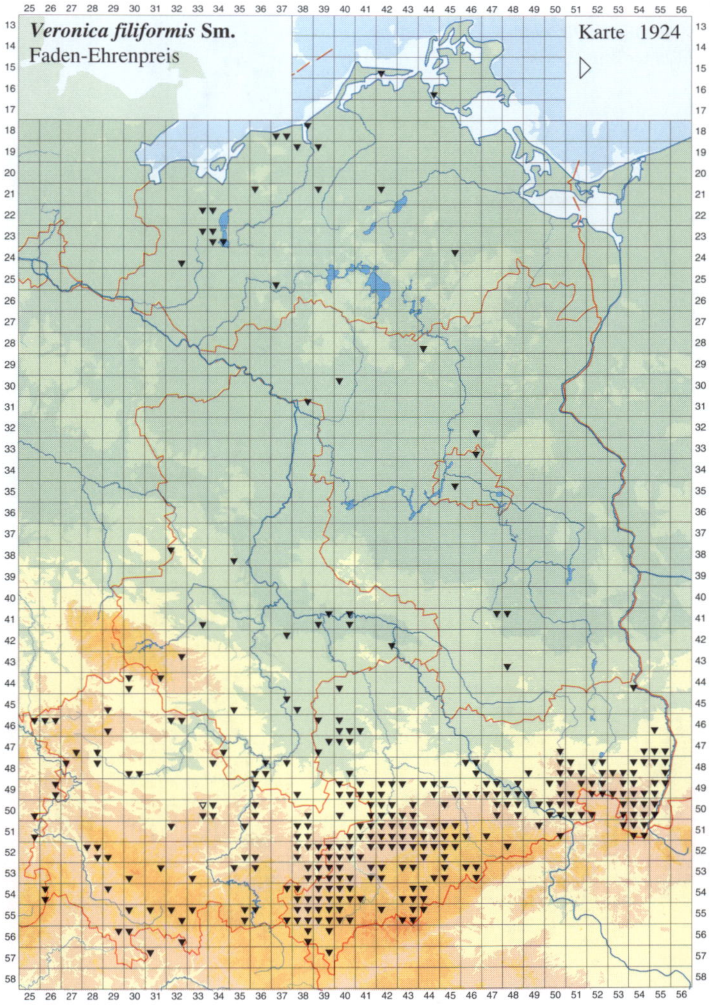
Veronica filiformis Sm.
Faden-Ehrenpreis
Karte 1924
▷

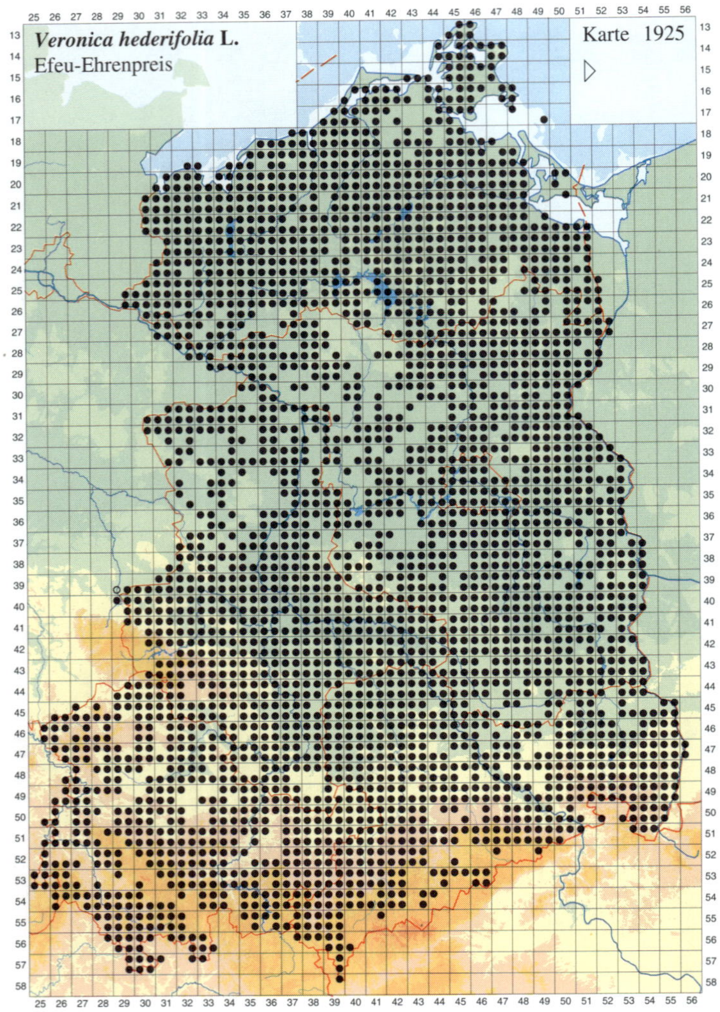
Veronica hederifolia L.
Efeu-Ehrenpreis
Karte 1925

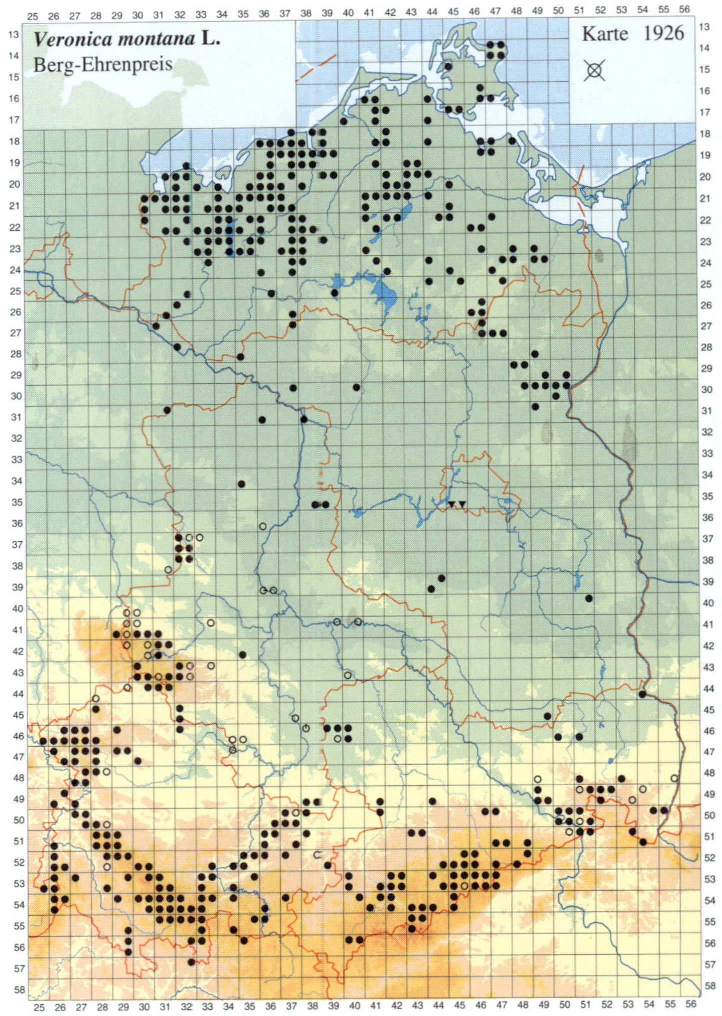
Veronica montana L.
Berg-Ehrenpreis
Karte 1926

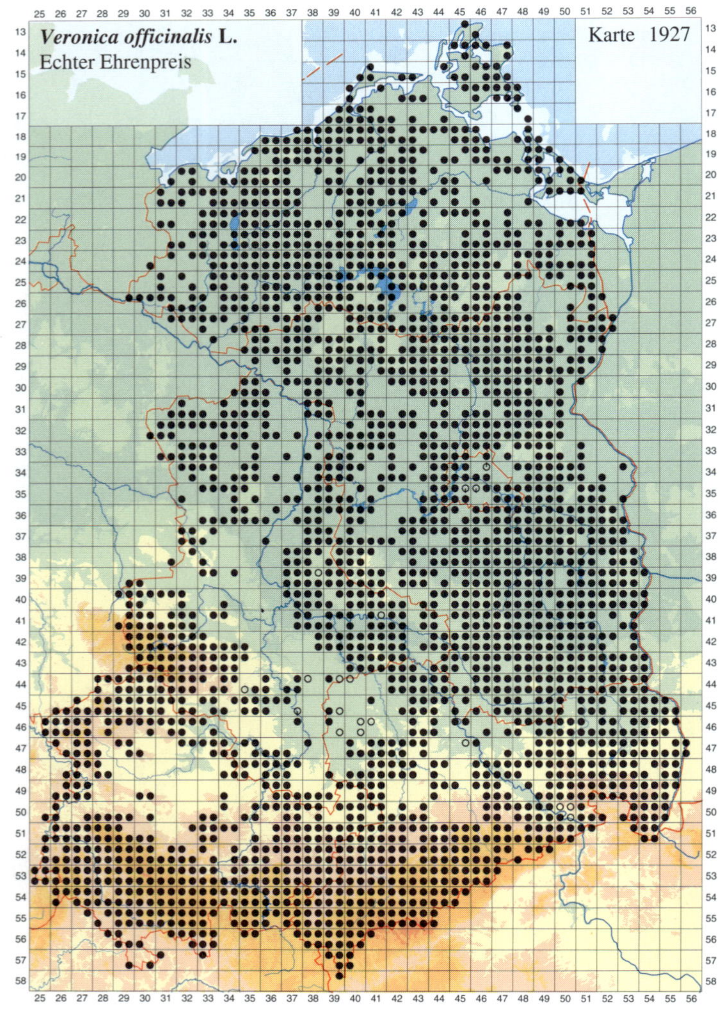
Veronica officinalis L.
Echter Ehrenpreis
Karte 1927

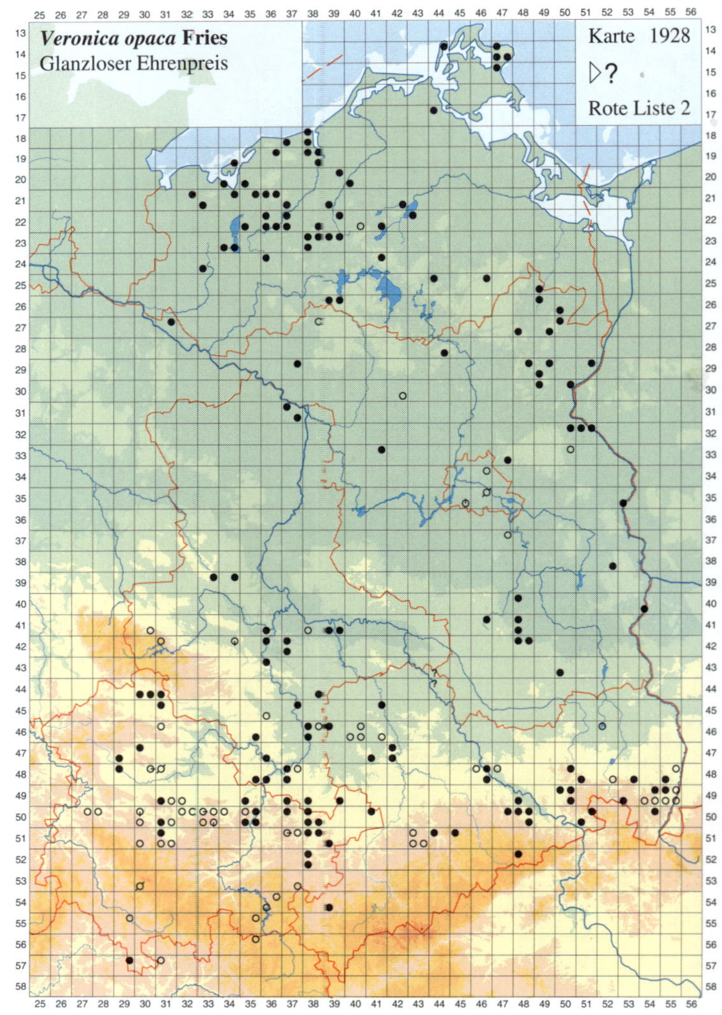
Veronica opaca Fries
Glanzloser Ehrenpreis
Karte 1928
Rote Liste 2

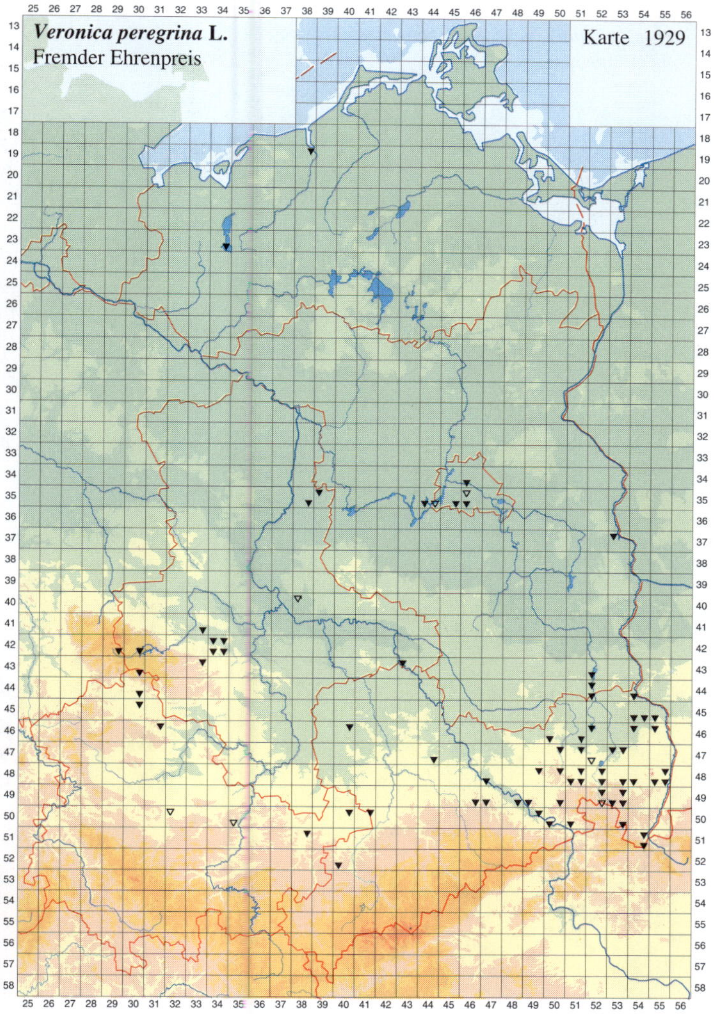

Veronica peregrina L.
Fremder Ehrenpreis
Karte 1929

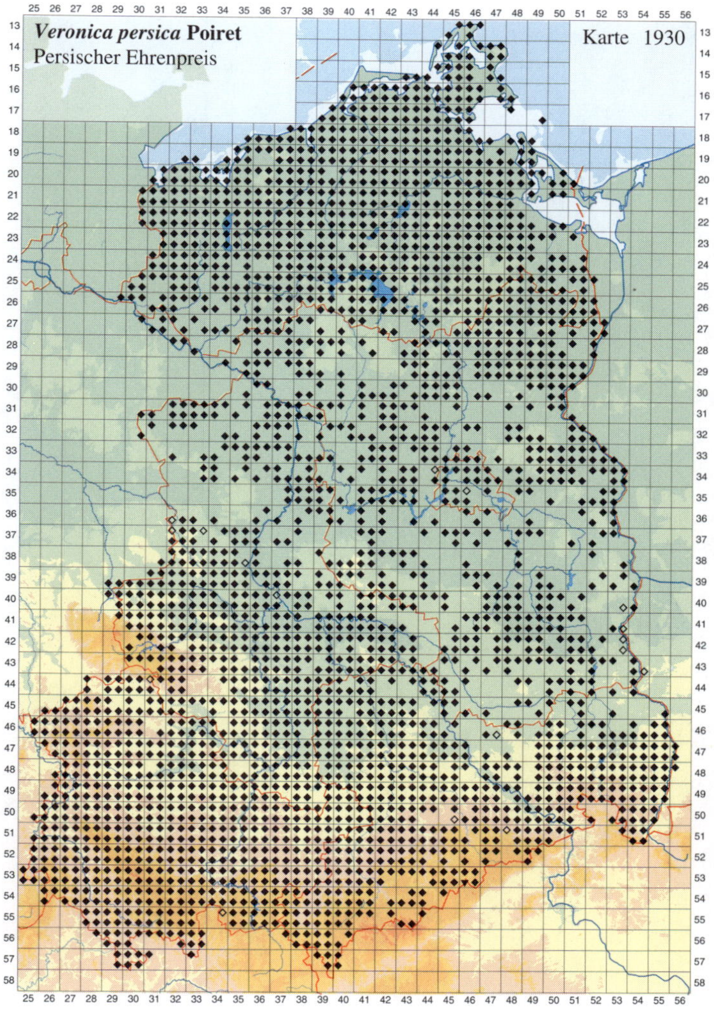

Veronica persica Poiret
Persischer Ehrenpreis
Karte 1930

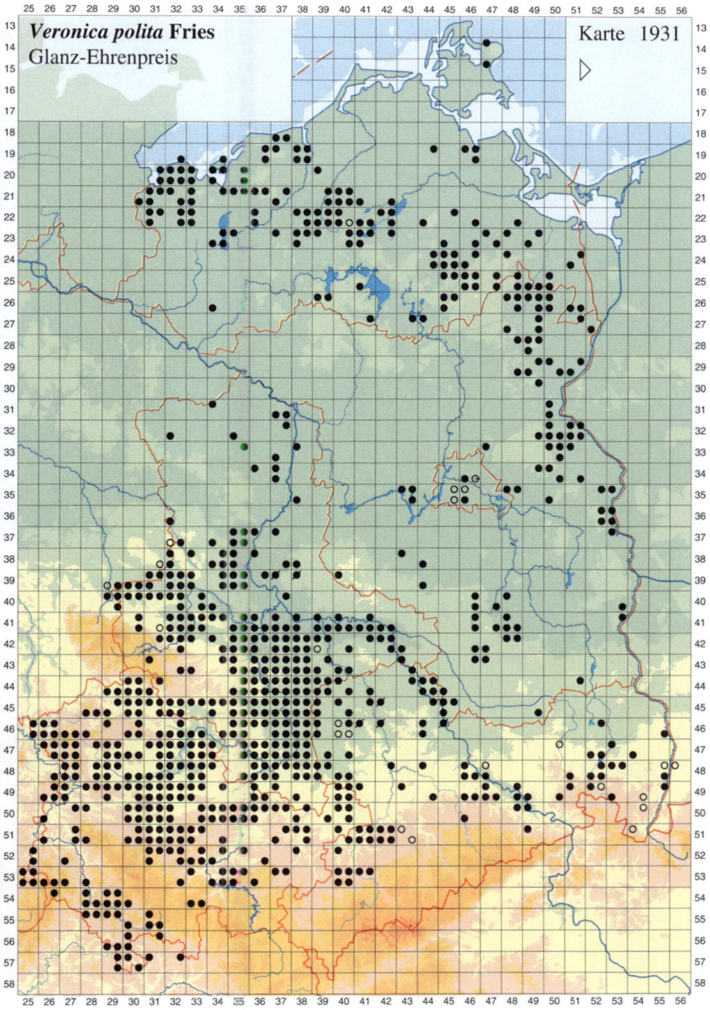

Veronica polita Fries
Glanz-Ehrenpreis
Karte 1931

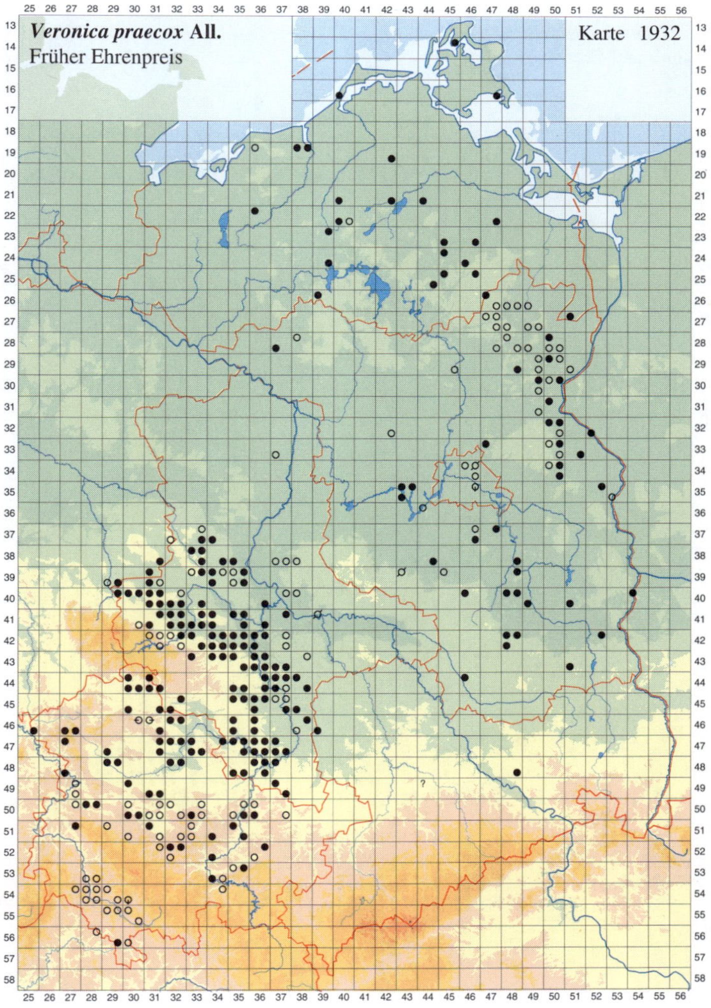

Veronica praecox All.
Früher Ehrenpreis
Karte 1932

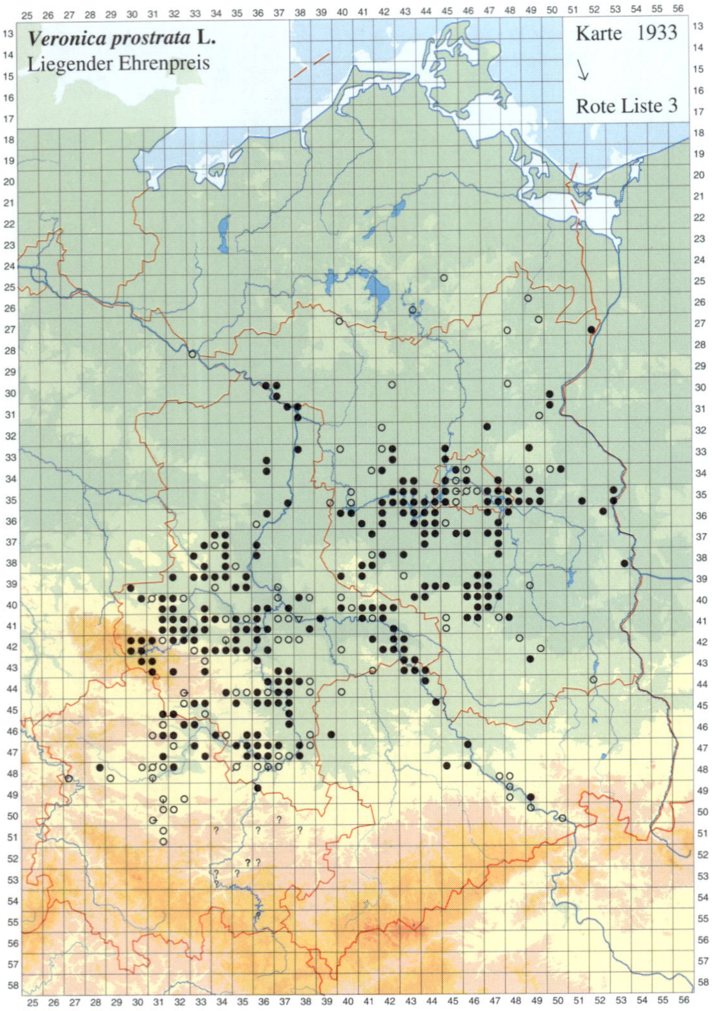
Veronica prostrata L.
Liegender Ehrenpreis
Karte 1933
↘
Rote Liste 3

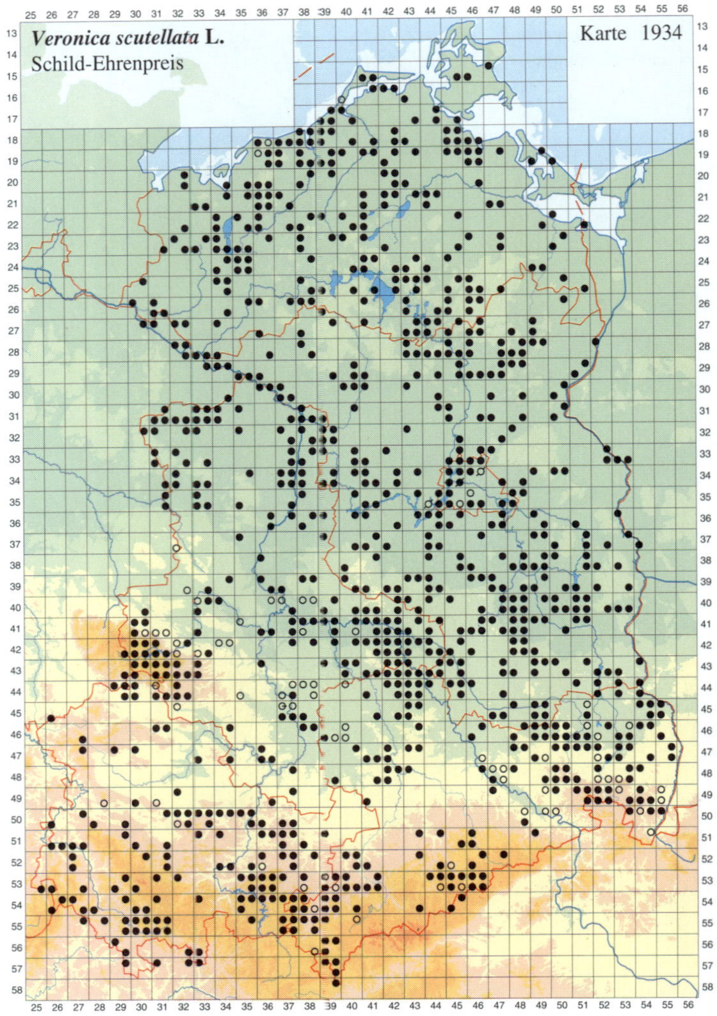
Veronica scutellata L.
Schild-Ehrenpreis
Karte 1934

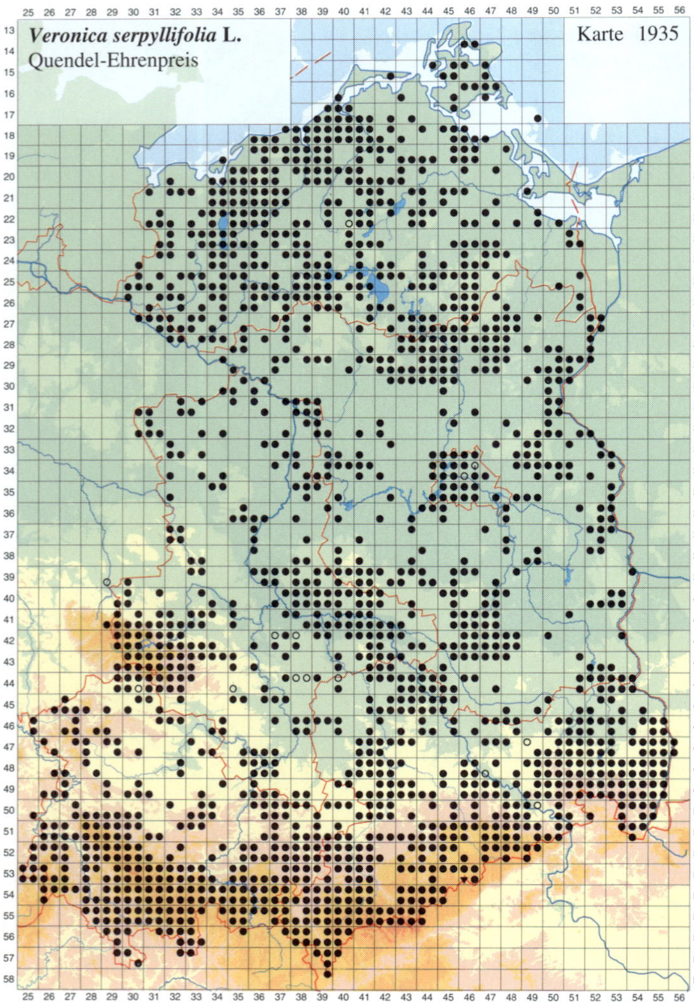
Veronica serpyllifolia L.
Quendel-Ehrenpreis
Karte 1935

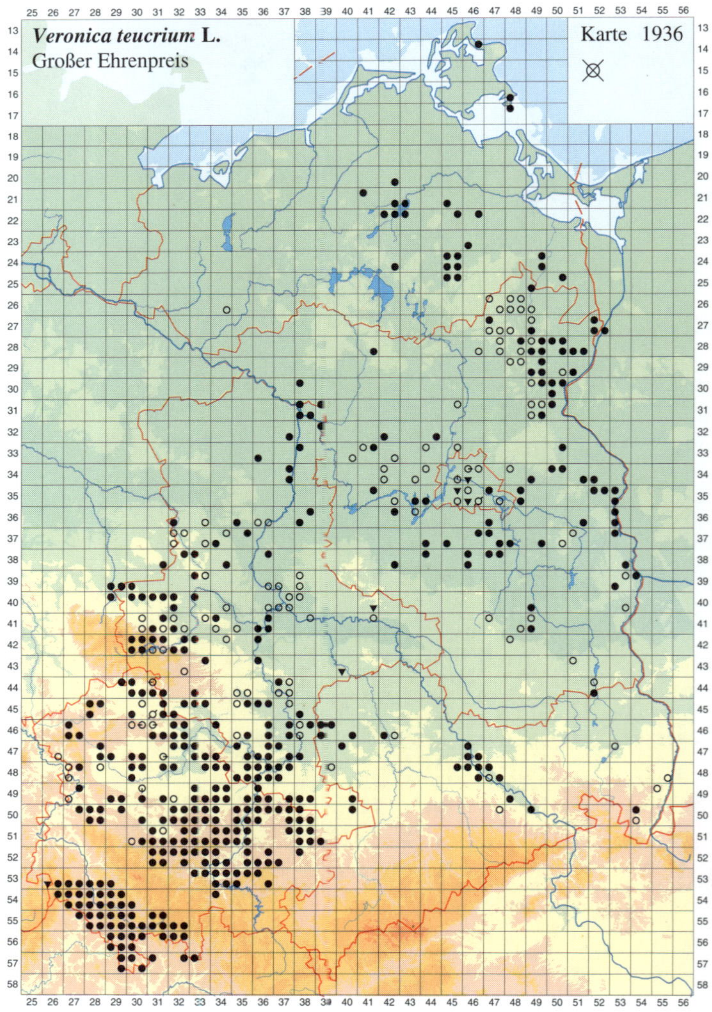
Veronica teucrium L.
Großer Ehrenpreis
Karte 1936

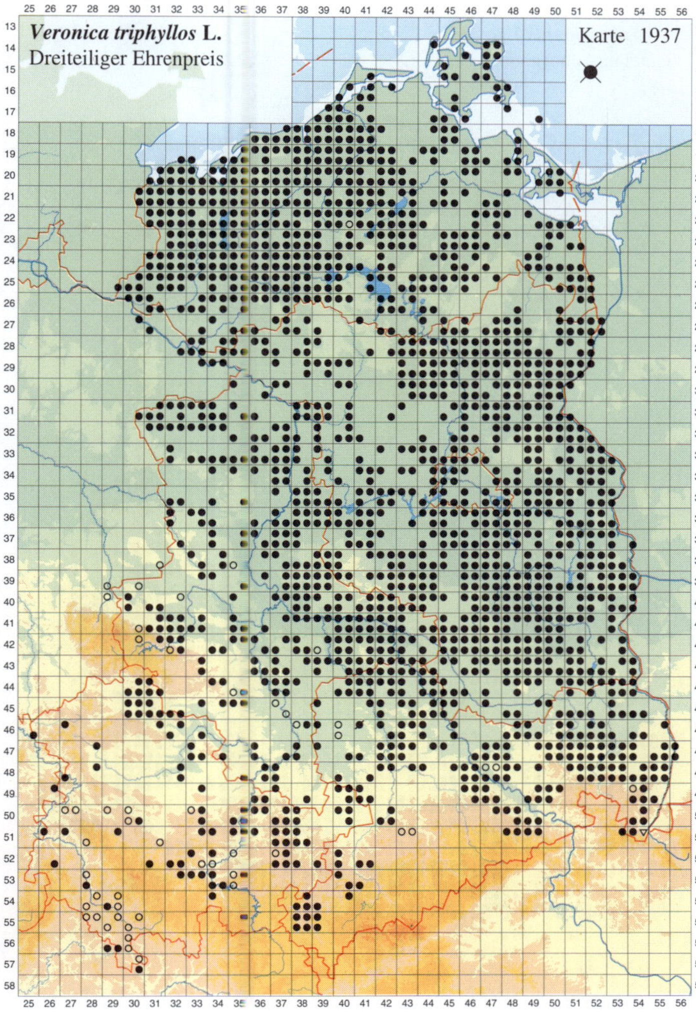
Veronica triphyllos L.
Dreiteiliger Ehrenpreis
Karte 1937

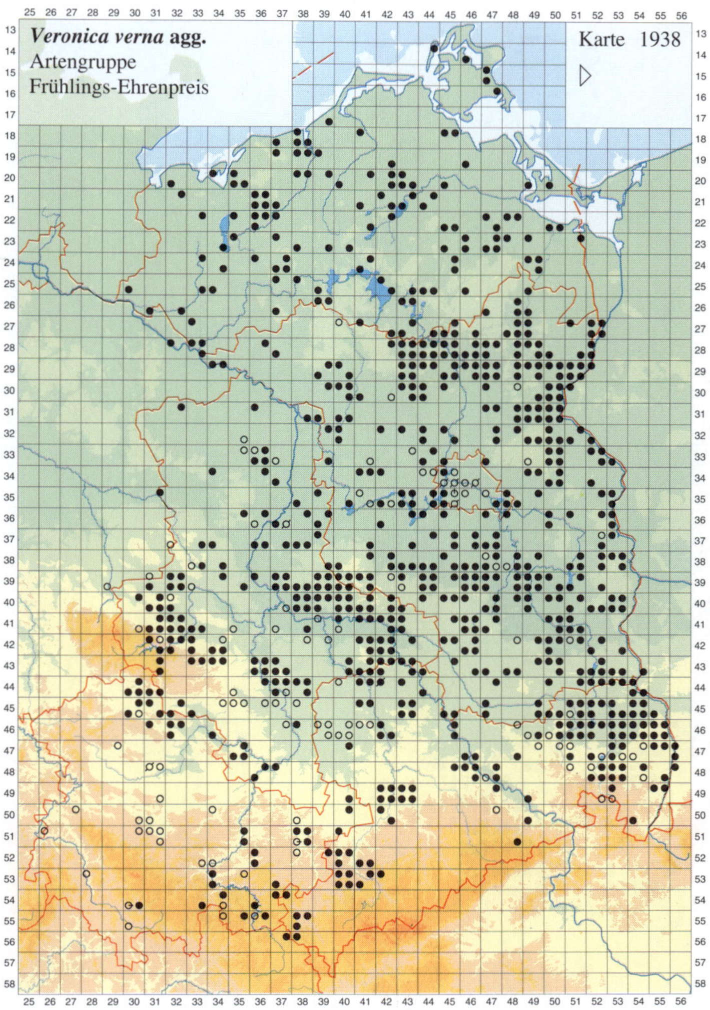
Veronica verna agg.
Artengruppe
Frühlings-Ehrenpreis
Karte 1938

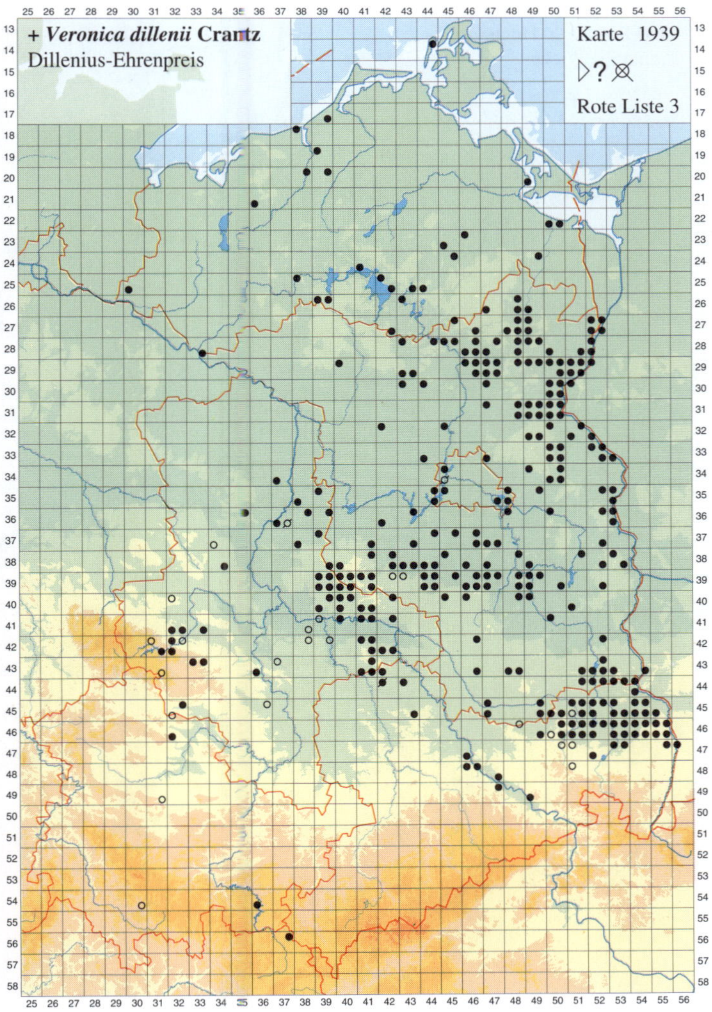
+ *Veronica dillenii* Crantz
Dillenius-Ehrenpreis
Karte 1939
▷?
Rote Liste 3

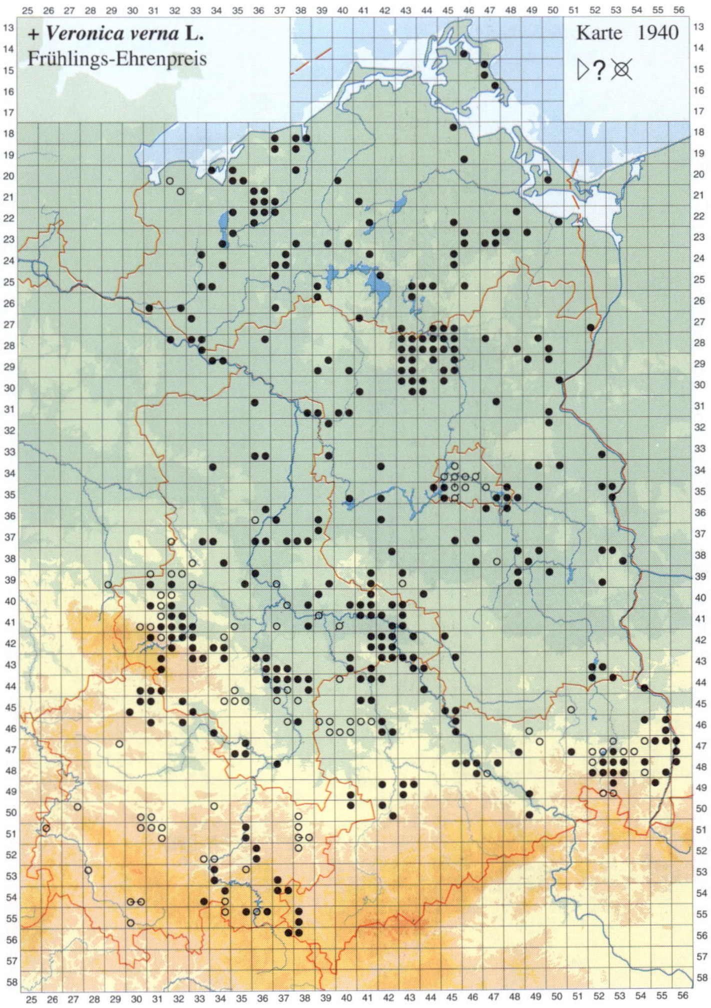
+ *Veronica verna* L.
Frühlings-Ehrenpreis
Karte 1940
▷?

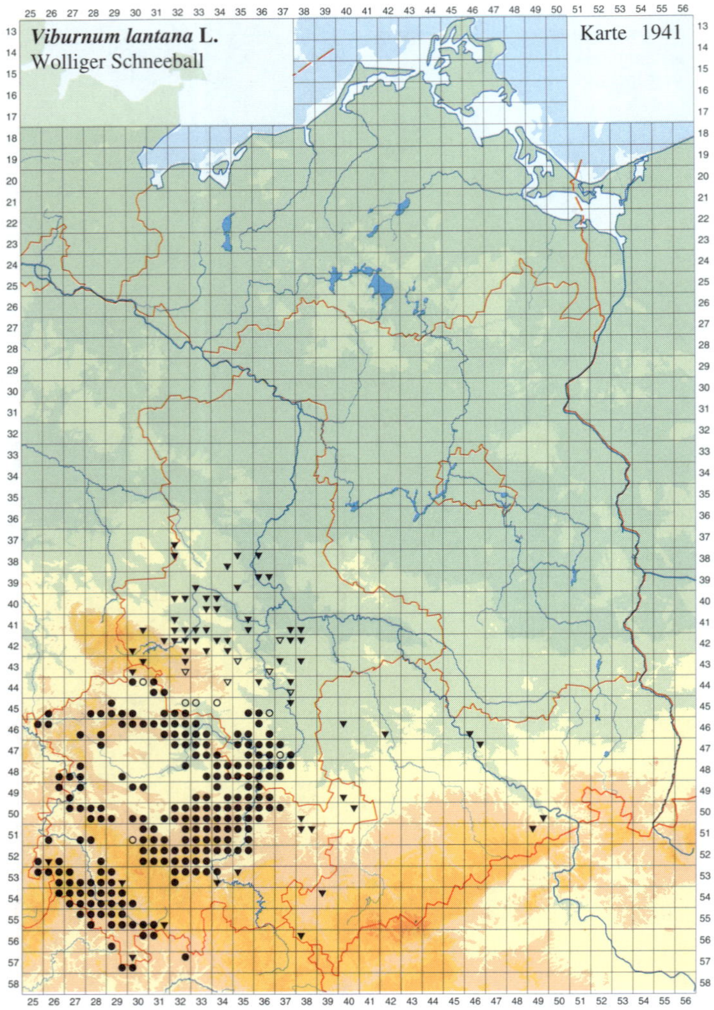
Viburnum lantana L.
Wolliger Schneeball
Karte 1941

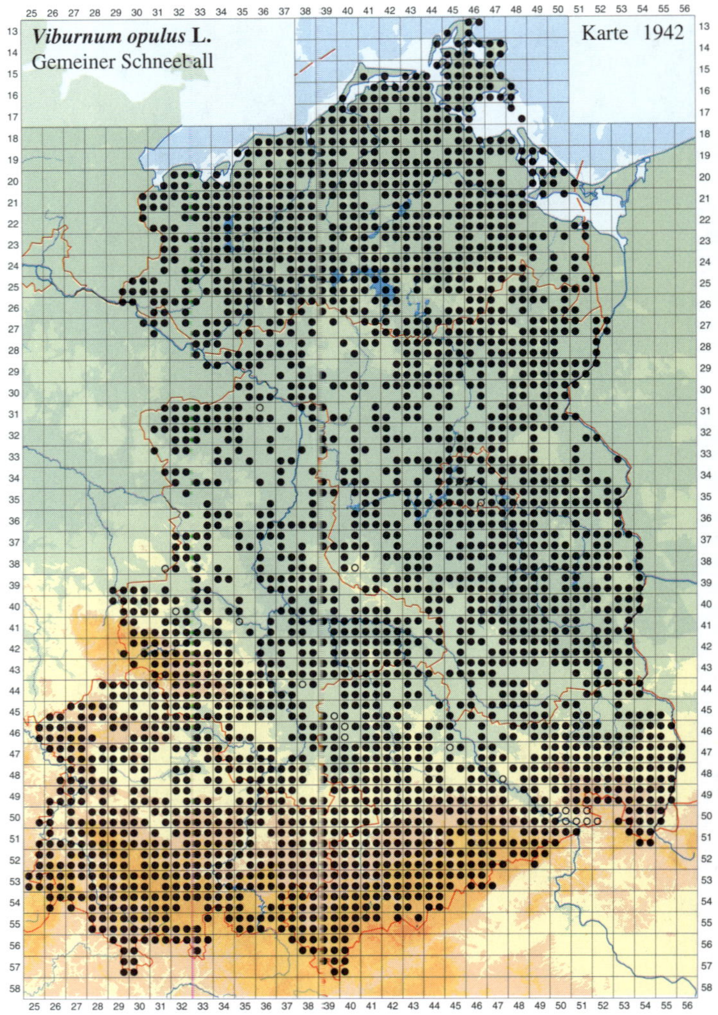
Viburnum opulus L.
Gemeiner Schneeball
Karte 1942

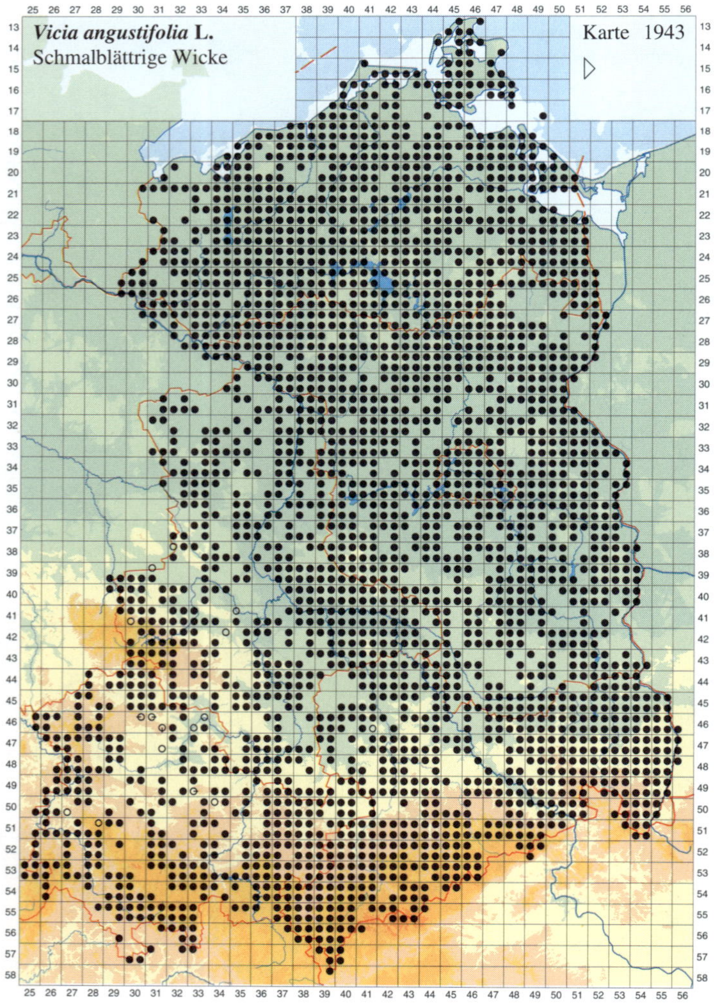
Vicia angustifolia L.
Schmalblättrige Wicke
Karte 1943

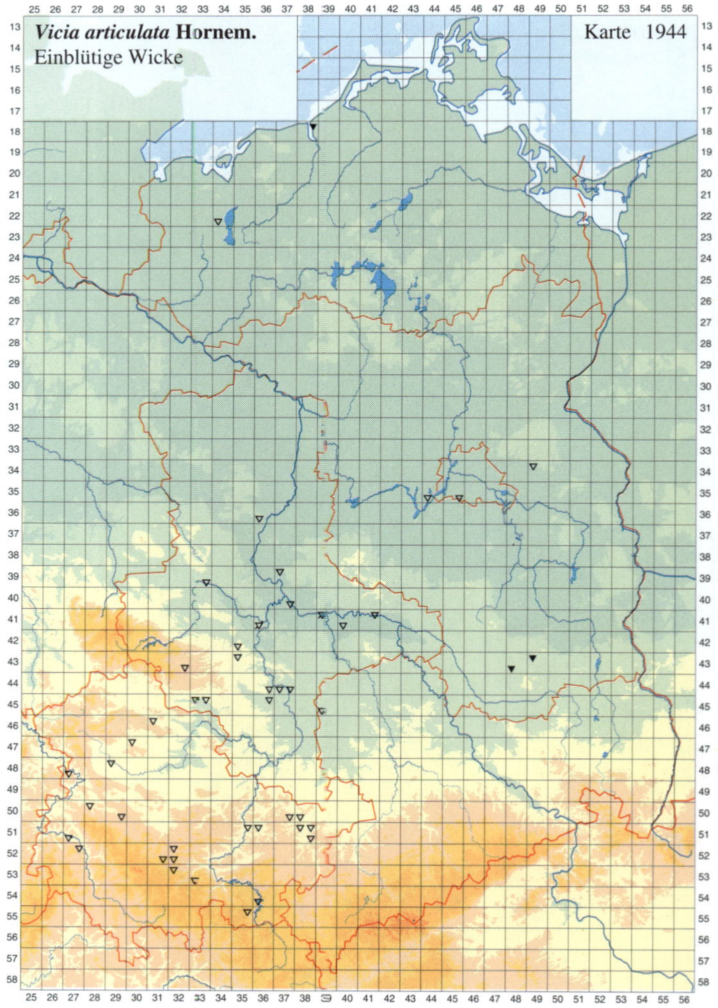
Vicia articulata Hornem.
Einblütige Wicke
Karte 1944

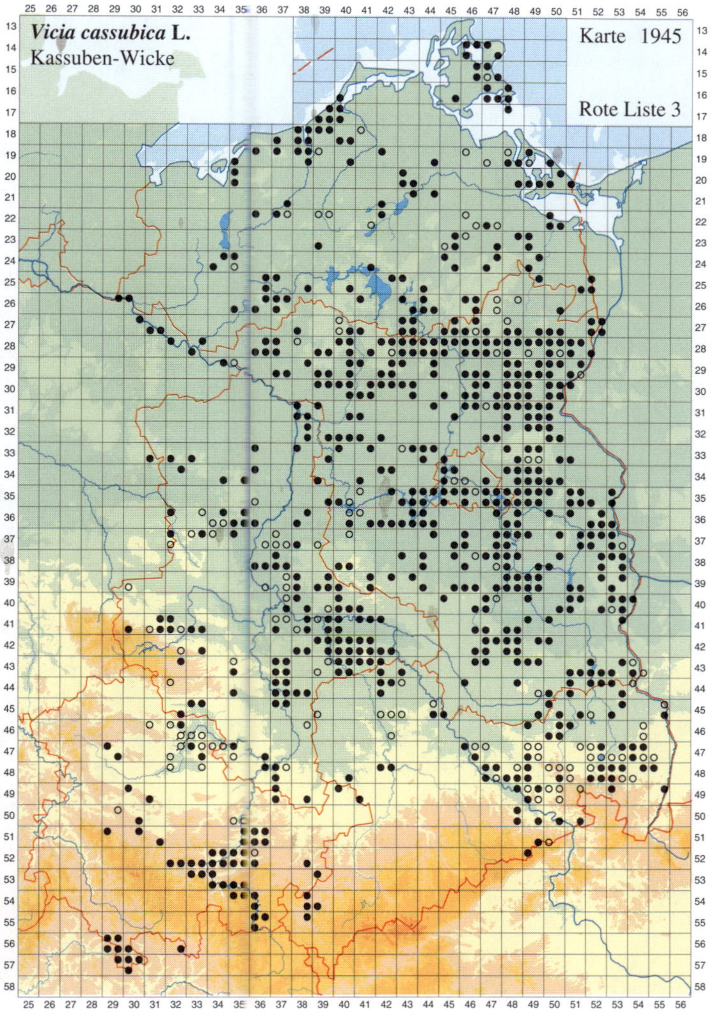
Vicia cassubica L.
Kassuben-Wicke
Karte 1945
Rote Liste 3

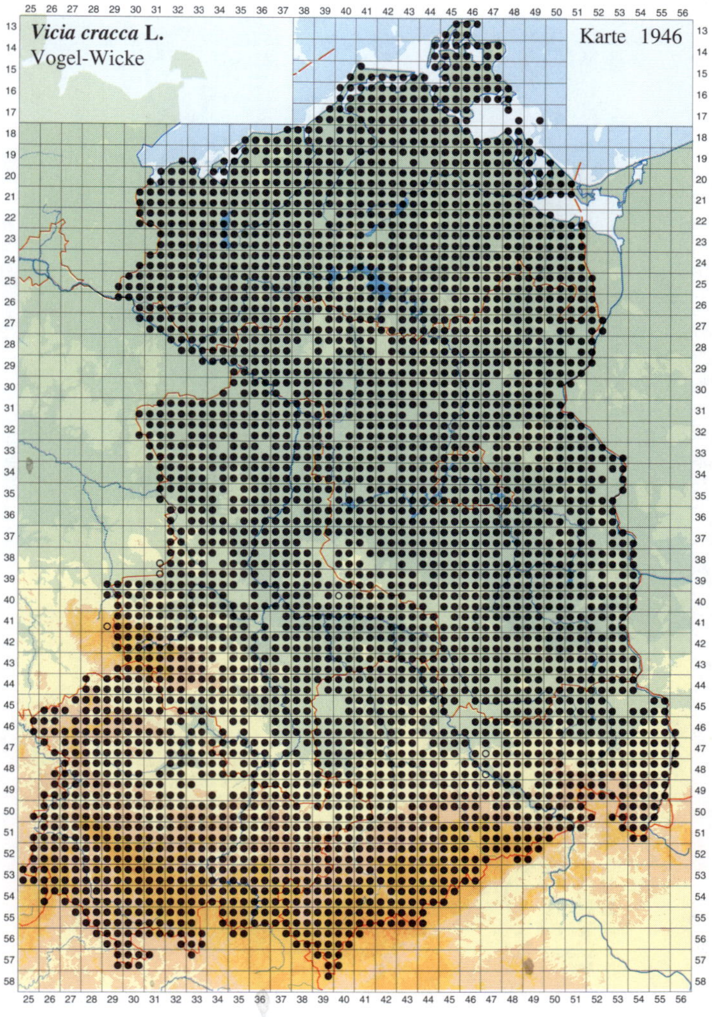
Vicia cracca L.
Vogel-Wicke
Karte 1946

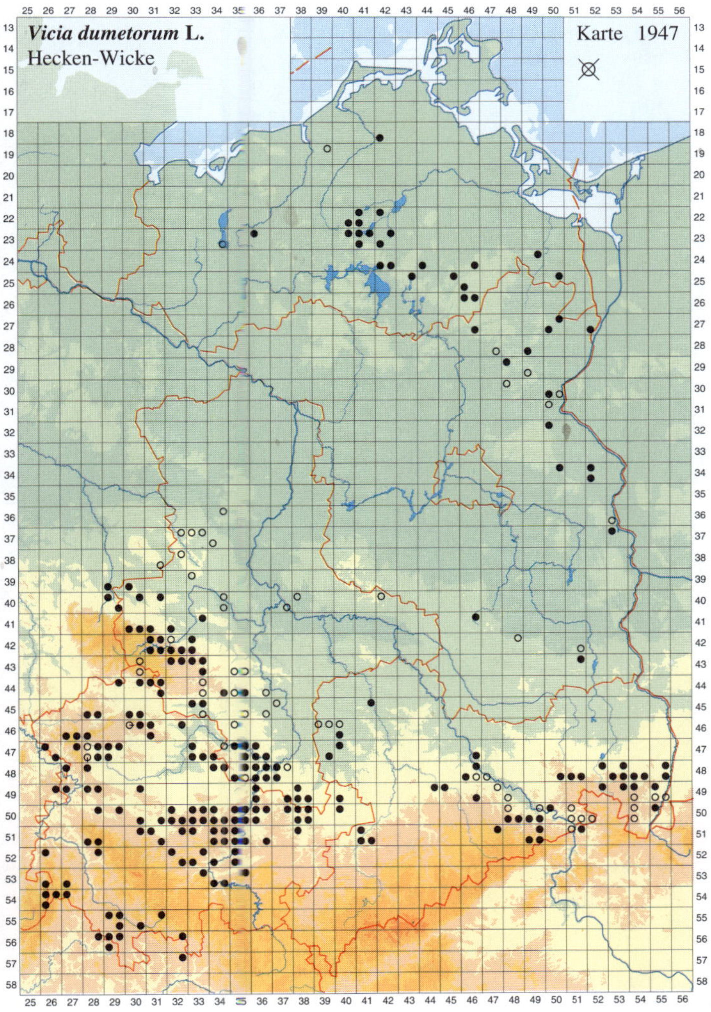
Vicia dumetorum L.
Hecken-Wicke
Karte 1947

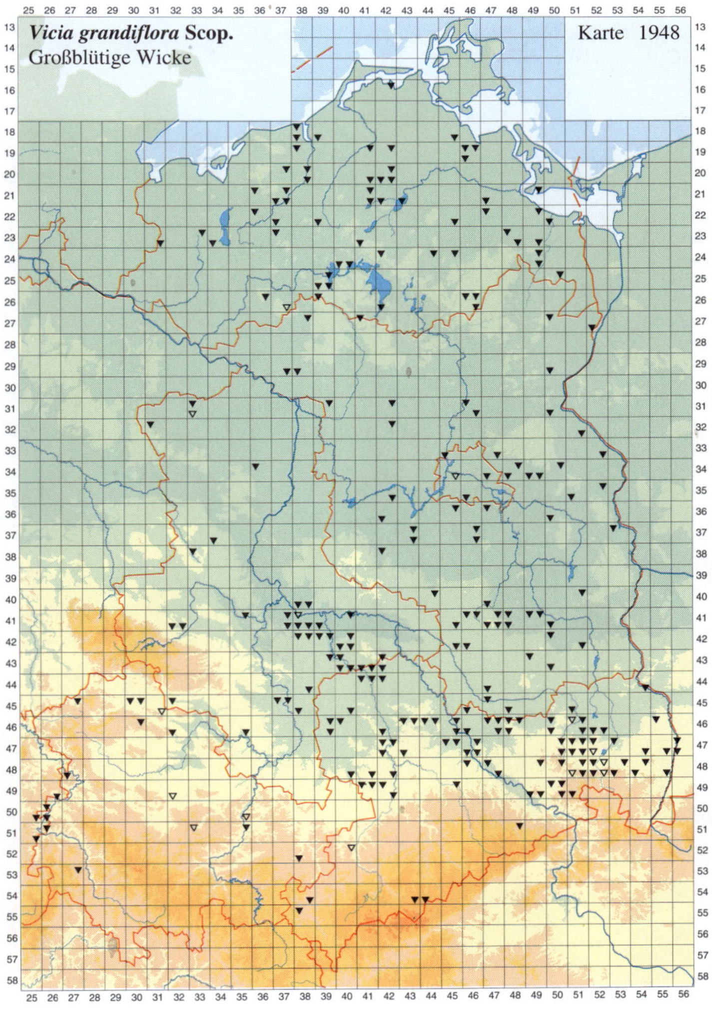
Vicia grandiflora Scop.
Großblütige Wicke
Karte 1948

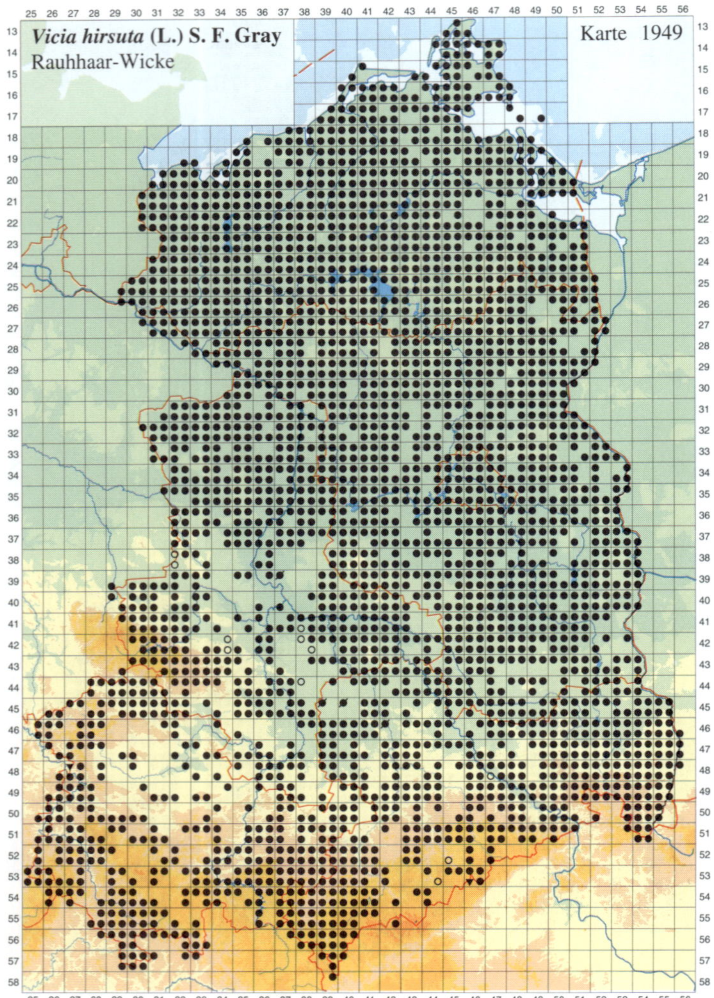
Vicia hirsuta (L.) S. F. Gray
Rauhhaar-Wicke
Karte 1949

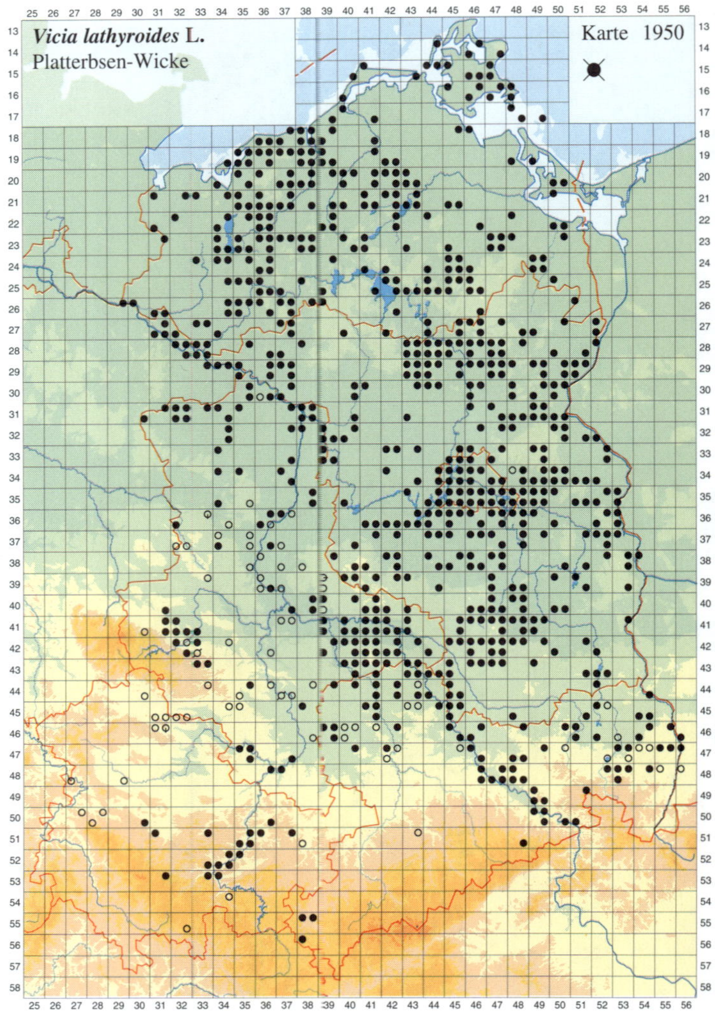
Vicia lathyroides L.
Platterbsen-Wicke
Karte 1950

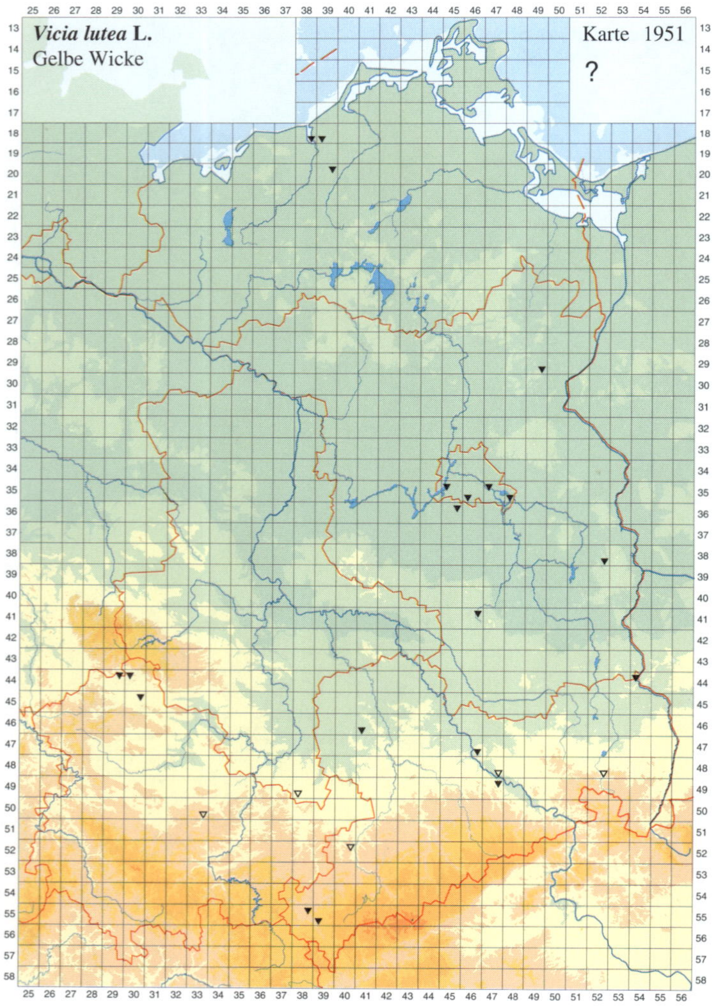
Vicia lutea L.
Gelbe Wicke
Karte 1951
?

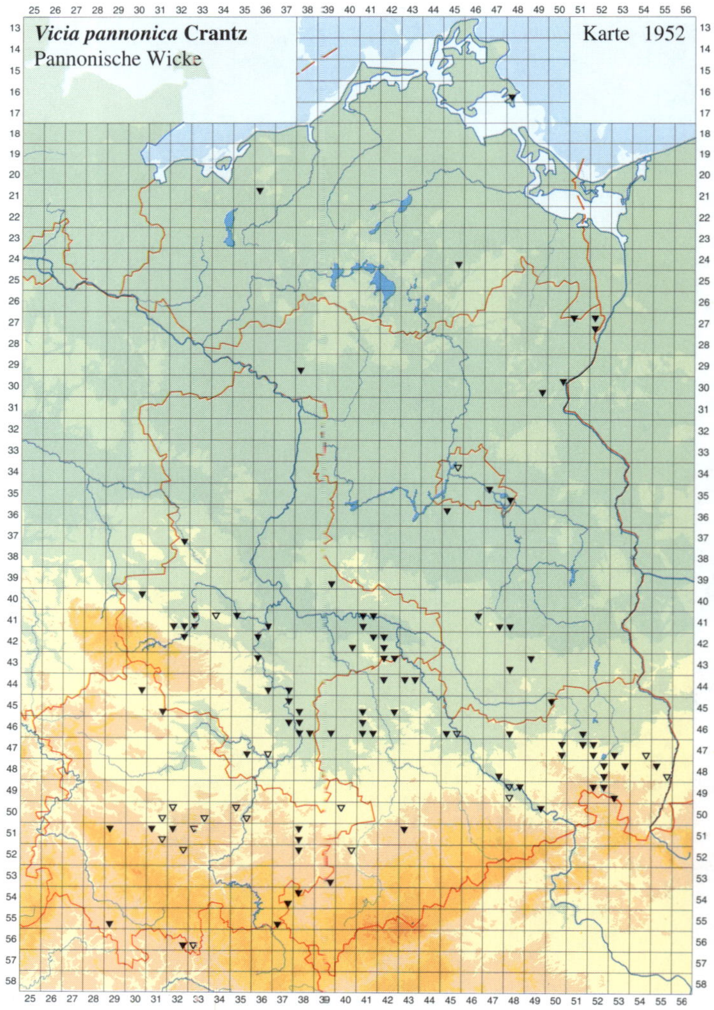
Vicia pannonica Crantz
Pannonische Wicke
Karte 1952

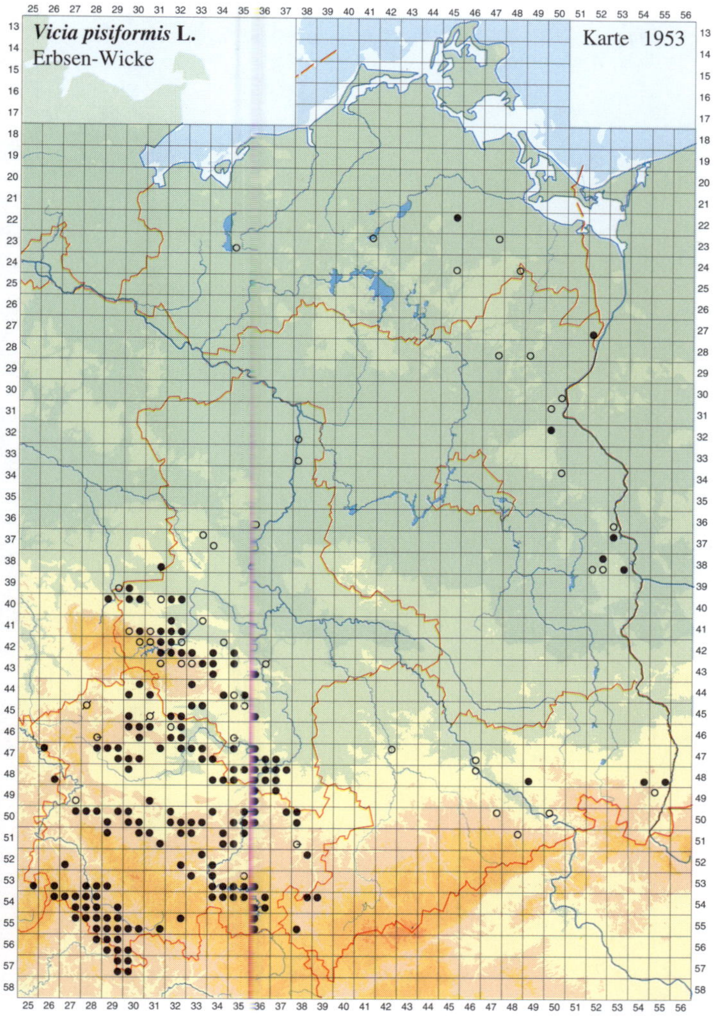
Vicia pisiformis L.
Erbsen-Wicke
Karte 1953

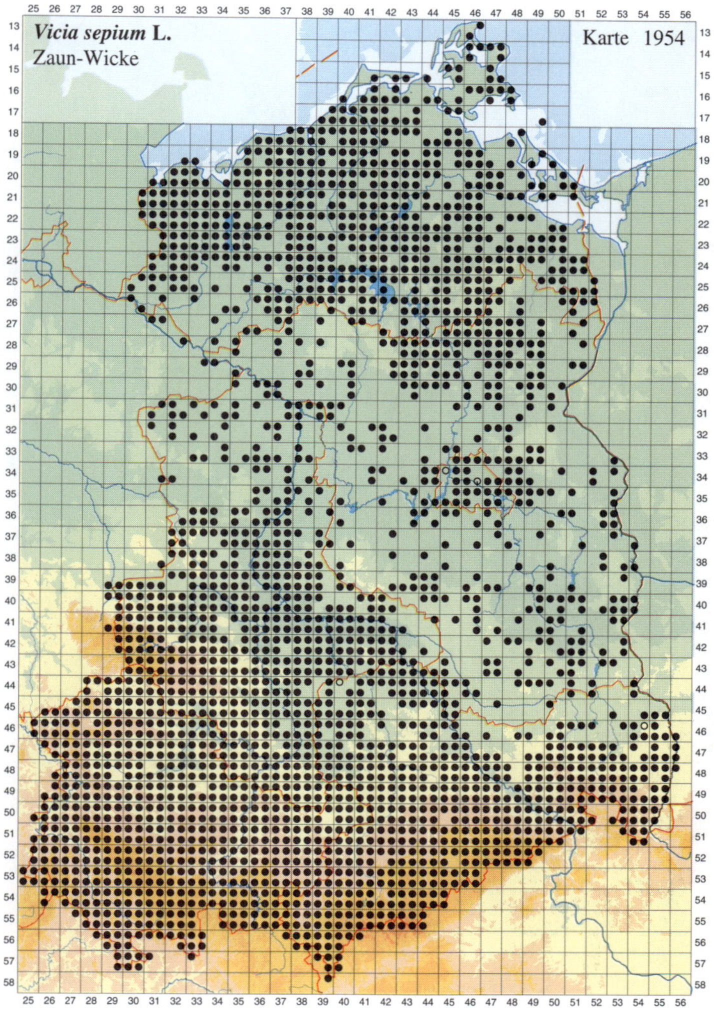
Vicia sepium L.
Zaun-Wicke
Karte 1954

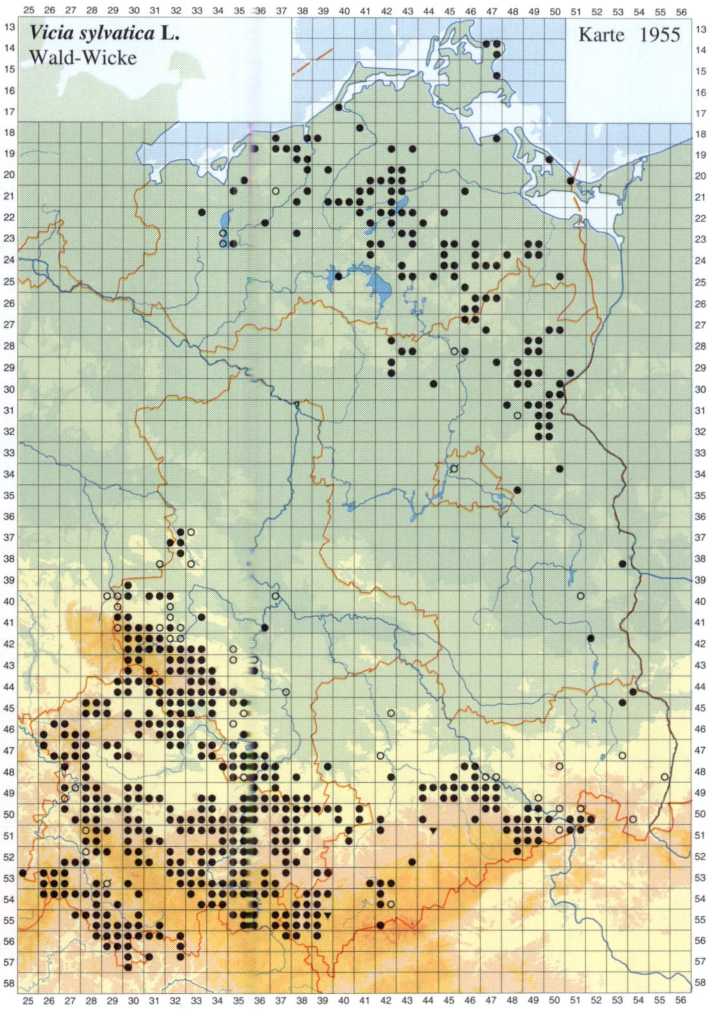
Vicia sylvatica L.
Wald-Wicke
Karte 1955

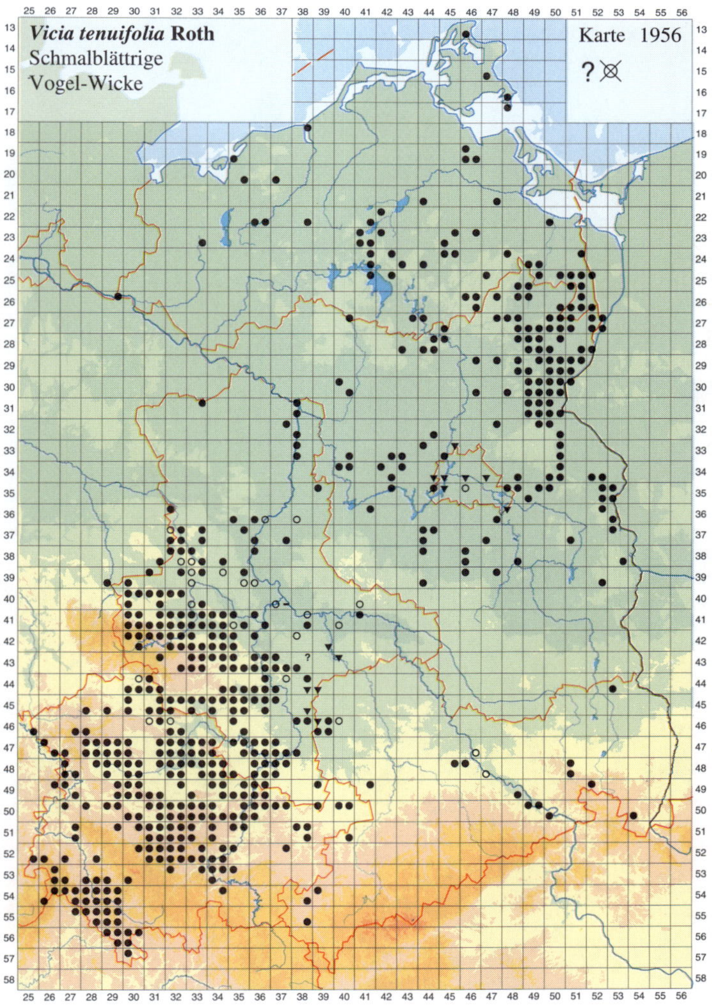
Vicia tenuifolia Roth
Schmalblättrige
Vogel-Wicke
Karte 1956

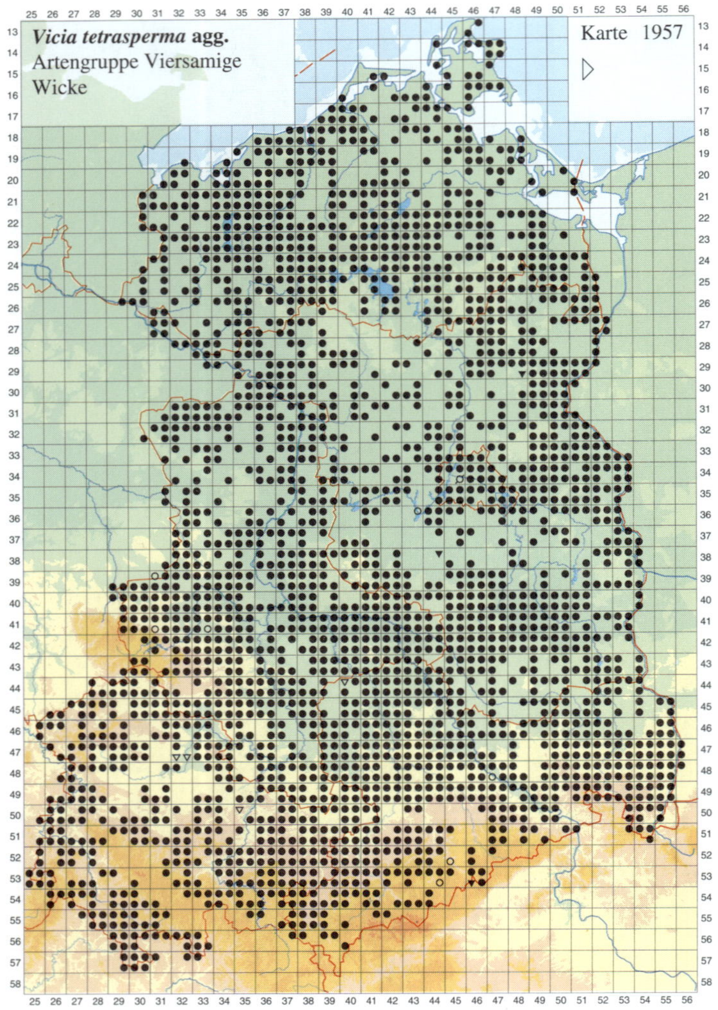
Vicia tetrasperma agg.
Artengruppe Viersamige Wicke
Karte 1957
▷

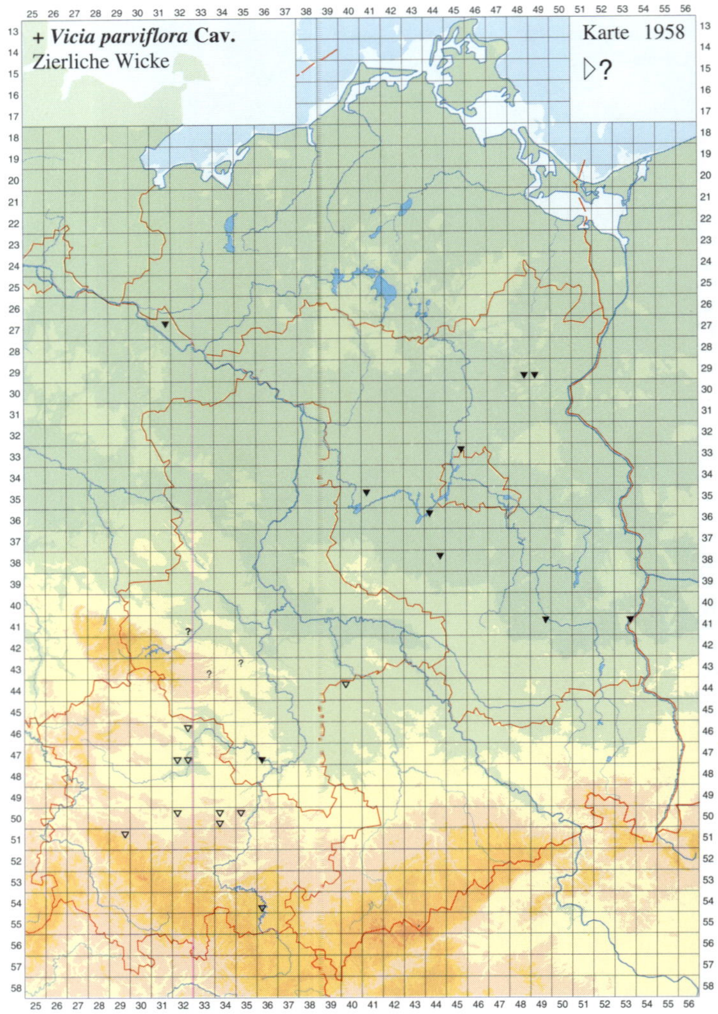
+ *Vicia parviflora* Cav.
Zierliche Wicke
Karte 1958
▷?

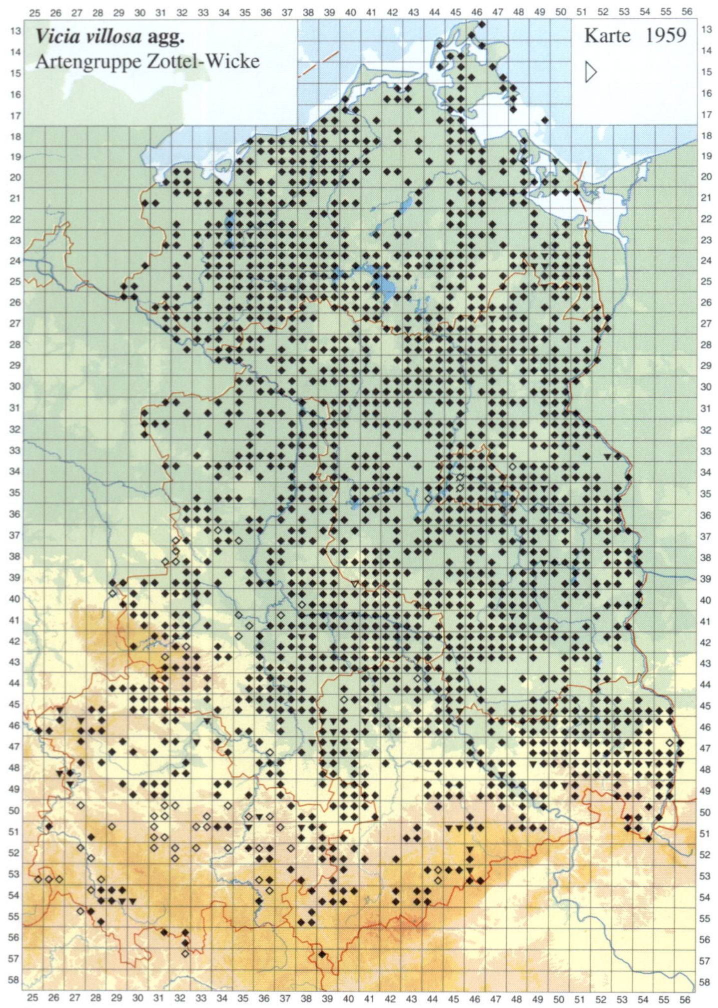
Vicia villosa agg.
Artengruppe Zottel-Wicke
Karte 1959
▷

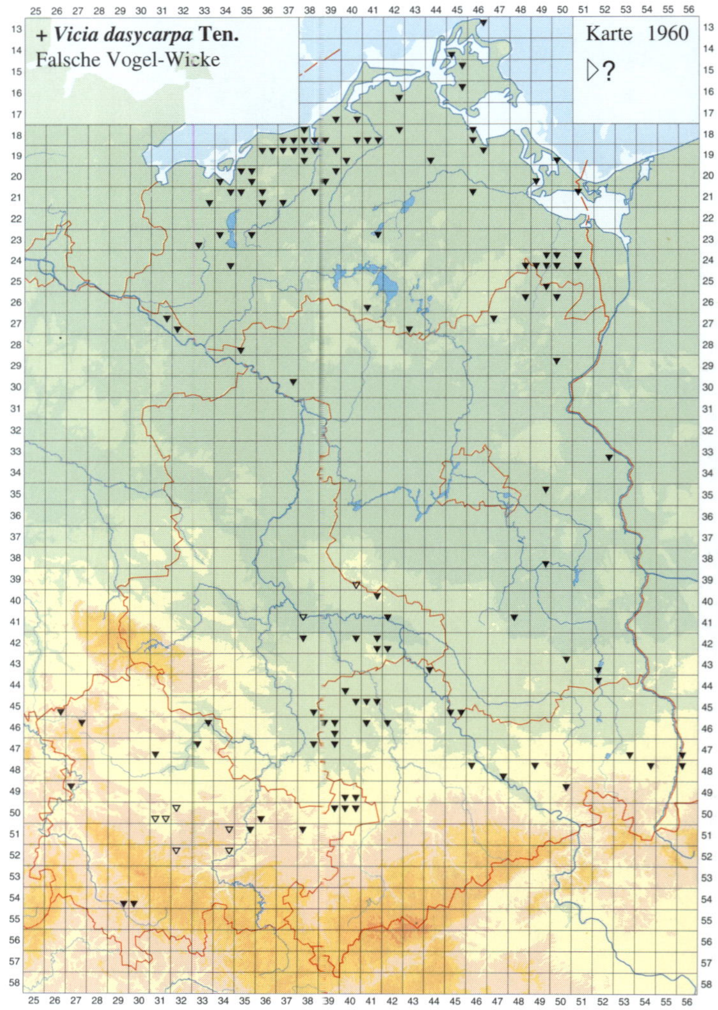
+ *Vicia dasycarpa* Ten.
Falsche Vogel-Wicke
Karte 1960
▷?

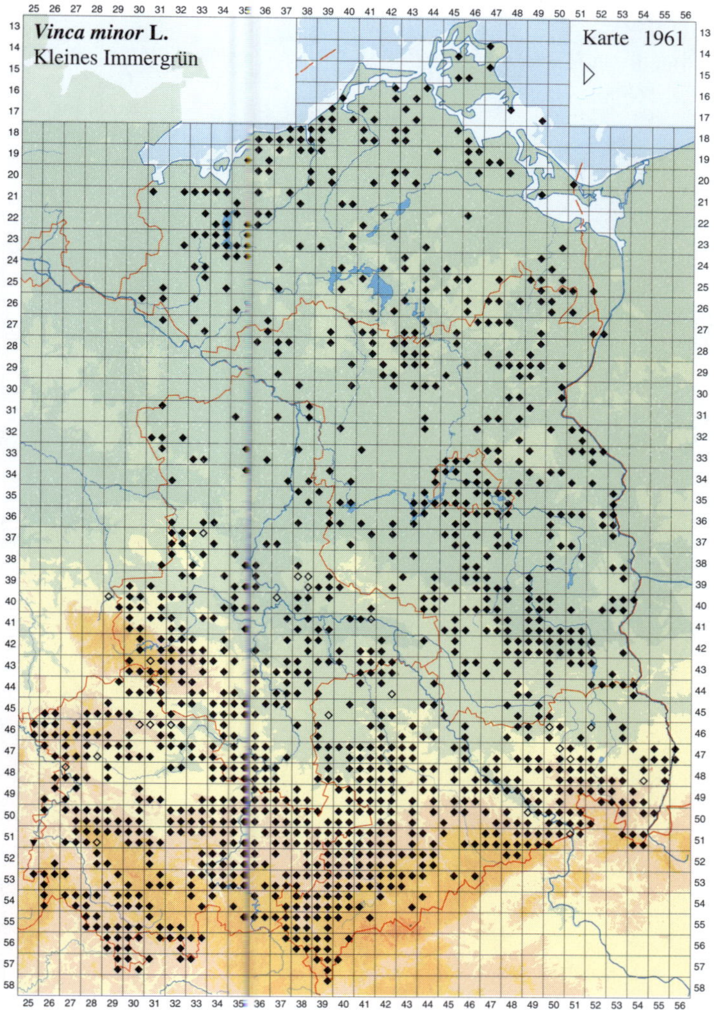
Vinca minor L.
Kleines Immergrün
Karte 1961

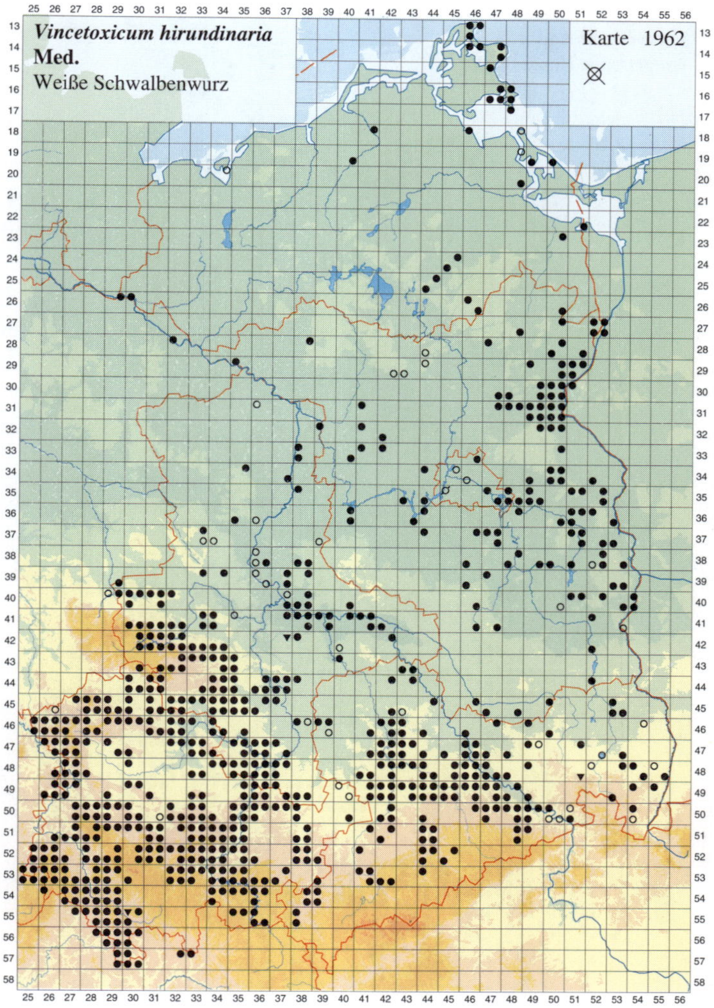
Vincetoxicum hirundinaria Med.
Weiße Schwalbenwurz
Karte 1962

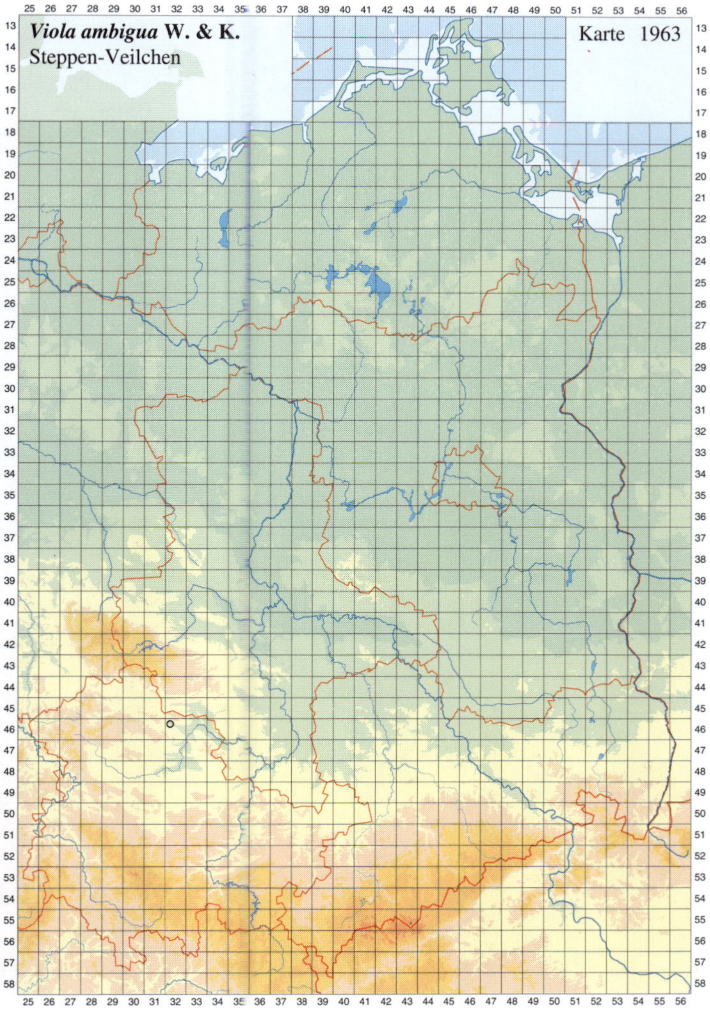
Viola ambigua W. & K.
Steppen-Veilchen
Karte 1963

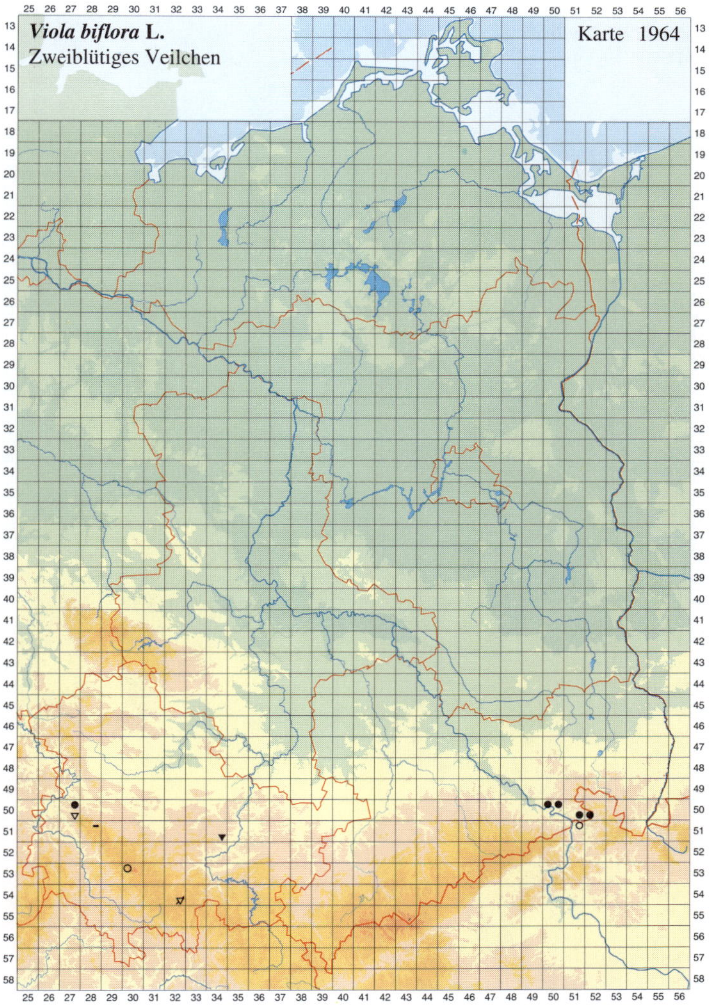
Viola biflora L.
Zweiblütiges Veilchen
Karte 1964

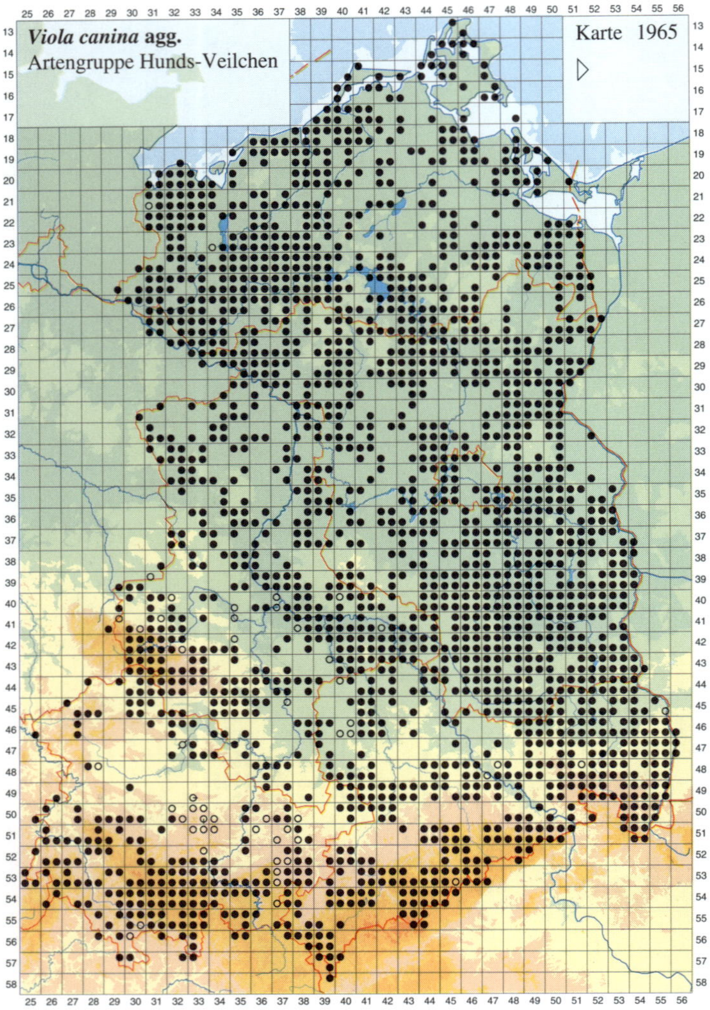
Viola canina agg.
Artengruppe Hunds-Veilchen
Karte 1965

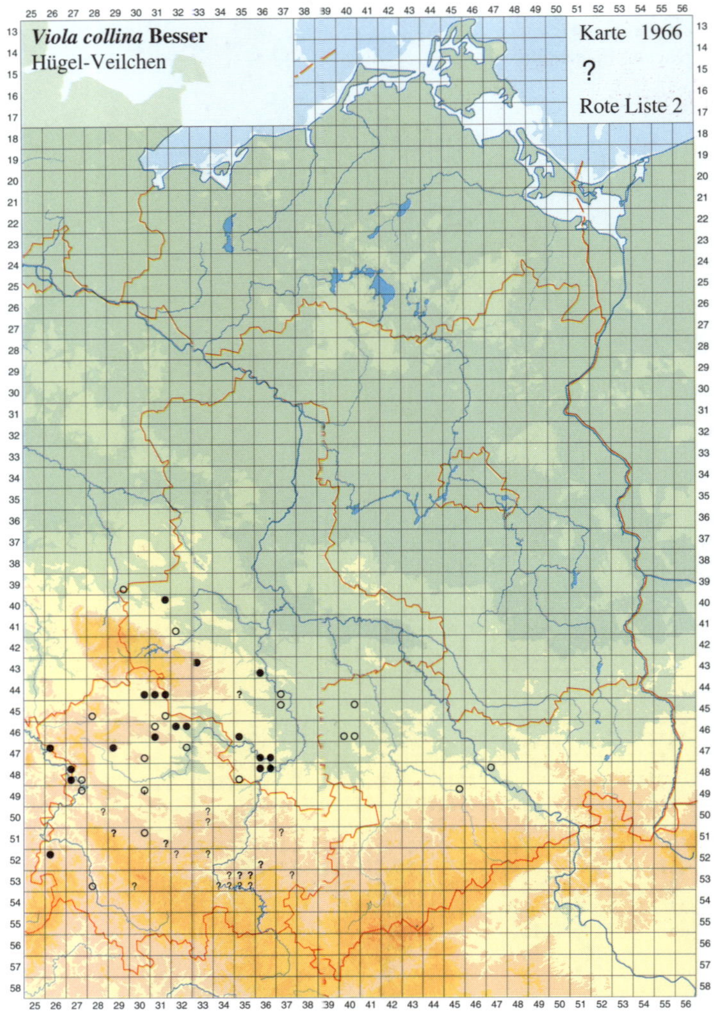
Viola collina Besser
Hügel-Veilchen
Karte 1966
?
Rote Liste 2

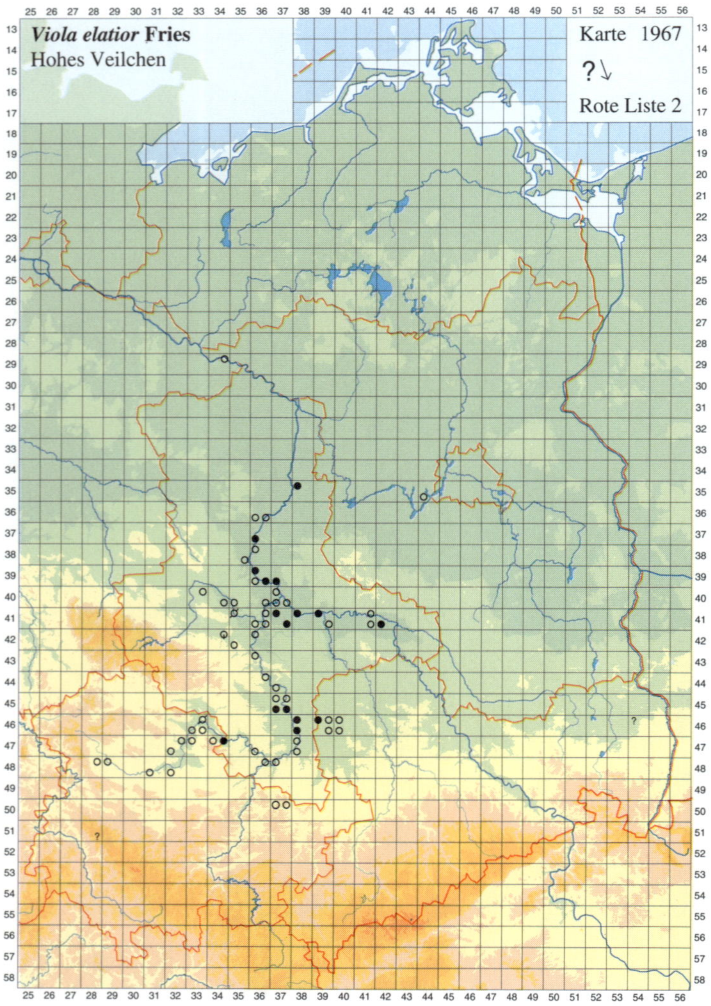
Viola elatior Fries
Hohes Veilchen
Karte 1967
?↘
Rote Liste 2

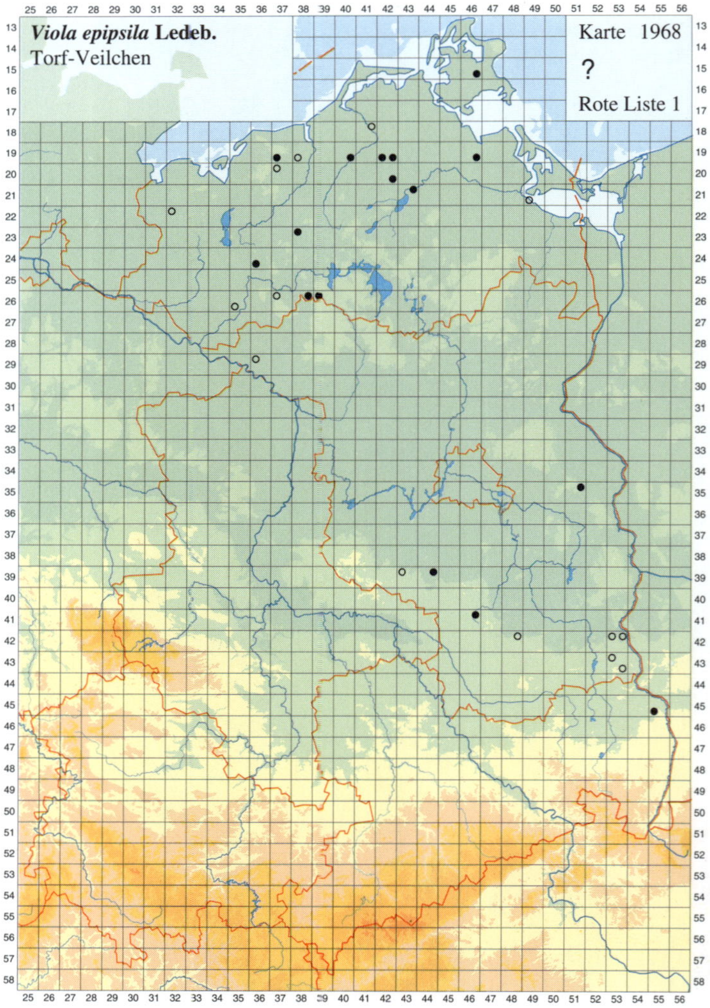
Viola epipsila Ledeb.
Torf-Veilchen
Karte 1968
?
Rote Liste 1

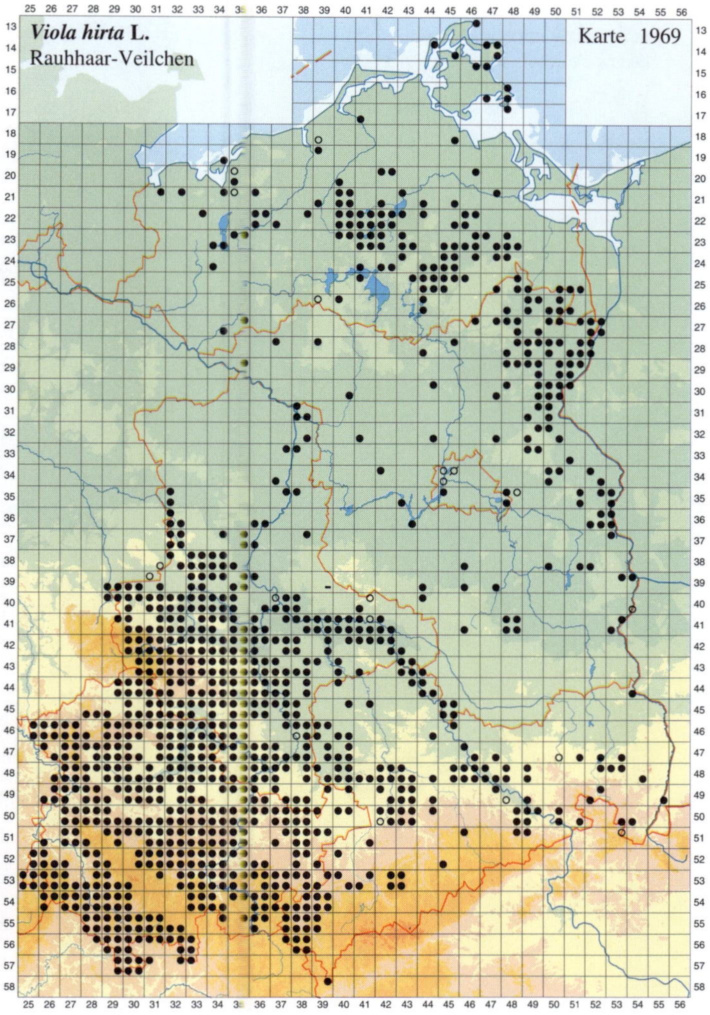
Viola hirta L.
Rauhhaar-Veilchen
Karte 1969

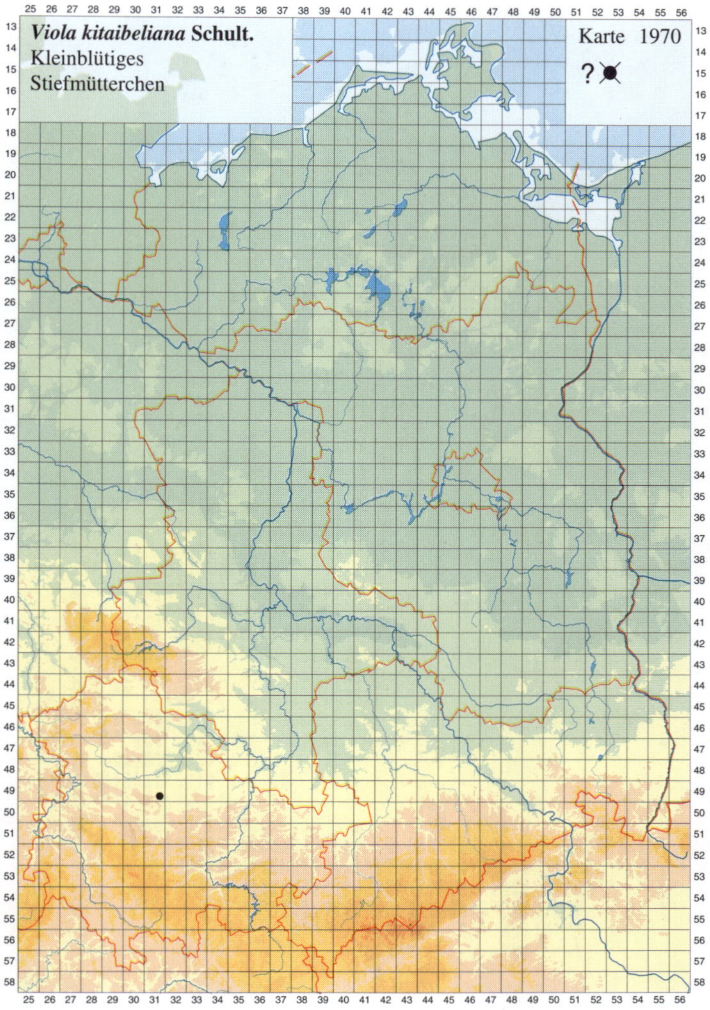
Viola kitaibeliana Schult.
Kleinblütiges
Stiefmütterchen
Karte 1970
?

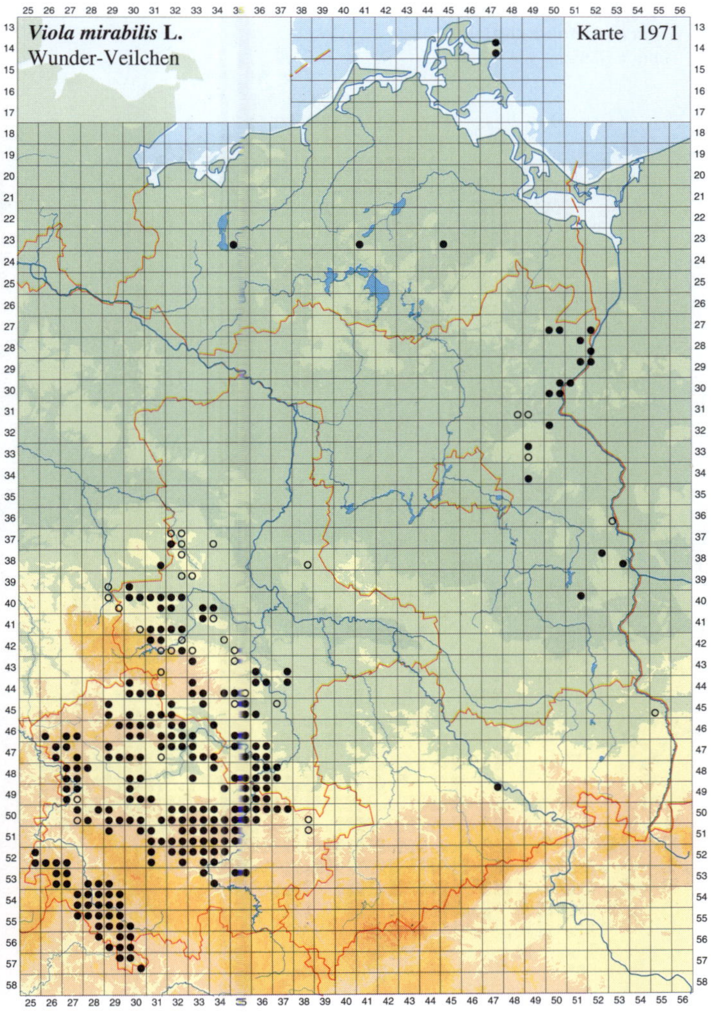
Viola mirabilis L.
Wunder-Veilchen
Karte 1971

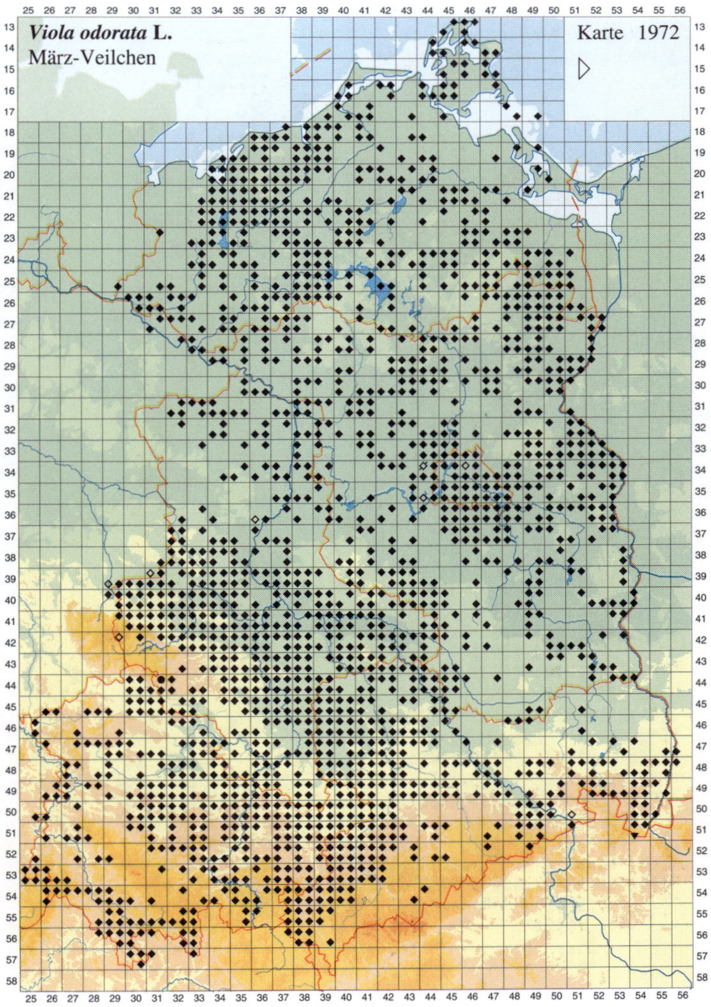
Viola odorata L.
März-Veilchen
Karte 1972

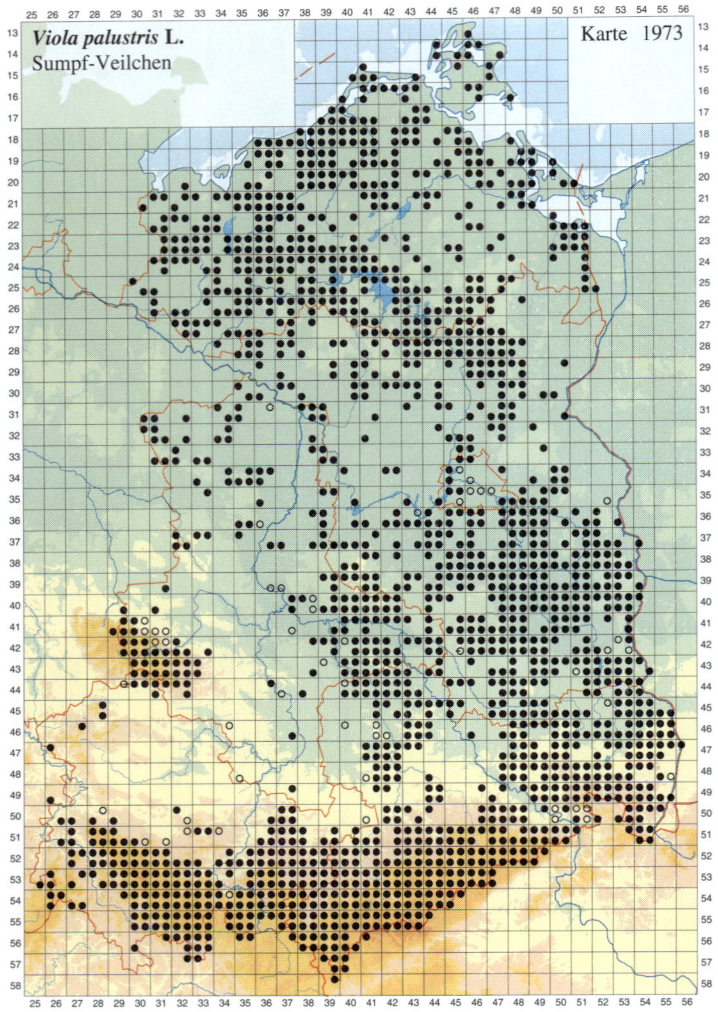
Viola palustris L.
Sumpf-Veilchen
Karte 1973

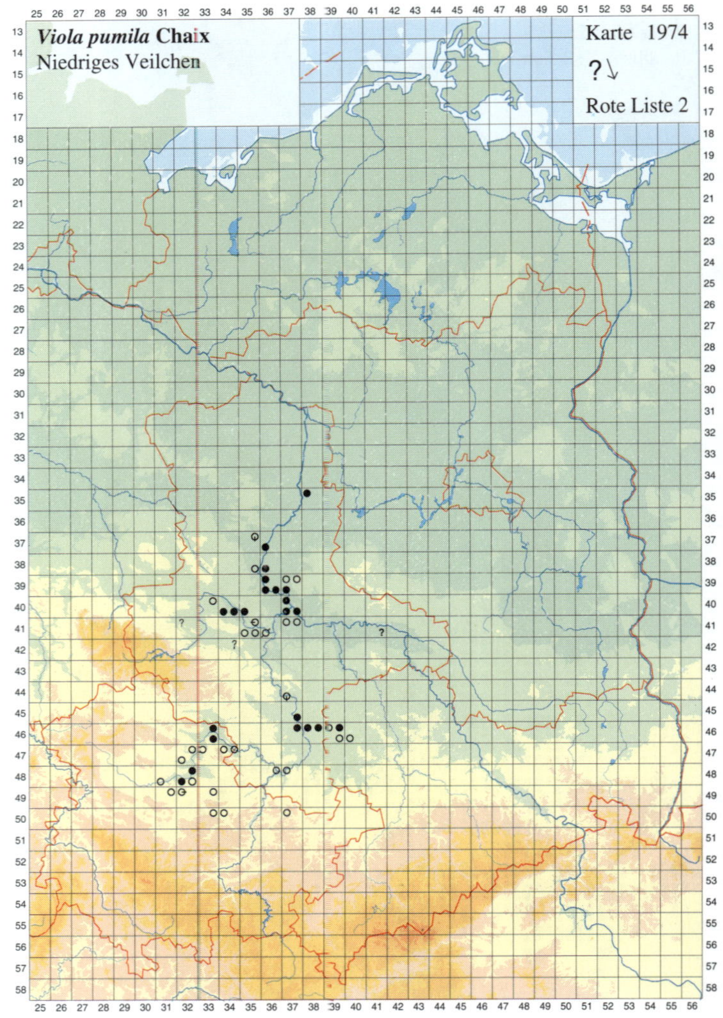
Viola pumila Chaix
Niedriges Veilchen
Karte 1974
?↘
Rote Liste 2

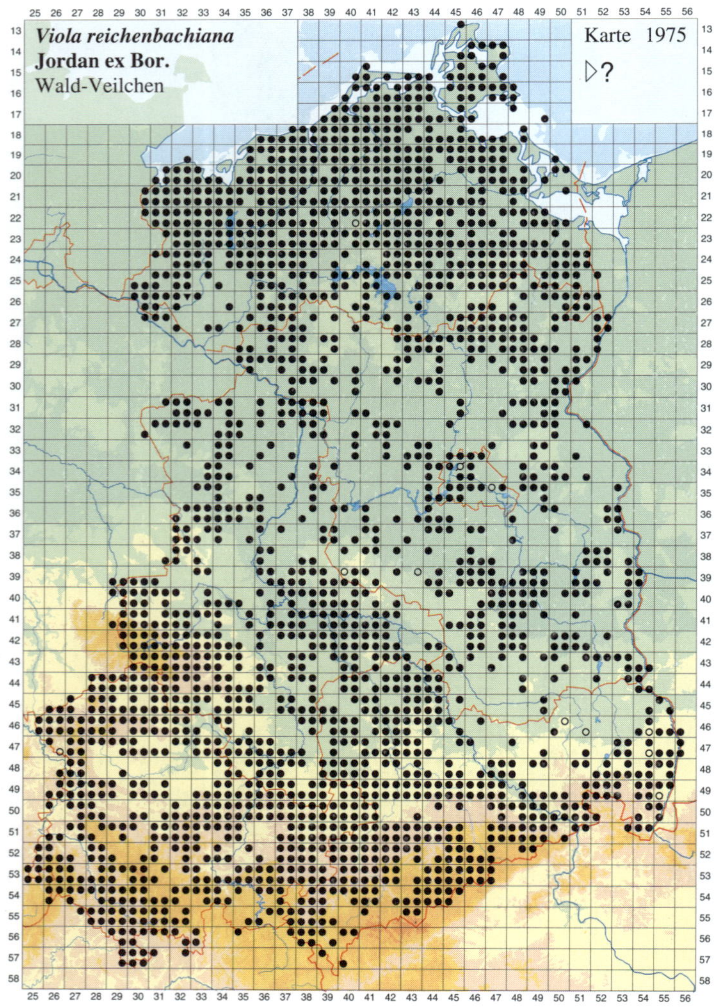
Viola reichenbachiana
Jordan ex Bor.
Wald-Veilchen
Karte 1975
▷?

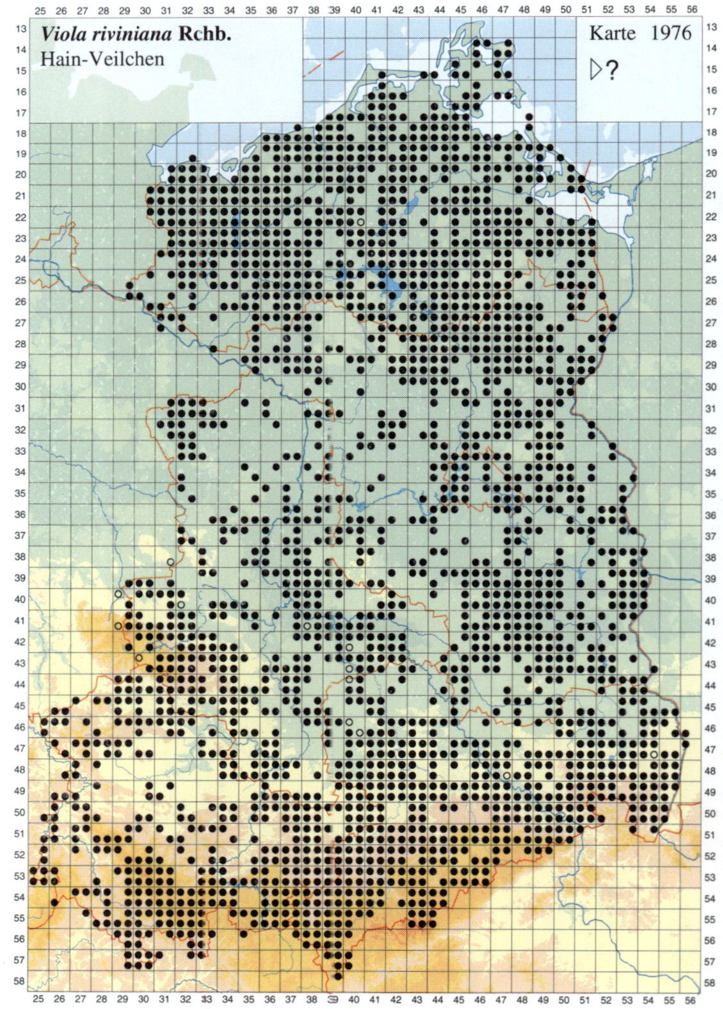
Viola riviniana **Rchb.**
Hain-Veilchen
Karte 1976
▷?

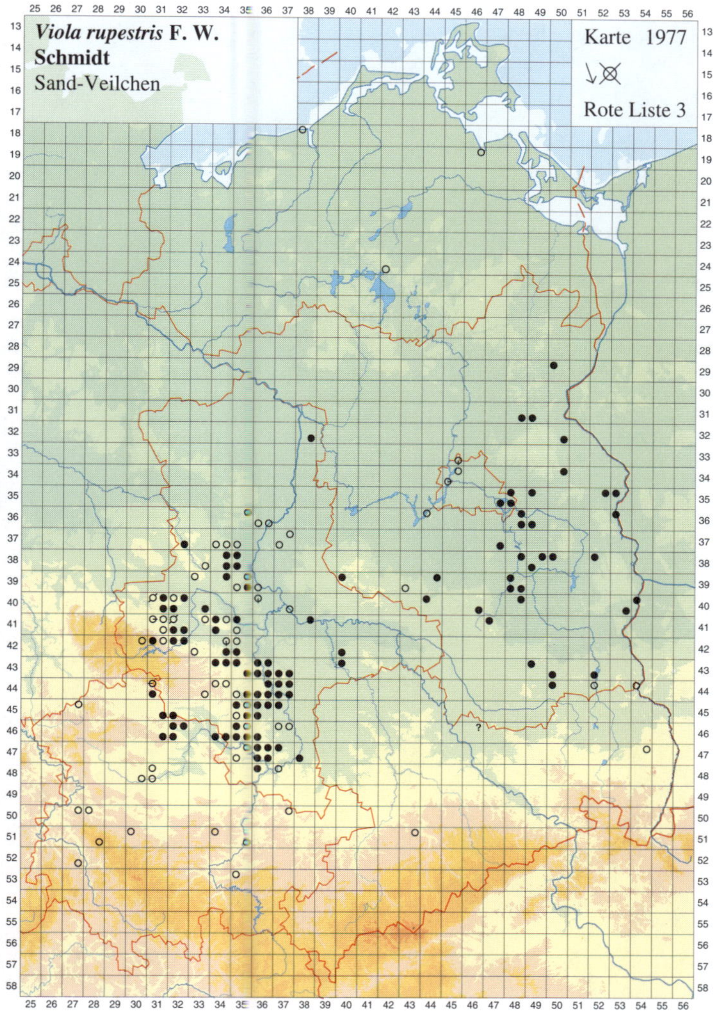
Viola rupestris F. W. Schmidt
Sand-Veilchen
Karte 1977
Rote Liste 3

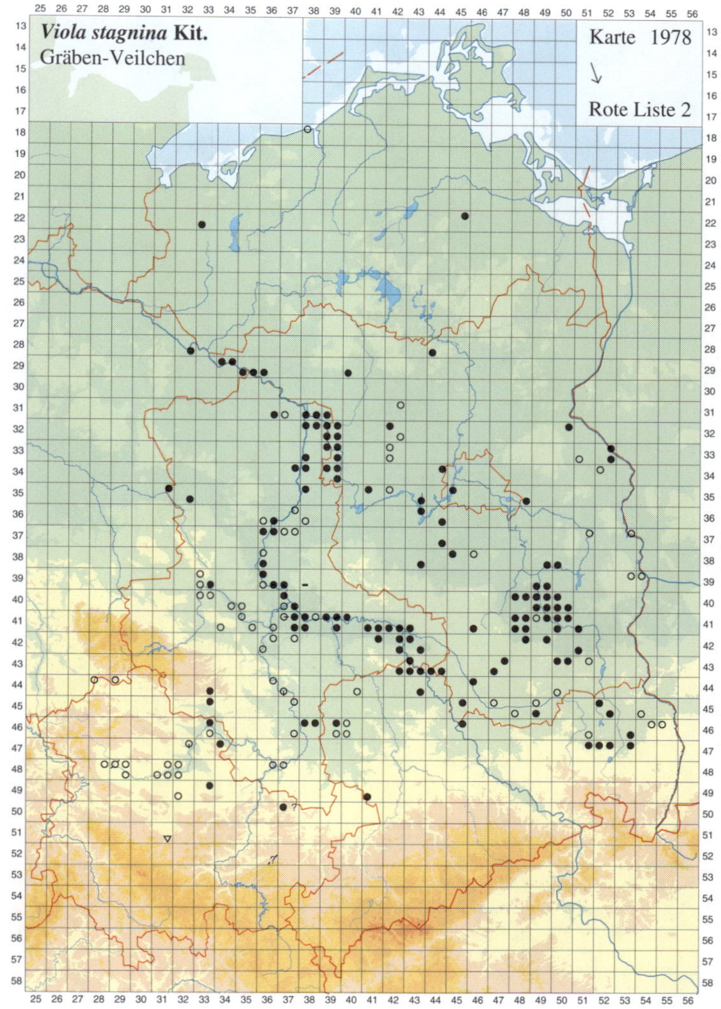
Viola stagnina Kit.
Gräben-Veilchen
Karte 1978
Rote Liste 2

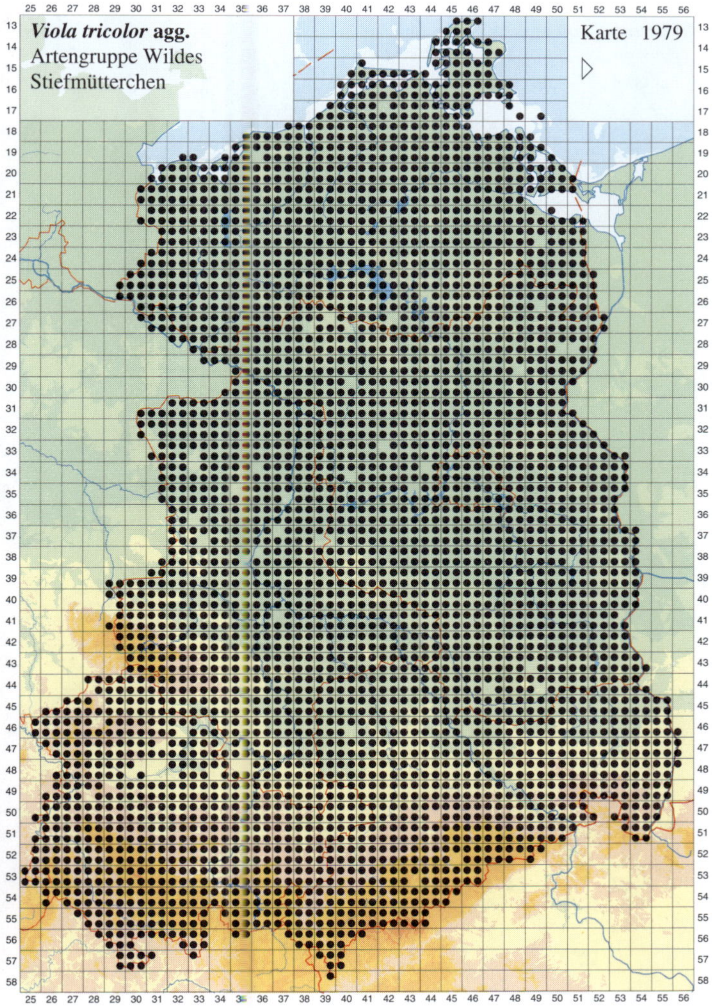
Viola tricolor agg.
Artengruppe Wildes Stiefmütterchen
Karte 1979

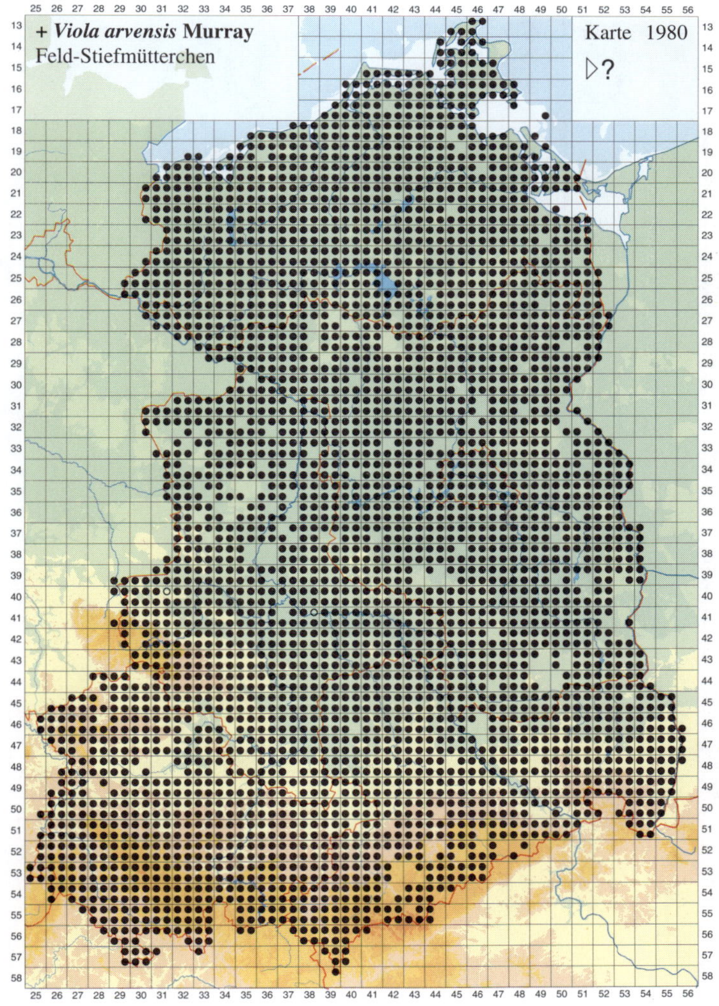
+ Viola arvensis Murray
Feld-Stiefmütterchen
Karte 1980
?

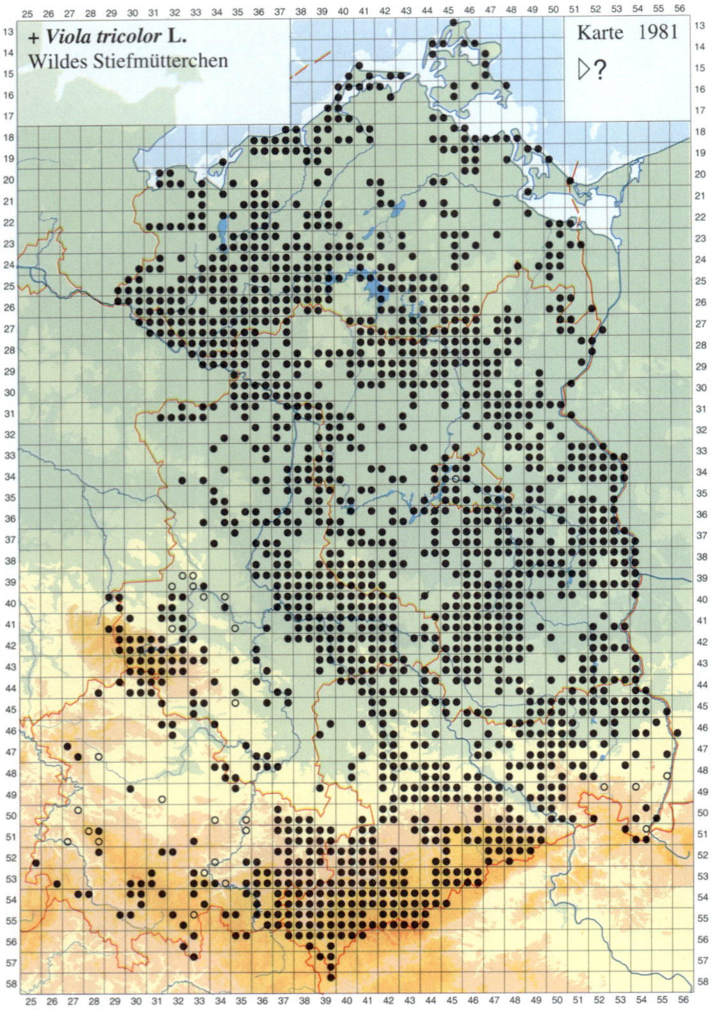
+ *Viola tricolor* L.
Wildes Stiefmütterchen
Karte 1981
▷?

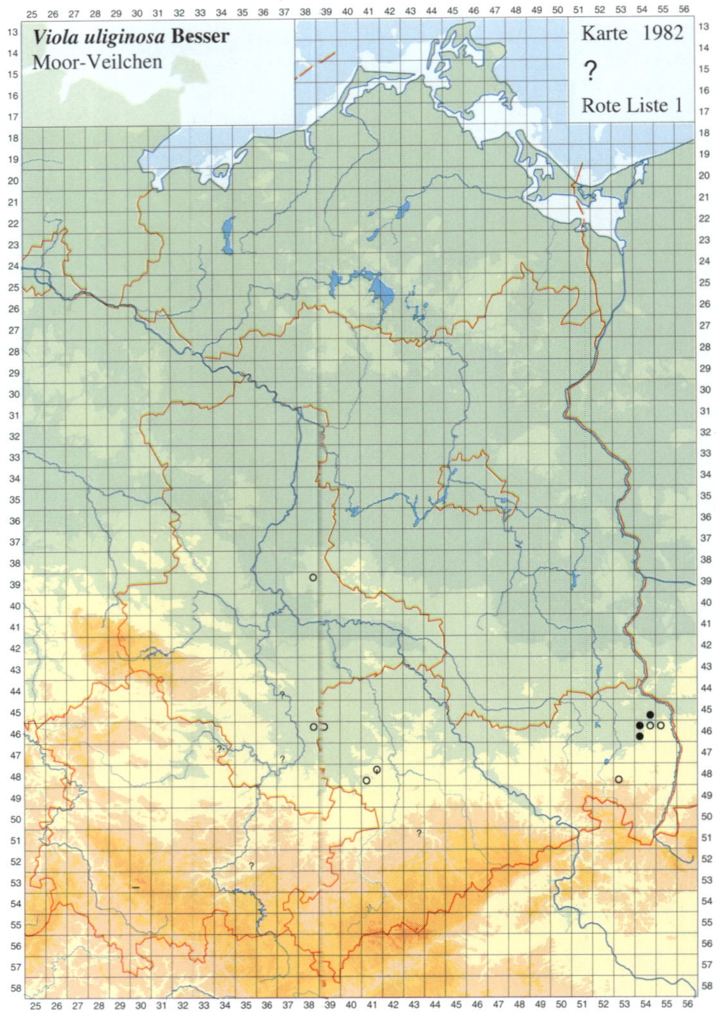
Viola uliginosa Besser
Moor-Veilchen
Karte 1982
?
Rote Liste 1

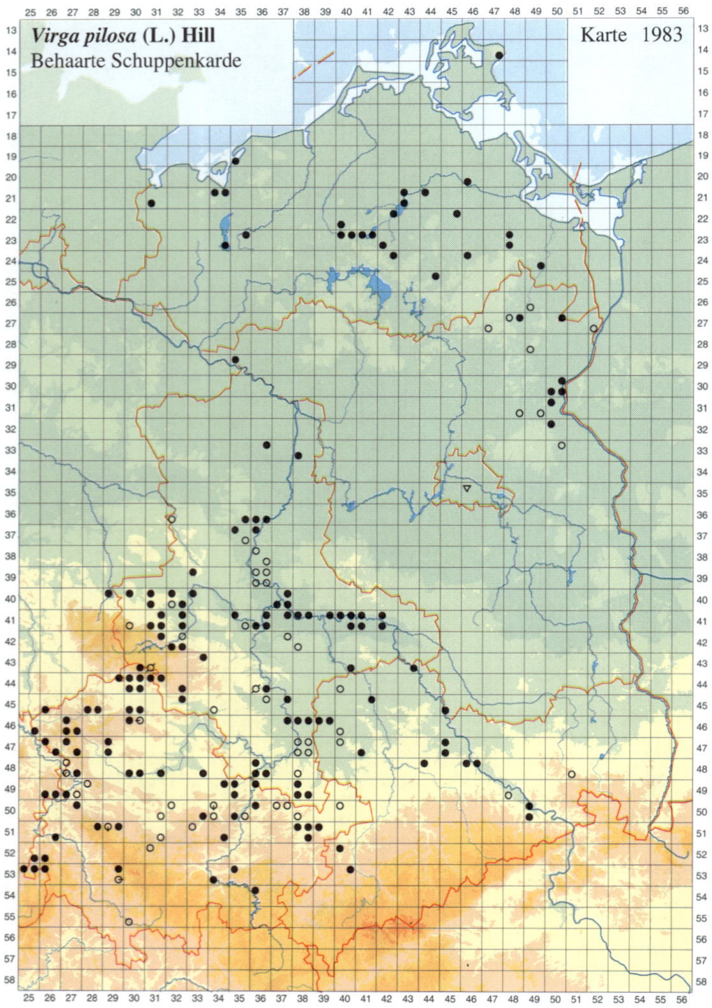
Virga pilosa (L.) Hill
Behaarte Schuppenkarde
Karte 1983

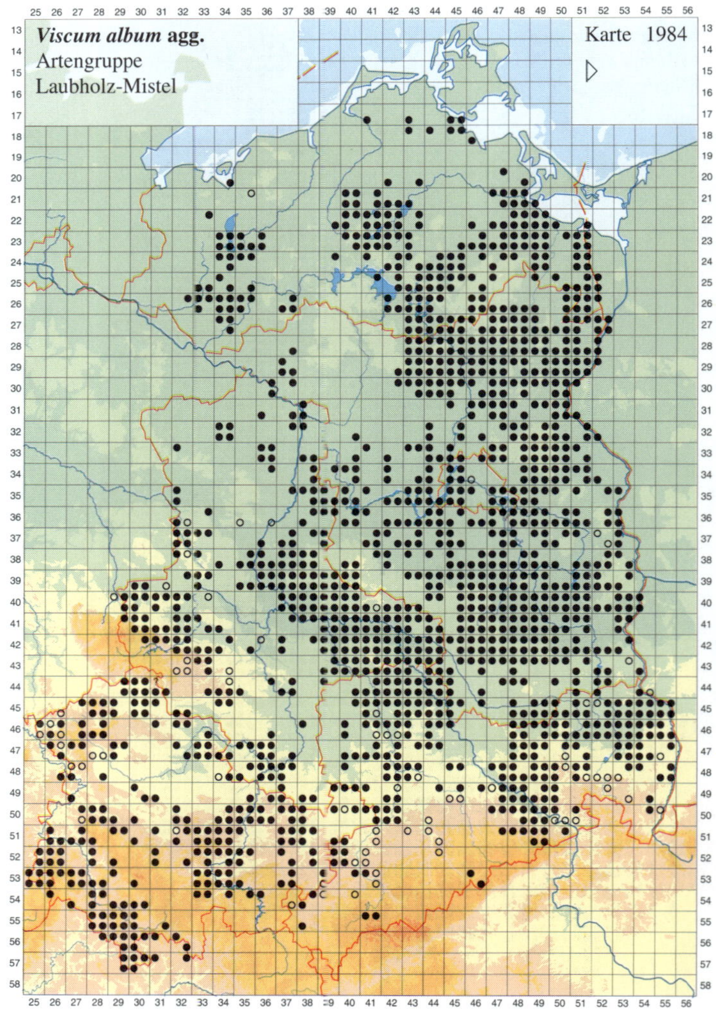
Viscum album agg.
Artengruppe
Laubholz-Mistel
Karte 1984
▷

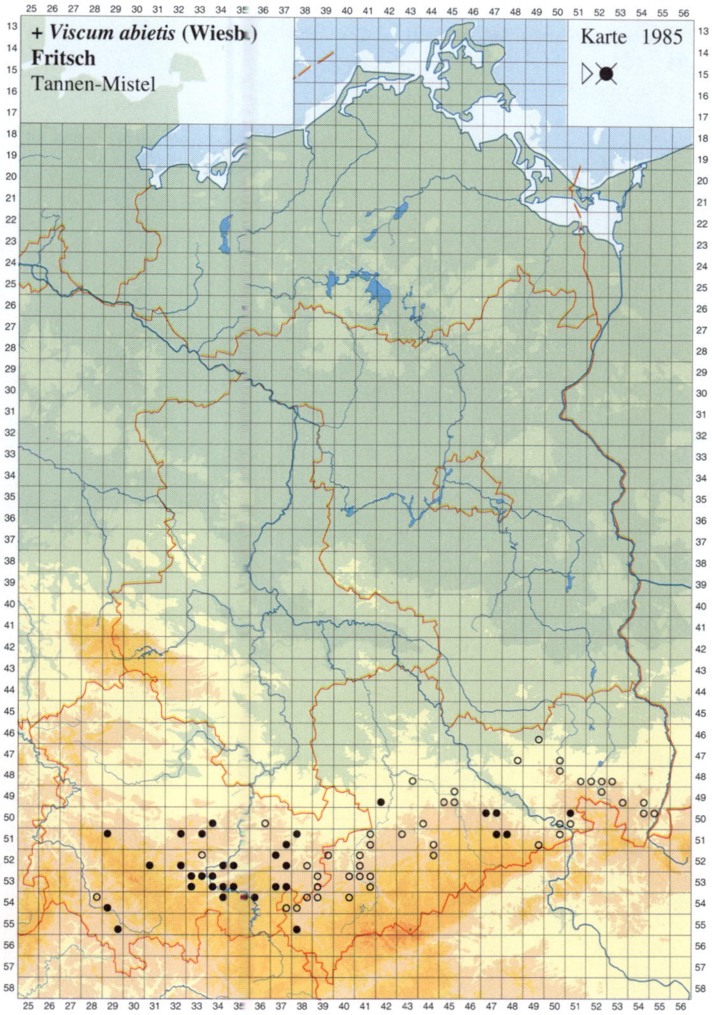
+ Viscum abietis (Wiesb.) Fritsch
Tannen-Mistel
Karte 1985

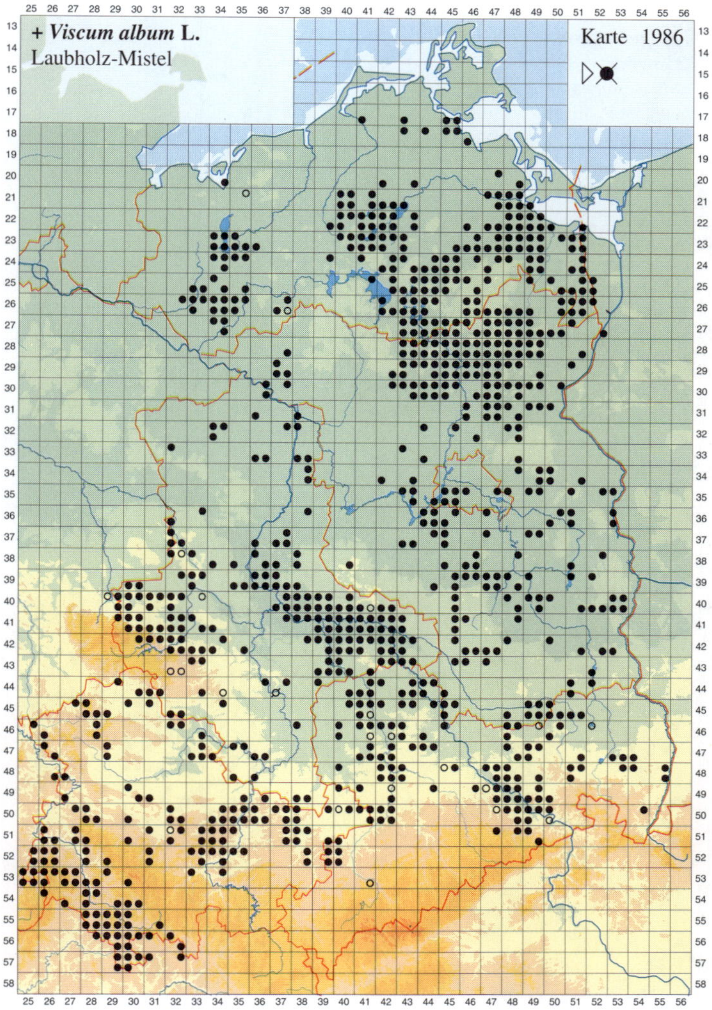
+ Viscum album L.
Laubholz-Mistel
Karte 1986

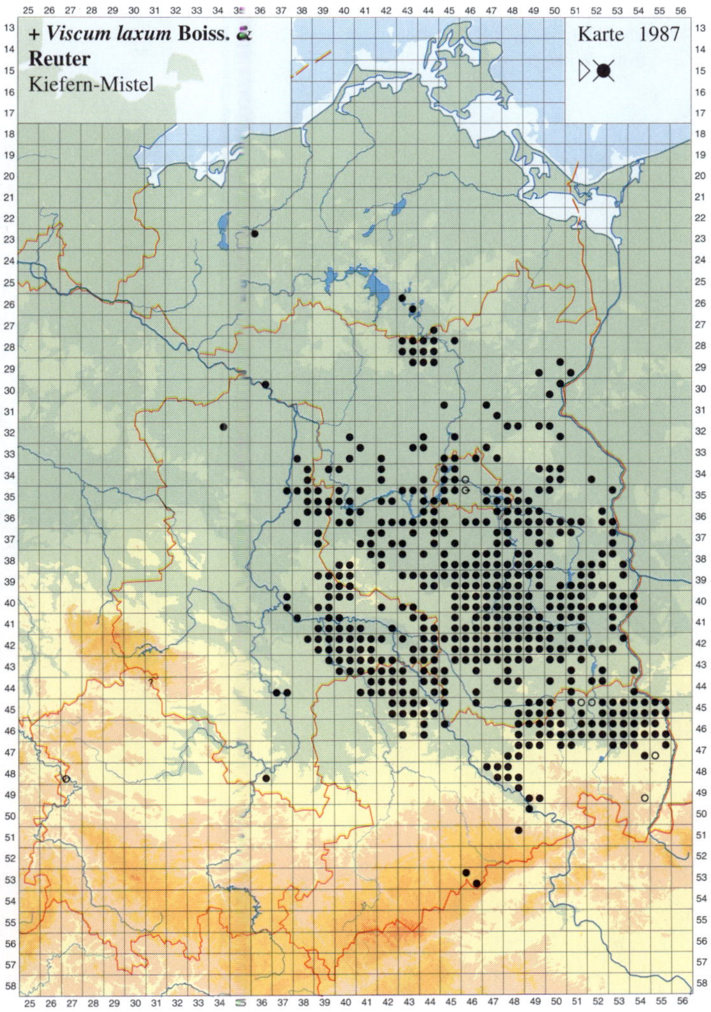
+ Viscum laxum Boiss. & Reuter
Kiefern-Mistel
Karte 1987

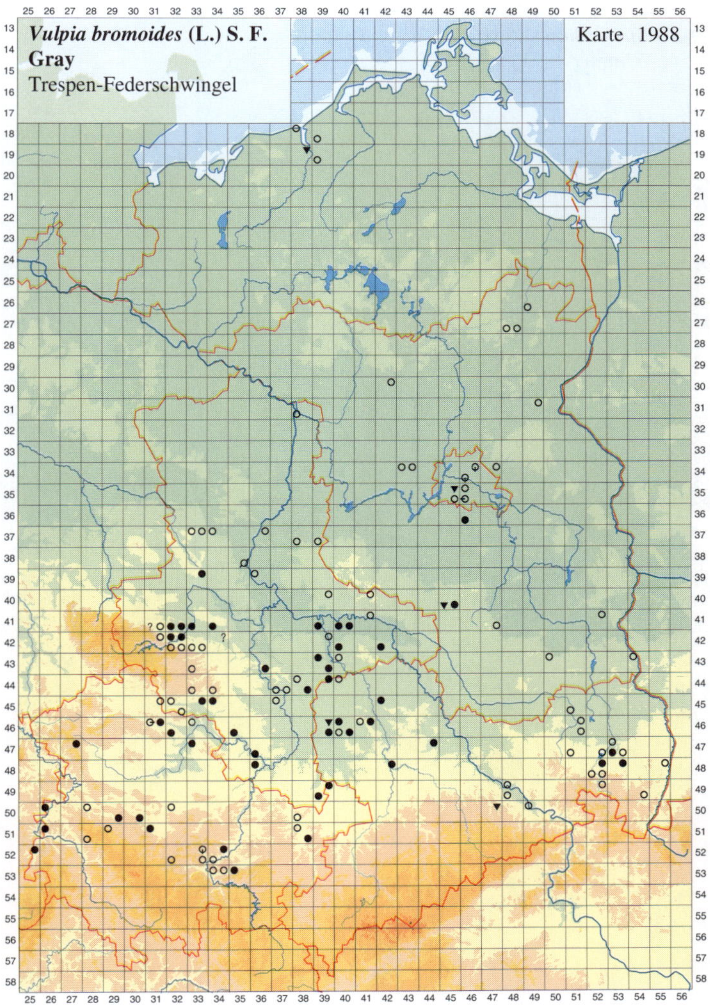
Vulpia bromoides (L.) S. F. Gray
Trespen-Federschwingel
Karte 1988

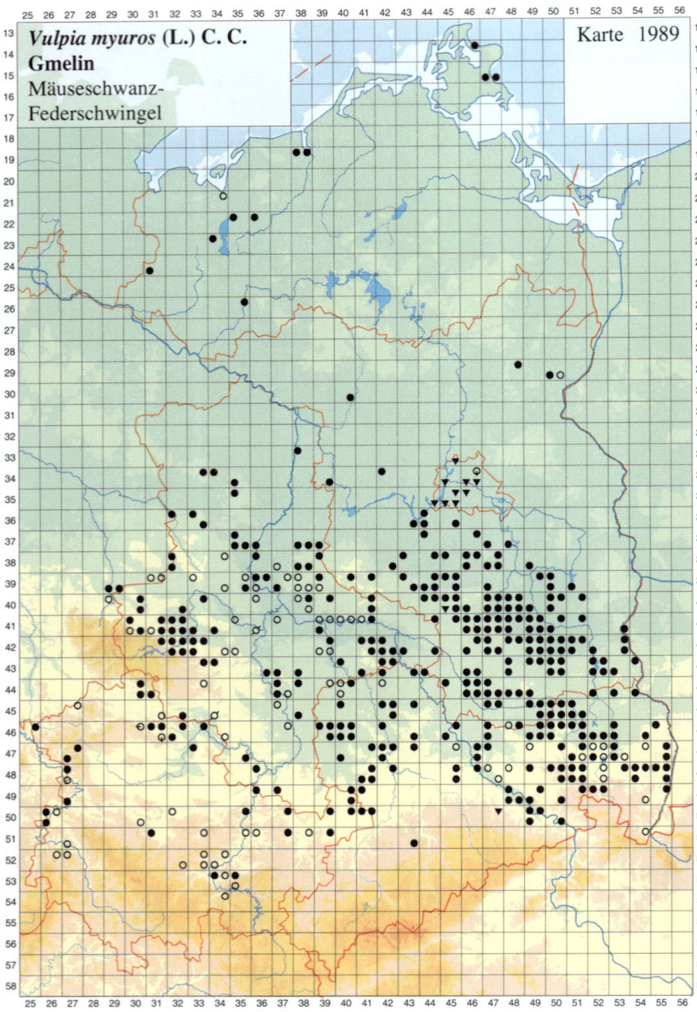
Vulpia myuros (L.) C. C. Gmelin
Mäuseschwanz-Federschwingel
Karte 1989

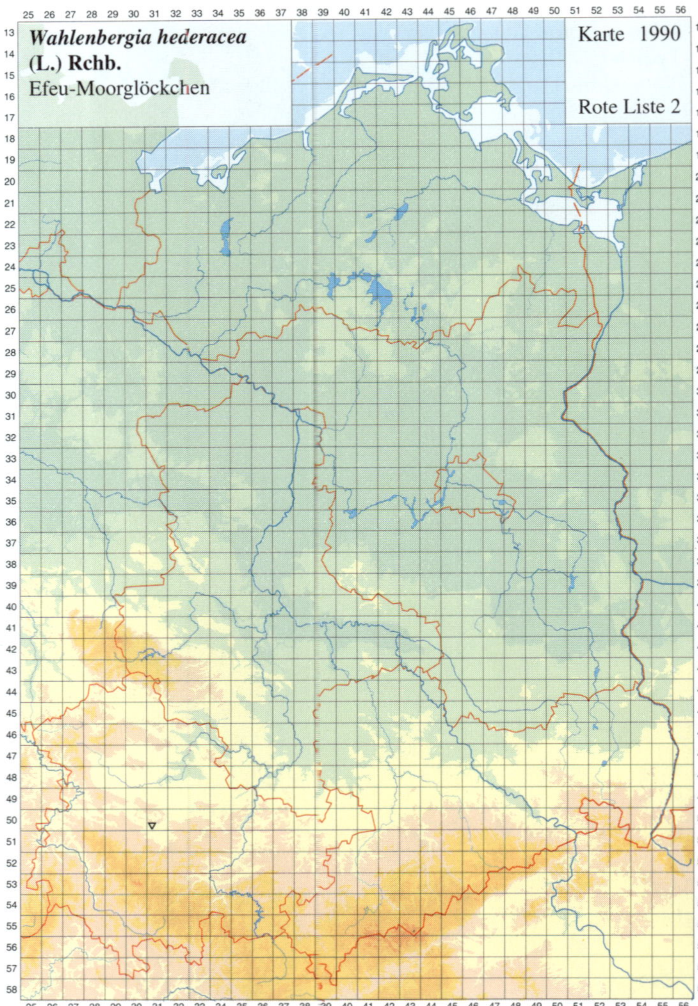
Wahlenbergia hederacea (L.) Rchb.
Efeu-Moorglöckchen
Karte 1990
Rote Liste 2

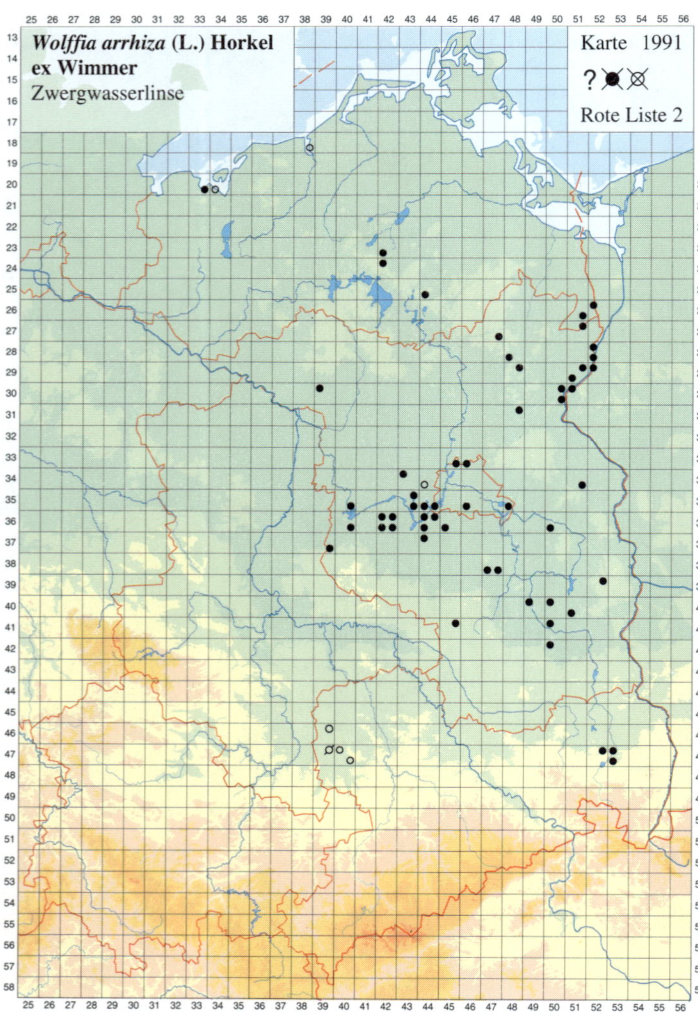
Wolffia arrhiza (L.) Horkel ex Wimmer
Zwergwasserlinse
Karte 1991
Rote Liste 2

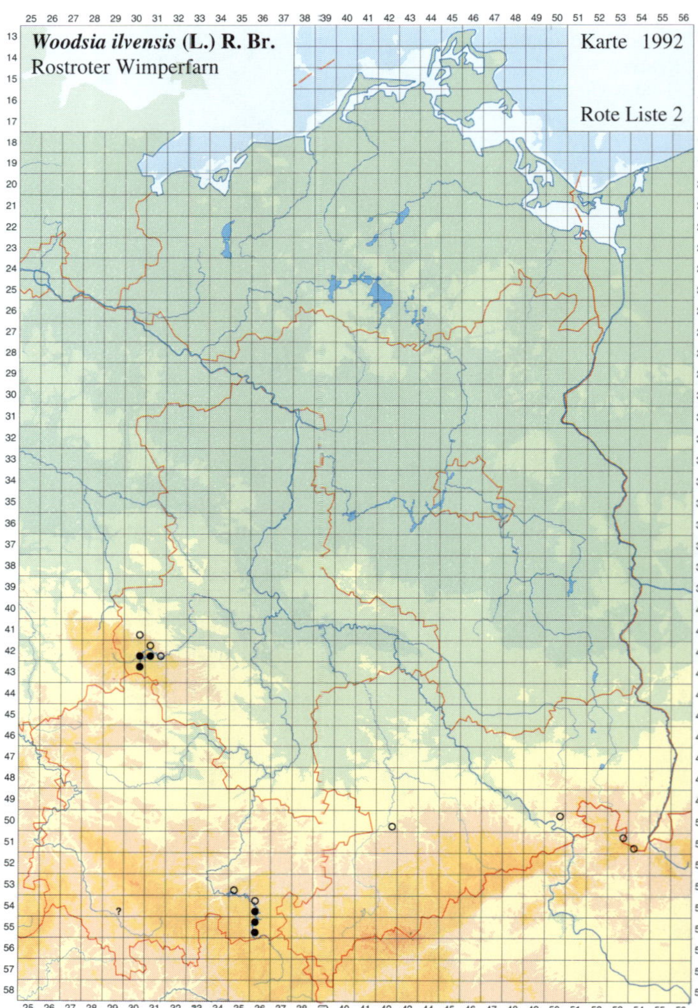
Woodsia ilvensis (L.) R. Br.
Rostroter Wimperfarn
Karte 1992
Rote Liste 2

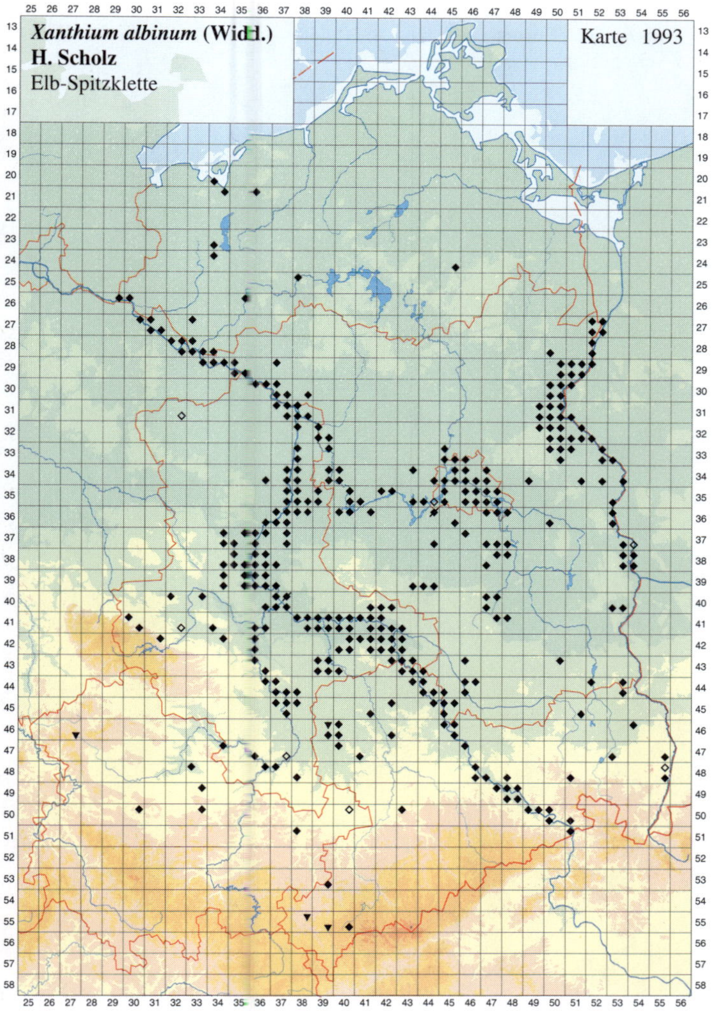
Xanthium albinum (Widd.) H. Scholz
Elb-Spitzklette
Karte 1993

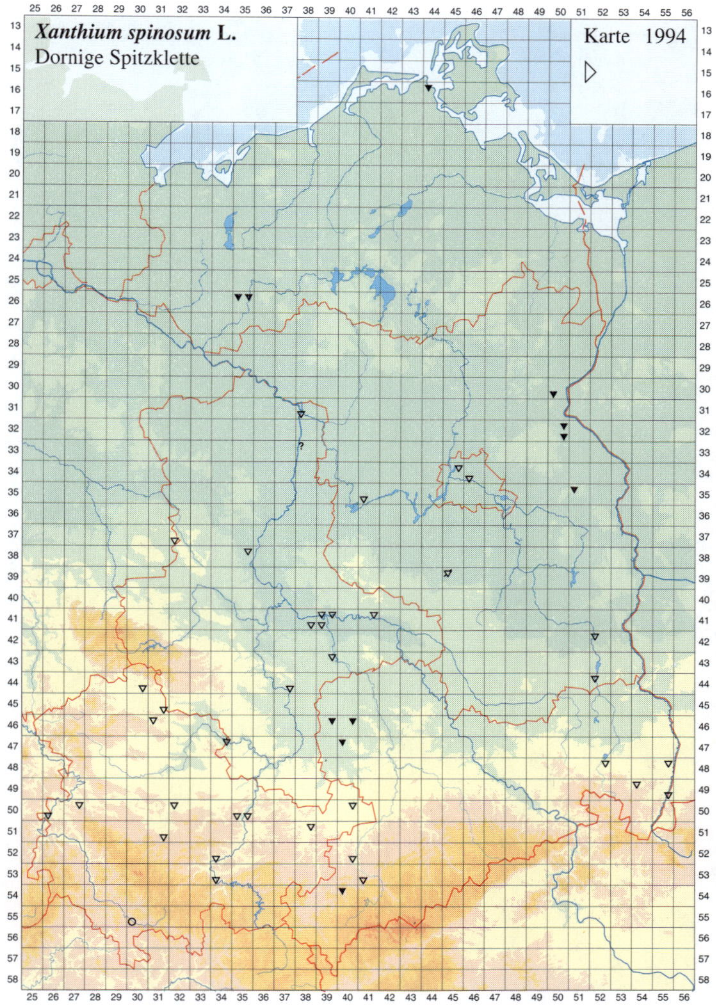
Xanthium spinosum L.
Dornige Spitzklette
Karte 1994

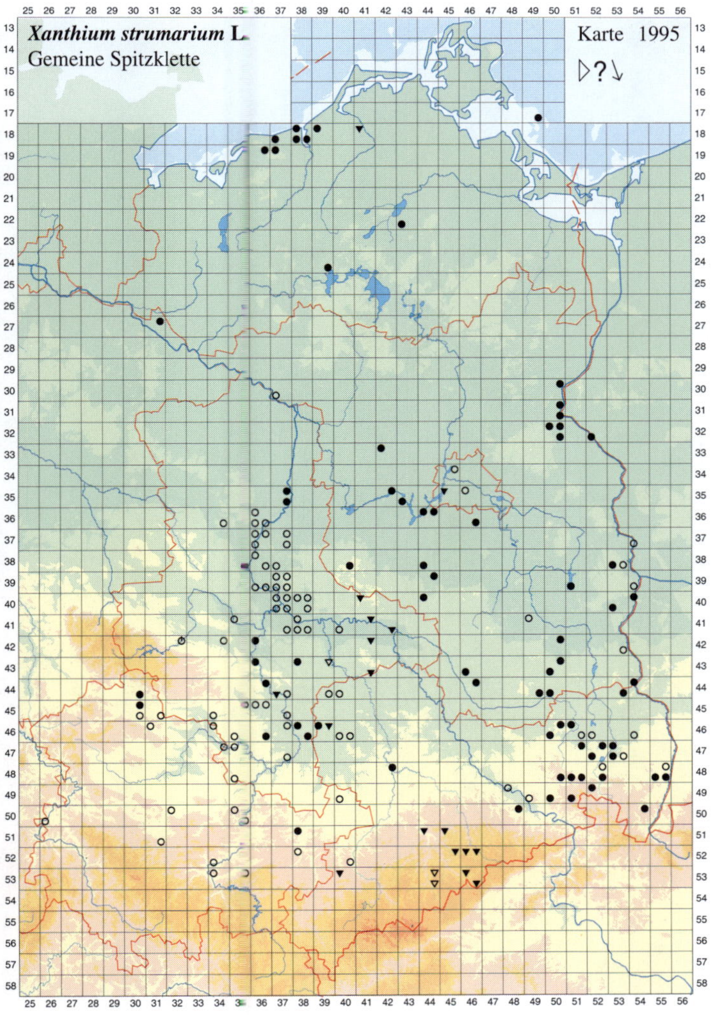
Xanthium strumarium L.
Gemeine Spitzklette
Karte 1995

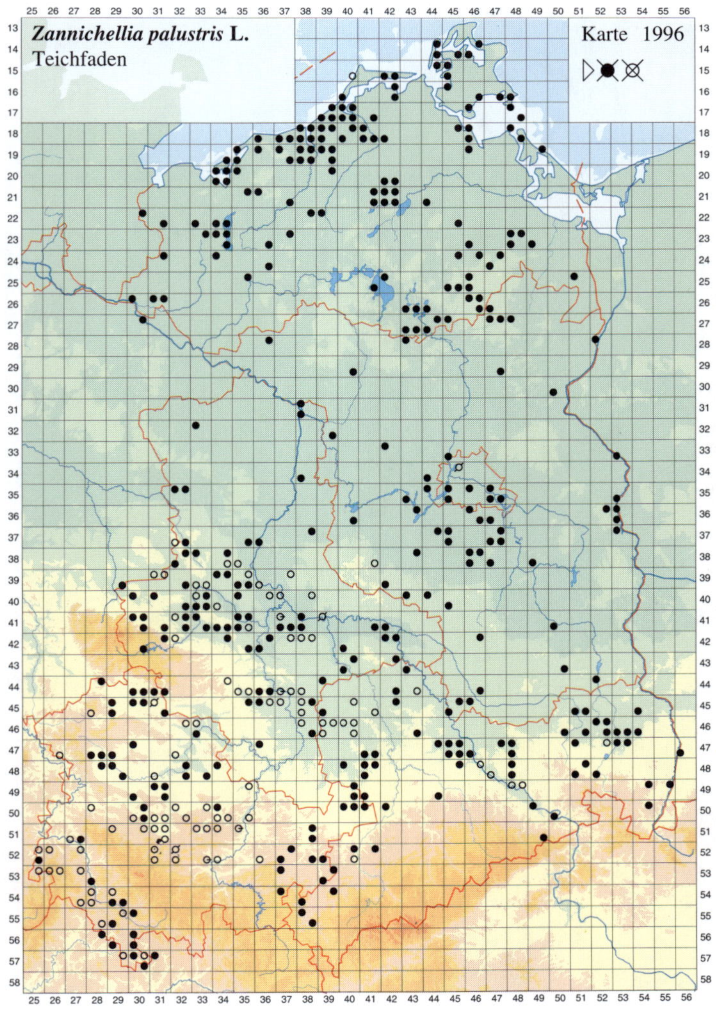
Zannichellia palustris L.
Teichfaden
Karte 1996

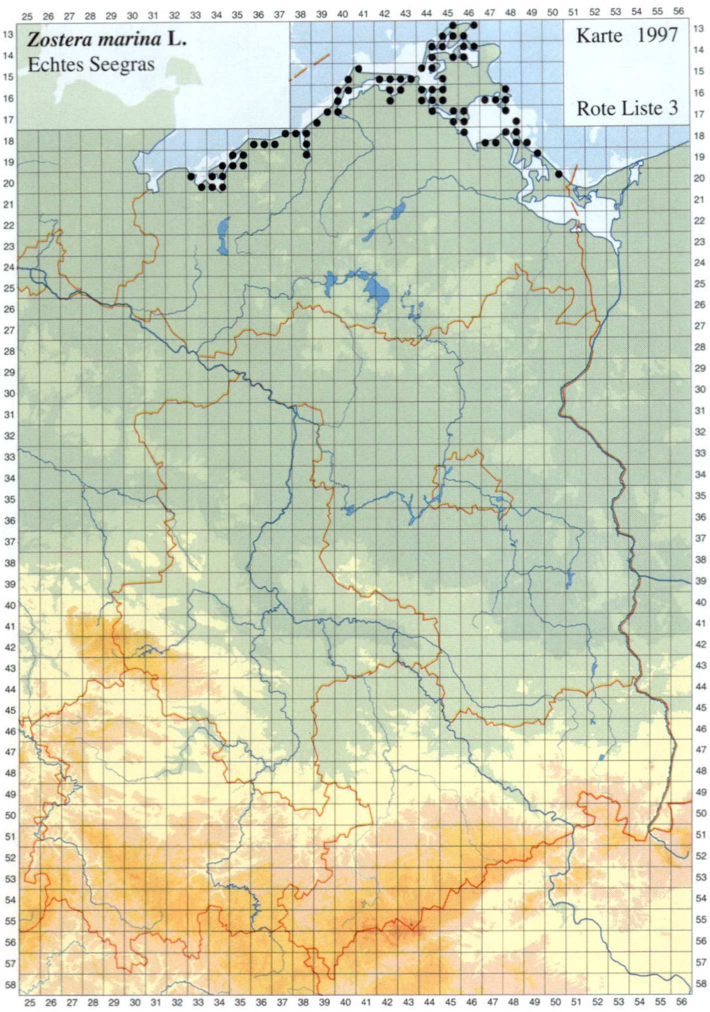
Zostera marina L.
Echtes Seegras
Karte 1997
Rote Liste 3

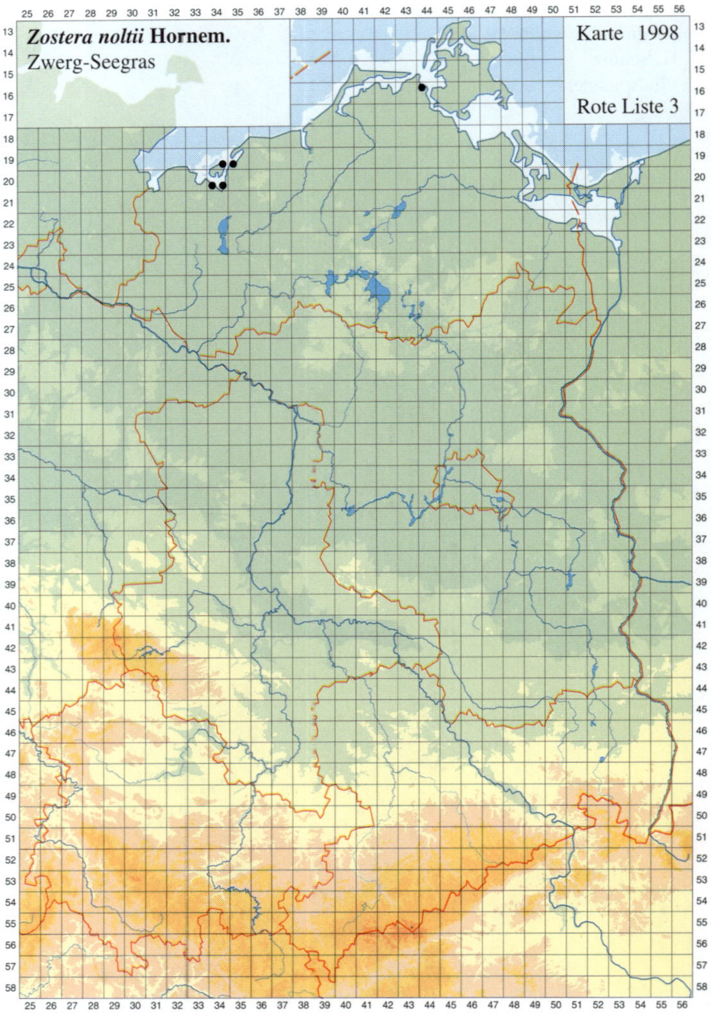
Zostera noltii Hornem.
Zwerg-Seegras
Karte 1998
Rote Liste 3

7. Literatur- und Quellenverzeichnis

Adler, W. (1819): Flora des Ziegenrücker Kreises. Neustadt/Orla

Adolf, E. (1954): Die Waldgesellschaften des Borsberggebietes. Dipl.-Arb. Techn. Hochschule Dresden, Fak. Forstwirtschaft, Tharandt

Aellen, P. (1959): Amaranthaceae. In: Hegi, G. (ed.): Illustrierte Flora von Mitteleuropa. (ed. 2) München **3**(2): 461 – 532

Ahrns, C. (1993): Zur Flora von Westthüringen und Rudolstadt. Mitt. Florist. Kart. Halle **18**: 5 – 18

Ahrns, C. (1994): Zur Kenntnis von *Papaver dubium* ss ... *qii* (Lamotte) Syme in Westthüringen. Mitt. Flori... 9: 3 – 10

Ahrns, C. (1995): Zur Flora ... 2. Beitrag. Mitt. ...

Altehage, C. ... -Kön- ... orgesch. Na- ... che und vegetationskundli- ... der Naturschutzarbeit. Abh. Ber. ... Naturw. Ver. Magdeburg **6**(5): 323 – 334

..., Jonas, F. (1936): Die Vegetation und Entwicklung eines ...deutschen Trockenrasenbodens bei Merseburg. Bot. Zentralbl. Beih. B **55**: 347 – 372

Altehage, C., Rossmann, B. (1939): Vegetationskundliche Untersuchungen der Halophytenflora binnenländischer Salzstellen im Trockengebiet Mitteldeutschlands. Bot. Zentralbl. Beih. B **60**: 135 – 180

Altmann, P. (1868): Flora von Wriezen. Progr. Realprogymn. Wriezen.

Altmann, P. (1894): Flora von Wriezen und Umgegend I. Teil. Progr. Realprogymn. Wriezen

Altmann, P. (1895): Flora von Wriezen und Umgegend II. Teil. Progr. Realprogymn. Wriezen

Amarell, U., Welk, E. (1995): *Amelanchier alnifolia* (Nutt.) Nutt. – ein unbeachteter Neophyt in Mitteldeutschland. Mitt. Florist. Kart. Halle **20**: 21 – 23

Amende, E. (1902): Landeskunde des Herzogtums Sachsen-Altenburg. Altenburg

Andree, A. (1874): Die Flora des Harzes und des östlichen Vorlandes bis zur Saale. Arch. Pharm. **1**: 524 – 539

Andree, A. (1874): Die Flora des Harzes und des östlichen Vorlandes bis zur Saale. Arch. Pharm. **2**: 24 – 47

Anonymus (1882): *Mimulus luteus* L. in Thüringen. Irmischia **2**: 23 – 24

Anonymus (1883): Ein Besuch beim Pfarrer Schönheit, Verf. des Handbuchs Flora von Thüringen. Irmischia **3**: 42 – 43

Anonymus (1944): Beiträge zur Flora Mitteldeutschlands. 1. Floristische Notizen. 2. Reihe. Hercynia **3**: 677 – 680

Anonymus (1959): Floristische Neufunde. Wiss. Z. Univ. Halle, Math.-Naturwiss. Reihe **8** (4/5): 510 – 516

Appel, O. (1891): Kritische und andere bemerkenswerthe Pflanzen aus der Flora von Coburg. Mitt. Thüring. Bot. Ver. N. F. **1**: 25 – 31

Appel, O. (1895): Kritische und andere bemerkenswerthe Pflanzen aus der Flora von Coburg. II. Mitt. Thüring. Bot. Ver. N. F. **8**: 16 – 20

Appel, O. (1896): Kritische und andere bemerkenswerthe Pflanzen aus der Flora von Coburg, II (Fortsetzung). Mitt. Thüring. Bot. Ver. N. F. **9**: 27 – 29

Arndt, A. (1957): Beiträge zur Flora von Luckau. Verh. Bot. Ver. Prov. Brandenburg **83 – 97**: 59

Artzt, A. (1876): Vorarbeiten zur Phanerogamen-Flora des sächs. Voigtlandes. Jahresber. Ver. Naturk. Zwickau **1875**: 61 – 111

Artzt, A. (1877): 1. Nachtrag zur Phanerogamen-Flora des sächs. Voigtlandes. Jahresber. Ver. Naturk. Zwickau **1876**: 35 – 58

Artzt, A. (1885): Zusammenstellung der Phanerogamen-Flora des sächsischen Vogtlandes. Sitzungsber. Abh. Naturwiss. Ges. Isis Dresden **1884**: 113 – 140

Artzt, A. (1896): Zusammenstellung der Phanerogamen-Flora des sächsischen Vogtlandes. Sitzungsber. Abh. Naturwiss. Ges. Isis Dresden **1896**: 3 – 16

Artzt, A. (1912): Zusammenstellung der Phanerogamen-Flora des sächsischen Vogtlandes. Sitzungsber. Abh. Naturwiss. Ges. Isis Dresden **1911**: 3 – 12

Artzt, A. (1915): Zusammenstellung der Phanerogamen-Flora des sächsischen Vogtlandes. Sitzungsber. Abh. Naturwiss. Ges. Isis Dresden **1914**: 52 – 57

Ascherson, P. (1853): Nachträgliche Bemerkungen zur Flora von Magdeburg. Z. Ges. Naturwiss. **2**: 227 – 229

Ascherson, P. (1858): Ueber ein zweifelhaftes *Cirsium* der Thüringischen Flora. Z. Ges. Naturwiss. **11**: 342 – 343

Ascherson, P. (1859): Die wichtigeren im Jahre 1859 entdeckten und bekannt gewordenen Fundorte in der Flora des Vereinsgebietes. Verh. Bot. Ver. Prov. Brandenburg **1**: 1 – 26

Ascherson, P. (1859): Die Salzstellen der Mark Brandenburg, in ihrer Flora nachgewiesen (mit Karte). Z. Deut. Geolog. Ges. **11**: 90 – 100

Ascherson, P. (1859): Flora der Provinz Brandenburg, der Altmark und des Herzogthums Magdeburg, 2. Abt. Specialflora von Berlin. Berlin

Ascherson, P. (1860): Die wichtigeren im Jahre 1860 entdeckten und bekannt gewordenen Fundorte in der Flora des Vereinsgebiets. Verh. Bot. Ver. Prov. Brandenburg **2**: 159 – 195

Ascherson, P. (1860): Die zweifelhaften Gefäßpflanzen des Vereinsgebiets. Verh. Bot. Ver. Prov. Brandenburg **2**: 124 – 141

Ascherson, P. (1862): Die wichtigeren bis zum Juni 1862 entdeckten und bekannt gewordenen Fundorte in der Flora des Vereinsgebietes. Verh. Bot. Ver. Prov. Brandenburg **3/4**: 244 – 282

Ascherson, P. (1864): Flora der Provinz Brandenburg, der Altmark und des Herzogthums Magdeburg. Berlin

Ascherson, P. (1864): Flora der Provinz Brandenburg. (Aschersons Exemplar mit handschriftlichen Ergänzungen in der Bibl. des Bot. Mus. Berlin-Dahlem)

Ascherson, P. (1864): Vegetation der Elb- und Oderniederung. (In: Bericht über die sechste Versammlung des Vereins in Wittenberg). Verh. Bot. Ver. Prov. Brandenburg **6**: XII – XVII

Ascherson, P. (1865): Einige Beobachtungen in der Halleschen Flora. Verh. Bot. Ver. Prov. Brandenburg **7**: 174 – 181

Ascherson, P. (1866): Die wichtigeren vom August 1862 bis August 1866 entdeckten und bekannt gewordenen Fundorte in der Flora des Vereinsgebiets. Verh. Bot. Ver. Prov. Brandenburg **8**: 105 – 177

Ascherson, P. (1866): Noch einige Nachträge zu *Chaerophyllum nitidum* Wahlenb. Verh. Bot. Ver. Prov. Brandenburg **8**: 181 – 184

Ascherson, P. (1867): Neue Entdeckungen in der Flora des Vereinsgebiets. Verh. Bot. Ver. Prov. Brandenburg **9**: XVIII – XIX

Ascherson, P. (1871): Literatur. (Referat über Erfurth, Flora von Weimar) Bot. Z. **29**: 776 – 778

Ascherson, P. (1877): *Bupleurum tenuissimum* auf den Oderwiesen bei Frankfurt. (In: XLIX. Sitzung vom 28. September 1877). Verh. Bot. Ver. Prov. Brandenburg, Sitz.-Ber. **19**: 145

Ascherson, P. (1880): Beiträge zur Flora der mittleren und westlichen Nieder-Lausitz. Verh. Bot. Ver. Prov. Brandenburg **21/1879**: 100 – 143

Ascherson, P. (1887): Über einige interessante Pflanzen aus der Flora der Provinz Brandenburg. Verh. Bot. Ver. Prov. Brandenburg **28/1886**: III – IV

Ascherson, P. (1889): Die Verbreitung von *Achillea cartilaginea* Ledeb. und *Polygonum danubiale* Kern. im Gebiete der Flora der Prov. Brandenburg. Monatl. Mitt. Naturw. Ver. Frankfurt a. O. – Berlin **6**: 129 – 133

Ascherson, P. (1891): *Schoenus ferrugineus* L. von Eberswalde. Verh. Bot. Ver. Prov. Brandenburg **32/1890**: IX

Ascherson, P. (1891): *Helosciadium inundatum* Koch bei Ruhland. Verh. Bot. Ver. Prov. Brandenburg **32/1890**: XLIV

Ascherson, P. (1891): Bericht über die 52. (32. Frühjahrs-)Hauptversammlung des Bot. Ver. Prov. Brandenburg zu Freienwalde. Verh. Bot. Ver. Prov. Brandenburg **32/1890**: IL – LXVII

Ascherson, P. (1893): *Polygonatum verticillatum* (L.) All. von Gottfried im Hakel aufgefunden. Verh. Bot. Ver. Prov. Brandenburg **35**: XV

Ascherson, P. (1894): Nachtrag zu L. Schneider's Flora von Magdeburg. Magdeburg

Ascherson, P. (1894): Die Verbreitung von *Veronica Dillenii* Crtz. im Vereinsgebiet. Verh. Bot. Ver. Prov. Brandenburg **35/1893**: 146

Ascherson, P. (1898): Übersicht neuer, bez. neu veröffentlichter wichtiger Funde von Gefässpflanzen (Farn- und Blütenpflanzen) des Vereinsgebietes aus dem Jahre 1897 Verh. Bot. Ver. Prov. Brandenburg **40**: 53 – 61

Ascherson, P. (1900): Zur Chronik der märkischen Flora (*Taxus baccata*, *Pirus torminalis*, *Omphalodes scorpioides*). Verh. Bot. Ver. Prov. Brandenburg **41/1899**: 111 – 117

Ascherson, P. (1900): Übersicht neuer, bez. neu veröffentlichter wichtiger Funde von Gefässpflanzen (Farn- und Blütenpflanzen) des Vereinsgebietes aus dem Jahre 1898. Verh. Bot. Ver. Prov. Brandenburg **41/1899**: 219 – 236

Ascherson, P. (1900): *Carex aristata* var. *Kirschsteiniana*, eine neue märkische Art (Kl. Behnitz, Kr. Westhavelland). Verh. Bot. Ver. Prov. Brandenburg **41/1899**: LXII – LXVII

Ascherson, P. (1901): Uebersicht neuer, bez. neu veröffentlichter wichtiger Funde von Gefässpflanzen (Farn- und Blütenpflanzen) des Vereinsgebietes aus dem Jahre 1899. Verh. Bot. Ver. Prov. Brandenburg **42/1900**: 284 – 294

Ascherson, P. (1902): Über die Verbreitung von *Myrica Gale*. Verh. Bot. Ver. Prov. Brandenburg **43/1901**: VIII – IX

Ascherson, P. (1907): Die Verbreitung der Elsbeeren (*Pirus torminalis*) in der Provinz Brandenburg, als einheimischer Waldbaum. Archiv der Brandenburgia **12**: 153 – 164

Ascherson, P., Graebner, P. (1898/99): Flora des Nordostdeutschen Flachlandes (ausser Ostpreussen). Berlin

Ascherson, P., Gürke, M. (1890): Bericht über die 50. (31. Frühjahrs-)Haupt-Versammlung des Bot. Ver. Prov. Brandenburg zu Tangermünde am 16. Juni 1889. Verh. Bot. Ver. Prov. Brandenburg **31**: I – XXI

Ascherson, P., Potonié, H. (1886): Floristische Beobachtungen aus der Priegnitz (II). Verh. Bot. Ver. Prov. Brandenburg **27/1885**: 95 – 105

Auhagen, A. (1985): Arten- und Biotopschutzplanung für ein stadtnahes Waldgebiet unter besonderer Berücksichtigung der Farn- und Blütenpflanzen – aufgezeigt an einem Ausschnitt des Spandauer Forstes in Berlin. Diss. TU-Berlin

Aurich, O., Hanelt, D., Hanelt, P. (1982): Floristische Neu- und Wiederfunde aus dem Hakel und seiner Umgebung. Hercynia N. F. **19**: 5 – 15

Aurich, O., Herdam, H., Illig, W., Kison, H.-U., Wegener, U. (1990): Neufunde und Nachträge zu Mertens „Flora von Halberstadt", 10. Mitteilung. Mitt. Florist. Kart. Halle **16**: 20 – 35

Aurich, O., Illig, W., Wegener, U. (1978): Nachträge zu Mertens „Flora von Halberstadt" (2. Mitteilung). Mitt. Florist. Kart. Halle **4**(2): 59 – 65

Aurich, O., Illig, W., Wegener, U. (1979): Nachträge zu Mertens „Flora von Halberstadt" (3. Mitteilung). Mitt. Florist. Kart. Halle **5**(2): 26 – 28

Aurich, O., Illig, W., Wegener, U. (1980): Neufunde und Nachträge zu Mertens „Flora von Halberstadt" (4. Mitteilung). Mitt. Florist. Kart. Halle **6**: 58 – 62

Aurich, O., Illig, W., Wegener, U. (1981): Neufunde und Nachträge zu Mertens „Flora von Halberstadt" 5. Mitteilung. Mitt. Florist. Kart. Halle **7**(2): 99 – 101

Aurich, O., Illig, W., Wegener, U. (1983): Neufunde und Nachträge zu Mertens „Flora von Halberstadt" 6. Mitteilung. Mitt. Florist. Kart. Halle **9**: 44 – 47

Aurich, O., Illig, W., Wegener, U. (1985): Neufunde und Nachträge zu Mertens „Flora von Halberstadt" 7. Mitteilung. Mitt. Florist. Kart. Halle **11**: 33 – 41

Aurich, O., Illig, W., Wegener, U. (1986): Neufunde und Nachträge zu Mertens „Flora von Halberstadt" 8. Mitteilung. Mitt. Florist. Kart. Halle **12**: 85 – 92

Aurich, O., Illig, W., Wegener, U. (1987): Neufunde und Nachträge zu Mertens „Flora von Halberstadt" 9. Mitteilung. Mitt. Florist. Kart. Halle **13**: 33 – 39

Aurich, O., Müller, M., Wegener, U. (1977): Neufunde und Nachträge zur „Flora von Halberstadt" für die Jahre 1975 und 1976. Mitt. Florist. Kart. Halle **3**(1): 72 – 75

Baenitz, C. G. (1860): Excursionen durch die Nieder- und Oberlausitz. Verh. Bot. Ver. Prov. Brandenburg **2**: 83 – 105

Bahler, E.-L. (1957): Die natürlichen Waldgesellschaften des Elbtales zwischen Dresden und Meißen. Dipl.-Arb. Techn. Hochschule Dresden, Fak. Forstwirtschaft, Tharandt

Bahler, E.-L. (1964): Natürliche Waldgesellschaften im Elbtal bei Meißen. Naturschutzarbeit Naturk. Heimatforsch. Sachsen **6**: 37 – 42

Bahr, R. (1960): Die Pillnitzer Elbinsel, ein wertvolles Naturschutzgebiet. Sächs. Heimatbl. **6**(5): 298 – 308

Bank, C. (1987): Die aktuelle Salzvegetation im nordöstlichen Harzvorland unter besonderer Berücksichtigung der Salzstelle Hecklingen und ihrer Entwicklung unter dem Aspekt anthropogenen Einflusses. Dipl.-Arb. Univ. Halle

Barthel, K.-J. (1985): Neufunde und Bestätigungen bemerkenswerter Arten im nordwestlichen Kyffhäuservorland. Mitt. Florist. Kart. Halle **11**: 63 – 70

Barthel, K.-J. (1986): Zur Flora der Kyffhäuser-Nordrandstufe und ihrer Burgen. Mitt. Florist. Kart. Halle **12**: 53 – 62

Barthel, K.-J. (1986): Neufunde und Bestätigungen bemerkenswerter Arten im nordwestlichen Kyffhäuservorland (2. Beitrag). Mitt. Florist. Kart. Halle **12**: 63 – 67

Barthel, K.-J. (1986): Über einige aktuelle Vorkommen des Speierlings (*Sorbus domestica* L.) in Hainleite und Kyffhäuser. Mitt. Florist. Kart. Halle **12**: 101 – 105

Barthel, K.-J. (1987): Zur Flora von Nordhausen und der näheren Umgebung (1. Beitrag). Mitt. Florist. Kart. Halle **13**: 40 – 49

Barthel, K.-J. (1987): Neufunde und Bestätigungen bemerkenswerter Arten im nordwestlichen Kyffhäuservorland (3. Beitrag). Mitt. Florist. Kart. Halle **13**: 50 – 56

Barthel, K.-J. (1989): Zur Flora von Nordhausen und der näheren Umgebung, 2. Beitrag. Mitt. Florist. Kart. Halle **15**: 58 – 69

Barthel, K.-J., Andres, C., Pusch, J. (1994): Neufunde und Bestätigungen bemerkenswerter Arten im nordwestlichen Kyffhäuservorland, 5. Beitrag. Mitt. Florist. Kart. Halle **19**: 30 – 34

Barthel, K.-J., Pusch, J. (1988): Neufunde und Bestätigungen bemerkenswerter Arten im südlichen und südwestlichen Kyffhäusergebirge (1. Beitrag). Mitt. Florist. Kart. Halle **15**: 34 – 48

Barthel, K.-J., Pusch, J. (1989): Neufunde und Bestätigungen bemerkenswerter Arten im südlichen und südwestlichen Kyffhäusergebirge (2. Beitrag). Mitt. Florist. Kart. Halle **15**: 37 – 57

Barthel, K.-J., Pusch, J. (1990): Zur Flora der Kyffhäuser-Nordrandstufe und ihrer Burgen, 2. Beitrag. Mitt. Florist. Kart. Halle **16**: 36 – 45

Barthel, K.-J., Pusch, J. (1990) Neufunde und Bestätigungen bemerkenswerter Arten im südlichen und südwestlichen Kyffhäusergebirge, 3. Beitrag. Mitt. Florist. Kart. Halle **16**: 46 – 53

BARTHEL, K.-J., PUSCH, J. (1990): Neufunde und Bestätigungen bemerkenswerter Arten im nordwestlichen Kyffhäuservorland, 4. Beitrag. Mitt. Florist. Kart. Halle **16**: 54 – 62

BARTHEL, K.-J., PUSCH, J. (1991): Die Flora des Wippertales zwischen Hachelbich und Günserode. Mitt. Florist. Kart. Halle **17**: 26 – 37

BARTHEL, K.-J., PUSCH, J. (1991): Die Flora längs des Solgrabens Bad Frankenhausen – Schönfeld und des Esperstedter Riedes in den Jahren 1987 bis 1991. Mitt. Florist. Kart. Halle **17**: 46 – 50

BARTHEL, K.-J., PUSCH, J. (1993): Neufunde und Bestätigungen bemerkenswerter Arten im südlichen und südwestlichen Kyffhäusergebirge, 4. Beitrag. Mitt. Florist. Kart. Halle **18**: 18 – 28

BARTHEL, K.-J., PUSCH, J. (1994): Neufunde und Bestätigungen bemerkenswerter Arten im südlichen und südwestlichen Kyffhäusergebirge, 5. Beitrag. Mitt. Florist. Kart. Halle **19**: 25 – 30

BARTHEL, K.-J., PUSCH, J. (1994): Zur Flora längs des Solgrabens Bad Frankenhausen – Schönfeld und des Esperstedter Riedes, 2. Beitrag. Mitt. Florist. Kart. Halle **19**: 51 – 54

BARTHEL, K.-J., PUSCH, J. (1995): Neufunde und Bestätigungen bemerkenswerter Arten im südlichen und südwestlichen Kyffhäusergebirge, 6. Beitrag. Mitt. Florist. Kart. Halle **20**: 82 – 85

BARTHEL, K.-J., PUSCH, J. (1995): Zur Flora der Kyffhäusernordrandstufe und ihrer Burgen, 3. Beitrag. Mitt. Florist. Kart. Halle **20**: 86 – 89

BARTSCH, A. (1964): Die Erforschung der Vorkommen geschützter Pflanzen im Nordharz und seinem Vorland. Naturschutzarbeit Naturk. Heimatforsch. Bezirke Halle Magdeburg **1**(1): 13 – 21

BARTSCH, A. (1966): Zur Wiederentdeckung von *Orchis tridentata* Scop. im Halberstädter Florengebiet. Naturkundl. Jahresber. Mus. Heineanum Halberstadt **1**: 4 – 6

BARTSCH, A. (1967): *Cephalanthera longifolia* (Huds.) Fritsch, eine der seltensten Orchideenarten des Halberstädter Florengebietes, wiedergefunden. Naturkundl. Jahresber. Mus. Heineanum Halberstadt **2**: 11 – 12

BARTSCH, A. (1968): Die Erforschung der Vorkommen geschützter Pflanzenarten im Nordharz und seinem Vorland – ein Beitrag zur Naturschutzarbeit. Naturkundl. Jahresber. Mus. Heineanum Halberstadt **3**: 1 – 2

BARTSCH, A. (1968): Zur Verbreitung der Aufrechten Trespe *Bromus erectus* Huds. im nördlichen Harzvorland. Naturkundl. Jahresber. Mus. Heineanum Halberstadt **3**: 3 – 4

BARTSCH, A. (1969): Zur einstigen und heutigen Verbreitung einiger Orchideenarten im Halberstädter Florengebiet. In: WISNIESWSKI, N.: Zur früheren und gegenwärtigen Verbreitung einiger Orchideen-Arten in der Deutschen Demokratischen Republik. Arch. Naturschutz Landschaftsforsch. **9**: 235 – 241

BARTSCH, A. (1969): Die Orchideengattung *Epipactis*. Naturkundl. Jahresber. Mus. Heineanum Halberstadt **4**: 5 – 9

BARTSCH, A. (1972): Heimische Orchideen: Die Gattungen *Orchis* und *Dactylorhiza*. Naturkundl. Jahresber. Mus. Heineanum Halberstadt **5/6**: 5 – 11

BARTSCH, A., WEGENER, U., WESARG, E. (1976): Der Weinberg im NSG „Vorberg-Huy" – eine historische und floristisch-pflanzengeographische Gebietsmonographie. Naturschutzarbeit Naturk. Heimatforsch. Bezirke Halle Magdeburg **13**: 14 – 32

BARWINEK, H. (1966): Verbreitungskarten von Waldpflanzen des Triashügellandes zwischen Thüringer Wald und Rhön. Wiss. Z. Univ. Halle, Math.-Naturwiss. Reihe **15**(5): 782 – 794, 823 – 846

BAUER, L. (1974): Handbuch der Naturschutzgebiete der Deutschen Demokratischen Republik. Bd. 4 Naturschutzgebiete der Bezirke Erfurt, Suhl und Gera. Leipzig, Jena, Berlin

BAUHIN, C. (1620): Prodromos theatri botanici. Francofurti ad Manum

BAUMGARTEN, G. (1976): Die Verbreitung einiger interessanter Florenelemente im Gebiet der oberen Unstrut bei Dingelstädt. Meßtischblatt 4627 und 4628. Mitt. Florist. Kart. Halle **2**(2): 45 – 50

BAUMGARTEN, G. (1983): Die Verbreitung von *Bunium bulbocastanum* L. im Eichsfeld. Mitt. Florist. Kart. Halle **9**: 29 – 32

BAUMGARTEN, G. (1983): Zur Flora des Eichsfeldes (7. Beitrag). Mitt. Florist. Kart. Halle **9**: 33 – 43

BAUMGARTEN, G. (1986): Zur Flora des Eichsfeldes (8. Beitrag). Mitt. Florist. Kart. Halle **12**: 93 – 100

BAUMGARTEN, G., KÖHLER, H. (1991): Zur Flora des Eichsfeldes, 9. Beitrag. Mitt. Florist. Kart. Halle **17**: 63 – 68

BAUMGARTEN, J. (1790): Flora Lipsiensis sistens plantas in agris circuli Lipsici ... Lipsiae

BECK V. MANNAGETTA, G. (1890): Monographie der Gattung *Orobanche*. Bibliotheca botanica. Cassel **19**

BECKER, A. (1934): Versuch einer Flora von Staßfurt und seiner Umgebung. Mskr. Halle

BECKER, A. (1937): Die jahreszeitliche Vegetationsentwicklung des Kleinen Hakels. Hercynia **1**: 99 – 114

BECKER, A. (1942): Die Neubesiedlung des Salzflecks von Hecklingen. Hercynia **3**: 308 – 309

BECKER, W. (1896): Floristisches aus der Umgebung von Sangerhausen am Harz. Deut. Bot. Monatsschr. **14**: 21 – 24

BECKER, W. (1897): Floristisches aus der Umgegend von Sangerhausen am Harz. II. Deut. Bot. Monatsschr. **15**: 84 – 86

BECKER, W. (1897): Zur Flora Nordthüringens und des Südharzes. Mitt. Thüring. Bot. Ver. N. F. **11**: 76 – 78

BECKER, W. (1898): Floristisches aus der Umgegend von Sangerhausen am Harz, nebst einigen Angaben zur Flora Nordthüringens und des Südharzes. III. Deut. Bot. Monatsschr. **16**: 66 – 68

BECKER, W. (1901): Zur Flora des Süd-Harzes. Deut. Bot. Monatsschr. **19**: 45

BEICHE, E. (1899): Die im Saalkreise und in den angrenzenden Landesteilen wildwachsenden und cultivierten Pflanzen (Phanerogamen). Halle

BELLMANN, C. (1957): Naturnahe Restbestände im Seifersdorfer Tal. Dipl.-Arb. Techn. Hochschule Dresden, Fak. Forstwirtschaft, Tharandt

BENKERT, D. (1973): Floristische Neufunde aus Brandenburg und der Altmark, 1. Folge. Gleditschia **1**: 51 – 61

BENKERT, D. (1976): Floristische Neufunde aus Brandenburg und der Altmark. Gleditschia **4**: 83 – 117

BENKERT, D. (1981): Verbreitungskarten brandenburgischer Pflanzenarten. 1. Reihe. Ophioglossacea und Pyrolaceae. Gleditschia **9**: 77 – 107

BENKERT, D. (1984): Verbreitungskarten brandenburgischer Pflanzenarten. 2. Reihe. Stromtalpflanzen (1). Gleditschia **12**: 213 – 218

BENKERT, D., FUKAREK, F., RAUSCHERT, S., STORDEUR, R., WEINERT, E. (1982): Karten der Pflanzenverbreitung in der DDR 5. Serie. Hercynia N. F. **19**: 377 – 447

BENKERT, D., KARSTEN, U. (1969): Die xerotherme Hügelflora im Potsdam-Brandenburger Havelgebiet. Wiss. Z. Pädag. Hochsch. Potsdam, Math.-Naturwiss. Reihe **13**: 331 – 358

BENNERT, H. W., BÖCKER, R. (1991): Zur Verbreitung von *Equisetum* subgen. *Hippochaete* (Equisetaceae, Pteridophyta) in Berlin. Verh. Bot. Ver. Berlin Brandenburg **124**: 13 – 29

BENSEMANN, H. (1896): Die Vegetation des Gebietes zwischen Cöthen und der Elbe. Progr. Herzogl. Ludwigs-Gymn. Cöthen. 3 – 32

BENSEMANN, H. (1908): Die Flora der Umgegend von Cöthen. Wiss. Beilage Osterbericht 1908 Herzogl. Ludwigs-Gymn. Cöthen

BERKHAN, W. (1859): Ueber das Vorkommen einiger seltener Pflanzen im Heimburger Reviere „Horst". Ber. Naturwiss. Ver. Harzes **1857/58**: 15

BERNAU, K. (1922): Neuankömmlinge in der Flora von Halle. Ber. Vereinigung Erforschung Heimatlichen Pflanzenwelt Halle a. d. Saale. **2**: 77 – 78

BERNAU, K. (1926): *Ostericum palustre* Bess. in der Umgegend von Halle a. d. Saale. Verh. Bot. Ver. Prov. Brandenburg **68**: 239 – 240

BERNHARDI, J. J. (1800): Systematisches Verzeichnis der Pflanzen, welche in der Gegend von Erfurt gefunden werden. Erfurt

BERNHARDI, J. J. (1843): Thüringens Flora. Allg. Thüring. Gartenz. **2**: 131 – 132

BERNHARDT, L. (1968): Vegetations- und standortskundliche Untersuchungen auf dem Hainberg bei Gera. Staatsex.-Arb. Univ. Halle

BERTRAM, W. (1894): Exkursionsflora des Herzogtums Braunschweig mit Einschluß des ganzen Harzes. (ed. 4 ed. KRETZER, F.) Braunschweig

BEURTON, C. (1985): Zur Morphologie und Verbreitung von *Achillea collina* J. Becker ex Rchb. und *A. pannonica* Scheele (Compositae) in der DDR. I. *Achillea pannonica*. Gleditschia **13**: 113–125

BIALUCHA, K. (1957): Bemerkenswerte Pflanzen im Kreise Lübben. Sammelergebnisse 1946–1956. Verh. Bot. Ver. Prov. Brandenburg **83–97**: 53–58

BIEDERMANN, E. (1986): Zum Vorkommen und Schutz der Feuerlilie (*Lilium bulbiferum*) im nordwestlichen Thüringer Wald. Naturhist. Mus. Schleusingen, Sonderh. 101–102

BIEROEGEL, I. (1953): Die Standortverhältnisse des Buchenwaldes im Rabenauer Grund. Dipl.-Arb. Techn. Hochschule Dresden, Fak. Forstwirtschaft, Tharandt

BLEY, F. (1896): Die Flora des Brockens gemalt und beschrieben. Berlin

BLIEDNER, A. (1890): Verzeichnis in der Flora von Eisenach neuerdings wieder nachgewiesener oder zum ersten Male beobachteter Pflanzen, ... Mitt. Geogr. Ges. Jena **8**: 26–27

BLIEDNER, A. (1891): Beiträge zur Flora von Eisenach. Mitt. Geogr. Ges. Jena **9**: 47–48

BLIEDNER, A. (1892): Flora von Eisenach. Eisenach

BLIEDNER, A. (1898): Die Wartburgstadt im Pflanzenschmucke. Botanische Ausflüge in Eisenachs Umgebung. Eisenach

BLIEDNER, A. (1899): Weitere Beiträge zur Flora von Eisenach. Mitt. Thüring. Bot. Ver. N. F. **13/14**: 12–18

BLIEDNER, A. (1903): Weitere Beiträge zur Flora von Eisenach. Mitt. Thüring. Bot. Ver. N. F. **18**: 54–57

BLIEDNER, A. (1913): Weitere Beiträge zur Flora von Eisenach. Mitt. Thüring. Bot. Ver. N. F. **30**: 68–73

BLIEDNER, A. (1921): Weitere Beiträge zur Flora von Eisenach. Mitt. Thüring. Bot. Ver. N. F. **35**: 23–25

BLIEDNER, A. (1926): Flora von Eisenach. II. Teil. Eisenach

BÖCKER, R. (1978): Vegetations- und Grundwasserverhältnisse im Landschaftsschutzgebiet Tegeler Fließtal (Berlin West). Verh. Bot. Ver. Prov. Brandenburg **114**: 1–164

BÖCKER, R. (1989): Floreninformationssystem für den Bezirk Wedding in Berlin. Habil-Schr., TU-Berlin

BOGENHARD, C. (1846): Notizen zur Flora Jenensis. Allg. Deut. Naturhist. Z. **1**: 132–134

BOGENHARD, C. (1850): Taschenbuch der Flora von Jena. Leipzig

BÖHME, H. (1927): Die schwimmende Insel im Hautsee. Pflüger **4**: 90–95

BÖHNERT, W. (1974): Ökologische Untersuchungen auf den Kreidesandsteinhöhen der Harslebener Berge bei Quedlinburg. Dipl.-Arb. Univ. Halle

BÖHNERT, W. (1978): Die Vegetation des Naturschutzgebietes „Harslebener Berge-Steinholz“. Naturschutzarbeit Naturk. Heimatforsch. Bezirke Halle Magdeburg **15**(2): 11–23

BÖHNERT, W. (1978): Die Vegetation des Naturschutzgebietes „Beetzendorfer Bruchwald und Tangelnscher Bach“. Naturschutzarbeit Naturk. Heimatforsch. Bezirke Halle Magdeburg (Beiheft) **14**: 48–54

BÖHNERT, W. (1978): Die Vegetation des NSG „Jemmeritzer Moor“. Naturschutzarbeit Naturk. Heimatforsch. Bezirke Halle Magdeburg (Beiheft) **14**: 84–88

BÖHNERT, W., FRANKE, R., SUCCOW, M. (1986): Die „Hammelwiese“ im Kreis Quedlinburg – Möglichkeit zur Erhaltung eines kleinen Moor – Naturschutzgebietes. Arch. Naturschutz Landschaftsf. **26**: 1–18

BÖHNERT, W., HECHT, G., STAPPERFENNE, H.-J. (1986): Orchideen des Bezirkes Halle – einst und jetzt. Naturschutzarbeit Bez. Halle Magdeburg, Beih. **23**

BÖHNERT, W., ZÖRNER, G. (1979): Beitrag zur Kenntnis des erweiterten Naturschutzgebietes „Rogätzer Hang“. Naturschutzarbeit Naturk. Heimatforsch. Bezirke Halle Magdeburg **16**(1): 14–38

BOHNSTEDT, R. (1889): Flora Luccaviensis. (ed. 2) Luckau

BOLLE, C. (1859): Eine Abweichung von *Aspidium Thelypteris* Sw. Verh. Bot. Ver. Prov. Brandenburg **1**: 73

BÖLTE, A. (1867): Merkwürdige physiologische Erscheinungen aus dem Pflanzenleben in Erfahrungsbeispielen. Verh. Bot. Ver. Prov. Brandenburg **9**: 84–96

BORNEMANN, J. (1856): Flora Mulhusana. Z. Ges. Naturwiss. **7**: 113–142

BORNMÜLLER, A. (1944): *Lycopodium alpinum* L. im Thüringerwald. Mitt. Thüring. Bot. Ver. N. F. **51**: 335–340

BORNMÜLLER, A. (1949): Beiträge zur Kenntnis der Pteridophytenflora Thüringens. Mitt. Thüring. Bot. Ges. **1**: 64–72

BORNMÜLLER, J. (1920): Zur Flora der Rhön. Repert. Spec. Nov. Regni Veget. **16**: 380–384

BORNMÜLLER, J. (1925): Floristische Mitteilungen. Mitt. Thüring. Bot. Ver. N. F. **36**: 35–42

BORNMÜLLER, J. (1927): Über *Juncus sphaerocarpus* Nees in der Flora von Weimar. Mitt. Thüring. Bot. Ver. N. F. **37**: 78–81

BORNMÜLLER, J. (1927): Kleine standortliche Notizen aus der heimischen Flora. 2. Über einige *Alectorolophus*-Arten der Rhön und Thüringens. Mitt. Thüring. Bot. Ver. N. F. **37**: 81–82

BORNMÜLLER, J. (1929): Notizen aus der Flora des Fichtelgebirges, der Rhön und Thüringens. Mitt. Thüring. Bot. Ver. N. F. **38**: 84–92

BORNMÜLLER, J. (1931): Arktische Pflanzen im Thüringer Wald. Mitt. Thüring. Bot. Ver. N. F. **40**: 77–78

BORNMÜLLER, J. (1931): Kritische Bemerkungen zu einigen Pflanzen von Plothen und dem Heinrichstein. Mitt. Thüring. Bot. Ver. N. F. **40**: 66–74

BORSDORF, W. (1952): Flora der Lehmausstiche von Dresdens Umgebung. Dipl.-Arb. Techn. Hochschule Dresden

BORSDORF, W. (1958): Vegetationskundliche Untersuchungen im Wilischgebiet bei Dresden. Diss. Techn. Hochschule Dresden, Fak. Forstwirtschaft, Tharandt

BORSDORF, W. (1960): Beiträge zur Flora saxonica. Ber. Arbeitsgem. Sächs. Bot. N. F. **2**: 154

BOTHE, H. (1942): Die Tagesordnungen der Sitzungen im Jahre 1941. Verh. Bot. Ver. Prov. Brandenburg **82**: 130–136

BRANCO, K. (1942): Floristische Beobachtungen in Thüringen. Mitt. Thüring. Bot. Ver. N. F. **49**: 210–228

BRANCO, K. (1944): Floristische Beobachtungen in Thüringen. II. Beitrag zur Flora von Pößneck. Mitt. Thüring. Bot. Ver. N. F. **51**: 365–374

BRAND, A. (1898): Nachträge zu Huths Flora von Frankfurt. Helios, Berlin. **15**: 55–66

BRAND, A. (1899): Nachträge zu Huths Flora von Frankfurt. – Berichtigungen. Helios, Berlin. **16**: 67–68

BRAND, A. (1903): Zweiter Nachtrag zu Huths Flora von Frankfurt. Helios, Frankfurt a. O. **20**

BRANDES, W. (1900): Neue Beiträge und Veränderungen zur Flora der Provinz Hannover. Jahresber. Naturhist. Ges. Hannover **48/49**: 127–200

BRAUN, H. (1960): Zwei *Botrychium*-Arten der Geraer Umgebung. Wiss. Z. Univ. Halle, Math.-Naturwiss. Reihe **9**(3): 423

BRAUN, H. (1964): Betrachtungen zur Flora von Freiberg. In: Festschrift zum 100jährigen Bestehen des Naturkundemuseums Freiberg. 79–90

BRÄUTIGAM, S. (1976): Zur Kartierung von *Hieracium*-Arten im hercynischen Gebiet. Mitt. Florist. Kart. Halle **2**(2): 32–40

BRÄUTIGAM, S., KNAPP, H. D. (1974): Zur Verbreitung und Soziologie von *Hieracium wiesbaurianum* Uechtr. Feddes Repert. **85**: 7–16

BRÄUTIGAM, S., KNAPP, H. D. (1976): Zur Verbreitung von *Hieracium*-Arten im hercynischen Gebiet. Teil 2. Feddes Repert. **87**: 31–48

BRÄUTIGAM, S., BRÄUTIGAM, V. (1968): Zur Kenntnis der mitteldeutschen Oreadea (Gattung *Hieracium* L.) unter besonderer Berücksichtigung von *Hieracium saxifragum* Fries und *Hieracium norvegicum* Fries. Ber. Arbeitsgem. Sächs. Bot. N. F. **8**: 123–140

BREDERLOW, C. G. F. (1846): Der Harz. Braunschweig

BREITENBACH, F. (1909): Eine neu entdeckte Salzflora. Mitt. Thüring. Bot. Ver. N. F. **25**: 31–35

Breitenbach, F. (1925): Die Salzflorenstätten von Nordthüringen. Mitt. Thüring. Bot. Ver. N. F. **36**: 18–20

Breitrück, H. (1965): Zur Flora der Umgebung von Rudolstadt und Saalfeld. Wiss. Z. Univ. Halle, Math.-Naturwiss. Reihe **14**(6): 499–500

Breitrück, H. (1968): Die Orchideen des Kreises Rudolstadt. Mitt. Arbeitskreis Heimische Orchideen **4**: 1–13

Breitrück, H. (1972): Zur Flora von Südostthüringen. Wiss. Z. Univ. Halle, Math.-Naturwiss. Reihe **21**(1): 49–50

Breitrück, H. (1975): Zur Flora von Südostthüringen (2. Beitrag). Wiss. Z. Univ. Halle, Math.-Naturwiss. Reihe **24** (6): 99–102

Breitrück, H. (1979): Zur Flora von Südostthüringen (3. Beitrag). Mitt. Florist. Kart. Halle **5**(2): 28–39

Brückner, G. (1851): Landeskunde des Herzogtums Meiningen, 1. Teil. Meiningen

Bucher, C. T. (1806): Florae Dresdensis Nomenclator oder systematisches Verzeichnis der in der Gegend von Dresden wildwachsenden Sexualpflanzen mit Angabe ihrer Standörter. Dresden

Buddensieg, F. (1884): Systematisches Verzeichnis der in der Umgegend von Tennstädt wildwachsenden Pflanzen nebst einigen Kryptogamen und Algen. Irmischia **4**: 25–26, 46–47, 50–54, 57–60

Buddensieg, F. (1885): Systematisches Verzeichnis der in der Umgegend von Tennstädt wildwachsenden Pflanzen nebst einigen Kryptogamen und Algen. Irmischia **5**: 13–15, 21–24, 29–32, 35–42, 47–51

Buhl, A. (1959): Beitrag zur Kenntnis der Standorte heimischer Pyroloideen. Dipl.-Arb. Univ. Halle

Buhl, A. (1964): Zur Flora von Beeskow und Umgebung. Wiss. Z. Univ. Halle, Math.-Naturwiss. Reihe **13** (9): 657–662

Buhl, A. (1964): Zur Flora des Elbsandsteingebirges. Wiss. Z. Univ. Halle, Math.-Naturwiss. Reihe **13**(9): 663

Buhl, A. (1969): Punktkartierung und Rasterkartierung im Bereich des Kartierungsgebietes der Arbeitsgemeinschaft Mitteldeutscher Floristen – Ein pflanzengeographisch-kartographischer Vergleich. Wiss. Z. Univ. Halle, Math.-Naturwiss. Reihe **18**(5): 475–480

Buhl, A. (1971): Verbreitungskarten mitteldeutscher Leitpflanzen für den Bereich des Meßtischblattes 4835 und des unteren Unstrutgebietes. Diss. Univ. Halle

Buhl, A. (1972): *Poa remota* Forselles in der Finne und Schrecke. Wiss. Z. Univ. Halle, Math.-Naturwiss. Reihe **21**(1): 76–78

Buhl, A., Knapp, H. D., Meusel, H. (1974): Verbreitungskarten hercynischer Leitpflanzen. 14. Reihe. Hercynia N. F. **11**: 89–171

Buhl, A., Schwab, M. (1976): Geologische Verhältnisse und Pflanzenverbreitung im Hercynischen Raum. Hercynia N. F. **13**: 380–390

Burbach, O. (1877): Beiträge zur Flora des Seeberges bei Gotha. Z. Ges. Naturwiss. **49**: 283–285

Burchardt, I. (1963): Die Salzstelle und die Salzflora bei Altensalzwedel (Altmark). Altmärk. Mus. Stendal **17**: 67–72

Burkart, M., Kummer, V., Fischer, W. (1995): Floristische Neu- und Wiederfunde im Gebiet der Unteren Havel. Mitt. Florist. Kart. Halle **20**: 24–36

Buttler, K. (1986): Über das Vorkommen des Rankenden Lerchensporns in Hessen und Thüringen. Natur und Museum **116** (2): 33–43

Buttler, K., Meinunger, L. (1990): Zur Kenntnis von *Galium schultesii* Vest in Thüringen und Franken. Haussknechtia **5**: 29–44

Buttler, K.-P., Meinunger, L. (1986): *Carex hartmanii* Caj. bei Crawinkel. Haussknechtia **5**: 85

Butzin, F. (1983): Berliner Orchideen im Herbar des Botanischen Museums Berlin-Dahlem. Verh. Berl. Bot. Ver. **2**: 51–56

Butzke, H. (1956): Über Fundort und Standort einiger pflanzengeographisch wichtiger Arten im Blumenthal-Wald bei Strausberg. In: Beitr. Flora Veget. Brandenburgs 11. Wiss. Z. Pädag. Hochsch. Potsdam, Math.-Naturwiss. Reihe **2**(2): 209–217

Camerarius, J. (1588) Hortus medicus et philosophicus. Francofurti ad Manum

Caspar, S. J. (1967): Die Gattung *Utricularia* L. (Lentibulariaceae) im thüringisch-sächsischen Raume. Limnologica **5**(1): 81–104

Caspari, S. (1993): *Lemna turionifera* Landolt in Thüringen. Inform. Florist. Kart. Thür. **5**: 11–12

Christ, H. (1875): Neue und bemerkenswerthe Rosenformen, beobachtet 1874. Bot. Z. **58**: 273–297

Christ, H. (1885): *Rosa trachyphylla* Rau. Var. *pumila*. Mitt. Geogr. Ges. Jena **3**: 304

Conrad, R. (1977): Zur Flora Ostthüringens. Mitt. Florist. Kart. Halle **3**(2): 47–49

Conrad, R. (1986): Zum Vorkommen und zur Gefährdung der Tannenmistel (*Viscum laxum* ssp. *abietis*) in Thüringen. Naturhist. Mus. Schleusingen, Sonderh. 63–68

Cordus, V. (1561): Sylva observationum variarum. Rihel

Czerlinsky, H. (1969): Beitrag zur Orchideenflora des Vogtlandes. Mitt. Arbeitskreis Heimische Orchideen **5**: 13–31

Dahnke, W. (1955): Flora des Kreises Parchim.

Dahnke, W. (1956): Flora der Lewitz.

Dahnke, W. (1958): Flora des Kreises Lübz. (ed. Rat des Kreises Lübz)

Danzig, E.(1922): Beiträge zur Kenntnis der Phanerogamenflora des sächsischen Vogtlandes. Sitzungsber. Abh. Naturwiss. Ges. Isis Dresden **1920/21**: 3–10

Danzig, E. (1925): Weitere Beiträge zur Kenntnis der Phanerogamenflora des sächsischen Vogtlandes. Sitzungsber. Abh. Naturwiss. Ges. Isis Dresden **1924**: 18–27

Danzig, E. (1929): Weitere Beiträge zur Kenntnis der Phanerogamenflora des sächsischen und nächst angrenzender Teile des thüringischen Vogtlandes. Sitzungsber. Abh. Naturwiss. Ges. Isis Dresden **1927/28**: 27–37

Danzig, E. (1933): Weitere Beiträge zur Kenntnis der Phanerogamenflora des sächsischen und nächst angrenzender Teile des thüringischen Vogtlandes. Sitzungsber. Abh. Naturwiss. Ges. Isis Dresden **1932**: 58–64

Danzig, E. (1940): Weitere Beiträge zur Kenntnis der Phanerogamenflora des sächsischen und nächst angrenzender Teile des thüringischen Vogtlandes. Sitzungsber. Abh. Naturwiss. Ges. Isis Dresden **1938/39**: 103–111

Decker, P. (1911): Beiträge zur Flora der südlichen Neumark und der östlichen Niederlausitz. Verh. Bot. Ver. Prov. Brandenburg **53**: 87–269

Dietrich, A. (1824): Flora der Gegend um Berlin. Phanerogamen Zweite Abt. Berlin

Dietrich, A. (1841): Flora Marchica

Dietrich, F. D. (1826): Flora Jenensis. Jena

Dietrich, H. (1952): Standortkartierung des Windberges unter besonderer Berücksichtigung der Waldgesellschaften. Dipl.-Arb. Techn. Hochschule Dresden, Fak. Forstwirtschaft, Tharandt

Dix, V., Dix, A. (1969): Liste einer Auswahl heimischer Pflanzenarten und deren Fundorte, die wir im Laufe der letzten Jahre auf Grund unserer Beobachtungen notierten. Unveröff. Mskr. Mus. Naturk. Gera

Doll, R., Pankow, H. (1968): Über die Verbreitung von *Taraxacum laevigatum* in Mecklenburg. Wiss. Z. Univ. Rostock, Math.-Naturwiss. Reihe **4–5**: 325–347

Dörfelt, H., Klotz, S. (1980): Bestimmungsschlüssel für die mitteleuropäischen *Pseudolysimachium*-Sippen. Mitt. Florist. Kart. Halle **6**: 62–69

Dransfeld, K. (1966): Kalkflachmoore in Thüringen. Landschaftspflege Naturschutz Thüringen **3**(2): 10–19

Drude, O. (1885): Die Verteilung und Zusammensetzung östlicher Pflanzengenossenschaften in der Umgebung von Dresden. In: Festschrift ISIS Dresden 75–107

Drude, O. (1891): Die Ergebnisse der in Sachsen seit dem Jahre 1882 nach gemeinsamen Plane angestellten pflanzenphänologischen Beobachtungen. Teil 1. Sitzungsber. Abh. Naturwiss. Ges. Isis Dresden **1891**: 59–76

Drude, O. (1902): Der Hercynische Florenbezirk. In: Die Vegetation der Erde. Bd. **6** Leipzig

Drude, O. (1907): Die kartographische Darstellung mitteldeutscher Vegetationsformen. Dresden

DRUDE, O., KÖNIG, C. (1891): Über das Vorkommen von *Alnus viridis* in Sachsen. Sitzungsber. Abh. Naturwiss. Ges. Isis Dresden **1891**: 43–47

DRUDE, O., NAUMANN, A. (1893): Die Ergebnisse der in Sachsen seit dem Jahre 1882 nach gemeinsamen Plane angestellten pflanzenphänologischen Beobachtungen. Teil 2. Sitzungsber. Abh. Naturwiss. Ges. Isis Dresden **1892**: 76–103

DRUDE, O., SCHORLER, B. (1918): Formationscharakter und floristische Grenzen des vogtländisch-ostthüringischen Schiefergebirges. Abh. Naturwiss. Ges. ISIS zu Dresden **1918**: 31–64

DUFFT, C. (o. J.): Flora der Umgebung von Rudolstadt. Mskr. in JE.

DÜLL, R. (1959): Eine kleine Liste von Neufunden seltener Pflanzen aus der Flora von Weimar. Wiss. Z. Univ. Halle, Math.-Naturwiss. Reihe **8**(4/5): 506–510

DÜLL, R. (1959): Bemerkenswerte Neufunde aus der Flora von Greiz im Vogtland. Wiss. Z. Univ. Halle, Math.-Naturwiss. Reihe **8**(4/5): 500–506

DUNGER, I. (1981): Herbarbelege Rabenhorst's im Staatlichen Museum für Naturkunde in Görlitz. Biol. Studien Kreis Luckau **10**: 11–13

DUNKEL, S. (1970): Vergleichende floristisch-pflanzengeographische Kartierung der Wald- und Grünlandgesellschaften im Bereich der Mittel- und Unterläufe der Jahna und Döllnitz. Staatsex.-Arb. Techn. Univ. Dresden

DUTY, J. (1959): *Glyceria declinata* Brebisson bei Leipzig. Wiss. Z. Univ. Halle, Math.-Naturwiss. Reihe **8**(4/5): 495–499

DUTY, J. (1959): *Carex nemorosa* Rebentisch bei Leipzig. Wiss. Z. Univ. Halle, Math.-Naturwiss. Reihe **8**(4/5): 499

DUTY, J. (1960): *Oxycoccus macrocarpus* Pers. Wiss. Z. Univ. Halle, Math.-Naturwiss. Reihe **9**(3): 419

DUTY, J. (1960): *Oxycoccus microcarpus* Turcz. Wiss. Z. Univ. Halle, Math.-Naturwiss. Reihe **9**(3): 419–420

EBELING, W. (1872): Charakterpflanzen des Alluviums im Magdeburger Florengebiete. Abh. Naturwiss. Ver. Magdeburg **3**: 3–20

EBELING, W. (1876): Mittheilungen aus dem Botanischen Verein zu Magdeburg. Abh. Naturwiss. Ver. Magdeburg **7**: 34–50

EBERT, W. (1912): Flora des Hakels und seiner Umgebung. Z. Ges. Naturwiss. **84**: 8–95

EBERT, W. (1929): Flora des Kreises Bernburg und der angrenzenden Gebiete. Bernburg

ECCARIUS, W. (1986): Die Orchideen im Westteil des Bezirkes Erfurt mit Bemerkungen zur Schutzproblematik. Naturhist. Mus. Schleusingen, Sonderh. 93–98

ECKARDT, W. (1902): Bemerkungen und Berichtigungen zu „Neue Fundorte seltener Pflanzen im südlichen Thüringen". Deut. Bot. Monatsschr. **20**: 116–117

ECKARDT, W. (1903): Beiträge zur Kenntnis der thüringischen Pflanzenwelt. Mitt. Thüring. Bot. Ver. N. F. **18**: 57–69

ECKARDT, W. (1908): Weitere Beiträge zur Kenntnis der thüringischen Pflanzenwelt. Mitt. Thüring. Bot. Ver. N. F. **23**: 27–28

EGGERS, H. (1885): Exkursion nach dem salzigen und süssen See bei Mansfeld. Irmischia **5**: 76–77

EGGERS, H. (1888): Verzeichnis der in der Umgegend von Eisleben beobachteten wildwachsenden Gefässpflanzen. Eisleben

EGGERS, H. (1897): Zur Flora des früheren Salzsees, des jetzigen Seebeckens und des süßen Sees in der Provinz Sachsen. Allg. Bot. Z. **3**: 125–126

EGGERS, H. (1901): Nachtrag zu meinem Pflanzenverzeichnis. Allg. Bot. Z. **7**: 185–187

EGGERS, H. (1902): Nachtrag zu meinem Pflanzenverzeichnis. Allg. Bot. Z. **8**: 60–63

EHRHART, F. (1788): Pharmacologische Anzeigen. Beitr. Naturkunde **3**: 125–132

EHRHART, F. (1790): Index Herbarium Linn., quas in locis earum natalibus collegit & exficcavit Fredericus Ehrhart, Helveto-Bernas. Beitr. Naturkunde **5**: 175–179

EICHLER, H. (1950): Floristische und phytozönologische Untersuchung des Hakels und seiner nächsten Umgebung. Diss. Univ. Halle,

EICHLER, H. (1970): Flora und Vegetation des Hakels. Willdenowia, Beiheft **6**

ELMER, W. (1977): Das Kälberbruch bei Sophienhof – ein neues Flächennaturdenkmal. Landschaftspflege Naturschutz Thüringen **14** (3): 64–65

ENDRESS, H., MEINUNGER, L. (1986): *Calla palustris* L. und *Erica tetralix* L. im Sonneberger Unterland. Haussknechtia **3**: 83–85

ENDTMANN, J. (1965): Landschaft und Flora xerothermer Standorte um Gartz/Oder. Wiss. Z. Univ. Greifswald, Math.-Naturwiss. Reihe **14**: 93–107

ENGLER, A. (1931): Die Pflanzen des Mansfelder Landes. Eisleben

ERDMANN, C. (1794): Vermischte botanische Beobachtungen. Ann. Bot. **9**: 32–56

ERFURTH, C. B. (1882): Flora von Weimar. (ed. 2) Weimar

ERNST, W. (1966): Ökologisch-soziologische Untersuchungen an Schwermetallpflanzengesellschaften Südfrankreichs und des östlichen Harzvorlandes. Flora B **156**: 301–318

ERZBERGER, P. (1990): Das Berlin-Herbar des Berliner Botanischen Vereins und einige Belege im Herbar des Botanischen Museums Berlin-Dahlem. Verh. Berl. Bot. Ver. **8**: 175–177

FABER, K. (1960): Die Salzstellen und die Salzflora von Osterweddingen und Sülldorf. Veröff. Kreisheimatmus. Krs. Wanzleben

FALKENBERG, H. (1962): Zur Flora von Ost-Thüringen. Wiss. Z. Univ. Halle, Math.-Naturwiss. Reihe **11**(2): 205–206

FALKENBERG, H. (1964): Zur Flora von Gera. Wiss. Z. Univ. Halle, Math.-Naturwiss. Reihe **13**(9): 656

FALKENBERG, H. (1966): Zur Flora des Ostthüringischen Buntsandsteinbezirkes und des Vogtlandes. Wiss. Z. Univ. Halle, Math.-Naturwiss. Reihe **15**(5): 768–772

FALKENBERG, H. (1969): Zur Flora des Ostthüringischen Buntsandsteinbezirkes und des Unteren Vogtlandes (4. Beitrag). Wiss. Z. Univ. Halle, Math.-Naturwiss. Reihe **18**(5): 445–448

FALKENBERG, H. (1973): Lokalverbreitungskarten charakteristischer Pflanzenarten als Grundlage einer geobotanischen Gliederung des Mittleren Elstergebietes um Gera. Veröff. Mus. Gera, Naturwiss. Reihe **1**: 37–54

FALKENBERG, H. (1975): Das Naturschutzgebiet „An den Ziegenböcken" im Forst Klosterlausnitz auf der Hermsdorfer Buntsandstein-Platte. Veröff. Mus. Gera, Naturwiss. R. **2/3**: 33–48

FALKENBERG, H. (1979): Die Farne (Pterophytina) des Mittleren Elstergebietes um Gera. Veröff. Mus. Gera, Naturwiss. Reihe **7**: 5–57

FALKENBERG, H., ZÜNDORF, H.-J. (1987): Die Farn- und Blütenpflanzen des Mittleren Elstergebietes um Gera. Veröff. Mus. Gera, Naturwiss. Reihe **14**

FASSHAUER, B. (1988): Untersuchungen zur Ruderalvegetation des Kreises Köthen. Dipl.-Arb. Päd. Hochschule Köthen

FELD, J. (1895): Floristisches aus Magdeburgs Umgebung. Deut. Bot. Monatsschr. **13**: 6–8

FELD, J. (1899): Nachtrag zum „Nachtrag zur Schneider'schen Flora von Magdeburg". Deut. Bot. Monatsschr. **17**: 39–40

FICHTER, H. (1965): Ackerunkrautgesellschaften auf Granit- und Gneisunterlage im Raum Freiberg/Sachsen. Staatsex.-Arb. Univ. Leipzig

FICINUS, H. (1821): Flora der Gegend um Dresden. Dresden

FINSTER, F. (1988): Untersuchungen zur Ruderalvegetation des Kreises Köthen. Dipl.-Arb. Päd. Hochschule Köthen

FISCHER, G. (1972): Die Flora des Auengebietes der Saale. In: Die Landschaft an der unteren Saale zwischen Rothenburg und Nienburg. Veröff. Heimatforsch. Mus. Bernburg, Teil 1. 54–66

FISCHER, W. (1955): Über Neufunde pflanzengeographisch wichtiger Arten in der Prignitz. In: Beitr. Flora Veget. Brandenburgs 5. Wiss. Z. Pädag. Hochsch. Potsdam, Math.-Naturwiss. Reihe **1** (2): 160–164

FISCHER, W. (1957): Beitrag zur Prignitzer und Ruppiner Flora. Verh. Bot. Ver. Prov. Brandenburg **83–97**: 41–52

FISCHER, W. (1958): Flora der Prignitz. Wiss. Z. Pädag. Hochsch. Potsdam, Math.-Naturwiss. Reihe **3**(2): 181–243

FISCHER, W. (1964): Flora des Ruppiner Landes. Veröff. Bezirksheimatmus. Potsdam **5**: 1–136

Fischer, W. (1966): Floristische Beobachtungen aus dem Kreise Luckau. Niederlaus. Florist. Mitt. **2**: 47 – 57

Fischer, W. (1967): Beiträge zur Verbreitung, Soziologie und Ökologie von *Myrica gale* mit besonderer Berücksichtigung der Vorkommen in der Niederlausitz. Arch. Naturschutz Landesforschung **7**: 129 – 151

Fischer, W. (1973): Zum Vorkommen des Elatino alsinastri-Juncetum tenageiae auf der Nauener Platte (Brandenburg). Gleditschia **1**: 83 – 88

Fischer, W. (1976): Zum Vorkommen der existenzgefährdeten *Holoschoenus romanus* (L.) Fritsch in der DDR. Gleditschia **4**: 123 – 125

Fischer, W. (1978): Zur Flora der Prignitz. Nachträge und Ergänzungen. Gleditschia **6**: 99 – 140

Fischer, W. (1983): Vegetationsmosaike in vernäßten Ackerhohlformen mit einem Beitrag zu segetalen Zwergbinsen- und Zweizahngesellschaften. Wiss. Z. Pädag. Hochsch. Potsdam, Math.-Naturwiss. Reihe **27**: 383 – 396

Fischer, W. (1988): Mitteilungen über Neufunde und Fundbestätigungen bemerkenswerter Adventivpflanzen Brandenburgs. Gleditschia **16**: 49 – 54

Fischer, W. (1989): Naturnahe Vegetationsformen der Gülper Havelniederung und ihre Gefährdung (Teil 1). Wiss. Z. Pädag. Hochsch. Potsdam **33**: 379 – 393

Fischer, W. (1994): *Juncus atratus* und *Sagina nodosa* im Land Sachsen-Anhalt nachgewiesen – Beitrag zu einer reichen Florenstätte im Havelland bei Vehlgast. Mitt. Florist. Kart. Halle **19**: 11 – 15

Fischer, W., Benkert D. (1986): Floristische Neufunde aus Brandenburg und der Altmark. 4. Folge. Gleditschia **14**: 85 – 111

Fitschen, J. (1900): Kleine Beiträge zur Flora von Magdeburg. Jahresber. Abh. Naturwiss. Ver. Magdeburg **1898/90**: 143 – 149

Fitting, H., Schulz, A., Wüst, E. (1900): Nachtrag zu August Garckes Flora von Halle. Verh. Bot. Ver. Prov. Brandenburg **41**: 118 – 165

Fitting, H., Schulz, A., Wüst, E. (1901): Nachtrag zu August Garckes Flora von Halle. Verh. Bot. Ver. Prov. Brandenburg **43**: 34 – 53

Fitting, H., Schulz, A., Wüst, E. (1903): Beiträge zur Kenntnis der Flora der Umgebung von Halle a. S. Z. Ges. Naturwiss. **76**: 110 – 116

Flössner, W. (1962): *Vaccinium oxycoccus* L. ssp. *microcarpum* (Turcz.) Blytt et Dahl im Erzgebirge. Wiss. Z. Univ. Halle, Math.-Naturwiss. Reihe **11**(2): 199 – 200

Forcke, H. (1889): Nachträge zu Sporleder's Verzeichniss der in der Grafschaft Wernigerode und nächster Umgebung wildwachsenden Phanerogamen und Gefäss-Cryptogamen. Schr. Naturwiss. Ver. Harzes Wernigerode **4**: 46 – 53

Förster, H. (1927): Streifzüge durch die Pflanzenwelt der Sächsisch-Böhmischen Schweiz. Dresden

Förster, H. (1963): Veränderungen im Florenbestand des Elbsandsteingebirges seit Hippes Untersuchungen 1878. In: Sächsische Schweiz. Ber. d. Arbeitskr. z. Erforsch. d. Sächs. Schweiz, Pirna. 156 – 165

Frank, D., Sänger, H. (1982): Möglichkeiten der Wiederbesiedlung einer Bergbaufolgelandschaft unter botanischen und zoologischen Gesichtspunkten am Beispiel des Rekultivierungsgebietes Großkundorf (Bez. Gera). Unveröff. Mskr. Wissenschaftsber. Geobot. Bot. Garten, Univ. Halle

Freitag, H. (1957): Floristische Beobachtungen in Südwest- und Südost-Brandenburg. Verh. Bot. Ver. Prov. Brandenburg **83-97**: 60

Freitag, H., Körtge, U. (1958): Die Pflanzengesellschaften des Zarth bei Treuenbrietzen. In: Beitr. Flora Veget. Brandenburgs 20. Wiss. Z. Pädag. Hochsch Potsdam, Math.-Naturwiss. Reihe **4**(1): 29 – 53

Freitag, H., Markus, C., Schwippl, I. (1958): Die Wasser- und Sumpfpflanzengesellschaften im Magdeburger Urstromtal südlich des Fläming (Elbe-Elster-Gebiet um Torgau und Herzberg). In: Beitr. Flora Veget. Brandenburgs 22. Wiss. Z. Pädag. Hochsch. Potsdam, Math.-Naturwiss. Reihe **4**(1): 29 – 53

Fröhlich, O. (1943): Floristisch-ökologische Studien auf Grund Bogenhardscher Standortsangaben in der Flora von Jena. Mitt. Thüring. Bot. Ver. N. F. **50**: 47 – 65

Fröhlich, O. (1965): Über die Ursachen des Rückganges einiger Orchideen in der Flora von Jena. Mitt. Arbeitskreis Heimische Orchideen **1**: 13 – 19

Fröhlich, O. (1968): Über die Ursachen des Orchideenrückganges in der Flora von Jena. Landschaftspflege Naturschutz Thüringen **5** (2): 14 – 18

Fröhner, S. (1963): Beitrag zur Kenntnis der deutschen Arten der Gattung *Poa* L. Sektion *Ochlopoa* (A. et Gr.) Jsk. Wiss. Z. Univ. Halle, Math.-Naturwiss. Reihe **12**(9): 670 – 676

Fröhner, S. (1964): Bestimmungsschlüssel der Alchemilla-Arten der DDR. Wiss. Z. Univ. Halle, Math.-Naturwiss. Reihe **13**(9): 681 – 687

Fröhner, S. (1972): *Alchemilla crinata* Bus. und *Knautia kitaibelii* (Schult.) Borb. – Neu für die DDR. Ber. Arbeitsgem. Sächs. Bot. N. F. **10**: 31 – 34

Frölich, E. (1939): Die Flora des mittleren Werratales. Eschwege

Fukarek, F. (1951): Die Waldgesellschaften im Muschelkalk-Durchbruchsgebiet der untersten Unstrut. Diss. Univ. Halle.

Fukarek, F. (1953): Vegetationskundliche Untersuchungen im Huy (nördliches Harzvorland). Mskr. Halle

Fukarek, F., Henker, H. (1984): Neue kritische Flora von Mecklenburg 1. Teil. Arch. Freunde Naturgesch. Mecklenburg **22/1983**: 28 – 133

Fukarek, F., Henker, H. (1984): Neue kritische Flora von Mecklenburg 2. Teil. Arch. Freunde Naturgesch. Mecklenburg **24**: 11 – 93

Fukarek, F., Henker, H. (1985): Neue kritische Flora von Mecklenburg (3. Teil). Arch. Freunde Naturgesch. Mecklenburg **25**: 5 – 79

Fukarek, F., Henker, H. (1986): Neue kritische Flora von Mecklenburg (4. Teil). Arch. Freunde Naturgesch. Mecklenburg **26**: 13 – 85

Fukarek, F., Knapp, H. D., Rauschert, S., Weinert, E. (1978): Karten zur Pflanzenverbreitung in der DDR 1. Serie. Hercynia N. F. **15**: 229 – 320

Garcke, A. (1848): Flora von Halle. Halle

Garcke, A. (1873): Flora von Nord- und Mitteldeutschland. (ed. 11) Berlin

Garve, E. (1994): Atlas der gefährdeten Farn- und Blütenpflanzen in Niedersachsen und Bremen. 1. Teil: A-K. Naturschutz Landschaftspflege Niedersachsen **30/1**

Garve, E. (1994): Atlas der gefährdeten Farn- und Blütenpflanzen in Niedersachsen und Bremen. 2. Teil: L – Z. Naturschutz Landschaftspflege Niedersachsen **30/2**

Gehroldt, E. (1976): Floristische Beobachtungen im Plothener Teichgebiet. Veröff. Mus. Gera, Naturwiss. Reihe **4**: 83 – 85

Gehroldt, E. (1985): Zur Flora von Ostthüringen. Haussknechtia **2**: 69 – 70

Gehroldt, E. (1986): Floristische Beobachtungen im Plothener Gebiet (Meßtischblatt Knau) aus den Jahren 1982 – 1985. Haussknechtia **3**: 85 – 87

Gehroldt, E. (1990): Exkursion in den Schleizer Stadtwald und das Leukeratal östlich Schleiz am 21. August. Haussknechtia **5**: 105 – 106

Georges, A. (1850): Referat über „Schönheit , Taschenbuch der Thüringer Flora." Flora **33**(2): 446 – 448

Georges, A. (1850): Die Flora der Umgegend von Gotha. Bot. Z. **33**(2): 576 – 587

Georges, A. (1882): Flora des Herzogtums Gotha ... Abh. Thüring. Bot. Ver. Irmischia **1/2**: 1 – 74

Georges, A. (1882): Kleinere Mitteilungen. Irmischia **2**: 26

Georges, A. (1882): Korrespondenzen. Irmischia **2**: 60 – 61

Georges, A. (1882): Der Seeberg bei Gotha. Irmischia **2**: 55 – 57, 72 – 73

Gerbing, R. (1897): Der Burgberg bei Waltershausen in Thüringen und seine Flora. Deut. Bot. Monatsschr. **15**: 123 – 126

Gerlach, O. (1932): Sülldorf – Frohser Berge. Wanderblätter für die Umgebung Magdeburgs **1**

Giese, W. (1936): Beiträge zur Flora von Magdeburg und Umgebung. I.

Im Gebiet neu aufgefundene Pflanzen. Abh. Ber. Mus. Naturk. Vorgesch. Naturw. Ver. Magdeburg **6**(3): 179–192

Giesecke, M. (1983): Die Flurgehölze im Köthener Ackerland. Dipl.-Arb. Päd. Hochschule Köthen

Gnüchtel, A., Jobst, T., Schulz, D. (1988): Zur Flora von Riesa und Umgebung, 2. Beitrag. Mitt. Florist. Kart. Halle **14**: 49–55

Gnüchtel, A., Schulz, D. (1986): Zur Flora von Riesa und Umgebung (1. Beitrag). Mitt. Florist. Kart. Halle **12**: 106–112

Göckeritz, I. (1971): Die Vegetations- und Standortsverhältnisse des Grünlandes im Eichertgrund bei Kleinbocka. Staatsex.-Arb. Univ. Halle

Goedecke, H. (1967): Die Vegetationsverhältnisse des Spatens bei Hemleben im nördlichen Thüringer Keuperbecken. Staatsex.-Arb. Mühlhausen

Goldschmidt, M. (1897): Zur Flora des Rhöngebirges. Deut. Bot. Monatsschr. **15**: 208–209

Goldschmidt, M. (1902): Die Flora des Rhöngebirges II. Verh. Phys.-Med. Ges. Würzburg N. F. **34**: 343–355

Goldschmidt, M. (1903): Die Flora des Rhöngebirges III. Verh. Phys.-Med. Ges. Würzburg N. F. **35**: 313–335

Goldschmidt, M. (1905): Die Flora des Rhöngebirges IV. Verh. Phys.-Med. Ges. Würzburg N. F. **37**: 209–234

Goldschmidt, M. (1906): Die Flora des Rhöngebirges V. Verh. Phys.-Med. Ges. Würzburg N. F. **38**: 135–154

Goldschmidt, M. (1908): Die Flora des Rhöngebirges VI. Verh. Phys.-Med. Ges. Würzburg N. F. **39**: 263–290

Goldschmidt, M. (1911): Die Flora des Rhöngebirges VII. Verh. Phys.-Med. Ges. Würzburg N. F. **41**: 151–170

Goldschmidt, M. (1913): Die Flora des Rhöngebirges VIII. Verh. Phys.-Med. Ges. Würzburg N. F. **42**: 109–125

Görner, M., Haupt, R., Hiekel, W., Niemann, E., Westhus, W. (1984): Handbuch der Naturschutzgebiete der Deutschen Demokratischen Republik. Bd. 4: Bezirke Erfurt, Suhl und Gera. (ed. 2). Leipzig, Jena, Berlin

Görz, R. (1913): Die Hügelflora um Brandenburg a. H. Ein Beitrag zur Charakteristik und Entwicklung der pontischen Flora des Havellandes. Verh. Bot. Ver. Prov. Brandenburg **54/1912**: 182–217

Görz, R. (1913): Über das Indigenat der *Salix dasyclados* Wimm. und einiger anderer Pflanzen bei Brandenburg a. H. Verh. Bot. Ver. Prov. Brandenburg **55**: 147–150

Götz, E. (1967): Die *Aconitum variegatum*-Gruppe und ihre Bastarde in Europa. Feddes Repert. **76**: 1–62

Gradmann, R. (1933): Die Steppenheidetheorie. Geographische Zeitschrift **39**

Graf, A. (1986): Flora und Vegetation der Friedhöfe in Berlin (West). Verh. Berl. Bot. Ver. **5**: 1–210

Grantzow, C. (1880): Flora der Uckermark. Prenzlau

Graumüller, J. C. F. (1824): Flora Jenensis 1. Bd. Eisenberg

Grimm, J. F. C. (1767): Synopsis methodica stirpium agri Isenacensis consignata. Nova Acta Phys.-Med. Ephemerides Acad. Leop.-Carol. Nat. Curios. **3**: 249–364

Grimm, J. F. C. (1770): Synopsis methodica stirpium agri Isenacensis continuata. Nova Acta Phys.-Med. Ephemerides Acad. Leop.-Carol. Nat. Curios. **4**: 79–158

Grimm, J. F. C. (1773): Synopseos methodicae stirpium agri Isenacensis in Nov. Actor. nat. curiosor. tom. III. et IV. appendice exhibitae emendationes et supplementa. Nova Acta Phys.-Med. Ephemerides Acad. Leop.-Carol. Nat. Curios. **5**: 117–160

Großer, K. H. (1954): Ein Beitrag zur Frage der „Niederlausitzer Tieflandfichte". Forst und Jagd **4**(7): 259–260

Großer, K. H. (1956): Die Vegetationsverhältnisse an den Arealvorposten der Fichte im Lausitzer Flachland. Arch. Forstwesen **5**(3/4): 258–295

Gross, A., Illig, W., Reichhoff, L., Wegener, U. (1982): Die Flächennaturdenkmale im Schwefeltal bei Rübeland. Naturschutzarbeit Bez. Halle Magdeburg **19**(1): 39–47

Grosse, E. (1861): Flora von Aschersleben. Aschersleben

Grosse, E. (1869): Ueber die Vegetationsverhältnisse der Umgebung von Aschersleben. Jahresber. Realschule Aschersleben. 1–22

Grosse, E. (1978): Neufunde und Bestätigungen aus dem Gebiet nördlich von Halle (Saale). Mitt. Florist. Kart. Halle **4**(1): 50–52

Grosse, E. (1979): Neufunde und Bestätigungen aus dem Gebiet nördlich von Halle (Saale) 2. Beitrag. Mitt. Florist. Kart. Halle **5**(2): 75–81

Grosse, E. (1981): Neufunde und Bestätigungen aus dem Gebiet nördlich von Halle (Saale) 3. Beitrag. Mitt. Florist. Kart. Halle **7**(2): 101–111

Grosse, E., John, H. (1987): Zur Flora von Halle und Umgebung, 1. Beitrag. Mitt. Florist. Kart Halle **13**: 85–112

Grosse, E., John, H. (1989): Zur Flora von Halle und Umgebung, 2. Beitrag. Mitt. Florist. Kart Halle **15**: 13–36

Grosse, E., John, H. (1991): Zur Flora von Halle und Umgebung, 3. Beitrag. Mitt. Florist. Kart Halle **17**: 15–22

Grundig, H. (1956): Der Cottaer Spitzberg und seine Pflanzen. Heimatkundl. Bl. **10/11**: 78–83

Grundig, H. (1959): Pflanzengeographische Kartierung des Gebietes Oelsen (Kreis Pirna). Staatsex.-Arb. Päd. Hochschule Potsdam

Grundig, H. (1963): Floristische Besonderheiten im unteren Abschnitt des Gottleubatales. In: Sächsische Schweiz. Ber. d. Arbeitskr. z. Erforschung d. Sächs. Schweiz. Pirna. 166–176

Grundmann, H. (1992): Die wildwachsenden und verwilderten Gefäßpflanzen der Stadt Chemnitz und ihrer unmittelbaren Umgebung. Veröff. Mus. Naturkunde Chemnitz **15**

Günther, K.-F. (1987): Exkursion zum Nordrand des Tautenburger Forstes am 18. August. Haussknechtia **3**: 96

Günther, K.-F. (1992): Bericht über das zweite Kartierungstreffen thüringischer Floristen. Inform. Florist. Kart. Thür. **2**: 2–6

Günther, K.-F., Hilbig, W. (1969): *Alisma gramineum* Lejeune in NW-Sachsen. Wiss. Z. Univ. Halle, Math.-Naturwiss. Reihe **18**(5): 472–474

Gutte, P. (1964): Bemerkungen zu einigen Adventiv- und Ruderalarten der weiteren Umgebung von Leipzig. Wiss. Z. Univ. Halle, Math.-Naturwiss. Reihe **13**(9): 664–669

Gutte, P. (1967): Über das Vorkommen von *Hackelia deflexa* (Wahlenb.) Opiz im Voigtland. Wiss. Z. Univ. Halle, Math.-Naturwiss. Reihe **16**(6): 883

Gutte, P. (1969): Die Ruderalpflanzengesellschaften West- und Mittelsachsens und ihre Bedeutung für die pflanzengeographische Gliederung des Gebietes. Diss. Univ. Leipzig

Gutte, P. (1983): Bemerkenswerte Adventiv- und Ruderalpflanzenfunde aus Leipzig und Umgebung. Mitt. Florist. Kart. Halle **9**: 52–62

Gutte, P. (1984): Ein unerwarteter Fund – *Stellaria longifolia* im Vogtland. Mitt. Florist. Kart. Halle **10**: 30–32

Gutte, P. (1987): Floristische Neufunde aus dem Bezirk Leipzig. Mitt. Florist. Kart. Halle **13**: 20–26

Gutte, P., Birke, H. (1983): Neophyten in sächsischen Schweine-Waldmastanlagen. Mitt. Florist. Kart. Halle **9**: 48–51

Gutte, P., Klotz, S. (1985): Zur Soziologie einiger urbaner Neophyten. Hercynia N. F. **22**: 25–36

Gutte, P., Köhler, H. (1973): Beitrag zur Flora von Mitteldeutschland, insbesondere zur Flora von Leipzig. Wiss. Z. Univ. Halle, Math.-Naturwiss. Reihe **22**(6): 7–17

Gutte, P., Pysek, A. (1976): Das Chenopodietum vulvariae – eine neue Ruderalpflanzengesellschaft. Feddes Repert. **87**: 521–526

Gutte, P., Rostanski, K. (1971): Die *Oenothera*-Arten Sachsens. Ber. Arbeitsgem. Sächs. Bot. N. F. **9**: 63–88

Gutte, P., Rühle, H. J. (1976): *Polygonum polystachyum*, der Himalaja-Knöterich, eine neue Adventivpflanze der DDR. Mitt. Florist. Kart. Halle **2**(2): 63–65

Haass, M. (1964): Die Vegetations- und Standortverhältnisse im Bereich der Gemarkung Poris-Lengefeld bei Gera. In: Meusel, H., Schubert, R. (1964): Vegetationskundliche Untersuchungen als Beiträge zur Lösung von Aufgaben der Landeskultur und Wasserwirtschaft. Wiss. Z. Univ. Halle, Math.-Naturwiss. Reihe, Sonderh. 109–148

HAFEMANN, E. (1968): Untersuchungen zur Waldstufengliederung im Tal der Lockwitz. Dipl.-Arb. Techn. Univ. Dresden, Sekt. Forstwirtschaft, Tharandt

HAGEMEIER, M. (1968) Pflanzengeographische und ökologische Untersuchungen im Plauenschen Grund. Staatsex.-Arb. Techn. Univ. Dresden

HAHN, G. (1900): Die Flora des mittleren Elstergebietes. In: Thüringen in Wort und Bild. Berlin. 219–226

HAHN, G. (1906): Vegetationsbilder aus unserer Lokalflora. Jahresber. Ges. Freunden Naturwiss. Gera **46–48**: 100–101

HAHN, G. (1908): Die Moosflora des Hainberges und der anliegenden Wälder, sowie einige andere floristische Mitteilungen. Jahresber. Ges. Freunden Naturwiss. Gera **49/50**: 50–66

HALLIER, E. (1884): Floristische Beobachtungen in der Umgegend von Halle an der Saale und im Mansfelder Seekreis. Deut. Bot. Monatsschr. **2**: 187–189

HALLIER, E. (1884): Ein Ausflug auf den Riechheimer Berg. Deut. Bot. Monatsschr. **2**: 164–165

HALLIER, E. (1885): Floristische Beobachtungen in der Umgegend von Halle an der Saale und im Mansfelder Seekreis. Deut. Bot. Monatsschr. **3**: 63–66

HAMANN, E. (1926): Erhebende Augenblicke bei meinen botanischen Studien. Abh. Ber. Ver. Naturfr. Greiz **7**: 66–71

HAMEISTER, E. (1975): Zur Frage botanischer Flächennaturdenkmale im LSG „Zuwachs-Külzauer Forst" bei Möser (Krs. Burg). Naturschutzarbeit Naturk. Heimatforsch. Bezirke Halle Magdeburg **11/12**: 81–88

HAMEISTER, E. (1977): Das *Cladium mariscus*-Vorkommen im „Fenn" (Hungriger Wolf) bei Möser (Krs. Burg). Mitt. Florist. Kart. Halle **3**(1): 8–13

HAMEL, G. (1988): Die Orchideen des Bezirkes Frankfurt/Oder. Beeskower Naturwiss. Abh. **2**: 2–34

HAMPE, E. (1837): Prodromus Florae Hercyniae. Linnaea **11**: 17–105

HAMPE, E. (1840): Jahresbericht für die Flora Hercyniae oder dritter Nachtrag des Prodromus. Linnaea **14**: 323–349

HAMPE, E. (1847): Botanische Nachlese für 1846. Ber. Naturwiss. Ver. Harzes **1846/47**: 11

HAMPE, E. (1855): Nachtrag zur Flora des Harzgebietes. Ber. Naturwiss. Ver. Harzes **1853/54**: 6

HAMPE, E. (1857): Zusätze und Verbesserungen zum Prodromus florae Hercyniae. Ber. Naturwiss. Ver. Harzes **1855/56**: 2–5

HAMPE, E. (1861): Ueber einige Bastardformen der Gattung *Cirsium* Tournef. Ber. Naturwiss. Ver. Harzes **1859/60**: 48–49

HAMPE, E. (1861): Betrachtungen über den jetzigen Bestand der Flora des Harzgebietes. Ber. Naturwiss. Ver. Harzes **1859/60**: 58–62

HAMPE, E. (1861): Verzeichnis der Gefässpflanzen auf der Brockenkuppe. Ber. Naturwiss. Ver. Harzes **1859/60**: 61–62

HAMPE, E. (1863): Ueber die Flora des Harzgebietes. Ber. Naturwiss. Ver. Harzes **1861/62**: 13–16

HAMPE, E. (1865): Phytogeographische Betrachtungen. Ber. Naturwiss. Ver. Harzes **1863/64**: 31–32

HAMPE, E. (1865): Neuer Beitrag zur Flora des Harzgebietes. Ber. Naturwiss. Ver. Harzes **1863/64**: 30

HAMPE, E. (1873): Flora Hercynica. Halle

HAMPE, E. (1875): Rückblicke zur Flora des Harzgebietes. Verh. Bot. Ver. Prov. Brandenburg **17**: 65–71

HAMSCH, S. (1969): Zur Flora des Euloer Bruches. Niederlaus. Florist. Mitt. **5**: 13–35

HANDTKE, K. (1967): Beiträge zur Libellenfauna des Harzes. 1. Das Straßberg-Harzgeröder Teichgebiet. Naturkundl. Jahresber. Mus. Heineanum Halberstadt **2**: 23–35

HANELT, P. (1975): *Cirsium helenioides* (L.) Hill – eine neue Art der Flora des Harzes. Naturkundl. Jahresber. Mus. Heineanum Halberstadt **10**: 5–9

HANSPACH, D. (1991): Zur Verbreitung und Ökologie von *Eleogiton fluitans* (L.) Link. in der DDR. Gleditschia **19**: 101–110

HANSPACH, D., KRAUSCH, H.-D. (1987): Zur Verbreitung und Ökologie von *Luronium natans* (L.) Raf. in der DDR. Limnologica (Berlin) **18**: 167–175

HARDTKE, H.-J. (1978): Die Verbreitung der Wiesen-Küchenschelle (*Pulsatilla pratensis*) im Elbhügelland und Maßnahmen zu ihrer Erhaltung. Mitt. Florist. Kart. Halle **4**(2): 26–32

HARDTKE, H.-J. (1976): Die Herbstzeitlose im Elbhügelland und den angrenzenden Gebieten. Naturschutzarbeit Naturk. Heimatforsch. Sachsen **18**: 35–36

HARDTKE, H.-J. (1978): Floristische Arbeit im Elbhügelland. Sächs. Heimatbl. **24**: 230–231

HARDTKE, H.-J. (1979): Zur Flora des Elbhügellandes (1. Beitrag). Mitt. Florist. Kart. Halle **5**(1): 45–51

HARDTKE, H.-J. (1981): Die Orchideen des nordwestlichen Teiles des Bezirkes Dresden und Probleme ihres Schutzes. Naturschutzarbeit Naturk. Heimatforsch. Sachsen **23**: 18–23

HARDTKE, H.-J. (1982): Die Wassernuß (*Trapa natans*) im Elbhügelland und der Westlausitz. Veröff. Mus. Westlausitz Kamenz **6**: 21–28

HARDTKE, H.-J. (1984): Zur Flora des Elbhügellandes und der angrenzenden Gebiete (2. Beitrag). Mitt. Florist. Kart. Halle **10**: 51–59

HARDTKE, H.-J., OTTO, H.-W., RANFT, M. (1982): Zur Ausbreitung einiger Neophyten in Oberlausitz und Elbhügelland, Teil 2. Abh. Ber. Naturkundemus. Görlitz **56**(7): 19–28

HARTENSTEIN, E. (1906): Beiträge zur Flora des Reussischen Oberlandes. Jahresber. Ges. Freunden Naturwiss. Gera **46–48**: 86–99

HAUER, O. (1957): Ein Besuch im Rehmer Moor. In: Zwischen Saale und Orla, Heimatbuch des Kreises Pößneck. 67–71

HAUFE, H. (1950): Die Besiedlung des Trümmerschutts durch die Pflanzen (Dresden). Staatsex.-Arb. Techn. Hochschule Dresden

HAUPT, R. (1968): Untersuchungen zur Waldhöhenstufengliederung im Bereich des Müglitztales. Dipl.-Arb. Techn. Univ. Dresden, Sekt. Forstwirtschaft, Tharandt

HAUPT, R. (1984): Das Naturschutzgebiet „Ziegenholz" bei Weitisberga (Kreis Lobenstein). Landschaftspflege Naturschutz Thüringen **21**(1): 22–26

HAUPT, R. (1984): Die Eibe in Thüringen – Verbreitung, Ökologie und Schutz. Landschaftspflege Naturschutz Thüringen, Sonderh. **21**

HAUPT, R. (1986): Zur Situation der Tanne und Eibe in Thüringen und ihr Schutz. Naturhist. Mus. Schleusingen, Sonderh. 57–62

HAUPT, R., WESTHUS, W. (1983): Der Große Inselsberg – wertvolles Naturschutzgebiet und attraktives Touristenzentrum im Thüringer Wald. Landschaftspflege Naturschutz Thüringen, Sonderh. **20**

HAUSSKNECHT, C. (1871): Beiträge zur Flora von Thüringen. Verh. Bot. Ver. Prov. Brandenburg **13**: 98–141

HAUSSKNECHT, C. (1872): *Saxifraga decipiens* Ehrh. und deren hybride Verbindung mit *S. granulata* L. Bot. Z. **30**: 545–551

HAUSSKNECHT, C. (1875): Zur Chronik der Pflanzeneinwanderung. Österr. Bot. Z. **25**: 391–392

HAUSSKNECHT, C. (1877): Bemerkungen zu *Carex nemorosa* Rebentisch. Österr. Bot. Z. **27**: 153–156

HAUSSKNECHT, C. (1881): Floristische Mitteilungen. Irmischia **1**: 35–36

HAUSSKNECHT, C. (1882): Über einige neue und kritische Pflanzen der Thüringischen Flora. Irmischia **2**: 32

HAUSSKNECHT, C. (1884): Über die Gruppe der *Orchis latifolia* L. Mitt. Geogr. Ges. Jena **2**: 220–225

HAUSSKNECHT, C. (1885): Floristische Beiträge. Mitt. Geogr. Ges. Jena **3**: 274–290

HAUSSKNECHT, C. (1885): Beitrag zur Kenntnis der einheimischen Rumices. Mitt. Geogr. Ges. Jena **3**: 56–79

HAUSSKNECHT, C. (1885): Über *Centaurea*-Bastarde. Mitt. Geogr. Ges. Jena **3**: 227–229

HAUSSKNECHT, C. (1885): Einige Bemerkungen über *Glyceria*. Mitt. Geogr. Ges. Jena **3**: 229–231

HAUSSKNECHT, C. (1886): Nachträge zur Monographie der Gattung *Epilobium*. Mitt. Geogr. Ges. Jena **4**: 69–74

HAUSSKNECHT, C. (1888): Kleinere botanische Mitteilungen. Mitt. Geogr. Ges. Jena **6**: 21–32

HAUSSKNECHT, C. (1890): Kleinere botanische Mitteilungen. Mitt. Geogr. Ges. Jena **8**: 28–38

Haussknecht, C. (1891): Floristische Notizen. Mitt. Geogr. Ges. Jena **9**: 43–47

Haussknecht, C. (1892): Pflanzengeschichtliche, systematische und floristische Besprechungen und Beiträge. Mitt. Thüring. Bot. Ver. N. F. **2**: 45–67

Haussknecht, C. (1893): Floristische Mittheilungen. Mitt. Thüring. Bot. Ver. N. F. **3/4**: 69–72

Haussknecht, C. (1893): Neue Funde und Standorte bei Kloster-Lausnitz. Mitt. Thüring. Bot. Ver. N. F. **3/4**: 17–18

Haussknecht, C. (1895): Systematische und floristische Notizen. Mitt. Thüring. Bot. Ver. N. F. **8**: 21–34

Haussknecht, C. (1900): Dr. C. Leonhardt, Flora von Jena mit besonderer Berücksichtigung der Ziergehölze in den Anlagen und einer Reihe botanischer Ausflüge. Jena, 1900. B. Vopelius. [Buchbesprechung] Mitt. Thüring. Bot. Ver. N. F. **15**: 67–78

Hayek, A. v. (1914): Orobanchaceae. In: Hegi, G. (ed.): Illustrierte Flora von Mitteleuropa. München **6**: 132–155

Heddergott, K., Mross, S (1983): Floristische Untersuchungen zur Bioindikation im Gebiet des MTB. Quellendorf 4238/3 u. 4 Dipl.-Arb. Päd. Hochschule Köthen

Heine, R. (1970): Zur Taxonomie und Verbreitung von *Calamagrostis canescens* (Web.) Roth., *C. villosa* (Chaix) Gmel., *C. arundinacea* (L.) Roth., *C. neglecta* (Ehrh.) P.B., *C. pseudopurpurea* (Gerstl.) Heine und einiger Bastarde in Sachsen. Diss. Techn. Univ. Dresden

Heinrich, W. (1962): Über einige buchenarme Waldgesellschaften Thüringens. Dipl.-Arb. Univ. Jena

Heinrich, W. (1965): Die Pflanzengesellschaften der Gemarkung Unterreichenau (Kreis Zeulenroda). Mskr. in JE.

Heinrich, W. (1967): Geobotanische Untersuchungen im Thüringisch-Sächsischen Vogtland. Diss. Univ. Jena

Heinrich, W. (1968): Zur Flora und Vegetation des Naturschutzgebietes „Leutratal" bei Jena. Landschaftspflege Naturschutz Thüringen **5**(2): 1–8

Heinrich, W. (1971): Das Naturschutzgebiet „Gütterlitz" bei Auma und seine Geschichte. Landschaftspflege Naturschutz Thüringen **8**(1): 15–23

Heinrich, W. (1981): Eine Kurzcharakteristik: Leuchtenberg, Dohlenstein, Pfaffenberg. Mitt. Arbeitskreis Heimische Orchideen **10**: 12–20

Heinrich, W. (1983): Der Dohlenstein bei Kahla – floristisch-vegetationskundliche Beobachtungen in einem neuen Naturschutzgebiet. Landschaftspflege Naturschutz Thüringen **20**(1): 2–21

Heinrich, W. (1984): Bemerkungen zum binnenländischen Vorkommen des Salzschwadens (*Puccinellia distans* [Jacq.] Parl.). Haussknechtia **1**: 27–41

Heinrich, W. (1984): Eine Übersicht über die Orchideenvorkommen im Bezirk Gera. Landschaftspflege Naturschutz Thüringen **21**(2): 30–36

Heinrich, W. (1985): Bemerkenswerte Pflanzenfunde. Haussknechtia **2**: 68–69

Heinrich, W. (1985): Verbreitung und Vergesellschaftung der Orientalischen Zackenschote (*Bunias orientalis* L.) in Thüringen. Wiss. Z. Univ. Jena, Naturwiss. Reihe **34**: 577–583

Heinrich, W. (1986): Zur Situation der Orchideen im Bezirk Gera. Naturhist. Mus. Schleusingen, Sonderh. 81–92

Heinrich, W. (1987): Bemerkenswerte Pflanzenfunde (2). Haussknechtia **3**: 87–89

Heinrich, W. (1992): Bemerkenswerte Pflanzenfunde (5). Inform. Florist. Kart. Thür. **2**: 6–10

Heinrich, W. (1993): Bemerkenswerte Pflanzenfunde (6). Inform. Florist. Kart. Thür. **4**: 2–6

Heinrich, W. (1994): Der Drüsige Klappertopf – nur bei Jena. Inform. Florist. Kart. Thür. **7**: 12–21

Heinrich, W. (1995): Bemerkenswerte Pflanzenfunde (7). Inform. Florist. Kart. Thür. **8**: 2–8

Heinrich, W., Lange, E. (1969): Ein Beitrag zur Kenntnis der Waldgeschichte des Thüringisch-Sächsischen Vogtlandes. Feddes Repert. **80**: 437–462

Heinrich, W., Manitz, H., Marstaller, R. (1973): Bemerkenswerte Pflanzenfunde im mittleren und östlichen Thüringen. Wiss. Z. Univ. Jena, Math.-Naturwiss. Reihe **22**: 493–496

Heinrich, W., Weber, R. (1979): Zum Vorkommen und zur Verbreitung der Ackerunkräuter im Vogtland. Hercynia N. F. **16**: 355–404

Heinze, D. (1973): Die Verbreitung der Arten der naturnahen Vegetation im Ketzerbachtal und seinen Seitengründen zwischen Mertitz und Leuben. Dipl.-Arb. Päd. Hochschule Potsdam

Helbig, H. (1950–1977): Flora von Meißen. Mskr.-Abschrift in Kartei AG Flora Elbhügelland

Hempel, F. (1977): Flora des Kreises Zeulenroda und der nahen Umgebung. Jahrb. Mus. Hohenleuben-Reichenfels **25**: 59–108

Hempel, W. (1962): Arbeitsgemeinschaft sächsischer Botaniker: Beiträge zur Flora Saxonica. Ber. Arbeitsgem. Sächs. Bot. N. F. **4**: 218–226

Hempel, W. (1965): Arbeitsgemeinschaft sächsischer Botaniker: Beiträge zur Flora Saxonica 1963. Ber. Arbeitsgem. Sächs. Bot. N. F. **5/6**: 246–255

Hempel, W. (1967): Arbeitsgemeinschaft sächsischer Botaniker: Beiträge zur Flora Saxonica 1964-1965. Ber. Arbeitsgem. Sächs. Bot. N. F. **7**: 255–275

Hempel, W. (1967): Die pflanzengeographische Gliederung Sachsens, dargestellt an Hand des Verbreitungsgefälles ausgewählter Arten der natürlichen Vegetation. Diss. Techn. Hochschule Dresden, Fak. Forstwirtschaft, Tharandt

Hempel, W. (1968): Bärlappe in Sachsen. Naturschutzarbeit Naturk. Heimatforsch. Sachsen **10**: 88–91

Hempel, W. (1971): Kuhschellen in Sachsen. Naturschutzarbeit Naturk. Heimatforsch. Sachsen **13**: 34–37

Hempel, W. (1971): Die Trollblume in Sachsen. Naturschutzarbeit Naturk. Heimatforsch. Sachsen **13**: 98–101

Hempel, W. (1974): Die Verbreitung des Widerbartes, *Epipogium aphyllum*, in Sachsen. Naturschutzarbeit Naturk. Heimatforsch. Sachsen **16**: 78–81

Hempel, W. (1975): Die Verbreitung der Nestwurz, *Neottia nidus-avis*, in Sachsen. Naturschutzarbeit Naturk. Heimatforsch. Sachsen **17**: 87–90

Hempel, W. (1975): Die Verbreitung der Korallenwurz (*Corallorrhiza trifida* Chat.) in Sachsen. Naturschutzarbeit Naturk. Heimatforsch. Sachsen **17**: 33–36

Hempel, W. (1979): Die Verbreitung der wildwachsenden Gehölze in Sachsen. Gleditschia **7**: 43–72

Hempel, W. (1980): Die Verbreitung der Kleinenziane in Sachsen. Naturschutzarbeit Naturk. Heimatforsch. Sachsen **22**: 36–44

Hempel, W. (1981): Verbreitungskarten sächsischer Leitpflanzen 4. Reihe. Ber. Arbeitsgem. Sächs. Bot. N. F. **11**: 101–183

Hempel, W., Pietsch, W. (1985): Verbreitungskarten sächsischer Leitpflanzen, 5. Reihe. Ber. Arbeitsgem. Sächs. Bot. N. F. **12**: 1–50

Hempel, W., Schiemenz, H. (1986): Handbuch der Naturschutzgebiete der der Deutschen Demokratischen Republik. Bd. **5**. Die Naturschutzgebiete der Bezirke Leipzig, Karl-Marx-Stadt und Dresden. (ed. 2). Leipzig, Jena, Berlin

Henkel, A. (1921): Beiträge zur Flora von Weimar. Mitt. Thüring. Bot. Ver. N. F. **35**: 30–32

Henker, H. (1984): Anmerkungen, Ergänzungen und Korrekturen zu den Beiträgen in den Botanischen Rundbriefen für den Bezirk Neubrandenburg. Bot. Rundbrief Bezirk Neubrandenburg **15**: 55–60

Henker, H., Schulze, G. (1993): Die Wildrosen des norddeutschen Tieflandes. Gleditschia **21**: 3–22

Hentig, R. (1882): Flora von Eberswalde und Umgegend. Berlin

Hentschel, P. (1955): Über Ackerunkrautgesellschaften in der Umgebung von Bernburg. Staatsex.-Arb. Univ. Halle

Hentschel, P. (1965): Beiträge zur Soziologie und Ökologie einiger Laubholzarten in Restgehölzen mitteldeutscher Ackergesellschaften. Diss. Univ. Halle

Hentschel, P. (1967): Das Naturschutzgebiet Harsleber Berge – Steinholz. Naturschutzarbeit Naturk. Heimatforsch. Bezirke Halle Magdeburg **4**: 76–82

HENTSCHEL, P., REICHHOFF, L., REUTER, B., ROSSEL, B. (1983): Handbuch der Naturschutzgebiete der Deutschen Demokratischen Republik. Bd. **3**. Die Naturschutzgebiete der Bezirke Magdeburg und Halle. (ed. 2). Leipzig, Jena, Berlin

HENTSCHEL, P., SCHAUER, W. (1967): Bestockungsanalysen als Beiträge zur wissenschaftlichen Erschließung von Naturschutzgebieten. Arch. Naturschutz Landschaftsf. **7**: 47–74

HENZE, U. (1994): Zur Flora der Badraer Gipsberge im westlichen Kyffhäusergebirge. Mitt. Florist. Kart. Halle **19**: 16–25

HENZE, U. (1994): Zur Flora der Hainleite im Landkreis Sondershausen. Mitt. Florist. Kart. Halle **19**: 34–51

HENZE, U. (1995): Vegetationskundliche Aspekte des oberen Helbetales. Mitt. Florist. Kart. Halle **20**: 37–44

HENZE, U. (1995): Zur Flora der Windleite und des Wippertales zwischen Großfurra und Göllingen. Mitt. Florist. Kart. Halle **20**: 44–58

HERBORG, J. (1987): Die Variabilität und Sippenabgrenzung in der *Senecio nemorensis*-Gruppe (Compositae) im europäischen Teilareal. Diss. Bot. **107**

HERDAM, H. (1975): Zum Vorkommen geschützter Pflanzenarten im Kreis Wanzleben. Naturkundl. Jahresber. Mus. Heineanum Halberstadt **10**: 11–19

HERDAM, H. (1993): Neue Flora von Halberstadt. Quedlinburg

HERGT, B. (1906): Die Farnpflanzen Thüringens. Mitt. Thüring. Bot. Ver. N. F. **21**: 1–50

HERGT, B. (1912): Gemeinsame Exkursion. Mitt. Thüring. Bot. Ver. N. F. **29**: 65

HERMANN, F. (1902): Beiträge zur Flora von Anhalt und den angrenzenden preussischen Gebietsteilen. Verh. Bot. Ver. Prov. Brandenburg **43**: 147–151

HERMANN, F. (1904): Beiträge zur Flora von Anhalt und den angrenzenden preußischen Gebietsteilen. II. Verh. Bot. Ver. Prov. Brandenburg **45**: 192–196

HERMANN, F. (1907): Beiträge zur Flora von Anhalt und den angrenzenden preussischen Gebietsteilen. III. Verh. Bot. Ver. Prov. Brandenburg **48**: 114–116

HERMANN, F. (1922): Aus meinem botanischen Merkbuche. Verh. Bot. Ver. Prov. Brandenburg **63**: 38–51

HERMANN, F. (1924): Aus meinem botanischen Merkbuche II. Verh. Bot. Ver. Prov. Brandenburg **66**: 80–86

HERMANN, F. (1925): Ostwalds Farbenlehre und ihre Bedeutung für die Botanik. Verh. Bot Ver. Prov. Brandenburg **67**: 14–23

HERMANN, F. (1925): Aus meinem botanischen Merkbuche III. Verh. Bot. Ver. Prov. Brandenburg **67**: 79–86

HERMANN, F. (1926): Aus meinem botanischen Merkbuch IV. Verh. Bot. Ver. Prov. Brandenburg **68**: 212–219

HERMANN, F. (1938): Einiges über *Cerastium*. Hercynia **1**: 265–271

HERMANN, F. (1941): *Poa supina* auf dem Thüringer Wald. Mitt. Thüring. Bot. Ver. N. F. **47**: 138–139

HERMANN, F. (1943): Einiges über *Carex contigua* Hoppe und die ihr verwandten Arten, sowie über *Carex buxbaumii*. Mitt. Thüring. Bot. Ver. N. F. **50**: 37–99

HERMANN, F. (1944): *Dryopteris borreri* im Harz. Hercynia **3**: 683–684

HERRMANN, E. (1987): *Galega officinalis* L. bei Naumburg (Saale). Mitt. Florist. Kart. Halle **13**: 80–81

HERRMANN, M., & E. (1976): *Phytolacca armericana* L. als Neophyt im Stadt- und Kreisgebiet von Naumburg (Saale). Mitt. Florist. Kart. Halle **2**(2): 57–60

HERZOG, M. (1927): Frühlingskreuzkraut, Frühlingswaldgreis (*Senecio vernalis* W. K.) in der näheren Umgebung von Mühlhausen i. Th. Pflüger **4**: 479–480

HESSELBACH, J. (1969): Verbreitung und Vorkommen von Ackerunkräutern auf den Kalkhöhenzügen am nordöstlichen Harzrand. Dipl.-Arb. Univ. Halle

HEUBL, G. (1984): Systematische Untersuchungen an mitteleuropäischen *Polygala*-Arten. Mitt. Bot. München **20**: 205–428

HEY, A. (1956): Die Verbreitung der Felsenbirne (*Amelanchier ovalis* Med.) in Thüringen. (Eine geographische und ökologische Untersuchung). Staatsex.-Arb. Jena

HEYNERT, H. (1964): Das Pflanzenleben des hohen Westerzgebirges. Dresden, Leipzig

HIEKEL, W., GÖRNER, M., WESTHUS, W., HAUPT, R. (1986): Die Flächennaturdenkmale des Bezirkes Gera. Veröff. Mus. Gera, Naturwiss. R. **13**

HIEKEL, W., HEINRICH, W. (1984): Das Naturschutzgebiet „Reinstädter Berg" (Kreis Jena). Landschaftspflege Naturschutz Thüringen **21** (4): 102–104

HILBIG, W. (1958): Ackerunkrautgesellschaften im Gebiet zwischen Huy und Hakel. Dipl.-Arb. Univ. Halle

HILBIG, W. (1960): Vegetationskundliche Untersuchungen in der mitteldeutschen Ackerlandschaft. II. Die Ackerunkrautgesellschaften im Gebiet zwischen Huy und Hakel. Wiss. Z. Univ. Halle, Math.-Naturwiss. Reihe **9**(3): 309–332

HILBIG, W. (1963): Zur Flora von Thüringen II. Wiss. Z. Univ. Halle, Math.-Naturwiss. Reihe **12**(9): 713

HILBIG, W. (1966): *Solanum nitidibaccatum* Bitter als Weinbergsunkraut. Wiss. Z. Univ. Halle, Math.-Naturwiss. Reihe **15**(5): 779–781

HILBIG, W. (1967): Die Unkrautbestände der mitteldeutschen Weinberge. Hercynia N. F. **4**: 325–338

HILBIG, W. (1969): Zur Flora des Leipziger Landes. Wiss. Z. Univ. Halle, Math.-Naturwiss. Reihe **18**(5): 454–455

HILBIG, W. (1971): Kalkschuttgesellschaften in Thüringen. Hercynia N. F. **8**: 85–95

HILBIG, W. (1972): Beitrag zur Kenntnis einiger wenig beachteter Pflanzengesellschaften Mitteldeutschlands. Wiss. Z. Univ. Halle, Math.-Naturwiss. Reihe **21**(3): 83–98

HILBIG, W. (1976): Stand und Methoden der Unkrauterfassung. Mitt. Florist. Kart. Halle **2**(1): 3–28

HILBIG, W., MAHN, E. G. (1974): Zur Verbreitung von Ackerunkräutern im südlichen Teil der DDR 2. Folge. Wiss. Z. Univ. Halle, Math.-Naturwiss. Reihe **23**(1): 5–57

HILBIG, W., MAHN, E. G. (1981): Karten der Pflanzenverbreitung in der DDR 4. Serie. Segetalpflanzen (Folge 1). Hercynia N. F. **18**: 1–64

HILBIG, W., MAHN, E. G., MÜLLER, G. (1969): Zur Verbreitung von Ackerunkräutern im südlichen Teil der DDR. Wiss. Z. Univ. Halle, Math.-Naturwiss. Reihe **18**(3): 211–270

HILBIG, W., REICHHOFF, L. (1974): Zur Vegetation und Flora des Naturschutzgebietes „Schollener See", Kreis Havelberg. Hercynia N. F. **11**: 215–232

HILBIG, W., REICHHOFF, L. (1977): Die Vegetation des Naturschutzgebietes „Schelldorfer See" bei Tangerhütte, Bez. Magdeburg. Naturschutzarbeit Naturk. Heimatforsch. Bezirke Halle Magdeburg **14**(2): 24–35

HILBIG, W., WOLKE, J. (1991): Gartenunkrautgesellschaften im Harz und nördlichen Harzvorland. Wiss. Z. Univ. Halle, Math.-Naturwiss. Reihe **40**(6): 93–99

HILDEBRANDT, G. (1968): Die Waldvegetation des Gebergrundes bei Dresden. Staatsex.-Arb. Techn. Univ. Dresden

HILLER, E. (1994): Halophytenstandorte im Ostteil des Kyffhäuserkreises, Thüringen. Inform. Florist. Kart. Thür. **7**: 6–7

HIPPE, E. (1878): Verzeichnis der wildwachsenden sowie der allgemeiner cultivirten Phanerogamen und kryptogamischen Gefässpflanzen der Sächsischen Schweiz und deren nächsten Umgebung. Pirna

HOFFMANN, F. (1906): Bericht über die bei Lanke gemachten Funde an höheren Pflanzen. Verh. Bot. Ver. Prov. Brandenburg **47/1905**: XIV–XVII

HOFFMANN, F. (1908): Bericht über die Phanerogamenfunde bei der Frühjahrsversammlung in Brandenburg a. H. am 25. und 26. Mai 1907. Verh. Bot. Ver. Prov. Brandenburg **49/1907**: XVII–XXII

HOFFMANN, F. (1912): Verzeichnis der Phanerogamenfunde, die gelegentlich der Frühjahrs-Versammlung in Havelberg gemacht wurden. Verh. Bot. Ver. Prov. Brandenburg **53/1911**: (9)–(14)

HOFFMANN, F. (1913): Verzeichnis der aus Anlaß der diesjährigen

Frühjahrs-Versammlung im Forsthause Kupferhammer bei Müllrose in der Nähe von Frankfurt a. O. beobachteten höheren Pflanzen. Verh. Bot. Ver. Prov. Brandenburg **55**: (26)–(35)

HOFFMANN, F. (1913): Verzeichnis der aus Anlaß der diesjährigen Frühjahrs-Versammlung im Wirtshause zum St. Hubertus am Werbellinsee und in der Umgegend beobachteten höheren Pflanzen. Verh. Bot. Ver. Prov. Brandenburg **54/1912**: (9)–(14)

HOFFMANN, F. (1915): Verzeichnis der aus Anlaß der diesjährigen Frühjahrsversammlung in Kremmen beobachteten höheren Pflanzen. Verh. Bot. Ver. Prov. Brandenburg **56/1914**: (10)–(15)

HOFFMANN, G. F. (1791): Deutschlands Flora oder Botanisches Taschenbuch für das Jahr 1791. Erlangen

HOFFMANN, H. (1969): Die Flora der Hirschfelder Höhenzüge und des westlich davon gelegenen Waldgebietes. Dipl.-Arb. Techn. Univ. Dresden

HOFFMANN, H. (1981): Charakteristik des Naturschutzgebietes „Kreuzhorst" in unmittelbarer Nähe der Industriestadt Magdeburg. Dipl.-Arb. Univ. Halle

HOFMANN, G. (1958): Die eibenreichen Waldgesellschaften Mitteldeutschlands. Arch. Forstwesen **7**: 502–558

HÖGEL, E., ILLIG, W. (1982): Veränderungen der Flora um Wernigerode in den letzten hundert Jahren. Der Harz. Schriftenr. Harzmus. Wernigerode **6**: 11–16

HÖHN, W. (1989): Neufunde und Bestätigungen bemerkenswerter Arten im südlichen Kreis Hildburghausen, 1. Beitrag. Mitt. Florist. Kart. Halle **15**: 76–81

HOLL, F., HEYNOLD, G. (1842): Flora von Sachsen. Dresden

HOLLA, R. (1862): Flora der mittleren Niederlausitz. Ein Verzeichnis der in den Kreisen Kalau, Kotbus und Spremberg aufgefundenen Gefäßpflanzen. Verh. Bot. Ver. Prov. Brandenburg **3/4**: 39–90

HÖLZER, H. (1935): Die Salzflora des Kreises Calbe. Heimatkalender Kreis Calbe 111–114

HOLZFUß, E. (1921): Beitrag zur Brombeerflora von Thüringen. Mitt. Thüring. Bot. Ver. N. F. **35**: 26–29

HOLZFUß, E. (1929): Aus der Rubusflora von Finsterbergen und Umgebung. Mitt. Thüring. Bot. Ver. N. F. **38**: 41–42

HOPPE, R. (1882): Beiträge zur Flora von Arnstadt. Irmischia **2**: 59–60

HOPPE, T. C. (1774): Geraische Flora. Jena

HORNUNG, E. G. (1832): Über das naturwissenschaftliche Streben in Aschersleben mit Bezug auf den naturwissenschaftlichen Verein des Harzes. Flora **15**(1): 291–302

HORNUNG, E. G. (1833): *Bromus brachystachys*; eine neue deutsche Pflanze. Flora **16**(2): 417–421

HORST, K., KRAUSCH, H.-D., MÜLLER-STOLL, W. R. (1966): Die Wasser- und Sumpfpflanzengesellschaften im Elb-Havel-Winkel. Limnologica (Berlin) **4**: 101–163

HOTZLER, F. (1962): Kurzberichte. Hess. Florist. Briefe **11**(125): 19–20

HUDZIOK, G. (1962): Zur Flora des Flämings. Wiss. Z. Univ. Halle, Math.-Naturwiss. Reihe **11**(2): 206

HUDZIOK, G. (1963): Beiträge zur Flora des Flämings und der südlichen Mittelmark (Nachtrag). Wiss. Z. Univ. Halle, Math.-Naturwiss. Reihe **12**(9): 706–710

HUDZIOK, G. (1964): Beiträge zur Flora des Flämings und der südlichen Mittelmark. Verh. Bot. Ver. Prov. Brandenburg **101**: 18–38

HUDZIOK, G. (1965): Beiträge zur Flora des Flämings und der südlichen Mittelmark. (Zweiter Nachtrag). Wiss. Z. Univ. Halle, Math.-Naturwiss. Reihe **14**(6): 485–492

HUDZIOK, G. (1965): Neue Arten der Gattung *Taraxacum* Zinn sowie eine neue Art der Gattung *Alchemilla* L. aus der Mark Brandenburg. Feddes Repert. **72**: 25–30

HUDZIOK, G. (1966): Beiträge zur Flora des Flämings und der südlichen Mittelmark. (Dritter Nachtrag und Zusammenfassung). Wiss. Z. Univ. Halle, Math.-Naturwiss. Reihe **15**(5): 752–760

HUDZIOK, G. (1967): Beiträge zur Flora des Flämings und der südlichen Mittelmark (4. Nachtrag). Wiss. Z. Univ. Halle, Math.-Naturwiss. Reihe **16**(6): 864–866

HUDZIOK, G. (1967): Neue *Taraxacum*-Arten der Sektion *Palustria* Dahlstedt aus Norddeutschland. Feddes Repert. **75**: 131–139

HUDZIOK, G. (1967): Beiträge zur Flora des Flämings und der südlichen Mittelmark (Fünfter Nachtrag). Verh. Bot. Ver. Prov. Brandenburg **104**: 96–104

HUDZIOK, G. (1969): Neue *Taraxacum*-Arten der Sektion *Palustria* Dahlstedt aus Norddeutschland (II). Feddes Repert. **80**: 323–338

HUDZIOK, G. (1970): Beiträge zur Flora des Flämings und der südlichen Mittelmark (Sechster Nachtrag mit Übersicht über die Nachträge 1 bis 4). Verh. Bot. Ver. Prov. Brandenburg **107**: 29–50

HUDZIOK, G. (1974): Beiträge zur Flora des Flämings und der südlichen Mittelmark (Siebenter Nachtrag). Verh. Bot. Ver. Prov. Brandenburg **109-111**: 96–103

HUECK, K. (1925): Vegetationsstudien auf brandenburgischen Hochmooren. Beitr. Naturdenkmalpflege **10**: 311–408

HUECK, K. (1928): Die Vegetation und Oberflächengestaltung der Oberharzer Hochmoore. Beitr. Naturdenkmalpflege **12**(2): 153–214

HUNDT, R. (1936): Der Buchnußberg bei Neustadt. Heimatschutz Ostthüringen **4**

HUNDT, R. (1958): Beiträge zur Wiesenvegetation Mitteleuropas. I. Die Auenwiesen an der Elbe, Saale u. Mulde. Nova Acta Leopoldina **20**(135)

HUNDT, R. (1964): Die Bergwiesen des Harzes, Thüringer Waldes und Erzgebirges. Pflanzensoziologie, Jena **14**

HUNSTOCK, A. (1977): Die Erforschung und Sicherung des Naturschutzgebietes „Münchenberg" im Kreis Quedlinburg. Naturschutzarbeit Naturk. Heimatforsch. Bezirke Halle Magdeburg **14**(1): 80–85

HUNSTOCK, A. (1981): Der braune Storchschnabel (*Geranium phaeum*) im Harz. Der Harz. Schriftenr. Harzmus. Wernigerode **4**: 19–21

HUTH, E. (1880): Flora von Frankfurt a. O. und Umgebung. Progr. Realschule I. Frankfurt a. O.

HUTH, E. (1895): Flora von Frankfurt a. Oder und Umgegend. (ed. 2) Frankfurt a. Oder

HUTH, E. (1909): Flora von Frankfurt a. O. und Umgegend. (ed. 3, bearbeitet von BRAND) Frankfurt a. O.

ILLIG, H. (1968): Beiträge zur Flora von Luckau. Verh. Bot. Ver. Prov. Brandenburg **105**: 64–72

ILLIG, H. (1969): Beitrag zur Geschichte der Flora des Drehnaer Weinberges. Niederlaus. Florist. Mitt. **5**: 35–53

ILLIG, H. (1975): Zur Verbreitung und Soziologie der Grauen Kratzdistel (*Cirsium canum* (L). All.) in Brandenburg. Gleditschia **3**: 137–145

ILLIG, H. (1975): Zur Vegetation der Dorfteiche in der nordwestlichen Niederlausitz. Gleditschia **3**: 163–170

ILLIG, H., ILLIG, J. (1968): Interessante Pflanzenfunde im Kreis Luckau. Niederlaus. Florist. Mitt. **4**: 38–43

ILLIG, H., ILLIG, J. (1971): Interessante Pflanzenfunde im Kreis Luckau. Niederlaus. Florist. Mitt. **6**: 48–61

ILLIG, H., ILLIG, J., TOMAN, M. (1976): Zur Verbreitung, Soziologie und Taxonomie des Sandschwingels (*Festuca psammophila* (Hack.) Fritsch) in der nordwestlichen Niederlausitz. Gleditschia **4**: 55–73

ILLIG, J. (1974): Verbreitung und Soziologie von *Astragalus arenarius* L. in der nordwestlichen Niederlausitz. Niederlaus. Florist. Mitt. **7**: 33–39

ILLIG, S., ILLIG, W. (1972): Ergänzungen zur Flora von Halberstadt. Naturkundl. Jahresber. Mus. Heineanum Halberstadt **5/6**: 19–21

ILLIG, W. (1972): *Polystichium lonchitis* (L.) Roth – ein unbeständiger Farn im Harz. Naturkundl. Jahresber. Mus. Heineanum Halberstadt **5/6**: 17–18

ILLIG, W. (1976): *Coeloglossum viride* (L.) Hartman im Nordharz wiedergefunden. Mitt. Florist. Kart. Halle **2**(1): 41–44

ILLIG, W. (1985): Zur Verbreitung der Langblättrigen Melde, *Atriplex oblongifolia* W. et K., im nördlichen Harzvorland. Mitt. Florist. Kart. Halle **11**: 18–23

ILLIG, W. (1991): Zum Vorkommen des Speierlings (*Sorbus domestica* L.) im Nordharz und seinem Vorland. Flor. Rundbr. **25**(1): 23–27

ILSE, H. (1863): *Gagea saxatilis* Koch bei Oderberg. Verh. Bot. Ver. Prov. Brandenburg **5**: 228–229

ILSE, H. (1864): Forstbotanische Wanderung im Thüringer Wald. Verh. Bot. Ver. Prov. Brandenburg **6**: 51 – 80

ILSE, H. (1866): Flora von Mittelthüringen. Jahrb. Königl. Akad. Gemeinnütz. Wiss. Erfurt, N. F. **4**: 14 – 375

IMMLER, R. (1956): Die Flora der Pillnitzer Elbinsel, ihre Geschichte und geographische Eingliederung. Dipl.-Arb. Techn. Hochschule Dresden

IRMISCH, T. (1846): Ueber das Vorkommen der *Helminthia echioides, Melilotus parviflora* und einiger andern Pflanzen in Nordthüringen. Bot. Z. **4**: 773 – 775

IRMISCH, T. (1846): Systematisches Verzeichnis der in dem unterherrschaftlichen Theile der Schwarzburgischen Fürstentümer wildwachsenden phanerogamischen Pflanzen mit Angabe der wichtigsten Culturgewächse. Sondershausen

IRMISCH, T. (1847): Notiz über *Helianthemum Fumana*. Bot. Z. **5**: 84 – 85

IRMISCH, T. (1847): Über das Vorkommen des Eibenbaumes im nördlichen Thüringen. Bot. Z. **5**: 882 – 885

IRMISCH, T. (1847): Beschreibung des Rhizoms von *Sturmia Loeselii*. Bot. Z. **5**: 137 – 140

IRMISCH, T. (1848): Zwei Floren von Halle. (Referate über Sprengel, Anleitung zur Kenntnis aller in der Umgegend von Halle wildwachsenden phanerogamischen Gewächse und Garcke, Flora von Halle) Bot. Z. **6**: 511 – 517, 526 – 532

IRMISCH, T. (1849): Nachträge zur Flora der Sondershäuser Gegend. Jahresber. Fürstl. Schwarzburgische Gymn. Sondershausen

IRMISCH, T. (1850): Literatur. (Taschenbuch der Flora Thüringens, von F. C. H. Schönheit; Rezension; mit Anmerkung Schlechtendals) Bot. Z. **8**: 590 – 594

IRMISCH, T. (1851): Literatur. (Taschenbuch der Flora von Jena, von C. Bogenhard; Rezension) Bot. Z. **9**: 49 – 52, 66 – 70, 87 – 92, 103 – 109

IRMISCH, T. (1856): Mittheilungen. (Bemerkungen über die Mühlhäuser Flora). Z. Ges. Naturwiss. **7**: 510 – 511

IRMISCH, T. (1857): Zur Schwarzburgischen Flora. Z. Ges. Naturwiss. **10**: 489 – 490

IRMISCH, T. (1858): Ueber einige Pflanzen der thüringischen Flora. Bot. Z. **16**: 235 – 236

IRMISCH, T. (1858): Bemerkung über *Spergula pentandra* und *Morisonii*. Z. Ges. Naturwiss. **11**: 53 – 55

IRMISCH, T. (1859): *Carlina acaulis, polycephala*. Bot. Z. **17**: 165 – 166

IRMISCH, T. (1859): Notiz über *Pyrus decipiens* Bechst. Bot. Z. **17**: 277 – 278

IRMISCH, T. (1861): Ein neuer thüringischer Standort der *Diplotaxis muralis*. Bot. Z. **19**: 46 – 47

IRMISCH, T. (1868): Ueber seltenere Pflanzen Thüringens. Z. Ges. Naturwiss. **32**: 17 – 18

IRMISCH, T. (1870): Botanische Mittheilung aus Thüringen. Z. Ges. Naturwiss. **35**: 115

IRMISCH, T. (1871): Ein neuer Standort von *Sisymbrium strictissimum* S. in Thüringen. Bot. Z. **29**: 775

ISRAEL, W. (1914): Eine botanische Seltenheit in der Pflege Reichenfels. Jahresber. Ges. Freunden Naturwiss. Gera **55/56**: 185

ISRAEL, W. (1924): *Ophrys apifera* bei Langenberg. Jahresber. Ges. Freunden Naturwiss. Gera **57 – 67**: 80

ISRAEL, W. (1927): Kleine standortliche Notizen aus der heimischen Flora. 1. *Centunculus minimus* L. bei Gera. Mitt. Thüring. Bot. Ver. N. F. **37**: 82

ISRAEL, W., SCHEIBE, K., DIEBEL, G. (1927): Flora der Umgebung von Gera und der angrenzenden Gebietsteile. Jahresber. Ges. Freunden Naturwiss. Gera **68/69**: 27 – 146

JAAP, O. (1896): Beitrag zur Gefässpflanzenflora der nördlichen Prignitz. Verh. Bot. Ver. Prov. Brandenburg **38**: 115 – 141

JAAP, O. (1897): Zur Flora von Meyenburg in der Prignitz. Verh. Bot. Ver. Prov. Brandenburg **39**: 10 – 18

JAAP, O. (1903): Bericht über die im Auftrage des Vereins unternommene botanische Excursion nach Wittstock und Kyritz. Verh. Bot. Ver. Prov. Brandenburg **44/1902**: 118 – 138

JAAP, O. (1923): Ein weiterer Beitrag zur Gefässpflanzenflora der nördlichen Prignitz. Verh. Bot. Ver. Prov. Brandenburg **65**: 5 – 19

JAGE, H. (1961): Floristische Beobachtungen im Kreis Torgau. Ber. Arbeitsgem. Sächs. Bot. N. F. **3**: 138 – 141

JAGE, H. (1962): Beitrag zur Kenntnis der Flora der Dübener Heide und der angrenzenden Auengebiete. Wiss. Z. Univ. Halle, Math.-Naturwiss. Reihe **11**(2): 179 – 192

JAGE, H. (1963): Zweiter Beitrag zur Kenntnis der Flora der Dübener Heide und der angrenzenden Gebiete. Wiss. Z. Univ. Halle, Math.-Naturwiss. Reihe **12**(9): 695 – 706

JAGE, H. (1964): Neue Fundorte und bemerkenswerte Fundbestätigungen von höheren Pflanzen aus dem südlichen Fläming und dem mittleren Elbtal (rechtselbischer Anteil). Verh. Bot. Ver. Prov. Brandenburg **101**: 59 – 70

JAGE, H. (1964): *Lindernia dubia* auch in Deutschland (Zur Flora und Vegetation des mittleren Elbtals und der Dübener Heide. 3. Mitteilung). Wiss. Z. Univ. Halle, Math.-Naturwiss. Reihe **13**(9): 673 – 680

JAGE, H. (1964): Über das gegenwärtige Vorkommen von *Lolium remotum* Schrank. Verh. Bot. Ver. Prov. Brandenburg **101**: 77 – 82

JAGE, H. (1967): Vorarbeiten zu einer Flora der Dübener Heide und ihrer näheren Umgebung (4. Beitrag). Wiss. Z. Univ. Halle, Math.-Naturwiss. Reihe **16**(6): 851 – 861

JAGE, H. (1968): Vorarbeiten zu einer Flora der Dübener Heide und ihrer näheren Umgebung. 5. Beitrag. Verh. Bot. Ver. Prov. Brandenburg **105**: 53 – 63

JAGE, H. (1974): Vorarbeiten zu einer Flora der Dübener Heide und ihrer näheren Umgebung 6. Beitrag. Verh. Bot. Ver. Prov. Brandenburg **109 – 111**: 3 – 55

JAGE, H., JAGE, I. (1967): Zur Flora der Altmark. Verh. Bot. Ver. Prov. Brandenburg **104**: 54 – 62

JÄGER, E. (1969): Zur Flora des Kreises Calau. Wiss. Z. Univ. Halle, Math.-Naturwiss. Reihe **18**(5): 456 – 458

JÄGER, E. J. (1976): Areal und Ausbreitungsgeschichte des Neophyten *Telekia speciosa* (Schreb.) Baumg. Mitt. Florist. Kart. Halle **2**(2): 40 – 44

JÄGER, E. J. (1987): Biologie, Chorologie und Ursachen des Reliktcharakters von *Artemisia laciniata* Willd. und *A. rupestris* L. im hercynischen Gebiet. Hercynia N. F. **24**: 425 – 436

JÄGER, E. J. (1991): Verbreitung, Biologie und Wuchsform von *Abutilon theophrasti* Medic. Wiss. Z. Univ. Halle, Math.-Naturwiss. Reihe **40**(3): 37 – 48

JENSEN, U. (1987): Die Moore des Hochharzes. Allgemeiner Teil. Naturschutz Landschaftspflege Niedersachsen **15**

JENSEN, U. (1990): Die Moore des Hochharzes. Spezieller Teil. Naturschutz Landschaftspflege Niedersachsen **23**

JENTSCH, H. (1973): Interessante Pflanzenfunde aus dem Kreise Calau und den angrenzenden Gebieten. Abh. Ber. Naturkundemus. Görlitz **48**/12: 1 – 8

JENTSCH, H. (1979): Vorkommen und Vergesellschaftung von *Inula conyza* DC. in Kippenforsten des Niederlausitzer Braunkohlenreviers. Gleditschia **7**: 255 – 257

JENTSCH, H. (1982): Die Neophyten der Niederlausitz. Niederlaus. Florist. Mitt. **10**: 3 – 30

JESSEN, S. (1980): Beitrag zur Kenntnis der Pteridophytenflora der südlichen DDR. Mitt. Florist. Kart. Halle **6**: 53 – 58

JESSEN, S. (1981): Beitrag zur Kenntnis der Pteridophytenflora der südlichen DDR (2. Beitrag). Mitt. Florist. Kart. Halle **7**(2): 114 – 127

JESSEN, S. (1982): Beitrag zur Kenntnis der Tüpfelfarne (*Polypodium*) in der DDR. Mitt. Florist. Kart. Halle **8**(2): 14 – 54

JESSEN, S. (1983): *Dryopteris expansa* (Presl) Fraser-Jenkins et Jermy im Erzgebirge, Thüringer Wald und Harz. Gleditschia **10**: 173 – 179

JESSEN, S. (1984): Beitrag zur Kenntnis der einheimischen Pteridophytenflora. Mitt. Florist. Kart. Halle **10**: 76 – 92

JOBST, T. (1968): Die Xerothermflora der Elbseitenhänge am Übergang zwischen Elbhügellandschaft und Elbtiefland, Staatsex.-Arb. Techn. Univ. Dresden, Inst. f. Bot.

JOHN, H. (1994): Interessante Reliktflora im Gebiet der ehemaligen Köchstedter Wiesen im Saalkreis (Land Sachsen-Anhalt). Mitt. Florist. Kart. Halle **19**: 61–69

JOHN, H., ZENKER, E. (1978): Beobachtungen zum Auftreten der Gattung *Gagea* Salisb. in der Umgebung von Halle. Mitt. Florist. Kart. Halle **4**(1): 44–50

JOHN, H., ZENKER, E. (1978): Bemerkenswerte Pflanzenfunde in den Bezirken Halle und Magdeburg. Mitt. Florist. Kart. Halle **4**(2): 36–55

JOHN, H., ZENKER, E. (1982): Bemerkenswerte Pflanzenfunde in den Bezirken Halle und Magdeburg (2. Beitrag). Mitt. Florist. Kart. Halle **8**(1): 18–29

JOHN, H., ZENKER, E. (1985): Bemerkenswerte Pflanzenfunde in den Bezirken Halle und Magdeburg, 3. Beitrag. Mitt. Florist. Kart. Halle **11**: 42–48

JUPE, H. (1968): Die Makrolepidopteren-Fauna des NSG „Harslebener Berge" im Nordharz-Vorland und ihre Beziehung zu dessen Pflanzengesellschaften. Hercynia N. F. **5**: 97–180

KADERSCHAFKA, I., WEINERT, E. (1990): Neufund von *Carex demissa* Hornem. bei Oberwiesenthal. Mitt. Florist. Kart. Halle **16**: 70–71

KAISER, E. (1906): Beiträge zur Kenntnis der Flora Thüringens, insbesondere des Herzogtums Sachsen Meiningen. Mitt. Thüring. Bot. Ver. N. F. **21**: 62–70

KAISER, E. (1926): Die Pflanzenwelt des Hennebergisch-Fränkischen Muschelkalkgebietes. Feddes Repert. Beih. **44**

KAISER, E. (1927): Die Vegetation des Erschberges bei Meiningen. Mitt. Thüring. Bot. Ver. N. F. **37**: 44–47

KAISER, E. (1930): Die Steppenheiden in Thüringen und Franken zwischen Saale und Main. Sonderschr. Akad. Gemeinnütz. Wiss. Erfurt

KAISER, E. (1931): Die mitteldeutsche Steppenheide. Feddes Repert. Beih. **62**: 65–75

KAISER, E. (1933): Landeskunde von Thüringen. Erfurt

KAISER, E. (1938): Das obere Saaletal zwischen Eichicht und Ziegenrück. In: Heimatbuch Kreis Ziegenrück. Pößneck

KAISER, E. (1954): Das Thüringer Becken zwischen Harz und Thüringerwald. Gotha

KAISER, E. (1955): Thüringerwald und Schiefergebirge. (ed. 2.) Gotha

KAISER, E. (1956): Südthüringen. Gotha

KAISER, E. (1957): Das Landschaftsbild des Kreises Pößneck. In: Zwischen Saale und Orla, Heimatbuch des Kreises Pößneck. 9–13

KAISER, E. (1960): Beiträge zur Vegetationskunde der thüringischen Rhön. Mitt. Thüring. Bot. Ges. **2**(1): 151–175

KAISER, P. (1892): Zur Flora von Schönebeck (Elbe). I. Deut. Bot. Monatsschr. **10**: 54–57

KAISER, P. (1894): Zur Flora von Schönebeck (Elbe) II. Deut. Bot. Monatsschr. **12**: 25–26

KARL, E. (1970): Kurzbericht über Feinkartierungsarbeiten am „Bunten Fleck" im NSG Selketal. Naturschutzarbeit Naturk. Heimatforsch. Bezirke Halle Magdeburg **7**: 108–113

KARSTAEDT, C. (1926): Aufzeichnungen von Beobachtungen über seltnere und weniger häufige Pflanzen der Flora von Frankfurt a. O. und Umgebung, besonders von Tzschetzschnow,... Helios, Frankfurt a. O. **29**: 55–69

KÄSTNER, A. (1987): Flurrestgehölze und Straßengehölze als wichtige Elemente der Agrarökosysteme und Habitatinseln am Beispiel des Kreises Köthen. Wiss. H. Pädag. Hochschule Halle **5**(3): 51–56

KÄSTNER, E. (1970): Der Pflanzenbestand des Uferbereichs des Neolith-Teiches bei Trebbichau. Dipl.-Arb. Päd. Hochschule Köthen

KATTE, H. (1966): Beitrag zu den Reliktvorkommen der Flaumeiche in Thüringen. Landschaftspflege Naturschutz Thüringen **3**(1): 13–19

KATTE, H. (1986): Wiederholte Vegetationsaufnahme im NSG „Gottesholz" (Kreis Arnstadt) zur Begründung von Pflegemaßnahmen. Landschaftspflege Naturschutz Thüringen **23**(4): 107–110

KATTE, H. (1986): Die Flaumeiche (*Quercus pubescens*) als seltene Reliktbaumart in Thüringen. Naturhist. Mus. Schleusingen, Sonderh. 99

KAYSER, H. (1943): Das Grünland des Oberharzes. Journal f. Landwirtschaft **89**: 241–286

KEDING, A. (1989): *Spiranthes spiralis* in ungewöhnlicher Gesellschaft. Mitt. Florist. Kart. Halle **15**: 84–85

KEDING, A. (1995): Das Spatelblättrige Filzkraut ‚*Filago pyramidata* L., nach 100 Jahren wiedergefunden. Mitt. Florist. Kart. Halle **20**: 58

KEIL, G. (1934): Die Bosel. In: Dresdner Wanderbuch. Dresden

KELLNER, K. (1962): Zur Flora von Nord-Thüringen. Wiss. Z. Univ. Halle, Math.-Naturwiss. Reihe **11**(2): 205

KELLNER, K. (1964): Zur Flora Nordthüringens, des Kyffhäusers, Harzes und Unstrutgebietes. Wiss. Z. Univ. Halle, Math.-Naturwiss. Reihe **13**(9): 654

KELLNER, K. (1978): Die floristische Erforschung der Südharz-Landschaft um Nordhausen. 1. Teil. Beitr. Heimatkunde Stadt Kreis Nordhausen, Meyenburg-Museum **2/3**: 44–57

KELLNER, K. (1979): Die floristische Erforschung der Südharzlandschaft um Nordhausen. 2. Teil. Beitr. Heimatkunde Stadt Kreis Nordhausen, Meyenburg-Museum **4**: 45–61

KELLNER, K. (1980): Die floristische Erforschung der Südharz-Landschaft um Nordhausen. 3. Teil. Beitr. Heimatkunde Stadt Kreis Nordhausen, Meyenburg-Museum **5**: 23–43

KEMPF, H. (1985): Zur Erhaltung der in der DDR vom Aussterben bedrohten Moorfetthenne (*Sedum villosum*). Landschaftspflege Naturschutz Thüringen **22**(2): 30–38

KEßLER, H. F. (1870): Das älteste und erste Herbarium Deutschlands, im Jahre 1592 von Dr. Caspar Ratzenberger angelegt. Cassel

KIENLECHNER, G. (1970): Geobotanische Untersuchungen an den Trockenhängen des östlichen Thüringer Beckens. Diss. Mskr. in JE

KIESEL, G. (1980): Vegetationskundliche Untersuchungen im Raum Harzgerode und in der Umgebung von Greifenhagen. Dipl.-Arb. Halle

KIESEL, G., MAHN, E. G., TAUCHNITZ, J. G. (1985): Zum Einfluß des Deponiestandortes auf die Vegetationsstruktur und Verlauf der Sekundärsukzession. Teil 1: Kommunalmüllhaltige Deponien. Hercynia N. F. **22**: 72–102

KISON, H.-U., FRITZSCHE, H., BANK, C. (1986): Veränderung der Salzpflanzenstandorte bei Staßfurt. Mitt. Florist. Kart. Halle **12**: 68–79

KISON, H.-U., GRUSCHWITZ, K. (1985): Zur Flora von Staßfurt und Umgebung (1. Mitteilung). Mitt. Florist. Kart. Halle **11**: 26–32

KISON, H.-U., GRUSCHWITZ, K. (1988): Zur Flora von Staßfurt und Umgebung, 2. Mitteilung. Mitt. Florist. Kart. Halle **14**: 62–69

KLAEBER, W. (1974): Orchideenneufunde aus Ostbrandenburg. Gleditschia **2**: 151–156

KLAEBER, W. (1975): Floristische Funde aus Ostbrandenburg (I). Gleditschia **3**: 171–183

KLAEBER, W. (1977): Floristische Funde aus Ostbrandenburg (II). Gleditschia **5**: 203–210

KLAEBER, W. (1978): Floristische Funde aus Ostbrandenburg (III). Gleditschia **6**: 85–97

KLAEBER, W. (1981): Floristische Funde aus Ostbrandenburg (IV). Gleditschia **8/1980**: 77–87

KLAEBER, W. (1983): Floristische Funde aus Ostbrandenburg (V). Gleditschia **10**: 107–119

KLAEBER, W. (1984): Floristische Funde aus Ostbrandenburg (VI). Gleditschia **12**: 261–276

KLAEBER, W. (1992): Floristische Funde aus Ostbrandenburg (VII). Gleditschia **20**: 335–344

KLEIN, H. (1955): Das Quellkraut, *Montia fontana* L., in Hessen und seinen Nachbargebieten. Hess. Florist. Briefe **4**(42): 1–3

KLEINKE, J. (1962): Ackerunkraut- und Wiesengesellschaften der Fuhne-Niederung. Dipl.-Arb. Univ. Halle

KLEMM, G. (1971): Die Bach-Kratzdistel, *Cirsium rivularis*, in der Niederlausitz. Niederlaus. Florist. Mitt. **6**: 32–40

KLEMM, G. (1974): Floristische Neufunde im Gebiet der Niederlausitz. Niederlaus. Florist. Mitt. **7**: 40–48

KLEMM, G. (1974): Flora des Kreises Spremberg. Gleditschia **2**: 29–93

KLEMM, G. (1977): Floristische Neufunde im Gebiet der Niederlausitz (II). Niederlaus. Florist. Mitt. **8**: 39–52

KLEMM, G. (1980): Floristische Neufunde im Gebiet der Niederlausitz (III). Niederlaus. Florist. Mitt. **9**: 33–40

KLEMM, G. (1982): Verbreitungskarten Niederlausitzer Pflanzen 1. Reihe. Ergebnisse aus dem Floristischen Arbeitskreis der Niederlausitz. Niederlaus. Florist. Mitt. **10**: 31–53

KLEMM, G. (1985): Floristische Neufunde im Gebiet der Niederlausitz (IV). Niederlaus. Florist. Mitt. **11**: 33–44

KLEMM, G. (1986): Die Arten der Gattung *Alchemilla* L. in Brandenburg. Vorläufiger Kenntnisstand und Sammelaufruf. Gleditschia **14**: 259–275

KLEMM, G. (1989): Floristische Neufunde im Gebiet der Niederlausitz (V). Niederlaus. Florist. Mitt. **13**: 8–22

KLEMM, G. (1989): *Carex pseudobrizoides* Clavaud in der Niederlausitz. Niederlaus. Florist. Mitt. **13**: 23–32

KLEMM, G. (1991): Floristische Neufunde und Fundbestätigungen in Berlin (östlicher Stadtteil). Gleditschia **19**: 285–296

KLEMM, G., ILLIG, H., JENTSCH, H. (1986): Wiederfunde verschollener Pflanzenarten in der Flora der Niederlausitz. Natur Landschaft Bezirk Cottbus **8**: 3–15

KLEMM, G., JENTSCH, H. (1981): *Jurinea cyanoides* (L.) Rchb. – ein Neufund in der Niederlausitz und zur aktuellen Verbreitung in Mitteleuropa. Gleditschia **8/1980**: 89–99

KLETT, G., RICHTER, H. (1830): Flora der phanerogamischen Gewächse der Umgegend von Leipzig. Leipzig

KLIX, W.; KRAUSCH, H.-D. (1958): Das natürliche Vorkommen der Rotbuche in der Niederlausitz. In: Beitr. Flora Veget. Brandenburgs 19. Wiss. Z. Pädag. Hochsch. Potsdam, Math.-Naturwiss. Reihe **4**(1): 5–27

KLOTZ (1905): Die Flora der Goitzsche. Jahresber. Realschule Bitterfeld, Beilage

KLOTZ, S. (1980): Zur Ruderalflora des Bezirkes Halle. Mitt. Florist. Kart. Halle **6**: 69–72

KLOTZ, S. (1981): *Parietaria judaica* L. in Halle/Saale. Mitt. Florist. Kart. Halle **7**(2): 130–133

KLOTZ, S. (1982): Floristentagung über Pflanzenkartierung in der DDR 1982 Exkursionsbericht Ruderalvegetation. Mitt. Florist. Kart. Halle **8**(2): 9–11

KLOTZ, S. (1984): Bemerkenswerte Ruderal- und Adventivarten des Binnenhafens Halle-Trotha. Mitt. Florist. Kart. Halle **10**: 73–75

KLOTZ, S., KÖCK, U.-V. (1988): *Oenothera laciniata* Hill. in Halle/Saale. Mitt. Florist. Kart. Halle **14**: 70–71

KLOTZEK, F. (1962): Floristische und standortskundliche Untersuchungen im Naturschutzgebiet Teufelsmauer. Staatsex.-Arb. Halle

KLUG, W. (1967): Die Flora des Seeberges und ihre Veränderungen der letzten 60 Jahre. Staatsex.-Arb. Jena

KLUG, W. (1969): Zur Flora von Gotha. Wiss. Z. Univ. Halle, Math.-Naturwiss. Reihe **18**(5): 434–435

KLUG, W. (1972): Zur Flora von Gotha (2. Beitrag). Wiss. Z. Univ. Halle, Math.-Naturwiss. Reihe **21**(1): 51–52

KLUG, W. (1973): Zur Flora von Gotha (3. Beitrag). Wiss. Z. Univ. Halle, Math.-Naturwiss. Reihe **22**(6): 34–35

KLUG, W. (1995): Floristische Beobachtungen im nordwestlichen Thüringer Wald und dem nördlich anschließenden Hügelland. Mitt. Florist. Kart. Halle **20**: 59–67

KNAPP, G. (1952): Zur Frage der ökologischen Beurteilung von Ackerstandorten auf pflanzensoziologischer Grundlage. Geobot. Mitt. Köln **1**

KNAPP, H. D. (1976): Zur Verbreitung einiger Waldorchideen in der DDR und angrenzenden Gebieten. Hercynia N. F. **13**: 30–77

KNAPP, H. D. (1976): Die DDR-Kartierung als Beitrag zu internationalen Kartierungsprojekten. Mitt. Florist. Kart. Halle **2**(2): 5–19

KNAPP, H. D. (1976): Die Orchideen des Leutratales bei Jena. Veröff. Mus. Gera, Naturwiss. Reihe **4**: 5–21

KNAPP, H. D. (1977): Geobotanische Studien an grundwasserfernen Waldgrenzstandorten des hercynischen Florengebietes. Diss. Univ. Halle

KNAPP, H. D. (1979): Geobotanische Studien an Waldgrenzstandorten des hercynischen Florengebietes. Teil 1. Flora **168**: 276–319

KNAPP, H. D. (1979): Geobotanische Studien an Waldgrenzstandorten des hercynischen Florengebietes. Teil 2. Flora **168**: 468–510

KNAPP, H. D. (1980): Geobotanische Studien an Waldgrenzstandorten des hercynischen Florengebietes. Teil 3. Flora **169**: 177–215

KNAPP, H. D. (1982): *Orobanche arenaria* Borkh. und *Orobanche purpurea* Jacq. bei Waren. Bot. Rundbrief Bezirk Neubrandenburg **13**: 53–61

KNAPP, H. D. (1986): Ökogeographisches Verhalten und Gefährdung von Orchideen xerothermer Standorte in Mitteleuropa. Teil 1: Chorologisches Verhalten. Arch. Naturschutz Landschaftsf. **26**: 65–89

KNAPP, H. D. (1990): Die Seelensdorfer Heide bei Brandenburg – eine landschaftlich-geobotanische Studie, Teil 1. Gleditschia **18**: 37–63

KNAPP, H. D. (1990): Die Seelensdorfer Heide bei Brandenburg – eine landschaftsgeschichtlich-geobotanische Studie, Teil 2. Gleditschia **18**: 285–307

KNAPP, H. D., RAUSCHERT, S., WEINERT, E. (1978): Karten der Pflanzenverbreitung im herzynischen Florengebiet 1. Serie. Hercynia N. F. **15**: 321–398

KNAPP, H. D., REICHHOFF, L. (1975): Die Vegetation des Naturschutzgebietes „Leutratal" bei Jena. Arch. Naturschutz Landschaftsf. **15**: 91–124

KNAPP, H. D., VOIGTLÄNDER, U. (1982): Ausgewählte Belege im Mecklenburg-Herbarium des Müritz-Museums, 2. In Mecklenburg verschwundene und vom Aussterben bedrohte Arten. Bot. Rundbrief Bezirk Neubrandenburg **14**: 3–26

KNAPP, H. D., ZÜNDORF, H.-J. (1975): Florenveränderungen und Möglichkeiten ihrer Erfassung. Mitt. Florist. Kart. Halle **1**: 15–31

KNAPP, R. (1944): Vegetationsaufnahmen von Trockenrasen und Felsfluren Mitteldeutschlands. Teil 2: Atlantisch-Submediterrane und Dealpine Trockenrasen (Bromion erecti). Halle

KNAPP, R. (1944): Vegetationsaufnahmen von Wäldern aus dem Raume der mittleren Saale und dem Kyffhäuser. Mskr. Halle

KNAPP, R. (1944): Vegetationsaufnahmen von Wäldern des Unter-Harzes. Mskr. Halle

KNAPP, R. (1944): Über Zwergstrauch-Heiden im Mitteldeutschen Trocken-Gebiet. Mskr. Halle

KNAPP, R. (1954): Über Pflanzengesellschaften der Wiesen in Trockengebieten Deutschlands. Angew. Pflanzensoziologie Wien, Aichinger Festschrift **2**: 1145–1186

KNAUTH, C. (1688): Enumeratio plantarum circa Halam Saxonum... Lipsiae

KNOLL, S. (1970): Fremdlinge in der heimischen Pflanzenwelt. Reichenbacher Kalender

KOCH, E. (1896): Beiträge zur Kenntnis der thüringischen Pflanzenwelt. Mitt. Thüring. Bot. Ver. N. F. **9**: 53–63

KOCH, E. (1897): Beiträge zur Kenntnis der deutschen Pflanzenwelt. Mitt. Thüring. Bot. Ver. N. F. **11**: 22–30

KOCH, E. (1899): Neue Beiträge zur Kenntnis der deutschen Pflanzenwelt. Mitt. Thüring. Bot. Ver. N. F. **13/14**: 84–109

KOCH, E. (1903): Neue Beiträge zur Kenntnis der deutschen Pflanzenwelt. Neue Folge. Mitt. Thüring. Bot. Ver. N. F. **18**: 76–90

KOCH, E. (1904): Neue Beiträge zur Kenntnis der deutschen Pflanzenwelt. Neue Folge. Mitt. Thüring. Bot. Ver. N. F. **19**: 59–101

KOCH, E. (1926): Alpentäschelkraut im Thüringerwald. Schriften Ver. Sachsen-Meiningische Geschichte Landeskunde **84**: 88–89

KÖCK, U.-V. (1979): Die Gattung *Utricularia* L. in der Dübener Heide und im Untermuldegebiet. Mitt. Florist. Kart. Halle **5**(2): 6–12

KÖCK, U.-V. (1982): Floristentagung über Pflanzenkartierung in der DDR 1982 Exkursionsbericht Mötzlicher Teiche. Mitt. Florist. Kart. Halle **8**(2): 7–9

KOEPERT, O. (1884): Exkursionsberichte. Irmischia **4**: 30

KÖHLER, H. (1963): Zur Flora des Eichfeldes. Wiss. Z. Univ. Halle, Math.-Naturwiss. Reihe **12**(9): 714–716

KÖHLER, H. (1964): Zur Flora des Eichsfeldes (Zweiter Beitrag). Wiss. Z. Univ. Halle, Math.-Naturwiss. Reihe **13**(9): 655–656

KÖHLER, H. (1965): Zur Flora des Eichsfeldes (Dritter Beitrag). Wiss. Z. Univ. Halle, Math.-Naturwiss. Reihe **14**(6): 498–499

KÖHLER, H., GUTTE, P. (1972): Zur Flora des Eichsfelds (4. Beitrag). Wiss. Z. Univ. Halle, Math.-Naturwiss. Reihe **21**(1): 53–55

KÖHLER, H., GUTTE, P. (1979): Zur Flora des Eichsfeldes (6. Beitrag). Mitt. Florist. Kart. Halle **5**(1): 56–59

Köhler, H., Reck, V. (1975): Zur Flora des Eichsfeldes (5. Beitrag). Wiss. Z. Univ. Halle, Math.-Naturwiss. Reihe **24**(6): 103 – 104

Köhler, M., Köhler, M. (1980): Ergebnisse einer ersten Sichtung des im Naumann-Museum zu Köthen befindlichen Herbariums. Dipl.-Arb. Päd. Hochschule Köthen

Konczak, P. (1970): 1. Beitrag zur Flora von Bad Freienwalde und Umgebung. Verh. Bot. Ver. Prov. Brandenburg **107**: 51 – 64

Konczak, P., Sukopp, H., Weinert, E. (1968): Zur Verbreitung und Vergesellschaftung von *Urtica kioviensis* Rogowitsch in Brandenburg. Verh. Bot. Ver. Prov. Brandenburg **105**: 108 – 116

König, J. (1969): Vegetationskundliche Untersuchungen im Waldbestand des Sürßengrundes bei Dohna. Staatsex.-Arb. Päd. Inst. Halle

Korsch, H. (1990): Neufunde und Bestätigungen bemerkenswerter Arten im südlichen Teil der Kreise Hildburghausen und Meiningen. Mitt. Florist. Kart. Halle **16**: 63 – 69

Korsch, H. (1992): Bericht über das dritte Kartierungstreffen thüringischer Floristen. Inform. Florist. Kart. Thür. **3**: 2 – 5

Korsch, H. (1993): Bericht über das vierte Kartierungstreffen thüringischer Floristen. Inform. Florist. Kart. Thür. **5**: 2 – 4

Korsch, H. (1993): Kleiner Beitrag zur Flora Thüringens. Inform. Florist. Kart. Thür. **5**: 4 – 6

Korsch, H. (1994): Die Kalkflachmoore Thüringens. Flora, Vegetation und Dynamik. Haussknechtia, Beih. **4**

Korsch, H. (1994): Ergebnisse der Kartierung zweier Meßtischblätter in Südthüringen. Inform. Florist. Kart. Thür. **6**: 2 – 8

Korsch, H. (1994): *Brachypodium rupestre* (Host) Roemer & Schultes in Thüringen nachgewiesen. Inform. Florist. Kart. Thür. **6**: 9 – 12

Korsch, H. (1995): Die Arten der *Ranunculus polyanthemos*-Gruppe in Thüringen. Inform. Florist. Kart. Thür. **8**: 9 – 15

Korsch, H., Müller, F. (1993): Bemerkenswerte Pflanzenfunde in Sachsen-Anhalt unter besonderer Berücksichtigung der Stadt Halle/S. Mitt. Florist. Kart. Halle **18**: 33 – 41

Korschel, L. (1856): Flora von Burg. Burg

Köstler, H. (1985): Flora und Vegetation der ehemaligen Dörfer im Stadtgebiet von Berlin (West). Diss. TU-Berlin

Krahmer, B. (1929): Pflanzenverzeichnis für die Umgebung Arnstadts. Arnstadt.

Krauß, G. (1962): Pflanzengesellschaften der Äcker, Wiesen und des Waldes um Harzgerode. Dipl.-Arb. Univ. Halle

Krausch, H.-D. (1964): Die Pflanzengesellschaften des Stechlinsee-Gebietes. I. Die Gesellschaften des offenen Wassers. Limnologica (Berlin) **2**: 145 – 203

Krausch, H.-D. (1964): Die Pflanzengesellschaften des Stechlinsee-Gebietes. II. Röhrichte und Großseggengesellschaften, Phragmitetea Tx. u. Prsg. 1942. Limnologica (Berlin) **2**: 423 – 482

Krausch, H.-D. (1967): Die Pflanzengesellschaften des Stechlinsee-Gebietes III. Grünlandgesellschaften und Trockenrasen. Limnologica (Berlin) **5**: 331 – 366

Krausch, H.-D. (1967): *Phyteuma orbiculare* L. in Brandenburg. Verh. Bot. Ver. Prov. Brandenburg **104**: 68 – 74

Krausch, H.-D. (1968): Die Sandtrockenrasen (Sedo-Scleranthetea) in Brandenburg. Mitt. Florist.-Soziol. Arbeitsgem. N. F. **13**: 71 – 100

Krausch, H.-D. (1968): Die Pflanzengesellschaften des Stechlinsee-Gebietes IV. Die Moore. Limnologica (Berlin) **6**: 321 – 380

Krausch, H.-D. (1968): Die Wassernuß in der Niederlausitz. Niederlaus. Florist. Mitt. **4**: 8 – 17

Krausch, H.-D. (1970): Die Pflanzengesellschaften des Stechlinsee-Gebietes V. Wälder, Hecken und Saumgesellschaften. Limnologica (Berlin) **7**: 397 – 454

Krausch, H.-D. (1971): Zum Vorkommen des Sandschwingels (*Festuca psammophila* (Hack.) Fritsch) in der Niederlausitz. Niederlaus. Florist. Mitt. **6**: 41 – 45

Krausch, H.-D. (1973): Zur Flora der Zechower Berge bei Rheinsberg. Gleditschia **1**: 101 – 104

Krausch, H.-D. (1974): *Ludwigia palustris* (L.) Elliot in der Niederlausitz. Niederlaus. Florist. Mitt. **7**: 66 – 70

Krause, W. (1935): *Helianthemum apenninum* in Nordthüringen. Mitt. Thüring. Bot. Ver. N. F. **42**: 64 – 68

Krause, W. (1941): Untersuchungen über die Ausbreitungsfähigkeit der niedrigen Segge (*Carex humilis* Leyss.) in Mitteldeutschland. Planta **31**: 91 – 168

Kraut, K. (1956): Beitrag zur Festlegung der natürlichen Waldgesellschaften mit ihren Untergesellschaften im Gebiet des Pastritzgrundes. Ing.-Arb., Techn. Hochschule Dresden, Fak. Forstwirtschaft, Tharandt

Kreher, C. (1957): Borstgrasrasen des Osterzgebirges. Dipl.-Arb. Techn. Hochschule Dresden

Krisch, H. (1967): Die Grünland- und Salzpflanzengesellschaften der Werraaue bei Bad Salzungen. Teil I: Die Grünlandgesellschaften. Hercynia N. F. **4**: 375 – 413

Krumbiegel, A. (1986): Floristische Untersuchungen im Gebiet der Fuhneaue zwischen Gröbzig und Zehbitz (Saal-Kreis, Kreis Köthen und Bitterfeld). Dipl.-Arb. Päd. Hochschule Köthen

Krumbiegel, A., Kästner, A. (1988): Untersuchungen zu landeskulturellen Aufgabenstellungen im Kreis Köthen/Anh. I. Die Vegetation der Fuhneaue zwischen Gröbzig und Zehbitz und ihre Bedeutung im Raum Halle-Köthen. Hercynia N. F. **25**: 318 – 332

Kubitz, H. (1962): Zur Ökologie von Pflanzengesellschaften trockenwarmer Standorte in Ost- und Mittelsachsen. Ber. Arbeitsgem. Sächs. Bot. N. F. **4**: 27 – 62

Kühn, R. (1986): Floristische Untersuchungen zur Bioindikation im Gebiet des Meßtischblattes Köthen 4237/1 u. 3 Dipl.-Arb. Päd. Hochschule Köthen

Kükenthal, G. (1895): Floristisches aus Süd-Thüringen und Franken. Deut. Bot. Monatsschr. **13**: 2 – 5

Kükenthal, G. (1944): Zur Rubusflora Thüringens und der angrenzenden Teile Frankens. Mitt. Thüring. Bot. Ver. N. F. **51**: 375 – 386

Kümpel, H. (1970): Orchideenhybriden der DDR. Mitt. Arbeitskreis Heimische Orchideen **6**: 46 – 55

Kümpel, H. (1975): Die Fleischrote Kuckucksblume in Südthüringen und Bemühungen um ihren Schutz. Landschaftspflege Naturschutz Thüringen **12**(3): 65 – 68

Kümpel, H. (1976): Bemerkungen zum Vorkommen mediterraner und submediterraner Orchideenarten in Südthüringen. Landschaftspflege Naturschutz Thüringen **13**(3): 56 – 63

Kümpel, H. (1977): Bemerkungen zum Vorkommen von autogamen *Epipactis*-Arten in Thüringen. Mitt. Arbeitskreis Heimische Orchideen **7**: 79 – 81

Kümpel, H. (1978): Orchideen der thüringischen Rhön. Kulturbund der DDR, Bezirksleitung Suhl

Kümpel, H. (1978): Der Elfenstendel (*Herminium monorchis* [L.] R. Br.) in Südthüringen und Bemühungen um seinen Schutz. Landschaftspflege Naturschutz Thüringen **15**(3): 49 – 53

Kümpel, H. (1978): Ergänzungen „Zur früheren Verbreitung von *Aceras anthropophorum* (L.) Ait. in der DDR“ (N. Wisniewski, Mitt. ZAK Heim. Orch. 7, S. 53 – 57, 1977). Mitt. Arbeitskreis Heimische Orchideen **8**: 55

Kümpel, H. (1982): Zur Kenntnis von *Epipactis leptochila* (Godf.) Godf. Mitt. Arbeitskreis Heimische Orchideen **11**: 29 – 36

Kümpel, H. (1986): Eine Übersicht über die Orchideenvorkommen im Bezirk Suhl. Landschaftspflege Naturschutz Thüringen **23**(1): 1 – 11

Kümpel, H. (1986): Vorkommen, Gefährdung und Schutz der Orchideen im Bezirk Suhl. Naturhist. Mus. Schleusingen, Sonderh. 73 – 80

Kümpel, H., Streidt, R. (1980): Die Hybriden-Ragwurz in den thüringischen Bezirken. Landschaftspflege Naturschutz Thüringen **17**(2): 39 – 46

Kunick, W. (1974): Veränderungen von Flora und Vegetation einer Großstadt, dargestellt am Beispiel von Berlin (West). Diss. TU-Berlin

Kuntz, I. (1910): Über den Formenkreis von *Calamagrostis lanceolata* Roth. Bot. Zentralbl. Beih. 2. Abt. **26**: 226 – 236

Kuntze, O. (1867): Taschen-Flora von Leipzig. Leipzig, Heidelberg

Lackowitz, W. (1868): Flora von Berlin und der Provinz Brandenburg. Berlin

Ladwig, E. (1964): Zur Flora der Umgebung von Mühlhausen (Thür.). Wiss. Z. Univ. Halle, Math.-Naturwiss. Reihe **13**(9): 654 – 655

LADWIG, E. (1967): Verbreitungskarten von Unkräutern und Ruderalpflanzen aus dem Gebiet zwischen der oberen Unstrut (Mühlhausen) und der Werra. Wiss. Z. Univ. Halle, Math.-Naturwiss. Reihe **16**(6): 899–944

LADWIG, E., REUTHER, R. (1972): Zur Flora von Nordwestthüringen. Wiss. Z. Univ. Halle, Math.-Naturwiss. Reihe **21**(1): 56–58

LANG, J., KOHLS, W. (1988): Ein Beitrag zur Orchideenflora des Kreises Brandenburg (Havel). Naturschutzarbeit Berlin Brandenburg **24**(1): 23–29

LANGE, E. (1937): Botanische Notizen 1936–1937 und Botanische Exkursionen 1936 (Meißen – Ketzerbachtal – Halden – Nassau). 2 Hefte. (Mskr. Naturkundemuseum Freiberg)

LANGE, E. (1938): Die Pflanzen der Freiberger Halden. Mitt. Naturwiss. Ver. Freiberg **3**: 20–29

LANGE, E. (1962): Ein Beitrag zur Verbreitung der Gattung *Alchemilla* im Erzgebirge. Drudea **2**(5/6): 11–18

LEBING, C. (1885): Neue Funde aus der Umgegend von Sangerhausen. Irmischia **5**: 20

LEHMANN, A. (1869): Uebersicht der Flora von Torgau. Progr. Gymn. Torgau 1–13

LEHMANN, C. B. (1833): Über die Flora der Umgebungen von Staßfurth. Flora **16**(1): 241–249

LEIBLING, O. (1884): Flora von Crimmitschau und Umgebung. Teil I. Abh. zum 13. Jahresber. der Realschule Crimmitschau, Crimmitschau

LEIBLING, O. (1887): Flora von Crimmitschau und Umgebung. Teil II. Abh. zum 16. Jahresber. der Realschule Crimmitschau, Crimmitschau

LEISSLING, R. (1958): Das kleine geologisch-biologische Heimatbuch. Zeitzer Heimat, Sonderh. **11**: 6–80

LEONHARDT, O. (1890): Zusammenstellung der bei Pausa vorkommenden Phanerogamen mit Einschluß der wichtigsten Nutz- und Zierpflanzen. In: Die Stadt Pausa und ihre nächste Umgebung. Pausa. 376–394

LEONHARDT, O. (1926): Floristisches aus dem Triebischtale. Mitt. Landesver. Sächs. Heimatschutz **15**: 167–175

LEYSSER, F. W. (1783): Flora Halensis exhibens plantas circa Halam Salicam crescentes. (ed. 2) Halae Salicae

LIBBERT, W. (1926): Eine floristische Skizze des Fallsteingebietes. Allg. Bot. Z. **30/31**: 31–36

LIBBERT, W. (1928): Neue Funde und Beobachtungen im Fallsteingebiete. Verh. Bot. Ver. Prov. Brandenburg **70**: 56–62

LIBBERT, W. (1930): Die Vegetation des Fallsteingebietes. Mitt. Florist.-Soziol. Arbeitsgem. Niedersachsen **2**: 1–66

LIBBERT, W. (1936): Vegetationsstudien auf den Kreidesandsteinhöhen zwischen Halberstadt und Blankenburg. Beitr. Naturdenkmalpflege Neudamm **16**

LIEBE, K., FÜRBRINGER, M. (1864): Verzeichniß der in den Jahren 1863–1865 in der Umgebung Gera's neu aufgefundenen Kryptogamen, nebst Angabe neuer Standorte für einige seltnere Arten. Jahresber. Ges. Freunden Naturwiss. Gera **7**: 36–41

LISTOW, O. (1910): Salzflora und Tektonik in Anhalt, Sachsen und Brandenburg. Jahrb. Königl. Preuß. Geol. Landesanstalt Berlin **31** (II): 23–37

LÖBNITZ, G., LÖBNITZ, M. (1994): Bemerkenswerte Ackerwildkrautvorkommen im Thüringer Becken. Inform. Florist. Kart. Thür. **6**: 18

LOESKE, L. (1904): Über das Vorkommen der *Linnaea borealis* am Brocken. Verh. Bot. Ver. Prov. Brandenburg **45**: 56–58

LOEW, E. (1876): *Thymelaea Passerina*, neu für die Provinz Brandenburg bei Niederfinow gefunden. Verh. Bot. Ver. Prov. Brandenburg, Sitz.-Ber. **18**: 119–123

LOREY, A., LE GULLON (1851): Flora von Weimar und seiner Umgebung. Apolda

LUDWIG, F. (1873): Einige neue Standörter der Flora Hennebergica. Verh. Bot. Ver. Prov. Brandenburg **15**: 86–100

LUDWIG, F. (1881): *Ceratophyllum demersum* L., eine zweite *Elodea*. Irmischia **1**: 47–48

LUDWIG, F. (1881): Ein neues Vorkommen von *Mimulus luteus* L. in Thüringen. Irmischia **1**: 49–50

LUDWIG, F. (1888): Die Farnpflanzen des reussischen Vogtlandes. Verh. Bot. Ver. Prov. Brandenburg **29**: 16–17

LUDWIG, F. (1893): Die Flora der Diabasinseln von Zeulenroda nebst einigen weiteren Beiträgen zur Flora des Fürstentums Reuß ä. L. Abh. Ver. Naturfr. Greiz

LUDWIG, F. (1898): Einige Bemerkungen über alte und neue Florenelemente (Flora relicta und Flora advena) im Vogtland. Unser Vogtland **4**: 394–400

LUTZE, G. (1882): Ueber Veränderungen in der Flora von Sondershausen, bzw. Nordthüringen. Progr. Fürstl. Realschule Sondershausen. 3–25

LUTZE, G. (1892): Flora von Nord-Thüringen. Sondershausen

MÄGDEFRAU, K. (1930): Die Pteridophyten Ost-Thüringens. Hedwigia **69**: 148–164

MÄGDEFRAU, K. (1935): Nachtrag zu meiner Arbeit über „Die Pteridophyten Ostthüringens". Mitt. Thüring. Bot. Ver. N. F. **42**: 71–74

MAHN, E. G. (1965): Vegetationsaufbau und Standortverhältnisse der kontinental beeinflußten Xerothermgesellschaften Mitteldeutschlands. Abh. Sächs. Akad. Wiss., Math.-Naturwiss. Reihe **49**: 1–138

MAHN, E. G. (1969): Untersuchungen zur Bestandsdynamik einiger charakteristischer Segetalgesellschaften unter Berücksichtigung des Einsatzes von Herbiziden. Arch. Naturschutz Landschaftsf. **9**: 3–42

MAHN, E. G., SCHUBERT, R. (1962): Vegetationskundliche Untersuchungen in der mitteldeutschen Ackerlandschaft. VI. Die Pflanzengesellschaften nördlich von Wanzleben (Magdeburger Börde). Wiss. Z. Univ. Halle, Math.-Naturwiss. Reihe **11**(7): 765–816

MANITZ, H. (1975): Die „Flora Gerensis" von C. F. G. Zabel, ein vergessenes Manuskript aus den Anfängen der ostthüringischen Lokalfloristik. Veröff. Mus. Gera, Naturwiss. Reihe **2/3**: 111–114

MANTYK, A. (1957): Der naturnahe Restwald im Rabenauer Grund. Dipl.-Arb. Techn. Hochschule Dresden, Fak. Forstwirtschaft, Tharandt

MARBACH, F. (1899): Beiträge zur Flora des Orlathales. Mitt. Thüring. Bot. Ver. N. F. **13/14**: 79–83

MARBACH, F. (1935): Beiträge zur Flora Thüringens aus der Umgebung von Apolda. Mitt. Thüring. Bot. Ver. N. F. **42**: 68–71

MARKGRAF, F. (1922): Die Bredower Forst bei Berlin. (ed. Brandenburg. Provinzialkommiss. f. Naturdenkmalpflege) Berlin-Lichterfelde

MARSSON, T. (1860): Ueber *Corydalis pumila* (Host) Rchb. Verh. Bot. Ver. Prov. Brandenburg **2**: 72–76

MARSTALLER, R. (1966): Zur Flora von Ostthüringen. Wiss. Z. Univ. Halle, Math.-Naturwiss. Reihe **15**(5): 765–768

MARSTALLER, R. (1967): Zur Flora von Ostthüringen (2. Beitrag). Wiss. Z. Univ. Halle, Math.-Naturwiss. Reihe **16**(6): 874–877

MARSTALLER, R. (1968): Die Xerothermflora der Gipshänge bei Jena (Ostthüringen) unter besonderer Berücksichtigung der Bunten-Erdflechten-Gesellschaft. Hercynia N. F. **5**: 352–372

MARSTALLER, R. (1969): Die xerothermen Pflanzengesellschaften waldfreier Sonderstandorte im Buntsandsteingebiet des mittleren Saaletales (Thüringen). Hercynia N. F. **6**: 225–257

MARSTALLER, R. (1969): Zur Flora von Ostthüringen. Wiss. Z. Univ. Halle, Math.-Naturwiss. Reihe **18**(5): 441–444

MARSTALLER, R. (1972): Zur Flora von Ostthüringen (4. Beitrag) Wiss. Z. Univ. Halle, Math.-Naturwiss. Reihe **21**(1): 8–18

MARSTALLER, R. (1972): Zur Flora von Ostthüringen (5. Beitrag). Wiss. Z. Univ. Halle, Math.-Naturwiss. Reihe **21**(1): 19–21

MARSTALLER, R. (1978): Die Waldgesellschaften des Ostthüringer Buntsandsteingebietes. Teil 1. Wiss. Z. Univ. Jena, Math.- Naturwiss. Reihe **27**: 35–65

MARSTALLER, R. (1980): Die Waldgesellschaften des Ostthüringer Buntsandsteingebietes. Teil 2. Wiss. Z. Univ. Jena, Math.- Naturwiss. Reihe **29**: 109–159

MARSTALLER, R. (1981): Die Waldgesellschaften des Ostthüringer

Buntsandsteingebietes. Teil 3. Wiss. Z. Univ. Jena, Math.-Naturwiss. Reihe **30**: 671 – 729

Marstaller, R. (1984): Die Waldgesellschaften des Ostthüringer Buntsandsteingebietes. Teil 4. Wiss. Z. Univ. Jena, Naturwiss. Reihe **33**: 329 – 369

Marstaller, R. (1985): Die Waldgesellschaften des Ostthüringer Buntsandsteingebietes. Teil 5. Wiss. Z. Univ. Jena, Naturwiss. Reihe **34**: 537 – 576

Martinovsky, J. O. (1966): *Stipa sabulosa* (Pacz.) Sljussarenko in Mittel- und Nordeuropa. Zprávy Ceskosl. Bot. Spol. CSAV **1**(2): 63 – 71

Mattick, F. (1929): Das Moritzburger Teichgebiet und seine Pflanzenwelt. Feddes Repert. Beih. **56**: 125 – 166

Mattick, F. (1930): Liste der im Moritzburger Teichgebiet vorkommenden höheren Pflanzen. Sitzungsber. Abh. Naturwiss. Ges. Isis Dresden **1929**: 128 – 136

Mattick, F. (1932): Die Pflanzenwelt der Dresdener Heide. In: Koepert, O., Pusch, O.: Dresdener Heide und ihre Umgebung. Dresden. 71 – 91

Matz, A. (1877): Beitrag zur Flora der nordöstlichen Altmark mit besonderer Berücksichtigung der Umgegend von Seehausen. Verh. Bot. Ver. Prov. Brandenburg **19**: 42 – 57

Meinunger, L. (1963): Zur Flora des südlichen Thüringer Waldes (Krs. Sonneberg u. Neuhaus/Rwg.). Wiss. Z. Univ. Halle, Math.-Naturwiss. Reihe **12**(9): 716

Meinunger, L. (1964): Zur Flora von Südthüringen. Wiss. Z. Univ. Halle, Math.-Naturwiss. Reihe **13**(9): 656 – 657

Meinunger, L. (1965): Zur Flora von Südthüringen (Zweiter Beitrag). Wiss. Z. Univ. Halle, Math.-Naturwiss. Reihe **14**(6): 500 – 502

Meinunger, L. (1966): Zur Flora von Südthüringen (3. Beitrag). Wiss. Z. Univ. Halle, Math.-Naturwiss. Reihe **15**(5): 772

Meinunger, L. (1967): Zur Flora von Südthüringen (4. Beitrag). Wiss. Z. Univ. Halle, Math.-Naturwiss. Reihe **16**(6): 877 – 879

Meinunger, L. (1969): Zur Flora von Südthüringen (5. Beitrag). Wiss. Z. Univ. Halle, Math.-Naturwiss. Reihe **18**(5): 449 – 453

Meinunger, L. (1972): Zur Flora von Südthüringen (6. Beitrag). Wiss. Z. Univ. Halle, Math.-Naturwiss. Reihe **21**(1): 32 – 36

Meinunger, L. (1973): Zur Flora von Südthüringen (7. Beitrag). Wiss. Z. Univ. Halle, Math.-Naturwiss. Reihe **22**(6): 36 – 39

Meinunger, L. (1975): Zur Flora von Südthüringen (8. Beitrag). Wiss. Z. Univ. Halle, Math.-Naturwiss. Reihe **24**(6): 94 – 98

Meinunger, L. (1977): Kleiner Beitrag zur Orchideenflora der Thüringischen Rhön. Beitr. Naturk. Osthessen **11/12**: 207 – 211

Meinunger, L. (1977): Purpurreitgras, *Calamagrostis phragmitoides* Hartman, in Thüringen und Sachsen gefunden. Hercynia N. F. **14**: 53 – 54

Meinunger, L. (1977): Zur Flora von Südthüringen (9. Beitrag). Mitt. Florist. Kart. Halle **3**(2): 44 – 47

Meinunger, L. (1980): Zur Flora von Südthüringen (10. Beitrag). Mitt. Florist. Kart. Halle **6**: 42 – 53

Meinunger, L. (1982): Floristische Beobachtungen in der südlichen DDR (1. Beitrag). Mitt. Florist. Kart. Halle **8**(1): 30 – 35

Meinunger, L. (1984): Floristische Beobachtungen in der südlichen DDR (2. Beitrag). Mitt. Florist. Kart. Halle **10**: 34 – 38

Meinunger, L. (1987): Verbreitung und Gefährdung des Krausen Kreuzkrautes (*Senecio rivularis*) in Thüringen. Landschaftspflege Naturschutz Thüringen **24**(2): 35 – 40

Meinunger, L. (1988): Zur Flora Thüringens und des Vogtlandes. Haussknechtia **4**: 79 – 80

Meinunger, L. (1992): Florenatlas der Moose und Gefäßpflanzen des Thüringer Waldes, der Rhön und angrenzender Gebiete. Haussknechtia, Beih. **3**

Meinunger, L. (1993): Floristische Neufunde aus Thüringen und Nordbayern. Inform. Florist. Kart. Thür. **5**: 13

Melcher, R. (1957): Über das Vorkommen der Gelappten Stachelgurke – *Echinocystis lobata* (Mich.) Torr. et Gray – in Sachs. Anh. Wiss. Z. Univ. Halle, Math.-Naturwiss. Reihe **6**(6): 934

Melzer, G. (1956): Die höheren Pflanzen des Zechsteins im Orlagau. Staatsex.-Arb. Jena

Melzer, G. (1957): Pflanzen und Pflanzengemeinschaften. In: Zwischen Saale und Orla, Heimatbuch des Kreises Pößneck. 39 – 45

Merker, J. (1969): Die Ackerunkrautgesellschaften der mehrjährigen Sonderkulturen aus dem Gebiet des Kreises Großenhain (MTB Seußlitz, Großenhain, Radeburg). Staatsex.-Arb. Univ. Halle

Mertens, F. (1961): Flora von Halberstadt. Vorkommen und Verbreitung der wildwachsenden Pflanzen des Nordharzvorlandes. Veröff. Städt. Mus. Halberstadt

Mertens, F. (1966): Nachtrag zur „Flora von Halberstadt". Naturkundl. Jahresber. Mus. Heineanum Halberstadt **1**: 7 – 20

Metsch, J. (1845): Flora Hennebergica. Schleusingen

Meurer, F. (1886): Flora von Rudolstadt und Saalfeld, Irmischia **6**: 10 – 14, 21 – 23

Meusel, H. (1937): Verbreitungskarten mitteldeutscher Leitpflanzen, 1. Reihe. Hercynia **1**: 115 – 120

Meusel, H. (1937): Mitteldeutsche Vegetationsbilder. 1. Die Steinklöbe bei Nebra und der Ziegelrodaer Forst. Hercynia **1**: 8 – 98

Meusel, H. (1938): Verbreitungskarten mitteldeutscher Leitpflanzen, 2. Reihe. Hercynia **1**: 309 – 326

Meusel, H. (1939): Die Vegetationsverhältnisse der Gipsberge im Kyffhäuser und im südlichen Harzvorland. Hercynia **2**: 1 – 372

Meusel, H. (1939): Verbreitungskarten mitteldeutscher Leitpflanzen, 3. Reihe. Hercynia **2**: 314 – 354

Meusel, H. (1940): Die Grasheiden Mitteleuropas. Versuch einer vergleichend-pflanzengeographischen Gliederung. Bot. Arch. **41**: 357 – 519

Meusel, H. (1940): Verbreitungskarten mitteldeutscher Leitpflanzen, 4. Reihe. Hercynia **3**: 144 – 171

Meusel, H. (1942): Verbreitungskarten mitteldeutscher Leitpflanzen, 5. Reihe. Hercynia **3**: 310 – 337

Meusel, H. (1944): Verbreitungskarten mitteldeutscher Leitpflanzen, 6. Reihe. Hercynia **3**: 661 – 675

Meusel, H. (1952): Die Eichen-Mischwälder des mitteldeutschen Trockengebietes. Wiss. Z. Univ. Halle, Math.-Naturwiss. Reihe **1** (1/2): 49 – 72

Meusel, H. (1954): Vegetationskundliche Studien über mitteleuropäische Waldgesellschaften. 4. Die Laubwaldgesellschaften des Harzgebietes. Angew. Pflanzensoziologie Wien, Aichinger Festschrift **1**: 437 – 472

Meusel, H. (1954): Verbreitungskarten mitteldeutscher Leitpflanzen, 7. Reihe. Wiss. Z. Univ. Halle, Math.-Naturwiss. Reihe **3**(1): 11 – 49

Meusel, H. (1954): Über die Wälder der mitteleuropäischen Löß-Ackerlandschaften. Wiss. Z. Univ. Halle, Math.-Naturwiss. Reihe **4**(1): 21 – 35

Meusel, H. (1955): Die Laubwaldgesellschaften des Harzgebietes. Wiss. Z. Univ. Halle, Math.-Naturwiss. Reihe **4**(5): 901 – 908

Meusel, H. (1955): Verbreitungskarten mitteldeutscher Leitpflanzen, 8. Reihe. Wiss. Z. Univ. Halle, Math.-Naturwiss. Reihe **5**(2): 297 – 333

Meusel, H. (1960): Verbreitungskarten mitteldeutscher Leitpflanzen, 9. Reihe. Wiss. Z. Univ. Halle, Math.-Naturwiss. Reihe **9**(1): 165 – 223

Meusel, H. (1970): Verbreitungsgrenzen südlicher Florenelemente in Mitteldeutschland. Feddes Repert. **81**: 289 – 309

Meusel, H., Buhl, A. (1962): Verbreitungskarten mitteldeutscher Leitpflanzen, 10. Reihe. Wiss. Z. Univ. Halle, Math.-Naturwiss. Reihe **11**(11): 1245 – 1317

Meusel, H., Buhl, A. (1968): Verbreitungskarten mitteldeutscher Leitpflanzen 11. Reihe. Wiss. Z. Univ. Halle, Math.-Naturwiss. Reihe **17**(3): 377 – 439

Meusel, H., Hartmann, H. (1943): Vegetationskundliche Studien über mitteleuropäische Waldgesellschaften. 2. Die Gliederung der Buchenwälder im mitteldeutschen Trias-Hügelland. Bot. Arch. **44**: 521 – 543

Meyer, E.-M. (1957): Die Ackerunkräuter der Umgebung Dresdens. Dipl.-Arb. Techn. Hochschule Dresden, Inst. f. Bot.

MEYER, G. F. W. (1836): Chloris Hanoverana. Göttingen.
MEYERHOLZ, K. (1884): Beiträge zur Flora von Genthin in der Preussischen Provinz Sachsen. Deut. Bot. Monatsschr. **2**: 92–96
MILBRADT, J. (1994): Bericht zur 3. Rhodologentagung im Raum Jena. Inform. Florist. Kart. Thür. **7**: 8–11
MILITZER, M. (1942): Das atlantische Florenelement in Sachsen. Jahresber. Arbeitsgem. Sächs. Bot. **2**: 65–96
MILITZER, M. (1954): Einige Neufunde in der Lausitz. Wiss. Z. Univ. Halle, Math.-Naturwiss. Reihe **3**(4): 988
MILITZER, M. (1955): *Geranium divaricatum* Ehrh. neu für die Oberlausitz. Wiss. Z. Univ. Halle, Math.-Naturwiss. Reihe **4**(4): 770
MILITZER, M. (1960): Über die Verbreitung von Ackerunkräutern in Sachsen. Ber. Arbeitsgem. Sächs. Bot. N. F. **2**: 113–133
MILITZER, M. (1961): Zur Verbreitung von *Glyceria declinata* Breb. in Sachsen. Ber. Arbeitsgem. Sächs. Bot. N. F. **3**: 166–167
MILITZER, M. (1961): Zur Flora des Messtischblattes Stolpen. Mskr. Halle
MILITZER, M. (1964): *Solanum nitidibaccatum* Bitter, der Argentinische Nachtschatten – Irrgast und Neubürger. Wiss. Z. Univ. Halle, Math.-Naturwiss. Reihe **13**(9): 663–664
MILITZER, M. (1967): Zur Verbreitung der *Chimaphila umbellata* in Sachsen. Wiss. Z. Univ. Halle, Math.-Naturwiss. Reihe **16**(6): 884–889
MILITZER, M. (1968): Vom Königsfarn. Naturschutzarbeit Naturk. Heimatforsch. Sachsen **10**: 52–53
MILITZER, M., OTTO, H.-W. (1964): Die floristische Eigenart der Landschaft um Bischofswerda. Sächs. Heimatbl. **10**(2): 93–111
MILITZER, M., SCHÜTZE, T. (1952): Die Farn- und Blütenpflanzen im Kreise Bautzen. Jahresschr. Institut Sorbische Volksforsch. **1**
MIRTSCHIN, E. (1950): Die geschützten Pflanzen Sachsens. Staatsex.-Arb. Techn. Hochschule Dresden
MÖLLENDORF, H. (1852): Neue, meines Wissens bisher noch nicht angegebene Standorte einiger deutscher Pflanzen. Flora **35**(1): 272
MÖLLER, L. (1873): Flora von Nordwest-Thüringen. Mühlhausen
MÜHLBERG, H. (1993): Aufruf zur Beobachtung von *Ceratophyllum demersum* L. Mitt. Florist. Kart. Halle **18**: 3–5
MÜHLEFELD, I. C. (1870): Gattungen der im einstündigen Umkreise von Erfurt wildwachsenden und häufig cultivierten Gefäß-Pflanzen. Erfurt
MÜLLER, C. (1985): Bestimmungsschlüssel adventiver *Chloris*-Arten (Poaceae). Mitt. Florist. Kart. Halle **11**: 4–11
MÜLLER, F. (1983): Zur Verbreitung von *Orchis mascula* L. im Osterzgebirge. Mitt. Arbeitskreis Heimische Orchideen **12**: 73–79
MÜLLER, G. (1962): Die Bedeutung der Ackerunkrautgesellschaften für die pflanzengeographische Gliederung West- und Mittelsachsens. Diss. Univ. Leipzig
MÜLLER, G. (1964): Die Bedeutung der Ackerunkrautgesellschaften für die pflanzengeographische Gliederung West- und Mittelsachsens. Teil I. Hercynia N. F. **1**: 82–112
MÜLLER, G. (1964): Die Bedeutung der Ackerunkrautgesellschaften für die pflanzengeographische Gliederung West- und Mittelsachsens Teil I (Fortsetzung). Hercynia N. F. **1**: 113–127
MÜLLER, G. (1964): Die Bedeutung der Ackerunkrautgesellschaften für die pflanzengeographische Gliederung West- und Mittelsachsens Teil II. Hercynia N. F. **1**: 127–166
MÜLLER, G. (1964): Die Bedeutung der Ackerunkrautgesellschaften für die pflanzengeographische Gliederung West- und Mittelsachsens Teil II (Fortsetzung). Hercynia N. F. **1**: 213–279
MÜLLER, H. (1878): Flora der Umgebung von Gera. Systematisches Verzeichnis der im Gebiete wildwachsenden Gefäßpflanzen. Jahresber. Ges. Freunden Naturwiss. Gera **18–20**: 173–260
MÜLLER, H. (1985): Die Weißtanne (*Abies alba* Mill.) im Schwarzatal. Landschaftspflege Naturschutz Thüringen **22**(3): 57–65
MÜLLER, J. (1993): Zum Vorkommen einiger bemerkenswerter annueller Blütenpflanzen im mittleren Sachsen-Anhalt. Mitt. Florist. Kart. Halle **18**: 28–32
MÜLLER, J. (1995): Zur Flora des Magdeburger Elbegebietes. Mitt. Florist. Kart. Halle **20**: 68–81
MÜLLER, K. (1851): Ein Ausflug auf den Thüringer Wald. Bot. Z. **9**: 631–638; 558–665
MÜLLER, M., WEGENER, U. (1972): Floristische Neufunde im Nordharz und Vorland. Naturkundl. Jahresber. Mus. Heineanum Halberstadt **5/6**: 13–15
MÜLLER, M., WEGENER, U. (1973): Floristische Neufunde im Nordharz und Vorland. Naturkundl. Jahresber. Mus. Heineanum Halberstadt **7**: 17–19
MÜLLER, M., WEGENER, U. (1973): Floristische Neufunde im Nordharz und Vorland. Naturkundl. Jahresber. Mus. Heineanum Halberstadt **8**: 5–7
MÜLLER, M., WEGENER, U. (1975): Floristische Neufunde im Nordharz und Vorland. Naturkundl. Jahresber. Mus. Heineanum Halberstadt **10**: 21–24
MÜLLER, O. (1862): Beitrag zur Cryptogamen-Flora des reußischen Oberlandes. Jahresber. Ges. Freunden Naturwiss. Gera **5**: 57–58
MÜLLER, O. (1956): Die Vegetationsverhältnisse der subhercynischen Kreidemulde. Veröff. Städt. Mus. Halberstadt **2**
MÜLLER, P. (1973): Die Orchideen des Kreises Haldensleben. Jahresschrift Kreismus. Haldensleben **14**: 55–68
MÜLLER, P. (1975): Die geschützten Pflanzen des Kreises Haldensleben. Jahresschrift Kreismus. Haldensleben **16**: 38–56
MÜLLER, W. O. (1863): Flora der Reußischen Länder und deren nächste Umgebungen. Gera, Leipzig
MÜLLER-STOLL, W. R., KRAUSCH, H. D. (1957): Verbreitungskarten brandenburgischer Leitpflanzen. 1. Reihe. Wiss. Z. Pädag. Hochschule Potsdam, Math.-Naturwiss. Reihe **3**(1): 63–92
MÜLLER-STOLL, W. R., KRAUSCH, H. D. (1959): Verbreitungskarten brandenburgischer Leitpflanzen. 2. Reihe. Wiss. Z. Pädag. Hochsch. Potsdam, Math.-Naturwiss. Reihe **4**: 105–150
MÜLLER-STOLL, W. R., KRAUSCH, H. D. (1960): Verbreitungskarten brandenburgischer Leitpflanzen. 3. Reihe. Wiss. Z. Pädag. Hochsch. Potsdam, Math.-Naturwiss. Reihe **5**: 85–128
MÜLLER-STOLL, W. R., FISCHER, W., KRAUSCH, H. D. (1962): Verbreitungskarten brandenburgischer Leitpflanzen. 4. Reihe. Wiss. Z. Pädag. Hochsch. Potsdam, Math.-Naturwiss. Reihe **7**: 95–150
MURBECK, S. (1892): Studien über Gentianen aus der Gruppe *Endotricha* Froel. Acta Horti Bergiani **2**(3):
MYLIUS, C. (1884): Flora des Gebietes der oberen Freiberger Mulde. Deut. Bot. Monatsschr. **2**: 41–44, 104–106, 156–158
MYLIUS, C. (1885): Flora des Gebietes der oberen Freiberger Mulde. Deut. Bot. Monatsschr. **3**: 26–28, 139–140
NAGLER, A., SCHMIDT, W. (1986): Die Erfassung der straßenbegleitenden Vegetation als Grundlage extensiver Pflegemaßnahmen zur Förderung rückläufiger Arten und Lebensgemeinschaften. Umdruck z. Vortr. auf d. Symp. d. Ver. f. Vegetationskunde in Halle
NATHO, G. (1957): Anpassungserscheinungen der Halophyten am Beispiel typischer Vertreter des Sülldorfer Solquellgebietes. Staatsex.-Arb. Langenweddingen
NAUMANN, A. (1913): Die Pflanzenwelt in der „Abteilung für Naturschutz" auf der Leipziger Baufachausstellung. Mitt. Landesver. Sächs. Heimatschutz **3**: 127–136
NAUMANN, A. (1918): Die Pflanzenwelt des Trebnitztales. Mitt. Landesver. Sächs. Heimatschutz **7**: 8–17
NAUMANN, A. (1919): Die Pflanzenwelt der Pillnitzer Elbinsel. Mitt. Landesver. Sächs. Heimatschutz **8**: 169–177
NAUMANN, A. (1920): Das Ketzerbachtal, ein neuer Naturschutzbezirk Sachsens. Mitt. Landesver. Sächs. Heimatschutz **9**: 127–145
NAUMANN, A. (1922): Das Pflanzenkleid. In: Dresdner Wanderbuch. II. Teil. Dresden-Wachwitz. 104–142
NAUMANN, A. (1922): Die Vegetationsverhältnisse des östlichen Erzgebirges. Sitzungsber. Abh. Naturwiss. Ges. Isis Dresden **1920/21**: 25–68
NAUMANN, A. (1923): Klima und Pflanzenkleid. In: WAGNER, P.: Wanderbuch für das östliche Erzgebirge. Dresden. 75–117
NAUMANN, A. (1929): Die Elsbeere in Sachsen. In: Naturschutz in Sachsen (ed. Landesver. Sächs. Heimatschutz). Dresden. 224–230
NAUMANN, F. (1892): Zur Flora von Gera. Jahresber. Ges. Freunden Naturwiss. Gera **32–35**: 87–104
NAUMANN, F. (1900): Farnpflanzen (Pteridophyten) der Umgegend

von Gera mit Berücksichtigung des Reussischen Oberlandes. Jahresber. Ges. Freunden Naturwiss. Gera **39–42**: 34–46

NAUMANN, F. (1906): Ergebnisse der botanischen Durchforschung der Umgebung von Gera und der angrenzenden Gebiete durch Dr. Ferdinand Naumann. (aus dem Nachlaß hrsg. von M. SCHULZE) Jahresber. Ges. Freunden Naturwiss. Gera **46–48**: 15–85

NEUHAUS (1885): Verzeichnis der Standorte der um Storkow vorkommenden Juncaceen, Cyperaceen und Gramina. Verh. Bot. Ver. Prov. Brandenburg **26/1884**: 24–29

NEUREUTER, F. (1910): Illustrierte Flora des Eichsfeldes. Heiligenstadt

NEUß, K. (1932): Die Pflanzenwelt des Amselgrundes und seiner Felsenwände. Heimatkalender Halle Saalkreis, **13**: 80–82

NEUWIRTH, G. (1954): Die Waldgesellschaften des Fallsteins. Wiss. Z. Univ. Halle, Math.-Naturwiss. Reihe **3**(4): 929–946

NEUWIRTH, G. (1958): Pflanzensoziologische und ökologische Untersuchungen an Hängen des Lindbusches, der Harslebener Berge und des Steinholzes. Wiss. Z. Univ. Halle, Math.-Naturwiss. Reihe **7**(1): 101–124

NICOLAI, E. A. (1872): Verzeichnis der in der Umgebung von Arnstadt wildwachsenden und wichtigeren kultivierten Pflanzen. Arnstadt

NIEMANN, E. (1962): Zur Vegetation der Elster-Steilhänge im Gebiet der Vogtländischen Devonmulde. Ber. Arbeitsgem. Sächs. Bot. N. F. **4**: 107–147

NIEMANN, E. (1962): Anwendungsmöglichkeiten phytochorologischer, vegetationskundlicher und synökologischer Arbeitsmethoden auf Fragen der Standortsdifferenzierung und Landschaftsökologie im Mittelgebirge. Drudea, Jena **2**(5/6): 19–38

NIEMANN, E. (1963): Lokalverbreitungskarten charakteristischer Pflanzenarten im Querschnitt durch den mittleren Thüringer Wald. Wiss. Z. Univ. Halle, Math.-Naturwiss. Reihe **12**(9): 678–695

NIEMANN, E., HIEKEL, W., GÖRNER, M. (1979): Das Naturschutzgebiet „Vessertal" eine Perle des Thüringer Waldes. Landschaftspflege Naturschutz Thüringen, Sonderh. **16**

NIEMANN, G. (1938): Die Halophytenvegetation des Magdeburger Florenbezirkes. Abh. Ber. Mus. Naturk. Vorgesch. Naturw. Ver. Magdeburg **6**(5): 351–367

NIESCHALK, A. (1965): *Arctostaphylos uva-ursi* (L.) Spreng. bei Asbach (Eichsfeld). Wiss. Z. Univ. Halle, Math.-Naturwiss. Reihe **14**(6): 504

NITZSCHE, R. (1858): Der Plauensche Grund und seine Höhen. Dresden

NOELDEKE, C. (1886): Flora Goettingensis. Celle

NONNE, J. P. (1763): Flora in territorio erfordiensi indigena. Erfordiae

NOTH, K. (1855): Botanisches Vademecum für die beiden letzten Gymnasialklassen. Schulprogramm Gymn. Freiberg

OEHLHEY, H. R. (1951): Tiere und Pflanzen unserer Heimat. Geraer Reihe **6**

OERTEL, G. (1881): Verzeichnis der in Vorder- und Mittelthüringen beobachteten Cyperaceen. Irmischia **1**: 37–40

OERTEL, G. (1884): Über *Panicum ambiguum* Gussone. Irmischia **4**: 3–4

ORTLEPP, K. (1901): Ein kleiner Beitrag zur Flora des Apfelstädtgebietes. Allg. Bot. Z. **7**: 104–106

ORTLEPP, K. (1902): Einige Bemerkungen über Pflanzen von Georgenthal und Tambach. Allg. Bot. Z. **8**: 179–180

ORTMANN, A. (1887): Flora Hennebergica. Weimar

OSSWALD, L. (1893): Beiträge zur Flora des Harzes und Nordthüringens. Mitt. Thüring. Bot. Ver. N. F. **5**: 19–20

OSSWALD, L. (1895): Beiträge zur Flora Nordthüringens und des Harzes. Mitt. Thüring. Bot. Ver. N. F. **7**: 23–25

OSSWALD, L., QUELLE, F. (1896): Beiträge zur Flora des Harzes und Nordthüringens. Mitt. Thüring. Bot. Ver. N. F. **9**: 29–31

OSSWALD, M. (1881): Mitteilungen aus unserem Vereins-Herbar. 1. Beiträge zur Flora von Eisenach. 2. Einiges zur Flora von Arnstadt. 3. Einiges zur Flora von Erfurt. Irmischia **1**: 32

OSSWALD, M. (1882): Verzeichnis seltener Pflanzen der Umgegend Eisenachs, Kreutzburgs und des Werratales. Irmischia **2**: 53–54, 69–70

OSSWALD, M. (1883): Verzeichnis seltener Pflanzen der Umgegend Eisenachs, Kreutzburgs und des Werratales. Irmischia **3**: 2–5

OSSWALD, L. (1910): *Salix hastata*. Mitt. Thüring. Bot. Ver. N. F. **27**: 30

OTTO, H.-W. (1972): Flora des Kreises Bischofswerda. Abh. Ber. Naturkundemus. Görlitz **47**(8): 1–86

OTTO, H.-W. (1980): Nachtkerzen zwischen Elbe und Neiße. Sächs. Heimatbl. **26**: 188–191

OTTO, H.-W. (1981): Veränderungen in der Segetalflora des Kreises Bischofswerda innerhalb der letzten 20 Jahre. Abh. Ber. Naturkundemus. Görlitz **54**(7): 57–62

OTTO, H.-W. (1982): Nachtrag zur Flora des Kreises Bischofswerda. Abh. Ber. Naturkundemus. Görlitz **56**(7): 15–18

OTTO, H.-W. (1984): Zur Verbreitung der Doldengewächse im Kreis Bischofswerda. Bischofswerdaer Land **2**: 25–47

OTTO, H.-W. (1985): Die Pflanzenwelt des Valtenberges. Bischofswerdaer Land **3**: 21–75

OTTO, H.-W. (1986): Zur Verbreitung der Glockenblumengewächse des Kreises Bischofswerda. Bischofswerdaer Land **4**: 27–35

OTTO, H.-W. (1990): Zur Verbreitung der Gänsefußgewächse des Kreises Bischofswerda. Bischofswerdaer Land **8**: 53–68

OTTO, H.-W. (1990): Peter Friedrich Curies „Flora Kleinwelkensis" – die zweitälteste Lokalflora der Oberlausitz. Veröffentlichung einer Handschrift aus den Jahren 1803/04. Abh. Ber. Naturkundemus. Görlitz **63**(10): 1–66

OTTO, H.-W., DUNGER, I. (1985): Ochsenzunge und andere Ampferarten im Kreis Bischofswerda. Natura Lusatica **9**: 57–71

OTTO, H.-W., HAHN, S. (1987): Mülldeponie Naundorfer Butterberg – ein bemerkenswerter Pflanzenstandort im Kreis Bischofswerda. Veröff. Mus. Westlausitz, Kamenz **11**: 50–64

OTTO, H.-W., HAHN, S. (1989): Die Pflanzenwelt des Klosterberggebietes. Veröff. Mus. Westlausitz, Kamenz **13**: 29–43

OTTO, H.-W., RANFT, M. (1991): Die Arten der Gattung *Rubus* L. (Brombeer- und Himbeerarten) des Kreises Bischofswerda (Freistaat Sachsen). Abh. Ber. Naturkundemus. Görlitz **65**(5): 1–34

PABST, K. (1985): Ökologisch-soziologische Untersuchungen als Grundlage für landeskulturelle Maßnahmen im Bereich der Michelner Teiche (Kreis Köthen). Dipl.-Arb. Päd. Hochschule Köthen

PANZERBIETER, BERGMANN, A. (1881): Excursion in's Schwarzathal bis Schwarzburg und in die Gegend von Saalfeld a. S. vom 30. Juli bis 6. August 1881. Irmischia **2**: 7–9

PASSARGE, H. (1955): Die Ufervegetation des Briesener Sees. Mitt. Florist.-Soziol. Arbeitsgem. N. F. **5**: 91–98

PASSARGE, H. (1956): Die Wälder von Magdeburgerforth (NW-Fläming). Wiss. Abh. Deut. Akad. Landwirtschaftswiss. Berlin **18**: 1–112

PASSARGE, H. (1957): Zur soziologischen Stellung einiger bahnbegleitender Neophyten in der Mark Brandenburg. Mitt. Florist.-Soziol. Arbeitsgem. N. F. **6/7**: 155–163

PASSARGE, H. (1957): Waldgesellschaften des nördlichen Havellandes. Wiss. Abh. Deut. Akad. Landwirtsch.-Wiss. Berlin **26**

PASSARGE, H. (1965): Über einige interessante Stromtalgesellschaften der Elbe unterhalb von Magdeburg. Abh. Ber. Mus. Naturk. Vorgesch. Naturw. Ver. Magdeburg **11**(4): 83–93

PASSARGE, H. (1975): Über Wiesensaumgesellschaften. Feddes Repert. **86**: 599–617

PASSARGE, H. (1977): Über Initialfluren der Sedo-Scleranthetea auf pleistozänen Böden. Feddes Repert. **88**: 503–525

PASSARGE, H. (1977): Über Wiesengesellschaften der Altmark. Gleditschia **5**: 129–155

PASSARGE, H. (1978): Über Erlengesellschaften im Unterharz. Hercynia N. F. **15**: 399–419

PASSARGE, H. (1979): Über azidophile Waldsaumgesellschaften. Feddes Repert. **90**: 465–479

PASSARGE, H. (1979): Über vikariierende Trifolio-Geranietea-Gesellschaften in Mitteleuropa. Feddes Repert. **90**: 51–83

PASSARGE, H. (1979): Über Xerothermrasen im Seelower Odergebiet. Gleditschia **7**: 225–250

PASSARGE, H. (1979): Über montane Rhamno-Prunetea im Unterharz. Phytocoenologia **6**: 352–387

PASSARGE, H. (1979): Über mitteleuropäisch-montane Trittpflanzengesellschaften. Vegetatio **39**: 77–84

PASSARGE, H. (1980): Über mesophile Fagetalia-Säume im Süd-Harz. Mitt. Florist.-Soziol. Arbeitsgem. N. F. **22**: 111–123

PASSARGE, H. (1981): Zur Gliederung mitteleuropäischer Epilobietea angustifolii. Folia Geobot. Phytotax. Praha **16**: 265–291

PASSARGE, H. (1981): Über Saliceten im Unterharz. Hercynia N. F. **18**: 261–279

PASSARGE, H. (1981): Gartenunkraut-Gesellschaften. Tuexenia **1**: 63–79

PASSARGE, H. (1982): *Rubus*-Coenosen. Feddes Repert. **93**: 369–403

PASSARGE, H. (1984): Montane Frischwiesensäume. Tuexenia **4**: 181–194

PASSARGE, H. (1985): *Ranunculus serpens* Schrank im Thüringer Wald. Gleditschia **13**: 247–249

PASSARGE, H. (1987): *Padus avium* ssp. *petraea* im nordhercynischen Bergland? Feddes Repert. **98**: 433–440

PATZKE, E. (1964): Die Flora des Meßtischblattes Dahme. Verh. Bot. Ver. Prov. Brandenburg **101**: 121–178

PAUCKERT, C. A. (1859): Flora von Treuenbrietzen. Topographisch-botanischer Überblick. Verh. Bot. Ver. Prov. Brandenburg **1**: 75–84

PAUCKERT, C. A. (1860): Verzeichnis der um Treuenbrietzen vorkommenden Gefäßpflanzen. Verh. Bot. Ver. Prov. Brandenburg **2**: 1–25

PECK, F. (1866): Flora der Umgegend der Stadt Templin in der Uckermark. Verh. Bot. Ver. Prov. Brandenburg **8**: 1–36

PECK, F. (1868): Nachträge zur Flora von Templin bis zum Herbst 1868. Verh. Bot. Ver. Prov. Brandenburg **10**: 145–149

PEITZSCH, J. (1973): Orchideen im Kreis Sangerhausen. Veröff. Spengler-Mus. Sangerhausen, Beitr. Heimatforsch. **3**: 9–18

PERWO, B., WENZEL, W. (1977): Ein Vorkommen des Neophyten *Lactuca tatarica* (L.) C. A. Meyer bei Köthen. Wiss. H. Pädag. Hochschule Köthen **4**(12) 89–95

PESCHEL, A., DEGENKOLB, G. (1968): Das Saugartenmoor in der Dresdner Heide. Naturschutzarbeit Naturk. Heimatforsch. Sachsen **10**: 43–51

PETER, A. (1901): Flora von Südhannover. Göttingen

PETER, C. (1984): Neufund von *Leucojum vernum* L. subsp. *carpaticum* (Spring) O. Schwarz im LSG „Drei Gleichen". Mitt. Florist. Kart. Halle **10**: 33

PETER, C. (1986): Die Bärlappe (Lycopodiales) – Ökologie, Verbreitung und Möglichkeiten des Schutzes. Naturhist. Mus. Schleusingen, Sonderh. 43–56

PETERMANN, G. L. (1838): Flora Lipsiensis excursoria. Lipsiae

PETERMANN, W. (1846): Analytischer Pflanzenschlüssel für botanische Excursionen in der Umgegend von Leipzig. Leipzig

PETRY, A. (1889): Die Vegetationsverhältnisse des Kyffhäuser Gebirges. Halle

PETRY, A., LUTZE, G. (1979): Nachträge und Berichtigungen zu Vocke und Angelrodt, Flora von Nordhausen (1886). Mitt. Florist. Kart. Halle **5**(2): 12–26

PETSCH, W. (1969): Untersuchungen zur Waldhöhenstufengliederung im Tal der Roten Weißeritz von der collinen zur borealen Stufe. Dipl.-Arb. Techn. Univ. Dresden, Sekt. Forstwirtschaft, Tharandt

PFANNENSCHMIDT, H. (1957): Der Mariengrund bei Langendembach. In: Zwischen Saale und Orla, Heimatbuch des Kreises Pößneck. 71–74

PIETSCH, K. (1971): Vegetationsverhältnisse im Naturschutzgebiet „Seußlitzer Grund". Naturschutzarbeit Naturk. Heimatforsch. Sachsen **13**: 69–82

PIETSCH, W. (1967): Über Verlandungsvegetation des Sorgenteiches bei Ruhland in der Oberlausitzer Niederung und ihre pflanzengeographische Bedeutung. Ber. Arbeitsgem. Sächs. Bot. N. F. **8**: 55–92

PIETSCH, W. (1972): Ausgewählte Beispiele für Indikatoreigenschaften höherer Wasserpflanzen. Arch. Naturschutz Landschaftsf. **12**: 121–151

PIETSCH, W. (1974): Zur Verbreitung und Soziologie des Pillenfarns (*Pilularia globulifera* L.) in der Lausitz. Niederlaus. Florist. Mitt. **7**: 11–22

PIETSCH, W. (1984): Das NSG „Saukopfmoor" im Thüringer Wald – Vegetation, Ökologie und Maßnahmen zur Erhaltung. Landschaftspflege Naturschutz Thüringen **21**(3): 50–59

PIETSCH, W., JENTSCH, H. (1984): Zur Soziologie und Ökologie von *Myriophyllum heterophyllum* Mich. in Mitteleuropa. Gleditschia **12**: 303–335

PIETSCH, W., MÜLLER-STOLL, W. R. (1968): Die Zwergbinsen-Gesellschaft der nackten Teichböden im östlichen Mitteleuropa, Eleocharito-Caricetum bohemicae. Mitt. Florist.-Soziol. Arbeitsgem. N. F. **13**: 14–47

PLOETTNER, T. (1898): Verzeichnis von Fundorten einiger seltener oder weniger verbreiteter Gefässpflanzen der Umgegend von Rathenow. Verh. Bot. Ver. Prov. Brandenburg **40**: XL–LXVI

PORWOLL, R. (1967): Untersuchungen zur Erfassung des Pflanzenbestandes in einem Teilgebiet der Fasanerie zu Köthen. Staatsex.-Arb. Päd. Inst. Köthen

POTONIÉ, H. (1883): Floristische Beobachtungen aus der Priegnitz. Verh. Bot. Ver. Prov. Brandenburg **24/1882**: 159–179

PREISSING, M. (1977): Floristische Untersuchungen zur Bioindikation im Gebiet des MTB Köthen 4237. Dipl.-Arb. Univ. Halle

PREUSSE, S. (1970): Die Ackerunkräuter und Unkrautgesellschaften in der Umgebung von Jena. Dipl.-Arb. Univ. Jena

PREUSSER, E. (1869): Der Plauensche Grund. In: Denkschrift des Vereins zur Verbreitung gemeinnütziger Kenntnisse im Plauenschen Grund. Potschappel

PRIETZEL, E. (1922): *Melandryum viscosum* (L.) neu für die Mark. Verh. Bot. Ver. Prov. Brandenburg **64**: 204

PRINKE, E. (1982): Floristische Neufunde aus dem Fläming und dem Baruther Urstromtal als Vorarbeit zu einer Flora des Flämings. Gleditschia **9**: 173–193

PSCHEIDL, B. (1956): Ein Beitrag zur Tannenfrage unter besonderer Berücksichtigung der geschichtlichen Entwicklung der Tannenmischbestände in der Dippoldiswalder Heide. Dipl.-Arb. Techn. Hochschule Dresden, Fak. Forstwirtschaft, Tharandt

PURSCH, F. T. (1799): Verzeichnis der im Plauischen Grund und den zunächst angrenzenden Gegenden wildwachsenden Pflanzen. In: BECKER, W. G.: Der Plauische Grund bei Dresden, ... Zweiter Theil. Nürnberg. 45–94

PUSCH, J. (1989): Die Sommerwurzarten des Kreises Artern. Bad Frankenhausen

PUSCH, J. (1989): Wiederfund der seltenen Quendel-Sommerwurz (*Orobanche alba* Steph. ex. Willd.) im Nacken südlich von Bad Frankenhausen. Mitt. Florist. Kart. Halle **15**: 82–83

PUSCH, J., BARTHEL, K.-J. (1988): Über aktuelle und ehemalige Vorkommen von Orobanchen im Kyffhäusergebirge. Mitt. Florist. Kart. Halle **14**: 13–29

PUSCH, J., BARTHEL, K.-J. (1992): Über Merkmale und Verbreitung der Gattung *Orobanche* L. in den östlichen Bundesländern Deutschlands. Gleditschia **20**: 33–56

PUSCH, J., BARTHEL, K.-J. (1995): Über ein Vorkommen von *Scorzonera parviflora* Jacq. zwischen Hackpfüffel und Riethnordhausen (Landkreis Sangerhausen). Mitt. Florist. Kart. Halle **20**: 81–82

RABENHORST, L. (1839): Flora Lusatica. Leipzig 1

RABENHORST, L. (1840): Flora Lusatica. Leipzig 2

RABENHORST, L. (1846): Vorläufige ergänzende und berichtigende Notitzen zu seiner Flora Lusatica mit Berücksichtigung der Nachbarfloren. Rabenhorsts Botanisches Centralblatt 189–195, 237–249, 325–335, 341–349, 365–371, 381–393, 189–195, 237–249, 237–249, 325–335

RABENHORST, L. (1859): Flora des Königreiches Sachsen. Dresden

RABENHORST, L. (1863): Flora von Elster und Umgegend. In: FLECHSIG, R.: Bad Elster im Königl. Sächsischen Voigtlande. Dresden. 53–89

RABOLD, W. (1959): Das Naturschutzgebiet Brandrübler Moor. Heimatkalender Kreise Altenburg, Schmölln 101–109

RANDIG, W. (1992): Bemerkenswerte Pflanzenarten im Naturschutzgebiet Bodetal (Unterharz). Braunschw. Naturkdl. Schr. **4**(1): 205–212

RANFT, M. (1958): Die Vegetationsverhältnisse im mittleren Teil des Tales der Großen Triebisch. Sächs. Heimatbl. **4**: 336–348

RANFT, M. (1961): Die Pflanzenwelt des Wilsdruffer Landes. Ber. Arbeitsgem. Sächs. Bot. N. F. **3**: 59–102

RANFT, M. (1965): Nachtrag: Die Pflanzenwelt des Wilsdruffer Landes. Ber. Arbeitsgem. Sächs. Bot. N. F. **5/6**: 271–272

RANFT, M. (1967): Die Pflanzenwelt des Wilsdruffer Landes. Ruderalpflanzen und ihre Gesellschaften. Ber. Arbeitsgem. Sächs. Bot. N. F. **7**: 197–207

RANFT, M. (1968): Die Pflanzenwelt des Wilsdruffer Landes. Ackerunkräuter und ihre Gesellschaften. Ber. Arbeitsgem. Sächs. Bot. N. F. **8**: 93–99

RANFT, M. (1970): Die Pflanzenwelt des Landschaftsschutzgebietes „Grabentour" im Kreise Freiberg. Sächs. Heimatbl. **16**: 29–32

RANFT, M. (1971): Die Pflanzenwelt des Wilsdruffer Landes. IV Grünlandgesellschaften. Ber. Arbeitsgem. Sächs. Bot. N. F. **9**: 9–17

RANFT, M. (1972): Grünlandgesellschaften des sächsischen Elbhügellandes. Die *Viscaria vulgaris-Ranunculus bulbosus*-Gesellschaft. Ber. Arbeitsgem. Sächs. Bot. N. F. **10**: 139–156

RANFT, M. (1972): Erfahrungen bei der Pflege und Erhaltung eines Flächennaturdenkmals. Naturschutzarbeit Naturk. Heimatforsch. Sachsen **14**: 69–72

RANFT, M. (1975): Zur Flora von Berggießhübel. Sächs. Heimatbl. **21**: 285–286

RANFT, M. (1978): Flora des Kreises Freital, 4. Beitrag. Mitt. Florist. Kart. Halle **4**(1): 28–44

RANFT, M. (1981): Die Pflanzenwelt des Plauenschen Grundes bei Dresden. Sächs. Heimatbl. **27**: 138–141

RANFT, M. (1985): Zur *Rubus*-Flora des Harzes (Friedrichsbrunn und Umgebung). Mitt. Florist. Kart. Halle **11**: 77–79

RANFT, M., STEPHAN, P., WAGNER, W. (1967): Flora des Kreises Freital. Ber. Arbeitsgem. Sächs. Bot. N. F. **7**: 115–196

RANFT, M., WAGNER, W. (1972): Flora des Kreises Freital 2. Beitrag. Ber. Arbeitsgem. Sächs. Bot. N. F. **10**: 157–168

RATTEY, F. (1984): Zum Auftreten von einigen atlantischen Florenelementen in der nordwestlichen Altmark. Gleditschia **11**: 125–130

RATTEY, F. (1988): Orchideenvorkommen der nordwestlichen Altmark. Naturschutzarbeit Bez. Halle Magdeburg **25**: 43–47

RAUSCHERT, S. (1959): *Lycopodium issleri* (Rouy) Lawalrée. Wiss. Z. Univ. Halle, Math.-Naturwiss. Reihe **8**(4/5): 493–494

RAUSCHERT, S. (1961): Studien über die Systematik und Verbreitung der thüringischen Sippen der *Festuca ovina* L. s. lat. Feddes Repert. **63**: 251–283

RAUSCHERT, S. (1962): Zur Flora von Thüringen. Wiss. Z. Univ. Halle, Math.-Naturwiss. Reihe **11**(2): 200–205

RAUSCHERT, S. (1963): Die Arten von *Melica* sect. *Beckeria* (Bernh.) Asch. in Mitteldeutschland. Ber. Deut. Bot. Ges. **76**(7): 235–243

RAUSCHERT, S. (1963): Zur Flora von Thüringen I. Wiss. Z. Univ. Halle, Math.-Naturwiss. Reihe **12**(9): 710–713

RAUSCHERT, S. (1964): Zur Flora Thüringens und der nordöstlich angrenzenden Gebiete. Wiss. Z. Univ. Halle, Math.-Naturwiss. Reihe **13**(9): 651–653

RAUSCHERT, S. (1965): Zur Flora Thüringens und der nordöstlich angrenzenden Gebiete (Zweiter Beitrag). Wiss. Z. Univ. Halle, Math.-Naturwiss. Reihe **14**(6): 494–498

RAUSCHERT, S. (1966): Zur Flora des Bezirkes Halle. Wiss. Z. Univ. Halle, Math.-Naturwiss. Reihe **15**(5): 737–750

RAUSCHERT, S. (1966): Zur Flora von Thüringen. Wiss. Z. Univ. Halle, Math.-Naturwiss. Reihe **15**(5): 762–765

RAUSCHERT, S. (1967): Valerius Cordus (1515–1544) als Entdecker der *Achillea setacea* W. et K. Hercynia N. F. **4**: 339–343

RAUSCHERT, S. (1967): Taxonomie und Chorologie der *Diphasium*-Arten Deutschlands (Lycopodiaceae). Hercynia N. F. **4**: 439–487

RAUSCHERT, S. (1967): Zur Flora des Bezirkes Halle (2. Beitrag). Wiss. Z. Univ. Halle, Math.-Naturwiss. Reihe **16**(6): 867–868

RAUSCHERT, S. (1967): Zur Flora von Thüringen (6. Beitrag). Wiss. Z. Univ. Halle, Math.-Naturwiss. Reihe **16**(6): 869–871

RAUSCHERT, S. (1967): *Linum leonii* F. W. Schultz in Thüringen und im nördlichen Harzvorland. Wiss. Z. Univ. Halle, Math.-Naturwiss. Reihe **16**(6): 944–948

RAUSCHERT, S. (1968): Die xerothermen Gebüschgesellschaften Mitteldeutschlands. Diss. Univ. Halle

RAUSCHERT, S. (1970): Beiträge zur Kenntnis der Flora von Mitteldeutschland. Wiss. Z. Univ. Jena, Math.-Naturwiss. Reihe **19**: 413–418

RAUSCHERT, S. (1972): Zur Flora von Thüringen (8. Beitrag). Wiss. Z. Univ. Halle, Math.-Naturwiss. Reihe **21**(1): 59–60

RAUSCHERT, S. (1972): Zur Flora des Bezirks Magdeburg. Wiss. Z. Univ. Halle, Math.-Naturwiss. Reihe **21**(1): 61–62

RAUSCHERT, S. (1972): Zur Flora des Bezirks Halle (4. Beitrag). Wiss. Z. Univ. Halle, Math.-Naturwiss. Reihe **21**(1): 63–65

RAUSCHERT, S. (1972): Verbreitungskarten mitteldeutscher Leitpflanzen. 13. Reihe. Wiss. Z. Univ. Halle, Math.-Naturwiss. Reihe **21**(2): 7–68

RAUSCHERT, S. (1973): Zur Flora von Thüringen (9. Beitrag). Wiss. Z. Univ. Halle, Math.-Naturwiss. Reihe **22**(6): 30–31

RAUSCHERT, S. (1973): Zur Flora des Bezirkes Halle (5. Beitrag). Wiss. Z. Univ. Halle, Math.-Naturwiss. Reihe **22**(6): 32–33

RAUSCHERT, S. (1975): Zur Flora von Thüringen (10. Beitrag). Wiss. Z. Univ. Halle, Math.-Naturwiss. Reihe **24**(6): 79–83

RAUSCHERT, S. (1975): Zur Flora des Bezirkes Halle (6. Beitrag). Wiss. Z. Univ. Halle, Math.-Naturwiss. Reihe **24**(6): 84–91

RAUSCHERT, S. (1975): Zur Flora des Bezirkes Magdeburg (2. Beitrag). Wiss. Z. Univ. Halle, Math.-Naturwiss. Reihe **24**(6): 92–93

RAUSCHERT, S. (1976): *Carex buxbaumii* Wahlenb. und *C. hartmanii* Caj. in der südlichen DDR. Mitt. Florist. Kart. Halle **2**(2): 19–32

RAUSCHERT, S. (1977): 400 Jahre „Sylva Hercynia" von Johannes Thal. Hercynia N. F. **14**: 361–374

RAUSCHERT, S. (1977): Johannes Thal, Leben und Werk. In: Florenwandel und Florenschutz. 2. Zentrale Tagung für Botanik. Kulturbund der DDR, ZFA Botanik, Berlin

RAUSCHERT, S. (1977): Johannes Thal, Sylva Hercynia. Neu herausgegeben, ins Deutsche übersetzt, gedeutet und erklärt von Stephan Rauschert. Leipzig

RAUSCHERT, S. (1977): Zur Flora von Thüringen (11. Beitrag). Mitt. Florist. Kart. Halle **3**(2): 41–44

RAUSCHERT, S. (1977): Zur Flora des Bezirkes Halle (7. Beitrag). Mitt. Florist. Kart. Halle **3**(1): 50–65

RAUSCHERT, S. (1977): Zur Flora des Bezirkes Magdeburg (3. Beitrag). Mitt. Florist. Kart. Halle **3**(1): 66–72

RAUSCHERT, S. (1977): Die in der DDR eingebürgerten ausdauernden *Gypsophila*-Arten. Mitt. Florist. Kart. Halle **3**(2): 14–33

RAUSCHERT, S. (1979): Zur Flora von Thüringen (12. Beitrag). Mitt. Florist. Kart. Halle **5**(2): 39–52

RAUSCHERT, S. (1979): Zur Flora des Bezirkes Magdeburg (4. Beitrag). Mitt. Florist. Kart. Halle **5**(2): 53–56

RAUSCHERT, S. (1979): Zur Flora des Bezirkes Halle (8. Beitrag). Mitt. Florist. Kart. Halle **5**(2): 57–73

RAUSCHERT, S. (1980): Zur Flora von Thüringen (13. Beitrag). Mitt. Florist. Kart. Halle **6**: 36–42

RAUSCHERT, S. (1980): Zur Flora des Bezirkes Halle (9. Beitrag). Mitt. Florist. Kart. Halle **6**: 30–36

RAUSCHERT, S. (1980): Über das Vorkommen von *Dorycnium herbaceum* Vill. im nördlichen Thüringen. Mitt. Florist. Kart. Halle **6**: 72–80

RAUSCHERT, S. (1981): *Carex buxbaumii* Wahlenb. und *Carex hartmanii* Caj. und ihre Verbreitung in beiden deutschen Staaten. Ber. Arbeitsgem. Sächs. Bot. N. F. **11**: 191–214

RAUSCHERT, S. (1982): Zur Flora des Bezirkes Halle (10. Beitrag). Mitt. Florist. Kart. Halle **8**(2): 55–59

RAUSCHERT, S. (1982): Zur Flora von Thüringen (14. Beitrag). Mitt. Florist. Kart. Halle **8**(2): 59–63

RECHT, M. (1885): Einige neue Funde. Irmischia **5**: 58

REHFELD, H. (1975): Über ein konzentriertes Libellenvorkommen an den „Seerosenteichen“ bei Quedlinburg. Naturkundl. Jahresber. Mus. Heineanum Halberstadt **10**: 25–32

REHFELDT, A. (1717): Hodegus botanicus menstruus, praemissis rudimentis botanicis, plantas quae potissimum circa Halam saxonum ... Halae, Magdeburgicae

REICHARDT, H. (1860): Einige Nachträge zu Garckes Flora von Halle. (Mit Nachtrag von Ascherson.) Verh. Bot. Ver. Prov. Brandenburg **2**: 116–117

REICHEL, F. D. (1837): Standorte der selteneren und ausgezeichneten Pflanzen in der Umgegend von Dresden. Dresden, Leipzig

REICHENBACH, H. (1832): Flora germanica excursoria. Lipsiae

REICHENBACH, H. G. L. (1844): Flora Saxonica. Dresden, Leipzig

REICHHOFF, L. (1973): Die Wasser- und Röhrichtpflanzengesellschaften des Mittelelbe-Gebietes zwischen Wittenberg und Aken. Dipl.-Arb. Univ. Halle

REICHHOFF, L., BÖHNERT, W. (1983): Die Vegetation des Naturschutzgebietes „Vogtei“ in der Fuhneaue bei Zörbig. Arch. Naturschutz Landschaftsf. **23**: 181–192

REICHHOFF, L., BÖHNERT, W., WESTHUS, W. (1982): Die Pflanzengesellschaften der Naturschutzgebiete „Stremel“ und „Düstere Lake“ bei Havelberg. Gleditschia **9**: 307–319

REICHHOFF, L., REUTER, B., ROSSEL, B. (1978): Vegetations- und bodenkundliche Untersuchungen im Naturschutzgebiet „Kalbescher Werder“. Naturschutzarbeit Naturk. Heimatforsch. Bezirke Halle Magdeburg (Beiheft) **14**: 9–13

REICHHOFF, L., VOIGT, O. (1972): Wiederfund von *Najas minor* All. bei Dessau. Wiss. Z. Univ. Halle, Math.-Naturwiss. Reihe **21**(1): 72–73

REIMERS, H. (1940): Bemerkenswerte Moos- und Flechtengesellschaften auf Zechsteingips am Südrand des Kyffhäuser und des Harzes. Hedwigia **79**: 81–174

REIMERS, H. (1955): Beiträge zur Flora, insbesondere Moosflora von Schmalkalden. Mitt. Thüring. Bot. Ges. **1**(2/3): 175–198

REINECKE, K. (1900): Zur Flora von Erfurt. Berichtigungen und Ergänzungen zu Ilse, Flora von Mittelthüringen. Mitt. Thüring. Bot. Ver. N. F. **15**: 48–58

REINECKE, K. (1903): Weitere Beiträge zur Flora von Erfurt. Mitt. Thüring. Bot. Ver. N. F. **18**: 71–74

REINECKE, K. (1906): Beiträge zur Flora von Thüringen (Erfurt), insbesondere Berichtigungen und Ergänzungen zu Ilse, Flora von Mittelthüringen. Mitt. Thüring. Bot. Ver. N. F. **21**: 75–79

REINECKE, K. (1908): Neue Beiträge zur Flora von Erfurt. Mitt. Thüring. Bot. Ver. N. F. **23**: 29–30

REINECKE, K. (1911): Neue Beiträge zur Kenntnis der Flora von Thüringen. Mitt. Thüring. Bot. Ver. N. F. **28**: 36–43

REINECKE, K. (1913): Neue Beiträge zur Kenntnis der Flora von Thüringen. Mitt. Thüring. Bot. Ver. N. F. **30**: 19–22

REINECKE, K. (1914): Flora von Erfurt. Jahrb. Königl. Akad. Gemeinnütz. Wiss. Erfurt N. F. **40**

REINECKE, K. (1919): Nachtrag zur „Flora von Erfurt“. Jahrb. Königl. Akad. Gemeinnütz. Wiss. Erfurt, N. F. **44/45**: 135–162

REINECKE, K. (1921): Weitere Beiträge zur Thüringer Flora. Mitt. Thüring. Bot. Ver. N. F. **35**: 21–23

REINECKE, K. (1925): Weitere Beiträge zur Kenntnis der Erfurter Flora. Mitt. Thüring. Bot. Ver. N. F. **36**: 20–25

REINECKE, K. (1928): Dritter Nachtrag zur „Flora von Erfurt“. Jahrb. Akad. Gemeinnütz. Wiss. Erfurt, N. F. **47**: 119–134

REINECKE, K. (1929): Einige neue, die Heimatflora betreffende Mitteilungen. Mitt. Thüring. Bot. Ver. N. F. **38**: 43–47

REINECKE, K. (1933): Vierter Nachtrag zur „Flora von Erfurt“. Jahrb. Akad. Gemeinnütz. Wiss. Erfurt, N. F. **51**: 49–69

REINECKE, W. (1886): Excursionsflora des Harzes. Quedlinburg

REINHOLD, F. (1937): Die Dresdener Heide, Versuch einer forstlichen Standortsmonographie. Diss. Bückeburg (Schaumburg-Lippe)

REINHOLD, F. (1939): Versuch einer Einteilung und Übersicht der natürlichen Fichtenwälder (Piceion excelsae) Sachsen. Thar. Forstl. Jahrb. **90**(3/4)

REINHOLD, F. (1944): Ergebnisse vegetationskundlicher Untersuchungen im Erzgebirge, den angrenzenden Gebirgen und im nordostsächsischen Heidegebiet. Forstwiss. Centralbl. u. Thar. Forstl. Jahrb., Berlin **3**: 167–191

RETZDORFF, W. (1907): Ueber das Vorkommen der *Aldrovanda vesiculosa* L. in der Mark Brandenburg. Verh. Bot. Ver. Prov. Brandenburg **48/1906**: XXIII–XXVII

REUTHER, R. (1995): Zur Flora des Unstrut–Hainich–Kreises. Mitt. Florist. Kart. Halle **20**: 89–97

RICHTER, R. (1846): Die Flora von Saalfeld. Einladungs-Progr. Realschule Saalfeld. 1–16

RICHTER, R. (1865): Weitere Nachträge und Verbesserungen zu Schönheit's Taschenbuch der Flora von Thüringen. Linnaea **33**: 751–753

RICHTER, R. (1874): Saalfeld und Umgegend. Saalfeld

RIETZ, R. (1886): Aus der Flora von Cöpenick. Verh. Bot. Ver. Prov. Brandenburg **27/1885**: 121–127

RIETZ, R. (1894): Flora von Freyenstein i. d. Prignitz. Ein Beitrag zur Pflanzengeographie der Mark Brandenburg. Verh. Bot. Ver. Prov. Brandenburg **35/1893**: 1–36

RIETZ, R. (1898): Nachtrag zur Flora von Freyenstein. Verh. Bot. Ver. Prov. Brandenburg **40**: 78–79

RIETZ, R. (1926): Zur Flora zwischen Stolzenhagen und Stolpe a. d. Oder. Verh. Bot. Ver. Prov. Brandenburg **68**: 219–223

RIETZ, R. (1929): Ein pflanzengeographisches Rätsel (*Dorycnium herbaceum* auch am Krähenberg bei Stolzenhagen). Naturdenkmalpflege Naturschutz **2**: 54–55

RIETZ, R. (1930): Zur Flora vom Paarsteiner See und Pelitzwerder. Naturdenkmalpflege Naturschutz **6**: 170–175

RIETZ, R. (1932): Zwei Naturdenkmäler der Märkischen Flora (*Dorycnium herbaceum* vom Krähenberg bei Stolzenhagen und *Sempervivum soboliferum* von der Gellmersdorfer Forst). Naturdenkmalpflege Naturschutz **11**: 10–13

RIETZ, R. (1932): Die pontischen Hügel zwischen Alt-Galow und Stützkow a. d. Oder (Kr. Angermünde). Verh. Bot. Ver. Prov. Brandenburg **74**: 95–100

ROBOLSKY, H. (1843): Flora der Umgebung von Neuhaldensleben. Neuhaldensleben

RÖLL, J. (1882): Kleinere Mitteilungen. Irmischia **2**: 26

RÖSE, A. (1868): Der Burgberg bei Waltershausen und Bechstein's *Pyrus decipiens*, nebst einer Kritik der Sorbusarten. Krit. Blätter Forst-Jagdwiss. **51**(1): 191

ROSSEL, B. (1970): Waldbestockte Naturschutzgebiete im Nordharzvorland. Naturschutzarbeit Naturk. Heimatforsch. Bezirke Halle Magdeburg **7**: 90–107

ROSSMÄSSLER, E. A. (1830): Beitrag zur Kenntniß der Flora Weida's im Großherzoglich-Sächsischen Neustädter Kreis. Flora **13**: 225–232

ROSSMÄSSLER, E. A. (1831): Plantae Lipsiensis, Weidanae et Tharandtinae. Flora **14**(2): 632–638

ROST, J. (1955): Die Trockenrasen und Heiden auf den Kreidesandsteinhügeln des Quedlinburger Sattels. Dipl.-Arb. Univ. Halle

ROST, P. (1960): Beitrag zur Kenntnis der in Thüringen verbreiteten *Thymus*-Arten. Dipl.-Arb. Univ. Jena

ROSTOCK, M. (1890): Phanerogamenflora von Bautzen und Umgegend. Sitzungsber. Abh. Naturwiss. Ges. ISIS Dresden **1890**: 1–25

ROTH, A. (1783): Additamenta ad Floram Halensem (edita a J. J. REICHARD). Nova Acta Leopoldina **7**: 201

ROTHMALER, W. (1929): Die Pteridophyten Thüringens. Mitt. Thüring. Bot. Ver. N. F. **38**: 92–118

ROTHMALER, W. (1933): Neue Pflanzenfundorte in Thüringen und Sachsen. Mitt. Thüring. Bot. Ver. N. F. **41**: 80–87

ROTHMALER, W. (1954): *Alchemilla*. Wiss. Z. Univ. Halle, Math.-Naturwiss. Reihe **3**(4): 980–982

ROTHMALER, W. (1961): Die *Alchemilla*-Arten des Erzgebirges. Drudea **1**(3/6): 33–42

ROTHMALER, W. (1964): *Dorycnium herbaceum* im unteren Odergebiet. Verh. Bot. Ver. Prov. Brandenburg **101**: 71–76

ROTTENBACH, H. (1872): Zur Flora Thüringens, insbesondere des Meininger Landes. 1. Beitrag. Progr. Herzogliches Realgymn. Meiningen

ROTTENBACH, H. (1877): Zur Flora Thüringens, insbesondere des Meininger Landes. 2. Beitrag. Progr. Herzogliches Realgymn. Meiningen

ROTTENBACH, H. (1880): Zur Flora Thüringens, insbesondere des Meininger Landes. 3. Beitrag. Progr. Herzogliches Realgymn. Meiningen

ROTTENBACH, H. (1882): Zur Flora Thüringens, insbesondere des Meininger Landes. 4. Beitrag. Progr. Herzogliches Realgymn. Meiningen

ROTTENBACH, H. (1883): Zur Flora Thüringens, insbesondere des Meininger Landes 5. Beitrag. Progr. Herzogliches Realgymn. Meiningen

ROTTENBACH, H. (1884): Zur Flora Thüringens, insbesondere des Meininger Landes. 6. Beitrag. Progr. Herzogliches Realgymn. Meiningen

ROTTENBACH, H. (1885): Exkursionsberichte. Irmischia **5**: 76

ROTTENBACH, H. (1885): Zur Flora Thüringens, insbesondere des Meininger Landes. 7. Beitrag. Progr. Herzogliches Realgymn. Meiningen

ROTTENBACH, H. (1889): Zur Flora Thüringens, insbesondere des Meininger Landes. 8. Beitrag. Progr. Herzogliches Realgymn. Meiningen

ROTTENBACH, H. (1890): Seltene Farne Thüringens. Deut. Bot. Monatsschr. **8**: 41–42

ROTTENBACH, H. (1895): Berichtigungen und Ergänzungen zu Beiträge zur Flora von Meiningen von H. Schack. Deut. Bot. Monatsschr. **13**: 156–157

ROTTENBACH, H. (1896): Die Verbreitung der *Potentilla thuringiaca* Bernh. Allg. Bot. Z. **2**: 83–85, 98–100

ROTTENBACH, H. (1896): Die Verbreitung der *Rosa pimpinellifolia* DC. in Deutschland. Deut. Bot. Monatsschr. **14**: 7–11

ROTTENBACH, H. (1896): Zur Flora des Inselsberges. Deut. Bot. Monatsschr. **14**: 164–165

ROTTENBACH, H. (1897): Die Verbreitung von *Euphorbia verrucosa* Lmk., *dulcis* Jcq. und *Esula* L. in Deutschland, Österreich und der Schweiz. Deut. Bot. Monatsschr. **15**: 37–40

ROTTENBACH, H. (1899): Floristisches aus Süd- und West-Thüringen, insbesondere über das Vorkommen von *Batrachium hederaceum* Dum. in Thüringen. Allg. Bot. Z. **5**: 94–97

ROTTENBACH, H. (1906): Die Flora. Schriften Ver. Sachsen-Meiningische Geschichte Landeskunde

RÜCKERT, C. F. (1840): Flora von Sachsen. Grimma, Leipzig

RUHMER, G. (1881): Die in Thüringen bisher wild beobachteten und wichtigeren cultivirten Pflanzenbastarde. Jahrb. Königl. Bot. Gartens Bot. Mus. Berlin **1**: 224–259

RUPP, P. (1965): Untersuchungen zur Höhenstufengliederung im Tal der Wilden Weißeritz von der collinen bis zur orealen Stufe. Dipl.-Arb. Techn. Hochschule Dresden, Fak. Forstwirtschaft, Tharandt

RUPP, P. (1970): Untersuchungen zur Waldhöhenstufengliederung im sächsischen Erzgebirge. Diss. Techn. Hochschule Dresden, Fak. Forstwirtschaft, Tharandt

RUPPIUS, H. B. (1726): Flora Jenensis sive enumeratio plantarum, tam sponte circa Ienam et in locis vicinis nascentium, quam in hortis obviarum .... (ed. 2) Francfurti et Lipsiae

RUTHE, J. F. (1834): Flora der Mark Brandenburg und der Niederlausitz. (ed. 2). Berlin

SAGORSKI, E. (1882): Die Flora des Plattenberges bei Pforta. Irmischia **2**: 40–41

SAGORSKI, E. (1885): Die Rosen der Flora von Naumburg a/S. nebst den in Thüringen bisher beobachteten Formen. Jahresber. Königl. Landesschule Pforta, Beil.

SAGORSKI, E. (1890): Literatur. Besprechung von Garcke: Flora von Deutschland. 16. Aufl. Deut. Bot. Monatsschr. **8**: 92–94

SALZMANN, E. (1969): Zur Orchideenflora Thüringens, besonders der Umgebung von Gotha. Wiss. Z. Univ. Halle, Math.-Naturwiss. Reihe **18**(5): 436–440

SAMIETZ, R. (1986): Die Vegetation des Naturschutzgebietes „Sieblebener Teich" mit besonderer Berücksichtigung der Verlandungsgesellschaften. Landschaftspflege Naturschutz Thüringen **23**(2): 29–40

SAUERBREY, H. (1967): Die Naturdenkmäler des Kreises Wolmirstedt. Staatsex.-Arb. Magdeburg

SCAMONI, A. (1975): Die Wälder um Chorin. Vegetation und Grundlagen für die Erschließung und Pflege eines Landschaftsschutzgebietes. Naturschutzarbeit Berlin Brandenburg Beih. **4**

SCHABERG, F. (1979): *Panicum capillare* L. – Herkunft und Verbreitung einer bemerkenswerten Adventivpflanze. Mitt. Florist. Kart. Halle **5**(1): 28–41

SCHACHT, H. (1852): Beitrag zur Kenntnis der *Ophrys arachnites* Reichard. Bot. Z. **10**: 1–9; 25–31

SCHACK, H. (1895): Beiträge zur Flora von Meiningen. Deut. Bot. Monatsschr. **13**: 140–143

SCHACK, H. (1925): Zwischen Main und Werra. Flora der Gefäßpflanzen von Coburg und Umgegend. In: Coburger Heimatkunde und Heimatgeschichte **1**(1)

SCHACK, H. (1930): Rubi Franconiae et Thuringiae. Coburger Heimatkunde und Heimatgeschichte **5**: 9–122

SCHACK, H. (1930): Hieracia Thuringiae et Franconiae. Mitt. Thüring. Bot. Ver. N. F. **39**: 1–78

SCHACK, H. (1933): Hieracia Thuringiae et Franconiae. Mitt. Thüring. Bot. Ver. N. F. **41**: 89–112

SCHACK, H. (1937): Neue Beobachtungen über Pflanzenvorkommen im Harz, im Thüringer Walde und im Saale- und Elstergebiet. Hercynia **1**: 149–153

SCHACK, H. (1943): *Hieracium flagelliferum* Ravaud 1877 und andere Beobachtungen im thüringisch-fränkischen Grenzland. Mitt. Thüring. Bot. Ver. N. F. **50**: 231–236

SCHACK, H., STIER, A. (1896): Beiträge zur Flora von Meiningen. Deut. Bot. Monatsschr. **14**: 88–90

SCHAEFER, B. (1906): Flora von Brotterode. Abh. Ber. Ver. Naturk. Cassel **1906**: 52–95

SCHALOW, E. (1912): Ueber die Rosen von Rüdersdorf. Verh. Bot. Ver. Prov. Brandenburg **53/1911**: 12–16

SCHALOW, E. (1915): Sperenberger Rosen. Verh. Bot. Ver. Prov. Brandenburg **56/1914**: 146–150

SCHALOW, E. (1920): Zur Rosenflora der Mark. Verh. Bot. Ver. Prov. Brandenburg **62/1920**: 16–22

SCHAMBACH (1883): Neuer Standort der *Calla palustris* L. Irmischia **3**: 27

SCHATZ, W. (1839): Flora Halberstadensis excursoria oder Übersicht der um Halberstadt wildwachsenden sichtbar blühenden Pflanzen und Farn. Halberstadt

SCHATZ, W. (1854): Flora von Halberstadt. Halberstadt

SCHELLER, H. (1989): Flora von Coburg. Schriftenreihe Natur-Museum Coburg, Sonderband **5**

SCHELLHAMMER, L. (1993): Der gegenwärtige Zustand des „Bienitz" westlich von Leipzig. Mitt. Florist. Kart. Halle **18**: 47–53

SCHINDLER, H. (1937): Ein kleiner Beitrag zur Kryptogamenflora von Thüringen. Mitt. Thüring. Bot. Ver. N. F. **44**: 59–60

SCHINKEL, K. (1968): Fundortkartierung und Orchideenverbreitung im nördlichen Wellenkalkvorland des Thüringer Waldes. Mitt. Arbeitskreis Heimische Orchideen **4**: 37–49

SCHKUHR, C. (1789): Anzeige von einigen zur Zeit in den Pflanzenverzeichnissen sehr wenig, oder wohl gar nicht, bemerkten Pflanzen in Deutschland. Magazin Bot. **5**: 51–58

SCHKUHR, C. (1791): Einige botanische Anzeigen, mit vier Pflanzenabbildungen. Ann. Bot. **2**: 20–26

SCHKUHR, C. (1793): Einige botanische Bemerkungen, nebst einer vorher noch niemals abgebildeten Pflanzenart. Ann. Bot. **4**: 47–59

SCHKUHR, C. (1794): Einige botanische Bemerkungen nebst Pflanzenabbildungen. Ann. Bot. **12**: 1–25

SCHLAG, B. (1963): Die Halophytenvegetation der Salzstellen bei Hecklingen, Sülldorf und Artern. Dipl.-Arb. Univ. Halle

SCHLÄGER (1864): Beitrag zur Flora von Weida. Jahresber. Ges. Freunden Naturwiss. Gera **7**: 41

SCHLECHTENDAL, D. (1843): Über *Iris germanica* Fl. Hal. Bot. Z. **1**: 160–162

SCHLECHTENDAL, D. (1845): *Carex Buxbaumii*. Bot. Z. **3**: 361–363

SCHLIEPHACKE, K. (1881): Floristische Mitteilungen. Irmischia **2**: 1–2

SCHLIEPHAKE, H. (1973): Zur Flora des Fallsteingebietes. Naturkundl. Jahresber. Mus. Heineanum Halberstadt **7**: 11–15

SCHLIMPERT, A. M. (1891): Die Flora von Meissen in Sachsen. Deut. Bot. Monatsschr. **9**: 161–164, 186–188

SCHLIMPERT, A. M. (1892): Die Flora von Meissen in Sachsen. Deut. Bot. Monatsschr. **10**: 24–28, 90–93, 111–117, 134–140

SCHLIMPERT, A. M. (1893): Die Flora von Meissen in Sachsen. Deut. Bot. Monatsschr. **11**: 14–15, 20–25, 59–64, 91–93, 133–136

SCHLIMPERT, A. M. (1895): Ergänzungen zur Flora von Meissen in Sachsen. Deut. Bot. Monatsschr. **13**: 43–44

SCHLÜTER, H. (1954): Die Flora des Naturschutzgebietes Strausberg. Wiss. Z. Pädag. Hochsch. Potsdam, Math.-Naturwiss. Reihe **1**(1): 37–70

SCHLÜTER, H. (1955): Das Naturschutzgebiet Strausberg. Vegetationskundliche Monographie einer märkischen Jungdiluviallandschaft. Rep. Spec. Nov. Regni Vegetab., Beih. **135**: 260–350

SCHLÜTER, H. (1962): Vorkommen und Verhalten von *Rosa arvensis* Huds. an ihrer nördlichen Arealgrenze in Thüringen. Wiss. Z. Univ. Halle, Math.-Naturwiss. Reihe **11**(2): 192–197

SCHLÜTER, H. (1969): Hochmoorgesellschaften im Thüringer Wald. Mitt. Florist.-Soziol. Arbeitsgem. N. F. **14**: 346–364

SCHLÜTER, H., BALLER, A. (1982): Vegetationskundliche und ökologische Untersuchungen im Naturschutzgebiet „Hohe Lehde" bei Jena. Landschaftspflege Naturschutz Thüringen **19**(1): 1–11

SCHMATTORSCH, M. (1957): Neufund von *Lastrea obtusifolia*. Wiss. Z. Univ. Halle, Math.-Naturwiss. Reihe **6**(6): 932–933

SCHMIDT, D. A. (1979): Straußfarn bei Kloster Veßra (Bezirk Suhl) umgepflanzt. Landschaftspflege Naturschutz Thüringen **16**(2): 40–41

SCHMIDT, J. (1827): Medicinisch-physikalisch-statistische Topographie der Pflege Reichenfels. Ein Beitrag zur Charakteristik des voigtländischen Landvolks. Kap. VI: Pflanzen. Leipzig. 35–55

SCHMIDT, L. (1976): Die Wasser- und Verlandungsvegetation der Naturschutzgebiete „Cösitzer Teich", „Neolith-Teich" und „Gerlebogker Teiche" im Köthener Ackerland. Dipl.-Arb. Univ. Halle

SCHMIDT, L. (1977): Die Wasser- und Verlandungsvegetation der Naturschutzgebiete „Cösitzer Teich", „Neolith-Teich" und „Gerlebogker Teiche" im Köthener Ackerland. Naturschutzarbeit Naturk. Heimatforsch. Bezirke Halle Magdeburg **14**(1): 47–69

SCHMIDT, M. (1856): Flora Mulhusana. Systematisches Verzeichniss der im Kreis Mühlhausen (der königl. preussischen Provinz Sachsen, Regierungsbezirk Erfurt) wildwachsenden Pflanzen. Zweite Abtheilung: Kryptogamen. Z. Ges. Naturwiss. **7**: 233–241

SCHMIDT, O. (1882): Die botanische Sektion des ehemaligen naturwissenschaftlichen Vereins für Thüringen. Abh. Thüring. Bot. Ver. Irmischia **1/2**: 75–84

SCHMIDT, P. (1973): Zur Geschichte der floristischen und vegetationskundlichen Erforschung des Geraer Gebietes. Veröff. Mus. Gera, Naturwiss. Reihe **1**: 21–36

SCHMIDT, P. (1974): Der Koberfels – ein botanisches Naturdenkmal, Mitt. Staatl. Heimat- und Schloßmus. **6**(3): 29–33

SCHMIDT, P. (1975): Notiz zur Orchideenflora der Orlasenke. Veröff. Mus. Gera, Naturwiss. Reihe **2/3**: 115–117

SCHMIDT, P. (1976): Das Drüsige Springkraut (*Impatiens glandulifera* Royle), ein flußbegleitender Neophyt in Ostthüringen. Mitt. Florist. Kart. Halle **2**(1): 34–40

SCHMIDT, P. (1977): Die Arten der Gattung *Thymus* L. in Sachsen. Ber. Arbeitsgem. Sächs. Bot. N. F. **11**: 5–12

SCHMIDT, P. (1977): Beiträge zur Pflanzenwelt der Orlasenke und ihrer historischen Entwicklung unter dem Einfluß des Menschen. Teil 1. Veröff. Mus. Gera, Naturwiss. Reihe **5**: 5–55

SCHMIDT, P. (1978): Beiträge zur Pflanzenwelt der Orlasenke und ihrer historischen Entwicklung unter dem Einfluß des Menschen. Teil 2. Veröff. Mus. Gera, Naturwiss. Reihe **6**: 5–40

SCHMIDT, P. (1979): Zu einigen Fragen des Florenwandels und des Florenschutzes. In: Florenwandel und Florenschutz. 2. Zentrale Tagung Botanik 1977, Kulturbund der DDR. 97–102

SCHMIDT, P. (1980): Beiträge zur Pflanzenwelt der Orlasenke und ihrer historischen Entwicklung unter dem Einfluß des Menschen. Teil III u. IV. Veröff. Mus. Gera, Naturwiss. Reihe **8**: 3–75

SCHMIDT, P. (1981): Bestimmungsschlüssel und Bemerkungen zu den in der DDR wildwachsenden Weißdorn-Arten (Gattung *Crataegus* L.; Rosaceae). Mitt. Florist. Kart. Halle **7**(2): 73–98

SCHMIDT, P., KNAPP, H. D. (1977): Die Arten der Gattung *Thymus* L. (Labiatae) im hercynischen Florengebiet. Wiss. Z. Univ. Halle, Math.-Naturwiss. Reihe **26**(2): 71–118

SCHMIDT, R. (1862): Fünfter Nachtrag zur Flora von Gera. Jahresber. Ges. Freunden Naturwiss. Gera **5**: 65–66

SCHMIDT, R. (1863): Sechster Nachtrag zur Flora von Gera. Jahresber. Ges. Freunden Naturwiss. Gera **6**: 35–37

SCHMIDT, R. (1864): Siebenter Nachtrag zur Flora in Gera. Jahresber. Ges. Freunden Naturwiss. Gera **7**: 42–44

SCHMIDT, R. (1866): Achter Nachtrag zur Flora von Gera. Jahresber. Ges. Freunden Naturwiss. Gera **8/9**: 19–21

SCHMIDT, R., MÜLLER, O. (1857): Flora von Gera. Erste Abtheilung: Phanerogamen. Gera

SCHMIDT, R., MÜLLER, O. (1858): Flora von Gera. Zweite Abtheilung: Cryptogamen. Z. Ges. Naturwiss. **11**: 231–261

SCHMIDT, R., MÜLLER, O. (1858): Nachtrag zur Flora von Gera. Jahresber. Ges. Freunden Naturwiss. Gera **1**: 24–25

SCHMIDT, R., MÜLLER, O. (1859): Zweiter Nachtrag zur Flora von Gera. Jahresber. Ges. Freunden Naturwiss. Gera **2**: 24–28

SCHMIDT, R., MÜLLER, O. (1860): Dritter Nachtrag zur Flora von Gera. Jahresber. Ges. Freunden Naturwiss. Gera **3**: 60–62

SCHMIDT, R., MÜLLER, O. (1861): Vierter Nachtrag zur Flora von Gera. Jahresber. Ges. Freunden Naturwiss. Gera **4**: 50–52

SCHMIDT, V. (1988): *Angelica palustris* (Besser) Hoffm. in der Fuhneniederung noch existent. Mitt. Florist. Kart. Halle **14**: 72–73

SCHMIDT, W. (1986): Straßenbegleitende Vegetation – zur Erfassung, Bewertung und Lenkung einer extrem anthropogenen Vegetation. Umdruck z. Vortr. auf d. Symp. d. Ver. f. Vegetationskunde in Halle

SCHMIEDEKNECHT, O. (1927): Thüringen (Junk's Natur-Führer). Berlin

SCHNEIDER, L. (1873): Wanderungen durch die Florengebiete Zerbst, Möckern, Burg, Burgstall, Callvörde, Wolmirstedt, Barby und Bernburg während des Sommers 1872. Abh. Naturwiss. Ver. Magdeburg **4**: 3–12

SCHNEIDER, L. (1874): Wanderungen im Magdeburger Florengebiet im Jahre 1873. Abh. Naturwiss. Ver. Magdeburg **6**: 1–18

SCHNEIDER, L. (1874): Das Studium der Botanik, begründet durch die Kenntnis der heimatlichen Flora. Sitzungsber. Naturwiss. Ver. Magdeburg 1874

SCHNEIDER, L. (1877): Beschreibung der Gefäßpflanzen des Florengebietes von Magdeburg, Bernburg und Zerbst. Berlin

SCHNEIDER, L. (1884): Übersicht der Boden- und Vegetations-Verhältnisse des Magdeburger Florengebietes. Festschrift Mitglieder Theilnehmer 57. Versammlung Deutscher Naturforscher Ärzte, Magdeburg. 105–124

SCHNEIDER, L. (1891): Beschreibung der Gefäßpflanzen des Florengebietes von Magdeburg, Bernburg und Zerbst. (ed. 2) Magdeburg

SCHNEIDER, L. P. (1868): Wanderungen im Magdeburger Floren-Gebiet in den Jahren 1866 und 1867. Verh. Bot. Ver. Prov. Brandenburg **10**: 39–100

SCHNEIDER, W., SCHNEIDER, U. (1984): Orchideen des Kreises Apolda. Kulturbund der DDR, Kreisleitung Apolda.

SCHOLLER, F. (1775): Flora Barbiensis. Lipsiae

SCHOLLER, F. (1787): Supplementum florae Barbiensis. Barbii

SCHOLZ, H. (1956): Die *Oenothera*-Arten in Berlin und Umgebung. In: Beitr. Flora Veget. Brandenburgs 10. Wiss. Z. Pädag. Hochsch. Potsdam, Math.-Naturwiss. Reihe **2**(2): 205–209

SCHOLZ, H. (1956): Die Ruderalvegetation Berlins. Artenbestand, Geschichte, Gesellschaften. Diss. Freie Univ. Berlin

SCHOLZ, H. (1965): Über *Lolium remotum* Schrank als Unkraut unter Serradella (*Ornithopus sativus* Brot.). Bot. Jahrb. **83**: 419–428

SCHOLZ, H. (1966): *Oxalis dillenii* Jacq. in Berlin. Verh. Bot. Ver. Prov. Brandenburg **103**: 50–53

SCHOLZ, H. (1971): Gegenwärtige Kenntnisse über die Verbreitung der *Calamagrostis phragmitoides* Hartm. (Purpurreitgras) in Mitteleuropa. Phillippia **1**: 85 – 90

SCHOLZ, H., SUKOPP, H. (1960): Zweites Verzeichnis von Neufunden höherer Pflanzen aus der Mark Brandenburg und angrenzenden Gebieten. Verh. Bot. Ver. Prov. Brandenburg **98 – 100**: 23 – 49

SCHOLZ, H., SUKOPP, H. (1965): Drittes Verzeichnis von Neufunden höherer Pflanzen aus der Mark Brandenburg und angrenzenden Gebieten. Verh. Bot. Ver. Prov. Brandenburg **102**: 3 – 40

SCHOLZ, H., SUKOPP, H. (1967): Viertes Verzeichnis von Neufunden höherer Pflanzen aus der Mark Brandenburg und angrenzenden Gebieten. Verh. Bot. Ver. Prov. Brandenburg **104**: 27 – 47

SCHÖNE, K. (1961): Gosebruchwald – Winzerwiesen. Beobachtungen und Erfahrungen aus 30jähriger Arbeit an einem schutzwürdigen Gebiet. Mskr. Inst. Landschaftsforsch. Naturschutz Halle, Arbeitsgruppe Dresden

SCHÖNE, R. (1942): Veränderungen in der Pflanzenwelt Sachsens in den Jahren 1920 bis 1941. Jahresber. Arbeitsgem. Sächs. Bot. **1**: 32 – 49

SCHÖNHEIT, F. (1824): Winke für Botaniker, welche auf ihren Forschungsreisen die Schwarzburg-Rudolstädtischen Lande vorderer Herrschaft berühren. Bot. Z. **7**(2): 449 – 456

SCHÖNHEIT, F. (1839): Botanische Bemerkungen, hauptsächlich bei Leitung des botanischen Tauschvereins gemacht. Bot. Z. **12**(1): 177 – 192

SCHÖNHEIT, F. (1850): Taschenbuch der Flora Thüringens. Rudolstadt

SCHÖNHEIT, F. (1865): Ergänzender und berichtigender Nachtrag zu dem Taschenbuche der Flora von Thüringen. Linnaea **33**: 309 – 338

SCHÖNHEIT, F. C. H. (1832): Einige Bemerkungen über thüringische Pflanzen, als Fortsetzung einer früher in dieser Zeitschrift gemachten Mittheilung. Flora **15**(2): 721 – 736

SCHORLER, B. (1916): Zur Feststellung der Verbreitung von Charakterarten der Flora Saxonica. Sitzungsber. Abh. Naturwiss. Ges. Isis Dresden **1915**: 101 – 114

SCHOTSMANN, H. (1958): Notes on *Callitriche hermaphroditica* Jusl. Acta Bot. Neerl. **7**: 519 – 523

SCHRAMM, O. C. (1857): Flora von Brandenburg und Umgegend, mit Berücksichtigung der Nachbarstädte Belzig, Genthin, Nauen, Rathenow und Werder. Brandenburg

SCHRAMM, O. C. (1858): Zur Flora der Mark Brandenburg und speziell der Stadt Brandenburg und Umgegend. Flora, N. Reihe **16**: 707 – 722

SCHRAMM, R. (1957): Die Wiesen und Ackergesellschaften des Elbtales zwischen Pillnitz und Pirna. Dipl.-Arb. Techn. Hochschule Dresden

SCHROETER, W. (1991): Zur Flora der Hainleite. Mitt. Florist. Kart. Halle **17**: 38 – 45

SCHUBERT, K. (1985): Floristische Beobachtungen im Thüringer Becken und im Unstrut-Helme-Hügelland. Mitt. Florist. Kart. Halle **11**: 49 – 54

SCHUBERT, K. (1987): Floristische Beobachtungen im Thüringer Becken und im Unstrut-Helme-Hügelland. 2. Teil. Mitt. Florist. Kart. Halle **13**: 57 – 59

SCHUBERT, K. (1991): Floristische Beobachtungen im Thüringer Becken und seinen Randhöhen. Mitt. Florist. Kart. Halle **17**: 69 – 71

SCHUBERT, K. (1995): Floristische Beobachtungen im Thüringer Becken und seinen nördlichen Randhöhen. Mitt. Florist. Kart. Halle **20**: 97 – 99

SCHUBERT, R. (1957): Über das Vorkommen von *Quercus pubescens* Willd. am Großen Ebertsberg bei Thal in Thüringen. Wiss. Z. Univ. Halle, Math.-Naturwiss. Reihe **6**(6): 931

SCHUBERT, R. (1960): Die zwergstrauchreichen azidiphilen Pflanzengesellschaften Mitteldeutschlands. Pflanzensoziologie, Jena **11**

SCHUBERT, R., EBEL, F., QUITT, H., RICHTER, W., RÖTH, J., STOHR, G., WEGENER, U. (1990): 100 Jahre Brockengarten. Hercynia N. F. **27**: 309 – 325

SCHUBERT, R., HILBIG, W. (1969): Verbreitungskarten mitteldeutscher Leitpflanzen 12. Reihe. Wiss. Z. Univ. Halle, Math.-Naturwiss. Reihe **18**(3): 163 – 210

SCHUBERT, W. (1963): Die *Sesleria varia*-reichen Pflanzengesellschaften in Mitteldeutschland. Feddes Repert. Beih. **140**: 71 – 199

SCHUBERTH, H. (1935): Botanisch-Geologischer Führer durch das Fichtelgebirge mit Frankenwald und seine fränkischen Randgebiete. Wunsiedel

SCHUHMACHER (1931): Neue Fundorte von *Thalictrum simplex* in der Falkenhagener Forst (Belauf Damsbrück) bei Spandau. Verh. Bot. Ver. Prov. Brandenburg **73**: 166

SCHULTZE-MOTEL, J. (1962): Zur Flora von Halberstadt. Kulturbote Kreis Quedlinburg **1962/10**: 185 – 188

SCHULZ, A. (1887): Die Vegetationsverhältnisse der Umgebung von Halle. Mitt. Ver. Erdk. Halle **11**: 30 – 124

SCHULZ, A. (1888): Verbesserungen zu „die Vegetationsverhältnisse der Umgebung von Halle von A. Schulz". Mitt. Ver. Erdk. Halle **12**: 172 – 175

SCHULZ, A. (1894): Grundzüge einer Entwicklungsgeschichte der Pflanzenwelt Mitteleuropas seit dem Ausgange der Tertiärzeit. Jena

SCHULZ, A. (1898): Entwicklungsgeschichte der phanerogamen Pflanzendecke des Saalebezirkes. Mitt. Ver. Erdk. Halle **22**: 104 – 187

SCHULZ, A. (1902): Studien über die phanerogame Flora und Pflanzendecke des Saalebezirkes. I. Die Wanderungen der Phanerogamen im Saalebezirke seit dem Ausgange der letzten kalten Periode. Mitt. Ver. Erdk. Halle **26**: 14 – 70

SCHULZ, A. (1902): Die Verbreitung der halophilen Phanerogamen im Saalebezirke und ihre Bedeutung für die Beurteilung der Dauer des ununterbrochenen Bestehens der Mansfelder Seen. Z. Ges. Naturwiss. **74**: 431 – 457

SCHULZ, A. (1903): Die halophilen Phanerogamen Mitteldeutschlands. Z. Ges. Naturwiss. **75**: 257 – 293

SCHULZ, A. (1906): Studien über die phanerogame Flora und Pflanzendecke Deutschlands. I. Über das Vorkommen von *Carex ornithopoda* Willd. und *Carlina acaulis* L. im Nord-Saale-Unterbezirke. Z. Ges. Naturwiss. **78**: 51 – 67

SCHULZ, A. (1909): Die Verbreitung und Geschichte einiger phanerogamer Arten in Deutschland, hauptsächlich in Mitteldeutschland, sowie der Verlauf der Entwicklung der gegenwärtigen phanerogamen Flora und Pflanzendecke Deutschlands im Allgemeinen. Z. Ges. Naturwiss. **81**: 51 – 175

SCHULZ, A. (1912): Über die auf schwermetallhaltigem Boden wachsenden Phanerogamen Deutschlands. Jahresber. Westf. Provinzial-Ver. Wissenschaft Kunst **40**: 209 – 227

SCHULZ, A. (1912): Über die Wohnstätten einiger Phanerogamenarten (*Salix hastata*, *Gypsophila repens*, *Arabis alpina* und *A. petraea*) im Zechstein-Gebiete am Südrande des Harzes ... Mitt. Thüring. Bot. Ver. N. F. **29**: 1 – 20

SCHULZ, A. (1912): Aus der Thüringer Flora I. 1. Über das Vorkommen von *Carex secalina* Wahlenbg. im Saaleflorenbezirke. Mitt. Thüring. Bot. Ver. N. F. **29**: 36 – 37

SCHULZ, A. (1912): Aus der Thüringer Flora I. 2. Über das Vorkommen von *Teucrium montanum* im zentralen thüringischen Keuperbecken. Mitt. Thüring. Bot. Ver. N. F. **29**: 37 – 39

SCHULZ, A. (1913): Über die Verbreitung von *Thalictrum simplex* L. im Saalebezirke und im westlicheren Norddeutschland, sowie über das Vorkommen von *Th. angustifolium* Jacq. im Südsaaleunterbezirke. Mitt. Thüring. Bot. Ver. N. F. **30**: 23 – 30

SCHULZ, A. (1913): Über das Vorkommen von *Erythraea litoralis* Fr. bei Frankenhausen. Mitt. Thüring. Bot. Ver. N. F. **30**: 42 – 43

SCHULZ, A. (1913): Über das Vorkommen von *Marrubium creticum* Mill. und *M. creticum* Mill. × *vulgare* L. in der Grafschaft Mansfeld im 16. Jahrhundert. Mitt. Thüring. Bot. Ver. N. F. **30**: 65 – 68

SCHULZ, A. (1913): Die im Saalebezirke wildwachsenden strauchigen Sauerkirschen. Mitt. Thüring. Bot. Ver. N. F. 30: 30 – 42

SCHULZ, A. (1913): Beiträge zur Kenntnis der Flora und Pflanzendecke des Saalebezirkes. I. Z. Ges. Naturwiss. **84**: 197 – 205

SCHULZ, A. (1913): Beiträge zur Kenntnis der Flora und Pflanzendecke des Saalebezirkes. II. *Gypsophila repens* L. im Zechsteingebiete am Südrande des Harzes. Z. Ges Naturwiss. **85**: 1 – 9

SCHULZ, A. (1914): Über die Ansiedlung und Verbreitung halophiler

Phanerogamenarten in den Niederungen zwischen Bendeleben und Nebra. Mitt. Thüring. Bot. Ver. N. F. **31**: 11–29

SCHULZ, A. (1914): Über das Vorkommen von *Artemisia maritima* L. auf der Ruine Arnstein bei Harkerode im Mansfelder Gebirgskreise. Mitt. Thüring. Bot. Ver. N. F. **31**: 29–35

SCHULZ, A. (1914): Über das Vorkommen von *Onobrychis arenaria* (Kitaibel) in der Umgebung von Halle. Mitt. Thüring. Bot. Ver. N. F. **31**: 35–40

SCHULZ, A. (1914): Über die Verbreitung von Silene *Otites* (L.) und *Gypsophila fastigiata* L. im Südsaalebezirke. Mitt. Thüring. Bot. Ver. N. F. **31**: 50–56

SCHULZ, A. (1915): Beiträge zur Kenntnis der Flora und Pflanzendecke des Saalebezirkes. III. Das Vorkommen von *Carlina acaulis* L. bei Rössen unweit von Merseburg. Z. Ges. Naturwiss. **85**: 348–350

SCHULZ, A. (1915): Beiträge zur Kenntnis der Flora und Pflanzendecke des Saalebezirkes. IV. Das Indigenat der Edeltanne, *Abies alba* Mill., im Harze. Z. Ges. Naturwiss. **85**: 397–402

SCHULZ, A. (1916): Valerius Cordus als mitteldeutscher Florist. Mitt. Thüring. Bot. Ver. N. F. **33**: 37–66

SCHULZ, A. (1916): Über das Vorkommen von *Carex ornithopoda* im norddeutschen Flachlande. Verh. Bot. Ver. Prov. Brandenburg **57**: 76–77

SCHULZ, A. (1918): Über das Vorkommen von Halophyten in Mitteldeutschland auf kochsalzfreiem Boden. Ber. Deut. Bot. Ges. **36**: 410–413

SCHULZ, A. (1921): Beiträge zur Kenntnis der Verbreitung interessanterer Phanerogamenformen im Saalebezirke I. Mitt. Thüring. Bot. Ver. N. F. **35**: 13–20

SCHULZ, A. (1922): Ueber die Verbreitung von *Linum tenuifolium* L. im Saalebezirke. Ber. Vereinigung Erforschung Heimatlichen Pflanzenwelt Halle a. d. Saale. **2**: 80–81

SCHULZ, A. (1922): Ueber die Verbreitung von *Ornithogalum tenuifolium* Guss. im Saalebezirke. Ber. Vereinigung Erforschung Heimatlichen Pflanzenwelt Halle a. d. Saale. **2**: 82–84

SCHULZ, A. (1927): Beiträge zur Kenntnis der Verbreitung interessanterer Phanerogamenformen im Saalebezirke II. Mitt. Thüring. Bot. Ver. N. F. **37**: 24–25

SCHULZ, A., WÜST, E. (1906): Beiträge zur Kenntnis der Flora der Umgebung von Halle a. S. II. Z. Ges. Naturwiss. **78**: 166–171

SCHULZ, A., WÜST, E. (1907): Beiträge zur Kenntnis der Flora der Umgebung von Halle a. S. III. Z. Ges. Naturwiss. **79**: 267–271

SCHULZ, R. (1903): Zur Flora der Provinz Brandenburg. Verh. Bot. Ver. Prov. Brandenburg **44/1902**: 139–144

SCHULZ, R. (1917): Eine floristische und geologische Betrachtung des märkischen unteren Odertales. Verh. Bot. Ver. Prov. Brandenburg **58/1916**: 76–105

SCHULZ, R. (1920): Zweiter Beitrag zur Flora des märkischen unteren Odertales. Verh. Bot. Ver. Prov. Brandenburg **61/1919**: 82–96

SCHULZ, R., SCHULZ, O. (1897): Ein Beitrag zur Flora von Chorin. Verh. Bot. Ver. Prov. Brandenburg **39**: 1–9

SCHULZ, W. (1984): Bemerkenswerte Pflanzenvorkommen in den Bleicheröder Bergen. Mitt. Florist. Kart. Halle **10**: 39–50

SCHULZE, C. F. (1768): Nachricht von verschiedenen in der dresdnischen Gegend befindlichen Kräutergewächsen. In: TITIUS, J. D.: Gemeinnützige Abhandlungen. Leipzig. 396–413

SCHULZE, E. (1890): Florae Hercyniae Pteridophyta. Naturwiss. Ver. Harzes **5**: 9–20

SCHULZE, E. (1907): J. C. Beckmann's Flora von Anhalt (1710). (neu herausgegeben) Z. Ges. Naturwiss. **78**: 323–352

SCHULZE, E. (1908): Symbolae ad Floram Hercynicam 1. Plantae Bauhinianae. Z. Ges. Naturwiss. **79**: 432–442

SCHULZE, E. (1908): Symbolae ad Floram Hercynicam 3. Plantae extinctae et dubiae. Z. Ges. Naturwiss. **79**: 448–461

SCHULZE, E. (1909): Symbolae ad Floram Hercynicam 5. Specierum selectarum exposito. Z. Ges. Naturwiss. **80**: 378–480

SCHULZE, H. (1864): Die Flora von Königshorst. Verh. Bot. Ver. Prov. Brandenburg **6**: 81–98

SCHULZE, J. (1955): Die naturbedingten Landschaften der DDR. Peterm. Geogr. Mitt. Erg.-H. **157**

SCHULZE, M. (1889): Die Orchideen der Flora von Jena. Mitt. Geogr. Ges. Jena **7**: 14–37

SCHULZE, M. (1891): Jena's Orchideen (Nachträge und Berichtigungen). Mitt. Thüring. Bot. Ver. N. F. **1**: 22–24

SCHULZE, M. (1902): Nachträge zu „Die Orchidaceen Deutschlands, Deutsch-Oesterreichs und der Schweiz", IV. Mitt. Thüring. Bot. Ver. N. F. **17**: 37–75

SCHUMACHER, C. (1766): Von den um Eisenach befindlichen Pflanzen. In: Vermischte Nachrichten u. Anmerkungen z. Erläuterung u. Ergänzung d. Sächßischen bes. aber d. Eisenachischen Geschichte **1**: 22

SCHUMACHER, C. (1766): Fortsetzung des Verzeichnisses einiger um Eisenach wachsenden Pflanzen. In: Vermischte Nachrichten u. Anmerkungen z. Erläuterung u. Ergänzung d. Sächßischen bes. aber d. Eisenachischen Geschichte **2**: 50

SCHUMACHER, C. (1767): Fortsetzung des Verzeichnisses einiger um Eisenach wachsenden Pflanzen. In: Vermischte Nachrichten u. Anmerkungen z. Erläuterung u. Ergänzung d. Sächßischen bes. aber d. Eisenachischen Geschichte **3**: 36

SCHUMANN, H.-J. (1984): Bemerkenswerte Arten der Flora von Freiberg. Mitt. Florist. Kart. Halle **10**: 60–63

SCHUMANN, R. (1927): Eine untergehende Pflanzenwelt. Mitt. Landesver. Sächs. Heimatschutz **16**: 200–222

SCHUMANN, R. (1936): Der Rabenauer Grund bei Dresden, seine Landschaft, seine Pflanzen. In: Denkmalpflege, Heimatschutz, Naturschutz – Erfolge, Berichte, Wünsche. Hrsg. Landesver. sächs. Heimatschutz. 191–214

SCHUSTER, P. (1936): *Bupleurum Gerardi* All. im Selketal. Mitt. Thüring. Bot. Ver. N. F. **43**: 15–18

SCHUSTER, P. (1942): Vegetationskundliche Aufnahme einer Steppenheide im Selketal. Hercynia **3**: 301–307

SCHUSTER, P. (1944): Neue Beobachtungen aus der Flora des Harzes. Hercynia **3**: 684–685

SCHUSTER, R. (1967): Taxonomische Untersuchungen über die Serie *Palustres* M. Pop. der Gattung *Myosotis* L. Feddes Repert. **74**: 39–98

SCHÜTZE, T. (1961): Eine neue Pflanzenart aus Sachsen: *Sagina normaniana* Lagerheim. Ber. Arbeitsgem. Sächs. Bot. N. F. **3**: 168–169

SCHWABE, S. H. (1838): Flora Anhaltina. Bd. 1, Berolini

SCHWABE, S. H. (1839): Flora Anhaltina. Bd. 2, Berolini

SCHWABE, S. H. (1865): Flora von Anhalt. (ed. 2) Dessau

SCHWARZ, O. (1925): Beiträge zur Kenntnis der Flora von Thüringen. Mitt. Thüring. Bot. Ver. N. F. **36**: 26–30

SCHWARZ, O. (1927): Beiträge zur Kenntnis kritischer Formenkreise im Gebiete der Flora von Thüringen. Mitt. Thüring. Bot. Ver. N. F. **37**: 25–44

SCHWARZ, O. (1927): Beiträge zur Kenntnis der Flora von Thüringen II. Mitt. Thüring. Bot. Ver. N. F. **37**: 61–63

SCHWARZ, O. (1927): Bericht über die Exkursion zum Veronicaberg. Mitt. Thüring. Bot. Ver. N. F. **37**: 17

SCHWARZ, O. (1936): Beiträge zur Kenntnis der Flora von Thüringen IV. Mitt. Thüring. Bot. Ver. N. F. **43**: 27–29

SCHWARZ, O. (1952): Thüringen, Kreuzweg der Blumen. Jena

SCHWARZ, O. (1961): Über das Auftreten von *Globularia aphyllanthes* Cr. in Thüringen. Drudea **1**(1/2): 29–34

SCHWARZ, O., MEYER, K. (1957): Beiträge zur Flora von Thüringen. Mitt. Thüring. Bot. Ges. **1**(4): 181–200

SCHWARZ, O., MEYER-KUSCH, M. (1956): Über die eiszeitlichen Einwanderer der Thüringer Flora, insbesondere das Zweiblüten-Veilchen (*Viola biflora* L.). Thüringer Heimat **1**(1): 9–13

SCHWARZ, O., ROTHMALER, W. (1929): Beiträge zur Kenntnis der Flora von Thüringen. III. Mitt. Thüring. Bot. Ver. N. F. **38**: 77–84

SCHWARZ, O. (1964): Die deutschen *Epipactis*-Arten. Drudea **4**: 5–10

SCHWEINFURTH, G. (1862): Versuch einer Vegetationsskizze der Umgegend von Straussberg und des Blumenthals bei Berlin. Verh. Bot. Ver. Prov. Brandenburg **3/4**: 91–126

SCHWEN (1883): Botanische Miszellen. Irmischia **3**: 11–12

SCHWEN (1883): Das Saalthal und seine Ränder. Irmischia **3**: 33–38

SCHWIER, H. (1940): Die artenreichen Laubmischwälder Mittelthüringens und die entsprechenden Bildungen in einigen anderen Gebieten Deutschlands. Hercynia **3**: 1–71

SCHWIER, H. (1942): Die artenreichen Laubmischwälder Mittelthüringens und die entsprechenden Bildungen in einigen anderen Gebieten Deutschlands. 2. Teil. Hercynia **3**: 187–240

SCHWING, W. (1955): Beiträge zur Flora von Magdeburg. Wiss. Z. Univ. Halle, Math.-Naturwiss. Reihe **4**(4): 767–770

SEEMEN, O. v. (1888): *Melica picta* C. Koch bei Sulza in Thüringen. Verh. Bot. Ver. Prov. Brandenburg **29**: 19–21

SEEMEN, O. v. (1892): Verzeichnis derjenigen von mir bei Berlin beobachteten Weiden, welche in der Flora der Provinz Brandenburg von P. Ascherson mit keinem Standort bei Berlin oder überhaupt nicht angegeben sind. Verh. Bot. Ver. Prov. Brandenburg **33/1891**: 46–48

SEEMEN, O. v. (1893): Beiträge zur Flora der Provinz Brandenburg. I. Die in Rüdersdorf vorkommenden Veilchen. II. Die Rosen auf den Rüdersdorfer Kalkbergen. III. Hieracien bei Berlin und Rüdersdorf. IV. Über einzelne bei Berlin und Rüdersdorf von mir beobachtete Pflanzen. Verh. Bot. Ver. Prov. Brandenburg **34/1892**: 43–48

SEIDEL, C. F. (1866): Mittheilung über für Sachsen neue seltene Farne. In: Sitzungsbericht: Zweite Sitzung den 22. Februar. Sitzungsber. Naturwiss. Ges. Isis, Dresden **1866**: 13–15

SEIDEL, C. F. (1872): Zweite Sitzung am 2. März 1871. Sitzungsber. Naturwiss. Ges. Isis, Dresden **1872**: 17

SEIDEL, K. (1966): Vegetationskundliche und floristische Untersuchungen im Seußlitzer Grund. Dipl.-Arb. Techn. Hochschule Dresden

SEURICH, P. (1890): Beiträge zur Kenntnis der Flora von Sachsen. Ber. Naturwiss. Ges. Chemnitz **11**: 155–157

SEURICH, P. (1893): Neue Bürger der Chemnitzer Flora. Ber. Naturwiss. Ges. Chemnitz **12**: 75–76

SEYDEL, J. C. (1860): Spaziergänge ins Holzland, besonders in naturwissenschaftlicher Hinsicht. Jahresber. Ges. Freunden Naturwiss. Gera **3**: 39–51

SEYDEL, J. C. (1866): Spaziergänge ins Holzland, besonders in naturwissenschaftlicher Hinsicht. Jahresber. Ges. Freunden Naturwiss. Gera **8/9**: 46–53

SEYDEL, J. C. (1877): Die Lasur. Eine naturwissenschaftliche Skizze. Jahresber. Ges. Freunden Naturwiss. Gera **18–20**: 53–60

SEYDEL, J. C. (1884): Der Friesnitzer See. Ein Heimathsbild. Jahresber. Ges. Freunden Naturwiss. Gera **21–26**: 225–231

SIEGEL, J. (1927): Die Veränderungen des Waldbildes im östlichen Erzgebirge im Wandel der geschichtlichen Jahrhunderte. Ein Beitrag zur sächsischen Heimatkunde. Diss. Forstakademie Tharandt

SLUSCHNY, H., MATTHES, G., DUTY, J. (1985): Die Bitterkraut-Sommerwurz (*Orobanche picridis* F. W. Schultz) neu in Mecklenburg. Bot. Rundbrief Bezirk Neubrandenburg **17**: 53–58

SPEERSCHNEIDER, J. (1883): Beitrag zur Kenntnis der Flora des mittleren Saalthalgebietes. Progr. Fürstl. Gymn. Realschule Rudolstadt. 1–34

SPORLEDER, F. (1859): Ueber einige in der Umgegend von Wernigerode wildwachsend gefundene Pflanzen, von welchen ein Standort am Harz bisher nicht bekannt geworden ist. Ber. Naturwiss. Ver. Harzes **1857/58**: 6

SPORLEDER, F. (1861): Vorkommen von *Geum montanum* L. am Brocken und über *Trifolium ochroleucum* und *Aethusa cynapioides*. In: SCHELLER, L.: Bericht über die 30. Versammlung des naturwissenschaftlichen Vereins des Harzes zu Blankenburg. Ber. Naturwiss. Ver. Harzes **1859/60**: 55–56

SPORLEDER, F. (1865): Zur Flora des Harzes. Ber. Naturwiss. Ver. Harzes **1863/64**: 32–48

SPORLEDER, F. W. (1868): Verzeichniß der in der Grafschaft Wernigerode und der nächsten Umgegend wildwachsenden Phanerogamen und Gefäß-Cryptogamen, so wie der daselbst im Freien in größerer Menge gebauten Pflanzen. In: Festschrift zur Feier seines 25jährigen Bestehens herausgegeben von dem wissenschaftlichen Verein zu Wernigerode. 1–227

SPRENGEL, C. (1806): Florae Halensis tentamen novum. Halae

SPRENGEL, C. (1807): Mantissa prima florae Halensis. Halae

SPRENGEL, C. (1811): Observationes botanicae in floram Halensem. Mantissa secunda. Halae

SPRENGEL, K. (1801): Erster Nachtrag zu der Beschreibung des Botanischen Gartens der Universität zu Halle. Halle

STAPPERFENNE, H., STAPPERFENNE, W. (1969): *Himantoglossum hircinum* (L.) Spreng. – Eine sehr stark vom Aussterben bedrohte Orchidee. Mitt. Arbeitskreis Heimische Orchideen **5**: 4–12

STAPPERFENNE, H.-J. (1963): Zur Flora von Nordthüringen: *Ophrys sphegodes* Mill. – ein Element des mediterranen Florengebietes im nördlichen Thüringen. Wiss. Z. Univ. Halle, Math.-Naturwiss. Reihe **12**(9): 713–714

STAPPERFENNE, H.-J. (1967): Beiträge zur Verbreitung der Orchideen im Bezirk Halle. Naturschutzarbeit Naturk. Heimatforsch. Bezirke Halle Magdeburg **4**: 28–42

STAPPERFENNE, H.-J. (1970): *Ophrys sphegodes* Miller – für den Raum der DDR gefährdet oder nicht? Mitt. Arbeitskreis Heimische Orchideen **6**: 7–18

STARKE, K. (1886): Botanischer Wegweiser für die Umgegend von Weißenfels als Beitrag zur Förderung der Heimatkunde. Weißenfels

STEMLER, J. G. (1816): Entwurf einer physisch-medizinischen Topographie von Zeulenroda. 1. Aufl. Neustadt a. d. O. 66–74

STEMLER, J. G. (1820): Entwurf einer physisch-medizinischen Topographie von Zeulenroda. 2. Aufl. Neustadt a. d. O. 68–78

STEPHAN, P. (1961): Neue floristische Beobachtungen in der Umgebung von Rabenau/Kr. Freital. Ber. Arbeitsgem. Sächs. Bot. N. F. **3**: 174–177

STERZING, H. (1881): Botanische Excursion durch den Thüringerwald vom 1. bis 5. August 1881. Irmischia **1**: 50–52

STÖCKER, G. (1957): *Prenanthes purpurea* L. im Unterharz. Wiss. Z. Univ. Halle, Math.-Naturwiss. Reihe **6**(6): 931–932

STÖCKER, G. (1962): Verbreitung einiger Leitpflanzen im Gebiet der Bode zwischen Thale und Altenbrak (Unterharz). Arch. Naturschutz Landschaftsf. **2**: 156–179

STÖCKER, G. (1962): Vorarbeit zu einer Vegetationsmonographie des Naturschutzgebietes Bodetal. I. Offene Pflanzengesellschaften. Wiss. Z. Univ. Halle, Math.-Naturwiss. Reihe **11**(8): 897–936

STÖCKER, G. (1965): Eine neue Zwergstrauch-Gesellschaft aus dem Naturschutzgebiet „Oberharz". Arch. Naturschutz Landschaftsf. **5**: 111–115

STÖCKER, G. (1965): Die Reliktvorkommen der Kiefer am nördlichen Harzrand. Naturschutzarbeit Naturk. Heimatforsch. Bezirke Halle Magdeburg **2**: 51–60

STÖCKER, G. (1965): Vorarbeit zu einer Vegetationsmonographie des Naturschutzgebietes Bodetal. II. Waldgesellschaften. Wiss. Z. Univ. Halle, Math.-Naturwiss. Reihe **14**(6): 505–561

STÖCKER, G. (1967): Der Karpatenbirken-Fichtenwald des Hochharzes. Eine vegetationskundlich-ökologische Studie. Pflanzensoziologie, Jena **15**

STOHR, G. (1955): Der Formenkreis der *Festuca Ovina* L. im Mitteldeutschen Trockengebiet. Wiss. Z. Univ. Halle, Math.-Naturwiss. Reihe **4**(4): 729–746

STOHR, G. (1959): Gliederung und Vorkommen von *Festuca ovina* L. emend. Hack. in Mitteldeutschland. Diss. Univ. Halle

STOHR, G. (1964): Vegetation und Standortverhältnisse einiger Halden bei Freiberg und Brand-Erbisdorf. In: Festschrift zum 100jährigen Bestehen des Naturkundemuseums Freiberg. Freiberg 69–77

STOHR, G. (1976): Die borstblättrigen *Festuca*-Arten (Sect. *Festuca*) des Tieflandes der DDR. Gleditschia **4**: 31–53

STOTTELTE, T. (1986): Die Entwicklung der straßenbegleitenden Vegetation im Vergleich zu Flora und Vegetation der angrenzenden Feldlandschaft. Umdruck z. Vortr. auf d. Symp. d. Ver. f. Vegetationskunde in Halle

STRAUBE, J. (1838): Allgemeine Einleitung zur Pflanzenkunde und Beschreibung der vorzüglich in der Herrschaft Schmalkalden und der Umgegend wildwachsenden Pflanzen. Schmalkalden

STRICKER, W. (1960): Floristische Beobachtungen in der Gegend von Leipzig. Ber. Arbeitsgem. Sächs. Bot. N. F. **2**: 168–186

STRICKER, W. (1961): Floristische Beobachtungen in der Gegend von Leipzig II. Ber. Arbeitsgem. Sächs. Bot. N. F. **3**: 178–188

STRICKER, W. (1961): Grenzlinien der Pflanzenverbreitung im nordwestsächsischen Raume. Drudea **1**(3/6): 43–91

STRUMPF, K. (1992): Flora von Altenburg. Mauritiana **13**: 339–523

SUKOPP, H. (1956): Die Vegetationsverhältnisse der Altlandsberger Stadtforst (Vorläufige Mitteilung). In: Beitr. Flora Veget. Brandenburgs 12. Wiss. Z. Pädag. Hochsch. Potsdam, Math.-Naturwiss. Reihe **2**(2): 217–222

SUKOPP, H. (1957): Verzeichnis von Neufunden höherer Pflanzen aus der Mark Brandenburg und angrenzenden Gebieten. Verh. Bot. Ver. Prov. Brandenburg **83–97**: 31–40

SUKOPP, H. (1958): Vergleichende Untersuchungen der Vegetation Berliner Moore unter besonderer Berücksichtigung der anthropogenen Veränderungen. Diss. Freie Univ. Berlin

SUKOPP, H. (1960): Vergleichende Untersuchungen der Vegetation Berliner Moore unter besonderer Berücksichtigung der anthropogenen Veränderungen. Bot. Jahrb. **79**: 36–191

SUKOPP, H. (1962): Aufruf zur Mitarbeit an der „Flora von Berlin". Berl. Naturschutzbl. **16**: 335–341

SUKOPP, H. (1966): Verluste der Berliner Flora während der letzten hundert Jahre. Sitzungsber. Ges. Naturf. Freunde Berlin (N. F.) **6**: 126–136

SUKOPP, H. (1971): Beiträge zur Ökologie von *Chenopodium botrys* L. I. Verbreitung und Vergesellschaftung. Verh. Bot. Ver. Prov. Brandenburg **108**: 3–25

SUKOPP, H., SCHOLZ, H. (1964): *Parietaria pensylvanica* Mühlenb. ex Willd. in Berlin. Ber. Deut. Bot. Ges. **77**: 419–426

SUKOPP, H., SCHOLZ, H. (1965): Neue Untersuchungen über *Rumex triangularis* (Danser) Rech. f. in Deutschland. Ber. Deut. Bot. Ges. **78**: 455–465

TEICHERT, J. (1870): Flora von Freienwalde an der Oder. Freienwalde a. O.

THAL, J. (1588): Sylva Hercynia. Francofurti ad Manum

THIELEMANN, M. (1954): Pflanzengeographischer Überblick. In: Wanderbuch Meißen, Stadt und Land. Leipzig. 13–22

THOMAS, F. (1875): *Pulsatilla vernalis* Mill. in Thüringen. Z. Ges. Naturwiss. **46**: 447–448

THOMAS, F. (1883): Notizen zur Flora von Mittelthüringen. Irmischia **3**: 26–27

THOMAS, F. (1883): Neue Standorte der Thüringer Flora. Irmischia **3**: 6

THOMASCHKE, H. (1969): Die floristisch-pflanzengeographische Kartierung der Einzugsgebiete und beiden Seitentälern östl. der Röder im Bereich des MTB Radeberg. Staatsex.-Arb. Techn. Univ. Dresden

THOSS, W. (1987): Zur Verbreitung von *Tanacetum parthenifolium* (Willd). Schultz-Bip. zwischen Schwarzenberg und Glauchau. Mitt. Florist. Kart. Halle **13**: 65–78

THOSS, W. (1988): Zur Verbreitung von *Stellaria longifolia* Mühl. ex Willd. im Westerzgebirge und Vogtland. Mitt. Florist. Kart. Halle **14**: 74–76

THUEMEN-GRAEFENDORF, F. v. (1857): Systematische Aufzählung der in der Umgebung der Stadt Jüterbog wildwachsenden phanerogamischen Pflanzen. Flora **1857**: 725–734, 755–766

TILLICH, H.-J. (1985): *Phleum paniculatum* Huds. – Wiederfund einer verschollenen Art. Mitt. Florist. Kart. Halle **11**: 24–25

TILLICH, H.-J. (1985): Zur Flora des Kreises Mühlhausen, 1. Beitrag. Mitt. Florist. Kart. Halle **11**: 55–62

TILLICH, H.-J. (1987): Zur Flora des Kreises Mühlhausen, 2. Beitrag. Mitt. Florist. Kart. Halle **13**: 60–64

TILLICH, H.-J., REUTHER, R. (1991): Zur Flora des Kreises Mühlhausen, 3. Beitrag. Mitt. Florist. Kart. Halle **17**: 51–62

TILLICH, H.-J., REUTHER, R. (1994): Zur Flora des Kreises Mühlhausen, 4. Beitrag. Mitt. Florist. Kart. Halle **19**: 54–61

TORGES, E. (1862): Aus der Flora Magdeburgs. Verh. Bot. Ver. Prov. Brandenburg **3/4**: 339–392

TORGES, E. (1892): Bericht über die Herbst-Hauptversammlung in Neu-Dietendorf. Mitt. Thüring. Bot. Ver. N. F. **2**: 1–17

TORGES, E. (1893): Bericht über die Frühjahrs-Hauptversammlung in Gera. Mitt. Thüring. Bot. Ver. N. F. **3/4**: 1–18

TORGES, E. (1895): Zur Gattung *Calamagrostis* Adans. Mitt. Thüring. Bot. Ver. N. F. **8**: 13–16

TORGES, E. (1897): Zur Flora von Weimar. Mitt. Thüring. Bot. Ver. N. F. **10**: 14–15

TORGES, E. (1901): Botanische Ergebnisse aus dem Jahre 1901. Mitt. Thüring. Bot. Ver. N. F. **16**: 27–32

TORGES, E. (1907): Zur Flora von Weimar. Mitt. Thüring. Bot. Ver. N. F. **22**: 54–55

TREICHEL, A. (1872): Bericht über die sechszehnte (vierzehnte Pfingst)-Versammlung des Botanischen Vereins zu Bernburg am 21. und 22. Mai 1872. Verh. Bot. Ver. Prov. Brandenburg **14**: V–XII

TROLL, W. (1942): Beiträge zur Kenntnis der Flora Mitteldeutschlands. Floristische Notizen, I. Reihe. Hercynia **3**: 338–339

TROMMER, E. E. (1881): Die Vegetationsverhältnisse im Gebiete der oberen Freiberger Mulde. Seperatdruck 9. Jahresber. Realschule I. Ordnung Freiberg

UHLICH, H. (1990): Zur Verbreitung der Gattung *Orobanche* L. in Sachsen. Sächs. Florist. Mitt. **1**: 30–43

UHLIG, J. (1956): Verlandungsgesellschaften an Teichen und Flüssen Mittelsachsens. Heimatkundl. Bl. **14/15**: 25–42

UHLIG, J. (1957): Verlandungsgesellschaften an Teichen und Flüssen Mittelsachsens. Heimatkundl. Bl. **16/17**: 70–87

ULBRICH, E. (1905): Bericht über die vom Vereine zur Erforschung der Flora von Liebenwalde und der Duberow unternommenen Exkursionen ... Verh. Bot. Ver. Prov. Brandenburg **46/1904**: 215–226

ULBRICH, E. (1905): Vorlage seltener Pflanzen aus der Mark. Verh. Bot. Ver. Prov. Brandenburg **46/1904**: XXII

ULBRICH, E. (1915): Das Plagefenn-Reservat bei Chorin i. M. Verh. Bot. Ver. Prov. Brandenburg **56/1914**: 93–125

ULBRICH, E. (1916): Die Vegetationsverhältnisse des Rinnenseengebietes bei Straussberg i. M.; Ausflug nach Tiefensee bei Werneuchen am 29. und 30. Mai 1915. Verh. Bot. Ver. Prov. Brandenburg **57/1915**: 129–143

ULBRICHT, H., HEMPEL, W. (1965): Verbreitungskarten sächsischer Leitpflanzen 1. Reihe. Ber. Arbeitsgem. Sächs. Bot. N. F. **5/6**: 21–124

ULBRICHT, H., HEMPEL, W. (1967): Verbreitungskarten sächsischer Leitpflanzen 2. Reihe. Ber. Arbeitsgem. Sächs. Bot. N. F. **7**: 7–90

ULBRICHT, H., HEMPEL, W. (1968): Verbreitungskarten sächsischer Leitpflanzen 3. Reihe. Ber. Arbeitsgem. Sächs. Bot. N. F. **8**: 7–53

URBAN, I. (1878): Zur Flora von Teupitz. (In: Sitzung vom 26. April 1878) Verh. Bot. Ver. Prov. Brandenburg **20**: 51–64

URBAN, I. (1881): Flora von Groß-Lichterfelde und Umgebung. Verh. Bot. Ver. Prov. Brandenburg **22/1880**: 26–57

VOCKE, A. (1882): Botanische Ernteberichte im Jahre 1881. Über die Flora des Vorderharzes und Kyffhäusergebirges. Irmischia **2**: 32–34, 58–59, 75, 90–94

VOCKE, A. (1883): Schutz der heimischen Flora überschrieben. Irmischia **3**: 27–28

VOCKE, A. (1884): Fundberichte. Irmischia **4**: 22

VOCKE, A., ANGELRODT, C. (1886): Flora von Nordhausen und der weiteren Umgegend. Berlin

VOELKEL, H. (1982): Zur gegenwärtigen Situation von *Himantoglossum hircinum* (L.) Spreng. in der DDR. Mitt. Arbeitskreis Heimische Orchideen **11**: 20–28

VOGEL, E. (1869): Botanischer Begleiter durch den Regierungsbezirk Dresden. Dresden

VOGEL, H. (1875): Flora von Thüringen. Leipzig

VOIGT, O. (1963): Zur Flora des Mittelelbegebietes. Wiss. Z. Univ. Halle, Math.-Naturwiss. Reihe **12**(9): 710

VOIGT, O. (1965): Zur Flora der Umgebung von Dessau. Wiss. Z. Univ. Halle, Math.-Naturwiss. Reihe **14**(6): 492–494

VOIGT, O. (1966): Zur Flora der Umgebung von Dessau (2. Beitrag). Wiss. Z. Univ. Halle, Math.-Naturwiss. Reihe **15**(5): 750–751

VOIGT, O. (1966): Florenliste der Gefäßpflanzen im Naturschutzgebiet „Möster Birken" (Kreis Bitterfeld). Naturschutzarbeit Naturk. Heimatforsch. Bezirke Halle Magdeburg **3**(2): 21–31

Voigt, O. (1967): Zur Flora der Umgebung von Dessau (3. Beitrag). Wiss. Z. Univ. Halle, Math.-Naturwiss. Reihe **16**(6): 862–864

Voigt, O. (1972): Zur Flora der Umgebung von Dessau (4. Beitrag). Wiss. Z. Univ. Halle, Math.-Naturwiss. Reihe 21 (1): 66–71

Voigt, O. (1979): Fremdpflanzenfunde, zusammengestellt nach Belegen im Herbar A. Zobel im Museum für Naturkunde und Vorgeschichte Dessau. Mitt. Florist. Kart. Halle **5**(1): 20–28

Voigt, O. (1980): Flora von Dessau und Umgebung, 1. Teil. Naturwiss. Beitr. Mus. Dessau, Sonderheft

Voigt, O. (1982): Flora von Dessau und Umgebung, 2. Teil. Naturwiss. Beitr. Mus. Dessau, Sonderheft

Voigt, O. (1984): Zweiter Nachtrag zur Flora von Dessau und Umgebung. Mitt. Florist. Kart. Halle **10**: 64–72

Voigt, O. (1985): Dritter Nachtrag zur Flora von Dessau und Umgebung. Mitt. Florist. Kart. Halle **11**: 71–76

Voigt, O. (1987): Vierter Nachtrag für Flora von Dessau und Umgebung. Mitt. Florist. Kart. Halle **13**: 27–32

Voigt, O. (1989): Fünfter Nachtrag zur Flora von Dessau und Umgebung. Mitt. Florist. Kart. Halle **15**: 70–75

Voigt, O. (1993): Ein bemerkenswerter Fund in Dessau. Mitt. Florist. Kart. Halle **18**: 46–47

Voigt, W. (1939): Beiträge zur Kenntnis der Flora des Kreises Schleiz. Mitt. Thüring. Bot. Ver. N. F. **45**: 24–40

Voigtländer, U. (1970): Die Verbreitung von Pflanzen trockenwarmer Standorte in der Uckermark. Naturschutzarbeit Mecklenburg **13**(1/2): 51

Voigtländer, U. (1977): Die gegenwärtige Verbreitung der Mehlprimel (*Primula farinosa* L.) in der DDR. Bot. Rundbr. Bezirkes Neubrandenburg **7**: 24–34

Volk, M. (1931): Beiträge zur Kenntnis der Flora der Gefäßpflanzen im Flußgebiet der Steinach. Mitt. Thüring. Bot. Ver. N. F. **40**: 78–84

Volke, E. (1978): Das NSG „Zehringer Busch" – eine Betrachtung der Standort- und Vegetationsverhältnisse. Wiss. H. Pädag. Hochschule Köthen **1**: 99–108

Volkmann, H. (1990): Pflanzenverbreitung im Mansfelder Seengebiet und seiner näheren Umgebung – ein Beitrag zur pflanzengeographischen Raumgliederung. Diss. Univ. Halle

Vollrath, H. (1957): Die Pflanzenwelt des Fichtelgebirges und benachbarter Landschaften in geobotanischer Schau. Ber. Naturwiss. Ges. Bayreuth **9**: 5–250

Wagenknecht, E. (1873): Bitte an die Floristen der Provinz Sachsen. Z. Ges. Naturwiss. **41**: 275–278

Wagner, K. (1983): Der Thüringer Varianten-Komplex der Bocksriemenzunge *Himantoglossum hircinum* (L.) Sprengel. Mitt. Arbeitskreis Heimische Orchideen **12**: 47–72

Wagner, W. (1963): Waldtypologische Untersuchungen im Tharandter Wald. Diss. Techn. Hochschule Dresden, Fak. Forstwirtschaft, Tharandt

Waldenburg, I. (1934): Die floristische Stellung der Mark Brandenburg. Dargestellt durch das allgemeine Verhältnis von Florengefälle und Arealform. Verh. Bot. Ver. Prov. Brandenburg **75**: 1–80

Wallroth, F. (1815): Annus botanicus, sive supplementum tertium ad Curtii Sprengelii floram Halensem. Halae

Wallroth, F. (1822): Schedulae criticae de plantis florae halensis selectis. Halae

Wallroth, F. (1840): Scholion zu Hampe's Prodromus Florae Hercyniae. Linnaea **14**: 1–158, 529–704

Wallroth, F. W. (1840): Erster Beitrag zur Flora Hercynica. Halle

Warnstorf, C. (1874): Bericht über die im Auftrage des Vereins unternommene Reise nach der nordwestlichen Altmark. Verh. Bot. Ver. Prov. Brandenburg **16**: 22–36

Warnstorf, C. (1880): Zwei Tage in Havelberg und ein Ausflug nach der Ostpriegnitz. Mit Zusätzen von E. Koehne, betreffend die Flora der Umgegend von Putlitz. Verh. Bot. Ver. Prov. Brandenburg **21/1879**: 144–170

Warnstorf, C. (1881): Botanische Wanderungen durch die Provinz Brandenburg im Jahre 1880. Verh. Bot. Ver. Prov. Brandenburg **22/1880**: 62–75

Warnstorf, C. (1882): Botanische Wanderungen durch die Mark Brandenburg im Jahre 1881. Verh. Bot. Ver. Prov. Brandenburg **23/1881**: 110–127

Warnstorf, C. (1883): Floristische Mitteilungen aus der Mark und Bericht über den im Juli d. J. unternommenen Ausflug nach Wusterhausen a. d. D., Kyritz und Neustadt a. d. D. Verh. Bot. Ver. Prov. Brandenburg **24/1882**: 138–155

Warnstorf, C. (1889): Ein Ausflug nach der Uckermark. Verh. Bot. Ver. Prov. Brandenburg **30/1888**: 288–298

Warnstorf, C. (1891): Weitere Beiträge zur Flora der Uckermark. Verh. Bot. Ver. Prov. Brandenburg **32/1890**: 255–271

Warnstorf, C. (1894): Beobachtungen in der Ruppiner Flora im Jahre 1893. Verh. Bot. Ver. Prov. Brandenburg **35/1893**: 121–133

Warnstorf, C. (1896): Botanische Beobachtungen aus der Provinz Brandenburg im Jahre 1894. Verh. Bot. Ver. Prov. Brandenburg **37/1895**: 34–61

Warnstorf, C. (1915): *Chaerophyllum hirsutum* L. bei Neuruppin vorkommend. Verh. Bot. Ver. Prov. Brandenburg **56/1914**: 133–134

Weber, H. (1979): Zur Taxonomie und Verbreitung einiger meist verkannter *Rubus*-Arten in Mitteleuropa. Abh. Naturwiss. Ver. Bremen **39**: 153–183

Weber, H. E. (1987): Die Brombeeren der Oberlausitz (*Rubus* L. subgen. *Rubus*). Abh. Ber. Naturkundemus. Görlitz **61**(8): 1–56

Weber, R. (1960): Bemerkenswerte Änderungen in der Flora des mittleren, westlichen und nördlichen Vogtlandes. Ber. Arbeitsgem. Sächs. Bot. N. F. **2**: 188–189

Weber, R. (1960): Die Besiedlung des Trümmerschutts und der Müllplätze durch die Pflanzenwelt (Ruderalflora von Plauen). Museumsreihe, Plauen **21**

Weber, R. (1965): Zur Pflanzenwelt des Steinichts. Greizer Heimatkalender

Weber, R. (1967): Die geobotanische Stellung und Gliederung des Vogtlandes. Ber. Arbeitsgem. Sächs. Bot. N. F. **7**: 208–238

Weber, R. (1972): Zur Flora und Vegetation der vogtländischen Diabasgebiete. Ber. Arbeitsgem. Sächs. Bot. N. F. **10**: 93–137

Weber, R. (1976): Zum Vorkommen von *Heracleum mantegazzianum* Somm. et Lev. im Elstergebirge und den angrenzenden Gebieten. Mitt. Florist. Kart. Halle **2**: 51–57

Weber, R. (1977): Vogtländische Neu- und Wiederfunde sowie sonstige bemerkenswerte Funde in den Vegetationsperioden 1968 bis 1971. Ber. Arbeitsgem. Sächs. Bot. N. F. **11**: 73–76

Weber, R. (1985): Vogtländische Neu- und Wiederfunde sowie sonstige bemerkenswerte Funde in den Vegetationsperioden 1972 bis 1975, VI. Ber. Arbeitsgem. Sächs. Bot. N. F. **12**: 101–114

Weber, R. (1990): Zur aktuellen Flora und Vegetation von Plauen. Mitt. Florist. Kart. Halle **16**: 7–19

Weber, R. (1991): Floristische Beobachtungen im ehemaligen „Schutzstreifen" an der sächsisch-bayerischen Grenze. Mitt. Florist. Kart. Halle **17**: 4–14

Weber, R., Knoll, S. (1965): Flora des Vogtlandes. Museumsreihe, Plauen **29**

Wedde, H. (1909): Verzeichnis der in der Umgegend von Halberstadt vorkommenden Bärlappe, Schachtelhalme, Farne, Moose und Flechten. Jahresber. Realgymn. Halberstadt, Beigabe

Weege, K.-H. (1981): Salzpflanzenstandorte im Gebiet der Weferlingen-Schönebecker Triasplatte und der Störungszone des Allertales. In: 1. Landschaftstag Börde 27.–28. 11. 1981 im Hohen Holz bei Oschersleben. 55–58

Weege, K.-H. (1984): Salzstellen und Salzflora im Gebiet der Weferlingen-Schönebecker Triasplatte und der Störungszone des oberen Allertales. Naturschutzarbeit Bez. Halle Magdeburg **21**(2): 23–42

Wegener, U. (1967): Standortansprüche und Verbreitung von *Meum athamanticum* Jacq. im Harz. Naturkundl. Jahresber. Mus. Heineanum Halberstadt **2**: 13–17

Wegener, U. (1968): Floristische Neufunde im Nordharz und Vorland. Naturkundl. Jahresber. Mus. Heineanum Halberstadt **3**: 5

Wegener, U. (1968): Neuer Nachweis einer Strandlingsgesellschaft (Littorelletum uniflora Knapp 1948) am Oberen Kiliansteich im Harz. Naturkundl. Jahresber. Mus. Heineanum Halberstadt **3**: 6–7

Wegener, U. (1968): Verbreitung, Standorte und Einschätzung von *Poa chaixii* Vill., des Berg-Rispengrases, im Nordharz. Naturkundl. Jahresber. Mus. Heineanum Halberstadt **3**: 8 – 14

Wegener, U. (1969): Das Sumpf-Blutauge (*Comarum palustre* L.) im Harz (DDR). Naturkundl. Jahresber. Mus. Heineanum Halberstadt **4**: 11 – 20

Wegener, U. (1973): Zur Verbreitung des Moor-Klees (*Trifolium spadiceum* L.) im Nordharz. Naturkundl. Jahresber. Mus. Heineanum Halberstadt **7**: 5 – 9

Wegener, U. (1977): Die Verbreitung von *Listera cordata* (L.) R. Br. im Harz. Mitt. Arbeitskreis Heimische Orchideen **7**: 98 – 108

Wegener, U. (1986): Bemerkenswerte Arten im Allertal, am Rande des Lappwaldes und im westlichen Drömling (Bezirk Magdeburg). Mitt. Florist. Kart. Halle **12**: 80 – 84

Wegener, U. (1986): Rasengesellschaften des NSG „Bockberg" im Harz. Naturschutzarbeit Bez. Halle Magdeburg **23**(1): 31 – 42

Wegener, U. (1988): Pflegekonzeption für Heide- und Hutungsflächen (NSG Harslebener Berge – Steinholz). Naturschutzarbeit Bez. Halle Magdeburg **25**(1): 29 – 36

Wegener, U., Günther, L. (1981): *Corallorhiza trifida* Chatelain im Harz (DDR). Mitt. Arbeitskreis Heimische Orchideen **10**: 51 – 57

Wegener, U., Herdam, V. (1988): Flora und Molluskenfauna des FND Langer Berg bei Sargstedt. Naturschutzarbeit Bez. Halle Magdeburg **25**(2): 27 – 36

Weigel, H. (1983): Die Hörselberge. Landschaftspflege Naturschutz Thüringen **20**(4): 98 – 105

Weigelt, J. (1939): *Betula nana* L. in einer vorgeschichtlichen Urnenscherbe. Z. Ges. Naturwiss. **93**: 47 – 52

Wein, K. (1905): Beiträge zur Flora von Wippra. I. *Geranium phaeum* L. im Unterharze bei Wippra. Mitt. Thüring. Bot. Ver. N. F. **20**: 68 – 74

Wein, K. (1908): *Poa Chaixi×pratensis* m. nov. hybr. = *Poa wippraensis* m. Allg. Bot. Z. **14**: 181 – 183

Wein, K. (1908): *Rumex crispus×obtusifolius×sanguineus* = *R. wippraensis* m. Allg. Bot. Z. **14**: 73 – 74

Wein, K. (1908): *Rosa glauca* Vill. var. *wippraensis* m. Allg. Bot. Z. **14**: 5

Wein, K. (1910): Beiträge zur Flora des Harzes. I. *Nepeta nuda* am südlichen Harze. Allg. Bot. Z. **16**: 168 – 169

Wein, K. (1910): Beiträge zur Flora des Harzes. II. *Hieracium aurantiacum* im Harze. Allg. Bot. Z. **16**: 169 – 170

Wein, K. (1911): Beiträge zur Flora des Harzes. III. *Coronilla vaginalis* Lam. im Harze. Allg. Bot. Z. **17**: 6 – 7

Wein, K. (1911): Einige Bemerkungen zu der Arbeit von Dr. K. Domin, „*Barbarea Rohlenae* Dom., ein neuer Cruciferen-Bastard". Allg. Bot. Z. **17**: 97 – 98

Wein, K. (1911): Ludwig Scheffler. Ein Wort zu seinem Andenken. Allg. Bot. Z. **17**: 68 – 69

Wein, K. (1912): Beiträge zur Flora des Harzes. VI. Über *Pinguicula gypsophila* Wallr. Allg. Bot. Z. **18**: 98 – 103

Wein, K. (1913): Beiträge zur Flora des Harzes. VII. Über den vermeintlichen *Helleborus dumetorum* der Harzflora. Allg. Bot. Z. **19**: 17 – 19

Wein, K. (1913): Über das angebliche Vorkommen der *Carex nitida* Host am südlichen Harzrande. Allg. Bot. Z. **19**: 72 – 73

Wein, K. (1914): Die Verbreitung von *Ventenata dubia* (Leers) Coss. am südlichen Harzrande. Allg. Bot. Z. **20**: 87 – 88

Wein, K. (1914): Miscellaneen zur Kenntnis der Harzflora. I. Was ist *Barbarea pseudostricta*? Allg. Bot. Z. **20**: 89 – 91

Wein, K. (1924): Naturdenkmäler in der Pflanzenwelt der Umgebung von Nordhausen. Der Harz. **1924**: 400 – 403

Wein, K. (1925): Nachträgliches zu meiner Arbeit über die Verbreitung von *Ventenata dubia* am südlichen Harzrande. Bot. Arch. **9**: 295 – 296

Wein, K. (1926): Nordhausen und seine Umgebung im Spiegel der Natur. In: Festbuch zur Lehrertagung in Nordhausen 1926. Nordhausen

Wein, K. (1926): Die Pflanzenwelt der Umgebung von Sangerhausen in ihrer Abhängigkeit von der Umwelt. Mitt. Ver. Geschichte Naturwiss. Sangerhausen **16**: 50 – 85

Wein, K. (1927): Über die Wanderungen des Franzosenkrautes in Thüringen. Pflüger **4**: 95 – 96

Wein, K. (1927): Die Rolle der Umgebung von Nordhausen in den Verbreitungsgrenzen einiger wichtiger Pflanzengruppen. Pflüger **4**: 219

Wein, K. (1929): Beiträge zur Flora des nördlichen Thüringens. Mitt. Thüring. Bot. Ver. N. F. **38**: 20 – 25

Wein, K. (1929): Das Vorkommen von *Calla palustris* am südlichen Harze. Mitt. Thüring. Bot. Ver. N. F. **38**: 39 – 41

Wein, K. (1931): *Bromus hordeaceus* im Unterharze. Mitt. Thüring. Bot. Ver. N. F. **40**: 1 – 3

Wein, K. (1933): Beiträge zur Flora von Thüringen. Mitt. Thüring. Bot. Ver. N. F. **41**: 60 – 76

Wein, K. (1935): Die Pflanzenwelt und die Tierwelt in der Umgebung der Thüringer Pforte. Aratora **13**: 45 – 48

Wein, K. (1935): Die Verbreitung von *Euphorbia dulcis* im Ostharze. Feddes Repert. Beih. **81**: 133 – 138

Wein, K. (1935): Beiträge zur Flora von Thüringen II. Mitt. Thüring. Bot. Ver. N. F. **42**: 75 – 99

Wein, K. (1937): Die Pflanzendecke des Mansfelder Landes. Mein Mansfelder Land **14**: 106 – 112

Wein, K. (1939): Zusammenstellung floristischer Neufunde. I. Reihe. Hercynia **1**: 462 – 475

Wein, K. (1954): Die Arten des Subgenus *Zeobromus* der Gattung *Bromus* in Mitteldeutschland. Wiss. Z. Univ. Halle, Math.-Naturwiss. Reihe **3**(4): 982 – 985

Wein, K. (1966): Zur Flora Nordthüringens und des Harzes. Wiss. Z. Univ. Halle, Math.-Naturwiss. Reihe **15**(5): 761 – 762

Wein, K. (1973): Zusammenstellung floristischer Neufunde. II. Reihe. Wiss. Z. Univ. Halle, Math.-Naturwiss. Reihe **22**(6): 18 – 29

Weinert, E. (1957): Das Landschaftsschutzgebiet „Süßer See". Mitteldeutsches Land, Halle **1**: 69 – 79

Weinert, E. (1972): *Nepeta pannonica* L. im Naturschutzgebiet „Wellenberge – Rüsterberg" bei Bebertal (Kr. Haldensleben). Hercynia N. F. **9**: 35 – 39

Weinert, E. (1977): Was ist *Gagea pomeranica* Ruthe? Mitt. Florist. Kart. Halle **3**(1): 75 – 79

Weinert, E. (1977): Bemerkenswerte Pflanzenvorkommen im Ohmgebirge (MTB 4528 Worbis). Mitt. Florist. Kart. Halle **3**(1): 13 – 27

Weinert, E. (1981): *Asclepias syriaca* L. im hercynischen Florengebiet. Mitt. Florist. Kart. Halle **7**(2): 127 – 130

Weinert, E. (1982): Infraspezifische Taxa von *Kochia scoparia* (L.) Schrader. Mitt. Florist. Kart. Halle **8**(2): 71 – 75

Weinert, E. (1982): Floristentagung über Pflanzenkartierung in der DDR 1982 – Exkursionsbericht Kalkhänge von Lieskau bei Halle. Mitt. Florist. Kart. Halle **8**(2): 11 – 14

Weinert, E. (1985): Eine Bemerkung zum Formenkreis von *Ribes rubrum* L. Mitt. Florist. Kart. Halle **11**: 12 – 14

Weinert, E. (1987): Bemerkungen zur *Senecio nemorensis*-Gruppe. Mitt. Florist. Kart. Halle **13**: 13 – 16

Weinert, E. (1987): Bemerkungen zur *Matricaria maritima*-Gruppe. Mitt. Florist. Kart. Halle **13**: 17 – 19

Weinert, E. (1987): *Calepina irregularis* (Asso) Thell. – Neufund bei Weißenfels. Mitt. Florist. Kart. Halle **13**: 79

Weinert, E. (1987): Die Verbreitung von *Scilla bifolia* L. und *Scilla vindobonensis* Speta im Südteil der DDR. Mitt. Florist. Kart. Halle **13**: 82 – 84

Weinert, E. (1988): Bemerkenswerte Neufunde und Bestätigungen im hercynischen Florengebiet. Mitt. Florist. Kart. Halle **14**: 30 – 33

Weinert, E., Hempel, W. (1971): Die Verbreitung von *Pulmonaria officinalis* L. Hercynia N. F. **8**: 224 – 232

Weinert, E., Knapp, H. D. (1975): Die floristische Kartierung im Hercynischen Florengebiet. Mitt. Florist. Kart. Halle **1**: 3 – 14

Weinert, E., Petters, W., Fieber, W. (1983): *Aceras anthropophorum* (L.) Ait. f., ein Neufund bei Niederschmon. Mitt. Florist. Kart. Halle **9**: 18 – 20

WEINITSCHKE, H. (1954): Die Waldgesellschaften des Hakels. Wiss. Z. Univ. Halle, Math.-Naturwiss. Reihe **3**(4): 947–978

WEINITSCHKE, H. (1957): Landschafts- und Naturschutzgebiet Hakel. Mitteldeutsches Land, Halle **1**: 131–142

WEINITSCHKE, H. (1962): Das Verbreitungsgefälle charakteristischer Florenelemente in Mitteldeutschland. Wiss. Z. Univ. Halle, Math.-Naturwiss. Reihe **11**(2): 251–280

WEISE, G. (1950): Beiträge zur pflanzensoziologischen Betrachtung der Laub- und Laubmischwaldbestände der Umgebung Dresdens. Staatsex.-Arb. Techn. Hochschule Dresden

WEISE, G. (1960): Unsere geschützten Pflanzen – Beiträge zu ihrer Kenntnis in Sachsen. Sächs. Heimatbl. **6**: 239–245

WENZEL, W. (1979): Das Naumann-Wäldchen. Wiss. H. Pädag. Hochschule Köthen **6**(14): 145–163

WENZEL, W., BORSCH, H., SCHÄFER, S. (1972): Floristische u. vegetationskundliche Erhebungen im Naturschutzgebiet „Cösitzer Park und Teich" (II). Wiss. H. Pädag. Inst. Köthen **2**: 29–47

WENZEL, W., WESNER, G. (1969): Floristische u. vegetationskundliche Erhebungen im Naturschutzgebiet „Cösitzer Park und Teich" (I). Wiss. H. Pädag. Inst. Köthen **2**: 33–36

WERNER, E., TANNENBERGER, S. (1970): Der Zehringer Busch – eine allgemeine floristische Erfassung, ergänzt durch zwei Beispiele des Aufbaus und der Gliederung. Dipl.-Arb. Päd. Inst. Köthen

WESTHUS, W. (1978): Zur Verbreitung geschützer Pflanzen im Kreis Wolmirstedt. Mitt. Florist. Kart. Halle **4**(1): 14–28

WESTHUS, W. (1978): Zur Flora des Kreises Wolmirstedt. Mitt. Florist. Kart. Halle **4**(2): 56–58

WESTHUS, W. (1979): Beitrag zur Flora der Bezirke Halle und Magdeburg. Mitt. Florist. Kart. Halle **5**(2): 73–75

WESTHUS, W. (1979): Neufund von *Ranunculus hederaceus* L. im Kreis Wolmirstedt. Naturschutzarbeit Naturk. Heimatforsch. Bezirke Halle Magdeburg **16**(1): 39–40

WESTHUS, W. (1981): Botanische Flächennaturdenkmale im Kreis Wolmirstedt – Teil III. Naturschutzarbeit Bez. Halle Magdeburg **18**(1): 21–26

WESTHUS, W. (1983): Veränderungen von Flora und Vegetation einer Blockhalde im NSG „Großer Inselsberg". Hercynia N. F. **20**: 385–391

WESTHUS, W. (1985): *Juncus sphaerocarpus* bei Dachwig und Hopfgarten (Bezirk Erfurt). Haussknechtia **2**: 67–68

WESTHUS, W. (1985): Die Naturschutzgebiete „Bleiberg" und „Heinrichstein" im oberen Saaletal (Kreise Schleiz und Lobenstein). Landschaftspflege Naturschutz Thüringen **22**(1): 23–26

WESTHUS, W. (1986): Landwirtschaftliche Wasserspeicher – neugeschaffene Lebensräume für Pflanzen und Tiere. Landschaftspflege Naturschutz Thüringen, Sonderh. **23**

WESTHUS, W. (1986): Flora des Kreises Wolmirstedt, Vorkommen und Verbreitung der wildwachsenden Pflanzen des Kreises Wolmirstedt. Teil 1. Wolmirstedter Beitr. (Kreismuseum) **10**: 3–48

WESTHUS, W. (1987): Flora des Kreises Wolmirstedt, Vorkommen und Verbreitung der wildwachsenden Pflanzen des Kreises Wolmirstedt. Teil 2. Wolmirstedter Beitr. (Kreismuseum) **12**: 3–60

WESTHUS, W. (1993): Nachträge zur Flora des Kreises Wolmirstedt. Mitt. Florist. Kart. Halle **18**: 42–44

WESTHUS, W., HAUPT, R. (1985): Zur Vegetation des Naturschutzgebietes „Alacher See". Veröff. Naturkundemus. Erfurt **4/1985**: 3–17

WESTHUS, W., HIEKEL, W., GÖRNER, M., HAUPT, R. (1989): Flächennaturdenkmale im Bezirk Suhl. 1. Teil. Suhl

WESTHUS, W., HIEKEL, W., GÖRNER, M., HAUPT, R. (1990): Flächennaturdenkmale im Bezirk Suhl. 2. Teil. Suhl

WIEDENHÖFT, B. (1966): Ökologische und pflanzengeographische Untersuchungen über *Carex brizoides*, *Calamagrostis villosa* und *Molinia coerulea* unter besonderer Berücksichtigung des Tharandter Waldes. Dipl.-Arb. Techn. Hochschule Dresden, Fak. Forstwirtschaft, Tharandt

WIEFEL, C. (1884): Exkursionbericht aus dem südöstlichen Thüringen. Irmischia **4**: 13–14

WIEFEL, C. (1885): Exkursiosbericht aus dem südöstlichen Thüringen. Irmischia **5**: 46–47

WIESENTHAL, P. (1883): Beiträge zur Flora von Mühlhausen. Irmischia **3**: 50–51

WILDFEUER, H. (1935): Neue Fundorte von *Lycopodium alpinum* und *Mnium cinclidioides* im Thüringer Walde. Mitt. Thüring. Bot. Ver. N. F. **42**: 74–75

WILHELM, B. (1986): Der autochthone Schloßberg-Fichtenbestand bei Oberhof und Gesichtspunkte seiner Erhaltung. Landschaftspflege Naturschutz Thüringen **23**(2): 40–45

WILLDENOW, C. L. (1987): Florae Berolinensis Prodromus 1787. (Reprint 1987). Verh. Bot. Ver. Berlin Brandenburg, Sonderband

WILLKOMM, M. (1866): Vegetationsverhältnisse der Umgegend von Tharandt und Aufzählung der im Botanischen Garten zu Tharandt cultivierten Holzgewächse. Thar. Forstl. Jahrb. **17**: 52–203

WINKLER, A. (1882): *Polygala chamaebuxus* L. in Thüringen. Irmischia **2**: 43

WINKLER, P. (1907): Beitrag zur Flora von Ronneburg. Vereinsschr. Humboldt-Ver. Ronneburg **2**: 1–16

WINTER, H. (1870): Flora der Umgegend von Menz. Verh. Bot. Ver. Prov. Brandenburg **12**: 1–43

WIRTH, H. G. (1969): Die Orchideen eines „botanisch uninteressanten" Bearbeitungsgebietes. Mitt. Arbeitskreis Heimische Orchideen **5**: 32–37

WISNIEWSKI, N. (1969): Zur früheren und gegenwärtigen Verbreitung einiger Orchideen-Arten in der DDR. Arch. Naturschutz Landschaftsf. **9**: 209–249

WISNIEWSKI, N. (1975): Zur Verbreitung von *Equisetum variegatum* Schleich. in Brandenburg. Gleditschia **3**: 119–135

WISNIEWSKI, N. (1975): Die Orchideen des Naturschutzgebietes Schildow – einst und jetzt. Brandenburg. Naturschutzgebiete Folge 17. Naturschutzarbeit Berlin Brandenburg **11**: 70–76

WISNIEWSKI, N. (1977): Zur früheren Verbreitung von *Aceras anthropophorum* (L.) Ait. in der DDR. Mitt. Arbeitskreis Heimische Orchideen **7**: 53–57

WISNIEWSKI, N. (1978): Die Orchideen der Hauptstadt der DDR und ihrer Umgebung. Mitt. Arbeitskr. Heim. Orchideen **8**: 23–25

WOBST, K. (1882): Flora Dresdens und seine Umgebung. Von C. F. Schulze. Sitzungsber. Abh. Naturwiss. Ges. Isis Dresden **1881**: 50–72

WOBST, R. (1880): Veränderungen in der Flora von Dresden und seiner Umgebung. Progr. Annenrealschule Dresden

WOHLBEREDT, O. (1926): Beiträge zur Flora der Farnpflanzen von Ostthüringen und der Sächsischen Schweiz. Abh. Ber. Ver. Naturfreunde Greiz **7**: 117–122

WOHLLEBEN, J. (1796): Supplementi ad Leysseri Floram Halensem. Fasciculus I. Halae

WOLF, T. (1901): Potentillen-Studien. I. Die sächsischen Potentillen und ihre Verbreitung besonders im Elbhügellande. Dresden

WOLF, T. (1902): *Potentilla Gaudini* Grml. im westlichen Sachsen und östlichen Böhmen. Allg. Bot. Z. **8**: 45–48

WÖLFEL, U. (1976): Das Dalmatische Leinkraut (*Linaria dalmatica* (L.) Mill.) im Raum Bitterfeld. Mitt. Florist. Kart. Halle **2**(2): 60–63

WÖLFEL, U. (1980): Floristische Neu- und Wiederfunde im Gebiet zwischen Bitterfeld und Köthen. Mitt. Florist. Kart. Halle **6**: 62–65

WÖLFEL, U. (1981): Zur Flora von Bitterfeld und Umgebung (2. Beitrag). Mitt. Florist. Kart. Halle **7**(2): 111–114

WÖLFEL, U. (1988): Zur Flora von Bitterfeld und Umgebung, 3. Beitrag. Mitt. Florist. Kart. Halle **14**: 56–61

WÖLFEL, U. (1991): Zur Flora von Bitterfeld und Umgebung, 4. Beitrag. Mitt. Florist. Kart. Halle **17**: 23–25

WÖLFEL, U. (1993): Zur Flora von Bitterfeld und Umgebung. 5. Beitrag. Mitt. Florist. Kart. Halle **18**: 44–46

WOLFF, P., JENTSCH, H. (1992): *Lemna turionifera* Landolt, eine neue Wasserlinsenart im Spreewald und ihr soziologischer Anschluß. Verh. Bot. Ver. Berlin Brandenburg **125**: 37–52

WOLKE, J. (1989): Gartenunkrautgesellschaften ausgewählter Standorte des Harzes und des nördlichen Harzvorlandes. Dipl.-Arb. Univ. Halle

Wünsche, O. (1871): *Filices Saxonicae*. Diss. Zwickau

Wünsche, O. (1891): Exkursionsflora für das Königreich Sachsen. Leipzig

Wünsche, O., Schorler, B. (1956): Die Pflanzen Sachsens. (ed. Flössner, W. et al., ed. 12) Berlin

Wünschmann, K. (1939): Hinterlassener Nachtrag zu H. Eggers Verzeichnis der in der Umgegend von Eisleben wildwachsenden Pflanzen. Hercynia **1**: 475 – 488

Wünschmann, K. (1979): Zur Flora des östlichen und nördlichen Harzvorlandes. Mitt. Florist. Kart. Halle **5**(1): 41 – 45

Wüst, E. (1896): Zur Flora der Gegend von Sangerhausen. Deut. Bot. Monatsschr. **14**: 90 – 92

Zabel, H. (1898): Beiträge zur Flora des Herzogthums Gotha. Mitt. Thüring. Bot. Ver. N. F. **12**: 25

Zahn, G. (1921): Mitteilung aus dem Herzogtum Gotha. Mitt. Thüring. Bot. Ver. N. F. **35**: 20 – 21

Zimmermann, E. (1895): Zur Flora der Umgebung von Ebersdorf (Reuss) in Ostthüringen. Deut. Bot. Monatsschr. **13**: 172 – 174

Zimmermann, F. (1982): Beobachtungen der Flora im Bereich von Berlin (West) in den Jahren 1947 bis 1981. Verh. Berl. Bot. Ver. **1**: 3 – 240

Zincken, C. (1863): Verzeichniss der im Selkethale vorkommenden Pflanzen. Z. Ges. Naturwiss. **22**: 37 – 50

Zobel, A. (1905): Verzeichnis der im Herzogtume Anhalt und in dessen näherer Umgegend beobachteten Phanerogamen und Gefässkryptogamen. Teil I. Dessau.

Zobel, A. (1907): Verzeichnis der im Herzogtume Anhalt und in dessen näherer Umgegend beobachteten Phanerogamen und Gefässkryptogamen. Teil II. Dessau.

Zobel, A. (1909): Verzeichnis der im Herzogtume Anhalt und in dessen näherer Umgegend beobachteten Phanerogamen und Gefässkryptogamen. Teil III. Dessau.

Zobel, A. (1920): Verzeichnis der im Herzogtume Anhalt und in dessen näherer Umgegend beobachteten Phanerogamen und Gefässkryptogamen. Teil IV. Dessau.

Zobel, A. (1975): Vorarbeiten zu einer neuen Flora von Anhalt V. Teil. Hercynia N. F. **12**: 432 – 476

Zobel, A. (1976): Vorarbeiten zu einer neuen Flora von Anhalt VI. Teil. Hercynia N. F. **13**: 93 – 132

Zobel, A. (1977): Nachtrag zu Zobels „Vorarbeiten zu einer neuen Flora von Anhalt" (Teil I – III, 1905 – 1909). Mitt. Florist. Kart. Halle **3**(1): 27 – 49

Zschacke, H. (1893): Zur Flora von Sandersleben und Giersleben. Deut. Bot. Monatsschr. **11**: 17 – 19

Zschacke, H. (1894): Zur Flora von Hecklingen und Sandersleben. II. Deut. Bot. Monatsschr. **12**: 82 – 85

Zschacke, H. (1895): Zur Flora von Hecklingen und Sandersleben. III. Deut. Bot. Monatsschr. **13**: 154 – 156, 166 – 169

Zschacke, H. (1896): Zur Flora von Hecklingen und Sandersleben. IV. Deut. Bot. Monatsschr. **14**: 136 – 138

Zschacke, H. (1897): Zur Flora von Hecklingen und Sandersleben. V. Deut. Bot. Monatsschr. **15**: 324 – 327

Zschacke, H. (1898): Zur Flora von Hecklingen und Sandersleben. VI. Deut. Bot. Monatsschr. **16**: 25 – 27

Zschacke, H. (1899): Zur Flora von Bernburg. VI. Deut. Bot. Monatsschr. **17**: 22 – 24; 52 – 54; 84 – 86

Zschacke, H. (1900): Beiträge zur Flora Anhaltina. VII. Deut. Bot. Monatsschr. **18**: 107 – 109

Zschacke, H. (1901): Beiträge zur Flora Anhaltina. VIII. Deut. Bot. Monatsschr. **19**: 131 – 133

Zündorf, H.-J. (1980): Vegetationskundliche Untersuchungen im oberen Werratal bei Themar Teil 1: Wärmegetönte Gebüsche und Säume, Trocken- und Halbtrockenrasen und Pioniergesellschaften auf Schotter- oder Felsstandorten. Hercynia N. F. **17**: 4 – 42

Zündorf, H.-J. (1980): Vegetationskundliche Untersuchungen im oberen Werratal bei Themar Teil 2: Waldentwicklung und naturnahe Waldgesellschaften. Hercynia N. F. **17**: 144 – 177

Zündorf, H.-J. (1982): Floristische Notizen aus Thüringen. Mitt. Florist. Kart. Halle **8**(2): 63 – 71

Zündorf, H.-J. (1985): Floristische Notizen aus Thüringen. Haussknechtia **2**: 70 – 71

Zündorf, H.-J. (1991): Bericht über die Kartierungsexkursion in Beichlingen vom 25. bis 26. Mai. Inform. Florist. Kart. Thür. **1**: 19 – 21

Zündorf, H.-J. (1994): Bericht über das fünfte Kartierungstreffen thüringischer Floristen. Inform. Florist. Kart. Thür. **7**: 2 – 5

Zündorf, H.-J., Korsch, H. (1992): Zur Unterscheidung von *Carex hostiana* und *Carex distans*. Inform. Florist. Kart. Thür. **3**: 9 – 11

Zündorf, H.-J., Westhus, W. (1990): Floristische Aktivitäten in Thüringen – Bericht über das 1. Kartierungstreffen thüringischer Floristen. Mitt. Florist. Kart. Halle **16**: 72 – 82

8. Register

normale Ziffer (42) = Seitenzahl
halbfette Ziffer (**1194**) = Kartennummer
kursive Namen = Synonyme